中華大典

地學典

重慶出版集團
重慶出版社

《中華大典》工作委員會

主　任：柳斌傑

金人慶

副主任：李　彦　于永湛　鄔書林　張少春

李衛紅　周和平　陳金泉　李静海

委　員：張小影　伍　傑　朱新均　吴尚之　孫　明

王家新　徐維凡　劉小琴　毛群安　遲　計

曹清堯　彭常新　王志勇　潘教峰　姜文明

王　正　石立英　安平秋　陳祖武　詹福瑞

戴龍基　宋焕起　孫　顒　陳　昕　魏同賢

王建輝　朱建綱　高紀言　莫世行　段志洪

李　維　何學惠　甄樹聲　馮俊科　譚　躍

羅小衛　王兆成

中華人民共和國國務院批准的重大文化出版工程

國家文化發展規劃綱要的重點出版工程項目

新聞出版總署列為「十一五」、「十二五」國家重大工程出版規劃之首

ISBN 978-7-229-10131-2

《中華大典》編纂委員會

《中華大典》前言

《中華大典》是運用我國歷代漢文古籍編纂的一部大型工具書。其目的是爲學術界及願意瞭解中國古代珍貴文化典籍的人士提供準確詳實、便於檢索的漢文古籍分類資料。

中國是世界文明古國之一，幾千年來纂寫和聚集的文化典籍浩如烟海。我國歷代都有編纂類書的優良傳統，具有代表性的《永樂大典》等大多已佚失，現存《古今圖書集成》編就距今也已數百年。爲了適應今天和以後研究和檢索的需要，一九八八年海内外三百多位專家學者和各古籍出版社同仁倡議，在已有類書的基礎上，用現代科學方法編纂一部新的類書《中華大典》。

國務院在關於編纂《中華大典》問題的批覆中指出，編纂《中華大典》「是我國建國以來最大的一項文化出版工程」。本書所收漢文古籍上起先秦，下迄清末，約三萬種，達七億多字，分爲二十四個典，近百個分典，内容廣博，規模宏大，前所未有。

《中華大典》的編纂工作堅持科學態度和百花齊放、百家争鳴方針。儘量採用古精校精刻本，優先採用我國建國後文獻學和考古學的優秀成果。對傳統文化中重要的不同學派的資料，兼收並蓄。運用現代圖書分類的方法，對收集到的資料，精選、精編，力求便於檢索、準確可信。

這項工作從開始起就受到中共中央、國務院和有關部門的重視和支持。國家主席江澤民、國務院總理李鵬分别爲《中華大典》題詞。江澤民的題詞是：「同心同德群策群力認真編好中華大典爲建設有中國特色的社會主義服務」。李鵬的題詞是：「繼承和弘揚民族優秀傳統文化」。全國政協主席李瑞環、國務委員李鐵映也作了重要指示，要求抓緊辦理。一九九〇年五月，國務院批准《中華大典》爲國家重點古籍整理項目。一九九二年九月，正式成立了《中華大典》工作委員會和《中華大典》編纂委員會，召開了《中華大典》工作、編纂會議。自此，《中華大典》的編纂工作由試點轉入正式啓動，逐步鋪開。

編纂《中華大典》，學術性很强，工作量很大，工程十分艱巨，全賴廣大專家學者和全國各有關高等院校、科研院所、圖書館、出版單位的鼎力支持與積極參與。大家本着弘揚中華民族優秀文化的心願，發揚奉獻精神，克服各種困難，團結協作，給這部巨大類書的出版提供了根本保證。在此謹表示誠摯的謝意。

對本書的批評與建議，我們將十分歡迎。

《中華大典》編纂委員會

一九九七年四月

二〇〇六年十一月修訂

《中華大典》編纂通則

一、性質：《中華大典》（以下簡稱《大典》）是對漢文古籍（含已翻譯成漢文的少數民族古籍）進行全面的、系統的、科學的分類整理和匯編總結的新型類書，是在繼承歷代類書優良傳統、考慮漢文古籍固有特點的基礎上，借鑒和參照近代編纂百科全書的經驗和方法編纂而成。編纂《大典》的目的，是爲學術界及願意瞭解中國古代珍貴文化典籍的人士提供各種分門別類的、準確詳細的古代漢文專題資料。

二、規模和體例：《大典》所收古籍的時限，上自先秦，下迄辛亥革命。全書共收各類漢文古籍三萬餘種，七億多字。全書體例，着重汲取清代《古今圖書集成》所採用的經目和緯目相交織這一統一框架結構的模式，同時參照現代科學的學科、目録分類方法，並根據各類學科内容的實際情況，一般將每一大類學科輯爲一典，也有將幾個相關學科共輯爲一典的。對各典名稱，均以現代學科命名，對於所收入的各種古籍資料，亦儘可能納入現代科學分類體系之中。

三、經目：大典共分二十四個典，即哲學典、宗教典、政治典、軍事典、經濟典、法律典、教育典、語言文字典、文學典、藝術典、歷史典、歷史地理典、民俗典、數學典、物理化學典、天文典、地學典、生物學典、醫藥衛生典、農業典、林業典、工業典、交通運輸典、文獻目録典。典以下以分典、總部、部、分部分級，分部之下的標目根據各學科特點由各典自行擬定。

四、緯目：共設置九項緯目，用以包容各級經目的具體内容：

①題解：對有關學科的名稱、概念、涵義、特點等作總體介紹的資料。

②論説：有關理論部分的資料。

③綜述：有關學科或事物的系統性資料，凡有關學科或事物的性狀、制度、範疇、特點及學科地位、發展情況等具體内容均編入此緯目中。

④傳記：有關人物的傳記資料。

⑤紀事：有關學科或事物的具體活動或事例的資料。

⑥著録：重要人物或文獻的有關著作資料，如專集介紹、序跋、藏書題記，以及有關著作的成書經過、版本源流等。

⑦ 藝文：有關屬於文學欣賞性的散文或韻文。

⑧ 雜録：凡未收入以上各緯目，而又有較高參考價值的資料，均入雜録。

⑨ 圖表：根據有關經目的内容需要，圖與表附於相關專題之下，或集中匯總於某級經目之後。

《大典》以内容分類安排各級緯目，各級緯目的正文，一般以原書爲單位，按時代順序排列。每一條資料前標明出處，包括書名或作者名、篇名或卷次，以利讀者核對原書。

五、書目：每分典後附有該分典所收書之書目，書目包括書名、作者、時(年)代、版本等内容。時代以成書時代爲準，成書時代不詳者，以作者主要活動時代爲準，並遵從歷史習慣。

六、版本：《大典》在選用版本時儘量採用古人的精校精刻本，亦採用學術界通用的近、現代整理圈點本及現代學者校點整理本。

七、校點：爲儘可能保存古籍原貌，《大典》祇對底本中明顯的脱、訛、衍、倒進行勘正。古本中的避諱字一般不作改動，祇對缺筆字補足筆畫。後人刻書時避當朝人諱而改動的字，據古本改回。《大典》採用新式標點法。

一九九六年八月

二〇〇六年十一月修訂

《中華大典·地學典》編纂委員會

《中華大典·地學典》編纂説明（代序）

鄭國光

《中華大典》是一部漢文古籍特大型類書，它把中華五千年傳統文化分爲二十四類，各類以現代學科名稱命名設典，《中華大典·地學典》（以下簡稱「《地學典》」）即爲其一典。其中，有的典又以分支學科名稱命名設分典。

「地學」係「地球科學」之簡稱，作爲學科名稱，應當是晚清時期創設。根據清鄭觀應《盛世危言·西學》（一八九四年）：「所謂地學者，以地輿爲綱，而一切測量、經緯、種植、車舟、兵陣諸藝，皆由地學以推至其極者也。」當代的地學概念，在不同的科學著作和教科書中，描述不盡相同，《現代漢語詞典（第六版）》採用的定義是：研究地球系統（大氣圈、水圈、巖石圈、生物圈和日地空間）的形成、發展和變化及其相互作用的科學。主要包括地理學、地質學、地球物理學、地球化學、大氣科學、海洋學、水文學和空間物理學等。

《地學典》所包涵的内容豐富而重要，其編纂不僅是學科建設的基礎性工作，也是學科文化建設和科學普及的重要内容。因《地學典》實際編纂工作啓動較晚，爲避免與天文、農業、林業、歷史地理各典的交叉重複，並考慮到古籍資料普查情況和學科編纂力量等條件，《地學典》共設五個分典：《氣象分典》、《地質分典》、《測繪分典》、《海洋分典》和《自然地理分典》。按照《中華大典》編纂通則，分典之下以總部、部爲經目，再以題解、論説、綜述、傳記、紀事、著録、藝文、雜録、圖表爲緯目。根據歷史文獻内容，經目用當代科學術語起題，緯目「有則設之，無則不設」，經緯交織，以成分典。

我們的祖先在認知自然環境的過程中，爲趨利避害，「仰以觀於天文，俯以察於地理」，對地球環境的觀察和思辨，自有文字記載以來，留存了大量的歷史文獻。依據《中華大典》編纂通則，《地學典》所選取的歷史資料，包括秦漢以來至辛亥革命時期的經、史、子、集和方志等古籍的記載；資料盡可能選自原本，標點盡可能使用句、逗兩種符號；對於允許使用的已由現代學者加工整理的文獻，標點使用則有所放寬。

《地學典》的任務，在於爲研究者提供最爲豐富、可靠的地學歷史文獻。因出版篇幅所限，各分典編纂過程中對歷史文獻進行過精選，研究者可根據分典的文獻著録，查閱更多的相關文獻。

《地學典》編纂工作得以順利開展，離不開《中華大典》辦公室的正確領導和統籌協調。在編纂過程中，得到中國氣象局、武漢大學、中國海洋大學、西南大學等編纂單位和重慶出版集團的鼎力相助，在此表示衷心的感謝！

二〇一三年十一月

中華大典·地學典

測繪分典

《中華大典·地學典·測繪分典》編纂委員會

主　　編：寧津生　李建成

執行主編：張建民

副 主 編：王美英　孫　萍　朱德友　徐　斌

委　　員：（按姓氏筆畫排列）

王中全　王克陵　毋有江　沈作霖　金詩燦　周　榮

洪　均　陳新立　陶治忠　焦　露　鄭　威

《中華大典·地學典·測繪分典》序言

歷時四年，二百五十餘萬字的《測繪分典》即將付梓，我們難掩心中的激動和喜悦。作爲《中華大典·地學典》的四個分典之一，《測繪分典》如今得以編纂出版，這不僅是繼承和弘揚我國優秀文化遺産的一件大事，也是我們測繪學界的一大文化工程。

《測繪分典》是依據現代學科分類，運用傳統類書的編纂方法，第一次將我國上起先秦、下迄清末的豐富測繪歷史文獻史料，進行全面搜集和系統整理，旨在爲學術界以及希望瞭解我國測繪學科歷史文化和發展狀況的人士提供準確翔實、便於檢索的珍貴資料。

測繪與人類息息相關，測繪知識既來源於人類的生産、生活需要和社會實踐，又進一步促進人類和社會發展。我國人民在長期的土地丈量、治水、修路、架橋、建房、航海、軍事等實踐中，不斷利用並豐富和發展測繪科技知識。如，《周髀算經》中的勾股測量法、張衡的地動儀、裴秀的「製圖六體」原則、祖沖之的密率、指南針的發明等等，在古代測繪學方面均達到了很高的水準。大禹治水、李冰建都江堰、鄭和航海等壯舉都是運用測繪科技的偉大實踐。我國歷史上不少朝代還設有專門管理測繪的機構和官職，如東漢時期的「大司空」、隋唐時期的「職方」等，也留存了大量的測繪歷史文獻。在中華民族光輝燦爛的古代科技文化成就中，測繪堪稱是其中濃墨重彩的一個篇章。

我國測繪史料非常豐富，但有關理論、技術和方法等内容卻散見於數學、天文、歷史、地理、文學等史料中，少有系統的專著。《測繪分典》是根據《中華大典》編纂通則有關篇幅和體例的要求，精選測繪歷史資料，按照「綜述」、「理論與方法」、「儀器」、「數據」、「地圖」五個總部進行分類編排，方便檢索、使用和研究。綜述總部主要包括有關測繪的機構建置、制度、人物、事件、著作等内容；理論與方法總部主要闡述測量和繪圖理論；儀器總部主要介紹與測量和繪圖有關的各種儀器；數據總部主要包括經緯度、距離、高程和田地面積等資料；地圖總部主要展示各種類型的地圖實物。

作爲中國測繪歷史文獻的集成之作，《測繪分典》的編纂需對浩如煙海的歷史文獻進行檢索、查閲、複印、選擇、點校、輯録、編排等，這一系列工作學術性强，要求很高，加之學術界對這方面的系統整理與研究成果較少，因而任務十分艱巨繁重。

但編纂人員克服了種種困難，付出了艱辛的勞動，終於勝利完成了任務，爲普及測繪科技知識，弘揚測繪文化，加强我國測繪學科建設作出了重要貢獻。

《測繪分典》由武漢大學測繪學院承擔編纂，二〇一〇年十一月啓動，二〇一四年十二月完稿。在編纂過程中，得到了國家測繪地理信息局國家基礎地理信息中心、中國地圖出版社等單位的熱情幫助。重慶出版社、武漢大學歷史學院等單位也給予了大力支持。在此一併致謝！

測繪學科是一個偏於應用的學科。隨著空間技術、電腦技術、網絡技術等現代科技的飛速發展，測繪技術日新月異，呈現信息化、即時化和智慧化的特點，對人類生活和社會發展的作用及影響日漸廣泛、深刻。以史爲鏡，明志鑒今，希望以此爲契機，繼承和弘揚前輩學術精神，激勵後學奮發有爲，致力譜寫我國測繪事業輝煌的新篇章。是爲序。

中國工程院院士　寧津生

中國工程院院士　武漢大學副校長　李建成

二〇一四年十一月三十日

測繪分典

目録

綜述總部

機構建置部

建置總説分部

《六韜》卷三《龍韜·王翼》 天文三人，主司星曆，候風氣，推時日，考符驗，校災異，知天心去就之機。地利三人，主軍行止形勢，利害消息，遠近險易，水涸山阻，不失地利。

《國語》卷六《齊語·管仲對桓公以霸術》 桓公曰：「定民之居若何？」管子對曰：「制國以爲二十一鄉。」桓公曰：「善。」管子於是制國以爲二十一鄉：工商之鄉六，士農之鄉十五。公帥五鄉焉，國子帥五鄉焉，高子帥五鄉焉。參國起案，以爲三官，臣立三宰，工立三族，市立三鄉，澤立三虞，山立三衡。

唐·杜佑《通典》卷一九《職官一·歷代官制總序》 伏羲氏太昊以龍紀，故爲龍師名官。師，長也。龍紀其官長，故爲龍師。春官爲青龍，夏官爲赤龍，秋官爲白龍，冬官爲黑龍，中官爲黄龍。張晏曰：「庖羲氏將興，神龍負圖而至，因以名師與官也。」共工氏以水紀，故爲水師水名。共工氏，以諸侯霸有九州者。以受水瑞，故水名官。神農氏以火紀，故爲火師火名。火德也，故爲炎帝。春官爲大火，夏官爲鶉火，秋官爲西火，冬官爲北火，中官爲中火也。神農有火星之瑞，因以名師與官也。黄帝雲師雲名。黄帝受命有雲瑞，故以雲紀事。春官爲青雲，夏官爲縉雲，秋官爲白雲，冬官爲黑雲，中官爲黄雲也。黄帝有景雲之應，因以名師與官也。

少昊摯之立也，鳳鳥適至，故鳥紀，爲鳥師而鳥名。鳳鳥氏，曆正也。鳳鳥知天時，故以爲曆正之官。玄鳥氏，司分也。玄鳥，燕也。以春分來，秋分去。伯趙氏，司至也。伯趙，伯勞也。以夏至鳴，至冬至止。青鳥氏，司啓也。青鳥，鶬鴳也。以立春鳴，立秋止。鴳音晏。丹鳥氏，司閉也。丹鳥，鷩雉也。以立秋來，立冬去，入大水爲蜃。以上四鳥，皆曆正之屬官。【略】鳲鳩氏，司空也。鳲鳩，鴶鵴也。鳲鳩平均，故爲司空，平水土。鳲音尸。鴶音秸。鵴音菊。【略】五雉爲五工正，五雉，雉有五種：西方曰鷷雉，東方曰鶅雉，南方曰翟雉，北方曰鵗雉，伊洛之南曰翬雉。利器用，正度量，夷民者也。夷，平也。

自顓頊以來，不能紀遠，乃紀於近，爲民師而命以民事。德不能致遠瑞，始以民事命官。此郯子對魯昭公之辭。仲尼聞之曰：「吾聞之：『天子失官，學在四夷。』」乃見於郯子而學之。又有五行之官，是謂五官。社稷五祀，是尊是奉。【略】春官木正，曰句芒。正，官長也。取木生句曲而有芒角。其祀重也。夏官火正，曰祝融。祝融，明貌也。其祀黎也。秋官金正，曰蓐收。秋物摧蓐而可收也。其祀該也。冬官水正，曰玄冥。水，陰而幽冥。其祀脩及熙焉。中官土正，曰后土。土爲群物主，故稱后也。其祀句龍焉。在家則祀中霤，在野則祀社。

唐堯之代，命羲、和欽若昊天，曆象日月星辰，敬授人時。重黎之後羲氏、和氏，世掌天地四時之官，故堯命之，使敬順昊天。昊天，言元氣廣大。星，四方中星。辰，日月所會。曆象其分節，敬記天時，以授人也。此舉其目，下別序之。分命羲仲宅嵎夷，曰暘谷，宅，居也。東表之地稱嵎夷。暘，明也。日出於谷而天下明，故稱暘谷。暘谷，嵎夷，一也。羲仲居治東方之官。寅賓出日，平秩東作。寅，敬。賓，導。秩，序也。歲起於東，而始就耕，謂之東作。東方之官，敬導出日，平均次序東作之事，以務農也。申命羲叔宅南交，申，重也。南交，言夏與春交，舉一隅以見之。此居治南方之官。平秩南訛，敬致。訛，化也。掌夏之官，平序南方化育之事，敬行其教，以致其功。四時同之，亦舉一隅。分命和仲宅西，曰昧谷，昧，冥也。日入於谷而天下冥，故曰昧谷。昧谷曰西，則嵎夷東可知。此居治西方之官，掌秋天之政。寅餞納日，平秩西成。餞，送也。日出言導，日入言送，因事之宜。秋，西方萬物成，平序其政，助成物也。申命和叔宅朔方，曰幽都，平在朔易。北稱朔，亦稱方。言一方則三方見矣。北稱幽則南稱明，從可知也。都，謂所聚也。易，謂歲改易於北方。平均在察其政，以順天常。上總言羲、和敬順昊天，此分别仲、叔各有所掌。允釐百工，庶績咸熙。允，信。釐，治。工，官。績，功。咸，皆。熙，廣也。言定四時成歲，曆以告時授事，則能信治百官，衆功皆廣，歎其善。內有百揆、四岳，四岳，分主四方諸侯者也。《周禮正義》曰：「四岳，四時之官，主四岳之事。」始羲、和之時，主四岳者謂之四伯。至其死，分岳事，置八伯，皆王官。其八伯，唯驩兜、共工、放齊、鯀四人而已，餘四人無文可知。故《書》傳云：「惟元祀巡狩，四岳八伯。」堯始以羲、和爲六卿，春夏秋冬者，并掌方岳之事，是爲四岳。出則爲伯。其後稍死，分置八伯，以九州而言，八伯者，據畿外八州也，畿內不置伯，以鄉遂之吏主之。四岳之外，更有百揆之官者，但堯初天官爲稷，至堯，試舜天官之任，謂之百揆，舜又命禹爲百揆，皆天官也。外有州牧、侯伯。外置州牧十二及五國之長。

虞舜有天下，以伯禹作司空，使宅百揆。禹代鯀爲崇伯，入爲天子司空，治洪水有成功，言可用之。【略】垂作共工，利器用。垂，臣名。共謂供其百工職事。伯益作虞，

育草木鳥獸。虞，掌山澤之官。【略】蓋亦爲六官，以主天地四時也。【略】

夏后之制，亦置六卿。《甘誓》曰「乃召六卿」是也。其官名次，猶承虞制。《禮記》曰：「夏后氏官百，天子有三公、九卿、二十七大夫、八十一元士。」殷制，天子建天官，先六太，曰太宰、太宗、太史、太祝、太士、太卜，典司六典。典，法也。此蓋殷時制也。周則太宰爲天官，太宗曰宗伯，宗伯爲春官，太史以下屬焉。太士，以神仕者。天子之五官，曰司徒、司馬、司空、司士、司寇，典司五衆。衆，謂羣臣也。此亦殷時制也。周則司士屬司馬。太宰、司徒、宗伯、司馬、司寇、司空爲六官。天子之六府，曰司土、司木、司水、司草、司器、司貨，典司六職。府，主藏六物之稅者。此亦殷時制也。周則皆屬司徒。司土，土均也。司木，山虞也。司水，川衡也。司草，稻人也。司器，角人也。司貨，丱人也。丱音華猛反。天子之六工，曰土工、金工、石工、木工、獸工、草工，典制六材。此亦殷時制也。周則皆屬司空。土工，陶旊也。金工，築、冶、鳧、㮚、鍛、桃也。石工，玉人、磬人也。木工，輪、輿、弓、廬、匠、車、梓也。【略】五官致貢曰享。【略】五官之長曰伯。謂爲三公也。《周禮》：「九命作伯」。千里之內爲王畿，千里之外設方伯。五國以爲屬，屬有長。十國以爲連，連有帥。三十國以爲卒，卒有正。二百一十國以爲州，州有伯。【略】八州八伯，五十六正，百六十八帥，三百三十六長。八伯各以其屬，屬於天子之老二人，分天下以爲左右，曰二伯。老，謂上公。

周成王既黜殷命，參改殷官，制爲周禮，以作天地四時之名，謂之六卿。改太宰爲天官冢宰，太宗爲春官宗伯，以司徒爲地官，司馬爲夏官，司寇爲秋官，司空爲冬官。立天官冢宰掌邦治，地官司徒掌邦教，春官宗伯掌邦禮，夏官司馬掌邦政，秋官司寇掌邦刑，冬官司空掌邦事。六官之職，皆總屬於冢宰。故《論語》曰：「君薨，百官總己以聽於冢宰。」《爾雅》曰：「冢，大也。」冢宰則太宰，於百官無所不主。各有徒屬，周於百事。【略】

自周衰，官失而百職亂，戰國並争，各有變易。暨秦兼天下，建皇帝之號，五帝自以德不及三皇，故自去其皇號。三王又以德不及五帝，自損稱王。秦自以德褒二代，故兼稱之。立百官之職，不師古。始罷侯置守，太尉主五兵，丞相總百揆。又置御史大夫，以貳於相。

漢初因循而不革，隋時宜也，其後頗有所改。孟康注《漢書》曰：「大司馬、左右前後將軍、侍中、常侍、散騎、諸吏爲中朝。丞相以下至六百石等爲外朝。」王莽篡立，慕從古官，而吏民弗安，亦多虐政，遂以亂亡。【略】光武中興，務從節約，并官省職，費減億計。【略】廢丞相與御史大夫，而以三司綜理衆務。洎於叔世，事歸臺閣。論道之官，備員而已。

魏與吴蜀，多依漢制。晉氏繼及，大抵略同。【略】太元六年，改制減費，損吏士職員，凡七百人。時議省州郡縣半吏，以赴農功。荀勖議以爲：「【略】今必欲求之於本，則宜以省事爲先。設官分職，委事責成。量能受任，思不出位。若欲省官，竊謂九寺可并於尚書，蘭臺宜省付三府。」至東晉，桓温又表曰：「愚謂門下三省、祕書、著作，通可減半。古以九卿綜事，不專尚書。今事歸內臺，則九卿爲虛設，皆宜省并。若郊廟籍田之屬，則臨時權兼，事訖省矣。」

爰及宋齊，亦無改作。【略】官司有三臺、五省之號，三臺，蓋兩漢舊名。五省，謂尚書、中書、門下、祕書、集書省也。郡縣有三歲爲滿之期。【略】梁武受終，多遵齊舊。然而定諸卿之位，分配四時，説在《列卿》中。置戎秩之官，百有餘號。【略】陳遵梁制，不失舊物。【略】

後魏昭成之即王位，初置官司，分掌衆職。【略】然而其制草創，名稱乖疏。皇始元年，道武平并州，始建臺省，置百官，封拜公侯、將軍、刺史、太守，尚書郎等官悉用文人。天興中，太史言天文錯亂，當改王易政，故官號數革。【略】至孝文太和中，王肅來奔，爲制官品，百司位號，皆準南朝，改次職令，以爲永制。【略】北齊創業，亦遵後魏，臺省位號，多類江東。以門下省掌獻納諫正，中書省管司王言，祕書省典司經籍，集書省掌從容諷議，中常侍省掌出入門閤，御史臺掌察糾彈劾。後主臨御，爵禄犬馬。御馬及犬，乃有儀同、郡君之號，藉以旂罽，食物十餘種。其宫婢、閹人、商人、胡户、雜户、歌舞人、見鬼人濫，富貴者萬數。至末年，太宰、三師、大司馬、大將軍、三公等官，並增員而授，或兩或三，不可稱數。後周之初據關中，猶依魏制。及平江陵之後，別立憲章，酌《周禮》之文，建六官之職，其他官亦兼用秦漢。【略】

隋文帝踐極，百度伊始，復廢周官，還依漢魏。其於庶僚，頗有損益，凡官以四考而代。又制：凡官以理去職，聽並執笏。至煬帝，意存稽古，多復舊章。百官不得計考增級，如有德行功能灼然顯著者，擢之。大業三年，始行新令，有三臺、五省、五監、十二衛、十六府。殿內、尚書、門下、內史、祕書，五省也。謁者、司隸、御史，三臺也。少府、長秋、國子、將作、都水，五監也。左右翊、左右驍、左右武、左右屯、左右禦、左右候、十二衛也。左右備身、左右監門等，凡十六府也。或是舊名，或是新置。諸省及左右衛、武候、領軍、監門府爲內官，自餘爲外官。於時天下繁富，四方無虞，衣冠文物爲盛矣。既而漸爲不道，百度方亂，號令日改，官名月易，圖籍散逸，不能詳備。

大唐職員多因隋制，雖小有變革，而大較不異。高祖制：文官遭父母喪者，聽去職。貞觀六年，大省内官，凡文武定員，六百四十有三而已。【略】龍朔二年，又改京諸司及百官之名，改尚書省爲中臺，門下省爲東臺，中書省爲西臺，其餘官司悉改之。咸亨元年復舊。至於武太后，再易庶官，或從宜創號，改尚書省爲文昌臺，門下省爲鸞臺，中書省爲鳳閣，御史臺爲肅政臺及諸寺衛等名，又置控鶴府官員。或參用古典。改六尚書爲天地四時之官。【略】神龍初，官復舊號。凡武太后所改之官。二年三月，又置員外官二千餘人。【略】於是遂有員外、員外官，其初但云員外。至永徽六年，以蔣孝璋爲尚藥奉御，員外特置，仍同正員。自是員外官復有同正員者，其加同正員者，唯不給職田耳，其禄俸賜與正官同。單言員外者，則俸禄減正官之半。檢校、試、攝、判、知之官。攝者，言敕攝，非州府版署之命。檢校者，云檢校某官。判官者，云判某官事。知者，云知某官事。皆是詔除，而非正命。逮乎景龍，官紀大紊，復有「斜封無坐處」之誦興焉。【略】先天以來，始懲其弊。【略】至開元二十五年，刊定職次，著爲《格令》。此格皆武德、貞觀之舊制，永徽初已詳定之，至開元二十五年再删定焉。至二十八年，又省文武六品以下官三百餘員及諸流外、番官等。蓋尚書省以統會衆務，舉持繩目。門下省以侍從獻替，規駁非宜。中書省以獻納制册，敷揚宣勞。祕書省以監録圖書。殿中省以供修膳服。内侍省以承旨奉引。尚書、門下、中書、祕書、殿中、内侍，凡六省。御史臺以肅清僚庶。九寺、太常、光禄、衛尉、宗正、太僕、大理、鴻臚、司農、太府爲九寺。五監少府、將作、國子、軍器、都水爲五監。以分理羣司。【略】一詹事府、二春坊、有左右春坊，又有内坊，掌閤内諸事。三寺、家令寺、率更寺、太僕寺。十率左右衛、左右司禦、左右清道、左右監門、左右内侍，凡十率府。俾乂儲宫。牧守督護，分臨畿服，京府置牧，餘府州置都督、都護、太守。設官以經之，置使以緯之。按察、採訪等使以理州縣。節度、團練等使以督府軍事。租庸、轉運、鹽鐵、青苗、營田等使以毓財貨。其餘細務因事置使者，不可悉數。其轉運以下諸使，無適所治，廢置不常，故不别列於篇。自六品以下，率由選曹，居官者以五歲爲限。於是百司具舉，庶績咸理，亦一代之制焉。【略】

唐・杜佑《通典》卷二〇《職官二・三公總敍》

《記》曰：「虞夏商周有師、保，有疑、丞，設四輔及三公，【略】不必備，唯其人。語使能也。」【略】故天子無爵，三公無官，參職天子，何官之稱？天文三台，以三公法焉。三台，星名。台，一作能。伊尹曰：「三公調陰陽，九卿通寒暑，大夫知人事，列士去其私。」周成王作《周官》，曰：「立太師、太傅、太保，茲惟三公，論道經邦，燮理陰陽。【略】少師、少傅、少保曰三孤。【略】貳公弘化，寅亮天地，弼予一人。」【略】則三太，周之三公也，故不以一職爲官名。公，八命也。九命則分陝爲二伯。又以三少爲孤卿，與六卿爲九焉。六卿，冢宰、司徒、宗伯、司馬、司寇、司空也。《周禮正義》曰：「按《婚義》云三公九卿者，六卿并三孤而言九，其三公又下兼六卿。故《傳》云司徒公、司馬公、司空公，公各兼二卿。按《顧命》，太保領冢宰，畢公領司馬，毛公領司空，别有芮伯爲司徒，彤伯爲宗伯，衛侯爲司寇，則周時三公，各兼一卿之職，與古異矣。」又《周禮》：王畿有六卿，每二卿則公一人，蓋一公領二卿也。舜之於堯，伊尹於湯，周公、召公於周，是其任也。【略】故《周禮》建外朝之法，左九棘，孤、卿、大夫位焉，羣士在其後；右九棘，公、侯、伯、子、男位焉，羣吏在其後；面三槐，三公位焉，州長衆庶在其後。【略】春秋九命作伯，尊公曰宰，言於海内無不宰統焉。或説司馬主天，司徒主人，司空主土，是爲三公。《韓詩外傳》曰：「故陰陽不和，四時不節，星辰失度，災變非常，則責之司馬；君臣不正，人道不和，國多盜賊，民怨其上，則責之司徒；山陵崩弛，川谷不通，五穀不殖，草木不茂，則責之司空。」

漢初，唯有太傅、太尉，後加置太師、太保、大司徒、大司空。【略】王莽居攝，置四輔官。初，王舜爲左輔，甄豐爲右弼，甄邯爲後承。後又制以太師、太傅、國師、國將爲四輔，位上公。大司馬、大司徒、大司空爲三公。

後漢唯有太傅一人，謂之上公。及有太尉、司徒、司空，光武初詔司徒司空二府去大，無稱爵。而無師保。董卓盜爲太師，非漢本制。太尉公主天，部太常、衛尉、光禄勳。司徒公主人，部太僕、鴻臚、廷尉。司空公主地，部宗正、少府、司農。而分部九卿，【略】蓋多以九卿爲之。【略】至獻帝建安十三年，乃罷三公官。

魏初復置，與後漢同，有太傅、太尉、司徒、司空。然皆無事，不與朝政。【略】

晉武帝即位之初，以安平王孚爲太宰，鄭沖爲太傅，王祥爲太保，義陽王子初爲太尉，何曾爲司徒，荀顗爲司空，石苞爲大司馬，陳騫爲大將軍，凡八公，同時並置。【略】其太尉、司徒、司空，自漢歷魏，皆爲三公。及晉迄於江左，相承不改。上公、三公之制不改。前代三公策拜，皆設小會，所以崇宰輔之制也。自魏末廢而不行。至晉，拜石鑒字林伯爲左光禄大夫，開府，領司徒，始有詔令會，遂以爲常。【略】

宋皆有八公之官，而不言爲八公也。【略】

齊時，三公唯有太傅。

梁有丞相、太宰、太傅、太保、大司馬、大將軍、太尉、司徒、司空、開府儀同三司等官，諸公及位從公開府者，亦置官屬。

陳以丞相、太宰、太傅、太保、大司馬、大將軍並爲贈官。三公之制，開黃閣，廳事置鴟尾。

後魏以太師、太傅、太保謂之三師，上公也。大司馬、大將軍謂之二大，太尉、司徒、司空謂之三公。

北齊皆有三師、二大、三公之官，並置府，其府三門，當中門黃閣，設內屏。三師、二大置佐吏，則同太尉府。

後周置六卿之外，又改三師官謂之三公，兼置三孤以貳之。少師、少傅、少保。而以司徒爲地官，大司馬爲夏官，司空爲冬官，如姬周之制，無復太尉、三師之號。【略】

隋置三師，不主事，不置府僚，但與天子坐而論道。置太尉、司徒、司空，以爲三公，參議國之大事，依北齊置府僚，無其人則闕。祭祀則太尉亞獻，司徒奉俎，司空行掃除。其位多曠，皆攝行事。尋省府及僚佐，置公則坐於尚書都省。朝之衆務，總歸於臺閣矣。煬帝即位，廢三師官。

大唐復置三師，以師範一人，儀刑四海。置三公，以經邦論道，燮理陰陽，祭祀則與隋制同。並無其人則闕。天寶以前，凡三師官，雖有其位，而無其人。

唐·杜佑《通典》卷二〇《職官二·司徒》 堯時，舜爲司徒。

舜攝帝位，命离爲司徒。

玄孫之子曰微，亦爲夏司徒。

周時，司徒爲地官，掌邦教。【略】

秦置丞相，省司徒。

漢初因之。至哀帝元壽二年，罷丞相，置大司徒。

後漢大司徒主徒衆，教以禮義。凡國有大疑大事，與太尉同。【略】建武二十七年，去「大」，爲司徒公。【略】建安末爲相國。

魏黃初元年，改爲司徒。【略】

晉司徒與丞相通職，更置迭廢，未嘗並立。至永嘉元年，始兩置焉。【略】

宋制：司徒金章紫綬，進賢三梁冠，佩山玄玉。掌治民事，郊祀則省牲，視滌濯，大喪安梓宮。凡四方功課，歲盡則奏其殿最而行賞罰，亦與丞相並置。

齊司徒之府，領天下州郡名數，户口簿籍。

梁罷丞相，置司徒，歷代皆有。

至後周，以司徒爲地官，謂之大司徒卿，掌邦教，職如《周禮》。

隋及大唐復爲三公。

唐·杜佑《通典》卷二〇《職官二·司空》 司空，古官。孔安國曰：「司空，主空土以居人。」空，穴也。古者穿土爲穴以居人。

少皞鳲鳩氏爲司空。

舜攝帝位，以禹爲司空。《周禮正義》曰：「禹自司空總百揆，乃分司空之職爲共工。」《虞書》曰「垂作共工，益作朕虞」是也。

离玄孫之子曰冥，亦爲夏司空。

殷湯以咎單爲司空。

《周禮》，司空爲冬官，掌邦事。凡營城起邑、復溝洫、修墳防之事，則議其利，建其功。四方水土功課，歲盡則奏其殿最而行賞罰。凡國有大造大疑，諫諍，與太尉同。

秦無司空，置御史大夫。

漢初因之。至成帝綏和元年，始更名御史大夫曰大司空。初改爲司空，議者又以縣道官獄有司空，故復加爲大司空，亦所以别小大之文也。金印紫綬，禄比丞相。哀帝建平二年，復爲御史大夫。元壽二年，復爲大司空。【略】

後漢初爲大司空。建武二十七年，去「大」，爲司空公。【略】獻帝建安十三年，又罷司空，置御史大夫。御史大夫郗慮免，不復補。荀綽《百官注》曰：「獻帝置御史大夫，職如司空，不領侍御史。」

魏初，又置司空，冠綬及郊廟之服與太尉同。【略】

宋制：進賢三梁冠，佩山玄玉。掌治水土，祠祀掌掃除樂器，大喪掌將校復土。

歷代皆有之。至後周爲冬官，謂之大司空卿。掌邦事，以五材九範之徒，佐皇帝，富邦國。大祭祀行洒掃，廟社四望則奉豕牲。

隋及大唐復爲三公。天寶十三年，策拜楊國忠爲司空，其日雨土。

唐·杜佑《通典》卷二〇《職官二·總敍三師三公以下官屬》 三師、太師、太傅、太保，歷代多有之。一太、殷建官有六太，其一曰太宰。自周以後，亦常有之。餘五太則無。三公、太尉、司徒、司空，歷代有之。二大、大司馬、大將軍，歷代亦有之。諸位從公諸將軍及光禄大夫開府者，歷代亦時有之。官屬等。歷代有置有省，亦多同說，所以不更各具本府，但依時代都言之。其大將軍，自具本篇。

漢有三師，而不見官屬。以丞相爲公，置司直、長史。後改丞相爲司徒，則曰司徒、司直、長史。具《宰相篇》。其太尉後改爲大司馬。綏和初，始置長史一人，掾屬二十四人，御屬一人，令史二十四人。改御史大夫爲大司空，置長史，如中丞。具《御史大夫篇》。

後漢初，【略】司徒屬官有長史一人，掾屬三十一人，令史及御屬三十六人。正曰掾，副曰史。【略】司空屬官：長史一人，掾屬二十九人，令史及御屬三十二人。正曰掾，副曰屬。【略】其大司馬屬官並同前漢。

魏置太傅、太保，而不見官屬。太尉、司徒、司空有長史、司馬、從事中郎、正行參軍。大司馬亦有正行參軍也。

晉有太宰、太傅、太保。唯楊駿爲太傅，增祭酒爲四人，掾屬二十人，兵曹爲左右也。【略】太宰、太保官屬不見。太尉、司徒、司空並有長史、司馬。太尉雖不加兵者，吏屬皆絳服。泰始三年，又置太尉軍參軍六人，騎司馬五人，官騎十人。而司徒加置左長史，掌差次九品，銓衡人倫，冠綬與丞相長史同。主簿、左右東西曹掾各一人，若有所循行者，增置掾屬十人。【略】司空府加置導橋掾一人，餘略同後漢。【略】

宋有太傅、太保、太宰、太尉、司徒、司空、大司馬，諸府皆有長史一人，將軍一人。又各置司馬一人，而太傅不置。長史、掾屬亦與後漢略同。自江左以來，諸公置長史、倉曹掾、户曹屬、東西閤祭酒各一人，主簿、舍人二人，御屬二人，令史無定員。【略】

齊有太宰、大司馬，並爲贈官，無僚屬。太尉、司徒、司空，是爲三公。特進，位從公。諸開府儀同三司，位從公。開府儀同，如公。凡公督府置佐：長史、司馬各一人，諮議參軍二人。諸曹有録事，功曹，記室，户曹，倉曹，中、直兵，外兵，騎兵，長流，賊曹，城局，法曹，田曹，水曹，鎧曹，集曹，右户十八曹。城局曹以上署正參軍，法曹以下署行參軍，各一人。其行參軍無署者，爲長兼員。其公府佐吏，則從事中郎二人，倉曹掾，户曹屬，東西閤祭酒各一人，主簿，舍人，御屬二人。加崇者，則左右長史四人，中郎，掾屬並增數。其未及開府，則置府亦有佐吏，其數有減。小府無長流，置禁防參軍。【略】

梁武受命之初，官班多同宋齊之舊。有丞相、太宰、太傅、太保、大司馬、太尉、司徒、司空、開府儀同三司等官。諸公及位從公開府者置官屬，有長史、司馬、諮議參軍、掾屬、從事中郎、記室、【略】主簿、列曹參軍、行參軍、舍人等官。其司徒則有左、右二長史，【略】又增置左西掾一人，自餘僚佐，同於二府。有公則置，無則省。而司徒無公，唯省舍人，餘官常置。【略】

陳三師、二大並爲贈官，而無僚屬。其三公有府長史、司馬、諮議參軍、從事中郎、掾曹屬、主簿、祭酒、録事、記室、正參軍、板正參軍。

後魏三師無官屬。【略】三公及二大並有長史、司馬、諮議參軍、從事中郎、掾屬、主簿、録事參軍、功曹、記室、户曹、中兵等參軍、諸曹行參軍、祭酒、參軍事、長兼行參軍、督護。其太尉、司徒與二大屬官階同。唯司空府官每降一階。

北齊三師、二大、三公各置長史、司馬、諮議參軍、從事中郎、掾屬、主簿、録事、功曹、記室、户曹、倉曹、中兵、外兵、騎兵、長流、城局、刑獄等參軍事、東西閤祭酒及參軍事、法、墨、田、水、鎧、集、士等曹行參軍，兼左户右户行參軍，長兼行參軍，參軍，督護等員。司徒則加左、右長史。長史、主吏。司馬、主將。舍人，主閤內事。皆自秦官也。從事中郎、從事中郎，漢末官也。陳湯爲大將軍王鳳從事中郎，在主簿上，所掌秩與長史同。掾屬、主諸曹事。主簿、所主與舍人同，祭酒所主亦同。令史，主諸曹文書。此皆自漢官也。陳湯爲大將軍王鳳從事中郎是也。御屬、參軍自後漢也。孫堅參驃騎軍事是也。參軍所主與掾屬同。其儀同三司加開府者，亦置長史以下官屬，而減記室、倉、城局、田、水、鎧、士等七曹，各一人。其品亦下三公府一階。其三師二大佐史，則同太尉府也。

後周以太師、太傅、太保爲三公，而不見僚屬。

隋三師亦不見官屬。而三公依北齊置府僚，後省府及僚佐。置公則坐於尚書都省。朝之衆務，總歸於臺閣。

大唐三師、三公並無官屬。

唐・杜佑《通典》卷二二《職官四・尚書上・歷代尚書八座附》 秦尚書四人。不分曹名。漢成帝初置尚書五人，其一人爲僕射，四人分爲四曹：尚書曹名，自此而有。常侍曹，主公卿。二千石曹，主郡國二千石。民曹，主凡吏民上書。以人字改焉。自後歷代曹部皆同。客曹。主外國夷狄。後又置三公曹，主斷獄。是爲五曹。後漢尚書五曹，六人，其三公曹尚書二人。掌天下歲盡集課州郡。吏曹、【略】二千石曹、掌中都官，水火，盜賊，辭訟，罪法，亦謂之賊曹。民曹、掌繕理，功作，鹽池，苑囿。客曹，【略】兩梁冠，納言幘。或說有六曹。【略】魏有吏部、左民、客曹、五兵、度支，凡五尚書。晉初有吏部、三公、客曹、駕部、屯田、度支六曹。無五兵。太康有吏部、殿中、五兵、田曹、度支、左民，爲六曹尚書。無駕部、三公、客曹。及渡江，有吏部、祠部、五兵、左民、度支五尚書。【略】宋有吏部、祠部、度支、左民、左民尚書統左民及駕部二曹。都官、五兵六尚書。〔略〕齊梁與宋同，侯景改梁五兵爲七兵尚書。〔略〕亦別有起部，而不常置也。〔略〕陳與梁同。後魏初有殿中、掌殿内兵馬倉庫。樂部、掌伎樂及角使伍伯。駕部、掌牛馬驢騾。南部、掌南邊州郡。北部掌北邊州郡。五尚書。其後亦有吏部、初曰選部。兵部、都官、度支、七兵、祠部、民曹等尚書。又有金部、庫部、虞曹、儀曹、右民、宰官、〔略〕都牧、〔略〕牧曹、右曹、太倉、太官、祈曹、神都、儀同曹等尚書。自金部以下，但有尚書之名，而不詳職事。北齊有吏部、殿中、殿中統殿中曹，主駕行百官留守名帳，宫殿禁衛，及儀曹，三公，駕部四曹。祠部、五兵、都官、度支六尚書。後周無尚書。隋有吏、禮、兵、刑、户、工六部尚書。大唐尚書與隋同。龍朔二年，改尚書爲太常伯。咸亨初復舊。歷代吏部尚書及侍郎，品秩悉高於諸曹。

八座：後漢以六曹尚書并令、僕二人，謂之八座。魏以五曹尚書、二僕射、一令爲八座，宋齊八座與魏同。晉梁陳不言八座之數。隋以六尚書、左右僕射及令爲八座，大唐與隋同。

唐·杜佑《通典》卷二二《職官四·尚書上·行臺省》 行臺省，魏晉有之。〔略〕及後魏，謂之尚書大行臺，別置官屬。〔略〕北齊行臺兼統民事，自辛術始焉。〔略〕其官置令、僕射，其尚書丞郎皆隨時權制。〔略〕隋謂之行臺省，有尚書令、僕射左右任置各一人，主事四人。有考功、兼吏部、主爵、司勳。禮部、兼祠部、主客。膳部、兵部、兼職方。駕部、庫部、刑部、兼都官、司門。度支、兼倉部。金部、工部、屯田兼水部、虞部。侍郎各一人。每行臺置食貨、農圃、武器、百工監、副監，各置丞、食貨四人，農圃一人，武器二人，百工四人。録事等員。食貨、農圃、百工各二人，武器一人。蓋隨其所管之道，置於外州，以行尚書事。大唐初，亦置行臺，貞觀以後廢。其後諸道各置採訪等使，每使有判官二人，兼判尚書六行事，亦行臺之遺制。

唐·杜佑《通典》卷二三《職官五·尚書下·禮部尚書》 唐虞之時，秩宗典三禮。《周禮·春官》，大宗伯掌建邦之天神、人鬼、地祇之禮。後漢尚書吏曹兼掌齋祀，亦其職也。魏尚書有祠部曹。及晉江左，有祠部尚書，掌廟祧之禮。〔略〕常與右僕射通職，不常置，以右僕射攝之。歷代皆與右僕射通職。宋祠部尚書統領祠部、儀曹二曹。齊梁陳皆有祠部尚書。後魏爲儀曹尚書。北齊祠部尚書統祠部、掌祠部、醫藥、死喪、贈賻。主客、虞曹、屯田、起部五曹。又有儀曹，主吉凶禮制，屬殿中尚書。後周置春官卿，又有禮部，而不言職事。後改禮部爲宗伯。又春官之屬有典命，〔略〕後改典命爲大司禮，俄改大司禮復爲禮部，謂之禮部大夫。〔略〕至隋，置禮部尚書，統禮部、祠部、主客、膳部四曹，蓋因後周禮部之名，兼前代祠部、儀曹之職。大唐龍朔二年，改禮部尚書爲司禮太常伯，咸亨元年復舊。光宅元年，改禮部爲春官，神龍元年復舊。總判祠部、禮部、膳部、主客事。〔略〕

祠部郎中一人。魏尚書有祠部郎，歷代皆有。主禮制。後魏裴修爲中大夫，兼祠部曹。〔略〕後周有典祠中大夫，隋初爲侍郎，煬帝除「侍」字。武德中，加「中」字。龍朔二年，改爲司禋大夫，咸亨元年復舊。〔略〕掌祠祀、天文、漏刻、國忌、廟諱、卜祝、醫藥等及僧尼簿籍。自天寶六載及至德三年，常置祠祭使，以他官爲之。員外郎一人。

唐·杜佑《通典》卷二三《職官五·尚書下·兵部尚書》 《周禮·夏官》，大司馬之職，掌以九伐之法正邦國，制軍詰禁，以糾邦國。領校人、牧師、職方、司兵之屬，即今兵部之任也。魏置五兵尚書，〔略〕五兵謂中兵、外兵、騎兵、別兵、都兵也。晉初無，太康中乃有五兵尚書，而又分中兵、外兵各爲左右。〔略〕宋五兵尚書唯領中兵、外兵二曹，餘則無矣。齊梁陳皆有之，後魏爲七兵尚書。北齊爲五兵，統左中兵、〔略〕右中兵、〔略〕左外兵、〔略〕右外兵、〔略〕都兵〔略〕五曹。後周置大司馬，其屬又有兵部中大夫，小兵部下大夫，其職並缺。至隋乃有兵部尚書，統兵部、職方、駕部、庫部四曹，蓋因後周兵部之名，兼前代五兵之職。大唐龍朔二年，改兵部尚書爲司戎太常伯，咸亨元年復舊。光宅元年，改爲夏官，神龍元年復舊。天寶十一年，改爲武部尚書。至德初復舊。掌武官選舉，總判兵部、職方、駕部、庫部事。〔略〕

職方郎中一人。《周禮·夏官》：有職方氏，掌天下之圖，辨九州之國。歷代無聞。至後周，依《周官》。隋初有職方侍郎，煬帝除「侍」字。武德中，加「中」字。龍朔二年改爲司城大夫，咸亨元年復舊。掌地圖、城隍、鎮戍、烽候，防人路程遠近，歸化首渠。員外郎一人。《周官·夏官》：職方上士，後周依周官。隋改置，與户部員外郎同。

唐·杜佑《通典》卷二三《職官五·尚書下·工部尚書》 《周禮》，冬官其屬有考工，掌百工之事，曰「國有六職，百工是其一焉」。漢成帝初置尚書，有民曹，主凡吏民上書。後漢光武改民曹主繕修功作、鹽池、園苑。魏置左民尚書，亦領其職。晉宋以來，有起部尚書而不常置，每營宗廟宫室則權置之，事畢則省，以其事分屬都官、左民二尚書。北齊起部亦掌工造，屬祠部尚書。後周有冬官大司空卿，掌五材九範之法；其屬工部中大夫二人，承司之事，掌百工之籍，而理其禁令。至隋乃有工部尚書，統工部、屯田二曹，蓋因後周工部之名，兼前代起部之職。大唐龍朔二年，改工部尚書爲司平太常伯，咸亨元年復舊。武太后改工部爲冬官，神龍初復舊。總判工部、屯田、虞部、水部事。

侍郎一人。隋煬帝改置工部侍郎，大唐因之。龍朔二年，改爲司平少常伯，咸亨元年復舊。他時曹名或改，而官不易。掌興造、工匠、諸公廨屋宇、五行並紙筆墨等事。郎中一人。晉尚書有起部曹。歷代皆有，具《尚書》中。隋初爲工部侍郎，煬帝除「侍」字，又改爲起部郎。武德三年，改爲工部郎中。龍朔二年改爲司平大夫，咸亨元年復舊。其後曹名改而官不易。所掌與侍郎同。員外郎一人。隋文帝置工部員外郎，煬帝改爲起部承務郎。武德三年，復爲工部員外郎。其後曹改而官不易。

屯田郎中一人。漢成帝置尚書郎四人，其一人掌户口、墾田，蓋尚書屯田郎之始也。至魏，尚書有農部郎，又其職也。至晉始有屯田尚書。及太康中，謂之田曹，後復爲屯田。江左及宋齊則左民郎中兼知屯田事，梁陳則曰侍郎，後魏、北齊並爲屯田郎。隋初爲屯田侍郎，兼以掌儀武之事。【略】煬帝除「侍」字。武德三年，加「中」字。龍朔二年，改爲司田大夫，咸亨元年復舊。掌屯田、官田、諸司公廨、官人職分、賜田及官園宅等事。員外郎一人。改置與户部員外郎同。

虞部郎中一人。虞部，蓋古虞人之遺職。至魏，尚書有虞曹郎中，晉因之。梁、陳曰侍郎。後魏、北齊虞曹掌地圖，山川，近遠園囿，田獵，雜味等，並屬虞部尚書。後周有虞部下大夫一人，掌山澤草木鳥獸而阜蕃之；又有小虞部，並屬大司馬。隋初爲虞部侍郎，屬工部。煬帝除「侍」字。武德中，加「中」字。龍朔二年，改爲司虞大夫，咸亨元年復舊。天寶十一年，又改虞部爲司虞，至德初復舊。掌京城街巷種植、山澤、苑囿、草木、薪炭供須、田獵等事。員外郎一人。隋初置，與户部員外郎同。龍朔以後，曹名改而官不易。

水部郎中一人。《周禮·夏官》有司險，掌設國之五溝、五塗而達其道路，蓋其職也。後魏尚書有水部郎。歷代或置或否。後魏、北齊有水部，屬都官尚書，亦掌舟船津梁之事。後周有司水大夫。隋初爲水部侍郎，屬工部。煬帝除「侍」字。武德三年，加「中」字。龍朔二年，改爲司川大夫，咸亨元年復舊。天寶中，改水部爲司水，至德初復舊。掌川瀆、津濟、船艫、浮橋、渠堰、漁捕、運漕、水碾磑等事。員外郎一人。後周小司水上士。隋改置，與户部員外郎同。龍朔二年以後，曹名改而官不易。

唐·杜佑《通典》卷二五《職官七·諸卿上·總論諸卿少卿附》 夏制九卿，【略】殷亦九卿。【略】周之九卿，即少師、少傅、少保、冢宰、司徒、宗伯、司馬、司寇、司空。三代諸卿雖名號不同，然其官職相沿，與周不異，説在《歷代官制篇》。漢以太常、光禄勳、衛尉、太僕、廷尉、大鴻臚、宗正、大司農、少府謂之九寺大卿。後漢九卿而分屬三司，太常、光禄勳、衛尉三卿並太尉所部；太僕、廷尉、大鴻臚三卿並司徒所部；宗正、大司農、少府三卿並司空所部。多進爲三公，各有署曹掾史，隨事爲員。【略】魏九卿與漢同。九卿名數與漢同。晉以太常等九卿即漢九卿。太康四年，增九卿禮秩。【略】宋、齊及梁初，皆因舊制。【略】梁武帝天監七年，以太常爲太常卿，加置宗正卿，以大司農爲司農卿，三卿是爲春卿。加置太府卿，以少府爲少府卿，加置太僕卿，三卿是爲夏卿。以衛尉爲衛尉卿，廷尉爲廷尉卿，將作大匠爲大匠卿，三卿是爲秋卿。以光禄勳爲光禄卿，大鴻臚爲鴻臚卿，都水使者爲大舟卿，三卿是爲冬卿。凡十二卿，皆置丞及功曹、主簿。後魏又以太常、光禄勳、衛尉謂之三卿。太僕、廷尉、大鴻臚、宗正、大司農、少府爲六卿，各有少卿。太和十五年，初置少卿，官掌同大卿。北齊以太常、光禄、衛尉、宗正、太僕、大理、鴻臚、司農、太府是爲九寺，【略】置卿、少卿、丞各一人，各有功曹、五官、主簿、録事等員。隋九寺與北齊同，自昔三代以上，分置六卿，比周百事。至秦及漢，雖事不師古，猶制度未繁。後漢有三公九卿，而尚書之任，又益重矣。魏晉以降，職制日增。後周依《周禮》置六官，而年代短促，人情相習已久，不能革其視聽。故隋氏復廢六官，多依北齊之制。官職重設，庶務煩滯，加六尚書似周之六卿，又更别立寺、監，則户部與太府分地官司徒職事，禮部與太常分春官宗伯職事，刑部與大理分秋官司寇職事，工部與將作分冬官司空職事。自餘百司之任，多類於斯，欲求理要，實在簡省。煬帝降光禄以下八寺卿階品於太常，而少卿各加置二人。【略】大唐九寺與北齊同，卿各一人，少卿各二人，丞以下有差。龍朔二年，改九寺之名，凡卿皆加正，若太常卿爲奉常正卿，他皆如此。後各復舊。

唐·杜佑《通典》卷二六《職官八·諸卿中·祕書監》 《周官》太史掌建邦之六典，又有外史，掌四方之志、三皇五帝之書。漢氏圖籍所在，有石渠、石室、延閣、廣内，貯之於外府。又有御史中丞居殿中，掌蘭臺祕書及麒麟、天禄二閣，藏之於内禁。後漢圖書在東觀，桓帝延熹二年，始置祕書監一人，掌典圖書古今文字，考合同異，屬太常，以其掌圖書祕記，故曰祕書。後省。魏武帝又置祕書令，典尚書奏事。即中書令之任。文帝黄初初，乃置中書令，典尚書奏事，而祕書改令爲監，掌藝文圖籍之事。初屬少府，後乃不屬。自王肅爲監，乃不屬。其蘭臺亦藏書籍，而御史掌之。魏薛夏云：「蘭臺爲外臺，祕書爲内閣。」晉武帝以祕書併入中書省。其祕書著作之局不廢。惠帝永平中，復别置祕書監，并統著作局，掌三閣圖書。自是祕書之府，始居於外。其監，銅印墨綬，進賢兩梁冠，絳朝服，佩水蒼玉。【略】宋與晉同，梁曰祕書省。【略】陳因之。後魏亦有之。後周祕書監亦領著作，監掌國史。説在《祕書丞》注。隋祕書省領著作、太史二曹。煬帝增置少監一人，後又改監、少監並爲令。大唐武德初，復改爲監。龍朔二年，改祕書省爲蘭臺，改監爲太史，少監爲侍郎，咸亨初復舊。天授初，改祕書省爲麟臺，神龍初復舊。掌經籍圖書，監國史，領著作、太史二局。太極元年，增祕書少監爲二員，通判省事。其後國史、太史分爲別曹，而祕書省但主書寫勘校而已。漢初，御史中丞掌蘭臺祕書圖籍之事，至魏晉，其制猶存。故歷代營都邑，置府寺，必以祕書省及御史臺爲鄰。雖非要劇，然好學君子，亦求爲之。魏徵後爲祕書監，奏引學者校定四部書，自是祕府圖籍，粲然畢備。

丞：魏武帝置祕書令及丞一人，典尚書奏事。後文帝黃初中，欲以何禎爲祕書丞，而祕書先自有丞，乃以禎爲祕書右丞。【略】其後遂有左右二丞，劉放爲左丞，孫資爲右丞，後省。【略】晉復置祕書丞，銅印墨綬，進賢一梁冠，絳朝服。【略】宋爲黃綬，餘與晉同。齊、梁尤重。【略】陳、隋印綬與齊同，歷代皆有。【略】大唐龍朔二年，改爲蘭臺大夫，咸亨初復舊。掌府事，勾稽省署抄目。

祕書郎：後漢馬融字季長。爲祕書郎，詣東觀典校書。及魏武建國，又置祕書郎，嘗以劉劭爲之，出乘鹿車。【略】晉祕書郎掌中外三閣經書，校閱脱誤。進賢一梁冠，絳朝服。亦謂之郎中。武帝分祕書圖籍爲甲乙丙丁四部，使祕書郎中四人各掌其一。【略】宋、齊祕書郎皆四員，尤爲美職，皆爲甲族起家之選，待次入補，其居職，例十日便遷。【略】梁亦然。【略】自齊、梁之末，多以貴遊子弟爲之，無其才實。【略】歷代皆有，北齊又謂之郎中，隋除「中」字，亦四員。大唐亦四員，分掌四部經籍圖書，分判校寫功程事。龍朔中，改爲蘭臺郎，咸亨初復舊。開元二十八年減一員。

祕書校書郎：漢之蘭臺及後漢東觀，皆藏書之室，亦著述之所。多當時文學之士，使讎校於其中，故有校書之職。【略】後於蘭臺置令史十八人，秩百石，屬御史中丞。又選他官入東觀，皆令典校祕書，或撰述傳記，【略】蓋有校書之任，而未爲官也，故以郎居其任，則謂之校書郎。【略】以郎中居其任，則謂之校書郎中。【略】當時重其職，故學者稱東觀爲老氏藏室，道家蓬萊山焉。至魏，始置祕書校書郎。晉、宋以下無聞。至後魏，有祕書校書郎。北齊亦有校書郎。後周有校書郎下士十二人，屬春官之外史。隋校書郎十二人，煬帝初，減二人，尋更增爲四十人。大唐置八人，掌讎校典籍，爲文士起家之良選。其弘文、崇文館，著作，司經局，並有校書之官，皆爲美職，而祕書省爲最。

祕書正字：後漢桓帝初置祕書監，掌圖書古今文字，考合同異。其後監令掌圖籍之紀，監述作之事，不復專文字之任矣。今之正字，蓋令、監之遺職，校書之通制。歷代無聞。齊集書省有正書。北齊祕書省有正字。隋置四人。大唐因之，掌刊正文字，其官資輕重與校書郎同。【略】

著作郎：漢東京圖書悉在東觀，故使名儒碩學入直東觀，撰述國史，謂之著作東觀，皆以他官領焉，蓋有著作之任，而未爲官員也。【略】魏明帝太和中，始置著作郎官，隸中書省，專掌國史。【略】晉元康二年，詔曰：「著作舊屬中書，而祕書既典文籍，宜改中書著作爲祕書著作。」於是改隸祕書，後別自置省，謂之著作省。而猶隸祕書。著作郎一人，謂之大著作，專掌史任。【略】進賢兩梁冠，介幘，絳朝服。【略】宋、齊與晉同。梁制一梁冠，而無印綬。以上並大著作。

魏氏又置佐著作郎，亦屬中書。晉佐著作郎八人，進賢一梁冠，絳朝服。祕書監自調補之。【略】晉制，佐著作郎始到職，必撰名臣傳一人；宋初，以國朝始建，未有合撰者，其制遂廢矣。宋、齊以來，遂遷「佐」於下，謂之著作佐郎，亦掌國史，集注起居。梁初，周捨、裴子野皆以他官領其職，冠制與大著作同。陳氏爲令、僕子起家之選。後魏有著作郎、佐郎。北齊有著作郎、佐郎各二人。後周有著作上士二人，中士四人，掌綴國録，屬春官之外史。隋於祕書省置著作曹，著作郎二人，佐郎八人，煬帝加佐郎爲十二人。大唐爲著作局，置著作郎二人，佐郎四人，開元二十六年，減佐郎二員。亦屬祕書省。自宋以後，國史悉屬祕書。龍朔二年，改著作郎爲司文郎中，佐郎爲司文郎，咸亨初復舊。初，著作郎掌修國史及製碑頌之屬，分判局事，佐郎貳之，徒有撰史之名，而實無其任，其任盡在史館矣。其屬官有校書郎二人，後魏著作省置校書郎，北齊著作亦置校書郎二人，隋亦同，掌讎校書籍，若本局無書，兼校本省典籍。正字二人。隋著作曹置正字二人，今減一人，掌同校書。

太史局令：昔少皞以鳥名官，其鳳鳥氏爲曆正。至顓頊，命南正重以司天，北正黎以司地。唐虞之際，羲氏、和氏紹重、黎之後，代序天地。夏有太史終古者，當桀之暴，知其將亡，乃執其圖法而奔於殷。殷太史高勢見紂之亂，載其圖法出奔於周。《周官》太史掌建邦之六典，正歲年以序事，頒告朔於邦國。【略】又有馮音憑，下同。相氏視天文之次序，保章氏掌天文之變。當周宣王時，太史官失其守，而爲司馬氏，司馬氏世典周史。惠、襄之閒，司馬氏適晉，【略】晉中軍隨會奔秦，而司馬氏入梁。晉太史屠黍見晉之亂，以其圖法歸周。秦爲太史令。胡母敬之爲太史令，作《博學》七章。漢武置太史公，以司馬談爲之，位在丞相上，天下計書，先上太史，副上丞相。談卒，其子遷嗣之。遷死後，宣帝以其官爲令，行太史公文書而已。【略】後漢太史令掌天時、星曆；凡歲將終，奏新年曆；凡國祭祀、喪娶之事，掌奏良日及時節禁忌；國有瑞應、災異，則掌記之。【略】秦漢以來，太史之任，蓋併周之太史、馮相、保章三職。自漢、晉、宋、齊，並屬太常，銅印墨綬，進賢一梁冠，絳朝服。梁、陳亦同。後魏、北齊皆如晉、宋。隋曰太史曹，置令、丞各二人，而屬祕書省。煬帝又改曹爲監，有令。大唐初，改監爲局，置令。龍朔二年，改太史局爲祕書閣，改令爲郎中，丞爲祕書閣郎。咸亨初復舊。初屬祕書省，久視元年，改爲渾天監，不隸麟臺，改令爲監，置一人，其年又改爲渾儀監。長安二年，復爲太史局，又隸麟臺，其監復爲太史局令，置二人。景龍二年，復改局爲監，而令名不易，不隸祕書。開元二年，復改令爲監，改一員爲少監。十四年，復爲太史局，置令二人，復隸祕書。後又改局爲監。乾元元年，又改其局爲司天臺，掌天文曆數，風雲氣色，有異則密封以奏。其次小史，有司曆、保章正、靈臺郎、挈壺正等，官各有差。

丞二人：司馬彪《續漢志》云，太史有「丞一人」。魏以下歷代皆同。隋置二人，煬帝減一人。大唐初，不置丞，久視初，改爲渾儀監，始置丞二人，長安二年又省，景龍二年復置。

唐・杜佑《通典》卷二七《職官九・諸卿下・將作監》 今將作，亦少皞氏以五雉爲五工正，以利器用。雉有五種，故曰五雉。唐虞共工，《周官》考工之官，蓋其職也。秦有將作少府，掌治宮室。漢景帝中元六年，更名將作大匠。後漢位次河南尹，中元二年省，以謁者領之。章帝建初元年，復置。初以任隗爲之，掌修作宗廟、路寢、宮室、陵園木土之功，并樹桐梓之類列於道側。【略】魏晉因之。江左至宋、齊，皆有事則置，無事則省。而梁改爲大匠卿，陳因之。後魏亦有之。北齊有將作寺，其官曰大匠。兼領功曹、主簿、長史、司馬等官屬。後周有匠師中大夫，掌城郭宮室之制；又有司木中大夫，掌木工之政令。隋與北齊同，至開皇二十年，改寺爲監，大匠爲大監，初加置副監。煬帝改大監、少監爲大匠、少匠，五年，又改爲大監、少監；十三年，又改大令、少令。大唐復皆爲匠。龍朔二年，改將作爲繕工監，大匠、少匠隨監名改。咸亨元年復舊。光宅元年，改爲營繕監，神龍元年復舊。大匠一人，總判。少匠二人。通判。初一人，太極元年加置一人。天寶中，改大匠爲大監，少匠爲少監，領左校、右校、甄官、中校四署。

丞：漢有二人，後漢一人，魏晉因之。東晉以後，有事則置，無事則省。梁又置一人，陳因之。後魏有之。北齊四人。後周曰匠師中士。隋二人。大唐四人。

主簿：晉置，自後與丞同。隋二人，大唐因之。

左、右校署：秦及漢初有左、右、前、後、中五校令，後唯置左、右校令。後漢因之，掌左、右工徒。【略】魏併左校，右校於材官。晉左、右校屬少府。宋以後並有左校令、丞。北齊亦有之。隋左右校令、丞屬將作，大唐因之。左校署令、丞二人。掌營構、木作、採材等事。右校署令、丞二人。掌營土作，瓦泥并燒石灰、廁溷等事。

甄官署：令、丞二人。後漢有前、後、中甄官令，屬將作。晉有甄官署，掌磚瓦之事。宋、齊、北齊、隋悉有之。大唐因之，掌營磚石瓷瓦。

中校署令：秦漢有，自後無。大唐置令、丞各一人，掌舟車、雜兵仗、廄牧。

東園主章令：漢有之，武帝更名木工。如淳曰：「章謂木材也。舊將作大匠主材吏名章曹掾。」顔師古曰：「今所謂木鍾者，蓋章聲之轉耳。東園主章掌材以供東園匠，官名，主作陵内器物，屬少府。大唐無。

唐・杜佑《通典》卷二七《職官九・諸卿下・都水使者》 虞舜命益作虞，以掌山澤。《周官》有林衡、川衡二官，掌林麓川澤之禁。漢武帝元鼎二年，初置水衡都尉，顔師古曰：「掌諸池苑，故稱水衡。」張晏曰：「主都水及上林苑，故曰水衡；主諸官，故曰都；有卒徒武事，故曰尉。」衡，平也。主平其税也。掌上林苑，【略】蓋主上林離宮燕休之處。【略】後漢光武省之，并其職於少府。每立秋貙劉之日，輒暫置水衡都尉，【略】事訖省。初，秦漢又有都水長丞，主陂池灌溉，保守河渠，自太常、少府及三輔等，皆有其官。漢武帝以都水官多，乃置左、右使者以領之。【略】至漢哀帝，省使者官。至東京，凡都水皆罷之，併置河隄謁者。漢之水衡都尉，本主上林苑，魏世主天下水軍舟船器械。晉武帝省水衡，置都水臺，有使者一人，掌舟航及運部，而河隄爲都水官屬。元康中，復有水衡都尉。【略】懷帝永嘉六年，胡賊入洛陽，都水使者奚滳先出督運得免。江左省河隄。【略】宋都水使者，銅印墨綬，進賢兩梁冠，與御史中丞同。孝武帝初，省都水臺，罷都水使者，置水衡令，孝建元年復置。齊有都水臺使者一人。梁初與齊同，天監七年，改都水使者爲大舟卿，位視中書郎，列卿之最末者，主舟航河隄。陳因之。後魏初皆有水衡都尉及河隄謁者、都水使者官，至永平二年，都水臺依舊置二使者。北齊亦置二使者。隋開皇三年，廢都水臺入司農，十三年，復置。仁壽元年，改臺爲監，更名使者亦爲監。煬帝又改爲使者，尋又爲監，加置少監，又改監及少監並爲令，領舟楫、河渠二署。大唐武德八年，置都水臺，後復爲都水署，置令，隸將作。貞觀中，復爲都水監，置使者。龍朔二年，改都水使者爲司津監丞，咸亨元年復舊。光宅元年，改都水監爲水衡，置都尉；神龍元年，復爲都水監，置使者二人，分總其事，不屬將作，領舟楫、河渠二署。

丞：漢有水衡丞五人，亦有都水丞。後漢、晉初都水使者有參軍二人，蓋亦丞之職任。宋因之。梁大舟卿有丞。陳因之。後魏、北齊又曰參軍。隋曰都水丞。大唐二人。

主簿：晉水衡都尉有之，爲左、右、前、後、中五水衡令，悉皆有之。梁大舟卿亦有之。至隋又置，大唐因之。

舟楫署令：漢主爵中尉屬官有都船令丞，水衡都尉有楫櫂令丞。晉曰船曹吏。齊曰官船典軍。後周曰舟中士。隋爲舟楫署令、丞。大唐因之，令、丞各一人。

河渠署：隋煬帝置，令、丞各一人。大唐因之。

先秦至漢分部

小宰

《周禮》卷三《天官·小宰》　小宰之職，掌建邦之宫刑，以治王宫之政，令凡宫之糾禁。掌邦之六典、八灋、八則之貳，以逆邦國、都鄙官府之治。【略】以官府之八成經邦治：一曰聽政役以比居，二曰聽師田以簡稽，三曰聽閭里以版圖。【略】版，户籍。圖，地圖也。聽人訟地者，以版圖決之。《司書職》曰：「邦中之版，土地之圖。」

司會

《周禮》卷一《天官冢宰·司會》　司會，中大夫二人，下大夫四人，上士八人，中士十有六人，府四人，史八人，胥五人，徒五十人。

《周禮》卷六《天官·司會》　司會掌邦之六典、八灋、八則之貳，以逆邦國都鄙官府之治。以九貢之灋致邦國之財用，以九賦之灋令田野之財用，以九功之灋令民職之財用，以九式之灋均節邦之財用。掌國之官府、郊野、縣都之百物財用，凡在書契版圖者之貳，以逆羣吏之治，而聽其會計。郊，四郊，去國百里。野，甸、稍也。甸，去國二百里，稍三百里，縣四百里，都五百里。書謂簿書。契，其最凡也。版，户籍也。圖，土地形象，田地廣狹。以參互攷日成，以月要攷月成，以歲會攷歲成。參互，謂司書之要貳，與職内之入，職歲之出。故書互爲巨。杜子春讀爲參互。以周知四國之治，以詔王及冢宰廢置。周，猶徧也。言四國者，本逆邦國之治，亦鉤考以告。

司書

《周禮》卷一《天官冢宰》　司書，上士二人，中士四人，府二人，史四人，徒八人。司書，主計會之簿書。

《周禮》卷七《天官·司書》　司書，掌邦之六典、八灋、八則、九職、九正、九事，邦中之版，土地之圖，以周知入出百物，以敘其財，受其幣，使入于職幣。凡上之用財用，必攷于司會。三歲則大計羣吏之治，以知民之財器械之數，以知田野夫家六畜之數，以知山林川澤之數，以逆羣吏之徵令。凡稅斂，掌事者受灋焉。及事成，則入要貳焉。凡邦治，攷焉。

封人

《周禮》卷九《地官司徒》　封人，中士四人，下士八人，府二人，史四人，胥六人，徒六十人。聚土曰封，謂壝埒及小封疆也。

《周禮》卷一二《地官·封人》　封人，掌設王之社壝，爲畿，封而樹之。壝，謂壇及堳埒也。畿上有封，若今時界矣。不言稷者，稷，社之細也。凡封國，設其社稷之壝，封其四疆。封國，建諸侯，立其國之封。造都邑之封域者亦如之。令社稷之職。將祭之時，令諸有職事於社稷者也。《郊特牲》曰：「唯爲社事單出里，唯爲社田國人畢作，唯爲社丘乘共粢盛，所以報本反始也。」

《荀子·堯問篇》語曰：繒丘之封人，繒與鄫同。鄫丘，故國，封人，掌疆界者。

司　市

《周禮》卷九《地官司徒》司市，下大夫二人，上士四人，中士八人，下士十有六人，府四人，史八人，胥十有二人，徒百有二十人。

《周禮》卷一四《地官·司市》司市，掌市之治教、政刑、量度、禁令。量，豆、區、斗、斛之屬。度，丈尺也。

遂人、遂師

《周禮》卷九《地官司徒》遂人，中大夫二人。遂師，下大夫四人。上士八人，中士十有六人，旅下士三十有二人，府四人，史十有二人，胥十有二人，徒百有二十人。遂人主六遂，若司徒之於六鄉也。六遂之地，自遠郊以達于畿，中有公邑、家邑、小都、大都焉。鄭司農云：「遂謂王國百里外。」遂大夫，每遂中大夫一人。縣正，每縣下大夫一人。鄙師，每鄙上士一人。酇長，每酇中士一人。里宰，每里下士一人。鄰長，五家則一人。縣、鄙、酇、里、鄰，遂之屬別也。

《周禮》卷一五《地官·遂人》遂人，掌邦之野。郊外曰野，此野謂甸、稍、縣、都。以土地之圖經田野，造縣鄙形體之灋。五家爲鄰，五鄰爲里，四里爲酇，五酇爲鄙，五鄙爲縣，五縣爲遂，皆有地域，溝樹之。使各掌其政令刑禁，以歲時稽其人民，而授之田野，簡其兵器，教之稼穡。經，形體，皆謂制分界也。鄰、里、酇、鄙、縣、遂，猶郊內比、閭、族、黨、州、鄉也。鄭司農云：「田野之居，其比伍之名，與國中異制，故五家爲鄰。」玄謂異其名者，示相變耳。遂之軍法，追胥起徒役如六鄉。【略】凡治野，以下劑致甿，以田里安甿，以樂昏擾甿，以土宜教甿稼穡，以興耡利甿，以時器勸甿，以彊予任甿，以土均平政。變民言甿，異外內也。甿猶懵。懵，無知貌也。致猶會也。民雖受上田、中田、下田，及會之，以下劑爲率，謂可任者家二人。樂昏，勸其昏姻，如媒氏會男女也。擾，順也。時器，鑄作耒耜錢鎛之屬。彊予，謂民有餘力，復予之田，若餘夫然。政，讀爲征。土均掌均平其稅。鄭大夫讀耡爲藉，杜子春讀耡爲助，謂起民人令相佐助。【略】辨其野之土上地、中地、下地，以頒田里。上地，夫一廛，田百畮，萊五十畮，餘夫亦如之。中地，夫一廛，田百畮，萊百畮，餘夫亦如之。下地，夫一廛，田百畮，萊二百畮，餘夫亦如之。萊，謂休不耕者。鄭司農云：戶計一夫一婦，而賦之田，其一戶有數口者，餘夫亦受此田也。廛，居也。《揚子》(雲)〔云〕有田一廛，謂百畮之居也。玄謂廛，城邑之居。孟子所云五畮之宅，樹之以桑麻者也。六遂之民，奇受一廛，雖上地猶有萊，皆所以饒遠也。王莽時，城郭中宅不樹者爲不毛，出三夫之布。【略】凡治野，夫間有遂，遂上有徑。十夫有溝，溝上有畛。百夫有洫，洫上有涂。千夫有澮，澮上有道。萬夫有川，川上有路，以達于畿。一夫，二鄰之田。百夫，一酇之田。千夫，二鄙之田。萬夫，四縣之田。遂、溝、洫、澮，皆所以通水於川也。遂，廣深各二尺，溝倍之，洫倍溝。澮，廣二尋，深二仞。徑、畛、涂、道、路，皆所以通車徒於國都也。徑容牛馬，畛容大車，涂容乘車一軌，道容二軌，路容三軌。都之野涂與環涂同，可也。萬夫者，方三十三里少半里，九而方一同。以南畮圖之，則遂從溝横，洫從澮横，九澮而川，周其外焉。去山陵、林麓、川澤、溝瀆、城郭、宫室、涂巷三分之制，其餘如此，以至于畿，則中雖有都鄙，遂人盡主其地。

《周禮》卷一五《地官·遂師》遂師，各掌其遂之政令戒禁，以時登其夫家之衆寡、六畜車輦，辨其施舍，與其可任者。經牧其田野，辨其可食者，周知其數而任之，以徵財征，作役事則聽其治訟。施讀亦弛也。經牧，制田界與井也。可食，謂今年所當耕者也。財征，賦稅之事。

土　訓

《周禮》卷九《地官司徒》土訓，中士二人，下士四人，史二人，徒八人。鄭司農云：「訓讀爲馴，謂以遠方土地所生異物告道王也。」《爾雅》云：「訓，道也。」玄謂能訓說土地善惡之勢。

《周禮》卷一六《地官·土訓》土訓，掌道地圖，以詔地事。道，說也。說地圖，九州形勢山川所宜，告王以施其事也。若云荆、揚地宜稻，幽、并地宜麻。道地慝，以辨地物，而原其生，以詔地求。王巡守，則夾王車。

唐·杜佑《通典》卷五四《禮十四·吉禮十三·巡狩》土訓氏夾王車而行，以待王問九州形勢，所謂以道地圖。山川所宜。所謂以詔地事。

山虞

《周禮》卷九《地官司徒》　山虞，每大山中士四人，下士八人，府二人，史四人，胥八人，徒八十人。中山下士六人，史二人，胥六人，徒六十人。小山下士二人，史一人，徒二十人。虞，度也。度知山之大小及所生者。

《周禮》卷一六《地官・山虞》　山虞，掌山林之政令，物爲之厲，而爲之守禁。物爲之厲，每物有蕃界也。爲之守禁，爲守者設禁令也。守者，謂其地之民，占伐林木者也。鄭司農云：「厲，遮列守之。」

林衡

《周禮》卷九《地官司徒》　林衡，每大林麓下士十有二人，史四人，胥十有二人，徒百有二十人。中林麓如中山之虞，小林麓如小山之虞。衡，平也，平林麓之大小及所生者。竹木生平地曰林，山足曰麓。

《周禮》卷一六《地官・林衡》　林衡，掌巡林麓之禁令，而平其守。以時計林麓而賞罰之。若斬木材，則受灋于山虞，而掌其政令。

川衡

《周禮》卷九《地官司徒》　川衡，每大川下士十有二人，史四人，胥十有二人，徒百有二十人。中川下士六人，史二人，胥六人，徒六十人。小川下士二人，史一人，徒二十人。

《周禮》卷一六《地官・川衡》　川衡，掌巡川澤之禁令，而平其守，以時舍其守，犯禁者執而誅罰之。舍其守者，時案視守者，於其舍申戒之。祭祀、賓客，共川奠。

澤虞

《周禮》卷九《地官司徒》　澤虞，每大澤大藪中士四人，下士八人，府二人，史四人，胥八人，徒八十人。中澤中藪，如中川之衡。小澤小藪，如小川之衡。

《周禮》卷一六《地官・澤虞》　澤虞，掌國澤之政令，爲之厲禁。使其地之人守其財物，以時入之于玉府，頒其餘于萬民。凡祭祀、賓客，共澤物之奠。若大田獵，則萊澤野，及弊田，植虞旌以屬禽。

丱人

《周禮》卷九《地官司徒》　丱人中士二人，下士四人，府二人，史二人，胥四人，徒四十人。

《周禮》卷四《地官・丱人》　丱人，掌金玉錫石之地，而爲之厲禁，以守之。若以時取之，則物其地圖而授之。行其禁明其令。錫，釼也。

大司徒

《周禮》卷一〇《地官・大司徒》　大司徒之職，掌建邦之土地之圖，與其人民之數，以佐王安擾邦國。土地之圖，若今司空郡國輿地圖。以天下土地之圖，周知九州之地域廣輪之數，辨其山林、川澤、丘陵、墳衍、原隰之名物；而辨其邦國都鄙之數，制其畿疆而溝封之，設其社稷之壝而樹之田主，各以其野之所宜木，遂以名其社與其野。千里曰畿。疆猶界也。《春秋傳》曰：「吾子疆理天下。」溝，穿地爲阻固也。封，起土界也。社稷，后土及田正之神。壝，壇與堳埒也。田主，田神，后土田正之所依也，詩人謂之田祖。所宜木，謂若松柏栗也。若以松爲社者，則名松社之野，以別方面。【略】

以土圭之灋測土深，正日景，以求地中。日南則景短多暑，日北則景長多寒，日東則景夕多風，日西則景朝多陰。土圭，所以致四時日月之景也。測猶度也，不知廣深故曰測。故書「求」爲「救」，杜子春云當爲「求」。鄭司農云：測土深謂南北東西之深也。日南謂立表處大南，近日也。日北謂立表處大北，遠日也。景夕謂日跌景乃中，立表處大東，近日也。景朝謂日未中而景中，立表處大西，遠日也。玄謂晝漏半而置土圭，表陰陽，審其南北。景短於土圭謂之日南，是地於日爲近南也。景長於土圭謂之日北，是地於日爲近北也。東於土圭謂之日東，是地於日爲近東也。西於土圭謂之日西，是地於日爲近西也。如是則寒暑陰風偏而不和，是未得其所求。凡日景於地，千里而差一寸。日至之景尺有五寸，謂之地中：天地之所合也，四時之所交也，風雨之所會也，陰陽之所和也。

然則百物阜安，乃建王國焉，制其畿方千里而封樹之。景尺有五寸者，南戴日下萬五千里，地與星辰，四遊升降於三萬里之中，是以半之，得地之中也。畿方千里，取象於日，一寸爲正。樹，樹木溝上，所以表助阻固也。鄭司農云：「土圭之長，尺有五寸，以夏至之日，立八尺之表，其景適與土圭等，謂之地中。今潁川陽城地爲然。」

凡建邦國，以土圭土其地，而制其域。諸公之地，封疆方五百里，其食者半。諸侯之地，封疆方四百里，其食者參之一。諸伯之地，封疆方三百里，其食者參之一。諸子之地，封疆方二百里，其食者四之一。諸男之地，封疆方百里，其食者四之一。(上)[土]其地，猶言度其地。鄭司農云：「土其地，但爲正四方耳。其食者半，公所食租稅得其半耳，其半皆附庸小國也。屬天子參之一者亦然。故《魯頌》曰：『錫之山川，土田附庸。奄有龜蒙，遂荒大東，至于海邦。』《論語》曰：『季氏將伐顓臾，孔子曰：先王以爲東蒙主，且在邦域之中，是社稷之臣。』此非七十里所能容，然則方五百里、四百里合於《魯頌》《論語》之言，(諸子)諸男食者四之一，適方五十里，獨此與今五經家說合耳。」玄謂其食者半，參之一、四之一者，土均均邦國地貢輕重之等。其率之也，公之地以一易，侯伯之地以再易，子男之地以三易，必足其國禮俗喪紀祭祀之用，乃貢其餘。若今度支經用，餘爲司農穀矣。大國貢重，正之也。小國貢輕，字之也。凡諸侯爲牧正帥長及有德者，乃有附庸，爲其有祿者當取焉。公無附庸，侯附庸九同，伯附庸七同，子附庸五同，男附庸三同，進則取焉，退則歸焉。魯於周法不得有附庸，故言錫之也。地方七百里者，包附庸，以大言之也。附庸二十四，言得兼此四等矣。

凡造都鄙，制其地域而封溝之，以其室數制之。不易之地，家百晦；一易之地，家二百晦；再易之地，家三百晦。都鄙，王子弟公卿大夫采地，其界曰都，鄙所居也。《王制》曰：「天子之縣內，方百里之國九，七十里之國二十有一，五十里之國六十有三。」此蓋夏時采地之數，周未聞矣。《春秋傳》曰：「遷鄭焉而鄙留。」城郭之宅曰室。《詩》云：「嗟我婦子，曰爲改歲，入此室處。」以其室數制之，謂制丘甸之屬。《王制》曰：「凡居民，量地以制邑，度地以居民，地邑民居，必參相得。」鄭司農云：「不易之地，歲種之，地美，故家百晦。一易之地，休一歲乃復種，地薄，故家二百晦。再易之地，休二歲，乃復種，故家三百晦。」乃分地職，奠地守，制地貢而頒職事焉，以爲地灋而待政令。分地職，分其九職所宜也。定地守，謂衡麓虞候之屬。制地貢，謂九職所稅也。頒職事者，分命使各爲其所職之事。

小司徒

《周禮》卷一一《地官・小司徒》 小司徒之職，掌建邦之教灋，以稽國中及四郊都鄙之夫家，九比之數，以辨其貴賤、老幼、癈疾。凡征役之施舍與其祭祀、飲食、喪紀之禁令。【略】

乃經土地而井牧其田野，九夫爲井，四井爲邑，四邑爲丘，四丘爲甸，四甸爲縣，四縣爲都，以任地事而令貢賦，凡稅斂之事。此謂造都鄙也，采地制井田，異於鄉遂，重立國，小司徒爲經之。立其五溝五涂之界，其制似井之字，因取名焉。孟子曰：「夫仁政必自經界始，經界不正，井地不均，貢祿不平，是故暴君姦吏必慢其經界。經界既正，分田制祿可坐而定也。」鄭司農云：「井牧者，《春秋傳》所謂井衍沃，牧隰皐者也。」玄謂隰皐之地，九夫爲牧，二牧而當一井。今造都鄙，授民田，有不易，有一易，有再易，通率二而當一，是之謂井牧。昔夏少康在虞，思有田一成，有衆一旅。一旅之衆而田一成，則井牧之法，先古然矣。九夫爲井者，方一里，九夫所治之田也。此制小司徒經之，匠人爲之溝洫，相包乃成耳。邑丘之屬相連比，以出田稅，溝洫爲除水害。四井爲邑，方二里。四邑爲丘，方四里。四丘爲甸，甸之言乘也，讀如衷甸之甸。甸方八里，旁加一里，則方十里，爲一成。積百井，九百夫。其中六十四井五百七十六夫出田稅，三十六井、三百二十四夫治洫。四甸爲縣，方二十里。四縣爲都，方四十里。四都方八十里，旁加十里，乃得方百里，爲一同也。積萬井，九萬夫。其四千九十六井三萬六千八百六十四夫出田稅，二千三百四井二萬七百三十六夫治洫，三千六百井三萬二千四百夫治澮。井田之法，備於一同。今止於都者，采地食者，皆四之一。其制三等，百里之國凡四都，一都之田稅入於王。五十里之國凡四縣，一縣之田稅入於王。二十五里之國凡四甸，一甸之田稅入於王。地事謂農牧衡虞也，貢謂九穀山澤之材也，賦謂出車徒給繇役也。司馬法曰：「六尺爲步，步百爲晦，晦百爲夫，夫三爲屋，屋三爲井，井十爲通。通爲匹馬，三十家，士一人，徒二人。通十爲成，成百井，三百家，革車一乘，士十人，徒二十人。十成爲終，終千井，三千家，革車十乘，士百人，徒二百人。十終爲同，同方百里，萬井，三萬家，革車百乘，士千人，徒二千人。」

凡建邦國，立其社稷，正其畿疆之封。凡民訟，以地比正之。鄭司農云：「以田畔所與比，正斷其訟。」地訟，以圖正之。地訟，爭疆界者。圖，謂邦國本圖。

典瑞

《周禮》卷一七《春官宗伯》 典瑞，中士二人，府二人，史二人，胥一人，徒十人。瑞，節信也。典瑞，若今符璽郎。

《周禮》卷二〇《春官・典瑞》 典瑞掌玉瑞、玉器之藏，辨其名物，與其用事，設其服飾。【略】土圭以致四時日月，封國則以土地。以致四時日月者，度其景至不至，以知其行得失也。冬夏以致日，春秋以致月。土地，猶度地也。封諸侯，以土圭度日景，觀分寸長短，以制其域所封也。鄭司農說以《玉人職》曰：「土圭尺有五寸，以致日，以土地，以求地中，故謂之土圭。」

冢人

《周禮》卷一七《春官宗伯》 冢人，下大夫二人，中士四人，府二人，史四人，胥十有二人，徒百有二十人。冢，封土爲丘壠，象冢而爲之。

《周禮》卷二二《春官・冢人》 冢人掌公墓之地，辨其兆域而爲之圖，先王之葬居中，以昭穆爲左右。公，君也。圖謂畫其地形及丘壟所處而藏之。先王，造塋者。昭居左，穆居右，夾處東西。凡諸侯居左右以前，卿大夫士居後，各以其族。子孫各就其所出王，以尊卑處其前後，而亦併昭穆。凡死於兵者，不入兆域。戰敗無勇，投諸塋外以罰之。凡有功者居前。居王墓之前，處昭穆之中央。以爵等爲丘封之度與其樹數。別尊卑也，王公曰丘，諸臣曰封。《漢律》曰：「列侯墳高四丈，關内侯以下至庶人各有差。」大喪既有日，請度甫竁，遂爲之尸。甫，始也。請量度所始竁之處地。爲尸者，成葬爲祭墓地之尸也。鄭司農云：「既有日，既有葬日也。始竁時，祭以告后土，冢人爲之尸。」度，待洛反。注「量度」同。及竁，以度爲丘隧，共喪之窆器。隧，羨道也。度丘與羨道廣袤所至。窆器，下棺豐碑之屬。《喪大記》曰：「凡封，用綍，去碑，負引，君封以衡，大夫以咸。」窆，彼驗反，又補鄧反。去，起吕反。咸，古緘反。及葬，言鸞車象人。鸞車，巾車所飾遣車也，亦設鸞旗。鄭司農云：「象人，謂以芻爲人。言，言問其不如法度者。」玄謂言猶語也。語之者，告當行，若於生存者，於是巾車行之。孔子謂爲芻靈者善，謂爲俑者不仁，非作象人者，不殆於用生人乎？及窆，執斧以涖，臨下棺也。涖，音利。遂入藏凶器。凶器，明器。正墓位，蹕墓域，守墓禁。位，謂丘封所居前後也。禁，所爲塋限。凡祭墓，爲尸。祭墓爲尸，或禱祈焉。鄭司農云：「爲尸，冢人爲尸。」凡諸侯及諸臣葬於墓者，授之兆，爲之蹕，均其禁。

墓大夫

《周禮》卷一七《春官宗伯》 墓大夫，下大夫二人，中士八人，府二人，史四人，胥二十人，徒二百人。墓，冢塋之地，孝子所思慕之處。塋，音營。

《周禮》卷二二《春官・墓大夫》 墓大夫掌凡邦墓之地域，爲之圖，凡邦中之墓地，萬民所葬也。令國民族葬，而掌其禁令，族葬，各從其親。正其位，掌其度數，位，謂昭穆也。度數，爵等之大小。使皆有私地域。古者萬民墓地同處，分其地使各有區域，得以族葬後相容。凡爭墓地者，聽其獄訟。爭墓地，相侵區域。帥其屬而巡墓厲，居其中之室以守之。厲，塋限遮列處。鄭司農云：「居其中之室，有官寺在墓中。」

量人

《周禮》卷二八《夏官司馬》 量人，下士二人，府一人，史四人，徒八人。量猶度也，謂以丈尺度地。

《周禮》卷三〇《夏官・量人》 量人掌建國之灋，以分國爲九州，營國城郭，營后宮，量市朝道巷門渠，造都邑亦如之。建，立也。立國有舊法式，若匠人職云。分國，定天下之國分也。后，君也。言君，容王與諸侯。營軍之壘舍，量其市朝州涂、軍社之所里。軍壁曰壘。鄭司農云：「量其市朝州涂，還市朝而爲道也。」玄謂州，一州之衆，二千五百人爲師，每師一處，市也，朝也，州也，皆有道以相之。軍社，社主在軍者。里，居也。邦國之地，與天下之涂數，皆書而藏之。書地，謂方圜山川之廣狹。書涂，謂支湊之遠近。

司險

《周禮》卷二八《夏官司馬》 司險，中士二人，下士四人，史二人，徒四十人。

《周禮》卷三〇《夏官・量人》 司險掌九州之圖，以周知其山林川澤之阻，而達其道路。周，猶徧也。達道路者，山林之阻則開鑿之，川澤之阻則橋梁之。設國之五溝五涂，而樹之林，以爲阻固，皆有守禁，而達其道路。五溝，遂、溝、洫、澮、川也。五涂，徑、畛、涂、道、路也。樹之林，作藩落也。國有故，則藩塞阻路而止行者，以其屬守之，唯有節者達之。有故，喪災及兵也。閉絶要害之道，備姦寇也。

掌疆

《周禮》卷二八《夏官司馬》 掌疆，中士八人，史四人，胥十有六人，徒百有六十人。疆，界也。

《周禮》卷三〇《夏官・掌疆》 掌疆。闕。

職方氏

《周禮》卷二八《夏官司馬》 職方氏，中大夫四人，下大夫八人，中士十有六人，府四人，史十有六人，胥十有六人，徒百有六十人。職，主也，主四方之職貢者。職方氏，主四方官之長。

《周禮》卷三三《夏官・職方氏》 職方氏掌天下之圖，以掌天下之地，辨其邦國、都鄙、四夷、八蠻、七閩、九貉、五戎、六狄之人民與其財用，九穀、六畜之數要，周知其利害。天下之圖，如今司空輿地圖也。鄭司農云：「東方曰夷，南方曰蠻，西方曰戎，北方曰貉狄。」玄謂閩，蠻之別也，《國語》曰：「閩，芊蠻矣。」四、八、七、九、五、六，周之所服國數也。財用，泉穀貨賄也。利，金錫竹箭之屬。害，神姦鑄鼎所象百物也。《爾雅》曰：「九夷、八蠻、六戎、五狄，謂之四海。」

土方氏

《周禮》卷二八《夏官司馬》 土方氏，上士五人，下士十人，府二人，史五人，胥五人，徒五十人。土方氏，主四方邦國之土地。

《周禮》卷三三《夏官・土方氏》 土方氏掌土圭之灋以致日景。致日景者，夏至景尺有五寸，冬至景丈三尺，其間則日有長短。以土地相宅而建邦國都鄙。土地，猶度地，知東西南北之深而相其可居者。宅，居也。

合方氏

《周禮》卷二八《夏官司馬》 合方氏，中士八人，府四人，史四人，胥四人，徒四十人。合方氏，主合同四方之事。

《周禮》卷八《夏官・合方氏》 合方氏掌達天下之道路，通其財利，同其數器，權衡不得有輕重。壹其度量，尺丈釜鍾，不得有大小。除其怨惡，同其好善。

形方氏

《周禮》卷二八《夏官司馬》 形方氏，中士四人，府四人，史四人，胥四人，徒四十人。形方氏，主制四方邦國之形體。

《周禮》卷三三《夏官・形方氏》 形方氏掌制邦國之地域，而正其封疆，無有華離之地。使小國事大國，大國比小國。

邍師

《周禮》卷二八《夏官司馬》 邍師，中士四人，下士八人，府四人，史八人，胥八人，徒八十人。

《周禮》卷八《夏官・邍師》 邍師掌四方之地名，辨其丘陵、墳衍、邍隰之名。地名，謂東原、大陸之屬。墳，扶云反。物之可以封邑者。物之，謂相其土地可以居民立邑。相，息亮反。

匠人

《周禮》卷四一《冬官考工記・匠人》 匠人建國，立王國若邦國者。水地以縣，於四角立植，而縣以水，望其高下。高下既定，乃爲位而平地。置槷以縣，眡以景。【略】於所平之地中央，樹八尺之臬，以縣正之，眡之以其景，將以正四方也。《爾雅》曰：「在牆者謂之杙，在地者謂之臬。」【略】爲規，識日出之景與日入之景。日出日入之景，其端在東西正也。又爲規以識之者，爲其難審也。自日出而畫其景端，以至日入，既則爲規測景兩端之內，規之，規之交乃審也。度兩交之間，中屈之以指臬，則南北正。【略】晝參諸日中之景，夜考之極星，以正朝夕。日中之景，最短者也。極星，謂北辰。【略】

匠人營國，方九里，旁三門。營謂丈尺其大小。天子十二門，通十二子。國中九經九緯，經涂九軌。國中，城內也。經緯，謂涂也。經緯之涂，皆容方九軌。軌謂轍廣，乘車六尺六寸，旁加七寸，凡八尺，是爲轍廣。九軌積七十二尺，則此涂十二步也。旁加七寸者，輻內二寸半，輻廣三寸半，綆三分寸之二，金轄之間三分寸之一。【略】左祖右社，面朝後市，王宮所居也。祖，宗廟。面，猶鄉也。王宮當中經之涂也。【略】市朝一夫。方各百步。夏后氏世室，堂修二七，廣四修一，世室者，宗廟也。魯廟有世室，牲有白牡，此用先王之禮。修，南北之深也。夏度以步，令堂修十四步，其廣益以四分修之一，則堂廣十七步半。五室，三四步，三四尺，堂上爲五室，象五行也。三四步，室方也。四三尺，以益廣也。木室於東北，火室於東南，金室於西南，水室於西北，其方皆三步，其廣益之以三尺。土室於中央，方四步，其廣益之以四尺。此五室居堂，南北六丈，東西七丈。九階，南面三，三面各二。四旁兩夾，窻，窻助户爲明，每室四户八窻。【略】白盛，蜃灰也。盛之言成也，以蜃灰堊牆，所以飾成宮室。【略】門堂，三之二，門堂，門側之堂，取數於正堂。令堂如上制，則門堂南北九步二尺，東西十一步四尺。《爾雅》曰：「門側之堂謂之塾。」【略】室，三之一。兩室與門，各居一分。殷人重屋，堂脩七尋，堂崇三尺，四阿，重屋。重屋者，王宮正堂若大寢也。其脩七尋五尺六尺，放夏周，則其廣九尋七丈二尺也。五室各二尋。崇，高也。四阿若今四柱屋。重屋，復笮也。【略】周人明堂，度九尺之筵，東西九筵，南北七筵，堂崇一筵，五室，凡室二筵。明堂者，明政教之堂。周度以筵，亦王者相改。周堂高九尺，殷三尺，則夏一尺矣，相參之數。禹卑宮室，謂此一尺之堂與？此三者或舉宗廟，或舉王寢，或舉明堂，互言之，以明其同制。【略】室中度以几，堂上度以筵，宮中度以尋，野度以步，涂度以軌。周文者，各因物宜爲之數。室中，舉謂四壁之内。廟門容大扃七个，大扃牛鼎之扃，長三尺，每扃爲一个，七个二丈一尺。【略】闈門容小扃參个，廟中之門曰闈。小扃，腳鼎之扃，長二尺。參个，六尺。【略】路門不容乘車之五个，路門者，大寢之門。乘車廣六尺六寸，五个三丈三尺。言不容者，是兩門乃容之。兩門乃容之，則此門半之，丈六尺五寸。應門二徹參个。正門謂之應門，謂廟門也。二徹之内八尺，三个二丈四尺。內有九室，九嬪居之。外有九室，九卿朝焉。內，路寢之裏也。外，路門之表也。九室，如今朝堂諸曹治事處。九嬪掌婦學之法以教九御。六卿三孤爲九卿。九分其國，以爲九分，九卿治之。九分其國，分國之職也。三孤佐三公論道，六卿治六官之屬。王宮門阿之制五雉，宮隅之制七雉，城隅之制九雉。阿，棟也。宮隅、城隅，謂角浮思也。雉長三丈，高一丈。度高以高，度廣以廣。【略】經涂九軌，環涂七軌，野涂五軌。廣狹之差也。故書「環」或作「轘」，杜子春云：「當爲環。環涂，謂環城之道。」【略】門阿之制以爲都城之制。都，四百里外距五百里，王子弟所封。其城隅高五丈，宮隅門阿皆三丈。宮隅之制以爲諸侯之城制。諸侯，畿以外也。其城隅制高七丈，宮隅門阿皆五丈。《禮器》曰：「天子諸侯臺門。」環涂以爲諸侯經涂，野涂以爲都經涂。經，亦謂城中道。諸侯環涂五軌，其野涂及都環涂、野涂皆三軌。匠人爲溝洫，主通利田間之水道。【略】耜廣五寸，二耜爲耦。一耦之伐，廣尺，深尺，謂之甽。田首倍之，廣二尺，深二尺，謂之遂。古者耜一金，兩人併發之。其壟中曰甽，甽上曰伐。伐之言發也。甽，畎也。今之耕，岐頭兩金，象古之耦也。田，一夫之所佃百畝，方百步地。遂者，夫間小溝，遂上亦有徑。【略】九夫爲井，井間廣四尺，深四尺，謂之溝。方十里爲成，成間廣八尺，深八尺，謂之洫。方百里爲同，同間廣二尋，深二仞，謂之澮。此畿内采地之制。九夫爲井，井者，方一里，九夫所治之田也。采地制井田，異於鄉遂及公邑。三夫爲屋，屋，具也。一井之中，三屋九夫，三三相具，以出賦稅。共治溝也。方十里爲成，成中容一甸，甸方八里出田稅，緣邊一里治洫。方百里爲同，同中容四都、六十四成，方八十里出田稅，緣邊十里治澮。采地者在三百里、四百里、五百里之中。《載師職》曰：「園廛二十而一，近郊什一，遠郊二十而三，甸稍縣都，皆無過十二。」謂田稅也，皆就夫稅之輕近重遠耳。滕文公問爲國於孟子，孟子曰：「夏后氏五十而貢，殷人七十而助，周人百畝而徹，其實皆什一。徹者，徹也。助者，藉也。龍子曰：『治地莫善於助，莫不善於貢。』貢者，校數歲之中以爲常。」文公又問井田，孟子曰：「請野九一而助，國中什一使自賦。卿以下必有圭田，圭田五十畝。餘夫二十五畝。死徙無出鄉，鄉田同井，出入相友，守望相助，疾病相扶持，則百姓親睦。方里而井，井九百畝，其中爲公田。八家皆私百畝，同養公田。公事畢，然後治私事，所以別野人也。」又曰：「《詩》云：『雨我公田，遂及我私。』惟助爲有公田。由此觀之，雖周亦助也。」魯哀公問於有若曰：「年饑，用不足，如之何？」有若對曰：「盍徹乎？」曰：「二吾猶不足，如之何其徹也？」《春秋》宣公十五年秋，初稅畝。傳曰：「非禮也。穀出不過，藉以豐財也。」此數者，世人謂之錯而疑焉。以《詩》《春秋》《論語》《孟子》論之，周制，畿内用夏之貢法，稅夫無公田。以《載師職》及《司馬法》論之，周制，邦國用殷之助法，制公田，不稅夫。貢者，自治其所受田，貢其稅穀。助者，借民之力以治公田，又使收斂焉。畿内用貢法者，鄉遂及公邑之吏，旦夕從民事，爲其促之以公，使不得恤其私。邦國用助法者，諸侯專一國之政，爲其貪暴，稅民無藝。周之畿内，稅有輕重。諸侯謂之徹者，通其率以什一爲正。孟子云：「野九夫而稅一，國中什一。」是邦國亦異外内之法耳。圭之言珪潔也。周謂之士田。鄭司農説以《春秋傳》曰「有田一成」，又曰「列國一同」。【略】專達於用，各載其名。達猶至也。謂澮直至於川，復無所注入。載其名者，識水所從出。凡天下之地埶，兩山之間必有川焉，大川之上必有涂焉。通其壅塞。【略】凡溝逆地防，謂之不行。水屬不理孫，謂之不行。溝，謂造溝。防，謂脉理。屬讀爲注。孫，順也。不行謂決溢也。禹鑿龍門，播九河，爲此逆防與不理孫也。【略】梢溝三十里而廣倍。謂不墾地之溝也。鄭司農云：「梢讀爲桑螵蛸之蛸。蛸謂水漱齧之溝。故三十里而廣倍。」【略】凡行奠水，磬折以參伍。坎爲弓輪，水行欲紆曲也。鄭司農云：「奠讀爲停，謂行停水，溝形當如磬，直行三，折行五，以引水者疾焉。」【略】欲爲淵，則句於矩。大曲則流轉，流轉則其下成淵。凡溝必因水埶，防必因地埶。善溝者水漱之，善防者水淫之。漱，猶齧也。鄭司農云：「淫讀爲廞，謂水淤泥上，留著助之爲厚。」玄謂淫讀爲淫液之淫。【略】凡爲防，廣與崇方，其閷參分去一。崇，高也。方猶等也。閷者，薄其上。【略】大防外閷。又薄其上，厚其下。凡溝防，必一日先深之，以爲式。程人功也。溝防，爲溝爲防也。里爲式，然後可以傳衆力。「里」讀爲「已」，聲之誤也。凡任，索約大汲其版，謂之無任。

故書「汲」作「没」，杜子春云：「當爲汲。」玄謂約，縮也。汲，引也。築防若牆者，以繩縮其版。大引之，言版橈也。版橈，築之則鼓，土不堅矣。《詩》云：「其繩則直，縮版以載。」又曰：「約之格格，琢之橐橐。」【略】葺屋參分，瓦屋四分。各分其修，以其一爲峻。【略】囷、窌、倉、城，逆牆六分。逆猶卻也。築此四者，六分其高，卻一分以爲閷。囷，圜倉。穿地曰窌。【略】堂涂十有二分。謂階前，若今令甓裓也。分其督旁之脩，以一分爲峻也。《爾雅》曰：「堂涂謂之陳。」【略】竇其崇三尺。宫中水道。【略】牆厚三尺，崇三之。高厚以是爲率，足以相勝。

御史中丞

漢・班固《漢書》卷一九上《百官公卿表上》 御史大夫，秦官，應劭曰：「侍御史之率，故稱大夫云。」臣瓚曰：「《茂陵書》御史大夫秩中二千石。」位上卿，銀印青綬，掌副丞相。有兩丞，秩千石。一曰中丞，在殿中蘭臺，掌圖籍秘書，外督部刺史，内領侍御史員十五人，受公卿奏事，舉劾按章。成帝綏和元年更名大司空，金印紫綬，禄比丞相，置長史如中丞，官職如故。哀帝建平二年復爲御史大夫，元壽二年復爲大司空，御史中丞更名御史長史。侍御史有繡衣直指，服虔曰：「指事而行，無阿私也。」師古曰：「衣以繡者，尊寵之也。」出討姦猾，治大獄，武帝所制，不常置。

南朝宋・范曄《後漢書》卷一一四《百官志一》 御史中丞一人，千石。本注曰：御史大夫之丞也。舊别監御史在殿中，密舉非法。《周禮》：「[小宰]掌建邦之宫刑，以主治王宫之政令。」干寶注曰：「若御史中丞。」及御史大夫轉爲司空，因别留中，爲御史臺率，《風俗通》曰：「尚書、御史臺，皆以官蒼頭爲吏，主賦舍，凡守其門户。」蔡質《漢儀》曰：「丞，故二千石爲之，或選侍御史高第，執憲中司，朝會獨坐，内掌蘭臺，督諸州刺史，糾察百寮，出爲二千石。」《魏志》曰：「建安置御史大夫，不領中丞，置長史一人。」後又屬少府。治書侍御史二人，六百石。本注曰：掌選明法律者爲之。凡天下諸讞疑事，掌以法律當其是非。蔡質《漢儀》曰：「選御史高第補之。」胡廣曰：「孝宣感路温舒言，秋季後請讞。時帝幸宣室，齋居而決事，令侍御史二人治書，御史起此。後因别置，冠法冠，秩百石，有印綬，與符節郎共平廷尉奏事，罪當輕重。」荀綽《晉百官表注》曰：「惠帝以後，無所平治，備位而已。」侍御史十五人，六百石。本注曰：掌察舉非法，受公卿羣吏奏事，有違失舉劾之。凡郊廟之祠及大朝會、大封拜，則二人監威儀，有違失則劾奏。蔡質《漢儀》曰：「其二人者更直。執法省中者，皆糾察百官，督州郡。公法府掾屬高第補之。初稱守，滿歲拜真，出治劇爲刺史、二千石，平遷補令。見中丞，執板揖。」

司　空

南朝宋・范曄《後漢書》卷一一四《百官志一》 司空，公一人。馬融曰：「掌營城郭，主司空土以居民。」本注曰：掌水土事。凡營城起邑、浚溝洫、修墳防之事，則議其利，建其功。凡四方水土功課，歲盡則奏其殿最而行賞罰。凡郊祀之事，掌掃除樂器，大喪則掌將校復土。凡國有大造大疑，諫争，與太尉同。世祖即位，爲大司空，應劭《漢官儀》曰：「綏和元年，罷御史大夫官，法周制，初置司空。議者又以縣道官獄司空，故覆加『大』，爲大司空，亦所以别大小之文。」建武二十七年，去「大」。《漢舊儀》曰：「御史大夫敕上計丞長史曰：『詔書殿下佈告郡國：臣下承宣無狀，多不究，百姓不蒙恩被化，守長史到郡，與二千石同力爲民興利除害，務有以安之，稱詔書。郡國有茂才不顯者言[上]。殘民貪污煩擾之吏，百姓所苦，務勿任用。方察不稱者，刑罰務於得中，惡惡止其身。選舉民侈過度，務有以化之。問今歲善惡孰與往年，對上。問今年盗賊孰與往年，得無有羣輩大賊，對上。』」臣昭案：獻帝建安十三年，又罷司空，置御史大夫。御史大夫郗慮，慮免，不得補。荀綽《晉百官表注》曰：「獻帝置御史大夫，職如司空，不領侍御史。」屬長史一人，千石。掾屬二十九人。《漢官目録》云二十四人。令史及御屬四十二人。

民曹尚書

南朝宋・范曄《後漢書》卷一一六《百官志三》 尚書六人，六百石。本注曰：成帝初置尚書四人，分爲四曹：【略】民曹尚書主凡吏上書事。蔡質《漢舊儀》曰：「典繕治功作，監池苑囿盗賊事。」客曹尚書主外國夷狄事。世祖承遵，後分二千石曹，又分客曹爲南主客曹、北主客曹，凡六曹。《周禮・天官》有司會，鄭玄曰「若今尚書」。左右丞各一人，四百石。本注曰：掌録文書期會。左丞主吏民章報及騶伯史。右丞假署印綬，及紙筆墨諸財用庫藏。蔡質《漢儀》曰：「右丞與僕射對掌授廩假錢穀，與左丞無所不統。凡中宫漏夜盡，鼓鳴則起，鐘鳴則息。衛士甲乙徼相傳，甲夜畢，傳乙夜，相傳盡五更。衛士傳言五更，未明三刻後，雞鳴，衛士踵丞郎趨嚴上臺，不畜宫中雞，汝南出雞鳴，衛士候朱爵門外，專傳《雞鳴》于宫中。」應劭曰：「楚歌，今《雞鳴歌》也。」《晉太康地道記》曰：「後漢固始、鮦陽、公安、細陽四縣衛士，習此曲于闕下歌之，今《雞鳴》是也。」侍郎三十六人，四百石。本注曰：一曹有六人，主作文書起草。蔡質《漢儀》曰：「尚書郎初從三署詣臺試，初上臺稱守尚書郎，中歲滿稱尚書郎，三年稱侍郎。客曹郎主治羌胡事，劇遷二千石或刺史，其公遷爲縣令，秩滿自占縣去，詔書賜錢三萬與三臺祖餞，餘官則否。治嚴一月，準謁公卿陵廟乃發。御史中丞遇尚書丞、郎，避車執板住揖，丞、郎坐車舉手禮之，車過遠乃去。尚書言左右丞，敢告知如詔書律令。郎見左右丞，對揖無敬，稱曰左右君。丞、郎見尚書，執板對揖，稱曰明時。見令、僕射，執板拜，朝賀對揖。」令史十八人，二百石。本注曰：曹有三，主書。後增劇曹三人，合二十一人。

將作大匠

南朝宋・范曄《後漢書》卷一一七《百官志四》 將作大匠一人，二千石。蔡質《漢儀》曰：「位次河南尹，光武中元二年省，謁者領之，章帝建初元年復置。」本注曰：承秦，曰將作少府，景帝改爲將作大匠。掌修作宗廟、路寢、宮室、陵園木土之功，并樹桐梓之類列于道側。《漢官》篇曰「樹栗、漆、梓、桐」，胡廣曰：「古者列樹以表道，並以爲林囿。四者皆木名，治宫室並主之。」《毛詩傳》曰：「椅，梓屬也。」陸機《草木疏》曰：「梓實桐皮曰椅，今人云梧桐是也。梓，今人所謂梓楸者是也。」丞一人，六百石。

左校令一人，六百石。本注曰：掌左工徒。丞一人。安帝復也。

右校令一人，六百石。本注曰：掌右工徒。丞一人。安帝復也。

三國兩晉南北朝分部

列曹尚書

唐・房玄齡等《晉書》卷二四《職官志》 列曹尚書，案尚書本漢承秦置，及武帝遊宴後庭，始用宦者主中書，以司馬遷爲之，中間遂罷其官，以爲中書之職。至成帝建始四年，罷中書宦者，又置尚書五人，一人爲僕射，而四人分爲四曹，通掌圖書秘記章奏之事，各有其任。其一曰常侍曹，主丞相御史公卿事。其二曰二千石曹，主刺史郡國事。其三曰民曹，主吏民上書事。其四曰主客曹，主外國夷狄事。後成帝又置三公曹，主斷獄，是爲五曹。後漢光武以三公曹主歲盡考課諸州郡事，改常侍曹爲吏部曹，主選舉祠祀事，民曹主繕修功作鹽池園苑事，客曹主護駕羌胡朝賀事，二千石曹主辭訟事，中都官曹主水火盜賊事，合爲六曹。并令僕二人，謂之八座。尚書雖有曹名，不以爲號。靈帝以侍中梁鵠爲選部尚書，于此始見曹名。及魏改選部爲吏部，主選部事，又有左民、客曹、五兵、度支，凡五曹尚書、二僕射、一令爲八座。及晉置吏部、三公、客曹、駕部、屯田、度支六曹而無五兵。咸寧二年，省駕部尚書。四年，省一僕射，又置駕部尚書。太康中，有吏部、殿中及五兵、田曹、度支、左民爲六曹尚書，又無駕部、三公、客曹。惠帝世又有右民尚書，止於六曹，不知此時省何曹也。及渡江，有吏部、祠部、五兵、左民、度支五尚書。祠部尚書常與右僕射通職，不恒置，以右僕射攝之，若右僕射闕，則以祠部尚書攝知右事。

大司農

唐・房玄齡等《晉書》卷二四《職官志》 大司農，統太倉、籍田、導官三令，襄國都水長，東西南北部護漕掾。及渡江，哀帝省并都水，孝武復置。

將作大匠

唐・房玄齡等《晉書》卷二四《職官志》 將作大匠，有事則置，無事則罷。

都水使者

唐・房玄齡等《晉書》卷二四《職官志》 都水使者，漢水衡之職也。漢又有都水長丞，主陂池灌溉，保守河渠，屬太常。漢東京省都水，置河隄謁者，魏因之。及武帝省水衡，置都水使者一人，以河隄謁者爲都水官屬。及江左，省河隄謁者，置謁者六人。

洗　馬

唐・房玄齡等《晉書》卷二四《職官志》　洗馬八人，職如謁者秘書，掌圖籍。釋奠講經則掌其事，出則直者前驅，導威儀。

司　空

南朝梁・沈約《宋書》卷三九《百官志上》　司空，一人。掌水土事，郊祀掌掃除陳樂器，大喪掌將校復土。舜攝帝位，以禹爲司空。契玄孫之子曰冥，亦爲夏司空。殷湯以咎單爲司空。周時司空爲冬官，掌邦事。漢西京初不置。成帝綏和元年，更名御史大夫爲大司空；哀帝建平二年，復爲御史大夫；元壽二年，復爲大司空；光武建武二十七年去大字。獻帝建安十三年，又罷司空，置御史大夫。御史大夫郗慮免，不復補。魏初又置司空。

司　徒

南朝梁・沈約《宋書》卷三九《百官志上》　司徒置掾、屬三十一人，御屬一人，令史三十五人。司空置掾二十九人，御屬一人，令史三十一人。司空別有道橋掾。其餘張減之號，史闕不可得知也。

太史令

南朝梁・沈約《宋書》卷三九《百官志上》　太史令，一人。丞一人。掌三辰時日祥瑞妖災，歲終則奏新曆。太史，三代舊官，周世掌建邦之六典，正歲年，以序事頒朔于邦國。又有馮相氏，掌天文次序；保章氏，掌天文。今之太史，則并周之太史、馮相、保章三職也。漢西京曰太史令。漢東京有二丞，其一在靈臺。

大司農

南朝梁・沈約《宋書》卷三九《百官志上》　大司農，一人。丞一人。掌九穀六畜之供膳羞者。舜攝帝位，命棄爲后稷，即其任也。周則爲太府，秦治粟内史，漢景帝後元年，更名大農令，武帝太初元年，更名曰大司農。晉哀帝末，省并都水，孝武世復置。漢世丞二人，魏以來一人。

將作大匠

南朝梁・沈約《宋書》卷三九《百官志上》　將作大匠，一人。丞一人。掌土木之役。秦世置將作少府，漢因之。景帝中六年，更名將作大匠。光武中元二年省，以謁者領之。章帝建初元年復置。晉氏以來，有事則置，無則省。

尚　書

南朝梁・沈約《宋書》卷三九《百官志上》　尚書，古官也。舜攝帝位，命龍作納言，即其任也。《周官》司會，鄭玄云，若今尚書矣。秦世少府遣吏四人在殿中主發書，故謂之尚書。尚猶主也。漢初有尚冠、尚衣、尚食、尚浴、尚席、尚書，謂之六尚。戰國時已有尚冠、尚衣之屬矣。秦時有尚書令、尚書僕射、尚書丞。至漢初並隸少府，漢東京猶文屬焉。古者重武官，以善射者掌事，故曰僕射。僕射者，僕役於射事也。秦世有左右曹諸吏，官無職事，將軍大夫以下皆得加此官。漢武帝世，使左右曹諸吏分平尚書奏事。昭帝即位，霍光領尚書事；成帝初，王鳳録尚書事。漢東京每帝即位，輒置太傅，録尚書事，薨輒省。晉康帝世，何充讓録表曰：「咸康中，分置三録，王導録其一，荀崧、陸曄各録六條事。」然則似有二十四條，若止有十二條，則荀、陸各録六條，導又何所司乎？若導總録，荀、陸分掌，則不得復云導録其一也。其後每置二録，輒云各掌六條事，又是止有十二條也。十二條者，不知悉何條。晉江右有四録，則四人參録也。江右張華、江左庾亮並經關尚書七條，則亦不知皆何事也。後何充解録，又參關尚書。録尚書職無不總，王肅注《尚書》「納于大麓」曰：「堯納舜於尊顯之官，使大録萬機之政也。」凡重號將軍刺史，皆得命曹授用，唯不得施除及加節。宋世祖孝建中，不欲威權外假，省録。大明末復置。此後或置或省。漢獻帝建安四年，以執金吾榮郃爲尚書左僕射，衛臻爲右僕射。二僕射分置，自此始也。漢成帝建始四年，初置尚書，員四人，增丞亦爲四人。曹尚書其一曰常侍曹，主公卿事；其二曰二千石曹，主郡國二千石事；其三曰民曹，主吏民上書事；其四曰客曹，主外國夷狄事。光武分二千石曹爲二，又分客曹爲南主客曹、北主客曹，改常侍曹爲吏曹，凡六尚書。減二丞，唯置左右二丞而已。應劭《漢官》云：「尚書令、左丞，總領綱紀，無所不統。僕射、右丞，掌稟假錢穀。三公尚書二人，掌天下歲盡集課；吏曹掌選舉、齋祠；二千石曹掌水、火、盜賊、詞訟、罪法；客曹掌羌、胡朝會，法駕出，護駕；民曹掌繕治、功作、鹽池、苑囿。吏曹任要，多得超遷。」則漢末曹名及職司又與光武時異也。魏世有吏部、左民、客曹、五兵、度支五曹尚書。晉初有吏部、三公、客曹、駕部、屯田、度支六曹尚書。武帝咸寧二年，省駕部尚書，四年又置。太康中，有吏部、殿中、五兵、田曹、度支、左民六尚書。惠帝世，又有右民尚書。尚書止於六曹，不知此時省何曹也。江左則有祠部、吏部、左民、度支、五兵，合爲五曹尚書。宋高祖初，又增都官尚書。若有右僕射，則不置祠部尚書。世祖大明二年，置二吏部尚書，而省五兵尚書，後還置一吏部尚書。順帝昇明元年，又置五兵尚書。

尚書令，任總機衡；僕射、尚書，分領諸曹。左僕射領殿中、主客二曹；吏部尚書領吏部、删定、三公、比部四曹；祠部尚書領祠部、儀曹二曹；度支尚書領度支、金部、倉部、起部四曹；左民尚書領左民、駕部二曹；都官尚書領都官、水部、庫部、功論四曹；五兵尚書領中兵、外兵二曹。昔有騎兵、别兵、都兵，故謂之五兵也。五尚書、二僕射、一令，謂之八坐。若營宗廟宫室，則置起部尚書，事畢省。

漢成帝之置四尚書也，無置郎之文。《漢儀》，尚書郎四人，一人主匈奴單于營部，一人主羌夷吏民，一人主户口墾田，一人主財帛委輸。匈奴單于，宣帝之世，保塞内附，成帝世，單于還北庭矣。一郎主匈奴單于營部，則置郎疑是光武時，所主匈奴，是南單于也。《漢官》云，置郎三十六人，不知是何帝增員。然則一尚書則領六郎也。主作文書，起立事草。初爲郎中，滿歲則爲侍郎。尚書寺居建禮門内。尚書郎入直，官供青縑白綾被，或以錦縑爲之。給帷帳、氈褥、通中枕，太官供食物，湯官供餅餌及五熟果實之屬，給尚書伯使一人，女侍二人，皆選端正妖麗，執香爐，護衣服，奏事明光殿。殿以胡粉塗壁，畫古賢烈士。以丹朱色地，謂之丹墀。尚書郎口含雞舌香，以其奏事答對，欲使氣息芬芳也。奏事則與黄門侍郎對揖。黄門侍郎稱已聞，乃出。天子所服五時衣以賜尚書令僕，而丞、郎月賜赤管大筆一雙，隃麋墨一丸。魏世有殿中、吏部、駕部、金部、虞曹、比部、南主客、祠部、度支、庫部、農部、水部、儀曹、三公、倉部、民曹、二千石、中兵、外兵、别兵、都兵、考功、定科，凡二十三郎。青龍二年有軍事，尚書令陳矯奏置都官、騎兵二曹郎，合爲二十五曹。晉西朝則直事、殿中、祠部、儀曹、吏部、三公、比部、金部、倉部、度支、都官、二千石、左民、右民、虞曹、屯田、起部、水部、左主客、右主客、駕部、車部、庫部、左中兵、右中兵、左外兵、右外兵、别兵、都兵、騎兵、左士、右士、北主客、南主客爲三十四曹郎；後又置運曹，凡三十五曹。晉江左初，無直事、右民、屯田、車部、别兵、都兵、騎兵、左士、右士、運曹十曹郎，而主客、中外兵各置一郎而已，所餘十七曹也。康、穆以來，又無虞曹、二千石二郎，猶有殿中、祠部、吏部、儀曹、三公、比部、金部、倉部、度支、都官、左民、起部、水部、主客、駕部、庫部、中兵、外兵十八曹郎。後又省主客、起部、水部，餘十五曹。宋高祖初，加置騎兵、主客、起部、水部四曹郎，合爲十九曹。太祖元嘉十年，又省儀曹、主客、比部、騎兵四曹郎。十一年，又並置。十八年，增删定曹郎，次在左民曹上，蓋魏世之定科郎也。三十年，又置功論郎，次都官之下，在删定之上。太宗世，省騎兵。今凡二十曹郎。以三公、比部主法制。度支主算。支，派也。度，景也。都官主軍事刑獄。其餘曹所掌，各如其名。

唐・房玄齡等《晉書》卷二四《職官志》 尚書郎，西漢舊置四人，以分掌尚書。其一人主匈奴單于營部，一人主羌夷吏民，一人主户口墾田，一人主財帛委輸。及光武分尚書爲六曹之後，合置三十四人，秩四百石，并左右丞爲三十六人。郎主作文書起草，更直五日於建禮門内。尚書郎初從三署詣臺試，守尚書郎，中歲滿稱尚書郎，三年稱侍郎，選有吏能者爲之。至魏，尚書郎有殿中、吏部、駕部、金部、虞曹、比部、南主客、祠部、度支、庫部、農部、水部、儀曹、三公、倉部、民曹、二千石、中兵、外兵、都兵、别兵、考功、定課，凡二十三郎。青龍二年，尚書陳矯奏置都官、騎兵，合凡二十五郎。每一郎缺，白試諸孝廉能結文案者五人，謹封奏其姓名以補之。及晉受命，武帝罷農部、定課，置直事、殿中、祠部、儀曹、吏部、三公、比部、金部、倉部、度支、都官、二千石、左民、右民、虞曹、屯田、起部、水部、左右主客、駕部、車部、庫部、左右中兵、左右外兵、别兵、都兵、騎兵、左右士、北主客、南主客，爲三十四曹郎。後又置運曹，凡三十五曹，置郎二十三人，更相統攝。及江左，無直事、右民、屯田、車部、别兵、都兵、騎兵、左右士、運曹十曹郎。康穆以後，又無虞曹、二千石二郎，但有殿中、祠部、吏部、儀曹、三公、比部、金部、倉部、度支、都官、左民、起部、水部、主客、駕部、庫部、中兵、外兵十八曹郎。後又省主客、起部、水部，餘十五曹云。

唐・魏徵等《隋書》卷二七《百官志中》 尚書省，置令、僕射，吏部、殿中、祠部、五兵、都官、度支等六尚書。又有録尚書一人，位在令上，掌與令同，但不糾察。令則彈糾見事，與御史中丞更相廉察。僕射職爲執法，置二則爲左、右僕射，皆與令同。左糾彈，而右不糾彈。録、令、僕射，總理六尚書事，謂之都省。其屬官，左丞，掌吏部、考功、主爵、殿中、儀曹、三公、祠部、主客、左右中兵、左右外兵、都官、二千石、度支、左右户十七曹，并彈糾見事。又主管轄臺中，有違失者，兼糾駁之。右丞各一人。掌駕部、虞曹、屯田、起部、都兵、比部、水部、膳部、倉部、金部、庫部十一曹。亦管轄臺中。又主凡諸用度雜物，脂、燈、筆、墨、幃帳。唯不彈糾，餘悉與左同。并都令史八人，共掌其事。其六尚書，分統列曹。吏部統吏部，掌褒崇、選補等事。考功，掌考第及秀孝貢士等事。主爵掌封爵等事。三曹。殿中統殿中，掌駕行百官留守名帳，宫殿禁衛，供御衣倉等事。儀曹，掌吉凶禮制事。三公，掌五時讀時令，諸曹囚帳，斷罪，赦日建金雞等事。駕部掌車輿、牛馬廐牧等事。四曹。祠部統祠部，掌祠部醫藥，死喪贈賜等事。主客，掌諸蕃雜客等事。虞曹，掌地圖，山川遠近，園囿田獵，殽膳雜味等事。屯田，掌藉田、諸州屯田等事。起部掌諸興造工匠等事。五曹。祠部，無尚書則右僕射攝。五兵統左中兵，掌諸郡督告身、諸宿衛官等事。右中兵，掌畿内丁帳，事力，蕃兵等事。左外兵，掌河南及潼關已東諸州丁帳，及發召征兵等事。右外兵，掌河北及潼關已西諸州，所典與左外同。都兵掌鼓吹、太樂、雜户等事。五曹。都官統都官，掌畿内非遠得失事。二千石，掌畿外得失等事。比部，掌詔書律令勾檢等事。水部，掌舟船，津梁，公私水事。膳部掌侍官百司禮食肴饌等事。五曹。度支統度支，掌計會，凡軍國損益，事役糧廪等事。倉部，掌諸倉帳出入等事。左户，掌天下計帳，户籍等事。右户，掌天下公私田宅租調等事。金部，掌權衡量度，外内諸庫藏文帳等事。庫部掌凡是戎仗器用所須事。六曹。凡二十八曹。吏部、三公，郎中各二人，餘並一人。凡三十郎中。吏部、儀曹、三公、虞曹、都官、二千石、比部、左户，各量事置掌故主事員。

上林令

南朝梁・沈約《宋書》卷三九《百官志上》 上林令，一人。丞一人。漢西京上林中有八丞、十二尉、十池監。丞、尉屬水衡都尉。池監隸少府。漢東京曰上林苑令及丞各一人，隸少府。晉江左闕。宋世祖大明三年復置，隸尚書殿中曹及少府。

都水使者

南朝梁・沈約《宋書》卷四〇《百官志下》 都水使者，一人。掌舟航及運部。秦、漢有都水長、丞，主陂池灌溉，保守河渠，屬太常。漢東京省都水，置河隄謁者，魏因之。漢世水衡都尉主上林苑，魏世主天下水軍舟船器械。晉武帝省水衡，置都水使者，而河隄爲都水官屬。有參軍二人，謁者一人，令史減置無常員。晉西朝有參軍而無謁者，謁者則江左置也。懷帝永嘉六年，胡入洛陽，都水使者爰濬先出督運得免。然則武帝置職，便掌運矣。江左省河隄。

三公

南朝梁・蕭子顯《南齊書》卷一六《百官志》 三公，舊爲通官。司徒府領天下州郡名數户口名簿籍，雖無，常置左右長史、左西曹掾屬、主簿、祭酒、令史以下。晉世王導爲司徒，右長史幹寶撰立官府，《職儀》已具。

將軍

南朝梁・蕭子顯《南齊書》卷一六《百官志》 凡諸將軍加「大」字，位從公。開府儀同如公。凡公督府置佐：長史、司馬各一人，諮議參軍二人。諸曹有録事，功曹，記室，户曹，倉曹，中，直兵，外兵，騎兵，長流，賊曹，城局，法曹，田曹，水曹，鎧曹，集曹，右户，十八曹。城局曹以上署正參軍，法曹以下署行參軍，各一人。其行參軍無署者，爲長兼員。其府佐史則從事中郎二人，倉曹掾，户曹屬，東西閤祭酒各一人，主簿舍人御屬二人。加崇者，則左右長史四人，中郎掾屬並增數。其未及開府，則置府亦有佐史，其數有減。小府無長流，置禁防參軍。

大司農

南朝梁・蕭子顯《南齊書》卷一六《百官志》　府置丞一人。領官如左：太倉令一人，丞一人。導官令一人，丞一人。藉田令一人，丞一人。

少　府

南朝梁・蕭子顯《南齊書》卷一六《百官志》　府置丞一人。領官如左：左右尚方令各一人，丞一人。鍛署丞一人。永明三年省，四年復置。御府令一人，丞一人。東冶令一人，丞一人。南冶令一人，丞一人。平準令一人，丞一人。上林令一人，丞一人。亦屬尚書殿中曹。

將作大匠

南朝梁・蕭子顯《南齊書》卷一六《百官志》　三卿不常置。將作掌宫廟土木。【略】有事權置兼官，畢乃省。

司農卿

唐・魏徵等《隋書》卷二六《百官志上》　司農卿，位視散騎常侍，主農功倉廩。統太倉、導官、籍田、上林令，又管樂遊、北苑丞，左右中部三倉丞，莢庫、荻庫、箬庫丞，湖西諸屯主。天監九年，又置勸農謁者，視殿中御史。

少府卿

唐・魏徵等《隋書》卷二六《百官志上》　少府卿，位視尚書左丞，置材官將軍、左中右尚方、甄官、平水署、南塘邸税庫、東西冶、中黄、細作、炭庫、紙官、染署等令丞。

大匠卿

唐・魏徵等《隋書》卷二六《百官志上》　大匠卿，位視太僕，掌土木之工。統左、右校諸署。

太舟卿

唐・魏徵等《隋書》卷二六《百官志上》　太舟卿，梁初爲都水臺，使者一人，參軍事二人，河堤謁者八人。七年，改焉。位視中書郎，列卿之最末者也。主舟航堤渠。

隋唐五代分部

太　常

唐・魏徵等《隋書》卷二七《百官志中》　太常，掌陵廟群祀、禮樂儀制，天文術數衣冠之屬。其屬官有博士、四人，掌禮制。協律郎、二人，掌監調律吕音樂。八書博士二人。等員。統諸陵、掌守衛山陵等事。太廟、掌郊廟社稷等事。太樂、掌諸樂及行禮節奏等事。衣冠、掌冠幘、舄履之屬等事。鼓吹、掌百戲、鼓吹樂人等事。太祝、掌郊廟贊祝，祭社衣服等事。太史、掌天文地動，風雲氣色，律曆卜筮等事。太醫、掌醫藥等事。廩犧、掌養犧牲，供祭群祀等事。太宰掌諸神祀烹宰行禮事。等署令、丞。而太廟兼領郊祠、掌五郊羣神事。崇虚掌五岳四瀆神祀，在京及諸州道士簿帳等事。二局丞，太樂兼領清商部丞，掌清商音樂等事。鼓吹兼領黄户局丞，掌供樂人衣服。太史兼領靈臺、掌天文觀候。太卜掌諸卜筮。二局丞。

司農寺

唐・魏徵等《隋書》卷二七《百官志中》 司農寺，掌倉市薪菜，園池果實。統平準、太倉、鉤盾、典農、導官、梁州水次倉、石濟水次倉、藉田等署令、丞。而鉤盾又別領大囿、上林、遊獵、柴草、池藪、苜蓿等六部丞。典農署，又別領山陽、平頭、督亢等三部丞。導官署，又有御細部、麴麵部、典庫部等倉督員。

唐・魏徵等《隋書》卷二八《百官志下》 太常、光禄、衛尉、宗正、太僕、大理、鴻臚、司農、太府等九寺，並置卿、少卿各一人。太僕尋加少卿一人。各置丞，太常、衛尉、宗正、大理、鴻臚、將作二人，光禄、太僕各三人，司農五人，太府六人。主簿、太府四人。餘寺各二人。録事各二人。光禄則加至三人，司農、太府則各四人。等員。【略】

司農寺統太倉、典農、平準、廩市、鉤盾、華林、上林、導官等署。各置令。二人。鉤盾，上林則加至三人，華林惟置一人。太倉又有米廩督，二人。穀倉督，四人。鹽倉督，二人。京市有肆長，四十人。導官有御細倉督，二人。麴麩倉督，二人。等員。

將作寺

唐・魏徵等《隋書》卷二七《百官志中》 將作寺，掌諸營建。大匠一人，丞四人。亦有功曹、主簿、録事員。若有營作，則立將、副將、長史、司馬、主簿、録事各一人。又領軍主、副，幢主、副等。

唐・魏徵等《隋書》卷二八《百官志下》 將作寺大匠，一人。丞、主簿、録事。各二人。統左右校署令，各二人。丞，左校四人，右校三人。各有監作左校十二人，右校八人。等員。

將作監

唐・李林甫《唐六典》卷二三《將作監》 將作監：大匠一人，從三品；《左傳》云：「少昊氏五雉爲五工正。」《周官》冬官掌百工之職。《漢書・百官表》云：「將作少府，秦官，掌治宫室，有兩丞、左右中候。」景帝改曰將作大匠，秩二千石。屬官有石庫、東園主章、左右前後中校七令、丞，又主章長、丞。武帝改東園主章曰木工。成帝省中候及左、右、前、後、中校五丞。」後漢光武中元二年省，常以謁者兼之；至章帝建初元年又置。魏因之。晉將作大匠置功曹、主簿、五官等員，掌土木之役。過江後及宋、齊並不常置。梁天監七年置十二卿，改將作大匠爲大匠卿，是爲秋卿，班第十，品正第五。陳因之。後魏太和初，將作大匠從第二品下；二十二年，降爲從三品。北齊因之。後周有匠師中大夫一人，掌城郭、宫室之制及諸器物度量；又有司木中大夫一人，掌木工之政令。隋將作寺置大匠一人，從三品；開皇二十年改爲將作監，以大匠爲大監。煬帝大業五年，正四品；十三年，又改大監爲令。皇朝改置大匠、少匠、丞、主簿等員。龍朔二年改爲繕工監，咸亨元年復舊。光宅元年改爲營繕監，神龍元年復舊。少匠二人，從四品下。後周官有小匠師下大夫一人。隋初，將作無少匠；開皇二十年改寺爲監，大匠爲大監，始置副監一人。煬帝改副監爲少監；大業三年，改少監爲少匠；五年，又改少匠爲少監，正五品；十三年，又改爲少令。皇朝改置少匠二人。龍朔、咸亨、光宅、神龍隨監改復。將作大匠之職，掌供邦國修建土木工匠之政令，總四署、三監、百工之官屬，以供其職事；少匠貳焉。凡西京之大内、大明、興慶宫，東都之大内、上陽宫，其内外郭、臺、殿、樓、閣並仗舍等，苑内宫、亭，中書、門下、左右羽林軍、左右萬騎仗、十二閑廄屋宇等，謂之内作。凡山陵及京、都之太廟、郊社諸壇、廟，京、都諸城門，尚書、殿中、祕書、内侍省、御史臺、九寺、三監、十六衛，諸街使，弩坊，温湯，東宫諸司，王府官舍屋宇，諸街，橋道等，並謂之外作。凡有建造營葺，分功度用，皆以委焉。凡修理宫廟，太常先擇日以聞，然後興作。

五代・劉昫等《舊唐書》卷四四《職官志三》 將作監秦置將作，掌營繕宫室，歷代不改。隋爲將作寺，龍朔改爲繕工監，光宅改爲營繕監，神龍復爲將作監也。

大匠一員，從三品。大匠之名，漢景帝置。梁置十二卿，將作爲一卿。後周曰匠師中大夫。隋初爲將作寺，置大匠一人，又改爲監，以大匠爲監。煬帝改爲令，武德改爲大匠。龍朔、光宅，隨曹改易也。少匠二員。從四品下。

大匠掌供邦國修建土木工匠之政令，總四署三監百工之官屬，以供其職事。凡兩京宫殿、宗廟、城郭、諸台省監寺廨宇、樓臺、橋道，謂之内外作，皆委焉。

丞四人，從六品下。主簿二人，從七品下。録事二人，從九品下。府十四人，史二十八人，計史三人，亭長四人，掌固六人。

宋・歐陽修等《新唐書》卷四九上《百官志四上》 將作監。監一人，從三品；少監二人，從四品下。掌土木工匠之政，總左校、右校、中校、甄官等署，百工等監。大明、興慶、上陽宫，中書、門下、六軍仗舍、閑廄，謂之内作；郊廟、城門，省、寺、台、監、十六衛、東宫、王府諸廨，謂之外作。自十月距二月，休冶功；自冬至距九月，休土功。凡治宫廟，太常擇日以聞。

丞四人，從六品下。掌判監事。凡外營繕，大事則聽制敕，小事則須省符。功有長短，役有輕重。自四月距七月，爲長功；二月、三月、八月、九月，爲中功；自十月距正月，爲短功。長上匠，州率資錢以酬雇。軍器則勒歲月與工姓名。武德初，改令曰大匠，少令曰少匠。龍朔二年，改將作監曰繕工監，大匠曰大監，少匠曰少監。咸亨元年，繕工監曰營繕監。天寶十一載，改大匠曰大監，少匠曰少監。有府十四人，史二十八人，計史三人，亭長四人，掌固六人，短蕃匠一萬二千七百四十四人，明資匠二百六十人。

主簿二人，從七品下。掌官吏糧料，俸食，假使必由之。諸司供署監物有闕，舉焉。録事二人，從九品上。

尚書省

唐・魏徵等《隋書》卷二八《百官志下》 尚書省，事無不總。置令、左右僕射各一人，總吏部、禮部、兵部、都官、度支、工部等六曹事，是爲八座。屬官左、右丞各一人，都事八人，分司管轄。吏部尚書統吏部侍郎二人，主爵侍郎一人，司勳侍郎二人，考功侍郎一人。禮部尚書統禮部、祠部侍郎各一人，主客、膳部侍郎各二人。兵部尚書統兵部、職方侍郎各二人，駕部、庫部侍郎各一人。都官尚書統都官侍郎二人，刑部、比部侍郎各一人，司門侍郎二人。度支尚書統度支、户部侍郎各二人，金部、倉部侍郎各一人。工部尚書統工部、屯田侍郎各二人，虞部、水部侍郎各一人。凡三十六侍郎，分司曹務，直宿禁省，如漢之制。

都水臺

唐・魏徵等《隋書》卷二八《百官志下》 都水臺，使者及丞各二人，參軍三十人，河堤謁者六十人，録事二人。領掌船局、都水尉二人，又領諸津。上津每尉一人，丞二人。中津每尉、丞各一人。下津每典作一人，津長四人。

行臺省

唐・魏徵等《隋書》卷二八《百官志下》 行臺省，則有尚書令，僕射，左、右任置。兵部、兼吏部、禮部。度支兼都官、工部。尚書及丞左、右任置。各一人，都事四人。有考功、兼吏部、爵部、司勳。禮部、兼祠部、主客。膳部、兵部、兼職方。駕部、庫部、刑部、兼都官、司門。度支、兼倉部。户部、兼比部。金部、工部、屯田兼水部、虞部。侍郎，各一人。每行臺置食貨，農圃，武器，百工監、副監，各一人。各置丞、食貨四人，農圃六人，武器二人，百工四人。録事食貨、農圃、百工各二人，武器一人。等員。

户部

唐・李林甫《唐六典》卷三《尚書户部》 户部尚書一人，正三品；周之地官卿也。漢成帝置尚書五人，其三曰民曹，主吏人上書事。後漢以民曹兼主繕修功作，當工官之任。魏置左民尚書，晉初省之，太康中又置。惠帝時有右民尚書。東晉及宋、齊並置左民尚書，梁、陳並置左户尚書，並掌户籍，兼知工官之事。後魏、北齊有度支尚書，亦左民、左户之任也。後周依《周官》，置地官府大司徒卿。隋初曰度支尚書，開皇三年改爲民部，皇朝因之。貞觀二十三年改爲户部，明慶元年改爲度支，龍朔二年改爲司元太常伯，咸亨元年復爲户部。光宅元年改爲地官尚書，神龍元年復故。侍郎二人，正四品下。周之地官小司徒中大夫也。漢已來尚書侍郎，今郎中之任。後周依《周官》。隋煬帝置民部侍郎，皇朝因之。貞觀二十三年改爲户部，明慶元年改爲度支，龍朔二年改爲司元少常伯，咸亨、光宅、神龍並隨曹改復。户部尚書、侍郎之職，掌天下户口井田之政令。凡徭賦職貢之方，經費賙給之筭，藏貨贏儲之准，悉以咨之。其屬有四：一曰户部，二曰度支，三曰金部，四曰倉部；尚書、侍郎總其職務而奉行其制命。凡中外百司之事，由於所屬，皆質正焉。【略】

金部郎中一人，從五品上；漢置尚書郎四人，其一人主財帛委輸，蓋金部郎曹之任也。歷魏、晉、宋、齊、後魏、北齊並有金部郎中，梁、陳、隋爲侍郎，煬帝但曰「郎」，皇朝因之。武德三年加「中」字。龍朔二年改爲司珍大夫，咸亨元年復故。員外郎一人，從六品上；隋開皇六年置，煬帝改曰承務郎，皇朝爲員外郎。龍朔、咸亨隨曹改復。主事三人，從九品上。金部郎中、員外郎掌庫藏出納之節，金寶財貨之用，權衡度量之制，皆總其文籍而頒其節制。凡度以北方秬黍中者一黍之廣爲分，十分爲寸，十寸爲尺，一尺二寸爲大尺，十尺爲丈。凡量以黍中者容一千二百爲龠，二龠爲合，十合爲升，十升爲斗，三斗爲大斗，十斗爲斛。凡權衡以秬黍中者百黍之重爲銖，二十四銖爲兩，三兩爲大兩，十六兩爲斤。凡積秬黍爲度、量、權衡者，調鍾律，測晷景，合湯藥及冠冕之制則用之；內、外官司悉用大者。

五代・劉昫等《舊唐書》卷四三《職官志二》 户部尚書一員，正三品。隋爲民部尚書，貞觀二十三年改爲户部。明慶元年改爲度支，龍朔二年改爲司元太常伯，光宅元年改爲地官尚書，神龍復爲户部。侍郎二員。正四品下。因隋已來改易名位，皆隋尚書也。尚書、侍郎之職，掌天下田户、均輸、錢穀之政令，其屬有四：一曰户部，二曰度支，三曰金部，四曰倉部。總其職務，而行其制命。凡中外百司之事，由於所屬，皆質正焉。

郎中二員，從五品上。員外郎二員，從六品上。郎中、員外，自隋已來，隨曹改易。主事四人，從九品上。令史十五人，書令史三十四人，亭長六人，掌固十人。郎中、員外郎之職，掌分理户口、井田之事。【略】

金部郎中一員，從五品上。龍朔爲司珍大夫，咸亨復。員外郎一員，從六品上。主事三人，從九品上。令史八人，書令史二十一人，計史一人，掌固四人。郎中、員外郎之職，掌判天下庫藏錢帛出納之事，頒其節制而司其簿領。凡度，以北方秬黍中者一黍之廣爲分，十分爲寸，十寸爲尺，一尺二寸爲大尺，十尺爲丈。凡量，以秬黍中者容一千二百爲龠，二龠爲合，十合爲升，十升爲斗，三斗爲大斗，十斗爲斛。

兵部

唐・李林甫《唐六典》卷五《尚書兵部》 兵部尚書一人，正三品；《周官》夏官卿也。漢置五曹，未有主兵之任也。魏始置五兵尚書，謂中兵、外兵、騎兵、別兵、都兵也。晉太始中，省五兵尚書；太康中，又置七兵尚書，以舊五兵尚書中兵、外兵分爲左右。東晉及宋又爲五兵，孝武大明二年又省之，順帝升明元年又置。歷齊、梁、陳、後魏、北齊皆置五兵尚書。後周依《周官》，置大司馬卿一人。隋改爲兵部尚書，皇朝因之。龍朔二年改爲司戎太常伯，咸亨元年復爲兵部尚書。光宅元年改爲夏官尚書，神龍元年復故。侍郎二人，正四品下。《周官》夏官小司馬中大夫也。漢以來尚書侍郎，今郎中之任也。後周依《周官》。隋煬帝置兵部侍郎，皇朝因之。龍朔二年改爲司戎少常伯，咸亨元件復爲兵部侍郎。總章二年增置一員。光宅、神龍並隨曹改復。兵部尚書、侍郎之職，掌天下軍衛武官選授之政令。凡軍師卒戍之籍，山川要害之圖，廄牧甲仗之數，悉以諮之。其屬有四：一曰兵部，二曰職方，三曰駕部，四曰庫部，尚書、侍郎揔其職務而奉行其制命。凡中外百司之事，由於所屬，咸質正焉。【略】

職方郎中一人，從五品上；《周禮》夏官有職方氏中大夫之職，掌天下之地圖，主四方之職貢，職方郎中之任也。後周依《周官》。隋開皇初，始置職方侍郎一人；煬帝曰職方郎。武德三年加「中」字。至龍朔二年，改爲司城大夫；咸亨元年復故。員外郎一人，從六品上；《周禮》夏官有職方上士。後周依《周官》。隋開皇六年置員外郎一人，煬帝改曰承務郎，皇朝爲職方員外郎。龍朔、咸亨並隨曹改復。主事二人，從九品上。職方郎中、員外郎掌天下之地圖及城隍、鎮戍、烽候之數，辨其邦國、都鄙之遠邇及四夷之歸化者。凡地圖委州府三年一造，與板籍偕上省。其外夷每有番官到京，委鴻臚訊其人本國山川、風土，爲圖以奏焉，副上於省。其五方之區域，都鄙之廢置，疆埸之争訟者，舉而正之。凡天下之上鎮二十，中鎮九十，下鎮一百三十有五；上戍十有一，中戍八十有六，下戍二百三十有五。凡烽候所置，大率相去三十里，若有山岡隔絶，須逐便安置，得相望見，不必要限三十里。其逼邊境者，築城以置之。每烽置帥一人，副一人。其放烽有一炬、二炬、三炬、四炬者，隨賊多少而爲差焉。舊關内、京畿、河東、河北皆置烽。開元二十五年敕以邊隅無事，寰宇乂安，内地置烽，誠爲非要，量停近甸烽二百六十所，計烽帥等一千三百八十八人。凡州、縣城門及倉庫門須守當者，取中男及殘疾人均爲番第以充，而免其徭賦焉。若修理廨宇及園感廚，亦聽量使。

宋・王溥《唐會要》卷五九《尚書省諸司下・職方郎中》 隋爲職方郎。武德三年，加「中」字。龍朔二年，改爲司城大夫。咸亨元年，復爲職方郎中。

五代・劉昫等《舊唐書》卷四三《職官志二》 兵部尚書一員，正三品。南朝謂之五兵尚書，隋曰兵部尚書。龍朔改爲司戎太常伯，咸亨復也。侍郎二員。正四品下。龍朔爲司戎少常伯，咸亨復。尚書、侍郎之職，掌天下武官選授及地圖與甲仗之政令。其屬有四：一曰兵部，二曰職方，三曰駕部，四曰庫部。總其職務，而行其制命。凡中外百官之事，由於所屬，咸質正焉。【略】

職方郎中一員，從五品上。龍朔爲司域大夫也。員外郎一員，正六品上。主事二人，從九品上。令史四人，書令史九人，掌固四人。郎中、員外郎之職，掌天下地圖及城隍、鎮戍、烽堠之數，辨其邦國都鄙之遠近，及四夷之歸化。凡五方之區域，都邑之廢置，疆埸之争訟者，舉而正之。凡天下上鎮二十，中鎮九十，下鎮一百三十五。上戍十有一，中戍八十六，下戍二百四十五。凡烽堠所置，大率相去三十里。其逼邊境者，築城置之。每烽置帥一人，副一人。凡州縣城門及倉庫門，須有備守。

工部

唐・李林甫《唐六典》卷七《尚書工部》 工部尚書一人，正三品；周之冬官卿也。漢五曹尚書，其三曰民曹。後漢以民曹兼主繕修、功作、鹽池、園苑之事。自晉、宋、齊、梁、陳，營宗廟則權置起部尚書，事畢省之。後周依《周官》置大司空卿一人。隋開皇二年始置工部尚書，皇朝因之。龍朔二年改爲司平太常伯，咸亨元年復爲工部尚書。光宅元年改爲冬官尚書，神龍元年復故。侍郎一人，正四品下。蓋周之冬官小司空中大夫也。漢已來尚書侍郎，今郎中之任也。後周依《周官》。隋煬帝置工部侍郎，皇朝因之。龍朔二年改爲司平少常伯，咸亨、光宅、神龍並隨曹改復。工部尚書、侍郎之職，掌天下百工、屯田、山澤之政令。其屬有四：一曰工部，二曰屯田，三曰虞部，四曰水部；尚書、侍郎總其職務而奉行其制命。凡中外百司之事，由於所屬，咸質正焉。

郎中一人，從五品上；蓋《周禮》大司空屬官下大夫，郎中之任也。晉、宋、齊、後魏、北齊皆有起部郎中，梁、陳改置起部侍郎，後周置冬官小司空下大夫。隋初爲工部侍郎，煬帝除「侍」字，又改工部爲起部，皇朝因之。武德三年改爲工部郎中。龍朔二年改爲司平大夫，咸亨元年復爲工部郎中。光宅、神龍並隨曹改復。員外郎一人，從六品上；後周依《周禮》置小司空上士，蓋員外郎任也。隋開皇六年置工部員外郎，煬帝改爲起部承務郎，皇朝改爲工部員外郎。龍朔二年改爲司平員外郎，咸亨、光宅、神龍並隨曹改復。主事三人，從九品上。郎中、員外郎掌經營興造之衆務，凡城池之修濬，土木之繕葺，工匠之程式，咸經度之。【略】

屯田郎中一人，從五品上；漢尚書郎四人，其一人主户口墾田，蓋兼屯田之任也。故汜勝之爲侍郎，教田三輔是也。魏有農部郎曹，晉始置屯田郎中，東晉及宋、齊並左民郎中兼知屯田事，後魏、北齊並置屯田郎中。梁、陳、隋並爲侍郎，亦郎中之任也。煬帝曰屯田郎。後魏、北齊祠部尚書領屯田，陳左户部尚書領屯田，隋則工部尚書領之，皇朝因稱郎中。龍朔二年改爲司田大夫，咸亨元年復故。員外郎一人，從六品上；隋開皇六年置，煬帝改曰承務郎，武德三年改曰員外郎，龍朔、咸亨隨曹改復。主事二人，從九品上。屯田郎中、員外郎掌天下屯田之政令。凡軍、州邊防鎮守轉運不給，則設屯田以益軍儲。其水陸腴瘠，播植地宜，功庸煩省，收率等級，咸取決焉。諸屯分田役力，各有程數。【注略】凡天下諸軍、州管屯，總九百九十有二，【注略】大者五十頃，小者二十頃。凡當屯之中，地有良薄，歲有豐儉，各定爲三等。凡屯皆有屯官、屯副。屯官取前資官，嘗選人、文武散官等強幹善農事，有書判，堪理務者充；屯副取品子及勳官充。六考滿，加一階，聽選；得三上考者，又加一等。【略】

水部郎中一人，從五品上；魏置水部郎中。歷晉、宋、齊、後魏、北齊並有水部郎中，梁、陳爲侍郎。後周冬官府有司水中大夫，隋文帝爲水部侍郎，煬帝但曰水部郎。宋、齊、梁、陳、後魏、北齊並都官尚書領之，隋工部尚書領之，皇朝因焉。武德三年加「中」字。龍朔二年改爲司川大夫，咸亨元年復故。員外郎一人，從六品上；後周冬官府有小司水上士，則水部員外郎之任也。隋開皇六年置，煬帝改爲承務郎，皇朝復爲水部員外郎。龍朔、咸亨隨曹改復。主事二人，從九品上。水部郎中、員外郎掌天下川瀆、陂池之政令，以導達溝洫，堰決河渠。凡舟楫、溉灌之利，咸總而舉之。凡天下水泉三億三萬三千五百五十有九，其在遐荒絶域，殆不可得而知矣。其江、河自西極達于東溟，中國之大川者也；其餘百三十有五水，是爲中川者也；其千二百五十有二水，斯爲小川者也。桑欽《水經》所引天下之水百三十七，江、河在焉。酈善長注《水經》，引其枝流一千二百五十二。若渭、洛、汾、濟、漳、淇、淮、漢，皆亘達方域，通濟舳艫，從有之無，利於生人者矣。其餘陂澤，魚鱉、莞蒲、秔稻之利，蓋不可得而備云。

五代・劉昫等《舊唐書》卷四三《職官志二》 工部尚書一員，正三品。南朝謂之起部。有所營造，則置起部尚書，畢則省之。隋初改置工部尚書。龍朔爲司平太常伯，光宅改爲冬官尚書，神龍復舊也。侍郎一員。正四品下。龍朔爲司平少常伯。尚書、侍郎之職，掌天下百工、屯田、山澤之政令。其屬有四：一曰工部，二曰屯田，三曰虞部，四曰水部。總其職務，而行其制命。凡中外百司之事，由於所屬，咸質正焉。

郎中一員，從五品上。龍朔爲司平大夫也。員外郎一員，從六品上。主事二人，從九品上。令史十二人，書令史二十一人，亭長六人，掌固八人。郎中、員外郎之職，掌經營興造之衆務。凡城池之修濬，土木之繕葺，工匠之程式，咸經度之。凡京師、東都有營繕，則下少府、將作，以供其事。

屯田郎中一員，從五品上。龍朔爲司田大夫也。員外郎一員，從六品上。主事二人，從九品上。令史七人，書令史十二人，計史一人，掌固四人。郎中、員外郎之職，掌天下屯田之政令。凡邊防鎮守，轉運不給，則設屯田，以益軍儲。其水陸腴瘠，播種地宜，功庸煩省，收率等級，咸取決焉。諸屯田役力，各有程數。凡天下諸軍州管屯，總九百九十有二。大者五十頃，小者二十頃。凡當屯之中，地有良薄，歲有豐儉，各定爲三等。凡屯皆有屯官、屯副。凡京文武職事官，有職分田。京兆、河南府及京縣官，亦準此。凡在京諸司，有公廨田，皆視其品命而審其分給。【略】

水部郎中一員，從五品上。龍朔爲司川大夫。員外郎一員，從六品上。主事二人，從九品上。令史四人，書令史九人，掌固四人。郎中、員外郎之職，掌天下川瀆陂池之政令，以導達溝洫，堰決河渠。凡舟楫溉灌之利，咸總而舉之。凡天下水泉，三億三萬三千五百五十九。其在遐荒絶域，迨不可得而知矣。其江、河，自西極達于東溟，中國之大川者也。其餘百三十五水，是爲中川。其又千二百五十二水，斯爲小川也。若渭、洛、汾、濟、漳、淇、淮、漢，皆互達方域，通濟舳艫，從有之無，利於生人者也。凡天下造舟之梁四，河則蒲津、大陽、河陽，洛則孝義也。石柱之梁四，洛則天津、永濟、中橋，灞則灞橋。木柱之梁三，皆渭川，便橋、中渭橋、東渭橋也。巨梁十有一，皆國工修之。其餘皆所管州縣隨時營葺。其大津無梁，皆給船人，量其大小難易，以定其差。

司天臺

五代·劉昫等《舊唐書》卷四三《職官志二》 舊太史局，隸祕書監。龍朔二年改爲祕閣局，久視元年改爲渾儀監。景雲元年改爲太史監，復爲太史局，隸祕書。乾元元年三月十九日敕，改太史監爲司天臺，改置官屬，舊置於子城内祕書省西，今在永寧坊東南角也。監一人，從三品。本太史局令，從五品下。乾元元年改爲監，升從三品，一如殿中祕書品秩也。少監二人。本曰太史丞，從七品下。乾元升爲少監，與諸司少監卿同品也。太史令掌觀察天文，稽定曆數。凡日月星辰之變，風雲氣色之異，率其屬而占候之。其屬有司曆二人，掌造曆。保章正一人，掌教。曆生四十一人。監候五人，掌候天文。觀生九十人，掌晝夜司候天文氣色。靈臺郎二人，掌教習天文氣色。天文生六十人。挈壺正二人。掌知漏刻。司辰七十人，漏刻典事二十二人，漏刻博士九人，漏刻生三百六十人，典鐘一百一十二人，典鼓八十八人，楷書手二人，亭長、掌固各四人。自乾元元年別置司天臺。改置官吏，不同太史局舊數，今據司天職掌書之也。凡玄象器物、天文圖書，苟非其任，不得預焉。每季録所見災祥，送門下、中書省，入起居注。歲終總録，封送史館。每年預造來年曆，頒于天下。五官正五員，正五品。乾元元年置五官，有春、夏、秋、冬、中五官之名。丞二員，正七品。主簿二員，正七品。定額直五人，五官靈臺郎五員，正七品。舊靈台郎，正八品下，掌觀天文之變而占候之。凡二十八宿，分爲十二次，事具《天文志》也。五官保章正五員，正七品。五官司曆五員，正八品。舊司曆二人，從九品上，掌國之曆法，造曆以頒四方。其曆有《戊寅曆》、《麟德曆》、《神龍曆》、《大衍曆》。天下之測量之處，分至表准，其詳可載，故參考星度，稽驗晷影，各有典章。五官監候五員，正八品。五官挈壺正五員，正九品。五官司辰十五員。正九品。舊挈壺正二員，從八品下。司辰十七人，正九品下。皆掌知漏刻。孔壺爲漏，浮箭爲刻，以告中星昏明之候也。五官禮生十五人，五官楷書手五人，令史五人，漏刻博士二十人，漏刻之法，孔壺爲漏，浮箭爲刻。其箭四十有八，晝夜共百刻。冬夏之間，有長短。冬至之日，晝漏四十刻，夜漏六十刻。夏至，晝漏六十刻夜漏四十刻。春分秋分之時，晝夜各五十刻。秋分之後，減晝益夜，凡九日加一刻。春分已後，減夜益晝，九日減一刻。二至前後，加減遲，用日多。二分之間，加減速，用日少。候夜以爲更點之節。每夜分爲五更，每更分爲五點。更以擊鼓爲節，點以擊鐘爲節也。典鐘、典鼓三百五十人，天文觀生九十人，天文生五十人，曆生五十五人，漏生四十人，視品十人。已上官吏，皆乾元元年隨監司新置也。

太史局

五代·劉昫等《舊唐書》卷三六《天文志下》 舊儀：太史局隸秘書省，掌視天文曆象。則天朝，術士尚獻輔精於曆算，召拜太史令。獻輔辭曰：「臣山野之人，性靈散率，不能屈事官長。」天后惜其才，久視元年五月十九日，敕太史局不隸秘書省，自爲職局，仍改爲渾天監。至七月六日，又改爲渾儀監。長安二年八月，獻輔卒，復爲太史局，隸秘書省，緣進所置官員並廢。景龍二年六月，改爲太史監，不隸秘書省。景雲元年七月，復爲太史局，隸秘書省。八月，又改爲太史監。十一月，又改爲太史局。二年閏九月，改爲渾儀監。開元二年二月，改爲太史監。十五年正月，改爲太史局，隸秘書省。天寶元年，又改爲太史監。

乾元元年三月，改太史監爲司天臺，于永寧坊張守珪故宅置。敕曰：「建邦設都，必稽玄象；分列曹局，皆應物宜。靈臺三星，主觀察雲物；天文正位，在太微西南。今興慶宫，上帝廷也，考符之所，合置靈臺。宜令所司量事修理。」舊台在秘書省之南。仍置五官正五人。司天臺内別置一院，曰通玄院。應有術藝之士，徵辟至京，于崇玄院安置。其官員：大監一員，正三品。少監二人，正四品。丞三人，正六品。主簿二人，主事二人，五官正五人，五官副正五人，靈臺郎一人，五官保章正五人，五官挈壺正五人，五官司曆五人，五官司辰十五人，觀生、曆生七百一十六人。凡官員六十六人。寶應元年，司天少監瞿曇譔奏曰：「司天丞請減兩員，主簿減兩員，主事減一員，保章正減三員，挈壺正減三員，監候減兩員，司辰減七員，五陵司辰減五員。」從之。

天寶十三載三月十四日，敕太史監官除朔望朝外，非別有公事，一切不須入朝，及充保識，仍不在點檢之限。

開成五年十二月，敕：「司天臺占候災祥，理宜秘密。如聞近日監司官吏及所由等，多與朝官並雜色人交游，既乖慎守，須明制約。自今已後，監司官吏不得更與朝官及諸色人等交通往來，委御史台察訪。」

宋遼金元分部

户部

元・脱脱等《宋史》卷一六三《職官志三》 户部。國初，以天下財計歸之三司，本部無職掌，止置判部事一人，以兩制以上充，以受天下上貢，元會陳于庭。元豐正官名，始並歸户部。掌天下人户、土地、錢穀之政令，貢賦、征役之事。以版籍考户口之登耗，以税賦持軍國之歲計，以土貢辨郡縣之物宜，以徵榷抑兼并而佐調度，以孝義婚姻繼嗣之道和人心，以田務券責之理直民訟，凡此歸於左曹。以常平之法平豐凶、時斂散，以免役之法通貧富、均財力，以伍保之法聯比閭、察盜賊，以義倉振濟之法救饑饉、恤艱阨，以農田水利之政治荒廢、務稼穡，以坊場河渡之課酬勤勞、省科率，凡此歸於右曹。尚書置都拘轄司，總領內外財賦之數，凡錢穀帳籍，長貳選吏鈎考。其屬三：曰度支，曰金部，曰倉部。

又 尚書、侍郎。掌軍國用度，以周知其出入盈虛之數。凡州縣廢置，户口登耗，則稽其版籍；若貢賦征税，斂散移用，則會其數而頒其政令焉。凡四司所治之事，侍郎爲之貳，郎中、員外郎參領之，獨右曹事專隸所掌侍郎。【略】左曹分案五，置吏四十；右曹分案五，置吏五十有六。建炎兵興，嘗以知樞密院張慤提領措置户部財用，後遷中書侍郎，仍兼之。五年，復以參知政事孟庾提領措置。後罷，專委户部長貳。左曹分案三：曰户口，掌凡諸路州縣户口升降，民間立户分財，科差人丁，典賣屋業，陳告户絶，索取妻男之訟。曰農田，掌農田及田訟，務限奏豐稔，驗水旱蟲蝗，勸課農桑，請佃地土，令佐任滿賞罰，繳奏諸州雨雪，檢按災傷逃絶人户。【略】右曹分案六：曰常平，掌常平、農田水利及義倉振濟，户絶田産，居養鰥、寡、孤、獨之事。曰免役，曰坊場，曰平準，各隨其名而任其事。曰檢法，曰知雜。裁減吏額，左曹四十人，右曹三十人。淳熙十年，詔左藏南庫撥隸户部。舊制，户部侍郎二人，中興初，止除長貳，各一員，或止除尚書若侍郎一員。紹興四年七月，詔户部侍郎二員，通治左、右曹，自此相承不改。

又 金部郎中、員外郎。參掌天下給納之泉幣，計其歲之所輸，歸于受藏之府，以待邦國之用。勾考平準、市舶、榷易、商税、香茶、鹽礬之數，以周知其登耗，視歲額增虧而爲之賞罰。凡綱運不濡滯及負折者，計程帳催理。凡造度、量、權、衡，則頒其法式。合同取索及奉給、時賜，審覆而供給之。分案六：曰左藏，曰右藏，曰錢帛，曰榷易，曰請給，曰知雜。裁減吏額，共置六十人。淳熙十三年，又減四人。

總制司

清・徐松《宋會要輯稿・職官一二・總制司》《兩朝國史志》：職方判司事一人，以無職事朝官充。凡城隍鎮戍、烽候防人、道路遠近、四夷歸化皆不與聞，本司但受諸州閏年圖及圖經而已。

禮部

清・徐松《宋會要輯稿・職官一三・主客部》《兩朝國史志》：主客判司事一人，以無職事朝官充。凡諸蕃朝聘、貢奉隸客省，本司無所掌。令史一人，驅使官一人。元豐改制，郎中、員外郎始實行本司事，禮部郎官通行。設案有一，曰知雜封襄朝貢案，掌諸蕃國入貢並每年頒賜交阯國曆日及勘會柴氏襲封事。吏額：主事一人，本部人吏兼令史一人，手分二人，貼司二人。

又 《神宗正史・職官志》：主客郎中、員外郎參掌諸蕃國朝貢。凡本司所治之事，契丹國遣使朝賀應接送館伴官所用儀物，皆預令有司爲之辦具。高麗亞契丹，其餘蕃國則按其等差以式給之。至則圖其形像，書其山川、風俗。若有封爵禮命之事，則承詔頒付。嵩、慶、懿陵祭享，崇儀公承襲，率主行之。分案四，設吏七。

元・脱脱等《宋史》卷一六三《職官志三》 禮部。掌國之禮樂、祭祀、朝會、宴饗、學校、貢舉之政令。【略】若印記、圖書、表疏之事皆掌焉。大祥瑞，則朝參官以上詣閤門表賀，餘於歲終條奏。

又 主客郎中、員外郎。掌以賓禮待四夷之朝貢。凡郊勞、授館、宴設、賜予，辨其等而以式頒之。至則圖其衣冠，書其山川風俗。有封爵禮命，則承詔頒付。掌嵩、慶、懿陵祭享，崇義公承襲之事。分案四，置吏七。

元・脱脱等《金史》卷五五《百官志一・六部》 掌凡禮樂、祭祀、燕享、學校、貢舉、儀式、制度、符印、表疏、圖書、册命、祥瑞、天文、漏刻、國忌、廟諱、醫蔔、釋道、四方使客、諸國進貢、犒勞張設之事。

兵部

清・徐松《宋會要輯稿・職官一四・兵部》 兵部主車駕儀仗、鹵簿字圖及千牛備身，殿中省進馬名簿籍，春秋釋奠武成廟申請攝事官，禘祫儀仗。又天下名兵奏籍皆上兵部，及武舉人名籍，凡臣僚給卒供驅使者皆宣下。以京朝官二員主判。又有甲庫，主承受除拜武臣制敕。南曹國初廢，白院，尚書銓、東西銓四司印有而無所掌。

又 《兩朝國史志》：兵部判部事一人，以兩制充。凡天下兵籍、武官選授及軍師卒戍之政令悉歸於樞密院，其選授小者又分領於三班，本曹但掌車駕儀仗、鹵簿字圖、春秋釋奠昭烈武成王廟及武人科舉之事，歲終以義勇、弓箭手、寨户之數上於朝。令史九人，甲庫令史二人，驅使官一人。元豐改制，具《職官志》。尚書一人，侍郎一人，郎官一人，兼職方。掌民兵、招置弓手、廂軍、蕃兵、剩員武士、校試武藝、金吾衛司人兵、大將出征、告廟、破賊露布、鹵簿、字圖及蕃夷屬户授官封襲之事。分案有十：曰賞功，曰民兵仗衛，曰廂兵，曰人從看詳，曰帳籍告身，曰武舉，曰蕃官，曰開拆，曰知雜，曰檢法。吏額：主事一人，令史一人，書令史六人，守當官十人，貼司二十人，私名五人，守闕習學九人。二十六年十一月，罷守闕習學，置手分一人。建炎二年，併衛尉寺隸焉。

清・徐松《宋會要輯稿・職官一四・職方》 職方掌受諸州圖及圖經，以朝官一員主判。駕部、庫部二部皆無所掌，各以朝官一員主判。太宗太平興國二年閏七月，有司上諸州所貢《閏年圖》。故事，每三年一令天下貢地圖與版籍上尚書省，以閏月爲限。至是吴、晉悉平，奉圖來獻者州郡幾四百卷。

元・脱脱等《宋史》卷一六三《職官志三》 兵部。掌兵衛、儀仗、鹵簿、武舉、民兵、廂軍、土軍、蕃軍，四夷官封承襲之事，輿馬、器械之政，天下地土之圖。【略】其屬三：曰職方，曰駕部，曰庫部。舊判部事一人，以兩制充。掌三駕儀仗、鹵簿圖，春秋釋奠武成王廟及武舉，歲終以義軍、弓箭手户數上于朝。國初，掌千牛備身，殿中省進馬籍。元豐設官十，尚書、侍郎各一，四司郎中、員外郎各一。元祐初，省駕部郎中一員，以職方兼庫部。紹興改元，詔職方、庫部互置郎官一員兼。

尚書。掌兵衛、武選、車輦、甲械、廄牧之政令。以天下郡縣之圖而周知其地域。【略】

侍郎。掌貳尚書之事。南渡，長貳互置，續置侍郎二員，紹興常置一員。

郎中、員外郎。參掌本部長貳之事。建炎三年，詔兵部兼職方，駕部兼庫部。隆興元年，詔駕部、兵部郎官共一員兼領，自是四司合爲一矣。厥後間或並置，若從軍或將命于外，則假以爲寵焉。

職方郎中、員外郎。掌天下圖籍，以周知方域之廣袤，及郡邑、鎮砦道里之遠近。凡土地所産，風俗所尚，具古今興廢之因，州爲之籍，遇閏歲造圖以進。四夷歸附，則分隸諸州，度田屋錢糧之數以給之。分案三，置吏五。舊判司事一人，以無職事朝官充，掌受閏年圖經。國初，令天下每閏年造圖納儀鸞司。淳化四年，令再閏一造；咸平四年，令上職方轉運畫本路諸州圖，十年一上。紹熙三年，職方、駕部吏額通入兵部、庫部，併作四十二人。

宋・李燾《續資治通鑑長編》卷三八六《哲宗》 (元祐元年八月辛亥)(上官)均又言：「【略】職方每日承受生事，大抵多止於十餘件，少止於三五件。其承受都省文字，一旬之内或四五日無所承受，或止於二三件。而職方手分、貼司凡八人，逐人所分事件不過一二件，所行之事止於州縣廢復、蕃夷歸明及天下地圖等數事而已。」

元・脱脱等《金史》卷五五《百官志一・六部》 兵部：尚書一員，正三品；侍郎一員，正四品；郎中一員，從五品；員外郎二員，從六品。掌兵籍、軍器、城隍、鎮戍、廄牧、鋪驛、車輅、儀仗、郡邑圖志、險阻、障塞、遠方歸化之事。

明・宋濂等《元史》卷八五《百官志一》 兵部，尚書三員，正三品；侍郎二員，正四品；郎中二員，從五品；員外郎二員，從六品。掌天下郡邑郵驛屯牧之政令。凡城池廢置之故，山川險易之圖，兵站屯田之籍，遠方歸化之人，官私芻牧之地，駝馬、牛羊、鷹隼、羽毛、皮革之徵，驛乘、郵運、祇應、公廨、皂隸之制，悉以任之。世祖中統元年，以兵、刑、工爲右三部，置尚書二員，侍郎二員，郎中五員，員外郎五員，總領三部之事。至元元年，別置工部，以兵刑自爲一部。尚書四員，侍郎三員，郎中如舊，員外郎五員。三年，併爲右三部。五年，復爲兵刑部。尚書二員，省侍郎二員，郎中如故，員外郎一員。七年，始列六部。尚書一員，侍郎仍舊，郎中一員，員外郎仍二員。明年，又合爲兵刑部。十三年，復析兵部。二十三年，定尚書、侍郎、郎中、員外郎以二員爲額。至治三年，增尚書一員。主事二員，蒙古必闍赤二人，令史十四人，回回令史一人，怯里馬赤一人，知印二人，奏差八人，典吏三人。

工部

清・徐松《宋會要輯稿・職官一六・工部侍郎》 元豐正名，初除熊本爲之。

清・徐松《宋會要輯稿・職官一六・屯田部員外郎》《兩朝國史志》：屯田判司事一人，以無職事朝官充。凡屯田之政令隸三司，本司無所掌。元豐改制，員外郎始實行本司事。

清・徐松《宋會要輯稿・職官一六・虞部員外郎》《兩朝國史志》：虞部判司事一人，以無職事朝官充。凡虞衡之政令皆歸三司河渠案，後領于都水監，本司無所掌。元豐改制，員外郎始實行本司事。

《神宗正史・職官志》：虞部員外郎參掌山澤、苑囿、場冶之事，而舉行其禁令。若地産茶、鹽、礬及金、銀、銅、鐵、鉛、錫，則興置収採，以其課入歸於金部。猛獸毒藥能害人者，皆屏去之。《哲宗職官志》同。

清・徐松《宋會要輯稿・職官一六・水部員外郎》《兩朝國史志》：水部判司事一人，以無職事朝官充。凡川瀆、陂池、溝洫、河渠之政，國朝初隸三司河渠案，後領於水監，本司無所掌。元豐改制，員外郎始實行本司事。

《神宗正史・職官志》水部員外郎參掌溝洫、津梁、舟楫、漕運之事，凡水之政令，若江淮河瀆汴洛隄防決溢、疏導壅底之約束，以時檢行，而計度其歲用之物。應修固不如法者有罰，即因其規畫措置能爲民利則賞之。《哲宗職官志》同。

元・脱脱等《宋史》卷一六三《職官志三》 工部。掌天下城郭、宮室、舟車、器械、符印、錢幣、山澤、苑囿、河渠之政。凡營繕，歲計所用財物，關度支和市；其工料，則飭少府、將作監檢計其所用多寡之數。凡百工，其役有程，而善否則有賞罰。兵匠有闕，則隨以緩急招募。籍坑冶歲入之數，若改用錢寶，先具模製進御請書。造度量、權、衡則關金部。印記則關禮部。凡道路、津梁，以時修治。舊制，判部事一人，以兩制以上充。元豐並歸工部。其屬三：曰屯田，曰虞部，曰水部。設官十：尚書、侍郎各一人，工部、屯田、虞部、水部郎中、員外郎各一人。元祐元年，省水部郎官一員。紹聖元年，詔屯田、虞部互置郎官一員兼領。

尚書。掌百工水土之政令，稽其功緒以詔賞罰。總四司之事，侍郎爲之貳。若制作、營繕、計置、採伐所用財物，按其程式以授有司，郎中、員外郎參掌之。應官吏、兵民緣本曹事有功賞罪罰，則審實以上尚書省。大祭祀，則尚書薦俎與徹。若諸監鼓鑄錢寶，按年額而課其數，因其登耗以詔賞罰。凡車輦、飭器、印記之造，則少府監、文思院隸焉。甲兵器械之制，則軍器所隸焉。有合支物料工價，則申于朝，以屬戶部。建炎併將作、少府、軍器監並歸工部。是時營繕未遑，惟戎器方急。紹興二年，詔於行在別置作院造器甲，令工部長貳提點，郎官逐旬點檢。少府監既歸工部，文思院上下界監官並從本部辟差。又詔御前軍器所隸工部，自是營造稍廣。宰臣議：「戶部以給財爲務，工部以辦事爲能，誠非一體。」欲令戶、工部兼領其事，卒未能合。隆興以後，宮室、器甲之造浸稀，且各分職掌，部務益簡，特提其綱要焉。分案六：曰工作，曰營造，曰材料，曰兵匠。曰檢法，曰知雜。又專立一案，以御前軍器案爲名。裁減吏額，共置四十二人。

侍郎。掌貳尚書之事。南渡初，長、貳互置，隆興詔各置一員。

郎中、員外郎。舊制，凡制作、營繕、計置、採伐材物，按程式以授有司，則參掌之。建炎三年，詔：「工部郎官兼虞部，屯田郎官兼水部。」隆興元年，詔工部、屯田共一員兼領，自此四司合爲一矣。淳熙九年，以趙公廙爲屯田員外郎，自是不復省。

屯田郎中、員外郎。掌屯田、營田、職田、學田、官莊之政令，及其租入、種刈、興修、給納之事。凡塘濼以時增減，堤堰以時修葺，并有司修葺種植之事，以賞罰詔其長貳而行之。分案三，置吏八。

虞部郎中、員外郎。掌山澤、苑囿、場冶之事，辨其地産而爲之厲禁。凡金、銀、銅、鐵、鉛、錫、鹽、礬，皆計其所入登耗以詔賞罰。分案四，置吏七。

水部郎中、員外郎。掌溝洫、津梁、舟楫、漕運之事。凡堤防決溢，疏導壅底，以時約束而計度其歲用之物。修治不如法者，罰之；規畫措置爲民利者，賞之。分案六，置吏十有三。紹興累減吏額，四司通置三十三人。

元·脱脱等《金史》卷五五《百官志一·六部》 尚書一員，正三品。侍郎一員，正四品。郎中一員，從五品。掌修造營建法式、諸作工匠、屯田、山林川澤之禁、江河堤岸、道路橋樑之事。員外郎一員，從六品。貞祐五年，兼覆實司官。天德三年，增二員。主事二員，從七品。令史十八人，内女直四人。譯史二人，通事一人。覆實司。管勾一員，從七品。隸户、工部，掌覆實營造材物、工匠價直等事。大安元年，隸三司、工部，罷同管勾。貞祐五年並罷之，以二部主事兼。興定四年復設，從省擬，不令户、工部舉。

明·宋濂等《元史》卷八五《百官志一》 工部，尚書三員，正三品；侍郎二員，正四品；郎中二員，從五品；員外郎二員，從六品。掌天下營造百工之政令。凡城池之修濬，土木之繕葺，材物之給受，工匠之程式，銓注局院司匠之官，悉以任之。世祖中統元年，右三部置尚書二員，侍郎二員，郎中五員，員外郎五員，内二員專署工部事。至元元年，始分立工部。尚書四員，侍郎三員，郎中四員，員外郎五員。三年，復合爲右三部。七年，仍自爲工部。尚書二員，侍郎仍二員，郎中三員，員外郎如舊。二十三年，定尚書、侍郎、郎中、員外郎各以二員爲額。明年，以曹務繁冗，增尚書二員。二十八年，省尚書一員。首領官：主事五員。蒙古必闍赤六人，令史四十二人，回回令史四人，怯里馬赤一人，知印一人，奏差三十人，蒙古書寫一人，典吏七人。又司程官四員，右三部照磨一員，典吏七人。

太史局

清·徐松《宋會要輯稿·職官一八·太史局》 太史局舊名司天監。元豐官制行，改今名。《兩朝國史志》：司天監：監、丞、主簿、春官正、夏官正、中官正、秋官正、靈臺郎、保章正、挈壺正。監及少闕，則置判監事二人，以五官正以上充。禮生五人，曆生一人。丞、主簿及五官正以下皆守其職，掌察天文祥異、鍾鼓刻漏，寫造曆書，供諸壇祠祀告祭神名位版畫日。天文院掌渾儀臺、晝夜測驗辰象，以白於監。測驗注記二人，刻擇官八人，監生無定員，押吏十五人，學生三十人。鍾鼓院掌鍾鼓刻漏、進牌之事。節級三人，直官三人，雞唱三人，學生三十六人。

《神宗正史·職官志》：太史局掌占天文及風雲氣候，凡祀、冠婚、喪葬則擇所用日。其官有令，有正，有春官、夏官、秋官、冬官正，有丞，有直長，有靈臺郎，有保章正，而選五官正以上業優考深者二人爲判及同判局。保章正五年、直長至令十年一選，惟靈臺郎試中乃遷，而挈壺正無選法。其別局有天文院、鍾鼓院、測渾儀刻漏所、印曆所，皆主占驗曆法。《哲宗正史·職官志》同。

明·宋濂等《元史》卷八八《百官志四》 太史院，秩正二品，掌天文曆數之事。至元十五年，始立院，置太史令等官七員。至大元年，陞從二品，設官十員。延祐三年，陞正二品，設官十五員。後定置院使五員，正二品；同知二員，正三品；僉院二員，從三品；同僉二員，正四品；院判二員，正五品；經歷一員，從五品；都事一員，從七品；管勾一員，從九品；令史三人，譯史一人，知印二人，通事一人，宣使二人，典吏二人。

春官正兼夏官正一員，正五品。秋官正兼冬官正中官正一員，正五品。保章正五員，正七品。保章副五員，正八品。掌曆二員，正八品。腹裏印曆管勾一員，從九品。各省司曆十二員，正九品。印曆管勾二員，從九品。靈臺郎一員，正七品。監候六員，從八品。副監候六員，正九品。星曆生四十四員。挈壺正一員，從八品。司辰郎二員，正九品。燈漏直長一人。教授一員，從八品。學正一員，從九品。校書郎二員，正八品。

將作監

元·脱脱等《宋史》卷一六五《職官志五》 將作監。舊制，判監事一人，以朝官以上充。凡土木工匠之政、京都繕修隸三司修造案，本監但掌祠祀供省牲牌、鎮石、炷香、盥手、焚版幣之事。

元豐官制行，始正職掌。置監、少監各一人，丞、主簿各二人。監掌宮室、城郭、橋梁、舟車營繕之事，少監爲之貳，丞參領之。凡土木工匠板築造作之政令總焉。辨其才幹，器物之所須，乘時儲積以待給用，庀其工徒而授以法式，寒暑蚤暮，均其勞逸作止之節。凡營造有計帳，則委官覆視，定其名數，驗實以給之。歲以二月治溝渠，通壅塞。乘輿行幸，則預戒有司潔除，均布黃道。凡出納籍帳，歲受而會之，上于工部。熙寧初，以嘉慶院爲監，其官屬職事，稽用舊典，已而盡追復之。元祐七年，詔頒《將作監修成營造法式》。八年，又詔本監營造檢計畢，長貳隨事給限，丞、簿覆檢。元符元年，三省言：「將作監主簿二員，乞將先到任一員改充幹當公事。候成資替罷。」從之。崇寧五年，詔將作監，應承受前後特旨應副外，路并府、監修造差撥人工物料，遵執元豐條格，不得應副。宣和五年，詔罷營繕所歸將監。

分案五，置吏二十有七。【略】

建炎三年，詔將作監併歸工部。紹興三年，復置丞，仍兼總少府之事。十年，置主簿一員。十一年，詔依司農、太府寺，置長貳一員。隆興初，宮室無所營繕，職務簡省，百工器用屬之文思院，以隸工部；本監惟置丞一員，餘官虛而不除。乾道以後，人材甚多，監、少、丞、簿無闕，凡臺省之久次與郡邑之有聲者，悉寄徑於此，自是號爲儲才之地，而營繕之事，多俾府尹、畿漕分任其責焉。

都水監

元・脱脱等《宋史》卷一六五《職官志五》　都水監。舊隸三司河渠案，嘉祐三年，始專置監以領之。判監事一人，以員外郎以上充，同判監事一人，以朝官以上充；丞二人，主簿一人，並以京朝官充。輪遣丞一人出外治河埽之事，或一歲再歲而罷，其有諳知水政，或至三年。置局于澶州，號曰外監。

元豐正名，置使者一人，丞二人，主簿一人。使者掌中外川澤、河渠、津梁、堤堰疏鑿浚治之事，丞參領之。凡治水之法，以防止水，以溝蕩水，以澮寫水，以陂池瀦水。凡江、河、淮、海所經郡邑，皆頒其禁令。視汴、洛水勢漲涸增損而調節之。凡河防謹其法禁，歲計茭揵之數，前期儲積，以時頒用，各隨其所治地而任其責。興役以後月至十月止，民功則隨其先後毋過一月，若導水溉田及疏治壅積爲民利者，定其賞罰。凡修堤岸、植榆柳，則視其勤惰多寡以爲殿最。南、北外都水丞各一人，都提舉官八人，監埽官百三十有五人，皆分職涖事；即干機速，非外丞所能治，則使者行視河渠事。

元豐八年，詔提舉汴河堤岸司隸本監。先是，導洛入汴，專置堤岸司。至是，亦歸之有司。元祐四年，復置外都水使者。五年，詔南、北外都水丞並以三年爲任。七年，方議回河東流，乃詔河北、京西漕臣及開封府界提點，各兼南、北外都水事，紹聖元年罷。元符三年，詔罷北外都水丞，以河事委之漕臣；三年，復置。重和元年，工部尚書王詔言，乞選差曾任水官諳練者爲南、北兩外丞，從之。宣和三年，詔罷南、北外都水丞司，依元豐法，通差文武官一員。

分案七，置吏三十有七。所隸有：街道司，掌轄治道路人兵，若車駕行幸，則前期修治，有積水則疏導之。

建炎三年，詔都水監置使者一員。紹興九年，復置南、北外都水丞各一員，南丞于應天府，北丞于東京置司。十年，詔都水事歸于工部，不復置官。

元・脱脱等《金史》卷五六《百官志二》　都水監：街道司隸焉。分治監，專規措黃、沁河，衛州置司。

監，正四品。掌川澤、津梁、舟楫、河渠之事。興定五年兼管勾沿河漕運事，作從五品，少監正六品以下皆同兼漕事。

少監，從五品。明昌二年增一員，衛州分治。

丞二員，正七品。內一員外監分治。貞元元年置。

掾，正八品。掌與丞同，外監分治。大定二十七年添一員，明昌三年併罷之，六年復置二員。

勾當官四員，準備分治監差委。明昌五年以罷掾設二員，興定五年設四員。

街道司：

管勾，正九品。掌灑掃街道、修治溝渠。舊南京街道司，隸都水外監，貞元二年罷歸京城所。

都巡河官，從七品。掌巡視河道、修完堤堰、栽植榆柳、凡河防之事。分治監巡河官同此。

其濾溝、崇福上下埽都巡河兼石橋使，通濟河節巡官兼建春宮地分河道。

諸都巡河官，掌提控諸埽巡河官。明昌五年設，以合得縣令人年六十者選充。大定二年設滹沱河巡河官二員。散巡河官。於諸局及丞簿廉舉人，並見勾當人六十以下者充。

黃汴都巡河官，下六處河陰、雄武、滎澤、原武、陽武、延津，各設散巡河官一員。

黄沁都巡河官，下四處懷州、孟津、孟州、城北，各設黄沁散巡河官各一員。

衛南都巡河官，下四處崇福上、崇福下、衛南、淇上，散巡河官各一員。

滑濬都巡河官，下四處武城、白馬、書城、教城，散巡河官各一員。

曹甸都巡河官，下四處東明、西佳、孟華、淩城，散巡河官各一員。

曹濟都巡河官，下四處定陶、濟北、寒山、金山，散巡河官各一員。凡二十五埽，埽兵萬二千人。

諸埽物料場官，掌受給本場物料。分治監物料場官同此。惟崇福上、下埽物料場官與當界官通管收支。

南京延津渡河橋官，兼譏察事。管勾一員，同管勾一員，掌橋船渡口譏察濟渡、給受本橋諸物等事，内譏察事隸留守司。餘浮橋官同此。

右屬都水監。皇統三年四月，懷州置黄沁河堤大管勾司，未詳何年罷。正大二年，外監東置於歸德，西置於河陰。

司天監

明・宋濂等《元史》卷九〇《百官志六》　司天監，秩正四品。掌凡曆象之事。提點一員，正四品；司天監三員，正四品；少監五員，正五品；丞四員，正六品；知事一員，令史二人，譯史一人，通事兼知印一人。屬官：提學二員，教授二員，並從九品；學正二員，天文科管勾二員，算曆科管勾二員，三式科管勾二員，測驗科管勾二員，漏刻科管勾二員，並從九品；陰陽管勾一員，押宿官二員，司辰官八員，天文生七十五人。中統元年，因金人舊制，立司天臺，設官屬。至元八年，以上都承應闕官，增置行司天監。十五年，別置太史院，與臺並立，頒曆之政歸院，學校之設隸台。二十三年，置行監。二十七年，又立行少監。皇慶元年，陞正四品。延祐元年，特陞正三品。七年，仍正四品。

回回司天監

明・宋濂等《元史》卷九〇《百官志六》　回回司天監，秩正四品。掌觀象衍曆。提點一員，司天監三員，少監二員，監丞二員，品秩同上；知事一員，令史二員，通事兼知印一人，奏差一人。屬官：教授一員，天文科管勾一員，算曆科管勾一員，三式科管勾一員，測驗科管勾一員，漏刻科管勾一員，陰陽人一十八人。世祖在潛邸時，有旨徵回回爲星學者，札馬剌丁等以其藝進，未有官署。至元八年，始置司天臺，秩從五品。十七年，置行監。皇慶元年，改爲監，秩正四品。延祐元年，陞正三品，置司天監。二年，命秘書卿提調監事。四年，復正四品。

秘書監

元・脱脱等《金史》卷五六《百官志二》　著作局、筆硯局、書畫局、司天臺隸焉。【略】通掌經籍圖書。校書郎一員，從七品，承安五年二員。泰和五年以翰林院官兼，大安二年省一員。專掌校勘在監文籍。著作局。著作郎一員，從六品。著作佐郎一員，正七品。掌修日曆。皇統六年，著作局設著作郎、佐郎各二員，編修日曆，以學士院兼領之。【略】

司天臺：提點，正五品。監，從五品。掌天文曆數、風雲氣色，密以奏聞。少監，從六品。判官，從八品。教授，舊設二員，正大初省一員。系籍學生七十六人，漢人五十人，女直二十六人，試補長行。司天管勾，從九品。不限資考、員數，隨科十人設一員，以藝業尤精者充。長行人五十人。未授職事者，試補管勾。天文科，女直、漢人各六人。算曆科，八人。三式科，四人。測驗科，八人。漏刻科，二十五人。銅儀法物舊在法物庫，貞元二年始付本臺。

明・宋濂等《元史》卷九〇《百官志六》　祕書監，秩正三品。掌歷代圖籍并陰陽禁書。卿四員，正三品；太監二員，從三品；少監二員，從四品；監丞二員，從五品；典簿一員，從七品；令史三人，知印、奏差各二人，譯史、通事各一人，典書二人，典吏一人。屬官：著作郎二員，從六品；著作佐郎二員，正七品；祕書郎二員，正七品；校書郎二員，正八品；辨驗書畫直長一員，正八品。至元九年置。其監丞皆用大臣奏薦，選世家名臣子弟爲之。大德九年，陞正三品，給銀印。延祐元年，定置卿四員，參用宦者二人。

元・王士點《秘書監志》卷一《職制》　世皇觀天文以制歷授時，觀人文以尊經化民，迺立秘書監，儲圖史、正儀度、頒經籍。設官有員，郎吏承授，以至司天興文之隸屬，廢置增損之歲月。録其故，俾來者攷。

元・王士點《秘書監志》卷三《廨宇》 京師省府有二：一在鳳池坊北，中書省治也。一在宮城南之東辟，尚書省治也。尚書省廢，故秘書恒與兵、禮二部易地而治，經典庋閣、聽堂局曹宇與事稱。

元・王士點《秘書監志》卷五《秘書庫》 自昔秘奥之室曰府，曰庫，蓋言富其藏也。世皇既命官以職其扃鐍緘縢之事，而後列聖之宸翰，纂述之紀志，天下文籍，古今載記，所以供萬機之暇者，靡不備具。雖圖像、碑誌、方技、術數之流，畢部分類，別而録云。

大司農寺

明・宋濂等《元史》卷八七《百官志三》 大司農司，秩正二品。凡農桑、水利、學校、饑荒之事，悉掌之。至元七年始立，置官五員。十四年罷，以按察司兼領勸農事。十八年，改立農政院，置官六員。二十年，又改立務農司，秩從三品，置達魯花赤一員、務農使一員、同知二員。是年，又改司農寺，達魯花赤一員，司農卿二員，司丞一員。二十三年，仍爲大司農司，秩仍正二品。大德元年，增領大司農事一員。皇慶二年，陞從一品，增大司農一員。定置大司農四員，從一品；大司農卿二員，正二品；少卿二員，從二品；大司農丞二員，從三品；經歷一員，從五品；都事二員，從七品；架閣庫管勾一員，照磨一員，並正八品；掾史十二人，蒙古必闍赤二人，回回掾史一人，知印二人，通事一人，宣使一人，典吏五人。

籍田署，秩從六品，掌耕種籍田，以奉宗廟祭祀。至元七年始立，隸大司農。十四年，罷司農，隸太常寺。二十三年，復立大司農司，仍隸焉。署令一員，從六品；署丞一員，從七品；司吏二人。

大都留守司

明・宋濂等《元史》卷九〇《百官志六》 大都留守司，秩正二品。掌守衛宮闕都城，調度本路供億諸務，兼理營繕內府諸邸、都宮原廟、尚方車服、殿廡供帳、內苑花木，及行幸湯沐宴游之所，門禁關鑰啓閉之事。留守五員，正二品；同知二員，正三品；副留守二員，正四品；判官二員，正五品；經歷一員，從六品；都事二員，從七品；管勾承發架閣庫一員，正八品；照磨兼覆料官一員，部役官兼壕寨一員，令史十八人，宣使十七人，典吏五人，知印二人，蒙古必闍赤三人，回回令史二人，通事一人。至元十九年，罷宮殿府行工部，置大都留守司，兼本路都總管，知少府監事。二十一年，別置大都路都總管府治民事，并少府監歸留守司。皇慶元年，別置少府監。延祐七年，罷少府監，復以留守兼監事。其屬附見：

修內司，秩從五品，領十四局人匠四百五十户，掌修建宮殿及大都造作等事，提點一員，大使一員，副使一員，直長五員，吏目一員，照磨一員，部役七員，司吏六人。中統二年置。至元中，增工匠，計一千二百七十有二户。其屬附見：

大木局，提領七員，管勾三員。掌殿閣營繕之事。中統二年置。

小木局，提領二員，同提領一員，副提領三員，管勾二員，提控四員。中統四年置。

泥廈局，提領八員，管勾二員。中統四年置。

車局，提領二員，管勾一員。中統五年置。

粧釘局，提領二員，同提領二員。中統四年置。

銅局，提領一員，同提領一員，管勾一員。中統四年置。以上六局，秩從八品。

竹作局，提領二員，提控一員。中統四年置。

繩局，提領二員。中統五年始置。

祗應司，秩從五品。掌內府諸王邸第異巧工作，修禳應辦寺觀營繕，領工匠七百户。大使一員，從五品；副使一員，正七品；直長三員，正八品；吏目一員，司吏二人。國初，建兩京殿宇，始置司以備工役。

都水監

明・宋濂等《元史》卷九〇《百官志六》 都水監，秩從三品。掌治河渠并隄防水利橋梁牐堰之事。都水監二員，從三品；少監一員，正五品；監丞二員，正六品；經歷、知事各一員，令史十人，蒙古必闍赤一人，回回令史一人，通事、知印各一人，奏差十人，壕寨十六人，典吏二人。至元二十八年置。二十九年，領河道提舉司。大德六年，陞正三品。延祐七年，仍從三品。

大都河道提舉司，秩從五品。提舉一員，從五品；同提舉一員，從六品；副提舉一員，從七品。

上都留守司兼本路都總管府

明·宋濂等《元史》卷九〇《百官志六》 上都留守司兼本路都總管府，品秩職掌如大都留守司，而兼治民事。車駕還大都，則領上都諸倉庫之事。留守六員，正二品；同知二員，正三品；副留守二員，正四品；判官二員，正五品；經歷二員，都事四員，照磨兼管勾一員，令史四十四人，譯史六人，回回令史三人，通事、知印各二人，宣使一十二人。國初，置開平府。中統四年，改上都路總管府。至元三年，又給留守司印。十九年，併爲上都留守司兼本路都總管府。其屬附見：

修內司，秩從五品。掌營修內府之事。大使一員，從五品；副使三員，正七品；直長三員，正八品。至元八年置。

明清分部

欽天監

明·吕毖《明朝小史》卷一《洪武紀》 洪武元年改院爲司天監，又置回回司天監，是年十一月徵元太史院使張佑、張沂，司農卿兼太史院使成隸、太史同知郭讓、朱茂，司天少監王可大、石澤、李義，太監趙恂，太史院監候劉孝忠，靈臺郎張容，回回司天監黑的兒阿都剌，司天監丞迭里月實十四人。二年又徵元回回曆官鄭阿里等十一人至京，議曆法，占天象。三年定爲欽天監，掌察天文，定曆數。

明·申時行等《大明會典》卷二《吏部二》 欽天監：正官，監正一員，監副二員；首領官，主簿一員；屬官，春、夏、中、秋、冬官正各一員。五官靈臺郎四員，舊八員。五官保章正一員，舊二員。五官挈壺正一員，舊二員。五官監候二員，舊三員。五官司曆二員。五官司晨二員，舊六員。漏刻博士一員，舊六員。舊有回回監官，後俱革，止設回回科博士三員，今亦革。

明·申時行等《大明會典》卷七《吏部六》 欽天監：司吏二名，典吏二名。【略】南京欽天監：司吏二名，典吏一名。

明·申時行等《大明會典》卷一〇《吏部九》 正五品：中極殿大學士。【略】欽天監監正。【略】正六品。【略】欽天監監副。【略】從七品：【略】欽天監五官靈臺郎。【略】正八品：【略】欽天監主簿廳主簿，五官保章正。【略】從八品。【略】欽天監五官挈壺正。【略】正九品：【略】欽天監五官司曆，五官監候。【略】從九品。【略】欽天監五官司晨，漏刻博士。

明·申時行等《大明會典》卷二二三《欽天監》 國初置太史監，設太史令、通判太史監事、僉判太史監事、校事郎并五官正等官。後改監爲院，設院使、同知、院判、五官正、典簿、兩暘司時序郎、紀候郎等官。洪武元年改太史院爲司天監，設監令、少監、監丞、主簿、主事、五官正副及監候、司晨、漏刻博士。又置回回司天監，設監令、少監、監丞。三年始改欽天監正五品衙門。四年改監令爲正儀大夫；少監，分朔大夫；五官正，司玄大夫；監丞，靈臺郎；五官保章正，平秩郎；五官靈臺郎，司正郎；五官挈壺正，挈壺郎等散官。十四年定品級員數，其散官從文職給授。二十二年改監令爲監正，監丞爲監副。三十一年革回回監，而其曆法亦隸之本監。

明·黄光昇《昭代典則》卷六 丁未，詔行大射禮，頒儀式於天下。改司天監爲欽天監。

明·吕震《宣德鼎彝譜》卷八 三禮儀制曰：少皞氏以鳳鳥爲歷，命重黎司天地，唐虞之羲和，周之馮相保章，皆其職也。國朝名之曰欽天監，監正一人，監副二人，以司其事。成祖曾幸欽天監，登觀星臺，御書「經天緯地，治歷明時」八字賜之，今即以此八字鑄鼎以賜爲宜。

清·萬斯同《明史》卷六九《職官志》 欽天監監正一人正五品，監副二人正六品，其屬主簿廳主簿一人正八品，春、夏、中、秋、冬官正各一人正六品，五官靈臺郎四人從七品，五官保章正二人從九品，五官挈壺正一人從八品，五官監候二人正九品，五官司曆二人從九品，五官司晨二人從九品，刻漏博士二人從九品，監正副掌察天文，定曆數、占候、推步之事。凡日月星辰風雲氣色率其屬而測候焉，有變異密疏以聞。

《欽定皇朝通典》卷二八《職官六・欽天監》 欽天監監正，滿洲一人、西洋一人。監副，滿洲、漢人各一人，左右副監各西洋一人。掌測候推步之法，觀察星辰，稽定節序，占天象以授人時，所屬有時憲、天文、漏刻三科。順治元年，設欽天監監正等官，皆以漢人除授。康熙四年，定置滿洲、漢人監正各一員，滿洲、漢人左右監副各二員。八年，以西洋人充漢監正員額，尋又增置西洋監副一員。雍正三年，以西洋人實授監正。乾隆十八年，省監副滿洲、漢人員額各一，增置西洋左右監副爲二員。其總理監務王大臣，自乾隆十年以來始置，皆由特簡，無定員。

時憲科五官正，滿洲二人、蒙古二人，春夏中秋冬五官正漢人各一人，秋官正漢軍一人，五官司書漢人一人，博士滿洲三人、漢軍二人、漢人十有六人。掌推天行之度，驗歲差以均節氣，凡《時憲書》之以國書、蒙古文譯布者，滿洲、蒙古五官正司之。推算日月交食、七政相距、衝退留伏、交宫同度等事，漢人五官正司之。推驗日月五星相距等事，漢軍秋官正司之。校刊《時憲書》以頒四方，五官司書司之。博士，歲以漢人二人直譙樓，視更鼓之節，餘各從其長以分典厥事。五官正滿洲、蒙古、漢人員額，俱康熙四年定。又，初沿明制，設有回回科，順治初裁革，以其職改隸漢軍秋官正。五官司書初置二人，康熙十四年省一人。博士初置滿洲六人、漢軍三人、漢人三十六人，康熙四年省漢人博士十有四人，五年復增設漢人博士二人，分隸三科，如今額焉。

天文科五官，靈臺郎滿洲三人、漢軍一人、漢人四人。五官監候漢人一人，博士滿洲三人、漢人二人，掌眡天象之垂書雲物以協歲占，每日以滿洲、漢人官各一人，率天文生十有五人，登觀象臺，考儀器，以窺乾象，每時以四人分觀四方，晝夜輪值，凡八節風占及雲氣流星諸象，當奏者送監，密題以聞。五官靈臺郎、五官監候各員額，俱康熙四年定。又原設有漢人五官保章正二人，康熙十四年省。

漏刻科五官，挈壺正滿洲、漢人各二人。五官司晨漢軍一人，博士漢人六人，掌調壺漏、測中星、審緯度、相陰陽以諏時日而卜營建焉。五官挈壺正員額，康熙四年定。五官司晨，初置漢軍漢人各一人，康熙十四年省漢人員額。

主簿廳主簿，滿洲、漢人各一人，掌章奏文移。主簿員額，康熙四年定。 食俸天文生滿洲十人、蒙古六人、漢軍八人、漢人二十四人，食糧天文生漢人五十六人，食糧陰陽生漢人十人，滿洲、蒙古、漢軍天文生俱以算學生充補，視筆帖式食俸。漢人天文生、陰陽生以算學生暨肄業生選充，食俸者視從九品，食糧者亦以九品頂帶給之，均與世業子弟分班補用。天文生分隸三科，各司推算觀候之事，陰陽生隸漏刻科，主譙樓直更，監官以時考其術業而進退之。筆帖式滿洲十有一人，蒙古四人，漢軍二人。筆帖式員額俱康熙四年定。

乾隆十二年奉敕撰《欽定大清會典則例》卷一五八《欽天監》 一、本監官生升補。康熙七年，諭：「天象關係重大，必得精通熟習之人，乃可占驗無誤。著直隸各省督撫曉諭所屬地方，有精通天文之人，即起送來京考試，於欽天監衙門用，與各部院衙門一例升轉，欽此。」九年，題准每旗選取滿洲官學生六人，漢軍官學生四人，劄監分科教習，有精通者，以博士補用。又奏准，天文生，滿洲漢軍由監行文國子監，取官學生選補，漢人由監自行選補。又奉旨，天文生給與從九品頂帶，照例補用。五十八年，議准進士、舉人、貢監生員內有通曉天文演算法者，具呈禮部，會監考試，果優者，進士、舉人以博士用，貢監生員以天文生用。雍正元年，議准著內閣九卿詹事翰林，將素所知精通相度人員，各行保舉。二年，奏准候補天文生，及補用天文生之監生生員，由監送順天府，入皿字號鄉試。三年，奏准本監官生舉人，准應會試，監生生員，准應鄉試。五年，奏准八旗天文生有闕，由吏部考補。十二年，定本監官由監咨部題補者，監正、監副隨吏部引見。乾隆二年，諭：「璣衡以齊七政，視雲物以驗歲功，所以審休咎，備修省，先王深致謹焉。今欽天監《曆象考成》一書，於節氣時刻固已推算精明，分釐不爽，而星官之術、占驗之方，則闕焉未講。但天文家言或有疏密，非精習不能無差，海內有精曉天文、明於星象者，直省督撫確訪試驗，術果精通者，著咨送來京，該部奏聞請旨，欽此。」三年，覆准國子監專立算學，以滿洲十有二人、蒙古六人、漢軍六人、漢十有二人肄業，學有成效，該管大員會監考定名次，滿洲、蒙古、漢軍咨送吏部註册，蒙古借補滿洲天文生，漢軍專補漢軍天文生，俟本旗有闕，挨名補用，漢算學生移監，照例補用，其學内需用書籍器物，各于所司咨取。四年，覆准每世業子弟五人，由監選三科官人品老成、精通術業者一人爲教習，督率課程，每年季考，亦令考試，分別等第，三年内學有成效，令該教習出具結狀，方得補用；如世業子弟依恃父兄在監，名爲學習，而術業生疏者，即行黜退。又覆准國子監算學助教、教習，五年期滿，請旨，交部議敘，助教照例升用五官正；教習(由)舉人、筆帖式充補者，以靈台郎用；貢監生員充補者，以挈壺正用；官學生、算學生充補者，以博士用。均與本監官員間補。十年，覆准蒙古天文生升用，亦照分用滿洲天文生之例，每四人升用一人，升至靈台郎，遇有蒙古五官正員闕，於内閣中書各部院筆帖式内一例考取。又覆准期滿之算學生，有舉人出身者，准以博士補用。又覆准天文生中式文舉人者，無庸離任，滿洲、蒙古照例考試，漢軍、漢人照例簡選，遇應用知縣之年，歸班選用。又奏准本監官生三年考核一次，術業精通者，保題升用，不及者，停其升轉，再加學習，如能黽勉供職，即予開復，仍不及者，降職一等，再令學習三年，能習熟者，准予開復，仍不能者，黜退。又奏准以肄業生取三十人留監，分給漏刻科六人，在監學習，與漏刻科世業子弟一同考校補用，其二十四人附算學肄業，考定名次，與時憲、天文兩科世業子弟一同考校補用。十七年，奏准博士天文生有限，於材質止堪供職天文生，不勝博士之任者，將博士降補天文生，其天文生不准升補博士，仍令在天文生供職，以觀後效。十八年，奉旨：「欽天監滿漢監副，著各裁去一員，增設西洋監副一員，嗣後漢監正員闕，著將漢監副及西洋左右監副一併開列請旨，欽此。」

一、本監官生俸廩。博士等官，由舉人補用者，食七品俸；由貢監生員補用者，食八品俸；漢天文生每人月支銀一兩、米七斗；陰陽生月支銀二兩、米三斗。均行文户部支領。滿洲、蒙古、漢軍官生俸廩，由本旗支領，漢人俸廩及滿漢官生公費，皆由本監支領。三科天文生每二年各給布面羊裘一件，貂皮帽一頂，狐皮領一條。委直譙樓之博士等官，初任時給貂皮端罩一件。行文工部支領。康熙九年，題准滿洲天文生照未入流筆帖式給與餼廩。二十一年，奏准天文生、陰陽生每月加給公費銀一兩五錢。三十三年，奏准天文生、陰陽生餼廩每月增給五錢，每人月支銀一兩五錢。雍正八年，定天文生以生員補用者，照八品筆帖式食俸。乾隆元年，奏准未入流滿天文生，照未入流筆帖式給與九品俸。二年，議准漢天文生照滿洲漢軍天文生之數，考選二十四人，給與九品俸，其餘仍給餼廩。

兵　部

明・章潢《圖書編》卷八四《皇朝官制沿革歷代總考》　兵部，《周官》司馬，掌邦政，統六師，平邦國。蔡沉曰：軍政莫急於馬，故以司馬名官。何莫非政，獨戎政謂之政者，用以征伐而正彼之不正，王政之大者也。【略】漢置五曹，未有主兵之任，蓋有太尉掌之也。魏始置五兵尚書，謂中兵、外兵、騎兵、別兵、都兵也。【略】魏晉尚書有駕部郎，後周爲大司馬，隋爲兵部尚書，唐龍朔中改爲司戎太常伯，又改爲夏官，又改爲武部選舉，亦爲三銓，制如吏部。宋兵部判部事一人，凡兵籍、武官軍師卒戎之政令悉歸於樞密院，其選授小者又歸三班，本曹但掌三駕儀仗、鹵簿等儀及歲終以義勇兵箭手塞兵之數上於朝而已。元豐更制，惟民兵馬政權隸樞密院，武官銓選并歸吏部矣。皇朝尚書一人，掌武衛官軍選授、簡練、鎮戍、廄牧、傳郵、輿皂之政令，左右侍郎各一人爲之貳，其屬武選、車駕、職方、武庫四清吏司，各郎中一人，員外郎一人，主事一人，添設武選郎中一人，主事四人，車駕郎中一人，主事二人，職方郎中一人，主事四人，武庫主事二人，守山海關職方主事一人，司務二人。

明・王圻《續文獻通考》卷八八《職官考》　本朝置兵部尚書，非古也。自漢制尚書五曹未有主兵之任，至魏置五兵尚書，謂中兵、外兵、騎兵、別兵、都兵也。晉大始中省五兵尚書，大康中又置七兵尚書，以中兵、外兵各分爲左右。東晉及宋、齊、梁、陳又爲五兵尚書。後周署大司馬，其屬有兵部中大夫，小兵部下大夫，其職並闕。至隋開皇三年乃有兵部尚書，統兵部、職方、駕部、庫部四曹。唐承隋制不改，龍朔二年改爲司戎太常伯，咸亨元年復舊。光宅元年又改爲夏官，神龍元年復舊。天寶十一年又改爲武官，至德元年復舊。沿及宋元相因不改，然皆爲尚書省屬官，與周官大司馬掌邦政之意固有間矣。

國初沿唐宋之制，設兵部尚書、侍郎之職，掌天下軍衛武官選授之政令，仍屬中書省。洪武十三年革中書省，陞六部，每部分四子部，各設郎中、員外郎、主事，於是兵部其屬有四：曰司馬，曰職方，曰駕部，曰庫部。二十九年司馬爲武選，駕部爲車駕，庫部爲武庫，職方仍舊，俱稱清吏，永爲定制。然國家罷相以來，政歸六部，而兵部尚書、侍郎即大、小司馬之職。【略】兵部尚書一人，左右侍郎各一人，其屬司務二人，武選、車駕、職方、武庫四清吏司各郎中一人，員外郎一人，主事一人，添設武選郎中一人，主事四人，車駕郎中一人，主事二人，職方郎中一人，主事四人，武庫主事二人，守山海關職方主事一人，監生三百二十五人，吏一百六十七人，所屬衙門京衛武學教授一人，訓導六人，會同館大使一人，副使一人，大勝關大使一人，副使一人。尚書掌武衛官軍選授、簡練、鎮戍、廄牧、傳郵、輿皂之政令，侍郎爲之貳。

明・姚廣孝等《明實録・太祖》卷一三〇　洪武十三年二月壬戌朔，兵部尚書、侍郎各一人，總掌天下武官勛禄品命之政令，山川險易之圖，廄牧甲仗之數，其屬有四部焉。曰總部，掌武官勛禄、品命誥敕及軍户版籍、符驗盤詰、巡防公隸之屬。郎中、員外郎、主事各一人，都吏一人，令史二人，典吏四人。曰職方，掌天下地圖及城隍鎮戍、烽堠之數，關防路引、火禁之設，四夷歸化之類。郎中、員外郎、主事各二人，都吏一人，令史二人，典吏四人。曰駕部，掌車輦及鹵簿、儀仗、馬政、驛傳之屬。郎中、員外郎、主事各一人，都吏一人，令史二人，典吏四人。曰庫部，掌軍戎器械、甲冑、矛盾及紙劄藥餌之屬。郎中、員外郎、主事各一人，都吏一人，令史二人，典吏四人，承發典吏二人，架閣兼勾銷典吏一人。

明·申時行等《大明會典》卷一一八《兵部一》　尚書、左右侍郎掌天下武衛官軍選授、簡練、鎮戍、廐牧、郵傳、輿皂之政令。其屬初曰司馬，曰職方，曰駕部，曰庫部，後改司馬爲武選，駕部爲車駕，庫部爲武庫，職方仍舊，俱稱清吏司。

明·佚名《諸司職掌·兵部》　尚書、侍郎之職，掌天下軍衛武官選授之政，其屬有四，曰：司馬、職方、駕部、庫部。【略】職方部：郎中、員外郎、主事之職，掌天下地圖及城隍鎮戍烽堠之政。

明·徐學聚《國朝典彙》卷三五《吏部·官制》　兵部：尚書，左右侍郎各一員，掌天下武衛官軍選授、簡練、鎮戍、廐牧、郵傳、輿皂之政令。隆慶四年添設協理部事侍郎二員，尋罷。國初設子部四，曰：司馬、職方、駕部、庫部，設郎中、員外郎各一員，後改爲武選：分掌武官陞調、襲替、優給、誥勑、功賞之事；職方：職掌天下地圖及城隍、鎮戍、營操、武舉、巡邏、關津之政；車駕：分掌鹵簿、儀仗、禁衛及驛傳、廐牧之事；武庫：掌軍政、武學及戎器、儀仗，辨其出入之數，并諸雜行亢務。四清吏司各主事二員，武選司洪武、宣德間添設主事三員，正統十年添設郎中一員萬曆九年革，員外郎一員後革。職方司洪武、宣德間添註主事四員，正統十年添設郎中一員萬曆九年革。嘉靖十二年添設員外郎一員，車駕司正統十四年添設主事一員後革。成化三年添設郎中一員，點閘皇城守衛官軍萬曆九年革。武庫司正統十四年添設主事一員隆慶三年革。弘治九年添設員外郎一員後革。其首領司務二員，所屬衙門，會同館大使一員，副使二員，大通關大使一員，正統十四年始設提督團營，以兵部尚書或左都御史兼領之。嘉靖二十年添設兵部尚書一員專督。二十九年改設兵部侍郎一員，協理京營戎政，萬曆九年裁革。十一年復設，或尚書或侍郎或右都御史任。南京兵部尚書一員，成化二十三年奉勅論參贊機務，右侍郎一員，四司郎中各一員，職方、車駕、員外郎各一員，主事司各一員，車駕司二員，司務一員，所屬典牧所提領一員，會同館、大勝關大使一員。

清·萬斯同《明史》卷六九《職官志》　兵部尚書一人正二品，左右侍郎，各一人正三品。其屬司務廳司務二人從九品，武選、車駕、職方、武庫四清吏司各郎中正五品，員外郎從五品，主事一人正六品，員數後增設不常，依洪武十三年制，山海關職方主事一人，所轄京衛武學教授一人，訓導六人，會同館大使一人正九品，副使一人從九品，大通關大使、副使各一人俱未入流。尚書掌練天下戎馬之政令，侍郎佐之。【略】職方掌地圖、軍制、城隍、鎮戍、簡練、征討之事，凡天下地里險易遠近，邊腹疆界，俱有圖本，三歲一報，與官軍車騎之數偕上。

清·傅維鱗《明書》卷六五《志十·職官》　立兵部，擬夏官，尚書一人，掌武衛官軍選授、簡練、鎮戍、廐牧、傳郵、輿皂之政令，經戎馬之治。【略】清吏司四：曰武選，曰車駕，曰職方，曰武庫。【略】職方掌地圖、軍制、城隍、鎮戍、簡練、征討、關津之事。凡地圖，諸邊腹疆界，地里遠近險易，三歲一報，官軍車騎之數亦如之，而辨其扼塞守禦之令。

清·龍文彬《明會要》卷三一《職官三》　六部總敘仍元官：明初置中書省，其屬有四部，分治錢穀、禮儀、刑名、營造諸務。洪武元年八月丁丑始置吏、户、禮、兵、刑、工六部，設尚書、侍郎、郎中、員外郎、主事，仍隸中書省，帝召六部尚書入見奉天殿，諭曰：朕肇基江左，軍務方殷，官制未備，今以卿等分任六部，國家之事，總之者中書，分理者六部，至爲要職。凡諸政務宜竭心經理，或有乖違，患及天下，不可不慎。

清·龍文彬《明會要》卷三二《職官四》　兵部四司：洪武元年設兵部郎中、員外、主事，六年分屬部三：總部、駕部、職方部。十三年增庫部，二十二年改總部爲司馬部，二十九年改爲武選、職方、車駕、武庫四司，設郎中一人，員外郎一人，主事二人。

乾隆三十二年奉敕修《欽定皇朝通典》卷二五《職官三·兵部》　兵部尚書滿洲漢人各一人，掌中外武職銓選，簡覈軍實以贊邦治。其屬有武選、車駕、職方、武庫四清吏司。左右侍郎滿洲漢人各一人，掌釐治戎政，以貳尚書。初制增減不一，順治時更定滿漢左右各一人。武選清吏司郎中滿洲三人、蒙古一人、漢人一人，員外郎滿洲四人、漢人二人，主事滿洲漢人各一人，掌武職除選、封廕，及征伐、訓誥，頒其政令。車駕清吏司郎中滿洲三人、漢人一人，員外郎滿洲二人、蒙古一人，主事滿洲漢人各一人，掌驛傳郵符，及中外牧馬之令。職方清吏司郎中滿洲四人，漢人二人，員外郎滿洲三人、蒙古一人，漢人一人，主事滿洲蒙古各一人、漢人二人，掌天下輿圖，以周知險要，敍功覈過，以待賞罰黜陟。武庫清吏司郎中滿洲二人、漢人一人，員外郎滿洲蒙古各二人，主事滿洲漢人各一人，掌兵籍戎器，鄉會武科，及編發戍軍之事。

清・孫承澤《春明夢餘録》卷四二《兵部一》 職方掌地圖、軍政、城隍、鎮戍、簡練、征討之事。凡諸邊腹疆界地里，遠近險易，三歲一報，官軍車騎之數亦如之，而辨其阨塞守禦之令。

清・孫承澤《春明夢餘録》卷四三《兵部二》 《周禮》「職方氏掌天下之圖」，以掌天下之地，辨其邦國都鄙，四夷八蠻，七閩九貉，五戎六狄之人民，與其財用九穀六畜之數，要周知其利害。

掌天下之地圖而隸於司馬，何也？謹之也。《戰國策》士每言窺周室，則可以按圖籍爭天下。漢大將軍王鳳亦云，太史公書有「地形阨塞，不宜在諸侯王」。然則古人圖志雖司徒嘗之，即藏之司馬，秘不必見，所以弭姦而防患也。蕭何入秦，獨收圖書，自漢掌之司空浸以泄露，當時如淮南諸王皆按輿地圖謀變，以此知古人之慮遠矣。

户部

明・佚名《諸司職掌・户部》 尚書、侍郎之職，掌天下户口田粮政令，按古其屬有四：曰民部，度支，金部，倉部。洪武二十三年爲天下庶務浩繁，欽改爲十二部，曰浙江、江西、湖廣、陝西、廣東、山東、福建、北平、河南、山西、四川、廣西，各令清理一布政司户口錢粮等事，仍量其繁簡帶管直隸府州。每一部內仍分爲民、度、金、倉四科以領其事，其有應合行移內外衙門文書，俱各案呈本部參詳允當，以憑施行。十二子部郎中、員外郎、主事各掌該部所屬户口田粮等項。

民科：州縣圖志，十二部所屬布政司府州縣地理人物圖志所載古今沿革，山川險易，户口賦税多寡之數，俱要周知。

明・徐學聚《國朝典彙》卷三五《吏部・官制》 户部：尚書、左右侍郎各一員，掌天下户口、田糧之政令，其屬四：一曰民部，掌天下户口、田土、貢賦、水旱災傷；二曰度支部，掌考賞賜禄秩；三曰金部，掌課程、市舶、庫藏、錢帛、茶鹽；四曰倉部，掌漕運、軍儲出納料量。洪武二十三年改爲十二部，曰：浙江、江西、湖廣、陝西、廣東、山東、福建、北平、河南、山西、四川、廣西，每部仍分民、度、金、倉四科。二十九年改十二部爲十三清吏司，各郎中、員外郎一員，主事二員。永樂十九年革北平清吏司，增雲南、貴州、交阯三清吏司。宣德十年革交阯司，定爲十三司。正統以後添設山東司郎中一員，山西司郎中三員，主事一員，陝西司郎中二員，又因管倉關廠庫等項陸續添設雲南司主事八員，陝西司四員，浙江、江西、湖廣三司各三員，福建、河南、山東、山西、四川、貴州六司各二員，廣東、廣西二司各三員，後革二員。嘉靖三十八年添設雲南、貴州司郎中各一員，四十三年添設貴州司郎中一員，隆慶六年添設雲南司郎中一員，萬曆九年裁革各司主事二十一員，十一年復設主事十員，首領官司務二員，照磨檢校各一員。

明・王圻《續文獻通考》卷八八《職官考》 本朝置户部尚書，非古制也。自漢成帝置尚書五曹，其三爲民曹，主財帛委輸并吏人上書事。至魏文帝置度支尚書，專掌軍國支計。吴有户部，晉有度支，皆主筭也。宋及齊梁度支尚書領度支、金部、倉部、起部四曹。隋開皇三年改度支爲民部，統度支、民部、金部、倉部四曹。唐承隋制不改，永徽初年避廟諱改民部爲户部。【略】宋及元相因不改，然皆爲尚書省屬官，與周官大司徒掌邦教之任固不同矣。至我朝太祖高皇帝定鼎之初，猶沿唐制，設户部尚書、侍郎之職，掌天下户口田糧政令，仍屬中書省。洪武十三年革中書省，陞六部，每部分四子部，各設郎中、員外郎、主事，於是户部其屬有四：曰民部，曰度支，曰金部，曰倉部。二十三年爲天下之庶務浩繁，欽改爲十二部，曰浙江、江西、湖廣、陝西、廣東、山東、福建、北平、河南、山西、四川、廣西，各令清理一布政司户口錢糧等事，仍量其繁簡帶管直隸府州，每一部內仍分爲民、度、金、倉四科以領其事。二十九年又改十二部爲十二清吏司，永爲定制。永樂元年改北平爲北京清吏司。十九年定鼎北京，革北京清吏司，增雲南、貴州、交阯三清吏司。宣德十年革交阯清吏司，附十三司帶管，凡十三司所屬布政司府州縣地理、人物、圖志所載古今沿革、山川險易、户口多寡與凡徭役職貢之方，經費賙給之筭，藏貨贏儲之準，悉咨尚書侍郎而奉行其制命，是罷丞相以後，户部之職雖沿襲於度支，而掌建邦土地之圖與其人民之數，固然大司徒之任矣。【略】尚書掌户口、田賦、貢役、經費之政令，而侍郎爲之貳。凡制命敷奏，率其屬，奉其職，業以贊天子，倡百司，康兆民。照磨、檢校、典磨勘俸糧，同其計筭。十三司各掌其分省及兼領京師直隸之事，以贊尚書，條爲四科：曰民，曰支，曰金，曰倉，類理之以周知其地理古今沿革、山川險易肥瘠寬狹、民生物力多寡登耗之數。凡賦役，稽版籍，一歲會實徵，十歲攢黃册，册有丁有田。【略】以墾荒業貧民，以占籍附流民，以畸零寄細民，以馴野馭羈縻之民，以圖帳抑兼并之民，以折銀劑米值，以平米均田耗，以布帛斂庸調，以桑棗課農官，以芻地給馬牧，以里老攝鄉社，以律法嚴訓防，以給除差優復，以珍異儲上供，以鈔錠給公賞，以限田裁異端，以賜田懷降虜，以封閉密砂礦，以金穀累贓罰，以課程攔雜物，以關榷市船材，以引由嚴茶政，以權量和市易，以時估約均輸。凡獻產、漏產、詭產、朋户、析户、逃户必罰。

明・雷禮《國朝列卿紀》卷三一《户部》 夫户部尚書者，非古制也。自漢成帝置尚書五曹，其三爲民曹，主財帛委輸并吏人上書事。至魏文帝置度支尚書，專掌軍國支計。吳有户部，晉有度支，皆主筭也。宋及齊梁度支尚書領度支、金部、倉部、起部四曹。隋開皇三年改度支爲民部，統度支、民部、金部、倉部四曹。唐承隋制不改。【略】國初沿唐制，設户部尚書、侍郎之職，掌天下户口田糧政令，仍屬中書省。洪武十三年革中書省，陞六部，每部分四子部，各設郎中、員外郎、主事，於是户部其屬有四：曰民部，曰度支，曰金部，曰倉部。二十三年爲天下庶務浩繁，欽改爲十二部，曰浙江、江西、湖廣、陝西、廣東、山東、福建、北平、河南、山西、四川、廣西，各令清理一布政司户口錢糧等事，仍量其繁簡帶管直隸府州。每一部内仍分爲民、度、金、倉四科，以領其事。二十九年又改十二部爲十二清吏司，永爲定制。永樂元年改北平爲北京清吏司，十九年定鼎北京，革北京清吏司，增雲南、貴州、交趾三清吏司。宣德十年革交趾清吏司，附十三司帶管。凡十三司所屬布政司府州縣地理、人物、圖志所載古今沿革、山川險易、户口多寡與凡徭役職貢之方，經費賙給之算，藏貨贏儲之准，悉咨尚書侍郎而奉行其制命。自罷丞相以後，户部之職雖沿襲於度支，而掌建邦土地之圖與其人民之數，固隱然大司徒之任矣。

清・萬斯同《明史》卷六九《職官志》 户部尚書一人正二品，左右侍郎各一人正三品，其屬司務廳司務二人從九品，浙江、江西、湖廣、陝西、廣東、山東、福建、河南、山西、四川、廣西、貴州、雲南十三清吏司各郎中一人正五品，員外郎一人從五品，主事二人正六品，宣德間制，後增設不常，詳後，照磨所照磨一人正八品，檢校一人正九品，所轄寶鈔提舉司提舉一人正八品，副提舉一人正九品，典史一人，抄紙局、廣積庫、承運庫、廣盈庫、太倉銀庫各大使一人正九品，節慎庫、印鈔局、寶盈局、御馬倉、張家灣檢校批驗所各大使一人，副使一人從九品，寶鈔廣惠庫、贓罰庫各大使一人，副使二人，甲乙丙丁戊字庫大使五人，副使六人，外承運庫、行用庫、軍儲倉大使副各一人。尚書掌天下人民户口、田賦、征役經費之政令，侍郎貳之，稽版籍，歲會賦役實徵之數，以下所司。十年攢黃册，差其户上下畸零之等，以周知其登耗。凡田土之侵占、投獻、詭寄、影射有禁；人户之隱漏、逃亡、朋充、花分有禁；繼嗣、婚姻不如令有禁，皆綜覈而糾正之。天子耕籍，則尚書進耒耜。以墾荒業貧民，以占籍附流民，以限田裁異端之民，以圖帳抑兼并之民，以樹藝課農官，以芻地給馬牧，以召佃盡地利，以銷豁清賠累，以撥給廣恩澤，以給除差優復，以鈔錠節賞賚，以讀法訓吏民，以權量和市糴，以時估平物價，以積貯之政恤民困，以山澤陂池關市坑冶之政佐邦國，贍軍輸，以支兑、改兑之規利漕運，以蠲減、賑貸、均糴、捕蝗之令憫災荒，以輸轉、屯種、糴買、召納之法實邊儲，以禄廩之制馭貴賤。十三司各掌其分省之事。【略】條爲四科，曰民：主所屬省府州縣地理人物、圖志、古今沿革、山川險易、土地肥瘠寬狹，户口物産多寡登耗之數；曰度支：主會稽夏税、秋糧、存留、起運及賞賚、禄秩之經費；曰金：主市舶、魚鹽、茶鈔税課及贓罰之收折；曰倉：主漕運、軍儲出納料量。

先是洪武元年制六部，六年增尚書一人，侍郎一人，分户部爲五科：一科、二科、三科、四科、總科，每科設郎中、員外郎一人，主事四人，惟總科郎中、員外郎各二人，主事五人。八年中書省奏户刑工三部事繁，户部五科每科設尚書、侍郎一人，郎中、員外郎各二人，主事五人，内會總科主事六人，外牽照科主事二人，司計四人，照磨二人，管勾一人。十三年革省，陞户部秩，設尚書一人，侍郎二人，分四屬部：總部、度支部、金部、倉部，各設郎中、員外郎、主事一人，二十二年改總部爲民。二十三年又分四部爲浙江、江西、湖廣、陝西、廣東、山東、福建、北平、河南、山西、四川、廣西十二部，以雲南附四川，部設郎中、員外郎一人，主事二人，照磨檢校一人，各清理一布政司户口、錢粮等事，量其繁簡帶管京畿，每一部内仍命四科管理。二十六年令浙江、江西、蘇松人毋得任户部。二十九年改十二部爲十二清吏司。

清・龍文彬《明會要》卷三一《職官三》 户部十三司：洪武元年設户部郎中、員外、主事。六年分五科：一科、二科、三科、四科、總科。八年每科設郎中、員外郎各二人，主事五人。十三年分四屬部：總部、度支部、金部、倉部。二十二年改總部爲民部。二十三年又分四部爲河南、北平、山東、山西、陝西、浙江、江西、湖廣、廣東、廣西、四川、福建十二部，每部仍分民、度、金、倉四科。二十九年改十二部爲十二清吏司，各郎中一人，員外郎一人，主事二人，建文中仍爲四司。

乾隆三十二年奉敕修《欽定皇朝通典》卷二四《職官二·户部》 户部尚書滿洲漢人各一人，掌天下土田户口錢穀之政，平準出納以均邦賦，所屬有山東、山西、河南、江南、江西、福建、浙江、湖廣、陝西、四川、廣東、廣西、雲南、貴州十有四司。左右侍郎滿洲漢人各一人，掌審計國用，以貳尚書，滿漢右侍郎兼管理錢法堂事務。初制增減不一，順治時更定滿漢左右各一人。山東清吏司郎中滿洲二人、漢人一人，員外郎滿洲三人、漢人一人，主事滿洲漢人各一人，掌稽山東布政使司及奉天民賦收支奏册，青州、德州駐防，盛京、吉林、黑龍江將軍所屬兵糈出納，並參票畜税之事，兼覈長蘆等處鹽課請引疏銷。山西清吏司郎中滿洲漢人各一人，員外郎滿洲蒙古漢人各一人，主事滿洲漢人各一人，掌稽山西布政使司民賦收支奏册，兼覈游牧察哈爾地畝、土默特地糧，喀爾喀四部定邊左副將軍辦事，官屬張家口、賽爾烏蘇臺站官兵俸餉，及烏里雅蘇台科布多屯田官兵番换之事。河南清吏司郎中滿洲漢人各一人，員外郎滿洲二人、漢人一人，主事滿洲漢人各一人，掌稽河南布政使司民賦收支奏册，兼覈河南城守尉、游牧察哈爾官兵俸餉，勾檢各省採買事，彙而奏之。江南清吏司郎中滿洲漢人各一人，員外郎滿洲三人、漢人一人，主事滿洲漢人各一人，掌稽江寧、蘇州、安徽三布政使司民賦收支奏册，兼覈江寧、蘇州織造支銷奏册，江寧、京口駐防官兵俸餉。江西清吏司郎中滿洲漢人各一人，員外郎滿洲二人、漢人一人，主事滿洲漢人各一人，掌稽江西布政使司民賦收支奏册。福建清吏司郎中滿洲漢人各一人，員外郎滿洲五人、漢人一人，主事滿洲、蒙古、漢人各一人，掌稽直隸、福建二布政使司民賦收支奏册，兼覈東西陵，及熱河密雲駐防等處官吏兵丁俸餉，與乳牛馬牧之政令，文武鄉會試，支供五城賑粟皆屬焉。浙江清吏司郎中滿洲漢人各一人，員外郎滿洲二人、漢人一人，主事滿洲漢人各一人，掌稽浙江布政使司民賦收支奏册，兼覈杭州織造支銷奏册，杭州、乍浦駐防官兵俸餉。湖廣清吏司郎中滿洲二人、漢人一人，員外郎滿洲二人、漢人一人，主事滿洲漢人各一人，掌稽湖北、湖南二布政使司民賦收支奏册，兼覈荆州駐防官兵俸餉，凡各省耗羨之數，合其籍帳，以時奏之。陝西清吏司郎中滿洲、蒙古、漢人各一人，員外郎滿洲三人、漢人一人，主事滿洲漢人各一人，掌稽西安、甘肅二布政使司民賦收支奏册，并行銷鹽引，兼覈伊犂、烏嚕木齊屯田支銷奏册，在京漢官俸廩、外藩俸幣，及巡捕五營俸餉各衙門經費。四川清吏司郎中滿洲漢人各一人，員外郎滿洲二人、漢人一人，主事滿洲漢人各一人，掌稽四川布政使司民賦收支奏册，兼覈兩金川等處，新疆屯務、本省關税，在京入官户口贓罰銀兩、各部院衙門紙硃支費，察直省郡縣之豐歉水旱歲，具其數而上之。廣東清吏司郎中滿洲漢人各一人，員外郎滿洲三人、漢人一人，主事滿洲漢人各一人，掌稽廣東布政使司民賦收支奏册，兼覈八旗斷嗣歸宗、更正户口，壽民孝子節婦之受旌者，給以坊直，諸倉諸局諸關差之滿歲者，則以期請代焉。廣西清吏司郎中滿洲漢人各一人，員外郎滿洲四人、漢人一人，主事滿洲漢人各一人，掌稽廣西布政使司民賦收支奏册，兼覈京省錢局運銅鼓鑄，及内倉支放，供應芻豆。雲南清吏司郎中滿洲二人、漢人一人，員外郎滿洲三人、漢人一人，主事滿洲漢人各一人，掌稽雲南布政使司民賦收支奏册，兼覈山東、河南、江南、江西、浙江、湖廣等省歲運漕糧，京通倉儲及江寧水次六倉收支考覈。貴州清吏司郎中滿洲漢人各一人，員外郎滿洲三人、漢人一人，主事滿洲漢人各一人，掌稽貴州布政使司民賦收支奏册，兼覈太平二十有四關征收税課。

工部

明·申時行等《大明會典》卷二《吏部一·官制》 工部：正官尚書一員，左右侍郎各一員舊有提督易州山場侍郎一員，嘉靖八年改用司官管理。首領官司務二員。屬官國初設子部四：曰營部、虞部、水部、屯部，設郎中、員外郎各一員，後改爲營繕、虞衡、都水、屯田四清吏司，以首領官主事爲司官，司各一員。後陸續添設營繕司員外郎二員，主事四員，虞衡司郎中二員，員外郎一員，主事二員，都水司郎中三員，主事九員，屯田司郎中一員，主事一員。【略】屯田清吏司郎中一員，員外郎一員，主事三員内一員管易州山廠，一員管臺基廠柴炭。

明·王圻《續文獻通考》卷八九《職官考》 皇明：本朝置工部尚書，非古也。自漢文帝置尚書，有民曹主凡吏民上書，後漢光武改民曹主繕修、工作、鹽池、園苑。魏署左民尚書，亦領其職。晉、宋、齊、梁、陳營宗廟宫室則權置起部尚書，事畢則省。後周有冬官大司空卿，其屬工部中大夫二人，至隋開皇三年乃有工部尚書，統工部、屯田二曹。唐承隋制不改，龍朔二年改爲司平太常伯，咸亨元年復舊，光宅元年又改爲冬官，神龍元年復舊，總判工部、屯田、虞部、水部事，沿及趙宋相因不改，然皆爲尚書省屬官，與周官大司空掌邦之任固有間矣。國初沿唐宋之制，設工部尚書，侍郎之職，掌天下百工山澤之政令，仍屬中書省。洪武十三年革中書省，陞六部，每部分四子部，各設郎中，員外郎，主事，於是工部其屬有四：曰營部，曰虞部，曰水部，曰屯部。二十九年改營部爲營繕，虞部爲虞衡，水部爲都水，屯部爲屯田，俱稱清吏司，永爲定制。

明·佚名《諸司職掌·工部》 尚書、侍郎之職，掌天下百工山澤之政令，其屬有四：曰營部、虞部、水部、屯部。營部：郎中、員外郎、主事掌經營興造之衆務。

明·徐學聚《國朝典彙》卷三五《吏部·官制》 工部：尚書、左右侍郎各一員，掌天下百工營作、山澤採捕、窯冶、屯種、榷税、河渠、織造之政令，其屬初曰營部，曰虞部，曰水部，曰屯部，後改爲營繕：分掌宮府器仗、城垣壇廟經營興造之事；虞衡：分掌天下山澤採捕、陶冶之事；都水：分掌川瀆陂池、橋道舟車、織造衡量之事；屯田：分掌屯種、墳塋、抽分、柴炭之事。四清吏司各郎中、員外郎、主事一員，後陸續添設營繕司員外郎二員，主事四員，虞衡司郎中二員，員外郎一員，主事二員，都水司郎中三員，主事九員，屯田司郎中一員，主事一員。嘉靖四十三年革虞衡司郎中一員，添設主事一員。四十四年革屯田司郎中一員，改設主事一員。隆慶間革都水司主事二員，又添設主事一員。萬曆五年添設都水司郎中一員，革主事二員。九年革虞衡司郎中一員，首領司務二員。所屬衙門：文思院、軍器局、織染所、雜造局、柴炭司各大使一員，副使一員，皮作局、寶源局、節慎庫、蘆溝橋通州抽分局各大使一員，通積抽分局副使一員，營繕所所正一員，所副二員，所丞二員，巾帽局、鍼工局、顔料局、鞍轡局、廣積白河抽分局大，副使，大通關提舉司提舉，俱革。南京工部尚書、右侍郎各一員，四司郎中各一員，營繕司員外郎嘉靖三十七年革，萬曆十一年復設。都水司員外郎嘉靖間革，營繕司主事三員，嘉靖三十七年革一員。虞衡司主事二員，萬曆九年革一員，十一年復設。都水司主事二員，屯田司主事一員，嘉靖二年添設一員，首領司務一員。所屬衙門：營繕所、龍江、清江提舉司、文思院、寶源局、軍器局、織染所、龍江、瓦屑壩抽分局。

明·章潢《圖書編》卷八四《皇朝官制沿革歷代總考》 今皇朝尚書一人，掌工役、農田、山川、澤藪、河渠之政令，左右侍郎各一人爲之貳，易州廠侍郎一人，其屬營繕、虞衡、都水、屯田四清吏司各郎中二人，員外郎一人，主事二人。添設郎中：虞衡二人，都水四人，屯田一人。員外郎：營繕二人，虞衡二人。主事：營繕四人，都水八人，司務二人。所屬營繕所、文思院、軍器局、皮作局、寶源局、鞍轡局、廣積、通積、通州、白河抽分竹木局、織染所、雜造局、蘆溝橋抽分竹木局、大通關。

清·萬斯同《明史》卷六九《職官志》 工部尚書一人正二品，左右侍郎各一人正三品。其屬司務廳司務二人（從九品），營繕、虞衡、都水、屯田四清吏司各郎中一人正五品，員外郎一人從五品，主事二人正六品，洪武二十九年制，所轄營繕所所正一人正七品，副二人正八品，丞四人正九品，文思苑大使一人正九品，副使四人從九品，軍器局、皮作局各大使一人，副使二人，寶源局、鞍轡局、廣積、通積、通州、由河抽竹木局、織染所、雜造局，各大使一人，副使十人，盧溝橋抽分竹木局大使一人，副使三人，大通關提舉司提舉一人，典史一人。尚書掌工役、農田、山澤、河渠之政令，侍郎佐之。營繕典經營興造之事，凡宮殿陵寢、城郭壇場、祠廟倉庫、廨宇營房、王府邸第之役，鳩工會材，以時程督之。

清·張廷玉等《明史》卷七二《職官志》 工部尚書一人正二品，左右侍郎各一人正三品，其屬司務廳司務二人（從九品），營繕、虞衡、都水、屯田四清吏司各郎中一人正五品，後增設都水司郎中四人，員外郎一人從五品，後增設營膳司員外郎二人，虞衡司員外郎一人，主事二人正六品，後增設都水司主事五人，營膳司主事三人，虞衡司主事二人，屯田司主事一人，所轄營繕所所正一人正七品，所副二人正八品，所丞二人正九品，文思院大使一人正九品，副使二人從九品，皮作局大使一人正九品，副使二人從九品，後革，鞍轡局大使一人正九品，副使一人從九品，隆慶元年大使、副使俱革，寶原局大使一人正九品，副使一人從九品，嘉靖間革，顔料局大使一人正九品，後革，軍器局大使一人正九品，副使二人後革一人，節慎庫大使一人從九品，嘉靖八年設，織染所雜造局大使一人正九品，副使一人從九品。廣積、通積、盧溝橋、通州、白河各抽分竹木局大使各一人，副使各一人，大通關提舉司提舉一人正八品，萬曆二年革，副提舉二人正九品，典史一人後副提舉、典史俱革，柴炭司大使一人從九品，副使一人。

尚書掌天下百官山澤之政令，侍郎佐之。營繕典經營與作之事，凡宮殿、陵寢、城郭、壇場、祠廟、倉庫、廨宇、營房、王府邸第之役，鳩工會材，以時程督之。凡鹵簿、儀仗、樂器移內府及所司，各以其職治之，而以時省其堅潔，而董其窳濫。

清・龍文彬《明會要》卷三二《職官四》 工部四司：洪武元年設工部郎中、員外、主事，六年分屬部四：總部、虞部、水部、屯田部。八年增立四科，十三年以屯田部爲屯部，二十二年改總部爲營部，二十九年定爲營繕、虞衡、都水、屯田四清吏司，各郎中一人，員外郎一人，主事一人。

《欽定大清會典》卷一三一《工部一》 尚書、左右侍郎，掌天下百工營作、山澤采捕、窯冶、榷税、河渠、織造之政令。其屬有四清吏司，曰營繕，曰虞衡，曰都水，曰屯田。其首領則有司務，又有製造庫、節慎庫等官。建置沿革，詳見吏部官制。

《欽定大清會典》卷一三四《工部四・都水清吏司》 郎中、員外郎、主事分掌器仗、織造、河渠、水利、橋道、船隻之事。

《欽定大清會典》卷一三九《工部九・都水司・河渠三》 凡河官建置，國家漕運，全資黄運兩河，特設河道總督一員，駐劄濟寧，總理兩河事務。至於通惠、北河、南旺、夏鎮、中河、南河、衛河，各設分司管理。

通惠河分司，駐劄通州。順治初，差漢司官一員，三年更代。十二年，添差滿洲理事官一員、筆帖式一員，一年更代。十四年，裁滿官，三年更代。康熙元年，復設，一年更代。六年，裁。九年，復差滿司官一員、筆帖式二員，三年更代。十年，裁筆帖式。十八年，照内外河差例，一年更代。二十年，仍改三年更代。二十三年，改令各部院衙門，掣簽差遣。

北河分司，駐劄張秋。順治初，差漢司官一員，三年更代。康熙九年，添差滿司官一員、筆帖式二員。十年，裁筆帖式。十七年，裁分司，歸併濟寧、天津二道管理。

南旺分司，駐劄濟寧州。順治初，差漢司官一員，三年更代。康熙九年，添差滿司官一員、筆帖式二員。十年，裁筆帖式。十五年，裁分司，歸併濟寧道管理。

夏鎮分司，駐劄夏鎮。順治初，差漢司官一員，三年更代。康熙九年，添差滿司官一員、筆帖式二員。十年，裁筆帖式。十五年，裁分司，原管滕、嶧二縣河道閘座，歸淮徐道管理。十七年，滕、嶧河務，改歸濟寧道管理。

中河分司，舊駐吕梁洪。後移駐宿遷縣。順治初，差漢司官一員，三年更代。四年，添差滿司官一員。八年，裁。十二年，復差滿官，一年更代。十四年，裁，三年更代。康熙元年，復差，一年更代。四年，裁。九年，復添滿司官一員、筆帖式二員。十年，裁筆帖式。十七年，裁分司，分歸淮揚、淮徐二道管理。

南河分司，駐劄高郵州。順治初，差漢司官一員，三年更代。康熙九年，添差滿司官一員、筆帖式二員。十七年，裁分司，分歸淮揚、淮徐二道管理。

衛河分司，駐劄輝縣。順治十三年，差漢司官一員，本年，裁歸衛輝府同知兼理。十四年，復差，三年更代。康熙四年，裁歸分守河北道，及衛輝府通判管理。六年，裁河北道，令通判專理。九年，復設河北道。

《欽定皇朝通典》卷二五《職官三》 工部尚書滿州、漢人各一人，掌天下工虞器用，辨物庀材，以飭邦事。所屬有營繕、虞衡、都水、屯田四清吏司。左右侍郎滿洲、漢人各一人，掌綜事訓工，以貳尚書。【略】都水清吏司，郎中滿洲五人、漢人一人。員外郎滿洲五人、漢人一人。主事滿洲四人、漢人二人。掌河防海塘，及直省河湖淀泊川澤陂池水利之政令。凡道路之平治，橋樑之營葺，舟楫之制度，咸總而舉之。歲十有二月則藏冰，夏而出之以供祭祀。

《欽定皇朝通典》卷三三《職官十一》 河道各官：河道總督 河庫道 河道 管河同知 通判 州同 知縣 縣丞 主簿 巡檢 吏目 典史 閘官 河標副將以下官 河營參將以下官

河道總督。江南一人，駐淮安清江浦。掌黄淮會流入海，洪澤湖汕黄濟運、南北運河泄水行漕，及瓜洲江工，支河湖港疏浚隄防之事。山東河南一人，駐濟寧州，掌黄河南下，汶水分流，運河蓄泄，及支河湖港疏浚隄防之事。直隸一人，掌漳、衛入運歸海，永定河疏浚隄防之事，以總督兼管。順治初，止設總河一人，總理黄、運兩河事務，駐劄濟寧州。康熙十六年以後，江南河工緊要，移駐清江浦。雍正二年，以河南武陟、中牟等縣隄工緊要，設副總河一人，駐劄濟寧州。總河兼理南北兩河，副總河專理北河。七年，改總河爲總督江南河道，副總河爲總督河南、山東河道，分管南北兩河。初，南北兩總河並兼兵部尚書右都御史銜。乾隆四十八年，奉旨：「以總河無地方之責，況又有道員升署及簡擢初任之員，嗣後但給與兵部侍郎右副都御史銜，著爲令。」直隸河道總督。雍正八年，置河庫道一人，河道十一人。河庫道駐劄清江浦，掌出入河帑，而歲要其成于總督。江南淮徐河道駐徐州，淮揚河道駐淮安，山東運河道駐濟寧，直隸永定河道駐固安，皆掌專理河務。山東兖沂曹兼管黄河道，駐兖州；河南開歸陳道，駐開封；彰衛懷道，駐武陟；直隸通永河道，駐通州；天津河道，駐天津；清河道，駐保定；大廣順河道，駐大名。皆掌分巡所屬，而兼理河務。其山東運河道、河南二道、直隸五道，又兼掌河帑之出納。管河同知二十七人，通判二十五人，州同十人，州判二十人，縣丞七十三人，主簿六十九人，巡檢二十五人，吏目二人，典史四人，兼管河務知縣十八人。

江南淮徐河道，轄銅沛、邳睢、宿虹、桃源同知四人，豐蕭碭、宿遷運河通判二人，二十四汛州同、州判各一人，縣丞五人，巡檢七人，內大壩運河二汛，各巡檢二人，主簿十有二人。

淮揚河道，轄山清裏河、山清外河、山安、海防、江防同知五人，高堰、山盱、桃源、安清、中河、揚河、揚糧水利通判六人，三十八汛州同、州判各三人，縣丞十有四人，主簿十人，巡檢八人，又西溪司、安豐司、管河巡檢各一人。

山東運河道轄運河郯沂、海贛同知二人，泇河、捕河、上河、下河、泉河通判五人，二十八汛州同、州判各三人，縣丞九人，內一丞，管二汛，主簿十有二人，分理泉州同二人，府經歷二人，縣丞六人，巡檢一人。兗沂曹道，轄曹單黃河同知一人，四汛縣丞一人，主簿二人，巡檢一人。

河南開歸道，轄上南河、下南河同知二人，儀考、商虞通判二人，十二汛州判一人，縣丞七人，主簿四人。彰衛懷道，轄懷慶黃河、開封上北河、下北河同知三人，彰德河務、衛輝鹽河、懷慶河務、曹儀河務通判四人，二十汛縣丞八人，主簿十人，巡檢二人，又林縣管河典史一人。

直隸永定河道，轄石景山、永定河南岸、北岸同知三人，三角淀通判一人，十五汛州判三人，縣丞、主簿各五人，吏目二人。通永河道，轄北運河務關同知一人，北運河、楊村薊運糧河通判二人，十三汛州同一人，州判四人，縣丞三人，主簿五人。

天津河道，轄南運河津軍、河間河捕同知二人，泊河、子牙河通判二人，西汛、清河、故城、吳橋管河縣丞各一人，東汛、景州、滄州管河州判各一人，天津管河縣丞一人，東光、交河南皮、青、静海、獻管河主簿各一人，青縣管河巡檢一人。

清河道，轄保定河捕同知一人，正定糧馬河通判一人，分汛、冀州、祁州、安州、管河州判各一人，武強、隆平、寧晉兼河務知縣各一人，清苑、蠡、高陽、新安、雄、安肅、新城管河縣丞各一人，保定、任、唐管河主簿各一人，滿完、方順橋管河巡檢各一人，深澤管河典史一人。

大廣順河道，轄廣大漳、廣平河務、漳河同知三人，分汛、永年、邢臺、沙河、南河、平鄉、廣宗、鉅鹿、唐山、内邱、任、元城、大名、魏、長垣管河縣丞各一人，永平、成安管河典史各一人。

凡河務，自管河同知以下爲專司，知縣爲兼職，各掌沿河堤堰壩閘歲修搶修，及挑浚淤淺，導引泉流，並江防、海防各工程。同知、通判總理督率，州同、州判以下分汛防守。

閘官四十三人。掌司閘之啓閉，以時蓄泄。江南十四閘，閘官十有一人內一官管四閘。山東四十八閘，閘官三十一人內一官管二閘者九，一官管三閘者四。直隸一人。

江南河標副將二人，遊擊一人，都司三人，守備二人，管理塘務一人，千總八人，把總十有六人，管理塘務二人。河東河標副將一人，遊擊二人，都司一人，守備二人，管理塘務一人，千總六人，把總十有二人，掌催護工程。江南河標中軍副將一人，其屬中軍都司一人，管理塘務一人，左右哨千總二人，把總五人。河標左營副將一人，其屬中軍都司一人，千總二人，把總三人，右營守備一人，千總一人，把總二人，蕭營都司一人，把總二人。河標右營遊擊一人，其屬中軍守備一人，左右哨千總三人，把總四人。河東河標中軍副將一人，其屬都司一人，管理塘務一人，千總二人，把總四人。河標左營遊擊一人，其屬守備一人，千總二人，把總四人，右營亦如之。江南河營參將一人，遊擊二人，守備二十人，千總十有七人，把總三十人。葦蕩營參將一人，守備二人，千總二人。山東黃運河營守備一人，千總五人，把總二人。東昌德州二衛管河守備各一人。德州運河南北兩岸管河千總各一人。河南豫河、懷河二營守備各一人。協辦守備各一人，千總四人，把總三人。直隸永定河營守備一人，千總九人，把總十有五人。

凡河營參將以下，皆掌河工調遣，及守汛防險之事。葦蕩營參將以下，掌採葦蘆，以供修築隄埽之用。江南河營參將，轄淮徐營遊擊一人，九營守備九人，二十一汛千總八人，把總十有三人。淮揚營遊擊一人，十一營守備十有一人，二十六汛千總九人，把總十有七人。葦蕩營參將，轄左右營守備、千總、把總各二人。山東黃運河營守備，轄七汛千總五人，把總二人。河南豫河懷河二營守備，轄七汛千總四人，把總三人。直隸永定河營守備，轄南北岸淀河三汛千總、把總各一人，石景山汛千總一人，北運河汛千總、把總各三人，南運河汛千總一人，把總八人，東淀垡船千總一人，西淀垡船把總一人。

制度部

漢・司馬遷《史記》卷六《秦始皇本紀》 始皇推終始五德之傳，以爲周得火德，秦代周德，從所不勝。方今水德之始，改年始，朝賀皆自十月朔。衣服旄旌節旗皆上黑。數以六爲紀，符、法冠皆六寸，而輿六尺，六尺爲步，乘六馬。【略】一法度衡石丈尺。車同軌。書同文字。

漢・班固《漢書》卷二四上《食貨志上》 理民之道，地著爲本。故必建步立晦，正其經界。六尺爲步，步百爲晦，晦百爲夫，夫三爲屋，屋三爲井，井方一里，是爲九夫。八家共之，各受私田百晦，公田十晦，是爲八百八十晦，餘二十晦以爲廬舍。出入相友，守望相助，疾病相救，民是以和睦，而教化齊同，力役生產可得而平也。民受田，上田夫百晦，中田夫二百晦，下田夫三百晦。

漢・班固《漢書》卷二四下《食貨志下》 凡貨，金錢布帛之用，夏、殷以前其詳靡記云。太公爲周立九府圜法：黄金方寸，而重一斤；錢圜函方，輕重以銖；布，帛廣二尺二寸爲幅，長四丈爲匹。故貨寶於金，利於刀，流於泉，布於布，束於帛。

北齊・魏收《魏書》卷九九《盧水胡沮渠蒙遜附子牧犍傳》 太延五年，世祖遣尚書賀多羅使涼州，且觀虛實。以牧犍雖稱蕃致貢，而內多乖悖，於是親徵之。詔公卿爲書讓之曰：王外從正朔，內不捨僭，罪一也；民籍地圖不登公府，任土作貢，不入司農，罪二也。【略】爲臣如是，其可恕乎！先令後誅，王者之典也。若親率羣臣，委贄郊迎，謁拜馬首，上策也；六軍即臨，面縛輿櫬，又其次也。如其守迷窮城，不時悛悟，身死族滅，爲世大戮。宜思厥中，自求多福也。

唐・魏徵等《隋書》卷二四《食貨志》 後周太祖作相，創制六官。載師掌任土之法，辨夫家田里之數，會六畜車乘之稽，審賦役斂弛之節，制畿疆修廣之域，頒施惠之要，審牧產之政。司均掌田里之政令。凡人口十已上，宅五畝；口九已上，宅四畝；口五已下，宅三畝。有室者，田百四十畝，丁者田百畝。

又 高祖登庸，罷東京之役，除入市之稅。是時尉迥、王謙、司馬消難，相次叛逆，興師誅討，賞費鉅萬。及受禪，又遷都，發山東丁，毀造宮室。仍依周制，役丁爲十二番，匠則六番。及頒新令，制人五家爲保，保有長。保五爲閭，閭四爲族，皆有正。畿外置里正，比閭正，黨長比族正，以相檢察焉。男女三歲已下爲黄，十歲已下爲小，十七已下爲中，十八已上爲丁。丁從課役，六十爲老，乃免。自諸王已下，至于都督，皆給永業田，各有差。多者至一百頃，少者至四十畝。其丁男、中男永業露田，皆遵後齊之制。並課樹以桑榆及棗。其園宅，率三口給一畝，奴婢則五口給一畝。【略】京官又給職分田。一品者給田五頃。每品以五十畝爲差，至五品，則爲田三頃，六品二頃五十畝。其下每品以五十畝爲差，至九品爲一頃。外官亦各有職分田。又給公廨田，以供公用。

唐・杜佑《通典》卷二《食貨二・田制下》 大唐開元二十五年令：田廣一步，長二百四十步爲畝，百畝爲頃。自秦漢以降，即二百四十步爲畝，非獨始於國家，蓋具令文耳。國家程式雖則具存，今所存纂録，不可悉載，但取其朝夕要切，冀易精詳，乃臨事不惑。

宋・王溥《唐會要》卷五九《尚書省諸司下・職方員外郎》 建中元年十一月二十九日，請州圖每二年一送職方，今改至五年一造送，如州縣有創造，及山河改移，即不在五年之限。後復故。

唐・長孫無忌撰、元・王元亮釋《唐律疏議》卷九《職制》 玄象器物

諸玄象器物、天文、圖書、讖書、兵書、《七曜曆》、《太乙》、《雷公式》，私家不得有，違者徒二年。私習天文者，亦同。其緯、候及《論語讖》不在禁限。

疏議曰：玄象者，玄天也，謂象天爲器具，以經星之文及日月所行之道，轉之以觀時變。《易》曰：「縣象著明，莫大於日月。故天垂象，聖人則之。」《尚書》云：「在璇璣玉衡，以齊七政。」天文者，《史記・天官書》云天文，日月、五星、二十八宿等。故《易》曰：「仰則觀於天文。」圖書者，「河出圖，洛出書」是也。讖書者，先代聖賢所記，未來徵祥之書。兵書，謂太公《六韜》、黄石公《三略》之類。《七曜曆》，謂日、月、五星之曆。《太乙》、《雷公式》者，並是式名，以占吉凶者。私家皆不得有，違者，徒二年。若將傳用，言涉不順者，自從「造祅言」之法。「私習天文者」，謂非自有書，轉相習學者，亦得二年徒坐。緯、候及讖者，《五經緯》、《尚書中候》、《論語讖》，並不在禁限。

唐・長孫無忌撰、元・王元亮釋《唐律疏議》卷二六《雜律》 校斛斗秤度

諸校斛斗秤度不平，杖七十。監校者不覺，減一等；知情，與同罪。

疏議曰：「校斛斗秤度」，依《關市令》：「每年八月，詣太府寺平校，不在京者，詣所在州縣官校，並印署，然後聽用。」其校法，《雜令》：「量，以北方秬黍中者，容一千二百爲龠，十龠爲合，十合爲升，十升爲斗，三斗爲大斗一斗，十斗爲斛。秤權衡，以秬黍中者，百黍之重爲銖，四銖爲兩，三兩爲大兩一兩，十六兩爲

斤。度，以秬黍中者，一黍之廣爲分，十分爲寸，十寸爲尺，一尺二寸爲大尺一尺，十尺爲丈。」有校勘不平者，杖七十。監校官司不覺，減校者罪一等，合杖六十；知情，與同罪。

又 私作斛斗秤度

諸私作斛斗秤度不平，而在市執用者，笞五十；因有增減者，計所增減，準盜論。

疏議曰：依《令》：「斛斗秤度等，所司每年量校，印署充用。」其有私家自作，致有不平，而在市執用者，笞五十；因有增減贓重者，計所增減，準盜論。即用斛斗秤度出入官物而不平，令有增減者，坐贓論；入己者，以盜論。其在市用斛斗秤度雖平，而不經官司印者，笞四十。

五代·劉昫等《舊唐書》卷四八《食貨志上》 武德七年，始定律令。以度田之制：五尺爲步，步二百四十爲畝，畝百爲頃。丁男、中男給一頃，篤疾、廢疾給四十畝，寡妻妾三十畝。若爲户者加二十畝。所授之田，十分之二爲世業，八爲口分。世業之田，身死則承户者便授之；口分，則收入官，更以給人。

又 凡權衡度量之制：度，以北方秬黍中者一黍之廣爲分，十分爲寸，十寸爲尺，十尺爲丈。【略】又山東諸州，以一尺二寸爲大尺，人間行用之。【略】

天寶九載二月，敕：「車軸長七尺二寸，麪三斤四兩，鹽斗，量除陌錢每貫二十文。」

先是，開元八年正月，敕：「頃者以庸調無憑，好惡須準，故遣作樣以頒諸州，令其好不得過精，惡不得至濫，任土作貢，防源斯在。而諸州送物，作巧生端，苟欲副於斤兩，遂則加其丈尺，至有五丈爲疋者，理甚不然。闊一尺八寸，長四丈，同文共軌，其事久行，立樣之時，亦載此數。若求兩而加尺，甚暮四而朝三。宜令所司簡閱，有逾於比年常例，丈尺過多，奏聞。」

宋·歐陽修等《新唐書》卷五一《食貨志一》 唐制：度田以步，其闊一步，其長二百四十步爲畝，百畝爲頃。凡民始生爲黄，四歲爲小，十六爲中，二十一爲丁，六十爲老。授田之制，丁及男年十八以上者，人一頃，其八十畝爲口分，二十畝爲永業；老及篤疾、廢疾者，人四十畝，寡妻妾三十畝，當户者增二十畝，皆以二十畝爲永業，其餘爲口分。永業之田，樹以榆、棗、桑及所宜之木，皆有數。田多可以足其人者爲寬鄉，少者爲狹鄉。狹鄉授田，減寬鄉之半。其地有薄厚，歲一易者，倍授之。寬鄉三易者，不倍授。工商者，寬鄉減半，狹鄉不給。凡庶人徙鄉及貧無以葬者，得賣世業田。自狹鄉而徙寬鄉者，得并賣口分田。已賣者，不復授。死者收之，以授無田者。凡收授皆以歲十月。授田先貧及有課役者。凡田，鄉有餘以給比鄉，縣有餘以給比縣，州有餘以給近州。【略】

凡里有手實，歲終具民之年與地之闊狹，爲鄉帳。鄉成於縣，縣成於州，州成於户部。又有計帳，具來歲課役以報度支。國有所須，先奏而斂。

宋·王溥《唐會要》卷五九《尚書省諸司下·職方員外郎》 建中元年十一月二十九日，請州圖每三年一送職方，今改至五年一造送，如州縣有創造，及山河改移，即不在五年之限。後復故。

宋·竇儀《宋刑統》卷二六《雜律》 諸校斛、斗、秤、度不平，杖七十。監校者不覺，減一等；知情，與同罪。

疏議曰：校斛、斗、秤、度，依《關市令》：「每年八月，詣太府寺平校，不在京者，詣所在州、縣官平校，並印署，然後聽用。」其校法，《雜令》：「量，以北方秬黍中者，容一千二百爲龠，十龠爲合，十合爲升，十升爲斗，三斗爲大斗一斗，十斗爲斛。秤權衡，以秬黍中者，百黍之重爲銖，二十四銖爲兩，三兩爲大兩一兩，十六兩爲斤。度，以秬黍中者一黍之廣爲分，十分爲寸，十寸爲尺，一尺二寸爲大尺一尺，十尺爲丈。」有校勘不平者，杖七十。監校官司不覺，減校者罪一等，合杖六十；知情與同罪。

宋·李燾《續資治通鑑長編》卷四九《真宗》 （咸平四年八月）甲子，職方員外郎、祕閣校理丹陽吴淑上言：「諸路所納閏年圖，當在職方收掌，近者並納儀鸞司。伏以天下山川險要，皆王室之祕奥、國家之急務，故《周禮》職方氏掌天下圖籍，又詔土訓以夾王車。漢祖入關中，蕭何獨收秦圖籍，由是周知險要，豈可忽而不顧哉！請令以今閏所納圖並上職方。又州郡地理犬牙相入，向都獨畫一州地形，則何以傅合他郡！望令諸路轉運使每十年各畫本路圖一，上職方，所冀天下險要，不窺牖而可知，九州輪廣，如指掌而斯在。」從之。

宋·李燾《續資治通鑑長編》卷七一《真宗》 （大中祥符二年六月）丙申，詔：「自今凡有營造，並先定地圖，然後興功，不得隨時改革。若事有不便須改作者，並奏裁。」先是，遣使修吴國長公主院，使人互執所見，屢有改易，故勞費頗甚，上聞之，令劾罪而約束焉。

清·徐松《宋會要輯稿·職官一四·職方》 大中祥符元年四月，龍圖閣待制戚綸請令修圖經官先修東巡所過州縣圖經進内，仍賜中書、樞密院、崇文院各一本以備檢討。從之。自是凡車駕出處皆然。

又（大中祥符）三年十二月，詔重修定天下圖經，令職方遍牒諸州如法收掌，自今每閏依本録進。

宋・李燾《續資治通鑑長編》卷一七四《仁宗》（皇祐五年二月）癸巳，詔儀鸞司，自今毋得以天下州府圖供張都亭驛。初，户部副使傅永言，奉使契丹，而接伴者問益州事，且云曾見驛中畫圖，故請禁之。

宋・李燾《續資治通鑑長編》卷二三七《神宗》 詔司農寺以《方田均税條約并式》頒天下。方田之法，以東西南北各千步，當四十一頃六十六畝一百六十步爲一方。歲以九月，縣委令、佐分地計量，據其方莊帳籍驗地土色號，別其陂原、平澤、赤淤、黑壚之類凡幾色。方量畢，計其肥瘠，定其色號，分爲五等，以地之等均定税數。至明年三月畢，揭以示民，仍再期一季以盡其詞，乃書户帖，連莊帳付之，以爲地符。地符，見七年四月四日，合去彼存此。

宋・李燾《續資治通鑑長編》卷二五二《神宗》（熙寧七年四月辛未），詔：「方田每方差大甲頭二人，以本方上户充，小甲頭三人，同集方户，令各認步畝，方田官躬驗逐等地色，更勒甲頭、方户同定，寫成草帳，于逐段長闊步數下各計定頃畝。官自募人覆算，更不別造方帳，限四十日畢。先點印訖，曉示方户，各具書算人寫造草帳、莊帳，候給户帖，連莊帳付逐户以爲地符。」

元・脱脱等《宋史》卷九五《河渠志五》 元祐間，差憲臣提舉，守臣提督，通判提轄。縣各置籍，凡堰高下、闊狹、淺深，以至灌溉頃畝、夫役工料及監臨官吏，皆注於籍，歲終計效，賞如格。政和四年，又因臣僚之請，檢計修作不能如式以致決壞者，罰亦如之。

元・脱脱等《金史》卷四七《食貨志二》 量田以營造尺，五尺爲步，闊一步，長二百四十步爲畝，百畝爲頃。

《元典章・刑部卷之十九・諸禁》 禁私斛斗秤尺

至元二十三年，行中書省准中書省諮：

擬議到事内一件：照得先爲各路行鋪之家行用度尺升斗等秤俱不如法，劄付合屬，照依係官見行用法物，同樣製造，差官較勘均平，一體封裹印烙，定立本價，發下隨路，遍歷行使，立限拘收舊使斛檻升斗尺秤。若有不遵違犯之人，嚴行禁治，及劄付御史臺糾察。外，今體知各路官司雖承官降式樣，終不曾製造完備。有行户人等，恣意私造使用，或出入斛斗秤度不仝，以致物價低昂，深恐不便。都省議得：遍行各路，文字到限六十日，令各路總管府驗所轄司縣街市民間合用斛斗秤度，照依省部元降樣製成造。委本路管民達魯花赤長官較勘相同，印烙訖，發下各處，公私一體行用。常切關防較勘，毋令似前作弊抵换。據合該工物，照依在先體例，官爲借用，各驗闕降數目，卻令撥還。即將不依法式斛斗秤度，隨即拘收入官毁壞。仍令本處達魯花赤長官不妨本職，常切用心提調。如限外違犯之人捉拿到官，斷決五十七下。（正）〔止〕坐見發之家。親民司縣正官禁治不嚴，初犯罰俸一月，再犯各決二十七下，三犯別議。親民州（部）〔郡〕與司縣同。仍標注過名，任滿於解由内明白開寫，以憑定奪。外據路（府）州達魯花赤長官不爲用心提調，致有違犯，初犯罰俸二十日，再犯取招別議定罪。

《元典章・禮部卷之五・陰陽學》 立司天臺

中統二年五月，欽奉皇帝聖旨：「據劉澤奏告：『元受合罕皇帝聖旨，先爲司天臺人員別無營運，不同民户，官爲養贍。所有包銀、差發、軍役、税糧，毋得取受。乞换授』事。准奏。今降聖旨，仰劉澤并司天臺舊陰陽人員，凡有差發、軍役、税糧一切公事，照依已前體例行者。卻不得將不會陰陽人、當差發民户虚行影占。」欽此。

陰陽法師

至大元年，江浙行省准中書省咨：集賢院呈：

大德十一年十月十四日，傳奉聖旨：「今後陰陽法師，休交諸王、駙馬根前去者。去的人有呵，當死罪者。」欽此。又照得至元二十八年六月内，准阿魯渾撒（呈）〔里〕蒙古文字譯該：香山言語，（勒）〔靳〕少監交奏：『乃顔裏一人姓何理會的陰陽的人，説歹言語行來。去年乃顔根底拿了呵，那人裏殺了來。如今那般陰陽理會得人根底，駙馬、大王根底，不揀誰根底，一迷地休交行。漢兒、蠻子田地裏有理會得陰陽人的數目，各路裏官人每好生的要了，秀才、大夫的體例裏，每路分裏委付教授，好生教者。那裏有好本事呵，每年省裏呈了，交來這裏來試了。理會底呵，司天臺裏也交道行者。不理會底，交回去呵，怎生？』麽道，奏呵，『是有。不索尋思，那般者。』麽道，聖旨了也。欽此。」

禁約陰陽人

皇慶元年四月，江西行省准中書省咨該：

集賢院備司天臺呈：「至大四年十一月二十一日，特奉聖旨：『有的漢兒、回回陰陽人每，諸王、諸子、公主、駙馬、大官人處，都休交行者。交行文書禁約者。』麽道，聖旨了也。欽此。具呈照詳。」都省咨請欽依施行。

禁私造授時曆

大史院：

欽奉聖旨，印造大德《授時曆》，頒行天下。敢有私造者，以違制論，告捕者賞銀一百兩。如無本院曆日印信，便同私曆。

（抱）〔拘〕抱收舊曆文書。

至元二十一年五月二十八日，行御史臺：

准御史臺咨：「承奉中書省劄付：『爲河間路歹人生發，差官拿獲，奏奉聖旨：因甚麼這般起意來？回奏：趙太祖於苗太監處問來底舊星曆文書見了，尋思有來。又奏：這般星曆文書每，在先教拘收者，道來。不曾好生底拘收來底一般有。如今隨路［裏］行榜文，這般文書教拘收呵，怎生？奏呵，奉］聖旨：這的行索甚問？那般者。欽此。會集到瓮吉剌歹丞相、樞密院、御史臺等官，一同完議過，委官前去，將賊人磨問，就便處斷外，仰依上施行。』（准）〔奉〕此。本臺除外，咨請嚴勒所屬，欽依聖旨內處分事意，將舊曆文書用心拘收，須要盡絕，不致隱匿。仍常切體究關防，毋令歹人生發。」准此。

禁收天文圖書

至元三年十〔二〕月，欽奉聖旨：

「道與中書省，據隨路軍人匠，不以是何投下諸色人等，應有天文圖書及《太一雷公式》、《七曜曆》、《推背圖》，聖旨到日，限一百日赴本處官司呈納。候限滿日，收拾前項禁書，如法封記，申解赴部呈省。若限外收藏禁書并私習天文之人，或因事發露，及有人告首到官，追問得實，並行斷罪。」欽此。

元《通制條格》卷一六《田令・打量田土》 大德四年十二月初二日，樞密院奏：歸德府趙知府文字裏題説將來，「推陽縣官吏每信着歹人每言語，打量軍户地土行呵，踏踐了田禾，軍户每根底使氣力哏搔擾有。」麽道説將來有。上位有聖旨，軍的民的田地，通行取數目時分打量呵，是也。民户的地土不打量，軍户底地土打量有。奏呵，奉聖旨：是有。不得咱每的聖旨，軍户每的地土休打量者。欽此。

明・申時行等《大明會典》卷五《吏部四》 正德十六年定，奉祀員缺以本署或附近署內祀丞推補，祀丞缺以樂舞生選補。凡欽天監官不由常選。監正、監副有缺，於本監官內，五官正、五官靈臺郎缺於屬官內，保章正以下缺於天文生內，俱從禮部選定，送部奏補。

明・申時行等《大明會典》卷一一《吏部十》 凡欽天監官，洪武十九年令，不守制。後許奔喪三箇月。

明・申時行等《大明會典》卷一二《吏部十一》 凡在京各衙門屬官考滿，洪武二十六年定：六部、太常司、光禄司、通政司、大理寺、國子監、太僕寺、欽天監、翰林院、太醫院、儀禮司屬官，五軍都督府各衛軍職文官，應天府首領官并所屬上元、江寧二縣官，俱從本衙門正官考覈。又定六部五品以下官，太常司、光禄司、通政司、大理寺、國子監、太僕寺、欽天監、翰林院、太醫院、儀禮司屬官，歷任三年，聽於本衙門正官察其行能，驗其勤惰，從公考覈明白，開寫稱職、平常、不稱職詞語送監察御史考覈本部覆考。【略】凡國子監官九年考滿，宣德五年令學行端慤者，量加翰林史職，仍理教事。正德中議準加俸，凡欽天監、太醫院屬官，鴻臚寺通事官考滿，俱從禮部考覈，咨送吏部。洪武四年奏準，欽天監職司天文，不準考滿，後俱照例考滿。二十六年定太醫院、欽天監官不係常選，任滿黜陟，取自上裁。

明・申時行等《大明會典》卷一七《户部・田土》 國初至今，多寡不一，載在册籍可攷，其間科則陞降、收除、開墾、召佃、撥給有定例；詭射、侵獻有嚴禁；各宫勳戚、寺觀田地及草場苑牧有額數。

明・劉惟謙《大明律》卷一二《禮律二》 失占天象：凡天文垂象，欽天監官失於占候奏聞者，杖六十。

明・劉惟謙《大明律》卷二五《刑律八》 若有災祥之象，而欽天監官不以實對者，加二等。

明・陸容《菽園雜記》卷四 朝廷禮制，頒曆其一也。頒者，自上布下之謂。欽天監所進者，既頒於內廷，則京尹及直隸各府領於司曆者，當各頒於所部之民，各布政司所自印者亦當如是。

明・陸容《菽園雜記》卷九 欽天監官，例不致仕，老死而後已，天文生由科目出仕者，只於本衙門任用，不令出任府州縣官，蓋有深意存焉。【略】近年吏部考察京職，欽天監官年六十以上者，俱勒令休致，罷革傳奉冗官，則太醫院官皆在其列，計無所出，則請旨去留，由是權移他手而賢否混淆矣。

明・施沛《南京都察院志》卷二〇《職掌十三》 一、欽天監各科官住房準免一間；一、欽天監天文生住房準免一間。

明・施沛《南京都察院志》卷二六《儀注》 日月救護：凡遇日食，南京禮部設香案及各官拜位於露臺上，俱向日立，至期，欽天監官報日初食，百官具朝服列班，樂作，四拜，平身，樂止，跪，執事捧鼓詣班首前，班首擊鼓三聲，衆鼓齊鳴，候欽天監官報復圓，四拜樂止，禮畢。月食儀同前。【略】洪武六年奏定若遇雨雪雲翳則免行禮。

明・丘濬《大學衍義補》卷九五　古者以周尺八尺爲步，今以周尺六尺四寸爲步，古者百畝當今東田（即詩言「南東其畝」也）百四十六畝三十步，古者百里當今百二十一里六十步四尺二寸二分。【略】臣按，孟子言：仁政必自經界始。所謂經界者，治地分田，經畫其溝，塗封植之界也。後世田不井授，凡古之溝塗封植之界限盡廢。所以經界者，不過步其遠近，量其廣狹，分其界至，以計其頃畝之數焉耳，然欲計之而無所，以經畫之尺度可乎？大江以北地多平原廣野，若欲步算，固亦無難，惟江南之地多山林險隘，溪澗阻隔，乃欲一一經畫之，使無遺憾，豈非難事哉！古人丈量之法。【略】是法也，施於寬廣平衍之地固無不可，惟於地勢傾側，紆曲尖邪之處，其折量紐算爲難，小民不人人曉也，是以任事之人易於作弊。【略】臣按，古先聖王凡有施爲必順天道，是以春秋二仲之月，晝夜各五十刻，於是乎平等，故於此二時審察度量權衡，以驗其同異，或過而長，或過而短，或過於多，或過於少，或過於重，或過於輕，皆有以正而均之，使之皆適於平焉。後世事不師古，無復順時之政，雖有度量權衡之制，一頒之後，聽民自爲，無復審察校量之令，故有累數十年而不經意者矣，況一歲而再舉乎？民僞所以日滋，國政所以不平，此亦其一事也。【略】臣按五度之法，高一寸，廣二寸，長一丈，而分、寸、尺、丈存焉，惟引則用竹，蓋引長十丈，高一分，廣六分，長而難以藏，故用竹篾爲之爲宜也。五量之法用銅，方尺而圜其外旁有庣焉，其上爲斛，其下爲斗，左耳爲升，右耳爲合。

明天啓《海鹽縣圖經》卷五《土田》　其法將田土分段立號。算定弓口畝數，備書坐落、都圖、里分、業主姓名及田爿四至，挨次入册，藏之具庫。蓋一準國初魚鱗之舊，而益核之。

明・姚廣孝等《明實録・神宗》卷一〇四　萬曆八年九月庚辰，福建清丈田糧事竣，撫臣勞堪以聞部覆，謂宜刊定成書，並造入黄册，使奸豪者不得變亂，上可其奏。

明・姚廣孝等《明實録・神宗》卷一〇六　萬曆八年十一月丙子，户部奉旨令各省直清丈田粮條为人款以请：一、明清丈之例。謂額失者丈，全者免。一、議應委之官。以各右布政使總領之，分守、兵備分領之，府州縣官則專管本境。一、復坐派之額。謂田有官、民、屯數等，糧有上、中、下數則，宜逐一查勘，使不得詭混。【略】一、定清丈之期。一、行丈量磨算之法。一、處紙劄供應之費。

明・張居正《張太岳先生文集》卷三一《答福建巡撫耿楚侗談王覇之辯》　丈田一事，揆之人情，必云不便，但此中未聞有阻議者，或有之亦不敢聞於僕之耳。苟利社稷，死生以之！僕比來唯守此二言，雖以此蒙垢致怨，而於國家寔爲少裨，願公之自信而無畏於浮言也。

明・張居正《張太岳先生文集》卷三三《答山東巡撫何來山》　清丈之議，在小民實被其惠，而於宦豪之家殊爲未便，況齊俗最稱頑梗，今仗公威，重業已就緒，但恐代者或意見不同，摇於衆論，則良法終不可行，有初無終，殊可惜也。今雖借重冬曹，願公少需以畢此舉，慰主上子惠元元之心。【略】清丈事，實百年曠舉，宜及僕在位，務爲一了百當，若但草草了事，可惜此時徒爲虚文耳。已屬該部科，有違限者俱不查參，使諸公得便宜從事。昨楊二山公書謂此事只宜論當否，不必論遲速，誠格言也！【略】清丈事極其妥當，糧不增加而輕重適均，將來國賦既易辦納，小民如獲更生，公爲東人造福不淺！即有豪右小稱不便，乃其良心亦自有不容泯者，事定之後，羣喙自息矣。諸有勞長吏，即屬銓部紀録，皆作正薦，後必有以償之也。

明・張居正《張太岳先生文集》卷三三《答應天巡撫孫小溪》　清丈事，聞已有次第，頃朱蘇州以查過優免，開揭見教，其中但有查革總數而無革過户名，安知其不詳覈於卑官，雜流而曲庇於宦族豪右乎？其視曹京兆所開不逮遠矣。

明・張居正《張太岳先生文集》卷四六《請蠲積逋以安民生疏》　竊聞致理之要，惟在於安民，安民之道，在察其疾苦而已。邇年以來，仰荷聖慈，軫念元元，加意周卹，查驛傳，減徭編，省冗員，懲貪墨，頃又特下明詔，清丈田糧，查革冒免，海内忻忻如穫更生矣！

明・王褘《重修革象新書》卷下《測經度法》　古法夜驗中星，知黄道各宿度數，乃參之於渾儀，而赤道分經之度於渾儀上，以黄道推之去赤道分兩極之數，南北不殊，其十二次之度必均，黄道則半偏南，而半偏北，各次宿度有多少而又日躔差，理宜先測赤道以分天體，乃以赤道推變黄道之度。然其間渾儀有不能盡測者，今別立一法以測之。【略】然必置四壺，立兩架，同時參驗，庶無差，且須測半周天度，俟半年後更測之也。

又　渾儀不可測經度，亦不可測緯度。既別置測經度法，則測緯度法亦當更爲之。其壺箭與度之架皆在所不用，宜即地中立四木爲架，不限高低，須正向子午，而旁夾卯酉，架上交二木如十字，而十字之木不直，子午卯酉乃斜構於四木，當交之心樹一木爲表，約高六尺，於表首作竅，可令通線。架南別樹一長木，約高丈餘，距架丈餘而遠，乃即表木竅南下二尺許，鑿竅置一平木約厚二寸、闊四寸，横構於架南之長木，其平木正指子午，上鑿渠置水以取正，而左側均畫九十一度有奇爲周天四分之一，蓋用一寸准一度也。又即平木之上一寸許，重加一平木，刻畫與下平木同，而當畫處皆作竅，可令通針，其下平木則作淺竅以承針，針長二尺，許插平木最南之畫竅，而針竅以線繫之，其線穿於表首之竅，引過竅北，表北置窺筒，長五尺餘，上下有環，上環結於所引之線，下環繫於表根，而窺筒直表北矣。筒既端直，乃於筒底直窺嵩高，別令人當架前移，針線亦漸縮，針逐畫北移，而衆星所在之度從可測也。測者言之，又別令人筆記之，當先測北極，不動處定於平木以爲的，乃從最南度測起，漸移九十一度以至最北，及星象漸轉，復如前測之。凡測望，至曉則最低之度升至最高，高則度密，低則度疎，而平木之左所畫均度不可移改，更考南密北疎之度，分畫於右側，亦爲周天四分之一，然又必先測赤道經度，求地平上下或東西日所出没，亦止半周天，則南北緯度亦當增畫於平木矣。測望已審，復移架指北向，木亦移，樹表北與測南不殊，但不用均畫之度，唯以踈密之度測之。宜用兩架，而測以數夜，庶彼此同異，可以參較，南北俱已測定，則其畫數必合半周天度，或有餘度，乃因地上天多故也。所測止半周天，餘半周天當更測於半年之後，一法鑿地爲方穴，而立架穴中，蓋恐方向有動移耳。

明·徐光啓《新法算書》卷九六《測量全義·儀器圖説》　測日月星兩點相距，別有二法：一、同時測兩點之地平經緯度，以推其相距度。一、用赤道儀求其赤道上經緯度，以推距度。

明·葉子奇《草木子》卷一　南北二極所以定子午之位，曆家因二極而立赤道，所以定卯酉之位。北極，瓜之蒂也，南極，瓜之攢花處也，赤道，瓜之腰圍也。指南針，所以通二極之氣也。赤道爲天之腰圍，正當天之闊處，黄道自是日行之道，月之九道，又自月行之道也。

清·萬斯同《明史》卷二七《曆法志一》　吴元年十一月乙未冬至，太史院使劉基率其屬高翼上戊申《大統曆》，太祖謂基曰：曆數者，國家之大事，帝王敬天勤民之本也。天象行度有遲速，古今曆法有疏密，必得其要，庶能無差。洪武元年改太史院爲司天監，又置回回天監。【略】十七年閏十月，刻漏博士元統言，一代之興必有一代之制，今曆以大統爲名，而積分猶踵授時之數，非所以重始敬正也。況授時以至元辛巳爲曆元，至洪武甲子積一百四年，用法推之，得三億七千六百一十九萬九千七百七十五分，經云大約七十年差一度，每歲差一分五十秒，辛巳至今，年遠數盈，漸差天度，擬合修改。【略】疏奏報可，擢統爲監令，統乃取《授時曆》去其歲實消長之説，析其條例，錯綜其文，得四卷，以洪武十七年甲子爲曆元，命曰《大統曆法通軌》。【略】十八年設觀象臺於鷄鳴山。二十二年改監令、監丞爲監正、監副。二十六年監副李德芳言，授時至元辛巳曆元，上推往古，每百年長一日，「日」字係「分」字之誤，下驗將來，每百年消一日，今監正元統改作洪武甲子曆元，不用消長之法，以考魯獻公十五年戊寅歲距至元辛巳二千一百六十三年，以辛巳爲曆元，推得天正冬至在甲寅日夜子初三刻，與當時實測數相合。若以洪武甲子爲元，上距獻公戊寅歲二千二百六十六年，推得天正冬至在丁巳日，已未誤作丁巳午正三刻，比辛巳爲元差四日六時五刻，今當復用辛巳元及消長之法。疏入，元統奏辨。帝曰：二説皆難憑，但驗七政交會行度無差者爲是！

清·張廷玉等《明史》卷三一《曆志一》　時有滿城布衣魏文魁，著《曆元》、《曆測》二書，令其子象乾進《曆元》於朝，通政司送局考驗。光啓摘當極論者七事：其一，歲實自漢以來，代有減差，至《授時》減爲二十四分二十五秒。依郭法百年消一，今當爲二十一秒有奇。而《曆元》用趙知微三十六秒，翻覆驟加。其一，弧背求弦矢，宜用密率。今《曆測》中猶用徑一圍三之法，不合弧矢真數。其一，盈縮之限，不在冬夏至，宜在冬夏至後六度。今考日躔，春分迄夏至，夏至迄秋分，此兩限中，日時刻分不等。又立春迄立夏，立秋迄立冬，此兩限中，日時刻分亦不等。測量可見。其一，言太陰最高得疾，最低得遲，且以圭表測而得之，非也。太陰遲疾是入轉内事，表測高下是入交内事，豈容混推。而月行轉周之上，又復左旋，所以最高向西行極遲，最低向東行乃極疾，舊法正相反。其一，言日食正午無時差，非也。時差言距，非距赤道之午中，乃距黄道限東西各九十度之中也。黄道限之中，有距午前後二十餘度者，但依午正加減，焉能必合。其一，言交食定限，陰曆八度、陽曆六度，非也。日食，陰曆當十七度，陽曆當八度。

月食則陰陽曆俱十二度。其一，《曆測》云：「宋文帝元嘉六年十一月己丑朔，日食不盡如鉤，晝星見。今以《授時》推之，止食六分九十六秒，郭曆舛矣。」夫月食天下皆同，日食九服各異。南宋都於金陵，郭曆造於燕地，北極出地差八度，時在十一月，則食差當得二分弱，其云「不盡如鉤」，當在九分左右。郭曆推得七分弱，乃密合，非舛也。本局今定日食分數，首言交，次言地，次言時，一不可闕。已而文魁反覆論難，光啓更申前説，著爲《學曆小辨》。【略】

五緯之議三：一曰五星應用太陽視行，不得以段目定之。蓋五星皆以太陽爲主，與太陽合則疾行，沖則退行。且太陽之行有遲疾，則五星合伏日數，時寡時多，自不可以段目定其度分。二曰五星應加緯行。蓋五星出入黄道，各有定距度。又木、土、火三星沖太陽緯大，合太陽緯小。金、水二星順伏緯小，逆伏緯大。三曰測五星，當用恒星爲準則。蓋測星用黄道儀外，宜用弧矢等儀。以所測緯星視距二恒星若干度分，依法布算，方得本星真經緯度分。或繪圖亦可免算。

清・楊錫紱《漕運則例纂》卷一二《漕運河道・挑浚事例》（康熙二十二年例）一、南北各閘越河有一律深通者，亦有淤淺狹隘及柳石樁橛礙阻者，雖水大之年，越河可走，而恐其觸礙，不敢徑行。乾隆二十五年奏准，行令各該河道總督，嗣後疏濬運河，將一應越河逐一測量查看，如有未盡深通處所，一併疏濬，去其柳石，以備運行，仍轉飭沿河文武員弁嚴加查察，毋許地方土棍及閘夫、汛兵人等包攬抑勒，如有前項情弊，即行究治。

清・楊錫紱《漕運則例纂》卷一八《截留撥運・京外截撥》 易州駐防員役應需米石，乾隆元年議准，將每歲南省漕糧陸續過津，預期由坐糧廳酌量截留，需用船隻數目，照例動用。【略】又撥運易糧，自天津西沽剥載，由大城、文安二縣淀河至保定縣，又由張青口至任邱縣界内之清河門，至雄縣南關、西關，直抵白溝河，計程三百二十里。現在文安縣、羅淀等處間有淺澁，應行疏濬，但運送米石，每年六七月間僅有一次，毋庸設立淺夫，應於每年將及起運之時，由該管道遴委幹練管河同知一員，前往天津至白溝河一帶地方測量水勢，遇有淤淺處所，即行挑挖深通，一面督同地方官丈明寬長深淺數目，據寔確估，將所需人夫工價，於司庫存公銀兩撥給，仍造册報銷。又天津至白溝河沿河一帶地方，除向來設有營汛之韓家樹等處照例催儹外，其未設營汛之霸州苑家口、任邱縣藥王行宫東西、雄縣王家房，及雄縣至白溝河一帶處所，酌量安設汛防，每汛設兵五名催儹行查，其各汛兵，即於附近各營内抽撥。

乾隆十二年奉敕撰《欽定大清會典則例》卷一三三《工部・都水清吏司・河工三》 一、疏浚。【略】（乾隆）八年，議准丹徒、丹陽一帶運河，每年測量水勢，間段撈濬，定限六年長濬一次。

乾隆十二年奉敕撰《欽定大清會典則例》卷一三四《工部・都水清吏司・水利》 一、江西水利。【略】（乾隆四年）又覆准，龍河當廬阜諸水之衝，每遇水漲，急溜衝刷，嗣後每歲於嚴冬水涸，詳加測量，如有沙土壅滯之處，即設法疏濬，毋致停積。

又 一、陝西水利。【略】（乾隆十五年）又議准，疏濬同州府潼河，修理南北水關城洞，嗣後每年於農隙水涸時，責令該同知逐一測量，遇有淤淺壅積之處，酌用民力隨時疏濬，以杜衝決。

清・朱壽朋《東華續録・光緒朝》卷九四 光緒十五年夏四月庚寅，吴大澂奏：鄭工合龍以後，應辦善後事宜及造册報銷，測繪河圖諸務，並歸善後局辦理。報聞。

清・馮桂芬《丈田繪圖章程》 《宋史・袁燮傳》，燮爲江陰尉，常平使令每保畫一圖，田疇、山水、道路悉載之，合保爲都，合都爲鄉，合鄉爲縣，此都、圖之名所自昉。《嘉定縣志》，圖即里也。以每圖册籍首列一圖，故名曰圖，都圖之宜有圖，舊矣。江南州縣魚鱗册始於明太祖，今沿其制，惟不諳繪圖之法，不足爲據。大抵不審乎北極高下及偏東西經緯度，不可以繪千里、萬里之大圖；不審乎羅經二十四向、三百六十度方位，不可以繪百里、十里之小圖。而繪小圖，視繪大圖更難，以無顯然之天度可測，全以辨方正位爲第一要義。前人無知之者，故於圖也，能仿佛形似，不能鉤心鬥角，密合無間；其於田也，但能按畝丈量，積零成整，不能通盤覈算。設有舛錯，永無稽考。傳記所稱，或用灰畫，或用椶繩，皆迂拙難行，徒滋騷動。惟桴亭陸氏有百步用一小標竿，千步用一大標竿之議，可謂先得我心。惟不知用羅經，則法猶未備。今師其意，而加精焉，亦因而亦創創也。任取本州縣一城門，左旁立一石方柱，爲一境主柱，即爲起數之根，依此作子午卯酉綫，準一里三百六十步爲度，各立一柱，命四柱之内爲一圖，各圖中乾、坤、艮、巽四隅，皆有一柱，而以艮方之柱爲本柱，以千字文勒號，柱徑一尺，高區約長五六尺，遞增至極低處，長一丈，埋露各半。其露者尺寸有識，適當山水，市舍則省之，或向西向南退行若干步補之，計一圖爲田五百四十畝，繪於約方二尺之紙，十步爲一格，縱横各三十六格，則一里内阡陌、廬舍可畢具，如是而地之廣袤著矣。凡安一柱，皆周水平測量高下，即以主柱所傍之城門、石檻爲地平起數之根，以絜各圖石柱而得各圖石柱所立之地，高下於城檻尺寸勒於其上，以之入圖，則以著色爲識别。凡高下於城檻在一尺内者，不著色。其餘以一尺爲一色，至五尺以上，則概爲一色。高山土阜，又别爲一色，仍識明若干丈尺，如是而地之高下亦著矣。廣袤著則賦税可均至，高下著則不特旱潦可稽，且可爲濬河道、興水利之原本，利莫大焉。【略】章程列左。

一、每廳州縣設一總局，聘精通算學者一人爲總董，以明於田務者一人副之，更廣招能丈田者，由鄉董告以丈繪體例，務使畫一，不致兩歧。遇有疑難處，總董任之。

一、按里立柱，皆如上法。惟田畝、村莊叢雜之地，兩柱不能相望，酌於子午卯酉綫上每六十步增一小界石，計每兩綫之共五枚，使眉目更爲清楚。

一、田埂步分，按照長短入圖外，並於埂旁注明步分。遇河港及河邊淺灘、荒墩、廢基、大路、荒墳，皆量準步分入圖，以便剔除。其村鎮、廬舍，循墻而走，不能分户，但按合里丈尺，於圖内空出，仍將確數送本廳州縣詳晰開户，務合原數覆到，再行補繪入圖。橋梁、街巷大小地名一一注明，寧詳無略。至田一坵有跨二圖，或四圖者，分繪各圖中，以歸匀整。田單則儘西南之圖，歸入單内，仍作虚綫爲識，儘西南則每圖第一坵皆在石柱之下。

一、編里每一城爲一起，無論兩縣三縣，一并編計。每九圖爲一區，拼成井字形，編以千字文，約數縱横百里。如不足即周而復使，加上下字及上中下字，以别之。從天字起，用螺旋法作回文形，以次編之，如遇湖蕩鄰界，皆闕其字，則整齊畫一，即距城里數方位，可意度而知。其編圖編坵，皆從東北起，並造屋嵌入墻内，仍露柱面者，聽如須移動，呈明本廳州縣，照章程内向西向南退行立柱之例辦理，批准勘明，再行動工。嗣後典賣契内，有柱之田，亦須敘明。

一、田數升科、坍塌，隨代不同。《江南通志》及各郡縣志所紀順治以來，歷届定墾田地數目，莫不互有增減。今惟以現在實丈所得數目爲準，將來比較舊數，如有短少，自可恪遵恩旨，將應減之數扣去實存、應徵若干，分别各科則攤派於實田之中，以符定額，如有盈溢，亦將應徵之數，攤盡而止。顧氏亭林所云，以一縣之田畝，攤一縣之糧科者，此也。

清丈古無善法，海忠介至今民用石灰畫方眼，其窮於術可知。是法前無所承，亦非拾泰西唾餘。初不敢自信，上元陳茂才暘獨謂鑿鑿可行。宫保合肥李公屬試行之川沙，余與茂才兩赢老，侵曉踏冰徑阡陌，時度危橋，風獵獵砭肌骨，地滑不可步，左右指揮測量，累旬而法以定。先是，余誤信茂才言「每畝費十錢」，及是且三倍之。方伯以費不繼，寢其事。余獨喜是法之可行，於是始信。會刊章程已成，不忍毁，輒識顛末印行之，用諗天下後世。茂才博通經史，兼精算術，江左有數人物也。難中斷炊不自言，余以是益重之，顧世鮮知之者。同治二年冬月，吴縣馮桂芬識。

清·鄒代鈞《上會典館言測繪地圖書》 竊《周官》大司徒以天下土地之圖，周知地域廣輪之數，職方氏掌天下之圖，以掌天下之地要，周知其利害。圖實爲王者保邦致治之要。其作圖之法，必明於勾股，深知形勢。建邦立邑，則有測星測景，以定其位，山河委曲，道里遠近，村鎮羅列，則有記里指南以肖其形。暴秦滅法，知者蓋鮮。晋裴秀條陳六法，尚存仿佛。國朝以來，康熙、乾隆兩朝，所成輿圖，上系天度，下合道里，固已超越裴氏，媲美《周官》矣。但其圖藏諸内府，外間無由得見者。如胡氏渭之《禹貢圖》，顧氏棟高之《春秋圖》，其地雖爲古名，其繪不外六法。而詳今地者，則李氏兆洛之圖能記府廳州縣，胡公林翼之圖又增關塞、要害、驛傳、堡鎮，即稱精核，復臻詳備，誠爲近今善本。雖然泰西人所作輿地圖，本源不出乎六法，而精益求精，神明規矩，(豪)〔毫〕髮纓悉，似非李、胡諸圖所能及。非吾華儒先之聰明才力，遜於西人也，蓋業不能如其專，器不能如其精，時不能如其久。雖心知其理，而所謂準望鈎稽者，僅得大畧，又烏能與之同論哉？兹際續修《會典》，於輿圖一門，欲加詳考，已催各直省繪省、府、廳、州、縣之分圖，限期送館，以憑入繪，是誠當今盛舉。然泰山不讓土壤，江河不讓細流，所以成其大也。方今六合仰風，萬方效用，彼有所長，何(防)〔妨〕擇取？謹括西人之法，合乎吾華古法者，敬爲陳之，以備芻蕘之采。

一曰測天度，所以定州縣之部位也。蓋善言地者，必合於天。【略】

一曰測地面，所以定州縣所轄之各地也。蓋地面遼闊，遠近不一，高低不齊，無法以御之，不能成圖。其法不外乎三角，即九數之勾股，《周髀算經》：「卧矩知遠，偃矩知高」，二語足以盡之。而西人測地，亦分二端，一測地面平形，一測地面高形。其測平形也，所用之器最要者，爲經緯儀，爲測向羅盤，均爲圓周，分三百六十度，密者能辨分秒，疏者亦半分度，皆有指南鍼、經緯儀，有窺管、測向盤，僅安植表，繫絲於窺管，與植表之視孔成十字交點，視交點蔽所測之物，方爲指準。任在何州縣之城門，植柱爲起點，用儀器測左右距城門之甲、乙二物。設甲物在偏東二十度，乙物在偏西三十度，則所成角爲五十度，記二物之向及角度於册。於是量準測處至甲、乙二點直線遠近爲底邊，又從甲、乙二點轉測他處可見之物，遞測不已，均記其向與度，使大地成無數三角形，又每三角之内或有可指之處，仍一一記之。使大三角容無數小三角，又有道里河流之迂曲，均測其迂曲之向，而以記里車記其各迂曲之遠近，使容於各三角之内，而測平形之事畢矣。其測高形也，所用之器最要者爲紀限儀，爲瓶水地平儀，紀限儀爲六十度弧，亦能辨分秒，有活半徑及回光際線等鏡，有窺管亦繫十字線以測高深之都數。測法於測處置二定點，與山頂成三點，以二定點間相距數爲底邊，用平測三角法。已知三角一邊，求得測處至山頂斜線之數。再用立測三角法，以斜線爲已知之邊，測得三角，求山頂高於測處之數，既得山之高數。乃以測處至山頂斜線與高數爲已知，兩邊求得山頂垂線與平地成直角，至測處爲平距數，而山之斜度亦須測得大畧，但可不計分秒，用紅銅版爲象限儀，九十分之懸垂線於版心繫錘使下墜，自弧之一角依平邊仰望高處，相切視垂線所成角即爲斜度。行軍之圖斜度約分三等，十五度以下礮車能行，三十度以下馬兵能行，四十五度以下步兵僅能行，過此須攀援矣。故測斜度止於四十五。瓶水地平儀以測逐層高低之數，器爲長銅管，管之兩端上安玻玻瓶，刻度盛水瓶，與管成直角，管下承三足架，當管中承處爲活節，置器於高低之間，升降銅管視兩端瓶水等平而止於器之上，與下對管口植長尺，自管窺上尺恰當何尺寸，反窺下尺恰當何尺寸。以兩數較所餘，爲上尺處高於下尺處之數，高低懸遠者，屢測之而記其逐層之數，山勢磅礴者，環測之而記其各點之向，屢測者逐層之高形等，以便共距之數。環測者各點之高亦須等，以便成平剖面之形，又山高與逐層之高之比如平距，與各平部面平距之比，均求之以記於册。而測高形之事畢矣。測事既畢，於是始言繪。繪者當首明分率，分率者，地輿圖之比例也。地周三百六十度，度二百里一千八百尺，是則一尺實爲一萬二千九百六十萬分地周之一。凡爲圖必先開方，設爲每方一寸、十方一里，是以圖之一尺代地之一千八百尺也，其分率爲一千八百之一。然作總圖者，不必如是之大，酌而用之。每方一寸方五十里，是以圖之一寸代地之九十萬寸，其分率爲九十萬分之一。他如或大或小，隨人度其圖，詳略而命之可也。分率既定，始布經緯度。經度當赤道處每度相距二百里，漸北則漸狹，當用八線表，以半徑一千萬爲一率，每度二百里爲二率，各地北極出地度之餘弦爲三率，求得四率，爲其地經度相距里數，按度推之，列成表，以便檢用。而畫經、緯兩線者，亦不一法。有經、緯均作曲線者，有經爲曲而緯爲直者，有緯爲曲而經爲直者。其經、緯均曲，與經曲緯直兩種，雖能得球形之理，然不能無差。一則差在東西兩邊，一則差在於北，皆由經緯相交不成直角，對角線亦不相等，故作圖以緯曲經直者爲無差。其法當求圓錐爲公中心，以規作各等圈，若作一省一府之分圖，去圓錐過遠，則以求零弧之法變通之，又作分率微分尺，如圖爲九十萬分之一，用四寸六十分之名曰度尺，用四寸二百分之名曰里尺，均畫對角斜線表微分。又作分度器，密者以銅爲圓弧，玻璃爲中心，能辨三百六十度之分秒，疏者以明角片爲半周，分百八十度，度半分之。若填州縣城之經緯度，可展規。按度分量分率，度尺縱横定點於圖，即得經度，去赤道漸遠者，則按度求其相距里數，以里尺量之亦得。若填所測地面各三角點，須用分度器之中心，合城門之起點，正其子午，按左右甲乙二點之向，作直線。再依所測底邊遠近如分率量之，以定甲、乙二點。於是轉移分角器之中心，合甲、乙二點，據所測各多點之方向。一□作直線成無數三角形，如所測地面。凡兩線之交，即各物定點而圖之平形成矣。畫高之法，大要以山之各層平剖面、平距數，依分率入圖。如其遠近方向，作點以曲線聯之成。自天空俯視山頂及各層平剖面之形，再於平剖面之間，補作垂線，上下交於兩平剖面界，必成直角。其疏密定率，兩垂線相距，等於兩平剖面界，相距四分之一，垂線之方向，即斜度之方向也。粗視之斜度，小者其線疏斜度，大者其線密。若辨其度之縱，何則必以共距，明之共距者，山之逐層高較也。如共距爲三十六尺，圖爲一千八百分之一，乃以一八除三六得十分寸之二，爲圖之共距，以與垂線相比，而斜度得矣。共距之長小於垂線三四倍，則斜至十五六度，小於垂線二倍，則斜至三十度，與垂線相等，則斜至四十五度。凡用共距者，分率愈大，則辨析愈明，若日耳曼人補垂線之法，不必以共距明之。視黑白之多少，定斜度之大小，線爲黑，線間爲白，凡圖中全黑者爲四十五度，八黑一白者四十度，七黑二白者三十五度，六黑三白者三十度，五黑四白者二十五度，四黑五白者二十度，三黑六白者十五度，二黑七白者十度，一黑八白者五度。線大則黑多，線細則黑少，以此辨度，亦甚明確。蓋西人作垂線之法凡三，英吉利之法能令圖清，日耳曼之法能令圖準，法蘭西之法則清而準，前所言疏密定率，實法蘭西之法也。苟明乎此。而國之高形顯矣。既測天度又測地面，申之以繪法，而圖猶不精妙者，未之有也。雖然知之非艱，行之惟艱，以版章之廣袤，南北八九千里，東西萬餘里，而欲處處如法測之。非數百萬之帑金，數百人之才力，數十年之工程不可。然道不行，不至事不爲不成。一旦籌之，則艱鉅萬難，分年爲之則次第有效，可否下成法於各行省，并示以一定尺式及一定分率，令每省開設輿圖局，購儀器，招英髦，依法興辦。其土可分爲四段，一段但測州縣城之經緯度分，次測地面平形三角，次測道里、河流之迂曲，次測山脈高低、州縣之經緯度分，既定即可成圖。其餘山川、堡鎮之大者，暫以意消息入繪，其後每測一次，即增改一次，蓋州既定，則圖之底本不至稍差，而圖之精密可以漸就。且工程之次由易而難，測繪之人亦由習而熟，辦一次，即有一次之益，不至於渺無收效。聞英吉利兵部、海部之輿圖局，自開辦至今二百餘年，未嘗或輟，其測繪之事，本國已臻極詣。又推及於屬地，故印度、澳大利亞等處，均有精詳之圖，近日經營及於緬甸矣。英國如是，他國亦略相仿，是知彼之善本亦非成於猝辦也。或謂州縣之經緯度，李、胡舊圖均已詳列，當可憑據重測，奚爲不知舊屬所列，不準者多，計其差數，經度尤甚。蓋緯度可隨時測日星起漏，推至次日日中之時，驗其刻漏多寡。月食爲間有之事，識星非頃刻所能，稍費指顧，時即不確，欲求重驗，遥遠難期，此其所以不準也。今試略舉一二，舊圖：上海北極出地三十一度九分，偏東四度四十五分，漢陽北極出地三十度三十三分，偏西二度二十一分，廣州北極出地二十三度十一分，偏西三度三十三分。西人所測：上海北極出地三十一度十四分，偏東五度二分，漢陽北極出地三十度三十二分，偏西二度六分，廣州北極出地二十三度十二分，偏西三度九分。東西之差多至數十分，州縣部位何以能定？

此次欲詳考另繪，似難仍舊。卑職隨節出使，居英、法兩國者三年，頗留心輿地之學，於彼間測繪之事，心知其理，能言其詳，故敢貢其區區。如蒙垂納，顯竭駑鈍。

清・鄒代鈞《新修會典湖北測繪輿地圖章程》　一、核實測繪之事，不厭精詳。但期限既促，人力未齊，而侈言至精至詳，此必無之理。然業經開辦，萬不能苟且了事，自宜斟酌妥善，不至草率，亦不至曠時。先定測繪詳略定章，使作者有所遵依，則欵不虛費，工不浪施。蓋大地之上，既不能使一木一石盡入於圖，務權其輕重先後。如官路爲重，支路爲輕；大水爲重，小水爲輕；山之脈絡基址宜先，逐層之坦峭宜後；水之源委湖泊宜先，隨處之淺深宜後。如是等類，均擇其重者、先者詳之，而略其輕者、後者。惟圖所載，必昭其實。一幅之上，已測者如率，詳繪未測者，或據舊圖，或以意消息，分別注之。寧可有不詳之譏，不可惹不確之誚。後有作者，即據此爲根柢，而爲之加測，則此次工程不特有益於一時，實足取資於異日矣。

一、測天度。《周禮・大司徒》以土圭之測測土深，正日景。土深言南北，即定緯度之理也。日景言東西，即定經度之理也。蓋地爲圓體，其南、北二點，正對天空之南、北兩極。其中要大圈，亦與天空赤道相當。人立地面，目力極數十里耳，數十里外即屬茫然。天雖無涯，而地平以上，可仰觀得之。故必分地爲三百六十度，與天體合。藉天空諸曜高弧，以求地面之度，而地之圓形始得。今會典館開辦輿圖，於經緯度再三言之，自應遣精通算法、善用儀器者，攜經緯儀度時表，徧往六十八州縣治所，測天求度，而州縣幅大者數百里，又宜覽其形勢，於四邊之界，南北東西不致平行之處，擇四定點，測其經緯度分，於是一州縣之竟有五經緯定點。先以法求各經緯點相距之鳥道，次以平三角聯絡其間，互相檜柱，雖廣大之地，不難御之入法矣。而名山之峯、大川之口，以及古郡縣舊治、關隘險要，前人紀載，言某在某縣某向若干里，迨名號已易，部位轉迷，測地時能考確處，定其經緯度分，注之於册，於考古者，亦爲有益。而一縣之區於五定點外，又增各點，即求各點相距爲三角底線，尤能密合。

一、測地面鳥道。鄂省六十八州縣，北極鄖西，南極通城，西極利川，東極黄梅。約其面積爲方里者，殆六十萬。非徧測三角，不能定地面各物，今於州縣坿郭，平地量成底線，長或一里，短或半里，安測向儀於底線兩端，彼此互測，記其向度，始各徧測所編號竿，而記其自某測某，幾百、幾十、幾度、幾十分於册。又移儀於已測三角之外邊兩端，插竿於未測之地，而測之東西南北，漸移而前，各期抵界。而三角之定點必須聯絡，互用展轉成形，然後地面之上，皆成三角。三角之外，始無餘壤，凡村院、鎮集、山峯、山峽、斷崖、水源、水口、壩堰、橋梁、津渡、交衢、關隘、稅口、釐卡、鹽局、電局、電桿、營汛、驛站、塘鋪、煙墩、營壘、故壘、礮臺、塔廟、古蹟及山脈、水道、道路、界線四者之轉向處，均須作爲三角，定點密者則三角亦密，若曠野、荒漠之地，惟盡目力所及，作數大三角而已。

一、測地面人行道。凡山脈、水道、道路、界線四者之轉向，均經測出。固已肖其真形，但三角所得者，鳥道也。四者蜿蜒於三角之中，其小曲之遠近，非直邊所能得，故必以人行道計之。今以測向儀定方向，記里輪，量遠近。一人測向，一人記里，而書其自某處起程，偏若干度分，行若干尺，至某處；轉若干度分，行若干尺，至某處；所過之地有驛站、塘鋪、鎮集、橋梁、壩堰、礦窑者，均分別注之。凡界線爲兩縣所共，測定一縣即可，旁及他縣。自應詳測，不必求省。惟路之支徑紛岐，水之溪澗錯出，若不擇要，必曠時日。兹道路惟測其四至之官路，有驛站、塘鋪者，餘則畧之，水道則分別大小，考求利弊，以施工力。鄂竟之水，江、漢爲大，江水西自巴東，東至黄梅，約行二千三百餘里；漢水北自鄖西，南至漢陽，約行一千九百餘里。舟楫所濟，水利所關，自必以人行道計，其流向遠近，并及水漲水落之沙界，遥隄内之定基。他如入江、入漢之水，行五百里以上者，測之，若水口通舟楫、利停泊者，則不論所行遠近，俱宜詳測。江、漢之瀕，湖泊甚多，防水爲田，遂成澤國，民生利病，胥在於此，均應循湖測岸，并逐測縱横交錯之隄，皆得其方向、遠近、高低、厚薄，以便依率入圖。水漲之時，不能識水落之界，水落之際，可以察水漲之痕，故測水者，宜於水落時從事。淤河廢渠，有可考者，亦測大畧。至鄂竟之山，以鄖陽、宜昌、施南爲最多，而襄陽、荆門次之。嘉慶教匪之亂，賊蹤跡出没其間，致稽征討。蓋磅礴綿亘，萬山叢雜，西接川、陝，皆爲密箐，他如大江南北，亦山勢奔赴。若必逐層環測，求其高較以表斜峭，則非數年所能，惟先考舊圖，得知山脈大畧，始擇要測之。欲知山之脈絡，當觀水之源委，水源分流之岡脊，必爲幹山迤邐於二水之間，遇二水合流而止者，必爲支山支幹，既明方有把握。其人跡易到之區，則以人行道繞測山麓、盤亘遠近之址，及山峯立距、平距之數。深山窮僻，但以測向儀望測其山峯，得其平距及脈絡委曲之勢而已。論測量之道，以山爲最難，湖隄、水道次之；言民生之計，湖隄、水道爲最要，而山又次之。自宜酌其緩急，先從事於湖隄、水道，除徧測三角，應及於山者，自不容緩，專測山址與山脈之事甚費時日，俟辦有成效，酌量期限緩促，再漸次施行可也。

一、用人。不明算學者，不足以盡測繪之能；僅明算學者，多未親測繪之事。故用人以施諸實事爲準，其精通算學、能用儀器測天度地面、依率繪圖者爲上，僅守成法，測地面依率繪圖者次之。但鄂省幅員之廣，欲求實測，必非數人所能。今招聰俊生童能耐勞苦者二十人，教以測繪成法，習之三月，始出從事。學成之後，即分派局中，所有成材十二人及學生二十人爲四大路，每大路計八人，共測一州縣。每八人中又分四小路，二人任測天度爲一路，測州縣治所及各定點外，仍應測地面三角；管記里輪者一人同學生一人爲一路，測人行道里外，亦應測地面三角；餘學生四人，分爲兩路，專測地面三角。惟測地面甚爲繁重，雖能辨向分角，而插竿滿目，屢測不已，或至迷識當預編竿號，屬插竿之人，詳查竿號，次第不可顛倒，插置測向者，按號記之，庶不至亂。凡兩路分段相交之處，尤宜留心交點，南路必交測北路之原點，北路必交測南路之原點，不可增，亦不可漏，方能吻合。其要在先察舊圖，預約每日所測地段，方有依據。約計之，每八人共測一州縣，期閲月畢之，逐各州縣測去，以四大路測六十八州縣，風雨及甚寒暑不計外，約歷二年當畢測事，再以一年爲繪事，故期限止於三年。

清·許應鑅、宗源瀚《測繪章程序》　輿圖之學，古頗緘秘。故今人或疑計里開方之圖，古之所無。阮文達《四庫未收書目》言，元朱思本以舊圖乖舛，乃成輿地圖，計里畫方之法，至思本而始備。然閻百詩《潛邱劄記》記晋裴秀作圖，以二寸爲千里，唐賈耽畫海内華裔圖，以寸爲百里。蓋以開方之法，不始自朱道士，而創於晋、唐也。顧吾思土地之圖，詳於《周禮》，天官惟司會、司書，夏官惟司險分掌之，而地官大司徒，獨以周知九州之地域廣輪之數爲其職司，其所屬遂人必以土地之圖，造縣鄙形體之法。夫曰廣輪，曰形體，必求精確矣。《管子》：周人以鳥飛凖繩言南北，故賈疏九服之制，曰據鳥飛直路。周之九服，亦衹五千。若隨山川屈曲，則《禹貢》亦萬里計。及鳥飛人行，非後世測量開方之意乎？不獨是也。舊説禹有括地象圖，《周髀》曰：折矩以爲勾，勾廣三、股脩四、徑隅五，禹之所以制天下者，此矩之所由生也。論者謂勾股算法，自禹制之。積矩以爲方田，而勾股以測高下淺深遠近，以得山川迂迴與道里曲折之數。《淮南子·地形訓》曰：禹使大章，步自東極，至於西極，又使竪亥步自北極至於南極，各得二億三萬三千五百七十五步。然則測望推步之法，亦甚備矣。獨惜皇古之圖，固不得流傳至今。即周、秦地圖，裴秀亦不及見。裴、賈之圖佚矣，乃元朱思本之圖，亦爲明人所竄亂，欲從未由，深可歎惋。雖然，吾讀《唐書·賈耽傳》與元虞集之序貞一稿，而知賈、朱之爲圖，多詢諸四方之人、夷狄之使，朱則抽簡載管，參伍詢詰，雖糜金帛而不惜。蓋得諸記問者爲多，豈必目驗躬歷，盡取大地之真形哉！獨至我朝康熙、乾隆中，内府造圖，遣信使歷外藩，偏測其星度，占其節候，以周天經緯度，定相距里數。其精審超軼前代，而圖學乃以大明。後來李兆洛遵循其意，爲《一統輿圖》。而胡文忠所作，視李圖尤詳。顧兩圖之格線，雖大小不同，皆每方百里，猶有未備。且繪圖之人，不必果自跋山涉水，烟竹霧宿而來也。至同治三年，奉文測造沿海、沿邊各行省地圖，浙之餘姚黄蔚亭炳垕，竭五閲月之力，偏歷縣境，躬自測量成餘姚縣圖。每方十里，山川繡錯，水陸燦具，經度、緯度，界線、中線，無不密合，而他縣無應者。惟江蘇以先定章程，擇人而任，蘇州、江寧兩布政司所轄各府縣五里方之。圖以成，且刊刻行世。其法量多於測，有總圖，無分圖，論者猶或病焉。世所著稱之《廣東南海縣志圖》、《湖南衡陽縣志圖》皆未見，大抵寸方三里，或一里耳。今續脩會典館奏取鳥里開方之圖，應鏻先檄吴太守唐林任之，崧大中丞復檄源瀚綜其事，於會城設局皋園，檄太守爲提調。而餘姚黄中書固健在，其測繪餘姚圖時著《測地志要》，又曾爲總理衙門所徵取。黄中書不至會城者，垂二十年，以兹事體大，勉爲渡江，與源瀚等討論兩月，得測繪章程二十余。自畫方風氣既開，測望之説與器，中外頗紛然，終不能出勾股方圓之外，故一遵《御製數理精蘊》，用矩儀而詳言圖算之法，使未習疇人者，亦可從事。參以江蘇之尺桿代弓繩，期以測望得鳥里，以量步得人行徑直與屈曲，胥備於紙素之上，與巧以器，御繁以法，神而明之。以人趨事赴功，是在分任其責者矣。光緒十六年秋七月，浙江等處承宣布政使司布政使許應鏻、浙江通省輿圖局二品銜候補道宗源瀚序。

清·黄炳垕等《測繪章程》 一、用儀矩。謹按《御製數理精蘊》，各種地形畫圖法，必用儀器。定表相對，視游表所測度分爲準。今造全圜儀，以堅木爲之，徑約三尺，邊周匀分三百六十度，分四象限，每限九十度，下有架，方約二尺，高亦二尺。用時將全儀平置架上，用活釘釘合，免致移動。以向盤定準子午線，南方中線正午初度，至正卯爲午東九十度，中線正午初度，至正酉爲午西九十度，北方正子亦如之。儀心平置游表，表比儀徑略短二三分，表心對儀心，用針釘合，左右可旋轉。表面有小槽，約一分深闊，從中心通出兩頭。槽底作尖形，爲窺點。如測午東午西一物，將游表平運至與物心正對處，人目從表北窺表心於槽内，見此物在槽心正中，乃觀槽底正切何度何分。一度六十分，分約分三限，十五分前後爲零，在三十分前後爲半，四十五分前後爲太。即是上鄉在午東，或午西何度何分。如測北方諸物，人目自南方窺之亦倣此。《測地志要》測遠以兩定表相對起度，今以子午中針起度，較《志要》尤爲便捷。如測高深廣狹，用象限儀於柱，可上下低昂。式見《測地志要》。又矩度徑約三尺，或二尺外。江蘇前用小矩僅方六寸，方位不能準合。用法同象限儀製積幕萬分之矩度，并游表可於矩上以量代算，法見《測地志要》。總之儀器矩度，圜須極圜，方須極方，度須極匀，表須極平，心須極正，柱須極直，向盤中針須極準，測者用心須極細，斯測望無訛矣。

一、用定向盤。亦畫三百六十度，分午東午西，子東子西。此向盤與儀器同。此盤有兩用，用儀器時，以紅字之子午定中線，以紅字之東西定方位。此正向也。惟以盤測向，不用儀器定之時，則東西反向，以盤内黑字爲用。此反向也。反向用法，不拘何方，總將盤上子字正中，對準己身，午字正中，對準前面欲測之地，看針頭指某向幾度，即知前面爲某向幾度。

一、代弓繩。以細生麻爲之，較準營造尺，十丈爲準，計共二十弓，十八繩當一里。每弓繫以綢條，編號爲記。繩之兩端，各餘尺許，末墜鉛少許。用尺桿二根，旁刻缺口，將繩扣入，植桿於地，分爲二處。曳繩令直，曳時勿太急，恐致引長。加以向盤，可知此路丈尺及方向。

一、測法。每縣於曠野中或城上，自東至西量百丈或數十丈爲底線，九十丈爲半里，六十丈爲三分里之一。即測算起數之根。底線東西兩端，各置儀器，以向盤定準子午中線。乃以東儀測四面可見之山嶺、橋梁、寺觀、亭堠、水曲、路隅，而遍記其午東、午西、子東、子西之度，并測底線之子午偏度。復以西儀再測其午子東西各度及底線偏度，而遍記之。此即《測地志要》二卷量勾測弦得股之法。然後畫二寸方爲一里，定底線時，半里狹窄，故以二寸爲一里。底線定後，所測寬闊，即以一寸爲一里矣。將上所定底線照長短之數，九十丈爲一寸，六十丈爲三分二寸之一。及左右斜上斜下偏度之數，須用小儀定準。劃於正方格内。於紙上底線兩端，置紙畫小儀。子午線依直格平行，照大儀兩處所測之度，各出視線。觀東西同測一物，兩視線所交之點，即爲此物實在地位。遂以兩線相交各點，加於方格上，注明某山、某嶺、某村、某亭、某堠，以紙尺亦以二寸爲一里，二分爲一分。量其兩處相距里分，便知某距某幾里幾分。十八丈爲一分。而鳥里之距點，顯然紙上矣。此爲底線初稿，尚非圖稿也。復用大儀器於已測之處，轉測他處，均如上法。至是則用一寸一里之方格，將初測各點各地名，繪入一里方格内。更用小儀，以兩視線相交之處，定續測各點於紙上。由是由狹推廣，由近推遠，由少及繁，由大及小，輾轉相求，而境内之鳥里，無不各得其距點，各繪其本形矣。此即《測地志要》三角測遠，兩遠推廣，横廣求遠廣，主線求腰線，高峰測衆山等法。彼用八線，此用圖算，難易迥殊矣。

一、偏測。從底線測定境内各點鳥里相距之後，即攜稿偏測四鄉。隨測隨繪，記明某處測某山頂午東幾度，太零。測某亭午西幾度半，測某嶺凹子東幾度零，測某寺門子西幾度半。再記某山周圍若干里分，某山高若干，某距某若干里分，湖蕩徑若干，某路至某若干里分，某塘至某若干里分，均須詳記。山嶺、水道、陸路分測情形，仍分詳下條。

一、山嶺。既得其高頂直下平地之點，入於鳥里開方内矣。由是測量其周圍廣狹之數，凹凸曲折之形，及高下遠近之象。其沿山一面無路者，就能望見之水、陸各路測之。其從平陽突起，四無依傍者，就山麓測之。其有兩山並峙，不相連屬者，并測量其彼此相距之數。有近水者，測量其距岸遠近之數。其衆山包舍重疊者，測量其外周。下臨大溪者，沿溪岸測量之。岸在對面者，隔溪測之。兩面皆山無岸者，登高用知深測廣法測之。其衆山橫亘數十百里者，逐面測至鄰境一二里而止。其兩山間有路者，測其路以分界，逢山頂即測其向。凡有山名者，一一記之。遇關卡、墩鋪、村鎮及著名寺院，悉記之。凡入於圖者，照册式册式載後。載於册。測法見《測地志要》卷三，可以圖算法及省算法代算。

一、水道。於測定各點時，已略得其彎曲徑直，及橋梁、堰壩各點，入於鳥里方格内矣。茲細推其方向里分。凡有塘路者，於塘上測其彎直之數。其無塘路者，即於岸邊測量之。河面闊至數里以外，及一切大川巨蕩，爲形勢水利所關，必須環歷兩岸，隨其彎直寬窄之勢，詳細測量，繪入於圖。凡江湖遼闊，分屬數縣者，亦必隨順岸勢，詳細測量。至鄰境岸上，有土名可記認處而止。凡閘壩、堤堰、卡津渡等處，均須測記，不可疏漏。凡溪路隨灘盤折，須記明其著名大灘，及急溜旋渦礁險等處。凡分流支港，俱挨次測量入繪。所過地名、橋名，詳記勿略，並測記其水面寬闊，河底深淺。淺用桿探，深用代弓繩。詳著於册。測量經河，遇有支港，入册別爲一節，注明此河通某港。歧中之歧，亦隨在挨次測量入繪，以水利所關也。凡山縣湖蕩，往往有周圍四五里，及八九里以外者，雖不通舟楫，而農田軍屯水利所關。至爲緊要，均須測記，不可疏漏。凡遇水中之山，隨山麓方斜彎直之勢，記明向度里分，分入圖册。

一、陸路。已於測定各點時，略得隅角、橫直、亭堠、橋梁之點，入於鳥里方格内矣。茲再逐處量測兼施，得其方位里分，以人跡之盤旋，入於鳥里徑直之内。近城處，以城門爲起手之根。遠城處，以各定點爲起手之根。凡縣境東西南北四門外，必有官塘大路，即從各城門起量，代弓繩必以向盤定其方位，量至鄰境有土名可記認處而止。雖在鄰省，亦須量過二三里，以備合勘。凡遇歧路，亦須照量，別爲一節。入册時，注明此路通某處，歧路中之歧，與橋梁、津渡、營汛、驛站、村鎮，及一切逢水處，記其名目，繪其形狀。凡沿河測陸路時，遇河面彎斜闊狹不等者，須備記之。凡海塘自起處至訖，其塘身高下，及内外兩塘，相距若干，必須詳記。凡閘壩、堰口，至爲緊要，其上下流相去之高低，左右岸相距之廣狹，必須詳記入圖入册。

一、立標記。山頂平坦者，於中心插一旗爲標記，以便測望。水曲路隅，不便遠見，亦插旗。平原大野，四角插旗，以定測點。

一、天度。經緯宜按切度。嘉慶中李氏所繪《總圖》，及同治中胡文忠公所刻《全圖》，皆按各省、府、縣北極出地度分作横格，并按偏東西度分作虚線。今會典館以總圖宜具經緯度數，分圖但按鳥里開方。惟是浙省在赤道北，度分北狹南寬，羅針所指南北，俱依虚線平行，與方格直線有差至數里者，則各物方位，恐有未合。今擬作一里方圖稿及五里方，留本省之圖，均宜先定縣城經緯，劃經緯度線，《輿地經緯度分表》見於《翠微山房算學》書，而丁氏《白芙堂》所著尤詳。如餘姚開方經緯圖之式，庶不至方向有誤。

一、量與測相濟。圓儀方矩之外，另備代弓繩尺桿，並於陸路條備言量測兼施者。《測地志要》固言量爲測之本，測濟量之窮也。今之言開方圖者，以準望繪山水，而陸路往往置之不繪，無裨實用。同治年間，江蘇測繪條議，先量四門幹路，與幹路中之歧路。植尺桿於地，以代弓繩繫於第三尺之缺口内。詳視兩頭，其地之平者繩亦平。十丈中地有高低，繩即偏欹。除高下無幾者不必記外，其偏欹太甚，即高下顯分，隨手備記。自某至某高下若干，詳著於册，用處頗廣，切勿忽視。西人富路瑪《測地繪圖》，謂立一作識之物，專測地面高低，即此意也。量路之時，遇四方空曠，能見山嶺、亭堠、村寺，可以施測，及岡嶺崎嶇、山川盤亘，非測不可者，即用儀矩。如上條各法，測記所定底線，必須平直。如在已量某節之路，即在某節下注明册内。自某至某量若干丈爲底線，以備府公所省總局按册覆勘。

一、繪城。會典館頒式，縣圖以營造尺縱横各七分爲十里方，府作□，縣作○，自不必繪城。惟浙江舊繪沿海二十五廳縣圖，每一寸爲五里，故皆繪城。然無論十里方、五里方，必以寸方一里爲圖稿。自應照江蘇舊章，每縣皆先測城，用陸路測量法，測量城之四圍，並城樓與墻高丈尺，并跨山爲城者，並測記其地之高下於册。各城門之名入於圖，並記於册。城河但測穿城通道，其餘濱港從略。以相間丈尺無多，上圖時不能分別也。

一、重分界。大山大川分屬數縣者，必與鄰縣繪圖之縣董預爲訂期，函約至交界處，各出圖册相示，以期府圖鬬筍。分屬兩三府者，辦府圖之人亦如之，以期省圖鬬筍。即無山川連屬，而縣圖界址亦不可不清。向來地圖僅於大路有界線，所遺實多。凡界址有以岡頂分者，以江心洋面及溪河分者，以橋梁田塍分者，一處從略。即縣圖界線不準，必須詳詢官牘、土人，並由照料委員幫同查考，兩處縣董彼此關照，詳著於圖册，不可各不相聞也。辦縣圖者，府公所察之。辦府圖者，省總局察之。有因不相聞而舛誤者，責舛誤之人另繪。

一、求詳備。向來地圖於陸路不免詳幹而略支，於水路不免詳經河而略小港。此次會典館續奏，最重地名。凡官書《事例》、《平匪方略》、《皇上三通》中所載小地名，各支河汊港，均將一一開册，行文各省，確查方向里數，增入圖中。圖不能盡，別造清册。夫《方略》自以平粵匪爲最詳，同治年間浙中粵匪、土匪，通省幾遍，用兵有及於窮鄉僻壤者，其地名即無不見於《方略》。故此次圖册，必期詳細。十里方、五里方之圖所不能載者，一里方之圖稿，無不可載，圖外之册，更無不可載。測繪者必屏除成見，務詳勿略。若待會典館查詢駁難，則舛誤之咎有攸歸矣。

一、查營汛、砲臺。每縣存城營官幾員，兵若干，汛地幾處，坐落何所，官幾員，兵若干，與江海口之有砲臺者，均責成照料之委員，向縣中及城守營確查底案，減兵增餉案內，移改營汛案內。官與兵如何增減移改，亦確查底案卷，開具清單，交繪圖之人。標營汛、砲臺之坐落於圖，記弁兵之數目與移改之緣由於册。有縣丞巡檢等官，分防駐所者，亦如之。有舛誤遺漏，惟委員是問。

一、圖式。無論府、廳、州、縣圖，均以北爲上。會典館圖式，省圖每方百里，府圖每方五十里，縣圖每方十里，其畫法印於格紙之後，應即查明作繪，無須復述。惟此次按縣繪圖，大費人力財力。所有光緒初年楊前撫憲飭繪之五里方圖，較十里方者爲詳。惜僅有沿海二十餘廳縣，以通省（六十九）〔七十八〕廳縣計，僅及三分之一。缺而不全，閱者憾焉，應即乘此補完。各縣董於圖稿既成之後，縮繪十里方圖，用會典館頒式格紙。每格方七分，縱十格，橫十四格。縮繪五里方圖。用省局格紙。每格方一寸，縱十六格，橫二十格。圖稿亦用此寸方紙。惟每方祇繪一里，以期舒展。稿成後，五里方據此稿以縮，十里方亦據此稿以縮也。此一里方之圖稿，形勢分明，能容多地名，可以與册相稱。披之悦目快心，最有用處。前辦沿海圖時，圖稿具在，惜嫌草率。此次與繪圖諸人預約，圖稿必須與十里方、五里方之圖，同一完整。張數既多，標識宜明。地居四方之中者爲中，中之上爲北，下爲南。其左右上下之數，皆由近以及遠，標明於邊線之外。另有式載後。凡草率不如式者，責成府董發換。其隨圖之册，亦刊有定式，照式繕清，有草率者發換亦如之。前繪沿海圖稿，現存者寧波府之慈谿、奉化、鎮海、象山、定海，紹興之山陰、會稽、蕭山、餘姚、上虞，臺州之臨海、寧海、太平、黄巖，温州之永嘉、瑞安、樂清、平陽、玉環，以上各廳縣圖稿，均由府董發交。此次經辦之縣董，有此稿似易從事矣。然正有數難，支路、汊河界址未繪，按此次定章，有未盡者應測補。地名傳寫僞誤，方向未準，山多而畫法亂，洋面闊而測算未到者，會典館現議另辦海口圖，尤應測改憑此增削。須另繪完整圖稿，並備十里方、五里方，如式之圖，訂僞補缺，應格外認真。事畢將新舊各圖同繳，將來省總局校對，亦於此各縣加意讐校。不得以有底本，作依樣胡蘆也。有舊圖，即有舊册，雖册載與現刊册式不同，不能仿用，亦隨舊圖同發備勘，事竣同繳。又通省釐捐總局移請代繪釐局卡圖。現將各府局卡地名，開交府董轉發縣董，繪入一里方圖稿之內。十里方、五里方圖不繪入。設局卡處作小屋懸旗形，標明某局某分卡，由府董另行合繪一府屬局卡圖，專繪有局卡之水陸各路，不繪別樣。每方亦五里，雖屬另件，尚易成篇。

一、繪法。十里方之圖，省城、府城、州城、驛站、山水、界路各繪法。山頂向北，皆載於會典館頒式格紙之後，應即照辦，概不染色。其舊繪五里方圖，各城圈皆雙鈎，沿海各衛所城亦入繪。惟營汛太略，應標識作朱方口，砲臺作黄圓形。各廳縣分界，朱作草蛇線，閘壩、堰口作小墨圈，橋梁作小長方形，海塘則土塘焦墨，石塘雙鈎，作竹節形。江海淡墨鈎邊，赭染沙灘。各沙灘已出水面者，亦淡墨鈎邊赭染。暗沙鈎清水染青，潮水染赭，陸路墨作聯珠點，鎮市街道朱作聯珠點，山路則赭作聯珠點。山形則按其實體所占里分，以深青染頂，餘作草緑色，四面鈎染，不僅作墳起狀，亦不拘定向北，其分別頗清晰。凡五里方圖，均照此鈎染。倘各縣畫手未工，顔色未備者，詳語府城公所，代爲點綴，庶繪省圖時，眉目分明，校對亦易。其一里方之圖稿，應與五里方圖一式。山必將實測之廣積，按里分丈尺入格。大江、大河、大湖與寬闊山溪，格紙所佔里分，必與所測量之里分相符。上下游寬狹異形者，不得混同，此又全恃府公所之勘核精嚴，俾無搪塞。

一、圖説。有圖必有説，會典館原奏曰，會典原書，每府圖後均有説，詳省距京，府距省，方向里數，四至八到，及水道，今宜存其舊文。如規制有改定，水道有遷移，應查官書及檔籍，詳注於下。續奏又曰，《一統志》府、廳、州、縣志圖，兼采及故禮部侍郎齊召南《水道提綱》，故輿地圖說，於水道極詳。今由省局，按嘉慶中《大清會典》所載浙江各府圖說，每府城公所鈔發一本。原說詳於水而略於山者，水之發源皆在山，兩峰之間必有水。水著而山自見，川澮又民政之要樞也。《乾隆府廳州縣志》，即本之《一統志》。並詳及各縣之山水，今低一字，録於《會典府圖說》之後。由府城公所鈔發各縣，測繪之人，再取縣志。已修者取新志，未修者取舊志。舊志縣與學不得見者，測量所至，訪之舊家。所載山川源委，與縣志之圖，志中之圖雖多陋。然亦有佳者，如黄巖等縣，志圖頗細。嘉、湖府縣志圖多計里開方者。核諸測量所親見，校其異同，詳其變遷，考其利病，證其四至八到，與界線之是否相符。另作某縣圖說，其說詳者，其圖必不苟。其圖核者，其說必不荒，可以交相爲用。送府公所彙核聯貫，擇要爲府圖說。再低一字，附録於鈔本之後，同縣說原本送省局彙核要刪，以成總圖說。如府、縣董熟知水利興革利病，海洋江湖防守要害，並准附陳。若夫穹山疊嶺，無事則叢奸，有事則扼吭者，亦准詳細陳說。惟宜另行附録說後，不得牽連於圖說之中。

一、道里繪圖開方。固重徑直之鳥里，亦必繪屈曲之人行。鳥里者，準望直線大地之真形，人行者，川塗盤互，經野之要端也。一縣境內，四方接壤之大路，《會典》與府廳州縣志，雖已詳其道里，然大路之中有關隘，坦途之外有捷徑，山嶺之中有奥區，大河之旁有分流支港。且由此縣至彼縣，曰百里數十里者，中間必有村堡市鎮，皆各有其道里。凡此皆所謂人行之路，於縣董繪圖入册之外，并責成府董。每一縣分爲四門，確考其由某門至某處。由城市及村鎮，由村鎮及鄰境，各若干里，幹路支路，經河汊港，一一詳載。府縣志所載道里，符與不符，分門考記眉目，井然著爲某縣道里表，合爲一府之疆域道里表，此即裴秀六體中之道里一體，爲輿圖之要義，亦江蘇之舊章也。府公所董事加意爲此，庶校核縣圖鳥里繪畫之是否符合，更有把握。

一、府縣分辦。每府設一測繪公所，選通曉測算，熟諳定章一人領之，是爲府董，正、副各一人。不論委員、紳士、本籍、外籍，擇其勝任者任之。各縣所需之測量器具，《測繪章程圖解》、《測地志要》、舊圖說鈔本，十里方、五里方輿圖稿之格紙，紙小儀，紙矩幂，紙尺同各府釐局卡清單，備帶齊全。省局委一照料委員同往，由地方官擇寺廟、公所，不需租金者。設立某府測繪公所。除省局延訪有姓名之人，招至公所外，一面由省局行文各該縣，採訪招徠各本境之人，習測算通文義，熟悉山川、道里，能耐奔走勞苦之人，至公所報明，由委員會同府董考其所長，示以刊本章程，面同演試，擇其勝任者，稟報省局，給諭爲測算縣董。每縣正、副各一人，擇能寫畫者爲副手。由縣派差一名，夫役三四名，照章測繪。舟車亦由縣備。縣中將會典館奏取開方圖緣由，繕寫簡明告示，用高脚牌，每至一都圖，由差役傳喚該處地保，隨同測繪人肩示，以免阻擾。示稿由省局擬定發縣。測繪之縣董如係生手，由府董至縣帶同先行測量一二處，使測法量法，縣董諳悉之後，府董再至他處，亦如之。縣董圖册每限半月一次，送府董核對，攜往勘驗。不符者指示更改。逾期不送，府董與委員輪遞往催。不勝任者，稟省局撤换。各縣舉辦必非同日，某縣限至某日送圖册，由府董酌定函知，由委員申報總局查考。其竣事之期，大縣約六個月，小縣約四個月。圖册與說，悉送府公所。府董以十里方圖，用會典館頒式格紙彙成五十里方府圖，以五里方圖用省局格紙，彙成二十里方府圖，又成五里方府屬局卡圖，詳前條並府圖說。各縣疆域道里表限一個月，親送省局校核。有應駁换更改者，由府董攜至某縣，督同原經手縣董勘改。凡縣董薪水，每月洋二十圓，府董每月洋三十圓。如縣董乏人，府董兼認辦一縣之圖者，月支四十圓，副手皆減半。薪水由省局給發，差夫工食舟車之費，行文各該縣給發，據實開報。府縣圖精準者，將來擇延來省，辦理全省之百里方、五里方各圖，並聯整一里方圖。【略】

附《測度册式》

某府某縣
於　處定底線自　地至　地横量　丈
左儀測右儀心子午東西　度　分　距　里　分
測　地子午東西　度　分　距　里　分
測　地子午東西　度　分　距　里　分
測　地子午東西　度　分　距　里　分
右儀可以盤代左測左儀心子午東西　度　分
測　地子午東西　度　分　距　里　分
測　地子午東西　度　分　距　里　分
測　地子午東西　度　分　距　里　分
以上定底線測式
以下隨處測式

　亭
某山　測地子午東西　度　分
　橋

測　地子午東西　度　分

測　地子午東西　度　分

測　地子午東西　度　分

附《測量清册式》

某府某縣

縣城共　門周圍　丈　尺合作　里　分

各城門分注其名

某門官路至　地　里丈　尺分入　界

人里用量，可書幾丈入某界者，鄰境記之。陸之分路、水之支港亦記之。其地之顯分高下，見於尺桿者，照章程載之。下同。

某江　至　地　里丈　尺分入　界

凡水面寬闊水底淺深皆注明。下同。

某河　至　地　里丈　尺分入　界

某溪河　至　地　里丈　尺分入　界

某港　里　分

某山周　里　分山頂高若干某向已測者載之。有名大山入册。

某湖志載若干頃現今大若干

某塘路起　地至　地長　里　分

有內外兩塘相距若干者詳載。

某灘深

此式皆舉一以例。其餘未及者，以此類推。此外閘壩、堰口，上下流相去之高低，左右岸相距之廣狹，營汛、砲臺及弁兵數目有無移改，分防佐雜、某官駐某處有無移改，及界址情形均照章程分條入册。

圖稿以散合整式。左右數多者以次遞增，少者闕之。南北數多者，上下二字亦可遞增。

北上上右三	北上上右二	北上上右一	北上上	北上上左一	北上上左二	北上上左三
北上右三	北上右二	北上右一	北上	北上左一	北上左二	北上左三
北右三	北右二	北右一	北	北左一	北左二	北左三
中右三	中右二	中右一	中	中左一	中左二	中左三
南右三	南右二	南右一	南	南左一	南左二	南左三
南下右三	南下右二	南下右一	南下	南下左一	南下左二	南下左三
南下五右三	南下下右二	南下下右一	南下下	南下下左一	南下下左二	南下下左三

清·佚名《會典館奏請飭取鳥里開方圖原摺》　會典館原奏，飭取鳥里開方圖，非測量兼用不可，測算非用儀矩不可，用儀矩非得諳悉中西算法者，優組薪水不可，限期告成，非通省各府同時舉辦不可。浙江於省城設局，先定章程辦法，多方廣延通算之人，每府設一府董，每縣設一縣董。一切儀矩、向盤、尺桿、格紙各器具，皆由省局造辦發交各府董督飭縣董開辦。府縣董薪水數目載於刊章，薪水由省局飭發。其測量所用之人夫舟轎，統謂之夫馬，由州縣供應。府縣各董不論本籍外籍，擇其勝任者任之。各董外又設一照料委員者，習算之人，無非士類，不但夫馬供應與地方官時時交涉，即查營汛砲臺，查各縣界址，一切程限之稽催，公牘之責成，皆非委員不可。委佐雜而不委州縣者，節薪水也。陝西辦法議定章程，飭令州縣選人舉辦，薪水、夫馬皆飭州縣自備。聞缺優者尚或勉爲，缺瘠者遂置高閣，未能有成。安徽則薪水夫馬皆由省發，福建則薪水省發，夫馬。經首縣條陳，大缺捐百千，小缺捐數十千，解省遞轉給，必不能敷。他省未詳。浙江循舊測沿海圖辦法，薪水官籌，夫馬雖由州縣供應，仍許以事竣造報。測量之期，總以大縣六個月，小縣四個月爲準。間有幅員過大，酌展一兩月。現報測量完竣者，已有多處。然雖曰同時開辦，而先後豈能一律。故有先完，亦不能無後待。而距省較遠之温、處二府中人，多畏難畏遠，縣董亦尚有十

餘處未齊。會典館續頒章程，要實測經緯天度與各縣之冬、夏二至太陽出入，晝夜永短，與夫一切繁密之處，又須加功，故告成亦尚不易。原奏一年之限，各省早已逾期。直隸、江蘇、江西皆有舊測開方圖，聞此次以舊圖送館，而核之館章，多未盡符。恐難交卷，奏請展限。見之邸鈔者，僅有奉天、廣西兩省。浙江雖未奏展，曾以不能如限辦理情形，咨明會典館在案。館中原奏謂，須擇鈔《皇明三通》、《平匪方略》中各地名，分發各省，入圖入册，亦至今未到，似亦不能以通限相繩也。續頒章程五條、表式七目，有能遵者，有難遵者。現商會典館總裁，節略具於另紙。至於經費，曾徧咨各省，接其復文，大抵無非由外籌辦，無一省言作正開銷者。同治初年，曾文正、丁中丞測辦江寧、江蘇輿圖，多年始成。用欵將及十萬，亦係由外自籌。浙省所需，先經防軍局詳明，由善後善舉項下支用。現仍議另籌，有著之欵，總不擬動報部正欵。雖極力撙節，然將來竣事，總計恐非數萬不辦也。

清·陳其璋《掌廣東道監察御史陳其璋奏爲中西交涉需才請旨核議推廣製造圖繪之學事》光緒二十一年十二月初九日（清檔） 再，自中西交涉以來，需才日殷，而造就尚隘。則以在都中祇有同文館，在各省祇有上海之方言館、廣東之廣方言館、湖北之自强學堂僅此數處而已。又所學僅語言文字與算學一門，而格致製造圖繪之學尚缺焉。不講故學，成亦無甚裨世用。查泰西學校章程，散見於《使西紀程》、《英軺日記》、《四國日記》、《地球新録》、《美國地理兵要》。聞近時已譯有專書，倘能於各行省及通商口岸推廣行之，由漸加進，則收效更大。其有官紳好義捐資創辦者，准酌覈捐例優予奬敍。如此一轉移間，在公家無籌費之勞，而學校得實用之士。數年後如有成效，再酌量添入科目，優予出身。鼓勵既勤，信從自衆，必有英傑之彦，蔚爲時用者。可否請旨飭下總理各國事務衙門，覈議施行，漸次擴充，廣爲造就，於時局不無裨益。謹附片具陳，伏乞聖鑒，謹奏。

清·奕訢等《總理各國事務大臣奕等奏爲遵議御史陳其璋奏請整飭同文館及推廣製造圖繪之學并令編檢等官一體招考各摺片事》光緒二十一年十二月二十四日（清檔） 光緒二十八年十二月初九日准軍機處抄交御史陳其璋奏請整飭同文館及推廣製造圖繪之案，並令編檢等官一體招考各摺片，軍機大臣面奏請旨該衙門議奏，欽此。查原奏内稱，考泰西學校略分三等學，凡算學化學以及格致製造等法别類分門，必造乎其極而後已。用是材能輩出，國勢日强，是學校者，固人才所從出也。都中同文館本爲講求，西學而設，而所學者祇算術天文及各國語言文字，雖逐漸加工，仍屬有名無實。學生等平時在館亦多，任意酣嬉，年少氣浮，並不潛心學問，及至三年，大者則又於教師需交通處交通，名條希圖優等，請飭下總理衙門，將同文館認真整頓，仿照外洋辦法，以次遲進，其未熟悉者，立即撤回等語。臣等當同治元年，臣衙門因各國辦理交涉事件，必先諳其語言文字，方不至受人欺蒙。奏准設同文館，延請各洋教習分館教授。【略】光緒十三年又議准算學一科，用資觀感。誠以九數居六藝之一，見於《周官》明算，列六科之中，詳於唐製。古來測算本有專家，即以西學論。凡製造器械、測量圖繪種種機要，其中人才半出格致書院，故三角八綫幾何代數，洵爲西學根本。然臣等以爲尋流溯源，必先自語言文字爲始，從未有語言不通，文字不解而能窺其底蘊者。現在各館學生於語言文字逐漸精通，天文化學格致算學各館課程，亦均有進益。每於大考歲考時，臣等公同校閲，兼面試語言以漢譯洋，以洋譯漢，互相參攷，其洋文卷切囑洋教習破除情面，認真考試，並嚴飭提調等，不時稽查，以杜鎗冒頂替之弊。其考列高等者，優給奬勵，如有年少生童，任意酣嬉及學無長進者，立即除名。【略】。又原片内稱同治初年創設同文館奏准編檢等官，與學人五員，一律核考。請飭下總理衙門，將前項人員准在館肄業，編定欵數，酌予年限等語。臣等查同治五年奏准，正途出身五品以下，滿漢京外各官，願肄業者，一體招考等因。誠以正途出身人員，果肯志趨西學，其聰明才力較諸初學生徒，自必易於成就，是京官准其肄業，本係臣衙門估定章程，嗣後如有五品以下京外各官情願投效者，臣等仍應照章辦理。至該御史請編定額數，酌予年限一節，臣等伏思如果各京官學業有成，自不妨優其進取，現方破格求才之不暇，何可編定額數，且學問之道日進，有功亦難示以年限，所請應毋庸議。所有臣等遵旨議奏緣由，是否有當，伏乞皇上圣鑒訓示，謹奏。

光緒二十一年十二月二十四日

清·佚名《南洋創辦測繪學之經過·呈送測繪科章制測繪學堂章程暨實地測量章程文》光緒三十一年七月 前銜爲詳請示遵事。竊職處前以南洋各處地方向無軍用地圖，用兵行陣最爲困難，曾牣擬測繪辦法，於本年五月初一日詳請示遵，旋奉憲臺批開：據詳已悉。查測繪一事，本爲行軍先著。現在將備堂教習坂田等，求選學生專習測繪，應由督練處會同該學堂詳議章程，估計經費，詳復核奪。惟南洋沿江沿海各口，現無精細完本地圖，自應從速辦理。應先派精於測繪學生數人，由參謀處測繪官員帶同分赴大江近海、南北兩岸，由近而遠，至本省轄境止，逐一測量，繪成圖説。其長江兩岸砲臺各處，亦即測繪。並由該公所向藩司查取志書局輿圖、長江圖及水師學堂海圖，並將現行石印各圖分購數種，發交該測繪員生携帶考核，印證得失。至所派各員生已有薪水者，應酌給川資、火食若干，向無薪水者，應給薪資若干。至所測地段應由何處起，至何處止，經過若干州縣，約計何時可以蕆事，均由該公所確切估計，詳候核奪。如因現正天熱，不能施工，應俟秋後再行開辦。屆時即將派定學生名數先行呈報，以便行該地方文武，派役引導照料等因。奉此，查東西各國章制，凡國防計畫、作戰計畫均屬之參謀處，要皆憑精細地圖以爲攷證，始足以規畫形勢，決算運籌。日俄未戰之先，日本參謀本部即密派部員，將東三省各處地方詳加測繪，藏之秘密室中，日夜研究攻取方略，故一臨戰役，輒能出奇制勝。蓋其實地之戰勝，早於圖上戰勝之矣。各國文武學堂雖皆兼習測繪，要不過使之領略成圖之妙及閲圖之方。惟參謀處所辦之測繪，乃專門學問，有非他學堂所能預聞者。誠以測繪地圖，乃國家秘密要務，非參謀部員及統兵大員，均不得窺其底藴。故有私行出售者，即應照軍法治罪，東西各國無不重視其事。如此，蓋關於軍政國計者，非淺鮮也。去臘開辦督練公所，詳定分科治事章程。參謀處測量科内即有測繪全省地形及附設測繪學堂之議，旋因職道紹楨奉差北洋考察軍政，未暇及之。現在既奉憲批，剋日開辦參謀處，自屬責無旁貸。惟是測繪之學，繁頤博大，各國測繪章制有海軍測量、陸軍測量之分，現在只可先辦陸地測量。陸地測量中又有三角股、地形股、製圖股之分，現在只可先辦地形股。而南洋幅員之廣大，測繪人才之缺乏，即先辦地形測量，亦只可擇其最要之區，先爲測繪。其非要者只可作爲緩圖，以俟測繪學堂畢業，再行補繪。且須測繪高等科畢業，方能定三角基點。至所繪地圖，其比例宜用二萬五千分之一，其砲臺、軍港等區域及將來可造砲臺、軍港等要塞，則概用五千分之一。凡二萬五千分一之地圖，各國均准出售。前據將備學堂教習坂田等呈稱，以日本軍用地圖教授學生者，即此等地圖也。將來此圖繪成，可爲陸軍各學堂研究戰術及各軍隊演習行軍之用。至五千分一之地圖，則應歸參謀處秘密藏之，泄漏者宜按照軍法治罪。至測繪學堂一節，除授三角測量、地形測量外，尤當以製圖法爲重。蓋自測之圖，而不能自製之，自印之，又烏從秘密之？前次將備學堂教習坂田大佐暑假回國，當奉憲臺諭令，代覓精於製圖法及三角地形測量法之技師一員，備充測繪學堂教授測量之用。不日即可來寧。將來訂立合同，只令專司教授之法。至實地測量，宜以秘密爲旨歸，當由職處另行揀員辦理，毋庸該教習與聞。現經督同提調各員悉心籌議，擬定章程三通，曰測繪科總章，曰測繪學堂章程，曰實地測量章程。所有測繪學堂之監督，實地測量司之司官，均由參謀處測繪科官兼攝，以期一致而免紛歧。惟實地測量時，應派監視官一員，總理一切，其餘各項員役，均從簡酌派，不敢稍涉糜費。總計測繪學堂經費、實地測量經費，約歲需二萬五千金左右。又開辦經費約需五千金左右，爲數雖似甚巨，實則裁汰一二，留防隊即可相抵矣。此事於國防計畫、作戰計畫皆大有關係。苟或無地圖，即練有精兵，亦正如使明目人游漆室中，其不顛而踣者幾希。無論將來有事用兵，即目前練兵，亦不能行實地演習也。如蒙憲臺准行，當即剋期開辦，一面講求路政，建筑軍用道路，以與軍用地圖並行不悖。職處才力有限，而願力無窮。惟期得寸則寸，得尺則尺，日求進步而已。【略】計詳送清摺三扣。

附《測繪科總章》

第一條　本科内應分設二司，一海軍測量司，一陸地測量司。

第二條　海軍測量司分爲江域區及海面區。

第三條　海軍測量司暫從緩設。

第四條　陸地測量司分股爲三，一三角股，二地形股，三製圖股。股各分班，每班各有專責。見實地測量章程。

第五條　因造就各股人才之故，先於測繪科内設測繪學堂一所。另有專章。

第六條　陸地測量司應設各員列表如左。【略】

第七條　科官遵參謀處總辦提調之命令，整理科中事宜，兼有養成測量官弁之責。

第八條　三角股專司實行三角測量及水準測量，標定南洋管轄内之基點。

第九條　地形股專司測量地形，製繪原圖，兼有修正諸圖之責。

第十條　製圖股專司製造諸圖，並掌製版印刷等事。

第十一條　材料委員承科官之命，整理科中一切材料，附弁目二名，以資臂助。

第十二條　經理委員承科官之命，專司會計等事。凡購買物品，供給人員，皆其專任，兼掌科中之庶務，附屬書記生一名。

第十三條　測繪學堂爲養成陸地測量官弁之所，招集學生，釐定課程，皆科官之責。

第十四條　現在不設司官，即由科官兼辦，俟設司官時，各司官應歸科官節制。

第十五條　各股委員承科官命令，分掌各股庶務，俟設專司官時，即當承各司官之命令。

第十六條　各班長承該股委員之命令，課班中人員之職務，管理該班事宜。

第十七條　班員受班長命令，分掌職務。

第十八條　各股委員及班長暫以陸軍皆業學生充當，俟測繪學堂畢業，即以高等科畢業生充當。

第十九條　測繪學堂監督主持堂中教育事宜，并整理堂内庶務，現在即由科官兼辦，俟另設監督時，即當受科官之節制。

第二十條　測繪學堂教官及助教均承監督之命，分授學術。

附《陸軍測繪學堂章程》

第一章　宗旨

第一條　測繪學堂專以養成測繪人才爲宗旨，備充陸地測量司中之員弁。

第二條　學堂分兩課。高等課卒業者，爲測量技師，備充各股委員及教習之用。尋常課卒業者，依其卒業等差，分爲測手、技手，備充班長、班員及助教之用。

第二章　分股

第三條　該學堂内分爲三股。（甲）三角股　（乙）地形股　（丙）製圖股

第四條　上條甲、乙、丙三股合爲高等課，乙或丙專習一股者，爲尋常課。

第三章　年限及學期

第五條　尋常課授學一年，實習六個月，前後通以一年半卒業爲限。

第六條　高等課學地形股半年，實習三月，學製圖股半年，亦實習三月，再習三角股，授學二年，實習半年，前後通以四年半卒業爲限。

第七條　在堂修業，均以六個月爲一學期。

第四章　辦事人員及權限

第八條　本學堂直隸於參謀處測繪科，即以測繪科官兼任監督之責。其監督以下之人員，開列於左：一、執事一員。一、經理一員。書記一名。一、三角股、地形股、製圖股合聘東洋教習一員。一、譯員一員。一、三股各用助教一員。一、印刷工四名。一、雜役八名。

第九條　辦事人員之權限。一、監督稟承參謀處總辦之意旨，有整理堂内諸事之權，且監察堂内一切人員之盡職與否。一、執事受監督之命令，坐辦堂内諸事。一、經理受監督之指揮，經理銀錢器具及學生飲食起居諸事。一、譯員承教習之講義傳授學生，其責任與教習同，並有編譯教科書之義務。一、助教授各股中補助之科目，受各股教習之節制。一、印刷工聽製圖股教習之指揮。一、雜役聽執事及經理之指揮。

第五章　學生之定額及招考格式

第十條　尋常課六十名，高等課二十名，合八十名爲定額。

第十一條　尋常課内分製圖三十名，地形三十名。

第十二條　尋常課學生之格式：年歲以十八歲至二十二歲爲合格。體格以强壯無疾，手足靈敏者爲合格。視力以無近視遠視病爲合格。書法以楷書方正者爲合格。算學以通加減乘除諸法爲合格。

第十三條　高等課學生之格式：一、年歲　以十六歲至二十歲爲合格。二、體格　以强壯無疾，手足靈敏者爲合格。三、視力　以無遠視近視病爲合格。四、書法　以楷書方正者爲合格。五、算學　以通代數、二次方程式爲合格。六、漢文　以通順者爲合格。

第六章　經費及給養

第十四條　經費共分三種：甲、開辦經費一時尚難估計，但除構造房屋外不計外，凡置備測圖器具、繪圖器具、製圖器具、印刷器具及橈凳床几黑板，暨開辦時各學生衣履一切用品，約略估計，最少亦需五千兩。乙、常年經費（別有豫算表）。丙、常年活支，不得過常年經費十分之三。

第十五條　學生給養皆由公給，區其類爲三：甲、被服。乙、飲食。丙、贍銀。

第十六條　被服。每年每名夏衣二套，冬衣一套，靴二雙，帽二頂，尋常與高等亦有分級。

第十七條　飲食。在堂修學生中每名每日以八分爲定數，實地演習時倍之。

第十八條　贍銀。尋常課學生每名月給銀五萬，高等課每名月給銀八錢，

若實地演習時加半。

第七章　考試及賞罰

第十九條　考試分爲三種：甲、卒業考試由督憲委參謀處人員到堂分別考校，給與文憑。乙、學期考試由參謀處派員會同考校。丙、隨時考試由各教習助教主持，不拘時日。

第二十條　臨時考試之積分，實爲學期考試及卒業考試之基本，故教習務須將各生之分數繕造清册，於學期考試將近之時，呈送參謀處考核。

第二十一條　學生考列前茅，或立品勤學者，應賞之則有三：一、物品獎賞。二、加贍獎賞。三、名譽獎賞。

第二十二條　學生不及第或怠惰犯規等應罰之則有四：一、記過。二、停贍。三、禁足。四、斥革。

第二十三條　學生規則（開辦時另議）。

第八章　學生出身

第二十四條　得有測量師之文憑者，準同軍佐，一律升級。

第二十五條　凡技手或測手卒業者，準同下士，一律升級。

第二十六條　是等學生專備測量之需用，不得任意變職。

第二十七條　招集學生及休學放假等事，均聽參謀處總辦之命令。

第二十八條　陸地測量司員弁充足之時，由參謀處總辦稟詳，督憲發令停止或更章。

第二十九條　凡章程或功課改良，由參謀處總辦督率該堂辦事人員妥議改革。

第三十條　凡斥革學生或學生自行告退，均由監督稟請參謀處總辦核奪施行。

附《實地測量章程》

第一章　測量之區域

第一條　南洋所管轄之處皆其區域。

第二條　現在人才缺乏，先將本省衝要之處測繪成圖，再由近及遠，次第舉辦。

第三條　上條所述本省應先測繪之處，開列於左：甲、南京及鎮江。乙、海州及淮安及徐州。丙、江陰及吴淞。丁、其他各處地方。

第四條　測繪區域之序次，即照上條甲乙丙丁定先後。

第二章　測量之種類

第五條　測量之種類區分爲三：甲、三角測量。乙、水平測量。丙、地形測量。

第六條　上條甲乙二種測量，爲標定南洋管轄區内之基點，俟測繪高等科學業後，方能開辦，現祇實行地形測量，以備急用。

第七條　此次地形測繪，係二萬五千分之一軍用地圖及五千分之一秘用地圖，即借陸師學堂所存之德國儀器及將備學堂所存之測板，以節經費。

第三章　地形測量班之部署

第八條　現在人才缺乏，先分三班，分段測繪，設監視官一員，受參謀處總辦之命令。

第九條　監視官以陸地測量司地形股委員充當。

第十條　班長及班員暫選陸軍卒業生充當，以爲創辦之需。

第十一條　測繪班之人員照德國儀器，每付需員六名，故各班亦如其數。一、班長一員，陸軍卒業學生充當。一、測量員一員，同。一、繪畫員一員，同。一、計算員一員，同。一、助手二名，選兵目充當。

第十二條　監視官及班員之職權列左：一、監視官，指定各班測繪之區域規畫各班成圖之連合，並調查測繪區内之人口、出産各事，凡各班人員皆有統轄監視之權。一、班長，指定每日測量之地區，部署桌面尺牌諸定點，經理班中諸内務，以及測量時度量地形等有約束班中人員之權。一、測量員，專司標定桌面及高低遠近測量等事，當測量時，有指揮從事測量諸人之權。一、繪畫員，專司鉛筆成圖及墨筆成圖等事。一、計算員，專算高低遠近及簿記等事。一、助手，專司尺牌位置及幫同照料各事。

第四章　地方官測量時之職務

第十三條　風氣未開之處，每惑於風水之説，以阻止測量。地方官當未測時，有出示曉諭該處居民之職務。

第十四條　測量所關，應設標記之位置，地方官有協助之職務。測量所設之標記，地方官有永遠保存之責。標記另有專章。

第十五條　因測量之故，如損壞民産或購借民物，地方官有審定賠金或價目之職務。

第十六條　測量班員過無客棧之處，地方官有協助租借民居或寺廟等之職務。

第十七條　去府州廳過遠之處，地方官有鞭長莫及之勢，則有札飭莊長、紳董妥爲協助之職務。

第五章　測量之經費

第十八條　測量經費分爲三項：甲、人員薪水費。乙、測量材料費。丙、民物損壞或購用費。

第十九條　測量經費預算費：甲、項經費預算表【略】　乙、項經費表【略】　丙、項不能預決約月共需銀一百兩。

第二十條　合三項經費每月約共銀八百四十二兩零，再加活支銀每月約百兩，統計月費銀九百四十餘兩。

第六章　測量人員之規則

第二十一條　關於測量之成績，監視官須隨時報告參謀處。

第二十二條　班長受監視官所指定之區域，妥定預算表報告測量之實施。或因氣候遲延時日，亦須申明其故。

第二十三條　若鉛筆所繪之原圖既竣，班長即將圖與簿記送呈監視官檢閱畢，然後發繪素圖。

第二十四條　測量描畫地形，記載標高，務須於當地當時，完全不得遷延。

附《實地測量檢查德國齊普來哥耳事宜》

一　檢查銅尺上之水平與遠鏡附屬之水平果能一致否。

二　指北針之震動數果有十六次以上否。

三　蛛絲果整正無裂斷否。

四　鐵座脚螺果無別弊，其挺錨之力亦足定桌面否。

五　此儀器附屬品物均完無缺否。

附《測量班實地測量規則》

第一章　部署

以一德國齊普來哥儀器至少須六名方能從事測繪，故此次測量班之部署亦如其數：一、班長。一、測量員。一、繪畫員。一、主算員。一、弁目二名。

第二章　職務

章程第三章第十二條所列各款，僅示其大綱而已，至詳細條件，茲於此中明之。

一、監視官：調查測繪區内之人口出産，各班各圖之連合。

一、班長：指定各班之區域，指定每日測繪之地區。

班長於應測之前一日，受監視官命定之區域，估定明日所測繪之區域，適中勞逸之度。其須顧慮之條件如左：

一、測量之起點至終點之遠近。

二、終點至宿舍之遠近。

三、桌面之次第幾何。一桌面之時間，平均約在三十分之内。

四、地物地形之難易如何。

部署桌面諸定點

桌面及尺牌之數，固視地形地物之繁簡而分，且不能以紙上空談而即了事，但此應顧慮之條件可列於左：

一、齊普來哥爾儀器有二式，一爲二百分之一，一爲四百分之一，按此儀器測量之極限，總在六百二千二百。米達以内，故桌面之疏密斷不能越此極限。

二、就地形而論，如山地之天頂鞍部等，如河身之彎曲部等，有不能不設尺牌或桌面者，總以臨時視地之情況如何，方能決定。

三、就地物而論，南北迥不相同，南方之繁雜，測量時自較北方爲難，然要以軍事之關係如何方能決定。

經理班中諸内務

測量時度量地形

度量地形之如何，乃成圖之美惡攸關。故班長之職責於此爲尤重。日本之測板測圖其碎部繪圖之方法固屬簡易，而此次德國儀器，其碎部測繪全憑度量，故其法尤宜詳焉。茲舉其要求如左：

一、描畫地形，雖不能確按比例，然方向、形勢、步度三項非確實不可。

二、班長度量成圖之後，須直就現地現時，同繪圖員相度形勢，繪於桌面。

三、目力估量爲度量唯一之便法，度量地形時，即步計之後，尤當以目力心計之。

一　測量員

標定桌面

標定棹面於測量進步大受影響，每於標定棹面，多費時間而實測則爲時甚少。兹舉其要法於左：

一、三足架之移動法，於未插入地之前，須令其大致平正，然後以兩足踏入地中，務須三足入地均相當。

二、水平之標定，每於正向測時時標定，即行從事。及至反向測量，而水平高下懸殊，其故蓋由標定棹面少註意也。當標定水面，須將銅尺作十字形，分二次標定。若二次均平，則再無正反相歧之弊。

高低測量，正式測量必先以三角及水準測量定其基點，然後從事地形測量。此次乃行軍測繪之例，務宜精益加精。凡遠近高低更須精詳，以能補足三角測量之缺點爲度。兹舉其條件如左：

一、度分測出之後，檢表計算以生的爲單位。

二、弧下佛逆之數須細檢。

三、蛛絲界於尺牌時，須適其高低之度，務須一律。

四、地球弧差表E數。須隨時檢出減之，方得真數。

五、蛛絲界於尺牌之方格，不能成整數之時，須詳審估計。

一、繪圖員

鉛筆成圖，務須現地繪畫，方能確肖地形，前已述之。要其成圖之如何，端在此項之巧拙。諺曰：工欲善其事，必先利其器。於測畫一事，爲尤甚。兹特舉其要件於左：

一、所須鉛筆總以3H爲宜。

二、筆尖須極鋒鋭。

三、橡皮須取極軟之品。

四、繪畫時手腕運用須極輕靈。

加蓋墨筆爲成圖告竣之事，每有圖甚好，而墨筆一加即不堪入目。亦有鉛筆成圖時，模糊難辨，一經加墨，即粲然可觀其關係，最大兹特舉其應註意之條件於左：

一　圖註須宋體。

二　曲線須粗細分明，陰陽線亦如之。

三　記號須大小合宜。

四　墨須現磨現用。

一、計算員

計算高低遠近，於此種儀器固極單簡，便檢表時須註意者有二：

一　高低由弧上之度分而檢其數，唯相加時，於進位法易致錯誤，故須依式，不可稍亂。

二　地球弧差必檢表減去。

於簿記一項爲測量既竣之後，其結果或有誤差時，可本此以爲檢查者，故測量於簿記最爲緊要，兹特揭其格式於左：

一　棹面須記其號數，以羅馬數字註之。

二　尺牌以普通數註之。

三　遠近高低度分地球差高低真數。

棹面I、II等。

尺牌1、2、3、4、5等。

遠近600°。

度分3°40′。

高低30、39、45.

地球差053.

高低真數

第一章　就職務上實行之細則

一、監視官一週内務須至各班一度，隨即接各班之報告及各班之景況，於一月内彙集各班情況報告參謀處。

凡遇薪水之發給及器具之補充，亦如報告時陳其一切。

調查軍事一切事宜，監視官實有一定之責，亦於每月報告一次。第一報成圖時，即當集報告及調查等編輯一書，以備參攷。監視官至各班之最調查各件列左：

一、檢視各班長關於每日測量之計算。

二、監視成圖之如何。

三、監視計算員之簿記。

四、檢視各班團體之感情。

於每日未測之先一日，將應測之區内部署棹面尺牌諸定點，隨帶助手一名或二名。

棹面尺牌諸定點部署後，即當給略圖一紙，定其記號，明日測量即照此而行，就略圖之計畫，須告知全班人員。

三　測量員

凡測量鏡之携帶及整理，皆歸之。每日出測之時，須檢查一次，歸宿時須整理一次。

附蛛絲修理法

此器唯蛛絲最易損壞，故其修理法亦最緊要。測量員須備絲絨少許，如隨地有蛛絲更妙。若蛛絲斷裂之時，當即將鏡頭螺絲旋開。其設蛛絲之處，定有紋線，係松香製成。稍熱之，松香即軟。然後將蛛絲取下，以絲絨代之。

四　繪圖員

凡棹面之携帶皆歸之。棹面未了之功以及記號等項，務須於每日中完竣，不得遷延。

棹面之保存，測圖之功績係焉，務須留意，不得稍有損壞。

一、三足架及鐵座之携帶，計算員負其責。

此項保存之法，須留心研究，不得稍有疏虞。

附各員携帶者：一、度量圖版。二、指南針。三、略圖紙。四、圖囊。

測量員須携帶者：一、圖囊及一切品。二、指南針。

繪畫員須携帶者：一、圖囊附畫圖一切品。二、畫圖用紙。

附畫圖一切品

計算員須携帶者：一、圖囊。二、手簿。三、測量表。

清・佚名《南洋創辦測繪學之經過・陸地測量標記保存條例》　一　測量基點應設標記之種類，大別有二，而保存之則亦視此以分久暫。甲、永久保存之標記：三角點標石、水準點標石。乙、暫時保存之標記：覘標、標杭、測旗、假杭。

二　該項標記爲諸種測量之基，如鐵路測量、河工測量、礦山測量、建筑測量，凡我國官民皆得用此標記爲基序。

三　府、州、縣、廳各地方官於其管轄内各紳董，須嚴諭以保管標記之必要，并於各圖地保，須嚴責以保管標記之義務。

四　設置標石處所或係官地，須通知該管官不給地價。若係民地，當先通知地主，一標石地給價洋二角，皆不得故意拒阻。

五　民地中設立之標石，而地主不受地價，或願永久貸借，當列名具報，督憲存案。

六　民間墳地或房屋，不得已須立乙種之標記，該地主或房屋不得抗拒，然甲種之標記，不許設於該項處所。

七　乙種標記設於民地，如鹽田、工場、礦界地、耕種地、民宅地，過半年以上者，一標記地給租洋五角。

八　圍墻内或宅内不得已須進入者，須先通知該主。若該主相隔甚遠，則囑其鄰得先入辦公。故三角測量人員務將公事隨身備帶爲要。

九　測量時或竹森籬垣或植物繁雜，有障礙眇準及安置者得翦伐之，然有相當之賠價。

十　凡將甲種標記或移動或除去或毀壞者，即由該圖地保送交地方官，枷押示衆一月以上，罰二百元以下。若除去標記等情地保匿不報者同罪。

十一　凡將乙種標記移動或除去或毀壞者，即由該圖地保送交地方官，枷示三日以内，並罰洋百元以下。匿不告者同罪。

十二　誤將甲種標記毁壞者，罰洋二十元。誤將乙種標記毀壞者，罰洋二元。

十三　凡乙種標記戲擲，以互礫擊以獸類，懸以繩索，貼以紙張及亂書者，罰洋五元以内。

清・佚名《南洋創辦測繪學之經過・陸軍測量第二次擴充章程》　第一章　擴充之原因

第一條　前次詳定章程，因所測之圖爲本省演習及教育上起見，諸事從簡。現既奉練兵處咨催全省地圖，並指定用水準測法及符號比例限制圖張大小等事，自應遵照辦理，隨時繳圖。若不照前詳定測繪科總章，略爲擴充，誠恐稽延時日，有所未便。故擬設立三角股以提其綱，增派測量班以速其成，添立製圖股以完其功。

第二條　前次之所以從簡者，因事屬試辦，諸項人員均未見其實驗之學問，恐無把握。現既辦有頭緒，人員稍稱熟手，亦應查照原章量國擴充，以求進步。

第三條　江寧全省地方面積計四十餘萬方里。前次定章原欲擇其要害之區先測，以爲暫時本省陸軍演習之用。現經練兵處取圖，既有全省字樣，若仍如前辦法，不加擴充，恐非一時所能告竣。似宜分設專股，同時舉辦，庶可連合成圖。

第二章　擴充之辦法

第四條　查前定總章規模極宏大，不過限於人才、經費兩項，一時不能全行舉辦，現擬仍體總章切實施行。

第五條　三角股須設專員，實行三角測量。

第六條　地形股增加測班，設專員管理。

第七條　製圖股設專員經理，實行印刷。

第八條　（甲）增購測量器；（乙）增購印刷器。

第三章　實行三角股之部署

第九條　查正式測量，必先以三角網羅全域，然後從事地形測量，故前詳總章之分股亦首及三角。茲擬照章設三角股委員一員，擬聘日本測量技師一名任之。

第十條　三角測量法有二，一曰圖根測量，一曰水準測量。圖根測量擬用六吋轉鏡經緯儀，水準測量擬用丫式水準器。

第十一條　照前條採用之器械，其部署之最少限如左：圓根測量最少，須分三班，用六吋轉鏡經緯儀一付，需人三名；水準測量最少亦須三班，班各一人，用丫式水準器一付。

第十二條　上條所部署之人員，即由測繪學堂選取學術兼優之學生隨授隨測，以期事能速成，而費用可省。

第十三條　江蘇全省之圖根測量，據左列各條，足以推算其需時之幾何。

一、地形測圖之比例尺，係二萬五千分之一。每圖之邊長五十生的，則每圖之面積約三百三十方里。一、圖根各點之距離，酌中外計之，約三千米達，則每圖間須有二十點，方能精密。一、每人約三十日方能測完一圖面之圖根。以十人共測，計之當於一個月內完，全三千三百方里。故以十人計，江蘇全省須十年之久。以二十人計，則五年可就。一、遇非緊要之地，則一圖面之圖根點，亦可減至十點，則全省地圖當可於三年內告竣。

第十四條　基線測量諸器，測繪學堂均已設備。丫式水準器尚須二付，六吋轉鏡經緯儀尚須三付，擬購備以俾實用。

第四章　擴充地形股之部署

第十五條　查原定總章第六條，地形本爲專股。因創辦伊始，未置專員，茲擬照章設地形股委員一員。

第十六條　江寧至鎮江一區，原有之監視官班長班員等仍照常辦事，惟三班共添助手六名，傳遞兵一名。

第十七條　按第三章圖根測量，以十人計算，每月能測三千三百方里。故地形測量亦須與彼相輔而行，庶能迅速成圖。查地形測量之速度，以齊普來哥爾器林，每班合其速度，能一月內測三千三百萬方里爲度。

第十八條　前次組織之實地測量班，係用齊普來哥爾器械。須購自德國，急切難待。此次應添各班，擬用測繪學堂已有之測板，庶能即時舉辦。

第十九條　測板測量之速度，平均計算每人每日能測二方里。故除前次組織實地測量之三班能每月測一千五百方里外，此次添測板測圖之三班，能每月測一千八百萬方，能與三角測量相轉而行。故其組織如左：

監視官一員
- 甲班—班長一員—班員十名—雜役一名
- 乙班—班長一員—班員十名—雜役一名
- 丙班—班長一員—班員十名—雜役一名

第二十條　照前條部署班員三十名，每日每名測二方里，則合三班共計當於一月內能測一千八百方里，故能與三角測量相終始。

第二十一條　添練測量學兵二十名，以備幫同各班測量碎部之用，庶能迅速成圖。如遇平坦之地，以器械測其基線，即派學兵分段測量碎部。其學兵由新軍各營挑選身體精壯、粗通文字者，暫隸於測繪學堂。另派教員按速成法，限三個月畢業，分配各班。

第五章　實行製圖股之部署

第二十二條　查原定總章第六條，製圖本爲專股。因創辦伊始，未曾實行。茲擬照章設製圖股委員一員。

第二十三條　現在各班第一次之圖均已告成，亟應精繪，以便印刷。除設製圖股委員外，擬暫設正製圖員二員，副製圖員八員。俟測繪學生卒業後，再行添派。

第二十四條　圖經告成，亟須印刷。但現精此技者絕少。擬聘日本印刷師一名及本國熟識印刷者四人，以爲印刷匠。

製圖股各員統系

製圖股委員
- 正製圖員—副製圖員
- 印刷師——印刷匠

第六章　測量司人員之職權

第二十五條　三角股委員稟承測繪科官，有全省圖根測量及水準測量之責，兼教授三角股學生，有指揮三角股人員之權。

第十六條　地形股委員稟承測繪科官，有管理全省地圖及簿記表册圖説之責。凡連合全省地圖指定份測區域，研究成圖缺點，稽核人口出産，皆其任務。並有查察各班測法之是否人員之優劣，統轄實測人員之權。

第二十七條　製圖股委員稟承測繪科官，有製造印刷測成地圖及簿册圖説之責。管理製造印刷各機器及材料。凡製圖印刷人員，歸其統轄。

第二十八條　監視官班長班員及助手之職權，仍照前章。

第二十九條　測繪學兵到班時，受班長指分基線，專司測量碎部。

第三十條　傳遞兵專送各上官命令，各班報告。

第三十一條　正製圖員受製圖股委員之指揮，專司繪畫測成之圖，副製圖員幫同辦事。

第三十二條　印刷師受製圖股委員之指揮，有保護印刷機器及材料之責，並有教授印刷手任務。凡印刷人員歸其指使。

第三十三條　實測員之規則及其餘任務，仍照前定實測章程内之第六章及總章。

第七章　增購器械之細目

第三十四條　三角股應用六吋轉鏡經緯儀三付，並丫式水準器二付。地形股實測之器械，前次借用於陸師學堂，此次亦擬就測繪學堂借用，無須另購。製圖股之器械，除由測繪學堂已備外，須再購石板一付及亞鉛板一付。

第三十五條　將來測繪學堂及軍事上如需測量器械及印刷各器之時，可通融合用。

第三十六條　管理及保護各器械之細章，候器械之細章。候器械購到時，再行詳定。

第八章　酌加經費之豫算

第三十七條　各項經費分爲四類：（甲）購辦各項器械經費；（乙）人員經費；（丙）材料紙筆經費；（丁）活支經費。

第三十八條　（甲）項經費。一、三角股應購六吋轉鏡經緯儀三付，每付約銀三百兩，合三付共銀九百兩；丫式水準器二付，約銀一百二十兩，合二付共銀二百四十兩。合兩項器械共約銀一千一百四十兩。二、製圖股應購石板一付，約銀二百五十兩；亞鉛板四十枚，每枚約銀一兩，合共四十兩；繪圖具十付，每付約銀七兩，合共七十兩。三項共計約銀三百六十兩。惟亞鉛板四十枚，本不敷印全省地圖之用，應候四十枚用完之後，再行購辦。

第三十九條　（乙）項每月經費豫算表【略】

第四十條　（丙）項每月經費豫算表【略】三股共月需銀一百零七兩二錢。

第四十一條　（丁）項每月不能預定，活支銀百兩，不再增加，擬仍照前章支領。

第四十二條　合（乙）（丙）（丁）三項每月經費，除原有經費外，每月須加銀一千七百九十二兩二錢，擬請按月給發。

第四十三條　（甲）項購辦兩股應用器械等件，詳第三十八條，共銀一千五百兩，擬請給發，以便開辦。

清陝西布政使司《陝西繪輿圖章程》　陝西等處承宣布政使司布政使加三級陶札，爲精繪輿圖詳開圖説事。

光緒十五年十一月，奉前撫憲行知准會典館咨開輿圖事宜到司，當即恭刊欽定輿圖格式圖説式，并原摺札發各府、廳、州、縣遵辦在案。此係奉旨辦理之件，宜如何詳細斟酌，俾歸妥善。乃據各州縣陸續申賫輿圖，大都假手書吏，漫不經心，於會典館原文全未領會，致圖様均不合式，圖説均付闕如，礙難彙總。輿地之學，爲經世要務，身任地方者，豈可於境内情形茫無所知。合再議定章程十五條，并請友人輯就《測繪淺説》一卷刊印札發。札到該府、廳、州、縣，速即查看明白，證之前頒會典館格式原摺，將該管境内逐一測量，精繪輿圖，并詳開圖説，呈送司署輿圖館重加考核，期於總圖、分圖可離可合，以免會典館駁斥之煩。如仍以志書舊圖搪塞了事，有誤要公，定行嚴參不貸，切切毋違。特札。

光緒十六年　月　日

計開章程十五條

一、人里、鳥里之别宜知也。人行里曲，考之志書舊圖，詢之土民耆老，核之實在步弓，即可備知。鳥飛里直，以鳥里開方者，譬之人立云表，張方孔大綱於空中，下視塵寰某城在某格、某山在某格也。此理甚易明白，乃各屬申賫之圖，竟茫無分曉，殊屬可怪。凡遥測所得爲鳥里，繪圖準鳥里，圖説詳人里。鳥里與人里，惟海面略相同。然地體橢圓，數十里外，海面亦漸成弧背形矣。圖式十里開方者，言横直兩邊各十里。與十乘其中得方一里者百。是爲鳥里，非人里。

一、度里宜明也。横黍所累爲古尺，縱黍所累爲工部營造尺。五尺爲弓，即一步長。三百六十步爲一里，計一百八十丈。大地之圓周，爲部尺七萬二千里。分地周爲三百六十度，與天度相應，則地上二百里，當天一度。每度六十分，每分六十秒。陝西省城北極出地三十四度一十六分，偏西七度三十三分，分圖不詳偏度，總圖須有度分。各屬所製步弓、丈竿須悉遵部尺，以歸一律。俾匯總時，可按省城度分計里，加減而得各屬度數。經度南寬北狹，有似梯形，每度二百里，就赤道言之耳。若欲求每度漸狹之數，須用弧三角比例。

一、測繪宜擇人也。算學古疏今密，測法日益精深，非洞曉數理，不能得心應手。陝省九十餘屬，不必皆有明算之人。各繪一圖，殊非易易。不得已，爲窮於法者之法，輯就《測繪淺説》一卷，俾不知算學者，亦可開卷了然。該州府廳縣如有知三角八線，能用儀器者，亟應邀請辦理。如無，則募通曉歸除及能繪地圖之人多名，優給薪水，俾按斯卷所言，分四至八到，測量登簿，某路某號，一一記明，如法繪圖。

一、山巔、山麓宜分測也。山勢迂迴，本難環山偏測。先將某山距城若干里，登簿記明。俟測至遠山各鎮，一二十里外能望見山峰處，即宜帶測各峰之高。近山時再測之，求得實高數，編入圖説。繼於沿山各村，疊測山麓凸處或石或樹之遠，與凹處之遠。或曲或斜，逐處詳測，即得山脚所佔之寬窄，皆宜編入圖説。若山連他縣，於圖説内聲明山之某處鄰某縣。其名目形勢，俱按鳥里繪入圖内。

一、水道宜徧測也。發源何處，向某方流經某處，又轉向某方，至某處出境，入某州縣某河，逐處測其河岸形勢。名川巨浸，則詳其寬窄淺深。其略大之溝渠塘堰，有關水利者，并須測繪。里數丈尺，圖内不能盡寫，則載入圖説。如嘉慶以來水道已有變遷，亦須將何年遷徙，故道在何處，一一開載。嘉慶以前舊會典已經備載。又秦隴地勢多陡，除涇渭各大川外，其小川支流，往往夏令雨多，則水道充滿，入冬則一泄無餘。與南省支港汊流，四時常盈，可限騎步者，迥不相同。今圖内凡有似此者，宜注明夏盈冬涸字樣。斯川澮之真狀，地勢之高卑，水陸險要之可恃與否，按圖而了然矣。

一、疆域之形宜辨也。各屬犬牙相錯，必無自成正方之理。圖説内宜載某州縣在某府，直隸州城某方，距省若干里，距府、直隸州若干里，東若干里至某村鎮，接某縣某村鎮界，以次詳明四至八到。此人行里。圖内按城廂距邊境之鳥里，計算方格，將四境出入凸凹之狀，繪以虚線，務令界限分明。又於大鎮大堡，亦各查其距相近小村落之四至，詳載圖説。如是則一邑内城鎮村堡，各有交互相距里數。彙總時可查縱横距里，設爲大小三角形，輾轉比校，詳加考核。

一、鄰境宜會商互勘也。圖成甚難彙總，各屬於鄰縣交界處，無論本省外省，均須函商互勘。遇鄰境，須測過四五里。畸零曲折之地，所佔方格，萬勿應將插花之地，按其距里聯在本縣圖上。其鄰境毗連之地，留爲空格。若本境有鄰縣插花之地，則作墨綫，曲折環繞而識别之，注明某州縣插花之地。均載入圖説。鄰境交接處，無論本省外省皆於圖上畫過四五里，以便彙總。

一、驛路、枝路，宜備詳夷險也。查會典館原文謂蒞政行軍，莫先形勢，則夷險所在，尤宜詳明。境内所有驛路、枝路，以虚線繪入圖内，沿途何處高原，何處平陽，何處下隰，或沿河曲折，或踰嶺上下，孰能通車轍，孰僅容騎步，孰能容營屯，須處處查明，兼詳詢土民驛卒車夫騾夫，一一載入圖内。圖不能容，則入圖説。兵燹時被難各邑，賊由何路竄入，何處佔據最久，我軍攻戰何處最難，詳詢遺老，并載圖説。

一、分防汛地宜備載也。州縣四鄉，有佐雜分防。圖内并宜載明，其營汛所在，無論武職大小，均不得遺漏。

一、名稱宜核實也。輿地之學，欲考古，先貴知今。境内山河村鎮，若參用古名，問諸土民而茫然，有圖何用？圖内須一概寫現在民間所用名目，如欲考古，自有志書可閲。又如古長城久已頽，自來作圖者，輒細繪城堞之形，一若真有金湯之固，殊不足以昭核實，今宜除此積習。延安、榆林境内，本無長城，秦長城在河套北，明人所筑邊墻，間有存者。圖内作細線以誌别之，旁寫明時邊墻有無遺址字樣。此須查明實跡，毋得臆斷。

一、圖稿宜展寬也。方格里數太多，則差數難核。各廳、州、縣圖方格大小，仍照頒發之式，惟改爲二里半一方，分本境爲四。近則丈量，遠則測算，繪就草圖，然後膳真呈送，由司署代爲縮小，以求密合。各府直隸州圖，開方仍照頒式，惟改爲十里一方，亦由司署代爲縮小。各直隸州并應將自治之地，繪一分圖，再將全州彙總。其圖稿縱不咨送會典館，而多一番考訂之功，或可爲本省成一精細之圖。

清總理海軍事務衙門《大清北洋海軍章程・考校》 招考學生例【略】

學生在堂四年應習功課

【略】二地輿圖説。測海繪圖，乃海軍分内極要事。因英國海圖極精，各國取效。中國於圖學一門尚未開辦，自應先取英國輿圖考究。

清·羅長裿《江南陸師學堂學案》卷二《江南陸師豫備科普通學堂教程表》

第一年

【略】測繪學：各種記認、比例用法、運規要術、行軍測量【略】

第二年

【略】測繪學：平地測量、山地測量、各種儀器用法、測繪。

江南陸師學堂教程表

第一年

【略】地勢測繪學：論天然地勢、山地名目、定方向法、論密達尺。

第二年

【略】地勢測繪學：繪山線、繪草圖、步量、論前敵地勢、論儀器、零件、儀器測量法。

第三年

【略】地勢測繪學：步量地勢、測量地勢、講習測高氣表、講習測遠迴光鏡、用記表錶。

分發南洋學習侍衛教程簡表

第一年

【略】測繪

第二年

【略】測繪

清·奕劻等《奏爲籌擬測繪全國軍用地圖并擬訂測繪學堂章程事》光緒三十三年十一月二十六日(清檔) 竊惟陸地測繪，實爲行軍要需，東西各國莫不有軍用地圖，皆務求精密詳確。蓋以軍事策畫，所恃在此，關繫既重，往往不惜鉅貲，窮年累月，而後始適用。測繪之法，大概先測三角，次測地形，必須兩種測畢，始能合製成圖。誠以地球面如弧狀，若畫成平面，則差以毫釐，勢必謬以千里。各國通例，均先於都城測量經緯及中等潮面，以爲全國基點。由此推擴，而成三角形。逐漸比例而成三角網，全國地面均可用三角網掩蓋之而無遺，是爲三角測量。蓋必如是，然後三角點之位置，乃能確定。三角點既定，即以此點爲準，而測地形。其山川之形勝險要，與夫一草一木有關。於行軍之用者，纖悉畢載，不容闕漏，是爲地形測量。合而繪之，乃成地圖。是以地圖之精否，視三角點爲轉移。頭緒雖極繁雜，辦理不容或歧。中國幅員遼廓，從前未講測繪之學，無精確之圖。近則時局艱危，實偪處此。設有行軍之事，亦絶與向之削平内亂者不同。論學術則彼密而我疏，論事勢則彼緩而我急，甚至彼則日圖精進，而我且不能自熟情形，未雨綢繆，斷難久待。惟是事體繁重，經費更多。以日本幅員不過當中國二十五分之一，歷二十餘年之久，費數千萬之多，已成之圖，尚不及全國之半。則其經始艱難，已可概見。臣等再四籌度，若由京師開始測量，逐漸推擴，則圖雖精確，而約計告成之期，展至百年。歲糜之款，尚須六百萬兩。眼前無此銀帑，收效亦復太過。今爲萬不得已之舉，惟有臣部與各省分任區域同時舉辦，以期早日觀成。臣部擬專任順屬兼籌内外蒙古辦法，即在順屬界内立定基點，續辦三角地形兩種。各省於省會自立基點，將三角、地形兩種，分令自辦。一切條教規則，由臣部主持，不得自爲風氣，稍涉異同。各省辦畢，所測原圖，一律送由臣部彙製。至此項經費，在臣部者，除京師測繪學堂業由籌定陸軍學堂經費項下動支外，其餘實地測量及製圖等事需款煩鉅，應如何另籌撥付之處，容臣等咨商度支部酌定的款，再行奏明辦理。在各省者，請飭下各該督撫臣儘力籌辦，庶幾同時並舉，指臂相聯，收效尚可剋期，籌款亦能分任。但使各省認真趕辦，遇事協商，則分繪之日，既鮮參差，合製之時，必能畫一。事半功倍，莫善於此。至測繪人才，中國素乏專門之學，非先辦學堂不可。臣等前經籌議及此，由練兵處創設測繪學堂，在京師先行試辦，並通咨各省仿照辦理。現在各省學堂已據報陸續興辦。京師所設學堂，開辦業經兩載。臣等督飭員司，就平時辦理情形，詳細考求，加以實驗，於所授學術及應立規制，斟酌損益，訂爲測繪學堂現行章程，期與各省學堂遵守推行，以收統一整齊之效。茲將所擬各條另繕清單，恭呈御覽。俟奉旨後，即由臣部咨行各直省督撫遵照辦理，仍令將籌辦情形隨時奏咨，以憑稽核。所有籌擬測繪全國軍用地圖辦法，並酌訂學堂章程各緣由，謹恭摺具奏，伏乞皇太后、皇上聖鑒訓示。謹奏。

光緒三十三年十一月二十六日

清·奕劻等《呈陸軍測繪學堂暫行章程清單》光緒三十三年十一月二十六日(清档) 總則

第一條 陸軍測繪學堂爲培植測繪人才而設，以研究測繪學術爲宗旨。

第二條　陸軍測繪學堂在京師者，隸屬軍諮處測地司，名曰京師測繪學堂。在各省者，隸屬該省。隨時報部，由軍諮處測地司稽查考核，任養成測繪人員之責。

第三條　陸軍測繪學堂選收額數，京師由軍諮處稟明陸軍部酌定，各省由該省督撫酌定，咨部存案。

第四條　陸軍測繪學堂選收學生，由學堂出示招考，按格挑選。凡本省及駐防子弟有願習測繪者，均准其應考。

第五條　定限每年正月下旬招考學生一次，新考合格學生入學三個月，甄別後，歸預備科學習。普通科學一年期滿，考試合格者，挑升專門科，學習三角、地形、製圖等科學，各省學堂勿庸習製圖一科。

第六條　預備科學術以一年爲期，專門科學術以二年爲期，三年期滿，舉行畢業考試。京師由軍諮處呈明陸軍部派員會考，合格者發給畢業執照章，補官外省，由督撫派員會考，擇優送部，轉飭軍諮處，覆加考驗合格者，與京師測繪學生一律辦理。

第七條　學生在堂，應恪守堂規，服從軍紀。其有違犯規則者，查照陸軍懲罰專章，在堂懲罰。如有品行不端，資性愚鈍，久病荒課，屢誡不悛者，應即剔退。儻有造端生事，擾亂全堂秩序者，除斥退外，仍照軍律治罪。

第八條　學生膳食及應用書籍、儀器、筆墨、紙張暨操衣、靴帽等項，統由學堂備給。

第九條　學生入堂，三月甄別一次，酌定去留。留學者，照章發給津貼。

第十條　每班學生考收足額後，祇准剔退，不得隨時添補，縱有空額，任缺勿濫。

第十一條　全堂職員有辦事尤爲出力者，屆畢業時，在京由軍諮處呈請，外省由督撫咨行陸軍部查照政務處會奏學堂保獎章程，由部奏明請獎，以昭激勸。

第十二條　全堂教員除另有專約明文者外，每屆一年期滿，由該堂總辦擇其勤慎得力之員，呈請按照學部定章，加給薪水。

第十三條　學堂內應設禮堂一所，爲慶祝行禮之用。其餘應設講堂、操場、寢室、自習室、飯廳、庫房、職員辦公所、會客所、養病所、浴室、廁所皆須完備，以資公用。

第十四條　此項章程奏定後，應由該堂總辦切實遵行，隨時由軍諮處稟承陸軍部派員查考，俟有未能悉明定章辦理，或須量爲變通之處，無論京外學堂，准於每年年底由該堂總辦開具情由，逕呈陸軍部及呈請督撫轉咨陸軍部，飭軍諮處核覆。

編制

第十五條　學堂設總辦一員，提調一員，按專門、預備兩科，分設總教員各一員，數學教員四員，理化教員一員，外國文教員二員，體操教員一員，醫官兼衛生學教員一員。每學生三十名，設班長一員，文案一員，收支委員一員，庶務司事、管庫司事各一員，録事三名，差弁二名，刷印工匠四名，鐘夫二名，門役夫役二十八名。

第十六條　學堂總辦提調在京師者，由部派充，在各省者，不拘資格官階，由各省督撫遴選相當人員，派充咨部備核。

第十七條　學堂如需外國教員，在京師者，須先由軍諮處呈請陸軍部，在外省者，須先由督撫咨行陸軍部核准，方准延僱。

第十八條　學生額數無論多寡，均以三十名爲一班，同一講堂教授。其選驗格式如下：一、年歲：十八歲以上，二十歲以下。二、品行：性情誠樸，素無過犯。三、出身：確係良家子弟。四、志趣：誠心嚮學，別無嗜好。五、學業：曾讀經書，能作五百字論説。六、身長：一密達六十生的上下。七、胸圍：身長十分之四以上。八、體重：三十二啓羅以上。九、肺量：一千六百立方生的以上。十、目力：能辨目力表二十號以下。十一、相貌：五官端正，四肢靈活，口齒清白，耳目聰明。

職任

第十九條　總辦統理全堂一切事宜，有督飭提調、辦理庶務、督飭教員、稽核功課之責。

第二十條　提調稟承總辦，總司堂內一切庶務，任約束學生之責。

第二十一條　總教員有稟承總辦，督率各教員考核功課，約束學生，申明條教之責。

第二十二條　教員有督率學生、指授功課，考察看品行、評定分數、畫一程度之職務，各生優劣，由其立册記録，每月呈總辦查核。

第二十三條　醫官專司醫治各員司學生疾病，兼教衛生功課。

第二十四條　班長稟承提調，管理本班學生，有勸善規過之責，並經理應辦事務。

第二十五條　文案稟承總辦，專司往來文牘。

第二十六條　收支委員專司出納款項，額支各款，照章按時領發活支各款，商承提調，轉呈總辦酌核判行。

第二十七條　庶務司事稟承提調，經理一切庶務。

第二十八條　管庫司事專管庫存各項，隨時查驗收護。

第二十九條　録事專司繕寫，差弁、夫役等，各守堂規，分任其事。

第三十條　章程所開員司職任係屬大綱，其詳細條目，在京師由該總辦酌擬，稟承軍諮處。在各省由該總辦酌擬，稟承督撫核定施行。

堂規

第三十一條　學堂執事各員，須選熟諳學務，明悉軍事，堪爲諸生表率之人，如有離經畔道，敗壞秩序，淆惑觀聽者，立予絀退。

第三十二條　全堂職員，均由總辦隨時考察，如有不能勝任及曠廢職務之員，應即稟請撤换，遴員接替。

第三十三條　學堂功課，每一學年期滿，將全堂學生所學成績造具表册，呈軍諮處轉呈陸軍部查核。

第三十四條　全堂職員除遵照定章各專責成外，遇有關係大局之事，仍應互相匡助，和衷共濟，不得推諉膜視。

第三十五條　總辦因公遠出，全堂事宜，歸提調暫行管理。

第三十六條　堂内除提調及總教員外，其餘各教員、班長、委員等應一律輪流值日住宿堂内，料理一切事務，不准擅離；星期、年節暑假時，亦照此辦理。

第三十七條　各員在堂不得飲酒宴客，並不得與學生互相餽酬。

第三十八條　在堂員生夫役，不准喧嘩博鬬，犯者分別黜懲。

第三十九條　在堂各員如有應會之客，由門役先通名刺，引至會客廳。會畢，即行引出。

第四十條　堂門按時啓閉，每晚點名時落鎖，將鑰匙交值日員收管，巽晨點名後開放。

第四十一條　全堂學生，凡著操衣時，均行陸軍禮節。

第四十二條　恭逢皇太后、皇上萬壽及至聖先師誕日，端午、中秋各節，堂内員生放假一日，星期放假一日，年節放假二十日，暑假日期以及野外測量，如何給假，應由總辦隨時酌定。

第四十三條　恭逢皇太后、皇上萬壽及元旦，由總辦率領員生衣冠詣禮堂，行三跪九叩禮。元旦禮畢，全堂行團拜禮。

第四十四條　恭逢至聖先師誕日及開學日，由總辦率領員生詣禮堂，行三跪九叩禮。開學日謁聖後，各班長帶領學生，向總辦提調教員行三叩禮。

第四十五條　各項堂規内，如有未盡事宜，由總辦參照陸軍小學堂章程辦理。有應隨時增訂者，即查核軍隊内務條例，酌辦課程。

第四十六條　學生功課，以適合測繪學術爲準。

第四十七條　學生在堂三年畢業，每日功課，分聽講、自習兩項，平均以八次爲度。聽講每次以一點鐘爲限，自習每次以兩點鐘爲限。聽講每一點鐘休息十分，自習每兩點鐘休息二十分。

第四十八條　學生在預備科時，應普肄各案，不得意分輕重，以好惡爲取捨。在專門科時，則各究所精，務求深到，此外均應一概屏絶。

第四十九條　四季日晷長短不齊，日課亦應隨時更改，春季早七點前後上課，夏季早五點前後上課，秋季早六點前後上課，冬季早八點前後上課。

第五十條　每年除年假節暑假考期外，實在堂肄業約四十星期。

第五十一條　每日功課除自習外，按六次計算，則每星期共三十六次。預備科約習外國文六次，算學二十四次，體操四次，理化二次。專門科功課分堂内野外兩項，堂内約習專門測繪學二十八次，外國文六次，理化二次。野外則終日學習，不論時刻。第一學年約堂内六箇月，第二學年堂内四箇月，野外八箇月。

第五十二條　專門科學生體操一項，不入課目，由總辦斟酌，隨時添授。其各星期功課教授細目，由總辦督同總教員隨時酌定。

考試

第五十三條　學堂考試分月課、年考、畢業考三種。

第五十四條　月課由總數教員會同各教員行之，以平日口問或筆問時各教員所定分數爲準，每月一次，彙列成表，呈總辦校閲。

第五十五條　每一學年期滿，由總辦酌定考期，舉行年考，先期停課數日，以資温習。届期由總教員會同各教員議行題目，呈總辦核定。考後將一年間學生所學成績，分別呈報軍諮處及該省督撫查照。

第五十六條　畢業考由總辦訂定考期，先行停課，令學生温習舊業，以一星期爲限。一面擬定考録程式，分別呈由軍諮處轉呈陸軍部及呈該省督撫，派員會同考試，以定畢業等第。

第五十七條　考核分數，按門計算，以二十分爲滿，每項功課若干題，即以若干題分之，爲每門功課之分數。合計各門分數爲總分數，再按總分數之門數，分之爲平均分數。

第五十八條　核定次序，以平均分數之多寡，爲定平均分數。同則視總分數，總分數同則視前考次序，以課殿、最。

第五十九條　考試次第分爲五等，十八分以上爲最優等，十三分以上爲優等，八分以上爲中等，八分以下爲下等，四分以下爲不列等。

第六十條　年考、畢業考凡不列等者，即令退學。考列下等者，察看資性，酌准降班學習，或令退學。

第六十一條　年考後，視其成績之高下，凡分數及四分之三者，爲第一級，分數及半者，爲第二級，分數在半以下者，爲第三級，各按學級發給津貼，以資鼓勵。

第六十二條　凡考試不列者，一律不准補考。尋常月課不到，所缺分數，以零計算。年考不到，令降一級學習。畢業考不列，即予開除，或仍令降班學習，下届再考。如確係因病及親喪等事故，臨時由總辦查明，酌量情形，准其補考。

第六十三條　凡考試如有夾帶、槍替、雷同等弊，一律扣去分數。

經費

第六十四條　學堂經費，應於每一學年之末，將來年用費分額支、活支兩項，由該總辦約畧估計，分別呈由軍諮處轉呈陸軍部，及呈明該省督撫立案，指撥的款，以資應用。

第六十五條　凡全堂員生薪津火食、夫役餉銀、紙筆墨費、醫藥費及一切常年應用款項，爲額支於前條立案後，按月具領應用，遇閏照加。其修造房舍、冬日爐火、夏日涼棚、學生衣履並書籍、儀器等項爲活支，隨時呈請派員製辦，發交學堂備用。

第六十六條　學堂如用外國教員，其薪水等項，在京師則由總辦分別呈請軍諮處轉呈陸軍部，在外省則呈該省督撫隨時核定，另案支銷。

第六十七條　各項用費，凡由學堂領款製辦者，均限三箇月一次，造具四柱清册，在京師者呈軍諮處轉呈陸軍部，在外省者呈督撫核銷。

第六十八條　學堂職員學生夫役等薪津餉項，統限每月二十日下午發給，由本人蓋戳支領。

第六十九條　第一學年全堂額支款目，約計大概如下：

學生　專門科第一、二、三級生，月支津貼六、五、四兩。預備科第一、二、三級生，月支津貼三兩五錢、三兩、二兩五錢。各級學生人數，暫按百名計算，平均約需銀五千兩。

總辦　每月支薪水銀二百兩。每年需銀二千四百兩。

提調　每月支薪水銀一百兩。每年需銀一千二百兩。

總教員二員　每月支薪水銀一百八十兩。每年需銀四千三百二十兩。

數學教員四員　每員月支薪水銀一百兩。每年需銀四千八百兩。

理化教員一員　每月支薪水銀一百兩。每年需銀一千二百兩。

外國文教員二員　每員月支薪水銀一百兩。每年需銀二千四百兩。

體操教員一員　每月支薪水銀三十兩。每年需銀三百六十兩。

班長三員　每員月支薪水銀二十四兩。每年需銀八百六十四兩。班長人數應視學生多寡爲衡。此就學生百人言之，若不及百人或近百人者，應准酌量增減。

醫官兼衛生教員一員　每月支薪水銀六十兩。每年需銀七百二十兩。

文案一員　每月支薪水銀四十兩。每年需銀四百八十兩。

收支委員一員　每月支薪水銀三十兩。每年需銀三百六十兩。

庶務管庫司事各一員　每員月支薪水銀二十兩。每年需銀四百八十兩。

録事三名　每名月支薪水銀十二兩。每年需銀四百三十二兩。

差弁二名　每名月支餉銀八兩。每年需銀一百九十二兩。

印刷匠四名　每名月支工食銀六兩。每年需銀二百八十八兩。

鐘夫門役夫役共三十名　每名月支工食銀三兩三錢。

學堂燈油雜費等項　每月約支銀一百兩。每年需銀一千二百兩。

學生火食　每名每月支銀三兩。每年需銀三千六百兩，按一百名計算。

學生筆墨紙張　每月約需銀一百兩。每年需銀一千二百兩。

每年共約需銀四萬兩。

以上員司薪水，年有加減，所算不過大概，皆係常年經費，閏月照加活支在外。

第七十條　京師現設之測繪學堂全班學生一百名，各項經費，係照此擬定。如各省經費充裕，自應一律照支。儻因款項短絀，或所收學生不及百名，應准該督撫體察情形，將薪津費用減成發給。員司額數可以暫減者，並准酌量緩設，惟須先咨行陸軍部核定立案。

清《陸軍部新定測繪章程》　速成三角測量及水準測量，以測定各地點之位置真高，而供繪製軍用地圖之用爲宗旨。

第一條　速成三角測量及水準測量，除順天府屬及內外蒙古由陸軍部擔任外，各省應由本省自行籌辦。其彼此地界相連處，應互相商酌，將三角點及水準點妥爲安設，以資聯絡。

第二條　速成三角測量分爲第一、第二、第三三種，速成水準測量分爲第一、第二兩種。

第三條　第一種三角測量各點距離，平均約以十五吉羅密達爲度。第二種三角測量各點距離，平均以六吉羅密達爲度。第三種三角測量各點距離，平均約以二吉羅密達爲度。

第四條　三角點應於周圍約四百吉羅密達之地，沿邊設立形如環狀之三角鎖。由一三角鎖漸次向外推廣，以掩覆全測量地面。藉此第一種之角點爲準，於其所包地域内設置第三種三角點。如果地形測量之技術已極精巧，地勢合宜，縱然不設第三種三角點，亦於測繪並無妨礙時，可以從省，不設第三種三角點。

第五條　第一種三角點位置，應用三角鎖平均法算定。第二種三角點位置，應用似真式直角縱橫綫之平均法算定。惟第三種三角點位置，不用平均法算定。

第六條　無論何種三角點，其位置統以經緯度指示。

第七條　京師及各省首府，應設經緯度原點一處。其經緯及指角，應用大體測量法測定。至於各省設置該項原點時，可先咨會陸軍部飭軍諮處測地司會商舉辦。

第八條　各省應否設置縱横綫之原點以便測量，須先咨陸軍部查看是省所居地位如何，面積之大小，酌定處所，飭軍諮處測地司協商辦法。

第九條　第一種水準測量綫，應循各省會互相聯絡之大道而設，首尾相聯，成爲環狀，漸次擴充，以成網形，謂之水準網。其各點互距以二吉羅密達爲度，每一水準環狀周圍約以四百吉羅密達爲度。

第十條　第二種水準測量之線路，應循第一種水準測量網内之要道設置。其各點互距以二吉羅密達爲度，但其始終二點，應與第一種水準點或已測定之第二種水準點相連。

第十一條　第一種水準點真高，應用水準網平均法算定，惟第二種水準點真高，不用平均法算定。

第十二條　所有測量上各點之真高，統由中等海水面起算。

第十三條　第一、第二兩種三角點及第一種水準點，應一律埋置石點以爲標識，並須永遠保存。

第十四條　第三種三角點及第二種水準點測量[隨]時設備，以爲標識，毋須永遠保存。

第十五條　各種三角點之真高，恒用三角術上高程測量法決定。惟其中應酌定若干點，用第二種水準測量法直接測定，以爲三角術上高程測量之基準。

第十六條　三角術上高程測量，應與第二種三角測量同時並行。

第十七條　各省施行三角測量及水準測量，購用儀器，應與陸軍部商定式樣，以免扞格而利實行。

清·載濤、毓朗《呈京師陸軍測地局暫行章程清單》宣統元年八月十三日

（清檔）　第一章　部則

第一條　京師陸軍測地局隸屬軍諮處第四廳，施行順天府屬及内外蒙古陸地測量，修製兵要地圖，並掌一切關於丈量地面事宜。

第二條　測地局應設三角、地形、製圖三股，分任測地製圖事宜。庶務、庫藏、會計等項，另設專員管理。

第三條　三角股專任三角測量及水準測量，測定各地點之位置及其真高，以爲測繪地形之基準。地形股專任地形測量及修正測量，測出地形，繪作原圖，以備製圖。製圖股專任繪圖製版印刷事宜，繪製圖版，印製成張，以供軍隊及一般社會之用。

第四條　測地局辦事細則及一切應訂事宜，均由局長稟承第四廳長擬訂，俟管理軍諮處大臣核准後，分别飭遵。

第五條　此項定章奏定後，應由局長切實遵行，隨時由軍諮處第四廳派員查考。倘有須爲變通之處，准於每年十一月由局長敘出情由，擬訂辦法，開具説帖，呈由軍諮處第四處核議後，稟明大臣辦理。

第二章　編制

第一條　京師陸軍測地局應設職員如左：

局長一員，以正副參領充。提調一員，以協參領正軍校充。司庫員一員，以正軍校充。會計員一員，書記一員，股長三員，以副協參領仝副協參領充。股員三員，以正副軍校仝正副軍校充。班長十二員，以正副軍校仝正副軍校充。班員一百九十員，以仝副協軍校及五等藝士充。司務九員，以三四五等藝士及相當文職充。録事三員。

第二條　全局員司統系及其配布情形，另作編制表，附列於後。

第三章　職掌

第一條　局長督飭局員，整理全局事務，任測地、製圖之責。

第二條　提調稟承局長，督飭所屬掌管全局庶務，經理機密文件。

第三條　司庫員稟承提調，收掌器具、器械、圖籍材料等項。

第四條　會計員稟承提調，經理出入款項。

第五條　書記稟承提調，經理文牘，收發檔，並隨時幫理一切事務。

第六條　司務各承上官之命令，辦理雜務，約束夫役。

第七條　録事受書記之指揮，司繕寫謄録，並幫理雜務。

第八條　三股股長稟承局長，督飭股員，整理本股事務，分任三角測量、水準測量、地形測量、製圖製版、修正印刷等事之責。

第九條　股員稟承股長，經理本股事務。

第十條　班長稟承股長，督率班員，管理本班事務。

第十一條　班員稟承班長，分任本班業務。

第四章　經費

第一條　京師陸軍測地局經費分爲三宗：（一）開辦經費；（二）常年額支；（三）常年活支。

第二條　測地局開辦經費約需銀一萬一千六百八十六兩，另列預算表於後。常年額支項下，有職員薪俸銀六萬四千六百四十四兩，夫役、工匠、工食銀一千二百兩，雜費、燈油、煤炭、筆墨、紙張之類銀二千四百兩三款，總計約共需銀六萬八千二百餘兩。其職員薪俸一款，另作詳表，附列於後。

第三條　常年額支各款，雖照上項訂定，設局之初，派員尚少，應由局長核實支銷。

第四條　常年活支項下，有測量旅費、傭工費、材料費、通運費、器具修理費等款。

第五條　活支各歲有增減，且開辦伊始，事業尚簡，每年實需若干，應由局長詳細預算，於上年十一月内，呈由第四廳核議後另行請款，立案支銷。

清·兩廣測繪學堂《速成三角測量及水準測量暫行規則》　第一條　速成三角測量及水準測量，以測定各地點之位置真高，而供繪製軍用地圖之用爲宗旨。

第二條　速成三角測量及水準測量，除順天府屬及内外蒙古由陸軍部担任外，各省應由本省自行籌辦。其彼此地界相聯處，應互相商酌，將三角點及水準點妥爲安設，以資連絡第一條速成三角測量分爲第一、第二、第三種，速成水準測量分爲第一、第二兩種。

第三條　第一種三角測量各點距離，平均約以十五吉羅密達爲度，第二種三角測量各點距離，平均約以六吉羅密達爲度，第三種三角測量各點距離平均以二吉羅密達爲度。

第四條　第一種三角點應於周圍約四百吉羅密達之地，沿邊設立形成環狀，謂之三角鎖。由一三角鎖漸次向外推廣，以掩覆全測量地面。藉此第一種三角點爲準，於其所包地域内，安設第二種三角點。又於此兩種三角測量所包地域内，設置第三種三角點。如果地形測量之技術已極精巧，地勢合宜，縱然不設第三種三角點，亦於測繪並無防礙時，可以從省不設第三種三角點。

第五條　第一種三角點位置應用三角鎖平均法算定，第二種三角點位置應用似直角縱横綫之平均法算定，惟第三種三角點位置不用平均法算定。

第六條　無論何種三角點，其位置統以經緯度指示。

第七條　京師及各省首府應設置經緯度原點一處，其經緯度及指角應用天體測量法測定，至於各省設置該項原點時，可先咨會陸軍部，飭軍諮處測地司會商舉辦。

第八條　各省應否設置縱横綫之原點以便測量，須先咨陸軍部查看是省所居地位如何，及面積之大小，酌定處所，飭軍諮處測地司協商辦理。

第九條　第一種水準測量綫路，應循各省會互相聯絡之大道而設，首尾相聯，成爲環狀，漸次擴充，以成網形，謂之水準網。其各點互距以二吉羅密達爲度，每一水準環狀，周圍約以四百吉羅密達爲度。

第十條　第二種水準測量之綫路，應循第一種水準測量綱内之要道設置。其各點互距以二吉羅密達爲度，但其始終二點應與第一種水準點，或已測定之第二種水準點相連。

第十一條　第一種水準點真高，應用水準綱平均法算定。惟第二種水準點真高，不用平均法算定。

第十二條　所有測量上各點之真高，統由中等海水面起算。

第十三條　第一、第二兩種三角點及第一種水準點，應一律埋置石點以爲標識，並須永遠保存。

第十四條　第三種三角點及第二種水準點，則僅設木樁以爲標識，毋須永遠保存。

第十五條　各種三角點之真高，恒用三角術上高程測量法決定。惟其中應酌取若干點，用第二種水準測量法直接測定，以爲三角術上高程測量之基準。

第十六條　三角術上高程測量，應與第二種三角測量同時併行。

第十七條　各省施行三角測量及水準測量，購用儀器，應與陸軍部商定式樣，以免扞格而利實行。

清・佚名《安徽督練公所辦事章程》　第三章　分　科

安徽督練公所係遵照練兵處奏定章制，分設兵備、參謀、教練三處。【略】參謀處專司調度策劃，並考查中外輿圖形勝等事略，如日本參謀本部。【略】

參謀處

【略】三、測繪科，司測繪中外輿圖形勝等事。附屬陸軍測繪學堂。

甲、測繪安徽明細軍用地圖。

乙、測繪本國山川、道里、都邑、要塞各圖。

丙、測繪界於鄰國之海岸、鐵道、山勢諸險要地點。

丁、測繪地圖時遇有道路、街市、村落、森林、道里之遠近險易，及人口之多寡，軍需品之有無，均須一一附表列入圖後，以供行軍徵發備戰之資。

戊、管理測繪學堂，陸軍測量部，課習算數測繪等事，並督員實地測量。

己、管理刊印軍用地圖，並發行地輿等事。但此等秘密地圖，非經參謀處許可，不得刊行出售。

教練處

一、訓練科，司訓練兵隊等事。附監察要塞。

壬、會同參謀處測繪科，測繪要塞炮臺形勢險要。【略】

清・世續等《清德宗實録》卷一九九　光緒十年甲申十二月丙子，又諭：御史謝祖源奏「時局多艱請廣收奇傑之士遊歷外洋」一摺，著該衙門議奏。尋總理各國事務衙門奏，遵議御史謝祖源條呈各節。除飭由出使大臣分飭屬員遊歷境内，考覈記載，分門考求，並督出洋武弁學生等學習各項技藝外，如翰詹部屬中，實有製器、通算、測地、知兵之選，堅樸耐勞、志節超邁，可備出洋遊歷者，似應飭下翰林院六部覈實保薦，咨送總理各國事務衙門考覈，再行奏請發往。從之。

清・張人駿《奏爲廣東省測繪學堂甲班學生畢業派令實地測繪等情形事》光緒三十四年（清檔）　再，前准練兵處咨，行軍之要，首重地形，而欲知地利，必須測繪測量，飭速派員周歷履勘，按照頒發圖例繪製略圖，咨送以資軍用等因。當經前督臣岑春煊劄行參謀處司道，遵照籌辦，隨據稟准，設立測繪學堂，招考學生入堂肄業。岑春煊交卸，周馥到任，以原辦規模多未完備，飭據督練公所整頓擴充，酌擬暫行章程，核准照辦。本年二月准陸軍部將奏定籌議全國軍用地圖辦法並酌訂測繪學堂章程咨行到粵，因粵省測繪學堂開辦在先，部定新章在後，辦法不無參差。而堂中甲班學生夏間即可畢業，未便更張，即經咨准，部臣核復立案。兹查該堂學生刻已畢業，應另招考新生，遵照奏定章程辦理。體察粵省情形，其中尚有應須變通數條，現經咨請部示。至測繪輿圖，應即趕緊開辦。惟是粵省幅員遼闊，經費繁難，通省同時並舉，人力、財力均有未逮。現擬就關於防守戰務最形喫緊之處，先行選派畢業員生，分段測繪，略得全省十分之四，計由省城至燕塘，及東江至惠州，南至於海，西江至封川，亦南至於海，並高雷、廉、欽等屬，約面積三十萬方里有零。照陸軍部所定三角測量及水準測量暫行規則計之，約有一等三角點九百七十，二等三角點五千一百，三等三角點四萬八千六百，共約五萬四千六百七十點。計派學生九十員，加以委員監視官及班長班員等，一切薪水伙食，舟車旅費雜用，每月約需銀三千六百兩，每年約銀四萬三千二百兩。又設立標識經費，照點核計，分日匀算，每月約支三四百兩，每年約支銀四五千兩。再，連前項支銷每年約支銀四萬八千餘兩，約計十年内外，可以告成。如將來畢業人數增多，告成之期可以較速，預算經費亦應減少。此外尚有開辦時添購儀器，約需價銀四千二百餘兩，不在常年經費之内。所有此項測量用款，應即彙入成鎮經費，飭行司局設法預籌，以濟要需。據督練公所兵備處總辦補用道韓國鈞等具詳前來，臣維測繪輿圖，係准部臣奏奉諭旨：飭辦處。茲時艱憂患日亟，軍事待用孔殷，併日而圖，猶慮緩不濟急，際此學生畢業，亟應派令實地測量，認真從事。查核現擬辦法，均尚妥洽，應飭趕緊開辦，以修戎備。除咨部查照外，謹附片具陳，伏乞聖鑒訓示。謹奏。

（硃批）：陸軍部知道。

清·載濤等《奏爲京師陸軍測繪學堂第一班學員畢業遵章請派大員會同考試事》宣統元年八月十三日（清檔） 竊京師陸軍測繪學堂第一班學生曾由陸軍部奏請，照測繪人員考試出身補官章程高等科畢業辦理，奉旨允准在案。茲查該堂第一班學生自光緒三十年八月入學，三十二年八月速成畢業，接習三角科專門學業，截至本年八月，五年期滿，預定功課均已完畢，自應遵章照高等科舉行畢業考試。奴才等擬於八月二十一日起，分場考試，至二十五日一律完竣。查陸軍部本年四月奏定測繪員生出身補官暫行章程第七條內開：高等科畢業，屆時奏請欽派大員會同考試核定等第等因，理合奏請簡派大員來堂會考，恭候旨下，即由奴才等欽遵辦理。所有奏請欽派大員會考測繪學堂第一班畢業學生緣由，謹恭摺具陳，伏乞皇上聖鑒，謹奏。

（硃批）：著派載澤、徐世昌會同考試。

宣統元年八月十三日

清·載濤等《奏爲留學日本陸軍測繪第四期學生畢業回國請派大員會考事》宣統二年十一月二十五日（清檔） 竊查陸軍部暨各省從前派遣赴日留學陸軍測繪專科學生其第一、二、三期畢業回國，在尚未奏定出身補官章程以前者，經臣處於上年八月間奏准免其考試，並經聲明，以後留學外國測繪學生畢業回國，仍照章辦理等因在案。茲准出使日本大臣汪大燮咨遣第四期學習陸軍測繪畢業學生二十人回國候考，並據留學生監督將該生等學科成績列表彙送前來，自應分別考試，以憑録用。查陸軍部歷屆考試留學外洋陸軍經理陸軍員警各項學生，均係奏請欽派大員考試。臣處奏定測繪員生畢業考試出身補官任用章程第七條內開：高等科畢業，屆時奏請欽派大員會考各等因。臣等查此次測繪畢業學生係由日本振武學校畢業後，於光緒三十三年十一月派入日本陸地測量部學習測繪專科，於本年十一月期滿畢業，核與陸軍部歷屆考試之各項留學生事同一律，並與臣處擬定之高等科畢業程度相符，自應遵章辦理。現擬自本月二十七日起，即就臣處署內分場考試，該生等所學量地學、三角測量學、地形測圖學、製圖學、化學、微積分學、解析幾何學、高等代數、球面三角法、最小自乘法、寫真製版學、印刷學、彫刻學、國文、外國文等十六門功課，至三十日完竣，相應奏請簡派大員會考，恭候命下，即由臣處欽遵辦理。所有留學日本陸軍測繪第四期學生畢業回國，照章奏請欽派大員會同考試緣由，謹恭摺具陳，伏乞皇上聖鑒訓示。謹奏。

宣統二年十一月二十五日

清·吴大澂《奏爲測量黄河擬於河南設立河圖局咨調熟諳測繪委員學生來豫并請酌予奬敘事》光緒十五年二月初二日（清檔） 再，輿圖之學，古人不如近世之精。海道、長江各圖，與海防、江防大有裨益。輪船管駕，測量水道，賴有準圖以爲表則。畫山必及四址，山麓所占之區，非實測不知其寬廣。繪水必及沙灘，沙腳所占之地，非實繪不知其淺深。而黄河之曲直寬窄，與河防關係尤重。向來繪圖多出吏胥之手，僅知大略，並不開方記里。河臣治河，求一詳細河圖而不可得。中州官吏士子，亦無精於測算之人。風氣未開，難求實效。臣擬於汴省設立河圖局，咨商南、北洋大臣、兩廣總督、船政大臣，選調津、滬、閩、粤各局熟諳測繪之委員、學生二十餘人，咨送來豫，分段測量。自河南之閿鄉縣黄流入境之處，至山東之利津海口止，繪畫全圖，刻成精本，亦河工善後之一端。雖河道時有變遷，而隄岸之寬狹，何處頂衝，何處坐灣，隄內之支灘、嫩灘、新壩、舊壩，隄外之水塘、土塘、官地、民地，大小諸河之會合，南北各山之毗連，城郭、村莊之遠近疏密，皆可一目瞭然。有定之界址，既可按籍參稽，其無定之灘河亦可隨時添注，實爲講求河務不可少之圖。惟該員等航海而來，沿河跋涉，與創辦電線之員，勞績相等，非酌予奬敘，不足以鼓勵人才。而精於測算圖繪之學，頗難其選，不致冒濫。如蒙俞允，俟咨調到局，將各委員、學生銜名咨部存案，以昭核實。是否有當，謹會同直隸總督臣李鴻章、河南撫臣倪文蔚、山東撫臣張曜合詞附片陳明，伏乞聖鑒訓示。謹奏。

光緒十五年二月初二日奉硃批：兹准其咨調數員辦理繪圖事件。至所稱設立何圖局及酌予奬敘，未免先事鋪張，並毋庸議。欽此。

清·田其田《奏請飭京外開設輿圖學堂局所裨益農務事》光緒二十四年八月初四日（清檔） 竊惟古之教稼，始於經野。《周官》、《王制》其說最著。故大司徒以地圖知地域、察天時、辨名物、會物生、知土宜、教種法，而後率屬分職，頒十二令，載師遂人，因條成理，山川能說，可爲大夫推原治本，皆按圖也。蓋教民莫先於養，養民莫重於農，農利於地，而求地之利，又莫要於圖。上哲、聖王所以經營天下，致於富厚者，鮮不出此。周秦以來，疇人子弟零落殆盡，阡陌既夷，圖籍散失。後世疆域愈恢愈廣，遂亦茫然無可稽考。張、裴之徒偶師遺法，一時士夫驚爲異聞。地志方輿約略記載，不精不詳，頗難據信，談兵諸家尚能言之。宋明傳本但鉤畫山水，注釋名稱，未有方格，是以草率。於其道里形勢，高下向背，令人臨書而嘆，不可索解。西人既通算術，遂精測繪，然臣見羅馬古圖猶無方格也。迨其學大進而南懷仁進西洋圖，中國始稍稍廣見聞矣。聖祖仁皇帝勤求治道，振興絶學，命西洋人徧測郡縣經緯度數，於是内府有《大清一統輿圖》，爲方百里，未及詳測地面。皇上紹統承緒，重修會典，諭令直省實測量，繪呈地圖。聖聖同揆，若合符節。惟各省督撫多因限期促迫，經費支絀，仍未詳加測繪，器具不精，章程不善，奉行故事，開局塞責。開創之始，館中曾有駁詰，終以空談，相率進呈，粉飾紙上。雖湖北、廣東、浙江三省稱爲精密，查湖北係徧測各縣天度，其地面則僅測武昌、漢陽、黄州、德安、安陸、荆州諸府；廣東僅測首府地面，餘就前次已繪之沿海各縣舊圖，鈔繪成帙；浙江多録黄炳垕原稿，其無稿之縣，略量人行道里。至江蘇乃並未開局，割裂丁日昌之圖，分爲府縣。他省則更少實測者。大率各省悉用志書及私家遺稿，又以胡林翼所刻《内府圖》爲藍本。館臣京外距隔，無從確查，但據所呈載入《會典》而已。即如上年朱姓呈請總理衙門繪沿海圖，已議准由南洋撥銀三千兩，令其往辦，恐非實在辦事，要亦徒沿積習耳。臣昔年曾充湖北輿圖局教習，分測各縣地面。嗣入江西輿圖局，專測全省縣治天度，久於其事，故深知其草率，且盡悉其中流弊，此臣所以有測繪輿圖之請也。皇上振興庶務，稼穡爲本，首開農局，講求新法。臣愚以爲西人之學，無事無圖，兵農工商皆先圖而後事。各國考究輿圖，尤有專家測繪之法，日精一日，愈精愈詳。近者日本臺灣畫圖房於測量之後，剸象牙片依地闢圖，再繪成幅，以備佈置政令，(豪)〔毫〕髮無差，其巧極矣。中國幅員二千餘萬方里，爲亘古所未有。地大物博，莫名其實，是以道里遠近，山川形勢，人物之數，種植之道，溝渠之利，隄防所繫，土質産類，形性區別，老農土著之輩，皆昧昧然舌撟目瞠，不知所言。若夫地方官吏，鄰近士庶，更無從通曉。此則輿圖未精未詳之所致也。西人講求國計民生，重在盡地之利，故考地理，又以地志爲根，凡言繪地圖者，無學無之。農書所云，特其一端耳。既便於事，尤與古治合焉。今行農政，效西法，擬請京師設輿圖總局，各省設輿圖學堂，教以新法密率，分郡置局，按縣酌測要地，經緯徧測，所轄地面，逐一察考。天氣、地勢、土質、物産、牧種之法，應辦事宜，兼查民生風俗，詳記貼説，繪具一里方細圖、十里方縮圖，補會典館之未備，誠煌煌之巨觀。按縣自行籌費千金，期以一年畢事，進呈御覽，分存京外各衙門局所。先由農局按籍考核，以憑籌辦，隨時載入農報。將來水土之利，種植之法，足資試驗，地力人力，庶幾交盡，實於農務大有關係。且此等學堂，嗣後仍可兼教兵學，並備鐵路鑛務之用，俾有本可據，毋庸另行開辦，是一舉而有數利也。再近來沿江、沿海商埠附近要地，洋人皆已密行詳測繪圖而去。中國自有其地，不能自知，反使外人瞭於指掌。若不詳辦，將來何以收回利權哉？新政切要之圖，根本之治，莫亟於此矣。相應請旨，通飭京外，開設輿圖學堂局所，首爲裨益農務之助。如蒙俞允，所有開辦測繪章程，再行詳細具陳。是否有當，伏乞皇上聖鑒。謹奏。

光緒二十四年八月初四日

清·張人駿《奏爲河南省設立測繪學堂以資軍用事》光緒三十二年九月二十二日（清檔） 竊查上年冬間，承准練兵處咨稱，行軍首重地形。從前各省輿圖於方隅險要，多係側面繪法，真正道里既不能顯，原來形勢亦莫由知。兹擬就圖例，通行各省遴員履勘繪製略圖一分，以資考究等語。經前撫臣陳夔龍劄飭司道會同核議，臣到任後，復飭趕速籌款興辦去後。兹據藩、臬兩司會同兵備處、參謀處詳稱，豫省風氣甫開，測算之學素少講求，現擬勘繪全省地圖，即由他省咨調數員，亦難集事。惟自設學堂遴派測繪人員充當教習，選擇粗通文義、年體合格之學生入堂肄業。畢業後，分赴各府，挨次測量，製繪成圖，庶可濟用。但豫省餉力非裕，籌撥維艱，另建學堂，有需時日。查新建陸軍學堂内，尚餘空閒房舍數十間，堪以作爲測繪學堂。擬即考選學生六十人，分班肄習，限二年卒業。堂内提調教習，即以測繪科各委員兼充，添設文案一員，並司事、清書、兵夫等，核計長年薪費、伙食各款，共需銀六千餘兩。除前武備學堂原有隨營學生四十名額，餉銀二千一十六兩，仍由營撥給。其不敷銀四千餘兩，由糧鹽道釐税局分認籌款，按月移解。業經考選學生，擇吉開學。並擬定試辦章程、學堂規則，造册呈請，奏咨前來。臣覆查無異，除將送到清册分咨練兵處、户部、兵部查照立案外，理合恭摺具陳，伏乞皇太后、皇上聖鑒訓示。謹奏。

（硃批）：陸軍部知道。

光緒三十二年九月二十二日

清・達桂等《奏爲遵照部章添設測繪學堂一切經費請列入陸軍案內作爲開銷事》光緒三十三年四月十九日（清檔） 再，測繪一事，與軍政關系最切，故自來兵學家恒資以爲進退之具，東西各國之所以料敵如神者，無不外此。我軍家不及時講究，譬如夜行生僻之徑，東西方向且不能辨，而猶望非其決勝萬里，不綦難乎？況吉省練軍已至一協，亟應先就本省地勢，按部成圖，以資考鏡。惟是圖繪之學，蓋從測算而來，厥理本極精微，非授以專門課程，不能深造有得。上年冬間，已由督練處遵照部章，添設測繪學生，選擇粗通兵學者四十名，特以兩年畢業，自城郭、山川、村町、市集，以逮火車、輪船逕行支達之區，參考折衷，務使經緯度綫毫釐不爽，利益軍人，效用良非淺鮮。所有一切經費，應請列入陸軍案內作正開銷，限分咨陸軍、度支兩部查照並一面草擬章程，先行開辦外，是否有當，理合附片具陳，伏乞聖鑒訓示。謹奏。

光緒三十三年四月十九日奉硃批：覽。欽此。

清・世續等《清德宗實録》卷五七二 光緒三十三年丁未夏四月己卯，署吉林將軍達桂等又奏：【略】遵設陸軍講武學堂、測繪學堂，令軍官研究兵學。下部知之。

清・世續等《清德宗實録》卷五七七 光緒三十三年丁未八月壬申，山東巡撫楊士驤又奏：遵練兵處議，於山東設立測繪局。下部知之。

清・徐世昌等《奏爲奉天省城籌建測繪學堂撥銀辦理等事》光緒三十四年五月二十三日（清檔） 再，去年臣等奏設東三省督練處摺內，曾經聲明開辦測繪學堂，仰蒙俞允在案。時值部章尚未頒發，東省亟需測繪人材，特在奉天省城東門外購地，建築學堂一所，就調東陸軍各鎮協中選擇曾充學兵者調入堂內，授以測繪課程，規模諸多草創。迄陸軍部奏定章程咨行到奉，自應遵照辦理。惟查部定原章，該堂學生須選收二十歲以下本省及駐防子弟，定期三年畢業，而東省現有學生既由學兵選取，年齒勢難盡符，且爲速成待用起見，所定學期僅一年半，亦與部章不合。今若遽行更改，既恐前功盡棄，抑且收效需時。東省幅員遼廓，所有軍隊調遣、界務糾紛，設法畫疆，移民屯墾，須知山川險阻之要，人民風土之宜，自非明晰輿圖，無從措手。故需用測繪學生之處，實較內地各省爲殷。擬仍按照前定試辦章程，俟此班學生畢業之後，再行遵照部章辦理，以資驅策而期統一。至該堂開辦經費，飭由部撥協濟鎊餘項下動用，應准作正開銷，常年經費擬由東三省鹽務稅捐項下騰挪提撥。只應實用實銷，按期具報。其吉林原有測繪學堂，本定學生四十名，人數既少，程度不齊，已拟俟此班畢業後，酌量歸併。除將前定試辦章程咨部備查外，謹附片具陳，伏乞聖鑒。謹奏。

光緒三十四年五月二十三日奉硃批：該部知道。欽此

清・錫良《奏爲滇省測繪學堂照章變通辦理事》光緒三十四年九月十六日（清檔） 竊維測繪一端，爲行軍之要著，東西各國，凡國防計畫、軍事計畫，莫不恃有精細地圖，以資考究。滇省毗連緬、越，遮罩川、黔，爲西南重要門户。而幅員遼闊，山川阻深，需用輿圖，實較內地各省爲尤亟。奴才去年到滇時，即電商兩江督臣端方，調派測繪教員來滇講授，曾經奏咨在案。旋即購備儀器，修建校舍，飭各屬選送學生，考取入堂，已於上年十一月二十八日開學。時值部章尚未頒發，堂內課程規則均倣照南洋測繪學堂，並參照陸軍小學堂章程暫行試辦，以二年爲畢業之期。茲於本年六月準陸軍部咨行奏定章程到滇，按之現行章程，其總則、職任及堂規各條大致尚屬相符，此外不同條件，自應一律更正，悉遵部章辦理。惟查部章，學生三年畢業，每年除假期外，在堂肄業約四十星期，三年畢業，共計一百二十星期。滇省天氣平和，無庸給放暑假。每年除年假及考試給假外，可得四十六星期，以三十箇月計算，適符定章一百二十星期之數。擬改預備科學術以十箇月爲期，期滿挑升專門科學，習三角、地形等科學，以二十箇月爲期。自去年十一月開學之日起，計至三十箇月期滿，舉行畢業試驗。因滇省急需測繪之員，縮短年限以冀人材之速成，伸足星期以免學術之不備。至部頒章程，常年經費約需銀四萬兩，滇省庫款奇絀，實難一律照支。查部章第七十條內載，各省因款項短絀，或所收學生不足一百名，應準將薪津費用減成發給，員司額數可以暫減等語，滇省學堂現有學生八十四名，自應將員司照章酌減數員，薪水減成發給，其餘津貼雜費，亦均量爲節省，約計常年額支經費，共需銀一萬九千二百餘兩。活支經費隨時酌覈發給，以杜虛糜。該堂開辦及常年額支活支經費，由善後局籌撥動用，均請准其作正開銷。除將變通辦理各條咨送陸軍部查覈立案並分咨度支部外，所有滇省測繪學堂照章變通辦理緣由，理合恭摺具陳，伏乞皇太后、皇上聖鑒訓示。謹奏。

（硃批）：該部知道。

光緒三十四年九月十六日

清・吳重憙《奏爲改設陸軍測繪所實測各屬軍用地圖情形事》宣統元年五月初六日（清檔） 竊查河南陸軍測繪學堂自光緒三十二年七月開辦，期定二年

畢業，經升任撫臣張人駿奏咨在案。臣於上年八月到任，該學堂已屆畢業之期，當經遴員會同考試，查照部定章程，應於畢業後選派優等生，分赴各府州測量製圖，以濟軍用，並添招新班以備陸續派遣。當飭陸軍參謀處會同總參議、藩、臬兩司、兵備處會籌議詳去後。茲據詳稱測繪學堂頭班學生，業經考試畢業，自應擬派諸生分班出省，實行測量，並招新班以爲預備。惟豫省庫款支絀，當創辦測繪學堂時，即係司道局各庫分任籌款，已屬不遺餘力。擬分班實測，薪貲已慮不敷。若復接招新班，經費更無所措。兩事同時並舉，財力實有未逮。第實測地圖關繫綦要，自未便因籌款不易，稍事遷延。司道等再四籌商，於勢難兼營之中，爲先其所急之計，擬將測繪學堂暫行緩招新班，即於畢業生中選其程度較優者，遴委學員，率同諸生，分赴各屬，實行測量。所需薪水、川貲等款，通盤籌計，除該學堂原有常年經費銀七千九百餘兩，尚不敷銀一萬兩有奇。現議先派三班出省，並切實核減經費，仍需添籌銀六千兩，即可勉敷支用。俟款有餘款，再照原額添派，商由藩司、糧鹽道、釐稅局各認籌銀二千兩，按月撥發，造具測繪簡章及額支經費清册，會詳呈請奏咨立案前來。臣維測繪關軍行之要，固當併日圖功，而財政值極困之時，惟有移緩就急，該司道等所陳，均係實在情形，不得不變通辦理。已批飭將測繪學堂暫行緩招新班，即日撥款，分派員生三班，先赴歸德、陳州、光州三屬實行測量，經費撙節動支，不得稍有冒濫。一俟續籌的款，再行陸續派遣，並添招新班學生，以符定章。除將送到清册分咨陸軍部、度支部查核外，所有改設陸軍測繪所實測軍用地圖緣由，理合恭摺具陳，伏乞皇上聖鑒，敕部立案施行。謹奏。

（硃批）：該部知道。

宣統元年五月初六日

清・奕劻、鐵良《奏爲酌改陸軍測繪學堂暫行章程並增訂尋常高等兩科課程以規進步事》宣統元年六月十七日（清檔） 竊照臣部於光緒三十三年十一月二十六日具奏，測繪全國軍用地圖辦法並測繪學堂暫行章程一摺，當經奉旨：依議，欽此。欽遵咨行各省遵辦在案。伏維兵家之學，最重輿地，是以測繪講授之精粗深淺，即爲造就人才分量所關。近來各國兵學日進，於新測繪一門尤資研究，皆主隨時改良，切合軍用，而不以故步自封，蓋以期程度之精深，裨軍謀之重要也。現經臣等督飭軍諮處員司遵照定章，就京外測繪學堂認真考核，切實體驗。茲據該處呈請，將原章酌加修改前來。臣等悉心察核，有宜酌改而稍事變通者，有宜增訂而俾臻完善者，誠以創辦之初，不能不隨時改良，力圖進步。且臣部測繪學堂開辦較各省爲先，實驗所得亦較爲確切，自非將章程修改妥善，俾利推行，何以收統一整齊之效？如原定章程第四條考選學生限以本省及駐防子弟，而客籍者不得附學，今應推廣附額，以宏造就。第五條各省學堂勿庸設製圖一科，今應令一律添設，俾資研究。第六條預備科一年專門科二年畢業，今擬改爲尋常科二年畢業，作爲藝士，俾經驗有效，再挑入高等，以進高深。第十五條預備、專門兩科分設總教員各一員，今核其職務與陸軍各學堂監督相同，應改併爲監督一員，俾歸一律。又原章祇設管庫司事，現查庫藏器械增多，值款甚鉅，應添設委員，以昭慎重。此酌爲變通者也。如預備專門各種課程，原章並未擬定。原慮各省學堂開辦先後不一，學生程度不齊，欲令自行酌訂，以期適合。今核各省咨報章程課程多不完備，彼此亦復紛歧，今擬另訂預備課程，立培植之基，免參差之弊。此現爲增訂者也。又如原章考試等次四分以下者，不列等。今改爲八分以下者，不列等。學生津貼每月有至五六兩者，今改至多者不逾二兩，皆以嚴校核，力杜浮糜。其餘各條，或須量爲損益，或宜率由舊章，均經詳細酌核，務求妥善，以仰副朝廷整頓學務，實事求是之至意。至於軍用地圖，關繫重要，亟須早日測繪，尤宜先植人材。現據各省咨報，開辦學堂者已屬多數。其未辦各省，臣部即查明咨催，趕緊設立，庶與原定辦法各省分任區域同時舉辦奏案相符，以期一氣銜接，早竟厥功。茲將改訂章程另繕清單恭呈御覽，如蒙俞允，即由臣部咨行各省遵照辦理，仍令隨時咨報。

清・載濤、敏朗《奏請設京師陸軍測地局分别酌定辦法章程事》宣統元年八月十三日（清檔） 竊查接管卷内陸軍部於光緒三十三年十一月具奏，籌擬全國軍用地圖辦法摺内陳明，陸軍部與各省分任區域同時舉辦，陸軍部專任順屬兼籌内外蒙古辦法，各省分令自辦。一切條教規則，由部主持，不得自爲風氣，稍涉異同等因在案。現在測繪一事，既經劃歸軍諮處辦理，自應賡續籌議，以期早日成功。伏維《周禮》職方一官，掌理地圖，以辨邦國要害。漢蕭何入關收秦圖書，具知天下阨塞强弱之處。是輿圖一門，關係行政治軍，自古已爲重要。近今東西各國注重戎備，莫不於地圖測繪，考求精細，不憚繁難，良以策畫軍事，首重精確地圖。周知地形，即以握兵家之勝算也。中國從前於測繪專門之學，素鮮講求。軍用測圖，更多闕畧。而幅員遼闊，需款浩繁，經始既難，成功不易。陸軍部前奏聲明，專任順屬測繪兼籌内外蒙古辦法，奴才等亟應援照實行，庶幾規模畢具，俾與各省漸相聯絡。兹擬在京城地方設立京師陸軍測地局，隸屬軍諮處，專辦順天府屬及内外蒙古陸地測量，修製兵要地圖，以供軍用。先從順屬入手，逐漸推行。查順屬五州十九縣，面積約九萬餘方里。每年勻測一萬方里，約需十年方可竣事。所需經費，業已列入本處常年經費之内。查陸軍部前次具奏，憲政逐年籌備事宜，測繪地圖應於本年舉行。況順屬爲畿疆重地，揆度情形，實難再緩。奴才等公同商酌，擬即於年内開辦所有測地局辦法章程，現經督飭第四廳分別擬訂，另繕清單，恭呈御覽。如蒙俞允，即咨行度支部撥款辦理。至蒙古地方，路程艱阻，土地荒寒，將來應如何陸續接辦之處，届時再行酌核情形，奏明辦理。所有擬設京師陸軍測地局，並分別酌定辦法章程緣由，謹繕摺具陳，伏乞皇上聖鑒訓示。謹奏。

（硃批）：依議。

宣統元年八月十三日

清・載濤、敏朗《奏爲委任陳其采等員充任京師陸軍測繪學堂襄校官事》宣統元年八月十三日（清檔）　再，查京師陸軍測繪學堂第一班學生畢業考試業經奏請欽差大員來堂會考，仍應派員襄校，以資佐理。奴才等查，有本處第三廳廳長正參領陳其采、第四廳科員留學測量畢業生李蕃均堪以派充襄校官，如蒙俞允，即由奴才等飭令各該員等欽遵辦理。理合附片具陳，伏乞聖鑒。謹奏。

（硃批）：知道了。

清・陳昭常《奏爲核銷吉林陸軍測繪學堂自開辦至畢業開支經費銀兩事》宣統元年十二月十三日（清檔）【略】竊查吉林省添設陸軍測繪學堂，曾經前署吉林將軍臣達桂、前吉林副都統臣成勳奏准，於光緒三十二年十二月初一日開辦，並體察吉省情形，酌擬試辦章程，考取學生六十名。三箇月後，斟別挑選四十名，分別等次，作爲定額。預計歲需額支經費銀七千零八兩，開辦費二千五百餘兩，活支銀三十餘兩，於未奉部章之先，奏明立案。迨至三十四年，陸軍部頒到測繪學堂暫行章程，彼時該學堂業已開學數月之久，未便更改。致棄前功。經前東三省督臣徐世昌、調任吉林撫臣朱家寶奏准，仍照吉林前定章程試辦，並經臣會同督臣，於是年十二月間，按照陸軍部行查各節查明，自三十三年八月以後，因添派體操教習及學長等員，改定額支常年經費銀七千五百一十二兩，先後咨奉部覆照準各在案。嗣於三十四年十一月學期届滿，考驗程度，深恐不齊。復經臣飭令，補習年署假内未滿功課，扣足二年，於宣統元年閏二月二十九日舉行畢業等因，咨部查照亦在案。兹查自光緒三十二年十二月初一日開辦起，至宣統元年閏二月二十九日畢業止，吉林陸軍測繪學堂共開支開辦經費官價銀二千四百九十七兩八錢六釐，額支正款官價銀一萬七千一百九十二兩，雜支活款官價銀六千七百六十六兩五分一釐六毫，統計以上正雜各款，共支官價銀二萬六千四百五十五兩八錢五分七釐六毫。每兩按吉錢三千三百文，折合吉市錢八萬七千三百四千三百三十文，先後飭由吉林度支司於加徵菸酒税款項下如數提撥給領。據駐吉兵備處幫辦徐世揚造具細數清册，詳請奏銷前來，臣覆核無異，除將清册咨送陸軍、度支兩部查照外，理合會同東三省督臣錫良恭摺具奏，伏乞皇上聖鑒，飭部核銷。謹奏。

（硃批）：該部知道。

宣統元年十二月十三日

清・馮汝騤《奏爲江西省籌辦測繪學堂並附設陸軍實地測量司暨三角專科學生畢業情形事》宣統二年二月初三日（清檔）　竊贛省測繪學堂於光緒三十三年正月間開辦，當時未奉部章，暫附於陸軍小學堂内招考學生四十名，所習功課與現定豫科課程大略相同。臣到任後，奉准陸軍部咨飭各省測繪學堂，專學三角、地形兩科，其製圖一科歸部辦理。當經臣督飭該堂遷移校舍，擴充學額，將原有學生選其程度較優，豫科可以卒業者三十四名，升入三角專科，並添招學生四十名先入豫科，以備地形專科之選。所有章程規則經臣派員赴部調查，倣照京師測繪學堂一律辦理。旋於宣統元年五月奉部頒奏改測繪學堂章程課目，並飭各省改三角、地形專科爲尋常科。此外更令添設製圖一科，將來各省地圖即歸本省製印，以資研究。復經臣委該堂總辦留江補用道陳旋樞親赴日本調查辦法，並聘三角技師平木安之助、地形技師蜂屋三十三等兩名，將三角、地形兩科應用器械擇要購辦回贛演習，以冀完全。一面添設製圖科，於九月間另招學生一百名入堂肄業。惟是科本分繪圖、電技、雕刻、寫真、印刷五班，應用器具繁多。如專設廠所以供練習，贛省財力實有未逮。查贛省舊有之印刷所，於製圖所需材料大致略具。如再添購電技、雕刻各種器械，稍事擴充，附設測繪學堂製圖科練習所，尚屬輕而易舉。業經臣飭司籌辦，以期早日觀成。此贛省籌辦測繪學堂三角、地形、製圖三科之大概情形也。惟查三角科學生三十四名在堂已及三年，考其成績，照部頒課目程度，均能跂及，自應照章准予畢業，已由臣親自涖堂，分門考驗。列優等者三名，上等者二十八名，經臣分別發給文憑，其餘三名未能及格，仍令留堂補習。一面將考驗題目試卷並成績分數各表，飭造送部，以憑察覈。其在事出力人員，再由臣擇充咨部請獎，以昭激勸。再，贛省訓練新軍已有混成一協，野外演習需圖孔殷。臣擬飭照日本測量部章程，籌設陸軍實地測量司一所，附屬於測繪堂。所有應用器械，業經籌備，今春即可實行。查九、南二府襟江帶湖，爲贛省第一門户，自應由此入手，按照部頒速成三角水準章程悉心籌辦。所需經費，飭令撙節支撥，實用實銷。俟繪有成圖，再行按里估計，以定全省應用之費，徐圖擴充。伏念軍用地圖關係重要，雖贛省度支奇絀，不敢不力任其難，以期培養成材，稍收尺寸之效。臣自當督飭在堂各員朝夕申儆，恪遵定章，認真辦理。所有贛省籌辦測繪學堂並附設陸軍實地測量司暨三角專科學生畢業各緣由，除咨軍諮處陸軍部外，謹會同兩江督臣張人駿恭摺具陳，伏乞皇上聖鑒。謹奏。

（硃批）：該衙門知道。

宣統二年二月初三日

清・陳夔龍《奏請核銷宣統元年北洋測繪學堂及測圖製圖兩所開支薪餉等項銀數事》宣統二年九月十五日（清檔） 竊照北洋測繪學堂暨測圖、製圖兩所，自開辦起至光緒三十四年之應正開支薪餉、公費等項，業經造册奏銷在案。其宣統元年支後款項，自應接續造報。查測繪學堂於宣統元年六月裁撤，自七、八、十月起，改設測圖、製圖兩所，前經奏明立案。是年該堂所開支經費，計舊管不敷湘平銀十一萬二千九十三兩二錢二分九厘九毫，新收長蘆運庫解測圖經費庫平申合湘平銀四萬一千一百二十兩三錢八分四厘，開除薪餉公費等項共湘平銀三萬九千八百五十七兩二錢二分一毫，應歸度支部核銷銀三萬六千三百六十九兩九錢二分四厘，應歸軍諮處核銷銀三千四百八十七兩二錢九分六厘一毫，實在不敷湘平銀十一萬八百三十兩六分六厘，業經挪移，應付應歸下屆滾接造報，撥北洋陸軍糧餉局司道造具清册，詳請奏銷前來。臣嚴加查核，均係實用實銷，並無浮冒。除將清册分咨查照外，謹繕單恭摺具陳，伏乞皇上聖鑒，敕部核銷施行。謹奏。

宣統二年九月十九日奉硃批：該部知道，單併發。欽此。

九月十五日

清・載濤等《奏爲留學日本陸軍測繪學生畢業回國考試請派第二廳科長徐孝剛等充當襄校官事》宣統二年十一月二十五日（清檔） 再，留學日本陸軍測繪學生畢業回國，業經奏請欽派大員會同考試在案，仍應添派襄校官，以資佐理。茲查有臣處第二廳科長徐孝剛、第四廳科員李耆、隊協軍校王相楚、東三省測量總局製圖科正監製官焦滇、輜重隊協軍校陳其善等，堪以派充襄校官。如蒙俞允，即由臣等飭知該員等欽遵辦理。謹附片具陳，伏乞聖鑒事。謹奏。

十一月二十五日

清・趙爾巽《奏爲籌辦講武學堂測繪學堂醫學堂情形事》宣統三年二月初四日（清檔） 再，陸軍現奏報成鎮地向於征軍之設備成立者，【略】一爲測繪學堂。查川省地方遼闊，向鮮完善地圖，軍路所開，籌畫原不可緩。臣上年遵章開辦測繪學堂，第一期專科學堂計於宣統三年五月畢業者七十餘人，現均陸續帶赴埘省一帶，實地練習。一面就該堂側近籌辦陸地測量局，而以是班畢業生派充，分測全省輿圖，俾山川險要之區，均瞭然於心目中。一旦行軍，庶不致茫無把握。【略】經臣歷年逐漸籌辦就緒，理合附片具奏，伏乞聖鑒訓示。謹奏。

宣統三年二月初四日奉硃批：覽。欽此。

清・端方《端忠敏公奏稿》卷一二《測繪學堂辦理情形摺》 竊維地圖爲行軍之要需，而測繪實地圖之根本。江南測繪學堂之設，經始於三十一年九月。其時前督臣周馥議辦第九鎮新軍，籌及野外演習，宜有詳細地圖指畫教授。飭由參謀處詳定章程，設立測繪學堂，招選已畢業普通學者爲學生，延聘日本專門技師三人，分授功課。課分三股，一曰三角，二曰地形，三曰製圖。三股復別爲兩科，專習一股者爲尋常科，並習三股者爲高等科。尋常科限一年半畢業，高等科限四年畢業。開辦之初，學生皆專習一股，是以高等科尚未有人。計各股學生習三角者二十人，習地形者三十七人，習製圖者二十七人。同時附設實地測量司，借用將弁、陸師兩堂畢業學生，充測量人員，專辦地形測量。定議先就本省險要區域，測繪成圖，以便軍隊演習之用。此開辦之大略情形也。臣到任後，以各國測繪之法無不從三角網入手，專用地形測量，萬難精確。爰委留學日本士官學校畢業生吴茂節爲總辦，責令設法擴充。其時適准前練兵處咨催各省略圖，聲明各省只專辦地形測量，無庸採用三角，以期速成等因。復經臣一再咨商，以江南地勢崎嶇，專用地形測量，差積不免太甚，始經允准，採用三四等三角網法。查江蘇全省面積約三十萬一千五百米達之遠，設一標點，全省共應設三萬七千點有奇，費巨工大，人才亦不敷用。當議定先測全省地域十分之一，計應設三千七百點有奇。爰於三十三年九月開辦，是時測繪學堂尋常生已於是年三月畢業，三股共得畢業生八十四人，附設之實地測量司已出圖五十餘張，足供軍隊演習，並經陸續咨部有案。當飭令測繪學堂另招新生百名，接續辦理，一面將原辦之地表測量停止，所有前充實地測量司人員，連同畢業生八十四人，悉以之分配三角、地形、製圖三股。另添聘日本三角技師一名，以資督率。當經勘定區域，以江寧省城爲起點，由江寧府屬之上元、江寧渡江，經過六合、句容及揚州府屬之江都、甘泉、儀徵、泰州，鎮江府屬之丹徒、丹陽、金壇，常州府屬之陽湖、武進，通州屬之泰興，是爲第一區。先以三角股設立標點，濟以地形股實測地形，製圖股繪成圖。約期三年，當可竣事。計自上年開辦，至今所有已測過地段，爲江寧、六合、儀徵、江都、甘泉五縣。以上皆臣到任後，規畫之大略情形也。惟其中辦法，尚有應行聲明、更定變通之處。查本年正月准陸軍部頒發測繪學堂章程，令各省一律遵辦察核。本省辦法與部章微有異同，前經咨部有案。委因本省開辦在前，部章奉發在後，本應即時遵改，惟新生百名已經歷第一學期，再閱一年即當畢業，功課時期分配已定，半途改轍，窒礙殊多。擬請俟此項新生畢業以後，再行改照新章辦理，此應陳明者一也。又本年四月，復准部咨，以前練兵處原定三角測量及製圖兩項，歸中央舉辦，外省只應專辦地形測量一節，改爲各省分辦之法。陸軍部專任順屬，兼籌內外蒙古辦法。各省於省會自立基點，將三角、地形兩種分令自辦。一切條教、規則，由部主持，並頒發速成三角測量及水準測量暫行規則等因。查規則內開三角測量之法，分爲第一、第二、第三三種。其第三種三角測量，各點距離平均以二吉羅米達爲度，與本省所採用之三等三角平均距離之點以二千五百米達爲度者，不甚懸殊。據本省豫算，照三等三角網法測量，江蘇全省地域所需經費，只標點材料一項，已需銀二十萬兩，教育及臨時經費，尚不在內。部章令各省遵辦第一、第二、第三三種三角，爲網羅全國地面之計，自應取高掌遠蹠之規，以期永立根基，昭兹來許。惟三角之法頤奥無窮，等級愈高則學理愈進，人才愈益難得。推之儀器、材料各種用款，以第二種較之第三種，其費數倍；以第一種較之第二種，其費益不貲。各省度支奇絀，當無異於南洋。南洋總辦第一第三種之三角，已屬竭蹶不遑，若進而更辦第一第二兩種，萬萬無此財力。南洋如此，他省可知。且第一第二兩種三角之佈設，期於統全國區域一氣呵成。若由各省各定基點，則沿邊之線，必多畸零，聯合之區多靡標點。微臣愚見，地形測量宜令各省分辦，第一第二第三三種三角測量，宜令數省合辦。蓋有數利：第一，合數省之區域，聯爲一氣，則畸零少而聯合易。第二，合數省之財力，則衆擎易舉。第三，只須主任省分講求三角課程，亦只需主任之一省購辦三角儀器，則靡費者少。否則舉三角測量，責令各省獨任分辦，斷斷無此財力。即間有規模較大之省，獨力奉行，亦恐得一二而遺八九。臣此議如蒙聖明采擇，擬請飭部，將全國區域共分爲若干組，或四五省爲一組，全國共分若干組。所有三角測量，亦定爲若干組。每組酌定以某一省爲主任之省，以某某數省爲附屬之省。主任者握測量之權，附屬者擔協濟經費之責。明定章程，限期舉辦，容或易於蕆事。臣一得之愚，兼爲江南度支奇絀，斷非獨力能支，此不得不陳明者二也。至前項所需經費，當測繪學堂並實地測量司開辦之初，由前督臣周馥撥過開辦費銀五千兩，復核定常平經費每月銀二千兩。嗣因實行製圖，購辦機器，專司印刷，又加撥常年經費，每月銀一千八百兩。上年開辦三角測量，經臣發給開辦經費銀二萬兩。又核加常年經費，每月銀二千兩。又因添購儀器，另發給銀三千兩。以上用款，均請准其作正開銷。除飭令核實造報並分咨陸軍部度支部查照外，所有南洋設立測繪學堂辦法並遵辦三角測量籌擬緣由，理合恭折具奏，伏乞皇太后、皇上聖鑒訓示。謹奏。

乾隆十二年奉敕撰《欽定大清會典則例》卷一五八《欽天監》　每年二月初一日，進呈來歲時憲書式，俟御覽畢，翻譯刊印。四月初一日，咨呈兵部，由驛遞各省布政使司書式二本，一本用印，存司署，一本不用印，照式刊刻，鈐「欽天監時憲書」印，至期，頒發本省。十月初一日，恭進繕録清、漢字《御覽時憲書》各一本，刷印清、漢、蒙古字《時憲書》各一本，清、漢字《七政時憲書》各一本。皇太后、皇后刷印清、漢、蒙古字《時憲書》各一本，清、漢字《七政時憲書》各一本，均用黄綾面套。皇貴妃、貴妃、妃刷印清、漢、蒙古字《時憲書》各一本，清、漢字《七政時憲書》各一本，均用金黄綾面套。嬪刷印清、漢、蒙古字《時憲書》各一本，清、漢字《七政時憲書》各一本，用紅綾面，無套。以上《時憲書》均不鈐「時憲書」印，黄棉紙包封。頒賜《時憲書》於王公，均清、漢、蒙古字《時憲書》各一本，清、漢字《七政時憲書》各一本。王貝勒用紅綾面，貝子公用黄表紙面。公主給清、漢、蒙古字《時憲書》各一本，用紅綾面，均紅棉紙包封。八旗各部院衙門大臣堂官，滿洲給清字，蒙古給蒙古字，漢軍漢人給漢字《時憲書》各一本，均黄表紙面。每旗每衙門共一紅棉紙包封。其八旗滿洲官員給清字，蒙古官員給蒙古字，漢軍官員給漢字《時憲書》各一本，均交各旗分發各衙門。漢官每人給漢字《時憲書》一本，交各衙門分發。其各衙門坐書于初三日行文，赴監支取。守陵官員及山海關副都統，盛京、吉林、黑龍江將軍，盛京五部侍郎，内務府總管、佐領，馬蘭鎮、泰寧鎮等處文武官員，各給一本，應領清字、蒙古字、漢字《七政時憲書》二本，《時憲書》千本，大興、宛平二縣每縣給《七政時憲書》二本，《時憲書》九十本，熱河理事同知給漢字《時憲書》三百本，廣昌縣給漢字《時憲書》二百本，具文由監支取。蒙古藩王各給蒙古字《時憲書》百本，由理藩院頒發。朝鮮國王給紅綾面漢字《時憲書》一本，其官屬給黄紙面漢字《時憲書》百本，由禮部頒發。以上均鈐「時憲書」印。是日值孟冬時饗太廟，恭遇親詣行禮。於五鼓進呈，遣官恭代于黎明進呈，監官設黄案二於太和門正中，設黄案二於午門外正中，設紅案八於午門外兩旁，工部設龍亭一于監署大堂正中，設黄亭八于大堂兩旁，設紅案八十於兩廊下，監官恭奉進皇太后、皇帝、皇后、皇貴妃、貴妃、妃、嬪《時憲書》龍亭内，頒賜王公大臣《時憲書》置黄亭内，八旗各衙門官員《時憲書》置紅案上。於龍亭前行一跪三叩禮，校尉舁亭，八旗兵丁舉案御仗前導，樂部和聲，署作樂三科官導引，堂官後隨，自長安左門中門進，至午門前。監官由亭内恭奉進呈《時憲書》安設黄案上，頒賜王公百官《時憲書》安設紅案上。校尉徹亭，置兩旁，監官恭奉進呈書，由午門中門入，至太和門，設黄案上，堂官行三跪九叩禮，授内務府官恭捧進呈，退出。王公百官齊集午門前，鴻臚寺官贊引宣旨行禮，王公以下跪領如儀詳禮部儀制司。

清・慶桂《國朝宮史續編》卷四六《典禮四十宮規二・宮中事例一》 臣等謹案御定《時憲書》，欽天監例以二月朔豫呈來歲書式，俟覽定鐫版，每歲十月朔日獻。朔儀具前編。伏考我朝中外皈章，咸稟正朔，自朝鮮、蒙古以迄準部、回城諸屬國，俱經測量晷度，考定歲時節氣，刊在憲書。乾隆四十一年，兩金川平。五十五年，安南來降，悉按輿圖，增書其地節候。我皇上嘉慶八年，賜越南國新封《授時》，頒朔如制。至紀年之典，向惟花甲一周，高宗純皇帝以三元令序，數本循環，且每歲直省疏報壽民多百齡以上者，申命司天加編至一百。二十年，著爲恒例。洎夫祚登環甲册，命皇太子新建。嘉慶初元，皇上臚誠懇奏恭進乾隆六十一年《時憲書》，斯誠堯授舜齊，亘古未逢之盛事。謹恭録聖諭，敬昭郅隆茂軌，以綿寶籙於京垓無算焉。

人物部

先秦至漢分部

黃帝

漢·司馬遷《史記》卷一《五帝本紀》 黃帝者，少典之子，姓公孫，名曰軒轅。生而神靈，弱而能言，幼而徇齊，長而敦敏，成而聰明。軒轅之時，神農氏世衰。諸侯相侵伐，暴虐百姓，而神農氏弗能征。於是軒轅乃習用干戈，以征不享，諸侯咸來賓從。而蚩尤最爲暴，莫能伐。炎帝欲侵陵諸侯，諸侯咸歸軒轅。軒轅乃修德振兵，治五氣，蓺五種，撫萬民，度四方，教熊羆貔貅貙虎，以與炎帝戰於阪泉之野。三戰，然後得其志。蚩尤作亂，不用帝命。於是黃帝乃徵師諸侯，與蚩尤戰於涿鹿之野，遂禽殺蚩尤。而諸侯咸尊軒轅爲天子，代神農氏，是爲黃帝。天下有不順者，黃帝從而征之，平者去之，披山通道，未嘗寧居。

東至于海，登丸山，及岱宗。西至于空桐，登雞頭。南至于江，登熊、湘。北逐葷粥，合符釜山，而邑于涿鹿之阿。遷徙往來無常處，以師兵爲營衛。官名皆以雲命，爲雲師。置左右大監，監于萬國。萬國和，而鬼神山川封禪與爲多焉。獲寶鼎，迎日推筴。舉風后、力牧、常先、大鴻以治民。順天地之紀，幽明之占，死生之説，存亡之難。時播百穀草木，淳化鳥獸蟲蛾，旁羅日月星辰水波土石金玉，勞勤心力耳目，節用水火材物。有土德之瑞，故號黃帝。

大章　豎亥

清·阮元《疇人傳》卷一《夏》 大章，豎亥。禹使大章步自東極，至於西垂，二億三萬三千三百里七十一步。又使豎亥步，南極盡於北垂，二億三萬三千五百里七十五步。豎亥右手把算，左手指青邱北。《山海經》。《續漢志》注引《山海經》。

論曰：陽湖孫觀察星衍曰：「所謂『指青邱北』者，當如後世輿地圖之類，指而算其相距之里差耳。」西洋人以地球經緯求里差，謂中法之所未有，豈知我三古時已有其術哉？

商高

清·阮元《疇人傳》卷一《周》 商高，賢大夫也。周公問於商高曰：竊聞乎大夫善數也，請問古者包犧立周天曆度，夫天不可階而升，地不可得尺寸而度，請問數安從出？商高曰：數之法出於方圓，圓出於方，方出於矩，矩出於九九八十一。故折矩以爲句廣三，股修四，徑隅五。既方之外，半其一矩，環而共盤，得成三四五，兩矩共長二十有五，是謂積矩。故禹之所以治天下者，此數之所生也。周公曰：大哉言數！請問用矩之道。商高曰：平矩以正繩，偃矩以望高，覆矩以測深，卧矩以知遠，環矩以爲圓，合矩以爲方，方屬地，圓屬天，天圓地方，方數爲典，以方出圓，笠以寫天。天青黑，地黃赤，天數之爲笠也。青黑爲表，丹黃爲裏，以象天地之位。是故知地者智，知天者聖。智出於句，句出於矩，夫矩之於數，其裁制萬物惟所爲耳。周公曰：善哉。《周髀算經》。

論曰：方圓者，天地之德。方出於圓，圓出於矩，半其一矩，是謂句股。庖犧立周天度，數從此出。禹治天下，數之所生。蓋極句股之用，天地莫能外矣。言天者三家，以蓋天爲最古。笠以寫天，所謂蓋天是也。劉智謂顓頊造渾天，黃帝爲蓋天，蓋先於渾，是其證已。武進臧玉林琳謂此篇文句簡質，義奥精深，當是先秦古書，非後人所能托譔，可謂先得我心矣。

張衡

南朝宋·范曄《後漢書》卷五九《張衡傳》 張衡字平子，南陽西鄂人也。世爲著姓。祖父堪，蜀郡太守。衡少善屬文，游於三輔，因入京師，觀太學，遂通《五經》，貫六蓺。雖才高於世，而無驕尚之情。常從容淡静，不好交接俗人。永元中，舉孝廉不行，連辟公府不就。時天下承平日久，自王侯以下，莫不踰侈。衡乃擬班固《兩都》，作《二京賦》，因以諷諫。精思傅會，十年乃成。文多故不載。大將軍鄧騭奇其才，累召不應。

衡善機巧，尤致思於天文、陰陽、歷筭。【略】安帝雅聞衡善術學，公車特徵拜郎中，再遷爲太史令。遂乃研覈陰陽，妙盡琁機之正，作渾天儀，著《靈憲》《筭罔論》，言甚詳明。

順帝初，再轉，復爲太史令。衡不慕當世，所居之官，輒積年不徙。自去史職，五載復還，乃設客問，作《應閒》以見其志云：【略】

陽嘉元年，復造候風地動儀。以精銅鑄成，員徑八尺，合蓋隆起，形似酒尊，飾以篆文山龜鳥獸之形。中有都柱，傍行八道，施關發機。外有八龍，首銜銅丸，下有蟾蜍，張口承之。其牙機巧制，皆隱在尊中，覆蓋周密無際。如有地動，尊則振龍機發吐丸，而蟾蜍銜之。振聲激揚，伺者因此覺知。雖一龍發機，而七首不動，尋其方面，乃知震之所在。驗之以事，合契若神。自書典所記，未之有也。嘗一龍機發而地不覺動，京師學者咸怪其無徵，後數日驛至，果地震隴西，於是皆服其妙。自此以後，乃令史官記地動所從方起。【略】

後遷侍中，帝引在帷幄，諷議左右。嘗問衡天下所疾惡者。宦官懼其毁己，皆共目之，衡乃詭對而出。閹豎恐終爲其患，遂共讒之。【略】

永和初，出爲河閒相。時國王驕奢，不遵典憲；又多豪右，共爲不軌。衡下車，治威嚴，整法度，陰知姦黨名姓，一時收禽，上下肅然，稱爲政理。視事三年，上書乞骸骨，徵拜尚書。年六十二，永和四年卒。

著《周官訓詁》，崔瑗以爲不能有異於諸儒也。又欲繼孔子《易》説《彖》《象》殘缺者，竟不能就。所著詩、賦、銘、七言、《靈憲》、《應閒》、《七辯》、《巡誥》、《懸圖》凡三十二篇。【略】

論曰：崔瑗之稱平子曰「數術窮天地，制作侔造化」，斯致可得而言歟！推其圍範兩儀，天地無所蘊其靈；運情機物，有生不能參其智。故知思引淵微，人之上術。記曰：「德成而上，藝成而下。」量斯思也，豈夫藝而已哉？何德之損乎！

贊曰：三才理通，人靈多蔽。近推形筭，遠抽深滯。不有玄慮，孰能昭晰？

《（嘉慶）重修清一統志》卷二一三《南陽府四·人物》 張衡。南陽西鄂人。少善屬文，通五經，貫六藝。時天下承平日久，王侯以下，莫不踰侈，乃擬班固《兩都》作《二京賦》，因以諷諫。精思傅會，十年乃成。安帝雅聞衡善術學，徵拜郎中，再遷爲太史令，遂乃研覈陰陽，妙盡琁機之正。作渾天儀，著《靈憲》《筭罔論》，言甚詳明。復造候風地動儀，皆服其妙。後遷侍中，順帝引在帷幄，諷議左右。宦官懼其毁己，讒之。永和初，出爲河間相，徵拜尚書。四年卒。所著詩、賦、銘、七言、《靈憲》、《應間》、《七辯》、《巡誥》、《懸圖》凡三十二篇。

李恂

南朝宋·范曄《後漢書》卷五一《李恂傳》 李恂字叔英，安定臨涇人也。少習《韓詩》，教授諸生常數百人。太守潁川李鴻請署功曹，未及到，而州辟爲從事。會鴻卒，恂不應州命，而送鴻喪還鄉里。既葬，留起冢墳，持喪三年。

辟司徒桓虞府。後拜侍御史，持節使幽州，宣佈恩澤，慰撫北狄，所過皆圖寫山川、屯田、聚落百餘卷，悉封奏上，肅宗嘉之。拜兗州刺史。以清約率下，常席羊皮，服布被。遷張掖太守，有威重名。時大將軍竇憲將兵屯武威，天下州郡遠近莫不修禮遺，恂奉公不阿，爲憲所奏免。

後復征拜謁者，使持節領西域副校尉。西域殷富，多珍寶，諸國侍子及督使賈胡數遺恂奴婢、宛馬、金銀、香罽之屬，一無所受。北匈奴數斷西域車師、伊吾，隴沙以西使命不得通，恂設購賞，遂斬虜帥，懸首軍門。自是道路夷清，威恩並行。

遷武威太守。後坐事免，步歸鄉里，潛居山澤，結草爲廬，獨與諸生織席自給。會西羌反畔，恂到田舍，爲所執獲。羌素聞其名，放遣之。恂因詣洛陽謝。時歲荒，司空張敏、司徒魯恭等各遺子饋糧，悉無所受。徙居新安關下，拾橡實以自資。年九十六卒。

明·李賢《明一統志》卷三五《平凉府·人物》 李恂。安定臨涇人，少習韓詩，教授諸生。仕爲侍御史，持節使幽州，能宣布恩澤，章帝嘉之，拜兗州刺史。清約率下。後歸鄉里，潛居山澤間。詣洛陽，時歲荒，公卿餽糧，悉不受。

《（嘉慶）重修清一統志》卷二七三《涇州直隸州二·人物》 李恂。臨涇人，少習韓詩，教授諸生常數百人。太守潁川李鴻請署功曹，未到。州辟爲從事，會鴻卒，恂不應州命，而送鴻喪。還鄉里，後拜侍御史，持節使幽州，宣布恩澤，所過皆圖寫山川屯田聚落百餘卷，悉封奏上。肅宗嘉之，拜兗州刺史。遷張掖太守，徵拜謁者，使持節領西域副校尉。西域數遺恂奴婢宛馬金銀香罽之屬，一無所受。北匈奴數斷西域道，使命不通，恂設購賞，遂斬敵帥，懸首軍門，自是道路夷清，威恩並行。遷武威太守，後坐事免。步歸鄉里，與諸生織席自給，年九十六卒。

三國兩晉南北朝分部

陸　績

晉・陳壽《三國志》卷五七《吴書十二・陸績傳》　陸績字公紀，吴郡吴人也。父康，漢末爲廬江太守。謝承《後漢書》曰：康字季寧，少惇孝悌，勤脩操行，太守李肅察孝廉。肅後坐事伏法，康斂尸送喪，還潁川，行服，禮終，舉茂才，歷三郡太守，所在稱治，後拜廬江太守。績年六歲，於九江見袁術。術出橘，績懷三枚，去，拜辭墮地，術謂曰：「陸郎作賓客而懷橘乎？」績跪答曰：「欲歸遺母。」術大奇之。孫策在吴，張昭、張紘、秦松爲上賓，共論四海未泰，須當用武治而平之，績年少末坐，遥大聲言曰：「昔管夷吾相齊桓公，九合諸侯，一匡天下，不用兵車。孔子曰：『遠人不服，則脩文德以來之。』今論者不務道德懷取之術，而惟尚武，績雖童蒙，竊所未安也。」昭等異焉。

績容貌雄壯，博學多識，星曆算數無不該覽。虞翻舊齒名盛，龐統荆州令士，年亦差長，皆與績友善。孫權統事，辟爲奏曹掾，以直道見憚，出爲鬱林太守，加偏將軍，給兵二千人。績既有躄疾，又意(在)〔存〕儒雅，非其志也。雖有軍事，著述不廢，作《渾天圖》，注《易》釋《玄》，皆傳於世。豫自知亡日，乃爲辭曰：「有漢志士吴郡陸績，幼敦《詩》《書》，長玩《禮》《易》，受命南征，遘疾(遇)〔逼〕厄，遭命不(幸)〔永〕，嗚呼悲隔！」又曰：「從今已去，六十年之外，車同軌，書同文，恨不及見也。」年三十二卒。長子宏，會稽南部都尉，次子叡，長水校尉。

明・李賢《明一統志》卷九《松江府・人物》　三國。陸績。康少子，年六歲，於九江見袁術，術出橘，績懷遺母。既長，博學多識，吴孫權辟爲奏曹掾，以直道見憚，出爲鬱林太守。雖有軍事，著述不廢，作《渾天圖》，注《易》釋《玄》，傳於世。

《(嘉慶)重修清一統志》卷八〇《蘇州府四・人物》　三國。吴。陸績。康子，博學多識，星歷算數無不該覽。孫權統事，辟爲奏曹掾，以直道見憚，出爲鬱林太守。意在儒雅，雖有軍事，著述不廢。作《渾天圖》，注《易》釋《元》，皆傳於世。

馬　鈞

晉・陳壽《三國志》卷二九《魏書二九・杜夔傳》　聞喜裴松之注　時有扶風馬鈞，巧思絶世。傅玄序之曰：「馬先生，天下之名巧也，少而游豫，不自知其爲巧也。當此之時，言不及巧，焉可以言知乎？爲博士居貧，乃思綾機之變，不言而世人知其巧矣。舊綾機五十綜者五十躡，六十綜者六十躡，先生患其喪功費日，乃皆易以十二躡。其奇文異變，因感而作者，猶自然之成形，陰陽之無窮，此輪扁之對不可以言言者，又焉可以言校也。先生爲給事中，與常侍高堂隆、驍騎將軍秦朗争論於朝，言及指南車，二子謂古無指南車，記言之虚也。先生曰：『古有之，未之思耳，夫何遠之有！』二子哂之曰：『先生名鈞字德衡，鈞者器之模，而衡者所以定物之輕重；輕重無準而莫不模哉！』先生曰：『虚争空言，不如試之易效也。』於是二子遂以白明帝，詔先生作之，而指南車成。此一異也，又不可以言者也，從是天下服其巧矣。居京都，城内有地，可以爲園，患無水以灌之，乃作翻車，令童兒轉之，而灌水自覆，更入更出，其巧百倍於常。此二異也。其後人有上百戲者，能設而不能動也。帝以問先生：『可動否？』對曰：『可動。』帝曰：『其巧可益否？』對曰：『可益。』受詔作之。以大木彫構，使其形若輪，平地施之，潛以水發焉。設爲女樂舞象，至令木人擊鼓吹簫；作山嶽，使木人跳丸擲劍，緣絙倒立，出入自在；百官行署，舂磨斗雞，變巧百端。此三異也。先生見諸葛亮連弩，曰：『巧則巧矣，未盡善也。』言作之可令加五倍。又患發石車，敵人之於樓邊縣濕牛皮，中之則墮，石不能連屬而至。欲作一輪，縣大石數十，以機鼓輪爲常，則以斷縣石飛擊敵城，使首尾電至。嘗試以車輪縣瓴甓數十，飛之數百步矣。有裴子者，上國之士也，精通見理，聞而哂之。乃難先生，先生口屈不對。裴子自以爲難得其要，言之不已。傅子謂裴子曰：『子所長者言也，所短者巧也。馬氏所長者巧也，所短者言也。以子所長，擊彼所短，則不得不屈。以子所短，難彼所長，則必有所不解者矣。夫巧，天下之微事也，有所不解而難之不已，其相擊刺，必已遠矣。心乖於内，口屈於外，此馬氏所以不對也。』傅子見安鄉侯，言及裴子之論，安鄉侯又與裴子同。傅子曰：『聖人具體備物，取人不以一揆也：有以神取之者，有以言取之者，有以事取之者。有以神取之者，不言而誠心先達，德行顔淵之倫是也。以言取之者，以變辯是非，言語宰我、子貢是也。以事取之者，若政事冉有、季路，文學子游、子夏。雖聖人之明盡物，如有所用，必有所試，然則試冉、季以政，試游、夏以學矣。游、夏猶然，況自此而降者乎！何者？懸言物理，不可以言盡也，施之於事，言之難盡而試之易知也。今若馬氏所欲作者，國之精器，軍之要用也。費十尋之木，勞二人之力，不經時而是非定。難試易驗之事而輕以言抑人異能，此猶以己智任天下之事，不易其道以御難盡之物，此所以多廢也。馬氏所作，因變而得是，則初所言者不皆是矣。其不皆是，因不用之，是不世之巧無由出也。夫同情者相妒，同事者相害，中人所不能免也。故君子不以人害人，必以考試爲衡石；廢衡石而不用，此美玉所以見誣爲石，荆和所以抱璞而哭之也。」於是安鄉侯悟，遂言之武安侯，武安侯忽之，不果試也。此既易試之事，又馬氏巧名已定，猶忽而不察，況幽深之才，無名之璞乎？後之君子其鑒之哉！馬先生之巧，雖古公輸般、墨翟、王爾，近漢世張平子，不能過也。公輸般、墨翟皆見用於時，乃有益於世。平子雖爲侍中，馬先生雖給事省中，俱不典工官，巧無益於世。用人不當其才，聞賢不試以事，良可恨也。」裴子者，裴秀。安鄉侯者，曹羲。武安侯者，曹爽也。

南朝梁·沈約《宋書》卷一八《禮志五》 指南車，其始周公所作，以送荒外遠使。地域平漫，迷於東西，造立此車，使常知南北。鬼谷子云：「鄭人取玉，必載司南，爲其不惑也。」至于秦、漢，其制無聞。後漢張衡始復創造。漢末喪亂，其器不存。魏高堂隆、秦朗，皆博聞之士，争論於朝，云無指南車，記者虚説。明帝青龍中，令博士馬鈞更造之而車成。

宋·蕭常《蕭氏續後漢書》卷二二《馬鈞傳》 馬鈞，字德衡，扶風人。訥於言辯而巧思絶世。曹叡時爲給事中，與常侍高堂隆、將軍秦郎語及指南車，二子謂古無有，記言之虚也。鈞曰：「古有之，顧未之思耳。」二子哂之。鈞曰：「空言無益，不如試之。」於是隆等以白叡，叡令作之，而車成。鈞嘗見諸葛亮連弩，曰：「巧則巧矣，未盡善也。」自言作之，可令加五倍。傅元著書稱之曰：「馬先生，天下之名巧。」其爲時流推許如此。

《（嘉慶）重修清一統志》卷二三一《西安府五·人物》 馬鈞。扶風人。巧思絶世，嘗作指南車，又作翻車，令童兒轉之，而灌水自覆。見諸葛亮連弩，曰：「巧矣，未盡善也。」作之，可令加五倍。

裴秀

晉·陳壽《三國志》卷二三《魏書二十三·裴潛傳》 注引《文章敍録》曰：（裴）秀字季彦。弘通博濟，八歲能屬文，遂知名。大將軍曹爽辟。喪父服終，推財與兄弟。年二十五，遷黄門侍郎。爽誅，以故吏免。遷衛國相，累遷散騎常侍、尚書僕射令、光禄大夫。咸熙中，晉文王始建五等，命秀典爲制度，封廣川侯。晉室受禪，進左光禄大夫，改封鉅鹿公，遷司空。著易及樂論，又畫《地域圖》十八篇，傳行於世。《盟會圖》及《典治官制》皆未成。年四十八，泰始七年薨，謚元公，配食宗廟。

唐·房玄齡等《晉書》卷三五《裴秀傳》 裴秀字季彦，河東聞喜人也。祖茂，漢尚書令。父潛，魏尚書令。秀少好學，有風操，八歲能屬文。叔父徽有盛名，賓客甚衆。秀年十餘歲，有詣徽者，出則過秀。然秀母賤，嫡母宣氏不之禮，嘗使進饌於客，見者皆爲之起。秀母曰：「微賤如此，當應爲小兒故也。」宣氏知之，後遂止。時人爲之語曰：「後進領袖有裴秀。」

渡遼將軍毌丘儉嘗薦秀於大將軍曹爽，曰：「生而岐嶷，長蹈自然，玄静守真，性入道奥；博學强記，無文不該；孝友著於鄉党，高聲聞於遠近。誠宜弼佐謨明，助和鼎味，毗贊大府，光昭盛化。非徒子奇、甘羅之儔，兼包顔、冉、游、夏之美。」爽乃辟爲掾，襲父爵清陽亭侯，遷黄門侍郎。爽誅，以故吏免。頃之，爲廷尉正，歷文帝安東及衛將軍司馬，軍國之政，多見信納。遷散騎常侍。

帝之討諸葛誕也，秀與尚書僕射陳泰、黄門侍郎鍾會以行臺從，豫參謀略。及誕平，轉尚書，進封魯陽鄉侯，增邑千户。常道鄉公立，以豫議定策，進爵縣侯，增邑七百户，遷尚書僕射。魏咸熙初，釐革憲司。時荀顗定禮儀，賈充正法律，而秀改官制焉。秀議五等之爵，自騎督已上六百餘人皆封。於是秀封濟川侯，地方六十里，邑千四百户，以高苑縣濟川墟爲侯國。

初，文帝未定嗣，而屬意舞陽侯攸。武帝懼不得立，問秀曰：「人有相否？」因以奇表示之。秀後言於文帝曰：「中撫軍人望既茂，天表如此，固非人臣之相也。」由是世子乃定。

武帝既即王位，拜尚書令、右光禄大夫，與御史大夫王沈、衛將軍賈充俱開府，加給事中。及帝受禪，加左光禄大夫，封鉅鹿郡公，邑三千户。

時安遠護軍郝詡與故人書云：「與尚書令裴秀相知，望其爲益。」有司奏免秀官，詔曰：「不能使人之不加諸我，此古人所難。交關人事，詡之罪耳，豈尚書令能防乎！其勿有所問。」司隸校尉李憙復上言，騎都尉劉尚爲尚書令裴秀占官稻田，求禁止秀。詔又以秀幹翼朝政，有勳績於王室，不可以小疵掩大德，使推正尚罪而解秀禁止焉。

久之，詔曰：「夫三司之任，以翼宣皇極，弼成王事者也。故經國論道，賴之明喆，苟非其人，官不虛備。尚書令、左光禄大夫裴秀，雅量弘博，思心通遠，先帝登庸，贊事前朝。朕受明命，光佐大業，勳德茂著，配蹤元凱。宜正位居體，以康庶績。其以秀爲司空。」

秀儒學洽聞，且留心政事，當禪代之際，總納言之要，其所裁當，禮無違者。又以職在地官，以《禹貢》山川地名，從來久遠，多有變易。後世説者或强牽引，漸以暗昧。於是甄摘舊文，疑者則闕，古有名而今無者，皆隨事注列，作《禹貢地域圖》十八篇，奏之，藏於秘府。其序曰：【略】

秀創制朝儀，廣陳刑政，朝廷多遵用之，以爲故事。在位四載，爲當世名公。服寒食散，當飲熱酒而飲冷酒，泰始七年薨，時年四十八。詔曰：「司空經德履哲，體蹈儒雅，佐命翼世，勳業弘茂。方將宣獻敷制，爲世宗範，不幸薨殂，朕甚痛之。其賜秘器，朝服一具、衣一襲、錢三十萬、布百匹。謚曰元。」

初，秀以尚書三十六曹統事準例不明，宜使諸卿任職，未及奏而薨。其友人料其書記，得表草言平吴之事，其詞曰：「孫皓酷虐，不及聖明御世兼弱攻昧，使遺子孫，將遂不能臣；時有否泰，非萬安之勢也。臣昔雖已屢言，未有成旨。今既疾篤不起，謹重戶啓。願陛下時共施用。」乃封以上聞。詔報曰：「司空薨，痛悼不能去心。又得表草，雖在危困，不忘王室，盡忠憂國。省益傷切，輒當與諸賢共論也。」

咸寧初，與石苞等並爲王公，配享廟庭。有二子：濬、頠。濬嗣位，至散騎常侍，早卒。濬庶子憬不惠，別封高陽亭侯，以濬少弟頠嗣。

明·李賢《明一統志》卷二〇《平陽府·人物》 裴秀。潛子，兄茂，仕魏爲侍中尚書。秀少好學，八歲能屬文，時語曰：後進領袖有裴秀。仕魏爲黄門侍郎、散騎常侍。嘗改定官制及作《禹貢地圖》，累封至濟川侯。

《(嘉慶)重修清一統志》卷一五六《絳州二·人物》 晉。裴秀。字秀彦，潛之子。八歲能屬文，時人語曰：「後進領袖有裴秀。」襲父爵清陽亭侯，累官尚書僕射，魏延初官制，秀所改也。武帝即王位，拜尚書令。既受禪，封鉅鹿郡公，進司空。作《禹貢地域圖》十八篇，精審可依據，藏於秘府。秀創制朝儀，廣陳刑政，朝廷多遵用之。薨，謚曰元。

法顯

南朝·释慧皎《高僧傳》卷三《譯經下·宋江陵辛寺法顯》 釋法顯，姓龔，平陽武陽人，有三兄，並髫齔而亡，父恐禍及顯，三歲便度爲沙彌。居家數年，病篤欲死，因以送還寺，信宿便差。不肯復歸，其母欲見之不能得，後爲立小屋於門外，以擬去來。十歲遭父憂，叔父以其母寡獨不立，逼使還俗，顯曰：「本不以有父而出家也，正欲遠塵離俗，故入道耳。」叔父善其言，乃止。頃之，母喪，至性過人，葬事畢，仍即還寺。嘗與同學數十人於田中刈稻，時有飢賊欲奪其穀，諸沙彌悉奔走，唯顯獨留，語賊曰：「若欲須穀，隨意所取，但君等昔不布施，故致飢貧，今復奪人，恐來世彌甚，貧道預爲君憂耳。」言訖即還，賊棄穀而去，衆僧數百人，莫不歎服。及受大戒，志行明敏，儀軌整肅，常慨經律舛闕，誓志尋求。

以晉隆安三年，與同學慧景、道整、慧應、慧嵬等，發自長安。西渡流沙，上無飛鳥，下無走獸，四顧茫茫，莫測所之。唯視日以准東西，望人骨以標行路耳。屢有熱風惡鬼，遇之必死，顯任緣委命，直過險難。有傾，至葱嶺，嶺冬夏積雪，有惡龍吐毒，風雨沙礫，山路艱危，壁立千仞。昔有人鑿石通路，傍施梯道，凡度七百餘所。又躡懸絙過河，數十餘處，皆漢之張騫、甘英所不至也。次度小雪山，遇寒風暴起，慧景噤戰不能前，語顯曰：「吾其死矣，卿可前去，勿得俱殞。」言絶而卒。顯撫之泣曰：「本圖不果，命也奈何。」復自力孤行，遂過山險，凡所經歷三十餘國。

將至天竺，去王舍城三十餘里，有一寺，逼冥過之。顯明旦欲詣耆闍崛山，寺僧諫曰：「路甚艱阻，且多黑師子，亟經噉人，何由可至。」顯曰：「遠涉數萬，誓到靈鷲，身命不期，出息非保，豈可使積年之誠，既至而廢耶，雖有險難，吾不懼也。」衆莫能止，乃遣兩僧送之。顯既至山，日將曛夕，遂欲停宿，兩僧危懼，捨之而還。顯獨留山中，燒香禮拜，翹感舊跡，如覩聖儀。至夜有三黑師子，來蹲顯前，舐脣摇尾，顯誦經不輟，一心念佛。師子乃低頭下尾，伏顯足前，顯以手摩之，呪曰：「若欲相害，待我誦竟，若見試者，可便退矣。」師子良久乃去。明晨還返，路窮幽梗，止有一逕通行，未至里餘，忽逢一道人，年可九十，容服麁素，而神氣俊遠。顯雖覺其韻高，而不悟是神人。後又逢一少僧，顯問曰：「向者年是誰耶。」答云：「頭陀迦葉大弟子也。」顯方惋恨。更追至山所，有横石塞于室口，遂不得入，顯流涕而去。進至迦施國，國有白耳龍，每與衆僧約，令國内豐熟，皆有信効。沙門爲起龍舍，并設福食，每至夏坐訖，龍輒化作一小蛇，兩耳悉白，衆咸識是龍，以銅盂盛酪，置龍於中，從上座至下行之遍，乃化去，年輒一出，顯亦親見。

後至中天竺，於摩竭提邑波連弗阿育王塔南天王寺，得《摩訶僧祇律》，又得《薩婆多律抄》、《雜阿毘曇心》、《綖經》、《方等泥洹經》等。顯留三年，學梵語梵書，方躬自書寫，於是持經像，寄附商客，到師子國。顯同旅十餘，或留或亡，顧影唯己，常懷悲慨。忽於玉像前，見商人以晉地一白團絹扇供養，不覺悽然下淚。停二年，復得《彌沙塞律》、《長雜》二《含》及《雜藏》本，並漢土所無。

既而附商人舶，循海而還。舶有二百許人，值暴風水入，衆皆惶懅，即取雜物棄之。顯恐棄其經像，唯一心念觀世音，及歸命漢土衆僧，舶任風而去，得無傷壞。經十餘日，達耶婆提國，停五月，復隨他商，東適廣州。舉帆二十餘日，夜忽大風，合舶震懼，衆咸議曰：「坐載此沙門，使我等狼狽，不可以一人故，令一衆俱亡。」共欲推之，法顯檀越厲聲呵商人曰：「汝若下此沙門，亦應下我，不爾，便當見殺。漢地帝王奉佛敬僧，我至彼告王，必當罪汝。」商人相視失色，僶俛而止。既水盡糧竭，唯任風隨流，忽至岸，見藜藿菜依然，知是漢地，但未測何方，即乘船入浦尋村。見獵者二人，顯問此是何地耶，獵人曰：「此是青州長廣郡牢山南岸。」獵人還，以告太守李嶷，嶷素敬信，忽聞沙門遠至，躬自迎勞。顯持經像隨還。

頃之，欲南歸，青州刺史請留過冬，顯曰：「貧道投身於不反之地，志在弘通，所期未果，不得久停。」遂南造京師，就外國禪師佛馱跋陀，於道場寺譯出《摩訶僧祇律》、《方等泥洹經》、《雜阿毘曇心》，垂百餘萬言。顯既出《大泥洹經》，流布教化，咸使見聞。有一家失其姓名，居近朱雀門，世奉正化，自寫一部，讀誦供養，無别經室，與雜書共屋。後風火忽起，延及其家，資物皆盡，唯《泥洹經》儼然具存，煨燼不侵，卷色無改，京師共傳，咸歎神妙，其餘經律未譯。

後至荆州，卒於辛寺，春秋八十有六，衆咸慟惜。其游履諸國，别有大傳焉。

謝莊

南朝梁·沈約《宋書》卷八五《謝莊傳》 謝莊，字希逸，陳郡陽夏人，太常弘微子也。年七歲，能屬文，通《論語》。及長，韶令美容儀，太祖見而異之，謂尚書僕射殷景仁、領軍將軍劉湛曰：「藍田出玉，豈虚也哉！」初爲始興王浚後軍法曹行參軍，轉太子舍人，廬陵王文學，太子洗馬，中舍人，廬陵王紹南中郎諮議參軍。又轉隨王誕後軍諮議，並領記室。分左氏《經傳》，隨國立篇，製木方丈，圖山川土地，各有分理，離之則州别郡殊，合之則宇内爲一。【略】

太宗定亂，得出。及即位，以莊爲散騎常侍、光禄大夫，加金章紫綬，領尋陽王師，頃之，轉中書令，常侍、王師如故。尋加金紫光禄大夫，給親信二十人，本官並如故。泰始二年，卒，時年四十六，追贈右光禄大夫，常侍如故，謚曰憲子。所著文章四百餘首，行於世。

唐·張彦遠《歷代名畫記》卷六《宋》 謝莊，字希逸，陳郡陽夏人。幼有才學，初爲始興王濬後軍參軍。性多巧思，善畫。制木方丈圖，天下山川土地，各有分理，離之則州郡殊，合之則寓内爲一。作《畫琴帖序》，自序其畫云。（秦）〔泰〕始二年卒，官至光禄大夫、散騎常侍，兼中書令。年四十六，贈右光禄大夫，謚憲子。見《宋書》，又《莊集》。

清·錢謙益《牧齋初學集》卷八三《題何平子禹貢解》 往余搜採國史，獨《儒林》一傳，寥寥乏人。國初則有趙子長，嘉靖中則有熊南沙，近見何玄子之注《易》，私心服膺，以爲可與二公接踵者也。玄子之弟平子作《禹貢解》，上自《山海經》，下逮桑、酈《水經》，古今水道，分劈理解，如堂觀庭，如掌見指，此亦括地之珠囊，治水之金鏡也。昔謝莊分左氏經傳，隨國立篇，製木方丈，圖山川土地，各有分理。離之則州别縣殊，合之則寓内爲一。吾每嘆之，以爲絶學。今平子殆可以語此。平子其茂勉之，更與玄子努力遺經，兄弟並列儒林，豈非本朝盛事哉！

何承天

南朝梁·沈約《宋書》卷六四《何承天傳》 何承天，東海郯人也。從祖倫，晉右衛將軍。承天五歲失父，母徐氏，廣之姊也，聰明博學，故承天幼漸訓義，儒史百家，莫不該覽。叔父肦爲益陽令，隨肦之官。

隆安四年，南蠻校尉桓偉命爲參軍。時殷仲堪、桓玄等互舉兵以向朝廷，承天懼禍難未已，解職還益陽。義旗初，長沙公陶延壽以爲其輔國府參軍，遣通敬於高祖，因除瀏陽令，尋去職還都。【略】出補宛陵令。趙惔爲寧蠻校尉、尋陽太守，請爲司馬。尋去職。

【略】除太學博士。義熙十一年，爲世子征虜參軍，轉西中郎中軍參軍，錢唐令。高祖在壽陽，宋臺建，召爲尚書祠部郎，與傅亮共撰朝儀。永初末，補南臺治書侍御史。

謝晦鎮江陵，請爲南蠻長史。【略】

晦進號衛將軍，轉諮議參軍，領記室。【略】前益州刺史蕭摹之、前巴西太守劉道産去職還江陵，晦將殺之，承天盡力營救，皆得全免。晦既下，承天留府不從。及到彦之至馬頭，承天自詣歸罪，彦之以其有誠，宥之，使行南蠻府事。

七年，彦之北伐，請爲右軍録事。及彦之敗退，承天以才非軍旅，得免刑責。以補尚書殿中郎，兼左丞。【略】

承天爲性剛愎，不能屈意朝右，頗以所長侮同列，不爲僕射殷景仁所平，出爲衡陽內史。昔在西與士人多不協，在郡又不公清，爲州司所糾，被收繫獄，值赦免。十六年，除著作佐郎，撰國史。承天年已老，而諸佐郎並名家年少，潁川荀伯子嘲之，常呼爲嬭母。承天曰：「卿當云鳳凰將九子，嬭母何言邪！」尋轉太子率更令，著作如故。【略】

十九年，立國子學，以本官領國子博士。皇太子講《孝經》，承天與中庶子顔延之同爲執經。頃之，遷御史中丞。【略】

承天素好弈棊，頗用廢事。太祖賜以局子，承天奉表陳謝，上答：「局子之賜，何必非張武之金邪。」承天又能彈箏，上又賜銀裝箏一面。承天與尚書左丞謝元素不相善，二人競伺二臺之違，累相糾奏。太尉江夏王義恭歲給資費錢三千萬，布五萬匹，米七萬斛。義恭素奢侈，用常不充，二十一年，逆就尚書換明年資費。而舊制出錢二十萬，布五百匹以上，並應奏聞，元輒命議以錢二百萬給太尉。事發覺，元乃使令史取僕射孟顗命。元時新除太尉諮議參軍，未拜，爲承天所糾。上大怒，遣元長歸田里，禁錮終身。元時又舉承天賣茭四百七十束與官屬，求貴價，承天坐白衣領職。元字有宗，陳郡陽夏人，臨川內史靈運從祖弟也。以才學見知，卒於禁錮。

二十四年，承天遷廷尉，未拜，上欲以爲吏部，已受密旨，承天宣漏之，坐免官，卒於家，年七十八。先是，《禮論》有八百卷，承天删減并合，以類相從，凡爲三百卷，并《前傳》、《雜語》、《纂文》，論並傳於世。又改定《元嘉歷》，語在《律歷志》。

唐・李延壽《南史》卷三三《何承天傳》　何承天，東海郯人也。五歲喪父。母徐廣姊也，聰明博學，故承天幼漸訓義。宋武起義初，撫軍將軍劉毅鎮姑孰，板爲行參軍。【略】

宋臺建，爲尚書祠部郎，與傅亮共撰朝儀。謝晦鎮江陵，請爲南蠻長史。晦進號衛將軍，轉諮議參軍，領記室。【略】及晦下，承天留府不從。到彦之至馬頭，承天自詣歸罪，見宥。後兼尚書左丞。【略】

承天爲性剛愎，不能屈意朝右，頗以所長侮同列，不爲僕射殷景仁所平。出爲衡陽內史。昔在西方與士人多不協，在郡又不公清，爲州司所糾，被收繫獄，會赦免。

十六年，除著作佐郎，撰國史。承天年已老，而諸佐郎並名家年少。潁川荀伯子嘲之，常呼爲嬭母。承天曰：「卿當云鳳凰將九子，嬭母何言邪？」尋轉太子率更令，著作如故。【略】

十九年，立國子學，以本官領國子博士。皇太子講《孝經》，承天與中庶子顔延之同爲執經。頃之，遷御史中丞。【略】

承天素好弈棊，頗用廢事。又善彈箏。文帝賜以局子及銀裝箏。承天奉表陳謝，上答曰：「局子之賜，何必非張武之金邪。」

承天博見古今，爲一時所重。張永嘗開玄武湖遇古冢，冢上得一銅斗，有柄。文帝以訪朝士。承天曰：「此亡新威斗。王莽三公亡，皆賜之。一在冢外，一在冢內。時三台居江左者，唯甄邯爲大司徒，必邯之墓。」俄而永又啓冢內更得一斗，復有一石銘「大司徒甄邯之墓」。時帝每有疑議，必先訪之，信命相望於道。承天性褊促，嘗對主者厲聲曰：「天何言哉，四時行焉，百物生焉。」文帝知之，應遣先戒曰：「善候何顔色，如其不悦，無須多陳。」

二十四年，承天遷廷尉，未拜，上欲以爲吏部郎，已受密旨，承天宣漏之，坐免官。卒於家，年七十八。

先是《禮論》有八百卷，承天删減并合，以類相從，凡爲三百卷，并《前傳》、《雜語》、所《纂文》及文集，並傳於世。又改定《元嘉曆》，改漏刻用二十五箭，皆從之。

明・李賢《明一統志》卷二三《兖州府・人物》　何承天。東海郯人。博通古今，尤精曆數。仕宋，領著作郎。朝廷每有疑議，必先訪之。時玄武湖得古銅斗，衆皆不識，承天曰：「此新莽威斗，三公亡則賜之。江左惟甄邯爲大司徒，此必甄之墓也。」既而果然。官至御史中丞。

《（嘉慶）重修清一統志》卷一七八《沂州府二·人物》 何承天。郯人。幼孤，母徐廣姊。承天幼漸訓義。武帝起義，爲行參軍。宋臺建，爲尚書祠部郎，共撰朝儀。元嘉中，除著作佐郎，撰國史。遷御史中丞。時魏軍南侵，承天上《安邊論》，凡陳四事。文帝每有疑議，必先訪之。刪《禮論》爲三百卷及文集傳於世。

祖沖之

南朝梁·蕭子顯《南齊書》卷五二《文學傳·祖沖之》 祖沖之字文遠，范陽薊人也。祖昌，宋大匠卿。父朔之，奉朝請。

沖之少稽古，有機思。宋孝武使直華林學省，賜宅宇車服。解褐南徐州迎從事，公府參軍。

宋元嘉中，用何承天所制歷，比古十一家爲密，沖之以爲尚疏，乃更造新法。上表曰：

臣博訪前墳，遠稽昔典，五帝躔次，三王交分，《春秋》朔氣，《紀年》薄蝕，談、遷載述，彪、固列志，魏世注歷，晉代《起居》，探異今古，觀要華戎。書契以降，二千餘稔，日月離會之徵，星度疎密之驗。專功耽思，咸可得而言也。加以親量圭尺，躬察儀漏，目盡毫氂，心窮籌筴，考課推移，又曲備其詳矣。

然而古曆疏舛，類不精密，群氏糾紛，莫審其會。尋何承天所上，意存改革，而置法簡略，今已乖遠。以臣校之，三覩厥謬，日月所在，差覺三度，二至晷景，幾失一日，五星見伏，至差四旬，留逆進退，或移兩宿。分至失實，則節閏非正；宿度違天，則伺察無准。臣生屬聖辰，詢逮在運，敢率愚瞽，更創新曆。

謹立改易之意有二，設法之情有三。改易者一，以舊法一章，十九歲有七閏，閏數爲多，經二百年輒差一日。節閏既移，則應改法，曆紀屢遷，寔由此條。今改章法三百九十一年有一百四十四閏，令却合周、漢，則將來永用，無復差動。其二，以《堯典》云「日短星昴，以正仲冬」。以此推之，唐世冬至日，在今宿之左五十許度。漢代之初，即用秦曆，冬至日在牽牛六度。漢武改立《太初曆》，冬至日在牛初。後漢四分法，冬至日在斗二十二。晉世姜岌以月蝕檢日，知冬至在斗十七。今參以中星，課以蝕望，冬至之日，在斗十一。通而計之，未盈百載，所差二度。舊法並令冬至日有定處，天數既差，則七曜宿度，漸與舛訛。乖謬既著，輒應改易。僅合一時，莫能通遠。遷革不已，又由此條。今令冬至所在歲歲微差，却檢漢注，並皆審密，將來久用，無煩屢改。又設法者，其一，以子爲辰首，位在正北，爻應初九升氣之端，虛爲北方列宿之中。元氣肇初，宜在此次。前儒虞喜，備論其義。今曆上元日度，發自虛一。其二，以日辰之號，甲子爲先，曆法設元，應在此歲。而黃帝以來，世代所用，凡十一曆，上元之歲，莫值此名。今曆上元歲在甲子。其三，以上元之歲，曆中衆條，並應以此爲始。而《景初曆》交會遲疾，元首有差。又承天法，日月五星，各自有元，交會遲疾，亦並置差，裁得朔氣合而已，條序紛錯，不及古意。今設法日月五緯交會遲疾，悉以上元歲首爲始，群流共源，庶無乖誤。

若夫測以定形，據以實効。懸象著明，尺表之驗可推；動氣幽微，寸管之候不忒。今臣所立，易以取信。但綜覈始終，大存緩密，革新變舊，有約有繁。用約之條，理不自懼，用繁之意，顧非謬然。何者？夫紀閏參差，數各有分，分之爲體，非不細密，臣是用深惜毫釐，以全求妙之准，不辭積累，以成永定之製，非爲思而莫知，悟而弗改也。若所上萬一可採，伏願頒宣群司，賜垂詳究。

事奏。孝武令朝士善曆者難之，不能屈。會帝崩，不施行。出爲婁縣令，謁者僕射。

初，宋武平關中，得姚興指南車，有外形而無機巧，每行，使人於內轉之。昇明中，太祖輔政，使沖之追修古法。沖之改造銅機，圓轉不窮，而司方如一，馬鈞以來未有也。時有北人索馭驎者，亦云能造指南車，太祖使與沖之各造，使於樂遊苑對共校試，而頗有差僻，乃毀焚之。永明中，竟陵王子良好古，沖之造欹器獻之。文惠太子在東宮，見沖之曆法，啓世祖施行，文惠尋薨，事又寢。轉長水校尉，領本職。沖之造《安邊論》，欲開屯田，廣農殖。建武中，明帝使沖之巡行四方，興造大業，可以利百姓者，會連有軍事，事竟不行。

沖之解鍾律，博塞當時獨絕，莫能對者。以諸葛亮有木牛流馬，乃造一器，不因風水，施機自運，不勞人力。又造千里船，於新亭江試之，日行百餘里。於樂遊苑造水碓磨，世祖親自臨視。又特善筭。永元二年，沖之卒。年七十二。著《易》《老》《莊》義釋，《論語》《孝經》注，《九章》造《綴述》數十篇。

唐・李延壽《南史》卷七二《文學傳・祖沖之》 祖沖之字文遠，范陽遒人也。曾祖台之，晉侍中。祖昌，宋大匠卿。父朔之，奉朝請。沖之稽古，有機思，宋孝武使直華林學省，賜宅宇車服。解褐南徐州從事、公府參軍。

始元嘉中，用何承天所製歷，比古十一家爲密。沖之以爲尚疏，乃更造新法，上表言之。孝武令朝士善歷者難之，不能屈。會帝崩不施行。歷位爲婁縣令，謁者僕射。初，宋武平關中，得姚興指南車，有外形而無機杼，每行，使人於內轉之。昇明中，齊高帝輔政，使沖之追修古法。沖之改造銅機，圓轉不窮，而司方如一，馬鈞以來未之有也。時有北人索馭驎者亦云能造指南車，高帝使與沖之各造，使於樂游苑對共校試，而頗有差僻，乃毀而焚之。晉時杜預有巧思，造欹器，三改不成。永明中，竟陵王子良好古，沖之造欹器獻之，與周廟不異。文惠太子在東宮，見沖之歷法，啓武帝施行。文惠尋薨又寢。

轉長水校尉，領本職。沖之造《安邊論》，欲開屯田，廣農殖。建武中，明帝欲使沖之巡行四方，興造大業，可以利百姓者，會連有軍事，事竟不行。

沖之解鍾律博塞，當時獨絕，莫能對者。以諸葛亮有木牛流馬，乃造一器，不因風水，施機自運，不勞人力。又造千里船，于新亭江試之，日行百餘里。於樂游苑造水碓磨，武帝親自臨視。又特善算。永元二年卒，年七十二。著《易》《老》《莊》義，釋《論語》《孝經》，注《九章》，造《綴述》數十篇。

明・李賢《明一統志》卷二《保定府・人物》 南北朝。祖沖之。范陽遒人祖台之，晉侍中。沖之博學，明歷法，造指南車、欹器，有巧思入神之妙。宋初累官長水校尉。所著有《老》《莊》《論語》《孝經》解數十篇。

《(嘉慶)重修清一統志》卷四八《易州直隸州二・人物》 南北朝。宋。祖沖之。遒人。稽古有巧思。初，元嘉中用何承天所製歷，比古十一家爲密，沖之以爲尚疏，乃更造新法，上表言之。孝武令善歷者難之，不能屈。著《〈易〉〈老〉〈莊〉義釋》《〈論語〉〈孝經〉注》《九章》造《綴述》數十篇。官至長水校尉。

郭善明

北齊・魏收《魏書》卷九一《術藝傳・蔣少游》 初，高宗時，郭善明甚機巧，北京宮殿，多其製作。

唐・李延壽《北史》卷九〇《藝術傳下・蔣少游》 初，文成時，郭善明甚機巧，北京宮殿，多其製作。

蔣少游

北齊・魏收《魏書》卷九一《術藝傳・蔣少游傳》 蔣少游，樂安博昌人也。慕容白曜之平東陽，見俘入於平城，充平齊戶，後配雲中爲兵。性機巧，頗能畫刻。有文思，吟詠之際，時有短篇。遂留寄平城，以傭寫書爲業，而名猶在鎮。後被召爲中書寫書生，與高聰俱依高允。允愛其文用，遂並薦之，與聰俱補中書博士。自在中書，恒庇李沖兄弟子姪之門。始北方不悉青州蔣族，或謂少游本非人士，又少游微，因工藝自達，是以公私人望不至相重。唯高允、李沖曲爲體練，由少游舅氏崔光與李沖從叔衍對門婚姻也。高祖、文明太后常因密宴，謂百官曰：「本謂少游作師耳，高允老公乃言其人士。」眷識如此。然猶驟被引命，屑屑禁闥，以規矩刻繢爲務，因此大蒙恩錫，超等備位，而亦不遷陟也。

及詔尚書李沖與馮誕、游明根、高閭等議定衣冠於禁中，少游巧思，令主其事，亦訪於劉昶。二意相乖，時致諍競，積六載乃成，始班賜百官。冠服之成，少游有效焉。後於平城將營太廟、太極殿，遣少游乘傳詣洛，量準魏晉基趾。後爲散騎侍郎，副李彪使江南。高祖修船乘，以其多有思力，除都水使者，遷前將軍、兼將作大匠，仍領水池湖泛戲舟楫之具。及華林殿、沼修舊增新，改作金墉門樓，皆所措意，號爲妍美。

雖有文藻，而不得伸其才用，恒以剞劂繩尺，碎劇忽忽，徒倚園湖城殿之側，識者爲之歎慨。而乃坦爾爲已任，不告疲耻。又兼太常少卿，都水如故。景明二年卒，贈龍驤將軍、青州刺史，謚曰質。有《文集》十卷餘。少游又爲太極立模範，與董尒、王遇等參建之，皆未成而卒。

北齊・魏收《魏書》卷九一《術藝傳・晁崇蔣少游傳贊》 史臣曰：陰陽卜祝之事，聖哲之教存焉。雖不可以專，亦不可得而廢也。徇於是者不能無非，厚於利者必有其害。詩書禮樂，所失也鮮，故先王重其德；方術伎巧，所失也深，故往哲輕其藝。夫能通方術而不詭於俗，習伎巧而必蹈於禮者，幾于大雅君子。故昔之通賢，所以戒乎妄作。晁崇、張淵、王早、殷紹、耿玄、劉靈助皆術藝之士也。觀其占候卜筮，推步盈虛，通幽洞微，近知鬼神之情狀。周澹、李脩、徐謇、王顯、崔彧方藥特妙，各一時之美也。蔣少游以剞劂見知，沒其學思，藝成爲下，其近是乎？

酈道元

北齊・魏收《魏書》卷八九《酷吏傳・酈道元》 酈道元，字善長，范陽人也。青州刺史範之子。太和中，爲尚書主客郎。御史中尉李彪以道元秉法清勤，引爲治書侍御史。累遷輔國將軍、東荆州刺史。威猛爲治，蠻民詣闕訟其刻峻，坐免官。久之，行河南尹，尋即真。肅宗以沃野、懷朔、薄骨律、武川、撫冥、柔玄、懷荒、禦夷諸鎮並改爲州，其郡縣戍名令準古城邑。詔道元持節兼黄門侍郎，與都督李崇籌宜置立，裁減去留，儲兵積粟，以爲邊備。未幾，除安南將軍、御史中尉。

道元素有嚴猛之稱。司州牧、汝南王悦嬖近左右丘念，常與臥起。及選州官，多由於念。念匿於悦第，時還其家，道元收念付獄。悦啓靈太后請全之，敕赦之。道元遂盡其命，因以劾悦。是時雍州刺史蕭寶夤反狀稍露，悦等諷朝廷遣爲關右大使，遂爲寶夤所害，死於陰盤驛亭。

道元好學，歷覽奇書。撰注《水經》四十卷、《本志》十三篇，又爲《七聘》及諸文，皆行於世。然兄弟不能篤穆，又多嫌忌，時論薄之。

信都芳

北齊・魏收《魏書》卷九一《術藝傳・信都芳》 時有河間信都芳，字王琳，好學，善天文算數，甚爲安豐王延明所知。延明家有羣書，欲抄集《五經》算事爲《五經宗》及古今樂事爲《樂書》；又聚渾天、欹器、地動、銅烏漏刻、候風諸巧事，并圖畫爲《器準》。並令芳算之。會延明南奔，芳乃自撰注。後隱於并州樂平之東山。太守慕容保樂聞而召之，芳不得已而見焉。於是保樂弟紹宗薦之於齊獻武王，以爲中外府田曹參軍。芳性清儉質樸，不與物和。紹宗給其騾馬，不肯乘騎；夜遣婢侍以試之，芳忿呼毆擊，不聽近己。狷介自守，無求於物。後亦注重差勾股，復撰《史宗》，仍自注之，合數十卷。武定中卒。

唐・李百藥《北齊書》卷四九《方伎傳・信都芳》 信都芳，河間人。少明算術，爲州里所稱。有巧思，每精研究，忘寢與食，或墜坑坎。嘗語人云：「算之妙，機巧精微，我每一沉思，不聞雷霆之聲也。」其用心如此。以術數干高祖爲館客，授參軍。丞相倉曹祖珽謂芳曰：「律管吹灰，術甚微妙，絶來既久，吾思所不至，卿試思之。」芳遂留意，十數日，便云：「吾得之矣，然終須河内葭莩灰。」後得河内葭莩，用其術，應節便飛，餘灰即不動也。不爲時所重，竟不行，故此法遂絶云。芳又撰次古來渾天、地動、欹器、漏刻諸巧事，並畫圖，名曰《器準》。又著《樂書》《遁甲經四術》《周髀宗》。芳又私撰歷書，名爲《靈憲歷》，算月有頻大頻小，食必以朔，證據甚甄明。每云：「何承天亦爲此法，不能精，靈憲若成，必當百代無異議。」書未就而卒。

李業興

北齊・魏收《魏書》卷八四《儒林傳・李業興》 李業興，上黨長子人也。祖虬，父玄紀，並以儒學舉孝廉。玄紀卒於金鄉令。業興少耿介，志學精力，負帙從師，不憚勤苦。耽思章句，好覽異説。晚乃師事徐遵明於趙魏之間。時有漁陽鮮于靈馥亦聚徒教授，而遵明聲譽未高，著録尚寡。業興乃詣靈馥黌舍，類受業者。靈馥乃謂曰：「李生久逐羌博士，何所得也？」業興默爾不言。及靈馥説《左傳》，業興問其大義數條，靈馥不能對。於是振衣而起曰：「羌弟子正如此耳！」遂便徑還。自此靈馥生徒傾學而就遵明。遵明學徒大盛，業興之爲也。

後乃博涉百家，圖緯、風角、天文、占候無不詳練，尤長算歷。雖在貧賤，常自矜負，若禮待不足，縱於權貴，不爲之屈。後爲王遵業門客。舉孝廉，爲校書郎。以世行趙䘏曆，節氣後辰下算，延昌中，業興乃爲《戊子元曆》上之。於時屯騎校尉張洪、盪寇將軍張龍祥等九家各獻新曆，世宗詔令共爲一曆。洪等後遂共推業興爲主，成《戊子曆》，正光三年奏行之。事在《律曆志》。累遷奉朝請。臨淮王彧征蠻，引爲騎兵參軍。後廣陵王淵北征，復爲外兵參軍。業興以殷曆甲寅，黄帝辛卯，徒有積元，術數亡缺，業興又修之，各爲一卷，傳於世。

建義初，敕典儀注，未幾除著作佐郎。永安二年，以前造曆之勳，賜爵長子伯。遭憂解任，尋起復本官。元曄之竊號也，除通直散騎侍郎。普泰元年，沙汰侍官，業興仍在通直，加寧朔將軍。又除征虜將軍、中散大夫，仍在通直。太昌初，轉散騎侍郎，仍以典儀之勳，特賞一階，除平東將軍、光禄大夫，尋加安西將軍。後以出帝登極之初，預行禮事，封屯留縣開國子，食邑五百户。轉中軍將軍、通直散騎常侍。永熙三年二月，出帝釋奠，業興與魏季景、温子昇、竇瑗爲摘句。後入爲侍讀。

遷鄴之始，起部郎中辛術奏曰：「今皇居徙御，百度創始，營構一興，必宜中制。上則憲章前代，下則模寫洛京。今鄴都雖舊，基址毁滅，又圖記參差，事宜審定。臣雖曰職司，學不稽古，國家大事非敢專之。通直散騎常侍李業興碩學通儒，博聞多識，萬門千户，所宜訪詢。今求就之披圖案記，考定是非，參古雜今，折中爲制，召畫工並所須調度，具造新圖，申奏取定。庶經始之日，執事無疑。」詔從之。

四年，與兼散騎常侍李諧、兼吏部郎盧元明使蕭衍。【略】

還，兼散騎常侍，加中軍大將軍。後罷議事省，詔右僕射高隆之及諸朝士與業興等在尚書省議定五禮。興和初，又爲《甲子元曆》，時見施用。復預議《麟趾新制》。武定元年，除國子祭酒，仍侍讀。三年，出除太原太守。齊獻武王每出征討，時有顧訪。五年，齊文襄王引爲中外府諮議參軍。後坐事禁止。業興乃造《九宫行棊曆》，以五百爲章，四千四十爲部，九百八十七爲斗分，還以己未爲元，始終相維，不復移轉，與今曆法術不同。至於氣序交分，景度盈縮，不異也。七年，死於禁所，年六十六。

業興愛好墳籍，鳩集不已，手自補治，躬加題帖，其家所有，垂將萬卷。覽讀不息，多有異聞，諸儒服其淵博。性豪俠，重意氣。人有急難，委之歸命，便能容匿。與其好合，傾身無吝。若有相乖忤，便即疵毁，乃至聲色，加以謗罵。性又躁隘，至於論難之際，高聲攘振，無儒者之風。每語人云：「但道我好，雖知妄言，故勝道惡。」務進忌前，不顧後患，時人以此惡之。至於學術精微，當時莫及。

唐・李延壽《北史》卷八一《儒林傳上・李業興》 李業興，上黨長子人也。祖虯，父玄紀，並以儒學舉孝廉。玄紀卒於金鄉令。

業興少耿介志學，晚乃師事徐遵明於趙、魏之間。時有漁陽鮮于靈馥亦聚徒教授，而遵明聲譽未高，著録尚寡。業興乃詣靈馥黌舍，類受業者。靈馥乃謂曰：「李生久逐羌博士，何所得也？」業興默爾不言。及靈馥説《左傳》，業興問其大義數條，靈馥不能對。於是振衣而起曰：「羌弟子正如此耳！」遂便徑還。自此，靈馥生徒傾學而就遵明。學徒大盛，業興之爲也。

後乃博涉百家，圖緯、風角、天文、占候，無不討練，尤長算歷。雖在貧賤，常自矜負，若禮待不足，縱於權貴，不爲之屈。後爲王遵業門客。舉孝廉，爲校書郎。以世行趙𢾺曆，節氣後辰下算。延昌中，業興乃爲《戊子元曆》上之。于時屯騎校尉張洪、盪寇將軍張龍詳等九家，各獻新曆。宣武詔令共爲一曆。洪等後遂共推業興爲主，成《戊子曆》，正光三年，奏行之。業興以殷曆甲寅，黄帝辛卯，徒有積元，術數亡缺。又修之，各爲一卷，傳於世。

建義初，敕典儀注。未幾，除著作郎。永安三年，以前造曆之勳，賜爵長子伯。後以孝武帝登極之初，豫行禮事，封屯留縣子，除通直散騎常侍。永熙三年二月，孝武帝釋奠，業興與魏季景、温子昇、竇瑗爲摘句。後入爲侍讀。

遷鄴之始，起部郎中辛術奏：「今皇居徙御，百度創始，營構一興，必宜中制。李業興碩學通儒，博聞多識，萬門千户，所宜詢訪。今求就之披圖案記，考定是非，參古雜今，折中爲制。」詔從之。於時尚書右僕射、營構大匠高隆之被詔繕修三署樂器、衣服及百戲之屬，乃奏請業興共事。

天平四年，與兼散騎常侍李諧、兼吏部郎盧元明使梁。【略】還，兼散騎常侍，加中軍大將軍。

業興家世農夫，雖學殖，而舊音不改。梁武問其宗門多少，答曰：「薩四十家。」使還，孫騰謂曰：「何意爲吴兒所笑！」對曰：「業興猶被笑，試遣公去，當著被駡。」邢子才云：「爾婦疾癩，或問實耶？」業興曰：「爾大癡！但道此，人疑者半，信者半，誰檢看？」

武定元年，除國子祭酒，仍侍讀。神武以業興明術數，軍行常問焉。業興曰某日某處勝。謂所親曰：「彼若告勝，自然賞吾；彼若凶敗，安能罪吾？」芒山之役，有風從西來入營。業興曰：「小人風來，當大勝。」神武曰：「若勝，以爾爲本州刺史。」既而以爲太原太守。五年，齊文襄引爲中外府諮議參軍。

後坐事禁止，業興乃造《九宫行棋曆》，以五百爲章，四千四十爲蔀，九百八十七爲斗分，還以己未爲元，始終相維，不復移轉，與今曆法術不同。至於氣序交分，景度盈縮，不異也。文襄之征潁川，業興曰：「往必剋，剋後凶。」文襄既剋，欲以業興當凶而殺之。

業興愛好墳籍，鳩集不已，手自補修，躬加題帖，其家所有，垂將萬卷。覽讀不息，多有異聞，諸儒服其深博。性豪俠，重意氣，人有急難，委命歸之，便能容匿。與其好合，傾身無吝；有乖忤，便即疵毁，乃至聲色，加以謗罵。性又躁隘，至於論難之際，無儒者之風。每語人云：「但道我好，雖知妄言，故勝道惡。」務進忌前，不顧後患，時人以此惡之。至於學術精微，當時莫及。業興二子，崇祖傳父業。

隋唐五代分部

郎　茂

唐・魏徵等《隋書》卷六六《郎茂傳》　郎茂字蔚之，恒山新市人也。父基，齊潁川太守。茂少敏慧，七歲誦《騷》《雅》，日千餘言。十五師事國子博士河間權會，受《詩》《易》《三禮》及玄象、刑名之學。又就國子助教長樂張率禮受《三傳》羣言，至忘寢食。家人恐茂成病，恒節其燈燭。及長，稱爲學者，頗解屬文。年十九，丁父憂，居喪過禮。仕齊，解褐司空府行參軍。會陳使傅縡來聘，令茂接對之。後奉詔於祕書省刊定載籍。遷保城令，有能名，百姓爲立《清德頌》。及周武平齊，上柱國王誼薦之，授陳州户曹。屬高祖爲亳州總管，見而悦之，命掌書記。時周武帝爲《象經》，高祖從容謂茂曰：「人主之所爲也，感天地，動鬼神，而《象經》多糺法，將何以致治？」茂竊歎曰：「此言豈常人所及也！」乃陰自結納，高祖亦親禮之。後還家爲州主簿。

高祖爲丞相，以書召之，言及疇昔，甚歡。授衛州司録，有能名。尋除衛國令。【略】

茂自延州長史轉太常丞，遷民部侍郎。【略】數歲，以母憂去職。未朞，起令視事。又奏身死王事者，子不退田，品官年老不減地，皆發於茂。茂性明敏，剖决無滯，當時以吏幹見稱。仁壽初，以本官領大興令。

煬帝即位，遷雍州司馬，尋轉太常少卿。後二歲，拜尚書左丞，參掌選事。茂工法理，爲世所稱。【略】茂撰《州郡圖經》一百卷奏之，賜帛三百段，以書付祕府。

于時帝每巡幸，王綱已紊，法令多失。茂既先朝舊臣，明習世事，然善自謀身，無謇諤之節。見帝忌刻，不敢措言，唯竊歎而已。以年老，上表乞骸骨，不許。會帝親征遼東，以茂爲晉陽宫留守。其年，恒山贊治王文同與茂有隙，奏茂朋黨，附下罔上。詔遣納言蘇威、御史大夫裴藴雜治之。茂素與二人不平，因深文巧詆，成其罪狀。帝大怒，及其弟司隸别駕楚之，皆除名爲民，徙且末郡。茂怡然受命，不以爲憂。在途作《登壠賦》以自慰，詞義可觀。復附表自陳，帝頗悟。十年，追還京兆，歲餘而卒，時年七十五。有子知年。

崔祖濬

唐・魏徵等《隋書》卷七七《隱逸傳・崔廓附子賾》　（崔）賾字祖濬，七歲能屬文，容貌短小，有口才。開皇初，秦孝王薦之，射策高第，詔與諸儒定禮樂，授校書郎。尋轉協律郎，太常卿蘇威雅重之。母憂去職，性至孝，水漿不入口者五日。徵爲河南、豫章二王侍讀，每更日來往二王之第。及河南爲晉王，轉記室參軍，自此去豫章。王重之不已，【略】豫章得書，賚米五十石，并衣服錢帛。時晉邸文翰，多成其手。王入東宫，除太子齋帥，俄還舍人。及元德太子薨，以疾歸于家。後徵授起居舍人。

大業四年，從駕汾陽宫，次河陽鎮。藍田令王曇於藍田山得一玉人，長三尺四寸，著大領衣，冠幘，奏之。詔問群臣，莫有識者，賾答曰：「謹按漢文已前，未有冠幘，即是文帝以來所制作也。臣見魏大司農盧元明撰《嵩高山廟記》云，有神人，以玉爲形，像長數寸，或出或隱，出則令世延長。伏惟陛下應天順民，定鼎嵩、洛，岳神自見。臣敢稱慶。」因再拜，百官畢賀，天子大悦，賜縑二百匹。從駕登太行山，詔問賾曰：「何處有羊腸板？」賾對曰：「臣按《漢書・地理志》，上黨壺關縣有羊腸板。」帝曰：「不是。」又答曰：「臣按皇甫士安撰《地書》云，太原北九十里有羊腸板。」帝曰：「是也。」因謂牛弘曰：「崔祖濬所謂問一知二。」五年，受詔與諸儒撰《區宇圖志》二百五十卷，奏之。帝不善之，更令虞世基、許善心衍爲六百卷。以父憂去職，尋起令視事。遼東之役，授鷹揚長史，置遼東郡縣名，皆賾之議也。奉詔作《東征記》。九年，除越王長史。于時山東盜賊蜂起，帝令撫慰高陽、襄國，歸首者八百餘人。十二年，從駕江都。宇文化及之弑帝也，引爲著作郎，稱疾不起。在路發疾，卒於彭城，時年六十九。

賾與洛陽元善、河東柳䛒、太原王劭、吳興姚察、琅邪諸葛潁、信都劉焯、河問劉炫相善，每因休假，清談竟日。所著詞賦碑誌十餘萬言，撰《洽聞志》七卷，《八代四科志》三十卷，未及施行，江都傾覆，咸爲煨燼。

劉焯

唐・魏徵等《隋書》卷七五《儒林傳・劉焯》 劉焯，字士元，信都昌亭人也。父洽，郡功曹。焯犀額龜背，望高視遠，聰敏沈深，弱不好弄。少與河間劉炫結盟爲友，同受《詩》於同郡劉軌思，受《左傳》於廣平郭懋常，問《禮》於阜城熊安生，皆不卒業而去。武强交津橋劉智海家素多墳籍，焯與炫就之讀書，向經十載，雖衣食不繼，晏如也。遂以儒學知名，爲州博士。刺史趙煚引爲從事，舉秀才，射策甲科。與著作郎王劭同修國史，兼參議律曆，仍直門下省，以待顧問。俄除員外將軍。後與諸儒於祕書省考定群言。因假還鄉里，縣令韋之業引爲功曹。尋復入京，與左僕射楊素、吏部尚書牛弘、國子祭酒蘇威、國子祭酒元善、博士蕭該、何妥、太學博士房暉遠、崔宗德、晉王文學崔賾等於國子共論古今滯義，前賢所不通者。每升座，論難鋒起，皆不能屈，楊素等莫不服其精博。六年，運洛陽《石經》至京師，文字磨滅，莫能知者，奉敕與劉炫等考定。

後因國子釋奠，與炫二人論義，深挫諸儒，咸懷妬恨，遂爲飛章所謗，除名爲民。於是優遊鄉里，專以教授著述爲務，孜孜不倦。賈、馬、王、鄭所傳章句，多所是非。《九章算術》《周髀》《七曜曆書》十餘部，推步日月之經，量度山海之術，莫不核其根本，窮其秘奧。著《稽極》十卷，《曆書》十卷，《五經述議》，並行於世。劉炫聰明博學，名亞於焯，故時人稱二劉焉。天下名儒後進，質疑受業，不遠千里而至者，不可勝數。論者以爲數百年已來，博學通儒，無能出其右者。然懷抱不曠，又嗇於財，不行束脩者，未嘗有所教誨，時人以此少之。廢太子勇聞而召之，未及進謁，詔令事蜀王，非其好也，久之不至。王聞而大怒，遣人枷送於蜀，配之軍防。其後典校書籍。王以罪廢，焯又與諸儒修定禮律，除雲騎尉。

煬帝即位，遷太學博士，俄以疾去職。數年，復被徵以待顧問，因上所著《曆書》，與太史令張胄玄多不同，被駁不用。大業六年卒，時年六十七。劉炫爲之請謚，朝廷不許。

唐・魏徵等《隋書》卷七五《儒林傳・劉焯等傳論》 史臣曰：【略】劉焯道冠縉紳，數窮天象，既精且博，洞幽究微，鉤深致遠，源流不測，數百年來，斯人而已。

裴矩

唐・魏徵等《隋書》卷六七《裴矩傳》 裴矩，字弘大，河東聞喜人也。祖他，魏都官尚書。父訥之，齊太子舍人。矩襁褓而孤，及長好學，頗愛文藻，有智數。世父讓之謂矩曰：「觀汝神識，足成才士，欲求宦達，當資幹世之務。」矩始留情世事。齊北平王貞爲司州牧，辟爲兵曹從事，轉高平王文學。及齊亡，不得調。高祖爲定州總管，召補記室，甚親敬之。以母憂去職。

高祖作相，遣使者馳召之，參相府記室事。及受禪，遷給事郎，奏舍人事。伐陳之役，領元帥記室。既破丹陽，晉王廣令矩與高熲收陳圖籍。【略】以功拜開府，賜爵聞喜縣公，賚物二千段。除民部侍郎，尋遷内史侍郎。

時突厥强盛，都藍可汗妻大義公主，即宇文氏之女也，由是數爲邊患。後因公主與從胡私通，長孫晟先發其事，矩請出使説都藍，顯戮宇文氏。上從之。竟如其言，公主見殺。後都藍與突利可汗搆難，屢犯亭鄣，詔太平公史萬歲爲行軍總管，出定襄道，以矩爲行軍長史，破達頭可汗于塞外。萬歲被誅，功竟不録。上以啓民可汗初附，令矩撫慰之，還爲尚書左丞。其年，文獻皇后崩，太常舊無儀注，矩與牛弘據《齊禮》參定之。轉吏部侍郎，名爲稱職。

煬帝即位，營建東都，矩職修府省，九旬而就。時西域諸蕃，多至張掖，與中國交市。帝令矩掌其事。矩知帝方勤遠略，諸商胡至者，矩誘令言其國俗山川險易，撰《西域圖記》三卷，入朝奏之。其序曰：【略】

帝大悦，賜物五百段，每日引矩至御坐，親問西方之事。矩盛言胡中多諸寶物，吐谷渾易可并吞。帝由是甘心，將通西域，四夷經略，咸以委之。

轉民部侍郎，未視事，遷黄門侍郎。帝復令矩往張掖，引致西蕃，至者十餘國。大業三年，帝有事於恒嶽，咸來助祭。帝將巡河右，復令矩往敦煌。矩遣使説高昌王麴伯雅及伊吾吐屯設等，啗以厚利，導使入朝。及帝西巡，次燕支山，高昌王、伊吾設等，及西蕃胡二十七國，謁於道左。皆令佩金玉，被錦罽，焚香奏樂，歌儛諠譟。復令武威、張掖士女盛飾縱觀，騎乘填咽，周亘數十里，以示中國之盛。帝見而大悦。竟破吐谷渾，拓地數千里，並遣兵戍之。每歲委輸巨億萬計，諸蕃慴懼，朝貢相續。帝謂矩有綏懷之略，進位銀青光禄大夫。【略】

兵部侍郎斛斯政亡入高麗，帝令矩兼掌兵事。以前後渡遼之役，進位右光禄大夫。于時皇綱不振，人皆變節，左翊衛大將軍宇文述、内史侍郎虞世基等用事，文武多以賄聞。唯矩守常，無贓穢之響，以是爲世所稱。【略】

宇文化及之亂，矩晨起將朝，至坊門，遇逆黨數人，控矩馬詣孟景所。賊皆曰：「不關裴黄門。」既而化及從百餘騎至，矩迎拜，化及慰諭之。令矩參定儀注，推秦王子浩爲帝，以矩爲侍内，隨化及至河北。及僭帝位，以矩爲尚書右僕射，加光禄大夫，封蔡國公，爲河北道安撫大使。

及宇文氏敗，爲竇建德所獲，以矩隋代舊臣，遇之甚厚。復以爲吏部尚書，尋轉尚書右僕射，專掌選事。建德起自羣盜，未有節文，矩爲制定朝儀。旬月之間，憲章頗備，擬於王者。建德大悦，每諮訪焉。及建德渡河討孟海公，矩與曹旦等於洺州留守。建德敗于武牢。羣帥未知所屬，曹旦長史李公淹、大唐使人魏徵等説旦及齊善行令歸順。旦等從之，乃令矩與徵、公淹領旦及八璽，舉山東之地歸于大唐。授左庶子，轉詹事、民部尚書。【略】

史臣曰：【略】裴矩學涉經史，頗有幹局，至於恪勤匪懈，夙夜在公，求諸古人，殆未之有。與聞政事，多歷歲年，雖處危亂之中，未虧廉謹之節，美矣。然承望風旨，與時消息，使高昌入朝，伊吾獻地，聚糧且末，師出玉門。關右騷然，頗亦矩之由也。

宋・歐陽修等《新唐書》卷一〇〇《裴矩傳》 裴矩字弘大，絳州聞喜人。父訥之，爲齊太子舍人。矩在乳而孤，及長好學，有文藻智數。再補高平王文學。齊亡，不得調。隋高祖爲定州總管，召補記室，以母憂去職。高祖已受禪，遷給事郎，奏舍人事。帝伐陳，爲元帥記室。【略】拜開府，爵聞喜縣公，賜賚異等。遷累内史侍郎。時突厥彊盛，都藍與突利構難，屢犯塞，詔太平公史萬歲爲行軍總管，出定襄道，以矩爲長史。破達頭可汗而萬歲誅，矩功不見録。還爲尚書左丞，遷吏部侍郎，名稱職。

煬帝時，西域諸國悉至張掖交市，帝令矩護視。矩知帝勤遠略，乃訪諸商胡國俗、山川險易，撰《西域圖記》三篇，合四十四國，凡裂三道：北道起伊吾，徑蒲類、鐵勒、突厥可汗廷，亂北流河至拂菻；中道起高昌、焉耆、龜兹、疏勒，踰葱嶺，钹汗、蘇對沙那、康、曹、何、大小安、穆諸國，至波斯；南道起鄯善、于闐、朱俱波、喝槃陀，亦度葱嶺，涉護密、吐火羅、挹怛、帆延、漕國，至北婆羅門。皆竟西海。諸國亦自有空道交通。既還，奏之。帝引内矩問西方事，矩盛言：「胡多環怪名寶，俗土著，易并吞。」帝由是甘心四夷，委矩經略。再遷黄門侍郎，參豫朝政。【略】

化及僭位，署矩尚書右僕射，爲河北道安撫大使。又爲竇建德所獲，建德以矩隋舊臣，遇之厚。建德起羣盜，非有君臣制度，矩爲略制朝儀，不閲月，憲章擬王者，建德尊禮之。

建德敗，來朝，擢殿中侍御史，爵安邑縣公。累遷太子詹事、檢校侍中。時突厥數盜邊，高祖遣使約西突厥連和，突厥因請婚。帝曰：「彼勢與我絶，緩急不爲用，奈何？」矩曰：「然北虜方熾，歲苦邊，若權順許，以示外援，須我完實更議之。」帝然其計。隱太子敗，餘黨保宫城不解。秦王遣矩諭之，乃聽命。遷民部尚書。【略】年八十，精明不忘，多識故事，見重于時。貞觀元年卒，贈絳州刺史，謚曰敬。

宋・歐陽修等《新唐書》卷一〇〇《陳叔達裴矩等傳贊》 贊曰：封倫、裴矩，其姦足以亡隋，其知反以佐唐，何哉？惟姦人多才能，與時而成敗也。妖禽孽狐，當晝則伏自如，得夜乃爲之祥。若倫僞行匿情，死乃暴聞，免兩觀之誅，幸矣。太宗知士及之佞，爲游言自解，亦不能斥。彼中材之主，求不惑於佞，難哉！

姚思廉

五代・劉昫等《舊唐書》卷七七《姚思廉傳》 姚思廉，字簡之，雍州萬年人。父察，陳吏部尚書；入隋，歷太子内舍人、祕書丞、北絳公，學兼儒史，見重於二代。陳亡，察自吴興始遷關中。思廉少受漢史於其父，能盡傳家業，勤學寡欲，未嘗言及家人産業。在陳爲揚州主簿，入隋爲漢王府參軍，丁父憂解職。初，察在陳嘗修梁、陳二史，未就，臨終令思廉續成其志。丁繼母憂，廬於墓側，毁瘠加人。服闋，補河間郡司法書佐。思廉上表陳父遺言，有詔許其續成《梁》《陳史》。煬帝又令與起居舍人崔祖濬修《區宇圖志》。【略】

高祖受禪，授秦王文學。後太宗征徐圓朗，思廉時在洛陽，太宗嘗從容言及隋亡之事，慨然歎曰：「姚思廉不懼兵刃，以明大節，求諸古人，亦何以加也！」因寄物三百段以遺之，書曰：「想節義之風，故有斯贈。」尋引爲文學館學士。太宗入春宫，遷太子洗馬。

貞觀初，遷著作郎、弘文館學士。寫其形像列於《十八學士圖》，令文學褚亮爲之讚，曰：「志苦精勤，紀言實録。臨危殉義，餘風勵俗。」三年，又受詔與祕書監魏徵同撰梁、陳二史，思廉又採謝炅等諸家梁史續成父書，并推究陳事，删益傅縡、顧野王所修舊史，撰成《梁書》五十卷、《陳書》三十卷。魏徵雖裁其總論，其編次筆削，皆思廉之功也，賜綵絹五百段，加通直散騎常侍。

思廉以藩邸之舊，深被禮遇，政有得失，常遣密奏之，思廉亦直言無隱。太宗將幸九成宫，思廉諫曰：「離宫遊幸，秦皇、漢武之事，固非堯、舜、禹、湯之所爲也。」言甚切至。太宗諭曰：「朕有氣疾，熱便頓劇，固非情好遊賞也。」因賜帛五十匹。九年，拜散騎常侍，賜爵豐城縣男。十一年卒，太宗深悼惜之，廢朝一日，贈太常卿，謚曰康，賜葬地於昭陵。

許敬宗

宋·歐陽修等《新唐書》卷二二三上《姦臣上·許敬宗》 許敬宗字延族，杭州新城人。父善心，仕隋爲給事中。敬宗幼善屬文，大業中舉秀才中第，調淮陽書佐，俄直謁者臺，奏通事舍人事。善心爲宇文化及所殺，敬宗哀請，得不死，去依李密爲記室。武德初，補漣州別駕。太宗聞其名，召署文學館學士。貞觀中，除著作郎，兼脩國史，喜謂所親曰：「仕宦不爲著作，無以成門户。」俄改中書舍人。文德皇后喪，羣臣衰服，率更令歐陽詢貌醜異，敬宗侮笑自如，貶洪州司馬。累轉給事中，復脩史，以勞封高陽縣男，檢校黄門侍郎。高宗在東宫，遷太子右庶子。高麗之役，太子監國定州，敬宗與高士廉典機劇。岑文本卒，帝驛召敬宗，以本官檢校中書侍郎。駐蹕山破賊，命草詔馬前，帝愛其藻警，由是專掌誥令。

初，太子承乾廢，官屬張玄素、令狐德棻、趙弘智、裴宣機、蕭鈞皆除名爲民，不復用。敬宗爲言玄素等以直言被嫌忌，今一槩被罪，疑洗宥有所未至。帝悟，多所甄復。高宗即位，遷禮部尚書。敬宗饕沓，遂以女嫁蠻酋馮盎子，多私所聘。有司劾舉，下除鄭州刺史。俄復官，爲弘文館學士。

帝將立武昭儀，大臣切諫，而敬宗陰揣帝私，即妄言曰：「田舍子賸穫十斛麥，尚欲更故婦。天子富有四海，立一后，謂之不可，何哉？」帝意遂定。王后廢，敬宗請削后家官爵，廢太子忠而立代王，遂兼太子賓客。帝得所欲，故詔敬宗待詔武德殿西闥。頃拜侍中，監脩國史，爵郡公。

帝嘗幸故長安城，按蹕裴回，視古區處，問侍臣：「秦、漢以來幾君都此？」敬宗曰：「秦居咸陽，漢惠帝始城之。其後苻堅、姚萇、宇文周居之。」帝復問：「漢武開昆明池實何年？」對曰：「元狩三年，將伐昆明，實爲此池以肄戰。」帝乃詔與弘文學士討古宫室故區，具條以聞。進中書令，仍守侍中。敬宗於立后有助力，知后鉗戾，能固主以久己權，乃陰連后謀逐韓瑗、來濟、褚遂良，殺梁王、長孫無忌、上官儀，朝廷重足事之，威寵熾灼，當時莫與比。改右相，辭疾，拜太子少師，同東西臺三品。年老，不任趨步，特詔與司空李勣朝朔日，聽乘小馬至内省。

帝東封泰山，以敬宗領使。次濮陽，帝問竇德玄：「此謂帝丘，何也？」德玄不對。敬宗儳曰：「臣能知之。昔帝顓頊始居此地，以王天下。其後夏后相因之，爲寒浞所滅。後緡方娠，逃出自竇，在此地也。後昆吾氏因之，而爲夏伯。昆吾既衰，湯滅之。其頌曰：『韋、顧既伐，昆吾、夏桀』是也。至春秋時，衛成公自楚丘徙居之，《左氏》稱『相奪予享』，以舊地也。由顓頊所居，故曰帝丘。臣聞有德者啓其國土，失道者則喪其疆宇。自古大都美國，居者不一姓，故有國家者不可不慎也。」帝曰：「《書》稱『浮於濟、漯』，今濟與漯斷不相屬，何故而然？」對曰：「夏禹道沇水東流爲濟，入于河。今自漯至温而入河，水自此洑地過河而南，出爲滎；又洑而至曹、濮，散出於地，合而東，汶水自南入之，所謂『泆爲滎，東出于陶丘北，又東會于汶』是也。古者五行皆有官，水官不失職，則能辨味與色。潛而出，合而更分，皆能識之。」帝曰：「天下洪流巨谷，不載祀典，濟甚細而在四瀆，何哉？」對曰：「瀆之言獨也。不因餘水，獨能赴海者也。且天有五星，運而爲四時；地有五嶽，流而爲四瀆；人有五事，用而爲四支。五，陽數也；四，陰數也，有奇偶，陰陽焉。陽者光曜，陰者晦昧，故辰隱而難見。濟潛流屢絶，狀雖微細，獨而尊也。」帝曰：「善。」敬宗退，矜曰：「大臣不可無學，向德玄不能對，吾恥之。」德玄聞之，不屑曰：「人各有能，不彊所不知，吾所能也。」李勣曰：「敬宗多聞，美矣；竇之不彊，不亦善乎？」

初，高祖、太宗《實録》，敬播所譔，信而詳。及敬宗身爲國史，竄改不平，專出己私。始虞世基與善心同遭賊害，封德彝常曰：「昔吾見世基死，世南匍匐請代；善心死，敬宗蹈舞求生。」世爲口實，敬宗銜憤。至立《德彝傳》，盛誣以惡。敬宗子娶尉遲敬德女孫，而女嫁錢九隴子。九隴，本高祖隸奴也，爲虛立門閥功狀，至與劉文静等同傳。太宗賜長孫無忌《威鳳賦》，敬宗猥稱賜敬德。蠻酋龐孝泰率兵從討高麗，賊笑其懦，襲破之。敬宗受其金，乃稱「屢破賊，唐將言驍勇者唯蘇定方與孝泰，曹繼叔、劉伯英出其下遠甚」。然知貞觀後，論次諸書，自晉盡隋，及《東殿新書》《西域圖志》《姓氏録》《新禮》等數十種皆敬宗總知之，賞賚不勝紀。

敬宗嘗第舍華僭，至造連樓，使諸妓走馬其上，縱酒奏樂自娱。變其婢，因以繼室，假姓虞。子昂烝之，敬宗怒黜虞，奏斥昂嶺外，久乃表還。

咸亨初，以特進致仕，仍朝朔望，續其俸禄。卒，年八十一。帝爲舉哀，詔百官哭其第，册贈開府儀同三司、揚州大都督，陪葬昭陵。太常博士袁思古議：「敬宗棄子荒徼，女嫁蠻落，謚曰繆。」其孫彦伯訴思古有嫌，詔更議。博士王福畤曰：「何曾忠而孝，以食日萬錢謚繆醜，況敬宗忠孝兩棄，飲食男女之累過之。」執不改。有詔尚書省雜議，更謚曰恭。

玄　奘

唐·劉肅《大唐新語》卷一三《記異》　沙門玄奘俗姓陳，偃師人，少聰敏，有操行。貞觀三年，因疾而挺志往五天竺國，凡經十七歲，至貞觀十九年二月十五日，方到長安。足所親踐者一百一十一國，探求佛法，咸究根源。凡得經論六百五十七部，佛舍利並佛像等甚多。京城士女迎之，填城隘郭。時太宗在東都，乃留所得經像於弘福寺。有瑞氣徘徊像上，移晷乃滅。遂詣駕，並將異方奇物朝謁。太宗謂之曰：「法師行後，造弘福寺，其處雖小，禪院虚静，可謂翻譯之所。」太宗御制《聖教序》。高宗時爲太子，又作《述聖記》，並勒於碑。麟德中，終於坊郡玉華寺。玄奘撰《西域記》十二卷，見行於代。著作郎敬播爲之序。

五代·劉昫等《舊唐書》卷一九一《方伎傳·玄奘》　僧玄奘，姓陳氏，洛州偃師人。大業末出家，博涉經論。嘗謂翻譯者多有訛謬，故就西域，廣求異本以參驗之。貞觀初，隨商人往遊西域。玄奘既辯博出羣，所在必爲講釋論難，蕃人遠近咸尊伏之。在西域十七年，經百餘國，悉解其國之語，仍採其山川謡俗，土地所有，撰《西域記》十二卷。貞觀十九年，歸至京師。太宗見之，大悦，與之談論。於是詔將梵本六百五十七部於弘福寺翻譯，仍敕右僕射房玄齡、太子左庶子許敬宗，廣召碩學沙門五十餘人，相助整比。

高宗在東宫，爲文德太后追福，造慈恩寺及翻經院，内出大幡，敕《九部樂》及京城諸寺幡蓋衆伎，送玄奘及所翻經像、諸高僧等入住慈恩寺。顯慶元年，高宗又令左僕射于志寧、侍中許敬宗、中書令來濟李義府杜正倫、黄門侍郎薛元超等，共潤色玄奘所定之經，國子博士范義碩、太子洗馬郭瑜、弘文館學士高若思等，助加翻譯。凡成七十五部，奏上之。後以京城人衆競來禮謁，玄奘乃奏請逐静翻譯，敕乃移於宜君山故玉華宫。六年卒，時年五十六，歸葬於白鹿原，士女送葬者數萬人。

李淳風

五代·劉昫等《舊唐書》卷七九《李淳風傳》　李淳風，岐州雍人也。其先自太原徙焉。父播，隋高唐尉，以秩卑不得志，棄官而爲道士，頗有文學，自號黄冠子。注《老子》，撰《方志圖》，文集十卷，並行於代。淳風幼俊爽，博涉羣書，尤明天文、曆算、陰陽之學。貞觀初，以駁傅仁均曆議，多所折衷，授將仕郎，直太史局。尋又上言曰：「今靈臺候儀，是魏代遺範，觀其制度，疏漏實多。臣案《虞書》稱，舜在璿璣玉衡，以齊七政。則是古以混天儀考七曜之盈縮也。《周官》大司徒職，以土圭正日景，以定地中。此亦據混天儀日行黄道之明證也。暨于周末，此器乃亡。漢孝武時，洛下閎復造混天儀，事多疏闕。故賈逵、張衡各有營鑄，陸績、王蕃遞加修補，或綴附經星，機應漏水，或孤張規郭，不依日行，推驗七曜，並循赤道。今驗冬至極南，夏至極北，而赤道當定於中，全無南北之異，以測七曜，豈得其真？黄道渾儀之闕，至今千餘載矣。」

太宗異其説，因令造之，至貞觀七年造成。其制以銅爲之，表裏三重，下據準基，狀如十字，末樹鼇足，以張四表焉。第一儀名曰六合儀，有天經雙規、渾緯規、金常規，相結於四極之内，備二十八宿、十干、十二辰，經緯三百六十五度。第二名三辰儀，圓徑八尺，有璿璣規、黄道規、月遊規，天宿矩度，七曜所行，並備于此，轉於六合之内。第三名四遊儀，玄樞爲軸，以連結玉衡，遊筩而貫約規矩；又玄樞北樹北辰，南距地軸，傍轉於内；又玉衡在玄樞之間而南北遊，仰以觀天之辰宿，下以識器之晷度。時稱其妙。又論前代渾儀得失之差，著書七卷，名爲《法象志》以奏之。太宗稱善，置其儀於凝暉閣，加授承務郎。十五年，除太常博士。尋轉太史丞，預撰《晉書》及《五代史》，其《天文》《律曆》《五行志》皆淳風所作也。又預撰《文思博要》。二十二年，遷太史令。

初，太宗之世有《祕記》云：「唐三世之後，則女主武王代有天下。」太宗嘗密召淳風以訪其事，淳風曰：「臣據象推算，其兆已成。然其人已生，在陛下宫内，從今不踰三十年，當有天下，誅殺唐氏子孫殲盡。」帝曰：「疑似者盡殺之，如何？」淳風曰：「天之所命，必無禳避之理。王者不死，多恐枉及無辜。且據上象，今已成，復在宫内，已是陛下眷屬。更三十年，又當衰老，老則仁慈，雖受終易姓，其於陛下子孫，或不甚損。今若殺之，即當復生，少壯嚴毒，殺之立讎。若如此，即殺戮陛下子孫，必無遺類。」太宗善其言而止。

淳風每占候吉凶，合若符契，當時術者疑其别有役使，不因學習所致，然竟不能測也。顯慶元年，復以修國史功封昌樂縣男。先是，太史監候王思辯表稱《五曹》《孫子》十部算經，理多踳駁。淳風復與國子監算學博士梁述、太學助教王真儒等受詔注《五曹》《孫子》十部算經。書成，高宗令國學行用。龍朔二年，改授祕閣郎中。時《戊寅曆法》漸差，淳風又增損劉焯《皇極曆》，改撰《麟德曆》奏之，術者稱其精密。咸亨初，官名復舊，還爲太史令。年六十九卒。所撰《典章文物志》《乙巳占》《祕閣録》，并演《齊民要術》等凡十餘部，多傳於代。

宋·歐陽修等《新唐書》卷二〇四《方技傳·李淳風》 凡推步、卜、相、醫、巧，皆技也。能以技自顯於一世，亦悟之天，非積習致然。然士君子能之，則不迂，不泥，不矜，不神；小人能之，則迂而入諸拘礙，泥而弗通大方，矜以夸衆，神以誣人，故前聖不以爲教，蓋吝之也。若李淳風諫太宗不濫誅，許胤宗不著方劑書，嚴譔諫不合乾陵，乃卓然有益于時者，兹可珍也。至遠知、果、撫等詭行幻怪，又技之下者焉。

李淳風，岐州雍人。父播，仕隋高唐尉，棄官爲道士，號黄冠子，以論譔自見。淳風幼爽秀，通羣書，明步天曆算。貞觀初，與傅仁均爭曆法，議者多附淳風，故以將仕郎直太史局。制渾天儀，詆摭前世得失，著《法象書》七篇上之。擢承務郎，遷太常博士，改太史丞，與諸儒脩書，遷爲令。太宗得祕讖，言「唐中弱，有女武代王」。以問淳風，對曰：「其兆既成，已在宫中。又四十年而王，王而夷唐子孫且盡。」帝曰：「我求而殺之，奈何？」對曰：「天之所命，不可去也，而王者果不死，徒使疑似之戮淫及無辜。且陛下所親愛，四十年而老，老則仁，雖受終易姓，而不能絶唐。若殺之，復生壯者，多殺而逞，則陛下子孫無遺種矣！」帝采其言，止。

淳風於占候吉凶，若節契然，當世術家意有鬼神相之，非學習可致，終不能測也。以勞封昌樂縣男。奉詔與算博士梁述、助教王真儒等是正《五曹》《孫子》等書，刊定注解，立於學官。撰《麟德曆》代《戊寅曆》，候者推最密。自祕閣郎中復爲太史令，卒。所撰《典章文物志》《乙巳占》等書傳於世。子該，孫仙宗，並擢太史令。

李　泰

五代·劉昫等《舊唐書》卷七六《濮王李泰傳》 濮王泰，字惠褒，太宗第四子也。少善屬文。武德三年，封宜都王。四年，進封衛王，以繼衛懷王霸後。貞觀二年，改封越王，授揚州大都督。五年，兼領左武候、大都督，並不之官。八年，除雍州牧、左武候大將軍。七年，轉鄜州大都督。十年，徙封魏王，遥領相州都督，餘官如故。太宗以泰好士愛文學，特令就府别置文學館，任自引召學士。又以泰腰腹洪大，趨拜稍難，復令乘小輿至於朝所。其寵異如此。

十二年，司馬蘇勗以自古名王多引賓客，以著述爲美，勸泰奏請撰《括地志》。泰遂奏引著作郎蕭德言、祕書郎顧胤、記室參軍蔣亞卿、功曹參軍謝偃等就府修撰。十四年，太宗幸泰延康坊宅，因曲赦雍州及長安大辟罪已下，免延康坊百姓無出今年租賦，又賜泰府官僚帛有差。十五年，泰撰《括地志》功畢，表上之，詔令付祕閣，賜泰物萬段，蕭德言等咸加給賜物。俄又每月給泰料物，有踰於皇太子。【略】

時皇太子承乾有足疾，泰潛有奪嫡之意，招駙馬都尉柴令武、房遺愛等二十餘人，厚加贈遺，寄以腹心。黄門侍郎韋挺、工部尚書杜楚客相繼攝泰府事，二人俱爲泰結朝臣，津通賂遺。文武羣官，各有附託，自爲朋黨。承乾懼其凌奪，陰遣人詐稱泰府典籤，詣玄武門爲泰進封事。太宗省之，其書皆言泰之罪狀，太宗知其詐，而捕之不獲。十七年，承乾敗，太宗面加譴讓。承乾曰：「臣貴爲太子，更何所求？但爲泰所圖，特與朝臣謀自安之道。不逞之人，遂教臣爲不軌之事。今若以泰爲太子，所謂落其度内。」太宗因謂侍臣曰：「承乾言亦是。我若立泰，便是儲君之位可經求而得耳。泰立，承乾、晉王皆不存；晉王立，泰共承乾可無恙也。」乃幽泰於將作監，下詔曰：

【略】可解泰雍州牧、相州都督、左武候大將軍，降封東萊郡王。

太宗因謂侍臣曰：「自今太子不道，藩王窺嗣者，兩棄之。傳之子孫，以爲永制。」尋改封泰爲順陽王，徙居均州之鄖鄉縣。

太宗後嘗持泰所上表謂近臣曰：「泰文辭美麗，豈非才士。我中心念泰，卿等所知。但社稷之計，斷割恩寵，責其居外者，亦是兩相全也。」二十一年，進封濮王。高宗即位，爲泰開府置僚屬，車服羞膳，特加優異。永徽三年，薨于鄖鄉，年三十有五，贈太尉、雍州牧，謚曰恭。文集二十卷。

宋・王溥《唐會要》卷三六《修撰》 （貞觀）十五年正月三日，魏王［李］泰上《括地志》五十卷。上嘉之，賜物一萬段，其書宣付祕閣。初，泰好學，愛文章。司馬蘇勖勸泰表請修撰，詔許之。于是大開館宇，廣召時俊，遂奏引著作郎蕭德言、祕書郎顧允、記室參軍蔣亞卿、功曹參軍謝偃等，人物輻輳，門庭若市。泰稍悟過盛，欲其速成，于是分道諸州，披檢疏録，凡四年而成。

敬播

五代・劉昫等《舊唐書》卷八九上《儒學傳上・敬播》 敬播，蒲州河東人也。貞觀初，舉進士。俄有詔詣秘書内省佐顔師古、孔穎達修《隋史》，尋授太子校書。史成，遷著作郎，兼修國史。與給事中許敬宗撰《高祖》《太宗實録》，自創業至于貞觀十四年，凡四十卷。奏之，賜物五百段。太宗之破高麗，名所戰六山爲駐蹕，播謂人曰：「聖人者，與天地合德，山名駐蹕，此蓋以鑾輿不復更東矣。」卒如所言。時梁國公房玄齡深稱播有良史之才，曰：「陳壽之流也。」玄齡以顔師古所注《漢書》，文繁難省，令播撮其機要，撰成四十卷，傳於代。尋以撰實録功，遷太子司議郎。時初置此官，極爲清望。中書令馬周歎曰：「所恨資品妄高，不獲歷居此職。」參撰《晉書》，播與令狐德棻、陽仁卿、李嚴等四人總其類。【略】

永徽初，拜著作郎。與許敬宗等撰《西域圖》。後歷諫議大夫、給事中，並依舊兼修國史。又撰《太宗實録》，從貞觀十五年至二十三年，爲二十卷。奏之，賜帛三百段。後坐事出爲越州都督府長史。龍朔三年，卒官。播又著《隋略》二十卷。

賈言忠

五代・劉昫等《舊唐書》卷一九〇《文苑傳中・賈曾》 賈曾，河南洛陽人也。父言忠，乾封中爲侍御史。時朝廷有事遼東，言忠奉使往支軍糧。及還，高宗問以軍事，言忠畫其山川地勢，及陳遼東可平之狀，高宗大悦。又問諸將優劣，言忠曰：「李勣先朝舊臣，聖鑒所悉。龐同善雖非鬬將，而持軍嚴整。薛仁貴勇冠三軍，名可振敵。高侃儉素自處，忠果有謀。契苾何力沉毅持重，有統御之才，然頗有忌前之癖。諸將夙夜小心，忘身憂國，莫過於李勣者。」高宗深然之。累轉吏部員外郎。坐事左遷邵州司馬，卒。

一行

唐・劉肅《大唐新語》卷一三《記異》 沙門一行，俗姓張，名遂，郯公公謹之曾孫。年少出家，以聰敏學行，見重於代。玄宗詔于光文殿改撰曆經，後又移就麗正殿，與學士參校曆經。一行乃撰《開元大衍曆》一卷，《曆議》十卷，《曆立成》十二卷，《曆書》二十四卷，《七政長曆》三卷，凡五部五十卷。未及奏上而卒。張説奏上，請令行用。初，一行造黄道遊儀以進，御製《遊儀銘》付太史監，將向靈臺上，用以測候。分遣太史官大相元太等馳驛往安南、朗、兖等州，測候日影，同以二分、二至之日正午時量日影，皆數年乃定。安南量極高二十一度六分，冬至日長七尺九寸二分，春秋二分長二尺九寸三分，夏至影在表南三寸三分。蔚州横野軍北極高四十度，冬至日影長一丈五尺八分，春秋二分長六尺六寸二分，夏至影在表北二尺二寸九分。此二所爲中土南北之極。其朗、兖、太原等州，並差殊不同。一行用勾股法算之，云「大約南北極相去纔八萬餘里」。修曆人陳玄景亦善算術，歎曰：「古人云『以管窺天，以蠡測海』，以爲不可得而致也。今以丈尺之術，而測天地之大，豈可得哉！若依此而言，則天地豈得爲大也！」其後參校一行曆經，並精密，迄今行用。

五代・劉昫等《舊唐書》卷一九一《方伎傳・一行》 僧一行，姓張氏，先名遂，魏州昌樂人，襄州都督、郯國公公謹之孫也。父擅，武功令。一行少聰敏，博覽經史，尤精曆象、陰陽、五行之學。時道士尹崇博學先達，素多墳籍。一行詣崇，借揚雄《太玄經》，將歸讀之。數日，復詣崇，還其書。崇曰：「此書意指稍深，吾尋之積年，尚不能曉，吾子試更研求，何遽見還也？」一行曰：「究其義矣。」因出所撰《大衍玄圖》及《義決》一卷以示崇。崇大驚，因與一行談其奥賾，甚嗟伏之，謂人曰：「此後生顔子也。」一行由是大知名。武三思慕其學行，就請與結交，一行逃匿以避之。尋出家爲僧，隱於嵩山，師事沙門普寂。睿宗即位，勑東都留守韋安石以禮徵，一行固辭以疾，不應命。後步往荆州當陽山，依沙門悟真以習梵律。

開元五年，玄宗令其族叔禮部郎中洽齎勑書就荆州强起之。一行至京，置於光太殿，數就之，訪以安國撫人之道，言皆切直，無有所隱。開元十年，永穆公主出降，勑有司優厚發遣，依太平公主故事。一行以爲高宗末年，唯有一女，所以特加其禮，又太平驕僭，竟以得罪，不應引以爲例。上納其言，遽追勑不行，但依常禮。其諫諍皆此類也。

一行尤明著述，撰《大衍論》三卷，《攝調伏藏》十卷，《天一太一經》及《太一局遁甲經》《釋氏系録》各一卷。時《麟德曆經》推步漸疏，勑一行考前代諸家曆法，改撰新曆，又令率府長史梁令瓚等與工人創造黄道游儀，以考七曜行度，互相證明。於是一行推周易大衍之數，立衍以應之，改撰《開元大衍曆經》。至十五年卒，年四十五，賜謚曰大慧禪師。

初，一行從祖東臺舍人太素，撰《後魏書》一百卷，其《天文志》未成，一行續而成之。上爲一行製碑文，親書於石，出内庫錢五十萬，爲起塔於銅人之原。明年，幸温湯，過其塔前，又駐騎徘徊，令品官就塔以告其出豫之意，更賜絹五十匹，以蒔塔前松柏焉。

初，一行求訪師資，以窮大衍，至天台山國清寺，見一院，古松十數，門有流水，一行立於門屏間，聞院僧於庭布算聲，而謂其徒曰：「今日當有弟子自遠求吾算法，已合到門，豈無人導達也？」即除一算。又謂曰：「門前水當却西流，弟子亦至。」一行承其言而趨入，稽首請法，盡受其術焉，而門前水果却西流。道士邢和璞嘗謂尹愔曰：「一行其聖人乎？漢之洛下閎造曆，云：『後八百歲當差一日，必有聖人正之。』今年期畢矣，而一行造《大衍》正其差謬，則洛下閎之言信矣，非聖人而何？」

元載

五代·劉昫等《舊唐書》卷一一八《元載傳》　元載，鳳翔岐山人也，家本寒微。父景昇，任員外官，不理産業，常居岐州。載母攜載適景昇，冒姓元氏。載自幼嗜學，好屬文，性敏惠，博覽子史，尤學道書。家貧，徒步隨鄉賦，累上不升第。天寶初，玄宗崇奉道教，下詔求明莊、老、文、列四子之學者。載策入高科，授邠州新平尉。監察御史韋鎰充使監選黔中，引載爲判官，載名稍著，遷大理評事。東都留守苗晉卿又引爲判官，遷大理司直。

肅宗即位，急於軍務，諸道廉使隨才擢用。時載避地江左，蘇州刺史、江東採訪使李希言表載爲副，拜祠部員外郎，遷洪州刺史。兩京平，入爲度支郎中。載智性敏悟，善奏對，肅宗嘉之，委以國計，俾充使江、淮，都領漕輓之任，尋加御史中丞。數月徵入，遷户部侍郎、度支使并諸道轉運使。既至朝廷，會肅宗寢疾。載與倖臣李輔國善，輔國妻元氏，載之諸宗，因是相昵狎。時輔國權傾海内，舉無違者，會選京尹，輔國乃以載兼京兆尹。載意屬國柄，詣輔國懇辭京尹，輔國識其意，然之。翌日拜載同中書門下平章事，度支轉運使如故。

旬日，肅宗晏駕，代宗即位，輔國勢愈重，稱載於上前。載能伺上意，頗承恩遇，遷中書侍郎、同中書門下平章事，加集賢殿大學士，修國史。又加銀青光禄大夫，封許昌縣子。載以度支轉運使職務繁碎，負荷且重，慮傷名，阻大位，素與劉晏相友善，乃悉以錢穀之務委之，薦晏自代，載自加營田使。李輔國罷職，又加判天下元帥行軍司馬。廣德元年，與宰臣劉晏、裴遵慶同扈從至陜。及輿駕還宫，遵慶皆罷所任，載恩寵彌盛。輔國死，載復結内侍董秀，多與之金帛，委主書卓英倩潛通密旨。以是上有所屬，載必先知之，承意探微，言必玄合，上益信任之。妻王氏狠戾自專，載出朝謁，縱子伯和等遊于外，上封人顧繇奏之，上方任載以政，反罪繇而已。

内侍魚朝恩負恃權寵，不與載協，載常憚之。大曆四年冬，乘間密奏朝恩專權不軌，請除之。朝恩驕横，天下咸怒，上亦知之，及聞載奏，適會於心。載遂結北軍大將同謀，以防萬慮。五年三月，朝恩伏法，度支使第五琦以朝恩黨坐累，載兼判度支，志氣自若，謂己有除惡之功，是非前賢，以爲文武才略，莫己之若。外委胥吏，内聽婦言。城中開南北二甲第，室宇宏麗，冠絶當時。又於近郊起亭榭，所至之處，帷帳什器，皆於宿設，儲不改供。城南膏腴别墅，連疆接畛，凡數十所，婢僕曳羅綺一百餘人，恣爲不法，侈僭無度。江、淮方面，京輦要司，皆排去忠良，引用貪猥。士有求進者，不結子弟，則謁主書，貨賄公行，近年以來，未有其比。【略】

節度寄理於涇州。大曆八年，蕃戎入邠寧之後，朝議以爲三輔已西，無襟帶之固，而涇州散地，不足爲守。載嘗爲西州刺史，知河西、隴右之要害，指畫於上前曰：「今國家西境極于潘源，吐蕃防戍在摧沙堡，而原州界其間。原州當西塞之口，接隴山之固，草肥水甘，舊壘存焉。吐蕃比毁其垣墉，棄之不居。其西則監牧故地，皆有長濠巨塹，重複深固。原州雖早霜，黍稷不藝，而有平涼附其東，獨耕一縣，可以足食。請移京西軍戍原州，乘間築之，貯粟一年。戎人夏牧多在青海，羽書覆至，已逾月矣。今運築並作，不二旬可畢。移子儀大軍居涇，以爲根本，分兵守石門、木峽，隴山之關。北抵于河，皆連山峻嶺，寇不可越。稍置鳴沙縣、豐安軍爲之羽翼，北帶靈武五城爲之形勢。然後舉隴右之地以至安西，是謂斷西戎之脛，朝廷可高枕矣。」兼圖其地形以獻。載密使人踰隴山，入原州，量井泉，計徒庸，車乘畚鍤之器皆具。檢校左僕射田神功沮之曰：「夫興師料敵，老將所難。陛下信一書生言，舉國從之，聽誤矣。」上遲疑不決，會載得罪乃止。

初，六年，載條奏應緣別敕授文武六品以下，敕出後望令吏部、兵部便附甲團奏，不得檢勘，從之。時功狀奏擬，結銜多謬，載欲權歸於己，慮有司駁正。會有上封人李少良密以載醜跡聞，載知之，奏於上前，少良等數人悉斃於公府。由是道路以目，不敢議載之短。門庭之內，非其黨與不接，平素交友，涉於道義者悉疏棄之。

代宗寬仁明恕，審其所由，凡累年，載長惡不悛，衆怒上聞。大曆十二年三月庚辰，仗下後，上御延英殿，命左金吾大將軍吳湊收載、縉于政事堂，各留繫本所，并中書主事卓英倩、李待榮及載男仲武、季能並收禁，命吏部尚書劉晏訊鞫。晏以載受任樹黨，布于天下，不敢專斷，請他官共事。敕御史大夫李涵、右散騎常侍蕭昕、兵部侍郎袁傪、禮部侍郎常袞、諫議大夫杜亞同推究其狀。辯罪問端，皆出自禁中，仍遣中使詰以陰事，載、縉皆伏罪。是日，宦官左衛將軍、知內侍省事董秀與載同惡，先載於禁中杖殺之。敕曰：「任直去邪，懸於帝典；獎善懲惡，急於時政。和鼎之寄，匪易其人。中書侍郎、同中書門下平章事元載，性頗姦回，跡非正直。寵待踰分，早踐鈞衡。亮弼之功，未能經邦成務；挾邪之志，常以罔上面欺。陰託妖巫，夜行解禱，用圖非望，庶逭典章。納受贓私，貿鬻官秩。凶妻忍害，暴子侵牟，曾不隄防，恣其凌虐。行僻辭矯，心狠貌恭，使沈抑之流，無因自達，賞罰差謬，罔不由兹。頃以君臣之間，重於去就，冀其遷善，掩而不言。曾無悔非，彌益凶戾，年序滋遠，釁惡貫盈。將肅政於朝班，俾申明於憲網，宜賜自盡。朕涉道猶淺，知人不明，理績未彰，遺闕斯衆，致兹刑辟，憫愧良深。僶俛行之，務申沮勸，凡在中外，悉朕懷焉。」【略】

載在相位多年，權傾四海，外方珍異，皆集其門，資貨不可勝計，故伯和、仲武等得肆其志。輕浮之士，奔其門者，如恐不及。名姝、異樂，禁中無者有之。兄弟各貯妓妾于室，倡優褻之戲，天倫同觀，略無愧恥。及得罪，行路無嗟惜者。中使董秀、主書卓英倩、李待榮及陰陽人李季連，以載之故，皆處極法。遣中官於萬年縣界黄臺鄉毁載祖及父母墳墓，斲棺棄柩，及私廟木主；并載大寧里、安仁里二宅，充修百司廨宇。以載籍没鍾乳五百兩分賜中書門下御史臺五品已上、尚書省四品已上。

賈耽

五代·劉昫等《舊唐書》卷一三八《賈耽傳》 賈耽，字敦詩，滄州南皮人。以兩經登第，調授貝州臨清縣尉。上疏論時政，授絳州正平尉。從事河東，檢校膳部員外郎、太原少尹、北都副留守。又檢校禮部郎中、節度副使，改汾州刺史。在郡七年，政績茂異。入爲鴻臚卿，時左右威遠營隸鴻臚，耽仍領其使。大曆十四年十一月，檢校左散騎常侍兼梁州刺史、御史大夫、山南西道節度使。

建中三年十一月，檢校工部尚書兼御史大夫、山南東道節度使。德宗移幸梁州。興元元年二月，耽使行軍司馬樊澤奏事於行在，澤既復命，方大宴諸將，有急牒至，言澤代耽爲節度使，而召耽爲工部尚書。耽得牒內懷中，宴飲不改容。及散，召樊澤，以詔授之曰：「詔以行軍爲節度使，耽今即上路。」因告將吏使謁澤。牙將張獻甫曰：「天子巡幸山南，尚書使行軍奉表起居，而行軍敢自圖節鉞，潛奪尚書土地，此可謂事人不忠。軍中皆不伏，請殺樊澤。」耽曰：「公是何言歟！天子有命，即爲節度使矣。耽今赴行在，便與公偕行。」即日離鎮，以獻甫自隨，軍中乃安。尋以本官爲東都留守、東畿汝南防禦使。

貞元二年，改檢校右僕射兼滑州刺史、義成軍節度使。是時，淄青節度使李納雖去僞王號，外奉朝旨，而心常蓄併吞之謀。納兵士數千人，自行營歸，路由滑州，大將請城外館之。耽曰：「與人鄰道，奈何野處其兵？」命館之城內，淄青將士皆心服之。耽善射好獵，每出畋不過百騎，往往獵于李納之境。納聞之，大喜，心畏其度量，不敢異圖。九年，征爲右僕射、同中書門下平章事。

耽好地理學，凡四夷之使及使四夷還者，必與之從容，訊其山川土地之終始。是以九州之夷險，百蠻之土俗，區分指畫，備究源流。自吐蕃陷隴右積年，國家守於內地，舊時鎮戍，不可復知。耽乃畫隴右、山南圖，兼黃河經界遠近，聚其說爲書十卷，表獻曰：

臣聞楚左史倚相能讀《九丘》，晉司空裴秀創爲六體；《九丘》乃成賦之古經，六體則爲圖之新意。臣雖愚昧，夙嘗師範，累蒙拔擢，遂忝台司。雖歷踐職任，誠多曠闕，而率土山川，不忘寤寐。其大圖外薄四海，內別九州，必藉精詳，乃可摹寫，見更纘集，續冀畢功。然而隴右一隅，久淪蕃寇，職方失其圖記，境土難以區分。輒扣課虛微，采掇輿議，畫《關中隴右及山南九州等圖》一軸。伏以洮、湟舊墟，連接監牧；甘、涼右地，控帶朔陲。岐路之偵候交通，軍鎮之備禦衝要，莫不匠意就實，依稀像真。如聖恩遣將護邊，新書授律，則靈、慶之設險在目，原、會之封略可知。諸州諸軍，須論里數人額；諸山諸水，須言首尾源流。圖上不可備書，憑據必資記注，謹撰《別録》六卷。又黃河爲四瀆之宗，西戎乃群羌之帥，臣並研尋史牒，翦棄浮詞，罄所聞知，編爲四卷，通録都成十卷。文義鄙樸，伏增慚悚。

德宗覽之稱善，賜廄馬一匹、銀綵百匹、銀瓶盤各一。

至十七年，又譔成《海內華夷圖》及《古今郡國縣道四夷述》四十卷，表獻之，曰：

臣聞地以博厚載物，萬國棋布；海以委輸環外，百蠻繡錯。中夏則五服、九州，殊俗則七戎、六狄，普天之下，莫非王臣。昔毋丘出師，東銘不耐；甘英奉使，西抵條支；奄蔡乃大澤無涯，罽賓則懸度作險。或道理回遠，或名號改移，古來通儒，罕遍詳究。臣弱冠之歲，好聞方言，筮仕之辰，注意地理，究觀研考，垂三十年。絕域之比鄰，異蕃之習俗，梯山獻琛之路，乘船來朝之人，咸究竟其源流，訪求其居處。闤闠之行賈，戎貊之遺老，莫不聽其言而揔其要。閭閻之瑣語，風謠之小說，亦收其是而芟其僞。

然殷、周以降，封略益明，承曆數者八家，渾區宇者五姓，聲教所及，惟唐爲大。秦皇罷侯置守，長城起於臨洮；孝武却地開邊，障塞限於雞鹿；東漢則哀牢請吏；西晉則裨離結轍；隋室列四郡於卑和海西，創三州于扶南江北，遼陽失律，因而棄之。高祖神堯皇帝誕膺天命，奄有四方。太宗繼明重熙，柔遠能邇，踰大磧通道，北至仙娥，於骨利幹置玄闕州。高宗嗣守丕績，克廣前烈，遣單車齎詔，西越葱山，於波刺斯立疾陵府。中宗復配天之業，不失舊物。睿宗含先天之量，惟新永圖。玄宗以大孝清內，以無爲理外，大宛驥騄，歲充內廄，與貳師之窮兵黷武，豈同年哉！肅宗掃平氛祲，潤澤生人。代宗剗除殘孽，彝倫攸敘。伏惟皇帝陛下，以上聖之姿，當太平之運，敦信明義，履信包元，惠養黎蒸，懷柔遐裔。故瀘南貢麗水之金，漠北獻余吾之馬，玄化洋溢，率土霑濡。

臣幼切磋於師友，長趨侍於軒墀，自揣孱愚，叨榮非據，鴻私莫答，夙夜兢惶。去興元元年，伏奉進止，令臣修撰國圖，旋即充使魏州、汴州，出鎮東洛、東都，間以衆務，不遂專門，績用尚虧，憂愧彌切。近乃力竭衰病，思殫所聞見，叢于丹青。謹令工人畫《海內華夷圖》一軸，廣三丈，從三丈三尺，率以一寸折成百里。別章甫左衽，奠高山大川。縮四極於纖縞，分百郡於作繪。宇宙雖廣，舒之不盈庭；舟車所通，覽之咸在目。並撰《古今郡國縣道四夷述》四十卷，中國以《禹貢》爲首，外夷以《班史》發源；郡縣紀其增減，蕃落敘其衰盛。前地理書以黔州屬酉陽，今則改入巴郡；前西戎志以安國爲安息，今則改入康居。凡諸疏舛，悉從釐正。隴西、北地，播棄于永初之中；遼東、樂浪，陷屈于建安之際。曹公棄陘北，晉氏遷江南，緣邊累經侵盜，故墟日致堙毀。舊史撰録，十得二三，今書搜補，所獲太半。《周禮·職方》以淄、時爲幽州之浸，以華山爲荆河之鎮，既有乖於《禹貢》又不出於淹中，多聞闕疑，詎敢編次。其古郡國題以墨，今州縣題以朱，今古殊文，執習簡易。臣學謝小成，才非博物。伏波之聚米，開示衆軍；酇侯之圖書，方知厄塞。企慕前哲，嘗所寄心，輒罄庸陋，多慙紕繆。

優詔答之，賜錦綵二百匹、袍段六、錦帳二、銀瓶盤各一、銀榼二、馬一匹，進封魏國公。

順宗即位，檢校司空，守左僕射，知政事如故。時王叔文用事，政出羣小，耽惡其亂政，屢移病乞骸，不許。耽性長者，不喜臧否人物。自居相位，凡十三年，雖不能以安危大計啓沃於人主，而常以檢身厲行以律人。每自朝歸第，接對賓客，終日無倦。至於家人近習，未嘗見其喜愠之色，古之淳德君子，何以加焉！永貞元年十月卒，時年七十六。廢朝四日，册贈太傅，謚曰元靖。

宋·歐陽修等《新唐書》卷一六六《賈耽傳》 賈耽，字敦詩，滄州南皮人。天寶中，舉明經，補臨清尉。上書論事，徙太平。河東節度使王思禮署爲度支判官。累進汾州刺史，治凡七年，政有異績。召授鴻臚卿，兼左右威遠營使。俄爲山南西道節度使。梁崇義反東道，耽進屯穀城，取均州。建中三年，徙東道。德宗在梁，耽使司馬樊澤奏事。澤還，耽大置酒會諸將。俄有急詔至，以澤代耽，召爲工部尚書。耽內詔於懷，飲如故。既罷，召澤曰：「詔以公見代，吾且治行。」敕將吏謁澤。大將張獻甫曰：「天子播越，而行軍以公命問行在，乃規旄鉞，利公土地，可謂事人不忠矣。軍中不平，請爲公殺之。」耽曰：「是何謂邪？朝廷有命，即爲帥矣。吾今趨覲，得以君俱。」乃行，軍中遂安。

俄爲東都留守。故事，居守不出城。以耽善射，優詔許獵近郊。遷義成節度使。淄青李納雖削僞號，而陰蓄姦謀，冀有以逞。其兵數千自行營還，道出滑，或請館於外。耽曰：「與我鄰道，奈何疑之，使暴于野？」命館城中，宴撫下，納士皆心服。耽每畋，從數百騎，往往入納境。納大喜，然畏其德，不敢謀。

貞元九年，以尚書右僕射同中書門下平章事，俄封魏國公。常以方鎮帥缺，當自天子命之，若謀之軍中，則下有背向，人固不安。帝然之，不用也。順宗立，進檢校司空、左僕射。時王叔文等干政，耽病之，屢移疾乞骸骨，不許。卒，年七十六，贈太傅，謚曰元靖。

耽嗜觀書，老益勤，尤悉地理。四方之人與使夷狄者見之，必從詢索風俗，故天下地土區産、山川夷岨，必究知之。方吐蕃盛彊，盜有隴西，異時州縣遠近，有司不復傳。耽乃繪布隴右、山南九州，且載河所經受爲圖，又以洮湟甘涼屯鎮額籍，道里廣狹，山險水原爲《別録》六篇，《河西戎之録》四篇，上之。詔賜幣馬珍器。又圖《海内華夷》，廣三丈，從三丈三尺，以寸爲百里。並譔《古今郡國縣道四夷述》，其中國本之《禹貢》，外夷本班固《漢書》，古郡國題以墨，今州縣以朱，刊落疏舛，多所釐正。帝善之，賜予加等。或指圖問其邦人，咸得其真。又著《貞元十道録》，以貞觀分天下隸十道，在景雲爲按察，開元爲採訪，廢置升降備焉。至陰陽雜數罔不通。

其器恢然，蓋長者也，不喜臧否人物。爲相十三年，雖安危大事亡所發明，而檢身厲行，自其所長。每歸第，對賓客無少倦，家人近習，不見其喜愠。世謂淳德有常者。

李該

明·李賢《明一統志》卷一二《揚州府·人物》 唐李彦博。廣陵人，學無不通，尤好地理，嘗爲《地志圖》。内自五侯九伯，外至要荒蠻貊，禹跡之所窮，漢驛之所通，皆據書而畫，隨方面以區別，萬邦錯峙，炳焉可觀。

李吉甫

五代·劉昫等《舊唐書》卷一四八《李吉甫傳》 李吉甫，字弘憲，趙郡人。父棲筠，代宗朝爲御史大夫，名重於時，國史有傳。吉甫少好學，能屬文。年二十七，爲太常博士，該洽多聞，尤精國朝故實，沿革折衷，時多稱之。遷屯田員外郎，博士如故，改駕部員外。宰臣李泌、竇參推重其才，接遇頗厚。及陸贄爲相，出爲明州員外長史，久之遇赦，起爲忠州刺史。時贄已謫在忠州，議者謂吉甫必逞憾於贄，重搆其罪。及吉甫到部，與贄甚歡，未嘗以宿嫌介意。六年不徙官，以疾罷免。尋授柳州刺史，遷饒州。先是，州城以頻喪四牧，廢而不居，物怪變異，郡人信驗。吉甫至，發城門管鑰，剪荆榛而居之，後人乃安。

憲宗嗣位，徵拜考功郎中、知制誥。既至闕下，旋召入翰林爲學士，轉中書舍人，賜紫。憲宗初即位，中書小吏滑涣與知樞密中使劉光琦暱善，頗竊朝權。吉甫請去之。劉闢反，帝命誅討之，計未決，吉甫密贊其謀，兼請廣徵江淮之師，由三峽路入，以分蜀寇之力。事皆允從，由是甚見親信。二年春，杜黄裳出鎮，擢吉甫爲中書侍郎、平章事。吉甫性聰敏，詳練物務，自員外郎出官，留滯江淮十五餘年，備詳閭里疾苦。及是爲相，患方鎮貪恣，乃上言使屬郡刺史得自爲政。敘進羣材，甚有美稱。

三年秋，裴均爲僕射，判度支，交結權倖，欲求宰相。先是，制策試直言極諫科，其中有譏刺時政，忤犯權倖者，因此均黨揚言皆執政教指，冀以揺動吉甫。賴諫官李約、獨孤郁、李正辭、蕭俛密疏陳奏，帝意乃解。吉甫早歲知獎羊士諤，擢爲監察御史；又司封員外郎吕温有詞藝，吉甫亦眷接之。竇羣亦與羊、吕善。羣初拜御史中丞，奏請士諤爲侍御史，温爲郎中、知雜事。吉甫怒其不先關白，而所請又有超資者，持之數日不行，因而有隙。羣遂伺得日者陳克明出入吉甫家，密捕以聞。憲宗詰之，無姦狀。吉甫以裴垍久在翰林，憲宗親信，必當大用，遂密薦垍代已，因自圖出鎮。其年九月，拜檢校兵部尚書，兼中書侍郎、平章事，充淮南節度使，上御通化門樓餞之。在揚州，每有朝廷得失，軍國利害，皆密疏論列。又於高郵縣築堤爲塘，溉田數千頃，人受其惠。

五年冬，裴垍病免。明年正月，授吉甫金紫光禄大夫、中書侍郎、平章事、集賢殿大學士、監修國史、上柱國、趙國公。及再入相，請減省職員並諸色出身胥吏等，及量定中外官俸料，時以爲當。京城諸僧有以莊磑免税者，吉甫奏曰：「錢米所征，素有定額，寬緇徒有餘之力，配貧下無告之民，必不可許。」憲宗乃止。又請歸普潤軍于涇原。

七年，京兆尹元義方奏：「永昌公主准禮令起祠堂，請其制度。」初，貞元中，義陽、義章二公主咸于墓所造祠堂一百二十間，費錢數萬。及永昌之制，上令義方減舊制之半。吉甫奏曰：「伏以永昌公主，稚年夭枉，舉代同悲，况於聖情，固所鍾念。然陛下猶減製造之半，示折衷之規，昭儉訓人，實越今古。臣以祠堂之設，禮典無文，德宗皇帝恩出一時，事因習俗，當時人間不無竊議。昔漢章帝時，欲爲光武原陵、明帝顯節陵各起邑屋，東平王蒼上疏言其不可。東平王即光武之愛子，明帝之愛弟。賢王之心，豈惜費於父兄哉！誠以非禮之事，人君所當慎也。今者，依義陽公主起祠堂，臣恐不如量置墓户，以充守奉。」翌日，上謂吉甫曰：「卿昨所奏罷祠堂事，深愜朕心。朕初疑其冗費，緣未知故實，是以量減。覽卿所陳，方知無據。然朕不欲破二十户百姓，當揀官户委之。」吉甫拜賀。上曰：「卿，此豈是難事！有關朕身，不便於時者，苟聞之則改，此豈足多耶！卿但勤匡正，無謂朕不能行也。」

七年七月，上御延英，顧謂吉甫曰：「朕近日畋遊悉廢，唯喜讀書。昨於《代宗實録》中，見其時綱紀未振，朝廷多事，亦有所鑒誡。向後見卿先人事跡，深可嘉歎。」吉甫降階跪奏曰：「臣先父伏事代宗，盡心盡節，迫於流運，不待聖時，臣之血誠，常所追恨。陛下耽悦文史，聽覽日新，見臣先父忠於前朝，著在實録，今日特賜褒揚，先父雖在九泉，如睹白日。」因俯伏流涕，上慰諭之。

八年十月，上御延英殿，問時政記記何事。時吉甫監修國史，先對曰：「是宰相記天子事以授史官之實録也。古者，左史記言，今起居舍人是；右史記事，今起居郎是。永徽中，宰相姚璹監修國史，慮造膝之言，或不可聞，因請隨奏對而記於仗下，以授于史官，今時政記是也。」上曰：「間或不修，何也？」曰：「面奉德音，未及施行，總謂機密，故不可書以送史官；其間有謀議出於臣下者，又不可自書以付史官；及已行者，制令昭然，天下皆得聞知，即史官之記，不待書以授也。且臣觀時政記者，姚璹修之於長壽，及璹罷而事寢；賈耽、齊抗修之於貞元，及耽、抗罷而事廢。然則關時政化者，不虚美，不隱惡，謂之良史也。」

是月，回紇部落南過磧，取西城柳谷路討吐蕃。西城防御使周懷義表至，朝廷大恐，以爲回紇聲言討吐蕃，意是入寇。吉甫奏曰：「回紇入寇，且當漸絶和事，不應便來犯邊，但須設備，不足爲慮。」因請自夏州至天德，復置廢館一十一所，以通緩急。又請發夏州騎士五百人，營於經略故城，應援驛使，兼護黨項。九年，請於經略故城置宥州。六胡州以在靈鹽界，開元中廢六州。曰：「國家舊置宥州，以寬宥爲名，領諸降户。天寶末，宥州寄理於經略軍，蓋以地居其中，可以總統蕃部，北以應接天德，南援夏州。今經略遥隸靈武，又不置軍鎮，非舊制也。」憲宗從其奏，復置宥州，詔曰：「天寶中宥州寄理於經略軍，寶應已來，因循遂廢。由是昆夷屢擾，黨項靡依，蕃部之人，撫懷莫及。朕方弘遠略，思復舊規，宜於經略軍置宥州，仍爲上州，於郭下置延恩縣，爲上縣，屬夏綏銀觀察使。」

淮西節度使吴少陽卒，其子元濟請襲父位。吉甫以爲淮西内地，不同河朔，且四境無黨援，國家常宿數十萬兵以爲守禦，宜因時而取之。頗叶上旨，始爲經度淮西之謀。

元和九年冬，暴病卒，年五十七。憲宗傷悼久之，遣中使臨吊。常贈之外，内出絹五百匹以恤其家，再贈司空。吉甫初爲相，頗洽時情，及淮南再徵，中外延望風采。秉政之後，視聽時有所蔽，人心疑憚之。時負公望者慮爲吉甫所忌，多避畏。憲宗潛知其事，未周歲，遂擢用李絳，大與絳不協；而絳性剛評，訐於上前，互有争論，人多直絳。然性畏慎，雖其不悦者，亦無所傷。服物食味，必極珍美，而不殖財産，京師一宅之外，無他第墅，公論以此重之。有司謚曰敬憲；及會議，度支郎中張仲方駁之，以爲太優。憲宗怒，貶仲方，賜吉甫謚曰忠懿。

吉甫嘗討論《易象》異義，附于一行集注之下；及綴録東漢、魏、晋、周、隋故事，訖其成敗損益大端，目爲《六代略》，凡三十卷。分天下諸鎮，紀其山川險易故事，各寫其圖於篇首，爲五十四卷，號爲《元和郡國圖》。又與史官等録當時户賦兵籍，號爲《國計簿》，凡十卷。纂《六典》諸職爲《百司舉要》一卷。皆奏上之，行於代。子德修、德裕。

宋·歐陽修等《新唐書》卷一四六《李吉甫傳》 (李栖筠)子吉甫。吉甫字弘憲，以廕補左司禦率府倉曹參軍。貞元初，爲太常博士，年尚少，明練典故。昭德皇后崩，自天寶後中宫虚，却禮廢缺。吉甫草具其儀，德宗稱善。李泌、竇參器其才，厚遇之。陸贄疑有黨，出爲明州長史。贄之貶忠州，宰相欲害之，起吉甫爲忠州刺史，使甘心焉。既至，置怨，與結懽，人益重其量，坐是不徙者六歲。改郴、饒二州。會前刺史繼死，咸言牙城有物怪，不敢居。吉甫命菑除其署以視事，吏由是安。誅破姦盜窟穴，治稱流聞。

憲宗立，以考功郎中召，知制誥。俄入翰林爲學士，遷中書舍人。劉闢拒命，帝意討之，未決。吉甫獨請無置，宜絶朝貢以折姦謀。時李錡在浙西，厚賂貴幸，請用韓滉故事領鹽鐵，又求宣、歙。問吉甫，對曰：「昔韋皋蓄財多，故劉闢因以構亂。李錡不臣有萌，若益以鹽鐵之饒、採石之險，是趣其反也。」帝寤，乃以李巽爲鹽鐵使。高崇文圍鹿頭未下，嚴礪請出并州兵，與崇文趨果、閬，以攻渝、合。吉甫以爲非是，因言：「漢伐公孫述，晉伐李勢，宋伐譙縱，梁伐劉季連、蕭紀，凡五攻蜀，繇江道者四。且宣、洪、蘄、鄂强弩，號天下精兵，争險地兵家所長，請起其兵擣三峽之虚，則賊勢必分，首尾不救，崇文懼舟師成功，人有鬬志矣。」帝從之。礪復請大臣爲節度，吉甫諫曰：「崇文功且成，而又命帥，不復盡力矣。」因請以西川授崇文，而屬礪東川，益資、簡六州，使兩川得以相制。由是崇文悉力。劉闢平，吉甫謀居多。

吐蕃遣使請尋盟，吉甫議：「德宗初，未得南詔，故與吐蕃盟。自異牟尋歸國，吐蕃不敢犯塞，誠許盟，則南詔怨望，邊隙日生。」帝辭其使。復請獻濱塞亭障南北數千里求盟，吉甫謀曰：「邊境荒岨，犬牙相吞，邊吏按圖覆視，且不能知。今吐蕃繇山跨谷，以數番紙而圖千里，起靈武，著劍門，要險之地所亡二三百所，有得地之名，而實喪之，陛下將安用此？」帝乃詔謝贊普，不納。

張愔既得徐州，帝又欲以濠、泗二州還其軍，吉甫曰：「泗負淮，餉道所會，濠有渦口之險，前日授建封，幾失形勢。今愔乃兩廊壯士所立，雖有善意，未能制其衆。又使得淮、渦，厄東南走集，憂未艾也。」乃止。

中書史滑涣素厚中人劉光琦，凡宰相議爲光琦持異者，使涣請，常得如素。宦人傳詔，或不至中書，召涣於延英承旨，迎附羣意，即爲文書，宰相至有不及知者。由是通四方賂謝，弟泳，官至刺史。鄭餘慶當國，嘗一責怒，數日即罷去。吉甫請間，劾其姦，帝使簿涣家，得貲數千萬，貶死雷州。又建言：「州刺史不得擅見本道使，罷諸道歲終巡句以絶苛斂，命有司舉材堪縣令者，軍國大事以實書易墨詔。」由是帝愈倚信。

元和二年，杜黄裳罷宰相，乃擢吉甫中書侍郎、同中書門下平章事。吉甫連蹇外遷十餘年，究知閭里疾苦，常病方鎮彊恣，至是爲帝從容言：「使屬郡刺史得自爲政，則風化可成。」帝然之，出郎吏十餘人爲刺史。自王叔文時選任猥冒，吉甫始簿其員，人得敍進，官無留才。又度李錡必反，勸帝召之。使者三往，以病解，而多持金啗權貴，至爲錡遊説者。吉甫曰：「錡，庸材，而所蓄乃亡命羣盜，非有鬬志，討之必克。」帝意決。復言：「昔徐州亂，嘗敗吳兵，江南畏之。若起其衆爲先鋒，可以絶徐後患。韓弘在汴州，多懼其威，誠詔弘子弟率兵爲掎角，則賊不戰而潰。」從之。詔下，錡衆聞徐、梁兵興，果斬錡降。以功封贊皇縣侯，徙趙國公。德宗以來，姑息藩鎮，有終身不易地者。吉甫爲相歲餘，凡易三十六鎮，殿最分明。

裴均以尚書右僕射判度支，結黨傾執政。會皇甫湜等對策，指衷權彊，用事者皆怒，帝亦不悦。均黨因宣言：「殆執政使然。」右拾遺獨孤郁、李正辭等陳述本末，帝乃解。吉甫本善竇羣、羊士諤、吕温，薦羣爲御史中丞。羣即奏士諤侍御史，温知雜事。吉甫恨不先白，持之，久不決。群等銜之。俄而吉甫病，醫者夜宿其第，羣捕醫者，劾吉甫交通術士。帝大駭，訊之無狀，羣等皆貶。而吉甫亦固乞免，因薦裴垍自代，乃以檢校兵部尚書兼中書侍郎、同中書門下平章事，爲淮南節度使。帝爲御通化門祖道，賜御餌禁方。居三歲，奏蠲逋租數百萬，築富人、固本二塘，溉田且萬頃。漕渠庳下不能居水，乃築堤閼以防不足，泄有餘，名曰平津堰。江淮旱，浙東西尤甚，有司不爲請，吉甫白以時救恤，帝驚，馳遣使分道賑貸。吉甫雖居外，每朝廷得失輒以聞。

六年，裴垍病免，復以前官召吉甫還秉政。入對延英，凡五刻罷。帝尊任之，官而不名。吉甫疾吏員廣，繇漢至隋，未有多於今者，乃奏曰：「方今置吏不精，流品龐雜，存無事之官，食至重之税，故生人日困，冗食日滋。又國家自天寶以來，宿兵常八十餘萬，其去爲商販、度爲佛老、雜入科役者，率十五以上。天下常以勞苦之人三，奉坐待衣食之人七。而内外官仰奉稟者，無慮萬員。有職局重出，名異事離者甚衆，故財日寡而受禄多，官有限而調無數。九流安得不雜？萬務安得不煩？漢初置郡不過六十，而文、景化幾三王，則郡少不必政紊，郡多不必事治。今列州三百、縣千四百，以邑設州，以鄉分縣，費廣制輕，非致化之本。願詔有司博議，州縣有可併併之，歲時入仕有可停停之，則吏寡易求，官少易治。國家之制，官一品，奉三千，職田禄米大抵不過千石。大曆時，權臣月奉至九千緡者，州刺史無大小皆千緡，宰相常衮始爲裁限，至李泌量閑劇稍增之，使相通濟。然有名在職廢，奉存額去，閑劇之間，厚薄頓異，亦請一切商定。」乃詔給事中段平仲、中書舍人韋貫之、兵部侍郎許孟容、户部侍郎李絳參閲蠲減。凡省冗官八百員，吏千四百員。又奏收都畿佛祠田、磑租入，以寬貧民。

德宗時，義陽、義章二公主薨，詔起祠堂于墓百二十楹，費數萬計。會永昌公主薨，有司以請，帝命減義陽之半。吉甫曰：「德宗一切之恩，不可爲法。昔漢章帝欲起邑屋於親陵，東平王蒼以爲不可。故非禮之舉，人君所愼。請裁置墓户，以充守奉。」帝曰：「吾固疑其冗，減之，今果然。然不欲取編民，以官户奉墳而已。」吉甫再拜謝。帝曰：「事不安者弟言之，無謂朕不能行也。」十宅諸王既不出閤，諸女嫁不時，而選尚皆繇中人，厚爲財謝乃得遣。吉甫奏：「自古尚主必慎擇其人。江左悉取名士，獨近世不然。」帝乃下詔皆封縣主，令有司取門閥者配焉。

田季安疾甚，吉甫請任薛平爲義成節度使，以重兵控邢、洺，因圖上河北險要所在，帝張於浴堂門壁，每議河北事，必指吉甫曰：「朕日按圖，信如卿料矣。」劉澭舊軍屯普潤，數暴掠近縣，吉甫奏還涇原，畿民賴之。

八年，回鶻引兵自西城、柳穀侵吐蕃，塞下傳言且入寇。吉甫曰：「回鶻能爲我寇，當先絶和而後犯邊，今不足虞也。」因請起夏州至天德復驛候十一區，以通緩急；發夏州精騎五百屯經略故城，以護黨項而已。既而果邊吏妄言。六胡州在靈武部中，開元時廢之，置宥州以處降户，寓治經略軍，居中以制戎虜，北援天德，南接夏州。至德、寶應間，廢宥州，以軍遥隸靈武，道里曠遠，故黨項孤弱，虜數擾之。吉甫始奏復宥州，乃治經略軍，以隸綏銀道，取鄜城神策屯兵九千實之。以江淮甲三十萬給太原，澤潞軍，增太原馬千匹。由是戎備完輯。

自蜀平，帝鋭意欲取淮西。方吉甫在淮南，聞吴少陽立，上下攜泮，自請徙壽州，以天子命招懷之，反間以撓其黨，會討王承宗，未及用。後田弘正以魏歸，吉甫知魏人謂田進誠才，而唐州乃蔡喉衿，請拔進誠爲刺史，以臨賊境，且慰魏心。烏重胤守河陽，吉甫以汝州捍蔽東都，聯唐、許，當蔡西面，兵寡不足憚寇，而河陽乃魏博之津，弘正歸國，則爲内鎮，不宜戍重兵示不信，請徙屯汝州。帝皆從之。後弘正拜檢校尚書右僕射，賜其軍錢二千萬，弘正曰：「吾未喜於移河陽軍也。」及元濟擅立，吉甫以内地無脣齒援，因時可取，不當用河朔故事，與帝意合。又請自往招元濟，苟逆志不悛，得指授羣帥俘賊以獻天子。不許，固請至流涕，帝慰勉之。會暴疾卒，年五十七。帝震悼，賻外別賜縑五百卹其家，自大斂至卒哭，皆中人臨弔。吉甫圖淮西地，未及上，帝敕其子獻之。及葬，祭以少牢，贈司空。有司謚曰敬憲，度支郎中張仲方非之，帝怒，貶仲方，更賜謚曰忠懿。

李德裕

宋·歐陽修等《新唐書》卷一八〇《李德裕傳》 李德裕，字文饒，元和宰相吉甫子也。少力于學，既冠，卓犖有大節。不喜與諸生試有司，以廕補校書郎。河東張弘靖辟爲掌書記。府罷，召拜監察御史。

穆宗即位，擢翰林學士。【略】

太和三年，召拜兵部侍郎。裴度薦材堪宰相，而李宗閔以中人助，先秉政，且得君，出德裕爲鄭滑節度使，引僧孺協力，罷度政事。二怨相濟，凡德裕所善，悉逐之。於是二人權震天下，黨人牢不可破矣。

踰年，徙劍南西川。蜀自南詔入寇，敗杜元穎，而郭釗代之，病不能事，民失職，無聊生。德裕至，則完殘奮怯，皆有條次。成都既南失姚、協，西亡維、松，由清溪下沫水而左，盡爲蠻有。始，韋皋招來南詔，復嶲州，傾内資結蠻好，示以戰陣文法。德裕以皋啓戎資盜，其策非是，養成癰疽，第未決耳。至元穎時，遇隙而發，故長驅深入，蹂剔千里，蕩無孑遺。今瘢夷尚新，非痛矯革，不能刷一方恥。乃建籌邊樓，按南道山川險要與蠻相入者圖之左，西道與吐蕃接者圖之右。其部落衆寡，饋餫遠邇，曲折咸具。乃召習邊事者與之指畫商訂，凡虜之情僞盡知之。又料擇伏瘴舊獠與州兵之任戰者，廢遣獰耄什三四，士無敢怨。又請甲人于安定，弓人河中，弩人浙西。繇是蜀之器械皆犀鋭。率户二百取一人，使習戰，貸勿事，緩則農，急則戰，謂之「雄邊子弟」。其精兵曰南燕保義、保惠、兩河慕義、左右連弩；騎士曰飛星、鷙擊、奇鋒、流電、霆聲、突騎。總十一軍。築杖義城，以制大度、青溪關之阻；作禦侮城，以控榮經犄角勢；作柔遠城，以厄西山吐蕃；復邛崍關，徙嶲州治台登，以奪蠻險。【略】

宣宗即位，德裕奉册太極殿。帝退謂左右曰：「向行事近我者，非太尉邪？每顧我，毛髮爲森竪。」翌日，罷爲檢校司徒、同中書門下平章事，荆南節度使。俄徙東都留守。白敏中、令狐綯、崔鉉皆素仇，大中元年，使党人李咸斥德裕陰事。故以太子少保分司東都，再貶潮州司馬。明年，又導吴汝納訟李紳殺吴湘事，而大理卿盧言、刑部侍郎馬植、御史中丞魏扶言：「紳殺無罪，德裕徇成其冤，至爲黜御史，罔上不道。」乃貶爲崖州司户參軍事。明年，卒，年六十三。

南宮説

清・阮元《疇人傳》卷一三《唐一》 南宮説，官太史丞。中宗反正，詔説與司曆徐保、南宮季友治新曆。景龍中，曆成施用。以神龍元年歲乙巳，故治乙巳元曆，推而上之，積四十一萬四千三百六十算，得十一月甲子朔夜半冬至，七曜起牽牛之初。母法一百，期周三百六十五，日餘二十四，奇四十八。月法二十九，日餘五十三，奇六。月周法二十七，日餘五十五，奇四十五，小分五十九。天周三百六十五，度餘二十五，奇七十一，小分七十一。交周法二十七，日餘二十一，奇二十二。小分十六，七分歲星合法三百九十三，日餘八十六，奇七十九。小分八十，熒惑合法七百七十九，日餘九十一，奇五十五，小分四十五。鎮星合法三百七十九，日餘八，奇四，小分八十。太白合法五百八十三，日餘九十一，奇七十七，小分七十，辰星合法一百一十五，日餘八十七，奇九十五，小分七十。其術有黄道而無赤道，推五星先步定合，加伏日以求定見。它與淳風術同，所異者惟平合加減差，既成，而睿宗即位，罷之。《唐書・曆志》《舊唐書・曆志》《開元占經》。

論曰：元授時術不用積年日法，此則用積年而不用日法也。小分奇餘，并以百爲母，入算省約。五代萬分術法，蓋出於此矣。

尚獻甫

五代・劉昫等《舊唐書》卷一九一《方伎傳・尚獻甫》 尚獻甫，衛州汲人也。尤善天文。初，出家爲道士。則天時召見，起家拜太史令，固辭曰：「臣久從放誕，不能屈事官長。」則天乃改太史局爲渾儀監，不隸祕書省，以獻甫爲渾儀監。數顧問災異，事皆符驗。又令獻甫于上陽宫集學者撰《方域圖》。長安二年，獻甫奏曰：「臣本命納音在金，今熒惑犯五諸候、太史之位。熒，火也，能克金，是臣將死之征。」則天曰：「朕爲卿禳之。」遽轉獻甫爲水衡都尉，謂曰：「水能生金，今又去太史之位，卿無憂矣。」其秋，獻甫卒，則天甚嗟異惜之。復以渾儀監爲太史局，依舊隸祕書監。

僧　泓

五代・劉昫等《舊唐書》卷一九一《方伎傳・一行附泓傳》 時又有黄州僧泓者，善葬法。每行視山原，即爲之圖，張説深信重之。

江　融

五代・劉昫等《舊唐書》卷九二《魏元忠傳》 魏元忠，宋州宋城人也。本名真宰，以避則天母號改焉。初，爲太學生，志氣倜儻，不以舉薦爲意，累年不調。時有左史盩厔人江融，撰《九州設險圖》，備載古今用兵成敗之事，元忠就傳其術。

宋遼金元分部

樂　史

宋・王稱《東都事略》卷一一五《文藝傳》 樂史，字子正，撫州宜春人也，母夢異人令吞五色珠，而生史。史有文辭，初仕江南，爲祕書郎。歸朝，舉進士，得佐武成軍史。上書言事，擢著作佐郎，知陵州。獻《金明池賦》，召爲三館編脩。遷著作郎，直史館，轉太常博士，知許、黄二州，又知商州。史所至不脩謹，以賄聞，遂分司西京。積官至職方員外郎，卒年七十八。史嘗編《寰宇記》二百卷，與其他雜編又四百九十餘卷，自爲文百卷。子黄目。

楊允恭

元・脱脱等《宋史》卷三〇九《楊允恭傳》 楊允恭，漢州綿竹人。家世豪富，允恭少倜儻任俠。乾德中，王師平蜀，羣盜竊發，允恭裁弱冠，率鄉里子弟砦于清泉鄉，爲賊所獲，將殺之。允恭曰：「苟活我，當助爾。」賊素聞其豪宗，乃釋之。陰結賊帥子，日與飲博，陽不勝，償以貲，使伺賊。賊將害允恭，其子以告，因遁去。內客省使丁德裕討賊至州，允恭以策干之，署綿、漢招收巡檢，賊平，補殿前承旨。

太平興國中，以殿直掌廣州市舶。自南漢之後，海賊子孫相襲，大者及數百人，州縣苦之。允恭因部運入奏其事，太宗即命爲廣、連都巡檢使。又以海鹽盜入嶺北，民犯者衆，請建大庾縣爲軍，官輦鹽市之。詔建爲南安軍，自是冒禁者少。賊有葉氏者，衆五百餘，往來海上。允恭集水軍，造輕舠，掩襲其首，斬之。餘黨棄船走，伏匿山谷，允恭伐木開道，悉殲焉。賊寇每遇風濤，則遁止洲島間。允恭領衆涉海，捕之殆盡，賊皆望風奔潰。又抵漳、泉賊所止處，盡奪先所劫男女六十餘口還其家。詔書嘉獎，賜錢十萬，轉供奉官。詔歸，改內殿崇班。

時緣江多賊，命督江南水運，因捕寇黨。【略】自是江路無剽掠之患。以功轉洛苑副使，江、淮、兩浙都大發運、擘畫茶鹽捕賊事；賜紫袍、金帶、錢五十萬。【略】

真宗即位，改西京左藏庫使。【略】

俄知通利軍，兼黃、御河發運使。會議減西鄙屯兵，以息轉餉，召允恭與崇儀副使竇神寶、閤門祇候李允則馳往經度，圖上郡縣山川之形勝。允恭因建議曰：「自環州入積石、抵靈武七日程，芻粟之運，其策有三。然以人以驢，其費頗煩，而所載數尠。莫若用諸葛亮木牛之制，以小車發卒分鋪運之。每一車四人挽之，旁設兵衛，加戈刃于其上，寇至則聚車於中，合士卒之力，禦寇于外。」尋爲議者所沮而止。復遣之任，又議，江、淮鹽鐵使陳恕力争，詔從允恭之議。加領康州刺史。

咸平初，以北邊賣馬，未有定直，命允恭主平其估，乃置估馬司，鑄印以爲常制。

王均之亂，上慮南方有聚寇，命允恭爲荆湖、江、浙都巡檢使，內殿崇班楊守遵副之，賜與甚厚。二年夏，以疾聞，遣其子大理評事可乘傳侍疾。七月，卒于昇州，年五十六。賜其次子告同學究出身，賻錢二十萬，絹百匹。又以錢五萬、帛五十匹給其家。命揚州官造第一區賜之。【略】

吳淑

元・脱脱等《宋史》卷四四一《文苑傳三・吳淑》 吳淑字正儀，潤州丹陽人。父文正，事吳，至太子中允。好學，多自繕寫書。淑幼俊爽，屬文敏速。韓熙載、潘佑以文章著名江左，一見淑，深加器重。自是每有滯義，難於措詞者，必命淑賦述。以校書郎直內史。

江南平，歸朝，久不得調，甚窮窘。俄以近臣延薦，試學士院，授大理評事，預修《太平御覽》《太平廣記》《文苑英華》。一日，召對便殿，出古碑一編，令淑與呂文仲、杜鎬讀之。歷太府寺丞、著作佐郎。始置祕閣，以本官充校理。嘗獻《九弦琴五弦阮頌》，太宗賞其學問優博。又作《事類賦》百篇以獻，詔令注釋，淑分注成三十卷上之。遷水部員外郎。至道二年，兼掌起居舍人事，預修《太宗實録》，再遷職方員外郎。

時諸路所上《閏年圖》，皆儀鸞司掌之，淑上言曰：「天下山川險要，皆王室之祕奧，國家之急務，故《周禮》職方氏掌天下圖籍。漢祖入關，蕭何收秦籍，由是周知險要。請以今閏年所納圖上職方。又州郡地里，犬牙相入，向者獨畫一州地形，則何以傅合他郡？望令諸路轉運使，每十年各畫本咱圖一上職方。所冀天下險要，不窺牖而可知；九州輪廣，如指掌而斯在。」從之。會詔詢禦戎之策，淑抗疏請用古車戰法，上覽之，頗嘉其博學。咸平五年，卒，年五十六。

淑性純靜好古，詞學典雅。初，王師圍建業，城中乏食。里閈有與淑同宗者，舉家皆死，惟存二女孩。淑即收養如所生，及長，嫁之。時論多其義。有集十卷。善筆札，好篆籀，取《説文》有字義者千八百餘條，撰《説文五義》三卷。又著《江淮異人録》三卷、《祕閣閒談》五卷。

子安節、讓夷、遵路皆進士及第。遵路官至祠部員外郎、祕閣校理。

邵曄

元・脱脱等《宋史》卷四二六《循吏傳・邵曄》 邵曄字日華，其先京兆人。唐末喪亂，曾祖岳挈族之荆南謁高季興，不見禮，遂之湖南。彭玕刺全州，辟爲判官。會賊魯仁恭寇連州，即署岳國子司業、知州事，遂家桂陽。祖崇德，道州録事參軍。父簡，連山令。

曄幼嗜學，恥從辟署。太平興國八年，擢進士第，解褐，授邵陽主簿，改大理評事、知蓬州録事參軍。時太子中舍楊全知州，性悍率蒙昧，部民張道豐等三人被誣爲劫盜，悉置于死，獄已具，曄察其枉，不署牘，白全當核其實。全不聽，引道豐等抵法，號呼不服，再繫獄按驗。既而捕獲正盜，道豐等遂得釋，全坐削籍爲民。曄代還引對，太宗謂曰：「爾能活吾平民，深可嘉也。」賜錢五萬，下詔以全事戒諭天下。授曄光禄寺丞，使廣南採訪刑獄。俄通判荆南，賜緋魚。遷著作佐郎、知忠州。歷太常丞、江南轉運副使，改監察御史。以母老乞就養，得知朗州。入判三司磨勘司，遷工部員外郎、淮南轉運使。

景德中，假光禄卿，充交阯安撫國信使。會黎桓死，其子龍鉞嗣立，兄龍全率兵劫庫財而去，其弟龍廷殺鉞自立，龍廷兄明護率扶蘭砦兵攻戰。曄駐嶺表，以事上聞，改命爲緣海安撫使，許以便宜設方略。曄貽書安南，諭朝廷威德，俾速定位。明護等即時聽命，奉龍廷主軍事。初，詔曄俟其事定，即以黎桓禮物改賜新帥。曄上言：「懷撫外夷，當示誠信，不若俟龍廷貢奉，別加封爵而寵賜之。」真宗甚嘉納。使還，改兵部員外郎，賜金紫。初受使，假官錢八十萬，市私覿物，及爲安撫，已償其半，餘皆詔除之。嘗上《邕州至交州水陸路》及《宜州山川》等四圖，頗詳控制之要。

俄判三司三勾院，坐所舉季隨犯贓，曄當削一官，上以其遠使之勤，止令停任。大中祥符初，起知兖州，表請東封，優詔答之。及遣王欽若、趙安仁經度封禪，仍判州事，就命曄爲京東轉運使。封禪禮畢，超拜刑部郎中，復判三勾院，出爲淮南、江、浙、荆湖制置發運使。四年，改右諫議大夫、知廣州。州城瀕海，每蕃舶至岸，常苦颶風，曄鑿内濠通舟，颶不能害。俄遘疾卒，年六十三。

鄭文寶

元·脱脱等《宋史》卷二七七《鄭文寶傳》 鄭文寶，字仲賢，右千牛衛大將軍彦華之子。彦華初事李煜，文寶以蔭授奉禮郎，掌煜子清源公仲寓書籍，遷校書郎。入宋，煜以環衛奉朝請，文寶欲一見，慮衛者難之，乃被蓑荷笠以漁者見，陳聖主寬宥之意，宜謹節奉上，勿爲他慮。煜忠之。後補廣文館生，深爲李昉所知。

太平興國八年登進士第，除修武主簿。遷大理評事、知梓州録事參軍事。州將表薦，轉光禄寺丞。留一歲，代歸。獻所著文，召試翰林，改著作佐郎、通判潁州。丁外艱，起知州事。召拜殿中丞，使川、陝均税。次渝、涪，聞夔州廣武卒謀亂，乃乘舸泛江，一夕數百里，以計平之。授陝西轉運副使，許便宜從事。會歲歉，誘豪民出粟三萬斛，活饑民八萬六千口。既而李順亂西蜀，秦隴賊趙包聚徒數千，將趨劍閣以附之。文寶移書蜀郡，分兵討襲，獲其渠魁，餘黨殲焉。

文寶前後自環慶部糧越旱海入靈武者十二次，曉達蕃情，習其語。經由部落，每宿酋長帳中，其人或呼爲父。遷太常博士。内侍方保吉出使陝右，頗恣横，且言文寶與陳堯叟交遊，爲薦其弟堯佐。驛召令辨對，途中上書自明。太宗察其事，坐保吉罪，厚賜文寶而遣之，俄又召至闕下，文寶奏對辯捷，上深眷遇。俄加工部員外郎。時龍猛卒戍環慶，七年不得代，思歸，謀亂。文寶矯詔以庫金給將士，且自劾，請代償。詔蠲其所費。

先是，諸羌部落樹藝殊少，但用池鹽與邊民交易穀麥，會饋輓趨靈州，爲繼遷所鈔。文寶建議以爲「銀、夏之北，千里不毛，但以販青白鹽爲命爾。請禁之，許商人販安邑、解縣兩池鹽於陝西以濟民食。官獲其利，而戎益困，繼遷可不戰而屈」。乃詔自陝以西有敢私市者，皆抵死，募告者差定其罪。行之數月，犯者益衆。戎人乏食，相率寇邊，屠小康堡。内屬萬餘帳亦叛。商人販兩池鹽少利，多取他徑出唐、鄧、襄、汝間邀善價，吏不能禁。關、隴民無鹽以食，境上騷擾。上知其事，遣知制誥錢若水馳傳視之，悉除其禁，召諸族撫諭之，乃定。

朝廷議城古威州，遣内侍馮從順訪于文寶，文寶言：

威州在清遠軍西北八十里，樂山之西。唐大中時，靈武朱叔明收長樂州，邠寧張君緒收六關，即其地也。故壘未圮，水甘土沃，有良木薪秸之利。約葫蘆、臨洮二河，壓明沙、蕭關兩戍，東控五原，北固峽口，足以襟帶西涼，咽喉靈武，城之便。

然環州至伯魚，伯魚抵青岡，青岡拒清遠皆兩舍，而清遠當羣山之口，扼塞門之要，芻車野宿，行旅頓絶。威州隔城東隅，豎石盤互，不可浚池。城中舊乏井脉，又飛烏泉去城尚千餘步，一旦緣邊警急，賊引平夏勝兵三千，據清遠之沖，乘高守險，數百人守環州甜水穀、獨家原，傳箭野貍十族，脅從山中熟户，黨項孰敢不從？又分千騎守積北清遠軍之口，即自環至靈七百里之地，非國家所有，豈威州可禦哉？請先建伯魚、青岡、清遠三城，爲頓師歸重之地。

古人有言：「金城湯池，非粟不能守。」俟二年間，秦民息肩，臣請建營田積粟實邊之策，修五原故城，專三池鹽利，以金帛啖黨項酋豪子弟，使爲朝廷用。不唯安朔方，制豎子，至於經營安西，綏復河湟，此其漸也。

詔從其議。

文寶至賀蘭山下，見唐室營田舊制，建議興復，可得秔稻萬餘斛，減歲運之費。清遠據積石嶺，在旱海中，去靈、環皆三四百里，素無水泉。文寶發民負水數百里外，留屯數千人，又募民以榆槐雜樹及猫狗鴉鳥至者，厚給其直。地舄鹵，樹皆立枯。西民甚苦其役，而城之不能守，卒爲山水所壞。又令寧、慶州爲水磑，亦爲山水漂去。【略】

文寶又奏減解州鹽價，未滿歲，虧課二十萬貫，復爲三司所發。乃命鹽鐵副使宋太初爲都轉運使，代文寶還，下御史台鞫問，具伏。下詔切責，貶藍山令。未幾，移枝江令。

真宗即位，徙京山。咸平中召還，授殿中丞，掌京南榷貨。時慶州發兵護芻糧詣靈州，文寶素知山川險易，上言必爲繼遷所敗。未幾，果如其奏。轉運使陳緯没於賊，繼遷進陷清遠軍。時文寶丁内艱，服未闋，即命相府召詢其策略。文寶因獻《河西隴右圖》，敍其地利本末，且言靈州不可棄。時方遣大將王超援靈武，即復文寶工部員外郎，爲隨軍轉運使。至環州，或言靈州已陷，文寶乃易其服，引單騎冒大雪，間道抵清遠故城，盡得其實，遂奏班師，就除本路轉運使，上疏請再葺清遠軍。都部署王漢忠言其好生事，遂徙河東轉運使。【略】

景德元年冬，契丹犯邊，又徙河東。文寶安輯所部，募鄉兵，張邊備，又領蕃漢兵赴河北，手詔褒諭。未幾，復涖京西。契丹請和，文寶陳經久之策，上嘉之。三年，召還，未至，遇疾，表求藩郡散秩。詔聽不除其籍，續奉養疾，以其子鄆州推官於陵爲大理寺丞、知襄城縣，以便其養。大中祥符初，改兵部員外郎。車駕祀汾陰還，文寶至鄭州請見。上以其久疾，除忠武軍行軍司馬。文寶不就，以前官歸襄城别墅。六年，卒，年六十一。

文寶好談方略，以功名爲己任。久在西邊，參預兵計，心有餘而識不足，又不護細行，所延薦屬吏至多，而未嘗擇也。晚年病廢，從子爲邑，多撓縣政。能爲詩，善篆書，工鼓琴。有集二十卷，又撰《談苑》二十卷、《江表志》三卷。

李宗諤

元·脱脱等《宋史》卷二六五《李昉附子宗諤傳》　宗諤字昌武，七歲能屬文，恥以父任得官，獨由鄉舉，第進士，授校書郎。明年，獻文自薦，遷祕書郎、集賢校理、同修起居注。先是，後苑陪宴，校理官不與，京官乘馬不得入禁門。至是，皆因宗諤之請復之，遂爲故事。

真宗即位，拜起居舍人，預重修《太祖實録》。【略】遷知制誥、判集賢院，纂《西垣集制》，刻石記名氏。嘗牒御史臺不平空，中丞吕文仲移文詰之，往復再三，宗諤執言兩省故事與臺司不相統攝者凡八。事聞，卒如宗諤議。

景德二年，召爲翰林學士。是秋，將郊，命判太常大樂、鼓吹二署。先是，樂工率以年勞遷補，至有抱其器而不知聲者。宗諤素曉音律，遂加審定，奏斥謬濫者五十人。因修完器具，更署職名，條上利病二十事，帝省閲而賞歎之。事具《樂志》。又著《樂纂》以獻，命付史館，自是月再肄習焉。

時諸神祠壇多闕外壝之制，因深塹列樹以表之，營葺齋室，舊典因以振起。屬契丹遣使來賀承天節，詔宗諤爲館伴使，自郊勞至飲餞，皆刊定其儀。

大中祥符初，從封泰山，改工部郎中。二年，始建昭應宫，命副丁謂爲同修宫使。三年，知審官院。屬祀汾陰后土，命爲經度制置副使，同權河中府事。禮成，優拜右諫議大夫。

嘗侍宴玉宸殿，上謂曰：「聞卿至孝，宗族頗多，長幼雍睦。朕嗣守二聖基業，亦如卿之保守門户也。」又曰：「翰林，清華之地，前賢敭歷，多有故事，卿父子爲之，必周知也。」宗諤嘗著《翰林雜記》以紀國朝制度，明日上之。

宗諤究心典禮，凡創制損益，靡不與聞。修定皇親故事、武舉武選入官資敍、閤門儀制、臣僚導從、貢院條貫，餘多裁正。

五年，迎真州聖像，副丁謂爲迎奉使。五月，以疾卒，年四十九。帝甚悼之，謂宰相曰：「國朝將相家能以聲名自立，不墜門閥，唯昉與曹彬家爾。宗諤方期大用，不幸短命，深可惜也。」既厚賻其家，以白金賜其繼母，又録其子若弟以官焉。

初，昉居三館、兩制之職，宗諤不數年，皆踐其地。風流儒雅，藏書萬卷。内行淳至，事繼母符氏以孝聞。二兄早世，奉嫂字孤，恩禮兼盡。與弟宗諒友愛尤至，覃恩所及，必先羣從，及殁而己子有未仕者。程宿早卒，有弟無所依，宗諤爲表請於朝而官之。勤接士類，無賢不肖，恂恂盡禮，奬拔後進，唯恐不及，以是士人皆歸仰之。

宗諤工隸書。有文集六十卷、《内外制》三十卷。嘗預修《續通典》、《大中祥符封禪汾陰記》、《諸路圖經》，又作《家傳》、《談録》，並行于世。

盛度

宋・曾鞏《隆平集》卷七《參知政事》 盛度，字公量，餘杭人。端拱初，登進士第。數上疏論邊事，奉使陝西，參質漢唐故地，繪爲《西域圖》以獻。累擢知制誥、翰林學士。寇準罷相，度以嘗交結周懷政，貶和州團練副使。天聖初，復翰林學士、龍圖閣學士承旨兼侍讀學士。景祐二年，參知政事。四年，知樞密院。坐令開封府吏馮士元强取其鄰所賃官舍爲知府鄭戩所發罷，知揚、蔡州，應天府，以太子少傅致仕，還京數日，卒，年七十四。贈太子太保，謚文肅。子山甫、申甫、崇甫。初，度因奏事便殿，真宗問其所上《西域圖》，内出繒，命工別繪。度因言：「前已圖漢所置酒泉、張掖、武威、燉煌、金城五郡，比復究尋五郡之東南，自秦築長城，西起臨洮，東至遼碣，延袤萬里，有郡有軍有守，襟帶相屬，烽火相望，其形勢禦備亦至矣。唐始置節度使，後又以宰相兼領，用非其人，有河山之險而不能固，有兵甲之利而不能禦，豈不惜哉！今復繪其山川道路、區聚壁壘爲《河西隴右圖》，願備聖覽。」上稱其博。

度嘗坐開封獄失實謫監洪州税。【略】明道中，詔度與御使中丞王隨及三司詳定在京并外三十一州軍舊禁解鹽地分，聽商旅入錢算鹽，度言通商有五利，遂施行之。度好學，家居惟圖書滿前。每歸，未嘗釋手。真宗嘗命與李宗諤、楊億、王曾、李維、舒雅、任隨、石中立同編《通典》《文苑英華》，又嘗預注釋《御集》。真宗祀汾陰，仁宗在藩邸，以度掌起居箋表及留守章奏。封壽春郡王，特詔令撰謝恩表。所著有《愚谷集》《中書制集》《銀台集》《翰林制集》《極中集》。【略】度多猜險，僚友皆畏其傾，不敢妄語言。肌體豐大，艱於拜起，有拜之者俯伏不能興，或至詬駡，其偏戾如此。

《（嘉慶）重修清一統志》卷二八五《杭州府三・人物》 宋。盛度。字公量。世居應天府，後徙餘杭。舉進士，歷屯田員外郎。從幸大名，數上疏論邊事。奉使陝西，繪《西域圖》及《河西隴右圖》以獻，因言形勢備禦之道，帝稱其博學。累遷知樞密院事，卒，謚文肅。度精於爲文，常奉詔編續《通典》、《文苑英華》。

掌禹錫

元・脱脱等《宋史》卷二九四《掌禹錫傳》 掌禹錫字唐卿，許州郾城人。中進士第，爲道州司理參軍。試身言書判第一，改大理寺丞，累遷尚書屯田員外郎，通判并州。擢知廬州，未行，丁度薦爲侍御史，上疏請嚴備西羌。時議舉兵，禹錫引周宣薄伐爲得，漢武遠討爲失，且建畫增步卒，省騎兵。舊法，薦舉邊吏，貪贓皆同坐。禹錫奏謂：「使貪使愚，用兵之法也。若舉邊吏必兼責士節，則莫敢薦矣。材武者孰從而進哉？」後遂更其法。

出提點河東刑獄。杜衍薦，召試，爲集賢校理，改直集賢院兼崇文院檢討。歷三司度支判官、判理欠司、同管勾國子監。歷判司農、太常寺。數考試開封國學進士，命題皆奇奥，士子憚之，目爲「難題掌公」。遷光禄卿，改直祕閣。英宗即位，自祕書監遷太子賓客。御史劾禹錫老病不任事，帝憐其博學多記，令召至中書，示以彈文。禹錫惶怖自請，遂以尚書工部侍郎致仕，卒。

禹錫矜慎畏法，居家勤儉，至自舉几案。嘗預修《皇祐方域圖志》《地理新書》，奏對帝前，王洙推其稽考有勞，賜三品服。及校正《類篇》《神農本草》，載藥石之名狀爲《圖經》。喜命術，自推直生日，年庚寅，日乙酉，時壬午，當《易》之《歸妹》《困》《震》初中末三卦。以世應飛伏納五甲行軌析數推之，卦得二十五少分，三卦合七十五年約半，禄秩算數，盡于此矣。著《郡國手鑑》一卷，《周易集解》十卷。好儲書，所記極博，然迂漫不能達其要。常乘駑馬，衣冠污垢，言語舉止多可笑，僚屬或慢侮之，過閭巷，人指以爲戲云。

《（嘉慶）重修清一統志》卷二一九《許州直隸州二・人物》 掌禹錫。郾城人。中進士第，爲道州司李參軍，試身言書判第一。丁度薦爲侍御史。上疏請嚴備西羌，時議舉兵，禹錫引周宣薄伐爲得、漢武遠討爲失，且建畫增步卒省騎兵。英宗即位，以尚書工部侍郎致仕，卒。禹錫矜慎畏法，居家勤儉。嘗預修《皇祐方域圖志》《地理新書》。王洙推其稽考有勞，賜三品服。及校正《類篇》《神農本草》，載藥石之名狀爲《圖經》。著《郡國手鑒》一卷，《周易集解》十卷。

王洙

元・脱脱等《宋史》卷二九四《王洙傳》 王洙字原叔，應天宋城人。少聰悟博學，記問過人。初舉進士，與郭稹同保。人有告稹冒祖母禫，主司欲脱洙連坐之法，召謂曰：「不保，可易也。」洙曰：「保之，不願易。」遂與稹俱罷。再舉，中甲科，補舒城縣尉。坐覆縣民鍾元殺妻不實免官。

後調富川縣主簿。晏殊留守南京，厚遇之，薦爲府學教授。召爲國子監説書，改直講。校《史記》《漢書》，擢史館檢討、同知太常禮院，爲天章閣侍講。專讀寶訓，要言於邇英閣。累遷太常博士、同管勾國子監，預修《崇文總目》成，遷尚書工部員外郎。修《國朝會要》，加直龍圖閣、權同判太常寺。坐赴進奏院賽神與女妓雜坐，爲御史劾奏，黜知濠州，徙襄州。

會貝卒叛，州郡皆恟恟，襄佐史請罷教閲士，不聽。又請毋給真兵，洙曰：「此正使人不安也。」命給庫兵，教閲如常日，人無敢讙者。

徙徐州。時京東饑，朝廷議塞商胡，賦楗薪，輸半而罷塞。洙命更其餘爲穀粟，誘願輸者以餔流民，因募其壯者爲兵，得千餘人，盜賊衰息。有司上其最爲京東第一，徙亳州。復爲天章閣侍講、史館檢討。

帝將祀明堂，宋祁言：「明堂制度久不講，洙有《禮》學，願得同具其儀。」詔還洙太常，再遷兵部員外郎，命撰《大饗明堂記》。除史館修撰，遷知制誥。詔諸儒定雅樂，久未決。洙與胡瑗更造鐘磬，而無形制容受之別。皇祐五年，有事于南郊，勸上用新樂，既而議者多非之，卒不復用。

夏竦卒，賜謚文獻。洙當草制，封還其目曰：「臣下不當與僖祖同謚。」因言：「前有司謚王溥爲文獻，章得象爲文憲，字雖異而音同，皆當改。」於是太常更謚竦文莊，而溥、得象皆易謚。

嘗使契丹，至韈淀。契丹令劉六符來伴宴，且言耶律防善畫，向持禮南朝，寫聖容以歸，欲持至館中。洙曰：「此非瞻拜之地也。」六符言恐未得其真，欲遣防再往傳繪，洙力拒之。

嘗言天下田税不均，請用郭諮、孫琳千步開方法，頒州縣以均其税。貴妃張氏薨，治喪皇儀殿，追册温成皇后。洙鈎摭非禮，陰與内侍石全彬附會時事。陳執中、劉沆在中書，喜其助己，擢洙爲翰林學士。既而温成即園立廟，且欲用樂，詔禮院議。禮官論未一，洙令禮直官填印紙，上議請用樂，朝廷從其説。禮官吴充、鞠直卿移文開封府，治禮直官擅發印紙罪。知府蔡襄釋不問，而諫官范鎮疏禮院議園陵前後不一，請詰所以。御史繼論之不已，宰相意充等風言者，皆罷斥。

既而洙以兄子堯臣參知政事，改侍讀學士兼侍講學士。罷一學士，換二學士且兼講讀，前此未嘗有也。是歲，京東、河北秋大稔。洙言：「近年邊糴，增虚價數倍，雖復稍延日月之期，而終償以實錢及山澤之物，以致三司財用之蹙。請借内藏庫禁錢，乘時和糴京東、河北之粟，以供邊食，可以坐紓便糴之急。」又言：「近時選諫官、御史，凡執政之臣嘗所薦者，皆不與選。且士之飭身勵行，稍爲大臣所知，反置而不用，甚可惜也。」及得疾踰月，帝遣使問：「疾少間否，能起侍經席乎？」時不能起矣。

洙汎覽傳記，至圖緯、方技、陰陽、五行、算數、音律、詁訓、篆隸之學，無所不通。及卒，賜謚曰文，御史吴中復言官不應得謚，乃止。預修《集韻》《祖宗故事》《三朝經武聖略》《鄉兵制度》，著《易傳》十卷，雜文千有餘篇。子欽臣。

程師孟

元·脱脱等《宋史》卷三三一《程師孟傳》　程師孟字公闢，吴人。進士甲科。累知南康軍、楚州，提點夔路刑獄。瀘戎數犯渝州，邊使者治所在萬州，相去遠，有警率浹日乃至，師孟奏徙于渝。夔部無常平粟，建請置倉，適凶歲，振民不足，即矯發他儲，不俟報。吏懼，白不可。師孟曰：「必俟報，餓者盡死矣。」竟發之。

徙河東路。晉地多土山，旁接川谷，春夏大雨，水濁如黄河，俗謂之「天河」，可溉灌。師孟出錢開渠築堰，淤良田萬八千頃，裒其事爲《水利圖經》，頒之州縣。爲度支判官，知洪州，積石爲江隄，浚章溝，揭北牐以節水升降，後無水患。

判三司都磨勘司。接伴契丹使，蕭惟輔曰：「白溝之地當兩屬，今南朝植柳數里，而以北人漁界河爲罪，豈理也哉？」師孟曰：「兩朝當守誓約，涿郡有案牘可覆視，君舍文書，滕口説，遽欲生事耶？」惟輔愧謝。

出爲江西轉運使。盜發袁州，州吏爲耳目，久不獲。師孟械吏數輩送獄，盜即成擒。加直昭文館、知福州。築子城，建學舍，治行最東南。徙廣州。州城爲儂寇所毁，他日有警，民駭竄，方伯相踵至，皆言土疏惡不可築。師孟在廣六年，作西城。及交阯陷邕管，聞廣守備固，不敢東。時師孟已召還，朝廷念前功，以爲給事中、集賢殿修撰，判都水監。

賀契丹生辰，至涿州，契丹命席，迎者正南向，涿州官西向，宋使介東向。師孟曰：「是卑我也。」不就列。自日昃争至暮，從者失色，師孟辭氣益厲，叱儐者易之，於是更與迎者東西向。明日，涿人餞于郊，疾馳過不顧；涿人移雄州，以爲言，坐罷歸班。復起知越州、青州，遂致仕，以光禄大夫卒，年七十八。

師孟累領劇鎮，爲政簡而嚴，罪非死者不以屬吏。發隱擿伏如神，得豪惡不逞跌宕者，必痛懲艾之，至勤絶乃已，所部肅然。洪、福、廣、越爲生立祠。

趙珣

元・脱脱等《宋史》卷三二三《趙振附子珣傳》 ［趙］珣年十六，仁宗召試便殿，授三班借職。景祐中，有言珣藝益進，且習書史。復召見閲武伎，又試策略于中書，條對數千言。自殿直進閤門祗候，未幾，除濠州兵馬都監。

初，珣隨父在西邊，訪得五路徼外形勝利害，作《聚米圖經》五卷。詔取其書，并召珣至，又上《五陣圖》、《兵事》十餘篇。帝給步騎使按陣，既成，臨觀之。陳執中招討陝西，薦爲緣邊巡檢使。吕夷簡、宋庠爲奏曰：「用兵以來，策士之言以萬計，無如珣者。」即擢通事舍人、招討都監。珣自以年少新進，辭都監。授兵萬人，御賜鎧仗，令自擇偏裨、參佐，居涇原，兼治籠竿城。

麻氈、党留百餘帳處近塞爲暴，珣白府，引兵二萬，自静邊歷揆吴抵木寧襄賊，俘獲數千計。静邊將劉滬殿後，爲賊所掩。珣登阪望見，從騎數百復入，拔滬之衆以出，士皆歎服。瞎氈居龕谷無所屬，珣與書招之，遺以綈綿，瞎氈聽命。改本路都監，詔追入朝。將行，適元昊大入，府檄留珣，會葛懷敏於瓦亭。懷敏已屯五谷口西至馬欄城，聞夏人徙軍新壕外，議欲質明掩襲。珣謂懷敏曰：「敵遠來，衆倍鋒鋭，莫若依馬欄城布栅以扼其路，守鎮戎城以便餉道，俟其衰擊之，此必勝之道也。不然，必爲賊所屠。」懷敏不聽，兵遂逼鎮戎城，越界壕，抵定川。未及陣，夏人引鐵騎來犯，珣居陣西北，瑜亦在軍中，戰甚力。東壁兵輒潰，中軍大擾，珣擁刀斧手前鬥，夏衆稍却，我軍復陣。懷敏詰朝退走，就食鎮戎。俄夏騎四合，珣被擒，瑜以身免。

珣美風儀，性勁特好學，恂恂類儒者。既没，人多惜之。贈莫州刺史，後卒賊中。瑜弟璞，亦知名。

蘇頌

元・脱脱等《宋史》卷三四〇《蘇頌傳》 蘇頌字子容，泉州南安人。父紳，葬潤州丹陽，因徙居之。第進士，歷宿州觀察推官，知江寧縣。時建業承李氏後，税賦圖籍，一皆無藝，每發斂，高下出吏手。頌因治訊他事，互問民鄰里丁產，識其詳。及定户籍，民或自占不悉，頌警之曰：「汝有某丁某產，何不言？」民駭懼，皆不敢隱。遂劃剔夙蠹，成賦一邑，簡而易行，諸令視以爲法，至領其民拜庭下以謝。凡民有忿争，頌喻以鄉黨宜相親善，若以小忿而失歡心，一旦緩急，將何賴焉。民往往謝去，或半途思其言而止。時監司王鼎、王綽、楊紘於部吏少許可，及觀頌施設，則曰：「非吾所及也。」

調南京留守推官，留守歐陽脩委以政，曰：「子容處事精審，一經閲覽，則脩不復省矣。」時杜衍老居睢陽，見頌，深器之，曰：「如君，真所謂不可得而親疏者。」衍又自謂平生人罕見其用心處，遂自小官以至爲侍從、宰相所以施設出處，悉以語頌，曰：「以子相知，且知子異日必爲此官，老夫非以自矜也。」故頌後歷政，略似衍云。

皇祐五年，召試館閣校勘，同知太常禮院。【略】

遷集賢校理，編定書籍。頌在館下九年，奉祖母及母，養姑姊妹與外族數十人，甘旨融怡，昏嫁以時。妻子衣食常不給，而處之晏如。富弼嘗稱頌爲古君子，及與韓琦爲相，同表其廉退，以知潁州。通判趙至忠本邊徼降者，所至與守競，頌待之以禮，具盡誠意。至忠感泣曰：「身雖夷人，然見義則服，平生誠服者，唯公與韓魏公耳。」

【略】加集賢院學士、知應天府。吕惠卿嘗語人曰：「子容，吾鄉里先進，苟一詣我，執政可得也。」頌聞之，笑而不應。凡吏三赦，大臨還侍從，頌纔授秘書監、知通進銀臺司。吴越饑，選知杭州。【略】

頌宴客有美堂，或告將兵欲亂，頌密使捕渠領十輩，荷校付獄中，迨夕會散，坐客不知也。及修兩朝正史，轉右諫議大夫。使契丹，遇冬至，其國曆後宋曆一日。北人問孰爲是，頌曰：「曆家算術小異，遲速不同，如亥時節氣交，猶是今夕；若踰數刻，則屬子時，爲明日矣。或先或後，各從其曆可也。」北人以爲然。使還以奏，神宗嘉曰：「朕嘗思之，此最難處，卿所對殊善。」因問其山川、人情向背，對曰：「彼講和日久，頗竊中國典章禮義，以維持其政，上下相安，未有離貳之意。昔漢武帝自謂：『高皇帝遺朕平城之憂，雖久勤征討，而匈奴終不服。』至宣帝，呼韓單于稽首稱藩。唐自中葉以後，河湟陷于吐蕃，憲宗每讀《貞觀政要》，慨然有收復意。至宣宗時，乃以三關、七州歸于有司。由此觀之，外國之叛服不常，不繫中國之盛衰也。」頌意蓋有所諷，神宗然之。

元豐初，權知開封府，頗嚴鞭朴。謂京師浩穰，須彈壓，當以柱後惠文治之，非亳、潁臥治之比。有僧犯法，事連祥符令李純，頌置不治。御史舒亶糾其故縱，貶秘書監、知濠州。【略】未幾，知河陽，改知滄州。入辭，帝曰：「朕知卿久，然每欲用，輒爲事奪，命也夫！卿直道，久而自明。」頌頓首謝。召判尚書吏部兼詳定官制。【略】

元祐初，拜刑部尚書，遷吏部兼侍讀。【略】

既又請別製渾儀，因命頌提舉。頌既邃於律曆，以吏部令史韓公廉曉算術，有巧思，奏用之。授以古法，爲臺三層，上設渾儀，中設渾象，下設司辰，貫以一機，激水轉輪，不假人力。時至刻臨，則司辰出告。星辰躔度所次，占候則驗，不差晷刻，晝夜晦明，皆可推見，前此未有也。

遷翰林學士承旨。五年，擢尚書左丞。嘗行樞密事。【略】

七年，拜右僕射兼中書門下侍郎。頌爲相，務在奉行故事，使百官守法遵職。量能授任，杜絶僥倖之原，深戒疆埸之臣邀功生事。論議有未安者，毅然力爭之。賈易除知蘇州，頌言：「易在御史名敢言，既爲監司矣，今因赦令，反下遷爲州，不可。」爭論未決。諫官楊畏、來之邵謂稽留詔命，頌遂上章辭位，罷爲觀文殿大學士、集禧觀使，繼出知揚州。徙河南，辭不行，告老，以中太一宫使居京口。紹聖四年，拜太子少師致仕。

方頌執政時，見哲宗年幼，諸臣太紛紜，常曰：「君長，誰任其咎耶？」每大臣奏事，但取決於宣仁后，哲宗有言，或無對者。惟頌奏宣仁后，必再稟哲宗；有宣諭，必告諸臣以聽聖語。及貶元祐故臣，御史周秩劾頌。哲宗曰：「頌知君臣之義，無輕議此老。」徽宗立，進太子太保，爵累趙郡公。建中靖國元年夏至，自草遺表，明日卒，年八十二。詔輟視朝二日，贈司空。

頌器局閎遠，不與人校短長，以禮法自持。雖貴，奉養如寒士。自書契以來，經史、九流、百家之説，至於圖緯、律吕、星官、算法、山經、本草，無所不通。尤明典故，喜爲人言，亹亹不絶。朝廷有所制作，必就而正焉。

嘗議學校，欲博士分經；課試諸生，以行藝爲升俊之路。議貢舉，欲先行實而後文藝，去封彌、謄録之法，使有司參考其素，行之自州縣始，庶幾復鄉貢里選之遺範。論者韙之。

論曰：（吕）大防重厚，（劉）摯骨鯁，頌有德量。三人者，皆相於母后垂簾聽政之秋，而能使元祐之治，比隆嘉祐，其功豈易致哉！大防疏宋家法八事，言非溢美，是爲萬世矜式。摯正邪之辨甚嚴，終以直道忤於羣小，遂與大防並死於貶，士論冤之。頌獨巋然高年，未嘗爲姦邪所汚，世稱其明哲保身。然觀其論知州張仲宣受金事，犯顔辨其情罪重輕，又陳刑不上大夫之義，卒免仲宣於黥。自是宋世命官犯贓抵死者，例不加刑，豈非所爲多雅德君子之事，造物者自有以相之歟？

沈括

宋・王稱《東都事略》卷八六《沈括傳》 沈括字存中，吴興人也，博覽古今，於書無所不通。舉進士，爲揚州司理參軍，編校昭文館書籍。熙寧間，除太子中允，爲檢正中書刑房公事。遷集賢校理，察訪兩浙農田水利。遷太常丞，同修起居注。邊吏報北敵將入寇，亟遣中貴人取兩河民車，以爲戰備，民大驚擾。自宰執以下言不便者牆進，俱不省。一日括持筆立御坐側，神宗顧曰：「卿知籍車之事乎？」括曰：「未知車將何用？」神宗曰：「北敵以多馬取勝，唯車可以當之。」括曰：「敵之來，民父子墳墓田廬皆當棄去，復暇卹車乎？朝廷姑籍其數而未取，何傷？」神宗曰：「卿言有理，何論者之紛紛也？」括曰：「車戰之利，見於歷世。巫臣教吴子以車戰，遂伯中國。李靖用偏箱鹿角車，以擒頡利。臣但未知一事，古人所謂輕車者，兵車也。五御折旋，利於輕速。今之民間輜車重大椎樸，以牛挽之，日不能行三十里。少蒙雨雪，則跬步不進，故俗謂之太平車。或可施於無事之日，恐兵間不可用耳。」神宗益喜曰：「無人如此語朕者，當更思之。」明日遂罷籍民車。執政問括曰：「君以何術而立談罷此事？上甚多太平車之説也。」括曰：「聖主可以理奪，不可以言争。若車可用，其敢以爲非？」未幾，以右正言知制誥察訪河北西路，出使遼國。使還，以淮浙災傷，爲體量安撫使，權三司使，遷翰林學士。括詣宰相吴充陳説免役事，謂可變法令輕役依舊輪差。御史蔡確論括非其職，而遽請變法，括亦待罪求去。確復言：括詭求罷免，有詔令供職臣竊惑焉。且括謂役法可變，何不言之於檢正察訪之日，而言之於翰林學士之時？不言之於陛下，而言之於執政？原括之意，但欲依附大臣，巧爲身謀而已。遂罷，以集賢院學士知宣州。復龍圖閣待制，召還，知審官院。復以言者罷，知青州，尋知延州。王師大舉伐西夏，种諤帥師入銀、夏州而不能有。明年，括請城永樂，命徐禧、李舜舉計議邊事，李稷主糧餉。遂城永樂，距銀州五十里，米脂五十里。城成，賜名銀州砦。既而賊二十萬重圍永樂城，攻益急，城陷，於是漢蕃官二百三十人、兵萬二千三百人皆没焉。禧、舜舉、稷死之。神宗以括始議，責爲均州團練副使，隨州安置。徙秀州，復光禄卿，分司南京，以卒。括嘗上熙寧《奉元歷》，編修《天下郡國圖》。著述頗多，有《春秋》《機括》《筆談》行於世。

元・脱脱等《宋史》卷三三一《沈遘附從弟括傳》 括字存中，以父任爲沭陽主簿。縣依沭水，乃職方氏所書「浸曰沂、沭」者，故跡漫爲汙澤，括新其二坊，疏水爲百渠九堰，以播節原委，得上田七千頃。

擢進士第，編校昭文書籍，爲館閣校勘，删定三司條例。故事，三歲郊丘之制，有司按籍而行，藏其副，吏沿以干利。壇下張幔，距城數里爲園囿，植采木、刻鳥獸綿絡其間。將事之夕，法駕臨觀，御端門、陳仗衛以閲嚴警，遊幸登賞，類非齋祠所宜。乘輿一器，而百工侍役者六七十輩。括考禮沿革，爲書曰《南郊式》。即詔令點檢事務，執新式從事，所省萬計，神宗稱善。

遷太子中允、檢正中書刑房、提舉司天監，日官皆市井庸販，法象圖器，大抵漫不知。括始置渾儀、景表、五壺浮漏，招衛樸造新曆，募天下上太史占書，雜用士人，分方技科爲五，後皆施用。加史館檢討。

淮南饑，遣括察訪，發常平錢粟，疏溝瀆，治廢田，以救水患。遷集賢校理，察訪兩浙農田水利，遷太常丞、同修起居注。時大籍民車，人未諭縣官意，相挻爲憂；又市易司患蜀鹽之不禁，欲盡實私井而輦解池鹽給之。言者論二事如織，皆不省，括侍帝側，帝顧曰：「卿知籍車乎？」曰：「知之。」帝曰：「何如？」對曰：「敢問欲何用？」帝曰：「北邊以馬取勝，非車不足以當之。」括曰：「車戰之利，見於歷世。然古人所謂兵車者，輕車也，五御折旋，利於捷速。今之民間輜車重大，日不能三十里，故世謂之太平車，但可施於無事之日爾。」帝喜曰：「人言無及此者，朕當思之。」遂問蜀鹽事，對曰：「一切實私井而運解鹽，使一出於官售，誠善。然忠、萬、戎、瀘間夷界小井尤多，不可猝絶也，勢須列候加警，臣恐得不足償費。」帝頷之。明日，二事俱寢。擢知制誥，兼通進、銀臺司，自中允至是纔三月。

爲河北西路察訪使。先是，銀冶，轉運司置官收其利，括言：「近寶則國貧，其勢必然；人衆則囊橐姦僞何以檢頤？朝廷歲遣契丹銀數十萬，以其非北方所有，故重而利之。昔日銀城縣、銀坊城皆没於彼，使其知鑿山之利，則中國之幣益輕，何賴歲餉，鄰釁將自兹始矣。」

時賦近畿户出馬備邊，民以爲病，括言：「北地多馬而人習騎戰，猶中國之工彊弩也。今舍我之長技，强所不能，何以取勝？」又邊人習兵，唯以挽彊定最，而未必能貫革，謂宜以射遠入堅爲法。如是者三十一事，詔皆可之。

遼蕭禧來理河東黄嵬地，留館不肯辭，曰：「必得請而後反。」帝遣括往聘。括詣樞密院閲故牘，得頃歲所議疆地書，指古長城爲境，今所争蓋三十里遠，表論之。帝以休日開天章閣召對，喜曰：「大臣殊不究本末，幾誤國事。」命以畫圖示禧，禧議始屈。賜括白金千兩使行。至契丹庭，契丹相楊益戒來就議，括得地訟之籍數十，預使吏士誦之，益戒有所問，則顧吏舉以答。他日復問，亦如之。益戒無以應，謾曰：「數里之地不忍，而輕絶好乎？」括曰：「師直爲壯，曲爲老。今北朝棄先君之大信，以威用其民，非我朝之不利也。」凡六會，契丹知不可奪，遂舍黄嵬而以天池請。括乃還，在道圖其山川險易迂直，風俗之純龐，人情之向背，爲使契丹圖抄上之。拜翰林學士、權三司使。

嘗白事丞相府，吴充問曰：「自免役令下，民之詆訾者今未衰也，是果於民何如？」括曰：「以爲不便者，特士大夫與邑居之人習於復除者爾，無足恤也。獨微户本無力役，而亦使出錢，則爲可念。若悉弛之，使一無所預，則善矣。」充然其説，表行之。

蔡確論括首鼠乖剌，陰害司農法，以集賢院學士知宣州。明年，復龍圖閣待制、知審官院，又出知青州，未行，改延州。至鎮，悉以别賜錢爲酒，命廛市良家子馳射角勝，有軼羣之能者，自起酌酒以勞之，邊人驩激，執弓傅矢，唯恐不得進。越歲，得徹札超乘者千餘，皆補中軍義從，威聲雄他府。以副總管种諤西討拔銀，宥功，加龍圖閣學士。朝廷出宿衛之師來戍，賞賚至再而不及鎮兵。括以爲衛兵雖重，而無歲不戰者，鎮兵也。今不均若是，且召亂。乃藏敕書，而矯制賜緡錢數萬，以驛聞。詔報之曰：「此右府頒行之失，非卿察事機，必擾軍政。」自是，事不暇請者，皆得專之。蕃漢將士自皇城使以降，許承制補授。【略】

大將景思誼、曲珍拔夏人磨崖葭蘆浮圖城，括議築石堡以臨西夏，而給事中徐禧來，禧欲先城永樂。詔禧護諸將往築，令括移府並塞，以濟軍用。已而禧敗没，括以夏人襲綏德，先往救之，不能援永樂，坐謫均州團練副使。元祐初，徙秀州，繼以光禄少卿分司，居潤八年卒，年六十五。

括博學善文，於天文、方志、律曆、音樂、醫藥、卜算，無所不通，皆有所論著。又紀平日與賓客言者爲《筆談》，多載朝廷故實、耆舊出處，傳於世。

宋球

元·脱脱等《宋史》卷三四九《宋守約附子球傳》宋守約,開封酸棗人。以父任爲左班殿直,至河北緣邊安撫副使,選知恩州。【略】子球,以蔭幹當禮賓院。條秦、川劵馬四弊,羣牧使用其議,馬商便之。再使高麗,密訪山川形勢、風俗好尚,使還,圖紀上之,神宗稱善,進通事舍人。帝崩,告哀契丹,至,則使易吉服,球曰:「通和歲久,憂患是同,大國安則爲之。」契丹不能奪。積遷西上閤門使、樞密副都承旨。爲人謹密,朝日所聞上語,雖家人不以告。卒於官。

論曰:自郝質至宋守約,皆恂直忠篤,爲一時名將。遭世承平,邊疆少警,擁節旄,立殿陛,高爵重禄,以壽考終,宜也。

王日休

清·畢沅《續資治通鑑》卷一四七《宋紀一百四十七》(淳熙六年七月)沿海制置司參議官王日休進《九丘總要》,送祕書省看詳,言其間郡邑之廢置,地理之遠近,人物所聚,古迹所在,物産所宜,莫不詳備。詔特遷一官。

陸九韶

元·脱脱等《宋史》卷四三四《儒林傳四·陸九齡附兄九韶傳》九韶字子美。其學淵粹,隱居山中,晝之言行,夜必書之。其家累世義居,一人最長者爲家長,一家之事聽命焉。歲遷子弟分任家事,凡田疇、租税、出内、庖爨、賓客之事,各有主者。九韶以訓戒之辭爲韻語,晨興,家長率衆子弟謁先祠畢,擊鼓誦其辭,使列聽之。子弟有過,家長會衆子弟責而訓之;不改,則撻之;終不改,度不可容,則言之官府,屏之遠方焉。九韶所著有《梭山文集》《家制》《州郡圖》。

薛季宣

宋·薛季宣《浪語集》卷三五《陳傅良〈宋右奉議郎新改差常州借紫薛公行狀〉》

曾祖庠,皇不仕。祖强立,皇仕江寧府觀察推官,累贈左光禄大夫。父徽言,皇仕起居舍人。

公諱季宣,字士龍,姓薛氏。其先世家河東,後徙福之長溪廉村。至唐補闕令之後,又自廉村徙永嘉,而光禄公始顯。四子:司封郎中嘉言,敷文閣待制弼及(公)舍人,皆第進士,昌言爲婺州通判。舍人從胡安定先生學,以丞相趙公鼎薦仕于朝。秦公檜相定和議,舍人廷争移晷,中寒疾卒。母胡氏安人後十三日亦卒。公六歲而孤,撫於待制伯父。長,任以官。公從待制宦遊四方,尚及見故老,聞建炎、紹興初將相大臣趙、張、韓、岳諸公事,有當世志而樂其道人。年十七,荆南安撫孫汝翼辟書寫機宜文字。孫氏藏書多,公一意講説紬繹,絶不治科舉業。有隱君子袁溉道潔,少學於河南程先生,聞蜀薛叟名,求得之。道潔繙六經諸史以觀叟,叟笑曰:子學博而寡要。其相授受嚴約蓋如此。湖湘間皆高仰道潔,公師事焉。繇是益自歛制克養。蜀制置蕭振辟公務爲屬,部將有很訴統制者,公當以犯階級法,幕中或論縱之。公以軍政争不克,謝去,盡其禄直買書以歸。爲鄂州武昌令。【略】

調婺州司理參軍。居五年,用樞密使王公炎薦召,公懇求之官,不報。於是上在位七年矣。入對,進三説。【略】

會江湖薦飢,民流淮甸,邊州又有言歸正人相屬者,上命師臣漕臣共安集之。逾月奏不至,丞相召公問所當施行,俾條列,將議遣使,公皇恐謝不敏,且淮事難隃度,固以問,因疏數端。【略】翼日有旨,以公將命淮西。【略】是歲[乾]道七年也。十有二月八日,公至合肥。明年正月,抵齊安,布宣天子勞來德意。分遣才謹吏徇問。大抵安豐以東,來者略已隸主户矣,即撫勿徙。沙窩以南,稍稍未有適鄉。公親履阡陌間,審度山澤曠地,以爲合肥廢圩可因以設險,斷柵江,保巢湖。而舊黄州,古邾城也,路直垂瓠,置莊旁近,異時寇不能潛師徑度。迺與安撫趙善俊修復三十六圩,且於舊黄東北置二十有二莊居之。凡合肥户三百四十有四,口一千九百九十有六,勝耕夫八百一十有五,爲田三百七頃八十有四畆。齊安户三百四十有一,口二千一百一十有一,勝耕夫六百一十有四,爲田四百四十有四頃五十二畆。率户屋二間,二夫牛一頭,犂鈀鉏鍫钁鐮刀如牛數,三牛犂刀一。每甲二轆軸一車。其受田人種子錢五千。其家以口老壯少爲差,賦米及秋止,凡費錢緡三萬、米石六千。而壽春歸正及自占若爲隸農於大姓者,亡慮振業三千餘家。要約明器具用便利,廬舍有伍,疆場端正,場圃牢牧,陂溝路橋，悉皆治脩。病醫死瘞，所謁輒得，遝如歸居，迺請還。【略】除知湖州。朝辭劄子論科折不明示數，輸送不即除籍，及祖宗分鎮强邊之法。【略】是日奏罷，上留語良久。公將退，特温辭寵藉之。大旨謂：「書生姑息，而辦事者以苛爲能，煩卿輔郡，冀以中道理之。」公對曰：「臣學於師以事陛下，惟中道爾。」上曰：「如此，朕復何憂？」

公至郡踰月，户部奏言：「諸州經総制錢皆出場務酒税雜錢，分隸不盡，得自便咨用，請更爲監司給之，歷州縣以凡日收錢，摭寔係歷分隸，否則劾聞。」令下，吏相顧莫敢建明者，公獨首奮爲當路言之。

公至郡踰月，户部奏言：諸州經總制錢皆出場務酒税雜錢，分隶以納，今多隱餘，分隶不盡，得自便咨用，請更爲令監司納。歷州縣以凡日收錢，摭實係歷分隶否則劾聞。令下，吏相顧莫敢建明者，公獨首奮爲當路言之，其畧曰：【略】

自抗論分隸後，執拒大事累數端，日與權貴征利者爲敵。雖或依違，郡民少蘇，而不能平者滋衆。獨賴天子簡記，所以見覆護甚至。始公嘗薦厶人有材識，他日厶官闕員，宰報擬數姓名以進，竟擢厶人爲之。郡丞趨時好干政，引章避之，爲易他丞。嘗遣中使有所廉察，浙西諸郡獨不入境。用是故，不敢輒動危之。然公歸志決矣。即稱病，請奉祠三，不許。會除代，一月章五上，已又旬四上，改除知常州。

公方鄉用，人人期待行所學。不數月，久勞于外。還七日，乃出守，守十一月罷。罷歸之百日，以疾卒，年止四十。邦君朋友曁後學哭之過乎哀，四方賢大夫士千里交相弔也。

公之學莅事唯謹，宅心唯平。其燕私，坐必危然，立必凝然，視聽毋側欹，雖所狎笑，言不以戲。自著抄書及造次訊報，字畫不行以草。几篋、筆、研、衾、枕、屏、帳皆有銘，豪釐靡密，若苦節然，要其中坦坦如也。故其寡欲信於家，行推於鄉，正真聞世，而居無以逾衆人。公自六經之外，歷代史、天官地理、兵刑農末，至於隱書小説，靡不搜研采獲，不以百氏故廢。尤邃於古封建、井田、鄉遂、司馬之制，務通於今。或者疑公之博，蓋其所自得精一矣。名流問質，或往復累數百言，旨要無二，大抵以古人小學神而明之，大學之道傳遠説離，故漢儒守器數，章句名家小知穿鑿，異端之徒乃一切屏事，忘言後已。高論虚無而卑者滯物，卒不合，合歸於一，是爲得之。讀其書知其博之約也。

公不求聞達，於人有一長者，薦稱必偹。居官不出位，遇大事，義所當爲，斷爲之。嘗掇拾管樂事爲傳，語不及功利。平生所推尊，濂溪伊洛數先生而已。告學者則曰：毋爲徒誦語録。有《浪語集》若干卷，《書古文訓》若干卷，《詩情性説》若干卷，《春秋經解》若干卷，《旨要》一卷，《中庸大學説》各一卷，《論語小學》若干卷，《資治通鑑(的)[約]説》止若干卷，《九州圖志》止若干卷，餘未就。公患《五代史》闕畧，修之亦未就。若《陰符》《握奇》、《山海經》、《古文道德》、焦延壽《易林》及劉恕《十國紀年》、莊綽《楳著譜》、林勛本《政書》、姚寬《漢書正異》之屬，皆校讐，爲之叙。其文精確趣實，可以濟世。其經説不並依先儒，其校異書，必解剥其不正者。【略】乾道九年十二月日，門人迪功郎新泰州州學教授陳傅良狀。

元·脱脱等《宋史》卷四三四《儒林傳四·薛季宣》 薛季宣，字士龍，永嘉人。起居舍人徽言之子也。徽言卒時，季宣始六歲，伯父敷文閣待制弼收鞠之。從弼宦游，及見渡江諸老，聞中興經理大略。喜從老校、退卒語，得岳、韓諸將兵間事甚悉。年十七，起從荆南帥辟書寫機宜文字，獲事袁溉。溉嘗從程頤學，盡以其學授之。季宣既得溉學，於古封建、井田、鄉遂、司馬法之制，靡不研究講畫，皆可行於時。【略】

樞密使王炎薦于朝，召爲大理寺主簿，未至，爲書謝炎曰：「主上天資英特，羣臣無將順緝熙之具，幸得遭時，不能格心正始，以建中興之業，徒僥倖功利，夸言以眩俗，雖復中夏，猶無益也。爲今之計，莫若以仁義紀綱爲本。至於用兵，請俟十年之後可也。」

時江、湖大旱，流民北渡江，邊吏復奏淮北民多款塞者，宰相虞允文白遣季宣行淮西，收以實邊。季宣爲表廢田，相原隰，復合肥三十六圩，立二十二莊於黄州故治東北，以户授屋，以丁授田，頒牛及田器穀種各有差，廩其家，至秋乃止。凡爲户六百八十有五，分處合肥、黄州間，並邊歸正者振業之。季宣謂人曰：「吾非爲今日利也。合肥之圩，邊有警，因以斷柵江，保巢湖。黄州地直蔡衝，諸莊輯則西道有屏蔽矣。」光州守宋端友招集北歸者止五户，而雜舊户爲一百七十，奏以幸賞，季宣按得其實而劾之。時端友爲環列附託難撼，季宣奏上，孝宗怒，屬大理治，端友以憂死。

【略】帝稱善，恨得季宣晚，遂進兩官，除大理正。

自是，凡奏請論薦皆報可。以虞允文諱闕失，不樂之。居七日，出知湖州。會户部以曆付場務，錙銖皆分隸經總制，諸郡束手無策，季宣言於朝曰：「自經總制立額，州縣罄空以取贏，雖有奉法吏思寬弛而不得騁。若復額外征其强半，郡調度顧安所出？殆復巧取之民，民何以勝！」户部譙責愈急，季宣争之愈强，臺諫交疏助之，乃收前令。

改知常州，未上，卒，年四十。季宣於《詩》《書》《春秋》《中庸》《大學》《論語》皆有訓義，藏于家。其雜著曰《浪語集》。

袁燮

元・脱脱等《宋史》卷四〇〇《袁燮傳》 袁燮字和叔，慶元府鄞縣人。生而端粹專静，乳媪置槃水其前，玩視終日，夜卧常醒然。少長，讀東都《黨錮傳》，慨然以名節自期。入太學，登進士第，調江陰尉。

浙西大饑，常平使羅點屬任振恤。燮命每保畫一圖，田疇、山水、道路悉載之，而以居民分布其間，凡名數、治業悉書之。合保爲都，合都爲鄉，合鄉爲縣，征發、争訟、追胥，披圖可立決，以此爲荒政首。除沿海制屬。連丁家艱，寧宗即位，以太學正召。時朱熹諸儒相次去國，丞相趙汝愚罷，燮亦以論去，自是黨禁興矣。久之，爲浙東帥幕、福建常平屬、沿海參議。

嘉定初，召主宗正簿、樞密院編修官，權考功郎官、太常丞、知江州，改提舉江西常平、權知隆興。召爲都官郎官，遷司封。【略】

遷國子司業、祕書少監，進祭酒、祕書監。延見諸生，必迪以反躬切己，忠信篤實，是爲道本。聞者悚然有得，士氣益振。兼崇政殿説書，除禮部侍郎兼侍讀。時史彌遠主和，燮争益力，臺論劾燮，罷之，以寶文閣待制提舉鴻慶宫。起知温州，進直學士，奉祠以卒。

燮初入太學，陸九齡爲學録，同里沈焕、楊簡、舒璘亦皆在學，以道義相切磨。後見九齡之弟九淵發明本心之指，乃師事焉。每言人心與天地一本，精思以得之，兢業以守之，則與天地相似。學者稱之曰絜齋先生。後謚正獻。子甫自有傳。

傅寅

清・黄宗羲《宋元學案》卷六〇《説齋學案・傅杏溪先生寅傳》 傅寅，字同叔，義烏人也。學者稱爲杏溪先生。自少神骨清聳，於經史百家悉能成誦。比長，益求異書讀之。説齋唐先生講學於東陽吴葵之家，先生之中表也，因從之質疑問難，皆有援據可反復，説齋喜曰：「吾益友也。」及聞其昇陑分陝之説，語門人曰：「職方、輿地，盡在同叔腹中矣。」先生於天文、地理、封建、井田、學校、郊廟、律歷、軍制之類，世儒置而不講者，靡不研究根穴，訂其僞謬，資取甚博，參驗甚精，每事各爲一圖，號曰《羣書百考》。大愚吕先生見其《禹貢圖》曰：「是書可爲集先儒之大成矣。」嘗延之麗澤書院中，列坐諸生，揭其《圖》，使申言之，且曰：「以所能者，教人所不能者。理之所在，初無彼此，諸生弗以門户之見，恥受教也。」先生亦樂爲之盡。時人服大愚之善下，而益歎先生之學之邃也。嘗舉《文中子》之説「人不里居，地不井授，終爲苟道」，反覆太息，謂《周禮》太平之書，於時九等授田，家給人足，泉府之設，特以備兇荒，原非常用。況是書體有本末，用有先後，若大綱不舉，而獨行所謂「國服爲息」者，是猶取名方中百品之一而服之，及其害人，則曰：「爲是方者，固名醫也。」熙寧諸賢，但知力攻青苗，而未知以此折之，是以不足以詘其説。故先生之書，於成周制産、分郊、作貢、授賦之説尤詳。嘗徧遊江、淮，縱觀六朝故迹，南北形勝，證諸史牒，而得其成敗興衰之故，歷歷如指諸掌。然自經制事功之學起，説者病其疏於踐履。而先生之教人，則謂下學上達，各有次第，舉而措之，尤非可以一蹴語者。故其教人必先以小學，授以《曲禮》《内則》《少儀》《鄉黨》諸篇，使其日用之間，與義理相發明，而知道之與器未嘗相離也。先生精於古今軍制，而從未嘗教人讀兵書，曰：「胸中無《論語》《孟子》爲之權衡，遽聞譎詐之言，則先入者爲主，害心術矣。」蓋其所以學與所以教者如此。家居非公事不至官府，長吏之賢者，或造而問政，則盡言無隱，人有隱被其賜者，而未嘗洩也。所與交遊，其官至執政或臺諫，則不復與之通問。州里有事，以身任之而不辭。里中與馬師文、孫居敬最相契。永嘉戴少望聞其名，執贄願交。大愚之登朝也，累以先生之學行爲言。黄文叔與彭止堂輩，争欲薦之，或言先生必不可屈，乃止。其後館於黄商伯之家最久，賓主之間，日以義利相箴切，不爲無益之語。先生既不仕，無禄，又不屑治生産。商伯持浙西庾節，遺以錢五十萬，先生悉散於宗族鄉里，無所留。晚益貧，太守孟猷聞而嘆曰：「不可使賢者飢餓於我土地。」乃捐俸以倡，諸好義者，爲買田築室於東陽之泉村。黨禍既作，先生杜門不出。其詩閑遠古淡，有淵明、康節風。初，説齋以其學孤行，於東萊亦絶不通問，葉秀發、朱質雖以吕氏弟子來學於唐，而其統未合。朱子則互相糾奏。至先生，始和齊斟酌，無復乖刺。先生諸子，大東承其家學，敦慤有父風；而大原從慈湖楊先生遊；從子定學於朱門：一家之中，旁搜博採，不名一師。

王象之

元·吴師道《敬鄉録》卷二　王象之，字闕。慶元丙辰進士，博學多識，著《輿地紀勝》。【略】

明·李賢《明一統志》卷四二《金華府·人物》　王象之。金華人，慶元間進士。博學多識，著《輿地紀勝》傳世。

陳耆卿

明·黄宗羲《宋元學案》卷五五《水心學案下·司業陳篔窻先生耆卿》　陳耆卿，字壽老，號篔窻，臨海人。嘉定七年進士，官至國子監司業。吴子良稱其文遠參洙、泗，近探伊、洛，周旋賈、馬、韓、柳、歐、蘇閒。疆埸甚寬，而步武甚的，葉水心見之，驚詫起立，爲序其所作，以爲學游、楊而文張、晁也。水心既殁，先生之文遂巋然爲世所宗。著有《論孟紀蒙》《篔窻集》，又修《赤城志》。雲濠案：《讀書附志》載《篔窻初集》三十卷，《續集》三十八卷，亦無傳本。今所存者十之一二，《四庫》釐爲十卷，與《赤城志》收入集部。今祀鄉賢祠。

清·厲鶚《宋詩紀事》卷六一《陳耆卿》　耆卿，字壽老，臨海人。嘉定七年進士，官至國子司業。著有《篔窻集》、《赤城志》。

《（嘉慶）重修清一統志》卷二九八《台州府二·人物》　陳耆卿。字壽老，臨海人。嘉定進士，官至國子監司業。葉適嘗稱其文。著《赤城志》。同郡林表民，博物洽聞，同修《赤城志》，又自爲《續志》三卷。

秦九韶

清·阮元《疇人傳》卷二二《宋四》　秦九韶，字道古，秦鳳閒人也。寓居湖州，少爲縣尉。淳祐四年，以通直郎通判建康府，寶祐間爲沿江制置司參議官。或以術學薦于朝，得對後知瓊州，又知梅州，卒于梅。著《數學九章》九卷。【略】

論曰：自元郭守敬授時術截用當時爲元，迄今五百年來，疇官術士無復有知演紀之法者。獨《數學九章》猶存其術，耆古之士，得以考見古人推演積年日法之故，蓋猶告朔之餼羊矣。明顧應祥《測圓海鏡》分類釋術，詳衍開方諸法，然加減混淆，學者昧其原本。讀九韶書，而後知昔人開方除法固有一以貫之者，留情九數之士，所宜孰復而研究之也。

清·陸心源《儀顧堂題跋》卷八《原本數書九章跋》　案：韶字道古，秦鳳閒人。年十八，爲義兵首。後寓湖州，累官知瓊州，與吴履齋契合，爲賈似道所陷，謫梅州而卒。周密《癸辛雜識》敘其事甚詳，毁之者亦甚。至焦里堂力辨其誣。愚謂九韶既爲履齋所重，爲似道所惡，必非無恥之徒。能于舉世不談算法之時，講求絶學，不可謂非豪傑之士。父季槱，寶慶中官潼川守，九韶隨侍，見四川石魚題字，其人乃貴公子，非土豪武夫。其爲義兵首也，當以故家世族，爲衆所推。自序所云「際時狄患，歷歲遥塞，不自意全于矢石閒」者，當在紹興十二年蒙古破興元府時。至淳祐七年，却近十年，故曰「苒荏十祺」也。焦里堂謂爲義兵首不知何年，殆未細考耳。密以詞曲賞鑒遊賈似道之門，乃姜特立、廖瑩中、史達祖一流人物。其所著書謗正人而于侂胄、似道多恕詞，是非顛倒可知。觀九韶所作《十系》，洞達事機，言之成理，其于經世之學實有所得。惜宋季競尚空談，不能用其長耳。大典本題作《數學九章》，明《文淵閣目》同此本，作《數書九章》，豈明以後人所改歟？

周應合

清·陸心源《宋詩紀事補遺》卷七〇　（周）應合字彌厚，號洪厓處士，又號溪園先生。武寧人，淳祐十年進士，爲實録院修撰。景定間，奉勅撰《建康志》。拜御史，劾賈似道，謫饒州，復擢集賢院學士，未赴而卒。有《洪厓》《溪園》二集。

李邦瑞

明·宋濂等《元史》卷一五三《李邦瑞傳》　李邦瑞，字昌國，以字行，京兆臨潼人，世農家。邦瑞幼嗜學，讀書通大義。嘗被掠，逃至太原，爲金將小史，從守閻漫山寨。國王木華黎攻下諸城堡，金將走，邦瑞率衆來歸，復居太原。守臣惜其材，具鞍馬，遣至行在所，中書以其名聞。歲庚寅，受旨使宋，至寶應，不得入。未幾，命復往，仍諭山東淮南路行尚書省李全護送，宋仍拒之。復奉旨以行，邦瑞道出蘄、黄，宋遣賤者來迎，邦瑞怒，叱出之，宋改命行人，乃議如約而還。太宗慰勞，賜車騎旃裘衣裝，及銀十錠。邦瑞因奏：「干戈之際，宗族離散，乞歸尋訪。」帝諭速不觧、察罕、匣剌達海等：邦瑞馳驛南京，詢訪親戚，或以隸諸部者，悉歸之。

甲午，從諸王闊出經略河南，凡所歷河北、陝西州郡四十餘城，繪圖以進，授金符、宣差軍儲使。乙未夏六月卒。

耶律楚材

元・蘇天爵《元文類》卷五七《宋子貞〈中書令耶律公神道碑〉》 國家之興，肇基於朔方，惟太祖皇帝以聖德受命，恭行天罰，馬首所向，蔑有能國。太宗承之，既懷八荒，遂定中原，薄海内外，罔不臣妾。於是立大政而建皇極，作新宫以朝諸侯，蓋將樹不拔之基，垂可繼之統者也。而公以命世之才，值興王之運，本之以廊廟之器，輔之以天人之學，纏綿二紀，開濟兩朝，贊經綸於草昧之初，一制度於安寧之後，自任以天下之重，屹然如砥柱之在中流，用能道濟生靈，視千古爲無愧者也。公諱楚材，字晉卿，姓耶律氏，遼東丹王突欲之八世孫。王生燕京留守政事令婁國，留守生將軍國隱，將軍生太師合魯，合魯生太師胡篤，胡篤生定遠將軍内剌，定遠生榮禄大夫興平軍節度使德元，始歸金朝。其弟聿魯生履，興平鞠以爲子，遂爲之後。以文章行義受知於世宗，擢翰林待制，再遷禮部侍郎。章宗即位，有定策功，進禮部尚書參知政事，終於尚書右丞，謚曰文獻，即公之考也。妣楊氏，封漆水國夫人。公以明昌元年六月二十日生。文獻公通術數，尤邃《太玄》，私謂所親曰：「吾年六十而得此子，吾家千里駒也，他日必成偉器，且當爲異國用。」因取《左氏》之「楚雖有材，晉實用之」，以爲名字。公生三歲而孤，母夫人楊氏誨育備至。稍長，知力學。年十七，書無所不讀，爲文有作者氣。金制，宰相子得試補省掾，公不就。章宗特賜就試，則中甲科，考滿，授同知開州事。貞祐甲戌，宣宗南渡，丞相完顔承暉留守燕京，行尚書省事，表公爲左右司員外郎。越明年，京城不守，遂屬國朝。太祖素有并吞天下之志，嘗訪遼宗室近族，至是徵詣行在。入見，上謂公曰：「遼與金爲世讎，吾與汝已報之矣。」公曰：「臣父祖以來皆嘗北面事之，既爲臣子，豈敢復懷貳心，讎君父耶！」上雅重其言，處之左右，以備咨訪。己卯夏六月，大軍征西，禡旗之際，雨雪三尺，上惡之。公曰：「此克敵之象也。」庚辰冬，大雷，上以問公。公曰：「梭里檀當死中野。」已而果然。梭里檀，回鶻王稱也。夏人常八斤者，以治弓見知，乃詫於公曰：「本朝尚武，而明公欲以文進，不已左乎？」公曰：「且治弓尚須弓匠，豈治天下不用治天下匠耶？」上聞之喜甚，自是用公日密。初，國朝未有曆學，而回鶻人奏五月望夕月食。公言不食，及期果不食。明年，公奏十月望夜月食。回鶻人言不食，其夜月食八分。上大異之，曰：「汝於天上事尚無不知，況人間事乎！」壬午夏五月，長星見西方，上以問公，公曰：「女直國當易主矣。」逾年而金主死。於是每將出征，必令公預卜吉凶，上亦燒羊髀骨以符之。行次東印度國鐵門關，侍衛者見一獸，鹿形馬尾，緑色而獨角，能爲人言，曰：「汝君宜早迴。」上怪而問公。公曰：「此獸名角端，日行一萬八千里，解四夷語，是惡殺之象，蓋上天遣之以告陛下。願承天心，宥此數國人命，實陛下無疆之福。」上即日下詔班師。丙戌冬十一月，靈武下，諸將爭掠子女財幣。公獨取書數部、大黄兩駝而已。既而軍士病疫，唯得大黄可愈，所活幾萬人。其後燕京多盜，至駕車行劫，有司不能禁。時睿宗監國，命中使偕公馳傳往治。既至，分捕得之，皆勢家子。其家人輩行賂求免。中使惑之，欲爲覆奏。公執以爲不可，曰：「信安咫尺未下，若不懲戒，恐致大亂。」遂刑一十六人，京城帖然，皆得安枕矣。己丑，太宗即位，公定册立儀禮，皇族尊長皆令就班列拜，尊長之有拜禮蓋自此始。諸國來朝者多以冒禁應死。公言：「陛下新登寶位，願無污白道子。」從之。蓋國俗尚白，以白爲吉故也。時天下新定，未有號令，所在長吏皆得自專生殺，少有忤意則刀鋸隨之，至有全室被戮，襁褓不遺者。而彼州此郡動輒兵興相攻，公首以爲言，皆禁絶之。自太祖西征之後，倉廩府庫無斗粟尺帛，而中使别迭等僉言：「雖得漢人亦無所用，不若盡去之，使草木暢茂，以爲牧地。」公即前曰：「夫以天下之廣，四海之富，何求而不得，但不爲耳，何名無用哉！」因奏地税、商税、酒醋、鹽鐵、山澤之利，周歲可得銀五十萬兩、絹八萬匹、粟四十萬石。上曰：「誠如卿言，則國用有餘矣。卿試爲之。」乃奏立十路課税所，設使副二員，皆以儒者爲之。如燕京陳時可、宣德路劉中，皆天下之選。因時時進説周孔之教，且謂「天下雖得之馬上，不可以馬上治。」上深以爲然。國朝之用文臣，蓋自公發之。先是，諸路長吏兼領軍民錢穀，往往恃其富强，肆爲不法。公奏長吏專理民事，萬戶府總軍政，課稅所掌錢穀，各不相統攝，遂爲定制，權貴不能平。燕京路長官石抹咸得不激怒皇叔，俾專使來奏，謂公「悉用南朝舊人，且渠親屬在彼，恐有異志，不宜重用。」且以國朝所忌，誣搆百端，必欲置之死地。事連諸執政。時鎮海、粘合重山實爲同列，爲之股慄曰：「何必强爲更張，計必有今日事！」公曰：「自立朝廷以來，每事皆我爲之，諸公何與焉！若果獲罪，我自當之，必不相累。」上察見其誣，怒逐來使。不數月，會有以事告咸得不者，上知與公不協，特命鞫治。公奏曰：「此人倨傲無禮，狎近羣小，易以招謗。今方有事於南方，他日治之，亦未爲晚。」上頗不悅，已而謂侍臣曰：「君子人也，汝曹當效之。」辛卯秋八月，上至雲中，諸路所貢課額銀幣及倉廩米穀簿籍具陳於前，悉符元奏之數。上笑曰：「卿不離朕左右，何以能使錢穀流入如此，不審南國復有卿比者否？」公曰：「賢於臣者甚多，以臣不才，故留於燕。」上親酌大觴以賜之。即日，授中書省印，俾領其事，事無巨細，一以委之。宣德路長官太傅禿花，失陷官糧萬餘石，恃其勳舊，密奏求免。上問中書知否？對曰：「不知。」上取鳴鏑欲射者再，良久叱出，使白中書省，償之，仍勑今後凡事先白中書，然後聞奏。中貴苦木思不花奏撥户一萬以爲采鍊金銀、栽種蒲萄等户，公言：「太祖有旨，山後百姓與本朝人無異，兵賦所出，緩急得用。不若將河南殘民貸而不誅，可充此役，且以實山後之地。」上曰：「卿言是也。」又奏：「諸路民户今已疲乏，宜令土居蒙古、回鶻、河西人等與所在居民一體應輸賦役。」皆施行之。壬辰，車駕至河南，詔陝、洛、秦、虢等州山林洞穴逃匿之人，若迎軍來降，與免殺戮。或謂此輩急則來附，緩則復資敵耳。公奏給旗數百面，悉令散歸，已降之郡，其活不可勝數。國制，凡敵人拒命，矢口一發，則殺無赦。汴京垂陷，首將速不䚟遣人來報，且言此城相抗日久，多殺傷士卒，意欲盡屠之。公馳入奏曰：「將士暴露凡數十年，所争者地土人民耳，得地無民將焉用之？」上疑而未決。復奏曰：「凡弓矢、甲仗、金玉等匠及官民富貴之家，皆聚此城中，殺之則一無所得，是徒勞也。」上始然之，詔除完顏氏一族外，餘皆原免。時避兵在汴者户一百四十七萬，仍奏選工匠儒釋道醫卜之流散居河北，官爲給贍。其後攻取淮漢諸城，因爲定例。初，汴京未下，奏遣使入城索取孔子五十一代孫襲封衍聖公元措，令收拾散亡禮樂人等，及取名儒梁陟等數輩。於燕京置編修所，平陽置經籍所，以開文治。時河南初破，被俘虜者不可勝計。及聞大軍北還，逃去者十八九。有詔停留逃民及資給飲食者皆死，無問城郭保社，一家犯禁，餘並連坐。由是百姓惶駭，雖父子弟兄，一經俘虜，不敢正視。逃民無所得食，踣死道路者踵相躡也。公從容進説曰：「十餘年間存撫百姓，以其有用故也。若勝負未分，慮涉攜貳，今敵國已破，去將安往？豈有因一俘囚罪數百人者乎？」上悟，詔停其禁。金國既亡，唯秦、鞏等二十餘州連歲不下。公奏：「吾人之得罪逃入金國者，皆萃於此，其所以力戰者，蓋懼死耳。若許以不殺，不攻而自下矣。」詔下，皆開門出降。期月之間，山外悉平。甲午，詔括户口，以大臣忽覩虎領之。國初方事進取，所降下者，因以與之。自一社一民各有所主，不相統屬，至是始隸州縣。朝臣共欲以丁爲户，公獨以爲不可。皆曰：「我朝及西域諸國莫不以丁爲户，豈可捨大朝之法而從亡國政耶！」公曰：「自古有中原者，未嘗以丁爲户，若果行之，可輸一年之賦，隨即逃散矣。」卒從公議。時諸王大臣及諸將校所得驅口，往往寄留諸郡，幾居天下之半。公因奏括户口，皆籍爲編民。乙未，朝議以回鶻人征南，漢人征西，以爲得計。公極言其不可，曰：「漢地、西域相去數萬里，比至敵境，人馬疲乏，不堪爲用。況水土異宜，必生疾疫，不若各就本土征進，似爲兩便。」争論十餘日，其議遂寢。丙申，上會諸王貴臣，親執觴以賜公曰：「朕之所以推誠任卿者，先帝之命也。非卿，則天下亦無今日。朕之所以得高枕而卧者，卿之力也。」蓋太祖晚年，屢屬於上曰：「此人天賜我家，汝他日國政當悉委之。」其秋七月，忽覩虎以户口來。上議割裂諸州郡分賜諸王貴族，以爲湯沐邑。公曰：「尾大不掉，易以生隙。不如多與金帛，足以爲恩。」上曰：「業已許之。」復曰：「若樹置官吏，必自朝命，除恒賦外，不令擅自徵斂，差可久也。」從之。是歲始定天下賦税，每二户出絲一斤，以供官用，五户出絲一斤，以與所賜之家。上田每畝税三升半，中田三升，下田二升，水田五升。商税三十分之一，鹽每銀一兩四十斤，已上以爲永額。朝廷皆謂太輕，公曰：「將來必有以利進者，則以爲重矣。」國初盜賊充斥，商賈不能行，則下令凡有失盗去處，周歲不獲正賊，令本路民户代償其物，前後積累動以萬計。及所在官吏取借回鶻債銀，其年則倍之，次年則并息又倍之，謂之羊羔利，積而不已，往往破家散族，至以妻子爲質，然終不能償。公爲請於上，悉以官銀代還，凡七萬六千定。仍奏定今後不以歲月遠近，子本相侔，更不生息，遂爲定制。侍臣脱歡奏選室女，勑中書省發詔行之，公持之不下。上怒，召問其故。公曰：「向所刷室女二十八人尚在燕京，足備後宫使令。而脱歡傳旨，又欲徧行選刷，臣恐重擾百姓，欲覆奏陛下耳。」上良久曰：「可。」遂罷之。又欲於漢地拘刷牝馬。公言：「漢地所有，繭絲、五穀耳，非産馬之地。若今日行之，後必爲例，是徒擾天下也。」乃從其請。丁酉，汰三教僧道，試經通者給牒受戒，許居寺觀，儒人中選者則復其家。公初言「僧道中避役者多，合行選試」，至是始行之。始，諸王貴戚皆得自起驛馬，而使臣猥多，馬悉倒乏，則豪奪民馬以乘之，城郭道路，所至騷動。及其到館，則要索百端，供饋稍緩，輒被箠撻，館人不能堪。公奏給牌劄，仍定飲食分例，其弊始革。因陳時務十策：一曰信賞罰，二曰正名分，三曰給俸祿，四曰封功臣，五曰考殿最，六曰定物力，七曰汰工匠，八曰務農桑，九曰定土貢，十曰置水運。上雖不能盡行，亦時擇用焉。回鶻阿散阿迷失告公私用官銀一千定。上召問公，公曰：「陛下試詳思之，曾有旨用銀否？」上曰：「朕亦憶得嘗令修蓋宮殿用銀一千定。」公曰：「是也。」後數日，上坐萬安殿，召阿散阿迷失詰之，遂服其誣。太原路課稅使副以贓罪聞。上讓公曰：「卿言孔子之教可行，儒者皆善人，何故亦有此輩？」公曰：「君父之教，臣子豈欲陷之於不義，而不義者亦時有之。三綱五常之教，有國有家者，莫不由之，如天之有日月星辰也，豈可因一人之有過，使萬世常行之道獨見廢於我朝乎？」上意乃解。戊戌，天下大旱蝗，上問公以禦之之術。公曰：「今年租賦乞權行倚閣。」上曰：「恐國用不足。」公曰：「倉庫見在，可支十年。」許之。初籍天下户，得一百四萬，至是逃亡者十四五，而賦仍舊，天下病之。公奏除逃户三十五萬，民賴以安。燕京劉忽篤馬者，陰結權貴，以銀五十萬兩撲買天下差發。涉獵發丁者，以銀二十五萬兩撲買天下係官廊房地基，水利豬雞。劉庭玉者，以銀五萬兩撲買燕京酒課。又有回鶻以銀一百萬兩撲買天下鹽課，至有撲買天下河泊，橋梁，渡口者。公曰：「此皆姦人欺下罔上，爲害甚大。」咸奏罷之。嘗曰：「興一利不若除一害，生一事不若滅一事。人必以爲班超之言蓋平平耳，千古之下自有定論。」上素嗜酒，晚年尤甚，日與諸大臣酣飲。公數諫不聽，乃持酒槽之金口曰：「此鐵爲酒所蝕，尚致如此，況人之五臟，有不損耶？」上悦，賜以金帛，仍勅左右，日進酒三鍾而止。時四方無虞，上頗怠於政事，姦邪得以乘間而入。初，公自庚寅年定課税，所額每歲銀一萬定。及河南既下，户口滋息，增至二萬二千定。而回鶻譯史安天合至自汴梁，倒身事公，以求進用。公雖加獎借，終不能滿望。即奔詣鎮海，百計行間。首引回鶻奥都剌合蠻撲買課税增至四萬四千定。公曰：「雖取四十四萬亦可得，不過嚴設法禁，陰奪民利耳。民窮爲盜，非國之福。」而近侍左右皆爲所啗，上亦頗惑衆議，欲令試行之。公反復爭論，聲色俱厲。上曰：「汝欲鬭搏耶？」公力不能奪，乃太息曰：「撲買之利既興，必有蹋跡而篡其後者。民之窮困，將自此始，於是政出多門矣。」公正色立朝，不爲少屈，欲以身徇天下。每陳國家利病、生民休戚，辭氣懇切，孜孜不已。上曰：「汝又欲爲百姓哭耶？」然待公加重。公當國日久，每以所得禄賜，分散宗族，未嘗私以官爵。或勸以乘時廣布枝葉，固本之術也。公曰：「金幣資給足以樂生，若假之官守，設有不肖者干違常憲，吾不能廢公法而徇私情。且狡兔三穴，吾不爲也。」辛丑春二月，上疾篤脈絶。皇后不知所以，召公問之。公曰：「今朝廷用非其人，天下罪囚必多冤枉，故天變屢見。宜大赦天下。」因引宋景公熒惑退舍之事以爲證，后亟欲行之。公曰：「非君命不可。」頃之，上少蘇，后以爲奏。上不能言，頷之而已。赦發，脈復生。冬十一月，上勿藥已久，公以太一數推之，奏不宜畋獵。左右皆曰：「若不騎射，何以爲樂？」獵五日而崩。癸卯，后以儲嗣問公。公曰：「此非外姓臣所當議，自有先帝遺詔在，遵之則社稷甚幸。」奥都剌合蠻方以貨取朝政，執政者亦皆阿附。唯憚公沮其事，則以銀五萬兩賂公。公不受，事有不便於民者，輒中止之。時后已稱制，則以御寶空紙付奥都剌合蠻，令從意書填。公奏曰：「天下，先帝之天下，典章號令自先帝出。必欲如此，臣不敢奉詔。」尋復有旨，奥都剌合蠻奏准事理，令史若不書填則斷其手。公曰：「軍國之事，先帝悉委老臣，令史何與焉？事若合理，自是遵行；若不合理，死且不避，況斷手乎！」因厲聲曰：「老臣事太祖、太宗三十餘年，固不負於國家，皇后亦不能以無罪殺臣。」后雖怨其忤己，亦以先朝勲舊曲加敬憚焉。公以其年五月十有四日，以疾薨於位，享年五十五。蒙古諸人哭之如喪其親戚。和林爲之罷市，絶音樂者數日。天下士大夫莫不茹泣相弔。以中統二年十月二十日葬於玉泉東甕山之陽，從遺命也。以漆水國夫人蘇氏祔。先娶梁氏，以兵亂隔絶，歿於河南之方城。生子鉉，監開平倉，卒。蘇氏，東坡先生四世孫威州刺史公弼之女，生子鑄，今爲中書左丞相。孫男十一人，曰希徵，曰希勃，曰希亮，曰希寬，曰希素，曰希周，曰希光，曰希逸，曰希□，曰希□，曰希□。女孫五人，適貴族。公天姿英邁，迥出人表。雖案牘滿前，左酬右答，咸適其當。又能以忠勤自將，嘗會計天下九年之賦，毫釐有差，則通宵不寐。平居不妄言笑，疑若簡傲，及一被接納，則和氣温温，令人不能忘。平生不治生産，家財未嘗問其出入。及其薨也，人有譖之者曰：「公爲相二十年，天下貢奉皆入私門。」后使衛士視之，唯名琴數張，金石遺文數百卷而已。篤於好學，不舍晝夜。嘗誡諸子曰：「公務雖多，晝則屬官，夜則屬私，亦可學也。」其學務爲該洽。凡星曆、醫卜、雜算、内算、音律、儒釋、異國之書，無不通究。嘗言西域曆五星密於中國，乃作《麻答肥曆》，蓋回鶻曆名也。又以日食躔度與中國不同，以《大明曆》浸差故也，乃定文獻公所著《乙未元曆》行於世。既葬公七年，今丞相持進士趙衍狀以銘見屬。國家承大亂之後，天綱絶，地軸折，人理滅，所謂更造夫婦、肇有父子者，信有之矣。加以南北之政，每每相戾，其出入用事者，又皆諸國之人，言語之不通，趣向之不同，當是之時，而公以一書生孤立於廟堂之上，而欲行其所學，戛戛乎其難哉！幸賴明天子在上，諫行言聽，故奮袂直前，力行而不顧。然而其見於設施者十不能二三，而天下之人固已鈞受其賜矣！若此時非公，則人之類又不知其何如耳。銘曰：

帝王之興，輔弼是賴。誰其屍之，不約而會。阿衡返商，尚父歸周。風雲一旦，竹帛千秋。赤氣告祥，龍飛朔野。義師長驅，削平天下。儒服從容，左右彌縫。克誠厥功，惟中令公。令公維何，代掌燮理。太師之孫，文獻之子。白璧堂堂，維國之華。帝曰斯人，天賜我家。重明耀離，大命既革。乾旋坤轉，如再開闢。内外疇咨，付之鈞司。吾國吾民，汝翼汝爲。公拜稽首，曰敢不力。權輿帝墳，草創人極。郡國相師，以殺爲嬉。陰盗赤子，弄兵潢池。涣號一布，捷於風雨。指麾羣雄，圈豹檻虎。賢哲深藏，固拒牢關。潛行公卿，求活草間。隨材擇用，鬱爲榱棟。網羅四方，狩麟蒐鳳。府庫填充，粟帛流通。公於是時，蕭何關中。臺閣討裁，典章燦焕。公於是時，玄齡貞觀。逋俘纍纍，蔽野僵屍。我燠而寒，我飽而飢。圍城惴惴，假息寸晷。我解其縛，我生其死。生息長養，教誨飲食。民到于今，家受其賜。惟天雖高，其監則明。乃祚元子，再秉樞衡。勳在盟府，名昭國史。富貴壽考，哀榮終始。莓莓新阡，浩浩流泉。不朽載傳，尚千萬年。

明·宋濂等《元史》卷一四六《耶律楚材傳》 耶律楚材字晉卿，遼東丹王突欲八世孫。父履，以學行事金世宗，特見親任，終尚書右丞。

楚材生三歲而孤，母楊氏教之學。及長，博極羣書，旁通天文、地理、律曆、術數及釋老、醫卜之説，下筆爲文，若宿搆者。金制，宰相子例試補省掾。楚材欲試進士科，章宗詔如舊制。問以疑獄數事，時同試者十七人，楚材所對獨優，遂辟爲掾。後仕爲開州同知。

貞祐二年，宣宗遷汴，完顔福興行尚書事，留守燕，辟爲左右司員外郎。太祖定燕，聞其名，召見之。楚材身長八尺，美髯宏聲。帝偉之，曰：「遼、金世讎，朕爲汝雪之。」對曰：「臣父祖嘗委質事之，既爲之臣，敢讎君耶！」帝重其言，處之左右，遂呼楚材曰吾圖撒合裡而不名，吾圖撒哈裡，蓋國語長髯人也。

己卯夏六月，帝西討回回國。禡旗之日，雨雪三尺，帝疑之，楚材曰：「玄冥之氣，見於盛夏，克敵之徵也。」庚辰冬，大雷，復問之，對曰：「回回國主當死於野。」後皆驗。夏人常八斤，以善造弓，見知於帝，因每自矜曰：「國家方用武，耶律儒者何用。」楚材曰：「治弓尚須用弓匠，爲天下者豈可不用治天下匠耶？」帝聞之甚喜，日見親用。西域曆人奏五月望夜月當蝕。楚材曰：「否。」卒不蝕。明年十月，楚材言月當蝕，西域人曰不蝕，至期果蝕八分。壬午八月，長星見西方，楚材曰：「女直將易主矣。」明年，金宣宗果死。帝每征討，必命楚材蔔，帝亦自灼羊胛，以相符應。指楚材謂太宗曰：「此人，天賜我家。爾後軍國庶政，當悉委之。」【略】

甲辰夏五月，薨於位，年五十五。皇后哀悼，賻贈甚厚。後有譖楚材者，言其在相位日久，天下貢賦，半入其家。後命近臣麻裡紮覆視之，唯琴阮十餘，及古今書畫、金石、遺文數千卷。至順元年，贈經國議制寅亮佐運功臣、太師、上柱國，追封廣寧王，謚文正。

劉秉忠

元·劉秉忠《藏春集》卷六《張文謙〈故光禄大夫太保贈太傅儀同三司謚文貞劉公行狀〉》 公諱侃，更名秉忠，字仲晦。自號曰藏春。其先仕遼，爲當時大族，世居瑞州之劉李村。一門之内，居顯列者甚衆。金初，公之曾祖襲世業，累遷邢州節度副使。丁母憂，復還瑞州，留一子於邢，名澤，即公之祖也，因而家焉。爲人倜儻有大志，鄉里甚畏重之。娶邢臺張氏女，生一子，名潤，即公之父也。通音律，慈祥長者，與物無忤。庚辰歲，天兵南下，太師國王經略河朔，邢遂舉以降，留官鎮守。以草昧之際，聽便宜行事，遂立都元帥府，衆推潤爲副都統，尋陞都統。事定之後，署本郡録事，爲政寬簡，不立威嚴。凡民有鬬訟者，既伏其罪，則必以善言教戒而遣之，終不忍鞭撲也。時西山諸堡寨未附，寇盗充斥，録事公時或暮夜醉歸，雖兇惡輩，必相與扶送至家而去。累任鉅鹿、内丘提領，又以寬仁得衆心。年甫六旬，村居不仕。生二子，長即太保公也，次曰秉恕。公生而秀異，丰骨不凡，在嬉戲中，便爲羣兒所推長，或舉之爲帥，或拜之爲師，居然受之不疑，隨即教令揮斥之。性剛而有斷，非理不屈於人。母馬氏，嚴整有法度，凡起居飲食，必責公以正理，不爲姑息之愛。八歲入學誦書，爲諸生稱首。年十三，以父爲録事，爲質於元帥府，元帥一見即云：「此兒骨相非常，他日必貴。」命僚佐教之文藝，不使列質子班，置之幕司。公遂立志爲學，詩文字畫，與日俱進，同輩生莫得窺其涯際也。年十七，節使趙公引置幕下，甚愛重之。時方在貧乏中，一介不以取諸人，好賢樂善。而居常裕如也。丙申歲，丁母憂，毁瘠骨立，疏食水飲，哀思無窮。恒衣一綿裘，晝夜不解帶者三年，見之者無不感歎也。戊戌春，遂決意逃避世事，遯居於武安之清化，遷滴水澗，苦形骸，甘澹泊，宅心物外，與全真道者居。復欲西遊關陝，天寧虚照老師聞之，愛其才而不能舍，遣弟子輩詣清化，就爲披剃，與之俱來。秋七月，大蝗，居人之乏食者十八九，虚照老因妹婿之請，就熟雲中，挈公同往。已亥秋，虚照老還邢，公因留住南堂，講習天文陰陽三式諸書。會海雲大士至，一見奇其才。時上在藩邸，遣使召海雲老北上，因攜公偕行。既至見，灑落不凡，及通陰陽天文之書，甚喜。海雲老南歸，公遂見留。自是禮遇漸隆，因其顧問之際，遂闢用人之路，暇中則讀書窮《易》，講明聖人學。丙午冬，其父録事公之哀聞至，上聞之，召入，温言慰諭。丁未春，賻以黄金百兩，遣使送還。六月至邢州，依通禮，行素志。冬十月，葬祖父母及父母於邢臺之賈村。戊申冬十二月，上遣使召公。已酉春，至王府。庚戌夏，上萬言策，所陳數十餘條，皆尊主庇民之事。首言正朝廷，振紀綱，選相任賢，安民固本，執牘以奏，上皆嘉納之。甲寅秋，上征雲南，以神武不殺之心，所向克捷，筭無遺策，其所全活者，不可勝數。公夙夜勤勞，以副上意，未嘗少息。已未秋，六軍渡江，公潛贊神機，孜孜匪懈，一如雲南之行。庚申春，上正位宸極，召公命之曰：「凡天下之大經，養民之良法，卿其議擬以奏。」公即上採祖宗舊典，參以古制之宜於今者，條列以聞，深稱上意。詔下之日，綱舉目張，一時人材，咸見録用，文物粲然一新。先是，上命有司擇上都南山之勝地，營建庵舍而居公焉。公號其山曰南屏。中統五年秋八月，改元至元，翰林學士承旨王鶚奏公當正衣冠，且曰：「鶚嘗勸焉，未之見許，乞賜特旨以遂衆望。」詔從之，以光禄太保參領中書省事，更名秉忠。公既大拜，報國之心益切，上命公議建國號，定都邑，頒章服，舉朝儀，事無巨細，有關時政之得失者，公知無不言。七年庚午，上從諸臣之請，遣禮部侍郎趙秉温，禮擇翰林侍講學士竇默之次女以配公。竇氏賢而有文，御下以寬。車駕歲時行幸兩都，公必隨之。十一年夏，居於上都南屏之精舍。秋八月壬戌夜，謂侍者皆退，長歌至鷄鳴乃止。質明，侍者入，即端坐而薨，如假寐然，顔色累日不變，識者知公坐脱也。享年五十有九，猶子蘭璋嗣焉。上遣禮部侍郎知侍儀司事兼秘書少監趙秉温，擇以冬十月壬申，葬於大都之西南。凡所營葬之資，一出於内帑。十二年春正月，詔贈太傅儀同三司文貞公。帝曰：「朕惟秉忠，始終逾三十年，隨行跋涉，雖祁寒暑雨，未嘗有倦意。而又言無隱避，一皆出於忠誠。其天文、卜筮之精，朕未嘗求於他人也。此朕之所自知，人皆莫得與聞。今其亡也，了無遺恨。」特命學士王磐撰碑銘。公博學無方，明通而溥，其勳業之著見於世，昭昭然不可掩也。論藝業，則字畫出魯公筆法，草書二王三昧，發邵氏皇極之奥旨，改前代已差之曆法，得琴阮徽外之遺音。至天文、卜筮、筭數，皆有成書，無一不極其至。詩章樂府，又皆膾炙人口。公之弟秉恕，累任禮部侍郎、順德安撫使、彰德、懷孟、淄萊、順天路總管。其母張氏，賦性勤儉，篤於謹嚴。公平生之嘉言善行，播在天下者甚多，姑録已之所知者，以道出處之大槩云。至元乙亥春正月，張文謙抆淚書。

明·宋濂等《元史》卷一五七《劉秉忠傳》 劉秉忠，字仲晦，初名侃，因從釋氏，又名子聰，拜官後始更今名。其先瑞州人也，世仕遼，爲官族。曾大父仕金，爲邢州節度副使，因家焉，故自大父澤而下，遂爲邢人。庚辰歲，木華黎取邢州，立都元帥府，以其父潤爲都統。事定，改署州録事，歷巨鹿、内丘兩縣提領，所至皆有惠愛。秉忠生而風骨秀異，志氣英爽不羈。八歲入學，日誦數百言。年十三，爲質子於帥府。十七，爲邢臺節度使府令史，以養其親。居常鬱鬱不樂，一日投筆嘆曰：「吾家累世衣冠，乃汩没爲刀筆吏乎！丈夫不遇於世，當隱居以求志耳。」即棄去，隱武安山中。久之，天寧虚照禪師遣徒招致爲僧，以其能文詞，使掌書記。後遊雲中，留居南堂寺。

世祖在潛邸，海雲禪師被召，過雲中，聞其博學多材藝，邀與俱行。既入見，應對稱旨，屢承顧問。秉忠於書無所不讀，尤邃於《易》及邵氏《經世書》，至於天文、地理、律曆、三式六壬遁甲之屬，無不精通。論天下事如指諸掌。世祖大愛之，海雲南還，秉忠遂留藩邸。後數歲，奔父喪，賜金百兩爲葬具，仍遣使送至邢州。服除，復被召，奉旨還和林。【略】

癸丑，從世祖征大理。明年，征雲南。每贊以天地之好生，王者之神武不殺，故克城之日，不妄戮一人。已未，從伐宋，復以雲南所言力贊於上，所至全活不可勝計。

中統元年，世祖即位，問以治天下之大經、養民之良法，秉忠采祖宗舊典，參以古制之宜於今者，條列以聞。於是下詔建元紀歲，立中書省、宣撫司。朝廷舊臣、山林遺逸之士，咸見録用，文物粲然一新。

秉忠雖居左右，而猶不改舊服，時人稱之爲聰書記。至元元年，翰林學士承旨王鶚奏言：「秉忠久侍藩邸，積有歲年，參帷幄之密謀，定社稷之大計，忠勤勞績，宜被褒崇。聖明御極，萬物惟新，而秉忠猶仍其野服散號，深所未安，宜正其衣冠，崇以顯秩。」帝覽奏，即日拜光禄大夫，位太保，參領中書省事。詔以翰林侍讀學士竇默之女妻之，賜第奉先坊，且以少府宫籍監户給之。秉忠既受命，以天下爲己任，事無巨細，凡有關於國家大體者，知無不言，言無不聽，帝寵任愈隆。燕閑顧問，輒推薦人物可備器使者，凡所甄拔，後悉爲名臣。

初，帝命秉忠相地於桓州東灤水北，建城郭于龍岡，三年而畢，名曰開平。繼升爲上都，而以燕爲中都。四年，又命秉忠築中都城，始建宗廟宫室。八年，奏建國號曰大元，而以中都爲大都。他如頒章服，舉朝儀，給俸禄，定官制，皆自秉忠發之，爲一代成憲。

十一年，扈從至上都，其地有南屏山，嘗築精舍居之。秋八月，秉忠無疾端坐而卒，年五十九。帝聞驚悼，謂羣臣曰：「秉忠事朕三十餘年，小心慎密，不避艱險，言無隱情，其陰陽術數之精，占事知來，若合符契，惟朕知之，他人莫得聞也。」出内府錢具棺斂，遣禮部侍郎趙秉温護其喪還葬大都。十二年，贈太傅，封趙國公，謚文貞。成宗時，贈太師，謚文正。仁宗時，又進封常山王。

秉忠自幼好學，至老不衰，雖位極人臣，而齋居蔬食，終日澹然，不異平昔。自號藏春散人。每以吟詠自適，其詩蕭散閑淡，類其爲人。有文集十卷。無子，以弟秉恕子蘭璋後。

馬亨

明・宋濂等《元史》卷一六三《馬亨傳》 馬亨字大用，邢州南和人。世業農，以貲雄鄉里。亨少孤，事母孝，金季習爲吏。庚寅，太宗始建十路徵收課税使，河北東西路使王晉辟亨爲掾，以才幹稱。甲午，晉薦於中書令耶律楚材，授轉運司知事，尋陞經歷，擢轉運司副使。

庚戌，太保劉秉忠薦亨於世祖，召見潛邸，甚器之。既而籍諸路户口，以亨副八春、忙哥撫諭西京、太原、平陽及陝西五路，俾民弗擾。既還，圖山川形勢以獻，餘使者多以賄敗，惟亨等各賜衣九襲。癸丑，從世祖征雲南，留亨爲京兆榷課所長官。京兆，藩邸分地也，亨以寬簡治之，不事掊克，凡五年，民安而課裕。【略】己未，從世祖攻鄂州，洎北還，遣亨馳驛往西京等處罷所簽軍，并撫諭山西、河東、陝右、漢中。既還，復遣轉餉江上軍實。

中統元年，世祖即位，陝西、四川立宣撫司，詔亨議陝西宣撫司事。尋賜金符，遷陝西四川規措軍儲轉運使。時阿藍荅兒等叛，亨與宣撫使廉希憲、商挺合謀，誅劉太平等，悉定關輔。尋建行省，命亨兼陝西行省左右司郎中。【略】四年，遷陝西五路西蜀四川廉訪都轉運使。未幾，朝廷以考課檄諸路轉運司，至則併轉運司入總管府，咸奪其制書，授亨工部侍郎、解鹽副使。【略】至元三年，進嘉議大夫、左三部尚書，尋改户部尚書，金穀出納，有條不紊。【略】

七年，立尚書省，仍以亨爲尚書，領左部。亨上言：「尚書省專領金穀百工之事，其銓選宜歸中書，以示無濫。」尋爲平章阿合馬所忌，以誣免官。會國兵圍襄、樊，廷議河南行省調發軍餉，詔以阿里爲右丞，姚樞爲左丞，亨爲僉省任其事，水陸供餽，未嘗有闕，亨之力爲多。十年，還京師，帝方欲柄用之，遂嬰末疾。十四年，卒，年七十一。

郭守敬

明・宋濂等《元史》卷一六四《郭守敬傳》 郭守敬字若思，順德邢臺人。生有異操，不爲嬉戲事。大父榮，通五經，精於算數、水利。時劉秉忠、張文謙、張易、王恂，同學於州西紫金山，榮使守敬從秉忠學。

中統三年，文謙薦守敬習水利，巧思絶人。世祖召見，面陳水利六事：【略】。每奏一事，世祖歎曰：「任事者如此，人不爲素餐矣。」授提舉諸路河渠。四年，加授銀符、副河渠使。

至元元年，從張文謙行省西夏。先是，古渠在中興者，一名唐來，其長四百里，一名漢延，長二百五十里，它州正渠十，皆長二百里，支渠大小六十八，灌田九萬餘頃。兵亂以來，廢壞淤淺。守敬更立牐堰，皆復其舊。

二年，授都水少監。守敬言：「舟自中興沿河四晝夜至東勝，可通漕運，及見查泊、兀郎海古渠甚多，宜加修理。」又言：「金時，自燕京之西麻峪村，分引盧溝一支東流，穿西山而出，是謂金口。其水自金口以東，燕京以北，灌田若干頃，其利不可勝計。兵興以來，典守者懼有所失，因以大石塞之。今若按視故蹟，使水得通流，上可以致西山之利，下可以廣京畿之漕。」又言：「當於金口西預開減水口，西南還大河，令其深廣，以防漲水突入之患。」帝善之。十二年，丞相伯顔南征，議立水站，命守敬行視河北、山東可通舟者，爲圖奏之。

初，秉忠以《大明曆》自遼、金承用二百餘年，浸以後天，議欲修正而卒。十三年，江左既平，帝思用其言。遂以守敬與王恂，率南北日官，分掌測驗推步於下，而命文謙與樞密張易爲之主領裁奏於上，左丞許衡參預其事。守敬首言：「曆之本在於測驗，而測驗之器莫先儀表。今司天渾儀，宋皇祐中汴京所造，不與此處天度相符，比量南北二極，約差四度；表石年深，亦復欹側。」守敬乃盡考其失而移置之。既又別圖高爽地，以木爲重棚，創作簡儀、高表，用相比覆。又以爲天樞附極而動，昔人嘗展管望之，未得其的，作候極儀。極辰既位，天體斯正，作渾天象。象雖形似，莫適所用，作玲瓏儀。以表之矩方，測天之正圜，莫若以圜求圜，作仰儀。古有經緯，結而不動，守敬易之，作立運儀。日有中道，月有九行，守敬一之，作證理儀。表高景虚，罔象非真，作景符。月雖有明，察景則難，作闚几。曆法之驗，在於交會，作日月食儀。天有赤道，輪以當之，兩極低昂，標以指之，作星晷定時儀。又作正方案、丸表、懸正儀、座正儀，爲四方行測者所用。又作《仰規覆矩圖》《異方渾蓋圖》《日出入永短圖》，與上諸儀互相參考。

十六年，改局爲太史院，以恂爲太史令，守敬爲同知太史院事，給印章，立官府。及奏進儀表式，守敬當帝前指陳理致，至於日晏，帝不爲倦。守敬因奏：「唐一行開元間令南宫説天下測景，書中見者凡十三處。今疆宇比唐尤大，若不遠方測驗，日月交食分數時刻不同，晝夜長短不同，日月星辰去天高下不同，即目測驗人少，可先南北立表，取直測景。」帝可其奏。遂設監候官一十四員，分道而出，東至高麗，西極滇池，南踰朱崖，北盡鐵勒，四海測驗，凡二十七所。

十七年，新曆告成，守敬與諸臣同上奏曰：

臣等竊聞帝王之事，莫重於曆。自黄帝迎日推策，帝堯以閏月定四時成歲，舜在琁璣玉衡以齊七政。爰及三代，曆無定法，周、秦之間，閏餘乖次。西漢造《三統曆》，百三十年而後是非始定。東漢造《四分曆》，七十餘年而儀式方備。又百二十一年，劉洪造《乾象曆》，始悟月行有遲速。又百八十年，姜岌造三紀甲子曆，始悟以月食衝檢日宿度所在。又五十七年，何承天造《元嘉曆》，始悟以朔望及弦皆定大小餘。又六十五年，祖沖之造《大明曆》，始悟太陽有歲差之數，極星去不動處一度餘。又五十二年，張子信始悟日月交道有表裏，五星有遲疾留逆。又三十三年，劉焯造《皇極曆》，始悟日行有盈縮。又三十五年，傅仁均造《戊寅元曆》，頗采舊儀，始用定朔。又四十六年，李淳風造《麟德曆》，以古曆章蔀元首分度不齊，始爲總法，用進朔以避晦晨月見。又六十三年，一行造《大衍曆》，始以朔有四大三小，定九服交食之異。又九十四年，徐昂造《宣明曆》，始悟日食有氣、刻、時三差。又二百三十六年，姚舜輔造《紀元曆》，始悟食甚泛餘差數。以上計千一百八十二年，曆經七十改，其創法者十有三家。

自是又百七十四年，聖朝專命臣等改治新曆，臣等用創造簡儀、高表，憑其測實數，所考正者凡七事：

一曰冬至。自丙子年立冬後，依每日測到晷景，逐日取對，冬至前後日差同者爲準。得丁丑年冬至在戊戌日夜半後八刻半，又定丁丑夏至在庚子日夜半後七十刻；又定戊寅冬至在癸卯日夜半後三十三刻；己卯冬至在戊申日夜半後五十七刻半；庚辰冬至在癸丑日夜半後八十一刻半。各減《大明曆》十八刻，遠近相符，前後應準。

二曰歲餘。自《大明曆》以來，凡測景、驗氣，得冬至時刻真數者有六，用以相距，各得其時合用歲餘。今考驗四年，相符不差，仍自宋大明壬寅年距至今日八百一十年，每歲合得三百六十五日二十四刻二十五分，其二十五分爲今曆歲餘合用之數。

三曰日躔。用至元丁丑四月癸酉望月食既，推求日躔，得冬至日躔赤道箕宿十度，黄道箕九度有奇。仍憑每日測到太陽躔度，或憑星測月，或憑月測日，或徑憑星度測日，立術推算。起自丁丑正月至己卯十二月，凡三年，共得一百三十四事，皆躔於箕，與月食相符。

四曰月離。自丁丑以來至今，憑每日測到逐時太陰行度推算，變從黄道求入轉極遲、疾并平行處，前後凡十三轉，計五十一事。内除去不真的外，有三十事，得《大明曆》入轉後天。又因考驗交食，加《大明曆》三十刻，與天道合。

五曰入交。自丁丑五月以來，憑每日測到太陰去極度數，比擬黄道去極度，得月道交於黄道，共得八事。仍依日食法度推求，皆有食分，得入交時刻，與《大明曆》所差不多。

六曰二十八宿距度。自《漢太初曆》以來，距度不同，互有損益。《大明曆》則於度下餘分，附以太半少，皆私意牽就，未嘗實測其數。今新儀皆細刻周天度分，每度爲三十六分，以距線代管窺，宿度餘分並依實測，不以私意牽就。

七曰日出入晝夜刻。《大明曆》日出入晝夜刻，皆據汴京爲準，其刻數與大都不同。今更以本方北極出地高下，黄道出入内外度，立術推求每日日出入晝夜刻，得夏至極長，日出寅正二刻，日入戌初二刻，晝六十二刻，夜三十八刻。冬至極短，日出辰初二刻，日入申正二刻，晝三十八刻，夜六十二刻。永爲定式。

所創法凡五事：一曰太陽盈縮。用四正定氣立爲升降限，依立招差求得每日行分初末極差積度，比古爲密。二曰月行遲疾。古曆皆用二十八限，今以萬分日之八百二十分爲一限，凡析爲三百三十六限，依垛疊招差求得轉分進退，其遲疾度數逐時不同，蓋前所未有。三曰黄赤道差。舊法以一百一度相減相乘，今依算術句股弧矢方圓斜直所容，求到度率積差，差率與天道實吻合。四曰黄赤道内外度。據累年實測，内外極度二十三度九十分，以圓容方直矢接句股爲法，求每日去極，與所測相符。五曰白道交周。舊法黄道變推白道以斜求斜，今用立渾比量，得月與赤道正交，距春秋二正黄赤道正交一十四度六十六分，擬以爲法。推逐月每交二十八宿度分，於理爲盡。

十九年，恂卒。時曆雖頒，然其推步之式，與夫立成之數，尚皆未有定藁。守敬於是比次篇類，整齊分杪，裁爲《推步》七卷，《立成》二卷，《曆議擬藁》三卷，《轉神選擇》二卷，《上中下三曆注式》十二卷。二十三年，繼爲太史令，遂上表奏進。又有《時候箋注》二卷，《修改源流》一卷。其測驗書，有《儀象法式》二卷，《二至晷景考》二十卷，《五星細行考》五十卷，《古今交食考》一卷，《新測二十八舍雜坐諸星入宿去極》一卷，《新測無名諸星》一卷，《月離考》一卷，並藏之官。

二十八年，有言灤河自永平挽舟踰山而上，可至開平；有言瀘溝自麻峪可至尋麻林。朝廷遣守敬相視，灤河既不可行，瀘溝舟亦不通，守敬因陳水利十有一事。其一，大都運糧河，不用一畝泉舊原，別引北山白浮泉水，西折而南，經瓮山泊，自西水門入城，環匯於積水潭，復東折而南，出南水門，合入舊運糧河。每十里置一牐，比至通州，凡爲牐七，距牐里許，上重置斗門，互爲提閼，以過舟止水。帝覽奏，喜曰：「當速行之。」於是復置都水監，俾守敬領之。帝命丞相以下皆親操畚鍤倡工，待守敬指授而後行事。

先是，通州至大都，陸運官糧，歲若干萬石，方秋霖雨，驢畜死者不可勝計，至是皆罷之。三十年，帝還自上都，過積水潭，見舳艫蔽水，大悦，名曰通惠河，賜守敬鈔萬二千五百貫，仍以舊職兼提調通惠河漕運事。守敬又言：於澄清牐稍東，引水與北壩河接，且立牐麗正門西，令舟楫得環城往來。志不就而罷。三十一年，拜昭文館大學士、知太史院事。

大德二年，召守敬至上都，議開鐵幡竿渠，守敬奏：「山水頻年暴下，非大爲渠堰，廣五七十步不可。」執政吝於工費，以其言爲過，縮其廣三之一。明年大雨，山水注下，渠不能容，漂没人畜廬帳，幾犯行殿。成宗謂宰臣曰：「郭太史神人也，惜其言不用耳。」七年，詔内外官年及七十，並聽致仕，獨守敬不許其請。自是翰林太史司天官不致仕，定著爲令。延祐三年卒，年八十六。

清·吴增祺《涵芬樓古今文鈔》卷六二《齊履謙〈知太史院事郭公行狀〉》

公諱守敬，字若思，順德邢臺人。生有異操，不爲嬉戲事。祖榮，號鴛水翁，通五經，精於算數水利。時太保劉文貞公、左丞張忠宣公、樞密張公易、贊善王公恂，同學於州西紫金山，而文貞公復與鴛水翁爲同志友，以故俾公就學於文貞所。先是，順德城北有石橋，以通達活泉水，兵後橋爲泥潦淤没，失其所在，公甫冠，爲之審視地形，按指其處而得之。河東元公裕之，文其事于石，其曰里人郭生者，即公是也。中統三年，張忠宣公薦公習知水利，且巧思絶人，蒙賜見上都便殿，公面陳水利六事。其一，中都舊漕河，東至通州，權以玉泉水引入行舟，歲可省僦車錢六萬緡，通州以南，於藺榆河口徑直開引，由蒙村跳梁務至通州還河，以避浮雞淘盤淺風浪遠轉之患。其二順德達活泉，開八城，中分爲三渠，引出城東，灌溉其地。其三順德灃河東至古任城，失其故道，没民田一千三百餘頃，此水開修成河，其田即可耕種，其河自小王村經滹沱，合入御河，通行舟筏。其四磁州東北滏漳二水合流處，開引由滏陽邯鄲洺州永年下經鷄澤，合入灃河，其間可溉田三千餘頃。其五懷孟沁河，雖已澆溉，尚有漏堰餘水，東與丹河餘水相合，開引東流，至武陟縣北，合入御河，其間亦可溉田二千餘頃。每奏一事，上輒曰：「當務者此人，真不爲素餐矣。」即授提舉諸路河渠，四年加授銀符副河渠使。至元改元，從忠宣公行省西夏，興復瀕河諸渠。先是西夏瀕河五州，皆有古渠，其在中興州者，一名唐來，長袤四百里，一名漢延，長袤二百五十里，其餘四州，又有正渠十，長袤各二百里，支渠大小共六十八，計溉田九萬餘頃。兵亂以來，廢壞淤淺，公爲之因舊謀新，更立牐堰，役不踰時而渠皆通利，夏人共爲立生祠於渠上。二年，授都水少監。公言薊自中興還，特命衆順河而下，四晝夜至東勝，可通漕運。及見查泊兀郎海，古渠甚多，可爲修理。又言金時自燕京之西麻谷村。分引瀘溝一支，東流穿西山而出，是謂金口，其水自金口以東，燕京以北，溉田若干頃，其利不可勝計。兵興以來，典守者懼有所失，因以大石塞之。今若按視故迹，使水得通流，上可以致西山之利，下可以廣京畿之漕，上納其議。公又言當於金口西，預開減水口，西南還大河，令其深廣，以防漲水突入之患，衆服其能。八年遷都水監。十二年，丞相伯顔公南征，議立水驛，命公行視所便，自陵州至大名，又自濟州至沛縣，又南至呂梁，又自東平至綱城，又自東平清河逾黄河故道，至與御河相接，又自衛州御河至東平，又自東平西南水泊至御河，乃得濟州大名東平泗汶與御河相通形勢，爲圖奏之。十三年都水監併入工部，遂除工部郎中。是歲立局改治新曆，先時太保劉公，以大明曆自遼金承用二百餘年，浸以後天，議欲修正而薨。至是江左既平，上思用其言，遂以公與贊善王公率南北日官，分掌測驗推步於下而忠宣樞密二張公，爲之主領裁奏於上，復共薦前中書左丞許公，能推明曆理，俾參預之。公首言曆之本，在於測驗，而測驗之器，莫先儀表。今司天渾儀，宋皇祐中汴京所造，不與此處天度相符，比量南北二極，約差四度，表石年深，亦復欹側。公乃盡考其失而移置之，既又别圖爽塏，以木爲重棚，創作簡儀高表，用相比覆。又以爲天樞附極而動，昔人嘗展管望之，未得其的，作候極儀。極辰既位，天體斯正，作渾天象，象雖形似，莫適所用，作玲瓏儀。以表之矩方，測天之正圓，莫若以圓求圓，作仰儀。古有經緯，結而不動，公則易之，作立運儀。日有中道，月有九行，公則一之，作證理儀。表高景虚，罔象非真，作景符。月雖有明，察景則難，作闚几。曆法之驗在於交會，作日月食儀。天有赤道，輪以當之，兩極低昂，標以指之，作星晷定時儀，以上凡十三等。又作正方案丸表懸正儀座正儀凡四等，爲四方行測者所用。又作仰規覆矩圖，異方渾蓋圖，日出入永短圖，凡五等，與上諸儀互相參考。十六年改局爲太史院，以贊善公爲太史令，公爲同知太史院事，給印章，立官府，是年奏進儀表式樣，公乃對御指陳理致，一一周悉，自朝至於日晏，上不爲倦。公因奏唐一行開元間令南宫説天下測景書，中見者凡十三處，今疆宇比唐尤大，若不遠方測驗，日月交食分數時刻不同，晝夜長短不同，日月星辰去天高下不同，即曰測驗人少，可先南北立表，取直測景，上可其奏。遂設監候官一十四員，分道相繼而出。先測得南海北極出地一十五度，夏至景在表南，長一尺一寸六分，晝五十四刻，夜四十六刻。衡岳北極出地二十五度，夏至日在表端無景，晝五十六刻，夜四十四刻。岳臺北極出地三十五度，夏至景長一尺四寸八分，晝六十刻，夜四十刻。和林北極出地四十五度，夏至景長三尺二寸四分，晝六十四刻，夜三十六刻。鐵勒北極出地五十五度，夏至景長五尺一分，晝七十刻，夜三十刻。北海北極出地六十五度，夏至景長六尺七寸八分，晝八十二刻，夜一十八刻。繼又測得上都北極出地四十三度，少北京北極出地四十二度强，益都北極出地三十七度少，登州北極出地三十八度少，高麗北極出地三十八度少，西京北極出地四十度少，太原北極出地三十八度少安西府北極出地三十四度半强，興元北極出地三十三度半强，成都北極出地三十一度半强，西涼州北極出地四十度强，東平北極出地三十五度太，大名北極出地三十六度，南京北極出地三十四度太强，陽城北極出地三十四度太弱，揚州北極出地三十三度，鄂州北極出地三十一度半，吉州北極出地二十六度半，雷州北極出地二十度太，瓊州北極出地十九度太。十七年新曆告成，拜太史令。公與太史諸公同上奏曰：「臣等竊聞帝王之事，莫重於曆。自黄帝迎日推策，帝堯以閏月定四時成歲，舜在璇璣玉衡以齊七政，爰及三代，曆無定法。周秦之間，閏餘乖次。西漢造三統曆，百三十年而後是非始定。東漢造四分曆，七十餘年而儀式方備。又百二十一年，劉洪造乾象曆，始悟月行有遲速。又百八十年，姜岌造三紀甲子曆，始悟以月食衝檢日宿度所在。又五十七年，何承天造元嘉曆，始悟以朔望及弦皆定大小餘。又六十五年，祖沖之造大明曆，始悟太陽有歲差之數，極星去不動處一度餘。又五十二年，張子信始悟日月交道有表裏，五星有遲疾留逆。又三十三年，劉焯造皇極曆，始悟日行有盈縮。又三十五年，傅仁均造戊寅元曆，頗采舊儀，始用定朔。又四十六年，李淳風造麟德曆，以古曆章蔀元首分度不齊，始爲總法，用進朔以避晦晨月見。又六十三年，僧一行造大衍曆，始以朔有四大三小，定九服交食之異。又九十四年，徐昂造宣明曆，始悟日食有氣刻時三差。又二百三十六年，姚舜輔造紀元曆，始悟食甚泛餘差數。以上計千一百八十二年，曆經七十改，其創法者十有三家，自是又百七十四年。欽惟聖朝統一六合，肇造區夏，專命臣等改治新曆，臣等用創造簡儀高表，憑其測到實數，所考正者凡七事。一曰冬至，自丙子年立冬後，依每日測到晷景，逐日取對冬至前後日差同者爲凖，得丁丑年冬至，在戊戌日夜半後八刻半。又定丁丑夏至，得在庚子日夜半後七十刻。又定戊寅冬至在癸卯日夜半後三十三刻，已卯冬至在戊申日夜半後五十七刻半，庚辰冬至在癸丑日夜半後八十一刻半，各減大明歷十八刻，遠近相符，前後應準。二曰歲餘，自劉宋大明歷以來，凡測景驗氣，得冬至時刻真數者有六，用以相距，各得其時，合用歲餘，今考驗四年相符不差。仍自宋大明壬寅年距至今日八百一十年，每歲合得三百六十五日二十四刻二十五分，其二十五分爲今歷歲餘合用之數。三曰日躔，用至元丁丑四月癸酉望月食既，推求日躔，得冬至日躔赤道箕宿十度，黄道箕九度有畸，仍憑每日測到太陽躔度，或憑星測月，或憑月測日，或徑憑星度測日，立術推算，起自丁丑正月至己卯十二月，凡三年，共得一百三十四事，皆躔於箕，與月食相符。四曰月離，自丁丑以來至今，憑每日測到逐時太陰行度推算，變從黄道求入轉極遲極疾并平行處，前後凡十三轉，計五十一事，内除去不真的外，有三十事得大明歷入轉後天。又因考驗交食，加大明歷三十刻，與天道合。五曰入交，自丁丑五月以來，憑每日測到太陽去極度數，比擬黄道去極度，得月道交於黄道，共得八事。仍依日食法度推求，皆有食分得入時刻，與大明所差不多。六曰二十八宿距度，自漢太初歷以來，距度不同，互有損益，大明歷則於度下餘分，附以太半少，皆私意牽就，未嘗實測其數。今新儀皆細刻周天度分，每度爲三十六分，以距線代管窺，宿度餘分，並依實測，不以私意牽就。七曰日出入晝夜刻，大明歷日出入晝夜刻，皆據汴京爲準，其刻數與大都不同，今更以本方北極出地高下，黄道出入内外度立術推求，每日日出入晝夜刻，得夏至極長日出寅正二刻，日入戌初二刻，晝六十二刻，夜三十八刻，冬至極短日出辰初二刻，日入申正二刻，晝三十八刻，夜六十二刻，永爲定式，所創法凡五事，一曰太陽盈縮，用四正定氣，立爲升降，限立招差，求得每日行分初末極差積度，比古爲密。二曰月行遲疾，古歷皆用二十八限，今以萬分日之八百二十分爲一限，凡析爲三百三十六限，依垛疊招差，求得轉分進退，其遲疾度數逐時不同，蓋前所未有。三曰黄赤道差，舊法以一百一度相減相乘，今依算術勾股弧矢方圓斜直所容，求到度率積差差率與天道實爲脗合。四曰黄赤道内外度，據累年實測内外極度二十三度九十分，以圓容方直矢接勾股爲法，求每日去極與所測相符。五曰白道交周，舊法黄道變推白道，以斜求斜，今用立渾比量，得月與赤道正交，距春秋二正，黄赤道正交一十四度六十六分，擬以爲法，推逐月每交二十八宿度分，於理爲盡。」十九年太史王公卒，時歷雖頒，然其推步之式，與夫立成之數，尚皆未有定稿。公於是比次篇類，整齊分鈔，裁爲《推步》七卷、《立成》二卷、《歷議擬稿》三卷、《轉神選擇》二卷、《上中下三歷註式》十二卷。二十三年繼爲太史令，遂上表奏進，又有《時候箋註》二卷、《修改源流》一卷，其測驗書有《儀象法式》二卷、《二至晷景考》二十卷、《五星細行考》五十卷、《古今交食考》一卷、《新測二十八舍雜座諸星入宿去極》一卷、《新測無名諸星》一卷、《月離考》一卷，並藏之官。二十八年，有言漕事便利者，一謂灤河自永平挽舟踰嶺而上，可至上都，一謂盧溝自麻谷可至尋麻林，朝廷令各試所說。其謂灤河者，至中道自知不可行而罷。其謂盧溝者，命公與往，亦爲哨石所阻，舟不得通而止。公因至上都，别陳水利十有一事。其一大都運糧河不用，一永泉舊源，别引北山白浮泉水西折而南，經瓮山泊，自西水門入城，環滙於積水潭，復東折而南，出南水門，合入舊運糧河，每十里一置牐，比至通州，凡爲牐七，距牐里許，上重置斗門，互爲提閼以過舟止水。上覽奏喜曰：「當速行之。」於是復置都水監，俾公領之。首事於二十九年之春，告成於三十年之秋。賜名曰「通惠」。役興之日，上命丞相以下，皆親操畚鍤爲之倡，咸待公指授而後行事。置牐之處，往往於地中偶得舊時砖木，時人爲之感服。船既通行，公私省便，先時通州至大都，陸運官糧歲若干萬石，方秋霖雨，驢畜死者，不可勝計，至是皆罷。是秋車駕還自上都，過積水潭，見其船艫蔽水，天顔爲之開懌，特賜公錢一萬二千五百緡，仍以舊職兼提調通惠河漕運事。公又欲於澄清牐稍東引水與北壩河接，且立牐麗正門西，令舟楫得環城往來，志不就而罷。三十一年，拜昭文舘大學士，知太史院事。大德二年，召公至上都，議開鐵幡竿渠，公奏山水頻年暴下，非大爲渠堰，廣五七十步不可，執政吝於工費，以公言爲過，縮其廣三之一。明年大雨，山水注下，渠不能容，漂没人畜廬帳，幾犯行殿。翌日天子北狩，謂宰臣曰：「郭太史神人也，可惜不用其言。」七年詔内外官年及七十並聽致仕，公以舊臣，且朝廷所施爲，獨不許其請，至今翰林太史司天官不致仕者，咸自公始。延祐三年某月日卒，年八十六。公以純德實學，爲世師法，然其不可及者有三，一曰水利之學，二曰歷數之學，三曰儀象制度之學。決金口以下西山之筏，而京師材用是饒，復唐来以溉瀕河之地，而靈夏軍儲用足，引汶泗以接江淮之派，而燕吳漕運畢通，建斗牐以開白浮之源，而公私陸費由省。又前後條奏便宜凡二十餘事，相治河渠泊堰大小數百餘所，其在西夏，嘗挽舟泝流而上，究所謂河源者。又嘗自孟門以東循黄河故道，縱廣數百里間，皆爲測量地平，或可以分殺河勢，或可以溉灌田土，具有圖誌。又嘗以海面較京師至汴梁地形高下之差，謂汴梁之水，去海甚遠，其流峻急，而京師之水，去海至近，其流且緩，其言信而有徵。此水利之學，其不可及者也。古曆天周與歲周小餘，同於日度四分之一，漢魏以來，漸覺不齊，遂有破分之説。而立法未均，任意進退。公乃每以百年爲率，小餘之下，增損各一，以之上推往古，下驗方來，無不脗合。且自太初迄于大明，名曆七十餘家，其見施用於世者，四十有三，類多寫分换母，誇詡一時，間有翹出如宋元嘉唐大衍近世紀元，不過三數，然亦未臻至當，考驗天事，始雖親密，旋已不效。公所爲曆，測驗既精，設法詳備，行幾五十年，未嘗一有先後天之差，去積年日法之拘，無寫分换母之陋，此曆數之學，其不可及者也。舊儀既多蔽礙，且距齒但有度刻而無細分，以管望星，漸外則所見漸展，尤難取的。公所爲儀，但用天常赤道四游三環三距，設四游於赤道之上，與相套在內，同附直距於四游之外，與雙環兩間同結線距端，凡測日月星，則以兩線相望，騁取其正中所當之刻之度之分之秒之數。舊八尺謂夏至之景尺有五寸，千里而差一寸，其説見於周官周髀等書，千里而差一寸，唐一行已嘗駁議，八尺之表，表庳景促，古今承用，未之或革。公所爲表，五倍其舊，懸施横梁，每至日中，以符竅夾測横梁之景，折取中數，與舊表但取表之景者，殊爲審當。公於世祖朝進七寶燈漏，今大明殿每朝會張設之，其中鐘鼓皆應時自鳴。又嘗進木牛流馬，雖不盡得諸葛舊制，亦自機妙。成宗朝進櫃香漏，又作屏風香漏行漏，以備郊廟從幸。大德二年，起靈臺水渾，運渾天漏，大小機輪凡二十有五，皆以刻木爲衝牙，轉相撥擊，上爲渾象，點畫周天星度，日月二環，斜絡其上，象則隨天左旋，日月二環，各依行度，退而右轉。公又嘗欲倣張平子爲地動儀，及候氣密室，事雖未就，莫不究極指歸，此儀象制度之學，其不可及者也。初公年十五六，得石本蓮花漏圖，已能盡究其理，及隨張忠宣公奉使大名，因大爲鼓鑄，即今靈臺所用銅壺。又得尚書璇璣圖，規竹篾爲儀，積土爲臺，以望二十八宿，及諸大星，及夫見用，觀其規畫之簡便，測望之精切，巧智不能私其議，羣衆無以參其功，王太史剛克自用者也，每至公所，睹其匠制，未嘗不爲之心服。魯齋先生言論爲當代法，因語及公，以手加額曰：「天佑我元，似此人世豈易得？嗚呼！其可謂度越千古矣。」

金履祥

明・宋濂等《元史》卷一八九《儒學傳一・金履祥》　金履祥字吉父，婺之蘭溪人。其先本劉氏，後避吴越錢武肅王嫌名，更爲金氏。履祥從曾祖景文，當宋建炎、紹興間，以孝行著稱，其父母疾，齋禱于天，而靈應隨至。事聞于朝，爲改所居鄉曰純孝。

履祥幼而敏睿，父兄稍授之書，即能記誦。比長，益自策勵，凡天文、地形、禮樂、田乘、兵謀、陰陽、律曆之書，靡不畢究。及壯，知向濂、洛之學，事同郡王柏，從登何基之門。基則學于黄榦，而榦親承朱熹之傳者也。自是講貫益密，造詣益邃。

時宋之國事已不可爲，履祥遂絶意進取。然負其經濟之略，亦未忍遽忘斯世也。會襄樊之師日急，宋人坐視而不敢救，履祥因進牽制擣虚之策，請以重兵由海道直趨燕、薊，則襄樊之師，將不攻而自解。且備敘海舶所經，凡州郡縣邑，下至巨洋别隖，難易遠近，歷歷可據以行。宋終莫能用。及後朱瑄、張清獻海運之利，而所由海道，視履祥先所上書，咫尺無異者，然後人服其精確。

德祐初，以迪功郎、史館編校起之，辭弗就。宋將改物，所在盗起，履祥屏居金華山中，兵燹稍息，則上下巖谷，追逐雲月，寄情嘯咏，視世故泊如也。平居獨處，終日儼然；至與物接，則盎然和懌。訓迪後學，諄切無倦，而尤篤於分義。有故人子坐事，母子分配爲隸，不相知者十年，履祥傾貲營購，卒贖以完；其子後貴，履祥終不自言，相見勞問辛苦而已。何基、王柏之喪，履祥率其同門之士，以義制服，觀者始知師弟子之繫於常倫也。

履祥嘗謂司馬文正公光作《資治通鑑》，祕書丞劉恕爲《外紀》，以記前事，不本於經，而信百家之説，是非謬於聖人，不足以傳信。自帝堯以前，不經夫子所定，固野而難質，夫子因魯史以作春秋，王朝列國之事，非有玉帛之使，則魯史不得而書，非聖人筆削之所加也。況左氏所記，或闕或誣，凡此類皆不得以辟經爲辭。乃用邵氏《皇極經世曆》、胡氏《皇王大紀》之例，損益折衷，一以《尚書》爲主，下及《詩》《禮》《春秋》，旁採舊史諸子，表年繫事，斷自唐堯以下，接于《通鑑》之前，勒爲一書，二十卷，名曰《通鑑前編》。凡所引書，輒加訓釋，以裁正其義，多儒先所未發。既成，以授門人許謙曰：「二帝三王之盛，其微言懿行，宜後王所當法，戰國申、商之術，其苛法亂政，亦後王所當戒，則是編不可以不著也。」他所著書，曰《大學章句疏義》二卷，《〈論語〉〈孟子〉集註考證》十七卷，《書表注》四卷，謙爲益加校定，皆傳于學者。天曆初，廉訪使鄭允中表上其書于朝。【略】

履祥居仁山之下，學者因稱爲仁山先生。大德中卒。元統初，里人吴師道爲國子博士，移書學官，祠履祥于鄉學。至正中，賜謚文安。

朱思本

元・柳貫《柳待制文集》卷一四《玉隆萬壽宫興修記》 朱君，字本初，受道於龍虎山中，而從張仁靖真人扈直兩京最久，學有源委。嘗著《輿地圖》二卷，刊石於上清之三華院云。

清・瞿鏞《鐵琴銅劍樓藏書目録》卷二三《集部四》 《貞一齋雜著》一卷，《詩藁》一卷。鈔本。

元朱思本撰。思本字本初，江西臨川人。學道龍虎山中，從張仁靖真人扈直兩京，又從吴全節居都下，後主席玉隆萬壽宫。嘗以周遊天下，攷覈地理，竭十年之力，著有《輿地圖》二卷，刊石於上清之三華院，惜今不傳。集中有《自序》可見其概。卷首有臨江范梈、眉山劉有慶、臨江歐陽應丙、蜀郡虞集、元教大宗師吴全節、東陽柳貫序。是書世無刻本，諸家書目亦尠著録。此從叢書堂鈔本傳録。

清・莫友芝《郘亭知見傳本書目》卷一二 《貞一齋詩文稿》二卷。

元朱思本撰。思本字本初，豫章臨川人。常學道于龍虎山中，貞一其號也。此本乃叢書堂吴寬手抄，上卷雜文，下卷詩。思本好學遠遊，以昔人所刊《禹跡圖》《混一六合郡邑圖》皆有乖謬，乃考訂今古，校量遠近，計里開方，成《輿地圖》一書。《稿》中有《自序》可證。大約其學地理爲長。阮氏以進呈。

瞻思（亦名札實、舒蘇）

明・宋濂等《元史》卷一九〇《儒學傳二・瞻思》 瞻思字得之，其先大食國人。國既内附，大父魯坤，乃東遷豐州。太宗時，以材授真定、濟南等路監榷課税使，因家真定。父斡直，始從儒先生問學，輕財重義，不干仕進。

瞻思生九歲，日記古經傳至千言。比弱冠，以所業就正于翰林學士承旨王思廉之門，由是博極羣籍，汪洋茂衍，見諸踐履，皆篤實之學，故其年雖少，已爲鄉邦所推重。

延祐初，詔以科第取士，有勸其就試者，瞻思笑而不應。既而侍御史郭思貞、翰林學士承旨劉賡、參知政事王士熙，交章論薦之。泰定三年，詔以遺逸徵至上都，見帝于龍虎臺，眷遇優渥。時倒剌沙柄國，西域人多附焉，瞻思獨不往見，倒剌沙屢使人招致之，即以養親辭歸。

天曆三年，召入爲應奉翰林文字，賜對奎章閣，文宗問曰：「卿有所著述否？」明日，進所著《帝王心法》，文宗稱善。詔預修《經世大典》，以論議不合求去，命奎章閣侍書學士虞集諭留之，瞻思堅以母老辭，遂賜幣遣之。復命集傳旨曰：「卿且暫還，行召卿矣。」至順四年，除國子博士，丁内艱，不赴。

後至元二年，拜陝西行臺監察御史，即上封事十條，曰：法祖宗，攬權綱，敦宗室，禮勳舊，惜名器，開言路，復科舉，罷數軍，一刑章，寬禁網。時姦臣變亂成憲，帝方虚己以聽，瞻思所言，皆一時羣臣所不敢言者。侍御史趙承慶見之，嘆曰：「御史言及此，天下福也。」戚里有執政陝西行省者，恣爲非道，瞻思發其罪而按之，輒棄職夜遁，會有詔勿逮問，然猶杖其私人。及分巡雲南，按省臣之不法者，其人即解印以去，遠藩爲之震悚。

襄、漢流民，聚居宋之紹熙府故地，至數千户，私開鹽井，自相部署，往往劫囚徒，殺巡卒，瞻思乃擒其魁，而釋其黨。復上言：「紹熙土饒利厚，流户日增，若以其人散還本籍，恐爲邊患，宜設官府以撫定之。」詔即其地置紹熙宣撫司。

三年，除僉浙西肅政廉訪司事，即按問都轉運鹽使、海道都萬户、行宣政院等官贓罪，浙右郡縣，無敢爲貪墨者。復以浙右諸僧寺，私蔽猾民，有所謂道人、道民、行童者，類皆瀆常倫，隱徭役，使民力日耗，契勘嘉興一路，爲數已二千七百，乃建議請勒歸本族，俾供王賦，庶以少寬民力。朝廷是之，即著以爲令。四年，改僉浙東肅政廉訪司事，以病免歸。

瞻思歷官臺憲，所至以理冤澤物爲己任，平反大辟之獄，先後甚衆，然未嘗故出人罪，以市私恩。【略】

至正四年，除江東肅政廉訪副使。十年，召爲祕書少監，議治河事，皆辭疾不赴。十一年，卒于家，年七十有四。二十五年，皇太子撫軍冀寧，承制封拜，贈嘉議大夫、禮部尚書、上輕車都尉，追封恒山郡侯，謚曰文孝。

瞻思邃於經，而《易》學尤深，至於天文、地理、鍾律、算數、水利，旁及外國之書，皆究極之。家貧，饘粥或不繼，其考訂經傳，常自樂也。所著述有《四書闕疑》《五經思問》《奇偶陰陽消息圖》《老莊精詣》《鎮陽風土記》《續東陽志》《重訂河防通議》《西國圖經》《西域異人傳》《金哀宗記》《正大諸臣列傳》《審聽要訣》及文集三十卷，藏于家。

明清分部

陳　誠

明・皇甫録《明紀略》 永樂五年，命太監鄭和使古里國，即西洋大國也。七年，使滿剌加國。十一年，命陳誠子魯使西域，歷哈密、火州、別室、八里、哈烈、撒馬罕兒諸番。

明・雷禮《皇明大政紀》卷七 （永樂十一年）八月遣吏部員外郎陳誠偕中官李達使西域諸國。

明・何喬遠《名山藏》卷五九《臣林記・陳誠》 陳誠，字子魯，吉水人。爲人敦慎，不妄交遊。洪武中以進士授行人，陞翰林簡討，吏部員外郎。扈從成祖北巡，成祖使與中官達招諭西域，出肅州嘉峪關，歷哈烈、撒馬兒罕等。凡三年歷十八國，宣布威德，諸夷感悦，哈烈王沙哈魯等皆遣使隨誠入貢文豹、西馬、方物。誠爲《西域記》上奏，詔付史館，永樂十三年也。既返，命其明年貢使歸，復遣與中官安賫勅護之還，陞廣東參議。十七年，陞參政，更與中官敬齎勅答諸國貢使。尋乞致仕。

明・沈德符《萬曆野獲編》卷三〇《西域記》 中官李達、吏部員外郎陳誠等使西域，還，西域諸國哈烈、撒馬兒罕、火州、土魯番、失剌、思俺、都淮等處各遣使貢文豹、西馬、方物。誠上《使西域記》，所歷凡十七國，山川、風俗、物産，悉備焉。

明・余之禎《（萬曆）吉安府志》卷一九《陳誠》 陳誠，字子魯，吉水人，洪武甲戌進士，授行人。詔往北平，求賢山東，蠲租安南諭夷，皆能不辱命。還，陞翰林檢討，署院事。永樂初，除吏部驗封主事，尋陞員外郎。扈從北征，陞廣東參議。時西域撒馬兒罕諸蕃國皆遣使入貢，詔誠報之。跋涉險阻，朞年乃至，宣布朝廷威德。還，以《西域志》進。賜予甚厚，擢廣東参政，遂乞致仕。　誠居官，畏慎守職，不妄與人交。居閑三十餘年，絶口不挂外事，徜徉泉石，超然世外。時人高之。

明・沈國元《皇明從信録》卷一四 （永樂十三年）十月，吏部員外郎陳誠偕中官李達使西域，還。先是，誠等奉命出肅州嘉峪關，自哈密歷土魯番，至火州、亦力、把力、于闐、撒馬兒罕、哈烈以至八答、商柳、陳城、迭里、迷渴、石養、夷塞、藍達、失于、沙鹿、海牙，凡十餘國，無不遍歷，宣布國家威德，既而諸國各遣使隨誠等詣闕謝。出使往還，凡三歷寒暑。誠回，備録其所經山川、土壤、人民、物産之異，飲食、衣服、言語、好尚之不同，爲《西域行程記》上之。詔付史館。誠，江西吉水人。

清・萬斯同《明史》卷一八二《陳誠傳》 永樂十一年，哈烈入貢，詔誠偕中官李達、户部主事李暹等送其使臣還，遂頒賜西域諸國。【略】於是各遣使者隨誠等入朝貢文豹、名馬、珍寶之屬。誠所過，輒圖其山川城郭，志其風俗物産，爲《西域記》以獻。

明・焦竑《國史經籍志》卷三《史類》 《西域行程記》二卷，陳誠。

清・黄虞稷《千頃堂書目》卷八 陳誠《西域行程紀》三卷。永樂十三年十月癸巳，中官李達、吏部員外郎陳誠等使西域，還，帝使誠詳紀西域所經歷之地，統計十有七國，凡山川、風俗、物産之類，莫不悉備。

清・徐乾學《傳是樓書目》 《使西域記》三卷，明陳誠，一本。

又一部，一本。

清・萬斯同《明史》卷一三四《藝文志二》 陳誠《西域行程記》二卷。

又 陳誠《使西域記》三卷。

清・張廷玉等《明史》卷九七《藝文志二》 陳誠《西域行程記》二卷。

清・嵇璜《續文獻通考》卷一六五《經籍考》 陳誠《使西域記》一卷。誠，吉水人，洪武進士，永樂中吏部員外郎。

清・永瑢等《四庫全書總目》卷六四《史部二十・傳記類存目六》 《使西域記》一卷，編修程晉芳家藏本。明陳誠撰。誠，吉水人，洪武甲戌進士。永樂中官吏部員外郎。誠嘗副中使李達使西域諸國，所歷哈烈、撒馬兒罕等凡十七國，述其山川、風俗、物産，撰成此記。永樂十一年返，命上之。《明史・藝文志》載有陳誠《西域行程記》，即此書也。末有秀水沈德符跋，其所載音譯既多譌舛，且所歷之地不過涉嘉峪關外一、二千里而止。見聞未廣，大都傳述失真，不足徵信。

黄福

明·楊士奇《東里文集》卷一六《黄氏晝埠阡表》 工部尚書兼詹事府詹事黄公告士奇曰：「福之先家泗州，元延祐中始徙青州昌邑，擇勝得晝埠。居之晝埠者，謂其地水木清麗，若圖畫云。暨吾祖又徙，居邑西之新郭里。而自始徙之祖至吾之曾祖，皆壍晝埠。自余幼時，先府君歲春秋展先墓，必侍行，至，則從先府君後，循次拜跪奠獻，畢，先府君未嘗不戚焉，悽愴也。間攜余周行墓下，而訓之曰：『此皆吾之祖，皆吾所自出也。然吾蚤孤，不及究知孰爲某祖，孰距今爲幾世，僅知者吾祖。吾祖諱佑志，祖妣倪氏，繼唐氏。二子，長者伯父琬，次者吾父。二女，李士賢、張士金，則吾姑之夫也。小子識之。』福謹識不敢忘。福又竊聞之鄉閭老長，自黄氏來昌邑，世以善德稱，而未之有顯者。今福幸叨榮二品，列官六卿，顧不能有所樹立，用顯揚萬一。日且老矣，又懼先府君所遺訓者，後之人或忽焉而忘之也。子嘗爲我志祖考之墓石，惟高曾以上墓石，盍爲我並志之，將表之以貽我後人，亦俾鄉之人不昧其黄氏之初也。」

明·雷禮《國朝列卿紀》卷一五 黄福，字如錫，山東萊州府昌邑縣人。洪武甲子鄉貢，授項城主簿，累陞金吾衛知事。戊寅，陞龍江衛經歷，是歲上章，論國家大計，超陞工部右侍郎。壬午，調左。未幾，陞工部尚書，掌交趾布、按二司事。永樂二十二年，仁宗即位，驛召還京，父老不忍舍去，泣送於塗者千萬人，至遮道不能行。及抵京，仍爲工部尚書兼詹事府詹事，賜以白金綵幣，賜誥命，褒崇推恩及其祖考。洪熙乙巳，扈從東宫，至南京。及回，上賓天，宣宗嗣登寶位，命董獻陵事，賜賚優渥。既竣事，以久違先壟，奏乞歸省。上允之，賜以路費，馳驛而回。未逾月，復召還京，嬰疾，上遣醫調，護命中使，賜以珍饌。疾愈，持節寧府，行册封禮，適交趾警報，及掌二司事。兵部尚書陳洽累疏乞福復鎮，遂驛召還京，上命仍領布、按二司事。累官少保南京户部尚書。

明·鄧元錫《皇明書》卷二〇《名臣上》 黄忠宣公福，山東昌邑人。洪武中，以鄉舉入官，以龍江衛經歷上書論經國大計，稱上意，超授工侍郎。建文帝特信用。靖難後，李景隆於上前目爲奸黨，福厲聲言：「臣罪固應死，但目爲奸黨，則非是。」上不問，復官。踰月，陞尚書。爲都御史陳瑛所詆，改行部尚書。四年，征交趾，轉軍餉，既郡縣交趾，以尚書掌布、按二司事，視民如子。勞來訓飭，躬勤不怠，政令條畫，同其好惡，一主於寬簡，戒郡邑吏，專意撫字，曰：「此新附之民也。」中朝士遷謫至，咸見温恤，疾病者，親造視之，恤其貧匱，拔其賢者，與共謀議，及以化馴其人。【略】英宗即位，加少保參贊機務。留都文臣贊機務自此始。福耿直不阿，憂國之心老而彌篤，上命觀戲，曰：「臣性不好戲。」命圍碁，曰：「臣不能。」問何以不能，對曰：「臣幼時，父師嚴，第督教讀書，不學無益事，所以不能。」上默然，故不得在左右。而諸舊人咸頌，共推之。解學士疏羣臣行，惟福無貶辭。在留京事，先期籌畫，付襄城伯行之，襄城亦敬信，惟言是從。然視事，事皆從襄城伯處分，噤不出一語，或以爲言，福曰：「體當如是。且汝見守備何嘗有一事錯？」其讓善如此。文貞告還鄉掃墓，過留都，見之，福走出見，大聲曰：「公誤矣，公誤矣。」文貞愕，不知所出，請其過。福以手距地尺許，作小兒狀，曰：「天子僅如許，長公大臣秉鈞，顧當有遠行耶？公亟還可也。」其體國，誠至如此。成化初，乃卒，贈太保，謚忠宣。福秉心正大，義利之際介然，俸賜悉分贍姻族。屬纊之日，室無百緡。天下士大夫無識不識，咸然信以爲君子云。

明·過庭訓《本朝分省人物考》卷九八《萊州府·黄福》 黄福，字如錫，昌邑縣人。生而岐嶷，異常兒。洪武初，父令讀書鄉校。甲子，得雋鄉闈，升胄監。歷項城、清源二邑主簿，惠政及民。壬申，陞金吾前衛知事。乙亥，調龍江右衛。戊寅，陞經歷，善於贊畫，是歲四月上章，論國大計。太祖嘉納，超授工部右侍郎。日見親幸，福感激圖報，爲政益力，譽望日隆。成祖正統治齊黄離間之罪，李景隆指爲奸臣，逮獄。福曰：「臣居大臣，固當死，奸臣之名，臣不敢當。」上壯其言，釋之，調左侍郎。未幾，陞工部尚書。永樂二年，奉命修補國子監經籍板。三年，調北京刑部尚書。朝廷以安南土酋僭號弗庭，興師問罪，福承命先赴兩廣，督辦軍用，處置有方，應期而集，黎賊就俘。郡縣其地，設三司，控制其土，命掌布政、按察二司事，夷民初附，叛服不常。福視民如子，撫綏有道，廉明正大，抗志不阿。鎮守中官馬騏怙恩肆虐，數裁抑之，騏誣奏福聚太原、宣化等府民兵欲爲不軌。福亦具奏陳情，上深燭其妄，寢其事。居交阯，幾二十年。及仁宗即位，上言六事，悉見採用，驛召還京。父老不忍舍去，泣送於塗者不啻千萬人，至遮道不能行。及抵京，仍爲工部尚書，兼詹事府詹事，賜以白金綵幣。洪熙乙巳，扈從東宫，至南京。宣宗嗣位，命董獻陵事，賜賚優渥。適馬騏激變交阯，兵部尚書陳洽累疏，乞福復鎮，遂驛召還京，上命仍領布政、按察二司事。【略】正統紀元，特疏上言四事，曰鈔法，曰鹽法，曰官俸，曰田賦，皆切時務。福風儀修整，不妄言笑，志氣豪爽，器識過人，忠敬孝友，出於天性，剛毅正直，士風所屬。其學根於經術，不爲無用之文，而典雅有法。其在安南，復輿地，增置郡縣，籍編氓，定賦税，而上其名數。他若芻茭之積，軍餉之儲，皆屬借辦。庶務浩繁，雖日不暇給，而隨事制宜，咸有條理。又能鎮之以静，上下帖然。恒戒官屬毋苛急於政，毋侵漁其民。時召父老諭以朝廷德意，俾各安其生理，有懷來安輯之功。學校新設，未有教官，選待次之官有文學者，委攝學事。生徒知學，漸有可觀。官有改任及降者，初至或貧乏，量給公廩以用之。病故者，給櫬而歸其骨。政務稍閒，則俾椽吏輩講讀《大明律》及《小學》，使知守法持身之道，罔弗悦從。福素習律令，藩憲具獄，立斷之輕重，得當主者不敢高下其手，而矜恤之意，藹然行於其中。自小官至一品，始終以國家生民爲心，斥奸闢諛，無所顧忌，下人有過，多見優容。成祖嘗命解縉論群臣，自蹇義以下凡十八人，皆有褒貶，獨福則曰秉心易直，確有執守。上深然之。兵部侍郎徐琦使安南回，福往見於石城門外，或指福問安南來使，曰：汝識此大人否？對曰：南交草木亦知名，安得不識？在官幾六十年，廉介自守，家無餘財，自奉甚約，妻子僅給衣食，所得俸禄惟待賓客、周匱乏而已。嘗慕范文正公爲人，誦先天下之憂而憂、後天下之樂而樂之言，因號曰後樂。平生所作詩文，有《後樂堂交藩文集》《後樂續集》。歲己未，疾屢作，猶强力視事。判署文牘，忽焉奄逝，都城縉紳士大夫無不哀傷走吊，哭者雲集其第。訃聞，遣官祭葬，謚忠宣，贈太保。

清・黄虞稷《千頃堂書目》卷五《别史類》 黄福《安南事宜》一卷。

清・黄虞稷《千頃堂書目》卷八《地理類下》 黄福《安南水程日記》二卷。

清・張廷玉等《明史》卷九七《藝文志二》 黄福《安南事宜》一卷。

又 黄福《安南水程日記》二卷。

鄭和

明・過庭訓《本朝分省人物考》卷七五《鄭和》 鄭和，龍溪人，正統末進士，歷官南京户部郎中。修實録成，陞雲南參議。爲政不矯不隨，滇人安之。以入賀卒。和天性樸厚，與人言，若呐呐不出口。其文章政事，足爲後進儀範者最多。

清・查繼佐《罪惟録・列傳》卷二九《鄭和》 鄭和，初名三保，雲南人，与西番人孟驥初名添兒，滇人李謙初名保兒，胡人雲祥初名猛哥，田嘉禾初名哈喇帖木兒，而狗兒者爲王彦，燕王時皆以閹從起兵有功，後皆賜姓名，而彦最敢戰，先登入國，後皆授太監。或言建文帝出走外彛，上欲踪跡之。永樂四年乃遣太監鄭和爲使貳，以侯顯擇舌人馬歡輩從行，帥舟師三萬七千人，發福州五虎門，行賚西洋右俚滿剌諸番，凡至二十餘國，往返幾且三十年。自占城東南通国十數，蘓門最遠；自蘓門通國六、七，柯枝最遠；自柯枝通國六、七，天方最遠，而天堂印度諸國亦在職方。宣威海外，一破國都，再擄逆命，三擒大盗酋，採取未名之寶以巨萬計。內臣之專征外國，自和始。

清・張廷玉等《明史》卷三〇四《鄭和傳》 鄭和，雲南人，世所謂三保太監者也。初事燕王於藩邸，從起兵有功，累擢太監。成祖疑惠帝亡海外，欲蹤跡之，且欲耀兵異域，示中國富强。永樂三年六月，命和及其儕王景弘等通使西洋，將士卒二萬七千八百餘人，多賫金幣。造大舶，修四十四丈、廣十八丈者六十二。自蘇州劉家河泛海至福建，復自福建五虎門揚帆，首達占城，以次徧歷諸番國，宣天子詔，因給賜其君長，不服則以武懾之。五年九月，和等還，諸國使者隨和朝見。和獻所俘舊港酋長。帝大悦，爵賞有差。舊港者，故三佛齊國也，其酋陳祖義，剽掠商旅。和使使招諭，祖義詐降，而潛謀邀劫。和大敗其衆，擒祖義，獻俘，戮於都市。【略】和經事三朝，先後七奉使，所歷占城、爪哇、真臘、舊港、暹羅、古里、滿剌加、渤泥、蘇門答剌、阿魯、柯枝、大葛蘭、小葛蘭、西洋瑣里、瑣里、加異勒、阿撥把丹、南巫里、甘把里、錫蘭山、喃渤利、彭亨、急蘭丹、忽魯謨斯、比剌、溜山、孫剌、木骨都束、麻林、剌撒、祖法兒、沙里灣泥、竹步、榜葛剌、天方、黎伐、那孤兒，凡三十餘國。所取無名寶物，不可勝計，而中國耗費亦不貲。自宣德以還，遠方時有至者，要不如永樂時，而和亦老且死。自和後，凡將命海表者，莫不盛稱和以誇外番，故俗傳三保太監下西洋爲明初盛事云。

劉昌

明・張昶《吴中人物志》卷七 劉昌，字欽謨，吴縣人。少入邑庠，常業之外，博覽群典，不求人知，雖同門連業者亦莫測其造詣。正統甲子歲，當大比，提學孫公首以爲薦，同列心疑而口訾之。及試京闈，高學士穀讀其文，語諸同事者，曰：「此必山林老學，置之第一。」撤棘，乃一白皙少年，爲之嘆賞。會試復第二。廷對，大臣忌其文，抑置二甲。以疾乞假南還，大肆力於學，造詣益深，名稱益著。景泰三年，授南京工部虞衡司主事，嘗領纂修宋元史。疾，終於家，年五十七。昌聰明過人，書一目輒能記，及習知當代典章前輩故實，叩之與談，亹亹不休。然性與人寡合，不可其意，則相對終日，默不出一語。有侵之者，從容順受而已，未嘗指摘人之詩文瑕纇。其爲文章，才思華贍，言詞爾雅，振筆千言，若有餘裕。詩律尤温麗，稱一時作者，所著作有《胥臺》、《鳳臺》、《金臺》、《嵩臺》、《越臺》、《岳臺》等集，蓋紀載所歷也。在河南，編刻《中州名賢文表》。又嘗類本朝文章，如《文选》、《文鑑》，類爲一書。

明・焦竑《國朝獻徵録》卷九九《廣東一・陳頎〈廣東布政使司左參政劉公昌墓志銘〉》 成化十六年十月壬午，廣東左參政劉公卒。公諱昌，字欽謨，别號椶園。其先河南人，宋有諱岳者，由祚城徙洛陽。元季兵亂，避江南，居無錫，晚乃定居吴城西之雁蕩里，至今爲吴人。曾祖本道，祖天祐皆隱於廛。父公禮，南京工部虞衡司主事。母許氏，封安氏。【略】别有邑志、姑蘇志，亦未成書。

清・黄虞稷《千頃堂書目》卷八《地理類下》 劉昌《兩鎮邊關圖説》二卷。

清・張廷玉等《明史》卷九七《藝文志二》 劉昌《兩鎮邊關圖説》二卷。

清・嵇璜《續通志》卷一六六《圖譜畧下・兵防》 劉昌《兩鎮邊關圖説》。

童軒

明・李賢《明一統志》卷五〇 童軒，鄱陽人，景泰辛未進士，拜南京吏科給事中。歷陞太常寺卿、都察院右副都御史，總制松藩軍務。奏除松茂戍守之役，人甚便之。擢南京吏部右侍郎，進禮部尚書。卒於家。工吟詠，得唐人體致，所著有《清風亭稿》、《海岳涓埃喻蜀藁》、《籌邊録》若干卷。

明・雷禮《國朝列卿紀》卷三〇 童軒，字士昂，江西饒州府鄱陽縣人，景泰辛未進士，拜南京吏科給事中。嘗疏省冗員、公考察、倡武勇、擇師儒、杜倖進、恤民隱，多見採納。天順中改户科給事中。憲廟踐祚，首陳帝王之治在先本而後末者數百言。四川盜熾，廷議以軒往，馳至賊所，宣布恩威，賊羅拜以降。進都給事中，復上息盜之策。明年，盜復起，謫壽昌知縣。久之，擢雲南僉事，提督學校，務以敦本爲教，士風丕變，歷副使參政。成化八年，陞太常寺少卿。十年，命掌欽天監事。弘治元年，陞太常寺卿。三年，陞都察院右副都御史，總制松潘軍務，奏除松茂戍守之役，人甚便之。五年，擢南京吏部右侍郎。十年，進南京禮部尚書。

明・王世貞《弇山堂别集》卷四九 童軒，江西鄱陽人，南京欽天監籍。景泰辛未進士，弘治七年任，十年致仕。

明・過庭訓《本朝分省人物考》卷一一《童軒》 童軒，字士昂，其先饒州鄱陽人。永樂初，以天官學召入欽天監，家於秦淮。幼頴敏，讀書過目成誦，領正統鄉薦，登景泰辛未進士，拜南京吏科給事中。上疏言省冗員、公考察、倡武勇、擇師儒、杜倖進、恤京民，多見採納。時有詔南京採辦翠毛、魚鮍等物，極論止之。英廟復辟，覽奏，嘉其敢言。尋上言弭盜安民數事，尤切時弊。【略】甲午秋，召拜太常少卿，掌欽天監。癸卯，以疾乞休歸金陵，蕭然一室，不異布衣。弘治戊申，用廷議，起，仍掌天文事。【略】辛亥春，召爲南京吏部右侍郎。甲寅進南京禮部尚書，三年二疏，乞致仕，皆不許。【略】生平喜讀書，爲文淵博雄麗，詩有唐人體裁，書法遒勁，性篤孝友，於物一介不苟取，其廉勤慎密，真不愧古人也。所著有《清風亭稿》、《海岳涓埃諭蜀稿》、《籌邊録》、《夢徵録》、《醯甕集》若干卷。

明・焦竑《熙朝名臣實録》卷一六《太子少保童公事》 公名軒，字士昂，故鄱陽人。父碧瑄，以精天官學，占籍南京欽天監。公幼頴敏，讀書過目成誦，以景泰辛未進士，拜南京吏科給事中。公思舉職，深居簡出，不妄與物接。【略】薦公召拜太常寺少卿，掌欽天監事，公嚴考天文，諸生公僚屬之。薦省曆紙之費，夙弊一清。已亥夏，進太常寺卿，仍掌監事。教諭俞正已奏言曆法之差，上命公與之考。論不合，公上言歲差置閏，其來已久，我朝考曆制象尤爲精密，雖日月薄蝕不無先後，晷刻之殊分杪，多寡之異則以土有南北高下故耳。正已乃謂天地有自然之冬至，以至朔望置閏皆非人力可爲，是不知古人以數求天之術，顧以小智亂成式。

清・朱彝尊《静志居詩話》卷七《童軒》 字士昂，鄱陽人，以天官學入欽天監，家於南京。中景泰辛未進士，以吏科給事中撫川寇，謫知壽昌縣。久之，以太常少卿掌欽天監，以右副都御史總制松潘，歷陞吏部尚書，致仕。有《清風亭稾》、《枕肱集》。

清・張岱《石匱書》卷一二〇 童軒，鄱陽人，景泰辛未進士，拜南京吏科給事中。軒思舉職，深居簡出，不妄與物接。南京羅貴民飢，爲民請命。詔遣官賑之。【略】弘治改元，會欽天監官以不職罷，衆復以軒薦，命軒仍掌監事。夏六月，日有食之，軒言日食，紀元之初，當盛夏火旺之候，宜修身窮理，進君子，退小人，以謹天戒。尋辭掌天文，舉吴昊、張紳、高鍾自代。是冬，進右副都御史。【略】甲寅夏，晉南京禮部尚書，累疏乞骸骨，上再四勉留，軒力陳數千言，允放歸里。未幾，以疾卒，贈太子少保。

清・萬斯同《明史》卷二四二《童軒傳》　童軒，字士昂，鄱陽人。父精天官學，永樂初爲天文生，遂家南京。軒習父業，績學工文，舉景泰二年進士，授南京吏科給事中。嘗請省冗員，公考察，倡武勇，擇師儒，杜倖進，恤京民，多見採納。【略】廷議以欽天監不得人，而軒素諳曆法，召拜太常少卿，掌監事。嚴核陰陽天文，諸生杜倖進弊。閲六載，進卿仍掌監事，言天下陰陽官納粟免考非制，遂罷之。軒有志事功，掌曆非其好也，素稱病歸。弘治改元，用監正吴昊薦，復以原官掌監事。六月朔，日有食之，軒言日食，紀元之初，又當盛夏火旺之候，宜反身修德，進君子，退小人，以謹天戒，帝嘉納焉。【略】十年，請老，居數月，卒，年七十四。無子。軒强學好問，至老不倦，居官廉介寡合，而篤於内行，南都搢紳以爲儀表焉。後贈太子少保。

清・阮元《疇人傳》卷二九《明一》　童軒，字士昂，鄱陽人也。景泰辛未進士，官至吏部尚書。成化十五年十一月戊戌望，月食，監推有誤。時軒方以知術，擢太常少卿，掌監事，具言晉隋以來雖立歲差之法，終欠精密，況南北高下，地有不同，豈能脗合天象。監臣不能隨時修改，故多舛誤。會俞正已上改曆議，詔禮部及軒參考。軒奏正已膠泥所聞，輕率妄議。語見《正己傳》、《明史本傳》、《曆志》。

清・黄虞稷《千頃堂書目》卷八　童軒《籌邊録》。

清・萬斯同《明史》卷一三四《藝文志》　童軒《籌邊録》。

吴　昊

明・過庭訓《本朝分省人物考》卷六一《吴昊》　吴昊，字仁甫，臨川人。少穎敏，通《詩》、《易》，補天文生。成化間，鄱陽童公士昂以太常少卿歷欽天監事，薦爲五官保章正。數年陞秋官正，又陞監副。弘治二年，陞監正。當是時敬皇帝新服厥命，奉天勤民，或乾象告異，必直書以奏，無所諱飾，曰：「吾無以報上，於此盡吾心焉耳。」寮屬有缺，必得其人而後薦之，故監之額員未嘗備。【略】十年，以監正秩滿，進太常寺少卿。正德元年，以少卿秩滿，又進太常寺卿。四年六月二十一日，卒，年六十三。其爲監副時，監正適缺，衆以屬昊於是。童公休退久矣，昊疏其賢不可及，遂復詔周及童公以南京禮部尚書，再乞休退。又嘗以俸餘餽之。是皆流俗所難得者。

清・萬斯同《明史》卷二四二《吴昊傳》　昊，字仁甫，臨川人，用世業補天文生。軒初領監事，器昊，薦爲五官保章正。弘治初，累遷監正。昊言選擇時日當遵用大統曆及洪武年所定曆書，他雜書宜燬，觀象臺渾儀、簡儀宜修改，天文書籍當考訂，是正回回。天文生陰陽，人等多怠玩，請令日晝卯酉簿簡，立班長，稽術業，精疏量，勞逸差，具斗食，且復其身。詔悉從之。四年，京城火，踰旬不息。昊據占書，言此名濫火，乃政事不修之證。又以示時俗虛僞侈靡之戒，請帝勤加修省。八年八月奏月食不驗，昊謂據回回曆則不當食，大統曆則當食，臣監但守大統法，以是致誤，乃奪俸。九年秩滿，進太常少卿。

清・阮元《疇人傳》卷二九《明一》　吴昊，字仁甫，臨川人也。成化中爲欽天監正，奏言授時術起至元辛巳，今二百一十年，與歲行差三度餘矣。及今不改，恐漸疎謬。詔下禮部，議如其説。宏治二年，上言觀象臺舊制渾儀黄赤二道交於奎軫，與今之四正日度乖戾，其南北軸不合，兩極出入之度竅管，又不與太陽出没相當，故雖設而不用。所用簡儀，則郭守敬遺制，而北極雲柱差短，以測經星，去極亦不能無爽。今宜改造渾儀，以黄赤二道環交於壁軫，始與天合。又言觀象臺所用渾儀俱南京舊制，兩京相去二千七百餘里，去極高下不同且歲久，推驗漸差，請修改或別造，以成一代之制。事下禮臣覆議，令同監副造渾、簡二儀，經緯皆與天合。正德初，進太常寺卿。卒於官。

彭德清

清・張岱《石匱書》卷一〇五　彭德清，正統時官欽天監正，扈從北征。時王振擅權，大臣咸俯首聽命。初出師，金星犯亢，明日黑氣四塞。又越二日，火星犯土。德清厲聲斥振曰：象緯示警，不可復前，若有疏虞，誰執其咎？振怒，詈之曰：死轡倘有此，亦天命也。遂遇害。

清・阮元《疇人傳》卷二九《明一》 彭德清，正統十四年官欽天監監正。先是永樂遷都順天，仍用應天冬至晝夜時刻。至德清測驗，得北京北極出地四十度，比南京高七度有奇，冬至晝三十八刻，夏至晝六十二刻，請改入大統術，永爲定式。從之。未幾，景帝即位，用天文生馬軾言，仍復洪永舊制。

康永韶

明・過庭訓《本朝分省人物考》卷三七《康永韶》 康永韶，祁門縣人，洪武五年舉人，除御史，巡按江西，建言落職。後累陞太常少卿，以占天象，預奏六月雨雪。兼領欽天監正，陞禮部右侍郎，致仕。

清・萬斯同《明史》卷二三四《康永韶傳》 康永韶，字用和，祁門人，舉於鄉，入國學，選授御史。成化初，巡按畿輔，劾尚書馬昂抑市民地，昂奏辨，遣官往覈。【略】久之，有言其知天文者，中旨召還，授欽天監正，進太常少卿，掌監事。永韶初爲御史，有直聲，及是見帝惑於左道權倖，用事乃更迎合取宠，占候多隱諱，甚者以灾爲祥。

清・張廷玉等《明史》卷一八〇《康永韶傳》 康永韶，字用和，祁門人，舉於鄉，入國學，選授御史。成化初，巡按畿輔，劾尚書馬昂抑市民地。四年，偕同官胡深、鄭已等争慈懿太后山陵事，彗星見復，偕同官上言八事，大旨與元前疏相類。南京大臣考察庶寮去留，多不當，永韶等復劾大臣行私，且摘刑部主事余志等十二人罪，爲志所訐，俱下詔獄。永韶謫順昌知縣，再調福清惠安。久之，有薦其知天文者，中旨召還，授欽天監正，進太常少卿，掌監事。永韶爲御史，有直聲，及是乃更迎合取寵，占候多隱諱，甚者以災爲祥。陝西大饑，永韶言今春星變，當有大咎，賴秦民饑死，足當之，誠國家無疆福。帝甚悦，中旨，擢禮部右侍郎，仍掌監事。坐曆多訛字，落職歸。

清・趙宏恩《（乾隆）江南通志》卷一四七《人物志》 康永韶，字用和，祁門人，以舉人擢御史。疏劾尚書馬昂不法，争慈懿太后山陵事，有直聲，尋謫知福清縣。以知天文召還，善筮法，恐上溺術，奏言臣但知易理耳。仕至禮部侍郎。

清・何紹基《（光緒）重修安徽通志》卷一八三 康永韶，字用和，祁門人。父汝芳，正統丙辰進士，由兵部主事改工部，治水河南，免夫役三萬，升辰州知府。永韶以舉人擢御史，成化初巡按畿輔。【略】後以劾大臣考察有私，下詔獄，謫知順昌、福清縣。以知天文，召還，授欽天監正，擢禮部右侍郎，致仕。

陳　鎬

明・雷禮《國朝列卿紀》卷一一一 陳鎬，字宗之，南京欽天監籍，浙江會稽人。成化丁未進士，弘治十六年任山東提學副使，正德五年以右副都御史任。七年，致仕。

明・過庭訓《本朝分省人物考》卷一二《陳鎬附弟欽》 陳鎬，字宗之，系出會稽。大父嵩以通天官學，徵赴南京，占籍欽天監。賦質卓穎，以文行聞。成化丙午鄉試第一，丁未成進士，授禮部主事。乞便養，改南京吏部郎中，山東提學副使，校閲精覈，公廉詳慎，終始如一。輯《洙泗誌》，振發士習，諸生感其風誼，興起成就者甚多，齊魯間稱名督學，必首推之。【略】壬申以疾乞歸，命未下而卒。所著有《矩菴漫稾》、《金陵人物志》，行於世。弟欽，字諒之，蚤負文譽，與鎬齊名，鄉會試皆與兄同登，人榮羡之。

清・趙宏恩《（乾隆）江南通志》卷一六五《人物志》 陳鎬，字宗之，家南京。少與弟欽俱有文名，同舉成化丙午鄉試，明年同登進士，同由郎署爲督學副使。時誂兄弟三同。鎬督學山東，爲衡文第一，曆官至巡撫。著《矩菴漫稿》、《金陵人物志》。

清・黄虞稷《千頃堂書目》卷八 陳鎬《孔貞叢闕里志》，十二卷。

清・徐乾學《傳是樓書目》 《闕里誌》十二卷，明陳鎬，八本。又一部，六本。

清・嵇璜《續文獻通考》卷一六四《經籍考》 陳鎬《闕里志》，二十四卷。鎬，會稽人，成化進士，官至右副都御史，巡撫湖廣。

清・嵇璜《續通志》卷一五九《藝文略四》 《闕里誌》二十四卷，明陳鎬撰。

清・永瑢等《四庫全書總目》卷五九《史部十五・傳記類存目一》 《闕里誌》二十四卷，浙江汪啓淑家藏本，明陳鎬撰，孔允植重纂。鎬，會稽人，成化丁未進士，官至右副都御史，巡撫湖廣。允植，孔子六十五世孫，襲封衍聖公。闕里向無志乘，僅有《孔庭纂要》、《祖庭廣記》諸書。宏治甲子，重修闕里孔廟成，李東陽承命致祭。時鎬爲提學副使，因屬之編次成志。崇禎中，允植重加訂補，是爲今本。以圖像、禮樂、世家、事蹟、祀典、人物、林廟、山川、古蹟、恩典、弟子、譔述、藝文分類排纂。而編次冗雜，頗無體例，如歷代誥敕、御製文贊，不入追崇恩典志，而另爲提綱。碑記本藝文中一類，乃別增譔述一門，均爲繁複。

清・丁立中《八千卷樓書目》卷五《史部》　《闕里志》二十四卷，明陳鎬撰，明刊本。

王瓊

明・雷禮《國朝列卿紀》卷三三　王瓊，字德華，山西太原府太原縣人。成化甲辰進士，授工部屯田司主事，歷員外郎，進都水司郎中。弘治九年，改户部陝西司郎中。有治才，留心國計，凡舊卷條例悉録之，以備稽閱。累官至都御史。正德二年，陞户部右侍郎。三年，改吏部，調南京吏部、户部侍郎，丁憂。六年，起户部右侍郎兼左僉都御史，賑恤畿甸山東地方。七年，陞户部左侍郎。八年，陞户部尚書。瓊在户部陝西司，於泉貨出入數目素熟練，嘗著論，謂國初制親王歲支禄米一萬石，後因地方豐歉或有減支，郡王將軍俱有常禄，亦因民供有限，悉減支一半本色、一半折色，其折色多不關支。又如初封郡王歲支二千石，以後襲封俱支。【略】故在户部於邦儲斂散酌盈濟縮，不尚同，亦不求異。凡非分於請有違成憲者，執奏不易。苟可以厚宗室利官民者，亦調停行之。人服其有心計。十年，改兵部。

明・王世貞《弇州史料・前集》卷三〇《王瓊傳》　王瓊，字德華，山西晉州人也。舉進士，爲户部郎，歷藩臬二千石，皆第最。武宗朝召拜户部侍郎，進尚書，久之改兵部。瓊爲人多計算，潁敏默識，凡天下兵馬數多寡强弱及塞隧夷險褊裨否，才一覽悉計無遺。武宗末，政在宦官，上多遊倖，饑民乘間起爲盜，最大者山東劉六、河南趙鐩、蜀中藍鄢、江西桃源、華林瑪瑙，多者至二十餘萬，攻城剽府，庫驅壯士，從老稚掠充食。劉趙輩尋爲尚書，彭澤、陸完先後平，餘黨次起，日益盛封，事告變旁午。瓊手録指悉，計合機宜。虜嘗入寇山西，一得利，踰歲乃復獵境上陽若東者。瓊曰：是必趨舊利奏。集諸鎮兵據山西要害，賊果入，大敗之。進少保太子太保。

清・萬斯同《明史》卷二五三《王瓊傳》　王瓊，字德華，太原人。成化二十年進士，授工部主事，進郎中，出治漕河。故事並河府縣各設判若丞一人，從工部郎董漕，其後上官輒檄治他事，漕政益弛。瓊至，悉不許。先是河旁貯埽及芻，足支數年，瓊爲減徵額，歲取十三，以其直貯庫，備河緩急。再歲，羸金三萬有奇，都御史欲以餉軍，瓊執不與。御史移防河材治學舍，瓊檄有司趣還之。治漕三年，臚其事爲志。繼者按稽之，不爽毫髮，由是以敏練稱。改户部，歷河南右布政使。正德元年，擢右副都御史，治鹽兩淮，分遣官按行所部捕私販及結聚爲盜者，官鹽乃稍稍通。入爲户部右侍郎。初衡府有賜地三百餘頃，悉荒蕪不可耕，有司歲勒民出租以爲常。至是王反誣民趙賢等侵據其地，詔瓊往按，瓊遂奪旁近民地四百八十頃予之，而奏除賠納之課，由是民失業者三百七十九户。賢等戍邊，人皆冤之。三年，吏部左侍郎缺官，廷推者三，劉瑾皆不用。最後推瓊，乃用之。

明・祁承㸁《澹生堂藏書目》　《漕河圖志》，八卷，四册。

清・黄宗羲《明文海》卷五九《奏疏十三》　《漕河圖志》、《海運編》、《太學馬鹽法志》之類，四方形勢，如《廣輿圖》、《九邊圖説》、《星槎勝覽》、《瀛涯勝覽》、《炎徼紀聞》、《殊域周咨録》之類，折衷以《實録》、《會典》所紀載，參以《衍義補》、《名臣經濟録》、《疏議》諸書。

清・徐乾學《傳是樓書目》　《漕河圖志》三卷，明王瓊，二本。又一部八卷，明王瓊，四本。

清・黄虞稷《千頃堂書目》卷八　王瓊《漕河圖志》八卷。

清・張廷玉等《明史》卷九七《藝文志二》　王瓊《漕河圖志》，八卷。

清・嵇璜《續通志》卷一五九《藝文略四》　《漕河圖志》三卷，明王瓊撰。

清・嵇璜《續文獻通考》卷一七〇《經籍考》　王瓊《漕河圖志》三卷。

清・永瑢等《四庫全書總目》卷七五《史部三十一・地理類存目四》　《漕河圖志》三卷，浙江鄭大節家藏本。明王瓊撰。瓊有《晉溪奏議》，已著録。先是，成化間三原王恕作《漕河通志》十四卷。宏治九年，瓊以工部郎中管理河道，乃因恕之書而增損之，首載漕河圖，次記河之脈絡原委及古今變遷、修治經費以逮奏議碑記，罔不具悉。《明史》本傳稱：「瓊出治漕河三年，臚其事爲志，繼任者案稽之，不爽毫髮。由是以敏練稱。」蓋其書之切於實用如此。惜原本八卷，此本止存三卷，非完帙矣。

清・張之洞《（光緒）順天府志》卷三六《河渠志一》　王瓊《漕河圖志》。

金獻民

明・雷禮《國朝列卿紀》卷四八　金獻民，字舜舉，四川成都府綿州人，成化甲辰進士。除行人司行人。弘治四年，擢浙江道監察御史，明習法律。嘗按雲南，善處夷方事。再按順天，益著風采。十一年，陞山東副使，爲天津兵備。十五年，守制。十八年，補湖廣副使。正德二年，陞湖廣按察使。本年，謫爲民。五年，起貴州按察使，本年守制。七年，補山東按察使。八年，陞都察院左僉都御史，巡撫延綏等處地方。本年，回院管事。九年，陞都察院右副都御史。十三年，陞刑部左侍郎。十五年，陞南京刑部尚書。十六年，改都察院左都御史，掌院事。嘉靖二年，遷刑部尚書。本年，改兵部尚書，不妨部事，兼督團營。四年，以哈密事往，及還，以原職致仕。

清・佚名《明季烈臣傳》　金獻民，字舜舉，綿州人。成化二十年進士，除行人。弘治初，選授御史，按雲南順天，並著風裁，出爲天津副使，歷湖廣按察使。正德初，劉瑾亂政，追坐獻民勘天津地不實，與巡撫柳應辰等械繫詔獄，斥爲民。未幾，又坐湖廣事，再下鈇罰贖歸。踰年，又以瀏陽民劉道隆獄讞不實，罰米輸塞下。瑾誅，起貴州按察使，擢僉都御史，巡撫延綏，歷南京刑部尚書。世宗即位，召爲左都御史。李鳳陽下刑部，程貴下都察院，皆改詔獄。獻民力争，已遷刑部尚書，執奏奸黨王欽主銓不宜貸死，皆不納。尋代彭澤爲兵部尚書，五星聚營室，其占主民，獻民因請敕天下鎮巡官預守戰之備，且請用賢納諫，罷土木，屏玩好，帝頗采納。獻民性伉直，有執持，帝或不能從，卒無所徇。【略】初，大禮議起，獻民教偕廷臣疏争及左順門哭諫，又與徐文華倡之。帝由此不悦，卒得罪。隆慶初，贈卹如制。

楊子器

明・過庭訓《本朝分省人物考》卷四七《楊子器》　楊子器，字名父，慈谿人。成化丙午經魁，明年丁未進士，除知崑山縣，以父憂去。弘治甲寅，起復，知常熟縣，召拜吏部考功主事。正德丙寅，轉驗封員外郎，尋陞郎中。又四年，遷湖廣參議，尋轉福建按察提學副使一年，轉河南右參政，尋進右布政使。是歲以湖廣郴桂功，受白金文綺之賜，尋轉河南左布政使，以入覲，卒於衛輝。子器每談治體，自六部達諸鎮，能歷道其故及當變通之宜。北虜犯邊，嘗陳邊務數十事。馬鈞陽、劉華容二公皆重嘆許，弘治末多所建白，至孝廟山陵方起，聞有水石爲病，上疏言之，至下詔獄，執不變。未幾，還原職。歷二邑，因時立政，畫然歸於禮法，毁諸淫祠，以其材充廟學公署之用。

明・徐象梅《兩浙名賢録》卷一八《經濟・江西左布政楊名父子器》　楊子器，字名父，慈谿人，成化丁未進士。歷崑山、高平、常熟三縣令，皆因時立政，以循良稱績最。陞吏部考功主事，倡五經會，或謂曹局清嚴，不宜汎，有交游，則謝曰：吾學不欲以仕廢，顧以地絶人邪？愈益延禮名流，討論群籍，非甚病披覽不輟，於時陳邊務十二事，鋭意經濟。會起孝廟山陵，聞中有水石，抗疏言之，爲誣者所搆，下詔獄，閣部臺諫交章救之，得免。【略】子器志存經濟，故學必期於有用，凡天下郡縣要害九邊阨塞以至山川道里宫府省署，無不了了，或扣之，輒歷道其故如懸河。性剛介，尤惡華侈，雖都通顯而服食如諸生時，餽遺故舊，僅取成禮，或以入覲勸備土宜者，輒誦于少保兩袖清風詩以謝之。所著有《雲湖讀書記》《長平雜稿》若干卷，藏於家。

周倫

明・文徵明《甫田集》卷二八《周康僖公傳》　周公名倫，字伯明，蘇之崑山人也。舉進士，知保定之新安。新安鄙小邑，而科讁爲煩，更前政隳弛，胥徒並緣爲姦。公總核鈎校，賦役維均，民視常出率損十五。又其民素苦馬牧，故事受牧視地，地有更易而賦馬不殊。公爲審畫調停，俾彼此相資而兩利之。常牧之外，復有寄牧，歲歉民疏，馬無所付，爲疏於朝，竟已之。在邑數更旱潦，爲修古常平之政，民饑穀翔，則損值分糶，歲登有羸，則平值收糴。自是廪庾常充，而饑歲有所恃矣。邑有長溝，諸隄已壞，爲小民病。賑饑令民，實土受粟，粟多寡視土賑，甫畢而隄成矣。因行視陂渠湮廢者，浚而通之，乃道民灌溉，教之樹藝。邑故有粟無稻，至是稻連阡陌，民知稻食而地無不闢矣。於是興修學舍，集生徒肄業其中，親爲講授，文教聿興，邑以大治。部使者上其治狀，徵入爲監察御史。【略】致仕二十一年，年八十，卒，是歲七月一日也。訃聞，贈太子少保，謚康僖。再賜祭命，有司營葬如制。公端靖修謹，不立厓異，而臨事舒緩，出言平實。平生未嘗以色待人，又能與人爲善，人所爲，苟當其意，輒爲之傾盡。居官，持大體，不事苛刻。然敬慎不苟，有所施置，必當於理。外寬和而中實介辨，初爲逆瑾所窘，或請賄免，不可。及被復家居，瑾復鈎摭舊事，罰米三百石，貧不知所出，將毀産以給。同年友有爲御史者，榷鹽兩淮，力可以濟，或又勸之，公曰：「事有義，命毀，方以求濟，如義何？吾終不以顛頓困乏喪吾終守也。」其正而有執如此。爲文典雅明潔，必宗於理，詩尤新麗。所著有《貞翁净稿》二十卷、《奏議》二十卷、《西臺紀聞》二卷、《醫署》四卷。

明·雷禮《國朝列卿紀》卷五六　周倫，字伯明，直隸蘇州府崑山縣人。弘治己未進士，授新安知縣。十七年，行取擢山東道監察御史，上言孝廟上賓，内宮不宜作佛事及免近邊州縣進香。正德元年，養病，逆瑾以違限勒致仕。五年，補江西道御史，疏拯宿弊五事及薦舉廢棄大臣謝遷、劉大夏等，詔可。十一年，陞南京大理寺右寺丞。十六年，陞大理寺右少卿。嘉靖元年，轉本寺左少卿，本年陞都察院右僉都御史，理院事。乞假，尋丁母憂，服闋。四年，改南京提督江防。五年，陞本院右副都。六年，陞南京工部右侍郎，本年改兵部右侍郎。七年，陞兵部左侍郎，本年陞南京刑部尚書。八年五月，改刑部尚書。八月，履任命，侍經筵，九月，特旨調南京刑部。

清·馮桂芬《（同治）蘇州府志》卷九二　周倫，字伯明，弘治乙未進士，授新安知縣。歲旱，飛蝗蔽天，倫虔禱三日，大雨，蝗死。明年大水，疏請賑貸。長堤潰，以粟募民築堤，堤成，民亦得食。拜御史，巡視居庸、龍泉等關。正德初，奉敕勘太監李興擅伐禁林山木，奏入，上嘉其直。聞父病，請急歸，而父已卒。劉瑾用事，以養疾違限，勒致仕。又以曾薦都御史雍泰及論西庫布花積弊，罰米三百石，傾其家。瑾誅，復官，疏請録用謝遷、劉大夏、許瓚等。劾大學士焦芳、總兵張洪等，上皆納之。巡按山西，奏築太原、南關、新城及武寧關土堡垛口濠塹。久之，陞南京大理丞，進少卿。嘉靖初，遷僉都御史，提督操江，擢兵、工二部侍郎，拜南京刑部尚書，旋改北侍經筵。時輔臣桂萼被論去，詔逮其私人李夢鶴等下刑部，張璁請解於倫，倫不可。無何，璁召還，仍出倫於南部。三年，謝政歸。又十年，卒，贈太子少保，謚康僖。

清·黄虞稷《千頃堂書目》卷八《地理類下》　周倫《浙東海邊圖》。

劉天和

明·李賢《明一統志》卷六一　劉天和，麻城人，正德初進士，拜御史。忤逆瑾，謫縣丞。瑾敗，起湖州知府，轉陝西提學副使，擢都御史，巡撫甘肅，舉屯政，西盡青海。巡視河道，疏汴河，殺其下流。又疏泰山七十二泉，濬其上流，運道遂通。進兵部尚書，值北兵入境，出兵拒戰，加少保。尋卒，謚莊襄。

明·黄訓《名臣經濟録》卷五〇《工部·楊旦〈劉天和治河始末〉》　我皇明建都上游，挽漕東南以給京師，舉由江淮經徐兗導汶建閘浮衛以達，謂之運河。所慮爲運河之害者，則惟黄河而已。迺於開封下及曹單八百里間，循河北岸築堤，捲埽以禦之，是以永樂間故元會通河之淤，景泰弘治間張秋之累決，先後命文武大臣於淤則濬之，決則塞之而已，不復引河，且用財累億計，而不敢以爲費，役夫至累歲而不敢以爲勞也。【略】正德己巳，河東決，沛縣飛雲橋入運。嘉靖戊子，治水者迺疏開封趙皮寨口，導河南，由亳泗歸宿分流入淮，以殺東流水勢。己丑庚寅間，飛雲橋之流北徙魚臺之穀亭，勢將及濟寧矣。舟行閘面，一時順利，而潰決堤岸衝廣，河身廢壞，閘座阻隔泉源，識者憂之。迺嘉靖甲午冬十月，趙皮寨河南向亳泗歸宿之流驟盛，東向梁靖之流漸微，梁靖岔河口東出穀亭之流遂絶。自濟寧南至徐沛數百里間，運河悉淤，閘面有没入泥底者，運道阻絶，朝野憂虞。於時有引黄河、濬漕河二議，莫能決。總理河道右副都御史劉公天和曰：吾誰適從哉？吾惟審地形，相水土之宜，計工役，權利害輕重，任勞省費，以求無負於國，無病於民爾。吾何容心哉？乃博采羣議，躬行相度，自趙皮寨東流故道，凡百二十餘里，而至梁靖河底，視南流高丈有五尺，自梁靖岔河口東流故道，凡二百七十餘里，而始至穀亭，已悉爲平陸，日道遠費，廣河不可復道矣。兼慮如歐陽修所謂「故道雖復，旋復淤塞」。是捐費財力，而且以其勢貽後人也。況孫渡新河之覆轍當鑑耶？迺議惟濬淤修閘，以復先朝成憲爲便，而時已寒凍，舟且至，期限逼甚。迺測淤淺深、度河廣狹，淤以尺計，工以日計。役巨期迫，公迺完測諸閘自水面至淤、自淤至閘底之淺深，而後逐里逐段止測水之淺深，即知淤之淺深矣。淤之淺深，自數尺以至丈有九尺，通融計算，各淤深一丈一尺九寸，議止濬一丈爲準。復度河中心至岸廣狹，自三十餘步至四十五步，一以四十五步爲準。復置方斗深廣各一尺，取泥實之，秤重一百四十斤，每一筐以泥百斤爲準。濬河則以面廣十丈、底廣五丈通融折算，七丈五尺爲準。濬河工每長一尺廣七丈五尺即得泥一千五十筐爲準，復計春月每日可行百里許，擡泥止以往還五十里爲準，餘爲休息，以每里三百六十步計之，二人每日可擡泥二十筐，然四人擡泥，即一人取泥，五人總計各得泥八十筐，仍減十筐，止計七十筐。一人用工兩月，内以一月爲陰雨及泥水妨工，止計實工一月，是一人可擡泥二千一百筐，即該分工二尺。先是，羣議以前會通張秋近年新河之役計之，非役夫數十萬不可，蓋彼皆用工久，而茲役止兩月故也。公曰：審如是，民不堪命矣。乃竭心思，規畫既定，而夫役勞費大省。定番休以節夫勞，兼雇役以省民力，復議濬南旺淤淺，以免盤剥。築曹單長堤以防衝決，復沽頭管閘，部屬及諸閘官胥役夫，公手自籌算，甫旬日，而議定謀協，纖悉詳備，區畫程度先後，條列以聞。上深用嘉納，賜勑，有竭誠體國之褒。南北畿輔、山東、河南文武監司而下，悉聽節制，許一切便宜役事。迺申令戒期，分工畫地，植廬舍以便居處，給醫藥以療疾病，用是大小臣工罔敢弗協。淤深泥陷不能着足之工，則雜施土草，截河築壩，縱横填路，下施新製兆杓、方杓、杏葉杓，魚貫以濬之，泥最稀陷最深者，則用木笥柳斗下取，猿臂傳遞登岸，瓦礫之土則用鍬钁，溜沙之土則用兆杓，姜石之土則製鋸齒、鐵叉尺寸鑿之。【略】用平準以測濬之淺深，俾舟行無滯也。水平法，用錫匣貯水，浮木其上，兩端各安小横板，置於數尺方棹之上，前豎木表長竿，懸紅色横板而低昂之，必與匣上横板平準，以測高下。凡上下閘底高低及所濬河底淺深，悉藉此以度之。公躬親測量，暴露風日，行泥淖中，遍歷諸閘。人不堪其勞，公弗恤也。

明·雷禮《國朝列卿紀》卷一一六 劉天和，字養和，湖廣黄州府麻城縣人，正德戊辰進士。十六年，任山西提學副使。嘉靖元年，養病。五年，補陝西提學副使。六年，陞南京太僕寺少卿，未任。本年改提督四夷館太常寺少卿。本年陞巡撫甘肅右僉都御史。九年，改撫陝西。十年，加右副都，仍前任。十一年，丁憂。十三年，起總理河道。十四年，加工部右侍郎兼僉都，仍前任。本年回部。十五年，以兵部左侍郎兼都察院右副都御史，總制陝西三邊軍務。在鎮上封事，請設重險以衛内，除戎器以備外，於是有乾溝、乾澗、諸女墻壕墩之設。初，延寧間原有二邊城，東枕河西過套地東古城諸城，又西過東勝州紅鹽諸池蓮花諸城，駱駝山卯孩水至定邊墩止，凡袤千二百餘里。成化間，延綏撫臣余子俊所修定邊墩，又西過花馬池舊城，又西至横城堡，凡三百里。成化間，寧夏撫臣徐廷章所修，是爲大邊。東枕河起焦家坪，西過神水諸堡，又西過榆林城，又西過乾溝乾澗，至三山饒陽水堡褒，視大邊，亦撫臣子俊所修。饒陽起暗門，西過甜水堡，過響石溝，過徐斌水青沙峴，至靖虜花馬岔西至河止，凡千三十里，弘治間總制秦紘所修。是爲二邊。乃後大邊城西横城堡側，虜數入。今世廟在位，乃命總制楊一清西趾河，東接大邊，築新城，凡四十餘里。後大邊内清水至定邊營一帶，虜復數入。又命總制王瓊南枕乾溝，北過定邊，又西邊花馬池北，又西過清水營，北接新邊城，築二百三十餘里。【略】十九年，召南京户部尚書。二十年，改兵部，加太子太保，提督團營。詳兵部。

明·廖道南《楚紀》卷一六《懋庸外紀後篇》 劉嘉靖甲午，漕河淤塞，起視河道。先是都御史盛應期創開昭陽湖，所費不貲，績用不成。天和躬負畚锸，疏汴河，自朱仙鎮至沛縣飛雲橋，殺其下流，又疏山東七十二泉，自皃尼諸山達南旺湖，濬其上流，運道通濟。功告成，陟兵部尚書，總督三邊。值北虜吉囊大舉入寇，天和宵究象緯，昕籌帷幄，擒斬俘馘，大致克捷。事聞，上嘉賚之，加少保兼太子太保，賜玉帶，提督團營給事中。周怡忌其功，摭言致仕。子瀠亦舉進士，歷刑部郎中，謫汝寧府通判。

明·王世貞《弇州史料·前集》卷三〇《劉天和傳》 劉天和，字養和，麻城人。自主事改御史，暨瑾勢張甚，天和不爲屈，逮下獄，謫金壇丞。瑾敗，起知湖州，湖人德之。遷山西提學副使。少傅楊一清行邊才，天和薦之，以都御史撫甘肅。天和延故老，訪循趙充國金城遺蹟，募士屯田，更西盡青海。母喪，歸。漕河塞，起復，視河道，迺躬負畚锸，先卒疏汴，自朱仙鎮至沛飛雲橋，殺下流。又疏七十二泉，自皃尼諸山達南旺湖，濬上流。告成事，遷兵部侍郎，總陝西三邊諸軍。至則上言邊墻之利，與先臣瓊所未備者，請以時增築，詔可。乃悉委總兵梁震自定南至寧朔十七里，皆創起乾溝澗六十里，則因山爲塹，興武七十里，因舊跡稍堅厚，而又采兵部郎許論議，請以五六月候虜移軍門，住花馬池，調延寧固原奇遊騎兵，依墻爲守。報可，尋進尚書。

清·萬斯同《明史》卷二八五《劉天和傳》 劉天和，字養和，麻城人。曾祖訓，進士，山西參政。祖仲輈，舉人，崇德知縣。父燧，進士，豊城知縣。天和少隨父之官，從鄉先生楊廉學廉器之舉。正德三年進士，授南京禮部主事。居二年，劉瑾黜御史十八人改他曹，二十四人補之，天和與焉。八年，出按陝西鎮守。中官廖堂貪横，天和數裁抑之。【略】累遷湖州知府，多惠政，民德之，爲立祠。嘉靖初，擢山西提學副使，累遷南京太常少卿。六年冬，以右僉都御史督甘肅屯政。奏言肅州堡砦疏薄，賊易攻剽，故屯田日廢。今括本衛丁壯及山陝流民，可得四千五百，中多矯健善戰者，請於近邊密置墩臺，增其樓堞，俾居中耕牧，遇警保寨，庶賊至無所掠，而屯作可漸廣，即甘凉莊浪諸邊皆可推也。」尋奏行弊當革者五，曰：禁掊克，懲占役，清湖場，審派撥，核侵漁。利當興者五，曰：廣開墾，增墩堡，給牛種，興水利，恤屯兵。由是田制大興。九年春，改撫陝西。天和凡三涖陝，周知利病，乃請撤還鎮守中貴張紳及罷有司不經費爲民患者三十餘年，帝皆從之。【略】十三年，起故官總理河道，時黄河南徙，歷濟而徐，皆旁溢，不可漕。天和行視水勢，疏汴河，自朱仙鎮至沛縣飛雲橋，殺其下流。疏山東七十二泉，自鳧尼諸山達南望河，濬其上流。役夫僅二萬，不三月，訖工，加工部右侍郎。理河道如故，故事河南八府，歲役民治河，其不赴役者歲徵召募費人三兩。時河南歲饑，天和以工竣而儲有餘，請並河州縣曾役民者盡蠲其課，遠河未役者半之，詔可。十五年，改兵部左侍郎，總制三邊軍務。【略】論功加天和太子太保，廕一子，錦衣千户，前後賚銀幣以十數。其冬，遷南京户部尚書。踰年，召爲兵部尚書，專督團營，列上營務十事，多允。行給事中周怡論天和衰老，遂乞休歸家。居三年，卒，贈少保，謚莊襄。天和長身玉立，顧盼偉如，少厲節操，老而逾峻。初爲進士，劉瑾奇其貌，招之，欲與叙宗姓。天和不往。晚年内召，陶仲文以刺迎之，且稱戚屬，天和返其刺，曰：悞矣，吾中外姻連，都無是人。仲文恚。其罷官有力焉。子濲，進士，刑部郎中。

明・焦竑《國史經籍志》卷三《史類》 《問水集》一卷，劉天和。

明・祁承㸁《澹生堂藏書目》 劉松石《問水集》六卷，二册，劉天和。

清・黄虞稷《千頃堂書目》卷八 劉天和《問水集》六卷。

清・徐乾學《傳是樓書目》 《問水集》六卷，明劉天和，二本。

清・張廷玉等《明史》卷九七《藝文志二》 劉天和《問水集》六卷。

清・嵇璜《續文獻通考》卷一七〇《經籍考》 劉天和《問水集》三卷。

清・嵇璜《續通志》卷一五九《藝文略四》 《問水集》三卷，劉天和撰。

清・永瑢等《四庫全書總目》卷七五《史部三十一・地理類存目四》 《問水集》三卷，浙江鄭大節家藏本。明劉天和撰。天和有《仲志》，已著録。嘉靖初，黄河南徙，天和以右副都御史總理河道，乃疏汴河，自朱仙鎮至沛縣飛雲橋。又疏山東七十二泉，自鳧尼諸山達南旺河，役夫二萬，不三月訖工。詔加工部侍郎。此書蓋據其案視所至形勢利害及處置事宜詳述之，以示後人。一卷末有《治河本末》一篇，爲工部都水郎中鄖城楊旦所作，以紀天和之績。後四卷則皆其前後奏議之文也。

清・丁立中《八千卷樓書目》卷八《史部》 《問水集》三卷，劉天和撰。金聲玉振本。

許論

明・李開先《李中麓閑居集・文》卷六《廣輿圖序》 默齋許尚書自爲祠郎日，曾著《九邊圖論》。今稍益以各方要害以及四夷，雖名其書爲《廣輿圖》，實則以九邊爲重，而九邊又以北夷爲重也。

明・雷禮《國朝列卿紀》卷一一六《薊遼總督行實》 許論，字廷議，河南靈寶縣人，嘉靖丙戌進士。六年，授順德府推官，十年，陞户部山東司主事，本年調兵部武選司主事。十一年，養病。十二年，補職方司主事。十三年，丁憂。十六年，補禮部祠祭司主事。十七年，陞主客司員外郎。十八年，陞本司郎中。十九年，陞南京光禄寺少卿。三十一年，陞南京大理寺右寺丞。二十二年，任巡撫順天右僉都御史，整飭薊州邊備。二十三年，陞右副都御史，仍照舊巡撫。本年養病。二十九年，以原官巡撫山西。三十三年，陞兵部左侍郎，協理戎政。尋以原官兼左僉都御史，總督宣大軍務。本年以軍功陞右都御史。三十四年，陞兵部尚書。三十七年，以給事中吴時來劾其與宣大侍郎雷同附和，上謂論欺朕事玄不視朝乃爾推官濫冒，令革職。三十八年，起總督薊遼軍務。四十年，回籍聽勘。四十一年，給事中鄧棟奉詔查覈薊鎮，盡得官吏侵牟之數，言其調度失策，令閑住。

明・過庭訓《本朝分省人物考》卷九〇《許論》 許論字廷議，靈寶人，正德己卯舉鄉試第四人。越七年，成進士，奉使餉榆林邊，士氣勃勃，自負直將長驅沙漠，封狼居胥，出理邢州，以無害課最。會仲叔並列卿貳，例格臺垣。尋進職方。既終母喪，補禮部，奉詔進《九邊圖論》，世宗嘉納之。歲庚子，由尚書郎進南京光禄少卿，尋遷南京大理寺丞，釋囚汪敬、劉鎮冤獄。會邊事起，南京交薦論材，可備击急邊，會推京兆撫臣，署居次，上曰：「是嘗上《圖論》者。」遂進都察院右僉都御史，撫薊州。始入軍，上備邊十二事，要以振律宣威、汰冗蘇困、居常選鋒、團練攢槽伺秣，士馬一新。白通事結虜入邊，襲殺守備，大掠而去。【略】丙寅冬十月，自理喪具，端坐而終，年七十二。論故於文事優，率以用武顯，終始邦政，身繫邊圉安危者，餘三十年，以首功計者二萬三千，酋首旗纛，車馬器仗，以鹵獲計者三萬五百，修築邊墻以里計者四千，墩堡以座計者三千。人言襄毅之有恭襄，猶絳侯之有條侯、驃姚之有冠軍也。穆考即位，詔復故秩，謚恭襄。諭祭九壇，遣中書劉天衢營葬。

清・萬斯同《石園文集》卷五《讀許論傳》 嘗讀許恭襄《九邊圖説》，未嘗不歎其討論之精，綜理之善也。以爲使其當事，宜必有可觀者。後邊疆多難，論以此書，故當宁遂以邊才目之。凡巖疆要任，多以相委，宜其向所論著，悉見之於行事矣。乃左支右吾，卒未有卓然可紀之功，而其居本兵也，委身嚴氏，頗以溺職聞，何其名實之相背與？豈其所論著者，固可言而不可行與？蓋空言易而措施難，大抵然也。爲國用人者，尚核其實而毋徒取其言。

清・張廷玉等《明史》卷一八六《許進傳》 許進，字季升，靈寶人。成化二年進士。【略】子誥，讚，詩，詞，論。【略】論，字廷議，進少子也。嘉靖五年進士。授順德推官，入爲兵部主事，改禮部，好談兵。幼從父歷邊境，盡知阨塞險易，因著《九邊圖論》上之。帝喜，頒邊臣議行，自是以知兵聞。累遷南京大理寺丞。會廷推順天巡撫，論名列第二。帝曰：「是上《九邊圖論》者。」即拜右僉都御史，任之。

清・王士俊《（雍正）河南通志》卷六〇《陝州》 許論，字廷義，靈寶人，進第八子。嘉靖丙戌進士，累官兵部尚書，總督薊遼。嘗進《九邊圖》，以不附嚴嵩爲趙文華、鄢卿等所排。嘉靖三十四年，乞休歸。

清・張之洞《（光緒）順天府志》卷七三《官師志二》 許論，字廷議，靈寶人。嘉靖五年進士。著《九邊圖論》上之，帝喜，頒邊臣議行。遷南京大理寺，會廷推順天巡撫，論名列第二，帝曰：「是上《九邊圖論》者。」即拜右僉都御史，任之。

明・高儒《百川書志》卷五《史・地理》 《九邊圖論》二卷。皇明職方主事靈寶許論撰。冢宰許進之子，許讚之弟也。封疆延袤，山川險易，道里迂直，城堠疏密，據形審勢，計利制勝，非圖莫見也。作《九邊圖》，摭拾舊聞，參以時宜，作《九邊論》獻上，納之。

明・焦竑《國史經籍志》卷三《史類》 《九邊圖論》三卷，許論。

明・晁瑮《晁氏寶文堂書目》 《九邊圖論》。

明・周弘祖《古今書刻》上編《福建・書坊》 《九邊圖論》。

清・錢謙益《絳雲樓書目》卷四《典故》 許論《九邊圖論》三卷。

清・張岱《石匱書》卷三七《地里》 《九邊圖論》三卷，許論。

清・錢曾《述古堂藏書目》卷三《輿圖》 《九邊圖論》一卷。

清・錢曾《也是園藏書目》卷三《圖誌》 《九邊圖論》一卷。

清・黃虞稷《千頃堂書目》卷八《地理類下》 許論《九邊圖論》，三卷。

清・徐乾學《傳是樓書目》 《九邊圖論》，明許論。一本。《九邊考》十卷，明許論，二本。

清・徐秉義《培林堂書目・史部》 許論《九邊圖論》，一卷。

清・張廷玉等《明史》卷九七《藝文志二》 許論《九邊圖論》三卷。

清・嵇璜《續通志》卷一六六《圖譜畧下・兵防》 許論《九邊圖論》。

清・陳昌圖《南屏山房集》卷二〇《地理》 《九邊圖論》三卷，明許論撰。按論字廷議，嘉靖進士，從父進歷邊境，盡知阨塞險易，因著是書，上之。累官兵部尚書。

清・范邦甸《天一閣書目》卷二之二《史部》 《九邊圖》一卷，明嘉靖甲午禮部祠祭司主事許論撰。

清・丁立中《八千卷樓書目》卷八《史部・地理類》 《九邊圖論》一卷，明許論撰。

翁萬達

明・汪道昆《太函集》卷二九《明兵部尚書翁公傳》 公名萬達，字仁夫，揭陽鮀江里人也。其先莆人，徙揭陽上。五年，公舉進士，除度支郎，嘗主河西告糴，核諸豪闌出貨及侵地姦狀。尋視通州漕，諸豪亡敢撓漕法。又陳言鹽筴便宜事，上從之。京師饑，公行縣發粟，多全活。部尚書以爲能，尋拜二千石，守梧州。

明・過庭訓《本朝分省人物考》卷一一二《翁萬達》 翁萬達，字仁夫，號東涯，潮州揭陽人。少穎異，七歲時，父爲解書，至親親之殺，即悟曰：「斯異文同情之義也。」中乙酉鄉試時，夢神人大書弘濟二字。後見試卷批曰：「此子負弘濟之才。」夢乃驗。嘉靖丙戌，登進士，授户部主事，榷河西務，疏戚畹侵奪官地商税，語甚峻，上可之。會畿輔大饑，奉命出賑。【略】生平性剛志潔，思深猷遠，視抗千古，心雄萬夫，坦而有制，沉而善斷，故所至以威略著聞。善御將士，能盡其才，而得其死力。其料敵甚審，臨戰每以身先士卒，虜衆當之，輒失其利。庚戌之變，上趣召萬達，達至，不先計謝嵩，嵩密使人諭指，亦不應。是時嵩子世蕃擅權黷貨，無敢撓者，慮萬達强執，乃乘上怒，媒孽之，竟坐廢而卒。隆慶初，追謚襄毅。言者稱嘉靖末年邊臣行事適機宜、建言中肯，萬達一人而已。

清・屈大均《廣東文選》卷一五《明歐大任〈翁尚書傳〉》 翁萬達，字仁夫，揭陽人。生而頴異，五歲能誦書，比長有文名。嘉靖丙戌登進士，授户部主事，督税監兑，所至有聲。榷河西務，疏戚畹侵奪，語甚峻，上可之。庚寅，陞署員外郎，督通州倉，會權貴阻撓運道，使人奪其舟，乃不敢犯漕令。謗言朋興，屹不爲動。【略】萬達性剛志潔，思深猷遠，視抗千古，心雄萬夫。坦而有制，沉而善斷，胸襟灑脱，洞然如青天白日。時出經濟，真如迅霆之不可禦，鬼神之不可窺，故能達變傾否，動有成算，雖古社稷臣亡以逾也。所著有《稽愆集》、《平反紀畧》、《總督奏議》若干卷，藏於家焉。

清・張廷玉等《明史》卷一九八《翁萬達傳》 翁萬達，字仁夫，揭陽人。嘉靖五年進士。授户部主事。再遷郎中，出爲梧州知府。咸寧侯仇鸞鎮兩廣，縱部卒爲虐。萬達縛其尤横者，杖之。閲四年，聲績大著。會朝議將討安南，擢萬達廣西副使，專辦安南事。【略】萬達精心計，善鈎校，牆堞近遠，濠塹深廣，曲盡其宜。寇乃不敢輕犯。牆内戍者得以暇耕牧，邊費亦日省。【略】萬達事親孝，父殁，負土成墳。好談性命之學，與歐陽德、羅洪先、唐順之、王畿、魏良政善。通古今，操筆頃刻萬言。爲人剛介坦直，勇於任事，履艱危，意氣彌厲。臨陣嘗身先士卒，尤善御將士，得其死力。嘉靖中，邊臣行事適機宜，建言中肯窾者，萬達稱首。隆慶中，追謚襄毅。

清・黄虞稷《千頃堂書目》卷八《地理類下》 翁萬達《宣大山西諸邊圖》，一卷。

清・張廷玉等《明史》卷九七《藝文志二》 翁萬達《宣大山西諸邊圖》，一卷。

清・嵇璜《續通志》卷一六六《圖譜畧・兵防》 翁萬達《宣大山西諸邊圖》一卷。

清・陳昌圖《南屏山房集》卷二〇《地理》 《宣大山西諸邊圖》一卷，明翁萬達撰。按萬達，字仁夫，揭陽人，嘉靖進士，是圖蓋嘉靖二十三年代翟鵬總督宣大、山西、保定軍務時所作。

鄭曉

明・焦竑《國朝獻徵録》卷四五《刑部二・戚元佐〈刑部尚書端簡公曉傳〉》 端簡公鄭氏，海鹽人，名曉，窒甫其字，小字阿文。少好嬉戲，乘屋緣木，蹻捷自喜。八九歲時，夏月猶被絮襖，逐群兒堉，堉循溇塹，捕蚌也。里中王生見之，謂其父儒泰曰：「阿文昂頴豐顱，蒼顔鳳目，相當貴，柰何不令學哉？」儒泰曰：「吾父積學一生，乃官提舉。吾學數十年，即碌碌不自拔。吾父子教授里中弟子凡數百，顯者凡幾？讀書良苦，又以苦之子耶？」久之，取《大學》序文，試令識字則盡識，解以字義又盡解，於是授之經傳。不半歲，遂通《尚書》《論》《孟》大旨。父喜，益博以諸經子史，且指古人成事列其臧否，誡之曰：「如此則君子，如彼爲小人，苟其學如此，其人如彼，即富貴無爲也。」公聞教，服之終身，其毅然必爲君子者，父教之也。嘉靖壬午，舉鄉試第一。明年舉進士。董文簡公力薦之政府，政府亦雅知公，願一見之，公竟不一謁政府。授兵部職方主事，日就省中，羅九朝故牘閲之，凡天下阨塞、士馬虚實强弱之數，盡考覈而得其故。大司馬金公素重公，屬之曰：「子好學，幸爲我著《九邊圖》。」公於是屬藁，爲撰次圖誌三十卷，士林争傳之。會大禮議起，公抗章諫，且偕諸司跪左順門慟哭不已，上怒，下錦衣獄杖闕，下大同，卒殺其巡撫都御史，當事者請宥之，公獨以爲不可，疏乞正法。疏留中不報。未幾，以母喪歸，服除，補武選。又以父喪歸家，食者八年。已而言實，薦者衆，用薦者言，起考功主事，尋轉考功郎中。時巡按御史論劾，疏至，不甚當。公曰：「御史論劾不當，何以服人？」乃反論，謫御史，夏桂溪罷相，嚴分宜繼之。欲藉考察去臺諫之異己者，公不聽，則反黜其所私者凡數人。癸卯，轉文選郎中。分宜子世蕃以治中求爲尚實丞。公據故事以謝。分宜益怒，密疏數公譽，詔貶和州判官。而世蕃遂起，留尚實少卿。公既左遷，即習洽民事，視州治如家，求所以安輯和民者而布之政，民大悦。已轉大僕丞，又回翔南卿寺者幾十年。而癸丑遷刑部右侍郎。甲寅改兵部兼僉都御史，出撫鳳陽。【略】公生於博雅，手不釋書，人謂其偏嗜墳索而以文學取名天下。及撫淮，所至以武功顯，一時諸老將以爲不及。於是始知賢者運用，蓋不可測也。既而遷吏部左侍郎南京吏部尚書，世宗以公素知兵，出之南都非宜，留爲右都御史，協理戎政，至則奏罷諸軍之役工作者。衆咸感以奮。戊午，改刑部尚書兼兵部事。

【略】公既還，角巾布衣，徒步郊野，時時共老農論桑麻晴雨，泊如也。居家，與子履淳各一書室相對，日探討經史，方其意有所得，即呼其子詔之，父子間自爲師友。會其壻項篤壽同履淳舉進士，前後告歸，恒過從門墻論文道舊，公愈益喜。凡公所言，皆忠孝，其教子壻必爲君子，即其少所聞於父者，此以見其事父能不忘矣。公生平小心惕慮，常有以自下者，至其涖官，酬物憂勤，長慮常在數世之後，故歷任甚久。諸所關防案牘，無一毫詿漏，大都善用其機，不特娖娖醇謹而已。乙丑忽命履淳治後事，丙寅秋，病卒，年六十八歲。履淳等念公履歷不勝誣，訟之於朝，世宗詔復公官。穆宗皇帝改元，賜祭葬，贈太子少保，蔭一子入監。所著有《吾學編》、《古言》、《今言》、《奏議》、《文集》行於世。

清·張廷玉等《明史》卷一九九《鄭曉傳》 鄭曉，字窒甫，海鹽人。嘉靖元年舉鄉試第一。明年成進士，授職方主事。日披故牘，盡知天下扼塞、士馬虛實强弱之數。尚書金獻民屬撰《九邊圖志》，人争傳寫之。

清·趙宏恩《（乾隆）江南通志》卷一一二《職官志》 鄭曉，字窒甫，海鹽人，嘉靖間歷兵部侍郎副都御史，總督漕運。時倭寇淮扬，曉疏請造戰舸，築城堡，練兵將，積芻糗，廟灣諸海口皆增兵設侯，屢敗倭，前後斬首九百餘級。今如皋、海門諸城，皆鄭曉所築，以禦倭者。

清·沈壽民《姑山遺集》卷一六《司理漆公晉兵部職方序壬午三月》 鄭公日閱故牘，悉知天下阨塞、士馬虛實强弱之數，撰次《九邊圖誌》，纖悉無遺。故異日殲倭奴，通漕渠，理戎政，所至有成。

明·王圻《續文獻通考》卷一四七《經籍考》 鄭曉《禹貢説》一卷。

清·黄虞稷《千頃堂書目》卷一《書類》 鄭曉《禹貢圖説》一卷。

清·黄虞稷《千頃堂書目》卷四《正史類》 鄭曉《吾學編》六十九卷。《大政記》二卷。《遜國記》一卷。《同姓諸王表》二卷，《傳》三卷。《異姓諸侯表》一卷，《傳》二卷。《直文淵閣諸臣表》一卷。《兩京典銓表》一卷。《名臣記》三十卷。《遜國臣記》八卷。《天文述》一卷。《地理述》二卷。《三禮述》二卷。《百官述》二卷。《四裔考》二卷。《北卤考》一卷。《外吾學編餘》一卷。餘無。

清·嵇曾筠《（雍正）浙江通志》卷二四四《地理》 《九邊圖志》，鄭曉著。

清·張廷玉等《明史》卷九六《藝文志一》 鄭曉《尚書考》二卷，《禹貢圖説》一卷。

清·嵇璜《續通志》卷一五六《藝文略一》 《禹貢説》一卷，明鄭曉撰。

清·嵇璜《續通志》卷一六六《圖譜略下》 明鄭曉《禹貢圖説》。

清·陳昌圖《南屏山房集》卷一九《續圖譜畧稿上》 《禹貢圖説》一卷，明鄭曉。按曉字窒甫，海塩人，嘉靖進士，曉子履淳謂此書分疆界，列山川，開卷披玩，恍如身歷。

清·范邦甸《天一閣書目》卷一之二《經部》 《禹貢説》一卷，明鄭曉撰。

馬一龍

明·黄佐《南廱志》第五《職官年表上》 馬一龍，字負圖，應天溧陽縣人，嘉靖丁未進士，改翰林院庶吉士，歷檢討，嘉靖三十八年三月陞任。

明·何喬遠《名山藏》卷一〇一《貨殖記·馬一龍》 馬一龍，溧陽人。父性魯，歷官有惠政，爲雲南守，坐事下獄，使一龍之京辨奏。一龍因入貲爲國子生，守闕上書，工部尚書劉麟見而奇之，其秋遂發解京師，是爲嘉靖七年。居二十餘年，成進士，年四十餘矣。選翰林，爲庶吉士，乞歸養母，無以養也。吏部郎史際者，一龍外家，貸以百金。邑有荒區，久無耕人，一龍用金買牛十頭，傭耕作，一歲盡墾，大熟，乃作《農書》曰：農爲治本，食乃民天。天畀所生，人食其力。力不失時，則食不困。知時不先，終歲僕僕。故知時爲上，知土次之。知其所宜，用其不可棄，知其所宜，避其不可爲，力勝天矣。【略】一龍之言曰養生送死，無憾先王之道理，財恒足，聖經不廢也。君子不厭貧，亦不棄生。今野有遺蕪，人不自力，家無儲石，飲食若流，匄立至也。既終養十餘年，起復爲南國子司業，免官歸，卧疾玉華山，時時策杖循畝，與野老田畯論農事，而一龍家以大富。歲冬日，郡舉行鄉飲禮，一龍集其田間年八十上下者爲耆會，會二十有四人，則請講説五十年前所記一事。二十四人者，曰吕詵，曰陳錫，曰廷禄，曰吕訥，曰方，曰京，曰史儒，曰陳大德，曰馬漢，曰吕璧，曰陳邦瑞，曰王廷佐，曰仁，曰陳時傑，曰廷黼，曰大誥，曰暹，曰馬潮，曰萬民化，曰陳桂，曰史聳，曰琨，曰陳蕙，曰吕庭。各爲一龍言，而一龍記之。【略】一龍曰：「鄙哉，龍也。龍生也，近不識五十年前事，諸公所述，龍三犯焉。居廣大而服華美，棄徒行而安車馬，志古之人而不免俗之趨。鄙哉，龍也。」一龍狂宕有氣，尚屬文，惟意所至，作草書，散亂錯落，位置龐混，自比張旭。同時者有臨清人方焕，亦用其法。一龍所居，門闥洞廠，園池匝匼，而終不免豪誕之習，乃其所著《農書》，司馬遷所謂本富者也。

明・祁承㸁《澹生堂藏書目》 《九邊圖說》一卷，馬一龍。

鄭若曾

清・趙宏恩《（乾隆）江南通志》卷一五一《人物志》 鄭若曾，字伯魯，崑山人。幼有經世之志，凡天文、地理、山經、海籍，靡不周覽。嘉靖中，島寇擾東南，總制胡宗憲、大帥戚繼光皆重若曾才，事多諮決。後以倭平，議功論授錦衣職，辭弗受。所著有《籌海》等書。

明・朱睦㮮《萬卷堂書目》卷二 《江南經略》八卷，鄭若曾。又《日本圖纂》一卷，鄭若曾。

明・祁承㸁《澹生堂藏書目》 《萬里海防圖論》二卷，俱鄭若曾。又《江南經略》七卷，七册，鄭若曾。

明・焦竑《國史經籍志》卷三《史類》 《萬里海防圖論》二卷，鄭若曾。

清・張岱《石匱書》卷三七《地理》 《萬里海防圖論》，鄭若曾。

清・黃虞稷《千頃堂書目》卷八《地理類下》 鄭若曾《萬里海防圖説》二卷，又《江南經略》八卷。

又 鄭若曾《黃河圖議》一卷。

又 鄭若曾《日本圖考》二卷。

清・黃虞稷《千頃堂書目》卷九《典故類》 鄭若曾《海運圖説》一卷。

清・張廷玉等《明史》卷九七《藝文志二》 鄭若曾《萬里海防圖論》二卷、《江南經略》八卷。

清・嵇璜《續通志》卷一五九《藝文略四》 《黃河圖議》一卷，明鄭若曾撰。又《海防圖論》一卷，明鄭若曾撰。又《萬里海防圖説》二卷，明鄭若曾撰。又《江防圖考》一卷，明鄭若曾撰。

清・嵇璜《續通志》卷一六一《藝文略六》 《江南經畧》八卷，明鄭若曾撰。

清・嵇璜《續通志》卷一六八 鄭若曾《海运圖説》一卷。

清・嵇璜《續文獻通考》卷一七一《經籍考》 鄭若曾《海防圖論》一卷，《萬里海防圖説》二卷，《江防圖考》一卷，《鄭開陽雜著》十一卷。

清・嵇璜《續文獻通考》卷一八三《經籍考》 鄭若曾《江南經畧》八卷。臣等謹案是編爲江南倭患而作，兼及防禦土寇之事。八卷之中，每卷又各分上、下，多一時權宜之計。福建林潤爲應天巡撫，爲評而刊之。

清・永瑢等《四庫全書總目》卷六九《史部二十五・地理類二》 《鄭開陽雜著》十一卷，浙江巡撫采進本。明鄭若曾撰。若曾，字伯魯，號開陽，崑山人。嘉靖初貢生。是書舊分籌海圖編、江南經略、四隩圖論等編，本各自爲書。國朝康熙中，其五世孫起泓及子定遠又刪汰重編，合爲一帙，定爲《萬里海防圖論》二卷，《江防圖考》一卷，《日本圖纂》一卷，《朝鮮圖説》一卷，《安南圖説》一卷，《琉球圖説》一卷，《海防一覽圖》一卷，《海運全圖》一卷，《黃河圖議》一卷，《蘇松浮糧議》一卷。其《海防一覽圖》即《萬里海防圖》之初稿，以詳略互見，故兩存之。若曾尚有《江南經略》一書，獨缺不載，未喻其故。或裝輯者偶佚歟？若曾少師魏校，又師湛若水、王守仁，與歸有光、唐順之亦互相切磋。數人中惟守仁、順之講經濟之學，然守仁用之而效，順之用之不甚效。若曾雖不大用，而佐胡宗憲幕，平倭寇有功。蓋順之求之於空言，若曾得之於閱歷也。此十書者，江防、海防形勢皆所目擊，日本諸考皆咨訪考究，得其實據。非剽掇史傳以成書，與書生紙上之談固有殊焉。

清・永瑢等《四庫全書總目》卷七五《史部三十一・地理類存目四》 《黃河圖議》一卷，浙江范懋柱家天一閣藏本。明鄭若曾撰。若曾有《鄭開陽雜著》，已著録。是書所列，上起河源，下迄東海，凡爲五圖，而以歷代防濬得失附論於後。明代自嘉峪關外，即以爲絶域，無由西越崑崙。故所繪河源，仍沿《元史》之誤。至始終力主王獻開膠萊河以通海運之説，亦未必可以施行。黃河湍悍，變態百出，月異而歲不同。區區一卷之書，固未可執爲定論也。

又 《海防圖論》一卷，浙江范懋柱家天一閣藏本。明鄭若曾撰。若曾有《鄭開陽雜著》，已著録。是圖乃若曾與唐順之所共定，凡十二幅。其式以海居上、地居下，乃畫家遠近之法，若曾具爲之辨。胡宗憲所題爲《海防一覽》者，即此書也。其書成於《萬里海防圖》之先，葢草創未詳之本。後其六世孫定遠刊《海運圖説》、《黃河圖議》等編，復併是書刻之云。

又 《萬里海防圖説》二卷，浙江巡撫採進本。明鄭若曾撰。是書乃若曾入胡宗憲幕府以後與同事邵芳取舊撰《海防圖論》，復加考定。起廣東，歷福建、浙江、南直、山東、遼東，計程八千五百餘里。雜圖七十五，各爲之論。若曾自序以爲許默齋《九邊圖論》詳於西北，此獨詳於東南云。

又 《江防圖考》一卷，浙江范懋柱家天一閣藏本。明鄭若曾撰。若曾既圖海防，復爲此書。起九江，至金山衛，凡爲圖十有九。後備論沿江守禦兵弁之數及所當修補增置之法。

清・丁立中《八千卷樓書目》卷八《史部》 《鄭開陽雜著》十一卷，明鄭若曾撰，抄本。

俞大猷

明・鄧元錫《皇明書》卷三四《名將》 俞大猷，其先鳳陽人，世爲泉百户。髫齔時輒倜儻，以豪傑自命。家酷貧，日不能再爨，顧誦讀不輟，鋭意文事。已父卒，襲官學騎射，輒命中。從李良欽學擊劍，盡其術，益悟常山蛇勢，以爲兵法數起五，猶一身五體，雖將百萬之兵，固可使合爲一人也。嘉靖中，登會舉高等，以千户守金門，上書部使者，言兵部使者呵辱之，奪官，大猷笑曰：「此豈吾自見地耶？」遂盡鬻其家，遊京師，以書干。【略】譚侍郎綸與書言：「綸近對人言：節制精明，公不如綸。信賞必罰，公不如戚。精悍馳騁，公不如劉。然此謂小知。誠如霍子孟，任如諸葛亮，大如郭子儀，忠如文文山，毅如于肅愍，可以托孤寄命，則公之大受然也。公精誠，當不以老衰，不爲時變哉。蓋信重如此。」諸語具出俞集，而士大夫稱平閩浙功最者，往往推戚將軍繼光。

明・何喬遠《名山藏》卷七九《臣林記・俞大猷》 俞大猷，其先霍丘人，始祖敏以開國功授泉州衛百户。大猷氣貌不揚，言辭蹇滯，而忠誠自許，動擬古人爲秀才。時從泉中王宣、林福、趙本學授易，而本學能即《易》衍兵。既襲官，從李良欽擊荆楚長劍。【略】嘉靖十四年，登會武舉，時遣兵部尚書毛伯温征安南，大猷上伯温書，陳禦象猴傳槌地之法，不則使人持尺書諭降之。夷俗無禮，好殺辱諭，使破竹而束其膚，必得才學節識之士，輕死生重國體者，乃可任往。大猷自許不敢後古奇士，則請行。【略】平生推獎歐陽深、鄧城、湯克寬、陳第有國士之風，薦挽不遺餘力，城、克寬坐繫，以身保任之，其後皆至總兵。而歐陽深以秀才納級，爲指揮，結客募士，死興化之難。第先爲秀才，大猷一見事功，許之薦引武途，官至遊擊將軍，以不善事督撫，棄官歸家，年七十餘，歷遊海內，訪友論學，辨博而卓於見。深、城，猷同郡人。克寬，邳州人。第，連江人，第與予善。

清・張廷玉等《明史》卷二一二《俞大猷傳》 俞大猷，字志輔，晉江人。少好讀書。受《易》於王宣、林福，得蔡清之傳。又聞趙本學以《易》推衍兵家奇正虛實之權，復從受其業。嘗謂兵法之數起五，猶一人之身有五體，雖將百萬，可使合爲一人也。已，又從李良欽學劍。家貧屢空，意嘗豁如。父殁，棄諸生，嗣世職百户。

舉嘉靖十四年武會試。除千户，守禦金門。軍民囂訟難治，大猷道以禮讓，訟爲衰止。海寇頻發，上書監司論其事。監司怒曰：「小校安得上書。」杖之，奪其職。尚書毛伯温征安南，復上書陳方略，請從軍。伯温奇之。會兵罷，不果用。【略】

大猷爲將廉，馭下有恩。數建大功，威名震南服。而巡按李良臣劾其奸貪，兵部力持之，詔還籍候調，起南京右府僉書。未任，以都督僉事爲福建總兵官。萬曆元年秋，海寇突閩峽澳，坐失利奪職。復以署都督僉事起後府僉書，領車營訓練。三疏乞歸。卒，贈左都督，謚武襄。

大猷負奇節，以古賢豪自期。其用兵，先計後戰，不貪近功。忠誠許國，老而彌篤，所在有大勳。武平、崖州、饒平皆爲祠祀。譚綸嘗與書曰：「節制精明，公不如綸。信賞必罰，公不如戚。精悍馳騁，公不如劉。然此皆小知，而公則堪大受。」戚謂戚繼光，劉謂劉顯也。

清・黄虞稷《千頃堂書目》卷八《地理類下》 俞大猷《浙海圖》。

羅洪先

明・李開先《李中麓閑居集・文》卷六《廣輿圖序》 默齋許尚書自爲祠郎日，曾著《九邊圖論》。今稍益以各方要害以及四夷，雖名其書爲《廣輿圖》，實則以九邊爲重，而九邊又以北夷爲重也。杜守刻之青州，請予序之。予遂爲一序付之，曰：近因武備廢弛，都府於撫綏百姓之餘，將援據《圖經》，東自東海，西至西河，原有營衛者俱當查復，高堂曹濮之間亦須略修城堡，而海防尤急。經營方始，即以改官旋京，未及爲之矣。竊念天下大器，置之安，則一方不足慮矣。天朝疆宇廣闊，亘古所無，其東西則自遼陽以達酒泉，山川延袤萬里，紆迴聯絡，皆因地設險，各有墻塹鎮堡，帶甲之士四十餘萬，以制禦諸夷，可謂得上策與要道矣。夫外列九邊，所以控諸夷也。內列關隘，所以制九邊也。以居庸三關視九邊，則三關重而九邊輕，以居庸三關視鴈門偏寧，則居庸三關重而鴈門、偏寧亦不爲輕。至於山海關以迄黄花鎮，實居庸之東輔，而京畿之近藩也。自居庸迤西，則紫荆倒馬也。又西則鴈門、寧武偏頭，黄河之界也。渡河轉西，則河套之故地，東勝之遺址也。分力而固守，給地以屯種，越度砍木，私自開墾者，俱各有禁。遼東開元廣寧，地號襟喉，而金復海蓋之富庶，久失其舊，倭雖未來侵犯，在東南則自昔無聞之大變也，更不可不預爲之備。若夫革市、姦嚴、驗放、增臺、益軍、儲蓄、糧餉，其大端也，大寧未可，卒復薊州，宣連二鎮可也。而潮河川之間，黄花鎮之外，不可因循故態，宣府則獨石已不及於往日，經畧猶不備於今時，内而鷄鳴之川，直通内地之吭，外而威寧海子，斜當肆侮之鋒。大同則八柳樹等處，虜所出没，近雖設關，缺處猶多。黑石嶺一路，宣大之兩界，内外之持衡也。青北樓口老營堡，晉趙之隣境，北虜之熟路也。延綏移鎮榆林河套，未敢輕議。甘肅山隘口，尤爲要地。寧夏花馬池一帶，舊爲虜衝，賀蘭山鐵柱泉亦係緊關。甘肅孤懸二千餘里，經制尤難。外藩久撤，恢取不易。今則嘉峪關諸處所，宜設備固原，曾經大掠之後，今爲重鎮。然山後之虜時發，蘭靖安會之間可虞甚矣。統而論之，太寧之地不復，山後之寇鮮寧日，河套之穴尚在，俺荅等之擾無了期。假若破格有處，雖云鴈門等關可以入晉，武安涉邑可以入魏，獨黑石、古北、居庸等處，可以入燕，皆不必憂，山東永遠高枕而卧矣。至其所益各要害及四夷者，今又以倭夷爲重，猶九邊以北夷爲重也。中間審勢用人，練兵據險，柔遠能邇之道，因變制勝之方，鎮戍城堡之設，山澤虞衡之利，道里廣輪之詳，不出户而知之，不下堂而治之矣。斯刻也，不惟有裨東方，雖天下亦大於裨也。將執此以往，或以自用，或以資人之用，所謂易猶水也。隨其所用，存乎其人爾。

明·李開元《李中麓閑居集·文》卷六《又廣輿圖序》　臨川朱本初氏有《天下輿圖》，吉水羅念菴氏益以所見今事，亦云《廣輿圖》，猶之許默齋也。古齋左圖右史，史即其言，圖即其象也。夏之禹貢、周之職方、唐之十道、宋之九域，皆是物也。我朝有《寰宇通志》、《寰宇通衢》、《大明一統志》。孝皇以其未備也，集多官重加修輯，如黄河止總書起某地經某地，或利或害，大畧已具，而各郡縣境界，更不之及，最有條理。刊成，將頒布矣，忽龍馭上賓，以其悮於醫也。遂并《本草》、《東之高閣》，而《輿地略》、《一統輿圖》、《輿地指掌圖》，一書三名，大同小異，皆桂見山總括《一統志》而縮之者也。惟唐荆川所得《兩直十三省總圖》最爲詳盡，雖御覽圖不及，惜缺兩處耳。其他爲圖者，無所增益，無所發明，不過依樣畫葫蘆而已。念菴所廣之圖，真實親切，簡要詳明，山川險夷，户口多寡，攻守利弊，沿革根源，一披閲無不周知。由之處天下事，不勞餘力矣。舊序《廣輿圖》者，以養生爲喻。予今喻之以醫齒，其事異而理同者乎？齒列頤内上下，食飲是資，榮衛攸賴，其於新生名齔者，庸心防護，而殘者無留，固其宜也。乃有近喉傍耳牙頭齒，用必先焉，殘尚存而新將發，厥根初癢後痛，不果忍一痛以拔之，遂使晝夜不安，而食飲漸少，左右輔因而將摇，雖天君亦爲其所苦，乃毅然獨斷，以牽絲拔去其根，吾身方復其常。人又有風熱蟲毒之害者，芫花、大戟、川椒、細辛，固不可無，而歸、連、參、术、門冬、枸杞之屬，更不可緩，何也？蓋齒乃腎之標表而骨之精華也，腎實則骨强而齒固，又手陽明及大腸支脉所貫絡也。殘則須拔，幸而未及乎殘也，一補腎之外無奇術。今天下雖稱極治，不無衰弱姦頑之弊。審衰弱者補之，姦頑者除之，以渾厚之治體而養元氣，以精明之治功而作元神。審時爲政，因病制方，是在聖明天子及大小臣工誠心竭力，一轉移之間，無難矣。所謂今朝試揭輿圖，看萬里山河掌握中也。

明·鄧元錫《皇明書》卷四四《心學述》　羅文恭，名洪先，字達夫，吉水人，世所稱念菴先生者也。幼端重，有志於仙禪。會良知之説行，嚮往之，常擁膝危坐，自收攝。嘉靖己丑舉進士第一，授翰林修撰，引疾歸，欲畢志於學。【略】時先已不動心，大敬服求，未發之中，益攻苦，夜減食，焚香塊，坐一榻，至連霄不寐，防危守獨，爲兢兢。聞有爲性命之學者，則□饑寒，犯險遭逆，旅捽詈往，從之不悔。其言曰：學者自有生以來，積染成習，如油入麪，未易脱離。須終日酬應，終日消磨，不使習氣乘機潛發，方不負此生。又曰：必安頓收斂，枯槁一番，而後可以語良知之通塞。又曰：善學者竭才爲上，解悟次之，聽言爲下，恃妙契而不務，反躬以一念之明爲極，則以一覺之頃爲實際，而欲隨事隨物，流行順應，未有不倚見解言銓爲支吾者也。其寐言曰：自震而離而兑，陽之浸也，自巽而坎而艮而坤，陰之浸也。自内而外，謂之往往主發生，自外反内，謂之來來主歸復，易有太極逆也。生兩儀則順矣。數往者，順其後天乎？知來者，逆其先天乎？故月從逆爲朔。徵之吾身，目不逐境而内觀，耳不逐聲而反聞，心絶物誘而忘智，口絶言筌而守默，自外來感者我無馳也。以是爲未發之中，故其學於静中，常蟄常隱，伏强陽消，頡滑者久之，洞啓天門，静聞寒漏，恍然覺中虚無物，如長空雲氣，流行無止極，如大海魚龍，變化無間隔也。無内外可指，無動静可分，上下四方，往古來今，渾成一片。吾之一身，乃其發竅，固非形質之所能限也。而學益玄以深。中歲，復召爲春坊賛善，爲貴溪所惡，擠之，會疏請，預定東宫朝儀，遂罷歸，築室石蓮洞，掩關却掃，謝世不涉。分宜當國，數致書欲致之，竟謝不復起。卒，隆慶初，贈光禄卿，賜謚。先生事親孝，遇族父兄恭處鄉里恂恂。

父憲副公自有傳，憲副公遇先生嚴，既貴，訓勅不異童稚，稍失意，辭色必厲，客至，令行酒，拂席授几，如異時，先生從事欣如也。憲副公卒，苫塊柴毁，不入内三年。平生於辭受取與最嚴，當路常餽，絶不納。方引疾時，抵儀真，病殊殆。同年項侍御喬按江北日，就訊瓜洲，富人坐重罪，餙名姝，介萬金，求居間，峻拒之。項微聞，以其意嘗先生，先生厲聲曰：「君未聞志士不忘在溝壑乎？」項太息，以爲不可及也。晚益高峻，布袍芒屩，居閒樂道，士大夫仰之如景星慶雲，可望不可即云。先是，文成官南鴻臚，時吉安福劉伯光曉以世誼，往謁之，聞語學有契，由是確然信爲仁由己也，遂師事學焉。文成贈之詩，有一語「悟真機之歎歸」。日與其族父宜充，君亮等共學，而聯同志月爲會五日，曰惜陰。文成爲著《惜陰説》。

明·過庭訓《本朝分省人物考》卷六八《羅洪先》 羅洪先，字達夫，吉水人。自幼端重，不爲嬉弄。年五歲，夢至通衢，市人肩摩，自知爲夢，呼曰：「汝往來者皆在吾夢中，尚自攘攘，何耶？」拍手大笑。遂覺，以告母李宜人。識者知非埃壒人也。十一歲，讀古文，慨然慕羅一峰公之爲人。年十五，聞陽明王公講學虔臺，心即嚮往，遂卑視舉子業，常斂目端坐。同舍生誚之曰：是羅道學先生耶。比《傳習録》出，奔假手抄，玩讀至忘寢食。年二十二，舉於鄉。時同里谷平李公家食，往師事之。嘉靖八年廷試，世宗親閲所對策，御批云：學正有見，言讜而意必忠，宜擢之首。賜進士及第第一人，授翰林修撰。明年告歸。已而丁外艱，哀慟深，至塊蔬食，不入室者三年。一日讀《楞嚴經》，得反聞之旨，遂覺此身在太虚，視聽若寄世外。友人覩其顔貌，驚服。忽自省曰：「得無誤入禪耶？」乃反求諸孔孟，與同郡鄒文莊公及諸同志切劘，無虚日。召改左春坊贊善，疏請預定東宫朝儀，忤旨，罷爲民。家居，削跡城市，應酬禮文，辭受取與，一裁以義，不狥時局。人不敢於以私親賢問道，撝謙求益，未嘗以言詞先人。然瞻其容止者，非僻爲之潛消。遊衡嶽，僧楚石密授以外丹，拒而不受。里中得石洞，故爲虎穴，荆莽蓊鬱，闢之，可容百餘人，命曰石蓮。自是多洞居，時出，聚友於雪浪閣，四方縉紳士人請益者日衆。贛江水漲，宅舍漂没，假宿田家。撫院馬公森以其家貧寠，而嘗郤臺省餽坊數千金貯縣帑，檄縣取爲搆室助，竟辭之。荆川唐公以兵事起官，約偕出，曰：「天下事爲之，非甲則乙。某所欲爲而未能者，得兄任之，即比自效可也，奚必我出。」時相亦貽書致意，荅書願畢志林壑。年踰五十，謝客屏居止止所，製半榻，默坐榻間，不出户者三年。事能前知，人或訝之，答曰：「是偶然，不足道。」比荆川訃，至哭，始下榻。邑當造賦册，念詭灑重爲民病，戒里中按畝收賦，督册憲使即以邑册請任之。於是宿弊頓革，貧者懽若更生。比疾作，子世光適赴省試，家人問何言，答曰：「兒歸，但語以莫厭窮，窮固自好。」諸生環侍，以意示令扶起，危坐正巾，斂手端默而卒，年六十有一。其爲學也，始致力於踐履，中歸攝於寂静，晚徹悟於仁體。【略】蓋卒之先一月也，始歸田攻苦，淡鍊寒暑，躍馬彎弓，考圖觀史，其大若天文、地志、儀禮、典章、漕餉、邊防、戰陣、車介之事，下逮陰陽、卜筮，靡不精覈。至人才吏事，國是民隱，彌加諏詢。曰：苟當其職，皆吾事也。年垂五十，覩時事日非，乃絶意仕進，然饑渴由已撻市引辜之衷，未嘗一日忘。天下士想望其出，以卜治平，而竟不果。隆慶元年，詔贈光禄寺少卿，謚文恭。

明·張萱《西園聞見録》卷七 羅洪先，字達夫，號念菴，吉水人，嘉靖己丑狀元及第，歷官左贊善，謚文恭。自陽明先生倡致良知之説，學者始知舍聞見而求於心，然其傳之訛也。語心體而遺工夫，則日入於高虚而無益，其又訛也。【略】故公家居，弟子四遠而至，其爲教恒主《易》所謂寂然不動、《周子》所謂無欲故静者，而申告之曰：能静寂然後見知體之良，能收拾保聚然後能主静而歸寂。又曰儒者之學在經世，而以無欲爲本。夫惟無欲，然後用之經世，知精而力鉅。先生魁天下，年甫弱冠。時外舅官寺卿，報初下，喜甚，趨告先生曰：喜吾壻乃今幹此大事也。先生聆已，面發赤，對曰：丈夫事不知更有多少大事在，此等三年遞一人耳，奚足爲大事耶？是日猶有神采，偕黄何二孝廉聯榻蕭寺中論學焉。【略】自是學益近裏，篤信陽明良知之旨。後疾作，子世光適赴省試，家人問何言，答曰：「兒歸，但語以莫厭窮，窮固自好。」諸生環侍，以意示令扶起，危坐正中，斂手端默而卒，年六十有一。先生之學，始致力於踐履，中歸攝於寂静，晚徹悟於仁體。丁巳，學憲王敬所公宗沐訪石蓮洞中，問静，先生曰：君可聞者，吾之言也。所從出此言者，君不得聞也。豈惟君不得聞，吾亦不得而聞之。兹非至静爲之主乎？故曰：君子思不出其位，至静無思之位也。

明·何喬遠《名山藏》卷七六《臣林記·嘉靖臣五·羅洪先》 羅洪先，字達夫，吉水人。父循，自工部主事歷武選郎中，累山東副使，棄官歸。循之爲武選郎中也，劉瑾政用事會考，選武衛，罷金吾，在衛指揮某等二十餘人，是二十餘人者，皆瑾爪牙也。【略】始循以工部主事視吕梁洪，而洪先生，故以名慕羅倫之爲人與王守仁之爲學，既舉於鄉，屬循疾輟會試，受學其鄉先輩李中，嘉靖八年舉進士，廷試及第第一，授翰林修撰。踰年，請告侍親。客至，循命洪先衣冠行酒，拂席授几，執弟子禮，甚恭。居二年，詔劾告踰年者起補原職。洪先居京師，與歐陽德、徐階同師守仁學。丁父母憂，歸，三年不入内舍，盡讓家産與弟。服闋，會世宗立太子，坐所選宮僚不當，盡罷之，博求海内有名士，洪先與唐順之、趙時春及徐階、黄佐、鄒守益皆預，而洪先則與順之、時春同上疏，請以明年元日見皇太子於臣民，成朝正禮。是時上方病則大怒，遂皆黜爲民。嘉靖十九年也。語在《莊敬太子記》。洪先罷歸，角巾布袍，闢石蓮洞，作正學堂，讀書其中。弟子從者四至。世宗於建言諸臣，皆久廢不復。嘉靖季，倭虜作難，嚴嵩欲借邊才爲名援出之，順之與時春皆用，談兵起家，官至都御史，洪先獨堅辭。【略】其後吏部以洪先名上竟報，罷。御史凌儒薦洪先，上怒，黜爲民。洪先家居二十餘年，年過六十，閉關習學，求端性命，日造粹精，有時能前知事。【略】洪先居鄉，時時言有司「民所便者，邑有均賦之役」，爲終始任之，蓋曰是亦爲政。年六十四，卒。穆宗改元，贈光禄寺少卿，謚文恭。

清・張廷玉等《明史》卷二八三《儒林傳二》 羅洪先，字達夫，吉水人。父循，【略】洪先幼慕羅倫爲人。年十五，讀王守仁《傳習録》，好之，欲往受業，循不可而止。乃師事同邑李中，傳其學。嘉靖八年舉進士第一，授修撰，即請告歸。外舅太僕卿曾直喜曰：「幸吾壻成大名。」洪先曰：「儒者事業有大於此者。此三年一人，安足喜也。」洪先事親孝，父每肅客，洪先冠帶行酒，拂席，授几甚恭。居二年，詔劾請告踰期者，乃赴官。尋遭父喪，苫塊蔬食，不入室者三年。繼遭母憂，亦如之。

十八年簡宮僚，召拜春坊左贊善。明年冬，與司諫唐順之、校書趙時春疏請來歲朝正後，皇太子出御文華殿，受君臣朝賀。時帝數稱疾不視朝，諱言儲貳臨朝事，見洪先等疏，大怒曰：「是料朕必不起也。」降手詔百餘言切責之，遂除三人名。

洪先歸，益尋求守仁學。甘淡泊，鍊寒暑，躍馬挽强，考圖觀史，自天文、地志、禮樂、典章、河渠、邊塞、戰陣攻守，下逮陰陽、算數，靡不精究。至人才、吏事、國計、民情，悉加意諮訪，曰：「苟當其任，皆吾事也。」邑田賦多宿弊，請所司均之，所司即以屬。洪先精心體察，弊頓除。歲饑，移書郡邑，得粟數十石，率友人躬振給。流寇入吉安，主者失措。爲書策戰守，寇引去。素與順之友善。順之應召，欲挽之出，嚴嵩以同鄉故，擬假邊才起用，皆力辭。

洪先雖宗良知學，然未嘗及守仁門，恒舉《易大傳》「寂然不動」、周子「無欲故静」之旨以告學人。又曰：「儒者學在經世，而以無欲爲本。惟無欲，然後出而經世，識精而力鉅。」時王畿謂良知自然，不假纖毫力。洪先非之曰：「此豈有現成良知者耶？」雖與畿交好，而持論始終不合。山中有石洞，舊爲虎穴，葺茅居之，命曰石蓮。謝客，默坐一榻，三年不出户。

初，告歸，過儀真，同年生主事項喬爲分司。有富人坐死，行萬金求爲地，洪先拒不聽。喬微諷之，厲聲曰：「君不聞志士不忘在溝壑耶？」江漲，壞其室，巡撫馬森欲爲營之，固辭不可。隆慶初，卒，贈光禄少卿，謚文莊。

明・葉春及《石洞集》卷一〇《代令作》 石洞葉先生與念菴羅先生善法《廣輿圖》畫方計里，以圖永安，覈户口田賦，而正版籍之誤，心亦苦矣，不佞則有感焉。幅員七百里，可謂大版籍，厘七里，可謂小法，爲户七百七十，寓籍居半。老子稱小國寡民，非耶？治大國，若烹小鮮，小將若何？覩其小，撙節愛養之心生矣。圖其大，生聚教訓之心生矣。是治小國之道也。不佞之未能逮，以俟君子。

明・焦竑《國史經籍志》卷三《史類・圖經》 《輿地圖》四卷，羅洪先。

清・張岱《石匱書》卷三七《地里》 《輿地圖》四卷，羅洪先。

清・黄虞稷《千頃堂書目》卷六《地理類上》 羅洪先《廣輿地圖》四卷。

清・徐乾學《傳是樓書目》 《廣輿地圖》，明羅洪先，一册。

清・張廷玉等《明史》卷九七《藝文志二》 羅洪先《增補朱思本廣輿圖》，二卷。

清・嵇璜《續通志》卷一六六《圖譜畧下》 明羅洪先《增補廣輿圖》。

清・孫星衍《平津館鑒藏書籍記》卷二《明版》 《廣輿圖》一册，前有元朱思本輿圖舊序，次廣輿圖序，稱偶得元人朱思本圖。其圖有計里畫方之法，於是增其未備，因廣其圖，至於數十云云。不題撰人姓氏，據漕運圖下載歲運額數自洪武卅年至嘉靖元年止，又總圖王府禄米下云以上係嘉靖卅二年十月前數。《明史・藝文志》有羅洪先《增補朱思本廣輿圖》二卷，當即此書。

清・丁立中《善本書室藏書志》卷一一《史部十一上》 《廣輿圖》二卷，明嘉靖刊本。孫淵如觀察《平津館鑒藏記》有《廣輿圖》一册，前有元朱思本《輿圖舊序》，次《廣輿圖序》，稱偶得元人朱思本圖，其圖有計里畫方之法，於是增其未備，因廣其圖，至於數十云云，不題撰人姓氏。據漕運圖下載運額數自洪武廿年至嘉靖元年止。《明史・藝文志》有羅洪先《增補朱思本廣輿圖》二卷，當即此書。淵如觀察殆未見此帙諸序也。此帙有嘉靖丙寅巡撫山東御史霍冀、又嘉靖辛酉浙江布政使胡松、餘姚徐九皋等敘。又一序云：朱爲撫之臨川人，博學多聞，蹤跡徧海內，自敘此圖乃其十年之力。苟非足目所及，未敢遽書，可謂用心之勤。至其所爲畫方之法，則巧思者不逮也。然考郡史不載姓名，其圖亦不多見，豈所謂本之則無矣乎？嗚呼！又安知吾之諸圖之不爲長物也。殆即洪先所序歟？

清·丁立中《八千卷樓書目》卷六《史部》《廣輿圖》二卷，明羅洪先撰，明刊本。

盧鏜

清·嵇曾筠《（雍正）浙江通志》卷一四八 盧鏜，字子鳴，汝寧衛人。嘉靖時由世廕歷官，備倭福建，遷都指揮。擊賊嘉興，擢參將，分守浙東濵海諸郡，與副將俞大猷大破賊王江涇。旋督保靖，土兵擊賊張莊，焚其壘。賊出没台州外海，鏜勦擒其酋林碧川等。旋擢協守江浙副總兵。賊陷仙居，趨台州，鏜破之彭溪，乃與胡宗憲共謀滅徐海。宗憲招汪直，鏜亦説日本使善妙令擒直，直與日本貳卒伏誅。擢都督僉事，爲江南浙江總兵官。倭復犯浙東，水陸十餘戰，斬首千四百有奇。宗憲以蕩平聞，鏜增俸賚金。

清·黃虞稷《千頃堂書目》卷八《地理類下》 盧鏜《浙海圖》。

尤瑛

明·張弘道《明三元考》卷一一 應天尤瑛，無錫人，字汝白，號廻溪。治書爲人，倜儻負氣，卓有大志。連登甲辰進士。分宜賞其才，聘修宗譜，鍈不從。請爲校官，聘主蜀試，瑛辭焉。入爲國子丞，擢禮部主事，出爲廣東僉事。會剽賊季文彪稱王，瑛用計平之，因平陳忠祐等四十餘巢，轉江西參議，卒。

清·趙宏恩《（乾隆）江南通志》卷一四二《人物志》 尤瑛，字汝白，無錫人，嘉靖甲辰進士。留心韜略，手畫《九邊圖著論》三十篇。官儀制司主事，力清藩府之賄，出爲廣東僉事，平劇賊四十餘巢，遷江西參政，卒。子鏜，亦有詞學，選卭州判官，不赴，有集數百卷。

清·趙宏恩《（乾隆）江南通志》卷一九一《藝文志》 《九邊圖論》三十篇，無錫尤瑛。

秦汴

明·趙用賢《松石齋集·文集》卷一二《秦太守墓碑》 明萬曆九年辛巳三月十九日雲南姚安府知府奉詔進階中憲大夫秦公卒於家，其冬十二月七日葬公於姚灣之新阡。子柄柱重痛。【略】公，其（端敏）仲子也，當端敏以副使督學河南，母夫人鈕氏實產公大梁邸中，故名公曰汴，而字曰思宋。公生甫齠，即端雅，不妄戲語，稍長則益刮磨豪習，嗜學不倦。年十二，端敏公平郴桂有功，詔予一子世襲錦衣衛百户。先是，公伯兄泮既廕爲國子生，兵部乃列上公名，著籍左所擎蓋司數年。會肅皇帝登極，有詔諸緹騎官非以軍功進者，悉停勒。端敏獨抗疏，言武廟時所在盜賊蠭涌，諸疆圉臣幸藉上威靈，旋次剪撲，臣下何敢言功。即言功，安所得，天子禁衛纍纍，若綬也。誠汰冒濫，請自臣始。肅皇帝嘉公有讓，下其疏。而是時兄泮既舉鄉，薦公復以次補國子生，公自是益奮於學，不縱爲子弟遨遊事。居太學，日與其同舍生囁嚅章句，出入被一襴袍，騎驢蹩躠，道中見者不知爲貴人子。每郡縣歲校諸生，公輒與甲乙其藝，有司讀其文，咸注意高仰，而公凡六應都試，竟不第。端敏公年既高，而兄泮早夭，居恒默默不自得，則促命公就謁選，公第强俛以日月上吏部，得南京後軍都督府都事，滿三載，而端敏公薨，公奔喪僅一日夜，得與含殮，已走京師告哀，乞卹贈如制。既免喪，母夫人且逾八十矣。公澶廻不欲行，夫人數爲强起，公不得已，復促裝行。抵都，即上疏請得終母養歸。又數年，而夫人卒，公復將詣闕以葬祭，請所知。或謂公此恩澤故事，即使人上書，無不得者。公曰：安有父母而異施乎？且君命寔承，其何敢數。既行，值北虜入犯，路梗，公冒險以進，卒得所請，服闋起家，復除右府都事。尋晉左府經歷故事，浙江戎幕悉隸左府，諸浙士人宦長安者，數因故人邑子賁謁請托。公見，輒榜其人，不與通，一府慴服，軍政大肅。是時吏部尚書甌寧李公數嘆公材，欲試之用。會姚安闕守，公用久，次當遷，而同官有以賄囑故柄臣子求度公次，尚書執不可，卒擢公，柄臣子大不悦。公至姚安甫逾月，其土酋高某恣横不法，前太守率留噤不敢問。公獨奮擒致之獄，郡中大震，相戒毋犯公法。【略】公卒，年七十一，所著書《三才通考》行世，他雜録、詩賦、序説、贊銘若干篇，藏於家。二子柄、柱，世俱推其學有高行，柄以貢入太學，柱爲中書舍人。以秩滿，再遇國恩，故公得以原官致仕，最後復進階中憲大夫云。

清・黃虞稷《千頃堂書目》卷八《地理類下》　秦汴《浙東海防圖》。

清・嵇曾筠《(雍正)浙江通志》卷二五四　《浙東海邊圖籌海圖編》，太守秦汴撰。

卜大同

明・凌迪知《萬姓統譜》卷一一二　卜大同，字吉甫，秀水人，嘉靖戊戌進士，歷官副使。弟大有，丁未進士，歷知府；天順癸丑進士，歷吏部郎中。

明・過庭訓《本朝分省人物考》卷四五《卜大同》　卜大同，秀水人，嘗夢詣國子有泉湧上出，遇故太宰恭肅周公，謂曰：「泉上出，及物象也，汝志之。」覺而感奮，遂自號檻泉，以貲入國子。嘉靖丁酉領順天鄉薦。明年舉進士，授刑部主事。慮囚江之南，以平稱。歷員外郎，拜湖廣按察司僉事，督下江防。先是議者言自九江入楚，蘄黃漢岳，會於洞庭，江流彌亘千里，而遥盜負濤浪行劫，甚且攻剽州縣，有司莫能制，宜立上、下江防，置憲臣。便詔以同往。於是時事皆草創，而地又當皖汝淮楚之交，吏各私其人，法易梗而奸不易詰，較之上江防尤難。同既按行謡俗，去民所疾苦，飭封守，立里保，審形勢，定經防，乃移文隣壤，爲陳一體之義及相成之利，因與約關白勿違異，按捕勿格失，弗察者與同論。令行期年，群盜屏息。部使者連上其治狀。稍遷湖廣布政司參議時，征苗久弗充，同至，慨然曰：兵貴先知其情，以形合之，知勝而後戰，定策而後進，是爲知兵，否則以兵試者也。因著《征苗圖記》。總督張公得其説意合，而同亦提湖兵，會沅水，上遂以平苗，由是聲益起。會海寇挾倭作難，浙所在皆震，而閩爲禍首，時論推同才，擢福建巡海副使。客有問海事者，則應曰：「倭所處聯絡海島，譬如飈風掣電，猝絶之難恃，備在我耳。夫禦外者，必内固，今不吾固而與倭逐，是馳飈擊電，鮮克濟矣。」乃趣駕至海上，簡卒伍，謹烽堠，控險要，大治樓船，積糗糧以待賊。又輯《備倭圖記》授吏士，言甚悉。初閩人多入海，與諸夷市，而漳泉爲甚，縱弗禁則法廢，禁嚴則奸民失利而倖亂，往往導賊入，或且攘臂群起，以張賊勢，最號難治。而海禁兼筦利權，下者既多，自敗其名。潔廉者又率避，弗肯爲，以故海防日益廢弛。獨同毅然任之，既修飭内治，諸所興革，一切與民爲宜，民咸安其政，賊亦知有備。終在任三年，弗犯閩，而屢寇甌會吴越間，攻掠城邑數千里，被其毒，至動天下之兵不能制，獨閩得以晏然。同卒後三年，乃始告警。距生正德己巳，卒嘉靖乙卯，年纔四十七。

清・陳昌圖《南屏山房集》卷二〇　《備倭圖記》四卷，《征苗圖記》一卷。明卜大同撰。

清・丁立中《八千卷樓書目》卷一〇《子部》　《備倭記》二卷，明卜大同撰，《學海類編》本。

清・黃虞稷《千頃堂書目》卷八　卜大同《備倭圖記》，四卷。

清・張廷玉等《明史》卷九七《藝文志二》　卜大同《備倭圖記》四卷，《征苗圖記》一卷。

清・嵇曾筠《(雍正)浙江通志》卷二四四　《備倭圖記》四卷，《征苗圖記》一卷，《歷代市舶記》一卷，卜大同著。

清・嵇璜《續通志》卷一六六《圖譜畧下・兵防》　大同《備倭圖記》。又《征苗圖記》。

清・嵇璜《續文獻通考》卷一八三《經籍考》　卜大同《備倭記》二卷。大同，字吉夫，秀水人，嘉靖進士。刑部主事，累遷湖廣按察使僉事，布政司參議，弭蘄黃盜及平苗有功，終福建巡海副使。臣等謹案：是編乃大同官福建時講求備倭而作，上卷分八篇，下卷分二篇，所言頗簡畧，不足以資考核。其書本名《備倭圖記》，原本卷首尚有海圖，此本佚之。

清・永瑢等《四庫全書總目》卷一〇〇《子部十》　《備倭記》二卷，編修程晉芳家藏本。明卜大同撰。大同，字吉夫，秀水人，嘉靖戊戌進士。由刑部主事歷任湖廣按察司僉事，弭蘄黃盜有功，陞布政司參議，又有平苗功，終於福建巡海副使。是編即其官福建時講求備倭之術而作也。上卷分八篇，曰制置，曰方畫，曰將領，曰士卒，曰烽堠，曰險要，曰戰舸，曰邊儲。下卷分二篇，曰奏牘，曰策議。所言頗簡略，不足以資考核。又喜徵古事，尤屬空談。其書本名《備倭圖記》。原本卷首尚有海圖，此本佚之，遂併書名删去圖字，然浙江鮑士恭家藏本尚題《備倭圖記》也。

胡宗憲

明・雷禮《國朝列卿紀》卷一〇五　胡宗憲，直隸徽州府績溪縣人，嘉靖戊戌進士。三十四年提督浙福軍務。三十六年加右都御史兼兵部右侍郎，巡撫浙江，仍提督福直軍務。三十九年加太子太保兵部尚書。四十年，加少保。四十二年，閑住，下獄。

明・過庭訓《本朝分省人物考》卷三七《胡宗憲》 胡宗憲，字汝貞，績溪人。魁梧修體，負大略，由進士宰益都餘姚，擢監察御史。行邊遇儆報，即先衝往禦，按湖浙皆有能聲。倭寇犯浙，更數閫帥屢挫。是時宗憲當入闈柄文校士，辭不入，乃往平賊，戰於平望、王岡涇等處。屢奏奇功，上嘉之，進僉都御史，尋進兵部左侍郎，總督江南北閩廣七省，兵馬皆上親擢。賊渠首王直、徐海最雄桀，宗憲謀直以弋海，因取陳東、縳麻葉、收張璉。復購陳東餘黨，蹴徐海於沈家庄，與官兵夾而盡殲焉。倭寇悉平，東南賴以寧息。加尚書少保，所賚賜甚厚。蔭子松奇錦衣衛千户。宗憲倜儻闊達，奮身先士卒，臨事有成畫。初議受徐海款，衆以爲非計，謗議朋興，毅然行之。及海至，中外戒嚴，諸閫帥失色，宗憲以手摩海頂，顧諭之如擾羊豕，人服其氣。宗憲性夷坦，疏脱不自檢飭，以人言兩逮至京，上念其功，釋之。尋卒於京師。所著有《三巡奏疏》、《督撫奏議》、《平倭奏議》、《籌海圖編》，行於世。

清・錢謙益《絳雲樓書目》卷四《典故》 《籌海圖編》八册，胡宗憲。

清・黄宗羲《明文海》卷二二二《序十三・胡松〈籌海圖編序〉》 今比年海内憂世之士游談聚議必曰南倭北敵，然言倭事畧矣。【略】崑山鄭子伯魯，故太常卿魏莊渠先生高第弟子也。有志匡時，而阨於命。親在圜城，竊觀當世舉措，有慨於中念，欲紀載論著貽之方來，即凡兵興以來公私牘牒，旁搜遠索，手自抄寫。家本劇郡，而居又密切理所，夙以德學見禮有位，故得究詳焉。他日以其間繕造沿海圖本十有二幅，附以考論。郡守太原王君爲之版行，因獻督府梅林胡公，公見而驚曰：「韋布中乃有斯人耶，此世所稀睹。余比欲爲之而未遑暇及，韋布中乃有斯人耶。」於是檄來武林，使益成書。伯魯感激知遇，追跡冦始，詳稽典制，參質風謡，即賊所入冦歲月道路克捷僨北與今昔主客兵馬饋餉之數、舟楫器械戰守屯戍之法，備書具載。凡爲卷者十有三。蓋經世者有依據矣。

清・黄虞稷《千頃堂書目》卷八 胡宗憲《籌海圖編》八卷，一本十三卷。

清・錢曾《錢遵王述古堂藏書目録》卷四 《籌海圖編》十卷，八本。

清・萬斯同《明史》卷一三四《藝文志》 胡宗憲《籌海圖編》，八卷，一本十三卷。

清・張廷玉等《明史》卷九七《藝文志二》 胡宗憲《籌海圖編》，十三卷。

清・嵇璜《續文獻通考》卷一七一《經籍考》 胡宗憲《籌海圖編》，十三卷。

清・嵇璜《續通志》卷一五九《藝文略四》 《籌海圖編》十三卷，明胡宗憲撰。

清・永瑢等《四庫全書總目》卷六九《史部二十五・地理類二》 《籌海圖編》十三卷，安徽巡撫採進本。 明胡宗憲撰。【略】。是書首載輿地全圖、沿海沙山圖，次載王官使倭略、倭國入貢事略、倭國事略，次載廣東、福建、浙江、直隸、登萊五省沿海郡縣圖、倭變圖、兵防官考及事宜，次載倭患總編年表，次載寇迹分合圖譜，次載大捷考，次載遇難殉節考，次載經略考。【略】《經略考》三卷内凡會哨、鄰援、招撫、城守、團練、保甲、宣諭、間諜、貢道、互市及一切海船、兵仗、戎器、火器，無不周密。又若唐順之、張時徹、俞大猷、茅坤、戚繼光諸條議，是書亦靡不具載。於明代海防，亦云詳備。蓋其人雖不醇，其才則固一世之雄也。

清・丁立中《八千卷樓書目》卷八《史部》 《籌海圖編》十三卷，明胡宗憲撰，明天啓刊本。《海防圖論》一卷，明胡宗憲撰。兵法彙編本，兵垣四編本。

霍冀

明・張四維《條麓堂集》卷二六《誌一・資政大夫兵部尚書思齋霍公墓誌銘》 當嘉靖末載，朔方虜數侵暴西塞，歲必三四入，入必旬月乃去。自郡邑城郭外遠邇鄉社，攻毁十七八，虜聯營帳。駐塞内戎騎三五散掠數百里外，無攖之者。於時朝廷深以西事爲憂，乃陞户部右侍郎霍公爲兵部左侍郎兼都察院右僉都御史，總督陝西三邊軍務。公受命，則倍道入關，首詢諸死事者厚卹其孥，汰除諸將佐，不職者簡武勇以代之。於是募丁壯，補車騎，穀甲胄，繕亭障，礪器械，激忠義。比至秋防，軍容一新，萬旅競奮。亘長塞數千里，旗幟刀斗，色相映，聲相聞也。終歲，虜遂無一部敢並塞窺者，公乃飭諸鎮同便襲擊其帳，延綏、寧夏各奏塞外捷，虜人憚之。【略】公諱冀，字堯封，號思齋，世爲汾州孝義縣人。祖鳳，贈兵部尚書。父文會，歷封兵部尚書。母郭氏，封夫人。公幼學，稱神童，勤苦自勵。家貧，夜或乏燈火，則依月光誦習之。年十五，記經書子史數十萬言。嘉靖丁酉，舉於鄉。甲辰登進士，授永平府推官。以績最，戊申召入，授廣西道監察御史。【略】丁巳，陞大理寺右寺丞，尋轉左。戊午陞都察院右僉都御史，巡撫寧夏。在鎮凡三年，戎事甚飭，烽警稀少，虜嘗一入塞，輒被剿去，天子聞而嘉之，賚以金綺。庚申移鎮保定，畿右歲祲，盜賊驫起。公至，申嚴武備，首發廪賑，飢民賴以全活甚衆，盜乃解散。辛酉，召入佐院，事其久，薊昌宣大競以缺餉，告大司農言：四鎮歲中所出内帑錢，視曩時已什伯。天子疑之，詔遣户部侍郎忠直有心計者一人往稽其弊。時户部二侍不欲行，廷議亦不擬二人者，乃進公户部右侍郎以往。公徧歷疆埸，盡得其耗蠹侵冒之寔而奏之，因條上恤軍、通商、轉輸、積貯便宜四事，皆見嘉納。【略】庚午，謝政歸家居，凡五年餘，以萬曆乙亥三月二十六日卒，距其生正德丙子正月二十九日，得壽六十。

明・黎遂球《蓮鬚閣集》卷一八《集序・大司馬申公疏草序代》 今樞部古司馬職也，然亦有異焉。古者司馬得專制，無事以農隙講武，有事則統六師而出，在行間無兩參可否。所謂臣義而行，不待命者，往往有之。今也，知兵者不得知食粮糗，率仰給於司農，軍行則居徒，決勝算於中。又符節出入，無大小皆請命，且待咨於政府，則是天子自爲將，而政府者幕府也。【略】公諳於戎事，知天下形勢阨塞。其在職方慨然慕班定遠爲人，願奉鞬櫜，從事於黄沙白草之埸，因輯有《九邊圖説》。至上登極二年，上之。又嘗有感於高新鄭之議，以爲兵學宜貴專門，司馬官屬宜時高其選，不復他遷，邊徼數處，風土不一，宜於其地擇人，使輪轉司屬，則山川險易、將領賢否、奏報虚實、功罪真假，皆無不具，悉爲疏數千言奏之，留在上前。數十年來能聚米爲山川，借箸而決勝負者，文臣如公，誠不可多得。皇帝於倥偬之際，特以大司馬屬公，不可謂不知公矣。乃竟以時目所忌，終老林下。故或有志而未言，或言之而未行，或行之而不久。否則，皇帝方欲得壯猷元老，登之政府，以咨決戎事，吾知必公屬矣。

明・祁承爜《澹生堂藏書目・史部上》《九邊圖説》一卷，二册。

清・黄虞稷《千頃堂書目》卷八《地理下》 霍冀《九邊圖説》。

清・張廷玉等《明史》卷九七《藝文志二》 霍冀《九邊圖説》一卷。

清・嵇璜《續通志》卷一六六《圖譜畧下・兵防》 霍冀《九邊圖説》。

洪朝選

清・李清馥《閩中理學淵源考》卷六三《巡撫洪芳洲先生朝選》 洪朝選，字舜臣，一作汝尹。同安人，嘉靖二十年進士。除南京户部主事，出榷税北。新關課額既足，便開通津梁，恣往來不復問。事竣，督放倉儲，諸所規畫皆爲後式。一日思所學未足，上疏引疾，客毘陵，就唐荆川順之講學一年，始歸。又就王遵巖慎中上下議論，久之，充然有得。起爲南吏部郎，出督學四川，以公嚴校士，素不爲嚴嵩所喜。而徐文貞階深與之，嵩敗，遂以山西參政召入，爲太僕少卿。尋進僉都御史，提督操江，旋加副都御史，巡撫山東。隆慶戊辰，入爲刑部侍郎。遼王憲㸅者居國中，荒淫亡度，其摧折士類無纍綫貴顯。張居正祖父故爲遼府礬户，嘗被王杖，居正心恨之，及秉政，因私憾，指遼藩有叛謀，議奪其國，屬朝選往勘。朝選還，報王貪暴淫虐，事事有之，實未嘗叛，大拂居正意。嗾言者劾朝選，歸。朝選性剛介，不能容人過失，好言有司短長，人多憚之者。會中丞耿定向撫閩，素善朝選，每咨以時政，朝選傾心答之，亦無所諱。答中偶及藩司支放邊戍月餉事，左布政勞堪知而深銜之。勞，刻深人也。耿以憂去，勞代之，思洩已憤，以逢權相意。而邑中子某更摭其無情事以報，遂具疏聞，居正從中擬旨削籍，逮訊之命旋下，勞堪得密報，遂馳戎卒，逮朝選，下臬獄。不二日，斃之獄中，親屬莫得一跡。晉江士趙日榮排獄門而入，撫屍大慟，收殮之。萬曆壬午春也。堪下興化守某偕諸司理煆煉獄，誣以通夷接濟諸事，報上，居正大喜，擢堪左副都御史，協理院事。朝選子競訟寃於朝，居正矯旨杖之八十，仍奪廕。其夏，居正暴卒，朝紳稍稍誦朝選寃，都諫李廷儀更條上寃狀，部議堪回籍奪職。繼之甲申歲，競再訟父寃及堪諸酷虐狀，南安人黄御史師顔從中從曳，方有旨下堪部獄，僅謫戍定海，而里中子亦戍邊矣。未幾，詔復朝選官，致仕，競補廕如故。一時阿堪意煆獄相繼竄逐，士論稍伸，猶以堪戍未盡辜，宜正之典刑，以謝朝選，奈時宰寘不問也。朝選居官廉潔，以名節自砥礪，平生學行政事，卓然可稱，其不能含章免禍，亦所短歟？

清・黄虞稷《千頃堂書目》卷八《地理類下》 洪朝選《江防信地》二卷。

清・徐乾學《傳是樓書目》《江防信地》三卷，明洪朝選，一本。

清・張廷玉等《明史》卷九七《藝文志二》 洪朝選《江防信地》二卷。

郭仁

清・馮桂芬《（同治）蘇州府志》卷八六 郭仁，字子静，嘉靖丁未進士，官御史。時俺答犯京師，兵部尚書孫應至，以兵餉不給，建議加派蘇州，派銀八萬五千兩。仁詣應奎請減，不從，遂劾奏其罪，應奎疏辨。仁謫官福建永安知縣，在縣核糧册，杜飛詭，汰里甲冗費，擢刑部主事。

清・黄虞稷《千頃堂書目》卷八《地理類下》　郭仁《兩浙海邊圖》。

潘季馴

明・過庭訓《本朝分省人物考》卷四六《潘季馴》　潘季馴，字時良，號印川，烏程人。嘉靖庚戌進士，授九江府推官，出冤民劉雲四之死，建議令瑞昌。鄆費皆仰於縣官，不煩百姓，民大德之。徵爲御史，三殿災，奉勑稽查大木，曰覆内官監遺籍可得也。果得萬木於荷池中。巡按廣東、山西，破海寇及平寧州盗，皆先計，擒其黨魁，功最著。九載遷大理寺丞，歷少卿，擢理河道右僉都御史，會河决沛縣之飛雲橋，穀亭沙河境山一帶河渠盡塞，乃於三沽故道濬渠築堤，躬行督相，不三旬而告成。庚午，河南徙決睢寧瀦，其六百五十里皆赭爲平野，復以故節來蒞事，而廢址盡復其所濬，築深廣，再倍於故河，而費半之，出官民之舟於積閼者以萬數，功垂成，而持議與勘河給事左，坐浮議罷去。既去，而黄決崔鎮以北，淮決高堰以東，清桃塞海口湮，而淮扬高寶諸郡邑幾爲巨浸。於是復起田間，再董河道，塞崔鎮堤歸仁，而黄水悉歸故河，築高堰黄浦，而淮水復出清口。會黄東入於海，而海口遂闢，築遥堤以爲外護，植以柳榆，前後幾二十年。軺車所至，更數千里，與役夫雜處，畚鍤葦蕭間。沐風雨，裹霜露，髮白面黧，而後兩河合軌，數萬艘轉漕亡害，緣河之民始獲安，有室廬丘壠焉。蓋壯於河，□□河，病於河。乞骸之日，猶奉旨興疾行部。又手疏八事以歸，歸以疾革，尚喃喃河防不去口云。

清・張岱《石匱書》卷二九　潘季馴，字時良，烏程人，嘉靖庚戌進士。其以都御史治河，常乘小艇行河，風雨大作，震撼波濤中，幾覆，絓樹杪乃脱。萬曆中以刑部侍郎再起治河，築高堰，捍河而入之海，後卒。三年，凡築土、隄丈以億計，石堤以數千計，塞河以百計，濬運河以萬計，閘垻涵洞之屬創以數十計，而高堰工最鉅，季馴時時與傭伍雜處風雨葦舍中，無間也。累遷南刑部尚書，以言官蜚語坐鐫秩。季馴去，河復不治。後以右都御史起季馴於家，滿九年，復原官，爲太子少保工部尚書。

清・萬斯同《明史》卷三一四《潘季馴傳》　潘季馴，字時良，烏程人，嘉靖二十九年進士。授九江推官，擢御史，巡按廣東，行均平里甲法。先計州縣衙僻，令民間公費各随丁力輸銀於官，官爲供具，不以累民，甲首悉放歸農，廣人便之。【略】四十四年，由左少卿進右僉都御史，總理河道。時河決沛縣飛雲橋，季馴與尚書朱衡共開新渠，加右副都御史。尋以忧去。隆慶四年，河決邳州睢寧，起故官，再理河道，塞決口。明年，工竣，坐驅運船入新溜漂渡，多爲勘河。給事中雒遵劾，罷。萬曆四年夏，再起官，巡撫江西。明年冬，召爲刑部右侍郎。是時河決崔鎮，黄水北流，清河口淤澱，於是全淮南徙，高堰湖堤大壞，淮揚高寶間皆爲巨浸，大學士張居正深以爲忧。河漕尚書吴桂芳議復老黄河故道，而總河都御史傅希摯欲塞決口，束水歸漕，兩人議不合。會桂芳卒，六年春，晉季馴右都御史兼工部左侍郎代之。季馴以故道久湮難濬，復其深廣，必不能如今河，議築崔鎮以塞決口，築遥堤以防潰決。又淮清河濁，淮弱河强，河水一斗沙居其六，伏秋則居其八，非極湍急必至停滯，當藉淮之清以刷河之濁，築高堰，束淮入清口，以敵河之强，使二水并流，則海口自濬。即桂芳所開草灣，亦可不復修治矣。遂條上六事，詔如議。明年冬，兩河工成。又明年春，加太子太保，進工部尚書兼左副都御史。季馴初至河上，歷河南虞城、夏邑、商丘諸縣，相度地勢。舊黄河上流自新集經趙家圈蕭縣，出徐州小浮橋，極深廣。自嘉靖中北徙，河身既淺，遷徙不常，曹單豐沛，常苦昏墊，上疏請復故河。給事中王道成以方築崔鎮高堰，役難並舉，河南撫按亦陳三難，乃止。遷南京兵部尚書。十一年正月，召改刑部。季馴之再起也，以張居正援，居正没，家屬盡幽繫，子敬修自縊死。季馴言居正母逾八旬，旦暮莫必其命，乞降特恩宥釋。又以治居正獄太急，宣言居正家屬斃死者已數十人。先是御史李植江東之輩，與大臣申時行、楊巍相訐，季馴力右時行、巍，痛詆言者，言者交怒。至是，植遂劾季馴黨庇，落職爲民。十三年，御史李棟上疏，訟曰：隆慶間河決崔鎮，爲運道梗，數年以來民居既奠，河水安流，咸曰此潘尚書功也。昔先臣宋禮治會通河至於今，是賴陛下允督臣萬恭之請，予之謚蔭，今季馴之功不在禮下，乃當身存之日，使與編户齒寧，不寒諸臣任事之心，失朝廷報功之典哉！御史董子行亦言季馴罪輕責重，詔俱奪其俸，其後論薦者不已。十六年，給事中梅國樓復薦，遂起季馴右都御史，總督河道，自吴桂芳後河漕皆總理，至是復設專官。明年，黄水暴漲，衝入夏鎮，壞田廬居，民多溺死，季馴復築塞之。十九年冬，加太子太保工部尚書兼右都御史。季馴凡四奉治河之命，前後二十七年，習知地形險易，增築設防，置官建牐，下及木石樁埽，綜理纖悉，積勞成病。三疏乞休，不允。二十年，泗州大水，城中水深三尺，患及祖陵。議者或欲開傳寧湖，至六合入江，或欲濬周家橋入高寶諸湖，或欲開壽州瓦埠河以分淮水上流，或欲弛張福堤以洩淮口。季馴謂祖陵王氣不宜輕洩，而巡撫周寀陳於陛巡按高舉，謂周家橋在祖陵後百里，可以疏濬，議不合。都給事中楊其休言季馴實病，議又枘鑿，當允其去，季馴遂歸。歸三年，卒，年七十五。

吳時來

明·焦竑《國朝獻徵録》卷八三《南直隸莫如忠〈松江府推官吳公時來紀功碑〉》 悟齋吳公以嘉靖甲寅來推松郡，甫下車，會倭夷發難，盤踞柘林，以窺內境，而郡守方公時且卧疾，公攝城守，奉巡臺檄監軍，則乃未明，視事日，不遑寧乘城旅宿，戒登陴者殊死守，募巧匠作雲梯舂杵，治火炮、佛郎機、鉛銃諸器，教士弩射，予槊必習。屯之四郊，以滿聲援，而寇勢逼甚，士女趨保於城，以萬計，或議鍵關止之。【略】隆慶建元，詔起行間，洊晉南臺御史中丞。閱視江防，竟以忤時，家食尚需簡命云。

清·張廷玉等《明史》卷二一〇《吳時來傳》 吳時來，字惟修，仙居人。嘉靖三十二年進士。授松江推官，攝府事。倭犯境，鄉民攜妻子趨城，時來悉納之。客兵獷悍，好剽掠。時來以恩結其長，犯即行法，無譁者。賊攻城，驟雨，城壞數丈。時來以勁騎扼其沖，急興版築，三日城復完，賊乃棄去。【略】

隆慶初，召復故官。進工科給事中。條上治河事宜，又薦譚綸、俞大猷、戚繼光，宜用之薊鎮，專練邊兵，省諸鎮徵調。帝皆從之。撫治鄖陽。僉都御史劉秉仁被劾且調用，時來言秉仁薦太監李芳，無大臣節，秉仁遂坐罷。帝免喪既久，臨朝未嘗發言，時來上保泰九劄，報聞。尋擢順天府丞。

隆慶二年拜南京右僉都御史，提督操江。移巡撫廣東。將行，薦所屬有司至五十九人。給事中光懋等劾其濫舉。會高拱掌吏部，雅不喜時來，貶雲南副使。復爲拱門生給事中韓楫所劾，落職閒住。

萬曆十二年始起湖廣副使。俄擢左通政，歷吏部左侍郎。十五年拜左都御史。誠意伯劉世延怙惡，數抗朝令，時來劾之，下所司訊治。時來初以直竄，聲振朝端。再遭折挫，沈淪十餘年。晚節不能自堅，委蛇執政間。連爲饒伸、薛敷教，王麟趾、史孟麟、趙南星、王繼光所劾，時來亦連乞休歸。未出都，卒。贈太子太保，謚忠恪。尋爲禮部郎中于孔兼所論，奪謚。

清·黃虞稷《千頃堂書目》卷八《地理類下》 吳時來《江防考》，六卷。

清·張廷玉等《明史》卷九七《藝文志二》 吳時來《江防考》，六卷。

謝廷傑

明·雷禮《國朝列卿紀》卷九七 謝廷傑，江西新建人，嘉靖己未進士。萬曆二年，由南直提學御史，陞大理寺右寺丞。本年六月，降訓外任。

清·黃虞稷《千頃堂書目》卷八《地理類下》 謝廷傑《兩浙海防類考》，四卷。

清·張廷玉等《明史》卷九七《藝文志二》 謝廷傑《兩浙海防類考》，十卷。

孫應元

明·雷禮《國朝列卿紀》卷一二二 孫應元，湖廣鍾祥人，嘉靖壬戌進士，萬曆五年五月由山西按察使陞右僉都任，尋卒。

清·張廷玉等《明史》卷二六九《孫應元傳》 孫應元，不知何許人。歷官京營參將，督勇衛營，勇衛營即勝驤、武驤四衛也。其先隸御馬監，專牧馬。莊烈帝鋭意修武備，簡應元及黃得功、周遇吉等訓練，遂成勁旅。崇禎九年秋，從張鳳翼軍畿輔，有功，進副總兵。再以功增秩一等。明年，河南賊熾，應元、得功慷慨請行，帝壯之。發卒萬人，監以中官劉元斌、盧九德，戒毋擾民。諸將奉命，軍行肅然。【略】應元善戰，在行間多與黃得功偕。應元死，得功勳益顯，故其名尤震於世。

清·丁立中《八千卷樓書目》卷八《史部·地理類》 《九邊圖説》一卷，明孫應元撰。明刊本。

范守己

清·阮元《疇人傳》卷三一《明三》 范守己，官職方郎中。神宗三十八年，監推十一月壬寅朔日食，分秒時刻不合，守己疏駁其誤。

清·黃虞稷《千頃堂書目》卷六《地理類上》 范守己《洧川縣誌》。萬曆丙戌修，邑人。

清・黃虞稷《千頃堂書目》卷八《地理類下》 范守己《籌邊圖記》三卷。

清・黃虞稷《千頃堂書目》卷一三《天文類》 范守己《天官舉正》六卷。

清・萬斯同《明史》卷一三四《藝文志》 范守己《籌邊圖記》三卷。

清・張廷玉等《明史》卷九七《藝文志二》 范守己《籌邊圖記》三卷。

又 范守己《天官舉正》六卷。

清・嵇璜《續通志》卷一六六《圖譜略下・兵防》 范守己《籌邊圖記》。

清・陳昌圖《南屏山房集》卷二〇《續圖譜略稿下・地理》 《籌邊圖記》三卷，明范守己。按守己，字岫雲，洧川人，萬曆甲戌進士。歷官陝西布政使參議。

蔡逢時

明・過庭訓《本朝分省人物考》卷三八《蔡逢時》 蔡逢時，字應期，別號鼇陽，宣城人也。生而有奇紋繞腹，高肉二指。十歲能屬文，即已下帷攻苦，不丙夜不休。萬曆丙子，舉於鄉時，計偕者盛輿，馬騶從，獨緼袍策蹇，走數千里，奏牘南宮。丁丑中，禮部試，會傳母夫人病篤，即兼程以歸，抵南徐，聞訃，一慟幾絶。居喪三年，足不及有司門，猶然授徒自給而已。庚辰廷對，授浙江海鹽知縣。邑苦潮患，閭井蕭條，税糧夙爲猾胥所主，與里豪共爲乾没，積不可搜，剔比至廉，得其故令輸户，與糧役覿面籌算，絲毫無得欺，隱者宿逋立清。又邑中豪室匿其田額，以其虚税竄之貧者，下里瘠丁守空户以待役，荒區零户並正額以齊徵，沿習既久，民憊益深。會有丈畝之役，於是鋭意更始，積畝爲里，履畝而税，里既均而糧自不得詭，圖籍以正，饒瘠得平，豪大家不得有所撓。令下雷驩，咸拱手加額，曰：二百年來始得此公平世界。已乃積廒粟以備凶歉，築臺堤以障下流，富而且教，人文鼎起，治行於兩浙稱最，前後薦剡，咸以卓異聞。應得内召，會隣封宵人踞都，諫以不得關説，故移授儀部祠祭司主事，濱行，户頂香板，留士民，走數百里，擁衛不得發。飛塵坌集，屋瓦皆震。既去，而碑版祠祀，不一而足。抑不知佩德之深，何以刺骨乃爾。已而移儀部員外郎中，議藩封，清禄糧，著爲令。凡代祀禱雨壽宫山陵者再四，有鏹金文綺之賜。癸巳，陞浙江按察司副使，備兵甌栝兩汛，躬爲防守，組甲一新。王中丞弘大擊節，嘖嘖不已。【略】陞河南參政，分守河北，河方四潰，人民流徙。又苦盗賊横劇，於是築沁堤懷衛間，河由故道，永不爲患。戢巨盗，禹州界民獲安。堵拒山東，協濟之派分扼，親藩出入之有度，至吏有不職者，即百足之蟲必逐之，去才有可策，即小吏注下考，必爲申白大槩，守正不阿，必行已志而後已。丙午，轉右布政使，攝司事。己酉，擢四川左布政使，已離汴河，而會沈中丞季文、袁左轄奎兩不相能，皆先後同年僚友也。力從中平停，袁反疑之深，乃中以流謗，而毅然投轄歸矣。歸則絶口不談時事，不與朝貴通一寒暄問訊屏坐處，亦不喜爲耳目之玩，種花植卉，並非其好。一榻兀然，圖書數卷而已。間與同志者商訂性命之學，往來雲山水西間。里中鄉紳林居者結爲真率社，月再會，會必竟日。杖履所至，大暢襟期而後返，於徐徐，蓋七年而以乙卯卒，年六十有八。卒之明年，鹽官士民相率走吊墓下，咸大慟而去。未幾，崇祀名宦，亦幾於召伯之在陝南、朱邑之於桐鄉矣。

清・何紹基《（光緒）重修安徽通志》卷一八九 蔡逢時，字應期，宣城人，萬曆丁丑進士，知海鹽縣。行均甲法，以三百二十畝受一役，而户勿論。於是富者無詭匿，貧者無偏累，役法稱平。遷祠，部議藩封禄制，著爲令，升温處兵備副使，畫策海防，斬倭七十餘級。轉河南參政，築沁隄懷衛間。終四川布政使。

明・徐乾學《傳是樓書目》 《温處海防圖畧》二卷，明蔡逢時，二本。

清・黃虞稷《千頃堂書目》卷八《地理類下》 蔡逢時《温處海防圖畧》二卷。字應期，萬曆丙申兵備副使。

清・嵇璜《續通志》卷一六五《圖譜略上》 蔡逢時《温處海防圖畧》。

清・嵇璜《續文獻通考》卷一七一《經籍考》 蔡逢時《温處海防圖略》二卷。逢時，字應期，宣城人，萬曆進士，官温處兵備副使。

申用懋

清・錢謙益《牧齋初學集》卷六五《神道碑四・資政大夫兵部尚書贈太子少保申公神道碑銘》 （申用懋）上薊昌修攘大計疏，釐爲八事，進《九邊圖説》以續許襄毅之後。蒿目邊事，如不終日。

清・張廷玉等《明史》卷二一八《申時行傳》 申時行，字汝默，長洲人。嘉靖四十一年進士第一。授修撰。歷左庶子，掌翰林院事。【略】子用懋、用嘉。用懋，字敬中，舉進士。累官兵部職方郎中。神宗擢太僕少卿，仍視職方事。再遷右僉都御史，巡撫順天。崇禎初，歷兵部左、右侍郎，拜尚書，致仕歸。卒，贈太子太保。

清・趙宏恩《(乾隆)江南通志》卷一四〇《人物志》 申用懋，字敬中，吴縣人，大學士時行子。萬曆癸未進士，授刑部主事，歷兵部職方郎中，熟悉九邊要害，掌樞者深倚之。先後歷樞曹十九年，望最著。天啓初，累官右副都御史，巡撫順天，以忤璫罷。崇禎初，起兵部左侍郎，進尚書，拮据城守，大著勞績。

徐必達

清・萬斯同《明史》卷三五〇《徐必達傳》 徐必達，字德夫，秀水人。【略】舉萬曆二十年進士，歷知太湖、溧水二縣。溧有石臼，湖水數爲患，爲築堤萬餘丈，植柳權固之，遂永爲民利。永樂時，邑人坐尚書齊泰姻戚，戍開平者二十六家，必達□除其子孫，戍籍爲溧水。四年，民懷德，祠祀焉。入爲南京吏部主事，歷考功郎中。【略】明年遷光禄寺丞，陳白粮利弊十一事，部議悉行。姜士昌、宋燾劾大學士李廷機，獲譴。廷機者，必達座主也。必達再上書，勸廷機留兩人，廷機不能用。會言路方攻，浙人借劾朱賡，波及必達。必達時方假歸，上疏自白，帝不問及。孫丕揚再起秉銓以前京察事，知必達趣，令還任，旋進少卿。時漕政大弛，船壞不治，巡漕御史孫居相請僱民船濟運。必達以爲擾民，爭之。必達與居相同年，相厚善，及是，居相堅持已説，而善居相者復助之詆訐，然廷中卒是必達議，止民船勿僱。居相雅負時名，爲東林眉目。緣是，必達與東林異，遂介然中立矣。父艱歸，起太僕少卿，仍典光禄寺，尋擢應天府尹。天啓改元，以右僉都御史督操江軍，四川奢崇明叛，必達以長江爲川蜀下流，增造戰艦，置戍設防。及白蓮賊起，將窺徐州，必達募鋭卒三千，領以遊擊，潘可大會山東，兵擊破之。其年冬，就遷兵部右侍郎。三年京察，忌者以其募兵爲生事，遂以拾遺罷歸。卒，贈兵部尚書。子世淳，見忠義傳。

清・黄虞稷《千頃堂書目》卷七《地理類中》 徐必達《豫章全書》。

清・慶桂《國朝宮史續編》卷一〇〇 明徐必達《海防全圖》十幅。絹本，縱五尺三寸五分，横一尺九寸，十幅同。

徐光啓

清・查繼佐《罪惟録・列傳》卷一一下《徐光啓》 徐光啓，字子先，號玄扈，南直上海人也。先世從宋南渡，祖母尹以節聞。光啓幼矯摯，饒英分，嘗雪中蹋城雉疾馳，縱遠跳。讀書龍華寺，飛陟塔頂，趺頂盤中，與鸛争處，俯而嘻。其爲文層折於理，於情進凡思五六指乃祝筆，故讀之者不辭。凡思五六指，猝未易識，而寔可試諸行，往往顧眄物表，神運千仞之上。以北雍拔順天首解，甲辰成進士，選庶常。好論兵事，以爲先能守而後戰，約以二言，曰求精，曰責寔。會萬曆末年，廟謨腐於體例，臣勞頽於優尊，此四字可呼。沉痳後數十年，長計無過此。光啓甫釋褐，一口裕之也。授簡討，分禮闈，與同官魏南樂不協，移病歸田於津門。蓋欲身試屯田法，因就間彊理數萬畝，後草《農政全書》十二卷以聞，本此。歷左春坊左贊善。【略】卒年七十有三，贈少保，謚文定。以農政一書有裨邦本，加贈太保並兩蔭。光啓寬仁果毅，澹泊自好，生平務有用之學，盡絶諸嗜好，博訪坐論，無間寢食，嘗曰：富國必以本業，强國必以正兵，大指率以退爲進。曰此先子勇退遺教因權之，諸大政無不以此，遂於治曆、明農、塩屯、火攻、漕河等咸所究治。先是元年五月日蝕，欽天監推筭刻數不合，光啓受命監修曆事，與西洋龍華民、湯若望等精心測驗，上曆書，前後共三十一卷，大約按地南北差其後先，以交食不誤爲準。所爲農書，計十二目，而終之以荒政。其議屯田，以墾荒爲第一義，立虚實二法招徠之。

清・張廷玉等《明史》卷二五一《徐光啓傳》 徐光啓，字子先，上海人。萬曆二十五年舉鄉試第一，又七年成進士，由庶吉士歷贊善。從西洋人利瑪竇學天文、曆算、火器，盡其術。遂徧習兵機、屯田、鹽筴、水利諸書。【略】時帝以日食失驗，欲罪臺官。光啓言：「臺官測候本郭守敬法，元時嘗當食不食，守敬且爾，無怪臺官之失占。臣聞曆久必差，宜及時修正。」帝從其言，詔西洋人龍華民、鄧玉函、羅雅穀等推算曆法，光啓爲監督。

四年春正月，光啓進《日躔曆指》一卷、《測天約説》二卷、《大測》二卷、《日躔表》二卷、《割圜八線表》六卷、《黄道升度》七卷、《黄赤距度表》一卷、《通率表》一卷。是冬十月辛丑朔，日食，復上《測候四説》。其辯時差里差之法，最爲詳密。

五年五月以本官兼東閣大學士，入參機務，與鄭以偉並命。尋加太子太保，進文淵閣。光啓雅負經濟才，有志用世。及柄用，年已老，值周延儒、温體仁專政，不能有所建白。明年十月卒。贈少保。

清・黄虞稷《千頃堂書目》卷一二《農家類》 徐光啓《農政全書》六十卷。又《農遺雜疏》五卷。又《宜墾令》。又《泰西水法》。

清・黄虞稷《千頃堂書目》卷一三《曆數類》 徐光啓《崇禎曆書》一百十卷：《曆書總目》一卷、《日躔曆指》四卷、《日躔表》二卷、《恒星曆指》三卷、《恒星圖》一卷、《恒星圖系》一卷、《恒星曆表》四卷、《恒星經緯表》二卷、《恒星出没表》二卷、《月離曆指》四卷、《月離表》六卷、《交食曆指》七卷、《五緯曆指》九卷、《五緯表》十卷、《測天約説》二卷、《天測》二卷、《割圓八線表》六卷、《黄道升度表》七卷、《黄赤道距度表》一卷、《通率表》二卷、《元史揆日訂訛》一卷、《通率立成表》一卷、《散表》一卷、《測圓八線立成長表》四卷、《曆指》一卷、《測量全義》十卷、《比例規解》一卷、《南北高弧表》十二卷、《諸方半晝分表》一卷、《諸方晨昏分表》一卷。崇禎二年五月初一日日食，欽天監推算晷刻不合，光啓時爲禮部左侍郎，因上疏請重修曆法，帝是之，命光啓與李之藻、王應遴及西洋人羅雅穀、龍華民、鄧玉函、湯若望同修，陸續成書，迄六年九月而竣。

又《曆學小辯》一卷，又《曆學日辯》五卷。

清・張廷玉等《明史》卷九八《藝文志三》 徐光啓《農政全書》六十卷、《農遺雜疏》五卷。

又 徐光啓《崇禎曆書》一百二十六卷。《曆書總目》一卷、《日躔曆指》四卷、《日躔表》二卷、《恒星曆指》三卷、《恒星圖》一卷、《恒星圖系》一卷、《恒星曆表》四卷、《恒星經緯表》二卷、《恒星出没表》二卷、《月離曆指》四卷、《月離表》六卷、《交食曆指》七卷、《交食表》七卷、《五緯曆指》九卷、《五緯表》十卷、《測天約説》二卷、《大測》二卷、《割圓八線表》六卷、《黄道升度表》七卷、《黄赤道距度表》一卷、《通率表》二卷、《元史揆日訂訛》一卷、《通率立成表》一卷、《散表》一卷、《測圓八線立成長表》四卷、《黄道升度立成中表》四卷、《曆指》一卷、《測量全義》十卷、《比例規解》一卷、《南北高弧表》十二卷、《諸方半晝分表》一卷、《諸方晨昏分表》一卷、《曆學小辯》一卷、《曆學日辯》五卷。崇禎二年敕光啓與李之藻、王應遴及西洋人羅雅穀等陸續成書。

清・永瑢等《四庫全書總目》卷一〇六《子部十六・天文算法類一》 《新法算書》一百卷，編修陳昌齊家藏本。明大學士徐光啓、太僕寺少卿李之藻、光禄寺卿李天經及西洋人龍華民、鄧玉函、羅雅谷、湯若望等所修西洋新曆也。明自成化以後曆法愈謬，而臺官墨守舊聞，朝廷亦憚於改作，建議者俱格而不行。萬曆中，大西洋人龍華民、鄧玉函等先後至京，俱精究曆法。五官正周子愚請令參訂修改，禮部因舉光啓、之藻任其事。而庶務因循，未暇開局。至崇禎二年，推日食不驗，禮部乃始奏請開局修改，以光啓領之。時滿城布衣魏文魁著《曆元》、《曆測》二書，令其子獻諸朝。光啓作《學曆小辨》以斥其謬，文魁之説遂絀。於是光啓督成曆書數十卷，次第奏進。而光啓病卒，李天經代董其事，又續以所作曆書及儀器上進。其書凡十一部，曰《法原》，曰《法數》，曰《法算》，曰《法器》，曰《會通》，謂之基本五目。曰《日躔》，曰《恒星》，曰《月離》，曰《日月交會》，曰《五緯星》，曰《五星交會》，謂之節次六目。書首爲修曆緣起，皆當時奏疏及考測辨論之事。書末曆法西傳、新法表異二種，則湯若望入本朝後所作，而附刻以行者。其中有解，有術，有圖，有考，有表，有論，皆鉤深索隱，密合天行，足以盡歐邏巴歷學之藴。然其時牽制於廷臣之門户，雖詔立兩局，累年測驗，明知新法之密，竟不能行。迨聖代龍興，乃因其成帙，用備疇人之掌。豈非天之所祐，有開必先，莫知其然而然者耶？越我聖祖仁皇帝天亶聰明，乾坤合契，御製《數理精藴》《曆象考成》諸編，益復推闡微茫，窮究正變。如月離二三均數分爲二表，交食改黄平象限用白平象限，方位以高弧定上下左右，又增借根方法解、對數法解於點線面體部之末，皆是書所未能及者。八線表舊以半徑數爲十萬各線數逐分列之，今改半徑數爲千萬各線數逐十秒列之。用以步算，尤爲徑捷。至《欽定曆象考成後編》，日月以本天爲撱圓，交食以日月兩經斜距爲白道，以視行取視距，推步之密，垂範萬年，又非光啓等所能企及。然授時改憲之所自，其源流實本於是編。故具録存之，庶論西法之權輿者，有考於斯焉。

又 《測量法議》一卷，《測量異同》一卷，《勾股義》一卷，兩江總督採進本。明徐光啓撰。首卷演利瑪竇所譯，以明句股測量之義。首造器，器即《周髀》所謂矩也。次論景，景有倒正，即《周髀》所謂仰矩、覆矩、卧矩也。次設問十五題，以明測望高深廣遠之法，即《周髀》所謂知高、知遠、知深也。次卷取古法九章句股測量與新法相較，證其異同，所以明古之測量法雖具，而義則隱也。然測量僅句股之一端，故於三卷則專言句股之義焉。序引《周髀》者，所以明立法之所自來，而西術之本於此者，亦隱然可見。其言李冶廣句股法爲測圓海鏡，已不知作者之意。又謂欲説其義而未遑，則是未解立天元一法，而謬爲是飾説也。古立天元一法，即西借根方法。是時西人之來亦有年矣，而於冶之書猶不得其解，可以斷借根方法必出於其後也。三卷之次第大略如此，而其意則皆以明《幾何原本》之用也。蓋古法鮮有言其義者，即有之，皆隨題講解。歐邏巴之學，其先有歐几里得者，按三角方圓，推明各數之理，作書十三卷，名曰《幾何原本》。按後利瑪竇之師丁氏續爲二卷，共十五卷。自是之後，凡學算者必先熟習其書。如釋某法之義，遇有與《幾何原本》相同者，第註曰：見《幾何原本》某卷某節。不復更舉其言。

惟《幾何原本》所不能及者，始解之。此西學之條約也。光啓既與利瑪竇譯得《幾何原本》前六卷，竝欲用是書者依其條約，故作此以設例焉。其《測量法義》序云：法而系之義也，自歲丁未始也，曷待乎？於時《幾何原本》之六卷始卒業矣，至是而傳其義也。可以知其著書之意矣。

清・丁立中《八千卷樓書目》卷一〇《子部・農家類》 《農政全書》六十卷，明徐光啓撰，平露堂刻本。又《占候》一卷，明徐光啓撰，刊本。

清・丁立中《八千卷樓書目》卷一一《子部・天文算法類》 《測量異同》一卷，《句股義》一卷，明徐光啓撰，海山仙館本。

劉敏寬

清・譚吉璁《（康熙）延綏鎮志》卷三《官師志》 寬曉暢邊情，所至簡兵蒐乘，備儲糈，繕城堡，料敵先見如神。所著有《益智録》、《四鎮圖説》等書，行於世。

清・沈青峰《（雍正）陝西通志》卷五一 劉敏寬，山西安邑人，進士，以右僉都御史巡撫延綏簡書，總制陝西三邊軍務。所至簡兵蒐乘，備儲糈，繕城堡，而料敵又先見如神。自撫至督，共計捷三十有奇。爲人慷慨，有大畧，與諸將吏推心置腹，更喜與諸生譚道論文。榆人感德，立生祠以祀之。

清・黄虞稷《千頃堂書目》卷八 劉敏寬《延鎮圖説》一卷。《固鎮分屬圖》一卷。《寧夏圖》一卷。

清・萬斯同《明史》卷一三四《藝文志》 劉敏寬《延鎮圖説》二卷。

清・張廷玉等《明史》卷九七《藝文志二》 劉敏寬《延鎮圖説》二卷。

清・嵇璜《續通志》卷一六六《圖譜畧下・兵防》 劉敏寬《延鎮圖説》。

范涞

清・謝旻《（康熙）江西通志》卷五九 范涞，字原易，休寧人，萬曆中知南昌府。歲大侵，人啖草木根節，原坰一空。涞請於監司發儲糈，躬視民窮瘠，散給郊内外，增竈設粥，民得以哺。病有藥，斃有瘞，遠地不能轉餉者，必躬親賑，同民緩急飢飽。郡歲三大饑，涞所存活數十萬家。舉義倉，弛河禁，修圩堤，掩積骼，濬城池，通津梁，興種植，省繇役，減驛遞。在官五年，以民爲命，民亦倚涞爲身。以忤兩臺左遷，去，父老謳思流涕，乃建祠祀焉。

清・黄虞稷《千頃堂書目》卷八《地理類下》 范涞《兩浙海防類考續編》十卷。

清・張廷玉等《明史》卷九七《藝文志二》 范涞《兩浙海防類考續編》十卷。

清・嵇璜《續通志》卷一五九《藝文略四》 《兩浙海防類考續編》，十卷，明范涞撰。

清・嵇璜《續文獻通考》卷一七一《經籍考》 范涞《兩浙海防類考續編》，十卷。

清・永瑢等《四庫全書總目》卷七五《史部三十一・地理類存目四》 《兩浙海防類考續編》十卷，浙江汪啓淑家藏本。明范涞撰。【略】自嘉靖中倭寇犯兩浙，沿海郡縣被害最深，故守土者以海防爲首務。胡宗憲作《籌海圖編》後，續之者有《海防考》、《海防類考》諸書，而沿革不常，每有闕畧。萬曆二十九年，涞官海道副使，因取諸書復加增廣，故名曰《續編》。前有史繼辰序并類考舊序二首。凡四圖四十一目，於兵衛、巡防、餉額各事宜頗爲詳備。惟多録案牘之文，未免時傷冗漫耳。《江南通志》列涞於《儒林傳》中，載所著有《休寧理學先賢傳》、《范子嚨言》、《晞陽文集》，獨不及此書。蓋自宋以來，儒者例以性命爲精言，以事功爲霸術，至於兵事，尤所惡言。殆作志者恐妨涞醇儒之名，故諱此書歟？然古之聖賢，學期實用，未嘗日口畫太極圖也。

清・何紹基《（光緒）重修安徽通志》卷三三九 《兩浙海防類考續編》十卷，范涞著。

楊時寧

清・謝旻《（康熙）江西通志》卷五四 楊時寧，鄱陽人，祥符籍，右都御史。

清・楊浣雨《（乾隆）寧夏府志》卷九《職官》 楊時寧，河南祥符人。

清・黄虞稷《千頃堂書目》卷八《地理類下》 楊時寧《大同鎮圖説》三册。《大同分營地方圖》一卷。《閱視山西録》一卷。《閱視大同録》一卷。《閱視宣雲圖説》一卷。《山西大同鎮圖説》一卷。

清·張廷玉等《明史》卷九七《藝文志二》 楊時寧《大同鎮圖説》三卷、《大同分誉地方圖》一卷。

清·嵇璜《續通志》卷一六六《圖譜畧下·兵防》 楊時寧《大同鎮圖説》,又《大同分誉地方圖》。

王在晉

清·張廷玉等《明史》卷二五七《王在晉傳》 在晉,字明初,太倉人。萬曆二十年進士。授中書舍人。自部曹歷監司,由江西布政使擢巡撫山東右副都御史,進督河道。泰昌時,遷添設兵部左侍郎。天啓二年署部事。三月遷兵部尚書兼右副都御史,經略遼東、薊鎮、天津、登萊,代熊廷弼。八月改南京兵部尚書,尋請告歸。五年起南京吏部尚書,尋就改兵部。崇禎元年召爲刑部尚書,未幾,遷兵部。坐張慶臻改敕書事,削籍歸,卒。

明·祁承煠《澹生堂藏書目》《海防纂要》十三卷,八册,王在晉。

清·黄虞稷《千頃堂書目》卷八《地理類下》 王在晉《海防纂要》十三卷。

清·黄虞稷《千頃堂書目》卷九《典故類》 王在晉《通漕類編》九卷。萬曆甲寅序。

清·徐乾學《傳是楼書目·史部·河海》 王在(晉)《海防纂要》十三卷。

清·萬斯同《明史》卷一三四《藝文志》 王在晉《海防纂要》,十三卷。

清·張廷玉等《明史》卷九七《藝文志二》 王在晉《通漕類編》,九卷。

又 王在晉《海防纂要》十三卷。

清·丁立中《八千卷樓書目》卷八《史部》《海防纂要》十三卷,明王在晉撰,明刊本。

利瑪竇

明·顧起元《客座贅語》卷六《利瑪竇》 利瑪竇,西洋歐邏巴國人也。面晳虬鬚,深目而睛黄如猫。通中國語,來南京,居正陽門西營中,自言其國以崇奉天主爲道。天主者,制匠天地萬物者也。【略】携其國所印書册甚多,皆以白紙一面反復印之,字皆旁行,紙如今雲南綿紙,厚而堅韌,板墨精甚,間有圖畫、人物、屋宇,細若絲髮。其書裝釘,如中國宋摺式,外以漆革周護之,而其際相函,用金銀或銅爲屈戌鉤絡之。書上下塗以泥金,開之則葉葉如新合之,儼然一金塗版耳。所製器,有自鳴鐘,以鐵爲之,絲繩交絡,懸於簴,輪轉上下,戛戛不停,應時擊鐘有聲,器亦工甚。它具多此類。利瑪竇後入京,進所製鐘及摩尼寶石於朝,上命官給館舍而禄之。其人所著有《天主實義》及十論,多新警,而獨於天文算法爲尤精。鄭夾漈《藝文略》載有婆羅門算法者,疑是此術。士大夫頗有傳而習之者。後其徒羅儒望者來南都,其人慧黠不如利瑪竇,而所挾器畫之類亦相埒。

明·沈德符《萬曆野獲編》卷三〇 利瑪竇,字西泰,以入貢至,因留不去。近以病終於邸上,賜賻葬甚厚,今其墓在西山。往時予游京師,曾與卜鄰,果異人也。初來即寓香山嶴,學華言讀華書者,凡二十年,比至京已斑白矣。入都時在今上庚子年,塗經天津,爲税監馬堂所詐何,盡留其未名之寶,僅以天主像及天主母像爲獻禮部,以所稱大西洋爲會典所不載,難比客部,久貢諸夷,姑量賞遣還。上不聽,俾從便僦居。瑪竇自云其國名歐邏巴,去中國不知幾千萬里,今瑣里諸國亦稱西洋與中國附近,列於職貢,而實非也。今中土士人授其學者遍宇内,而金陵尤甚。【略】丙辰,南京署禮部侍郎沈潅、給事晏文輝等同參遠夷,王豐肅等以天主教在留都煽惑愚民,信從者衆,且疑其佛郎機夷種,宜行驅逐。得旨,豐肅等送廣東,撫按督令西歸。其龐迪莪等曉知曆法,禮部請與各官推演七政,且係向化西來,亦令歸還本國。

清·阮元《疇人傳》卷四四《西洋二附》 利瑪竇,明萬曆時航海至廣東,是爲西法入中國之始。著《乾坤體義》三卷,言地與海而合一球,居天球之中,其度與天相應,但天甚大,其度廣,地甚小,其度狹,差異耳。直行北方者,每二百五十里,北極高一度,南極低一度;直行南方者,每二百五十里,北極低一度,南極高一度。每一度廣二百五十里,則地之東西南北各一周,有九萬里,厚二萬八千六百三十六里零三十六丈,上下四旁皆生齒所居。予自太西浮海入中國,至晝夜平線,已見南北二極皆在平地,畧無高低道轉,而南過大浪峰,已見南極,出地三十六度,則大浪峰與中國上下相爲對待,故謂地形圓而週圍皆生齒者,信然矣。以天勢分山海,自北而南爲五帶,一在晝長晝短二圈之間,其地甚熱則謂熱帶,近日輪故也。二在北極圈之内,三在南極圈之内,此二處地俱甚冷,則謂寒帶,遠日輪故也。四在北極晝長二圈之間,五在南極晝短二圈之間,此二地皆謂之正帶，不甚冷熱，不遠不近故也。【略】李之藻、徐光啓等皆師之，盡得其學，各有著述。三十八年，卒。

明・章潢《圖書編》卷二九《輿地山海全圖叙》　嘗聞陸象山先生悟學有云「原來只是箇無窮」，今即輿地一端言之，自中國以達四海，固見地之無窮盡矣。然自中國及小西洋，道途二萬餘里，使地止於兹，謂之有窮盡可也。若由小西洋以達大西洋，尚隔四萬里餘，矧自大西洋以達極西，不知可以里計者，又當何如？謂之無窮盡也，非歟。此圖亦自大西洋以至廣東，其海上程途可以里計者如此，故并後小西洋圖存之，以備考云。

明・祁承爜《澹生堂藏書目》　《幾何原本》六卷，六册，俱利瑪竇。

清・黄虞稷《千頃堂書目》卷三　利瑪竇《幾何原本》六卷。

清・黄虞稷《千頃堂書目》卷一三　利瑪竇《勾股義》一卷。又《表度説》一卷。又《圜容較義》一卷。又《測量法義》二卷。又《天問畧》一卷。又《泰西水法》六卷。

清・錢曾《錢遵王述古堂藏書目録》卷五　利瑪竇《赤道南極北極圖》，一卷，一本。利瑪竇《測量法義》，一卷，一本。利瑪竇《圜容較義》，一卷，一本。

清・張廷玉等《明史》卷九八《藝文志三》　利瑪竇《幾何原本》六卷，《勾股義》一卷，《表度説》一卷，《圜容較義》一卷，《測量法義》一卷，《天問略》一卷，《泰西水法》六卷。

清・嵇璜《續文獻通考》卷一八二《經籍考》　利瑪竇《乾坤體義》二卷。瑪竇，西洋人。

清・嵇璜《續通志》卷一六一《藝文略六》　《乾坤體義》二卷，明西洋人利瑪竇撰。

清・永瑢等《四庫全書總目》卷一〇六《子部十六・天文算法類一》　《乾坤體義》二卷，兩江總督採進本。明利瑪竇撰。利瑪竇，西洋人。萬曆中航海至廣東，是爲西法入中國之始。利瑪竇兼通中西之文，故凡所著書，皆華字華語，不煩譯釋。是書上卷皆言天象，以人居寒煖爲五帶，與《周髀・七衡説》略同。以七政恒星天爲九重，與《楚辭・天問》同。以水火土氣爲四大元行，則與佛經同。佛經所稱地水風火，地即土，風即氣也。至以日、月、地影三者定薄蝕，以七曜地體爲比例倍數，日月星出入有映蒙，則皆前人所未發。其多方罕譬，亦復委曲詳明。下卷皆言算術，以邊線、面積、平圜、橢圜互相容較，亦足以補古方田少廣之所未及。雖篇帙無多，而其言皆驗諸實測，其法皆具得變通，可謂詞簡而義賅者。是以《御製數理精蘊》多採其説而用之。當明季曆法乖舛之餘，鄭世子載堉、邢雲路諸人雖力争其失，而所學不足以相勝。自徐光啓等改用新法，乃漸由疎入密。至本朝而益爲推闡，始盡精微。則是書固亦大輅之椎輪矣。

清・周中孚《鄭堂讀書記》卷五九《子部十之八》　《天主實義》二卷。

清・張之洞《書目答問・子部》　《乾坤體義》二卷，明西洋利瑪竇撰，抄本。《經天該》一卷，明西洋利瑪竇撰，藝海珠塵本，鈔本。

王錫闡

清・阮元《疇人傳》卷三四《國朝一・王錫闡上》　王錫闡，字寅旭，號曉菴，又號餘不，又號天同一生，吳江人也。兼通中西之學，自立新法，用以測日月食，不爽秒忽。每遇天色晴霽，輒登屋卧鴟吻間，仰察星象，竟夕不寐。著《曉菴新法》六卷。序曰：「炎帝八節，曆之始也，而其書不傳。《黄帝》、《顓頊》、《虞》、《夏》、《殷》、《周》、《魯》七曆，先儒謂其僞作。今七曆具存，大指與漢秝相似，而章蔀氣朔，未睹其真，爲漢人所托無疑。《太初》、《三統法》雖疏遠，而創始之功不可泯也。劉洪、姜岌次第闡明，何、祖專力表圭，益稱精切。自此南北曆家，率能好學深思，多所推論，皆非淺近所及。唐曆《大衍》稍親，然開元甲子當食不食，一行乃爲諛詞以自解。何如因差以求合乎？至宋而曆分兩途，有儒家之曆，有曆家之曆，儒者不知曆數，而援虚理以立説；術士不知曆理，而爲定法以驗天。天經、地緯、躔離、違合之原，概未有得也。國初，元統造《大統曆》，因郭守敬遺法，增損不及百一，豈以守敬之術果能度越前人乎？守敬治曆，首重測日，余嘗取其表景，反覆布算，前後抵牾，餘所創改，多非密率，在當日已有失食、失推之咎，況乎遺籍散亡，法意無徵，兼之年遠數盈，違天漸遠，安可因循不變耶？元氏藝不逮郭，在廷諸臣又不逮元，卒使昭代大典踵陋襲僞，雖有李德芳争之，然德芳不能推理，而株守陳言，無以相勝，誠可歎也。近代端清世子、鄭善夫、邢雲路、魏文魁皆有論述，要亦不越守敬範圍。至如陳壤摭拾《九執》之餘津，冷逢震墨守元會之畸見，又何足以言曆乎？萬曆季年，西人利氏來歸，頗工曆算。崇禎初，命禮臣徐光啓譯其書，有《曆指》爲法原、《曆表》爲法數，書百餘卷，數年而成，遂盛行於世，言曆者莫不奉爲俎豆。吾謂西曆善矣，然以爲測候精詳，可也；以爲深知法意，未可也。循其理而求通，可也；安其誤而不辨，不可也。姑舉其概：

二分者，春秋平氣之中；二正者，日道南北之中也。《大統》以平氣授人時，以盈縮定日躔，法非謬也。西人既用定氣，則分、正爲一因，譏中曆節氣差至二日。夫中曆歲差數强，盈縮過多，恶得無差？然二日之異，乃分、正殊科，非不知日行之朓朒而致誤也。《曆指》直以佛己而譏之。不知法意一也。諸家造曆，必有積年日法，多寡任意，牽合由人，守敬去積年而起自辛巳，屏日法而斷以萬分，識誠卓也。西曆命日之時以二十四，命時之分以六十，通計一日爲分一千四百四十，是復用日法矣。至於刻法，彼所無也。近始每時四分之，爲一日之刻九十六。彼先求度而後日，尚未覺其繁，施之中曆則窒矣。反謂中曆百刻不適于用，何也？且日食時差法之九十有六，與日刻之九十六何與乎？而援以爲據。不知法意二也。天體渾淪，初無度分可指，昔人因一日日躔命爲一度，日有疾徐，斷以平行，數本順天，不可損益。西人去周天五度有奇，斂爲三百六十，不過取便割圜，豈真天道固然？而黨同伐異，必曰日度爲非，詎知三百六十尚非弧弦之捷徑乎？不知法意三也。上古寘閏，恒于歲終，蓋曆術疏闊，計歲以寘閏也。中古法日趨密，始計月以寘閏，而閏于積終，故舉中氣以定月，而月無中氣者即爲閏。《大統》專用平氣，置閏必得其月，新法改用定氣，致一月有兩中氣之時，一歲有兩可閏之月。若辛丑西曆者，不亦盭乎？夫月無平中氣者，乃爲積餘之終，無定中氣者，非其月也。不能虚衷深考，而以鹵莽之習，侈支離之學，是以歸餘之後，氣尚在晦；季冬中氣，已入仲冬；首春中氣，將歸臘杪。不得已而退朔一日，以塞人望，亦見其技之窮矣。不知法意四也。天正日躔，本起子半，後因歲差，自丑及寅。若夫合神之説，乃星命家猥言，明理者所不道。西人自命曆宗，何至反爲所惑？而天正日躔定起丑初乎，況十二次舍命名，悉依星象，如隨節氣遞遷，雖子午不妨異地，而元枵鳥咮，亦無定位耶？不知法意五也。

歲實消長，昉于《統天》。郭氏用之，而未知所以當用；元氏去之，而未知所以當去。西人知以日行最高求之，而未知以二道遠近求之，得其一而遺其一。當辨者一也。歲差不齊，必緣天運緩促。今欲歸之偶差，豈前此諸家皆妄作乎？黄白異距，生交行之進退；黄赤異距，生歲差之屈伸，其理一也。《曆指》已明于月，何蔽于日？當辨者二也。日躔盈縮，最高幹運，古今不同，揆之臆見，必有定數。不惟日躔，月星亦應同理，但行遲差微，非畢生歲月所可測度。西人每詡數千年傳人不乏，何以亦無定論？當辨者三也。日月去人時分遠近，視徑因分大小，則遠近、大小宜爲相似之比例。西法日則遠近差多，而視徑差少，月則遠近差少，而視徑差多。因數求理，難可相通。當辨者四也。日食變差，機在交分，日軌交分與月高交分不同，月高交於本道與交于黄道者又不同。《曆指》不詳其理，《曆表》不著其數，豈黄道一術足窮日食之變乎？當辨者五也。中限左右，日月視差時或一東一西；交、廣以南，日月視差時或一南一北。此爲視差異向，與視差同向者加減迥别。《曆指》豈以非所常遇，故置不講耶？萬一遇之，則學者何從立算？當辨者六也。日光射物，必有虚景。虚景者，光徑與實徑之所生也。闇虚恒縮，理不出此。西人不知日有光徑，僅以實徑求闇虚，及至推步不符天驗，復酌損徑分，以希偶合。當辨者七也。月食定望，惟食甚爲然，虧復四限，距望有差。日食稍離中限，即食甚已非定朔。至于虧復，相去尤遠。西曆乃言交食必在朔、望，不用朓朒次差，過矣。當辨者八也。歲、填、熒惑以本天爲全數，日行規爲歲輪；太白辰星以日行規爲全數，本天爲歲輪。故測其遲速留退，而知其去地遠近。考于《曆指》，數不盡合。當辨者九也。熒惑用日行高卑變歲輪大小，理未悖也；用自行高卑變歲輪大小，則悖矣。太白交周不過二百餘日，辰星交周不過八十餘日，《曆指》皆與歲周相近，法雖巧，非也。當辨者十也。

語云：「步曆甚難，辨曆甚易。」蓋言象緯森羅，得失無所遁也。據彼所述，亦未嘗自信無差。五星經度或失二十餘分，躔離表驗或失數分。交食值此，當失以刻計；淩犯值此，當失以日計矣。故立法不久，違錯頗多。余于《曆説》已辨一二。乃癸卯七月望食，當既不既，與夫失食、失推者何異乎？且譯書之初，本言「取西曆之材質，歸大統之型範」，不謂盡墮成憲，而專用西法如今日者也。余故兼采中西，去其疵纇，參以已意，著《曆法》六篇，會通若干事，攷正若干事，表明若干事，增葺若干事，立法若干事。舊法雖舛而未遽廢者，兩存之；理雖可知，而非上下千年不得其數者，闕之；雖得其數，而遠引古測未經目信者，别見補遺，而正文仍襲其故。爲日一百幾十有幾，爲文萬有千言，非敢妄云窺其堂奧，庶幾初學之津梁也。

其法：度法百分，日法百刻，周天三百六十五度二十五分六十五秒五十九微三十二纖，内外準分三十九分九十一秒四十九微，次準九十一分六十八秒八十六微，黄道歲差一分四十三秒七十三微二十六纖。

列宿經緯：角一十度七十三分七十九秒、南二度一分二十三秒；亢一十度八十二分二十四秒，北三度一分一秒；氐一十八度二十六分二十四秒，北四十三分九十六秒；房四度八十三分六十三秒，南五度四十六分一十九秒；心七度六十六分二秒，南三度九十七分三十八秒；尾一十五度八十二分七十八秒，南一十五度二十一分九十秒；箕九度四十六分九十六秒，南六度五十九分四十九秒；南斗二十四度一十九分八十二秒，南三度八十八分九十三秒；牽牛七度七十九分五十五秒，北四度七十五分一十七秒；婺女一十一度八十二分二秒，北八度二十分五十九秒；虛一十度一十二分九十一秒，北八度八十二分七十秒；危二十度四十一分四秒，北一十度八十五分六十二秒；營室一十五度九十二分二十三秒，北一十度七十一分七十一秒；東壁一十一度六十八分四十八秒，北一十二度七十六分七十二秒；奎一十三度四十二分六十六秒，北一十八度五分；婁一十三度一十八分九十八秒，北八度六十分七十二秒；胃一十三度二十分六十七秒，北一十一度四十三分一十二秒；昴八度六十分七十二秒，北四度五分八十四秒；畢一十五度一十一分七十六秒，南三度四分三十八秒；觜觿一十一分八十四秒，南一十三度八十六分六十三秒；參一十二度二分三十秒，南二十四度九十二分五十四秒；東井三十度八十六分八秒，南八十九分六十二秒；輿鬼四度六十六分七十二秒，南八十一分二十七秒；柳一十七度二十四分八十二秒，南一十二度六十三分一十八秒；七星八度五十分五十七秒，南二十度七十二分七十一秒；張一十八度三十三分五秒，南二十六度五十八分二十六秒；翼一十七度二十四分八十二秒，南二十三度一分四十六秒；軫一十三度二十四分五秒，南一十四度六十二分七十三秒。

歲周三百六十五日二十四刻二十一分八十六秒六微，曆周三百六十五日二十五刻四十八分六十八秒八微，朓朒準度三度準分八十九秒六十微，月周二十九日五十三刻五分九十一秒九十七微，朓朒外準一分三十一秒二十微，轉周二十七日五十五刻四十六分一十三秒七十七微，朓朒準度五度五十九分，準分一分三十二秒三微，交周二十七日二十一刻二十二分二十二秒三微，交緯準分八分六十七秒二十五微，中緯準分八分九十四秒七十微，交行朓朒準分三分六秒八十微，歲星合周三百九十八日八十八刻三十一分七十九秒，朓朒中準一十九分二十九秒四十八微，轉周四千三百三十三日三十七刻九分六十九秒，朓朒準度三度準分二分三十八秒五十微，交周四千三百三十一日二十四刻七十八分一十七秒，中緯準分二分五十二秒八十微，熒惑合周七百七十九日九十三刻五十一分二十八秒，朓朒中準六十五分四十九秒五十微，轉周六百八十七日五十二分八十四秒，朓朒準度三度準分四分六十三秒七十五微，交周六百八十六日九十八刻三十二分六十八秒，中緯準分三分一十九秒九十微，填星合周三百七十八日九刻二十二分八十四秒，朓朒中準一十分四十二秒八十微，轉周一萬七百六十七日五十六分八十五秒，朓朒準度三度準分二分九十秒七十微，交周一萬七百五十六日八十六刻九分一秒，中緯準分四分三十九秒，太白合周五百八十三日九十一刻九十九分一十二秒，朓朒後準七十二分二十四秒八十五微，轉周三百六十五日二十六刻五十五分七十秒，朓朒準度三度準分八十秒二十微，交周二百二十四日七十刻四十分六十八秒四十二微，中緯準分四分三十九秒，辰星合周一百一十五日八十七刻七十二分二十四秒，朓朒後準三十八分五十秒，轉周三百六十五日二十七刻一十九分五十五秒，朓朒準度五度準分一分一十三秒七十微，交周八十七日九十七刻一十三秒二十一微，中緯準分三分八十一秒一十一微。

遠近中準：日、太白、辰一千一百四十二度月五十六度七十二分，歲五千九百一十九度六十九分，熒惑一千七百四十三度六十四分，填一萬九百五十三度三十九分。

視徑中準：日中準八十八秒六十八微，光徑準度一十二度四十分月，中準九十三秒七微，歲八秒，熒惑四秒六十九微，填五秒三十一微，太白九秒四十五微，辰六秒五十二微，昏明準分三十九分十秒一十七微。

伏見中準：月一十七分八十八秒四十微，歲一十八分三十三秒，熒惑二十二分四十三秒四十微，填二十分二十六秒，太白八分八十五秒八十微，辰二十分三十七秒八十微。

北極高下，全差二萬二千五百里。

以崇禎元年著雍執徐爲曆元，南京應天爲里差之元。宿應箕四度三十四分六十秒，辰應三百一十度四十八分六十八秒，日躔氣應三百七十四日一十刻二十分七十八秒，曆應三百五十九日一十六刻七十五分一十七秒，月離閏應一十三日九十四刻九十七分六十七秒，轉應一日六刻七十一分三十秒，交應一十日五十二刻五十三分四十四秒，歲星合應一十二日四十一刻九十九分，轉應三千七百五十刻五十九分，交應四千一百一十日六十八刻六十一分，熒惑合應四百四十五日六十八刻八十八分，轉應一百八十日八十七刻九十六分，交應三百七十五日八十刻九十八分，填星合應九十六日五十一刻七十二分，轉應二千七百一十九日二十八刻三分，交應七千三百九十三日七十一刻一分，太白合應一十三日九十四刻四十五分，轉應三百六十五日，交應一十五日一十八刻九十六分二十八秒，辰星合應三十七日七十刻一十九分，轉應二百一十一日三十二刻八分，交應三十五日五十三刻四十一分四十五秒，北極應三十二度四十分。在應天實測。」

先是，《曉菴新法》未成，作《曆説》六篇、《曆策》一篇。其説精核，與《曉菴新法》序互有詳略。又隱括中西步術，作《大統西曆啓蒙》。丁未歲，因推步《大統》法，作《丁未曆稾》。辛酉八月朔日食，以中西法及己法豫定時刻分秒，至期與徐發等以五家法同測，己法獨合，作《推步交朔測日小記》。西法謂五星皆右旋，錫闡以爲土木火實左旋，當改歲輪爲不同心圈，則理數畫一，作《五星行度解》。術家言日月右旋，儒者乃云左旋，二説不同，作《日月左右旋問答》。治曆首重割圓，作《圓解》。測天當據儀晷，造三辰晷，兼測日月星，因作《三辰晷志》。錫闡論撰，俱能究術數之微奥，補西人所不逮，文多不能悉具，采其精要者著于篇。

《曆説》一曰：「夫治曆者不能以天求天，而必以人驗天，則其不合者固多矣。雖幸而合，久必乖焉。何也？天地始終之故，七政運行之本，非上智莫窮其理，然亦祇能言其大要而已，欲求精密，則必以數推之。數非理也，而因理生數，即因數可以悟理。自漢以後，曆家之疎密，吾知之矣。大約因前人之差，稍爲進退于積年日法之間，即自命作者。此于曆數尚有所未盡，況曆理乎？至郭守敬始悉去其弊，而返而求之測景，漸近自然。然其法上考數千年冬至交食，十得六七；而下驗二十年間，或當食不食，或食而失推，則何也？今取守敬所測至日之景，即以其法求之，其自相牴牾者不止一事，以此知當時創法不免傅會，故未久而差，非實測之失也。且守敬所立三差法，于割圓之學猶非密率，此其失又在數而不在理矣。元統修《大統曆》，雖録守敬舊章，然覺其未密，故去消長不用，而又别寫《土盤》經緯曆法，分科互測，以爲改憲之端。惜乎！疇人子弟習常肄舊，無有能會通而修正之者。近代西洋新法，大抵與《土盤曆》同原，而書器尤備，測候加精。崇禎二年五月朔食，《大統》《土盤》二法俱不合，徐文定公以新法推之，頗近，於是有曆局之設。而文定以爲欲求超勝必須會通，會通之前先須翻譯，翻譯有緒，然後令甄明《大統》、深知法意者參詳考定。其意原欲因西法而求進，非盡更成憲也。乃文定既逝，而繼其事者僅能終翻譯之緒，未遑及會通之法，至矜其師説，齮齕異己，廷議紛紛。有爲之解者曰：『交食、節氣用新，神煞、月令用舊。』不知此于理數何關輕重耶？今西法且盛行，向之異議者亦詘而不復争矣。然以西法爲有驗于今，可也，如謂不易之法，無事求進，不可也。夫曆理一也，而曆數則有中與西之異。西人能言數中之理，不能言理之所以同；儒者每稱理外之數，不能明數之所以異。此兩者所以畢世而不相通耳。余究心此事略已有年，謬以曆法至今已密，然不能必後日之不踈，而過宫節氣之改、天經地緯之差，苟不能畫一，以求至當，將見天下後世必有起而議之者，又安在其久而無弊哉？故略舉數事，粗明理數之本。至于測驗乖合，則非口舌所能争勝，亦曰以天求天而已。」

二曰：「漢劉洪造《乾象曆》，覺冬至後天，始減歲餘。韓翊疑其損分太過，後必先天。自今觀之，《乾象》斗分猶失之强，況如韓翊所言乎？故後世屢差屢改，亦屢損歲實，至《統天》、《授時》二曆，而損分極矣。《大統曆》歲餘因舊，不用消長，以《授時》法律之，冬至漸宜後天，而三百年來反漸先天，故有議增歲實者。但冬至雖合，而夏至乃後天三十餘刻，損益兩窮。而西人平歲、定歲之法，獨操其勝矣。其言曰，論平歲則消實之説近，論定歲則加實之説近。然西曆以歲實求平歲，以均數求定歲，則所主者，消實之説也。所消小餘，視郭曆爲更促，不知億萬年後，將漸消至盡，抑消極復長耶？又言經星東行，故節歲之外别有星歲。經星常爲平行，星歲亦無消長。以中法通之，星行者即古之歲差，星歲者即古之周天，異名同理，無關疎密。唯古以歲差繇赤道，今以歲行繇黄道，則新法爲善耳。所可疑者，節歲與星歲之較，即經星東行之率，必節歲與星歲俱無消長，數同則歲差始可平行。今星歲有定，而歲實漸消，則兩行之較，將來愈多，豈得以五十一秒永爲定法乎？黄赤距度，古遠今近；最高運移，古疾今徐；不同心差，古多今少。中曆積久因循，新法特爲剖析，但既知其故，亦宜立法加減，方可上考下驗。用幾何之術，凡有三測，皆可推全周。西史所載，不止三測，而迄無成法，豈以舊測未足盡據耶？倘古測既爲今日所疑，近測又非後人所信，畫一之法何時可立？不如及今求其定率，即有微差，他日測驗修改亦易爲力矣。其論經星云，赤道經度有變，黄道經度不變，故斷棄赤道，專用黄道。寧不知經星黄緯亦有變遷乎？緯度有變，必自有本道本極，不直行黄道也。經星本極未定，但從黄極分經，歲久漸差，詎可復用？餘如太陰、五星本道本極，已有定距，而新曆測算悉用黄道，反不若舊曆尚有推變白道一術也。歲實消長，其説不一，謂繇日輪之轂漸近地心，其數浸消者，非也。日輪漸近，則兩心差及所生均數亦異，以論定歲，誠有損益。若平歲歲實尚未及均數，其消長之源於兩心差何與乎？識者欲以黄赤極相距遠近求歲差朓朒，與星歲相較，爲積歲消長，終始循環之法。夫距度既殊，則分、至諸限亦宜隨易，用求差數，其理始全。然必有平行之歲差，而後有朓朒之歲差；有一定之歲實，而後有消長之歲實。以有定者紀其常，以無定者通其變，迺可垂久而無戾矣。請以質之知曆者。」

三曰：「中曆主日，日均則度有長短；西曆主度，度平則日有多寡。雖非疎密所係，然實敬授之首務，不可不辨也。考之西法，紀日以日、月、七曜，紀度以白羊諸宫，率四年而閏一日，無干支、氣候、閏月之法也。今以西之宫度爲中之中氣，折半爲節氣，一以天度爲本，而日辰則隨時損益，因譏舊法平氣不免違天，或以時計，或以月計，至二分則先後二日，獨不思二分與二正原不同日乎？二日之差，迺分、正之異，非立法疎也。又如各氣雖皆平分，而盈縮一法自具日躔，不察其故，而概指爲謬，豈通論乎？或曰，四時寒燠皆本日行，則節氣亦宜以西法爲正。曰四時寒燠，因日行之南北，不因日行之東西。而西法唯主經度，經度者，東西度也。以經度求黄赤距差，絶非平行。二分左右經度之一距差，幾及其半；二至左右經度之一距差，僅以秒計。故但主日辰，則平氣已足。若主天度，則須兼論距緯。如四立爲分至之中，中西皆然。今以距至四十五度爲立春定氣，此時日距赤道尚十六度有奇，則所謂中者，經度之中，非距緯之中也。距緯之中，在距至五十九度以上。設止用經度，亦祇可謂天度之平氣，于日行南北未有當也。周天宫界，曆家所設，以步躔離。古謂歲有歲差，故宫界常定；今謂星有本行，故宫界漸移。二者似無失得。然新法定以冬至起丑，于義何居？夫宫界之分，本用堯時冬至日躔在虚，定爲子半。四千祀間，歷丑至寅，安在冬至當起丑初也？況星紀、元枵諸次，本乎星名，今古無異。若隨節氣遞遷，則鳥咮可爲元枵，而虚危可爲鶉首，有是理哉？故從天周分宫，則冬至今當在寅。即從節氣分宫，則冬至亦當起子。若因宋時冬至偶值丑初，而强襲其名，則亦進退無據之甚矣。新法以本月之内，太陽不及交宫，因無中氣，遂置爲閏。以中氣爲過宫，雖與舊異，以無中氣之月置閏，仍與舊同。其不同者，舊用平氣，新用定氣，故前後或差至二月。平氣兩策，必三十日有奇，無一月三氣之法。定氣兩策，多且三十餘日，少至二十九日有奇。冬月大盡者，一月之内可容三氣。設兩中氣在晦朔之間，節氣在望，必前後有二月俱無中氣，此歲之閏將安置乎？使置閏在前，則歸餘非終；置閏在後，則履端非始。既不可置閏於兩中氣之月，又不可一年再閏。若少爲遷就，又非不易之法，不知何術可以變通？大畧西之宫閏實難與中法並行，而會通兩家又非目前諸人所及，故不勝齟齬之病也。」

清·阮元《疇人傳》卷三五《國朝二·王錫闡下》 四曰：「交食至西曆亦略盡矣。以交緯定入交之淺深，以兩經定食分之多寡，以實行定虧復之遲速，以升度定方位之偏近，以地度東西定加時之早晚，皆前此曆家所未喻也。乃所推戊戌仲夏朔食，浙西見食差天半分，復明先天一刻。己亥季春望食，帶食分秒所失尤多。古以差天一刻爲親，則今日所推尚未疎遠。然差數已著，則致差之故，豈宜不講？太陰唯定朔、定望在小輪最近，外此即有次均加減，亦猶五星于衝合之外即有歲行加減也。凡推五星淩犯，不能舍歲行，而交食諸論獨廢次均，豈以五星淩犯宿座不必衝合太陽，日月自相掩食必在定朔、定望也耶？不知唯月食食甚，實在定望，止用入轉，可得密合。初虧、復明距望久者不下數刻，用求倍離得二度有奇，兩均之較亦且數分，參差之故，宜所不免。至若日食，不唯虧、復二限不在定朔，即食甚之時亦非真會。晨近初升，夕近將降，東西差分或過一度，倍離亦過二度。正論食甚，已不能以入轉均數求其必合，況晨食之初、虧晚食之復明距度尤遠者哉？今皆置不復論，不可謂非法之疎也。中曆月食一十五分，其求既内定用，《授時曆》以一十五分爲既内用分，《大統曆》則以十五分爲既内用分，分數既加，則定用必多，與實測則稍近。使非本於天驗，何以得此？然以句股之理究之，則不合矣。西法食分，隨引數爲多少，食既之數多至十九分强，足洗從前之謬。今研察其理，亦有可疑者。其説曰：月在最卑，視徑大，故食分小；月在最高，視徑小，故食分大。余以爲視徑大小僅從人目，食分大小當據實徑。太陰實徑不因高卑有殊，地景實徑實因遠近損益。最卑之地景大，月入景深，食分不得反小；最高之地景小，月入景淺，食分不得反大。此與幾何公論自相矛盾，倘亦致差之一端乎？《五緯曆》言，星近地心者緯度多，遠地心緯度少。竊謂星誠有之，月亦宜然。不知交道有變差，徒以視徑定食分，非曆理也。推步之難，莫過交食，新法於此特爲加詳，有功曆學甚鉅。然究極元微，不能無漏。在今已見差端，將來詎可致詰？是望窮理之士商求精密，非一人之智所能盡也。」

五曰：「《天問》曰：『圜則九重，孰營度之？』則七政異天之説，古必有之。近代既亡其書，西説遂爲創論。余審日月之視差，察五星之順逆，見其實然，益知西説原本中學，非臆撰也。請舉其概。《五緯曆指》謂『日月本天以地心爲心，五星本天以太陽爲心』，斯言是矣。唯謂『星天或包日天之外，諸圜能相割相入』，則未敢以爲信也。蓋日爲列曜之宗，本天亦應最大，五星諸圜悉在其内，隨之斡旋。太陽則居本天之心而繞地環行，五星各麗本圜之周而繞日環行。二法不同也。知日天與星天異法，則知日行一規，本非天周，亦無實體，諸圜不必相割相入矣。新法既云『星天以太陽爲心』，則本天之行即爲歲行，迺復設本天，仍似以地心爲心，法既不定，安所取衷乎？余考木、火、土三星之行，與金、水二星不同，金、水二星于本圜右旋，木、火、土三星于本圜左旋，皆爲日天所挈而東，猶日天爲宗動所挈而西也。左旋之數，土最疾，木次之，火又次之。自右旋論，則疾者反遲，遲者反疾。故合日在最高者，法應遲，而視行爲疾；衝日在最卑者，法應疾，而視行爲遲爲退。蓋本圜之遲疾爲左旋，而視行之遲疾則右旋也。此理甚明，何莫之察耶？近見湯氏所推，又有異者，五星唯金、水有順、逆二合。順合者，星在日後，而追及于日。逆合者，星在日前，而退與日遇。此曆家所習聞也。乃所推戊戌歲四月戊辰、七月丙午、十一月丁巳，水星皆先過日，又歷數時，而後順合。五月己丑，水星先在日後，亦歷數時，而後退合。若言握算偶誤，則創法之初當倍詳慎，必無屢誤。若言無誤，吾又未得其説。夫星在日前，順行益遠；星在日後，退行益離，安得再合？天行有漸差，而無僭差，豈容一日之内驟進驟退，曾無定率如是乎？又據《曆指》，萬曆乙酉測定金星最高在夏至前四十五度，歲移一分半强，水星最高在冬至前二十九度半，歲移一分大强，距今戊戌七十三年，金星過最高當在五月戊午，而彼在辛丑，水星過最高當在十月壬辰，而彼在癸巳。癸巳、壬辰僅差一日，或用新測推改，我不敢知。辛丑、戊午相距半月已上，即使舊測疎遠，亦恐未必至此。再考金星正交在最高前十六度，湯氏所用正與此近，豈即入交日耶？入交者，南北緯度所生。高卑者，盈縮均數所生。使入交可名高卑，將盈縮亦可名南北乎？五星各有交行，各有最高，唯水星同行同度，金星兩行雖同，度限迥别，驗之近測，此術未爲戾天。即欲合二爲一，必有灼見至論。然察其法，又似實未嘗改，不知何故？參用交行，十餘年來無不如是也。中法用表圭測月孛，西曆譏之。今以高卑命交行，得無復爲將來所譏。此于曆術非爲細故，明理之家必有辨其得失者矣。」

《曆策》曰：「古之善言曆者有二：《易·大傳》曰：『革，君子以治曆明時。』子輿氏曰：『苟求其故，千歲之日至，可坐而致。』曆之道主革，故無數百年不改之曆。然不明其故，則亦無以爲改憲之端。太初以來，治曆者七十餘家，莫不有所修明，當時亦各自謂度越前人，而行之未久，差天已遠，往往廢不復用。何也？是在創法之人不能深推理數，而附合于蓍卦、鐘律以爲奇，增損于積年日法以爲定，或陰用前法而稍易其名，或偶悟一事而自足其知，欲其永久無弊，豈可得哉？執事以新法既非，舊法未必無誤，而博訪于草澤也。此正愚所樂得而縷陳者也。欲知新法之誠非，須核其非之實；欲使舊法之無誤，宜釐其誤之繇。然後天官家言，在今可以盡革其弊，將來可以益明其故矣。舊法之屈于西學也，非法之不若也，以甄明法意者之無其人也。今者西曆所矜勝者，不過數端，疇人子弟駭于創聞，學士大夫喜其瑰異，互相夸耀，以爲古所未有。孰知此數端者，悉具舊法之中，而非彼所獨得乎？一曰平氣、定氣以步中節也，舊法不有分至以授人時、四正以定日躔乎？一曰最高、最卑以步朓朒也，舊法不有盈縮遲疾乎？一曰真會、視會以步交食也，舊法不有朔望加減食甚定時乎？一曰小輪、歲輪以步五星也，舊法不有平合定合、晨夕伏見、疾遲留退乎？一曰南北地度以步北極之高下、東西地度以步加時之先後也，舊法不有里差之術乎？大約古人立一法，必有一理，詳于法而不著其理，理具法中，好學深思者自能力索而得之也。西人竊取其意，豈能越其範圍？就彼所命創始者，事不過如此，此其大略可覩矣。至于日刻之改，天度之殊，則習于師説而不能變通，反以伐能争勝，齮齕異己，不知果何關于疎密乎？且新法布算悉用曆表，日行惟一，而日躔表與五緯表差至五十五秒；月轉惟一，而月離表與交食表差至二十三分；日差惟一，而日躔與月離各具一表，則躔離安得合天，加時安得畫一乎？是以辛丑臘月晦辰，新法非朔而謂朔；癸卯七月望食，新法當既而不既。其爲譌謬，昭然共見，不可掩也。夫新法之戾於舊法者，其不善如此。其稍善者，又悉本于舊法如彼。然則當專用舊法乎？而又非也。元氏之後，載祀三百，未經修改，法雖盡善，安能無弊？故年遠數盈，則曆元四應或弗密也；朓朒過强，則朔望如時或弗協也；交限失真，則薄食分秒未可定也；緯度不紀，則淩犯有無難預期也。至如五星段目，昔人止録舊章；黄道辰宿，迄今猶用辛巳，何可以爲定法乎？若是則何從而可？從乎天而已。古人有言『當順天以求合，不當爲合以驗天』。法所以差，固必有致差之故；法所吻合，猶恐有偶合之緣。測愈久，則數愈密；思愈精，則理愈出。以古法爲型範，而取才于天行。考晷漏，審圭表，慎擇人，詳著法，則異同之見漸可盡泯，成憲一定，不難媲美羲和，高出近代矣。」

《推步交朔》叙言曰：「漢《律曆志》曰：『曆本之驗在于天』，斯言得之矣。然漢人之驗天者安在哉？兩漢之世，日食多在晦，晦前朔後間亦有之，不知當日廢尤疏遠者十七家，其疏遠又何如乎？晦朔弦望，太初最密。最密者何事乎？上林清臺與十一家雜候，候盡五年六年，皆太初第一。且何所候乎？自晉唐以迄昭代，代有作者，而法日趨于密矣。但步食或不盡驗，食時或失辰刻，則其爲術或者可商求。苟能虚衷殫思，未必不復更勝。奈何一行、守敬之徒，乃有惟德動天之訣，日度失行之解，使近世疇人、草澤咸以二語葄其明、域其進耶？果爾，則天自天，而曆自曆，合不足爲是，失不足爲非，叛官俶擾可以無誅，安用鳳鳥氏爲也？每見天文家言日月亂行當有何事應，五星違次當主何庶徵，余竊笑之。此皆步推之舛，而即傅以徵應，則殃慶禎異，唯曆師之所爲矣。是故驗于天而法猶未善，數猶未真，理猶未闡者，吾見之矣。無驗于天，而謂法之已善，數之已真，理之已闡者，吾未之見也。某業非專家，資復遲鈍，雖涉獵有年，曾未覩其藩落，况于堂奥？然既習其事，又不敢自棄，每遇交會，必以所步、所測課較疏密，疾病寒暑無間，變周改應增損經緯遲疾諸率，于茲三十年所，而食分求合于秒，加時求合于分，戛戛乎其難之。年齒漸邁，氣血早衰，聰明不及于前時，而黽黽孳孳，幾有一得，不自知其智力之不逮也。乃仲秋辛巳朔，日月交于鶉尾之次，于《大統》成憲當食八分有奇，加時自辰至午；《崇禎曆書》食在巽、巳之間，虧蝕不及二分；余用已法推之，食分眎曆書祇羸數秒，虧、甚、復三限大約先一刻有奇，而視成憲則殆有燕越緇素之殊。其合其違，雖可預信，而分秒遠近之細，必驗天而後可知。備陳三法如左，以俟實測。合則審其偶合與確合，違則求其理違與數違，不敢苟焉以自欺而已。」

《測日小記》叙曰：「説者曰『推步而得之，不如仰觀之易也』，此殆有爲言之而耳。食者以爲信然，幾乎不爲陳言所誤耶。余謂步曆固難，驗曆亦不易。何也？天學一家，有理而後有數，有數而後有法。然唯創法之人，必通于數之變，而窮于理之奥。至于法成數具，而理蕴于中，似乎三尺童子可以運籌而得。然達人穎士猶或畏之，則以專術之賾，糾繆千端，不可以一髮躁心浮氣乘于其間，所以塗本坦夷而却步者嘗多也。若夫驗曆，則垂象昭然，有目所共覩，密者不可誣以爲疏，疏者不可誣以爲密，雖謂之易也可。然語其大概，則亦或得之矣。其如薄食之分秒、加時之刻分之不可決之于目、斷之以意乎？故非其人不能知也，無其器不能測也。人明于理而不習于測，猶未之明也；器精于製而不善于用，猶未之精也。人習矣，器精矣，一器而使兩人測之，所見必殊，則其心目不能一也。一人而用兩器測之，所見必殊，則其工巧不能齊也。心目一矣，工巧齊矣，而所見猶殊，則以所測之時瞬息必有遲早也。數者之難，誠莫能免其一也。即不然，而食分分餘之秒，果可以尺度量乎？辰刻刻餘之分，果可以儀晷計乎？古人之課食時也，較疏密于數刻之間，而余之課食分也，較疏密于半分之内。夫差以刻計，以分計，何難知之？而半刻、半分之差，要非躁率之人、粗疏之器所可得也。倘唯仰觀是信，何時不自矜，何時不自欺以爲密合乎？故曰驗曆亦不易也。重光作噩仲秋辛巳朔食，法具五種，算宗三家，或行于前代，或用于當今，或修于朝宁，或潛于草澤，莫不自謂脗合天行，及至實測，雖疏近不同，而求其纖微無爽者，卒未之覩也。于此見天運淵元，人智淺末，學之愈久而愈知其不及，入之彌深而彌知其難窮。縱使確能度越前人，猶未足以言知天也，况乎智出前人之下，因前人之法而附益者乎？平情而論，創法爲難，測天次之，步曆又次之。若僅能握觚，而即以創法自命，師心任目，撰爲鹵莽之術以測天，約略一合，而傲然自足，胸無古人，其庸妄不學、未嘗艱苦可知矣。」

《日月左右旋問答》曰：「令望、錫綸侍於曉闇先生，縱言至于天行。先生曰：『曆家言日月右旋于天，而儒者乃云隨天左旋，二子何執？』令望曰：『以弟子觀之，則右旋也。』先生曰：『先儒曰，天無體，以二十八宿爲體，行日一周而過一度，日行日一周不及天行一度，月又不及日行十二度有奇。觀其出入卯、酉，則左旋可知。今子以爲右旋，右旋誠是也，然亦有説乎？』令望曰：『謂天無體，以二十八宿爲體，不知二十八宿有所麗乎？無所麗乎？列宿至衆，既不能共爲一體，安得指爲天體？况又無所係屬，若鳥飛空而魚遊于淵，必將前後左右，參錯紛拏。然而自古至今，垂象若一，不得謂之無所麗也。既有所麗，則所麗即天，不得謂天無體也。』錫綸曰：『列宿麗天，故垂象有常，是信然矣。日月經緯于天，遠近無定，此不麗天而與天並行、互爲離合之徵也，先儒之言，殆亦未可棄乎？』令望曰：『日月經星各麗一天，而各天之行又皆循于左旋之天，是皆可以管窺表測，知其高卑上下，不容誣也。』錫綸曰：『窺測之法，學之夫子矣。今所欲辨者，日月右旋之實耳。』令望曰：『望嘗於初昏見月在某星之西，候之未久，而月星同度，頃復候之，而月過而東。此右旋之實可仰觀而得，不煩籌策也。』先生曰：『先儒固言日月隨天西行，比天差緩，經星附著于天，故逐及于月，而更出其前，非月行就星而過其東也。』令望曰：『日食初虧于西，月東進而掩日也。復明于東，月更進而離日也。月食初虧于東，月東進而受侵于闇虚也。復明于西，月更進而東出于闇虚也。若使左旋，則日月初虧、復明皆當東西易位矣。』先生曰：『先儒又言日遲于天而疾于月，闇虚在日之衝，遲疾與日正等，日行逐及于月而受掩，故初虧于西。闇虚逐及于月而侵月，故初虧于東。日西行而過月，故復明于東。闇虚離月而西去，故復明于西。是猶月行越星與星行越月之見耳，未足爲右旋之左券也。』令望曰：『日月常爲平行，而自人視之，則有朓朒。朓者，日月在卑，近人，而視行大于實行。朒者，日月在高，遠人，而視行小于實行。若云左旋，則朒反爲朓，朓反爲朒矣。』錫綸曰：『日月乘氣而行，行有緩急，非由高卑。近年西人始有是説，豈可信乎？』令望曰：『夫乘氣而行者，緩急不倫，不可以率度而求。日月雖有朓朒，而朓朒未嘗無叙，當必有所以朓朒之故，不可以虚理臆斷也。日月高卑，通其術者能以咫尺之器測量而知。曆術固多古人所未覺而後人始明者，又何疑于西説乎？況乎日月徑體時大時小，高遠見小，卑近見大，尤易知也。今試以數求之，朓朒之差與高卑之差爲相似之比例，高卑之差與大小之差亦爲相似之比例，此三差者皆相因而生，故知平行爲日月之自行，朓朒爲人目之視行也。』錫綸曰：『進而見贏者，退亦見贏；進而見縮者，退亦見縮。然則進行之度可因高卑以爲增損，豈獨不及天行之度，不可因高卑以爲增損乎？』先生曰：『朓朒分于一周，故一周之中一高一卑者有朓朒，不高不卑者無朓朒也。夫日之高卑，一歲而復；月之高卑，終轉而更。右旋之法，日周于歲，月周于轉，左旋之法，一日一周，知一日之無殊乎高卑，則知左旋之無當乎朓朒矣。』錫綸曰：『以高卑求朓朒，以朓朒證右旋，似矣。然黄、赤二道，日行一周，而朓朒四變，斯何故歟？』先生曰：『子無疑于日行黄道，故赤道之行惟東西，而黄道之行兼南北。假令日誠左旋，將出于東南而没于西北，出于東北而没于西南。今冬日出辰入申，夏日出寅入戌者，何也？蓋由日躔從黄道而右旋，是以有漸南漸北之行；天牽之而左旋，則但與赤道平衡而行東升西降也。』錫綸曰：『竊更思之，日躔不由黄道而爲螺旋，冬至之後漸旋以北，夏至之後漸旋以南，實皆隨天左轉，非右旋也。』先生曰：『螺旋之論，思致甚微。然當合黄、赤二道右旋、左旋而議其故，不可斷棄黄道專爲左旋也。夫螺旋之勢，末鋭而中寬，汝言不由黄道，則無所循依，勢必起于赤道而盡于二極，即不底二極而出入赤道，不能南北相若，即出入相若，而距緯不爲均數，必有僭差。古云日行出入赤道二十四度，驗之實測，雖今不及古，然南北大距，度分略同，自二分以及二至，緯度衰降，永無僭差。故知實有循依，無徒爲螺旋之理也。』錫綸曰：『距緯若爲均數，勢必盡于二極；距緯若有僭差，必不南北相若。綸嘗細察日躔二分一日之距緯，幾數十倍于二至一日之距緯，蓋二分爲螺旋之始，故距緯差多，以次漸少。至于二至，勢盡而復，豈得有僭差？豈得越二十四度而底于二極乎？雖無所循依，而自爲左旋，亦安所不可乎？』先生曰：『螺旋者，無法之形也。雖或衰降有準，然以割圜弧矢求之，必不盡合。今置黄、赤二道，以右旋經度求南北緯度，于割圜弧矢之數，不容以毫髮爽也。握策而推，轉儀而測，合親疎遠，昭然人目，又何疑乎？』錫綸曰：『月離出入黄道，猶日躔出入赤道也。黄赤大距定于二十四度，黄白大距少或不過五度有奇，多或至于五度半弱。綸又嘗以《大統曆》法推算月緯，法當在南而實測或在北，法當在北而實測或在南，何也？』先生曰：『人知赤道有南北二極，不知黄白二道各有南北二樞，白道之樞又有游有定，此亦得之實測，古來曆家所未喻者也。黄樞左旋于赤極之旁，古遠今近，約二萬八千餘年而一周。所云二十四度，亦自近古言之，未知古今之異耳。白道定樞左旋于黄樞之旁，八年三百餘日而一周，無遠近。白道游樞右旋于定樞之旁，半月而一周，亦無遠近。然自黄樞以視游樞，則遠近進退隨時而異，朔望最近不過五度有奇，二弦最遠至于五度半弱。朔望前後，游樞循定樞之内而順，二弦前後，游樞循定樞之外而逆，是以黄、白交道月緯南北皆因之而變。《大統》本無其術，其不合天也固宜。』令望曰：『日月右旋，敬聞命矣。黄赤朓朒，一周四變，其故可得聞歟？』先生曰：『天體渾圜，從南北二極以割線分赤道諸度，形如割瓜，遠赤道則度分狹，近赤道則度分廣。黄道交于赤道，度無廣狹，而以斜直爲廣狹。冬夏距遠勢直，故黄道經度加于赤道十分之一；春秋距近勢斜，故黄道經度減于赤道十分之一。一歲再遠再近，故爲朓朒之變者四，此與經緯二行可互求而見。考諸圜術，觀諸儀象，無不脗合，因明螺旋之形亦由黄道右旋而生也。』錫綸曰：『千古之所聚訟，一旦若發蒙矣。雖然，願有進。日月以高卑論視行，五星亦宜同理。五星行高則疾，卑則爲遲，爲留，爲退，與日月相反，何也？』先生曰：『五星各有本行之規，皆以日爲心。歲、填、熒惑左旋，爲日行所牽而東，猶夫日行爲天所牽而西，故合日在高，宜遲反疾，衝日在卑，宜疾反退。太白、辰星本行規小，不能包地，人目自地視之，惟見左右于日，而不與日衝。合日在上，視行雖小，而益之以日行，故疾。合日在下，星雖右旋，而視行反逆，又大于日行，故退。五星復有本規之行度高卑朓朒，與日月同理，無煩贅説矣。』令望避席而起曰：

『日月右旋，已無疑義。五星則左旋之中有右旋，右旋之中有左旋，提命雖切，未易晰也。日晏矣，不敢重煩長者。』先生乃以《五星行度解》授二子，二子受書而退。」錫闡年五十五卒。《欽定四庫全書總目》、《曉庵新法》、《王寅旭先生遺書》、《道古堂文集》。

清・潘檉章《松陵文獻》卷一〇《人物志十・隱逸・王錫闡》 王錫闡，字寅旭，雲之曾孫。生而穎異，多深湛之思，詩文峭勁，有奇氣，博極群書，尤精曆象之學。明代用《大統曆》，惟疇人子弟習之，儒生已罕有知者。至西曆尤深奥，非專門授受莫能通。錫闡聰悟絶倫，覽西人書輒能明其法數，并所以立法之故，久而洞徹源底，謂中曆、西曆互有短長，乃自創新法，用以候日月食，頗密於前人。諸割圜、勾股、測量之法，他人所目眩心迷者，錫闡手畫口談，如指黑白，每言坐卧，嘗若有一渾天在前，日月五星錯行其上，其精專如是。所著《曆法曆説》、《大統曆啓蒙》、《解圜三辰儀晷》諸書，通曆術者視之以爲專家不逮也。爲人孤介寡合，古衣冠，獨行踽踽，不用時世一錢，其志節皐羽所南之流亞也。年五十五卒。無子。

薛鳳祚

清・阮元《疇人傳》卷三六《國朝三・薛鳳祚》 薛鳳祚，字儀甫，淄川人也。少從魏文魁游，主持舊法。順治中，與西洋人穆尼閣談算，始改從西學，盡傳其術，因著《天學會通》十餘種。其曰對數比例者，即西洋之假數也。曰中法四線者，以西法六十分爲度，不便于算，改從古法以百分爲度，表所列止正弦、餘弦、正切、餘切，故曰四線。其推步諸書，曰《太陽太陰諸行法原》，曰《木火土三星經行法原》，曰《交食法原》，曰《歷年甲子》，曰《求歲實曰五星高行》，曰《交食表》，曰《經星中星》，曰《西域回回術》，曰《西域表》，曰《今西法選要》，曰《今法表》。皆會中西以立法，以順治十二年乙未天正冬至爲元，諸應皆從此起算，以三百六十五日二十三刻三分五十七秒五微爲歲實，黄赤道交度有加減，恒星歲行五十二秒，與《天步真元》法同。梅文鼎謂其書詳於法，而無快論以發其趣。蓋其時新法初行，中西文字輾轉相通，故詞旨未能盡暢也。《天學會通》

論曰：國初算學名家，南王北薛並稱，然王非薛之所能及也。曉庵貫通中西之術，而又頻年實測，得之目驗，故于湯、羅新法諸書，能取其精華而去其糟粕，儀甫謹守穆尼閣成法，依數推衍，隨人步趨而已，未能有深得也。

清・錢林《文獻徵存録》卷三《薛鳳祚》 薛鳳祚，字儀甫，山東淄川人。少師定興鹿善繼、容城孫奇逢。既從魏文魁學天文，主持舊法，乃譯穆尼閣説，爲《天步真原》、《天學會通》。鳳祚言曆算推步，依西法假數立對數比例。又立中法四綫，以西法六十分爲度，不便測較，依古法百分爲度，表所列只正弦、余弦、正切、餘切，故曰四綫。又以順治十二年乙未天正冬至爲元，以三百六十五日二十三刻三分五十七秒五微爲歲實，以黄赤道交度有加減，恒景歲行五十二秒。通中西之説，梅文鼎《天算書記》所謂「青州之學」也。所著天文書曰《太陽太陰諸行法原》，曰《木火土三星經行法原》，曰《交食法原》，曰《曆年甲子》，曰《求歲實》，曰《五星高行》，曰《交食表》，曰《經星中星》，曰《西域回之術》，曰《西域表》，曰《今西法選要》，曰《今法表名》、《天學會通》。又記歷代治黄河、運河法，及南北河湖泉水，職官，夫役，道里以相從，號曰《兩河清彙》，凡八卷，亦取明邱濬説別爲《海運》一篇。又有《聖學心傳》一卷，則暢善繼、奇逢之旨也。

靳輔

清・錢儀吉《碑傳集》卷七五《河臣上・靳輔》王士禎《光禄大夫總督河道、提督軍務、兵部尚書兼都察院右副都御史靳文襄公輔墓誌銘》 康熙三十一年十一月十九日，總督河道、提督軍務，兵部尚書靳公勤勞王事，卒於位。所司以聞，上震悼，恩卹有加禮，謚曰文襄。於是其孤兵部職方員外治豫等，將奉公柩大葬于滿城縣之賜阡，既刻王言於豐碑，蛟龍贔屭，照耀萬古，用侈國恩；又謀刻隧道之石，以屬不佞士禎，士禎不得辭。竊惟國有乘昌明之運，創久大之業，則必有鴻駿非常之人，名世間出，以亮天功，其力可以任大事，其識可以決大疑，其才可以成大功，其忠誠可以結主知、定浮議，卒使上下交孚，功成名立，而天下後世莫不信之，用能紀績惇史，譽流無窮，若靳公者是其人已。按狀：

公諱輔，字紫垣，其先濟南歷城人也。明洪武中，始祖清以百户從軍戍遼，遂爲遼陽人。陣亡，得世襲千户。數傳至守臣，守臣生國卿。國卿生應選，歷官通政使司右參議，即公考也。以公貴，三世俱贈光禄大夫、總督河道、提督軍務、兵部尚書兼都察院右副都御史。公生有至性，九歲喪母，執禮如成人。年十九，入翰林爲編修，朝章國故，已極博綜。遷兵部職方司郎中、通政使司右通政，遂進武英殿學士兼禮部侍郎。

康熙十年，特簡巡撫安徽等處、都察院右副都御史。會《世祖章皇帝實録》成，加一品服俸。皖屬頻旱，民多流亢，公力求民瘼，歸者數千家。鳳陽田野多蕪不治，公上補救三疏：一曰募民開荒，二曰給本勸墾，三曰六年升科。【略】

皖居三楚要害，其南歙郡逼處閩疆。公練標兵，募鄉勇，嚴斥堠，遠偵探，武備大振。巨寇宋標者，踞歙郡山中爲亂，聲撼遠近，以奇計禽之於巢湖，上流以安。

部議省驛遞之費，以佐軍餉，事下直省巡撫條議。公疏謂「省費莫先省事。今督撫提鎮，每事必專員馳奏，糜費孔多，計惟事關軍機，必用專騎馳奏，餘悉匯奏，以三事爲率，是一騎足供三事之役矣」。議上，著爲令，歲省驛遞金錢百余萬兩。加兵部尚書。

十六年，河決江、淮間，上稔公才，特命移皖江之節，以原官總督河道。時河道大壞，自蕭縣以下，黄水四潰，不復歸海，決於北者横流宿遷、沭陽、海州，安東等州縣，決于南者匯洪澤湖，轉決下河七州縣，清口、運道盡塞。公上下千里，泥行相度，喟然曰「河之壞極矣，是未可以尺寸治之也」。審全局於胸中，徹首尾而治之，庶有瘳乎。」遂以經理河工事宜條有八疏奏之，大略謂事有當師古者，有當酌今者；有當分别先後者，有當一時並舉者，而大旨以因勢利導爲主。廷議以軍興餉絀難之，姑令量修要害。公又疏言「清江浦以下不浚不築，則黄、淮無歸，清口以上不鑿引河，則淮流不暢，高堰之決口不盡封塞，則淮分而刷沙不力，黄必内灌，而下流清本潭亦危。且黄河之南岸不堤，則高堰仍有隱憂；北岸不堤，則山以東必遭沖潰。故築堤岸，疏下流，塞決口，但有先後，無緩急，今不爲一勞永逸之計，年年築塞，年年潰敗，往鑒昭然，不惟勞民傷財，迄無所底，而河事且日壞。」疏上，廷議如前。上以河道關係重大，並下前後廷議，使再具奏。公乃備陳利害，上悉如所請。已又疏請河之兩岸設減水壩，使暴漲隨減，不至傷堤，上復俞之。蓋上深知公忠果沈毅，可任大事，故排群議而用之。公感激知遇，仰秉廟謨，不憚胼胝，不辭艱鉅，不恤恩怨，不數年，黄、淮兩河悉歸故道，漕運以通。

清水潭工，淮揚間號稱首險，蓋全淮之水挾黄河倒灌之水，自高堰決入高、寶兩湖，轉決於此，爲下河七州縣受水門户，屢塞屢決，至勞宵旰者累年。公越潭避險，從淺所築堤，遂用底績。先是，大司空估計潭工非六十萬不可，至是，費僅十萬而功成，省水衡錢巨萬。又請裁冗員，專責成，嚴賞罰，改河夫爲兵，領以武弁，凡採柳、運料、下埽、打樁、增卑、修薄諸務，畫地分疆，日稽月考，著爲令甲，而諉卸中飽諸弊悉絶。凡公所爲，懲因循、謀經久，皆此類也。

十七年冬，疏報湖河決口盡行閉合，上嘉悦，優詔批答，褒勉有加。先是，南、北兩運口乃漕艘必由之道，而運與黄通，時爲河飽，歲須挑浚，官民交病。北口舊在徐州之留城，東徙宿遷之皂河且三百里，黄河一漲，時苦淤澱。公於皂河迤東挑河二十里以束運河之水。又謂「凡水性下行，一里當低一寸，使新河高於黄河二尺，則黄不能入運。」而南口則移其閘於淮内，使全受淮水，淮清黄濁，沙不得停，即或黄强淮弱，灌必不久，淮水一發，淤即洮汰無餘。兩運口既治，數百年夙害頓除」。又謂「水性本柔，乘風則剛，板石諸工，力不能禦」。乃於洪澤湖增築坦坡，殺水之怒以衛堤，復督河官沿河植柳，以備埽而固堤，堤乃益堅，埽不遠購，防河之法至是大備。二十三年，車駕南巡視河，天顔有喜，御書《閲河堤詩》一章賜公，及佳哈御舟上用帷幔，皆異數也。

黄、淮兩河，既歸故道，於是疏請開中河三百里，專導山東之水。初，山東沂、泗、汶、泇諸水，一當暴漲，漂溺宿、桃、清、山、安、沭、海七州縣民田無算，且匯入黄河，黄水益怒，益以淮水，三瀆争流，以趨清口，上流横潰，則下流益緩，緩則益淤，而上流愈潰。又漕艘道出黄河二百里，涉風濤不測之險，買夫挽溜，費且不貲。中河既成，殺黄河之勢，灑七邑之災，漕艘揚帆若過枕席。説者謂中河之役爲國家百世之利，功不在宋禮開會通、陳瑄鑿清江之下云。公治河首尾十年，決排疏瀹，因勢利導，使三瀆各得其所，而河以大治。

二十六年，詔問治淮揚下河之策，公持議謂治下河當竟治上河，與群議異。言者蠭起，公遂罷。

二十八年春，上再南巡視河，公迎于淮安，上顧問河工善後事宜，甚悉，詔旨復公官，以原品致仕，有「實心任事」之褒。公家居三載，上念公功不忘，凡三命閲河，一賜召對。

三十一年，特旨起公田間，以原官總督河道。以老病辭，不許。會陝西西、鳳二府災，有旨截留南漕二十萬石，泝河而上，備貯蒲州，以賑秦民，仍命公董其役。公不敢復辭，力疾就道。上念公老病，再賜佳哈御舟以旌異之。公至，即經畫西運，周詳曲至，自清河至滎澤，以達三門底柱，安流無恙，始終不役一夫而事集。

西運將竣，遂以病狀疏聞。特命公長子治豫馳驛省視，而命公歸淮上調理。時公病已劇，猶疏陳兩河善後之策及河工守成事宜幾萬言；又請豁開河築堤廢田之糧，並清淤出成熟地畝之賦，上特命大學士張公玉書、尚書圖納公、尚書熊公賜履前後往，相度清釐之。尋復以病求罷，上猶不許，而命治豫往視疾。未至，再疏求罷，始得請，則公以是日考終官舍矣，實康熙三十一年十一月十九日也。遺疏上聞，上臨軒歎息，靈輀既歸，特命入都城返厝其家，前此所未有也。命大臣、侍衛奠酒賜茶，命禮部議賜祭葬，俾內閣議易名，賜謚文襄，飾終之典一時無兩。嗚呼！公於君臣遇合之際，以功名靖獻，以恩禮始終，得於天者可謂厚矣。

公著《治河書》十二卷，前後奏疏若干卷。嘗論古今治河成敗之故，略曰：「今經生言河事，莫不侈談賈讓三策，愚以爲不然。讓上策，欲徙冀州之民。自宋時河徙，已非漢之故道。中策，多張水門，旱則開東方下水門以溉冀州，水則開西方高門以分河流。不知黄河所經，卑即淤高，數年之後，水從何放？且《禹貢》言『九州既陂』，所謂陂，即今之堤也。蓄水流甚平，而地勢有高下，使非築堤約束，水經由卑地，能不漫潰乎？讓謂繕完故堤，增卑培薄，乃爲下策。是故與《禹貢》相反，讓之智。顧出神禹上哉。」其持論如此。故公治河，盡矯讓言，專主築堤束水，功乃告成，其詳具載《治河書》，後之人可考按而得公之用心與其所以底績者，亦千古河防之龜鏡也。

清・王元啓《祇平居士集》卷二六《傳一・靳輔傳》 靳輔，字紫垣，遼陽人，隸鑲黄旗漢軍籍。順治六年，由筆帖式選充翰林院編修，歷官武英殿學士兼禮部侍郎，巡撫安徽。康熙十六年，加兵部尚書，擢河道總督。輔以黄水裹沙，必藉衆流急注以刷之，否則水漫沙渟，必致旁溢爲災，而下流愈塞。又清口爲淮、黄交會之所，雲梯關爲淮、黄入海之道，自黄水北決王家營，則雲梯關外之流愈緩，淮水東決古溝翟家壩，則赴清口會黄者益少。至十五年，高家堰沖決三十餘處，淮水全入運河，不復出清口，黄流逆灌至清水潭，浸淫四溢，海口益淤。輔乃博採輿論，精思至兩月餘，分繕八疏，同日上之。大要用潘季馴束水歸漕之法，培築兩堤，使水不旁溢；又取水旁淤土築堤，使土不外索，堤竣，即所開引河亦成，謂之寓浚於築。首自清江浦至雲梯關二百里，于離水三丈外，南北各鑿引河，使水三面沖刷。次自高堰以西至清口二十里，沙新淤易刷，則于離水二十丈外，左右各鑿引河沖刷之。堤岸舊用石工板工，輔悉改用坦坡。遇大水，但令平漫而上，不以陡峻激其怒。下流既通，隄岸既固，始議塞決。故事，堵決必卷薪爲大埽。輔于裹頭、合龍必須用埽者乃用之，餘用編蒲包土填塞。以坦坡代石、板二工，以包土代埽，費省而工復堅久。然後浚運河，籌經費，選河員，設河兵，使之畫彊分責，河兵之設自此始。疏上，皆報可。先是，議塞決者先其大，輔獨先其易者。

又於上流分挑引河，或築攔水壩殺其勢，遇城鎮山岡礙於疏鑿，則於上流多建滚水閘壩、涵洞，使泄數適準所溢之數，仍於下流寬處復引泄水歸之，以一其力。又高堰所以障淮之東決，自黄水逆灌，湖底澱淤，雖周橋、翟壩等高地亦苦浸溢，輔又築堤三十里捍之。至清水潭決口寬三百餘丈，深七八丈，糜帑五十七萬余金，歷十有餘年，莫能塞。輔於決口上下各離五六十丈，爲偃月形，抱決口兩端而築之，長雖數倍決口，較其淺深，反減十倍不止，凡百有八十五日工竣，費較前不及百之十六。

南運口初自天妃閘入河，潘季馴欲使納清而避黄，移之新莊閘，然距黄不遠。輔先於爛泥淺開引河四道，使淮水悉出清口，乃自新莊閘西南開河至太平壩，又自文華寺開河西南行，亦至太平壩，俱達爛泥淺，兩渠互爲月河，以紓急溜；而運口離黄愈遠，河不内侵，渠無淤墊之虞，民免歲挑之擾。

北運口舊在徐州鎮口閘，漕船逆河行五百里，萬曆中李化龍開泇河，自夏鎮達直河口，不由徐、吕二洪，避黄河三百里之險，漕運便之。其後直河口塞，董口淤，駱馬湖又淺澀不行。十七年，輔別開皂河，以接泇河之委，而下達于黄，運道復通。顧其出口，自北而南，與黄河自西而東者相抵。二十年，復開支河二十里，自皂河曆龍岡岔路口達之張家莊，與黄河一例自西而東，出口處，兩溜相比而不相抵。

二十五年，輔以南岸清口北達張莊，尚須逆河行百八十里，疏請開中河，上接張莊口及駱馬湖清水，下曆桃、清、山、安，入平旺河達海，而於清口對岸清河縣西仲家莊，建大石閘一座，從此通運不過絶河七里。奉命興工，至二十七年正月工竣。

初，輔議欲于中河北更開一河，以泄東水之異漲，兼溉桃、宿等七州縣之田，故名新河，爲中河時以經費不足而止。輔又私議自清口入張莊閘，雖曰截流而北，然逆河而西者居多，若於清河治東陶家莊再建一閘，令重運入陶莊，回空出仲莊，則往來皆順流。議不果上，然自開中河，漕艘遂免泝河之險，論者謂其功足與宋禮開會通、陳瑄開清江浦相埒云。

自黄水入淮，淮道時爲黄奪。二十三年，輔于南岸毛城鋪王家山、峰山、龍虎山諸處，爲減水閘壩九座，既以殺黄，且使泄水匯歸洪澤，並出清口，是謂借黄助淮以敵黄，此兵家因糧於敵之謀也。又河岸閘壩，難築易壞，輔因山根岡址鑿成者凡七，水不能敗，尤百世利。自十五年以前，海口日壅，黄流幾無去路，輔爲之十年，淮、黄悉復其故，運道大通。卒爲忌者所中，被論落職。三十一年復起，時西安、鳳翔饑，漕粟二十萬石振之，泝河達底柱，不役一夫而事集，朝廷嘉之。是冬卒，謚文襄，著《治河方略》十二卷。

清·陸燿《切問齋集》卷一〇《治河名臣小傳·靳輔》 靳輔，字紫垣，其先濟南曆城人也，以百户從軍，戍遼陽，遂爲遼陽人。順治七年，輔年十九，入翰林爲編修。朝章國故，博綜無遺。累遷至武英殿學士、禮部侍郎，巡撫安徽，加兵部尚書。

康熙十六年，總督河道，上經理河工事宜八疏。治江南黄河及清水潭諸工，悉歸底定。乃以北運河口舊在徐州之留城，東徙宿遷之皂河且三百里，黄河一漲，時苦淤澱。於皂河迤東挑河二十里。又以山東汶、泗、沂、泇諸水一當暴漲，漂溺宿、桃、清、山、安、沭、海七州縣，民田無算，且匯入黄河，黄河益怒，益以淮水，三瀆争流，以趨清口，上流横潰，則下流益緩，緩則益淤，而上流愈潰。又漕艘道至黄河二百里，涉風濤不測之險，買夫挽溜，費且不訾。於是復開中河三百里，殺黄河之勢，灑七邑之災。漕艘揚帆，若過枕席，説者謂功不在宋禮開會通、陳瑄鑿清江之下。

二十六年，以丈出民間餘田作爲屯田，及阻抑挑浚下河罷職。二十八年，仍復原官，休致。三十一年，起督南漕二十萬石，備貯蒲州，賑秦民。事竣，病卒。特賜祭葬，謚文襄。

輔知人能得士，用幕友陳潢之策，受命如向。潢亦殫竭智能，憂患共之，其詳具張靄生《河防述言》。所著有《治河書》十二卷，奏疏八卷。

《（乾隆）江南通志》卷一一二《職官志·靳輔》 靳輔，字紫垣，奉天人。由翰林編修巡撫安徽，晉兵部尚書，總督河道。甫涖任，即大挑山、清、高、寶等四州縣運河，及清口以下至海口河道，詳審兩河全局，上陳經理河工事宜八疏。悉奉俞旨，大發帑金，專任委成。輔於是開浚引河，修築遥堤、縷堤，創立減壩坦坡，大築高堰，堵塞翟壩，使淮水會河水入海，運道通行無阻。復請開中河三百餘里，令漕艘由仲家莊閘而上，即入中河，避百八十里黄河湍悍之險，勞績茂著。輔嘗持議謂「治下河當竟治上河」，與衆議不符。自康熙十六年至三十一年，凡三膺簡命，聖祖有「實心任事」之褒。既老，病寖劇。又疏陳兩河善後之策，請豁開河築堤廢田之糧，並請清淤出地畝之賦。卒，賜祭葬，謚文襄。四十六年奉旨，沿淮軍民感頌靳輔治績，衆口如一，久而不衰。著贈太子太保，仍給世職拜他喇布勒哈番，爲矢忠宣力者勸。輔所著有奏疏八卷、《治河書》十二卷。雍正十二年，奉旨崇祀賢良祠。

陳潢

清·錢林《文獻徵存録》卷三《陳潢》 陳潢，字天一，號省齋，錢塘人。爲總河靳輔幕客。輔治河多資其經畫。康熙甲子，上南巡，輔以潢功聞，賜參贊河務，按察司僉事銜。張靄生所撰《河防述言》一卷，追述潢論，故曰《述言》。書十二篇：一曰河性，主於順而利導之；二曰審勢，謂凡有所患，當推其致患之由；三曰估計，謂工料省，其敗速，所費較所省尤大；四曰任人，主於慎選擇明，賞罰歸本，於正己以率屬；五曰源流，謂河水本清，其淤漲皆由挾中國之水；六曰隄防，主明潘季馴堤束水水刷沙之説，尤以減水壩爲要務；七曰疏濬，主於潰決之處，先固兩旁，不使日擴，乃修復故道，而借引河以注之；八曰工料，工主於覈實，料主於豫備；九曰因革，言今昔形勢不同；十曰善守，謂黄河無一勞永逸之策，在時時謹小慎微而歸重於河員之久任；十一曰雜誌，述治河之委曲；十二曰辨惑，駁當時之異議也。其言與靳輔《治河奏績》書相發明。

于成龍

清·陸燿《切問齋集》卷一〇《治河名臣小傳·于成龍》 于成龍，字振甲，漢軍鑲紅旗人。以廕生授直隸樂亭縣知縣，遷通州知州。時山西永寧人于清端公廉名爲天下第一，以與成龍名姓相同，陰物色之，知其才，特薦爲江寧府知府。康熙二十三年，升安徽按察使。二十五年，擢直隸巡撫，旋授左都御史。

先是，靳輔開中河，成龍以爲非便。及開浚下河，議又不協，而靳輔疏中則稱「司臣于成龍訪采輿論，審量經營之處，頗費苦心。」以故，卒繼王新命畀授河道總督，三十一年蒞任。

成龍以桃、清中河南岸逼近黄河，地勢卑下，潴水彌漫，難以築堤，乃自盛家道口至清河，棄中河下段，改鑿六十里，名曰新中河。又江南羅口發源東省雲、蒙諸山各澗，匯流而成，沂河由沂、郯而入邳境，水從羅口分流，出徐唐口而入運河，其正河至隅頭集徑入駱馬湖，凡遇水發，彌漫兩岸，淹没田廬。請於沂河兩岸築堤一萬八千一百八十丈，建閘啓閉，而其由羅口分汛者，仍入運河濟運。

三十四年，以左都御史督餉西路軍營。三十七年再任。明年卒於官，謚襄勤，入祀賢良祠。

《（乾隆）江南通志》卷一一二《職官志·于成龍》　于成龍，字北溟，汾陽人。康熙二十一年，總督兩江。先是，巡撫直隸，風節著聞朝野。及兩江節制，貪墨吏望風解綬，豪猾皆潛徙境外，奢侈僭踰者亦皆斂戢。蒞任即杜苞苴，禁加派、減火耗，嚴保甲、清營伍、除蠹胥、釐關政、平鹽價，凡有關國計民瘼者，次第舉行。成龍負經濟之學，于程朱源流素多發明。故尤以教育多士爲心，創立虹橋書院，檄取高才生課習其中。每親臨訓誨，士當先勵品行，爲國棟樑，勿爲稂莠，其所提獎陶成後多貴顯。自奉儉薄，有寒素所不能堪者。以盡瘁，遺疾，卒於位，贈太子太保，謚清端。卒之日，齠童耄叟，皆入吊哭。周身之具，麄布一衾而已。士民建祠，一在天妃宫側，一在雨花臺畔。雍正十二年，奉旨崇祀賢良祠。

張鵬翮

清·陸燿《切問齋集》卷一〇《治河名臣小傳·張鵬翮》　張鵬翮，字運青，四川遂寧籍，湖廣麻城人。康熙九年進士，由庶吉士改主事，累遷郎中。出任蘇州府知府，調任兗州，今《兗州府志》是其手編也。遷河東運使，内升通政使參議。二十八年，由大理寺少卿出任浙江巡撫。尋以兵部侍郎視學江南，擢左都御史，遷尚書、兩江總督。

三十九年，調任河道總督。時，上以仲莊閘清水出口逼溜使南，恐礙運口，命自陶家莊以下楊家莊處，開挑引河，令中河之水從此出口。雖楊家莊地勢低窪，間有倒灌，不過一二里，清水仍然頂出。鵬翮乃相度形勢，於清邑中河鹽壩施工挑挖，令中河之水穿子堤，由雙金門閘入鹽河，至花家莊迤東，穿黄河縷堤，至楊家莊出口；又于花家莊鹽河撐堤之上，建閘泄水，漕鹽兩利。動帑七萬八千餘兩，河道大治，加太子太保。疏請敕下史館編輯治河事宜，遴選進士舉人，學習精通，發工效用。上即以命鵬翮，於是纂成《聖謨全書》二十四卷，恭呈乙覽。

四十七年，授刑部尚書，尋調户部、吏部。六十一年，晉太子太傅。雍正元年，授武英殿大學士。三年，卒。加贈少保，謚文端。十年，入祀賢良祠。

《（雍正）四川通志》卷九下《皇清人物·張鵬翮》　張鵬翮，字運青，遂寧人。康熙庚戌進士，授庶起士，由部曹出守蘇州，遷河東鹽運使司，曆兵部左侍郎。康熙二十六年，聖祖仁皇帝南巡，特簡浙江巡撫，欽賜「懷冰雪」扁額。轉兵部右侍郎，督學江南，秉公校士，尋遷都察院左都御史，欽命回籍，祭告江瀆。補授兩江總督，又命查西安蠲賑，改授河道總督、兵部尚書，加太子太保。在任八年，轉工户二部尚書，進吏部尚書。雍正元年，晉秩太子太傅、文華殿大學士兼吏部尚書，卒于官，賜祭葬，謚文端。

《（雍正）浙江通志》卷一四九《名宦四·張鵬翮》　張鵬翮：《杭州府志》：字運青，遂寧人，順治庚戌進士，康熙二十八年，以僉都御史巡撫浙江，屏絶各官饋遺，革除一切陋例，於吏治精密謹嚴，事無巨細，親爲裁決，用法公而不私，寛厚有斷，情理既得，則始終持之確如也。嘗曰：「理政之道，以教化爲先。」雖政事殷繁，而宣講聖諭及課督士子，必躬親訓迪。嘗築書院於萬松嶺，廩餼諸生極厚，而自奉則蔬食菜羹而已。《四川鄉賢册》：鵬翮涖浙六載，兵民相安，地方寧謐。升兵部右侍郎，行李蕭然，官至文華殿大學士，謚文端。

《（乾隆）江南通志》卷一一二《職官志·張鵬翮》　張鵬翮，字運青，遂寧人。康熙三十四年督學江南，三十八年擢兩江總督，明年晉兵部尚書，總理河道。首陳河工錢糧冒濫，屬員因循積弊，多所振刷。恪遵聖祖指授方略，遍行履勘，殫心經畫。拆攔黄壩，使黄水暢達入海；堅築高堰，廣辟清口，使淮水得暢流；匯黄疏人字芒稻等河，引運河水注江，築挑水壩，疏陶莊引河，使清水敵黄，永無倒灌之虞。挑蝦須等河，引下河積水入海。復疏請改中河於三義壩，因築堤攔舊中河水入新中河。自是，每歲糧艘通行無滯。又開張福口，引河會裴家場河，諸水並力助淮逼黄，大溜向北，黄淮皆循故道入海。所著有《河防記》若干卷。雍正十二年奉旨崇祀賢良祠。

張伯行

清・陸燿《切問齋集》卷一〇《治河名臣小傳・張伯行》 張伯行，字孝先，號恕齋，河南儀封人。康熙二十四年進士，由內閣中書調補中書科舍人。三十八年，河溢儀邑，決堤入城，伯行適家居，爲布囊盛沙，雇民堵塞，堤完無恙。總河張文端公鵬翮行河至儀，知出其力，請於朝，使赴河工效用。上治河條議。四十一年，補濟寧道。兖屬災荒，條陳賑濟法；刻明胡伯玉《泉河史》。四十四、五等年，運河水小，命伯行設法蓄水，量塘放船，著《居濟一得》五卷，又補遺一卷；又刻閻嵩岳《北河續記》。是年，遷江蘇按察使。四十六年，升福建巡撫。四十八年，署浙閩總督，又移撫江蘇。其《禁止餽送檄》有云：「一銖一黍，盡民脂膏，寬一分，民受一分之賜；受一文，身受一文之汙。雖云交際之常，於禮不廢，試思儀文之具，此物何來？」後以辛卯鄉試科場弊竇，與總督噶禮彼此訐參，牽連多案，再罷再起，授爲倉場總督、户部侍郎。

五十六年，主順天鄉試。六十年，充會試總裁。條奏黄河水勢，赴湯山面陳得失，因言「河南歲有河患，皆因黄、沁交會，水勢過盛。宜於交會之處建閘一座，草壩二座，重重關鎖，使不汜濫。一引沁由賈魯河經嘉祥、巨野入濟；一引沁由新決之河再加挑挖，入張秋，不但濟運有利，民田可盡成膏腴」。上謂嘉祥有山，如何行水？即出地圖指示。兵部侍郎牛鈕在側，因斥伯行書生，只據紙上陳言妄奏。上曰：「畢竟是他留心，即書本亦是他看過，爾等誰留心者？」

雍正元年，又請大開府河，使泗水由金口壩引入至濟寧馬場湖內，蓄之濟運。又稱濟寧至台莊相去四百里，中間之閘將及四十座，而台莊以下至黄、淮交匯中間將及四百里，並無蓄水之閘，宜於台莊以下徐塘口以上增建閘座。是年，特授禮部尚書。三年，卒。加贈太子太保，謚清恪。子師載，别有傳。

《（雍正）河南通志》卷六二《理學》 張伯行，字孝先，儀封人。年七歲，入小學，恂恂恪恭，有儒者氣象。中康熙乙丑進士，初授中書科中書舍人。丁父艱，回籍。服闋，以薦赴河工効力。屢著勞績，補山東濟寧道，遷江寧按察司。聖祖南巡，特授福建巡撫。置社倉，毁淫祠，褒廉吏，糾貪墨，訪猾隸奸胥置諸法，教化大行。閩故爲理學藪，伯行建鼇峰書院，爲學舍百二十楹，祀有宋五子，選士肄業其中，數躬詣書院勗諸生，以明體達用之學，士子蒸蒸向風。旋移撫江蘇，辛卯科場弊發，疏劾督臣噶禮營私壞法，禮亦馳疏訐參。聖祖鑒伯行清介，仍予留任，而黜禮。伯行復任後，建紫陽書院，督課諸生。越三年，入署總督倉場侍郎，尋管理錢法，補户部右侍郎，仍兼倉場事。尋升禮部尚書。皇上御極，眷注特厚，命專理户部事，每會議大政，伯行多與焉。乙巳，以疾卒於官。上命鎮國公奠茶酒，賜祭葬，謚清恪。伯行天性朴誠，好學不倦，凡所設施，皆本於實踐，確遵程朱，不惑異説，嘗慕陸隴其，謂爲薛胡以後一人，其論學宗旨如此。雍正七年，題請崇祀鄉賢。

《（乾隆）江南通志》卷一一二《職官志・張伯行》 張伯行，字孝先，儀封人。康熙四十九年，由閩撫移節江蘇。素以清正著聞，豪猾憚之，望風遠遁，舉劾屬員，無所阿徇。奏請蠲瓜洲浮税，賑恤高寶下河災黎。建紫陽書院，令諸生肄業其中，訓迪以義理之學。會與督臣互參，解任。奉聖祖特諭，有「天下第一清官」之褒，仍起原職，吴人遮道歡迎，額手稱慶。伯行益矢恪勤，始終一節。撫吴前後閲五載，官吏莫敢冒法貪濫。吴中推伯行清望，與湯斌相並云。

《（乾隆）福州府志》卷四六《名宦一・張伯行》 張伯行，字孝先，儀封人。康熙乙丑進士，四十六年巡撫福建。甫下車，即以表章道學，造就人才爲先務。購求宋儒遺書，手爲評釋授梓。創鼇峰書院，建藏書樓，先後積數萬卷，征八郡佳士，讀書其中。每月具飲饌，集諸生考課，口講指畫不少倦。於一切吏事，復剖決若神。閩俗買貧女爲婢，凡男子勞役，悉以屬之，婢有至無齒不嫁者，或鬻之尼院，得價倍，而弊乃甚於錮婢矣。伯行諭令贖歸，間或分俸代爲償而歸之，特嚴幼女爲尼之禁。民感其義，俗遂革。伯行性峭介，自奉菲約，官吏化之，率以清節著。民愛之，語曰：「爲民如慈母，訓士若良師。」尋調江蘇巡撫，入爲户部右侍郎，洊曆禮部尚書，卒謚清恪。在閩所著有《濂洛關閩書》、《道南原委》、《學規類編》、《正誼堂文集》、《養正編》等書，共數十種。《福建通志》

齊蘇勒

清・陸燿《切問齋集》卷一〇《治河名臣小傳・齊蘇勒》 齊蘇勒，滿洲正白旗人。由欽天監博士遷主事、郎中，出任永定河分司。康熙六十年，授翰林院侍講，督修河南武陟縣黄河決口。六十一年，升山東按察使，協理運河道事。雍正元年，授河道總督。二年，以德勝至張莊河形陡直，水勢建瓴，于適中六里建設石壩，令較上下兩閘各減六尺，水小資其攔蓄，水大聽其漫溢，漕運便之。三年，加兵部尚書。五年，督塞朱家口決河，加太子太傅。尋卒於官。晉世職三等輕車都尉，給藩庫銀三千兩，送櫬回旗，並命總督尹繼善爲靳輔、齊蘇勒合祠歲祭，賜謚勤恪。八年，入祀賢良祠。

乾隆五十一年奉敕修《欽定八旗通志》卷一六一《人物志四十一·齊蘇勒》

齊蘇勒，滿洲正白旗人，姓納喇。初由官學選天文生，爲欽天監博士，遷靈台郎。尋以内務府主事出任永定河分司。康熙四十二年，聖祖仁皇帝南巡閲河，齊蘇勒隨至淮安。奉諭曰：「朕觀黄河險要地方，應下挑水埽壩。現今永定河，朕親指示挑水壩，俱有裨益。爾遵照朕指示式樣，前往煙墩、九里岡、龍窩三處，築挑水壩數座，於朕回鑾前完工。」齊蘇勒遵旨如期竣事，乃回任。洊遷翰林院侍講、國子監祭酒。仍管永定河分司事務。會奉命同副都御史牛鈕監修河南武陟等縣決口隄工。奏：「自沁河隄頭至滎澤縣大隄十八里平衍處，接築遥隄，使全河之水盡歸一道，專力刷深，不致勞溢。」六十一年十二月，世宗憲皇帝授爲山東按察使，兼理運河事，命先往河南籌辦黄河隄工。時河南巡撫楊宗義奏請于馬營口南舊有河形處，修挑引河。齊蘇勒同河道總督陳鵬年疏言：「河不兩行，此泄則彼淤，有必然之勢。馬營口甫經築堤，若開引河，有旁泄侵隄之慮。」寢其事。

雍正元年正月，命齊蘇勒署理河道總督，尋實授。四月，疏言：「陽武、祥符、封邱界黄河北岸，有支流三，逼隄繞行五十餘里。南岸青佛寺邊有支流一，逼隄繞行四十餘里。不急爲截斷，恐刷損大隄。已築壩堵絶，並接築子隄九千二百八十八丈，隔隄七百八十丈。」會奉詔豫籌山東諸湖蓄泄事宜，以利漕運。疏言：「汶上縣之南旺、馬踏、蜀山等湖，東平州之安山湖，濟寧州之馬場湖，魚台縣之南陽、昭陽、獨山等湖，滕、嶧二縣之微山、郗山等湖，皆運道所資以蓄泄，昔人名曰『水櫃』。因土人乘涸占種，漸致狹小。宜乘湖水稍落時，除墾熟田畝外，丈量立界，嚴禁侵佔，設法蓄水。如遇運河水漲，引注湖中，相平即築堰截堵；遇運河水淺，則引之從高下注。其諸湖，或應築隄栽樹，或應建閘啓閉，令各州縣循例辦理，則湖水深廣，運道流通，漕艘無阻滯之虞矣。」八月，奏言：「洪澤湖水微弱，黄水有倒灌之勢。臣率道廳督築清口兩岸大壩，各寬八丈，東長二十六丈七尺，西長二十四丈，中留水門五十丈，東高清水以抵黄。現在淮水暢流，惟此壩在洪濤大溜中，兩面受敵，必須加意修防。因派工員協同汛弁，率領河兵一百，長夫三百，常川住宿工所，多備埽料，椿繩等項。如遇湖漲，壩工稍有蟄陷，即用料加鑲，下埽搶護。遇黄漲，即用混江龍、鐵篦子諸器，駕小舟往來疏浚，不令少停焉。」九月，奏報秋汛已過，河工平穩。得旨，下部優敘，加三級，特賜戴孔雀翎。

二年四月，廣西巡撫李紱將之任，上諭及淮、揚運河淤墊年久，水高於城，危險可虞。李紱奏言：「若於運河之西，另挑新河一道，以所挑之土另築西隄，而以舊河之身作爲東隄，則東面永無潰決之患。」上即命李紱往會齊蘇勒商酌。齊蘇勒奏言：「淮、揚運河綿長三百餘里，上接洪澤，下通江口，河之西岸，逼臨白馬、寶應、界首諸湖，水勢汪洋，一望無際。今若改挑新河，築西隄於湖水之中，畚鍤難施。東岸之閘壩涵洞，皆須另行創建，不惟糜費千百萬帑金，而且大工終難告就。」上是其言。九月，奏報秋汛，得旨：「齊蘇勒督率屬員，修築壩隄堅固，雖河水泛漲，而各工無虞，甚屬可嘉！」下部議敘，特予騎都尉世職。【略】

三年二月，副總河嵇曾筠奏請挑挖祥符縣回回寨引河，詔與齊蘇勒商酌。嵇曾筠復奏言：「亟宜乘汛水未發興工，不及待會勘。」既而齊蘇勒至武陟，奉詔同總督田文鏡察視引河有無裨益。齊蘇勒奏言：「挑挖引河，必須上口正對頂沖，而下口有建瓴之勢，方可吸引大溜歸入新河，借其水力滌刷寬深。嵇曾筠所挖引河，工已將竣，臣往看上口之地勢，與現在水向不甚相對，改挖上首三十餘丈，以對頂沖，以迎大溜。又往對岸指示建築挑水壩，挑溜順行，以對引河之口。俟水漲時相機開放，庶河勢得以直暢東注，而南岸隄根可保無虞耳。」奏至，諭曰：「朕慮嵇曾筠或料理未妥，今覽奏方慰，可謂得法矣。」七月，命内閣學士何國宗，偕測算官員，攜儀器閲河，遇齊蘇勒所駐近地，會同勘視。齊蘇勒尋奏言：「皇上頒發儀器，測度地勢，于河工高下之宜甚有準則。今洪澤湖滚水石壩舊立門檻太高，不能隨勢泄水。請敕閲河諸臣於明春視海口後，繞至湖隄，用儀器測度地勢，改落石壩門檻，庶全湖宣防有賴。」又奏言：「治河物料，葦柳爲先。每年卷埽之葦，輒千百萬束，俱動帑購買。仍須以柳枝爲骨，在官園伐以濟用。柳多則工堅而帑省，柳少則用葦多而工不固。臣於去冬勸令道、廳等官及標下營弁，各於空閒之地栽種柳秧，陸續據報一百二十三萬二千餘株。今通行察閲，除枯損之外，成活八十九萬二千餘株。又臣往來看工，見山東、江南蓄水沮洳之地皆可種葦。今春令廳員買葦根試種。近據報，微山湖邊種葦八頃餘畝，蔓延青蔥。此皆各官自願試種，非邀議敘者。今行之已有成效。應請敕部酌定嗣後議敘之例，以種柳八千、種葦二頃，各紀録一次爲率，並責成專汛守備及千、把總培養柳枝，遇枯損即爲栽補。如此三五年，柳株處處成林，湖葦叢生，不費購買，而工料充裕矣。違者分別議處。」事並得旨允行。

十二月，奏言：「河臣薪水，舊由各廳供應，每年有一萬三千餘兩。臣奏明禁止，並裁革四季節禮。又河標四營，舊有坐糧四十分，每年一千一百餘兩。臣到任後交中軍，爲修造墩台，制换盔甲器械之用。其鹽商陋規銀二千兩，爲出操驗兵、賞功犒勞等費。而每年往來勘估，及伏、秋兩汛駐紮三省適中之地，隨役及卷案不可減省。凡車馬舟楫，日用米蔬之需，遠者數百金，近者一二百金。前此尚可勉强支持，今春由徐州赴武陟，拮据實甚。現據河庫道張其仁言，庫收額解錢糧，向有隨平餘銀四千兩，除道衙日用及各項工食，不過千金，余銀三千兩，請支銷看工車船等費。臣因未經奏明，不敢擅便。倘蒙恩賞給，則看工之盤費弗缺，益得殫竭心力辦理河務矣。」奏至，得旨：「此項通融取用，甚好。卿之清勤，朕所深悉。勉爲之。」四年四月，奏：「睢寧縣朱家口黄水驟長，東岸壩台大埽蟄陷，現在防守修築。」上諭大學士曰：「齊蘇勒在工年久，歷練老成，清、慎、勤三字，均屬無愧。今年已望七，見壩埽蟄陷，必晝夜焦急。朕甚憐之！且此時勉强施工，將來伏汛、秋汛，恐又不免沖決。可令酌量情形，不必急迫。」齊蘇勒尋奏：「水復大漲，壩埽倏陷水底。凛遵聖諭，俟過伏、秋二汛，並力趲修。」十二月，奏報朱家口決口堵閉合龍，黄河自豫省至海口西岸壩隄完整。諭奬其「悉心任事，經理有方」，加太子太傅。五年，以衰病奏，遣太醫齋參診視。尋入覲，諭：「嗣後歲支養廉銀萬兩。」

六年，兩江總督范時繹、江蘇巡撫陳時夏奉詔開浚吴淞江，因于陳家渡築壩，松江知府周中鋐率把總陸章乘船督工下埽，值潮回溜激，壩陷船傾，周中鋐、陸章俱殁于水。事聞，予卹贈。齊蘇勒知浚工未竟，即前往經理其事。尋奏言：「吴淞江陳家渡舊有土梗三道，未曾挑清，致有停沙淤塞之患。今築壩開浚，適逢江水海潮並長，刷净土梗檻根，毫無阻滯，工程可期速竣。」上諭(兵)部曰：「吴淞江工程，雖交與齊蘇勒一同料理，實則范時繹、陳時夏應辦之事。齊蘇勒一聞陳家渡壩工沖塌，即親往踏看，悉心經理，仰賴神佑，水勢湧長，將泥沙徹底刷净，水無阻滯，工可告成。此即封疆大臣實心爲國爲民，感召天和之明驗。著從優議敘。」尋部議加三級。

七年正月，以疾劇奏。上命江蘇巡撫尹繼善署理河道總督，復遣太醫診視齊蘇勒疾。二月，卒。得旨：「齊蘇勒忠誠爲國，志行端方，操守潔清，辦事明敏。自簡任河道總督，殫心竭力，奉職勤勞。邇年黄水安瀾，運道通順，隄工堅固，河帑核實，厥功懋著。今聞溘逝，深爲軫惻！應得卹典，照例議奏外，著加恩晉三等輕車都尉，照例承襲，並賞給藩庫銀三千兩，爲歸櫬之資。起程日，同城文武官齊集奠送，沿途地方官親往奠醊，並撥兵護送。歷來河道總督，如靳輔、齊蘇勒二人，實能爲國宣勞，有功民社。著尹繼善等就近擇地爲靳輔、齊蘇勒合建祠宇，令有司春秋致祭，以昭朕優奬功勳至意。」賜祭葬如典禮，謚勤恪。以其子華善襲三等輕車都尉世職。八年，詔建賢良祠于京師。齊蘇勒與靳輔併入祀。

《(乾隆)江南通志》卷一一二《職官志·齊蘇勒》 齊蘇勒，字金城，正白旗人。以兵部尚書總督河道，蒞政清勤，河防完固，奉上諭勅部議敘。又疏復瓜洲花園港運道，建閘啓閉，以順水勢，堵瓜洲城西新開河道，以免江水逼城之患，尤爲偉績。雍正十二年，奉旨崇祀賢良祠。

嵇曾筠

清·陸燿《切問齋集》卷一〇《治河名臣小傳·嵇曾筠》 嵇曾筠，字松友，無錫人。康熙四十五年進士。雍正元年，河決中牟縣十里店，曾筠以兵部侍郎馳往堵築。適黄、沁並漲，漫溢姚其營、秦家廠、馬營口諸隄。因思下流受患，其上源必有致患之由。露處小舲，沿流審視水勢，自三門、七津建瓴而下，歷孟縣、温縣，北岸長有沙灘，逼水南趨，至倉頭口，繞廣武山根，逶迤屈曲而下，勢成兜灣；官莊峪有山嘴外伸，形如挑水，又由西南直注東北沁、黄交匯之區，秦家廠一帶頂沖受險，頻年爲患。議就倉頭口開挑引河，准對官莊峪下游水口，越過山嘴，大溜全走中洪，秦家廠遂安于磐石。二年，授副總河。請修兩岸隄工，建官司，設兵夫，制浚船。

七年，授河東總督。以封邱縣荆隆口密邇運河，素稱險要，於對岸開挖引河，導水東行。

八年，管理南河總督。山水異漲，匯歸駱馬一湖，溢運浮黄，河湖合一。赴山盱、周橋以南開壩泄水，並啓高、寶諸堰，分入江海。又復禹王台竹絡石壩，分導沂、沭二河歸海之路。

拜文華殿大學士。卒謚文敏。著有《防河奏議》。

王新命

清·陸燿《切問齋集》卷一〇《治河名臣小傳·王新命》 王新命，字純嘏，漢軍鑲藍旗人，原籍四川三台縣。由筆帖式累遷郎中。康熙十七年，授江西布政使。十九年，升湖廣巡撫。二十三年，調任江寧，旋擢總督。二十六年，又調閩浙。

二十七年，授河道總督。時于成龍、慕天顔等争言靳輔中河不便。新命至，則請留攔馬湖泄黄三壩；於駱馬河用竹絡裝石，下於臨河外面，旁依草埽，密樁夾持，小則逼水入運，大則由壩減洩；又以沭水西流，湖河易漲，令於禹王台迎水處所築堤斷流，使循故道入海，中河以治。又奏臨清運河每歲淺阻，引河南小丹河水入衛；又于衛水上游挪刀泉及安陽縣上游洹水各渠，並用竹絡裝石之法，灌田濟運，漕民兩便。三十一年革職，管理永定河工。

四十年，以浮銷錢糧擬辟，尋遇赦免，卒於家。

努三

乾隆五十一年奉敕撰《欽定八旗通志》卷一五五《人物志三十五·大臣傳二十一·努三》 努三，吉林滿洲正黄旗人，姓瓜勒佳。【略】（乾隆）二十一年正月，授三等侍衛。二月，遷頭等侍衛，命同左都御史何國宗往伊犁測量度數，並繪地圖。詳見何國宗傳。

三和

乾隆五十一年奉敕撰《欽定八旗通志》卷一七〇《人物志五十·大臣傳三十六·三和》 三和，滿洲鑲白旗人，姓納喇。雍正二年，由護軍校授三等侍衛。初，三和曾叔祖拜庫達，以軍功授二等輕車都尉。卒，兄子瑪察襲。卒，子瑪爾泰襲。四年，三和降襲騎都尉。乾隆元年四月，授二等侍衛。五年，晉一等侍衛。六年三月，授總管内務府大臣。六月，署户部侍郎。七年，實授。八年十月，管理奉宸苑事。【略】十年正月，命赴甘肅，會同巡撫黄廷桂勘估應修城堡邊墻。六月，疏言「自寧夏抵甘、凉、肅，沿邊二千九百餘里，土墻多坍損，我皇上保乂邊氓，原不惜百萬帑金，爲鞏固藩籬計。但一時並舉，工費實屬不貲，且城垣爲兵民依賴。現所議修邊墻，似可稍緩。至通省應修城垣，須先其所急，後其所緩。查肅州鎮屬金塔協，在極邊外；甘州府爲五凉扼塞；蘭州府屬之河州、狄道州，或控制邊口，或水患衝刷，請即動項興修。至平凉府、固原州、古浪縣三城應次急，其餘殘缺城堡，需工料千兩以内者，飭地方官動公項，按年修理；千兩以外，委道府確估，報部修補。」部議如所請。尋諭就近會勘陝西各屬城工。奏言「榆林府屬之榆林、府谷、神木三縣，延安府屬之定邊縣，逼近邊墻，鄜州、安塞縣二城爲水所衝，均應急修。靖邊、延川、米脂、華陰、咸陽等二十州縣陸續通修。」從之。十一月，調工部侍郎。【略】十四年四月，晉工部尚書兼議政大臣。十二月，諭曰：「三和自補授尚書以來，事事周章，不能妥協，今御門聽政，伊又遲悮不到，乃器小易盈，不足勝任，著以工部侍郎用。衆佛保不識漢字，不必辦理部務，其員缺即著三和補授。」十五年九月，以私伐木植一案，掩飾回護，部議革任。得旨從寬留任，註册。十月，工科給事中珠章阿疏參工部承修天壇内外圍墻，銷册與原奏不符，且多碎磚包砌。詔下工部堂官，明白回奏。三和等奏言「壇内三座門，東西舊墻，明嘉靖年所造，俱三順一丁成砌。今所修圍墻與舊相連，是以内圍四面，外圍東西南三面照舊成造。其外圍北面去内圍遠，不見舊式，隨一順一丁成砌。查城磚一塊之長，與二塊之闊相等，圍墻止二進，則三順一丁與一順一丁工料相同。再圍墻共三千二百餘丈，包砌二層，奏准裡用舊磚砌完，再用新磚，並非私用舊磚，冒銷新磚價值。」諭曰：「此奏殊屬支吾，三和委辦工務，尤其專責，乃既已蹈過，又復飾非，著交部嚴加議處。」部議革任。得旨從寬留任。【略】十八年，仍調工部侍郎。時銅山河堤決，尚書舒赫德等奏開引河。命三和率通曉測量之員，馳赴工次測視。二十三年，以承辦塔工拆裂，部議革任。得旨永遠停俸。三十二年，上以三和行走多年，年已七旬，授内大臣，尋命紫禁城内騎馬。三十八年，卒。【略】尋賜祭葬如例，謚誠毅。子蘇第察襲世職。

鶴年

乾隆五十一年奉敕撰《欽定八旗通志》卷一八三《人物志六十三·大臣傳四十九·鶴年》 鶴年，滿洲鑲藍旗人，姓伊爾根覺羅。父春山，康熙五十一年進士，改庶吉士，累官盛京兵部侍郎。鶴年由乾隆元年進士改庶吉士，散館授檢討。五年，充日講起居注官兼公中佐領。十年，遷國子監司業。十三年，遷翰林院侍講學士。十五年正月，擢内閣學士，尋充經筵講官。十一月，遷倉場侍郎。【略】（乾隆十九年）十一月，奏言：「海陽縣之蔡家園向多水患，請將土堤改築灰墻，其首險要工百餘丈，臣現捐俸倡修，次險工一併改築。」報聞。【略】（乾隆二十二年）五月，奏言：「濟寧、金鄉等五州縣未涸地畝，尚千餘莊。」諭曰：「朕此次南巡，親莅河工，相度險要，指授在工諸臣分任責成，凡以爲積歲被災羣黎籌疏洩之方、捍禦之術，宵旰靡寧，冀收實效，業屢頒明旨矣。近據鶴年奏報，因思東省積潦，再經伏雨秋霖，將益苦汎溢。而上江之宿虹、靈璧等縣，河南之永城、夏邑等處，皆有積水，計漫淹地界不下數百里。此其受病非一朝一夕驟致蔓延，蓋其始皆由於地方官漫不經心，偶遇水災不急爲籌度，日復一日，因循釀害，積水日益增，淹地日益廣，以致高下田廬，盡成巨浸，及至受害既深，自非大動帑項，厚資工力不能奏效。而大小各官又莫能深悉受害之由，確得祛患之術，惟恐議疏議築，虧帑貽累，遂爾噤口束手，坐視其民爲魚而莫展一籌。現今水患已不可勝言，若不及時徹底籌辦，將來何所底止？著侍郎裘曰修馳驛前往山東、河南、上江現在積水各州縣，往來周視，熟察情形，與鶴年等會商籌辦。」七月，奏言：「漳河暴漲，驟注衛河，館陶、冠縣猝被水災，無從宣洩，致濟寧、金鄉等處既涸復淹。」諭鶴年往勘疏消及賑恤各事宜。又諭曰：「江蘇巡撫陳宏謀、安徽巡撫高晉、山東巡撫鶴年、河南巡撫胡寶瑔等，皆能任事之大臣，所有三省積年被水之由，應如何相度形勢，從長計議，俾可永弭水患之處，各於所屬境内悉心查勘，仍復彼此會籌妥辦。裘曰修等往來查閲，隨事商酌。」是月，遷兩廣總督，奏言：「東省水患頻仍，臣奉命勘辦，一面通飭各屬講求疏濬修防之法，一面與裘曰修會議濬伊家河以洩微山湖之水。其河自韓莊迤西，舊有河形處，起至江南之梁旺城入運，計程七十里，需銀十三四萬，一切須臣經理。又尚有與河臣張師載勘濬運河並築堤工程，皆刻不容緩之事，懇恩留臣督辦。」諭曰：「覽奏，具見良心，然朕實因無人，故不得不用汝，仍遵前旨行。」十月，諭曰：「山東河道，鶴年甚爲熟悉，著仍回山東，以總督辦巡撫事，綜理一切工程，運河即在境内，可往來督辦，不必專駐濟南。」十一月，奏言：「濬運河爲今第一要工，但查南陽以下湖河，現尚相連，必先濬伊家河，洩積水，使久淹地畝漸次涸出，然後履勘。一律估修庶工實費，省臣前派州縣等官分段承挑，伊家河指日工竣，運河事俟春暖鳩工，不致有悮新運。」詔如所請。又偕張師載奏言：「運河河身淤墊日甚，若照常挑濬，殊非經久之策。請自濟寧以下之石佛閘起，北至臨清閘止，逐一探底，以深八尺爲度，俾河身一體平坦。」上韙其言。十二月，奏伊家河工竣，水勢消退狀。諭曰：「伊河自壩放水以來，水勢消退，漸露堤形，將來陸續消涸，隄工自可全露，於運河、民生甚有裨益，在工諸臣能悉心籌畫，甚屬可嘉，鶴年等著交部議叙。」又奏濬運河四事：「一，運河淤淺處必煞壩逐段測量，核實挑辦，庶帑不虚糜；一，緯路逼窄者多居民草土屋，願售者每間以銀數兩，買令拆移，則堤身自寬，其瓦屋不願變價者，仍聽民便，量爲幫寬，以期鞏固；一，被水民田須設法疏消，趕種春麥，況沿河原設有涵洞，應於糧艘回空之後，煞壩未開之先，兩次宣洩，並酌增涵洞，歸於水利案内議估；一，煞壩橋梁應改修處所，查有解江餘剩石料，并應拆石塊，俱堪適用，請儘數先修，不敷，再行採買，未便一例估報，致費不貲。」諭曰：「如此實心經理，誠不負任使矣。」是月，卒。【略】尋賜祭葬如例，謚文勤。子桂林，官至兩廣總督。自有傳。

何國宗

清・阮元《疇人傳》卷四一《國朝八・何國宗》 何國宗，字翰如，順天府大興縣人也。何氏世業天文，故國宗以算學受知聖祖仁皇帝，欽賜進士，入翰林，官至禮部尚書。嘗預修《御定考成》上下編、《御定數理精緼》、《御定考成後編》、《御定儀象考成》、《皇朝文獻通考》、《象緯攷》諸書。乾隆二十年，準噶爾蕩平，奉命出塞測定東西南北里差，奏準載入《時憲書》，一例頒發。

先是康熙年間，實測各直省及諸蒙古之高度、偏度：京師北極高三十九度五十五分，盛京高四十一度五十一分，山西高三十七度五十三分三十秒，朝鮮高三十七度三十九分十五秒，山東高三十六度四十五分二十四秒，河南高三十四度五十二分二十六秒，陝西高三十四度十六分，江南高三十二度四分，四川高三十度四十一分，湖廣高三十度三十四分四十八秒，浙江高三十度十八分二十秒，江西高二十八度三十七分十二秒，貴州高二十六度三十分二十秒，福建高二十六度二分二十四秒，廣西高二十五度十三分七秒，雲南高二十五度六分，廣東高二十三度十分，布龍看布爾嘎蘇泰高四十九度二十八分，厄格塞楞格高四十九度二十七分，桑金荅賴湖高四十九度十二分，肯忒山高四十八度三十三分，克爾倫河巴拉斯城高四十八度五分三十秒，圖拉河韓山高四十七度五十七分十秒，喀爾喀河克勒和邵高四十七度三十四分三十秒，杜爾伯特高四十七度十五分，鄂爾昆河厄爾得尼招高四十六度五十八分十五秒，空各衣札布韓河高四十六度四十二分，札賴特高四十六度三十分，推河高四十六度二十九分三十秒，科爾沁高四十六度十七分，郭爾羅斯高四十五度三十分，阿録科爾沁高四十五度三十分，翁機河高四十五度三十分，薩克薩圖古里克高四十五度二十三分四十五秒，烏朱穆秦高四十四度四十五分，蒿齊忒高四十四度六分，古爾班賽堪高四十三度四十八分，巴林高四十三度三十分，扎魯特高四十三度三十分，阿覇哈納高四十三度二十三分，阿霸垓高四十三度二十三分，奈曼高四十三度十五分，克西克騰高四十三度，蘇尼特高四十三度，哈密城高四十二度五十三分，翁牛特高四十二度三十分，敖漢高四十二度十五分，喀爾喀高四十一度四十四分，四子部落高四十一度四十一分，哈喇沁高四十一度三十分，毛明安高四十一度十五分，吴喇忒高四十度五十二分，歸化城高四十度四十九分，土默特高四十度四十九分，鄂爾多斯高三十九度三十分，阿蘭善山高三十八度三十分；盛京偏於京師東七度十五分，浙江偏東三度四十一分二十四秒，福建偏東二度五十九分，江南偏東二度十八分，山東偏東二度十五分，江西偏西三十七分，河南偏西一度五十六分，湖廣偏西二度十七分，廣東偏西三度三十三分十五秒，山西偏西三度五十七分四十二秒，廣西偏西六度十四分四十秒，陝西偏西七度三十三分四十秒，貴州偏西九度五十二分四十秒，四川偏西十二度十六分，雲南偏西十三度三十七分，朝鮮偏東十度三十分，郭爾羅斯偏東八度十分，扎賴特偏東七度四十五分，杜爾伯特偏東六度十分，扎魯特偏東五度，奈曼偏東五度，科爾沁偏東四度三十分，敖漢偏東四度，阿禄科爾沁偏東三度五十分，喀爾喀河克勒和邵偏東二度四十六分，巴林偏東二度十四分，喀喇沁偏東二度，翁牛特偏東二度，烏朱穆秦偏東一度十分，克西克騰偏東一度十分，蒿齊忒偏東三十分，阿霸哈納偏東二十八分，阿霸垓偏東二十八分，蘇尼特偏西一度二十八分，克爾倫河巴拉斯城偏西二度五十二分，四子部落偏西四度二十八分，歸化城偏西四度四十八分，土默特偏西四度四十八分，喀爾喀偏西五度五十五分，毛明安偏西六度九分，吴喇忒偏西六度三十分，肯忒山偏西七度三分，鄂爾多斯偏西八度，圖拉河韓山偏西九度十二分，翁機河偏西十一度，古爾班賽堪偏西十一度，布龍看布爾嘎蘇泰偏西十一度二十二分，阿蘭善山偏西十二度，厄格塞楞格偏西十二度二十五分，鄂爾昆河厄爾德尼招偏西十三度五分，推河偏西十五度十五分，桑金答賴湖偏西十六度二十分，薩克薩圖古里克偏西十九度三十分，空各衣扎布韓河偏西二十度十二分，哈密城偏西二十二度三十二分。

乾隆二十二年，又奏準東三省北極高度：尼布楚五十一度四十八分，黑龍江五十度一分，三姓四十七度二十分，白都訥四十五度十有五分，吉林四十三度四十七分；東西偏度：三姓偏東十有三度二十分，黑龍江偏東十度五十八分，吉林偏東十度二十七分，白都訥偏東八度三十七分，尼布楚偏西十有七分；各蒙古部落北極高度：哈薩克四十七度三十分，塔爾巴噶台四十七度，齋爾四十五度三十分，哈布他克四十五度，波羅他拉四十四度五十分，拜他克四十四度四十三分，安齊海四十四度十有三分，哈什四十四度八分，伊犁四十三度五十六分，穆壘四十三度四十五分，吉穆薩四十三度四十分，巴里坤四十三度三十三分，烏魯穆齊四十三度二十七分，珠爾都斯四十三度十有七分，土魯番四十三度四分，魯克沁四十二度四十八分，烏沙克他爾四十二度十有六分，哈拉沙拉四十二度七分，庫爾勒四十一度四十六分；東西偏度：巴里坤偏西二十三度，哈布他克偏西二十四度二十六分，拜他克偏西二十五度，穆壘偏西二十五度三十六分，魯克沁偏西二十六度十有一分，土魯番偏西二十六度四十五分，吉穆薩偏西二十六度五十二分，烏魯穆齊偏西二十七度五十六分，烏沙克他爾偏西二十八度二十六分，哈拉沙拉偏西二十九度十有七分，庫爾勒偏西二十九度五十六分，塔爾巴噶台偏西三十度，珠爾都斯偏西三十度五十分，安齊海偏西三十度五十四分，齋爾偏西三十一度，空吉斯偏西三十二度，哈什偏西三十三度，波羅他拉偏西三十三度，伊犁偏西三十四度二十分，哈薩克偏西三十四度五十分。

嘉定錢少詹大昕官翰林時，于國宗爲後進。國宗聞其善算，即先往拜，謂曰：「今同館諸公，談此道者鮮矣。」因嘆息久之。時國宗已年老，叩以步算諸術，猶津津不倦云。《大清會典則例》、《梅氏叢書輯要》、《錢少詹説》

明安圖

清・阮元《疇人傳》卷四八《國朝補遺四・明安圖》 明安圖，字静庵，蒙古正白旗，生員，官欽天監監正。受數學於聖祖仁皇帝，故其所學精奥異人。曾預修《御定考成後編》、《御定儀象考成》。因西士杜德美用連比例演周徑密率及求正弦正矢之法，知其深藏而不可不求甚解，積思三十餘年，著《割圓密率捷法》四卷。

一曰步法。於杜氏三法外，補創弧背求通弦求矢法，仍杜氏原法，但通加一四除耳。又弦矢求弧背並通弦矢求弧背六法，合杜氏法，共成九術。其弦求弧背者，以弦為連比例二率，半徑為一率，求得二、四、六、八、十諸率，以一、三、五、七、九之五數各自乘，為屢次乘數；二、三、四、五、六、七、八、九相挨兩兩相乘，為屢次除數；即用二率為第一得數；復置四率，以第一乘數乘之，第一除數除之，為第二得數；又置六率，以第一、第二乘數乘之，第一、第二除數除之，為第三得數；又置八率，以第一、第二、第三乘數乘之，第一、第二第三除數除之，為第四得數；如是累求，至所得數祇一位而止，乃併之，即所求之弧背也。矢求弧背者，倍正矢為連比例三率，亦以半徑為一率，求得五、七、九、十一諸率，以一、二、三、四、五之五數各自乘，為屢次乘數；三、四、五、六、七、八、九、十相挨兩兩相乘，為屢次除數；即用三率為第一得數；復置五率，以第一乘數乘之，第一除數除之，為第二得數；又置七率，以第一、第二乘數乘之，第一、第二除數除之，為第三得數；又置九率，以第一、第二、第三乘數乘之，第一、第二、第三除數除之，為第四得數；如是累求至所得數祇一位而止，乃併之，與半徑相乘為實，開平方，即所求之弧背也。如通弦求弧背，亦各加一、四除。矢求弧背，則三率又多加一、四。因更別增，創餘弧求弦矢、餘弦矢求本弧及借弧與正、餘弦互求四術。

二曰用法。以角度求八線，及直線、弧線三角形邊角相求，共設七題。謂今之法所以密於古者，以其能用三角形也。然三角形非八線表不能相求，惟用此法以之立表則甚易，以之推三角形，則不用表而得數與用表者同。

三、四兩卷曰法解，皆闡明弦、矢與弧背相求之根。其法先以一分弧通弦求二分全弧通弦之數，次以二分、三分弧通弦求三分、四分全弧通弦之數，以二分、三分弧通弦求五分全弧通弦之數。又因二分、五分相乘得十分，十分自乘得百分，十分、百分相乘得千分，十分、千分相乘得萬分，遂以半徑為一率，二分弧通弦為二率，各如相乘之率數，求得十、百、千、萬諸分弧率數，比例得弧背。

求通弦，應減四率二十四分之一，加六率八十分之一，減八率一百六十八分之一，加十率二百八十八分之一，減十二率四百四十分之一，加十四率六百二十四分之一，減十六率八百四十分之一，各四歸之，則二十四得六，為二、三相乘數，八十得二十，為四、五相乘數，一百六十八得四十二，為六、七相乘數，二百八十八得七十二，為八、九相乘數，四百四十得一百一十，為十與十一相乘數，六百二十四得一百五十六，為十二與十三相乘數，八百四十得二百一十，為十四與十五相乘數，故以二、三、四、五、六、七、八、九等數兩兩相乘，為屢次除數。又以通弦求得二率一分，多四率一分，六率九分，八率二百二十五分，十率一萬一千二十五分，十二率八十九萬三千二十五分，十四率一億八百五萬六千二十五分，得後率分數為實，各遞降二等，使二率降為四率，四率降為六率，得前率分數為法，以法除實，得四率一分為一自乘數，六率九分為三自乘數，八率二十五分為五自乘數，十率四十九分為七自乘數，十二率八十一分為九自乘數，十四率一百二十一分為十一自乘數，十六率百六十九分為十三自乘數，故以一、三、五、七、九等數各自乘，為屢次乘數。次如求通弦法，求得十、百、千、萬諸分弧正矢率數，比例得弧背。

求正矢，應減五率十二分之一，加七率三十分之一，減九率五十六分之一，加十一率九十分之一，減十三率一百三十二分之一，加十五率一百八十二分之一，減十七率二百四十分之一。而十二為三、四相乘數，三十為五、六相乘數，五十六為七、八相乘數，九十為九與十相乘數，一百三十二為十一與十二相乘數，一百八十二為十三與十四相乘數，二百四十為十五與十六相乘數，故以三、四、五、六、七、八、九、十等數兩兩相乘，為屢次除數。又以正矢求得五率一分，多七率四分，九率三十六分，十一率五百七十六分，十三率一萬四千四百分，十五率五十一萬八千四百分，十七率二千五百四十萬一千六百分，為後率分數，各遞降二等為前率分數。如前通弦法，除得五率一分為一自乘數，七率四分為二自乘數，九率九分為三自乘數，十一率十六分為四自乘數，十三率二十五分為五自乘數，十五率三十六分為六自乘數，十七率四十九分為七自乘數，故以一、二、三、四、五等數，各自乘為屢次乘數。書未成而卒。《割圓密率捷法》、《衡齋算學》、《方立遺書》

梅文鼎

清・潘天成《鐵廬集》外集卷一《人物志十・隱逸・祭梅勿菴先生文》 維年月日，受業門人潘天成謹以生芻一束，致奠於勿翁老夫子之靈。曰：

嗚呼！痛哉！嗚呼！痛哉！生死存亡之際，無不悲喜係之，況數百年間氣所鍾之人，受數十年教育之益者乎？自羲、文、周、孔而後，參天兩地，倚數觀變，陰陽設卦，發揮剛柔，生爻和順道德而理於義，窮理盡性，以至於命。顔、曾、思、孟得其精蘊，其餘諸子各得其一體，由是漸失。其傳高者流於空虛，卑者滯於術數，天人之際，判而爲二。漢儒惟董仲舒道之大原出於天，發明天命之性，諸葛孔明寧静致遠，實操戒懼慎獨，致中和之功，至於晉、魏清談，唐人詩賦，無足述矣。且漢唐以來，曆算之學如洛下閎、鮮于妄人、李淳風之流，止能明其數而不能得其所以然之理，終非天人合一之學也。至宋濂溪著《太極通書》，明天人合一之旨，二程、張、邵繼其緒，朱子集其成，宗朱子者，徒誦習詞章，以爲獵取科名之具，而不能得其意，周、程、張、邵之學晦矣。周、程、張、邵之學晦，而羲、文、周、孔之所傳者益無從窺其萬一也。吾師挺生數百載之後，於參兩圓方之數，天之不可階而升，地之不可尺寸度者，器以測之，籌以布之，度以量之，筆以紀之，不差毫黍。凡觀變陰陽，發揮剛柔，和順道德，窮理盡性，隨時隨物，觸處洞然，以人合天，以天合人，羲、文、周、孔不傳之秘，粲然復明於天下。易知簡能一而萬，萬而一，數日可以啓其端，數十年而不能盡其藴。天成自齠齔時侍大父側，聞鄉先生陳二游稱宣城有梅勿菴先生者，得羲、文、周、孔不傳之秘，爲當世一人。心焉慕之，十數齡，輒履屬屢叩先生之門，先生多出遊，不一遇。既而汝爲師引見先生於皖江書院，先生憐予自幼苦心，誨之不倦。數十年以來，凡先生之所得者，自無不告之於我，而我未能有以盡得也。政欲請益求得其所未盡，奈何遽舍我而逝也。嗚呼！痛哉！然先生所著之書具在，苟能殫心究之，其所未盡者，庶幾可以得之。況吾師兩孫俱負傑出之才。長孫玉汝，已爲天子之侍從，次孫玉青擢高科，登顯仕，直指顧事耳。其所遇亦奇，將有以發抒吾師之所未竟者。曾孫濟濟，蘭茁其芽，皆王國之瑞。遊於夫子之門者，雖無如愚之顔子，或有真愚之高柴，固多結駟連、騎肥馬輕裘之士，而尤有捉衿露肘，不耻惡衣惡食之徒，行道傳道，自有人也。吾師亦可浩然長往而無憾於九原矣。嗚呼！尚饗！」

清・阮元《疇人傳》卷三七《國朝四・梅文鼎上》 梅文鼎，字定九，號勿庵，宣城人也。兒時侍父士昌及塾師羅王賓，仰觀星氣，輒了然于次舍運轉大意。年二十七，師事竹冠道士倪觀湖，受麻孟璇所藏臺官交食法，與弟文鼐、文鼏共習之。稍稍發明其所以立法之故，補其遺缺，著《曆學駢枝》二卷，後增爲四卷，倪爲首肯，自此遂有學曆之志。值書之難讀者，必欲求得其説，往往至廢寢忘食，殘編散帖，手自抄集，一字異同，不敢忽過。疇人弟子及西域官生，皆折節造訪，人有問者，亦詳告之無隱，期與斯世共明之。所著曆算之書凡八十餘種。【略】唐《九執術》爲西法之權輿，其後有《婆羅門十一曜經》及《都聿利斯經》，皆《九執》之屬，在元則有札馬魯丁《西域萬年術》，在明則馬沙亦黑馬哈麻之《回回術》、《西域天文書》，天順時貝琳所刻《天文實用》，即本此書，作《回回曆補注》三卷、《西域天文書補注》二卷、《三十雜星考》一卷。表景生于日軌之高下，日軌又因于里差而變移，作《四省表景立成》一卷。《周髀》所言里差之法，即西人之説所自出，作《周髀算經補注》一卷。渾蓋之器，最便行測，作《渾蓋通憲圖説訂補》一卷。【略】新法以黄道求赤道，《交食細草》用《儀象志》表，不如弧三角之親切，作《求赤道宿度法》一卷。謂中西兩家之法，求交食起復方位，皆以東西南北爲言。然東西南北，惟日月行至午規而又近天頂，則四方各正其位矣。自非然者，則黄道有斜正之殊，而自虧至復，經歷時刻，展轉遷移，弧度之勢，頃刻易向。且北極有高下，而隨處所見，必皆不同，勢難施諸測驗。今别立新法，不用東西南北之號，惟人所見日月圓體，分爲八向，以正對天頂處命之曰上，對地平處命之曰下，上下聯爲直線，作十字横線，命之曰左曰右，此四正向也，曰上左上右，曰下左下右，則四隅向也。乃以定其受蝕之所在，則舉目可見，作《交食管見》一卷。【略】《天問略》取黄緯不真，而列表從之誤，作《黄赤距緯圖辨》一卷。西人謂日月高度等，其表景有長短，以證日遠月近，其説非是，作《太陰表影辨》一卷。新法帝星句陳經緯，刊本互異，作《帝星句陳經緯考異》一卷。測帝星、句陳二星，爲定夜時之簡法，作《星晷真度》一卷。以上皆以發明新法算書，或正其誤或補其闕也。康熙癸丑，宣城施副使閏章總裁郡邑之志，以分野一門相屬，作《寧國府志分野稿》一卷、《宣城縣志分野稿》一卷，刻入郡邑志中。明年，制府于成龍檄修通志，亦以分野相屬，力疾成《江南通志分野擬稿》一卷，而志局易人，存於家。歲己未，《明史》開局，曆志爲錢塘吴檢討任臣分修，總裁者睢州湯中丞斌也，繼以崑山徐司寇乾學，經嘉禾徐善、北平劉獻廷、毘陵楊文言，各有增定，最後以屬餘姚黄聘君宗羲，又以屬鼎，摘其訛舛五十餘處，以《曆草》、《通軌》補之，作《明史志擬稿》三卷。雖爲《大統》而作，實以闡明《授時》之奥，補《元史》之缺略也。其總目凡三：曰法原，曰立成，曰推步。而法原之目七：曰句股測望，曰弧矢割圓，曰黄赤道差，曰黄赤道内外度，曰白道交周，曰日、月、五星平立定三差，日里差刻漏。立成之目凡四：曰太陽盈縮，曰太陰遲疾，曰晝夜刻，曰五星盈縮。推步之目凡六：曰氣朔，曰日躔，曰月離，曰中星，曰交食，曰五星。又作《曆志贅言》一卷，大意言：「明用《大統》，實即《授時》，宜於《元史》闕載之事詳之，以補其未備。又《回回曆》承用三百年，法宜備書。又鄭世子曆學已經進呈，亦宜詳述。他如袁黄之《曆法新書》，唐順之、周述學之會通回曆，以《庚午元曆》之例例之，皆得附録。其西洋曆方今現行，然崇禎朝徐、李諸公測驗改憲之功，不可没也，亦宜備載緣起。」歲己巳，至京師，謁李文貞公光地于邸第，謂曰：「曆法至本朝大備矣，經生家猶若望洋者，無快論以發其意也。宜略倣元趙友欽《革象新書》體例，作爲簡要之書，俾人人得其門户，則從事者多，此學庶將大顯。」因作《曆學疑問》三卷。俄光地視學大名，遂以原稿雕板。壬午十月，光地扈駕南巡，駐蹕德州，有旨取所刻書籍回奏。光地因匆遽未及攜帶，遂以所訂刻《曆學疑問》謹呈，求聖誨。奉旨：「朕留心曆算多年，此事朕能決其是非，將書留覽再發。」二日後，召見光地。上云：「昨所呈書甚細心，且議論亦公平，此人用力深矣。」朕帶回宫中，仔細看閲。」光地因求皇上親加御筆批駁改定，上肯之。明年癸未春，駕復南巡，於行在發回原書，面諭光地：「朕已細細看過。」中間圈點塗抹及簽貼批語，皆上手筆也。光地復請此書疵繆所在，上云：「無疵繆，但算法未備。」蓋梅書原未完成，聖諭遂及之。後光地以書歸之文鼎，俾寶藏焉。未幾，聖祖西巡，荷問隱淪之士，光地以關中李永、河南張沐及文鼎三人對。上亦素知永及文鼎。乙酉二月，南巡狩，光地以撫臣扈從，上問：「宣城處士梅文鼎者今焉在？」光地以「尚在臣署」對。上曰：「朕歸時，汝與偕來，朕將面見。」四月十九日，光地與文鼎伏迎河干，越晨，俱召對御舟中，從容垂問，至于移時，如是者凡三日。上謂光地曰：「曆象算法，朕最留心，此學今鮮知者，如文鼎真僅見也。其人亦雅士，惜乎老矣。」連日賜御書扇幅，頒賚珍饌。臨辭，特賜「績學參微」四大字。越明年，又命其孫瑴成内廷學習。五十三年十二月二十三日，瑴成欽奉上諭：「汝祖留心律曆多年，可將《律吕正義》寄一部去令看，或有錯處，指出甚好。夫古帝王有『都俞吁咈』四字，後來遂止有『都俞』，即朋友之間亦不喜人規勸，此皆是私意。汝等要須極力克去，則學問自然長進。可併將此意寫與汝祖知道。欽此。」恩寵爲千古所未有。文鼎圖注各省直及蒙古各地南北東西之差，爲書一卷，名《分天度里》。地既渾圓，則所云二百五十里一度者，緯度則然，若經度離赤道遠，則里數漸狹，然惟其路正東西行，與距等圈合，自有一定算法。路或斜行，則其法不可用爲立法。若兩地各有北極高度，又有相距之經度，而無相距里數，是有兩邊一角，而求餘一邊，即可以知斜距之里。若先有斜距之里數而求經度，是爲三邊求角，亦可以知相距之經度。其法並用斜弧三角形立算，可與月食求經度之法相參，而且簡易的確。作《陸海鍼經》一卷，又謂之《里差捷法》。文鼎於測算之圖與器，一見即得要領。古六合、三辰、四遊之儀，以意約爲小製，皆合。又自製月道儀，撰日測高諸器，皆自出新意。嘗登觀象臺，流覽新製六儀及元郭守敬簡儀、明初渾球，指數其中利病，皆如素習。其書有《測器考》二卷，又《自鳴鐘説》一卷，《壺漏考》一卷，《日晷備考》三卷。其説曰：「吾郡日晷依赤道斜安，實爲唐製，則日晷非始西人也。西製有平晷、立晷、碗晷、十字晷諸式，廣之不啻百十餘種。余所見，自《曆書》、《渾天儀説》、《比例規解》外，別有日晷耑書三種，互爲完缺。而其中作法，亦有似是而非之處，則以所學有淺深，抑倣而爲者，以臆參和，厥理遂晦。」《赤道提晷説》一卷，亦日晷之一，其説《備考》中所無也。《勿庵揆日器》一卷，其説曰：「取里差以定高度，黍珠進退，準乎節序，用二至爲端，器溢于寸，表止于分，而黄赤之理備焉。」《諸方節氣加時日軌高度表》一卷，其説曰：「《曆書》目有諸方晝夜晨昏論及其分表，今軼不傳。交食高弧表，非節氣度，今依弧三角法算定，爲揆日之用。」《揆日淺説》一卷，其説曰：「日晷之書詳于法，法之理多未及也。倣作多差，不亦宜乎？故擇其尤難解者疏之，所説多渾天大意，故別爲卷。」《測景捷法》一卷，其説曰：「精于測景之法，可以知南北之里差。既知里差，則隨地隨時，可以預定其景之分寸。約而言之，惟切線一法而已。切線者句股相求也。表如半徑，直表之景如餘切，横表之景如正切，並以極高度取之。」《旋璣尺解》一卷，其説曰：「尺有二，皆同樞。樞即北極。尺即以堅楮爲之，銅亦可。其一具周歲節氣，所以測日也。其一載大星十數，所以測星也。並以赤道緯度定之，晝測日景，得其高度，即可查節氣以知時刻；夜測星，得其高度，亦可查星距太陽經度，以知時刻。善用者即此已足，蓋渾蓋天盤之法，略具其中矣。」《測星定時簡法》一卷，其説曰：「有日之時，有星之時，法用星之緯度，於簡平儀上，查其星距子午規若干時刻，再查此星距太陽若干時刻，以相加減，即得真時。此法不拘何星可用，故曰簡法。」《勿庵側望儀式》一卷，其説曰：「簡平儀耑論日景，故以二至爲限。此製於二至外仍具緯度，北至極，南至地平，如置身六合之外，以望天體，故曰側望。」《勿庵仰觀儀式》一卷，其説曰：「圖星垣者，以北極居中，見界爲邊，或分兩極居中，赤道爲邊，此即經緯無差，必所居之地，以極爲天頂，則所見然耳。其各地天頂之星，與地平環上之星，不可以擬諸形容也。此式各依本方極高之地，以規地平，而安天頂於中央，依距緯以安北極，再從北極出弧綫以定赤道，又自北極依法作多圈以擬赤緯，則某星在天頂，某星在某方高若干度，某星在地平環，二十四向可以周知。又依分至節氣各爲一圖，則天盤經緯與地盤經緯相加之處，可指而數，毫無疑似，雖從未知星者，可以案圖而得矣。」《勿庵渾蓋新式》一卷，其説曰：「渾蓋舊製，以赤道外二十三度半爲限，止於晝短規，今於短規外再展八度，則太白所居南緯，可以查其所加，占測之用，於是而全。」《勿庵月道儀式》一卷，其説曰：「月道出入于黄道，猶黄道之出入于赤道也，自古及今，未有爲之儀器者。今依渾蓋北密南疎之度，以黄極爲樞，而月道半在其内，半出其外，則月緯大小之理，及正交、中交、交前、交後之法，可以衆著。儀以銅爲之，略如渾蓋，其上盤爲月道，亦如渾蓋天盤之黄道圈，其下盤黄道，經緯分宫分度，並以黄極爲心，而儘邊以黄緯九十五度少半爲限，出黄道南五度少半，月道所到也。」自言：「吾爲此學，皆歷最艱苦之後，而後得簡易。有從吾遊者，坐進此道，而吾一生勤苦，皆爲若用矣。吾惟求此理大顯，使古絶學不致無傳，則死且無憾，不必身擅其名也。」禮部郎中豫章李焕斗嘗從文鼎問曆法，作《答李祠部問曆》一卷。滄州老儒劉介錫同客天津，屢有所問，並據曆法正理告之，作《答劉文學問天象》一卷。又言生平於難讀之書，不敢置也，每手疏而攟諸篋衍，以待明者問之，於曆算尤多，作《思問編》一卷。緯度以測日高，因知北極高，爲用甚博，古用二至二分，今則逐日可測，承友人之命，作《七十二候太陽緯度》一卷。潘天成從文鼎學曆，而苦於布算，作《寫算步曆式》一卷授之。又《授時步交食式》一卷，文鼎季弟文鼏之稾也。《步五星式》六卷，文鼎與其仲弟文鼐共成之者也。同時西洋穆尼閣作《天步真原》，青州薛鳳祚本《天步真原》而作《會通》，吳江王錫闡著《曆書》及《圖解》、《三辰儀晷》，廣昌揭暄著《寫天新語》，文鼎每得一書，皆爲正其訛闕，指其得失，有《天步真原訂註》、《天學會通訂註》、《王寅旭書補註》、《寫天新語鈔存》一卷。又《古曆列星距度考》一卷，從殘壞之本，尋其普天星宿入宿去極度分，中缺二星，又從閩中林侗寫本補完之，而斷以爲《授時》之法。以上曆學之書，凡六十二種。萬曆中，利瑪竇入中國，始倡幾何之學，以點、綫、面、體爲測量之資，制器作圖，頗爲精密。然其書率資翻譯，篇目既多，而取徑紆迴，波瀾闊遠，枝葉扶疎，讀者頗難卒業。學者張皇過甚，無暇深考乎中算之源流，輒以世傳淺術，謂古《九章》盡此，於是薄古法爲不足觀；而或者株守舊聞，遽斥西人爲異學。兩家之説，遂成隔礙。文鼎集其書而爲之説，用籌、用筆、用尺，稍稍變從我法。若三角、比例等，原非中法可該，特爲表出。古法方程，亦非西法所有，則專著論，以明古人之精意，不可湮没。又具爲《九數存古》，以著其概。書凡九種，總曰《中西算學通》，序例一卷。一，《勿庵籌算》七卷。籌算之法，蓋起於作曆書時，術本直籌横寫，易之以横籌直寫，所以適中土筆墨之宜。二，《勿庵筆算》五卷。亦用直寫，以便文人之用，而定位一端，視舊法亦捷。三，《勿庵度算》二卷。西人尺算，即《比例規解》所述也。其書原無算例，文鼎弟文鼏補之，而參以嘉禾陳蓋謨《尺算用法》。陳書只平分一線，文鼏書諸線皆備。又有矩算，則文鼎所創。西人用三角，故兩其尺，今用句股，故衹用一尺一方板，其理無二。尺算、矩算皆度算也。四，《比例數解》四卷。比例數表者，西算之别傳，其法自一至萬，並設有他數相當，謂之對數，不用乘除，惟憑加減，前此無知者。本朝順治間，西士穆尼閣以授薛鳳祚，始有譯本。穆、薛所著《天步真原》、《天學會通》並依此立算。不知此，則二書不可得而讀，因稍爲詮次爲書。五，《三角法舉要》五卷。西法用三角，猶古法之用句股，而三角能通句股之窮，要其理不出於句股，故鋭角形分則二句股也，鈍角形以虚補實，亦句股也，鈍角形補共虚角，則成半實半虚之句股形，又成一虚句股形，而所設鈍角形，又即爲兩句股相較之餘形，皆句股法也。不明三角，則曆書佳處必不能知，其有缺處亦不能正矣。其目有五：曰測量名義，曰算例，曰内容外切，曰或問，曰測量。李文貞公爲刻於保定。歲乙酉，南巡，蒙召對，以是進呈。六，《方程論》六卷。算法之有方程，猶量法之有句股，皆其最精之事，因作論明之。安溪李鼎徵爲刻於泉州。七，《幾何摘要》三卷。《幾何原本》爲西算之根本，其法以點、綫、面、體疏三角測量之理，以比例、大小、分合疏算法異乘同除之理，由淺入深，善於曉譬。但取徑縈紆，行文古奥峭險，學者多不能終卷。稍爲芟繁補遺而爲是書。八，《句股測量》二卷。測量必用句股，立少以觀多，即近以見遠，故立矩可測高，覆矩可以測深，偃矩可以測遠。然而方可測，圓不可測，於是而割圓之法立；平可測，險不可測，於是而重差之術生。古書雖不盡傳，然《周髀》開方之圖，《海島》量山之算，猶存什一於千百，具録其要，以存古意。九，《九數存古》十卷。九數即九章，隸首之法僅存者，《九章》之目耳。後有作者，莫能出其範圍。以上爲初編。外有書一十七種，並爲續編。一，《少廣拾遺》一卷。古有一乘方至九乘方相生之圖，而莫詳所用。

《同文算指》演之，具七乘方，亦非了義。《西鏡録》增有廉積立成，然謬亂不可讀。楊時可、丁令調寄問四乘方、十乘方法。諸乘方中，惟此二者不可以借用他法，摘此爲問，蓋亦留心學問人也。因爲推演至十二乘方，有條不紊。二，《方田通法》一卷。算家有捷田二十三法，稍廣之爲百二十有四。三，《幾何補編》四卷。《幾何原本》止於測面，七卷以後未經譯出，取《測量全義》量體諸率，實考其作法根源，以補原書之未備。而原書二十等面體之算，向固疑其有誤者，今乃得其實數。又《原本》理分中末綫，但有求作之法，而莫知所用。今依法求得十二等面及二十等面之體積，因得其各體中稜綫及輳心對角諸綫之比例。又兩體互相容及兩體與立方、立圓諸體相容各比例，並以理分中末綫爲法，乃知此綫不爲徒設。則西人之術，固了不異人意也。四，《西鏡録訂注》一卷。《西鏡録》不知誰作，其書當在《天學初函》之後。知者，《同文算指》未有定位之法，而此書有之，其爲踵事加精可見。所立金法、雙法，亦即借衰互徵、疊借互徵之用，較《同文指算》尤覺簡明。五，《權度通幾》一卷。重學爲西術一種，然載於《比例規解》者，譌誤尤甚，今以南勳卿《儀象志》互相訂補，其數始真。六，《奇器補詮》二卷。關中王公徵《奇器圖説》所述引重、轉木諸製，並有裨於民生日用，而又本諸西人重學，以明其意。嘗以書史所傳，如漢杜詩作水鞴以便民，及王氏《農書》諸水器之類，睹記所及，如劉繼莊詩集載筒車灌田法，稍爲輯録，以補其所遺，而圖與説不相應者，爲之是正，其以西字爲識者易之。七，《正弦簡法補》一卷。《大測》諸書言作八綫表之法詳矣。讀薛鳳祚書，有用矢線求度法，爲之作圖，以發其意。因得兩法，在六宗率、三要法之外，而爲用加捷。兩法者，一曰正弦，方冪倍而退位，得倍弧之矢；一曰正矢，進位折半，得半弧正弦上方冪。八，《弧三角舉要》五卷。全部曆書皆三角法也。內分二支，一曰平三角，一曰弧三角。凡曆法所測，皆弧度也。弧綫與直綫不能爲比例，則推測窮理。弧三角者，剖析渾圓之體，而各於弧線中得其相當直綫，即於無句股中尋出句股。此法之最奇最確，聖人復起，不能易也。弧三角之用法雖多，而其最著明者，爲黃赤交變一圖。反覆推論，瞭如列眉，熟此一端，則其餘不難推及矣。《測量全義》第七、第八、第九卷專明此理，而舉例不全，且多錯謬。其散見諸曆指者，僅存用數，無從得其端倪。《天學會通》圈線三角法，作圖草率，往往不與法相應，一以正弧三角爲綱，仍用渾儀解之。正弧三角之理，盡歸句股。參伍其變，斜弧三角之算，亦歸句股矣。其目：曰弧三角體式，曰正弧句股，曰求餘角法，曰弧角比例，曰垂弧，曰次形，曰垂弧捷法，曰八綫相當。九，《環中黍尺》五卷。《舉要》中弧度之法已詳，然更有簡妙之用，不可不知。《測量全義》原有斜弧用兩矢較之例，所立圖姑爲斜望之形，而無實度可言。今一以平儀正形爲主，凡可以算得者，即可以器量。渾儀真像，呈諸片楮，而經緯歷然，無絲毫隱伏假借。至於加減代乘除之用，曆書僅舉其名，不詳其説，疑之數十年，而後得其條貫，即初數、次數、甲數、乙數諸法，並砉然以解。其目：曰總論，曰先數後數，曰平儀論，曰三極通幾，曰初數次數，曰加減法，曰甲數乙數，曰加減捷法，曰加減又法，曰加減通法。十，《塹堵測量》二卷。塹堵測量者，借土方之法以量天度也。其術以平圓御渾圓，以方體測圓體，以虛形準實形，故托其名於塹堵也。古法斜剖立方，成兩塹堵，塹堵又剖爲二，成立三角，立三角爲量體所必需，然此義中西皆未發。今以渾儀黃赤道之割切二線，成立三角形，立三角本實形，今諸線相遇，成虛形，與實形等，而四面皆句股，即弧度可相求，不須用角，西法通於古法矣。又於餘弧取赤道及大距弧之割切綫，成句股方錐形，亦四面皆句股，即弧度可相求，亦不言角，古法通於西法矣。二者並可用堅楮爲儀，以寫其狀，則弧度中八綫相爲比例之理，瞭如掌紋。而郭守敬圓容方直、矢接句股之法，不煩言説而解。其目：曰總論，曰立三角摘録，曰渾圓內容立三角，曰句股錐，曰句股方錐，曰方塹堵容圓塹堵，曰圓容方直儀簡法，曰郭太史本法，曰角即弧解。十一，《用句股解〈幾何原本〉之根》一卷。《幾何》不言句股，然其理並句股也。故其最難通者，以句股釋之則明，惟理分中末綫，似與句股異源。今爲游心於立法之初，而仍出於句股，信古《九章》之義包舉無方。徐光啓譯《大測表》，名之曰《割圓句股八線表》，其知之矣。十二，《幾何增解數則》。其目有四：曰以方斜較求斜方，曰切線角與圓內角交互相應，曰量無法四邊形捷法，曰取平行線簡法，並就《幾何》各題而增，不入補編，附前條共卷。十三，《仰觀覆矩》二卷。一查地平經度爲日出入方位，一查赤道經度爲日出入時刻，並依里差，用弧三角立算，與《曆書》法微別。十四，《方圓冪積》二卷。《曆書》周徑率至二十位，然其入算，仍用古率十一與十四之比例，豈非以乘除之際難用多位歟？今以表列之，取數殊易，乃爲之約法，則徑與周之比例即方、圓二冪之比例，亦即爲立方、立圓之比例，殊爲簡易直捷。十五，《麗澤珠璣》一卷。友朋之益，取其關於算學者。十六，《算器考》一卷。今有筆算，遂以珠盤爲古，不知古用籌策，故曰持籌。其用珠盤，蓋起元末明初，制度簡妙，天下習用之，而遂忘古法，故爲之考。十七，《數學星槎》一卷。減并乘除，三日可了。初學莫易於筆算，然除法定位轉易，乘法定位稍難，茲以本數、大數、小數三者別焉，雖童子可知矣。至於句股開方，非圖不解。《周髀算經》有古圖，簡質可玩，《曆書》本《幾何》立說，亦足引人思致，今稍廣之，爲圖者六。文鼎爲學甚勤，劉輝祖嘗與同舍館，告桐城方苞曰：「吾每寐覺漏鼓四五下，梅君猶篝燈夜誦，昧爽則已興矣。乃今知吾之玩日而愒時也。」居京師時，裕親王以禮延致朱邸，稱梅先生而不名。李文貞公命子鍾倫從學，介弟鼎徵及羣從皆執弟子之禮。宿遷徐用錫、晉江陳萬策、景州魏廷珍、河間王之鋭、交河王蘭生皆以得與參校爲榮。家多藏書，頻年遊歷，手鈔雜帙不下數萬卷。歲在辛丑卒，年八十有九。上聞，特命有地治者經紀其喪，士論榮之。以孫瑴成貴，贈左都御史。

清·阮元《疇人傳》卷三八《國朝五·梅文鼎中》 文鼎所著書，柏鄉魏荔彤兼濟堂纂刻者凡二十九種：《平三角舉要》五卷，《句股闡微》四卷，《弧三角舉要》五卷，《環中黍尺》五卷，《塹堵測量》五卷，《方圓冪積》一卷，《幾何補編》五卷，《解割圓之根》一卷，《曆學疑問》三卷，《曆學疑問補》二卷，《交食管見》一卷，《交食蒙求》三卷，《揆日候星紀要》一卷，《歲周地度合考》一卷，《冬至考》一卷，《諸方日軌高度表》一卷，《五星紀要》一卷，《火星本法》一卷，《七政細草補註》一卷，《二銘補註》一卷，《曆學駢枝》四卷，《平立定三差解》一卷，《曆學答問》一卷，《古算演略》一卷，《筆算》五卷，《籌算》七卷，《度算釋例》二卷，《方程論》六卷，《少廣拾遺》一卷。後瑴成以算學起家，謂兼濟堂所刻校讎編次不善，又《解割圓之根》及《句股闡微》第一卷係楊學山所撰，因削去楊書，另爲編次，更名《梅氏叢書輯要》總六十二卷：《筆算》五卷，附《方田通法》、《古算器考》，《籌算》二卷，《度算釋例》二卷，《少廣拾遺》一卷，《方程論》六卷，《句股舉隅》一卷，《幾何通解》一卷，《平三角舉要》五卷，《方圓冪積》一卷，《幾何補編》四卷，《弧三角舉要》五卷，《環中黍尺》五卷，《塹堵測量》二卷，《曆學駢枝》五卷，《曆學疑問》三卷，《疑問補》二卷，《交食》四卷（一日食蒙求，二日食蒙求附説，三月食蒙求，四交食管見），《七政》二卷（一細草補註，二火星本法圖說，七政前均簡法，上三星軌迹成繞日圓象），《五星管見》一卷，《揆日紀要》一卷，《恒星紀要》一卷，《曆學答問》一卷，《襍著》一卷，《附録》二卷，則瑴成所著《赤水遺珍》、《操縵卮言》也。今《欽定四庫全書》著録者，用魏荔彤所刻本，瑴成所刻則列之存目焉。乾隆四五十年間，嘉定錢少詹大昕主講鍾山書院，梅氏子孫多從受業，訪文鼎未刻諸書，則無一存者矣。《欽定四庫全書總目》、《梅氏全書》、《梅氏叢書輯要》、《勿庵書目》、《道古堂文集》、《錢少詹說》

清·方苞《望溪集》文類卷一二《墓表·梅徵君子墓表》 徵君姓梅氏，諱文鼎，字定九，江南宣城人也。康熙辛未，余再至京師，時諸公方以收召後學爲名，天下士負時譽者，皆聚於京師，而君與四明萬季野亦至。季野，浙之隱君子也。君亦不事科舉有年矣。余詫焉，皆曰：「吾懼獨學無友，而蔑以成所業也。」季野承念臺劉公之學，自少以明史自任，而兼辨古禮儀節，士之欲以學古自鳴，及爲科舉之學者，皆輳焉。旬講月會，從者數十百人。而君所抱歷算之説，好者甚希，惟安溪李文貞及其徒三數人從問焉。君常閉户殫思，與吾友昆繩北固遊時，偕來就余，而余亦數相過。乃知君博覽羣書，於天文地理，莫不究切，得其所以云之意，所爲記序書論，亦有異於人人。北固嘗與同舍館，告余曰：「吾每寐覺漏鼓四五下，梅君猶篝燈夜誦，昧爽則已興矣。」吾乃今知吾之玩日而愒時也。其後李文貞以君歷算書進呈，聖祖仁皇帝南巡，召見於德州行在所，命坐賜食，三接皆彌日，御書「積學參微」以賜。於時公卿大夫羣士皆延跂願交，而君亟告歸，營祠廟、定宗禁。又數年，壬辰，詔開蒙養齋，修樂律歷算書，下江南制府，徵其孫瑴成入侍。《律呂正義》成，驛致，命校勘。辛丑夏，歷算書成，瑴成請假歸省，逾月而君卒，時年八十有九。上聞，特命有地治者紀其喪，爲營窀穸。由是世士皆榮君之遇，而嘆季野獨任明史而蔑由上聞。丙子之秋，余與季野別於京師，即豫以誌銘屬余。及余北徙，而季野卒於浙東。過時乃聞其喪，爲文將以歸其子姓，叩之鄉人，莫有知者。而瑴成與余供事蒙養齋，爲昵好，自徵君之歿，閱月踰時相見，必以銘幽之文爲言，而衰疲日以底滯，既不逮事，乃略敘以列外碑。梅氏自北宋家宛陵，徵君之先與聖俞同祖別支，世有聞人。自徵君爲族長，梅氏無公庭獄訟幾三十年，族屬數千人，無敢博戲者。或侮其父兄，辟宗祠，扑擊之甚痛。君歿，赴弔哭失聲。父士昌，隱居，治《易》、《春秋》，母胡氏。子以燕，癸酉舉人。君及妻陳氏以瑴成貴，誥贈如其官階。所著《歷算叢書》八十六種、《勿菴文集》若干卷、筆記若干卷，惟《平三角舉要》、《弧三角舉要》、《環中黍尺》、《塹堵測量》、《筆算歷學》、《駢枝交食》、《蒙求七種》、《歷學疑問》三卷，李文貞鋟版行于世。

清·潘天成《鐵爐集》外集卷一《人物志十·隱逸·雜記訓言後》 先生年十五補郡博士弟子員。順治戊戌，繖田公捐館，先生哀毀骨立。而遺家多故，生計日窘，兩弟俱尚幼，先生拮据承家，苦心獨喻，不以告人。康熙壬寅，學使王公同春歲試拔第一，受廩。是歲，胡太孺人見背，先生同弟爾素公諱文鼒奉湯藥，衣不解帶者月餘。其時諸弟俱能自立，恐食指日繁，累先生，欲析箸，先生固止之不可。不得已，於次年分爨，作《分爨説》，述祖宗創業艱難，以互相勉勵，所有逋負，皆自任之。壬子歲，陳孺人棄世，遂不復娶。念祖、父兩世淺土，躬自跋涉，營求葬地，風雨寒暑無間。閲數年，乃得二穴，葬費不貲，公貯弗給於用，先生舉貸竣事。諸弟請均償，先生辭曰：「弟姪俱貧，而我勉襄大事，實已分當，盡何均償爲？」自是子職俱盡遂息意，爲四方遊知，交日廣。

先生生平善取友，所至盡友，其善士雖一技一能有微聲者，聞其名亦親訪之。而於當途薦紳，先生必因其來而後往。是時有據要津者頗喜延納，願締交，託友人道意者至再，先生終不一往。留京師數載，名日起漸達。

禁中裕親王雅好士，招致詣府，備加禮遇。先生因族中祖業爲他姓所佃，恐先人墳廬不保，遄歸里門。甲戌，族人請主祠政，固辭不獲。先生念族蕃，不教，恐難整率，乃嚴立條約，戒家訟、禁賭博、抑强暴、奬善良、興文會，族中長幼益習禮教，孝友敦睦之風駸駸乎日上矣。

癸未，安溪李公巡撫畿内，寓書請梓先生所著《曆算叢書》，遂客上谷。數年，凡刻諸書七種，而《曆學疑問》三卷，安溪視學時已付梓，呈御覽，蒙特嘉許。歲乙酉，上南巡，安溪以撫臣迎駕，問署中有何人，遂以先生姓名對。上曰：「朕久知此人，回鑾後可與偕來。」遂於四月二十日引見於德州龍舫，賜坐，講論垂問平生所學甚悉，隨賜御書扇幅，尚御珍饌，如是者凡三日以下缺。倪觀湖先生，別號竹冠，以《大統曆》授先生，亦未嘗講貫。先生數月而著《曆學駢枝》。《馬貴與《文獻通考》缺曆律，先生與弟爾素作《曆律考》補之。先生著書八十六種，已鋟者十數種，《曆學駢枝》、《曆學疑問》、《商程論》、《籌算》、《筆算》、《尺算》、《平三角舉要》、《弧三角舉要》、《塹堵測量》、《勾股測量》、《環中黍尺》、《日月交食》、《九數存古》。先生嘗製比例尺，銘曰「數立象呈，算因量得，何以遊心，象先觀萬物之所從出」。濟南劉魯南名汶，曰繇其言以知其蘊。蓋先生之學於是乎至，而非星官曆翁之所得而比絜也。先生曰：「康節天理，流行於中，心境活潑，觀擊壤集。可見真千古風流人豪，予不能及也。至於曆學，或可過之，非能過康節也，有康節開其端，繼其緒者多人耳。嘗論古聖賢之學，至今日而多晦，曆學至今日而益精，蓋古人舉其要，後人盡其詳，然終不能出《堯典》乃命羲和數節也。」天成深察先生議論，處處要天人合一，元善之氣暢滿於中，庶幾有康節之遺風焉。

莊亨陽

清・阮元《疇人傳》卷四一《國朝八・莊亨陽》　莊亨陽，字元仲，南靖人也。康熙戊戌進士，官至淮徐海道。亨陽自部曹出董河防，於高深測量之宜，隨事推究，因筆之於書，其後人取遺稿裒輯爲書八卷，名曰《莊氏算學》。其書首載梅勿菴開方法，次曰《幾何原本》舉要，次曰句股測量及堆積、差分諸雜法，次各體求積法，次曰中西筆算，次曰比例十法，次又雜載各體形及測望之法，末曰七政經緯乃推步七政法也。《莊氏算學》

清・錢林《文獻徵存録》卷三　莊亨陽，字元仲。及李光地門下，楊名時、徐用錫、何焯皆高足弟子，亨陽執業最後，光地甚重之。康熙五十七年，成進士，知山東濰縣，以母憂去。講學於漳江。乾隆初元，禮尚楊名時，薦舉經學，補助教，遷吏部主事，外補德安同知，擢知徐州府，再擢淮徐海道。亨陽通算術，及董河防，推究高深測量之宜。上書當路，大略謂淮徐水患已甚，其病在壅毛城舖，而徐州壞，壅天然減水壩，而鳳、潁、泗壞，壅車邏昭關等壩，而淮揚之上下河皆壞。方今急務，在開毛城舖以注洪澤湖，則徐州之患息，開天然壩以注高寶諸湖，則上江之患息，開三壩以注興鹽之澤，則高寶之患息，開范公堤以注之海，則興鹽泰諸州縣之患息矣。當路者未能用，頗韙其言。京察大臣當自陳，高宗命自陳者各舉一人自代，閣學李清植舉亨陽，時論以爲允。以勞卒於官。著《莊氏算學》八卷、《復齋遺集》若干卷，又有《莊元仲集》一卷，文僅十二篇，乃其官淮揚道時所上河防條議也。

談泰

清・阮元《疇人傳》卷五〇《國朝續補二・談泰》　談泰，字階平，上元人。由乾隆五十一年舉人大挑選授山陽縣學教諭。淹通經史，專志撰述，不爲世俗之學。凡音律算數，無不精通，尤善援引考覈，務求其是。嘗與江都焦孝廉循、歙[縣]汪教諭萊相友善。孝廉著《開方通釋》，泰曾與之互相證訂。并敘其所撰之《天元一釋》。【略】

泰嘗從學於嘉定錢少詹事大昕，故序中稱李秀才鋭爲同門。【略】

先是詹事從子江寧教授塘創周徑率，謂徑一則周三一六有奇，而方百者圓七九零。泰因作一丈徑木板，以篾尺量其圓周，正得三丈一尺六寸有奇，因反覆引申，廣援博證，著有《周徑説》一卷，以爲溉亭之説，至當而不可易。又撰有《王制里畝算法解》一卷，其自序略云：「五經中罕言算術，惟《王制》論里畝及之。然孔與鄭異，陳又與鄭、孔異，欲折中綦難矣。總憲梅循齋先生著《赤水遺珍》，中有方田度里一篇，正《王制》注疏之誤。其法以原數立算，與鄭康成注互合，但所列諸率，不明言乘除之數，恐觀者無從稽核，而經義難明。爰引先生本文，逐句疏解，并同三率互視法，詳推如左，而記文爲誤，及孔疏、陳注之粗疏，亦不辨而自明焉。」更復推廣之，撰《王制井里算法解》一卷，附列里數表，自方一里計積一里爲田九百畝，至方三千里計積九百萬里爲田八十一萬萬畝止，逐一詳悉，臚列成表。又謂古經質直，凡書開方之數，皆言方邊而不言方積，取其文句整齊，數目簡易。若以積實推步，鋪敘連篇，則事算博士之筆轉滋昧者之疑矣。又謂里數畝數，十百千萬，以次遞升，位數參差，易於目眩，即算氏名家，少一粗疎，便失其序。今依數列表，庶初學一覽即明。故復以一億爲田十萬畝演億小數表，以一億爲田一萬萬畝演億大數表，并一里方積、十里方積、五十里方積、七十里方積，百里方積，千里方積諸表，洵足發明經義。

又因《太平廣記》二百十五引別傳，謂鄭康成以永建二年七月戊寅生。泰據《范史·章帝紀》元和二年二月甲寅始用《四分術》，終漢之世，未聞改法，算康成生年月日宜以《四分》爲准。今依本法細推，更以史證之，謂：《順帝紀》書「春正月戊申」，疑脱一「朔」字。丁卯爲月之二十日，二月甲辰爲月之二十八日，夏六月乙酉爲月之十一日，秋七月甲戌朔，正合《紀》與《五行志》載並同。壬午爲月之九日，庚子爲月之二十八日，辛丑爲二十九日，《天文志》二月癸未爲月之七日。閏月乙酉，恐有舛誤。《紀》書「六月乙酉」，則閏六月必無乙酉，當作「六月」爲近，或「乙」爲「己」之譌。是年閏六月五日己酉，乙己字形相近也。八月乙巳爲月之二日，劉汪引《古今注》云「丁巳未詳何月，三月十一日，五月十二日，閏六月十三日，皆丁巳也。」又云「七月丁酉爲月之二十四日」，又云「九月戊寅爲月之八日」。合觀《紀》、《志》所書，與《四分術》多同。若《通鑑》目録載二月丁丑朔、四月丙子朔、七月甲戌朔、九月癸酉朔、十一月壬申朔，並同《四分》。唯稱五月乙亥朔，則是年五月丙午朔，六月乙亥朔，殆誤先一月。又稱閏五月，則是年閏六月，亦誤先一月也。果閏五月，則乙亥爲閏五月朔，不當又稱五月乙亥朔，未免自相矛盾。此蓋因《天文志》閏月乙酉，遷就求合，而不知先與《本紀》六月乙酉不合。況推是年六月二十九日癸卯大暑，中氣近晦，七月初一日甲戌處暑，中氣在朔，而中間一月十五日己未立秋，只一節氣，其爲閏六月最確。倘閏五月則有節有中，於閏法未協。又月内有乙酉，而六月反無乙酉矣。劉氏既載七月一日處暑，則置閏必在六月而不在五月，此淺而易見者，不知何以誤推也。至袁宏《後漢紀》作七月丙戌朔，則月内無壬午，與《紀》不符。且《紀》、《志》均書甲戌朔，袁又何所據而頓改之？或係傳寫之失，亦未可知。要之，甲戌朔合於《四分》，則七月五日戊寅爲鄭公生日無疑。其所推算是年月朔及中節兩氣干支並大小餘甚詳。《鄭司農年譜》、《經義叢鈔》、《潛研堂文集》、《雕菰樓文集》

清·錢林《文獻徵存録》卷三　談泰，字階平，江寧人。乾隆五十一年舉人，官南滙學訓導。勤學精思博覽，得梅氏算學之傳。有《測量周經正誤》、《周髀經算》、《四極南北游法》、《增補武成朔閏譜》、《召誥日月補》、《歲次月建異同辨》、《春秋歲次考》、《三統術》，推一歲食限數、交食一月終數，推漢高九年六月晦，孝文十一月晦，孝文元年至七年大小餘，孝文二年五年天正冬至，靈帝光和元年大小餘，《四分術譜》，劉武帝五年天正冬至，《三統術補》、《古算書細草十餘事》、《冬至權度數略》、《天官書節次年分》、《辨分野》、《辨圓壺》、《周經積實》、《祖沖之鬴法辨》、《鬴内方非十尺辨》、《操縵卮言正誤》、《喪服傳謚説》、《五服經帶數》，凡若干卷。又有《觀書雜説》二十卷，則考論經史事也。

羅有高

清·錢林《文獻徵存録》卷三《羅有高》　羅有高，字臺山，瑞金人。年十六補諸生，慕馬、周、張、齊、賢之爲人，喜讀賈太傅、陸宣公書，旁及兵政、河渠、測量諸雜。負氣睥睨儒冠者，謂不足用於世也。

潘聖樟

清·阮元《疇人傳》卷三五《國朝二·潘聖樟》　潘聖樟，一曰名檉，字力田，吳江人也。與王錫闡友善，錫闡嘗館其家，講論算法，常窮日夜。聖樟著《辛丑曆辨》曰：

「昔堯命羲和曰：『以閏月定四時成歲。』蓋曆法首重置閏，而《春秋傳》曰：

『先王之正時也，履端于始，舉正于中，歸餘于終。』所謂始者，取氣朔分齊爲曆元也。所謂中者，月以中氣爲定，無中氣者則爲閏也。所謂終者，積氣盈朔虚之數而閏生焉也。自漢以降，曆術雖屢變，未有能易此者。唯西域諸曆則不然，其法有閏年，有閏日，而無閏月，蓋中曆主日而西曆主度，不可强同也。今之爲西曆者，乃以日躔求定氣，求閏月，不惟盡廢中國之成憲，而亦自悖西域之本法矣。故十餘年來，宫度既紊，氣序亦訛。如戊子之閏三月也，而置在四月；庚寅之閏十一月也，而置在明年之二月；癸巳之閏七月也，而置在六月；己亥之閏正月也，而置在三月。其爲舛誤，何可勝言，然非深于曆者未易指摘。至于辛丑之閏月，則其失顯然，無以自解矣，何也？閏法論平氣而不當論定氣。若以平氣，則是年小雪在十月晦，冬至在十一月朔，而閏在兩月之間，所謂閏前之月，中氣在晦，閏後之月，中氣在朔者也。今以定氣，則秋分居九月朔，故預于七月朔置閏，然後秋分仍在八月，而霜降、小雪各歸其月，無如大寒定氣，乃在十一月朔，而十二月又無中氣，既不可再置一閏，則是同一無中氣之月，而或閏或否。彼所云太陽不及交宫即置爲閏者，何獨于此而自背其法乎？蓋孟秋非歸餘之終，故天正不能履端于始，地正不能舉正于中也。如此則四時不定，歲功不成，而閏法又安用之？且壬寅正月定朔，舊法在丙子丑初，即彼法亦在丙子，子正則辛丑之季冬當爲大盡，而明年正月中氣復移于今歲之杪，彼亦自覺其未安，故進歲朔于乙亥正，而今在戌正，差至六刻。其他牴牾，更難枚舉。噫！作法如是，而猶自以爲盡善，可乎？蓋其説以日行盈縮爲節氣短長，每遇日行最盈，則一月可置一氣，是古有氣盈朔虚而今更有氣虚朔盈矣。然或晦朔兩節氣，而中氣介其間。如丙戌仲冬去閏稍遠，猶可不論，獨辛丑仲冬冬至、大寒俱在晦朔，去閏最近，進退無據，苟且遷就，有不勝其弊者。夫閏法之主平氣，行之已數千年矣，今一變其術，未久而輒窮，至于無可如何，則又安取紛更爲也。」

聖樟後以他事論大辟。弟耒，字次畊，亦頗學曆，粗有端倪，不能竟學。《王寅旭先生遺書》《道古堂文集》

楊光先

清·阮元《疇人傳》卷三六《國朝三·楊光先》 楊光先，字長公，徽州府歙縣人也。恩廕新安衛官生。以西人耶穌會非中土聖人之教，且湯若望算造《時憲書》而不當用上傳「依西洋新法」五字，於順治十七年具呈禮科，不准，又於康熙三年狀告禮部。奉旨：下部，會吏部同審。湯若望等由是罷黜。四年，特授欽天監右監副，旋授監正。光先以但知推步之理，不知推步之數，叩閽辭職。疏凡五上，不准辭。輯前後所上書、狀、論、疏，爲上下卷，名曰《不得已》。其日食天象驗篇曰：「湯若望之曆法，件件悖理，件件舛謬，乃詫于人曰：『我西洋之新法，算日月交食有準。』彼以此自奇，而人亦以此奇之，竟弗考對天象之合與不合。何其信耳而廢目哉？已往之交食，姑不具論，請以康熙三年甲辰歲十二月初一戊午朔之日食驗之，人人共見，人人有目難盡掩也。其準與不準，將誰欺乎？而世方以其不合天象之交食爲準而附和之。是以西洋邪教爲我國必不可無之人，而欲招徠之，援引之，自貽伊戚也。毋論其交食不準之甚，即使準矣，而大清國卧榻之内，豈慣謀奪人國之西洋人鼾睡地也耶？從古至今，有不奉彼國差來朝貢，而可越渡我疆界者否？有入貢陪臣不還本國，呼朋引類，散布天下，而煽惑我人民者否？江統《徙戎論》，蓋蚤炳于幾先，以爲毛羽既豐，不至破壞人之天下不已。兹敢著書顯言，東西萬國及我伏羲與中國之初人，盡是邪教之子孫。其辱我天下人至不可言喻。而人直受之而弗恥，異日者脱有蠢動，還是子弟拒父兄乎，還是子弟衛父兄乎？衛之，于義不可；拒之，力又不能。請問天下人何居焉？光先之愚見，寧可使中夏無好曆法，不可使中夏有西洋人。無好曆法，不過如漢家不知合朔之法，日食多在晦日，而猶享四百年之國祚。有西洋人，吾懼其揮金以收拾我天下之人心，如厝火于積薪之下，而禍發之無日也，況其交食甚舛乎？故圖戊午朔食之天象，與二家報食之原圖，刊布國門，徧告天下，以辨舊法、新法之孰得孰失，以解耳食者之惑云。」

康熙三年十二月初一戊午朔，合朔未正三刻二分。西洋湯若望推算日食八分九十二秒，初虧，申正一刻强，正西；食甚，申初二刻半，正南；復圓，酉初三刻，正東，日入地平，未復光七分六十六秒；食甚，日躔黄道丑宫斗宿二十一度二十一分。與天象全不合。舊法何雒書推算日食八分五十六秒，初虧，未正三刻，正西偏北；食甚，申正一刻，正北；復圓，酉初三刻，正東偏北，日入地平，未復光三分七十二秒；食甚，日躔黄道丑宫斗宿二十二度一分四十秒。此與天象有八分合。

光先在監三年，謂戊申歲當閏十二月，尋覺其非，自行檢舉，時來年《時憲

書》已頒行，乃下詔停止閏月。尋事敗，論大辟。《不得已》、《池北偶談》

胡亶

清·阮元《疇人傳》卷三六《國朝三·胡亶》 胡亶，號勵齋，仁和人也。著《中星譜》、《周天現界圖》、《步天歌》行于世。其《中星譜》于二十八宿外增益大星十七，共四十五座：一角宿，二亢宿，三大角，四氐宿，五貫索大星，六房宿，七心宿，八尾宿，九帝座，十箕宿，十一織女大星，十二斗宿，十三河鼓大星，十四牛宿，十五天津大星，十六女宿，十七虛宿，十八危宿，十九北落師門，二十室宿，二十一壁宿，二十二土司空，二十三奎宿，二十四婁宿，二十五胃宿，二十六天囷大星，二十七昴宿，二十八畢宿，二十九五車大星，三十參宿右足，三十一參宿，三十二觜宿，三十三參宿左肩，三十四井宿，三十五天狼，三十六南河南星，三十七北河南星，三十八鬼宿，三十九柳宿，四十星宿，四十一張宿，四十二軒轅大星，四十三翼宿，四十四五帝座，四十五軫宿。以二十四氣爲綱，各紀日入後、日出前四十五星行至午中之時刻，以京師爲主，附浙江于後。自序言：「識星爲治曆根本，朝廷方旁求諳曉曆法之人。是譜雖不足就正博雅，抑可爲始學津梁云爾。」亶嘗與監中西洋專家反覆辨論，衆皆嘆服。《中星譜》

游藝

清·阮元《疇人傳》卷三六《國朝三·游藝》 游藝，字子六，建寧人也。著《天經或問》前集四卷，後集無卷數，皆設爲問答，以推闡天地之象，大旨以西法爲宗。與揭暄相友善，故集中多取其說。《欽定四庫全書總目》、《天經或問》

揭暄

清·阮元《疇人傳》卷三六《國朝三·揭暄》 揭暄，字子宣，江西廣昌人也。著《璇璣遺述》七卷，一名《寫天新語》。論日月東行，如槽之滚丸，而月質不變。又謂天堅地虛，譬猶餅中有餅，舊説蛋黄、蛋白之喻，徒得形似。又謂七政之小輪，皆出自然，亦如盤水之運旋，而周遭以行疾而成旋渦，遂成留逆。於五星西行，日月盈縮，皆設譬多方，言之成理。康熙己巳，以草稿寄梅文鼎。文鼎抄其精語爲一卷，稱其「深明西術，而又別有悟入」，其言多「古今所未發」。卒年逾八十。《欽定四庫全書總目》、《梅氏全書》

方中通

清·阮元《疇人傳》卷三六《國朝三·方中通》 方中通，字位伯，桐城人也。集諸家之説，著《數度衍》二十四卷，附録一卷。言九章皆出于句股，環矩以爲圓，合矩以爲方，方數爲典。以方出圓，句股之所生也；少廣、方圓所出也。方田、商功，皆少廣所出。一方一圓，其間不齊，始出差分。而均輸對差分之數，盈朒借差求均，又差分、均輸所出，而以方程濟其窮。度、量、衡原出黄鐘，粟布出焉，黄鐘出于方圓者也。又言古法用竹徑一寸，長六分，二百七十一而成六觚，爲一握，後世有珠算而古法亡矣。泰西之筆算、籌算，皆出九九。尺算即比例規，出三角。乘莫善于籌，除莫善于筆，加減莫善于珠，比例莫善于尺。其珠算歸法，三一三十一，四二二十二之類，十字俱作餘字。其尺算以三尺交加，取數祇用平分一綫。時廣昌揭暄亦明算術，與中通論難日輪大小，得光肥影瘦之故，及古今歲差之不同，須測算消長以齊之。一晝夜入一萬三千五百息，每息宗動天行十萬里有奇。別録爲一書，曰《揭方問答》。《數度衍》

杜知耕

清·阮元《疇人傳》卷三六《國朝三·杜知耕》 杜知耕，字端甫，號伯瞿，柘城人也。以利瑪竇、徐光啓所譯《幾何原本》復加删削，作《幾何論約》七卷，後附十條，則知耕所作也。言其法似爲本書所無，其理實函各題之內，非能于本書之外別生新義也。稱後附者，以別于丁氏、利氏之增題也。又雜取諸家算法，參以西人之説，依古九章爲目，作《數學鑰》六卷。言數非圖不明，圖非手指不明，圖用甲、乙等字作誌者，代指也。故其書于圖解尤詳。梅文鼎謂其「圖註九章，頗中肯綮」。《幾何論約》、《數學鑰》、《道古堂文集》

李子金

清・阮元《疇人傳》卷三六《國朝三・李子金》　李子金，字子金，號隱山，柘城人也。諸生。嘗與儕輩聚飲，鄰有高樓，子金以小尺就地上，縱橫量之，使一人縋上，垂繘于地，試之不爽銖黍。又嘗渡河，睨視水面，即能知水深淺。與王錫闡、梅文鼎、游藝、揭暄輩竝以算術相高。著《隱山鄙事》四卷，以發明《幾何原本》、《幾何法要》之理。《欽定四庫全書總目》、《池北偶談》、《數學鑰》

李長茂

清・阮元《疇人傳》卷三六《國朝三・李長茂》　李長茂，著《算海説詳》，梅文鼎謂爲「亦有發明，而不能具《九章》」。《勿庵算書目》

徐　發

清・阮元《疇人傳》卷三六《國朝三・徐發》　徐發，字圃臣，嘉興人也。著《天元曆理》十一卷。首曰原理，論天道日月五星所以運行之故，博引羣書，以證己説。辨榮方問陳子之言非《周髀》本文，張衡闇虛之説仍不脱地形障隔，發以爲所論實非也。謂太陰之體，形如彈丸，半明半魄。月之于日，猶臣之于君，不敢敵體，故轉而避之耳，所以有晦朔弦望之名。交食之理亦然。轉避幾分，則食幾分，無足異也。次曰考古，據《竹書紀年》甲子，證班固《曆志》之非，言漢人三正之誤，非古之三正，因著爲《圖説》以明之。自云其時浪跡都門，偶得異人指授，即此圖也。又云行夏之時，宋人誤註行夏之建，遂令三千年天象不合，殊非細故，因復解斗綱三合之義，以駁前人之謬，并以歷朝曆法推考，已法獨爲密合。三曰定法，取《大統》法，稍變歲實，以上合天元四甲子朔日冬至爲曆元。《天元曆理》

黃宗羲

清・阮元《疇人傳》卷三六《國朝三・黃宗羲子百家》　黃宗羲，字太沖，號梨洲，餘姚人也。博覽羣書，兼通步算。論長水註《楞嚴》「流變三疊」及徐岳太乙、兩儀算曰：「案岳所云，算器也；長水所云，算法也。雖橫豎之言相同，其義不相干涉。今之算器，橫不列道，其數分于珠。徐岳之算器，珠一而已，其數分于道。太乙橫爲九道，其珠自下而上，歷一道爲一算。兩儀算橫爲五道，自下而上者，一道爲一算。自上而下者，始于五，終于九。黃青二珠，交相代也。算九則窮，又移一柱，與今器迥別。長水之算，只用今器。其所謂橫豎者，分別算位。本位是豎，進一位即是橫；本位是橫，進一位即是豎。非如徐岳之實有橫豎也。《乾坤鑿度》曰『卧算爲年，立算爲日。』卧算者，長水之所謂橫也；立算者，長水之所謂豎也。」【略】

所著有《大統曆法辨》四卷、《時憲書法解新推交食法》一卷、《圜解》一卷、《割圓八線解》一卷、《授時曆法假如》一卷、《西洋曆法假如》一卷、《回回曆法假如》一卷。康熙十八年，都御史徐元文薦於朝，以老病辭，乃詔取所著書宣付史館。年八十六卒。子百家。《浙江通志》、《南雷文約》

百家，字主一，傳其父學，又從梅文鼎問推步法。康熙中修《明史》，百家父子先後預校《曆志》。著《句股矩測解原》二卷，上卷曰解矩度，曰解表影，曰解矩度表景，曰解物景，曰解兩景消長，下卷曰以影測高，曰以目測高，曰重矩，曰變影，曰測深測廣，曰測遠。皆有圖説詳之。《句股矩測解原》、《勿庵算書目》

李光地

清・阮元《疇人傳》卷四〇《國朝七・李光地子鍾倫　弟鼎徵　光坡》　李光地，字晉卿，號厚菴，福建安溪人也。康熙庚戌進士，官至大學士。著《曆象本要》二卷。自序略云：「憶自束髮趨庭，先君子嘗慨六藝失傳，呫喔空文，人鮮實用。因授六書、九數，俾令考索。賦畀魯鈍，而性癖耽奇，輒以餘暇旁涉天官、樂律。凡人所不樂爲者，則伏讀沉思，至忘寢食，博訪宿學明師，久而有得。新知執友，鮮可與言，言亦不解，自用怡悅而已。」

光地嘗與梅文鼎講論曆術，故所著書皆歐邏巴之學。其言均輪、次輪之理，黃赤同升，日食三差諸解，旁引曲喻，推闡無遺，并圖五緯視行之軌跡，尤多前人所未發。康熙四十一年十一月，光地扈蹕行河，進呈梅文鼎書，文鼎由是知名，

語見文鼎傳。所著又有《記四分術記》、《太初術》、《記渾儀》三篇。【略】

五十七年五月，卒于官，年七十七，謚文貞。《曆象本要》、《切問齋文鈔》。【略】

鐘倫，字世德，光地子也。康熙癸酉舉人。敏而好學，事事必求其根本，梅文鼎所謂無膏肓之疾者也。甲數乙數，用法甚奇，本以赤道求黄道，鐘倫準其法以黄求赤，作爲圖論，又製器以象之。《道古堂文集》

鼎徵，字安卿，光地次弟也。舉人，嘉魚令。爲梅氏刻《方程論》於泉州。《幾何補編》成，手爲謄寫。彼教人見鼎徵《方程論》序言「西法不知有方程」，憤然而争，不知西術有借衰互徵，而無盈縮方程。《同文算指》中未嘗自諱，鼎徵蓋有所本。《道古堂文集》

光坡，字耜卿，一字茂夫，光地弟也。諸生。

閻若璩

清·阮元《疇人傳》卷四〇《國朝七·閻若璩》 閻若璩，字百詩，淮安山陽人也。諸生。通《時憲》及《授時》法，嘗據算術以證《古文尚書》之僞。言：「余向謂僞作古文者，略知曆法。當仲康即位初，有九月日食之變，遂以瞽奏鼓等禮當之，而不顧其不合正陽之義。今余既通曆法矣，仲康在位十三年，始壬戌，終甲戌，以《授時》、《時憲》二曆推算，仲康四年乙丑歲，距元至元辛巳，積三千四百三十六年。九月朔，交泛一十三日有奇，入日食限。九月定朔，壬辰日未正一刻合朔，日食在氐宿一十五度。仲康元年壬戌歲，距積三千四百三十九年。五月朔，入交泛二十七日有奇，入日食限。五月定朔，丁亥日巳正初刻合朔，日食在井宿二十八度。則仲康始即位之歲，乃五月丁亥朔日食，非季秋月朔也。食在東井，非房宿也。在位十三年中，惟四年九月壬辰朔日有食之，却與經文『肇位四海』不合。且食在氐末度，亦非房宿也。夫曆法疏密，驗在交食，雖千百世以上，規程不爽，無不可以籌策窮之。仲康四年九月朔日食，而誤附于『肇位四海』之後，以元年五月朔日食，而謬作季秋集房，皆非也。」其它以步算攷證經義甚多。世宗皇帝在潛邸聞其名，延至京師，禮遇甚厚。康熙四十三年卒，年六十有九。世宗親製輓章四首，復爲文祭之。《尚書古文疏證》、《潛研堂文集》

秦文淵

清·阮元《疇人傳》卷四〇《國朝七·秦文淵》 秦文淵，著《秦氏七政全書》八册。其《經天要略》，論天行地體經緯交錯之象，以及七政交食步算之端，皆本新法，亦稍附句股、開方、重測諸法。其七政諸表說，言歲差及各表用法。其《二百恒年表》，即《新法算書》中表也。《欽定四庫全書總目》

張雍敬

清·阮元《疇人傳》卷四〇《國朝七·張雍敬》 張雍敬，字簡庵，秀水人也。著《定曆玉衡》，博綜曆法五十六家，正曆術之謬四十有四，成書一十八卷，其說主中術爲多。裹糧走千里，往見梅文鼎，假館授餐。逾年，相辨論者數百條，去異就同，歸于不疑之地。惟西人地圓如球之説則不合，與梅氏兄弟及汪喬年輩往復辨難，不下三四萬言。著《宣城游學記》。《曝書亭集》、《道古堂文集》

孔興泰

清·阮元《疇人傳》卷四〇《國朝七·孔興泰》 孔興泰，字林宗，睢州人也。通西法，著《大測精義》、《求半弧正弦法》，與梅文鼎所著《正弦簡法補》不謀而合。《道堂文古集》

毛乾乾

清·阮元《疇人傳》卷四〇《國朝七·毛乾乾女壻謝廷逸》 毛乾乾，字心易，與梅文鼎論周徑之理，因復推論及方圓相容、相變諸率，隱於匡山，號匡山隱者。

女壻謝廷逸，字野臣，中州人也，一曰上元人。於數學甚有精思，偕隱陽羨，自相師友，著述甚富，多前人所未發。《道堂文古集》

弧三角法，作《恒星經緯表根》一卷，及《月離交均表根》、《黄白距度表根》各一卷，皆補新法所未及也。所著又有《曆象之學儒者所宜深討》、《論曆學古疏今密》、《論日月食算稾》各一卷，《各省北極出地圖説》一卷，《答全椒吴荀淑曆算十問書》一卷。湘煃死，其遺書無一存者。《識學録》

陳厚耀

清·阮元《疇人傳》卷四一《國朝八·陳厚耀》 陳厚耀，字泗源，號曙峯，泰州人也。康熙丙戌進士，安溪李光地薦厚耀通曆法，引見，上命試以算法，繪三角形，令求中綫及問弧背尺寸。厚耀具劄進，稱旨，旋請省親歸里。戊子，特命來京。己丑五月，駕幸熱河，厚耀扈行，至密雲，命寫筆算式進呈。少頃，出御書筆算，問知此法否？厚耀對曰：「皇上此法精妙，極爲簡便，臣法臆撰，不可用。」上諭云：「朕將教汝，汝其細心貫想，以待朕問。」次日，又問曰：「汝能測北極出地高下否？」對曰：「若將儀器測景長短，用檢八線表，可得高度，此在春秋分所測則然。若其餘節氣，又有加減之異，然亦不準。何也？臣聞地上有矇氣之差，以人目視之，有升卑爲高、映小爲大之異，故以渾儀測之多不合，但在天度數則不差也。」又問：「地周三百六十度，依周尺每度二百五十里，今尺二百里，地周幾何？地徑幾何？」奏云：「依周尺地周九萬里，今尺七萬二千里，以圍三徑一推之，地徑二萬四千里，以密率推之，當得地徑二萬二千九百一十八里有奇。」上復問地圜出何書，對以「《周髀算經》曾言之」。問：「何以見其圜也？」對曰：「《職方外紀》西人言繞地過一周，四帀皆生齒所居，故知其爲圜。且東西測景有時差，南北測星有地差，皆與圜形相合，故益知其爲圜。」時厚耀以母年高，不忍離，乃就教職，得蘇州。未踰年，召入南書房。上問：「測景是何法？」厚耀求指示。上曰：「此法甚精，不必用八線表。」即以西洋定位法、虚擬法寫示。又命至座旁，隨意作兩點于紙上。厚耀隨點之，上用規尺畫圖，即得兩點相去幾何之法。上從容諭之曰：「《堯典》敬授人時，乃帝王大事，奈何弗講？」自是厚耀之學益進。嘗召入至淵鑒齋，問難反覆，並及天象樂律、山川形勢，得徧觀御前陳列儀器，中有方寸器三十種。又召至西煖閣，詢問家世甚詳。從上至熱河，命賦泉源石壁詩，授中書科中書。傳旨曰：「上道汝學問好，授汝京官，使汝老母喜也。」厚耀請定步算諸書，以惠天下。上怡允，諭曰：「汝嘗言梅瑴成學甚深，今

沈超遠

清·阮元《疇人傳》卷四〇《國朝七·沈超遠》 沈超遠，不知其名，錢塘人也。讀《方程論》，作九問難梅文鼎。《道古堂文集》

年希堯

清·阮元《疇人傳》卷四〇《國朝七·年希堯》 年希堯，字允恭，廣寧人也。以西人測算之切要者，摘録刊布，爲《測算刀圭》三卷：一曰三角法摘要，一曰八線真數表，一曰八線假數表。又有《面體比例便覽》一卷、《對數表》一卷、《對數廣運》一卷。《測算刀圭》《面體比例便覽》《對數表》《對數廣運》

論曰：寧波教授丁君小雅杰，貽余年氏所刻算書數種，因據以立傳。又有《萬數平立方表》一種，《算法纂要總綱》一種，末附雜算法及八線表根數頁，又一種無名目，俱係寫本，字跡圖畫並極精美，而不著撰人姓氏，疑亦出希堯家也。

劉湘煃

清·阮元《疇人傳》卷四〇《國朝七·劉湘煃》 劉湘煃，字允恭，江夏人也。聞梅文鼎以曆算名當世，鬻産走千餘里，受業其門。湛思積悟，多所創獲。文鼎得之甚喜，曰：「劉生好學精進，啓予不逮。」其與人書曰：「金水二星，《曆指》所説未徹，得劉生説，而知二星之有歲輪，其理確不可易。」因以所著《曆學疑問》屬之討論。湘煃爲著《訂補》三卷。又謂：「曆法自漢唐以來，五星最疏，故其遲留伏逆，皆入于占。至元郭守敬出，而五星始有推步經度之法，而緯度則猶未備。至于西法，舊亦未有緯度，至地谷而後知有推步五星緯表，然亦在守敬後矣。《曆書》有法原、法數，並爲《曆法統宗》。法原者，七政與交食之曆指也；法數者，七政與交食經緯之表也。故曆指實爲造表之根。今曆所載金水曆指，如其法而造表，則與所步之表不合，如其表以推算測天，則又與天密合，是曆官雖有表數，而猶未知立表之根也。」乃作《五星法象編》五卷。文鼎深契其説，摘其要，自爲《五星紀要》。湘煃又欲爲渾蓋通憲天盤安星之用，以戊辰曆元加歲差，用

命來京，與汝同修算法。」瑴成至，上問曰：「汝知陳厚耀否？他算法近日精進，向曾受教于汝祖，今汝祖若在，尚將就正于彼矣。」乃命厚耀、瑴成並修書于蒙養齋，賜《算法原本》、《算法纂要》、《同文算指》、《嘉量算指》、《幾何原本》、《周易折中》、字典、西洋儀器、金扇、松花石硯及瓜果等克什甚多。癸巳，修書成，特授翰林院編修。甲午，丁内艱，命賜帑銀，着江南織造經紀其喪。喪畢，晉國子監司業，擢左諭德兼翰林院修撰。戊戌會試，充同考官。己亥告疾，以原官致仕。

所著天文曆算書甚夥。有《春秋長曆》十卷，爲補杜預《長曆》而作。其凡有四：一曰曆證。備引漢晉隋唐宋元諸史志，及朱載堉《曆書》諸説，以證推步之異。又引《春秋屬辭》杜預論日月差謬一條，爲注疏所無；《大衍曆議》春秋曆考一條，亦唐志所未録，尤足以資考證。二曰古術。古以十九年爲一章，一章之首，推合《周術》正月朔冬至。前列算數，後以春秋十二公紀年，横列爲四章，縱列十二公，積而成表，以求術元。三曰曆編。舉《春秋》二百四十二年，一一推其朔閏及月之大小，而以經傳干支爲證佐，皆述杜預之説而考辨之。四曰曆存。以古術推隱公元年正月庚戌朔，杜預《長曆》則爲辛巳朔，乃古術所推之上年十二月朔，謂元年之前失一閏，蓋以經傳干支排次知之。厚耀則謂如預之説，元年至七年中書日者雖多不失，而與二年八月之庚辰、三年十二月之庚戌、四年二月之戊申又不能合。且隱公三年二月己巳朔日食，桓公三年七月壬辰朔日食，亦皆失之。蓋隱公元年以前非失一閏，乃多一閏，因退一月就之，定隱公元年正月爲庚辰朔，較《長曆》實退兩月。推至僖公五年止。以下朔閏，因一一與杜術相符，故不復續載焉。蓋厚耀精于曆法，所推較杜預爲密，于考證之學尤爲有裨，治《春秋》者不可少此編矣。

又算術尖堆除率三十六，倚壁堆除率十八。厚耀論之曰：「尖堆得圓倉三之一，故圓率用十二。此用三十六，其比例爲三十六與十二，若三與一也。倚壁堆是尖堆之半，其除率宜倍三十六作七十二，而乃用十八者，以半圓周自乘，只得全圓自乘四分之一也，故以四除七十二爲十八。」又環田有内外周，併及田積問諸數者，舊術以田積爲實，内外周併數半之爲法，除實得徑，用徑自乘，以減折半數，餘爲内周，以内周減併數，餘爲外周。厚耀論之曰：「『用徑自乘』句有弊。當用六因徑得十八爲較，以減周總，折半而得内周，内周減總而得外周。」皆深于算學之言也。

壬寅春卒，年七十有五。《欽定四庫全書總目》、《春秋長曆》、《增删算法統宗》、《陳氏家譜》、《召對紀言》

惠士奇

清・阮元《疇人傳》卷四一《國朝八・惠士奇》　惠士奇，字天牧，一字仲孺，蘇州府吴縣人也。康熙戊子舉鄉試第一，明年成進士，官至翰林院侍讀學士。乾隆四年卒，年七十一。所著有《交食舉隅》二卷。言：「測日食者，先求食限。食必在兩交，去交近則食，遠則否，有入食限而不食者，未有不入食限而食者也。古法不能定朔，故日食或在晦。説者謂『日之食晦朔之間，月之食惟在望』，此知二五而不知十也。日月有平行，有實行，有視行。日月之食，亦有實食，有視食。實食者，日月在天相揜之實度。視食者，人在地所見之初虧、食甚、復圓也。古術或知求實行，莫知求視行，皆知求平朔，莫知求實朔，故不能定朔者以此。七政有高卑，故有恒星天，有五星天，有日天，有月天。古人以恒星最高，遂指恒星爲天體。新法于恒星天之外，又有宗動天，合于九重之數。宗動者，七政之所同宗也。沈括謂：『日月星辰之行，不相觸者，氣而已。』此不知曆象者也。如日月有氣而無體，則月焉能揜日哉？日高而月下，五星亦有高下，高下既殊，又焉能相觸乎？《春秋》：『日有食之，既。』既者，有繼之辭，非盡也。新法謂之金錢食，日大月小，月不能盡揜日光，故全食之時，其中闕然，而光溢于外，狀若金錢也。」

晚年自號半農居士，鄉人因其齋名，稱紅豆先生。《潛研堂文集》

顧琮

清・阮元《疇人傳》卷四一《國朝八・顧琮》　顧琮，字用方，滿洲人也。官吏部尚書。雍正八年六月朔日食，第谷舊法微有差，以監臣西洋人戴進賢所用新法校之，纖微密合。世宗皇帝因命進賢修日躔、月離二表，續於《考成》之後。然有表無説，亦無推算之法，琮恐久而失傳，乾隆二年，奏請以梅瑴成爲總裁，何國宗爲副總，同進賢等增修表解圖説。其法以雍正癸卯冬至次日子正爲元，太陽日平行三千五百四十八秒，小餘三二九零八九七，氣應三十二日一二三五四，最卑每歲平行六十二秒，小餘九九七五，最卑應八度七分三十二秒二十二微；太陰日平行四萬七千四百三十五秒，小餘零二三四零八六，平行應五宮二十六度二十七分四十八秒五十三微；最高日平行四百一秒，小餘零七零二二六，最卑應八宮一度一十五分四十五秒三十八微；正交日平行一百九十秒，小餘六三八六三，正交應五宮二十二度五十七分三十七秒三十三微。與舊法異者，大端有三：一，太陽、地半徑差，舊定爲三分，今測止十秒；一，清蒙氣差，舊定地平上三十四分，高四十五度，止五秒，今測地平上三十二分，高四十五度，尚有五十九秒；一，日月五星本天，舊爲平圓，今爲橢圓。越六年，書成，凡十卷，即《御定曆象考成後編》也。《御定考成後編》、《欽定四庫全書總目》

丁維烈

清·阮元《疇人傳》卷四一《國朝八·丁維烈》 丁維烈，蘇州府長洲縣人也。受業梅文穆公之門。文穆以句股積及股弦和較或句弦和較求句股，向無其法，苦思力索，知其須用帶縱立方，因命維烈別立御之之法。維烈遂造減縱翻積開三乘方法以應。文穆稱其頗能深入，載入《赤水遺珍》。維烈又著《算法》一卷，述西人三率比例法。《赤水遺珍》

張永祚

清·阮元《疇人傳》卷四一《國朝八·張永祚》 張永祚，字景韶，號兩湖，錢唐人也。初爲諸生。乾隆二年二月，詔舉能通知星象者，無錫嵇公曾筠，時以大學士總督閩浙，試永祚策，器之，薦於朝，授欽天監博士。會詔刊經史，華亭張司寇照薦永祚校勘二十二史天文、律曆兩志。書成，方俟議叙，而遽乞假歸。仁和杭編修世駿著《漢書疏證》，嘗就問律曆，永祚隨條爲答，頗有發明，世駿多用其說。卒年六十餘。《杭州府志》、《道古堂文集》、《漢書疏證》

戴震

清·阮元《疇人傳》卷四二《國朝九·戴震》 戴震，字東原，休寧人也。乾隆壬午舉人。壬辰歲詔開四庫館，震以薦入館，充校理。命與會試中式者同赴廷對，欽賜翰林院庶吉士。未及散館而卒，年五十有五。西法三角八綫，即古之句股弧矢。自西學盛行，而古法轉昧，取梅文鼎所著《三角法要舉》、《塹堵測量》、《環中黍尺》三書之法，易以新名，飾以古義，作《句股割圜記》三篇。言因《周髀》首章之言，衍而極之，以備步算之大全，補六藝之逸簡。凡爲圖五十有五，爲術四十有九，記二千四百一十七字。【略】

又著《原象》八篇、《迎日推策記》一篇，以明推步原象。【略】

又著《續天文畧》三卷，文多不載。載其目：曰星見伏昏旦中，曰列宿十二次，曰星象，曰黄道宿度，曰七衡六閒，曰晷景短長，曰北極高下，曰日月五步規法，曰儀象，曰漏刻。或補《通志》所闕遺，或賡所未及，凡占變推步不與焉。

震在四庫館分校天文算法書甚夥，其《海島算經》、《五經算術》二種，則震從《永樂大典》中掇拾殘賸集合而成者。曲阜孔公繼涵以震所校《周髀算經》、《周髀音義》、《九章算術》、《九章音義》、《海島算經》、《孫子算經》、《五曹算經》、《夏侯陽算經》、《張邱建算經》、《五經算術》、《緝古算經》、《數術記遺》，并震所撰《九章算術補圖》、《策算》、《句股割圜記》合而刻之，即今世所傳《算經十書》也。《戴氏遺書》、《算經十書》

盛百二

清·阮元《疇人傳》卷四二《國朝九·盛百二》 盛百二，字秦川，浙江秀水人也。乾隆丙子舉人，官山東淄川縣知縣。嘗謂羲和之法，遭秦火而不傳，六天沸騰，莫之所從。自《太初》以後，踵事增修者七十餘家，至此時《御製律曆淵源》之書出，如披雲見日，使千古術士詭秘之説，至今日而無遁其形，始知大經大法，已畧具於《虞書》數語之内，雖有古今中西之殊，而其理莫能外也。因著《尚書釋天》六卷，解《堯典》、《舜典》、《允征》、《洪範》諸節之有關于曆象者，博采諸書而詳疏之，其大要以西法爲宗。《尚書釋天》

錢塘

清·阮元《疇人傳》卷四二《國朝九·錢塘》 錢塘，字學淵，一字禹美，號溉亭，太倉州嘉定縣人也。乾隆四十五年，舉江南鄉試，明年成進士，官江寧府學教授。論方圜周徑，言：算莫難于算圜，圜屬者，圜冪之本也。以方容圜，徑同而周異。圜周之有圜冪，若方周之有方冪，故周異而冪亦異。倍其徑者四其冪，則初以爲周者繼以爲冪矣。以方周除圜周而十之，亦即圜之冪也。由是定爲方圜之率，任所得之爲方爲圜，無不可以推知其所未得。而術有古今疏密之不同。古術方周四則圜周三，是冪亦必方四而圜三也。至劉徽注《九章》，推得圜周三一四有奇，而去其餘數，故徽術算冪亦方四而圜三一四也。後人知古術之疏，以徽術爲密，依而用之，雖間有修改，要不離此率。自予觀之，亦未見其密也。試度取一物之徑，命之爲一，則周且至三一六以上矣。夫古術泥于陽奇陰偶之説，其疏固宜。徽術則本之割圜。割圜之術，有觚有弧矢以算之也，有半徑與弦半徑，常爲大弦，而迭爲句股以求其小弦，半徑爲小弦所截成弧矢，有弧矢則半徑不盡，半徑不盡，則小弦不盡，而割圜之以爲弧者即小弦也。弦直而弧曲，合之以爲周，非其類矣。周之爲物，如環無端，割而爲觚，必且無盡，而割圜不能無盡也，斯則名爲周而實非周也。而又不能無所棄，始之開方以求大股也，可開而至于無盡，既以其不能盡而棄之，後之開方以求小弦也，亦可開而至于無盡，復以其不能盡而棄之。有所棄則非全數矣。徽之割圜也，止於九十六觚，其於股於矢於小弦，固皆曰餘分棄之。是以二尺爲方之圜周，尚以六分半有奇爲小弦。夫以如環之圜，而以六分以上之小弦，九十六之以爲周，謂其與圜合體也，其孰能信之？是故求圜周者可無割圜也，度之亦畧近矣。度法絲毫以下，常無象而不可以名，則有一術焉，更密于度周而可以相代者，曰十倍其徑冪以爲周冪而已。我蓋得之於方，方之徑冪即圜之徑冪也，方之周冪猶圜之周冪也，唯以十六爲十是已。數皆以十成，而權衡獨以十六，即其理也。是故徑冪一，則方周冪十六，而圜周冪十。徑冪十，則方周冪百六十，而圜周冪百。是爲周徑之冪，異位而同名。夫如是，則圜冪至十倍即周爲徑，而十倍其徑以爲周矣，是反覆不衰之術也。舊術周冪不足徑冪之十倍，故反覆之則必衰。衰不衰何足深論？顧如方之容圜有舒促何？容圜無舒促，則無如此術矣。是術也，可不用比例而得周徑與方圜，不出乎乘除進退以開方而已矣。求周徑者，徑自乘而十乘之，即周之自乘；周自乘而十除之，即徑之自乘。求方圜者，方自乘而十六除之，復十乘之，即圜之自乘；圜自乘而十六乘之，復十除之，即方之自乘。所得皆平方開之也。舊唯周徑有冪，今則方圜之冪又有冪，然皆因數以立術，非爲術以設數也。然則其數幾何？曰：術在數可不言也。以徑一爲例，則徑冪百、圜冪千，而方冪之冪十萬，圜冪之冪六千二百五十，是爲徑一則周三一六有奇，而方百者圜七九零也。立圜立方何如？曰亦不過三一六爲圜，則六爲方而已矣。

年五十六，卒于江寧官廨。所著有《淮南天文訓補注》三卷。《潛研堂文集》

李惇

清·阮元《疇人傳》卷四二《國朝九·李惇》 李惇，字成裕，號孝臣，高郵人也。乾隆己亥舉鄉試，庚子成進士。通天文術算象數之學，所著有《杜氏長曆補》、《渾天圖説》若干卷。卒年五十一。焦里堂《李孝臣先生傳》

論曰：孝臣先生與嘉定錢溉亭齊名，於算學深造自得，識者爭推之。乃歿未二十年，其遺書散佚不可復得。昔人云「藏之名山，傳之其人」，豈未遇其人耶？著作之傳與不傳，亦有幸有不幸也。

吴烺

清·阮元《疇人傳》卷四二《國朝九·吴烺》 吴烺，字檆亭，全椒人也。官中書。通數學，著有《周髀算經圖注》。乾隆戊子，松江沈大成爲之序曰：「客有問於余者，西法何自昉乎？曰《周髀》。何以知其然也？曰《周髀》者，蓋天也。蓋天之學，始立句股。句股者，西人所謂三角也。衡之以爲句，縱之以爲股，衺而引之以爲弦，正而伸之以爲開方。是故并之則爲矩，環之則爲規，圜内容方，方内容圜，則爲冪積弧矢。五寸之矩，可以盡天下之方；一圜之規，可以盡天下之圜。曆家以蓋天不同於渾天，即揚子雲猶疑之。然吾以爲蓋天者渾天之半，渾天者蓋天之全，蓋天者自内而觀之，渾天者自外而觀之。然觀天必先於察地，以太陽之晷景在地也。樹一表而句股之數可得，句股之數得，而高深廣遠無遁形矣。是《周髀》之術也。蓋嘗稽之《考工》，輪人之爲蓋弓也，冶氏之爲戟也，磬氏之爲磬也，匠人之置槷也，有一不出于是者哉？商高之言曰『智出於句，句出於矩』，其言可謂簡而要矣。趙爽、甄鸞之徒從而疏解之，榮方、陳子又踵而述之，支離轇轕，如鼷鼠食郊牛之角，愈入愈深，而愈不可出，是故通人無取焉。檆亭精于《九章》，以是經之難明也，寫之以筆，算而繪以圖，皎若列眉，劃然若畫井，昭昭然若揭日月而行。舉千載之難明者，一旦豁於目而洞於心，豈非愉快事

哉？」《周髀算經圖注》

褚寅亮

清・阮元《疇人傳》卷四二《國朝九・褚寅亮》 褚寅亮，字搢升，號鶴侶，蘇州府長洲縣人也。乾隆十六年，召試，欽賜舉人、内閣中書，官至刑部員外郎。長於算術，與少詹事嘉定錢辛楣大昕友善。少詹作《三統術衍》，校正刊本誤字甚多，其中「月相求六扐之數」句，「六扐」當作「七扐」，「推閏餘所在加十得一」句，「加十」當作「加七」，皆取寅亮説也。所著有《句股廣問》三卷。《錢少詹説》

論曰：少詹言：乾隆辛未、壬申間，與鶴侶同寓京師，因共研究算義，往覆辨難者累年。鶴侶心思精鋭，遇史書魯魚，一見便能訂其誤謬，於句股和較相求諸法，尤極精審。惜遺書未經刊行，今不審其存乎否矣。

屈曾發

清・阮元《疇人傳》卷四二《國朝九・屈曾發》 屈曾發，字省園，蘇州府常熟人也。著《九數通考》十三卷。自序言：「己丑之春，得聖祖仁皇帝《御製數理精蘊》，伏而讀之，訂古今之同異，集中西之大成。平日之格而不化者，一旦涣然冰釋，惜薄海内外窮儒寒畯，未獲悉覩全書。乃不揣固陋，舉曩時所輯，重加增改，一折衷於《數理精蘊》。學者取而習之，不特古者六藝教人之法，可得其旨趣，即我朝文軌大同，制作明備之休，亦藉以仰窺萬一矣。」其書初名《數學精詳》，休寧戴震爲改今名。《九數通考》

龔淪

清・阮元《疇人傳》卷四二《國朝九・龔淪》 龔淪，字長衡，號易槩，蘇州府長洲縣人也。乾隆丙午舉人。嘉定錢少詹大昕主講蘇州紫陽書院，淪因從受數學，時年已五十餘矣。發憤力學，無間寒暑。家貧，書籍不具，從友人家借讀，手自抄撮，密行細字，每歲恒積二尺許。於步算諸法，必究其所以然而後已。讀《海島算經》，謂：「清淵白石術，其又術於率不通。《海島》九問，惟此有又術，當是後人竄入，非劉徽本文。李淳風依數推衍，蓋未嘗深思其故也。」嘉慶四年五月卒，年六十一。所著《述古適》三卷，乃句股弧矢之法，多以立天元術入算，有前人所未及者，余爲序之。

論曰：龔君，余丙午同年友也。以垂暮之年，究心絶業，是可尚已。耄而好學，昔人所難，況今人乎？余輯《疇人傳》甫竟，聞其下世，乃亟録之，以厲世之爲學者。

厲之鍔

清・阮元《疇人傳》卷四二《國朝九・厲之鍔》 厲之鍔，字寶青，錢唐人。乾隆間嘗游京師，考授天文生。著有《毖緯瑣言》一卷。其書於三角、八綫、小輪、橢圓之説，俱能洞見本原，異於捫燭扣槃以爲智者。又嘗自出巧思，製刻漏壺，鎔錫爲之，運轉自然，晷刻相應，不爽毫髮，觀者莫不歎絶。

陳際新

清・阮元《疇人傳》卷四八《國朝補遺四・陳際新》 陳際新，字舜五，宛平生員，祖籍福建。官靈臺郎，爲監正明安圖高弟。安圖殁後，以割圓密率捷法未竟之稿命續。際新尋緒推究，質以平日所聞面授之言，越數年，至乾隆甲午始克成書。其序略曰：凡解有因法而得者，有不因法而得者。因法而得者，法如是，解如是止也；不因法而得者，法如是，解不止於如是也。不因法而得，何以有是解乎？蓋其初非爲法解也，亦欲自立一法，與前法並行，及深思而得之，乃與作者脗合，遂以爲是法之解，故法如是而解之，曲暢旁通，不止於如是也。先生初聞杜泰西圓徑、求周弧背求弦求矢之法，欲自立一法，以觀其同異。因思古法有二分弧法，西法又有三分弧法，則遞分之，亦必有法也。由是思之，遂得五分弧及七分弧，次列三分弧、五分弧、七分弧三數觀之，見其數可依次加減而得，遂加減至九十九分弧，然其分數皆奇數也。又思之，遂得二分弧，依前法遞推至四分弧、六分弧，加減至百分弧，則偶數亦備矣。然猶分而不能合也。又思之，奇偶可合矣。然逐層求之，數多則繁，若累至千萬分，猶未易也。又思之，其數可超位而得，則以二分弧、五分弧求得十分弧，以十分弧求得百分弧，以十分弧、百分弧求得千分弧，以十分弧、千分弧求得萬分弧，既得百分弧、千分弧、萬分弧三數，然後比例相較，而弧矢弦相求之密率捷法，於是乎成。及其成也，與杜泰西之法無異，遂以是爲解焉。豈非不因法而得者乎？今觀其解，初若與本法絶不相侔，及循序而進，而其法之必由乎此。又有確然無可疑者，至於設一術取一數，反覆求之，諸法皆立，而其用未盡，誠所謂法如是解不止於如是也。際新親承指授，且不敢違遺命，今輯其解，並述其意云。《割圜密率捷法》

張　肱

清・阮元《疇人傳》卷四八《國朝補遺四・張肱》　張肱，字良亭，寶應人。以諸生由博士陞夏官正，終户部主事。與陳際新齊名，同受業於監正明安圖。與際新同續《割圜密率捷法》，相與討論推步校録，際新極爲稱道推許。《割圜密率捷法》

論曰：自元大德時，朱松庭游廣陵，學者雲集，其時有趙元鎮者代刊其書。國朝又有陳泗源先生蒙聖祖仁皇帝指示算學，若良亭者則又從明監正，而監正亦得算法于聖祖仁皇帝者也。至今良亭後裔，世業疇人，引而勿替。外此如焦君里堂循、楊君竹廬大壯皆精九數。近來朱氏二書既復昌於廣陵，而《捷法》亦爲岑君紹周建功校刊。岑雖天長人，若援寓公之例，亦得附郡人之列。然則曆算之學，吾鄉可謂盛矣。

孔廣森

清・阮元《疇人傳》卷四八《國朝補遺四・孔廣森》　孔廣森，字衆仲，號撝約，又號顨軒，曲阜人，故衍聖公傳鐸之孫也。生而穎異，年十七，舉於鄉，乾隆三十六年成進士，官檢討。丁内艱，陳情歸養，築儀鄭堂讀書其間，蓋心儀鄭氏學云。旋遭家難，以父所著書爲族人所訟，將西戍塞外，扶病走江淮河洛間，稱貸四方，納贖鍰，父困之獲宥。未幾，居大母與父憂，竟以毁卒，年三十有五。少曾師事休寧戴震，因得盡傳其學。及官翰林，與窺中祕，得見王孝通《緝古算法》、秦九韶《數學九章》、李冶《益古演段》、《測圜海鏡》諸書，由是精研九數，學益大進。因梅宣城《少廣拾遺》但有平方立方廉隅圖，至三乘方以上則云不能爲圖，反覆搜索，獨抒新意，取冪積變爲方根，使諸乘皆可作平方觀，假圖明數，構諸乘方廉隅圖，俾學者知方廉稠疊之所由生。又因舊法割圜弧矢，用徑一周三古率，立天元一以三乘方求矢，蓋古率本朒，故背弦之差，雖非真差，借而取矢，適得真矢。若依密周八分之一設半弧背，七八五三九有奇，所得之矢轉大矣。於是别立新法，分爲四例：其一曰弧冪自之，以徑一有半除之，開立方得矢，凡爲大弧冪在圜冪五分之一以上者，通此例。其二曰三因弧冪自之，以半徑之二十七倍除之，開立方得矢，凡爲弧冪在圜冪十五分之一以上者，通此例。其三曰五因弧冪自之，以半徑之八十一倍除之，開立方得矢，凡爲弧冪在圜冪三十分之一以上者，通此例。其四曰七因弧冪自之，以全徑之八十一倍除之，開立方得矢，凡爲諸小弧冪不及圜冪三十分之一者，通此例。又因秦氏方斜求圜術，及算經商功章求方亭術，引申推演，廣秦氏得四術，補斛方得二十五問，著《少廣正負術内外篇》六卷。内篇以平立三乘方諸開法，分上、中、下三卷。外篇卷上，曰割圜弧矢，曰新設三角法，曰方田雜法，曰推秦氏方斜求圓算草，曰堆垛；卷中句股和較難題，曰句股冪難題，曰句股邊冪相求難題，曰句股容方難題，曰句股中長難題，曰句股不同式難題；卷下曰斛方補問。末附訂正《算法統宗》求築隄法一則，要皆發前人所未發。其餘所著書尚多。《顨軒孔氏所著書》、《漢學師承記》、《校禮堂文集》

博　啓

清・阮元《疇人傳》卷四八《國朝補遺四・博啓》　博啓，字繪亭，滿洲正白旗人。乾隆中官欽天監監副。嘗困句股和較之術，前人論之詳且晐矣，獨句股形中所容之方邊、圓徑、垂線三事，尚缺而未備，爰以三事分配和較，創法六十。惜其書未刊，寖没無聞。今所傳者，唯有方邊及垂線求句股弦一題。法用平行線剖容方冪爲四小句股形，借垂線爲小句股和，借方邊爲小弦，求小句小股。以小股與垂線比，若方邊與句比。以小句與垂線比，若方邊與股比。以小股與股比，若方邊與弦比。道光初，方履亨官監正時，每拈此題課士。《句股容三事拾遺》、《方監正説》

許如蘭

清・阮元《疇人傳》卷四八《國朝補遺四・許如蘭》　許如蘭，字芳谷，全椒人。乾隆三十年舉人，四十六年大挑知縣，分發福建，親老，改江西，歷任浮梁、上猶、新建縣事。丁憂服闋，赴福建題補侯官，未履任。會瘴氣發，病卒。如薗性敏，於書無所不讀，皆究心精妙。於曆算始習西法，通薛鳳祚所譯《天步真原》、《天學會通》。時同縣山西寧武同知吴烺，受梅文鼎學于劉湘煃，如薗因並習《梅氏曆算全書》。又于乾隆四十年夏，謁戴震于京都，受《句股割圜記》。四十四年秋，謁董化星於常州。戴輯古算經十書，而董則專業薛氏者也。于是兼通中西之學，嘗謂其弟子胡早春曰：「古人以句股方程列于小學，童而習之，人人能曉。今則老宿不能通其義，一則時尚帖括，句股視爲不急之務，再則習爲風雅，不屑持籌握算，效疇人子弟之所爲。噫！過矣。」又謂：「士大夫不精弧矢之術，雖識天文之秘，無益也。疇人算工，不明象數之理，雖擅步算之能，仍無益也。」著有《乾象拾遺》、《春暉樓集》諸書，今多散佚。其存者有書梅氏「月建非專言斗柄論」後，曰：「竊以太陽右旋一度，隨天左旋一周，故謂之日。歷二十九日奇，日與月會，故謂之月。歷三百六十五日奇，日與天會，故謂之歲。但日與月會，月有晦朔弦望，人所易曉；日與天會，天體渾淪，無可織認，古人不得已，即以恒星爲天，以誌日躔。恒星積久而差，冬至日躔，不在原宿，始立歲差。歲差之法，古謂恒星不動，而黄道西移，今測普天星座皆動，其經緯之度不隨赤道運轉，而順黄道東移，故謂黄道不動，而恒星東行，與七政同一法。然則黄道與歲並無差也。歲與黄道既無差，冬至子正，太陽躔箕一度，次日子正躔箕二度，自黄道言則謂太陽右旋進一度，自赤道言則謂天左旋一周又過一度，蓋時刻定于太陽之加臨。今日子正，太陽加臨于正北，明日子正，太陽復加于正北方，謂之一日。若以赤道爲主，赤道箕一加于正北，明日赤道箕一雖到正北，而太陽仍在其西一度餘，俟太陽行到正北，而赤道又東過一度矣。東過一度，謂之一日。東過三十度，謂之一月。天道左旋，自子而丑，以至于亥，復至于子。太陽右旋，自子而亥，以至于丑，日與天會，方成一歲。由是觀之，太歲月建，皆法天道之左旋者也。故自子至丑，以周十二辰，二十八宿皆隨黄道之右旋者也。故由角而亢，以周十二次。且古人以中數爲歲，朔數爲年。上古氣朔同日，故月建起于節氣，而不起於中氣；日躔過宫，起于中氣，而不起於節氣。起于節氣，故曰冬至子之半；起于中氣，故曰冬至日躔星紀之次也。然則一歲十二建，乃天道左旋，經歷十二辰，故謂之月建，此萬古不易者也。斗柄所指分位不真，且恒星東移，積久有差，辨之誠是也。但古人云：『斗爲帝車，斟酌元氣而布之四方。』又曰：『招摇東指，天下皆春。』不過言天道左旋，無跡可見，順時布化，斗柄有象可徵爾。拘泥其詞則惑矣。」

陳懋齡

清·阮元《疇人傳》卷四八《國朝補遺四·陳懋齡范景福》　陳懋齡，上元舉人。著《經書算學天文考》。其自序云：「唐人試士，有明算科，《五經算術》限以年。今考其書，亦頗易究耳。夫算法至今日，始愈密而愈精，然不外《堯典》中星、《周禮》致日等項爲測算之根。漢儒掇拾於煨燼之餘，嘗造渾天，只因孔子有『北辰居其所』之一句。至孟子言『千歲日至，可坐而致』，其自羲和俶優，周幽薄蝕，可考而知。《五經算術》於此等處略不議及，何耶？就中惟《職方》封國、《王制》開方、《魯論》乘馬，詳哉言之。然《職方》鄭注迂誕，《王制》步畝乖違，《魯論》千乘畸零難合，讀其書卒難了然於心口。今依恒星東行，詳考歲差，以弧三角視法，圖寫渾儀，依郭守敬《授時》法通考《詩》、《書》，及於魯隱，著爲史表，使學者可依法推步，雖不敢謂求詳於古，於西算亦萬分之一也。時嘉慶二年歲在丁巳十月望日。」細目曰《尚書·堯典》曆象日月星辰考，《尚書·堯典》中星説攷，《大戴禮記·夏小正》星象考，歲差恒星行圖考，冬夏致日考，渾儀考，閏月定時考，《周禮》地中考，《周禮·職方》封國考，《禮記·王制》開方考，《魯論》千乘開方考，《魯論》北辰北極考，史表推步定法夏仲康五載季秋月朔日蝕考，商太甲元祀十二月乙丑距三祀十有二月朔日考，《周書·武成》年月考，《詩·十月之交》辛卯朔日蝕考，《春秋》魯隱公三年辛酉二月己巳日食考。洵足爲考古治經者之一助。

又范景福，字介兹，錢塘人。以優貢終。嘗遵《欽定考成前編》法推算春秋朔閏日食，取上律天時義，阮相國名其書曰《春秋上律表》。焦里堂孝廉代阮相國爲之序曰：「余巡撫兩浙，於西湖建詁經精舍，祀許叔重、鄭康成兩先生，選諸生肄業其中。諸生能習推步之學者不乏人，范生景福其一也。歲癸亥，生以所步《春秋朔閏日食表》及説，請正於余，而乞爲之名。竊謂孔子作《春秋》，備天、地、人三統之學，故子思子贊其事曰：『上律天時，下襲水土。』本欽若以紀四時，即祖述之旨也。尊建子書春王，則憲章之義也。或記司術之過，或明伐鼓之非，左氏引而申之，躍如也。其後劉歆、姜岌之徒，造訂諸術，必上驗於《春秋》。杜征南爲左氏學，亦因宋仲子十家之法，考訂《春秋》朔閏。故不通《春秋》，不足以知術；不知術，亦不足以通《春秋》；不知術、不通《春秋》，不足以紹聖人祖述憲章之志。用是命之曰《春秋上律表》，所以嘉范生之能治《春秋》也。且范生之書，其善有四焉。天文術算之學，至本朝而大備。天下學者，或疑其深微奧秘，不敢學習，范生習之，不十年而能發明如是，學者庶觀而效焉，而知是學之本易明，善之一也。治經者患拘執而不能通，劉氏規過，孔穎達辭而闢之。規者不必俱非，闢者亦難悉當。杜氏於襄二十七年頓置兩閏，生直言其非，而莊二十五年六月辛未爲七月之朔，則稱杜氏爲不可易。揆之於義，是非不詭，庶幾不泥古，不違古，爲説經之通，善之二也。疇人子弟，諳其技不能知其義，依法布算，不窮於數，其中進退離合之故，莫之或知，故不能變化以推古經。生之言曰『置閏可移，食限不能移』，又謂『欲定閏，必推中氣』，又謂『斟酌置閏，以合干支，尤當斟酌置閏，以合食限』，於是用平朔不用定朔，用恒氣不用定氣，用食限不用均數，本諸《時憲》，參之《長曆》，可謂好學深思，心知其意，善之三也。奉《時憲》上考之法，以明《春秋》司曆之得失，以決三傳之異同，以辨杜氏之是非，以課《三統》、《大衍》、《授時》以來上推之疎密，俾學者知聖人作《春秋》，爲本朝《時憲》之嚆矢，而本朝之制《時憲》，實爲聖人《春秋》之脈絡，善之四也。具此諸善，可知生用力之勤，研究之細。其治經也，無學究拘執之習；其治曆也，非星翁術數之求。由此而進焉，固未可量其所税矣。余樂道其書之概，而爲之序。」

又景福曾撰有《春秋比月頻食説》，其略云：比月頻食，必無之理。經書日食，襄二十一年九月庚戌、十月庚辰，二十四年七月庚子、八月癸巳，皆比月連書。先儒求其義而不得，因謂當時史官失書，事後追憶，疑在前月，又疑後月，不能明確，遂兩存之。又謂當時術者豫推，以驗立法疎密，未能準定，先兩書之，及事過而忘削其一月，並誌焉。此一前一後，皆懸擬之辭，不足據也。今以《時憲》上推，定爲二十一年九月庚戌，二十四年七月甲子，以交周入食限斷之。而究其書十月庚辰、八月癸巳之由，閻氏百詩嘗謂「必有某公某年日食，脱簡錯置於」此其説最當。因詳推二百四十餘年食限，得襄公二十六年十一月庚辰日食，或當時置閏之殊，先後一月，文十一年八月癸巳日食，二者干支食限皆合。引伸閻氏之意而實指之，當見許可，較懸擬者則有左證矣。或謂二百餘年食限多矣，豈無偶合？然徧撿諸年，祇得其一，不得其二，差堪爲據。不然疑事無質，直而勿有，亦何敢無端置辯也？

先是景福因見杜氏德美割圜密率九術，乃取二簡法中相加相減術，變而通之，創借弧求弦、借弦求弧二法。其時明氏之書未刊，而竟能與之暗合，其精思妙悟有如此。《算學天文考》、《雕菰樓文集》、《求己堂集》、《方立遺書》

錢大昕

清·江藩《國朝漢學師承記》卷三《錢大昕》　錢大昕，字曉徵，一字辛楣，又號竹汀。先世自常熟徙居嘉定，遂爲嘉定人。生而穎悟，讀書十行俱下。年十五爲諸生，有神童之目。時紫陽書院院長王侍御峻詢嘉定人材於王光禄，西沚以先生對。先生，西沚之妹壻也。侍御告之巡撫，雅蔚文，檄召至院中，試以《周禮》、《文獻通考》兩論，下筆千言，悉中典要，侍御歎爲奇才。乾隆十六年，高宗純皇帝南巡，獻賦行在，召試舉人，以内閣中書補用。在京師與同年長洲褚寅亮、全椒吴朗講明《九章算學》及歐羅巴測量、弧三角諸法。時禮部尚書大興何翰如久領欽天監事，精於推步，時來内閣與先生論李氏、薛氏、梅氏及西人利瑪竇、湯若望、南懷仁諸家之術，翰如遜謝，以爲不及也。

清·阮元《疇人傳》卷四九《國朝續補一·錢大昕》　錢大昕，字曉徵，號辛楣，又號竹汀。先世自常熟徙居嘉定，遂爲嘉定人。年十五爲諸生，有神童之目。乾隆十六年，高宗純皇帝南巡，獻賦行在，召試舉人，以内閣中書補用。十九年，成進士，授翰林院撿討。洊陞至詹事府少詹事。以丁外艱，慕邴曼容之爲人，遂引疾不出。官贊善時，適西洋人蔣友仁以所著之《地球圖説》進，奉旨繙繹，並詔大昕與閣學何國宗同潤色。國宗久領監事，精推步，由是大昕時與討論中西諸法。國宗遜謝，以爲不及。

時休寧戴震亦在朝列。戴故婺源江氏弟子，江精西法，恒曲護西人之短，戴亦不無墨守師説。故大昕致書議之。書略曰：「足下盛稱婺源江氏推步之學不在宣城下，僕惟足下之言是信，恨不即得其書讀之。頃下榻味經先生邸，始得盡觀所謂《翼梅》者。其論歲實、論定氣，大率祖歐羅巴之説，而引而伸之。其意頗不滿於宣城，而吾益以知宣城之識之高。何也？宣城能用西學，江氏則爲西人所用而已。及觀其冬至權度，益啞然失笑。夫歲實之古强而今弱也，漢以前四分而有餘，漢以後四分而不足，而自《乾象》以至《授時》，歲實大率由漸而減，此皆當時實測，非由臆斷。故以古法下推，則必後天，由於歲實强也；以今法上考，亦必後天，由於歲實弱也。楊光輔、郭守敬輩知其然，故爲百年加減一分之率以消息之。雖過此以往，未之或知，而以之考古，則所失者鮮，是其術未始不善也。西人之術止實測於今，不復遠稽於古，然其所謂平歲實者，亦復累有更易，則固非以爲永遠可守之歲實也。江氏乃創爲本無消長之説，極詆楊、郭，以傅會西人。然史册所書景長之日，班班可考，難以一人手掩盡天下之目也。於是爲定冬至加減之説以加之，加之而仍後天也。於是又爲本輪、均輪半徑古大今小之説以加之，加之而仍後天也。詞遁而窮，則直斷以爲史誤，毋乃如公孫龍之言『臧三耳甚難而實非』乎？天道至大，非一時一人之術所能御。日月五星之行，皆有盈縮，古人早知之矣，各立密率以合天行。郭太史之垜積，新法之本輪、均輪、次輪，皆巧算，非真象也。約加減之數，而假象以爲立算之根。合則用之，小不合則增減之，大不合則棄之。本無輪也，何有於徑？本無徑也，何有於古大而今小？且夫兩輪半徑之數之減也，西人固疑其初測之未合而改之，非定以爲古多今少之率也。就如江説兩半徑古大而今小，則仍是楊、郭百年消長之法。以矛陷盾，其何説之辭？夫以兩春分考歲實，較之兩冬至爲近。然小餘二四二一八七五者，回回之舊率，而地谷所用也，崇禎時嘗改爲二四二一八八六四矣，今則又改爲二四二三三四四二矣。只此百年之中，西士已不能守其舊率，而江欲以地谷所用之數上考千載以前，謂必無消長也，有是理乎？本輪、均輪本是假象，今已置之不用，而別剏橢圜之率，橢圜亦假象也。但使躔離交食，推算與測驗相準，則言大小輪可，言橢圜亦可。然立法至今未及百年，而其根已不可用。近推如此，遠考可知。而江氏取其已棄之筌蹄，爲終古之權度，其迂闊亦甚矣。西士之術固有勝於中法者，習其術可也，習其術而爲所愚弄，不可也。有一定之丈尺，而後可以度物；有一定之衡石，而後可以權物。今江所持以衡量者，有一定乎？無一定乎？言平歲實，則其數可多可少也；言最卑行，則其行忽遲忽疾也；言輪徑差，則借象而非真象也。以槃爲日，而詆羲和；以錐指地，而嗤章亥。持江氏之權度以適市，必爲司市所撻矣。向聞循齋總憲不喜江説，疑其有意抑之。今讀其書，乃知循齋能承家學，識見非江所及。當今學貫天人者，莫如足下，而獨推江無異辭，豈少習於江而特爲之延譽耶？抑更有説，以解僕之惑耶？」其議論持平，隨意抒寫，絶無詬囂之氣，鶻突之語，聱牙詰屈之文，類如此。

生平博極羣書，兼擅衆妙。不專治一經，而無經不通，不專攻一藝，而無藝不精。凡經史文義、音韻、訓詁、歷代典章制度、官制、氏族、里居、官爵、事實、年齒、古今地里沿革、金石、畫像、篆隸，以及古《九章算術》，迄今中西曆法，無不瞭如指掌。其是非疑似，人不能明斷當否者，皆確有定見。著述滿家，不勝枚舉。【略】

又嘗辨歲星太歲及歲陰太陰，謂太歲與歲星皆有超辰之率。歲星自丑而子，右行於天；太歲自子而丑，左行於地；歲星在丑，則太歲在子；歲星在子，則太歲在丑。推之十二次皆然。故鄭康成《周禮注》云：「歲謂太歲，歲星與日同在丑斗所建之辰。」如歲星在丑十一月，與日同在丑斗建子。太歲在子之類是也。若《淮南》則言太陰，史公則言歲陰。太陰即歲陰也。歲陰亦超辰，而常在太歲後二位。徐廣注《史記》云：「歲陰在寅左行，歲星在丑右行。」《天文訓》云「太陰在寅，歲名攝提格，太陰在卯，歲名單閼」之類，皆謂太陰非太歲也。歷舉《國語》伶州鳩「武王克商，歲在鶉火」，《吕氏春秋》「維秦八年，歲在涒灘」，《淮南・天文訓》「元年太乙在丙子」以證之。又謂《漢志》述太初改元事，既云復得閼逢攝提格之歲，又云太歲在子，則當時實以太陰紀年，而別有太歲昭然。乃自太初而後，以太陰紀年者，僅見於《天官書》甲子篇。而劉歆《三統術》無推太陰法，即翼奉封事，亦似以太陰當太歲。則自太初改憲，而閼逢十名，攝提格十二名，移於太歲，相承已久，稚讓魏人，安得不云爾乎？蓋《三統術》太歲與歲星恒相應，歲星起星紀，百四十四年而超一次，太歲起丙子，亦百四十四年而超一辰。凡千七百二十八年而周十二辰，是爲歲星歲數。【略】

凡所審定，悉標舉各注句下。【略】更譔《二十二史考異》，詳論《四分》、《三統》以來諸家術數，亦精確不刊。【略】

所著《錢氏叢書》若干種，《潛研堂文集》、《詩集》、《二十二史考異》、《通鑑注辨正》、《元詩紀事補》、《元史氏族表補》、《元史藝文志》、《潛研堂金石跋尾》元亨利貞四集、《十駕齋養新録》、《養新餘録》、《日記抄》、《聲類》、《疑年録》、《庸言録》，其《四史朔閏表》未成書。以嘉慶九年十月二十日卒於紫陽書院，年七十有七。《錢氏叢書》、《四史朔閏考》、《地球圖説》、《漢學師承記》、《經韻樓文集》

凌廷堪

清・阮元《疇人傳》卷四九《國朝續補一・凌廷堪》 凌先生，諱廷堪，字次仲，號仲子，歙人而家於海州之板浦場。家貧，少孤，學賈未成，年二十餘始讀書鄉學。天性極敏，過目輒不忘。久客揚州，爲華氏贅壻。慕其鄉江、戴二君之學，遂遊京師，受業於大興翁覃溪學士。三應京兆試，始中副榜，南歸。乾隆五十四年，舉於鄉，明年成進士，例授知縣，投牒吏部，自改教授，曰必如此，乃可養母治經。以故朱文正公題其《校禮圖》有云「君才富江、戴」，又云「遠利就冷官」，蓋嘉其志云。選授寧國府教授。畢力著述，貫通羣經，旁及聲音、訓詁、律吕，以及《九章》、句股、三角八綫、中西曆算之學，而尤邃於禮經。【略】

又作《羅睺計都説》曰：「羅睺、計都，即月道之中交、正交也。其名始見於沈存中《筆談》，謂之『西天法』。案《新唐書·藝文志》有《都聿利斯經》二卷，注云：貞元中，都利術士李彌乾傳自西天竺，有璩公者譯其文。然則彼時西法已入中國，但其書不傳，未審與今法何如耳。今之術家不察，動以爲羅睺計都某日在某宫某度，爲人決窮通得失，不亦謬乎？」

又議戴氏《句股割圜記》謂：「中唯斜弧兩邊夾一角及三邊求角，用矢較不用餘弦，爲補梅氏所未及。餘皆成法。其最異者，誤據《大戴禮》『凡地東西爲緯南北爲經』之語，遂易經爲緯，易緯爲經。殊不知地平上高弧，緯綫也。此綫自北極至南極，而緯度在其上。地平規，經綫也。此綫自卯東至酉西，而經度在其上。其剖緯綫爲緯度，則距等圈，圈與地平平行，爲東西綫。剖經綫爲經度，則高弧綫交於地平圈，爲南北綫。《大戴禮》之所指者，圈與弧綫也，與此相成無相反。至於《記》中所立新名，懼讀之者不解，凂吴思孝注之。如『距分』今曰『正切』云云，夫古有是名，而云今曰某某可也。戴氏所立之名，後於西法，而反以西法爲今，竊有所未喻也。」

又謂西法之最難者爲弧三角，難中尤難者爲斜弧三角。梅氏書論多於法，而法取其備，往往各書互見，不嫌於復。江氏、戴氏雖各有變通更并之術，初學究苦望洋。其實不論角之鈍鋭，邊之大小，約而言之，六類可盡。一曰兩邊夾一角，一曰兩角夾一邊，一曰邊角相對，有對所求之邊角，一曰邊角相對，無對所求之邊角，一曰三邊求角，一曰三角求邊。若邊角相易，兩角夾一邊，即兩邊夾一角；三角求邊，即三邊求角；而兩邊夾一角，又即三邊求角之反其率者。四類可以互通。所謂六類者，只三法而已。因擬撮其旨要，撰《弧三角指南》，俾初學易得門徑。以其時方有事於《禮經》，故未屬稿。

嗣以母喪去官，哀毁致眚一目，妻及兄嫂復相繼殂謝，孑然一身，居恒不樂，服闋出游，得末疾歸歙，卒年五十有五。所著書已刻者，《禮經釋例》十三卷、《燕樂考原》六卷、《校禮堂文集》三十六卷，未刻者《詩集》十四卷、《元遺山年譜》二卷、《充渠新書》二卷、《梅邊吹笛譜》二卷，其未成者，尚有《魏書音義》一種。《校禮堂文集》、《漢學師承記》、《揚州畫舫録》

程瑶田

清·阮元《疇人傳》卷四九《國朝續補一·程瑶田》 程瑶田，字易田，號易疇，歙人。嘉慶元年，詔開孝廉方正科，安徽撫臣以易疇應，賜六品頂戴，終嘉定縣教諭。少與休寧戴震相友善，故其經術最深。生平潛心實學，精於鑒別，尤肆力於《考工記》，旁涉六書九數，蓋以其治經、考古皆莫離乎書、數二事。如解磬股與鼓相函同積説謂「三分其鼓三，以其一爲股博一；三分其股二，以其一爲鼓博六，六六不盡；以股二與股博一相乘，得積二百；以鼓三與鼓博六六不盡相乘，亦得積二百；其積同，其兩體之輕重同也」之類是已。著有《數度小記》一卷，其目曰周髀矩數圖注，周髀用矩述，言天疏節示潘二生，星盤命宫説，四卯時天圖規法記，日躔宫度出地説，七尺曰仞説。又有《磬折古義》一卷，目曰：磬折説并圖，造倨句式四六尺考。皆以算數證經，故述之。其他著述甚多，茲不詳載。《通藝録》、《漢學師承記》

論曰：天算之學有數端。守其法而不能明其義者，術士之學也。明其義而不能窮其用者，經生之學也。若既明其義，又窮其用，而神明變化，舉措咸宜，要非專門名家不可。徵君之算，雖不甚精，然亦不失其爲經生之學耳。

李鋭

清·阮元《疇人傳》卷五〇《國朝續補二·李鋭黎應南》 李鋭，字尚之，號四香，元和縣學生員。幼開敏，有過人之資。從書塾中檢得《算法統宗》，心通其義，遂爲九章八綫之學。因受經於少詹事錢大昕，得中西異同之奧，於古曆尤深，自《三統》以迄《授時》，悉能洞澈本原。嘗謂《三統世經》稱殷術以元帝初元二年爲紀首，是年歲在甲戌，推而上之一千五百二十歲，而歲值甲寅爲元首，又上四千五百六十年，而歲復甲寅爲上元。以此積年，用《四分》上推太初元年，得至朔同日，而中餘四分日之三，朔餘九百四十分之七百五，故《太初術》虧四分日之三，去小餘七百五分也。《漢書》載《三統》而不著《太初》，其實一月之日二十九日八十一分日之四十三，是日法、月法與《三統》同。賈逵稱《太初術》斗二十六度三百八十五分，是統法周天，又與《三統》同。蓋《四分》無異於《太初》，而《太初》亦得謂之《三統》。鄭注《召誥》，周公居攝五年，二月、三月當爲一月、二月，不云正月者，蓋待治定制禮，乃正言正月故也。江徵君聲、王光禄鳴盛以爲據《洛誥》十二月戊辰逆推之，其説未核。今案鄭君精於步算，此破二月、三月爲一月、二月，以緯候入蔀數推知，上推下驗，一一符合，不僅檢勘一二年間事也。因據《詩·大明》疏、鄭注《尚書》，文王受命、武王伐紂時日皆用《殷曆》甲寅元，遂從文王得赤雀受命年起，以《乾鑿度》所載之積年，推算是年入戊午蔀二十九年歲在戊午，與劉歆所説《殷曆》周公六年始入戊午蔀不同。歆謂文王受命九年而崩，崩後四年，武王克殷，後七年而崩，明年周公攝政元年，校鄭少一年。又載《召誥》、《洛誥》，俱攝政七年事。其年二月乙亥朔，三月甲辰朔，十二月戊辰朔，并與鄭不合。乃以推算各年及一月、二月，排比干支，分次上下，著《召誥日名考》，此融會古曆，以發明經術者也。

當是時，大昕爲當代通儒第一，生平未嘗輕許人，獨於鋭則以爲勝己，故其時有「南李北李」之稱。北李者，謂雲門侍郎，以侍郎爲楚北人。南李則鋭是也。嘉慶九年甲子科，江南主司耳鋭名，欲羅致之。未出京，詢之雲門侍郎，謂如何而後可得李某。侍郎曰：「是不難，吾有策題一，能對者即李某。」主司如其言，猶慮有失，并益以「天之高也」一節《四書》題文。闈中大索不可得，竊疑之，及榜發，果無鋭名，訪知鋭是年因病未與試。主司嘆曰：「噫！是有命也。」其當時見重有如此。

大昕晚年，主講紫陽書院，日以繙閲羣書校讐爲事，遇有疑義，輒與鋭商榷。由是四方學者，莫不争相接納。凡有詰者，鋭悉詳告無隱。如大昕嘗以《太乙統宗寶鑑》求積年術，日法一萬五百，歲實三百八十三萬五千四十八分二十五秒爲疑。鋭據宋同州王湜《易學》，謂每年於三百六十五日二千四百四十分之外，有終於五分者，有終於六分者，有終於五、六分之間者。終於五分者，五代王朴《欽天曆》是也，以七千二百爲日法。終於六分者，近年《萬分曆》是也，以一萬分爲日法。終於五、六分之間者，《景祐曆法》載於《太乙遁甲》中是也，以一萬五百分爲日法，此暗用《授時》法也。試以日法爲一率，歲實爲二率，《授時》日法一萬爲三率，推四率得三百六十五萬二千四百二十五分，即《授時》之歲實也。探本窮源，一言破的，疑團頓解。

其與程易疇教諭論磬股直縣也，謂應於左右之中爲孔縣之，當其重心，不差豪秒，自然兩體分垂，無復參差，方是鄭氏之法。蓋一矩爲句，故股爲二，一矩有半觸弦，故鼓爲三，一之與二，一有半之與三，其相與之率皆倍。試以三角法算之，先求乙丙丁鈍角三角形之丁角，此形有乙丙邊一矩，有乙丁邊一矩有半，有甲丙乙角爲乙丙丁之外角，四十五度，以乙丁邊一矩有半爲一率，丙角四十五度正弦爲二率，乙丙邊一矩爲三率，推四率得丁角正弦，檢表得度。次求甲乙丁鈍角三角形之乙角，此形有甲角四十五度，有所求之丁角二十八度七分三十二秒，并二角以減半周，餘乙角一百六度五十二分二十八秒，即磬之倨句也。深得要領，可佐鄭注所未備。【略】

梅氏未見古《九章》，其所著《方程論》，率皆以臆刱補，然又囿於西學，致悖直除之旨。鋭尋究古義，探索本根，變通簡捷，以舊術列於前，别立新術附於後，著《方程新術草》，以期古法共明於世。古無天元一術，其始見於元李冶《測圓海鏡》、《益古演段》二書。元郭守敬用之以造《授時曆草》，而明學士顧應祥不解其旨，妄删細草，遂致是法失傳。自梅文穆悟其即西法之借根方，於是李書乃得鄭重於世。長塘鮑廷博因欲刻於《知不足齋叢書》，囑鋭校注。鋭詳細釐定，凡傳寫舛誤，及秘奥難知者，計加案百餘條。其有原術不通，别設新術數則。更於梅説外，辨得天元之相消，有減無加，與借根方之兩邊加減法少有不同。

且不滿顧氏所著之句股弧矢兩算術，謂弧矢肇於《九章》方田，北宋沈括以兩矢冪求弧背，元李冶用三乘方取矢度，引伸觸類，厥法綦詳。顧氏如積未明開方徒衍，不亦慎乎。爰取弧矢十三術，入以天元，著《弧矢算術細草》。并倣《演段》例，括句股和較六十餘術，著《勾股算術細草》，以導習天元者之先路。【略】

應南，字見山，號斗一，廣東順德人。嘉慶戊寅順天經魁，以書館議敘，選浙江麗水縣知縣，調平陽縣知縣。海疆俸滿，加六品銜。卒於官，年四十有八。其父曾爲太倉州牧，因僑寓蘇州，從鋭受學，深得師承，生平著述，秘不示人，亦不編輯。殁後，其子旡咎年甫七齡，更不知其稿之散佚與否。所傳者，惟《開方説》後跋。其略曰：「憶自庚午之冬，應南始從先生受算學，由《九章》兼及西法。甲戌之秋，以《開方説》見授。曰開方者，除法也，超步定位，肇於少廣。宋元諸家，入以天元之術，有天元斯有正負，因有帶從諸乘方。其式如階級重重，迤邐遞進，或以正步負，或以負步正，有翻積，有益積，皆一定之理。李氏《測圓海鏡》、秦氏《數學九章》均通其法，誠算家絶詣也。宣城梅氏著《少廣拾遺》，立開一乘方以至開十二乘方法，枝枝節節，窒礙難通，未免舍本而逐末。爰著《開方説》三卷。上卷起例發凡，臚列算式。中卷正負互易，平立代開，得數可定。其大小命分，則齊以并差。下卷反覆推求，有義必搜，無法弗備，可謂盡開方之變矣。上、中兩卷早有成書，惟下卷止有條例，未立設問。丁丑之夏，先生病且革，因應南鐨仰有日，特於易簀之際，再三屬爲補成。故下卷諸數，皆謹遵先生遺命，依法推衍，非敢參以己見。并將先生平日論開方之語，識於簡末，與海内明算者共深究焉。」

又有求句股率捷法，任設奇偶兩數，各自乘，相併爲弦，相減爲句或爲股，副以兩數相乘，倍之爲股或爲句。若任設大小兩奇數，或大小兩偶數，各自乘，則相併半之爲弦，相減半之爲句或爲股，其兩數相乘即爲股或即爲句，所得之句股弦，皆無零數。

《李氏遺書》、《知不足齋叢書》、《潛研堂文集》、《十駕齋養新録》、《句股算術細草》、《揅經室文集》、《通藝録》、《雕菰樓文集》、《漢學師承記》。

焦循

清·阮元《疇人傳》卷五一《國朝續補三·焦循子廷琥 楊大壯附存》 焦循，字理堂，號里堂，江都人。生而穎異，年十七，應童子試。時諸城劉文清公督學江蘇，因見詩中有藴磬字，詢以何本，循舉《文藪·桃花賦》對，兼述其音義。因取入邑庠，并勗之云：「不學經，何以足用？盍以學賦者學經？」時興化顧九苞以經學名世，循遂往就問難，始用力於經。又因九苞子超宗貽以《梅氏叢書》，復用力於算。性既惠，兼善苦思，以故經史、曆算、聲音、訓詁諸學無所不精。嘉慶六年舉於鄉。先是乾隆戊申科鄉試二場，夢一卒持刺來，視之字徑半寸許，曰「年愚弟章世」，純竊謂其科必售。逮登賢書，始悟章柳州亦辛酉舉人，因柳州未得成進士，遂淡於仕進，壹志著書。嗣患足疾，隱於北湖，築雕菰樓以終焉。二十五年夏，足疾甚，兼病瘧，遂致不起，年五十有八。

生平博聞强記，識力精卓，每遇一書，無論優劣難易，隱奥平衍，必悉心研究，務窮其源。嘗以梅徵君《弧三角舉要》、《環中黍尺》撰非一時，繁復無次，戴庶常《句股割圜記》，務爲簡奥，變易舊名，因撰《釋弧》三卷。上篇釋六觚八線之義，中篇釋正弧弦切及内外垂弧之用，下篇釋次形及矢較之術。錢詹事大昕稱是書於正弧、斜弧、次形、矢較之用，理無不包，法無不備。循復上書詹事，論七政諸輪。【略】

又謂弧線之生，緣於諸輪，輪徑相交，乃成三角之象，輪之弗明，法無從附，因又撰《釋輪》二卷。上篇言諸輪之異同，下篇言弧角之變化，以明立法之意。更謂康熙甲子元用諸輪法，雍正癸卯元用橢圜法，蓋實測隨時而差，則立法亦隨時而改。顧其義藴深密，未易尋究，謹擇其精要，析而明之，庶幾便於初學，爲譔《釋橢》一卷。

又謂劉氏徽注《九章算術》，猶許氏慎撰《説文解字》。講六書者，不能舍許氏之書；講九章者，不能舍劉氏之書。《九章》之目雖多，而其綱總不外乎加減乘除四者而已。四者之雜於《九章》，又不啻六書之聲雜於各部。故同一今有之術用於衰分，復用於粟米；同一齊同之術用於方田，復用於均輸；同一弦矢之術，用於句股，復用於少廣。而立方之上，不詳三乘以上之方，四表之測，未盡三率相求之例。踵其後者，又截粟米爲貴賤差分，移均輸爲疊借互徵，名目既繁，本原益晦。蓋《九章》不能盡加減乘除之用，而加減乘除可以通《九章》之窮。孫子、張邱建兩書，似得此意，乃説之不詳。因本劉氏書，以加減乘除爲綱，以《九章》分注而辨明之，撰《加減乘除釋》八卷。

循又嘗與吴中李尚之鋭、歙汪孝嬰萊討論宋秦九韶《數學九章》及元李冶《測圓海鏡》、《益古演段》諸書，因知立天元一爲算家至精之術。秦書雖亦有立天元一之名，而術與李殊。尚之所校《海鏡》、《演段》二書，專主辯天元借根之殊，故但指其大概之所近，其於盈朒和較之理，究未析其微芒之所分。乃復貫通其理，舉而明之，撰《天元一釋》二卷、《開方通釋》一卷，以述兩家之學。

謂常法亦謂之隅法，益隅亦謂之虚隅，益從亦謂之益方。益方者，别於從方也；益廉者，别於從廉也；常法者，别於益隅也。如積相消，則同減而異加；開方相生，則同加而異減。其同減異加，則盈不足之義也；其有和有較，則方程之體也；其借算，則少廣之遺也；其貫方於從，則商功之流也；其如積相比，則均輸之趨也；其奇分取率，則衰分粟米之變也；其就分，則方田之餘也。其測圓，則句股之精也。【略】

初循以太陰次輪及火星歲輪，皆與本天不合，謂有其當然，自必有其所以然。反覆數四，不得其故，商之元和李鋭。鋭謂古法自三統以來，見存者四十家，其於日月之盈縮遲疾，五星之順留逆伏，皆言其當然，而不言其所以然。本朝《時憲書》甲子元用諸輪法，癸卯元用橢圓法，以及穆尼閣新西法用不同心天，蔣友仁所説地動儀，設太陽不動，而地球如七曜之流轉，此皆言其當然，而又設言其所以然。然其當然者悉憑實測，其所以然者止就一家之説，衍而極之，以明算理而已。是故月五星初均、次均之加減，其故由於有本輪、次輪，而其實月五星之所以有本輪、次輪，其故仍由於實測之時，當有加減也。以是推之，則月體一周，不能成大圈，與本天等，其故由於有次輪。而所以有次輪之故，則由於朔望以外當有加減也。火星軌迹不能等於本天，其故由於歲輪徑有大小。而所以輪徑有大小之故，則由於以無消長之輪徑算火星，猶有不合，而更宜有加減也。循蹟其説，故自敍《釋輪》云：「七政諸輪，生於實測，若高卑遲疾之故，則未敢以臆度焉。」其虚衷服善有如此。

所著書不下數百卷，其最著者有《孟子正義》、《羣經宫室考》、《雕菰樓易學》三種，餘甚多，不具録。子，廷琥。《里學算記》、《雕菰樓文集》、《羣經室堂文集》、《漢學師承記》、《揚州畫舫録》

子廷琥，字虎玉，優廪生。性醇篤，善承家學，於算學亦精進。陽湖孫觀察星衍撰《釋方》，不信地圓，謂西人誤會《大戴禮》四角不揜之言而創地圓之説，以楊光先之斥地圓比孟子之距楊朱。廷琥讀其書，謂古之言天者三家，曰宣夜，曰周髀，曰渾天。宣夜無師承，渾、蓋之説皆謂地圓。泰州陳氏、宣城梅氏悉以東西測景有時差，南北測星有地差，與圓形合爲説。且《大戴》有曾子之言，《内經》有岐伯之言，宋則有邵子、程子之言。其説非西人所自創，并非西人誤會古人之言也。因博搜古籍，合諸家言而臚列之，爲《地圓説》二卷。又庭訓謂李欒城、秦道古之學，既撰有《天元一釋》、《開方通釋》以闡明之，而《測圓海鏡》、《益古演段》兩書，未詳開方之法，讀者依然溟涬。因以同名相加、異名相消，用超用變諸法示廷琥，廷琥乃知以秦氏之法讀李氏之書。布策推算，一一符合，遂取《益古演段》六十四問，每問皆詳畫其式。書成，其父見而喜曰：「得此可讀《演段》矣。」即命名爲《益古演段開方補》，且云可附於《學算記》之末。《事略》、《雕菰樓文集》

理堂隱居北湖，與同里楊參戎相友善。參戎，名大壯，字貞吉，號竹廬，又號耕雲。昭武將軍裔，以世襲輕車都尉，官徽州營參將。病廢回籍，精於曆算，武官中洵爲罕覯。事蹟載《揚州畫舫録》，亦足以見吾鄉之篤好斯學之盛也。

又烏程張秋水選拔鑑《冬青館甲集》，有《讀里堂〈天元一釋〉跋》，謂：「卷末攷欒城與邢臺世次之先後，尤具隻眼。然謂欒城作《測圓海鏡》時，即本傳所云『晚家元氏，買田封龍山下，學徒益衆者』，此似有別。蓋仁卿作書時所言『老大以來』，其實亦祇中歲。欒城至至元改元以後始卒。故《河朔訪古記》載：『元氏縣封龍山龍首山下，有宋丞相李昉讀書臺，其吟臺在東北隅，逮國朝至元三年李文正公冶，自翰林學士辭歸山中，因其故基，以築大成殿講堂齋舍，招延學者。』據此當不止八十八歲。所謂甲辰召對後，即歸元氏山中，亦未必盡然。」秋水又有《〈大統曆法啓蒙〉跋》，謂：「此《曉庵遺書》，震澤沈退甫舉以見示。曆至《太初》以後，雖遞有改憲，不過增損於積年日法之間。至元郭守敬去積年，誠超前絶後之詣。由是西人不用日而用度，其實紀法用六十萬與日周用一萬，皆取準數，以其便於入算而已。殊不知置閏則須兼論距緯，斷非平氣之可統攝。此先生所爲斷斷於換度換宿者也。然則融西人材質，歸《大統》型範，其苦心至矣。豈第金、水二星行度有不同心，爲足以抉高卑盈縮之理哉？此書出，而先生之《遺書》約略盡顯矣。」士琳案：《曉庵遺書》，世所傳者，惟新法六卷而已，多係鈔本，尚未刊布，不聞有《大統曆法啓蒙》一書，姑附記以俟搜訪。

吳蘭修

清・阮元《疇人傳》卷五一《國朝續補三・吳蘭修》 吳蘭修，字石華，嘉慶舉人。官信宜訓導，工詩文，尤精考據，兼擅算數之學。曾序李雲門侍郎《輯古算經考注》，其略云：「凡高臺、羨道、築隄、穿河等二十術，皆以從立方開之。西法詳句股開方而無帶從，《同文算指》有帶從平方而無立方，梅定九補帶從立方三術，稱爲至密，實未見此書也。且梅氏所舉，皆正體立方，猶易布算，此則斜袤廣狹割截附帶，以法御之，無不曲中，可謂思極豪芒，妙入無間者矣。今以其術考之，立法要在求小數，以各差加小數而得大數。蓋以各差減大數，則乘除加減，正負交變，以小數與各差相加，與他數相乘，用加而不用減法，尤簡易也。立言無多，要能直揭王氏之旨，非深於古法者不能道。」

又撰《有方程考》，謂：「方程之法，沿誤久矣。梅氏定爲和數、較數、和較兼用、和較交變四類，可謂力闢荆榛。但其圖仍用直行，正負交變，耳目紛繁，學者猶難之。因以諸書方程，經梅氏考正者，悉著録。遵《御製數理精蘊》法算之，庶幾一目瞭然。《學海堂二集》、《輯古算經考注》

董祐誠

清・阮元《疇人傳》卷五一《國朝續補三・董祐誠張成孫》 董祐誠，字方立，陽湖人。嘉慶二十三年應順天鄉試，中式經魁。初名曾臣，鄉試後更今名。幼穎異進，止凝然，不强笑語，頗狷急而訥於言辭。於書之外無所嗜，於世之書無不讀。尤有過人才，凡他人所不能探索者，祐誠一二過目，輒通其指。始工爲漢魏六朝文，繼通律曆、數理、輿地、名物之學，根究大道，而以用世自期。衣食奔走，足跡半天下，涉獵益廣，譔述亦富。三試禮部，皆未第，意恒鬱鬱，遂肆力治經。又不樂爲世俗學，專治鉤棘隱奧之書，務出新義，闡秘曲，補罅漏。以是精力耗竭，於道光三年歿於京寓，年三十有三。

撰有《割圜連比例術圖解》三卷。自序云：「元郭守敬《授時草》用天元術求弧矢，徑一圍三，猶仍舊率。西人以六宗、三要、二簡術求八線，理密數繁，凡遇布算，皆資於表。梅文穆公《赤水遺珍》載西士杜德美圜徑求周諸率，語焉不詳，罕通其故。嘗欲更創通法，使弦矢與弧，可以徑求。覃精累年，迄無所得。己卯春，秀水朱先生鴻以杜氏九術全本相示，蓋海寧張先生豸冠所寫者。九術以外，別無圖說。聞陳氏際新嘗爲之注，爲某氏所秘，書已不傳。乃反覆尋繹，究其立法之原，蓋即圜容十八觚之術，引伸類長，求其累積，實兼差分之列衰，商功之堆垛，而會通以盡句股之變。《周髀經》曰：『圜出於方，方出於矩，矩出於九九八十一。』圜，弧也；方，弦矢也；九九八十一，遞加遞減，遞乘遞除之差也。方圓者，天地之大體，奇耦相生，出於自然。今得此術，而方圓之率通矣。爰分圖著解，冠以九術原文，并立弧矢互求四術，都爲三卷，辭取易明，有傷蕪冗，其所未寤，俟有道正焉。」

又撰《橢圓求周術》一卷。自序云：「橢圓求周，舊無其術。秀水朱先生鴻爲言圓柱斜剖，則成橢圓，是可以句股形求之。秋涼無事，即先生之說，稍爲發明，系以圖釋。大氏平圓如平方，橢圓如縱方。橢圓有大徑，有小徑，有周，有積，必知其二，然後可求其餘，猶縱方之句股形也。如以兩徑與周之和較及面積，隱雜求之，則其術亦有不可盡者矣。」

又撰《堆垛求積術》一卷。自序云：「堆垛求積三乘方以上，舊無其術。汪氏《衡齋算學》始創諸乘方三角堆求積術，以爲古所未發。予釋《割圓捷法》，更得求諸乘方所成之方錐堆術，繼復以縱方堆推之，而得諸乘方所成之縱方堆術，亦謂此兩術又汪氏所未發也。近讀《四元玉鑑》茭草形段、果垛疊藏諸問，求其天元如積之原，則與諸術皆一一符合。學然後知不足，旨哉言乎？爰取舊撰兩術，比而録之，爲讀《四元玉鑑》助焉。」

又撰《斜弧三邊求角補術》一卷。自序云：「梅文穆公《赤水遺珍》有弧三角形三邊求角開平方得半角正弦法解，與薛儀甫《天學會通》三邊求角用對數術略同。其術視總較術稍繁，然用於對數，則此爲簡省矣。薛氏有法無解，梅氏以平行線作同式三角形釋之，義亦未顯。暇日尋繹，廼知角旁大弧之弦線與對弧之弦線相交，成平三角形，以邊角比例術求之，可得所求角正矢之半爲末數。故倍末數，即得角之矢。而術必求半角正弦者，八線對數表無矢線，知此術之專爲對數立也。別爲圖解，並補求又一角術。推步之士，或有取焉。」

又撰《三統術衍補》一卷。自序云：「推步家實測日月星辰之行，以算術綴之，謂之綴術。自漢以下，無慮數十家，莫不先審天行，復綴算數。數不虛，則假物以爲用。《三統》之律呂爻象，《大衍》之蓍策，《授時》之平差立差，西人之小輪橢圓，其用殊，其設數以求合於實測一也。俗學昧於原本，毀所不見，遂以律呂、蓍策之説爲詬病，是知槼之非日，而并疑日之非圓也。《三統術》爲諸家權輿，史稱公孫卿等定東西，立晷儀，下漏刻，已得太初本星度，廼更選洛下閎等運算，以律起曆，則是已得諸數，而復飾以律呂爻象，固章章矣。錢詹事作《三統術衍》，頗稱詳覈，然於創術之原，猶有未備，今輒依太初元年日月五步度數，比而列之，入以演撰之法，爲《補衍》一卷，後之學者，庶無惑乎此也。」

先是祐誠研究諸史曆志，因撰《三統術衍補》，復取《三統》以次，迄明《大統》、《萬年》、《回回》各術，計五十三家，擬撰《五十三家曆術》。北京趙畋之《元始術》、唐南宮説之《神龍術》及瞿曇悉達之《九執術》，志不著録用數。更據《開元占經》所引補。屬稿未成，但有序目，載《文集》中。敘略云：「自昔上皇之世，孟幼未分，草木互易，廼定神策轉調。歷大庭軒轅，逮於殷周，三五之法，《詩》、《書》所稱，略可指説，靡得而詳焉。周室陵遲，憲章版蕩，亡告朔之禮，廢疇人之職，重遭秦楚，五紀崩隧。漢氏初定，日不暇給，至於武皇，始正三微，改歲首，於是方士輻湊，曲藝雲集，追星距以定度，酌月法以積閏，而晦朔分至、躔離弦望之術，差以周備。自是以後，代自爲憲，家自爲學。下暨唐宋，經數十易，皆考驗當代，斟酌舊傳。有元承之，作《授時歷》，差平立以調進退，求弧矢以正黄赤，棄積年之法，立諸應之準，測算之術，綦以密矣。明代《大統》，因乎《授時》，暨於末年，門户别出，紛争辨訟，遂屬國亡。大清龍興，晷緯昭應，西徼殊俗，厥角獻技，内設五官、天文之科，外測四海經緯之變，日月效期，寒暑通軌。蓋自太初以來，千七百四十餘年，始集成於我朝，然猶申命臺官，朝夕格署。蓋天地之數，若此其微也。夫術士之學，厥有三蔽。墨守師承，毁所不見，昧因造之理，違澤火之義，舉一遺三，得五忘十，其蔽一也。榮今陋古，拔本塞源，斥射姓之司星，嗤鄧平之運算，是猶指三江而狹峿流，觀九河而淺積石，其蔽二也。中夏失官，學流荒裔，鳩扈補象徵之制，音紐祖形聲之遺，而議者必嚴内外之防，屏梵回之歷，其蔽三也。祐誠旅食餘閒，願言纂輯，乃取史志所載，自《三統》以下可撰述者五十三家，凡歲實、朔實之分，定氣、定朔之差，皆敬授之大原，先朝之遺憲，爲比其名義，課其盈虚，補其散佚，信其亡闕，都爲十卷。鉤核考互，有移歲時，以存先士之學，竢有道之正焉爾。」

祐誠殁後，其兄基誠時官户曹，取其已成之曆算稿五種，計七卷，附以《水經注圖説》殘稿四卷、《文甲集》二卷、《乙集》二卷、《蘭石詞》一卷，共九種，凡二十六卷，名曰《方立遺書》，囑同里張成孫校而刻之。

張敦仁

清·阮元《疇人傳》卷五二《國朝續補四·張敦仁》 張敦仁，字古餘，陽城人也。由乾隆四十年進士丁憂，四十三年，補行殿試，奉旨以知縣歸班銓選，歷官直隸南宫、江西高安、廬陵等縣知縣，銅鼓、川沙等廳同知，江寧、揚州、南昌、吉安等府知府，洊升雲南鹽法道，得末疾，乞老歸，僑寓金陵。生平實事求是，居官勤於公事，暇即力求古籍，研究羣書，雖老病家居，亦不廢學。尤嗜曆算，以在江南之日最久，與元和李秀才鋭相友善。

因讀《輯古算經》，凡高臺、羨道、築隄、穿河等二十術，皆以從立方開之，苦其有術無草，且詞隱理奥，無能通之者。其第十六術以下，原本注文術文爛脱甚多，乃與李秀才商確，各以天元入之，共著細草，並將其爛脱字，據術補足，使商功之平地役功廣袤之術，較若列眉，手寫定本，刊刻名曰《輯古算經細草》。長塘鮑氏見而愛之，縮爲袖珍本，刻入《知不足齋叢書》中，自是《輯古》始有善本矣。

又因讀秦氏《數學九章》，知大衍求一術與立天元一術，皆爲曆算家至精之指。天元一幸得宣城梅氏辨明，又有《測圜海鏡》、《益古演段》諸刻本行世，獨大衍求一術載在秦書，而秦書又無刊本，鮮有知者，於是復撰《求一算術》上、中、下三卷。【略】

又因讀《測圜海鏡》有翻法在記之注，疑李氏别有《開方記》一書，佚而不傳。爰取秦書所載正負開方法，自平方以迄三乘方，凡六十四問，各設超進商除、正負和較之式，副以之分二十五問，負商二十三問，無數五問，代開十二問，盡變二十二問，通論一十二問，而以釋例二十一條冠諸首，用補李氏佚，書名曰《開方補記》。【略】

稿成，未刊，迨道光十四年，始親爲校刻，僅成六卷，遂以病殁，年八十有一。

《輯古算經細草》、《求一算術》、《開方補記》

謝家禾

清·阮元《疇人傳》卷五二《國朝續補四·謝家禾》 謝家禾，字和甫，一字穀堂，錢塘舉人。與同學戴氏兄弟熙、煦相友善。少嗜西學，點、線、面、體四部，靡不淹貫。已復取元初諸家算書，幽探冥索，悉其秘奥。乃輯平時所得，析通分加減，定方程正負，以標舉立元大要，撰《演元要義》一卷。其自序云：「元學至精且邃，而求其要領，無過通分加減。凡四元之分正負，及相消法、互隱通分法，大致原於方程。方程者，即通分之義。方程不明，由於正負無定例，加減無定行，以譌傳譌。如梅宣城精研數理，未暇深究，他書可知矣。《九章算經》正負術甚明，而釋者反以意度，古誼之不明，可勝道哉。唯以衍元之法，正方程之義，由是方程明而元學亦明。著《演元要義》，綜通分方程而論列之，附以連枝同體之分等法。通乎此，則四元庶可窺其涯涘耳。」

又以劉徽、祖沖之之率求弧田，求其密於古率者，撰《弧田問率》一卷。同里戴煦爲之序曰：「古率徑一周三，徽率劉徽所定，徑五十周一百五十七也。密率乃祖沖之簡率，徑七周二十二也。諸書弧田術，皆用古率。郭太史以二至相距四十八度求矢，亦用古法。顧徽、密二率之周，既盈於古，則積亦盈於古。試設同徑之圜，旁割四弧，其中兩弦相得之方，三率皆同，知三率圓積之盈縮，正三率弧積之盈縮也。徽、密二率弧田，古無其術，惟《四元玉鑑》一覩其名，而設問隱晦，莫可端倪。穀堂得其旨，因依李尚之《弧矢算術細草》，設問立術，亦足發前人所未發也。」

又以直積與句股弦和較，轉輾相求，撰《直積回求》一卷。其自序云：「始戴鄂士著《句股和較集成》，予亦著《直積與和較求句股弦》之書，然三書爲義尚淺，且直積與句弦和求三事，用立方三乘方等，得數不易，而又不足以爲率，其書遂不存。近見《四元玉鑑》直積與和較回求之法，多立二三元。嘗與鄂士思其義蘊，有不必用二元者，蓋以句弦較與句弦和相乘爲股冪，股弦和與股弦較相乘爲句冪，而直積自乘即句冪、股冪相乘也。如以句弦較乘股弦較冪，除直積冪，即爲句弦和乘股弦和冪矣。句弦和乘股弦和冪，即弦冪和冪共，內少半個黄方冪也。蓋相乘冪內去一弦冪，所餘爲句股相乘者一、句弦相乘者一、股弦相乘者一。此三冪合成和冪，則少一半黄方冪，半黄方冪即句弦較股弦較相乘冪也。加一半黄方冪，即爲弦冪和冪共矣。加二直積，即二和冪也。減六直積，即三較冪也。又句弦和乘股弦較冪爲句冪，內少個句股較乘股弦較冪也。股弦和乘句弦較冪爲股冪，內多個句股較乘句弦較冪也。減一句股較乘股弦較冪，尚餘一句股較冪矣。術中精意，皆出於此，其他之參用常法者，可不解而自明耳。草中既未暇論，恐習者不知其理，因揭其大旨於簡端，見演段之不可不精也。」

家禾殁後，其友人戴熙搜遺稿，囑其弟煦校讐，而授諸梓。《謝穀堂算學三種》

徐鼎

清・周亮工《印人傳》卷七《徐鼎傳鈺附》 徐鼎，字丕文，號調圃，江蘇華亭縣人，勝國文貞公後裔。父淞，字齊南，潛德不仕，精究象緯，於西洋測量制器之法無弗洞徹。調圃髫齡即失恃，家又清苦，不獲專攻舉業以博科第，每鬱鬱焉。對客藹然可親，耽靜退，斗室蕭條，寂坐終日。幼嗜六書，習摹印兼善文何兩派，俊逸健雅，頗饒古趣，而於漢人翻砂撥蠟淺深輕重，有得心應手之妙。早年喪偶，不復續絃，人以義夫目之。淡於名利，即米鹽偶缺，晏然自安。弟鈺，字席珍，號訥菴，性頴敏，能紹其家，學通勾股算法，凡樂鐘日表及日規扇，神工天巧，悉從十指出，分啗不爽，參黍工刻石碣波磔處，毫髮無遺憾，兼善鐫晶玉銅瓷章，識高於項，力大於身，可奪江皜臣之席。著有《訥菴印稿》四卷。

汪萊

清・江藩《國朝漢學師承記》卷六 同邑有汪萊者，字孝嬰，藩之密友也，優貢生。大學士祿康薦修《國史・天文志》，議敘以教官用，選石埭縣訓導。深於經學，《十三經注疏》皆背能誦如流水，而又能心通其義。人有以疑義問者，觸類旁通，略無窒礙。尤善曆算，通中西之術，著有《衡齋算學》，刊行於世。與元和李尚之銳論開方題解及秦九韶立天元一法不合，遂如寇仇，終身不相見。噫，過矣！然今之學者，大江以南，惟顧君千里與孝嬰二人而已，烏可多得哉！

清・羅士琳《疇人傳續編》卷五〇《國朝續補二》 汪萊，字孝嬰，號衡齋，歙縣人。年十五，補博士弟子。弱冠後，讀書于吳葑門外，慕其鄉江文學永、戴庶常震、金殿譔榜、程徵君易疇學，力通經史百家及推步秝算之術。嘉慶十二年，以優貢生入都，考取八旗官學教習。會御史徐國楠奏請續修《天文》、《時憲》二志，經大學士首舉萊與徐準宜、許澐入館纂修。十四年，書成議敘，以本班教職用，選授石埭縣訓導。十八年，應省試。得疾歸，卒於官，年四十有六。

先是十一年夏，黄河啓放王營減壩，正溜直注張家河，會六塘河歸海。兩江督臣奉上命，查量雲梯關外舊海口與六塘河新海口地勢高下，延萊測算。蓋其精算之名，久爲官卿所知。曾製渾天、簡平、一方各儀器觀測。

與郡人巴樹穀最友善。客江淮間，又與焦孝廉循、江上舍藩、李秀才銳辯論宋秦九韶、元李冶立天元一及正負開方諸法。天性敏絶，極能攻堅，不肯苟於著述。凡所言，皆人所未言，與夫人所不能言。【略】

著有《衡齋算學》七册、《考定通藝録磬氏倨句解》一册。又有未刻者，《參兩算經》、《十三經註疏正誤》、《說文聲類》、《聲譜》、《今有録》、《衡齋詩文集》，及續修《歙縣志》，纂修《天文》、《時憲》二志諸書。《衡齋算學》、《通藝録》、《漢學師承記》、《雕菰樓文集》、《研六室文集》。

清・何紹基等《（光緒）重修安徽通志》卷二二五 汪萊，字少嬰，歙縣歲貢。通經史百家，精推步布算，製渾（天）、簡平、一方各儀器觀測。選石埭縣訓導，修考製造樂舞等器一十七宗、一百五十八件。著有《衡齋算學》七册，又有《參兩算經》、《十三經注疏正誤》、《聲譜》、《說文聲類》等書。《歙縣志》。

清・何紹基等《（光緒）重修安徽通志》卷三四一 《衡齋秝學》六卷，汪萊著。

清・張之洞《書目答問・子部》 《衡齋算學》七卷，汪萊，嘉慶間刻本。

清・劉錦藻《清朝續文獻通考》卷二七三《經籍考十七》 《聚學軒叢書》六十種，二百五十一卷，劉世珩編。【略】子部【略】《衡齋算學》七卷，汪萊。

清・劉錦藻《清朝續文獻通考》卷二七四《經籍考十八》《衡齋算學》七卷，汪萊撰。萊字少嬰，安徽歙縣人，嘉慶丁卯優貢。

清・丁仁《八千卷樓書目》卷一一《子部》《衡齋算學》七卷、《遺書》六卷，國朝汪萊撰，刊本。

徐朝俊

清・羅士琳《疇人傳續編》卷五〇《國朝續補二》徐朝俊，字恕堂，華亭諸生。謂「天爲高，地爲厚，吾人戴高履厚，曾滄海一粟之不如。《典》、《謨》爲政事之書，命官先咨秝象；官禮垂治平之法，職方臚列土風。」因尊《御製數理精蘊》全函，旁據《職方外紀》及《坤輿格致》、《臺郡雜志》諸書，著《高厚蒙求》五卷，曰天學入門，曰海域大觀，曰定時儀器上、下集，曰高弧合表。其定時儀器上集目曰日晷測時圖法，曰星月測時圖表，曰自鳴鐘表圖說。下集目曰天地圖儀，曰揆日正方圖表。又有《中星表》及《儀器圖說》二書。嘗自製鐘錶、儀晷諸器，爲巧匠所不及。

論曰：恕堂但工製器，其於秝算之學，則僅能依數五演而已。故所著論皆𢷬摭成說，隨人步趨，尤論五大洲及附載海族、海狀、海泊、海道、海產諸說，亦悉本利氏《乾坤體義》，荒遠無憑，不足取也。

清・周中孚《鄭堂讀書記》卷四四《子部六之上》《中星表》一卷，藝海珠塵本。國朝徐朝俊撰。朝俊字冠千，號恕堂，婁縣人。是編凡中星前後二表，又先之以四十五大星圖，後之以中星儀圖、彌綸儀圖及簡平儀天盤圖，各爲之說。大都將周天三百六十五度四分度之一，歸除晝夜十二時一千四百四十分。又撮四十五大星彼此距度如干，歸出距時幾刻幾分，先定準的，然後逐刻逐分算明較録，將某宿某星距時分刻標出簡端，俾言天者欲定中星，隨時可攷，非妄作也。前有嘉慶丙辰自序。

清・張之洞《書目答問・子部》《中星表》一卷，明徐朝俊，珠塵本，亦在《高厚蒙求》內。

清・劉錦藻《清朝續文獻通考》卷二六五《經籍考九》《鐘表圖法》一卷，徐朝俊撰。

清・劉錦藻《清朝續文獻通考》卷二七〇《經籍考十四》《藝海珠塵》八集，三百三卷，吳省蘭編。【略】匏集【略】《中星表》一卷，徐朝俊。

清・劉錦藻《清朝續文獻通考》卷二七四《經籍考十八》《高厚蒙求》八卷，徐朝俊撰。朝俊見《史部・政書類・考工》。臣謹案：是書分爲天學入門、日晷測時、星月測時、天地圖儀、揆日正方等各卷，均有圖說。張作楠論其舛謬，爲學者所當知。然朝俊用心絶學，兼及製器之法、海域之觀，固有先見深識，《疇人傳》論未免詆之太甚矣。

清・丁仁《八千卷樓書目》卷一一《子部》《中星表》一卷，國朝徐朝俊撰，藝海珠塵本。

施彥士

清・羅士琳《疇人傳續編》卷五二《國朝續補四》施彥士，字樸齋，崇明人。道光元年舉人。生平究心實學，專以經濟致用爲主，尤於天文、輿地肆力最深。推步以徐圃臣爲根柢，輿地以顧祖禹爲濫觴。先是彥士譔有《求己堂八種》，其《海運圖說》即八種之一也。會三年冬，高堰隄決，運河失道，當時議籌海運經太倉。張刺史作楠、江蘇賀方伯長齡、陶中丞澍，以彥士夙有成書，延訪入幕，勷辦海運。事成，上功于朝，議叙知縣，歷任內邱、正定、萬全等縣。道光十五年以勞瘁成疾，卒于官，年六十有一。曾取《天元秝理》策應諸用數，推勘《春秋》三十七日食。【略】因更譔《春秋朔閏表發覆》四卷。《邃雅堂學古録》、《皇清經解・經義叢鈔》一千三百八十三、《求己堂集》。

清・周中孚《鄭堂讀書記》卷一一《經部六之下》《推春秋日食法》一卷，修梅山館刊本。國朝施彥士撰。彥士字容之，號樸齋，崇明人，道光辛巳舉人，官直隸知縣。【略】前有嘉慶丙子自序及凡例三則。

清・張之洞《書目答問・經部》《春秋經傳朔閏表發覆》四卷，施彥士。附刻范景福《春秋上律表》四篇。求己堂八種本。

清・張之洞《書目答問・史部》《海運圖說》一卷，施彥士。求己堂八種本。

清・劉錦藻《清朝續文獻通考》卷二五八《經籍考二》《春秋經傳朔閏表發覆》四卷，施彥士撰。彥士字楚珍，江蘇崇明人，道光辛巳舉人，直隸正定縣知縣。

張作楠

清・羅士琳《疇人傳續編》卷五二《國朝續補四》　張作楠，字丹邨，金華人。由處州府教授，歷官陽湖縣、太倉州，洊升至徐州府，以不得於大府，將改簡，遂乞假終養歸，優遊林下者十餘稔。生平酷嗜西人秝算之學，與婺源齊彦槐、全椒江臨泰相友善，以兩人皆同治西算也。居官不事酬應，嘗曰：「與其浪費無益之酬應，不若將薄俸養活工匠，製儀器，刻算書，俾絶學大昌。」故凡履任，悉以銅木石工及剞劂氏相隨。所著書若干種，名《翠薇山房算學叢書》，大率皆西人成法，推而演之。嘗謂僧一行曾以指南鍼較北極，鍼指虚危之間，極在虚六度初，鍼實偏於極右二度九十五分，北極偏右，則知南極偏左。沈存中《筆談》亦稱微偏東，不全南。徐文定《秝議》稱鍼所得子午非真，隨地不同，在京師則偏東五度四十分，冬至正午先天一刻四十四分有奇。梅勿庵《揆日紀要》稱天上正南，非羅鍼所指之正南，須於正午之西稍偏取之。故楊光先有《鍼路論》，陸朗夫《切問齊集》有《指南鍼辨》。因量取《坤輿全圖》各直省府廳州縣及諸部落經緯線，推演列爲全表，附造平面、立面及面東西諸日晷法，撰《揣籥小録》。又仿梅氏《諸方日軌》例，自北極出地十八度起，至五十四度止，推算各節氣。自卯正以至酉正止，太陽距地平高弧，列表於前。更取直表、横表各一尺，表景亦如前，算高弧法，逐一推演，列表于後，撰《揣籥續録》。又取正弧及斜弧三角，括以二十八例，撰《弧三角舉隅》、《弧角設如》二種。又推測道光三年癸未天正冬至星度七十二候各中星列表，而冠以《四十五大星圖》，並附《各星赤道經度歲差表》、《中星時刻日差表》、《太陽黄赤升度表》、《二十八宿黄赤積度表》，可以逐年逐日，依法加減，使中星與時刻互求。撰《新測中星圖表》、《金華晷景表》、《金華更漏中星表》三種。又推算道光癸未年各恒星并近南極諸星，及天漢起没，黄、赤、經、緯度列表，撰《恒星圖表》。又因八線及《八線對數表》，每十秒爲率，卷帙繁重。爰取簡便，以每度六十分列表，析弦切割三線，各爲一帙，謂《八線類編》、《八線對數類編》二種。又推算出北極出地二十八度至三十四度及四十度各節氣，逐時逐刻，太陽高弧度分秒，並直表、横表日景尺寸分厘列表，撰《高弧細草》。又彙采諸書量倉量田各法，撰《量倉通法》十四卷。第一册曰「量倉通法一之三」；第二册曰「量倉通法四之五」，附以借根方法；第三册曰「方田通法補例一之三」，第四册曰「方田通法補例四之六」；第五册曰「倉田通法續編一之三」，附立天元一法。

《翠薇山房秝算叢書》

論曰：丹邨之學，謹守西法，依數推演，隨人步趨，無有心得，殆如屈曾發、徐朝俊之亞耳。其所著之書雖多，要皆採襲於《欽定數理精藴》、《欽定秝象考成》、《欽定儀象考成》，旁及秦、李諸書，亦如屈氏之《九數通考》而已。且屈書務在致用，而卷帙以簡便爲貴，故初學者至今寶之。張書則大率爲晷景中星而設，又復務在全備，故卷帙雖多，半皆抄撮，世有目丹邨爲算胥者，韙矣。

清・潘衍桐《兩浙輶軒續録》卷二五　張作楠，字讓之，號丹村，金華人。嘉慶戊辰進士，官江蘇徐州知府，祀鄉賢，箸《翠微山房詩集》。《縣志》：作楠敦行力學，羣書靡不研究，兼精數學。初任處州教授，旋選桃源知縣，調補陽湖。治事廉平，能以經術輔律意。遷知太倉州。會太湖溢，州境積潦未退，既請振借帑平糶，開瀏河以洩水，涸出良田七千餘頃，州人刊《婁東荒政編》，紀其事。時海濱姦徒乘閒抄掠，適作楠捧檄讞獄松江，遂取道寶山，集海户百人，夜擣其巢，首惡二十七人悉就擒。受知巡撫陶文毅，奏補徐州知府。徐亦被災，命赴任籌振，民賴以甦。公餘，孤燈夜課如寒素。未幾歸，居鄉二十餘年，足迹不入城市。

《鄉賢録》：先生表彰鄉先賢，遺書用活字板刊行。施琢章幼爲牧樵兒，先生成就之，以名孝廉，官户部主事，里鄰聞風相效。其署兵備道，以父病告養去官，父殁，哀毁泣血。

《金華詩續録》：丹村稟異質敦，内行理，闡程朱學，探河洛，箸有《四書同異》二十卷、《鄉黨小箋》一卷、《證文》一卷、《翠微山房文集》十六卷、《數學》三十八卷、《書目》五卷、《筆録》、《識小録》、《愈愚録》、《東郭鄉談》無卷數。

謝駿德曰：丹邨太守好表揚人物。箸書存者：《補唐仲友傳》，有功先哲；《舊雨録》、《北麓詩課》，故人之詩，藉留一斑；《書事存稿》，遺事藉以流傳；《梅簃隨筆》，可補栝郡地志之闕。詩文稿未梓，咸同閒燬於兵。

清・周中孚《鄭堂讀書記》卷四四《子部六之上》　《揣籥小録》一卷，翠薇山房數學本，國朝張作楠撰。作楠字讓之，號丹邨，金華人。嘉慶戊辰進士，官至徐州府知府。婺源齊梅麓彦槐以新製面東西日晷並所衍《北極高度表》贈丹邨，以之案極度低昂，可隨處測驗。因探其立法之根，即其法而變通之，易斜規爲平圓，從晷腰出弧綫，以準北極。鐫之牙版，承以銅座，底置螺柱，以取地平。並因齊表，增入經度及各州縣度分，衍成《北極經緯度分全表》。其製晷、晝晷及用晷之法，各爲圖説，附于表後，凡十五篇。取蘇文忠《日喻篇》中語，命之曰《揣籥小録》。趙懷玉序之，稱其能不囿中西之見，將割切二綫探討略盡。其北極經緯一表，尤從古書鎔入西法，洵可謂方罫寰宇，網盡六合，萬國之大，直可指諸掌矣。俾用者可挨節氣以知南北，亦可因時刻以知節氣云。書成于嘉慶庚辰，自爲之序。又有趙味辛蘭玉序及附味辛書。

《揣籥續録》三卷，翠薇山房數學本，上卷國朝張作楠撰，中下二卷江臨泰撰。臨泰字棣旃，號雲樵，全椒人。丹邨既撰《揣籥小録》以備測時之用，復謹依《欽定厤象攷成後編》，實測黄赤大距二十三度二十九分，推算自極高十八度至五十五度逐節氣加時、太陽距地高度以列表，冠以自序及算例，並屬雲樵推得横直二表日景長短爲表影，立成二卷，以補前録所未備。凡直表用餘切，以太陽半徑加高度而取直景，横表用正切，以太陽半徑減高度而取倒景。俾隨地植表測景，檢表即得時刻，較日晷諸法更密且簡矣。前卷附直表日晷圖式二及對表取景圖説，卷後附横表日晷圖式及丹邨跋，又附丹邨與張遠春興鏞論徐氏《高厚蒙求》書。

《高弧細草》一卷，翠薇山房數學本，國朝張作楠、江臨泰同撰。是書用垂弧本法，逐節氣時刻，求太陽距地高度，並用正切餘切比例，加減太陽半徑，求横直表景長短，作四十度以迄二十八度。《細草》十三篇内，惟四十度、二十九度、二十八度三篇，爲丹邨在京師、金華、處州時所遞撰，其餘十篇皆雲樵因丹邨條例而補成之也。爰列垂弧總較法于前，以遡其源，次以天較正弦及對數總較諸法，以通其變，再列雲樵所創新術及各表于後，以妙其用，而附以所衍各草，彙爲一帙。自此書出，人人可算，處處可推，舉凡郭邢臺《行測四書》、熊有綱《表度説》、馬德稱《四省表景立成》諸書皆可置之不論矣。前有道光辛巳丹邨序。

《新測恒星圖表》一卷，翠薇山房數學本，國朝張作楠撰。恭惟《御定儀象攷成》以測定之星，推其度數，觀其形象，序其次第，著之于圖，允爲觀象之津梁。第行之七十餘年，歲既漸差而東，經緯即隨之移動，學者往往執舊圖以驗今測，而疑與垂象不符。丹邨據江雲樵臨泰所製新測徑尺星球，因其宫次度分，分三垣二十八舍爲天漢，經緯列以爲表。並屬雲樵分黄赤道南北，繪總星圖各二，又依赤道十二宫南北，各爲小圖並紫微垣一圖、近南極星一圖，分之得圖二十有六，合之則成一球，冠諸卷端，與表相輔。從此推中星，求里差，步躔離，驗淩犯，及繪圖製器者有所資焉。又自道光癸未以後，欲得各年恒星經緯度，則依表加減之，惟黄道除緯度不加耳。其曰《新測恒星圖表》者，以新法厤書本有《恒星圖表》，故加新測以别之，前有自序。

《新刻中星圖表》一卷，翠薇山房數學本，國朝張作楠撰。丹邨以湯道未之《中星表》、胡勵齋之《中星譜》作于康熙初年，各星經度依新法厤書，與《御定儀象攷成》星度多不同，且不列加減歲差。今恒星已東行二度餘，難憑測驗，因推得七十二候各中星時刻以立表，而冠以四十五大星圖，附以中星時刻日差表、太陽黄赤升度表、各星赤道經度歲差表，并附中星求時刻又法、時求中星又法。及二十八宿赤道積道黄度二表，大都以道光癸未冬至天正星度爲定，推得逐年歲差以列表，癸未以後案年加減，雖所差甚微，然積杪成分，積分成度，相距遠者或易而近，近者或易而遠，故詳哉其言之也。

《更漏中星表》三卷，翠薇山房數學本，國朝張作楠撰。丹邨以《中星更録》據乾隆甲子宿度以合今測，是不知有歲差矣，以京師漏刻移之江南，是不知有里差矣。因依其法，衍爲是表。【略】首京師一卷，附以江南、浙江各一卷。前有自序，稱閲者即數十年中星不同而悟歲差，即三省漏刻不同而悟里差，則於此事思過半矣。

《金華晷漏中星表》二卷，翠薇山房數學本，國朝張作楠撰。丹邨作《更漏中星表》，末有浙江一卷，以推其異于京師、江南。然祇就省會而設，未能徧及他郡，又不兼及金華。丹邨因里人有録其所衍金華高弧細草，附中星更録後，以備驗時之用，而于歲差、里差之理尚未能脗合。爰依金華北極高度，衍《晷景表》一卷，復依道光癸未天正度，成《更漏中星表》一卷，合爲是編。所有更漏之製，俱遵《欽定協紀辨方書》以列表，一如《更漏中星表》之式。惟以歲差之率計之，七十年後中星當差一度，是又在後學者更推而衍之焉。前有道光癸未自序，末附金華府北極經緯度分表及四十五大星圖。

《交食細草》三卷，翠薇山房數學本，國朝張作楠撰。道光癸未季春之望，丹邨在蘇州，適同官在白日之下齊集護月，丹邨以救護日月當以見食爲斷，因依欽天監交食法，推其帶食分杪時刻，及甲申六月朔日食，各得細草一卷。而于《御定厤象攷成》上下編、後編，謹録其要，爲首卷。學者讀《攷成》全帙，每以義藴精深，無從入手爲憾，則是編誠可爲先路之導矣。前有自序。

清·周中孚《鄭堂讀書記》卷四五《子部六之下》 《量倉通法》五卷，翠薇山房數學本，國朝張作楠撰。【略】此篇與《量田通法補例》統名《倉田通法》。錢塘范介茲景福爲之校訂，全椒江雲樵臨泰爲之補圖。前有自序及雲樵《倉田通法總目》、後跋。

《方田通法補例》六卷，翠薇山房數學本，國朝張作楠撰。【略】卷一爲畝法、步法、丈量法及丈田歌訣解、捷田歌訣解、方田通法表，卷二至卷四爲算例，卷五爲雜法，卷六爲附録。前有自序，稱雖以方田設問，而反覆推求，務使可以測方田，即可以測他形，以求合于《九章》之旨云。或以三角八線比例，或以借根方立算，豈止爲量田設法而已哉？卷末附范介兹景福答周葵伯向榮書并葵伯跋。是編亦錢塘范介兹校訂，江雲樵補圖，與《量倉通法》統名《倉田通法》。雲樵爲之總序，卷末附介兹跋。

《倉田通法續編》三卷，翠薇山房數學本，國朝張作楠撰。【略】書中諸圖亦江雲樵畫補。前有嘉慶丙子自序。

《八線類編》三卷，翠薇山房數學本，國朝張作楠撰。【略】

《八線對數類編》二卷，翠薇山房數學本，國朝張作楠撰。【略】

《弧角設如》三卷，翠薇山房數學本，國朝張作楠撰。【略】前有自序及梅麓、雲樵二序。

清·張之洞《書目答問·子部》　《翠微山房數學》三十八卷，張作楠，原刻本。十五種，目列後：《量倉通法》五卷、《方田通法補例》六卷、《倉田通法續編》三卷、《八線類編》三卷、《八線對數類編》二卷、《弧角設如》三卷、《弧三角舉隅》一卷、《揣籥小録》一卷、《揣籥續録》三卷、《高弧細草》一卷、《新測恒星圖表》一卷、《新測中星圖表》一卷、《新測更漏中星表》三卷、《金華晷漏中星表》二卷、《交食細草》三卷。

清·劉錦藻《清朝續文獻通考》卷二七四《經籍考十八》　《翠微山房數學》十五種，三十八卷，張作楠撰。作楠字丹村，浙江金華人。嘉慶戊辰進士，官至江蘇徐州府知府。

清·丁仁《八千卷樓書目》卷五《史部》　《補唐仲友補傳》一卷，國朝張作楠撰，刊本。

清·丁仁《八千卷樓書目》卷一一《子部》　《揣籥小録》一卷、《續録》二卷，國朝張作楠撰，翠微山房本。

《高弧細草》一卷，國朝張作楠撰，翠微山房本。

《恒星圖表》一卷，國朝張作楠撰，翠微山房本。

《中星表》一卷，國朝張作楠撰，翠微山房本。

《更漏中星表》三卷，國朝張作楠撰，翠微山房本，

《金華晷漏中星表》二卷，國朝張作楠撰，翠微山房本。

《交食細草》三卷，國朝張作楠撰，翠微山房本。

《量倉通法》五卷，國朝張作楠撰，翠微山房本

《方田通法補例》六卷、《續編》三卷，國朝張作楠撰，翠微山房本。

《八線類編》三卷，國朝張作楠撰，翠微山房本。

《八線對數類編》二卷，國朝張作楠撰，翠微山房本。

《校正八線對數表》一卷，國朝張作楠撰，黄宗憲校，白芙堂本。

《弧角設如》三卷、《弧三角舉隅》一卷，國朝張作楠撰，翠微山房本。

劉衡

清·羅士琳《疇人傳續編》卷五二《國朝續補四》　劉衡，字蘊聲，一字訒堂，簾舫其號也。榜名瑢，以副榜貢生教習官學，秩滿爲令。初任廣東四會、博羅、新興等縣事，丁艱服闋，銓選四川墊江縣，調梁山，再調巴縣，擢綿州，進知保寧府，遷成都府，授河南開歸陳許道，以疾歸。生平伉直誠慤，無他腸，與人迕，旋悔且謝，未嘗宿留於中，遇人豁然，不爲畦畛，與言無不盡。勤學强記，至老不衰。自經史百氏，以迄六書、星經、地理、醫方、藥性，下及雜家小説，靡不通覽。於吏治以廉能著聲。有《庸吏庸言》、《蜀僚問答》、《讀律心得》三書刊行。殁後不數年，蜀人、粤人各以名宦請入祠崇祀，其政績祥載兩省事實册。

尤嗜九章、句股、八線、測量、中西諸算法，曾受學於李雲門侍郎，爲補《輯古算經》佚注二則。嗣與奉新趙竹岡、同里揭韻餘朝夕討論，益精進，譔《六九軒算書》五種，目曰：《尺算日晷新義》上下卷、《句股尺測量新法》、《籌表開諸乘方捷法》上下卷、《借根方法淺説》、《四率淺説》。趙序云：「僕於世事略無所通曉，惟頗好算法，能言後即惝能之。家有梅、方二氏書，時時披閱，苦未盡解。長大後益無訾省，又乏同志講貫，兹事遂廢。今年遇簾舫明府于端州，辱示舊所箸書凡五種，大要申明古義，特出新意，於測量、四率、日晷、乘方、借根方法，旁通曲鬯，務欲以艱深歸諸顯易，使人人皆得其門而入。夫算學之重久矣，於吏事尤切要，財賦、農田、水利、土方、工築，下逮日用米鹽凌雜，皆奸欺出没之藪，非通曉何以馭之？簾舫爲人勤敏，耐辛苦，爲吏卓然有聲，用餘暇益精研於學。江右談此事者，寧都邱氏未有書，德化毛氏、廣昌揭氏有書而未顯，簾舫此五種及小學書，鄙見以爲必傳無疑。」

其自序《尺算日晷新義》略云：「天體渾圓而非平圓，北極出地，隨方不同。故日度所躔，與日景所到，亦遂有因地高下之異，而晝夜之長短因之。俗所用晷，不求極出地度，隨處通用，嘻，謬矣！夫在天一度，在地南北約二百里，顧執一成之器而概之，薄海内外，曰此其晷也，豈但差毫釐而失千里已哉？衡不敏，以鄙意造算尺一具，專爲製晷設也。乃製晷得六則，一曰斜立向正北之晷，二曰斜立向正東之晷，三曰斜立向正西之晷，四曰平面向正北之晷，五曰立面向正南之晷，六曰斜立向正北之晷。晷式不同，然其用北極以定赤道之高下以求景，則區區主見所在，六者毋或歧，帙分上、下卷，上卷造尺法，下卷則製晷法也。」

又序《句股尺測量新法》，略云：「測量舊法，用表，用重表，用三表、四表。西法用鏡，用盂水，用矩尺，用套竿，用覆笠，用矩度，用象限儀，罔弗貫幽入微，備臻美善。然皆有待於算，未有不煩布算，一量即得者。衡少喜泰西家學，熟測量諸法。年來反復探索，輒以鄙意創爲句股尺。其制長方，即句股相乘之積面，畫横縱諸綫，凡山岳樓臺城郭之高，川谷之深，土田道里之遠，一測而得，不煩布算。但數尺面縱横各格，即得真距，無分秒差。繪圖立説，得十二法，集爲一編，命兒輩鈔存之，自備省覽，且爲家塾啓蒙之一助云。」【略】而四率爲古之今有術，又名「異乘同除」，算家最要之法。小而日用交易，大而躔離交食，皆所必需。乃合重測法，譔《四率淺說》。卒年六十有七。《輯古算經考注》、《循吏劉公傳行狀》、《六九軒算書》

論曰：《語》云：「工欲善其事，必先利其器。」觀察之學，能出新意以製器，御煩於簡，俾至賾者一歸至便。如日晷之算尺，測量之句股尺，開諸乘方之籌與表，皆器也，皆新意之獨造也。若其借根方與四率，則又詳明術例，使初學易於入門。是書久藏家塾，鄉僅于《輯古算經考注》中見所補之二注。今其嗣星（方）（房）都轉良駒刊刻遺書，始獲見之，亟爲補傳於此。抑人之傳不傳，與夫書之存不存，殆有數焉。觀都轉記中所云：「家鈍生叔祖斯增，洎趙竹岡吏部敬襄，皆明算而無書。至於揭韻餘茂才廷锵，竊聞其中年目眚，稿悉散佚」。噫！此豈非斯人之不幸也歟。

清・戴肇辰《學仕録》卷一四 劉衡，號簾舫，江西南豐人。嘉慶庚申副貢，官至河南開歸陳許道。有《庸吏庸言》、《蜀僚問答》、《讀律心得》等書。

清・張之洞《書目答問・子部》 《六九軒算書》□卷，劉衡，家刻本。六種，目列後：《尺算日晷新義》、《句股尺測量新法》、《籌表開諸乘方捷法》、《借根方淺說》、《四率淺說》、《緝古算經補注》。

齊彥槐　江臨泰

清・諸可寶《疇人傳三編》卷二《國朝續補遺二》 齊彥槐，字蔭三，號梅麓，婺源人。嘉慶十三年，應召試，賜舉人，明年成進士，改翰林院庶吉士，散館授金匱縣知縣，遷蘇州府同知，引疾去官。問學淵博，與同官金華張太守作楠相友善，竝嗜西人算學。同守所譔，有《天球淺說》、《中星儀說》各一卷，《北極經緯度分表》四卷，又《海運南漕叢議》一卷，《梅麓詩文集》二十六卷。嘗製面東西平面立晷，以揆日景，贈太守。太守變通之而加精焉。其友江臨泰，號雲樵，全椒人。諸生。善用對數總較法，與同邑金大令望欣爲年交，亦與太守善。所著《弧三角舉隅》二卷，太守刻入《翠薇山房算學叢書》，今行於世。又著《渾蓋通銓》二卷，則爲江寧甘户部熙曾經補訂者也。《安徽通志》、《續疇人傳・張作楠傳》、《翠薇山房算學叢書》、《算法大成》上卷、《江寧府志》。

清・周中孚《鄭堂讀書記》卷四五《子部六之下》 《弧三角舉隅》一卷，翠薇山房數學本，國朝江臨泰撰。張丹邨撰《弧角設如》三卷，所列對數爲雲樵所增衍，亦既合爲一書矣。【略】前有道光壬午自序。

清・何紹基等《（光緒）重修安徽通誌》卷三三九 《海運南漕叢議》一捲，齊彥槐著。

清・何紹基等《（光緒）重修安徽通誌》卷三四一 《天球淺說》一捲，齊彥槐著。

《中星儀說》一捲，齊彥槐著。

《北極經緯度分表》四卷，齊彥槐著。

清・丁仁《八千卷樓書目》卷一一《子部》 《弧三角舉隅》一捲，國朝江臨泰撰，刊本。

鄭復光

清・陳慶鏞《籀經堂類稿》卷一五《跋考》 瀞香鄭君者，徽之歙人。精心算學，爲儀器積有成書。其創測海鏡、測天鏡、測遠鏡，獨出心思，巧奪前人。

清·孫寶瑄《忘山廬日記》 覽俞理初《癸巳存稿》又鄭浣香復光《鏡鏡詅癡》中原光、原色、原景、原鏡、色原鏡質，牛毛繭絲，剖析微渺，談鏡之理可謂精矣。

清·諸可寶《疇人傳三編》卷二《國朝續補遺二》 同縣友人鄭復光，字浣薌，亦作漱香。上舍生，精算術。侍郎嘗病齊梅麓氏捌面東西晷，自午初至未初無景，因與上舍謀而補成之。

清·桂文燦《經學博采録》卷一一 鄭浣香明經復光，江南歙縣人也。博涉群書，尤精算術。少貢成均，遊京師，與程春海侍郎、何子貞先生、陳頌南侍御、苗先麓、張石洲兩明經友善，互以文學相砥礪。後遊粵，遊滇，遊隴，遊晉。道光癸丑之夏，復遊京師，嘗介吴敬之上舍訪之，年已七十四矣。一見如故，贈以所著《割圓弧積表》、《正弧六術通法圖解》，並出舊藏半規儀、銅數尺及所著《鏡鏡詅癡》、《費隱與知》相示。其《鏡鏡詅癡》專言算法、鏡理，張明經已刊入靈石楊氏《連筠簃叢書》中。其《費隱與知》二卷，共一百七十餘則，凡天地、日月、星辰、風雲、雷雨、霜雪、寒暑、潮汐、水火、冰炭、飲食、衣服、器皿、鳥獸、蟲魚、草木之理，怪怪奇奇，或以他性而殊，或以地形而變，或以目力而別，君皆推本説之，明白坦易，如指諸掌。君與汪萊孝嬰同里，而與東吴李鋭四香相善。汪、李名日益著，而君遠遜之，以君性沈默，不欲多上人故也。

清·何紹基等《（光緒）重修安徽通志》卷二六二 鄭復光，字瀚香，歙縣監生。以明算知名海內，凡天元、四元中西各術，無不窮究入微，程恩澤與有修復古儀器之約。著有《鏡鏡詅癡》等書。尤篤風義，其師吴鎔與妻妾俱歿於京邸，無嗣，復光醵資葬於石榴莊歙義園。《程恩澤遺集》。

清·汪士鐸《汪梅村先生集》卷四《感知己贊》 鄭五無家，成老禿翁。燕晉轉徙，骨肉飄蓬。門開有虎，書寄無鴻。詅癡鏡之，視遠元功。鄭浣香明經復光。

清·何紹基等《（光緒）重修安徽通志》卷三四二 《鏡鏡癡詅》，鄭復光著。

清·丁仁《八千卷樓書目》卷一二《子部》 《鏡鏡詅癡》五卷，國朝鄭復光撰，連筠簃本。

阮 元

清·王昶《蒲褐山房詩話》 昔人謂荀羡爲中興方伯，未有若此年少者；又謂崔浞爲中書令，其位可及，其年不可及。今芸臺中丞以己酉登第，不及十年，督學三齊、兩浙，遂躋開府，蓋早受主知，近來所罕。詩賦而外，精窮經誼，校讐考訂，一本《爾雅》、《説文》。愛才好士，凡挾一藝之長者，皆胼繭歸之，相與搜採篇章，鉤稽典故，輯《淮海英靈集》、《兩浙輶軒録》及《經籍纂詁》諸書。又嗜筭術，撰《疇人傳》，集推步之繩法，以盡句股割圓之妙，尤近日名儒所未有。年華甚盛，嚮用方殷，擴之以開物成務之功，進之以正心誠意之學，洵卓然一代偉人也。

清·諸可寶《疇人傳三編》卷三《國朝後續補一》 阮文達公元，字伯元，號雲臺，亦號芸臺，晚自號頤性老人，儀徵人。所生月日與唐白少傅同。既冠舉於鄉，乾隆五十四年成進士，改翰林院庶吉士，散館第一，授編修。【略】嘉慶二年在浙，始與元和李茂才鋭商纂《疇人傳》。至庚午歲，乃寫定。三年，補侍郎，任滿還朝，歷兵、禮、户三部，命管理國子監算學。五年，授浙江巡撫。最後累官至體仁閣大學士，管理兵部。道光十八年，老病乞休，予告致仕，晉加太子太保銜，在籍食大學士半俸。【略】二十九年十月，無疾而薨，年八十有六。遺疏上，恩卹如典禮，予謚文達。迹公生平，蓋於學無所不窺，亦無所不善，博聞好問，耄而彌篤。方二十四五歲時，會試初罷，留館京師。與餘姚邵學士晉涵、高郵王給事念孫、興化任御史大椿友。【略】

又任漕運總督日，立「糧艘盤糧尺算捷法」。舊以尺量艙之寬、長、深，而三乘四因之法甚繁。今以部頒鐵斛較准一石米，立爲六面相同之立方形。命一面之寬、長爲一尺，定爲立方一石之尺。舊尺約當此尺七寸六分弱。用此尺量艙得其寬、長二數，初乘之得丈尺寸分數，再以初乘之數與深者之數乘之，得又丈尺寸分數，是再乘所得之丈尺寸分，即米之石斗升合。故較舊法捷省一半，簡便易曉也。頒行各省，竝刻石嵌漕院壁間。

其創立《疇人傳》也，甄録自黄帝以來，得二百八十人，匯萃群籍，篇帙浩繁。自起凡例，擇友人弟子分任之，而親加朱墨，改訂甚多。溯古今沿革之原，究中西異同之故，綜算氏之大名，紀步天之正軌，至今遊藝之士，奉爲南鍼焉。又海內名宿著述，多賴表章而刊布之，如錢辛楣氏《三統術衍》、《地球圖説》，溉亭氏《述古録》、孔顨軒氏《少廣正負術內外篇》、《焦氏里堂遺書》、《李氏四香算書》，尤彰彰者。此外不關步算諸書，又不下數十家，公所自著總曰《揅經室集》如干卷。

《雷塘庵主弟子記》、《揅經室全集》

論曰：竊嘗聞之，一代之興，必有耆龐魁壘之臣，若唐之燕、許及崔文貞、權文公、李衛公，以經術文章主持風會。而其人又必聰明蚤達，兼享大年，其名位著述足以弁冕羣材，其力足以提唱後學，若儀征太傅真其人哉。夫太傅歷中外五十餘年，頤養里第又十一年，身爲名臣通儒，猶孜孜於天文、算學不倦。良因術數之眇，窮幽極微，可以綱紀羣倫，經緯天地，乃儒流實事求是之學，非方技苟且干禄之具，用是上下兩千年來，網羅將三百家，勒成一編，傳諸永久。是故勿庵興而算學之術顯，東原起而算學之道尊，儀征太傅出而算學之源流傳習始得專書。昔河間文達公淹通經籍，人疑其不自著書，則但曰：「畢生詣力，備見於《四庫書目備要》已。」吾謂儀征公於算學亦然，非必它有所譔纂而后成一家言也。言不朽之盛業，孰有大於《疇人傳》者乎？又豈屑屑焉與曲藝自矜者，尌尺寸之憲率，絜短長於迹象乎？然則儀征之有功藝苑，與河間將毋同。若夫著作貫九流，事功垂十世，名在史宬，語在典册，後之誦《揅經室四集》、讀《文選樓叢書》者，自能窺其全而識其真。今之記載，類取明算諸説著於編，庶幾備尚論之一助，以斯爲别傳可也，即以是當學術外紀也，亦無不可者。小道可觀，蓋弗第引未竟之緒，抑亦公創傳之前志也歟。

清・周中孚《鄭堂讀書記》卷三《經部三之一》 《考工記車制圖解》二卷，七録書閣刊本，國朝阮元撰。元字伯元，號雲臺，儀徵人。乾隆己酉進士，官至體仁閣大學士，謚文達。【略】書成於乾隆丁未，越十七載，嘉慶癸亥復跋其後，刊入《揅經室一集》，此其别行之本也。

清・周中孚《鄭堂讀書記》卷四四《子部六之上》 《疇人傳》四十六卷，琅嬛仙館刊本，國朝阮元撰。【略】書成于嘉慶己未，自爲之序及凡例，并附以談階平泰《疇人解》。

清・張之洞《書目答問・經部》 《車制圖考》一卷，阮元，揅經室本，學海堂本。

清・張之洞《書目答問・子部》 《疇人傳》四十六卷，阮元。《續疇人傳》六卷，羅士琳。阮氏合刻本。阮《傳》入文選樓叢書，《續傳》亦入觀我生室彙稾。

清・劉錦藻《清朝續文獻通考》卷二五八《經籍考二》 《車製圖解》一卷，阮元撰。

清・丁仁《八千卷樓書目》卷二《經部》 《車制圖解》一卷，國朝阮元撰，昭代叢書本，皇清經解本。

清・丁仁《八千卷樓書目》卷五《史部》 《疇人傳》四十六卷，國朝阮元撰，原刊本，皇清經解本，巾箱本。

清・丁仁《八千卷樓書目》卷七《史部》 《（嘉慶）廣東通志》三百三十四卷，國朝阮元撰，刊本。

清・丁仁《八千卷樓書目》卷八《史部》 《兩浙防護録》不分卷，國朝阮元撰，抄本，局刊本，活字本。

李兆洛　六嚴

清・魏源《古微堂集・外集》卷四《武進李申耆先生傳》 君既倦游，適當事聘主江陰暨陽書院，遂不出矣。家有藏書，弟子日衆，擇其尤者分治天文、輿地二業。康熙、乾隆《皇輿一統圖》板存内府，海内無從購求。陽湖董君祐誠有撫本，惟分四十一圖，大小瓜離，不便披覽，且無歷代沿革。乃改爲總圖，每方百里，而以虚線存天度之經緯。光用朱印數十部，墨注古地名其上，起三代、兩漢、魏、晉、南北朝、唐、宋、元、明，略依《皇輿表》及《一統志》，每代各注一圖，號曰《歷代沿革圖》，皆以朱圖爲本，而墨圖緯之，但朱圖可印，而墨圖則在人自加，故未能廣布也。【略】魏源曰：「乾隆間經師有武進莊方耕侍郎，其學能通於經之大誼，西漢董、伏諸老先生之微𦐊，而不落東漢以下。至嘉慶、道光間，而李先生出，學無不窺，而不以一藝自名，醰然粹然，莫測其際也。並世兩通儒，皆出武進，盛矣哉！余於莊先生不及見，見李先生，故論其大旨于篇。」

清・諸可寶《疇人傳三編》卷三《國朝後續補一》 李兆洛，字申耆，武進人。嘉慶九年，舉鄉試第一，次年聯捷成進士，改翰林院庶吉士，散館授知縣。官安徽鳳臺久，奉諱去，服闋，無意出山，江陰延主暨陽書院。居之二十年，卒於家，年七十有三歲。幼聰慧，好讀書，日能熟百餘行。藏書卷逾五萬，皆手加校正。晚年校刻輿圖，督造天球，爲精心之作。

嘗刻《恒星赤道經緯圖》，謂：「明代禁習天文，古圖失傳。國朝康熙十三年，監官南懷仁修《儀象志》，用西法考測，所得星座較隋丹元子《步天歌》，少有名者二十四座，三百三十五星，而增多無名者五百九十七星，又多近南極二十三座，一百五十星。乾隆初，監官戴進賢等累加測驗，推度觀象，至九年，較《儀象志》增多有名者十八座，一百九十星，而增多無名者一千六百一十四星。《欽定儀象考成·恒星經緯度表》總計恒星三百座，三千八十三星，別以六等，附注歲差加減，以便推步。又《欽定大清會典·天文圖》以視法變赤道爲直綫，分十二宫爲十二圖，別繪近南北極星爲圓圖，列于前後。較之南北赤道，分圖尤便觀覽，第原圖俱無增星，今推準圖分合而繪之。限于方幅，仍就赤道各分爲二，至恒星隨黄道東移，歲差五十一秒，率七十歲五十一分歲之三十，而差一度。今自道光十四年甲午，上溯乾隆九年甲子，中距九十一算，所差一度有餘。謹遵《考成·加減表》，隨星加減，各如本年冬至交宫度數，庶幾此後七十年中，可以用行。總圖外，仍繪赤道南北分圖二，總凡二十九圖云。」

其刻《皇朝一統輿地全圖》例言後曰：「兆洛始得《欽定圖書集成》中所刊《輿地圖》，苦其不著天度。繼得康熙《内府輿地圖》，大於《集成》所繪，而有天度，亦分省，有外藩。《東華録》言：康熙五十年五月，駐蹕熱河行宫，諭大學士等曰：『天上度數，俱與地方寬大脗合。以周尺算之，天上一度，即地下二百五十里。以今尺算之，天上一度，即地下二百里。古來繪輿圖者，俱不依照天上度數，以推地里遠近，故多差誤。朕前特遣能算善書之人，將東北一帶山川地理，俱照天上度數推算，詳加繪圖。』五十八年二月，諭内閣學士蔣廷錫：『《皇輿全覽圖》，朕費三十餘年心力，始得告成。九卿等如求頒賜，允之。』即此是也。尋又于廣東巡撫庫，見乾隆間所賜各省督撫《内府輿圖》，東西爲横幅長卷，而南北以次排之。繼得董方立精心仿繪者，於改革創制，以嘉慶年爲斷，乃合其總圖而刊之。繼又見沈廣文欽裴所藏，別有乾隆《内府圖》，亦總繪而截爲正方以刻之，方逾二尺，直省與兆洛所刊略同，而西與北外藩之境拓幾倍，乃以所刊本於外藩外補足焉。」

輯有《皇朝文典》七十卷、《鳳臺縣志》十二卷、《地理韻編》二十一卷、《駢體文鈔》七十一卷，自著《養一齋文集》二十卷。

門人六嚴，字承如，又字德只，江陰人。又遵道光二十四年《欽定儀象考成續編》所載《恒星經緯表》，一等十七星，二等六十二星，三等二百二星，四等四百八十九星，五等八百十四星，六等一千六百四十六星，星氣等九星共三千二百三十九星。自無而之有者一百六十三星，自有而之無者七星。以新定歲差五十二杪，逐年算其東行，改訂舊圖，繪成《赤道南北兩圖》，共四十七帙。咸豐初元，刊行於世。《藝舟雙楫》、《養一齋文集》、《恒星赤道經緯圖》、《皇輿全圖》。

謂不墮師門家法者矣。

論曰：李鳳臺昌明前修，陶成後進，經術文辭，照耀一世，宜矣。其所鑄造，有天球銅儀一、日月行度銅儀一，類皆施機布輪，動應法象，製器之巧，莫與京也。自有《恒星》、《輿地圖》之傳，海内承學之士，乃知寫笠覆槃，必基步算。至今日而測繪愈精，盡洗粗陋之習者，非鳳台之功有以開之歟？若六德只者，又可

清·蔣彤《李申耆（兆洛）年譜》（嘉慶）二十三年戊寅，先生年五十。

春正月，進皖省。【略】訂正《懷遠縣志》。至七月而書成，凡爲志十、記二、考一、表傳七、圖一、敘録一，二十有八篇。【略】按，《懷遠縣志》合繪一總圖，又鄉各一圖，每方二里，村落、橋梁、寺觀、丘阜畢具。其徑路則密點細線，以爲識別，衆圖湊合則圭撮不差。行路者持此則按圖舉步，不須問歧。其精如此。先生嘗言：「是可爲志書之法宗。若《一統輿地圖》每縣得如此精密，實讀史者之大快，其爲用非小。」後懷遠副貢生湯若荀修《壽州志》、山子先生修《合肥縣志》，董方立修《咸寧縣志》，皆仿此書義例，方罫作圖，一依此法。（道光）十二年壬辰，先生年六十有四，在暨陽。春二月，【略】録《輿地一統全圖》版成，先印朱色數十部。擬將廿四史中地名沿革墨書填注，每一朝爲一部，使讀史者雖南北朝之紛錯，亦瞭然如示諸掌。并刊《輿地略》二卷，以京師爲宗，自直省以逮府、廳、州、縣并著，其四至八到，外藩亦然，由是萬里遼闊如堂室可指數矣。繼見沈廣文欽裴所藏，別有乾隆《内府圖》，亦總繪而截爲正方刻之，方逾二尺，直省略同，而西與北外藩之境拓幾倍，乃以所刊本於外藩外，墨書填注、補足焉。後又見壽陽祁員外韻士所著《西陲事略》於内外蒙古部落、卡倫，并著其地名、里數，乃舉前補注所未備者，復計里定方，以朱書填注之。

十三年癸巳，先生六十有五，在暨陽。

二月上旬，至里門。【略】江陰學武生徐泰能爲銅工，有巧思，先生招之院中。製天球成，先生釋之曰：「天球之法，以木爲胚，以紙爲膚，膏之以豕血，塗之以蜃灰，俟其乾而去其胚，則堅滑輕利便於旋轉矣。塗青以象天圖，墨以寫星，黄、赤、經、緯各以其色界之，絲系太陽於黄道，使可隨手移置，則冬夏節氣不忒其度矣。平置銅環上刻地平二十四向，承以銅柱，聯以十字架，則地平不傾矣。側立銅環上刻周天度數，於地平子午開鑿以容之，使可隨意旋轉，則北極高下可以隨地升降矣。斜倚一環與側環十字相交以當赤道，上刻十二辰名，則晝夜加時可

得而紀矣。其設機也，側環容軸，內貫球之兩極，南極之軸有齒輪焉，是謂運球之輪。其齒九十有六，別設四柱夾板于南極之左，上戴地平十分夾板，上六下四、左八右二，以安釘輪之軸，中分其軸，以設釘輪，繞以銅索，索末系錘，是謂運球之索。其北出夾板外軸，頭有齒，是謂運球之齒。其南藏於夾板近板之處，有大輪焉，其齒與運球輪等。釘輪、大輪之間有挺簧、有閘、有逆輪之用，順之，則釘輪與軸若一，逆之，則釘輪逆轉而軸不轉，所以繳運球之索，使不墜也。八分大輪之齒，以其五有少弱爲二輪之齒，以其四有半爲側輪之齒，其一有少弱爲爪輪之齒，爪輪之齒與量天尺相摩相盪而各輪之旋轉生焉。凡輪皆有軸，凡軸皆六齒，惟運球之齒當運球六之一。若欲使日行黃道與天相應，不假人爲，則於運球輪之內別設過極環六絡，天球之外斜倚雙環以象黃道。雙環之中夾一單環，內繫太陽，以隨球西轉。外刻三百六十五齒，以當一期之日。單環之側各設十二小輪，旋轉於雙環之內。單環之外別設兩小輪，與單環之齒遞相銜接，又於子午側環上設一小釘，單環左旋一轉，其小輪必與子午環一觸，則右旋一度矣」。凡此諸法，先生以意指授，渠即逆意造器，銖黍不差。更推是法，爲合抱大銅球，其機巧如一，歲周而後成。時道光十有三年，年名昭陽大荒落，月名畢辜，日雄在頂，日雌在卯，時加申，日月會于析木之次，粵十有二日，時加日南至躔箕一度二分半，大月在奎七，歲在奎六，填在軫一，太白、辰星皆在心三，熒惑在尾一初昏。東壁中銘曰：道一而已，惟變所適。開物成務，往來闔闢。消息虛盈，觀象於天。反復其道，君子乾乾。并爲面東、面西、面南日表，用以朝夕晛候，并有銘辭。又廣天球之法，爲地球染黃以象地，灑青以象河海，填注中國地方及海中諸國於其間，架之俾可旋轉觀覽焉。

清・桂文燦《經學博采録》卷一〇　李申耆庶常兆洛，江蘇陽湖人也，本無錫王氏。【略】嗜輿地學，備購各省通志，較五千餘年來水地之書，證以正史，刊定顧景范祖禹《讀史方輿紀要》之與原史不符者。

清・丁紹儀《國朝詞綜補》卷二二　李兆洛，字申耆，陽湖人。嘉慶十年進士，官鳳臺知縣。有《蜩翼詞》。

清・張之洞《書目答問・史部》《歷代地理志韻編今釋》二十卷，同上，江寧官本，此書最便。

《歷代沿革圖》一卷，六嚴，江寧官本。以上三書與《皇朝輿地韻編》、《輿地圖》合刻，通偁《李中耆五種》。

《合刻恒星赤道經緯度圖》、《一統輿圖》各一具，六嚴、李兆洛，揚州平山堂刻本。地輿必合星度以爲準望，故統於地理。

《皇朝地輿韻編附輿圖》一卷，李兆洛，江寧府本。

《鳳臺縣志》，李兆洛。

清・劉錦藻《清朝續文獻通考》卷二六六《經籍考十》　《歷代地理沿革圖》一卷，李兆洛撰。

《皇朝輿地韻編》一卷、《一統輿圖》一卷，李兆洛撰。

《歷代地理志韻編今釋》二十卷，李兆洛撰。

清・劉錦藻《清朝續文獻通考》卷二六九《經籍考十三》　《暨陽問答》二卷，李兆洛撰。

清・丁仁《八千卷樓書目》卷六《史部》　《歷代地理沿革圖》一卷、《輿地圖》一卷，國朝李兆洛撰，原刊本。

《皇朝輿地韻編》二卷，國朝李兆洛撰，原刊本。

《歷代地理志韻編今釋》二十卷，國朝李兆洛撰，原刊本。

沈欽裴　宋景昌

清・諸可寶《疇人傳三編》卷三《國朝後續補一》　沈欽裴，字俠侯，號狎鷗，元和人。嘉慶十二年舉人，試禮部，屢見擯，大挑二等，選授荊溪縣學訓導。不節於飲，病偏枯者累年，藉扶掖以行，神明如常，課講不輟。後布政使檄之入會城驗視，自以不能拜不敢往，則檄他人攝其官。趣之行，學中士相率具狀留之，主者不可，遂劾去。老病，旋卒於家。生平篤於學，而邃于思，天文、地形無不通曉，尤洞精算術。宋秦九韶之《數書九章》、元朱松亭之《四元玉鑑》、李冶之《測圜海鏡》，世所謂絕學，皆能通之。鍾祥李侍郎潢譔《九章算術細草》，甫寫定，病不起，遺囑務俟訓導算校，方可付梓。越庚辰歲，侍郎甥程尚書喬采方官儀曹，延訓導至家，爲之校勘《算草圖説》，「均輸」一章，增訂尤多。又爲補演《海島算經細草》一卷，以成侍郎之志。

其校訂《數書九章》也，于古曆會積，則用四分術、開禧術推之，以正其誤，法最詳盡。又因治曆推閏演紀草與推氣治曆所求氣骨分秒俱不合，改推證之。

【略】餘如測望類求深求遠法草，並以天元一顯之。本諸《海鏡》，別爲圖説，於是

術意之精深可豁然矣。【略】

初，訓導之居京師也，富陽相國文恭公知之，將薦修《天文時憲志》。辭之，復書曰：「國史中秘書，翰林司之。今乃索之局外，是暴翰林短也。閣下縱出大公，寬何者保無借此爲榮利乎？此又非進禮退義之正也。」卒不往。其所守有如此者。

門人宋景昌，字冕之，亦字勉之，江陰人。諸生。又爲武進李鳳臺兆洛講學弟子，曾助輯《地理韻編》。好學明算，有聲於時。著《數書九章札記》四卷。【略】又譔《詳解九章算法札記》一卷、《楊輝算法札記》一卷。【略】《養一齋文集》、《九章算術細草》、《數書九章札記》、《舒藝室雜著》甲、《詳解九章算法札記》、《楊輝算法札記》。

清·張之洞《書目答問·史部》 《數書九章》十八卷，宋秦九韶，附《札記》，宋景昌，宜稼堂叢書本。

清·劉錦藻《清朝續文獻通考》卷二七三《經籍考十七》 《聚學軒叢書》六十種，二百五十一卷，劉世珩編。【略】子部【略】《原術》一卷，宋景昌。

鄒漢勳 弟漢池

清·諸可寶《疇人傳三編》卷四《國朝後續補二》 鄒漢勳，字叔勣，新化人。咸豐元年舉人。明年，禮部試報罷，東之淮上，訪邵陽魏州守源於高郵。越歲，粵匪陷江寧，間道歸長沙。時弟漢章已隨江忠烈公援江南，湘鄉太傅文正公在籍，新募楚勇千人，令江君忠淑偕率以往。圍解，敘勞以知縣用。未幾，忠烈擢撫安徽，約相從。累功得花翎同知直隸州知州用。廬州陷，遂同及於難，年四十有九。死事聞，吏議卹蔭如典禮。少溺苦於學，兄弟互相師友，鄉居苦書少，輒詣郡學借觀，手録口誦，於天文推步、方輿沿革、六書九數之屬，靡不研究。與長沙丁處士取忠友善。【略】

生平著述甚富，有《顓頊憲攷》二卷，藏於家，他不關算學者未悉録。已刊行者，貴陽、大定、興義、安順四府志，各如干卷。

季弟漢池，字季深。咸豐初元，果臣之爲《輿地經緯度里表》也，季深爲之布算，按度推里，取西人所紀福島、英國之偏度，皆折以京師中綫。閱八月而蕆事云。《國朝先正事略》、《數學拾遺》、《輿地經緯度里表》。

清·曾國荃《（光緒）湖南通志》卷一八九《人物志三十》 鄒漢池，字季深，縣學生。性敏，好學，幼承父文蘇庭訓，考据精詳，每與諸兄聯牀辨晰，達旦不寐。經史之外，尤精輿圖、算法，嘗增推六合，得七千餘局，成《圖說》四卷。當時精算如李善蘭、曾紀鴻，皆重其書。其他箸作尚多。恬淡樂施，每竭匱以濟友人之急，至家無儋石，晏如也。【略】《縣志》

清·華世芳《近代疇人著述記》 新化鄒叔勣漢勳，與丁果臣同治算學，尤研究天文推步之書，著有《顓頊憲攷》。其弟季深漢池亦通算學，丁氏之《度里表》，多出其手。

清·劉錦藻《清朝續文獻通考》卷二七四《經籍考十八》 《顓頊曆攷》一卷，鄒漢勛撰。

清·丁仁《八千卷樓書目》卷一一《子部》 《顓頊曆考》二卷，國朝鄒漢勛撰，刊遺書本。

清·丁仁《八千卷樓書目》卷一三《子部》 《敦蓺齋遺書》不分卷，國朝鄒漢勛撰，刊本。

施勤

清·諸可寶《疇人傳三編》卷四《國朝後續補二》 施勤，字梧垣，崇明人，樸齋大令彥士之從子也，爲名諸生。稟承家學，犨精曆算，嘗取經傳注疏，暨諸儒著書中，凡推步所列之數誤者，各就古法今術，悉爲訂正，以明治經者不容不習算，習算又不容稍形率爾，乃不受古人之欺。譔《步算筌蹏》五卷，首卷節録《三統》、《四分》、《授時》、《時憲》四術步法用數。中三卷，詳列所訂諸篇說解，及諸細草。末卷附録《星野論》、《星野訂誤》，因乎步算所關而連及之。終以《輿圖論》、《繪輿圖說》，並載諸圖，則又因乎星野而連及者也。書成於道光末年，咸豐紀元四月，甘泉羅明經士琳題簡端，略云：「梧垣先生過訪，出大著見示。敬讀一過，知其根柢深邃，枕葄有年。所舉法，自《三統》、《四分》，以及《大衍》、《授時》，並見行之《時憲》，無不包羅衆有，可謂鈎河摘洛，集其大成。蓋不獨紹承家學，乃藝苑之精英，而儒流之典要也。服膺之下，繼以狂喜，惜垣梧亟欲匆秣，悤悤不及譔序言，謹誌數語，聊抒景仰之忱云。」六年，其家人刻以行世，今傳竹義山房本是也。《步算筌蹏》。

魏　源

清·李元度《國朝先正事略補編》卷一　魏源，字默深，湖南邵陽人。博通經史，究心天下利病。道光之季，海禁初弛，洋人商販往來不絶。源每事咨考，著《海國圖志》六十卷，備詳各國山川風俗及國勢强弱、機器利鈍，至今談洋務者以爲依據。

清·馮桂芬《顯志堂稿》卷一二《跋海國圖志》　是書以林文忠公所譯《四洲志》爲藍本，不宜轉取從前之《職方外紀》、《萬國全圖》等書以補其所無，不幾以春秋列國補《戰國策》乎？又西人地理書皆著經緯度，真得地理要義，正恨中國古書無此，故并省沿革多所聚訟。魏氏不知，輒多刪薙。今以英人《地理全志》、米人禕理哲《地球説略》校之，多所不合。如耶穌生於猶太，《明史》據利瑪竇言，生於如德亞，是知德亞即猶太，爲今土耳其東境，不宜屬之印度，誤一也。波蘭洼肖爲今西俄羅斯地，在通國五十七部之中，不宜列波蘭爲二國，誤二也。領墨國下述加納王事，即《全志》嗹國駕奴特王事，案《説略》，嗹國又名嗹馬，嗹馬即領墨之轉，乃別出嗹國；又出大尼國臆斷領墨、大尼同用黄旗，非一國，幸所引《萬國全圖》經緯度，大尼度正與《全志》嗹國度合，是止一嗹國而歧爲三，誤三也。瑞丁國即瑞顛，綏林即綏蘭，爲瑞顛之首部，又那威國久并於瑞顛，《地理全志·瑞顛國》爲：「那威本屬於嗹。嘉慶二十年，以瑞地之近於嗹國者歸嗹，以那威歸瑞，由是合爲一國。」乃別出綏林國、那威國，是止一瑞顛而亦歧爲三，誤四也。偶校數卷，即有此誤，恐全帙尚不止此。又圖中列天下萬國，而旁注中國之書，長書短綫，更無解於不知而作之譏矣。

清·曾國荃《（光緒）湖南通志》卷一八八《人物志二十九》　魏源，字默深，邦魯子。道光壬午，由拔貢中順天鄉試，冠南籍，試卷進呈，御批褒讚。旋納貲爲中書，改知州。甲辰，成進士，年已五十一矣。以知州分發江蘇，權東臺、興化縣。己酉，大水，河帥議啓閘，力爭不得，乃躬往愬。總督陸建瀛立予勘驗，獲免啓，七州德之。署海州運同，緝治梟匪二百餘人，獲鹽十餘萬，悉納入官。補高郵州，坐事免，副都御史袁甲三疏復之。源讀書賾精，遇僕隸至，不相識。治經稽要鈎元，具有卓見。幼隨父居蘇，於東南形勢、海防夷情、鹽課、軍餉、兵制，靡不宣究。在内閣徧閲内府書，於國朝掌故尤諳悉。嘗論河務，謂宜更復北行故道。咸豐五年，銅瓦廂之決河，由大清河入海，果復北行，其言遂驗。而所撰《海國圖志》尤有裨於時務云。六年卒。源體貌奇偉，爲文下筆千言，雄恣精奥，似先秦諸子。嘉道以來，楚南論詩古文，以源爲大宗，所著述詳《藝文志》。《縣志》。

清·曾國荃等《（光緒）湖南通志》卷二四八《藝文志四》　《海國圖志》一百卷，邵陽魏源撰。《行述》。

清·張之洞《書目答問·史部》　《海國圖志》定本一百卷，林則徐譯，魏源重定，初刻止六十卷，咸豐壬子廣州重刻定本。

清·劉錦藻《清朝續文獻通考》卷二六七《經籍考十一》　《海國圖志》一百卷，魏源撰，林則徐重定。

清·丁仁《八千卷樓書目》卷八《史部》　《海國圖志》一百卷，國朝魏源撰，古微堂刊本，活字印五十卷本，石印本。

馮桂芬

清·諸可寶《疇人傳三編》卷五《國朝後續補三》　馮年丈桂芬，字林一，號景亭，吴縣人。道光二十年，一甲第二名進士及第，授職翰林院編修。嘗充順天鄉試同考官，廣西鄉試正考官，教習庶吉士。咸豐六年，補詹事府右春坊右中允，九年，告歸。同治初元，合肥相國肅毅伯密疏薦，得旨宣召，病不克赴，遂無意出山。六年，敘團練善後功，賞加四品卿銜，旋晉三品。十三年，卒於家，年六十有六。生有異稟，幼擅文譽，中年以後，益肆力於古文，辭説經宗漢儒，精研小學，嘗手摹宋本《楚金韻譜》敘而刊之。尤喜習疇人家言，師事尚之、申耆兩李先生。曾手製定向尺及反羅經，用以步田繪圖。

有《繪地圖議》，略云：「大抵不審乎偏東西經度，北極高下緯度，不可以繪千里、萬里之大圖，不審乎羅經三百六十度方位，及弓步丈尺，不可以繪百里、十里之小圖，而繪小圖視繪大圖更難。以無顯然之天度可據，全在辨方正位，量度丈尺。今定一簡易之法，任取本州縣一城門，左旁立一石柱爲主柱，即爲起數之根。依此作子、午、卯、酉縱横綫，以一里三百六十步爲度，各立一柱。令四柱之内爲一圖，容田五百四十畝。各圖中乾、坤、艮、巽四隅，皆有一柱。而以艮隅之柱爲本柱，以千字文爲號，勒于其上。柱徑一尺，高一丈，埋、露各半。其露者尺寸有識，適當山水市舍則省之，或向西，或向南，退行若干步補之。繪圖則用約方二尺之紙，十步爲一格，縱橫各三十六格，則一里內阡陌廬舍，纖悉可畢具，如是而地之廣袤著矣。更用水平測量高下，即以主柱所傍城門之石檻爲地平起數之根，以絜各圖石柱，而得各圖立柱之地高下於城檻之數。又徧測本柱前後左右四里之高下，而得四里內高下於本圖之數。又徧測東西南北毗連州縣城檻之高下，而得各城檻高下于本城檻之數，以之入圖，則著色爲識別。凡高下於城檻在一尺內者不著色，其餘分數色。以一尺爲一色，至若干尺以上，則概爲一色。高山土阜又別爲一色，仍識若干尺於上。如是而地之高下亦明矣。」

又嘗校正李氏《恒星圖》，測定咸豐紀元恒星表。其跋《甲辰新憲赤道恒星圖》，略曰：「武進李氏兆洛刻《道光甲午歲差赤道恒星圖》，板存余家。經亂燬大半，徒輩請補之。今經甲辰，臺頒《欽定儀象考成續編》之後，星數、星等多有增損升降，歲差亦改爲五十二秒。原板剜改猶易，遂補刻成完帙。謹遵《續編》宫度、星數、星等與《後編》異者，一一改入。計原圖星三百座，三千八十三星，今增五十六，子十八、亥十八、戌十、酉十八、申十九、未十七、午七、巳八、辰九、卯十二、寅十一，凡一百六十三星；少司禄二、五、諸侯二、天相一、天錢一，凡六星，計三百座三千二百四十星。至圖式，距極三十度內，南北各爲圓圖一；三十度外，南北各爲皋鼓形；十二緯度，皆一度爲一格；經度近極五度內，並十度爲一格；五度外，十度內，并兩度爲一格；三十度外，一度爲一格。星等皆仍李氏舊式，總圖皆正座無增減，惟星等間有升降，亦依新測改之云。」

自著有《弧矢算術細草圖解》一卷，本李尚之氏十三題詳演天元諸式，有裨初學。又譔《咸豐元年中星表》一卷、《丈田繪地章程》一卷。與江寧門人陳暘同著者，爲《西算新法直解》十八卷，湘陰郭侍郎嵩燾刊之廣東。新法者，米利堅人羅密士譔《代微積拾級》一書也，以初譯奧澀不可讀，商榷凡例，各日課二三條。咸豐十一年全書成，遂用名之。此外所著《顯志堂詩文集》、《說文解字段注攷正》、《使粤行紀》、《校邠廬抗議》、《家譜》、《兩淮鹽法志》、《蘇州府志》，各如干卷。每一書成，遠近學者爭快覩焉。【略】《顯志堂稿》、《弧矢算術細草圖解》、《續纂江寧府志》。

論曰：公子太守芳植與可寶爲同歲生，又讀《文集》十二卷，得備諗年丈之學之精且博。夫繪地用算，良法不刊。年丈既創于前，南海鄒氏擅長于后。道不相謀，理皆闇合。第窺曲藝之能，足徵神智之用已。晚歲徜徉泉石，蕭然自怡。而生平當事勇爲，爲乞師辦賊，均賦甦民，有功東南最偉。又久主諸書院講席，引掖成就者藉甚當時。然則康濟之術，非託空言，六九之工，莫與儔匹。今號者儒碩望，繼往而開來若年丈者，庶幾無愧色歟？

清·張之洞《書目答問·子部》　《弧矢算術細草圖解》一卷、《咸豐元年中星表》一卷，馮桂芬，原刻本。

清·劉錦藻《清朝續文獻通考》卷二七四《經籍考十八》　《校正李刻赤道恒星圖》一卷，馮桂芬撰。

《中星表》不分卷，馮桂芬撰。

《弧矢算術細草圖說》一卷，馮桂芬撰。

《類雜學西算新法直解》八卷，馮桂芬撰。

清·丁仁《八千卷樓書目》卷一一《子部》　《弧矢算術細草》一卷、《圖解》一卷，國朝馮桂芬撰，昭代叢書本。

《西算新法直解》八卷，國朝馮桂芬撰，刊本。

鄒伯奇

清·史澄等《（光緒）廣州府志》卷一二九《列傳十八》　鄒伯奇，字特夫，泌冲人。邑諸生。聰敏絶人，通諸經義疏大義，尤長于算學。學使戴熙試廣屬文童，問音韻源流，伯奇所對獨詳，拔進邑庠。嗣後閉户覃思，以算通經，以經證算，欲成一家之學。【略】

生平精于西法，暇讀《墨子》、《書》，謂爲西學所自祖，其說鑿然有據。其獨抒心得多此類也。同治三年，郭嵩燾撫粤，以數學特薦，詔「督撫咨送」。而伯奇家居養母，終不出也。八年五月，卒，年五十一。友人刻其遺書，自《學計一得》外，有《皇輿全圖》三卷、《地球背面全圖》、《赤道星圖》、《黄道星圖》、《補小爾雅釋度量衡》一卷、《格術補》一卷、《乘方捷術》三卷、《存稿》一卷。今其學尚有能傳之者。據《南海志采訪册》修。

清·諸可寶《疇人傳三編》卷五《國朝後續補三》　鄒伯奇，字一鶚，又字特夫，南海人。諸生。聰敏絶世，於諸經義疏，無不窮究。覃思於聲音、文字、度數之源，而尤精於天文、曆算，能萃會中西之説而貫通之。生平寡所耆好，執業甚篤，静極生明，多有神解。

嘗作《春秋經傳日月攷》，謂昔人考春秋朔閏多矣，類以經傳日月求之，未能精確。今以《時憲術》上推二百四十二年之朔閏及食限，然後以經傳所書，質其合否，乃知有《經》誤、《傳》誤及術誤之分。【略】因即經義中有關於天文、算術，或先儒未發，或闡發而未明者，隨時録出之，成《學計一得》二卷。

於天象著《甲寅恒星表》、《赤道星圖》、《黄道星圖》各一卷。自序曰：「甲寅之春，製渾球，以考證經史恒星出没歷代歲差之故。然製器刻畫，必先繪圖，爲圖必先立表，此《恒星表》之所由作也。《史》、《漢》、《晉》、《隋》諸志，於恒星但言部位，至唐、宋始略有去極度數，故舊傳新圖，大抵據《步天歌》意想爲之，與天象不符。國朝康熙初，南懷仁作《靈台儀象志》，然後黄、赤、經、緯各列爲表。乾隆九年，增修《儀象考成》，補其缺誤。道光甲辰再加考測，爲《儀象考成續編》，入表正座一千四百四十九星，外增一千七百九十一星，洵爲明備。今踰十載，歲漸有差，故復據現時推測立表，庶繪圖製器，密合天行也。」

又嘗謂：「繪地難於算天，天文可坐而推求，地理必須親歷。近人不知古法，故疏舛異常。」因攷求地理沿革，爲歷代地圖，以補史書地志之缺。

又手摹《皇輿全圖》，自序曰：「地圖以天度畫方，至當不易。然地球經緯相交，皆成正角。而世傳輿圖至邊地竟成斜方形，既非數理，又失地勢，其蔽在以緯度爲直綫也。昔嘗爲小總圖，依渾蓋儀，用半度切綫以顯迹象。然州縣不備，且内密外疏，容與實數不符，故復爲此。其格緯度無盈縮，而經度漸狹，相視皆爲半徑與餘弦之比例。横九幅，縱十一幅，合之則成地球滂沱四頽之形。欲使以圓繪圖，其圖乃肖也。」

又變西人之舊，作《地球正背兩面全圖》。其序曰：「地形渾圓，上應天度，經緯皆爲圓線。作圖者繪渾於平，須用法調劑，方不大失形似。然視法有三，皆爲畫圖之用。其一在圓外視圓，法用正弦，則經圈爲橢圓，緯圈爲直線。其形中廣而旁狹，作簡平儀用之。其一在圓心視圓，法用正切，則經圈爲直線，緯圈爲弧線，中曲而旁殺，其形内密而外疏，作日晷用之。斯二者線無定式，量算緐難，且經緯相交，不成正角。又其邊際，或太促而褊淺，或太展而狹長，以畫地球，既昧方邪之本形，復失修廣之實數，所不取也。其一在圓周視圓，法用半切線，經緯圈皆爲平圓，雖亦内密外疏，而各能自相比例。西人以此作渾蓋儀，最爲理精法密。今本之爲地球圖，分正、背兩面，正面以京師爲中，其背面之中，即爲京師對衝之處，尊本朝也。旁爲廿四向，審中土與各國彼此之勢，定準望也。經緯俱以十度爲一格，設分率也。」

因推演其法，著《測量備要》四卷。分備物致用、按度考數二題。備物致用，其目四：一丈量之器，曰插標，曰綫架，曰指南尺，曰曲尺，曰丈竹，曰竹籌，曰皮活尺，曰蕃紙簿，曰鉛筆。二測望之儀，曰指南分率尺，曰立望表，曰三脚架，曰矩度，曰地平經儀，曰平水準，曰紀限儀，曰迴光環，曰折照玻璃屋，曰千里鏡，曰象限儀，曰秒分時辰標，曰行海時辰標，曰析分大日晷，曰風雨針，曰寒暑針。三檢數之書，曰志書，曰地圖，曰星表，曰星圖，曰度算版，曰對數尺，曰八綫表，曰八綫對數表，曰十進對數表，曰現年行海通書，曰清蒙氣差表，曰太陽緯度表，曰日晷時差表，曰句陳四游表，曰大星經緯表，曰對數較表，曰對數較差表。四畫圖之具，曰大小幅紙，曰硯，曰墨，曰硃，曰顔色料，曰筆，曰五色鉛筆，曰筆殼，曰指南分率矩尺，曰長短界尺，曰平行尺，曰分微尺，曰機翦，曰交連比例規，曰玻璃片，曰橡皮。按度考數，其目四：一明數，曰尺度考，曰畝法，曰里法，曰方向法，曰經緯里數。二步量，曰量田計積，曰步地遠近，曰記方向曲折，曰認山形，曰準望所見。三測算，曰測量方向遠近法，曰測地緯度法，曰論平陽大海地平界角，曰測地經度法，曰經緯方向里數互求法。四布圖，曰正紙幅，曰定分率，曰縮展，曰識别，設色終焉。

著《乘方捷術》三卷。【略】又嘗譔《格術補》一卷。【略】

同治初，南豐吴編修嘉善、錢塘夏宫湛鸞翔游粤，皆與訂交甚篤。宫湛客死，爲之痛傷，刻其遺書以傳之。三年，湘陰郭侍郎嵩燾特疏薦之，請居同文館以資討論。五年、七年，兩奉優詔，令督撫送咨。徵君澹於利禄，堅以疾辭，俱未赴。湘鄉太傅文正公督兩江日，欲于上海機器局旁設書院，延徵君以數學教授生徒，屬興化劉學政熙載致書，亦未就也。六年五月，無疾而卒，年五十有一。【略】《南海縣志》、《鄒徵君遺書》、《舒藝室雜著》甲編，又《詩存注》、《昨非集》、《傳習録》。

論曰：鄒徵君天姿過人，力學甚摯。聞其讀書，遇名物制度，必窮晝夜探索，務得其確；或按其度數，繪爲圖，造其器而驗之，涣然冰釋而後已。故其解識，多前人所未發。又能正舛誤，别是非，皆以算術權衡之。晚年論算家新法，曰：「自董方立以後，諸家極思生巧，出於前人之外。如華嚴樓閣，彈指即見，實抉算理之突奥。然恐後之學者，不復循途守轍，而遽趨捷法，將久而忘其所自，是可憂矣。」人於是益服所慮之遠。夫曆算必善測量，測量必資儀器，而製器精巧，與西人所稱重學、光學、化學相連。徵君獨深明其理，證之古籍，皆由冥搜而得，測地繪圖，尤多創解。今《南海縣志》諸圖，爲徵君手定義例，跬步實測，密合無憾，雖以西人爲之，微妙不是過也。使九服州郡，焉得盡人盡地而仿之，合成鉅觀，豈非千秋之業乎？若夫尚志高蹈，任天而行，又豈好爵所能縻哉？於虖，難已！

清・史澄等《（光緒）廣州府志》卷九一《藝文略二》 《廣韻玉篇類音》四卷，國朝南海鄒伯奇撰。據《南海志》。

《皇清地理圖》一卷，國朝南海鄒伯奇撰。據《南海志》。

《廣東圖》二十三卷、《廣東圖説》九十二卷，國朝□□毛鴻賓、湘鄉郭嵩燾等修，番禺陳澧、趙齊嬰、南海鄒伯奇、桂文燦等編，同治丙寅。據《采訪册》。

清・史澄等《（光緒）廣州府志》卷九二《藝文略三》 《甲寅恒星表》一卷、《赤道星圖》一卷、《黄道星圖》一卷、《測量備要》四卷，國朝南海鄒伯奇撰。據《南海志》。

《學計一得》二卷，國朝南海鄒伯奇撰。據《南海志》。

《弧綫格》一卷，國朝南海鄒伯奇撰。據《南海志》。

《乘方捷術》一卷，國朝南海鄒伯奇撰。據《南海志》。

清・史澄等《（光緒）廣州府志》卷九五《藝文略六》 《特夫文集》一卷，國朝南海鄒伯奇撰。據《南海志》。

清・張之洞《書目答問・經部》 《學計一得》二卷，鄒伯奇，鄒徵君遺書本。

清・張之洞《書目答問・子部》 《鄒徵君遺書》八種，鄒伯奇，廣州家刻本。目列後：《學計一得》二卷、《補小爾雅釋度量衡》一卷、《格術補》一卷、《對數尺記》一卷、《乘方捷術》三卷、《存稾》一卷、《輿地圖》一册、《恒星圖》二幅，附《夏氏算學》、《徐氏算學》。

清・劉錦藻《清朝續文獻通考》卷二七四《經籍考十八》 《周髀算經考證》一卷，鄒伯奇撰。伯奇字特夫，廣東南海人。諸生。臣謹案：《周髀》爲句股測量之術，凡揆北極求日徑、定宿度、攷躔次，皆具有法原，實爲天算學之祖。惟其中自榮方問於陳子，以下學者誤解相傳，又竄以他術，致爲渾天家所譏，趙君卿、甄鸞、李淳風均無所匡正。是書詳爲條辨，以解學者之惑，洵名著也。

《甲寅恒星表》一卷、《赤道星圖》一卷、《黄道星圖》一卷，鄒伯奇撰。

《學計一得》二卷，鄒伯奇撰。

《補小爾雅釋度量衡》一卷，鄒伯奇撰。

《格術補》一卷，鄒伯奇撰。

《乘方捷術》三卷，鄒伯奇撰。

《對數尺記》一卷，鄒伯奇撰。

清・丁仁《八千卷樓書目》卷一一《子部》 《格術補》一卷，國朝鄒伯奇撰，白芙堂本。

丁取忠

清・華世芳《近代疇人著述記》 長沙丁果臣取忠，爲楚南絶學之倡，嘗校刻《白芙堂算學叢書》。其所撰述者，曰《數學拾遺》，多發明古今算家未盡之旨；曰《輿地經緯度里表》，據魏氏《海國圖志》，以補張氏《揣籥小録》，爲之析旗部、增海國、推距里，惟魏圖轉輾鈎摹，所紀經緯，不足爲據，而據以推算，不無毫釐千里之謬。即如今實測英國倫頓爲中國京師中綫偏西一百十六度二十八分，而此表乃云一百二十七度十分，差至一千二百餘里，其他各國誤率類是。

清・諸可寶《疇人傳三編》卷六《國朝後續補四》 丁取忠，字果臣，號雲梧，長沙人。爲湖南老宿，整躬飭己，望重時髦，而象數一途，尤所研究，撰著自娱，不求聞達。咸豐改元，幕遊昭陵十年，校書於鄂省，應益陽胡文忠公聘也。因得觀乾隆《輿圖》，又購魏氏《海國圖志》，作爲密尺定分推算，著《輿地經緯度里表》一卷。於《海國》雖未盡精覈，然足備參證焉。嘗自謂少喜步算，而苦無師承，又地僻不能得書，每每持籌凝思，寢食俱廢，垂四十年，然後古今言算之書，稍稍捋集，而心力亦已衰矣。晚年盡移文忠所贈買書之貲，廣刻諸算術，凡二十有一種，以公同好，爲《白芙堂叢書》，板藏于古荷池精舍。光緒初考終於家，年逾七十，不名一錢也。

所自譔者，爲《數學拾遺》一卷。【略】又譔《粟布演草》二卷。【略】后又譔《演草補》一篇。【略】《白芙堂算學叢書》

論曰：丁處士獨詣孤往，冥搜力索，用心於衆所不屑之地，既乏師授，又困寒門，未見之書不可致，欲見之書弗能置，必盡歷艱苦而後得輪輅之制，或且闇符先哲。宜其後謂曾襲侯紀澤兄弟云：諸君博聞富藏，師資友益，視吾疇曩，其勞逸有相什伯倍蓰者。然則處士之劬學，豈材質之不如人哉？亦其時、其地限之耳。及其傳食諸侯，廣交徧覽，思欲載記所得，以補勿足，則已衰耄不耐矣。夫三湘七澤間，士生咸同之際，又當府主如益陽文忠、湘鄉文正諸公，天下多故，即不事攀麟附鳳，使少得假手尺寸，而以片長薄技，自致乎青雲之上，身泰名立，豈不易易。胡乃甘於澹泊，槁於户牖乎？吾知處士之志，初未嘗以彼而易此也。至於今南人言絶學之倡者，捨處士將誰與歸？晚歲移買書之貲，惟以校刻古今算書自適，裒然成藝圃之鉅觀，風行海内，遂爲疇人家必讀之本，厥功不甚偉歟！昔巴陵杜孝廉貴墀爲余言，處士在武昌幕府日，文忠方督師東征，而會城有警，同人多走。或謂處士可去矣，則曰：「吾安能諸府主之託而委其眷屬乎？」獨不走，卒亦無他，其誠篤如此。嗚呼，可以風已。

清・王闓運《（光緒）湘潭縣志》卷一〇 同治初，議修縣書。長沙丁取忠舉容閎能測歲星，以定緯度。製儀器當得千金，衆論驚怪，而不復問。其後費至萬金，度里仍舊，圖未加攷也。

清・曾國荃等《（光緒）湖南通志》卷二四八《藝文志四》 《輿地經緯度里表》一卷，長沙丁取忠撰。

清・曾國荃等《（光緒）湖南通志》卷二五二《藝文志八》 《數學拾遺》一卷、《對數詳解》五卷，長沙丁取忠撰，白芙堂算學叢書。

《粟布演草》二卷，白芙堂算學叢書。按：是書（曾）紀鴻輿丁取忠、左潛同撰。

清・丁仁《八千卷樓書目》卷一一《子部》 《數學拾遺》一卷，國朝丁取忠撰，白芙堂本。

《粟布演草》二卷、補一卷，國朝丁取忠撰，白芙堂本。

《對數詳解》五卷，國朝丁取忠撰，白芙堂本。

《算學叢書》不分卷，國朝丁取忠編，刊本。

李善蘭

清・諸可寶《疇人傳三編》卷六《國朝後續補四》 李善蘭，字壬叔，號秋紉，海寧人。諸生。曾從長洲老儒陳徵君奐受經，於辭章訓詁之學，雖皆涉獵，然好之終不及算學。故算學用心極深，其精到處，自謂不讓西人，抑且近代罕匹。方年十齡，讀書家塾，架上有古《九章》，竊取閲之，以爲可不學而能，從此遂好算。應試杭州，得《測圓海鏡》、《句股割圜記》以歸，其學始進。三十後，所造漸深。因思割圜法非自然，深思得其理，時有心得，輒復著書。與同郡戴處士煦、南匯張明經文虎、烏程徐莊愍公、汪教諭曰楨、歸安張茂才福僖及并世明算之士皆相善，時有問難。咸豐初，客上海，識英吉利文士偉烈亞力、艾約瑟、韋廉臣三人，從譯諸書。十年，在莊愍幕府。粤匪弄兵，吴越淪陷。同治改元，乃從湘鄉文正公安慶軍中，相依數歲。七年，用湘陰郭侍郎嵩燾薦舉，徵入同文館，文正資送之。應詔至都，奏派算學總教習，敘勞積階至三品卿銜、户部郎中、總理各國事務衙門漢章京。光緒十年，卒於官，年垂七十矣。

京卿之學，會通中西。【略】自譔諸書，惟《羣經算學考》未卒業而燬於兵，餘皆刻于金陵，都爲《則古昔齋算學》，凡十三種，二十有四卷。【略】《舒藝室詩存注》同文館本、《測圓海鏡》、《則古昔齋算學》、《幾何原本全書》、《重學》附《曲線説》、《代微積拾級》、《談天》。

清・張之洞《書目答問・子部》 《新譯幾何原本》十三卷、續補二卷，李善蘭譯，上海刻本。

《代微積拾級》□卷，李善蘭譯，上海刻本。

《曲綫説》一卷，李善蘭譯，則古昔齋刻本。

《則古昔齋算學》二十四卷，李善蘭，江寧刻本。十三種，目列後：《方圓闡幽》一卷、《弧矢啓祕》二卷、《對數探源》二卷、《垜積比類》四卷、《四元解》二卷、《麟德術解》三卷、《橢圜正術解》二卷、《橢圜新術》一卷、《橢圜拾遺》三卷、《火器真訣》一卷、《尖錐變法解》一卷、《級數回求》一卷、《天算或問》一卷。

清・劉錦藻《清朝續文獻通考》卷二七四《經籍考十八》 《談天》十八卷、附表一卷，偉烈亞力，李善蘭譯。偉烈亞力見《史部・政書類・考工》。善蘭字壬叔，號秋紉，浙江海寧人。官三品卿銜户部郎中。

《譯重學》二十卷，西士艾約瑟，李善蘭譯。

《則古昔齋算學》十三種，二十四卷，李善蘭撰。

《新譯幾何原本》十三卷、續補二卷，偉烈亞力，李善蘭譯。

《圓錐曲綫説》一卷，李善蘭撰。

《代微積拾級》十八卷，偉烈亞力，李善蘭譯述。

清・丁仁《八千卷樓書目》卷一一《子部》 《則古昔齋算學》二十四卷，國朝李善蘭撰，刊本。

徐壽　子建寅

清・劉錦藻《清朝續文獻通考》卷八九《選舉考六》 江蘇無錫縣已故二品

封職徐壽，於數學、律呂、幾何、重學、鑛産、汽機、醫學、光學、電學均能窮源竟委，索隱鉤深，經前大學士曾國藩後先委辦安慶機器局、江南製造局。在安慶機器局與華蘅芳等造成木質輪船一艘，爲中國自製輪船之始。在江南製造局發明製造强水、棉花、藥汞、爆藥諸法。又繙譯西書，成聲光、化電、營陣、軍械各種書籍凡數百種，爲中國講求西歐藝術之濫觴。同治十三年，在上海設立格致書院，肄習西學、西藝，爲今日開辦學堂之先聲。他如山東、四川機器局、大北煤鐵、開平、徐州煤礦、漠河金鑛亦多賴故紳訂定章程，擘畫規制，奇材異能當代罕覯。【略】又已故道員徐建寅，即徐壽之次子，長於製造、化學，均奏請立傳。

清・丁寶楨《丁文誠公奏稿》卷一二　查該員徐建寅前在滬局考核多年，繙譯各種書籍，於化學、機器、槍礮、軍火講求有素，而於中外情形尤爲熟悉，前經總理各國事務衙門暨臣先後奏保在案。此次承辦東局機器，一切皆係自出心裁，繪圖定造，器精價廉，毫無浮冒，洵屬心思縝密，精力兼人，而其綜覈名實，條理精詳，尤爲不可多得。

清・諸可寶《疇人傳三編》卷七《西洋後附録二》　富路瑪，英吉利國人。所譔《測地繪圖》書十有一卷，于測量步算，理明法備。附録《天文解題》一卷，尤得要領。求恒星時變平時又反求之，第一求諸曜高度之蒙氣地心日月半徑目高各差，并儀器之指數差，第二求緯度，第三求時刻，第四求經度，第五定經線之方向，并指南鍼之偏差。第六末附諸表立成，及測簿格式，量面積器，無少漏闕。機局刊行，無錫徐君壽從傅氏口譯本也。

清・張之洞《張文襄公全集》卷五二《爲徐建寅等請卹摺》光緒二十七年三月二十五日　竊照奏調湖北差委二品銜、直隸候補道徐建寅，於光緒二十六年五月經臣奏調來鄂，派委湖北營務處暨教吏館武備總教，習於營務利病，悉心體察，勇於任事，不避嫌怨，旋委辦省城保安所，仿造黑色洋火藥事務。該道自造機器，精思仿製，歷時三箇月，造成洋黑藥試驗，擊力幾與英、德各國所造無異。臣因漢陽煉鋼廠、無煙火藥廠均經造成，延訂洋匠久未來鄂，焦急殊甚，無煙藥較之黑藥需用尤切，造法尤難，特委該道總辦鋼藥廠，設法仿造。該道以大局未定，時事日緊，軍火尤爲要圖，毅然以設法造成爲己任，極意研求化學，將强水、酒精、棉花等物自行配製。本年正月造成無煙藥數磅，試驗藥力，頗稱充足，惟燒後稍有渣滓。該道復殫精竭思，窮加研鍊，於二月初六日手自造成數磅，試驗竟無渣滓，即擬開機多造。是月十二日，該道在廠監工，親至拌藥房，督同委員、工匠人等，拌和藥料，不意機器炸裂，該道徐建寅及委員五品銜候選知縣戴振麟、五品頂戴監生楊蔭桓、藍翎把總儲仁發暨工匠等共十四人，同時轟斃，屍骸焦爛碎裂，收檢不全，慘不忍覩，轟去西邊拌藥房一間。緣製造無煙火藥所用强水、酒精、棉花等物，料性極猛烈，配合最爲危險，洋匠建造藥廠，分東、西、南、北四廠，東西相距五十丈，南北二十丈。拌藥房三間在南廠，每間中有隔巷，以防不測，故僅轟去西邊一間，其中間及東邊藥房機器均未損動。此外各廠一律完好如故。詳查失事之由，因機器開闢樞紐均在牆外，牆外司機人等未經聽明，開機過快，以致機器磨熱生火炸裂，致在場員匠人等同遭轟斃。查該道徐建寅幼承家學，隨其故父二品封職徐壽，在故大學士曾國藩安慶軍營管理軍械所，研究格致、化學、製造等事均有心得，創造黄鵠輪船一艘，爲中國自造輪船之始。歷經派委辦理金陵、上海、山東各製造局，充福建船政局提調，奏派出洋充德國二等參贊，遍歷英、德、俄各國，考求工藝。閱歷既深，所學益進，與英國人傅蘭雅等繙譯西學有用之書多種，曾經進呈御覽，夙爲故大學士曾國藩、故督臣丁寶楨等所識拔，節次敘勞洊保今職。此次在鄂苦心孤詣，製造無煙火藥，事事躬親，手自配合，察驗不避艱險，乃成效甫著，遽遭不測，竟與委員、工匠人等同時殞命。其死事情形極爲慘酷，現值各國議禁軍火進口之際，全賴我自能擴充製造，庶期克應要需。該道夙具血誠，精通化學，綜其才藝，實爲近今不可多得之員。儻能始終其事，則鄂省鋼、藥兩廠必能精求製煉，日起有功，漸可不借外人之助。何期有用之才頓罹慘害，既痛微臣失此臂助，更惜中國少此人材。

清・劉錦藻《清朝續文獻通考》卷二六五《經籍考九》　《汽機發軔》九卷、表一卷，偉烈亞力、徐壽譯述。偉烈亞力，英吉利國人，道光二十七年入中國，寓居上海。壽字雪村，江蘇無錫人。

《汽機必以》十二卷，傅蘭雅、徐建寅譯述。

《汽機新製》八卷，傅蘭雅、徐建寅譯述。

《藝器記珠》一卷，傅蘭雅、徐建寅譯述。

清・劉錦藻《清朝續文獻通考》卷二七四《經籍考十八》　《營城揭要》二卷、圖一卷，傅蘭雅、徐壽譯述。

《水師操練》十八卷、附《雜説》一卷，傅蘭雅、徐建寅譯。

《輪船布陣》十二卷、首一卷、圖一卷，傅蘭雅、徐建寅譯。

王德均

清·諸可寶《疇人傳三編》卷七《西洋後附録二》 那麗，英吉利國人。所譔《航海簡法》四卷，美國算士金楷理與懷遠王君德均共譯本，機局刻之。中載測緯度法，測太陽午線高度，求測望處之緯度；測恒星午綫高度，求測望處之緯度；測句陳第一星高度，求測望處之緯度；推恒星過各處午線時刻，推太陽出入時刻，及晝夜永短。求羅經變差，求太陽距卯酉正地平弧度分，推潮信。法凡五，可以得中曆、西曆之異同。

清·劉錦藻《清朝續文獻通考》卷二六六《經籍考十》 《海道圖説》十五卷，金約翰撰，傅蘭雅口譯，王德均筆述。【略】德均，安徽懷遠人。

趙元益

清·諸可寶《疇人傳三編》卷七《西洋後附録二》 連提，英吉利國人。所譔《行軍測繪》十卷，皆簡易捷法，爲兵家所必講者，首列界説，末紀測算大地面之略法。詳論測器算術，足補諸家之未備。至於高深廣遠，剖面平立，範水模山，可示諸掌，與富氏書相輔而行，擇精語詳，則有過之無不及也。新陽趙君元益從傅氏譯出。

清·劉錦藻《清朝續文獻通考》卷二六五《經籍考九》 《海塘輯要》十卷，傅蘭雅、趙元益譯述。

清·劉錦藻《清朝續文獻通考》卷二七三《經籍考十七》 元和江氏《靈鶼閣叢書》五集，五十六種，九十四卷，江標編。【略】第三集【略】《澳大利亞洲新志》一卷，吴宗濂、趙元益同譯。

清·劉錦藻《清朝續文獻通考》卷二七四《經籍考十八》 《海軍指要》一卷，金楷理、趙元益譯述。

《臨陣管見》九卷，金楷理、趙元益譯述。

《行軍指要》十八卷，金楷理、趙元益譯述。

《礮藥記要》六卷、圖一卷，舒高第、趙元益譯述。

陳澧

清·劉錦藻《清朝續文獻通考》卷九〇《選舉考七》 光緒七年，兩廣總督張樹聲、廣東巡撫裕寬奏略曰：【略】國子監學録銜陳澧，番禺縣舉人，持躬謹嚴，識量宏遠，通經學道，粹然儒者。所著《聲律通考》、《漢書地理志水道圖説》，原任大學士曾國藩服其精博，其餘著述尚多，亦皆能發明義理，篤實純正。士人出其門下者，率知束身修行，成就最衆。

清·黄鍾駿《疇人傳四編》卷八《國朝二·後續補遺三十一》 陳澧，字蘭浦，廣東番禺人。年十七，常熟翁文端公督學廣東，考取縣學生。明年，科試第一，同世諸名士，皆出其下。年二十二，舉優行貢生。二十三，中式舉人。六應會試不第，大挑二等，選河源縣學訓導，兩月告病歸，揀選以知縣用，到班不就。請京官職銜，得國子監學録。爲學海堂學長數十年，至老爲菊坡精舍山長，英偉之士，多出其門。光緒七年，兩廣總督南皮張制軍之洞、廣東巡撫長白中丞裕禄會銜保薦，奏請量加褒異。其年七月奏，上諭：陳澧着賞加五品卿銜。八年正月，卒。所著有《聲率通攷》、《切韻攷》、《漢書地理志水道圖説》、《漢儒通義》、《説文聲讀表》、《水經注提綱》、《東塾讀書記》、《琴律説》、《文集》著書。又譔有《弧三角平視法》一卷。【略】又譔《三統術詳説》四卷，其門人廖廷相跋曰：「術之見於史志者，以《三統》爲最古，然其中黄鐘易策，與夫乘加參合等數，多傅會假託之辭，而又顛倒次第，緐亂其名目，讀者每以艱深苦之。錢辛楣、李尚之、董方立諸家，雖嘗爲發明，而未覺其立言之病，閲者仍不易解。先生少讀班《志》，爲之鈎摘剖演，而隱者以顯，賾者以明，成《詳説》四卷，藏之篋中，未及寫定。壬午，先生歸道山，檢刻遺書，卷内九章歲差一條，有録無説。竊據《續漢志》元和二年太史令候日行冬至在斗二十一度四分之一，以歲差密率推之，劉歆作《三統》時，當在斗二十二度四分度之一弱，知其所謂牽牛前四度五分者，蓋據當時實測而言。因倣全書體例，以己意補之，未知有當於先生之意否也。」《三統術詳説》、《弧三角平視説》。

論曰：顓頊、夏、殷六《秝》，秦一炬後，莫可深攷。而術之見於史志，最古者厥惟《三統》，然又率多傅會，易策顛倒次序。陳京卿爲之詳説，洵足補錢、李、董諸人所未及。其《弧三角平視》一書，尤便初學，功亦鉅矣。

清・劉錦藻《清朝續文獻通考》卷二五七《經籍考一》　《考正胡氏禹貢圖》一卷，陳澧撰。澧字蘭甫，廣東番禺人。道光壬辰舉人，河源縣訓導，光緒辛巳特賞五品卿銜。

清・劉錦藻《清朝續文獻通考》卷二六六《經籍考十》　《水經注西南諸水考》三卷，陳澧撰。

《水經注提綱》四十卷，陳澧撰。

清・丁仁《八千卷樓書目》卷一《經部》　《考正胡氏禹貢圖》一卷，國朝陳澧撰，東塾叢書本，續經解本。

清・丁仁《八千卷樓書目》卷四《史部》　《漢書地理志水道圖説》一卷，國朝陳澧撰，東塾叢書本，廣雅局本。

清・丁仁《八千卷樓書目》卷八《史部》　《水經注西南諸水考》三卷，國朝陳澧撰，廣雅書局本。

清・丁仁《八千卷樓書目》卷一一《子部》　《三統術詳説》四卷，國朝陳澧撰，廣雅書局本。

《弧三角平視法》一卷，國朝陳澧撰，廣雅局本。

殷家儁

清・王闓運《（光緒）湘潭縣志》卷一二　踰年，啓原還，遂主全書。而譚澐前所刱天文書久置失之，晏啓鎮地圖無經緯度里線，於是更請李紹蓮攷中星，湘陰殷家儁父子補地圖，衡陽夏時濟説山川。光緒十有五年五月，書成。

清・王闓運《湘綺樓全集・詩》卷一〇　湘陰殷家儁，字竹伍。本姓音氏，蓋元之舊族也。明初，以軍功世屯官，居於聲田，故饒於貲。至竹伍生有巧思，覽《九章》、《周髀》之書，能求捷術，尤喜製器。凡徐光啓所傳其師法，輒召匠試爲之，日夜工作不休，成不可用，即又更作，作成，復棄不用，以此匱其家。當是時，海禁猶張，儒者恥言太西，亦不視算草，唯予友丁取忠頗奇竹伍之術，名稍稍聞諸生中。洪冦起，湘軍興，始務造礮，立長沙官、私二廠，各以其所謂能者主之，竹伍不在選中。余時游曾侍郎軍幙，亦不知其能如何，末由薦也。武漢復，軍聲勢盛，湖北藩使夏廷樾主轉餉，居武昌，請余俱行。因長沙黄冕知竹伍名，欲倚以造留防軍械，遂得相見，同舟東下。既至江夏，司庫糧臺恒不能辦萬金，人心摇摇，百廢不興。余時新昏，思歸甚，假度歲辭去，竹伍猶留，欲有所營。未旬日，督府之師潰於黄州，曾之水師船燔於九江，冦復大上，武漢三陷，各踉蹌奔免。自後黄翁居長沙，通湘軍諸將、總湖南餉事，名勢重於巡撫，而形勢已定，無所用竹伍，委以榷税外縣，衣食之而已。洪冦平，夷議偏重，朝廷乃始留意船礮，大臣承風争言機器之利，關税七百萬悉輸之，福建、上海船政，機器用之。而天下干進者争自託於西學，督撫以製器爲能事。湖南雖居腹裏，亦設局省城，月給千金，遣亡賴者主製辦。余始言且可用竹伍，當事者辭以饔飧費不給，竟不用也。川督丁尚書謀西防，患火器不精，奏開局成都，大作鑪廠，營建費巨萬，廣求奇藝異能，手書致竹伍，厚其聘幣。竹伍喜，謂可竟其所學，開農田、水利、織作之利。余以爲七十老翁，雖得知己，猶患晚遇，不自覩其效也。及竹伍至，而御史已言成都製器不可用，故隨作隨毁，詔使案之當罷。竹伍復失職，遣歸，無資以自還。按察方君倡助之，倉卒附舟去，則己卯歲四月朔日也。

清・黄鍾駿《疇人傳四編》卷八《國朝二・後續補遺三十一》　殷家儁，字竹伍，湖南湘陰人。南海鄒特夫徵君伯奇著《格術補》一書，長沙丁果臣明經取忠重刊於《白芙堂算書》中，而家儁爲之箋，并爲之補算與圖。其自敘曰：「格術之補奚爲者？鄒君特夫覽沈括《筆談》，慨格術之失傳而補也。篇首以漏光之孔，擬凸鏡之限，繼將限影倒順，反復推詮爲格義。一隅之舉，以俟變通者之觸類而擴充之也。苟能充之，則撬之支衡之繫者亦格也。桔槔之俯仰也，舳艫之左右也，墜與輪之往復而周旋也，胥格之爲也。凡若此者，皆在物之格，人所易知者也。推而至於八線之正餘，距緯之南北，日月之交食，舉凡天道之陰陽剥復，人道之進退消長，與萬類之相悖相反者，莫不中有一格爲之主持，使其勢不兩立而并行耶。」【略】又著有《自鳴鐘説補正》一篇，亦足補鄒氏所未備，其他著述尚多。《格術補箋》、《自鳴鐘説補正》

黄炳垕

清・黄炳垕《自述百韻詩》　芹宫香乍採，桑硯鐵將穿。螢火車君案，雞聲祖逖鞭。郭、梅探秘籥，湯、鄧證良銓。推麻法初得，瞻星夜廢眠。雄心期活國，絶藝勉仔肩。自我行真率，憑人誚妄顛。雲萱吞八九，眷帙溯三千。余自弱冠采芹后，即究心麻算之學。取郭若思、梅定九、湯若望、鄧玉函諸公所著書，測驗推步，幾於忘食廢寢。時無一人講及此道者，見余之如是也，羣起非笑之，而余不顧也。【略】閣小下簾靜，樓高觀象便。壬申，建留書種閣於北城舊廬西北。戊寅，置觀象樓於其上。

清·黃鍾駿《疇人傳四編》卷八《國朝二·後續補遺三十一》 黃炳垕，字蔚亭，浙江餘姚人，梨洲先生七世孫也。同治庚午科父子同榜舉人。年十三時，塾師論天象，謂六合之內，大地居中，日、月、五星皆繞地而行，月與星俱借日光，故日爲君象。炳垕起而問曰：「日既爲君象，星與月皆借日光，是六合之内莫尊于日矣，奈何與月同繞地行也？」塾師愕然，曰：「小子未可以語此也。」既而曰：「此子當以絶學鳴世。」弱冠後，鋭志家學，得先世遺書讀之，遂盡通秝算之術。同治甲子，湘陰左文襄侯相奉命，飭各屬訪求通曉句股、三角、開方、度算之士，測造沿海府縣輿地圖。餘姚令陶雲升以炳垕名通稟，各大憲邀請測算，未及半載，而圖説俱成，申詳梓行。又融會諸法，參以心得，别爲一書，名曰《測地志要》。凡測經緯廣遠高深暨推算雜法，悉以試於一邑者爲例。戊辰己巳，徐壽蘅侍郎樹銘視學兩浙，推崇絶學，召試句股術，拔置第一。食餼，延至署中，訪問天學。庚午，以優行貢太學，是年遂與其子維瀚同舉於鄉。辛未計，偕入都，聯交于海寧李壬叔京卿善蘭，朝夕過從，講論絶藝，而其學益進。下第南歸，會李芍巖侍讀文田督學江右，梅小巖中丞啓照巡撫兩浙，朱肯夫詹事逌然視學川中，長白都轉惠年轉運兩浙，皆以書來招致，悉以老病辭不赴。惟嘗一主辨志文會天算講席，兩浙髦士，多出其門。又嘗爲祁子禾學使世長所邀，暫閲寧郡算學試卷，以其所著書行文撫院，咨送國史館。其《測地志要》一書，又爲總理各國事務衙門所取，分致各營。生平所著書曰：《誦芬詩略》、《忠端年譜》、《文孝年譜》、《秝學南鍼》、《方平儀象》、《交食捷算》、《麟史秝準》、《五緯捷算》、《甃餘存稿》，暨《測地志要》，凡十種，方平儀象一幅，易平圓天圖爲平方，皆本當時實測，是爲適用。其撰《交食捷算》、《五緯捷算》也，謂《欽定攷成》一書，詳述步算之術，而卷帙浩繁，數理精邃，匪特寒素之家無力購其書，即中智之士未易窺其奥，故殫思有年，悟得捷徑，證之實測而悉合，以爲初學從入之途。【略】《交食捷算》、《五緯捷算》、《測地志要》、《方平儀象》。

論曰：黃孝廉世守家學，知名當時，晚乃鍵關著書，謝絶世務，屢辭名公鉅卿之聘，其品詣卓然不侔矣。及讀其書，而法極其簡，旨極其明，雖中下之材亦不繁言而解。李壬叔京卿稱其以梅氏之心爲心，豈虚譽哉！

清·劉錦藻《清朝續文獻通考》卷二七四《經籍考十八》 《五緯捷算》四卷，黃炳垕撰。

《交食捷算》四卷，黃炳垕撰。

《測地志要》四卷，黃炳垕撰。

清·丁仁《八千卷樓書目》卷一一《子部》 《五緯捷算》四卷，國朝黃炳垕撰，刊本。

《測地志要》四卷，國朝黃炳垕撰，刊本。

廖家綬

清·黃鍾駿《疇人傳四編》卷八《國朝二·後續補遺三十一》 廖家綬，一名家壽，號子忠，湖南長沙人。少聰敏，有雋才，見知于南昌梅小巖中丞啓照，薦入江寧算學書院。光緒八年，應邊防大臣吉林將軍希元之聘，爲吉林表正書院算學教習。一世英鋭之士，多出其門。光緒十二年，吴清卿中丞大澂奉旨勘界吉林，以測繪地圖任之。圖成，議敘五品銜歸部，銓選縣丞。光緒十六年，卒于吉林總邊電報總局，年三十有一。所著有《句股邊角釋術》一卷、《續句股六術》一卷、《以中垂綫立爲六術礮法》四卷，其目曰釋術、曰溯源、曰致用；《測圜海鏡翼》二十卷，倣海鏡例，以三角容員設題；《對數較表》一卷；《修竹齋雜著》若干卷，藏于家。《廖氏算書》。

論曰：廖贊府算術，爲近日湘南翹楚。精于測量，而以礮法爲最，雖釋術與溯源相爲表裏，算例多而分門别類，設題務盡其變，定術不涉於繁，如舊設諸題，悉變爲一次比例，惟增設諸題有用數次比例者，釋術以發明其術之所以然。溯源則又推闡拋物綫，所以能馭平圓之理。至于臨敵施放昂度，固因遠而推遠，更須憑測望而後得，遞經步算不無稽遲，非準製器，不足以致用也。因更刱製器術，顔曰致用。以礮昂度寓於表尺之間，而重測横表，步算諸繁胥可省焉。法至簡則練習不難，用至捷則倉猝無失。其有益於行陣，豈淺鮮哉！

汪士鐸

清·朱壽朋《東華續録·光緒朝》卷一〇七 劉坤一奏：江寧縣已故舉人汪士鐸，研經博物，學問淵通，平居操行清峻，避聲氣利禄若浼，晚節益勵，造次弗渝，環堵蕭然，著書終老。光緒十一年間，前江蘇學政臣黃體芳查取江蘇績學之士，檄飭各學搜求遺籍，將該故舉人所著各書一併咨送國史館備查。並奏稱該舉人汪士鐸貞固絶俗，博雅冠時。是年十月初七日，奉上諭：舉人汪士鐸篤志潛修，績學不倦，允宜量予獎勵，以資觀感。著賞給國子監助教銜等因。欽此。該故舉人汪士鐸勵志力學，仰邀天語褒獎，實爲儒生稽古之榮。兹據江寧紳士、翰林院庶吉士葉文銓等稟稱，該故舉人於光緒十五年七月初七日在籍病故，臚陳事蹟，稟請具奏前來。臣查汪士鐸秉承家學，自幼篤嗜《近思録》，躬行實踐，忍苦淬勵，蔚爲儒宗。道光二十年庚子科舉人，爲前湖北巡撫胡林翼典試江南所得士，重其學行，敬禮殊優。其爲學大旨在根柢經訓，貫穿古義，以達諸禮教政治，期有益於實用，而不屑空言。於諸經皆有課釋，尤邃《三禮》，宗績溪胡培翬之學，所爲《禮服記》、《儀禮鄭註今制疏證》、《喪服經傳補疏》，具有典據，足補宋元以來註釋家所未備。尤致力於輿地之學，所著《水經註釋文》，采葺繁富，考據精博，洵發前人所未發，生平著述有《南北史補志》三十卷、表一卷、《水經註圖》二卷、附《漢志釋地略》、《漢志志疑》各一卷、《文集》十三卷、《詩詞集》二十二卷、《筆記》六卷、《續纂江寧府志》十五卷、《（同治）上元江寧兩縣志》二十九卷。其平日隨筆纂述，考核精確，未經編録成帙者，尚不下數十萬言。【略】該故舉人律身甚嚴，待人甚恕，安貧樂道，無間終身。綜其生平，清德樸行，好古潛修，實爲近今罕有。我朝名儒輩出，如顧炎武、閻若璩、惠士奇、顧棟高，均卓然成一家之言。該故舉人博學通經，耋德益劭，抗懷希古，繼軌前賢。該紳士葉文銓等臚舉事實，合詞籲請，足徵士論之公。可否仰懇天恩，俯准將已故舉人汪士鐸學行、事實宣付史館，列入《儒林傳》，以爲窮經砥行者勸。上諭：【略】著准其宣付國史館，列入《儒林傳》，以爲窮經砥行者勸。該衙門知道。

清·蕭穆《汪梅村先生别傳》 先生姓汪氏，名士鐸，字梅村，晚號無不悔翁，安徽歙縣之潛口人，曾祖始遷江寧。【略】咸豐三年癸丑春，粵西之賊陷江寧。先生與妻沈氏轉徙於徽州之績溪深山中，授徒自給數年。蓋益陽胡文忠開府楚北，聞先生避地於彼，乃召往鄂渚，同長沙丁君取忠爲輯《讀史兵略》於武昌節署。先生故有《水經注圖》，鉤稽群籍，爲學者讀唐以前古書之資，遭亂失之。避地績溪時，略有追補，胡公閔恤先生窮老，平生著述多燬兵燹，爲刊此書，並敘先生學行大略。【略】先是，胡文忠公延先生輯《讀史兵略》成，復囑爲《大清中外一統輿地全圖》，垂成而胡公薨於位，楚督官文恭及繼胡公撫軍新繁嚴公樹森復延先生續成之。【略】光緒十六年春三月十五日謹述。

清·劉錦藻《清朝續文獻通考》卷二六六《經籍考十》 《水經注圖》二卷、附《漢志釋地略》、《漢志志疑》各一卷，汪士鐸撰。

清·丁仁《八千卷樓書目》卷八《史部》 《水經注圖》二卷，國朝汪士鐸撰，石印本。

吴大澂

清·胡思敬《戊戌履霜録》卷四 吴大澂，字清卿，江蘇吴縣人。同治戊辰進士，官編修。性豪邁，不拘小節，能文，工篆法，好兵家言。嘗屯軍奉天，與俄人議界，争回黑頂子，號知洋務。今上即位之初，内寇初平，海疆多故。大澂與張佩綸、陳寶琛皆負清流，慷慨好談邊事。癸未，法越事起，沿海戒嚴，朝廷以軍務重要，疆臣不盡可倚，出佩綸爲閩洋會辦，寶琛爲南洋會辦，大澂佐李鴻章會辦北洋。後佩綸僨軍馬江，寶琛亦以事降黜，獨北洋未受兵，大澂倚鴻章得無罪。甲午，東事起，大澂方巡撫湖南，自請赴敵，帥諸將魏光燾、余虎恩、熊銕生、吴元愷、左孝同、曾廣鈞四十九營兵，出山海關，鋭意規復海城，委光燾孤軍守牛莊。敵兵猝至，攻陷之，海城兵聞警皆潰，大澂奔還錦州。中外彈章蠭起，翁同龢庇之，令還巡撫任，言者猶疏劾不已，遂罷。至是，以同龢故牽連，得罪革職。

清·劉光蕡《味經書院志》 吴大澂，字清卿，江蘇吴縣人。同治戊辰翰林。甲戌任，始籌膏火萬金，教士有法，威惠兼施，士戸祝之。今任湖南巡撫，欽差，幫辦大臣。

劉鶚

清·福潤《歷代黄河變遷圖考》卷首《尚書衔山東巡撫福片》 再，候選同知劉鶚，江蘇丹徒縣人，光緒拾六年經前撫臣張曜咨調來東，委辦河務。該員向習算學、河工，兼諳機器、船械、水學、力學、電學、測量等事，著有《句股天元草弧角三術》、《歷代黄河變遷圖考》等書。前河臣吴大澂、前河南撫臣倪文蔚於鄭工合龍后，測量直、東、豫三省黄河，繪畫全圖進呈御覽，即委該委員辦理，其所著述各書考據尚屬詳明，有益於用。恭讀光緒六年正月二十一日上諭：因時事多艱，需才孔亟，迭經諭令各直省督撫保薦人才以備任使。其有熟悉中外交涉事宜、通曉各國語言文字、善製船械、精通算學足供器使并諳練水師事宜者，無論文武兩途、已任未仕，均著各舉所知，出其切實考語，秉公保薦等因，欽此。仰見聖主軫念時艱，求賢若渴之至意。奴才查該員劉鶚講求算學，兼諳機器、河工等事，洵屬有用之才，前經援照安徽同知董毓琦考驗成案，咨送總理各國事務衙門考驗，以備驅策，旋準咨覆，董毓琦由船政大臣會同閩浙總督具奏，奉旨允準。今僅咨送核與成案不符等因，自應遵照天恩俯準，由奴才將該員劉鶚咨送總理各國事務衙門考驗，以備任使之處，出自鴻慈逾格，除飭取所著各書，咨呈軍機處暨總理各國事務衙門候核外，謹附片具陳，伏乞聖鑒訓示，謹奏硃批：著照所請，該衙門知道。欽此。

清・劉錦藻《清朝續文獻通考》卷二六六《經籍考十》 《歷代黄河變遷圖考》四卷，劉鶚撰。鶚字鐵雲，江蘇丹徒人。山西候補道。

清・丁仁《八千卷樓書目》卷八《史部》 《歷代黄河遷變圖考》四卷，國朝劉鶚撰，石印本。

楊守敬

清・楊守敬《鄰蘇老人年譜》 己亥，道光十九年（一八三九年），一歲。

四月十五日丑時，吾以生。【略】

戊午，二十歲。

是年，有太平孫君玉堂璧文避亂宜都，在太平會館授徒，其人勤學不倦，因與之交。適餘杭鄭譜香蘭亦避亂至宜都，租余屋居之。因其曬書，見六嚴《輿地圖》，假之，而與孫君各影繪，無間昕夕，余成二部，孫君亦成一部，譜香知之，乃大激賞。

乙亥，光緒元年（一八七五年），三十七歲。

是年，陸續刻《望堂金石》。東湖饒季音敦秩招余至其家，同撰《歷代輿地沿革險要圖》。【略】

己亥，六十一歲。

正月，方脩整屋畢，得張文襄電，招余充兩湖書院教習。二月，即赴武昌就館，任地理一門事。【略】

庚子，六十二歲。

是年，仍舊書院館。信致嵩芝，囑其來省襄校及起草各地理書。自是以後，嵩芝每年來省贊助。刻《漢書地理志補校》及《晦明軒稿》成。【略】

癸卯，六十五歲。

是年，開經濟特科，總督張文襄、巡撫端午橋方合詞保守敬名居第一，云：「老成碩望，博覽群書，致力輿地學數十年，於列朝沿革險要洽熟精詳，著書滿家，卓然可傳於世」。【略】

甲辰，六十六歲。

刻《水經注圖》成。爲《水經注圖》者，國初有黄子鴻儀，其書不得。咸豐間，汪梅村士鐸始爲之圖，胡文忠爲刊行，顧其學未博，且未見戴氏本，以《悔翁筆記・渙水》條知之。多有憑臆移置左右易位者，未足爲酈氏之功臣。而全、趙、戴又但憑今圖以律酈書，恃其所學，略觀大意，遂下雌黄。故余爲此圖，皆循酈氏步趨，必一一證合，以書考圖，以圖覆書，無不吻合，而流移變動，如指諸掌，乃知酈書細針密縷若蛛網，絲毫不亂。上虞羅叔藴振玉得吾書，嘆賞之，謂吾地理之學與王懷祖念孫、段若膺玉裁之小學，李壬叔善蘭之算學，爲本朝三絶學。【略】

丙午，六十八歲。

刻《禹貢本義》及重訂《歷代沿革險要圖》、《春秋地圖》成。【略】

丁未，六十九歲。

刻《三國郡縣表補正》及《三國地圖》成。【略】

己酉，宣統元年（一九〇九年），七十一歲。

刻戰國、秦、續漢、西晉、東晉、劉宋、蕭齊、隋各地圖成。【略】

庚戌，七十二歲。

刻北魏、西魏地圖成。【略】是年，又開通志局，以守敬爲纂校。刻《明地圖》成。【略】

辛亥，七十三歲。

刻十六國及梁、陳、北齊、北周、唐、五代、宋、遼、金、元各地圖次第成。梁、陳、北齊、北周四史無地志，大體見《隋志》中。《隋志》本爲五代志也，然略而不詳。陽湖洪齮孫《補梁疆域志》詳矣，而多無實據。嘉定徐文範《南北朝輿地沿革表》用力尤多，然書缺有間，亦不免有臆度。汪梅村《南北史補志》則疏漏既多，武斷尤甚。余與嵩芝博稽故籍，其確然可信者録之，其無考者闕焉，此中頗費經營。

民國・閔爾昌《碑傳集補》卷末《楊守敬傳》 陳衍曰：同光以來，孰日録版本之學者，有桐城蕭穆、江陰繆荃孫，精金石考證之學者，荃孫、葆恂、守敬兼之。至地理之學，其所獨擅爾，守敬治舊地理，新化鄒代鈞治新地理，分教兩湖書院，楚有材矣。代鈞不及中壽卒，輿圖學會中道而廢，惜哉！

姚文棟

民國・姚明煇《先景憲公年譜節要》　先府君諱文棟，字志梁，一字東木，咸豐二年壬子生。【略】世籍上海，居縣城西門內。

光緒六年庚辰，先府君二十九歲。

府君入泮後，凡四應江南鄉試，不中，乃在江蘇滇捐總局捐納通判，以是年四月入都。【略】明年辛巳秋，欽差出使日本國大臣黎莼齋星使諱庶昌見府君所著《籌邊九論》，頗傾許，奏請隨帶出使，奉旨俞允。冬十二月二十六日，隨抵日本，奉派爲駐扎東京使隨員。先府君住京二載，著有《蘇園襍著》二卷文三十二篇外，又著書八種，一《帝京形勝攷》、二《塞外金石記》、三《外蒙古喀爾喀四部圖説》一册、四《青海攷略》二卷、五《中俄條約彙編》三卷、六《增訂北徼彙編》四卷、七《西陲彙要》一百卷、八《蘇園日記》二卷。

光緒八年壬午，先府君三十一歲。

府君在東京使館，因奉欽差使委派，應接文士，故交游日本、朝鮮人士甚廣。【略】光緒十三年丁亥冬，先府君奉欽差出使俄德奧和國大臣洪文卿諱鈞奏調隨帶出洋，有查得日本隨員直隸候補同知姚文棟，學有本原，究心時務語，奉旨俞允。十一月十三日，隨欽使抵德京柏林。先府君在日本六載，著有《日本國志》十卷，此書寫定未刊。薛氏福成爲撰序，有一旦海上有事，當必有取於此語。先府君晚年嘗手識清稿，書耑曰：此與黃公遵憲所撰《日本國志》名同實異，黃書仿通志畧，此則地理志也。《日本地理兵要》十卷，此書作於癸未年，詳於兵事地理，爲東海未雨之謀，係中文日本地理最早之本。時在甲午中日戰前蓋十年甲申成書，呈總理衙門，蒙張幼樵堂憲佩綸發同文館刊印，分送各省暨各國使館，其後坊間有翻本行世。《琉球地理志》三卷，時日本攘琉球案未結。《安南小志》一卷，時在甲申，法與安南方交訌。《日本火山温泉攷》一卷、《日本海陸驛程攷》一卷、《日本礦產攷》一卷、《日本東京記》一卷、《日本近代史》八卷、《中東年表》三卷、《日本氏族攷》八卷、《日本古今官制攷》十卷、《日本會計録》四卷、《日本藝文志》六卷、《日本文源》六卷、《日本文録》十卷、《日本文傳》二十卷、《日本通商始末》二卷、《日本沿海大船路小船路詳細路線圖》二幅、分圖六十二幅、《訂正朝鮮地理志》八卷、《俄羅斯屬地西卑利亞新造鐵路圖并説》一帙。此圖説撰於光緒十三年，時西卑利亞鐵路方始動議，纔設計畫。此帙曾印數萬行世，又載當時《申報》。【略】

光緒十四年戊子，先府君三十七歲，在德京使館。

在德京使館至十六年戊寅冬期滿，在德凡三載，譯輯《泰西政要》十卷、《東西洋國別地理詳誌》若干卷，著《地中海三洲分合興衰攷》若干卷。【略】

光緒十七年辛卯，先府君四十歲。

正月，奉欽差出使英法義比國大臣薛叔耘星使諱福成札委，游歷印度、緬甸，密查滇緬邊界。【略】本年正月，奉委由歐起程，經印度、緬甸入野人山，親履滇緬沿邊數千百里，備嘗艱苦，時緬甸尚無鐵路，沿邊皆屬野人境域。身中瘴毒，歷半載，始入滇省。蒙雲貴總督王制軍諱文韶奏留雲南，委辦邊防。至光緒十九年冬，奉王制軍咨，送總理各國事務衙門請獎，乃由黔、湘驛程歸里。先府君自光緒十七年由歐歸國，至此凡三載，著有《印緬紀行》四卷、《印緬考察商務記》二卷、《雲南初勘緬界記》一卷、《雲南勘邊籌邊記》二卷、《雲南初勘緬界記前編》十卷、《正編》十卷、《後編》一卷、《滇緬之間道里攷》一卷、《滇越之間道里攷》一卷、《西南備邊後録》八卷、《滇邊土司記》三卷、《雲南野人山保商營畧》一卷、《辛卯雲南邊事記》四卷、《英人吞緬始末》一卷、《雲南大事記》二卷。【略】又歸里途中著《滇黔湘鄂贛皖行程記》一卷。【略】

光緒二十七年辛丑，先府君五十歲。

秋，奉山西巡撫部院岑春煊奏調山西。【略】明年壬寅，奉山西巡撫札委，督辦全省學務處兼山西大學堂督辦。時山西全省未立學堂，京師未設學部，府君奉委後，手定《山西學務總綱》十六條、《山西府廳州縣學堂章程大概》八條、《山西全省蒙塾條議》八條、《山西大學堂中學提綱》五條、《山西全省蒙師程課》一册，以上各件詳準施行，爲山西全省教育開創之權輿。【略】至光緒三十二年丙午，恩撫壽到任，山西與直隸貼鄰，權奸爪牙時已佈滿太原，府君乃稟肯銷差，回籍省親，奉準離晉，道經保定，未上督轅。赴京小住，見朝局日非，於五月航海歸里。【略】

附録山西大學堂中學提綱節録

地輿之學以知今爲要。胡氏《一統輿圖》最稱善本，然有詳南畧北之嫌。近重修《會典》，各省輿圖均有新繪之本，良窳不一，要皆詳於舊圖。湖南鄒氏地學會各圖最爲賅備，惜未全出。外國地圖用華文者，竟無善本，《地球圖》尚佳，《萬國輿圖》次之，西文地圖必須多譯。今應以李氏八册《輿圖》爲讀中國之門徑，

《萬國輿圖》爲讀外國之門徑，輿地各書以《水道提綱》爲讀水道之門徑，《乾隆府廳州縣志》爲讀今地志之門徑，《瀛寰志略》爲讀外國地志之門徑。然皆太簡，今宜將各省新舊通志所列郡邑建置、四至八到山川、郵驛、關梁、村鎮、防汛、分司、鹽官、礦産、海防汊港、邊防卡倫、鄂博，證以《一統志》，參之《會典事例》、《圖説》、本朝《三通》、其《皇輿西域圖志》、《伊犁總統事略》、《新疆識略》、《盛京通志》、新修《吉林通志》、《黑龍江外紀》、《述略》、《蒙古遊牧記》、《衛藏圖志》及近刻《小方壺叢書》均資參攷，蓋以地輿零種各書、諸家文集所載并直省新圖、近年邸報，彙輯成編，名之曰《光緒地道記》，必詳必備，勿令遺漏，則成國朝地志專書，觀覽攷求均易爲力。外國之地志宜仿各省通志之例，多譯西文輿地各書，兼按上所列諸門，無者删之，闕者補之，名之曰《外國地道記》，則五洲疆宇可得其詳，不出户庭，周知天下，其以此也。歷代輿地取各史地志郡縣，注以今地名，或用饒氏《沿革圖》爲底本，以李氏《韻編》校之，明其大概，無事深求。此皆地學之要者也。

清·丁仁《八千卷樓書目》卷九《史部》　《日本地理兵要》十卷，國朝姚文棟撰，同文館本。

李宗縣

清·李宗縣《煮石年譜》　同治元年壬戌十二月初五日寅時生。

父命名曰繼鑫，世居廣東廣州府南海縣江浦司登雲堡西華里東嚮槃根街。【略】

九年癸未，二十二歲。

二月，隨叔兄自盱自江南歸，從游番禺陶春海孝廉福祥師。余兼拜同邑羅海田師照滄學測量繪圖術。【略】

十一年乙酉，二十四歲。

隨羅海田師赴南海、三水、四會、高要、清遠諸縣，測量圍堤決口，奉張制帥之洞命也。同事者四人，五閲月測量蕆事，回省繪圖上報。

十二年丙戌，二十五歲。

父以張孝達制軍留辦登雲堡十四圍堤，擬刱建石閘於宫山之馬頭岡，保障西堤，命余繪圖帖説上陳。【略】

十六年庚寅，二十九歲。

七月，考取會典館正取第九名測算生。

十八年壬辰，三十一歲。

【略】六月，回京師，供會典館測算繪圖職。【略】

二十四年戊戌，三十七歲。

【略】十一月，奉北京郵函，悉會典館輿圖全書過半，議敘以縣丞分省補用。

【略】

二十六年庚子，三十九歲。

三月，到省三個月期滿，應考臬臺課吏，取一等第一，奉委北路四段冬防保甲差。又應考蘇省中西學堂，刊算學測量第一，調委齊門旱關稽查差。五月，奉委兼辦蘇省沙洲公所測量差，札赴丹陽縣測量盪網、永勝、新洲、外洲四洲水影。回省繪圖説帖上報，諸大府皆稱善。十一月，奉委赴武進、陽湖二縣，測量勘估運河工程。十二月，事竣回省，繪圖册報，仍回沙洲測量差。

二十七年辛丑，四十歲。

八月廿三日，妻氏陳殤於故里。【略】是月，沙洲公所因江渣盛漲，沙洲盡淹，遂裁撤。十月，奉委赴丹徒、丹陽二縣，測量運河工程，兼稽核土方、水方事宜。全河分六段，設分局六，以同通州縣分揔之。局分五小段，段派佐貳監工一員。丹徒以上三段，沈委主之；丹陽下三段，余主之。以沈道佺揔其成，設總局於丹徒上三段。沈委不諳測量術，故上下段圖齟齬不合。十二月，奉委蘇省派辦處隨辦文案差河工測量，核定土方、水方，事竣回蘇册報，二十六日即到派辦處文案差，移寓大倉口。

二十九年癸卯，四十二歲。

【略】十一月，奉委農務局文案兼測量會圖差，派處文案如故。

事件部

總論

明·鄭大郁《經國雄略》卷一《賦役考》 圖所重在田，則田爲經，人爲緯，田各歸其都圖，諸原隰、墳衍、腴瘠、方圓之形畢具，遇土田之訟則質之，此不與人爲轉移者也。册所重在户，則人爲經，田爲緯，田各歸其户，一切新舊變遷、離居析爨之效皆具，遇賦役之徵則稽之，此與人爲轉移者也。有轉移者以時登下之數，則役不膠於一定，而消長之變均；有不轉移者，以握其常定之券，則田不紛於出入，而隱漏之弊絶，法至詳矣。

清·馮桂芬《顯志堂稿》卷一一《均賦税議》 曷言乎繪圖以均賦税也？賦税不均，由於經界不正，其來久矣。宋熙寧五年，重修定方田法，分五等定税。《宋史·食貨志》，又《王洙傳》。明萬曆八年，度民田，用開方法，以徑圍乘除截補。《欽定通鑑綱目三編》。康熙十五年，命御史二員詣河南、山東，履畝清丈。山東明藩田以五百四十步爲畝，今照民地，概以二百四十步爲畝。《皇朝文獻通考》。乾隆十五年，申弓步盈縮之禁。部議：惟直隸、奉天遵部弓尺，並無參差，至山東、河南，可見康熙十五年之舉，仍屬具文。山西、江西、福建、浙江、湖北、西安等省，或以三尺二三寸、四尺五寸至七尺五寸爲一弓，或以二百六十弓、七百二十弓爲一畝，長蘆鹽場三尺八寸爲一弓，三百六十弓、六百弓、六百九十弓爲一畝，大名府以一千二百步爲一畝。若令各省均以部定之弓爲畝，倘大於各省舊用之弓，勢必田多缺額，小於舊用之弓，勢必須履畝加征，一時驟難更張，應無庸議。嗣後，有新漲、新墾之田，務遵部頒弓尺，不得仍用本處之弓。《大清會典》。不特朝廷寬大之恩卓乎不可及，亦見當時部臣深明大體有如此。惟是舊田、新田截然爲二，終非同律度量衡之意也。惜當時不將各省田畝一切度以工部尺，而增減其賦以就之，不尤善之善者乎。今吴田一畝多不敷二百四十步，甚有七折、八折者，《林文忠公疏稿》見《興水利議》。所謂南方地畝狹於北方者，此也。

蓋自宋以來，所謂清丈者，無非具文矣，皆由不知前議羅盤定向、四隅立柱之法，爲之範圍，有零數、無都數，可分、不可合，或盈或縮，甚或隱匿，百弊叢生。丈書泥於梯田鬬狹折半之法，方田十畝斜剖爲二，可成十一畝，餘可類推。又遇巉山，宜用圓錐求面術，亦丈書所未必知。《蘇州府志》載，吴縣辦清丈，久之，以山多難丈中寢，可爲笑柄。故丈田亦必略知算術，不可專恃丈書。不能若網在綱，必至治絲而棼。

誠如前議繪圖之法而用之，然後明定畝數，北省有六畝爲一晌、四十二畝爲一繩等名目，亦應删除。用顧氏炎武所議，以一縣之丈地，敷一縣之糧科，見《日知録》。即《朱子》通縣均紐，百里之内輕重齊同之法，見《朱子文集》卷十九《條奏經界狀》。按畝均收，仍遵康熙五十一年永不加賦之諭旨，不得藉口田多，絲毫增額。如是，則豪强無欺隱、良儒無賠累矣。

又舊例各縣税則至數十等之多，於國無益，於民非徒無益，而於吏胥隱射、轉換則大有益。圖成之後，地形高下，水口遠近，犁然在目，應請各州縣就境内用宋法，分五等定税，亦絶弊之善術。

又《日知録》所列州縣，有去治三四百里者，有城門外即鄰境者，有縣境隔越，如《周禮》所謂華離之地者，按圖稽之，并改甚易，是之謂平天下，是之謂天下國家可均。

清·馮桂芬《顯志堂稿》卷一一《稽旱潦議》 曷言乎繪圖以稽旱潦也？州縣一遇水旱，吏胥即有注荒費之目，有費即荒，無費即熟。官即臨鄉親勘，四顧茫然，發蹤指示，一聽諸吏，雖勘，如不勘也。

前議繪圖之法所謂石柱，即今水則碑之制。吴江垂虹亭有水則碑二，並不徧布各鄉，又無比較之率，則其用僅與石步等，有此何益。惟行四隅立柱之法，驗石柱，披地圖，今日不雨，則若干圖將旱，明日又不雨，則又若干圖將旱，水加一寸，則若干圖將淹，水又加一寸，則又若干圖將淹，坐廣厦細旃之上，固已了然於胸中。舟輿既出，勘一水而百水可知，勘一鄉而四鄉可知。脱有不合，則必高地隔越，港汊不通，不難隨時修濬，尚何前弊之有。

清·馮桂芬《顯志堂稿》卷一一《改河道議》 曷言乎繪圖以改河道也？【略】治河之書如《行水金鑑》之類，汗牛充棟，率多紙上空談，難資實用。夫爲下必因川澤，未有改河道而不自審高下始者。諸書間及測量，止言所欲施工之地，從未有普徧測量之説，亦由不知其法爾。應請下前議繪圖法於直隸、河南、山東三省，徧測各州縣高下，縮爲一圖，乃擇其窪下遠城郭之地，聯爲一綫，以達於海，誠數百年之利也。

近世論治河者，靳氏輔、夏氏駰諸人痛詆讓策，夏氏不足道，靳氏以治河名，何以爲此説，亦自文其所不能而已。至附會修太原爲修隄，九澤既陂爲隄陂，然則禹又一緜也。考《説文》：陂，阪也，一曰沱也。《詩》：彼澤之陂。《毛傳》：陂澤，障也。澤障即沱，蓋水旁淺灘，故蒲荷生之，豈隄之謂邪？至高平曰原，與治水尤無涉，其不足辨明矣。《周髀算經》曰：故禹之所以治天下者，此數之所由生也。漢趙君卿注云：禹治洪水，決流江河，望山川之形，定高下之勢，除滔天之災，釋昏墊之厄，使東注於海而無浸溺，乃句股之所由生也。是君卿固知治水之必用算學，而其法不傳。元郭守敬算學名家，史稱其習水利，巧思絶人，陳水利六事，又十有一事。又嘗以海面較京師至汴梁，定其地形高下之差。又自孟門而東，循黄河故道，縱横數百里間，各爲測量地平，或可以分殺河勢，或可以灌溉田土。是守敬亦知治水之必用算學，而其法又不傳，然亦可見古之人有行之者矣。

清·崑岡等《清會典圖》卷首《奏摺》：竊臣館繪圖處自光緒二十三年十二月十五日至今，先後進呈天文圖、冠服圖、禮圖、輿衛圖、樂圖、武備圖六門，現在輿地圖亦已纂辦告成。查光緒十五年七月初十日奏定畫圖事宜，即以涖政行軍莫先形勢，開方計里尤注重輿地一門，因咨調省府志書，採備官私册籍，並擬就圖表格式奏頒布各省，遴員測繪，予限送館。嗣以各省紛請展限，誠恐過延時日，貽誤限期。當於光緒十八年十月二十六日附片奏明，仍照嘉慶《會典》舊式辦理，不繪州縣分圖，亦經奉旨允准。數年以來，各省新圖業已陸續咨送到館，惟各省纂繪不免彼此之歧。合爲全圖，諸多窒礙，徵諸舊説，尤有異同，悉爲審覈度里，博搜志乘，務剖析夫群疑，俾折衷於一是。凡州縣分圖所載，皆擇要增入府圖。斟酌繁略，苦費經營，但期多盡一分之力，即多得一分之用。其蒙古、西藏及邊僻各省或無新圖，或有圖而不堪據，辨者謹按乾隆年間欽定《内府輿圖》、道光年間欽定《大清一統志》諸書纂繪底本，參以各書圖，悉心考覈，踵事加詳，以期薈萃成編，歸於一律。至邊界一事，中外交涉，尤關重大，送館新圖，實難必其毫無舛錯，況廣輿浩博，縮繪於尺幅之中，儻圖中有分毫出入，即關邊界百十里之差殊。點界一事，未敢輕於措手。是以現在辦法，凡卡倫、鄂博、噶珊、土司，均據新圖斟酌注明，稍有疑似，寧闕毋誤。邊界不點虛綫，仍遵嘉慶舊典，原界一一註明，以守舊章而昭慎重。其沿革裁改，亦以各省送館新圖爲斷，以示限制。惟是經緯度分，南侈北歛，非用弧綫，不能得地勢之真形，非用平方，不能計道里之遠近。方圓宜求其合，分總各罄其長，計繪成弧面總圖一，百里開方全圖二十有七，五十里開方分圖三百三十五，依圖纂説，都爲一百三十二卷。謹先繕具清單，凡增改省併，依據何書，皆詳注於下，恭呈御覽。一面繪繕清本，續呈欽定。所有臣等纂辦會典輿地圖告成緣由，理合恭摺奏聞，伏乞皇太后、皇上聖鑒。謹奏。本日奉旨：知道了。欽此。

清·朱壽朋《東華續録·光緒朝》卷九八 光緒十六年五月辛卯，張曜奏：接准會典館及部咨，以奉敕續修會典。凡應查造輿圖及海防、河工、田賦、兵刑一切應行纂考者，詳具圖説同送。臣謹即分檄藩、臬、運三司各道，並飭府州縣詳細造送，以憑彙核。因思省志之修，實與政書相表裏。我朝自雍正七年世宗憲皇帝命各省重修通志，上諸史館，以備《一統志》之採擇。【略】竊以爲著書貴裨實用，即通志爲地理之書，所重首在輿圖。今擬謹遵欽定輿圖開方之法，先繪通省輿圖，皆以虛空鳥道測其遠近，以定準望，爲山嶺，爲平迤，爲險峻，川澤出入，堤防高廣，關津要隘，水陸驛站，城郷道塗，莫不詳記。而河梁之高下曲直，與海道之遠近險夷，必使人周歷測量，而後繪爲分圖、總圖。俾官斯土者，行軍、徵賦、詰盜賊、興水利，欲有所事，即曉然於心目之間。其次則爲府州縣沿革表，義例一遵《大清一統志》。又次則仿歷代史書，爲編年通紀，爲職官表，爲地里志，田賦志，禮義志，兵馬志，海防志，河渠志，藝文志，爲人物列傳。【略】得旨：著照所請。

清·朱壽朋《東華續録·光緒朝》卷二〇五 光緒三十三年二月壬午，民政部奏：魏晉以來始設民部，唐時改民爲户，相沿及今。現經總核官製王大臣奏改户部爲度支部，掌財政，畫疆等項歸入臣部。則臣部新增之職掌，即《周禮》大司徒之職也。上年十二月十七日，臣等會同軍機大臣，奏定臣部官制，内設疆理一司，以審議地方區數，核辦測繪圖志等項，實與大司徒所掌之職，以天下土地之圖，周知九州地域廣輪之數，又以土圭之法測土深、正日景，以求地中之義符合。伏維各省地勢今昔變遷不同，而新政推行，則府縣區域之增折裁併者亦所在多有，非有新繪之圖、新修之志，不足以資考證。臣部現正籌辦測繪學堂，冀以廣儲此項人才，爲將來測繪地圖之用。惟造就尚需時日，擬先調取京外邊腹各省原有之圖志，以爲參核編輯之資。其陸地形勢、河海流域、都圖村莊、商埠船塢等處，以及荒熟林牧等地，皆於疆域有重要之關繫。而邊陲界限，圖境攸關，尤宜注意考求，方昭詳密。應請飭下各將軍、督撫、大臣，就近詳考疆域，慎核界綫，分别繪圖貼説，列表造册，隨時咨送臣部，以備查核。至於變通官制，增改郡縣，近日各疆臣參酌形勢，奏奉俞允者，時有所聞。嘗考漢晉之分郡國，皆司徒上之。臣部職司疆理，應有稽核記載之責。嗣後各疆臣如有奏改及新設府、廳、州、縣者，應請飭下臣部核議，以昭鄭重，土疆修明，治本之意。得旨：如所議行。

清·施勤《步算筌蹄》卷末《繪圖説》 約計中國之大，綉壤相錯，縱横萬餘里，東西直距六千餘里，南北稱之。顧欲伸尺幅幂，圖繪皇輿。雖使足遍九州，博徵地志，而求其位置妥貼，確然有準，難矣！欽惟我聖祖仁皇帝合地球於天體，爰於庚寅、辛卯間，分遣臺臣四測，準月食遲早，以定東西偏度。測恒星隱見，以定北極高度。由是收寰宇於方罫之上，經緯犁然。金華張丹邨先生復謹按全圖衍爲全表，斯固仰觀者所重賴，抑亦俯察之所必需已。兹列三圖，悉遵其表，畫縱線爲經度，畫横線爲緯度，用以填注地號。星羅碁布，分寸不踰。蓋不獨有裨於志乘，而凡夫疆域之廣狹，道里之遠近，悉可按格而稽云。

清·葉耀元《輿地測繪入門·序》 大地全體，圓轉如球。山海人物，附載球面。或河或嶽，或川或陸，或城市，或田野，或樹林，或沙漠，崇卑高深，其形萬殊。苟非圖其形於尺幅之上，無以顯山海之凹凸、原野之曠遠，又不能識道路之遠近、疆域之廣狹、都邑之疏密。苟非管窺儀測，繩量筆記，推算而比例之，而地輿之圖無從繪。儒者不明測繪，而輿地之書無從讀，雖讀莫能精。用兵不明測繪，則無以誌形勢之險要、山陸之通塞、道裏之紆捷、人物之繁希，而不能行軍布置，設伏出奇。商賈不明測繪，則無以經商遠涉，計程途之遠近、時候之遲早、各地之貨産。故測繪之學，爲吾人當務之急，講新學者不可不談者也。學者觀察地圖，往往强記計裏開方之舊説、人裏鳥裏之常談，而經緯順逆、形勢向背，卒無以辨。此皆捨本逐末，不先講明測繪之學，故有流覽輿圖，視同玩物之弊。余深病之，故著爲是書，以爲喜覽此圖並講測繪學者入門之助云，吴縣葉耀元識。

清·葉耀元《輿地測繪入門》卷二《測量門·測量推極論》 測量者何？凡原本象數格致推度萬彙之遠近、大小、長短、輕重者也。兹所論者何彙也，輿地之彙也。輿地何以測，測望角度也。何以量，量度長短也。夫測以量爲界，不量則有角而無小大，量以測爲準，不測則有長而無方位。故無角度則方位莫能定，無長短則小大不可知，無方位、無小大則輿地之圖曷從繪乎？雖繪弗準焉。欲求準圖者，必自講求測量始。欲善測量者，必自精製儀器始。然則制器何以精也，明象數之理，通格致之學而精也。明理通學，何以致其精也，夫理明則法生，用法求其規矩、準繩，探其賾奥微而成器之靈巧。學通則藝多，籍藝以察其漲縮質性，考其光線重率而正器之差謬。靈巧成，差謬正，器斯精矣。何以古人測量未嘗有精器也？古時測量僅藉句股。其制器也，徒憑矩形而不深求格致。故其理未精。句股者，矩三角也。故其器象矩，惟其矩也，故測（無）〔量〕無弧度而截方邊，以大小句股比例得之。《周髀》曰：「偃矩窺高，覆矩測深，卧矩知遠」。考其所用，盡矩也。求圜之術，恒藉内容外切，雖有圜儀，其法未精。迨西法東來，擴句股開方爲三角八線，盡八線之用，括平弧三角無遺，況幾何、代數、微積、曲線之余，輔之以重、光、熱、質諸學，而測算之術於是乎大備。然學也理也，既若是其饒且足矣，然法也器也，安得不廣且精哉！

分論

天文大地測量

宋·王應麟《玉海》卷四《天文·至道司天臺銅渾儀》 顯符上《法要》十卷。《崇文目》云《渾儀法要》十卷。《序》云：「伏羲立渾儀，測北極高下，量日景短長，定南北東西，觀星間廣狹。」

《左傳·僖公五年》 五年，春，王正月，辛亥，朔，日南至。公既視朔，遂登觀臺以望。而書，禮也。凡分、至、啓、閉，必書雲物，爲備故也。

唐·魏徵等《隋書》卷一九《天文志上》 （漢和帝）永元十五年，詔左中郎將賈逵，乃始造太史黄道銅儀。

又 （漢）桓帝延熹七年，太史令張衡，更（黄道儀）以銅製，以四分爲一度，周天一丈四尺六寸一分。亦於密室中，以漏水轉之。令司之者，閉户而唱之，以告靈台之觀天者，琁璣所加，某星始見，某星已中，某星今没，皆如合符。

又 （銅儀）檢其鐫題，是僞劉曜光初六年，史官丞南陽孔挺所造，則古之渾儀之法者也。而宋御史中丞何承天及太中大夫徐爰，各著《宋史》，咸以爲即張衡所造。其儀略舉天狀，而不綴經星七曜。魏、晉喪亂，沉没西戎。義熙十四年，宋高祖定咸陽得之。梁尚書沈約著《宋史》，亦云然，皆失之遠矣。

又 後魏道武天興初，命太史令晁崇修渾儀，以觀星象。

又 （北魏）明元永興四年壬子，詔造太史候部鐵儀，以爲渾天法，考琁璣之正。

又 宋文帝以元嘉十三年，詔太史更造渾儀。太史令錢樂之，依案舊説，采效儀象，鑄銅爲之。

又 到元嘉十七年，又作小渾天，二分爲一度，徑二尺二寸，周六尺六寸。安二十八宿中外官星備足。以白青黄等三色珠爲三家星。其日月五星，悉居黄道。亦象天運，而地在其中。

又 宋元嘉十九年壬午，使使往交州測影。夏至之日，影出表南三寸二分。何承天遥取陽城，云夏至一尺五寸。計陽城去交州，路當萬里，而影實差一尺八寸二分。是六百里而差一寸也。

又 梁天監中，祖暅造八尺銅表，其下與圭相連。圭上爲溝，置水，以取平正。揆測日晷，求其盈縮。

又 大同十年，太史令虞劆，又用九尺表，格江左之影，夏至一尺三寸二分，冬至一丈三尺七分，立夏、立秋二尺四寸五分，春分、秋分五尺三寸九分。

又 至武平七年，訖干景禮始薦劉孝孫、張孟賓等於後主。劉、張建表測影，以考分至之氣。草創未就，仍遇朝亡。

又 及高祖踐極之後，大議造曆。張胄玄兼明揆測，言日長之瑞。有詔司存，而莫能考決。

又 宋元嘉所造儀象器，開皇九年平陳後，並入長安。大業初，移於東都觀象殿。

又 至開皇十九年，袁充爲太史令，欲成［張］胄玄舊事，復表曰：「隋興已後，日景漸長。開皇元年冬至之影，長一丈二尺七寸二分，自爾漸短。至十七年冬至影，一丈二尺六寸三分。四年冬至，在洛陽測影，長一丈二尺八寸八分。二年夏至影，一尺四寸八分，自爾漸短。至十六年夏至影，一尺四寸五分。其十八年冬至，陰雲不測。元年、十七年、十八年夏至，亦陰雲不測。」

又 仁壽四年，河間劉焯造《皇極曆》，上啓於東宮。論渾天云：**【略】**

又云：「《周官》夏至日影，尺有五寸。張衡、鄭玄、王番、陸績先儒等，皆以爲影千里差一寸。言南戴日下萬五千里，表影正同，天高乃異。考之算法，必爲不可。寸差千里，亦無典説，明爲意斷，事不可依。今交、愛之州，表北無影，計無萬里，南過戴日。是千里一寸，非其實差。焯今説渾，以道爲率，道里不定，得差乃審。既大聖之年，升平之日，厘改羣謬，斯正其時。請一水工，並解算術士，取河南、北平地之所，可量數百里，南北使正。審時以漏，平地以繩，隨氣至分，同日度影。得其差率，里即可知。則天地無所匿其形，辰象無所逃其數，超前顯聖，效象除疑。請勿以人廢言。」不用。

又 大業三年，勑諸郡測影，而（劉）焯尋卒，事遂寢廢。

宋・王溥《唐會要》卷四二《曆》 武德元年五月，太史令庾儉、丞傅奕上言，東都道士傅仁均，能爲曆算。於是下詔，令仁均與儉等議造《唐曆》。是歲九月，曆成。

五代・劉昫等《舊唐書》卷三九《天文志上》 貞觀初，將仕郎直太史李淳風始上言靈臺候儀是後魏遺範，法制疏略，難爲占步。太宗因令淳風改造渾儀，鑄銅爲之，至七年造成。淳風因撰《法象志》七卷，以論前代渾儀得失之差，語在《淳風傳》。其所造渾儀，太宗令置於凝暉閣以用測候，既在宫中，尋而失其所在。

宋・王溥《唐會要》卷四二《渾儀圖》 貞觀初，李淳風上言，靈台候儀，是後魏遺範，法制踈略，難爲占步。上因令淳風改造渾儀，鑄銅爲之。至七年三月十六日，直太史局將仕郎李淳風，鑄渾天黄道儀成，奏之，置于凝暉閣。其制度以銅爲之，表裏三重，下據準基，狀如十字，末樹鼇足，以表四極焉。

宋・王溥《唐會要》卷四二《曆》 （麟德）二年正月二十日，以祕閣郎中李淳風所撰《麟德曆》，頒於天下，詔曰：「朕仰觀七曜，傍總五家，去其繁衍，裁以要密，古所未通，今即備載。而改元之初，占曆歲，推甲子，得于天正，合朔之夜，應以嘉祥，五緯若連珠，二曜如合璧，以此授農，升平可致。昔洛下閎《漢曆律》云：『後八百歲，當有聖人受之。』自我大唐，年將八百，事異當仁，朕亦何讓？宜即宣佈，永爲詒範，可名曰《麟德曆》。來年正月行用之。」又太史瞿曇羅上《經緯曆法》九卷，詔令與《麟德曆》相參行。

宋・王溥《唐會要》卷四二《測景》 儀鳳四年五月，太常博士、檢校太史令姚元辯奏，于陽城測影台，依古法立八尺表，夏至日中測影有一尺五寸，正與古法同。

又 調露元年十一月十一日，于周立測影臺所得圭，長二尺七寸。

五代・劉昫等《舊唐書》卷三九《天文志上》 玄宗開元九年，太史頻奏日蝕不效，詔沙門一行改造新曆。一行奏云，今欲創曆立元，須知黄道進退，請太史令測候星度。有司云:「承前唯依赤道推步,官無黄道遊儀,無由測候。」時率府兵曹梁令瓚待制於麗正書院,因造遊儀木樣,甚爲精密。一行乃上言曰:「黄道遊儀,古有其術而無其器。以黄道隨天運動,難用常儀格之,故昔人潛思皆不能得。今梁令瓚創造此圖,日道月交,莫不自然契合,既於推步尤要,望就書院更以銅鐵爲之,庶得考驗星度,無有差舛。」從之,至十三年造成。

宋·王溥《唐會要》卷四二《測景》　開元十二年四月二十三日,命太史監南宫説,及太史官大相元太等,馳傳往安南、朗、蔡、蔚等州,測候日影,廻日奏聞。數年伺候,及還京,與一行師一時校之。

宋·李燾《續資治通鑑長編》卷一六七《仁宗》　(皇祐元年八月)丙寅,御崇政殿,召輔臣觀渾儀圖。

宋·李燾《續資治通鑑長編》卷二五四《神宗》　(熙寧七年六月)辛卯,詔以司天監新製渾儀、浮漏於翰林天文院安置。太常丞、集賢校理、兼史館檢討、同修起居注、提舉司天監沈括爲右正言,賜銀絹各五十,司天秋官正皇甫愈等十人並減年陞資,餘各賜銀絹有差。初,括上《渾儀》、《浮漏》、《景表》三議及渾儀製器,朝廷用其説,令改造法物、曆書,至是渾儀、浮漏成,故賞之。

宋·李燾《續資治通鑑長編》卷四二三《哲宗》　(元祐四年三月己卯),詳定製造水運渾儀所奏:「太史局直長趙齊良狀:『伏睹宋以火德王天下,所造渾儀,其名水運,甚非吉兆,乞更水名,以避刑剋火德之忌。』案張衡謂之刻漏儀,一行謂之水運俯視圖,張思訓所造,太宗皇帝賜名『太平渾儀』,名稱並各不同。今新制備二器而通三用,乞特賜名,以稱朝廷制作之意。」詔以「元祐渾天儀象」爲名。

明·宋濂等《元史》卷一〇《世祖紀七》　(至正十六年二月癸未),太史令王恂等言:「建司天臺于大都,儀象圭表皆銅爲之,宜增銅表高至四十尺,則景長而真。又請上都、洛陽等五處分置儀表,各選監候官。」從之。

又　(至正十六年三月)庚戌,敕郭守敬繇上都、大都。歷河南府抵南海,測驗晷景。

明·宋濂等《元史》卷一三《世祖紀十》　(至正二十一年)六月壬子,遣使分道尋訪測驗晷景、日月交食、曆法。

又　(至正二十二年)三月丙子,遣太史監候張公禮、彭質等往占城測候日晷。

明·宋濂等《元史》卷一四《世祖紀十一》　(至正二十三年二月)癸亥,太史院上《授時曆經》、《曆議》,敕藏于翰林國史院。

明·陳子龍《明經世文編》卷四九三《謹題爲奉旨回奏事製器測晷》　臣於十月十七日登臺測候月食,具本回奏。奉聖旨考驗曆法。【略】臺官用器不同,測時互異,還著較勘畫一具奏,欽此欽遵。隨行督率該監堂屬官並知曆人等到臺前後較勘三次,設立表臬及用合式羅經於本臺,日晷簡儀立運儀正方案上,較定本地子午真線,以爲定時根本。據法當製造如式日晷以定晝時,造星晷以定夜時,造正線羅經以定子午。若晨昏陰雨當造如式行漏,與該監所有銅漏比驗畫一,以濟二晷所不及,但備辨界晝,工力甚細。今工尚未竣而較勘略定,理合先行奏聞。臣等竊照定時之法,當議者五事,一曰壺漏,二曰指南針,三曰表臬,四曰儀,五曰晷。其一壺漏等器規制甚多,今所用者水漏也。然水有新舊、滑濇。【略】其二指南針者,今術人恒用以定南北,凡辨方正位皆取則焉。然所得子午非真子午,向來言陰陽者多云泊於丙午之間,今以法考之,實各處不同。在京師則偏東五度四十分,若憑以造晷,則冬至午正先天一刻四十四分有奇。夏至午正先天五十一分有奇。然此偏東之度,必造針、用磁悉皆合法,其數如此,若今術人所用短針、雙針、磁石同居之針,雜亂無法,所差度分或多或少,無定數也。

明·黄道周《博物典彙》卷一　日月五星,雖參差不一,而其晦朔弦望與天遲留伏逆之際,總不出黄赤二道之交。必詳晉於諸道麗天之度,然後可以窺日月五星之所由,於以考其晦朔、弦望、遲留、伏逆之差。然月與五星之行,總以日之行爲推驗。【略】世所用指南針或亦可準,隨地用之正午、偏午,驗其所指,而二十四向俱隨以定,然後以道里之偏正、遠近而測景之尺寸,庶步日可以無差矣。

清·谷應泰《明史紀事本末》卷七三《修明曆法》　太祖吳元年冬十一月,太史院使劉基率其屬高翼上《戊申大統曆》。

洪武元年冬十月,徵元太史院使張佑、張沂,司農卿兼太史院使成隸,太史同知郭讓、朱茂,司天少監王可大、石澤、李義,太監趙恂,太史院監候劉孝忠,靈臺郎張容,回回司天監黑的兒阿都剌,司天監丞迭里月實一十四人,修定曆數。二年夏四月徵元回回司天臺官鄭阿里等十一人至京議曆法,占天象。

三年六月,改司天監爲欽天監,設欽天監官,其習業者分四科:曰天文,曰漏刻,曰《大統曆》,曰《回回曆》,自五官正而下,至天文生,各耑科肄焉。五官正理曆法，造曆。歲造《大統曆》、《御覽月令曆》、《六壬遁甲曆》、《御覽天象七政躔度曆》，凡曆註上御曆三十事，民曆三十二事，壬遁曆六十七事。靈臺郎辨日月星辰之躔次分野以占候。保章正專志天文之變，辨吉凶之占。挈壺正知漏，孔壺爲漏，浮箭爲刻。以考中星昏明之度，而統於監正丞。

十五年命大學士吴伯宗等譯《回回曆》、《經緯度天文》諸書。

十七年冬閏十月，欽天監博士元統上言：臣聞一代之興，必有一代之曆。隨時修改以合天道，今曆雖以大統爲名，而積分猶踵授時之數，非所以重始敬正也。授時法以至元辛巳爲曆元，至洪武甲子積一百四年，以曆法推之，得三億七千六百一十九萬九千七百七十五分。經云大約七十年而差一度，每歲差一分五十秒。辛巳至今，年遠數盈，漸差天度，擬合修改，請以洪武甲子歲冬至爲曆元。而七政之行，有遲疾順逆，伏見不齊，其理深奥，實難推演。聞磨勘司令王道亨有司郭伯玉者，精明九數之學，願徵令推筭，以宣昭一代之制。書奏，報可，擢統爲監正。

二十年冬十一月，選疇人年壯解書者，赴京習天文推步之術。

二十六年秋七月，欽天監副李德芳言：故元至元辛巳爲曆元，上推往古，每百年長一日，下驗將來，每百年消一日，永久不可易也。今監正元統改作洪武甲子曆元，不用消長之法。考得《春秋》晉獻公十五年戊寅歲，距至元辛巳二千一百六十三年。以辛巳爲曆元，推得天正冬至在甲寅日夜子初三刻，與當時實測數相合。洪武甲子元正，上距獻公戊寅歲二千二百六十一年。推得天正冬至在己未日午正三刻，比辛巳爲元差四日六時五刻。當用至元辛巳爲元及消長之法，方合天道。疏奏，元統復言：臣所推甲子曆元，實於舊法無爽。上曰：「二説皆難憑，獨驗七政交會行度無差者爲是。」於是欽天監以洪武甲子爲曆元，而造曆依《授時》法，推算如初。

英宗正統十四年，造《己巳大統曆》。冬夏二至，晝夜六十一刻，行之而疏，尋廢不行。【略】

憲宗成化十七年秋八月，真定教諭俞正已言：曆象授時，乃敬天勤民之急務。後世曆法失差，由不得古人隨時損益之法也。我朝盡革前代弊政，獨於曆法可議。臣竊以經傳所載，日月行天下之常度，本曆元以步算；又以陰陽虧盈之理求之，以驗今曆。【略】疏下部，尚書周洪謨掌欽天監事，童軒與正已參考講論，竟日不能決。【略】

孝宗弘治十一年，訪世業疇人並諸能通曆象遁甲卜筮者。武宗正德十三年夏五月己亥朔，日食，起復弗合，日官周濂請驗交食，以更曆元。十五年冬十月，禮部主事鄭善夫奏曰：今歲及去年三次月食，臣皆同欽天監官登臺觀驗，初虧、復圓時刻分秒，多不合占步。【略】方今海内儒術之中，固有天資超邁、究心天人之學者，使得盡觀秘書，加以歲月，必能上按往古，下推未來，庶幾曆元可更也。不報。

世宗嘉靖三年，光禄少卿管監事華湘言：天子奉順陰陽，治曆明時。蓋時以作事，事以厚生，而世從治也。時苟不明，將每朔弦晦望失其節分，至啓閉乖其期，無以該洽生靈，而世亂矣。夫曆數之典，代有作者，曷嘗不廣集衆思，人無遺智，法無遺巧，期於永久不變也哉！然不數歲而輒差，曆所以差，由天周有餘而日周不足也。【略】言治曆有不可不擇者三家：專門之裔，明經之儒，精算之士。臣三者無一，蚤夜皇皇，罔知所措。乞敕禮部延訪有能知曆理如揚雄、精曆理如邵雍、智巧天授如僧一行、郭守敬者，徵赴京師，令詳定歲差，成一代之制。不報。

神宗萬曆二十三年秋七月，鄭世子載堉疏請改曆。【略】章下禮部，覆言：「曆名沿襲已久，未敢輕議。至於歲差之法，當爲考正。所以求之者，大約有三：曰考月令之中星，移次應節；曰測二至之日景，長短應候；曰驗交食之分秒，起復應時。考以衡管，測以臬表，驗以刻漏。【略】斯其言似中曆家肯綮，要在得精思善算而又知曆理者以職其事。誠博求之，不可謂世無其人。而其本又在我皇上秉欽若之誠，以建中和之極，光調玉燭，默運璿璣。正曆數以永《大統》之傳，是在今日，誠千載一時也。」載堉議，遂格不行。

二十四年河南按察司僉事邢雲路奏：竊天之器，無踰觀象、測景、候時、籌策四事。乃今之日至，《大統》推在申正二刻，臣測在未正一刻，是《大統》實後天九刻餘矣。不寧惟是，今年立春、夏至、立冬，皆適值子午之交。臣測立春乙亥，而《大統》推丙子。臣測夏至壬辰，而《大統》推癸巳。臣測立冬己酉，而《大統》推庚戌。【略】臣故曰閏應、轉應、交應之宜俱改也。久之，刑科給事中李應策亦言：國朝曆元，聖祖崇論二説難憑，但驗七政交會，行度無差者爲是。惟時以至元辛巳揆之，洪武甲子，僅百四年，所律以差法，似不甚遠。【略】雲路持觀象、測景、候時、籌策四事，議者應宜俱改，使得中秘星曆書一編，閱而校焉，必自有得。於是欽天監正張應侯等疏詆其誣。禮部言：使舊法無差，誠宜世守。而今既覺少差矣，失今不修，將歲愈久而差愈遠，其何以齊七政而厘百工哉！理應俯從雲路所請，即行考求曆算，漸次修改。但歷數本極玄微，修改非可易議。蓋更曆之初，上考往古數千年，布算雖有一定之法，而成曆之後，下行將來數百年，不無分秒之差。【略】本部仍博訪通曉曆法之士，悉送本官委用，務親自督率官屬，測候二至太陽晷刻，逐月中星躔度，及驗日月交食起復時刻分秒方位諸數，隨得隨録，一切開呈御覽。積之數年，酌定歲差，修正舊法，則萬世之章程不易，而一代之曆寶惟新，其於國家敬天勤民之政，誠大有裨益矣。疏奏，留中未行。

四十一年，南京太僕寺少卿李之藻上西洋曆法，略言：邇年臺諫失職，推算日月交食，時刻虧分，往往差謬，交食既差，定朔定氣，由是皆舛。伏見大西洋國歸化陪臣龐迪我、龍化民、熊三拔、陽瑪諾等諸人，慕義遠來，讀書談道，俱以穎異之資，洞知曆算之學，攜有彼國書籍極多。久漸聲教，曉習華音。其言天文歷數，有我中國昔賢所未及道者。一曰天包地外，地在天中，其體皆圓，皆以三百六十度算之。地經各有測法，從地窺天，其自地心測算與自地面測算者，都有不同。二曰地面西北，其北極出地高低度分不等，其赤道所離天頂亦因而異，以辨地方風氣寒暑之節。三曰各處地方所見黄道，各有高低斜直之異，故其晝夜長短，亦各不同。所得日景，有北景有南景，亦有周圍圓景。四曰七政行度不同，各爲一重天，層層包裹。推算周經，各有其法。五曰列宿在天另行度，以二萬七千餘歲一周。此古今中星所以不同之故，不當指列宿之天爲晝夜一周之天。六曰五星之天，各有小輪，原俱平行，特爲小輪旋轉於大輪之上下，故人從地面測之，覺有順逆遲疾之異。七曰歲差分秒多寡，古今不同。蓋列宿天外，別有兩重之天，動運不同。其一東西差，出入二度二十四分；其一南北差，出入一十四分，各有定算。其差極微，從古不覺。八曰七政諸天之中心，各與地心不同處所，春分至秋分多九日，秋分至春分少九日。此由太陽天心與地心不同處所，人從地面望之，覺有盈縮之差，其本行初無盈縮。九曰太陰小輪，不但算得遲疾，又且測得高下遠近大小之異，交食多寡非此不確。十曰日月交食，隨其出地高低之度，看法不同。而人從所居地面南北望之，又皆不同。兼此二者，食分乃審。十一曰日月交食，人從地面望之，東方先見，西方後見。凡地面差三十度，則時差八刻二十分。而以南北相距三百五十里作一度，東西則視所離赤道以爲減差。十二曰日食與合朔不同。日食在午前，則先食後合；在午後，則先合後食。凡出地入地之時，近於地平，其差多至八刻。漸近於午，則其差時漸少。十三曰日月食所在之宫，每次不同，皆有捷法定理，可以用器轉測。十四曰節氣當求太陽真度，如春秋分日，乃太陽正當黄赤二道相交之處，不當計日匀分。凡此十四事者，臣觀前此天文曆志諸書，皆未能及。或有依稀揣度，頗與相近，然亦初無一定之見，惟是諸臣能備論之。不徒論其度數而已，又能論其所以然之理。蓋緣彼國不以天文曆學爲禁，五千年來通國之俊，曹聚而講究之。窺測既核，研究亦審。與中國數百年來始得一人，無師無友，自悟自是，此豈可以疏密較者哉！觀其所製窺天窺日之器，種種精絶。即使郭守敬諸人而在，未或測其皮膚。又況現在臺諫諸臣，刻漏塵封，星臺跡斷者，寧可與之同日而論也！昔年利瑪竇最稱博覽超悟，其學未傳，溘先朝露，士論至今惜之。今龐迪我等鬚髮已白，年齡向衰，失今不圖，恐後無人解。伏乞敕下禮部，亟開館局，首將陪臣龐迪我等所有曆法，照依原文，譯出成書，其於鼓吹休明，觀文成化，不無裨補也。

懷宗崇禎二年九月癸卯，開設曆局，命吏部左侍郎徐光啓督修曆法。先是，五月乙酉朔，日食，時刻不驗，上切責欽天監官。【略】於是禮部覆言：曆法大典，唐、虞以來，咸所隆重，故無百年不改之曆。我高皇帝神聖自天，深明象緯。【略】如萬曆間纂修國史，擬將《元史》舊志謄録成書，豈所以昭聖朝之令典哉！已而光啓上曆法修正十事：「其一，議歲差，每歲東行漸長漸短之數，以正古來百五十年、六十六年多寡互異之説。其二，議歲實小餘，昔多今少，漸次改易，及日景長短，歲歲不同之因，以定冬至，以正氣朔。其三，每日測驗日行經度，以定盈縮加減真率，東西南北高下之差，以步日躔。其四，夜測月行經緯度數，以定交轉遲疾真率，東西南北高下之差，以步月離。其五，密測列宿經緯行度，以定七政盈縮遲疾順逆違離遠近之數。其六，密測五星經緯行度，以定小輪行度遲疾留逆伏見之數，東西南北高下之差，以推步凌犯。其七，推變黄赤道廣狹度數，密測三道距度及月五星各道與黄道相距之度，以定交轉。其八，議日月去交遠近及真會似會之因，以定距午時差之真率，以正交食。其九，測日行，考知二極出入地度數，以定周天緯度，以齊七政。因月食考知東西相距地輪經度，以定交食時刻。其十，依唐、元法，隨地測驗二極出入地度數，地輪經緯，以求晝夜晨昏永短，以正交食有無先後多寡之數。」因舉南京太僕寺少卿李之藻，西洋人龍華民、鄧玉函同襄曆事。疏奏，報可。故有是命。

三年夏五月，徵西洋陪臣湯若望，秋七月，徵西洋陪臣羅雅谷供事曆局。

四年春正月，禮部尚書徐光啓進《日躔曆指》一卷、《測天約説》二卷、《大測》

二卷、《日躔表》二卷、《割圓八線表》六卷、《黄道升度》七卷、《黄赤距度表》一卷、《通率表》一卷。夏四月戊午,夜望月食,徐光啓豫定月食分秒時刻方位。【略】

冬十月辛丑朔,日食,光啓復上《測候四説》。其略曰:日食有時差,舊法用距午爲限,中前宜加,中後宜減,以定加時早晚。若食在正中,則無時差,不用加減,故臺官相傳,謂日食加時有差,多在早晚,日中必合。獨今此食,既在日中,而加時則舊術在後,新術在前,當差三刻以上。所以然者,七政運行皆依黄道,不由赤道,舊法所謂中,乃赤道之午中,而不知所謂中者,黄道之正中也。黄赤二道之中,獨冬夏二至乃得同度,餘日漸次相離。今十月朔,去冬至度數尚遠,兩中之差,二十三度有奇,豈可仍因食限近午,不加不減乎?若食在二至,又正午相值,果可無差,即食於他時而不在日中,即差之原尚多,亦復難辨。適際此日,又值此時,足爲顯證,是可驗時差之正術,一也。交食之法,既無差誤,及至臨期實候,其加時亦或少有後先,此則不因天度而因地度。地度者,地之經度也。本方之地經度,未得真率,則加時難定其法。必從交食時測驗數次,乃可較勘畫一。今此食依新術測候,其加時刻分,或前後未合。當取從前所記地經度分,勘酌改定,此可以求里差之真率,二也。時差一法,溺於所聞,但知中無加減,而不知中分黄赤。今一經目見,一經口授,人人知加時之因黄道,人人知黄道極之歲一周天,奈何以赤道之午正爲黄道之中限乎?臣今取黄道中限,隨時隨地,算就立成。監官已經謄録,臨時用之,無不簡便。其他諸術,亦多類此。足以明學習之甚易,三也。該監諸臣所最苦者,從來議曆之人,詆爲擅改。不知其斤斤墨守者,郭守敬之法,即欲改不能也。守敬之法,加勝於前矣,而謂其至今無差,亦不能也。如時差等術,蓋非一人一世之聰明所能揣測,必因千百年之積候,而後智者會通立法,若前無緒業,即守敬不能驟得之,況諸臣乎!此足以明疏失之非辜,四也。有此四者,即分數甚少,亦宜詳加測候,以求顯驗,故敢冒昧上聞。

六年冬十月,以山東布政司右參政李天經督修曆法,時徐光啓以病辭曆務,逾月卒,所著《崇禎曆書》幾百卷。【略】

(七年)秋七月甲辰,李天經上《曆元》二十七卷、《星屏》一卷。冬十一月,日晷、星晷、儀器告成,上命太監盧維寧、魏國征至局驗之。先是,西儒羅雅谷、湯若望在曆局,造測儀六式:一曰象限懸儀,二曰平面懸儀,三曰象限立運儀,四曰象限座正儀,五曰象限大儀,六曰三直遊儀。

明・陳繼儒《致富奇書》卷四《四季備玫暈花備考衛生》 明制,每歲二月朔,欽天監奏進明年曆式預行。各布政司刊市,九月朔進呈,嘉靖年間改十月朔。

明・陳繼儒《見聞録》卷四 《大統曆》,禮部例在先歲九月朔欽天監進呈。後因太宗即位之初造曆未備,請以十一月朔進,詔從之,著爲令。

明・陳建《皇明通紀法傳全録》卷六 欽天監奏五星紊度,日月相刑,下詔求言。於是山東布政使吴印、海州學正曾秉正、監察御史孫化、刑部主事茹太素等皆應詔上書陳言,上擇其可行者施行之。

明・陳建《皇明通紀法傳全録》卷八 欽天監博士元統言:「曆日之法其來尚矣,今曆雖以大統爲名,而積分猶授時之數,見授時之法,以至元辛巳爲曆元,至洪武甲子積一百四年,經云大約七十年而差一度,每歲差一分五十秒。辛巳至今,年遠數盈,漸差天度,擬合修改。臣今以洪武甲子歲冬至爲大統曆元推演,聞磨勘司令王道亨有師郭伯玉者,精明九數之理,若得此人推大統曆法,庶幾可成一代之制。蓋天道無端,惟數可以推其幾,天道至妙,因數可以明其理,是理因數顯,數從理出,可相倚而不可相違也。」書奏,上是其言,擢統爲監正。其後欽天監副李德芳言,故元至元辛巳爲曆元,上推往古每百年長一日,每百年消一日,永久不可易矣。

又 築欽天監觀星臺於鷄鳴山。

明・陳建《皇明通紀法傳全録》卷一三 先是,欽天監奏有星紅色犯帝座,甚急。至是清衣緋果獨鮮也,上命左右收之,得所帶劍,清知志不遂,乃躍起奮立嫚罵。上大怒,命抉其齒。且抉且罵,噴之下血,近前噴沁御衣。上愈怒,剥其皮,草櫝之,械繫長安門,示百官而碎磔其骨肉。是夜上夢清扙劍繞殿追逼,明晨駕過其屍,忽斷索,行三步,爲犯駕狀,乃命藏於庫中,詔滅清族,盡掘其先墓。

明・陳建《皇明通紀法傳全録》卷二二 禮部左侍郎掌欽天監事,湯序有罪下獄,降爲太常寺少卿,仍掌監事。閏十月十六日早,見月食,欽天監失於推算,不行救護,上召大學士李賢曰:「月食人所共見,欽天監乃失於推算,如此因言湯序掌監事,凡有災異必隱蔽不言,或見天文有變必曲爲詳説,甚至書中所載不祥字語多自改削而進,惟遇天文喜事卻詳書以進,且朝廷正欲知災異以見上天垂戒,庶知修省而序,乃隱蔽如此,豈臣下進忠之道?」賢曰:「自古聖明王皆畏天變,實同聖意,序若如此,罪可誅也。」於是下令獄降職。

明·陳建《皇明通紀法傳全録》卷二四　三月，奉山屢震。壬午朔，四鼓大震。是夜復震。丙戌，四鼓復震。甲午、乙未相繼震。庚子，連震二次。【略】會欽天監奏言泰山震動在東宫，上大驚。

明·陳建《皇明通紀集要》卷五　十月，改司天監爲欽天監。

明·陳建《皇明通紀集要》卷六　欽天監奏五星紊度，日月相剋，下詔求言。於是山東布政使吴印、海州學正曾秉正、監察御史孫化、刑部主事茹大素等皆應詔上言。上擇其可行者施行之。

明·陳建《皇明通紀集要》卷一〇　戊寅，洪武三十一年【略】四月，罷回回欽天監。

明·陳九德《皇明名臣經濟録》卷一三《禮部四》　本年十月十五日，十四年四月十五日，十月十六日，凡三次月食。本部劄臣前往觀象臺，督同欽天監官生人等看驗。

明·陳師《禪寄筆談》卷三　朝廷禮制，頒曆其一也。頒者自上布下之謂，欽天監所進者，既頒於内廷，則京尹及直各府領於司。曆者，當各頒於所部之民。各布政司所自印者，亦當如是。今每歲頒曆後，各布政司送曆於内閣，若諸司大臣使者旁午於道，每一百本爲一塊，有一家送五塊者、十塊者、二十塊者，各視其官之崇卑、地之散要，以爲多寡。諸司大臣又各以所得餽送内官之在要津者，京師民間多無曆可觀，豈但「山中無曆日，寒盡不知年」而已哉。此風不知始於何年，今不可革矣。

明·程開祜《籌遼碩畫》卷三二　户科給事中官應震題，爲敬陳上下交儆之誤，以祈舉朝協心共濟時艱事。【略】臣日來晤二三士紳，有言前月十八夜，月光圓滿，全似望月，此爲陰盛陽衰，夷狄盛而中國衰之象。有言前月二十四日辰刻，親見三日並出，闇淡無光，此爲分土分民之象。雖欽天監未及一睹，而識者寒心，殆不勝嫠婦之恤、杞人之憂矣。

明·程敏政《篁墩集》卷二五《贈五官保章正周君序》　周君世家彭城，自其先公以明象曆數受薦而興，歷官欽天監副以終。君少而誦法於家。【略】稽古正官，立欽天監以總曆象之事，有長有貳，其分莅也有屬，其受學也有徒，且著令凡術業之在官者毋他徙，不在官者毋傳習，其慎之。如此而保章氏在周官則掌日月星辰之變者也。周君以世學膺慎，選承渙恩，是誠榮矣。

明·鄧元錫《皇明書》卷一　洪武三年【略】改司天監爲欽天監。【略】洪武九年，丙辰春。【略】時欽天監奏五星紊度，日月相刑。【略】海州學正曾秉正，監察御史孫化，刑部主事茹太素皆應詔陳言，上擇可用者施行之。

明·丁賓《丁清惠公遺集》卷三《奏疏》　南京禮部祠祭清吏司手本開稱奉本部送據欽天監手本，擇本年七月十九日甲子宜用。【略】俱照萬曆三十年事例舉行，均乞聖裁，通候工完之日，行移科道，查驗明白，通將修過工程，用過物料，役過工匠，軍夫支過糧，造册奏繳，仍乞勅下該部，轉行該衙門撰寫祝文，奏請遣官祭告，並移文南京太常寺。

明·東村八十一老人《明季甲乙彙編》卷三　欽天監正楊邦奏，近來日月甚赤，上問是何分野，何無占侯。

明·杜應芳《補續全蜀藝文志》卷二〇《表·疏奏·講明古璿璣玉衡奏》　自漢以來，言天體者有周髀渾天儀之説，至於宋元益加精密。今欽天監儀象則因宋元之舊，固可以推測度數，然於古者以珠爲璣之義，終有不合。【略】如蒙准臣言，乞勅禮部行欽天監參訂商確，工部差撥匠料，或造試驗，倘若可取，更用美珠穿造，留置便殿，遇有占候，可備御覽，庶古制復存，與今制並用。古制以觀天體，今制以觀度數。【略】故臣特陳愚見，以瀆聖聰。臣於天文之學，素實未諳。近者欽天監取官前來講論，各官稱言，微妙難做，兼且未奉旨意，不肯陳説。臣既不得巧匠製造，又不得術士推明，只照《文獻通考》所載布列象位，止具大畧，不能致精，此即是渾天儀象但取其虚明易見而已。倘在可取，乞勅欽天監重加校正，御用監等衙門另行成造，置在便殿。

明·范守己《皇明肅皇外史》卷四　甲申，嘉靖三年春正月，丙子，五星聚營室。初元日丙寅，歲填次營室。丙子，五星咸至。辛巳，日躔室初度，月食於翼，五星皆伏而太白獨先過壁。光禄少卿樂護，時司欽天監，上言曰：自古五星之聚，莫不有大禍福，惟視人君德政淑慝，何如耳。占書曰：五星之聚，是謂改易王者。有德受慶，子孫蕃昌。無德受殃，失其國家，百姓流亡。

明·費宏《費文憲公摘稿》卷一七《明故嘉議大夫太常寺卿掌欽天監事吴君墓誌銘》　君諱昊，字仁甫，姓吴氏，其先居撫之金谿，宋以來代有顯者。【略】祖諱永昌，封欽天監五官靈臺郎。父諱英，精於曆象之學，仕至春官，正食五品禄，以君貴，贈中憲大夫太常寺少卿。母楊氏贈恭人。君生於京師，少穎敏，有志科第，兼通《詩》、《易》。既連試，有司不利，乃用其家學，補天文生。成化間，鄱陽童公士昂以太常少卿莅欽天監事，【略】薦爲五官保章正。數年陞秋官正，又陞監副。弘治二年陞監正。

明・馮琦《宗伯集》卷五八《爲類奏災異疏》 臣會同總督兩廣軍務兼巡撫廣東地方都察院右都御史兼兵部右侍郎戴耀，提督軍務兼巡撫福建地方都察院右僉都御史朱運昌，巡按福建監察御史劉應龍會同前事，又該欽天監監正徐浩題稱，本年四月十五日丙午夜望月食。

明・顧起元《客座贅語》卷七《欽天監爲順天府丞》 嘉靖中，周公相由天文生歷官欽天監監正，加順天府丞。公洞曉曆算、占候之術，嘗與唐荆川先生反復辨難，家有所著書數大册，皆言曆法，今亡矣。公恒言：「候占星宿，不但知其分野度數而已，其光色，星星不同，要須隔紙窗穿隙觀之，一見其光便知爲某星，百不失一，方可言占候耳。」此昔人論星所未及。

明・顧應祥《静虚齋惜陰録》卷六《曆算》 天未嘗有度也，以日之行爲度。天本無體也，以星辰之附麗處爲體。天不見其旋轉也，以星辰之東升西没而知天之左旋也。【略】古之言天者三家，一曰周髀，二曰宣夜，三曰渾天。宣夜之術無傳，周髀蓋天之術也，髀者，股也，用勾股之法以測天。【略】古曆，有閏而無差，周髀以十九年爲一章，四章爲一蔀，二十蔀爲一遂，三遂爲一首，七首爲一極，三萬一千九百二十生數皆終，萬物復始。【略】國朝因之，行之年久，未見差失。而新安鮑泰著《天心復要》，乃謂其徒知測影驗氣，而不知曆之本元，不知天之度數，何其謬哉？【略】回回曆，以西域阿剌必年爲元，在吾中國則隋開皇十九年己未也。彼地先年有聖人馬哈麻作之者，以三百六十五日爲一歲，歲有十二宫，宫有閏日，一百二十八年閏三十一日，又以三百五十四日爲一周，周有十二月，月有閏日，三十年閏一十一日，一千九百四十一年宫月閏日再會。宫月起戌，名白羊宫，終亥，名雙魚宫。【略】授時曆，周天徑一百二十一度七十五分二十五秒，蓋用圍三徑一之術也。若以祖沖之密率求之，得一百一十六度二十一分八十二秒二十二分秒之二十一，以徽率求之，得一百一十六度二十二分四十秒一百五十七分秒。【略】近見欽天監所刻天文圖云十二月建乃十二月斗綱所指之辰，正月指寅，二月指卯，三月指辰，四月指巳，五月指午，六月指未，七月指申，八月指酉，九月指戌，十月指亥，十一月指子，十二月指丑。惟閏月斗杓斜指兩辰之間，異於他月也。

明・管紹寧《賜誠堂文集》卷一《奏疏・日食條省疏》 竊惟日者衆陽之宗，王者之象，故春秋紀災，莫如日蝕。本月二十八日，據禮部祠祭清吏司手本稱，欽天監具題八月初一日丙辰朔日食，各衙門大小官員相應於是日辰時到部，具朝服端拜救護。

明・管紹寧《賜誠堂文集》卷五《奏疏・題補漏刻博士疏》 祠祭清吏司案呈，奉本部批據南京欽天監呈稱，本監曆數科帶銜博士何平政家紹真傳，術搜秘業，究心相度，學有淵源。崇禎二年，北監訪舉徵相慶陵部給帶銜博士差令前往。

明・郭正域《合併黄離草》卷一《日食改廟祀疏》 祠清吏司案呈，據欽天監奏，四月朔日辰時日食捌分八十八秒，巳時復圓，例行各衙門救護。是日又爲孟夏廟享之期，午時行禮。案呈到部，看得《春秋》書災異一百二十有二，而莫甚於日食，故禮諸侯旅見天子入門不終禮者有四，而日食與焉。

明・黄光昇《昭代典則》卷一一 夏四月，丁丑，罷回回欽天監。

明・黄光昇《昭代典則》卷一七《掌欽天監事禮部侍郎湯序有罪下獄》 四年冬閏十一月十六日早，見月食，欽天監失於推算，不行救護。【略】於是收下獄，降爲太常少卿，仍掌監事。

明・焦竑《熙朝名臣實録》卷二三《尚寶司卿何公》 何公名遵，字孟循，南京欽天監人，以諫死。嘉靖初贈尚寶司卿，廕子世守，入太學。

明・金日昇《頌天臚筆》卷二一《附紀篇》 甲子二月三十日，北京欽天監呈稱，巳時地震，從西北乾方來，有聲如雷，往東南巽方去，未、申時，又震二次。

明・雷夢麟《讀律瑣言》卷一二《禮律・收藏禁書及私習天文》 凡私家收藏玄象器物、天文圖讖應禁之書，及歷代帝王圖象、金玉符璽等物者，杖一百。若私習天文者，罪亦如之。並於犯人名下，追銀一十兩，給付告人充賞。

明・雷夢麟《讀律瑣言》卷一二《禮律》 凡天文垂象，欽天監官失於占奏，聞者杖六十。

明・李賢《明一統志》卷一 欽天監在鴻臚寺南，主簿廳附焉。外設司天臺於朝陽門城上。

明・李賢《明一統志》卷六 南京欽天監在後府，後主簿廳附焉。外設司天臺於鷄鳴山上。

明・凌迪知《萬姓統譜》卷五四 彭德清，欽天監正。扈從英廟北征，時王振擅權，威焰震主，大臣咸俯首順命，初出師，金星犯亢，明日黑氣四塞。又越二日，火星犯土，彭厲聲斥振曰：「象緯示警，不可復前，若有疎虞，誰執其咎？」振怒，詈之曰：「倘有此，亦天命也。」尋被害。

明·凌迪知《萬姓統譜》卷一一四　欒護，臨川人，精天文數學。歷光祿卿，掌欽天監。時嘉靖甲申，五星聚營室，庭臣並上表稱賀，獨護抗疏以爲非是。禮官劾奏之，出守大名，尋改陝西參政。

明·陸容《菽園雜記》卷九　欽天監官，例不致仕，老死而後已。天文生由科目出仕者，只於本衙門任用，不令出任府州縣官，蓋有深意存焉。【略】近年吏部考察京職，欽天監官年六十以上者，俱勒令休致，罷革傳奉冗官，則太醫院官皆在其列，計無所出，則請旨去留，由是權移他手而賢否混淆矣。

明·茅元儀《三戌叢譚》卷五　明興，高皇帝首嚴欽若曆象之典，召天下通知曆律者議曆法。三年立欽天監，自五官正以下專科習肄。十七年修清類分野書，書成賜諸王，楚亦有分焉。是年，博士元統請以洪武甲子歲冬至爲曆元，書奏，擢爲監正。

明·茅元儀《暇老齋雜記》卷四　嘉靖辛丑十二月，光祿少卿華湘攝欽天監事，上言：堯時冬至初昏昴中，日在虛七度，今冬至初昏室中，日在箕六度，計未四千年，已差五十度矣。自至正辛巳改曆至今，每差一分五十秒，至今差三度六十四分五十秒也。洪武中博士元統言：我朝曆法雖名大統，實沿授時之舊，年數漸遠，天道漸差。

明·田藝蘅《留青日劄》卷一二　《洪武曆元》　洪武十七年，欽天監博士元統言，今曆雖以大統爲名，而積分猶授時之數，見授時之法，以至元辛巳爲曆元，至洪武甲子積一百四年，以曆法推之，得三億七千六百一十九萬九千七百七十五分，經云大約七十年而差一度。每歲差一分五十秒，辛巳至今，年遠數盈，漸差天度，擬合修改。臣今以洪武甲子歲冬至爲大統曆元推衍，聞磨勘司令王道亨有師郭伯玉者，精明九數之理，若得此人，推大統曆法，庶幾可成一代之制。蓋天道無端，惟數可以推其機，天道至妙，因數可以明其理，是理因數顯，數從理出，可相倚而不可相違也。書奏，上是其言，擢統爲監正。【略】

回回曆者，相傳西域馬可之地，年號阿剌必時，異人馬哈麻之所作也。其元起於隋開皇十九年己未歲，其法常以三百五十日爲一歲，歲有十二宮，宮閏日凡一百二十八年閏三十一日，又以三百日歷千九百四十一年，而宮月甲子再會其白羊宮第一日，日月五星之行與中國春正定氣日之宿直同。【略】元末時其曆始入中國，我朝造大統曆，得西域人之精於曆者，於是命欽天監以其曆與中國曆相參推步，至今用之。

明·施沛《南京都察院志》卷二〇《職掌》　一、欽天監各科官住房準免一間；一、欽天監天文生住房準免一間。

明·施沛《南京都察院志》卷二六《儀注》　日月救護：凡遇日食，南京禮部設香案及各官拜位於露臺上，俱向日立。至期，欽天監官報日初食，百官具朝服列班，樂作，四拜，平身，樂止，跪，執事捧鼓詣班首前，班首擊鼓三聲，衆鼓齊鳴，候欽天監官報復圓，四拜，樂止，禮畢。月食儀同前。【略】洪武六年，奏定若遇雨雪雲翳則免行禮。

明·涂山《明政統宗》卷四　十月，築欽天監觀星臺於鷄鳴山。其回回曆觀星臺固花臺之舊樓焉。　今隔遠無交通。

明·涂山《明政統宗》卷一八　十二月，欽天監改造渾儀及簡儀雲柱。

明·萬民英《星學大成》卷一〇《耶律學士星命秘訣序》　星命之說，其法傳自西天，今西天都例聿斯等經散載諸家，餘弗獲覩厥全然。我朝欽天監有回回科，每年推算七政度數二曜交蝕，較漢曆爲尤準，乃知西天之法的有真傳，信不誣也。

明·王肯堂《鬱岡齋筆麈》卷三《西曆》　回回，西域馬可之地，年號阿剌必時，異人馬哈麻之所作也。其元起於隋開皇十九年己未歲，其法常以三百五十五日爲一歲，歲有十二宮，宮有閏日，凡百二十八年閏三十有一日，又以三百五十四日爲一周，周有十二月，月有閏日，凡三十年閏十有一日，歷千九百四十一年。【略】日月五星之行與中國春正定氣日之宿直同，其用以推步分經緯之度。【略】元之季世，其曆始東，逮我高皇帝造《大統曆》，得西人之精於曆者，命欽天監以其曆與中國曆相參推步，迄今用之。

清·張廷玉等《明史》卷三一《曆志一》　時巡按四川御史馬如蛟薦資縣諸生冷守中精曆學，以所呈曆書送局。光啓力駁其謬，並預推次年四月四川月食時刻，令其臨時比測。四年正月，光啓進《曆書》二十四卷。夏四月戊午，夜望月食，光啓預推分秒時刻方位。奏言：「日食隨地不同，則用地緯度算其食分多少，用地經度算其加時早晏。月食分秒，海內並同，止用地經度推求先後時刻。臣從輿地圖約略推步，開載各布政司月食初虧度分。蓋食分多少既天下皆同，則餘率可以類推，不若日食之經緯各殊，必須詳備也。又月體一十五分，則盡入闇虛亦十五分止耳。今推二十六分六十秒者，蓋闇虛體大於月，若食時去交稍遠，即月體不能全入闇虚，止從月體論其分數。是夕之食，極近於交，故月入闇虚十五分方爲食，既更進一十一分有奇，乃得生光，故爲二十六分有奇。如《回回曆》推十八分四十七秒，略同此法也。」已而四川報冷守中所推月食實差二時，而新法密合。

又 五緯之議三：一曰五星應用太陽視行，不得以段目定之。蓋五星皆以太陽爲主，與太陽合則疾行，沖則退行。且太陽之行有遲疾，則五星合伏日數，時寡時多，自不可以段目定其度分。二曰五星應加緯行。蓋五星出入黄道，各有定距度。又木、土、火三星沖太陽緯大，合太陽緯小。金、水二星順伏緯小，逆伏緯大。三曰測五星，當用恒星爲準則。蓋測星用黄道儀外，宜用弧矢等儀。以所測緯星視距二恒星若干度分，依法布算，方得本星真經緯度分。或繪圖亦可免算。

明・茅元儀《武備志》卷二三六《占度載度四十七》 琉球在海東南，自福建梅花所開洋，順颿利舶七日可至。漢魏至唐宋不通中國，隋嘗遣兵虜其男女五千人，元遣使招諭，意不從。洪武初，國分中山、山南、山北，稱三王，遣使朝貢。【略】三佛齊即舊港又名浡淋，在東南海中，本南蠻別種，初隸爪哇，有地十五州，東距爪哇，西距滿剌加，南距大山，西北濵海，番舶輻輳，多廣東漳泉人，土沃宜稼穡，人好賭博，習水戰，服藥，刀不能傷，遇敵敢死，鄰國畏之，水多土少，將領得居陸，民率架筏，水中架梁柱，語言如爪哇，市用錢布，字用梵書。【略】洪武初，王恒麻沙那阿稱臣入貢。【略】占城，古越裳，秦林邑，漢象林，漢末區連殺縣令，自稱林邑王，遂不入版圖。【略】洪武二年，遣吳用、顔宗魯、楊載等使占城、爪哇，日本等國，賜王璽書，是年遣使蒲旦來都朝貢，言安南侵境，上遣使詔諭安南罷兵。【略】真臘本扶南屬國，一名占臘，在東海中，隋始通中國，唐神龍中并扶南，而國分爲二，其南近海，多陂澤爲水，真臘北多山阜爲陸，真臘後復合爲一。【略】洪武六年，國王忽兒那遣奈亦告郎表獻方物，賜《大統曆》、文綺。二十年正黎列保昆耶甘苦者遣使貢象及方物。景泰二年貢，賜王及妃、文綺，朝貢至今不絶。其俗尚華侈，東向爲上，右手爲潔，縣鎮風習大類占城，王三日一視朝，婚娶燃燈不息，視力耕種，産銅、金、諸香、象、翠羽、嘉樹、異魚。暹羅：暹羅本暹與羅斛二國，在南海中，暹土瘠，不宜耕稼，羅斛土平衍，種多穫，暹仰給焉。元至正間暹降羅斛。洪武四年，暹羅斛國王參烈昭昆牙遣奈思俚儕剌識悉替奉金葉表朝貢，賜《大統曆》。【略】蘇門答剌即古蘇文達那，西洋之要會也。東南大山，西北距海，山連阿魯那孤兒黎伐三國，自滿剌加西南行，順風五晝夜至答魯蠻村，舍舟陸行十里至其國，無城郭，有大溪入海，海口大濤，船至此往往没溺。洪武中，國王遣人奉金葉表、貢馬及方物。永樂三年，國主鎖丹罕難阿必鎮遣阿里來朝貢，封爲蘇答剌國王，賜印誥金幣。【略】爪哇，古闍婆國，又名莆家龍，元稱爪哇，其國分東西二王，所屬有蕉吉丹打板打綱底勿諸國。洪武三年，王昔里八達剌遣八的占必奉金葉表，貢方物及黑奴三百人，納元所授宣勅，已而我使至三佛齊，爪哇要而殺之。【略】永樂二年，其國東王遣使朝貢、請印，與之。

《清世祖章皇帝實録》卷五順治元年六月壬午 修正曆法。西洋人湯若望啓言：「臣於明崇禎二年來京，曾用西洋新法釐正舊曆，製有測量日月星晷、定時考驗諸器。盡進内廷，用以推測，屢屢密合。近聞諸器盡遭賊毁，臣擬另製進呈。今先將本年八月初一日日食，照西洋新法，推步京師所有日食限分秒，并起復方位圖象，與各省所見日食多寡先後不同諸數，開列呈覽。乞敕該部届期公同測驗。」攝政和碩睿親王諭：「舊曆歲久差訛，西洋新法屢屢密合，知道了。此本内日食分杪時刻起復方位，并直省見食有多寡先後不同，具見推算詳審，俟先期二日來説，以便遣官公同測驗。其窺測諸器，速造進覽。」

《欽定大清會典則例》卷一五八《欽天監・天文科》 一、測量儀器。康熙八年，奏製新儀，奉旨舊有儀器觀象臺舊設渾簡儀，明正統年製，仍著收存，勿令損壞。十二年，新製儀器告成。一爲天體儀，一爲黄道儀，一爲赤道儀，一爲地平經儀，一爲地平緯儀，亦名象限儀，一爲紀限儀。安設臺上舊儀，移置臺下別室。十三年，編著新儀制法用法圖説，並恒星經緯度表十六卷，名曰《新製靈台儀象志》。五十二年，御製地平經緯儀，安設臺上。乾隆九年，駕幸觀象臺，御製璣衡撫辰儀，安設臺上，命於紫微殿增築月臺，將前明舊儀安設月臺。十九年，御製儀説二卷，新測恒星經緯度表三十二卷，名曰《御製儀象考成》。

《清聖祖仁皇帝實録》卷二六〇康熙五十三年十月己巳朔 諭和碩誠親王允祉等，北極高度、黄赤距度，於曆法最爲緊要，著於澹寧居後每日測量尋奏。測得暢春園北極高三十九度五十九分三十秒，比京城觀象臺高四分三十秒，黄赤距度比京城高二十三度二十九分三十秒。報聞。

《清聖祖仁皇帝實録》卷二六一康熙五十三年十一月辛亥 辛亥，和碩誠親王允祉等奏，昔郭守敬修《授時歷》，遣人各省實測日景，故得密合。今修曆書，除暢春園及觀象臺，逐日測驗外，亦不必各省盡測。惟於里差之尤較著者，如廣東、雲南、四川、陝西、河南、江南、浙江七省，遣人測量北極高度及日景，則東西南北里差，及日天半徑，皆有實據。得旨，廣東，著何國棟去；雲南，著索柱去；四川，著白映棠去；陝西，著貢額去；河南，著那海去；江南，著李英去；浙江，著照海去。

清・汪由敦《松泉集・詩集》卷二四《聖謨廣運平定準噶爾恭拟鐃歌三十首之一》 可汗分置歲來庭，直北龍沙入帝扃。鳳紀新編增列部，烏臺申命測中星《時憲書》列諸蒙古部落日出入早晚，四衛拉特皆增入，因命左都御史何國宗親至其地，測量星度，繪圖以聞。

清・吴振棫《養吉齋叢録》卷六 《時憲書》列蒙古屬國諸部落太陽出入、晝夜長短及節氣時刻，自康熙三十四年始。乾隆間，平定諸回部、大小金川，先後命左都御史何國宗、五官正明安圖、副都統富德率西洋人遍歷西域諸部，測量北極高下、東西偏度。增入後又有續增者。紀年舊止六十年，今列一百二十年，自乾隆辛卯始。齋戒日及忌辰於日旁加單圈、雙圈，自雍正十三年始。

輿圖測繪

《周易・繫辭下》 古者包犧氏之王天下也，仰則觀象于天，俯則觀法于地，觀鳥獸之文，與地之宜，近取諸身，遠取諸物，于是始作八卦，以通神明之德，以類萬物之情。

晉・王嘉《拾遺記》卷一《春皇庖犧》 春皇者，庖犧之别號。所都之國，有華胥之洲。神母遊其上，有青虹繞神母，久而方滅，即覺有娠，歷十二年而生庖犧。長頭脩目，龜齒龍唇，眉有白毫，鬚垂委地。或人曰：歲星十二年一周天，今叶以天時。且聞聖人生皆有祥瑞。昔者人皇蛇身九首，肇自開闢。於時日月重輪，山明海静。自爾以來，爲陵成谷，世歷推移，難可計算。比於聖德，有踰前皇。禮義文物，於兹始作。去巢穴之居，變茹腥之食，立禮教以導文，造干戈以飾武。絲桑爲瑟，均土爲塤。禮樂於是興矣。調和八風，以畫八卦，分六位以正六宗。於時未有書契，規天爲圖，矩地取法，視五星之文，分晷景之度，使鬼神以致羣祠，審地勢以定山川，始嫁娶以修人道。庖者，包也，言包含萬象。以犧牲登薦於百神，民服其聖，故曰庖犧，亦謂伏羲。變混沌之質，文宓其教，故曰宓犧。布至德於天下，元元之類，莫不尊焉。以木德稱王，故曰春皇。其明叡照於八區，是謂太昊。昊者，明也。位居東方，以含養蠢化，葉於木德，其音附角，號曰「木皇」。

宋・王應麟《通鑑地理通釋》卷一《歷代州域總序上・神農九州》 《春秋命曆序》云人皇氏分九州，神農始立地形，甄度四海，東西九十萬里，南北八十一萬里。

漢・班固《漢書》卷二八上《地理志上》 昔在黄帝，作舟車以濟不通，旁行天下，方制萬里，畫埜分州，得百里之國萬區。是故《易》稱「先王建萬國，親諸侯」，《書》云「協和萬國」，此之謂也。

晉・崔豹《古今註》卷上《輿服第一》 大駕指南車，起於黄帝，帝與蚩尤戰於涿漉之野，蚩尤作大霧，兵士皆迷，於是作指南車以示四方，遂擒蚩尤而即帝位，故後常建焉。

晉・王嘉《拾遺記》卷一《軒轅黄帝》 軒轅出自有熊之國，母曰昊樞。以戊己之日生，故以土德稱王也。時有黄星之祥。考定曆紀，始造書契。服冕垂衣，故有衮龍之頌。變乘桴以造舟楫，水物爲之祥踴，滄海爲之恬波。泛河沉璧，有澤馬羣鳴，山車滿野。吹玉律，正旋衡。置四史以主圖籍，使九行之士以統萬國。

《國語・周語下》 靈王二十二年，穀、洛鬭，將毁王宫。王欲壅之，太子晉諫曰：「【略】其後伯禹念前之非度，釐改制量，象物天地，比類百則，儀之于民而度之于群生。共之從孫四岳佐之，高高下下，疏川導滯，鍾水豐物，封崇九山，決汨九川，陂障九澤，豐殖九藪，汨越九原，宅居九隩，合通四海。故天無伏陰，地無散陽，水無沈氣，火無灾燀，神無閒行，民無淫心，時無逆數，物無害生。帥象禹之功，度之于軌儀，莫非嘉績，克厭帝心。皇天嘉之，胙以天下，賜姓曰姒，氏曰有夏，謂其能以嘉祉殷富生物也。胙四岳國，命以侯伯，賜姓曰姜，氏曰有吕，謂其能爲禹股肱心膂，以養物豐民人也。【略】」

漢・孔安國《尚書正義》卷三《虞書・舜典》 舜讓于德，弗嗣。正月上日，受終于文祖。在璿璣玉衡，以齊七政。肆類于上帝，禋于六宗，望于山川，遍于羣神。輯五瑞。既月，乃日覲四岳羣牧，班瑞於群後。

歲二月，東巡守，至于岱宗，柴。望秩于山川，肆覲東后。協時月正日，同律度量衡。修五禮、五玉、三帛、二生、一死贄。如五器，卒乃復。五月南巡守，至于南岳，如岱禮。八月西巡守，至于西岳，如初。十有一月朔巡守，至于北岳，如西禮。歸，格于藝祖，用特。五載一巡守，羣后四朝。敷奏以言，明試以功，車服以庸。

漢・司馬遷《史記》卷一《五帝本紀》 於是帝堯老，命舜攝行天子之政，以觀天命。舜乃在璿璣玉衡，以齊七政。遂類于上帝，禋于六宗，望于山川，辯于羣神。揖五瑞，擇吉月日，見四嶽諸牧，班瑞。歲二月，東巡狩，至於岱宗，祡，望秩於山川。遂見東方君長，合時月正日，同律度量衡，脩五禮五玉三帛二生一死爲摯，如五器，卒乃復。

漢・司馬遷《史記》卷二八《封禪書》 《尚書》曰，舜在璇璣玉衡，以齊七政。遂類于上帝，禋于六宗，望山川，徧羣神。輯五瑞，擇吉月日，見四嶽諸牧，還瑞。歲二月，東巡狩，至於岱宗。岱宗，泰山也。柴，望秩於山川。遂覲東后。東后者，諸侯也。合時月正日，同律度量衡，修五禮，五玉三帛二生一死贄。五月，巡狩至南嶽。南嶽，衡山也。八月，巡狩至西嶽。西嶽，華山也。十一月，巡狩至北嶽。北嶽，恒山也。皆如岱宗之禮。中嶽，嵩高也。五載一巡狩。

晉・王嘉《拾遺記》卷一《唐堯》 帝堯在位，聖德光洽。河洛之濱，得玉版方尺，圖天地之形。

《山海經》卷九　帝命豎亥步，自東極至于西極，五億十選九千八百步。豎亥右手把筭，左手指青丘北。一曰禹令豎亥。一曰五億十萬九千八百步。

漢・司馬遷《史記》卷二《夏本紀》 堯崩，帝舜問四嶽曰：「有能成美堯之事者使居官？」皆曰：「伯禹爲司空，可成美堯之功。」舜曰：「嗟，然！」命禹：「女平水土，維是勉之。」禹拜稽首，讓於契、後稷、皋陶。舜曰：「女其往視爾事矣。」

禹爲人敏給克勤；其悳不違，其仁可親，其言可信。聲爲律，身爲度，稱以出。亹亹穆穆，爲綱爲紀。

禹乃遂與益、後稷奉帝命，命諸侯百姓興人徒以傅土，行山表木，定高山大川。禹傷先人父鯀功之不成受誅，乃勞身焦思，居外十三年，過家門不敢入。薄衣食，致孝于鬼神。卑宮室，致費於溝淢。陸行乘車，水行乘船，泥行乘橇，山行乘欙。左準繩，右規矩，載四時，以開九州，通九道，陂九澤，度九山。令益予衆庶稻，可種卑溼。命後稷予衆庶難得之食。食少，調有餘相給，以均諸侯。禹乃行相地宜所有以貢，及山川之便利。

漢・刘安《淮南子・墬形訓》 禹使太章步自東極至于西極，二億三萬三千五百里七十五步，使豎亥步自北極至于南極，二億三萬三千五百里七十五步。

晉・王嘉《拾遺記》卷二《夏禹》 禹鑿龍關之山，亦謂之龍門，至一空巖，深數十里，幽暗不可復行。禹乃負火而進，有獸狀如豕，銜夜明之珠，其光如燭，又有青犬行吠於前。禹計行可十里，迷於晝夜，既覺漸明，見向來豕犬變爲人形，皆着玄衣。又見一神，蛇身人面，禹因與語，即示禹八卦之圖，列於金版之上。又有八神侍側，禹曰：「華胥生聖人子，是耶？」答曰：「華胥是九河神女，以生余也。」乃探玉簡授禹，長一尺二寸，以合十二時之數，使量度天地。禹即持此簡，以平定水土。授簡披圖蛇身之神，即羲皇也。

《左傳・襄公二十五年》 楚蒍掩爲司馬，子木使庀賦，數甲兵。甲午，蒍掩書土田，度山林，鳩藪澤，辨京陵，表淳鹵，數疆潦，規偃豬，町原防，牧隰皋，井衍沃，量入脩賦。賦車籍馬，賦車兵、徒兵、甲楯之數。既成，以授子木，禮也。

南朝梁・任昉《述異記》卷下 魯班刻石爲《禹九州圖》，今在洛城石室山。

漢・司馬遷《史記》卷六九《蘇秦列傳》 （燕文侯）於是資蘇秦車馬金帛以至趙。而奉陽君已死，即因説趙肅侯曰：【略】臣竊以天下之地圖案之，諸侯之地五倍於秦，料度諸侯之卒十倍於秦，六國爲一，并力西鄉而攻秦，秦必破矣。今西面而事之，見臣於秦。夫破人之與破於人也，臣人之與臣於人也，豈可同日而論哉！」

宋・司馬光《資治通鑑》卷二《周紀二》 （周顯王三十六年）初，洛陽人蘇秦説秦王以兼天下之術，秦王不用其言。蘇秦乃去，説燕文公曰：「燕之所以不犯寇被甲兵者，以趙之爲蔽其南也。且秦之攻燕也，戰於千里之外；趙之攻燕也，戰於百里之內。夫不憂百里之患而重千里之外，計無過於此者。願大王與趙從親，天下爲一，則燕國必無患矣。」

文公從之，資蘇秦車馬，以説趙肅侯曰：「當今之時，山東之建國莫強於趙，秦之所害亦莫如趙。然而秦不敢舉兵伐趙者，畏韓、魏之議其後也。秦之攻韓、魏也，無有名山大川之限，稍蠶食之，傳國都而止。韓、魏不能支秦，必入臣於秦；秦無韓、魏之規則禍中於趙矣。臣以天下地圖案之，諸侯之地五倍於秦，料度諸侯之卒十倍於秦。六國爲一，并力西鄉而攻秦，秦必破矣。【略】」肅侯大説，厚待蘇秦。尊寵賜賚之，以約於諸侯。

漢・司馬遷《史記》卷八一《廉頗藺相如列傳》 趙惠文王時，得楚和氏璧。秦昭王聞之，使人遺趙王書，原以十五城請易璧。【略】趙王於是遂遣（藺）相如奉璧西入秦。

秦王坐章臺見相如，相如奉璧奏秦王。秦王大喜，傳以示美人及左右，左右皆呼萬歲。相如視秦王無意償趙城，乃前曰：「璧有瑕，請指示王。」王授璧，相如因持璧卻立，倚柱，怒髮上衝冠，謂秦王曰：「大王欲得璧，使人發書至趙王，趙王悉召羣臣議，皆曰『秦貪，負其彊，以空言求璧，償城恐不可得』。議不欲予秦璧。臣以爲布衣之交尚不相欺，況大國乎！且以一璧之故逆彊秦之驩，不可。於是趙王乃齋戒五日，使臣奉璧，拜送書於庭。何者？嚴大國之威以修敬也。今臣至，大王見臣列觀，禮節甚倨；得璧，傳之美人，以戲弄臣。臣觀大王無意償趙王城邑，故臣復取璧。大王必欲急臣，臣頭今與璧俱碎於柱矣！」相如持其璧睨柱，欲以擊柱。秦王恐其破璧，乃辭謝固請，召有司案圖，指從此以往十五都予趙。相如度秦王特以詐詳爲予趙城，實不可得，乃謂秦王曰：「和氏璧，天下所共傳寶也，趙王恐，不敢不獻。趙王送璧時，齋戒五日，今大王亦宜齋戒五日，設九賓於廷，臣乃敢上璧。」秦王度之，終不可彊奪，遂許齋五日，舍相如廣成傳。相如度秦王雖齋，決負約不償城，乃使其從者衣褐，懷其璧，從徑道亡，歸璧于趙。

漢・司馬遷《史記》卷三四《燕召公世家》 燕見秦且滅六國，秦兵臨易水，禍且至燕。太子丹陰養壯士二十人，使荊軻獻督亢地圖於秦，因襲刺秦王。秦王覺，殺軻，使將軍王翦擊燕。二十九年，秦攻拔我薊，燕王亡，徙居遼東，斬丹以獻秦。

漢・劉向《戰國策》卷三一《燕三・燕太子丹質於秦》 （荊軻）既至秦，持千金之資幣物，厚遺秦王寵臣中庶子蒙嘉。嘉爲先言於秦王曰：「燕王誠振怖大王之威，不敢興兵以逆軍吏，願舉國爲內臣，比諸侯之列，給貢職如郡縣，而得奉守先王之宗廟。恐懼不敢自陳，謹斬樊於期頭及獻燕之督亢之地圖，函封，燕王拜送于庭，使使以聞大王。唯大王命之。」秦王聞之，大喜。乃朝服，設九賓，見燕使者咸陽宮。荊軻奉樊於期頭函，而秦武陽奉地圖匣，以次進，至陛，秦武陽色變振恐，群臣恠之，荊軻顧笑武陽，前爲謝曰：「北蠻夷之鄙人，未嘗見天子，故振慴，願大王少假借之，使得畢使於前。」秦王謂軻曰：「起，取武陽所持圖。」軻既取圖，奉之秦王，發圖，圖窮而匕首見。因左手拔秦王之袖，而右手持匕首揕之。未至身，秦王驚，自引而起，袖絶。拔劍，劍長，摻其室。時惶急，劍堅，故不可立拔。荊軻逐秦王，秦王環柱而走。群臣驚愕，卒起不意，盡失其度。而秦法，群臣侍殿上者，不得持尺寸之兵。諸郎中執兵皆陳於殿下，非有詔不得上。方急時，不及召下兵，以故荊軻逐秦王，而卒惶急無以擊軻，而乃以手共搏之。是時，侍醫夏無且以其所奉藥囊提荊軻。秦王之方環柱走，卒惶急不知所爲，左右乃曰：「王負劍！王負劍！」遂拔以擊荊軻，斷其左股。荊軻廢，乃引其匕首提擿秦王，不中，中柱。秦王復擊軻，軻被八創。軻自知事不就，倚柱而笑，箕踞以罵曰：「事所以不成者，乃欲以生刧之，必得約契以報太子也。」左右既前斬荊軻，秦王目眩良久。

宋・司馬光《資治通鑑》卷六《秦紀一》 （始皇帝十九年）太子聞衛人荊軻之賢，卑辭厚禮而請見之。【略】荊軻許之。於是舍荊卿於上舍，太子日造門下，所以奉養荊軻，無所不至。及王翦滅趙，太子聞之懼，欲遣荊軻行。荊軻曰：「今行而無信，則秦未可親也。誠得樊將軍首與燕督亢之地圖，奉獻秦王，秦王必說見臣，說，讀曰悦。臣乃有以報。」

宋・司馬光《資治通鑑》卷七《秦紀二》 （始皇帝二十年）荊軻至咸陽，因王寵臣蒙嘉卑辭以求見；王大喜，朝服，設九賓而見之。荊軻奉圖而進於王，圖窮而匕首見，因把王袖而揕之；未至身，王驚起，袖絶。荊軻逐王，王環柱而走。羣臣皆愕，卒起不意，盡失其度。而秦法，羣臣侍殿上者不得操尺寸之兵，左右以手共搏之，且曰：「王負劍！」負劍，王遂拔以擊荊軻，斷其左股。荊軻廢，乃引匕首擿王，中銅柱。自知事不就，罵曰：「事所以不成者，以欲生劫之，必得約契以報太子也！」遂體解荊軻以徇。王於是大怒，益發兵詣趙，就王翦以伐燕，與燕師、代師戰于易水之西，大破之。

漢・司馬遷《史記》卷六《秦始皇本紀》 分天下以爲三十六郡，郡置守、尉、監。更名民曰「黔首」。大酺。收天下兵，聚之咸陽，銷以爲鍾鐻，金人十二，重各千石，置廷宫中。一法度衡石丈尺。車同軌。書同文字。地東至海暨朝鮮，西至臨洮、羌中，南至北嚮户，北據河爲塞，並陰山至遼東。徙天下豪富於咸陽十二萬户。諸廟及章臺、上林皆在渭南。秦每破諸侯，寫放其宫室，作之咸陽北阪上，南臨渭，自雍门以東至涇、渭，殿屋複道周閣相屬。所得诸侯美人鍾鼓，以充入之。

漢・班固《漢書》卷一上《高帝紀上》 元年冬十月，五星聚于東井。沛公至霸上。秦王子嬰素車白馬，係頸以組，封皇帝璽符節，降枳道旁。諸將或言誅秦王，沛公曰：「始懷王遣我，固以能寬容，且人已服降，殺之不祥。」乃以屬吏。遂西入咸陽，欲止宫休舍，樊噲、張良諫，乃封秦重寶財物府庫，還軍霸上。蕭何盡收秦丞相府圖籍文書。

漢·班固《漢書》卷三九《蕭何曹參傳》 蕭何，沛人也。【略】及高祖起爲沛公，何嘗爲丞督事。沛公至咸陽，諸將皆争走金帛財物之府分之，何獨先入收秦丞相御史律令圖書藏之。沛公具知天下阸塞，户口多少，彊弱處，民所疾苦者，以何得秦圖書也。

宋·司馬光《資治通鑑》卷九《漢紀一》 （高帝元年，）沛公西入咸陽，諸將皆争走金帛財物之府分之，蕭何獨先入收秦丞相府圖籍藏之，以此沛公得具知天下阸塞、户口多少、强弱之處。沛公見秦宫室、帷帳、狗馬、重寶、婦女以千數，意欲留居之。樊噲諫曰：「沛公欲有天下耶，將爲富家翁耶？凡此奢麗之物，皆秦所以亡也，沛公何用焉！願急還霸上，無留宫中！」沛公不聽。張良曰：「秦爲無道，故沛公得至此。夫爲天下除殘賊，宜縞素爲資。今始入秦，即安其樂，此所謂『助桀爲虐』。且忠言逆耳利於行，毒藥苦口利於病，願沛公聽樊噲言！」沛公乃還軍霸上。

漢·班固《漢書》卷六四上《嚴助傳》 淮南王（劉）安上書諫曰：「【略】臣聞越非有城邑里也，處谿谷之間，篁竹之中，習于水鬬，便於用舟，地深昧而多水險，中國之人不知其勢阻而入其地，雖百不當其一。得其地，不可郡縣也；攻之，不可暴取也。以地圖察其山川要塞，相去不過寸數，而間獨數百千里，阻險林叢弗能盡著。視之若易，行之甚難。天下賴宗廟之靈，方内大寧，戴白之老不見兵革，民得夫婦相守，父子相保，陛下之德也。越人名爲藩臣，貢酎之奉，不輸大内，一卒之用不給上事。自相攻擊而陛下發兵救之，是反以中國而勞蠻夷也。且越人愚戇輕薄，負約反復，其不用天子之法度，非一日之積也。壹不奉詔，舉兵誅之，臣恐後兵革無時得息也。」

宋·司馬光《資治通鑑》卷一七《漢紀九》 （武帝建元六年，）閩越王郢興兵擊南越邊邑；南越王守天子約，不敢擅興兵，使人上書告天子。於是天子多南越義，大爲發兵，遣大行王恢出豫章，大農令韓安國出會稽，擊閩越。

淮南王安上書諫曰：「陛下臨天下，布德施惠，天下攝然，人安其生，自以没身不見兵革。今聞有司舉兵將以誅越，臣安竊爲陛下重之。

越，方外之地，剪髮文身之民也，不可以冠帶之國法度理也。自三代之盛，胡、越不與受正朔，非强勿能服，威弗能制也；以爲不居之地，不牧之民，不足以煩中國也。自漢初定以來七十二年，越人相攻擊者不可勝數，然天子未嘗舉兵而入其地也。臣聞越非有城郭邑里也，處溪谷之間，篁竹之中，習于水鬬，便於用舟，地深昧而多水險；中國之人不知其勢阻而入其地，雖百不當其一。得其地，不可郡縣也，攻之，不可暴取也。以地圖察其山川要塞，相去不過寸數，而間獨數百千里，險阻、林叢弗能盡著；視之若易，行之甚難。天下賴宗廟之靈，方内大寧，戴白之老不見兵革，民得夫婦相守，父子相保，陛下之德也。越人名爲藩臣，貢酎之奉不輸大内，一卒之奉不給上事；自相攻擊，而陛下發兵救之，是反以中國而勞蠻夷也！且越人愚戇輕薄，負約反覆，其不用天子之法度，非一日之積也。壹不奉詔，舉兵誅之，臣恐後兵革無時得息也。」

漢·司馬遷《史記》卷一一八《淮南衡山列傳》 （淮南）王日夜與伍被、左吴等案輿地圖，部署兵所從入。王曰：「上無太子，宫車即晏駕，廷臣必徵膠東王，不即常山王，諸侯並争，吾可以無備乎！且吾高祖孫，親行仁義，陛下遇我厚，吾能忍之；萬世之後，吾寧能北面臣事豎子乎？」

宋·司馬光《資治通鑑》卷一九《漢紀十一》 （武帝元狩元年，）淮南王（劉）安與賓客左吴等日夜爲反謀，按輿地圖，部署兵所從入。諸使者道長安來，爲妄言，言「上無男，漢不治」，即喜；即言「漢廷治，有男」，王怒，以爲妄言，非也。

漢·司馬遷《史記》卷六〇《三王世家》 （武帝元狩六年）四月癸未，奏未央宫，留中不下。

丞相臣青翟、太僕臣賀、行御史大夫事太常臣充、太子太傅臣安行宗正事昧死言：「臣青翟等前奏大司馬臣去病上疏言，皇子未有號位，臣謹與御史大夫臣湯、中二千石、二千石、諫大夫、博士臣慶等昧死請立皇子臣閎等爲諸侯王。陛下讓文武，躬自切，及皇子未教。羣臣之議，儒者稱其術，或誖其心。陛下固辭弗許，家皇子爲列侯。臣青翟等竊與列侯臣壽成等二十七人議，皆曰以爲尊卑失序。高皇帝建天下，爲漢太祖，王子孫，廣支輔。先帝法則弗改，所以宣至尊也。臣請令史官擇吉日，具禮儀上，御史奏輿地圖，他皆如前故事。」制曰：「可。」

四月丙申，奏未央宫。太僕臣賀行御史大夫事昧死言：「太常臣充言卜入四月二十八日乙巳，可立諸侯王。臣昧死奏輿地圖，請所立國名。禮儀别奏。臣昧死請。」

制曰：「立皇子閎爲齊王，旦爲燕王，胥爲廣陵王。」

漢・班固《漢書》卷五三《江都易王劉建傳》(劉)建亦頗聞淮南、衡山陰謀，恐一日發，爲所并，遂作兵器。號王后父胡應爲將軍。中大夫疾有材力，善騎射，號曰靈武君。作治黄屋蓋，刻皇帝璽，鑄將軍、都尉金銀印；作漢使節二十，綬千餘；具置軍官品員，及拜爵封侯之賞；具天下之輿地及軍陳圖。遣人通越繇王閩侯，遺以錦帛奇珍，繇王閩侯亦遺建荃、葛、珠璣、犀甲、翠羽、蝯熊奇獸，數通使往來，約有急相助。及淮南事發，治黨與，頗連及建，建使人多推金錢絶其獄。

漢・班固《漢書》卷五四《李廣附孫陵傳》(武帝)天漢二年，貳師將三萬騎出酒泉，擊右賢王於天山。召陵，欲使爲貳師將輜重。陵召見武臺，叩頭自請曰：「臣所將屯邊者，皆荆楚勇士奇材劍客也，力扼虎，射命中，願得自當一隊，到蘭干山南以分單于兵，毋令專鄉貳師軍。」上曰：「將惡相屬邪！吾發軍多，毋騎予女。」陵對：「無所事騎，臣願以少擊衆，步兵五千人涉單于庭。」上壯而許之，因詔彊弩都尉路博德將兵半道迎陵軍。博德故伏波將軍，亦羞爲陵後距，奏言：「方秋匈奴馬肥，未可與戰，臣願留陵至春，俱將酒泉、張掖騎各五千人並擊東西浚稽，可必禽也。」書奏，上怒，疑陵悔不欲出而教博德上書，乃詔博德：「吾欲予李陵騎，云『欲以少擊衆』。今虜入西河，其引兵走西河，遮鉤營之道。」詔陵：「以九月發，出遮虜鄣，至東浚稽山南龍勒水上，徘徊觀虜，即亡所見，從浞野侯趙破奴故道抵受降城休士，因騎置以聞。所與博德言者云何？具以書對。」陵於是將其步卒五千人出居延，北行三十日，至浚稽山止營，舉圖所過山川地形，使麾下騎陳步樂還以聞。步樂召見，道陵將率得士死力，上甚説，拜步樂爲郎。

宋・司馬光《資治通鑑》卷二一《漢紀一三》(天漢二年)初，李廣有孫陵，爲侍中，善騎射，愛人下士。帝以爲有廣之風，拜騎都尉，使將丹陽、楚人五千人，教射酒泉、張掖以備胡。及貳師擊匈奴，上詔陵，欲使爲貳師將輜重。陵叩頭自請曰：「臣所將屯邊者，皆荆楚勇士奇材劍客也，力扼虎，射命中，願得自當一隊，到蘭于山南以分單于兵，毋令專鄉貳師軍。」上曰：「將惡相屬邪！吾發軍多，無騎予女。」陵對：「無所事騎，臣願以少擊衆，步兵五千人涉單于庭。」上壯而許之，因詔路博德將兵半道迎陵軍。博德亦羞爲陵後距，奏言：「方秋，匈奴馬肥，未可與戰，願留陵至春俱出。」上怒，疑陵悔不欲出而教博德上書，乃詔博德引兵擊匈奴於西河。詔陵以九月發，出遮虜障，至東浚稽山南龍勒水上，徘徊觀虜，即無所見，還，抵受降城休士。太初元年，公孫敖築受降城。陵於是將其步卒五千人，出居延，北行三十日，至浚稽山止營，舉圖所過山川地形，使麾下騎陳步樂還以聞。步樂召見，道陵將率得士死力，上甚悦，拜步樂爲郎。

宋・司馬光《資治通鑑》卷二六《漢紀十八》(宣帝神爵元年)時趙充國年七十餘，上老之，使丙吉問誰可將者。充國對曰：「無踰於老臣者矣！」上遣問焉，曰：「將軍度羌虜何如？當用幾人？」充國曰：「百聞不如一見。兵難遥度，臣願馳至金城，圖上方略。羌戎小夷，逆天背畔，滅亡不久，願陛下以屬老臣，勿以爲憂！」上笑曰：「諾。」乃大發兵詣金城。夏，四月，遣充國將之，以擊西羌。

漢・班固《漢書》卷八一《匡衡傳》初，(匡)衡封僮之樂安鄉，鄉本田隄封三千一百頃，南以閩佰爲界。初元元年，郡圖誤以閩佰爲平陵佰。積十餘歲，衡封臨淮郡，遂封真平陵佰以爲界，多四百頃。至建始元年，郡乃定國界，上計簿，更定圖，言丞相府。衡謂所親吏趙殷曰：「主簿陸賜故居奏曹，習事曉知國界，署集曹掾。」明年治計時，衡問殷國界事：「曹欲柰何？」殷曰：「賜以爲舉計，令郡實之。恐郡不肯從實，可令家丞上書。」衡曰：「顧當得不耳，何至上書？」亦不告曹使舉也，聽曹爲之。後賜與屬明舉計曰：「案故圖，樂安鄉南以平陵佰爲界，不從故而以閩佰爲界，解何？」郡即復以四百頃付樂安國。衡遣從史之僮，收取所還田租穀千余石入衡家。司隸校尉駿、少府忠行廷尉事劾奏「衡監臨盜所主守直十金以上。《春秋》之義，諸侯不得專地，所以壹統尊法制也。衡位三公，輔國政，領計簿，知郡實，正國界，計簿已定而背法制，專地盜土以自益，及賜、明阿承衡意，猥舉郡計，亂減縣界，附下罔上，擅以地附益大臣，皆不道。」於是上可其奏，勿治，丞相爲庶人，終於家。

漢・班固《漢書》卷二八下《地理志下》自日南障塞、徐聞、合浦船行可五月，有都元國；又船行可四月，有邑盧没國；又船行可二十餘日，有諶離國；步行可十餘日，有夫甘都盧國。自夫甘都盧國船行可二月餘，有黄支國，民俗略與珠厓相類。其州廣大，户口多，多異物，自武帝以來皆獻見。有譯長，屬黄門，與應募者俱入海市明珠、璧流離、奇石異物，齎黄金雜繒而往。所至國皆稟食爲耦，蠻夷賈船，轉送致之。亦利交易，剽殺人。又苦逢風波溺死，不者數年來還。大珠至圍二寸以下。平帝元始中，王莽輔政，欲燿威德，厚遺黄支王，令遣使獻生犀牛。自黄支船行可八月，到皮宗；船行可二月，到日南、象林界云。黄支之南，有已程不國，漢之譯使自此還矣。

南朝宋·范曄《後漢書》卷一六《鄧禹傳》 及王郎起兵，光武自薊至信都，使(鄧)禹發奔命，得數千人，令自將之，別攻拔樂陽。從至廣阿，光武舍城樓上，披輿地圖，指示禹曰：「天下郡國如是，今始乃得其一。子前言以吾慮天下不足定，何也？」禹曰：「方今海内淆亂，人思明君，猶赤子之慕慈母。古之興者，在德薄厚，不以大小。」光武悦。

宋·司馬光《資治通鑑》卷三九《漢紀三十一》（淮陽王更始二年，）或説大司馬(劉)秀以守柏人不如定鉅鹿，秀乃引兵東北拔廣阿。秀披輿地圖，指示鄧禹曰：「天下郡國如是，今始乃得其一；子前言以吾慮天下不足定，何也？」禹曰：「方今海内殽亂，人思明君，猶赤子之慕慈母。古之興者在德薄厚，不以大小也！」

南朝宋·范曄《後漢書》卷一七《岑彭傳》 秦豐相趙京舉宜城降，拜爲成漢將軍，與彭共圍豐於黎丘。時田戎擁衆夷陵，聞秦豐被圍，懼大兵方至，欲降。而妻兄辛臣諫戎曰：「今四方豪傑各據郡國，洛陽地如掌耳。(司馬彪《續漢書》曰：「辛臣爲戎作地圖，圖彭寵、張步、董憲、公孫述等所得郡國，云洛陽所得如掌耳。」)不如按甲以觀其變。」戎曰：「以秦王之彊，猶爲征南所圍，豈況吾邪？降計決矣。」(建武)四年春，戎乃留辛臣守夷陵，自將兵沿江泝沔止黎丘，刻期日當降，而辛臣於後盜戎珍寶，從間道先降於彭，而以書招戎。戎疑必賣己，遂不敢降，而反與秦豐合。彭出兵攻戎，數月，大破之，其大將伍公詣彭降，戎亡歸夷陵。帝幸黎丘勞軍，封彭吏士有功者百餘人。彭攻秦豐三歲，斬首九萬餘級，豐餘兵裁千人，又城中食且盡。帝以豐轉弱，令朱祐代彭守之，使彭與傅俊南擊田戎，大破之，遂拔夷陵，追至秭歸。戎與數十騎亡入蜀，盡獲其妻子士衆數萬人。

宋·司馬光《資治通鑑》卷四一《漢紀三十三》（光武帝建武四年，）田戎聞秦豐破，恐懼，欲降。其妻兄辛臣圖彭寵、張步、董憲、公孫述等所得郡國以示戎曰：「雒陽地如掌耳，不如且按甲以觀其變。」戎曰：「以秦王之強，猶爲征南所圍，吾降決矣！」乃留辛臣使守夷陵，自將兵沿江泝沔上黎丘。辛臣於後盜戎珍寶，從間道先降於岑彭，而以書招戎曰：「宜以時降，無拘前計！」戎疑臣賣己，灼龜卜降，兆中坼，遂復反，與秦豐合；岑彭擊破之，戎亡歸夷陵。

南朝宋·范曄《後漢書》卷二四《馬援傳》 因使(馬)援將突騎五千，往來遊説(隗)囂將高峻、任禹之屬，下及羌豪，爲陳禍福，以離囂支黨。

援又爲書與囂將楊廣，使曉勸於囂，曰：「【略】今國家待春卿意深，宜使牛孺卿與諸耆老大人共説季孟，若計畫不從，真可引領去矣。前披輿地圖，見天下郡國百有六所，柰何欲以區區二邦以當諸夏百有四乎？春卿事季孟，外有君臣之義，内有朋友之道。言君臣邪，固當諫爭；語朋友邪，應有切磋。豈有知其無成，而但萎腇咋舌，叉手從族乎？及今成計，殊尚善也；過是，欲少味矣。且來君叔天下信士，朝廷重之，其意依依，常獨爲西州言。援商朝廷，尤欲立信於此，必不負約。援不得久留，願急賜報。」廣竟不荅。

宋·司馬光《資治通鑑》卷四二《漢紀三十四》（建武六年，）帝因使(馬)援將突騎五千，往來遊説(隗)囂將高峻、任禹之屬，下及羌豪，爲陳禍福，以離囂支黨。援又爲書與囂將楊廣，使曉勸於囂曰：「【略】今國家待春卿意深，宜使牛孺卿與諸耆老大人共説季孟，若計畫不從，真可引領去矣。前披輿地圖，見天下郡國百有六所，柰何欲以區區二邦以當諸夏百有四乎！春卿事季孟，外有君臣之義，内有朋友之道。言君臣邪，固當諫爭；語朋友邪，應有切磋。豈有知其無成，而但萎腇咋舌，叉手從族乎！及今成計，殊尚善也，過是，欲少味矣！且來君叔天下信士，朝廷重之，其意依依，常獨爲西州言。援商朝廷，尤欲立信於此，必不負約。援不得久留，願急賜報。」廣竟不荅。

南朝宋·范曄《後漢書》卷二四《馬援傳》（建武）八年，帝自西征(隗)囂，至漆，諸將多以王師之重，不宜遠入險阻，計冘豫未決。會召援，夜至，帝大喜，引入，具以羣議質之。援因説隗囂將帥有土崩之埶，兵進有必破之狀。又於帝前聚米爲山谷，指畫形埶，開示衆軍所從道徑往來，分析曲折，昭然可曉。帝曰：「虜在吾目中矣。」明旦，遂進軍至第一，囂衆大潰。

宋·司馬光《資治通鑑》卷四二《漢紀三十四》（建武八年）夏，閏四月，帝自將征隗囂，光禄勳汝南郭憲諫曰：「東方初定，車駕未可遠征。」乃當車拔佩刀以斷車靷。諸將多以王師之重，不宜遠入險阻，計冘豫未決。帝召馬援問之。援因説隗囂將帥有土崩之勢，兵進有必破之狀；又於帝前聚米爲山谷，指畫形勢，開示衆軍所從道徑，往來分析，昭然可曉。帝曰：「虜在吾目中矣！」明旦，遂進軍，至高平第一。

南朝宋·范曄《後漢書》卷一下《光武帝紀下》 初，巴蜀既平，大司馬吴漢上書請封皇子，不許，重奏連歲。（建武十五年）三月，乃詔羣臣議。大司空(竇)融、固始侯(李)通、膠東侯(賈)復、高密侯(鄧)禹、太常登等奏議曰：「古者封建諸侯，以藩屏京師。周封八百，同姓諸姬並爲建國，夾輔王室，尊事天子，享國永長，爲後世法。故《詩》云：『大啓爾宇，爲周室輔。』高祖聖德，光有天下，亦務親親，封立兄弟諸子，不違舊章。陛下德橫天地，興復宗統，褒德賞勳，親睦九族，功臣宗室，咸蒙封爵，多受廣地，或連屬縣。今皇子賴天，能勝衣趨拜，陛下恭謙克讓，抑而未議，羣臣百姓，莫不失望。宜因盛夏吉時，定號位，以廣藩輔，明親親，尊宗廟，重社稷，應古合舊，厭塞衆心。臣請大司空上輿地圖，太常擇吉日，具禮儀。」制曰：「可。」

南朝宋·范曄《後漢書》卷八九《南匈奴傳》（建武）二十二年，單于輿死，子左賢王烏達鞮侯立爲單于。復死，弟左賢王蒲奴立爲單于。比不得立，既懷憤恨。而匈奴中連年旱蝗，赤地數千里，草木盡枯，人畜饑疫，死耗太半。單于畏漢乘其敝，乃遣使詣漁陽求和親。於是遣中郎將李茂報命。而比密遣漢人郭衡奉匈奴地圖，二十三年，詣西河太守求内附。兩骨都侯頗覺其意，會五月龍祠，因白單于，言薁鞬日逐夙來欲爲不善，若不誅，且亂國。時比弟漸將王在單于帳下，聞之，馳以報比。比懼，遂斂所主南邊八部衆四五萬人，待兩骨都侯還，欲殺之。骨都侯且到，知其謀，皆輕騎亡去，以告單于。單于遣萬騎擊之，見比衆盛，不敢進而還。

唐·杜佑《通典》卷一九五《邊防十一·北狄二·南匈奴》（建武）二十二年，比從父弟蒲奴立爲單于，而匈奴中連年旱蝗，赤地數千里，草木盡枯，人畜飢疫，死耗太半。單于畏漢乘其弊，乃遣使求和親。而比密遣漢人郭衡奉匈奴地圖，詣河西太守求内附。

宋·司馬光《資治通鑑》卷四四《漢紀三十六》（帝建武二十三年）初，匈奴單于輿弟右谷蠡王知牙師以次當爲左賢王，左賢王次即當爲單于。單于欲傳其子，遂殺知牙師。烏珠留單于有子曰比，爲右薁鞬日逐王，領南邊八部。比見知牙師死，出怨言曰：「以兄弟言之，右谷蠡王次當立；以子言之，我前單于長子，我當立！」遂内懷猜懼，庭會稀闊。單于疑之，乃遣兩骨都侯監領比所部兵。及單于蒲奴立，比益恨望，密遣漢人郭衡奉匈奴地圖詣西河太守求内附。兩骨都侯頗覺其意，會五月龍祠，勸單于誅比。比弟漸將王在單于帳下，聞之，馳以報比。比遂聚八部兵四五萬人，待兩骨都侯還，欲殺之。骨都侯且到，知其謀，亡去。單于遣萬騎擊之，見比衆盛，不敢進而還。

南朝宋·范曄《後漢書》卷一〇上《明德馬皇后紀》（漢永平）十五年，帝案地圖，將封皇子，悉半諸國。后見而言曰：「諸子裁食數縣，於制不已儉乎？」帝曰：「我子豈宜與先帝子等乎？歲給二千萬足矣。」

南朝宋·范曄《後漢書》卷五〇《陳敬王劉羨傳》陳敬王（劉）羨，永平三年封廣平王。建初三年，有司奏遣羨與鉅鹿王恭、樂成王党俱就國，肅宗性篤愛，不忍與諸王乖離，遂皆留京師。明年，案輿地圖，令諸國户口皆等，租入歲各八千萬。羨博涉經書，有威嚴，與諸儒講論於白虎殿。七年，帝以廣平在北，多有邊費，乃徙羨爲西平王，分汝南八縣爲國。及帝崩，遺詔徙封爲陳王，食淮陽郡，其年就國。立三十七年薨，子思王鈞嗣。

南朝宋·范曄《後漢書》卷五一《李恂傳》辟司徒桓虞府。後拜侍御史，持節使幽州，宣佈恩澤，慰撫北狄，所過皆圖寫山川、屯田、聚落百餘卷，悉封奏上，肅宗嘉之。拜兗州刺史。以清約率下，常席羊皮，服布被。遷張掖太守，有威重名。時大將軍竇憲將兵屯武威，天下州郡遠近莫不修禮遺，恂奉公不阿，爲憲所奏免。

晉·陳壽《三國志》卷一《魏書一·武帝紀》（建安五年十月，袁）紹初聞公之擊（淳于）瓊，謂長子譚曰：「就彼攻瓊等，吾攻拔其營，彼固無所歸矣！」乃使張郃、高覽攻曹洪。郃等聞瓊破，遂來降。紹衆大潰，紹及譚棄軍走，渡河。追之不及，盡收其輜重圖書珍寶，虜其衆。

宋·司馬光《資治通鑑》卷六三《漢紀五十五》（建安五年十月，袁）紹聞（曹）操擊（淳于）瓊，謂其子譚曰：「就操破瓊，吾拔其營，彼固無所歸矣！」乃使其將高覽、張郃等攻操營。郃曰：「曹公精兵往，必破瓊等，瓊等破，則事去矣，請先往救之。」郭圖固請攻操營。郃曰：「曹公營固，攻之必不拔。若瓊等見禽，吾屬盡爲虜矣。」紹但遣輕騎救瓊，而以重兵攻操營，不能下。

紹騎至烏巢，操左右或言「賊騎稍近，請分兵拒之」。操怒曰：「賊在背後，乃白！」士卒皆殊死戰，遂大破之，斬瓊等，盡燔其糧穀，卒千餘人，皆取其鼻，牛馬割唇舌，以示紹軍。紹軍將士皆恟懼。郭圖慚其計之失，復譖張郃於紹曰：「郃快軍敗。」郃忿懼，遂與高覽焚攻具，詣操營降。曹洪疑不敢受，荀攸曰：「郃計畫不用，怒而來奔，君有何疑！」乃受之。

於是紹軍驚擾，大潰。紹及譚等幅巾乘馬，與八百騎渡河。操追之不及，盡收其輜重、圖書、珍寶。餘衆降者，操盡阬之，前後所殺七萬餘人。

晉·陳壽《三國志》卷三二《蜀書二·先主傳》（建安）十六年，益州牧劉璋遙聞曹公將遣鍾繇等向漢中討張魯，内懷恐懼。別駕從事蜀郡張松説璋曰：

「曹公兵彊無敵於天下，若因張魯之資以取蜀土，誰能禦之者乎？」璋曰：「吾固憂之而未有計。」松曰：「劉豫州，使君之宗室而曹公之深讎也，善用兵，若使之討魯，魯必破。魯破，則益州彊，曹公雖來，無能爲也。」璋然之。遣法正將四千人迎先主，前後賂遺以巨億計，正因陳益州可取之策。《吴書》曰：備前見張松，後得法正，皆厚以恩意接納，盡其殷勤之歡。因問蜀中闊狹，兵器府庫人馬衆寡，及諸要害道里遠近，松等具言之，又畫地圖山川處所，由是盡知益州虚實也。先主留諸葛亮、關羽等據荆州，將步卒數萬人入益州。至涪，璋自出迎，相見甚歡。張松令法正白先主，及謀臣龐統進説，便可於會所襲璋。先主曰：「此大事也，不可倉卒。」璋推先主行大司馬，領司隸校尉。先主亦推璋行鎮西大將軍，領益州牧。璋增先主兵，使擊張魯，又令督白水軍。先主并軍三萬余人，車中器械資貨甚盛。是歲，璋還成都。先主北至葭萌，未即討魯，厚樹恩德，以收衆心。

唐·房玄齡等《晉書》卷一《宣帝紀》（青龍）二年，亮又率衆十余萬出斜谷，壘于郿之渭水南原。天子憂之，遣征蜀護軍秦朗督步騎二萬，受帝節度。【略】帝弟［司馬］孚書問軍事，帝復書曰：「亮志大而不見機，多謀而少決，好兵而無權，雖提卒十萬，已墮吾畫中，破之必矣。」與之對壘百餘日，會亮病卒，諸將燒營遁走，百姓奔告，帝出兵追之。亮長史楊儀反旗鳴鼓，若將距帝者。帝以窮寇不之逼，於是楊儀結陣而去。經日，乃行其營壘，觀其遺事，獲其圖書、糧穀甚衆。帝審其必死，曰：「天下奇才也。」辛毗以爲尚未可知。帝曰：「軍家所重，軍書密計、兵馬糧穀，今皆棄之，豈有人捐其五藏而可以生乎？宜急追之。」關中多蒺藜，帝使軍士二千人著軟材平底木屐前行，蒺藜悉著屐，然後馬步俱進。追到赤岸，乃知亮死。

晉·陳壽《三國志》卷二四《魏書二十四·孫禮傳》徵拜少府，出爲荆州刺史，遷冀州牧。太傅司馬宣王謂（孫）禮曰：「今清河、平原爭界八年，更二刺史，靡能決之，虞、芮待文王而了，宜善令分明。」禮曰：「訟者據墟墓爲驗，聽者以先老爲正，而老者不可加以榎楚，又墟墓或遷就高敞，或徙避仇讐。如今所聞，雖臯陶猶將爲難。若欲使必也無訟，當以烈祖初封平原時圖決之。何必推古問故，以益辭訟？昔成王以桐葉戲叔虞，周公便以封之。今圖藏在天府，便可於坐上斷也，豈待到州乎？」宣王曰：「是也。當別下圖。」禮到，案圖宜屬平原。而曹爽信清河言，下書云：「圖不可用，當參異同。」禮上疏曰：「管仲霸者之佐，其器又小，猶能奪伯氏駢邑，使没齒無怨言。臣受牧伯之任，奉聖朝明圖，驗地著之界，界實以王翁河爲限；而鄃以馬丹候爲驗，詐以鳴犢河爲界。假虚訟訴，疑誤臺閣。竊聞衆口鑠金，浮石沈木，三人成市虎，慈母投其杼。今二郡爭界八年，一朝決之者，緣有解書圖畫，可得尋案擿校也。平原在兩河，向東上，其間有爵隄，爵堤在高唐西南，所爭地在高唐西北，相去二十餘里，可謂長歎息流涕者也。案解與圖奏而鄃不受詔，此臣軟弱不勝其任，臣亦何顔尸禄素餐？」輒束帶著履，駕車待放。爽見禮奏，大怒。劾禮怨望，結刑五歲。在家期年，衆人多以爲言，除城門校尉。

宋·司馬光《資治通鑑》卷七五《魏紀七》初，清河、平原爭界，八年不能決。冀州刺史孫禮請天府所藏烈祖封平原時圖以決之；烈祖，明帝也，封平原王。畫壤分國，有地圖在天府。《周禮》有天府，鄭玄注云：掌祖廟之寶藏。又賢能之書及功書皆藏于天府。（曹）爽信清河之訴，云圖不可用，禮上疏自辨，辭頗剛切。爽大怒，劾禮怨望，結刑五歲。

唐·房玄齡等《晉書》卷三《世祖武帝紀》（太康元年）三月壬申，王浚以舟師至于建鄴之石頭，孫皓大懼，面縛輿櫬，降于軍門。浚杖節解縛焚櫬，送于京都。收其圖籍，克州四，郡四十三，縣三百一十三，户五十二萬三千，吏三萬三千，兵二十三萬，男女口二百三十萬。

唐·房玄齡等《晉書》卷四二《王濬傳》（太康元年三月）壬寅，濬入于石頭。（孫）皓乃備亡國之禮，素車白馬，肉袒面縛，銜璧牽羊，大夫衰服，士輿櫬，率其僞太子瑾、瑾弟魯王虔等二十一人，造於壘門。濬躬解其縛，受璧焚櫬，送于京師。收其圖籍，封其府庫，軍無私焉。帝遣使者犒濬軍。

宋·司馬光《資治通鑑》卷八一《晉紀三》（太康元年三月）壬寅，王濬舟師過三山，王渾遣信要濬暫過論事，濬舉帆直指建業，報曰：「風利，不得泊也。」是日，濬戎卒八萬，方舟百里，鼓譟入于石頭，吴主（孫）皓面縛輿櫬，詣軍門降。浚解縛焚櫬，延請相見。收其圖籍，克州四，郡四十三，户五十二萬三千，兵二十三萬。

南朝梁·沈約《宋書》卷一一《律曆志上》晉泰始十年，中書監荀勖、中書令張華，出御府銅竹律二十五具，部太樂郎劉秀等校試，其三具與杜夔及左延年律法同，其二十二具，視其銘題尺寸，是笛律也。

北齊·魏收《魏書》卷一〇七上《律曆志上》晉中書監荀勖持夔律校練八音，以謂後漢至魏尺長古尺四分有餘。又得古玉律，勖新律命之，謂其應合，遂改晉調，而散騎侍郎阮咸譏其聲高。

宋·司馬光《資治通鑑》卷一〇九《晉紀三十一》（隆安元年八月）甲申，魏克中山，燕公卿、尚書、將吏、士卒降者二萬餘人。張驤、李沈先嘗降魏，復亡去。（拓跋）珪入城，皆赦之。得燕璽綬、圖書、府庫、珍寶以萬數，班賞羣臣將士有差。追謚弟（拓跋）觚爲秦湣王；發慕容詳冢，斬其尸；收殺觚者高霸、程同，皆夷五族，以大刃剉之。

宋·司馬光《資治通鑑》卷一一三《晉紀三十五》（元興三年正月己未）（劉）裕入建康，王仲德抱（王）元德子方回出候裕，裕於馬上抱方回與仲德對哭；追贈元德給事中，以仲德爲中兵參軍。裕止桓謙故營，遣劉鍾據東府。庚申，裕屯石頭城，立留臺百官，焚桓溫神主於宣陽門外，造晉新主，納于太廟。遣諸將追玄，尚書王嘏帥百官奉迎乘輿，誅（桓）玄宗族在建康者。裕使臧熹入宮收圖書、器物，封閉府庫；有金飾樂器，裕問熹：「卿得無欲此乎？」熹正色曰：「皇上幽逼，播越非所，將軍首建大義，劬勞王家，雖復不肖，實無情於樂。」裕笑曰：「聊以戲卿耳。」熹，燾之弟也。

唐·房玄齡等《晉書》卷二五《輿服志》 指南車，過江亡失，及義熙五年，劉裕屠廣固，始復獲焉，乃使工人張綱補緝周用。十三年，裕定關中，又獲司南、記里諸車，制度始備。

宋·司馬光《資治通鑑》卷一一八《晉紀四十》（義熙十三年九月）裕收秦彝器、渾儀、土圭、記里鼓、指南車送詣建康。

唐·房玄齡等《晉書》卷三五《裴秀傳》 秀儒學洽聞，且留心政事，當禪代之際，總納言之要，其所裁當，禮無違者。又以職在地官，以《禹貢》山川地名，從來久遠，多有變易。後世說者或强牽引，漸以暗昧。於是甄摘舊文，疑者則闕，古有名而今無者，皆隨事注列，作《禹貢地域圖》十八篇，奏之，藏於秘府。

南朝梁·沈約《宋書》卷七九《文五王·竟陵王劉誕傳》（孝建）三年，建康民陳文紹上書曰：「私門有幸，亡大姑元嘉中蒙入臺六宮，薄命早亡，先朝賜贈美人，又聽大姑二女出入問訊。父饒，司空誕取爲府史，恒使入山圖畫道路，勤劇備至，不敢有辭，不復聽歸，消息斷絶。姑二女去年冒啓歸訴，蒙陛下聖恩，賜敕解饒吏名。誕見符至，大怒，唤饒入交問：『汝欲死邪？訴臺求解。』饒即答：『官比不聽通家信，消息斷絶。若是姊爲啓聞，所不知。』誕因問饒：『汝那得入臺？』饒被問，依實啓答。既出，誕主衣莊慶、畫師王强語饒：『汝今年敗，汝姊誤汝。官云小人輩敢持臺家逼我。』饒因叛走歸，誕即遣王强將數人逐，突入家内縛録，將還廣陵。至京口客舍，乃陊死井中，託云『饒懼罪自殺』。抱痛懷冤，冒死歸訴。」

北齊·魏收《魏書》卷五三《李孝伯附子安世傳》 時民困飢流散，豪右多有占奪，李安世乃上疏曰：「臣聞量地畫野，經國大式；邑地相參，致治之本。井税之興，其來日久；田萊之數，制之以限。蓋欲使土不曠功，民罔游力。雄擅之家，不獨膏腴之美；單陋之夫，亦有頃畝之分。所以恤彼貧微，抑兹貪欲，同富約之不均，一齊民於編户。竊見州郡之民，或因年儉流移，棄賣田宅，漂居異鄉，事涉數世。三長既立，始返舊墟，廬井荒毁，桑榆改植，事已歷遠，易生假冒。强宗豪族，肆其侵淩，遠認魏晉之家，近引親舊之驗。又年載稍久，鄉老所惑，羣證雖多，莫可取據。各附親知，互有長短，兩證徒具，聽者猶疑，争訟遷延，連紀不判。良疇委而不開，柔桑枯而不採，僥倖之徒興，繁多之獄作。欲令家豐歲儲，人給資用，其可得乎！愚謂今雖桑井難復，宜更均量，審其徑術。令分藝有準，力業相稱，細民獲資生之利，豪右靡餘地之盈。則無私之澤，乃播均於兆庶；如阜如山，可有積於比户矣。又所争之田，宜限年斷，事久難明，悉屬今主。然後虚妄之民，絶望於覬覦；守分之士，永免於淩奪矣。」高祖深納之，後均田之制起於此矣。

唐·姚思廉《梁書》卷一一《張弘策傳》 義師將起，高祖夜召弘策、吕僧珍入宅定議，旦乃發兵，以弘策爲輔國將軍、軍主，領萬人督後部軍事。西臺建，爲步兵校尉，遷車騎諮議參軍。及郢城平，蕭穎達、楊公則諸將皆欲頓軍夏口，高祖以爲宜乘勢長驅，直指京邑，以計語弘策，弘策與高祖意合。又訪寧遠將軍庚域，域又同。乃命衆軍即日上道，緣江至建康，凡磯、浦、村落，軍行宿次，立頓處所，弘策逆爲圖測，皆在目中。義師至新林，王茂、曹景宗等於大航方戰，高祖遣弘策持節勞勉，衆咸奮厲。是日，仍破朱雀軍。高祖入頓石頭城，弘策屯門禁衛，引接士類，多全免。城平，高祖遣弘策與吕僧珍先入清宫，封檢府庫。于時城内珍寶委積，弘策申勒部曲，秋毫無犯。遷衛尉卿，加給事中。天監初，加散騎常侍，洮陽縣侯，邑二千二百户。弘策盡忠奉上，知無不爲，交友故舊，隨才薦拔，搢紳皆趨焉。

宋·司馬光《資治通鑑》卷一四四《齊紀十》（中興元年六月己未）諸將欲頓軍夏口；（蕭）衍以爲宜乘勝直指建康，車騎諮議參軍張弘策、寧遠將軍庚域亦以爲然。衍命衆軍即日上道。緣江至建康，凡磯、浦、村落，軍行宿次、立頓處所，弘策逆爲圖畫，如在目中。郢、魯未克，蕭衍則違衆議駐兵漢口而不輕進，圖萬全也。郢、魯既克，衍遽督諸軍直指建康，乘勝勢也。逆爲圖畫者，畫緣江可立頓及次宿之地爲圖，使諸將按之以爲進止。上，時掌翻。

唐・姚思廉《梁書》卷一《武帝紀上》（永元三年）十二月丙寅旦，兼衛尉張稷、北徐州刺史王珍國斬東昏，送首義師。高祖命吕僧珍勒兵封府庫及圖籍，收嬖妾潘妃及凶党王咺之以下四十一人屬吏誅之。

宋・司馬光《資治通鑑》卷一四四《齊紀十》（中興元年）十二月，丙寅夜，（錢）强密令人開雲龍門，（王）珍國、（張）稷引兵入殿，御刀豊勇之爲内應。東昏在含德殿作笙歌，寢未熟，聞兵入，趨出北户，欲還後宫，門已閉。宦者黄泰平刀傷其膝，僕地，張齊斬之。稷召尚書右僕射王亮等列坐殿前西鍾下，令百僚署箋，以黄油裹東昏首，遣國子博士范雲等送詣石頭。右衛將軍王志歎曰：「冠雖弊，何可加足！」取庭中樹葉挼服之，僞悶，不署名。（蕭）衍覽箋無志名，心嘉之。亮，瑩之從弟；志，僧虔之子也。衍與范雲有舊，即留參帷幄。王亮在東昏朝，以依違取容。蕭衍至新林，百僚皆間道送款，亮獨不遣。東昏敗，亮出見衍，衍曰：「顛而不扶，安用彼相！」亮曰：「若其可扶，明公豈有今日之舉！」城中出者，或被劫剥。楊公則親帥下陳於東掖門，衛送公卿士民，故出者多由公則營焉。衍使張弘策先入清宫，封府庫及圖籍。于時城内珍寶委積，弘策禁勒部曲，秋毫無犯。收潘妃及嬖臣茹法珍、梅蟲兒、王咺之等四十一人，皆屬吏。

唐・令狐德棻等《周書》卷二《文帝紀下》（西魏恭帝元年）秋七月，太祖西狩至於原州。

梁元帝遣使請據舊圖以定疆界，又連結於齊，言辭悖慢。太祖曰：「古人有言『天之所棄，誰能興之』，其蕭繹之謂乎！」冬十月壬戌，遣柱國于謹、中山公護、大將軍楊忠、韋孝寬等步騎五萬討之。

唐・令狐德棻等《周書》卷三一《韋孝寬傳》（武帝保定）四年，進位柱國。時晉公護將東討，孝寬遣長史辛道憲啓陳不可，護不納。既而大軍果不利。後孔城遂陷，宜陽被圍。孝寬乃謂其將帥曰：「宜陽一城之地，未能損益。然兩國争之，勞師數載。彼多君子，寧乏謀猷。若棄崤東，來圖汾北，我之强界，必見侵擾。今宜於華谷及長秋速築城，以杜賊志。脱其先我，圖之實難。」於是畫地形，具陳其狀。晉公護令長史叱羅協謂使人曰：「韋公子孫雖多，數不滿百。汾北築城，遣誰固守？」事遂不行。天和五年，進爵鄖國公，增邑通前一萬户。

宋・司馬光《資治通鑑》卷一七〇《陳紀四》（太建二年）周、齊争宜陽，久而不決。勳州刺史韋孝寬謂其下曰：「宜陽一城之地，不足損益，兩國争之，勞師彌年。彼豈無智謀之士，若棄崤東，來圖汾北，我必失地。今宜速於華谷及長秋築城以杜其意。脱其先我，圖之實難。」乃畫地形，具陳其狀。晉公護謂使者曰：「韋公子孫雖多，數不百滿百，汾北築城，遣誰守之！」事遂不行。

宋・司馬光《資治通鑑》卷一七五《陳紀九》（太建十三年）隋主既立，待突厥禮薄，突厥大怨。千金公主傷其宗祀覆滅，日夜言於沙鉢略，請爲周室復讎。沙鉢略謂其臣曰：「我，周之親也。今隋主自立而不能制，復何面目見可賀敦乎！」乃與故齊營州刺史高寶寧合兵爲寇。隋主患之，敕緣邊脩保障，峻長城，命上柱國武威陰壽鎮幽州，京兆尹虞慶則鎮并州，屯兵數萬以備之。

初，奉車都尉長孫晟送千金公主入突厥，突厥可汗愛其善射，留之竟歲，命諸子弟貴人與之親友，冀得其射法。沙鉢略弟處羅侯，號突利設，尤得衆心，爲沙鉢略所忌，密託心腹陰與晟盟。晟與之遊獵，因察山川形勢，部衆强弱，靡不知之。

及突厥入寇，晟上書曰：「今諸夏雖安，戎虜尚梗，興師致討，未是其時，棄於度外，又相侵擾，故宜密運籌策，有以攘之。玷厥之於攝圖，兵强而位下，外名相屬，内隙已彰；鼓動其情，必將自戰。又，處羅侯者，攝圖之弟，姦多勢弱，曲取衆心，國人愛之，因爲攝圖所忌，其心殊不自安，迹示彌縫，實懷疑懼。又，阿波首鼠，介在其間，頗畏攝圖，受其牽率，唯强是與，未有定心。今宜遠交而近攻，離强而合弱。通使玷厥，説合阿波，則攝圖迴兵，自防右地。右地，突厥西面地也。又引處羅，遣連奚、霫，則攝圖分衆，還備左方。又引處羅，遣連奚、霫，首尾猜嫌，腹心離阻，十數年後，乘釁討之，必可一舉而空其國矣。」帝省表，大悦，因召與語。晟復口陳形勢，手畫山川，寫其虚實，皆如指掌，帝深嗟異，皆納用之。

宋・司馬光《資治通鑑》卷一七七《隋紀一》（開皇九年正月）丙戌，晉王（楊）廣入建康，以施文慶受委不忠，曲爲諂佞以蔽耳目，沈客卿重賦厚斂以悦其上，與太市令陽慧朗、刑法監徐析、尚書都令史暨慧皆爲民害，斬于石闕下，以謝三吴。使高熲與元帥府記室裴矩收圖籍，封府庫，資財一無所取，天下皆稱廣，以爲賢。矩，讓之之弟子也。

唐・姚思廉《陳書》卷二八《高宗二十九王・晉熙王陳叔文傳》晉熙王叔

文字子才，高宗第十二子也。性輕險，好虛譽，頗涉書史。太建七年，立爲晉熙王。【略】隋開皇九年三月，衆軍凱旋，文帝親幸溫湯勞之，叔文與陳紀、周羅睺、荀法尚等並諸降人，見於路次。數日，叔文從後主及諸王侯將相並乘輿、服御、天文圖籍等，竝以次行列，仍以鐵騎圍之，隨晉王、秦王等獻凱而入，列于廟庭。明日，隋文帝坐于廣陽門觀，叔文又從後主至朝堂南。文帝使內史令李德林宣旨，責其君臣不能相弼，以致喪亡。後主與其羣臣竝慙懼拜伏，莫能仰視，叔文獨欣然而有自得之志。旬有六日，乃上表曰：「昔在巴州，已先送款，乞知此情，望異常例。」文帝雖嫌其不忠，而方欲懷柔江表，乃授開府，拜宜州刺史。

宋·司馬光《資治通鑑》卷一七七《隋紀一》（開皇九年）夏，四月，辛亥，帝幸驪山，親勞旋師。乙巳，諸軍凱入，獻俘于太廟，陳叔寶及諸王侯將相並乘輿服御、天下圖籍等以次行列，仍以鐵騎圍之，從晉王（楊）廣、秦王（楊）俊入，列于殿庭。拜廣爲太尉，賜輅車、乘馬、衮冕之服、玄圭、白璧。丙辰，帝坐廣陽門觀，引陳叔寶於前，及太子、諸王二十八人，司空司馬消難以下至尚書郎凡二百餘人，帝使納言宣詔勞之；次使內史令宣詔，責以君臣不能相輔，乃至滅亡。叔寶及其羣臣並愧懼伏地，屏息不能對。既而宥之。

宋·司馬光《資治通鑑》卷一八〇《隋紀四》（大業三年）西域諸胡多至張掖交市，帝使吏部侍郎裴矩掌之。矩知帝好遠略，商胡至者，矩誘訪諸國山川風俗，王及庶人儀形服飾，撰《西域圖記》三卷，合四十四國，入朝奏之。仍別造地圖，窮其要害，從西傾以去，縱横所亘，將二萬里，發自敦煌，至于西海，凡爲三道，北道從伊吾，中道從高昌，南道從鄯善，總湊敦煌。且云：「以國家威德，將士驍雄，汎蒙汜而越崑崙，易如反掌。今並因商人密送誠款，引領翹首，願爲臣妾。若服而撫之，務存安輯，皇華遣使，弗動兵車，諸蕃既從，渾、厥可滅，混壹戎、夏，其在茲乎！」帝大悅，賜帛五百段，日引矩至御座，親問西域事。矩盛言：「胡中多諸珍寶，吐谷渾易可併吞。」帝於是慨然慕秦皇、漢武之功，甘心將通西域，；四夷經略，咸以委之。以矩爲黄門侍郎，復使至張掖，引致諸胡，啗之以利，勸令入朝。自是西域胡往來相繼，所經郡縣，疲於送迎，糜費以萬萬計，卒令中國疲弊以至於亡，皆矩之唱導也。

唐·魏徵等《隋書》卷七七《崔賾傳》（大業）五年，（崔祖濬）受詔與諸儒撰《區宇圖志》二百五十卷，奏之。帝不善之，更令虞世基、許善心衍爲六百卷。

宋·司馬光《資治通鑑》卷一八一《隋紀五》帝無日不治宮室，兩京及江都，苑囿亭殿雖多，久而益厭，每遊幸，左右顧矚，無可意者，不知所適。乃備責天下山川之圖，躬自歷覽，以求勝地可置宮苑者。（大業四年）夏，四月，詔於汾州之北汾水之源，營汾陽宮。

元·馬端臨《文獻通考》卷二〇一《經籍考二十八》隋大業中，普詔天下諸郡，條其風俗、物產、地圖，上於尚書。

唐·魏徵等《隋書》卷六三《樊子蓋傳》樊子蓋字華宗，廬江人也。【略】其年，轉循州總管，許以便宜從事。（開皇）十八年入朝，奏嶺南地圖，賜以良馬雜物，加統四州，令還任所，遣光祿少卿柳謇之餞於霸上。

宋·歐陽修等《新唐書》卷一《高祖紀》（大業十三年）十一月丙辰，克京城。命主符郎宋公弼收圖籍。

五代·劉昫等《舊唐書》卷二《太宗紀上》（竇）建德廻師而陣，未及整列，太宗先登擊之，所向皆靡。俄而衆軍合戰，囂塵四起。太宗率史大奈、程齩金、秦叔寶、宇文歆等揮幡而入，直突出其陣後，張我旗幟。賊顧見之，大潰。追奔三十里，斬首三千餘級，虜其衆五萬，生擒建德於陣。太宗數之曰：「我以干戈問罪，本在王世充，得失存亡，不預汝事，何故越境，犯我兵鋒？」建德股栗而言曰：「今若不來，恐勞遠取。」高祖聞而大悅，手詔曰：「隋氏分崩，崤函隔絶。兩雄合勢，一朝清蕩。兵既克捷，更無死傷。無愧爲臣，不憂其父，並汝功也。」乃將建德至東都城下。世充懼，率其官屬二千餘人詣軍門請降，山東悉平。太宗入據宮城，令蕭瑀、竇軌等封守府庫，一無所取，令記室房玄齡收隋圖籍。於是誅其同惡段達等五十餘人，枉被囚禁者悉釋之，非罪誅戮者祭而誄之。大饗將士，班賜有差。高祖令尚書左僕射裴寂勞於軍中。

宋·司馬光《資治通鑑》卷一八八《唐紀二》（武德四年二月，李）世民使宇文士及奏請進圍東都，上謂士及曰：「歸語爾王：今取洛陽，止於息兵，克城之日，乘輿法物，圖籍器械，非私家所須者，委汝收之；其餘子女玉帛，並以分賜將士。」

宋·司馬光《資治通鑑》卷一八九《唐紀三》（武德四年五月，）世民入宮城，命記室房玄齡先入中書、門下省，收隋圖籍制詔，已爲世充所毁，無所獲。命蕭瑀、竇軌等封府庫，收其金帛，頒賜將士。收世充之党罪尤大者段達、王隆、崔洪丹、薛德音、楊汪、孟孝義、單雄信、楊公卿、郭什柱、郭士衡、董叡、張童兒、王德仁、朱粲、郭善才等十餘人，斬于洛水之上。

五代・劉昫等《舊唐書》卷四八《食貨志上》　武德七年，始定律令。【略】凡權衡度量之制。

五代・劉昫等《舊唐書》卷一九九上《東夷傳・高麗》　貞觀二年，破突厥頡利可汗，建武遣使奉賀，並上封域圖。

宋・歐陽修等《新唐書》卷二二〇《東夷傳・高麗》　太宗已禽突厥頡利，建武遣使者賀，并上封域圖。

五代・劉昫等《舊唐書》卷一九八《西戎傳・天竺》　五天竺所屬之國數十，風俗物產略同。有伽没路國，其俗開東門以向日。王玄策至，其王發使貢以奇珍異物及地圖，因請老子像及《道德經》。

宋・歐陽修等《新唐書》卷二二一上《西域傳上》　（貞觀）二十二年，遣右衛率府長史王玄策使其國，以蔣師仁爲副；未至，尸羅逸多死，國人亂，其臣那伏帝阿羅那順自立，發兵拒玄策。時從騎纔數十，戰不勝，皆没，遂剽諸國貢物。玄策挺身奔吐蕃西鄙，檄召鄰國兵。吐蕃以兵千人來，泥婆羅以七千騎來，玄策部分進戰茶鎛和羅城，三日破之，斬首三千級，溺水死萬人。阿羅那順委國走，合散兵復陣，師仁禽之，俘斬千計。餘衆奉王妻息阻乾陀衛江，師仁擊之，大潰，獲其妃、王子，虜男女萬二千人，雜畜三萬，降城邑五百八十所。東天竺王尸鳩摩送牛馬三萬餽軍，及弓、刀、寶纓絡。迦没路國獻異物，并上地圖，請老子象。玄策執阿羅那順獻闕下。有司告宗廟，帝曰：「夫人耳目玩聲色，口鼻耽臭味，此敗德之原也。婆羅門不劫吾使者，寧至俘虜邪？」擢玄策朝散大夫。

宋・王溥《唐會要》卷三六《修撰》　其年（顯慶二年）五月九日，以西域平，遣使分往康國及吐火羅等國，訪其風俗、物產及古今廢置，畫圖以進。令史官撰《西域圖志》六十卷，許敬宗監領之。書成，學者稱其博焉。

宋・歐陽修等《新唐書》卷二二一上《西域傳上》　（唐）高宗復封訶黎布失畢爲龜茲王，與那利、羯獵顛還國。久之，王來朝。那利烝其妻阿史那，王不能禁，左右請殺之，由是更猜忌。使者言狀，帝并召至京師，囚那利，護遣王還。羯獵顛拒不內，遣使降賀魯，王不敢進，悒悒死。詔左屯衛大將軍楊胄發兵禽羯獵顛，窮誅部黨，以其地爲龜茲都督府，更立子素稽爲王，授右驍衛大將軍，爲都督。是歲，徙安西都護府於其國，以故安西爲西州都督府，即拜左驍衛大將軍兼安西都護麴智湛爲都督。西域平，帝遣使者分行諸國風俗物產，詔許敬宗與史官譔《西域圖志》。

唐・杜佑《通典》卷一九三《邊防九・吐火羅》　龍朔元年，吐火羅置州縣，使王名遠進《西域圖記》，并請于闐以西、波斯以東十六國分置都督府及州八十、縣一百、軍府百二十六，仍於吐火羅國立碑，以紀聖德。帝從之。

宋・王溥《唐會要》卷七三《安西都護府》　龍朔元年六月十七日，吐火羅道置州縣，使王名遠進《西域圖記》，并請于闐以西、波斯以東十六國分置都督府，及州八十，縣一百一十，軍府一百二十六，仍以吐火羅國立碑，以記聖德。詔從之。以吐火羅國葉護居遏換城置月氏都督府。

五代・劉昫等《舊唐書》卷一九〇中《文苑傳中・賈曾》　時朝廷有事遼東，（賈）言忠奉使往支軍糧。及還，高宗問以軍事，言忠畫其山川地勢，及陳遼東可平之狀，高宗大悅。

五代・劉昫等《舊唐書》卷六《則天皇后紀》　（萬歲登封二年）夏四月，鑄九鼎成，置于明堂之庭。

五代・劉昫等《舊唐書》卷二二《禮儀志二》　其年，鑄銅爲九州鼎，既成，置於明堂之庭，各依方位列焉。神都鼎高一丈八尺，受一千八百石。冀州鼎名武興，雍州鼎名長安，兗州名日觀，青州名少陽，徐州名東原，揚州名江都，荆州名江陵，梁州名成都。其八州鼎高一丈四尺，各受一千二百石。司農卿宗晉卿爲九鼎使，都用銅五十六萬七百一十二斤。鼎上圖寫本州山川物產之像，仍令工書人著作郎賈膺福、殿中丞薛昌容、鳳閣主事李元振、司農録事鍾紹京等分題之，左尚方署令曹元廓圖畫之。鼎成，自玄武門外曳入，令宰相、諸王率南北衙宿衛兵十餘萬人，并仗內大牛、白象共曳之。則天自爲《曳鼎歌》，令相唱和。其時又造大儀鐘，斂天下三品金，竟不成。九鼎初成，欲以黄金千兩塗之。納言姚璹曰：「鼎者神器，貴於質樸，無假別爲浮飾。臣觀其狀，光有五彩輝煥錯雜其間，豈待金色爲之炫耀？」乃止。其年九月，又大享於通天宮。以契丹破滅，九鼎初成，大赦。改元爲神功。

宋・歐陽修等《新唐書》卷四《則天皇后紀》　（神功元年）夏四月，置九鼎于通天宮。

宋・司馬光《資治通鑑》卷二〇六《唐紀二十二》　（神功元年）夏，四月，鑄九鼎成，徙置通天宮。豫州鼎高丈八尺，受千八百石；餘州高丈四尺，受千二百石；各圖山川物產於其上，共用銅五十六萬七百餘斤。太后欲以黄金千兩塗之，姚璹曰：「九鼎神器，貴于天質自然。且臣觀其五采煥炳相雜，不待金色以爲炫耀。」太后從之。自玄武門曳入，令宰相、諸王帥南北牙宿衛兵十余萬人並仗内大牛、白象共曳之。

宋・歐陽修等《新唐書》卷四《中宗紀》（景龍三年六月）庚子，以旱避正殿，減膳，撤樂。詔括天下圖籍。

宋・歐陽修等《新唐書》卷四三下《地理志七下》 唐置羈縻諸州，皆傍塞外，或寓名於夷落。而四夷之與中國通者甚衆，若將臣之所征討，敕使之所慰賜，宜有以記其所從出。天寶中，玄宗問諸蕃國遠近，鴻臚卿王忠嗣以西域圖對，纔十數國。其後貞元宰相賈耽考方域道里之數最詳，從邊州入四夷，通譯于鴻臚者，莫不畢紀。其入四夷之路與關戍走集最要者七：一曰營州入安東道，二曰登州海行入高麗渤海道，三曰夏州塞外通大同雲中道，四曰中受降城入回鶻道，五曰安西入西域道，六曰安南通天竺道，七曰廣州通海夷道。其山川聚落，封略遠近，皆概舉其目。州縣有名而前所不録者，或夷狄所自名云。

宋・歐陽修等《新唐書》卷一六三《崔衍傳》 寶應二年，（崔倫）以右庶子使吐蕃，虜背約，留二歲，執倫至涇州，逼爲書約城中降，倫不從，更囚邏娑城，閲六歲，終不屈，乃許還。代宗見之，爲感動嗚咽。即具陳虜情僞、山川險易，指畫帝前，人服其詳。

五代・劉昫等《舊唐書》卷一一八《元載傳》 節度寄理於涇州。大曆八年，蕃戎入邠寧之後，朝議以爲三輔已西，無襟帶之固，而涇州散地，不足爲守。載嘗爲西州刺史，知河西、隴右之要害，指畫於上前曰：「今國家西境極于潘源，吐蕃防戍在摧沙堡，而原州界其間。原州當西塞之口，接隴山之固，草肥水甘，舊壘存焉。吐蕃比毁其垣墉，棄之不居。其西則監牧故地，皆有長濠巨塹，重複深固。原州雖早霜，黍稷不藝，而有平涼附其東，獨耕一縣，可以足食。請移京西軍戍原州，乘間築之，貯粟一年。戎人夏牧多在青海，羽書覆至，已逾月矣。今運築並作，不二旬可畢。移子儀大軍居涇，以爲根本。分兵守石門、木峽，隴山之關，北抵于河，皆連山峻嶺，寇不可越。稍置鳴沙縣、豐安軍爲之羽翼，北帶靈武五城爲之形勢。然後舉隴右之地以至安西，是謂斷西戎之脛，朝廷可高枕矣。」兼圖其地形以獻。載密使人踰隴山，入原州，量井泉，計徒庸，車乘畚鍤之器皆具。檢校左僕射田神功沮之曰：「夫興師料敵，老將所難。陛下信一書生言，舉國從之，聽誤矣。」上遲疑不決，會載得罪乃止。

宋・歐陽修等《新唐書》卷一四五《元載傳》 初，四鎮北庭行營節度使寄治涇州，大曆八年，吐蕃寇邠寧，議者謂三輔以西無襟帶之固，而涇州散地不足守。載嘗在西州，具知河西、隴右要領，乃言於帝曰：「國家西境極于潘原，吐蕃防戍乃在摧沙堡，而原州界其間，草薦水甘，舊壘存焉，比吐蕃毁夷垣墉，棄不居，其右則監牧故地，巨塹長壕，重複深固。原州雖早霜不可蓺，而平涼在其東，獨耕一縣，可以足食。請徙京西軍戍原州，乘間築作，二旬可訖，貯粟一歲。戎人夏牧青海上，羽書比至，則我功集矣。徙子儀大軍在涇，以爲根本，分兵守石門、木峽，隴山之關北抵于河，皆連山峻險，寇不可越。稍置鳴沙縣、豐安軍爲之羽翼，北帶靈武五城，爲之形勢，然後舉隴右之地，以至安西，是謂斷西戎脛，朝廷高枕矣。」因圖上地形，使吏間入原州度水泉，計徒庸，車乘畚鍤之器悉具。而田神功沮短其議，乃曰：「興師料敵，老將所難，陛下信一書生言，舉國從之，誤矣。」帝由是疑不決。

宋・司馬光《資治通鑑》卷二二四《唐紀四十》（大曆八年十月）初，元載嘗爲西州刺史，知河西、隴右山川形勢。是時，吐蕃數爲寇，載言於上曰：「四鎮、北庭既治涇州，無險要可守。隴山高峻，南連秦嶺，北抵大河。今國家西境盡潘原，而吐蕃戍摧沙堡，原州居其中間，當隴山之口，其西皆監牧故地。草肥水美，平涼在其東，獨耕一縣，可給軍食，故壘尚存，吐蕃棄而不居。每歲盛夏，吐蕃畜牧青海，去塞甚遠，若乘間築之，二旬可畢。移京西軍戍原州，移郭子儀軍戍涇州，爲之根本，分兵守石門、木峽，漸開隴右，進達安西，據吐蕃腹心，則朝廷可高枕矣。」並圖地形獻之，密遣人出隴山商度功用。會汴宋節度使田神功入朝，上問之，對曰：「行軍料敵，宿將所難，陛下柰何用一書生語，欲舉國從之乎？」載尋得罪，事遂寢。

宋・歐陽修等《新唐書》卷一五三《段秀實傳》（大曆）十三年來朝，對蓬萊殿，代宗問所以安邊者，畫地以對，件別條陳。帝悦，慰賚良渥，又賜第一區，實封百户。還之鎮。

宋・李昉等《文苑英華》卷八八七《鄭餘慶〈左僕射賈躭神道碑〉》（德宗）興元元年，詔公撰國圖。

宋・歐陽修等《新唐書》卷二二二上《南蠻傳上・南詔上》 初，吐蕃與回鶻戰，殺傷甚，乃調南詔萬人。異牟尋欲襲吐蕃，陽示寡弱，以五千人行，許之。即自將數萬踵後，晝夜行，大破吐蕃於神川，遂斷鐵橋，溺死以萬計，俘其五王。乃遣弟湊羅棟、清平官尹仇寬等二十七人入獻地圖、方物，請復號南詔。帝賜賚有加，拜仇寬左散騎常侍，封高溪郡王。

宋·司馬光《資治通鑑》卷二三五《唐紀五十一》（貞元十年六月，）雲南王異牟尋遣其弟湊羅棟獻地圖、土貢及吐蕃所給金印，請復號南詔。

五代·劉昫等《舊唐書》卷一三《德宗紀下》（貞元十三年）五月丙戌朔，韋皋收復巂州，畫圖來上。

宋·李昉等《文苑英華》卷八八七《鄭餘慶〈左僕射賈躭神道碑〉》 貞元十四年，（賈躭）先獻關中隴右及山南九州等圖，又撰《別録》六卷，《吐蕃黄河録》共四卷。優詔褒異，賜馬一匹，銀器數事，綿綵三百疋。十四年冬，撰《海内華夷圖》成，并撰《古今郡國縣道四夷述》四十卷，《貞元十道録》四卷。

五代·劉昫等《舊唐書》卷一三《德宗紀下》（貞元十七年十月）辛未，宰相賈耽上《海内華夷圖》及《古今郡國縣道四夷述》四十卷。

宋·王溥《唐會要》卷三六《修撰》（貞元十七年）十月，宰臣賈耽撰《海内華夷圖》一軸並序，《古今郡國縣道四夷述》四十卷，上之。耽好地理學。四方之使，自蕃方來者，必問其土地山川之所終始。凡三十年，問既備，因撰《海内華夷圖》，廣三丈，縱三丈三尺，率以一寸折一百里。人有披圖以問其郡人者，皆得其實，無虚詞焉。

宋·歐陽修等《新唐書》卷一四六《李吉甫傳》 田季安疾甚，吉甫請任薛平爲義成節度使，以重兵控邢、洺，因圖上河北險要所在，帝張於浴堂門壁，每議河北事，必指吉甫曰：「朕日按圖，信如卿料矣。」劉澭舊軍屯普潤，數暴掠近縣，吉甫奏還涇原，畿民賴之。

五代·劉昫等《舊唐書》卷一四《憲宗紀上》（元和二年四月）庚辰，嶺南節度使趙昌進瓊管儋、振、萬安六州《六十二洞歸降圖》。

宋·王溥《唐會要》卷三六《修撰》（元和）八年二月，宰臣李吉甫撰《元和州縣郡國圖》三十卷，《百司舉要》一卷成，上之。吉甫又常綴録東漢、魏、晉、元魏、周、隋故事，記其成敗損益，因爲《六代略》，凡三十卷。分天下諸鎮絶域，山川險易故事，各寫其圖於篇首，爲五十四卷，號爲《元和郡國圖》。

五代·劉昫等《舊唐書》卷一五《憲宗紀下》（元和八年二月辛卯，）宰相李吉甫進所撰《元和郡國圖》三十卷，又進《六代略》三十卷，又爲《十道州郡圖》五十四卷。

宋·司馬光《資治通鑑》卷二四一《唐紀五十七》（憲宗元和十四年二月）壬戌，田弘正捷奏至。乙丑，命户部侍郎楊於陵爲淄青宣撫使。己巳，李師道首函至。自廣德以來，垂六十年，藩鎮跋扈河南、北三十餘州，自除官吏，不供貢賦，至是盡遵朝廷約束。

上命楊於陵分李師道地，於陵按圖籍，視土地遠邇，計士馬衆寡，校倉庫虚實，分爲三道，使之適均：以鄆、曹、濮爲一道，淄、青、齊、登、萊爲一道，兖、海、沂、密爲一道。上從之。

五代·劉昫等《舊唐書》卷一六《穆宗紀》（長慶二年八月，）鹽鐵轉運使王播進《開頴口圖》。

五代·劉昫等《舊唐書》卷一七上《敬宗紀》（長慶四年九月）甲子，吐蕃遣使求《五臺山圖》。

五代·劉昫等《舊唐書》卷一九六《吐蕃傳下》（長慶）四年九月，遣使求《五臺山圖》。

宋·歐陽修等《新唐書》卷一八〇《李德裕傳》 踰年，徙劍南西川。蜀自南詔入寇，敗杜元穎，而郭釗代之，病不能事，民失職，無聊生。德裕至，則完殘奮怯，皆有條次。成都既南失姚、協，西亡維、松，由清溪下沫水而左，盡爲蠻有。始，韋皋招來南詔，復嶲州，傾内資結蠻好，示以戰陣文法。德裕以皋啓戎資盜，其策非是，養成癰疽，弟未决耳。至元穎時，遇隙而發，故長驅深入，蹂剔千里，蕩無孑遺。今瘢夷尚新，非痛矯革，不能刷一方恥。乃建籌邊樓，按南道山川險要與蠻相入者圖之左，西道與吐蕃接者圖之右。其部落衆寡，饋餫遠邇，曲折咸具。乃召習邊事者與之指畫商訂，凡虜之情僞盡知之。

宋·司馬光《資治通鑑》卷二四四《唐紀六十》 西川節度使郭釗以疾求代，（大和四年）冬十月戊申，以義成節度使李德裕爲西川節度使。

蜀自南詔入寇，一方殘弊，郭釗多病，未暇完補。德裕至鎮，作籌邊樓，圖蜀地形，南入南詔，西達吐蕃。日召老於軍旅、習邊事者，雖走卒蠻夷無所間，訪以山川、城邑、道路險易廣狹遠近，未踰月，皆若身嘗涉歷。

五代·劉昫等《舊唐書》卷一七下《文宗紀下》（大和六年十二月）戊辰，内養王宗禹渤海使廻，言渤海置左右神策軍、左右三軍一百二十司，畫圖以進。

五代·劉昫等《舊唐書》卷三八《地理志一》 上元年後，河西、隴右州郡，悉陷吐蕃。大中、咸通之間，隴右遺黎，始以地圖歸國，又析置節度。

宋·王溥《唐會要》卷七一《州縣改置下·隴右道》 沙州。武德五年，改隋瓜州爲西沙州。貞觀七年，去西字，爲沙州。天寶末，陷西戎。大中五年七月，刺史張義潮遣兄義潭將天寶隴西道圖經户籍來獻，舉州歸順。至十一月，除義潮檢校吏部尚書，兼金吾大將軍，充歸義節度河沙甘肅伊西等十一州管内觀察使，仍許于京中置邸舍。

宋·歐陽修等《新唐書》卷二一六《吐蕃傳下》 初，太宗平薛仁杲，得隴上地；虜李軌，得涼州；破吐谷渾、高昌，開四鎮。玄宗繼收黄河積石、宛秀等軍，中國無斥候警者幾四十年。輪臺、伊吾屯田，禾菽彌望。開遠門揭候署曰「西極道九千九百里」，示戍人無萬里行也。乾元後，隴右、劍南西山三州七關軍鎮監牧三百所皆失之。憲宗常覽天下圖，見河湟舊封，赫然思經略之，未暇也。至是羣臣奏言：「王者建功立業，必有以光表於世者。今不勤一卒，血一刃，而河湟自歸，請上天子尊號。」帝曰：「憲宗嘗念河、湟，業未就而殂落。今當述祖宗之烈，其議上順、憲二廟謚號，夸顯後世。」又詔：「朕姑息民，其山外諸州，須後經營之。」

明年，沙州首領張義潮奉瓜、沙、伊、肅、甘等十一州地圖以獻。始，義潮陰結豪英歸唐，一日，衆擐甲譟州門，漢人皆助之，虜守者驚走，遂攝州事。繕甲兵，耕且戰，悉復餘州。以部校十輩皆操挺，内表其中，東北走天德城，防禦使李丕以聞。帝嘉其忠，命使者齎詔收慰，擢義潮沙州防禦使，俄號歸義軍，遂爲節度使。

宋·司馬光《資治通鑑》卷二四九《唐紀六十五》 張義潮發兵略定其旁瓜、伊、西、甘、肅、蘭、鄯、河、岷、廓十州，遣其兄義澤奉十一州圖籍入見，十州並沙州爲十一州。見，賢遍翻。宋白曰：瓜州，西至沙州三百八十里，西北至伊州九百里。西州，東至伊州七百五十里。甘州，西至肅州四百二十里。肅州，西至瓜州五百二十六里。蘭州，西至鄯州四百九十里。鄯州，南至廓州二百八十里。河州，東北至蘭州三百里。岷州，北至蘭州狄道縣五百三十四里，西北至河州大夏縣三百六十三里。於是河、湟之地盡入于唐。十一月，置歸義軍於沙州，以義潮爲節度使，《考異》曰：《唐年補録》《舊紀》，義潮降在五年八月。《獻祖紀年録》及《新紀》在十月。按《實録》：「五年，二月，壬戌，天德軍奏沙州刺史張義潮、安景旻及部落使閻英達等差使上表，請以沙州降。十月，義潮遣兄義澤以本道瓜、沙、伊、肅等十一州地圖户籍來獻。河、隴陷没百餘年，至是悉復故地。十一月，建沙州爲歸義軍，以張義潮爲節度使，河、沙等十一州觀察、營田、處置等使。」《新紀》：「五年，十月，沙州人張義潮以瓜、沙、伊、肅、鄯、甘、河、西、蘭、岷、廓十一州歸于有司。」《新傳》：「三州、七關降之明年，沙州首領張義潮奉十一州地圖以獻，擢義潮沙州防禦使，俄號歸義軍，遂爲節度使。」參考諸書，蓋二月義潮使者始以得沙州來告，除防禦使，十月又遣義澤以十一州圖籍來上，除節度使也。今從《實録》。《新傳》云三州降之明年，誤也。十一州觀察使；又以義潮判官曹義金爲歸義軍長史。按《新書百官志》：節度使有行軍司馬、節度副使、判官、支使等；其兼都督、都護，則有長史。

宋·歐陽修等《新唐書》卷一八一《劉瞻傳》 咸通十一年，以中書侍郎同中書門下平章事。同昌公主薨，懿宗捕太醫韓宗紹等送詔獄，逮繫宗族數百人。瞻喻諫官，皆依違無敢言，即自上疏固争：「宗紹窮其術不能效，情有可矜。陛下徇愛女，囚平民，忿不顧難，取肆暴不明之謗。」帝大怒，即日賜罷，以檢校刑部尚書、同平章事爲荆南節度使。路巖、韋保衡從爲惡言聞帝，俄斥廉州刺史。於是，翰林學士鄭畋以責詔不深切，御史中丞孫瑝、諫議大夫高湘等坐與瞻善，分貶嶺南。巖等殊未慊，按圖視驩州道萬里，即貶驩州司户參軍事，命李庾作詔極詆，將遂殺之。天下謂瞻鯁正，特爲讒擠，舉以爲冤。幽州節度使張公素上疏申解，巖等不敢害。

宋·司馬光《資治通鑑》卷二四九《唐紀六十五》 （咸通十一年九月，）路巖素與劉瞻論議多不叶，瞻既貶康州，巖猶不快，閲《十道圖》，以驩州去長安萬里，再貶驩州司户。

五代·劉昫等《舊唐書》卷九《玄宗紀下》 （天寶五載正月乙亥，詔）天下山水，名稱或同，義且不經，多因於里諺，宜令所司各據圖籍改定。

宋·薛居正等《舊五代史》卷三九《唐書一五·明宗紀五》 （天成三年八月辛卯，）房州奏，新開山路四百里，南通夔州，畫圖以獻。

宋·薛居正等《舊五代史》卷六五《唐書四一·王思同傳》 思同好文士，無賢不肖，必館接賄遺，歲費數十萬。在秦州累年，邊民懷惠，華戎寧息。長興元年，入朝，見於中興殿。明宗問秦州邊事，對曰：「秦州與吐蕃接境，蕃部多違法度。臣設法招懷，沿邊置寨四十餘所，控其要害。每蕃人互市，飲食之界上，令納器械。」因手指畫秦州山川要害控扼處。明宗曰：「人言思同不管事，豈及此耶！」時兩川叛，欲用之，且留左右，故授右武衛將軍。

宋·歐陽修《新五代史》卷三三《死事傳·王思同》 明宗時，以久次爲匡國軍節度使，徙鎮雄武。是時，吐蕃數爲寇，而秦州無亭障，思同列四十餘柵以禦之。居五年，來朝，明宗問以邊事，思同指畫山川，陳其利害。思同去，明宗顧左右曰：「人言思同不管事，能若是邪？」於是始知其材，以爲右武衛上將軍、京兆尹，西京留守。

宋·薛居正等《舊五代史》卷四二《唐書一八·明宗紀八》（長興二年四月）丁酉，幸會節園宴羣臣，因幸河南府。詔龍州縣官，到任後率斂爲地圖。

宋·薛居正等《舊五代史》卷四三《唐書一九·明宗紀九》（長興三年二月己卯，）懷化軍節度使李贊華進契丹地圖。

宋·薛居正等《舊五代史》卷七六《晉書二·高祖紀二》（天福二年九月甲寅，）魏府招討使楊光遠進攻城圖。

元·脱脱等《遼史》卷四《太宗紀下》 是月（會同元年十一月），晉復遣趙瑩奉表來賀，以幽、薊、瀛、莫、涿、檀、順、嬀、儒、新、武、雲、應、朔、寰、蔚十六州并圖籍來獻。

又（大同元年三月）壬寅，晉諸司僚吏、嬪御、宦寺、方技、百工、圖籍、曆象、石經、銅人、明堂刻漏、太常樂譜、諸宫縣、鹵簿、法物及鎧仗，悉送上京。

元·脱脱等《遼史》卷一四《聖宗紀五》（統和二十年七月）辛丑，高麗遣使來貢本國《地里圖》。

元·脱脱等《遼史》卷一一五《二國外記·高麗》（聖宗統和）二十年，誦遣使賀伐宋之捷。七月，來貢本國《地里圖》。

元·脱脱等《宋史》卷四九三《蠻夷傳一·西南溪洞諸蠻上》 建隆四年，知溪州彭允林、前溪州刺史田洪贇等列狀歸順，詔以允林爲溪州刺史，洪贇爲萬州刺史。允林卒，以其子師皎代爲刺史。四月，水門都虞候林抱義上辰、敘二州圖。

宋·李燾《續資治通鑑長編》卷五《太祖》（乾德二年十一月，）先是，蜀山南節度判官張廷偉廷偉未見。說通奏使、知樞密院事王昭遠曰：「公素無勳業，一旦位至樞近，不自建立大功，何以塞時論？莫若遣使通好，并門令其發兵南下，我即自黄花子午谷出兵應之，使中原表裏受敵，則關右之地可撫而有也。」昭遠然其言，勸蜀主遣樞密院大程官孫遇、興州軍校趙彦韜及楊蠲等以蠟彈帛書間行，遺北漢主言：「已於褒漢增兵，約北漢濟河同舉。」遇等至都下，彦韜潛取其書以獻，有穆昭嗣昭嗣未見。者初以方伎事高氏，於是爲翰林醫官。上數召見，問蜀中地理。昭嗣曰：「荆南即西川、江南、廣南都會也。今已克此，則水陸皆可趨蜀。」上大悦，後數日，上得彦韜所獻書，覽之笑曰：「吾西討有名矣。」乃并赦遇、蠲，使指陳山川形勢、戍守處所、道里遠近，畫以爲圖。【略】乙亥，［王］全斌等辭，宴於崇德殿，賜金玉帶、衣帛、鞍馬、戎器有差。上出畫圖授全斌等，因謂曰：「西川可取否？」全斌等對曰：「臣等仗天威、遵廟算，剋日可定也。」龍捷右廂都指揮使史延德延德未見。前奏曰：「西川若在天上，固不可到，在地上，到即平矣。」上嘉其果敢，慰勉之。又謂全斌等曰：「凡克城寨，止籍其器甲芻糧，悉以錢帛分給戰士。吾所欲得者，其土地耳。」

元·脱脱等《宋史》卷一《太祖紀一》（乾德二年十一月）乙亥，宴西川行營將校于崇德殿，示川峽地圖，授攻取方略，賜金玉帶、衣物各有差。

元·脱脱等《宋史》卷二五五《王全斌傳》 乾德二年冬，又爲忠武軍節度。即日下詔伐蜀，命全斌爲西川行營前軍都部署，率禁軍步騎二萬、諸州兵萬人由鳳州路進討。召示川峽地圖，授以方略。

元·脱脱等《宋史》卷二五九《劉廷讓傳》 初，夔州有鎖江爲浮梁，上設敵棚三重，夾江列礮具。廷讓等將行，太祖以地圖示之，指鎖江曰：「我軍至此沂流而上，慎勿以舟師争勝，當先以步騎陸行，出其不意擊之，俟其勢，即以戰棹夾攻，取之必矣。」及師至，距鎖江三十里，舍舟步進，先奪其橋，復牽舟而上，破州城，守將高彦儔自焚，悉如太祖計。遂進克萬、施、開、忠四州，峽中郡縣悉下。

清·畢沅《續資治通鑑》卷四《宋紀四》 帝素謀伐蜀。會蜀山南節度判官張廷偉說知樞密院事王昭遠曰：「公素無勳業，一旦位至樞密，不自建立大功，何以塞時論？莫若通好并門，令發兵南下，我自黄花、子午谷出兵應之，使中原表裏受敵，則關右之地可撫而有也。」昭遠然其言，勸蜀主遣孫遇、趙彦韜、楊蠲等以蠟丸帛書間行遺北漢主，言已於褒、漢增兵，約北漢濟河同舉。遇等至都下，彦韜潛取其書以獻。彦韜，興州人也。

有穆昭嗣者，初以方伎事高氏，於是爲翰林醫官，帝數召問蜀中地理，昭嗣曰：「荆南即西川、江南、廣南都會也。今已克此，則水陸皆可趨蜀。」帝大悦。後數日，得彦韜所獻書，笑曰：「吾西討有名矣！」並赦遇、蠲，使指陳山川形勢、戍守處所、道里遠近，畫圖以進。

（乾德二年）十一月甲戌，命忠武節度使王全斌爲西川行營鳳州路都部署，【略】帝諭行營：「所至毋得焚蕩廬舍，驅略吏民，開發丘墳，翦伐桑柘，違者以軍法從事。」命將作司度右掖門，南臨汴水，爲蜀主治第，以待其至。乙亥，全斌等辭，宴於崇德殿，帝出畫圖授全斌等，因謂曰：「凡克城寨，止籍其器甲、芻糧，悉以錢帛分給戰士，吾所欲得者，其土地耳。」【略】

(十二月,)劉光義等入峽路,連破松木、三會、巫山等寨,殺其將南光海等,死者五千餘人,《考異·宋史》:「斬南光皮等八千餘級」。今從《長編》。生擒戰棹都指揮使袁德宏等,奪戰艦二百餘艘,又斬獲水軍六十餘衆。初,蜀於夔州鎖江爲浮梁,上設敵柵三重,夾江列砲具。光義等行,帝出地圖,指其處謂光義曰:「泝江至此,切勿以舟師争戰,當先遣步騎潛擊之,俟其稍卻,乃以戰棹夾攻,可必取也。」光義等至夔,距鎖江三十里許,舍舟,先奪浮梁,復引舟而上,遂破州城,頓兵白帝城西。

元·脱脱等《宋史》卷三五三《宇文昌齡附子常傳》 常字權可。政和末,知黎州。有上書乞於大渡河外置城邑以便互市者,詔以訪常。常言:「自孟氏入朝,藝祖取蜀輿地圖觀之,畫大渡爲境,歷百五十年無西南夷患。今若於河外建城立邑,虜情攜貳,邊隙浸開,非中國之福也。」

清·畢沅《續資治通鑑》卷四《宋紀四》 自(王)全斌等發京師至(孟)昶降,才六十六日,凡得州四十六,縣二百四十,户五十三萬四千二十九。(乾德三年正月,)全斌既平蜀,欲乘勢取雲南,以圖獻。帝鑒唐天寶之禍起于南詔,以玉斧畫大渡河以西曰:「此外非吾有也。」

清·畢沅《續資治通鑑》卷一三一《宋紀一百三十一》 (紹興二十六年正月)辛未,左承議郎、新知黎州唐秬入辭。秬言:「臣所治黎州,控制雲南極邊,在唐爲患尤甚。自太祖皇帝即位之初,指輿地圖,棄越嶲不毛之地,畫大渡河爲界,邊民不識兵革,垂二百年。昨蒙遣鐘世明于校者按:于字衍。裕民州蜀,蠲減虚額,人受其賜,更請降招撫諭,庶幾蜀民扶老攜幼,共聞德音。」秬,重子之也。

清·畢沅《續資治通鑑》卷四《宋紀四》 初,帝遣右拾遺孫逢吉至成都收蜀圖書、法物。(乾德四年)五月乙亥,逢吉還,所上法物皆不中度,悉命焚毁;圖書付史館。

宋·李燾《續資治通鑑長編》卷七《太祖》 (乾德四年閏八月)初,蜀置静南軍,使扼卬峽百丈。曹光實父子繼居其任,光實後遷永平捕盗遊奕使。有夷人張忠樂者,常羣行攻劫,且憾光實嘗殺其徒黨,乘蜀之亡,夜率衆數千環光實所居,鼓噪並進。光實負其母,揮戈突圍以出,賊衆辟易不敢近。光實舉家三百餘口,賊殺之無噍類。又發其父冢,壞棺櫬。光實詣(王)全斌訴其事,且圖雅州地形要害及用兵攻取之計,請官軍先下之。全斌壯其勇敢,遂令爲大軍鄉導,果克其城,獲忠樂而甘心焉。全斌乃署光實爲義軍都指揮使,光實又以所部兵盡平黎州殘寇。全斌令光實權知黎州兼黎雅二州都巡檢使,安集勞来,蠻夷懷之。

元·脱脱等《宋史》卷二七〇《許仲宣傳》 許仲宣字希粲,青州人。漢乾祐中,登進士第,時年十八。周顯德初,解褐授濟陰主薄,考功員外郎張乂薦爲淄州團練判官。

宋初赴調,引對便殿。仲宣氣貌雄偉,太祖悦之。擢授太子中允,受詔知北海軍。仲宣度其山川形勢、地理廣袤可以爲州郡,因畫圖上之,遂升爲濰州。

宋·李燾《續資治通鑑長編》卷一二《太祖》 (開寶四年正月)戊午,命知制誥盧多遜等重修天下圖經,其書訖不克成。

清·畢沅《續資治通鑑》卷七《宋紀七》 (開寶五年四月庚寅,)帝按嶺南圖籍,州縣多而户口少,命知廣州潘美及轉運使王明度其地里,並省以便民,於是前後所廢州十六,縣四十九。

宋·李燾《續資治通鑑長編》卷一四《太祖》 (開寶六年四月,)是月,遣盧多遜爲江南生辰國信使。多遜至江南,得其臣主歡心。及還,艤舟宣化口,使人白國主曰:「朝廷重修天下圖經,史館獨闕江東諸州,願各求一本以歸。」國主亟令繕寫,命中書舍人徐鍇等通夕讐對,送與之。多遜乃發。於是江南十九州之形勢、屯戍遠近、户口多寡,多遜盡得之矣。歸,即言江南衰弱可取狀。上嘉其謀,始有意大用。

清·畢沅《續資治通鑑》卷八《宋紀八》 (開寶八年十一月)庚辰,王明言敗江南兵於湖口。先是,曹彬等列三寨攻城,潘美居其北,以圖上。帝視之,指北寨謂使者曰:「此宜深溝自固,江南人必以夜來寇。亟語曹彬等,並力速成之,不然,將爲所乘矣。」賜使者食,且召樞密使楚昭輔草詔,令徙置戰櫂,使者食已即行。彬等承命,自督丁夫掘塹,塹成。丙戌,江南果夜出兵五千襲北寨,人持一炬,鼓譟而進。彬等縱其至,乃徐擊之,皆殲焉,又獲其將帥佩符印者凡十數人。

又 (開寶八年十一月乙未,曹)彬整軍成列,至其宫城,國主乃奉表納降,與其群臣迎拜於門。【略】(李)煜方憤歎國亡,無意蓄財,頗以黄金分賜近臣。彬既入金陵,申嚴禁暴之令,士大夫保全者甚衆,仍大搜於軍,無得匿人妻子。倉廩府庫,委轉運使許仲宣按籍檢視,彬一不問,師旋,惟圖籍、衣衾而已。

又 (開寶八年十二月辛丑,)令太子洗馬河東呂龜祥詣金陵,籍李煜所藏圖書送闕下。

元・脱脱等《宋史》卷四四〇《宋準傳》（開寶）八年，受詔修定諸道圖經。俄奉使契丹，復命稱旨。

宋・李燾《續資治通鑑長編》卷一八《太宗》（太平興國二年閏七月）丁巳，有司上諸州所貢閏年圖。故事，每三年一令天下貢地圖，與版籍皆上尚書省。國初以閏爲限，所以周知山川之險易，户口之衆寡也。

元・脱脱等《宋史》卷四《太宗紀一》（太平興國二年閏七月）丁巳，有司上閏年輿地版籍之圖。令支郡得專奏事。

清・畢沅《續資治通鑑》卷九《宋紀九》（太平興國二年七月）丁巳，有司上諸州所貢閏年圖。故事，每三年一令天下貢地圖，與版籍皆上尚書省，國初以閏爲限，所以周知山川之險易，户口之衆寡也。

元・脱脱等《宋史》卷二七〇《李符傳》 太平興國初，遷駕部，轉祠部郎中，知廣州兼轉運使。二年，符圖海外諸城及嶺外花木各一以獻。在任有善政，民爲立生祠。五年，召爲右諫議大夫，判吏部銓兼大理寺理。三司副使范旻得罪，以符代之。賜白金三千兩。車駕幸大名，領行在三司。未幾，坐與官屬競課最，罷職守本官。

清・畢沅《續資治通鑑》卷九《宋紀九》 建隆初，三館所藏書僅一萬二千餘卷，及平諸國，盡收其圖籍，惟蜀、江南爲多，凡得蜀書一萬三千卷，江南書二萬餘卷，又下詔開獻書之路，於是三館篇帙大備。帝臨幸三館，惡其湫隘，顧左右曰：「此豈可蓄天下圖籍，延四方賢俊邪！」即詔有司度左升龍門東北，別建三館，其制皆親所規畫，輪奐壯麗，甲於内庭。（太平興國三年）二月丙辰朔，賜名崇文院，盡遷舊館書以實之，正副本凡八萬卷。

又（太平興國三年八月）丙辰，詔兩浙發淮海王（錢）俶緦麻以上親及所管官吏悉歸闕，凡舟千四百艘，所過以兵護送之。於是俶子惟治悉奉兵民圖籍、帑廩管籥授知杭州范旻，與其弟惟演等皆赴闕，詔遣内侍勞於近郊。壬申，對於長春殿，各賜衣帶、鞍馬、器幣。

宋・李燾《續資治通鑑長編》卷二四《太宗》（太平興國八年八月丁酉，）辰州言奚、錦、叙、富等四州内屬蠻相率詣州，願比内地民輸租税，詔遣殿直王昭訓與權沅陵縣令高象元、權辰溪縣令張用之，分往四州仔細相度，察其民俗情僞，委得久遠利便可否，及按視管界山川地形，畫圖來上。卒不許。

元・脱脱等《宋史》卷八五《地理志一・京城》原注 雍熙中，天下上閏年圖，州、府、軍、監幾於四百。

清・畢沅《續資治通鑑》卷一五《宋紀十五》（淳化元年）八月癸卯朔，祕書監李至與右僕射李昉、吏部尚書宋琪、左散騎常侍徐鉉及翰林學士、諸曹侍郎、給事、諫議、舍人等祕閣觀書。帝聞之，遣使就賜宴，大陳圖籍，令縱觀；翼日，又詔權御史中丞王化基及三館學士並賜宴祕閣。先是，藏御制詩文于祕閣，又遣使詣諸道購募古書、奇畫及先賢墨迹，數歲之間，獻圖籍于闕下者，不可勝計。乃詔史館，盡取天文、占候、讖緯、方術等書五千一十卷，並内出古畫，墨迹一百十四軸，悉藏祕閣。

元・脱脱等《宋史》卷一九八《兵志十二・馬政》 淳化二年十二月，通利軍上《十牧草地圖》，上慮侵民田，遣中使檢視疆理。

元・脱脱等《宋史》卷一六三《職官志三・兵部》 淳化四年，令（圖經）再閏一造。

清・徐松《宋會要輯稿・職官一八・祕閣》（淳化）四年，詔畫工用絹百匹，集諸州畫爲天下圖藏祕閣。

清・徐松《宋會要輯稿・方域二一》 至道元年正月，府州言：「契丹萬餘衆入寇，節度使折御卿率兵擊敗於子河汊，斬首五百級，獲馬千匹，虜將號突厥太尉，司徒，舍利死者二十餘人，生擒吐渾首領一人，大將韓德盛僅以身免。」帝召使者於便殿問狀，謂左右曰：「此戎小醜，輕進易退，朕常誡邊將不與争鋒，待其深入，則分奇兵以斷其歸路，因擊殺之，必無遺類也。今果如其言。」左右皆呼萬歲。厚賜其使，因遣内侍楊守斌往府州畫地圖來上，因遣問御卿：「向者戎人從何而土？」御卿曰：「虜由山峽間細逕而入，意臣出巡，謀入剽掠。臣先諜知之，預遣内屬戎人邀其歸路，因縱兵疾擊，虜敗走，塵起，迷失本路，人馬墜崖谷死者相枕籍，不知其數。皆聖靈所及，非臣之功。」帝甚嘉之。

宋・李燾《續資治通鑑長編》卷三八《太宗》（至道元年六月）乙酉，遣内侍裴愈乘傳往江南諸州購募圖籍。願送官者，優給其直。不願者，借出，於所在州命吏繕寫，仍以舊本還之。

元・脱脱等《宋史》卷五《太宗紀二》（至道元年）六月乙酉，購求圖書。

清・畢沅《續資治通鑑》卷一八《宋紀十八》（至道元年六月）乙酉，遣内侍裴愈乘傳往江南諸州購募圖籍，願送官者給其直，不願者借本，于所在州命吏繕寫，仍以舊本還之。

宋・李燾《續資治通鑑長編》卷三九《太宗》（至道二年二月壬申，）祠部員外郎主判都省郎官事王炳上言：「尚書省，國家藏載籍、興治教之府。所以周知天下地里廣袤、風土所宜、民俗利害之事。當成周之世，治定制禮，首建六官，即其原也。漢、唐因之，規範斯著，簡策所載，焕然可觀。蓋自唐末以來，亂雜相繼，急於經營，不遑治教，故金穀之政主於三司，尚書六曹，名雖存而實則亡矣。謹按六曹，凡二十四司，所掌事物，各有圖書，具載名數，藏於本曹，謂之載籍，所以周知天下之事，由中制外，教導官吏，興利除害，如指諸掌。臣故曰藏載籍、興治教之府也。今職司久廢，載籍散亡，惟吏部四司官曹小具，祠部有諸州僧道文帳，職方有諸司閏年圖，刑部有詳覆諸州已決大辟案牘及旬禁奏狀，此外無舊式。欲望令諸州每年造户口租税實行簿帳，寫以長卷者，别寫一本送尚書省，藏於户部。以此推之，其餘天下官吏、民口、廢置、祠廟、甲兵、徒隸、百工、疆畔、封洫之類，亦可籍其名數，送尚書省分配諸司，俾之緘掌，俟期歲之後，可以振舉官守，興崇治教。望選大僚數人博通治體者，參取古今典禮令式，與三司所受金穀、器械、簿帳之類，仍詳定諸州供送二十四司載籍之式。如此則尚書省備藏天下事物名數之籍，如祕閣藏圖書，國學藏經典，三館藏史傳，皆其職也。」上覽奏嘉之，詔令尚書丞郎及兩省五品以上集議其事。

吏部尚書宋琪等上奏曰：「王者六官，法天地四時之柄，文昌列署，體象緯環拱之文，是爲布政之宫，王化之本，典教所出，何莫由斯。然而古今異宜，沿革殊制，或從權而改作，亦因時而立法。唐之中葉，兵革弗寧，始建使名，專掌邦事，權去省闈，政歸三司。五代相循，未能復舊。今聖文垂拱，書軌無外，將循名而責實，庶稽古以建官，悉舉舊章，以蹈前軌，而歲祀寖久，曹局僅存，有司失傳，遺編多闕。臣等欲望委崇文院檢討六曹所掌圖籍，自何年不係都省，詳其廢置之始，究其損益之源，别俟討論，以期恢復。」上以其迂闊，竟寢之。

清・徐松《宋會要輯稿・食貨三六》（至道）二年十一月，江淮發運使楊允恭言：「相度到自湖南至建安水陸諸州茶鹽利害，并進沿江地圖，乞下三司計其給本採摘、煎煉之外，所獲實錢都數。」從之。

元・脱脱等《宋史》卷一六八《職官志八合班之制》 至道二年，祠部員外郎主判都省郎官事王炳上言曰：【略】太宗覽奏嘉之。詔尚書丞、郎及五品以上集議。

吏部尚書宋琪等上奏曰：【略】既而其議亦寢。

宋・李燾《續資治通鑑長編》卷四二《太宗》（至道三年九月丙子，）上因言西川叛卒事，輔臣或曰：「蜀地無城池，所以失其制禦。」上曰：「在德不在險。儻官吏得人，善於撫綏，使之樂業，雖無城可也。」

初，上命左藏庫使楊允恭、崇儀副使竇神寶等馳傳往西邊，圖上山川形勝。是日，上御滋福殿，召輔臣以圖示之，歷指州縣堡壁，謂曰：「朕已令屯兵於内地，且簡其閑冗，轉餉當遂減省矣。」允恭因建議：「自環州入積石、抵靈武才七日程，芻粟之運，其策有三。以人、以驢，其費頗煩，而所載至少。莫若用諸葛木牛之制，載以小車，令鋪卒分運，每一車四人挽之，旁設兵衛，加戈刃於其上，寇至則聚車於中，合士卒之力，禦寇於外。」尋爲議者所沮而止。

元・脱脱等《宋史》卷三〇九《楊允恭傳》 真宗即位，改西京左藏庫使。【略】

俄知通利軍，兼黄、御河發運使。會議減西鄙屯兵，以息轉餉，召允恭與崇儀副使竇神寶，閤門祇候李允則馳往經度，圖上郡縣山川之形勝。允恭因建議曰：「自環州入積石、抵靈武七日程。芻粟之運，其策有三。然以人以驢，其費頗煩，而所載數尠。莫若用諸葛亮木牛之制，以小車發卒分鋪運之。每一車四人挽之，旁設兵衛，加戈刃于其上，寇至則聚車於中，合士卒之力，禦寇于外。」尋爲議者所沮而止。復遣之任，又議，江、淮鹽鐵使陳恕力争，詔從允恭之議，加領康州刺史。

清・徐松《宋會要輯稿・兵二七》（咸平三年）十月，文思使張從式言：「五臺山西至瓶形寨，有獨車形、冉家莊、南倍韮、北倍韮、竹竿形、閣翁柵凡六路通契丹。今虜方侵軼，宜多爲之備。」即遣殿直曹顯按從式所陳六路北出，皆虜至之靈丘。其一，獨車形，谷瓶形東路三十里，由獨車形至查路處五里，查路至靈丘百二十里，凡一百五十里。其二，冉家莊，去瓶形東南六十二里，由瓶形至石門鋪十五里，石门至查路處七里，查路至冉家莊四十里，莊已在虜中，自莊至羅家平二十里，羅家平至靈丘五十五里，凡一百三十七里。其三，南倍韮谷，去瓶形東南二十五里，由倍韮至查路處五里，查路至靈丘一百一十里，凡一百四十里。其四，北倍韮谷，去瓶形東南十八里。由倍韮至查路處五里，凡一百十三里。其五，竹竿形路，去瓶形東北五十里，與虜遠探寨路相通。其六，閣翁柵路，去瓶形東南二百里，在虜界中，與北倍韮路相通。比從式所言六路。顯又别言三路：其一，自瓶形南入番家鋪八里，由鋪至查路處七里，查路至羅家平十五里，羅家平至靈丘五十里，凡八十五里。其二，自瓶形東南入法直各二十里，由法直至查路處七里，查路至靈丘一百里，凡一百二十七里。其三，自瓶形正南入麻窟谷四十里，由麻窟至查路處十里，查路至靈丘一百三十里，凡一百八十里，而麻窟泬小水復可通鎮、定，凡二百八十里。總九路，以爲可脩。顒使還，悉圖上之。

宋·李燾《續資治通鑑長編》卷四七《真宗》（咸平三年十一月壬午）鹽鐵使陳恕上占額圖。

宋·李燾《續資治通鑑長編》卷四九《真宗》（咸平四年八月）戊申，上出環慶、清遠軍至靈州地圖，指示輔臣曰：「一昨戎人所掠部族，邊臣奏不以實。」又指靈州西榆林、大定曰：「戎人多據此路，憑高以瞰王師，蓋恃敻遠，難於追襲。」復指天澗路曰：「楊瓊嘗言此路往靈州，險而有水，可保無患，然將帥顧方略如何耳。」又曰：「邊臣奏糧儲芻粟大有備。」呂蒙正曰：「國家貿易商賈以實邊，農人不擾，而西鄙足用，蓋上策也。」

元·脱脱等《宋史》卷六《真宗紀一》（咸平四年八月）戊申，出環慶至靈州地圖險要示宰相，議戰守方略。

宋·李燾《續資治通鑑長編》卷四九《真宗》（咸平四年十月）庚戌，上以陝西二十三州圖示輔臣，歷指山川險易、蕃部居處。又指秦州曰：「此州在隴山之外，號爲富庶，且與羌戎接畛，昨已命張雍出守，冀其綏撫有方也。」次復指殿北壁靈州圖曰：「此馮業所畫，頗爲周悉，山川形勝如此，安得知勇之士爲朕守之乎？」又指南壁甘、伊、涼等州圖，及東壁幽州已北契丹圖，上曰：「契丹所據地，南北千五百里，東西九百里，封域非廣也，而燕薊淪陷，深可惜耳。」

宋·李燾《續資治通鑑長編》卷五〇《真宗》（咸平四年閏十二月戊子）知静戎軍王能言：「本軍鮑河，自姜女廟以東，水極深闊，其狹處不過三四里，今歲敵騎不能踰越而南侵者，亦限此水故也。今請於本軍之西，姜女廟東，決北流入閻臺淀，復於軍東塞之，使北流三臺小李村，其水溢入長城口而南流，若發二三千人塞其口，俾自長城北而東入於雄州，則猶可以隔限敵騎，計其功五日可畢。」上曰：「朕觀人畫圖，鮑河之北至閻臺淀，地形稍高，必通流不遠。」同知樞密院事馮拯、陳堯叟曰：「臣嘗奉使至彼，目驗地形，實同聖旨。」乃詔除閻臺淀地高不可決北流外，餘從所請。景德元年六月耿斌所言，與此同。

宋·李燾《續資治通鑑長編》卷五一《真宗》（咸平五年正月）初，慶州發兵護芻糧詣靈州，殿中丞鄭文寶素知西邊山川險易，上言必爲繼遷所敗。已而轉運使陳緯果殁于賊。三年九月事。賊進陷清遠軍。四年九月事。文寶時居母喪，服未除。即命相府召文寶詢其策略，文寶因獻《河西隴右圖》，且言靈州不可棄，於是遣王超西討。乃詔復文寶工部員外郎，同勾當陝西隨軍轉運使事。

元·脱脱等《宋史》卷二七七《鄭文寶傳》 真宗即位，徙京山。咸平中，召還，授殿中丞，掌京南権貨。時慶州發兵護芻糧詣靈州，文寶素知山川險易，上言必爲繼遷所敗。未幾，果如其奏。轉運使陳緯没於賊，繼遷進陷清遠軍。時文寶丁内艱，服未闋，即命相府召詢其策略。文寶因獻《河西隴右圖》，敍其地利本末，且言靈州不可棄。

清·畢沅《續資治通鑑》卷二三《宋紀二十三》 初，慶州發兵護芻糧詣靈州，殿中丞鄭文寶，素知西邊山川險易，上言必爲繼遷所敗。已而轉運使陳緯果没於賊，賊進陷清遠軍。四年九月事。文寶時居母喪，即命相府召文寶，詢其策略，文寶因獻《河西隴右圖》，且言靈州可棄。於是遣王超西討。丁未，詔起復文寶爲工部員外郎，同句當陝西隨軍轉運使事。

元·脱脱等《宋史》卷二七九《劉用傳》 真宗即位，加本州團練使、并州副都部署。咸平中，徙貝州，俄知瀛州，復爲高陽關副都部署。時烽候數警，用建議益邊兵，俟其南牧，即率驍鋭出東路以牽制其勢，因圖上地形。上召宰相閱視，可其奏，且令轉運使於保州、威虜静戎順安軍預備資糧。

清·畢沅《續資治通鑑》卷二三《宋紀二十三》（咸平五年）二月，廣京城衢巷狹隘，詔右侍禁、閤門祇候謝德權督之。德權既受詔，先撤貴要邸舍，群議紛然。有詔止之，德權面請曰：「今沮事者皆權豪輩，吝僦屋資耳，非有他也。臣死不敢奉詔。」帝不得已從之。德權因條上衢巷廣袤及禁鼓昏曉，皆復長安舊制。乃詔開封府街司約遠近置籍立表，令民自今無復侵佔。

宋·李燾《續資治通鑑長編》卷五二《真宗》（咸平五年六月癸酉）先是，詔戎臣條上今歲防秋便宜。知威虜軍魏能、知静戎軍王能、高陽關行營都監高素言，敵首若舉國自來，賊勢稍大，請會兵于保州北徐、曹河之間，列寨以禦之；若敵首不至，則止令三路兵犄角邀擊。高陽關副都部署劉用、定州鈐轄韓守英，請於沿邊州軍量益師徒，若敵首南侵，即選驍將鋭旅自東路入攻賊界。皆圖其地形以獻。

又（咸平五年六月甲申）上對輔臣於便殿，出河北東路地圖，指山川要害曰：「北敵入抄，濱、棣之民，頗失農業。今冬若再來，朕必過邢、洺之北，驅逐出境，以安生聚。」呂蒙正等咸請精選將帥，責其成效，車駕毋勞自行。上曰：「若此，卿等宜各畫必然之策以聞。」

宋・李燾《續資治通鑑長編》卷五四《真宗》（咸平六年五月乙卯，）知廣州凌策獻海外諸蕃地理圖。

宋・李燾《續資治通鑑長編》卷五五《真宗》（咸平六年九月）甲子，蠲寧邊軍夏税，以其經蕃寇也。

静戎軍王能奏於軍城東新河之北開田，廣袤相去皆五尺許，深七尺，狀若連鎖，東西至順安、威虜軍界，必能限隔戎馬，縱或入寇，亦易於防捍，仍以地圖來上。上召宰相李沆等示之，沆等咸曰：「沿邊所開方田，臣僚累曾上言，朝廷繼亦商搉，皆以難於設防，恐有奔突，尋即罷議。今專委邊臣，漸爲之制，斯可矣。乞并威虜、順安軍皆依此施行。且慮興功之際，敵或侵軼，可選兵五萬人分據險要，漸次經度之。」是日，詔静戎、順安威虜軍界並置方田，鑿河以遏敵騎。

宋・李燾《續資治通鑑長編》卷五六《真宗》（景德元年四月）辛未，上曰：「保州屯田，漸見功緒。若墾闢不已，必大有成。但治田兵夫，多爲轉運司移易他使，故未能集事耳。」乃詔保州專制屯田兵籍，自今轉運司復敢移易者，以違制論。

又謂宰相曰：「朕閲順安、静戎軍所上《營田河道圖》，參驗前後奏牘，多有異同。昨自順安界築堰聚水，迄今猶未至静戎，地形高仰，恐勞而無功。近王能又言，此河之北有古河道，繇静戎抵順安，歲或多雨，亦可行舟楫，欲興功開導之。」乃詔閤門祇候郭盛等乘傳與長吏經度以聞。

元・脱脱等《宋史》卷二八一《畢士安傳》 景德元年九月，契丹統軍撻覽引兵分掠威虜、順安、北平，侵保州，攻定武，數爲諸軍所卻；益東駐陽城淀，遂攻高陽，不得逞，轉窺貝、冀、天雄，兵號二十萬。真宗坐便殿，問策安出。士安與寇準條所以禦備狀，又合議請真宗幸澶淵。士安言澶淵之行，當在仲冬；準謂當亟往，不可緩。卒用士安議。【略】

時已詔巡幸，而議者猶閧閧，二三大臣有進金陵及成都圖者。士安亟同準請對，力陳其不可，惟堅定前計。真宗嚴兵將行，太白晝見，流星出上台北貫斗魁。或言兵未宜北，或言大臣應之。士安適臥疾，移書準曰：「屢請舁疾從行，手詔不許，今大計已定，唯君勉之。士安得以身當星變而就國事，心所願也。」已而少間，追至澶淵，見于行在。時已聚兵數十萬，契丹大震，猶乘衆掠德清。至澶北鄙，爲伏弩發射，撻覽死，衆潰遁去。

宋・李燾《續資治通鑑長編》卷五八《真宗》（景德元年十月）庚寅，命兵部尚書、知青州張齊賢兼青、淄、濰安撫使，知制誥、知鄆州丁謂兼鄆、齊、濮安撫使，並提舉轉運及兵馬。又令齊賢、謂具管内諸州山河道路廣狹形勢，畫圖以聞。

宋・李燾《續資治通鑑長編》卷五九《真宗》（景德二年四月）戊戌，幸龍圖閣，近臣畢從，起居舍人、直昭文館种放預焉。閲太宗御書，又觀諸閣圖畫。龍圖閣在會慶殿之西偏，北連禁中，閣上藏太宗御書五千一百十五卷、軸，下設六閣：經典閣三千七百六十二卷，史傳閣八百二十一卷，子書閣一萬三百六十二卷，文集閣八千三十一卷，天文閣二千五百六十四卷，圖畫閣一千四百二十一軸、卷、册。上曰：「朕退朝之暇，無所用心，聚此圖書以自娱耳。」

清・畢沅《續資治通鑑》卷二六《宋紀二十六》（景德三年）夏四月丙子，幸崇文院觀四庫圖籍。

宋・李燾《續資治通鑑長編》卷六三《真宗》（景德三年六月）丙子，夔州路轉運使薛顔上新徙夔州圖，且言居民占射官地，請令歲輸地課錢二萬三千貫；又言城中創造官舍或侵民田。詔地課錢特免一萬貫，所侵民田具頃畝以聞，當除租給直。

又（景德三年七月壬戌，）緣海安撫使邵曄上邕州至交州水陸路及控制宜州山川等圖，上以示輔臣曰：「交州瘴癘，宜州險絶，祖宗開彊廣大，當謹守而已，不必勞費兵力，貪無用之土也。如封略之内有叛亂者，則須爲民除害爾。」

元・脱脱等《宋史》卷七《真宗紀二》（景德三年七月壬子，）邵曄上邕州至交阯水陸路及控制宜州山川等圖，帝曰：「祖宗闢土廣大，唯當慎守，不必貪無用地，苦勞兵力。」

元・脱脱等《宋史》卷四二六《邵曄傳》 嘗上《邕州至交州水陸路》及《宜州山川》等四圖，頗詳控制之要。

宋・李燾《續資治通鑑長編》卷六三《真宗》（景德三年八月）丙子，原渭州、鎮戎軍上新開方田圖，且言戎人内屬者皆依之得以安居。上出示輔臣曰：「曹瑋等能幹其職，甚可嘉也。」

宋・李燾《續資治通鑑長編》卷六四《真宗》（景德三年十二月）己卯，知保

州趙彬請於州城東北,更廣屯田,以圖來獻。上曰:「北方既和,邊封撤警,當勸
課農民,咸使樂業,不用侵占畎畝,妨其墾殖也。」

宋·李燾《續資治通鑑長編》卷六五《真宗》(景德四年二月,)上因覽《西
京圖經》,頗多疏漏。庚辰,令諸道州、府、軍、監選文學官校正圖經,補其闕略來
上,命知制誥孫僅等總校之。僅等言諸道所上,體制不一,遂請創例重修,奏可。

又 (景德四年五月丁酉,)上謂輔臣曰:「國家搜訪圖書,其數漸廣,非時
平無事,安能及此也!」乃詔分内藏西庫地以廣秘閣。

宋·李燾《續資治通鑑長編》卷六六《真宗》(景德四年七月戊子,)詔翰林
遣畫工分詣諸路,圖上山川形勢,地理遠近付樞密院,每發兵屯戍,移徙租賦,以
備檢閲。

又 (景德四年八月)壬寅,上幸崇文院觀新編君臣事跡,王欽若、楊億等以
草本進御,上偏覽之。入四庫閲視圖籍,謂宰臣曰:「著書難事,議者稱先朝實
録尚有漏落。」億進曰:「史臣記事,誠合詳備,臣預修《太宗實録》,凡事有依據
可載簡册者,方得記録。」上然之。賜修書官器幣有差。

又 (景德四年八月己酉,)命知制誥孫僅、龍圖閣待制戚綸重修《十道圖》,
其書不及成。

宋·李燾《續資治通鑑長編》卷六八《真宗》(大中祥符元年四月)戊午,詔
東巡取鄆州臨鄴路赴泰山。禮畢幸兗州,取中都路還京。先是,自京抵兗州,有
路二:由曹、單者爲南路,太宗朝嘗置頓於此。由濮鄆者爲北路。時命王欽若、
曹利用由南路,趙安仁、李神福由北路,同赴泰山,計工用之繁簡。且言南路雖
近而用功多,北路郵傳有素而功省,故從北路焉。
龍圖閣待制戚綸言,方修天下圖經,其東封路望令先次修撰,以備檢討。
從之。

宋·李燾《續資治通鑑長編》卷七二《真宗》(大中祥符二年八月)己丑,令
湖南發卒數千人屯洞庭山。初,上出山圖以示輔臣曰:「此山在水中,四面去岸
十餘里,聞歉歲則攘奪者多竄匿焉。」故命巡警之。

宋·李燾《續資治通鑑長編》卷七三《真宗》 先是,曹瑋及張崇貴上涇原、
環慶兩路州軍山川城寨圖。(大中祥符三年四月)己未,上出以示王欽若等曰:
「處置咸得其宜,至於儲備,亦極詳悉。宜令別畫二圖,用樞密院印,一付本路,
一留樞密院,按圖以計事。」

元·脱脱等《宋史》卷二五八《曹彬傳》 帝以(曹)瑋習知河北事,迺以爲真
定路都鈐轄,領高州刺史。瑋嘗上涇原、環慶兩道圖。至是,帝以示左右,曰:
「華夷山川城郭險固出入戰守之要,舉在是矣。」因敕別繪二圖,以一留樞密院,
一付本道,俾諸將得按圖計事。

宋·李燾《續資治通鑑長編》卷七四《真宗》(大中祥符三年十一月壬辰,)
李允則言:「頃年契丹加兵女真。女真衆才萬人,所居有灰城,以水沃之,凝爲
堅冰,不可上,距城三百里,焚其積聚,設伏於山林間以待之。契丹既不能攻城,
野無所取,遂引騎去,大爲山林之兵掩襲殺戮。今契丹趨遼陽伐高麗,且涉女真
之境,女真雖小,契丹必不能勝也。」仍畫圖以獻,又言:「契丹以西樓爲上京,遼
陽爲東京,在中京正東稍南。其習俗既葬畢守墳,或云國主欲守其母墳,聲言伐
高麗駐遼陽城也。」上謂王旦等曰:「契丹伐高麗,萬一高麗窮蹙,或歸於我,或
來乞師,何以處之?」旦曰:「當顧其大者。契丹方固盟好,高麗貢奉累數歲不
一至。」上曰:「然。可諭登州侍其旭,如高麗有使來乞師,即語以累年貢奉不
入,不敢以達於朝廷;如有歸投者,第存撫之,不須以聞。」

又 (大中祥符三年十二月)丁巳,翰林學士李宗諤等上《新修諸道圖經》千
五百六十六卷,詔奬之。宗諤而下,賜器帛有差。

元·脱脱等《宋史》卷七《真宗紀二》(大中祥符三年十二月)丁巳,翰林學
士李宗諤等上《諸道圖經》。

宋·李燾《續資治通鑑長編》卷八一《真宗》(大中祥符六年十月)甲戌,命
直集賢院石中立等修車駕所過圖經,以備顧問。

元·脱脱等《宋史》卷三一七《錢惟演附從弟易傳》 景德中,舉賢良方正
科,策入等,除祕書丞、通判信州。東封泰山,獻《殊祥録》,改太常博士、直集賢
院。祀汾陰,幸亳州,命修《車駕所過圖經》,獻《宋雅》一篇,遷尚書祠部員外郎。

元·脱脱等《宋史》卷二六三《石熙載附子中立傳》 帝幸亳,命修所過
圖經。

宋·李燾《續資治通鑑長編》卷八一《真宗》(大中祥符六年十月丁亥,)權
判吏部流内銓慎從吉言:「格式司用《十道圖》較郡縣上、下、緊、望,以定俸給,
法官亦用定刑,而户歲有登耗,未嘗刊修,頗誤程品。請差官取格式司、大理寺、
刑部《十道圖》及館閣天下圖經校定新本,付逐司行用。」詔祕閣校理慎鏞、邵焕、
集賢校理晏殊校定,翰林學士王曾總領之。天禧三年,書成,凡三卷,詔付有司。

宋·李燾《續資治通鑑長編》卷八二《真宗》（大中祥符七年六月）乙丑，河北緣邊安撫司上制置緣邊浚陂塘築隄道條式、畫圖，請付屯田司提振遵守，從之。又言於緣邊軍城種柳蒔麻，以備邊用，詔奨之。

宋·李燾《續資治通鑑長編》卷八五《真宗》（大中祥符八年十二月）丁亥，侍禁楊承吉使西蕃唃厮囉還，言蕃部甚畏秦州近邊丁家、馬家二族，此二族人馬頗衆，倚依朝廷。唃厮囉以立遵爲謀主，立遵貪而虐，好殺戮，其下怨懼。近築一城，周回二里許，無他號令，但急鼓則增土，緩則下杵，不日而就。承吉又圖上宗哥城東南至永寧寨九百一十五里，東北至西涼府五百里，西北至甘州五百里，東至蘭州三百里，南至河州四百一十五里，又東至龕谷五百五十里，又西南至青海四百里，又東至新渭州千八百九十里。

元·脱脱等《宋史》卷八《真宗紀三》（大中祥符八年十二月）丁亥，侍禁楊承吉使西蕃還，以地理圖進。

宋·李燾《續資治通鑑長編》卷八八《真宗》（大中祥符九年九月）己酉，命樞密直學士、工部侍郎薛映爲契丹國主生辰使，東染院使劉承宗副之；壽春郡王友、户部郎中、直昭文館張士遜爲正旦使，供備庫使王承德副之。映、士遜始至上京，自中京正北八十里至臨都館，又四十里至官窰館，又七十里至松山館，又七十里至崇信館，又九十里至廣寧館，又五十里至姚家寨館，又五十里至咸寧館，又三十里度潢水石橋，旁有饒州，蓋唐朝嘗於契丹置饒樂州也，今渤海人居之。又五十里至保和館，度黑河，七十里至宣化館，又五十里至長泰館，西二十里許有佛寺、民舍，云即祖州，亦有祖山，山中有阿保機廟，所服韡尚在，長四五尺許。又四十里至上京臨潢府。自過崇信館，即契丹舊境，蓋其南皆奚地也。入西門，門曰金德，内有臨潢館。子城東門曰順陽，入門北行至景福門，又至承天門，内有昭德、宣政二殿，皆東向，其氈廬亦皆東向。臨潢西北二百餘里號涼淀，在漫頭山南，避暑之處，多豐草，掘丈餘即堅冰云。劉承宗，知信子。王承德，審琦子。

宋·李燾《續資治通鑑長編》卷九一《真宗》（天禧二年二月）丙戌，江德源圖下溪州江山之狀以獻。

宋·李燾《續資治通鑑長編》卷九二《真宗》（天禧二年六月）壬寅，富州刺史向通漢以五溪地圖來上，乞留京師。上嘉其意，甲辰，授通漢本州防禦使，還疆土，署其兄子光澤等三班職名。通漢再表留京師，不允，乃爲光澤等求内地監當，及言歲賜衣裘，願使者至本任。並從之。通漢本青州人，唐僖宗時隔在溪洞，因母疾不茹葷，迄今三十年，語言與中華無異云。

元·脱脱等《宋史》卷四九三《蠻夷傳一·西南溪洞諸蠻上》（天禧二年，向）通漢上《五溪地理圖》，願留京師，上嘉美之，特授通漢檢校太傅、本州防禦使，還賜疆土，署其子光澤等三班職名。通漢再表欲留京師，不允，乃爲光澤等求内地監臨，及言歲賜衣，願使者至本任，並從之。既辭，又賜以襲衣、金帶。

清·徐松《宋會要輯稿·食貨二三》（天禧）四年十一月，詔：淮南、江浙、京東、河北、河東、廣南東、西路州軍應自來煎地分，勘會處所四至遠近、逐年所煎數，及所給州軍處所有今住煎處，亦條析年月、因依，各具地圖以聞。」

宋·李燾《續資治通鑑長編》卷九八《真宗》（乾興元年二月戊辰，）【略】（丁）謂惡（寇）準、（李）迪，必欲置之死地，遣中使賫敕賜二人。中使承謂指，以錦囊貯劍揭於馬前，示將有所誅戮狀。至道州，準方與客宴，客多州吏也，起逆中使，中使避不見，問其所以來之故，不答。衆惶恐不知所爲，準神色自若，使人謂之曰：「朝廷若賜準死，願見敕書。」中使不得已，乃受以敕。準即從録事參軍借緑衫着之，短纔至膝，拜敕於庭，升階復宴，至暮乃罷。及赴貶所，道險不能進，州縣以竹輿迎之，準謝曰：「吾罪人，得乘馬，幸矣。」冒炎瘴，日行百里，左右爲之泣下。既至，吏獻以圖經，首載州東南門至海岸十里，準恍然曰：「吾少時嘗爲詩曰：『到海只十里，過山應萬重。』今日思之，人生得喪，豈偶然耶？」

宋·王應麟《玉海》卷一四《地理》 仁宗初，晏殊以十八路州軍三百六十餘所爲圖上之。表曰：周公辨九州之土壤，以奠民居；蕭何收天下之圖籍，以定帝業。太宗分天下爲十五路，後天聖八年分江南爲東、西，又增三路，爲十八路。一京東，二京西，三河北，四河東，五陝西，六淮南，七江南東，八江南西，九湖南，十湖北，十一兩浙，十二福建，十三益，嘉祐四年改成都。十四梓，十五利，十六夔，十七廣東，十八廣西。咸平四年三月辛巳，分川峽爲四路。慶曆八年，分河北爲四路。定州、高陽、真定、大名。皇祐五年十二月二十七日壬戌，以京東、曹州、京西、陳、許、鄭、滑州爲輔郡，置京畿轉運使。至和二年十月己丑罷。熙寧五年八月二十四日，分京西爲南、北。九月二十二日，分淮南爲東、西。十二月十三日，分陝西爲永興、秦鳳兩路。六年七月乙丑，分河北爲東、西，又分永興、鄜延、環慶、秦鳳、涇原、熙河爲六路。

宋·李燾《續資治通鑑長編》卷一一六《仁宗》（景祐二年五月辛卯，李）照又言：既改制金石，則絲、竹、匏、土、革、木亦當更制，以備獻享，奏可。乃鑄銅爲龠、合、升、斗四物，以興鐘鎛聲量之法。龠之率六百三十黍爲黄鐘之容，合三倍於龠，升十二倍於合，斗十倍於升。既改造諸器，以定其法，俄又以鎛之容受差大，更增六龠爲合，十合爲升，十升爲斗，名曰樂斗。及潞州上秬黍，照擇大黍縱累之，檢考長短。尺成，與太府尺合，法愈堅定矣。

宋・李燾《續資治通鑑長編》卷一二〇《仁宗》（景祐四年二月）甲子，賜御史臺《册府元龜》及《天下圖經》各一部。

宋・李燾《續資治通鑑長編》卷一二九《仁宗》（康定元年十月）癸卯，詔陝西、河東、河北轉運使各上本路地圖三本，一進内，二送中書、樞密院。

宋・李燾《續資治通鑑長編》卷一三一《仁宗》（慶曆元年四月壬午，）屯田員外郎劉渙直昭文館，爲秦隴路招安蕃落使。渙還自青唐，得唃廝囉誓書及《西州地圖》以獻，故有是命。尋改爲陝西轉運副使，兼秦隴招安蕃落使，仍令渙詣策拉諸爾所告諭唃廝囉舉兵取西涼府。

元・脱脱等《宋史》卷三二四《劉文質附子渙傳》 夏人叛，朝廷議遣使通河西唃氏，渙請行。間道走青唐，諭以恩信。唃氏大集庭帳，誓死扞邊，遣騎護出境，得其誓書與西州地圖以獻。

宋・李燾《續資治通鑑長編》卷一三二《仁宗》（慶曆元年五月）戊午，以右班殿直、合門祗候趙珣爲閤門通事舍人、陝西經略安撫招討都監。珣初隨其父振在西邊，訪得五路徼外山川邑居道里，凡地之利害，究其實，作《聚米圖經》五卷。韓琦言於帝，詔取其書，並召珣，至，又上《五陣圖》《兵事》十餘篇。帝給步騎，使按陣，既成，臨觀之。於是陳執中薦珣爲緣邊巡檢使。吕夷簡、宋庠共奏曰：「用兵以來，策士之言以萬數，無如珣者。」即擢任之。

宋・李燾《續資治通鑑長編》卷一三八《仁宗》（慶曆二年十月己酉）先是，上以西邊諸將數有戰功，特召見之。環慶都監、宫苑副使范全入奏近刺知天都左右廂點兵，然未知寇出何路。上曰：「適有邊奏，已犯高平軍劉璠堡，可乘驛亟往。」遂遷禮賓使、榮州刺史、環慶鈐轄。全受禮賓，榮刺乃十月一日。手詔令趣范仲淹麾下起兵赴援。全晝夜兼行，比至平涼，賊已解去。

狄青時亦被召，會賊寇渭州急，乃命圖形以進。

又（慶曆二年十月）辛亥，以環慶路都部署、經略安撫緣邊招討使、龍圖閣直學士、左司郎中、兼知慶州范仲淹，秦鳳路都部署、經略安撫緣邊招討使、秦州觀察使、知秦州韓琦並爲樞密直學士、右諫議大夫。鄜延路都部署、經略安撫招討使、龍圖閣直學士、吏部郎中、兼知延州龐籍爲左諫議大夫。葛懷敏敗，賊大掠至潘原，關中震恐，居民多竄山谷間。仲淹率衆六千，由邠、涇援之，知賊已出塞，乃還。帝始聞定川事，按圖謂左右曰：「若仲淹出援，吾無慮矣。」奏至，帝大喜，曰：「吾固知仲淹可用。」亟加職進官。

宋・李燾《續資治通鑑長編》卷一五二《仁宗》（慶曆四年十月）壬子，范仲淹言：「據麟府路兵馬都監張岊狀，西界唐龍鎮嘉舒、克順等七族去漢界不遠，可因西北交争之際，量援以兵馬，而預爲招納之。兼體問得七族蕃部舊屬府州，比因邊臣不能存恤，逃入西界，在今府州東北緣黄河西住坐，其地面與火山軍界對岸。昨西賊大掠麟府界，人户悉居於彼，遂分爲十四族，近有内附首領香布言：『契丹領兵在寧仁静寇鎮，待河凍即過唐龍鎮劫之。』若契丹遂取七族，則府州河外又生一契丹。兼七族既有驚疑之心，必逃入火山界，契丹因而襲逐入漢地，則一帶蕃、漢人户，必定遭驅虜。又麟府殘破，難以守禦。今若因此機會，先行招誘，使七族率其所掠麟府屬户，復自來歸，納之不爲無名。已令張岊與府州部署王凱、折繼閔等商議，密行招引。今先次畫到七族地圖以聞。」時元昊已進誓表，詔仲淹更審計利害。仲淹亦言契丹與元昊今復解仇，則七族更無憂怕之心，自難招誘，先有投來一百六十三口，本漢界蕃户爾。其議遂罷。奏罷招誘，乃十一月二十八日乙酉，今并書。

宋・李燾《續資治通鑑長編》卷一五八《仁宗》（慶曆六年正月己丑，）先是，夏國遣楊守素持表及地圖來獻卧尚龐、吴移、已布等城寨九處，并理索過界人四百餘户。然所獻城寨並在漢地，但以蕃語亂之，其投來邊户，亦元屬漢界，不當遣還。己丑，降詔諭夏國主，又增設誓條，自今有過界者，雖舊係邊户，亦不得容納，其緣邊封界，只以誓詔所載爲定。

宋・李燾《續資治通鑑長編》卷一五九《仁宗》（慶曆六年）冬十月丁未朔，詔：「比遣張子奭往延州與夏國議疆事，其豐州地，當全屬漢界。或所議未協，聽以横陽河外鄉所侵耕四十里爲禁地。若猶固執，即以横陽河爲界。」初，夏國既獻卧貴龐、吴移、已布等九寨，又納豐州故地，欲以没寧浪等處爲界。下河東經略使鄭戩。而戩言没寧浪等處並在豐州南，深入府州之腹，若如其議，則麟、府二州勢難以守，直宜以横陽河爲界。上乃以戩所上地圖付子奭往議之。

宋・李燾《續資治通鑑長編》卷一七〇《仁宗》（皇祐三年七月）己巳，知制詔王洙、直集賢院掌禹錫上《皇祐方域圖志》五十卷。

宋・李燾《續資治通鑑長編》卷一七一《仁宗》（皇祐三年十二月甲辰）益州鄉貢進士房庶爲試校書郎。庶，成都人，宋祁嘗上所著《樂書補亡》三卷，田況自蜀還，亦言其知音。既召赴闕，庶自言：「嘗得古本《漢志》，云度起於黃鐘之長，以子穀秬黍中者一黍之起，積一千二百黍之廣，度之九十分，黃鐘之長，一爲一分。今文脫『之起積一千二百黍』八字，故自前世以來，累黍爲尺以制律，是律生於尺，尺非起於黃鐘也。且《漢志》『一爲一分』者，蓋九十分之一，後儒誤以一黍爲一分，其法非是。當以秬黍中者一千二百實管中，黍盡，得九十分，爲黃鐘之長，九寸加一以爲尺，則律定矣。」

直祕閣范鎮是之，乃爲言曰：「李照以縱黍累尺，管空徑三分，容黍千七百三十；胡瑗以橫黍累尺，管容黍一千二百，而空徑三分四釐六豪。是皆以尺生律，不合古法。今庶所言，實千二百黍於管，以爲黃鐘之長，就取三分以爲空徑，則無容受不合之差，校前二說爲是。蓋累黍爲尺，始失之於《隋書》，當時議者以其容受不合，棄而不用。及隋平陳，得古樂器，高祖聞而歎曰：『華夏舊聲也。』遂傳用之。唐祖孝孫、張文收號稱知音，亦不能更造尺律，止沿隋之古樂，制定聲器。朝廷久以鐘律未正，屢下詔書，博訪羣議，冀有所獲。今庶所言，以律生尺，誠衆論所不及，請如其法，試造尺律，更以古器參考，當得其真。」

乃詔王洙與鎮同於修制所如庶說造律、尺、籥：律徑三分，圍九分，長九十分；籥徑九分，深一寸；尺起黃鐘之長加十分，而律容千二百黍。初，庶言太常樂高樂古樂五律，比律成，才下三律，以爲今所用黍，非古所謂一稃二米黍也。尺比橫黍所累者，長一寸四分。

庶又言：「古有五音，而今無正徵音。國家以火德王，徵屬火，不宜闕。今以旋相五行相生法，得徵音。」又言：「《尚書》『同律、度、量、衡』，所以齊一風俗。今太常教坊、鈞容及天下州縣，各自爲律，非《書》同律之義。且古者帝王巡狩方岳，以考禮樂同異，以行誅賞。謂宜頒格律，自京師及州縣，無容輒異，有擅高下者論之。」

帝召輔臣觀庶所進律、尺、籥，又令庶自陳其法，因問律呂旋相爲宮事，令撰圖以進。其說以五正、二變配五音，迭相爲主，衍之成八十四調。舊以宮、徵、商、羽、角五音，次第配七聲，然後加變宮、變徵二聲以足之。庶推以旋相之法，謂五行相戾，非是，當改變徵爲變羽，易變爲閏，隨音加之，則十二月各以其律爲宮，而五行相生，終始無窮。詔以其圖送詳定所。庶又論吹律以聽軍聲者，謂以五行逆順，可以知吉凶，先儒之說略矣。

是時胡瑗等制樂已有定議，特推恩而遣之。鎮爲論於執政曰：「今律之與尺，所以不得其真，由累黍爲之也。累黍爲之者，史之脫文也。古人豈以難曉不合之法，書之於史，以爲後世惑乎，殆不然也。易曉而必合也，房庶之法是矣。今庶自言其法，依古以律而起尺，其長與空徑、與容受、與一千二百黍之數，無不合之差。誠如庶言，此至真之法也。

且黃鐘之實一千二百黍，積實分八百一十，於算法圓積之，則空徑三分，圍九分，長九十分，積實八百一十分，此古律也。律體本圓，圓積之是也。今律方積之，則空徑三分四釐六豪，比古大矣。故圍十分三釐八豪，而其長止七十六分二釐，積實亦八百一十分。律體本不方，方積之，非也。其空徑三分，圍九分，長九十分，積實八百一十分，非外來者也。皆起於律也。以一黍而起於尺，與一千二百黍之起於律，皆取於黍。今議者獨於律則謂之索虛而求分，亦非也。其空徑三分，圍九分，長九十分之起於律，與空徑三分四釐六豪，圍十分三釐八豪，長七十六分二釐之起於尺，古今之法，疏密之課，其不同較然可見，何所疑哉？

若以謂工作既久而復改爲，則淹久歲月，計費益廣，又非朝廷制作之意也。其淹久而費廣者，爲之不敏也。今庶言太常樂無姑洗、夾鐘、太簇等數律，就令其律與其說相應，鐘磬每編才易數枚，因舊而圖新，敏而爲之，則旬月之功也，又何淹久而廣費哉？」

執政不聽。

宋・李燾《續資治通鑑長編》卷一七七《仁宗》（至和元年十二月）庚子，翰林學士王洙，太常少卿、直集賢院掌禹錫上《皇祐方域圖志》。

宋・李燾《續資治通鑑長編》卷一八四《仁宗》（嘉祐元年十二月）癸酉，契丹國母遣奉國節度使、驍衛上將軍蕭扈，起居郎、知制誥、史館修撰韓孚，契丹遣懷德節度使耶律煜、廣州防禦使韓惟良來賀正旦。扈等言陽武寨天池廟侵北界。中書、樞密院按舊籍，陽武寨地本以六蕃嶺爲界。康定中，北界耕户聶再友、蘇直等南侵嶺二十餘里，代州累移文朔州，而朝廷以和好存大體，命徙石峯。未幾，又過石峯之南，遂開塹以爲限，天池廟屬寧化軍橫嶺鋪。慶曆中，北界耕户杜思榮侵入冷泉村，近亦有石峯爲表。乃詔館伴使王洙以圖及本末諭扈等。王洙持地圖論扈等，乃明年正月壬午，今并書。張方平載王洙詰蕭嵓事，見熙寧八年正月乙西;聶再友、蘇直、杜思榮事,見慶曆元年十二月庚辰,又五年五月甲寅,并此嘉祐元年十二月癸酉。其初葺天池廟,在大中祥符九年五月甲辰朔。

宋·李燾《續資治通鑑長編》卷一八六《仁宗》(嘉祐二年八月乙巳)詔編集樞密院機要文字,樞密副使程戡提舉。初,樞密使韓琦言:「歷古以來,治天下者莫不以圖書爲急,蓋萬務之根本,後世之模法,不可失也。恭惟我宋受命幾百年矣,機密圖書盡在樞府,而散逸蠹朽,多所不完。臣比到院,因北界争寧化軍土田,令檢北界朔州移寧化軍天池廟係屬南朝牒,累月檢之不獲;及因西人理會麟州界至,又尋慶曆中臣在院日與西人商議納欵始末文案,亦已不全,以此知機要文字從來散失甚矣。請差官于諸房討尋編録,一本進内,一本留樞密使廳,以備經久之用。」于是自建隆以來,以歲月先後,事類相從而纂集之,六年十一月乃成書。慶曆誓書正本,樞密院既不復存,大理寺丞周革但于廢書中求得杜衍手録草本,因具載焉。革,平棘人也。此據司馬光記聞。

又(嘉祐二年八月)壬申,知并州龐籍言:「經略司已令殿中丞孫兆議定横陽河爲府州界,然後三分,許一分與夏國,若不聽,即絶之,請嚴禁陝西和市。」從之。仍詔定新立封堠里數,繪圖以聞。三分許一,蓋當時夏人侵界六十里,只令退四十里也。《呂誨疏》第七卷,論此頗詳。明年九月己巳朔,詔河東具利害,更考此議竟從與違。

宋·李燾《續資治通鑑長編》卷一九〇《仁宗》(嘉祐四年十二月)乙亥,知麟州王慶民上《麟府二州圖》。

清·徐松《宋會要輯稿·方域二一》(嘉祐)四年十二月,知麟州王慶民上《麟府二州圖》。

宋·李燾《續資治通鑑長編》卷一九二《仁宗》(嘉祐五年八月)壬申,詔曰:「國初承五代之後,簡編散落,三館聚書纔萬卷。其後平定列國,先收圖籍,亦嘗分遣使人,屢下詔令,訪募異本,校定篇目,聽政之暇,無廢覽觀。然比開元,遺逸尚衆,宜加購賞,以廣獻書。中外士庶,並許上館閣闕書,每卷支絹一匹,五百卷與文資官。」

宋·李燾《續資治通鑑長編》卷一九三《仁宗》(嘉祐六年六月)庚辰,太原府代州鈐轄、供備庫使、忠州刺史蘇安静上《麟州屈野河界圖》。

宋·歐陽修《歐陽文忠公集·附録》卷一《吴充〈行狀〉》 公在樞密,與今侍中曾魯公悉力振舉紀綱,革去宿弊,考天下兵數及三路屯戍多少、地理遠近,更爲圖籍之法,邊防久闕屯守者,大加蒐補。數月之間,機務浸理。

宋·歐陽修《歐陽文忠公集·附録》卷一《蘇轍〈神道碑〉》(嘉祐)五年,以本官爲樞密副使。明年,爲參知政事。公在兵府,與曾魯公考天下兵數及三路屯戍多少、地里遠近,更爲圖籍。凡邊防久闕屯戍者,必加搜補。

宋·杜大圭《名臣碑傳琬琰集》卷五二《曾肇〈曾太师公亮行狀〉》(嘉祐)六年閏八月,拜吏部侍郎、同中書門下平章事、集賢殿大學士。公既執政,益感激奮勵。其爲樞密使,修紀綱,除弊事,數裁損冗兵,又更制圖籍,以周知四方兵數登耗,三路屯戍衆寡,地理遠近。

元·脱脱等《宋史》卷三一九《歐陽脩傳》(嘉祐)六年,參知政事。脩在兵府,與曾公亮考天下兵數及三路屯戍多少、地理遠近,更爲圖籍。凡邊防久缺屯戍者,必加蒐補。

宋·李燾《續資治通鑑長編》卷二〇四《英宗》(治平二年正月癸酉)修嘗奏西邊事宜曰:【略】

蓋往年之失在守,方今之利在攻。昔至道中亦嘗五路出攻矣,當時將相爲謀不審,蓋欲攻桀黠方强之國,不先以謀困之,而直爲一戰必取之計,大舉深入,所以不能成功也。夫用兵至難事也,故謀既審矣,則其發也必果,故能動而有成功也。凡用兵之形勢,有可先知者,有不可先言者。臣願陛下遣一重臣出而巡撫,徧見諸將,與熟圖之,以定大計。凡山川道里蕃漢步騎出入所宜,可先知者悉圖上方略,其餘不可先言,付之將率,使其見形應變,因敵制勝。至於諒祚之所爲,宜少屈意含容而曲就之,既以驕其心,亦少緩其事,以待吾之爲備。而且嚴戒五路,訓兵選將,利器甲,蓄資糧,常具軍行之計,待其反書朝奏,則王師暮出,以駭其心而奪其氣,使其枝梧不暇,則勝勢在我矣。往年議者亦欲招緝横山蕃部,謀取山界之地,然臣謂必欲招之,亦須先藉勝捷之威,使其知中國之强,則方肯來附也。由是言之,亦以出攻爲利矣。

清·徐松《宋會要輯稿·兵二八》(治平四年)閏三月三日,陝西四路沿邊宣撫使郭逵言:「秦州青雞川蕃官首級藥廝哥等願獻青雞川土地,乞修展城寨,招置弓箭手。體量若於青雞川南牟谷口修置城寨,則秦州與德順軍沿邊堡寨相接,足以斷賊來路,已發兵夫修築。」又奉詔,具青雞川一帶大小堡寨去處,并四至遠近、合役人工,次第以聞,仍以涇原路撥吴川新修堡障,賜名治平寨,青雞川新修堡障賜名雞川寨，仍降詔獎諭。

宋・李燾《續資治通鑑長編》卷二二〇《神宗》（熙寧四年二月）甲戌，召監單州酒稅、太常丞、集賢校理趙彦若歸館，管勾畫天下州、府、軍、監、縣、鎮地圖。先是，中書差圖畫院待詔繪畫，上批：「恐須差有記問朝臣一人稽考圖籍，庶不失真。」故命彦若領之。彦若前通判淄州，獄有失火、僞印者，法當死。彦若曰：「在律雖犯死罪，親年九十無兼養，應上請。」與知州解賓王議異，遂獨劾奏，二人皆得貸死。賓王慊之，因訟彦若不過廳，故坐謫。

元・脱脱等《宋史》卷四九〇《外國傳六・于闐》（熙寧）四年，遣部領阿辛上表稱「于闐國僂羅有福力量知文法黑汗王，書與東方日出處大世界田地主漢家阿舅大官家」，大略云路遠傾心相向，前三遣使入貢未回，重複數百言。董氈使導至熙州，譯其辭以聞。詔前三輩使人皆已朝見，錫賚遣發，賜敕書諭之。神宗嘗問其使去國歲月，所經何國及有無鈔略。對曰：「去國四年，道塗居其半，歷黄頭回紇、青唐，惟懼契丹鈔略耳。」因使之圖上諸國距漢境遠近，爲書以授李憲。八年九月，遣使入貢，使者爲神宗飯僧追福。賜錢百萬，還其所貢師子。

清・徐松《宋會要輯稿・方域六》（熙寧）十二月十七日，相度新建徽州朝散大夫賈青言：「准朝旨下朱初平奏，令臣相度新建徽、誠州乞招納元屬溪峒地分道路以至地里遠近，并附入州縣圖籍，令縣邑城寨常切開廣，於新城地買官田，及許百姓置田，其少牛具種糧之類，聽結保赴官借貸，并如初平所奏。」從之。

宋・李燾《續資治通鑑長編》卷二三七《神宗》（熙寧五年八月）癸卯，右司諫、直龍圖閣、權發遣延州趙卨爲起居舍人，仍賜紫章服，以定綏州地界之勞也。初，夏人屢欲款塞，每虚聲摇邊。上手敕問方略，卨審料形勢，爲破敵之策以獻，遣曲珍、吕真分巡東西路，與兵千人。鈐轄李顒自恃宿將，謂卨儒者不知敵情，曰：「敵豈盛夏來耶？誠遇敵，千兵何爲？宜罷之，以待防秋。」卨笑不答。敵方以四萬衆自間道欲取綏州，至魯班崖遇曲珍，以我爲知其謀，惶駭亟戰，吕真繼至，敵敗走，俘斬千餘。是秋，諜言敵大閲，將入寇，顒懼，亟請濟師。卨不聽，邊亦無警，坐諜者，顒等慙服。敵自失綏州，懷未能已，屢測朝廷意。卨揣知其情，奏言：「敵使請和，必欲畫綏州界，望令聽本路經略司分畫，歲賜則以通和之日復焉。」於是事定，卨謀居多，故賞之。

宋・李燾《續資治通鑑長編》卷二四七《神宗》（熙寧六年十月戊戌，）畫天下州府軍監縣鎮圖所上《十八路圖》一及副二十卷。上言：「四夷但訓練兵精，不常屯守，有警乃應，今中國反不如。」王安石曰：「比來中國誠不如四夷，今四夷又不如古中國。若盡什伍其人，使隨處有以待敵，乃古中國之法也。」

宋・李燾《續資治通鑑長編》卷二四九《神宗》（熙寧七年三月）壬戌，命權判三司開拆司、太常少卿劉忱河東路商量地界，知忻州、禮賓使蕭士元，檢詳樞密院兵房文字、祕書丞吕大忠，同商量地界。

宋・李燾《續資治通鑑長編》卷二五八《神宗》（熙寧七年十一月辛丑，）權提點秦鳳路刑獄鄭民憲以熙河營田圖籍來上，即詔民憲兼都大提舉熙河路營田弓箭手。

元・脱脱等《宋史》卷三三一《沈遘附從弟括傳》括乃還，在道圖其山川險易迂直，風俗之純龐，人情之向背，爲《使契丹圖抄》上之。拜翰林學士、權三司使。

清・畢沅《續資治通鑑》卷七一《宋紀七十一》（熙寧八年三月）庚子，遼復遣蕭禧來理河東黄嵬地，命韓縝與禧議之，争辯或至夜分。禧執分水嶺之説不變，留館不肯辭，曰：「必得請而後反。」帝不得已，遣知制誥沈括報聘。括詣樞密院閲故牘，得頃歲所議疆地書，指古長城爲分界，今所争乃黄嵬山，相遠三十餘里，表論之。帝喜，謂括曰：「大臣殊不究本末，幾誤國事。」命以畫圖示禧，禧議始屈。乃賜括白金千兩，使行。

括至遼，遼樞密副使楊遵勖來就議，括得地訟之籍數十，預使吏士誦之，遵勖有所問，則顧吏舉以答；它日復問，亦如之。遵勖無以應，謾曰：「數里之地不忍，而輕絶好乎？」括曰：「師直爲壯，曲爲老。今北朝棄先君之大信，以威用其民，非我朝之不利也。」凡六會，竟不可奪，遂舍黄嵬而以天池請，括乃還。在道，圖其山川險易迂直，風俗之淳龐，人情之向背，爲《使契丹圖》，上之。拜翰林學士、權三司使。

宋・程俱《麟臺故事》卷三下《修纂》熙寧八年六月，尚書都官員外郎劉師旦言：「今《九域圖》涉六十餘年，州縣有廢置，名號有改易，等第有升降，而所載古跡有出于俚俗不經者。」詔三館祕閣删定。其後又專命太常博士直集賢校理趙彦若、衛州獲嘉縣令館閣校勘曾肇删定，就祕閣不置局。彦若免删定，從之。以舊書不繪地形，難以稱圖，更賜名曰《九域志》。

宋・李焘《續資治通鑑長編》卷二六五《神宗》（熙寧八年六月）辛丑，都官員外郎劉師旦言：「今《九域圖》自大中祥符六年修定，至今六十餘年，州縣有廢置，名號有改易，等第有升降，兼所載古迹有出於俚俗不經者。乞選有地理學者重修，三館、祕閣删定。」其後又專命太常博士、集賢校理趙彦若，獲嘉縣令、館閣校勘曾肇删定，仍就祕閣，不置局，彦若免删定。從之。又以舊書不繪地形，難以稱圖，更賜名曰《九域志》。

宋·李燾《續資治通鑑長編》卷二六六《神宗》（熙寧八年七月丙子，）韓縝等圖上河東緣邊山川、地形、堡鋪，分畫利害。

清·畢沅《續資治通鑑》卷七一《宋紀七十一》（熙寧八年七月戊子，）命天章閣待制韓縝如河東，割地以畀遼。遼主以侵地之議起於耶律普錫，（舊作「頗的」。）命普錫往正疆界，力争不已。帝問于王安石，安石曰：「將欲取之，必姑與之。」以筆畫其地圖，依黄嵬山爲界，蕭禧乃去。至是遣縝往，盡舉與之，東西棄地七百里。監察御史裏行分寧黄廉歎曰：「分水畫境，失中國險矣。」其後遼人果包取兩不耕地，下臨鴈門。遼主擢普錫爲南院宣徽使。

宋·沈括《夢溪筆談》卷二五《雜誌二》 予奉使按邊，始爲木圖寫其山川道路。其初徧履山川，旋以麪糊木屑寫其形勢於木案上。未幾寒凍，木屑不可爲，又熔蠟爲之。皆欲其輕易齎故也。至官所，則以木刻上之。上召輔臣同觀，乃詔邊州皆爲木圖，藏於内府。

宋·李燾《續資治通鑑長編》卷二六七《神宗》（熙寧八年八月）癸巳，定州路安撫司上相度到沈括所奏敵人出入道路，合先據地利，安置營寨事。詔樞密院籍記。

先是，括察訪河北，言定州北蒲陰、滿城皆有廢壘，若北騎入寇，可以發奇遮擊故也。括初至定州，日與其帥薛向畋獵，略西山、唐城之間二十餘日，盡得山川險易之詳，膠木屑鎔蠟，寫其山川以爲圖，歸則以木刻而上之。自此邊州始爲木圖。

宋·李燾《續資治通鑑長編》卷二六九《神宗》（熙寧八年）冬十月己丑朔，命龍圖閣直學士、樞密都承旨曾孝寬往河東分畫地界所計議公事。時李評言義興冶、胡谷、茹越、大石四寨堡鋪分界，與韓縝所上畫圖不同，故遣孝寬往審問。孝寬請差官案視改正而歸，仍詔孝寬有申陳事具奏，從入内内侍省進入。及孝寬以圖籍案視，而並邊未嘗侵北境，乃奏曰：「國家所以待敵人者，恩與信也。恩不可縱，信不可失，苟細事不較，則將有大於此者矣。宜如故便。」

宋·李燾《續資治通鑑長編》卷二七五《神宗》（熙寧九年五月丙辰，）上批付王中正：「茂州管下恭、静州等蕃部作過，已翦滅，其脅從蕃族，如能悔過歸順，令倍加存卹，仍出牓曉諭諸路地接蠻夷州軍及外城寨，應有合措置事，逐路選委監司一員案視。度其逐處城圍大小、高低、厚薄，壕㙻深淺、闊狹，幾處受敵，緩急側近人户可與不可容其入保，井泉足與不足汲用。城壕淺深、闊狹之處，合與不合增展開浚，如合興修，即畫圖計工料，當如何規度，計置工夫幾年可畢。樓櫓守禦之備，如合增置，其材具於何處取用，人夫於何處差發。保甲土丁未經教閲，緩急必難使，如作番次，於巡檢、縣尉下巡防，因以勸習武藝，有無不便。仍節略開封界及五路見行保甲上番條約，令看詳。器甲如不精利及有少數，於要便州軍差官簡選，以備移用，或本處難得，即於逐路都作院漸次製造。今特行選委，其逐官毋得以爲常事，鹵莽供報，須親按視及體訪利害，條析以聞。令中書、樞密院看詳，取旨施行。」

宋·李燾《續資治通鑑長編》卷二七六《神宗》（熙寧九年六月）壬寅，上批：「北人見争理瓦窑塢地分，可速降指揮下韓縝等令子細遍行檢視，詳悉畫一地圖聞奏。其堡鋪、山川、人户、壯丁及水流所向，並須一一貼黄聲説，不得小有鹵莽漏落。」

又（熙寧九年六月）丁未，詔：「河東將下軍兵、民兵軍器什物，令知太原府韓絳密選委官，除麟府豐州、岢嵐寧化軍外，遍詣逐州軍，擇可用者，依所降八陣法内九軍會數所用名物，於太原府、代州各備一九軍會數，編排收貯，委絳提舉，仍令所差官須逐一揀選，毋得止憑文字編排。如不足，當令軍器監製作應副。非久，專遣近臣閲視，令絳先具庫屋數目，修置次第，畫圖以聞。」

宋·李燾《續資治通鑑長編》卷二八二《神宗》（熙寧十年五月乙亥）詔韓縝等：「昨已與北人分畫緣邊界至，其山谷、地名、壕堠、鋪舍相去遠近等，並圖畫簽貼，及與北人對答語録編進入。」九年十二月二十五日當考。

宋·李燾《續資治通鑑長編》卷二八三《神宗》（熙寧十年七月乙丑，）樞密院奏：「知忻州蕭士元，持服祕書丞吕大忠昨按視河東地界，内有不於圖子上貼畫出所指地名及分水嶺去處未當事理。」詔蕭士元、吕大忠累經赦恩，並特放罪。河東分畫地界所燕復等檢踏天池西南無横嶺地名，後再檢視，有故寨嶺亦名横嶺。詔復等所得減年磨勘内各除一年。《密記》七月十七日事，六月二十四日可考。

宋·李燾《續資治通鑑長編》卷二八五《神宗》（熙寧十年十一月）己未，代州言：「北界西南安撫司牒稱：去年九月，南軍擅入當界，燒燬劉滿兒田禾等舍屋，請嚴行誡約，及追取價直。」上批：「此與真定壤界，若不明指照據，速定分畫，即含容日久，又成争端。」乃詔安肅親詣真定窮究，即具所檢北人所種田土燒毀因依，仍選官照驗案籍，具侵與不侵省界及當分界去處畫圖以聞。

宋·李燾《續資治通鑑長編》卷二八六《神宗》（熙寧十年十二月癸巳，）韓縝等上與遼人往復公移及相見語録并地圖，詔縝同吕大忠以耶律榮等齎來文字、館伴所語録、及劉忱等案視疆場與北人論議、及朝廷前後指揮，分門編録以聞。

宋·李燾《續資治通鑑長編》卷二九二《神宗》（元豐元年九月乙酉，）三班奉職羅昌皓言，昨差齎敕書、禮物往占城國，今畫占城至交阯地圖以獻。上批：「昌皓不憚難危，遠使絶域，雖不能成元初受命之功，然勤勞海道，亦可矜奨，宜轉一資。」又批：「自安南用兵，獻議討賊者以百數，其言水陸進師之道，往往不同，未知孰得。宜類衆説成書，各繪圖附見，以備他日之用。」乃詔檢詳官王伯虎、梁燾編類。

清·徐松《宋會要輯稿·兵二八·備邊二》（元豐元年十一月二十五日，）知定州韓絳言：「北人郝景過南界榷場閫畫地圖，已密遣人收捕。」詔定州路安撫使司、河北沿邊安撫司指揮所遣人，須察知姦細實狀，方得收捕推鞫，無致引惹生事。

宋·李燾《續資治通鑑長編》卷二九四《神宗》（元豐元年十一月乙未，）韓絳言：「北人郝景過南界榷場閫畫地圖，已密遣人收捕。」詔定州路安撫司及河北緣邊安撫司指揮所遣人，須察知姦細實狀，方得收捕推鞫，無致引惹生事。

清·徐松《宋會要輯稿·兵二八·備邊二》（元豐二年十月十七日，）定州路安撫使韓絳言，北界崔士言屢至安肅軍刺事，給東京商人蘇文圖寫河北州軍城圍地里，上言爲本軍百姓誘至兩界首執之。詔蘇文未過兩界，遽已捕執，慮别致引惹，自今緝知北界姦細，須誘入省地，方許収捕，仍詔告捕獲蘇文，賞錢千緡，班行内安排。

宋·李燾《續資治通鑑長編》卷三〇〇《神宗》（元豐二年十月壬子，）定州路安撫使韓絳言，北界崔士言屢至安肅軍刺事，結東京商人蘇文圖寫河北州軍城圍地理，士言爲本軍百姓誘至閤臺村南兩界首執之。詔士言未過南界，遽已捕執，慮别致引惹，自今緝知北界奸細，須誘入省地，方許收捕，仍詔告捕蘇文，賞錢千緡，班行内安排。

宋·趙彦衛《雲麓漫鈔》卷八《長安圖》，元豐三年正月五日，龍圖閣待制知永興軍府事汲郡吕公大防，命户曹劉景陽按視，鄜州觀察推官吕大臨檢定。其法以隋都城大明宫並以二寸折一里，城外取容，不用折法。大率以舊圖及韋述《西京記》爲本，參以諸書及遺迹。考定太極、大明、興慶三宫用折地法，不能盡容諸殿，又爲别圖。

宋·李燾《續資治通鑑長編》卷三〇九《神宗》（元豐三年十月）辛酉，詳定官制所檢討文字、光禄寺丞李德芻上《元豐郡縣志》三十卷，圖十卷。

宋·李燾《續資治通鑑長編》卷三一二《神宗》（元豐四年五月癸丑，）都大經制瀘州蠻賊林廣言：「差借職史利言齎文字付乞弟，以取王宣下落，及説諭蠻兵士爲名，陰視進兵之路，勇勁可嘉。」詔史利言遷一官。又詔廣問利言道路巢穴險易遠近，及應有間見，令具析畫圖以聞。初，利言抵乞弟巢穴，乞弟遣其奴沙自、阿義隨還，獻馬四十匹，并歸所擄兵士七人，辭欵甚遜，而利言具道乞弟降意蓋未決也。利言本從納溪舟行，所陳道路，大軍進發訖不由此。癸五五月二十七日事。

宋·李燾《續資治通鑑長編》卷三一四《神宗》（元豐四年七月辛卯，）上批：「《夏國涇原環慶熙河路對境圖》并説語付中書、樞密院，庶知賊中地形曲折，覽畢可復進入。」

宋·李燾《續資治通鑑長編》卷三一五《神宗》（元豐四年八月辛酉，）雄州言：「涿州牒，蔚州稱雙井新寨鋪邊吏妄庶止北人，不令於壕北過往，請詰邊吏及擅越疆界人等罪。」詔河東提點刑獄黄廉往代州定驗北人有無侵越舊界，及邊人有無侵北界地樵采，具圖以聞。

宋·黄庭堅《山谷别集》卷八《行狀·叔父給事（黄廉）行狀》（元豐四年）八月，麟府軍興，兼權轉運判官，又差定代州地界，公條具曲折，爲《十二寨圖》以進。具言建議者以分水畫界，恐地勢不能盡然，啓豺狼心，失中國險固。其後遼人果責分水之言，包取兩不耕地，據有形勝，下臨鴈門，父老於今以爲恨。

宋·李燾《續資治通鑑長編》卷三一九《神宗》（元豐四年十一月甲申，）詔：「降《五路對境圖》付王中正、种諤，據所分地招討，俟略定河南，如可乘勢渡河，方得前進蕩覆賊巢。緣環慶、涇原行營已至靈州界，其鄜延、河東兵馬路尚遠，不須必赴會合，但能平静所分一道，將來議賞，不在克定興、靈之下。其措置麟府路軍馬司可自西界並邊取便路速往，及令趙卨應副糧草，如未到本路，即鄜延路借給，委路昌衡照會。其趙咸、莊公岳元無朝旨令就鄜延糧草通融支用，既以饋運不繼，乃妄陳奏，及走失人夫萬數不少，委趙卨遣官押送就近裏州軍械繫，令沈括選官鞫之。」後公岳、咸自訴深入賊境，暴露得疾，乞免械繫。上批令在外承勘。

又（元豐四年十一月丙戌，）詔：「王中正兵自麟州出界，已至鄜延路，聞暴露日久，人多疾病，今雖駐並邊，亦慮無以休息。可令計會沈括，分擘于延州、保安軍諸城寨歇泊，委趙卨、王中正指揮將佐存恤照管，整齊器甲，補葺衣裝，屋宿火食，安養士氣。候歇泊定，即令迤邐起發，取便路往河東，依近降圖畫地分討定賊境。仍令中正具析元領若干人馬，若干傷折病死，若干逃亡，見管若干，以聞。」于是中正引軍還延州，計士卒死亡者近二萬；民夫逃歸大半，死者近三千人，隨軍入塞者萬一千餘人；馬二千餘匹，死者幾半；驢三千餘頭無還者。

宋・李燾《續資治通鑑長編》卷三二一《神宗》（元豐四年十二月丙寅，）詔：「熙河蘭州西使城今已修葺戍守，其間有須增置堡寨、通接道路，令經制司相度施行外，其以東地分，即未得別展托。昨降鄜延、麟府路行營經略措置司依圖畫地分，清蕩河南。今靈州既未下，其指揮並未得施行，且令休息團結士馬，別聽朝旨。其麟府路措置司軍馬，委王中正相度，分遣近裏有糧草處歇泊，以備呼使。」中正軍多募京師諸衛禁旅，不置將校，最無紀律，亦無戰功，惟入宥州縱火；又自尊大，侮辱官吏，不恤士卒，凍餓死者最甚。

又（元豐四年十二月戊辰，）种諤言：「蒙畫下所分地內，城壘粗全，舊屬漢郡。有銀、夏、宥州包據橫山，今且修築，次第條一，并地圖，遣子右班殿直、書寫機密文字樸赴闕投進。」詔种諤前後收復近邊城寨，有守具可以保據，並依已降指揮外，休息士馬，別聽處分。以樸爲閤門祗候，令齎詔以往。

宋・李燾《續資治通鑑長編》卷三二五《神宗》（元豐五年四月）己巳，李憲繪奏將來進兵出塞、築立堡障及制賊方略，乞從中裁。詔：「地之險易，所嚮先後，自非目擊與敵變化，謦欬之間首末已異，豈喻度於千里之外，得能之乎？理固難中覆也。惟是探要鉤賾，敵之强弱與夫待我顯伏情狀，內顧己之兵食足以加賊，繼餉，使軍不虛發，財不徒費，發必可以摧敵，費必有濟國事，乃委注之深意，惟將帥博謀善圖之！」

又（元豐五年四月己巳，）上批付苗授：「聞夏人求和於董氈甚急，累請不獲，又邀契丹使同往。以平日强弱大小之勢論之，無容自屈如此，疑必有深關國之存亡利害故爾。卿所部接羌境，必已知其情狀，大懼西蕃與官軍合趣，覆其巢耳。卿宜精圖地形，博謀智者，未審可爲之否？亟以聞。」

宋・李燾《續資治通鑑長編》卷三二六《神宗》（元豐五年五月丁酉，）手詔沈括：「所上邊略，可畫圖二本，逐一貼出：一繪即今賊界地形戍壘，一繪將來成就邊形，務要得實，異時悉可按圖考驗不差，勿得增飾減損。」

宋・李燾《續資治通鑑長編》卷三二七《神宗》（元豐五年六月己未，）上批：「先有《西界對境圖》，興師西討以來，諸處奏報文字指畫山川道里，多有異同，無以考證。可令逐路選委昨出界熟知賊境次第使臣、蕃官，差精切畫工，同指説山川堡寨、應西賊聚兵處地名，畫《對境地圖》，以色別之。上樞密院取到舊《對境地圖》及軍興奏報文字，比對考校，繪爲《五路都對境圖》。」

宋・李燾《續資治通鑑長編》卷三三四《神宗》（元豐六年四月壬戌，）廣南西路走馬承受王懷正上邕州《展白塔泉井圖》，上批：「苟如繪圖，頗似便利，恐更有委曲利害，可委熊本相度以聞。」後本言：「展白塔井泉如懷正議便，乞度僧牒三百下邕州，以來年秋冬興工。」從之。

宋・李燾《續資治通鑑長編》卷三三五《神宗》（元豐六年五月）己卯，詔：「于闐大首領畫到達靼諸國距漢境遠近圖，降付李憲。」以嘗有朝旨委憲遣人假道董氈使達靼故也。

宋・李燾《續資治通鑑長編》卷三三七《神宗》（元豐六年七月壬申，劉）昌祚言：「軍事之先，莫如馬政。人雖千百，可招呼而集；馬雖十數，寧可容易而得？須是素養有備，乃可應敵。加以鄜延比之諸路，非產馬之地，難以蓄牧，永樂一日失六十匹，不知平時力用幾日，費用幾何，能集是數。以累不貲之財力，失於頃刻之間，寧不惜哉！俗謂『人强馬壯』，若能如此，可謂兩全，倘若强弱不齊，適足爲累。故馳逐應急取勝，非馬不能。今監牧司所賦率低小病患，不應格式，乞豫支緡錢，委逐將自置，仍增直至四五十千。」得旨：特許行鄜延一路。昌祚以鄜延邊面，東自義合，西至德靜，綿亘七百里，堡寨大小五十餘，疏密緊慢不齊，烽燧不相應，乃立爲定式，凡耕墾、訓練、戰守、屯戍，度强弱，分地望，圖山川形勢上之。上嘉納。

宋・李燾《續資治通鑑長編》卷三三九《神宗》（元豐六年九月戊申，）內降《蘭州地圖》付樞密院。

宋・李燾《續資治通鑑長編》卷三四七《神宗》（元豐七年七月辛亥，）定州路安撫司言：「軍城寨言：『北兵千人，擁牛具過石城南，耕黄貨谷地。巡歷人不能遏。』已指揮當巡官吏毋得透漏，及牒保州沿邊安撫司移牒北界止約。」詔圖上北人所争地，具前後照據以聞。

宋・李燾《續資治通鑑長編》卷三六一《神宗》（元豐八年十一月甲辰，）河東路經略司言：「北人於火山軍界疊石爲牆，慮蓄姦謀爲侵占之漸。」詔：「左藏庫副使趙宗本詣牆所體訪，畫圖以聞。如侵舊界，即移牒毁拆，仍當爲先備。」未幾，復言北人聲言欲争據石牆，乞增兵防托。詔沿邊安撫司密共覘視，若侵占有實，奏拆去。

元・脱脱等《宋史》卷三三二《孫路傳》 元祐初，爲吏部、禮部員外郎，侍講徐王府。司馬光將棄河、湟，邢恕謂光曰：「此非細事，當訪之邊人，孫路在彼四年，其行止足信，可問也。」光亟召問，路挾輿地圖示光曰：「自通遠至熙州才通一徑，熙之北已接夏境，今自北關辟土百八十里，瀕大河，城蘭州，然後可以扞蔽。若捐以予敵，一道危矣。」光幡然曰：「賴以訪君，不然幾誤國事。」議遂止。

清・畢沅《續資治通鑑》卷七九《宋紀七十九》（元祐元年六月，）是月，夏主遣使來求蘭州、米脂等五砦。【略】時異議者衆，唯文彦博與（司馬）光合，太皇太后將許之。光欲並棄熙河，安燾固争之曰：「自靈武而東，皆中國故地。先帝有此武功，今無故棄之，豈不取輕於外夷邪？」光乃召禮部員外郎、前通判河州孫路問之，路挾輿地圖示光曰：「自通遠至熙州才通一徑，熙之北已接夏境。今自北關瀕大河，城蘭州，然後可以捍蔽；若捐以予敵，一道危矣。」光乃止。

宋・李燾《續資治通鑑長編》卷四〇九《哲宗》（元祐三年四月己卯，）詔諸路及州各具圖開析建立沿革、城壁、吏員、户口、貢賦、山川、地里，上職方。

宋・李燾《續資治通鑑長編》卷四一三《哲宗》（元祐三年八月）丙子，秀州團練副使、本州安置、不得簽書公事沈括賜絹百匹，仍從便居止，以括上編修天下州縣圖故也。

宋・李燾《續資治通鑑長編》卷四一九《哲宗》（元祐三年閏十二月）甲辰，京西北路都監楊安道管押范鎮所定鑄成律十二、編鐘十二、鎛鐘一、尺一、斛一，響石爲編磬十二、特磬一，簫、笛、塤、篪、巢笙、和笙各二，較景祐中李照所定又下一律有奇，並書及圖法上進。詔送太常寺，樂法有可行事件，令尚書禮部、太常寺參定以聞，仍令尚書、侍郎、學士、兩省、御史臺、館職、祕書省官赴太常寺觀聽。

清・畢沅《續資治通鑑》卷八一《宋紀八十一》［元祐三年閏十二月］甲辰，銀青光禄大夫致仕蜀郡公范鎮定鑄律度量、鐘磬等，並書及圖法上進，較景祐中李照樂又下一律有奇。帝及太皇太后御延和殿，詔輔臣同閲視，賜詔嘉獎，下之太常，令三省侍從臺閣之臣皆往觀焉。鎮時已屬疾，樂奏，三日而卒，謚忠文。

宋・李燾《續資治通鑑長編》卷四三二《哲宗》（元祐四年八月乙卯，）鄜延路經略司言：「宥州移文稱：已鳩集永樂等陷没人口，將管押赴界首分付，卻交領四寨及點檢歲賜。」詔趙卨等專一定寫牒本報宥州訖以聞。又言：「宥州牒稱：合立界至，候送還人口，交割四寨了日，共約日委官隨宜分畫。請候夏國送到人口，即移牒宥州。」從之。其後宥州牒：「鳩集到永樂人口一百五十五人，管押赴界首分付，交領賞絹；所有四寨，別差官同日領受去訖。」本司今定到回牒：「候交割人口了當，及遷移人口、畜産、資糧盡絶，別差官約日交割施行。」詔令鄜延、河東、熙河蘭岷路經略司各選差諳練詳明將官及機宜官各一員，依詳牒報宥州事理，別作名目，遍詣逐處，先具城寨河立界至，或西人有詞，以何道理折難，令帥臣審度利害，具形勢相去遠近，畫圖聞奏。

宋・李燾《續資治通鑑長編》卷四三五《哲宗》（元祐四年十一月甲午，）杭僧有淨源者，舊居海濱，與舶客交通牟利，舶客至高麗，交譽之。元豐末，其王子義天來朝，因往拜焉。至是，源死，其徒竊其畫像，附舶客往告，義天亦使其徒壽介等附舶來祭，祭訖，乃言國母使以金塔二祝皇帝、太皇太后壽。知杭州蘇軾不納，具言：「熙寧以來，高麗屢入貢，至元豐末十六七年間，館待賜予之費，不可勝數，兩浙、淮南、京東三路築城造船，建立亭館，調發農工，侵漁商賈，所在騷然，公私告病。朝廷無絲毫之益，而遠夷獲不貲之利。使者所至，圖畫山川，購買書籍。議者以爲所得賜予，大半歸之契丹，雖虚實不可明，而契丹之强足以禍福高麗，若不陰相計搆，則高麗豈敢公然入朝？中國有識之士，以爲深憂。自二聖嗣位，高麗數年不至，淮、浙、京東吏民有息肩之喜，惟福建一路多以海商爲業，其間凶險之人，猶敢交通引惹，以希厚利。臣稍聞其事，方欲覺察行遣，而壽介等實附泉州商人徐戩海舶至此。且高麗久不入貢，失賜予厚利，意欲來朝久矣，未測朝廷所以待之厚薄，故因祭亡僧而行祝壽禮，禮儀渺薄，抑亦可見。若受而不答，則遠夷或以怨怒；因而厚賜之，正墮其計。臣謂朝廷宜勿與知，而使州郡卻之。然庸僧、猾商擅招誘外夷，邀求厚利，爲國生事，其漸不可長，宜痛加懲創。」詔皆從之。

宋・李燾《續資治通鑑長編》卷四四二《哲宗》（元祐五年五月丙子，）鄜延路經略司言：「保安軍封到宥州牒稱，請廢蘭州勝如等處堡。」詔：「熙河蘭岷路經略司密勘會勝如、質孤兩堡内見屯著、漢兵馬并巡檢使臣等人數，其城壁樓櫓守禦之具各有何次第，自元豐五年修後，有何事迹或文據可爲西界照驗，今當何辭折難回牒，及所稱廣割嶺是何處，繪圖以聞。」

宋・李燾《續資治通鑑長編》卷四四九《哲宗》（元祐五年十月癸丑，）先是，御史中丞蘇轍言：「臣伏見高麗北接契丹，南限滄海，與中國壤地隔絶，利害本不相及。本朝初許入貢，祖宗知其無益，絶而不通。熙寧中，羅拯始募海商誘令朝覲，其意欲以招致遠夷，爲太平粉飾，及掎角契丹，爲用兵援助而已。然自其始通，及今屢至，其實何益於事，徒使淮、浙千里，勞於供億，京師百司，疲於應奉。而高麗之人，所至游觀，伺察虛實，圖寫形勝，爲契丹耳目。或言契丹常遣親信，隱於高麗三節之中，高麗密分賜予，歸爲契丹幾半之奉，朝廷勞費不資，而所獲如此，深可惜也。今其復至，既朝廷未欲遽絶，謂當痛加裁損，使無大饒益，則其至必疏，而我得其便矣。竊見近日已降朝旨，自明州以來州郡待遇禮節，率皆減舊，而京師諸事，未加裁定。臣以謂朝廷交接四夷，莫如遼、夏之重，而目前所以遇高麗者，其比二國多或過之。非獨於本朝事有不便，儻使二國知之，亦爲未允。況高麗之於契丹，大小相絶，有君臣之别，今館餼之數，出入之節，或皆如一，或更過厚，其於事體，實爲不便。臣欲乞凡館待送遺，并量加裁抑。其人從出入，即依西北人使舊例。其留住月日，非汴水未通，仍立定限日。如此施行，自不爲薄也。」貼黄稱：「高麗人使，見今必已至浙江路，所定裁損條約，乞不干省部，只自朝廷指揮，免有稽緩失事。」及至，轍又言：「臣近奏乞裁損同文館待高麗條約，除近降聖旨略施行外，有一項下節日聽二十人番次出館游看買賣，止減爲十人。竊緣夷狄之人，懷挾姦詐，情不可知。許令游覽都城，大則察探虛實，圖寫宫闕、倉庫、營房、衢道所在曲折，事極不便；小則收買違禁物貨、機密文書，及作爲非妄。治之則傷恩，不治則害事，聽之出入，無一而可。舊法雖令親事官監視，然而小人貪利，微加贈遺，何所不從，其實無益。若是朝廷全然不卹前事，則雖日令二十人出入可也，若以爲可慮，則止許十人實亦未便。伏乞再降聖旨，全令禁絶。」

宋・蘇轍《欒城集》卷四五《乞裁損待高麗事件劄子》 臣伏見高麗北接契丹，南限滄海，與中國壤地隔絶，利害本不相及，本朝初許入貢，祖宗知其無益，絶而不通。熙寧中，羅拯始募海商，誘令朝覲，其意欲以招致遠夷，爲太平粉飾及掎角契丹，爲用兵援助而已。然自其始通及今屢至，其實何益於事。徒使淮浙千里，勞於供億，京師百司，疲於應奉。而高麗之人，所至遊觀，伺察虛實，圖寫形勝，陰爲契丹耳目。或言契丹常遣親信隱于高麗三節之中，高麗密分賜予，歸爲契丹幾半之奉。朝廷勞費不訾，而所獲如此，深可惜也。

宋・蘇轍《欒城集》卷四五《再乞禁止高麗下節出入劄子》 臣近奏乞裁損同文館待高麗條例，除近降聖旨畧施行外，有一項下節日聽二十人番次出館遊看買賣，止減爲十人。竊緣夷狄之人，懷挾姦詐，情不可知，許令遊覽都城，大則察探虛實，圖寫宫闕、倉庫、營房、衢道所在曲折，事極不便。小則收買違禁物貨、機密文書，及作非違法。治之則傷恩，不治則害事，聽之出入，無一而可。舊法雖令親事官監視，然小人貪利，微加贈遺，何所不從，其實無益。若是朝廷全然不卹前事，則雖日令二十人出入可也。若以爲可慮，則止許十人實亦不便。伏乞再降聖旨，全令禁絶。取進止。

宋・李燾《續資治通鑑長編》卷四五二《哲宗》（元祐五年十二月壬辰，）知熙州范育言：「臣勘會昨夏國納欵之初，曾具奏陳乞先議畫疆，後給四寨。續準朝差官按視，及依綏州體例分畫。本路以新邊疆界有難依綏州去處，乞蘭州以黄河外二十里爲界，其餘城寨，於見今弓箭手已開崖巉口鋪耕種地土外，以二十里爲界。續準朝旨，於定西城以北二十里，相照拶邊堡寨接連取直，合立界至；兼蒙降到甲、乙、丙、丁圖子，及回答夏國詔書，許一抹取直，内定西城以東，合與秦州隆諾特堡一抹取直。本路已依準朝旨條畫逐件利害及彩畫地圖，奏聞去訖。昨於今年十一月二十一日，有西人首領允稜舉特且來本路石硤子計會説話，尋差第五副將李中與西人説話，並不依應將近降朝旨，卻執宥州牒要逐城壕外打量。已依準朝旨説諭，令計會鄜延路界首商量去訖。」

宋・李燾《續資治通鑑長編》卷四五四《哲宗》（元祐六年正月辛未，）鄜延路經略使趙卨言：「熙河路所占西人良田極多，乞朝廷酌中處置。」樞密院議：「夏國見通常貢，歲時恩賜一切如舊，止是分畫封疆未畢。如卨所陳是實，西人觀望，難於馴服。」詔卨詳累降朝旨及趙伋開諭，悉心講究，候西人再來界首，即盡理折難，務令聽伏。伋先被詔持地圖去延安議分畫事，卨長子也。

宋・李燾《續資治通鑑長編》卷四六七《哲宗》（元祐六年十月甲申，）熙河蘭岷路經略使范育言：「臣竊觀先王禦戎之道，來則禦之，去則勿追。雖號明德，然亦要在以逸待勢，以靜制動。後世兵家取勝之術，殆不過此。其來吾有以守，故能禦；其去吾無所争，故不追。今臣所統蘭州至定西城，定西至秦州隆諾堡，三百里之間，惟有一城，賊寇無所限隔，通谷大川，可長驅而入。前日賊常攻蘭州，又攻定西，幸其不爲深入計，頓兵堅城之下，故無功而還。使其深入，將何以禦之？今朝廷詔城李諾，且敕本路圖上定西以東及訥迷諸堡，此功一就，或更先據汝遮之利，則東西三百里之間，城障相望，屹然有金湯之勢，移兵屯聚，足以坐制賊衝矣。」

宋・李燾《續資治通鑑長編》卷四六九《哲宗》（元祐七年正月壬子，）環慶路經略使章楶奏：「夏賊狂悖，不知天地亭育之德，還其土地而寇掠愈甚，給以歲賜而侮慢益深，然則豺狼之性，貪婪之心，恩果不足以撫其衆，信果不足以使之孚。天威赫怒，遂下攻討之詔。【略】然則堅壁清野，果不足以制賊明矣。不於此時圖惟策畫，以制其命，則恐興師勞衆，未有休息之期也。臣夙夜計慮，思有以上報主恩，敢陳破賊伐謀之策，謹列於後：【略】右謹件如前所有邊機奏狀共五道，并對境地圖一面，今遣臣男知河中府、司録參軍、管幹書寫環慶路經略都總管司機宜文字綜齎詣闕庭，伏望聖慈特賜詳覽，或可施行。伏乞早賜指揮。」

宋・李燾《續資治通鑑長編》卷四七六《哲宗》（元祐七年八月丁巳，）熙河蘭岷路經略使范育言：「措置河南蕃族利害，樞密院看詳有未盡事理。【略】其六，今來招撫河南部族，係令輸誠順漢，所乞築城，止是洮州及以東地内，今若如規畫之間，一切撫定，則地分大段闊遠，不委將來合爲界處、四至相望，并去見今州、城、堡、寨，約多少地里，内岷州地里必更遼遠。未委用與不用更置城寨，就近統制彈壓？其七，河南見屬西蕃，大小族分都計若干，珠旺各在何處有，是何族分已曾送款，是何族分未有歸漢之意，各别繪圖以聞。」

宋・李燾《續資治通鑑長編》卷四八五《哲宗》（紹聖四年四月壬辰，）樞密院言：「蘭州近日修復金城關，繫就浮橋，本州邊面已是牢固。緣涇原又進築古高平，没煙峽城寨，下瞰天都不遠，尚未與熙河邊面通徹。如將來涇原舉動，進築天都，鍬钁川、蕭磨移隘等處，又須得與熙河兩路聲勢相接，乃可互爲肘臂，久遠無虞。理宜更自熙河安西城東北青石峽口、青南訥心、東冷牟至會州以來，相度遠近，修建城寨。仍自會州郤入打繩川建置堡塞，直截與南牟會相接，即與涇原通徹，互相照應近便，河南之地，夏賊無由更敢争占，將來耕墾稍及分數，則芻糧豐賤邊費減省，方爲久計。」詔令章楶、鍾傳究心體訪山川地理遠近，與控扼要害合修築處，斟酌敵情兵力，合如何舉動，可保全勝，具狀以聞。

章楶奏：「臣元祐年中，任陝西轉運使，巡歷至涇原，後又承乏環慶，與涇原爲切鄰。講求邊防利害，乃知有葫蘆河川，原野廣闊，别無山谷巇嶮之患，資藉水草，民兵易集。故臣到本路不旬日間，條上進築之策，朝廷幸聽其計，授以成算，假兵他路，乘機以進，兩城並築。上賴宗社之靈，天地助順，甫及再旬，悉皆了當。然兩城初建，百事草創，深入賊境，未敢耕牧。道路梗澀，籬落不全，東西兩山，賊路數條，抄掠之患，朝夕必有。若不於古高平、上下邈江川等處修築堡障，則今日二城寨，猶爲孤絶。理當先固根本，俟糧草有備，兵民安居，然後更議斥大疆土，勢須在二三年之後。今若遽欲有爲，不獨糧草未至足備，兼亦未知前去有無險隘，可與不可通行車乘。若非車乘，只用人力、頭口，須十倍於今日進築之數。或遇險隘，糧道爲賊邀截，必須誤事。【略】今於他處修築，若道路不至明快，則饋餉之虞，十倍前日。兼熙河、秦鳳路，臣平生未到，故彼處山川道路及遠近地里，臣都不知，況又欲出生界修築青石峽、東冷牟等處，決難遥度。只如本路没煙峽，石門城在平川之内，去邊壕不遠，其地里遠近及山川形勢，據大兵至彼後畫到圖子，與前日傳聞，百無一同。則青石峽等處利害，豈敢臆度？欲乞只令鍾傳相度，或别委通知邊事、練達機權之人，子細商榷。

宋・李燾《續資治通鑑長編》卷四九九《哲宗》（元符元年六月甲申，）樞密院奏，今據李忠傑等指説，貼到涇原、熙河蘭岷路與西界對境地名珠旺去處地里遠近圖。詔涇原、熙河蘭岷路經略司子細講議，將來逐路各令合自甚處，及約至甚時，如何次第經營進築。除熙河、秦鳳兩路兵馬，須會合作一頭項出入，其涇原、熙河兩路如何分頭出入，可以得聲勢相接，互相照應，逐一詳具的確事狀結覽保明聞奏。此據章楶奏議，合用《布録》别修。《布録》甲申，同以李忠傑、朱智用所畫熙河、涇原對境地圖，大約云：没煙去天都止六十里，天都去南牟會止二十七八里，南牟會去打繩川七十里，打繩川至會州八十里，而熙河會寧關去打繩川止一百三十里。若兩路相爲聲援，則來春便可于天都及打繩川進築。以次據會州，則河南之地皆爲我有。令熙、渭兩帥，更切看詳體問，所圖山川地里是否，及將來如何次第經營進築，可以得兩路聲援相及。具詣實聞奏。

宋・李燾《續資治通鑑長編》卷五〇二《哲宗》（元符元年九月）甲子，樞密院奏：「近據李忠傑畫到地圖，若涇原路於天都、額勒色克及南牟會、減猥等處，熙河路於天都、額勒色克、青南訥心、東冷牟、會州、打繩川以來各進築得城寨，即兩路邊面遂將通接。但有間隙可乘，即涇原路勾抽環慶路得力兵馬一萬五千人騎，依上件地圖次第下手，接續進築城寨，向前相迎，通接邊面。昨雖已畫上件地圖降付兩路，即未曾指揮逐路分認進築去處。」詔：「令章楶、孫路詳此照會，更切講究利害，及先次計會，相度舉動次第聞奏。如有未盡事理，亦仰子細條畫，奏聞朝旨。候到果決舉動期日，即別降朝旨，勾抽環慶、秦鳳將佐兵馬等應副使喚。」

宋・李燾《續資治通鑑長編》卷五〇九《哲宗》（元符二年四月辛丑）樞密院言：「近西人差使詣闕訃告兼附謝罪表狀，朝廷雖未聽許，緣諸路新舊城寨，形勢利害不同，其烽臺，坐團口鋪及人馬巡綽卓望所至去處，各未經點檢措置。如涇原路進築天都、南牟會，減猥了當，即須巡綽至葫蘆川東北及輕囉浪口以來；環慶路定邊城須自香桓樓、羅觜至西安界橫山寨，即自之字平、青崗峽至清遠軍界折薑會、板井以來一帶；熙河路修築東冷牟、會州、打繩川一帶城寨，即須至韋精川一帶及沿黃河擺置東、西關堡以來及金城關以外；皆是合要安置烽臺堡鋪及人馬卓望巡綽所至之處。鄜延、河東路亦合依此相度修置，務占據得橫山寨及河南一帶緊切要害去處，于邊防控扼守禦經久利便。」詔陝西、河東逐路帥臣，選委近上兵將官，從長相度修置，仍具所置烽臺、堡鋪及巡綽所至地名著望去處，及與極邊新舊城寨相去地里遠近，圖貼以聞。

宋・李燾《續資治通鑑長編》卷五一三《哲宗》（元符二年七月癸丑）環慶奏具到新立烽臺、堡鋪及人馬巡綽所至之處，畫圖進呈。大約巡綽所至，有及一百一十里至八九十里，烽臺有四十里至五六七八十里，坐團堡鋪有二十里至三十里者。如清平關巡綽至大寨泉，在清遠軍之外十餘里；折薑會接涇原及百一十里，至版井川猶六十里，又至通峽寨猶五十里。上亦病其太遠，然以畫疆未定，姑聽之而已。

宋・李燾《續資治通鑑長編》卷五一四《哲宗》（元符二年八月戊寅）詔熙河依界道圖樣，以十里爲一方，取見今城寨地名，考尋古驛程相去里數，畫《西蕃圖》聞奏。

宋・李燾《續資治通鑑長編》卷五一四《哲宗》注引《林希傳》 希至踰月，經畫石之神泉、鱗之銀城，通道兩間而出敵境。選將士分行相視，且遣其屬會麟府、嵐石軍馬於境外，圖其地，凡二百十四里以聞。合兩路之師凡十萬進築，十有三日而八城畢。哲宗覽奏，奬其神速，以諸路進築雖多，未有城八壘於旬日之間者也。

宋・朱弁《曲洧舊聞》卷五 崇寧末，詔置局編修《九域圖志》，前後所差官不少，然竟不能成。

宋・黃鼎《乾道四明圖經序》 大觀元年，朝廷創置九域圖志局，命所在州郡編纂圖經。

元・脱脱等《宋史》卷一八五《食貨志下七》（政和）四年，令監司遣官同諸縣丞遍視阬冶之利，爲圖籍籤注，監司覆實保奏，議遣官再覆，酌重輕加賞，異同、脱漏者罪之。

清・畢沅《續資治通鑑》卷九三《宋紀九十三》（宣和元年正月戊午）是時，朝廷已納趙良嗣之計，將會金以圖燕。會（牒）〔諜〕云遼主有亡國之相，黼聞畫學正陳堯臣善丹青，精人倫，因薦堯臣使遼。堯臣即挾畫學生二人與俱，繪遼主像以歸，言於帝曰：「遼主望之不似人君，臣謹畫其容以進，若以相法言之，亡在旦夕，幸速進兵，兼弱攻昧，此其時也。」並圖其山川險易以上。帝大喜，取燕、雲之計遂定。

清・秦緗業、黃以周《續資治通鑑長編拾補》卷四六《徽宗》（宣和五年四月）壬寅，金國遣撒盧母齎御押燕山地圖來。初欲令童貫、蔡攸拜受，馬擴、姚平仲共曉之，乃已。貫、攸厚賂之乃還。

宋・朱熹《宋九朝編年備要》卷二九 閏月（宣和六年閏三月），京師、河東、陝西地大震。

去冬及正月地震，至是又震，宮中殿門皆揺動，且有聲。河東，陝西尤甚，蘭州地及諸山草草本悉没入，西山下麥苗乃在山上。朝廷遣右司郎官黃潛善爲察訪，因按視焉。及歸，圖進曰：震而已，所傳則非也。上意遂安。

元・脱脱等《宋史》卷二三《欽宗紀》（靖康二年）夏四月庚申朔，大風吹石折木。金人以帝及皇后、皇太子北歸。凡法駕、鹵簿，皇后以下車輅、鹵簿，冠服、禮器、法物，大樂、教坊樂器，祭器、八寶、九鼎、圭璧，渾天儀、銅人、刻漏，古器、景靈宮供器，太清樓祕閣三館書、天下州府圖及官吏、内人、内侍、技藝、工匠、娼優，府庫畜積，爲之一空。

宋・李心傳《建炎以來繫年要録》卷八 （建炎元年八月甲申）進士何洋並補迪功郎，以言利害可采也。洋，青神人，舊游河朔間，陝西轉運使直龍圖閣何漸言其有文武才，召對，獻《河防守禦圖》，言利害五十一事，故有是命。

清・徐松《宋會要輯稿・兵二九》（建炎）三年二月十六日，户部尚書葉夢得言：「車駕駐蹕杭州，所有鄰近州軍地理險阻、控扼去處、備禦之策，合博采衆議，并召募土豪，集召人兵。亦恐有情願効力之人，不能自達，望出敕牓，應士庶限五日，有能通知道路、措置備禦等事，並令實封或彩畫地圖，詣都省陳獻。」從之。

宋・李心傳《建炎以來繫年要録》卷三六（建炎四年八月辛未，）自渡江以來，官司圖籍散佚，遂命百司省記條制行之。凡所予奪，悉出胥吏，至是始令條具申尚書省。其後復命左右司郎官簽貼，勑令所審覆申朝廷取旨頒降，然未及行。

宋・李心傳《建炎以來繫年要録》卷五四（紹興二年五月庚申，）樞密院言：據探報，敵人分屯淮陽軍海州，竊慮以輕舟南來，震驚江浙，緣蕪洋之南海道通快，可以徑趨浙江。詔：兩浙路帥司速遣官相度控扼次第，圖本聞奏。

宋・李心傳《建炎以來繫年要録》卷六七 初忠鋭第八將徐文既叛去，事見四月。以所部海舟六十、官軍四千三百泛海至鹽城縣，遣使臣闕中納欵於僞齊，具言沿海無防虞之人，可以徑至二浙；且圖上駐蹕所在軍馬之數，因密州草橋鎮巡檢包德聞於劉豫。豫大喜，是日授文防禦使、知萊州，以海艦二十益其軍，令犯通、泰等州，且至淮南與大軍會合。

清・畢沅《續資治通鑑》卷一一二《宋紀一百十二》（紹興三年）八月丙戌，初，忠鋭第八將徐文既叛去，以所部海舟六十，官軍四千三百，泛海至鹽城縣，遣使臣闕中納款于僞齊，具言沿海無防禦之人，可以徑至二浙；且圖駐蹕所在軍馬之數，因密州草橋鎮巡檢包德聞于劉豫，豫大喜。是日，授文防禦使、知萊州，以海艦二十益其軍，令犯通、泰等州，且至淮南與大軍會合。

宋・李心傳《建炎以來繫年要録》卷九〇（紹興五年六月甲辰，）是日，洞庭賊楊欽將所部三千人詣岳飛降。初，張浚至長沙，親臨湖以觀賊勢，疑未可攻。會有急詔召浚還朝，謀防秋之計。（岳）飛至潭州，出圖示攻討出入之要，且曰：「擒之易耳。」浚曰：「恐誤防秋之期，俟明年再来討之，如何？」飛請除往来之程，限八日破賊，請浚曲留以俟之。浚然之。

宋・李心傳《建炎以來繫年要録》卷九六（紹興五年，）是冬，金主亶以蒙古叛，遣領三省事宋國王宗磐提兵破之。蒙古者，在女真之東北。在唐爲蒙兀部，其人勁悍善戰，夜中能視，以鮫魚皮爲甲，可捍流矢。僞齊劉豫獻《海道圖》及戰船木樣於金主亶，金主亶入其説，調燕雲兩河夫四十萬入蔚州交牙山，採木爲栰，開河道運至虎州，將造戰船，且浮海入犯。既而盜賊蜂起，事遂中輟，聚船材於虎州。

宋・李心傳《建炎以來朝野雜記・甲集》卷二〇《邊防二・李寶膠西之勝》 紹興五年，劉豫嘗獻《海道圖》及戰船木樣于金主亶，亶入其説，采木於蔚州，將造戰船，且浮海入寇。既而盜賊蜂起，事遂中輟。

宋・留正《增入名儒講義皇宋中興兩朝聖政》卷二〇（紹興六年十月）丁未，先是，江南制置大使李綱聞上巡幸，遣羅薦可奉表問起居，且請速進兵，又奏陳利害大略，以謂：竊見間探所報，僞齊乞兵於敵人，頭項頗多，未聞有渡淮而南者，其侵犯淮泗及光山六安等處作過，只是李成、孔彦舟叛將簽軍，深慮敵情狡獪，匿重兵於後而以簽軍來嘗我師，若一勝之後兵驕氣墮，則爲患有不可勝言者。伏望降詔諸將，益務淬礪以待大敵，仍命朝廷按圖以視諸路，某路固實當設疑以款賊兵，某路空虚當增兵以禦侵掠，使江淮之間表裏相資，首尾相應。上以綱所陳利害切中事機，賜詔獎諭。

宋・李心傳《建炎以來繫年要録》卷一一三（紹興七年八月）丁未，張浚論淮西地勢險阻，可以固守。陳與義曰：「見王德呈《淮西圖》，道路幾不可方軌。」上曰：「地形雖險，亦在將兵者如何耳。」李左車謂：井陘之道，車不得方軌，騎不得成列，韓信卒由井陘口以破趙軍，要是險阻不足恃也。」

宋・李心傳《建炎以來繫年要録》卷一一五（紹興七年十月）初，京東淮東宣撫處置使韓世忠遣親校温濟來奏事，且圖上淮陽形勢，言賊並淮陽增築保障，欲遣偏師平之，使濟詣於朝。

宋・李心傳《建炎以來繫年要録》卷一四五（紹興十二年六月己巳，）何鑄之還也，金國都元帥宗弼復求和尚原、方山原地，會右護軍都統制吴璘圖上形勢，上乃詔川陝宣撫副使鄭剛中見發國書計議，不得擅便分畫。此據《蜀口用兵録》附入，未見降旨之日，權附此。

宋・李心傳《建炎以來繫年要録》卷一五〇（紹興十三年十二月癸巳，）秘書丞嚴抑言：本省藏祖宗國史歷代圖籍，舊有右文殿、祕閣、石渠及三館、四庫，自渡江後，權寓法慧寺，與居民相接，深慮風火不虞。欲望重建，仰副右文之意。於是建省於天井巷之東，以故殿前司寨爲之。上自書右文殿、秘閣二榜，命將作監米友仁書道山堂榜，且令有司即直秘閣陸宰家録所藏書來上。

清·畢沅《續資治通鑑》卷一二二《宋紀一百十二》（紹興二十一年四月）辛酉，金有司圖上燕城宮室制度，營建陰陽，五姓所宜。金主曰：「國家吉凶，在德不在地。使桀、紂居之，雖卜善地何益！使堯、舜居之，何用卜爲！」金主與侍臣燕語，輒引古賢君以自況云。

宋·李心傳《建炎以來繫年要録》卷一八一（紹興二十九年四月）壬子歲，尼瑪哈聞蜀地富饒，欲提兵親取，令雲中副留守劉思恭條陳書傳所載下蜀故事及圖畫江山形勢，鋭然欲往。夏人聞雲中聚兵，以爲攻己，舉國屯境上，以備其來。尼瑪哈亦不敢出兵，止遣薩里罕、珠赫貝勒以犯饒風。

宋·李心傳《建炎以來朝野雜記·甲集》卷二〇《邊防二·金主渝盟》金海陵煬王以己巳冬簒立，乙亥歲，已有南侵意，遂謀遷居汴都。未幾，大内火，宮室悉爲所焚，由是遷都之計稍緩。丙子歲，復營汴都。戊寅夏，諭其吏部尚書李通等以夢上帝命己征江南。其秋，擢通參知政事。己卯春，遂罷淮北、陝西諸榷場。三月，再修汴京。冬，命李通造軍器於中都，户部尚書蘇保衡造戰船於潞河。又以吾叛臣施逵來賀庚辰正旦，逵在虜改名宜生。密隱畫工，使圖臨安之江山城郭以歸。

宋·李心傳《建炎以來繫年要録》卷一八九（紹興三十一年四月）丁巳，御批：比來久雨，有傷蠶麥，及盗賊間發，雖已措置，未至詳盡。可令侍從臺諫條具消弭災異之術，防守盗賊之策，各以己見實封聞奏。【略】權禮部侍郎金安節言：「【略】敵國相持，非和則戰，其形已定，則吾之籌畫亦專出一塗而無所牽制。今名爲修和而實相窺伺，則爲今之謀，要使規模不失和好之形，而實有備豫之策，而後國勢可立也。故臣之愚慮其策有三：一曰厲將帥，二曰擇地形，三曰明覘候。【略】臣愚欲乞令沿江列屯，各以對江地步，令主帥自擇將校量選壕寨，使沿屯過江，逐一詢訪土人，相視地勢，其有所得，隨行具圖著録，歸視其軍，則不惟躬親按行者可知他時軍行，其視圖籍者亦得以知之矣。今江北之無兵無城者，以爲和也，而方儲兵江南，以爲有事之備。若敵有變動，覺知能早，則猶可以半淮漢以相角。若覘者不精，逮其侵軼入境而方出師與争，則淮漢之地危不可保矣。」

元·脱脱等《宋史》卷一七三《食貨志上一·農田》紹熙二年，詔守令到任半年後，具水源湮塞合開修處以聞；任滿日，以興修水利圖進，擇其勞效著名賞之。

清·徐松《宋會要輯稿·兵二九》（紹熙）三年正月六日，詔：「兩淮、京西、湖北、四川統兵主帥并本路帥憲，密切差人點檢各處近邊私小便路有礙邊防去處，同共措置斷塞，多種林木，令人防守。州縣常切巡察，不得容人行往。限兩月，先具各處小路有礙邊防去處，畫圖貼説聞奏，及申樞密院。」從漢陽軍守臣王璆請也。

清·畢沅《續資治通鑑》卷一五七《宋紀一百五十七》（開禧二年十二月）李好義敗金人于七方關，（吴）曦不上其捷，還興州。是夜，天赤如血，光燭地如晝。翼日，曦召幕屬諭意，謂東南失守，車駕幸四明，今宜從權濟事。王翼、楊騤之抗言曰：「如此，則相公忠孝八十年門户，一朝掃地矣。」曦曰：「吾意已決。」即遣興州團練使郭澄提舉仙人關，使任辛奉表獻《蜀地圖志》及《吴氏譜牒》于金。

宋·李心傳《建炎以來朝野雜記·乙集》卷一九《邊防二·韃靼款塞蒙國始末》韃靼之先，與女真同種，蓋皆靺鞨之後也。其國在元魏齊周之時稱勿吉，至隋稱靺鞨。其地直長安東北六千里，東瀕海，離爲數十部。部有黑水、白山等名。白山本臣高麗，唐滅高麗，其遺人併入渤海，惟黑水完疆。及渤海盛，靺鞨皆役屬之。後爲奚、契丹所攻，部族分散，其居混同江之上者曰女直，混同江即鴨緑水。乃黑水遺種也。其居陰山者，自號爲韃靼。【略】方金人盛時，歲時入貢，金人置東北招討使以統隸之。衛王既立，忒没貞始叛，自稱成吉思皇帝，山東、兩河皆爲所踐而不能有也。嘉定七年正月九日甲戌夜三鼓，濠州鍾離縣北岸吴團鋪有三騎渡淮而南，水陸巡檢梁實問所由，三人者出文書一囊，絹畫地圖一册，云是韃靼王子成吉思遣來納地請兵。翌日，守臣知之，遣效用統領李興等以本州不奉朝旨，不敢受，諭遣之。又翊日，遇諸廟埋，即以筏送之。

清·徐松《宋會要輯稿·兵二》嘉定十五年九月十六日，夔路提刑兼提舉虞剛簡言：「【略】今若略倣舊規，嚴切措置，則一路盗賊，自今以始，遂其可弭。乞將本路郡縣城郭，徧及鄉村市鎮，以五家爲甲，五甲爲一小保，五小保爲一大保，使之遞相覺察。五家之内，有一家犯盗，四家不即糾察，皆當連坐。仍各行粉壁書寫甲下姓名，縣道鄉村則各置甲簿，書寫保甲細帳。仍圖其山川險易、住坐去處，稽考其宜，以防團結漏落之弊。則知保甲之成，盗賊將無所容，官司將有所恃。欲望聖慈特降睿旨，行下本司，依公團結，不潰于成，常加輯理，堅而凝之，庶幾成周鄉井之餘規，祖宗已行之良法，被之一路，永庇生民。」從之。《大典》卷八千三百六。

清・畢沅《續資治通鑑》卷一七〇《宋紀一百七十》（淳祐二年九月）丙申，詔：「六曹、館、學、寺、監、院轄倉、庫、務、場官長官，將所管錢穀、貨幣、器用、圖書，核實載籍，上之於朝，副在有司。長闕則次官任責，遷擢報罷，並如外官交承例，聯衔申省。仍令御史臺覺察。」

宋・佚名《宋季三朝政要》卷二《理宗》 蜀自丁亥失關外，丙申殘破之餘，所存僅數州，蜀中財賦入户部五庫者五百餘萬緡，入四總領所者二千五百餘萬緡，金銀綾錦絲綿之類不與焉。既失蜀，國用愈窘。鄭損既罷，朝廷用余玠、彭大雅。余玠者，不羈之士，上於布衣中擢用之。入蜀，作《經理四蜀圖》。奏曰：「願假十年，手挈四蜀之地，還之朝廷，然後歸老山林，臣之願也。」上許之。於是悉遷蜀郡平曠之地，分治險要，如合州治釣魚山之類是也。在蜀十年，有經理功，大雅亦有勞績。

清・畢沅《續資治通鑑》卷一七一《宋紀一百七十一》（淳祐三年十一月）甲子，樞密院編修官兼權都官(郎官)何式言蜀事，帝曰：「正好乘暇作工夫。」時方倚任余玠，故言及之。【略】玠又作《經理四蜀圖》以進，曰：「幸假十年，手挈四蜀之地，進之朝廷，然後歸老山林，臣之願也。」

又 （淳祐四年十一月壬申）以四川安撫使孟珙兼知江陵府。珙謂其佐曰：「政府未之思耳。彼若以兵綴我，上下流有急，將若之何？珙往則彼擣吾虛，不往則誰實捍患？」識者是之。珙至江陵，登城，歎曰：「江陵所恃三海，不知沮洳有變爲桑田者，敵一鳴鞭，即至城外。自城以東，古嶺、先鋒，直至三汊，無有限隔。」乃修復内隘十有一，别作十隘於外，有距城數十里者。沮、漳之水，舊自城西入江，乃障而東之，俾遶城北入於漢，而三海遂通爲一。隨其高下，爲櫃蓄洩，三百里間，渺然巨浸。土木之功，百七十萬，民不知役。繪圖上之。

清・畢沅《續資治通鑑》卷一七三《宋紀一百七十三》（淳祐十一年）六月，甲午，詔：「余玠整頓蜀閫，守禦飭備，農戰修舉，蓄力俟時，期於恢拓。茲以便宜自爲調度，親率諸將行邊擣壘，捷奏之來，深用嘉歎。勉規雋功，以遂初志，圖上全蜀，以歸職方，嗣膺殊徽，式副隆倚。立功一行將士，速與具奏推賞。」

元・脱脱等《宋史》卷四四《理宗紀四》（寶祐二年三月）甲午，城東海，賈似道以圖來上。

又 （寶祐三年二月）己卯，復廣陵堡城，賈似道以圖來上。

清・畢沅《續資治通鑑》卷一七五《宋紀一百七十五》（寶祐五年十一月）乙亥，帝曰：「昨付出《黄平圖》，其間險要處皆當置屯。」程元鳳言：「黄平、清浪、溮溪三處，當審度緩急，分置大小屯。」

元・脱脱等《金史》卷三《太宗紀》（天會四年春正月）辛巳，宋上誓書、地圖，稱姪大宋皇帝、伯大金皇帝。

元・脱脱等《金史》卷六二《交聘表上》（天會四年正月）辛巳，宋使沈晦等齎所上誓書，三鎮地圖，至軍中。癸未，諸軍解圍。

元・脱脱等《金史》卷五《海陵紀》（天德三年）四月丙午，詔遷都燕京。辛酉，有司圖上燕城宫室制度，營建陰陽五姓所宜。海陵曰：「國家吉凶，在德不在地。使桀、紂居之，雖卜善地何益？使堯、舜居之，何用卜爲？」

元・脱脱等《金史》卷九《章宗紀一》（金世宗大定）二十六年四月，詔賜名璟。五月，拜尚書右丞相。世宗謂曰：「宫中有《輿地圖》，觀之可以具知天下遠近阨塞。」又謂宰臣曰：「朕所以置原王於近輔者，欲令親見朝廷議論，習知政事之體故也。」

元・脱脱等《金史》卷一二《章宗紀四》（泰和六年）十二月己巳，(吴)曦遣其果州團練使郭澄、提舉仙人關使任辛奉表及蜀地圖志、吴氏譜牒來上。

元・脱脱等《金史》卷六二《交聘表上》（泰和六年）十二月癸丑，宋吴曦納款于都大提舉完顔綱，賜詔褒諭。宋簽書樞密院事丘崇復遣陳璧奉書詣揆乞和，揆以其辭尚倨，不見。乙丑，僕散揆班師，封吴曦爲蜀國王。吴曦遣郭澄、任辛奉表及蜀地圖志、吴氏譜牒來上。

元・脱脱等《金史》卷七四《宗翰傳》（天會）五年四月，以宋二主及其宗族四百七十餘人及珪璋、寶印、衮冕、車輅、祭器、大樂、靈台、圖書，與大軍北還。

元・脱脱等《金史》卷八九《蘇寶衡傳》（大定）四年，宋人請和，師還，保衡朝京師。初，宫女稱心縱火十六位，延燒諸殿，上以方用兵，國用不足，不復營繕。及宋和，詔保衡監護役事，遣少府監張仲愈取南京宫殿圖本。上聞之，謂保衡曰：「追仲愈還。民間將謂朕效正隆華侈也。」

元・脱脱等《金史》卷九四《完顔襄傳》（大定二十三年，）詔受北部進貢。使還，世宗問邊事，具圖以進，因上羈縻屬部、鎮服大石之策，詔悉行之。進拜右丞相，徙封戴。

元·脱脱等《金史》卷九二《徒單克寧傳》 （大定二十六年，）原王爲丞相方四日，世宗問之曰：「汝治事幾日矣？」對曰：「四日。」「京尹與省事同乎？」對曰：「不同。」上笑曰：「京尹浩穰，尚書省總大體，所以不同也。」數日，復謂原王曰：「宫中有四方地圖，汝可觀之，知遠近阨塞也。」

明·宋濂等《元史》卷一五〇《石抹也先附子查剌傳》 查剌，亦善射，襲御史大夫，領黑軍。戊寅，從木華黎攻平陽、太原、隰、吉、岢嵐、爾西諸郡，下之。遂攻益都，久不下，及降，衆欲屠其城，查剌曰：「殺降不祥，且得空城，將安用之。」由是遂免。己卯，詔以黑軍分屯真定、固安、太原、平陽、隰、吉、岢嵐諸郡。及南征，盡以黑軍爲前列，敗金將白撒，官奴于河。渡河再戰，盡殺之，長驅破汴京，入自仁和門，收圖籍而還。帝悉以諸軍俘獲賜黑軍。

明·宋濂等《元史》卷一五二《石抹阿辛附子查剌傳》 子查剌，仍以御史大夫領黑軍。初，其父阿辛所將軍，皆猛士，衣黑爲號，故曰黑軍。歲己卯，詔黑軍分屯真定、固安、太原、平陽、隰、吉、岢嵐間。頃之南征，以黑軍爲前列。與南兵遇于河，查剌大呼馳之，陷其陣，渡河再戰，盡殪之，所遇城邑争先款附，長驅擣汴州，入自仁和門，收圖籍，振旅而還。

明·宋濂等《元史》卷一四七《張柔傳》 壬辰，從睿宗伐金，語其衆曰：「吾用兵，殺人多矣，寧無冤者？自今以往，非與敵戰，誓不殺也。」圍汴京，柔軍於城西北，金兵屢出拒戰，柔單騎陷陣，出入數四，金人莫能支。金主自黄陵岡渡河，次漚麻岡，欲取衛州，柔以兵合擊，金主敗走睢陽。其臣崔立以汴京降，柔於金帛一無所取，獨入史館，取《金實録》并秘府圖書；訪求耆德及燕趙故族十余家，衛送北歸。

明·宋濂等《元史》卷一六三《馬亨傳》 馬亨，字大用，邢州南和人。世業農，以貲雄鄉里。亨少孤，事母孝，金季習爲吏。庚寅，太宗始建十路徵收課税使，河北東西路使王晉辟亨爲掾，以才幹稱。甲午，晉薦於中書令耶律楚材，授轉運司知事，尋陞經歷，擢轉運司副使。

庚戌，太保劉秉忠薦亨於世祖，召見潛邸，甚器之。既而籍諸路户口，以亨副八春、忙哥撫諭西京、太原、平陽及陝西五路，俾民弗擾。既還，圖山川形勢以獻，餘使者多以賄敗，惟亨等各賜衣九襲。

明·宋濂等《元史》卷四《世祖紀一》 （憲宗三年）十二月丙辰，軍薄大理城。初，大理主段氏微弱，國事皆决於高祥、高和兄弟。是夜，祥率衆遁去，命大將也古及拔突兒追之。帝既入大理，曰：「城破而我使不出，計必死矣。」己未，西道兵亦至，命姚樞等搜訪圖籍，乃得三使尸，既瘗，命樞爲文祭之。辛酉，南出龍首城，次趙瞼。癸亥，獲高祥，斬于姚州。留大將兀良合帶戍守，以劉時中爲宣撫使，與段氏同安輯大理，遂班師。

明·宋濂等《元史》卷一六六《信苴日傳》 信苴日，僰人也，姓段氏。其先世爲大理國王，後累爲權臣高氏所廢。歲癸丑，當憲宗朝，世祖奉命南征，誅其臣高祥，以段興智主國事。乙卯，興智與其季父信苴福入觀，詔賜金符，使歸國。丙辰，獻地圖，請悉平諸部，并條奏治民立賦之法。憲宗大喜，賜興智名摩訶羅嵯，命悉主諸蠻白爨等部，以信苴福領其軍。興智遂委國任其弟信苴日，自與信苴福率僰、爨軍二萬爲前鋒，導大將兀良合台討平諸郡之未附者，攻降交趾。入朝，興智在道上卒。

明·宋濂等《元史》卷一五四《洪福源附子君祥傳》 君祥，小字雙叔，福源第五子也。年十四，隨兄茶丘見世祖于上京，帝悦，命劉秉忠相之，秉忠曰：「是兒目視不凡，後必以功名顯，但當致力于學耳。」令選師儒誨之。至元三年，籍高麗民三百人爲兵，令君祥統之。從秃花秃烈、伯顔等軍，築萬壽山，復從開通州運河。帝親諭之曰：「爾守志忠勤，朕所知也。」帝嘗坐便殿，閲江南、海東輿地圖，欲召知者詢其險易，左丞相伯顔、樞密副使合達，以君祥應旨，奏對詳明，帝悦，酌以巨觥。顧謂伯顔曰：「是兒，遠大器也。」

清·畢沅《續資治通鑑》卷一八〇《宋紀一百八十》 （咸淳十年）元主謂秦蜀行省平章賽音諤德齊舊作賽典赤，今改。曰：「雲南，朕常親臨。比因委任失宜，使遠人不安，欲選謹厚者撫治之，無如卿者。」賽音諤德齊受命，即訪求知雲南地理者，畫其山川、城郭、驛舍、軍屯、夷險遠近，爲圖以進。帝大悦，遂拜平章政事，行省雲南，賜鈔五十萬緡，金寶無算。

明·宋濂等《元史》卷一五二《張子良附子懋傳》 駐瓜洲，伯顔命懋往諭淮西夏貴，副以兩介，將騎士直趨合肥。貴出迎，設賓禮。懋示以逆順禍福，辭旨雄厲，貴受命頓首，上地圖，降書。馳還報，伯顔大喜。

明·宋濂等《元史》卷一二七《伯顔傳》 （至元十三年正月）辛丑，宋主率文武百僚，望闕拜發降表。伯顔承制，以臨安爲兩浙大都督府，忙古歹、范文虎入治府事。覆命張惠、阿剌罕、董文炳、吕文焕等入城，籍其軍民錢穀之數，閲實倉庫，收百官誥命、符印圖籍，悉罷宋官府。取宋主居之別室。分遣新附官招諭湖南北、兩廣、四川未下州郡。部分諸將，分屯要害，仍禁人不得侵壞宋氏山陵。是日，進軍浙江之滸，潮不至者三日，人以爲天助。

明・宋濂等《元史》卷九《世祖紀六》（至元十三年二月）伯顏就遣宋内待王埜入宫，收宋國衮冕、圭璧、符璽及宫中圖籍、寶玩、車輅、輦乘、鹵簿、麾仗等物。【略】丁巳，命焦友直括宋祕書省禁書圖籍。

又（至元十三年）三月丁卯，命樞密副使張易兼知祕書監事。伯顏入臨安，遣郎中孟祺籍宋太廟四祖殿，景靈宫禮樂器、册寶暨郊天儀仗，及秘書省、國子監、國史院、學士院、太常寺圖書、祭器、樂器等物。

清・畢沅《續資治通鑑》卷一八三《元紀一》（世祖至元十三年五月）衛輝當要衝，民爲兵者十九，餘皆單弱，貧病不任力役。會初得江南，圖籍、金玉、財帛之運，日夜不絶于道，警衛輸挽，日役數千夫。

又（至元十三年）冬十月丁亥，兩浙宣撫使焦友直，以臨安經籍、圖畫、陰陽祕書來上。

明・宋濂等《元史》卷一八四《王都中傳》 王都中，字元俞，福之福寧州人。父積翁，仕宋爲寶章閣學士、福建制置使。至元十三年，宋主納土，乃以全閩八郡圖籍來，入覲世祖於上京，降金虎符，授中奉大夫、刑部尚書、福建道宣慰使，兼提刑按察使。尋除參知政事，行省江西。俄以爲國信使，宣諭日本。至其境，遇害于海上。

清・畢沅《續資治通鑑》卷一八四《元紀二》（至元十六年五月）先是，郭守敬言：「曆之本在於測驗，而測驗之器莫先儀表。今司天渾儀，宋皇祐中汴京所造，不與此處天度相符，比量南北二極，約差四度。表石年深，亦復欹側。」守敬乃盡攷其失而移置之。既又别圖高爽地，以木爲重棚，創作簡儀高表，用相比覆。又以爲天樞附極而動，昔人嘗展管望之，未得其的，作候極儀；極辰既位，天體斯正，作渾天象；象雖形似，莫適所用，作玲瓏儀；以表之矩方，測天之正圜，莫若以圜求圜，作仰儀；石有經緯，（《考異》：《元史・郭守敬傳》「石」作「古」。今從齊履謙《知太史院事郭公行狀》。）結而不動，守敬易之，作立運儀；日有中道，月有九行，守敬一之，作證理儀；表高景虚，罔象非真，作景符；月雖有明，察景則難，作窺几；曆法之驗，在於交會，作日月食儀；天有赤道，輪以當之，兩儀低昂，標以指之，作星晷定時儀。又作正方案圭表，（《考異》：齊履謙《郭公行狀》作「凡表」，《元史・郭守敬傳》譌「九表」。今從《曆志》。）懸正儀座，正儀爲四方行測者所用。又作《仰規覆矩圖》《異方渾蓋圖》《日出入永矩圖》，與上諸儀互相參攷。至是，以王恂爲太史令，守敬同知太史院事，始進儀表式。

守敬嘗上前指陳理致，至於日晏，帝不爲倦。守敬因奏：「唐一行，開元間令南宫説天下測景，書中見者凡十三處。今疆宇比唐尤大，若不遠方測驗，日月交食，分數時刻不同，晝夜長短不同，日月星辰去天高下不同，即目測驗，人少可先南北立表，取直測景。」帝可其奏，遂設監候官一十四員，分道而出，東至高麗，西極滇池，南逾朱崖，北盡鐵勒，四海測驗，凡二十七所。

明・宋濂等《元史》卷一六一《楊大淵附子文安傳》 蜀境已定，獨夔堅守不下。朝廷命荆湖都元帥達海，由巫峽進兵取夔州，而西川劉僉院，挾夔守將親屬往招之。文安乃遣元帥王師能，將舟師與俱，張起岩竟以城降。夏，入覲，文安以所得城邑繪圖以獻。帝勞之曰：「汝攻城掠地之功，何若是多也！」擢四川南道宣慰使，解白貂裘以賜之。

清・畢沅《續資治通鑑》卷一八四《元紀二》（至元十六年，）是夏，四川宣慰使楊文安入覲，以所得城邑繪圖以獻。帝勞之曰：「汝攻城之功何若是多也！」擢四川南道宣慰使。

明・宋濂等《元史》卷六三《地理志六》 至元十七年，命都實爲招討使，佩金虎符，往求河源。都實既受命，是歲至河州。州之東六十里，有寧河驛。驛西南六十里，有山曰殺馬關，林麓穹隘，舉足浸高，行一日至巔。西去愈高，四閱月，始抵河源。是冬還報，并圖其城傳位置以聞。其後翰林學士潘昂霄從都實之弟闊闊出得其説，撰爲《河源志》。臨川朱思本又從八里吉思家得帝師所藏梵字圖書，而以華文譯之，與昂霄所志，互有詳略。今取二家之書，考定其説，有不同者，附注于下。

明・宋濂等《元史》卷二〇八《外夷傳一・日本》（至元）十八年正月，命日本行省右丞相阿剌罕、右丞范文虎及忻都、洪茶丘等率十萬人征日本。【略】五月，日本行省參議裴國佐等言：「本省右丞相阿剌罕、范右丞、李左丞先與忻都、茶丘入朝。時同院官議定，領舟師至高麗金州，與忻都、茶丘軍會，然後入征日本。又爲風水不便，再議定會於一岐島。今年三月，有日本船爲風水漂至者，令其水工畫地圖，因見近太宰府西有平户島者，周圍皆水，可屯軍船。此島非其所防，若徑往據此島，使人乘船往一岐，呼忻都、茶丘來會進討爲利。」帝曰：「此間不悉彼中事宜，阿剌罕輩必知，令其自處之。」

元・蘇天爵《國朝文類》卷四一《征伐・緬》原注 (至元)二十年十一月，王師伐緬，克之。先是，詔宗王相吾答兒、右丞太卜、參知政事也罕的斤將兵征緬。二十年九月一日，大軍發中慶。十月二十七日，至南甸，太卜由羅必甸進軍。十一月二日，相吾答兒命也罕的斤取道於阿昔江，達鎮西阿禾江，造舟二百，下流至江頭城，斷緬人水路；自將一軍從驃甸徑抵其國。十一日，與太卜軍會。十三日，令諸將分地攻取。十九日，破其江頭城，擊殺萬餘人。別令都元帥袁世安以兵守其地，積糧餉以給軍士，遣使持輿地圖奏上。

明・宋濂等《元史》卷二一〇《外夷傳三・緬》 (至元)二十年十一月，官軍伐緬，克之。先是，詔宗王相吾答兒、右丞太卜、參知政事也罕的斤將兵征緬。是年九月，大軍發中慶。十月，至南甸，太卜由羅必甸進軍。十一月，相吾答兒命也罕的斤取道於阿昔江，達鎮西阿禾江，造舟二百，下流至江頭城，斷緬人水路；自將一軍從驃甸徑抵其國，與太卜軍會。令諸將分地攻取，破其頭江城，擊殺萬餘人。別令都元帥袁世安以兵守其地，積糧餉以給軍士，遣使持輿地圖奏上。

明・宋濂等《元史》卷一三三《也罕的斤傳》 (至元)二十一年，與右丞太卜、諸王相吾答兒分道征緬，造舟于阿昔、阿禾兩江，得二百艘，進攻江頭城，拔之，獲其鋭卒萬人，命都元帥袁世安守之。且圖其地形勢，遣使詣闕，且陳所以攻守之方。

明・宋濂等《元史》卷一三《世祖紀十》 (至元二十一年七月)丁亥，江淮行省以占城所遣太半達連紥赴闕，及其地圖來上。

明・宋濂等《元史》卷一五《世祖紀十二》 (至元二十五年三月)壬寅，禮部言：「會同館蕃夷使者時至，宜令有司仿古《職貢圖》，繪而爲圖，及詢其風俗、土產、去國里程，籍而録之，實一代之盛事。」從之。

明・宋濂等《元史》卷一三〇《不忽木傳》 或言京師蒙古人宜與漢人間處，以制不虞。不忽木曰：「新民乍遷，猶未寧居，若復紛更，必致失業。此蓋姦人欲擅貨易之利，交結近幸，借爲納忠之説耳。」乃圖寫國中貴人第宅已與民居犬牙相制之狀上之而止。

元・蘇天爵《國朝文類》卷四一《征伐・爪哇》 至元二十九年二月八日，詔福建行省授亦黑迷失、史弼、高興爲平章政事，征爪哇，軍二萬，海舟千艘，給一年糧。【略】(三十年)四月二日，遣土罕必闍耶還其地，具入貢禮，以萬户捏只不丁、甘州不花率兵二百護送。十九日，土罕必闍耶背叛逃去，留軍拒戰，捏只不丁、甘州不花，省掾馮祥皆遇害。二十四日軍還，得哈只葛當妻子官屬百餘人及地圖户籍所上金字表。

明・宋濂等《元史》卷一六二《史弼傳》 (至元)二十九年，拜榮禄大夫、福建等處行中書省平章政事，往征爪哇，以亦黑迷失、高興副之，付金符百五十、幣帛各二百，以待有功。十二月，弼以五千人合諸軍，發泉州。風急濤湧，舟掀簸，士卒皆數日不能食。過七洲洋、萬里石塘，歷交趾、占城界，明年正月，至東董西董山、牛崎嶼，入混沌大洋橄欖嶼，假里馬答、勾闌等山，駐兵伐木，造小舟以入。時爪哇與鄰國葛郎構怨，爪哇主哈只葛達那加剌已爲葛郎主哈只葛當所殺，其婿土罕必闍耶攻哈只葛當，不勝，退保麻喏八歇。聞弼等至，遣使以其國山川、户口及葛郎國地圖迎降，求救。弼與諸將進擊葛郎兵，大破之，哈只葛當走歸國。高興言：「爪哇雖降，倘中變，與葛郎合，則孤軍懸絶，事不可測。」弼遂分兵三道，與興及亦黑迷失各將一道，攻葛郎。至答哈城，葛郎兵十余萬迎敵，自旦至午，葛郎兵敗，入城自守，遂圍之。哈只葛當出降，並取其妻子官屬以歸。

明・宋濂等《元史》卷二一〇《外夷傳三・爪哇》 (至元三十年)四月二日，遣土罕必闍耶還其地，具入貢禮，以萬户捏只不丁、甘州不花率兵二百護送。十九日，土罕必闍耶背叛逃去，留軍拒戰。捏只不丁、甘州不花、省掾馮祥皆遇害。二十四日，軍還。得哈只葛當妻子官屬百餘人，及地圖户籍、所上金字表以還。事見《史弼》《高興傳》。

明・宋濂等《元史》卷一九《成宗紀二》 (元貞二年十一月)乙酉，樞密院臣言：「江南近邊州縣，宜擇險要之地合羣戍爲一屯，卒有警急，易於徵發。」詔行省圖地形，覈軍實以聞。

明・宋濂等《元史》卷二〇九《外夷傳二・安南》 大德五年二月，太傅完澤等奏安南來使鄧汝霖竊畫宫苑圖本，私買輿地圖及禁書等物，又抄寫陳言徵收交趾文書，及私記北邊軍情及山陵等事宜，遣使持詔責以大義。三月，遣禮部尚書馬合馬、禮部侍郎喬宗亮持詔諭日燇，大意以「汝霖等所爲不法，所宜窮治，朕以天下爲度，敕有司放還。自今使价必須選擇，有所陳情，必盡情悃。向以虛文見紿，曾何益於事哉？勿憚改圖以貽後悔」。中書省復移牒取萬户張榮實等二人，與去使偕還。

清・徐乾學《資治通鑑後編》卷一六一《元紀九》 (大德七年三月)戊申，

(小)[卜]蘭禧、岳鉉等進《大元大一統志》，賜賚有差。

明・宋濂等《元史》卷六一《地理志四》 徹里軍民總管府，大德中置。大德中，雲南省言：「大徹里地與八百媳婦犬牙相錯，勢均力敵。今大徹里胡念已降，小徹里復控扼地利，多相殺掠，胡念日與相拒，不得離，遣其弟胡倫入朝，指畫地形，乞別立徹里軍民宣撫司，擇通習蠻夷情狀者爲之帥，招其來附，以爲進取之地。」乃立徹里軍民總管府。

清・畢沅《續資治通鑑》卷一九九《元紀十七》 （延祐三年三月壬申，）太史令郭守敬卒於位，年八十六。守敬曆數、儀象之學，並爲時用，其尤濟時者爲水利之學。決金口以下西山之栰，而京師財用饒；復三白渠以溉瀕河之地，而靈夏軍儲足；引汶、泗以接江、淮之派，而燕、吴漕運通；建斗牐以開白浮之源，而公私陸費省。其在西夏，嘗挽舟溯流而上，究所謂河源者；又嘗自孟門以東，循黄河故道，縱廣數百里間，皆爲測量地平，或可以分殺河勢，或可以溉灌田土，具有圖誌。又嘗以海面較京師至汴梁地形高下之差，謂汴梁之水去海甚遠，其流峻，而京師之水去海至近，其流甚緩。其言皆有徵驗，論者惜其未盡見用云。

清・畢沅《續資治通鑑》卷二一九《元紀三十七》 （至正二十七年三月丁丑，）吴參政蔡哲自蜀歸，具言蜀自明玉珍喪後，明昇暗弱，群下擅權，因圖其所經山川阨塞之處以獻。

明・姚廣孝等《明實録・太祖》卷六一 洪武四年二月乙卯朔，故元遼陽行省平章劉益以遼東州郡地圖並藉其兵馬錢糧之數，遣右丞董遵、僉院楊賢奉表來降。

明・姚廣孝等《明實録・太祖》卷八六 洪武六年十一月戊戌朔，乙丑，暹羅斛國王參烈寶毗牙哩哆羅禄遣其臣婆坤岡信等進金表賀。明年正旦貢方物，以本國地圖來獻。

明・姚廣孝等《明實録・太祖》卷二四七 洪武二十九年九月丙辰朔，修廣西興安縣靈渠三十六陡，其渠可溉田萬頃，亦可通小舟。國初嘗修浚之，至是兵部尚書致仕唐鐸以軍務至其地，圖其狀以聞，且言修治深廣，可通官舟，給軍餉，於是命監察御史嚴正直發旁縣民丁修之，浚渠五千餘丈，築渼潭及龍母祠土堤百五十餘丈，又增高中江石堤，改作滑石陡。凡陡磵之石礙舟行者，悉以火煆鑿去之，於是可通漕運矣。

明・姚廣孝等《明實録・太宗》卷八〇 永樂六年六月戊寅朔，交阯總兵官新城侯張輔、西平侯沐晟等旋師，至京輔等，上交阯地圖，其地東西相距一千七百六十里，南北相距二千八百里。上嘉勞之，賜輔、晟等及諸將宴於中軍都督府。

明・姚廣孝等《明實録・太祖》卷八一 洪武六年夏四月壬申朔，己丑，命天下州郡繪山川險易圖以進。上以天下既平，薄海内外幅員方數萬里，欲觀其山川形勢、關徼阨塞及州縣道里遠近、土物所産，遂命各行省每於閏年繪圖以獻。

明・姚廣孝等《明實録・太祖》卷一一一 洪武十年春正月庚辰朔，命浙江等十二布政使司並直隸府州，各以其山川險易地里遠近，繪圖以進。

明・姚廣孝等《明實録・太祖》卷一二七 洪武十二年十一月甲午朔，甲寅，燕府營造訖工，繪圖以進。其制社稷、山川二壇在王城南之右，王城四門，東曰體仁，西曰遵義，南曰端禮，北曰廣智。門樓、廊廡二百七十二間，中曰承運殿，十一間，後爲圓殿。次曰存心殿，各九間，承運殿之兩廡爲左右二殿，自存心、承運周回兩廡，至承運門爲屋百三十八間，殿之後爲前中後三宫，各九間，宫門兩廂等室九十九間，王城之外周垣四門，其南曰靈星，餘三門同王城門名。周垣之内堂庫等室一百三十八間，凡爲宫殿室屋八百一十一間。

明・姚廣孝等《明實録・太祖》卷一五五 洪武十六年六月癸酉朔，丁未，詔天下都司凡所屬衛所城池及境内道里遠近、山川險易、關津亭堠、舟車漕運、倉庫郵傳、土地所産，悉繪圖以獻。

明・姚廣孝等《明實録・太祖》卷一九七 洪武二十二年八月丙申朔，庚辰，命前軍都督僉事楊春往靖州、五開二衛訓練將士，且令以其道里遠近、山川險易，繪圖以進。

明・姚廣孝等《明實録・太祖》卷二二三 洪武二十五年十二月丁未朔，丙子，詔五軍都督府諭各都指揮使司，以軍馬糧儲之數及關隘要衝、山川險易、道里遠近，悉繪圖以聞。

明・姚廣孝等《明實録・太祖》卷二五五 洪武三十年九月庚戌朔，癸亥，城銅鼓，敕楚王楨、湘王柏曰：前命爾兄弟帥師征蠻，既不親臨戰陣，建立功勳，宜各以護衛軍一萬，銅鼓衛新軍一萬，靖州民夫三萬餘，築銅鼓城。每面三里，城池宜高深，坊巷宜寬正，營房行列宜整齊，期十一月訖工。令銅鼓衛指揮、千百户守之，其銅鼓軍士除留一千守衛，餘從總兵官征進，至耕種時仍還本衛，爾兄弟可率築城護衛軍士還國，繪圖來奏。

明・姚廣孝等《明實録・太宗》卷一〇　洪武三十五年秋七月己酉，上諭兵部尚書茹瑺等曰：【略】凡其境内山川險易、地理遠近，悉繪圖進來。若錢糧軍器舟船之類，亦核實以聞。

明・姚廣孝等《明實録・太宗》卷一一四　永樂九年三月辛酉朔，壬午，浚河南黄河故道。蓋河水累歲爲患，脩築堤防，民用困弊，至是河決壞民田廬益甚。事聞，遣工部侍郎張信往視，信訪得祥符縣魚王口至中灤下二十餘里，有舊黄河岸，與今河面平，浚而通之，俾循故道，則水勢可殺，遂繪圖以進。

明・姚廣孝等《明實録・英宗》卷四四　正統三年秋七月癸未朔，修襄王府。初襄王以其府第四散，不相連屬，請更造。上敕湖廣三司勘實繪圖以聞。至是事下行在，工部尚書吴中言，如圖更造，合用夫匠萬餘人，計功三年可畢。上曰：人力方艱，豈可復有此勞擾，姑仍舊第修理之。

明・姚廣孝等《明實録・英宗》卷一九三　景泰元年六月癸酉朔，少保兼兵部尚書于謙等言：比者奉命，令臣等具將士軍馬數目，戰守方略以聞。臣會同太監吉祥計議，將各營總兵、把總、坐營頭目並所統官軍，分定京城各門。【略】仍以分守地形、人數繪圖上聞。

明・姚廣孝等《明實録・孝宗》卷二一一　弘治十七年閏四月辛酉朔，總制陝西軍務户部尚書秦紘奏，臣嘗督修諸邊城堡一萬四千餘處，邊塹六千四百餘里，於靖虜金湯及打狼川諸要地益設險隘，以阻寇沖。又造車給鋭以備戰守，謹繪圖以上。

明・姚廣孝等《明實録・世宗》卷三　正德十六年六月辛巳朔，御史范永鑾言，往者劉瑾、錢宁、江彬相繼擅權，奸民乘隙多將軍民屯種地土誣捏荒閑及官田名色投獻，立爲皇莊，因而蠶食侵占，靡有界限。舊租正額外多方掊剋，苛暴萬狀，畿内八郡咸被其害。請敕户部差官一切體勘，係民者歸民，係官者歸官，應輸租課，有司代收交納。事竣，仍繪圖造册繳部備照，永杜後奸，詔所司知之。

明・姚廣孝等《明實録・世宗》卷八三　嘉靖六年十二月甲辰朔，吏部尚書桂萼繪禹跡九州圖以進，言：古人之學，左圖右書，未嘗偏廢，後世書籍浸繁而圖書不傳。頃者，陛下命禮部侍郎劉龍、徐縉撰成《禹貢直解》以供聖覽，用意勤矣。臣謂《禹貢》大指，分敘九州以經之，總敘山川以緯之。【略】是大禹先後經理之本末也。皇上蓋將因《禹貢》以考地里之遠近，見貢賦之難易，爲施教之次第，而求所以祇臺德先者，非若經生、學士徒爲考索記問而已。臣輒與龍縉取前代方輿形制合今日一統地圖重爲四幅，其一别禹九州之限，而《禹貢》導山、導水之略書焉；其一列山川源委，而《禹貢》田制貢賦之略書焉；其一載《禹貢》九州之域；其一列《禹貢》五服之制，經理分明，本末具備。上試於清閒之燕，一展玩之，則不煩訓詁而所以法象《禹貢》之意者，舉在目前矣。上曰：覽所繪圖，具知忠愛，以是開發朕學，深有裨益，因命左右揭之，御史屏以便省覽。

明・姚廣孝等《明實録・世宗》卷一三一　嘉靖十年十月辛巳朔，先是，上幸南城，召輔臣李時、翟鑾，尚書汪鋐、夏言至重華殿，諭之曰：朕初欲建雩壇於南城，以此地乃遊觀之處，非祭天所，宜建壇圜丘之傍，乃合古禮。卿等其相度以聞。于是時等相圜丘東南泰元門外大壇牆内地，議以四十五丈爲雩壇，南門在泰元門稍北，可三丈，壇在圜丘迤南斜亘，可三十餘丈，壇制圓徑九尺，用周尺，高七尺，與神壇等，雩壇至圜壝牆及圓壝至壇方牆相距各九丈，因繪圖上之。上命壇座圓廣，仍用今尺五尺高，比神壇增五寸，待來春二月上旬，擇日興工。

明・姚廣孝等《明實録・世宗》卷一六二　嘉靖十三年四月丁酉朔，【略】於興復屯田，即責令各邊幕軍給事中會同撫按司道等官親復邊境，相度地形，某田可以拓耕、某田可以設備，或創建衛所，或增飭垣廣，繪圖貼説，具奏其屯丁。

明・姚廣孝等《明實録・世宗》卷二四六　嘉靖二十年二月戊午朔，戊寅，承天府知府吴惺奏請纂修《承天府志》，以俟采入《一統志》中，及圖上。【略】下禮部議，尚書嚴嵩等言：《禹貢》並敘九州而尊統於帝都，今日承天宜約爲興都。【略】其法則先興都宫殿、陵寢諸典，而後及有司所守，其義則取諸《禹貢》，以示有尊，庶幾近之，其純德山形勢、陵寢規制圖列於志首，更欲繪圖揭之殿壁，以便皇上朝夕省覽，其所擬俱當，但總裁、分纂責在得人。今督工尚書顧璘文學素著，足任筆削，宜令兼督有司，聘委文學官儒分纂，璘爲總理，草成進覽，下内閣宥詳恭請裁定，然後刊佈四方。仍付史館别議，增入《一統志》中，以成一代之典。詔如議。

明・姚廣孝等《明實録・世宗》卷二五五　嘉靖二十年十一月癸未朔。【略】又將修築城池樓櫓製圍屏三座，繪圖進上，復繪軸進東宫，並請樓名。上曰：修築工程，例應巡按御史閲視畫圖進呈。今造作圍屏畫軸瀆進，非體也。姑令所司收貯，樓名聽有司自立。

明・姚廣孝等《明實録・神宗》卷九六　萬曆八年二月辛未朔，工科給事中尹瑾踏勘河工完，將築堰建閘入海處，繪圖以進。因附奏：黄淮之形勢，實關國家之命脈，如知其爲祖陵之密邇，則思培護之當嚴；知其爲京師之通津，則思疏浚之當豫；知漕運關乎國用，則思河務之當修；知壤地切乎民生，則思保障之當急；知堰堤之綿亘，則思上流之當防；知壩閘之布列，則思下流之當洩。觀今日之順軌，當思昔日之横流；觀上功之鉅艱，當思保守之不易。【略】上留覽之。

明·姚廣孝等《明實録·神宗》卷一三四　萬曆十一年閏二月甲寅朔，通政使司左參議梁子琦言監副張邦垣不諳地理，臣領術士別行相擇，得吉壤三處，一曰皇山寺西嶺，在獻陵之右；二曰團山；三曰珠窩圈。乞敕禮部另選精通地理人員前去，公同詳閲，據實繪圖以獻。上即命子琦與禮、工二部司屬同去相擇。

明·姚廣孝等《明實録·神宗》卷二八四　萬曆二十三年四月癸卯朔，直隸巡按牛應元因瞻謁祖陵，目擊河患，乃繪圖以進。

明·姚廣孝等《明實録·神宗》卷三三六　萬曆二十七年六月戊寅朔，摧采肆出，江南紛擾，應天巡撫陳惟芝乞停礦税，疏六上不報，至是繪圖《孝陵風水》争之。疏曰：東南爲財賦重區，民勞而魚赭，臣撫兹三年，憂深杼軸，近大江南北，所在開鑿，臣初懼貂璫横恣以厲民也，及相山川形勢，匪厲民，並以厲國。鍾阜紫金山，高皇帝卧弓劍之地，二百餘年王氣鍾焉，山之祖也。其牛渚、石柱、龍眠、瓜步，綿亘五六百里，皆紫金之枝也。枝鑿則傷根。謹恭繪孝陵風水圖，細注源流。上覽圖，即日報罷。

明·姚廣孝等《明實録·神宗》卷三三九　萬曆二十七年九月丁未朔，祖陵風水永無破壞之虞，蓋一舉兼得之術也。近日河臣經理周悉，第恐其拘於前議。【略】然爲天下計者，不顧一方，往時水患嘗移之淮右矣。歲歲增堤，束河愈高，壅淮愈深。祖陵沉淪已二十年，至按臣牛應元始繪圖以報，皇上赫然震怒，斥在事之臣，特遣科臣與臣等會勘。

明·姚廣孝等《明實録·熹宗》卷三　泰昌元年十一月甲戌朔，工部左侍郎王允光奏，光宗貞皇帝陵寢擇日興工，先擬規制，乞取法昭陵。上命部院先會同内監及科道官前詣昭陵寶城樓、殿、廊、垣等處，逐一丈量繪圖進覽，以便裁定。

明·沈德符《萬曆野獲編》卷二四《畿輔》　京師舊城。都城之北，有故土城環抱東西北三面，與都城聯合。相傳元時京城在此，本朝移而稍南。按今鼓樓正在城之北，頗壯麗，或云此即元之前朝門也。以土城驗之，理或然歟？又今彰儀門之西，近門有天寧寺者，本隋文帝所建，名宏業，有高塔以藏舍利，其塔至今完好，像設木石，堅緻古僕，風鈴四徹，聽之心魂肅然。此塔在仁壽中放光，文帝命繪圖以進。今宦遊京師者既不能知，問之寺僧亦懵不曉，並古碑碣無一存者，宜古跡之日湮也。

西輔城。今上壬辰，寧夏劉哱之亂未寧，而倭事又起。時張新建新從田間起拜末相，上奏云：「自大寧撤防，東勝失守，關隘彌近，拱衛宜嚴。今京東距薊鎮不二百里，京西去宣鎮不四百里，東南去天津衛海口不二百里，而南去紫荆關不三百里，俱迫近替麥，倘有風塵之警，即直犯都城，可爲寒心。今宜於近京周圍數十里内卜水土之善利要害處所，特建輔城四座，每城置兵萬人，内設營房，外設教場，合無遵照祖宗五軍舊制，以三大營爲中軍，其四城各撥兵萬人，以五府知兵者統之，俱聽戎政大臣節制。蓋仿漢南北二軍、宋禁廂二軍，及我太祖蒲口大營之意，謹繪圖進覽。」上允之，下部已議於六里屯、八里屯建城矣。

明·朱國禎《湧幢小品》卷二五　永樂十七年，山西行都司軍士採石青於浄沙洲舊塘，用工多而所得甚少。忽見青蛇，隨所往，二百餘步，失之。發其下，得石，青加倍。其色視舊塘産者益鮮明。至是都指揮使李謙繪圖來進。

清·張廷玉等《明史》卷二五《天文志一》　崇禎初，禮部尚書徐光啓督修曆法，上《見界總星圖》。【略】其繪圖者止十七座九十四星，並無赤道經緯。今皆崇禎元年所測，黄赤二道經緯度畢具。後又上《赤道兩總星圖》，其説謂常現常隱之界，隨北極高下而殊，圖不能限。且天度近極則漸狹，而現《界圖》從赤道以南，其度反寬，所繪星座不合仰觀。因從赤道中剖渾天爲二，一以北極爲心，一以南極爲心。從心至周，皆九十度，合之得一百八十度者，赤道緯度也。周分三百六十度者，赤道經度也。乃依各星之經緯點之，遠近位置形勢皆合天象。

至於恒星循黄道右旋，惟黄道緯度無古今之異，而赤道經緯則歲歲不同。然亦有黄赤俱差，甚至前後易次者。如觜宿距星，唐測在參前三度，元測在參前五分，今測已侵入參宿。故舊法先觜後參，今不得不先參後觜，不可强也。

又　崇禎初，西洋人測得京省北極出地度分：北京四十度，周天三百六十度，度六十分立算，下同。南京三十二度半，山東三十七度，山西三十八度，陝西三十六度，河南三十五度，浙江三十度，江西二十九度，湖廣三十一度，四川二十九度，廣東二十三度，福建二十六度，廣西二十五度，雲南二十二度，貴州二十四度。以上極度，惟兩京、江西、廣東四處皆系實測，其餘則據地圖約計之。

清・張廷玉等《明史》卷八三《河渠志一》 永樂三年，河決温縣堤四十丈，濟、滂二水交溢，淹民田四十餘里，命修堤防。四年修陽武黄河決岸。八年秋，河決開封，壞城二百餘丈。民被患者萬四千餘户，没田七千五百餘頃。帝以國家藩屏地，特遣侍郎張信往視。信言：「祥符魚王口至中灤下二十餘里，有舊黄河岸，與今河面平。浚而通之，使循故道，則水勢可殺。」因繪圖以進。時尚書宋禮、侍郎金純方開會通河。帝乃發民丁十萬，命興安伯徐亨、侍郎蔣廷瓚偕純相治，並令禮總其役。九年七月，河復故道，自封丘金龍口，下魚臺塌場，會汶水，經徐、吕二洪南入於淮。是時，會通河已開，黄河與之合，漕道大通，遂議罷海運，而河南水患亦稍息。已而決陽武中鹽堤，漫中牟、祥符、尉氏。工部主事藺芳按視，言：「堤當急流之沖，夏秋泛漲，勢不可驟殺。宜卷土樹樁以資捍禦，無令重爲民患而已。」又言：「中灤導河分流，使由故道北入海，誠萬世利。但緣河堤埽，止用蒲繩泥草，不能持久。宜編木爲囤，填石其中，則水可殺，堤可固。」詔皆從其議。十四年決開封州縣十四，經懷遠，由渦河入於淮。二十年，工部以開封土城堤數潰，請浚其東故道。報可。

清・萬斯同《明史》卷四〇五《宦官傳・鄭和》 鄭和，雲南人，成祖靖難時常以内官敢戰者數人爲裨將，和與焉，戰數有功，及成祖正位，遂授太監，使典兵。永樂三年帝欲招徠遠人，將大賚西洋通道，於絶域諸番貿採琛異，命和率海艅百餘，兵三萬人，由福州五虎門出，經數萬里，所至二十餘國，往復幾三十年。自占城西南通國以十數，蘇門最遠；自蘇門而往通國以六、七數，柯枝最遠；自柯枝而往通國亦六、七數，天方最遠。【略】而天堂印度之國亦附職方。和前後凡三下西洋，故人謂之三寶太監焉。

清・夏燮《中西紀事》卷一《通番之始》 初通貢之遠，遣使頻仍，而三保太監七下西洋，第盡於紅海東岸之忽魯謨斯，雖西北界接歐羅巴，西南界接利未亞，而一海之隔，苦於問津，無不自崖而反宜。利瑪竇初至京師，而明之禮臣不識大西洋之爲何地，意大里亞之爲何國也。然中國固不識大西洋之地，而利瑪竇方自海外來，亦茫然安識其所謂大秦者？【略】明自永樂以後，數遣人下西洋，示以通貢，凡前後隨使至者以百數，而大西洋之國不與焉。迨正德間佛郎西踞滿剌加之地，遣使臣請貢方物。後又乘倭寇之間，縱横海上，占踞澳門，而荷蘭、葡萄亞繼之，然明之諸臣迄不知其爲大西洋人，直至萬曆間利瑪竇至京師，始識大西洋之名，而迄不知其與佛、荷等國之或同或異也。

清・萬斯同《明史》卷四一三《外蕃傳》 贈陳氏子孫七人官，以黄福兼布按二司事，勑訪交阯人才，以明經甘闊祖等十一人爲府同知。六年輔等凱旋，上交阯地圖，東西一千六百六十里，南北二千八百里。

清・傅維鱗《明書》卷五《本紀三》 三月定交阯賦税，夏四月己卯朔日楚王楨遣内使市雲南，勑切責之，始命雲南開科。五月日本入貢，頒詔交阯赦詔，招北京流民未歸者，免賦税三年，設遼東自在、安樂二州，六月命官，令沿河軍民運木燒甎。輔等上交阯地圖。

明・雷禮《皇明大政紀》卷六 丁亥征夷諸將張輔、沐晟等班師還京，上交阯地圖，上嘉勞之，賜宴於中軍都督府。其地東西相距一千七百六十里，南北相距二千八百里。

明・陳建《皇明通紀法傳全録》卷一五 己丑，永樂七年正月，遣中官鄭和領兵航海通西夷，自福建之長樂五虎門航大海，西南行抵林邑。又自林邑正南行八晝夜至滿剌加。由是達西洋古里大國，分䑸徧往支國阿舟榜剌、忽魯謨斯等處。

文皇入金川門，時宫中火發，或傳建文帝崩，或云遁去。文皇疑之，遣胡濙巡行天下，以訪異人爲名，偏行郡縣，體察人心及建文帝安在。時又有傳建文帝在滇南者。【略】又傳建文帝蹈海去，於是分遣内臣鄭和浮海下西洋。

明・陳全之《蓬窗日録》卷二《通遠》 永樂七年，太監鄭和、王景弘、侯顯等統率官兵二萬七千有奇，駕寶船四十八艘，齎奉詔旨賞賜，歷東南諸蕃，以通西洋。是歲九月，由太倉劉家港開船出海，所歷諸蕃地面，曰占城國，曰靈山，曰崑崙山，曰賓童龍國，曰眞臘國，曰暹羅國，曰假馬里丁，曰交闌山，曰爪哇國，曰舊港，曰重迦邏，曰吉里地悶，曰滿剌加國，曰麻逸凍，曰澎坑，曰東西竺，曰龍牙迦邈，曰九州山，曰阿魯，曰淡洋，曰蘇門答剌，曰花面王，曰龍嶼，曰翠嵐嶼，曰錫蘭山，曰溜山洋，曰大葛蘭，曰阿枝國，曰榜葛剌，曰葡剌哇，曰竹步，曰木骨都東，曰阿丹，曰剌撒，曰佐法兒國，曰忽魯謨斯，曰天方，曰琉球，曰三島國，曰浡泥國，曰蘇禄國。至永樂二十二年八月十五日詔書停止。

明・費信《星槎勝覽》卷一《占城國》 永樂七年，太宗皇帝命正使太監鄭和、王景弘等統官兵二萬七千餘人，駕海舶四十八號往諸番國開讀賞賜。是歲秋九月，自太倉劉家港開船，十月至福建長樂太平港停泊。十二月於五虎開洋，張十二帆，順風十晝夜至占城國，其國臨海有港曰新州，西抵交阯，北連中國地。

明・費信《星槎勝覽》卷一《本真蠟國》　自占城順風三晝夜可至。其國門之南爲都會之所，有城池，周七十餘里，石河廣二十餘丈，殿宇三十餘所。

明・費信《星槎勝覽》卷一《暹羅國》　自占城順風十晝夜可至。其國山形如白石峭礪，周千里，外山崎嶇，內嶺深邃，田平而沃。

明・費信《星槎勝覽》卷一《交欄山》　自占城靈山起程，順風十晝夜可至。

明・費信《星槎勝覽》卷一《爪哇國》　古名闍婆，自占城起程，順風二十晝夜可至。

明・費信《星槎勝覽》卷一《舊港》　古名三佛齊國，自爪哇順風八晝夜可至。

明・費信《星槎勝覽》卷一《重迦羅》　其地與爪哇界相接。【略】其處約去數日水程，曰孫陀羅琵琶拖，曰丹重，曰圓嶠，曰彭里。不事耕種，專尚寇掠，與吉陀崎諸國相通，所以商舶少能至矣。

明・費信《星槎勝覽》卷一《吉里地悶》　其國居重迦羅之東。

明・費信《星槎勝覽》卷二《滿剌加國》　其處舊不稱國，自舊港順風八晝夜可至。其國傍海，山孤人少，受弱於暹羅。

明・費信《星槎勝覽》卷二《麻逸凍》　其處在交欄山之西南洋海中。

明・費信《星槎勝覽》卷二《彭坑》　其處在暹羅之西，石崖周匝崎嶇，遠望山平如寨。

明・費信《星槎勝覽》卷二《東西竺》　其山與龍牙門相望海洋中，山形分對嵯峨，若蓬萊萬丈之間。

明・費信《星槎勝覽》卷二《龍牙門》　其處在三佛齊西北，山門相對若龍牙狀，中通船過。

明・費信《星槎勝覽》卷二《龍牙加貌》　其地離麻逸凍順風三晝夜程。內平而外峰，民蟻附而居。

明・費信《星槎勝覽》卷二《九州山》　其山與滿剌加近。

明・費信《星槎勝覽》卷二《阿魯國》　其國與九州山相望，自滿剌加順風三晝夜可至。

明・費信《星槎勝覽》卷二《淡洋》　其處與阿魯山地連接，去滿剌加三日程。山邊周圍有港，內通大溪，汪洋千里，奔流出海，清淡味甘，舟人過往汲之，名曰淡洋。

明・費信《星槎勝覽》卷三《蘇門答剌國》　古名須文達那，自滿剌加順風九晝夜可至。其國傍海。

明・費信《星槎勝覽》卷三《花面國王》　其國與蘇門答剌鄰境，傍南巫里洋，逶迤山地。

明・費信《星槎勝覽》卷三《龍涎嶼》　望之獨峙南巫里洋之中，離蘇門答剌西去一晝夜程。

明・費信《星槎勝覽》卷三《翠藍嶼》　其山在龍涎之西北，五晝夜程。大小七門，門中皆可過船。

明・費信《星槎勝覽》卷三《錫蘭山國》　其國自蘇門答剌順風十二晝夜可至。其國地廣人稠，貨物多聚，亞於爪哇，中有高山參天。

明・費信《星槎勝覽》卷三《小葛蘭國》　山連赤土地，與柯枝國接境。日中爲市，西洋諸國之馬頭也。

明・費信《星槎勝覽》卷三《大葛蘭國》　地與都欄樵相近。

明・費信《星槎勝覽》卷三《柯枝國》　其處與錫蘭山對峙，內通古里國界。

明・費信《星槎勝覽》卷三《古里國》　錫蘭山起程，順風十晝夜可至。其國當巨海之要，嶼與僧迦密邇，亦西洋諸國之馬頭也。

明・費信《星槎勝覽》卷四《榜葛剌國》　自蘇門答剌順風二十晝夜可至。其國即西印度之地，西通金剛寶座國，曰詔納福兒，乃釋迦得道之所。

明・費信《星槎勝覽》卷四《蔔剌哇國》　自錫蘭山別羅南去二十一晝夜可至。其國與木骨都束國接連，山地傍海而居。

明・費信《星槎勝覽》卷四《竹步國》　其處與木骨都束山地連接，村居寥落，壘石爲城，砌石爲屋，風俗亦淳。

明・費信《星槎勝覽》卷四《木骨都束國》　自小葛蘭順風二十晝夜可至。其國瀕海，堆石爲城，壘石爲屋。

明・費信《星槎勝覽》卷四《阿丹國》　自古里國順風二十二晝夜可至。其國傍海而居。

明・費信《星槎勝覽》卷四《剌撒國》　自古里國順風二十晝夜可至。其國傍海而居。

明・費信《星槎勝覽》卷四《佐法兒國》　自古里國順風二十晝夜可至。

明・費信《星槎勝覽》卷四《忽魯謨斯國》　自古里國十晝夜可至。其國傍海居。

明·費信《星槎勝覽》卷四《天方國》 其國自忽魯謨斯四十晝夜可至。其國乃西海之盡也，有言陸路一年可達中國。其地多曠漠，即古筠沖之地，名爲西域。

明·顧起元《客座贅語》卷一《寶船廠》 今城之西北有寶船廠。永樂三年三月命太監鄭和等行，賞賜古里、滿剌諸國，通計官校、旗軍、勇士、士民、買辦、書手共二萬七千八百七十餘員名。寶船共六十三號，大船長四十四丈四尺，闊一十八丈；中船長三十七丈，闊一十五丈。所經國，曰占城，曰爪哇，曰舊港，曰暹羅，曰滿剌伽，曰阿枝，曰古俚，曰黎伐，曰南渤里，曰錫蘭，曰裸形，曰溜山，曰忽魯謨斯，曰啞魯，曰蘇門答剌，曰那孤兒，曰小葛蘭，曰祖法兒，曰吸葛剌，曰天方，曰阿丹。和等歸建二寺，一曰靜海，一曰寧海。【略】或曰寶船之役，時有謂建文帝入海上諸國者，假此蹤跡之。若然，則聖意愈淵遠矣。

明·焦竑《國朝獻徵録》卷一二四《蘇門答剌》 蘇門答剌，西洋之要會。漢條支，唐波斯、大食，皆其地也。自滿剌加舟行九晝夜可至。

明·焦竑《國朝獻徵録》卷一二四《錫蘭》 自蘇門答剌舟行十二晝夜可到。

明·焦竑《國朝獻徵録》卷一二四《柯枝》 柯枝一名阿枝，古槃槃國。東連大山，西南北皆海。自錫蘭山西北舟行一晝夜可至。五代宋梁時三遣使貢，永樂十四年封其王可亦裏爲柯枝國王，賜印誥封其山爲鎮國山。

明·焦竑《國朝獻徵録》卷一二四《暹羅》 在占城極南，本暹與羅斛二國，暹瘠而貧，歲仰給於羅斛。元至正間羅斛併暹爲暹羅斛國，與元通使。

明·焦竑《國朝獻徵録》卷一二四《滿剌加》 在占城極南，自爪哇舊港舟行八日可至。

明·羅日褧《咸賓録·南夷志》卷六《小唄喃》 小唄喃，小國也。永樂七年太監鄭和至其國，國王遣使來貢。

明·羅日褧《咸賓録·南夷志》卷六《小葛蘭》 小葛蘭，小國也。永樂中太監鄭和至其國，王遣人朝貢。

清·張廷玉等《明史》卷八四《河渠志二》 萬曆二十二年既而給事中吴應明言：「先因黄河遷徙無常，設遥、縷二堤束水歸漕，及水過沙停，河身日高，徐、邳以下居民盡在水底。今清口外則黄流阻遏，清口内則淤沙横截，强河横灌上流約百里許，淮水僅出沙上之浮流，而瀦蓄於盱、泗者遂爲祖陵患矣。張貞觀所議腰鋪支河歸之草灣，或從清河南岸别開小河至駱家營、馬廠等地，出會大河，建閘啓閉，一遇運淺，即行此河，亦策之便者。至泗水，則有議開老子山，引淮水入江者。宜置閘以時啓閉，拆張福堤而堤清口，使河水無南向。」部議下河漕諸臣會勘。直隸巡按牛應元因謁祖陵，目擊河患，繪圖以進，因上疏言：「黄高淮壅，起於嘉靖末年，河臣鑿徐、吕二洪巨石，而沙日停，河身日高，潰決由此起。當事者計無復之，兩岸築長堤以束，曰縷堤。縷堤復決，更於數里外築重堤以防，曰遥堤。雖歲決歲補，而莫可誰何矣。

清·張廷玉等《明史》卷七六《職官志五》 都督府掌軍旅之事，各領其都司、衛所，詳見《兵志》衛所中，以達於兵部。【略】俸糧、水陸步騎操練、官舍旗役並試、軍情聲息、軍伍勾補、邊腹地圖、文册、屯種、器械、舟車、薪葦之事，並移所司而綜理之。

清·張廷玉等《明史》卷三二一《外國傳二》 六年六月，輔等振旅還京，上交址地圖，東西一千七百六十里，南北二千八百里。安撫人民三百一十二萬有奇，獲蠻人二百八萬七千五百有奇，象、馬、牛二十三萬五千九百有奇，米粟一千三百六十萬石，船八千六百七十餘艘，軍器二百五十二萬九千八百。

明·姚廣孝等《明實録·神宗》卷五八九 萬曆四十七年十二月庚戌朔，庚午，吏部聽選監生王應遴恭進地圖，曰都城圖，曰遼東圖，曰海運圖，曰奴巢圖。

清·谷應泰《明史紀事本末》卷六一《江陵柄政》 十二月壬子，張居正率大臣上御屏。屏繪天下疆域及職官姓名，用浮帖以便更换。上命設於文華殿后，時加省覽。閏十二月丁亥，上禦書「弼予一人，永保天命」，賜張居正。【略】十一月，張居正上《郊祀圖考》，爲書三册。首敘分合沿革之由，次具壇壝陳設，次列儀注樂章。大意遵高皇定制，歲一合祀，奉二祖並配。上褒答之。

【略】令天下度田。國初，天下土田八百五十萬頃。至後漸減，歲久滋僞。豪民有田不賦，貧民曲輸爲累。民窮逃亡，故額頓減。張居正請料田，凡莊田、民田、職田、蕩地、牧地，皆就疆理無有隱。其撓法者，下詔切責之。

清·傅澤洪《行水金鑒》卷一六一《兩河總説》（康熙二十三年六月）十一日。連日極熱難行。將王撫軍所送豫省圖，並各州縣呈送地圖，按程佈置，繪成一圖。其間名山古蹟具載志書，不及備録各水源流，略志於此。溱洧二水之源出密縣，東北至新鄭，合金明池，在開封府城西鄭門外，西北周迴九里餘，周世宗鑿，習水戰。東門池在陳州城内東北隅，滴瀝泉在密縣天仙廟前，石澗水出，滴瀝如雨，晝夜不息。鴻溝在河陰縣東，楚漢分界處，北接廣武山，與滎澤相連。圃田澤，中牟縣西北七里，周《職方》「豫州藪曰圃田」，其澤東西五十里，南北二十六里，西限長城，東極官渡，高者可耕，窪者成滙。今爲澤者八，若東澤、西澤之類，爲陂者三十有六，若大灰、小灰之類，其實一圃田澤耳。隋隄在杞縣北五里，闕塞山在河南府城西南三十里。《左傳》晉趙鞅納王使女寬守闕塞，即此。又名伊闕，大禹疏龍門，伊水出其間，漢服虔謂南山，伊闕是也。一名龍門山，唐白居易有《龍門銘並序》。白石山澠池，縣東北二十里，澗水出焉。陽城山，登封縣東，一名車嶺山，洧水所出。孟子曰「禹避舜之子於陽城」，即此。陽乾山在少室正南，潁水所出，一名耿山。龍頭山，永寧縣西四十里。上有快風亭，下有洛水五渡，源出嵩縣太室東谷，自山頂下流，疏二十八浦，過大潭，中平廣多石，其水縈紆迴流者五，故名緣溪，聚村稱五渡焉。洛水源出陝西洛南縣冢嶺山東北，流經盧氏、永寧、宜陽，入嵩縣界，去城南五里，歷偃師，至鞏縣北十里入河，名洛口，一名洛汭。伊水源出盧氏縣悶頓嶺，徑永寧、宜陽，入嵩縣界，由伊闕而北，轉折而東，會洛水入於河。商阿衡之得姓，以此。瀍水源出穀城山，自高廟溝起，與九眼泉合，東南流經孟津，二十里始入嵩縣，即山西北注，而東南至縣，復轉折而東行，始逶迤而南入於洛。澗水，婁塚山西四十里，曰白石山，澗水出焉，北流注於穀。白石山在新安縣，澗水徑七里橋南流，轉東入洛。穀水出皤塚，東流注於洛。甘水源出宜陽縣。孝水源出廆山之陰，入澗水。相傳晉王祥卧冰於此。洛汭在鞏縣，洛水入河之處，清濁異流，亦名什穀。黄河在懷慶府城南七十里，濟源之漭水入焉，孟縣溴與沇入焉，武陟沁水入焉。濟瀆在濟源縣北三里許，濟水出王屋山，爲沇水，潛行地下，平地發爲二源。《(水經)注》曰「東源出原城東北，西源出原城西。」今東源在濟瀆廟內，西源即今所稱龍潭，在廟西二里許。溴水出濟源，春秋會諸侯於溴梁，即此。其源有三，一出五指山紙坊，一出曲陽西南，二源俱流經修武縣治南；一出晉陽城南溪，或斷或續，至莽山雙泉寨發源爲白澗水，又伏發源修武縣治西，又東南流經城南，與二源合。《水經注》曰「溴出原城西北，原山勳掌穀」。按白澗自莽山來，或呼莽河。沁水在懷慶府城北二里，源出沁州謁戾山，出枋口，附郡城，東南流徑武陟，入黄河。乘高瀉浪，瀑漲不常。丹水在懷慶府東北十里，源出高平縣。《山海經》曰「沁水之東有林焉，名曰丹林，丹水出焉」。預河，即小丹河，由修武縣南門外，東流至獲嘉，入衛河，漕運水淺，則藉以濟運。天漿水在濟源縣東南二十里，水有二源，東北合爲一川，入於溴。堯池水在府西北三十里太行山麓，泉畔有堯廟，廟前處處有泉，匊手可飲，滙而東南流，葦荷交映，可灌粳田，二十里入於沁。漭水源出王屋西山枋口，在濟源縣東北二十五里。沁水倚山迴屈，至此始長瀉平原，亦謂之沁口載舟蕩漾，使人胷次浩然。山崖多唐宋鐫題。望仙溪在濟西八十里，源出王屋山北，伏流南入於河。錦溪源出濟源太乙池，在濟源西天壇山上，濟水出此。大峪澗在濟源西七十里，源發王屋山，南入河。東陽澗在濟源西一百四十里，南流入河。神農澗在溫縣境內，相傳神農采藥至此，以杖畫成澗。廣濟河在五龍口，即古枋口。枋之義從木，司馬孚壘石爲門，水勢乘高注下，石門易崩，渠旋淤塞，河內令袁應泰鑿山穿洞，懸閘於兩崖間，啓閘受水，閉閘障水，永無崩塞之患。曰廣濟河鑿山引水爲渠，由濟源、孟縣、河內、温縣、武陟至唐郭入於黄河。渠闊八丈，長百五十里，分永、孟等二十四堰，各有時刻，勒石詳記。温泉有五，一在開封府城東北，一在偃師縣南，一在嵩縣西，一在澠池縣東，一在新安縣西。是夜大雨暑氣頓減。

清·黄叔璥《臺海使槎録》卷一《水程郡縣里數》 《郡志》「三縣南北延袤二千八百六十里」。康熙五十三年，使者奉命繪畫地圖，勘丈里數。臺灣縣南至二贊行溪鳳山縣界二十一里，北至蔦松溪諸羅縣界一十五里，鳳山縣南至沙馬磯二百一十里，北至二贊行溪臺灣縣界六十五里；諸羅縣南至蔦松溪臺灣縣界一百一里，北至大雞籠六百五里，南北延袤一千一十七里，而道里遠近乃定。陳溍川中丞北路路程自郡城至八里坌四百七十七里，淡水港以下溪湧潮吞過嶺踰海，一自北港水路由內，北投至雞籠二百二十一里；一自北港上岸由外，北投至雞籠二百四十二里，約畧相同，可證郡志之誤。

清·戴殿泗《風希堂詩集》文類卷一《岡底斯山即昆侖山考》 聖祖皇帝遣使測量宇内山川，以拉藏阿里地岡底斯山爲大地衆山之根，繪爲《輿地全圖》。皇上底平西域，再遣占度，增繪輿圖，廣極四海，於是大地脈絡瞭如指掌，恢恢乎超出禹益山經之外也。

清·傅恒奉敕修《御批歷代通鑑輯覽》卷一五《漢》 元狩元年五月乙巳晦日食，遣博望侯張騫使西域。【略】《漢書·西域傳》：「河有兩源，一出蔥嶺，一出于闐。于闐河北流，與蔥嶺河合，東注蒲昌海。其水亭居，冬夏不增減，皆以爲潛行地下。東出於積石，爲中國河」云。考河源不見於《經》，言之者自漢張騫始。然所云于闐、蔥嶺兩源，杜佑、歐陽忞等俱斥其非，《山海經》、《水經注》所紀，又荒遠不經，唐劉元鼎、明釋宗泐所言稍合，又各不同，惟元潘昂霄爲都實，撰《河源志》説最詳。本朝康熙間，屢遣使臣考求河源，測量地度，繪入輿圖。河實導源於西番之巴顏喀喇山東，名阿爾坦河，東北流三百餘里，合鄂敦塔拉諸泉，滙爲查靈、鄂靈二海子，迴環曲屈，凡二千三百餘里入河州界，爲中國黄河。蓋河源更出鄂敦淖爾之西，視元都實所志更得其真矣。

清·徐元文《俄羅斯疆界碑記》 皇帝撫有天下，殊方重譯，罔不賓服，師武既揚，文教亦訖，蕩蕩巍巍，以成大一統之治。惟俄羅斯國在黑龍江西北陲，夙嘗通使效貢。後其邊人弗戢，潛入雅克薩築城，以處擾我屬部獵户，使我獵户弗寧厥居。於是廟謨柔遠，先之以文告，既不共命，則移偏師攻其城，克之。惟皇帝德並天覆神武，不殺所獲之俘，悉縱悉遣，且資之舟車餱糧，俾返其所，王旅既旋抄略，未已，則興師復圍其城，彼乃遣使講好，請定疆域。康熙二十有八年夏，皇帝遣領侍衛内大臣索額圖等至於尼布(潮)〔楚〕之地，宣佈德意，俄羅斯國使者費岳多羅額里克謝等皆悦服，相與畫疆定界，使我邊人與其國人分境捕獵，期永永輯睦，無相侵軼。約既定，勒之貞石，以昭大信，垂諸久遠。專列如左：

一、將由北流入黑龍江之綽爾納，即烏倫穆河相近格爾必齊河爲界，循此河上流之石大興安嶺，以至於海，凡嶺南一帶流入黑龍江之溪河，盡屬我界，其嶺北一帶之溪河，盡屬俄羅斯國界。

一、將流入黑龍江之額爾古納河爲界，河之南岸爲我屬，河之北岸爲俄羅斯屬，其南岸之眉勒爾客河口所有俄羅斯房舍，遷移北岸。

一、雅克薩之地(額)〔俄〕羅斯所治之城，盡行除毁，所居俄羅斯人民及諸物，聽撤往察汗汗之地。

一、兩國獵户人等毋許越界，如有一二小人擅自越界捕獵偷盗者，即行擒拿，送所在官司，准所犯輕重懲處，若十數相聚，持械捕獵殺人搶掠者，必奏聞，即行正法，雖有一二人犯禁，彼此仍相和好，毋起釁端。

一、從前我大清國所有俄羅斯之人及俄羅斯國所有我〇大清國之人，仍留如舊，不必遣回，嗣後有逃亡者，不許收留，即行送還。

一、和好既定，以後一切行旅有准令往來文票者，許其貿易不禁。

清·潘相《琉球入學見聞録》卷一《星土》 臣按【略】明洪武庚午，南夷宫古島、八重山島始入貢中山。永樂癸卯，尚巴志始平，山南、山北國合爲一，仍稱中山王。顧其星野之度、地輿之圖無傳焉。康熙五十八年，聖祖仁皇帝初遣精習理數之内廷八品官平安、監生豐盛額偕册使海寶、徐葆光同往測量，定其分度次舍。葆光更留心記覽，考其疆域，觀其形勝，去疑存信，繪圖以獻，附於禁廷新刊朝鮮、哈密、拉藏屬國等圖之後。三十九府某列於中，三十六島星羅於外。北恃葉壁，尾閭控其後，敵虞落漈即尾閭也，臺灣淡水外亦然。南憑那霸，馬加鎮其前，舟懼衝礁詳見後，洵海表之鉅藩也。恭讀列聖詔書、皇上勅諭，皆屢諄命國王祇承寵眷，永延宗社，長作屏藩，乾坤覆載之恩，河山有誓，方兹褊矣。從兹扶桑守土，益勵忠純，北拱星垣，南綏島嶼，世世享王，恭承我聖天子之丕顯休命。

清·徐葆光《中山傳信録》卷四《星野》 琉球分野，與揚州、吴越同屬女牛星紀之次，俱在丑宫。臣海寶、臣徐葆光奉册將行，上特遣内廷八品官平安、監生豐盛額同往測量。舊測北京北極出地四十度，福建北極出地二十六度三分，今測琉球北極出地二十六度二分三釐，地勢在福州正東偏南三里許。舊測福建偏度，去北極中線偏東四十六度三十分。今測琉球偏度，去北極中線偏東五十四度，與福州東西相去八度三十分。每度二百里，推算徑直海面一千七百里，凡船行六十里爲一更，自福州至琉球姑米山四十更，計二千四百里，自琉球姑米回福州五十更，計三千里，乃繞南北行，里數故少爲紆遠耳。向來紀載動稱數萬里，皆屬懸揣，今逢皇上天縱，推日晷遠近高下以定里數，與圖幅員，瞭如指掌，海外弹丸，今見準的，智能量海，功媿指南矣。

乾隆五十三年敕撰《欽定平定臺灣紀略》卷六二 （乾隆戊申六月初六日丁酉）福康安、徐嗣曾同奏言：「【略】臣現在已無應辦之事，即於五月初九日由鹿耳門登舟。初十日獲有順風揚帆，行至日暮，抵黑水洋地方，距澎湖内澳二十餘里，風息，不能前進，測量該處海水甚深，碇索長至六七十丈，總未沉底，難以寄泊，即在洋面往來飄蕩。【略】」

清·傅恒奉敕修《平定準噶爾方略》正編卷九乾隆二十年春三月 癸卯。命侍郎何國宗測量西陲度數。上諭大學士曰：「西師報捷，噶爾藏多爾濟抒誠内附，西陲諸部相率來歸，願入版圖。其日出入、晝夜、節氣、時刻，宜載入《時憲書》，頒賜正朔，以昭遠裔向化之盛。侍郎何國宗素諳測量，著加尚書銜，帶同五官正明安圖、司務那海，前往各該處測其北極高度、東西偏度，繪圖呈覽。所有《坤輿全圖》及應需儀器，著何國宗酌量帶往。」

清·傅恒奉敕修《平定準噶爾方略》正編卷二四乾隆二十一年春正月 辛

未。上諭軍機大臣曰：「【略】授努三爲三等侍衛，同左都御史何國宗前往伊犁，測量地理。」

清・傅恒奉敕修《平定準噶爾方略》正編卷二六乾隆二十一年夏四月　丙午。命左都御史何國宗會同劉統勳，考驗西域山川道里。上諭軍機大臣曰：「何國宗奉差前往伊犁，測量晷度，繪畫地圖，現由巴里坤一帶及額林哈畢爾噶等處辦理，約需半年。至冬間冰雪凝寒，著仍回至巴里坤居住，俟明春再往辦理。並著劉統勳會同前往，將該處山川道里詳悉考驗，纂録進呈。」

清・徐松《新疆識略》卷一《新疆總圖》　乾隆二十年，平定準噶爾。高宗純皇帝命都御史何國宗率西洋人，由西北兩路分道至各鄂托克，測量星度，占候、節氣。二十四年，諸回部悉隸版籍，復命明安圖等前往，按地以次釐定，上占辰朔，下列職方，備繪全圖，永垂徵信，西域之有圖自兹始。夫以大地形勢言之，中華當大地東北，西域當中華西北，而於大地則爲正北。今新疆各城伊犁距京師一萬零六百一十里，塔爾巴哈台距京師一萬零二百八十里，庫爾喀喇烏蘇距京師九千五百五十里，烏魯木齊距京師八千八百四十里，古城距京師八千三百五十里，木壘距京師八千一百七十里，巴里坤距京師七千五百一十里，是爲北路之道里；喀什噶爾距京師一萬二千七百九十八里，英吉沙爾距京師一萬二千五百八十八里，葉爾羌距京師一萬二千二百二十八里，和闐距京師一萬三千零三十八里，烏什距京師一萬一千零五十八里，阿克蘇距京師一萬零八百一十八里，庫車距京師一萬零一十八里，喀喇沙爾距京師八千九百五十里，吐魯番距京師七千九百三十里，哈密距京師七千一百八十里，是爲南路之道里。道里既定，則躔度可稽，以伊犁言之，日行晝夜其出入時刻惟二分，與京師同，春分後晝刻漸長於京師，秋分後晝刻漸短於京師。冬至爲短之極，日出遲十三分，日入早十三分，較京師晝刻短一刻十一分，冬至後漸贏，至驚蟄日出遲二分，日入早二分，春分與京師齊焉。夏至爲長之極，日出早十三分，日入遲十三分，較京師晝刻長一刻十一分，夏至後漸縮，至白露日出早二分，日入遲二分，秋分與京師齊焉。旁及各城，可以類率。至於節氣，中氣交入時刻，伊犁較京師早九刻二分，南北兩路有較伊犁早者，喀什噶爾早伊犁二刻三分早京師十一刻五分，英吉沙爾早伊犁二刻早京師十一刻二分，葉爾羌早伊犁一刻九分早京師十刻十一分，烏什早伊犁一刻二分早京師十刻四分，阿克蘇早伊犁十二分早京師九刻十四分，和闐早伊犁六分早京師九刻八分，有較伊犁遲者，哈密遲伊犁三刻二分早京師六刻，巴里坤遲伊犁三刻早京師六刻二分，木壘遲伊犁二刻五分早京師六刻十二分，吐魯番濟木薩遲伊犁二刻早京師七刻二分，烏魯木齊遲伊犁一刻十分早京師七刻九分，喀喇沙爾遲伊犁一刻五分早京師七刻十二分，塔爾巴哈台遲伊犁一刻二分早京師八刻，庫爾喀喇烏蘇遲伊犁九分早京師八刻八分，庫車遲伊犁三分早京師八刻十四分。蓋不得其道里，無由測躔度，不得其躔度，無由候時刻。矧回部之境，當阿勒坦郭勒西北爲黄河真源所自出，乾隆四十七年，命侍衛阿彌達窮河源，考其濫觴自葱嶺始，於是按以極星之出地高下，定以中星之偏東偏西，考喀什噶爾河源當極星四十度八分，中星偏西四十三度二分，葉爾羌河南源當極星三十六度六分，中星偏西三十九度，葉爾羌河西源當極星三十七度至三十八度，中星偏西四十二度，和闐河東源當極星三十六度，中星偏西三十五度，和闐河西源當極星三十六度，中星偏西三十六度八分，阿克蘇河西源當極星四十一度，中星偏西三十九度八分，阿克蘇河東源當極星四十一度八分，中星偏西四十七度，其四河交會之處當極星四十度四分，中星偏西三十五度五分，自此東流達於羅布淖爾，其地當極星四十度至五分，中星偏西二十八度至二十七度，又東經吐魯番城，其地當極星四十三度，中星偏西二十六度，又東經闢展城，其地當極星四十二度八分，中星偏西二十五度，又東經哈密城，其地當極星四十二度八分，中星偏西二十一度八分，自羅布淖爾伏流一千五百里而出於阿勒坦噶達素齊老，乃爲黄河考古説之異同，彰河宗之靈蹟，皆資西域之地圖，以作千秋之定論，則所裨益豈淺鮮哉！謹約南北兩路，繪爲總圖，並撰新疆疆域水道總敘二篇，系以道里、水道二表云。

《清聖祖仁皇帝實録》卷一二六康熙二十五年五月庚寅　諭《一統志》總裁勒德洪等：「朕惟古帝王宅中圖治，總覽萬方，因天文以紀星野，因地利以兆疆域，因人官物曲以修政教，故《禹貢》五服，職方九州，紀於典章，千載可睹。朕纘紹丕基，撫兹方夏。恢我土宇，達於遐方。惟是疆域错纷，幅員辽阔，萬里之远，念切堂阶。其間風氣群分，民情類别，不有綴録，何以周知？顧由漢以來，方輿地理，作者頗多，詳略既殊，今昔互異。爰敕所司，肇開館局，網羅文獻，質訂圖經，將薈萃成書，以著一代至鉅典。名曰《大清一統志》。特命卿等为总裁官，其董率纂修官，恪勤乃事，務求采搜闳博，體例精详，厄塞山川，风土人情，指掌可治，画地成圖。萬幾之餘，朕將親覽。且俾奕世子孫，披牒而慎維屏之寄，式版而念小人之依，以永我國家無疆之曆服，有攸賴焉。卿其勉之。」

《清聖祖仁皇帝實録》卷二八三康熙五十八年二月甲寅　諭内閣學士蔣廷錫：「《皇輿全覽圖》，朕費三十餘年心力，始得告成。山脈水道，俱與《禹貢》相合。爾將此全圖，並分省之圖，與九卿細看，儻有不合之處，九卿有知者，即便指出。看過後面奏。」尋九卿奏稱：「從來《輿圖地記》，往往前後相沿，傳聞傳會，雖有成書，終難考信。或山川經絡不分，或州縣方隅易位，自古至今，迄無定論。我皇上以生知之聖，殫格致之功，分命使臣測量。極度、極高差，一度，爲地距二百里。晝夜之長短、節氣之先後、日食之分杪時刻、都邑之遠近方位，皆於是乎定。天道地道，兼而有之，從來輿圖所未有也。南北兩大幹，一幹自崑崙東北，歷西番境，至興安嶺，達於盛京，南折入朝鮮境入海；一幹自崑崙東南，歷雲貴、廣西、湖廣、江西境，或東或北，折至閩浙入海。凡兩幹以南以北之水，大則名川靈瀆，小則泉澗溪潭，莫不順山脈以分流，隨地形而轉下，縈回盤帶，刻鏤繡錯，而尋源溯委，條貫井然，從來輿圖所未有也。關門塞口，海汛江防，村堡戍臺，驛亭津鎮，其間扼衝據險，環衛交通，荒遠不遺，纖悉畢載，星羅碁布，櫛比鱗次，從來輿圖所未有也。東南東北，皆際海爲界；西南西北，直達番回諸部，以至瑶池阿耨絶域之國。黄流黑水發源之地，皆琛賮所賓貢，版輿所隸屬。舉其土壤，驚爲創見之名，溯厥道塗，即可按程而至。以六合爲疆索，以八方爲門户，幅員該廣，靡遠弗屆，從來輿圖所未有也。皇上精求博考，積三十年之心力，核億萬里之山河，收寰宇於尺寸之中，畫形勝於几席之上。臣等荷蒙皇上教思不倦，得以瞻仰披尋，昔曾經過之區，宛然阡陌，素所未歷之境，不啻鄉閭。而於《禹貢》所書，古今圖誌所傳，平日有迷莫指，有惑莫祛者，一旦豁然貫通，涣然冰釋，此誠開闢方員之至寶，混一區夏之鉅觀，昭揭日月而萬世不刊者也。謹將原圖恭繳，伏求頒賜。」得旨圖著頒發。

《清高宗純皇帝實録》卷四九〇乾隆二十年六月癸丑　又諭：「西師奏凱，大兵直抵伊犂，準噶爾諸部盡入版圖。其星辰分野、日月出入、晝夜節氣時刻，宜載入《時憲書》，頒賜正朔。其山川道里，應詳細相度，載入《皇輿全圖》，以昭中外一統之盛。左都御史何國宗素諳測量，著帶同五官正明安圖，並同副都統富德，帶西洋人二名，前往各該處，測其北極高度、東西偏度，及一切形勝。悉心考訂，繪圖呈覽。所有《坤輿全圖》，及應需儀器，俱著酌量帶往。」

《清高宗純皇帝實録》卷五〇四乾隆二十一年正月辛未　又諭曰：「努三，著授爲三等侍衛，協同左都御史何國宗等，挈帶儀器，前往伊犂測量晷度。」

《清高宗純皇帝實録》卷五〇四乾隆二十一年正月己卯　諭同左都御史何國宗，前往伊犂等處測量之監副傅作霖，著賞給三品職銜；西洋人高慎思，著賞給四品職銜；俱照銜食俸，其馬匹廩給，亦即照銜支給。

《清高宗純皇帝實録》卷五〇六乾隆二十一年二月丙午　又諭：「現遣何國宗等前往繪圖。哈清阿奉到此旨，即不必追趕策楞，仍回巴里坤。等候何國宗到後，努三帶領一起由山北去，哈清阿帶領一起由山南去，分爲兩路，前往繪圖，一切著哈清阿俱問努三。」

《清高宗純皇帝實録》卷五一〇乾隆二十一年四月丙午　又諭曰：「何國宗奉差前往伊犂，測量晷度，繪畫輿圖。現由巴里坤一帶，及額林畢爾噶等處，辦理約需半年。至冬間冰雪凝寒。著仍回巴里坤居住，俟明春再往辦理。並著劉統勳會同前往，將該處山川道里，詳悉考驗，纂録進呈。」

《清高宗純皇帝實録》卷五一一乾隆二十一年四月乙丑　命何國宗專辦西域輿圖事務，劉統勛即馳驛回京。

《清高宗純皇帝實録》卷五一五乾隆二十一年六月癸丑　癸丑，諭曰：「何國宗現在降調，所遺左都御史員缺，著趙安恩補授；汪由敦著補工部尚書員缺；其刑部尚書員缺，著劉統勳補授。劉統勳未到之前，汪由敦仍辦刑部尚書事。趙宏恩以左都御史，仍兼管工部尚書事。何國宗現差往伊犂一帶測量，雖經降調，仍準服用原官頂帶，俟回京之日朕酌量另降諭旨。【略】」

《清高宗純皇帝實録》卷五二七乾隆二十一年十一月丙辰　又諭：「前命何國宗等，赴伊犂測量，並繪輿圖。今大段形勢，皆已圖畫，其餘處所，可以從容再往，是此事已屬完竣。何國宗及西洋人等，現已回至肅州。閒暇無事，可即令其乘驛來京。」著傳諭遵行。

清・陳浩《生香書屋文集》卷二《節孝詩序》　《節孝詩》一卷，余爲郭甥之母張孺人，徵諸大梁之友朋者。孺人爲先太夫人母弟武臣叔舅之季女，兩舅氏嘗與先贈公同居三十餘年，孺人生後，始移家京師。及其長也，兩舅氏皆久歿，余遂爲之主婚，歸大興郭君永磐。郭君，名諸生也，幼孤而家素貧，孺人親操井臼，能相夫子，得姑之歡心。踰兩年，生子長發，不一歲而郭君没，時孺人年二十有二。守志於艱苦之中，日藉針工以事孀姑，撫孤子，生養死葬，無不如禮。長發習舉子業，未就，遂入筭學。通圭黍勾股之術，見重於長官。嘗隨其祖母之弟大宗伯翰如何公往伊犂測量日景，雖精於西法者，皆以爲莫能過也。

清·金德瑛《詩存》卷三《送周緒楚中允出使琉球》 詔書飛賜重洋外，容易儒生奉此行。受職波臣潛息浪，知詩國相早聞名。大恩浹洽宣詞簡，海日鮮新逸興生。正值伊犁班朔候，使星遥對兩分明。時都御史何翰如奉命至準噶爾測量。

《清高宗純皇帝實録》卷五八六乾隆二十四年五月庚辰 諭軍機大臣等，回部將次竣事，應照平定伊犁之例，繪畫輿圖。明安圖、傅作霖，著賞銀二百兩；西洋人高慎思，籲請同行，亦賞銀二百兩；二等侍衛什長烏林泰、乾清門行走藍翎侍衛德保，各賞銀一百兩，德保仍授爲三等侍衛。整裝馳驛前往。

清·傅恒奉敕修《平定準噶爾方略》正編卷七二乾隆二十四年五月 五月庚辰朔，命欽天監監正明安圖等往繪回部地圖。上諭軍機大臣曰：「回部將次竣事，應照平定伊犁之例，繪畫輿圖，明安圖、傅作霖著賞銀二百兩，西洋人高慎思籲請同行，亦賞銀二百兩，二等侍衛什長烏林泰、乾清門行走藍翎侍衛德保賞銀各一百兩，德保仍授爲三等侍衛，整裝馳驛前往。」

《清高宗純皇帝實録》卷五九〇乾隆二十四年閏六月己卯 又諭：昨兆惠、富德等，將葉爾羌、喀什喀爾等處地圖呈覽。著發給明安圖、德保，至回部時按圖閱看。再將該處地形高下、日月出入度數測量，則易於定稿。又所至之地，其山河、城邑、村堡，若與此圖有不相符合者，即閱看更正。

清·傅恒奉敕修《平定準噶爾方略》正編卷七四乾隆二十四年閏六月 己卯朔。諭欽天監監正明安圖等，詳繪回部地圖。上諭軍機大臣曰：「昨兆惠、富德等將葉爾羌、喀什噶爾等處地圖繪畫呈覽，著發給明安圖、德保，至回部時按圖閱看，再將該處地形高下、日月出入度數測量，則易於定稿。又所至之地，其山河、城邑、村堡若與此圖有不相符合者，即閱看更正。」

《清高宗純皇帝實録》卷一一六〇乾隆四十七年七月己酉 命館臣編輯《河源紀略》。諭：「今年春間，因豫省青龍岡漫口，合龍未就。遣大學士阿桂之子乾清門侍衛阿彌達，前往青海，務窮河源，告祭河神。事竣復命，並據按定南針繪圖具説呈覽。據奏：『星宿海西南有一河，名阿勒坦郭勒。蒙古語「阿勒坦」即「黄金」，「郭勒」即「河」也。此河實系黄河上源。其水色黄，迴旋三百餘里，穿入星宿海，自此合流至貴德堡，水色全黄，始名黄河。又阿勒坦郭勒之西，有巨石高數丈，名阿勒坦噶達素齊老。蒙古語「噶達素」，北極星也；「齊老」，石也。其崖壁黄赤色，壁上爲天池，池中流泉噴湧，釃爲百道，皆作金色，入阿勒坦郭勒，則真黄河之上源也。』其所奏河源，頗爲明晰。從前康熙四十三年，皇祖命侍衛拉錫等往窮河源，其時伊等但窮至星宿海，即指爲河源。自彼回程覆奏，而未窮至阿勒坦郭勒之黄水，尤未窮至阿勒坦噶達素齊老之真源，是以皇祖所降諭旨，並幾暇格物編，星宿海一條，亦但就拉錫等所奏，以鄂敦他臘爲河源也。今既考詢明確，較前更加詳晰，因賦《河源詩》一篇，敘述原委。又因《漢書》『出昆侖』之語，考之於今，昆侖當在回部中，回部諸水，皆東注蒲昌海，即鹽澤也。鹽澤之水，入地伏流，至青海始出。而大河之水獨黄，非昆侖之水，伏地至此出而挾星宿海諸水爲河瀆而何？濟水三伏三見，此亦一證。因於《河源詩》後，復加按語，爲之決疑傳正。嗣檢閱《宋史·河渠志》，有云『河繞昆侖之南，折而東，復繞昆侖之北』諸語。夫昆侖大山也，河安能繞其南，又繞其北，此不待辨而知其誣。且昆侖在回部，離此萬里，誰能移此爲青海之河源？既又細閱康熙年間，拉錫所具圖，於貴德之西，有三支河，名昆都倫。乃悟昆都倫者，蒙古語謂『横』也，横即支河之謂，此元時舊名。謂有三横河入於河，蓋蒙古以横爲昆都倫，即回部所謂昆侖山者，亦系横嶺。而修書者不解其故，遂牽青海之昆都倫河，爲回部之昆侖山耳。既解其疑，不可不詳志，因復著《讀宋史河渠志》一篇。兹更檢《元史·地理志》，有河源附録一卷，内稱『漢使張騫道西域，見二水交流，發葱嶺，匯鹽澤，伏流千里，至積石而再出』。其所言，與朕蒲昌海即鹽澤之水，入地伏流意頗合，可見古人考證，已有先得我心者。按《史記·大宛傳》云：『於闐之西，水皆西流注西海；其東，水東流注鹽澤，潛行地下；其南，則河源出焉河注中國。』《漢書·西域傳》于闐國條下所引亦同，而説未詳盡。張騫既至蒲昌海，則或越過星宿海，直至回部地方，或回至星宿海，而未尋至阿勒坦郭勒等處。當日還奏，必有奏牘，或繪圖陳獻。而司馬遷、班固紀載，弗爲備詳始末，僅以數語了事。致後人無從考證，此作史者之略也。然則《武帝紀》所云『昆侖爲河源』，本不誤，特未詳伏流而出青海之阿勒坦噶達素，而經星宿海，爲河源耳。至元世祖時，遣使窮河源，亦但言至青海之星宿海，見其有泉百餘泓，便指謂河源，而不言其上有阿勒坦噶達素之黄水，又上有蒲昌海之伏流，則仍屬得半而止。朕從前爲《熱河考》，即言『河源自葱嶺以東之和闐、葉爾羌諸水，瀦爲蒲昌海，即鹽澤，蒙古語謂之羅布淖爾，伏流地中，復出爲星宿海』云云。今覆閱《史記》、《漢書》所紀河源，爲之究極原委，則張騫所窮，正與今所考訂相合，又豈可没其探本討源之實乎？所有兩漢迄今，自正史以及各家河源辨證諸書，允宜通行校閱，訂是正訛，編輯《河源紀略》一書。著四庫館總裁督同總纂等，悉心纂辦。將御制河源詩文，冠於卷端，凡蒙古地名、人名，譯對漢音者，均照改定正史，詳晰校正無訛，頒佈刊刻，並録入《四庫全書》，以昭傳信。特諭。」

《（嘉慶）大清一統志》卷一六〇《歸化城六廳·山川》 湖灘河朔在托克托城東十里，黄河東岸。《水經》所謂君子津，即在其地。本朝康熙三十五年，聖祖仁皇帝親征噶爾丹凱捷，駐蹕於此。觀黄河，測量東西兩岸，僅闊三十五丈，仰射而過五十餘步。

《（嘉慶）大清一統志》卷五四六《青海厄魯特·山川》 黄河【略】本朝威德遠布，幅員廣大，邊徼荒服皆隸版圖。我聖祖仁皇帝屢遣使臣往窮河源，測量地度，繪入輿圖，凡河源左右一山一水，與黄河之形勢，曲折道里，遠近靡不悉載，較之元人所志，又加詳焉。

《（嘉慶）大清一統志》卷五四七《西藏·山川》 岡底斯山【略】本朝康熙五十六年，遣喇嘛楚兒沁藏、布蘭木占巴，理藩院主事勝住等繪畫西海西藏輿圖，測量地形，以此處爲天下之脊，衆山之脈皆由此起。【略】我聖祖威德廣被，薄海内外罔不臣服，西南徼外窮荒不毛之土，盡録版圖，使臣測量地形，踰河源，涉萬里如履階闥，一山一水悉入圖誌。

清·李兆洛《養一齋集》卷五《序·皇朝一統輿地全圖序例》 康熙、乾隆兩朝《内府輿圖》，外間流布絶少。陽湖孝廉董方立精心仿繪，復博稽掌故，旁羅方志。自乾隆以來，州縣之改更，水道之遷異，皆參校確實而著之。以道光二年爲斷，東盡費雅喀，西極葱嶺，北界俄羅斯，南至於海，分爲四十一圖，大者數尺，小亦尺餘，門合既難，觀者不易，今總爲一圖焉。原圖依《内府》，以天度經緯分劃，天上一度當地上二百里。然緯度無贏縮，而經度自赤道迤北以次漸窄，則里數不可憑準，按一度當二百里，則一分當三里三分里之一，一秒當二十步，穹數即小有不齊，而大約無甚贏縮。今依《靈臺儀象志》實測，通南北畫爲每方百里，以取計里之便。而以虚線存天度之經度，使測天者仍可依傍。其緯度則每度分爲二，以應地上百里。南北以北極爲準，自黑龍江興安嶺北極出地六十一度，至廣東崖州北極出地十八度，相距四十三度。東西以京師爲中，東至三姓所屬海中大洲偏東三十一度，西至喀什噶爾偏西四十六度，相距七十七度。計里定方，南北八千六百里，東西一萬一千五百里。

清·佚名《臺湾府輿圖纂要·例言》 臺灣府四面皆海，繪輿圖者或於閩之東南繪爲一圖，固已失其形勢。或繪一彎而不知其藩蔽全省地方起止之處，亦差毫釐而謬千里。【略】郡邑志圖其可名而去其不可知。今則徵之故老，參以聞見，詳所名而及其可知，雖尚有不可知、不可名者，較其形勢，已異疇昔。由此化獷狉爲良民，舉前所不知之處而益詳其所知，又當進斯圖更議之矣。圖成，並將各廳縣山川、方向、道里、保屬備載條下，詳及册説，以便觀覽。

清·魏耆《邵陽魏府君事略》 （魏源）以前年英夷撫議，當事者爲其寫遠、不諳底蘊所致。遂於讀《禮》之暇，搜覽東、西、南、北四洋海圖紀述，輯《海國圖志》及輪船機器及圖説，成六十卷，以資控制。

清·曾國藩《奏爲遵繪安徽全省地圖並長江圖説事》同治三年八月十七日（清檔） 竊臣於同治二年十二月三十日接准總理各國事務衙門咨稱，該衙門具奏，飭令各省繪具地圖一摺，奉旨：依議。欽此。行知到臣，伏查兩江統轄三省，幅員遼闊，當經臣咨明，江蘇地圖由李鴻章繪呈，江西地圖由沈葆楨繪呈。其安徽地圖，爲臣現在駐紮之所，應由臣處繪呈。至長江數千里，近年中外交爭，關繫最重，自應另繪一圖，均由臣衙門辦理。旋經劄派分發補用知府劉翰清、選用縣丞方駿謨綜理其事。該二員淹雅詳慎，會同各屬地方官細查，將山川險阨、村鎮關津、水旱驛站，計里詳繪，遵照總理衙門所開二寸方格，每格當五十里，推測星度，按方繪填，計總繪安徽省圖一幅，分繪府圖八幅，直隸州圖五幅。至各州縣零星村集，自軍興以後，多經焚燬，詢訪綦難。若憑志乘舊圖，又恐歧誤失實，因仿照《康熙圖》之例，但將村鎮併入府圖，不復另繪縣圖，以昭核實。其長江一圖，從湖南巴陵縣洞庭湖口起，至江蘇崇明縣海口止，凡夫江面曲折，道里衺斜，磯港暗沙，夷館關卡，均經實測詳查，逐一登載。至輪船行江，最畏擱淺，其於江底淺深尺寸，講求甚精，現亦略仿其意，另行貼説，以便稽考。謹將安徽各圖，長江圖裝成全册，專弁齊遞，恭呈乙覽。與各省所呈之圖，未知體例相符否。總理衙門原摺限半年内彙齊，本應於七月初恭進，因臣前有金陵之行，遲誤月餘，合併聲明，所有遵繪地圖緣由，恭摺具奏，伏乞皇太后、皇上聖鑒。謹奏。

議政王軍機大臣奉旨：總理各國事務衙門知道，圖十五件併發。欽此。

同治三年八月十七日

清·江蘇省輿圖總局《蘇省輿圖測法繪法條議圖解》 督辦蘇省輿圖總局二品頂戴江蘇布政使劉、鹽運使銜江蘇候補道王爲刊頒事，案照繪辦蘇省輿地全圖，本局於同治三年十二月十六日據候補知縣沈令寶禾、前署南匯縣學吴訓導汝渤擬呈條議二十則，圖解另紙轉詳宫保爵撫部院李，奉批：沈令等所議各條並各器圖式，均屬可行。惟逾限已久，必應趕緊辦理，庶可以速補遲，仰即通頒各屬遵照如法繪造，趕早蕆事等因准此。本局覆查原議包舉大綱，詞旨簡約，猶恐其中勾股算術等項，各該縣承辦紳董一時未易周知，當再稟明宫保爵撫部院諭令局紳候選員外郎沈善登，候選從九品金德鴻更加參酌，逐條分列細目，注釋詳明，並改算爲量，增訂圖解，冀可妥速遵辦。仰蒙允行，兹將酌定各條並各圖解刊頒如左。同治四年四月。

清・瑞麟《奏爲進呈廣東省輿地圖説事》同治七年八月二十六日（清檔）

竊查同治三年正月十四日准總理各國事務衙門咨，同治二年十二月二十日具奏，詳考各省邊界圖籍，請飭各省詳繪細圖，貼説造册一摺，奉旨：依議。欽此。抄録原案並恭録諭旨，知照前來。撫臣郭嵩燾先將粤東沿海圖一幅，咨送總理各國事務衙門備查。嗣因查核本省舊存圖稿以及省志府州縣志一切圖説，與現在情形不甚符合。前督臣毛鴻賓前與撫臣郭嵩燾，即於是年三月十一日督飭在省司道開局查辦，遴委本省耆宿、紳士、國子監學録銜舉人陳澧等在局編纂，併通飭闔省丞佐牧令親自履勘，訪求考訂，分别繪具圖説，由府縣復核，陸續送省局（子）〔仔〕細稽考，以壓邑合府州挨順繪畫編。適奴才於同治四年三月初六日兼署督篆，隨時調核，遇有稍涉□似□次第駁飭修改。兹已繪造完成，舉凡沿邊腹□，中外按□之區，山川形勢，關隘扼塞，城鎮村落，方向道里，遠近險易，文武駐紮，營汛兵數，圖内未能詳注者，一一編纂入册内，省局司道詳請奏咨前來，奴才覆加稽核，并檢舊存各項志書圖説，一一校勘。此次新辦，雖未必毫無疎漏，而大致實已靡遺。兹將繪造廣東輿地總圖、分圖一百六幅，計一匣，圖説三十六本，計四函，敬謹裝潢，恭呈御覽。特另具圖册，分咨軍機處，及總理各國事務衙門外，理合恭摺具陳，伏乞皇太后、皇上聖鑒。再，查陽江一邑，改州改縣，尚未定案。又新寧赤溪地方，議設同知司獄，更改營制，移紮弁兵，亦未辦實。是以現繳圖册，未經奏敘，合併陳明。謹奏。

同治七年十一月二十三日軍機大臣奉旨：知道了。圖一匣，圖説四函，留覽。欽此。

八月二十六日（奏）

清・文碩《奏爲遵旨核議台站事宜並將本境輿圖恭呈御覽事》同治十年十一月二十五日（清檔）　竊同治十年十月二十四日承准軍機大臣字寄。九月十九日奉上諭：神機營王大臣奏請鑒飭邊外台站一摺，著理藩院定安、慶春、奎昌、榮全、多布沁、紮木楚、文碩、張廷岳、阿爾哈什達，按照該王大臣所奏詳細情形，悉心覈議，奏明舉辦。該將軍、都統、大臣等所屬蒙古旗界應設之台，向歸何旗安設者，並著繪圖貼説，詳細奏聞。其應籌各台經費，一併覈實，奏請撥用。榮全前赴伊犁後，尤應豫籌久遠。著奎昌、榮全、多布沁、紮木楚、文碩，妥爲核議，奏明辦理。原摺片均著分别抄給閲看等因。欽此。仰見朝廷整飭郵傳，用資邊備之至意。除察哈爾、烏里雅蘇台、庫倫、綏遠城所屬各台，應由各該將軍、都統、大臣隨宜籌度，妥議奏聞。其慶岱至哈達圖正站、腰站三十六台，舊留常駐之喀拉沁旗兵，直隸、察哈爾都統統轄節制。祇當台差，併無本屬。盟長紮薩克私差雜役者，已歷百三十餘年之久。現在户族較前繁衍，應否更易章程，此項人丁如何安置，抑祇應從而整飭，餘仍舊貫，俾久駐官兵尤深感奮，無虞驚擾失所之處，計該都統自已妥酌覆奏外，謹將科布多全境輿圖敬謹貼説，恭呈御覽。應議本屬台站事宜，請併陳之。奴才伏查科布多專管舊設之台三路：曰東七台，是通烏里雅蘇台之站，設有管站臺吉一員。曰北八台，是通素果克卡倫之站，設有管站參領一員。以上二路官兵向由定邊左副將軍在三音諾彦、紮薩克圖罕兩部落僉派。曰南八台，是通古城之站，設有管站參領一員，官兵系由紮哈沁總管屬旗僉派。同治六年，以古城無站可接，暫撤察罕通古迤南三台。沙紮蓋迤北五台，依仍其舊，爲通四十一台設也。西路舊本無台，同治三年，明誼奉命會勘西界，以烏魯木齊時值戎嚴，道途梗塞，請將西陲摺報公文，改由北路馳達，於是始行添設。在霍碩特、紮薩克台吉屬旗一台，新吐爾扈特郡王貝子屬旗各二台，阿勒台、烏梁海兩翼七旗，每翼各三台，計十一台，合前而爲四路矣。四路台兵，每站自五名至十一名不等。章京、崑都、筆齊克齊皆由此内擇委，每名歲支鹽菜銀十八兩，糧一石六斗，本折各半，搭支麇羊。東路每台歲賞價銀十四兩，北路每台歲賞價銀四兩，南路八台歲賞價銀八兩，皆由雜款動支，有餘不敷例無找繳。西路各台初未議及羊價，四路烏拉每台馬自十四至五十五匹不等，駝自五隻至二十二隻不等，同蒙古包、薪糞皆由官兵自備，官不預聞，此向來辦理章程也。本年八月敬悉，榮全奉命馳赴伊犁，接收城治，佈置事宜。計後此之馳傳公文摺報、轉運軍火餉銀，較前殊關切要。東、西、南三路額設台兵駝馬，洵恐不敷應用，似宜酌量加增。先是聞得該署將軍擬俟奏調官兵到後，乃定行期，故調各路台員來城面議。擬俟督同酌定奏明辦理，繼接烏里雅蘇台將軍大臣等知照榮全，擬改於九月初四日即便起程，因令前調管站諸員先行留辦台差。已而榮全過後，正擬復傳會議間，適奉交覈議，神機營王大臣條陳摺片，經軍機大臣遵旨抄寄前來。查該王大臣陳奏各節，皆爲整頓軍台、剔除積弊、保全驛路以利郵傳起見，所議固多可行之舉。第各處情形亦不盡同，自應分别籌畫，以期各適其宜。惟請禁勒索淩虐一節，則爲各台通病，而設立布倫托海之後數年來，科布多、烏里雅蘇台所屬台站苦累情形爲尤甚焉。蓋口外地方，向無驛行旅寓，故自戍兵換防而外，一切官差，雖腹省例不馳驛之事，亦皆爲傳台站。然當承平之日，西路各城自貢馬差使而外，餘俱取道嘉峪關、阿勒泰軍台一路，祇供烏里雅蘇台、科布多、庫倫三處差務往來，一年不過二三十起，無難應付。是故出差官兵丁役，或有需索如廩羊之外，復取喝茶不收食羊而支折色。應需駝馬之外，必索備用烏拉。名曰恐悞公差，寔則爲覓蠅頭小利。台站官兵雖不樂從，而以所取無多，遂爾隱忍不言，以致相沿日久，積成牢不可破。邇年差徭繁重，陋規遂亦增多。而勒索之術，較前尤爲刁健。供應少不如意，即便箠楚隨之，此各台通病之源，而台兵動輒藉端潰散之由來也。至若科布多所屬台站，自設布倫托海以後，雜差重於官差，搶劫甚於需索。初祇西南兩路諸台，自上年入冬以後，東台亦複不免。烏里雅蘇台所屬諸台併波及之，故曰情形尤甚。現值整頓軍台之時，應以嚴禁雜差爲釜底抽薪之策。其餘真正官差，亦宜酌量緩急，可省則省，可併則併。其有關機宜緊要勢不可省之事，則應如該王大臣所議，申明禁令，違者由管站官員揭報，該管將軍大臣參劾懲辦，此請飭通行者也。至所議每台連額設烏拉，以駝百隻、馬五十匹爲定數，戈壁地内即備駱駝一百五十只。倘再不敷，應令添雇搭用，給發工價銀兩，當差官兵分别給予口分，仍甄别優劣，奏請勸懲一節。查西陲驛路未及一律肅清，以前科布多台站差徭固云繁重，第兵差過境，究非常有之事。其餘馳傳輸轉之兵差過境情形，又自不當差官兵，自應甄别勸懲。茲擬每届一年考覈一次，應奬勵者，覈其勞績，分别請奬。事屬無心，情有可原之過，隨時存記，年終量予罰懲。若有重大劣跡，則應隨時懲儆，不在年終考覈之例，此酌擬本屬台站事宜也。如蒙允一切支款，請自本年冬季起支。每年計增經費銀一萬一千餘兩，已經估入，請撥來年邊餉項内矣。至進取伊犁，設法安台以資經久一節，查塔爾巴哈台、伊犁兩城舊驛比年盡成險峻荒墟，萬不獲已。惟有由塔爾巴哈臺屬霍博克賽里，或南行取道綏徠縣屬之沙山，於庫爾喀拉烏蘇所屬之西湖各民團地，而以達精河而至伊犁城治。否則北行取道葦塘子一帶，以達伊犁。第聞往來人言，由此經行，勢非假道俄國不可。然則以與取道沙山子等處民團相較，猶覺彼善於此。且恭讀七月十七日欽奉諭，是方籌議規復伊始，彼時伊犁情形若何，既弗深悉，後路勁兵又難指顧而來。該署將軍以欽使大員似亦不宜卒然輕進，致使俄人或轉得而挾制之，而沙山子與伊犁轄境相距不過數程之地，一切見聞較確，便於籌度機宜。若榮全先於此處暫立行營，一以確探寔情，一以拊循黎庶，維繫人心，以遏俄人東行之計。預謀後算，因機以圖西進之征，或亦慎重規復之一法。奴才區區之意，尤在於此，故於覆奏奉查道里情形摺内，謹以該署將軍或可取道沙山子一路爲言，一面函致榮全，一面檄行委員李昶，令查西湖一帶民情。併擬自布倫托海至西湖千餘里中，酌設驛程十七八所，以達公文而資轉運。雖然非不知即此，亦非萬全之策，周章費力，節節爲難。第因前奉飭諭極嚴，事機又極緊要。既有一路稍覺可行，自應勉圖人事，何敢隱而不奏，因噎廢食。至於十分把握，原難逆覩。而俄人叵測黠詐，不可不防。故奴才前於聞報具陳摺内，即有熟籌再四，勢難兩全之奏也。茲奉上諭，以此時伊犁既不可置爲後圖，飭令奴才會同奎昌等妥爲覈議，豫籌久遠。而昨接委員李昶來稟，知榮全於十月二十八日行抵布倫托海。十一月初二日，由彼起行，前往霍博克賽里，則安台事宜，尤宜定議。第沙山子、葦塘子是自霍博克賽里岔路南北兩途，不相連屬。而自八月以來，每與榮全議及西行路徑，則謂道須臨時酌定，不能事前預議。直至行將出境，始於知照烏梁海台站疲玩文内附及取道葦塘子一語，繼而又有文來，行令奴才將庫爾喀拉、烏蘇迤東台站妥爲備辦。查該署將軍既欲取道葦塘子，則由霍博克賽里前往。路甚直捷，無須再繞庫爾喀拉烏蘇。乃榮全既欲取道北行，又令轉向西南設站，是何辦法，奴才未能明晰。若不議歸一致，深慮致舛事機。又自葦塘子前往伊犁，是否假道俄國，抑該署將軍别有措置，奴才亦未知悉。前已差員持文，前往該署將軍行營籌商一切。俟榮全咨覆到日，再與奎昌、多布沁、劄木楚公商覆奏。至後路官兵，若已有信前來，應由奴才等先行商辦應需款目。亦請通計緩急盈絀，一面提用，一面奏明歸補。謹將現在情形先行奏聞，所有遵旨覈議台站事宜，併將本境輿圖恭呈御覽緣由，理合恭摺具陳，伏祈皇太后皇上聖鑒。謹奏。

軍機大臣奉旨：該衙門知道，圖留中。欽此。

同治十年十一月二十五日

清・鄒伯奇《鄒徵君存稿・與馮竹儒帖》 數年闊别，音信疎隔，兩地行止，俱覺茫然。近從陳蘭甫處傳葉某口信，始知賢弟委管上海鐵廠，製造器具，甚爲便捷云。余則自上年正月，郭撫臺延請開局繪廣東地圖，今尚未脱稿。初，余欣然欲教人行測，頗購諸器，又搜求番字沿海之圖，自南洋至黑龍江口數十幅，又得番字行海洋曆所載日月星辰行度，最爲細密，可據以測定隨地經緯矣。乃絶無過而問者，余亦手足疲倦，不任遠行，但坐玩過日而已。所爲圖，但守候州縣造送，而方向道里了無解者，展轉鬬凑，實難密合。同事趙子韶初秋夭折，煩懑之極，所得脩脯無多，而强作違心之事，方甚悔輕許人也。幸有招穀生多聞多見，日夕往來，講求測量，多所擬作。惟工料無資措給，托諸空言，亦殊未快。聞有鐵廠之務，甚欲投幕下。余代思，惟貴處可否增開一席，資其薪水，畀有安身，暢抒所藴，當不無臂指之助。

清・汪士鐸等《(同治)續纂江寧府志》卷一《輿圖》 地學有圖，元和已然。南宋人裝點景物，適形鄙陋，陳《府志》所載，識者哂之。吕《志》湔剔垢蔑，其見卓矣。顧其所爲圖，南上北下，既昧聖人南面而立之誼，又甚疏脱，不足備觀覽。同治中，丁雨生中丞日昌，乃爲蘇屬圖，牛毛繭絲，細密無不備。李雨亭制軍宗羲仿之，爲寧屬圖，并以虚綫清釐州縣界址，可不謂之美善兼備乎？其册有説，因坿載之，以周時用。大氐山川軌迹，皆自西而東，其横枝或小小不然，《禹貢》兩條四列可證也。至其名稱悉隨土俗，《春秋》公羊家所云名隨主人，庶幾便於識别，與作續輿圖弁於首，并驛遞坿於後，亦《禹貢》夾右碣石之義也。吕《志》圖已更正之。

清・黄沛翹《西藏圖考》卷首《西藏圖考例言五則》 一、修邊徼書，莫要於圖，而莫難於圖，西藏文字不同，非若修省志者，有縣府底稿之可採，兹勉强繪成總圖一幅，沿邊圖一幅，皆計里開方，發從前所未備。次將《西招》原圖及乍丫圖照臨附梓，皆繫之以説，雖不敢曰毫髮無爽，亦庶免扣槃捫燭之譏。識者鑒之。

清・黄沛翹《西藏圖考》卷一《藏圖小引》 自河圖洛書出而文字始興，故凡著書者，圖居其首，而山川險易，道里遠近，非圖不明，尤爲行軍者所必需。沛翹於同治年間忝綜黔省營務時，提黔者爲周渭臣軍門，其選將練兵，不過偶參末議。惟當調度之際，恒一一周諮於余，蓋黔省輿圖，余早知其大概，又於各營稟牘内，按其山川道里，與文案周馨之大令悉心考校，胥得其詳。故旌旆所向，靡不克捷。甫三載而全黔平，乃益知輿圖之關係匪輕也。謹按内府《西藏全圖》，外間未見臨本。惟松文清公《圖略》與盛氏繩祖《圖識》刊行，於蜀松圖最明確，而方向倒置，盛圖則模糊不可辨識，此余所以不揣謭陋，慨然作伏波聚米之謀也。當代偉人能於輶軒之便，博訪情形，與内府藏圖互證，而詳繪之，是則瓣香所常爇者已。

清・王軒等《山西省疆域沿革圖譜》卷一《疆域圖》 圖一

輯郡國之書志，道其詳圖，舉其要。古圖罕傳，獨晉裴氏秀、唐賈氏耽説僅存耳。稷山有石本《禹蹟圖》，言者因其計里析方，猥以鄉曲之私，影附先達，目爲司空遺墨，陋矣。然六體奥神秘，昭代始復大顯。潼厥淵源，終爲近古用推緒論，以測全晉疆域，參以近人所刻諸圖，寫登簡首，别依賈氏朱墨法，成圖五十，於郡縣因革、山川形勢、今制古蹟一一識别，與書互證，界畫微茫，閒闕記注，而周知所及一方典要已略備焉。

皇朝疆域圖一、分圖八，山川、關津、分防、營汛、驛站、釐卡、鹽池。歷代疆域圖二十六，附圖十六，古志山川七，水經注山川二，古蹟六，明代邊關一。

右疆域圖所列，古今形制畫備。總圖而外，皆朱墨兼施，期於明燎，閒有考證，即註幅側，徵實之學，不厭求詳也。歷代關戍統入古蹟，而邊防極重，於有期時近事晐，尤資前鑒，特别爲一圖，坿諸卷末。

圖二之一

輯往翼城高氏藏有直省州縣分圖，鈎畫精密。云先世摹之内府者，海内惟畿輔、關陝，整比郡縣圖志並行，得其髣髴，他不概見也。同治初，宛平沈文定公撫晉，嘗遣官履地，分繪儲爲底册，未遑付梓。然較所刻總圖特善，蓋總圖以壹統系非揆以天度準望，必至失真。分圖以正華離，但求之人迹形制，不難畢舉也。今高氏圖已佚，可據者獨有是册。爰加訂正，縮摹入書，凡府州廳縣一百十八圖，附圖者七，並類次之。

清・張之洞《奏爲遵旨測繪廣東全省海口纂訂圖説告成呈覽事》光緒十五年十月十二日(清檔) 竊臣前經承准總理各國事，衙門來電奉旨：著將沿海各口地形繪圖貼説，並將某營現紮某口，兵勇若干，何人管帶，有無礮臺，分别辨細注寫，以備考證等因。欽此。嗣准咨同前由，行令遵案諭旨，督飭所司繪刊簡明圖説，毋漏毋枝，進呈乙覽。並咨送軍機處及總署各署，以備稽核等因。當經分别恭録，咨行欽遵辦理在案。查廣東爲南洋首衝，近通港澳，遠接越南沿海各口迴，環廣袤四千餘里，内河外海，暗礁、明島叢雜林立，必欲測繪精審，考核詳明，斷非旦夕所能集事。當於光緒十二年後，立海圖館，派委户部主事趙濱彦、廣西候補道方長華等督飭通曉演算法、輿地之學生員弁等，分赴各海口，疊次履勘，詳確測繪，派候選道蔡錫勇在館總司其事。區分廣州省防、潮防、廉防、瓊防爲四路，約舉極衝、次衝、又次衝，分爲三等，就各路所繪草圖，所録條記，覆加匯合，繪爲總圖、分圖，詳爲之説。所有經費交銷各款，均已分晰奏咨立案，各該員生等出入風濤，無間寒暑，候潮夕，測沙礁，辨島嶼，凡輪帆可達之處，戰守緩急之宜，靡不周歷審視，反覆推求。義勇營調撥不常，礮臺逐漸增纂，均須隨時添纂改訂。自光緒十二年正月開辦起，截至十三年七月蕆事，臣於是年冬間乘輪巡海，隨帶測繪員生親歷四路，復就所繪各圖詳加核正，裁定義例，令内閣中書楊鋭删除繁蕪，鈎提綱要，定爲圖説一卷。大要以當務切用爲主，故略於前事，詳於近事，略於山川，詳於阨塞。凡圖中極衝、次衝、又次衝，均爲之説。若輪船所不到，守備所不及之處，皆從其略。其爲總圖五，廣東全省海口總圖一，各路海口總圖四分，分圖九，中路廣州省防分圖六，東路潮防、西路廉防、南路瓊防分圖各一，圖説一本，裝潢成帙，恭呈御覽。除將圖説咨送海軍衙門軍械處、總理各國事務衙門各一分外，理合繕摺具陳，伏祈皇上聖鑒。謹奏。

（硃批）：知道了，圖留覽。

光緒十五年十月十二日

清·世續等《清德宗實録》卷二七六　光緒十五年己丑十一月丙午，兩廣總督張之洞又奏：測繪廣東全省海口，纂訂圖説，告竣進呈。得旨：圖留覽。

清·佚名《奏爲湖南輿圖請准展限一年辦理事》光緒朝（清檔）　再，光緒十五年十一月初五日，接准會典館咨稱，現辦會典輿圖，應照奏定限期，於一年内測繪省圖暨府廳州縣圖各一分，附以圖説，解送到館等因。當經轉飭遵辦去後，兹據辦理湖南輿圖局布政使何樞等詳稱，即於藩司署内設局開辦。查各州縣所呈圖説，多係仿照志書。舊圖不知計里開方，或有圖無説，沿訛襲謬，均不如式。推原其故，蓋因輿地乃專門之學，又須兼通演算法，一時延訪難得其人。即令往返駁換，亦祇稽延時日，仍恐未能如法。現擬再行通飭各屬，如能自行招延通曉測繪之人，遵依格式妥辦，悉聽其便。否則稟由省局派人前往，代爲測繪，以期迅速蕆事。惟刻下規模粗定，限期已逾，惟有詳請展限一年，庶得從容辦理等情前來。臣覆查無異，除咨會典館查照外，合無仰懇天恩，俯准展限一年，俾得詳細測繪，免致草率訛誤。謹附片具陳，伏乞聖鑒訓示。謹奏。

（硃批）：著照所請，該衙門知道。

清·裕禄《奏爲測繪省圖及所屬府廳州縣分圖請展限年餘送館事》光緒十六年十一月十八日（清檔）　再，光緒十五年十月間準會典館咨，具奏詳陳畫圖事宜，以備采輯考訂一摺，行令奉天將舊界新界地度，沿邊沿海口岸，入海之支河、汊港，遴派留心地理之員，周歷訪查考訂測繪，列入圖中。不可有誤，仍列具詳説於後，奏頒開方圖式。予限一年，照式繪具省圖及所屬府直隸州廳分圖、州縣分圖，解送到館等因。當經通飭奏飭旗民地方官遵照辦理。惟查奉天志乘所存地圖，原係乾隆年間舊本。迄今年分久遠，不特旗民生聚，村屯之增設甚多，抑且河道遷移，荒蕪日闢，川原形勢亦與從前多有不同。且自光緒元年以後，東邊、北邊及海龍城等處分設州縣，畫界分疆，既非舊制，更無舊圖可循。自非周歷詳勘，另繪新圖，難期覈實。開方計里，尤須算學深通。奉省官紳中素日究心地理轉於測繪者，實難其選，奴才等因即咨商直隸督臣李鴻章、署船政大臣閩浙督臣卞寶第，調派天津水師學堂教習王慶熺、福建船政廠給事院學生陳清詳來奉，隨同查繪，藉資妥辦。該教習等於七月間先行到奉，即飭由省周歷各路，會同地方官履勘采訪，測畫詳記。兹據該委員等稟稱，奉省地面遼闊，袤延數千餘里，其間山川、市鎮所在甚多，每至一城，遍歷四境。非月餘及二十餘日，難以考測確實。查奉省自光緒十五年十月接准會典館來咨，如至本年十二月即屆限滿，爲期過迫，實屬趕辦不及，稟請展限前來。奴才等伏查奉省自增設州縣以來，與舊制既多同異，此次繪畫輿圖，自須確加釐訂，若必拘泥定限，轉恐測畫難詳。該委員等所稟委屬實在情形，應請展限年餘，俾令求詳，舉辦仍由奴才等隨時督令，從速、從實，不準稍涉稽延，一俟全圖繪成，即行送館采輯。以期妥協而昭詳慎，謹合詞附片陳，明伏乞聖鑒。謹奏。

光緒十六年十一月十八日奉硃批：著照所請，該衙門知道。欽此。

清·裕長《東道圖説便覽·凡例》　一東道全圖，自都城起，至通州交界止，繪圖二幅。自通州交界起，至三河縣燕郊止，計道七段，繪圖七幅。自燕郊起，至薊州白澗止，計道十段，繪圖十幅。自白澗起，至遵化州隆福寺止，計道十一段，繪圖十一幅。内附桃花寺兩間道繪圖一幅，朱華山兩間道繪圖一幅。自隆福寺起至西峯口及陵寢止，繪圖二幅，統計繪圖三十四幅。

清·世續等《清德宗實録》卷二九五　光緒十七年辛卯三月乙酉，總理各國事務衙門奏：派主事懿善等前往西藏測繪。依議行。

清·馬丕瑤《奏爲查勘邊地測繪不易請旨飭會典館展限事》光緒十七年三月二十五日(清檔) 再，光緒十五年十一月准會典館咨具奏詳陳畫圖事宜，並催各省速解志書冊籍，以備彙輯一摺，行文廣西，遵照奏限一年測(會)〔繪〕省圖，府廳州縣圖各一分，附説解送到館等因。當經行司照刊會典館所頒開方圖式注説，通飭各屬遵辦，一面遴派熟習地理員紳，前往會同查考測繪。無如邊省地方究心地理兼精測繪者實不易得，即訪有一二稍通測繪之人，又因沿邊暨界緊要，派往繪畫，勢難兼顧。且各屬志書，前於咸豐年間燬於兵燹，未能修復，毫無依據，概須逐一詳勘查繪。粗有繪送到司之處，未敢以爲確切無訛，即呈送之州縣，亦聲明無諳習之人，仍請派員復勘。邊地崎嶇遼闊，每一州縣非兼旬匝月，未能踏勘周妥，又不敢稍事率忽，驟難蔵事。據司局呈請具奏展限前來，臣覆查無異，相應懇恩俯准，飭知會典館展限年餘，俾得詳細查考測繪，以昭慎重。臣仍隨時督催，不得因展寬期限，遂事藉延，理合附片具陳，伏乞聖鑒。謹奏。

光緒十七年三月二十五日奉硃批：著照所請，該衙門知道。欽此。

清·張煦《奏爲繪典輿圖規模擬定限期已逾請旨准展限一年事》光緒十七年六月十五日(清檔) 再，光緒十五年十一月初五日接準會典館咨稱，現辦繪典輿圖，應照奏定限期，於年內測繪省圖暨府廳州縣圖各一分，附以圖説，解送到部等因。當經轉飭遵辦去後，茲據辦理湖省輿圖局布政使何樞等詳稱，即於藩司署內設局開辦。查各州縣所呈圖説，多係仿照志書舊圖，不知計里開方，或有圖無説，沿訛襲謬，均不如式。推原其故，蓋輿地之學乃專門之學，又須兼通演算法，一時延材難得其人，即令往返駁换，亦祇稽延時日，似恐未能如法。現擬再行通飭各屬，如能自行招延通曉測繪之人，遵依格式妥辦，悉聽其便。否則稟由省局派人前往，代爲測繪，以迅速蔵事。惟刻下規模甫定，限期已逾，惟有詳請展限一年，庶得從容辦理等情前來。臣覆查無異，除咨會典館查照外，合無仰懇天恩，俯准展限一年，俾得詳細測繪，免致草率訛誤。謹附片具陳，伏乞聖鑒訓示。謹奏。

光緒十七年六月十五日奉旨：著照所請，該衙門知道。欽此。

清·朱壽朋《東華續録·光緒朝》卷一〇六 光緒十七年九月戊辰，魏光燾奏：光緒十五年十一月二十五日準會典館咨稱現辦會典輿圖式、附圖説式，刊刻頒發。遵照奏定期限，於一年內測繪各府直隸廳州圖、廳州縣圖各一分，附以圖説，解送到館等因。當經行司轉飭各屬遵辦，並派員開局，總纂在案。查新疆幅轅遼闊，郡縣初開，畫界分疆，周勘測繪，均屬創辦，備極繁難。且沿途數千里，與各外部毗連，舊界、新界、卡倫、鄂博等類，尤關緊要。悉應載入圖中，詳著爲説。參稽考訂，動需歲時。開辦以來，竭力督催，一年之限，早經屆滿。現雖大致脱稿，尚須逐細詳核，屆計數月以内，仍難一律辦齊。合無仰懇天恩俯準，自本年十一月起，再行展限半年解送，以期詳晰核校，俾臻妥善。得旨：如所請行。

清·德馨《奏爲江西幅員遼闊測繪省圖及府經廳州縣各圖懇請展限一年事》光緒十七年十月十八日(清檔) 再，臣前接准會典館咨，現辦會典輿圖，應照奏定限期，於一年內測繪省圖暨府經廳州縣圖各一分，附以圖説，解送到部。嗣後准將議定章程並表格式咨會查照辦理各等因。當經先後轉飭遵辦，茲據辦理江西輿圖局布政使方汝翼詳稱，即於藩司署內設局開辦，查各州縣所呈圖式，覈與會典館頒發章程格式諸多不符，如應載營汛、驛站、塘鋪、鎮集、厘卡、税口、關津、衛所、隄堰、礮臺，以及屯紮防軍、練軍暨現設電線經由之處，均有遺漏。測望鳥里，必須測定天度，然後地形可得。各圖雖間有載明，恐多出於臆説，未呈爲準，表格亦未詳備，且有就志書舊圖，照樣畫繪，不知計里開方者，沿訛襲謬，舛錯殊多。惟原其故，蓋因輿地方乃專門之學，又須兼通演算法，一時遴訪難得其人。即令往返駁换，亦屬拖延時日，於事無濟。現擬再行通飭各屬，如能自行招延通曉測繪之人，遵依格式妥辦，悉聽其便。否則案由省局派人前往，代爲測繪，以期迅速竣事。惟江西幅員遼闊，上游南贛諸郡，界連粵東，崇山峻嶺，犬牙相錯之處，道路紛歧。下游饒州、九江諸郡，鄱湖爲衆水所匯，九江爲通商碼頭，其間江湖浩漫，支河、汊港，尤當加意詳繪。目下規模粗定，限期已逾，必須詳請展限，庶可從容辦理等情前來。臣覆查無異，除咨會典館查照外，合無仰懇天恩，俯准展限一年，俾得詳細測繪，免致草率訛誤，謹附片具陳，伏乞聖鑒訓示。謹奏。

光緒十七年十月十八日奉硃批：著照所請，該衙門知道。欽此。

清·張之洞、譚繼洵《奏爲測繪湖北省圖及府廳州縣圖關繫重要限期內難以竣事請准展限詳測事》光緒十七年十二月二十六日(清檔) 竊照光緒十五年十月二十八日准會典館咨恭頒欽定輿圖格式，限期一年測繪省圖、府廳州縣圖各一分，附以圖説，送到館等因。當經前督撫臣通飭遵辦，惟州縣諳悉輿地之學者甚少，又無測繪儀器，以故茫然無從下手。本年四月二十八日復准會典館咨到續定章程五條及表格一紙，精切詳密，始獲有所遵循。疊經轉飭湖北藩司，會同善後局司道，分別撥款遴員設局開辦各在案。竊惟會典一書，分典、例、圖三門。典、例所不能詳者，每藉圖以著明，而輿圖一門關繫重要，爲用宏多，吏事、軍事皆所取資，而軍事尤爲切於實用。康熙間中外戡定，遣使四出測繪輿圖，詳載經緯度分。乾隆間《欽定輿圖》，列入《會典·兵部》，迄今泰西各國咸以測繪輿圖專屬之武職各員。仰惟聖人立象垂法范圍莫外，實足爲萬世準繩。查測繪輿圖大要，在詳於山水之形與道里之數，而地形與天度相應，非將經緯度數實測實量，則山川形勢道里遠近多差誤。湖北素稱澤國，境内之水，江、漢爲大，江水西自巴東，東至黄梅，約行二千三百餘里。漢水北自鄖西，南至漢陽，約行一千九百餘里。江漢交匯，湖港雜出，民生利病，此爲大端。必應將流向曲折經過郡縣，匯注分流之支派，交錯斷續之堤垸，吞吐順逆之穴口，漲落廣狹之水界及當衝沙洲，緊要閘壩，從前湖身河道之可考者，一一實測，依率爲圖，始裨實用。至境内之山，則以鄖陽、施南、宜昌爲最多，襄陽、荆門次之。嘉慶中，教匪跳樑，賊蹤出没其間，致稽征討。山勢綿亘，毗連川陝，多扼塞天險之區，人跡不到之地。測量者，測山較難於測水，必應分別枝幹，以人行道里繞測山麓及山峰立距、平距之數，深山僻遠，雖難徧歷，亦必測定山峰平距高低，山脈斜度紆曲之勢。山水形勢不差，道里遠近悉合，則疆域、城鎮、驛站、營汛之類，始各有所附麗，以成分圖、總圖。前准會典館所頒表格，詳敘天度經緯，而山之要隘鑛産，水之圩堰津梁，均列其下，最爲得其要領。所有各府及直隸州廳各圖，自宜博考事實，附以圖説，簡括著明，不得空談形勢。其各州縣分圖即遵照表格之式，詳悉填注，無庸另撰圖説。迭據鄂省各府州縣陸續繪送諸圖，查與會典館格式章程多不符合，自應博訪精通算學、能用儀器之人，分詣湖北六十八州縣治所，測天定度，詳審形勢。於四邊之界，測其經緯度分與地面鳥里及人行里，開方命率，如法成圖，方有實際。當於本年五月在省城開設輿圖總局，派委道員錫璋、蔡錫勇會同藩司、善後局司道，遴選人材，購置儀器，擬議舉辦。揀委分省補用知縣鄒代鈞爲總纂，湖北即用知縣劉翰藻爲提調，招致員紳教授學生，以三十二人分爲四路，每路八人，共測一州縣之地。復派員紳三人住局，校定圖稾，共計專司測繪者三十六人，既須通曉測算，又須涉歷險阻，薪水、夫馬之費，自宜略予從優。至於測量儀器有必須購備者，如經緯儀、度時表以測天空各曜高弧，並校求時差，定各州縣治所及山川、險隘、市鎮之經緯。測向儀、記里輪、銅鍊尺以測地面鳥里及人行里，水道、湖隄、山勢之遠近；奪林儀、風雨表以測山峰之高低，均經轉向外洋價買，漸次購齊。惟各種儀器殊鮮通曉善用之人，必須轉相教授，學習通曉之後，又須精練目力、手力。若持器稍有動摇，目力稍有模糊，在天度如差一度，在地面即差二百里。事理精微，非倉猝所能嫻熟。湖北各府州縣西北多山，東南多水，既鮮平原曠蕩之區，跋涉艱難。復須實測實量，以期詳審精當，實非會典館所定一年限期所能竣事。現在分爲四路測繪，八人共測一縣，約月餘可畢。四縣統計以兩年測地，一年繪圖，三年始可竣事。如能多得精於測量之人，設法趕辦至速，亦須兩年有餘。測量夫馬之費概由局發，不致累及州縣，合計省内、省外需用經費及購備儀器，繪刻、工紙各項，需款甚鉅。鄂省庫儲支絀，實無閒款可籌。又未便派累州縣，此係奉旨飭辦之件，關繫通省水利江防邊防，擬請即在善後局釐金項下動支，以應要需，總期於餉需不致貽誤。以上各節，據湖北藩、臬兩司會同善後局輿圖局司道，詳請奏咨前來。臣等查湖北地處上游，綰轂南北，形勢最爲衝要。江、漢兩大水腹地，諸湖河一切水道隄工，非有精確圖本，其形勢不能瞭然。而鄖、宜、施三府萬山叢雜，界連川、陝，伏莽易生，素爲邊防戰守喫重之地。輿圖之作，實於地方利害得失所關匪細。前撫臣胡林翼因繪本省輿圖，推及各直省畫圖，悉遵内府圖式。惟當軍務倥傯之際，未暇詳求測算，兹以寰宇鏡清，恭逢朝廷簡命儒臣，纂修《會典》，頒發輿圖格式章程，自宜詳慎從事，方能精確適用。查會典館原奏内稱，多一圖有一圖之用，多一番考訂收一番考訂之功。此事亟須求詳舉辦，不宜更緩，期限卻不可太迫。又續發章程五條内開，實測天度經緯以爲開方計里之根，宜詳毋略。此係第一要事，不得草率含糊，以圖塞責等語，實爲切中窾要。測繪事體繁重，原限一年，實難告竣，合無仰懇天恩，俯准自本年五月起，展限兩年，俾得詳細測繪，以求精當而免訛誤。臣等仍當隨時督催趕辦，不令稍有耽延。除咨明會典館外，謹合詞恭摺具陳，伏祈皇上聖鑒訓示。謹奏。

(硃批)：著照所請，該衙門知道。

光緒十七年十二月二十六日

清·富爾丹《奏爲暫存内署盛京通志淵鑒類函各部書籍被毁請再行賞頒以資測繪輿圖事》光緒十八年四月十五日(清檔) 再，道光五年前將軍富俊奏准賞發武英殿各種書籍，向在司庫敬謹收藏。前年春初，准會典館行知測繪吉林輿圖。奴才長順因將庫内所藏《開國方略》、《盛京通志》、《淵鑒類函》各一部檢出備查，暫存内署。嗣遇火災，延燒官宅，書亦被燬。現在吉林纂修志書，廣搜書籍，不特《盛京通志》坊間難覓，餘亦均乏善本。合無仰懇天恩，仍將前項被焚書籍，每種頒發一部，以資稽考。謹將所請書名，開單恭呈御覽。如蒙賞頒，奴才等再行差員恭領。謹附片陳明，伏乞聖鑒訓示。謹奏。

（硃批）：另有旨。

光緒十八年四月十五日

清·李瀚章《奏爲廣東省會典輿圖繪成送館並未能一律遵辦實情事》光緒十八年六月二十七日（清檔） 再，光緒十五年十一月準會典館咨稱，現辦會典輿圖，擬就圖式、附圖説式奏明頒發，限一年内繪齊解送等因。臣嚴飭廣東藩司設局專辦，並遴派官紳延致耆儒妥慎經理。光緒十七年准會典館咨發表格一紙，又續發表格正誤一紙，均經臣飭局遵照。兹據廣東布政覺羅成允詳稱，繪成廣東省府直隸州總圖十六分，廳州縣分圖九十四分，彙訂爲十三册。又領防大圖一分，其圖齊具詳説，彙訂爲十二册，敘例一册，統共圖説二十六册，均係按照部咨頒式，依法測繪，分次纂輯，校勘無僞。惟待頒表式奉到之時，業已成書過半，勢難更改。聲明未能遵辦緣由，詳請奏咨前來。臣覆覈無異，除將圖説解館查收並將未能一律遵辦實情咨明查覈外，所事廣東省輿圖繪成送館緣由，理合附片陳明，伏乞聖鑒。謹奏。

光緒十八年六月廿七日奉硃批：知道了。欽此。

清·德馨《奏爲江西省測繪輿圖請加展限期兩年事》光緒十九年正月十八日（清檔） 再，江西省奉文測繪通省輿圖，並准會典館將議定章程並表格式咨送查照辦理。當經行據各屬測繪府廳州縣總、散各圖到省，由司覈與會典館頒發章程格式，諸多不符，詳准在於藩司署内設局委員開辦，並通行各屬延訪人才算學，赴上海等處購置測量儀器。因辦理需時，詳經臣奏請展限一年，奉硃批：著照所請，該衙門知道。欽此。欽遵轉行辦理去後，兹據總理江西全省輿圖局布政使方汝翼、督糧道巡南撫建道鄧蓉鏡會詳稱，江西省奉文測繪通省輿圖，至十七年冬季，始各稍有就緒。試測江西省城，接測鄱陽湖面。鄱湖爲衆水匯歸，素稱巨浸，春漲則汪洋無際，冬涸則港汊分歧，水陸兼行，頗費周折。一面另行委員，帶同測量諸生、書畫手分赴各縣各鄉，逐處細測。迄今一載，測定僅止南昌、瑞州兩府。蓋測量必得天晴，方可安放儀器，量定底線，測望鳥里人行，天雨道路泥濘，即難從事。去歲冬季雨雪載途，天氣嚴寒，水陸各處勉强施測。本年自春徂夏，雨多晴少，低窪各屬鄉村，多被被水淹，高低莫辨，人力難施。迨積水消退，已空費時日矣。至於高阜各屬崇山峻嶺，疊嶂層巒，每到一縣，測望山之斜度，並所占地盤真形及河道闊狹深淺，即須逾月之期。江西幅員既廣，地少平坦，與別省情形不同，難以從速，委屬實在情形。現計未測之處，南有十三府州屬六十七廳縣，以時計之，非數年不能蕆事。兹請展限一年，係在試辦之初，其中一切艱阻情形，未曾經歷。迨置備儀器等項，限期已去其半，開辦至今，始覺種種爲難，事出有因，非敢懈怠。若不續請加展，必致遲誤之愆。詳請奏懇加展限期兩年等情前來，臣覆查察，委係實在情形，合無仰懇天恩，俯准加展限期兩年，俾得詳細測繪，免致草率訛誤，出自鴻慈逾格。所有江西省測繪輿圖，請加展限期兩年緣由，謹附片具陳，伏乞聖鑒訓示。謹奏。

光緒十九年正月十八日奉硃批：著照所請，該衙門知道。欽此。

清·朱壽朋《東華續録·光緒朝》卷一一四 光緒十九年五月辛丑，依克唐阿奏：奴才準會典館咨欽奉上諭，開辦會典。所纂圖説，於直省沿革、疆域、天度、城署、山水、鄉鎮、屯站各條，均須詳實。查黑龍江送到十册，所開多有未能詳細畫一者。逐層指駁二十一條，並附表格式樣，以爲程式。咨行迅派幹員，分投履勘詳查，比較躔度。嚴催趕辦，以期確實等因前來。當即通劄各城，一律派員遵照趕辦去訖。疊據各城報送，遵照館咨附表格程式，繪造圖册到省，隨飭承辦各員細加核對。所有黑龍江、墨爾根、呼倫貝爾、興安城、布特哈五城圖册，均屬未能詳實，且與程式仍多不符。其天度一條，無人通曉。未經照辦。而呼蘭、巴彦蘇蘇、北團林子三城圖册，亦未能急切照辦。奴才伏念奉旨欽辦事件，未便以本省無人通曉天度，敷衍遷就。當即電致天津代訪精於測量之人，北來襄辦地勢□度。惟黑龍江幅員遼闊，山則有内興安嶺正幹，自喀爾喀、車臣汗、科爾沁部界之索約爾濟山，東入呼倫貝爾界。其支幹或分或合，環繞於黑龍江右岸，松花江左岸，爲五城盤輿之山。諸河發源之本，其脈絡聯綿，或起或伏，寛厚有千餘里者，有數百里者不等，長大總在六千餘里。其間重問疊嶂，亂峰聳拔，樹木蒽蘢，溪澗錯雜，不可勝計。水則有黑龍江、松花江、額爾古訥河、克魯倫河環繞，三面爲全省諸水歸宗巨川。計其長遠，亦在萬里之外。其中之嫩江、海拉爾河、喀爾喀河、漠河、瑚瑪爾河、呼蘭河、伊春河諸大水，悉發源於嶺之四面。水之小者，千派百流，盡行匯萃，而注之江。溯其源頭，流過龍口各地方，均屬不能切實。且秋冬積雪，堅冰至四五尺，行人不能踐履。春夏泥濘，坑漩深莫能測。又兼大河新渡，阻隔不通，實爲人跡難到之區。今既派員分往周歷履勘，必須相機前進，親臨山麓水源所在，方能測其水之深淺，山之高斜。上與天度符合，繪圖註説，乃能得實。然事爲地限，人力亦有不能施，將來承辦各員，任此艱難事件，能否悉合館章，非奴才所敢懸揣。即使往返履勘詳實，測繪或與表格程式大致相近，而逐條按圖核對，詳註總分各説，尤非朝夕所能竣事。合無仰懇天恩，俯念邊省地方曠遠，創辦測繪圖册，事事維艱，相應請旨寬予展緩限期，容奴才督飭測繪各員，分往各城，按照館章測量繪成圖册，再當派員送館。得旨：如所請行。

清・崧駿《奏爲浙江省測繪開方輿圖現已告成事》光緒十九年八月初三日（清檔） 竊准會典館咨，輿地一門，今昔情形稍異，關繫至切，爲用尤宏。會典原圖未標經緯綫及開方，有省府各圖，而無州縣圖，擬就圖式並辦理章程，請旨敕下各省，遴派留心地理精於測繪之員紳士子，照所頒格式測繪送館，奏奉諭旨：依議。欽此。並准咨明，不得以舊圖及志書所有之圖搪塞了事等因，咨會到浙。當經分別轉行，一面派委候補道宗源瀚，會商藩司設局辦理，先延紳士保舉内閣中書黄炳垕商訂，又遴選即用知縣准補龍泉縣胡文淵總覈一切，續准會典館咨議定輿圖章程五條，附發表格一紙。縣圖不用説而用表格，其式分沿革、疆域、天(府)〔度〕、山鎮、水道、鄉鎮、職官爲七格。又經轉飭遵辦去後，兹據布政使劉樹堂、督辦輿圖局候補道宗源瀚會詳稱，查向來地方衙門與省府縣志書繪圖不精，粗具規模，略布山川，欲求方位合乎準望，永陸詳其道里，已不易得。如果計里開方，按切天度經緯，尤非平日留心輿地，諳悉中西演算法之人不能措手。即開方亦自量詳而測量略，詳人里而略鳥里者，並有但用測而不用量，有鳥里而無人里者。現在所定辦法章程，測量兼用，且縣圖每方雖限十里，必先創每方一里之稿，以立胎基，而杜率略。當即廣延通算士子，按照辦法章程，每縣派一縣董，每府又設一府董，一切需用之儀矩、向盤、紙格各器具，皆由省局給發。所需之人夫舟轎，每府設一照料委員供支，由州縣墊給者，事竣酌量撥還。一切用項内外籌辦，不動正款。浙江通省十一府七十八廳州縣，現將每方百里之省圖並説，每方十里之府圖並説，每方十里之廳州縣圖並七格表悉遵館頒格式章程，測繪纂説，經委員胡文淵等屢費經營，疊更寒暑，數易其稿，始克告成，裝訂十二本，由該司道等呈送，詳請奏咨前來。臣詳加校覈，其圖尚爲精審，表説亦稱詳備。惟自開辦以迄於成，始終不許草率從事，未免稍稽時日。除將浙江全省輿圖十二本，飭委即用知縣准補龍泉縣胡文淵親齎送館交收，所有原來繪圖人員，酌量優獎，以資鼓舞一條，應俟會典館復核辦理，至圖表各辦法間與原定、續頒章程稍有變通，業已另行開摺咨明會典館查照，合併陳明，理合恭摺具奏，伏乞皇上聖鑒。謹奏。

光緒十九年八月十九日奉硃批：知道了，欽此。

八月初三日

清・沈秉成《奏爲測繪安徽省通省及府州縣輿圖精微重要勢難速成請准展限辦理事》光緒二十年（清檔） 再，光緒十五年十月准會典館咨，頒行欽定輿圖格式，限期一年，測繪省圖、府直隸州圖、州縣圖各一分，附以圖説，解送到館等因。當經行司通飭遵辦，嗣據各屬繪送府、州、縣總、分各圖，覈與會典館章程格式多不相符，未能精審訪問。安徽本省亦少熟諳地理兼工測算之人堪以勝任其事，臣招致同治初年承繪江蘇全省輿圖員紳，購置器具，在省城設立公所，派委司道總理籌款議章，令該員紳帶同勘丈書、算人等，前赴皖南、皖北，分爲兩路，次第測量。十七年四月復准會典館咨行續定章程表格，令於各府州縣城池所在實測天度經緯，以爲開方計里之根，仍擇高山、大川或鎮市、要區，再測二三次，得數幾度分秒，逐細列入表中，宜詳毋略等語。是不專以地盤爲準，而以測天定度爲第一要事，使之參合成圖，期有實際。惟派出各員紳内，用其所長，詳於地而略於天，勢難求全責備。延訪精通算學熟習天文之人，一時既難其選，而測天應用儀器，亦且未易購求。安徽與五省毗連，周圍有數千里。水則江、淮二瀆經行之地綿長，與巢湖、洪澤湖及各支河道逐處相通，汊港紛歧，源流曲折。山則徽州、池州、寧國等府屬，高嶺重巖，迤邐銜接，綿亘數百里，徑路紆回。安慶、六安等府州屬亦復岡巒相連，地多扼要。但就測地而論，須將巨細水道支派勘明，而詳其匯注分流之蹟，大小山形根盤量定而究其高低斜廣之程，次及鄉鎮、村莊、圩堰、津渡，一一考實，依率爲圖，以期方向不差，里數可合。凡其致力之處，多在曠野之中，每逢雨雪泥塗，即難措手，費時曠日，事出有因。至會典館頒發續定章程表格，已在原限一年之後，較之初次定章更爲精密。轉飭遵照辦理，已量者須覆量，已測者須重測，環行通省，展轉需時。現在各府州縣地盤測量齊全，詳注在册，憑册戳成。幹路算計方里格式，繪畫所有縮圖斠圖及繪草繕清等事，均極繁重。雖已粗有規模，尚須詳加考覈。若夫天度經緯，非得其人，無從下手。測天各種儀器，亦非得有解人，不能運用如法。臣訪聞湖北測天蕆事，度數精詳，函商湖廣督臣，分派熟識測天紳士四人，並借用所置西洋經緯儀、度時表、空殼風雨表、測向、測高儀器各二具，攜帶來皖，飭委候補知縣劉籌，督同該紳等專測天度經緯。安徽八府五直隸州四州五十一縣，仍分南、北兩路，至各治所，恪遵會典館所指各項，周歷實測，使與地形合參，不致差誤。其事精微重要，非數月所能速成，加以粗就地圖，悉心校勘，府直隸州圖，詳記爲説，州縣分圖，列敘爲表。至速再須年餘，方可一律告成。擬請自本年七月起，展限一年。據提調輿圖事宜候補知府楊奎綬詳，由總理輿圖局藩司德壽、候補道朱文藻會詳聲明，開辦以來，所用員紳人等薪水、夫馬等費，概由省城籌給，無累州縣，合計用款頗鉅，由釐金項下撙節動支，事竣據實造報請銷等情，奏咨前來。臣查安徽地處要衝，幅員廣闊，測繪輿圖一事，爲國家考證所取資，亦於地方政治民生、利害得失關繫匪輕，必求精確無差，有裨實用，察覈該司道等具詳各節，委係實在情形，自宜審慎周詳，寬以時日，方無草率舛錯，可免駁查，合無仰懇天恩，俯準自本年七月起，展限一年，俾得細心測繪，以昭慎重，仍由臣隨時督催，認真趕辦，不令稍有耽延。除咨會典館查照外，所有安徽省繪辦輿圖，請展限一年緣由，謹附片具陳，伏乞聖鑒訓示。謹奏。

（硃批）：該衙門知道。

清·朱壽朋《東華續録·光緒朝》卷一一五　光緒十九年冬十月戊午，依克唐阿、增祺奏：黑龍江前送會典各圖册程式，不合經館指駁。現擬籌款揀員另辦。查上年案準會典館咨奉旨續修會典，並發來繪圖表格式樣，按照從速開辦，彙成圖册送館。嗣準咨駁二十一條，限三箇月詳細另辦，造册送館。惟黑龍江所屬呼倫貝爾、布特哈、興安各城，向習滿文，於漢文素少學習，無論星度測量之法無人通曉，即求一精通文藝、殫見洽聞者，亦難其人。況疆域寬闊，山川荒遠，履勘測繪，既非朝夕所能蕆事。而館駁圖册，逐條更須詳細，力求相符等，伏思此次既奉諭旨重修會典，鉅典煌煌，不敢以邊地人員，見識未充，於館中定章多不精透，稍存敷衍遷就。曾經奏懇天恩展緩限期，揀調內地精於測量天度，及博通文藝，殫見洽聞各員到來襄辦。庶比較躔度，依法測繪。則人里鳥里、斜度高下，按圖可稽，而事例各册，亦因之更加詳審。實於邊疆重地，永有裨益。仰蒙硃批：著照所請。該衙門知道。欽此。欽遵在案。查揀調各員，業已到差，就省設局開辦。惟條款較繁，必須分別責任，以求實效。其精於測繪者，疊經督飭，攜帶儀器，分往各城周歷履勘，測量天度、山川、城市，繪畫圖册去訖。凡博通文藝、殫見洽聞者，現飭駐局，責成撰辦圖説，並沿革事例各件。該各員自遠調來，膺此要差，迥非尋常輕役可比。舉凡局中應需考證書籍，及心紅紙張、薪水等項，自應籌款酌給，以資辦公。嗣據八旗協領淩善等稟稱，黑龍江實無閒款可籌，當經公同會議，擬由通省官弁俸餉項下，酌籌辦理。一俟事竣，送館覈準之日，即行停止。至此款係官弁樂輸濟公之項，應請毋庸報銷。稟請核奪前來，奴才等再四思維，既奉旨飭辦鉅典，自應欽遵辦理。所需一切經費，礙難率請專款開銷。既據公同會議，擬由俸餉項下酌籌，似屬以公濟公。但事關俸餉，未敢擅便，相應據情奏聞，恭候聖裁。一俟命下之日，奴才等即當欽遵照辦。惟黑龍江疆域均關緊要，無論山川如何險阻，人跡不到之區，務飭設法履勘，測繪成圖，確實注説，以備詳考。既擬揀員另辦，尤應群益求詳，以垂久遠。如果該員等辦理草率，必不稍涉寬容。倘著有成效，悉符館章。似亦不無微勞足録，當必分別勸懲，以示觀感而便策勵，仰副聖主重修鉅典實事求是之至意。得旨：如所請行。

清·楊昌濬《奏爲測繪甘肅全省輿圖事竣各情形事》光緒十九年十月二十二日（清檔）　竊臣前准會典館咨，舉辦會典輿圖，擬就圖式、附圖説式，奏奉諭旨，鈔録原奏咨行到甘。當飭前藩司張嶽年，會同臬司裕祥、蘭州道黃雲擬議辦法，通行各屬遵照辦理。竊維甘肅僻在西鄙，官、紳兩途向少講求測算之人，照會典館計里開方，按切天度辦法，必須實測實量，方無舛錯。因函招精習地輿之候選中書陸桂星，由浙來甘，遴派階州直隸州知州朱宗祥，與該中書商定詳細章程，設局開辦。惟通省幅員過於遼闊，究非一二人所能爲力，復在官幕中擇其姿質穎悟，於算學稍能領會者十數人，授以測量法門，試可而用。一面製造方向羅盤，購備儀矩，於十七年三月起，派赴各路，分投測量。至十九年三月始，將黃河上下游及東西大路各府、廳、州、縣通行支路並邊界地方，周履測量完竣，廣募工於繪事及善書者，責成朱宗祥嚴立課程，認真趲辦。其測量之法，每路派正副二人，一人從正路實量，一人從小路繞折實量，仍復會合一處，必以各路方位鬭合爲準。鄰封交界，亦令測量過境，期於犬牙相錯，不致舛誤。查甘肅東起西經八度，西暨二十六度，南起北緯三十二度，北暨四十一度。會典館奏頒圖幅，限於方圍，因分嘉峪關內八府、五直隸州、一直隸廳爲一總圖，嘉峪關外安西州並青海爲一總圖，均按章以一百鳥里爲一方。又八府六直隸州各爲一圖，以五十鳥里爲一方。又化平直隸廳幅員過小，以十鳥里爲一方，仍附省府各總圖之後，爲一册。至於經緯度分、方位界址距里，冬、夏至日出、日入時刻及山向河流源委，詳列於説。其各直隸州自治之地及府州屬地，共六十七廳州縣，又經徵錢糧，分防佐貳十三處，各爲一圖。其有篇幅所不能容者，定爲横直剖分，按章以十鳥里爲一方，别爲一册。另依地球渾圓體例推算經度、中侈北斂準數，繪全省總圖一幅，爲稽考省城暨各府州縣以及邊關要隘、蒙古部落、土司、番回駐紮處所天度之用，兹於九月底一律告竣。據藩司沈晉祥將繪成甘肅全省輿圖及圖説裝訂上、下二册，連經緯總圖，呈請派員賫送會典館查核，並將辦理詳細情形詳請具奏前來。臣覆加考覈，測繪尚屬合法，所輯圖説亦尚詳晰，堪備聖明采擇。再開局起至事竣一切經費，悉由藩司籌款支用，未動正項，合併聲明，除圖説圖册派員賫送會典館外，謹將甘肅全省輿測繪事竣緣由，恭摺具陳，伏乞皇上聖鑒訓示。謹奏。

（硃批）該衙門知道。

光緒十九年十月二十二日

清·宗源瀚等《浙江全省輿圖並水陸道里記·凡例》 光緒庚寅，會典館以舊會典有府圖而無縣圖，亦不計里開方，奏下各行省，别繪開方圖。浙中以源瀚承乏，先後與黄中書炳垕、胡大令文淵計畫，集工算健步百餘人，分歷七十八廳縣，課以定章。有《測繪章程》二十條刊行。糾其疏密，歷三載餘，至癸巳夏告成。圖口七格表，悉遵館章，裝成十二本。崧大中丞奏上之，惟開方之名雖美，而不測者有人里，無鳥里。其測而不量者，又有鳥里，無人里。不知治水行軍諸大政，人里尤重也。始事之初，務求詳備，測量並用，有測册，有量册，有水陸道里表各圖，皆以一里方起稿。館章僅用十里方，不啻存什一於千百，幾似操籌車而祝豚蹏。夫圖稿積三千餘紙，底册亦近千本，雖儲十二箱於輿圖局，而七十八廳縣之人無從入册府而徧觀，即各官寮從事數年，供億奔走，不得各據一圖，以莅民事。有心者偶摹一二，終病其略而不備，亦甚覺此舉之未有裨矣。然數千紙之一里方圖，勢難刊行，而原辦時兼有五里方縣圖，二十里方府圖，其格且視館頒少寬，較十里、五十里，詳明倍蓰。屢請於撫、藩諸大府，重校仿繪，付西法石印，無魯魚之譌。又改水陸道里表爲道里記，蓋圖猶費目力，記可一覽而知。左圖右記，互證參觀，雖有未明焉者，庶幾寡矣。夫縣鄙之造形體，肇始《周官》。宋賢袁燮爲吏，令每保畫一圖，山水道路，悉載徵發，爭訟追胥，披圖可立決。我朝方恪敏《直隸社倉圖》，覽者謂其密合。陳文恭每至一行省，必檄官吏取開方圖，皆心乎民事之要樞也。然古寸方千里，今寸方百里，一縣之圖不盈指。江蘇曩爲五里方縣圖，曾文正歎爲古人不及爲，今人不能爲。而江蘇之刊本，識者猶或病焉。今五里方同於江蘇，而縣府各自爲圖，可分可合，又别有省圖以聯之。胡大令於舊會典圖説外，心營目驗，别爲府圖説，如指諸掌，後之覽之者，亦或有所取乎。印既成，爰其緣起，於凡例十八條之後，甲午夏上元宗源瀚。

清·世續等《清德宗實録》卷三三三 光緒二十年甲午正月癸卯，陝西巡撫鹿傳霖奏：陝省輿圖測繪完竣，出力人員，請酌量保奬。允之。

清·世續等《清德宗實録》卷三三四 光緒二十年甲午二月癸丑，駐藏辦事大臣奎焕等又奏：測繪西藏輿圖學生三員，擬咨回二員。以節經費。下所司知之。

清·福潤《奏爲山東全省輿圖測繪完竣事》光緒二十年三月初七日（清檔）

竊照前准會典館咨，頒發欽定輿圖格式，行令測繪省圖並府廳州縣圖各一分，附以圖説，送館核辦等因。當經前撫臣張曜暨奴才先後行司，遵照辦理，派前候補知府現官遇缺題奏道恩銘爲提調，候補知州蔣楷、劉其偉、候選知州洪爾振、大挑知縣王揚芳、即用知縣王天培、揀選知縣陳翰霄等分司纂修、校對，講求儀器，妥議章程。並遴選精通測算、熟習天文兼工繪事之員紳，分投各路，測星度以辨高下，正日影以定東西，參以地球疆界之分合，以天度盈縮之數。考核句稽，務歸至當。其犬牙之相錯，經緯之縱横，必使井然有條，秩然不紊。蓋輿圖爲國家考證所資，亦於行政治民大有關係，須精確無差，方能有裨實用也。山東爲文獻之邦，山鎮藪澤備載於《周禮》、《爾雅》諸經，唐之淄青、平盧、天平、泰寧，宋之京東路、京東西路，皆爲中原重鎮，幅員所暨，西接宋衛，南通江淮，渤海回環，河濟灌注。且密邇畿輔，拱衛神京，形勢攸關，載筆宜謹。該員等尚能核實考究，不憚煩勞，自光緒十八年八月起至本年正月止，將輿圖表説一律告竣，計全省圖一、府直隸州圖十二、州縣圖一百有五。其各州縣沿革、疆域、天度、山鎮、水道、鄉鎮、職官，皆依七格式立表，省府直隸州總圖之後，各附説一篇。圖之計里開方，表之條屬件繫，均謹遵欽定圖格表式，分别仿辦。黄河、運河、海疆本擬另爲一圖，因查黄河業經前河南撫臣倪文蔚、前河東河道總督臣吴大澂繪有《三省全圖》，至爲精審，運河則各府州縣散圖中均經詳載，無庸另繪。海疆現築礮台尚未竟功，控扼規模，應俟告成補繪。據藩司湯聘珍詳請具奏，並飭據濟南等十府二直隸州暨歷城等九十九州縣呈送志書各一部，復聲明鄆城、濮州、高唐、益都、嘉祥、邱縣六處志書，俟催取到日，再行呈送等情。奴才逐加查核測繪，尚爲合法，圖説亦屬詳明。除委員齎送會典館外，所有山東全省輿圖測繪完竣緣由，謹恭摺具陳，伏乞皇上聖鑒。謹奏。

（硃批）：該衙門知道

光緒二十年三月初七日

清・裕禄、濟禄《奏爲奉天全省輿圖測繪完竣事》光緒二十年五月初十日

（清檔） 竊前准會典館咨，舉辦會典輿圖，行令奉天將舊界、新界地方，沿邊、沿海口岸，入海之支河、汊港，遴派留心地理之員，周歷訪查，考訂測繪。頒發欽定輿圖格式，限期一年，查照所頒格式，測繪省圖及府廳州縣圖各一分，附以圖説，送館覈辦等因。當經臣等以奉天志乘所存地圖，原系乾隆年間舊本，迄今年分久遠，旗民生聚，河道變移，各處市鎮川原與昔既多同異，且自東邊、北邊及海龍城等處，分設廳縣，分疆畫界，較舊制更有不同。非周歷詳勘，另繪新圖，難期覈實。而計里開方，按切天度辦法，尤須測繪精詳，方無舛錯。奉天地在關外，官、紳兩途向少講求測繪之人，因即諮商直隸督臣李鴻章、署船政大臣閩浙督臣卞寶第，調取天津水師學堂教習候選縣丞王慶熺、福建船廠繪事院學生候選巡檢陳清祥、臺北西學堂學生候選從九品莊公魯來奉測繪，藉資妥辦。並以奉天地面遼闊爲期緊迫，恐致測繪難詳，奏明展限，欽奉硃批：著照所請，該衙門知道。欽此。隨即購備儀器，飭令王慶熺等求詳舉辦。其圖説及一應修纂事宜，則遴委留奉補用同知王志修專司編輯，佐領寶海、試用知縣藺維烜、候選知縣趙臣翼，宗室營主事富明，降補同知鞠成霈、候補驍騎校英桂、慶榮、候補都司張兆慶等分司繕校，並先後派委升任青州副都統兵司協領訥欽、現任兵司協領達春督理其事。自光緒十八年春間起，該員等周歷測繪，每至一處，先測準治城經緯度數，再測四外山川村屯。即人跡罕到之地，如東邊通化縣屬之十八道江，至二十四道溝，東西千餘里，僅於樵徑可通，亦必親詣其地，實測實繪，不敢畏難，稍涉敷衍。其人里、烏里之分，古名、今名之異，稍有不合，必重往測量，再四考訂，務使毫髮無疑，方敢據以入繪。時閲兩年餘，而全圖始就。由分彙總，分別經緯，計里開方，共成全省圖一、府圖三、直隸廳圖一、興京同知所屬圖一、昌國府鳳凰廳興京同知自理地面圖三、廳州縣圖二十二。其圖後總説及表内之沿革、疆域、天度、山鎮、水道、鄉鎮、職官皆依奉頒格式編列。至奉天各府、廳、州向無志書，所有奉會典館行查奉天自設立行省以後，省會及府、廳、州、縣之治所，疆域之四至，距府距省距京之遠近，官司之領屬及各府、廳、州、縣之城池、學校、營制、驛傳、户口、田賦、税課、物産等一切事宜，亦均檢查檔册，稽考新章，縷析條分，編輯成書。並所繪輿圖，共裝訂十二册，現俱一律告成，呈請派員齎送會典館查覈采輯，由該委員等詳請具奏前來。臣等覆加考覈，測繪尚屬合法，所輯圖説亦尚詳晰。除將圖册派委候補驍騎校英桂齎送會典館外，所有奉天全省輿圖測繪完竣緣由，理合恭摺具陳，伏乞皇上聖鑒訓示。謹奏。

（硃批）：該衙門知道。

光緒二十年五月初十日

清・朱壽朋《東華續録・光緒朝》卷一二二 光緒二十年九月癸未，張聯桂奏：查光緒十五年十一月准會典館咨，測繪輿圖頒發格式到粵。當經前撫臣行司通飭遵辦，因粵省僻處邊隅，鮮知測繪之法，送到圖説，多不合式。臣前在藩司任内，擬委員延友設局專辦。詳經前撫臣馬丕瑶奏明展限在案，並以全省幅員遼闊，按照格式逐一測勘推算。若待繪畢一縣，再繪一縣，未免引日稽時。又於省城及南寧、柳州分設三局，同時並舉，期早竣事。兹據報辦理完竣，呈繳圖説前來。臣維我朝地輿之學，超邁前古，測量斗極，按切經緯，立法至精。今泰西諸人尚能談天説地，推步精微。矧我圖史，詎宜從略。至於巖疆海澨，尤控馭之所關。考其險要，宜加詳焉。惟是粵地山重水複，嶺峻灘危，測繪較他省爲難。計里開方，又復限於尺幅。該委員幕友考求成法，購覓儀器，多方選秀顯之士，分途推測。以山川爲標準，以城垣立方位，正準量以求經緯。而鳥道之寬徑，無盈無縮，定分率以辨廣輪。而犬牙之出入，可分可合。然測量之術，若全憑儀器，製有良窳，斯數有差忒。故不如以里數求之。今推緯度用分率法，推經度用弧三角法，其地面里數用割圓八綫、餘絃推算，逐度漸次增減。其重差之伸縮，與極度之斂侈，悉皆密合矣。凡山川、道路、關隘、塘汛、墩鋪、寨堡、村墟，皆實測之。以羅經測方向，以全圓儀測交點，以象限儀測高低，以代弓繩測丈尺，一一周履覆勘，期無累黍之訛，歷年餘而草圖成，又年餘而真圖就。然後照奉頒格式，分年縮繪，詳考古籍。案據撰爲表説，計省總圖一、經緯圖一、府總圖十有一、直隸廳總圖一、直隸州總圖二、廳州縣土州縣司散圖八十有三，凡例一、説十有四、表八十有二。由司道公同校閲，詳送到臣，覆加查核。圖之計里開方，表之條屬件繫，均與原頒格式相符。邊界卡隘，分見散圖，而詳其説於省總圖，不另繪立。又標識表説稍有變通，亦於凡例聲明。至猺山之疆域道里名目，山洞深邃，漢人罕從出入，未便赴山測繪，致令驚擾。今第於圖内劃以界綫，著其大較。下所司知之。

清・世續等《清德宗實録》卷三五一 光緒二十年甲午冬十月乙卯，會典館奏：呈進中外海疆要隘全圖。得旨：留覽。

清・增祺《奏爲疆域遼寬測繪乏人請俟軍務平定再行詳細測量並飭會典館議復遵行事》光緒二十一年二月初八日（清檔） 再，黑龍江省光緒十六年咨送會典輿圖，未合館章，經前任將軍依克唐阿屢次聲請展限，兹由天津調來人員，重加測量，均各奏咨在案。客臘於十二日准依克唐阿由遼陽來電，據稱測量委員陸汝成、何兆輝熟悉礮法，前敵急需此員，奴才查攻剿正在喫緊之時，只得移緩就急，飭令馳往軍營，聽候差遣。第該員等自去歲春間派赴呼倫貝爾、黑龍江一帶測量，有經回省旋即調赴軍營，其所測天度、山川、道里開方細圖均未呈交，是似無從考察。現除呼蘭一城查測尚就圍範未測外，揔有齊齊哈爾、墨爾根、布特哈、興安等城，其間山重水複，多爲人跡罕到之區，僅剩三四人。周履測勘，誠非二三年内所能竣事。恐誤會典館纂輯，不得不據實陳明。合無仰懇天恩，俯念疆域遼寬，測繪乏人，可否從權解送，抑或俟軍務平定，再爲詳細測量，以求實在。應請飭下會典館議覆遵行，謹附片具陳，伏乞聖鑒。謹奏。

光緒二十一年二月初八日奉硃批：該衙門知道，欽此。

清・世續等《清德宗實録》卷三七四 光緒二十一年乙未八月庚辰，烏里雅蘇台將軍崇歡等奏：部咨新纂會典，令繪具驛站圖説。查遊牧之地與内地迥殊，安台必因水草爲轉移，則圖説不能據台站爲定準。定例將軍大臣應領車價，照六十里一台核給。應請就車價章程，纂入則例。從前以六十里定車價，今即可以六十里定台程。較之勉强測繪，仍不能據爲典要，似屬簡便可行。報聞。

清・朱壽朋《東華續録・光緒朝》卷一二九 光緒二十一年八月丙申，譚繼洵奏：光緒十五年十月内，準會典館咨，恭頒欽定輿圖格式，限一年期滿，測繪省府廳州縣各圖一分，附説送館。十七年四月，續發章程五條，表格一紙，咨明各府及直隸州屬，照原頒舊式，將沿革、疆域、山川脈絡，詳記爲説，無庸列表。其散州各縣分圖，須將地方各事列成一表，依格填清。總以詳悉爲主，不必另撰圖説等因。當經本任督臣張之洞，會同臣剳飭在於湖北省城設立輿圖總局，委湖北候補道錫璋、蔡錫勇，會同湖北善後局江漢關司道等，總理其事。嗣因錫璋調辦宜昌川鹽局務，改委湖北候補道淩卿雲會辦。復經恭摺奏請，展限兩年，聲明應購儀器以及局用經費，在善後局釐金項下動支。十八年二月十三日奉硃批：著照所請，該衙門知道。欽此。欽遵轉行遵照。當委分省補用知縣鄒代鈞爲總纂，即用知縣劉翰藻爲提調，候補知縣蔡國楨爲副提調。飭令恪遵定限，查照新舊章程分别舉辦，力求詳明確實。兹據署湖北布政使按察使龍錫慶、署湖北按察使鹽法武昌道安襄鄖荆道朱其煊、湖北漢黄德道惲祖翼、湖北候補道趙濵彦、恭釗、蔡錫勇、淩卿雲詳稱，奉檄開辦輿圖，當經招考熟習測算員紳十餘人，覆選學生四十餘人，教以測量繪圖之法。一面向外洋購置經緯儀、度時表以測天，測向儀、記里輪、鋼練尺以測地，奪林儀、風雨表以測山，規筆、分角器、平行尺以繪圖。迨各種儀器陸續到齊，各學生亦習練嫻熟，先於首府各縣分途試測，漸有把握，復分派鄒代鈞、劉翰藻、蔡國楨輪流出境督測。並派熟察天度員紳六人，分爲三路，先測六十八州縣經緯。又派已成學生四十餘人，分赴各州縣測量地面。仍在各州縣境内，每縣酌選數人，授以成法，相助爲理。於是昕夕考核，課責加嚴。窺星極以定南北，分月景以辨東西。指南之方向無差，記里之遠近自確。犬牙畢出，鳥道可稽。凡歷二年，而草圖成。復將草圖縮爲小幅，彙合總圖。或脈絡偶有可疑，或度分間有未合，遣員覆核，不敢憚煩。又歷一年，而成省圖一、府圖十、直隸州圖一、州縣圖六十有八，裝爲一函，共八册。復考四郊之形勝，稽千古之戰争，成省圖説一。各府沿革，悉本全史。旁及近儒所纂史志，或分置，或更名，歷代相承，聯敘不絶。而敘山則舉旁流之水，支幹務分。敘水則詳發源之山，委曲務盡。撮其要以爲之綱，成府圖説十、直隸州圖説一，訂爲二册。各州縣之沿革，則析自府圖説，而加詳焉。疆域仿方志之四至八到，天度如《揣籥》之經直緯横，山據伯益之《經》，水溯道元之《註》，鄉鎮以大領小，職官因地記員，依格成表，六十有八，訂爲二十二册。合府州圖説爲三函，都爲四函，三十有二册。而鄂省之地圖説表以成。所有在事各委員紳士等，或出外測量，或縮圖繪正，或撰説擬表。胼胝於山水之際，餐宿於風露之中。窺寸管而目力窮，搜群書而意思竭。鉤心鬬角，酌古準今，實屬異常辛苦。薪水夫馬之費，未便過簡。其外洋購置各種儀器，價值既鉅，復將全圖暨説與表，石印木刻，工料均昂。計自開辦至告成之日，止共支經費銀三萬七千七百二十七兩三錢一分五釐三毫六絲，又錢二萬三千二百六十二串九百四十四文。隨時造册，咨報善後局，彙案核銷等情，詳請具奏前來。臣覆覈無異，除將全圖暨説表各册函，委員齎送會典館查核外，理合恭摺具陳，伏乞皇上聖鑒訓示。再陝西省奏報輿圖告成摺内，聲明該委員等盡心竭力，勞瘁不辭。閲兩年有餘，測地數千餘里，不無微勞足録。請俟會典館覆核以後，酌量保奬，業經奉旨照準。此次鄂省輿圖告成，事同一律。且仿用西法測繪加詳，可否準援陝西成案，擇尤保奬之處，出自恩施逾格。得旨：如所請行。

清·世續等《清德宗實録》卷三七五　光緒二十一年乙未八月戊子，兼署湖廣總督湖北巡撫譚繼洵奏：測繪湖北全省輿圖告成，請將輿圖局委員擇尤保奬。允之。

清·朱壽朋《東華續録·光緒朝》卷一二九　光緒二十一年九月甲午，崇歡等奏，前奉兵部來咨，現因纂輯會典，奏奉諭旨，令各直省將驛站、程途、山川形勢查清，繪圖貼説，咨部以便纂入則例。光緒十四年，經前任將軍杜嘎爾，因烏里雅蘇臺自失城後，檔案焚毁，無憑查核。僅以將軍大臣等出京，所領車價，照六十里爲一臺聲覆。兹於本年七月，又奉部咨催，取各省圖説奏明。奉旨限三箇月，一律查清造册送部。竊查烏里雅蘇臺所屬之南二十臺，北九臺，西七臺，均係外紮薩克遊牧之地，與内地情形不同。夏日安臺，則在河邊水草豐茂之處，冬日安臺，則在山河雪厚草深之處。不獨一年四季向無定所，即歷年安設，亦皆隨水草遷移，里數從無一定。即使丈量，勉强測繪，夏令與冬令不合，此年與彼年互異。況縱横數千里，萬山叢雜，路路可通，毫無險要可紀。裹糧入山，八月即大雪封山，實亦無從措手。兼之經費無出，一時未能舉辦。查當年定例，凡將軍大臣，應領車價，惟照六十里一臺覈給。蓋即因遊牧與内地迥異，或遠或近，忽東忽西。安臺必因水草爲轉移，故圖説不能據臺站爲定準也。部咨謂科布多已詳具圖説，咨覆查科布多臺站，向不挪移，與戈壁情形相等。其丈量測繪，均有一定所在。烏里雅蘇臺未能仿照一律辦理，相應奏請皇上恩施俯允，仍就當年所定車價章程，飭部纂入會典則例。當日既可以六十里定車價，今日即可以六十里定臺程，較之徒事紛繁，勉强測繪，仍不能據爲典要者，似屬簡便可行。得旨：如所請行。

清·福潤《奏爲測繪安徽全省輿圖告成各情形事》光緒二十一年十一月初一日（清檔）　竊查光緒十五年十月准會典館咨，頒行欽定輿圖格式，限期一年測繪省圖及府州縣圖各一分，附以圖説，解送到館等因。當經通飭遵辦，旋據各屬繪送圖説多不相符，前撫臣沈秉成派委司道，在省設局籌款議章，招致熟習員紳，購置器具，分途辦理。十七年四月，復准會典館續行章程表格，令實測天度經緯。府直隸州圖照舊式詳紀爲説，州縣分圖須將地方各事列成一表等因，亦經轉飭遵照，逾年規模粗就。查係詳於地面而略於天度。嗣向湖北省商派測天紳士，借用西洋儀器，飭委候補知縣劉籌專測天度，於十九年八月奏准展限一年，所需經費在釐金項下動支在案。該員劉籌率同候選訓導潘紀雲、監生何豫德等先在省城用度時表，照英國格令回次天文臺午正較準積差，用經緯儀測準本處午正，推得格令偏東一百十六度二十七分爲中國京師中線，安徽省城在中線偏東三十六分五十秒。又用經緯儀測準太陽高弧，推得緯度在赤道北三十度三十分五十二秒。省城經緯既得，即出省偏測各府州縣城心及交界處經緯定點。經年而天度測竣，察核已成草圖，由未諳八線、三角諸法，辦無成效，未便苟且遷就。經升藩司德壽改委候補知府楊奎綬爲提調，而加委劉籌爲總纂，重選熟諳測算繪畫及兼通文藝員生，添購測地儀器，搜羅史籍志書。於是江蘇附生錢服路，鹽大使職銜華錫爵，指分浙江補用縣丞劉宬，就職直隸州州判方賓穆、江蘇廪貢生顧鑒、監生王登銓、賈之鏞，補用府經歷汪昌熹、補用布庫大使沈福申等酌留一二。在局考訂，餘則分道四出，以三角法測山川、鎮集，以曲線法量邊界、道途。其中山之脈絡，舊時圖志多未講求。現繪平面真形，則斷續短長不能含混，而皖北之安慶、六安，皖南之徽、寧、池、廣，重巒疊嶂，必陟最高之巔，以施遥測之法。水則江、淮二瀆，横貫全境，必須循岸細測，得其曲折廣狹之數，然後可與濱江沿淮州縣城池距里脗合無差。山川爲全圖大綱，大者既立，其餘方有依據。本年夏間次第測齊，由改派提調候補知府邊保樫督同劉籌，逐細考核，分派各該員生軿合圖稿，撰敘表説，添委候補典史楊光詒、劉樹銓，巡檢鄒炳奎，州同胡惟照，分司謄寫校對各事，分頭趕辦。查會典館頒發州縣圖格，注明方數，不拘大小，必須畫一等語。今照原格七分二釐開方，惟望江、祁門、績溪、涇縣、旌德、南陵、青陽、銅陵、石埭、蕪湖、繁昌、建平、全椒、五河十四縣，與格合符。此外地面袤廣不同，用西國比例尺，照格量準，或縮或放，歸於每圖一頁，每方十里，繪山之幹脈大支，水之經流正派，鄉鎮之有官駐守及商賈聚會處所，成府圖十八、直隸州併屬圖五。省圖格每方百里，繪名山大川、郡縣城池及佐貳各官駐處，聯合全省，以觀形勢，成省總圖一，凡七十四圖，都爲四册。州縣列表，曰沿革、疆域、天度、山鎮、水道、鄉鎮、職官，内惟沿革、考古，悉本正史，餘皆從今，成直隸州本境表五、散州表四、縣表五十一。府直隸州撰説，考沿革，敘山水，約舉全勢，成府説八、直隸州併屬説五。省撰總説，安徽介吴楚，帶江淮，扼嶺隘，爲歷來争戰之區，形勝爲行軍所重，列沿革以考古今得失，敘疆域以舉山川要害，兵食相需，兼及農利，成省總圖一，凡七十四篇，亦都爲四册，分裝二函。在事各委員紳生歷數寒暑，竭其心思材力，辛苦異常，薪水、脩金，量從其厚。應用儀器，借自鄂省之外，本省亦多購置，以及舟車、人夫、工資、火食、紙張、雜費，自光緒十六年閏二月起，至二十一年八月止，共用銀二萬六千八百兩有零。查照奏案在釐金項下動撥，均係實用實支，即飭核實造册報銷。據督辦輿圖總局布政使王廉詳請具奏，並將全圖表説册函呈請咨送前來，奴才覆核無異，除全圖表説册函派弁齎送會典館查核並咨户部查照外，所有安徽全省輿圖測繪告成緣由，理合恭摺具陳，伏乞皇上聖鑒訓示。再，湖北省奏報輿圖告成摺内，聲明仿用西法測繪加詳，請援陝西成案，俟會典館覆核以後，擇尤保奬，業經奉旨允准，安徽出力員紳事同一律，可否援案酌量請奬之處，出自恩施逾格，合併陳明。謹奏。

（硃批）：著照所請，該衙門知道。

光緒二十一年十一月初一日

清・陳寶箴《奏爲湖南全省測繪輿圖告成並請俟核覆後奬敘出力各員事》

光緒二十一年十一月二十四日(清檔)　竊照光緒十五年十一月初五日准輿典館咨，恭頒欽定輿圖格式，測繪省、府廳州縣各圖附説送館。又於十七年五月續發章程五條，表格一紙，飭即遵辦等因咨湘。當經前撫臣邵友濂，劄飭湖南布政使何樞等，遵於湖南省城設立總局，遴委遇缺擬奏道前長沙府知府趙環慶等，延訪熟習天文、精於測繪之紳士傅鸞翔等十餘人。嗣又添派李光衡等二十餘人購辦儀器，分赴各州縣實測實繪，撰説擬表。沿革考其時代，疆域紀其縱横，天度步算必精，山水端委必(委)〔悉〕，鄉鎮系以物産，職官敘其資階。其有田地制宜者，遵照頒發章程變通辦理，總期極目力之所到，盡心思之所及，委曲詳明，歸於至當。惟湘省山川奥阻，鎮筸一帶則苗寨星羅，寶、永各郡則猺人牙錯，林深箐密，瘴務彌濛；岳、澧、南洲濱臨洞庭，駭浪驚濤時可常有，自非天氣清朗，波平景明，真形難以測繪。而由縣而府而省，彙合總圖，一隅或有未符，全境必令復覈，不敢因有需時日，致蹈簡率之愆。節經各前撫臣奏咨展限在案，兹據總辦湖南測繪輿圖局布政使何樞等詳稱，嚴加課責，於本年八月告成，得全省圖説一、府圖表九、直隸廳圖表五、直隸州圖表四、州縣圖表六十有三，衡嶽九，將洞庭附於郡縣，未易詳盡，别爲圖説，以資考覽，共二十册，裝作一函。溯自開局至告成，所有總局經費，員紳薪水、夫馬以及購辦儀器，歷時既久，積少爲多，用銀二萬九千七百三十餘兩，由善後局設法籌墊，悉係撙節支用，並無絲毫浮濫。查鄂省輿圖經費奏請動用釐金，欽奉硃批：著照所請，欽此。湘省事同一律，請於二成加釐項下作正開支，以清墊款。再查鄂省輿圖告成，奏請援照陝西成案，俟會典館覈後，將在事員紳擇尤保奏，已蒙俞允。此次湘省各員紳測繪輿圖，訪今搜古，效奔走於深山大澤之間，竭思慮於車殆馬煩之會，昕夕無間，寒暑不辭，業經四載有餘，似較他省尤爲勞勩，應請援案辦理，以示奬勵。除將圖表委湖南候補知縣祝鴻泰解交會典館查覈外，詳請具奏，並給咨批前來。臣覆覈無異，相應籲懇天恩，俯准將所用經費銀兩，在於二成加釐項下作正開支。並在事出力人員准存，俟會典館覈覆後，由臣奏請奬敘。除繕給咨批並咨户部禮部暨將出力員名開單咨送吏部外，理合會同兼護湖廣總督臣譚繼洵恭摺具奏，伏乞皇上聖鑒訓示。謹奏。

光緒二十一年十二月二十二日奉硃批：著照所請，該部知道。欽此。

十一月二十四日

清・朱壽朋《東華續録・光緒朝》卷一三三　光緒二十二年三月壬午，崧蕃奏：光緒十五年準會典館頒發格式，咨令測繪雲南全省輿圖。十七年，續頒表格及表格正誤，均經前督撫臣行局委員辦理，並通行各屬遵辦。十八年，各屬圖説漸齊，復委通曉中西演算法，留心輿地之員入局辦理。並因西南邊界今昔不同，專派測繪學生前往勘辦。又另派通曉夷文言語之人同往繙譯，暨委善後局提調，總理其事，督率各員。擬定纂輯凡例及測量布算諸例，仍遵定章，以李兆洛、胡林翼所刊《一統輿圖》爲藍本，參以雲南舊志。招募在籍候選人員及聰穎生監勷辦布算、繪圖諸事，俾三角、八綫之法不致訛錯。滇省前因開化、臨安等府沿邊劃界，購有西洋測量儀器。今復另置中西象限，紀限各儀，先就省城測量太陽高弧之緯度，推究月食時刻之經度。迨中西儀器所測脗合，然後推及各府廳州縣，就地勢之高下、方位之正斜、幅員之廣狹、疆界之交錯、村落之大小，一一測量較準。再將職官之廢置、山鎮之脈絡、水道之回環、太陽出入之時刻分秒、晝夜之贏縮短長以及烏里、人里之錯出，古名、今名之混淆，一一鉤稽。司事考核開方比例，繪成圖説。歷一年餘，而總散草圖始成。復分發各屬地方官，督同紳者書吏，詳加覆勘。譌者正之，漏者補之，疑似者反覆以考驗之，歧異者群細以印證之，折其衷而歸於是。不泥於舊，惟證以今。往來駁詰，又歷兩年餘，而圖始定。雲南通省凡十四府、五直隸廳、三直隸州、七十四廳州縣。遵照定章，省圖以百里爲方，府圖及直隸廳州圖以五十里爲方，廳州縣與管理錢糧，自有轄境之佐貳圖，均以十里爲方，共繪省圖一、府圖一十有四、直隸廳州圖八、廳、州、縣圖七十有四、州判圖一。省府廳州圖之後，綴以疆域、沿革、山鎮、水道、考説各一篇。廳州縣圖後，亦以七格表式，將沿革、疆域、天度、山鎮、水道、鄉鎮、職官，立表纂輯校勘，概屬從詳，訛誤悉已刊正。其陳陳相因，無稽之説，概從節刪。各土司則附見於該管府廳州縣，不另設圖。裝訂四函，首以例言，計二十六册，已於光緒二十一年五月告成。嗣因普洱府之思茅廳、寧洱縣所轄猛烏、烏得兩土司地，奉旨讓歸法管。議俟交割立界完竣，如何定綫另繪準圖，再行送館。現奉會典館迭次嚴催，未便久待。茲將普洱府思茅廳、寧洱縣等圖加簽聲明，併同各圖先行咨送查核。俟猛烏、烏得立界事竣，再行另繪，咨送彙辦。惟滇省地處西南極邊，郡縣多設自雍正以後。又經兵燹之餘，既無文獻足徵，兼無案牘可考。界連緬甸、暹羅、南掌、越南等處，山高嶺峻，水土惡劣，瘴癘尤毒，言語文字不通。中國測量考訂，計里開方，本非易事。在雲南尤難其人，辦理之難迥異腹地，並因兩烏立界未竣，以致咨送稍遲等情。據善後局司道會同署布政使湯壽銘詳請奏咨前來，奴才覆加確核，委係實在情形，辦理亦尚精密。除輿圖專差咨送會典館查核外，謹恭摺由驛具陳。下所司知之。

清・德壽《奏爲測繪江西省全省輿圖告成請准將動用銀兩作正開支並擬獎在事出力人員事》光緒二十二年三月二十二日（清檔） 竊照光緒十五年十月三十日准會典館咨，纂修會典需用輿圖，擬就圖式並辦理章程，飭照所頒格式測繪送館等因。當經前撫臣德馨行司轉飭各府、州，轉行各廳、州、縣，延訪精於測繪之人，遵式辦理。旋於十七年續准會典館頒發章程表格，並准兵部咨飭，繪驛站、鋪遞相距里數圖及説送部覈辦。又經轉行去後，嗣據各屬繪圖呈送，查其辦法均未合式。蓋表格中七事，曰沿革、疆域、天度、山鎮、水道、鄉鎮、職官，內惟沿革及職官不關測量，其餘五項均須用儀器逐加細測，始能得其度分秒數、方向道里。至於山之高大斜度，水之闊狹淺深，尤非測量不可。即經前撫臣德馨飭司，在於省城藩司署內設局，擬定辦法章程，遴委補用通判陳希曾爲提調，即用知縣孫洞爲總纂，大挑知縣楊承曾等爲纂輯、分校等官，並委補用府經歷顧永誠專辦驛站、鋪遞相距里數圖及詳細貼説。一面派員偕同測算紳士並購置外洋度時表、經緯儀、奪林儀，製造象限儀、紀限儀等項，次第舉辦。至十八年春夏間，稍有頭緒，首先測定省城經緯度。又以鄱陽湖素稱巨浸，爲一省要區，春夏則汪洋無際，秋冬則汊港紛歧，派員遍歷測定鄱湖全境。復委員偕同精於測量紳士馮繼祖等，先測七十九廳、州、縣經緯，並按府分測地址，隨測隨繪，以一里方圓爲之根本，一切夫馬等費俱由省局發給。惟江西幅員廣闊，襟江帶湖，水道分歧，廣、饒、贛、南諸郡萬山叢繞，且界連閩、浙、粵東，崇山峻嶺，綿亘不斷。每測一縣，非累月兼旬不能竣事。其有一隅未合，即令覆測更正，不敢稍涉畏難苟安，致有簡率。轉輾需時，是以兩次奏准展限辦理。臣抵任後，飭司督率局員認真趕辦。至光緒二十一年冬間，草圖始成，復飭提調總纂及幫辦各員，分任稽考，予以課程，昕夕從事彙輯諸圖，博稽群籍。凡道里之遠近平險，疆域之犬牙相錯者，必期脗合無間。山嶺之巑岏起伏者，必期脈絡貫通。水道之紛歧雜出者，必期支幹分明。至於關津、要隘，驛站、程途，市鎮、墟集，水、陸營汛，皆加詳細參究，悉心校勘。由大縮小，恪遵頒式，計里開方。茲據署布政使翁曾桂詳稱，嚴加課責，於本年三月告成，計省總圖一、府總圖十有三、直隸州圖一、又散圖一、散廳圖二、散州圖一、縣圖七十有五、鄱陽湖全圖一、吴城、樟樹、河口、景德鎮圖四，又省圖説一、府直隸州圖説十有四、各散廳州縣表格七十有九，共十五册，裝作四函，外附驛站、鋪遞相距里數圖及説共十四册，裝作四函。至辦理輿圖一切經費，溯自開局，以至告成。其購備儀器、紙張及員紳薪水、夫馬等項，歷時既久，積少成多，共用銀三萬六千七百二十五兩八錢九分。由司庫設法挪墊，均係撙節支用，並無絲毫浮冒。伏查湖北、湖南等省辦理輿圖經費，均已奏准動用釐金。江西事同一律，應請援照，於二成加釐項下作正開支，以清墊款。再查鄂省輿圖告成，援照陝西成案。俟會典館覈覆後，將在事員紳從優保奬。此次江西在事各員盡心竭力，勞瘁不辭，編繪成册，克竟全功，不無微勞足録，應請援案辦理，以示奬勵。除將圖表遴委試用知縣朱兆麟，解交會典館兵部查覈外，詳請具奏，並給咨批前來。臣覆覈無異，相應籲懇天恩，俯準將動用經費銀兩，在於二成加釐項下作正開支，並在事出力人員准存。俟會典館覈覆後，由臣奏請奬敘。除繕給咨批，並咨户部、禮部，暨將出力員名開單咨送吏部外，理合會同兩江總督臣劉坤一，恭摺具陳，伏乞皇上聖鑒訓示。謹奏。

（硃批）：該衙門知道。

光緒二十二年三月二十二日

清·世續等《清德宗實録》卷三八八 光緒二十二年丙申夏四月甲戌，江西巡撫德壽奏：測繪全省輿圖告成，動用經費三萬六千餘兩。出力人員，俟會典館核覆奏獎。下所司知之。

清·朱壽朋《東華續録·光緒朝》卷一三四 光緒二十二年五月庚寅，長順奏：奴才於光緒十七年九月初三日奏請創修《吉林通志》，於十月初四日奉硃批：知道了。欽此。遵即由省城書院設局興修，時閲三年，纂述粗畢。會以馳驅戎馬，文字未遑。自回任以來，乃克重加校定，謹繕清本，恭呈御覽。奴才竊維古者小史掌邦國之志，外史掌四方之志，而土訓、誦訓得以地圖、地俗、地事入告，以施其政。誠以一方之掌故，爲一方之人心風俗所繫。經緯條貫，藉資考鏡，非徒以備册府之藏已也。吉林爲國家肇基重地，三百餘年來，師武臣力，震耀寰區，而文獻之徵缺焉未備，遂使纂輯之士，無所取裁。惟乾隆四十二年《欽定滿洲源流考》、四十八年《欽定盛京通志》，實爲今日之權輿。道光四年，吉林主事薩英額撰《吉林外紀》，光緒十二年，前特用知縣曹廷傑撰《東三省圖説》，亦稍資修書之考證。至若前山西布政使林壽圖所纂《啓東録》，但鈔撮《滿洲源流考》，多失本意，無所發明。前湖北布政使黄彭年著有《東三省邊防考略》，前陝西道監察御史朱一新著有《三省地圖考證》，則皆未見其書，但聞其目。此外紀述是方之事，更無專書，惟於群籍數千百卷之中剌取而出。以故頗費日力，艱於成功。蓋直省之志，多成於因，而吉林之志，實出於創，其爲艱易較然可知。故前將軍希元暨升任山東鹽運使前分巡道豐伸泰皆擬興修，未克就緒，職是故也。奴才抵任後，乃與升任駐藏幫辦大臣前分巡道訥欽妥籌經費，酌定章程，搜討故事，博加採訪。延上元貢生顧雲，並委吉林補用同知楊同桂主其事，而郵寄京師，請翰林院編修李桂林總成之。且校勘烏焉。再四易稿，僅乃成書，凡爲卷百十有六，分裝四匣，並輿圖一匣。隨摺進呈，伏望聖慈曲賜觀覽於以察地方之隘塞，而深思乎祖宗創業之艱難。則愚臣守土之責，庶藉以稍盡焉。抑更有請者，昔宋司馬光撰《資治通鑑》，既經進御，復知牴牾，以未奏不敢輒改。今奴才纂是書，極知疏漏，又繕成後續。有所得亦頗惜其缺遺，擬再貫澈始終，詳加校正，删益之，抽换之，畫一之，整齊之，期極精詳，俾臻完善。不敢擅便，合先聲明。如蒙俯允修改，則他日刊成之本，與今日繕成之本不免微有異同，所冀免蹈司馬光之所不足。奴才幸甚，是書幸甚。報聞。

清·德壽《奏報辦理測繪輿圖開支經費銀兩事》光緒二十二年九月初四日（清檔） 竊臣接准户部咨，查糖、茶加釐二款，本部籌餉條内，原令另款稟存，聽候撥用。該省測繪輿圖，所需經費，究係如何開支及由何款籌墊，並無先期報部案據，今請於二成加釐項下動支還墊，未便率准，應由該撫另籌别款撥還，並查明某項實用若干，詳細造册送部，再行覈辦等因，當經行局遵照辦理去後。兹據總理江西測繪全省輿圖局布政使翁曾桂詳稱，伏查江西辦理測繪輿圖一切經費，共用銀三萬六千七百二十五兩八錢九分。當開辦之初，因係事關會典要需，斷難草率，是以謹敬將事未便惜費。而江西司庫並無閒款可籌，開辦輿圖，又難稍緩，不得不於釐金項下隨時設法挪墊，以應急需，實係撙節支用，並無絲毫糜費。竊思湖北省動用此項銀三萬七千七百二十七兩零，又錢二萬三千二百六十二千零，均係奏請在湖北善後局釐金項下開支，奉旨允准。又湖南省所用辦理輿圖經費，於事竣後，援照湖北成案，請在二成加釐項下作正開支，亦經奏奉硃批：著照所請，該部知道。欽此。欽遵各在案。所有江西測繪輿圖經費，本係隨時在釐金項下設法挪墊，今别無另款可以籌還，請准援案在於二成加釐項下作正開支等情，詳請具奏前來。臣查江西測繪輿圖經費，本在釐金項下挪墊，現在委無别款可以籌還，合無仰懇天恩俯准，援照湖南等省成案，在於糖、茶二成加釐存儲項下作正開支，以清墊款，出自鴻慈逾格。除飭造詳細清册送部覈辦外，謹會同兩江總督臣劉坤一恭摺具陳，伏乞皇上聖鑒訓示。謹奏。

（硃批）：著照所請，該部知道。

光緒二十二年九月初四日

清·李應珏《皖志便覽》卷首《例言》 一首卷爲省圖一幅，開方計里，酌仿新測輿圖，再擬每府直州各爲一圖，容後續刻。

清·恩澤《奏爲接辦輿圖志本編纂多繁請暫行停辦等事》光緒二十五年四月初五日（清檔） 再，光緒二十二年十一月初七日奴才等奏請接辦輿圖摺内聲明，圖既未成，説表理難虚構。恐纂校人員坐待圖成，曠廢歲月，一面飭將古今建置沿革，詳實考訂，凡近數十年，本畺域之贏縮，官司之廢置，練軍、防勇之變更，旗屯、民田之墾闢，一切地方政治，依類編纂，冀得彙成《通志》。現在全圖告竣，其沿革、晷度、畺域、山形、水道、城站、官蹟、鄂博、卡倫，不難按圖成説。惟自康熙年間設官駐兵以來，一切檔案多係國書，必須詳細檢核，譯成漢文，方便編輯。江省本無省志，《盛京通志》所附事蹟至爲簡略，與方式濟《龍沙紀略》、西清《黑龍江外紀》、徐宗(衡)〔亮〕《龍江述略》諸本，皆私家著述，隨意劄記，不合志體，必籲準酌量勒成一本。編譯既需時日，編纂尚待多才。條理既繁，倉卒斷難集事。現在圖將撤，理應截款報銷。若另設一局，經費又苦支絀。奴才等再四籌思，只可暫將志本停辦，一面飭同知滿漢繙譯人員，將歷年檔案依類查檢，隨時譯漢。一俟舊案繙譯略備，造成底册，届時再請據款派員接辦，似爲妥實。奴才等爲節省經費，實事求是起見，是否妥當，謹附片陳請，伏乞聖鑒訓示。謹奏。

光緒二十五年四月十八日奉硃批：知道了。欽此。

四月初五日

清・廖壽豐《奏爲測繪浙江全省輿圖早經告成請准擇尤保獎在事出力員紳》光緒二十四年正月二十日(清檔)　竊照浙江省遵會典館咨，奏准頒行輿圖格式辦理章程，並續准咨送章程表格等因。當經前撫臣崧駿遴員設局，督辦訪延總董綜覈一切，選派員董分赴各屬，周歷測繪，於光緒十九年一律告成，具摺奏報，並將全圖裝訂十二本，詳注表説，派員送館交收在案。查輿圖所繫至重，測繪事必加詳。浙省濱海之區，程途遼闊，腹地岡巒重疊，河港紛歧，履勘周詳，已極不易。加以測繪推算，分晰微茫，考核精確，在事員紳，均不無微勞足録。據防軍局司道詳請奏懇量予獎敘等情前來，臣查會典館原奏，繪圖人員本有酌量優獎之條，近年陝西、安徽等省辦圖人員，均經奏准給獎。浙省事同一律，可否仰懇天恩，俯准臣擇尤酌保數員，以示獎勵之處，出自逾格鴻施，理合恭摺陳，請伏乞皇上聖鑒訓示。謹奏。

(硃批)：准其酌保數員，毋許冒濫。

光緒二十四年正月二十日

清・世續等《清德宗實録》卷四一五　光緒二十四年戊戌二月戊午，浙江巡撫廖壽豐奏：請將測繪浙省輿圖出力員紳，擇尤保獎。得旨：准其酌保數員，毋許冒濫。

清・世續等《清德宗實録》卷四一七　光緒二十四年戊戌閏三月壬午，以辦理輿圖出力，予浙江即用知縣黄福元等六員獎敘。

清・世續等《清德宗實録》卷四三二　光緒二十四年戊戌十月甲辰。【略】至地圖爲用兵所必究，著北洋大臣督飭武備學堂，將沿海輿圖考校精確，繪具總、分各圖，通頒各營。以資練習。

清・朱壽朋《東華續録・光緒朝》卷一五〇　光緒二十四年冬十月甲辰，榮禄奏：【略】至於地圖形勢，尤兵家所必究。各營將領於海口既不能處處親歷，圖説斯爲至要。擬飭北洋武備學堂選派精於測繪學生，將舊有北洋輿圖分投重加考較。凡海口淺深、礮臺佈置，以及山川道里遠近，均繪圖貼説，確悉不遺。然後分頒各將領，隨時熟看，詳細考察。於行軍有所把握，庶免進退失據矣。欽奉慈禧端佑康頤昭豫莊誠壽恭欽獻崇熙皇太后懿旨：榮禄另片奏請。飭南、北洋及湖北各省趕造鎗礮並請精考北洋沿海輿圖各節，行軍利器，以後膛快礮、小口徑毛瑟鎗爲最。現時南、北洋及湖北各省均設有機器製造等局，著該督撫就地籌款，移緩就急，督飭局員認真考求，迅即製造。至地圖爲用兵所必究，著北洋大臣督飭武備學堂將沿海輿圖考較精確，繪具總、分各圖，通頒各營，以資練習。

清・世續等《清德宗實録》卷四四三　光緒二十五年己亥四月乙未，黑龍江將軍恩澤等奏：全境輿圖告成，請將出力人員酌保。得旨：著准其擇尤酌保，毋許冒濫。

清・張之洞《張文襄公全集》卷五二《進呈〈一統志〉並天文輿地各球圖摺》光緒二十七年五月十九日　竊惟《周禮》開卷大義曰：「辨方正位，體國經野」，是知古聖人經世大端，必自觀天文、察地理始。臣前於光緒二十七年二月十三日准前護陝西撫臣端方來電，以內廷需用《大清一統志》，秦垣徧覓不得，屬臣訪購呈進等因。仰見我皇上眷懷寰宇、孜孜求治之至意。臣謹考，是書於乾隆八年輯成者，計三百五十六卷，乾隆二十九年以後續行編輯者，增爲五百卷。本擬訪求殿本原書，因鄂省徧訪未得，並向蘇、杭、湖南等省於書肆及藏書家廣爲搜求，均無其書，僅在揚州購到排印大字本三百五十六卷者一部，紙版尚屬完整。其五百卷者，各處藏書家無論殿本、重刻本，皆無其書，祇有上海石印縮本，字跡較小，檢閱頗費目力，未敢率行進呈，兹特將三百五十六卷之大字本一部裝潢成帙，上呈御覽。竊思有書不可無圖，而輿圖以後出者爲勝。近年廣東鄒伯奇所刊《皇朝輿地全圖》，係按照西法測準經緯度，以弧綫分度，其地面所當天度之部位較爲密合。當飭鄂省兩湖書院各學生敬謹摹繪兩分，一成直幅八幀，以便懸挂，一裝册葉三本，以便披尋。因天文度數與地球內外上下正相印合，於考覽地圖甚有關涉，並飭兩湖書院學生另繪《赤道南北恒星圖》，直幅兩幀、橫幅一幀，藉可考見南北兩極、赤黄兩道及躔次之所在。又附進上海製造局所刊《地球全圖》兩幅，足以覘環球之疆域，上海銅版刊印之《亞西亞東部輿地圖》一幅，足以驗近州之形勢。又因圖係半面，欲測天地全形，尚費體會推求，因並附進製成天球、地球各一具，俾大圖運轉，五州列國可以一覽而知。謹一併裝潢，派委員弁，賫赴行在，敬謹呈進。儻蒙萬幾之餘，時加垂覽，則環球大勢、中華全局，均可歷歷在目，以之上佐綏安撫馭之方略，或亦可稍有裨益。旨：所進畫圖等件均留覽。欽此。

清・張人駿《奏爲酌保測繪輿圖在事出力人員事》光緒二十八年五月二十七日（清檔） 竊照所准會典館咨，奉旨重修《大清會典》，館發欽定輿圖格式，行令東省仿照測繪省圖並府廳州縣分圖，送館彙辦等因。當經前撫臣張曜、福潤先後遴委通曉算學精於測繪各員爲提調、纂修、校對等官，分理其事，設局開辦，計繪就省圖一，府直隸州圖十二，州縣圖一百有五。委員賫送會典館查收在案，並未將在事各員隨案聲請奬敘，嗣准會典館咨會各省，送到輿圖以湖北、浙江、江西、廣東、黑龍江、湖南、安徽七省爲最，福建、陝西、廣西、山東、奉天五省次之，以上各省，應由吏部分別酌奬一二名，奏奉諭旨：依議。欽此。咨行到來，惟時正值奉迎事起，未及核辦。兹據布政使胡廷幹開具各員履歷清册，詳請奏奬前來。臣查東省幅員東西袤長一千三百餘里，南北相距八百里，渤海迴環，河濟脈絡，素稱中原重鎮，輿圖爲考證所資，形勢所關，非測算精確，不足信今傳後。歷時年餘，成圖一百十八幅，立表附説，尚屬詳明。在事各員不無微勞足録，除業經升調他省及因事故離東不計外，查有候補知府羅志伸，前委辦核算輿圖，兼管收支，經理精密，撰著最多，廪貢生劉汝僑，攜帶儀器，親赴各府州縣測量，辛勤尤著，合無仰懇天恩，俯准將候補知府羅志伸免補知府，以道員仍留山東補用並加二品銜，廪貢生劉汝僑以訓導，不論雙月單月，遇缺即選，出自逾格鴻施。除將各員履歷清册咨部外，到省酌保測繪輿圖出力人員，即合恭摺具陳，伏乞皇太后、皇上聖鑒訓示。謹奏。

光緒二十八年六月初九日奉硃批：該部覈議具奏。欽此。

五月二十七日（奏）

清・丁振鐸《奏爲測繪廣西通省地輿全圖告竣出力各員請奬勵事》光緒二十八年六月二十九日（清檔） 竊據廣西布政使張曾敭會同善後局司道詳稱案照，前奉前撫臣馬丕瑶劄開，准會典館咨，遵旨恭頒欽定圖説格式，行令測繪廣西通省輿圖呈繳等因。竊維輿圖爲考證所資，於行陣治軍，大有關繫。廣西沿邊省分，測繪尤當詳密。且跬步皆山，煙瘴層巒，春夏多雨，動輒連旬，艱阻萬狀，測繪實異他省。經前司道遴選委員幕友，講求成法，覓購儀器，酌定簡明程式，多募精明學徒，於省城、南寧、柳州分設三局，督飭委員偕同幕友、學生，分道馳赴各屬，挨次實測實繪，計繪成省總圖一、經緯圖一、府總圖十有一、直隸廳總圖一、直隸州總圖二、廳州縣、土州縣司散圖八十有三，凡例一、説十有四、表八十有二。前於光緒二十年内一律告竣，均與原頒格式相符。業經詳請前撫臣奏咨驗收存案備覈，嗣准吏部分別酌奬一二員等因。該司道等遵查測繪廣西地輿全圖，委員幕友人等，除尋常在事出力各員遵章請毋庸議給奬敘外，其餘省城、柳州、南寧各局測繪幕友附生鄒代褉、知縣用候選縣丞蔣裕光、選用縣丞董維翰、文童鄭湘、劉源等五名，或係在局督理縮繪，詳細考校圖表，或選帶學生分馳各屬，於蠻煙瘴雨之鄉，四載履勘，測繪成圖。覈其艱苦情形，實屬在事異常出力，始終無誤。應將鄒代褉擬請以訓導不論雙月單月歸部選用，蔣裕光擬請以知縣遇缺選用，董維翰擬請以縣丞遇缺儘先選用，鄭湘、劉源擬請以巡檢分省補用等情，詳請具奏前來，臣覆覈無異，合無仰懇天恩，俯准給奬，以示鼓勵。除將各該員履歷送部查覈外，謹會同兩廣總督臣陶模恭摺具奏，伏乞皇太后、皇上聖鑒訓示。謹奏。

（硃批）：吏部議奏。

光緒二十八年六月二十九日

清・聶緝椝《奏爲浙江省前測繪輿圖在事尤爲出力員紳遵限請予奬敘事》光緒二十九年十二月十八日（清檔） 竊查浙江省測繪輿圖，遵照會典館所頒格式章程，次第設局開辦。凡平日留心輿地精通算學之士，廣爲延攬，責令分投測量，詳加繪算。經費悉由外籌，不動正款。時閲三載，始得告成，在事員紳不無微勞足録。經前撫臣廖壽豐於光緒二十四年閏三月十二日開單奏請，分別奬敘。欽奉硃批：著照所請，該衙門知道。單併發，欽此。嗣准吏部復奏，以此次纂修會典，測繪輿圖不過會典功課之一端。應將所請奬敘各員，咨送會典館存記。俟會典館全書過半，再行彙案，分別奏明請奬，續准吏部咨會。據會典館奏，現在會典告成，應分別等差，以爲准駁。查送到各圖，以湖北、浙江、江西、廣東、黑龍江、湖南、安徽七省爲最，福建、陝西、廣西、山東、奉天五省次之，以上各省由吏部每省酌奬一二員，不得有逾限製，奏准移會到部，應令遵照此次會典館奏定限制，另核奏明請奬等因。其奏奉旨：依議。欽此。咨行到浙，當經前撫臣轉行欽遵去後，兹據布政使翁曾桂兼署按察使陸襄鉞會查，浙省辦理輿圖在事出力員紳，原案保奬八員。除知縣黄福元業已病故外，查得名次在前之湯仰暉、黄維瀚二員，實在尤爲出力，詳請援照安徽成案，准照異常勞績保奬前來。臣查輿圖所繫至重，測繪務宜精審，浙省幅員遼闊，措施不易。該員紳確遵館章黽勉從事，幾微不苟，洵屬有勞足録。查列在爲最之安徽省，曾經撫臣鄧華熙將出力人員，按照異常勞績請奬，已蒙敕部議准。浙省事同一律，合無仰懇天恩俯準，將在事尤爲出力之由府經歷捐升浙江試用同知湯仰暉免補本班，以知府仍留原省補用，現任平湖縣教諭黄維瀚開缺，以知縣分省補用，以示鼓勵。其餘名次在後各員，遵章一律删除，俾昭核實。除飭取各該員履歷送部查核外，理合恭摺具奏，伏乞皇太后皇上聖鑒訓示。謹奏。

（硃批）：吏部議奏。

光緒二十九年十二月六日

清·世續等《清德宗實録》卷五三八　光緒三十年甲辰十二月乙未，以測畫庫倫邊界輿圖，予府經歷職銜包恩騄奬敘。

清·佚名《南洋創辦測繪之經過·照繕延聘日本技師所訂合同原稿三分請核咨部文》光緒三十二年四月十一日（清檔）　爲詳請核咨事，竊照三月初二日奉憲臺札開準練兵處咨，據軍令司案呈，奉發署兩江總督周，咨呈遵繪略圖辦理情形一案，飭即核復等因。奉此遵即按照呈各節詳加核議。該省所籌辦法尚屬妥善，應請咨該督轉飭照辦。並查照前咨圖式各法，趕緊繪製略圖一分，咨送本處以資攷究。至延用外國技師，應將所訂合同咨送本處備核並嗣後凡關涉軍事延聘外人，均應咨由本處核定照辦等因前來。除批示外，相應咨復貴督查照，轉飭遵照辦理可也等因到本署部堂。準此合就札飭札到該公所，即便遵照辦理，毋違等因到所。奉此遵即札行測繪學堂，飭將前後延聘日本技師三員，所訂合同三分照録全稿呈候轉詳咨送練兵處查核備案。除所取略圖應俟繪製告成後，再行詳送外，所有遵繕延聘日本技師所訂合同原稿三分，理合列摺備文，詳請憲臺鑒核咨復練兵處查攷。爲此備由具詳，伏乞照詳施行，須至詳者，計詳呈合同清摺三扣。

欽差大臣署理兩江總督部堂周爲聘請測繪學堂教習之事，特派兩江督練公所總辦兵備處兼教練處朱、總辦參謀處兼教練處徐訂立合同。前因將備學堂總教習、東京參謀本部坂田中佐署假回國之便，託爲延訪陸地測量技師一名，兹准聘定大日本國陸地測量技師土方龜次郎來寧所有旅費、治裝費均已付訖。立聘請合同以昭信守。所有議定條件開列於後：

一受聘人應守測繪學堂章程，教授三角、地形、製圖三股事宜，均以相當之客禮相待。惟當受節制於總督參謀處總辦提調及該堂監督。

二受聘人因教授測量事宜，須在實地研究者，應聽參謀處總辦命令，在指定區域内教授。

三受聘人由聘東每月給薪水中國龍洋二百二十元，其火食及跟丁工倫一併在内，自西曆本年九月一日起支。

四受聘人定以二年爲限。限内無故不得辭退，倘期限未滿，聘東因故欲辭退者，除給川資二百二十元外，應給兩個月薪水。受聘人因自有要故，欲辭退者，只給川資二百二十元，不給薪水。

五受聘人教授得力，又彼此情投意洽，聘東欲商定續聘合同，務於限滿三月前豫行知會商定。倘受聘人不願再行續聘，亦於三月前通知聘東。

六受聘人到期滿之後，所有回國川資，仍由聘東給龍洋二百二十元。

七受聘人倘於限内病故，給川資二百二十元，並給三個月薪水作爲弔恤殯殮之資。

八受聘人住房及所需牀鋪棹椅零用器具等，均由聘東預備。

九受聘人在學堂内專教測量事宜，不得干預他事，並不得與別國教習干涉。

十受聘人每禮拜日及兩國大節，均得停止工課。

十一此約稿呈報總督批准後，寫立四紙，一存參謀處，一存測繪學堂，一存日本領事署，一交受聘人收存。

總辦兵備處兼教練處新授江南鹽巡道朱恩紱
總辦參謀處兼教練處江蘇特用道徐紹楨
駐寧日本領事府岡部三郎
陸軍步兵中佐坂田虎之助
陸地測量技師土方龜次郎
光緒三十一年七月二十九日
明治三十八年八月二十九日

欽差大臣署理兩江總督部堂周爲聘請測繪學堂製圖股印刷所兼教習事，特派兩江總督公所總辦參謀處兼教練處徐、總辦兵備處兼教練處朱訂立合同。前託將備學堂總教習坂田中佐及測繪學堂總教習土方技師延訪製圖股印刷技師一名，兹準聘定大日本國製圖股印刷師元吉八五郎來寧，所有旅費治裝費均已付訖，應立聘請合同以昭信守，所有議定條件開列於後：

一受聘人應守秘密閑防規則，不得任意干犯。

二受聘人應守測繪學堂及測量司章程，教授製圖股學課，兼管理印刷事宜，均以相當之客禮相待。惟當受節制於總督參謀處總辦幫辦及該堂監督。

三受聘人凡關於教授事宜，應聽命於總教習。關於印刷事宜應與製圖股員協商。

四受聘人由聘東每月給薪水中國龍洋一百元，其火食及跟丁工價一併在内。自西曆本年二月起支。

五受聘人定以一年爲限，限内無故不得辭退。倘期限未滿，聘東因故欲辭退者，除給川資一百元外，應給兩個月薪水，受聘人因自有要故欲辭退者，只給川資一百元，不給薪水。

六受聘人教授得力，辦事熱心，又彼此情投意洽，聘東欲商定續聘合同，務於限滿三月前預行知會商定。倘受聘人不願再行續聘，亦於三月前通知聘東。

七受聘人期滿之後，所有回國川資，仍由聘東給龍洋一百元。

八受聘人倘於限内病故，給川資龍洋一百元，並給三個月薪水作爲弔恤殯殮之資。

九受聘人住房及所需牀鋪棹椅零用器具，均由聘東預備。

十受聘人在學堂教授製圖兼管理印刷事宜，不得干預他事，並不得與別國教習干涉。

十一受聘人每禮拜日及兩國大節均得停止功課。

十二此約稿呈報總督批準後，寫立四紙，一存參謀處，一存測繪學堂，一存日本領事署，一存受聘人收存。

總辦參謀處兼教練處江蘇特用道徐紹楨
總辦兵備處兼教練處新授江南鹽巡道朱恩紱
日本駐寧領事府岡部三郎
將備學堂總教習坂田虎之助
測繪學堂總教習土方龜次郎
受聘人日本印刷技師元吉八五郎
光緒三十二年正月二十八日
西曆一千九百零六年二月二十一日

欽差大臣署理兩江總督部堂周爲爲聘請測繪學堂三角股教習事，特派兩江督練公所總辦參謀處兼教練處徐、總辦兵備處兼教練處朱訂立合同，前託將備學堂總教習畈田中佐及測繪學堂總教習土方技師延訪三角測量技師一名，兹準聘定大日本國三角測量技師谷武松來寧，所有旅費、治裝費均已付訖，應立聘請合同，以昭信守，所有議定條件開列於後：

一受聘人應守測繪學堂及測量司章程，教授三角股學課，均以相當之額禮相待，惟當受節制於總督參謀處總辦幫辦及該堂監督、總教習。

二受聘人應守秘密閑防規則，不得任意干犯。

三受聘人因教授三角，須實地演習者，應隨時聽參謀處總辦及該堂監督命令指定區域，不得踰越。

四受聘人由聘東每月給薪水中國龍洋二百元，其火食及跟丁工價一併在内，自西曆本年二月十五日起支。

五受聘人定以一年爲限，限内無故不得辭退，倘限期未滿，聘東因故欲辭退者，除給川資二百元外，應給兩個月薪水，受聘人因自有要故欲辭退者，只給川資二百元，不給薪水。

六受聘人教授得力，辦事熱心，又彼此情投意洽，聘東欲商定續聘合同，務於限滿三月前預行知會商定。倘受聘人不願再行續聘，亦於三月前通知聘東。

七受聘人倘於限内病故，給川資二百元，並給三個月薪水，作爲弔恤殯殮之資。

九受聘人住房所需牀鋪棹椅零用器具，均由聘東預備。

十受聘人教授三角功課，不得干預他事并不得與別國教習干涉。

十一受聘人每於禮拜日及兩國大節，均得停止功課。

十二此我稿呈報總督批準後，寫立四紙，一存參謀處，一存測繪學堂，一存日本領事署，一交受聘人收存。

總辦參謀處兼教練處江蘇特用道徐紹楨
總辦兵備處兼教練處新授江南鹽巡道朱恩紱

日本駐寧領事府岡部三郎
將備學堂總教習坂田虎之助
測繪學堂總教習土方龜次郎
受聘人日本三角測量技師谷武松
光緒三十二年正月二十八日
西曆一千九百零六年二月二十一日

爲軍用地圖擬酌改横長圖幅請咨商練兵處文(光緒三十二年四月初一日)

爲詳請核咨事。竊照測繪學堂開辦製圖股所有派委人員銜名暨應辦各事,宜已經詳明憲臺在案。茲據測繪學堂監督兼管實地測量日本留學生章亮元詳稱,製圖一事,爲行軍命脈所關,將來按圖計畫,何處可以設伏,何處可以進取。勝負之機,間不容發。圖之功用既如彼,而圖之體例亦必有整齊畫一之規,方可實臻美善。前奉練兵處來文,限制圖章大小。凡軍用地圖每幅以正方五十生的爲率,自應遵此方式辦理。然以管見所及參攷東西各國製圖之例,似亦有宜稍爲變通者,其原因厥有數端,請詳陳之地球之體,本屬橢圓,南北之經線同自較東西之緯線爲彎曲,是以各國所製軍用地圖,皆直徑狹而横徑寬。誠以地球爲諸國之根,現在既製全省地圖,似宜依地球之自然,庶免連合之誤差。此考之體例,不得不變通者一也。製圖之法,必先精繪爲原圖,又由原圖謄寫清紙,付之製版,一圖出版,必歷四次精繪。一次印刷而精繪之時,憑案運筆印刷之頃,撫機進退皆以直徑狹而横徑寬爲合宜。蓋直徑一寬則時立時作,目力既廢,晷刻亦延。若横徑則不妨稍寬,運用腕力左右移動,實較上下爲易。此按之製圖之法,不得不變通者二也。行軍之際,大半倉猝,晦明風雨,展閲爲難,考目力所注,必左右各成圖形之視界。兩圓相連,必爲長方。且目分左右,必横徑長而直徑寬無疑。故軍用地圖攜帶,必取其便利。彼閲每虞其翻折。凡重點在握,則運用斯。宜人分左右手,則横徑之重點可二。故不妨於寬若成正方,則翻折之虞,在所不免。此按之用圖之際,不得不變通者四也。加以製圖機器無論銅版、石版,我國尚無此項製造,購自外洋者,亦係通用之式。若遵指定尺寸,另行訂購,耗費必多。況圖紙一項,需用尤極浩繁。購辦既已不易,價值亦復高昂。若正方五十生的,則一圖之紙虛糜過半。雖一幅之圖有限,而層遞相加,累百盈千,其糜費之數,當亦甚鉅。此就財政而論,不得不變通者五也。以上既具種種之原因,又加財政之困難,不獨寧省爲然,即他省亦莫不然。誠非亟謀改良不可。擬懇轉詳督憲咨商練兵處酌改爲横長圖幅,俾資遵守,庶於圖學稍有裨益等情,到所。據此本署司職鎮等伏查測繪軍用地圖,前奉練兵來文,限制每幅以正方五十生的爲率,自應遵照辦理。惟該督所稱正方圖式諸多不便,請酌改爲横長圖幅。該員於圖學夙有心得,且屢與日本參謀部測量技師精研討論,所見頗爲近理,合無仰懇憲臺鑒核俯賜,咨商練兵處,酌改横長圖幅,以便製圖之處。本署司職鎮未敢擅便,理合據情詳請,仰祈憲臺察看奪示,遵爲此備由具詳。伏乞照詳施行。

須至詳者,附署督憲周札行練兵處復文:

爲札飭事。光緒三十二年五月二十七日准練兵處咨案,准咨開據督練公所朱恩紱等詳稱,據測繪學堂監督學生章亮元詳,製圖一事,爲行軍命脈,所關似宜稍爲變通。其原因厥有數端,詳懇轉詳督憲咨商,酌改遵守等情,理合據情詳請察奪示遵等情。據此相應咨請查照酌核見覆等因到處。當飭軍司核覆去後,茲據稱查前遵核暫准各省自立測繪學堂,并改正測繪事件六條及圖號摘要等件一案,業將略圖辦法詳細陳明,呈請通行各省在案。該省仍應遵照前案辦理。該督所擬變通,酌改之處,應勿庸議等情前來。相應咨覆查照前咨辦法,轉飭妥速遵照辦理等因到本署部堂。准此合就札飭札到該公所,即便遵照辦理,勿違此札。

清·佚名《南洋創辦測繪之經過·爲實地測量添設第四班測員並監督查勘各班情形據稟轉詳文》光緒三十二年四月十三日 爲詳報事案據測繪學堂監督兼管實地測量事宜章亮元稟稱,卑監督謬以非材,荷蒙委以測繪全省地圖重任,私衷悚惕,隕越時虞。溯自去歲開辦以來,深賴各員實心任事,已將江寧、鎮江兩府南北六十里、東西二十里,隨測隨繪,均已告成。伏查前詳擴充章程內,地形股測量各員計分三班,每班設班長一員,督同班員分頭舉辦,即由各班員按期測定。地面繪成草圖交由製圖股精細比繪,印刷以便軍用。惟班員既限定數,而時有奉派測量他部之差。且分班測量,每當交接之處,不無疏漏。亟須派員修正,是以於三班之外,應續添設第四班。而續添之班,均爲署理於二月初一日出發。經費即於擴充章程内新添項下開支。此目前辦理之實在情形也。第以地面既廣,頭緒必繁。誠恐該員所測容有稍欠精當之處。是以卑監督於本月十一日親赴江寧、鎮江兩府地方查察各員勤惰,并稽核草圖是否與實地符合。周歷履勘，所至之處，各班員均係備嘗艱苦，每遇所測地段，大半曠野窮山，離鎮市極爲寫窵遠。即食宿之處，亦不易求。每日祗食乾糧，露宿風餐，奔馳於叢莽之中，即風雨驟至，亦難暫避。昨年測量助手畢家詳奔馳受毒，兩足潰爛，遂至鋸折。其艱苦之情形，概可想見。且鄉間風氣未開，土地情況真有意料不及者，民間視測量人員，非謂其鐵路經過測就購地，即謂清丈荒山，將致糧，間有拾寶、風水諸惡説謡傳紛然，幸賴測繪各員和以顏色，善於言辭，故得相安無事至。至土地情況連山數十里，羌然無一物。若遇暑天渴難求飲，熱難求息，而測量各員奮不顧身，處之裕如，踴躍從公，尤堪嘉尚。總計各班成績，尤以甲班爲最，丙班次之。其餘亦頗勝任，從前已測之處，縱稍有不符，已飭第四班爲之更正，庶免耽延。彼三班測量時日，現甲班已測至鎮江丹徒之高資鎮。該線所缺不過三十里，約暑假前儘可完竣。惟查各縣分界既無碑誌可尋，即詢之當地百姓地何等，均不能確實指認，於測量頗形窒碍。大約非地方州縣，萬難憑準，此查勘各班之實在情形也。所有添派實地測量第四班人員銜名，並查勘各班實在情形也。所有添派實地測量第四班人員銜名，並查勘各班情形，據實稟陳，仰祈鑒核等情。并清摺一扣到所。據此署司職鎮等覆詳核無異。除各縣分界處所由職所札飭地方官派員確實指認報告各該處測員外，所有實地測量添設第四班測員并監督查勘各班情形，理合連同清摺據情轉詳仰祈憲台鑒核批示，祇遵爲此備由具詳，伏乞照詳施行，須至詳者。

清・佚名《南洋創辦測繪之經過・爲實地測量應設三角水準標記估計需用經費並擬呈圖式條例文》光緒三十二年四月二十九日　爲詳請事。竊據測繪學堂監督兼管實地測量章亮元詳稱，實地測量分股舉辦所有地形股製圖，業經先後舉行，惟三角股事關重大，急切難以實施。而測量機宜非三角無以張其基本，故不辦則測量斷不能致功於實際。查三角測量實具緯地之功，而網羅全域。當以基礎爲憑，萬水千山，由分而合，無論張數之如何繁多，有此三角基點，不虞有彼此參差之弊。是圖之分合以及高低遠近之所以毫無差誤者，實此三角點之力。是以東西各國測量，無不先立此基點，以爲萬年不拔之基，前因測量事電詢練兵處軍令司，於復電中亦云三角測量每點距離不得過十里之遥，足仰規畫之精。遵此精度，既不可失全省面積，又復寥闊。若不急行舉辦，則成圖期於何日。且現在地形股所測之江寧省城以東之東西五十里、南北六十里，均已告竣。亟需實行三角測量，與之相輔而行，方可實臻美善，此三角股不得不辦之原因也。但此項測量事關垂久，經此次一測其點，必當永遠爲憑。我國屢經測量，按諸各圖不得即爲今日之確，據第供觀玩，難爲實用，以未立標記故也。此次於基點之地，必須立標以爲後日記認。此項標記凡有關於此點之事，均應詳載。其上材料既須堅固，保存尤宜得法。萬一偶有損壞，則後日攷核全圖之測法，連合之是否高低之真數，地形之變更，均無確實憑據。查各國設立此項標記，分爲三等，上等每點需銀數百兩，次等需銀數十兩，下等需銀十餘兩。現在寧省財力支絀，萬難照各國之辦法，用上等標記。若下等，又恐爲日未久，即至湮沒，以致此次所測之點，無從查攷。卑監督再四思維，有酌用中下標記，視地段之急否，妥爲配備。計每百啓羅方密達平均計之，三角約二十點水準、約四十點水準點標石每點約銀十五兩，三角點標石每點約銀十兩，共一啓羅方密達約需銀二百六十兩。江寧全省約有十萬啓羅方密達，應設三角及水準標石約需二萬四千點，共計銀不下二十六萬兩。雖視測量之進步，以定陸續之支銷。而總核以觀爲款甚鉅，未便輕易。將事理合先行繪具標記圖式，並保存條例，詳請察核，轉詳等情到所。據此署司職鎮等查實地測量非舉辦三角股，則不能致功於實際。而三角測量，非設立三角暨水準標記，則一經測過，故跡全銷，再欲測量，又須另辦。而且日久地形更變，所測之圖仍不能據標點以校正之，於軍用實際終歸無補。倘設立此項標記，就江蘇全省地方約略估計需銀二十六萬兩，而委員川資、薪餉、運費、雜用，尚不在此內，爲數不爲不多。惟實測全省地形必須四五年方能藏事。設立此種標記，經費若分年攤籌，則每年寬籌六七萬金，儘數支用，而標記既立，則所測之圖雖至數十年，或數百年，僅須隨時修正，不必全地實測，即可爲一勞永逸之計。是否應行舉辦之處，理合連同標記圖式并保存條例，備文詳請憲臺鑒核批示。祇遵爲此備由具詳，伏乞照詳施行。須至詳者，計呈標記圖式一册、清摺一扣。【略】

署督憲周批：查現准練兵處咨測繪地圖，改定簡易辦法以所繪略圖期於速成，無庸用三角測量，亦不繪經緯度，至全國正測圖法應俟本處逐漸頒行等因，另文行知在案，仰即遵照速籌辦理。所請立三角及水標準測之處，暫毋庸議，此繳册摺存。

清・佚名《南洋創辦測繪之經過・爲測量製圖紙款浩繁擬創辦售賣軍用圖書以維紙本而利軍用文》光緒三十二年四月二十九日　爲詳請事竊據測繪學堂監督兼管實地測量章亮元詳稱，實地測量製圖股業經開辦，舉凡印圖機器刷圖紙張均已次第購備，布置就緒。惟將來一經開印，所需之紙頗極浩繁，即以現在所測江寧、鎮江兩府地段比例以觀，僅東西四十里、南北六十里所用圖紙，預計在萬餘張左右。況圖紙必需購自東洋，每百張計洋十九元，加以水脚、運費，則需二十元。夫以一方面計之，即需紙如此之多。需價如此之鉅。合江寧全省地形面積四十萬方里，約需紙數百萬張。需價數萬元。微論經費困乏，無從籌此鉅款。即目前勉力籌出，亦恐後難爲濟。況係全省地圖必須印刷多分，方足供平時演習，戰時計畫之用。若不亟籌善後之方，必致因噎廢食，竭無數之人力、財力而止獲此區區之數，其爲得不償失無疑矣。伏查東西各國此種善圖，必創辦自陸軍。而國民之教育、建筑、游歷亦皆本此爲籌畫之基。故圖之應用最廣，必須能分能合，任人購買。即各軍用圖偶有損失，亦可即時補購。往年上海製造局所印《八省沿海口岸全圖》亦訂有一定價值，准其售賣。俾可收回紙本，得以持久推辦，庶於財政支絀之中，而有酌盈劑虛之道。惟是軍用圖書，定價既須極廉，而奸商壟斷販賣，亦當杜絶。卑監督於去年赴北閲操時，曾見保定、天津均有軍用圖書專售之處，杜販賣而利軍人，用意深遠。擬仿此辦法，在卑堂西南隅隙地修蓋房屋數間，兩面迎街，交通亦便。非特卑堂所出之圖可以寄此銷售，即南洋印刷各種兵書，亦可存此以便軍人購用等情到所。據此署司職鎮等查售賣軍用圖書係爲便利軍人起見。而所售款項即可補製圖刷印紙張費用之不足，維持久遠，計無逾此者。至此項售賣所需用開辦經費，擬即在測繪學堂常所經費盈餘下支用，核實開報。是否有當，理合備文據情轉詳，仰祈憲台覽核示遵。為此備由具詳，伏乞照詳施行。須至詳者。

清·張之洞《張文襄公全集》卷七〇《請奬紀鉅維等片》光緒三十三年七月二十八日 再，臣自到湖廣任後，博訪良師，訓迪多士。所任用各學堂教員，類皆品學兼優之士，其中篤學專精成材甚衆。尤爲卓著者，自應特予表彰，以昭激勸。內閣中書紀鉅維學行兼優，深通教育理法，切實懇摯，諸生悦服，擬請加內閣侍讀銜四品銜。安徽霍山縣知縣楊守敬學問精博，著書滿家，講求輿地之學，至老不倦，該員係舉人出身，擬請開缺，以內閣中書選用。廪貢生馬貞榆學術純正，品行端潔，足稱經師、人師之選，擬請以太常寺博士選用。通判銜湯金鑄覃研算術，精勤不倦，善於教士，成才如林，擬請以通判，不論雙單月儘先選用。通判銜羅照滄精於測繪之學，課士甚勤，鄂生多能測量畫圖，實該員一人之功，擬請以通判，不論雙單月儘先選用。度支部郎中曹汝英精通西算，啓誘有方，所撰算學教科書爲學堂中最善之本，擬請加四品銜。以上六員，皆在各學堂教授有年，深資得力，公論交推，臣與之時相過從，講論學術，研求教法。其品詣成效，臣所深知。合無仰懇天恩，俯准照擬給奬，以彰宿學而重師範，實於學務大有裨益。硃批：該部議奏。欽此。

清·世續等《清德宗實録》卷五九四 光緒三十四年戊申秋七月己亥，兩江總督端方奏：報明南洋測繪學堂兼地形測量辦理情形，並開辦三角測量日期。下陸軍部議。

清·沈瑜慶《奏爲籌辦江西省測繪學堂章程事》光緒三十四年七月二十九日（清檔） 再，前於光緒三十二年五月准練兵處咨開籌設測繪學堂，將課程界限畫清，祇准授地形一種，毋庸兼授三角、製圖，俾免歧異而期迅速等因。當經前撫臣瑞良查照原咨，籌畫開辦，暫借陸軍小學堂爲校舍，並就裁撤儲材館改辦陸軍講武堂，原有之經費項下每月節省銀六百兩，爲該學堂常年經費，額設學生四十名。辦理年餘，於地形測量粗有端倪。光緒二十四年正月初五日准陸軍部咨行，奏定測繪全國軍用地圖辦法，並測繪學堂現行章程。又於四月二十九日續准咨行三角測量及水準測量暫行規則，行令遵照辦理等因。查江西測繪學堂，係遵練兵處前咨辦理，祇授地形，不及三角，與現行部章不甚符合，亟應修改規制，擴充課程，培養完全教育之人才，以爲分辦三角、地形之豫備，已由臣督飭司道等悉心籌畫，妥爲釐定。一切規制課程，悉遵部章修改，俾與中央測繪學堂同條共貫，以收統一整齊之效。惟贛省財力支絀，自當於改良擴充之中，兼寓節省經費之意。所有原章第十五條編制項下職員，各有專司，均已照章設置。其中教育經理各員，半爲本省學堂畢業學生，理應少盡義務，各員薪津參酌原章第六十九條經費項下所列款目，減作七成開支，每年額支約在三萬兩左右。至活支項下，由臣督同司道等覈實，從省辦理，隨時實報實銷，以期撙節。又查原章，全班學生一百名，以三十名爲一班，似有畸零。茲擬略爲變通，於該堂原有學生四十名外，添招合格學生八十名，分爲三班，認真教課，以廣陶成而儲英秀，似於培養測繪人才之意，不無俾益。除將詳細章程咨部查覈外，理合附片具陳，伏乞聖鑒。謹奏。

（硃批）：該部知道。

光緒卅四(年)七(月)廿九(日)

護理江西巡撫布政使沈瑜慶

清・陳熾《爲臚陳直省及沿邊險要地形宜繪製分總輿圖等各款事稟》光緒朝（清檔）　章京陳熾謹再頓首上書中堂、王爺、大人鈞座。竊章京自侍直樞府，於今三年，猥以譾陋之資，詎識張弛之本，直宿偶暇，敬覽前規微密周詳，莫名私佩。重以我長官贊襄，密勿隨時損益，遠紹旁稽，斟酌權衡，胥歸至當。而宸謨廣運，更有非微員屬吏所能窺者。美矣！善矣！邁歷朝而媲隆三古矣。惟是山川險要防守之勢，隨時會爲變遷。軍興以來，聖主、賢臣内外一心，出民水火而登諸衽席。善後、興革諸事，有規復舊制者，有另立新章者，因地因時，至繁且賾。通商而後，洋務肇興。交際設防，隨宜控馭。風氣既闢，恐永無閉關絶市之時。皇上聖學日新，躬親大政，對颺殿陛，顧問方多。他時長駕遠馭之規，固由聖德之崇高，亦賴群工之輔弼，必深識近日已然之跡，然後措施之緩急輕重，始能曲得其宜。自維士壤細流，豈能爲河海泰山之助。而本處追隨晨夕，分雖堂屬，情等師生。即或體要未諳，尚可時求訓迪。敬自附於游夏贊辭之列，就管蠡之見，臚舉四條，是否能行，伏希鑒擇。

一直省及沿邊地形險要，宜令繪呈分、總各圖也。古人行軍，輿圖爲要，而輿地之學，逾近逾精。昔以地望爲衡，今以天文爲准。參之西法，證以見聞。雍、乾用兵，首重此事。檔籍具在，遺意可師。第未經用兵之處，慮尚有偏而不全之弊。且防守之要，今昔異勢，移步换形，欲籌控馭之方，必以輿圖爲本。似宜行令各直省督撫、將軍、大臣，密派幹員周歷所屬，測量繪畫各省、府、州、縣地形、山川、險隘分、總各圖，計里開方，毋令舛錯。而於沿邊、沿海防禦阨塞之處，尤責精詳。屬國屬部如朝鮮，則責之北洋通商委員，西藏則責之駐藏大臣，内、外蒙古則責之西北路將軍、大臣，皆於無事之時，妥慎辦理，務令測繪確實情形，不得照摹舊圖，敷衍塞責。圖後繫以論説，必使簡明精密，一無可疑。統限三年，一律竣事，並由本處頒具格式，令製箱篋收儲，隨時進呈御覽。所費款項，准其作正開銷。如該處荒陋不文，無人能知測繪之事，准其聲明咨調他省負弁，或取之津、滬學生。惟不許雇用洋人，示他人以利器。各省咨送既畢，則出庫存舊圖，互相檢校，毋使參差。總署選一熟諳測繪之學生，照繪全圖，合散爲總，嚴密封貯，以備檢查。他日偶有兵端，則雖萬里窮邊，畫沙聚米，爲攻爲守，指掌瞭如，虜在目中，無難刻期掃蕩矣。考之《樞垣紀略》，規制一門曰：若有軍旅之事，則考山川之險夷，道里之遠近，以備顧問。或古書茫昧，則追尋新舊册檔加以諮訪，使皆可徵驗。繪圖繕單，即時呈遞。可知攷尋圖籍，實未處職守所關，非儲備於平時，斷不能優遊於臨事也。

一宜咨造各省兵勇確數，及防營礮壘情形也。國朝養兵，駐防旗隊最爲得力，緑營次之。此次軍興，駐防漸少將才，而緑營更望風奔潰。湘、淮各軍崛起，卒以削平大難，告厥成功。而各省酌留勇營，裁減兵額，一切制度與前頓殊。有事之時，亦或資以爲用。海防事亟，添築礮壘，購買輪船，沿海情形，更非昔比。雖節經各處疆臣隨時奏報，而勇則旋撤旋募，兵則或減或增，交錯糾紛，難於稽核。宜令各省就現在情形，造具簡明册籍，兵數若干，勇數若干，統將何名，能否得力，食何處之餉，用何等之礮械，駐劄何處，相距遠近，水師幾何，礮船分駐何地，礮台何式，是否可守，兵輪多寡大小若何，舊有若干，新添若干，仍詳細注明於地圖之中，隨册籍咨呈本處。圖、籍二者相輔而行，偶有風鶴之驚，按籍以求，瞭然可睹，不至藉端募勇，撤遣爲難，亦不至省費疏防，空虚可慮。其統帶之將、駐紮之地，如有調動變易之事，隨時咨明。每届年終，另造一册，即將前册廢棄。蓋此時養勇一事，幾竭天下之財。而羽檄偶傳，輒云戰守一無可恃。又添招募之費，又須遣散之貲，竭蹶紛紜，終非長策。如此，則輕重緩急，隱有權衡，不憑疆臣一面之詞，亦不蹈萬里遥制之患。所以安内攘外，握樞要而尊朝廷者，道不外是矣。

一軍興善後，現辦章程與舊制不同者，宜令稟報本處也。章京直宿之時，每見兵部送來各省年終彙報文件，動輒數十百封。如保甲、積穀諸事，久已有名無實。徒以前奉諭旨，循例咨呈，陳陳相因，奉行故事。本處收到之後，亦例不回堂彙交，供事付之丙丁，徒費若干筆墨紙張，毫無實用。竊謂軍興以後，各省善後諸務多已另立新章。雖開辦之初或經奏報，或曾咨部，然零星錯雜奏報，則檢查非易，部議亦覩記爲難。皇上庶政躬親，留神制度，敷對之際，恐未必能原原本本，縷析條分。似宜行令各省，每届年終，凡承平舊制典籍具存，一概毋庸咨報。而於軍興後與舊制不合者，除兵勇一項爲本處要政，宜另行詳報外，自余現辦章程奏咨有案，皆略具原委，分款造册，咨報本處備查。嗣後如有更張，每届年終彙報，直宿章京回堂閲過，分省擇要録存部院各衙門。如經奏定新章鈔稿咨呈，亦即摘由登記。蓋尋常事故，雖例交部議，然沿革之所在，宜議其大。凡本處召對，獨多獻替之時，不無裨益。且咸豐、同治之際，一切興利除弊，仰荷聖主之虚衷採納，下資群工之任事勇爲，用能適張弛之宜，而速致治平之績。苟得九重省覽，執兩用中，亦足使新政擴充，愈臻光大，一轉移間，而數善備焉。

一洋務海防電報，宜另立專書，隨時紀載存堂，以備檢核也。道、咸以後，洋務肇興。其時未諗敵情，姑爲敷衍目前之計。同治間設立總署，廟堂默觀天意，知非可以人力斷其往來，於是乎各口通商，列邦遣使，辦理交涉，務持彼此之平。法越開釁以還，復知彼族非口舌可争。沿海之藩籬未固，海軍創設利器日增。雖通商則總署攬其成，用兵則海署專其任。然中書政本，不可不周知本末而兼權。謂宜另立一編，以通商用兵爲之綱領。自始迄今，以逮後日，分年纂輯，毋闕毋煩。如慮頭緒太紛，則仿修《方略》之例，酌派章京數員專司其事，隨時繕存本處，毋使刊刻，以致播傳。至電報創行，他日恐成故事。數年而後，紛繁錯雜，記憶爲難。似亦宜隨事隨時摘由另紀，庶他時檢閲，開卷了然。夫萬里之外，王者不臣。洋務一端，在本朝原無所諱，而外間論説，私家著述，或未盡識列聖，深觀遠覽，及諸臣維持籌措之苦心，以訛傳訛，易滋疑議。必有專書紀述，與國史並重，始足以傳後而信今。且前事不忘，後事之師，他日長駕遠馭，操縱控制之宜，即基於此。再西國近事，由上海譯録咨呈總署，實可裨軍事而識夷情。似宜檄令多備一分，送呈本處瞥問。偶有嫌隙，何强何弱，心目瞭然。宜戰宜和，應機立斷，亦未雨綢繆之道也。

以上四事，如千慮之愚，偶有一得。或可由本處咨行各省辦理，或須請密旨飭行，應否如何，恭候堂定。再本處章京向有前後輩之目，晚生末秩，妄加論擬，跡近多言狂瞽之詞。苟無可采，尚乞優容曲恕，深秘不宣。如蒙采納，芻蕘將以見之行事，亦求俛加垂鑒。一切出自鈞裁，則感戴隆施，更無紀極。章京陳熾頓首謹上。

清・佚名《奏爲測繪粤省輿圖事繁費鉅無可籌挪請准於釐金項下歸還墊款事》光緒朝（清檔） 再，測繪輿圖，非素習輿地、算術之學者，弗能從事。粤省向未講求，必須借才異地。而力學之士，憚於遠涉粤境，測繪尤難，不得不重聘延訪。隨由湘聘到幕友數人，設局委員專辦。查頒發程式體例繁重，星分經緯，日躔出入，均須逐一推求。疆域道里，山形水勢，城鄉市鎮，方位遠近，均須逐一測量。沿革、職官，均須逐一考訂。而通省府廳州縣、土司轄地既廣，分進推測，人數尤繁。一切薪水、脩金、工資、火食、紙張、雜費，以及伕馬、船隻、儀器、書籍種種，需費甚鉅。經前撫臣咨明户部，事竣報銷。一面先行借墊，計用銀二萬餘兩。兹據司局詳請撥款覈銷前來，臣查核均係實在情形。各項皆屬用所必需，相應仰懇天恩，俯念事繁費鉅，粤省無可籌挪，准於釐金項下撥還歸款。容臣飭將實支細數開單送部核銷，不敢稍涉浮冒，理合附片具陳，伏乞聖鑒訓示。謹奏。

（硃批）：户部知道。

清・世續等《清德宗實録》卷一七一 光緒九年癸未冬十月乙卯，伊犁將軍金順等奏：勘分科界，安設牌博，並繪呈科、塔輿圖。

清・沙克都林札布等《南疆勘界日記圖説・序》 《南疆勘界日記圖説》一卷。清光緒八年，巴里坤領隊大臣沙克都林札布奉命勘分新疆西路邊界。自八年六月二十一日至九年十月二十九日，所歷道途、所辦事件筆而記之，圖而徵之者也。並以中俄二國地名呼音之異同，凡三十四處，作對照表，一一説明，繼之以路程總單。每經歷之地，各繫以圖，圖凡二十有四，均佃誌河流及界牌，用心可謂勤矣。是鈔假舊家藏本録副，天山内外形勢，具有在中俄界線，亦可攷大概焉。惟此爲私人之記録，若欲確定疆界，自有前朝之檔案在，未可謂斯爲憑依也。甲申秋九月二十三日鈞園識。

光緒八年壬午夏仲，在綏定軍次，拜勘分新疆南路邊界之命，源探星海，塹劃天山，萬里長途，千鈞重負。雖云艱難險阻，猶其顯爲者也。爰乃不揣冒昧，謬摅管見。八年六月二十有一日起，九年十月二十有九日止，每日行程辦事，就其大略概梗，公餘之暇，筆記數言，兼囑繪圖委員日繪一圖，以相互證。久有可徵，或以道里之遠近，或以路途之險夷，或以山川之要害，或以形勢之南北，即山之陰陽。或以中俄之界址，或以牌博之表誌，或以地名之正訛，或以譯音之同異，或以關隘之緊要，或以卡倫之所在，或以山中之氣候，或以天時之陰晴，或以水草之有無，或以地土之磽沃，或以蕃部之星居，或以游牧之衆寡，或以地方之興替，或以世傳之遺跡，或以物情之動植，或以寒暑之遞遷，斯皆寓諸耳目，慎諸詢確，徵諸筆墨。初未敢妄肆胸臆，揚厲鋪張，自炫奇異也。布本愚魯寡學矣，嘗見宇宙間記説諸家，或爲文章，或爲政事，或爲遊覽歌詠之屬，鱗鱗炳炳，不一而足。凡響之聲爲能，擬諸鏗鏗錚錚者哉。第憲皇皇出使，傯倥車馬，事過輒忘。因法古人，日惟不足之功，記事從實之義。謹按四百八十一日，萬一千九百九十言，籤之曰：《南疆勘界日記圖説》。文理之疏，字句之俚，固知不免也。然苟虞文字之陋，始識之而終恝之，則是自求有徵，而自已無徵也，是爲序。光緒十年歲在甲申閏月下浣，巴里坤領隊大臣沙克都林札布謹序。

清・世續等《清德宗實録》卷二一二 光緒十一年乙酉七月丙辰，又諭：總理各國事務衙門奏「請派大員勘定滇粵邊界」一摺。據稱現接法國使臣巴特納照會，近接外務部電咨，已派浦理燮等六員勘定邊界。於中曆十月初三日，即可行抵河内等語。越南北圻與兩廣、雲南三省毗連，其閒山林川澤，華離交錯，未易分明。此次既與法國勘定中越邊界，中外之限即自此而分。凡我舊疆固應剖析詳明，即約内所云，或現在之界，稍有改正，亦不得略涉遷就。本日已降旨派周德潤前往雲南，鄧承修前往廣西，會同各該督撫辦理勘界事宜。即著岑毓英等，各委明幹之員，帶同熟悉輿地之人，周歷邊境，詳加履勘，繪具圖説，以備考證。一俟法國勘界大臣到後，即由周德潤、鄧承修與岑毓英、李秉衡會同勘定。該大臣等務當詳細審慎，按照條約持平辦理，是爲至要。將此由六百里諭知岑毓英、張之洞、張凱嵩、倪文蔚，並傳諭李秉衡知之。

清・世續等《清德宗録》卷二二四 光緒十二年丙戌二月甲申，雲南巡撫張凱嵩奏：英緬相持，請飭勘明潞江地址。得旨：潞江以西，滇境甚多。已疊經總理各國事務衙門詳考輿圖，與曾紀澤分晰辯論矣。

清・朱壽朋《東華續録・光緒朝》卷七七 光緒十二年六月辛未，吴大澂等奏：臣等竊思琿春與俄國交界地方，有界限不清之處。因咸豐十一年前户部侍郎成琦會同俄員建立界牌八處，其末處土字界牌最關緊要，不知何年毁失。徧尋土人，無從查究。查琿春轄境處與俄接壤。臣依克唐阿到任後，查閲邊界。自琿春河源至圖們江口五百餘里，竟無界牌一個。黑頂子山瀕江一帶，久被俄人侵佔。屢與臣吴大澂照會俄員，索還佔地，並迭次面商，據約辯論，該俄員一味支吾延宕，竟於黑頂子地方添設卡兵，接通電綫，有久假不歸之意。旋經吉林將軍臣希元專派協領穆隆阿、雙壽等約同俄員會勘，僅至沙草峰。爲俄人所阻，未經勘畢而回。臣等此次會同俄國所派勘界大臣巴啦諾伏等商議界務，首重立土字牌交界之處，次則歸還黑頂子要隘之地。據俄員舒利經指出成琦所換地圖上界綫盡處，即咸豐十一年原立土字牌之所，江東有大泡子積水爲記，江西與朝鮮偏險城相對。該員舒利經即系當時親自繪圖豎立界牌之人，言之確鑿。並呈出大小圖稿一牌，有一牌之圖沙草峰所立土字界牌，似非無據。臣等詳查咸豐十一年所換地圖内英尺一寸系俄國里二十五里、中國里五十里。圖上界綫末處與海口相距幾及一寸。系俄里二十餘里。以中國里數計之，實系四十五里。惟咸豐十年《條約》内云：兩國交界與圖們江之會處及該江口相距不過二十里。咸豐十年《交界道路記》文内亦云：圖們江左邊距海不過二十里，立界牌一個，上寫俄國土字頭。現查十一年所立土字界牌之地，並未照準條約記文二十里之説。臣等與俄員巴啦諾伏反覆辯論，該員以爲海灘二十里，俄人謂海河，除去海河二十里，方是江口。臣等以爲江口即海口，中國二十里即俄十里。沙草峰原立土字牌既與條約記文不符，此時即應照約更正。巴啦諾伏仍以舊圖紅綫爲詞，堅執不允。此四月二十二日與俄員議立界牌力争未決之情形也。此外尚有應辦事宜數端：舊圖内拉字、那字兩牌之間，有瑪字界牌，記文則缺而未立。條約内怕字、土字兩牌之間有啦、薩兩字界牌，地圖、記文略而不詳，現應補立者一也。舊立木牌年久易於朽壞。民有燒荒之例，野火所焚，應延及牌木，難免毁損。改用石牌，較爲堅固，亟應換立者二也。兩國交界地段太長，牌博中間相去甚遠。路徑紛歧，山林叢雜，本未立牌之地，難免越界之人。自宜酌擇要地多立封堆，挖溝爲記，愈密愈詳，此應辦者三也。俄人所佔黑頂子地方設有俄卡，一應補立土字界牌，該處在紅綫界内。臣依克唐阿當即派員前往接收，添設卡倫，以清界址，此應辦者四也。俄員舒利經現畫分圖以英尺一寸爲俄國一里，計中國二里，較舊圖尤爲細密。臣等與該員詳加考核，分注漢文、俄文，應將此圖畫押鈐印，中俄各存一分，以補舊圖之不備，此應辦者五也。以上各條均於四月二十六日復議界務時，臣等與俄員巴啦諾伏詳細妥商，各無異議。惟補立土字界牌一節，再三辯駁，始允於沙草峰南越嶺而下，至平岡盡處，豎立土字牌。以江道計之，兩舊圖展拓十八里，逕直里數不過十四里。臣等派員前往測量，該處距圖們江出海之口，順水面下爲中國里三十里，計俄里十五里，陸路直量爲中國里二十七里，計俄里十三里半。臣等自奉諭旨允準後，即於五月十九日約同俄員巴啦諾伏及舒利經、克拉多、馬秋寧等前赴圖們江議立界牌之地，親自勘明。於二十日將土字石牌公同豎立，並用灰土石片深埋堅築，以期經久。所擬記文應寫滿文、漢文、俄文各三分。另繪分圖，於六月初七日繕寫完竣。臣等即於是日在巖杵河俄館會同勘界大員巴啦諾伏等畫押鈐印，訖將記文地圖各一分由吴大澂回京復命時，面交總理各國事務衙門王大臣存案備查。又奏圖們江土字界牌以南至海口三十里，雖屬俄國轄境，惟江東爲俄界，江西爲朝鮮界。江水正流全在中國境内，中國如有船隻出入海口，非俄國一國所能攔阻。臣等與巴啦諾伏商議數次，該使總以奏請俄廷示諭爲辭，應俟商妥後，再行定議。又寧古塔境内倭字、那字兩界，均與《記文》、《條約》不甚相符，臣等畫押事竣，擬再赴三岔口一帶，將倭字、那字二界牌查勘明確。如應更正之處，再與巴啦諾伏等妥商辦理，合併陳明。奏入，報聞。

又　光緒十二年七月壬寅，吴大澂等奏：臣等前因寧古塔境内倭字、那字二界牌均與記文條約不甚相符，擬赴三岔口一帶查勘明確，再與巴啦諾伏等妥商辦理。曾經附片奏明在案。臣等約同俄使巴啦諾伏等，於六月初十日同赴三岔口查勘。倭字界牌現在小孤山頂，距瑚布圖河口尚有二里，並非中俄交界地方。查咸豐十一年前，倉場侍郎成琦會同俄國大臣議定交界道路記文内稱，在瑚布圖河口西邊立界牌一箇，牌上寫俄國倭字頭，並未載明在小孤山。細詢緣由，因當時河口水漲，木牌易於衝失，權設山頂，離河較遠。若以立牌之地即爲交界之所，則小孤山以東至瑚布圖河口一段，又將劃爲俄地。現與俄使巴啦諾伏議定，將倭字石界牌改立瑚布圖河口山坡高處，正在兩國交界之地。按之地圖條約，均屬相符，以後永無争執。再查成琦所定交界道路記文内，横山會處立界牌一箇，上寫俄國那字頭。該處與瑚布圖河口相距約有百數十里，當日立牌之處，本在荒山榛莽中，人跡不到之處，亦無路徑可尋，年久無從蹤跡。中俄邊界各官，均以爲此牌失毁，漫無稽考。光緒三年，寧古塔副都統雙福與俄官廓米薩爾、馬邱寧補立那字界牌，在瑚布圖河口正北山上，距綏芬河與瑚布圖河交會之處，不及二里。倭、那兩字牌相去太近，又非横山會處，自應查明更正臣等商派熟悉邊界之員，會同俄官前往查勘。適寧古塔副都統容山添派佐領托倫托，將隨同臣等履勘邊界。因委該佐領會同俄員舒利經裹糧入山十餘日，依水尋源，披荆闢路，始於六月二十日訪得木牌一座，上多朽爛，僅存二尺餘，下有碎石平砌臺基，雖字跡剥落無存，按其地勢正亦横山會處迤西，即係小綏芬河源，水向南流，其爲那字舊界牌自無疑義。惟山路崎嶇，林木蒙翳，新造石牌一時難以運往。現與俄使巴啦諾伏議明，先於該處原立那字界牌之地掘深數尺，堅築石臺，俟冬令冰雪凝厚，再將那字石牌由小綏芬河拉運到山。届時由臣依克唐阿派員前往，會同俄官妥爲建立。至那字界牌中間百數十里，自應添設封堆記號，以清界址。現由俄官舒利經督率繪圖各員，詳細測量。臣等協委佐領托倫托，將瑚布圖河卡官驍騎校永祥隨同察看，妥慎辦理。臣等於七月初八日回至琿春，俟各處應换石牌，應繪界圖一律告竣，按圖畫押鈐印畢，臣吴大澂再行回京獲命。所有臣等查明倭字、那字兩界牌，按照圖約妥爲更正緣由，謹繕摺由驛馳陳報聞。

清・曹廷傑《東三省輿地圖説・條陳十六事》　光緒十二年，廷傑蒙吉林將軍侯希以遊俄微勞，會同琿春副都統依保奏，給咨送部引見時，飭令晉謁政府，面陳俄情。慶邸諭令，抒呈管見，因妄擬此十六條。第一條當經呈閲咨行分界大臣查照。其餘十五條，電請希侯帥示諭帶回吉省，陸續奏辦。内有已經奏明者，亦有未及即行者，今復按之。惟機器局造船各節尚難猝辦，合併陳明。光緒丙申三月，曹廷傑敬識。

謹將管見各條録呈

計開

一、圖們江口地屬要害，宜據約劃歸中國也。查咸豐十年十月初二日《中俄續增條約》第一條内，議定兩國東界其由什勒喀、額爾古納兩河會處，以至自白稜河口順山嶺至瑚布圖河口。白稜河，即輿圖興凱湖，西北之烏札瑚河，瑚布圖河口，即今之三岔口，在雙城子西。兩國劃界，本自分明。按圖辨方，亦無疑義。惟云再由瑚布圖河口順琿春河及海中間之嶺至圖們江口，則考之山川，無此形勢。當日條約必有舛譌。蓋瑚布圖河與琿春河中隔大嶺，南北分流，距數百里，何能由瑚布圖河口即順琿春河乎？況上文以白稜河與瑚布圖河中隔山嶺既明，云自白稜河口順山嶺至瑚布圖河口，則此處如果指琿春河，亦當云由瑚布圖河口順山嶺至琿春河，萬不宜云由瑚布圖河口順琿春河也。且接云及海中間之嶺至圖們江口，今由琿春河至圖們江口，江流一綫，陸路歧出，固無所謂海，圖們江口外亦無所謂海中間之嶺，則云由瑚布圖河口順琿春河及海中間之嶺至圖們江口者，殆子虚之言耳。竊以爲條約琿春河，應即綏芬河之譌，若云由瑚布圖河口順綏芬河及海中間之嶺至圖們江口。其東皆屬俄羅斯國，其西皆屬中國，不但文義通順且山川形勢歷歷可指，所謂順綏芬河及海中間之嶺至圖們江口者，皆有實據。則俄人現在占踞之蒙古街、阿濟密、巖杵河、摩闊歲等處重鎮，均宜歸還中國。中國即於其處設鎮屯兵，以固根本而護朝鮮，庶幾東北邊防固於金湯。萬一俄人狡逞，不以綏芬爲界，則宜劃圖們江口以東二十里之地爲中國界。蓋條約云兩國交界與圖們江之會處及該江口相距不過二十里，是明明言中國於圖們江口尚有二十里之地，證以上文，及海中間之嶺至圖們江口其東皆屬俄羅斯國，其西皆屬中國數語，知當日立約時，原以圖們江口以東尚有中國二十里之地，故云其西皆屬中國，若依俄人以圖們江口數十里之地盡歸俄有，是東皆屬俄羅斯國，西皆屬朝鮮國。和約之所謂其西皆屬中國者，竟無寸土可指，有是情乎。【略】

一、俄夷東海濱省地布置尚未盡善，可及時一戰，恢復舊境也。查俄人佔據吉、江二省舊地，合海中庫葉島計之，縱横共得一百四十度有奇。以每度二百五十里計之，實佔地八百七十五萬方里有奇。較之東三省現在之地，尚覺有餘。

清・曹廷傑《東三省輿地圖説・查看俄員勘辦鐵路稟》 敬稟者，竊卑職於光緒二十一年九月初三日奉札内開，游歷俄土，陸續入境，飭令卑職率帶員司、通事、繪圖、繙譯、弁兵等，分道前往。一面與之款接，一面查勘山川道里，爲自行修路之計。事關重大，務須詳細記載，繪具圖説，稟請核咨各等因。蒙此當即俶裝起程，酌派委員依林保、汪澤溥，書識蕭海鵬，繪圖委員劉元愷，繙譯榮陞分往三岔口、寧古塔等處跟尋俄人蹤迹，繪畫路圖，繙譯標記俄字，卑職帶同委員王榮昌、梁翰，通事官貴禄，司事孟驥，書識永文，探途迎見，遵札款接。自十月初七日在螞蜒河街基地方接見俄員格魯利結爲持等起，至十一月初二日送至松花江南沿滿井地方出吉林境止，中間到賓、到阿所有款接情形，均經隨時稟呈憲鑒在案。卑職等於十一月十二、十六兩日先後回省，業將因公領借款項及各員名等原領薪水、車價，沿途嚼用無餘並留員辦事請發薪水各情，分晰開具清摺，稟懇鑒核亦在案。兹據繪圖委員劉元愷將跟蹤繪畫路圖，繙譯榮陞將標記俄字譯漢各備二分，以便稟請存案，核咨前來。卑職據查俄人所立標記，從三岔口西北南天門至螞蜒河東閻家窩棚一帶，經榮陞查明譯漢者一百二十四號，均係書寫號頭記明里數，已飭劉元愷按地列入圖内。自三岔口由東向西編明次序，以便按照譯册查對。其有立標僻處，又或被人塗抹之記，無從查譯，不在此數。由螞蜒河至滿井卑職躬親履勘並無標記，至劉元愷所繪之圖，開方計里，尚爲詳細。然止此一路，不但於東三省大局不能瞭如指掌，即寧、姓、阿三城山川形勢，亦難於路外查知。卑職因集中外各圖，詳核經緯度數。即地球之東半球截取赤道以北亞、歐、阿三州地面，繪一總圖。將中、俄京省各城及俄國已成、未成各鐵路並此次俄人分起查勘東三省道路分别列入，以便查考，餘皆從略。恐稽時日，致悮事機也。卑職伏查俄人貪狡成風，往往乘人之危，攘地竊踞。雖與中國通好最久，然康熙初年，伺三藩之變，用兵南服，彼遂侵及雅克薩，受我尼布楚，自安巴格爾必齊河口溯源，循大興安嶺直抵東海爲界。道光、咸豐之際，英人外擾，髮、捻内訌，北兵南征，邊堠虚戍。彼又覬釁而動，任意欺蒙，一再易約。先順黑龍江入松花江即順松花江入東海，將北岸數千里之地劃歸彼界，後又從烏蘇里江入松花江處，溯烏蘇里江南入松阿察河，踰興凱湖直至白稜河口，順山嶺至瑚布圖河口，再由瑚布圖河口順綏芬河及海中間之嶺至圖們江口，將東岸數千里之地，踞爲彼有。同治時，彼乘回匪倡亂，竊居伊犁。因我大兵方席全勝之勢，詭云代守，但求償貲，返地仍復恣情割裂。嗣聞法人據越南，英人據緬甸，則又怦然心動，垂涎朝鮮，窺我根本重地。其時英人與彼戰於阿富汗，移兵巨文島，作去火抽薪之計，彼始稍戢。統觀俄人行事無非乘隙蹈瑕，以見可而進，知難而退，操必勝之權耳。至欲争雄海上，北限冰洋，西被各國禁阻，始決意東圖。就所占海參崴爲停泊兵輪整頓商務重地，然每年冰凍三月，未能縱横如意。於是覬覦遼東，思得朝鮮、旅順，以逞逐逐之欲。不但非中國之利，而亦英、法、德、奥諸國所唯恐其或成者也。光緒十一年，卑職游歷俄界，與各處官商不時聚譚，稔聞該國有借地修道之意。十三年，英之游歷於俄者，以策贈我出使大臣，言俄人將闢鐵路至海參崴，其志在朝鮮及東三省，並豫計他日進兵之路，繆祐孫游俄彙編載入日記。是其蓄謀已久，而不敢驟發者，一則道途綿阻，鐵路未達東方。主客逸勢，勝負難必，兵食器械，轉運維艱，一則華兵精强，專閫尚多，夙將盪寇靖亂，久壯聲威。主戰排和，足資震懾故。該國徘徊觀望，猶抱迴翔審度之情。今戰將大半凋零，彼之東方鐵路環繞中國西、北、東三面，明年均可告成。西則窺伺衛藏，與英人同藏禍心，形勢已露。東則冀得渤海，悉力經營。查由義爾古斯克，經赤塔城、聶爾琛斯克即尼布楚、阿勒巴金即雅克薩、布拉郭悦式塵斯克即海蘭泡，至哈巴諾甫克即伯力，計俄里二千五百。已將勘辦鐵路繪入輿圖，祇以高山峻嶺，層疊相連，不可勝數。大小江河，共二十餘道。修理經費較之各處每里加倍，尚難成功。由哈巴諾甫克至務拉的倭斯託克即海參崴俄里又六百八十，共計三千一百八十俄里。兹由義爾古斯克至粗魯海圖俄里一千三百，由粗魯海圖經齊齊哈爾、呼蘭、賓州、寧古塔、三岔口諸處，至尼果立斯克即雙城子俄里一千一百七十，共計二千四百七十俄里。計江省止有大嶺一，即大旱岡嶺，吉省由西向東止有大嶺十二，經劉元愷繪入圖内，一廟嶺，二老嶺，三大亮子嶺，四陡嘴子嶺，五螞蜒嶺，六小亮子嶺，七趕麪石嶺，八腰嶺子，九狐狸謎嶺，十空楊樹嶺，十一、十二即對頭石子與萬鹿溝嶺，此二處極爲險峻。徐牙金尼先由該處查勘，回雙城子去後，莫新畢、淩科二人復入境分道重查，係爲避此二處起見，已於圖内分繪兩綫。又江省止嫩江一道，其餘小河可以撇在路之左右。吉、江交界，止松花江一道，吉省止牡丹江一道。此外小河、小溝，寬不過尋丈，深不及一

二尺，較之原查伯力以西鐵路里數，既少施功，亦易省費，尤覺無窮。【略】

卑職荆楚寒儒，防營俗幕，蒙前將軍侯希以游俄微勞保薦，受皇上特達之知，俾膺民社，復蒙憲台迭加奬勵榮晉今職，今年署軍憲恩奏調來吉，適逢俄士入境，奏派卑職前往款接。素於俄文、俄語毫無知覺，凡所問答，皆由通事官貴禄詳細繙傳。審今日之俄情，切將來之杞憂，以愚悃罔顧忌諱，謹將問答各節繕具清册，路圖、總圖，分别審定，各備二分，肅稟敬呈憲台核奪。倘蒙鑒原鄙忱，據情入奏，並將圖册一分存案，一分咨送總理衙門查核。縱干切責，亦所心甘。是否有當，伏候訓示遵行。再聞中國估計鐵路工料險易，通算每里得銀七千兩，即可措辦。緣人工極賤，較之外洋工作可省五六倍至七八倍不等也。查由山海關抵奉天經長春北、伯都訥，西至卜魁，計中里一千九百四十里，須銀一千三百五十八萬兩；又由粗魯海圖抵卜魁，經呼蘭、賓州、寧古塔至三岔口，計中里二千二百二十里，須銀一千五百五十四萬兩，兩路實須銀二千九百一十二萬兩。若能議准二十年分修，每年止須籌銀一百四十五萬六千兩，即改十年分辦，每年亦止須銀二百九十一萬二千兩。三省合力籌畫，加以移緩就急，似亦無難。其卜魁東西一路，西至粗魯海圖東至三岔口，均交俄界界外，應由俄修，是以中里止二千二百二十里。至於存案圖册借用邊務文案處關防外，備咨送一分請蓋憲印，合併聲明，肅此具稟，虔請勛安。伏乞鈞鑒，卑職廷傑謹稟。

計款接問答清册二本，譯漢俄記清册二本，路圖、總圖各二分。光緒二十一年十一月三十日。

敬再稟者，俄人勘辦鐵路，關係東三省全局。卑職以譾陋微員，審時度勢，拒之固不能，聽之又不可。雖奉札款接，專屬吉林差使。而稟呈圖册，均未便劃開奉、江，轉使真情實勢隱晦難明，擬請憲台主稿，咨行奉天將軍、黑龍江將軍查核畫諾，合詞具奏。並聯銜咨呈總署查照，庶協和衷之義而紓朝廷之憂，似於大局不無小補。卑職愚昧之見，是否有當，伏候鈞酌施行。附稟載請勛安，廷傑謹再稟。

敬再稟者，路圖已畫就一分，總圖甫經定稿，督飭照繪約須十二月初五六日，方可先成一分。因聞俄員定於年底春初入都會議，恐辦理摺奏咨文，爲期已迫。謹先呈俚稟暨款待問答及譯漢俄文清册各二本，恭懇憲台核奪施行。圖成時即當恭呈憲鑒，以便咨送其存案。路圖、總圖容後飭繪呈繳，理合附稟陳明，伏祈鈞鑒。廷傑謹再稟。

謹按，曹君款俄銷差，呈請會奏。原稟不啻痛哭流涕而陳之。設使當道鑒查，據以入告，極力整頓，東省鐵路未必即歸俄修。乃當日吉帥長咨行奉、江兩省，依帥、恩帥均已畫行，由吉省會銜出奏，而幕友秋桐豫謂業已咨行總署，不必再奏，致使此稟未能上達天聽。俄人遂於次年議修鐵道，近又租我旅順、大連灣爲通商碼頭，如布旗然。東省三子已作叫取之勢，獨惜京師門户，聽人把守，倍切杞憂耳。宜都陳秉衡、漢陽左壽椿、松滋李逢年妄識，戊戌四月十六日。

清・朱壽朋《東華續録・光緒朝》卷八一　光緒十三年丁亥春正月甲午，諭軍機大臣等勘界一事：原令各清現界爲正辦。前歲初議展寬甌脱，乃因自法廷北圻，特命鄧承修等相機與言，藉以安插越衆。迨該大臣與浥理燮議久不合，勢將決裂。而法外部電稱兵力所得，斷不輕讓，從此甌脱之説，無從再議。故自上年正月以後，屢次嚴電該大臣。先勘舊界，再商改正，因時進退，具有權衡。然所謂舊界者，指中越現界而言，並非舉歷代越地曾入中國版圖者一概闌入其内。乃張之洞因鄧承修有先勘老界之説，遂博考載籍，繪圖貼説。凡前史舊聞一二可作證佐者，無不搜集，實亦煞費苦心。詳查圖中指出地段，大率越南現界。以二百餘年未經辨認之地，今欲於歸法保護後悉數畫還於我。法人狡執不允，朝廷早經逆料。故於王之春初到時，撫慰越民，有本隸版圖之語，特申誥誡。恐因緣内附，別滋事端。並將拓地之無益、後患之宜防，反覆周詳電旨之外，加以寄諭。乃該督等接奉此旨，並無一字覆奏。朝廷深意，不知細心仰體，仍復膠執成見，以致江平開勘，又復屢議無成，反啓彼族白龍尾一段之狡賴。蓋我於越南現界中强思多劃，彼即於中國現界中妄肆貪求。倒戈反唇，正未有艾。鄧承修魚電三條，凡有意見不合處所，聲明請示本國。此雖雲界辦法，然彼尚僅一二處。今按粵東圖證所欲多劃者，江平一條之外，尚餘其九。從此西連桂界，直抵保樂。延袤之廣，地段之繁，若盡歸之請示，是該大臣等現在履勘所不能了者，悉諉之朝廷，需諸異日，又何賴此疆臣專使爲耶。蓋西例最重全權，凡全權所不允者，彼此斷難改議，請示二字，不過空言。儻罷議各歸之後，彼竟於請示未定之界駐兵築臺，又將何以處之？總之大臣謀國，當深思遠慮，統籌全局。若廣發難端，不能收束，力求見好，貽患將來。現在開勘伊始，業已其效可睹。設再不思通變，則齟齬詎有了期耶。茲特明白申諭嗣後分界大要，除中國現界不得絲毫假借外，其向在越界華離交錯處所，或歸於我，或歸於彼，均與和平商酌，即時定議，不必歸入請示。凡越界中無益於我者，與雖有前代證據而今已久淪越地者，均不必强爲争論。新、舊各界一經分定，一律校圖畫線，使目前各有遵守。總期速勘速了，免致别生枝節。查現勘江平一段，既已約明請示，未便更改，將來斷非空言所能了，現飭總署設法與商。儻請示之處過多，則直無從設法，該大臣等勿再鶩此虚言。俟此旨到後，鄧承修、張之洞當熟思審處，將如何遵辦之處，即日電復。

清・朱壽朋《東華續録・光緒朝》卷八三　光緒十三年五月壬戌，《中法續議界務專約》成。其文曰：按照光緒十一年四月二十七日由大清國大皇帝及大法民主國大伯理璽天德，各派官員親赴中國與北圻交界處所，會同勘定界限。業經兩國大臣親自履勘竣事，現經大清國大皇帝特派管理總理各國事務衙門多羅慶郡王、總理各國事務衙門大臣工部左侍郎孫，大法民主國大伯理璽天德特派全權大臣下議院國會參議曾任吏部尚書駐劄中國京都總理本國事務恭，將該處界務會商定議，永遠遵守。

所有商定辦法，開列如左：

第一款、一將兩國勘界大臣之節略，並所繪界圖均親自畫押者，現在互相校閲，各無異議。

第二款、一其間有兩國勘界大臣意見不同之處，及光緒十一年四月二十七日和約第三款末節所載改正之處，照以下所開三條辦理。

第三款、一廣東界務，現經兩國勘界大臣勘定。邊界之外，芒街以東及東北一帶所有商論未定之處，均歸中國管轄。至於海中各島，照兩國勘界大臣所畫紅線向南接畫。此線正過茶古社東邊山頭，即以該線爲界。該線以東海中各島歸中國，該線以西海中九頭山及各小島歸越南。若有中國人民犯法逃往九頭等山，按照光緒十二年三月二十二日和約第十七款，由法國地方官訪查嚴拿交出。

第四款、一滇越邊界第二段，從小賭咒河南岸狗頭寨照圖上甲字起，由狗頭寨自西直抵東計五十餘里，北邊聚義社即聚董社、聚美社、美肥社即義肥社歸中國，南邊有朋社歸越南。至圖上乙字處從乙字至丙字亦由西抵東，中、越邊界路經二河，其二河並歸一河入大賭咒河又名黑河。從丙字往東南約十五里至丁字以北之南丹地方，全歸中國。從丁字往東北至猛峒下村即圖上戊字處，按圖上所畫從丁字至戊字界線，其南之南燈河、漫美、猛峒上村、猛峒山、猛峒中村、猛峒下村全歸越南，其北全歸中國。從猛峒下村戊字起，經清水河入大河之處，即圖上己字，以河中爲界。從己字至庚字以大河中爲界，河西之船頭歸中國，河東之偏馬寨歸越南。從庚字往北至辛字，經老隘坎至白石崖，中、越各有一半，白石崖、老隘坎以東歸越南，以西歸中國。由辛字往北，順偏保卡、北保中間入大河之小河東岸直往北至高馬白，即圖上壬字，即接第三段勘界大臣所畫定之處。

第五款、一滇越邊界第五段，自龍膊寨雲南、越南邊界，經龍膊河到清水河入龍膊河之處爲止，此處圖上甲字。由此界自東北往西南，至綿水灣入賽江河之處爲止，即圖上乙字。按現畫界，則清水河、綿水灣河歸中國。自乙字由東抵西遇藤條江，在大河樹腳以南爲止，此段界線以南歸越南，以北歸中國，即圖上丙字。自丙字處起到金子河入藤條江之處爲止，以河中爲界，即圖上丁字。從丁字起，經金子河計程三十餘里。又由東至西抵圖上戊字處，此界遇在猛蚌渡以東入黑江之小河，即圖上己字。從戊字至己字，以河中爲界，從己字往西以黑江之河中爲界，照兩國勘界大臣畫定界圖。並照以上所畫界線，由大清國地方官及大法民主國欽派駐越大臣遴派官員前往會同辦理，安設界牌事宜。現畫定界圖二分，每分三張。乃兩國欽差大臣畫押用印者，圖上新界以紅線爲界。雲南界圖，並注有法國阿等字，中國甲等字，以便易於識認。

清・張之洞等《奏爲查明東西兩省隨同勘界出力文職各員請仍照原擬給奬事》光緒十四年六月十二日（清檔）　竊照隨同勘辦東西兩省界務人員前經勘界大臣鄧承脩會同臣等擇尤奏奬，光緒十四年正月十七日奉到硃批：該部議奏，單併發，欽此。茲經吏部核議，分别准駁，奏奉諭旨咨行到粤。查吏部原奏内稱，滇越勘界事竣，前據續保人員僅止五員，茲據奏保廣東、廣西隨辦勘界文職列保至三十六人之多，謹照奏定章程及歷辦成案，分别準駁等語。臣等查廣東、西勘辦界務事關兩省，時歷三年，情變百出，迥非思議所及。隨同勘辦各員，胼胝奔命，備嘗艱苦。其久暫難易，勞逸情形，與滇省相去懸殊。臣等擇其尤爲出力者，公同核擬保奬，分計一省不過十餘人，並奏帶之隨員，供事繙譯、測繪各生均在其内，計數似不爲多。惟既經部駁，其未及奏咨人員，應即遵照刪去。其奏咨有案，勞績卓著者，自應分别聲敘，仍請照原擬給奬。另繕清單恭呈御覽，合無仰懇天恩俯准照奬，以昭激勸，而免向隅。出自逾格鴻慈，謹合詞恭摺具奏，伏祈皇太后皇上聖鑒訓示，謹奏。

（硃批）該部議奏，單片併發。

光緒十四年六月十二日

清・世續等《清德宗實録》卷二九五　光緒十七年辛卯三月己丑，出使英法義比國大臣薛福成奏：緬甸分界通商事宜，亟應豫爲籌備，不使英國獨佔先著，以免臨時棘手，下所司議。尋總理各國事務衙門奏，遵查光緒十二年六月臣署奏准與英署使歐格訥議約五條内第三條稱「中緬邊界應由中英兩國派員勘定。其邊界通商事宜，亦應另立專章，彼此保護振興」等語。查滇省永昌、順寧、普洱等府，沿邊自西而南而東，八關九隘十土司，犬牙相錯，以蠻允一面爲入緬之捷徑。騰越、龍陵兩廳及各土司之地，實遠在潞江以西。曾紀澤寄示外部問答，誤以怒江爲潞江。經臣署疊次電辯謂，潞江以東，本皆滇境。無惑於英人虛恵，徒受欺誑。薛福成摺復引前語，殆未深考。其擺人、南掌，則系潞江下游入海之境。部落璅細瘠弱，不能自存，逼處英、法兩大之間。獲猶石田，自不值越國守險，徒滋勞費。如其情殷内附，或可羈縻爲服屬，俾峙藩籬。此中操縱機宜，應先責成滇省大吏，確查實在情形，再定辦法。至滇緬相通要道，向以蠻募、新街爲水陸綰轂之衝。乾隆三十三、四年間，大兵征緬，以新街爲重鎮。其地西枕大金河江，一名怒江。西圖名爲厄勒瓦諦江，距騰越邊外銅壁等關最近。前曾紀澤與英外部籌議，既有大金河江兩國公共之説。如能以八募爲我商埠，保護既便商情，控扼亦資形勢。但英人堅持未允，終恐難以如願。至舊八募地勢稍僻，似非形勝之區，或亦非彼之所靳也。現據薛福成奏，英廷屢派幹員馳往滇緬交界，察看形勢，自爲將來勘界地步。彼未催問，我亦未便發端。緣滇省邊外疆域形勢，爲中國輿圖所不載。若不先行查勘明確，將來議界時，必至無所依據。應請飭下雲貴督臣王文韶，密派幹員，往沿邊一帶，詳細訪查。何者爲土司之境，何者爲甌脱之區，何者爲野人之地，以及山川、道里、風土、地名逐一繪圖貼説，開具節略，咨送臣署，以憑考覈，屆時再當相機辦理。薛福成所請先與辯論之處，暫可從緩，依議行。

清·奕劻等《奏爲遵旨籌議滇緬界約事》光緒十八年六月十六日(清檔) 竊臣衙門於光緒十七年六月十四日議覆出使大臣薛福成奏豫籌緬甸分界通商一摺，請先由滇省派員詳查邊境，繪圖貼説，咨送臣衙門以憑考覈，屆時亦當相機辦理等因，本月奏硃批：依議。欽此。遵即鈔咨雲貴督臣王文韶暨出使大臣薛福成去後，嗣疊接王文韶電報，英兵常在滇邊馬甸、野人山地方游弋，土目及野番等驚疑設備，慮生釁隙，經臣等會英使臣華尔身轉電阻止，並以本年正月間英使臣照復内有印度大臣甚願與中國官員會議邊界之議，滇緬界務自不宜後，復經咨催王文韶並函電商屬薛福成隨時就商英各部各在案，三月間準王文韶循永昌沿邊各境已飭該地方官督員細查勘繪其圖説即行咨案。又臣二月至六月先後接據薛福成函稱屢與英外部議及界事，初據光緒十三年間前出使曾紀澤與英外部大臣克藿面定節略，與之争辯，欲仍以潞江劃歸我界，而八募城即在其中，外部以當時雖有此議，實未允許，該使館參贊馬格里係前隨曾紀澤與克藿面商之人，該大臣復飭該參贊與外部往返。即讓意以新八募城地方繁薈，彼必不肯輕棄，若我能細與磋磨，而以野人山連亘之區作爲天然界限，足以固我藩籬，至於華船由厄勒瓦諦江通出外海，再於界内之舊八募城建設商埠，亦足振興中國商務，據該大臣寄列英外部照送地圖一幅，議界節略一紙，語意含糊，且與曾紀澤、薛福成所議均有逕庭。近復據該大臣電報，業經駁覆外部，仍執前説，疊與堅持，尚無定議。臣等公同商約該大臣薛福成，自到任以後，於劃界一事，孜孜講求，豫籌辦法。惟恐稍涉含混，致滋將來流弊，且原議人、卷均在倫敦使館，可以就近相商，自應令其專任此事，期免隔閡。惟英外部僅送予圖説，而迄未肯切實就議，或因該大臣並非專派議界之員，不免意存觀望。相應請旨專派薛福成向英國外部商辦滇緬界綫商務，以重事權。至滇緬水陸界址情形，王文韶飭繪圖説，尚未寄送臣署，應候寄到時，即由臣衙門鈔寄薛福成，以資考覈。一俟大致議定，將所擬條款先電知臣衙門詳覈具奏，再與英外部畫押。畫押之後，即由薛福成專摺奏明，請旨定奪。如蒙俞允，臣等即電寄薛福成欽遵辦理，仍備文照會英使臣華爾身一體遵照，將來派員會同英員勘界事宜，應由雲貴督臣辦理，以昭詳慎。所有籌議滇緬界務緣由，理合恭摺密陳，伏乞皇上聖鑒，訓示遵行，謹奏。

光緒十八年六月十六日奉硃批依議。欽此。

清·奕劻等《奏爲議復滇越邊境界圖並無錯誤及暫緩撤兵并無藉口事》光緒十九年六月十七日(清檔) 光緒十九年四月二十三日準軍機處鈔交雲貴總督王文韶片稱開化府屬歸仁里地，光緒十二年中法會勘界務案内，以小賭呪河爲界，誌以藍綫，八甲仍在界綫之内。嗣案諭旨交總理各國事務衙門會同法使覈議改以紅綫爲界，八甲中之聚仁、奮武兩甲畫在紅綫以外，應屬越南，該兩甲人民久受中華撫字之恩，不甘外向，今聞劃歸越南，恐中國防軍已撤，法國防軍不來，游匪積怨已深，兩甲決無噍類，惟有懇恩飭下總理衙門會商法使，告以紅綫界外中國原駐聚仁、奮武兩甲防紮之兵暫緩撤回，藉資保護等因。奉硃批：該衙門知道。欽此。臣等伏查光緒十二年十月間，欽差勘界大臣周德潤等會奏：現界未議改正，由馬白關小賭呢河南至黃樹後箐門等之賭呢河，東至船頭下三清水河，西至山門硐等之陸地，擬改歸入雲南界内。據法使狄隆云地面稍大，凝難驟備，因此繪大賭呢河界圖一張，咨明總理衙門，請旨商辦等因在案。溯查雍正三年前雲南督臣高其倬奏稱自開化府至馬伯汛鉛廠山小河以外，設都龍、本丹兩廠，爲雲南舊境，應一併清查。蒙世宗憲皇帝諭，以天朝豈與小邦爭利，將勘界人員撤回另議。嗣經督臣鄂爾泰奏請，於鉛廠山下小河離馬伯汛四十里立界，該國王黎維祹復激切陳訴，於雍正五年蒙世宗憲皇帝以馬伯汛外四十里地賜之，仍以小賭呢河爲界。今周德潤與狄隆所議仍以照小賭呢河舊界畫綫，復用藍綫，劃至大賭呢河，包過南丹山，意在開拓。因狄隆不允，不能定議。經臣等與法國駐京使臣恭思當往返會商，恭思當本係該國議院之員，於商務特爲注意，疊次來臣衙門求改商約。臣等以商約既經畫押，何能議改覆詞拒娖。恭思當以商務苟可通融，界務亦可稍讓。臣等以恭思當既意在轉圜，不如因此另議界約，可就范圍。查南丹山一帶爲越南膏腴之地，一歲三熟。似可因此展拓，以收地利。因議定南丹山以北，西至福頭寨，東至清分河一帶地方，均歸中國管轄，除收回雍正年間賞給之地外，尚有展拓，統計此次添劃新界，縱横合算不下方四百餘里，各繪界圖，誌以紅綫，於十三年五月蒙派臣奕劻、臣孫毓汶與恭思當公同畫押在案，臣等檢查畫押原圖内聚仁社與南丹西北地近天生捡，奮武社在南丹東北，地近分各嶺，均在紅綫以内，與該督所奏不符，迭經詳細電問去後，該督初次電後，尚未明晰，最後一電後稱聚仁社在南丹界内之西，界外之漫美、黃樹皮、箐門等處屬之，奮武社在南丹界内東北，而界外之猛肯山及猛肯上、中、下三村等處屬之等。該臣等查聚仁、奮武兩社劃在界圖以内，東西一綫，□據照，然漢文洋文毫無歧異，若當日畫圖，稍有錯誤，恭思當豈能遷就。至漫美、黃樹皮、箐門及猛肯上、中、下三村等處均在南丹山以南，聚仁社與黃樹皮等處，相距甚遠，今該督以爲兩社所屬，當日周德潤與狄隆議界時，並無此説。若臣等特此與法使李梅辯論，彼此以爲飾詞牽合，轉啓爭端，查王文韶原片其意不在事已定之界，祇因黃樹皮、箐門及猛肯三村等處向來駐有華兵，今既分界，□於法防未到之時，暫緩撤兵，爲籠絡該處民心之計，臣等於李梅來署會晤，即照王文韶來電所請，不提聚仁、奮武字樣，徑告以黃樹皮等處向駐滇軍保護村民，彈壓土匪，今既分归法界，彼國應早派兵接防滇軍，方可撤退，李梅允即照辦，蓋法兵爲北圻亂黨所阻，一時不能遽到。如此明白告我，即暫緩撤兵，彼亦無所藉口。惟是界約業經明定，彼防一到，我軍必須照約交劃，不可再爲延宕，致生枝節，應請飭下該督臣豫籌熟計，將來此數處村民如何妥爲安撫，一面將現在辦法先期偏行曉諭，俾該處人民曉然，於法防未到之先，朝廷格外保護之意，免致臨時再生疑阻，別滋釁端，是爲至要。所有臣等覆陳滇越界圖並無錯誤及告知法使暫緩撤兵情形，謹議摺具陳，伏乞皇上聖鑒，訓示遵行。謹奏。

光緒十九年六月十七日奉硃批：依議。欽此。

清·世續等《清德宗實録》卷三四六 光緒二十年甲午八月壬子，廣西巡撫張聯桂奏：廣西邊界繪圖立石，暨全省輿圖測繪，一律完竣。下所司知之。又奏：辦理繪圖立石員弁，請照異常勞績予獎。得旨：著准其照異常勞績酌保數員，毋許冒濫。

清·世續等《清德宗實録》卷五三八 光緒三十年甲辰十一月乙未，出使俄國大臣胡惟德奏：藏務孔亟，辦理貴知地理，謹譯印法人實脱勒依所繪西藏輿圖進呈。報聞。

清·世續等《清德宗實録》卷五九四 光緒三十四年戊申秋七月辛亥，廣西提督龍濟光奏：滇桂與越南接壤，崎嶇交錯，全恃輿圖爲指南。進呈中越大勢簡明地圖四幅，各軍隊分防圖二幅，附圖例注説。得旨：圖留覽。

清·薛福成《滇緬劃界圖説》 附録新訂滇緬條約

第一條 一今議定兩國邊界。自北緯二十五度三十五分起，由格林尼址東經九十八度十四分，即北京西經十八度十六分之尖高山起，隨山脊而行，南，過高崙坪及瓦崙山尖，由此過華昌村與高崙河之中間。以華昌村歸緬甸、高崙村歸中國，直至薩伯坪。自薩伯坪起，其綫向西而行，稍向南。過式脱崙坪，到納門格坪。由此仍向西南隨山脊而行，至大薩爾河。自此河源至此河與太白江相會處，分尤克村在東，列棒村在西。自大薩爾河與太白江相會處起，界綫溯南太白江而行，至此江與雷格拉江相會。循雷格拉江上至其源，在尼克蘭相近。自雷格拉江發源處，分尼克蘭古庚昇格拉在西，昔馬及美利在東。其綫自來色江之西源起，至此江與美利江相會處。復溯美利江上至其源，在赫畚辣希岡相近分克同村在西，列塞村在東。界綫即循穆雷江向東南而行，至與既陽江相會處，然后溯既陽江上至其源，在愛路坪。然后由南奔江即紅蚌河。西支源起，順南奔江而行，至流入太平江即大盈河，一名檳榔江。之處，以上係首段之邊界綫。

第二條 一第二段之邊界。由庫弄河一譯作舊龍江。與太平江相會處起，循庫弄河，經過其西邊一條之支江，至其根源。自此向南而行，與洗帕河即下南太白江。相會，適在漢董之西南。以麻湯歸英國，壘弄、格東、鐵壁關、漢董歸中國。至此溯洗帕河之支江而上，此江有根源最近孟定格江之根源。即循山脊而行，向東南方，至南碗河邊靠南之克沱。以克沱歸中國，配侖英國。循南碗河向西南方而行，下至該河轉向東南處，約在北緯二十三度五十五分。其綫由此往南，稍向西，至南莫江，以南蓋歸英國。循南莫江而行。至南莫江分開處，約在北緯二十三度四十七分。即循此嶺脊而行，此嶺脊係向東行，稍向北，至瑞麗江即龍川江。與南莫江相會處，以戀秀地方及天馬、蠻欣、隆拱卯各村歸中國。此數處在以上高嶺之北首，即溯瑞麗江而上，至江分流處，再溯南邊一條之支江而上，以江中大洲歸中國，至此江與孟卯相對東邊合流相近之處。如第三條所開，中國答允由八募至南坎各路中最捷一條大路，經南碗河之南中國一小段地內。除中國商民與土人仍舊任意行走外，亦可聽英國辦事官員及商民游歷之人行走，并不阻止。英國如欲修理此路，或設法改筑，可臻平穩。告知中國官后，便可動工辦理。又有須保護商賈或防偷漏等事，英國亦可籌備辦理。又議定英國之兵，可以隨便經過此路。但如兵數過二百名者，若未經中國官答允，不準過此路。所有帶軍器之兵，如在二十名以上，即須預先行文知照中國。

第三條　一第三段之邊界。自瑞麗江與孟卯相對東邊合流相近之處，照天然界限及本地情形，東南向麻栗壩而行，約到格林尼址東經九十八度零七分、北京西經十八度二十三分、北緯二十三度五十二分地方，有一大山嶺。自此循嶺脊而行，過來邦及來本隴，至薩爾温江即潞江。約在北緯二十三度四十一分。此段由瑞麗江至薩爾温江之邊界，應照第六條所開，由勘界官測定。所有歸與中國之地，極少須與孟卯至麻栗壩作一直綫，爲邊界所包括之地相等。儻查得合式可爲邊界之處，尚須加添少許之地歸中國，則中國應將別處邊界之地給還少許與英國，此事俟日后酌辦可也。自北緯二十三度四十一分起，邊界綫循薩爾温江，至工隆北首之邊界，即循此工隆邊界，向東留出工隆全地及工隆渡歸英國，科於歸中國。由此循英國所屬之瑣麥與中國所屬之孟定分界處之江而行。仍隨此兩地土人所熟識之界綫，至界綫離此江登山處，以薩爾温江及湄江即瀾滄江。之支江水分流處爲界綫，約自格林尼址東經九十九度、北京西經十七度三十分、北緯二十三度二十分，約至格林尼址東經九十九度四十分、北京西經十六度五十分、北緯二十三度，將耿馬、猛董、猛角歸中國，在格林尼址東經九十九度四十分、北京西經十六度五十分、北緯二十三度處爲邊界綫，即上一高山嶺。此山名公明山，循山嶺向南而行，約至格林尼址東經九十九度三十分、北京西經十七度、北緯二十二度三十分，以鎮邊廳地歸中國。然后其綫由山之西斜坡而下，至南卡江，即順南卡江而行，約過緯度十分之路，以孟連歸中國、孟侖歸英國。然后循孟連與康東之界綫，此界線亦皆土人所熟悉，至北緯二十二度稍北處，即離開南卡江。向東略南，循山脊而行，至南壘江，約在北緯二十一度四十五分、格林尼址東經一百度、北京西經十六度三十分。由此循康東及江洪之界綫，此界綫大半係順南畾江而行。惟除屬江洪一小帶之地，係在南畾江之西，北緯二十一度四十五分稍南，界綫行至江場邊界后，約在北緯二十一度二十七分、格林尼址東經一百度十二分、北京西經十六度十八分，即循江場與江洪之界綫而至湄江。

乙　一今議定北緯二十五度三十五分之北一段邊界，俟將查明該處情形稍詳，兩國再定界綫。

清・吴禄貞《延吉邊務報告圖説》　丁未六月，禄貞奉三省軍督命，率同科員周維楨、李恩榮並學生六人，自吉林省起，經敦化縣、延吉廳、琿春等處，沿圖們江達於長白山。由夾皮溝折至省城而止，計縱横二千六百余里，歷七十有三日，測量始竣事。爰以五十萬分之一製成是圖，本爲界務起見，凡沿圖們江一帶，以至長白小白山頂與吉韓界務有關者，皆係用儀器，以迅速之法精細測之，余則概用步測。蓋因山嶺叢錯，森林密茂，測手既少，時日復迫。於邊界較遠之區，祇得稍從簡略，雖有平面而無水準，而方向距離，尚覺精確，於界務不無小補云。光緒三十三年十二月二十五日，幫辦吉林邊務陸軍協都統銜正參領吴禄貞謹製。

清・吴禄貞《延吉邊務報告》第五章《吉韓界務之始末》　光緒十三年勘界之案

【略】是年十二月勘界員德玉、秦煐、賈元桂稟吉林將軍文略曰，竊卑職等會同朝鮮安邊府使李重夏查勘圖們江邊界，現已將圖們江兩岸山水原委並前鐘城府使李正東所執之石碑封堆一一勘驗明確，詳細繪圖貼説。同堂會印，親筆花押各一紙。

【略】又將軍咨北洋大臣文曰，詳閱圖説，並參考《直省輿地全圖》所謂紅丹水者，即輿圖之小圖們江。雖亦與碑文西爲鴨緑、東爲土門，二語相近，然西豆水至平甫坪之上有東、西二流，東流發源於鶴頂嶺，西流發源於蒲潭山，山西有水入鴨緑江，則知西豆水實即輿圖之大圖們江，蒲潭山乃輿圖之費德里山。援古證今，若合符節。該國上年既指駭浪河即輿圖海蘭河爲圖們江，今於會勘時以黄花松溝子兩岸有土如門，忽又指此爲圖們江，明明有定之地，竟遊移於無定之口。猶謂必以碑堆爲據。豈知碑無定位，可因人爲轉移，而文有定憑，實以江爲界限。圖們之轉音爲豆滿，發源深山，千古不易。則界碑現在之地，安知非該國人民佔據多年，潛移至此乎。然碑東之黄花松溝子固松花江源，非圖們江源也。【略】

十三年六月初七日，勘界員德玉、秦煐、方郎稟覆勘吉韓界務情形文，其略曰：竊卑職等遵飭覆勘圖們江界址，於本年三月下旬，馳赴會寧，與朝鮮勘界官德源府使李重夏會議，除茂山以東誠如總署原奏有圖們江天然界限，毫無疑義不論外，惟茂山以西之江界自應逐細考究，是以會同該府使由會寧起行，於茂山城起，督同測量委員溯江而上，隨處測量，徧勘水道，懔遵總署奏議，與該府使辨晰考證，務將茂山以西二百十餘里知之未明者，逐細考究，確尋江源。兹已一一勘明，按照所測里數，詳細繪圖。查茂山以西之江源原勘祇有西豆、紅丹、紅土三水合。此次尋出之石乙一水，共有四流。石乙一水，朝鮮呼爲島浪水，由小紅丹紆曲向西繞過長坡，復折而南，緊貼甑山，經過石乙紅土匯流處，向西南行，折向西有一水溝盡處，接黄花松甸子，向西五里復接一溝，向西北行長二十二里，至小山東麓，計由茂山至小紅丹一百九里□一百八十八步，復由小紅丹至石乙水源出處一百七十里三百二十五步，合計計二百八十里有餘。與知之未明之數以及迤西斗入吉境迤南折入甑山之義相合。又查《欽定會典圖説》載明，大圖們江出長白山，東、麓二水合東流，小圖們江出其北，二小水合東南流來會。按長白山形五峯環峙，高二百里，綿亘千里，頂有大池，爲諸水發源之地，具載《盛京通志》。此次歷勘，兩至池邊，正擬測量，雲霧陡起，風雪大作，故池之寛闊未經測準。當登山之際，風和日暖，天晴氣明。遥望諸峰，歷歷在目，見白山南面劈分兩幹，其一向西南指者即經盛京之幹，其一蜿蜒向蒲潭山去者爲東南一幹，臙脂、小白等山，同在一幹，不過突起巒頭，此幹之西麓爲鴨緑江源，如西豆、紅丹、石乙諸水，均出其東麓。何必另易其名，所以稱爲小白者，以朝鮮人相稱已久，遽更其名，敘事恐難明顯，參觀山勢、山形互證。【略】

結論

統觀以上所列案據，則此次勘界情形可分三時期：光緒九年以來，韓經略魚允中、鐘城府使李正東據該國奸民之言，强分豆滿、土門爲二，又分土門、圖們爲二，始謂布爾哈通河、海蘭河爲分界江，繼又謂流入松花江上游之黄花溝子兩岸有土如門，爲土門。復堅執既移之碑、封禁之堆爲界。確證屢變，其詞自爲矛盾。相閲者數年，是爲圖們江源流辯論紛紜之時期。十一年，彼此會勘，原委既明，證據確實，韓之君臣知前事之誤，雖猶支吾强辨，實已自認其非，故於圖們天限，不復更有異説同，觀往還文件及李重夏之節略，金允植之筆述可知也。是爲圖們江流勘定之時期。十三年，復會勘歧流諸水，孰是正源，雖均心知其故，惟我則已思退讓，彼則猶爲强爭。乃於石乙、紅土二小水之間相持不決，以至迄無成説。是爲圖們江源勘明之時期。觀此則兩次勘界之結果，所恨者江源既明，界碑遲疑未立也。所誤者明知紅丹水爲大圖們江，乃欲舍之以適就石乙水也，而其顯然之效果則封碑土門分界江諸説皆盡消除，茂山以東圖們界水之勘定也。若異日欲完此未了之案，於所誤者改定之，於所恨者補正之，即成圓滿。至其所已勘定之界地，則江流不轉，鐵案難移。我之記載公案，彼王之來咨，彼使之來文，均難磨滅，必欲鼓動浮言，重翻舊案，洵所謂不知公理、公法，適見其愚妄而已。

覆勘圖們界址談録公文節略

吉林派員秦瑛、朝鮮勘界使李重夏在會寧寧府説帖照會

重夏説勘界一事，敝邦本意初何嘗希圖展土哉，職緣民情之惯迫，一番指證碑界以明無隱之心。然後標界安民，惟俟皇朝恩寛而已。乙酉，總理衙門奏稿內有曰，《欽定通典·邊防門》、《欽定四裔攷》均載明，吉林、朝鮮以圖們爲界。又曰《一統輿圖》、《會典地圖》載在職方者，圖們、鴨緑二江爲東、西兩界，標劃分明。又曰，白頭山在中國、朝鮮之界。白頭乃長白之異名，豆滿爲圖們之轉音，方言互殊，實爲一水。上年春勘界圖繪後，總理衙門咨移內有曰，吉林、朝鮮界址，自朝境茂山府以東會寧、鐘城、慶源、慶興五府，東至鹿屯島海口，自有圖們江天然界限爲之劃，分毫無疑義。自茂山以西上距分水嶺穆克登勒石立碑之地，有應辨晰者，應攷證者，是以飭下吉林即行會勘，敝邦初緣民情起見，有所論辨。前後所奉總署議奏若是鄭重，圖們、豆滿乃是一水，而圖們天限，載在圖典。則敝邦惟求碑堆之與圖們相照應，攷證辨晰，仍應遵守爲了事之方也。今聞貴

督理乃欲定界於紅丹水之上云，誠夢外之言。紅丹水在小白山以南，原屬敝邦內地，無關於論界。況茂山之長坡等地，反在其外，寧有是理。總署前咨，亦以分水嶺立碑之地辨晰攷證爲主。今此復勘，惟當更審圖們江舊界與穆碑之限，照《一統輿圖》務求脗合，以爲勘完。貴督理之泛指紅丹、西豆，莫曉所以，自有載籍以來，皆以長白發源爲圖們，往年貴論亦云，準以發源長白之圖們江爲界，今忽指小白以下之水源者，萬萬意想之所不到也。一一示答爲妥。四月初七日。

瑛答往會勘

廷指係令因江流而探江源，非謂先擇江源而定江流也。當時由茂山行至三江口，訂分三路，先探江源，嗣因府使堅執碑堆之説，故勉往一勘，以釋其疑。府使始云水流相接及勘紅土山至董維窩棚，盡屬漫岡，並無水流。故繪圖鈐押，各無異言。孰知墨跡未乾，又生詞辨，有伏流四十里之説，歷攷《會典》諸書，論圖們江源，從無此解。貴政府果何所見而云。然今府使來勘江界，先言碑堆，時而以伏流强辨，時而以紅土山爲源，游移無定，且非因江流而探江源，乃先擇江源而定江流，有是理乎？所謂指證碑界，是將查邊之碑爲分界碑。查貴政府所鈔承文院故實，咨我禮部內開康熙五十年八月初四日奉旨派穆克登至長白山，查我邊境與彼國無涉等論。既有與貴邦無涉字樣，則穆克登所立之碑，其爲查邊之碑，非分界之碑無疑。況總署奏章亦謂穆克登碑文，第言奉旨查邊至此，審視西爲鴨緑江，東爲圖們江，并無分界字樣。是當日立碑之處，未必即分界之處所斷尤爲明晰。若竟以松花江掌上之碑爲據，非特於總署所奏不合，且於貴承院故實不符。所謂定界於紅丹水之上爲夢外之言，總署奏中明謂鴨緑江上源，不名鴨緑，名曰建川溝，與圖們江上源不和，即有圖們之名。且查《盛京通誌》載，長白山爲諸水發源之地，小者爲河，大者爲江，以大小別之，亦是確尋江源之一法。所云西豆水輿圖中註明魚潤河、紅丹水，註明紅丹河三地無論名目不符，所示之圖爲肆市坊而敘明不詳。豈有華、韓人員查明會印之地圖不可憑信，而轉以坊本爲據乎？今次總署奏請覆勘圖們江界爲前次未經辨晰考證，不過因所計里數，僅據土人之口，未足徵信。須以測量度數爲憑，且爲分界之説，或順山勢，或順水形，總以確尋江源爲主。此次復勘，會同府使前往茂山以西，或順山勢，或順水形，因流溯源，隨處測量，記明里數，沿途指證，逐細勘明，再行商酌定界，此係分界之要領，乃是總署奏請復勘之本旨。查得江流有三路，擬派測量委員先行登程，本局處與府使一面料理起程，府使遣派何員先行同往，以便訂期前進。十一日。

清·李廷玉等《長白設治兼勘分奉吉界綫書·勘界説》 兵書有之：知己知彼，百戰百勝。用兵且然，勘界何獨不然。以今於中韓國界問題，略知其故矣。穆克登之查邊也，立碑分水嶺上，已界非彼界也。吴大澂之修官道也，砍樹至木石河邊，已界非彼界也。近來吉省所派李委員，東邊所派蕭委員，并年前邊防局所派繪圖各員，皆由已界來已界而去，初無至彼國之界者。此我國勘測家之故態，人云亦云，不求甚解，抑何怪乎？韓以黑石河爲越流，因之號爲界江。日以土門子當碑文之土門，因指延吉爲韓界。及間島問題一出，我無確當之判決，更無可證之志圖，無惑乎積月累年無解決之實際也。今將鴨、圖兩江源流，履勘已遍，并將韓之南北胞胎山、將軍峰等處，凡出水分流於鴨、圖兩江間處，均經露宿十余日，細心考查，始知中、韓界綫實有天然區分，據形勢以立論，指山水以相争，彼韓曰界江，日曰土門，已不戰而敗已，故曰知己知彼，百戰百勝也。

清·李廷玉等《長白設治兼勘分奉吉界綫書·再序》 我朝龍興長白，賴地勢之雄厚，物産之豐饒，崛起一隅，遂有天下。韓人國初納款，列爲附庸，界限定以圖們、鴨緑兩江。俄人伺列祖平定寰宇，乘機蠶食邊陲。康熙二十八年，天討實行，俄軍敗北，遂以黑龍江、興安大嶺區分國界。道咸之間，中原多故，俄人侵及寧古塔、琿春、圖們江一帶。咸豐十一年，倉場侍郎咸琦與俄勘界，建設木牌八縣。光緒十二年，北洋協辦大臣吴大澂改立石碑，與俄争回侵地二十七里。此道光以來，中俄劃界之失敗也。溯考康熙五十一年，烏剌總管穆克登於白山之分水嶺建立界碑，只載審視西爲鴨緑，東爲土門。光緒十二年，吴大澂與韓委員李重夏會議吉林界務，以不得要領而止。此康熙以來，中韓劃界之失敗也。琿春定界不明，而庫頁島失，圖們界務含渾，遂起間島之争。去年欽差大臣東三省總督部院徐，旌節初建，於間島問題力求解決，土門、圖們之辯，日人已口噤無可設辭，鴨緑與間島毗連，初無正派，玉與傅强勘測鴨緑江源流，臘月下旬，經呈圖説並報告及意見書，瀕行時論，以長白主支各脈，鴨緑、圖們、松江正副發源，均爲勘測所最要，當即敬謹筆記。率副委員劉建封、許中書，測繪生康瑞霖、李敦錫、劉殿玉、王瑞祥、陳德元、王貴然等，會同吉林勘界委員劉壽彭，秉承長白設治總辦張鳳臺之計劃，於五月二十九日，由臨江起程，取道長白之北，六月二十二日，直躋白山之巔。放目縱觀，三岡之脈，三江之源，宛在眼底。惟念東北與俄爲鄰，西南與韓接壤，就地勢論，與日間接，就交際論，又成直接之勢。近來，俄因拒日，侵我形勝之區，日爲攻俄，扼我喉吭之地，白山左右，逼兩强鄰，而欽帥秉謀國之忠，挾知人之明，獨張空拳，勉强爲國界問題、戰爭問題之預備。玉等仰承意旨，竭盡血誠，踏勘山崗，尋測水綫。迨歸來取徑，一走白山之脊，一走白山之陽，始於山脈江流，全攬形勢。日來於山水、生産、地勢險要、人民生計，設治駐兵要點再三研究，求衷一是，繪就總圖一，附入分圖三，恭呈憲鑒，用當斯役之報，最□非曰圖詳説要，足爲籌邊者所取資也。然圖不成於捉摹，説不涉於妄誕，聊可爲重邊務者之一助焉。是爲志。

清・魏樾《帕米爾山水道里記・烏仔別里山豁非黑孜吉牙克説》 烏仔別里山豁，土人指説不一，有謂爲木子可爾者，有謂爲克子別里者，更有指在瑪爾堪蘇之烏赤別里者。究之，俱非中俄止界處所。按照圖約及山水形勢考測，確在本圖所繪地位無疑。俄人謂即黑仔吉牙克，或其邊民嘗以是呼之。異地同名，事所恒有，然必併在梁上，不得以圖約中有克則勒志業克字様，誤認分支東下及麓，牽混中國設卡之黑孜吉牙克地方，顯有背同指山梁爲界之約。再據押圖細考紅綫止處，恰在哲里威河東北第一支分水源頭，是見中俄末段界址，以此水分，亦即以此水止，尤足執爲烏仔別里山豁，非黑孜吉牙克鐵券。

清・魏樾《帕米爾山水道里記・烏赤別里山豁非克子喇提説》 烏赤別里山豁，應照圖約所指，由瑪爾塔巴爾山子岔，至其豁，過瑪爾堪蘇河，順喀喇庫里湖東之大嶺，至喀爾阿爾特山豁爲定，不得聽由土人指説。西極河源，取克子喇提分水爲界，致涉俄境緣圖中紅綫係由河身穿過，約中又訂明過瑪爾堪蘇河字様，土人多不解識過字，將河身誤作河源。

清・魏樾《帕米爾山水道里記・已分未勘地界宜亟會立牌博説》 已分未勘地界，自伊爾克什坦至烏仔別里山豁，當年兩國在事既未身歷互勘，屢次查博委員，亦無人過問者，不獨此間官民迄無把握，即分界俄使於方向形勢，亦尚多未諳。觀其虚懸，喀喇雜克即喀喇租庫山形，不界博於未立界博之處，標繪緣乂及不列經緯綫於圖中可見，見在經某測明方向，勘準形勢，應由兩國派員覆勘立博，以免積久失據，又另生支節。

清・魏樾《帕米爾山水道里記・勘分帕米爾境中國宜佔東北兩面説》 謹將圖中所繪山水道路暨地名異同各緣由理合具繕摺説，賫呈鑒核。

一、歷來輿圖多取極星，考測地度，喀什各城星距自有乾隆經緯圖可考，分度極符，其帕境一帶逼出萬山，入夜多瘴，遮蔽月星，捨晦就晴，轉恐掛一漏萬，茲圖悉用象限平儀，周分十二宫，宫各三十度，專取地方定位，故未載列偏西極高等度數。

一、圖中方向與洪圖同，與界圖異，推原其故，界圖紙而係坐西北向東南正視之，流向東北之瑪爾堪蘇河，轉趍東南，扭向東南之烏孜別里山梁，指在正南，惟將界圖四隅作四正，觀之諸國方向自然符合。

一、圖中山幹俱經考測，無支則但繪大者，河道係取長源短流，弗與道路，係擇步騎，能濟兼通糧運者，繪之。其僻非要路不嘗通人者，概未繪入。

一、喀什西南隅自塔什米利莊以南，少有大川，極寬無過二十里者，狹則峽夾一水道。若按度數縮繪圖本，水麓路併繞一綫，未免過於擁擠，茲圖係將山麓縮去半黍，以清眉目。

一、圖中地名係照此次所查土音，列入内，與諸圖同者少，異者多。因別具表册，同者書仝，異者别揭其名於各圖格内，仍於圖册内編列字號，以便檢查。

一、繙纏譯漢，有可互通其音者，如庫爾、可爾、庫里，俱指水澤，有須確切其音，如庫勒闊羅或訛可羅，係指卡墻，是爾可以通里爾，里不可通勒羅，又有同此一音，增一字而義大懸者。如阿克塔什謂白石山，阿企克塔什則其山産鹻或礬色白而味苦濇者。阿克蘇謂白水，阿企克蘇則又爲醋，據土俗酸辣味並稱是。茲圖悉本土音，譯成漢字，其有音無字者，以切音註明表内。

一、黑纏語言不一，稱物各殊中國，每查已經圖各異名，加以外鄰游歷，多取此間命名之意。譒從彼國之俗，更有假其國人之名以飾其地者，如六爾阿烏一家，係纏目庫魯木喜死子葬處，俄人識爲故阿渾托哈塔布拉克墳，大帕米爾之搶庫爾英圖，以其君主維多利亞之名誌之，諸如此類，不一而足。茲圖地名雖經攷訂再四，而洪譯俄圖之異名過多，且部位閒有顛倒，未能畢校無遺。【略】

敬稟者，竊某奉委勘喀什道西南邊界，遵即起程。抵喀，值俄兵闌入帕米爾境地，奉飭先查蘇滿一帶，當會張旗官鴻疇、李委員源鈵同往履勘，久經繪圖附説，通稟在案，旋由某擬議分途查辦，以期迅速蔵事。稟蒙批指，自塔墩把什至烏孜別里山。責歸某勘測，遵復入山於行次，屢奉文指並圖志等件，大要中俄已分未勘地界，必以畫押界圖爲鐵案。中國舊管以洪圖所畫黄線分内外，東爲中國内地，西爲帕米爾地，遂取道蘇把什循，由葱嶺分幹西行出入各著名達坂，將中國舊界清出，接由烏孜別里山至伊爾克什坦，將中俄已分未勘界址查畢。仍取道蘇把什循由蔥嶺分幹南行出入各著名達坂，至極邊之明鐵蓋達坂止，並越倭海及蕊達坂，由瓦罕境內至帕米爾一帶補查上次未及查悉之山委水源，兩次入山，共九箇月，所有中俄已分中國舊管各界限帕米爾全境山水形勢，一律查測就緒，通盤考較，已分地界祇烏孜別里，俄人誤在中國設卡之黑孜吉牙克，烏孜別里華纏誤指在瑪爾堪蘇河源，兩誤緣由另具摺説，餘與紅線悉符。中國舊管祇自郤和太達坂以東，本可由木子闊羅賽里克塔什接至喀因戛爾山口。惟據土人堅稱舊址在喀喇蘇分水處某，以界闕舊管，違衆恐致失出，且查該處水雖伏流不長，究有沙線可取，遂以砂嶺分水北經恰圖堡子斜至郤和太達坂，南接喀因戛爾山口，定爲舊界。此段較與洪圖稍異，又自丕伊克達坂洪圖黄線漸趍東南，考與山勢不合。其餘大勢尚符，帕米爾邊界係取先今兩次所歷山水，所考地名，並此次所測方位，參以界内外土纏指説，合而爲一，洪圖未曾界劃，無從比較。至奉電鈔總署，屬自烏什別里山豁量準南北經線一直往南，至因都庫什嶺即印度山爲止等因。查奉到前項飭行時，雪已封山，不能深入。按照此次所測山水方位，夾定經度，用飛空線法考之，當在阿克巴伊塔爾第一支流、六爾阿烏山前後，第三支流經且的爾塔什山搶庫爾西汉支流，以迄山梁，位居正南，所經非雪山草場，並無村落市集，險要須曲折遷就，直南無一適中，應俟畫分定，妥另相地勢設卡所，有奉批分查喀什道西南各邊界情形，理合繪圖具説，賫請核轉施行。

再查摺中係取奇喇堡海子北流立説，漏及南流，覆按成圖，應自波咱拱拜起，逆流至奇喇堡海子，再順流闢分，方有頭緒，合併聲明。

清·徐崇立《新疆勘界公牘彙鈔·稟議中外界限》 敬稟者，竊奉憲臺札開云云等因。奉此遵查東南西南沿邊一帶山川形勢，已經繪具圖説，賫呈在案，茲奉鈞札，覆考許圖所繪山川形勢，均屬不謀而合，惟將來分界界綫，似應在於昌器利滿、卡拉胡魯木、星峽、紅孜拉普、明鐵蓋、克里克、阿格吉勒各達坂，以固邊圉而斷葛藤。蓋各達坂均係蔥嶺正幹，水分南北，山行東西，固新疆羅城而亦葉、和之第一門户也。以山梁定界，不獨昆侖全爲我有，而蔥嶺數千里中外亦各得其平，真天然界限也。縱夷境毗連，因而窺伺，亦屬無能爲力。若照洪、許兩圖界綫，以葉爾羌河爲界，則昆侖、蔥嶺皆屬他人，而毗連既無險阻之虞。且夷情叵測，勢必將河南一帶地方遷所屬居民休養生息，唯恐枝節叢生，而我附近邊氓亦難安業，即東南、西南沿邊一帶已屬條條是道，防不勝防矣。某一介微員，知識淺陋，以事關大局，何敢妄爲。擬議不過親身涉歷，稍有見聞，是以不揣冒昧，聊獻芻蕘，以備將來採擇，是否有當，伏乞鑒原。謹將許圖西人游歷自葉城外至塔城外至塔墩巴什沿邊一帶山水形勢地名逐一比較，理合謹具清摺，呈請鑒核。

清·錢恂《中俄界約斠注》 大地之上，兩國交界之衺長，無有逾我中國與俄羅斯者。自康熙至今，中俄修訂約章凡二十有五，專主界務者十有，是書全録。兼及界務者三，是書擇録。其專主商務者四而已。是書不録。恂有志讀界約者有年矣。祇以未獲精確輿圖，莫由知邊徼之山川形勢，即莫由知界約之沿革得失。歲庚寅隨節歐羅巴得彼國所刻中俄交界，或分或合之圖，不下三十本，英、法、德各國亦皆留心中俄交界，故咸有圖。於地勢始稍明曉。逾年春，奉調赴俄羅斯時，我出使大臣吴縣洪侍郎鈞譯印界圖三十五幅，方成，是爲中國界務總圖之始。亟取讀之，益於界約有所領悟，又逾年訪得俄文最精、最新之《亞細亞洲交界圖》，中國交界之外兼及布合爾國、波斯國一帶交界，故名之曰《亞細亞洲交界圖》。印行尚未畢工，中國界綫所經者，凡十幅，其九幅已成。原圖共二十七幅，其有中國界綫而尚未印行之一幅，則即現議未定之帕米爾一帶地也。東起圖們江口，西迄喀什噶爾西境，此圖於山形起伏，西圖講求繪山，務使峯巒方向高卑并占地上面積若干，皆可於圖見之。水流巨細，山脈明顯，則水道亦有自然明顯。驛路分合，各别爲色，尤令人寓目即了。取與界約同讀，凡約中不甚可解之處，至是獲通，其大半又訪購得洋文原約，與漢文互相比勘，知漢洋文不符之處甚多。且往往洋文易曉，而漢文難通於界務，劇有關係。洋文原約使□無有其訪購未得之本，本擬向彼中官藏本鈔録，彼例不禁。嗣因事未果，仍多索見洋文者。因薈萃中俄交界各約，略采官私記載，考界綫之沿革，訂約文之異同，爲之疏通而證明。方今中外交涉，以俄國爲第一强鄰，而中俄交陟，又以界務爲第一要義。世多一能讀界約之人，即多一能通界務之人，亦即多一能裨大局之人。謂非當今之亟務乎？若更將俄文新圖譯成漢文，大致本洪氏界圖，按一約繪成一幅，當繪十二幅。俾有一界約，即有一專□□之，各約分圖合之成交界總圖，經緯綫尺寸比例相同，則分圖可合爲總圖。則於邊務尤爲裨益矣。光緒十有九年癸巳二月，歸安錢恂謹識。

清·王樹枏《新疆山脈圖志》卷一《天山一》 沙大臣《勘界日記》：光緒九年八月十四日，由廓克蘇渡河，向北行六十里，至東格爾瑪，又名哈喇別里達坂絶頂，兩國共立牌博，向西南捷徑出口，仍回至廓克蘇岸，住息來回共計程百六十里。【略】

《勘界日記》：光緒九年八月初九日，由業干向西南行四十里，過柯希額得克蘇水，此水源發北山，至此出口，匯奴拉蘇大河。渡大河西行二十里，至依爾克什他木，即官圖紅綫之伊爾克池他木河，亦即卡倫單之依爾克什唐是也。有水源由迤南雪山中出，而北流至此出口，入奴拉蘇大河，沿途多産銀精，附近達坂漫斜草廠不佳，遠望則羣山萬壑，層出不窮。岸上有俄墳壘壘，並屯兵演武處所。越十數武，有帕霞廢卡圮址蕩然，計程八十里。曩者夷族叛亂，俄人屯兵帕霞，置卡形勢要害，人力所争，此官圖紅綫所界劃卡倫單所特載者也。初十日，由伊克池他木河順奴拉蘇河岸行二十餘里，渡河北岸三十餘里，至嘎他拉克五十里，渡可自勒蘇至屯木倫。十一日，屯木倫山下向北行三十里，上達坂頂，順窄澗三十餘里，下至廓克蘇河岸，由此横渡廓克蘇河，上小達坂，北行至以克則克山口三十里住，計程九十餘里。十二日，向北行二十里，至以克則克山頂。過山下五里至廓克蘇河岸，渡河越達坂入口四十里，轉北行六十里。山勢漸高，沿途窄狹，草色黄薄，至此以上皆不毛之土。又行二十里至帖列克山頂，計程百二十里。又回至廓克蘇，共計去來路二百四十里。十五日，由廓克蘇回走，向南數里許，至以克則克山梁。兩國共相立博埋牌畢，過山七十餘里，上凱爾滿庫魯達坂極高，過此三十里，出山至奴拉蘇，渡水又四十里，還舊路之伊爾克池他木河，始坦然立博埋牌，再至業干住，計程百七十里。【略】

《勘界日記》：光緒九年八月初八日，由克斯達爾行六十里，至哈拉卡拉達坂，兩國共立牌博，並埋銅牌，由此回住業干，計程百六十里。【略】

《勘界日記》：由塔拉庫勒達坂折回路口，向北行八十里，漸漸高險，水南流，望之約十餘里，即克斯達爾達坂。又呼黑子塔爾，不能住，越同指山梁爲界，計程二百里。【略】

《勘界日記》：光緒九年八月初四日，由鄂博沙子岔口向南行，草木茂盛，水亦漸大。七十里至山口，昔安夷設有墻垣，以防布回，審之形勢，險要天然。出山數里，曠宇天開，樹木叢雜，平原草長，秋氣澄清。是處居人蕃盛，四野牛羊起卧如白云焉。其地名烏魯恰克提，中有土堡，四周甚敞，問之爲安夷帕霞筑也。住後策馬流覽，日西忘歸，計程八十里。初六日，由烏魯恰克提行四十里，過安夷廢卡，繞流以行，計程七十里，草堪飽馬。初七日，由業干向東北行百里，過安子滿集，又二十餘里，至塔拉庫勒達坂，如前立博埋牌。【略】

《勘界日記》：光緒九年七月二十九日，由阿拉於胡向西行十里，過博圖瑪拉克。又四五里靠河北岸，有自來石洞簷牙高拱，崖畔横撑，峰嘴逗出數丈。峰腰下垂，泉滴如乳，訪之土人，僉曰傳説楊侯爺水。由此西北六十里渡帖列克河水，向東北穿峽越嶂，總匯烏依他拉。又拗折行四十餘里，住烏依他拉，計程百四十里。八月初一日，回住洞泉南岸百二十餘里。初二日，越達坂向東南行，水源發自薩瓦雅爾得山頂，松柏蔥蔥，濃陰夾道。布回住牧其中，山高澗窄，行六十里至薩瓦雅爾得下住息。初三日，向西北行二十里，至薩瓦雅爾得達坂，絶頂層雲盪胸，下臨無地。此中俄交界處，立博埋牌胥如前式。由此過山南峭壁森立，澗溝狹如永巷，水邊間有松柳。五十里至鄂博沙子，計程八十里。【略】

《勘界日記》：光緒九年七月二十七日，由依什嘎爾提行三十餘里，至塔拉格依山口，約二十里，高出雲霄，係兩國交界之地。立博埋牌，折回原路，沿途俄屬布魯特二麥登場，農忙如許，山花野果，恰是秋初。緩轡二十餘里，至阿拉於胡，是日行七十里遂止焉。午飯後向東南十餘里，延望色丹，欲上無路同，同指山梁爲界，約如前。【略】

《勘界日記》：光緒九年七月十八日，由托雲向西行二十里，過山順阿依蘭蘇六十里，抵葉雷子即葉雷。住，馬其水至此入克每斯蘇，即圖舒克塔什河之異名。有二源，一出蘇約克山頂，一出庫嘎爾塔山頂，合流自北而南，計程八十里。草好，山無林木。二十二日，未黎明，即入山，行五十里至庫嘎爾塔達坂，頂上僅有牧羊之路。照前立博埋牌，折回原路。八十里至蘇約克達坂，於路東高處共立牌博如前式二面。山峰最高路北下有安夷帕霞廢卡，沿途策馬迅馳歸來，不暇看山。及回住葉雷子，去來計程二百四十里。二十四日，由葉雷子向西行，入山口五十里住息。水發源此山，東流入克每斯蘇，草色茂盛，河水清淺，魚長尺半，其山産石明如水晶，大小六楞，棱角攢簇，俄俗焚灰圬墻，望之潔白。二十五日，行二十里，兩岸狹窄，爛石塞道。六十里至於墟他什口，即玉區塔什河。山頂有水源，清冷可鑒。二十六日，由於墟他什口向北延望二十餘里，見依提木阿蘇達坂，無路登臨，同指山梁爲界。三十里至吐孜阿蘇，縱横皆山，一望無際，立博埋牌，即下達坂東南有哈喇瑪阿蘇。望之二十餘里，高陡無路如前。指山梁爲界，復緣岸前行，層巒聳翠，水聲潺湲。四十里至依什嘎爾提住息。【略】

《勘界日記》：光緒九年七月十六日，入口五十里至頂，即圖魯阿提達坂，水從此發源，西南流，柴草足，即於路東高處立博埋牌。【略】

《戊申勘界公牘》：由圖魯阿提達坂西行二百里，經俄屬阿爾拜，又前行三

十里爲蘇約克達坂。【略】

《勘界日記》：光緒九年七月十四日，向西行五十餘里，至黑孜庫爾，山頂甚平，水分二面，係中俄交界地方，共相立博埋牌，約如前。至恰克瑪克口八十里，又六十里至托雲多拜，過圖魯阿提水西岸住息，計程二百里。【略】

《勘界日記》：光緒九年七月十五日，勘倭圖魯達坂，在哈喇多拜西南八十里，達坂頂即倭圖魯河源，共立博埋牌如前式。

《勘界日記》：光緒九年六月二十六日，由他什阿列克向西南行八十里，至哈喇多拜住倭圖魯蘇河岸，計程八十里。沿河兩岸近山平低，按哈喇多拜即帖列克提達坂。迤北八十餘里，出水總口，由此口進而路分三岔，水亦隨之。南望和堅特，帖列克提，博孜哎格爾、黑皮恰克四達坂，東西綿亘橫絕，南北山陰積雪朗徹雲衢。二十七日，越哈喇多拜，催促俄使韋立根勘分，咩登斯開抱病赴喀城故也。即日向東北行，過帖列克地方及黑子蘇，至哈喇布都爾阿克他什山口百五十里，走至日夕，方入吐素阿修爾達坂。遍山皆雪，兩岸泥濘，盤旋而上，雪没馬腹，及巔五十里，夜過半矣。探之積雪，深不見底，立雪待旦，計程二百里。二十八日，布回覓路未得，惟挖雪鑿冰，踉蹌而下，馬落澗底，骨碎血流，人幸未墜耳。出山口巉嵯難行，八十里過庫倫杜，至沖布霍爾罕卡倫。五十里住焉，計程百三十里。二十九日，西行十里，草色青青。韋立根迂道來此，即同赴庫倫杜達坂，立博埋牌，折轉住以牧馬。三十日西行五十里，至哈喇別里住。七月初二日，由哈喇別里向西行，渡買丹蘇即麥當河及和堅特蘇二水，約行百五十里。初三日，至博孜哎格爾山頂，約五十里，過此行八十里，折回哈喇多拜。初五日至十三日，疊接張幫辦來牘，謂哈喇多拜暨屯木倫等處爲現管之地方。力争數日，俄使抱定紅綫，百折不回，延宕數日，同韋使始赴和堅特、博孜哎格爾、黑皮恰克、帖列克提四處達坂，共相立博埋牌，胥如前式。即順倭圖魯蘇北岸向西行十五里住息。【略】

《勘界日記》：烏魯達坂西南約五十里，有巴圖瑪納克山，布魯特來往貿易之徑，徑之左右，中俄互立鄂博，並埋銅牌。

《戊申勘界公牘》：由巴圖瑪納克達坂西行七十里，經俄屬庫里都克轉南行八十里，至庫倫杜達坂。【略】

《勘界日記》：光緒九年六月初四日，出庫嘎爾特山北口渡河，阿克薩依河布魯特部落遍野遊牧，向西南紆折行，復渡河阿克薩依河東岸，上崔巍五重。四十里下坂，住剥作依口，計程百里，以上均與界外地。初五日，由剥作依向南行二十里，越山穿澗，溪水南流，繞入大河，至達坂頂，峥嵘萬仞，險極矣，尚非奇恰爾達坂也。過此下數里，至澗底清水南流三二里，入阿克薩依河。渡河又登達坂，矗立青霄如壁。上行後，先一步大判仰昂，再十五里躋其巔，即奇恰爾山頂。片雲頭上，氣息爲促，路東下頗平，路北二十一丈有奇，小峰頂上立木牌，書滿、漢文：「大清光緒九年六月初五日，由天山中梁奇恰爾達坂頂上中、俄兩國會分界處，埋立木牌，永遠爲憑。」三十九字，下建鄂博。另窖銅牌一方，俄使立博在路之南，約五丈餘，有安集延廢卡，計程五十里，徒步下山，折回剥作依口駐焉。

《勘界日記》：光緒九年五月十六日，由喀蘇勒棍伯色起程，向西南行，渡澗水百二十里，至雅海奇公伯斯大河，統名哈黑薩勒河即喀克善之轉音，水涯多生小柳，地氣頗寒，始種二麥，岸生淺草，纔没馬蹏。河滋魚肥美，惜不識名。沿途越五山脚，路多棱石，頗不易行，計程百二十里。十七日，由雅海奇公伯斯河向西行十里，過阿哈布隆水，行五十里過谷克來水。一作塔克隆水。水急，南流入大河，至哈喇布拉克卡，計程八十里。北山峰頭最多，積雪難消，南山漫平草緑，河岸柳色纔黄。浩罕變亂時，馬、步二營尚未頽圮。十八日，小雨綴息。十九日，由哈喇布拉克向西南行六十里，至恰布罕黑頁達坂，繞山而行，約五里之險。又五里至薩里布拉克，計程七十里。草色萋萋，水聲潺潺。無林木，多風雨，賴荆棘炊爨。二十日，由薩里布拉克向北行五里許，入山口，衆石磈磈，難容馬足。約六七里至頂稍平，北行八十餘里，下澗溝，渡瓊庫恰克水八十餘里，至巴拉棍代，計程二百里。二十一日，涉巴拉棍代水向西南行，時越達坂路如旋磴，過吐覗我恰普山約七十里，至庫嘎爾特山口，渡水駐息。谷口風雨時來，草緊緑帶委員額騰額迎俄使同到此。二十日，與俄使咩登斯格、韋立根議續勘未分之界。六月初二日，由庫嘎爾特山口起行，向西北行二十里，入峽口，山勢險惡，懸崖千尺，處處頑石塞溪，仰望峰頭，獸形鳥狀，幻出不窮。三十里越達坂，西山晴雪，閒雲覆之。澗口飛泉，噴如細雨，承而飲之，味帶甘和。泉下凝冰極厚，烈日不消。又西北行渡水四次，行四十里至庫嘎爾特達坂。頂上高極，晴日飛雪，大風一過，沙石翅飛，此中俄交界處也。過此西北行，地產山葱，花卉遍生道旁。至庫嘎爾特山北口，計程百四十里。俄屬布魯特部落紛紛羅拜，亦解送迎。初三日，返達坂頂，去路西北丈餘，埋立木牌，書滿、漢文字：「光緒九年六月初三日，由天山中梁庫嘎爾特達坂頂上中、俄兩國會分界處，埋立木牌，永遠爲憑」，三十

八字。又西五六丈峰下砌鄂博，路東丈餘石片下窖銅牌焉。俄使於路東亦立鄂博。【略】

《勘界日記》：光緒八年九月初八日，由小別疊里行八十里至倭依塔，即哈衣塔。即別疊里山口。初九日，向北行四十里駐依布拉卡，即依布拉引。水向南流，澗徑平坦，澗水西北流。初十日，至廢卡。六十里又三十里出澗登山，過卡倫，積雪凝寒，陡峻無比。向陽處雪消泥滑，至頂有安夷廢卡，即中俄交界處，埋立界牌。大書滿、漢文：「光緒八年九月初十日，中俄兩國由別疊里山頂大嶺會分界處，埋立木牌，永遠爲憑」三十字。左峭石下間埋烏什界銅牌一方。俄使就牌東數武，亦立鄂博焉。是日回駐三十里廢卡。由此至頂共三廢卡，皆安夷帕霞變亂時所設也。【略】

《勘界日記》：光緒八年八月十八日，由烏什向北行十五里，過雅滿雅河，又十五里過哈拉巴克河，又二十里抵小貢古魯克，計程五十里。水東南流，名貢古魯克河，兩岸草足。十九日，由小貢古魯克向北行約六十里，駐喀依車山口，有卡倫駐兵十名，澗水出口向東南流，一路戈壁柴草缺乏。二十日，由喀依車口入山約四十里，有廢卡一所，山形左右穿插相錯，水涯樹木叢生。四十里有峽口，二面峭石壁立，寬僅丈餘。澗水噴出，人馬横流而過。十餘里山重水複，陡峻異常。下馬登山望之，雪霽雲蒸，崇嶐九萬，天山頂也。中俄交界處山南屬中山，北屬俄委。因無路往勘，同指山梁爲界，計程百里。二十一日，由喀依車出山口向西行六十里，入貢古魯克山口。又三十里駐卡倫處，澗岸林立，高數十仞，狀如城郭，計程九十里。二十二日，緩牧乏馬。二十三日，由貢古魯克卡向西北行，澗石叢雜，百二十里入峽口，懸絶千尺，陰谷颯颯，疑似風雨飛巖，欲逐雲奔岐徑，峽如隘巷者十餘里，過此寬平。十里外又陡極，棄馬猱攀而上，大石崚嶒，幾難容足。向西北越五層達坂，如登天然，始至貢古魯克山頂，又名庫庫爾圖，鼻息如促，得駐足焉，東西横亘。山脊有舊鄂博二，右邊鄂博下有舊穴，因將勘分烏什界銅牌填入封固，俾志久遠。於西南三四步，又新建一博，遂犄角而三矣，計程百六十里。二十四日，出口向南行百二十里，至雅滿蘇口，行數里出山口。二十里即雅滿蘇河，水三道皆向東北流回，莊多柴草饒足。【略】

《勘界日記》：光緒八年九月初五日，由瑚木爾里克行百六十里，馳抵臻丹。又五十里至英阿喇特，道途曲折，山勢峥嶸，形勢均同罕騰格里之險。照指山中梁劃分爲界。【略】

清・王樹枏《新疆山脈圖志》卷二《天山二》《勘界日記》：光緒八年七月十九日，由納林郭勒向東行至木素山口，即修梯口，計程六十里。水源自冰嶺彎環而下，北出谷口，名木素河。二十日，向南行六十里，駐阿東噶爾臺。二十一日，向南行六十里，駐黄沙河，亦名噶克察哈爾海臺。道路難行，窄處巉巖怪石，迎面森立。激湍鳴沸，響荅林谷。松柏生石隙，蟠踞得勢凌空。峭壁上有小峰如插，望之贈崚有致。午後飛雪，至夜漸大。二十三日，向南北六十里，至天山頂，百盤九折，草木不生，積雪滿山，凝冰瑩晶。下數武頗平，有冰池涵水一泓。又西南三數里，即所謂冰嶺者也。周圍山環二百餘里，堅冰凝結成塊，其形磷磷然、纍纍然，如牛羊起卧山中，縱横莫可指數。人行處勢若龍脊蜿蜒，上浮生碎石如鋪，馬蹄踏觸冰出，則滑不可支。道旁冰柱高尺許，上擎磐石甚巨，亦甚怪。冰澗滃滃，深不測底。循聲俯聽，疑有魚龍。又南七八十里冰坎深邃，形如架樑，此冰橋也，其下有潭千尺，厥曰雪海。過此數里，冰峰六七，參差排列，中鑿冰爲級，人馬踉蹌而下，若稍失足，直落澗底，甚可畏矣。下行三十餘里，溪出冰坎之下，水向南流，左右夾山成河，厥冰雖盡，其山尚遠。晚霞返照，四圍空明，計程百八十里，駐塔木哈塔什臺。二十四日，由塔木哈塔什向東南順澗水行五十里。二十五日，渡河西岸行五里，緩住。兩岸多草枯蘆，斷梗可炊。山勢仍壁立，中有澗溪南流，地名克音拉克臺。二十七日，順澗向東南行四十里，兩山夾水，路多爛石，觸礙馬蹄，地名圖巴拉克臺。二十八日，向東南行住，可力硤齊山砌墻，絶勝關隘，計程六十里。有南路馬撥稽查局，山産玲瓏小石，色如靈璧，其質瑩皺水，至此出口南流。二十九日，由可力硤向西南行二十里，過良噶爾始出冰山，又二百三十里至阿克蘇回城。

清・王樹枏《新疆國界圖志》卷一　國朝版宇環東北西三面，延長萬里，多與俄接壤，而中俄訂約亦在東西諸國之先。康熙、雍正間分立界牌，東起格爾必齊河至海，北至沙賓達巴哈，是爲東北界。其時關外之界不逾哈密，蒙部之界不逾阿爾泰山，與今日西界無涉也。自乾隆間蕩平天山南北，闢地二萬餘里，哈、布諸部先後内附，凡昔日漢唐建牙置戍之所，悉歸囊括，故曰新疆。當日新疆去俄尚遠，邊徼之地，荒而不治。道光二十六年，俄人於伊犁河建闊拔勒城，治哈部，中國官吏無過問者。咸豐以來，海内多故，俄人乘隙誘我藩屬，進寸謀尺，狡啓戎心。故咸豐九年，因四國構和，議及疆事，遂約以常駐卡倫爲界。於是卡倫以外之地，淪失至數千百里，而朝廷不知也。洎乎同治三年執京城約旨，立塔城之約，而西界一變。同治十年，全疆淪陷，俄人據我伊犁。至光緒七年，立中俄改訂之約，而西界再變。光緒八年十年，立喀城之約，而西界三變。因塔城之約，而有同治八九年勘界之約。因改訂之約，而有光緒八九年各段分立界牌之約。因喀城之約，而有光緒十八九年勘帕界、防帕界之事。統計前後，立約十餘次。而要以三約爲原起，三約之中，又以塔約爲提綱，改訂約爲樞紐，喀約爲結束，此其大較也。高宗純皇帝之勘定西陲也，大兵追討阿睦爾撒納至哈薩克境，於是左右二部内附；討霍吉占兄弟至葱嶺、巴達克山境，於是布魯特東西十五部内附。哈部舊境在齋桑淖爾西北之額爾齊斯河，河北流約二百里，爲科、塔兩城，分設卡倫之處，稍南爲布昆河右部，哈薩克王度夏之處，此中俄西北舊界。科、塔分防於此，幾禁俄商，蓋當日藩封，故壞也。

清·陳善同《奏爲邊務交涉日棘請飭籌備詳細地圖事》宣統三年六月十五日（清檔） 維我國疆域遼闊，海陸邊境周迴三萬餘里，當强盛時，環我版圖，而國北無不列爲藩離，恪守疆界，未嘗萌狡啓之心，而我國之自視其邊境，以其險遠荒僻，遂一切以甌脱置之，□□指定分界地方，或表以石碑，或誌以鄂博，或插以木牌，歲月沈淹，易即泯滅，且有並此而無之地，其間川嶺、關塞、道路，官書之所記，圖志之所詳，大率皆惝怳臆測，難資徵信。抑亦疎闊甚矣。方今五洲交通，陸海疆七千里外，自東北、西北以至西南，無不與列强接壤，彼族日持侵略主義，得尺得寸，一著不肯後人，庫頁島、帕米耳之遺失，黑龍江以北，烏蘇里江以東，伊犁以西，緬越土司，臺灣、澎湖之割讓，香港、九龍、旅順、威海、廣州灣、膠州灣之租借無論已，其他如滿、蒙、新、藏、滇、桂各邊，日、俄、英、法一以深謀詭計覦覬於冥冥之中，託名勘界，强行侵佔，殆又不知凡幾。我向之視如石田，不足愛惜者，一入外人之手，稍費經營，便成沃壤，鄰之厚，君之薄也。我國之版圖有盡，而各國之慾壑無窮，長此不振，何以自存！前虎後狼，實逼處此，見兔顧犬，補救宜先。查《左傳》、《周禮》，陳司書、大司徒、遂人、土訓、司險、職方氏均掌土地之圖，凡九州地域廣輪，人民財用，畜穀之數與山林、川澤、邱陵、墳衍、原隰之名物，無不詳辨之，而用知其利害。東西圖學最精，不獨文人學士測地步天，深研圖象，即稟工商賈童稚婦女，罔不粗通繪事，而軍士從役，則人皆攜有軍用地圖，足跡所到，均精測繪，其山水形勝，營壘阨塞，以臨機應變，國家版土所至，並皆具有詳細圖説，雖一小川阜、小村落，亦有標誌，其大焉者，更可知也。故能設守固圉，杜絶戎心。今外人在我境内，平時借游歷爲名，通行各省，到處測勘，由邊至腹，彼之視之有如掌上螺紋，歷歷在目，不毫髮爽。故遇有邊務交涉，在彼則陳圖據典，振振之有詞，儼成反客爲主之勢。在我轉夢之如墮雲霧中，瞠目結舌，莫可置議。蓋不必待談判終局，而成敗得失之數，固已決矣。近日雲南片馬之棄，實其明鑒。日蹙百里，又何足怪。環顧境外，四面楚歌，在在可慮。處厝火積薪之下，爲久病蓄艾之謀，是固不可以再緩也。

應請飭下軍諮處會同民政部，揀派忠實可靠之員，率同藝師、技士及測地局各測繪學生，分途馳往滿、蒙、新、藏、滇、桂各邊，分定程限，實地測勘。凡城鎮之繁僻，道里之遠近，塗徑之夷險，山川之形勢，脈絡經緯之位置，寒溫帶之開繫，物産之種類，民族之情狀，一併詳采繪圖，附以表説，俟陸邊既竣，再以次推及於海疆及内地。所有圖説分送軍諮處、陸、海軍、民政等部存查，以便爲辦理軍事、外交及民政之預備。實於安内攘外之道，不無裨益。臣爲整理邊務起見，恭摺具陳，是否有當，伏祈皇上聖鑒謹奏。

宣統三年六月十五日奉硃批：該衙門知道，欽此。

清·許克勤《西域帕米爾輿地攷》 自來言輿地者，非圖不明，而西域之遼遠，尤必以輿圖爲急。謹按：《大清一統輿圖》胡文忠刊諸鄂省，而實本於康熙、乾隆兩朝内府之圖。當其時，純皇帝耆定西域、回疆、青海、金川、藏衛，拓土三萬里，命疇人挈儀器測斗極，考月食，審正黄道經緯度分，以晝中外封域廣輪曲折之數，猗歟盛哉。今謹據之爲帕米爾第一圖。近歲繆君奉使游歷俄羅斯國，寒暑再更，風土備悉，歸而□《俄游彙編》一書，山川險要，既經自覩，所係之圖，自是可據。又仿之爲帕米爾第二圖。至於俄人所爲，雖其狡焉思逞，逼我邊陲，其圖不皆可恃。而帕米爾之名，前人箸述若《西域聞見録》、《海國圖志》、《朔方備乘》等，皆所未詳。則俄人言俄地名詳列，要亦不無可采也。乃依洪君所譯中俄交界圖，繪爲第三圖。復參以群籍，證以西書，而後帕米爾之地可得而攷焉。

地籍測繪

《左傳·宣公十一年》 十一年春，楚子伐鄭，及櫟。子良曰：「晉、楚不務德而兵争，與其來者可也。晉、楚無信，我焉得有信？」乃從楚。夏，楚盟于辰陵，陳、鄭服也。

楚左尹子重侵宋，王待諸郧。令尹蒍艾獵城沂，使封人慮事，以授司徒。量功命日，分財用，平板幹，稱畚築，程土物，議遠邇，略基趾，具餱糧，度有司。事三旬而成，不愆于素。

《左傳·襄公九年》 九年春，宋災。樂喜爲司城以爲政。使伯氏司里，火所未至，徹小屋，塗大屋；陳畚挶，具綆缶，備水器，量輕重，蓄水潦，積土塗，巡丈城，繕守備，表火道。使華臣具正徒，令隧正納郊保，奔火所。使華閱討右官，官庀其司。向戌討左，亦如之。使樂遄庀刑器，亦如之。使皇鄖命校正出馬，工正出車，備甲兵，庀武守。使西鉏吾庀府守，令司宫、巷伯儆宫。二師令四鄉正敬享，祝、宗用馬于四墉，祀盤庚于西門之外。

漢·司馬遷《史記》卷五《秦本紀》 （孝公）十二年，作爲咸陽，築冀闕，秦徙都之。并諸小鄉聚，集爲大縣，縣一令，四十一縣。爲田開阡陌。東地渡洛。

漢·司馬遷《史記》卷六八《商君列傳》 於是以（衛）鞅爲大良造。將兵圍魏安邑，降之。居三年，作爲築冀闕宫庭於咸陽，秦自雍徙都之。而令民父子兄弟同室内息者爲禁。而集小鄉邑聚爲縣，置令、丞，凡三十一縣。爲田開阡陌封疆，而賦税平。平斗桶權衡丈尺。行之四年，公子虔復犯約，劓之。居五年，秦人富强，天子致胙於孝公，諸侯畢賀。

《戰國策·秦三·蔡澤見逐於趙》 夫商君爲孝公平權衡，正度量，調輕重，决裂阡陌，教民耕戰，是以兵動而地廣，兵休而國富，故秦無敵於天下，立威諸侯，功已成矣，遂以車裂。

五代·劉昫等《舊唐書》卷四八《食貨志上》 武德七年，始定律令。以度田之制。

五代·劉昫等《舊唐書》卷一四一《張孝忠附弟茂宗傳》 元和中，爲閑廄使。【略】及茂宗掌閑廄，與中尉吐突承璀善，遂恃恩舉舊事，並以監牧地租歸閑廄司。茂宗又奏麟遊縣有岐陽馬坊，按舊圖，地方三百四十頃，制下閑廄司檢計。百姓紛紜論訴，節度使李惟簡具事上聞，詔監察御史孫革往按問之。革還奏曰：「天興縣東五里有隋故岐陽馬坊，地在其側，蓋因監爲名，與今岐陽所指百姓侵占處不相接，皆有明驗。」茂宗怒，恃有中助，誣革所奏不實。又令侍御史范傳式覆按，乃附茂宗，盡翻前奏，遂奪居人田業，皆屬閑廄，乃罷革官。長慶初，岐人論訴不已，詔御史按驗明白，乃復以其地還百姓，貶傳式官。

宋·薛居正等《舊五代史》卷一一八《周書九·世宗紀第五》 （顯德五年七月）丁亥，賜諸道節度使、刺史均田圖各一面。唐同州刺史元稹，在郡日奏均户民租賦，帝因覽其文集而善之，乃寫其辭爲圖，以賜藩郡。時帝將均定天下賦税，故先以此圖徧賜之。案《五代會要》載原詔云：朕以寰宇雖安，蒸民未泰，當乙夜觀書之際，較前賢阜俗之方。近覽元稹長慶集，見在同州時所上均田表，較當時之利病，曲盡其情，俾一境之生靈，咸受其賜，傳于方册，可得披尋。因令製素成圖，直書其事，庶王公觀覽，觸目驚心，利國便民，無亂條制，背經合道，盡繫變通，但要適宜，所冀濟務，繄乃勛舊，共庇黎元。今賜元稹所奏《均田圖》一面，至可領也。《舊五代史考異》。

宋·薛居正等《舊五代史》卷一四六《食貨志》 （周顯德）五年七月，賜諸道《均田圖》。

宋·歐陽修等《新五代史》卷一二《周本紀第十二》 （周顯德五年七月）丁亥，頒《均田圖》。

又 嗚呼，五代本紀備矣！【略】而世宗區區五六年間，取秦隴，平淮右，復三關，威武之聲震懾夷夏，而方内延儒學文章之士，考制度，脩《通禮》，定《正樂》，議《刑統》，其制作之法皆可施於後世。其爲人明達英果，論議偉然。即位之明年，廢天下佛寺三千三百三十六。是時中國乏錢，乃詔悉毁天下銅佛像以鑄錢，嘗曰：「吾聞佛説以身世爲妄，而以利人爲急，使其真身尚在，苟利於世，猶欲割截，況此銅像，豈其所惜哉？」由是羣臣皆不敢言。嘗夜讀書，見唐元稹《均田圖》，慨然歎曰：「此致治之本也，王者之政自此始！」乃詔頒其圖法，使吏民先習知之，期以一歲大均天下之田，其規爲志意豈小哉！

宋·李燾《續資治通鑑長編》卷二《太祖》 （建隆二年正月）丁巳，分遣常參官詣諸州度民田。

宋·李燾《續資治通鑑長編》卷三《太祖》 （建隆三年七月）辛巳，遣給事中劉載等十一人，按行河北諸州旱田。

清·徐松《宋會要輯稿·兵二一》 太宗淳化五年十二月，詔閱視通利軍等數十處牧馬草地圖。先是，太宗以國馬多地窄，慮公私互有侵冒，遣中官與使臣同往檢責。洎進地圖，指諸牧地甚寬，不爲民害也。

元·脱脱等《宋史》卷九五《河渠志五》 （神宗熙寧二年）十一月，制置三司條例司具《農田利害條約》，詔頒諸路：「凡有能知土地所宜種植之法，及修復陂湖河港，或元無陂塘、圩垾、堤堰、溝洫而可以創修，或水利可及衆而爲人所擅有，或田去河港不遠，爲地界所隔，可以均濟流通者；縣有廢田曠土，可糾合興修，大川溝瀆淺塞荒穢，合行濬導，及陂塘堰埭可以取水灌溉，若廢壞可興治者：各述所見，編爲圖籍，上之有司。

宋・李燾《續資治通鑑長編》卷二二六《神宗》（熙寧四年八月庚午，）詔司農寺選官經量汴河兩岸所淤官陂、牧地、逃田等，召人請射租佃。

清・徐松《宋會要輯稿・食貨六一》（熙寧）四年六月十九日，詔司農寺選官，經量汴河兩岸淤到官陂、牧地、逊田等，召人請射租佃。

宋・李燾《續資治通鑑長編》卷二四五《神宗》（熙寧六年六月癸未，）秦鳳路經略司言，檢量官吏職田及曠土三十餘頃，以招弓箭手，內職田仍依例以鹽鈔給還。

宋・李燾《續資治通鑑長編》卷二五二《神宗》（熙寧七年四月辛未，）詔：「方田每方差大甲頭二人，以本方上户充，小甲頭三人，同集方户，令各認步畝，方田官躬驗逐等地色，更勒甲頭、方户同定，寫成草帳，于逐段長闊步數下各計定頃畝。官自募人覆算，更不別造方帳，限四十日畢。先點印訖，曉示方户，各具書算人寫造草帳、莊帳，候給户帖，連莊帳付逐户以爲地符。」

宋・李燾《續資治通鑑長編》卷二六〇《神宗》（熙宁八年二月丙戌，）同管勾外都水監丞程昉等言：「嘗乞以京西三十六陂爲塘，瀦水入汴通運。其陂內民田，欲先差官量頃畝，依數撥還，或給價錢。又採買材木遥遠，清汴牐欲作二三年修，仍選知河事臣僚再按視措置。」詔翰林侍讀學士陳繹、入內都知張茂則與昉等覆視以聞。

又（熙宁八年二月，）是月，河北西路察訪使沈括言：「竊詳兵家之利，攻其不備，出其不意。臣晝夜講求本路邊防素不爲備者數事，當先事有以制之，乞賜詳酌。其一，本路防邊事，重兵皆在定州，言邊備者惟以北平爲兵衝，其保州杜城以東有塘水之難，謀者未嘗爲意。臣以謂敵人講求中國邊防虚實向背者非一日，萬一爲寇，必須出於不意，道途險易，講求不得不盡。近歷視邊境，竊見保州以東、順安軍以西，有平川横袤三十餘里，南北遥直，並無險阻，不經州縣，可以大軍方陳安驅，自永寧軍以東直入深、冀，行於無人之地，定州但守杜城以西，兵未及移，則敵騎已越高陽矣。或敵人自定州入寇，定兵必依西山扼其歸路，彼則束甲徑趨順安，定人雖衆，兵不及施而敵已出塞。此不可不慮也。通途曠野，蕩然四達，謀者不此爲慮，而區區過憂北平之沖，臣竊駭之。西山洞道連屬，可以伏奇，進則定州當其前，退則保州、廣信議其後，敵人敢入北平，則不知順安者也，使其知順安之易，則北平雖無備，且當委而不顧，況其有備也。相度得保州西至九頃塘度七里以來，及保州東陽村隄以東至臧村隄度三十里，慶曆中皆曾築堤壅水，遺跡尚存，若少加補完，西納曹、鮑諸水，則杜城以東塘險相屬，敵騎出入，惟有北平一路。定州之兵依險爲陳，犄角牽制，滹沱横滦爲難，則可以制其前；塘河之流可決，則足以斷其後。有以待敵而致其必來，此必勝之術也。今具圖進呈，其詳悉地步別具條上。」詔屯田司閻士良馳往相度，而士良言：「檢視保州西至九頃塘，及保州東陽村隄以東至臧村隄，若增接修完，櫃蓄諸河，以成險阻，委實利便。然舊基蓋官中褱廢二十餘年，悉委民間。究詳九頃塘東及楊村隄，其間亦有官地，臧村隄一帶乃有徐河，預完隄坊，更伺夏秋雨漲水，不日成功，內交互民田，漸而收買。其孫村堤西至楊村堤，地勢汙下，曾支官錢收買，其後有保州牙吏李知自陳上件地土本係官牧羊地，趙滋知保州日，遂卻追還元給價錢，地資倖民，其地內亦可尋舊田屯分水河，沿河種稻，漸成險固，或當緩急壅決諸河，以制奔突。」詔可其奏，內有侵著民間地土，即將系官田土撥還，或給其直，仍先具所占民田頃數目以聞。

宋・李燾《續資治通鑑長編》卷二六八《神宗》（熙寧八年九月）甲子，中書言：「訪聞深、祁、永寧等州軍葫蘆、滹沱、沙河、新河山水泛漲，例皆沖決岸口。所有合修完堤防及開濬淤澱，欲令外都水監丞及水利司檢計施行，仍先具功料，及令轉運司勘會渰浸民田頃畝都數以聞。」從之。

宋・李燾《續資治通鑑長編》卷三三六《神宗》（元豐六年閏六月戊子，）朝散郎楊叔儀奏：「臣契勘得鄆州所管六縣牧地，共二十六棚，都計租額地一萬二千餘頃，惟四棚租額數足，二十二棚隱陷之地計七十餘頃，人户冒佃，積有歲年。臣遂擘畫先閱視見存牧地，循其邊幅，圖以形勢，方見見存牧地尖斜彎曲闕缩之狀。呼集人户，令就紙圖見存牧地之旁，自裏及外，籤貼所占地段，然後諭以牧地形勢，侵冒灼然之迹。除豪右侵占外，復有見任官職田、州學學田之類，係占牧地者，先次拘括，以塞百姓觀望之意。其人户遂肯伏認所占地段在牧地四至內，其地例皆肥沃，情願依舊住佃，改税爲租訖。臣今畫到六縣牧地新舊形勢圖一册，伏望特賜宣取。」御批：「可契勘所陳虚實及曾與不曾依格酬奬，並審其人材，如堪任使，宜特除太僕寺丞、主簿，填見闕，以勸在仕首公幹力之人。」

清・徐松《宋會要輯稿・食貨一》（紹聖二年）七月二十八日，提點京西北路刑獄徐君平言：「提點官與監司舊帶勸農者，乞據所部分巡州縣，括其地之不墾闢，周知頃畝，縣爲圖籍，詢究其弊之所在，爲救之之術。」從之。

宋・李燾《續資治通鑑長編》卷四八七《哲宗》（紹聖四年五月辛酉，）詔張詢、巴宜專根括安西金城膏腴地頃畝可以招置弓箭手若干人，具圖以聞。

清・徐松《宋會要輯稿・食貨六一》（崇寧）七年七月六日，提點京畿刑獄公事王本奏：「前任提舉京畿常平日，根括諸縣天荒瘠鹵地，開修水田，引水種稻，逐年所收土利不少。將引水不利之地一萬二千餘頃，並置圖籍，拘管入稻田務，召人承佃。數內已佃五千三百餘頃，蒙朝廷立定賞格，已足激勸。尚慮逐縣令佐不切奉行，卻致荒廢。欲乞朝指，比附鹽事司開墾鹹地賞格推賞。」詔依，申明行下。

又（政和）八年二月十七日，臣僚言：「民田披訴河濼積水災傷，雖十分收成，亦妄有破放，并遇非泛旱澇，亦多夾帶豐熟地段在內。縣不體究其實，一槩受狀申州。州下依條委通判，司録同縣令檢覆，而差曹掾簿尉前去。所委官亦不依條躬親檢視，止在寺院勾集人户，縱公吏不以有無災傷，或不曾布種田段，一槩依倣年例，約度分數除破。虧損財計，最爲大害。欲令轉運司下所屬，繪逐縣諸村地形高下圖，遇非時旱澇，專委縣令子細體度，具被災月日、傷稼稽去處，次第申上，以備檢察。檢覆官先委通判，司録同縣令，如實有故，即依差試官法，不支當月請給；不親至其處，亦重立斷罪告賞條法。」詔户、刑部立法處分。

又（宣和元年）八月二十四日，提舉專切措置水利農田所奏：「浙西諸縣，各有陂湖溝港、涇洪湖濼，自來蓄水灌溉，及官私舟船往還。今欲就委打量官遍詣鄉村檢踏，應有似此去處，打量並見丈尺四至，著望用大石碑雕鐫地名、丈尺、四至，以千字文爲號，於界首分明標識。仍曉示地分食利人户常切照管，無令損動，堙塞、請占。縣別置簿拘收，縣尉遇下鄉檢察，如有堙塞，即時開濬。」從之。

又（宣和）三年二月一日，詔：「越州鑑湖、明州廣德湖自措置爲田，下流堙塞，有妨灌溉，致失陷常賦。又請田人多是新舊權勢之家，廣占頃畝，公肆請求。兩州被害民户，例多流徙。仰陳亨伯體究詣實，如所納租税過重，即相度減免，立爲中制。應妨下流灌溉處，並當弛以與民。令條畫圖上取旨，毋得觀望滅裂。」

宋・李心傳《建炎以來繫年要録》卷六（建炎元年六月）戊子，承務郎張緯上《給田募兵法》。緯以爲將來防秋之後，應給田土，並畫圖置籍。每出戰步人一名，給田百畝，有馬人增其半，鞍馬器甲自備。量地肥瘠紐計第一等折土爲準。凡係官或天荒户絶逃田，聽民從便自占，其税役科配等，皆蠲之。即逃田雖已給而田主自歸者，聽佃人別占。出戰人疾病事故，許餘丁承佃。【略】後不克行。

宋・李心傳《建炎以來繫年要録》卷八四（紹興五年正月）丙寅，詔淮南諸州荒閑田段並令宣撫司經畫耕種，相兼應副軍中支用，仍置圖册立界分，將來人户歸業，驗實給還。

宋・李心傳《建炎以來繫年要録》卷一五〇（紹興十三年閏四月）壬寅，詔人户應管田産雖有契書而今來不上砧基簿者，並拘没入官，用兩浙轉運副使措置經界李椿年請也。時椿年行經界法，量田不實者，罪至徒流。江山尉汪大猷覆視龍游縣，白椿年曰：「法峻民未喻，固有田少而供多者，願許首復改正。」又謂：「每保各圖頃畝林塘，十保合一大圖，用紙二百番，安所展視？」椿年聽其言，輕刑省費甚衆。大猷，鄞縣人也。

元・佚名《宋史全文》卷二一中《宋高宗十四》（紹興十三年閏四月）壬寅，詔人户應管田産，雖有契書而今來不上砧基簿者，並拘没入官。用兩浙轉運副使措置經界李椿年請也。時椿年行經界法，量田不實者，罪至徒流。江山尉汪大猷覆視龍游縣，白椿年曰：「法峻民未喻，固有田少而供多者。願許首復改正。」又謂：「每保各圖頃畝林塘，十保合一大圖，用紙二百番，安所展視？」椿年聽其言，輕刑省費甚衆。

清・畢沅《續資治通鑑》卷一七七《宋紀一百七十七》（咸淳三年，）司農卿李鏞言：「經界嘗議修明矣，而修明卒不行；嘗令自實矣，而自實卒不竟。豈非上之任事者每欲避理財之名，下之不樂其成者又每倡爲擾民之説！故寧坐視邑政之壞，而不敢詰猾吏姦民之欺；寧忍取下户之苛，而不敢受豪家大姓之怨。蓋經界之法，必多差官吏，必悉集都保，必遍走阡陌，必盡量步畝，必審定等色，必細折計算，姦弊轉生，久不迄事。乃若推排之法，不過以縣統都，以都統保，選任富厚公平者，訂田畝税色，載之圖册，使民有定産，産有定税，税有定籍而已。臣守吴門，已嘗見之施行，今聞紹興亦漸就緒，湖南漕臣亦以一路告成。竊謂東南諸郡，皆奉行惟謹，其或田畝未實，則令鄉局釐正之；圖册未備，則令縣局程督之。又必郡守察縣之稽違，監司察郡之怠弛，嚴其號令，信其常罰，期之秋冬以竟其事，責之年歲以課其成，如《周官》日成、月要、歲會以綜核之。」於是詔諸路漕帥施行焉。

宋・李心傳《建炎以來繫年要録》卷一五三（紹興十五年正月戊辰，）命權户部侍郎王鈇措置兩浙經界。李椿年既以憂去，秦檜請用鈇。上因言：「經界之法，細民多以爲便。」檜曰：「不如此，則差役不行，賦税不均。積弊之久，今已盡革。去年陛下放免積欠，天下便覺少蘇。」鈇言：「本部員外郎李朝正嘗知溧水縣，均税不擾，請與共事。」又言：「今當革詭名挾户，侵耕冒佃，使差有常籍，田有定税，則差役無争訴之煩，催科免代納之弊。然須不擾而速辦，則實利及民，欲更不畫圖又造砧基簿，止令逐保排定，十户爲一甲，令遞相糾合，從實供帳二本，積年所隱，一切不問。如有不實，致人陳告，即將隱田給以充賞。」從之。朝正同措置，在此月辛未。

清・畢沅《續資治通鑑》卷一二七《宋紀一百二十七》（紹興十五年正月戊辰，）李椿年既以憂去，秦檜請用鈇。帝因言經界之法，細民多以爲便，檜曰：「不如此，則差役不行，賦税不均。積弊之久，今已盡革。去年陛下放免積欠，天下便覺少蘇。」鈇言：「本部員外郎李朝正，嘗知溧水縣，均税不擾，請與共事。」又言：「今當革詭名狹户，侵耕冒佃，使差有常籍，田有定税，則差役無争訴之煩，催科免代納之弊。然須不擾而速辦，則實利及民。欲更不畫圖，又造砧基簿，止令逐保排定，十户爲一甲，令遞相糾合，從實供帳二本，積年所隱，一切不問。如有不實，致人陳告，即將所隱田給以充賞。」從之。

宋・李心傳《建炎以來繫年要録》卷一五六（紹興十七年正月己卯，）左朝議大夫李椿年權尚書户部侍郎，專以措置經界。椿年既建經界之議，會以憂去，有司因稍罷其所施行者。及是椿年免喪還朝，復言：「兩浙經界已畢者四十縣，其未行處，若止令人户結甲，慮形勢之家尚有欺隱，乞且依舊圖造簿，本所差官覆實。若先了而民無争訟，則申朝廷推賞；如守令慢而不職，奏劾取旨。」從之。

元・脱脱等《宋史》卷一七三《食貨志上一・農田》 紹熙元年，初，朱熹爲泉之同安簿，知三郡經界不行之害。至是，知漳州。會臣僚請行閩中經界，詔監司條具，事下郡。熹訪聞講求，纖悉備至。乃奏言：「經界最爲民間莫大之利，紹興已推行處，公私兩利，獨泉、漳、汀未行。臣不敢先一身之勞逸，而後一州之利病，切獨其必可行也。然必推擇官吏，委任責成；度量步畝，算計精確；畫圖造帳，費從官給；隨産均税，特許過鄉通縣均紐，庶幾百里之內，輕重齊同。今欲每畝隨九等高下定計産錢，而合一州租税錢米之數，以産錢爲母，每文輸米幾何，錢幾何，止於一倉一庫受納。既輸之後，却視元額分隸爲省計，爲職田，爲學糧，爲常平，各撥入諸倉庫。版圖一定，則民業有經矣。但此法之行，貧民下户固所深喜，然不能自達其情；豪家猾吏實所不樂，皆善爲説辭，以惑羣聽；賢士大夫之喜安静、厭紛擾者，又或不深察而望風沮怯，此則不能無慮。」輔臣請行於漳州。明年春，詔漕臣陳公亮同熹協力奉行。會農事方興，熹益加講究，冀來歲行之。細民知其不擾而利於己，莫不鼓舞，而貴家豪右占田隱税，侵漁貧弱者，胥爲異論以摇之，前詔遂格。熹請祠去。五年，蠲廬州旱傷百姓貸稻種三萬二千一百石。

清・畢沅《續資治通鑑》卷一五二《宋紀一百五十二》（紹熙三年二月）丙寅，詔福建提點刑獄陳公亮、知漳州朱熹同措置漳、泉、汀三州經界。

熹初爲泉之同安簿，知閩中經界不行之害，至是訪問講求，纖悉備至。乃奏言：「經界爲民間莫大之利，紹興已推行處，公私兩利，獨漳、泉、汀未行。臣不敢先一身之勞逸而後一州之利病，竊獨任其必可行也。然必推擇官吏，度量步畝，算計精確，畫圖造帳，費從官給，隨産均税，特許過鄉通縣均租，庶幾百里之內，輕重齊同。今欲每畝隨九等高下定計産錢，而合一州租税錢米之數，以産錢爲母，每文輸米幾何，其於一倉一庫，受納既輸之後，卻是原額，分隸爲省計，爲職田，爲學糧，爲常平，各撥入諸倉庫。版圖一定，則民業有經矣。此法之行，貧民下户，固所深喜，然不能自達其情；豪家猾吏，皆所不樂，善爲説辭以惑群聽；賢士大夫之喜安静、厭紛擾者，又或不深察而望風沮怯，此則不能無慮。」帝詔監司條具其事，且令公亮與熹協力奉行。會農事亦興，熹益加講究，冀來歲行之。細民知其不擾而利於己，莫不鼓舞；而貴家豪右，占田隱税，侵漁貧弱者，胥爲異論以摇之，前詔遂格。熹請祠去。

宋・李心傳《建炎以來朝野雜記・甲集》卷五《朝事一・經界法》 經界法，李椿年仲永所建也。紹興十二年，仲永爲兩浙轉運副使，上疏言：「經界不正十害：一、侵耕失税；二、推割不行；三、衙前及坊場户虚供抵當；四、鄉司走弄税名；五、詭名寄産；六、兵火後税籍不信，争訟日起；七、倚閣不實；八、州縣隱賦多，公税俱困；九、豪猾户自陳税籍不實；十、逃田税偏重，故税不行。」十一月癸巳，疏奏。上納其言。仲永又言：「平江歲入，昔七十萬斛有奇，今實入才二十萬耳。詢之士人，其餘皆欺隱也。請攷按覈實，自平江始，然後推之天下。」因上《經界畫一》，其法：令民以所有田各置坫基簿，圖田之形狀及其畝目四至，土地所宜，永爲照應。即田不入簿者，雖有契據可執，並拘入官。諸縣各爲坫基簿三：一留縣，一送漕，一送州。凡漕臣若守、令交承，悉以相付。詔專委仲永措置，遂置局於平江。周敦義時守平江，見仲永言：「當均税，不當增税。」仲永不從。敦義遂坐事免。十三年六月，詔頒其法於天下，仲永亦遷户部侍郎。十五年，仲永以憂去，命王承可以户部侍郎代之。承可請員外郎開封李朝正同措置，又請令民十家爲甲自陳，不復圖畫打量，即有隱田，以給告者。正月辛未。承可罷，朝正權户部侍郎。十六年二月丙寅。十七年春，仲永免喪，復故官，專一措置經界。正月丁卯。仲永復以給甲自陳爲不便，請令州縣造圖，而遣官覈實，先成有賞，慢令有罰。十九年冬，經界畢，民多詣臺省訴其不均。曹庭堅筠時爲臺官，因奏仲永私結將帥，曲庇家鄉，請罷之，更選官覈實。十一月辛丑。初，朝廷既頒其法於諸道，其後有司畫圖供帳，分立土色，均認苗税，民始病其煩。仲永既遣官屬分往諸路，又遣覆視之，議者不以爲便。明年二月壬子，户部請委漕臣限一季結絶，悉罷先所遣官。三月戊戌，遂下詔曰：「昨李椿年乞行經界，初欲去民十害，遂從其請。今聞寖失本意，可令監司將乖繆害民者，日下改正。」時敕令所删定官開封鄭充經界川峽四路，頗峻責州縣，故蜀中增税亦多。又官田號「省莊」者，所租有米、穀、粟、麥、麻、豆、芋、栗、桑、菓、鴨卵之屬，凡十八種，皆令輸以錢，故民至今尤以爲患。時馮濟川檝爲瀘南安撫使，論於朝，於是瀘、叙、長寧獨免經界。仲永，蓋饒州浮梁人云。然諸路田税，由此始均。今州縣坫基簿半不存，黠吏豪民又有走務之患矣。

宋・李心傳《建炎以來朝野雜記・甲集》卷五《朝事一・福建經界》 自紹興經界後，久之，諸道經界圖籍多散佚，吏緣爲姦。淳熙八年閏三月癸巳，新知江陰軍王師古言於朝。詔漕臣督州縣補葺。八月戊辰，諫官葛楚輔言其擾民，乃止。初，紹興之經界也，漳、泉、汀三郡，以何白旗作過之後，朝廷恐其重擾，止不行。然漳、泉富饒，未見其病。惟汀在深山窮谷中，兵火之餘，舊籍無存者，豪民漏税，常賦十失五六，郡邑無以支吾，因有計口科鹽之事。一斤之鹽，至出數斤之直，論者患之。淳熙十四年四月，福建轉運判官王回代還入見，爲上言其病不專在鹽，請先行經界。上是其言。丙申，以回爲户部右曹郎官，往汀州措置。未至官，有武臣提刑言其不便，遂止之。其後，朱文公守漳州，亦以爲可行而迄不聽也。

元・脱脱等《宋史》卷一七三《食貨志上一・農田》 （嘉定八年，）知婺州趙懋夫行經界於其州，整有倫緒，而懋夫報罷。士民相率請于朝，乃命趙師嵒繼之。後二年，魏豹文代師嵒爲守，行之益力。於是向之上户析爲貧下之户，實田隱爲逃絶之田者，粲然可考。凡結甲册、户産簿、丁口簿、魚鱗圖、類姓簿二十三萬九千有奇，創庫匱以藏之，歷三年而後上其事于朝。

《元典章・户部卷之五》 至大三年八月，江西行省准尚書省咨：

禮部呈：「奉省判，滁州知州李介呈：『切見江淮之間，兵革之時，人民流離，抛下田土屋宇，俱爲他人所有。或元是同莊鄰里親戚故舊，更相占據。平定之後，有未復業者，或狂妄之徒，誣言之曰某家子孫、某家親戚，執把亡宋舊契，或典或當文憑，難辯真僞，虚捏已死某人知見，裝飾虚詞，赴州縣陳告。所在官司，不分可否，輒便受理，遷延數年，不能杜絶。無理之人，自忖其非，故將交争未定田土屋宇，妄行捨施寺觀。其受施之主，不問是非，便行寫立文字。又不問鄰里親戚，亦不交割條段四至，强行使人耕種。或有莊窠房屋，便行懸挂佛像，安置萬歲牌位，致使有理之家不敢起移，因此詞訟尤興。以卑職所見，今後似此互争之人，必待結絶。或有自願出捨之家，須赴有司具四至條段陳告，以憑村保鄰舍親戚人等保勘，别無違礙，出給公據，明白推收税石，方許捨施。如違，其田籍没，犯人斷罪。如此則免争訟之端。具呈照詳。』送禮部護擬施行。本部參詳，李介所言：『諸人捨施田土，以致詞訟不絶，紊煩官府。今後若有諸人獻施田土，須於有司告給公據，委無違礙，方許獻施。違者田土籍没，犯人斷罪。』其言允切。如准所言，遍行照會相應。具呈照詳。」都省准呈，咨請依上施行。

明・宋濂等《元史》卷九三《食貨志一》 經界廢而後有經理，魯之履畝，漢之覈田，皆其制也。夫民之强者田多而税少，弱者産去而税存，非經理固無以去其害；然經理之制，苟有不善，則其害又將有甚焉者矣。

仁宗延祐元年，平章章閭言：「經理大事，世祖已嘗行之，但其間欺隱尚多，未能盡實。以熟田爲荒地者有之，懼差而析户者有之，富民買貧民田而仍其舊名輸税者亦有之。由是歲入不增，小民告病。若行經理之法，俾有田之家，及各位下、寺觀、學校、財賦等田，一切從實自首，庶幾税入無隱，差徭亦均。」於是遣官經理。以章閭等往江浙，尚書你咱馬丁等往江西，左丞陳士英等往河南，仍命行御史臺分台鎮遏，樞密院以軍防護焉。

其法先期揭榜示民，限四十日，以其家所有田，自實于官。或以熟爲荒，以田爲蕩，或隱占逃亡之産，或盜官田爲民田，指民田爲官田，及僧道以田作弊者，並許諸人首告。十畝以下，其田主及管幹佃户皆杖七十七。二十畝以下，加一等。一百畝以下，一百七；以上，流竄北邊，所隱田没官。郡縣正官不爲查勘，致有脱漏者，量事論罪，重者除名。此其大略也。

然期限猝迫，貪刻用事，富民黠吏，並緣爲姦，以無爲有，虚具于籍者，往往有之。於是人不聊生，盜賊並起，其弊反有甚於前者。仁宗知之，明年，遂下詔免三省自實田租。二年，時汴梁路總管塔海亦言其弊，於是命河南自實田，自延祐五年爲始，每畝止科其半，汴梁路凡減二十二萬餘石。至泰定、天曆之初，又盡革虚增之數，民始獲安。今取其數之可考者，列于後云：

河南省，總計官民荒熟田一百一十八萬七百六十九頃。

江西省，總計官民荒熟田四十七萬石四千六百九十三頃。

江浙省，總計官民荒熟田九十九萬五千八十一頃。

清・張廷玉等《明史》卷七七《食貨志》 元季喪亂，版籍多亡，田賦無准。明太祖即帝位，遣周鑄等百六十四人覈浙西田畝，定其賦税。覆命户部核實天下田土。而兩浙富民畏避徭役，大率以田産寄他户，謂之鐵脚詭寄。洪武二十年命國子生武淳等分行州縣，隨糧定區，區設糧長四人，量度田畝方圓，次以字型大小，悉書主名及田之丈尺，編類爲號，狀如魚鱗，號曰魚鱗圖册。

清・嵇璜《續文獻通考》卷二《田賦考》 帝既定天下，覈實天下土田，而兩浙富民畏避徭役，大率以田産寄他户，謂之貼脚詭寄。是年命國子生武淳等分行州縣，隨糧定區，區設糧長，量度田畝方圓，次以字號，悉書主名及田之丈尺，編類爲册，狀如魚鱗，號曰魚鱗圖册。先是詔天下編黄册，以户爲主，詳具舊管、新收、開除、實在之數爲四柱式，而魚鱗圖册以土田爲主，諸原坂、墳衍、下濕、沃瘠、沙鹵之别畢具，魚鱗册爲經，土田之訟質焉。黄册爲緯，賦役之法定焉。

明・姚廣孝等《明實録・太祖》卷二九 洪武元年春正月甲申，詔遣周鑄等一百六十四人往浙西核實田畝。謂中書省臣曰：兵革之餘，郡縣版籍多亡，田賦之制不能無增損，徵斂失中，則百姓諮怨，今欲經理以清其源，無使過制以病吾民。夫善政在於養民，養民在於寬賦，今遣周鑄等往諸府縣核實田畝，定賦税，此外無令有所妄擾。復諭鑄等曰：爾經理第以實聞，無踵襲前弊，妄有增損，曲狥私情，以病吾民，否則，國有常憲，各賜衣帽遣之。

明・姚廣孝等《明實録・太祖》卷一八〇 洪武二十年二月戊子，浙江布政使司及直隸蘇州等府县進魚鱗圖册。先是，上命户部核實天下土田，而兩浙富民畏避徭役，往往以田产詭託親鄰佃僕，謂之「鐵脚詭寄」。久之相習成風，鄉里欺州縣，州縣欺府，殲弊百出，謂之「通天詭寄」。於是富者愈富，貧者愈貧。上聞之，遣國子生武淳等往各處，随其税糧多寡，定爲幾區，每區設糧長四人，使集里甲耆民，躬履田畝以量度之，圖其田之方圓，次其字號，悉書主名及田之丈尺四至，編類爲册，其法甚備。以圖所繪，狀若魚鱗，故號魚鱗圖册。

明・鄭真《滎陽外史集》卷二八 明年國號大明，改元洪武。浙江省守臣欽承旨意，檄命新具圖籍。明郡長貳承奉恐後，【略】遂命六縣之民，凡山田疆里之宜，某税某糧之數，悉登載之。且擇邑從事之賢者，令昌國縣典史馬君程督之。君守之以正，持之以公。【略】其徵科舊額，間有輕重失宜爲民病者，悉厘正之。於是大編巨帙，明分類别。

清・張廷玉等《明史》卷七八《食貨志二・賦役》 時嘉興知府趙瀛建議：「田不分官民，税不分等則，一切以三斗起徵。」鏗乃與蘇州知府王儀盡括官、民田裒益之，履畝清丈，定爲等則。所造經賦册，以八事定税糧：曰元額稽始，曰事故除虚，曰分項别異，曰歸總正實，曰坐派起運，曰運餘撥存，曰存餘考積，曰徵一定額。

清・張廷玉等《明史》卷一九四《梁材傳》 侍郎王軏清勳戚莊田，言宜量等級爲限。材奏：「成周班禄有土田，禄由田出，非常禄外復有土田。今勳戚禄已逾分，而陳乞動千萬，請申禁之。自特賜外，量存三之一以供祀事。」帝命並清已賜者，額外侵據悉還之民，勢豪家乃不敢妄請乞。畿輔屯田，御史督理，正統間易以僉事，權輕，屯政日弛，材請仍用御史。御史郭弘化言天下土田視國初減半，宜通行清丈。材恐紛擾，請但敕所司清厘，籍難稽者始履畝而丈。帝悉可之。

清・張廷玉等《明史》卷二二二《張學顏傳》 時張居正當國，以學顏精心計，深倚任之。學顏撰會計録以勾稽出納。又奏列清丈條例，厘兩京、山東、陝西勳戚莊田，清溢額、脱漏、詭借諸弊。

清・張廷玉等《明史》卷二二六《海瑞傳》 瑞生平爲學，以剛爲主，因自號剛峰，天下稱剛峰先生。嘗言：「欲天下治安，必行井田。不得已而限田，又不得已而均税，尚可存古人遺意。」故自爲縣令以至巡撫，所至力行清丈，頒一條鞭法。意主於利民，而行事不能無偏云。

明・姚廣孝等《明實録・世宗》卷一一九 嘉靖九年十一月，御史郭弘化奏，天下田土視國初舊額減半，乞通行清丈及查核户口，以杜包賠、兼併之弊。因條清查丈量十四事，詔下户部會官詳議。尚書梁材等言，欲遍量天下土田，恐致驚擾。若官得其人，而查理有方，則不必丈量，而弊源可究。【略】與律令及部例合可行，仍令撫按督管册官厘革諸弊政，其積弊而册籍難稽者，斟酌間行丈量，經界既明，緣此會筭丁糧，均審里甲糧差，永爲遵守，諸飛詭爲奸利者，許自首免罪。奏上，詔清理事依擬行，其餘已之，免致紛擾。

明・姚廣孝等《明實録・穆宗》卷四五 隆慶四年五月。【略】至於清丈一事，已經總督王崇古建白，稍有異同。蓋屯民占牧地，每愬之撫按；牧軍占民屯，每愬之茶馬。及其行勘，則守巡苑寺官又每以私心逆料批詞者之意，各自偏護，以故軍民兩不能平。

明・姚廣孝等《明實録・穆宗》卷七〇 隆慶六年五月，復廣西全州灌陽縣編户。國初，灌陽編户十四里，以傜寇殘破，居民流徙，田多荒蕪，僅存八里。又調他衛軍屯田，許自占田，墾種田租歸軍衛者十六七。民籍日減，存者僅六里。至是撫臣郭應聘以古田賦平，清丈田畝，請以軍餘承種民田者，時入有司，以復十四里之額。從之。

明・姚廣孝等《明實録・神宗》卷八一 萬曆六年十一月，以福建田糧不均偏累小民命撫按著實清丈明白，具奏從部議也。

《（萬曆）福州府志》卷七《户賦》 萬曆七年正月，丈量官民田畝，【略】履畝丈量，均匀攤補，其畝視田高下爲差，其則以縣原額爲定，截長補短，彼此適均。

《（萬曆）福寧縣誌》卷四《田賦》 萬曆七年，朝廷以浮糧累民令丈田。福安原無浮糧，獨免丈，而州以寧德浮糧不等，悉將官民田地清丈，補足原額，而以官米匀攤通州，【略】今田地依丈量新額賦税【略】刊刻書册。

明・姚廣孝等《明實録・神宗》卷一〇四 萬曆八年九月戊辰朔，福建清丈田糧事竣，撫臣勞堪以聞。部覆，謂宜刊定成書並造入黄册，使奸豪者不得變亂。上可其奏。

明・姚廣孝等《明實録・神宗》卷一〇六 萬曆八年十一月丁卯朔，户部奉旨令各省直清丈田糧，條爲八款以請：一、明清丈之例。謂額失者丈，全者免。一、議應委之官。以各右布政使總領之。分守、兵備分領之，府州縣官則專管本境。一、復坐派之額。謂田有官民屯數等，糧有上中下數，則宜逐一查勘，使不得詭混。一、復本徵之糧，如民種屯地者，即納屯糧，軍種民地者，即納民糧。一、嚴欺隱之律。有自首歷年詭占及開墾未報者兑罪，首報不實者連坐，豪右隱占者發遣重處。一、定清丈之期。一、行丈量磨算之法。一、處紙劄供應之費。上依其議，令各撫按官悉心查核，著實舉行，毋得苟且了事及滋勞擾。

明・姚廣孝等《明實録・神宗》卷一一六 萬曆九年九月壬戌朔，山東撫按何起鳴、陳功奏，奉旨清丈通省軍民屯糧地，民地原額七十六萬三千八百五十八頃，丈出地三十六萬三千四百八十七頃零。屯地原額三萬六千九百一十五頃，丈出地二千二百六十八頃，糧悉照舊。往日荒地包賠者以餘地均減。先是丈地均糧，屢奉明旨，有司通不遵行，惟山東首先完報，又調停疲累，區畫周詳，上深嘉之，並司道官楊一魁等都著吏部紀録。

明・姚廣孝等《明實録・神宗》卷一一九 萬曆九年十二月辛卯朔，乙未，以清丈田畝怠緩，松江知府閻邦寧、池州知府郭四維、安慶知府葉夢熊、徽州掌印同知李好問各住俸戴罪管事。【略】己亥，丈江西六十六州縣官民塘池，原額外丈出地六萬一千四百五十九頃五十四畝，免另行升科，即將抵補該省節年小民包賠虚糧。又查出南豐縣召佃租田四萬七千三百石，武寧縣未賣没官田三百七十一畝，通行認價，得銀三萬六千四百九十兩。

清・顧炎武《天下郡國利病書》原編第七册《常鎮》 萬曆十年奉旨通縣丈量，舊制丈量之法有魚鱗圖，每縣以四境爲界，鄉都如之，田地以圻相挨，如魚鱗之相比，或官或民，或高或圩，或肥或瘠，或山或蕩，逐圖細注，而業主之姓名隨之，年月買賣，則年有開注。

明・姚廣孝等《明實録・神宗》卷一二〇 萬曆十年正月庚甲朔，南京兵部尚書潘季馴題議五事。【略】一、清丈量，以息争端。江浦縣水夫營基鋪地，太平府青峰等處草場行屯田，御史同本部另册清丈。【略】

保定巡撫辛自修奏清丈過所屬田土，共增出地一萬七千五百八十餘頃，增子粒銀四千二百六十餘兩，民糧一萬三千六百餘石，及稱曲陽、阜平二縣地土墝埆可耕者未半，而糧馬差傜反重於他方。任丘縣水患相仍，瀕河千有餘頃，而歲入銀兩取盈舊額。邢臺、沙河二縣水沖河壓，多至失額，請將四縣起運錢糧，於每年分派之時，坐以輕價倉口，其存留者止派正支，任丘縣瀕河，糧額遇水均攤，各承委官參政曹子登紀録，知縣余啓元等分别降處。户部覆請允行。

明・姚廣孝等《明實録・神宗》卷一二一 萬曆十年二月庚寅朔，江西巡撫王宗載題清丈過南昌等十衛所屯田，共增新額三百九頃及盡豁節年失額沙塞正餘米一千四百四十餘石，部覆從之。

輔臣張居正等題，竊聞致理之要在於安民，安民之道在察其疾苦。年來，聖明軫念元元，特下明詔清丈田糧，查革冒免，海内訢訢，如獲更生。

明・姚廣孝等《明實録・神宗》卷一二五　萬曆十年六月丁亥朔，屯田御史王國題清丈過北直隸各州縣軍衛關營共二百七十處，應豁虚增地一千一百四十頃六十七畝有奇，浮糧六百五十石有奇，浮銀三千七百四十二兩有奇，另起科地九千六百七十三頃九十七畝有奇，增銀五千四百七十八兩有奇，增糧三百三十四石有奇，達官故絶另科備邊地四百四十三頃七十四畝有奇，徵銀八百一十三兩有奇。定州故絶達軍地四十七頃二十九畝零，徵銀四十九兩零。德州故絶達官地四頃五十三畝，徵銀四兩零。及本部駁查出三河縣原額地三十三畝，實坻縣原額地三頃，改正入額，以丈出餘地通融起科，堪補豁除前項虚地浮糧、浮銀及將參政曹子登等，豐潤縣知縣唐思周等，各分别優録罰治。部覆是之。

明・姚廣孝等《明實録・神宗》卷一二六　萬曆十年七月丙辰朔，宣府巡撫蕭大亨題，清丈過該鎮額地六萬三千一百頃三十六畝零，均派糧一十九萬四千九百一十八石零，比舊額多三分之一。其保安、延慶、永寧丈出餘地一千四百六十七頃四十一畝零。【略】

應天巡撫孫光祐題，清丈過江南十一府州縣田地山塘四十五萬一千五百八十頃五十餘畝，補足失額者一萬二千一十餘頃，多餘均攤者九千五百四十餘頃，在各衛田地九千八百九十九頃九十餘畝，補足失額者三百二十餘頃，多餘均攤者一千八百六十餘頃。舉節年加損挪移、紊亂舊科者一歸原額，使徵派均平，小民無累。及將府丞等官曹大野等紀録，知府閻邦寧等分别罰治。户部覆如其議。

癸亥，貴州巡撫王緝題，該省應丈民田三十二萬八千五百二十九畝，屯田三十三萬五千九百六十四畝，科田八萬八千二十六畝。節年失額民田四千二百三十畝，屯田四萬七千五十一畝，科田五百一十二畝。今次丈出隱占等項各除抵補外，尚有餘剩民田一十四萬二千三百一十四畝，屯田一萬七千一百八十一畝。遵議不得增糧，應於額田通融攤派。至於普安、永寧、赤水、畢節、烏撒五衛被夷占去屯田，計其丈出之數不足抵補，就於丈出五衛新墾科田七千二百七十七畝内攤糧撥補足額，尚有貴前龍里等衛餘剩科田一千九百二十五畝，查係軍舍新墾，在不屯田數内，該起糧一百三石零，又清丈出貴州前衛故絶地三十六畝有奇，該起糧七石零。其普安州夏税地清丈止有二千三百二十七畝，而黄册以畝作頃，明係差訛，相應改正其先誤增前衛屯軍。

户部覆廣西巡按郭應聘題，清丈過該省田糧除補足國初原額外，多餘官民田七百六十八頃八十七畝零，該糧三千八百九十八石零。【略】

浙江巡撫張佳胤題，清丈過所屬各府州縣各衛所田地山場等項，除補足原額外，屬民者多餘田地一萬六千一百一十二頃一十餘畝，基地二萬九千七百五十餘間，税糧五萬七千二百七十餘石，租絲一十三萬九千二百五十餘兩，鈔一千四百一十餘錠。屬軍者多餘地田三十四頃五畝有奇，税糧五百六十餘石。即以多出税糧均派軍民額徵數内通融減派，將各官民田土因地定則，因則徵糧，各將各廢寺、湖田、官地、荒地等項清查變價，共銀九千六百七十兩有奇充餉。自此豪滑侵隱可以盡革，閭閻賠累可以盡蘇，其奉行各官如左布政使劉漢儒等應紀録擢用，通判陳瑚等分别斥降。部覆從之。

先是晉府與寧化王府爭田，各具奏，山西撫按辛應乾、劉士忠爲之逐一清丈，其晉府莊田坐落太原等處，實在地七千二百三頃五十畝有奇，寧化府坐落聶營等屯，實在五百七十五頃五十二畝有奇，其古城、大陵二屯原係寧化王敕賜祖産，仍令永久管業。部爲覆請，上然之。

明・姚廣孝等《明實録・神宗》卷一二七　萬曆十年八月丙戌朔，鳳陽撫按淩雲翼、姚士觀題，江北境内鳳陽一府清丈出隱田一萬八千二百九十餘頃，除補失額外，剩一萬一千二十餘頃。淮陽徐二府一州清丈出隱田一萬二千二百四十餘頃，除抵補外，尚有沙壓水灘並水深難量地四萬九千四百八十餘頃。鳳陽淮安等衛所清丈出屯地七百一十三頃二十餘畝，除抵補外，尚有水灘沙壓地三百六十八頃八十餘畝。揚州等衛清丈出地五百七十六頃七十三畝，除抵補外，剩五百五十九頃九十餘畝。遵例通融攤派，年來疊遭災傷，有派無徵，所欠民屯糧除係漕糧者全徵外，其鳳陽等府倉糧十萬五千一百三十餘石，將本地商税權抵暫擬停徵，各衛所拋荒灘壓地欠糧二萬七千四百一十餘石，撥給衛所見在食糧軍士，抵糧一月，聽從佃種，漸次開墾，以寬民力。及將參政舒大猷等敘録，通判郭紹等分别罰治。部覆從之。

明・姚廣孝等《明實録・神宗》卷一二八　萬曆十年九月丙辰朔，户部覆河南巡撫褚鈇題，清丈過所屬府州縣官民地九十四萬九千四百九十三頃七十四畝有奇，除補足原額外，多餘地八千九十三頃一十七畝有奇，通融均攤輕減。又額外清丈過廢絶徽、汝二府並南陵王府還官及官塘陂堰，新增人户民種軍屯等地共九千一百一十四頃三十三畝有奇，共徵銀二萬一千八百九十四兩零。俱解司府庫湊補各王府禄糧並各衛所官軍月糧等項支用。各衛所屯地四萬六千九頃五十九畝有奇，屯糧二十四萬五百三十七石零。新增屯地一萬四千九百三十五頃二十五畝有奇，新增屯糧六萬四千八百一十一石零，除補足原額外，多餘地四千一百三十三頃四十一畝有奇，各衛通融輕減。又清查過南陽、唐鄧各衛所開墾屯餘地三萬二千一百八十一頃七十餘畝，每年徵銀二萬一千二百四十餘兩，應作唐府公費。

明・姚廣孝等《明實録・神宗》卷一二九　萬曆十年十月乙酉朔，延綏巡撫王汝梅題清丈過榆林、綏德、延安三衛，原額屯地三萬九千七百五十三頃四十三畝，原額屯糧六萬七千七百三十三石有奇。節年失額並沙灘水壓甚多，今次清丈除補足原額外，尚多拋荒屯地三十頃四十三畝，徵糧七十一石有奇，以備正額。召墾不盡之數，地多糧少，地肥糧輕，與有地無糧者悉釐正，有糧無地，糧重地輕者，悉開除。及將副使文作等紀録，指揮紀綱等分别降問，户部覆請，詔曰可。

明・姚廣孝等《明實録・神宗》卷一三一　萬曆十年十二月乙酉朔，户部覆兩廣總督陳瑞題清丈過所屬官民田地山塘共三十二萬九千六百頃三十畝零，除補足原額二十五萬九千五百五頃七十二畝零，尚餘七萬九十四頃五十八畝零。都司所屬屯田地塘共七千九百六十九頃四十八畝零，除補足原額六千八百五十一頃四十二畝零，尚餘一千一百一十八頃六畝零。其節年失額停徵水沖少壓等項，官民田地二萬四千五百四十六頃七十三畝零，屯地六百八十九頃三十四畝零，通融攤派，炤則減徵，及將左布政李江等紀録擢用，知縣王棨等罷斥。從之。

陝西巡撫蕭廩題清丈過全陝官地共一千二百八十頃四十七畝零，比原額少一頃二十七畝零。民地五十萬二千二百九十九頃二十五畝零，除足額外多地三萬九百八十八頃二十三畝零。應通融減派，均攤足額。其鄜州等二十七州縣，仍少額拋荒民地一萬九千五百三十八頃六十六畝零，固原鎮東河等衛所少額屯地一千五十頃八十七畝零，並前少額官地俱係先年虚增拋荒之數，應與除豁。及將左布政孫坤等紀録擢用，華州知州王舋等分别罰治，部覆如議行。

明・姚廣孝等《明實録・神宗》卷一三六　萬曆十一年四月壬子朔，南京河南道御史方萬山條陳四事：一、清丈田地，增税殃民。南京後湖圖册按形編號，因地起賦，今並其字號，畝步盡更易之，圖籍幾廢。

明・姚廣孝等《明實録・神宗》卷一七〇　萬曆十四年正月丙申朔，户部覆山東巡撫都御史李輔題稱：德府原討白雲湖周圍五十四里六十步，計田一千三百二十頃三十一畝零。原未履畝清丈，四至參錯不齊。萬曆五年曾經前撫按因宋登仕等訐告，行府丈勘，裁出餘地七十一里，計田七十頃四畝有零，應還曆章二縣，延久未結。至萬曆九年奉例清丈，仍將前地裁出斷歸二縣，致德王復行具奏。今經司道會委多官丈勘明白，合將丈餘民田七十頃四畝零，内以三十五頃二畝一分零給與德府管業，餘地三十五頃二畝零仍歸曆章二縣，炤舊給民承種，辦納錢糧，丈田書册改正的數，庶上下妥便，經久可行。上曰：湖地既清文明白，准炤數分給管業承種，不許紛争瀆擾。

明・姚廣孝等《明實録・神宗》卷二〇七　萬曆十七年正月己酉朔，南京御史王藩臣言丈田軍糧原係惠民實政，乃虚文塞責，合行撫按諮訪，果有文書報結而覆丈不完，覆入雖完而糧則不完，與夫委官丈勘，以致奸弊叢生者提究。得旨，近因清丈田地增弊擾民，還立限督催，不許延緩。

明・姚廣孝等《明實録・神宗》卷二三九　萬曆十九年八月癸巳朔，工部尚書曾同亨題南工部尚書衷貞吉條議五事。【略】一、池州府東流等縣沿江蘆洲告稱清丈頻數，科索苦累，以後定爲十年清丈一次，其有新漲坍塌，親詣丈明，申部增補、開除，通候大丈之期，一併造册奏繳。從之。

明・姚廣孝等《明實録・神宗》卷二七五　萬曆二十二年七月丁丑朔，庚子，甘肅巡按方元彦奏請屯兵管糧等官分理開墾，以資積貯。又請將西寧洮河三處增發淮浙鹽引數萬接濟兵餉。部覆，【略】兩河開墾，在甘肅五郡，責之屯兵官，臨鞏二府，責之管糧官，或另委廉明職官，除甘肅商臺等處清丈外，其餘逐一踏勘，中間成熟科田，照舊耕種，不必紛擾，如有可開荒土，備載頃畝地界，榜諭軍民，願耕者給照開墾，授爲世業。額外荒土永不起科，額内者亦俟十年之後。

明・姚廣孝等《明實録・神宗》卷三五六　萬曆二十九年二月庚午朔，户部覆陝西巡按畢三才條議茶馬五事：【略】一、清額地以贍芻牧。欲查弘治年間都御史楊一清丈出荒田一千二萬八千餘頃，撥給七監見在馬。議行。

明・姚廣孝等《明實録・神宗》卷五二〇　萬曆四十二年五月壬子朔，辛巳，南京户部尚書衛承芳疏言，現福王奏討南直隸自江都至太平，沿江兩岸新漲蘆田租税自行徵收，奉旨查明給與，臣惟蘆税按畝起科，且又以大江南北之分，作蘆洲肥瘠之辨，徵派有定例，督理有專官，匝歲以錢糧完欠，分所司之舉劾。五年以清丈損益定各屬之殿最。萬曆二十七年查出丹徒、丹陽、崇明、武進、江都、通州、如皋、泰興等處田灘二萬六千七十畝，名曰皇莊，責令佃户陳錢等納價銀三萬七千五百七十兩，又每歲徵收租銀四千五百四十餘兩，而上江地方如上元、江寧、句容、江浦、六合、青陽、懷寧、桐城、宿松、望江等縣，無爲、和州等州，新經五年清丈，比之蘆課舊額多銀三千三百餘兩，歸併於揚鎮等處四千五百四十餘兩之内，名爲皇莊銀兩，免其重丈，此皇莊子粒之名所由起也，總計上下江歲徵銀七千三百兩有奇。【略】一經福府管業而定無常之洲灘爲圖册中之寔數，滄桑幾變之洲，必難按籍而課，王府徵收之役必至侵漁而擾，竊恐管業之初憂在無課，管業之後又憂在無民矣，且揚鎮等處之佃户納過佃價三萬七千餘兩，則江滸雖無可據之恒産，而江民久有承佃之定額，據額求洲，據洲納租，民已視納價之額地爲已業矣，一旦改爲王莊，是清丈隱占之日，有洲有租，而因以有價交册。管業之日有租有價，而頓令無洲哀哉！窮民有不舉手蹙額者乎？仰祈皇上特諭内守備官將前項子粒銀兩炤舊解進，而仍以查勘催徵屬之。臣部司官及各地方有司等官，則福府之令德令名輝映後先矣。不報。

明・姚廣孝等《明實録・神宗》卷五二五　萬曆四十二年十月庚辰朔，戊子，户科給事中姚宗文等言贍田掺括甚難，隱田清丈宜亟。據河南撫臣梁祖齡報稱，原撥福府莊田中有零蕪地二千四百四十頃五畝九分零，今俱更换良田，或變價另買，或找價貼换，或本府州縣無可换，派之通省，實共膏腴之田一萬一千二十八頃有奇。至於贍田不足派，及湖廣四千四百八十五頃五十畝零。【略】如楚府撥出原補淤田、元祐宫香燈田、雍府遺基，廣元光澤王府退出田地，零星湊合不過五百三十六頃十一畝零耳。唯承天備監田地，按臣疏請丈量，即除額數新增實在一萬四千二百四十頃五十四畝外，其餘湊補福王贍田，不過用丈量之所餘者十之二三，而充然有餘矣。

明・姚廣孝等《明實録・太祖》卷一八〇　洪武二十年春正月壬子朔，浙江布政使司及直隸蘇州等府縣進魚鱗圖册。先是，上命户部核實天下田土，而兩浙富民畏避徭役，往往以田産詭托親鄰佃僕，謂之鐵脚詭寄，久之相習成風。鄉里欺州縣，州縣欺府，奸弊百出，謂之通天詭寄。於是富者愈富，而貧者愈貧。上聞之，遣國子生武淳等往各處，隨其税糧多寡，定爲幾區，每區設糧長四人，使集里甲耆民躬履田畝，以量度之，圖其田之方圓，次其字號，悉書主名及田之丈尺四至，編類爲册。其法甚備，以圖所繪，狀若魚鱗，然故號魚鱗圖册。

明・姚廣孝等《明實録・明英宗》卷一九九　景泰元年十二月辛未朔，巡按浙江監察御史黄英言三事。【略】一、各布政司田土，自洪武初差監生分區丈量，造魚鱗圖本，府州縣里各存一本，今世遠無存，明年例該重造黄册，請仍舉洪武丈量圖本之法，庶田糧得清，小民不困。事下，户部覆奏，詔没官田地起科納糧已定，不必更改，添設衙門，並丈量田土，命鎮守副都御史軒輗會官體勘以聞。

清・張廷玉等《明史》卷七七《食貨志一》　元季喪亂，版籍多亡，田賦無准。明太祖即帝位，遣周鑄等百六十四人，核浙西田畝，定其賦税。覆命户部核實天下土田，而兩浙富民畏避徭役，大率以田産寄他户，謂之鐵脚詭寄。洪武二十年，命國子生武淳等分行州縣，隨糧定區。區設糧長四人，量度田畝方圓，次以字號，悉書主名及田之丈尺，編類爲册，狀如魚鱗，號曰魚鱗圖册。先是，詔天下編黄册，以户爲主，詳具舊管、新收、開除、實在之數爲四柱式。而魚鱗圖册以土田爲主，諸原阪、墳衍、下隰、沃瘠、沙鹵之别畢具。魚鱗册爲經，土田之訟質焉。黄册爲緯，賦役之法定焉。凡質賣田土，備書税糧科則，官爲籍記之，毋令産去税存以爲民害。又以中原田多蕪，命省臣議，計民授田。設司農司，開治河南，掌其事。臨濠之田，驗其丁力，計畝給之，毋許兼併。北方近城地多不治，召民耕，人給十五畝，蔬地二畝，免租三年。每歲中書省奏天下墾田數，少者畝以千計，多者至二十餘萬。官給牛及農具者，乃收其税，額外墾荒者永不起科。二十六年，核天下土田，總八百五十萬七千六百二十三頃，益駸駸無棄土矣。

又　自正統後，屯政稍弛，而屯糧猶存三之二。其後，屯田多爲内監、軍官占奪，法盡壞。憲宗之世頗議釐復，而視舊所入不能什一矣。弘治間，屯糧愈輕，有畝止三升者。沿及正德，遼東屯田較永樂間田贏萬八千餘頃，而糧乃縮四萬六千餘石。初，永樂時，屯田米常溢三之一，常操軍十九萬，以屯軍四萬供之，而受供者又得自耕。邊外軍無月糧，以是邊餉恒足。及是，屯軍多逃死，常操軍止八萬，皆仰給於倉。而邊外數擾，棄不耕。劉瑾擅政，遣官分出丈田責逋。希瑾意者，僞增田數，搜括慘毒，户部侍郎韓福尤急刻，遼卒不堪，脅衆爲亂，撫之乃定。

清・張廷玉等《明史》卷七八《食貨志二》　顧鼎臣條上錢糧積弊四事。一曰察理田糧舊額。請責州縣官，於農隙時，令里甲等仿洪武、正統間魚鱗、風旗之式，編造圖册，細列元額田糧、字圩、則號、條段、坍荒、成熟步口數目，官爲覆勘，分別界址，履畝檢踏丈量，具開墾、改正、豁除之數，刊刻成書，收貯官庫，給散里中，永爲稽考。仍斟酌先年巡撫周忱、王恕簡便可行事例，立爲定規，取每歲實徵、起運、存留、加耗、本色、折色並處補、暫徵、帶徵、停徵等件數目，會計已定，張榜曉諭，庶吏胥不得售其奸欺，而小民免賠累科擾之患。

明·王守仁《王陽明全集》卷一七《公移二》 正德十五年正月，清理永新田糧。據參議周文光呈，看得江西田糧之弊，極於永新，相傳已非一日，今欲清理丈量，實亦救時切務，但恐奉行不至，未免反滋弊端，依議定委通判談儲，推官陳相，指揮高睿，會同該縣知縣翁璣設法丈量。該道仍要再加區畫，曲盡物情，務仰各官秉公任事，正己格物，殫知竭慮，剷弊除奸，必能一勞永逸，方可發謀舉事。如其虛文塞責，莫若熟思審處，以俟能者。事完之日，悉照該道會議造册，永遵守施行。

明·王守仁《王陽明全集》卷三〇《續編五》 據僉事吳天挺呈稱：遵奉軍門方略，剿平牛腸、六寺、磨刀等賊，所有賊田，合行情查，免致紛争。宜選委府衛賢能官親查。【略】明立界至，給還原主耕種。係賊開懇者，丈量頃畝，均給各里。

工程測繪

《尚書·盤庚》 盤庚既遷，奠厥攸居，乃正厥位。

《詩經·大雅·公劉》 篤公劉，匪居匪康。迺埸迺疆，迺積迺倉。迺裹餱糧，于橐于囊。思輯用光，弓矢斯張。干戈戚揚，爰方啓行。

篤公劉，于胥斯原。既庶既繁，既順迺宣，而無永歎。陟則在巘，復降在原。何以舟之？維玉及瑤，鞞琫容刀。

篤公劉，逝彼百泉。瞻彼溥原，迺陟南岡，迺覯于京。京師之野，于時處處，于時廬旅，于時言言，于時語語。

篤公劉，於京斯依。蹌蹌濟濟，俾筵俾几。既登乃依，乃造其曹。執豕于牢，酌之用匏。食之飲之，君之宗之。

篤公劉，既溥既長。既景迺岡，相其陰陽，觀其流泉。其軍三單，度其隰原，徹田爲糧。度其夕陽，豳居允荒。

篤公劉，于豳斯館。涉渭爲亂，取厲取鍛。止基迺理，爰衆爰有。夾其皇澗，溯其過澗。止旅乃密，芮鞫之即。

《詩經·大雅·緜》 緜緜瓜瓞。民之初生，自土沮漆。古公亶父，陶復陶穴，未有家室。

古公亶父，來朝走馬。率西水滸，至於岐下。爰及姜女，聿來胥宇。

周原膴膴，堇荼如飴。爰始爰謀，爰契我龜，曰止曰時，築室于茲。

迺慰迺止，迺左迺右，迺疆迺理，迺宣迺畝。自西徂東，周爰執事。

迺召司空，迺召司徒，俾立室家。其繩則直，縮版以載，作廟翼翼。

捄之陾陾，度之薨薨。築之登登，削屢馮馮。百堵皆興，鼛鼓弗勝。

迺立皋門，皋門有伉。迺立應門，應門將將。迺立冢土，戎醜攸行。

肆不殄厥愠，亦不隕厥問。柞棫拔矣，行道兑矣。混夷駾矣，維其喙矣！

虞芮質厥成，文王蹶厥生。予曰有疏附，予曰有先後。予曰有奔奏，予曰有禦侮！

《汲冢周書》卷五《作雒解》 及將致政，乃作大邑成周于土中。城方千七百二十丈，郛方七百里，南繫于洛水，地因于郟山，以爲天下之大湊。

《尚書·洛誥》 召公既相宅，周公往營成周，使來告卜，作《洛誥》。

周公拜手稽首曰：「朕復子明辟。王如弗敢及天基命定命，予乃胤保，大相東土，其基作民明辟。予惟乙卯，朝至于洛師。我卜河朔黎水，我乃卜澗水東、瀍水西，惟洛食。我又卜瀍水東，亦惟洛食。伻來以圖及獻卜。」

王拜手稽首曰：「公不敢不敬天之休，來相宅，其作周匹休。公既定宅，伻來，來視予卜休恒吉，我二人共貞。公其以予萬億年敬天之休。」

漢·司馬遷《史記》卷四《周世家》 王曰：「定天保，依天室，悉求夫惡，貶從殷王受。日夜勞來，定我西土，我維顯服，及德方明。自洛汭延于伊汭，居易毋固，其有夏之居。我南望三塗，北望岳鄙，顧詹有河，粤詹雒、伊，毋遠天室。」營周居於雒邑而後去。

又 成王在豐，使召公復營洛邑，如武王之意。周公復卜申視，卒營築，居九鼎焉。曰：「此天下之中，四方入貢道里均。」作《召誥》、《洛誥》。

漢·司馬遷《史記》卷三三《魯周公世家》 成王七年二月乙未，王朝步自周，至豐，使太保召公先之雒相土。其三月，周公往營成周雒邑，卜居焉，曰吉，遂國之。

《左傳·昭公三十二年》 （十一月）己丑，士彌牟營成周，計丈數，揣高卑，度厚薄，仞溝洫，物土方，議遠邇，量事期，計徒庸，慮材用，書餱糧，以令役於諸侯，屬役賦丈，書以授帥，而效諸劉子。韓簡子臨之，以爲成命。

晉・常璩《華陽國志・蜀志》 周滅後，秦孝文王以李冰爲蜀守。冰能知天文地理，謂汶山爲天彭門；乃至湔氐縣，見兩山對如闕，因號天彭闕。髣髴若見神，遂從水上立祀三所。祭用三牲，珪璧沈濆。漢興，數使使者祭之。

冰乃壅江作堋，穿郫江、撿江，別支流，雙過郡下，以行舟船。岷山多梓、柏、大竹，頹隨水流，坐致材木，功省用饒。又溉灌三郡，開稻田。於是蜀沃野千里，號爲陸海。旱則引水浸潤，雨則杜塞水門，故記曰：「水旱從人，不知饑饉」時無荒年，天下謂之「天府」也。外作石犀五頭以厭水精，穿石犀渠於南江，命曰犀牛里。後轉爲耕牛二頭，一在府市市橋門，今所謂石牛門是也。一在淵中。乃自湔堰上分穿羊、摩江灌江西。於玉女房下白沙、郵作三石人，立水中。與江神要：水竭不至足，盛不沒肩。

元・脱脱等《宋史》卷九五《河渠志五》 岷江水發源處古導江，今爲永康軍。《漢史》所謂秦蜀守李冰始鑿離堆，辟沫水之害，是也。【略】離堆之趾，舊鑱石爲水則，則盈一尺，至十而止。水及六則，流始足用，過則從侍郎堰減水河泄而歸於江。歲作侍郎堰，必以竹爲繩，自北引而南，準水則第四以爲高下之度。江道既分，水復湍暴，沙石填委，多成灘磧。歲暮水落，築堤壅水上流，春正月則役工浚治，謂之「穿淘」。

漢・班固《漢書》卷五一《賈山傳》 孝文時，言治亂之道，借秦爲諭，名曰《至言》。其辭曰：【略】爲馳道於天下，東窮燕齊，南極吳楚，江湖之上，瀕海之觀畢至。道廣五十步，三丈而樹，厚築其外，隱以金椎，樹以青松。爲馳道之麗至於此，使其後世曾不得邪徑而託足焉。

漢・班固《漢書》卷二九《溝洫志》 是時方事匈奴，興功利，言便宜者甚衆。齊人延年上書言：「河出昆侖，經中國，注勃海，是其地勢西北高而東南下也。可案圖書，觀地形，令水工準高下，開大河上領，出之胡中，東注之海。如此，關東長無水災，北邊不憂匈奴，可以省隄防備塞，士卒轉輸，胡寇侵盜，覆軍殺將，暴骨原野之患。天下常備匈奴而不憂百越者，以其水絶壤斷也。此功壹成，萬世大利。」書奏，上壯之，報曰：「延年計議甚深。然河乃大禹之所道也，聖人作事，爲萬世功，通於神明，恐難改更。」

漢・班固《漢書》卷二五下《郊祀志下》 初，天子封泰山，泰山東北址古時有明堂處，處險不敞。上欲治明堂奉高旁，未曉其制度。濟南人公玉帶上黃帝時明堂圖。明堂中有一殿，四面無壁，以茅蓋，通水，水圜宮垣，爲復道，上有樓，從西南入，名曰昆侖，天子從之入，以拜祀上帝焉。於是上令奉高作明堂汶上，如帶圖。及是歲修封，則祠泰一、五帝於明堂上坐，合高皇帝祠坐對之。祠後土于下房，以二十太牢。天子從昆侖道入，始拜明堂如郊禮。畢，尞堂下。而上又上泰山，自有秘祠其顛。而泰山下祠五帝，各如其方，黃帝并赤帝所，有司侍祠焉。山上舉火，下悉應之。還幸甘泉，郊泰畤。春幸汾陰，祠後土。

漢・班固《漢書》卷二九《溝洫志》 哀帝初，平當使領河隄，奏言「九河今皆寘滅，按經義治水，有決河深川，而無隄防雍塞之文。河從魏郡以東，北多溢決，水跡難以分明。四海之衆不可誣，宜博求能浚川疏河者。」下丞相孔光、大司空何武，奏請部刺史、三輔、三河、弘農太守舉吏民能者，莫有應書。待詔賈讓奏言：

治河有上中下策。【略】若乃多穿漕渠於冀州地，使民得以溉田，分殺水怒，雖非聖人法，然亦救敗術也。難者將曰：「河水高於平地，歲增隄防，猶尚決溢，不可以開渠。」臣竊按視遮害亭西十八里，至淇水口，乃有金隄，高一丈。自是東，地稍下，隄稍高，至遮害亭，高四五丈。往六七歲，河水大盛，增丈七尺，壞黎陽南郭門，入至隄下。水未踰隄二尺所，從隄上北望，河高出民屋，百姓皆走上山。水留十三日，隄潰，吏民塞之。臣循隄上，行視水勢，南七十餘里，至淇口，水適至隄半，計出地上五尺所。今可從淇口以東爲石隄，多張水門。初元中，遮害亭下河去隄足數十步，至今四十餘歲，適至隄足。由是言之，其地堅矣。恐議者疑河大川難禁制，滎陽漕渠足以卜之，其水門但用木與土耳，今據堅地作石隄，勢必完安。冀州渠首盡當卬此水門。治渠非穿地也，但爲東方一隄，北行三百餘里，入漳水中，其西因山足高地，諸渠皆往往股引取之；旱則開東方下水門溉冀州，水則開西方高門分河流。通渠有三利，不通有三害。民常罷於救水，半失作業；水行地上，湊潤上徹，民則病溼氣，木皆立枯，鹵不生穀；決溢有敗，爲魚鱉食：此三害也。若有渠溉，則鹽鹵下溼，填淤加肥；故種禾麥，更爲秔稻，高田五倍，下田十倍；轉漕舟船之便：此三利也。今瀕河隄吏卒郡數千人，伐買薪石之費歲數千萬，足以通渠成水門；又民利其溉灌，相率治渠，雖勞不罷。民田適治，河隄亦成，此誠富國安民，興利除害，支數百歲，故謂之中策。

又 後三歲，河果決於館陶及東郡金隄，泛溢兗、豫，入平原、千乘、濟南，凡灌四郡三十二縣，水居地十五萬餘頃，深者三丈，壞敗官亭室廬且四萬所。

南朝宋・范曄《後漢書》卷七六《循吏傳》 永平十二年，議修汴渠，乃引見(王)景，問以理水形便。景陳其利害，應對敏給，帝善之。又以嘗修浚儀，功業有成，乃賜景《山海經》、《河渠書》、《禹貢圖》，及錢帛衣物。夏，遂發卒數十萬，遣景與王吳修渠築堤，自滎陽東至千乘海口千餘里。景乃商度地埶，鑿山阜，破砥績，直截溝澗，防遏衝要，疎決壅積，十里立一水門，令更相洄注，無復潰漏之患。景雖簡省役費，然猶以百億計。明年夏，渠成。帝親自巡行，詔濱河郡國置河堤員吏，如西京舊制。景由是知名。王吳及諸從事掾史皆增秩一等。景三遷爲侍御史。十五年，從駕東巡狩，至無鹽，帝美其功績，拜河堤謁者，賜車馬縑錢。

唐・房玄齡等《晉書》卷一三〇《赫連勃勃載記》 乃赦其境内，改元爲鳳翔，以叱幹阿利領將作大匠，發嶺北夷夏十萬人，于朔方水北、黑水之南營起都城。勃勃自言：「朕方統一天下，君臨萬邦，可以統萬爲名。」阿利性尤工巧，然殘忍刻暴，乃蒸土築城，錐入一寸，即殺作者而并築之。勃勃以爲忠，故委以營繕之任。【略】

勃勃還統萬，以宮殿大成，于是赦其境内，又改元曰真興。刻石都南，頌其功德，曰：【略】

乃遠惟周文，啓經始之基；近詳山川，究形勝之地，遂營起都城，開建京邑。背名山而面洪流，左河津而右重塞。高隅隱日，崇墉際雲，石郭天池，周緜千里。其爲獨守之形，險絶之狀，固以遠邁於咸陽，超美於周洛，若迺廣五郊之義，尊七廟之制，崇左社之規，建右稷之禮，御太一以繕明堂，模帝坐而營路寢，閶闔披霄而山亭，象魏排虚而嶽峙，華林靈沼，崇台祕室，通房連閣，馳道苑園，可以陰映萬邦，光覆四海，莫不鬱然並建，森然畢備，若紫微之帶皇穹，閬風之跨後土。然宰司鼎臣，羣黎士庶，僉以爲重威之式，有闕前王。於是延王爾之奇工，命班輸之妙匠，搜文梓于鄧林，采繡石于恒嶽，九域貢以金銀，八方獻其瑰寶，親運神奇，參制規矩，營離宮于露寢之南，起別殿于永安之北。高構千尋，崇基萬仞。玄棟鏤槐，若騰虹之揚眉；飛簷舒咢，似翔鵬之矯翼。二序啓矣，而五時之坐開；四隅陳設，而一御之位建。温宮膠葛，涼殿崢嶸，絡以隋珠，綷以金鏡，雖曦望互升于表，而中無晝夜之殊；陰陽迭更于外，而内無寒暑之别。故善目者不能爲其名，博辯者不能究其稱，斯蓋神明之所規模，非人工之所經制。若乃尋名以求類，跡狀以效真，據質以究名，形疑妙出，雖如來須彌之寶塔，帝釋忉利之神宮，尚未足以喻其麗，方其飾矣。

北齊・魏收《魏書》卷三八《刁雍傳》 (太平真君)五年，以本將軍爲薄骨律鎮將。至鎮，表曰：「【略】夫欲育民豐國，事須大田。此土乏雨，正以引河爲用。觀舊渠堰，乃是上古所制，非近代也。富平西南三十里，有艾山，南北二十六里，東西四十五里，鑿以通河，似禹舊跡。其兩岸作溉田大渠，廣十餘步，山南引水入此渠中。計昔爲之，高於水不過一丈。河水激急，沙土漂流，今日此渠高於河水二丈三尺，又河水浸射，往往崩頹。渠溉高懸，水不得上。雖復諸處案舊引水，水亦難求。今艾山北，河中有洲渚，水分爲二。西河小狹，水廣百四十步。臣今求入來年正月，於河西高渠之北八里、分河之下五里，平地鑿渠，廣十五步，深五尺，築其兩岸，令高一丈。北行四十里，還入古高渠，即循高渠而北，復八十里，合百二十里，大有良田。計用四千人，四十日功，渠得成訖。所欲鑿新渠口，河下五尺，水不得入。今求從小河東南岸斜斷到西北岸，計長二百七十步，廣十步，高二丈，絶斷小河。二十日功，計得成畢，合計用功六十日。小河之水，盡入新渠，水則充足，溉官私田四萬餘頃。一旬之間，則水一遍，水凡四溉，穀得成實。官課常充，民亦豐贍。」

詔曰：「卿憂國愛民，知欲更引河水，勸課大田。宜便興立，以克就爲功，何必限其日數也。有可以便國利民者，動静以聞。」

南朝梁・沈約《宋書》卷九九《二兇傳・劉濬》 濬字休明，將产之夕，有鵩鳥鳴於屋上。元嘉十三年，年八歲，封始興王。十六年，都督湘州諸軍事，後將軍、湘州刺史。仍遷使持節、都督南豫司雍並五州諸軍事、南豫州刺史，將軍如故。十七年，爲揚州刺史，將軍如故，置佐領兵。十九年，罷府。二十一年，加散騎常侍，進號中軍將軍。

明年，濬上言：「所統吳興郡，衿帶重山，地多汙澤，泉流歸集，疏決遲壅，時雨未過，已至漂没。或方春輟耕，或開秋沈稼，田家徒苦，防遏無方。彼邦奧區，地沃民阜，一歲稱稔，則穰被京城；時或水潦，則數郡爲災。頃年以來，儉多豐寡，雖賑賚周給，傾耗國儲，公私之弊，方在未已。州民姚嶠比通便宜，以爲二吳、晉陵、義興四郡，同注太湖，而松江滬瀆壅噎不利，故處處涌溢，浸漬成災。欲從武康紵溪開漕谷湖，直出海口，一百餘里，穿渠浛必無閡滯。自去踐行量度，二十許載。去十一年大水，已詣前刺史臣義康欲陳此計，即遣主簿盛曇泰隨嶠周行，互生疑難，議遂寢息。既事關大利，宜加研盡，登遣議曹從事史虞長孫與吳興太守孔山士同共履行，准望地勢，格評高下，其川源由歷，莫不踐校，圖畫形便，詳加算考，如所較量，決謂可立。尋四郡同患，非獨吳興，若此浛獲通，列邦蒙益。不有暫勞，無由永晏。然興創事大，圖始當難。今欲且開小漕，觀試流勢，輒差烏程、武康、東遷三縣近民，即時營作。若宜更增廣，尋更列言。昔鄭國敵將，史起畢忠，一開其説，萬世爲利。嶠之所建，雖側芻蕘，如或非妄，庶幾可立。」從之。功竟不立。

北齊・魏收《魏書》卷五四《高閭傳》 閭後上表曰：「【略】至八月，征北部率所領與六鎮之兵，直至磧南，揚威漠北。狄若來拒，與之決戰，若其不來，然後散分其地，以築長城。計六鎮東西不過千里，若一夫一月之功，當三步之地，三百人三里，三千人三十里，三萬人三百里，則千里之地，强弱相兼，計十萬人一月必就，運糧一月不足爲多。人懷永逸，勞而無怨。【略】」詔曰：「覽表，具卿安邊之策。比當與卿面論一二。」

北齊・魏收《魏書》卷八《世宗紀》 （永平元年）六月壬申，詔曰：「慎獄重刑，著於往誥。朕御茲寶曆，明鑒未遠，斷決煩疑，實有攸愧。可依洛陽舊圖，修聽訟觀，農隙起功，及冬令就。當與王公卿士親臨録問。」

北齊・魏收《魏書》卷八四《儒林傳・李業興》 遷鄴之始，起部郎中辛術奏曰：「今皇居徙御，百度創始，營構一興，必宜中制。上則憲章前代，下則模寫洛京。今鄴都雖舊，基址毁滅，又圖記參差，事宜審定。臣雖曰職司，學不稽古，國家大事非敢專之。通直散騎常侍李業興碩學通儒，博聞多識，萬門千户，所宜訪詢。今求就之披圖案記，考定是非，參古雜今，折中爲制，召畫工並所須調度，具造新圖，申奏取定。庶經始之日，執事無疑。」詔從之。

唐・姚思廉《陳書》卷二九《毛喜傳》 毛喜，字伯武，滎陽陽武人也。祖稱，梁散騎侍郎。父栖忠，梁尚書比部侍郎、中權司馬。

喜少好學，善草隸。起家梁中衛西昌侯行參軍，尋遷記室參軍。高祖素知於喜，及鎮京口，命喜與高宗俱往江陵，仍敕高宗曰：「汝至西朝，可諮稟毛喜。」【略】

高宗即位，除給事黄門侍郎，兼中書舍人，典軍國機密。高宗將議北伐，敕喜撰軍制，凡十三條，詔頒天下，文多不載。尋遷太子右衛率、右衛將軍。以定策功，封東昌縣侯，邑五百户。又以本官行江夏、武陵、桂陽三王府國事。太建三年，丁母憂去職，詔追贈喜母庾氏東昌國太夫人，賜布五百匹，錢三十萬，官給喪事。又遣員外散騎常侍杜緬圖其墓田，高宗親與緬案圖指畫，其見重如此。尋起爲明威將軍，右衛、舍人如故。改授宣遠將軍、義興太守。尋以本號入爲御史中丞。服闋，加散騎常侍、五兵尚書，參掌選事。

唐・魏徵等《隋書》卷四九《牛弘傳》 （開皇）三年，拜禮部尚書，奉敕修撰《五禮》，勒成百卷，行於當世。弘請依古制修立明堂，上議曰：【略】。

上以時事草創，未遑制作，竟寢不行。

唐・魏徵等《隋書》卷六八《宇文愷傳》 自永嘉之亂，明堂廢絶，隋有天下，將復古制，議者紛然，皆不能決。（宇文愷）博考羣籍，奏《明堂議表》曰：【略】。帝可其奏。會遼東之役，事不果行。

宋・司馬光《資治通鑑》卷一七八《隋紀二》 是歲（開皇十三年），上命禮部尚書牛弘等議明堂制度。宇文愷獻明堂木樣，上命有司規度安業里地，將立之；而諸儒異議，久之不決，乃罷之。

元・脱脱等《宋史》卷九三《河渠志三》 隋煬帝大業三年，詔尚書左丞相皇甫誼發河南男女百萬開汴水，起滎澤入淮千餘里，乃爲通濟渠。又發淮南兵夫十餘萬開邗溝，自山陽淮至于揚子江三百餘里，水面闊四十步，而後行幸焉。自後天下利於轉輸。

宋・王溥《唐會要》卷一一《明堂制度》 永徽二年七月二日詔：「朕聞上元幽贊，處崇高而不言；皇王提象，代神工而理物。是知五精降德，爰應帝者之尊；九室垂文，用紀配天之業。合宫靈符，創洪規於上代；太室總章，標茂範於中葉。雖質文殊制，奢儉異時，然其立天中，作人極，布政施教，歸之一揆。今國家四表無虞，人和歲稔，作範垂訓，今也其時。宜令所司，與禮官學士等，考覈故事，詳議得失，務依典禮，造立明堂。庶曠代闕文，獲申於茲日；因心展敬，永垂於後昆。其明堂制度，宜令諸曹尚書，及左右丞侍郎、太常、國子監、秘書官、宏文館學士，同共詳議。」太常博士柳宣，依鄭玄議，以明堂之制，當爲五室。前内直丞孔志約獻狀，據《大戴禮》及盧植、蔡邕等議，以爲九室。曹王友趙慈皓、秘書丞薛文思等，各進明堂圖樣。諸儒紛爭，互有不同。上以九室之議，理有可依，乃令所司，詳定明堂形制大小，階基高下，及辟雍門闕等制度，務從典故也。

明年六月二十八日，禮官學士詳議制度，久之不定，上乃内出九室樣，更令有司損益之。有司奏言：「内樣：堂基三重，每基階各十二。上基方九雉，八角，高一尺。中基方三百尺，高一筵。下基方三百六十尺，高一丈二尺。上基象黄琮，爲八角，四面安十二階。請從内樣爲定基高下，仍請准周制高九尺，其方共作司約准二百四十八尺。中基下基，望並不用。又内室各三方筵，開四闥八窻，室圓楣徑二百九十一尺。按季秋大饗五帝，各在一室，商量不便，請依兩漢季秋合饗，總於太室。若四時迎氣之祀，則各於其方之室。其安置九室之制，增損明堂故事，三三相重。太室在中央，方六丈。其四隅之室，謂之左右房，各方二丈四尺。當太室四面，青陽、明堂、總章、元堂等室，各長六丈，以應太室；闊二丈四尺，以應左右房。室間並通巷，各廣一丈八尺。其九室并巷在堂上，總方一百四十四尺，法坤之策。屋圓楣、楯、簷，或爲未允。請據鄭玄、盧植等説，以前梁爲楣，其徑二百十六尺，法乾之象。圓楣之下，所施圓柱，旁出九宫、四隅各七尺，法天以七紀。柱外餘基，共作司約准，面别各餘一丈一尺。内室别四闥八窻，檢與古合，請依爲定。其户仍在外，設而不開。内外有柱三十六，每柱十梁。内有七間，柱根以上至梁，高三丈，梁以上至屋峻起計，高八十一尺。上圓下方，飛簷應規，請依内樣爲定。其蓋屋形制，仍望據《考工記》，改爲四阿，并依禮加重簷，准太廟安鴟尾。堂四向五色，請依《周禮》白盛爲便。其四向各隨方色。請施四垣及四門。辟雍，案《大戴禮》及前代説辟雍，多無水廣内徑之數。蔡邕云：『水廣二十四丈，四周於外。』《三輔黄圖》云：『水廣四周』，與蔡邕不異，仍云『水外周堤』。又張衡《東京賦》稱『造舟爲梁』。《禮記·明堂位》、《陰陽録》云：『水左旋以象天』。商量水廣二十四丈，恐傷於闊，今請減爲二十四步，垣外量取周足。仍依故事，造舟爲梁，其外周以圓堤，並取陰陽水行左旋之制。殿垣，案《三輔黄圖》，殿垣四周方，在水内，高不蔽日，殿門去殿七十二步。准今行事陳設，猶恐窄小。其方垣四門，去堂步數，請准太廟南門，去廟基遠近爲制。仍立四門八觀，依太廟門别各安三門，施元闑四角，造三重魏闕。」自後群儒紛競，各執異議，九室五室，俱有依憑。上令所司於觀德殿前，依兩議張設，親與公卿觀之。謂公卿曰：「明堂之制，自古有之。議者不同，所以未造。今設兩議，公等以何者爲宜？」工部尚書閻立德奏曰：「兩議不同，俱有典故。九室似闇，五室似明。取捨之宜，斷在聖意。」上亦以五室爲便，以後制度未定而止。【略】

垂拱三年，毁乾元殿，就其地創造明堂。令沙門薛懷義充使。四年正月五日畢功，凡高二百九十四尺，東西南北，各廣三百尺。凡有三層：下層象四時，各隨方色；中層法十二辰，圓蓋，蓋上盤九龍捧之；上層法二十四氣，亦圓蓋。亭中有巨木十圍，上下通貫，栭櫨橕㰖，藉以爲本，亘之以鐵索。蓋爲鸑鷟，黄金飾之，勢若飛翥，刻木爲瓦，夾紵漆之。明堂之下，施鐵渠，以爲辟雍之象。號萬象神宫。【略】

證聖元年正月，詔十七日御端門，賜酺宴，十六日，明堂後夜佛堂災，延燒明堂，至明並盡。【略】

其年三月，又令依舊規制，重造明堂，凡高二百九十四尺，東西南北，廣三百尺，上施寶鳳，俄以火珠代之。明堂之下，圜遶施鐵渠，以爲辟雍之象。至天册萬歲二年三月二日，重造明堂成，號通天宫。四月朔日，又行親享之禮，大赦，改元爲萬歲通天。其年四月三日，鑄銅爲九州鼎成，置于明堂之庭，各依方位列焉。蔡州鼎名永昌，高一丈八尺，受一千二百石。冀州鼎名武興，雍州鼎名長安，兗州鼎名日觀，青州鼎名少陽，徐州鼎名東源，揚州鼎名江都，荆州鼎名江陵，梁州鼎名成都。八州鼎各高一丈四尺，受一千二百石。用銅五十六萬七百一十二斤。鼎上各寫本州山川物产之象，仍令著作郎賈膺福、殿中丞薛昌容、鳳閣主事李元振、司農録事鍾紹京等分題之，尚方署令曹元廓圖畫之。仍令宰相、諸王，率南北宿衛兵十余萬人，并仗内大牛、白象曳之。自元武門外曳入，天后自製《曳鼎歌》，令曳者唱和焉。其時又造大儀鐘，斂天下三品金，竟不能成。

宋·王溥《唐會要》卷八六《關市》（大中）六年二月，隴州防禦使薛逵奏：「伏奉正月二十六日詔旨，令臣築故關訖聞奏者，伏以汧源西境，切任故關，昔有隄防，殊無制置。僻在重岡之上，苟務高深；今移要會之口，實堪控扼。舊絶泉井，遠汲河流，今則臨水挾山，當川限谷，危牆深塹，克揚營壘之勢，伏乞改爲定戎關，關吏鈐轄往來。臣當界又有南由路，亦是要衝，舊有水關，亦請准前扼捉。去正月二十七日起工，今月十七日畢，謹畫圖進上。」敕旨：「薛逵新置關城，得其要害，形于圖畫，頗見公忠，宜依所奏。」

五代·劉昫等《舊唐書》卷一七二《蕭俛附從弟仿傳》（咸通）四年，本官權知貢舉，遷禮部侍郎，轉户部。以檢校工部尚書出爲滑州刺史，充義成軍節度、鄭滑潁觀察處置等使。在鎮四年，滑臨黄河，頻年水潦，河流泛溢，壞西北隄。倣奏移河四里，兩月畢功，畫圖以進。懿宗嘉之，就加州部尚書，入爲兵部尚書、判度支，轉吏部尚書，選序平允。

宋·薛居正等《舊五代史》卷一四一《五行志》（長興三年）五月丁亥，申州大水，平地深七尺。是月戊申，襄州上言，漢水入城，壞民廬舍，又壞均州郛郭，水深三丈，居民登山避水，仍畫圖以進。

宋·薛居正等《舊五代史》卷四三《唐書一九·明宗紀第九》（長興三年）六月壬子朔，幽州趙德鈞奏：「新開東南河，自王馬口至淤口，長一百六十五里，闊六十五步，深一丈二尺，以通漕運，舟勝千石，畫圖以獻。」

宋·薛居正等《舊五代史》卷四四《唐書二十·明宗紀第十》（長興四年二月己未，）濮州進重修河堤圖，沿河地名，歷歷可數。帝覽之，愀然曰：「吾佐先朝定天下，於此堤塢間小大數百戰。」又指一邱曰：「此吾擐甲臺也。時事如昨，奄忽一紀，令人悲歎耳！」

元·脫脫等《宋史》卷九四《河渠志四》 洛水貫西京，多暴漲，漂壞橋樑。建隆二年，留守向拱重修天津橋成。甃巨石爲腳，高數丈，銳其前以疏水勢。石縱縫以鐵鼓絡之，其制甚固。四月，具圖來上，降詔褒美。

清·徐松《宋會要輯稿·方域一·東京大內》 國朝建隆三年五月詔廣城，命有司畫洛陽宮殿，按圖以修之。

又（建隆三年）五月，命有司案西京宮室圖修宮城，義成軍節度使韓重贇督役。

元·脫脫等《宋史》卷八五《地理志一·京城》 東京，汴之開封也。梁爲東都，後唐罷，晉復爲東京，宋因周之舊爲都。建隆三年，廣皇城東北隅，命有司畫洛陽宮殿，按圖修之，皇居始壯麗矣。

元·脫脫等《宋史》卷二五〇《韓重贇傳》（建隆）三年，發京畿丁壯數千，築皇城東北隅，且令有司繪洛陽宮殿，按圖修之，命重贇董其役。

清·畢沅《續資治通鑑》卷七《宋紀七》（開寶六年五月癸丑，）樞密副使沈義倫，居第卑陋，處之宴如。時貴要多冒禁，市巨木秦、隴間以營私宅，及李守信受詔市木，以盜官錢敗，皆自啓於帝前。義倫亦嘗市木爲母營佛舍，因奏其事。帝笑謂義倫曰：「爾非踰矩者。」知居第尚不葺，因遣中使按圖督工匠五百人爲治之。義倫私告使者，願得制度狹小。使者以聞，帝亦不違其志。

清·徐松《宋會要輯稿·方域一·東京大內》 雍熙二年九月十七日，以楚王宮火，欲廣宮城，詔殿前都指揮使劉延翰等經度之。畫圖來上，帝恐動民居，曰：「內城褊隘，誠合開展，拆動居人，朕又不忍。」令罷之，但遷出在內三數司而已。

元·脫脫等《宋史》卷八五《地理志一·京城》 雍熙三年，欲廣宮城，詔殿前指揮使劉延翰等經度之，以居民多不欲徙，遂罷。宮城周迴五里。

元·脫脫等《宋史》卷九一《河渠志一·黃河上》（淳化）五年正月，滑州言新渠成，帝又案圖，命昭宣使羅州刺史杜彥鈞率兵夫，計功十七萬，鑿河開渠，自韓村埽至州西鐵狗廟，凡十五餘里，復合于河，以分水勢。

清·徐松《宋會要輯稿·方域一七》 至道三年正月，內侍閻承翰上力、漢二水圖，乞輟鄢陵縣修汴夫，量事勾畎，并築隄塘。從之。

宋·李燾《續資治通鑑長編》卷五一《真宗》（咸平五年二月戊辰，）京城衢巷狹隘，詔右侍禁、閤門祗候謝德權廣之。

德權既受詔，則先撤貴要邸舍，羣議紛然。有詔止之，德權面請曰：「今沮事者皆權豪輩，吝屋室僦資耳，非有它也。臣死不敢奉詔。」上不得已，從之。德權因條上衢巷廣袤及禁鼓昏曉，皆復長安舊制。乃詔開封府街司約遠近置籍立表，令民自今無復侵佔。

宋·李燾《續資治通鑑長編》卷七一《真宗》 昭應宮初相地，止盡內殿直班院。丁謂等請增衍之，凡東西三百一十步，南北四百三十步，多黑土疏惡，乃於東京城北取良土易之，自三尺至一丈有六不等，日役工數萬。上以道里稍遠，憫其負擔之勞，令謂等規畫。有言載以槖駝驢車，有言自新城北壕舟運，由廣濟河入舊城，可直抵宮門者，謂等請用車載爲便。上曰：「挽舟止役千人，校之負畚，省十倍之力，而土可速致，用舟爲便也。」壬子，詔三司以空船給昭應宮運土，仍浚治渠道。

清·徐松《宋會要輯稿·食貨六一》 景德元年正月，北面都鈐轄閻承翰言：「自定州開渠至蒲陰縣東約六十二里，引水入沙河，東經邊湖泊入界河，可通行舟楫。」計其工役並圖畫來上之。帝謂侍臣曰：「承翰以開導此河，不惟易致資糧，兼可耕種。其旁引水溉灌，以助軍實。且設險以限戎馬，亦邊防之利也。宜可其奏。」

宋·李燾《續資治通鑑長編》卷五六《真宗》（景德元年四月，）詔北平寨築隄導河水灌才良淀者宜罷之。先是，上以北面功役煩重，漸及炎夏，慮長吏不能優恤，又閱北面地圖，才良淀勢極卑下，至夏秋積水，不假人力，故有是詔。二事（見經武聖略，不得其時，並附之四月末。）

清·徐松《宋會要輯稿·方域一六》（景德）三年六月，汴水暴漲，詔宣政使李神祐、東上閤門使曹利用、馬軍副都指揮使曹璨、步軍副都指揮使王隱巡護隄。帝曰：「昨晚覘候水勢，京城東去空務約四五十步，水不溢岸者五寸至一寸。西染院側水溢壞屋，賴外堤防遏。」遂令併工修補，增起堤岸，自今凡檢計似此怯弱處，倍加工料。

宋・李燾《續資治通鑑長編》卷六三《真宗》 先是（景德三年七月），内侍趙守倫議自京東分廣濟河由定陶至徐州入清河，以達江湖漕運，役既成，遣使覆視，繪圖來上。上以地有龍阜，而水勢極淺，雖置堰埭，又歷呂梁灘磧之險，非可漕運。丁卯，罷之。

元・脱脱等《宋史》卷九四《河渠志四》 （真宗景德）三年，内侍趙守倫建議：自京東分廣濟河由定陶至徐州入清河，以達江、湖漕路。役既成，遣使覆視，繪圖來上。帝以地有隆阜，而水勢極淺，雖置堰埭，又歷呂梁灘磧之險，非可漕運，罷之。

清・徐松《宋會要輯稿・方域一六》 大中祥符二年八月，以京東積水，令轉運司分視諸州積水及理隄防。時使臣自東來，詢其事，云近河窪下處尚有水浸田，故詔督之。是月，詔閤門祗候康宗元與中使、軍頭各一人，領水匠經度京城積水及補塞諸河。時秋雨，金水河防決，浸及瓊林苑牆。有言汴河南有三十六陂，古停水之地，必有下流以通諸河，遂令度地畫圖以聞。

宋・李燾《續資治通鑑長編》卷七二《真宗》 （大中祥符二年八月）甲午，京城西積水壞民田，遣中使與閤門祗候康宗元領徒畎導。宗元等因請大修堤防，上曰：「沮洳之際，何以施工，且堤防峻隘，決壞必多，況秋水已落，宜竢來春修築。仍豫經度，畫圖以聞。」

又 初（大中祥符二年九月甲子），汴水漲溢，自京至鄭州，浸道路。詔選使臣知水者乘傳，減汴口水勢，圖上利害。既而水勢斗減，阻滯漕運，復遣使浚汴口。

宋・李燾《續資治通鑑長編》卷七七《真宗》 （大中祥符五年正月）戊戌，著作佐郎聊城李垂上《導河形勢書》三篇并圖，其略曰：

臣請自汲郡東推禹故道，挾御河，減其水勢，出大伾、上陽、太行三山之間，復西河故瀆，北注大名西、館陶南，東北合赤河而至於海。因於魏縣北析一渠，正北稍西徑衡漳，出邢、洺，如夏書過洚水，稍東注易水、合百濟，會朝河而入於海。大伾而下，黄、御混流，薄山障隄，勢不能遠。如是則載之高地而北行，百姓獲利，匈奴南寇無所入。《禹貢》所謂「夾右碣石入於海」，孔安國曰：「河逆上此州界。」

其始作，自大伾西八十里，曹公所開運渠東二十里，引河水正北稍東十里，破伯禹古隄，徑牧馬陂，從禹故道，又東三十里轉大伾西、通利軍北，挾白溝，復西大河，北徑清豐、大名西，歷洹水、魏縣東，暨館陶南，入屯氏故瀆，合赤河而北至於海。既而自大伾西新發故瀆西岸析一渠，正北稍西五里，廣深與汴等，合御河道，通大伾北，即堅壤析一渠，東西二十里，廣深與汴等，復東大河。兩渠分流，則西三分水，猶得注澶淵舊渠矣。大都河水從西北大河故瀆東北，合赤河而達於海，然後於魏縣北發御河西岸析一渠，正北稍西六十里，廣深與御河等，合衡漳水。又冀州北界、深州西南三十里決衡漳西岸，限水爲門，西北注滹沱，潦則塞之，使東漸渤海，旱則決之，使西灌屯田，有以見備塞限邊，形勢之利出於中國矣。

兩漢已下，言水利者屢欲求九河故道而疏之。今考圖制，九河並在平原而北，且河壞澶、滑，未至平原而上已決矣，則九河奚利哉？漢武捨大伾之故道，發頓丘之暴衝，則濫兖泛濟，接聞於世。夫平原而北地勢浚下，泄水甚易，故滄、德之間舊障皆完。滑臺而東地勢高平，入海稍難，故齊、棣之間游波互出。若放河北下，則其利甚詳。惜哉河朔平田，膏腴千里，而縱容敵騎劫掠其間，無山川阨塞之防，無形勝顧望之備，雖將材兵盛，未暇長驅，可謂授勝地於匈奴，借寇兵爲虎翼。漢賈誼、晁錯不及此議者，以河水未東故也；唐戴胄、馬周不及此議者，以守在幽北故也。今大河盡東，全燕陷北，則禦敵之計，莫大於河。不然，則趙、魏百城，賦庶萬億，所謂誨盜而招寇矣。一日伺我邊士蔬饉穀饑，乘虛入犯，臨時爲計則實難，不如因人足財豐之際，下民輕資疾力而成，實興利除害之大者也。

詔樞密直學士任中正、龍圖閣直學士陳彭年、知制誥王曾詳定。中正等上言：「詳垂所述，頗爲周悉。所言起滑臺而下，派之爲六，則沿流就下，湍急難制，恐水勢聚而爲一，不能各依所導。必成六派，則是更增六處河口，悠久難於隄防；亦慮入滹沱、漳河，漸至二水淤塞，益爲民患。又築隄七百里，役夫二十一萬七千，且久閲時日，侵占民田，頗爲煩費。其書并圖雖興行匪易，而博洽可獎，望送史館。」從之。

元・脱脱等《宋史》卷九一《河渠志一・黄河上》 著作佐郎李垂上《導河形勝書》三篇並圖。其略曰：【略】

詔樞密直學士任中正、龍圖閣直學士陳彭年、知制誥王曾詳定。中正等上言：「詳垂所述，頗爲周悉。所言起滑臺而下，派之爲六，則緣流就下，湍急難制，恐水勢聚而爲一，不能各依所導。設或必成六派，則是更增六處河口，悠久難於隄防；亦慮入滹沱、漳河，漸至二水淤塞，益爲民患。又築堤七百里，役夫二十一萬七千，工至四十日，侵占民田，頗爲煩費。」其議遂寢。

宋·李燾《續資治通鑑長編》卷七八《真宗》（大中祥符五年八月乙巳，）命東染院使秦羲、開封府判官寇玹乘傳至棣州按視城、隄，圖上利害。時孫沖等請不徙城，議者言其不便故也。

清·徐松《宋會要輯稿·方域一四》（大中祥符五年）八月，命東染院使秦羲、開封府官寇弦乘傳至鄆州按視河隄城池，圖上利害。

清·徐松《宋會要輯稿·方域一〇》（大中祥符）七年八月，荊湖北路轉運使高伸乞開辰、鼎州路，畫圖進呈。帝謂王旦等曰：「恐勞擾軍民，可且令依舊。」

宋·李燾《續資治通鑑長編》卷八三《真宗》（大中祥符七年十二月）甲戌，張佶上大洛門新寨圖。先是，佶欲近渭置采木場，蕃族聞之，即徙帳去。佶不能卹以恩意，戎人輒悔，因叛卒鄉導，遂行抄劫。佶深入掩擊，悉敗走。至是求和，佶不許。時宗哥立遵、唃厮囉、溫逋奇等帳族甚盛，勝兵六七萬，與趙德明抗敵，希望朝廷爵命俸給。佶奏請拒絕。曹瑋獨言宜厚唃厮囉以扼德明，又請如厮鐸督例授立遵節度使。乃詔輔臣共議，量加官秩，勿踰常制。

宋·李燾《續資治通鑑長編》卷九八《真宗》 既而上穴果有石，石盡水出，工役甚艱，衆議藉藉。步軍副都指揮使、威塞節度使夏守恩爲修奉山陵部署，恐不能成功，中作而罷，奏以待命。時（乾興元年）五月辛卯也。（丁）謂庇允恭，猶欲遷就成之，不敢以實聞。癸巳，入内供奉官毛昌達還自陵下，具奏其事。太后即使問謂，謂始請復遣按行使藍繼宗、副使王承勛往參定。乙未，太后又遣内侍押班楊懷玉與繼宗等俱。丙申，又遣入内供奉官羅崇勳、右侍禁閤門祇候李惟新就鞫縣劾允恭罪狀以聞。允恭欲自持所畫山陵圖入奏，詔不許。四月辛丑，又遣内殿承制馬仁俊同鞫允恭。癸卯，又遣龍圖閣直學士權知開封府呂夷簡、龍圖閣直學士兼侍講魯宗道、入内押班岑保正、入内供奉官任守忠覆視皇堂，既而咸請復用舊穴，乃詔輔臣會謂第議。明日，特命王曾再往覆視，并祭告。謂請俟曾還，與衆議不異，始復役。詔復役如初，唯皇堂須議定乃修築。曾卒從衆議。

清·徐松《宋會要輯稿·方域八》 大中祥符八年正月十七日，詔徙棣州城於州之西北七十里陽信縣界八方寺，即高阜居之。【略】大中祥符八年三月二十一日，棣州新城畢，以圖來上。舊城廣袤九里，今總十二里，郡民所居悉如舊而給之。

清·徐松《宋會要輯稿·方域一六》（大中祥符八年六月，）詔：自今後汴水添長及七尺五寸，即遣禁兵三千，沿河防護。

元·脱脱等《宋史》卷九三《河渠志三》（大中祥符八年）八月，太常少卿馬元方請浚汴河中流，闊五丈，深五尺，可省修堤之費。即詔遣使計度修浚。

清·徐松《宋會要輯稿·方域一六》（天禧）二年六月，汴水漲九尺，遣臣詣萬勝梁固斗門，諭勾當使臣均調水勢，無致泛溢。

清·徐松《宋會要輯稿·方域一四》（天禧四年九月，）國子博士王黃裳言：「竊見去年滑州決河，修築終未完固。臣近過鄭州，見黃、汴河岸相去止五十步許，若來歲泛溢，即入汴河口，或至震驚都城。願與諸州長吏案行規度，就直開浚，必可省功料，惜人民。」詔黃裳馳驛往滑州，與李應幾等同共規度修浚河口年限，并具功料以聞。畢日，同往鄭州，召轉運使、河隄官吏等案視以聞。

又（天禧四年十二月，）崇儀副使史瑩、國子博士王黃裳請於衛州等處規度分減黃河水勢，詔與李垂親視利害以聞。

清·徐松《宋會要輯稿·方域一六》 仁宗天聖二年三月，内殿崇班、閤門祇候張君平言：「近京諸州古來溝河堙塞，望差官開濬。」詔君平往諸州，同長吏規度，漸次開治，務爲悠久之利。因詔開封、應天府、陳、許、亳、宿、潁、蔡州長吏縣令兼開治溝洫事。

清·徐松《宋會要輯稿·方域一四》（天聖）二年八月，遣度支員外郎、祕閣校理李垂，内殿崇班、閤門祇候張君平，同往滑、衛州相度水勢，及具合役功料數，畫圖以聞。

元·脱脱等《宋史》卷九五《河渠志五》 仁宗天聖四年閏五月，陝西轉運使王博文等言：「準敕相度開治解州安邑縣至白家場永豐渠，行舟運鹽，經久不至勞民。按此渠自後魏正始二年，都水校尉元清引平坑水西入黃河以運鹽，故號永豐渠。周、齊之間，渠遂廢絶。隋大業中，都水監姚暹決堰濬渠，自陝郊西入解縣，民賴其利。及唐末至五代亂離，迄今湮没，水甚淺涸，舟檝不行。」詔三司相度以聞。

清・徐松《宋會要輯稿・食貨六一》 仁宗天聖四年八月，監察御史王沿上相州開河渠引水溉民田利害。詔侯修獲黄河畢日規畫之。沿奏云：「【略】臣詳王軫、房中正等相度漳渠事狀，大抵云水卑岸高，渠已湮塞，若作堰開渠，其功甚大，則亦然矣。【略】今漳水之畔若復渠田，乞朝廷勘會雲陽縣，若有上件渠堰斗門，即乞精擇水工十餘人，徧詣彼處，模古人作堰開渠之法，觀今人置斗門溉田之方，及命雲陽民自今犯罪當配者，皆從相州，教百姓水種陸蒔之利，則其謀易成。

清・徐松《宋會要輯稿・方域一六》 仁宗天聖六年七月，駕部員外郎閻貽慶言：「五丈河下接濟州合蔡鎮梁山濼，至鄆州，久來舟運。自河決淤昧，合蔡而下漫散不勝舟，滲毁民田，請仍舊撥五丈河入夾黄河。」因詔貽慶與勾當溝河李守忠、京東轉運使規度檢計，具功料聞奏。

清・徐松《宋會要輯稿・方域一四》（天聖七年）五月，承明殿詔示中書、樞密院高弁、高繼密等所上黄河諸埽圖，令議所行，乞降付高弁等議定。從之。

宋・李燾《續資治通鑑長編》卷一〇八《仁宗》 先是（天聖七年五月），侍御史高弁、内侍楊懷敏往澶州視決河，議築大韓埽。又遣内侍綦仲宣覆按之，仲宣言大河已安流，諸埽亦足恃。帝亦重興役，壬申，以諸埽圖示輔臣，罷大韓不復築。弁又請弛隄防，縱水所之，可省民力，且以扼敵人，不報。

宋・李燾《續資治通鑑長編》卷一一二《仁宗》（明道二年五月）辛巳，參知政事王隨、入内供奉官鄧守恭、江從瑩上《淮南運河圖》。

宋・李燾《續資治通鑑長編》卷一一六《仁宗》（景祐二年三月己丑，）殿中丞、通判齊州張宗彝，言大名府新作金隄，可以捍横隴決河水勢，請令緩修塞之役。詔河北轉運司繪黄河至海圖上之。

元・脱脱等《宋史》卷九五《河渠志五》 景祐二年，懷敏知雄州，又請立木爲水則，以限盈縮。

又 寶元元年十一月己未，河北屯田司言：「欲於石塚口導永濟河水，以注緣邊塘泊，請免所經民田税。」從之。時歲旱，塘水涸，懷敏慮契丹使至，測知其廣深，乃壅界河水注之，塘復如故。

清・徐松《宋會要輯稿・方域一二》 慶曆二年正月二十七日，秦州築東西關城。初，守臣韓琦以州之東西民居、軍營皆附城，因請築外城，凡一十里，自元年十月起，至是成，計工三百萬。

清・徐松《宋會要輯稿・方域一〇》 慶曆二年三月十二日，詔河北比歲積雨壞道塗，其塹官路兩旁闊五尺、深七尺，民田各於封界闊三尺、深五尺，以泄水潦，限半年功畢。

清・徐松《宋會要輯稿・食貨六一》（慶曆）五年九月二十八日，兩浙提點刑獄宋純等言：「乞應在官有能擘畫開修水利，並須先具所見利害，於畫地圖，申本屬州軍及轉運或提刑司，委自本司，於部下選官，親詣地所相度。如實合行開修，經久利濟，詢問鄉耆，審取詣實，差官具保明結罪，申轉運提刑司體量允當，方下本屬州軍，計夫料餉糧，設法勸誘租利人户情願出備。仍依元敕，於未農作時興役半月，不得非時差擾。候畢，其元擘畫官吏，依近詔保明施行。如官吏敢擅開修，不預申本屬，不得理爲勞績，及出給公據保明，仍劾事端施行。」從之。仍詔今後委實有功效，並只理爲勞績。

清・徐松《宋會要輯稿・方域一四》 是月（慶曆八年七月），命翰林學士宋祁、入内侍省内侍都知張永和往視商胡埽決河及覆計工料，而祁、永和並言商胡水口見闊五百五十七步，用工一千四十二萬六千八百日，役兵夫一十萬四千二百六十人，計一百日修塞畢。

宋・李燾《續資治通鑑長編》卷一六五《仁宗》（慶曆八年十二月）庚辰，判大名府賈昌朝又言：「按夏禹導河過覃懷，至大伾，釃爲二渠，一即貝邱西南，《河渠書》稱北過洚水至於大陸者是也。一即漯川，史説經東武陽，由千乘入海者是也。河自平原以北播爲九道，齊桓公塞其八而并歸徒駭。漢武帝時，決瓠子，久爲梁、楚患，後卒塞之，築宫其上，名曰宣房，復禹舊跡。至王莽時，貝邱西南渠遂竭，九河盡滅，獨用漯川。而歷代徙決不常，然不越鄆、濮之北，魏、博之東。即今澶、滑大河，歷北京朝城，由蒲臺入海者，禹、漢千載之遺功也。國朝以來，開封、大名、懷、滑、澶、鄆、濮、棣、齊之境，河屢決。大禧三年至四年夏連決，天臺山傍尤甚。凡九載，乃塞之。天聖六年，又敗王楚。景祐初，潰於横隴，遂塞王楚。於是河獨從横隴出，至平原，分金、赤、游三河，經棣、濱之北入海。近歲海口壅閼，淖不可浚，是以去年河敗德、博間者凡二十一。今夏潰於商胡，經北都之東，至於武城，遂貫御河，歷冀、瀛二州之域，抵乾寧軍，南達於海。今横隴故水，止存三分，金、赤、游河，皆已堙塞，惟出壅京口以東，大污民田，乃至於海。自古河決爲害，莫甚於此。朝廷以朔方根本之地，禦備契丹，取財用以饋軍師者，惟滄、棣、濱、齊最厚。自横隴決，財利耗半，商胡之敗，十失其八九。況國家恃此大河，内固京都，外限敵馬。祖宗以來，留意河防，條禁嚴切者以此。今乃旁流散出，甚有可涉之處，臣竊謂朝廷未之思也。如或思之，則不可不救其弊。臣愚竊謂救之之術，莫若東復故道，盡塞諸口。按横壠以東至鄆、濮間，隄埽具在，宜加完葺。其堙淺之處，可以時發近縣夫，開導至鄆州東界。其南悉沿邱麓，高不能決。此皆平原曠野無所阸束，自古不爲防岸以達於海，此歷世之長利也。謹繪漯川、横壠、商胡三河爲一圖上進，惟陛下留省。」詔翰林侍讀學士郭勸，入内内侍省都知藍元用與河北、京東轉運使再行相度修復黄河故道利害以聞。

清·徐松《宋會要輯稿·方域一四》（慶曆八年十二月，郭）勸等言：自横隴水口以東至鄆州銅城鎮，規度地勢高下，使河復故道，甚爲大利。凡開二百六十三里一百八十步，役四千四百十九萬四千九百六十功。初，河決商胡，又決郭固，朝議修塞，卒以不就。

宋·李燾《續資治通鑑長編》卷一七七《仁宗》（至和元年十一月甲子，）又詔修城西砲場臺，仍令八作司繪圖以聞。

清·徐松《宋會要輯稿·兵二七》（嘉祐四年二月）十一日，河東路經略使孫沔言【略】。并乞於鄜州西裴家垣創立寨城一所，積聚糧草，准備緩急應副鄜州，實爲大便，并畫圖以進。詔存留鄜州鎮川、府州中候、百勝、清塞四堡寨，餘皆廢之。

清·徐松《宋會要輯稿·方域一四》（嘉祐）五年春，河北漕韓贄穿二股渠，分河流入金、赤河，役夫三千，一月而畢。七月丙辰，上二股河圖。

宋·李燾《續資治通鑑長編》卷一九二《仁宗》（嘉祐五年七月乙卯，）自李仲昌貶，議者久不復論河事，而河流派别於魏之第六埽，曰二股河，其廣二百尺。自二股河行一百三十里，至魏、恩、德、博之境，曰四界首。河北都轉運使韓贄言：「四界首古大河所經，即溝洫志所謂『決平原、金隄，開通大河，入篤馬河，至海五百餘里』者也。自今春以丁壯三千浚之，一月而畢，引支河流入金、赤河，其深六尺。商胡決河自魏之北，至於恩、冀，乾寧入於海。今二股河自魏、恩東至於德、滄入於海，分而爲二，則上流不壅，可以紓決溢之患。」乃上《四界首二股河圖》。

元·脱脱等《宋史》卷九一《河渠志一》（嘉祐）五年，河流派别于魏之第六埽，曰二股河，其廣二百尺。自二股河行一百三十里，至魏、恩、德、博之境，曰四界首河。七月，都轉運使韓贄言：「四界首古大河所經，即《溝洫志》所謂『平原、金堤，開通大河，入篤馬河，至海五百餘里』者也。自春以丁壯三千浚之，可一月而畢。支分河流入金、赤河，使其深六尺，爲利可必。商胡決河自魏至于恩冀、乾寧入于海，今二股河自魏、恩東至于德、滄入于海，分而爲二，則上流不壅，可以無決溢之患。」乃上《四界首二股河圖》。七年七月戊辰，河決大名第五埽。

元·脱脱等《宋史》卷九三《河渠志三》（嘉祐）八年春，安石再相，叔獻言：「昨疏濬汴河，自南京至泗州，概深三尺至五尺。惟虹縣以東，有礓石三十里餘，不可疏濬，乞募民開修。」詔檢計工糧以聞。七月，叔獻又言：「歲開汴口作生河，侵民田，調夫役。今惟用訾家口，減人夫、物料各以萬計，乞減河清一指揮。」從之。未幾，汴水大漲，至深一丈二尺，於是復請權閉汴口。

宋·李燾《續資治通鑑長編》卷一九八《仁宗》（嘉祐八年六月）戊寅，翰林學士、權三司使蔡襄爲修奉太廟使。襄乃以《八室圖》奏御，又請廣廟室并夾室爲十八間。從之。

元·脱脱等《宋史》卷一〇六《禮志九·宗廟之制》嘉祐年，仁宗將祔廟，修奉太廟使蔡襄上《八室圖》爲十八間。

又（嘉祐）九年十月，詔都水度量疏濬汴河淺深，仍記其地分。十年，范子淵請用濬川杷，以六月興工，自謂功利灼然，請「候今冬疏濬畢，將杷具、舟船等分給逐地分。使臣於閉口之後，檢量河道淤澱去處，至春水接續疏導」。大抵皆無甚利。已而清汴之役興。

宋·楊仲良《宋通鑑長編紀事本末》卷八二《景靈宫繪像》治平元年三月丁酉，命入内都知任守忠、權户部副使張燾提舉三司修造案勾當公事。張徽作仁宗神御殿於景靈宫西園，八月殿成，名曰孝嚴，别殿曰寧真。燾因請圖乾興大臣於殿壁，繪像自此始。

按：景靈宫實始大中祥符，以奉祠聖祖。逮天聖初，乃易其旁之萬壽殿，以爲真宗館御之所。治平建仁宗之殿曰孝嚴，熙寧建英宗之殿曰英德，而宣祖、藝祖、太宗之殿曰慶基，曰開先，曰永隆；母后之殿曰隆福、重徽、彰德、廣孝，皆舊寓於佛老之宫，亦在都邑，與夫郊野之外，歲時奠謁，或不克躬行，而清蹕所臨，動涉塗巷，百工執事，疲於奔走，陟降跛倚而不恭，殆非所以致齋莊之誠，廣孝欽之本也。神宗天錫聖智，超然遠覽，功成治定之際，乃詔有司度宫之東西，建六殿爲原廟，奉祖宗之靈，設以昭穆之次，列于左右；又爲别殿五於其北，以奉母后。其經營締構，規模程度，靡不素定。按圖即工，成不期月，觀者駭異，以謂非造化融結，孰能若是之壯麗神速也！又以宣祖潛真隱耀，實基王跡，麻數所鍾，自我流澤，故名其殿曰天元。藝祖膺命造邦，撥亂反正，兵不再試，五服來享，故曰皇武。太宗親執晉俘，混一區夏，覆載之內，莫不嚮方，故曰大定。真宗登封告成，文物鼎盛，珍符上瑞，應圖合諜，故曰熙文。仁宗德教善政，康濟天下，涵養覆露四十二年，納斯民于仁壽之域，故曰美成。英宗誕膺景命，以紹文祖，天人和同，遠邇綏靖，故曰治隆。事辭稱情，名實無爽，雲漢昭晰，揭諸門闕。四方搢紳傳誦，於今不絕。

宋·李燾《續資治通鑑長編》卷二〇七《英宗》 是日（治平三年正月辛巳），詔避濮安懿王名下一字，置濮安懿王園令一人，以大使臣爲之；募兵二百人，「奉園」爲額，又令河南置柏子户五十人；命帶御器械王世寧、權發遣户部判官張徽度濮安懿王園廟地圖。皆從中書所請也。

清·徐松《宋會要輯稿·方域一四》 英宗治平三年六月二十八日，都水監言：「新知明州沈扶乞令後黄河及諸河泛漲，隄岸踈虞抹岸去處，令轉運司於鄰州選官檢視，先驗照水口兩頭隄身内近經漲水退落痕跡，仔細打量相去隄面高下丈尺，指定係是抹岸，爲復衝決，保明申監然後行其當職官吏，若檢視官定驗不實，乞行嚴斷。【略】」從之。以上《國朝會要》。

清·徐松《宋會要輯稿·兵二八》 治平四年三月，神宗即位，未改元。環慶路經略使蔡挺言：「奉詔，如有控扼及合修築堡寨，令逐急相度修置。勘會慶州華池鎮地界西北川四十里，舊有鹽堆城，控扼赤沙、細惠兩川口。差官密行相度到鹽堆城山嶺下臨不堪修築。次南一里半地名馬蘭平，三面險固，可以修建堡柵」。已畫地圖進呈，而宣撫使郭逵方於鄜延、保安軍胡經臣、李德平二族，亦修堡障。逵以兩路同時營築堡寨，頗爲機會，故奏未報，而令環慶路經略司修築，請如涇原堡。從之。

清·徐松《宋會要輯稿·食貨一》（熙寧二年）十一月十三日，制置三司條例司言：「乞降農田利害條約付諸路，應官吏、諸色人有能知土地所宜、種植之法，及可以完復陂湖河港；或不可興復，只可召人耕佃；或元無陂塘圩埠、堤堰溝洫，而即今可以刱修；或水利可及衆，而爲之占擅；或田土去衆，用河港不遠，爲人地界所隔，可以相度均濟疏通者，但於農田水利事件，並許經管勾官或所屬州縣陳述，管勾官與本路提刑或轉運商量，或委官按視。如是利便，即付州縣施行。有礙條貫，及計工浩大，或事關數州，即奏取旨。其言事人並籍定姓名、事件，候施行訖，隨功利大小酬獎；其興利至大者，當議量材録用；内有意在利賞人不希恩澤者，聽從其便。令逐縣各令具本管内有若幹荒廢田土，仍須體問荒廢所因，約度逐段頃畝數目，指說著望去處，仍具今來合如何擘畫立法，可以糾合興修，召募墾闢，各述所見，具爲圖籍，申送本州。本州看詳，如有不以事理，即别委官覆檢，各具利害開説，牒送管勾官。應逐縣並令具管内大川溝瀆行流所歸，有無淺塞合要濬導，及所管陂塘堰埭之類可以取水灌溉者，有無廢壞合要興修，及有無可以增廣刱興之處。如有，即計度所用工料多少合如何出辦；或係衆户，即官中作何條約與糾率衆户；不足，即如何擘畫假貸，助其闕乏。所有大川流水阻節去處，接連别州縣地界，即如何節次尋究施行。各述所見，具爲圖籍，申送本州。本州看詳，如有不盡事理，即别委官覆檢，各具利害牒送主管官。應逐縣田土邊迫大川，數經水害，或地勢汙下所積聚雨潦，須合修築圩埠堤防之數，以障水患；或開導溝洫，歸之大川，通泄積水，並計度闊狹、高厚、深淺各若干工料，立定期限，令逐年官爲提舉，人户量力修築開濬，上下相接。已上亦先具圖籍申送本州，本州看詳，如有不盡事，即别委官覆檢，各具利害牒送管勾官。所有州縣攢寫都大圖籍合用書筆，或添雇人書，許于不係省頭子錢内支給。諸色公人如敢緣此起動人户，乞覓錢物，並從違制科罪；其臧重者，自從重法。應據州縣具到圖籍並所陳事狀，並委管勾官與提刑或轉運商量，差官覆檢。若事體稍大，即管勾官躬親相度，如委寔便民，仍相度其知縣、縣令寔有才能，可使辦集，即付與施行。若一縣不能獨了，即委本州差官，或别選往彼協力了當。若計工浩大，或事關數州，即奏取旨。其有合與水利，及墾廢田用工至多縣分，若知縣、縣令不能施行，即許申奏對換，或别舉官，或替下官，仍别與合入差遣。若本縣事務煩劇，兼所興功利浩大，合添丞佐去處，即依今年二月中所降添員指揮别具聞奏。應有開墾廢田、興修水利、建立堤防、修貼圩埠之類，工役浩大，民力不能給者，許受利人户于常平、廣惠倉係官錢斛内連狀借貸支用，仍依青苗錢例作兩限或三限送納。如是係官錢斛支借不足，亦許州縣勸諭物力人出錢借貸，依例出息，官爲置簿及催理。諸色人能出財力糾率衆户，創修興復農田水利，經久便民，當議隨功利多少酬獎。其出財頗多，興利至大者，即量才録用。應逐縣計度管下合開溝洫工料及興修陂塘圩埠、堤堰斗門之類，事關重衆户，却有人户不依元限開修，及出備名下人工物料有違約束者，並官爲催理外，仍許量事理大小，科罰錢斛。其錢斛官爲置簿拘管，收充本鄉衆户工役支用。所有科罰等第，令管勾官與逐路提刑司以逐處衆户見行科罰條約同共參酌，奏請施行。應知縣、縣令能用新法興修本縣農田水利，已見次第，令管勾官及提刑或轉運使、本州長吏保明聞奏，乞朝廷量功績大小，與轉運官或升任，減年磨勘循資，或賜金帛令再任，或選差知自來陂塘圩垾、堤堰溝洫、田土堙廢最多縣分，或充知州、通判，令提舉部内興修農田水利；資淺者且令權入。其非本縣令佐，爲本路監司、管勾官差委鬭畫興修，如能了當，亦量功利大小，比類酬奬。」詔並從之。

清・徐松《宋會要輯稿・方域一七》 神宗熙寧三年正月十二日，提舉河北便糴皮公弼、提舉常平倉王廣廉言：「相度王庠擘畫商退村地分開御河，池濱陷，難以興工，如劉彝、程昉所擘畫，仍添展工料爲便。」詔依所奏，發邢、洺、磁、相、趙州、真定府夫及都水監卒治之，以廣廉、昉都大管勾，本路轉運使劉庠提舉。至六月開修新河，東趨通快，别無阻礙。先是，臣寮奏御河可於恩州武城縣開約二十餘里，入黄河北流故道，下五股河，故命彝、昉相度。而冀州通判王庠言，若只於今來見行流去處，下接胡盧河，地里近便，地形卑下，不至大段枉費民力。彝等又奏：「據庠言同共相度上件河道，雖是見今御河水勢行流，於理爲順，其有漫淺膠泥深闊去處，即須至更興修郝閏口，方免阻滯綱船，其工役又須二三年。今除郝閏口一十八里外，烏欄堤東北至小流港，横截黄河入五股河，計一百二十餘里，地形低下，有積水，可以開河，引撥水勢至永静軍，自五股河入故道。」

宋・李燾《續資治通鑑長編》卷二一二《神宗》 （熙寧三年六月丁亥，）遣中使，降南作坊地圖付三司，令計度修蓋。初，上以執政僦舍散居遠處，有急卒文書，即吏散走四出，且聚議不可得，故欲創府使居之。至是，遣中人即北作坊規度，而併北作坊於其南，其後又改南、北作坊爲東、西，其使、副名額亦如之。

元・脱脱等《宋史》卷九五《河渠志五》 神宗熙寧二年九月，劉彝、程昉言：「二股河北流今已閉塞，然御河水由冀州下流，尚當疏導，以絶河患。」先是，議者欲於恩州武城縣開御河約二十里，入黄河北流故道，下五股河，故命彝、昉相度。而通判冀州王庠謂，第開見行流處，下接胡盧河，尤便近。彝等又奏：「如庠言，雖於河流爲順，然其間漫淺沮洳，費工猶多，不若開烏欄堤東北至大、小流港，横截黄河，入五股河，復故道，尤便。」遂命河北提舉糴便糧草皮公弼、提舉常平王廣廉按視，二人議協，詔調鎮、趙、邢、洺、磁、相州兵夫六萬濬之，以寒食後入役。

三年正月，韓琦言：「河朔累經災傷，雖得去年夏秋一稔，瘡痍未復。而六州之人，奔走河役，遠者十一二程，近者不下七八程，比常歲勞費過倍。兼鎮、趙兩州，舊以次邊，未嘗差夫，一旦調發，人心不安。又於寒食後入役，比滿一月，正妨農務。」詔河北都轉運使劉庠相度，如可就寒食前入役，即亟興工，仍相度最遠州縣，量減差夫，而輟修塘堤兵千人代其役。二月，琦又奏：「御河漕運通流，不宜減大河夫役。」於是止令樞密院調兵三千，并都水監卒二千。三月，又益發壯城兵三千，仍詔提舉官程昉等促迫功限。六月，河成，詔昉赴闕，遷宫苑副使。四年，命昉爲都大提舉黄、御等河。

宋・李燾《續資治通鑑長編》卷二一五《神宗》 （熙寧三年九月戊申，）遣殿中丞陳世修乘驛同京西、淮南農田水利司官經度陳、潁州八丈溝故跡以聞。初，世修言：「陳州項城縣界蔡河東岸有八丈溝故跡，或斷或續，迤邐東去，由潁及壽，綿亘三百五十餘里。乞因其故道量加濬治，完復大江、次河、射虎、流龍、百尺等處陂塘，導水行溝中，棋布灌溉，俾數百里地復爲稻田，則其利百倍。」乃畫圖來上。于是，上諭世修言：「陳、許閒地勢正合作水田，甚善。」又令早應副世修事。王安石曰：「世修言引水事即可試，但言八丈溝新河事宜，俟一精于水事人同相度可也。向時八丈溝，止爲鄧艾當時不賴蔡河漕運，得并水東下，故能大興水田。其後蔡河分其水漕運，水不可并，故溝未可議。今蔡河新修閘，無所用水，即水可并而溝可復古跡矣。」故有是命。

元・脱脱等《宋史》卷九五《河渠志五》 （熙寧三年）九月戊申，遣殿中丞陳世修乘驛經度陳、潁州八丈溝故迹。初，世修言：「陳州項城縣界蔡河東岸有八丈溝，或斷或續，迤邐東去，由潁及壽，綿亘三百五十餘里，乞因其故道，量加濬治。興復大江、次河、射虎、流龍、百尺等陂塘，導水行溝中，棊布灌溉，俾數百城復爲稻田，則其利百倍。」繪圖來上，帝意向之。王安石曰：「世修言引水事即可試，八丈溝新河則不然。昔鄧艾不賴蔡河漕運，故能并水東下，大興水田。厥後既分水以注蔡河，又有新修牐以限之，與昔不同。惟無所用水，即水可并而溝可復矣。」故先命世修相度。

宋・李燾《續資治通鑑長編》卷二二六《神宗》 （熙寧四年八月癸酉，）遣檢計開封府界溝洫河道、安吉縣主簿程義路，乘驛相度決河利害以聞。

又（熙寧四年八月）上以河漲，北使道不通，出圖示侍臣，王安石曰：「滑州埽危急，二口可且勿閉。」上乃遣王元規知滑州，經制河事。是月，河溢澶州曹村。

清・徐松《宋會要輯稿・方域一四》（熙寧四年）九月五日，詔：「鄆州言黄河溢水入故道行流，令京東提舉常平倉司那官一員前行相視深淺闊狹，水所歸，仍畫圖以聞。」

宋・李燾《續資治通鑑長編》卷二二六《神宗》（熙寧四年九月）丙戌，鄆州言，州界有黄河決水入故道。詔京東提舉常平司遣官相視深淺、闊狹、水所歸處，具圖以聞。

清・徐松《宋會要輯稿・食貨一》（熙寧四年十月，）寺司勘會：「近令遍牒諸路相度檢計，應係農田水利溝洫河道、堤岸斗門之類，如係人户自備功力，趁農隙日合行興修去處，依時檢計催督興修。若合差人夫，並依元料夫工合聽朝旨差撥春夫者，具事狀以聞。仍各具將來合興修著望緊慢去處，并的確利害事狀，圖籍申寺，繳候下手日，逐一共報赴寺。」從之。

宋・李燾《續資治通鑑長編》卷二三二《神宗》（熙寧五年四月丙寅，）詔趙卨于綏德城界相度，要便有水泉處修置堡寨。先是，卨欲乘夏人不意，佔據生地築堡寨，上問執政如何，僉以爲卨不肯妄作，宜從所乞。王安石曰：「今若要與夏人絶，即明絶之；要與和，即須守信誓。既約彼商量地界，遽出不意佔據生地，非計也。兼我所以待夷狄不在數里地，此數里地不計有無。」上曰：「朕亦疑此計未善。」因令卨具析利害以聞。此據三月十九日録。卨請築堡寨于界内，乃降是詔。

宋・李燾《續資治通鑑長編》卷二三三《神宗》（熙寧五年五月丁未，）提舉陝西常平等事、國子博士沈披言：「乞複京兆府武功縣古迹六門堰，于石渠南二百步傍爲土洞，以木爲門，回改河流，可溉田三百四十里。」詔陝西提舉常平司官一員與披同相度，如合興修，即計工以聞。其後竟無功。

宋・李燾《續資治通鑑長編》卷二三五《神宗》 初（熙寧五年七月戊戌），程昉以塞河功加帶御器械，用故例入侍，（李）評不欲昉親近，因立法：都知、押班、帶御器械，差遣在京者乃聽供職，他則否。時押班李若愚、帶御器械惟昉，昉疑評抑己，遂訟評，故安石以爲言。若愚先治塘泊有勞，不自言，及王臨奏《塘泊圖》，上乃知之，深嘉若愚不伐。

宋・李燾《續資治通鑑長編》卷二三七《神宗》（熙寧五年八月戊子，）左藏庫副使、提舉廣州修城張節愛言：「創築西城及修完舊城畢。」廣初無城，魏瓘始築子城。及儂智高反，知廣無城，可以鼓行剽掠，遂自邕州浮江而下，數日抵廣州。知州仲簡嬰子城拒守，城外蕃漢數萬家悉爲賊席卷而去。自是廣人以無外城常譌言相驚，莫安其居。議者皆以爲土雜螺蚌不可城，獨知州程師孟以爲可，於是令轉運使向宗道、判官盧大年、提點刑獄陳倩周之純等畫圖來上，詔可之。遣節愛董役，又慮南方不閑版築工，仍令以八作都料自隨，凡十月而畢。師孟、宗道、大年、倩、之純並降詔敕獎諭，賜銀絹有差。

宋・李燾《續資治通鑑長編》卷二四五《神宗》（熙寧六年五月乙丑，）提舉兩浙興修水利郟亶追司農寺丞，送吏部流内銓，仍罷修兩浙水利。

初，亶言蘇州水利，具書與圖，以爲環湖之地稍低，常多水，沿海之地稍高，常多旱，故古人治水之迹，縱則有浦，横則有塘，又有門、堰、涇、瀝而碁布之，亶能言者總二百六十餘所。今欲略循古人之法，七里爲一縱浦，十里爲一横塘，又因出土以爲隄岸，用二千萬夫，水治高田，旱治下澤，要以三年，而蘇之田畢治矣。朝廷始得亶言，以爲可行，遂真除司農寺丞，令提舉興修。然亶徒能言之爾，至蘇興役，民大以爲擾，論議沸騰。會呂惠卿被召，言其措置乖方，又違先降朝旨，故有是命。上謂王安石曰：「亶似非妄作者，今乃如此。」又曰：「呂惠卿極以爲不可修，言無土。」安石曰：「臣嘗遍歷蘇州河，親掘試，皆可取土，土如塹，極可用。臣始議至和塘可作，蘇人皆以爲笑，是時朝廷亦不施行。後來修成，約七八十里，高岸在深水之中，何嘗以無土爲患？」上又以爲圩大不可成，車水難，安石曰：「今江南大圩至七八十里，不患難車水，但亶所爲倉卒，又妄違條約爾。」郟亶受命在去年十一月八日，今年四月十八日，蘇州云云。

又（熙寧六年六月）乙未，上批：「熙河路總管高遵裕見領漢、蕃軍于鹽井川築城寨，可令就新城造廨舍兩所爲七十間，賜包順、包誠，仍先具圖以聞。」

清・徐松《宋會要輯稿・方域一六》（熙寧）六年八月十六日，詔劉瑾同侯叔獻所謂開白溝河覆視以聞。後覆視河長八百里，工大，分爲三歲興修。從之。

宋・李燾《續資治通鑑長編》卷二三八《神宗》（熙寧六年九月）己酉，宣政使、入内副都知張茂則爲宣慶使，入内都知、庫部郎中宋昌言、虞部郎中王令圖並遷一官，西作坊使程昉爲皇城使、端州刺史，論塞大名府永濟縣決河之功也。

先是，新堤之埽六，決者二，下屬恩、冀，貫御河，奔沖爲一。上憂之，自秋迄冬，數遣使經營。於是人爭言導河之利，獨茂則等以謂：「二股河地最下，而舊防可因，今堙塞者纔三十餘里，若度河之湍逆而浚之，又存清水鎮河以折其勢，則悍者可回，決者可塞，用力寡而收功速。」時議者皆以爲非，而轉運使且以材乏爲憂。上獨命茂則等董役，而使昉營材於並河諸州，或取於公，或售於私，人不加賦而諸河之費已給。自五年二月甲寅始事，四月丁卯訖功，而河深十一尺，廣四百尺。方浚河則稍稍障其決水，至河成而決口亦塞，故有是命。

茂則嘗建言：「熙寧二年未閉斷二股河北流，有荊家、鵲城、銘、房四埽，在二股河西北，周匝五十余里，大河行流在此隄埽之下。自閉斷北流，接續下約，于二股河北岸起立隄防，上流逼近河身，已次東北隄道，遠處去河止一二百步或一二里。夏津縣東隄河相去差遠，其上流北岸第一、第二埽北經恩州界，水漲時溢岸，水至隄腳下，雖已增修堤道盤木岸及捲埽固護，今荊家、鵲城、銘、房四埽在舊隄五十里，可以於房家埽下相度地形高仰處接隄一道，簽上北岸新隄，用爲遙隄，可以助二股河上流北岸近河新隄，以防決溢，可免大名府及御河至恩、冀、深、瀛等州軍水患。」

宋·李燾《續資治通鑑長編》卷二三九《神宗》（熙寧六年十一月壬戌）權發遣都水監丞周良孺言：「奉詔相度陝西提舉常平楊蟠所議洪口水利，今與涇陽知縣侯可等相度，欲就石門創口，引水入侯可所議鑿小鄭泉新渠，與涇水合而爲一，引水並高隨古鄭渠南岸。今自石門以北，已開鑿二丈四尺，此處用約起涇水入新渠行，可溉田二萬餘頃。若開渠直至三限口合入白渠，則其利愈多，然慮功大難成。若且依可等所陳，廻洪口至駱駝項合白渠，行十餘里，雖溉兩旁高阜不及，然用功不多，既鑿石爲洪口，則經久無遷徙之弊。若更開渠至臨涇鎮城東，就高入白渠，則水行二十五里，灌溉益多。或不以功大爲難成，遂開渠直至三限口五十餘里，下接耀州雲陽界，則所溉田可及三萬餘頃，雖用功稍多，然獲利亦遠。」詔用良孺議，自石門創口至三限口，合入白渠興修，差蟠提舉。又令入內供奉官黃懷信乘驛相度功料。先是，上閱《鄭渠利害》，王安石曰：「此事正與唐州邵渠事相類，從高瀉水，決無可慮。陛下若捐常平息錢助民興作，何善如之！」上曰：「縱用內藏錢，亦何惜也？」

宋·沈括《夢溪筆談》卷二五《雜誌二》 國朝汴渠，發京畿輔郡三十餘縣夫歲一浚。祥符中，閤門祗候使臣謝德權領治京畿溝渠，權借浚汴夫，自爾後三歲一浚，始令京畿邑官皆兼溝洫河道，以爲常職。久之，治溝洫之工漸弛，邑官徒帶空名，而汴渠至有二十年一浚，歲歲堙澱。異時京師溝渠之水皆入汴，舊尚書省《都堂壁記》云「疏治八渠，南入汴水」是也。自汴流堙澱，京城東水門下至雍邱、襄邑，河底皆高出堤外平地一丈二尺餘，自汴堤下瞰，民居如在深谷。熙寧中，議改疏洛水入汴，予因出使按行汴渠，自京師上善門量至泗州淮口，凡八百四十里一百三十步。地勢：京師比泗州高十九丈四尺八寸六分。於京城東數里白渠中，穿井至三丈，方見舊底。驗量地勢，用水準、望尺、榦尺量之，亦不能無小差。汴渠堤外皆是出土，故溝水令相通，時爲一堰，節其水候，水平其上，漸淺涸，則又爲一堰，相齒如階陛，乃量堰之上下水面相高下之數會之，乃得地勢高下之實。

宋·李燾《續資治通鑑長編》卷二四八《神宗》（熙寧六年十一月壬寅）丁未，王安石言：「以濬川杷濬黃河，自二十八日卯時至二十九日申時，凡增深九寸至一尺八寸，請以杷濬汴。」從之。

又（熙寧六年十二月戊子）同判都水監李立之言：「雍邱縣界噎凌沫岸漫流，併入白溝河。及檢視水口以東，汴身填淤，高水面四尺，已計功修塞。」詔賜塞決口兵綢錢，築孔固斗門堰役兵準此。

宋·李燾《續資治通鑑長編》卷二四九《神宗》（熙寧七年正月丁巳）又詔荊湖路察訪章惇具建懿州四至地里、所管戶口、置官屯兵次第以聞。時惇言南江州峒悉已平定，請建州縣城寨故也。

宋·李燾《續資治通鑑長編》卷二五四《神宗》（熙寧七年六月）丁丑，河北緣邊安撫司上《制置緣邊浚陂塘築隄道條式圖》，請付邊郡屯田司；又言於緣邊軍城植柳蒔麻以備邊用。皆從之。

又（熙寧七年六月）戊子，知冀州王慶民言，州有小漳河，向爲黃河北流所壅，今河已東流，乞發夫開浚。詔外都水監丞司相度以聞。既而不行。

元·脱脱等《宋史》卷九五《河渠志五》（熙寧）七年六月，知冀州王慶民言：「州有小漳河，向爲黃河北流所壅，今河已東，乞開濬。」詔外都水監相度而已。

宋·李燾《續資治通鑑長編》卷二五四《神宗》（熙寧七年六年）都水監言：「劉璯狀，勘會北京界黃河，自熙寧二年閉斷北流，後累橫決於許家港及清水鎮，下入蒲泊，水勢散漫，淹浸民田。六年十月，王令圖等建議，乞於北京第

四、第五埽等處開修直河，使大河復還二股故道。瑜等尋被旨相度，還言其利，即已施行，命范子淵等領其事。子淵等開直河，計深八尺，不住疏濬，又閉斷南岸魚肋河四道，擗摎水勢，全入二股河。今直河水深二丈五尺，或增至三丈，而許家港、清水鎮河極淺漫，幾乎不流。看詳二股河，今雖水勢深快成河道，蓋緣蒲泊已東，連接清水鎮、許家港，向下直至四界首，漸次退出田土，別無固護，若向去卻遇漫水出崖，未免依前牽回河頭，復成水患。乞下外監丞司相度，候霜降水落，將清水鎮河閉斷，築縷河堤一道，遮欄漲水，使大河復循故道，別無走移壅遏之患。及退出民田數萬頃，民得耕種，兼退背下博州界堂邑等七埽，減省逐年修護之費，公私俱濟。監司勘會北京界第五埽所開直河，及用濬川杷、鐵龍爪疏濬河道，并閉塞魚肋河等，元係劉瑜相度措置，今又以爲言，乞差瑜與王令圖同外都水監丞司就計其事。」從之。

宋・李燾《續資治通鑑長編》卷二五六《神宗》（熙寧七年九月）甲寅，上謂輔臣曰：「卿等所上邊防畫一，先擇可施行者十四事，更與樞密院議之，恐事有未盡。」既而二府合奏可行之事凡十有四。【略】十二，敵人出入道路，宜悉知之，先據地利安置營寨，開掘坑塹，示之以利，導令必趨。及可以設伏處，預知地形高下，水流所歸，如壅決某水即可沖灌某處，若恐敵人用之，即就何處防守疏決或回避，並悉講求畫圖以聞。【略】詔皆行之。

宋・李燾《續資治通鑑長編》卷二七六《神宗》（熙寧九年六月癸卯）高陽關路安撫司言：「信安、乾寧軍塘濼昨因不修，獨流決口，至今乾涸。乞於樸樁堰南引御河水注入。」上批：「聞近歲塘水有極乾淺處，當職之官頗失經治，可于兩路各選委監司一員，以巡歷爲名，點檢具闊狹深淺，畫圖以聞。」已而河北東、西路提點刑獄韓正彥、韓宗道各具淤澱乾淺處以聞。詔送河北屯田司相度當興修所在，計工料聞奏，其官吏仍令東路轉運司劾之。

元・脱脱等《宋史》卷九五《河渠志五》（熙寧）九年六月，高陽關言：「信安、乾寧塘濼，昨因不收獨流決口，至今乾涸。」於是命河北東、西路分遣監司，視廣狹淺深，具圖本上。十年正月甲子，詔：「比修築河北破缺塘堤，收匱水勢。其信安軍等處因塘水減涸，退出田土，已召人耕佃者復取之。」

宋・李燾《續資治通鑑長編》卷二七七《神宗》（熙寧九年八月）庚戌，權判都水監程師孟言：「臣昔提點河東刑獄兼河渠事，本路多土山高下，旁有川谷，每春夏大雨，衆水合流，濁如黃河。礬山水俗謂之天河水，可以淤田。絳州正平縣南董村旁有馬壁谷水，勸誘民得錢八百緡，買地開渠，淤瘠田五百餘頃，其餘州縣有天河水及泉源處，亦開渠築堰，皆成沃壤。凡九州二十六縣，共興修田四千二百餘頃，并修復舊田五千八百餘頃，計萬八千餘頃。嘉祐五年畢功，攢成《水利圖經》二卷，付州縣遵行，迨今十七年。近聞南董村田畝舊直三兩千，所收穀五七斗，自灌淤後其直三倍，所收至三兩石。今權領都水淤田，竊見累歲淤京東、西鹹鹵之地，盡成膏腴，爲利極大，尚慮河東路猶有荒瘠之田，可引天河淤溉。乞委都水監選差官往與農田水利司并逐縣令佐檢視，有可淤之處，具頃畝功料以聞，俟修畢，差次酬賞。」從之。於是奏遣都水監丞耿琬管勾淤河東路田。《食貨志》同，師孟提舉京東、西淤田在五月末，九月十六日同提舉京東、西淤田，明年六月十四日賞功。

宋・李燾《續資治通鑑長編》卷二八〇《神宗》（熙寧十年正月甲子，）詔：「已差官修築河北破缺塘隄，收櫃水勢，其信安軍等處因塘水減涸退出田土，已召人耕佃者，並令起遣。仍差河北東路提點刑獄韓正彥同屯田都監謝禹珪檢括畫圖以聞。」

宋・李燾《續資治通鑑長編》卷二八六《神宗》（熙寧十年十二月）甲申，手詔：「比楊琰、高靖檢河道回，具所見條上，可召審問，參質利害，庶被災之民不致枉有勞役。」初，河決曹村，命官塞之，而故道已堙，高仰，水不得下。議者欲自夏津縣東開簽河入董固護舊河，袤七十里九十步，又自張村埽直東築隄至龐家莊古隄，袤五十里二百步，計用兵三百餘萬、物料三十餘萬。而琰等以爲口塞水流，則河道自成，不必開築，以縻工役。上重其事，故令審問，仍詔侍御史知雜事蔡確同相視以聞。既而以確母病，改命樞密都承旨韓縝。後縝言：「漲水沖刷新河，已成河道。河勢變移無常，雖開河就隄，及於河身創立生隄，枉費功力。欲止用新河，量加增修，可以經久。」從之。縝言在明年正月，今依朱本移入此。

元・脱脱等《宋史》卷九二《河渠志二》元豐元年四月丙寅，決口塞，詔改曹村埽曰靈平。五月甲戌，新堤成，閉口斷流，河復歸北。初議塞河也，故道堙而高，水不得下，議者欲自夏津縣東開簽河入董固以護舊河，袤七十里九十步；又自張村埽直東築堤至龐家莊古堤，袤五十里二百步。詔樞密都承旨韓縝相視。縝言：「漲水衝刷新河，已成河道。河勢變移無常，雖開河就堤，及於河身剏立生堤，枉費功力。惟增修新河，乃能經久。」詔可。

宋・李燾《續資治通鑑長編》卷二九七《神宗》初，去年（元豐元年）五月，西頭供奉官張從惠言：「汴河口歲歲閉塞，又修隄防勞費，一歲通漕纔二百餘日。往時數有人建議引洛水入汴，患黄河嚙廣武山，須鑿山嶺十五丈至十丈以通汴渠，功大不可爲。自去年七月，黄河暴漲異于常年，水落而河稍北去，距廣武山麓有七里遠者，退灘高闊，可鑿爲渠，引水入汴，爲萬世之利。」知孟州河陰縣鄭佶亦以爲言。時范子淵知都水監丞，畫十利以獻：【略】。又言：「汜水出王仙山，索水出嵩渚山，亦可引以入汴，合三水積其廣深，得二千一百三十六尺，視今汴流尚贏九百七十四尺，以河、洛湍緩不同，得其贏餘，可以相補，懼不足，則旁隄爲塘，滲取河水，每百里置木牐一，以限水勢，隄兩旁溝湖陂濼，皆可引以爲助，禁伊、洛上源私取水者。大約汴舟重載，入水不過四尺，今深五尺，可濟漕運。起鞏縣神尾山至士家隄，築大隄四十七里，以捍大河。起沙谷至河陰縣十里店，穿渠五十二里，引洛水屬于汴渠，總計用工三百五十七萬有奇。」疏奏，上重其事。

清・徐松《宋會要輯稿・方域一》 元豐元年十月六日，重修都城訖功，詔知制誥、直學士院孫洙譔記刻石南薰門上。洙卒，改命知制誥李清臣。城周五十里百六十五步，高四丈，廣五丈九尺，外距隍空十五步，内空十步。自熙寧八年九月癸酉興工，以内侍宋用臣董其事，役羨卒萬人，創機輪以發土，財力皆不出于民。初度功五百七十九萬有奇，至是所省者十之三。

清・徐松《宋會要輯稿・方域一六》 （元豐元年）十二月六日，知都水監丞范子淵言：「奉詔相視導洛通汴，今自河陰縣西十里簽河處步量至洛口，地形西高東下，可以行水，乞差知水事臣僚再按視。」詔遣史館修撰、直學士院安燾，入内都知張茂則。

宋・李燾《續資治通鑑長編》卷二九七《神宗》 是年（元豐元年）冬，遣左諫議大夫、直學士院安燾，入内都知張茂則行視。

又 （元豐二年）正月，燾等還奏：「索水在汴口下四十里，不可引；洛、汜二水，積其廣深纔得二百六十餘尺，不足用。滲水塘引鑿大河，緩則填淤，急則衝決。洛水惟西京分引入城，下流還歸洛河，禁之無益。置牐恐地勢高下不齊，不能限節水勢。黄河距廣武山有纔一二里者，又方向著南岸，退灘堅土不及二分，沙居十之八，若於其間鑿河築隄，至夏洛水内溢，大河外漲，有腹背之患。新隄一決，新河勢必填淤，則三百餘萬工皆爲無用。又子淵建此，本欲省汴口歲歲勞費，今置隄埽水澾之類，歲計恐不啻一汴口之費，而又有不可保之慮。雖然，財力在人，猶可爲之，惟是水源不足，則人力不可强致。蓋伊、洛山河，盛夏雖患有餘，過此常若不足。疑謀勿成，惟陛下裁之。」上以子淵計畫有未善者，乃命用臣經度，以楊琺往。

又 （元豐二年三月）庚寅，詔入内東頭供奉官宋用臣都大提舉導洛通汴，前差盧秉罷勿遣。【略】

至是，用臣還，奏可爲：「請自任村沙谷口至汴口，開河五十里，引伊、洛水入汴，每二十里置束水一，以芻楗爲之，以節湍急之勢。取水深一丈，以通漕運。引古索河爲源，注房家、黄家、孟王陂及三十六陂高仰處，瀦水爲塘，以備洛水不足則決以入河。又自汜水關北開河五百步，屬于黄河，上下置牐，啓閉以通黄、汴二河船筏。即洛河舊口置水澾，通黄河，以泄伊、洛暴漲之水。古索河等暴漲，即以魏樓、滎澤、孔固三斗門泄之。計用工九十萬七千有餘。」又乞責子淵修護黄河南隄埽以防侵奪新河。詔如用臣策，故有是命。始嘗清汴，主議者以爲不假河水而足用，後歲旱，洛水不足，遂于汜水斗門以通木筏爲名，陰取河水益之，朝廷不知也。

清・徐松《宋會要輯稿・方域一〇》 （元豐二年）八月十二日，詔内省選差使臣二人，自京分詣陝西沿邊麟府等路，於遞鋪内可選充急脚遞鋪兵級，對換不堪走傳文字之人。仍相度鋪分地里遙遠去處，置腰鋪。

宋・李燾《續資治通鑑長編》卷三〇四《神宗》 （元豐三年五月甲子，）權都水監丞蘇液言：「分黄河八，都大應管逐埽職事，繪成圖，令都水監倣此，每歲首編進。」從之。

又 （元豐三年五月丁丑，）河東緣邊安撫司乞移牒止約北人緣邊創置鋪屋。上批：「如北人于分劃壕堠之北修建城池，即是有違誓書。若止增鋪屋，毋得止約。或于土門以東，接真定界以南侵犯，增鋪屋、壕堠，即先諭以理道；不從，即約闌出界。」續詔：「若北人果有創增，本界未有鋪屋，合關防處相度增置，先畫圖以聞。」

宋・李燾《續資治通鑑長編》卷三一一《神宗》 （元豐四年正月甲午，）詔：「昨令韓存寶移瀘州於江安縣及建置堡寨等事，令林廣候到，與轉運使商議，從便宜施行。」先是，樞密院得旨，令存寶移瀘州治於江安縣，及相度如更可展拓，擇要害地置城寨，控制蠻賊來路，遮護生熟夷人，久遠不爲邊患，即隨便興築，仍具地圖以聞。於是再遣林廣，故申命之。存寶至瀘州，亟議遷徙，苗時中曰：

「廢州置州，事體非細，今瘡痍未瘳，奈何遽調夫役？雖有朝旨，自當覆奏。」乃條上利害，瀘州竟得不移。

元·脱脱等《宋史》卷九五《河渠志五》 元豐四年正月，北外都水丞陳祐甫言：「滹沱自熙寧八年以後，汎濫深州諸邑，爲患甚大。諸司累相度不決，謂其下流舊入邊吳、宜子淀，最爲便順。而屯田司懼填淤塘濼，煩文往復，無所適從。昨差官計之，若障入胡盧河，約用工千六百萬，若治程昉新河，約用工六百萬，若依舊入邊吳等淀，約用工二十九萬，其工費固已相遠。乞嚴立期會，定歸一策。」詔河北屯田轉運司同北外都水丞司相視。

清·徐松《宋會要輯稿·方域一九》 元豐四年四月九日，樞密院言：「蘭州近修復金城關，繫就浮橋，涇原進築古高平、没煙峽城寨，下瞰天都不遠，尚未與熙河邊面通徹。如將來涇原舉動，進築天都、鍬钁川、蕭磨移隘等處，又須兩路聲勢相接，乃可爲肘臂。宜更自熙河安西城東北青石峽口、青南訥心、東冷牟至會州以來，相度遠近，修建城寨。仍自會州入打繩川建置堡寨，直與南牟會相接，即與涇原互相照應。」詔令章楶、鍾傳究心體訪山川地里遠近與控扼要害合修築處，如何舉動可保全勝，具狀以聞。

宋·李燾《續資治通鑑長編》卷三一二《神宗》 （元豐四年四月乙亥，）都大提點在京倉場司言：「汴河糧綱歲運六百餘萬石，及司農寺起發淮、浙四十餘萬石，並於沿途汴倉分納。乞於萬盈、廣衍兩倉增廒屋四百間。」詔遣開封府推官曾孝廉按視，具圖以聞。

又 （元豐四年四月乙酉，）詔以瀛、定、澶州擬修盛貯封樁糧斛倉屋圖，每州作兩倉修蓋，付專切措置河北糴便蹇周輔差官往彼，度所宜建置處以聞。

清·徐松《宋會要輯稿·方域八》 元豐四年九月十三日，熙河路都大經制司言：「收復蘭州。蘭州古城東西約六百餘步，南北約三百餘步。大兵自西市新城約百五十里，將至金城，有天澗五六里，僅通人馬。自夏賊敗衄之後，所至部族皆降附，今招納已多，若不築城，無以固降羌之心。見築蘭州城及通過堡，已遣前軍副將苗履、中軍副將王文郁都大主管修築，前軍將李浩專提舉。」從之。

宋·李燾《續資治通鑑長編》卷三二二《神宗》 （元豐五年正月）丁未，代州言：「據瓶形寨申，有北人欲於瓶形寨地壕堠盡處取直向東，往團山子過往。當令監押吉先説諭令回。」上批：「已嘗圖付代州，候北人來立壕堠，準此施行，即是聽其過往。今卻約欄，乃是全不曉事，曲煩朝廷行遣，啓侮敵國。宜令分析，聽北人取直過往。」

又 （元豐五年正月甲午，）上批：「代州諸寨踏成蹊徑二十有七處及瓶形寨地圖，令河東經略司指揮代州并準備提舉管勾開壕，立堠官，候北界來計會，即自團山子鋪以西分水嶺脊，依畫圖商量取直，開立壕堠；其向西踏成蹊徑處，同行修治，俱令依舊，不得展縮。」

清·徐松《宋會要輯稿·方域一八》 元豐五年五月十二日，上批：「代州諸寨踏成蹊徑二十有七處及瓶形寨地圖，令河東經略司指揮代州并準備提舉主管開壕，立堠官，候北界來計會，即自團山子鋪以西分水嶺脊，依畫圖商量取直，開立壕堠；其向西踏成蹊徑處，同行修治，取令依舊，不得展縮。」二十五日，代州言：「據瓶形寨申，有北人欲於瓶形寨地壕堠盡處取直向東，往團山子過往。當巡監押吉先説諭令回。」上批：「已嘗圖付代州，候北人來立壕堠，准此施行，即是聽其過往。今卻約欄，乃是全不曉事，曲煩朝廷行遣，啓侮敵國。宜令分析，聽北人取直過往。」瓶形寨。

清·徐松《宋會要輯稿·方域一〇》 （元豐五年）五月二十六日，蒲宗敏乞自秦州至熙州，量地里遠近險易，置車子鋪二十八，招刺兵士。從之。

清·徐松《宋會要輯稿·方域一六》 （元豐五年）八月二十八日，都水使者范子淵言：「導洛通汴，將及五年。昨興役之初，大河北徙，距清汴遠，列爲堤埽，以障遊波。臣今相視水勢，大河有可從之理，及上塞河兵夫物料數。」詔子淵詳度，從南岸漸進鋸牙，約水勢入新河，具合行事以聞。已而子淵(於)於武濟山麓至河岸并嫩灘上修堤及壓埽堤，并新河南岸築新堤，計役兵六千人，限二百日成。開展直河長六十三里，廣一百尺，深一丈，計役兵四萬七千有奇，限三十日成。合費稍草竹，爲錢一十七萬緡有奇。從之。

元·脱脱等《宋史》卷九六《河渠志六》 元豐五年九月，淮南監司言：「舒州近城有大澤，出灊山，注北門外。比者，暴水漂居民，知州楊希元築捍水堤千一百五十丈，置洩水斗門二，遂免淫潦入城之患。」並璽書獎諭。

宋·李燾《續資治通鑑長編》卷三三五《神宗》 （元豐六年六月乙卯，）涇原路經略司欲以照管修築故寨堡爲軍形，誘致賊馬近邊，令姚麟等掩擊，或伺便出寨討襲。詔塞內誘致賊馬，或出塞討擊，並委經略使盧秉便宜施行。《御集》：六月十一日，措置河北糴便司奏：「昨準朝旨，于瀛、定、滑三州計置修蓋倉廒，今真定府有客人結攬木椽一十七萬餘，併已借過官錢，就山場采造。今若不行收買，竊恐借錢故難便拘收。

伏乞朝廷早降指揮，更于甚處度地修蓋。」御批：「先令契勘北京見管倉舍廣狹丈尺，併確的可盛貯斛斗數目，畫圖聞奏。候到，同令狀進呈取旨。」按四年九月二十三日，已修北京等處倉，或此御批當係四年六月十一日。今附見，當詳考。三州修倉乃四年四月二十八日，今年閏六月十七日，賜度牒修北京倉。

宋・李燾《續資治通鑑長編》卷三三六《神宗》（元豐六年閏六月己卯，）權開封府推官祖無頗言：「准詔，提舉京城所奏，度量京城里壁四面離城腳三十步內妨礙官私地步舍屋，令臣專管勾案圖摽撥內係百姓稅地及舍屋，參驗元契，並估計時價以聞。今度量除系官舍屋更不估計，其百姓稅地並舍屋共一百三十户，計直二萬二千六百餘緡，已牒將作監訖。」詔：「集禧等觀當拆修舍屋，令京城所管認；其餘係官屋，並令將作監拆修，其百姓屋價錢，令户部以撥券馬錢給之。」

宋・李燾《續資治通鑑長編》卷三四四《神宗》（元豐七年三月）乙卯，江淮等路發運副使、朝奉大夫蔣之奇，都水監丞、承務郎陳祐甫，各遷兩官，餘減磨勘年，循資有差。以上批「聞所開龜山運河，於漕運往來免風濤百里沈溺之患，彼方上下人情莫不忻快，其本建言及董役成者，令司動第賞以聞」故也。開龜山河在六年十一月二十八日。《神宗實訓・議河渠篇》：七年，江、淮發運副使蔣之奇請鑿泗州龜山左肋至洪澤五十七里爲新河，以避長淮之險。二月，以成功聞。之奇奏計至京，繪圖來上。

宋・楊仲良《宋通鑑長編紀事本末》卷一一一《哲宗皇帝・回河上》（元豐八年）九月丁丑，秘書監張問相度河北水事。

又　其月（元祐元年正月），又詔張問同（王）令圖相度。問請開孫村水口河以分減水勢，朝廷既從之，尋亦中輟。

宋・李燾《續資治通鑑長編》卷三八八《哲宗》（元祐元年九月己卯，）措置熙河蘭會路經制財用所上修築蘭州西關堡利害，詔劉舜卿審度合如何措置不致生事，及具圖以聞。

宋・楊仲良《宋通鑑長編紀事本末》卷一一一《哲宗皇帝・回河上》（元祐元年）十一月丙子，相度河北水事張問言：「臣至滑州決口地分，相視得迎陽埽至大、小吳埽水勢低下，舊河淤澱。若復舊道，功力難辦。請於南嶽大名埽地分開直河，並簽分引水勢，以解北京向下水患。」從之。

宋・楊仲良《宋通鑑長編紀事本末》卷九二《哲宗皇帝・講讀》（元祐）二年四月丙戌。先是，中書省言：「景祐二年，置邇英、延義二閣，以設講筵。延義閣在崇政殿之西南，向欲令管勾講筵所經度，如得寬涼，以備夏講。」詔修内司畫圖進入。

宋・李燾《續資治通鑑長編》卷四一六《哲宗》（元祐三年十一月）甲辰，三省、樞密院言：「【略】據孝先等稱，除孫村口外，更無不近界河可以回河入海去處。其孫村口欲作二年開修，今冬先備舊隄梢草一千萬束，來春下手，先開減水河，分減水勢，所用兵夫已有前申定數。至元祐五年方議閉塞北流，回改全河入東流故道。已令孝先等供結罪保明狀訖。看詳除預備舊隄物料便可施行外，所有元祐五年閉塞北流，回全河入東流故道，並來年開減水河，慮別有未盡利害，欲差官躬親相度，具經久利害，詣實奏聞。」詔：「差吏部侍郎范百禄、給事中趙君錫躬親往彼相度，並具的確利害，畫圖連銜保明聞奏。如孫村口不可開河，即別於不近界河踏逐一處，亦具保明奏聞。」

宋・楊仲良《宋通鑑長編紀事本末》卷一一一《哲宗皇帝・回河上》（元祐三年）閏十二月，范百禄、趙君錫既受詔同行視東、西二河，度地形究利害，見東流高仰，北流順下，知河決不可回，即條畫以聞。

清・畢沅《續資治通鑑》卷八一《宋紀八十一》（元祐三年閏十二月，）范百禄、趙君錫既受詔，行視東西二河，度地形，究利害，見東流高仰，北流順下，知河必不可回，即條畫以聞。

又　（哲宗元祐三年）十一月，甲辰，遣吏部侍郎范百禄、給事中趙君錫相度回河利害，畫圖聞奏。

宋・楊仲良《宋通鑑長編紀事本末》卷一一一《哲宗皇帝・回河上》（元祐四年）四月壬子，尚書省言：「大河東流，爲中國之要險。自大吳決後，由界河入海，不惟淤壞塘濼，兼濁水入界河，向去淺澱，則河必北流。若河尾直注北界入海，則中國全失險阻之限，不可不爲深慮。」詔吏部侍郎范百禄、給侍中趙君錫條畫以聞。

清・徐松《宋會要輯稿・方域一五》（元祐）四年正月二十八日，詔罷回河。先是，范百禄、趙君錫等既受命未行，大臣主議者乃密從中批出曰：「黄河未復故道，終爲河北之患。王孝先等所議已嘗興役，不可中罷，宜接續功料，向去決要回復故道。」右僕射范純仁累疏論列，上遂遣中使收回批旨，使執政大臣與水官公心議論。曰河之議，自此稍緩。後百禄、君錫受詔同行相視東西二河，度地形，究利害，見東流高仰，北流順下，知河決不可回，即奏罷修河司。至是始罷。

宋·李燾《續資治通鑑長編》卷四二三《哲宗》（元祐四年三月）辛巳，詔上清儲祥宫依圖修蓋，和雇工匠。

元·脱脱等《宋史》卷九五《河渠志五》（元祐四年）四月戊午，尚書省言：【略】詔范百禄、趙君錫條畫以聞。

百禄等言：臣等昨按行黄河獨流口至界河，又東至海口，熟觀河流形勢；并緣界河至海口鋪砦地分使臣各稱：界河未經黄河行流已前，闊一百五十步下至五十步，深一丈五尺下至一丈；自黄河行流之後，今闊至五百四十步，次亦三二百步，深者三丈五尺，次亦二丈。乃知水性就下，行疾則自刮除成空而稍深，與《前漢書》大司馬史張戎之論正合。

宋·楊仲良《宋通鑑長編紀事本末》卷一一一《哲宗皇帝·回河上》（元祐四年）八月丁未，翰林學士蘇轍言：「臣去歲領户部外曹，以財賦不足，而開河之議不決，河北費用不貲，曾三上章論河流西行，已成河道。而孫村以東故道高仰，勢決難行。是時大臣之議，多謂故道可開，西流可塞，朝廷因遣范百禄、趙君錫親行相度。百禄等既還，皆謂故道不可開而西流不可塞。何者？地形高下不可指，而知水性避高趨下，可以一言而決，故百禄等不敢蒙昧朝廷，希合權要，效其誠説而致之陛下。陛下亦知其言明白，信而行之，中外公議，皆以爲當。臣竊聞見今河道西行孫村側左，大約入地二丈以來，而見今申報漲水出崖田新開口地東，入孫村不過六七尺。欲因六七尺漲水，而奪入地二丈河身，雖三尺童子，知其難矣。」

宋·李燾《續資治通鑑長編》卷四三六《哲宗》（元祐四年十二月，梁）燾又言：「臣近論奏汴、洛利害，乞復爲汴口，誠以廣武隄埽不足兼恃，大河萬一不禦，則首爲京師之憂。訪聞開汴之時，大河曠歲不決，蓋汴口析其三分之水，河流常行七分也。自導洛而後，頻年屢決，雖洛口竊取其水，率不過一分上下，是河流常九分也。猶幸流勢臥北，故潰溢北出。自去歲以來，稍稍臥南，此甚可憂，而洛口之作，理須早計也。竊以開洛之役，其功甚小，不比大河之上，但闢一百餘步，即可以通水三分，不但永爲京師之福，又減河北屢決之害。兼水勢既已牽動，在於回河，尤爲順便。議者以爲不獨孫村之功可成，水勢既順，澶州故道，亦有自然可復之理。伏望睿慈斷以不疑，出臣前章，面詔大臣與本監及知水事者，按地形高下，水勢利害，先具圖説，庶知臣言不妄。」

元·脱脱等《宋史》卷九六《河渠志六》（元祐四年）十二月，京東轉運司言：「清河與江、浙、淮南諸路相通，因徐州吕梁、百步兩洪湍淺險惡，多壞舟楫，由是水手、牛驢、捧户、盤剝人等，邀阻百端，商賈不行。朝廷已委齊州通判滕希靖、知常州晉陵縣趙竦度地勢穿鑿。今若開修月河石堤，上下置牐，以時開閉，通放舟船，實爲長利。乞遣使監督興修。」從之。

清·徐松《宋會要輯稿·帝系二》（元祐）五年四月十八日，將作監言：「温國長公主第已畫圖進呈，並依温國長公主第修蓋。今踏逐到見住軍頭司及添展龍衛營東壁地步可以修蓋。其間有侵居民税業地步，乞估定價錢，下户部支還。」從之。

宋·李燾《續資治通鑑長編》卷四五四《哲宗》是月（元祐六年正月），御史中丞蘇轍言：【略】大河自天禧西行，及其決于大吴，其出西山不遠，惟有此地未經淤填，比之他處地形最下，故河水自擇其處，決而北流，直至瀛、莫之郊，地勢北高，河遂東折入海，其爲順便，殆天意也。惟北京之南孫村在其東岸，東接故道，其間數十里，地頗污下，每歲夏秋漲水，多自此溢出。昔之治河者以爲北京宫闕所在，兵民夥煩，而孫村近在南城之外，若使漲水從此流入故道，則一城生聚皆有魚鱉之憂，故於河之東岸、孫村之南，開清豐口以洩漲水，流入故道。于河之西岸開闞村等三河門，亦以洩漲水，行無人之地，迤邐流至館陶，復合入大河。昨來朝廷如一依昔人措置，則北京每歲夏秋漲水自可無虞，城南隄防所費並可省罷。自北京以北，至瀛、莫以南，地迫西山，漸有岡阜，河流至此，自不能爲害，惟有深州當河流之沖，所宜經畫。今若從武强縣開近東舊河道，引河稍東，則深州之危必自紓解，然後修治山公一帶北隄，令極高厚，則河流赴海，可無大患矣。自今建孫村回河之議，先閉塞闞村等三河門，又於梁村築東西馬頭及鋸牙，侵入河身幾半，迫脅大河，强之使東。既河身噎塞，則上流陽武、靈平等處去秋並告危急。漲水至北京之南，東西兩岸無所分減，又爲馬頭、鋸牙所迫，併入孫村，直上北京簽横堤面。北京告急，嘗稱若雨不止，風不定，本京必定蹉虞，其得平安，蓋出天幸。由此横隄、順水隄皆作木岸，所費不貲，然終亦不可全恃。兼梁村東馬頭下崖至水面高七尺，水深二丈已上，若欲開掘馬頭以東，回奪河身，須及三丈乃可，訪聞入地一丈，泥水不可復開，雖復傾國應副，力亦不及。若欲略行開掘，令漲水沖刷成河，則二年以來，已試不效，況故道一帶，隄内直高一

丈上下，而堤外直高二丈有餘，架水行空，最爲危事。【略】

臣職在風憲，疾之久矣，近因訪聞習知河事之人，頗得其實，綵畫成圖，隨事籤貼，指掌可見，今隨劄子上進。臣雖未嘗閲視形勢，然而朝廷大臣亦未嘗按行其地，不可便以都水官吏爲信也。欲乞聖慈特選骨鯁臣僚及左右親信，往河北計會逐處安撫、轉運、提刑、州縣及北外監丞司官同共踏行，詳具圖録，開述利害，保明聞奏。如臣所言不妄，即乞罷分水指揮，廢東流一行官吏、役兵，拆去馬頭、鋸牙，依上件所陳施行，今年春夫仍并撥付北流開河築隄役使。所貴河朔及鄰路兵民早獲休息，國家財賦不至枉費，有豐足之漸，則天下幸甚，天下幸甚！

宋·李燾《續資治通鑑長編》卷四七〇《哲宗》（元祐七年二月丁卯，）樞密院言：「勘會陝西緣邊見各有緊切控扼賊馬道路，以自來夏國講和，未曾修建堡寨，今既絶彼貢奉，可以乘時踏逐地基修築。奉聖旨，令詔陝西、河東諸路經略司，疾速選官帶領合用人馬，親詣漢界及並漢地生界内，選擇形勢要害堪作守禦寨基去處，先據漢、蕃地内緊要處選定兩處，約度每處城圍地步大小，并去見今城寨四至遠近著望去處，及多少日月可以畢工，仔細畫圖開説聞奏，仍先行計置一處合用樓櫓材植物料等百色名件、應干支費錢糧，候見實數具狀聞奏。所有興工下手先後月日，即聽朝廷別降指揮。」此據章楶奏議，乃七年二月十四日指揮，當時遍下諸路，即《實録》所刪取者。今具載本文，仍以《實録》附注于後：「詔陝西、河東並邊：今夏賊自絶，宜乘時進築，擇形勢要害可作守禦城寨，每路先選定兩處，約具城圍大小，役工月日及所去旁近城寨四至遠近，繪圖開説；仍先計置一處合用樓櫓材植物料、應干支費錢糧實數以聞，其興工先後月日，即聽朝旨。」《玉牒》云：「二月，詔以夏人自絶，命陝西、河東路集築。」即此月十四日詔也。

宋·李燾《續資治通鑑長編》卷四七四《哲宗》（元祐七年六月）壬申，環慶路經略使章楶奏：「【略】」遂乞進築洪德寨西北白馬川，地名灰家觜，及修復大順城廢安疆寨。皆不從。此據《章楶奏議》修入。奏議《進築》序云，不克施行。楶奏甚詳，今別注此下，十月十二日可考。檢準元祐七年二月二十四日樞密院劄子節文，【略】。續準當月二十日樞密院劄子節文，竊慮諸路所遣官不量事勢，緣此深入賊境，卻致落彼設伏姦便。奉聖旨，令逐路經略司除漢界寨基依前降指揮外，止作本司意度，嚴緊約束所遣官，如入生界踏逐，仰只于並漢界側近去處相度地利，按視選擇，即不得輕易深入。本司自承準續降指揮後來，觀望賊勢，未敢建議，遷延以至今日。又累探得西賊七月已後便欲點集，揣度奸計，未有歸順之心，若不先事開陳，竊恐有失機會。遂於環慶州界合踏逐到可以修建城寨利便去處，尋選差權本司幹當公事种建中，計會皇城使、權第二將折可適，宫苑使、本路兵馬都監、第三將張誠親詣逐處相度形勢利害，堪與不堪守禦。今據逐官申，逐處形勢並係要害，堪作守禦城寨，及約度到逐處城圍地步大小，并去見今城寨四至、遠近珠旺去處，及約度到逐處合用樓櫓、材植、物料等百色名件，支費錢糧下項：一處環州洪德寨西北白馬川，地名灰家觜，在邊壕内，係漢界生地，南至見今守坐白魚峰四里，東至洪德寨二十里，西北去界壕不遠，依山據險，兩面皆是天塹，正當青岡峽口，控扼得青岡峽、相濟乾川、同家川三處賊馬來路，若于此修建城寨，則四面良田約計可得千頃以來，足以招置漢蕃弓箭手，以爲籬落。不惟扼賊喉衿，至于平時，賊馬常由中原賀子原犯歸德州，并自牛圈八帕克巴原侵擾，日恣剽掠，一帶蕃部皆可以照應。兼直北去西界清遠軍溝井水窗，自來西界屯集人馬處，止是八十餘里，去中路牛圈有水草處四十餘里，委是要害阻固之地，可以修建城寨。一處慶州大順城北安疆寨，東至保安軍德靖寨七十餘里，西至慶州東谷寨五十里，南至慶州大順城三十五里，北至西界白豹鎮三十五里，雖是已給賜城寨，緣城形最爲利便，我得之，則柔遠寨、大順城、荔原堡一帶邊面盡在腹裏，控金湯白豹賊馬來路，自隆雲一帶部族不敢寧處。賊得之，則金湯白豹盡能障蔽，自歡樂烽下窺漢川不踰十里，卒然寇至，脱莫能支。賊馬據此以爲家計，而數出輕騎以擾吾邊，則柔遠、大順、荔原門不敢晝開，是以熙寧中賊築壘于此。本路三寨枕戈而寢，萬一賊復來占據，將見慶州東北百里便是賊巢，不可不慮也。其廢安疆寨兩面亦是大澗，因險起城，費工極少，城中故井猶在，四面良田僅二千頃，往年未廢以前，贍養漢蕃弓箭手千人尚有餘地。其故城雖已廢毁，大率版築處不多，且順則與之，違則取之，自于朝廷無所不可。右謹件如前勘會，版築之興，貴于神速，須當預行措置物料具備，其樓櫓、城門、倉庫、舍屋合用材料，並須成就，只今以檢計慶州大順城、荔原、柔遠，環州洪德、肅遠，烏蘭官舍樓櫓爲名，津送至逐寨。然後探伺賊中點集人馬侵犯別路，則量事勢大小，分遣將兵作牽制，次第出界，或三五十里，或百里内駐劄。一面版築，約半月日可畢工。比至賊人知覺，城壘已就。今來所請事理，或城灰家觜，或復安疆寨，並委本司相度事勢，賊寇所聚集遠近，擇利興工，使其首尾不相及。候工畢日，許令一面招募沿邊百姓，并近裏弓箭手，投換分配，住佃四面田土，以爲藩籬。仍且以一將兵馬分番防戍，候城壘堅全可以固守，漸次抽那。其合鋪巡防遠，硬探人馬，亦只于近裏遞相趲那出外，委無妨闕，伏乞朝廷更賜詳酌。如可施行，即乞于三五月前密降指揮，所貴不失計置。今畫到圖子二本，連黏在前黄貼子。

宋·李燾《續資治通鑑長編》卷四八〇《哲宗》（元祐八年正月丁未，）中書侍郎范百禄言：「竊聞水官自元祐四年正月二十八日准敕罷回河，後逐年併功修進梁村鋸牙并大河兩馬頭，經今四周年有餘，用過功力浩瀚。兼三處並行第一等向著，其河清人數、年計物料、使臣酬奬，並係第一等。今鋸牙與兩馬頭連亙約及數十里，其東馬頭進築，與西馬頭相向，所以北流河門止有三百二十步闊，似此多方盡力，擗拶水勢，歲月既久，湍迅安得不激射奔赴東流？賴得北流向緊，所以未至全河東去。若如水官之意，既進埽緶，又狹河門，只留一百五十步，及預乞朝旨候北流淺小，作軟堰閉斷。詳此五事，顯見必欲回河，特以分水爲名，託云恐東流生淤，陰行巧計耳。【略】」

百禄又言：「自元祐四年正月二十八日降敕罷回河，後來臣僚回河之意終不肯已，然而大河亦終不回。二聖洞照河事，亦終不可惑。且如元祐四年秋，北京之南沙河直隄第七鋪決，水卻北還河，臣見朝廷別無施行，將爲無足憂者。近因外都水丞將到河圖，方見畫樣上件決口，乃與大河一般。尋行取會，據外丞司申打量到決口見闊六里零二百八十五步，決口水勢正注北京横簽隄。據如此口地廣闊，若將來秋夏泛漲，簽隄禦捍不定，北京豈不寒心？而水官恬然曾不顧恤，但務掩蔽，止欲朝廷不知此意，豈得穩便？況吳安持等方日生巧計，壅遏北流，前後多端，致大河漸有填淤之害，浸壞禹跡之舊，豈不深可惜哉！若北流湮塞，而東注足以吞納全河，別無疎虞，有何不可？止緣東流故道積淤歲久，今其高仰出于屋之上，河槽又狹，而缺破處多，安持等都不以此爲憂，唯欲僥倖萬一，不顧危亡，殊可怪駭。況安持近已三次有狀乞替，欲乞出自宸斷，別選水官充代，非特保全安持等，實免久隳水政，別致害事。」

清・徐松《宋會要輯稿・方域一五》（紹聖元年）三月二十二日，詔：「黄河利害專責都水使者王宗望，仍與不干礙屬官相度措置施行，具圖狀以聞。其今月二日依相度定奪黄河利害所降旨揮更不施行。」

宋・楊仲良《宋通鑑長編紀事本末》卷一一二《哲宗皇帝・導洛廣武埽附》

（紹聖）元年十月辛丑，廣武埽危急。詔都水使者王宗望亟往廣武埽提舉救護。

壬寅，上謂輔臣曰：「廣武埽危急，閣去洛河不遠，須防漲溢，下灌京師。已遣中使往視之。」輔臣出圖及狀以奏曰：「此由黄河北岸生灘，欲水勢趨南岸。今時止已止，河必減落。然已下水官與洛口官同行按視，爲簽堤及去北岸嫩灘，令河順直，則無患矣。」都水監丞馮忱之言：「廣武埽危急，水勢刷塌堤岸。欲乞築灤水簽堤一道。」詔令馮忱之、李偉、郭茂恂相度，從長措置。【略】

癸丑，詔差權工部侍郎吳安持乘傳往廣武埽及洛口措置救護。【略】

壬戌，吳安持言：「廣武第一埽危急，即自決口與清汴絶近，緣河、洛之南去廣武山千餘步，地形稍高，則鞏縣東七里店至洛口不滿十里，可以別開新河，引導洛水近南行流，地步至少，用功甚微。」詔吳安持等再行相度，如果利便，即計的確工料，結罪保明已聞。

八月丙子，以權户部侍郎吳安持爲權工部侍郎。安持等言：「廣武埽危急，刷埽堤身二千餘步，與清汴絶近，接洛河之南。去廣武南五六百步或千餘步，地形稍高，自鞏縣高七里店至見今洛口，約不滿十餘里，可以別開新河，引導河水近南行流，地步至少，用功甚微。都水使者王宗望行視並開井筒各稱利便外，其南築大堤，功力浩大。乞下合屬官司，別相度保明。」從之。

辛巳，都水監言：「河勢緊急，緣陽武埽逼近京城，請速那官，同共提舉固護。」詔差開封府推官趙越疾速前去救護。

壬午，詔差權工部侍郎吳安持前去都大提舉開修新河等工役，及令南外丞李偉、勾當洛口王維同管開修。

清・徐松《宋會要輯稿・帝系二》（紹聖三年）二月二十二日，將作監上修蓋皇弟大寧郡王、遂寧郡王等五位外第地圖。詔皇弟五位依親賢宅故魏王位，從東先次修蓋。

清・徐松《宋會要輯稿・禮二・郊祀壇殿大小次》 紹聖三年五月三日，工部侍郎王宗望等言：「瑞聖園宴殿偏在南北隅，逼近街道，不唯將來陳列儀衛喧坌，兼輅出入由歷正門，難以迂曲。其殿庭西廊外至園牆上闊四十步，若修蓋望祭殿，委是窄狹。今比類南郊青城，擬移近東，充齋殿，直本園南北門修蓋。」從之。

又 （紹聖三年）六月二十七日，權尚書禮部侍郎黄裳等言：「臣等相視北郊瑞聖園，與南郊青城皆方三百步，若以瑞聖園爲帷宫，最是近便。其宴殿可以爲齋宫，即殿之西北爲望祭殿，以備陰雨。」詔入内内侍省選差使臣與工部同繪圖聞奏。

清・徐松《宋會要輯稿・禮二・北郊》 哲宗紹聖三年八月十七日，禮部言：「再詳定言郊壇制，高廣丈尺已有元豐六年七月朝旨，壇高一丈二尺，設四陛。其除治四面，稍令低下，以應澤中之制，緣深廣丈尺別無典禮，自外壝之外，量宜除治，其深廣令與壝壇相稱。仍於外壝四門外各留道路。其祀祭官孫昭度等度北郊皇地祇壇，東西二十六步，步五尺，凡八十尺。南北如之。周圍總六十四步，計積尺三百二十尺。壇身四壁四百五十六尺五寸。看詳北郊外壝之外既除治，合稍低下，以應澤中之制。又外壝四門之外當留道路，以備親祀儀衛經由，其廣闊合與外壝門相照。今度南郊東外壝櫺星三門，南北共六十二尺，南薰門外御路東西牆壁闊五丈五尺五寸，今所留道路若只與外壝門相照，亦自廣六丈有奇，不妨儀衛往來。」從之，仍令工部遣禮直官指畫增飾。

又（紹聖）四年四月十四日，工部言：「禮直官指畫到壇心東西南北各四十尺，上等陛八尺，中等陛一丈，下等陛一丈二尺，闊一丈二尺。裏壝二十五步，牆基三尺；外壝二十五步，牆基三尺。東西南北四方摠九百八尺。內除東北兩壁別無增展地步外，有四壁比舊增出五尺，侵官道；南壁比舊增出一丈三尺，侵官道。三壝牆四門各闊六十二尺。壇身低處將高就低，一例貼築，并增飾一尺五寸，外有櫺星門。外壝之外，量宜除治四面，稍令低下。欲乞自外壝外留五尺除治，闊十丈，以漸至中心，深四尺。擇日興工，合得祭告。」從之。

元・脱脱等《宋史》卷九六《河渠志六》（紹聖）四年四月，水部員外郎趙竦請濬十八里河，令賈種民相度呂梁、百步洪，添移水磨。詔發運并轉運司同視利害以聞。

宋・李燾《續資治通鑑長編》卷四八七《哲宗》（紹聖四年五月）丙辰，工部侍郎王宗望等奏：「準敕，北郊應緣祀事儀物及壇壝、道路、帷宮，遣官計度，畫圖聞奏。今檢視西北隅逼近街道，若修蓋望祭殿，委是窄狹。今比類南郊青城，摋移近東，與本園南北門照直修蓋事。」御批：「可並依擬定圖狀，疾速下將作監修蓋。仍存留見役添修玉津園兵匠等，應副充役，及差元同相度入內東頭供奉官、勾當御藥院劉友端共管勾修蓋。內有圖狀今來該説未盡事件，即許隨宜臨時施行。」

又（紹聖四年五月己未，）涇原路經略使章楶言：「勘會臣到本路條上進築之策，朝廷幸聽其計，於二月二十三日會合四路兵建築平夏城、靈平寨，如期了當，尋將逐處軍馬分屯放散去訖。緣臣所陳後石門、褊江川兩處形勢所繫，利害尤重。控扼好水、西山諸谷賊馬來路，占據得要害之處，比趨九羊谷、白草原，尤爲快便。俯逼天都巢穴，平夏、靈平所占耕地，遂免抄掠之患，與葫蘆河川東西形勢相爲表裏。本司近指揮緣邊安撫、知鎮戎軍种朴量帶人馬照管平夏、靈平兩處官吏修緝次第，因令由打破賊堡於後石門、褊江川子細按視山川形勢，道路險易，有無水泉，當如何措置修築。今據种朴彩畫到地圖，簽貼圓備。臣尋將前所進藁，照驗得委實尤爲精確。又緣夏賊點集頻併，其力勞敝，四月十一日，舉國十餘萬眾驀來奔突，諸將力戰，賊遂敗去。度其勢未能再有嘯聚，若不乘此機會進築了當，卻寬歲月，其力稍全，則是資寇養患，邊防之憂未艾也。今不避小有煩擾，再舉師徒，全補藩籬，以成暫勞永逸之功。臣仰荷國恩，當此委寄，不敢遷延，復將重責遺與後人。今且條畫後石門等處進築事件如後：一、於後石門川下建六百步城一所，正當九羊谷、白草原趨天都大路，控扼得塔子觜、泥棚障賊馬來路，東去平夏城約二十里。一、於床地掌建六百步寨一所，東由青沙峴，好水河趨靈平寨，及照應得石墻子、拽木岔賊馬來路，北去後石門約一十五里。其密鄂充、好水一帶山林，悉皆包括在裏，可以應急采斫使用。一、於舊褊東城下，上建六百步或四百步寨一所，東由密鄂充、柳陰河、拽木岔趨葫蘆河大川，西控木魚川入懷遠大路，及照護得定川、三川、懷遠，更無邊面。北去床地掌約一十三里，南去三川寨邊壕約二十里。已上三處可以建築城寨，其勢與平夏城、靈平寨爲表裏，足以分據要害，制夏賊之死命。所有城圍大小及相去道里遠近，乞從本司臨時更切相度措置。或且先修後石門、床地掌兩處，其褊江城候事力稍辦，方行進築。」

清・徐松《宋會要輯稿・帝系二》 元符元年二月十三日，詔：咸寧郡王俁、普寧郡王似於三日內選日出閤，權就東宮。所有佖等見住位，以令有司依先定圖，計會膳那，擗截施行。」以三省言，皇弟大寧郡王佖、遂寧郡王佶並許建第開府，今修外第兩位，且夕畢，咸寧郡王已下次當出閤，故有是詔。

宋・李燾《續資治通鑑長編》卷四九九《哲宗》（元符元年六月）癸巳，將作監奏：「南郊青城，奉旨修建殿宇，仍畫圖聞奏。今具圖樣，未敢依圖修建。」御批：「差入內東頭供奉官、勾當御藥院劉友端，同將作監管勾修置，餘並依昨修北郊帷宮所得朝旨等施行。仍令本監同今來所差官，再相度畫圖進呈，取進止。」《御集》六月十六日事。

又（元符元年六月癸巳，）環慶經略司孫路言，新築城寨所據橫山地土，才分十之二三，以巡綽所至則幾半，若築之字平、威章巴、定邊、葫門四城寨畢，則山界皆爲我有。蓋謂城寨之外，百餘里間，西人不敢耕種住坐。曾布嘗病章惇以謂拓地已有次第而未知其實，故遍下諸路，問橫山起自何處，至何處止，東西南北長闊若干，新舊城寨所據地土已及若干分數，亦屢以白上。而路所言地里不敢以不實，但云四城寨畢，則皆可有爾。上覽之，具見地里遠近之實，甚悅。

清・徐松《宋會要輯稿・禮二・郊祀壇殿大小次》 元符元年六月，將作監言：「被詔修建南郊青城齋宮，今已繪圖進稾。緣大禮日逼，望且先次修建寢殿等，餘候禮畢興修。宮外城圍亦預計工力。」從之。十一日工畢，凡爲屋九百一十三間。

清・徐松《宋會要輯稿・方域一九》 元符二年四月二十八日，樞密院言：

「近西人差使詣闕訃告，兼附表狀謝罪，朝廷雖未聽許，緣諸路新舊城寨形勢利害不同，其烽臺坐團口鋪，及人馬斥候所至，各未經措置。如涇原路進築天都、南平會、減猥，即斥堠當葫蘆川東北及輕囉浪以外；環慶路定邊城當自香桓、樓羅觜至安州界，横山寨即自之字平、青崗峽至青遠軍界打薑會板井一帶；熙河路修築東冷牟、會州打繩川城寨，即當至韋精川一帶；及並黄河至堠至東西關堡及金城關以外，皆是合要置峯臺堡鋪及人馬斥堠所至之處。鄜延、河東路亦合依此修築，務要占據横山及河南一帶形勝，於邊防控扼有經久之利。」詔陝西、河東逐路師臣，委近上兵將官從長按行修築，其地名及與備邊新舊城寨相去遠近，以圖來上。

宋·李燾《續資治通鑑長編》卷五一〇《哲宗》（元符二年五月戊辰，）樞密院言：「河東路外州軍城寨，緩急差發兵馬前去，經涉山險，頗爲未便。訪聞石州神泉寨至麟州銀城寨之間，有形勢之地，可以修建城寨，兼有材木採斫，應副使用。若兩寨之間，踏逐要害有水泉去處，修建三兩寨，移近裏城寨戍守兵馬前去，使麟、府、嵐、石州管下城寨通接，即緩急互爲聲援，頗爲利便。」詔河東經略司相度，具經久利害及看望四至具圖聽候朝旨。

宋·李燾《續資治通鑑長編》卷五一二《哲宗》（元符二年七月丁未，）朝散郎、通判瀛州陸元長言：「蘇州秋賦一歲六十萬石，積水占壓，蠲放大半，三江不入，震澤不定。今相度，應河之通江海者，願撥一年積水合放秋税二十萬石。乞降祠部牒五百道，充雇夫錢糧及市木置閘，官爲檢計，令食利人户自備食力，分頭開修。」詔元長計會兩浙轉運提舉司同相度，合如何施行，具圖狀指定、保明以聞。

又（元符二年七月庚戌，）權工部侍郎張商英等言：「伏見黄河自商胡口決以來，治水者闕爲兩隄，相去數十里，不與河爭，以順其勢行之。水失其性，一遇汎漲，則河道變徙。望特降指揮，下河北轉運提刑司，選官兩員相度，圖其地利害。」詔令王祖道體訪以聞。

元·脱脱等《宋史》卷九六《河渠志六》（元符二年）二年閏九月，潤州京口、常州犇牛澳牐畢工。先是，兩浙轉運判官曾孝蘊獻澳牐利害，因命孝蘊提舉興修，仍相度立啓閉日限之法。

清·徐松《宋會要輯稿·食貨六一》（崇寧）五月二十三日，京西轉運副使張徽言：「二浙雖過豐歲，蠲除歲賦不下三四十萬碩，皆隄防不修、溝洫不濬。欲申敕所屬監司，督責州縣，各審視境内合興修隄防溝洫，以利害大小急緩爲先後，具圖狀先申朝廷，逐時檢舉催督，接續興修。雖農田水利隸常平司，乞轉運司同共催督。」從之。

清·秦緗業、黄以周《續資治通鑑長編拾補》卷二五《徽宗》（崇寧四年七月）癸亥，宰相蔡京等追呈庫部員外郎姚舜仁請即國中癸巳之地建明堂，繪圖以獻。上曰：「先帝常欲爲之，有圖見在禁中，然考究未甚詳。」京曰：「明堂之制見於《禮記》《周官》之書，皆三代之制，參錯不同，學者惑之。舜仁留心二十餘年，始知《周官考工記》所載三代之制，爲文各互相備，故得其法。今有二圖，一其齋宫悉南向，一隨四時方所向。」上曰：「可隨四時方所向。」仍令將作監李誠同舜仁上殿。

又（崇寧四年八月）壬午，李誠、姚舜仁進《明堂圖》。上謂誠等曰：「聖人郊祀後稷以配天，配以祖宗；祀文王於明堂，配以考，兩者當並行。明堂之禮廢已久。漢、唐卑陋不足法。宜書三代之制，必取巨材，務要堅完，以爲萬世之法。」遂詔依舜仁等所奏（奏）《明堂圖》議，唯不得科率勞民。

又（崇寧四年八月丁亥，庫部員外郎姚舜仁）又曰：「臣謹考古禮，繪成圖式以獻，其制：中爲一堂，上設重屋，太室居中，四阿重屋，四門四堂，各爲一室。其八室以通八方，以擬八卦。外闢四門，以示明四目、達四聰之義。四面各爲五門，以應五行，皆法《禮記》明堂位之文。堂脩十四步，其廣十四步二分步之一，應《周官》世室之制；其崇九尺，以應《周官》二筵之數。門堂取則於正堂三之二，其脩九步三分步之一，其廣十一步三分步之二。其門堂各爲一室，取則於門堂三之一，其脩三步十分步之一，其廣三步六十八步之五十三，室居中，其脩四步，其廣四步三分步之二。四阿重屋，各爲一室，其脩三步，其廣三步二分步之一。每室爲四户，以法四時，四旁爲八窗，以象八節，皆法三代之制。總而計之，凡九室以象九州，三十六户以法三十六旬，七十二牖以應七十二氣。九階以周天之道九。上圓下方，以體天地之形；四隅無壁，以法皇道之四達；户設而不閉，以示不藏；室覆以茅，貴其質也。東序、西序合二百一十有六，乾之策也，驗之於古，則有稽參之，於禮則不悖，奢不至靡，儉不至陋，號爲《崇寧明堂定制之圖》。爰漢歷唐，茲禮殆廢，舉而行之，意在今日，千載一時，超絶邃古。臣愚妄議典禮，死有餘罪。」

清·畢沅《續資治通鑑》卷八九《宋紀八十九》（崇寧四年八月）丁亥，庫部員外郎姚舜仁請即國東丙巳之地營建明堂，繪圖式以獻，詔依所定營建。

元・脫脫等《宋史》卷九三《河渠志三》 大觀元年二月，詔於陽武上埽第五鋪開修直河至第十五鋪，以分減水勢。有司言：「河身當長三千四百四十步，面闊八十尺，底闊五丈，深七尺，計役十萬七千餘工，用人夫三千五百八十二，凡一月畢。」從之。

元・脫脫等《宋史》卷九六《河渠志六》 大觀元年五月，中書舍人許光凝奏：「臣向在姑蘇，徧詢民吏，皆謂欲去水患，莫若開江濬浦。蓋太湖在諸郡間，必導之海，然後水有所歸。自太湖距海，有三江，有諸浦，能疏滌江、浦，除水患猶反掌耳。今境内積水，視去歲損二尺，視前歲損四尺，良由初開吳松江，繼濬八浦之力也。吳人謂開一江有一江之利，濬一浦有一浦之利。願委本路監司，與諳曉水勢精彊之吏，徧詣江、浦，詳究利害，假以歲月，先爲之備。然後興夫調役，可使公無費財，而歲供常足；人不告勞，而民食不匱，是一舉而獲萬世之利也。」詔吳擇仁相度以聞，開江之議復興矣。

十一月，詔曰：「《禹貢》：『三江既導，震澤底定。』今三江之名，既失其所，水不趨海，故蘇、湖被患。其委本路監司，選擇能臣，檢按古迹，循導使之趨下，并相度圩岸以聞。」於是復詔陳仲方爲發運司屬官，再相度蘇州積水。

元・脫脫等《宋史》卷九三《河渠志三》 （大觀元年）十二月，工部員外郎趙霆言：「南北兩丞司合開直河者，凡爲里八十有七，用緡錢八九萬。異時成功，可免河防之憂，而省久遠之費。」詔從之。

元・脫脫等《宋史》卷九六《河渠志六》 （大觀）三年，兩浙監司言：「承詔案古迹，導積水，今請開淘吳松江，復置十二牐。其餘浦牐、溝港、運河之類，以次增修。若田被水圍，勸民自行修治。」章下工部，工部謂：「今所具三江，或非禹迹；又吳松江散漫，不可開淘泄水。」遂命諸司再相度以聞。

清・徐松《宋會要輯稿・方域一三》 徽宗政和元年六月二十四日，樞密院奏：「臣僚上言：『伏見雅州碉門有溪曰禁江，並無鎖閉，可通舟筏，未有關防之法。欲乞嚴設禁止。』送成都府、利州路鈐轄相度，申樞密院。本司據雅州申，碉門寨下禁江一處係屬嚴道、滎經兩縣界，然舊有鎖水一處，從來只置竹棚欄截。今相度改造截河鐵索，兩岸繫縛安置，以備寅夜乘舟舡作過之人。尋行打量得，江面闊一十四丈八尺，每尺用熟鐵一斤打造，連鎖計用鐵一百四十八斤。於南岸山下就山鑿石竅鐵圈鎖纜，纜縛鐵索，及更用將軍柱一條副之。次岸置華車一座，安置鐵索，以備水勢高下，旋行收放。及用鏁一連，寨官逐時點檢封索，選差人兵看守。及碉門寨門下江水岸北舊用木作籬牆，今乞以大石塠疊作城，用乳頭牆，城上置敵棚，分那人兵守宿。本司相度，委是經久可行。」從之。

清・徐松《宋會要輯稿・食貨六一》 （政和）四年二月十五日，工部言：「前太平州軍事判官盧宗原請開修自江州至真州古來河道堙塞者凡七處，以成運河，入浙西一百五十里，可避一千六百里大江風濤之患。凡用夫五百二十六萬一千一百七十五工、米一十五萬七千八百三十五碩。又可就工興築自古江水浸沒膏腴田自三百頃至萬頃者凡九所，計四萬二千餘頃。其三百頃以下者，又過之。乞依宗原任太平州判官日已興政和圩田例，召人户自備財力興修，更不用官錢糧。仍依府畿見行興修水利法，不限等第，許請佃，歲約得官租一百餘萬貫碩。若朝廷專遣官總核興修，衆工並舉，一年之間可見成效。」詔差膳部員外郎沈鏻同本路常平官相度措置。仍差盧宗原充幹當公事。

清・徐松《宋會要輯稿・方域一三》 政和四年八月十日，京西路計度都轉運使宋昇奏：「河南府天津橋依倣趙州石橋修砌，令勒都壕寨官董士輗彩畫到天津橋，作三等樣製修砌圖本一冊進呈。」詔依第二橋樣修建，許於新收稅錢内支撥糧米，本司應辦，仍不立名行遣。仍詔孟昌齡同宋昇措置。

元・脫脫等《宋史》卷八五《地理志一・京城》 新城周廻五十里百六十五步。大中祥符九年增築，元豐元年重修，政和六年，詔有司度國之南展築京城，移置官司軍營。

元・脫脫等《宋史》卷九六《河渠志六》 （宣和）八月，提舉專切措置水利農田所奏：「淛西諸縣各有陂湖、溝港、涇浜、湖濼，自來蓄水灌溉，及通舟檝，望令打量官按其地名、丈尺、四至，並鐫之石。」從之。

清・徐松《宋會要輯稿・方域二》 紹興二年正月二十七日，知臨安府宋輝言：「車駕駐蹕本府，城壁理宜嚴固。昨緣雨雪，推倒過州城三百七十九丈，工力稍大，本府闕人修築。據壕寨官申，元發到人兵二百九人，欲乞候修内司打併了當，退下湖、秀等五州役兵，盡數撥差，併工修築。」從之。

清・徐松《宋會要輯稿・方域九》 （紹興三年）十月二十九日，本路提刑、轉運、安撫司保奏到：「委都監及壕寨司官打量城身周廻二十二里九步，西臨大江，東南兩壁並依山勢，不可裁損，唯有北壁地皆荒閑，南北相去遙遠。今相度，欲就北壁截損，於朝宗、滌波兩門之間截去城地三分之一共七里半外，所有新城圍計一十四里一百八十九步。將來興工，須拋下六縣，科率百姓，誠爲可憫。比勘會本州有鑄錢監兵士稍多，每日坐食，無所營爲，乞令不計工程，逐旋修補，磨□歲月，自見功效。即不得下諸縣科夫，及所用止於所降錢内取足，亦不得妄有敷率，庶幾公私兩便。」詔從之。

又 紹興三年十二月八日，尚書省劄子：「勘會壽春府密鄰賊境，城壁不修。」詔令孫暉依都督行府已行事理，疾速相視，於壽春縣修築。仍約度周圍丈尺、合用若干工料，具狀入急遞申尚書省。

宋・李心傳《建炎以來繫年要録》卷八四 （紹興五年正月戊申，）命：「江東帥漕司繕治建康行宮，修築城壁，須管日近了畢，其省部百司倉庫等，具圖來上，務從簡省，毋得取給於民。」時上將還臨安，故有是旨。

清・徐松《宋會要輯稿・方域八》 紹興六年三月一日，尚書省言：「諸州城壁往往倒塌，不即補治，及將壯城人兵違法他役，有乞修去處，增添高闊，徒費工力，不能就緒。」詔令逐路帥司督責所屬州軍，如有損壞，用功不多，仰一面計置，用壯城人兵脩治，不得科擾。若倒塌稍多，不能自行整葺，即審度實用工料，開具見管壯城人數供申，不得隱落，虛樁大計。或城大難以因舊，亦仰隨宜減蹙，務要省便。仍將合減蹙去處丈尺畫圖，及今後具所管城壁有無損壞事狀，並申尚書省。

清・徐松《宋會要輯稿・禮二・郊祀壇殿大小次》（紹興六年三月八日），同日，王賞等又言：「勘會將來郊祀大禮，依禮例合修蓋望祭殿。契勘在京圜壇，望祭殿係五間，周圍重廊等。今欲乞從太常寺具合用間例，畫圖報臨安府預先修蓋施行。」詔並令絞縛幕屋。

清・徐松《宋會要輯稿・方域二》（紹興十二年）十一月十二日，提舉修内司承受提轄王晉錫言：「依已降指揮，同臨安府將射殿修蓋兩廊，并南廊殿門作崇政殿，遇朔望權安置幕帳門作文德、紫宸殿，及將皇城司近北一帶相度修蓋垂拱殿。今具撥移諸司屋宇共二百四十七間，乞依畫到圖本修建。」從之。

清・徐松《宋會要輯稿・禮二・南郊》 紹興十三年二月二十五日，領殿前都指揮使職事楊存中、兵部侍郎程瑀、知臨安府王渙、權禮部侍郎王賞、權太常少卿王師心、祠部員外郎兼禮部段拂、兵部員外郎錢時敏、駕部員外郎王言恭、太常丞葉庭珪、太常博士劉嶸、淩哲言：「同共出城相視圜靈地步，今於龍華寺西空地得東西長一百二十步，南北長一百八十步，修築圜壇。除壇及内壝丈尺依制度使用地步九十步外，其中壝、外壝，欲乞隨地之宜，用二十五步，分作兩壝，外有四十步。若依先項地步修築，兵部車輅儀仗、殿前司禁衛皆可以排列。其龍華寺地步修建青城并望祭殿，委是圓備。」從之。

清・徐松《宋會要輯稿・禮二・郊祀壇殿大小次》（紹興十三年三月）十九日，禮部、太常寺言：「少保、保成軍節度使、兼領殿前都指揮使職事楊存中等劄子：『踏逐到龍華寺西空地一段，東西長二百二十步，南北長一百八十步，修築圜壇。除壇及内壝丈尺依制度使用地步九十步外，其中壝、外壝欲乞隨地之宜，用二十五步，分作兩壝，外有四十步。若依前項地步修築，車輅、儀仗、禁衛可以排列。所有龍華寺側近地步修青城並望祭殿，委是圓備。』小帖子開説圜壇丈尺係冬祀大禮昊天上帝壇。緣將來行郊祀大禮係合祭昊天上帝、皇地祇，並從祀共七百七十一位。詔依，尋令合幹人打量合用丈尺相視。今來圜壇依倣舊制及郊祀所設神位，鋪設祭器，登歌樂架，酒尊，前導路，及皇帝飲福位等，共合用第一成縱横七丈，第二成縱廣一十二丈，第三成縱廣一十七丈，第四成縱廣二十二丈。分一十二陛，每陛七十二級。三壝，第一壝去壇二十五步，中壝去第一壝一十二步半，外壝去中壝一十二步半。並燎壇之制，方一丈，高一丈二尺，開上南出户方六尺，三出陛，在壇内二十步丙地修建。今契勘，所建圜壇並燎壇即未審合令是何官司管認修建？」詔令臨安府同殿前司修建。用七月二十三日庚時興工，至十月二十二日畢工。《宋會要》：其後畢工，監修官屬並轉一官，選人比類施行。

又 （紹興十三年六月）十三日，皇城司言：「知臨安府王喚劄子照會：『將來郊祀大禮，所有青城齋宮合用絞縛物料，係本府應辦。即未見得的實合起蓋屋宇間架、深闊丈尺數目及皇城四壁地步去處。欲望劄下禁衛所、皇城司等處，將合起齋宮屋宇間架、丈尺數目並皇城四壁分明標還地步，關報儀鸞司，同本府前去檢計實用物料，以憑預行計置施行。』本司隨宜相度到下項：一、熙成殿前東西兩廊各設廊屋五間，殿後貯廊並兩廊各設三間，及後擁舍並係充十閤分事務等。一、端誠殿並端誠殿門係受賀殿宇，所有殿前合設班位，本司即不見得立班員數，竊慮至時妨闕，乞下閤門等處相度施行。一、端誠殿門外東西壁附近寢殿慮致喧鬧，並合攔截，不通過往。并端誠殿門外合設官門，及宮門外合設皇城門。其面南門内中道門係御路，東西偏門放行事百官等并應奉人入出。其周圍並係皇城，即不見得皇城内置局、應奉官司及宿齋臣僚幕次，本司即難以標還廣闊丈尺，乞下所屬相度施行。一、皇城裏合差親事官擺鋪，除攔截不通過往更不差人外，合設二十鋪，每鋪六人，各合用自方八尺鋪屋一間，並乞以本司兵幕充。」詔依。

又 （紹興十三年七月）十三日，禮部、太常寺言：「今續條具到事件下項：一、勘會將來郊祀大禮，依儀於壇之東南修築燎壇，於壇之西北開撅瘞坎。今來除燎壇已降指揮令殿前司、臨安府修築外，所有瘞坎亦乞令殿前司、臨安府計會，一就開撅。一、勘會將來郊祀大禮，前二日朝獻景靈宮，依儀於殿之東南修築燎壇，乞依自來大禮例，令修內司計會，隨地之宜修築。」詔依。

又 （紹興十三年九月）二十一日，禮部侍郎王賞等言：「已降指揮：太廟齋居逼近廟室，致有喧雜，令禮部、太常寺同臨安府相度地步增展。尋相度到太廟齋廳後隔牆南省倉內有敖四間，及傍有空地。若拆去敖屋，其地南北九丈、東西一十丈，可以將見今絞縛齋廳移那向後，兼北牆與別廟後牆一齊。」詔依。

清・徐松《宋會要輯稿・方域四》 （紹興）十四年九月二十三日，詔崇國公璩令宅知臨安府張叔獻躬親相視普安郡王宅屋宇，一體修造，仍先畫圖聞奏。

清・徐松《宋會要輯稿・禮二・郊祀壇殿大小次》 （紹興十六年）六月十三日，禮部、太常寺言：「勘會將來車駕前一日赴青城，合用齋殿等，紹興十三年並係臨安府及鸞儀司承指揮絞縛排辦了當。數內，望祭殿當時係太常寺具合用間數，畫圖報臨安府絞縛幕屋。所有今來大禮合用望祭殿，乞依十三年(體)[禮]例，令太常寺具合用間數，畫圖報臨安府如法絞縛幕屋。其青殿齋殿等，亦乞依例令臨安府同儀鸞司絞縛施行。」詔就齋殿後量造瓦屋，餘並絞縛幕屋。

清・徐松《宋會要輯稿・方域九》 紹興十六年十一月二十二日，知饒州張杓言：「本州與江、池接境，密邇淮甸，城壁頹毀，委官檢計，得合修築去處計四百六十六丈，人工、物料共用錢米八萬九千六百餘貫碩，乞應副修治。」詔令所屬給降空名進義校尉綾紙五道、助教勑四道，並充修城支使。

清・徐松《宋會要輯稿・食貨六一》 （紹興二十三年）六月十四日，權知江陰軍蔣及祖言：「江陰軍地廣民衆，號稱沃壤，北枕大江，潮汐之所往來。然漕河別有一派，曰五卸港，港北入大江，凡六十里。自大觀中濬治，距今填淤，積水不泄，霖潦暴至，冒没民田，故西南諸鄉多水溢之虞。本軍舊有橫河，自建寅門至平江常熟縣，凡五十里，旁爲支渠，溉田甚廣。自政和中濬治，距今沙漲，幾爲平地。北江之潮，無自而入，故東南之鄉，多旱乾之患。二河之利，久不開鑿。望命官相視興修，仍令長吏以時疏導。」詔令本路常平司相度，申尚書省。

又 （紹興二十三年）閏十二月二十七日，（鍾世民）又言：「今措置太平州圩垾下項：一、今來當塗、蕪湖兩縣人户被水，損壞圩岸。乞給甲保借米糧相添，自行修築。在法：係是農田水利，民力有不能辦者，合依宣州體例借貸，具數保明，申提舉常平司外，有萬春等圩垾人户乞官爲雇工修築。今檢計被水破缺並里外埂損壞，合行增築帖補，其蕪湖縣萬春、陶新、政和等圩垾三所，共長一百四十五里有餘，合用九十六萬一百三十四工；當塗縣官圩垾一所，係廣濟圩，長九十三里有餘。其圩與私圩五十餘所並在一處，坐落青山前，各係低狹。埂外面有大埂垾一條，包套逐圩在內，抵障湖水。今來逐圩被水損壞，詢訪人户，只係外面大埂，不惟數倍□□，是可以抵障水勢。所有腹裏圩垾或有省處，聽人户自修。尋取會到逐縣被水修治官私圩垾體例，係是人户結甲保借常平米自修。今來損壞尤甚，人户工力不勝，不能修治。今措置，欲乞依見今人户結甲乞保借米糧自修圩垾體例，不以官私圩，人户等第納苗租錢米，充雇工之費。官爲代支過錢，年限帶納。自餘合用錢米，並乞下提舉常平司照會，日下取撥，津發應副本州雇工修治施行。一、今來蕪湖縣申，獨山、永興、保城、咸寶、保勝、保豐、行春圩北其地圩垾，被水衝破打損至多。若只依係保借糧米，將來修築不前。內有咸寶一圩，被水損壞，衝成潭缺，計長二十五丈，闊三十丈，深二丈二尺。湏用創作堤岸，從裏面圍裹，倍費工力。比獨山等圩垾損壞，尤見工費不同，委是人力難辦。乞官爲雇工修築。今檢計獨山等七圩，委是被水損壞處多。其咸寶圩垾衝破成潭處，難以就舊基修築，合依裡面別創，築埂圍裹，計長八十一丈，合用五千四百工。今措置上件圩垾欲各依例結甲隨苗借米外，更據户下田每畝與借錢二百文省，令自修築。其咸寶圩垾潭缺處，據合用工數，欲乞官和雇人工，共同修治。」於是户部言，欲乞下太平州、江東轉運常平司，並依本官逐項措置到事理施行。從之。

清・徐松《宋會要輯稿・兵二四》 （紹興二十八年正月）二十五日，給事中賀允中言：「平江府改造馬屋，殿前司彩畫到圖子兩段，其一在舊寨地傍，西至、南至目今皆係稻田，即非荒閑白地。其一在常熟縣界，係創行。踏逐北枕山，南瞰湖，東西皆百姓住屋，四至之內，皆膏腴良田。既係民間累世久安之業，豈肯輒以售人？望只委平江府及本路轉運司差清彊官親行踏逐，係省寬閑水草便利官地，撥付殿前司，依已降自行管認修蓋指揮施行。」詔令平江府委官審實，如不係稻田，即優給價直摽撥，不得抑勒搔擾，務在軍民兩便。

清·徐松《宋會要輯稿·方域二》（紹興）二十八年六月三日，詔：「皇城東南一帶未有外城，可令臨安府計度工料，候農隙日修築。具合用錢數申尚書省，於御前支降。今來所展地步不多，除官屋外，如有民間屋宇，令張偁措置優恤。」

七月二日，殿前都指揮使楊存中言：「降下展城圖子，令臣相度。臣看詳所展城離隔牆五丈，街路止闊三丈，只是通得朝馬路。今乞更展八丈，通一十三丈，以五丈作街路，六丈令民居。將來聖駕親郊，由候潮門經從所展街路，直抵郊臺，極爲快便。展八丈地步，十之九是本司營寨、教場，其餘是居民零碎小屋，若築城畢工，即修蓋屋宇，依舊給還民户居住，委實利便。」詔依，差户部郎官楊倓同知臨安府張偁計料修築。

又 紹興三十一年四月九日，知臨安府趙子潚言：「駐蹕之地，所係甚重，比年以來，城壁摧倒。嘗委官檢視，凡一百四十一段，共一千八百餘丈，約用物料、工役錢二十七貫、米七千斛。本府財賦有限，今歲排辦明堂，別無寬餘，乞支降錢米，仍於三司各差三百人，分頭修築。」詔依奏，如所差三司人數役使不足，計於附近州軍壯城、牢城人内貼差，合用錢米，令户部逐旋支給。

清·徐松《宋會要輯稿·方域四》（隆興二年五月）二十三日，詔：「臨安府具到修蓋環衛官宅子圖，内三十間蓋二位，以待正任觀察使以上；二十間蓋四位，以待正任防禦使、遙郡觀察使以上；一十七間蓋四位，以待餘環衛官。不得別官指占。」

清·徐松《宋會要輯稿·方域九》乾道元年九月二十八日，端明殿學士、知建康府汪澈言：「建康當舟車之會，控扼之衝，其中宫闕之嚴，官府之重，而城池頽塞，久而弗治，私竊惑焉。嘗計工，頗浩瀚，其摧損一百三十處，量計一千七百餘丈，約用錢二十萬貫。已於五六月以來興工補築，不出年歲，可以究竟。其他如鵲台、女頭等，續次措置。」從之。

清·徐松《宋會要輯稿·兵二五》（乾道四年三月）十七日，四川宣撫使虞允文言：「張松爲提舉買馬官，首以京西、上京舊驛路檄之，使修治道路。將半，會有以虜境相近爲言，松等議改置水程五驛，即畫圖具奏外，欲且乞從新路發馬一年。或未便利，卻改從上京舊路，浮言自息。」從之。

清·徐松《宋會要輯稿·方域九》（乾道五年）五月四日，權主管殿前司公事王逵言：「揚州城壁周圍十七里一百七十二步，計三千一百四十六丈。昨申朝廷，於沿城裏周圍作臥牛勢貼展。近莫濛陳訴，壕河淺狹，已有旨令兩司屯戍官兵開掘深闊。【略】欲再加相驗，別參酌工數奏聞施行。」從之。

清·徐松《宋會要輯稿·兵二九》（乾道五年）四月四日，權主管殿前司公事王逵言：「揚州城壁周圍一十七里零一百七十二步，計三千一百四十六丈。昨止係沿城裏周圍作臥牛勢幫築增闊，開展濠河，將挑撅到土未添築砲臺。緣工役有不如法去處，萬一有警，誠難坐守。所有城身外表磚瓦，今相度，欲乞差委統制官路海量帶白直鞍馬前去，再行子細相驗。如有不禁攻擊，摧缺磚爛去處，打量高低闊狹丈尺，計料合用磚灰應干物料、人工數目，彩畫圖本，逐一貼說前來，容臣重別參酌奏聞，乞賜處分施行。」從之。

清·徐松《宋會要輯稿·方域九》乾道七年八月十九日，荊南駐劄御前諸軍都統制秦琪、權京西轉運判官兼權知襄陽府張棟言：「襄陽府城樓櫓雉堞，委皆壯觀，止其中砲臺慢道稀少，緩急敵人併力攻城，緣道遠援兵難以策應。今欲增築砲臺四座，慢道十一條。及城東、南、西壁舊皆直門，若敵人併兵攻燒，無以遮護。今欲於逐門外各築甕城一座，緩急軍馬易以出入，可以禦敵。子城西角除女頭、鵲臺、護險牆、荷葉渠外，止有戰道六尺至七尺，狹隘，容人不多。今欲增高接築，自里增貼，與已築城面普高三丈三尺，面闊二丈二尺。自西北角抵江岸止二十餘步，以漸頭東至北角去江岸三百三十餘步，地步廣闊，敵人可以屯泊。相度欲移北壁工役於西北角抵江岸二十二步，東北角抵江岸三百三十步，與兩城角圍樓相接，刱築鴈翅、鑰是頭城二座。東壁刱築馬面子五座，上安戰棚各十四間，就裏築砲臺一座，慢道二條，開城門一座。西壁亦開城門一座，上安戰棚各十四間，慢道一條，城上接團樓，各置閘門一座，外壁用磚包砌，可以照應樊城，互相策應，及兩鴈翅城門亦可引拽軍馬，出奇應變。兼樊城東西已有鴈翅城，襄陽城北若不依此條築固護，則諸軍車戰馬船無所繫泊，并一帶居民盡成委棄。況襄陽城中地形甚高，而漢江至秋冬水落，其流甚低，城中井泉甚少，常患乏水。今若修築鴈翅城直接江南，則與大江移入城中無異。且本府北門正與樊城相直，兩城屹立，中據大江，敵人無路可犯，實爲大利。伏望速賜處分。」詔鴈翅城別聽旨，餘從之。

清·徐松《宋會要輯稿·方域二》（乾道）九年正月九日，詔：「后殿門係駕入出經由門户，其屋宇低小，入出妨礙，令工部委官計會修内司，照輦院合用高低丈尺，相視計料，重別修蓋。」

清・徐松《宋會要輯稿・方域一〇》（乾道）九年十一月一日，詔權以貢院爲懷遠驛，事已依舊。先是，交趾入貢，臨安府乞以馬軍司教場爲公舍，得旨照紹興二十六年懷遠驛修除。既而以狹隘聞，禮、工部請以貢院充。至是，有司以繪圖來上，故有是命。

清・徐松《宋會要輯稿・方域二》（乾道九年）十二月二十一日，試尚書兵部侍郎兼知臨安府沈度言：「本府車駕駐蹕之地，其周回禁城昨因今歲梅雨損兑七十二處，計五百九十五丈。分委官相視檢計，約用磚灰、木植、物料、工食錢九萬五千餘貫，委官自德壽宫東城修砌周回城壁，一切工畢。」詔官吏等第推恩。

清・徐松《宋會要輯稿・方域一六》淳熙元年二月十三日，浚許浦河。詔平江府守臣與許浦駐劄戚世明同措置開濬許浦港，限一月訖工。次年十月十六日，知平江府陳峴言：「奉旨宣諭開許浦河道，更切相度，隨宜增展深闊，庶可經久。令措置增展開掘，自地分雉浦至梅里道通橋一帶，浦港凡三十八里，面六丈五尺止八丈，底二丈五尺止三丈五尺。復自道通橋至許浦口一十六里，浦面闊二十餘丈。將南岸泥土增築通行大路，面一丈五尺止二丈，已皆平坦堅實。仍植楊柳一萬株以固岸堘。」詔本路提刑司覈實以聞。

清・徐松《宋會要輯稿・方域九》慶元元年二月二十七日，四川安撫制置司言：「敘州申，本州城壁管城門七座，除安詔、來遠兩門計城身二百七十二丈，見行隨宜計備材植修葺外，餘荔枝、甘泉、朝天、奉息、蓮華五門，計城身九百四十二丈五尺，本州雖以申明，未準支降錢糧修築。本司照得潼川運判張澈奏，任内有攢積到錢二十餘萬緡，撥一十萬緡糴廣惠倉米，一十萬緡樁充備邊之用。無乞朝□特賜行下潼川運司，於上件樁備邊錢内支撥錢引□萬貫，應副敘州修築施行。」詔令支撥錢引一萬貫，仍委丁逢措置修築，候畢工日，具已修築次第申尚書省。

清・徐松《宋會要輯稿・方域一六》嘉泰元年六月二十三日，臣僚言：「鎮江府運河，其所濟甚博，歲月寖久，不加開濬，目今河道淤塞淺澀，爲害不小。去歲朝廷嘗因淮東帥臣有請，得旨令淮東総領同鎮江守臣、淮東安撫并鎮江府都統制，先次條具合用工料數目申尚書省。既而諸司委官檢視，條具甚悉，闊狹深淺，皆有丈尺，人工物料，悉有成數。是時偶朝廷多故，且使臣往來頻數，異于常時，所以未蒙施行。今乞檢照（准）[淮]東帥臣元奏請及諸司條具項目，行下淮東総領所、鎮江都統制司，令同心協力，豫期措置合用工料錢米，遇有幾會，可以開濬，即行興工，一面申奏。如此，則免至往反待報，遷延月日，復起噬臍之孅。」從之。

元・脱脱等《宋史》卷四五《理宗紀五》（景定三年八月）丁酉，築蘄州城。知州王益落階官，正任高州刺史；制置使汪立信上《新城圖》，詔獎諭。

清・畢沅《續資治通鑑》卷一七七《宋紀一百七十七》（景定五年）五月，乙亥，蒙古遣索托延、舊作唆脱顔。郭守敬行視西夏河渠，俾具圖來上。

元・脱脱等《宋史》卷四六《度宗紀》（咸淳二年）冬十一月辛丑，兩淮制置使李庭芝立城，屯駐武鋭一軍，以工役費用及圖來上。詔獎勞之。

清・畢沅《續資治通鑑》卷一七九《宋紀一百七十九》（咸淳七年七月壬午，）元大司農司以安肅州被徐水之害，議奪大故道，決使東入清苑。然地勢不便，徒使害及清苑而故道必不可奪，清苑縣尹耶律伯堅陳其形勢，圖其利害，要大司農司官及郡守行視可否，事遂得已。清苑西有塘水，溉民田甚廣，勢家據以爲磑，民以失利訴，伯堅命毀磑，決其水而注之田，許以溉田之餘月乃得堰水置磑；仍以事聞於省部，著爲定制。

清・畢沅《續資治通鑑》卷一八〇《宋紀一百八十》（咸淳九年）六月，前四川宣撫司參議官張夢發上書陳危急三策：曰鎖漢江口岸，曰城荊門軍當陽界之玉泉山，曰峽州宜都而下，聯置堡寨以保聚流民，且守且耕。並圖上城築形勢。（賈）似道不以上聞，下（京）湖制司審度可否，事竟不行。

元・脱脱等《宋史》卷四七《瀛國公趙㬎傳》（咸淳十年八月甲辰，）李庭芝築清河城，以圖來上，詔庭芝進一秩，宣勞將士，具名推賞。

明・宋濂等《元史》卷六五《河渠志二・廣濟渠》世祖中統二年，提舉王允中、大使楊端仁奉詔開河渠，凡募夫千六百五十一人，内有相合爲夫者，通計使水之家六千七百餘户，一百三十餘日工畢。所修石堰，長一百餘步，闊三十餘步，高一丈三尺。石斗門橋，高二丈，長十步，闊六步。渠四道，長闊不一，計六百七十七里，經濟源、河内、河陽、温、武陟五縣，村坊計四百六十三處。渠成甚益於民，名曰廣濟。三年八月，中書省臣忽魯不花等奏：「廣濟渠司言，沁水渠成，今已驗工分水，恐久遠權豪侵奪。」乃下詔依本司所定水分，已後諸人毋得侵奪。

明・宋濂等《元史》卷五《世祖紀二》（世祖至元元年）五月乙亥，詔遣唆脱顏，郭守敬行視西夏河渠，俾具圖來上。

明・宋濂等《元史》卷六五《河渠志二・黄河》 世祖至元九年七月，衛輝路新鄉縣廣盈倉南河北岸決五十餘步。八月，又崩一百八十三步，其勢未已，去倉止三十步。於是委都水監丞馬良弼與本路官同詣相視，差丁夫併力修完之。

明・宋濂等《元史》卷八《世祖紀五》 (至元十年正月)壬午，賞東川統軍合剌所部有功者。合剌請於渠江之北雲門山及嘉陵西岸虎頭山立二戍，以其圖來上，仍乞益兵二萬。詔給京兆新簽軍五千益之。

明・宋濂等《元史》卷九八《兵志一・兵制》 (世祖至元)十年正月，合剌請於渠江之北雲門山及嘉陵西岸虎頭山立二戍，以其圖來上，仍乞益兵二萬，敕給京兆新簽軍五千人益之。

明・宋濂等《元史》卷一六四《郭守敬傳》 (至元)十二年，丞相伯顏南征，議立水站。命守敬行視河北、山東可通舟者，爲圖奏之。

清・畢沅《續資治通鑑》卷一八五《元紀三》 (世祖至元十七年十月)己丑，命達實舊作都實，今改。爲招討使，佩金虎符，往求河源。達實受命而行，四閱月始抵其地。

還，圖其形勢來上，言：「河出吐蕃朵甘思西鄙，有泉百餘泓，沮洳散涣，弗可逼視，方可七八十里，履高山下瞰，燦若列星，以故名鄂端諾爾。舊作火敦腦兒，今改。鄂端，譯言星宿也。群流奔湊，近五七里，匯爲二巨澤，名鄂博諾爾。舊作阿剌腦兒，今改。自西而東，連屬吞噬。行一日，迤邐東騖成川，號齊必勒河。舊作赤賓河，今改。又二三日，水西南來，名伊爾齊，舊作亦里(赤)〔出〕，今改。與齊必勒河合。又三四日，水南來，名呼蘭。舊作忽蘭。又水東南來，名伊拉齊，舊作也里术，今改。合流入齊必勒。其流浸大，始名黄河，然水猶清，人可涉。又一二日，岐爲八九股，名也孫斡倫，譯言九渡，通廣五七里，可度馬。又四五日，水渾濁，土人抱革囊騎過之。自是兩山峽束，廣可一里、二里或半里，其深叵測。朵甘思東北有大雪山，名伊爾瑪布謨喇，舊作亦耳麻不莫剌。其山最高，譯言騰格爾哈達，舊作騰乞里塔，今改。即崑崙也。自八九股水至崑崙，行二十日。崑崙以西，山皆不穹峻。其東，山益高，地益漸下，岸狹隘，有狐可一躍而越之處。行五六日，有水西南來，名納鄰哈喇，譯言細黄河也。又兩日，水南來，名奇爾穆蘇。舊作乞兒馬(赤)〔出〕，今改。二水合流入河，河水北行，轉西，流過崑崙北，向東北流，約行半月，至〔貴〕德州，地名筆齊里，舊作必赤里。始有州治、官府。又四五日，至積石，即《禹貢》之積石也。自發源至漢地，南北澗溪，細流傍貫，莫知紀極。山皆草石，至積石方林木暢茂。世言河九折，蓋彼地有二折焉。」

明・宋濂等《元史》卷六四《河渠志一・會通河》 至元二十六年，壽張縣尹韓仲暉、太史院令史邊源相繼建言，開河置牐，引汶水達舟於御河，以便公私漕販。省遣漕副馬之貞與源等按視地勢，商度工用，於是圖上可開之狀。詔出楮幣一百五十萬緡、米四萬石、鹽五萬斤，以爲傭直，備器用，徵旁郡丁夫三萬，驛遣斷事官忙速兒、禮部尚書張孔孫、兵部尚書李處巽等董其役。首事於是年正月己亥，起於須城安山之西南，止於臨清之御河，其長二百五十餘里，中建牐三十有一，度高低，分遠邇，以節蓄洩。六月辛亥成，凡役工二百五十一萬七百四十有八，賜名曰會通河。

清・畢沅《續資治通鑑》卷一八九《元紀七》 先是，壽張縣尹韓仲暉、太史院令史邊源，相繼建言：「請自東昌路須城縣安山之西南開河置閘，引汶水達舟於御河，以便公私漕販。」尚書省遣漕副馬之貞與源等按視地勢，商度工用。於是圖上可開之狀，僧格舊作桑哥。以聞，言：「開浚之費，與陸運亦略相當；然渠成乃萬世之利，請以今冬備糧費，來春浚之。」詔出楮幣一百五十萬緡、米四百石、鹽五萬斤，以爲傭直，備器用；徵旁郡丁夫三萬，驛遣斷事官猛蘇爾、舊作忙速兒。禮部尚書張孔孫、兵部尚書李處巽等董其役。是日興工，起于須城之安山，止于臨清之御河，長二百五十餘里，建閘三十有一，度高低，分遠近，以節蓄洩。

明・宋濂等《元史》卷六四《河渠志一・通惠河》 世祖至元二十八年，都水監郭守敬奉詔興舉水利，因建言：「疏鑿通州至大都河，改引渾水溉田，於舊牐河蹤跡導清水，上自昌平縣白浮村引神山泉，西折南轉，過雙塔、榆河、一畝、玉泉諸水，至西水門入都城，南匯爲積水潭，東南出文明門，東至通州高麗莊入白河。總長一百六十四里一百四步。塞清水口一十二處，共長三百一十步。壩牐一十處，共二十座，節水以通漕運，誠爲便益。」從之。首事於至元二十九年之春，告成於三十年之秋，賜名曰通惠。

明・宋濂等《元史》卷六四《河渠志一・白河》 至元三十年九月，漕司言：「通州運糧河全仰白、榆、渾三河之水，合流名曰潞河，舟楫之行有年矣。今歲新開牐河，分引渾、榆二河上源之水，故自李二寺至通州三十餘里，河道淺澀。今春夏天旱，有止深二尺處，糧船不通，改用小料船搬載，淹延歲月，致虧糧數。先是，都水監相視白河，自東岸吳家莊前，就大河西南，斜開小河二里許，引榆河合流至深溝壩下，以通漕舟。今丈量，自深溝、榆河上灣，至吳家莊龍王廟前白河，西南至壩河八百步。及巡視，知榆河上源築閉，其水盡趨通惠河，止有白佛、靈溝、一子母三小河水入榆河，泉脈微，不能勝舟。擬自吳家莊就龍王廟前閉白河，於西南開小渠，引水自壩河上灣入榆河，庶可漕運。又深溝樂歲五倉，積貯新舊糧七十餘萬石，站車輓運艱緩，由是訪視通州城北通惠河積水，至深溝村西水渠，去樂歲、廣儲等倉甚近，擬自積水處由舊渠北開四百步，至樂歲倉西北，以小料船運載甚便。」都省准焉。通惠河自通州城北，至樂歲西北，水陸共長五百步，計役八萬六百五十工。

明・宋濂等《元史》卷九三《食貨志一》 初，海運之道，自平江劉家港入海，經揚州路通州海門縣黃連沙頭、萬里長灘開洋，沿山嶼而行，抵淮安路鹽城縣，歷西海州、海寧府東海縣、密州、膠州界，放靈山洋投東北，路多淺沙，行月餘始抵成山。計其水程，自上海至楊村馬頭，凡一萬三千三百五十里。至元二十九年，朱清等言其路險惡，復開生道。自劉家港開洋，至撑腳沙轉沙觜，至三沙、洋子江，過匾擔沙、大洪，又過萬里長灘，放大洋至青水洋，又經黑水洋至成山，過劉島，至芝罘、沙門二島，放萊州大洋，抵界河口，其道差爲徑直。明年，千户殷明略又開新道，從劉家港入海，至崇明州三沙放洋，向東行，入黑水大洋，取成山轉西至劉家島，又至登州沙門島，於萊州大洋入界河。當舟行風信有時，自浙西至京師，不過旬日而已，視前二道爲最便云。然風濤不測，糧船漂溺者無歲無之，間亦有船壞而棄其米者。至元二十三年始責償於運官，人船俱溺者乃免。然視河漕之費，則其所得蓋多矣。

明・宋濂等《元史》卷六四《河渠志一・渾河》 至大二年十月，渾河水決左都威衛營西大隄，泛溢南流，没左右二翊及後衛屯田麥，由是左都威衛言：「十月五日，水決武清縣王甫村隄，闊五十餘步，深五尺許，水西南漫平地流，環圓營倉局，水不没者無幾。恐來春冰消，夏雨水作，衝決成渠，軍民被害，或遷置營司，或多差軍民修塞，庶免墊溺。」三年二月十二日，省准下左右翊及後衛、大都路委官督工修治，至五月二十日工畢。

明・宋濂等《元史》卷六四《河渠志一・白浮甕山》 白浮甕山，即通惠河上源之所出也。白浮泉水在昌平縣界，西折而南，經甕山泊，自西水門入都城焉。【略】

仁宗皇慶元年正月，都水監言：「白浮甕山隄，多低薄崩陷處，宜修治。」來春二月入役，八月修完，總修長三十七里二百十五步，計七萬三千七百七十三工。

明・宋濂等《元史》卷六四《河渠志一・冶河》 皇慶元年七月二日，真定路言：「龍花、判官莊諸處壞隄，計工物，申請省委都水監及本路官，自平山縣西北，歷視滹沱、冶河合流，急注真定西南關，由是再議，照冶河故道，自平山縣西北河內，改修滚水石隄，下修龍塘隄，東南至水碾村，改引河道一里，蒲吾橋西，改闢河道一里。上至平山縣西北，下至寧晉縣，疏其淤澱，築隄分其上源入舊河，以殺其勢。復有程同、程章二石橋阻咽水勢，擬開減水月河二道，可久且便。下相樂城縣，南視趙州寧晉縣，諸河北之下源，地形低下，恐水泛，經欒城、趙州壞石橋，阻河流爲害。由是議於欒城縣北，聖母堂東冶河東岸，開減水河，可去真定之患。」省准，於二年二月，都水監委官與本路及廉訪司官，同詣平山縣相視，會計修治，總計冶河，始自平山縣北關西龍神廟北獨石，通長五千八百六步，共役夫五千，爲工十八萬八百七，無風雨妨工，三十六日可畢。

明・宋濂等《元史》卷六四《河渠志一・渾河》 （皇慶元年）七月，省委工部員外郎張彬言：「巡視渾河，六月三十日霖雨，水漲及丈餘，決隄口二百餘步，漂民廬，没禾稼，乞委官修治，發民丁刈雜草興築。」

明・宋濂等《元史》卷六四《河渠志一・白浮甕山》 延祐元年四月，都水監言：「自白浮甕山下至廣源牐隄堰，多淤澱淺塞，源泉微細，不能通流，擬疏滌。」由是會計工程，差軍千人疏治。

明・宋濂等《元史》卷六五《河渠志二・黃河》 仁宗延祐元年八月，河南等處行中書省言：「黃河涸露舊水泊汙池，多爲勢家所據，忽遇泛溢，水無所歸，遂致爲害。由此觀之，非河犯人，人自犯之。擬差知水利都水監官，與行省廉訪司同相視，可以疏闢隄障，比至泛溢，先加修治，用力少而成功多。又汴梁路睢州諸處，決破河口數十，內開封縣小黃村計會月隄一道，都水分監修築障水隄堰，所擬不一，宜委請行省官與本道憲司、汴梁路都水分監官及州縣正官，親歷按驗，從長講議。」由是委太常丞郭奉政、前都水監丞邊承務、都水監卿朵兒只、河南行省石右丞、本道廉訪副使站木赤、汴梁判官張承直，上自河陰，下至陳州，與拘該州縣官一同沿河相視。開封縣小黃村河口，測量比舊淺減六尺。陳留、通許、太康舊有蒲葦之地，後因閉塞西河、塔河諸水口，以便種蒔，故他處連年潰決。

明・宋濂等《元史》卷六四《河渠志一・御河》 延祐三年七月，滄州言：「清池縣民告，往年景州吳橋縣諸處御河水溢，衝決隄岸，萬户千奴爲恐傷其屯田，差軍築塞舊洩水郎兒口，故水無所洩，浸民廬及已熟田數萬頃，乞遣官疏闢，引水入海。及七月四日，決吳橋縣柳斜口東岸三十餘步，千户移僧又遣軍閉塞郎兒口，水壅不得洩，必致漂蕩張管、許河、孟村三十餘村黍穀廬舍，故本州摘官相視，移文約會開闢，不從。」四年五月，都水監遣官與河間路官相視元塞郎兒口，東西長二十五步，南北闊二十尺，及隄南高一丈四尺，北高二丈餘，復按視郎兒口下流故河，至滄州約三十餘里，上下古跡寬闊，及減水故道，名曰盤河。今爲開闢郎兒口，增濬故河，決積水，由滄州城北達滹沱河，以入于海。

明・宋濂等《元史》卷六四《河渠志一・渾河》 （延祐）三年三月，省議：「渾河決隄堰，没田禾，軍民蒙害，既已奏聞。差官相視，上自石徑山金口，下至武清縣界舊隄，長計三百四十八里，中間因舊修築者大小四十七處，漲水所害合修補者一十九處，無隄創修者八處，宜疏通者二處，計工三十八萬一百，役軍夫三萬五千，九十六日可畢。如通築則役大難成，就令分作三年爲之，省院差官先發軍民夫匠萬人，興工以修其要處。」是月二十日，樞府奏撥軍三千，委中衛僉事督修治之。

明・宋濂等《元史》卷六五《河渠志二・揚州運河》 仁宗延祐四年十一月，兩淮運司言：「鹽課甚重，運河淺澀無源，止仰天雨，請加修治。」明年二月，中書移文河南省，選官洎運司有司官相視，會計工程費用。於是河南行省委都事張奉政及淮東道宣慰司官、運司官，會州縣倉場官，徧歷巡視集議：河長二千三百五十里，有司差瀕河有田之家，顧倩丁夫，開修一千八百六十九里；倉場鹽司不妨辦課，協濟有司，開修四百八十二里。

明・宋濂等《元史》卷六五《河渠志二・黄河》 至（延祐）五年正月，河北河南道廉訪副使奧屯言：「近年河決杞縣小黄村口，滔滔南流，莫能禦遏，陳、潁瀕河膏腴之地浸没，百姓流散。今水迫汴城，遠無數里，儻值霖雨水溢，倉卒何以防禦。方今農隙，宜爲講究，使水歸故道，達於江、淮，不惟陳、潁之民得遂其生，竊恐將來浸灌汴城，其害匪輕。」於是大司農司下都水監移文汴梁分監修治，自六年二月十一日興工，至三月九日工畢，總計北至槐疙疸兩舊隄，南至窑務汴隄，通長二十里二百四十三步。創修護城隄一道，長七千四百四十三步。下地修隄，下廣十六步，上廣四步，高一丈，六十尺爲一工。隄東二十步外取土，内河溝七處，深淺高下闊狹不一，計工二十五萬三千六百八十，用夫八千四百五十三，除風雨妨工，三十日畢。内流水河溝，南北闊二十步，水深五尺。河内修隄，底闊二十四步，上廣八步，高一丈五尺，積十二萬尺，取土稍遠，四十尺爲一工，計三萬工，用夫百人。每步用大樁二，計四十，各長一丈二尺，徑四寸。每步雜草千束，計二萬。每步簽樁四，計八十，各長八尺，徑三寸。水手二十，木匠二，大船二艘，梯鑁一副，繩索畢備。

明・宋濂等《元史》卷六四《河渠志一・海子岸》 海子岸，上接龍王堂，以石甃其四周。海子一名積水潭，聚西北諸泉之水，流行入都城而匯于此，汪洋如海，都人因名焉。

仁宗延祐六年二月，都水監計會前後，與元修舊石岸相接。凡用石三百五，各長四尺，闊二尺五寸，厚一尺，石灰三千斤，該三百五工，丁夫五十，石工十，九月五日興工，十一日工畢。

明・宋濂等《元史》卷六四《河渠志一・渾河》 （延祐）七年五月，營田提舉司言：「去歲十二月二十一日，屯户巡視廣武屯北渾河隄二百餘步將崩，恐春首土解水漲，浸没爲患，乞修治。」都水監委濠寨，會營田提舉司官、武清縣官，督夫修完廣武屯北陷薄隄一處，計二千五百工；永興屯北隄低薄一處，計四千一百六十六工；落垈村西衝圮一處，計三千七百三十三工；永興屯北崩圮一處，計六千五百十八工；北王村莊西河東岸至白墳兒，南至韓村西道口，計六千九十三工；劉邢莊西河東岸北至寶僧百户屯，南至白墳兒，計三萬七百十二工。總用工五萬三千七百二十二。

明・宋濂等《元史》卷六四《河渠志一・滹沱河》 延祐七年十一月，真定路言：「真定縣城南滹沱河，北決隄，寖近城，每歲修築。聞其源本微，與冶河不相通，後二水合，其勢遂猛，屢壞金大隄爲患。本路達魯花赤哈散於至元三十年言，准引闢冶河自作一流，滹沱河水十退三四。至大元年七月，水漂南關百餘家，淤塞冶河口，其水復滹河。自後歲有潰決之患，略舉大德十年至皇慶元年，節次修隄，用捲掃葦草二百餘萬，官給夫糧備傭直百餘萬錠。及延祐元年三月至五月，修隄二百七十餘步，其明堂、判官、勉村三處，就用橋木爲樁，徵夫五百餘人，執役月餘不能畢。近年米價翔貴，民匱於食，有丁者正身應役，單丁者必須募人，人日傭直不下三五貫，前工未畢，後役迭至。至七月八日，又衝塌李玉飛等莊及木方、胡誉等村三處隄，長一千二百四十步，申請委官相視，差夫築月隄。延祐二年，本路前總管馬思忽嘗闢治河，已復湮塞。今歲霖雨，水溢北岸數處，浸没田禾。其河元經康家莊村南流，不記歲月，徙於村北。數年修築，皆於隄北取土，故南高北低，水愈就下侵囓。西至木方村，東至護城隄，數約二千餘步，比來春，必須修治。用椿梢築土隄，亦非永久之計。若濬木方村南舊湮枯河，引水南流，牐閉北岸河口，於南岸取土築隄，下至合頭村北與本河合。如此去城稍遠，庶可無患。」都水監差官相視，截河築隄，闊千餘步，新開古岸，止闊六十步，恐不能制禦千步之勢。若於北岸闕破低薄處，比元料，增夫力，葦草捲埽補築，便計葦草丁夫，若令責辦民間，緣今歲旱澇相仍，民食匱乏，擬均料各州縣上中户，價錢及食米於官錢內支給。限二月二十日興工，役夫五千，爲工十六萬七百一十九，度三十二日可畢。總計補築滹沱河北岸防水隄十處，長一千九百一十步，高闊不一，計三百四十萬七千七百五十尺，用推埽梯二十五，每梯用大檁三、小檁三，計大小檁一百五十，草三十五萬八百束，葦二十八萬六百四十束，梢柴七千二百束。

又 至治元年三月，真定路言：「真定縣滹沱河，每遇水泛，衝隄岸，浸没民田，已差募丁夫修築，與廉訪司官相視講究，如將木方村南舊堙河道疏闢，導水東南行，牐閉北岸，却於河南取土，修築至合頭村，合入本河，似望可以民安。」都水監與真定路官相視議：「夫治水者，行其所無事，蓋以順其性也。牐閉滹沱河口，截河築隄一千餘步，開掘故河老岸，闊六十步，長三十餘里，改水東南行流，霖雨之時，水拍兩岸，截河隄堰，阻逆水性，新開故河，止闊六十步，焉能吞授千步之勢？上嘶下滯，必致潰決，徒糜官錢，空勞民力。若順其自然，將河北岸舊隄比之元料，增添工物，如法捲掃，堅固修築，誠爲官民便益。」省准補築滹沱河北岸縷水隄一十處，通長一千九百一十步，役夫五百名，計一十六萬七百三十九工。

明・宋濂等《元史》卷六五《河渠志二・吴松江》 至治三年，江浙省臣方以爲言，就委嘉興路治中高朝列、湖州路知事丁將仕同本處正官，體究舊曾疏浚通海故道，及新生沙漲礙水處所，商度開滌圖呈。據丁知事等官按視講究，合開濬河道五十五處。內常熟州九處，十三段，該工百三十二萬一千五百六十二，崑山州十一處，九十五里，用工二萬七千四，日役夫四百五十六，宜於本州有田一頃之上户內，驗田多寡，算量里步均派，自備糧赴功疏濬。正月上旬興工，限六十日工畢，二年一次舉行。嘉定州三十五處，五百三十八里，該工百二十六萬七千五十九，日支糧一升，計米萬二千六百七十石五斗九升，日役夫二萬一千一百一十七，六十日畢。工程浩大，米糧數多，乞依年例，勸率附河有田用水之家，自備口糧，佃户傭力開濬。奈本州連年被災，今歲尤甚，力有不逮，宜從上司區處。

高治中會集松江府各州縣官按視，議合濬河渠，華亭縣九處，計五百二十八里，該工九百六十八萬四千八百八十二，役夫十六萬一千四百一十四，人日支糧二升，計米十九萬三千六百九十七石六斗四升。上海縣十四處，計四百七十一里，該工千二百三十六萬八千五十二，日役夫二萬六千一百三十四，人日支糧二升，計二十四萬七千三百六十一石四升，六十日工畢。官給之糧，傭民疏治。如下年豐稔，勸率有田之家，五十畝出夫一人，十畝之上驗數合出，止於本保開濬。其權勢之家，置立魚斷並沙塗栽葦者，依上出夫。

明・宋濂等《元史》卷六五《河渠志二・練湖》 至治三年十二月，省臣奏：「江浙行省言，鎮江運河全藉練湖之水爲上源，官司漕運，供億京師，及商賈販載，農民來往，其舟楫莫不由此。宋時專設人夫，以時修濬。練湖瀦蓄潦水，若運河淺阻，開放湖水一寸，則可添河水一尺。近年淤淺，舟楫不通，凡有官物，差民運遞，甚爲不便。委官相視，疏治運河，自鎮江路至呂城壩，長百三十一里，計役夫萬五百十三人，六十日可畢。又用三千餘人浚滌練湖，九十日可完。人日支糧三升、中統鈔一兩。行省、行臺分官監督。所用船物，今歲預備，來春興工。合行事宜，依江浙行省所擬。」既得旨，都省移文江浙行省，委參政董中奉率合屬正官，親臨督役。

於是董中奉言：「所委前都水少監崇明州知州任奉政、鎮江路總管毛中議等議：練湖、運河此非一事，宜依假山諸湖農民取泥之法，用船千艘，船三人，用竹篰撈取淤泥，日可三載，月計九萬載，三月之間，通取二十七萬載，就用所取泥增築湖岸。自鎮江在城程公壩，至常州武進縣呂城壩，河長百三十一里一百四十六步，擬開河面闊五丈，底闊三丈，深四尺，與見有水二尺，可積深六尺。所役夫於平江、鎮江、常州、江陰州及建康路所轄溧陽州田多上户內差倩。若濬湖開河，二役並興，卒難辦集。宜趁農隙，先開運河，工畢就濬練湖。」省準所言，與都事王徵事等於泰定元年正月至鎮江丹陽縣，洎各監工官沿湖相視，上湖沙岡黄土，下湖茭根叢雜，泥亦堅硬，不可篙取。又議兩役並興，相離三百餘里，往來監督，供給爲難，願以所督夫一萬三千五百十二人，先開運河，期四十七日畢，次濬練湖，二十日可完。繼有江南行臺侍御史及浙西廉訪司副使俱至，乃議首事運河，備文咨稟，遂於是月十七日入役。

明・宋濂等《元史》卷六五《河渠志二・黄河》 文宗至順元年六月，曹州濟陰縣河防官本縣尹郝承務言：「六月五日，魏家道口黄河舊堤將決，不可修築，以此差募民夫，創修護水月隄，東西長三百九步，下闊六步，高一丈。又緣水勢瀚漫，復於近北築月隄，東西長一千餘步，下廣九步，其功未竟。至二十一日，水忽泛溢，新舊三隄一時咸決，明日外隄復壞，急率民閉塞，而湍流迅猛，有蛇時出没於中，所下樁土，一掃無遺。又舊隄歲久，多有缺壞，差夫併工築成二十餘步。其魏家道口缺隄，東西五百餘步，深二丈餘，外隄缺口，東西長四百餘步。又磨子口護水隄，低薄不足禦水，東西長一千五百步。魏家道口卒未易修，先差夫補築。磨子口七月十六日興工，二十八日工畢。二十二日，按視至朱從馬頭西，舊隄缺壞，東西長一百七十餘步，計料隄外貼築五步，增高一丈二尺，與舊隄等，上廣二步。於磨子口修隄夫內，摘差三百一十人，於是月二十三日入役，至閏七月四日工畢。」

郝承務又言：「魏家道口塼堌等村，缺破隄堰，累下樁土，衝洗不存，若復閉築，緣缺隄周回皆泥淖，人不可居，兼無取土之處。又沛郡安樂等保，去歲旱災，今復水澇，漂禾稼，壞室廬，民皆缺食，難於差倩。其不經水害村保民人，先已遍差補築黄家橋、磨子口諸處隄堰，似難重役。如候秋涼水退，倩夫經理，庶蘇民力。今衝破新舊隄七處，共長一萬二千二百二十八步，下廣十二步，上廣四步，高一丈二尺，計用夫六千三百四人，樁九百九十，葦箔一千三百二十，草一萬六千五束。六十尺爲一工，無風雨妨工，度五十日可畢。」本縣準言，至八月三十日差夫二千四百二十，闕請郝承務督役。

郝承務又言：「九月三日興工修築，至十八日大風，十九日雨，二十四日復雨，緣此辛馬頭、孫家道口障水隄堰又壞，計工役倍於元數，移文本縣，添差二千人同築。二十六日，元與成武、定陶二縣分築魏家道口八百二十步修完。十月二日，至辛馬頭、孫家道口，從實丈量元缺隄，南北闊一百四十步，內水地五十步，深者至二丈，淺者不下八九尺，依元料用樁箔補築，至七日完。又於本處創築月隄一道，西北東南斜長一千六百二十七步，內成武、定陶分築一百五十步，實築一千四百七十七步，外有元料堌頭魏家道口外隄未築。即欲興工，緣冬寒土凍，擬候來春，併工修理，官民兩便。」

明・宋濂等《元史》卷六五《河渠志二・滏河》 至元五年十月，洺磁路言：「洺州城中，井泉鹹苦，居民食用，多作疾，且死者衆。請疏滌舊渠，置壩閘，引滏水分灌洺州城濠，以濟民用。計會河渠東西長九百步，闊六尺，深三尺，二尺爲工，役工四百七十五，民自備用器，歲二次放閘，且不妨漕事。」中書省準其言。

明・宋濂等《元史》卷六五《河渠志二・鹽官州海塘》 文宗天曆元年十一月，都水庸田司言：「八月十日至十九日，正當大汛，潮勢不高，風平水穩。十四日，祈請天妃入廟，自本州嶽廟東海北護岸鱗鱗相接。十五日至十九日，海岸沙漲，東西長七里餘，南北廣或三十步、或數十百步，漸見南北相接。西至石囤，已及五都，修築捍海塘與鹽塘相連，直抵巖門，障禦石囤。東至十一都六十里塘，東至東大尖山嘉興、平湖三路所修處海口。自八月一日至二日，探海二丈五尺。至十九日、二十日探之，先二丈者今一丈五尺，先一丈五尺者今一丈。西自六都仁和縣界赭山、雷山爲首，添漲沙塗，已過五都四都，鹽官州廊東西二都，沙土流行，水勢俱淺。二十日，復巡視自東至西岸脚漲沙，比之八月十七日漸增高闊。二十七日至九月四日大汛，本州嶽廟東西，水勢俱淺，漲沙東過錢家橋海岸，元下石囤木植，並無頹圮，水息民安。」於是改鹽官州曰海寧州。

明・宋濂等《元史》卷六六《河渠志三・蜀隁》 元統二年，僉四川肅政廉訪司事吉當普巡行周視，得要害之處三十有二，餘悉罷之。

明・宋濂等《元史》卷一八七《賈魯傳》 （順帝）至正四年，河決白茅堤，又決金堤，並河郡邑，民居昏墊，壯者流離。帝甚患之，遣使體驗，仍督大臣訪求治河方略，特命魯行都水監。魯循行河道，考察地形，往復數千里，備得要害，爲圖上進二策：其一，議修築北堤，以制横潰，則用工省；其一，議疏塞並舉，挽河東行，使復故道，其功數倍。會遷右司郎中，議未及竟。

明・宋濂等《元史》卷六六《河渠志三・黄河》 （順帝至正）九年冬，脱脱既復爲丞相，慨然有志於事功，論及河決，即言于帝，請躬任其事，帝嘉納之。乃命集羣臣議廷中，而言人人殊，唯都漕運使賈魯，昌言必當治。先是，魯嘗爲山東道奉使宣撫首領官，循行被水郡邑，具得修捍成策，後又爲都水使者，奉旨詣河上相視，驗狀爲圖，以二策進獻。一議修築北堤以制横潰，其用功省；一議疏塞並舉，挽河使東行以復故道，其功費甚大。至是復以二策對，脱脱韙其後策。議定，乃薦魯于帝，大稱旨。

清・畢沅《續資治通鑑》卷二〇九《元紀二十七》 （順帝至正十年十二月壬

午，）右丞相托克托慨然有志于事功，時河決五年不能塞，方數千里，民被其患，托克托請躬任其事，帝嘉納之。辛卯，以大司農圖嚕等兼領都水監。

集群臣議黄河便益事，言人人殊，唯都漕運使賈魯昌言必當治。先是魯嘗爲山東道奉使宣撫首領官，循行被水郡邑，具得修捍成策。後又爲都水使者，奉旨詣河上相視，驗狀爲圖，以二策進獻：一議修築北堤以治横潰，其用功省；一議疏塞並舉，挽河東行，使復故道，其功費甚大。至是復以二策進，取其後策，且以其事屬魯。魯固辭，托克托曰：「此事非子不可。」乃入奏，大稱旨。托克托出告羣臣曰：「皇帝方憂下民，爲大臣者，職當分憂。然事有難爲，猶疾有難治。自古河患，即難治之疾也。今我必欲去其疾，而人人異論，何也？」然廷議終莫能決。帝乃命工部尚書成遵偕大司農圖嚕行視河，議其疏塞之方以聞。

明・宋濂等《元史》卷六六《河渠志三・黄河》（至正）十一年四月初四日，下詔中外，命魯以工部尚書爲總治河防使，進秩二品，授以銀印。發汴梁、大名十有三路民十五萬人，廬州等戍十有八翼軍二萬人供役，一切從事大小軍民，咸稟節度，便宜興繕。是月二十二日鳩工，七月疏鑿成，八月決水故河，九月舟楫通行，十一月水土工畢，諸埽諸隄成。河乃復故道，南匯於淮，又東入於海。帝遣貴臣報祭河伯，召魯還京師，論功超拜榮禄大夫、集賢大學士，其宣力諸臣遷賞有差。賜丞相脱脱世襲答剌罕之號，特命翰林學士承旨歐陽玄製河平碑文，以旌勞績。

玄既爲河平之碑，又自以爲司馬遷、班固記河渠溝洫，僅載治水之道，不言其方，使後世任斯事者無所考則，乃從魯訪問方略，及詢過客，質吏牘，作至正河防記，欲使來世罹河患者按而求之。其言曰：【略】

此外不能悉書，因其用功之次第，而就述於其下焉。

其濬故道，深廣不等，通長二百八十里百五十四步而强。功始自白茅，長百八十二里。繼自黄陵岡至南白茅，闢生地十里。口初受，廣百八十步，深二丈有二尺，已下停廣百步，高下不等，相折深二丈及泉。曰停、曰折者，用古算法，因此推彼，知其勢之低昂，相準折而取勻停也。南白茅至劉莊村，接入故道十里，通折墾廣八十步，深九尺。劉莊至專固，百有二里二百八十步，通折停廣六十步，深五尺。專固至黄固，墾生地八里，面廣百步，底廣九十步，高下相折，深丈有五尺。黄固至哈只口，長五十一里八十步，相折停廣墾六十步，深五尺。乃濬凹里減水河，通長九十八里百五十四步。凹里村缺河口生地，長三里四十步，面廣六十步，底廣四十步，深一丈四尺。自凹里生地以下舊河身至張贊店，長八十二里五十四步。上三十六里，墾廣二十步，深五尺；中三十五里，墾廣二十八步，深五尺；下十里二百四十步，墾廣二十六步，深五尺。張贊店至楊青村，接入故道，墾生地十有三里六十步，面廣六十步，底廣四十步，深一丈四尺。

其塞專固缺口，修隄三重，并補築凹里減水河南岸豁口，通長二十里三百十有七步。其創築河口前第一重西隄，南北長三百三十步，面廣二十五步，底廣三十三步，樹置樁橛，實以土牛、草葦、雜梢相兼，高丈有三尺，隄前置龍尾大埽。言龍尾者，伐大樹連梢繫之隄旁，隨水上下，以破嚙岸浪者也。築第二重正隄，并補兩端舊隄，通長十有一里三百步。缺口正隄長四里。兩隄相接舊隄，置樁堵閉河身，長百四十五步，用土牛、草葦、梢土相兼修築，底廣三十步，修高二丈。其岸上土工修築者，長三里二百十有五步有奇，高廣不等，通高一丈五尺。補築舊隄者，長七里三百步，表裏倍薄七步，增卑六尺，計高一丈。築第三重東後隄，并接修舊隄，高廣不等，通長八里。補築凹里減水河南岸豁口四處，置樁木，草土相兼，長四十七步。

於是塞黄陵全河，水中及岸上修隄長三十六里百三十六步。其修大隄剌水者二，長十有四里七十步。其西復作大隄剌水者一，長十有二里百三十步。内創築岸上土隄，西北起李八宅西隄，東南至舊河岸，長十里百五十步，顛廣四步，趾廣三之，高丈有五尺。仍築舊河岸至入水隄，長四百三十步，趾廣三十步，顛殺其六之一，接修入水。

兩岸埽隄並行。作西埽者夏人水工，徵自靈武；作東埽者漢人水工，徵自近畿。【略】其隄長二百七十步，北廣四十二步，中廣五十五步，南廣四十二步，自顛至趾，通高三丈八尺。

其截河大隄，高廣不等，長十有九里百七十七步。其在黄陵北岸者，長十里四十一步。築岸上土隄，西北起東西故隄，東南至河口，長七里九十七步，顛廣六步，趾倍之而强二步，高丈有五尺，接修入水。施土牛、小埽梢草雜土，多寡厚薄隨宜修疊，及下竹絡，安大樁，繫龍尾埽，如前兩隄法。唯修疊埽臺，增用白闌小石。并埽上及前游修埽隄一，長百餘步，直抵龍口。稍北，欄頭三埽並行，埽大隄廣與剌水二隄不同，通前列四埽，間以竹絡，成一大隄，長二百八十步，北廣百一十步，其顛至水面高丈有五尺，水面至澤腹高二丈五尺，通高三丈五尺；中流廣八十步，其顛至水面高丈有五尺，水面至澤腹高五丈五尺，通高七丈。並創築縷水橫隄一，東起北截河大隄，西抵西刺水大隄。又一隄東起中刺水大隄，西抵西刺水大隄，通長二里四十二步，亦顛廣四步，趾三之，高丈有二尺。修黃陵南岸，長九里百六十步，內創岸土隄，東北起新補白茅故隄，西南至舊河口，高廣不等，長八里二百五十步。

乃入水作石船大隄。蓋由是秋八月二十九日乙巳道故河流，先所修北岸西中刺水及截河三隄猶短，約水尚少，力未足恃。決河勢大，南北廣四百餘步，中流深三丈餘，益以秋漲，水多故河十之八。兩河爭流，近故河口，水刷岸北行，洄漩湍激，難以下埽。且埽行或遲，恐水盡湧入決河，因淤故河，前功遂隳。魯乃精思障水入故河之方，以九月七日癸丑，逆流排大船二十七艘，前後連以大桅或長樁，用大麻索、竹絙絞縛，綴爲方舟。又用大麻索、竹絙周船身繳繞上下，令牢不可破，乃以鐵貓於上流硾之水中。又以竹絙絕長七八百尺者，繫兩岸大橛上，每絙或硾二舟或三舟，使不得下。船腹略鋪散草，滿貯小石，以合子板釘合之，復以埽密布合子板上，或二重，或三重，以大麻索縛之急，復縛橫木三道於頭桅，皆以索維之，用竹編笆，夾以草石，立之桅前，約長丈餘，名曰水簾桅。復以木樁拄，使簾不偃仆，然後選水工便捷者，每船各二人，執斧鑿，立船首尾，岸上搥鼓爲號，鼓鳴，一時齊鑿，須臾舟穴，水入，舟沉，遏決河。水怒溢，故河水暴增，即重樹水簾，令後復布小埽土牛白闌長梢，雜以草土等物，隨宜填垛以繼之。石船下詣實地，出水基趾漸高，復卷大埽以壓之。前船勢略定，尋用前法，沉餘船以竟後功。昏曉百刻，役夫分番甚勞，無少間斷。船隄之後，草埽三道並舉，中置竹絡盛石，並埽置樁，繫纜四埽及絡，一如修北截水隄之法。第以中流水深數丈，用物之多，施功之大，數倍他隄。船隄距北岸纔四五十步，勢迫東河，流峻若自天降，深淺叵測。於是先卷下大埽約高二丈者，或四或五，始出水面。修至河口一二十步，用工尤艱。薄龍口，喧豗猛疾，勢撼埽基，陷裂欹傾，俄遠故所，觀者股弁，衆議騰沸，以爲難合，然勢不容已。魯神色不動，機解捷出，進官吏工徒十餘萬人，日加獎諭，辭旨懇至，衆皆感激赴功。十一月十一日丁巳，龍口遂合，決河絕流，故道復通。又於隄前通卷欄頭埽各一道，多者或三或四，前埽出水，管心大索繫前埽，硾後闌頭埽之後，後埽管心大索亦繫小埽，硾前闌頭埽之前，後先羈縻，以錮其勢。又於所交索上及兩埽之間，壓以小石白闌土牛，草土相半，厚薄多寡，相勢措置。

埽隄之後，自南岸復修一隄，抵已閉之龍口，長二百七十步。船隄四道成隄，用農家場圃之具曰輣軸者，穴石立木如比櫛，薶前埽之旁，每步置一輣軸，以橫木貫其後，又穴石，以徑二寸餘麻索貫之，繫橫木上，密掛龍尾大埽，使夏秋潦水、冬春凌簰，不得肆力於岸。此隄接北岸截河大隄，長二百七十步，南廣百二十步，顛至水面高丈有七尺，水面至澤腹高四丈二尺；中流廣八十步，顛至水面高丈有五尺，水面至澤腹高五丈五尺；通高七丈。仍治南岸護隄埽一道，通長百三十步，南岸護岸馬頭埽三道，通長九十五步。修築北岸隄防，高廣不等，通長二百五十四里七十一步。白茅河口至板城，補築舊隄，長二十五里二百八十五步。曹州板城至英賢村等處，高廣不等，長一百三十三里二百步。稍岡至碭山縣，增培舊隄，長八十五里二十步。歸德府哈只口至徐州路三百餘里，修完缺口一百七處，高廣不等，積修計三里二百五十六步。亦思刺店縷水月隄，高廣不等，長六里三十步。【略】

魯嘗有言：「水工之功，視土工之功爲難；中流之功，視河濱之功爲難；決河口視中流又難；北岸之功視南岸爲難。用物之效，草雖至柔，柔能狎水，水漬之生泥，泥與草并，力重如碇。然維持夾輔，纜索之功實多。」蓋由魯習知河事，故其功之所就如此。

玄之言曰：「是役也，朝廷不惜重費，不吝高爵，爲民辟害。脫脫能體上意，不憚焦勞，不恤浮議，爲國拯民。魯能竭其心思智計之巧，乘其精神膽氣之壯，不惜劬瘁，不畏譏評，以報君相知人之明。宜悉書之，使職史氏者有所考證也。」

清·畢沅《續資治通鑑》卷二一九《元紀三十七》（順帝至正二十六年十二月）吳群臣上言：「一代之興，必有一代之制。今新城既建，宮闕制度，亦宜早定。」王以國之所重，莫先廟社，遂定議，以明年爲吳元年，命有司營建廟社，立宮室。甲子，王親祀山川之神，告以工事。己巳，典營繕者以宮室圖來進，王見其有雕琢奇麗者即去之。

明·陳子龍《明經世文編》卷一五七《治河疏》泗州祖陵坐北面南，地俱土岡，西北自徐州諸山發脈，經靈璧虹縣而來。【略】陵北有土岡，南有小岡，小岡之北，間有溪水漲流，其南面小岡之外即俯臨沙湖，西有陡湖之水亦匯於此。沙湖之南爲淮河，自西而來，環繞東流，去祖陵一十三里。惟東面岡勢上處，俯臨平地有汴河一道，遠自東北而來，上有塔影、蘆湖、龜山、韓家柯諸湖，及陵北岡後沱溝之水皆入於汴河，西南有本岡溪水引入金水河，經陵前東流亦入汴河。【略】每歲水大則衆流會合，從東南直河奔注於淮水，小則匯瀦於陵之東南二面，四時不涸，但遇夏秋淮水泛溢，則西由黄岡口、東由直河口瀰漫浸灌，與諸湖水合，遂滂及岡足，左右築堤，則西來龍脈交錯。【略】欲自陵前平地築堤，則積水長盈，群工難措。欲東自直河口，西自黄岡口，上下五十餘里間繕築圍繞。恐此堤一成，淮河泛漲之水稍能障其旁溢，而陵前湖河之水又將遏之北侵矣。乞命欽天監官一員前來相度形勢，應築應止，伏候聖裁。【略】原議壽春王墳北面包砌石岸以防衝決，今則量水勢淺深比墳低二丈六尺有餘，河岸遠近距墳三百四十餘步，且孫家渡既不開通，可無他虞，但黄淮二水合流泛漲，不可不預爲之防。請離墳四面各百餘丈外，周遭環築土堤一座，砌以石基，植之榆柳，以防不測。但地脈或有所妨，而石料不能卒辦，當早爲之議也。

明·陳子龍《明經世文編》卷一七九《論開濬河道疏京師河道》 今天壇北蘆葦園草場九條巷其地下者，俱河身也，高者即舊馬頭，明白易見，不假經畫，稍加修治，即可復也。【略】但請置壩而已，後亦竟沮不行。成化十二年亦踏勘，而勢家買通欽天監，以地居京師子午方位爲説，不知三里河乃在都城巽巳，實非子午方也。今若誠按此修濬，則公大船俱可直抵三里河，不但便般剥而已。臣又竊以爲運河之濬有緩有急，方今所急，沛河爲最，白河次之，三里又次之，合無先急沛河之工，次開白河之淺，以次及三里河，以直達之京師，尤爲得緩急之宜者。乞下臣議，令户、工二部再求深識故典者熟計之。

明·黄光昇《昭代典則》卷九 （明太祖洪武十八年）户部尚書詔修築漳河堤，上諭工部臣曰：去年河決臨漳，民受其患，雖嘗脩築隄防，恐不可久，宜遣官與布政司、都事會議，凡堤塘堰可以禦水患者，預爲脩治。至是有司以黄河、沁河、漳河、衛河、沙河所決堤岸丈尺之數具圖計工以聞，詔以軍民兼築之。

清·張廷玉等《明史》卷八八《河渠志六》 洪武元年，修和州銅城堰閘，周迴二百餘里。四年，修興安靈渠，爲陡渠者三十六。渠水發海陽山，秦時鑿，溉田萬頃，馬援葺之，後圮，至是始復。六年，發松江嘉興民夫二萬，開上海胡家港，自海口至漕涇千二百餘丈，以通海船，且濬海鹽澉浦。八年，開登州蓬萊閣河，命耿炳文濬涇陽洪渠堰，溉涇陽、三原、醴泉、高陵、臨潼田二百餘里。九年，修彭州都江堰。【略】二十九年，修築河南洛堤，復興安靈渠。時尚書唐鐸以軍興至其地，圖渠狀以聞。請浚深廣，通官舟以餉軍。命御史嚴震直燒鑿陡澗之石，餉道果通。三十一年，洪渠堰圮，覆命耿炳文修治之。且浚渠十萬三千餘丈。　建文四年，疏吴淞江。

永樂元年，修安陸京山漢水塌岸，章丘漯河東堤，高密、濰縣決岸，安陽河堤，福山護城決堤，浙江赭山江塘，餘幹龍窟壩塘岸，臨潁褚河決口，濰縣白浪河堤，潛山、懷寧陂堰，高要青岐、羅婆圩，通州徐灶、食利等港，平遥廣濟渠，句容楊家港、王旱圩等堤，肇慶、鳳翔遥頭岡決岸，南陽高家、屯頭二堰及沙、澧等河堤，夏縣古河決口三十餘里。修築和州保大等圩百二十餘里，蓄水陡門九。浚昌邑河渠五所，鑿嘉定小横瀝以通秦、趙二涇，浚昆山葫蘆等河。【略】命夏原吉治蘇、松、嘉興水患，浚華亭、上海運鹽河，金山衛閘及漕涇分水港。【略】帝命發民丁開浚。原吉晝夜徒步，以身先之，功遂成。

二年，修泰州河塘萬八千丈，興化南北堤，泰興沿江圩岸，六合瓜步等屯。浚丹徒通潮舊江，又修象山茭湖塘岸，海康、徐聞二縣那隱坡，調黎等港堤岸，黄巖混水等十五閘、六陡門，孟津河堤，分宜湖塘，武陟馬田堤岸，香山竹徑水陂，復興安分水塘。興安有江，源出海陽山。江中横築石埭，分南北渠，溉民田甚溥。埭上疊石如鱗，以防沖溢。嚴震直撤石增埭，水迫無所泄，沖塘岸，盡趨北渠，南渠淺澀，民失利。至是修復如舊。【略】帝從其請，且諭工部，安、徽、蘇、松，浙江、江西、湖廣，凡湖泊卑下，圩岸傾頽，亟督有司治之。夏原吉復奉命治水蘇、松，盡通舊河港。又浚蘇州千墩浦、致和塘、安亭、顧浦、陸皎浦、尤涇、黄涇共二萬九千餘丈，松江大黄浦、赤雁浦、范家浜共萬二千丈，以通太湖下流。【略】

三年，修上虞曹娥江壩埂，温縣駝墹村堤堰四千餘丈，南海衛蓮塘、四會縣鴉鶻水等堤岸，無爲州周興等鄉及鷹揚衛烏江屯江岸。築昌黎及曆城小清河決堤，應天新河口北岸，從大勝關抵江東驛三千三百丈。浚海州北舊河，上通高橋，下接臨洪場及山陽運鹽河十八里。

四年，修築宣城十九圩，豐城穆湖圩岸，石首臨江萬石堤，溧水決圩。修懷寧門潭河、彭灘圩岸，順天固安，保定荆岱，樂亭魯家套、社河口，吉水劉家塘、雲陂，江都劉家圩港。築湖廣廣濟、武家穴等江岸。新建石頭岡圩岸、江浦沿江堤。開泰州運鹽河、普定秦潼河、西溪南儀阡三處河口，導流興化、鹽城界入海。浚常熟福山塘三十六里。

五年，修長洲、吴江、昆山、華亭、錢塘、仁和、嘉興堤岸，餘姚南湖壩，築高要銀岡、金山等潰堤，溉田五百餘頃。治杭州江岸之淪者。六年浚浙江平陽縣河。七年修安陸州渲馬灘決岸、海鹽石堤，築泰興攔江堤三千九百餘丈。且浚大港北淤河，抵縣南，出大江，四千五百餘丈。八年修丹陽練湖塘，汝陽汝河堤岸，南陵野塘圩、蚌蕩壩，松滋張家坑、何家洲堤岸，平度州濰水、浮糠河決口百十二，堤堰八千餘丈，吴江石塘官路橋樑。

九年，修安福丁陂等塘堰，安仁鐃家陂、壽光堤，安陸京山景陵圩岸，長樂官塘，長洲至嘉興石土塘橋路七十餘里，泄水洞百三十一處，監利車水堤四千四百餘丈，高安華陂屯陂堤，仁和、海寧、海鹽土石塘岸萬餘丈。築沂州沭河口決岸，並瀹述陽述河。築直隸新城張村等口決堤，仁和黄濠塘岸三百餘丈，孫家圍塘岸二十餘里。浚濰縣幹丹河，定襄故渠六十三里，引滹沱水灌田六百餘頃。疏福山官渠，浚江陰青陽河道，鄒平白條溝河三十餘里。【略】

十年，修浙江平陽捍潮堤岸，黄梅臨江決岸百二十餘里，海門捍潮堤百三十里。築新會圩岸二千餘丈，獻縣、饒陽恭儉等岸，安丘紅河決岸，安州直亭等河決口八十九，華容、安津等堤決口四十六。浚上海蟠龍江，濰縣白浪河。【略】

十一年，修蕪湖陶辛、政和二圩，保定、文安二縣河口決岸五十四，應天新河圩岸，天長福勝、戚家莊二塘，滎澤大濱河堤。浚昆山太平河。十二年修鳳陽安豐塘水門十六座及牛角壩、新倉鋪埸岸，武陟郭村、馬曲堤岸，聊城龍灣河，濮州紅船口，範縣曹村河堤岸。築三河決堤。浚海州官河二百四十里。【略】

十三年，修興濟決岸、南京羽林右衛刁家圩屯田堤。【略】十五年修固安孫家口及臨漳固塚堤岸。十六年，修魏縣決岸。【略】

二十一年，修嘉定抵松江潮圯圩岸五千餘丈、交恥順化衛決堤百餘丈。【略】二十二年，修臨海廣濟河閘。【略】

宣德三年。【略】修灌縣都江等堰四十四。

四年，修獻縣柳林口堤岸。【略】六年，修瀏陽、廣濟諸縣堤堰，豐城西北臨江石堤及西南七圩壩，石首臨江三堤。浚餘姚舊河池。【略】七年，修眉州新津通濟堰。堰水出彭山，分十六渠，溉田二萬五千餘畝。【略】八年，葺湖廣偏橋衛高陂石洞，完縣南關舊河。復和州銅城堰閘。修安陽廣惠等渠，磁州滏陽河、五爪濟民渠。九年修江陵枝江沿江堤岸。築薊州決岸。毀蘇、松民私築堤堰。十年築海鹽潮決海塘千五百餘丈。【略】

正統元年，修吉安沿江堤。築海陽、登雲、都雲、步村等決堤。浚陝西西安灞橋河。二年築蠡縣王家等決口。修新會鸞臺山至瓦塘浦頹岸，江陵、松滋、公安、石首、潛江、監利近江決堤。又修湖廣老龍堤，以爲漢水所潰也。三年疏泰興順德鄉三渠。【略】四年修容城杜村口堤。設正陽門外減水河，並疏城內溝渠。【略】五年，修太湖堤，海鹽海岸，南京上中下新河及濟川衛新江口防水堤，潮縣、南宫諸堤。築順天、河間及容城杜村口、郎家口決堤。塞海寧蠣岩決堤口。浚鹽城伍祐、新興二場運河。【略】六年，造宣武門東城河南岸橋。修江米巷玉河橋及堤，並浚京城西南河。築豐城沙月諸河堤、蕪湖陶辛圩新埂。浚海寧官河及花塘河、硤石橋塘河，築瓦石堰二所。疏南京江洲，殺其水勢，以便修築埸岸。【略】七年，修江西廣昌江岸、蕭山長山浦海塘、彭山通濟堰。築南京浦子口、大勝關堤，九江及武昌臨江埸岸。浚江陵、荆門、潛江淤沙三十餘里。八年修蘭溪卸橋浦口堤，弋陽官陂三所。浚南京城河。【略】九年，修德州耿家灣等堤岸，杞縣離溝堤。築容城杜村堤決口。易上虞菱湖土壩爲石閘。挑無錫里穀、蘇塘、華港、上村、李走馬塘諸河，東南接蘇州苑山湖塘，北通揚子江，西接新興河，引水灌田。浚杞縣牛墓岡舊河，武進太平、永興二河。【略】十一年，修洞庭湖堤，築登州河岸。浚通州金沙場八里河，以通運渠。【略】十二年，疏平度州大灣口河道，荆州公安門外河，以便公安、石首諸縣輸納。【略】十三年，築寧夏漢、唐壩決口。疏山西涑水河，南海縣通海泉源。鑿宣府城濠，引城北山水入南城大河。【略】十四年，浚南海潘埇堤岸，置水閘。和州民言：州有姥鎮河，上通麻、澧二湖，下接牛屯大河，長七十里許，廣八丈。【略】

景泰元年，築丹陽甘露等壩。二年修玉河東、西堤。浚安定門東城河，永嘉三十六都河，常熟顧新塘，南至當湖，北至揚子江。三年修泰和信豐堤。築延安、綏德決河，綿州西岔河通江堤岸。浚常熟七浦塘，劍州海子。疏孟瀆河浜涇十一。【略】四年，浚江陰順塘河十餘里，東接永利倉大河，西通夏港及揚子江。【略】五年疏靈寶黎園莊渠，通鴻臚澗，溉田萬頃。六年浚華容杜預渠，通運船入江，避洞庭險。修容城白溝河杜村口、固安楊家等口決堤。【略】

天順二年，修彭縣萬工堰，灌田千餘頃。【略】

成化二年，修壽州安豐塘。四年，疏石州城河。六年，修平湖周家涇及獨山海塘。七年，潮決錢塘江岸及山陰、會稽、蕭山、上虞，乍浦、瀝海二所，錢清諸場。命侍郎李顒修築。八年，堤襄陽決岸。【略】十一年，浚杭州錢塘門故渠，左屬湧金門，建橋閘以蓄湖水。【略】十五年，修南京內外河道。十八年，浚雲南東西二溝，自松華壩黑龍潭抵西南柳壩南村，灌田數萬頃。修居庸關水關、城券及隘口水門四十九，樓鋪、墩臺百二。二十年，修嘉興等六府海田堤岸，特選京堂官往督之。二十二年，浚南京中下二新河。

弘治三年，從巡撫都御史丘鼐言，設官專領灌縣都江堰。六年，敕撫民參政硃瑄浚河南伊、洛，彰德高平、萬金，懷慶廣濟，南陽召公等渠，汝寧桃陂等堰。七年，浚南京天、潮二河，備軍衛屯田水利。【略】十八年，修築常熟塘壩，自尚湖口抵江，及黄、泗等浦，新莊等沙三十餘處。浚杭州西湖。【略】

正德七年，修廣平滏陽河口堤岸。十四年浚南京新江口右河。【略】

嘉靖元年，築浚束鹿、肥鄉、獻、魏堤渠。【略】二年，修德勝門東、朝陽門北城垣河道，築儀真、江都官塘五區。【略】二十四年，浚南京後湖。【略】是年，吕光洵按吴，復奏蘇、松水利五事。【略】

隆慶三年，開湖廣竹筒河以泄漢江。巡撫都御史海瑞疏吴淞江下流上海淤地萬四千丈有奇。江面舊三十丈，增開十五丈，自黄渡至宋家橋長八十里。【略】

萬曆二年，築荆州采穴，承天泗港、謝家灣諸決堤口。復築荆、岳等府及松滋諸縣老垸堤。【略】六年，巡撫都御史胡執禮請先浚吴淞江長橋、黄浦。【略】十年，增築雄縣横堤八里，御滹沱暴漲。【略】十三年，以尚寶少卿徐貞明兼御史，領墾田使。貞明爲給事中，嘗請興西北水利，如南人圩田之制，引水成田。工部覆議：「畿輔諸郡邑，以上流十五河之水泄於貓兒一灣，海口又極束隘，故所在横流。必多開支河，挑浚海口，而後水勢可平，疏浚可施。然役大費繁，而今以民勞財匱，方務省事，請罷其議。」乃已。後貞明謫官，著《潞水客談》一書，論水利當興者十四條。【略】

天啓元年，御史左光斗用應蛟策，復天津屯田，令通判盧觀象管理屯田水利。明年，巡按御史張慎言言：「自枝河而西，静海、興濟之間，萬頃沃壤。河之東，尚有鹽水沽等處爲膏腴之田，惜皆蕪廢。今觀象開寇家口以南田三千餘畝，溝洫蘆塘之法，種植疏浚之方，皆具而有法，人何憚而不爲？大抵開種之法有五：一、官種。謂牛、種、器具、耕作、雇募皆出於官，而官亦盡收其田之入也。一、佃種。謂民願墾而無力，其牛、種、器具仰給於官，待納稼之時，官十而取其四也。一、民種。佃之有力者，自認開墾若干，迨開荒既熟，較數歲之中以爲常，十一而取是也。一、軍種。即令海防營軍種葛沽之田，人耕四畝，收二石，緣有行，月糧，故收租重也。一、屯種。祖宗衛軍有屯田，或五十畝，或百畝。軍爲屯種者，歲入十七於官，即以所入爲官軍歲支之用。國初兵農之善制也。四法已行，惟屯種則今日兵與軍分，而屯僅存其名。當選各衛之屯餘，墾津門之沃土，如官種法行之。」章下所司，命太僕卿董應舉管天津至山海屯田，規畫數年，開田十八萬畝，積穀無算。

崇禎二年，兵部侍郎申用懋言：「永平灤河諸水，逶迤寬衍，可疏渠以防旱潦。山坡隙地，便栽種。宜令有司相地察源，爲民興利。」

清·張廷玉等《明史》卷三《太祖紀三》 洪武二十七年秋八月【略】乙亥，遣國子監生分行天下，督吏民修水利。

清·張廷玉等《明史》卷九《宣宗紀》 宣德六年冬十月甲辰，陳懷平松潘蠻。十一月丙子，始命官軍兑運民糧。乙酉，分遣御史往逮貪暴中官袁琦等。十二月乙未，袁琦等十一人棄市，榜其罪示天下。丁未，金幼孜卒。庚戌，遣御史巡視寧夏甘州屯田水利。

清·張廷玉等《明史》卷一五《孝宗紀》 弘治七年秋七月【略】丙午，工部侍郎貫，巡撫副都御史何鑒經理南畿水利。九月丁亥，以水災停蘇、松諸府所辦物料，留關鈔户鹽備賑。冬十一月壬子，京師地震。十二月甲戌，張秋河工成。己卯，賑甘、涼被兵軍民，給牛種。

清·張廷玉等《明史》卷二〇《神宗紀一》 萬曆四年秋七月丁酉，諭吏、户二部清吏治，蠲逋賦有差，明年漕糧折收十之三。壬寅，遣御史督修江、浙水利。甲辰，修泗州祖陵。辛亥，草灣河工成。八月壬戌，釋奠於先師孔子。是秋，河決崔鎮。

清·張廷玉等《明史》卷八三《河渠志一》 工部侍郎崔岩奉命修理黄河，浚祥符董盆口，滎澤孫家渡，又浚賈魯河及亳州故河各數十里，且築長垣諸縣決口及曹縣外堤，梁靖決口。功未就而驟雨，堤潰。岩上疏言：「河勢沖蕩益甚，且流入王子河，亦河故道，若非上流多殺水勢，決口恐難卒塞。莫若於曹、單、豐、沛增築堤防，毋令北徙，庶可護漕。」且請別命大臣知水利者共議。於是帝責岩治河無方，而以侍郎李堂代之。堂言：「蘭陽、儀封、考城故道淤塞，故河流俱入賈魯河，經黄陵岡至曹縣，決梁靖、楊家二口。侍郎岩亦嘗修浚，緣地高河澱，隨浚隨淤，水殺不多，而決口又難築塞。今觀梁靖以下地勢最卑，故衆流奔注成河，直抵沛縣，藉令其口築成，而容受全流無地，必致回激黄陵岡堤岸，而運道妨矣。至河流故道，堙者不可復疏，請起大名三春柳至沛縣飛雲橋，築堤三百餘里，以障河北徙。」從之。六年二月，功未竣，堂言：「陳橋集、銅瓦廂俱應增築，請設副使一人專理。」會河南盜起，召堂還京，命姑已其不急者。遂委其事於副使，而堤役由此罷。

清・張廷玉等《明史》卷八四《河渠志二》 萬曆四年二月，督漕侍郎吴桂芳言：「淮、揚洪潦奔沖，蓋緣海濱汊港久堙，入海止雲梯一徑，至海擁横沙，河流泛溢，而鹽、安、高、寶不可收拾。國家轉運，惟知急漕，而不暇急民，故朝廷設官，亦主治河，而不知治海。請設水利僉事一員，專疏海道，審度地利，如草灣及老黄河皆可趨海，何必專事雲梯哉？」帝優，詔報可。

明・姚廣孝等《明實録・太祖寶訓》卷三《勤民》 戊戌二月乙亥，遷元帥康茂才爲營田使兼帳前總制、親軍左副都指揮。太祖諭茂才曰：「比因兵亂，堤防頹圮，民廢耕耨，故設營田司，以修築堤防，專掌水利。今軍務實殷，用度爲急，理財之道，莫先於農。春作方興，慮旱潦不時，有妨農夫。故命爾此職，方巡各處，俾高無患乾，卑不病潦，務在蓄泄得宜。大抵設官爲民，非以病民。若但使有司增飾館舍，送迎奔走，所至紛擾，無益於民，而反害之，非付任之意。」

明・姚廣孝等《明實録・宣宗寶訓》卷二《勤民》 宣德三年二月壬午，浙江臨海縣民奏，本縣舊有胡譏諸閘積水灌田，比因大水壞閘，而金鼇、大浦湖、涞、舉、嶼等河遂皆壅塞，或遇天旱，禾稼不收，糧税多欠，乞爲開築。上曰：水利爲政急務，使民自訴於朝，此守令不得人爾。工部即下郡縣，令秋收發民用工，仍行天下，凡水利當興者，命有司即行，不許坐視。

明・姚廣孝等《明實録・英宗寶訓》卷三《重邊儲》 正統元年四月乙巳，敕參贊軍務兵部左侍郎柴車等曰：今達賊屢犯邊疆，急用糧餉，輸運艱難，必須設法以爲經久之計。比聞甘肅等處鎮守官占種田地，侵奪水利，不納税糧，軍士受害，不可勝言。敕諭爾等公同勘理，除量存與原種之人耕種足用外，其餘俱撥與屯軍耕種，辦納子粒，不許狗私，廢公自取罪愆。

明・姚廣孝等《明實録・孝宗寶訓》卷三《水利》 弘治二年五月庚申，河南守臣奏河決開封黄沙岡、蘇村野場至洛裏堤、蓮池、高門岡、王馬頭、紅船灣六處，又決埽頭五處入沁河，所經郡縣多被害，而汴梁尤甚。上曰：黄河沖決，民居蕩析，朕深滑念，其即行巡撫官督所司役五萬人脩築，務使河復故道，不爲民害，以副朝廷救災恤患之意。

九月，庚辰，改南京兵部左侍郎白昂爲户部左侍郎，修治河道，賜之敕曰：近聞河南黄河泛溢，自金龍等口分爲二股，流經北直隷山東地方，入於張秋，運

河所過閘座間有滄沒，堤岸多被沖塌，若不趁時預先整理，明年夏秋大水必至潰決旁出，有妨漕運，所系非輕。今以爾曾監督工程，績效著聞，特改前職，馳驛會同山東、河南、北直隷巡撫都御史督同三處，分巡、分守並知府等官，自上源決口至運河一帶經行地方，逐一踏看明白，從長計議。

明・姚廣孝等《明實録・神宗寶訓》卷一《治河》 萬曆三年三月丁巳，先是總理河道右僉都御史傅希摯奏請開創泇河，置黄河於度外，庶爲永圖。工科都給事中侯於趙疏言，事體重大，宜集廷臣會議。上曰：開河事理傅希摯所奏固已明確，但事體重大，不厭詳慎，廷臣會議，亦是虚文，甲可乙否，終難成事。命侯於趙親往會希摯及價運按臣確議以聞。

六月辛卯，工科都給事中侯於趙等題會勘泇河事宜，自泉河口起至大河口五百三十餘里，内自直河至清河三百餘里。【略】特良城伏石長五百五十丈，比原勘多四百七十丈，開鑿之力，難以逆料。性義、馬陵俱限隔河流之處，二處既開，則豐沛河決必至灌入，宜先鑿良城石工，預修豐沛堤防，而後前功可徐議也。【略】

九月己亥，南京工部尚書劉應節等上言海運之難，以放洋之險、覆溺之慮耳。今欲去此二患，惟自膠州以北、楊家圈以南計地約一百六十里，其應挑浚者不過百里，非有高山長阪之隔也。宜以實心任事大臣一員董之，可成百世之功。部覆原議，聞見既真，籌畫若能力踐其言，事克底績，當重加升賞，以酬其功。

萬曆五年三月癸卯，直隷巡按御史郭思極因京口漕河淺涸，條上三吴水利。一、復練湖以永資蓄洩。一、修孟瀆河以傍通舟楫。部覆得旨，練湖並孟瀆河撫按督同水利官修復開浚，責令秋間完報，爲來歲轉漕計。【略】

萬曆六年七月壬子，工部覆總河都御史潘季馴等奏河工浩大，須多官分督，今後凡有升調留待工完，將經手錢糧並其勤惰稽查明白，方許離任。

明・姚廣孝等《明實録・穆宗》卷一〇 隆慶元年七月甲寅朔，建築湖廣荆州沙洋、紅廟二堤，從撫按官請也。

明・姚廣孝等《明實録・穆宗》卷二九 隆慶二年正月乙巳朔，總理河道都御史翁大立奏言，國家張官置吏，爲治河計，至群密矣。然往往能收臨患焦爛之功，而未有先事徙新之策，以懲怠懈惰之法大疎也。稽之律令，凡失時不修堤防者罪正笞杖，是以當事者率漫然視之，請自今更令堤防不效者，府佐及州縣正官俱以差降級，並管河副使與職專守巡者俱治罪。工部覆行其言，因陳漕渠視黄河以爲通塞，黄河變迁自古不常，乞並敕大立及時疏浚不流，建築遥堤以備之。

報可。

明・姚廣孝等《明實録・神宗》卷六〇　萬曆五年三月戊子朔，巡按直隸御史陳世寶條陳河道江北四事、江南二事。一、復老黄河故道。先是河自三議鎮歷清河縣，北出大河口與淮水會流出海，運道自淮安天妃廟亂淮而下十里，至大河口入黄河，從三議鎮出口向桃源大河而去，謂之老黄河。至嘉靖初年三議鎮口淤而黄河改趨清河縣，南與淮會合入海，自是運道不繇大河口而徑趨清河縣北上矣。邇者崔鎮屢決，河勢漸趨故道，若仍開三議鎮口引河入清河縣北，或令出大河口與淮流口，或從清河縣西另開一河，引淮水出合上浙會合，則運道無恐而淮泗之水亦不爲黄河所漲，民難其永紓矣。一、修寶應湖堤，補古堤以固其外，於古堤東再起一堤，以通越河而使運舟於此經行。一、清復上下練湖。一、復開孟瀆河。一、增建儀真二閘，因江口去閘大遠，欲於上下江口迤運十數丈許各建一閘，潮始來，預起板以納之，潮初退，即下板以閉之，使出江之船盡數入閘，以免遲滯。一、開瓜州河港塢，將屯船塢挑浚深闊，使船之先入者屯聚於內，又於監壩之東開一曲港，與新閘外港相合，使船之後至者續泊於內，以免金山掛江之險。部覆允行。

明・姚廣孝等《明實録・神宗》卷二〇一　萬曆十六年七月壬子朔，工部尚書石星題，山東淮揚一帶河道應修應築，如總河潘季馴勘科常居敬所，議添設鎮河閘，接築塔山縷堤，清河浦草壩，創築寶應西堤，石砌邵伯湖堤，疏浚裏河淤淺，增設柳浦灣料廠，此當在淮揚興舉者也。查復南旺、馬踏、蜀山、馬場四湖建築坎河滚水壩，加建通濟、永通二閘。查復安山湖地，此當在山東興舉者也。地里寥遠，工程浩大，宜將郎中羅用敬、副使周夢暘等分地責成御史不時稽察，而總河大臣仍親自查閱，工堅可久者，從實奏報，推諉誤事者，即時參處。上是之，仍諭河工著各照分定地方用心管理，上緊完報，不許疏玩。

清・張廷玉等《明史》卷八七《河渠志五》　明初，太祖詔所在有司：民以水利條上者即陳奏。越二十七年，特諭工部：陂塘湖堰可蓄洩以備旱潦者，皆因其地勢修治之。乃分遣國子生及人材偏詣天下，督修水利。【略】洪武元年修和州銅城堰閘，周迴二百餘里。四年修興安靈渠，爲陡渠者三十六。渠水發海陽山，秦時鑿，溉田萬頃，馬援葺之，後圮，至是始復。六年發松江嘉興民夫二萬開上海胡家港，自海口至漕涇千二百餘丈，以通海船且濬海鹽澉浦。八年開登州蓬萊閣河，命耿炳文濬涇陽洪渠堰，溉涇陽、三原、醴泉、高陵、臨潼田二百餘里。九年修彭州都江堰。【略】二十九年修築河南洛堤。復興安靈渠。時尚書唐鐸以軍興至其地，圖渠狀以聞。請浚深廣，通官舟以餉軍。命御史嚴震直燒鑿陡澗之石，餉道果通。三十一年，洪渠堰圮，覆命耿炳文修治之。且浚渠十萬三千餘丈。建文四年疏吴淞江。【略】

永樂元年，修安陸京山漢水塌岸。【略】帝從其請，且諭工部，安、徽、蘇、松、浙江、江西、湖廣，凡湖泊卑下，圩岸傾頽，亟督有司治之。夏原吉復奉命治水蘇、松，盡通舊河港。又浚蘇州千墩浦、致和塘、安亭、顧浦、陸皎浦、尤涇、黄涇共二萬九千餘丈，松江大黄浦、赤雁浦、范家浜共萬二千丈，以通太湖下流。【略】

十三年，修興濟決岸，南京羽林右衛刁家圩屯田堤。吴江縣丞李升言：「蘇、松水患，太湖爲甚，急宜泄其下流。若常熟白茆諸港，昆山千墩等河，長洲十八都港汊，吴縣、無錫近湖河道，皆宜循其故跡，浚而深之。乃修蔡涇等閘，候潮來往，以時啓閉。則氾濫可免，而民獲耕種之利。」從之。【略】

宣德三年。【略】巡按江西御史許勝言：「南昌瑞河兩岸低窪，多良田。洪武間修築，水不爲患。比年水溢，岸圮二十餘處。豐城安沙繩灣圩岸三千六百餘丈，永樂間水沖，改修百三十餘丈。近者久雨，江漲堤壞。乞敕有司募夫修理。」中書舍人陸伯倫言：「常熟七浦塘東西百里，灌常熟、昆山田，歲租二十餘萬石。乞聽民自浚之。」皆詔可。

四年，修獻縣柳林口堤岸。潛江民言：「蚌湖、陽湖皆臨襄河，水漲岸決，害荆州三衛，荆門、江陵諸州縣官民屯田無算。乞發軍民築治。」從之。【略】五年，巡撫侍郎成均言：「海鹽去海二里，石嵌土岸二千四百餘丈，水嚙其石，皆已刓敝。議築新石於岸內，而存其舊者以爲外障。乞如洪武中令嘉、嚴、紹三府協夫舉工。」從之。六年，修瀏陽、廣濟諸縣堤堰，豐城西北臨江石堤及西南七圩壩，石首臨江三堤。浚餘姚舊河池。巡撫侍郎周忱言：「溧水永豐圩周圍八十餘里，環以丹陽、石臼諸湖。舊築埂壩，通陟門石塔，農甚利之。今頽敗，請葺治。」教諭唐敏言：「常熟耿涇塘，南接梅里，通昆承湖，北達大江。洪武中，浚以溉田。今壅阻，請疏導。」並從之。

正統四年。【略】荆州民言：「城西江水高城十餘丈，霖潦壞堤，水即灌城。請先事修治。」寧夏巡撫都御史金濂言：「鎮有五渠，資以行溉，今明沙州七星、漢伯、石灰三渠久塞。請用夫四萬疏浚，溉蕪田千三百餘頃。」並從之。

天啓元年，御史左光斗用應蛟策，復天津屯田，令通判盧觀象管理屯田水利。明年，巡按御史張慎言言：「自枝河而西，静海、興濟之間，萬頃沃壤。河之東，尚有鹽水沽等處爲膏腴之田，惜皆蕪廢。今觀象開寇家口以南田三千餘畝，溝洫蘆塘之法，種植疏浚之方，皆具而有法，人何憚而不爲？大抵開種之法有五。【略】國初兵農之善制也。四法已行，惟屯種則今日兵與軍分，而屯僅存其名。當選各衛之屯餘，墾津門之沃土，如官種法行之。」章下所司，命太僕卿董應舉管天津至山海屯田，規畫數年，開田十八萬畝，積穀無算。

清・温達《聖祖仁皇帝親征平定朔漠方略》卷三三（康熙三十五年十一月丙辰）諭皇太子曰：「二十七日，駐蹕於麗蘇村。二十八日，駐蹕湖灘河朔，漢人稱此爲脱脱城，此即黄河之岸，向彼岸仰射之，朕及皇長子新滿洲之善射者射過甚易，波流亦緩，非南方黄河之比，較天津入海狹河尤狹。二十九日，駐宿。是日早，鄂爾多斯之王、貝勒、貝子、公、台吉等俱渡河來見。朕詣河干，將河測量，其闊五十三丈，仰射而過五十餘步，於是登舟，朕與新滿洲逆流舉棹以試水勢，船猶可行，惟行船之具不佳，不便用力，衆蒙古等皆驚訝，以爲此黄河逆流行舟，自我祖宗累世以來所未有，往來過渡試之，斷不致飄往下流。」

乾隆十二年奉敕撰《欽定大清會典則例》卷一三一《工部・都水清吏司・河工一》 一、職掌。【略】（康熙）三十八年，諭：「朕審視黄河之水，見河身漸高，登隄用水平測量，見河較高於田，行視清口高家堰，則洪澤湖水低，黄河水高，以致河水逆流入湖，湖水無從得出，泛溢於興化、鹽城七州縣，此災之所由生也。治河上策，惟以深濬河身爲要，諸臣並無言及此者，誠能深濬河底，則洪澤湖水直達黄河，七州縣無泛溢之患，民間田廬自然涸出，不治其源，徒治下流，終無裨益。今朕親閲下河到海之口，及射陽湖一帶淤墊之處，總河所帶効力人員甚多，可速分委，并力開濬蓄積之水，倘能稍洩，亦有益也。至於黄淮交匯之口過於徑直，所以黄水常逆流而入，今宜將黄河南岸近淮之隄，更迤東長二三里，築令堅固，淮水近河之隄，亦迤東灣曲拓築，使之斜行會流，則黄水不致倒灌入淮矣。再河流不迅急無以刷去河底之沙，河直則溜，自急溜急則沙自刷而河自深，宜於清口之西數灣曲處試行濬直，如直濬有益，漸將上流曲處歲加直濬，庶幾黄河之險自除，而河底漸深，洪澤湖之水漸出，七州縣之水患可漸息矣。欽此。」

《清聖祖仁皇帝實録》卷一九二康熙三十八年三月庚午朔　上閲視高家堰、歸仁堤等工，諭大學士等：「朕留心河務，體訪已久。此來沿途坐於船外，審視黄河之水，見河身漸高，登堤用水準測量，見河較高于田。行視清口高家堰，則洪澤湖水低，黄河水高，以致河水逆流入湖，湖水無從出，泛溢於興化、鹽城等七州縣，此災所由生也。」

《清聖祖仁皇帝實録》卷一九二康熙三十八年三月乙亥　諭河道總督于成龍：「朕昨駐蹕界首，用水準測量，河水比湖水高四尺八寸，湖水似不能越此堤而入運河。但當湖石堤被水汕壞，工程甚屬緊要，著差賢能官員作速查驗修築。」

《清聖祖仁皇帝實録》卷一九二康熙三十八年三月丙子　諭河道總督于成龍：「朕在清水潭九里地方用水準測量，河水高湖水二尺三寸九分。此一帶當湖之石堤甚爲緊要，可速行修造。至高郵州地方，見河水向湖内流，河水似高一尺有餘，趁黄河水未深之時，急宜修理。」

《清聖祖仁皇帝實録》卷一九二康熙三十八年三月庚辰　諭河道總督于成龍：「朕自淮南一路詳閲河道，測量高郵以上河水比湖水高四尺八寸，自高郵至邵伯河水湖水，始見平等。應將高郵以上當湖隄岸，高郵以下河之東隄，俱修築堅固。有月隄處，照舊存留。有應修隄岸，仍照舊隄堅築。至於邵伯地方，因無當湖隄岸，河湖合而爲一，不必修築隄岸，聽其流行。高郵東岸之滚水壩、涵洞俱不必用，將湖水河水俱由芒稻河、人字河，引出歸江。入江之河口，如有淺處，責令挑深。如此修治，則湖水河水俱歸大江，各河之水既不歸下河，下河自可不必挑濬矣。」

《清聖祖仁皇帝實録》卷一九五康熙三十八年十月丙子　上至郭家務村南大堤，以豹尾槍立表于水上，親用儀器測驗，諭王新命等曰：「測驗此處河内淤墊，較堤外略高，是以水凍直至堤邊。以此觀之，下流出口之處，其淤高必甚於此，如此壅滯，安能暢流。此等堤工，卑矮可虞，若不預行修築，明春水發，難以堵禦。必自今冬下(掃)〔埽〕，加幫增高，不可取近堤之土，若取土成溝，水流溝内，有傷堤根。」

《清聖祖仁皇帝實録》卷一九八康熙三十九年三月甲午　原任河道總督王新命，以修理永定河，繪圖呈覽。上批閲指問良久。顧王新命曰：「此圖曲折闊狹，與河形不符。如一百八十丈爲一里，則以尺爲丈，或以寸爲丈，更或以分厘爲丈尺。量其遠近，按尺寸繪之，方與河形相符，一覽了然。今爾此圖，皆意度爲之，未見明確。著另繪圖呈覽。」

《清聖祖仁皇帝實録》卷一九八康熙三十九年四月辛巳　上偏視永定河堤，

諭原任河道總督王新命等曰：「觀新築大堤，里邊太陡，應使稍斜。」又至郭家務舊堤，新開河口之處，用儀器測驗，諭曰：「此處地面較舊河水面高六尺六寸，新開河底較舊河水面深六尺八寸。水之入新河也易矣。」三聖口至柳岔口，地甚卑下，見今俱已乾燥，此天假機會，不可失也。宜乘此時，作速完工，今若不修，以致稽誤，日後不得以難修爲辭。」至柳岔口，又諭曰：「舊堤大有關係，甚爲緊要，稍有所失，則誤大事矣。此不得委之分司。著與來修河之督撫大臣，公同看守。」是日，上自霸州柳岔口登舟泊新挑河口。

清·汪由敦《松泉集·詩集》卷二六《恭和御制總河白鍾山等奏報秋汛平穩詩以志慰元韻》 黄河自天來，百川滙而集。建瓴趨下游，淮徐流最急。向來慎保障，堤高數十尺。無何司河者，忘遠昧所亟。設堤本捍水，水高堤寡力。洩水以保堤，轉恃爲良畫。流緩沙遂淤，河淺地仰昃。其弊如養癰，一潰恣衝擊。今春翠華涖，要領示頃刻。速堵毛城鋪，旁突令早息。復鑿蘇家山，經流使暢滌。迫束乃疾走，妙用在剛克。秋來報汛過，中泓果平直。湍駛刷沙深，測量逾舊額。順軌行地中，得寬捍禦責。乃知睿算神，一舉免勞劇。從茲歲清晏，百神謹奉職。豈惟奠民居，益復滋土脉。

清·傅澤洪《行水金鑒》卷二四《河水》 余問：「水始自中州，乃分遣屬吏，循河各支，沿流而下，直抵出運河之口，逐段測其深淺、廣狹，紆直所向，而後得其要。蓋孟津而下，夏秋水漲，河流甚廣，滎澤漫溢至二三十里，封丘、祥符亦幾十里許。而下流甚隘，一支出渦河口廣八十餘丈，一支出宿遷小河口廣二十餘丈，一支出徐州小浮橋口，亦廣二十餘丈。三支不滿一里，中州之多水患，不在茲歟？」

清·傅澤洪《行水金鑒》卷五二《河水》 五、堵築決口。康熙十六年以前，黄河兩岸決口二十一處，南北運河，及高堰等處決口七十一處。前此率旋堵旋決，或堵東決西爲患。（靳輔）公乃以水準法，測地形之高卑，衡水勢之順逆，相機下埽，凡埽之大小，邊幇、底套，丁順之制，以及物料之輕重，堅脆，無不精晰畢當，故費不糜而工克濟焉。【略】六、建減水壩。淮屬三十年以前之黄河，廣闊各二三百丈。水卑於岸者丈餘，河底復深四五丈不等，寬深如是。是以雖有萬余里之洪濤猝至，足以容納而無患也。自淤成平陸之後，雖竭疏浚之力，挽歸故道，然欲其驟爲刷深，而容納如故，理所必無也。夫既不能容，而又不令有所洩，則怒漲奔流者，勢必横沖四潰矣。公〔靳輔〕乃以推測土方之法，移而推測水方，其法以上流之寬深，準下流之淺窄，量入爲出，以洩之。然漕中之水，又必須留以滌沙，而後可冀其日刷，則其間應留應泄之數，又不可不斟酌至當也。

又 （康熙四十年）十二月二十日，〔總河張鵬翮〕爲題明事。【略】臣往來看工，相度形勢。查運料河頭，起於檀度寺閘，久已築壩堵閉。詢問其故，據土人云，運河高於運料河數尺，恐其開放，建瓴之勢，直洩無餘，是以歷來堵閉。臣測量水準，果與土人之言無異。夫既堵閉，則此河爲無源之水，不能通濟下流，亦難運料，是此河已無益於運河矣。【略】以上俱張文端《治河書》

清·傅澤洪《行水金鑒》卷六八《淮水》 聖祖仁皇帝康熙三十九年十一月初一日，總河張鵬翮題奏：「臣遵旨督修高堰堤壩，【略】（臣）於二十一日馳至清口，見引河水勢加長。臣令河兵新空之三義河，及疏通河口，引水入爛泥淺、帥家莊等，河身俱已有水。而張福口、裴家場二引河，水長盈滿。測量水準，引河水高於黄，仍將張、福等河口之水，匯入裴家場引河一處，俟其水聚力强，足以敵黄。【略】以上俱張文端《治河書》

清·傅澤洪《行水金鑒》卷七〇《淮水》 洪澤湖築高堰、南北堤岸，所以束淮水出清口，敵黄濟運也。於清口築新大墩一座導水，七分敵黄，三分濟運。若遇桃、伏、秋三汛，湖水盛長，水大易起風暴，欲保堤岸，以衛運道民生，於山盱汛，建滚水石壩三座。其由身尺寸，與清口黄水形勢相照應取勢，足敵黄，過則聽其滚去。此四季測量水準，審度至當，乃定壩址，歷年著有成效。如春夏之交，黄水先長，湖水勢微，清口清水稍弱，恐不足以敵黄，則啓歸仁湖三閘之版，放水入洪澤湖，以助清口水勢，敵黄而濟運。此皆聖主數次閱視河工，指示方略，精詳盡善，乃克平成奏績，萬世永賴。屬在臣工，敬奉遵行，勿穿鑿私智，變易成法，則淮揚生靈，永蒙利賴於無窮矣。

洪澤湖北滚水壩一座，長七十丈，由身高六尺八寸。康熙四十五年七月十八日開放時，量高堰關帝廟前水深一丈三寸，新石工高出水面三尺七寸，北滚水壩外，水深六尺九寸，由身過水一寸。每年水大開放，驗高堰關帝廟前新石工，出水三尺七寸爲則。八月十一日，湖水盛長，高堰關帝廟前新石工高出水面一尺二寸，時北壩，由身過水一尺九寸。九月初九日，湖水落二尺八寸，高堰關帝廟前新石工高出水面四尺，時北壩斷流，壩外水深六尺。

中滚水壩一座，長六十丈，由身高六尺八寸。康熙四十五年七月十八日開放時，量高堰關帝廟前水深一丈三寸，新石工高出水面三尺七寸，中滚水壩外，水深六尺八寸，由身過水五分。每年水大開放，驗高堰關帝廟前新石工，出水三尺七寸爲則。八月十二日，湖水盛長，高堰關帝廟前新石工高出水面一尺二寸，時中滚水壩，由身過水一尺八寸。九月初九日，湖水落二尺八寸，關帝廟前新石工高出水面四尺，時中壩斷流，壩外水深六尺五寸。

南滚水壩一座，長七十丈，地形稍高，由身高六尺三寸。康熙四十五年七月二十日開放時，量高堰關帝廟前水深一丈八寸，新石工高出水面三尺二寸，南滚水壩外，水深六尺四寸，由身過水一寸。每年水大開放，驗高堰關帝廟前新石工，出水三尺二寸爲則。八月十二日，湖水盛長，高堰關帝廟前新石工高出水面一尺二寸，時南滚壩，過水一尺。九月初六日，湖水落二尺二寸，關帝廟前新石工高出水面三尺四寸，時南滚壩斷流，壩外水深七尺五寸。

天然北壩一座，長六十丈，壩基高七尺。康熙四十五年八月十二日，高堰關帝廟前新石工高出水面一尺二寸，湖水盈滿，三滚壩宣洩不及，將天然北壩開放，宣洩異漲之水，湖水從此漸消，故天然南壩停其開放。至九月初九日，湖水落二尺八寸，高堰關帝廟前新石工高出水面四尺，三滚壩俱斷流，時天然壩基，尚有三十二丈，過水深五尺，壩外水深四五尺不等。至十月十六日，湖水又落五尺，高堰關帝廟前新石工高出水面九尺，天然北壩斷流。

清口淮黄交會處，查康熙四十五年八月十二日，淮黄水勢盛長時，量惠濟祠前禦示挑水壩處石工高出水面三寸。至九月初九日，止落水三尺二寸，惠濟祠前御示挑水壩處石工高出水面三尺五寸。

清口清水，高出黄水二尺三寸。自清口東壩起至北岸止，計河面寬五百五十丈，中泓水深三丈三四五尺不等，清水敵黄四百三十七丈，黄水止存寬一百二十三丈。至十月十六日，天然北壩斷流，時清口中泓水深三丈一二尺不等，清水敵黄水北行，距北岸黄水，止存寬九十五丈。康熙四十五年十二月穀旦，遂寧張鵬翮記立石。以上俱《河防志》

清・傅澤洪《行水金鑒》卷一一四《運河水》 至冬，黄河南徙諸閘，有僅露閘面者，有没入泥底者，而閘口之泥，深淺不一，乃一以閘面，平石至泥水平面測之，時惟棗林閘露閘面三尺餘，各有差師家莊、魯橋二閘面各露一尺五寸，穀亭、湖陵城二閘面各露一寸，孟陽泊閘面露一尺八寸餘，至底悉泥，淤深至一丈八九尺者。惟棗林閘下之南陽閘，已没入泥底，閘面泥淤，仍四尺六寸。八里灣閘面泥淤仍五尺，始知舊傳棗林閘之過高，而不知其下南陽閘之過低也。乃一以棗林閘爲準，餘悉培而平之，由是啓閉，水不復泄。仍各測其深淺，其閘底過深者，則量留底板，均止以十二板啓閉師家莊閘深一丈三尺二寸，留底板二；魯橋閘深一丈六尺五寸，留底板六；棗林閘深一丈六尺二寸，留底板三；南陽閘深一丈八尺三寸，留底板四；穀亭閘深一丈五尺七寸，留底板二；八里灣閘深一丈六尺三寸，留底板三；孟陽泊閘深一丈五尺一寸，留底板一；湖陵城閘深一丈七尺四寸，留底板二；沽頭以下六閘則閘淺，惟上沽頭閘留板一，餘無留。**【略】**《問水集》

清・傅澤洪《行水金鑒》卷一一五《運河水》 運道以徐、兖閘河爲喉襟，閘河以諸泉爲本源。泉源修廢，運道之通塞係焉，可不重邪？泉志紀載詳矣，惜未能紀泉所出，及測其穴數、大小、形狀，以故官夫疏濬，率多虚文，未可考矣。至有堙没，莫知所在者。且泉源四時，微盛各殊大率冬春微，夏秋盛，旱微澇盛，渠流深廣亦不一，必四時遍測而後可驗。乃各紀其方向在州縣東南西北或四隅、遠近去州縣治若干里，保社某里分，村莊某村莊東西南北若干步，所出或山谷、或平地，或津泉，穴數若干穴眼，大小形狀如盤、如盞、如酒鐘，如雞子，如棗栗，如錢之類。備測泉口成渠之深廣尺寸自泉流若干步，成渠深廣若干。入汶運之里至遠近流幾里，合某泉，或入汶、或入運。沿途之管道堤防，罔不詳備有無沖决坍塌，淤塞盜引。**【略】**《問水集》

清・傅澤洪《行水金鑒》卷一一九《運河水》 又明年，衡上疏曰：「先臣宋禮，濬治舊渠，測量水準，計濟寧平地與徐州境山巔相準，北高南下，懸流三十丈，故魯橋閘以南，稍啓立涸，舟行半月始達。」

清・傅澤洪《行水金鑒》卷一二一《運河水》 儀真至淮安，河止務高堤，不務深河，勢擁諸湖，安所紀極。萬曆元年治之，乃測江都縣三義河起，至楊子橋止，計半里，舊水深四尺；測寶應縣大潭起，至三官殿嘴止，河心舊水深四尺五寸；測白馬湖口起，至錢家直止，河心舊水深四尺二寸；測山陽縣化骨亭起，至趙家莊止，一里，舊水深四尺二寸。是三百七十里運道中，淺者止此，總之不踰五里，餘皆五尺至一丈，極深有至一丈八尺而止。淺夫淺船，治之月，計之工也。凡四尺者，可濬至七尺而止，則以運舟用水三尺乘之，高寶諸湖，從平水二十餘閘中，尚可泄去四尺。夫水落四尺，則河岸視舊可高四尺。一以固堤，一以利田，此祖宗但令深河，不令高堤之微意也。**【略】**《治水筌蹄》

清・傅澤洪《行水金鑒》卷一二七《運河水》 一曰濬支河，以避微口之險。

韓莊之西，有湖曰微口，上下三十餘里，水深丈餘。必測水勢深淺，插立標竿，以爲嚮導。遇風揭帆，頃刻可過，偶遇暴風，不免漂流。今已于湖邊開支河一道，下接韓莊，上通西柳莊四十五里，不由湖中，挽拽有路，合將此河再加疏濬，庶可免漂没之患。

清·傅澤洪《行水金鑒》卷一三五《運河水》 靳文襄公《治河書·河防雜説》云：「【略】(康熙)二十年七月内黄流大漲，頃刻淤墊二千餘丈，不能通舟。彼時紛紛議論，俱欲拆去窯灣埽臺，仍由駱馬湖。靳公力辨其非，親督官弁兵丁人夫，將淤墊處，酌量挑挖丈余，黄水稍落，清流隨出，仍舊刷成大河矣。蓋測探水勢，知黄河由皂河口至駱馬湖口，計程不過四十餘里，而皂河黄水較之駱馬湖口黄水，實高三尺。其皂河運口，有淤墊之患者，良由清水之長，以漸而增，而黄河則每每陡長數尺，方黄水陡長之時，而清水不長，則黄流自是倒灌，一經倒灌，則淤墊立見也。」

清·傅澤洪《行水金鑒》卷一三七《運河水》 上諭：「朕前閲中河，初疑其狹隘。今行經丹陽，閲視河道，亦復狹隘。又聞衆官民俱言中河挑浚有益，所關甚大，爾等會同總河、總漕，確議具奏。」初八日，該臣等會議得，【略】今王新命稱「丈量水深二丈有餘，難以建壩，且需錢糧甚多，應停其建築，編竹簍以盛石塊，高出水面二尺，成造堵塞，若水大可以浮面泄出」等語。

清·傅澤洪《行水金鑒》卷一三八《運河水》 (康熙三十八年三月)初六日，奉上諭，諭河道總督于成龍：「朕初五日自淮安起行，沿途細閲河隄，除河底已高，東邊甚窪，毋庸置議外，朕所駐蹕界首鎮前湖邊，用水準測算，河水比湖水高五尺八寸，揆此湖水，似不能越此隄而入運河，前往高郵，未知若何。但當湖之石隄，雖被水汕壞，朕公同細閲，被人搬去損壞之處，亦復不少。此固屬要工，修築亦不甚難。爾差賢員，作速查驗，應即償工修築，嗣後查閲工程，有應修築之處，照此頒旨，特諭。」十一日，歲貢馬泰，轉傳上諭：「朕自淮南一路，詳閲河道。測算高郵以上河水，比湖水高四尺八寸，自高郵至邵伯，河水湖水始見平等。應將高郵以上，當湖隄岸，修築堅固，高郵以下，河之東隄，亦應修築堅固。【略】」以上並《河防志》

清·傅澤洪《行水金鑒》卷一三九《運河水》 又一件，據馬泰回稱，御書上諭已繳，有録出原稿。系康熙三十八年三月初七日，欽奉上諭，初六日到清水潭、九里等處，測量水準，看得河水與湖水相高二尺三寸九分。這一帶隔河石隄，關係緊要，宜當速造。朕在此處步行看工，未見一個做工之員，著查明參處。至高郵等處，河水向湖而流，河水似高一尺，乘黄水未深通之前，這些處隄工，雖一丈不可忽略，不可不急速償做，爲此特諭。十七日，河道總督臣張鵬翮，面奉聖訓，引湖水使之由人字河、芒稻河入江，朕所見最真，爾必須要行。【略】以上並《河防志》

清·傅澤洪《行水金鑒》卷一四〇《運河水》 (康熙四十年)十二月二十日，總河張鵬翮題奏：「山陽縣黄河南岸運料河，原任河臣董安國、署理總河印務徐廷璽具題動帑，挑築未完，其河頭起于檀度寺閘，久已築壩堵閉。詢問其故，據土人云，運河高於運料河數尺，恐其開放，建瓴之勢，直洩無餘，是以歷來堵閉。臣測量水準，果與土人之言無異。夫既堵閉，則此河爲無源之水，不能通濟下流，亦難運料，是此河已無益於運河矣。【略】」《河防志》

清·傅澤洪《行水金鑒》卷一五一《運河水》 公又曰：「向之議築者，率循潭畔故隄之址，相因塞築耳，詎知故址瀕深土草不可恃。今就湖坦淺之處而越築之，淺則需帑也約，坦則無跛欹之虞。且測淺深以衡土，計土方以程工，又何患期之難克，而費之難節耶？」聞者莫不嘆服。《淮安府志》

《清世宗憲皇帝實録》卷三四雍正三年七月乙卯 乙卯，命内閣學士何國宗等閲視河道。諭曰：「運河關繫重大，言者皆似近理，而議論多有不同。今蔣廷錫條奏款項，爾等前往詳加閲看。凡泉源湖身與各水源流地方形勢，務須身到測看，方得確準定議，不可苟且草率，意爲揣度，以致後日勢不可行。河道總督，凡黄河所經，皆其管轄，豈能處處親到？即河屬官員，偶有所見，亦未敢輕易舉行。爾等將儀器輿圖一併帶去，再有算法館行走明白測量人員，著何國宗指名舉奏二人帶去，詳加測量。或蔣廷錫條奏款項之外，有關繫運道，應查看修理之處，亦逐一審視，會同該督撫詳議具奏。務期一勞永逸。爾等於八月二十日起身，乘驛前去，儻遇無驛遞之處，爾等輕騎減從，該撫照料前往。總河齊蘇勒，見在堵築黄河決口，爾等此去先看漳河、衛河，後到濟寧，則總河隄工事完，便可會同閲看。儻該督撫有緊要事務，爾等或稍候數日，或躬往就之，勿致貽誤地方。」

清·允禄奉敕編《世宗憲皇帝上諭内閣》卷三四 (雍正三年七月二十日)又諭欽差閲視河道内閣學士何國宗等：「運河關係重大，言者皆似近理，而議論多有不同。今蔣廷錫條奏款項，爾等前往詳加閲看。凡泉源湖身與各水源流地方形勢，務須身到測看，方得確準定議，不可苟且草率，意爲揣度，以致後日勢不可行。河道總督，凡黄河所經，皆其管轄，豈能處處親到？即河屬官員，偶有所見，亦未敢輕易舉行。爾等將儀器輿圖一併帶去，再有算法館行走明白測量人員，著何國宗指名舉奏二人帶去，詳加測量。或蔣廷錫條奏欵項之外，有關係運道，應查看修理之處，亦逐一審視，會同該督撫詳議具奏，務期一勞永逸。爾等於八月二十日起身，乘驛前去，倘遇無驛遞之處，爾等輕騎減從，該撫照料前往。總河齊蘇勒現在堵築黄河決口，爾等此去先看漳河、衛河，後到濟寧，則總河堤工事完，便可會同閲看。倘該督撫有緊要事務，爾等或稍候數日，或躬往就之，勿致貽誤地方。」

清・鄂爾泰等監修《（雍正）雲南通志》卷二九之六《奏疏・本朝三・鄂爾泰〈修浚海口六河疏〉》 復行至海口，駕船循視，見有舊埂一條，沈埋横塞其中。埂外龍王廟，前有牛舌灘，又側而下有牛舌洲，俱阻攔出水，不能直泄。詢諸土人，此從前築埂以濬海口之遺基也。其一灘一洲，自古所有，原未議修。隨于大海近崖處，用竹竿試探，水深八九尺；出海口外，于龍王廟左海門村，試探，水僅深二尺五寸；於龍王廟右近豹子山之牛舌洲，試探，水則止深九寸。皆因三重壅塞，不能暢達，以阻海口出水之咽喉。因令各爲丈量，牛舌灘長五十七丈，上廣十丈，中廣十六丈，下廣九丈，頂高一丈；牛舌洲長五十八丈，上廣九丈，中廣十三丈，下廣九丈，頂高一丈三尺。應將此一灘一洲並前一埂盡行挖去，則海口疏通，沿海田地自無淹没之虞。

清・翟均廉《海塘録》卷一《疆域》 雍正十一年，内大臣海望、直隸總督李衛請於海寧迤東尖塔兩山之間築石壩一道，分殺水勢，俾潮汐南趨，北岸護沙可望復漲。都統隆昇等於潮平時測量，應築石壩長一百八十二丈，淺處深四五六丈，中流深一十二三丈不等。調撥滿漢員弁，採辦石塊，水陸並運，編篾爲絡，裝石沉放。又於尖山之西文武菴前，築雞嘴壩一座，以挑回溜。而波濤洶湧，難於合龍。十三年，大學士嵇曾筠奏請停工，計堵過石壩四段，共長一百二十丈，用銀五萬一千五百兩有奇。乾隆四年，巡撫盧焯閲視，未堵口門八十丈，已經積有浮沙，最深之處，不過丈八九尺，與從前測量迥別。疏請仍用竹絡裝石，乘勢接築，一舉合龍。於五年二月開工，至閏六月告竣，用銀一萬七千三百三十一兩有奇。

清・翟均廉《海塘録》卷四《建築三・國朝》（雍正十二年）冬十月，築尖山石壩，增計工料。副都統隆昇言：「原估自尖山脚下，至塔山，約長一百二十丈，内三十丈均深四丈，九十丈均深九丈，底寬俱十丈，頂寬俱三丈。上年測量，係潮塞之時。今相度水勢情形，當以滿潮尺寸爲準。再共丈量一百八十二丈，其頂應加寬一丈，均深應加高二丈，其底應加寬四五丈不等。奉旨允行。所築石壩，於雍正十二年九月二十三日起工，至十二年十一月大學士嵇曾筠奏請停止，共堵一百二十丈，用工料銀五萬一千五兩五錢零。」

清・翟均廉《海塘録》卷一四《奏議二・副都統隆昇〈請增尖山石壩石料疏〉雍正十二年》 尖山之工，謹擇於九月二十二日祀神開工。第原估自尖山脚下，至塔山，約長一百二十丈，内三十丈均深四丈，九十丈均深九丈，底寬俱十丈，頂寬俱三丈。上年測量，係潮塞之時，從水面核算。今臣等相度水勢情形，當以滿潮尺寸爲準。再共丈量實長一百八十二丈，其頂應加寬一丈，均深應加高二丈，其底應加寬四五丈不等，較原估石料夫工，須得增添。今儘現運石料先行堵塞，在内山水口，豎插標竿於水中，用船下石於尖山脚下，或用塊石，或用竹簍盛石，挨砌推墊。若遇急溜處，用鐵錨、鐵鏇角、掛纜酌量安放，一似難按方定準，容俟催辦齊全，堵塞工完，力行奏報可也。

清・翟均廉《海塘録》卷二〇《藝文三・許三禮〈海寧縣築塘議〉》 自城西至尖山沿塘三五丈外，刷成深坎。七月間使人測之，淺者二丈，深者三丈。或云尚是沿邊打探，中不可測。【略】

清・翟均廉《海塘録》卷二二《藝文五・朱定元〈海塘節略總序〉》 測水準者，謂長安壩底，與吴江塔頂相平，保海寧，即所以保嘉湖七府，此所以浙省以海塘爲首務也。

清・張廷玉等《欽定皇朝文獻通考》卷七《田賦考七・水利田》（乾隆三年）遣大理寺卿汪漋總辦江南水利工程。兩江總督那蘇圖言：「臣等往淮揚會勘署撫臣許容所奏應浚河道，與水利農田，原屬有益，惟聞沿河一帶邊土較高，興泰、寶鹽等處地方低窪，形如釜底，必須測量地勢，隨宜辦理。如蒙簡差在京熟諳水利工程大員，相度董率，方爲有濟。」遂有是命。

清・方觀承《兩浙海塘通志》卷一《圖説》 然北岸之塘，較之南岸，所關尤重者，杭嘉湖與江省之蘇松常各府境既毗連，地尤窪下，全賴仁寧、鹽平二百餘里捍海塘堤，爲之障蔽。測量家有言，准以水準，長安壩與吴江浮屠尺寸相等，隄防不固，泛溢之患，且波及江南。

清・方觀承《兩浙海塘通志》卷八《工程》 我皇上御極，特命大學士嵇曾筠總理修築。于乾隆元年，先築海寧繞城魚鱗大石塘五百五丈二尺。寧城迤東、迤西二處，測量地勢高下，分別首險、次險。

又 乾隆四年，巡撫盧焯閲視，未堵口門八十丈，已經積有浮沙，最深之處，不過丈八九尺，與從前測量迥別。疏請仍用竹絡裝石，乘勢接築，一舉合龍。

《欽定户部漕運全書》卷四四《漕運河道・挑浚事例》 中河運道，水無來源，惟賴諸湖之水灌入以濟漕運，緣歷久從未挑濬，河身既高，河流微弱。乾隆七年，遵旨奏准，逐段測量興挑，一律深通，不致阻滯漕船。

《清高宗純皇帝實録》卷一八一乾隆七年十二月壬子 大學士等議奏：「雲南金沙江通川工程，據欽差都統新柱疏稱：『滇南僻處極邊，不通舟楫，民無蓋藏，米價騰貴。蒙諭旨命開通川河道，以期有備無患。臣等親往江幹相度，其金沙江下游地方，自烏蒙改流設鎮，滇省每年赴川採買兵糧，均由江路沿流運送。其黄草坪至金沙廠六十里河道，爲商賈販運米鹽舊路。内有大漢漕等灘，水勢險急，冬春之際，商賈雖有行走，而起載多艱。今應細加勘估，將可以施工之處，酌量修理，以利舟楫。其上游自金沙廠至濫田壩一十二灘，現在陸續開修。但雙佛灘等處，石巨工艱，縱加疏鑿，下水仍屬堪虞。是以改修陸路兩站，以避一十五灘之險。今張允隨擬冬春之際先修上游未竣各工，俟來秋再專修下游』等語。復據署督張允隨繪進金沙江全圖，並疏稱：『上游除濫田壩等八灘已完工外，尚有已修未竣之小溜筒、濯雲二灘及未修之對平等七灘，俱應今冬疏鑿，約計明春水漲以前可竣。至臣先議發銅二十四萬斤試運之處，應于小江口、雙龍潭至石州灘一百七十里内，安設鰍船十五隻，每船約可運銅萬斤。即于十二月起，先行裝載，陸續運赴石州灘。其改爲陸運之地，俱應建店房、銅房、馬棚共十五間。金沙廠河口，應建銅房十五間，已估計建蓋，並雇募馱脚，以資接運』等語。查金沙江上下游，既可次第開修，應即興工，並先行試運銅斤，以定將來每年應運之實數。所需工費，統令工竣核實報銷。」從之。

《清高宗純皇帝實録》卷二二五乾隆九年九月癸卯 吏部尚書、協辦大學士劉于義、直隸總督高斌奏：「遵旨查勘水利，伏以東西二淀，諸水匯聚，非遍行履勘，不能洞悉源委。擬從東澱閲至西淀，自新安、安州以至保定、清苑，方可得二淀全局。所有應行開浚各事宜，容勘畢詳籌奏聞。」得旨：「是。悉心詳酌，成此永久有益之舉，惟卿等是賴也。」

《清高宗純皇帝實録》卷三三五乾隆十四年二月庚子 諭軍機大臣等：「金沙江工程一事，其有無全行開通，及於運銅事宜有無裨益之處？現差尚書舒赫德、楚督新柱前往會同履勘。圖爾炳阿身任封疆，於所轄工程，更爲明晰。在工屬員是否粉飾侵漁，亦易周知。且非本任經辦之事，無庸回護。著將此案實在情形逐一查訪，不可因系督臣經手，有心偏向；亦不可故爲避嫌，在所隱諱；更不可揣摩觀望，過於追求。惟秉分恃正，據實詳悉密行陳奏，該撫居之心，亦即此可見，慎之！」

《清高宗純皇帝實録》卷三四一乾隆十四年五月癸亥 欽差户部尚書舒赫德奏：「履勘金沙江，從前新柱、尹繼善等會勘議修。自新開灘至黄草坪五百八十餘里，實有益應留之工。其從前奏停，經滇督奏開之蜈蚣嶺等十五灘，則有損無益，現仍須陸運。滇督辦理此事，竟有附會錯誤之處。」奏入，諭曰：「舒赫德奏履勘金沙江工程一摺，所見甚屬公正。該處情形，朕早已料及。在張允隨因鄂爾泰立意興舉鉅工，遂爾附和，固難辭咎。但念伊久任苗疆，辦理諸務，尚爲妥協。若因此事遽加嚴譴，未免可惜。且此案所有糜費帑項，例應著賠。今從寬令張允隨在任彌補，既可陸續清還，亦於事理允協。前已詳悉降旨傳諭舒赫德，伊具奏時，尚未接到，可再行傳諭，令其接到後遵照辦理。」

《清高宗純皇帝實録》卷四五〇乾隆十八年十一月辛酉 辛酉，諭：「據舒赫德等奏銅邑現在開挖引河，并上游疏浚之處甚多，必須相度測量。著侍郎三和，帶領通曉測量人員，馳驛速往。」

清・傅恒奉敕修《平定準噶爾方略》正編卷二六乾隆二十一年春三月 庚辰。諭陝甘總督黄廷桂辦理爪州回民事宜。上諭軍機大臣曰：「據黄廷桂奏『吐魯番地方並無蒙古居住，爪州回民各願還回』，并稱『向與準噶爾交納方物，即作每年貢賦』等語。爪州回民遷回吐魯番一事，前已降旨，俟策楞、兆惠于軍務凱旋之便，先將吐魯番地方情形，會同查勘，定議辦理。今雖據額敏和卓繪圖呈覽，著傳諭黄廷桂仍遵前旨，曉諭回民，今年仍令暫住爪州，俟策楞等查勘后再爲辦理。」

《清高宗純皇帝實録》卷五四五乾隆二十二年八月癸未 升任山東巡撫鶴年奏：「德州四屯漫口於十四日堵築完固，地畝已漸涸出。惟三屯決口水深溜急，驟難合龍。查德州之北哨馬營，有滚水壩一，計涵洞三十孔，孔寬一丈，原以洩運河異漲，由鉤盤河入海。現深通者僅五孔。隨飭募夫挑挖，自初十興工後，運河水較前已落二尺餘，即三屯水亦漸落，然口門極深處，尚二丈餘。今隄身已築三十餘丈，未能下埽者三丈餘。臣札商漕臣楊錫紱，飛調德州衛回空糧船二十隻，於河內一字排列，以禦水勢。視其波回溜，轉擇稍淺處，晝夜趕築攔水月隄一道，長九十餘丈。於十九日工竣。既絶來源，其下游被淹地畝，漸將涸出。再查德州之南四女寺地方亦有滚水壩一，金門寬八丈，遇運河盛漲，由減水河遞入老黄河歸海。今淤久，應逐段開濬，估計興工。」諭軍機大臣等：「鶴年所奏堵築三屯決口及挑濬支河一摺，内稱『四女寺、哨馬營二處，皆運河歸海之路，見已興工挑濬』等語，朕前以運河異漲，非洩之入海不能稍減，是以降旨，方觀承、鶴年等，令於徒駭、馬頰等處，相度歸海之路，設法疏濬。原非欲復九河故道，總期於洩南運河之水，使之入海。今鶴年所奏四女寺、哨馬營等處，既爲洩運尾閭，此即朕諭中所及，該撫等自當及時開濬，以收疏導之益。至此外或尚有可資宣洩者，亦應留心查勘，次第辦理。總之，多一入海之路，即多一洩運之路，不必拘泥也。」尋，鶴年、方觀承會奏：「臣等兩接廷寄，會勘運河宣洩事宜。查山東境内自德州至南旺七百餘里，内有德州哨馬營、四女寺減水壩各一，隄外老黄河一道，即古鉤盤河也；博平縣馬頰河，設有減水壩一、減水閘二、涵洞一；聊城縣徒駭河設有減水壩一、減水閘二；至東阿縣屬之張秋鎮舊有五孔、三孔橋各一。兩橋之間，乾隆十九年復建減水閘三，今年盛漲時，俱過水自三四尺至一丈五尺不等，現在尚二尺至六尺不等，合計閘壩各口門，共寬八十六丈三尺，皆以宣洩運河入海。其馬頰河河身，寬自二十丈至一百餘丈，容水爲多，老黄河次之，徒駭又次之。此皆運河舊有途徑。茲哨馬營壩口，並壩下引河，業奏明挑挖深通。其四女寺壩外十二里，有德州三十里鋪大橋横亘高埂之上。橋内深外淺，而自嚴家莊至玉泉莊，中間四十里，並無河身，應一律挑濬。吴橋以下，老黄河及馬頰、徒駭二河，均於乾隆十四年挑濬，今淤墊頗多，均應徹底疏通。又馬頰河，於海豐境内將近入海處所，有羊沽橋支河一道，現爲居民築堰斷流，應拆毁，又各河所經橋座，兩頭土壩甚長，束水不能暢流，並須拆改展寬，添設木橋。臣等已派明白河員，每處二人挨查，直至海口，逐段測量水勢，分晰開報。俟水消覆勘，分別工程難易，或勸用民力，或動帑興修，會同河臣，次第酌辦。」得旨：「覽奏俱悉。」

《清高宗純皇帝實録》卷八七九乾隆三十六年二月　是月，欽差工部尚書裘曰修、直隸總督楊廷璋、布政使周元理奏：「查青縣、滄州兩處減河之設，原因洩運河盛漲，非同牐座啓閉，兼以蓄水。且現今牐座皆高出河面數尺，水淺既不藉牐版之節蓄，水發則惟賴減河之暢流。況牐口原不甚寬，每口又有雞心墻間隔，轉使水勢不免壅滯。誠宜用滚水石壩，不應更立牐座。其滄州捷地原牐形勢，兜灣改壩應近河邊裁曲就直以順水性，至減河因節年過水受淤，俱有壅塞，必須測量高下，節節疏通，使其順流達海。現由捷地勘至入海歸宿之處，復折回勘至青縣之興濟，將應挑濬事宜，悉心妥議，候回鑾指示遵行。」得旨：「是，知道了。」

清・阿桂等奉敕修《平定兩金川方略》卷一五　（乾隆三十七年正月）壬寅，桂林、阿爾泰奏言，臣等察桑格宗距賊巢不遠，層列堅碉，佔據要隘，爲赴美諾必由之路，現在分兵截卡丫，一經得手，即當設法籌辦，至前繪地圖，原祇就賊人緊要處所粘簽其間，尚有臨河分布碉寨數十餘處，名目甚多，兼之山勢環互曲折，而甲木等處俱被大山遮掩，未能備載，現復詳細繪圖，再行恭進。

清・阿桂等奉敕修《平定兩金川方略》卷五四　（三月）己未，温福海蘭察奏言，【略】臣前奉聖訓，據虎兒所供道路情形，現在進攻之昔嶺甚爲扼要，祇緣碉堅路險，冰滑雪深，未能迅即得手，但木果木一帶地圖業經臣屢次繪進，而從前攻勦形勢載，在方略，自蒙聖明洞鑒。均奏入。

清・阿桂等奉敕修《平定兩金川方略》卷八四　同日（十二月壬寅），明亮、富德奏言，查馬奈馬爾邦一路，先經臣等派令都司崔文傑前赴巴旺布拉克底，與該土司等面商。茲據崔文傑回稱「連日從長計議，咸稱大兵尚駐僧格宗一帶，金川必料仍從當噶爾拉進攻，竭力守禦。至此時馬奈馬爾邦與小金川未破以前情形各別，現在投番屢由此路脱出，即使官兵不來金川，豈有不防我等乘空搶奪？若止仗正面兩路進攻，難以得手。令派頭人先往東西兩邊山後探明抄截之路，再來回禀。現有脱出革布什咱番人聶噶可問」等語。臣等親訊聶噶，據稱，僧格桑已被金川拘禁，若使其言果實，則金川頭人等深知畏懼，并力攻剿，更爲得力。臣等思馬奈馬爾邦勢在必進，現就崔文傑所繪地圖，僅能仿佛大概，然河南之深嘉卜溝、河北之駱駝溝均有間道可以繞截。今巴旺等土司既派頭人偵探道路，應俟其回日禀明再定。現將各要隘加意防守，並每日特派官軍於相近當噶爾拉地方四出巡邏，既可牽綴賊勢，并絶其暗行窺探，將來大兵撤赴章谷，由格藏而進，自屬出其不意。奏入。上諭軍機大臣曰：「據明亮等所奏，與朕前此指示適相吻合，功噶爾拉、當噶爾拉兩路今歲攻已半年，險隘難於寸進，若由馬奈馬爾邦間道前進，庶可攻其無備。今閲奏到地圖，河北之馬奈馬爾邦一帶路徑較寬，進攻自爲稍易，明亮、奎林等當努力妥爲之。又據奏，聶噶供稱『僧格桑已被金川拘禁』等語，其言果實，則金川頭人等心生畏懼，或至窘迫時竟將僧格桑獻出亦未可定。但即使真將逆酋縛獻，亦暫且只可將計就計，留其俘獻，並設法誘擒護送之賊目等，無使一人脱回。仍即照舊統兵攻打，無稍遲緩。其餘各路將軍或有賊人詭稱已在某將軍營門縛獻逆酋，得蒙寬宥者，將軍等總不必問其事之虚實，仍將來人設法擒獲，一面領兵攻剿，毋爲虚言所惑，則賊衆詭譎之計將無所施，而在我得操必勝之勢，可期尅日集事。」

清・阿桂等奉敕修《平定兩金川方略》卷九八　同日（乾隆三十九年六月庚子），上諭軍機大臣曰：「現在阿桂等分路進剿，而阿桂一路尤爲得力，自可尅期深入。若官兵攻至勒烏圍時，賊衆必更並力守拒，攻擊尤爲緊要。而制勝之道，自必用炮轟摧。但賊人碉卡石牆甚衆，炮力未必即能擊透。因思昔年曾以沖天炮擊賊，即俗所稱西瓜炮者，用之頗爲得力，若施放有准，炮子墜入碉中，隨藥烘發，碉内之賊無難一炮而斃，較之拋擲火彈，豈不勝至百倍？現在派出乾清門侍衛阿彌達，令其馳驛送至軍營，但必須試演定準解往，方能得濟。阿彌達自熱河起身，到京尚需兩三日，著傳諭舒赫德英廉，即將所有西瓜炮取出試看，並於造辦處選派諳習機械之人，於欽天監選派精於測量之人，同至演炮處所，約計賊碉高寬丈尺，紮縛木架，或就山岡處立架，使有高下形勢，比平地筭演更准。如演放數炮，視其炮子俱能正墜碉架之中，藥線遲速，俱能合法，則用之自必有效。可將派出之造辦處、欽天監人員辦給應得分例，俟阿彌達到京即令帶領，由馹前往。其解炮應用之物，毋稍稽誤。再沖天炮體重自三百斤至三百八十斤不等，恐進棧以後，人夫連送，稍覺費力，此炮銅鐵皆可鑄。現在軍營鑄炮銅鐵源源運往，鈩匠俱可供用，止須按炮式大小制就木樣，令諳習成造施放之人，齎帶應用之螺旋、藥線及炮子、烘藥等項，同往軍營，就近成鑄配用，則行程既速，應用尤爲利便。至其四輪炮車，更可至彼成造，只須按其程式，問明尺寸，作爲小樣帶往，更覺省事。均著舒赫德英廉預爲辦妥，俟阿彌達到京後即令起程，至所需鑄炮銅鐵，必須煉淨，方爲有益。若阿桂於接奉此旨後將銅鐵預煉備用，則所派人員一到軍營，即可供鑄，尤爲迅捷。並有賞給阿桂、豐昇、額色布騰、巴爾珠爾大小荷包各一對，亦令阿彌達齎往。」

清・阿桂等奉敕修《平定兩金川方略》卷一〇〇　（七月）庚申，上諭軍機大臣曰：「阿桂現已攻得日則丫口，計日進抵勒烏圍。賊人勢當窘迫，自必悉力拒守，前曾計用沖天炮轟擊成功，更爲迅速。因派阿彌達運帶炮子及炮式，並測量之人前往，但測量必須極準，方於事有濟。因思測量之法，西洋人較内地人員尤爲精熟。著傳諭舒赫德于蔣友仁、傅作霖二人内詢其測量之爲最精，派令前往，現派侍衛班長德保帶同，馳驛迅速赴阿桂軍營聽用。」

臣等謹案，官軍鼓勇前進，奮掃碉寨，必恃用炮轟擊，始能無堅不摧。前蒙皇上以沖天炮倍爲得力，飭令試演定準，運往軍營，如式鑄造。並帶測量人員審度形勢高低，使機線遲速不差銖黍，睿慮已周密靡遺。兹複念西洋測算尤稱精熟，選員馳往，其後進攻勒烏圍、噶拉依霆擊賊巢，益資轟摧之力，皆仰賴神威妙用，故迅捷蕆功，等於摧枯拏籜也。

清・阿桂等奉敕修《平定兩金川方略》卷一〇四　同日（九月丁巳），阿桂、豐昇、額色布騰、巴爾珠爾又奏言：「本月十八日，頭等侍衛德保同欽天監監副傅作霖來抵大營，據稱，皇上因送川之沖天炮位，恐前此所派欽天監官員測量未能精細，是以復派傅作霖來營指示點放，並派德保照看前來。查沖天炮位自鑄成以來，屢經演放，所落炮子已不出方圓十丈之外，而十八日午後適有數刻之晴，臣等又同德保、傅作霖等前往驗放，據傅作霖稱，靈台郎等所測高下遠近之數，已爲有准，今復按照舊法對準度數，施放更可無誤。臣等連試數炮，亦均在十丈之内。現在遜克爾宗之賊盡力死守於此，驗放打進，或可轟斃賊人，但施于官兵已抵碉寨之時，則炮子墜落之遠近，炸裂之遲速稍有參差偏倚，轉爲有礙。臣等於二十三日派兵預備，一面將沖天炮運往施放，第一炮子落於賊寨牆根，第二炮正墜寨牆之内，看來賊人必有傷斃，至第三炮亦經打進。但炮子爲數有限，此時自宜愛惜，留俟進攻勒烏圍、噶拉依巢穴時，寨落既寬，賊番尤衆，施放必更爲得力。」奏入，上是之。

清・那彦成《阿文成公年譜》卷一二　（乾隆三十九年七月）初九日，諭曰：「阿桂現已攻得日則丫口，計日進抵勒烏圍。賊人勢當窘迫，自必悉力拒守，前曾計用衝天礮轟擊，成功更爲迅速。因派阿彌達運帶礮子及礮式並測量之人前往，但測量必須極準，方於事有濟。因思測量之法，西洋人較内地人員尤爲精熟。著傳諭舒赫德，於蔣有仁、傅作霖二人内詢其測量孰爲最精，派令前往，現派侍衛班長德保帶同，馳驛迅赴阿桂軍營聽用。」

清・那彦成《阿文成公年譜》卷一三　（乾隆三十九年九月）公偕豐昇、額色布騰、巴爾珠爾又奏言：「本月十八日，頭等侍衛德保同欽天監監副傅作霖來抵大營，稱皇上因送川之衝天礮位，恐前次所派欽天監官員測量未能精細，是以復派傅作霖來營指示點放，並派德保照看前來。查衝天礮位自鑄成以來，屢經演放，所落礮子已不出方圓十丈之外。而十八日午後，適有數刻之晴，臣等又同德保、傅作霖等前往驗放。據傅作霖稱，靈台郎所測高下遠近之數，已爲有準，今復按照舊法對準度數，施放更可無悞。臣等連試數礮，亦均在十丈之内。現在遜克爾宗之賊盡力死守，於此驗放打進，或可轟斃賊人，但施於官兵已抵碉寨之時，則礮子墜落之遠近、炸裂之遲速稍有參差偏倚，轉爲有碍。臣等於二十三日派兵，預備一面將衝天礮運往施放，第一礮子落於賊牆根，第二礮正墜賊牆之内，看來賊人必有傷斃，至第三礮亦經打進。但礮子爲數有限，此時自宜愛惜，留俟進攻勒烏圍、噶拉依巢穴時，寨落既寬，賊番尤衆，施放必更爲得力。」奏入，上是之。

清・永璇等奉敕修《欽定皇朝通志》卷九六《食貨略十六・河工》（乾隆）四十一年諭，清口爲湖河最要關鍵，而陶莊之水逼河南流，清水勢弱，黄水勢强，每有倒灌之虞。康熙年間，聖祖親莅河干，周覽形勢，命於清口迤西隔岸治陶莊引河，導黄使北，其南岸築挑水壩，横截河流，遏入陶莊河口。時河臣經理未善，隨濬隨淤。乾隆四年，命大臣閲視，仍謂難行。乃以木龍挑溜北趨，不過聊爲目前補救之計，甚屬無裨。著河臣薩載、督臣高晋測量高下曲直，繪圖貼説圖上。上用硃筆点記其處，反復指示，於是復開陶莊引河，不期年告成，而新河順流安軌，直抵周家莊始會清東下。旋又命於新河頭下添石壩一道，爲重門保障，由是清水常勝黄水，無倒灌之虞。

《清高宗純皇帝實録》卷一〇三四乾隆四十二年六月乙未　江南陶莊新建河神廟成，上親製碑記。文曰：「【略】及薩載之任，與督臣高晋親履其地，測量高下曲直、頭尾寬窄，繪圖貼説以聞。朕復詳酌形勢，以朱筆點記，往返相商者不啻數次。議既定，迺於去歲九月十六日興工。」

《清高宗純皇帝實録》卷一一六〇乾隆四十七年七月丁酉　丁酉，諭軍機大臣等，據薩載奏，開放顧家莊引渠，分洩運中河水，暢達入黄情形一摺，内稱「測量顧家莊地勢，河水高於引渠五尺。即將該引河於六月十八日開放，原挖口門十丈，開放後，復刷寬十餘丈。口門水深一丈三尺餘寸，分洩入黄，約有三四分，不特上游來水易消，而下游運中河，數日之内，消水三尺餘寸」。

《清高宗純皇帝實録》卷一一八二乾隆四十八年六月甲子　又諭曰：「李奉翰奏查勘工程水勢情形一摺。覽奏欣慰，已於摺内詳悉批示矣。據稱『黄河内因上游長水，會歸下注，徐城志椿陸續長水三尺四寸，連前長至八尺六寸。溜勢湧急，一切埽壩工程，春間豫修堅整，足資抵禦』等語。向來徐城志椿，遇上游水長時，往往長至丈餘，何以此次僅長至八尺六寸？若非水不甚大，即系河底淤墊之故。向來量水，惟從河底至水面爲准，今思應另從堤頂量至水面爲一量法，方爲得實。著傳諭李奉翰即親身前往探量，由堤頂至水面，詳悉測丈。如河底至水面向爲一丈，堤岸出水有四尺，今河底至水面八尺，則堤應露六尺，較之從前水志爲刷深矣，乃極好機會。若自堤頂至水面四尺，而河底至水面只八尺，則是河底因上年漫口斷流淤沙墊高二尺矣，此則甚爲可慮。徐城河面本窄，爲入海咽喉，必須河底刷深，使水勢暢行，方爲妥善。李奉翰親往探量之後，如何設法籌辦，以慰廑念，著即行具奏。將此由六百里發往傳諭李奉翰知之，仍著由六百里速行覆奏。」

《清高宗純皇帝實録》卷一二四七乾隆五十一年正月辛酉　又諭：「清口東西壩，朕從前南巡，親臨閲視。所定水誌，原爲平時湖水滿足而設，至蓄洩機宜，理應隨時通變，視湖水長落尺寸，以定拆收分數。如遇湖水盛漲，則亟應拆展，以資宣洩。湖水消落，則口門收束一丈，湖水即得一丈之益。操縱在人，節宣有制，最爲良法。前年九月以後，湖水日漸消落，薩載、李奉翰，即應將清口兩壩酌量倍加收束，豫爲蓄水地步。乃意存惜費，並不攔截收蓄，以致清水益弱，黄水倒灌，停沙梗阻，運道竟成淤淺。不得已，將湖水築壩閉住，借黄濟運，乃係一時權宜，可一不可再之舉。此皆薩載、李奉翰，因循貽誤，屢降諭旨甚明。今清口東西壩，既經酌量移建，並將口門，按照高堰誌椿，酌定收束尺寸。現在洪湖清水，已據該督等具奏，蓄至四尺二寸，日來是否續有增長，所蓄清水較黄水高有若干，重運經臨，啓壩放水時，能否足以衝刷淤沙，敵黄濟運？著傳諭薩載等，即將現在情形，據實詳悉覆奏。至將來湖水長落，該督等務須隨時察看。一遇清水漸消，即應將口門收窄，以資瀦蓄，毋再惜費貽誤。將此由四百里傳諭知之。」尋奏：「開放太平河，分注清水入運，已將一月，高堰誌椿，仍存水四尺二寸，未見消落。通湖引河以外，至臨黄處，前經逐一測量，河稍高仰處，業挑成建瓴之勢，所蓄清水，現高黄水二尺五寸，重運經臨，開放通湖五道引河，足以衝刷淤沙，敵黄濟運。」報聞。

《清高宗純皇帝實録》卷一三二六乾隆五十四年四月丁亥　論軍機大臣等：「前因清口屢有倒漾之患，經朕特命薩載與督臣高晉親履陶莊，測量高下，繪圖具奏。朕復詳酌情勢，以硃筆點記指示。開挖引河，去清口較舊時已遠五里。河道從此安流順軌，會清東下。五十一年，黄水盛漲，設非有陶莊引河，幾難免河流倒灌之虞，可見該處引河甚爲得力。現在已届春汛，何裕城回任後，書麟自已起程回至清江，料理防汛事，宜蘭第錫，亦早經到任，所有陶莊引河，現在水勢情形若何？及如何留心宣洩防範，可以永遠得力之處？著即熟看情形，據實覆奏，不得稍存迴護。將此各傳諭知之。」尋奏：「臣等前於陶莊新河對岸之玉皇閣，向北開挑引渠，歸入陶莊，並於引渠進水下唇，築成兜水柴壩，將來大汛時，水勢增長，相機開放，由北岸徑趨陶莊新河，則玉皇廟南岸之順黄壩，埽工益可穩固，下游又有木龍一架，挑溜直下，於河尾亦爲有益，均可長遠得力。」得旨：「覽奏欣慰。」

清·那彦成《阿文成公年譜》卷二一　（乾隆四十五年庚子六十四岁三月）

二十二日，公偕薩載奏言：「臣等遵旨前往雲梯關以外，將黄河尾閭入海情形，會同遍處履勘測量。查得二套、三套近年漫口，由北潮河入海之處近捷而水深，其現在經行河道海口紆遠而水淺，均與臣阿桂前次面奏情形無異。臣阿桂、臣薩載因與藩司臣吴壇往返詳細商酌，如果黄河現在經由之四泓以下海口大有淤墊之勢，尾閭不能暢達，必須另籌入海道路，則取捷從下，舍北潮河别無他途。但現在河流暢軌，其通洋海口落潮水定時，雖比口内較淺，而雲梯關以外水面比北岸尚低丈許，海口外灘比現在水面又低數尺，寬至三百六十餘丈，是河水歸槽之時，安流東注，尚無壅遏之虞，自毋庸亟籌更易海口之舉。但或遇海口盛漲，洪流湍駛，一時不及暢泄，則從前連次漫口處所，不能保無復溢，若將漫口堤外現在衝出河形處畧爲通其淤滯，俾漫溢之水自然尋途入海，則盛漲可資疏消，於上游各處河工不爲無補。至已堵漫口，既難保無復溢，可否仿照王營減壩之意，添建閘壩，以資啓閉宣泄。臣薩載再行細勘隄下土頭游沙深淺，俟新任河臣陳輝祖會同熟籌奏明妥辦，臣等謹繪圖詳細貼説，恭呈御覽。又查二套堤外從前漫水之東，直至海邊，均係阜寧、安東、海州等處減則灘地，及葦蕩營産蘆蕩地，間有淤沙溝槽形迹，並無防護隄堰。漫水之西，淤沙較厚，舊有之南潮河上段業已淤平。又西則係已涸之馬港河，有夾河殘缺舊隄兩道，隄之南均與黄河北隄相接。其東隄長六里有零，西隄長二十九里，迤下無隄，空檔長十六里零。下接北潮河西岸民堰，此隄之西俱係安東、海州等處民田。臣等再四商確，馬港西舊隄雖在雲梯關外十數里，但其上游即係腹裏民田，每遇盛漲漫溢時，即倒漾至雲梯關以上。且該處只有木牌樓一座，鐫刻『古雲梯關』四字，並無内外界限。若將此隄殘缺處所修復，並將無隄十六里一律補足，下接北潮河西岸民堰，則自雲梯關北隄，下逮通海潮隄堰連爲一縷，既可保護安、海等處上游民田，偶遇盛漲時，溢出之水不及浸漫，俾濱臨河海民人得享樂利之庥，並可作爲雲梯關内外界址。其隄東之海灘減則地畝，悉遵照二十九年諭旨，不必與水争地，聽民隨宜耕種，以收自然之利，似於民生河防，均屬稍有裨益。」奏入，諭曰：「所奏修復馬港河西隄殘缺之處，及接築無隄處所，聯至北潮河西岸民堰，以禦倒漾，自應如此辦理。其二套以下由北潮河入海之處，既係地捷勢順，設遇漫溢，正可分泄盛漲，俾尾閭益可暢達，轉可不必添建閘壩。雲梯關以外，原不必與水争地，今二套以下既爲分泄盛漲之區，則馬港河隄東灘地，即不能保無漫溢。其應徵減則地畝錢糧，著交薩載等查明奏請，加恩豁免。」

清·那彦成《阿文成公年譜》卷二二　（乾隆四十六年辛丑六十五岁三月）

二十六日，公奏言：「臣仰蒙恩命，於順道回京之便，查勘黄河各工。凡於河務有益之處，總期悉心籌酌，畫定機宜，以仰副皇上廑念河防，綢繆未雨至意。伏思論治河者，以隄防與疏濬各盡其宜，方爲有裨。查南河埽壩各工尚屬穩固，足資抵禦。惟河身中有高仰淤淺處所，多一層壅遏，下流不能通暢，則上游未免漫溢爲災，但水底撈浚，於事無濟，止有估挑引河，因勢利導，俾其日益寬深，借水刷沙，庶可以舒溜勢而資暢達。所有沈家窑引渠，酌量展寬挑深，業經恭摺具奏外，臣聞桃源縣所屬之九里岡臨河集一帶，河心横亘岡沙，淤淺尤甚。今臣親至該處，上下履勘，詳細體訪。該處河勢向走北岸一帶，河身汕刷，年久本深二三丈。嗣於乾隆三十六年陳家道口漫溢之後，北岸埽工淤閉，河向南趨，由臨河集下注。該處地勢本高，且於古城山根相連，岡土沙礓，不能刷動。臣逐加測量，其九里岡一帶淤淺處所，東西共長一千餘丈，水深僅止二三尺不等，其岡脊以上水深六七尺，迤下水深丈餘，是該處岡沙，幾似黄河中有一滚水大壩。即如今春桃汛長水時，徐州及峯山四閘皆爲黄河逼來之處，乃峯山長水較之徐州，僅止多長數寸，而邳睢宿遷一帶，則反多長水四尺，其桃源以下，又較邳睢少長二尺，此即岡上阻遏之明驗。上年鄒家渡漫工，固由此處河溜不能暢順所致，而下游梗阻盛漲，難以速消，實足爲上游通河之病。臣與督臣薩載、河臣李奉翰公同相度，亦以爲必應籌辦之事。但需費較多，臣思皇上於民生攸繫，不惜多費帑金，永籌捍衛，因酌擬於北岸臨河灘内深挑引河一道，俾資宣洩。河臣李奉翰熟悉河程，詢據該督稱『如蒙恩准辦理，即督飭工員，上緊儹挑，務於五月二十以前完工』等語。臣思清口以下連年衝刷，已極深通，此處及沈家窑引河籌辦之後，不特邳睢一帶河水易消，今年伏秋大汛，即可暢流下注，而逐漸而上，皆可望其衝刷抽槽，於上游各工均爲有益，以現在情形而論，實有不容稍緩之勢。」奏入，報聞。

公又偕薩載、李奉翰奏言：「桃源臨屬臨河集之九里岡一帶，河勢向走北岸，舊有埽工，嗣因河向南趨，工即淤閉，河勢由南岸之臨河集下注。該處素稱岡淺。乾隆四十三年，臣薩載於總河任内曾經奏明，調撥河兵、堡夫挑浚一次。緣此段岡土砂礓，性俱堅實，不能冀其衝刷通深，而中間横亘岡砂千餘丈，内測量水深，僅止二三尺不等，較之迤上水深六七尺，迤下水深九尺一丈者，其爲高仰，已屬顯然。全河至此，未免爲之梗阻。但黄河溜勢雖趨向靡常，而水性就下，則係必然之理，若能挑挖深通，使之流行暢達，則上游盛漲即可望其隨長隨消，不致壅遏爲患。但水底不能施工，撈浚終屬無濟。臣等上下履勘，再四籌酌，惟於北岸坐灣處自李家莊起，至臨河集北首止，取直開挑引河一道，計長一千一百四十丈，口寬四十丈，底寬二十八丈，通身挑深二尺，約估需銀十一萬二千餘兩。臣薩載、臣李奉翰一面調撥工員，預集人夫，俟奉到諭旨允准辦理，即分段上緊儹挑，務於五月内完工。屆期開放，因勢利導，自可衝刷寬深。伏秋大汛流行直注，較常年自當更爲通暢，則上游消落亦必迅速，於全河形勢大有裨益。」奏入，諭曰：「宜速爲之，不可因欲速而工不實。」

清・那彦成《阿文成公年譜》卷二五 （乾隆四十六年十一月）十九日，公偕李奉翰、韓鑅奏言：「數日以來，東壩塌失處所，均已補鑲齊全，追壓平整穩實，並經進做一占加鑲高厚。西壩亦一律增長，壩台盤壓穩固。十六日，西壩先進一埽。十七日，東壩再進一埽。則口門止存寬九丈，督令層土層柴，并力追壓約三晝夜，方能到底穩固堅實。目今正值淩汛，雖河水時長時落，而蓄水已增二尺，大溜直逼引河頭，刷厓動盪，勢甚順利。查堵築漫工，原必須開放引河，使水有去路，方易於堵合。此次所挑引河，形勢本屬就下，無如前此數層跌坎之後，將河底刷成深槽，大河水面轉低於引河數尺，且灘面縱横，大溜東流西折，距引河已遠，雖有挑水壩不能爲力。臣等目擊情形，本懷憂懼，但萬餘丈之引河，斷不能再行加挑，惟望口門收窄，水勢蓄高，或可希冀有成。乃至初六、七等日，口門止存四丈，水仍未長，不能開放，以致上游水至，復有衝失之事。臣等所以未經奏明者，亦因無法籌辦，徒致多煩聖心憂勞。今自塌失以後，口門既寬，長水消洩之後，水勢自應更落。而連日察看水誌，長多消少，且溜勢直到引河頭堰外，原無水處皆有水，自二三尺至五六尺不等。蓋因揭去坯鑲之後，壩根尚存水底，水從高處漫過，深處漸次淤高，變成極好機會，亦未可定。臣等揣度情形，現下兩埽追壓到底後，引河堰外水勢必當蓄高，測量可以進水三四尺，先行相機開放掣溜，再於兩壩各進一埽，即掛纜堵合，計期當在二十五六日。臣等急欲蕆工，現雖連日大雪，仍督率在工員弁晝夜趕辦，不敢稍有疎懈。」奏入，報聞。

又 （乾隆四十六年十一月）三十日，公偕李奉翰、韓鑅奏言：「臣等督率在工文武員弁，晝夜趕辦東西兩壩，所下門埽，俱已追壓堅實，壩台增長高厚，即於二十六日辰刻堵合。天氣晴明，人夫踴躍，層柴層土，晝夜鑲壩。二十七日午刻，追壓到底，金門下業已斷流，大溜全歸引河。奔流下注，塌厓淘底衝刷寬深，測量中泓，已有一丈四五尺。流行迅駛，此時將近江南交界。伏思此次青龍岡漫口，關係運道民生，尤爲聖心廑念。且壩工長三百三十丈，引河幾及萬餘丈，工程甚鉅。臣等奉命督辦，如展長挑水壩、開寬引河之處，節次俱蒙聖明指示，遵照辦理。前次跪讀諭旨，敬悉皇上軫念災黎，齋心虔禱。今合龍之際，風日暄和，事機妥順，益見誠敬所孚，天神嘉佑，得以竣事蕆工，臣等實深慶幸。現在初經堵合，不敢稍存大意，惟有倍加謹凜，催督兵夫接做邊埽，幫完裹戧，加高壩工，務期益臻穩實。」奏入。

清・那彦成《阿文成公年譜》卷二六 （乾隆四十七年四月）二十三日，公偕李奉翰、富勒渾奏言：「臣等伏查治河書内，原稱堤工漫溢一次，則河身定有數處受病，此必然之勢。豫省自乾隆四十三年以來，祥符八堡、儀封十六堡、張家油房、曲家樓等處屢次漫溢，將灘面淤高，較之隄頂，僅低數尺。是以於舊河身内挑挖引河，深至一丈五六尺，尚不能與河面相平。向來堵築漫口十餘丈時，未有不開放引河者，而此次口門收窄至七八丈者，方能蓄水三四尺，與引河相平，可望進水。總由漫口日益刷深，而河底日漸淤高，萬餘丈之引河，挑至一丈數尺，斷不能再加挑挖。至開放時壩工業已著重，誠如聖諭，此次所開引河，雖大溜兩經全入引河，終不能得手，而灘地既一例淤高，實無另行籌度可以別開引河之處。且自曲家樓一帶經上年異漲之後，衝成溝槽，坑坎縱横無數，敗壞決裂之狀屢見疊出，是此二百餘里内受病已深，即使堵築合龍，亦不過急則治標之計。縱此次工竣，竭力補偏救弊，終不能保一二年無虞。今既不可就敗壞之局，敷衍於目前，即遇伏秋大汛，亦無善地可以改建埽工。臣等前於屢次蟄失改築埽工之時，亦曾先事預籌，設法變通之計，遴委諳習員弁，於南北兩岸往來查勘，相度善地，改弦更張。原擬就漫水所注加築北隄，使大河即由潘家屯歸入黄河正道。但計算隄工共長六百餘里，勞費甚大，且漫水自出大隄後趨向東北，不能順隄而行。且自微山湖以下湖河一片，難以施工，惟南隄外尚可更改遷移，可備籌計。臣等又檢查舊案，順治九年，河決封邱北岸，興工堵塞，旋築旋潰，迄無成功。彼時河臣曾於上游時和驛一帶多開引渠數道，引溜南趨，以分其勢，方克蕆工。目今相近南岸，既無可籌辦處所，臣等帶同文武員弁，於迤上隄内民田復加履勘，再四測量地勢，惟得青龍岡迤上南岸隄内，自蘭陽三堡起，向東地勢就下，較之隄外大河水面低至三四尺不等，若北河唇灘面低至一丈五六尺至二丈不等，自此至考城、商邱等汛共二百七十餘里，大率相同，即間有稍高處所，亦不甚懸殊。現擬相距南隄千丈外，連築大隄一道，又前次南岸漫水所過，本有沿隄舊河形，再間段挑深數尺引渠一道，實有就下之勢。查此兩項工程計長一百六十餘里，工大費繁，非四五月之久不能竣事。俟渠已挑成，隄已築數丈後，即於蘭陽三堡老隄刨挖寬深缺口，導水進内，由引渠下注，從商邱七堡出隄，歸入正河大溜，勢必全掣東向下，歸故道入海。其曲家樓漫口，自可堵閉，並將圈隄兩頭接築，北隄易於防守，亦可免防北岸無數險工。其原有舊南隄，任其衝刷，若大溜串入舊南隄内，順隄河合流而下，尤爲寬廣，而距新隄甚遠，既有餘地，水勢蕩漾，游波寬緩，足資容納。夫然後水由地中行，勢必深通暢達，避去儀考一帶受病地方。是此事一成，可望數年無患，較之築埽堵塞僅補救於一時者不同。臣等熟商妥議，舍此別無良策，至隄内民田廬舍，原不能無碍，且考城一縣，亦須遷移，臣等亦未嘗不籌慮及此。查考城自四十三年以後，屢被漫水淹浸，城郭塌隳，官民俱在隄上居住，本有不得不移之勢。至隄内居民屢被灾祲，寧於隄外灘地高阜居住，水至尚可趨避，斷不肯過隄棲止，致水至猝不及防。是以過隄一帶廬舍亦甚寥寥，即有民田，亦可酌量將舊河身灘地撥給更换，或情願仍於新隄外居住，即將其地照河灘減則，不使稍有擾累失所，並先期出示曉諭，以如此籌辦，庶可保護安全，小民亦必樂從。又有慮及江南河身高仰，水勢不能暢注者，查自清口歸海之路，自黄流漫溢，止有淮水下注，久已沖刷深通。而徐州以下，則開放潘家屯後湖水刷河，亦可無虞阻滯。惟蕭碭銅山迤西，或間有淤高處所，臣李奉翰擬即逐段察看，測量挑挖，務令一律疏濬深通，俾黄水歸入故道時順流迅駛，以期一勞永逸。至估計土方若干、應用銀數若干及如何派員分段承辦，並量地勢上下之別，以酌建築之高卑，定挑挖之深淺各事宜，臣等逐細履勘，縷晰條分，續行具奏。再河臣韓鑅現奉諭旨，令其馳回工次，現係改辦之事關係甚大，俟伊到日，再令詳悉履勘，各抒所見，自行陳奏。」奏入。

諭曰：「此亦無可，如何之計，大學士九卿詳議具奏。」

又（乾隆四十七年五月）初八日，公偕韓鑅、富勒渾奏言：「臣等因儀考一帶河身受病已深，以致青龍岡埽工屢築難就。公同履勘，於隄内迤南添築大隄，開挑引渠。仰蒙皇上勑交大學士九卿議覆允行。臣韓鑅自東回豫，現在上下往來履勘測量，地形大局係屬西高東窪，南仰北低，俱有就下之勢，爲今之計，捨此實别無良策。臣等復公同悉心商酌，將一切應行事宜，酌議各條，恭呈御覽：一，蘭陽迤南舊有沈隄一道，由蘭陽起，至商邱，長二百餘里，其自儀封以西相距大隄五六里，至十餘里不等，雖已殘缺漂廢，基址猶存。自儀封以東，則大隄遥遠，且經數次漫水，舊基衝失。今自蘭陽汛十堡起，至儀封數十里，就沈隄加築。自儀封至商邱十二堡止，另行盤築根基。計估築大隄一道，底寬十七丈，頂寬五丈，平地以高一丈爲準，共長二萬六千八百餘丈，工分三百零二段，約估土五百七十餘萬。派定各員，慎選硪夫，分段承辦。取土須在隄南三十丈以外，不得就近挖成深坑，致隄身孤懸，積水傷隄。每土一坯，即潑水一遍，如式夯硪，方能膠黏堅實。每坯一尺五寸，築實一尺二寸爲度。上土不許過厚，坦坡尤宜加意，用硪築打自底至頂，層層夯硪堅實。臣等時加查驗，酌立勸懲，方不致有怠率偷減諸弊。一，蘭陽汛引水入隄之李六口大隄，高於隄外灘面八尺，灘高水面一丈七尺五寸，水面較高隄内地面二尺。今估挑引渠，於李六口隄内挑深五尺，此下地勢高低不一，深七八九尺及一丈餘，寬三十丈至四五十丈不等，其河頭河尾灘地内挑深二丈餘尺，均寬五六十丈，俾進水外灘成吸川之形，出水外灘有建瓴之勢。計自蘭陽汛李六口起，至商邱七堡東老河厓止，共長二萬四千五百餘丈，亦分工估土，令承辦各員於應挖渠身内，靠北先挖寬十丈子溝一道，不但大雨時行水有所歸，不致漫浸，難以施工，而以水爲平，因其就下之勢，可以一律調順。高者宜深挑，河面當加寬，窪者宜淺挖，河面可收窄。其出土亦於插定封堆灰印之南三十丈，刨挖溝形一道，寬三尺，深三尺，以爲定界。並嚴禁偷減、墊厓等弊，以期如式寬深。一，此次工程浩大，現遴州縣六十員分段承辦。知府五員，總理其事；道三員，專司督催；至挑挖引渠，共派丞倅佐雜及試用効力官一百七十二員，分段承挑；派道府直隸州五員，總理督催，並按日論工，按工定限，令督催各員將工程分段，彙五日一報。臣等輪流赴工督率稽察，如有踴躍急公之員，分別記功，工竣時奏請議敘，遲誤偷減者立行參革，永不敘用。一，俟挑築工程約八分以上，其時大汛已過，即於蘭陽汛李六口進水處一帶，相度築壩一道，爲逼溜南趨計。但河面既寬，餘溜未能全掣，擬於北岸建築壩基，逐漸挑溜南趨，以期開放後截溜全歸新河。一，隄內築隄開河段落，業經丈量標記，有礙民田廬舍處所，現已出示曉諭，民情甚屬寧貼。俟查明應遷廬舍若干，酌給搬移之費，應用民田若干，將舊河身灘地撥給更換，其情愿於新隄外居住者，即將其地照河灘減則。務期籌辦安全，不使擾累。」奏入。得旨：「有治人，無治法，實力妥爲之。」

又（乾隆四十七年七月）初二日，諭曰：「據薩載奏開放顧家莊引渠，分洩運中河水，暢達入黃情形一摺，內稱『測量顧家莊地勢，河水高於引渠五尺，即將該引河於六月十八日開放原挖口門十丈，開放復刷寬十餘丈，口門水深一丈三尺餘寸，分洩入黃，約有三四分，不特上游來水易消，而下游運中河數日之內消水三尺餘寸，溜勢平緩，江、廣糧船渡黃入口，挽運甚易，該處引河分洩得力，已著成效，第口門過寬，日久恐致掣動全河，今將兩壩頭用料裹護，相機進占』等語。看來該處引渠分洩上游漫口之水，甚爲得力，其口門雖逐漸刷寬，即使掣動全河之勢由此歸入舊黃河直注入海，亦無不可，如此則蘭陽現開之引河，儘可從容籌辦，毋庸再派隣省人夫，致滋紛擾。若如薩載所奏，將壩頭裹護進占，收窄口門，轉恐分洩不能通暢，有礙去路，著傳諭阿桂，令其通盤酌量情形，一面據實具奏，一面知照辦理。」

清·那彥成《阿文成公年譜》卷二九 （乾隆四十九年六十八歲九月十五日）公偕李奉翰、蘭第錫、何裕城奏言：「【略】大堤之上，建築減水石壩，既恐不能堅固。測量外灘距堤遠者，不過數段，近則只數十丈，外灘高於堤南平地七八尺至丈餘不等。現今河勢，日漸南趨，外灘時長時塌，形勢不一，開挑倒勾引河，亦無作準之處。【略】」

又（乾隆四十九年六十八歲十月二十五日）公又偕李奉翰、蘭第錫、何裕城奏言：「【略】此時水勢歸槽，測量大河水深一丈八九尺不等，尚未刷深。臣等惟有仰遵睿訓，協力督催，一俟引河挑至五六分，即將壩工趕緊進埽，並力儹辦，及早合龍。」

又（乾隆四十九年六十八歲十一月初十日）公偕李奉翰、蘭第錫、何裕城奏言：「【略】自辰至酉，查看兩壩，金門水消一尺八寸，探量河頭，已水深一丈三尺，大溜流行，迅駛水頭，於酉刻已出引河尾，入商邱，正河暢達。」

又（乾隆四十九年六十八歲十一月）二十一日，公偕李奉翰、蘭第錫、何裕城奏言：「【略】測量金門壩前原水深五丈三尺，今合龍後，已停淤一丈六尺，止深三丈七尺。現在全河大溜，自十五日起，已盡歸引河，暢流東注，壩工穩固，無虞伏思。」

清·那彥成《阿文成公年譜》卷三〇 （乾隆五十一年六十九歲九月）初九日，公奏言：「【略】初三日清晨，由楊莊運口渡黃，入清口一帶逐細察看。因黃水倒漾日久，東西兩岸淤沙，有闊十餘丈至數十丈不等，中泓止存數丈河溝一道，水深三尺餘寸，輕舟往來，尚無阻滯。現在黃水固漸消落，而測量尚較湖水高五尺餘寸，就下之勢，不論遠近，此黃水倒灌、清口淤墊實在情形也。至清口異常微弱之故，實緣春夏以來，河南、安徽雨澤稀少，睢河並未發水，正陽關浄存長水一尺六寸，洪湖內高堰志樁僅存水二尺八寸，本年湖水之小，爲從來未有。」

又（乾隆五十年六十九歲十月）十六日，公奏言：「【略】至微山湖水勢，臣前往詳悉履勘，測量現在水志七尺五寸，湖面高於運河面四尺四寸。查每年春間開壩時消水起，至伏秋長水時止，消水不過二尺餘寸，則微山湖現在所收之水，接濟明年新漕，似足敷用。」

清·那彥成《阿文成公年譜》卷三一 （乾隆五十一年七十歲四月）十二日，公奏言：「【略】臣抵清口後，與李奉翰等再四公同熟商，不得已爲蓄清禦黃之計。彼時曾測量大河水勢，並據道將等開報，九月初旬，各處河水尺寸內，徐城水志在一丈以內，老壩工水志存水一丈九尺餘寸。及臣十月起程回京時，徐城諸樁僅存水六尺，而老壩工志樁仍未消動。」

又（乾隆五十一年七十歲九月）二十五日，公偕蘭第錫奏言：「臣阿桂於十九日過台莊，臣蘭第錫亦至該處，會同履勘，八閘金門俱令下板，測量水勢深淺，以定河底高下。自韓莊至德勝張莊閘一帶，地勢建瓴，溜急直下，不能停蓄。向于德勝、張莊兩閘中間添建六里石閘一座，以資擎托，原制砌石九層，高一丈零八寸，視上下兩閘，低至六尺，水小則收束濟運，水大則漫壩順流，於停蓄宣洩，均有裨益。乾隆四十六、七兩年，黄水經行，全閘浸泡水中，樁木灰縫，多有損裂。又因四十九年，運河加深挑挖，該處閘底高於河底，以致閘底石面，多已掀揭。現在測量長河水深四尺六寸，金門石底水深止三尺五寸。舟行至此，不無墊擱之虞，自應將閘底落低二尺。其自金門以下，亦因底高跌落日深，竟有至九尺餘寸者。原舊閘基已成深塘，難以釘樁安石，必須於舊基以上，數丈之内，另行移建，於形勢亦並無更改。」

清・紀昀等《欽定河源紀略》卷六《列表三》 按流沙以外，亘古未入圖經，故諸史所述道里之數，率恍惚難據。國家戡定西陲，命使測量，始能地鏡天璣，毫釐不爽。謹遵欽定輿圖，以其星爲緯，自南山大源至北山支源，得十一度；以中星偏西爲經，自蔥嶺西源至貴德堡入邊，得三十一度，共計南北二千二百里，東西六千二百里。其有重山綿亘，名目不殊，如蔥嶺、巴彦哈拉山諸處，則僅載總名，以省繁衍。

清・許容等監修《（乾隆）甘肅通志》卷四八《藝文・皇清王全臣上巡撫言渠務書》 至若奉委協助都司挑浚各渠，則革盡從前積弊，唯以新渠用夫之法爲例。於清明興工前一月，將漢唐各渠，自口至梢，逐細查丈，更用水平量其高低，如某處渠道淤塞，應挖深若干，寬若干；某處湃岸低薄，應築高若干，厚若干；某處工重，應用夫若干；某處工輕，應用夫若干。預造一工程册，乃以額夫合算，除修理閘壩、迎水，及各大枝渠用夫若干外，計挑挖唐、漢、大清各渠實止夫若干。於是量土派夫，每夫一日，以挖方一丈，深三尺爲率。

清・陳琮《永定河志》卷一二《奏議三・雍正十年四月初三日大學士鄂爾泰等議覆直隸河道總督王朝恩等奏請建築重堤》 應令總河王朝恩等，測量地勢之高下，水性之順逆，妥酌定議，將各項工程確估具題，於今年秋汛後興工。再臣等議得，遥隄遥河，乃預備補救之法，其緊要工程，全在歲修。查永定河水性善淤，其下流出澱之處，河道狹隘，尤易淤填。務須不時疏浚，使尾閭通暢，庶上流不致壅滯，泛沖其兩岸隄工。

清・陳琮《永定河志》卷一三《奏議四・乾隆三年十一月初四日大學士鄂爾泰會同工部爲遵旨會議事》 再查自八工尾閭，至老河頭，約計十五里，此乃渾水趨歸大河之要道。應即從尾閭挑挖引河，面寬二十丈，底寬四丈，深五六尺，至七八尺不等。仍須相度形勢，測量高下，臨時斟酌權變，總期一律深通。

清・陳琮《永定河志》卷一四《奏議五・乾隆八年十一月二十七日大學士鄂爾泰、尚書訥親、史貽、直巡撫阿爾衮工部會議》 會山西撫臣委冀寧道盛典，會同直隸口北道王芥園，帶同河員，逐細勘明。測量桑乾河北岸，自山西大同縣屬之西堰頭村黑石嘴起，東至直隸西寧屬縣之辛其村止，可開大渠一道，計長四十六里；南岸自大同縣屬之册田村起，東至西寧縣之揣骨疃止，可開大渠一道，計長五十八里里，渠尾俱仍歸入桑幹正河。

清・陳琮《永定河志》卷一五《奏議六・乾隆十五年三月初五日直隸總督方觀承奏》 近年以來，因兩岸各設有減水閘壩，以資分泄，而下口沙澱葉澱之去路，尚未至於遍淤，故得無患沖溢。然而測量河身，自五工泥安村以下，至八工，逐段淤高四尺九寸。照依水準，植立竿尺，已蒙皇上臨隄洞鑒，並荷皇上親授方略，指示機宜。

清・陳琮《永定河志》卷一六《奏議七・乾隆三十四年七月初五日直隸總督楊廷璋奏》 竊照永定河南岸二工之金門閘、滚水石壩，於乾隆二年經大學士鄂爾泰，會同前督臣李衛、河臣顧琮奏請建造。計寬五十六丈，灰土、石海墁共進身三十六丈，爲宣洩異漲之要工。乾隆六年，前署督臣高斌，因壩面過高，不能過水，奏奉議准，兩旁各留一十八丈，仍舊外，將中路之海墁石二十丈，放低一尺五寸，俾常汛則可從中減泄，異漲則可通壩過水。于乾隆七年，改修完竣。維時測量，放低之處，較水面高出不多，河水稍長，即可過壩。迄今將三十年，河身日漸淤高，幸壩内老坎，系屬背溜，每年汛水長髮，只漫過一尺，及尺餘不等。自本年凌汛後，河溜漸覺改移，壩口稍有迎溜之處。今春，臣即順道查勘，測量河身，較從前放低之處，已屬相平，不能擋溜。必須將石海墁升高，庶可宣洩異漲，而常汛亦不致於旁溢。但石海墁寬至五十六丈，進身至一十六丈，若一律升高，所需經費，未免繁重。

清・陳琮《永定河志》卷一七《奏議八・乾隆三十八年六月十六日直隸總督周元理爲欽奉上諭事》 至全河水勢，數日來天氣晴明，有落無長，淺處自二尺五六寸，至三尺二三寸，最深亦不過四尺六七寸。昨交三伏汛期，於十三日夜密雨淋漓，（則）〔測〕量水志，僅長三寸有餘。十四日晴霽後，刻下又復水落如前，河流極爲平穩，工程在在鞏固。看來風清日皎，秋汛亦可保安瀾。除以後遵旨將長落情形隨時奏聞外，所有臣欽奉上諭，並勘明遵辦緣由，理合恭摺奏覆。

清・陳琮《永定河志》卷一八《奏議九・乾隆四十一年十二月二十一日直隸總督周元理爲奏明請旨事》 竊照鳳河間段淤淺，河流停阻，上荷聖明垂詢，臣遵即委員查勘，淺阻屬實，有應需大加挑挖之處。臣於十一月內將勘估情形面奏，仰蒙聖訓，切實估辦，隨飭令通永道宋英玉、永定道滿保，帶同河工，委用同知陳琮，前往將鳳河上游，以至尾閭，逐一測量估計。茲據該員將勘估情形，應挑工段，詳細具稟前來。

清·慶桂《剿平三省邪匪方略》正編卷二〇六（庚申年）九月二十七日丙午，台布奏言，查額勒登保現在統兵前往西鄉一帶督辦。楚匪徐逆一股竄入平利之烏龍池滋擾，經副都統慶溥剿敗後，竄往安康之楊圈子。慶溥仍趕回塼坪扼住興安郡城要隘，於初五日馳至平溪河，見有騎馬賊匪已入塼坪大路，慶溥隨率副將李逢春等分帶官兵兩路衝殺，立斃賊匪六七十名，官兵乘勢緊躡，復又斬獲二十餘名，賊仍由南奔竄。其川匪龍逆一股前竄陝界，經藩司温承惠派兵截擊後，奔至斑鳩關對面大梁老林藏匿。該藩司復派鄉勇分爲三路抄截，賊亦分作三隊迎拒，鄉勇鎗礮轟擊，三路共斃賊一百六十餘名，生擒二十餘名。該匪連夜由桃園子逃逸，守備王英等復督勇繞道邀擊，又殲賊七八十名，生擒四十餘名，該匪遂由大小園圈奔安康之四季河南竄。此近日南路情形也。其西路由甘折回小股賊匪竄至唐藏隘口一帶，冀圖闌入棧道，俱經防守官兵截回，折竄至兩當靈官殿鄧家嶺，經副將游棟雲、從九品雒昂帶領兵勇乘霧衝殺，殲賊七十餘名，賊遂由妖魔洞翻山，竄入黑河，分股竄至畧陽之張家壩，亦經游棟雲、雒昂乘夜趕殺，斃賊八十餘名，生擒三十一名，餘匪無多，該副將等現仍跟蹤搜斬。此外伍逆餘黨千餘人由甘竄近鳳縣之油房溝，督臣長麟帶兵來，至方石舖已繞出賊前，總兵汪啓亦已帶兵迎剿，棧內本有經畧原派之總兵德忠、臬司王文湧、副將舒隆阿等分段防守，布置極爲嚴密，尚可不致闌入。惟時近冬令，漢江漸形淺涸，沔縣、南鄭、城固、洋縣江水深祇四五尺，淺不及三尺，一交十月，淺處更多，經額勒登保派令總兵關騰帶兵巡防，江岸綿長，究恐未能周密。臣復親乘小舟由南鄭、城固沿江而下，逐處測量，於最淺地面安設礮位，酌派兵勇晝夜看守，使賊匪對岸不敢窺伺，免致疎虞，俟該二處佈置妥協後，再往洋縣一路察看安設。奏入。上命軍機大臣傳諭台布曰：「台布前已令往西寧辦事，伊接奉前旨，自應將撫篆交付慶成，即日起程，其堵禦截剿事務不復再降諭旨，如此旨到時台布尚未前赴西寧，即著將該處情形及應辦事務告知慶成，令其接辦可也。」

清·嚴如熤《三省邊防備覽》卷四《額威勇公行營日記》 趙充國有言：「百聞不如一見。」言地必躬歷，形勢方能確切。自古膺閫外之寄，其稱智勇過人者，多矣，然不過曰運籌帷幄、決勝千里而已，即聞有身在行間而戡定者，不過一方馳驅者，不逾一二載，則壯猷雖足制敵，謂其於數千里豕突鴟張之地，聚米劃沙，罔弗了然心目則未也。經略勒威勇公天與忠誠，忘身爲國，其平時勞不乘輿，署不張蓋，食無二味，衣無重裘，與士卒同甘苦者，不待言矣。而憤逆匪之虔劉我邊鄙也，匪所竄匿之區，雖窮岩邃谷，人跡所不到，公必督衆前捕。蓋自二年苗疆奏凱，移兵施宜，擴清荆江以南之賊。至三年夏，由房竹至夔，達保順、西鳳、興漢，鞏階、秦隴各郡，往來督辦。賊勢稍重者，公身往當之，即各元戎分辦之股，亦必親示機宜，或遥作聲援。六、七年，舉三省邊境猿岩猱壁，鳥道羊腸，懸絙以登，裹氈而下之險，公親歷且遍，有一至焉者，有再三至焉者，蓋自古督師之勤勞日久，未有如公者也。公所經過，營壘均有法度正路，問道途之險夷、里數之長短，山巒之向背，林木之淺深，指示諸將，或攻或伏，雖生長其地，或未能如公之明晰也。而要非忠誠所積，公能生明不至此。公自來鄖宜，至七年紅旗報捷，大營移紮處所，幕府士載有日記，樂園曰：「此真山内行軍之標準也。」亟録而梓之。

清·嚴如熤《三省邊防備覽》卷六《險要上·邊界相連要隘》 夔府大江以南接界鶴峰、建利、恩施各州縣，酉陽所鄰龍山、永順各縣，均往時夜郎地，雍正年間，改土歸流。山陡谷幽，其險極矣，而民風質樸，百餘年來，事端絶少。鄖、宜、興、漢、夔、保介在江漢之間，山多田少，地多新墾，各省流徙之人著籍其間，五方雜處，民情浮動。自勝國以來，荆襄流民頻年積聚，及末造，張、李各賊竄伏其間，豕突狐嗥，蔓延二三十年始就底定。嘉慶年間，教匪滋事擾累者，亦七八年。在楚則秦蜀之守當嚴，在秦而川楚之防宜固，但窺堂奥者，必由門户而入，涉階除者，必從藩垣以進，左鄰之樹或掩光於右鄰，北宅之霤或滴零于南宅，則邊境相連之要隘，不可不講矣。牖户綢繆，鑒前即以毖後，輔車憑倚，固我亦可保人。茲將邊境相錯之區，爲彼此共守之險者，另作邊界相連説。

《清仁宗睿皇帝實録》卷一二一 嘉慶八年九月乙卯 又諭：「嵇承志等奏『衡家樓漫溢之後，因地勢建瓴，旋掣大溜，東西兩岸汕刷塌卸，逐漸寬至一百八十餘丈。現已稍定，盤頭裹護，可以施工』等語，覽奏稍爲幸慰。至現在採辦料物，最爲急需。本年豫省秋收稍減，但大河以南，年成尚好，自可就近購買，較之鄰省採辦，究爲便捷。即將該省約可辦料若干，需用他省接濟若干，先行具奏。向來堵築口門，必須開挖引河，俾河流得歸故道。朕詳閲此次所繪圖内，十五堡地方，似可挑挖引河，但必須相度情形，不拘道里之遠近，而在地勢高卑之得宜。

該堡與正河身高下若何？朕亦不能懸揣，著嵇承志等妥爲籌議，酌定引河處所，速行具奏，並測量引河地勢，較之正河高下丈尺若干，詳悉繪圖貼説進呈。再披閲圖内，衡家樓正當頂沖，封邱縣城四面皆水，該處田廬自必沖損，城垣亦恐有坍卸之處，其下游被水各處災黎，均應亟爲撫恤。著該撫派委妥員確切查勘，一面上緊辦理，一面據實具奏，至埽工進估數十丈，即由驛奏報一次，將此諭令知之。」

《清仁宗睿皇帝實録》卷一二二嘉慶八年十二月甲申　諭軍機大臣等：「據吴璥奏稱『該河督帶同道將員弁等，親往雲梯關一帶，測量口門南北兩灘之間，約寬一千五六百丈。底有暗灘横攔，横灘之内，水勢遞深，計有七八九尺爲所攔阻。而灘脊上過水，仍有四五六尺，滔滔東注』等語。是海口情形，固屬高仰，而攔門沙灘脊，尚可過水數尺，並非竟至阻遏，此外亦更無去路，自系實在情形。現據奏『請將黄泥嘴兩灣相對處，挑空引河，使之取直而行，導流迅注。又吉家浦，於家港、倪家灘、宋家尖等處，挺出灘嘴，一併挑切』，均著照所請辦理。至混江龍、鐵篦子等項，原非施於海口潮汐往來之地，或雲梯關上下河水經行，有挾沙停淤處所，亦未始不可用資爬剔。此系前人留遺成法，自屬可用。吴璥仍當留心講求，如有可施用之處，如法制辦，將此諭令知之。」

《清仁宗睿皇帝實録》卷一二四嘉慶八年十二月丙子　諭軍機大臣等：「吴璥奏由外河山海一帶沿途查勘水勢情形，並即前赴海口一摺，據稱『雲梯關外，遞年淤積，竟成鐵板沙，以致海口愈移愈遠，相距有三百七十餘里。現在黄水雖已斷溜，而洪澤湖清水仍由此滔滔外出，細看情形，高仰洵屬不免，似尚不至壅阻』等語。黄河下游之水，全仗海口消納，一有壅阻，其病百出。本年即聞南河水勢甚大，在在可虞。後由豫省衡家樓堤工蟄陷，大溜北趨，江境始得幸保無事。可見該處下流，必有壅阻，自皆由海口不能通暢所致。將來豫省一經合龍，全河下注，若海口稍有壅滯，關係非小。吴璥摺内所稱，尚系雲梯關以上情形，該處距海口三百七十余里，道路綿長，不可遽以爲准。現在吴璥既挨段測量，直至海邊，並遍履南北兩岸查勘，務當將實在情形，繪圖貼説，詳晰入告。若此時有可辦理之處，即當趕緊籌畫，不可存吝惜之見。試思此時若以節省爲事，將來設有他患，豈不糜帑更多乎？若果該處難以施工，無可辦理，究竟來歲全河下注有無妨礙，是否日久無敝□大，總宜未雨綢繆，熟籌盡善，斷無任其壅阻不暢，不復計及久遠之理。該督專司河務，責無旁貸，務即據實速奏，不可因循貽誤，將此諭令知之。」

《清仁宗睿皇帝實録》卷二一六嘉慶十四年七月戊子　又諭：「戴均元奏查看張家灣康家溝河道情形，及通惠河先宜挑淤培築一摺，張家灣舊河應行挑復，固屬正論。但見據戴均元親自測量，張家灣河頭，不但愈淤愈厚，壩基難立，計需土方工料銀兩，爲費不貲。而現在時日已迫，即加緊趲辦，亦非五六個月不能竣工。轉瞬漕運已來，河道未復，船行轉致有礙，是目前勢不能辦。亦止可仍在康家溝行走，再爲察看一年，届時酌量定奪。至通惠河，爲漕白糧及銅鉛轉運要路，既據戴均元奏『現在河底日淤，隄岸卑薄，恐明春新漕到壩，水勢消耗難行，自須趕緊先辦。』著照所請，將河身應行間段挑空，以及隄工縴道有須分别修整之處，即於本年全漕運竣之後，奏明派員勘估興修，勿再遲緩，其應行賠修之工，著即飭承辦之員勒限賠補。」

《清仁宗睿皇帝實録》卷二九六嘉慶十九年九月癸巳　諭内閣：「李鴻賓奏微山湖水收復舊規一摺，近年微湖收蓄短絀，皆因引渠淤塞，不能進水，又兼各閘啓閉失宜，以致耗洩過多，不敷濟運。朕特授李鴻賓爲河東副總河，督辦收蓄事宜。兹據奏稱，測量微湖誌樁，已收至一丈二尺九寸二分，較之定誌僅短八分。現在來源甚旺，計可於收符舊制外，更有贏餘。其蜀山、南旺、昭陽等湖，均已瀦蓄充盈，辦理甚屬認真。李鴻賓係嘉慶六年進士，由翰林改擢科道，資格尚淺，經朕簡用副總河後，能盡心妥辦，不負委任，著加恩賞給二品頂帶，以示嘉獎。」

清・王履泰《畿輔安瀾志》衛河卷五　總督温承惠等奏略，青縣之興濟壩口寬八丈，足資宣洩，且土性堅實，兩岸隄工，亦不甚殘缺。滄州捷地，亦口寬八丈。測量壩底高出運河水面，僅一尺五六寸不等。較從前開壩時所奏水深尺寸，河底約已淤高二尺，減河又間段淤墊，兩岸隄工亦多殘缺。應將捷地壩底龍骨，起高二尺二寸，興濟起高二尺，並挑挖減河積淤，培築隄工，以資捍禦。

清・王履泰《畿輔安瀾志》榆河卷一　欽派大臣長麟、戴均元奏略。【略】今議請于石壩樓左近，酌開引河一道。東引潮白之水，西入温榆，於糧船抵壩，較爲便捷。惟臣等測量水面，温榆河高於潮白河，三四五尺不等。形勢高仰，一開引河，恐潮白之水不能逆流，而温榆之水轉先下泄。温榆之水，既由新開引河，直達潮白，則舊有之温榆河，南北一千餘丈，必致全行淤墊，船不能通。【略】又挑浚

清・王履泰《畿輔安瀾志》清河卷下　尚書德瑛、劉權之奏略。

河道，自任邱縣大清河起，至天津縣西沽與北運河會流處止，共挑淺三十五段，通長二萬九千四百一十二丈。臣等逐一測量，中泓水深七八尺不等，兩岸河底水面，均較原估丈尺，有寬深而無淺窄。現在船隻遄行無滯，下游會流處亦皆通暢，惟子牙河下游支河七道，現在河水尚未出槽，並無分流之水。

清·王履泰《畿輔安瀾志》蘇運河卷下 康熙三十四年，運送米石，設向道章京一員，同户、工二部各一員，前赴會勘。是年，運道自新河口挑浚淤淺，至北塘河挽運，先經具奏，嗣奉旨：著諸命遜舒楊柱去。三月初六日，奏稱：查得自天津起，至新河口止，水路有一百六十里零，新河口至北塘止，舊河基三十里，除將現存舊河基，丈量二千六百丈外，中間一段被土淤斷，比平地高二三尺不等。自舊河以北，照地勢之窪處挑挖，丈量長二千九百二十丈。此河挑口寬三丈，底寬一丈五尺，深一丈，計用夫一十四萬四千一百一十二工半，每工給銀四分，共需銀五千七百六十四兩零。又自北塘起，至下倉止，並無淤淺三十五處丈量，共一千三百二十五丈，用夫八千九十八工，每工給銀四分，共需銀三百二十一兩零。

《清宣宗成皇帝實録》卷一一六道光七年四月甲寅 諭軍機大臣等：「據琦善等奏『截至四月初三日，共挽渡軍船二千二百四十一隻。北運口楊莊頭壩，現將兩壩頭拆展外，北臨黄浦家莊，東西兩岸，築作托清、蓋黄等壩。并將臨黄土攔壩，兩壩頭鑲護，鉗束清水，水勢現尚深通，足資浮送』等語。頭二進軍船，現雖挽過二千二百餘隻，惟黄水消長情形，未據奏及，想來仍未落低。轉瞬大汛經臨，水勢有長無消，不特在後江廣幫船趲渡費力，而南北兩岸隄工，在在喫重。本日據嚴烺奏報桃汛安瀾摺内，據稱本年桃汛，長水無多，而所存底水，較上年大至一二尺，測量河身，比淩汛淤墊尺餘。是下壅上潰之弊，不可不早爲慮及。現在闕孟兩灘壅滯之處，亟應設法濬治。琦善等接奉前旨，自已詳勘籌辦。蔣攸銛等到彼，即將伊等籌商辦理，及下游阻遏情形，據實具奏。並責成該督等將在後江廣幫船跟接打放，總於汛水漲發以前，迅催趲渡，無使一幫留滯。將來回空南下，亦須豫飭妥籌，務令剋期歸次，不可臨時稍有遲延，致誤明歲漕運。其大汛防守事宜，必應倍加慎重，妥爲防範。若闕孟兩灘，及下游淤墊處所，仍不能及早疏導，致水勢壅遏，上游兩岸隄工，稍有疏虞，該督等豈能復邀寬貸？勿謂朕言之不豫也。將此諭知蔣攸銛、穆彰阿，并諭琦善、張井、潘錫恩知之。」

明·畢自嚴《度支奏議·山東司》卷一《題覆諸臣條議屯田疏》 所謂舊屯者，祖制設立衛所，授軍之屯田是也。【略】合令各該州縣有司各丈其境内荒田，分別上中下三等，造册申報，無隱漏也，無混淆也。

明·陳子龍《明經世文編》卷二六五 我祖宗遠鑒前代，兩京邊鎮既設太僕、苑馬等寺以掌之，又置各處草場以養之，内外相資，遠近相望，誠强兵之要務，攘夷之大計也。【略】臣未暇悉舉，姑以宣府一鎮言之。國初於鎮城西門外併黄羊山及各驛衛所堡口等處設立牧馬草場八十四處，内除西門草場周圍三十八里，黄羊山周圍六十里，萬全左衛洋河灘東西長五里，南北二里，東關驛西南坡東西長四里，南北二里，雕鶚浩嶺共周圍一萬二千八百三十餘步。

明·鄭汝璧《由庚堂集》卷二四《奏疏》 一、修城垣以固保障，夫防倭之策，守資於城，戰資於兵，有堅城以固守，而以勁兵擊之，逸待勞而飽待饑，動可制勝。第睹海上諸城，大都卑薄者多，倭巧於攻，東人拙於守，以巧攻遇拙守，即高堅猶足慮，況未高堅乎？臣爲此懼細加查閲，登州城雖石而卑，且無灰彌縫，日以勾拆。又三面山也，高過於城，敵得窺我，非敵臺不可衝擊，非加修加灰不可以久。萊州城雖磚而多陂，側可攀援而登也，亦必加敵臺，始可施砲射而爲萬全計。青州稍得地利耳，其屬海邑，若諸城、樂安皆土城。即墨以沙隨葺隨壞，昌邑土僅及肩，傾圮且盡，直與無城等耳，必加以磚石，費各踰萬金矣。膠州磚城不滿三里，官舍軍所占之，民居十二三餘處，城南繁且數倍，其地直逼海口，倘倭乘潮而入，民且無如僉謂，宜於城南築新城方六、七里，草草估費，亦不下二萬金矣。此皆海上要區，終當修築者也。衛所寨司之城在在而峙，國初設軍，大城五千餘人，小亦千計，故其城頗大。【略】臣已行道府將登、萊二郡城再加修築高堅並敵臺，以便衝打，諸城等處行令估計議處衛所等城，如安東、靈山、鰲山、大嵩、靖海、成山、威海等處關係要害，各加修理外，其餘所寨人少去處，姑量葺補，無事之時，任其安住，一遇有警，就近歸併。【略】臣查堪動錢糧，撙節應之稍緩，諸城每年議修一面，四年而畢工，但遇每年圮壞，係土築者即先於壞處估易磚石，得尺則尺，漸可堅完，如果經理有方，民不告擾，而工能底績者，特加薦敘優擢，以示激勸。

明·陳子龍《明經世文編》卷三六〇《清理甘肅屯田疏》 臣巡歷所至，親得諸見聞如莊浪之岔口，甘肅之古長城等處，近經修築，功已垂成。土人争引水利墾田，其間早出暮歸，不聞有驅掠之擾，此其明驗也。合行撫臣通查邊牆之當修者，分別險夷，酌量緩急，計畫丈尺，以定其難易先後之序。一切工程皆坐派操守軍士及輪借驛遞夫而分用之，此該鎮歷年修邊之成規也。每名日給鹽菜各有差等，悉於庫貯官銀內，計慮周詳，隨宜處給，各預定歲月以漸圖之，庶乎人力之更番迭作，不敢言勞。

明・管律《（嘉靖）寧夏新志》卷一《宦蹟》 楊時，寧夏左屯衛指揮。韓欽，寧夏衛指揮。【略】以故議會平虜城北十里許脩築長城一道，東西約五十里，西抵賀蘭山，東抵沙湖，各設墩臺，撥軍哨望。又於墻之里西北盡頭設臨山堡，每年撥軍防守，居人偕此墩墻稍敢樵牧，人亦稱便。雖棄鎮遠關、黑山營打磑口之地，誠出不得已之情。

明・徐日久《五邊典則》卷二 八月，司禮監太監李璋，工部右侍郎張逵自潮河川勘事回，言都御史洪鍾初欲鑿川報國，希成大功，然所鑿石洞上寬下窄，僅泄小水，夏秋水溢，石墮仍循故道。其稱得地數百頃，亦近邊墻，地多沙石，耕種匪宜。若其脩築川內大小石城、邊墻墩堡並山海關一帶長城，具有成績，鍾之用心亦可嘉也。仍列鍾所委脩築城堡等官參將高瑛等二十六員，以憑旌賞，命兵部看詳以聞。

清・明之綱《桑園圍總志》卷七《圖説》 案繪圖爲地志切要之務，故名曰圖經，況言水利隄防。無圖以指畫險易，不特賢宦涖茲土者留心民瘼，譚之茫然。即生長圍基內士民，未身履其地，尚多揣臆。故曰元王氏喜撰《治河圖略》一卷，首列六圖，圖末各系以説。後之江海河防諸書，咸倣之桑園圍基。甲寅丁丑《志》並有繪圖，但有總圖而無分圖。且第注其地名界至，而頂衝首險、次衝次險，基段未之詳。並未注説於後。今繪總圖以綜全局，有基段十一堡，各分繪一圖，皆注説以析其長短險易，展卷了了心目。於歲修搶塞工程，培土負薪，楗石釘樁，動中要害，策不妄施，次圖説。

清・范鳴龢《滄災蠡述・樊口內湖外江合圖》 古者圖與書並重，言地理水道者，尤不可少。有書而無圖，則於地之廣袤，水之來去，茫然莫得其彷彿。説雖詳，仍弗明也。予籍樊，於鄂以上江道身未親歷，即吾邑南所謂梁子湖者，亦僅一再至，不能指説了了，茲特據各地圖及邑乘所載，縮摹上册，舛錯恐不免，其大概情形，則如是而已。

清・世續等《清德宗實録》卷二六六 光緒十五年己丑二月戊寅，河東河道總督吳大澂又奏：擬於汴省設立河圖局。選調津、滬、閩、粵各局熟諳測繪之委員學生二十餘人，分段測量，將來酌予獎敘。得旨：著准其咨調數員，辦理繪圖事件。至所稱設立河圖局及酌予獎敘，未免先事鋪張，著毋庸議。

清・奕劻《奏爲關東鐵路查勘估計酌擬辦法奏明請旨興工事》光緒十七年三月十二日（清檔） 竊臣衙門會同李鴻章奏遵議要件一摺，光緒十六年閏二月十一日奉旨：朕欽奉慈禧端佑康頤昭豫莊誠壽恭欽獻皇太后懿旨，覽。均悉所議，整頓練兵興辦鐵路兩條，均合機宜等因。欽此。其興辦鐵路一條，欽遵由臣鴻章遴派妥員，帶同熟悉路工之匠，分起前往直境及奉天、吉林、琿春各處，擇要履勘，詳細測量，諮訪情形，估計經費，於上年十一月以前，歷次函商海軍衙門。本年復詳具圖説，函商前來。臣等公同商酌，鐵路實爲自强要圖，最利於徵調轉運，最宜於邊遠省分。關東鐵路視盧溝橋至漢口爲尤急，已於上年閏二月間恭疏密報在案。【略】並將委員履勘所繪圖説齎送軍機處，進呈御覽，伏祈皇上聖鑒訓示遵行。謹奏。

清・李鴻章等《山東直隸河南三省黄河全圖》 前河臣吳大澂於光緒十五年三月會同大學士直隸督臣李鴻章、山東撫臣張曜及臣文蔚具奏，調員赴豫測繪全河。奉到朱批著准其咨，調數員辦理繪圖事件，欽此。遵即遴派候補道易順鼎總司其事，分飭各員按段測繪，於十六年三月全圖告竣。茲謹裝潢成册，恭呈御覧。【略】

夫水脈道媲神農，《丹鉛》許倣夫，《山經》體遵化益，臣等識拘窺管，跡阻乘樏，知安瀾深系乎蕘心，念浚澮宜通乎《周髀》。爰訪疇人之子弟，庶幾冠知圜而履知方。欲追步地之亥章，先使肆行高而軫行下，尾閭必察。東逾牡蠣之濱，首受宜詳；西越泉鳩之澗，審鯇桓之形勢，方折圓流，考鱗列之工程，旁行斜上，衹以瓶堙銅瓦，遂略南河，關敻玉門，難探西極。韓垣改道，鐵門爲前日雲梯；豫境探源，金斗即下游星宿；度虹隄而稽尺寸，庶修防有補於搴茭；憑象緯以算毫釐，冀準望無差於累黍。師裴秀、賈耽之法，貴得真形；考靳輔、張井之圖，終嫌虚造。人行里曲，而鳥飛里直。近徵胡渭之言，鬼魅畫易而狗馬畫難；遠信韓非之説，二千餘里合作一圖，百六十篇分爲五册。兩隄兩岸，將期終古以不遷；一里一方，實創從來所未有。惟是別風刊誤尚恐焉，烏刻日程，功未遑副墨，衣帶相連，夫三省倍懍，寅恭綈函，恭進於九重。

清・陳虬《治平通議》卷八《瑞安廣濬北湖條議》 虬不敏，因爲末議十二條，冀供當事者之採擇焉：曰設局，曰商功，曰籌捐，曰出土，曰束沙，曰包工。此爲開辦之次第，而大旨則以包工爲要着，尤當設局以善其後。善後又約分數事：曰丈田，曰護堤，曰設準，曰繪圖，曰計簿，曰立廟，都十二條。倘不以芻菲見遺於濬務，或不無小補云。

一曰設局。擬擇寬敞地，如忠義廟等處設局，公舉練達有名望者爲董事。又選副董二人，司會計，司事數人，供弓算測繪。立向分捐督工。宜分段，便覆勘。及庋藏物件，另雇局工十數名，爲工頭總董，外皆給薪水。吾鄉公事向無薪水，易致富者濫竽，材者彈鋏，故難責以考成，名雖撙節，實易侵蝕。爲地方謀久遠之利，似不宜惜此小費。季路受拯溺之牛，不以爲過，安得賢者一倡其風。令各有地段職事不得推諉弊混，功成勒碑，記姓氏。

清・世續等《清德宗實録》卷卷三一一 光緒十八年壬辰五月己未，諭軍機大臣等，長順奏，司庫舊存賞發《開國方略》、《盛京通志》、《淵鑒類函》等書。前因測繪吉林輿圖，將各書檢出備查，暫存内署。嗣遇火災，延燒官宅，書亦被毁。請將前項被災之書，每種頒發一部，開單呈覽等語。欽頒書籍，理宜敬謹收藏，豈容稍有疏失。且該處官署被焚，系十六年三月間事。此項書籍被毁，自應即時奏明。乃直至纂修志書待查，始行陳明，尤屬不合。長順著傳旨嚴行申飭。所請補頒各書，本日已諭令武英殿查明辦理矣，將此諭令知之。

清・世續等《清德宗實録》卷三二七 光緒十九年癸巳八月戊午，湖廣總督張之洞等奏：勘明藕池口一帶水道，礙難堵築，繪具圖説呈覽。

清・世續等《清德宗實録》卷三二九 光緒十九年癸巳冬十月甲戌，出使俄德奥和國大臣許景澄奏：新疆省南路以和闐爲極邊，其地綿亘二千餘里，西洋人通稱爲崑崙山。光緒十六年，俄國地(里)〔理〕會遣礦學人柏格達諾委趐，前往該處詳測金礦所在，著有圖説。計自和闐州至克里雅城，得礦三處：曰玉隴哈什河，曰策勒村，曰克里雅角。克里雅以東，得礦五處：曰索爾戛克，曰烏魯克河，曰闊帕，曰莫羅札河，曰池曰幹河，均在崑崙山北麓。逾山以南，得礦一處，曰坎波拉克。凡九處。其金砂或凝結巖壁，或隨山水衝注。土民赴采者，約及二千人，日可出金五十餘兩。誠能就已開礦地，由官設廠經理。數年而後，財用漸裕，可省中原輸輓。似應按照該俄人所述各礦情形，覆加查察。庶於邊情地利，得有確徵。下所司議。

清・世續等《清德宗實録》卷三三〇 光緒十九年癸巳十一月丁酉，諭軍機大臣等：前據許景澄奏，新疆和闐一帶，金礦旺聚，並詳述遊歷洋人測探情形。當令總理各國事務衙門議奏。兹據該衙門奏稱，和闐産金之盛，據許景澄原奏圖說，覈以近日新疆測繪輿圖，大致相同。克里雅城毗連帕米爾諸處，邊疆重地，綢繆未雨，宜在機先。若照漠河金廠章程辦理得宜，自可浚利源於不竭，請飭妥議辦理等語。著楊昌濬、陶模按照所奏各節，會商辦法，妥議具奏。總理各國事務衙門摺均著鈔給閲看，將此各諭令知之。

清・世續等《清德宗實録》卷三七二 光緒二十一年乙未秋七月丁未，以監修永定河工測量得法，賞洋員吉禮豐寶星。

清・世續等《清德宗實録》卷三七三 光緒二十一年乙未七月己未，又諭：御史胡薫馨奏「近畿水患頻仍，宜籌補救之策」一摺。【略】尋直隸總督王文韶奏，擬遴選講求水利之員，周歷通省各河，測量原委高下，再定下手之處。【略】

清・世續等《清德宗實録》卷三八五 光緒二十二年丙申二月甲戌，又諭：新疆和闐金礦，前據陶模覆奏，業已派員前往查勘。兹據御史陳其璋奏，近日出使大臣許景澄所譯俄圖，稱和闐至羅布淖爾一帶，共有金礦十七處，皆經俄人測繪可憑。又光緒六年西報稱，西伯利亞與中國接壤，每座界石相距三百里，界間有二水直注俄境，而發源則在中國境内。近得金礦之總脈，亦在江水發源之處。如界線作弓背形，則江水之源應歸俄國。又英人卡萄登議云：中俄之隔僅界一線，提封迤邐而南。五金之礦，徧於地中各等語。際此庫儲匱乏，全在廣開礦産以濟急需。俄國現與中朝倍敦睦誼，亦未可因開礦一事，致礙邦交。和闐金礦係屬内地，俄人自無可藉口。俟查勘之員回省，如果礦産實係暢旺，即著饒應祺酌度情形，官辦、商辦究以何者爲宜，迅速定議具奏。至所稱中俄界間二水發源之處，及提封以南之五金各礦，著長庚、饒應祺密派妥實可靠之員，前往確切查明。究竟如何情形，再行奏明請旨辦理。將此由四百里各諭令知之。

清・世續等《清德宗實録》卷三八七 光緒二十二年丙申三月辛丑，端郡王載漪等奏：遵查菩陀峪萬年吉地東西配殿等處，應修工程，繪具圖説。依議行。

清・世續等《清德宗實録》卷三九八 光緒二十二年丙申十二月乙丑，諭軍機大臣等：御史王廷相奏「開平煤礦穴采日深，有關陵寢風脈請嚴定界限」一摺。開平煤礦興辦已久，現在是否於陵寢風脈有礙，關係甚重。著王文韶派員前往該廠認真查勘，詳細測量。並著繪圖貼説，應如何嚴定界限，妥爲辦理之處，奏明請旨定奪。原摺著鈔給閲看，將此諭令知之。

清・世續等《清德宗實録》卷四一四 光緒二十四年戊戌春正月己丑，諭軍機大臣等：王文韶、張之洞、盛宣懷奏「粤漢鐵路緊要，三省紳商籲請通力合作，以保利權並籌議借款」各摺片。【略】另片奏，請暫用中國工師勘路等語。詹天佑、鄺景陽二員，已諭令胡燏棻暫時借調。即著陳寶箴派員協同該二員，將湘省應造鐵路之地，測量勘繪。

清・世續等《清德宗實録》卷四三九　光緒二十五年己亥二月壬辰，又諭：前因山東黄河工程緊要，特派大學士李鴻章馳往山東會同任道鎔、張汝梅周歷查勘，妥議具奏。兹據李鴻章等聯銜覆奏，並會議黄河大治切實辦法及救急治標辦法，詳擬章程，繪圖呈覽各摺片。事關山東全省河防，工程尤爲重大。著軍機大臣、大學士、六部、九卿、翰、詹、科、道一體會議具奏。摺二件、片一件、單圖五件併發。

又　光緒二十五年己亥二月壬辰，賞測勘河工、比利時監工盧法爾等寶星。

清・世續等《清德宗實録》卷四八二　光緒二十七年辛丑夏四月癸亥，又諭：電寄李興鋭等，盛宣懷奏，萍礦支路，通至醴陵。現在興工情形，請飭江西湖南巡撫，一體嚴飭營縣，遇工員測量購地，造橋鋪路，認真保護彈壓。

清・世續等《清德宗實録》卷五四四　光緒三十一年乙巳夏四月壬子，直隸總督袁世凱等奏：籌設京張鐵路，工鉅款繁。酌議提撥關内外鐵路餘利，每年提銀一百萬兩，從速動工，四年可成。此路即作爲中國籌款自造之路，不用洋工程司經理。俟將全路工程測勘完竣，繪具圖説，另行核辦，下部知之。

清・世續等《清德宗實録》卷五六二　光緒三十二年丙午秋七月乙卯，湖廣總督張之洞奏：粤漢、川漢兩路亟須興工，現已分投測勘招股，下部知之。

清・世續等《清德宗實録》卷五六七　光緒三十二年丙午十一月辛亥，諭軍機大臣等：電寄岑春煊，電悉本年江蘇徐、海、淮、揚，水災甚重，業經疊次發帑，並諭令度支部續籌接濟。【略】尋端方奏，復淮之議，固有大利，亦有數難。現擬於清江浦設立籌議導淮局，派員測量，以期次第興辦，下部知之。

清・裴陰森《請復淮水故道全案》《兩江總督曾飭淮揚道委員履勘稿》：兩江總督曾札飭淮揚道陳，同治六年十月十五日准户部咨軍需局江南股案，呈本部議覆，兩江總督曾奏籌撥直隸、安徽協欵並試辦修復淮瀆事宜一摺，同治六年十月初一日具奏，本日奉旨：依議，欽此。相應抄單到本部堂。准此，合就抄單札道，即便遵照開設導淮局。先將修淮事宜詳議章程，呈核遵辦局中應用官紳稟候本部堂會同漕督部堂，札委立局之初，以測量地勢高下爲先務，如桃源、成子河、中運河、吴城、七堡、張福口、高良澗、三河及雲梯關以下，各處均須細測量。本部堂六月具奏户部，于十月始行議覆。爲時太遲，且測量未準，亦未敢率爾興工，虚糜帑項。【略】

《淮揚道劉稟請委員查勘稿》：淮揚道劉稟請委員查勘導淮事宜，附呈清摺請撥經費由。【略】查有熟悉河工之候補同知直隸州李樹護、候補知縣吴爾鎮堪以派令，會同丁、劉二紳同往查勘，應請中堂憲臺札委。此外尚須隨帶佐雜武弁數員，幫同測量，擬即由職道委派，隨時具報，所需薪水，並帶效兵字識人數飯食，按日計算，每月需錢六七百千文，北至中河，南至蔣壩，三河，上至成子河，下至海口，往來程途約二千餘里，其中細細查量，節節停頓，約須兩三個月，且應如何挑河，如何築隄，皆須確估造册，有一種辦法，即造一種圖册，册工尚難預計，可隨時續請。目前所需勘費約二千串以外，謹將約數繕摺，附呈仰祈中堂大人俯賜察核飭遵。經費應由何處具領，祇候憲示，恭請憲福安。【略】

《同治七年四月委員查勘廢黄河情形稟稿》：同知銜揀選知縣丁顯、候補同知直隸州李樹護、候補知縣吴爾鎮、監生劉霍等稟遵札，查估舊黄河工段情形，造具寬深丈尺土方數目清册，並呈圖説清摺由。

敬稟者，竊樹護等前將查勘六塘河情形稟明憲鑒在案，旋即前往楊莊以下，查勘黄河，並先赴楊莊以上，將切近之三元宫之中河測量中泓，最淺處水深一丈五尺，復逐節測量，順清河之束水壩，金門水深二丈一二尺。又直至裡河頭壩，察看沂泗之水，與淮水交匯處所，似覺兩水高下相等，當又於碎石河、七堡等處，逐細較量，沂泗之水，計高淮水四尺。查是日中河雙金閘誌樁存水二丈八尺二寸，洪湖黄堙寺誌樁存水九尺，計洪湖底高相近三元宫之中河底六尺，復又較量楊莊以下至西壩上。上兩年已挑黄河極淺處，高中河底一丈一尺六寸，西壩以下河泓極淺處，高中河底一丈六尺餘寸。其兩灘極高處，較高中河底高二丈一尺八寸。

清・文慶等《清宣宗實録》卷四四一　道光二十七年丁未夏四月辛未，諭軍機大臣等：陸建瀛奏「密勘泖湖等處設防情形，繪具圖説，先行覆奏」一摺。事關扼要防守，必應籌畫精詳，布置周備。著俟李星沅到任後，詳細會商，妥籌定議具奏，將此諭令知之。

清・文慶等《清宣宗實録》卷四四二　道光二十七年丁未五月庚寅，諭軍機大臣等：琦善奏，遵查覆奏。並訪聞邊外各部落情形，繪具圖説呈覽。覽奏均悉：喀什米爾向與西藏貿易。加治彌耳，無此部落，或即喀什米爾之訛音。該處邊界毗連，方言不一。其從前所遞夷稟，捏稱總督哈丁之名，又與耆英所奏夷函互異，夷情叵測。或欲藉拉達克現歸所屬，曾經佔據爲名，竟欲騙賴。或藉喀什米爾向在前藏貿易爲詞，欲前來壟斷居奇，均未可知。總之該夷狡獪性成，惟利是視。琦善現已密行籌議，妥爲豫備。如該夷前來，著即因時制宜，相機籌辦，以消其桀驁之氣，而杜奸詐之萌。嗣後彼處情形及酌量辦理之處，著隨時具奏，原摺已鈔給耆英閲看矣。另片奏，攜帶火藥教練等語，唐古特火藥鉛丸不敷應用，琦善此次前往教練。著即將庫貯贏餘之火藥鉛丸，酌量攜帶，以資操演，不可浪費。將此諭令知之。

清・寶鋆《清穆宗實録》卷三〇六 同治十年辛未二月辛巳，閩浙總督英桂等奏《遵議輪船訓練章程十二條》：一統領外應派分統，以專責成。一挑選水師弁兵在船練習。一、弁兵人等技藝精通者，分別給予職銜。一分泊各口輪船，按季互相更調，以期聯絡。一每年春冬定期操閲，以憑黜陟。一、水手礮手彼此兼練，以求精熟。一、管駕官每旬合操一次。一廣摻輿圖，以資考證。一頒定一色旗號，以分中外。一口糧造册請領，據實報銷。一稽覈煤斤，以省浮費。一、篷索輪機雜件，隨時修配。船身損壞，應候勘驗修理。下所司知之。

清・世續等《清德宗實録》卷一九四 光緒十年甲申九月戊辰，又諭：延煦、祁世長奏「遵查山東籌辦海防情形，呈遞圖說」。據稱煙臺北對旅順，海面至此一束。若能兩岸同心扼此要隘，則津沽得有鎖鑰。其防守之法，應如何測淺深，審沙線，備船礮，設水師，召募精習海戰之人，必有出奇制勝之策」等語。該處爲海防要地，必須經營佈置，力扼要沖，以杜敵船北犯之路。著李鴻章、慶裕、陳士傑將所奏各節，會同悉心妥籌奏明辦理。原奏著鈔給閲看，將此由五百里各諭令知之。尋李鴻章奏，煙臺旅順海面相距太遠，須有大枝水勇，方可阻遏敵船。報聞。

清・世續等《清德宗實録》卷四三二 光緒二十四年戊戌十月甲辰，又欽奉懿旨：榮禄另片奏，請飭南北洋暨湖北各省趕造槍礮，並請飭考北洋沿海輿圖各節。行軍利器，以後膛快礮、小口徑毛瑟槍爲最。現時南北洋暨湖北均設有機器製造等局，著該督撫就地籌款，移緩就急，督飭局員，認真考求，迅即製造。至地圖爲用兵所必究，著北洋大臣督飭武備學堂，將沿海輿圖考校精確，繪具總分各圖，通頒各營，以資練習。

清・世續等《清德宗實録》卷五八三 光緒三十三年丁未十一月癸丑，陸軍部奏：籌擬測繪軍用地圖，並擬訂測繪學堂章程，開單呈覽。

著作部

先秦至漢分部

《山海經》

漢・劉秀《上山海經表》 侍中、奉車都尉、光禄大夫臣秀領校，祕書言校，祕書太常屬臣望所校《山海經》凡三十二篇，今定爲一十八篇，已定《山海經》者，出於唐虞之際。昔洪水洋溢，漫衍中國，民人失據，崎嶇於邱陵，巢於樹木。鯀既無功，而帝堯使禹繼之。禹乘四載，隨山刊木，定高山大川。蓋與伯翳主驅禽獸，命山川，類草木，别水土。四嶽佐之，以周四方，逮人跡之所希至，及舟輿之所罕到。内别五方之山，外分八方之海，紀其珍寶奇物，異方之所生，水土草木禽獸昆蟲麟鳳之所止，禎祥之所隱，及四海之外，絶域之國，殊類之人。禹别九州，任土作貢，而益等類物善惡，著《山海經》。皆聖賢之遺事，古文之著明者也，其事質明有信。孝武皇帝時常有獻異鳥者，食之百物，所不肯食。東方朔見之，言其鳥名，又言其所當食。如朔言。問朔何以知之，即《山海經》所出也。孝宣皇帝時，擊磻石於上郡，陷得石室，其中有反縛盜械人。時臣秀父向爲諫議大夫，言此貳負之臣也。詔問何以知之，亦以《山海經》對。其文曰：貳負殺窫窳，帝乃梏之疏屬之山，桎其右足，反縛兩手。上大驚。朝士由是多奇《山海經》者，文學大儒皆讀學，以爲奇可以考禎祥變恠之物，見遠國異人之謡俗。故《易》曰：言天下之至賾而不可亂也。博物之君子，其可不惑焉。臣昧死謹上。

漢・班固《漢書》卷三〇《藝文志》 《山海經》十三篇。

唐・魏徵等《隋書》卷三三《經籍志二》 《山海經》二十三卷。郭璞注。

《山海經圖讚》二卷。郭璞注。

《山海經音》二卷。

五代・劉昫等《舊唐書》卷四六《經籍志上》 《山海經》十八篇。郭璞撰。

《山海經圖讚》二卷。郭璞撰。

《山海經音》二卷。

宋・王堯臣《崇文總目》卷四《地理類》 《山海經》十八篇，郭璞注。

按《東觀餘論》云：《崇文總目》：《山海經》侍中秀領校。秀即劉歆也。

宋・鄭樵《通志》卷六六《藝文略第四》 《山海經》三十三卷。郭璞撰。《山海經》十八卷。《山海經圖贊》二卷。郭璞注。

宋・晁公武《郡齋讀書志》卷八《地里類》 《山海經》十八卷。

右大禹製，晉郭璞傳。漢侍中、奉車都尉劉秀校定。表言：「禹别九州，而益等類物善惡，著此書。皆聖賢之遺事，古文明著者也。」十父嘗考之，於其書有曰：「長沙零陵鴈門，皆郡縣名，又自載禹鯀，似後人因其名參益之。」

《山海經圖》十卷。

右皇朝舒雅等撰。雅，仕江南，韓熙載門人也，後入朝，數預修書之選。閩中刊行本或題曰「張僧繇畫」，妄也。

宋・尤袤《遂初堂書目・地理類》 《祕閣本山海經》。《池州本山海經》。郭璞《山海經圖贊》。

宋・陳振孫《直齋書録解題》卷八《地理類》 《山海經》十八卷。

漢侍中奉車都尉臣秀所校。祕書秀，即劉歆也。晉郭璞注。案：唐《志》二十三卷，《音》二卷。今本錫山尤袤延之校定。世傳禹、益所作，其事見《吴越春秋》，曰：禹東巡，登南岳，得金簡玉字，通水之理，遂行四瀆，與益共謀所至，使益疏而記之，名《山海經》，此其爲説恢誕不典。司馬遷曰：言九州山川，《尚書》近之矣。至《禹本紀》《山海經》所書怪物，余不敢言之也。可謂名言，孰曰多愛乎！故尤跋明其爲非禹、伯翳所作，而以爲先秦古書無疑，然莫能名其爲何人也。洪慶善補注《楚辭》，引《山海經》《淮南子》以釋《天問》，而朱晦翁則曰：古今説《天問》者，皆本此二書，今以文意考之，疑此二書本皆緣解《天問》而作，可以破千載之惑。古今相傳既久，姑以冠地理書之録。

元・馬端臨《文獻通考》卷二〇四《經籍考三十一》 《山海經》十八卷。

【略】《山海圖經》十卷。

元・脱脱等《宋史》卷二〇六《藝文志五》 郭璞《山海經》十八卷。

明・楊士奇等《文淵閣書目》卷四《古今志》 郭璞《山海經》二册。《山海經》一册。山海經一册。

明・柯維騏《宋史新編》卷四九《藝文志三》 郭璞《山海經讚》二卷。

明・高儒《百川書志》卷五《史・地理》 《山海經注》十八卷。大禹製，晉郭璞傳。

明・陳第《世善堂藏書目録》卷上 《山海圖經》十八卷。郭璞註。

明・曹學佺《蜀中廣記》卷九六《著作記第六・地理志部》 《山海經》十八卷。

《吴越春秋》曰：禹南巡，登南岳，得金簡玉字，通水之理，遂行四瀆，所至使益疏而記之，名《山海經》。

清・錢謙益《絳雲樓書目》卷一《地志類》 《山海經》。

清・錢曾《錢遵王述古堂藏書目録》卷四《地理總志》 《山海經》十八卷，一本。

清・季振宜《季滄葦藏書目》 《山海經》十八卷。《抄本山海經》十八卷。

清・金星軺《文瑞樓藏書目録》卷二《史部》 《山海經》。

清・永瑢等《四庫全書總目》卷一四二《子部五十二・小説家類三》 《山海經》十八卷。內府藏本。

晉郭璞注。卷首有劉秀校上奏，稱爲伯益所作。案：《山海經》之名始見《史記・大宛傳》，司馬遷但云《禹本記》《山海經》所有怪物余不敢言，而未言爲何人所作。《列子》稱大禹行而見之，伯益知而名之，夷堅聞而志之，似乎即指此書，而不言其名《山海經》。王充《論衡・別通篇》曰，禹主行水，益主記異物，海外山表，無所不至，以所見聞作《山海經》。趙煜《吴越春秋》所説亦同。惟《隋書・經籍志》云，蕭何得秦圖書，後又得《山海經》，相傳夏禹所記。其文稍異，然似皆因《列子》之説推而衍之。觀書中載夏后啓、周文王及秦、漢長沙、象郡、餘暨、下嶲諸地名，斷不作於三代以上，殆周、秦間人所述，而後來好異者又附益之歟。觀《楚詞・天問》，多與相符，使古無是言，屈原何由杜撰？朱子《楚詞辨證》謂其反因《天問》而作，似乎不然。至王應麟《王會補傳》引朱子之言，謂《山海經》記諸異物飛走之類，多云東向，或曰東首，疑本因圖畫而述之。古有此學，如《九歌》《天問》皆其類云云。則得其實矣。郭璞注是書，見於《晉書》本傳。隋、唐二志皆云二十三卷，今本乃少五卷，疑後人併其卷帙，以就劉秀奏中一十八篇之數，非缺佚也。隋、唐志又有郭璞《山海經圖讚》二卷，今其贊猶載璞集中，其圖則《宋志》已不著録，知久佚矣。舊本所載劉秀奏中，稱其書凡十八篇，與《漢志》稱十三篇者不合。《七畧》即秀所定，不應自相牴牾，疑其贋托。然璞序已引其文，相傳既久，今仍併録焉。書中序述山水，多參以神怪，故《道藏》收入太玄部競字號中。究其本旨，實非黄老之言。然道里山川，率難考據，按以耳目所及，百不一真，諸家並以爲地理書之冠，亦爲未允。核實定名，實則小説之最古者爾。

清・孫星衍《孫氏祠堂書目内編》卷二 《山海經》十八卷。晉郭璞注。一明黄氏刊本。一明吴琯刊本。一畢沅校刊本。《圖讚》二卷。晉郭璞撰，道藏本。

清・孫星衍《平津館鑒藏記》卷二《明版》 《山海經》十八卷。題郭氏傳。每卷俱大題，前有郭璞《山海經序》，總目每篇下皆有本文及注字數，後有劉秀《山海經奏》。余以別本相校，惟此本與宋本相同，每葉廿四行，行廿字。收藏有中吴錢氏收藏印朱文方印、介石朱文長印、錢氏叔寶白文方印、循齋白文方印。

清・陳揆《稽瑞樓書目・小樹叢書貯西樓後書室》 《山海經》十八卷。校本，二册。《山海經圖贊》二傳。一册。

清・張之洞《書目答問・史部》 《山海經》十八卷。畢沅校。經訓堂本。

《周髀算經》

漢・趙君卿《周髀算經序》 夫高而大者，莫人於天；厚而廣者，莫廣於地。體恢洪而廓落，形修廣而幽清，可以玄象課其進退，然而宏遠不可指掌也。可以晷儀驗其長短，然其巨闊不可度量也。雖窮神知化不能極其妙，探賾索隱不能盡其微，是以詭異之説出，則兩端之理生，遂有渾天、蓋天，兼而並之。故能彌綸天地之道，有以見天地之賾，則渾天有《靈憲》之文，蓋天有《周髀》之法，累代存之，官司是掌，所以欽若昊天，恭授民時。爽以暗蔽，才學淺昧，隣高山之仰止，慕景行之軌轍，負薪餘日，聊觀《周髀》。其旨約而遠，其言曲或作典。而中，將恐廢替，濡滯不通，使談天者無所取則，輒依經爲圖，誠冀頹毁重仞之牆，披露堂室之奥，庶博物君子，時迴思焉。趙君卿撰。

宋・鮑仲祺《周髀算經序》 《周髀算經》二卷，古蓋天之學也。以勾股之法，度天地之高厚，推日月之運行，而得其度數。其書出於商周之間，自周公受之於商高，周人志之，謂之「周髀」。其所從來遠矣。《隋書・經籍志》有「《周髀》一卷，趙嬰註。《周髀》一卷，甄鸞重述」。而唐之《藝文志・天文類》有「趙嬰註

《周髀》一卷，甄鸞註《周髀》一卷」。其《曆算類》仍有「李淳風註《周髀算經》二卷」。本此一書耳。至於本朝《崇文總目》與夫《中興館閣書目》皆有《周髀算經》二卷，云趙君卿述，甄鸞重述，李淳風等註釋。趙君卿名爽，君卿其字也。如是則在唐以前則有趙嬰之註，而本朝以來則是趙爽之本，所記不同。意者趙嬰、趙爽止是一人，豈其字文相類，轉寫之誤耶？然亦當以隋唐之書爲正，可也。又《崇文總目》及李籍《周髀音義》皆云趙君卿不詳何代人。今以序文考之，有曰「渾天有《靈憲》之文，蓋天有《周髀》之法」，《靈憲》乃張衡之所作，實後漢安順之世。而甄鸞之重述者，乃是解釋君卿之所註，出於宇文周之世。以此推之，則君卿者，其亦魏晉之間人乎？若夫乘勾股朱黄之實，立倍差減并之術，以盡開方之妙，百世之下，莫之可易，則君卿者，誠算學之宗師也。嘉定六年癸酉十一月一日丁卯冬至，承議郎、權知汀州軍州兼管内勸農事、主管坑冶括蒼鮑澣之仲祺謹書。

明·胡震亨《周髀題辭》 始讀《周髀》，輒駭其艱怪，及再一尋討，不過乘方圓參兩以生勾股，遂至于算數所不可及。蓋亦因天地自然之數耳，故其書稱榮方學于陳子。至畢，思鶩神，卒無所用其智。乃知謂天蓋高，固可坐而定者不誣也。然《周髀》率以表影一寸，度爲千里。按李淳風所引宋元嘉十九年測影于交州，夏至日影在表南三寸二分，共得一尺八寸二分，洛去交一萬一千里，是不及六百里一寸也。觀此，則日徑千二百五十里，去地八萬里之説，又有不可盡據者。故蔡邕謂《周髀》術數具存，驗天多所違失。又云《周髀》者，即蓋天之説也，是以王任仲據蓋天之説以駁渾儀，爲桓君山所屈，則《周髀》之術可睹矣。又淳風別引《宋書·歷志》二十四表影，與今《宋書》相較，則互有不同。近刻《宋書》，爲友人姚叔祥所校，稱善本，因舉此段問之。叔祥云，于時政以不得《周髀》，故貽足下今日之問耳。併識于此，以俟刊定。繡水沈士龍題《周髀》以周人志之，乃稱《周髀》。而虞喜則謂天之體轉四方，地體卑不動，天周其上，故云「周」，其解「周」字，又一義也。然《周髀》之説，奪于渾天，如楊子雲八難，卒無有能破之者，惟梁武帝于長春殿講義，別擬天體，全同《周髀》，以排渾天之論。其後遂不復顯。凡以世乏善算，遂令真秘湮屈。余讀《魏書》，有僊人成公興，傭賃寇謙之家，爲其開舍南辣田。謙之坐樹下算，興時來看。後謙之算七曜，有所不了，惘然自失。興曰：先生何爲不懌？謙之曰：我學算累年，而近算《周髀》不合，以此自媿，且非汝所知，何勞問也？興曰：先生試隨興語布之，俄然便決。謙之歎伏不測，請師事之。興後入嵩山石室尸解，乃知《周髀》非僊真有道，算難遽合，彼桓鄭蔡陸者，恐未易以聲附子雲也。武原胡震亨題。

唐·魏徵等《隋書》卷三四《經籍志三》 《周髀》一卷。趙嬰注。

《周髀》一卷。甄鸞重述。

《周髀圖》一卷。

五代·劉昫等《舊唐書》卷四七《經籍志下》 《周髀》一卷。趙嬰注。

又一卷。甄鸞注。

又二卷。李淳風撰。

宋·王堯臣等《崇文總目》卷六《算術類》 《周髀算經》二卷。

宋·歐陽修等《新唐書》卷五九《藝文志三》 趙嬰注《周髀》一卷。甄鸞注《周髀》一卷。

又 李淳風釋《周髀》二卷。

又 李淳風注《周髀算經》二卷。

宋·鄭樵《通志》卷六八《藝文略第六》 《周髀》一卷。趙嬰注。又一卷。甄鸞重述。又二卷。李淳風注。《周髀圖》一卷。

又 《周髀算經》二卷。李淳風注。

宋·尤袤《遂初堂書目·數術家類》 《周髀經》。

宋·陳振孫《直齋書録解題》卷一二《曆象類》 《周髀算經》二卷，《音義》一卷。

題趙君卿注，甄鸞重述，李淳風等注釋。《周髀》者，蓋天之書也。稱周公受之商高，而以句股爲術，故曰《周髀》。《唐志》有趙嬰、甄鸞注各一卷，李淳風釋二卷，今曰君卿者，豈嬰之字耶？《中興書目》又云君卿名爽，蓋本《崇文總目》，然皆莫詳時代。甄鸞者，後周司隸也。音義者，假承務郎李籍撰。

元·脱脱等《宋史》卷二〇七《藝文志六》 趙君卿《周髀筭經》二卷。

又 李籍《九章算經音義》一卷。又《周髀算經音義》一卷。

明·楊士奇等《文淵閣書目》卷三《算法》 《周髀算經》一部，一册。

又 《周髀算經》一部，二册。

明·焦竑《國史經籍志》卷二《經類》 《周髀算經》二卷。李淳風。

又 《周髀算經音義》一卷。李籍。

清・錢曾《錢遵王述古堂藏書目録》卷二《術數》 趙君卿《注周髀算經》二卷二本。元抄。

清・毛扆《汲古閣珍藏秘本書目》 《周髀算經》二本。舊鈔。五錢。

清・永瑢等《四庫全書總目》卷一〇六《子部十六・天文算法類》 《周髀算經》二卷，《音義》一卷。永樂大典本。

案《隋書・經籍志・天文類》，首列「《周髀》一卷，趙嬰注」。又一卷，甄鸞重述。《唐書・藝文志》「李淳風《釋周髀》二卷」，與趙嬰、甄鸞之注列之天文類。而歷算類中復列「李淳風注《周髀算經》二卷」，蓋一書重出也。是書内稱周髀長八尺，夏至之日，晷一尺六寸，蓋髀者股也。於周地立八尺之表以爲股，其影爲句，故曰周髀。其首章周公與商高問答，實勾股之鼻祖，故《御製數理精藴》載在卷首而詳釋之，稱爲成周六藝之遺文。榮方問於陳子以下，徐光啓謂爲千古大愚。今詳考其文，惟論南北影差以地爲平遠，復以平遠測天，誠爲臆説。然與本文已絶不相類，疑後人傳説而誤入正文者，如《夏小正》之經傳參合，傅崧卿未訂以前，使人不能讀也。其本文之廣大精微者，皆足以存古法之意，開西法之源，如書内以璇璣一晝夜環繞北極一周而過一度，冬至夜半璇璣起北極下子位，春分夜半起北極左卯位，夏至夜半起北極上午位，秋分夜半起北極右酉位，是爲璇璣四遊所極，終古不變。以七衡六間測日躔發斂，冬至日在外衡，夏至在内衡，春秋分在中衡，當其冬至日在外衡，間爲節氣，亦終古不變。古蓋天之學，此其遺法。蓋渾天如毬，寫星象於外，人自天外觀天。蓋天如笠，寫星象於内，人自天内觀天。笠形半圓，有如張蓋，故稱蓋天。合地上地下兩半圓體，即天體之渾圓矣。其法失傳已久，故自漢以迄元、明皆主渾天。明萬曆中，歐邏巴人入中國，始别立新法，號爲精密。然其言地圓，即《周髀》所謂地法覆槃，滂沱四隤而下也。其言南北里差，即《周髀》所謂北極左右，夏有不釋之冰，物有朝生暮獲，中衡左右，冬有不死之草，五穀一歲再熟，是爲寒暑推移，隨南北不同之故。及所謂春分至秋分極下常有日光，秋分至春分極下常無日光，是爲晝夜永短，隨南北不同之故也。其言東西里差，即《周髀》所謂東方日中，西方夜半；西方日中，東方夜半。晝夜易處，如四時相反，是爲節氣合朔，如時早晚，隨東西不同之故也。又李之藻以西法製渾蓋通憲，展晝短規使大於赤道規，一同《周髀》之展外衡使大於中衡，其《新法算書》述第谷以前西法，三百六十五日四分日之一，每四歲之小餘成一日，亦即《周髀》所謂三百六十五日者三，三百六十六日者一也。西法多出於《周髀》，此皆顯證。特後來測驗增修，愈推愈密耳。《明史・曆志》，謂堯時宅西居昧谷，疇人子弟散入遐方，因而傳爲西學者，固有由矣。此書刻本脱誤，多不可通。今據《永樂大典》内所載詳加校訂，補脱文一百四十七字，改訛舛者一百一十三字，删其衍複者十八字。舊本相承，題云「漢趙君卿注」。其自序稱爽以暗蔽，注内屢稱爽，或疑焉。爽，未之前聞，蓋即君卿之名。然則隋、唐志之趙嬰，殆即趙爽之訛歟。注引《靈憲》《乾象》，則其人在張衡、劉洪後也。舊有李籍《音義》，别自爲卷，今仍其舊。書内凡爲圖者五，而失傳者三，訛舛者一，謹據正文及注爲之補訂。古者九數惟《九章》《周髀》二書流傳最古，訛誤亦特甚。然溯委窮源，得其端緒，固術數家之鴻寶也。

清・孫星衍《孫氏祠堂書目内編》卷二 《周髀算經》二卷。漢趙君卿注。北周甄鸞述。宋李籍《音義》一卷。一聚珍板本。一明趙開美刊本。一曲阜孔氏刊本。

清・陳揆《稽瑞樓書目・小槲叢書貯西樓後書室》 《周髀算經》三卷。舊鈔，附《音義》。二册。

清・丁立中《八千卷樓書目》卷一一《子部》 《周髀算經》二卷，《音義》一卷。不著撰人名氏，趙嬰註，李籍音義。微波榭本。學津討原本。閩刊本。

清・張之洞《書目答問・子部》 《周髀算經》二卷。互見下《天文算法類》

《天文算法》。

又 《周髀算經》二卷。漢趙君卿注，北周甄鸞述，唐李淳風釋。互見前古子。《音義》一卷。宋李籍。又聚珍本福本。又津逮本。學津本。

《秦地圖》

清・姚振宗《漢書藝文志拾補》卷五 《秦地圖》。

《漢書・本紀》：高帝元年冬十月，沛公至霸上，秦王子嬰降，遂西入咸陽，蕭何盡收秦丞相府圖籍文書。何本傳：沛公至咸陽，諸將皆争走金帛財物之府分之，何獨先入收秦丞相御史律令圖藏之。沛公具知天下阸塞，户口多少，彊弱處，民所疾苦者，以何得秦圖書也。

《漢書・地理志》：琅邪郡長廣縣。班氏注曰：有萊山萊王祠，奚養澤在西，《秦地圖》曰：劇清池幽州藪。又代郡班氏縣注云：《秦地圖》書班氏，莽曰班副。錢氏《考異》曰：此注疑有脱譌。宗按，《秦地圖》或不作班氏。

《晉書·裴秀傳》：秀作《禹貢地域圖》序曰：今祕府既無古之地圖，又無蕭何所得秦圖。

按，班氏譔《地理志》兩引《秦地圖》，又引秦厲公、秦惠公、秦孝公、秦惠文王、秦武王、秦昭王、秦文王、秦宣太后、秦始王，又數稱故秦、秦改、秦曰，各若干條，似皆《秦地圖》中語也。知其書東漢初尚存，及魏晉時裴秀言祕府無秦圖，則大抵亡於董卓、傕汜之亂。

《漢輿地圖》

宋·吕祖謙《東萊集·外集》卷四《漢輿地圖序》 輿地之有圖，古也。自成周大司徒掌天下土地之圖，以周知廣輪之數，而職方氏之圖復加詳焉。迨漢滅秦，蕭何先收其圖書，始具知天下阨塞、户口多少之差，然則尚矣。武帝元狩六年，將立三子爲王，御史大夫奉《輿地圖》請所立國名，乃開齊、燕、廣陵之封。《輿地圖》之名，至是始見，史遷之所載可考也。光武皇帝之徇河北，鄧禹杖策而從之，説以大策，有「天下不足定」之語。其後帝登城樓，披《輿地圖》，指示禹曰：「天下郡國如是，今乃得其一，子前言天下不足定，何也？」禹復申其説。蓋光武志在天下，當神州赤縣未入經略之際，其君臣更相激厲如此，故能兼制六合。司空之所掌，無寸地尺天不歸於封域，按圖分封，並建諸子，以爲藩屏。嗚呼盛哉！用敢紬繹其意，而爲之序曰：

自古合天下於一者，必以撥亂之志爲主。志之所嚮，可以排山嶽，倒江海，開金石，一念之烈，無能禦之者。光武之在河北，崎嶇於封豕長蛇之間，瞋目裂眥，更相長雄。積甲成山，積血成川，積氣成雲，積聲成雷，九流渾淆，三綱反易，雖十家之市，無寧居者，則光武何所恃哉？亦恃其撥亂之志而已。光武之志，以皇天全付所覆於我有漢，今乃瓜分幅裂，淪於盜賊，此子孫之責也。責之所在，雖有登天之難不敢辭，雖有暴虎之厄不敢避，雖有蹈水火之危不敢回，奮然直前，以償吾祖宗之所負，必使吾祖宗之舊物，咸復其初，然後吾責始塞焉。此志一立，故雖處一郡之地，而視天下之廣皆吾囊中物，蚤夜以謀之，反復以思之，其披輿地圖之際，慷慨憤悱，氣干雲霄，撥亂之志，蓋肇於此矣。方其志之未立，則一郡至小，而羣盜之地奚翅十倍？吾衆至少，而羣賊之兵奚翅十倍？恢復之功，猶捕風繫影，若不可期者。及既有其志，則規模先定，機謀先立，兆之於前而必之於後。若青若齊，若隴若蜀，若楚若越，皆吾志中之一物也。若盆子，若王昌，若囂若述，若步若豐，皆吾志中之臣僕也。彼方繕塞置戍，而不知吾已破之於掌上；彼方峨冠被袞，而不知吾已縛之於胷中。是以論光武克復郡縣之蹟，則有難易焉，有先後焉。若夫光武恢復之志，則一披輿圖，而三萬里之幅員，皆入於靈府，豈嘗得一邑而始思得一州，得一州而始思得一部哉！大矣光武之志也！斯其所以祀漢配天，不失舊物歟？厥後建武二十二年，匈奴右薁鞬日逐王比遣使奉匈奴地圖。二十四年，北款五原塞，願爲藩蔽，乃立之爲南單于，俾預藩臣之列。是知光武有一天下之志，非特《輿地圖》之所紀皆爲臣妾，而匈奴地圖之所紀亦爲臣妾焉。則志也者，其撥亂濟世之樞極歟！故述之以告來者。

宋·薛季宣《浪語集》卷三〇《漢輿地圖序》 輿地圖，舊在御史大夫寺。大夫官罷，更屬大司空，故圖冠司空官名，曰《司空郡國輿地圖》。圖載郡國、縣道、國邑、鄉亭備之，可披按也。故事，天子有大封建，丞相大行奏可，則御史上國請名其所立國。其後司空如之。事在元狩六年四月丙申，丞相青翟、御史大夫賀請封皇子三王。及建武十四年三月，大司徒漢、大司空融請封皇子諸王奏事，司馬子長、褚少孫、班固取之，備《三王世家》《世祖本紀》。古之帝王將施疆理之政於天下者，曷常不以圖籍爲重哉！是故舜厘下土，厥有九共；禹別九州，任土作貢。《周官》大司徒之職，掌建邦土地之圖，以周知九州地域輪廣之數，職方氏辨其人民材用，而周知其利害，土訓詔王地事，司書掌之。漢初丞相何先入收秦圖書，高祖以此具知天下阨塞，户口多少，强弱處，民所疾苦，用平天下諸侯。嗚呼，其亦重矣！由漢七年長安未央宫建，秦氏圖書藏石渠閣，御史所掌有郡國輿地畫圖，圖自漢氏爲之，非出遠也。語曰：天爲蓋，地爲輿。輿地之圖，所以盡載地域經緯之數。人民之衆寡，土地之産，財物之用，皆王政之本也。物有甚輕而用可重者，圖籍是也。周之衰也，諸侯異政，六王並起，天子無容足之地，四方號令不行焉，而天下宗之，號爲共主者，以圖籍之所存也。當時强大諸侯如秦惠、宋偃、齊湣之屬，蓋其心未嘗不欲舉三川、窺周室而出圖籍矣，終以不遂，由諸侯知有所重而周守之嚴也。及秦政以虎狼之强方世世蠶食東方諸侯，其貪肆亦足以騁。貪燕督亢地圖上，而荆卿之難作。周秦之際，取之如此，其難也。孝武皇帝在位，漢興七十有餘年矣，典司懈守，故淮南王安得以按圖，日夜與左吳等謀變，部署兵所從入，賴天子明聖，以時咸服其辜，然則殆矣！世祖中興初，王郎反河北，上自薊至信都，舍城樓上，披輿地圖指示將軍禹曰：「天下郡國如是，今乃始得其一。子前言以吾慮天下不足定，何也？」聖謨宏大，其自謙如此，宜乎平一天下，化行夷貊。建武二十三年，匈奴(地圖)古薁鞬日逐王比使漢人郭衡奉匈奴地圖，地輿之内，舉上圖籍矣。漢元以來，此爲極盛。孝明封王諸子，按圖以知户口多少，曰：朕之子安得眂先帝子？章帝又以圖均諸國户口租入。新息侯援之説隗囂大將楊廣曰：按輿地圖，天下郡國百有六，奈何以其二當天下百有四？然則輿地所畫，其有不備者乎？奈何史亡其人，害于因習，分率亡紀，準望不立，名山大川，多略不載，雖有麤形，又非精審，故如山川要塞相去不能寸數，而間獨數千百里，視之甚易，行之甚難，以至違義失實，不可考按，司其籍者，寧不曠敗矣哉！雖然，要略陳者不可罔以大綱，形模具者從可彌縫其闕。周秦地圖，世既不可復得，藏秘書者獨有漢圖輿地，後將圖寫四方形勢，周知其事，而裨地理之闕者，故當用《輿地圖》爲本始，爲舉其撮，以爲司空序略云。

清·姚振宗《漢書藝文志拾補》卷五 《漢輿地圖》。

《史記·三王世家》：元狩六年四月丙申，丞相臣青翟等請立皇子臣閎等爲諸侯王，令史官擇吉日，御史奏《輿地圖》。丁酉，太僕臣賀行御史大夫事昧死奏《輿地圖》，請所立國名。索隱曰：謂地爲輿者，天地有覆載之德，故謂天爲蓋，謂地爲輿，故地圖稱《輿地圖》，疑自古有此名，非始漢也。

《史記·淮南王列傳》：王日夜與伍被、左吳等案《輿地圖》。索隱曰：志林云《輿地圖》漢家所畫，非出遠也。又《匈奴傳》注臣瓚曰：浮苴井去九原二千里，見漢《輿地圖》。

《晉書·裴秀傳》：秀作《禹貢地域圖》，序曰：今祕府既無古之地圖，又無蕭何所得秦圖，唯有漢時所畫《輿地》及《括地》諸雜圖，各不設分率，又不考正準望，亦不備載名山大川，其所載列雖有麄形，皆不精審，不可依據。或稱外荒迂誕之言，不合事實，於義無取。

按《元帝本紀》：建昭四年春正月，以誅郅支單于告祠郊廟，赦天下，羣臣上壽置酒，以其圖書示后宮貴人。或曰單于土地山川之形書也，據臣瓚、裴秀所云，似已備載此圖矣。

《漢禹貢圖》

清·朱彝尊《經義考》卷九三 《漢禹貢圖》一卷。佚。

《後漢書·王景傳》：永平十二年，議修汴渠，乃引見景，問以理水形便，景陳其利害，應對敏給，帝善之。又以嘗修浚儀功業有成，乃賜景《山海經》《河渠書》《禹貢圖》及錢帛衣物。

清·姚振宗《漢書藝文志拾補》卷一 《禹貢圖》。

《後漢書·循吏·王景傳》：永平十二年，議修汴渠，賜景《山海經》《河渠書》《禹貢圖》。

按，《禹貢圖》前漢時所當有，哀帝時丞相平當經明《禹貢》《溝洫志》，曰：「哀帝初，平當使領河隄，奏言：九河今皆寘滅，按經義治水，有決河深川而無隄防雍塞之文」云云，疑即當所作。

《三輔黄圖》

漢·佚名《三輔黄圖原序》 《易》曰：「上古穴居而野處，後世聖人易之以宫室，上棟下宇，以待風雨，蓋取諸大壯。」

三代盛時，未聞宫室過制。秦穆公居西秦，以境地多良材，始大宫觀。戎使由余適秦，穆公示以宫觀。由余曰：「使鬼爲之，則勞神矣。使人爲之，亦苦民矣。」是則穆公時，秦之宫室已壯大矣。

惠文王初都咸陽，取岐雍巨材，新作宫室。南臨渭，北踰涇，至於離宫三百。復起阿房，未成而亡。

至始皇并滅六國，憑藉富彊，益爲驕侈，殫天下財力，以事營繕。項羽入關，燒秦宫闕，三月火不滅。漢高祖有天下，始都長安，寔曰西京，欲其子孫長安都於此也。長安本秦之鄉名，高祖作都。

至孝武皇帝，承文、景菲薄之餘，恃邦國阜繁之資，土木之役，倍秦越舊，斤斧之聲，畚鍤之勞，歲月不息，蓋騁其邪心以夸天下也。

昔孔子作《春秋》，築一台，新一門，必書于經，謹其廢農時奪民力也。

今裒採秦、漢以來宫殿、門闕、樓觀、池苑在關輔者著于篇，曰《三輔黄圖》云，東都不與焉。

右《三輔黄圖》，撫州州學刻也。是書載秦漢宫室苑囿爲之甚備，顔師古《漢書》新注多取焉，然不載撰者名字。《唐書·藝文志》有《三輔黄圖》一卷，列於地理類之首，亦不云何人作也。其間多用應劭《漢書集解》。劭，後漢建安時人。

至魏人如淳注《漢書》，復引此圖以爲據。以此考之，得非漢魏間人所作邪？世無板刻，傳寫多魯魚之謬，凡得數本，以相參校，其或未有證據，疑以傳疑，不敢斷以臆説云。時紹興癸酉七月朔旦左迪功郎州學教授苗昌言題。

唐・魏徵等《隋書》卷三三《經籍志二》《黄圖》一卷。記三輔宫觀、陵廟、明堂、辟雍、郊畤等事。

五代・劉昫等《舊唐書》卷四六《經籍志上》《三輔黄圖》一卷。

宋・歐陽修等《新唐書》卷五八《藝文志二》《三輔黄圖》一卷。

宋・鄭樵《通志》卷六六《藝文略第四》《三輔黄圖》一卷。記漢三輔宫觀、陵廟、明堂、辟雍、郊畤等事。

宋・晁公武《郡齋讀書志》卷八《地里類》《三輔黄圖》三卷。

右按《經籍志》有《黄圖》一卷，記三輔宫觀、陵廟、明堂、辟雍、郊畦等，即此書也。不著撰人姓氏。其間頗引劉昭《漢志》，然則出於梁陳間也。

宋・尤袤《遂初堂書目・地理類》《三輔黄圖》。

宋・陳振孫《直齋書録解題》卷八《地理類》《三輔黄圖》二卷，不著名氏。

案：《唐志》一卷，今分上下卷。載秦漢間宫室苑囿甚詳，多引用應劭《漢書解》，而如淳、顔師古復引此書爲據，意漢、魏間人所作。然《中興書目》以爲《崇文總目》及《國史志》不載，疑非本書也。程氏《雍録》辨之尤悉。

元・馬端臨《文獻通考》卷二〇四《經籍考三十一》《三輔黄圖》三卷。

元・脱脱等《宋史》卷二〇四《藝文志三》《三輔黄圖》一卷。

明・楊士奇等《文淵閣書目》卷四《古今志》《三輔黄圖》一部，一册。《三輔黄圖》二册。

明・柯維騏《宋史新編》卷四九《藝文志三》《三輔黄圖》一卷。

明・朱睦㮮《萬卷堂書目》卷二《雜志》《三輔黄圖》六卷。龔守愚。

明・高儒《百川書志》卷五《史・地理》《三輔黄圖》六卷。

不著撰人。

明・祁承㸁《澹生堂藏書目・史部》《三輔黄圖》。六卷二册。

清・錢謙益《絳雲樓書目》卷一《地志類》《三輔黄圖》。

清・錢曾《錢遵王述古堂藏書目録》卷四《地理總志》《三輔黄圖》六卷，一本。

清・金星軺《文瑞樓藏書目録》卷二《史部》《三輔黄圖》六卷。

清・永瑢等《四庫全書總目》卷六八《史部二十四・地理類一》《三輔黄圖》六卷。編修勵守謙家藏本。

不著撰人名氏。晁公武《讀書志》據所引劉昭《續漢志註》，定爲梁、陳間人作。程大昌《雍録》則謂晉灼所引《黄圖》，多不見於今本，而今本「漸臺」、「彪池」、「高廟」、「元始祭社稷儀」，皆明引舊圖，知非晉灼之所見。又據改「槐里」爲「興平」，事在至德二載，知爲唐肅宗以後人作。其説較公武爲有據。此本惟「高廟」一條，不引舊圖，「滄池」一條引舊圖而大昌未及，其餘三條並同。蓋即大昌所見之本，偶誤「滄池」爲「高廟」也。其書皆記長安古迹，間及周靈臺、靈囿諸事，然以漢爲主，亦間及河間日華宫、梁曜華宫諸事，而以京師爲主，故稱《三輔黄圖》。三輔者，顔師古《漢書註》謂長安以東爲京兆，以北爲左馮翊，渭城以西爲右扶風也。所紀宫殿苑囿之制，條分縷析，至爲詳備，考古者恒所取資。惟兼取《西京雜記》《漢武故事》諸僞書，《洞冥記》《拾遺記》諸雜説，愛博嗜奇，轉失精核，不免爲白璧微瑕耳。

清・孫星衍《孫氏祠堂書目内編》卷二《三輔黄圖》六卷。一明吴琯刊本。一明劉景龍刊本。一畢沅校刊本。

清・孫星衍《平津館鑒藏記》卷二《明版》《三輔黄圖》六卷。前有原序，不題撰人姓名。又有嘉靖己未劉景韶序，稱：《三輔黄圖》舊有華容嚴公刻本，歷歲滋久，字漫漶莫可讀，余故重刻之。卷三後有「以上參校古本諸書，補正四十二字」，卷六後有「以上參校古本諸書，補正九十六字」二行，爲别本所無。當即劉氏所校正。末有嘉靖己未江一山跋，前又有萬歷乙酉郭子章《合刻秦漢圖記序》，稱此書併《西京雜記》刻於粤中，是又從劉氏本翻刻也。每葉十八行，行十八字。

清・陳揆《稽瑞樓書目・附記各櫥分貯前後書室》《三輔黄圖》一册。又新校一册。

清・陳揆《稽瑞樓書目・小櫥叢書貯西樓後書室》《三輔黄圖》六卷。毛斧季校本。一册。

清・瞿鏞《鐵琴銅劍樓藏書目録》卷一一《史部四・地里類》《三輔黄圖》一卷。校宋本。

不著撰人名氏。陳直齋以爲漢魏間人所作，隋志、唐志皆作一卷，明刻析作六卷，非舊第矣。毛氏扆嘗以宋本校正明刊本，顧氏廣圻從之傳録。有跋曰：

「此毛斧季手校，内一處『構』字作『御名』，是用南宋高宗時刻本也。首尾通爲一卷。『社稷』條注『元始』云云，乃後人采《後漢書·祭祀志》添入者，此本無之。字句煩簡，亦往往合於《玉海》諸書所引者，足徵其本之佳矣。惟『陵墓』條無校字，其本似不載，亦未詳其意。」余家又藏黄琴六録本，即出自顧氏者也。

清·丁立中《八千卷樓書目》卷六《史部》　《三輔黄圖》六卷。不著撰人名氏。明刊本。古今逸史本。經訓堂本。平津館本。秦漢圖記本。

清·張之洞《書目答問·史部》　《三輔黄圖》一卷。

三國兩晉南北朝分部

《禹貢地域圖》

晉·裴秀《禹貢地域圖序》　圖書之設，由來尚矣。自古立象垂制，而賴其用。三代置其官，國史掌厥職。暨漢屠咸陽，丞相蕭何盡收秦之圖籍。今秘書既無古之地圖，又無蕭何所得，惟有漢氏《輿地》及《括地》諸雜圖。各不設分率，又不考正准望，亦不備載名山大川。雖有粗形，皆不精審，不可依據。或荒外迂誕之言，不合事實，於義無取。

大晉龍興，混一六合，以清宇宙，始於庸蜀，采入其岨。文皇帝乃命有司，撰訪吴蜀地圖。蜀土既定，六軍所經，地域遠近，山川險易，征路迂直，校驗圖記，罔或有差。今上考《禹貢》山海川流，原隰陂澤，古之九州，及今之十六州，郡國縣邑，疆界鄉陬，及古國盟會舊名，水陸徑路，爲地圖十八篇。

製圖之體有六焉。一曰分率，所以辨廣輪之度也。二曰準望，所以正彼此之體也。三曰道里，所以定所由之數也。四曰高下，五曰方邪，六曰迂直，此三者各因地而制宜，所以校夷險之異也。有圖象而無分率，則無以審遠近之差；有分率而無準望，雖得之於一隅，必失之於他方；有準望而無道里，則施於山海絶隔之地，不能以相通；有道里而無高下、方邪、迂直之校，則徑路之數必與遠近之實相違，失準望之正矣，故以此六者參而考之。然遠近之實定於分率，彼此之實定於道里，度數之實定於高下、方邪、迂直之算。故雖有峻山鉅海之隔，絶域殊方之迥，登降詭曲之因，皆可得舉而定者。準望之法既正，則曲直遠近無所隱其形也。

唐·虞世南《北堂書鈔》卷九六《藝文部二·圖》　《地域圖》。裴秀《地域圖論》云：上考《禹貢》山海原隰及今之郡邑疆界，爲《地域圖》十八篇。今案陳俞本「論」作「序」，餘同。嚴輯《全晉文》附注云：據《晉書·裴秀傳》作《序》，據《類聚》《初學記》引此作論。

清·胡朏明《禹貢錐指·禹貢錐指圖》　《周官》大司徒掌天下土地之圖，以周知九州島之地域、廣輪之數，與職方氏相爲表里。漢初蕭何得秦圖書，藏諸石渠閣。武帝又嘗案古圖書，名河所出山曰崑崙。其古今圖籍，亦云備矣，而未聞有所謂《禹貢圖》者。《禹貢圖》之名，自後漢永平中賜王景始也。此圖及蕭何所得，至晉時已亡。故司空裴秀自製《禹貢地域圖》十八篇，奏之，藏於秘府。今其序載《晉書》，而圖竟無傳。

清·賀長齡《清經世文編》卷七九《全祖望〈皇輿圖賦序〉》　司空裴秀按漢人括地諸雜圖，麤具形似，不爲精審，於是作《禹貢地域圖》一十六篇。其體有六：一曰分率，二曰準望，三曰道里，四曰高下，五曰方斜，六曰迂直。圖學之大槩，略具於此，而以二寸爲千里。

清·賀長齡《清經世文編》卷七九《朱雲錦〈地圖説〉》　昔晉司空裴秀，嘗作《禹貢地域圖》十八篇。其序曰：制國之體有六。一曰分率，所以辨廣輪之度也；二曰準望，所以正彼此之體也；三曰道里，所以定所由之數也；四曰高下，五曰方邪，六曰迂直。後三者，各因地而制宜，所以校平險之異也。六者作圖之法備矣。惜其不傳。後唐賈耽作《華夷圖》亦稱於世。嘗謂地理之學，百聞不如一見。又云十説不如一圖。古人之圖史並重者以此。

清·劉錦藻《清朝續文獻通考》卷二四一《兵考》　臣謹案：測繪古無明文，惟《攷工記》所載「匠人建國，水地以縣，置槷以縣，眡以景」，即西人用水準縣垂線之法，是其權輿後至。晉司空裴秀爲《禹貢地域圖》十八篇，《晉書》本傳載其序，言制圖之體有六，測繪之理包括無遺。雖近今西人所作《武事圖》，以備行軍之用者，其精詳亦不是過。自出洋求學日盛，有明其技者，各省多資爲軍用。一時中土人士僉謂西法東來，乃證之《周禮》《晉書》，我國實早有此法。然於古籍散失之後，得藉西術重爲發明，其致用自無窮盡也。

清·朱彝尊《經義考》卷九三　裴氏秀《禹貢地域圖》。十八篇。佚。

《晉書》：裴秀字季彦，河東聞喜人。武帝受禪，官尚書令，左光禄大夫。久之，以爲司空。秀儒學洽聞，職在地官，以《禹貢》山川地名從來久遠，多有變易，後世説者，或彊牽引漸以暗昧，於是甄擿舊文，疑者則闕，古有名而今無者，皆隨事注列，作《禹貢地域圖》十八篇奏之，藏於秘府。

《方丈圖》

唐·張彦遠《歷代名畫記》卷三　《地形方丈圖》。一。裴秀。

唐·虞世南《北堂書鈔》卷九六《藝文部二·圖》　《方丈圖》。晉諸公贊云：司空裴秀以舊天下大圖用縑八十疋，省視既難，事又不審，乃裁減爲《方丈圖》，以一分爲十里，一寸爲百里，從率數計里，備載名山都邑，王者可不下堂而知四方也。今案俞本同，陳本脱「從率數計里」句。

《洛陽圖》

唐·魏徵等《隋書》卷三三《經籍志二》　《洛陽圖》一卷。晉懷州刺史楊佺期撰。

唐·張彦遠《歷代名畫記》卷三《述古之秘畫珍圖》　《洛陽圖》，一名楊宫圖狀，楊佺期撰。

五代·劉昫等《舊唐書》卷四六《經籍志上》　《洛陽圖》一卷。楊佺期撰。

宋·歐陽修等《新唐書》卷五八《藝文志二》　《洛城圖》一卷。晉楊佺期撰。

宋·鄭樵《通志》卷六六《藝文略第四》　楊佺期《洛陽圖》一卷。

宋·鄭樵《通志》卷七二《圖譜略第一·記有》　楊佺期《唐洛陽京城圖》。

《華陽國志》

宋·吕大防《華陽國志序》　先王之制，自二十五家之閭，書其恭敏任卹，等而上之。或月書其學行，或歲考其道德。故民之賢能衰惡，其吏無不與知之者焉。漢魏以還，井地廢而王政闕，然猶時有所考察旌勸；而州都中正之職，尚脩于郡國，鄉閭士女之行，多見於史官。隋唐急事緩政，此制遂廢而不舉。潛德隱行，非野史紀述，則悉無見於時。民日益漓，俗日益卑，此有志之士所爲嘆惜也。晉常璩作《華陽國志》，於一方人物，丁寧反覆，如恐有遺。雖蠻髦之民，井臼之婦，苟有可紀，皆著於書。且云：得之陳壽所爲《耆舊傳》。按壽嘗爲郡中正，故能著述若此之詳。自先漢至晉初，踰四百歲，士女可書者四百人，亦可謂衆矣。復自晉初至於周顯德，僅七百歲，而史所紀者無幾人。忠魂義骨與塵埃野馬同没於丘原者蓋亦多矣。豈不重可歎息哉！此書雖繁富，不及承祚之精微，然議論忠篤，樂道人之善。蜀記之可觀，未有過於此者。鏤行於世，庶有益於風教云。宋元豐戊午秋日，吕大防微仲譔。

宋·李埅《重刊華陽國志序》　古者封建五等諸侯，國皆有史以記事。後世罷封建爲郡縣，然亦必有圖志以具述。蓋以疆域既殊，風俗各異，山川有險要阨塞之當備，郡邑有廢置割隸之不常；至於一士之行，一民之謡，皆有不可没者；顧非筆之於書，則不能也。《周官》職方氏掌天下之地圖，辨其邦國都鄙，夷蠻閩貊，五戎六狄之人民，與其財用之數要。至於九穀之所宜，六畜之所産，亦未嘗不佔畢而紀其詳。況夫環數千里之地，分城置邑，殆踰數十。中間時異事變，往往裂爲偏方霸國。其理亂得失，蓋有繫天下大數，安可使放絶而無聞乎？此晉常璩《華陽國志》之作所以有補於史家者流也。予嘗考其書，部分區别，各有條理。其指歸有三焉：首述巴、蜀、漢中、南中之風土。次列公孫述、劉二牧、蜀二主之興廢，及晉太康之混一，以迄於特、雄、壽、勢之僭竊。繼之以兩漢以來先後賢人、《梁益寧三州士女總贊》、《序志》終焉。就其三者之間，於一方人物尤致深意。雖侏儷之氓，賤俚之婦，苟有可取，在所不棄。此尤足以弘宣風教，使善惡知所懲勸；豈但屑屑於山川物産，以資廣見異聞而已乎？本朝元豐間，吕汲公守成都，嘗刊是書以廣其傳，而載祺荒忽，刓缺愈多，觀者莫曉所謂。予每患此久矣。假守臨邛，官居有暇，蓋嘗博訪善本，以證其誤，而莫之或得。因摭兩漢史、陳壽《蜀書》、《益部耆舊傳》互相參訂，以決所疑。凡一事而先後失序、本末舛逆者，則考而正之。一意而詞旨重復、句讀錯雜者，則刊而去之。設或字誤而文理明白者，則因而全之。其他旁搜遠取，求通於義者又非一端。凡此皆有明驗，可信不誣者。若其無所考據，則亦不敢臆決，姑闕之以俟能者。然較以舊本之訛謬，大約十得五六矣。鋟木既具，輒敍所以，冠於篇首。好古博雅，與我同志者，顧無以夏五、郭公之義而律之。嘉泰甲子季夏朔，眉丹棱李埅叔廑市謹序。

明・楊經《重刻華陽國志序》 始余宦遊蜀中，考古覽勝，瞻依禮殿，徘徊卜肆，登文翁講堂，訪子雲玄亭，風烈猶存，慨然竊慕鄉久之。壬戌歲剖符西土，景行先哲，博徵文獻。政余談及是書，鮮有知者。乃劉子出家藏一帙視之，因託之校正，謀諸同知温子訓、推官宋子守約，將梓傳焉。夫璩本蜀人，罹蜀險艱，憤諸李僭亂，爰本《蜀漢紀》《南裔志》《耆舊傳》諸籍，勒成此書。此其志自擬良史。其文古。其事核，其意深遠，可謂晉之《乘》、蜀之《檮杌》，蓋自信傳後無疑矣。在宋，吕汲公守成都，李叔僅守臨邛，嘗刻之。歷世緜邈，士人罕見。兹編行，海内流觀，無勞傳寫，亦文苑之嘉話也。昔中郎秘帳隱《論衡》，辯才鑿楹藏《禊帖》，天下大器淺中、狹度久矣，貽誚後人也。稽於衆征協恭之誼，傳於人，慰同好之心傳於遠，闡作者之意。一舉而衆善集，君子是以樂觀厥成已。三閱月，梓人告成事，漫書數語，以引簡端，以紀歲月云爾。

明嘉靖甲子歲、季春朔，賜同進士出身、中憲大夫、知成都府事，前南京吏部稽勳司郎中、昆明後學楊經謹序。

明・劉大昌《華陽國志後序》 《華陽國志》十二卷，晉常璩道將所譔也。璩仕晉爲散騎常侍。平生著作有《漢之書》《蜀平記》《蜀漢故事》。三書散逸，所傳僅此。藏書家亦不多得。兹編舊録，間有疑誤，嘗參互考訂。稽之范史列傳，並注中所引，幸獲什一。闕者仍舊。久藏笥中。獻之郡齋，受命校正。爰命梓人。謹申言於後曰：道將故江原人，以蜀人譚蜀事，其言之親切固宜。及觀紀李氏之亂，娓娓不厭，其有隱憂乎？可深長思矣。按序述體裁，依仿遷史。至列《先賢目録》，復仿佛靖節《四八目》。或者晉人文字類然，非相假借爾。其自序曰《華陽國記》，後人易記爲志，唯以郡乘目之。不知其直欲追古作者，立一家言，雄視百世。肇自開闢，終晉永和，其間王道霸略，炳若丹青，駿功鴻伐，懸諸日月。四子講德，五袴興謡，清芬襲人，勛庸照世。江漢炳靈，世載其英，仰止思齊，流聲實於兩間，作楷橅於百代。修文翁文，講武侯武，安内攘外，美哉，成蹟具在也。或曰《璩志》云：國必有史，表成著敗，以明勸懲。案而索之，奸雄竊命，禪受假名，何以爲勸？秉義弗祚，特流並稱，何以示懲？玄德帝胄，英名蓋世，何謂名微？受詔討賊，名正言順，何以書殺？去許奔徐，意在安劉，何以書叛？孔明王佐，乃詆以宋襄求霸。雲長大節，顧誣以乞納宜禄妻。至操擊先主，書征。髦弒於昭，書卒。凡此大綱，關係非細，準以《春秋》之法，未免舛駁之譏。夫秉公心者無纇，具朗鑒者無疑。承祚心銜宿憾，口肆醜辭，將以疵蜀佐魏，百世之下，公論可詎掩乎？璩採獲《壽書》，擇之不精，墮于疑網。此作者之瑕疵，致識者之指點。君子攷古論世，懸鑒以照物，執衡以取裁，雌黄皂白，孰從而匿之。歐陽子曰，後世苟不公，至今無聖賢。自公論出而良知不昧，是非始定，君子所以恃以不恐矣。鄉也愚過導江，登青城山，望白雲谿，山川之奇，乃生異人。璩苦心著述，世傳其書，郡志逸其名，惜矣！士有抱獨行于當年，俟知己于異世，發潛德之幽光，覽遺文于蝨簡，重可爲永歎也。書成，敬述所聞，就正有道。甲子仲春，成都後學劉大昌謹書。本府吏張堯勝寫。

明・張佳胤《刻華陽國志序》 敘曰：華陽，故梁州域。《禹貢》曰「華陽黑水惟梁州」，凡紀梁益者得稱華陽云。夫華陽，奠位坤方，應當井絡。《山海經》謂：西南有巴國，太皞歷後照，是爲巴人。虞帝建十二牧，梁州其一。夏禹生石紐，神功配天。自「岷山導江，東別爲沱」，至今蜀稱江水涴涎者猶云江沱。故文王化被江漢，而《江有沱》篇首乎《二南》。武王《牧誓》，先及庸蜀。周王責晉，以巴濮爲吾南土。見諸《詩》《書》經傳，班班可稽。《蜀紀》曰「大人之鄉，方大之國」，非耶？余生長巴水之上，每覽西南大都，究極地象，鑑以往牒，足破膠言，左思所謂「江漢炳靈，世載其英」，信矣。迺西土遐逖，周衰，負險，不修職貢，風化淩遲。史裨家不能窮源三五，征以墳素，率喜談異，相沿爲誇，遂謂蜀自秦始預中夏，自漢始興文教。漢史輕信，何以訓哉！若其表章倫則，據證前經，羅括物靈，當乎文質，則晉常璩一書，非兹邦之珍翰哉！按：璩字道將，本江原望族，仕爲散騎常侍。丁時衰亂，艱難故都。誘勢歸王，卒違忠告。爰懼文獻湮棄，勸戒亡經，取從祖常泰恭所爲《梁益篇》《蜀後志》《後賢傳》三書，綜攬未備，發憤興文。又取陳承祚《蜀書》《耆舊傳》，朴敬脩《蜀後志》，參以祝元靈、陳申伯《續耆舊》，黄容《梁州巴紀》，並《南裔志》，征所耳目，辨方核實，起自上世，終於永和，表著成敗，弘鋪傳贊，凡十二卷，號曰《華陽國記》，心亦勤矣。其所反復不輟，要在揚休士行，闡泄陰教。無問遐賤，各極標張。至其證三皇谷車之始，本帝事參伐之應，攷叢宇王蜀之故，辨萇碧杜鳥之誣，發殷彭述信之論，豈特了決前盲，抑以裨資經史。孰謂祗益風教，精微不及陳氏書哉？是書完。元豐間，吕微仲大防授刻成都。嘉泰間，李叔僅堊再刻臨邛。當其時，書已缺漏，迺據《晉・載記》輯《李氏志》以補舊逸。平循共見，已謝璩書。然不愈於遺忘哉？余往歲薄游江原，遵常氏之故墟，痛先民之如在。因憤漢以來地理諸典，僅存類目，使往行嘉言沈淪略盡。即時乘紛紛言，豈一家已乎！益感道將之作，擅西土之絶典也。顧前刻損逸，垂四百年，作者之功，幾同灰燼。余舊得鈔本於澶淵晁君石太史家，篇章所存，缺脱十五。後艤舟江陽，與成都楊用脩夜談里中文獻，因請所藏璩志舊本，録之笥中。數年，餘以罪謫陳蔡間矣。邇又得副本於大樑朱灌甫氏。交互取質，魚亥稍明。今守蒲阪，退食既暇，采摭史志，或參證明訛，或附注鉤深，或循體準制。獨於疑闕不能臆筆。爰付梓人，用章淹廢。惟巴郡士女，傳讚並逸。異代仰風，遐哉邈矣！則夫窮購秘典，博獵羣言，揚宿德既泯之光，紹斯志千載之業，曰吾邦人，有重任哉。嘉靖癸亥五日序。

明・張四維《華陽國志序》　晉常璩《華陽國志》十二卷，所言梁益之故詳矣。觀其攷貫方輿，章顯材哲，足以剖析疑誣，翼贊人倫，有味乎其言之也。璩本翰墨世家，目覩李氏僭亂之禍，故述方志，於其廢興分合之際，得失之原，每較詳焉。大較主乎宣播王靈，同一書軌，使遐御者調龕綏之宜，雄據者息窺覦之釁，此其著作之本意焉爾。宋元豐、嘉泰間，一再刻於成都、臨邛。迄今且四百載，故世鮮傳本。余每見記傳中所稱引此書，往往雅伉可喜，思覩其全，而未獲也。邇者，巴郡肖甫張侯，以祠部郎出守吾蒲，政適民和，無廢不舉；念是書，蜀之舊也，迺采摭史傳，參校同異，緝而梓之郡齋。中間傳録積久，豕亥增訛，苟意所未融，則存疑示信。蓋當嘉泰再梓之際，已稱缺漏，雖云頗加是正，第恐轉失本真，故侯慎之也。余嘗覽《藝文志》《四庫書目》《崇文總目》諸書，每惜古作者之志湮郁不傳於代。即篇幅有存，遇之者鮮。遇又鮮能傳之，故逸佚寖衆爾。侯初釋褐，守滑臺，刻《越絶書》，今復校刻是集。古籍之不亡，謂不於好古博雅之君子有賴哉。嘉靖甲子元日序。

明・吴琯《校刻華陽國志凡例》　一、志字脱誤，據史傳證易。餘仍闕疑，統貽強聞之士。

一、《先賢志》遺第二卷《巴郡士女》，計七十八人傳讚，故舊逸也。宋李叔廑校刻，曾未指出。今考明闕之，庶備搜補。

一、《後賢志》以讚冠篇首，始次第列傳。今取《先賢士女志》准其例，成一家體。

一、志傳中文，較史傳多省竄，至不可解，或地理名與史傳異者，各註引明之。

一、《三州士女目録》，人多遺逸，本列傳中表出。

一、考常氏士女，共得十九人，璩書未盡及之。特録出附在卷末。

明・李一公《重刻華陽國志序》　余鄙拙無似，出守成都，自分無補地方。維茲勝境，號稱天府，訪古尋幽，於夙志頗愜。而徵文考獻亦長吏者事，政暇時時取蜀乘披閲之，惜其文錯出不雅馴。後乃得常道將所著《華陽國志》讀之，其文古，其事核，其義例深嚴，足備勸懲，昭法戒，駸駸良史才也。蓋道將生長蜀國多事之秋，目擊諸李之僭亂，有憤心焉。其元本蠶、魚，推崇昭烈，搜括巴漢風土之詳，良士賢女之懿爍，勒之編簡，井井有條，而論贊所垂往往詳略得體，殆非苟作者；即質之《周官・職方氏》所掌，不知何如，而以較于《蜀檮杌》《南裔志》《耆舊傳》諸籍，或亦可稱備所未備矣。雖然，山川如故，建置代殊，風會日流，江河莫返。由唐宋以暨昭代，金、碧劃隸于滇池，鄖、襄分屬於荆郢(楚)，梁、庸別籍于關隴，其間機宜品局，已非復漢、晉之舊。然而，虜君之雄，米斗之妖，巴苴之釁，碧血之慘，在在有之。身世道之責者，不免拊劍閣而夏切，望瞿、巫而心凜。如李青蓮之歌蜀道云：「所守或匪親，化爲豺與狼。」而杜少陵寓蜀最久，發爲吟咏，非致警于西山寇盜，則感懷于雲安杜鵑，其亦與道將之意義互相發明乎？璩之言曰：「防狂狡，杜奸萌，以崇《春秋》敗絶之道，而顯賢能，著治亂，亦以爲奬勸也。」數語其蔽全書之旨矣。且江漢炳靈，井絡垂芒(曜)，風淳俗厚。所云巴則「有先民之流」，蜀，則「君子精敏，小人鬼黠」，蓋已隱隱寄慨焉。若乃詭變叢生，民萌轉促，金矢不勝其讞決，井里不救於蕭條，斯亦長民者之責也。蓋坤維之應，不患斑彩之不盛，正懼文已盛而質盡漓。精爽之揚，不患物産之不饒，正懼用物多而生趣薄。則夫拊循嘔噢，保釐西南，俾蠶、魚，昭烈之壤，不終爲奸雄僭竊者所覬覦，而小民猶得保其「旨酒嘉穀」之養，遂其「好古樂道」之風者，豈伊異人任哉，豈伊異人任哉！嗟嗟！今昔之流易雖不盡同，而理亂之倚伏未始或異。藉令當斯世而有文翁、武侯其人者，能舉全蜀之士民而甄陶衽席之，即謂古道至今存可也！余之校讐是書而付之剞劂也，豈僅僅以山川物産之奇麗，備掌故者之採擇已邪？工竟，次第其語以爲《重刻華陽國志序》。時天啓六年丙寅歲，孟春之吉，古繁姑孰李一公撰。

明・范汝梓《重刻華陽國志序》　天啓丙寅，余奉璽書恤蜀。抵成都。成都守李公，重鋟《華陽國志》，屬余敍。余曰：公敍已悉，余何言？亡已，則邑厥旨爾。晉常道將之述此《志》也，其有《春秋》之思乎？華陽黑水，《禹貢》爲梁，漢武更爲益。梁言其强，益言其扼。峨劍屼霄，江峽最雷。坤宫上游，其氣鬱幽。嘗稽兩漢史、陳壽《蜀書》、《益部耆舊傳》、《古今集記》、《蜀檮杌》，歷世割據之戢變，蠻獠叛服中國，戎索覊縻得失，大氐無百年無事，豈非阻塞足憑，物力足怙，聲名文物雖埒鄒魯，而番夷碉砦錯雜，嗜亂喜禍，微風動摇，輒生心乎？道將生逢不若，傷三州傾墜，生民殲盡，著爲此《志》，述巴、蜀、漢、南，述公孫述、劉二牧，述大同，述李特、雄、期、壽、勢，述先賢士女、後賢；鄭子稱「志昉《爾雅》，貴詳事實」。劉子稱「表徵盛衰，殷監興廢」，洵兼之矣。至云干運犯曆，破家喪國，狂狡奸萌，敗紀之道，一《志》之中三致意焉，其有《春秋》之思乎？我明御紀，蜀亦屢蠢弗靖，如載、壽、彭、趙、藍、駱、張、焦、薛、蔡，洎應龍之動煩剿盪，越茲藺賊，屠渝、圍省，燼滅城戍，虔劉黔赤；天棱遐震，秉鉞運籌，持斧借箸，藩臬連帥，一乃心力，以克龕定。不然，西南之憂伊于胡底。今鋭喙雖讋，蜎蠓尚繁，牛角觝根，恐有横發。其亡其亡，劑雷其方，蠱用其良，所爲綢繆蕴祟，以除牙蘖而清荒憬，正煩貯思。道將云：「牧後失圖，英雄迭進。」又云：「柔遠能邇，實須良才。」此今日蠱蜀之急劑矣。李公介嚴靖肅，孳孳播民之和，懲毖銷弭，心同道將，爰鋟此志，可謂政先其大者。假令繪成都賢守於大慈寺閣乎，文翁、張君游、第五伯魚、廉叔度諸公之後，當繪李公一像也。欽差四川恤刑刑部貴州清吏司主事甬東范汝梓撰。

明・張佳胤《華陽國志》卷九《〈李特雄期壽勢志〉跋》　常璩《華陽國志》目録及《序志》，皆云「述《李特雄期壽勢志》」，則先固有志也。今諸本皆無之。意者傳寫脱漏，因循不録，遂失之爾。今本諸《通鑑》所述，參以《載記》所書，續成《勢志》，用補其闕，以俟後博洽君子云。又，史載散騎常侍常璩實勸李勢降桓温。璩必作此志者，因續記此云。

清・李調元《華陽國志附録》　歲庚午，還淳方朴山先生主徽州紫陽書院講席，言《華陽國志》有足本，令瑶田求索于歙之藏書家，而不可得也。今于□□京師見之。而吾友丁小山與陳竹厂諸君，廣求宋明以來諸刻，互相校勘，成此善本。余借讀之，卒業，因跋數言于簡末，以歸小山。惜朴山先生不及見也！乾隆戊戌，七月朔，歙浦程瑶田。

《華陽國志》十二卷，較俗本多卷十上、中二卷。蓋書賈僅知挨次卷數刊刻，未審第十卷内復分上中下三卷耳。是本，蘇郡朱文游所藏，有惠氏鈐印，爲紅豆齋舊物。乾隆戊戌仲秋，金榜并識。

此本得之丁小山，爲從來未見之足本。新安程晉芳魚門書以相聞。較之《漢魏叢書》，幾多一半，攷校精詳，博雅典覈。小山以余蜀人，此《志》爲蜀諸志之祖，割愛以貽。余合諸志參之，益深服膺，因梓而行之。其偏旁字畫，悉照丹稜李氏宋本，不妄改一字。有與諸刻不合者，則分注于下。至各家刻《華陽國志》，體例各不同，究以李叔廑爲定本。故卷首仍用《李序》，以各序附於卷末云。乾隆辛丑十一月中浣，綿州李調元雨村識于□直隸通永道署之心如水齋。

清・黄丕烈《蕘圃藏書題識・史類》　《華陽國志》二十卷。舊鈔本。此書無宋刻，則舊鈔貴，兼有郡先輩錢磬室圖記，何義門跋并朱筆評閲，古色斑斕，令人可愛。紙本霉爛破損，係義門返吴時覆舟黄流所厄，恐不耐展讀，命工重加裱託，改裝倒摺向外，庶免敝渝之患。予友顧澗賓藏空居閣鈔本，與此同出一源。然楮墨之間，古意稍遜，當讓此本爲甲本。因古書難得，并著之以見磬室而外，空居亦足競爽也。黄丕烈。

清・王謨《華陽國志跋》　右常璩《華陽國志》十二卷。《史通》云：「璩爲李氏散騎常侍，撰《漢書》十卷。後入晉秘閣，改爲《蜀書》。璩又撰《華陽國志》，具記李氏興滅。」今考本《志》十二卷，前四卷述巴、蜀、漢中、南中地理沿革；中五卷述公孫氏、李氏僭竊，以及劉氏偏安事跡；末三卷述梁、益、寧三州漢、晉以來士女，非專記李氏興滅也。故《史通》又與盛氏《荆州記》、辛氏《三秦記》同入地理書，而自隋、唐志及《通考》，皆以之入霸史、僞史。總之，不離乎雜史者近是。本《志》多采前人傳記，要自具有史家三長。謨嘗讀左太沖《蜀都賦》：「碧出萇宏之血，鳥生杜宇之魄。」李太白《蜀道難》謂：「四萬八千歲，不與秦塞通人煙。」輒疑其山川風氣幽昧詭怪，大異中土。道將乃獨能援經據典，辨析羣言，以壹之于中和，而文之以雅馴；非學識兼至，能如是乎？惜乎偏方短祚，無以展其著作之才，故不得稱良史。《蜀書》既已亡矣，《國志》亦復殘缺。今本《李志》乃前明蜀人張佳允所補。其第十卷《先賢論贊》，又僅存漢中、梓潼二方士女，而巴、蜀、廣漢、犍爲諸郡士女傳皆闕焉。中間名次前後，復多倒亂；此又後人傳寫脱誤，非本書乖駁也。往時，閣學翁覃溪先生提學江右，嘗爲謨言「家有《華陽國志》全本」，惜未攜入行篋，無憑抄補。今故祇仍原本校刻。惟叢書舊編載籍，今入別史。汝上王謨識。

清・廖寅《華陽國志序》　唐已前方志存者甚少，惟《三輔黄圖》及晉常璩《華陽國志》最古。《三輔黄圖》爲宋人增亂。《華陽國志》明刻本俱缺卷十之上中兩卷，近時始有補完本，而皆舛誤不可讀。予家益土，念搜討古迹，莫先於此《志》，求善本不得。前十餘年，由中州葉令擢守京江，唐刺史仲冕告予，謂陽湖孫觀察星衍有季氏振宜家所録宋嘉泰四年李𡨥刻本。擬即借刊。後以右遷觀察至豫章，未遂其願。及再來江淮，司轉運之事，官閣餘暇，披閲此書，因借數本合校之，又參以書傳所引舊文，訂定譌錯。按李𡨥序稱：「凡一事而先後失序、本末舛逆者，則考而正之。一意而詞旨重複、句讀錯雜者，則刊而去之。設或字誤而文理明白，則因而全之。」是其本已經𡨥刪改。故《蜀志》汶山郡與越嶲郡誤連，而少汶山屬縣及漢嘉郡。《士女讚》少巴郡第二。又《三國志》注引此書有李宓《陳情表》，而今本無之。此類悉加補正。或附按語，以諗學者。雖元豐間吕汲公大防所刻本不可得見，無以全復常氏舊觀，其視𡨥本，則固有過之無不及矣。元和顧茂才廣圻，是正諸書，最稱審密，竭半歲之力，爲予督工開雕，故能精緻古雅，不減宋元佳刻。孫觀察雅好流傳古書，又見近世修志者空無故實，慨古地理書多放佚，嘗欲刊行舊本以備一方掌故，先校刊《三輔黄圖》《長安志》於關中；又刊《建康志》于江左；每惜浙中未將乾道、咸淳臨安兩志付梓；又因修志松江，先刊楊潛《雲間志》。今此書成於晉、魏之間，古字古義，尤足證佐經史，後有修滇蜀方志者，據以爲典則，誠藝林之盛事也。其書稱「華陽」者，晉代梁、益、寧三州，故《禹貢》梁州之域，爲今四川省及雲南，並陝西、漢中迤南之境。按《禹貢》「華陽黑水惟梁州」，《注疏》以華爲華岳。恐此華在迤東，陽爲荆州，非梁州。《秦本紀》武公元年：「伐彭戲氏，至於華山下，居平陽封宮。」《正義》曰：「封宮，在岐州平陽城内也。」則此華山在岐州之北，其南正值梁益，與太華不同。黑水，據《括地志》云：「源出梁州成固縣西北太山」，亦與三危之黑水殊異。説經者誤以此爲滇池之黑水；又謂瀘水，皆誤。然常氏書以此爲名，而未記載、辨析。惟《蜀志》云：「五岳則華山表其陽。」特用補其義云。嘉慶十九年，歲在甲戌清明節，前兩淮都轉鹽運司使、鄰水廖寅序。

唐·魏徵等《隋書》卷三三《經籍志二》 《華陽國志》十二卷，常璩撰。

五代·劉昫等《舊唐書》卷四六《經籍志上》 《華陽國志》三卷。常璩撰。

宋·王堯臣等《崇文總目》卷三《僞史類》 《華陽國志》十五卷。

宋·歐陽修等《新唐書》卷五八《藝文志二》 常璩《華陽國志》十三卷。

宋·鄭樵《通志》卷六五《藝文略第三》 《華陽國志》十二卷。晉常璩撰，以巴漢風俗及公孫以後據蜀者各爲之志。

宋·晁公武《郡齋讀書志》卷七《僞史類》 《華陽國志》十二卷。

右晉常璩撰。華陽，梁州地也。紀漢以來巴蜀人物。吕微仲跋云：漢至晉初四百載間士女可書四百人，亦可謂盛矣。復自晉至周顯德僅七百歲，而史所紀者無幾人，忠魂義骨與塵埃同没，何可勝數？豈不重可歎哉？

宋·尤袤《遂初堂書目·僞史類》 《華陽國志》。

宋·高似孫《史略》卷五《霸史》 《華陽國志》。十二卷。晉常璩。志巴漢風俗、公孫以後据蜀事。

宋·陳振孫《直齋書録解題》卷五《雜史類》 《華陽國志》二十卷。案《唐書·藝文志》、《華陽國志》作十三卷。

晉散騎常侍蜀郡常璩道将撰。志巴蜀地理、風俗、人物及公孫述、劉焉、劉璋、先後主以及李特等事迹。末卷爲《序志》，云肇自開闢，終乎永和三年。原註：劉璋乃焉之子。

元·脱脱等《宋史》卷二〇四《藝文志三》 常璩《華陽國志》十卷。

明·柯維騏《宋史新編》卷四九《藝文志三》 常璩《華陽國志》十卷。

明·朱睦㮮《萬卷堂書目》卷二《雜志》 《華陽國志》十二卷。

明·焦竑《國史經籍志》卷三《史類》 《華陽國志》。晉常璩。

明·陳第《世善堂藏書目録》卷上 《華陽國志》十二卷。常璩。

明·祁承㸁《澹生堂藏書目·史部》 《華陽國志》。二卷一册。見《逸史》。

明·曹學佺《蜀中廣記》卷九六《著作記第六·地理志部》 《華陽國志》十二卷。晉常璩撰。

清·錢曾《錢遵王述古堂藏書目録》卷三《雜史》 《華陽國志》。

清·毛扆《汲古閣珍藏秘本書目》 《華陽國志》四本。綿紙舊抄。一兩。

清·金星軺《文瑞樓藏書目録》卷二《史部》 《華陽國志》十二卷。晉常璩撰。

清·永瑢等《四庫全書總目》卷六六《史部二十二·載記類》 《華陽國志》十二卷，附録一卷。浙江汪啓淑家藏本。

晉常璩撰。璩字道將，江原人，李勢時官至散騎常侍，《晉書》載勸勢降桓温者即璩，蓋亦譙周之流也。《隋書·經籍志·霸史類》中，載璩撰《漢之書》十卷，《華陽國志》十二卷。《漢之書》，《唐志》尚著録，今已久佚。惟《華陽國志》存，卷數與《隋志》《舊唐志》相合。《新唐志》作十三卷，疑傳寫誤也。其書所述，始於開闢，終於永和三年。首爲《巴志》，次《漢中志》，次《蜀志》，次《南中志》，次《公孫、劉二牧志》，次《劉先主志》，次《劉後主志》，次《大同志》。大同者，紀漢晉平蜀之後事也。次《李特雄期壽勢志》，次《先賢士女總贊論》，次《後賢志》，次《序志》，次《三州士女目録》。宋元豐中，吕大防嘗刻於成都，大防自爲之序。又有嘉泰甲子李𡌴序，稱：吕刻刓缺，觀者莫曉所謂。嘗博訪善本以證其誤，而莫之或得，因摭兩漢史、陳壽《蜀書》、《益部耆舊傳》互相參訂，以決所疑。凡一事而前後失序，本末舛迕者，則考正之。一意而詞旨重複，句讀錯襍者，則刊而去之。又第九卷末有𡌴附記，稱：《李勢志》傳寫脱漏，續成以補其闕。則是書又於殘闕之餘，李𡌴爲之補綴竄易，非盡璩之舊矣。𡌴刻本世亦不傳。今所傳者惟影寫本。又有何鏜《漢魏叢書》、吴琯《古今逸史》及明何宇度所刻三本。何、吴二家之本，多張佳允所補《江原常氏士女志》一卷，而佚去《蜀中士女》以下至《犍爲士女》共二卷。蓋𡌴本第十卷分上、中、下，鏜等僅刻其下卷也。又唯《後賢志》中二十人有讚，其餘並缺。𡌴本則蜀郡、廣漢、犍爲、漢中、梓潼士女一百九十四人各有讚。宇度本亦同。蓋明人刻書，好以意爲刊削，新本既行，舊本漸泯，原書遂不可覩。宇度之本，從𡌴本録出，此二卷偶存，亦天幸也。惟𡌴本以《序志》置於末，而宇度本升於簡端。考《𡌴序》稱：首述巴蜀南中之風土，次列公孫述、劉二牧、蜀二主之興廢，及晉太康之混一，以迄於特、雄、壽、勢之僭竊。以西漢以來先後賢人，《梁益寧三州士女總讚》《序志》終焉。則《序志》本在後，宇度不知古例，始誤移之。又《總讚》相續成文，《𡌴序》亦與《序志》並稱，宜別爲一篇，而𡌴本亦割冠各傳之首，殊不可解。殆如毛公之移《詩序》，李鼎祚之分《序卦傳》乎？今姑從𡌴本録之，而附著其改竄之非如右。其張佳允所續常氏士女十九人，亦並從何鏜、吴琯二本録入，以補璩之遺焉。

清·孫星衍《孫氏祠堂書目内編》卷二 《華陽國志》十二卷。晉常璩撰。一明吴琯刊本，中多缺卷。一明影寫宋李𡌴本，□卷十上中下三卷。一新刊卷□補足本。一星衍校寫足本。

清·孫星衍《平津館鑒藏記》卷三《舊影寫本》 《華陽國志》十二卷。前有嘉泰甲子李𡌴序。𡌴守臨邛時所鋟。缺四卷、五卷、六卷三卷，較今世所行本多卷十上、卷十中兩卷，卷十下《漢中士女傳》亦多出贊詞數語。收藏有季振宜印朱文方印、滄葦朱文方印。

清·陳揆《稽瑞樓書目·小樹叢書貯西樓後書室》 《華陽國志》十二卷。四册。

清·張之洞《書目答問·史部》 《華陽國志》十二卷，《附録》一卷。晉常璩。顧廣圻校廖寅刻足本。

《法顯傳》 《佛國記》

唐·魏徵等《隋書》卷三三《經籍志二》 《佛國記》一卷。沙門釋法顯撰。

宋·鄭樵《通志》卷六六《藝文略第四》 《佛國記》一卷。釋法顯撰。

明·祁承㸁《澹生堂藏書目·史部》 《佛國記》。五卷。釋法顯。

清·錢謙益《絳雲樓書目》卷一《地志類》 《佛國記》。

清·永瑢等《四庫全書總目》卷七一《史部二十七·地理類四》 《佛國記》一卷。内府藏本。

宋釋法顯撰。杜佑《通典》引此書，又作法明。蓋中宗諱顯，唐人以明字代之，故原注有「國諱改焉」四字也。法顯，晉義熙中自長安遊天竺，經三十餘國。還到京，與天竺禪師參互辨定，以成是書。胡震亨刻入秘册函中，從舊題曰《佛國記》。而震亨附跋則以爲當名《法顯傳》。今考酈道元《水經注》引此書，所云「於此順嶺西南行十五日」以下八十九字，又引「恒水上流有一國」以下二百七十六字，皆稱曰《法顯傳》，則震亨之説似爲有據。然《隋志·雜傳類》中載《法顯傳》二卷，《法顯行傳》一卷，不著撰人，《地理類》載《佛國記》一卷，註曰沙門釋法顯撰。一書兩收，三名互見，則亦不必定改《法顯傳》也。其書以天竺爲中國，以中國爲邊地。蓋釋氏自尊其教，其誕謬不足與爭。然六朝舊笈，流傳頗久，其敘述古雅，亦非後來行記所及。存廣異聞，亦無不可也。書中稱宏始二年，歲在己亥，案《晉書》姚萇弘始二年，爲晉隆安四年，當稱庚子，所紀較前差一年。然《晉書》本紀載趙石虎建武六年，當咸康五年，歲在己亥。而《金石録》載《趙横山李君神碑》及《西門豹祠殿基記》，乃均作建武六年庚子，復後差一年。蓋其時諸國紛爭，或踰年改元，或不踰年改元，漫無定制。又南北隔絶，傳聞異詞，未可斷史之必是，此之必非。今仍其舊文，以從闕疑之義焉。

清·孫星衍《孫氏祠堂書目内編》卷二 《法顯傳》一卷。道藏本。

清·孫星衍《平津館鑒藏記·補遺·明版》 《法顯傳》一卷。題東晉沙門法顯自記遊天竺事，在釋藏兵字八號。法顯以宏治二年與慧景、道整、慧應、慧嵬等至天竺尋求戒律，因記凡所遊歷卅國，沙河已西，迄於天竺，具敘本末。酈道元《水經注》引此書。明胡震亨刻本作《佛國記》。每葉十二行，行十七字，卷後有聚寶門來賓樓姜家印行木長印。

清・陳揆《稽瑞樓書目・邑中著述捐入興福寺》　《佛國記》一卷。一册。

《九章算術注》《九章算經》《黄帝九章》《九章算法》

晉・劉徽《九章算術注原序》　昔在包犧氏始畫八卦，以通神明之德，以類萬物之情，作九九之術以合六爻之變。暨于黄帝神而化之，引而伸之，於是建歷紀，協律吕，用稽道原，然後兩儀四象精微之氣可得而效焉。記稱隸首作數，其詳未之聞也。按周公制禮而有九數，九數之流，則九章是矣。

往者暴秦焚書，經術散壞。自時厥後，漢北平侯張蒼、大司農中丞耿壽昌皆以善算命世。蒼等因舊文之遺殘，各稱删補。故校其目則與古或異，而所論者多近語也。

徽幼習九章，長再詳覽。觀陰陽之割裂，總算術之根源，探賾之暇，遂悟其意。是以敢竭頑魯，采其所見，爲之作注。事類相推，各有攸歸，故枝條雖分而同本榦者，知發其一端而已。又所析理以辭，解體用圖，庶亦約而能周，通而不黷，覽之者思過半矣。且算在六藝，古者以賓興賢能，教習國子。雖曰九數，其能窮纖入微，探測無方。至於以法相傳，亦猶規矩度量可得而共，非特難爲也。當今好之者寡，故世雖多通才達學，而未必能綜於此耳。

《周官》大司徒職，夏至日中立八尺之表，其景尺有五寸，謂之地中。説云，南戴日下萬五千里。夫云爾者，以術推之。按《九章》立四表望遠及因木望山之術，皆端旁互見，無有超邈若斯之類。然則蒼等爲術猶未足以博盡群數也。徽尋九數有重差之名，原其指趣，乃所以施於此也。凡望極高、測絶深而兼知其遠者必用重差，句股則必以重差爲率，故曰重差也。立兩表於洛陽之城，令高八尺。南北各盡平地，同日度其正中之時。以景差爲法，表高乘表間爲實，實如法而一，所得加表高，即日去地也。以南表之景乘表間爲實，實如法而一，即爲從南表至南戴日下也。以南戴日下及日去地爲句、股，爲之求弦，即日去人也。以徑寸之筩南望日，日滿筩空，則定筩之長短以爲股率，以筩徑爲句率，日去人之數爲大股，大股之句即日徑也。雖天圓穹之象猶曰可度，又况泰山之高與江海之廣哉？徽以爲今之史籍且略舉天地之物，考論厥數，載之於志，以闡世術之美。輒造重差，并爲注解，以究古人之意，綴於句股之下。度高者重表，測深者累矩，孤離者三望，離而又旁求者四望。觸類而長之，則雖幽遐詭伏，靡所不入。博物君子，詳而覽焉。

宋・榮棨《黄帝九章序》　夫算者，數也，數之所生，生於道。老子曰「道生一」是也。數之所成，成於九。列子曰「九者，究」是也。爰昔黄帝推天地之道，究萬物之始，錯綜其數，列爲《九章》，立術二百四十有六，始之以方田，終之以勾股，其爲用也，大矣。若施之於圭表，則穹隆之天可考：推日月之晦明，步五星之盈縮，驗晨昏晝夜不移，行氣候寒暑無忒。若施之於勾股，則磅礴之地可度：望山嶽之高低，測江海之深淺，壽道里廣遠之積，方田疇形體之幂。若施之於諸術，則萬物之情可查：經緯天地之間，籠絡覆載之内。凡言數之見者，又焉得逃於此乎？變交質之息耗，衰貴賤之等差，均役輸遠近之勞，商功徒輕重之力。盈朒明隱互之形，方程正錯綜之失，至於物物不齊，壹壹無盡，該貫總攝，區分派別，廣大纖微，莫不悉舉，可謂包括三才，旁通萬有之術也。是以國家嘗設算科取士，選《九章》以爲算經之首，蓋猶儒者之六經，醫家之《難》《素》，兵法之《孫子》歟！後之學者，有倚其門牆，瞻其步趨，或得一二者，以能自成一家之書，顯名於世矣。比嘗較其數，譬若大海汲水，人力有盡而海水無窮，又若盤之走圓，横斜萬轉，終其能出於盤哉？由是自古迄今，歷數千餘載，聲教所被，舟車所及，凡善數學者，人人服膺而重之。

奈何自靖康以來，罕有舊本，間有存者，狃于末習，不循本意。或隱問答以欺衆，或添歌象以衒己，乖萬世益人之心，爲一時射利之具，以至真術淹廢，僞本滋興，學者泥於見聞，伥伥然入於迷望，可勝計邪！居仁由義之士，每不平之。愚向獲善本，不敢私藏，而今而後，聖人之法，暗而復明，仆而復起，學之者得覩其全經，悟之者必達微旨矣，不亦善乎？謹命工鏤板，庶廣其傳，四方君子，得以鑒焉。時聖宋紹興十八年戊辰歲八月旦丙戌日，寓臨安府汴陽學算榮棨序。

宋・鮑澣之《九章算術後序》　《九章算經》九卷，周公之遺書，而漢丞相張蒼之所删補也。算數之書，凡數十家，獨以《九章》爲經之首，以其九數之法無所不備，諸家立術，雖有變通，推其本意，皆自此出，而且知後人無以易周漢之舊也。自唐有國，用之以取士，本朝崇寧，亦立于學官。故前世算數之學，相望有人。自衣冠南渡以來，此學既廢，非獨好之者寡，而《九章正經》亦幾泯没無傳矣。近世民間之本，題之曰《黄帝九章》，豈以爲隸首之所作歟？名以不當，雖有細草，類皆簡捷殘缺，懵于本原，無有劉徽、李淳風之舊注者，古人之意不可復見，每爲慨嘆。慶元庚申之夏，余在都城與太史局同知算造楊忠輔德之論歷，因從其家得古本《九章》，乃汴都之故書。今秘館所定著，亦從此本寫以送官者也。謹案：晉志劉徽所注《九章》，實魏之景元四年。觀其序文，以謂「析理以辭，解體用圖」，又造重差于勾股之下。辭乃今之注文，其圖至唐猶存，今則亡矣。重差之法，今之《海島算經》是也。又李淳風之注見于唐志，凡九卷，而今之盈不足、方程之篇，咸缺淳風注文。意者此書歲久，傳録不無錯漏，猶幸有此存者。今此乃是合劉、李二注而爲一書云。其年六月一日乙酉，迪功郎竹(新)[興]隆府靖安縣主簿括蒼鮑澣之仲祺謹書。

宋·楊輝《詳解九章算法序》 夫習算者，以乘法爲主，凡佈置法者，欲其得宜；定位呼數，欲其不錯。除不盡者，以法爲分母，實爲分子，繁者約之，復通分而還源；此乘除之規繩也。題有分者，隨母通之；母不同者，齊子併之；田不匠者，折併直之；數皆求者，互乘换之；差等除實，別而衰之；壘壘積者，以形測之；數隱互者，維乘併之；[錯糅]爲問，正負入之；勾股旁要，開方求之；節題匿積，演段取之。此演算法之盡理也。《黄帝九章》備全奥妙，包括羣情，謂非聖賢之書不可也。

靖康以來，古本浸失，後人補續，不得其真，致有題重法缺，使學者難入其門，好者不得其旨。輝雖慕此書，未能貫理，妄以淺也，聊爲編述。擇八十題以爲矜式，自餘一百六十六問，無出前意，不敢廢先賢之文，删留題次，習者可以聞一知十。恐問隱而添題解，見法隱而續釋注，刊大小字，以明法、草；僭比類題，以通俗務；凡題、法解白不明者，別圖而驗之。編乘除諸術，以便入門。纂法問類次，見之章末。總十有二卷，雖不足補前賢之萬一，恐亦可備故來之觀覽云爾。景定二年。辛酉歲正月十七己卯日錢塘楊輝謹序。

清·愛新覺羅·弘曆《御製題九章算術有序》 是書雖爲晉劉徽注，而其名則始見於唐書。蓋自李淳風注釋，義遂大顯。北宋時，人罕習者，漸以湮晦。南宋慶元中鮑澣得其本，寫入祕閣，世亦莫得而見。明初編列《永樂大典》，然依韻分排，閲者鮮能究其端委，則雖存猶亡也。兹以校勘四庫全書，詞臣於斷簡零篇中裒輯得九篇，悉符鮑澣之舊。顧鮑本無圖，今諸臣按注意補爲之，雖未能必其盡合，皆可因注推演而知，則亦未嘗或紊，視澣所傳，殆有過之無不及矣。算法自皇祖表章以來，可謂大備。是書至今始出，或亦顯晦有時，固有莫知其然而然者乎？夫《九章》昉於《周官》，六藝教於洙泗，余雖未習其事，要不得謂非學者所當肄業及之者也。系詩題識如左：

算術由來非所學，不知難强以爲知。大成廣集欽皇祖，皇祖講明算法，欽定《數理精蘊》《儀象考成》等書，實足爲萬世算學標準。六藝曾論愧仲尼。分韻笑他割裂者，補圖欣此粹完之。時爲顯晦晦今顯，是用摛毫作弁詞。

清·戴震《戴東原集》卷七《刊九章算術序》 古者六藝之教，禮樂殘闕失傳，射御則絶無師説，書者治經之本，厘厘賴許叔重《説文解字》，略見梗槩。而所謂九數即《九章》，世罕有其書。近時以算名者，如王寅旭、梅定九諸子，咸未之見。余訪求二十餘季不可得，擬《永樂大典》或嘗録入，書在翰林院中。丁亥歲，因吾鄉曹編修往一觀，則離散錯出，思綴集之，未之能也。出都後，恒痟痱乎是。及癸巳夏奉召入京師，與修四庫全書，躬逢國家盛典，乃得盡心纂次，訂其譌舛，審知劉徽所注，舊有圖而今闕者補之。書既進，聖天子命即刊行，又御製詩篇冠之於首，古書之隱顯蓋有時焉，誠甚幸也。

吾友屈君魯傳亦好是學，願得《九章》刊之，從余録一本。今秋之仲，曲阜孔君體生訪求得算書若干卷，係毛氏扆影摹宋刻者。扆識其後，有云：「從太倉王氏得《孫子》《五曹》《張丘建》《夏侯陽》四種，從章丘李氏得《周髀》《緝古》二種，後從黄俞邰又得《九章》，皆元豐七季秘書省刊版。每卷有秘書省官銜姓名一幅，又一幅宰輔大臣自司馬相公而下，俱列名於後。」余急假之孔君，獨《九章》卷六已後闕，因更校改數字，以寄屈君，而記其得是書之不易如此。休寧戴震。

清·孔繼涵《雜體文稿》卷二《九章算術跋》 《九章》之術，乃算術之鼻祖，囊括後賢，胥不能度越範圍焉，猶六經之臨百氏也。《周官·保氏》「九數」，鄭君以九章之方田、粟米、衰分、少廣、商功、均輸、方程、赢不足、旁要釋之，綴曰：今有重差、夕桀、句股也。錢曉徵學士以爲「夕桀」乃「互桀」之脱誤，良然。蓋《九章》句股篇末有望遠、度高、測深七術，或析之名曰《九章》《重差》，「互桀」即方程術所謂「維乘」是也。「句股」即「旁要」，疏所云「今九章以句股替旁要」，旁要云者，不必實有是形，可自旁假設，以要取之。祖冲之謂之「綴術」。疏又引馬氏融注「今有重差、夕桀」，馬氏不連及句股者，以句股替旁要故，不重舉。劉徽序云漢張蒼、耿壽昌「因舊文遺殘，各稱刪補，故校其目，與古或異，而所論多近語」。所謂目與古異者，則句股替旁要是也。至唐王孝通云校其條目，頗與古術不合，則妄而敢矣。夫古今豈有異術哉？劉徽因其有望遠諸術，遂造《重差》，綴於句股之下，即今《海島算》，引而申之，觸類而長之，事之宜也。舊有圖，今缺，余友休寧東原戴先生補之，今分坿諸爲之末，亦猶劉徽之綴重差於句股焉。

清・屈曾發《合刻九章算術、海島算經序》 《隋書・經籍志》：「《九章算術》十卷，劉徽注。」《唐書・藝文志》別有劉徽《海島算經》一卷，及李淳風注《九章算術》九卷，《海島算經》一卷。唐之選舉，立明算科，《九章》《海島》共限習三年，試《九章》三條，《海島》一條。《九章》即《周官・大司徒》保氏所教之九數。漢初北平侯張蒼、大司農中丞耿壽昌傳其學。劉徽取而注之，顧不題曰「經」，而徽所自爲書，乃稱之「經」，殆非古也。據徽《序九章》有云：「徽尋九數有重差之名。凡望極高、測絶深，而兼知其遠者必用重差。」又云：「輒造《重差》，綴於句股之下。度高者重表，測深者累矩，孤離者三望，離而又旁求者四望。」然則徽所撰者《重差》，即次之《九章》，後《隋志》合爲十卷是也。《唐志》列劉向《九章重差》一卷，而隋、唐皆有劉徽《九章重差圖》一卷，劉向審爲劉徽之訛無疑。其改《重差》曰《海島》者，篇首以望海島設問故也。予既得東原氏定本，《九章》有李籍《音義》，共十卷，《海島》自爲一卷，以應唐人《算經十書》之二，合鐫之，用廣其傳。徽、魏，晉間人。《晉書》兩稱「魏景元四年劉徽注《九章》」，宋元豐本亦題魏劉徽，而注乃及晉武庫中王莽銅斛，書蓋成於晉初矣。常熟屈曾發。

清・周中孚《鄭堂讀書記》卷四五《子部六之下・天文算法類二・算書》

《九章算術》九卷，《音義》一卷。武英殿聚珍版本。

晉劉徽注，唐李淳風注，釋其音義則宋李籍撰也。

《四庫全書》著録。隋志作十卷，云劉徽撰，撰即注也。新舊唐志載李淳風注九卷，蓋合劉注言之，故別無劉注之本。崇文目、讀書志、雜藝術、通攷、宋志俱同。宋志又載李籍《音義》一卷，而隋志、新舊唐志又別載劉徽《九章重差圖》一卷。徽序有云：徽尋九數有重差之名，凡望極高，測絶深，而兼知其遠者，必用重差，輒造重差并爲注解，以完古人之意，綴于句股之下，据此則徽之《九章重差圖》但附于是書之下，故隋志作十卷而又別無單行，故隋唐諸志別著于録其書，即《海島算經》。後人据卷首望海島語而改之也。嘗考隋唐諸志，注《九章》者自劉、李外，尚有徐岳、甄鸞、李遵、楊淑、張崚、劉祐諸家。自宋以後，諸家注盡亡，即劉、李注本傳世日希，至明又佚，僅存《永樂大典》中。今館臣裒集得九篇，篇各一卷，《音義》一卷，又補以數圖，加之案語，遂成完帙。卷首冠以高宗純皇帝御題詩及提要并劉徽原序。按，九章即周官保氏之遺：一曰方田，以御田疇界域。二曰粟米，以御交質變易。三曰衰分，以御貴賤稟稅。四曰少廣，以御積冪方圓。五曰商功，以御功程積實。六曰均輸，以御遠近勞費。七曰盈不足，以御隱雜互見。八曰方程，以御錯糅正負。九曰句股，以御高深廣遠。鄭君注九數即以此九章釋之。綴曰：「今有重差，夕桀，句股也。」錢竹汀以爲「夕桀」乃「互乘」之脱誤，良然。蓋《九章》句股篇末有望遠度高測深七術，或析之名曰《九章重差》。互乘即方程術，所謂維乘是也。句股即旁要，賈氏疏所云：「今《九章》以句股替旁要，旁要云者，不必實有是形，可自旁要假設，以要取之。」祖沖之謂之「綴術」。疏又引馬氏融注「今有重差夕桀」，馬氏不連及句股者替旁要，故不重舉。徽序云漢張蒼、耿壽昌「因舊文之遺殘，各稱刪補。故校其目，則與古或異，而所論多近語也」。所謂「與古或異」者，則句股替旁要是也。舊術求圓，以周三徑一爲率，徽以爲疏，剏以六弧之面割之，又割以求周徑相與之率。厥後祖沖之更開密法，仍是割之又割耳，未能于徽法之外別立新術也。淳風所釋，足以發明劉氏。而盈不足、方程二篇咸闕淳風注，据慶元庚申鮑仲祺澣後序，則南宋時已然也。籍之音義併原序俱爲之音義，猶《周髀音義》之例。孔體生刊《算經十書》，《九章》居其次，所有補圖皆附列《九章》每篇之末，則與聚珍版本稍異爾。

唐・魏徵等《隋書》卷三四《經籍志三》 《九章術義序》一卷。

《九章算術》十卷。劉徽撰。

《九章算術》二卷。徐岳、甄鸞重述。

《九章算術》一卷。李遵義疏。

《九九算術》二卷。楊淑撰。

《九章別術》二卷。

《九章算經》二十九卷。徐岳、甄鸞等撰。

《九章算經》二卷。徐岳注。

《九章六曹算經》一卷。

《九章重差圖》一卷。劉徽撰。

《九章推圖經法》一卷。張峻撰。

五代・劉昫等《舊唐書》卷四七《經籍志下》　《九章算經》一卷。徐岳撰。

《九章重差》一卷。劉向撰。

《九章重差圖》一卷。劉徽撰。

《九章算經》九卷。甄鸞撰。

《九章雜算文》二卷。劉祐撰。

《九章術疏》九卷。宋泉之撰。

宋・王堯臣等《崇文總目》卷六《算術類》　《九章算術》九卷。闕。

宋・歐陽修等《新唐書》卷五九《藝文志三》　劉向《九章重差》一卷。

徐岳《九章算術》九卷。【略】

甄鸞《九章算經》九卷。【略】

劉徽《海島算經》一卷。

又《九章重差圖》一卷。

劉祐《九章雜算文》二卷。

李淳風注《周髀算經》二卷。【略】又注《九章算術》九卷，注《九章算經要略》一卷。

宋・鄭樵《通志》卷六八《藝文略第六》　《九章算術》十卷。劉徽撰。《九章算術》二卷。徐岳、甄鸞重述。又一卷。李遵義撰。又一卷。李淳風撰。《九九算術》一卷。楊淑撰。《九章別術》二卷。《九章算經》二十九卷。徐岳、甄鸞等撰。又二卷。徐岳注。《九章六曹算經》一卷。

宋・尤袤《遂初堂書目・雜藝類》　《九章算經》。

元・馬端臨《文獻通考》卷二二九《經籍考五十六》　《九章算經》九卷。

鼂氏曰：未詳撰人姓名，或曰周公。九章者，一方田，二算粟，三衰分，四少廣，五商功，六均輸，七盈不足，八方程，九句股。魏劉徽、唐李淳風嘗爲之注。則此術起於漢之前矣。

元・脱脱等《宋史》卷二〇七《藝文志六》　劉微一作「徽」。《九章算田草》九卷。

又《注九章筭經》九卷魏劉徽、唐李淳風注。

明・楊士奇《文淵閣書目》卷三《算法》　《九章算經》一部四册。

明・焦竑《國史經籍志》卷三《史類》　《九章算經》十卷。劉徽。

明・焦竑《國史經籍志》卷二《經類》　《九章算經》九卷。甄鸞。

明・陳第《世善堂藏書目録》卷下　《九章算經》九卷。李淳風註云周公作。

清・孫星衍《孫氏祠堂書目内編》卷二　《九章算術》九卷。魏劉徽、唐李淳風注。宋李籍音義一卷。一聚珍板本。一曲阜孔氏刊本。

清・丁立中《八千卷樓書目》卷一一《子部》　《九章算術》九卷。不著撰人名氏。晉劉徽、唐李淳風註。聚珍板本。微波榭本。閩刊本。

清・永瑢等《四庫全書總目》卷一〇七《子部十七・天文算法類》　《九章算術》九卷。永樂大典本。

謹案《九章算術》，蓋《周禮》保氏之遺法，不知何人所傳。《永樂大典》引《古今事通》曰：王孝《通言》，周公制禮有《九章》之名，其理幽而微，其形秘而約。張蒼刪補殘闕，校其條目，頗與古術不同云云。今考書内有長安上林之名。上林苑在武帝時，蒼在漢初，何緣預載？知述是書者在西漢中葉後矣。舊本有注，題曰劉徽所作。考《晉書》稱魏景元四年劉徽注《九章》，然注中所云晉武庫銅斛，則徽入晉之後又有增損矣。又有注釋，題曰李淳風所作。考《唐書》稱淳風等奉詔注《九章算術》，爲《算經十書》之首，國子監置算學生三十人，習《九章》及《海島算經》，共限三歲，蓋即是時作也。北宋以來，其術罕傳，自沈括《夢溪筆談》以外，士大夫少留意者，書遂幾於散佚。洎南宋慶元中，鮑澣之始得其本於楊忠輔家，因傳寫以入秘閣，然流傳不廣。至明又亡。故二三百年來，算術之家未有得睹其全者。惟分載於《永樂大典》者依類裒輯，尚九篇具在。考鮑澣之後序，稱唐以來所傳舊圖，至宋已亡。又稱盈不足、方程之篇咸闕淳風注文。今校其所言，一一悉合，知即慶元之舊本。蓋顯於唐，晦於宋，亡於明，而幸逢聖代表章之盛，復完於今。其隱其見，若有數默存於其間，非偶然矣。謹排纂成編，併考訂訛異，各附案語於下方。其注中指狀表目，如朱實、青實、黄實之類，皆就圖中所列而言，圖既不存，則其注猝不易曉。今推尋注意，爲之補圖，以成完帙。算數莫古於九數，九數莫古於是書。雖新法屢更，愈推愈密，而窮源探本，要百變不離其宗。録而傳之，固古今算學之弁冕矣。

清・姚振宗《三國藝文志》卷三《子部》　劉徽《九章算術注》九卷。

《晉書》律志曰：魏陳留王景元四年劉徽注九章。

徽自序曰：記稱隸首作數，其詳未之聞也。按，周公制禮而有九數，九數之流則《九章》是矣。往者暴秦焚書，經術散壞，漢北平侯張蒼、大司農中丞耿壽昌皆以善算命世，蒼等因舊文之遺殘名稱刪補，故校其目則與古或異，而所論者多近語也。徽幼習九章，長再詳覽，觀陰陽之割裂，總算術之根源，探賾之下遂悟其意，是以敢竭頑魯，采其所見，爲之作注。

《隋書・經籍志》：《九章算術》十卷。按此十卷者，有《重差圖》一卷在内也。劉徽撰。《日本國見在書》曰：《九章》九卷，劉徽注。《宋史・藝文志》注《九章算經》九卷，魏劉徽。唐李淳風注。

《四庫提要》曰：《九章算術》，蓋周禮保氏之遺法，舊本有注題曰劉徽所作，攷《晉書》稱魏景元四年劉徽注《九章》，然注中所云晉武庫銅斛，則徽入晉之後又有增損矣。

清・陳揆《稽瑞樓書目・小樹叢書貯西樓後書室》《九章算術》九卷。校本，附《音義》。二册。

清・張之洞《書目答問・子部》《九章算術》九卷。漢人。魏劉徽注，唐李淳風釋，戴震補圖。《音義》一卷。宋李籍。附《策算》一卷。戴震。又聚珍本福本。常熟屈氏重刻本。

《海島算經》《九章重差圖》《九章重差》

清・嵇璜《清朝通志》卷一一二《校讎略八》 晉劉徽《海島算經》。按徽《自序》，是書當名「重差」，初無「海島」之目，亦但附於「勾股」之下，不別爲書。《唐書・藝文志》始有劉徽《海島算經》之名，而隋志、唐志又有劉徽《九章重差圖》，或亦以另本單行。至唐志又列劉向《九章重差》一卷，則直誤以劉徽爲劉向，而重出矣。今據《永樂大典》本校正。

清・孔繼涵《雜體文稿》卷二《海島算經跋》 重差者，比兩而知，雖三望四望，皆先定差分因而重之，可即此知彼，故劉徽曰「輒造重差，綴於句股之下」，以《九章》句股末原有測高深望遠七術也。其曰輒造也者，以重差本在句股之内，後人因其叠兩句股設算較煩，故多設論説，以開曉學人，遂指以名之，今《海島算》是也。由是言之，則重差指其爲算之術，海島指其設算之物，非有兩意。然重差本非離句股別能爲術，慮後來更其名，將遂竊其實，曰「輒造」以專輒之罪自居，此守師法之善經也。余既假戴君東原本歸於《算經十書》中，乃記之。

清・周中孚《鄭堂讀書記》卷四五《海島算經》一卷。武英殿聚珍版本。

晉劉徽撰，唐李淳風注。

《四庫全書》著録。新舊唐志、崇文目俱載劉徽《海島算經》一卷。新唐志又載李淳風注一卷，宋志止作《海島算術》一卷，而隋唐諸志又皆載劉徽《九章重差圖》一卷。據徽《九章算術序》有云：「輒造重差，并爲注釋，以究古人之意，綴于句股之下」，知《九章重差圖》即隋志所載《九章算術》之末卷，故隋志既載劉徽撰之十卷，又据單行之本別爲載入也。重差者，比兩而知，雖三望四望，皆先定差分因而重之，可即此知彼。其書即今《海島算經》。後人据卷首「今有望海島，立兩表」語，遂改其書名。原書即《九章重差圖》。蓋本有圖而佚之矣。新唐志別出劉向《九章重差》一卷，當即据无圖之本而譌徽爲向耳。据唐《選舉志》已有海島之名，恐圖未佚，即有是稱也。海島之名，雖古無所見，而書「島夷皮服」，《正義》曰：孔讀島爲鳥，鳥是海之山。《九章算術》所云「海島邈絶，不可踐量」是也。是書凡九章，皆測量之術。測望海島止首一章，而其義可以該其全書。書中清源白石術，其又術，于率不通，海島九門，惟此有又術，當是後人竄入，非劉氏本文。淳風依數推衍，蓋未嘗深思其故矣。其書原本久佚，今館臣從《永樂大典》録出，以聚珍版印行，冠以《提要》一篇。孔體生刊《算經十書》，則取以附《九章算術》之後，蓋本隋志十卷原第云。

五代・劉昫等《舊唐書》卷四六《經籍志上》《海島算經》一卷。劉徽撰。

宋・王堯臣等《崇文總目》卷六《算術類》《海島算經》一卷。

宋・歐陽修等《新唐書》卷五九《藝文志三》 劉徽撰《海島算經》一卷。

宋・鄭樵《通志》卷六八《藝文略第六》《九章重差》一卷。劉向撰。《九章重差圖》一卷。劉徽撰。

又《海島算經》一卷。劉徽撰。又一卷。李淳風撰。

宋・鄭樵《通志》卷七二《圖譜略第一・記無・算術》 劉徽《九章重差圖》。

宋・尤袤《遂初堂書目・雜藝類》《海島算經》。

明・楊士奇等《文淵閣書目》卷三《算法》《海島算經》一部一册。

明・焦竑《國史經籍志》卷二《經類》《海島算經》一卷。劉徽。

又《九章重差圖》一卷。劉徽。

清・丁立中《八千卷樓書目》卷一一《子部》《海島算經》一卷。晉劉徽撰，唐李淳風註。聚珍板本。杭刊本。閩刊本。微波榭本。

清・永瑢等《四庫全書總目》卷一〇七《子部十七・天文算法類》《海島算

經》一卷。永樂大典本。

晉劉徽撰，唐李淳風等奉詔注。據劉徽序《九章算術》有云，徽尋九數有重差之名，凡望極高，測絶深，而兼知其遠者，必用重差，輒造重差并爲注解，以究古人之意，綴於勾股之下。度高者重表，測深者累矩，孤離者三望，離而又旁求者四望。據此，則徽之書本名《重差》，初無《海島》之目，亦但附於勾股之下，不别爲書。故隋志《九章算術》增爲十卷，下云劉徽撰，蓋以《九章》九卷合此而十也。而隋志、唐志又皆有劉徽《九章重差圖》一卷，蓋其書亦另本單行，故别著於録，一書兩出。至唐志兼列劉向《九章重差》一卷，則徽之《重差》既自爲卷，因遂訛劉徽爲劉向，而一書三出耳。今詳爲考證，定爲劉徽之書。至《海島》之名，雖古無所見，不過後人因卷首以《海島》之表設問而改斯名，然唐《選舉志》稱算學生《九章》、《海島》共限習三年，試《九章》三條，《海島》一條，則改題《海島》自唐初已然矣。其書世無傳本，惟散見《永樂大典》中。今裒而輯之，仍爲一卷。篇帙無多，而古法具在，固宜與《九章算術》同爲表章，以見算數家源流之所自焉。

清・孫星衍《孫氏祠堂書目内編》卷二 《海島算經》一卷。魏劉徽撰。唐李淳風注。一聚珍板本。一曲阜孔氏刊本。

清・陳揆《稽瑞樓書目・小樹叢書附西樓後書室》 《海島算經》一卷。附。

清・張之洞《書目答問・子部》 《海島算經》一卷。晉劉徽。并注。又聚珍本、杭本福本。

《水經注》

北魏・酈道元《水經注原序》 序曰：《易》稱天以一生水，故氣微于北方，而爲物之先也。《玄中記》曰：天下之多者，水也，浮天載地，高下無所不至，萬物無所不潤。及其氣流屈石，精薄膚寸，不崇朝而澤合靈宇者，神莫與竝矣。是以達者不能測其淵冲，而盡其鴻深也。昔《大禹記》著山海，周而不備；《地理誌》其所録，簡而不周，《尚書》、《本紀》與《職方》俱略；都賦所述，裁不宣意；《水經》雖粗綴津緒，又闕旁通。所謂各言其志，而罕能備其宣導者矣。今尋圖訪賾者，極聆州域之説，而涉土遊方者，寡能達其津照，縱髣髴前聞，不能不猶深屏營也。余少無尋山之趣，長違問津之性，識絶深經，道淪要博，進無訪一知二之機，退無觀隅三反之慧。獨學無聞，古人傷其孤陋；捐喪辭書，達士嗟其面牆。默室求深，閉舟問遠，故亦難矣。然毫管闚天，歷筩時昭，飲河酌海，從性斯畢。竊以多暇，空傾歲月，輒述《水經》，布廣前文。《大傳》曰：大川相間，小川相屬，東歸于海。脈其枝流之吐納，診其沿路之所躔，訪瀆搜渠，緝而綴之。《經》有謬誤者，考以附正文所不載，非經水常源者，不在記注之限。但緜古芒昧，華戎代襲，郭邑空傾，川流戕改，殊名異目，世乃不同。川渠隱顯，書圖自負，或亂流而攝詭號，或直絶而生通稱，枉渚交奇，洄湍決澓，躔絡枝煩，條貫系夥。《十二經》通，尚或難言，輕流細漾，固難辨究，正可自獻徑見之心，備陳輿徒之説，其所不知，蓋闕如也。所以撰證本《經》，附其枝要者，庶備忘誤之私，求其尋省之易。

唐・杜佑《通典》卷一七四《州郡四》 議曰：按《水經》云「崑崙墟在西北，去嵩高五萬里，地之中也。其高萬一千里，河水出其東北陬，屈從其東南流，入於渤海。又出海外，南至積石山下，有石門。又南入蔥嶺山，又從蔥嶺出而東北流。其一源出于闐國南山，北流與蔥嶺所出河合。又東注蒲昌海，又東入塞，過燉煌、酒泉、張掖郡南，又東過隴西河關縣北」云云。按《水經》，晉郭璞注三卷，後魏酈道元注四十卷，皆不詳所撰者名氏，亦不知何代之書。佑謂二子博贍，解釋固應精當，訪求久之方得。又其經云：「濟水過壽張」，則前漢壽良縣，光武更名。又「東北過臨濟」，則前漢狄縣，安帝更名。又云「荷水過湖陸」，則前漢湖陵縣，章帝更名。又云「汾水過河東郡永安」，則前漢彘縣，順帝更名，故知順帝以後纂序也。詳《水經》所作，殊爲詭誕，全無憑據。按《後漢・郡國志》，濟水，王莽末因旱渠塞，不復截河南過。既順帝時所撰，都不詳悉，其餘可知。景純注解又甚疏略，亦多迂怪。《水經》所云河出崑崙山者，宜出於《禹本紀》《山海經》，所云「南入蔥嶺」及「出于闐南山」者，出於《漢書・西域傳》，而酈道元都不詳正。所注河之發源，亦引《禹紀》、《山經》、釋法明國諱改焉。《遊天竺紀》、釋氏《西域紀》。所注南入蔥嶺，一源出于闐山，合流入蒲昌海，雖約《漢書》，亦不尋究。又《水經》云：「出海外，南至積石山下，有石門，然後南流入蔥嶺。」據此，則積石山當在蔥嶺之北。又云：「入塞，過燉煌、酒泉、張掖郡南」，並今郡地也。夫山水地形，固有定體。自蔥嶺、于闐之東，燉煌、酒泉、張掖之間，華人來往非少。從後漢至大唐，圖籍相承，注記不絶。大磧距數千里，未有桑田碧海之變、陵遷谷移之談，此處豈有河流？纂集者不詳斯甚。又按「禹導河積石」者，堯時洪水，下民昏墊，禹所開決，本救人患。積石之西，砂鹵之地，河流小，地勢復高，不爲人患，不惡疏鑿，以此施功發跡，自積石山而東，則今西平郡龍支縣界山是也，固無禹理水之功。自蔥嶺之北，其本紀灼然荒唐，撰經者取爲準的。班固云「言九州者《尚書》近之矣」，誠爲愜當。其《漢書・西域傳》云：「河水一源出蔥嶺，一源出于闐，合流東注蒲昌海，皆以潛流地下，南出積石爲中國河云。」比《禹紀》《山經》，猶校附近，終是紕繆。按此宜唯憑張騫使大夏，見兩道水從蔥嶺、于闐合流入蒲昌海，其于闐出美玉，所以《騫傳》遂云窮河源也。按古圖書名河所出曰崑崙山，疑所謂古圖書即《禹本紀》，以于闐山出玉，乃謂之崑崙，即所出便云是河也。窮究諸説，悉皆謬誤。孟堅又以《禹貢》云「導河自積石」，遂疑潛流從此方出。且漢時群羌種衆雖多，不相統一，未爲强國，漢家或未嘗遣使詣西南羌中，或未知自有河也。寧有今吐蕃中河從西南數千里向東北流？見與積石山下河相連，聘使涉歷，無不言之。吐蕃自云崑崙山在國中西南，則河之所出也。又按《尚書》云：「織皮，崑崙、析支、渠搜，西戎即敘。」又范曄《後漢書》云：「西羌在漢金城郡之西，南濱於賜支。」《續漢書》曰：「河關西可千餘里，有典羌，謂之賜支，蓋析支也。」然則析支在積石之西，是河之上流明矣。崑崙在吐蕃中，當亦非謬。而不謂河之本源，乃引蔥嶺、于闐之河，謂從蒲昌海伏流數千里，至積石方出，斯又班生之所未詳也。佑以《水經》僻書，代人多不之睹，或有好事者於諸書中見有引處，謂其審正，此殊未之精也。不揆淺昧，考諸家之説，辯千古訛舛，是故曲折言之。又按《禹本紀》《山海經》不知何代之書，詳其恢怪不經，宜夫子刪詩書以後尚奇者所作，或先有其書，如詭誕之言，必後人所加也，若《古周書》《吳越春秋》《越絶書》諸緯書之流是矣。而後代纂録者，務廣異聞，如范曄敘蠻夷廩君、盤瓠之類是也。輒以愚管所窺，宜皆不足爲據。然去聖久遠，雜説紛紜，非夫宣尼復生，重爲刪革，則何由詳正？縱有精鑒達識之士，抗辯古釋今之論，或未能振頹波，遏横流矣。而撰《水經》者，亦同蔚宗之旨趣乎？冀來哲之見知也。

明・朱鶴齡《愚庵小集》卷七《校定水經注箋序》 《隋書・經籍志》有兩《水經》，一本三卷，郭璞注；一本四十卷，酈善長注。善長，即道元也。《水經》撰人則不著其姓名。唐杜佑作《通典》時尚見兩書，言郭璞疎畧，於酈注無所言，撰人槩未之考也。《舊唐書》始云郭璞作，宋《崇文總目》亦不言撰者爲誰，但云酈注四十卷亡其五，然未知兩注之一存一亡，已見於斯時否也。《新唐書》乃謂桑欽作《水經》，一云郭璞作。今人言桑欽者本此。《崇文總目》作於宋景祐，與新書《志》同時，不知新《志》何所據以爲説也。説者疑桑欽爲東漢順帝以後人，以《經》有堯縣之文也。然《經》云：江水逕永安宮南。永安宮，昭烈托孤孔明處。

又云：江水逕諸葛亮壘圖南。得非三國間人所爲也？不寧惟是，其言北縣名，多曹氏置，南縣名，多孫氏置。金源宇文氏以爲經、傳相淆，則作經作注之人不可分也。此皆歐陽玄之所致疑也。以愚覈之，西漢《儒林傳》載塗惲授河南桑欽君長《尚書》。晁氏云，欽，成帝時人。使古有兩桑欽則可。審爲成帝時桑欽，則《藝文志》不應不載其書。又所舉水道地名，不應多屬東漢以後也。酈道元《注》每引桑欽之説，皆與水經不同。又不應一人之言，彼此自相違戾也。及考道元所引，自云桑欽《地理志》，而不及《水經》，則知欽所撰者乃《地理志》爾。後人因其書失傳，遂誤以爲《水經》，此新書《志》之失考也。郭璞之注，杜佑譏其疎畧，必非無此書。五代干戈搶攘，遂已逸之。今道元《注》載郭景純云云，殆即彼《注》中語，而或以爲郭璞作《水經》，此又舊書《志》之失考也。或者又疑桑欽作之於前，郭璞附益之於後，他書或有後人增入，此則不然也。金禮部郎中蔡正父作《補正水經》三卷，元蘇天爵梓行其書，歐陽玄爲之序。據云，正父因宇文氏之言而感發，一正蜀板遷就之失。于趙代間水特詳，江自尋陽以北，吳松以東，又能使道元無遺憾。惜乎此書之不見于今也。雖然，《水經》既無古本可據，與《注》不免相淆，正父以數百年後之聞見而補正之，竊恐欲正其淆，而淆愈甚也。余謂此書不可讀者，不惟經、傳相淆，尤恨闕文與錯簡往往而是。今酈《注》雖仍四十卷，已非原本之舊。《太平御覽》引《水經注》語多今本所無，則所亡五卷，誠無從得而考補矣。若其彼此之互移，前後之倒置，苟覃思博覽之士循文繹義，猶可得而釐訂之也。先朝萬曆中，王孫朱鬱儀與謝耳伯箋校此書，主以宋本，參以吳歙二本，更其錯襍者，得十之三四。至於河水與大河故瀆張甲、屯氏諸河，及漯水、沔水、江水之類，尚未能考定，識者憾焉。余以暇日重加鉤索，其中汨亂混淆者，據古今地理一一取而劃正之。於是斷者得連，離者得合，顛倒者得次第，庶幾讀者不至聱牙棘口，輟卷而嘆。雖小小訛脱時復有之，然於此書大體無傷也。至於《水經》撰人不知爲誰，斯固當從闕疑之例，姑置弗辨可也。陸翼王曰：宋潛溪嘗有辨，此文條析更爲精細，真讀書人心眼。

清・杭世駿《道古堂全集・文集》卷二七《跋・水經注朱謀㙔箋跋》 鬱儀《序》稱：與綏安謝耳伯、婺源孫無撓其爲此書。爲酈氏尋源采隱，可謂淹雅士矣。然無撓之言不能無誤，《注》云：穀水又東逕土崤北，所謂二崤也。按《春秋正義》「俗呼爲土殽、石殽，其阨道在兩殽之間」，無撓以土崤爲西崤之誤，是讀書猶未徧也。

清・朱筠《笥河文集》卷六《明朱謀㙔校刻水經注書後》 此爲明朱氏謀㙔校《水經注》本，崇禎中重刻者，更取竟陵鍾惺伯敬、譚元春友夏評語列之上方。夫以古人博精水地之書，而斤斤論文，又輒以誤爲佳，自謂空濛蕭瑟，其言悠謬。明之陋，一至於此！然謀㙔小注，略有攷正異同，較諸本爲差善，世所稱鬱儀中尉本也。

此本乾隆辛未，吾友上虞張鳳翔方海、初名秉嶽持以贈我者，上有郭鉦藏書印，其印本與裝背黝然，猶前朝物也。余攜以南北者二十餘年，油紙損敗，愛其古物，不欲易去。壬辰秋九月十又五日，以試士在六安，閱之，覺損敗益甚。時方海亦在幕中，顧而喟然。宛平徐生瀚文圃請以高麗紙爲重裝焉。又越八九年，攜之福州，前裝小損。庚子春正月十又九日，青陽徐生鈺章之再補綴之，於是六册完然，實賴兩徐生之力。而方海已於丁酉之春客死都門矣。二百年古籍，重以故人之貽，迄今日夕於余手者幾三十年。嘻，人之易老，不如書卷之長留也！顧學則不可以老而懈，方今殿本新出，讐勘益精，加我以年，紬繙羣籍，或有可以補休寧戴氏所校之未及者。博稽以知新，闕疑以存故，吾友從事，日進有功，誰曰不可？爰書得此本之顛末於卷尾，非徒感舊，用自勵焉。

清・朱筠《笥河文集》卷六《戴氏校訂水經注書後》 此吾友休寧戴震東原初徵入四庫館，以其生平所校《水經注》本，更據《永樂大典》所引互校，損益至二三千言之多，而酈氏原序亦出焉，乃并録以成書，官刻編之聚珍板中者也。東原嘗言是書今本《經》《傳》混淆者不少，顧賴其書例可考。而最易明者，若《經》稱一水必過一郡，而《注》則屢言是水逕某縣某故城，自西而南而東或西北而東，此《經》與《注》一定之例也。傳寫者不知，往往取過與逕字妄改其舊，而郡縣及故城之例具在，不可易也。其刻本混淆者，大抵自宋以後，於是博考唐以前人撰著，若《通典》《初學記》諸書，所引輒與東原所意斷是非符合，用是益以自信而條理秩然。余謂其所校有功於酈氏良多，然或過信其説不疑而徑改者間有之，雖十得其八九，然于孔聖多聞闕疑之指，未敢以爲盡然也。要爲近來校讐絶無之本矣。歲乙未，余購得此本於武英殿中。越四年己亥冬，攜以來閩。庚子二月，在延平使院偶紬此書，紙裹𢭏敗，爰令及門青陽徐生鈺章之以琉球紙易去敗葉，裝爲八册。重閱之，因嘆東原校讐之精，而墓草之宿，於茲三歲，於是乎書。

清・戴震《戴東原集》卷六《水經酈道元著注序》 後魏御史中尉范陽酈道元，字善長，撰《水經注》四十卷。蕭寶夤之亂，道元叱賊而死，贈吏部尚書、冀州刺史、安定縣男。善長雖依《經》附注，不言《水經》撰自何人；《唐書・藝文志》始以爲桑欽撰。欽在班固前，固嘗引其説，與《水經》違異。晉已來，注《水經》凡二家，郭璞注三卷，唐時猶存。杜君卿言：二家皆不詳所撰者名氏，亦不知何代之書。則景純已不能言其作者矣。《崇文總目》：《水經注》亡者五卷。今所傳即宋之殘本，後人又加割裂，以傅合四十卷之數。如《注》文：「江水又東徑巫縣故城南」，《注》譌列爲《經》，遂與前《經》文「又東過巫縣南」割分異卷。《唐六典注》云：《水經》所引天下之水百三十七。今自河水至斤員水案：舊作斤江水，今從《漢志》作員。凡百二十三，應脱逸十有四水，益在五卷中者也。王伯厚《通鑒地理通釋》引《水經》四事，惟魏興安陽一事屬《經》文，餘三事，咸酈《注》之譌爲《經》者；故其鯔書時世益莫能定。

《水經》立文，首云某水所出，已下無庸重舉水名；而《注》内詳及所納羣川，加以採摭故實，彼此相襍，則一水之名，不得不端重舉。《經》文敘次所過郡縣，如云：「又東過某縣」之類，一語實該一縣；而《注》則沿溯縣西以終於東，詳記所逕委曲。《經》據當時縣治，至善長鯔《注》時，縣邑流移，是以多稱故城，《經》無言故城者也。凡《經》例云「過」，《注》例云「逕」，以是推之，雖《經》、《注》相淆，而尋求端緒，可俾歸條貫。善長於《經》文「涪水至小廣魏」，解之曰：小廣魏，即廣漢縣也。於「鐘水過魏寧縣」解之曰：魏寧，故陽安也，晉太康元季，改曰晉寧。然則《水經》上不逮漢，下不及晉，初實魏人纂敍無疑。

史言善長好學，廣覽奇書，故是《注》之傳，或以其綜覈，或尚其文詞，至於觸類引伸，因川源之派别，知山勢之逶迤，高高下下不失地防，取資信非一端。然譌舛既久，雖善讀古書如閻百詩、顧景范、胡朏明諸子，其論述所涉，猶輒差違。斯訂正之不可以已也！審其義例，按之地望，兼以各本參差，是書所由致謬之故，昭然可舉而正之。至若四十卷之爲三十五，合其所分，無復據證。今以某水各自爲篇，北方之水莫大於河，而河已北、河已南，衆川因之得其敍矣。南方之水莫大於江，而江已北、江已南，衆川因之得其敍矣。惟以地相連比，篇次不必一還其舊，庶乎川渠纏絡，有條而不紊焉。休寧戴震。

河水一，河水二，河水三，渠，陰溝水，汳水，獲水，睢水，瓠子河，汾水，晉水，文水，原公水，同過水，澮水，涑水，湛水，沁水，清水，渭水，漆水，沮水，滻水，洛水，穀水，瀰水，瀍水，甘水，伊水，淇水，蕩水，洹水，濁漳水，清漳水，滱水，易水，巨馬河，聖水，㶟水，㶟餘水，沽河，鮑丘水，濡水，遼水，小遼水。浿水，濟水，汶水，淄水，巨洋水，濰水，東汶水，膠水，泗水，洙水，沂水，沭水，淮水，汝水，滍水，潕水，瀙水，濯水，潁水，濦水，潩水，洧水，潧水，決水，沘水，泄水，肥水，施水，江水，夷水，夏水，溳水，漻水，漾水，潛水，羌水，涪水，梓潼水，南沮水，漳水，沔水，涔水，均水，丹水，粉水，淯水，湍水，比水，白水，蘄水，沫水，青衣水，若水，淹水，油水，澧水，沅水，廷江水，資水，湘水，鍾水，深水，耒水，洣水，漉水，漣水，瀏水，溳水，廬江水，贛水，漸江水，桓水，葉榆河，温水，存水，泿水，灕水，洭水，溱水，斤員水，禹貢山水澤地序。

清·戴震《戴東原集》卷六《書水經注後》 夏六月，閱胡朏明《禹貢錐指》所引《水經注》，疑之。因檢酈氏書，展轉推求，始知朏明所由致謬之故。是書至唐宋間，遂残闕淆紊，《經》多誤入《注》内，而《注》誤爲《經》。校者往往以意增改。如《河水注》：北河又東逕莎車國南，北河又東南逕温宿國。「北河」皆當作「枝河」，蒙上左合枝水之文。今本作「北河」者，殆後人所改。又如濟水《經》文「東至北礫溪南」，《注》文：「又東南，礫石溪水注之，水出滎陽城西南李澤」，「東北注於濟，世謂之礫石澗，即《經》所謂礫溪矣。《經》云濟水出其南，非也。」今《注》重列爲《經》，胡朏明引其文，乃曰：上有北礫溪，故此爲南礫溪，石字衍。不知《注》明言，礫石溪東北注濟，則濟實過其北，且辨正《經》文，不當云至礫溪南，其無二礫溪固顯然。南、北二字，殆後人誤增。書中類此者，不勝悉數。據《崇文總目》：酈氏書四十卷，亡其五。今仍作四十卷者，蓋後人所分，以傅合其卷數。《元和志》《寰宇記》等書引《水經注》滹沱河、涇水、洛水，今皆無之，或在所亡之五卷内歟？《水經》有郭璞注三卷，唐時猶存，杜氏《通典》引《水經》四事，證其爲順帝以後纂敍。《郡國志》：桂陽郡漢寧，永和元秊置。吴改曰陽安，晉太康元秊改曰晉寧縣，在桂陽郡東百二十里。三國時，吴與蜀分荆州，南郡、零陵、武陵已西爲蜀，江夏、桂陽、長沙已東爲吴，南陽、襄陽、南鄉三郡爲魏。《吴志》：孫晧甘露元秊十一月，以桂陽南部爲始興郡。十二月，晉受魏禪，未聞魏取陽安事。而《水經》：鍾水，北過魏寧縣之東。蓋作《水經》者魏人，故於廣漢、漢寧悉改曰魏。其書實出一手。《舊唐志》云郭璞撰，《新唐志》以爲桑欽，晁公武云欽爲此書而後人附益，王伯厚云酈氏附益，皆非也。今就酈氏所注考定《經》文，别爲一卷。兼取注中前後倒紊不可讀者，爲之訂正，以附於後。是役也，爲治酈氏書者，棼如亂絲，而還其《注》之脈絡，俾得條貫，非治《水經》而爲之也。乙酉秋八月，戴震記。

清·孔繼涵《戴氏重訂水經注序》 東原氏之治《水經注》也，始於乾隆乙酉夏。越八年壬辰，刊於浙東，未及四之一，而奉召入京師，與修《四庫全書》，又得《永樂大典》内之本，兼有酈道元自序，乃仍其四十卷，而以平日所得，詳加訂正，進之于朝。聖天子俞其書，命刊行，御製詩章冠之端首，令數百年經注溷淆，前後錯簡者，整之還其舊。而曩時東原氏所刊，某水各自爲篇，爲十有四册，循其注之綱目，復逐條畫分，俾讀者易見端末。雖遵修舊文，不增一語，固曉然如視掌文矣。

第一册，河水一，爲阿耨達山諸水；河水二，爲蔥嶺、于闐二水。次二册，河水三，乃入中國河也。次三册，渠至瓠子，皆出于河之水。次四册，汾至清，自左以次入河。其間如晉水、文水、原公水，自右以次入汾；同過水、澮水，自左入汾；餘先後準此。次五册，渭至伊，自右入河。次六册，淇至漳，古皆入于河。次七册，滱至浿，則河北以東，終于樂浪、朝鮮。次八册，首濟瀆，而汶則入于濟。次九册，淄至沭，皆濟、汶以次而南之水。次十册，首淮瀆，而汝至肥皆淮之左右，以次入淮。惟施别于肥，而入巢湖。次十有一册，首大江，而夷夏皆出於江，溳則入夏，漻又入溳。次十有二册，漾至蘄，自左以次入江。次十有三册，沬至贛，自右入江。次十有四册，漸至日南二十水名，則越及南海羣川罔不就序。末載《禹貢山水澤地》，《水經》之舊第也。

前數年，東原氏爲予言曰：是書經注相淆，自宇文、歐陽二氏發之，而未之是正。至於字句訛舛，非檢閱之勤不易得也。子盍與我共治之？予因旁搜羣籍，積至數十事，東原氏蓋有取焉，且屬予撰序。東原氏既書其詳於目録，予謹舉其第次之意，以告讀是書者。

清·錢大昕《潛研堂文集》卷二九《跋水經注新校本》 吾友戴東原校刊《水經》，于經、注混淆之處，一一釐正，可謂大有功于酈氏矣。但此書屢經轉刻，失其本真。頃偶讀《涔水注》云：「東北流徑城固南城北。義熙九年，索遐爲果州刺史，自城固治此，故謂之南城。」因思六朝無果州之名，必是梁州之譌。再檢温公《通鑑》，是年果有索邈爲梁州刺史，「邈」與「遐」字形相涉，要其爲梁州無疑也。又檢《宋書·州郡志》：「譙縱時，刺史治魏興。縱滅，刺史還治漢中之苞中縣，所謂南城也。」索邈爲刺史，正在譙縱初平之後，《宋志》有城固，無苞中，然則酈《注》之城固南城其即苞中歟！

清·成蓉鏡《心巢文録》下《跋戴校水經注》 戴氏據廣魏、魏寧定《水經》爲魏人纂，今攷此書之作，其創始當在建安十三年以前，其成書不在黄初七年以後。

唐・魏徵等《隋書》卷三三《經籍志二》 《水經》三卷。郭璞注。《水經》四十卷。酈善長注。

五代・劉昫等《舊唐書》卷四六《經籍志上》 《水經》二卷。郭璞注。 又四十卷。酈道元注。

宋・王堯臣《崇文總目》卷四《地理類》 《水經》四十卷。

宋・鄭樵《通志》卷六六《藝文略第四》 《水經》三卷。桑欽撰，郭璞注。《水經》四十卷。酈道元注。

宋・晁公武《郡齋讀書志》卷八《地里類》 《水經》四十卷。

右漢桑欽撰。欽，成帝時人。《水經》三卷，後魏酈道元注。道元，範之子，爲政嚴酷。蕭寶夤叛，死之。史稱道元好學，歷覽奇書，撰注《水經》行於世。

宋・尤袤《遂初堂書目・地理類》 《水經》。

宋・高似孫《史略》卷六《山海經》 《山海經》二十三卷，郭璞所注。又有《山海圖贊》二卷，《山海圖音》二卷。又有《山海經圖》十卷，舒雅等所修也。本朝人。按《越絶書》，禹治水巡行天下，所歷山川，命伯益記之，遂爲《山海經》，世或以其書爲荒異，然考酈道元注《水經》，凡山川譎異之事，必以《山海經》爲據。郭璞之言曰：古者皇聖原化以極變，象物以應怪，鑒無稽賾，曲盡幽情。神焉廋哉！神焉廋哉！此書歷載三千，暫顯於漢。蓋武帝時有獻異方鳥，不知何以飼之，東方朔既言其名，又言其食。帝問何以知之，曰《山海經》所出也。又宣帝時擊磻石於上郡，陷得石室，其中有反縛盜械之人，劉向曰：此貳負之臣也。帝問何以知之，以《山海經》對，其辭曰：「貳負殺窫窳，帝乃梏之疏屬之山，桎其右足，反縛其兩手。」上大駭。於是人多奇《山海經》。其後東方朔作《神異經》，張華箋之。華曰：方朔周旋一作巡。天下，所見神異，《山海》所不載者列之，有而不具其説者列之，謂《山海經》也。陶淵明有《讀山海經》詩：汎覽周王傳，流觀山海圖。俛仰終宇宙，此樂復何如？

宋・陳振孫《直齋書録解題》卷八《地理類》 《水經》三卷。《水經注》四十卷。

桑欽撰，後魏御史中尉范陽酈道元善長注。桑欽不知何人，《邯鄲書目》以爲漢人。晁公武曰「成帝時人」，當有所據。案：唐志注，或云郭璞撰，又杜氏《通典》：案《水經》，晉郭璞注二卷，後魏酈道元注四十卷，皆不詳所撰者名氏，亦不知何代之書。佑謂二子博贍，解釋固應精當。然其經云「濟水過壽張」，則前漢壽良縣，光武更名。又「東北過臨濟」，則前漢狄縣，安帝更名。又云「菏水過湖陸」，則前漢湖陵縣，章帝更名。又云「汾水過河東郡永安」，則前漢彘縣，順帝更名，故知順帝以後纂序也。詳《水經》所作，殊爲詭誕，全無憑據。案《後漢・郡國志》，濟水，王莽末因旱渠塞，不復截河南過。既順帝時所撰，都不詳悉，其餘可知。景純注解又甚疎略，亦爲迂怪。以其僻書人多不覩，謂其審正未之精也。案：「成帝時人」以下原本俱脱漏，今據《文獻通攷》所引陳氏之言補入。

元・馬端臨《文獻通考》卷二〇四《經籍考三十一》 《水經》四十卷。

元・脱脱等《宋史》卷二〇四《藝文志三》 桑欽《水經》四十卷。酈道元注。

明・柯維騏《宋史新編》卷四九《藝文志三》 桑欽《水經四十卷》。酈道元注。

明・焦竑《國史經籍志》卷三《史類》 《水經》三卷。桑欽撰，郭璞注。《水經注》四十卷。酈道玄。

明・祁承㸁《澹生堂藏書目・史部》 《水經註》。卌卷，十册。桑欽撰，酈道元註。

清・錢謙益《絳雲樓書目》卷一《地志類》 酈道元《水經註》。

清・錢曾《錢遵王述古堂藏書目録》卷四《地理總志》 《水經》三卷一本。《水經注》。

清・錢曾《讀書敏求記》卷二《史・地理輿圖》 酈道元《註水經》四十卷。

昔者陸孟鳬先生有影鈔宋刻《水經注》，與吾家藏本相同，後多宋板題跋一葉，不著名氏。余因録之，其跋云：「水經舊有三十卷，刊于成都府學宫。元祐二年春，運判孫公始得善本于何聖從家，以舊編校之，纔三分之一耳。乃與運使晏公委官校正，募工鏤版，完缺補漏，比舊本凡益編一十有三，共成四十卷。其編帙小失次第先後，咸以何氏本爲正。元祐二年八月初一日記。」詳觀跋語，是本在當時蓋稱完善，惜後人無翻雕之者。余故備録此跋，以告世之藏書家。

清・季振宜《季滄葦藏書目》 《水經注》四十卷。

清・永瑢等《四庫全書總目》卷六九《史部二十五・地理類二》 《水經注》四十卷。永樂大典本。

後魏酈道元撰。道元字善長，范陽人。官至御史中尉，事迹具《魏書・酷吏傳》。自晉以來，注《水經》者凡二家：郭璞注三卷，杜佑作《通典》時猶見之。今惟道元所註存。《崇文總目》稱其中已佚五卷，故《元和郡縣志》《太平寰宇記》所引滹沱水、涇水、洛水，皆不見於今書。然今書仍作四十卷，蓋宋人重刊，分析以足原數也。是書自明以來，絶無善本。惟朱謀㙔所校盛行於世，而舛謬亦復相仍。今以《永樂大典》所引，各案水名，逐條參校。非惟字句之訛層出疊見，其中脱簡錯簡，有自數十字至四百餘字者。其道元自序一篇，諸本皆佚，亦惟《永樂大典》僅存。蓋當時所據，猶屬宋槧善本也。謹排比原文，與近代本鉤稽校勘，凡補其闕漏者二千一百二十八字，删其妄增者一千四百四十八字，正其臆改者三千七百一十五字，神明焕然，頓還舊觀，三四百年之疑竇，一旦曠若發蒙。是皆我皇上稽古右文，經籍道盛，瑯嬛宛委之秘，響然並臻。遂使前代遺編，幸逢昌運，發其光於蠹簡之中。若有神物撝呵，以待聖朝而出者，是亦曠世之一遇矣。至於經文、注語，諸本率多混淆。今考驗舊文，得其端緒。凡水道所經之地，《經》則云過，《注》則云逕。《經》則統舉都會，《注》則兼及繁碎地名。凡一水之名，《經》則首句標明，後不重舉；《注》則文多旁涉，必重舉其名以更端。凡書内郡縣，《經》則但舉當時之名，《注》則兼考故城之迹。皆尋其義例，一一釐定，各以案語附於下方。至塞外羣流，江南諸派，道元足迹皆所未經。紀載傳聞間或失實。流傳既久，引用相仍，則姑仍舊文，不復改易焉。又《水經》作者，《唐書》題曰桑欽，然班固嘗引欽説，與此經文異。道元注亦引欽所作《地理志》，不曰《水經》。觀其涪水條中稱廣漢已爲廣魏，則決非漢時。鐘水條中稱晉寧仍曰魏寧，則未及晉代。推尋文句，大抵三國時人。今既得道元原序，知並無桑欽之文。則據以削去舊題，亦庶幾闕疑之義云爾。

清・孫星衍《孫氏祠堂書目内編》卷二　《水經注》四十卷。後魏酈道元注。一四庫全書本。一黄晟刊本。又十四册。戴震校本。

清・陳揆《稽瑞樓書目・小㮴叢書貯西樓後書室》　《水經注》四十卷。影宋。舊鈔。十册。

清・瞿鏞《鐵琴銅劍樓藏書目録》卷一一《史部四・地里類》　《水經注》四十卷。舊鈔本。

舊題桑欽撰，酈道元注。此明人鈔本，以世所傳趙清常校本與柳大中鈔本覈之，字句悉合，蓋從宋刻鈔出者。酈序雖殘闕，猶存其半也。舊爲松江吴氏藏書。卷首有吴省欽印、白華□朱記。

《輿地志》

唐・魏徵等《隋書》卷三三《經籍志二》　《輿地志》三十卷。陳顧野王撰。

五代・劉昫等《舊唐書》卷四六《經籍志上》　《輿地志》三十卷。顧野王撰。

隋唐五代分部

《隋區宇圖志》

宋・晁載之《續談助》卷四《大業雜記》　（大業）六年四月，帝幸隴川宫避暑。

敕撰《區宇圖志》一千二百卷。卷頭有圖，敘山川則卷首有山水圖，敘郡國則卷首有郭邑圖，敘城隍則卷首有公館圖。其圖上題書字極細，並是歐陽肅書。即率更令詢之長子，别造新樣紙。長□□□□□□□□□勅開江南河，自京口至餘杭郡八百餘里，水面闊十餘丈。又擬通龍舟，並置驛宫，草頓並足，欲東巡會稽。

宋・李昉等《太平御覽》卷六〇二引《大業拾遺》　《隋大業拾遺》曰：大業之初，敕内史舍人竇威、起居舍人崔祖濬及龍川贊治侯偉等三十餘人撰《區宇圖志》一部，五百餘卷，新成，奏之。又著《丹陽郡風俗》，乃見以吴人爲東夷，度越禮義，及屬辭比事，全失修撰之意。帝不悦，遣内史舍人柳逵宣敕，責威等云：「昔漢末三方鼎立，大吴之國，以稱人物。故晉武帝云『江東之有吴、會，猶江西之有汝、潁，衣冠人物，千載一時』。及永嘉之末，華夏衣纓，盡過江表。此乃天下之名都。自平陳之後，碩學通儒文人才子莫非彼至。爾等著其風俗，乃爲東夷之人度越禮義，於爾等可乎？然於著術之體，又無次序。各賜杖一頓。」即日，敕追秘書學士十八人修十郡志，内史侍郎虞世基總撿。於是世基先令學士各序一郡風俗，奏擬請體式。學士著作佐郎虞綽序京兆郡風俗，學士宣惠尉陵敬序河南郡風俗，學士宣德郎杜寶序吴郡風俗，四人先成，以簡世基。世基曰：「虞綽序京兆，文理俱贍，優博有餘，然非衆人之所能繼；陵敬論河南，雖文華才富，序事過繁；袁朗、杜寶吴、蜀二序，不略不繁，文理相副，宜具狀以四序奏聞，去取聽敕。」及奏，帝曰：「學士修書，頗得人意。」各賜物二十段。付世基擇善用之。世基乃鈔吴郡序付諸頭，以爲體式。及圖志第一副本新成八百卷，奏之。帝以部秩太少，更遣子細重修成一千二百卷，卷頭有圖，别造新樣，紙卷長二尺。敘山川則卷首有山水圖，敘郡國則卷首有郭邑圖，敘城隍則卷首有公館圖，其圖上山水城邑題書字極細，並用歐陽肅書，即率更令詢之長子，攻于草隷，爲時所重。

清·王士禎《居易録》卷三四 隋大業初，命竇威等撰《區宇圖志》五百餘卷，又命虞世基等撰《十郡志》一千二百卷。其圖序字極細，並歐陽肅書。肅，詢之長子，通之兄也。

清·錢大昕《廿二史考異·〈隋書〉卷二·經籍志二》 《隋區宇圖志》一百二十九卷。按，《崔頤傳》：大業五年，受詔與諸儒撰《區宇圖志》二百五十卷，奏之。帝不善之，更令虞世基、許善心衍爲六百卷。是此書曾經再修。然皆非百廿九卷也。

唐·魏徵等《隋書》卷三三《經籍志二》 《隋區宇圖志》一百二十九卷。

唐·張彦遠《歷代名畫記》卷三《述古之秘畫珍圖》 《區宇圖》。一百二十八卷，每卷首有圖。虞茂氏撰。

五代·劉昫等《舊唐書》卷四六《經籍志上》 《區宇圖》一百二十八卷。虞茂撰。

宋·歐陽修等《新唐書》卷五八《藝文志二》 虞茂《區宇圖》一百二十八卷。

元·張鉉《至大金陵新志·新舊志引用古今書目》 《區宇圖志》，唐姚思廉。

《隋州郡圖經》

唐·魏徵等《隋書》卷三三《經籍志二》 《隋諸州圖經集》一百卷。郎蔚之撰。

五代·劉昫等《舊唐書》卷四六《經籍志上》 《隋圖經集記》一百卷。郎蔚之撰。

宋·歐陽修等《新唐書》卷五八《藝文志二》 郎蔚之《隋圖經集記》一百卷。

宋·鄭樵《通志》卷六六《藝文略第四》 《隋諸州圖經集記》。郎蔚之撰。

明·焦竑《國史經籍志》卷三《史類》 《隋諸州圖經集記》一百卷。郎蔚之。

《冀州圖經》

唐·魏徵等《隋書》卷三三《經籍志二》 《冀州圖經》。

《齊州圖經》

唐·魏徵等《隋書》卷三三《經籍志二》 《齊州圖經》。

《幽州圖經》

唐·魏徵等《隋書》卷三三《經籍志二》 《幽州圖經》。

《隋西域圖記》

隋·裴矩《西域圖記序》 臣聞禹定九州，導河不踰積石；秦兼六國，設防止及臨洮。故知西胡雜種，僻居遐裔，禮教之所不及，書典之所罕傳。自漢氏興基，開拓河右，始稱名號者，有三十六國，其後分立，乃五十五王。仍置校尉、都護，以存招撫。然叛服不恒，屢經征戰，後漢之世，頻廢此官。雖大宛以來，略知户數，而諸國山川未有名目。至如姓氏風土，服章物産，全無纂録，世所弗聞。復以春秋遞謝，年代久遠，兼并誅討，互有興亡。或地是故邦，改從今號，或人非舊類，因襲昔名。兼復部民交錯，封疆移改，戎狄音殊，事難窮驗。于闐之北，葱嶺以東，考于前史，三十餘國。其後更相屠滅，僅有十存。自餘淪没，掃地俱盡，空有丘墟，不可記識。

皇上膺天育物，無隔華夷，率土黔黎，莫不慕化。風行所及，日入以來，職貢皆通，無遠不至。臣既因撫納，監知關市，尋討書傳，訪採胡人，或有所疑，即詳衆口。依其本國服飾儀形，王及庶人，各顯容止，即丹青模寫，爲《西域圖記》，共成三卷，合四十四國。仍別造地圖，窮其要害。從西頃以去，北海之南，縱横所亘，將二萬里。諒由富商大賈，周遊經涉，故諸國之事，罔不徧知。復有幽荒遠地，卒訪難曉，不可憑虚，是以致闕。而二漢相踵，西域爲傳，户民數十，即稱國王，徒有名號，乃乖其實。今者所編，皆餘千户，利盡西海，多産珍異。其山居之屬，非有國名，及部落小者，多亦不載。

發自敦煌，至于西海，凡爲三道，各有襟帶。北道從伊吾，經蒲類海鐵勒部、突厥可汗庭，度北流河水，至拂菻國，達于西海。其中道從高昌、焉耆、龜兹、疏勒，度葱嶺，又經鈸汗，蘇對沙那國，康國，曹國，何國，大、小安國，穆國，至波斯，達于西海。其南道從鄯善、于闐、朱俱波、喝槃陀，度葱嶺，又經護密、吐火羅、挹怛、忛延、漕國，至北婆羅門，達于西海。其三道諸國，亦各自有路，南北交通。其東女國、南婆羅門國等，並隨其所往，諸處得達。故知伊吾、高昌、鄯善，並西域之門户也。總湊敦煌，是其咽喉之地。

以國家威德，將士驍雄，汎濛汜而揚旌，越崑崙而躍馬，易如反掌，何往不至！但突厥、吐渾分領羌胡之國，爲其擁遏，故朝貢不通。今並因商人密送誠款，引領翹首，願爲臣妾。聖情含養，澤及普天，服而撫之，務存安輯。故皇華遣使，弗動兵車，諸蕃既從，渾、厥可滅。混一戎夏，其在兹乎！不有所記，無以表威化之遠也。

唐・魏徵等《隋書》卷三三《經籍志二》《隋西域圖》三卷。裴矩撰。

宋・歐陽修等《新唐書》卷五八《藝文志二》裴矩又撰《西域圖記》三卷。

宋・鄭樵《通志》卷六六《藝文略四》《隋西域圖》三卷。裴矩撰。

宋・鄭樵《通志》卷七二《圖譜略第一・記無・地理》裴矩《西域圖》。

明・焦竑《國史經籍志》卷三《史類》《西域圖》三卷。裴矩。

《西域道里記》

唐・魏徵等《隋書》卷三三《經籍志二》《西域道里記》三卷。

五代・劉昫等《舊唐書》卷四六《經籍志上》《西域道里記》三卷。

宋・歐陽修等《新唐書》卷五八《藝文志二》程士章《西域道里記》三卷。

宋・鄭樵《通志》卷六六《藝文略第四》《西域道里記》三卷。程士章撰。

明・焦竑《國史經籍志》卷三《史類》《西域道里記》三卷。程士章。

《嶺南地圖》

《（道光）廣東通志》卷一九一《藝文略三・史部二》《嶺南地圖》。隋樊子蓋撰，佚。《隋書・子蓋傳》：開皇初，轉循州刺史。十八年，入朝奏《嶺南地圖》。

《（光緒）廣州府志》卷九一《藝文略二》《嶺南地圖》。隋盧江樊子蓋撰。據《隋書・經籍志》。

《江圖》

唐・魏徵等《隋書》卷三三《經籍志二》《江圖》一卷。張氏撰。《江圖》二卷。劉氏撰。

唐・張彦遠《歷代名畫記》卷三《述古之秘畫珍圖》《江圖》。三，劉氏。又一，張氏。

宋・歐陽修等《新唐書》卷五八《藝文志二》《江圖》二卷。

《九章推圖經法》

唐・魏徵等《隋書》卷三四《經籍志三》《九章推圖經法》一卷。張峻撰。

清・姚振宗《隋書經籍志考證》卷二一《九章推圖經法》一卷，張峻撰。張峻一作張崟，始末並未詳，疑即張邱建。案：此殆以九章之術推算州郡圖經道里之法。

《括地志》《坤元録》

五代・劉昫等《舊唐書》卷四六《經籍志上》《括地志序略》五卷魏王(李)泰撰。

宋・歐陽修等《新唐書》卷五八《藝文志二》《括地志》五百五十卷，又《序略》五卷。魏王(李)泰命著作郎蕭德言、祕書郎顧胤、記室參軍蔣亞卿、功曹參軍謝偃蘇勗撰。

宋・鄭樵《通志》卷六六《藝文略第四》《括地志》五百五十卷，又《序略》五卷。

宋・尤袤《遂初堂書目・地理類》《坤元録》。

元・脱脱等《宋史》卷二〇四《藝文志三》魏王泰《坤元録》十卷。

明・柯維騏《宋史新編》卷四九《藝文志三》魏王泰《坤元録》十卷。

明・焦竑《國史經籍志》卷三《史類》《括地志》五百五十卷。

清・孫星衍《孫氏祠堂書目内編》卷二 魏王泰《括地志》八卷。星衍集本。

清・陳揆《稽瑞樓書目・小樹叢書貯西樓後書室》《括地志》八卷。輯本，二册。

清・張之洞《書目答問・史部》《括地志》八卷。唐魏王泰。孫星衍輯。岱南閣本。

《貞元十道録》

唐・權德輿《權載之文集》卷三五《序・魏國公〈貞元十道録〉序》 序曰：自《夏書・禹貢》《周官・職方》《漢志・地理》，厥後史臣，繼有其書。國家將九夷丕冒，四海梯航，聲朔過前古遠甚。相國魏公明誠，助化育奥，學窮古今。百揆師長，十年樞衡。贊端拱無爲之風，以宥天下，王佐盛業，論著形焉。嘗以爲言區域者，闊略未備，或傳疑失實，於是獻《海内華夷圖》一軸，《古今郡國縣道四夷述》四十卷。盡瀛海之地，窮鞮譯之詞，陳農不獲之書，朱贛未條之俗，貫穿切劘，靡不詳究，開卷盡在，披圖朗然。又提其要會切於今日，爲《貞元十道録》四卷。其首篇自貞觀初，以天下諸州，分隸十道，隨山河江嶺，控帶紆直，割裂經界，而爲都會。在景雲爲案察，在開元爲採訪，在天寶以州爲郡，在乾元復郡爲州。六典地域之差次，四方貢賦之名物，廢置升降，提封險易，因時制度，皆備於編。而又考跡其疆理，以正謬誤，採獲其要害，而陳開置。至若護單于府，並馬邑而北，理榆林關外，宜隸河東樂安。自乾元後，河流改故道，宜隸河南。合川七郡，北與隴坻，南與庸蜀，回遠不相應，宜於武都建都府，以恢邊備。大凡類是者十有二條，制萬方之樞鍵，出千古之耳目，故今之言地理者，稱魏公焉。公之意，豈徒洽聞廣記，以學名家而已哉？蓋體國遠馭，不出户而知天下。親百姓，撫四夷，真宰相之事也。凡今三十一節度，十一觀察，與防禦經略以守臣稱使府者，共五十，列於首篇之末，其三篇則以十道爲準，縣距州，州距兩都，書其道里之數，與其四鄙所抵。其事覈，其言詳，閎覽默識，精微錯綜，斯爲至矣。德輿忝掖垣之屬，承公話言，盱衡屈指，珠貫冰釋，辱命授簡，書其大端，輒罄斐然之詞，豈揚不休之業？時貞元壬午歲夏四月，謹序。

宋・歐陽修等《新唐書》卷五八《藝文志二》賈耽《地圖》十卷。

又《皇華四達記》十卷。

《古今郡國縣道四夷述》四十卷。

《關中隴右山南九州別録》六卷。

《貞元十道録》四卷。

《吐蕃黄河録》四卷。

宋・鄭樵《通志》卷六六《藝文略第四》《貞元十道録》一卷。

元・脱脱等《宋史》卷二〇四《藝文志三》賈耽《皇華四達》十卷，又《貞元十道録》四卷，《國要圖》一卷。

明・柯維騏《宋史新編》卷四九《藝文志三》賈耽《皇華四達》十卷，又《貞元十道録》四卷，《國要圖》一卷。

《元和郡縣圖》

唐・李吉甫《元和郡縣志・原序》 金紫光禄大夫中書侍郎同中書門下平章事兼集賢殿大學士監修國史上柱國趙國公臣李吉甫撰。

臣聞王者建州域，物土疆，觀次于星躔，察法于地理，攷中國山河之象，求二儀險阻之情。天漢明而兩界分，南宫正而五均敘。自黄帝之方制萬國，夏禹之分別九州，辨方經野，因人緯俗，其揆一矣。及秦皇并六國，則罷侯而置守，漢武討百蠻，則窮兵而黷武。雖裂爲郡縣者遠過于殷周，而教令之所行，威懷之所服，亦不越于三代。先天地作限之意，非皇王尚德之仁。誇志役心，久而後悔，由此觀之，則聖人疆理之制，固不在荒遠矣。我國家肇自貞觀至于開元，兼夏商之職貢，掩秦漢之文軌，梯航累乎九譯，庶置通乎萬里，然後分疆以辨之，置吏以康之，任所有而差貢賦，因所宜而制名物。守其要害，險其走集。經理之道，冠乎百王，巍巍乎無得而稱矣。《易》曰：天險不可升，地險山川邱陵。王公設險以守其國，險之時用大矣哉。然則聖人雖設險，而未嘗恃險。施于有備之內，措于立德之中，其用常存，其機不顯，弛張開闔，因變制權，所以裁成二儀，統理萬物。故漢祖入關，諸將爭走金帛之府，惟蕭何收秦圖書，高祖所以知山川阸塞，户口虚實。厥後受命汜水，定都洛陽，留侯演委輅之謀，田肯賀入關之策，事關興替，理切安危，舉斯而言，斷可識矣。伏惟睿聖文武皇帝陛下握樞秉聖，承祧立極，祖堯舜之道，憲文武之程。皇王之遐蹤，行之必至。祖宗之耿光，寢而復耀。天寶之季，王塗暫艱。由是墜綱解而不紐，强侯傲而未肅。逮至興運，盡爲驅除。故蜀有阻隘之夫，吴有憑江之卒，雖完保聚、繕甲兵，莫不手足裂而異處，封疆一平四海。故鄘衛風偃，朔塞砥平，東西南北，無思不服。

臣吉甫當元聖撫運之初，從内庭視草之列，尋備衮職，久塵台階，每自循省，赧然收汗。謨明弼諧，誠淺智之不及；簿書期會，亦散材之不工。久而伏思，方得所効。以爲成當今之務，樹將來之勢，則莫若版圖地理之爲切也。所以前上《元和國計簿》，審户口之豐耗。續撰《元和郡縣圖志》，辨州域之疆理。時獲省閱，或裨聰明。豈欲希酇侯之規模，庶乎盡朱贛之條奏。況古今言地理者凡數十，家尚古遠者或搜古而略今，採謠俗者多傳疑而失實，飾州邦而敘人物，因邱墓而徵鬼神，流于異端，莫切根要。至于邱壤山川，攻守利害，本于地理者，皆略而不書，將何以佐明王扼天下之吭，制羣生之命？收地保勢勝之利，示形束壤制之端，此微臣之所以精研，聖后之所宜周覽也。謹上《元和郡縣圖志》，起京兆府，盡隴右道，凡四十七鎮，成四十卷。每鎮皆圖在篇首，冠于敘事之前，并目録兩卷，總四十二卷。臣學非博聞，識愧經遠，馳騖雖久，漏略猶多。輕瀆宸嚴，退增戰越。謹上。

清・孫星衍《孫淵如先生全集・岱南閣集》卷二《元和郡縣圖志序》　地里之學，古有所受。《古文尚書》山川，見於《班史地理志》；《春秋》土地名，見於杜預《釋例》；魏、晉、六朝人地里書，見於《水經注》及《括地志》。而摯虞、陸澄、任昉、顧野王之書，先後散失，《水經注》止記川流經過，其於郡縣故迹，不能備載。唐魏王泰所撰《括地志》，其佚僅見于唐宋傳注，全書久亡。今惟李吉甫所著《元和郡縣圖志》獨存。志載州郡都城，山川塚墓，皆本古書，合於經證，無不根之説，誠一代之鉅製。古今地里書，賴有此以箋經注史，此其所以長也。但不載書傳名目，又間有異説及疏漏之條，若大壞不在成皋，大別不在安豐，魚台不載伏羲陵，曹縣不載湯塚之類，是其小疵，然其大體詳贍，可以證今方志鄉壁虚造之説，無此書而地里之學幾絶矣。吉甫又撰《十道志》，與此志相發明，故《金田肇碑》引李吉甫《十道圖》云：「兖州之境，伏羲陵卻不見於郡縣誌」，又不得以疏漏譏之。其書篇首有圖，《中興書目》及晁公武《讀書志》皆云闕不存，蓋亡于宋。今本卷十八河北道景州闕五縣，卷十九河北道，卷二十、二十三山南道，卷二十四淮南道，卷三十五、三十六嶺南道俱闕，共存三十四卷。此又宋已後所亡佚矣。予所見有聚珍版本，此本假得于曲阜孔氏。卷末有淳熙間程大昌、洪邁及張子顔兩跋，蓋即大昌録寄子顔版傳之本也。孔農部繼涵嘗以江南進本及翁學士萬綱藏本合校，補正訛脱，周夢棠又剌取傳記，附闕卷逸文及補目録一卷於後，今並刊行之。近人刊《太平寰宇記》，或加删削，以爲孔子不應列曲阜藏文仲後，而並去之。又以《竹書紀年》諸書不足信，而删其語。予嘗惜之。今刻此書，不移其卷，以存史闕文之義。圖雖亡，仍題《元和郡縣圖志》，以從其朔。《括地志》《寰宇記》長於此書者，以載所出各書，但非此志不足補魏王泰之佚，開樂史之先，尤當與二書相輔行世。地理之學，通于政事。《周官》稱：大司徒之職，以天下土地之圖，周知九州之地域，廣輪之數，辨其山林、川澤、邱陵、墳衍、原隰之名物。夏官司險，秋官職方，亦各有所掌而周知之。吉甫爲樓筠之子，德裕之父，三世爲相，其秉政時，爲帝言屬郡刺史得自爲政，則風化可成。嘗節度淮南，築富民、固本二塘及平津堰。再入朝，奏收都畿佛祠田磑租入以寬貧民。又請任薛平爲義成節度使，以重兵控邢洺。圖上河北險要，皆切時政之本務。嘗撰《百司舉要》及《六代略》諸書，悉經世之學。此志爲元和八年奏御之本，文義簡括，便上省覽，以達地形，宰相須用讀書人，豈不信哉？嘉慶元年正月朔，校刊此書。至五月五日畢工，與校者畢孝廉以田錢文學鏞也。賜進士及第，除授翰林院編修，刑部郎中、分巡山東兖沂曹濟兼管驛傳水利黄河兵備道、兼署運河道、署山東等處提刑按察使陽湖孫星衍撰。

宋・程大昌《元和郡縣圖志後序》　右《元和郡縣圖志》四十卷，唐宰相李吉甫所上也。吉甫病古今地理家著録不得其要，獨取蕭何收秦圖書而究天下阸塞户口多少者以爲準則，則不待詳閲其書，而其體要卓然可紀也已。吉甫再相，蓋元和六年。此志自載其所嘗建白者二事：改復天德舊城，則在八年；更置宥州于經略軍，則在九年。其年十月，吉甫遂薨于位，則是書又其當國日久，乃始纂述。此于唐家郡縣疆境，方面險要，必皆熟按當時圖籍言之，最爲可據。又其言曰：志凡四十七鎮，鎮皆有圖冠其篇首，故以圖志名之。圖今亡矣，獨志存焉耳。憲宗經略諸鎮，吉甫實贊成之。其于河北、淮西悉嘗圖上地形，憲宗得以坐覽要害而陰定策畫者，圖之助多也，惜乎其不存志傳，寫久有闕逸，又譌誤不敢强補，謹書其有益者，以示可傳而已。淳熙二年五月一日秘書少監臣大昌序。

張幾仲帥襄陽，且行，謂予曰：「以予之好異書，知世間有甚欲之而無其力者矣。之鎮苟暇，期取古書有益者，刻木而布傳之，庶其費寡而人可得，是亦一爲政也。秘藏多書，盍選擇見授？」予思之，有《元和郡縣志》者，其所記地理多唐家制度，本朝疆理天下，率多本唐，則是書之備稽究，特與今宜。予嘗即蓬山藏本之未，敘列其所以可傳者矣。苟欲嘉惠夫人，則莫此爲要，遂録寄之，以遂其雅好。幾仲，名子顔。今以敷文閣待制在鎮。淳熙二年至日新安程大昌泰之書。

宋・洪邁《元和郡縣圖志後序》 右《元和郡縣志》四十卷，目録二卷，唐元和八年丞相李趙公吉甫所上也。後三百六十有三年，今京西牧待制張公幾仲始刻版于襄陽幕府。按，《新唐書・藝文志》著録是書爲五十四卷，《會要》析而兩之，一曰《州縣郡國圖》三十卷，一曰《郡國圖》。其卷與新志同，皆冠以「元和」。三者了不相似，以今所刻證之，皆非也。地理之最，莫切于圖書。周官職方氏掌天下之圖要，周知其利害。沛公入關，蕭何收秦丞相府圖籍，具知阸塞户口多少强弱，處基漢爲雄，光武與鄧禹論天下郡國，亦披輿地圖乃克。見則不出户庭而九州萬里在吾目中，如策馬并轡，援衣挈領，舍此誰則然？方趙公爲相，强藩悍帥，狃貞元餘習，擅地自予，朝廷莫敢詰，而能以期年間易三十六鎮。魏田季安病，公請以滑任薛平，戍重兵邢、洺，因圖上河北險要，憲宗張于浴堂門壁，每歎曰：「朕日按圖，信如卿料。」則其所著書，蓋已見之行事矣，豈直區區紙上語而已哉？幾仲先忠烈王，勲在彝鼎，爲中興社稷臣。幾仲濟美稱家，文史聲猷，有晉宋勝流風度，方守國西門，雍容緩帶，躡叔子、元凱故蹟，一旦天子讀此書，悼河山之獨西，想燕、冀而忼慨，睠焉北顧，思有所出，趙營平不必馳至金城圖上方略，馬伏波不必聚米爲山，指畫形勢。幾仲知之矣，予願拭目焉。本作書之旨，則趙公之敘固在，今揭于篇首。淳熙三年十一月番陽洪邁書。

宋・張子顔《元和郡縣圖志後序》 子顔少有四方志，逮長益篤。比年數被上委使，尋復領符襄州，奏事便殿，上諭曰：「馳驅原隰，爾素志也。顧昧陋何以克承玉音？」洎至郡，每登峴山，撫中原，未始不歎息久之。思有以自効者，浩不知其涯焉。會故人程刑部寄《元和郡縣志》，閲之瞿然有感。仰惟明主扼天下之吭，制羣生之命者，不在兹乎？亟用版傳，以資有志者籌贊恢拓之業。又得程、洪二鉅公題品，詳贍斯文，爲不朽矣。昔司馬子長南遊江淮，上會稽，探禹穴，闚九疑，北涉汶泗，東觀齊魯孔子之遺風，西使巴蜀以還，周覽山川，故其爲文廣博，馳騁古今。愚不敏，詎敢擬一二？惟欲勉馳驅之素志，竭緜薄于異時，蓋有務于是書，亦報上之一云。淳熙三年十二月朔旦上秦張子顔書。

清・孔繼涵《元和郡縣圖志跋》 乾隆三十六年辛卯之夏，於程魚門同年處假得朱竹均學士藏本，歸鈔其副。癸巳歲，胡竹巖待詔同寓大僕寺街壽云簃，爲校之而未竟也。甲午十月，同年李雲門編修偕從子廣森攜浙江所進遺書本來校，又鈔得所脱簡四頁，及補所缺貢賦二處，云《永樂大典》中有是書及《太平寰宇記》足本，以州府散隸於各韻字下，董其總者，憚其檢查煩重，不以付也。憮然久之。乙未七月霪霖，六月十二日新晴頗爽，草摘此目，以便繙閲。原書有目録二卷，應將縣名分隸，斯更瞭然矣。丁孝廉錦鴻云：「吴蘭庭謂是書有郡縣名在元和之後所改者，疑爲後人闌入。然州縣之廢置分合改隸，以之校杜佑《通典》，可得大凡，新、舊書二志皆不及也。乙未七月十三日戊午，是日立秋，孔繼涵記於貝纓衙衕之敏事齋。

清・嚴元照《悔菴學文》卷七《書元和郡縣志後癸亥》 第六卷河南府河南縣「中橋，咸通三年造」。唐懿宗紀元「咸通」，或疑此條後人附益。予讀《唐書・顔杲卿傳》：「禄山縛杲卿於中橋南頭從西第二柱，節解之。」胡身之《通鑒注》曰：中橋，天津中橋也。則中橋非建於懿宗時矣。吴胥石先生教予曰書攷《唐會要》，中橋咸亨三年韋弘機造，《舊唐書・韋機避諱去弘字。傳》有移中橋事，正在高宗時。李吉甫避肅宗諱，故以「亨」爲「通」。《通典》諸卿大夫謚議哀思古，議許敬宗謚亦在咸通三年，此其例也。書中稱「咸亨」者，皆後人妄改，中橋一科改之未盡者耳。今陽湖孫氏刻本徑改爲「咸亨」，失之矣。又曰此書四十卷，見謂無闕者三十四卷，然首卷「京兆府」下即不見昭應縣沿革，覆之當在「新豐」故條之上。書中如此類者恐不少也。

清・孔繼泰《元和郡縣圖志跋》 此書通經樓錢氏鈔本也。戊子秋竹汀錢學士引疾歸里，文學舊交，數相往還，輒以藏書見眎，隱然有同志之許焉。明年秋北上，臨行手贈是書，並《嘯堂集古録》一部，《補漢兵志》一部。好古而能公人，爲世所不及。乾隆己丑七月望後一日識於嘉定之西隱禪寺。

清·程晉芳《勉行堂文集》卷五《元和郡縣圖志跋》　《元和郡縣圖志》四十卷，缺十九、二十、二十三、二十四、三十五、三十六凡六卷，今《永樂大典》中亦無之，蓋書缺久矣。地理專書，《水經》詳于説水，而不能徧及郡縣，自各史志書而外，唐初則有魏王（李）泰《括地志》，其後乃有是書，爲地書鼻祖。其佳處有二焉：一則每郡縣下備列四至，此地學之要，後來所宗；一則古蹟所引不多，唯取以證地所在。其體簡括，固其所長，但地志亦有不容太簡者耳。今以各志及通志攷校之，遺漏正亦不免。如《水經》缺滹沱，而此志足以補之，胡朏明所亟取，宜矣。而雍州下云「武帝太初元年，改内史爲京兆尹」，依《三輔決録》諸書，「内史」上宜有「若」字。又終南山自藍田以至盩厔，總謂之終南。而其地至廣，唐賢好宗《文選》，遂分終南、太乙爲二山，不知終南祠太乙，有峯曰太乙峯，唐人詩句可證也。「細柳原」一條，《上林賦》「登龍臺，掩細柳」，郭璞注：「觀名，在昆明池南」，《後漢書·郡國志》「長安有細柳聚」。此皆不引，獨引（周）亞夫屯軍所，是簡之病也。汴爲春秋鄭國之地，徒云鄭地，亦未盡確。開封（漢）［浚］儀諸縣不載黄河，又不可解也。今《括地志》雖不存，而散見于《史記》《漢書》《資治通鑑注》《太平御覽》者，尚可得十之五六。余恒欲鈔輯爲一編，以與此校對，恨鹿鹿未暇也。

清·黄丕烈《蕘圃藏書題識》卷三《元和郡縣圖志跋》　《郡縣志》近始有聚珍本及岱南閣刻，前此則惟鈔本流傳，然鈔本必以舊乃佳。此本出冶坊濱陳冶泉家。冶泉名樹華，承累代書香之後，由茂才作宦，官至司馬而止。居平手自鈔校諸書，猶及與惠松崖、余蕭客諸君相周旋，故所藏書皆有淵源。罷官後，余猶見其一面。身後書籍零落，半歸他姓。聞有蜀石經《左傳》殘本，見質諸葑門宋于庭孝廉處。宋又隨父任貴州作縣，其物攜行篋中，物主屢欲贖而無由，未知其作何歸結也。今仲魚從坊間購得，不知其書之何來，余悉其原委，因誌數語。蕘翁書於石泉古舍，乙丑六月十日。

是書爲冶泉司馬鈔本，吾友黄君蕘圃既識其原委矣。越二年，又見錢獻之別駕所藏鈔本，每卷題「武陵盧文弨校閲」，蓋從吾郡盧抱經學士校本傳録，而誤書「武林」作「武陵」也。中有孫淵如觀察跋語及評校處，知觀察曾校閲一過，後即刻入岱南閣叢書者，然脱誤甚多，不及此本遠甚。因互爲一校，而并録錢、孫兩家之説。雖寥寥數則，究屬通人之筆，非憑空臆談比耳。嘉慶十二年秋日，海寧陳鱣記。

校后數日，有書賈持鈔本來，係吴中周有香孝廉手校，蓋以孔紅谷農部、翁覃溪學士、戴東原吉士各家藏本彼此相參，補正千有餘處，可稱善本。孫觀察亦據以付刻，因亟對校於是本，復補得第十七卷所闕一葉。然是本亦有勝於周本者，知舊鈔本正不可偏廢也。鱣再筆。

清·盧文弨《抱經堂文集》卷四《補元和郡縣志序乙巳》　唐李吉甫撰《元和郡縣圖志》四十卷，詳略得中，記敘有法，故隋唐志所載地理書多逸而此獨傳，然圖在宋時已亡，其書在者又闕六卷，而第十八卷亦不全。好古者彌加珍惜，不因其不完而遂棄之也。余曩見吴中汪退谷先生《士鉉集》中自言曾補其闕，每思借鈔以成完書，往來吴中，訪求數十年而卒未一遇也。今金陵嚴子（子）進承其家先生之學，以其餘力，因宏憲元書之體例，採掇於《通典》、新舊《唐書》以及《通鑑》《通志》《通考》，復旁涉於《寰宇記》《太平御覽》諸書，整齊薈萃，爲補河北道下景、幽、涿、瀛、莫、平、嬀、檀、薊、營十州三十有九縣，山南道下荆、峽、歸、夔、澧、朗、忠、萬、金、集、壁、巴、蓬、通、開、閬、果、渠十八州九十有二縣，淮南道下揚、楚、滁、和、舒、壽、廬七州三十有二縣，劍南道下霸、乾二州六縣，嶺南道下春、新、雷、羅、高、恩、潘、辯、瀧、勤、崖、瓊、振、儋、萬、安、藤、巖、宜、瀼、籠、田、環、古、容、牢、白、順、繡、鬱、林、黨、竇、禺、廉、義、湯、芝三十有六州百四十有六縣。於是向之所闕，皆完然具備，讀者乃快然而無餘憾。夫充廣聞見，牖迪智識，後人實有賴於前人，而振舉廢墜，補綴闕遺，前人亦重有賴於後人，使人人皆如汪、嚴二君之珍惜愛護，則前人之書亦必不至於闕。顧退谷既補之矣，去今未久而仍失其傳，以余求之之專且久，願一見而不可得，而今乃得此書，以大慰我數十年之積想，其爲愉快何如也！使不出而與世共之，則又懼爲汪書之續，因亟慫恿其開雕焉。他如《九域志》《太平寰宇記》，亦復殘闕不完，吾知世亦必有如嚴子者起而任其責矣夫。

清·王鳴盛《十七史商榷》卷九〇《新舊唐書二十二》　李吉甫作元和郡國圖。舊《李吉甫傳》：吉甫嘗分天下諸鎮，紀其山川險易故事，各寫其圖於篇首，爲五十四卷，號爲《元和郡國圖》。又與史官等録當時户賦兵籍，號爲《國計簿》，凡十卷。皆奏上之。今此書鈔本流傳尚多，而名爲《元和郡縣圖志》。竊以唐與漢不同，當稱「郡縣」，不當稱「郡國」。且今書圖已亡，獨志尚在，不得省「志」字，單稱「圖」。舊傳所載，殆其初成書時未定之名也。自序即係進書表，中云「伏惟睿聖文武皇帝陛下」云云，此尊號據舊《憲宗紀》元和三年正月癸未朔所上也。又云：天寶之季，王途暫艱。墜綱解而不紐，强侯傲而未肅。逮至興運，盡爲驅除，蜀有阻隘之夫，吳有憑江之卒，莫不手足裂而異處，封疆一乎四海。蜀謂劉闢，吳謂李錡。平蜀在元和元年，平吳在二年，表中但舉此兩事，餘平叛皆不及。進書時淮蔡未平故也。又云「臣吉甫當元聖撫運之初，從内廷視艸之列，尋備袞職，久塵台階」云云。舊傳：憲宗即位，召入翰林爲學士，轉中書舍人。二年春，擢中書侍郎、平章事。本紀則在元和二年正月己卯是也。又云「每自循省，赧然收汗，久而伏思，方得所効。以爲成當今之務，樹將來之勢，莫若版圖地理爲切。所以前上《元和國計簿》，審户口之豐耗；續譔《元和郡縣圖志》，辨州域之疆理。」「起京兆府，盡隴右道，凡四十七鎮，成四十卷。每鎮皆圖在篇首，冠於敍事之前，并目録兩卷，總四十二卷。」案：舊傳不言進書何年，然先言郡國圖，後言國計簿。《憲宗紀》則云元和二年十二月己卯史官李吉甫譔《元和國計簿》，八年二月辛艸宰相李吉甫進所譔《元和郡國圖》三十卷，又爲《十道州郡圖》五十四卷。據此，則《國計簿》在前，《郡縣圖志》在後，與進書表合。但彼文之上文二年春正月，吉甫已入相，即十二月之甲寅，亦書宰相李吉甫封贊皇公矣，不應於進書忽改稱史官，此非是。又《州郡圖》當即《郡國圖》，非有二，重言之亦非。若其卷數，或云三十，或云五十四，皆與進書表不合，未詳。是年進書，明年冬吉甫卒矣。亦見舊傳。

杜佑《通典・州郡門序目》云：「凡言地理者多矣，在辨區域，徵因革，知要害，察風土，纖介畢書，樹石無漏，動盈百軸，豈所謂撮機要者乎？如誕而不經，偏記雜説，何暇徧舉？或覽之者不責其略焉。」自注云：「謂辛氏《三秦記》、常璩《華陽國志》、羅含《湘中記》、盛宏之《荆州記》之類，皆述鄉國靈怪，人賢物盛，參以實證，則多紕謬，既非通論，不暇取之矣。」[李]吉甫進書表亦云：「古今言地理者，凡數十家。尚古遠者，或搜古而略今；採謡俗者，多傳疑而失實。飾州邦而敍人物，因邱墓而徵鬼神，流於異端，莫切根要。至于邱壤山川，攻守利害，本于地理者，皆略而不書，將何以佐明王扼天下之吭？制羣生之命，收地保勢勝之利，示形束壤制之端。此微臣之所以精研，聖后之所宜周覽也。」此二段議論，實獲我心，二公皆唐中葉良臣，學行名位竝高，固宜辭尚體要，若合符節，抑豈獨談地理者當如是？凡天下一切學問，皆應以根據切實，詳簡合宜，内關倫紀，外繫治亂，方足傳後，掇拾嵬瑣，騰架空虚，欲以譁世取名，有識者厭薄之。

杜李兩家書佳處，只在體段規模，其學之狥俗，則限於時代，又開趙宋氣習，地理沿革冗亂，本易差譌，再加以後人好改前人舊説，則治絲而棼之矣。前論杜佑之謬，而吉甫亦所不免，觀予《禹貢後案》所駁諸條自明。

《元和志》世無刻本，傳鈔者缺第十八卷第十一葉以下及第十九、第二十、第二十三、第二十四、第三十五、第三十六卷。河南府河南縣中橋，咸通三年造。咸通是懿宗號，三年上距吉甫之卒，已四十九年。則此書後人附益者多，别見予所著《蛾述編・説録門》。

自唐以前，餘偏方紀載外，其通天下地理書，如京相璠《土地名》、闞駰《十三州志》、魏王泰《括地志》之類，皆無存者。有之，自《元和志》爲始。宋樂史《太平寰宇記》，王存《元豐九域志》，歐陽忞《輿地廣記》，祝穆《方輿勝覽》，元無名氏《混一方輿勝覽》，皆可參取，要不及《元和志》。

清・王鳴盛《蛾術編》卷一二《説録十二・元和郡縣圖志》 《舊唐書》：李吉甫，字宏憲，趙郡人。分天下諸鎮，紀其山川險易故事，各寫其圖于篇首，爲五十四卷，號爲《元和郡國圖》。今此書抄本流傳甚多，而名爲《元和郡縣圖志》。竊以唐與漢不同，當稱「郡縣」，不當稱「郡國」。且今書圖已亡，獨志在，不得省「志」字。舊傳所載其初成書時未定之名也。河南府河南縣中橋，咸通三年造，上距吉甫卒已四十九年，則此書後人附益者多矣。鶴壽案：是書名稱不一。《舊唐書・憲宗紀》云：元和八年，李吉甫進《元和郡國圖》三十卷，《十道州郡圖》五十四卷。《唐會要》作《元和州縣郡國圖》。《新唐書・藝文志》云：李吉甫《元和郡縣志》五十四卷，《十道圖》十卷。宋國史志作《元和郡國志》。《中興書目》云：自京兆府至隴右四十七鎮，皆圖在篇首。今本四十卷，并目録二卷，圖闕，題爲《郡縣圖志》。

清・葉德輝《郋園讀書志》卷四 《元和郡縣圖志》四十卷。千頃堂藏鈔本。

前人好藏書之家，于新刻所無之書，不惜重資購求名鈔，或僱書生影寫宋槧，傳録孤本異書，此鈔本書所以尤爲人所珍祕也。此《元和郡縣圖志》四十卷，分四厚册裝釘，每册前一葉有「千頃堂圖書」五字，白文篆書方印；「大興朱氏竹君藏書之印」十字，朱文篆書長方印；「好學爲福齋藏」六字，朱文篆書方印；「慕齋鑒定」朱文篆書圓印；「宛平王氏家藏」六字，白文篆書方印。蓋本黄虞稷家中舊藏，傳至朱竹君學士家。朱印纍纍，授受可攷也。

此書《四庫全書·史部·地理類》著録，「提要」云：闕第十九卷、二十卷、二十三卷、二十四卷、二十六卷、三十六卷，其第十八卷則闕其半，二十五卷亦闕二葉。今此鈔本闕卷闕頁相同，知其亡佚久矣。

四庫本合併闕卷，仍爲四十卷，以活字印行，即世行武英殿聚珍本也。陽湖孫淵如觀察星衍於嘉慶元年重刊殿本，補《拾遺》二卷，列入《岱南閣叢書》中。光緒辛卯，江陰繆小山學丞荃孫於《永樂大典》搜得逸文，分三卷刻入《雲自在龕叢書》，其闕文已得十之六七。若依原書體例，按郡縣排入，庶可稍還舊觀。雖然唐元和至今已及千年，宋元舊槧久已無傳，留此精鈔，亦足爲連廚生色，故特重加裝飾，以待來者寶重焉。

宋·歐陽修等《新唐書》卷五八《藝文志二》 李吉甫《元和郡國圖誌》五十四卷。又《十道圖》十卷。

宋·鄭樵《通志》卷六六《藝文略第四》 《元和郡縣圖志》五十四卷，李吉甫撰。

宋·尤袤《遂初堂書目·地理類》 《元和郡縣圖志》。

宋·陳振孫《直齋書録解題》卷八《地理類》 《元和郡縣志》四十卷。案：《新唐書·藝文志》：李吉甫《元和郡縣圖誌》五十四卷。

李吉甫撰。自京兆至隴右，凡四十七鎮，篇首有圖，今不存。

元·馬端臨《文獻通考》卷二〇四《經籍考三十一》 《元和郡縣志》四十卷。

《(景定)建康志》卷三三《文籍志一·書籍·圖志之目》 《元和郡縣圖》。

元·脱脱等《宋史》卷二〇四《藝文志三》 李吉甫《元和郡國圖志》四十卷。

明·楊士奇等《文淵閣書目》卷四《古今志》 《元和郡縣圖志》十八册。

明·柯維騏《宋史新編》卷四九《藝文志三》 李吉甫《元和郡國圖志》四十卷。

明·焦竑《國史經籍志》卷三《史類》 《元和郡縣圖志》五十四卷。李吉甫。

清·錢謙益《絳雲樓書目》卷一《地志類》 《元和郡國圖志》八册。

清·季振宜《季滄葦藏書目》 李吉甫《元和郡縣志三十六卷》。抄。

清·永瑢等《四庫全書總目》卷六八《史部二十四·地理類一》 《元和郡縣志》四十卷。浙江巡撫採進本。

唐李吉甫撰。吉甫字宏憲，趙州人。御史大夫栖筠之子，以蔭補左司禦率府倉曹參軍。貞元初，爲太常博士，官至中書侍郎，同中書門下平章事，卒謚忠懿。事迹具《唐書》本傳。是書據宋洪邁跋，稱爲元和八年所上，然書中更置「宥州」一條，乃在元和九年，蓋其事爲吉甫所經畫，故書成之後，又自續入之也。前有吉甫原序，稱起京兆府，盡隴右道，凡四十七鎮，成四十卷。每鎮皆圖在篇首，冠於敘事之前。並目録兩卷，共成四十二卷，故名曰《元和郡縣圖志》。後有淳熙二年程大昌跋，稱圖至今已亡，獨志存焉，故《書録解題》惟稱《元和郡縣志》四十卷。此本又闕第十九卷、二十卷、二十三卷、二十四卷、二十六卷、三十六卷，其第十八卷則闕其半，二十五卷亦闕二頁，又非宋本之舊矣。篇目斷續，頗難尋檢。考《水經註》本四十卷，至宋代佚其五卷，故水名闕二十有一。南宋刊版仍均配爲四十卷，使相聯屬。今用其例，亦重編爲四十卷，以便循覽。仍註其所闕於卷中，以存舊第。其書《唐志》作五十四卷，證以吉甫之原序，蓋《志》之誤。又按《唐六典》及新、舊《唐書·地理志》，貞觀初，分天下爲十道，一關内道，二河南道，三河東道，四河北道，五山南道，六隴右道，七淮南道，八江南道，九劍南道，十嶺南道。此書移隴右爲第十，殆以中葉後陷没吐蕃，故退以爲殿。至淮南一道，在今本闕卷之中。以《唐志》淮南道所屬諸州考之，今本河南道内有所屬申、光二州列蔡州之後，江南道内有所屬之蘄、黄、安三州列鄂、沔二州之後，似乎傳寫之錯簡。然考《唐書·方鎮表》，大曆十四年，淮西節度使復治蔡州，尋更號申光蔡節度使。又永泰元年，蘄、黄二州隸鄂岳節度，升鄂州都團練使爲觀察使，增領岳、蘄、黄三州。元和元年，升鄂州觀察使爲武昌軍節度使，增領安、黄二州，則申州、光州嘗由淮南道割隸河南道，蘄州、安州、黄州亦嘗由淮南道割隸江南道。《唐志》偶失移併，非今本錯亂也。輿記、圖經，隋唐志所著録者，率散佚無存。其傳於今者，惟此書爲最古，其體例亦爲最善。後來雖遞相損益，無能出其範圍。今録以冠地理總志之首，著諸家祖述之所自焉。

清·孫星衍《孫氏祠堂書目内編》卷二 《元和郡縣志》四十卷。唐李吉甫撰。星衍校刊本。

清·陳揆《稽瑞樓書目·附記各櫥分貯前後書室》 《元和郡縣志》八册。又補志二册。

清·陳揆《稽瑞樓書目·小櫥叢書貯西樓後書室》 《元和郡縣志》四十卷。舊鈔。八册。

清·張金吾《愛日精廬藏書志》卷一五《史部·地理類》 《元和郡縣志》四

十卷。舊抄本。

唐金紫光禄大夫、中書侍郎、同中書門下平章事兼集賢殿大學士、監修國史、上柱國、趙國公臣李吉甫撰。闕卷十九、二十，卷二十三、二十四，卷二十六，卷三十六，凡六卷。自序。

清·瞿鏞《鐵琴銅劍樓藏書目録》卷一一《史部四·地里類》《元和郡縣圖志》四十二卷。舊鈔本。

題金紫光禄大夫、中書侍郎、同中書門下平章事兼集賢殿大學士、監修國史、上柱國、趙國公臣李吉甫撰并序。又程大昌後序，洪邁、張子顔跋。舊有圖，宋時已失。原闕第十九、二十卷，二十三、二十四卷，三十六卷。其第十八卷闕其半，二十五卷闕二葉。是本舊爲顧俠君藏書，元和戈小蓮襄以朱筆參校，卷末有顧千里題記云：「新刻不如此鈔本遠甚，惜乏暇日審正之」。卷首有「秀野草堂顧氏藏書印」朱記。

清·莫友芝《宋元舊本書經眼録》卷二《元和郡縣圖志》四十卷，《目録》一卷。舊鈔本。

每半葉十六行，行四十字，其每卷書題竝有圖字，蓋據宋淳熙三年張幾仲名子顔。帥襄陽刊本過録，有程泰之名大昌。淳熙二年五月序，序後復有「是年長至泰之以是書付幾仲」識語，又有淳熙三年十一月番陽□□□序，則爲幾仲刊書作。按，是書本有圖，至宋已亡，見泰之序中。書題「圖」字自舊，近今傳本乃刪之耳。元闕卷十九之河北道四，卷二十之山南道一，卷二十三之山南道四，卷二十四之淮南道一，三十五、六嶺南道二、三，凡六卷。

清·陸心源《皕宋樓藏書志》卷二九《史部·地理類》《元和郡縣圖志》四十卷。影寫宋淳熙刊本。惠定宇舊藏。【略】

《元和郡縣圖志》四十卷。舊鈔本。洪稚存舊藏。

唐金紫光禄大夫、中書侍郎、同中書門下平章事兼集賢殿大學士、監修國史、上柱國、趙國公臣李吉甫撰。

自序。程大昌跋。淳熙二年。又跋。洪邁跋。張子顔跋。

清·丁立中《八千卷樓書目》卷六《史部》《元和郡縣志》四十卷。唐李吉甫撰。影宋抄本。鑑止水齋抄本。聚珍板本。閩刊本。岱南閣刊本。

清·丁丙《善本書室藏書志》卷一一《史部十一上》《元和郡縣圖志》四十卷。精鈔本。西泠吴氏繡谷亭藏書。

金紫光禄大夫、中書侍郎、同中書門下平章事兼集賢殿大學士、監修國史、上柱國、趙國公臣李吉甫撰。

前有吉甫自序。吉甫，字宏憲，趙州人。卒謚忠懿，唐史有傳，後有淳熙二年程大昌，三年洪邁、張子顔序。《四庫簡明目録》云：舊有四十七圖，冠諸鎮之首，至宋已佚。此本又佚七卷有半。今仍釐爲四十卷，古輿記中存於今者，惟此爲最古。是志爲吴焯所藏，有康熙丁酉十一月二十日記云：唐李吉甫撰《元和郡縣志》四十卷。篇首有圖，凡海宇要隘依約可覩，得王公之道焉。其後圖既散亡，志亦闕逸，已見程大昌後跋中，則編中闕文在宋時已然矣。余今以唐書校之，計闕者河北道後一卷，山南道前一卷，淮南道前二卷，嶺南道中二卷，凡六卷，餘並完好。第不知焦氏何所據而指爲五十四卷也。且前表云「併目録二卷，總四十二卷」。今目亦逸去，蓋是編字跡嚴祕，流傳甚稀，余搜求廿年始獲得之，維日冬至披此，良快心志，篝燈泛覽，不覺達曙，明日再書云。今年修錢塘邑志，紀山至百九十有奇，而此志中於縣僅載二山，其界石山之名在宋代諸志中已無之。遥遥一千年，舊名復得，展卷狂喜。又朱筆記「此書流傳絶少，苦無對本校理，(困)(因)取《太平寰宇記》並勘，改正頗多。乙巳十月晦日。有「繡谷薰習」「西泠吴氏吴焯尺鳧」「手典山川」「爲流傳勿損污」「瓶□主人」諸印。

清·張之洞《書目答問·史部》《元和郡縣志》四十卷。唐李吉甫。附《拾遺》二卷。嚴觀。岱南閣本。又聚珍本、福本無《拾遺》。

《唐十道四蕃志》

宋·鄭樵《通志》卷六六《藝文略第四》《十道志》十六卷。梁載言撰。

宋·晁公武《郡齋讀書志》卷八《地里類》《十道志》十三卷。

右唐梁載言撰。唐分天下爲十道。所載頗詳博，其書多稱咸通中沿革。載言，蓋唐末人也。

宋·尤袤《遂初堂書目·地理類》《十道四番記》。

宋·陳振孫《直齋書録解題》卷八《地理類》《唐十道四蕃志》十卷。案：《文獻通攷》作十三卷。唐太府少卿梁載言撰，其書廣記備言，頗可觀。載言不見於史。又有《具員故事》，題「鳳閣舍人」，及《梁四公記》亦云載言所録。

元·馬端臨《文獻通考》卷二〇四《經籍考三十一》《十道志》十三卷。

元·脱脱等《宋史》卷二〇四《藝文志三》 梁載言《十道四蕃志》十五卷。

明·楊士奇等《文淵閣書目》卷四《古今志》 《十道四蕃志》一册。

明·柯維騏《宋史新編》卷四九《藝文志三》 梁載言《十道四蕃志》十五卷。

明·焦竑《國史經籍志》卷三《史類》 《十道志》十六卷。梁戴言。

又 《十道四蕃志》三卷。梁戴言。

《域中郡國山川圖經》

宋·王應麟《玉海》卷一四《地理》 《書目》：《域中郡國山川圖經》一卷，韋瑾撰。始關内，終劍南。爲圖。

元·脱脱等《宋史》卷二〇四《藝文志三》 韋瑾《域中郡國山川圖經》一卷。

明·柯維騏《宋史新編》卷四九《藝文志三》 韋瑾《域中郡國山川圖經》一卷。

《兩京道里記》

宋·王堯臣等《崇文總目》卷四《地理類》 《兩京道里記》二卷。

宋·歐陽修等《新唐書》卷五八《藝文志二》 《兩京道里記》三卷。

宋·鄭樵《通志》卷六六《藝文略第四》 《兩京道里記》三卷。唐世記洛陽至長安道路事。

宋·尤袤《遂初堂書目·地理類》 《兩京道里記》。

元·脱脱等《宋史》卷二〇四《藝文志三》 《兩京道里記》。不知作者。

明·柯維騏《宋史新編》卷四九《藝文志三》 《兩京道里記》。不知作者。

《湘州圖記》

五代·劉昫等《舊唐書》卷四六《經籍志上》 《湘州圖記》一卷。

《潤州圖經》

五代·劉昫等《舊唐書》卷四六《經籍志上》 《潤州圖經》二十卷。

《大唐西域記》

唐·玄奘《西域記序》 歷選皇猷，遐觀帝録，庖羲出震之初，軒轅垂衣之始，所以司牧黎元，所以疆畫分野，暨乎唐堯之受天運，光格四表，虞舜之納地圖，德流九土。自兹已降，空傳書事之册，逖聽前修，徒聞記言之史，豈若時逢有道，運屬無爲者歟？我大唐御極則天，乘時握紀，一六合而光宅，四三皇而照臨，玄化滂流，祥風遐扇，同乾坤之覆載，齊風雨之鼓潤，與夫東夷入貢，西戎即叙，創業垂統，撥亂反正，固以跨越前王，囊括先代。同文共軌，至治神功，非載紀無以贊大猷，非昭宣何以光盛業！玄奘輒隨游至，舉其風土，雖未考方辨俗，信已越五踰三。含生之儔，咸被凱澤；能言之類，莫不稱功。越自天府，暨諸天竺，幽荒異俗，絶域殊邦，咸承正朔，俱霑聲教。贊武功之績，諷成口實；美文德之盛，鬱爲稱首。詳觀載籍，所未嘗聞；緬惟圖牒，誠無與二。不有所叙，何記化洽？今據聞見，於是載述。

然則索訶世界舊曰娑婆世界，又曰娑訶世界，皆訛也。三千大千國土，爲一佛之化攝也。今一日月所照臨四天下者，據三千大千世界之中，諸佛世尊皆此垂化，現生現滅，導聖導凡。蘇迷盧山唐言妙高山。舊曰須彌，又曰須彌婁，皆訛略也。四寶合成，在大海中，據金輪上；日月之所照迴，諸天之所遊舍。七山七海，環峙環列。山間海水，具八功德。七金山外，乃鹹海也。海中可居者，大略有四洲焉。東毗提訶洲，舊曰弗婆提，又曰弗于逮，訛也。南贍部洲，舊曰閻浮提洲，又曰剡浮洲，訛也。西瞿陀尼洲，舊曰瞿耶尼，又曰劬伽尼，訛也。北拘盧洲。舊曰鬱單越，又曰鳩樓，訛也。金輪王乃化被四天下，銀輪王則政隔北拘盧，銅輪王除北拘盧及西瞿陀尼，鐵輪王則惟贍部洲。夫輪王者，將即大位，隨福所感，有大輪寶，浮空來應，感有金、銀、銅、鐵之異，境乃四、三、二、一之差，因其先瑞，即以爲號。

其贍部洲之中地者，阿那婆答多池也。唐言無熱惱。舊曰阿耨達池，訛也。在香山之南，大雪山之北，周八百里矣。金、銀、瑠璃、頗胝，飾其岸焉。金沙彌漫，清波皎鏡。八地菩薩以願力故，化爲龍王，於中潛宅。出清冷水，給贍部洲。是以池東面銀牛口流出殑巨升反。伽河，舊曰恒河，又曰恒伽，訛也。繞池一匝，入東南海；池南面金象口流出信度河，舊曰辛頭河，訛也。繞池一匝，入西南海；池西面瑠璃馬口流出縛芻河，舊曰博叉河，訛也。繞池一匝，入西北海；池北面頗胝師子口流出徙多河，舊曰私陀河，訛也。繞池一匝，入東北海，或曰潛流地下，出積石山，即徙多河之流，爲中國之河源云。

時無輪王應運，贍部洲地有四主焉。南象主則暑溼宜象，西寶主乃臨海盈寶，北馬主寒勁宜馬，東人主和暢多人。故象主之國，躁烈篤學，特閑異術，服則橫巾右袒，首則中髻四垂，族類邑居，室宇重閣。寶主之鄉，無禮義，重財賄，短製左衽，斷髮長髭，有城郭之居，務殖貨之利。馬主之俗，天資獷暴，情忍殺戮，毳帳穹廬，鳥居逐牧。人主之地，風俗機慧，仁義昭明，冠帶右衽，車服有序，安土重遷，務資有類。三主之俗，東方爲上，其居室則東闢其户，旦日則東向以拜。人主之地，南面爲尊。方俗殊風，斯其大概。至於君臣上下之禮，憲章文軌之儀，人主之地，無以加也。清心釋累之訓，出離生死之教，象主之國，其理優矣。斯皆著之經誥，問諸土俗，博關今古，詳考見聞。然則佛興西方，法流東國，通譯音訛，方言語謬，音訛則義失，語謬則理乖。故曰「必也正名乎」，貴無乖謬矣。

夫人有剛柔異性，言音不同，斯則繫風土之氣，亦習俗之致也。若其山川物產之異，風俗性類之差，則人主之地，國史詳焉；馬主之俗，寶主之鄉，史誥備載，可略言矣。至於象主之國，前古未詳，或書地多暑溼，或載俗好仁慈，頗存方志，莫能詳舉。豈道有行藏之致，固世有推移之運乎。是知候律以歸化，飲澤而來賓，越重險而款玉門，貢方奇而拜絳闕者，蓋難得而言焉。由是之故，訪道遠游，請益之隙，有記風土。黑嶺已來，莫非胡俗，雖戎人同貫，而族類羣分，畫界封疆，大率土著，建城郭，務田畜，性重財賄，俗輕仁義，嫁娶無禮，尊卑無次，婦言是用，男位居下，死則焚骸，喪期無數，剺面截耳，斷髮裂裳，屠殺羣畜，祀祭幽魂，吉乃素服，兇則皂衣：同風類俗，略舉條貫，異政殊制，隨地別敘。印度風俗，語在後記。

唐・玄奘《進西域記表》 沙門玄奘言：蟠木幽陵，雲官紀軒皇之壤；流沙滄海，夏載首伊堯之域。西羌白環，薦垂衣之后；東夷楛矢，賄刑措之君。固已飛英曩代，式徽前典。

伏惟陛下握紀乘時，提衡範物。刳舟弦木，威天下而濟羣生；鳌足蘆灰，堙方輿而補圓蓋。曜武經於七德，闡文教於十倫。澤漏泉源，化霑蕭葦，房芝發秀，井浪開華，樂囿馴班，巢阿響律，浮紫膏於貝闕，霏白雲於玉檢。遂使苑若木而池蒙汜，霈炎火而照積氷，梯赤坂而承朔，泛蒼津而委費，史曠前良，事絶故府！豈如漢開張掖，近接金城；秦戍桂林，裁通珠浦而已？

玄奘幸屬天地貞觀，華夷静謐，冥心梵境，敢符好事，命均朝露，力譬秋螽。徒以上假皇靈，下資蝖命，飄身邁迹，求遐自邇。展轉膜拜之鄉，流離重譯之外。條支巨雀，方驗前聞；罽賓孤鸞，還稽曩實。時移歲積，人欲天從。遂得下雪岫而泛提河，援鶴林而栖鷲嶺，祇園之路麗迤空存，王舍之基婆陁可陟。尋求歷覽，言反帝京，忽將二紀，所聞所見，百有卅八國。

竊以章亥之所踐籍，空陳廣袤；夸父之所凌厲，無述土風。班超侯而未遠，張騫望而非博。至於玄奘所記，微爲詳盡，其迂辭瑋説，多從翦棄，綴爲《大唐西域記》一十二卷，繕寫如別。

玄奘稟質愚魯，昧於緗實，望須之右筆，篣以左言，截此蕪辭，採其實録，標百王之稱首，符九丘於皇代！庶使《山經》闕彩，《汲傳》韜華。無任區區，謹指闕奉進，輕塵旒扆，伏深戰灼！謹言。

貞觀廿年七月十三日沙門玄奘狀上。

唐・辨機《大唐西域記讚》 大矣哉，法王之應世也！靈化潛運，神道虚通。盡形識於沙界，絶起謝於塵劫。形識盡，雖應生而不生；起謝絶，示寂滅而無滅。豈實迦維降神，娑羅潛化而已。固知應物效靈，感緣垂迹，嗣種刹利，紹胤釋迦，繼域中之尊，擅方外之道。於是捨金輪而臨制法界，摛玉毫而光撫含生。道洽十方，智周萬物。雖出希夷之外，將庇視聽之中。三轉法輪於大千，一音振辯於羣有。八萬門之區別，十二部之綜要。是以聲教之所霑被，馳鶩福林；風軌之所鼓扇，載驅壽域。聖賢之業盛矣，天人之義備矣！然忘動寂於堅固之林，遺去來於幻化之境，莫繼乎有待，匪遂乎無物。尊者迦葉妙選應真，將報佛恩，集斯法寶。四含總其源流，三藏括其樞要。雖部執兹興，而大寶斯在。粤自降生，洎乎潛化，聖迹千變，神瑞萬殊。不盡之靈逾顯，無爲之教彌新。備存經誥，詳著記傳。然尚羣言紛亂，異議舛馳，原始要終，罕能正説。此指事之實録，尚衆論之若斯，況正法幽玄，至理冲邈，研覈奥旨，文多闕焉。是以前修令德，繼軌譯經之學；後進英彦，踵武缺簡之文。大義鬱而未彰，微言闕而無問。法教流漸，多歷年所，始自炎漢，迄於聖代，傳譯盛業，流美聯暉，玄道未攄，真宗猶昧，匪聖教之行藏，固王化之由致。我大唐臨訓天下，作孚海外，考聖人之遺則，正先王之舊典。闡兹像教，鬱爲大訓，道不虚行，弘在明德。遂使三乘奥義，鬱於千載之下；十力遺靈，閟於萬裏之外。神道無方，聖教有寄，待緣斯顯，其言信矣。夫玄奘法師者，疏清流於雷澤，派洪源於嬀川，體上德之禎祥，蘊中和之淳粹，履道合德，居貞葺行，福樹曩因，命偶昌運。拔迹俗塵，閑居學肆，奉先師之雅訓，仰前哲之令德。負笈從學，遊方請業，周流燕、趙之地，歷覽魯、衛之邦，背三河而入秦中，步三蜀而抵吴會。達學髦彦，遍效請益之勤；冠世英賢，屢申求法之志。側聞餘論，考厥衆謀，兢黨專門之義，俱嫉異道之學。情發討源，志存詳考。屬四海之有截，會八表之無虞，以貞觀三年仲秋朔旦，褰裳遵路，杖錫遐征。資皇化而問道，乘冥祐而孤游。出鐵門、石門之阸，踰凌山、雪山之險，驟移灰管，達於印度。宣國風於殊俗，諭大化於異域。親承梵學，詢謀哲人，宿疑則覽文明發，奥旨則博問高才，啓靈府而究理，廓神衷而體道。聞所未聞，得所未得，爲道場之益友，誠法門之匠人者也。是知道風昭著，德行高明，學藴三冬，聲馳萬里。印度學人，咸仰盛德，既曰經笥，亦稱法將，小乘學徒號木叉提要，唐言解脱天。大乘法衆號摩訶耶那提要。唐言大乘天。斯乃高其德而傳徽號，敬其人而議嘉名。至若三輪奥義，三請微言，深究源流，妙窮枝葉，奂然慧悟，怡然理順，質疑之義，詳諸別録。既而精義通玄，清風載扇，學已博矣，德已盛矣，於是乎歷覽山川，徘徊郊邑。出茅城而入鹿苑，遊杖林而憩雞園，回眺迦維之國，流目拘尸之城。降生故基，與川原而膴膴；潛靈舊址，對郊阜而茫茫。覽神迹而增懷，仰玄風而永歎，匪惟麥秀悲殷，黍離愍周而已。是用詳釋迦之故事，舉印度之茂實，頗採風壤，存記異説。歲月遄邁，寒暑屢遷，有懷樂土，無忘返迹。請得如來肉舍利一百五十粒；金佛像一軀，通光座高尺有六寸；擬摩揭陀國前正覺山龍窟影像金佛像一軀，通光座高三尺三寸；擬婆羅痆斯國鹿野苑初轉法輪像刻檀佛像一軀，通光座高尺有五寸；擬憍賞彌國出愛王思慕如來刻檀寫真像刻檀佛像一軀，通光座高二尺九寸；擬劫比他國如來自天宫降履寶階像銀佛像一軀，通光座高四尺；擬摩揭陀國鷲峯山説《法華》等經像金佛像一軀，通光座高三尺五寸；擬那揭羅曷國伏毒龍所留影像刻檀佛像一軀，通光座高尺有三寸；擬吠舍釐國巡城行化像；大乘經二百二十四部；大乘論一百九十二部；上座部經律論一十四部；大衆部經律論一十五部；三彌底部經律論一十五部；彌沙塞部經律論二十二部；迦葉臂耶部經律論一十七部；法密部經律論四十二部；説一切有部經律論六十七部；因論三十六部；聲論一十三部；凡五百二十夾，總六百五十七部。將弘至教，越踐畏途，薄言旋軔，載馳歸駕。出舍衛之故國，背伽耶之舊郊，踰葱嶺之危隥，越沙磧之險路。十九年春正月，達於京邑，謁帝雒陽。肅承明詔，載令宣譯，爰召學人，共成勝業。法雲再廕，慧日重明。黄圖流鷲山之化，赤縣演龍宫之教。像運之興，斯爲盛矣。法師妙窮梵學，式讚深經，覽文如已，轉音猶響，敬順聖旨，不加文飾，方言不通，梵語無譯，務存陶冶，取正典謨，推而考之，恐乖實矣。有搢紳先生，動色相趨，儼然而進曰：「夫印度之爲國也，靈聖之所降集，賢懿之所挺生，書稱天書，語爲天語，文辭婉密，音韻循環，或一言貫多義，或一義綜多言，聲有抑揚，調裁清濁，梵文深致，譯寄明人，經旨沖玄，義資盛德。若其裁以筆削，調以宫商，實所未安，誠非讜論。」傳經深旨，務從易曉，苟不違本，斯則爲善。文過則黷，質甚則野。讜而不文，辯而不質，則可無大過矣，始可與言譯也。李老曰：美言者則不信，信言者則不美。韓子曰：理正者直其言，言飾者昧其理。是知垂訓範物，義本玄同，庶祛蒙滯，將存利喜，違本從文，所害滋甚，率由舊章，法王之至誠也。緇、素僉曰：「俞乎，斯言讜矣！」昔孔子在位，聽訟文辭，有與人共者，弗獨有也，至於修《春秋》，筆則筆，削則削，游、夏之徒，孔門文學，嘗不能贊一辭焉。法師之譯經，亦猶是也。非如童壽逍遥之集文，任生、肇、融、叡之筆削。況乎園方爲圓之世，斲彫從朴之時，其句增損聖旨，綺藻經文者歟？辯機遠承輕舉之胤，少懷高蹈之節，年方志學，抽簪革服，爲大總持寺薩婆多部道岳法師弟子。雖遇匠石，朽木難彫；幸入法流，脂膏不潤。徒飽食而終日，誠面墻而卒歲。幸藉時來，屬斯嘉會。負燕雀之資，厠鵷鴻之末。爰命庸才，撰斯方誌。學非博古，文無麗藻，磨鈍勵朽，力疲曳蹇，恭承志記，倫次其文，尚書給筆札，而撰録焉。淺智褊能，多所闕漏，或有盈辭，尚無刊落。昔司馬子長，良史之才也，序《太史公書》仍父子繼業，或名而不字，或縣而不郡。故曰：一人之精，思繁文重，蓋不暇也。其況下愚之智，而能詳備哉？若其風土習俗之差，封疆物産之記，性智區品，炎涼節候，則備寫優薄，審存根實。至於胡戎姓氏，頗稱其國，印度風化，清濁羣分，略書梗概，備如前序。賓儀、嘉禮、户口、勝兵，染衣之士，非所詳記。然佛以神通接物，靈化垂訓，故曰：神道洞玄，則理絶人區，靈化幽顯，則事出天外。是以諸佛降祥之域，先聖流美之墟，略舉遺靈，粗申記注。境路盤紆，疆場回互，行次即書，不在編比。故諸印度，無分境壤，散書國末，略指封域。書行者，親遊踐也；舉至者，傳聞記也。或直書其事，或曲暢其文，優而柔之，推而述之，務從實録，進誠皇極。二十年秋七月，絶筆殺青，文成油素，塵黷聖鑒，詎稱天規？然則冒遠窮遐，實資朝化；懷奇纂異，誠賴皇靈。逐日八荒，匪專夸父之力；鑿空千里，徒聞博望之功。鷲山徙於中州，鹿苑掩於外囿。想千載如目擊，覽萬里若躬遊，夐古之所不聞，前載之所未記。至德焘覆，殊俗來王；淳風遐扇，幽荒無外。庶斯地志，補闕《山經》。頒左史之書事，備職方之遍舉。

唐・敬播《大唐西域記序》 竊以穹儀方載之廣，蘊識懷靈之異，《談天》無以究其極，《括地》詎足辯其原？是知方志所未傳、聲教所不暨者，豈可勝道哉！詳夫天竺之爲國也，其來尚矣。聖賢以之疊軫，仁義于焉成俗。然事絶於曩代，壤隔於中土，《山經》莫之紀，《王會》所不書。博望鑿空，徒置懷於邛竹；昆明道閉，謬肆力於神池。遂使瑞表恒星，鬱玄妙於千載；夢彰佩日，祕神光於萬里。暨於蔡愔訪道，摩騰入洛。經藏石室，未盡龍宫之奥；像畫涼臺，寧極鷲峰之美？自兹厥後，時政多虞。閹豎乘權，憒東京而鼎峙；母后成釁，剪中朝而幅裂。憲章泯於函、雒，烽燧警於關塞，四郊因而多壘，況兹邦之絶遠哉！然而鈞奇之客，希世間至。頗存記注，寧盡物土之宜；徒採《神經》，未極真如之旨。有隋一統，實務恢疆，尚且睠西海而咨嗟，望東離而杼軸。揚旌玉門之表，信亦多人；利涉葱嶺之源，蓋無足紀。曷能指雪山而長騖，望龍池而一息者哉！良由德不被物，威不及遠。我大唐之有天下也，闢寰宇而創帝圖，掃攙搶而清天步，功侔造化，明等照臨。人荷再生，肉骨豺狼之吻；家蒙錫壽，還魂鬼蜮之墟。總異類於槁街，掩遐荒於輿地，苑十洲而池環海，小五帝而鄙上皇。法師幼漸法門，慨祇園之莫履；長懷真迹，仰鹿野而翹心。褰裳浄境，實惟素蓄。會淳風之西偃，屬候律之東歸，以貞觀三年，杖錫遵路。資皇靈而抵殊俗，冒重險其若夷；假冥助而踐畏塗，幾必危而已濟。暄寒驟徙，輾轉方達。言尋真相，見不見於空有之間；博考精微，聞不聞於生滅之際。廓群疑於性海，啓妙覺於迷津。於是隱括衆經，無片言而不盡；傍稽聖迹，無一物而不窺。周流多載，方始旋返。十九年正月，屆於長安。所獲經論六百五十七部，有詔譯焉。親踐者一百一十國，傳聞者二十八國，或事見於前典，或名始於今代。莫不餐和飲澤，頓顙而知歸；請吏革音，梯山而奉贐。歡闕庭而相抃，襲冠帶而成羣。爾其物産風土之差，習俗山川之異，遠則稽之於國典，近則詳之於故老。邈矣殊方，依然在目。無勞握槧，已詳油素，名爲《大唐西域記》，一帙十二卷。竊惟書事記言，固已緝於微婉，瑣詞小道，冀有補於遺闕。祕書著作佐郎敬播序之云爾。

唐・于志寧《大唐西域記序》 若夫玉毫流照，甘露灑於大千；金鏡揚輝，薰風被於有截。故知示現三界，粵稱天下之尊；光宅四表，式標域中之大。是以慧日淪影，像化之跡東歸；帝猷宏闡，大章之步西極。有慈恩道場三藏法師，諱玄奘，俗姓陳氏，其先潁川人也。帝軒提象，控華渚而開源；大舜賓門，基歷山而聳搆。三恪照於姬載，六奇光於漢祀。書奏而承朗月，遊道而聚德星。縱壑駢鱗，培風齊翼。世濟之美，鬱爲景胄。法師籍慶誕生，含和降德，結根深而茂，導源浚而靈長。奇開之歲，霞軒月舉；聚沙之年，蘭薰桂馥。洎乎成立，藝殫墳索。九皋載響，五府交辟。以夫早悟真假，夙昭慈慧，鏡真筌而延佇，顧生涯而永息。而朱紱紫纓，誠有界之徽網；寶車丹枕，寔出世之津途。由是擯落塵滓，言歸閑曠。令兄長捷法師，釋門之棟幹者也。擅龍象於身世，挺鶖鷺於當年。朝野挹其風猷，中外羡其聲彩。既而情深友愛，道睦天倫。法師服勤請益，分陰靡棄。業光上首，擢秀檀林；德契中庸，騰芬蘭室。抗策平道，包九部而吞夢；鼓枻玄津，俯四韋而小魯。自兹徧游談肆，載移涼燠，功既成矣，能亦畢矣。至於泰初日月，獨耀靈臺；子雲鞶悦，發揮神府。於是金文暫啓，佇秋駕而雲趨；玉柄纔撝，披霧市而波屬。若會斲輪之旨，猶知拜瑟之微。以瀉瓶之多聞，泛虚舟而獨遠。迺於轘轅之地，先摧鍱腹之誇；井絡之鄉，遽表浮杯之異。遠邇宗挹，爲之語曰：「昔聞荀氏八龍，今見陳門雙驥。」汝、潁多奇士，誠哉此言。法師自幼迄長，游心玄籍。名流先達，部執交馳，趨末忘本，摭華捐實，遂有南北異學，是非紛糾。永言於此，良用憮然。或恐傳譯踳駁，未能筌究，欲窮香象之文，將罄龍宫之目。以絶倫之德，屬會昌之期，杖錫拂衣，第如遐境。於是背玄灞而延望，指葱山而矯跡，川陸綿長，備嘗艱險。陋博望之非遠，嗤法顯之爲局。遊踐之處，畢究方言，鐫求幽賾，妙窮津會。於是詞發雌黄，飛英天竺；文傳貝葉，聿歸振旦。太宗文皇帝金輪纂御，寶位居尊。載佇風徽，召見青蒲之上；乃眷通識，前膝黄屋之間。手詔綢繆，中使繼路。俯摛睿思，乃制《三藏聖教序》，凡七百八十言。今上昔在春闈，裁《述聖記》，凡五百七十九言。啓玄妙之津，盡揄揚之旨。蓋非道映雞林，譽光鷲嶽，豈能緬降神藻，以旌時秀？奉詔翻譯梵本，凡六百五十七部。具覽遐方異俗，絶壤殊風，土著之宜，人倫之序，正朔所暨，聲教所覃，著《大唐西域記》，勒成一十二卷。編録典奥，綜覈明審，立言不朽，其在兹焉。

宋・王堯臣《崇文總目》卷四《地理類》 《大唐西域記》十二卷。

宋・歐陽修等《新唐書》卷五九《藝文志三》 玄奘《大唐西域記》十二卷。姓陳氏，緱氏人。

辯機《西域記》十二卷。

宋・鄭樵《通志》卷六六《藝文略第四》《大唐西域記》十二卷。唐僧元奘撰。《西域記》十二卷。唐僧辨機撰。

宋・陳振孫《直齋書録解題》卷八《地理類》《大唐西域記》十二卷。

唐三藏法師元奘譯，大總持寺僧辨機撰。

元・馬端臨《文獻通考》卷二〇六《經籍考三十三》《大唐西域記》十二卷。

元・脱脱等《宋史》卷二〇四《藝文志三》沙門辨機《大唐西域記》十二卷。

明・柯維騏《宋史新編》卷四九《藝文志三》沙門辨機《大唐西域記》十二卷。

明・陳第《世善堂藏書目録》卷上《西域記》十二卷。僧元奘譯。

清・錢曾《錢遵王述古堂藏書目録》卷八《佛藏》《大唐西域記》十二卷二本。

清・毛扆《汲古閣珍藏秘本書目》《大唐西域記》四本。綿紙精抄。二兩。

清・永瑢等《四庫全書總目》卷七一《史部二十七・地理類四》《大唐西域記》十二卷。浙江鮑士恭家藏本。

唐釋元奘譯，辯機撰。元奘事蹟具《舊唐書》列傳。晁公武《讀書志》載是書，作元奘撰，不及辯機。鄭樵《通志・藝文略》則作《大唐西域記》十二卷，元奘撰；《西域記》十二卷，辯機撰，又分爲兩書。惟陳振孫《書録解題》作大唐三藏法師元奘譯，大總持寺僧辯機撰，與今本合。考是書後有辯機序，略云：「玄奘法師以貞觀三年褰裳遵路，杖錫遐征。薄言旋軔，謁帝洛陽。肅承明詔，載令宣譯。」辯機爲大總持寺弟子，撰斯方志，則陳氏所言爲得其實矣。昔宋法顯作《佛國記》，其文頗畧。《唐書・西域列傳》較爲詳核。此書所序諸國，又多《唐書》所不載。則史所録者朝貢之邦，此所記者經行之地也。《讀書志》載有元奘自序，此本佚之。惟前有尚書左僕射燕國公張説序，後有辯機自序。句下間有註文，或曰唐言某某，或曰某印度境，疑爲原註。又有校正譯語云，舊作某某訛者，及每卷之末附有音釋，疑爲後人所加。第十一卷「僧伽羅國」條中，有「明永樂三年太監鄭和見國王阿烈苦奈兒事，是今之錫蘭山，即古之僧伽羅國也」，至「祈福民庶作無量功德」，共三百七十字，亦註者附記之語，吴氏刊本誤連入正文也。所列凡一百三十八國，中摩揭陀一國釐爲八、九兩卷，記載獨詳。所述多佛典因果之事，而舉其地以實之。晁公武《讀書志》稱，元奘至天竺求佛書，因記其所歷諸國，凡風俗之宜，衣服之制，幅員之廣隘，物産之豐嗇，悉舉其梗概。蓋未詳檢是書，特姑據名爲説也。我皇上開闢天西，咸歸版籍。《欽定西域圖志》徵實傳信，凡前代傳聞之説，一一釐正。此書侈陳靈異，尤不足稽。然山川道里，亦有互相證明者。姑録存之，備參考焉。

清・孫星衍《孫氏祠堂書目内編》卷二《大唐西域記》十二卷。唐釋元奘譯，釋辨機撰。

清・陳揆《稽瑞樓書目・邑中著述捐入興福寺》《大唐西域記》十二卷。四册。

清・楊守敬《日本訪書志》卷六《大唐西域記》十二卷。宋藏經刊本。

明吴琯《古今逸史》有刊本，四庫據以入録。其第十一卷僧伽羅國下，有明永樂三年太監鄭和見國王阿烈苦奈兒事，此校者之語，吴氏誤連入正文。想吴氏所得必傳鈔本，故有斯誤。其實此書明南北藏本皆有之，皆不附鄭和事。此本爲宋理宗嘉熙三年安吉州資福寺刊本，在轉字號，首題《大唐西域記》，次行題「尚書左僕射燕國公製」，不署張説名。宋元高麗藏本皆無之。明藏本始補名。序後題「《大唐西域記》卷第一」，又下行題「三藏法師玄奘奉詔譯」，又下行題「大總持寺沙門辯機撰」，再下一行題「三十四國」，再下三十四國之目，再下爲總序，末有辯機後序。蓋玄奘奉詔譯此書，而辯機但排纂潤色之也。故晁公武《讀書志》謂玄奘撰者以此。《通志略》分玄奘、辯機爲二書，則大謬矣。《讀書志》又載有玄奘自序，則據其目録後總序而言，非本有而脱之也。唯余於日本三緣山所見高麗藏本，前有祕書著作佐郎敬播序，則宋元明藏及日本古活字本皆無之，至明藏本之脱誤，不下數百言，而吴琯本更不足道矣。別詳札記。今附敬播序于左。

《西域圖志》

宋・歐陽修等《新唐書》卷五八《藝文志二》《西域圖志》六十卷。高宗遣使分往康國、吐火羅，訪其風俗物産，畫圖以聞。詔史官撰次，許敬宗領之，顯慶三年上。

五代・劉昫等《舊唐書》卷一九六《敬播傳》永徽初，拜著作郎。與許敬宗等撰《西域圖》。

《中天竺國行記》

唐・張彦遠《歷代名畫記》卷三《述古之秘畫珍圖》《中天竺國圖》。有《行記》十卷,《圖》三卷。明慶三年王玄策撰。

五代·劉昫等《舊唐書》卷四六《經籍志上》 《中天竺國行記》十卷。王玄策撰。

宋·歐陽修等《新唐書》卷五八《藝文志二》 王玄策《中天竺國行記》十卷。

宋·鄭樵《通志》卷六六《藝文略第四》 《中天竺國行記》。王元策撰。

明·焦竑《國史經籍志》卷三《史類》 《中天竺國行記》十卷。王玄策。

《皇華四達記》

宋·洪邁《容齋隨筆·容齋續筆》卷一一《輿地道里誤》 唐賈耽《皇華四達記》所紀中都至外國尤爲詳備,其書虔州西南一百十里至潭口驛,又百里至南康縣,然今虔至潭口才四十里,又五十里即至南康。比之所載,不及半也。以所經行處驗之,知其它不然者多矣。

宋·王堯臣《崇文總目》卷四《地理類》 《皇華四達記》十卷。

宋·歐陽修等《新唐書》卷五八《藝文志二》 賈耽《地圖》十卷,又《皇華四達記》十卷。

宋·鄭樵《通志》卷六六《藝文略第四》 《皇華四達記》十卷。賈耽撰。

宋·尤袤《遂初堂書目·地理類》 《皇華四達記》。

明·柯維騏《宋史新編》卷四九《藝文志三》 賈耽《皇華四達》十卷。

《長安四年十道圖》

五代·劉昫等《舊唐書》卷四六《經籍志上》 《長安四年十道圖》十三卷。

宋·歐陽修等《新唐書》卷五八《藝文志二》 《長安四年十道圖》十三卷。

宋·鄭樵《通志》卷六六《藝文略第四》 《長安四年十道圖》十三卷。

明·焦竑《國史經籍志》卷三《史類》 《長安四年十道圖》十三卷。

《開元三年十道圖》

宋·鄭樵《通志》卷四〇《地理略第一》 《開元十道圖》。臣謹按,唐《開元十道圖》,其山川之所分,貢賦之所出,得《禹貢》别州任土之制,遠不畔古,近不違今,載之《六典》,爲可書也。

五代·劉昫等《舊唐書》卷四六《經籍志上》 《開元三年十道圖》十卷。

宋·歐陽修等《新唐書》卷五八《藝文志二》 《開元三年十道圖》十卷。

宋·鄭樵《通志》卷六六《藝文略第四》 《開元三年十道圖》十卷。

明·焦竑《國史經籍志》卷三《史類》 《開元三年十道圖》十卷。

李吉甫《十道圖》

宋·歐陽修等《新唐書》卷五八《藝文志二》 李吉甫《元和郡縣誌》五十四卷,又《十道圖》十卷。

宋·鄭樵《通志》卷六六《藝文略第四》 《元和十道圖》十卷。

宋·陳振孫《直齋書録解題》卷八《地理類》 《唐十道圖》一卷。唐宰相趙郡李吉甫宏憲撰。首載州縣總數,文武官員數,俸料。唐志云十卷,今不分卷。

宋·馬端臨《文獻通考》卷二〇四《經籍考三十一》 《唐十道圖》一卷。

明·柯維騏《宋史新編》卷四九《藝文志三》 李吉甫《元和郡國圖志》四十卷。

《方志圖》

宋·歐陽修等《新唐書》卷五八《藝文志二》 李播《方志圖》。卷亡。

元·脱脱等《宋史》卷二〇四《藝文志三》 《方志圖》二卷。

明·柯維騏《宋史新編》卷四九《藝文志三》 《方志圖》三卷。

《地圖》

宋·歐陽修等《新唐書》卷五八《藝文志二》 賈耽《地圖》十卷,又《皇華四達記》十卷。

宋·鄭樵《通志》卷六六《藝文略第四》 賈耽《地圖》十卷。

宋·鄭樵《通志》卷七二《圖譜略第一·記無·地理》 賈耽《地圖》。

《海内華夷圖》

唐·司空圖《司空表聖文集》卷四《華夷圖》　辨於微而能制之者，勝也。審乎要而能備之者，險也。勢所以決用奇之智，險所以濟經久之謀，雖英豪復生，亦亡以易此論也。愚中外家世究天人之際，而不肖者更文宋本作小注。文自喜，不能屈己以救時，他日雖苟行亦不可追，已失之機矣。苟危極而變，當寄之後生者耳。煨燼所殘，尚存賈僕射躭方域之志，披圖校驗，成敗可知，以是懇上未能默已，千載之下，必有知吾言不昧者。司空氏寮鶴亭記。

宋·李昉等《太平御覽》卷六〇一《文部十七·著書上》　又曰：貞元十一年左僕射平章事賈耽進《海内華夷圖》及《古今郡國縣道》四十卷，圖廣三丈，率以寸折成百里。權德輿作序。

宋·李上交《近事會元》卷五　《華夷圖》。唐德宗貞元十七年宰臣賈耽上《海内華夷圖》。

宋·錢端禮《諸史提要》卷一三《唐書中十三》　《華夷圖》。賈耽，字敦詩，嗜書，尤悉地里。圖《海内華夷》，廣三丈，從三丈三赤，以寸爲百里。并撰《古今郡國縣道四夷述》。中國本《禹貢》，外夷本《漢書》。古郡國題以墨，今州縣以朱，多所釐正。

清·賀長齡《清經世文編》卷七九《全祖望〈皇輿圖賦序〉》　唐賈耽作《海内華裔圖》，從三丈三尺，廣三丈，率以一寸折成百里。

宋·鄭樵《通志》卷七二《圖譜略第一·記有》　《華夷圖》。

宋·鄭樵《通志》卷七三《金石略第一·唐》　《華夷圖》。

《唐地志圖》

唐·吕温《吕衡州集》卷三《地志圖序》　廣陵李該，博達之士也。學無不通，尤好地理。患其書多門，歷世寖廣，文詞浩蕩，學者疲老，由是以獨見之明，法先聖之制，黜諸子之傳，記述仲尼之職方，會源流，考同異，務該暢從，體要倬然，勒成一家之説。猶懼其奥，未足以昭啓後生，乃裂素爲方儀，據書而畫，隨方面以區别，擬形容之訓解，命之曰《地志圖》。觀其粉散，百川黛凝，羣山元氣，剖判成乎筆端。在土之毛，有生之類，大鈞變化不出其意。然後列以城郭，羅乎阡落，内自五侯九伯，外自要荒蠻貊，禹跡之所窮，漢驛之所通，五色相宣，萬邦錯峙。毫釐之差，而下正乎封畧。方寸之界，而上當乎分野。乾象坤勢，炳焉可觀。與夫聚米擬其端倪，畫地陳乎梗概，固不可同年而語詳畧也。每虚室燕居，薄帷晴褰，普天之下，盡在屋壁。户納四海，牕籠八極，名山大川，隨顧奔走，殊方絶域，舉意而到。高視華裔，坐横古今。觀帝王之疆理，見宇宙之寥廓。出遐入幽，曾不崇朝。與夫役形神於歲月，窮轍跡於區外，又不可並軌而論勞逸也。且夫删百代之弊，綜羣言之首，繁而不亂，疎而不漏。才識以潤之，丹青以炳之。使嗜學之徒未披文而見義，不由户而覩奥，斯訓導之明也。窮地而述，舉世而載，事極洪纖，理通皦昧，混一家之文軌，張大國之襟帶，覆人物之虚實，總山川之要會，表皇威之有截，明王道之無外，斯乃功用之大也。見蒼梧塗山，則思舜禹恤民之艱。覩窮荒大漠，則悟秦漢勞師之弊。覽齊疆晉壤，則想桓文勤王之霸。觀洞庭荆門，則知苗蜀恃險之敗。王者於是明乎得失，諸侯於是鑒乎興替。斯又懲勸之遠也。然則本之所以廣學流，申之足以贊鴻業，垂之可以示後世，豈徒由近觀遠，以智自樂，爲室中之一物哉！而時無知音，道不虚行，舉地成圖，聞天無路，此志士儒林所以爲之頹息也。某久從君遊，辱命敘述，庶明作者之意，俾好事君子知其所以然。

《唐地域方丈圖》

宋·歐陽修等《新唐書》卷五八《藝文志二》　《地域方丈圖》一卷。

宋·鄭樵《通志》卷六六《藝文略第四》　《唐地域方丈圖》一卷。

宋·鄭樵《通志》卷七二《圖譜略第一·記無·地理》　《地域方丈圖》。

《唐地域方尺圖》

宋·歐陽修等《新唐書》卷五八《藝文志二》　《地域方尺圖》一卷。

宋·鄭樵《通志》卷六六《藝文略第四》　《唐地域方尺圖》一卷。

宋·鄭樵《通志》卷七二《圖譜略第一·記無·地理》　《地域方尺圖》。

《吐蕃黄河録》四卷。

宋·鄭樵《通志》卷六六《藝文略第四》 唐《關中隴右山南九州别録》六十卷。

宋·鄭樵《通志》卷七二《圖譜略一·記無·地理》 賈耽《地圖》。

明·焦竑《國史經籍志》卷三《史類》 《唐關中隴右山南九州别録》六十卷。

《西北邊圖》

唐·元載《元氏長慶集》卷三五《進西北邊圖經狀》 《京西京北圖經》四卷。

右臣今月二日進《京西京北圖》一面。山川險易，細大無遺，猶慮幅尺高低，閲覽有煩於睿鑒。屋壁施設，俯仰頗勞於聖躬，尋於古今圖籍之中，纂撰《京西京北圖經》，共成四卷。所冀袵席之上，欹枕而郡邑可觀；游幸之時，倚馬而山川盡在。又太和公主下嫁，伏恐聖慮念其道途，臣今具録天德城已北到回鶻衙帳已來食宿井泉，附於《圖經》之内。并别寫一本，與圖經序謹同封進。其圖四卷，隨狀進呈。

又 《京西京北州鎮烽戍道路等圖》一面。

右臣先畫聖唐《西極圖》三面，草本並畢，伏候面自奏論，方擬呈進，前月十一日於思政殿面奉聖旨云：諸家所進河隴圖，勘驗皆有差異，并檢尋近日烽鎮城堡不得，令臣所畫，稍須精詳。伏緣臣先畫《西極圖》，疆界闊遠，郡國繁多，若烽鎮館驛盡言，即山川牓帖太密，恐煩聖覽，不甚分明。愚臣數日之間，别畫一《京西京北州鎮烽戍道路等圖》已畢。纖毫必載，尺寸無遺。若邊上奏報煙塵，陛下便可坐觀處所。若欲驗臣此圖與諸家所進何如，伏乞聖明於南衙及北軍中召取一久任邊將者，或於中使内有經過邊上校熟者，宣示其道，辨别精粗，即知愚臣一一皆有依憑，不敢妄加增減。其聖唐《西極圖》三本，伏緣經略意大事須面自陳，伏恐次及降誕務繁，未敢進狀候對，其《京西京北鎮烽戍道路等圖》并序，謹隨狀進呈。

《劍南地圖》

五代·劉昫等《舊唐書》卷四六《經籍志上》 《劍南地圖》二卷。

《諸道行程圖》

宋·王堯臣《崇文總目》卷四《地理類》 《諸道行程血脈圖》一卷。

宋·鄭樵《通志》卷六六《藝文略第四》 《諸道行程血脈圖》一卷。馬敬寔撰。

宋·鄭樵《通志》卷七二《圖譜略第一·記無·地理》 馬實《諸道行程血脈圖》。

元·脱脱等《宋史》卷二〇四《藝文志三》 馬敬寔《諸道行程血脈圖》一卷。

明·柯維騏《宋史新編》卷四九《藝文志三》 馬敬寔《諸道行程血脈圖》一卷。

明·焦竑《國史經籍志》卷三《史類》 《諸道行程圖》一卷。馬敬寔。

《九州設險圖》

宋·王應麟《玉海》卷一四《地理》 《會要》：天寶五載正月七日，詔天下山水名稱或同義且不經多因里諺宜，各據圖籍改定。舊史：左史江融撰《九州設險圖》，備載古今用兵成敗之事。魏元忠就傳其術。高宗朝。儀鳳中，元忠上封事言命將用兵之工拙。

《關中隴右及山南九州圖》

宋·王應麟《玉海》卷一四《地理》 貞元十四年十月，賈耽進《九州圖》并《别録》六卷、《通録》四卷，共十卷。表曰：楚左史倚相能讀《九丘》，晉司空裴秀創制六體。采掇輿議，畫關中隴右及山南九[州]等圖一軸。

宋·歐陽修等《新唐書》卷五八《藝文志二》 賈耽《地圖》十卷。

又《皇華四達記》十卷。

《古今郡國縣道四夷述》四十卷。

《關中隴右山南九州别録》六卷。

《貞元十道録》四卷。

宋・歐陽修等《新唐書》卷五八《藝文志二》 《劍南地圖》二卷。

宋・鄭樵《通志》卷六六《藝文略第四》 《唐劍南地圖》二卷。

明・焦竑《國史經籍志》卷三《史類》 《唐劍南地圖》二卷。

《黠戛斯朝貢圖》

唐・李德裕《李文饒文集》卷二《黠戛斯朝貢圖傳序》 昔越裳貢雉，薦於宗廟；西旅獻獒，陳以典訓，所以感其至而戒其初也。仁聖文武至神大孝皇帝御歷之四年，天瑞燦爛，王道昭焯，五材並用，六轡斯柔，布政宣室，以張神化，報兵朔野，以耀威靈，故得天晬而清，日晏而明，蟲螟不生，嘉穀以成。中寓既安，四夷來庭，由是龍荒君長黠戛斯，遣使注吾合素等上表獻良馬二匹。絶大漠而貢赤誠，涉流沙而霑赭汗，非至德所感，孰能臻於此乎？皇帝以前有鸞旗，焉用驥騄；不貴龍友，惟駕鼓車，乃命其使見於内殿，賜以珍膳，錫之文锦。謹按故相魏國公賈耽所撰《古今四夷述》，黠戛斯者，本堅昆國也，貞觀二十一年，其酋長入朝，授以將軍印，拜堅昆都督。逮於天寶季年，朝貢不絶。暨中國多難，爲回鶻隔礙，黠戛斯忿其桀驁，乘彼薦饑，於是破龍庭，焚罽幕，蕭條萬里，地無種落，始得出重泉而見白日，披氛霧而覩青天。臣伏見太宗謂羣臣曰：南荒西域，自遠而至，其故何哉？宰臣房元齡對曰：殊域來朝者，中國乂安，帝德遐被所致也。太宗曰：向中國不安，亦何緣而至，朕覩此懷懼，何者？昔秦始皇并吞六國，漢武帝威加戎狄，今殊方異類，無遠不賓，竊比秦漢，想無多愧，亦欲傳之子孫，念二王之末途，朕所以不能不懼耳。臣伏思太宗往日之懼，致我唐百代之隆，則聖祖詒謀，可謂深矣！此太宗所以永保鴻名，爲受命之祖。陛下所以丕承王業，爲中興之主，豈不宜哉！天旨以賈耽有陳平鎮撫之才，得充國通知之敏，其所述作，該明古今。乃詔太子詹事韋宗卿、祕書少監吕述往蒞賓館，以展私覿，稽合同異，覼縷闕遺，傳胡貊兜離之音，載山川曲折之狀，條貫周備，文理洽通。臣伏以貞觀初中書侍郎顔師古上言：昔周武王天下太平，遠國歸款，周史乃集其事爲《王會篇》。今萬國來朝，蠻夷率服，實可圖寫，請撰爲《王會圖》。有詔從之。臣輒因韋宗卿吕述所紀異聞，飾以繢事，敢敘率服，以冠篇首。

宋・歐陽修等《新唐書》卷五八《藝文志二》 吕述《黠戛斯朝貢圖傳》一卷。字脩業，會昌祕書少監，商州刺史。

宋・王堯臣等《崇文總目》卷四《地理類》 《黠戛斯朝貢圖》一卷。

宋・鄭樵《通志》卷六六《藝文略第四》 《黠戛斯朝貢圖》十卷。吕述撰。

元・脱脱等《宋史》卷二〇四《藝文志三》 李德裕《黠戛斯朝貢圖》一卷。

明・柯維騏《宋史新編》卷四九《藝文志三》 李德裕《黠戛斯朝貢圖》一卷。

明・焦竑《國史經籍志》卷三《史類》 《黠戛斯朝貢圖》十卷。吕述撰。

《新定十道圖》

清・顧櫰三《補五代史藝文志》 《新定十道圖》三十卷。

《契丹地圖》

清・顧櫰三《補五代史藝文志》 《契丹地圖》一卷。長興三年，契丹東丹王突欲進。

《重修河堤圖》

清・顧櫰三《補五代史藝文志》 《重修河隄圖》二卷。長興四年黄州進，沿河地名歷歷可數。

《均田圖》

清・顧櫰三《補五代史藝文志》 《均田圖》一卷。唐元稹撰，顯德中頒行天下。

《于闐國程録》

宋・王堯臣《崇文總目》卷四《地理類》 《于闐國行程記》一卷。

元・脱脱等《宋史》卷二〇四《藝文志三》 平居誨《于闐國行程録》一卷。

明・柯維騏《宋史新編》卷四九《藝文志三》 平居誨《于闐國行程録》一卷。

清・顧櫰三《補五代史藝文志》 《于闐國程録》一卷。高居誨撰。

《海外使程廣記》

宋・陳振孫《直齋書録解題》卷八《地理類》《海外使程廣記》三卷。

南唐如京使章僚撰。使高麗，所記海道及其國山川、事跡、物産甚詳。史虚白爲作序，稱己未十月。蓋本朝開國前一歲也。

元・馬端臨《文獻通考》卷二〇六《經籍考三十三》《海外使程廣記》三卷。

元・脱脱等《宋史》卷二〇四《藝文志三》章僚《海外使程廣記》三卷。

明・柯維騏《宋史新編》卷四九《藝文志三》章僚《海外使程廣記》三卷。

明・陳第《世善堂藏書目録》卷上《海外使程廣記》三卷。南唐章僚使高麗作。

清・顧櫰三《補五代史藝文志》《海外使程廣記》三卷。南唐章僚使高麗作。

宋遼金元分部

、

《元豐郡縣志》

元・脱脱等《宋史》卷二〇四《藝文志三》李德芻《元豐郡縣志》三十卷，《圖》三卷。

明・柯維騏《宋史新編》卷四九《藝文志三》李德芻《元豐郡縣志》三十卷，《圖》三卷。

《圖經》

宋・晁公武《郡齋讀書志》卷八《地里類》《圖經》。右皇朝李昉撰。

元・馬端臨《文獻通考》卷二〇四《經籍考三十一》《圖經》。晁氏曰：皇朝李昉撰。

元・脱脱等《宋史》卷二〇四《藝文志三》李宗諤《圖經》九十八卷，又《圖經》七十七卷，《越州圖經》九卷，《陽明洞天圖經》十五卷。

明・柯維騏《宋史新編》卷四九《藝文志三》李宗諤《圖經》九十八卷，又《圖經》七十七卷，《越州圖經》九卷，《陽明洞天圖經》十五卷。

《元豐九域志》

宋・朱弁《曲洧舊聞》卷五 本朝《九域志》，自大中祥符六年修定，至熙寧八年，都官員外郎劉師旦言：自大中祥符至今六十年，州縣有廢置，名號有改易，等第有升降，兼所載古跡有出於俚俗不經者，乞選有地里學者重修之。乃命趙彦若、曾肇就祕省置局删定。今世所刊者是也。

清・朱彝尊《曝書亭集》四四《跋元豐九域志》《九域志》十卷。元豐中，丹陽王存正仲被旨與曾肇、李德芻共撰。曩見宋槧本于崑山徐氏，失四京第一卷，次卷亦多闕文。特府州軍監縣均有古跡一門，蓋民間流行之書，而此則經進本也。故晁公武《讀書後志》有新舊《九域志》之目。其進表上陳，文直筆核，洵不媿乎其言者。宋槧字小而密，斯則格紙軒朗，便於老眼覽觀，極爲可喜，抄而插諸架。德芻別有《元豐郡國志》三十卷，圖三卷，載宋《藝文志》。小長蘆八十一老人彝尊手識。

清・陳鱣《簡莊詩文鈔》卷三《元豐九域志跋》 乾隆五十二年九月，鱣在京師，有持書目出售，中有《元豐九域志》十卷，下署「錢遵王影宋鈔本」，因購之。攷《讀書敏求記》不著于録，惟于《太平寰宇記》云此書較詳于《九域志》，或當日曾有其書，未及著録。與書中凡遇「本朝」「皇朝」字，俱空一格，其爲影宋本無疑。雖閒有缺文，而楮墨精良，繕寫工整，洵堪寶玩。朱竹垞檢討跋《寰宇記》云不若《九域志》之「簡而有要」，與《敏求記》之言相反。前人所見，各有不同。竹垞又跋《九域志》云：崑山徐氏所藏宋槧本《九域志》失四京弟一卷，而府、州、軍、監均有古迹一門，蓋民間流行之書。今此本無古迹一門，惟福建路興化軍後及廣南路南海郡、柳州龍城郡後存古迹三條，豈偶有缺葉，而別取民間流行本以補入邪？《困學紀聞》引《九域志》「滄州有漢武臺」，今本無之，亦古迹中語。《玉海》載紹興四年及大觀二年皆有上言續修《九域志》之事，宣和罷書局，不及成。然則王氏所見者，正當日續定而未經進本也。是書流傳頗罕。近日桐鄉馮編修集梧重爲刊布，云從宋刻摹本鈔得者亦有缺字，常取江南、浙江書局所進本參校，分注其下，又援引他書，核其異同，條繫每卷之末，攷訂精詳，庶稱善本。因取以相校，其缺字互爲補之，終未能全。至如「襄邑，京東南二百七十里」，鈔本有「南」字，與《通鑑》卷二百八十一注引志合。「秦上州」非「奉上州」，與《唐書·地理志》《太平寰宇記》合。「襲州」非「龔州」，與《新唐書·地理志》《太平寰宇記》合。「令州」非「今州」，與舊、新唐書地理志合。此類不可悉舉，皆刻本顯誤而編修按語之所存疑而未改者也。其最異者衛州黎陽縣下，刻本僅「州北二里」四字，鈔本則云「州東北一百二十里，四鄉衛、范橋二鎮，有大伾山、枉人山、黄河、永濟渠」，凡二十七字。因思《禹貢》「東過洛汭，至于大伾」，《蔡傳》曰「今通利軍黎陽縣臨河有山，蓋大伾山也」即指此。按志，端拱元年，以澶州黎陽縣建通利軍，熙寧三年廢，入衛州，當云今衛州黎陽縣。《困學紀聞》云：蔡氏《禹貢傳》曰鳥鼠，地志在隴西首陽縣西南，今渭州渭原縣西也。此以唐之州縣言，若本朝輿地，當云今熙州渭原堡。又曰朱圉，地志在天水郡冀縣南，今秦州大潭縣也。按《九域志》，建隆三年秦州置大潭縣，熙寧七年以大潭縣隸岷州，今爲西和州，當云西和州大潭縣。鱣謂熙州渭原堡與志合，岷州之爲西和州蓋在元豐以後，而黎陽縣一條王氏亦未之論及，不覺躍然起曰：地志之有益于經學若是，向微此足本，將何由訂正乎？今河南濬縣東有大伾山，亦名黎陽山，若就此日言之，當云在河南衛輝府濬縣矣。嘗謂天文似難而實易，地理似易而實難，以其沿革無定也。是志仍《元和郡縣志》之例，並列四至八到，又于户口之數、土貢之物、山鎮之名一一登載，而不及人物。觀其上表，實取法《禹貢》《周禮》，始知竹垞所稱「簡而有要」，爲不可易。萬季野徵君云：「譔一統志，奚必及人物，人物自有史傳諸書」，閻百詩徵君評《困學紀聞》，嘗稱述其説惜乎不爰及是志爲例。然《潛邱劄記》録王存上表一則，則其服膺亦可想見。若遵王固未足以語此耳。校訂既完，遂記諸簡末。是年冬十有一月既望，書于宣武門外之藏海小廬。

清·程晉芳《勉行堂文集》卷五《元豐九域志跋》 《元豐九域志跋》。右《元豐九域志》十卷。其撰書之始末詳見竹垞題跋。宋代輿地之書，各有命意。如《太平寰宇記》則專載宋初沿革，《輿地廣記》則專載神宗時沿革，《元史》則專載宗和時沿革。合三書考之，府州軍監，每相符合，故知地學之難也。此書所載沿革，則自宋初迄元豐時，可補證諸書之缺誤。至其各縣下載及山川古蹟，寥寥數語，則本《隋書》及《元和郡縣志》《新唐書·地理志》，體例不可輕議也。《太平寰宇記》亦載地之四至，而不及此書之詳。宋代鎮砦及銅鐵監之制，此視宋史爲核。五代沿革，亦薛、歐二史所不及。土貢亦多于《通考·宋史篇》，惟羈縻州所載視他書恨畧耳。吴志伊博極羣書，撰《十國春秋地理表》，而于揚吴之地理沿革，撫州節度之廢置不及詳載，豈未詳閲此書耶？《曲洧舊聞》謂《九域志》終未修成。王伯厚爲宋末人，著《詩地理考》，多引其言。則是書在南宋時固爲成書也。惟伯厚《地理考》内引《九域志》甘棠樹之類，今本無之，似非宋代原本矣。

清·盧文弨《抱經堂文集》卷四《新定元豐九域志序丁未》 宋王正仲《元豐九域志》十卷。余於乾隆乙巳鈔得之，逾年復得桐鄉馮太史集梧新雕本，用相參校，庶幾完善。今年又從海寧吴槎客所借得《新定元豐九域志》，卷帙無異，唯其中兼載古跡爲不同耳，然亦無《方輿紀要》之詳。至各縣下，前書兼載山水而此不録。前輩秀水朱錫鬯謂此乃民閒流行之本，理或然也。其去正仲時當不甚遠，因并鈔之，頗亦得以正前書之誤字，且及於《宋史·地理志》焉。乾隆五十有二年孟夏既望東里盧弓父書於鍾山書院之須友堂。爲余傳録者，小門生江寧王友仁也。

清·吴壽暘《拜經樓藏書題跋記》卷三《元豐九域志》 《元豐九域志》十卷。吴中家枚菴先生從青芝堂影宋本録出，復以舊志校勘者。每葉大字二十二行，每行大字二十二。小字夾行，每行二十三及二十四、二十五字。

先君子從枚菴借鈔並書其跋云：「《新定九域志》十卷，青芝山堂影宋鈔本，復從元豐舊志校勘者。首卷原闕四京以下六版，又脱曹州濟陰郡半版，亦從舊志鈔補并録入進表一篇，略成完書矣。新定本較舊志增多古跡一門。朱竹垞謂舊志多經進之書，此則民間流行之本，未知然否。慨自祝穆《方輿勝覽》殘山賸水，僅記偏安州郡，惟此與樂史《寰宇記》猶見全宋規模，而流傳甚罕，識者所當什襲而寶貴之也。乾隆戊戌秋九月枚菴漫士吴翌鳳書。」

先君子跋云：「家枚菴僑居吴下，性喜藏書，每遇秘本，輒手爲傳録，蓋今之方山也。王正仲《九域志》流傳絶少，而有古跡者尤爲難得。癸卯夏，從枚菴借得，因亟鈔而藏諸拜經樓。」又云：「壬子仲春，復以錢遵王影宋鈔本及嘉興馮氏新刊本重校一過。」

又 嘉興馮氏刊《元豐九域志》十卷。

先君子以青芝堂鈔本校跋云：戊申秋日，仲魚新購得錢遵王影宋鈔《元豐九域志》，即從京師寄予，予受而讀之。庚戌仲夏南還，復以此本見遺，蓋嘉禾馮氏新刊本也。仲魚留心地學，觀其跋語，足徵其討究之深。馮氏復借影鈔本重校而補刊各卷之後，資仲魚之益亦不尠矣。予習懶廢學，慮遵王善本留諸插架，徒飽蟬腹，因取遵王本仍還仲魚，而以予舊日所藏青芝堂鈔本《九域志》有古跡者重校一過，漫記于此。壽暘按，簡莊徵君得影宋鈔本，馮氏借校補刊各條於每卷之後。徵君有書後一篇，論黎陽大伾山，據本志，復據《宋史》及《文獻通考》謂蔡氏書《禹貢》不當以黎陽縣繫今通利軍，爲王厚齋所未及者。先君録其文於此本之後。

宋・鄭樵《通志》卷六六《藝文略第四》 《九域志》十卷。王孝等撰。

宋・晁公武《郡齋讀書志》卷八《地里類》 《九域志》十卷。

右皇朝王存被旨刪定。總二十三路、京府四、次府十、州二百四十二、軍三十七、監四、縣一千一百三十五。

宋・尤袤《遂初堂書目・地理類》 《皇朝九域志》。

宋・陳振孫《直齋書録解題》卷八《地理類》 《元豐九域志》十卷。

知制誥丹陽王存正仲、集賢校理南豐曾肇子、開官制所檢討邯鄲李德芻等刪定，總二十三路、四京、十府、二百四十二州、三十七軍、四監、一千一百三十五縣。

《（景定）建康志》卷三三《文籍志一・書籍・圖志之目》 《九域志》。

元・馬端臨《文獻通考》卷二〇四《經籍考三十一》 《九域志》十卷。

元・袁桷《清容居士集》卷四一《修遼金宋史搜訪遺書條列事狀》 地志宋有成書。《太平寰宇記》。《皇祐方域圖志》。《皇祐地理新書》。《元豐九域志》。

元・脱脱等《宋史》卷二〇四《藝文志三》 王存《九域志》十卷。

明・楊士奇等《文淵閣書目》卷四《古今志》 《九域志》五冊。

《九域志》二冊。

明・柯維騏《宋史新編》卷四九《藝文志三》 王存《九域志》十卷。

明・朱睦㮮《萬卷堂書目》卷二《雜志》 《九域志》十卷。王存。

明・焦竑《國史經籍志》卷三《史類》 《九域志》十卷。宋王存。

明・陳第《世善堂藏書目録》卷上 《九域志》十卷。王存、曾鞏等。

清・季振宜《季滄葦藏書目》 宋王存《九域志》廿四卷。抄。

清・毛扆《汲古閣珍藏秘本書目》 《九域志》十本。宋板精抄。八兩。

清・于敏中《天禄琳瑯書目》卷四 《九域志》。一函十冊。

宋王存、曾肇、李德芻同撰。十卷。前王存等進書狀。晁公武《郡齋讀書志》曰：皇朝王存被旨刪定，總二十三路，京府四，次府十，州二百四十二，軍三十七，監四，縣一千一百三十五。陳振孫《書録解題》曰：存與曾肇、李德芻等共刪定，名《元豐九域志》。書首王存等《進書狀》稱：本朝《九域圖》自天禧以後歷年兹多，事有因革，乃詔臣肇、臣德芻撰次於祕閣，而臣存實董其事。綴輯大體略仿前書，舊名「圖」而無繪事，乃請改曰「志」云云。按，天禧爲宋真宗年號，狀後雖無紀年而振孫謂名爲《元豐九域志》，元豐爲神宗年號，距天禧時已六十餘載，故狀中有「歷年兹多」之語也。考《宋史》德芻無傳，存字正仲，潤州丹陽人，登慶曆六年進士第，累官至資政殿學士。歷知揚州、大名府、杭州，提舉崇禧觀，遷右正議大夫，致仕。肇字子開，建昌南豐人，舉進士，累官龍圖閣學士，提舉中太乙宮，出知揚、定等州，終濮州團練副使。是書影鈔紙墨精潔，字畫整嚴，固非率爾操觚者。

清・永瑢等《四庫全書總目》卷六八《史部二十四・地理類一》 《元豐九域志》十卷。兩江總督采進本。

宋承議郎知制誥丹陽王存等奉勑撰。存字敬仲，丹陽人。登進士第，調嘉興主簿，歷官尚書右丞。事蹟具《宋史》本傳。初，祥符中李宗諤、王曾先後修《九域圖》。至熙寧八年，都官員外郎劉師旦以州縣名號多有改易，奏乞重修。乃命館閣校勘曾肇、光禄丞李德芻刪定，而以存總其事。以舊書名圖而無繪事，請改曰志。迄元豐三年閏九月，書成。此本前有存等進書原序，稱「國朝以來，州縣廢置與夫鎮戍城堡之名，山澤虞衡之利，前書所畧，則謹志之。至於道里廣輪之數，昔人罕得其詳。今則一州之内，首敘州封，次及旁郡，彼此互舉，弗相混殽。總二十三路，京府四，次府十，州二百四十二，軍三十七，監四，縣一千二百三十五，釐爲十卷。」王應麟稱其文見於《曲阜集》，蓋曾肇之詞也。其書始於四京，終於省廢州軍及化外羈縻州，凡州縣皆依路分隸。首具赤、畿、望、緊、上、中、下之名，次列地理，次列户口，次列土貢。每縣下又詳載鄉鎮，而名山大川之目，亦併見焉。其於距京、距府、旁郡交錯、四至八到之數，縷析最詳，深得古人辨方經野之意。敘次亦簡潔有法。趙與旹《賓退録》尤稱其《土貢》一門備載貢物之額數，足資考核，爲諸志之所不及。自序所稱文直事核，洵無愧其言矣。其書最爲當世所重。民間又有別本刊行，内多《古蹟》一門，故晁公武《讀書後志》有《新舊九域志》之目。此爲明毛晉影抄宋刻，乃元豐間經進原本，後藏徐乾學傳是樓中。字畫清朗，訛闕亦少，惟佚其第十卷，今以蘇州朱焕家抄本補之，仍首尾完具。案張淏《雲谷雜記》，稱南渡後閩中刊書不精，如睦州宣和中始改嚴州，而新刊《九域志》直改爲嚴州。今檢此本内睦州之名，尚未竄改，則其出於北宋刻本可知矣。近時馮集梧校刊此書，每卷末具列考證，其所據亦此本也。

清·永瑢等《四庫全書總目》卷七二《史部二十八·地理類存目一》 《新定九域志》十卷。浙江汪啓淑家藏本。

此書與宋王存等所撰《元豐九域志》文並相同，惟府州軍監縣下多出《古蹟》一門。詳略失宜，視原書頗爲蕪雜。蓋即晁公武《讀書志》所云新本，朱彝尊跋以爲是民間流行之書者也。首卷四京及京東東路俱已闕，次卷亦有訛脱。彝尊曾見崑山徐氏家藏宋槧本，所紀闕文，與此本同。蓋即從徐氏録出者。張淏《雲谷雜記》稱，南渡後閩中刻《九域志》，誤改睦州爲嚴州。今檢毛晉家影鈔《九域志》舊本，「睦」字未改，而此本則已作「嚴州」。足知其出於南宋閩中刊本，而《古蹟》一門當即其時坊賈所增入矣。王士禎《居易録》載所見《九域志》與此本合，而誤以爲即元豐經進之書，則亦未見王存原本也。

清·孫星衍《孫氏祠堂書目内編》卷二 《元豐九域志》十卷。宋王存等撰。

清·陳揆《稽瑞樓書目·小榭叢書貯西樓後書室》 《元豐九域志》十卷。五册。《新定九域志》十卷。舊鈔。二册。

清·瞿鏞《鐵琴銅劍樓藏書目録》卷一一《史部四·地里類》 《新定九域志》十卷。舊鈔本。

是書首卷殘闕，撰人名無考，然覈其書，與宋王存等撰《元豐志》相似，惟多《古蹟》一門。晁氏《讀書後志》云《九域志》有新、舊本，此殆即新本也。《四庫全書總目》云，昆山徐氏藏有宋槧本，首卷《四京》及《京東東路》俱闕。此本闕處同，當即從之傳録。

清·丁立中《八千卷樓書目》卷六《史部》 《元豐九域志》十卷。宋王存等奉敕撰。德聚堂刊本。盧氏抄本。聚珍板本。閩刊本。金陵局本。

清·莫友芝《宋元舊本書經眼録》卷二 《元豐九域志》十卷。寫本。

楝亭曹氏舊藏，每半葉十行，行二十字。蓋依宋元舊本影鈔者，字雖不工而式整，雅勝今刊多矣。

《新定元豐九域志》十卷。影宋鈔本。

半葉十一行，行大字約十八，注雙行，小字行二十三四字不等。即全載王存書。每州列縣之後增古蹟一門，蓋宋坊本也。海寧吴騫兔牀拜經樓舊藏，今歸唐鷦安翰，題有兔牀及吴枚菴二跋。枚菴跋云：「《新定九域志》十卷，青芝山堂影宋鈔本，復從元豐舊志校勘者。首卷原闕四京以下六版，又脱曹州濟陰郡半版，亦從舊志鈔補，竝録《入進表》一篇，略成完書矣。新定本校舊志增多古蹟一門，朱竹垞謂舊志乃經進之書，此則民間流行之本，未知然否。慨自祝穆《方輿勝覽》殘山賸水，僅記偏安州郡，惟此與樂史《寰宇記》猶見全宋規模，而流傳甚罕，識者所當什襲而寶貴之也。乾隆戊戌秋九月枚菴漫士吴翌鳳書。」

兔牀跋云：「吾家枚菴僑居吴下，性喜藏書，每遇祕本即手爲傳録，蓋今之方山也。王正仲《九域志》流傳絶少，而有古蹟者尤爲難得。癸卯夏，從枚菴借得，因亟鈔而藏諸拜經樓。」槎客又朱識云：「壬子仲春，復以錢遵王影宋鈔本及嘉興馮氏新刊本重校一過。」

清·張之洞《書目答問·史部》 《元豐九域志》十卷。宋王存等。聚珍本。福本。馮集梧刻本。

《太平寰宇記》

宋·樂史《太平寰宇記自序》 臣聞四海同風，九州共貫，若非聖人握機蹈杼，織成天下，何以逮此？自唐之季，率土纏兵，裂水界山，竊王盜帝。至于五代，環五十年，雖奄有中原，而未家六合，不有所廢，其何以興？祖龍爲炎漢之梯，獨夫啓成周之路。皇天駿命，開我宋朝。太祖以握斗步天，掃荆蠻而幹吴蜀；陛下以呵雷叱電，蕩閩越而縛并汾。自是五帝之封區，三皇之文軌，重歸正朔，不亦盛乎！有以見皇王之道全，開闢之功大。其如圖籍之府未修郡縣之書，何以頌萬國之一君，表千年之一聖？眷言闕典，過在史官。雖則賈躭有《十道述》，元和有《郡國志》，不獨編修太簡，抑且朝代不同，加以從梁至周，郡邑割據，更名易地，暮四朝三。臣今沿波討源，窮本知末，不量淺學，撰成《太平寰宇記》二百卷并《目録》二卷。起自河南，周于海外，至若賈躭之漏落，吉甫之闕遺，此盡收焉。萬里山河，四方險阻，攻守利害，沿襲根源，伸紙未窮，森然在目。不下堂而知五土，不出户而觀萬邦。圖籍機權，莫先於此。臣職居館殿，志在坤輿，輒撰此書，冀聞天聽。誠慚淺略，仰冒宸嚴。謹上。

清·朱彝尊《曝書亭集》卷四四《太平寰宇記跋》 《太平寰宇記》二百卷，目録二卷。宋朝奉郎太常博士樂史撰。康熙癸亥抄自濟南王祭酒池北書庫，闕七十餘卷。後二年，復借昆山徐學士傳是樓本繕寫補之，尚闕河南道第四卷、江南西道第十一至十七卷。聞黃岡王少詹購得上元焦氏所藏足本，及詢之，則卷數殘闕同焉。是編稽之國史，多有不合，殆取諸稗官小説者居多，不若《九域志》《輿地記》之簡而有要也。

清·程晉芳《勉行堂文集》卷五《太平寰宇記跋》 唐以來輿地專書，當以《元和郡縣志》及此爲第一。《元和志》體例最善，惜其闕佚，而亦有過簡之病。此本載山川古蹟最詳，且所引如《宋武北征記》、《隋東藩風俗記》等書，皆世無傳本。又所載水道如濟、渭諸川，必徵引《禹貢》以相符合，《詩》《春秋》所引尤多，引《水經》於鎮州真定縣蒲澤下云「滹沱河東經常山城北，又東南爲蒲澤」，又滋水下：「滋水又東至新縣，注滹沱河。」此皆今水經注本所無，而誠夫《水經注釋》不之載，何也？故沛城，《漢志》及《史記》各注俱未詳，是書載在沛縣東南微山下，蔡蒙諸山，《元和志》不載，是書于始陽縣下云：始陽山在盧山縣東七十里，本名蒙山，唐天寶中始改名始陽縣。此更足備考訂。載泗水出磬云：泗水無磬石，其山泗水南四十里，今取磬石上，使擊之，其聲清越；或禹治水時泗水即至此山。此註疏所未備也。各州風俗之下，歷叙州之大姓，得《左傳》祝鮀述古之義。地之四至，及風俗、人物、土産各門，皆此書爲之例。竹垞乃謂不及歐陽之《輿地廣記》，得毋未之深考。

清·洪亮吉《更生齋集·文甲集》卷三《萬刺史廷蘭重校刊〈太平寰宇記〉序》 《太平寰宇記》二百卷，宋太常博士直史館樂史所撰。史事蹟見子黃目傳首。所著又有《坐知天下記》、《掌上華夷圖》等，今不傳。史官至商州刺史，判留司御史臺。《傳》列其生平所撰述，不下數十種。蓋史官南唐及宋初，其時漢晉以來載籍尚未散佚，故太宗修《御覽》等三大書，及史撰此《志》，徵引繁富，多南宋以後所未見本。即以地志論，《晉太康土地記》、《宋永初山川古今記》，闞駰《十三州記》，顧野王《輿地記》，魏王泰《括地志》，賈耽、李吉甫《十道志》以迄圈稱、譙周、鮑堅、李克、周處、陸機、晏謨、張勃、鄧基、任昉諸人所劄録者，多至百數十種。史雖不善決擇，然零篇斷簡，藉是書以存者實多，此其所長也。至若地理外，又編入姓氏、人物、風俗數門，因人物又詳及官爵及詩辭雜事，遂至祝穆等撰《方輿勝覽》，寧畧建置沿革，而人物瑣事必登載不遺，實皆濫觴于此，此其所短也。甚者佛肸叛之中牟，在河北，而此於開封所屬中牟載入佛肸墓，並云墓有二所。《漢書·地理志》雲陵、雲陽並左馮翊縣，而云雲陵即雲陽，至以宋蒙門當漢蒙縣，以唐陵當楚棠谿，蓋以譌傳譌，多不參攷如此。性顧嗜雜家小説，于洛陽下則載樊元寶爲洛水神，附書潤州下載高驪山海神以酒醴聘外夷女等事，意在徵奇，罔知傳信，是又非史例矣。乃自序反譏賈耽之漏落、吉甫之缺遺，不知己之病適與之相反也。然地理書自吉甫以後，藉以考鏡今古，聯綴前後，實無踰此書，宜其傳之久而必不能廢矣。

自元以來，雖刊本不一，然皆不甚精審。此刻自宋影鈔本外，能彙集諸舊本，補其遺亡，校其譌舛，于近日刊本中最爲完善，則先生之有功于樂氏爲不少也。刊成，屬爲之序，爰書其得失，即以質之先生。

宋·王堯臣等《崇文總目》卷四《地理類》 《太平寰宇記》二百卷。

宋·鄭樵《通志》卷六六《藝文略第四》 《太平寰宇記》二百卷。宋朝樂史撰。

宋·晁公武《郡齋讀書志》卷八《地里類》 《太平寰宇志》二百卷。

右皇朝樂史等撰。太平興國中，盡平諸國，天下一統。史悉取自古山經地志，考正謬誤，纂成此書，上之於朝。

宋·尤袤《遂初堂書目·地理類》 《太平寰宇記》。

宋·陳振孫《直齋書録解題》卷八《地理類》 《太平寰宇記》二百卷。太常博士直史館宜黃樂史子正撰。起自河南，周於海外，當太宗朝上之。

元·馬端臨《文獻通考》卷二〇四《經籍考三十一》 《太平寰宇志》二百卷。

元·袁桷《清容居士集》卷四一《修遼金宋史搜訪遺書條列事狀》 地志宋有成書。

《太平寰宇記》。《皇祐方域圖志》。《皇祐地理新書》。《元豐九域志》。

元·脱脱等《宋史》卷二〇四《藝文志三》 樂史《太平寰宇記》二百卷。

明·楊士奇等《文淵閣書目》卷四《古今志》 《太平寰宇記》五十册。

《太平寰宇記》三十册。

明·柯維騏《宋史新編》卷四九《藝文志三》 樂史《太平寰宇記》二百卷。

明·朱睦㮮《萬卷堂書目》卷二《雜志》 《太平寰宇記》。

明·焦竑《國史經籍志》卷三《史類》 《太平寰宇志》二百卷。樂史。

明・陳第《世善堂藏書目録》卷上　《寰宇記》二百卷。樂史。

清・錢謙益《絳雲樓書目》卷一《地志類》　《太平寰宇記》，三十册。

清・錢曾《錢遵王述古堂藏書目録》卷四《地理總志》　樂史《太平寰宇記》二百卷二十本。抄。

清・錢曾《讀書敏求記》卷二《史・地理輿圖》　《太平寰宇記》二百卷，目録一卷。

樂史序云：從梁至周，郡國割據，更名易地，暮四朝三。撰《太平寰宇記》，自河南周于海外，若賈躭之漏落，吉甫之闕遺，此盡收焉。予攷之唐分天下爲十道，後又分山南、江南爲東、西道。古今山河兩戒之區别，至于斯爲盡善，而此書因之，且較詳于《九域志》。宜乎樂史之自以爲無掛漏也。祝穆《方輿勝覽》止南渡半壁天下，識者能無興小朝廷之慨乎？

清・季振宜《季滄葦藏書目》　樂史《太平寰宇記》二百卷。

清・孫星衍《孫氏祠堂書目内編》卷二　《太平寰宇記》一百九十三卷。宋樂史撰。一活字板本。一江西萬氏刊本。附《大清一統志表》六册。

清・陳揆《稽瑞樓書目・附記各櫥分貯前後書室》　《太平寰宇記》三十二册。校本。又别本三十四册。補闕附。

清・瞿鏞《鐵琴銅劍樓藏書目録》卷一一《史部四・地里類》　《太平寰宇記》二百卷。舊鈔本。

題朝奉郎太常博士直史館賜緋魚袋樂史撰并序。此秀水朱氏藏本。竹垞跋云：鈔自濟南王祭酒池北書庫，闕七十餘卷，借傳是樓本補之。尚闕《河南道》第四卷，《江南西道》第十一至十七卷凡七卷。各家藏本俱同，蓋佚去已久，世無完本矣。每卷末有《校勘》數條，亦出舊本，不詳何人。卷首有「曝書亭珍藏」「朱彝尊印」二朱記。

清・丁立中《八千卷樓書目》卷六《史部》　《太平寰宇記》一百九十三卷。宋樂史撰。抄本。乾隆年刊本。金陵局本。《太平寰宇記補缺》六卷。宋樂史撰。古逸叢書本。

清・張之洞《書目答問・史部》　《太平寰宇記》一百九十三卷。宋樂史。江西樂氏刻本。萬廷蘭刻本附《一統志表》。

《祥符州縣圖經》

元・脱脱等《宋史》卷二〇四《藝文志三》　李宗諤《圖經》九十八卷，又《圖經》七十七卷，《越州圖經》九卷，《陽明洞天圖經》十五卷。

元・張鉉《至大金陵新志・新舊志引用古今書目》　《祥符圖經》。

《九州圖志》

宋・薛季宣《浪語集》卷三五《陳傅良〈宋右奉議郎新改差常州借紫薛公行狀〉》　《九州圖志》止若干卷。

宋・薛季宣《浪語集》卷三五《吕祖謙〈宋右奉議郎新改差常州借紫薛公墓誌銘〉》　他所論著若《九州圖志》《通鑑約説》之屬，藁方立而未究也。

宋・朱熹《朱子語類》卷二《理氣下・天地下》　李德之問：「薛常州《九域圖》如何？」曰：「其書細碎，不是著書手段。『予決九川，距四海』了，卻逐旋爬疏小江水，令至川。此是大形勢。」蓋卿。

清・孫詒讓《温州經籍志》卷二《經部・薛氏季宣〈書古文訓〉》　至於艮齋生平精究輿地之學，所箸《地理叢考》《九州圖志》，今並不傳。其訓《尚書》，凡涉地學，無不剖析詳覈，《禹貢》山川尤所致意。雖以三江爲婁江、東江、松江，沿庾、酈之謬説。此酈道元《水經注》二十八引庾仲初《揚都賦》説，蔡氏《書集傳》因之。《揚都賦》，艮齋誤書爲《吴都賦》，蔡傳亦不能正也。謂蔡山在雅州嚴道縣。盩班、鄭之塙詁，此歐陽忞《輿地廣記》成都府路州下説。鄭注援《漢書・地理志》以蔡蒙爲一山。蒐摭既多，踳駁不免，然自此以外則大都精審，厥後蔡仲默作《書集傳》，所釋地理大半沿襲薛訓，罕有刊易。朱子雖譏其多于地名上箸功夫，而所作學校、貢舉私議，臚列諸儒經説，其《尚書》十家，薛氏居其一，則未嘗不心折是書矣。

清・孫詒讓《温州經籍志》卷一〇《史部・九州圖志》　《九州圖志》。《千頃堂書目》八。《宋史藝文志補》。《朱氏語類》二作《九域圖》。

佚。

《朱子語類》二：李德七十九載作得。之問：「薛常州《九域圖》如何？」曰：「其書細碎，不是箸書手段。」七十九亦載此語。七十九：薛常州作地志不載揚、豫二州。先生曰：此二州所經歷，見古今不同，難下手，故不作。諸葛誠之要補之，以只見册子上底故也。

案：艮齋《浪語集》二十四《荅陳君舉第二書》云：八州圖别後都不暇料理。又《第三書》云：州圖納去，荆南交二紙，鈔畢希蚤寄示。揚、冀草具未補。梁州和夷，未曾釋地。幽、雍都未下手。幽經卻備，幸而不爲事奪，一兩月閒莫可成矣。書内有「旋聞上庠中補，喜之不寐」之語，蔡幼學《止齋行狀》載乾道六年從薛公晉陵，其秋入太學。則艮齋書必是秋所寄。其後三年，艮齋即卒。止齋作《行狀》載其箸述云「《九州圖志》止若干卷」，則終未成書，故揚、豫仍闕。朱子謂「二州難下手，故不作」非艮齋意也。

又案：《九州圖志》，黎氏編《朱子語類》作《九域圖》，注引《學蒙録》，作《九域志》。見《語類》七十九。攷宋王存有《元豐九域志》，艮齋不宜襲其名。《千頃堂書目》及《宋史藝文志補》並作《九州圖志》，與陳止齋所作《行狀》同，蓋得其寔，今從之。

清・黄虞稷《千頃堂書目》卷八《地理類下》 薛季宣《九州圖志》。

清・倪燦《宋史藝文志補》 薛季宣《九州圖志》。

《禹貢説斷》《禹貢集解》

清・納蘭性德《通志堂集》卷一一《經解序二・杏溪傅氏禹貢集解序》 義烏傅寅同叔徙居東陽之杏溪，著《禹貢集解》二卷，喬文惠行簡序之。其書先以山川總會之圖，次九河、三江、九江之圖，次及諸家説斷。其言謂：禹之治水，皆自下而上，曰治水者必使其下能容而有餘，易泄而無礙，然後可以安受上流而不至於沖激以生怒。又曰治其最下而速其行，通其傍流而使其中無停積之患，則河之大體無足憂矣。吾於其言默有取焉，惜乎是編流傳者寡，不見采於董氏之《纂注》，而焦氏《經籍志》、西亭王孫《授經圖》或以爲説，或以爲論，蓋未嘗見此書而著於録者。是本爲吴人王止仲藏書，其後歸於都少卿穆。其第一卷闕三十有七版，第二卷又闕其四版。驗少卿前后私印，則知當日已非足本。亟刊行之，侯求其完者嗣補入焉。

清・周中孚《鄭堂讀書記》卷九《經部五之下》 《禹貢説斷》四卷。墨海金壺本。

宋傅寅撰。寅字同叔，義烏人。四庫全書著録。《書録解題》、《通考》、《宋志》俱不載，焦氏《經籍志》始載傅寅《禹貢説》一卷，《禹貢集解》二卷。朱氏《經義考》止載《禹貢集解》二卷，注曰「存」，又注「闕」字於其下。朱氏蓋據《通志堂經解》本載入。納喇容若序稱：「是編流傳者寡，不見采於董氏之《纂注》，而焦氏《經籍志》、西亭王孫《授經圖》或以爲説，或以爲論，蓋未嘗見此書而著於録者。是本爲吴人王止仲藏書，其後歸於都少卿穆。其第一卷闕三十九版，第二卷又闕其四版，驗少卿前後私印，則知當日已非足本。亟刊行之，侯求其完者，嗣補入焉。」今按是書明初蓋有二本，一爲王止仲所藏本，題《禹貢集解》；一爲《永樂大典》所載本，題《禹貢説斷》。今館臣即據《大典》所載録出，不獨《經解》本所闕四十一簡咸在，即其《五服辨》、《九州辨》亦多至數倍，以其簡帙緐重，釐爲四卷。或曰《説斷》，或曰《集解》，蓋一書而二名也。其書首冠以《禹貢山川總會》及《九河》、《三江》、《九江》四圖，卷一以下，皆條列諸説，而斷以己意，多足以備一解。吕大愚祖儉稱爲集先儒之大成，以兩宋諸家而論，誠無媿斯言。若以胡朏明《錐指》一編並觀之，殊覺卑卑不足道矣。前有東陽喬行簡序，又稱此書爲《禹貢説》，蓋省文爾。張若雲即從武英殿聚珍版本寫出校梓，冠以《提要》一篇。

清・梁章鉅《退庵隨筆》卷一四《讀經》 宋以來注《禹貢》者，言人人殊。大抵禹跡在中原而論者率在南渡之後，宜多牴牾不合。毛晃之《禹貢指南》、程大昌之《禹貢論》、傅寅之《禹貢説斷》原書皆已久佚，今從《永樂大典》中僅得綴輯成編。至本朝朱長孺鶴齡撰《禹貢長箋》，薈萃古説，而以己意折衷之，實遠勝宋元諸家注本。而精核典贍，尚不及胡朏明之《禹貢錐指》。蓋説《禹貢》者棼如亂絲，胡書出，而僞陷廓除，始有條理可案。厥後徐位山文靖又撰《禹貢會箋》，蓋位山生朏明之後，因朏明所已言而更推尋所未至，故較《錐指》益爲精密，亦繼事者易爲功耳。

清・嵇璜《清朝通志》卷一一一《校讎略七》 宋傅寅《禹貢説斷》，納蘭性德《通志堂經解》稱爲《禹貢集解》，《經義考》亦沿其訛。今據《永樂大典》本校正。

清・陳昌圖《南屏山房集》卷一九《續圖譜略稿上記有》 《禹貢圖考》。

宋傅寅撰。按《金華志》，寅字仝叔，義烏人。吕祖儉曰：仝叔《禹貢圖考》集先儒之大成，喬行簡序畧云：事爲之圖，條例諸説，名曰羣書百考，禹貢圖其一也。大説《禹貢》者多家，三江莫定其名，黑水弗知所入。余得此書，摭其説，庶求証者有取焉。

清・朱彝尊《經義考》卷九四 傅氏寅《禹貢集解》。二卷。存。闕。

清・季振宜《季滄葦藏書目》 《禹貢集解》二卷。宋傅寅。

清・金星軺《文瑞樓藏書目録》卷一《經部》 《禹貢集解》。宋傅寅。

清・嵇璜《續文獻通考》卷一四六《經籍考・經書》 傅寅《禹貢説斷》四卷。

寅字同叔，義烏人。學者稱杏溪先生。

喬行簡序略曰：同叔家故貧，以教舉子爲業，乃能取古書天官、地志、律歷、權度、井田、兵制、分寸、零整、乘除、抄忽之説，究觀篤考，窮日夜不惕，無是書，則多方從人借之，月累歲積，遂取其書。爲之圖，條列諸説，而斷以己意。

清·嵇璜《續通志》卷一五六《藝文略一》 《禹貢説斷》四卷。宋傅寅撰。

清·永瑢等《四庫全書總目》卷一一《經部十一·書類一》 《禹貢説斷》四卷。永樂大典本。

宋傅寅撰。寅字同叔，義烏人。嘗從唐仲友游，仲友稱其職方、輿地盡在腹中。是編其所著《禹貢圖説》也。案朱彝尊《經義考》有寅所著《禹貢集解》，二卷，通志堂嘗刊入《九經解》中。而《永樂大典》載其書，則題曰《禹貢説斷》，無《集解》之名。又《經解》所刊本稱原闕四十餘簡。今檢《永樂大典》，不獨所闕咸在，且其《五服辨》三千餘言，《九州辨》千數百言，較之原注缺文多至數倍。又《山川總會》及《九河》《三江》《九江》四圖，《經解》俱誤編入程大昌《禹貢論》中，與其書絶不相比附。而《永樂大典》獨繫之《説斷》篇内。蓋當時所見，實宋時原本，足以援據。而《經解》刊行之本，則已傳寫錯漏，致並書名而竄易之，非其舊矣。書中博引衆説，斷以己意，具有特解，不肯蹈襲前人。其論《孟子》「決汝漢排淮泗而注之江」爲古溝洫之法，尤爲諸儒所未及，洵卓然能自抒所見者。今取《經解》刊本與《永樂大典》互相勘校，補闕正訛，析爲四卷，仍題《説斷》舊名，而於補闕之起訖，各加注語以别之，庶幾承學之士得以復見完書焉。

清·孫星衍《孫氏祠堂書目外編》卷一 《禹貢詳解》二卷。宋傅寅撰。

清·陳揆《稽瑞樓書目·小樹叢書貯西樓後書室》 《禹貢説斷》四卷。四册。

清·瞿鏞《鐵琴銅劍樓藏書目録》卷二《經部二》 杏溪傅氏《禹貢集解》二卷。宋刊本。

宋傅寅撰，東陽喬行簡序，首列山川總會及九河、三江、九江四圖。序首行題曰「杏溪傅氏禹貢集解」，圖後又題曰「尚書諸家説斷」，次行曰「禹貢第一」，故《永樂大典》本曰《禹貢説斷》，而《通志堂經解》本曰《禹貢集解》，名遂兩岐也。每半葉十一行，每行經文十八字，引諸家説首行低一格，次行低二格，已説則概低三格，諸家皆曰某氏，惟吕成公則稱東萊先生，疑同叔居義烏時學於成公者也。書中恒、桓、慎字有闕筆，貞觀改作正觀，魏徵改作魏證，惟惇字不闕，當是孝宗時刻。此本爲王止仲所藏，後歸都元敬劉公甗，入傳是樓。今所傳《經解》本即據之以刻者，所闕四十餘簡及《五服辨》《九州辨》皆一一脗合，惟「尚書諸家説斷」六字亦改作「杏溪傅氏禹貢集解」，爲失其真耳。若四圖之編入程氏《禹貢論》中，乃裝書者之失，非刻本有誤也。觀成容若序自明。卷中有「王止仲」「元敬」「劉體仁」印，「潁川劉考功藏書記」「乾學徐健庵」諸朱記。

清·丁立中《八千卷樓書目》卷一《經部》 《禹貢説斷》四卷。宋傅寅撰。閩刊本。守山閣本。近刊本。金華叢書本。通志堂刊集解二卷本。

《皇祐方域圖志》

宋·鄭樵《通志》卷六六《藝文略第四》 《皇祐方域圖志》五十卷。王洙等撰。

元·袁桷《清容居士集》卷四一《修遼金宋史搜訪遺書條列事狀》 地志宋有成書。

《太平寰宇記》。《皇祐方域圖志》。《皇祐地理新書》。《元豐九域志》。

元·脱脱等《宋史》卷二〇四《藝文志三》 王洙《皇祐方域圖記》三十卷。《要覽》一卷。

明·柯維騏《宋史新編》卷四九《藝文志三》 王洙《皇祐方域圖記》三十卷。《要覽》一卷。

明·焦竑《國史經籍志》卷三《史類》 《皇祐方域圖志》五十卷。王洙。

《輿地紀勝》 《輿地圖》

宋·王象之《輿地紀勝序》 世之言地理者尚矣，郡縣有志，九域有志，寰宇有記，輿地有記。或圖兩界之山河，或紀歷代之疆域，其書不爲不多。不過辨古今，析同異，攷山川之形勢，指南北之離合，資游談而誇辨博，則有之矣。至若收拾山川之精華，以借助於筆端，取之無禁，用之不竭，使騷人才士於一寓目之頃，而山川俱若效奇於左右，則未見其書。此紀勝之編所以不得不作也。吾少侍先君，宦遊四方，江淮荆閩，靡國不到，獨恨未能執簡操牘，以紀其勝。及仲兄行甫西至錦城，而叔兄中甫北趨武興，南渡渝瀘，歸來道梁益事，皆滚滚可聽，然求《西州圖記》於篋中藏，未能一二，雖口以傳授，而猶恐異時無所據依也。余因暇日搜括天下地理之書及諸郡圖經，參訂會萃，每郡自爲一編，以郡之因革見之篇首，而諸邑次之，郡之風俗又次之。其他如山川之英華，人物之奇傑，吏治之循良，方言之異聞，故老之傳記，與夫詩章文翰之關於風土者，皆附見焉。東南十六路則倣范蔚宗《郡國志》條例，以在所爲首，而西北諸郡亦次第編集。第書品浩繁，非一家所有，隨假隨閲，故編次之序未能盡歸律度，然而一郡亦庶幾開卷而盡得之。則回視諸書，似未爲贅也。或者又曰：昔太史公方行天下，上會稽，探禹穴，歷覽山川奇傑之氣，以爲著書立言之助。先儒至欲則倣子長之遊而後始學其爲文，今子乃合天下之書，不出户牖而欲名山大川若躬履焉，於子長之遊未免有戾乎？余因自笑曰：昔子長因遊而得作書之趣，余乃因書而得山川之趣，其迹雖不同，然未可盡以迹拘也。當從議者而問之。嘉定辛巳孟夏東陽王象之序。

宋・李𡌴《輿地紀勝序》 東陽王象之儀父，著《輿地紀勝》一書，甚鉅。書成，匄余爲序，且曰：「吾書收拾天下郡縣山川之精華，使人於一寓目之頃，而山川俱若効奇於左右，以助其筆端，取之無禁，用之不竭。」余告之曰：「昔昌黎韓公南遷，過韶州，先從張使君借圖經。其詩曰：『曲江山水聞來久，恐不知名訪倍難。願借圖經將入界，一逢佳處便開看。』然則天下郡縣山川之精華，是真名人志士汲汲所欲知也。然所譔圖經，類多疎畧舛訛，失之鄙野多矣，必得學者參伍考正，而勒爲成書，然後可據也。」本朝真宗時，翰林學士李宗諤等承詔譔《諸道圖經》，凡一千五百六十六卷，今其書存者止十之三四，甚可惜也。然四方一郡一邑，隨所至亦各有好學之士收攟，記識甚備，其目一一見於册府纂録。最可稱者，如唐麗正殿直學士韋述《東西兩京新記》及本朝龍圖閣學士宋公敏求《長安》《河南》二志，尤爲該贍精密。今儀父所著，余雖未睹其全，第得首卷所紀行在所以下觀之，則知其論次積日而成，致力非淺淺者。蓋其書比李氏圖經則加詳，比韋、宋所著記志庶幾班焉。使人一讀，便如身到其地，其土俗、人才、城郭、民人，與夫風景之美麗，名物之繁縟，歷代方言之詭異，故老傳記之放紛，不出户庭，皆坐而得之。嗚呼！儀父之用心可謂瘽矣。然余又嘗語儀父曰：「古人讀書，往往止用資以爲詩。今儀父著書，又秪資它人爲詩，不亦如羅隱所謂徒自苦而爲它人作甘乎？」儀父笑而不答。余以是知儀父前所與余言者，特寓言耳，其意豈止此哉？夫昌黎，大儒也，固嘗六土地之書，未嘗一得其門户；且謂古之人未有不通此而爲大賢君子，方欲退而往學焉。意其學也，必也窮探力究，洞貫本剽，非著近世膚末昧陋爲口耳之習，姑以眩人夸俗而已，是則昌黎道術文章之盛，所以名當代而傳後世者，非以此乎？蓋聞之，凡爲士者，學必貴於博，非博則無以至於約，然其大歸必貴於有用，則始爲不徒學也。蕭何從沛公入關，先收秦府圖書，故因以知天下阨塞、户口多少之處，漢之得天下，此亦其大助。東方朔、劉向皆以多識博極，備天子訪問，爲國家辨疑祛惑，豈曰小補！其事今見《山海經》首。本朝劉侍讀原父奉使契丹，能知古北口、松亭、柳河道里之迂，以詰敵人，敵相與驚顧而羞恧，卒吐實以告。士君子多識博極至此，豈不足以外折四夷之姦心，表中國之有人哉！是則地里之書，至此始爲有用之學。至若許敬宗之對唐高宗，第能明帝丘得名所自，遂過眩其長，以矜忕于人，此則爲士者之所笑而不道者也。然則余之所望於儀父者，固以朔、向及劉侍讀之事，豈但以資它人爲詩而已乎？前言姑戲耳。寶慶丁亥季秋三日眉山李𡌴序。

宋・陳振孫《直齋書録解題》卷八《地理類》 《輿地紀勝》二百卷。

知江寧縣金華王象之撰。蓋以諸郡圖經，節其要略，而山川景物碑刻詩詠，初無所遺，行在宮闕官寺，實冠其首。關河版圖之未復者，猶不與焉。眉山李説齋季允爲之序。

宋・馬端臨《文獻通考》卷二〇四《經籍考三十一》 《輿地紀勝》二百卷。【略】

《輿地圖》十六卷。王象之撰，《紀勝》逐州爲卷，圖逐路爲卷。其搜求亦勤矣，至西蜀諸郡尤詳。其兄觀之漕夔門時所得也。

明・楊士奇等《文淵閣書目》卷四《古今志》 《輿地紀勝》三十册。

《輿地紀勝》十八册。

明・焦竑《國史經籍志》卷三《史類》 《輿地紀勝》二百卷。宋王象之。《輿地圖》十六卷。王象之。

明・曹學佺《蜀中廣記》卷九六《著作記第六・地理志部》 《輿地圖》十六卷。陳氏曰：金華王象之撰《輿地紀勝》，逐州爲圖，逐路爲卷，其搜求亦勤，至四蜀諸郡尤詳。其兄觀之漕夔門時所得也。眉山李説齋季允爲之序。

清・黄虞稷《千頃堂書目》卷八《地理類下》 王象之《輿地紀勝》二百卷。

王觀之《輿地圖》十六卷。

清・倪燦《宋史藝文志補》 王象之《輿地紀勝》二百卷。王觀之《輿地圖》十六卷。

清・錢曾《錢遵王述古堂藏書目録》卷四《地理總志》 王象之《輿地紀勝》二百卷二十本。宋板。

清・錢曾《讀書敏求記》卷二《史・地理輿圖》 王象之《輿圖紀勝》二百卷。紀勝者，凡山川人物，碑刻題詠，無不蒐集。首臨安以尊行在，而幅員之版圖未復者不與焉，亦祝穆之例也。鏤刻精雅，楮墨如新，乃宋本中之佳者。

清・季振宜《季滄葦藏書目・方輿》 精抄《輿地圖》一本。

清・孫星衍《孫氏祠堂書目内編》卷二 《輿地紀勝》二百卷。宋王象之撰。影宋寫本，内有闕卷。

清・孫星衍《平津館鑒藏記》卷三《影寫本》 《輿地紀勝》二百卷。題東陽王象之編。前有嘉定辛巳王象之自序，寶慶丁亥李𡌴序。此本從宋板影摹，每葉廿行，行廿字，左右欄線外俱標卷數篇目。缺卷十三至十六，卷五十一至五十四，卷一百廿六至一百廿八，卷一百卌六至一百四十四，卷一百六十八至一百七十四，卷一百八十五至二百，共卌五卷。

清・陳揆《稽瑞樓書目・附記各櫥分貯前後書室》 《輿地紀勝》五十册。影宋鈔本。

清・瞿鏞《鐵琴銅劍樓藏書目録》卷一一《史部四・地里類》 《輿地紀勝》二百卷。影鈔宋本。

題：「東陽王象之編」。有自序、李𡌴序及曾一囗鳳劄子。案：象之，字儀父，金華人，嘗知江寧縣。是書世尠傳本，近錢唐何夢華得影鈔宋本，邑中張氏從之傳録。已闕第十三卷至十六卷，第五十卷至五十四卷，第一百三十六卷至一百四十四卷，第一百六十八卷至一百七十三卷，第一百九十三卷至二百卷，凡三十(一)[二]卷。體例仿《後漢書・郡國志》，以行在所爲首。書作於南宋嘉定十四年，故行在所屬之臨安，而一切沿革亦準是時。每府、州、軍、監分子目十二：曰府州沿革，曰縣沿革，曰風俗形勝，曰景物上、景物下，曰古迹，曰官吏，曰人物，曰仙釋，曰碑記，曰詩，曰四六。世所傳《輿地碑目》，即從之鈔出者。案：楊升庵跋《岣嶁碑》，有引此書，云「《禹碑》在岣嶁峰，又傳在衡山縣雲密峰，昔樵人曾見之，自後無有見者。宋嘉定中，蜀士因樵夫引至其所，以紙打其碑七十二字，刻於夔門觀中，後俱亡」。今覈此本《衡州碑記》門有《岣嶁碑》注惟載韓文公詩，而無升庵所引語，則是書所存，已多殘闕，非復完帙矣。

《(雍正)浙江通志》卷二四四《經籍四》 《輿地圖》十六卷。《書録解題》：王象之兄觀之漕夔門時所得也。

清・丁立中《八千卷樓書目》卷六《史部》 《輿地紀勝》二百卷。宋王象之撰。伍氏刻本。

清・張之洞《書目答問・史部》 《輿地紀勝》二百卷。宋王象之。廣州新刻本。闕三十二卷。

《九丘總要》

元・脱脱等《宋史》卷二〇四《藝文志三》 王日休《九丘總要》三百四十卷。

明・柯維騏《宋史新編》卷五二《藝文志六》 王日休《九丘總要》三百四十卷。

清・黄虞稷《千頃堂書目》卷八《地理類下》 王日休《九丘總要》三百四十卷。

清・倪燦《宋史藝文志補》 王日休《九邱總要》三百四十卷。

《(雍正)浙江通志》卷二四四《藝文四》 《九丘總要》三百四十卷。《嚴陵志》：王日休著，分水人。

《聚米圖經》

宋・鄭樵《通志》卷六六《藝文略四》 《聚米圖經》五卷。

宋・陳振孫《直齋書録解題》卷七 閤門通事舍人雄州趙珣撰。珣父振，博州防禦使，久在西邊。珣訪得五路徼外山川道里，康定二年爲此書。韓魏公經略言於朝，詔取其書召見。執政呂許公、宋莒公言，用兵以來，策士之言以千數，無如珣者。擢涇原都監，定川之敗，死焉。珣勁特好學，恂恂類儒者，人皆惜之。

宋・尤袤《遂初堂書目・地理類》 《西戎聚米圖經》。

宋・馬端臨《文獻通考》卷一九九《經籍考・史》 《陝西聚米圖經》五卷。陳氏曰：閤門通事舍人雄州趙珣撰。珣父振，博州防禦使，久在西邊。珣訪得五路徼外山川道里，康定二年爲此書。韓魏公經略言於朝，詔取其書召見。

執政吕許公、宋莒公言，用兵以來，策士之言以千數，無如珣者。擢涇原都監，定川之敗，死焉。珣勁特好學，恂恂類儒者，人皆惜之。

元・脱脱等《宋史》卷二〇七《藝文志六》 趙珣《聚米圖經》五卷。

明・焦竑《國史經籍志》卷三《史類》 《陝西聚米圖經》五卷。

明・陳第《世善堂藏書目録》卷上 《陝西聚米圖經》五卷。趙珣。

《（景定）建康志》

宋・馬光祖《景定建康志序》 郡有志，即成周職方氏之所掌，豈徒辨其山林川澤都鄙之名物而已？天時驗於歲月，災祥之書，地利明於形勢險要之設，人文著於衣冠禮樂風俗之藏否，忠孝節義，表人材也，版藉登耗，考民力也，甲兵堅瑕，討軍寔也，政教修廢，察吏治也。古今是非得失之迹，垂勸鑒也。夫如是然後有補於世，郡皆然，況陪都乎？昔忠定李公嘗言天下形勝，關中爲上，建康次之，自楚秦以來，皆言王氣所在，句踐城之，六朝都之，隋唐而後，爲州、爲府、爲節鎮、爲行臺，五季僭僞睍消，實開吾宋混一之基。南渡中興，此爲根本，章往考來，國志宜詳於它郡。而乾道有舊志，慶元有續志，皆略而未備，觀者病之。慶元迄今逾六十年，未有續此筆者。寶祐丁巳，光祖蒙恩來司留鑰，因閲前志，編摩在念，一年而勸民，二年而整軍，三年而易閫荆州，未暇也。己未重來，汲汲守禦，補尺籍，治戰艦，備器械，固城池，日不暇給。未幾，鼓枻驚濤，風餐露馳，於舒蘄江黄之間，往復無虞，數四元勳振旅，長江肅清，光祖始得少休。於郡興滯補弊之餘，爰及斯文。有幕客周君應合博物洽聞，學力充贍，舊嘗爲《江陵志》紀載有法，乃以是屬之。開書局於郡圃之鍾山閣下，相與研古訂今，定凡例而裒篇佚。先爲留都録四卷，隆炎創興之盛，宫城建置之詳，與夫雲漢昭回之章，皆備録焉，揭爲一書之冠冕。其次爲地理圖，爲侯牧表，爲志，爲傳，合爲五十卷。表起周元王四年越城長干之時，以至於今，千七百載，年經類緯，曰時，曰地，曰人，曰事，類之所由分也。志凡十，一曰疆域，二曰山川，三曰城闕，四曰官守，五曰儒學，六曰文藉，七曰武衛，八曰田賦，九曰風土，十曰祠祀。傳凡十，一曰正學，二曰孝悌，三曰節義，四曰忠勳，五曰直臣，六曰治行，七曰耆舊，八曰隱德，九曰儒雅，十曰正女。大略備矣。始于三月甲子，成於七月甲子。獻之天子，玉音嘉焉。用不敢閟，傳之無窮，補其缺遺，續其方來，則有望於後之君子。景定辛酉歲良月初吉，觀文殿學士、光禄大夫、沿江制置大使、知建康軍府事兼管内勸農營田使、江南東路安撫使、馬步軍都總管、行宫留守、節制和州無爲軍安慶府三郡屯田使、暫兼淮西總領、金華郡開國公、食邑三千户食寔封陸百户馬光祖書。

宋・馬光祖《進建康志表》 臣光祖言：鍾阜帝王之宅，忝備居留；職方土地之圖，輒成紀載。敬哀竹簡，冒徹楓宸。臣光祖惶懼惶懼，頓首頓首。竊以紫蓋東南，勢雄建鄴，青山表裏，景似洛陽。吴晉以來皆號京畿，秦楚之間已占王氣。洗前日六朝之陋，肇吾宋萬世之基。歷數有歸，太陽升而爝火息；神武不殺，膏澤下而江水清。爰重昇州，遂開節鎮。嘉祐之進大國，龍飛猶軫於初潛；紹興之創新宫，馬渡喜逢於再造。發天作地藏之勝，著祖功宗德之隆。建邦設都，非列城之能儗；詔今傳後，豈鉅典之可虚？臣叨佩玉麟，密瞻銅鳳，職在承流而宣化，法當章往而開來。閫治八年而重臨，曷報恩徽之厚？《圖經》三歲則一上，敢違令甲之嚴？迺選幕僚，恪修郡乘。揭琅邪而首録，昭弁冕之常尊。諸地諸邑諸城，繼加銓次；十表十志十傳，序列編摩。四八萬言，皆聚此書，千七百禩，如指諸掌。辨山林川澤之名物，稡衣冠禮樂之風流。善有勸而惡有懲，往者過而來者續。兹蓋伏遇皇帝陛下性明日月，道整乾坤，帝書九丘言九州，聖學夙深于稽古；天下一日行一遍，遠模蓋得於傳家。運藝祖仁皇高宗之心，兼創業中與太平之事。既徹疆于江表，行復境于關中。臣未能刊浯溪之碑，且此效雍州之録。漢光投戈講藝，願益恢輿地之披。周宣備器修車，何但美東都之會。所有新修《景定建康志》五十卷，計四十六册，謹隨表上進以聞。臣無任瞻天望聖激切屏營之至。臣光祖惶懼惶懼，頓首頓首，謹言。景定二年八月日，觀文殿學士、光禄大夫、沿江制置大使、知建康軍府事、兼管内勸農營田使、江南東路安撫使、馬步軍都總管、行宫留守、節制和州無爲軍安慶府三郡屯田使、暫兼淮西總領、金華郡開國公、食邑三千户食實封六百户臣馬光祖上表。

宋・馬光祖《獻皇太子牋》 右，光祖伏以龍盤勝地，叨分居守之符；鶴禁麗天，輒獻職方之乘。既先塵於丹扆，敢繼徹於青闈。光祖惶懼惶懼，扣頭扣頭。惟建業之名區，寔仁皇之潛邸。前收圖於開寶，聰明神武，不殺者夫。後駐蹕於建炎，險阻艱難，備嘗之矣。再造中天之業，永垂萬世之基。光祖筦鑰才卑，冕旒恩大。承流宣化，敢忘載筆之勤？考古訂今，庶遂缺文之備。恪遵著令，悉上送官。兹蓋伏遇皇太子殿下恭敬温文，賢聖仁孝。行必正道，宫中嘗務於觀書；建以元良，天下咸安於主器。凡屬乾坤之内，宜周且月之明。光祖俯效編摩，仰裨省覽。星重輝，海重潤，益綿景祚之隆；車同軌，書同文，行復興圖之盛。所有新修《景定建康志》四十五册，謹隨牋上獻。瞻望宫庭，下情無任激切屏營之至。光祖惶懼惶懼，扣頭扣頭。謹牋。景定二年八月日具位馬光祖上牋。

景定二年九月十七日，恭奉聖旨宣諭：「茲披來奏，備見勤忱。列郡志以著編，總封疆之在目。深勞哀纂，殊用歎嘉。」臣光祖頓首頓首。謹録。

清·朱彝尊《曝書亭集》卷四四《景定建康志跋》 《建康志》五十卷。宋景定中，承直郎宣差充江南東路安撫使司幹辦公事武寧周應合撰。歲在戊午春，予留白下，亡友周雪客語予曾覩是書闕本，訪之三十年未得也。今年秋九月過曹通政子清真州使院，則插架存焉，亟借歸録之。應合，淳祐間舉進士，嘗爲實録院修撰官，以上章劾賈似道謫通判饒州。自号溪園先生。康熙丁亥十一月竹垞七十九翁彝尊書。

清·王鳴盛《蛾術編》卷一二 《景定建康志》五十卷。南宋理宗景定二年，金華馬光祖華父以資政殿學士爲沿江制置大使、江東安撫使、知建康軍府事，屬其幕僚承直郎宣差充江南東路安撫使司幹辦公事豫章周應合譔，開書局于郡圃鍾山閣下。首留都録，次地理圖，次表，次疆域，次山川，次城闕，次官守，次儒學，次文籍，次武衛，次田賦，次風土，次祠祀，次傳，次拾遺。始于三月，成于七月，僅五閱月而書成。竊意其草率必甚，而其書甚有條理。雖乾道、慶元兩經修輯，應合僅續六十年之事，而其才實有過人者。内表起周元王四年越城長干時，凡千七百載，以時、地、人、事分之，僅三卷，不似後來地志之濫也。鶴壽案：是書首列留都四卷，蓋以宋高宗建炎二年即金陵爲建康府，遂爲留都重鎮故也。次列圖表誌傳四十五卷，末附補遺一卷。

清·錢大昕《潛研堂文集》卷二九《跋景定建康志》 《景定建康志》五十卷，宋沿江制置使、知建康府馬光祖在任日，令幕僚豫章周應合淳叟撰次。建康，思陵駐蹕之所，守臣例兼行宫留守，故首列《留都録》四卷。又六朝南唐都會之地，興廢攸係，宋世列爲大藩，南渡尤稱重鎮，故特爲《年表》十卷經緯其事。此義例之善者。《古今人表傳》意在扶正學、奬忠勛，不專爲一郡而作，故與它志之例略殊。淳叟自江東帥幕入爲史館檢閲官，首言「李璮以山東來歸，急而求我，倘借援無功，彼敗我辱，招釁之道。梁武在位四十餘年，卒墮此計。陛下不宜復蹈前轍。」又言「所在買公田，皆擇民上腴，低直以酬，又欲令賣田之主抱佃輸租，歲或荒歉，田主當割它租以償，它租既竭，歸于耕夫，耕夫逃亡，歸于鄉役，可謂獲近效而忘遠慮」。忤賈相意，嗾言者劾去之。官至朝議大夫，知瑞州而卒。蓋宋季豪傑之士，而《宋史》不爲立傳，此書又不入《藝文志》。文獻無徵，史臣不得辭其責也。

清·黄丕烈《蕘圃藏書題識》 《景定建康志》五十卷。舊鈔本。

嘉慶丙寅從書肆得影宋鈔《景定建康志》殘本，九册有半。問所由來，蓋浙省書攤以此爲模褙書籍之廢紙，已去其二册有半，彼以至素紙易之，故奇零如是。予因假抱沖本鈔補，至丁巳冬竣事。抱沖本爲鎮洋閻公名珽字書堂之所藏，與嘉定錢少詹相友善。少詹曾從借觀，故附校語於其中。黄丕烈識。

嘉慶庚申，陽湖孫觀察借予是本寫様付梓，孫僑寓金陵，從節署獲觀康熙間敕賜宋本，間有闕失，故假影鈔本相勘。辛酉冬，以原書歸予，并惠新刻本。予逐一繙閲，其間實有誤處，宜增補更改者，如卷一第六葉留都圖，原本闕宜存空白。卷十三第三十二葉，原本有，宜補。卷二十二古南苑以下行款宜更正。卷二十九第一葉、卷四十五第一葉文異俱宜更正，未知校勘時何所據而不遵影宋本也。壬戌小春丕烈識。

《（景定）建康志》卷三三《文籍志一·書籍·圖志之目》 景定《建康志》。

明·焦竑《國史經籍志》卷三《史類》 《景定建康志》五十卷。宋周合。

清·錢謙益《絳雲樓書目》卷一《地志類》 周應合《景定建康志》，十二册。

清·黄虞稷《千頃堂書目》卷八《地理類下》 周應合《景定建康志》五十卷。武寧人，別號溪園先生，祖友賢，敷文閣學士。應合舉淳祐進士，任江寧府教授，入爲翰林修撰。疏斥賈似道，謫饒州通判，終朝散大夫。

清·倪燦《宋史藝文志補》 周應合《景定建康志》五十卷。武寧人，翰林修撰，疏斥賈似道謫外。

清·曹寅《楝亭書目》 《景定建康志》，宋本，二函十二册。

清·嵇璜《續文獻通考》卷一七〇《經籍考·史地理上》 周應合《景定建康志》五十卷。

應合，號溪園，武寧人，淳祐進士。官至實録院修撰，以疏劾賈似道謫饒州通判。

清·嵇璜《續通志》卷一五九《藝文略四》 《景定建康志》五十卷。宋周應合撰。

清・永瑢等《四庫全書總目》卷六八《史部二十四・地理類一》　《景定建康志》五十卷。兩淮馬裕家藏本。

宋周應合撰。應合，武寧人，自號溪園先生。淳祐間舉進士，官至實録院修撰，以疏劾賈似道謫饒州通判。是書乃其以承直郎差充江南東路安撫司幹辦公事時所作也。初，建炎二年建行宫於金陵，改爲建康府，設江南東路安撫司以治之，爲沿江重鎮。乾道、慶元間，屢輯地志，而記載尚多闕畧。景定中，寶章閣學士、江東安撫使、知建康府馬光祖，始屬應合取乾道、慶元二《志》合而爲一，增入慶元以後之事，正訛補闕，别編成書。首爲留都四卷，次爲圖表誌傳四十五卷，末爲拾遺一卷。援據該洽，條理詳明，凡所考辨，俱見典覈。如論丹陽之名，本出建業；論六朝揚州嘗治建業，後始爲廣陵一郡之名，皆極精核。光祖序稱其「博物洽聞，學力充贍」，不誣也。明嘉靖、萬曆間，是書尚有刊本在南京國子監，見黄佐《南廱志》中。然所存版止七百五十九面，則亦已闕佚不全。其後流傳幾絶，朱彝尊《曝書亭集》有是書，稱「周在浚嘗語以曾睹是書闕本，訪之三十年未得，後從曹寅處借歸録之，始復傳於世」云。

清・孫星衍《孫氏祠堂書目内編》卷二　《景定建康志》五十卷。宋周應合撰。星衍仿宋刊本。

清・陳揆《稽瑞樓書目・小檞叢書貯西樓後書室》　《景定建康志》五十卷。二十四册。

清・丁立中《八千卷樓書目》卷六《史部》　《景定建康志》五十卷。宋周應合撰。孫氏刊本。

清・張之洞《書目答問・史部》　《景定建康志》五十卷。宋周應合。岱南閣别行本。

《（咸淳）毗陵志》

宋・史能之《咸淳毗陵志序》　毗陵有志，舊矣。歲淳祐辛丑，余尉武進。時宋公慈爲守，相與言，病其略也。俾鄉之大夫士增益之，計書成且有日。越三十年，余承朝命長此州，取而閲之，則猶故也。噫！豈職守之遵紬不常，而郡事之轇轕靡暇，是以久而莫之續耶？抑有待而然耶？夫周官「土訓掌道地圖，以詔地事，以辨地物，以詔地釆。」蓋將使來者有考也，而可忽諸？毗陵自晉改邑爲郡，至唐易郡爲州。代更五季，民竄於兵。宋奠九壥，江南既平，郡始入職方氏。一馬渡江之後，錢唐爲天子行在所，繇是與蘇、湖、秀均號古扶。《寰宇記》所謂「人性吉直，黎庶淳遜」，其所從來古矣。今山川暎發，民物殷蕃，謹固封圻，爲國之屏，壤地非小弱也。而郡志弗續，非闕歟？迺命同僚之材識與郡士之博習者，網羅見聞，收拾放失，又取宋公未竟之書於常簿季公之家，訛者正，略者備，觖者補，蓋閲旬月而后成。雖然，余豈掠美者哉？事患不爲，爲而無不成。余之續之，所以成前人之志而廣異日之傳云爾。後之攬者，亦將有感於斯。咸淳四祀月正元日四明史能之敘。

清・王鳴盛《蛾術編》卷一二　咸淳《毗陵志》三十卷。攷宋《毗陵志》教授三山鄒補之所譔，十二卷。見《宋史・蓺文志》及陳氏《書録解題》，今不傳，今本乃咸淳四年郡守四明史能之重修。能之，係司封郎中史彌鞏第二子，嵩之之叔父，終身以引嫌避權勢，真賢者也。然但稱其進士，不言歷官，太闕略矣。能之序自言：「淳祐辛丑，予爲武進尉時，宋公慈爲守，病舊志太略，俾鄉之大夫士增益之。越三十年，余來守，取而閲之，猶故也。乃命同僚與郡士博習者，網羅見聞，又取宋公未竟之書于常簿季公家，譌者正，缺者補，閲旬月而成。」宋公所病太略者，大約即鄒氏書，史所修則仍宋公本，又續三十年事也。合諸家本抄之，尚缺第二十卷一卷詞翰門，第四卷後忽列技藝一門，乃元延祐時人增入，于清言寫荷花事，蓋鄉里無知之輩所爲。卷首列圖，有東至蘇州府，西至應天府云云，非史志之舊，必史圖已佚，後人取明志妄補者。

清・錢大昕《潛研堂文集》卷二九《跋咸淳毗陵志》　史能之《毗陵志》，不載于《宋史・藝文志》，近世藏書家如錢遵王、朱錫鬯皆未之見。曩予於吴門訪朱文游，見插架有此，亟假歸録其副。尚闕後十卷，戊申夏，始假西莊光禄本鈔足之。然第二十卷終不可得矣。能之，四明人，直華文閣彌鞏之子，其名附見《彌鞏傳》，而不著其歷官。據此志，蓋以咸淳二年由太府寺丞知常州也。

清・吴騫《尖陽叢筆》卷四　《毗陵志》三十卷，咸淳四年州守四明史能之修。元延祐丁巳教授三山李敏之重修。予在吴門見舊刻本如此。陳直齋《書録解題》及《文獻通考》並云毗陵志十二卷，教授三山邹補之撰。按明正德中，張愷爲《常州府志》，序云毗陵舊志昉于宋教授邹補之，續于咸淳太守史能之。又按能之《毗陵志序》亦云，毗陵有志舊矣，病其略而續之，蓋邹實剏于前而史續成三十弓于後。明洪武初，郡人謝應芳又續成十卷，成化中朱昱又續修《毗陵志》四十卷。

清·趙懷玉《亦有生齋文鈔》卷七《咸淳毘陵志跋》 毘陵宋志，惟教授三山鄒補之所撰十二卷，見宋《藝文志》及陳氏《書録解題》。此本係咸淳四年戊辰史能之修，延祐四年丁巳重刻。在鄒志之後，藏書家無著於録者。近時查氏夏重補注蘇詩，厲氏太鴻撰《宋詩紀事》，始采用之。起地理，迄紀遺，凡十九門，計三十卷，體例賅備，可稱良志。明洪武初，有謝應芳增修本。成化中，有孫偉德重修本。雖未見其書，類皆原本於此。然卷首列圖有七，中有東至蘇州府，西至應天府云云，則已非史志之舊。必史圖已佚，後人傳鈔者据謝孫兩志之圖以補之耳。世之藏書家間有是書，殘闕殆半。乾隆癸卯冬，予將北行，少權遠過常州話別，持此以贈。原闕第十一卷至二十卷。丙午夏，館於桐鄉，少權聞長洲吴君翌鳳藏本與此本互有闕失，遂復爲余轉借，屬陳秀才汝琇補鈔，竟得九卷，僅闕十一卷第一番及二十卷詞翰，餘則居然完好，可喜也。吾郡郡志，自康熙間陳舍人玉璂修後，迄今百年未有踵其事者。顧舍人之書譌繆不免，頗爲鄉人所訾。以明唐少卿鶴徵志爲難得。古書既難，良志尤尟，矧事關桑梓，又權輿之所託乎？因亟加裝，竝識其略。

清·李兆洛《養一齋文集》卷六《跋咸淳毘陵志》 前代郡邑之志存於今者，惟宋人之書耳。類皆義例整贍，考證賅洽，識議深慎，如范成大《吴郡志》、施宿《會稽志》皆是也。而明代諸志，頗改前規，避簿記之誚，則憑臆刊削，以爲簡古；侈收采之富，則雜廁膚猥，以爲浩博。體制既乖，詳略交病。其紊輕重之實，襲胥史之故者，抑又無論焉。夫稽往籍者，所以存法戒也，詳時事者，所以觀風會也。若稽古而不核，非陋既冗；詶今而不審，非紛即謬；徒以速誤後來，不如無書矣。是書之作，法度厘然，蓋《吴郡》《會稽》之亞，足爲凡爲志乘者之式，不第吾鄉掌故增重而已，宜收庵先生之惓惓于是也。校刊既畢，僅附識以質焉。

清·陸心源《儀顧堂題跋》卷四《宋槧咸淳毘陵志跋》 重修《毘陵志》三十卷，史能之修。前有能之自序。宋咸淳刊本。每頁十八行，每行二十字，版心有字數。案：能之字子善，初尉武進，廉恪不擾。嘉熙中知高郵州。咸淳二年，以太府丞知常州，增節浮費，以浚後湖，民賴其利。見《宋史·史彌鞏傳》及《常州府志》《延祐四明志》。《毘陵志》創于三山教授鄒補之，見《直齋書録解題》。咸淳四年，能之重修。宋本今存卷七至卷十九、又卷二十四，餘抄補。卷十二第四頁後缺若干頁，末頁版心頁數字挖改爲十字，究不知爲第幾頁。卷十三缺第十三頁。常州趙味辛氏新刊本似即據此本付刊，改四卷挖改之末頁爲第五，而與第四頁沿江兵民接連。改卷十三之第十四頁爲十三，而與十二頁兔絲子接連。其謬甚矣。明之華氏刊《宋諸臣奏議》不辨缺頁而誤連之，頗爲嘉道間名公所譏，不謂味辛亦蹈其失也。

清·葉昌熾《緣督廬日記鈔》卷一六 《咸淳毗陵志》。舊鈔本。咸淳四禩月正元日史能之序。存二十卷，至財賦一門爲止。下小字注云似有闕。

宋·陳振孫《直齋書録解題》卷八《地理類》 《毗陵志》十二卷。

教授三山鄒補之撰。

元·馬端臨《文獻通考》卷二〇四《經籍考三十一》 《毘陵志》十二卷。

陳氏曰：教授三山鄒補之撰。

元·脱脱等《宋史》卷二〇四《藝文志三》 鄒補之《毗陵志》十二卷。

明·焦竑《國史經籍志》卷三《史類》 《毗陵志》十二卷。鄒補之。

清·倪燦《宋史藝文志補》 鄒補之《毘陵志》十二卷。開化人，常州教授。

又 史能之《重脩毘陵志》三十卷。字子善，四明人，常州知府。

清·孫星衍《孫氏祠堂書目内編》卷二 《咸淳毘陵志》三十卷。宋史能之撰。寫本有闕卷。

清·孫星衍《平津館鑒藏記》卷三《影寫本》 《重修毘陵志》三十卷。前有咸淳四年史能之序。此書舊無完本，錢辛楣少詹始借各本鈔足成之，惟闕第廿卷。吴縣袁上舍廷檮録以贈予，末有吴翌鳳、張德榮暨少詹三跋。

清·陳揆《稽瑞樓書目·小樹叢書貯西樓後書室》 《咸淳毗陵志》三十卷。六册。

清·丁立中《八千卷樓書目》卷六《史部》 《咸淳臨安志》九十三卷。宋潛説友撰。宋刊抄配本。繡谷亭抄本。振綺堂刊本。

清·張之洞《書目答問·史部》 《咸淳臨安志》九十三卷，《札記》三卷。宋潛説友。黄士珣校。汪遠孫刻本。

《(嘉定)赤城志》

宋·陳振孫《直齋書録解題》卷八《地理類》 《赤城志》四十卷。

國子司業郡人陳耆卿壽老撰，其前爲圖十有三。

宋・陳耆卿《赤城志序》 圖牒之傳尚矣，今地隃萬里，縣不登萬户，亦必有成書焉。矧以台爲名邦，且稱輔郡，綿涉千歲，更數百守，而闕亡以詔，難之歟！抑因陋襲簡，不暇問歟！ 蓋昔有守四人，嘗廑其力於斯矣。 如尤公袤、唐公仲友、李公兼類鞅掌不克就，最後黄公嵤辱以命，余偕陳維等纂輯焉！會黄去匆匆，僅就未備也，束其藁十年矣。更久則非惟不備，而併與僅就者失之。 今青社齊公碩始至，欲迄就未暇，踰年報政，遂復以命余，於是郡博士姜君容總摧之，邑大夫蔡君範以下分訂之，又再囑陳維及林表民等採益之，既具，余爲諗沿革，詰異同，劑巨纖，權雅俗。 凡意所未解者，恃故老；故老所不能言者，恃碑刻；碑刻所不能判者，恃載籍；載籍之内有漫漶不白者，則斷之以理而析之於人情。事立之凡，卷授之引，微以存教化，識典章，非直爲紀事設也。 如是者半載而書成。 嗟夫！同是州也，非可成於今不可成於昔也！或曰有時。 爾昔歐陽公論學，慨述吏道，以爲有司簿書之所不責者，謂之不急，夫豈惟學哉！語以圖牒，非不急之尤者耶，然而莫奥於圖牒，莫淟於簿書，有司之所不急，固君子所急也。今公之爲政也，剖叢滌煩，燭幽洞隱，於有司所急者誠井井矣！而於君子所急者尤卷卷焉！用能以半載之間，紉千歲之闕，增十年之未備，洗數百年之因襲，成四人之廑。 嗟夫，此豈以其時哉！書成者時也，所以成者，公之志也。 其志立則時赴之矣，無其志而曰需其時者，吾未之聞也。 豈惟一圖牒爲然，天下事皆然。嘉定癸未十一月既望郡人陳耆卿。

清・錢大昕《十駕齋養新録》卷一四《赤城志》 《赤城志》四十卷，陳耆卿壽老撰。 有嘉定癸未十一月自序稱：「前守黄嵤命余偕陳維等纂輯，會黄去，匆匆僅就未備，束其藁十年矣。 今青社齊公碩復以命余，於是郡博士姜君容總榷之，邑大夫蔡君範以下分訂之，又再屬陳維及林表民等採益之」。又云「意所未解者，恃故老；故老所不能言者，恃碑刻；碑刻所不能判者，恃載籍；載籍之内有漫漶不白者，則斷之以理，而折之於人情。」洵得著書之體，而可爲後代法者矣。其《辨誤門》有一條云「台州天慶觀有唐開元《真容應見碑》，蓋開元二十九年立也。後題朝散大夫、使持節臨海郡諸軍事守臨海郡太守。 及《桐柏觀碑》，天寶元年立，則作朝請大夫、使持節諸軍事守台州刺史、上柱國賈長源，此一人耳，所載官稱及郡號不同如此。 考唐天寶元年改台州爲臨海郡，至乾元元年復爲台州，不應開元二十九年便稱臨海郡，天寶元年却稱台州。 又唐武德元年改郡爲州，太守爲刺史，至天寶元年復改刺史爲太守，不應開元二十九年已稱臨海郡太守，而天寶元年既改太守復號刺史，非二碑有誤則史之誤也。」予謂壽老之辨當矣，然以情理度之，不特史文無誤，即碑刻亦未嘗誤。 蓋天寶改元即在開元二十九年之次年，而改州爲郡在是歲二月，則二月以前尚稱台州刺史也。《真容應見勑》雖在開元二十九年，而台州距長安遼遠，守臣承詔刊石，不妨遲至次年，則此刻必在《桐柏觀碑》之後。 其稱臨海太守亦非誤也。 耆卿，臨海人，嘉定七年進士，《宋史》不爲立傳。 考《中興館閣續録》稱寶慶二年正月召試館職，除祕書省正字，十一月轉校書郎。 紹定元年十二月除祕書郎。 三年十二月除著作佐郎。六年十月除著作郎。 端平元年二月兼國史院編修官，是月除將作少監。《赤城新志》言其官至國子司業，但不云卒於何年，亦未審壽若干也。 此書經明人重刻，如第卅三卷載杜範爲史嵩之所鴆、第四十卷載蔡家橋事，皆明人竄入，殊非陳氏之舊，安得宋槧本而刊正之乎？

元・馬端臨《文獻通考》卷二〇四《經籍考三十一》 《赤城志》四十卷。 陳氏曰：國子司業郡人陳耆卿壽老撰。其前爲圖十有三。

元・脱脱等《宋史》卷二〇四《藝文志三》 《赤城志》四十卷。陳耆卿序。

明・柯維騏《宋史新編》卷四九《藝文志三》 《赤城志》四十卷。陳耆卿序。

清・嵇璜《續通志》卷一五九《藝文略四》 《嘉定赤城志》四十卷。宋陳耆卿撰。

清・永瑢等《四庫全書總目》卷六八《史部二十四・地理類一》 《嘉定赤城志》四十卷。兩淮馬裕家藏本。

宋陳耆卿撰。 耆卿字壽老，號篔窗，台州臨海人。登嘉定七年進士，官至國子司業，其事蹟不見於《宋史》，惟謝鐸《赤城新志》稍著其仕履，而亦不詳。今以所著《篔窗集》考之，則嘉定十一年嘗爲青田縣主簿，嘉定十三年爲慶元府學教授。又趙希弁《讀書附志》稱耆卿《集》中沂邸箋表爲多。 案《宋史》，孝宗孫吴興郡王柄，追封沂王，其嗣子希瞿，寧宗嘗立爲皇子，即濟王竑。 耆卿必嘗爲其府記室，而希弁畧其文也。 此爲所撰《台州總志》，以所屬臨海、黄巖、天台、仙居、寧海五縣，條分件繫，分十五門。 其曰赤城者，《文選》孫綽《天臺山賦》稱：「赤城霞起以建標。」李善註引支遁《天台山銘序》曰：「往天台當由赤城山爲道徑。」又引孔靈符《會稽記》曰：「赤城山名色皆赤，狀似雲霞。」又引《天台山圖》曰：「赤城山，天台之南門也。」梁始置赤城郡，蓋因山爲名。」耆卿此志，即用梁郡名耳。耆卿受學於葉適，文章法度，具有師承，故敘述咸中體裁。明謝鐸嘗續其書，去之遠甚。舊與耆卿書合編，今析出別存其目。陳氏（振孫）《書録解題》，載此志之前有圖十三，此本乃無一圖，殆傳寫者艱於繪畫，久而佚之矣。

清・陳揆《稽瑞樓書目・小樹叢書貯西樓後書室》《嘉定赤城志》四十卷。舊刻，五册。

清・張金吾《愛日精廬藏書志》卷一六《史部・地理類》《赤城志》四十卷。宋陳耆卿撰。明宏治刊本。

謝鐸《重刊序》。宏治丁巳。【略】

清・瞿鏞《鐵琴銅劍樓藏書目録》卷一一《史部四・地里類》《嘉定赤城志》四十卷。明刊本。

宋陳耆卿、陳維林、表民等同撰。有陳氏自序，謂郡守青社齊碩屬其纂成。陳氏《書録》曰：志前有圖十三，此本僅存圖十，佚其三矣。舊爲毛氏藏書。卷首有汲古閣朱記。

清・丁立中《八千卷樓書目》卷六《史部》《嘉定赤城志》四十卷。宋陳耆卿撰。明刊本，台州叢書本。

《（咸淳）臨安志》

宋・潛説友《咸淳臨安志序》 恭惟聖宋受命，奄甸萬方，大明中天，熠燐自息。迺太平興國三年，吴越以其地歸我職方氏，是歲杭始置守丞。建炎陞府，遂爲行在所。按古志，杭舊屬會稽，禹於此舍航而陸，故名。恭聞光堯大駕初臨，登郡，治中和，嘗作爲歌詩，慨懷夏后氏之烈，聖心曠數千百載而神交固有幾乎？禹蹟之外，其亦見夫流風遺俗，得過化之所存而有感焉耳。嘗試觀之，有車船檝櫂之蹟，故其人至於今忠以勤；有苗山封爵功德之會，故其人至於今勸於爲善；有織貝橘柚之貢，故其人至於今知尊君而愛親。錢氏生長其間，性習自然，國三世四王而終不失其臣節。迨宋之興也，深察夫人心歸德之天如川斯赴，莫之能止，則一旦決然舍去其固有之業，以委命於朝，忠懿誠忠矣，抑杭之人何莫非忠懿。天地之間，燥溼風雲，萬物一氣，杭獨爲天下先者，以先王聲教之所漸者遠，知帝王正統所在焉故也。自時厥後，我國家眎之如在甸服，率選公卿大臣寵綏之，豈徒以地大故？要必有所甚重者。湛恩醲化，涵浸滋久，益固結而不可解。南渡艱難之際，旄倪提攜，左簞右壺，牛酒相屬於道，頓首六蚓之下，如見父母，誓有殞無貳，雖婁更大震撼而莫之變，迄用永我命于茲新邑，迹是三百年間，杭之有功於國家也甚大，而祖宗之有德於杭亦深矣。

開慶孽小誤國，召戎一時，謀臣或倡異議，幾揺根本。賴先皇帝蔽自上志，獨倚今太傅辯章國公，外頓八紘，内維九鼎，宗廟社稷之靈恃以妥寧，卒之披攘蒙霧，再奠宇宙。至今八街九陌，歌鼓四時，往往相與咨欷，不圖復見今日。烏乎！我理宗有德於杭也不又大歟？杭之福，諸夏之福也。肆皇上克篤前烈，宅中圖大，不以愚臣爲不肖，命殿是邦。幸遇朝廷治平，年穀屢登，浩穰之府，化爲簡静，因得以蓋其疵粃。暇日視故府，閲郡乘，或病其漏且舛，乃葺而正之，增而益之，凡爲圖、爲表、爲志，總百卷，而冠以行在所録，尊王室也。既成，上之天府，以備考數之萬一焉。《禹貢》稱「冀州既載」，釋者謂以貢賦役事載之，書其於天子所自治之國，謹重固如此。九州攸同，言歸舊京，聖子神孫，尚克念我光堯懷禹之遺志云。中奉大夫、權户部尚書、兼詳定勅令官、兼知臨安軍府事、兼管内勸農使、兩浙西路安撫使、馬步軍都總管、兼點檢行在贍軍激賞酒庫所縉雲縣開國男、食邑三百户潛説友謹序。

清・朱彝尊《曝書亭集》卷四四《咸淳臨安志跋》 南宋咸淳四年，中奉大夫、權户部尚書、知臨安軍府事縉雲縣開國男處州潛説友君高緝正府志，增益舊聞，凡一百卷。予從海鹽胡氏、常熟毛氏先後得宋槧本八十卷，又借抄一十三卷，其七卷終闕焉。宋人地志幸存者，若宋次道之志長安，梁叔子之志三山，范致能之志吴郡，施武子之志會稽，羅端良之志新安，陳壽老之志赤城，每患其太簡，惟潛氏此志獨詳。合以《吴越備史》《中興館閣録續録》《都城紀勝》《武林舊事》《夢粱録》《大滌洞天志》，庶幾文獻足徵，惜後之作通志者目未覩此，以致舊聞放失，可歎也夫。

清・杭世駿《道古堂全集・文集》卷二七《跋二・咸淳臨安志跋》 縉雲潛説友君高撰。説友，史家不爲立傳，其序末列銜云「中奉大夫權户部尚書兼詳定敕令官兼知臨安軍府事兼管内勸農使兩浙西路安撫使馬步軍都總管兼點檢行在贍軍激賞酒庫所縉雲縣開國男食邑三百户」，存此可以見説友之官閥。書凡百卷，舊藏花山馬氏，吾友吴君尺鳧以二十千購鈔其半，其半則得之王店朱檢討家，碑刻七卷仍闕如也。好事者往往從吴氏借鈔，鈔胥憚煩，每割去大文長記，以是世鮮善本。辛亥歲同在志局，尺鳧攜是書來。予與趙子誠夫共相參校，乃得睹悉真贋，輒歎求書之難。適檢討孫稼翁以宋槧十七册求售，亟從臾，誠夫以三十金易之。山川古蹟祠廟寺觀湖志全乜獲於此，吾郡之文獻又無論也。施愕《淳祐志》已佚不傳，説友間一稱引之序，所謂漏且舛者，亦藉是見梗概云。

清・盧文弨《抱經堂文集》卷九《咸淳臨安志跋丁酉》　始余之鈔是書也，不得善本，求之他氏亦復然。更一二年閒，友人鮑以文氏乃以不全宋刊本借余向所闕六十五、六十六兩卷，獨完然具備，余得據以鈔入，雖尚闕第六十四、第九十及最末三卷，然視曝書亭所鈔則已較勝矣。宋本前有四圖，但字已多漫漶。余請友人圖之，其依俙有字跡而不可辨者。余以方圍識其處，又校對其文字異同，始知外閒本刪落甚多，顧力不能重寫，則以字少者添於行中，字多者以別紙書之，綴於當卷之後，且注其附麗本在何處，庶來者尚可考而復焉。噫！世閒之書若此者多矣！書賈圖利，往往妄有刪削以欺人，其流傳甚易，真本益微矣！古人以讀書者之藏書爲最善，其不以此也夫！

清・孫星衍《平津館鑒藏記》卷三《舊影寫本》　《臨安志》六卷。不題撰人名，前後亦無序跋。書中稱引止於淳祐十一年，并稱今上御書，咸淳臨安志引淳祐臨安志，皆核與此本相同，此當即施鍔所撰《淳祐臨安志》也。書僅城府山川兩類，其小序曰：「城府第三，山川第四」，前後當有缺卷。此題卷一至卷六，影寫者改之以欺世耳。每葉十四行，行廿字。

清・黄丕烈《士禮居藏書題跋記》卷二　《咸淳臨安志》九十三卷。宋刻本。

余向購得鈔本《咸淳臨安志》，較朱竹垞集中所跋本多二卷，六十五、六十六是也。鈔本出盧學士抱經校本，云從鮑以文所藏殘宋槧本補録者，然則潛志宋刻流傳非一也。每從藏書家訪問，知竹垞藏本尚在杭州，偶遇杭友曹竹林，詢悉是書即其親戚所藏，囑伊訪求，已閲三四載矣。今秋九月上旬，以樣本示余，余一見信爲宋刻善本，每本部葉有楷書細目，似國初人筆，或即竹垞舊藏亦未可知。物主有議價及書中刻鈔原缺細數兩紙，自署曰「知稼主人」，未識誰何。而于書中面目開列明晰，當是藏書故家。既晤竹林，乃知此人王姓，學增其名，一貧孝廉。此書久質他姓，兹因明年計偕，售去以爲行資，故特送覽，以報昔日之命，但百二十千，缺一不可。余耳熟是書久，急出錢易之。全書三十册，既來，費半日功翻閲一過。內紙色黄者與白者有兩種，黄紙墨色較好，皆是宋刻原本。一卷、八十一卷至八十九卷皆鈔，餘卷中間有一二鈔補之葉，悉屬影寫，故刻工姓名及所刻字數，上下略具，似非無據者。其六十四卷至六十六卷、九十卷、九十八卷至百卷，仍闕如也。因思《曝書亭集》跋語云：「予從海鹽胡氏、常熟毛氏先後得宋槧本八十卷，又借鈔一十三卷，其七卷終缺焉。」今刻本八十三卷，鈔本十卷，似非竹垞故物。然查德尹《查浦輯聞》云：「杭州府志在宋則《淳祐志》《咸淳志》，《淳祐》施諤已不復存，《咸淳》則竹垞先生與當湖高詹事士奇合成若干卷，尚缺十卷。」查所云缺者，當是原缺七卷之外，所鈔十卷似與余今所見之本合。查又云：「紙色墨香與書法之美，真目所未睹。」余今所見本亦然，其爲竹垞故物無疑。再檢杭大宗《道古堂集》有跋云：「書凡百卷，舊藏花山馬氏，吾友吴君尺鳧以二十千購鈔，其半則得之王店朱檢討家，《碑刻》七卷仍缺如也。好事者往往從吴氏借鈔，鈔胥憚煩，每割去大文長記，以是世鮮善本。辛亥歲同在志局，尺鳧攜是書來，予與趙子誠夫共相參校，乃得睹悉真贋，輒歎求書之難。適檢討孫稼翁以宋槧十七册求售，亟從臾，誠夫以三十金易之。」由是以觀竹垞故物本在杭州。今是書果轉傳而出者歟，惜卷數、册數今昔多寡分合又有不同，豈後人之所爲，抑或前人稱之不得其實乎？唯所缺六十四至六十六爲《人物》，九十、九十八、九十九爲《紀遺》中之《紀事》《紀文》，一百爲《紀遺》中之《歷代碑刻目》，宋本原目具志中。杭云「《碑刻》七卷仍缺如也」，未免考之不的爾。今書中藏書印黄紙者均有一大印、二小印，大印爲「高平家藏」，小印一爲「朝議大夫之章」，一則加印于舊印之上，模糊莫辨，似爲「國朝三代先朗」。白紙者卷七十五至卷八十，首末皆有汲古毛氏印，古籍流傳原委有自，洵可寶也。得書前夕，鮑丈適來晤，言及此，云向所得殘宋本在吴兔床處。兔床余亦往來，擬作剳商之，或二卷宋刻可得，豈非盡美哉！嘉慶三年歲在戊午季冬月中浣八日，雨窗剪燭書，棘人黄丕烈。

歲庚申春，從吴兔床處借得六十五、六十六卷，仍係鈔本，旁有「知不足齋影宋鈔」字樣，當非無據也。爰囑西賓顧澗賓傳録，俟裝潢時一併補入。頃鮑渌飲來訪，談及是書，遂取視之。問其在杭州曾見過此書否，渌飲云書雖未見，然聞其爲黄姓物，所稱知稼主人，當用宋人知稼翁故事，則竹林傳述，以爲王姓者誤爾。又詢其所多二卷宋刻何在，云在孫氏，蓋鮑得此書有兩部，一歸孫，一歸吴。吴之二卷即從孫之二卷影寫者以之補闕，尚非不知而作云。五月朔坐雨讀未見書齋書此。蕘圃。

壬戌從都中買《夏季搢紳》，偶見浙江寧波府定海縣復設訓導有王學增其人，始知竹林之言爲不謬，而淥飲所聞爲未確也。古書源流，余喜考訂，故一藏書之家，向必求其實如此。

此書收藏以閲五載矣。原裝三十册，墨敝紙渝，幾不可觸手。今夏六月，始命工重裝，細加補綴，以白紙副其四圍，直至冬十一月中竣事。裝潢之費，復用去數十千文，可云好事之至矣。分裝四十八册，以原存部面挨次裝入，俾日後得見舊時面目。其中除六十五、六十六新鈔外，尚有舊鈔幾卷，擬仍訪諸兔床，或有宋刻可校，豈不更善乎？壬戌季冬，蕘翁黄丕烈識。

清·李富孫《校經廎文稿》卷一七《咸淳臨安志跋》　宋潛説友《咸淳臨安志》一百卷。朱竹垞太史從海鹽胡氏、常熟毛氏先後得宋槧本八十卷，又借鈔一十三卷，其七卷終闕焉。此書相傳後歸花山馬氏。道古樓浙江采集遺書係壽松堂孫氏寫本，言即從朱本録出。武林小山堂趙氏從瓶花齋吴氏所校借鈔一本，亦止九十三卷。後趙誠夫與朱稼翁同纂修通志，朱苦貧，鬻書度日，㠯《咸淳志》售與趙氏，出白金二十金，則有五十六、五十七兩卷，遂鈔㠯補之，爲九十五卷。是與歸道古樓本卷秩又異。汪氏振綺堂、黄氏琴韻軒所鈔俱同此本。近汪小米舍人欲重彫此書，與余商榷，余爲假吴門汪氏所藏黄蕘圃家宋槧本，其弆序目及圖并行在所「録」、第一卷，又八十一卷至九十五卷，皆係鈔補。第七卷中多破缺處，各鈔本亦闕，則但從此傳寫，弟與竹垞所言不同，亦無印章，當非暴書亭藏本。海昌陳簡莊有盧氏抱經堂鈔本，言從宋刻校過，并行在所各圖較它本爲勝，其六十五、六十六兩卷則從知不足齋鮑氏宋槧殘本補入。然紀遺等卷所載詩文頗多删落，此當鈔胥猒其緐而去之，并非抱經學士親校之本。簡莊《淳祐志跋》謂道古樓本歙鮑㠯文曾見其書，後歸孫氏，又海昌吴氏拜經樓有宋刻本。今孫氏已莫可問，而拜經樓所藏殘袟僅三十卷，之弆共有二十一卷，小米合諸本讎校，各鈔本多譌脱，悉㠯宋槧爲定。余并屬㠯吴自牧《夢粱録》補六十四卷列傳，㠯《成化志》補一百卷碑刻之闕，又可得二卷。惟九十、九十八、九十九三卷紀遺無從拾補。積半載而校畢，正譌補脱，用心審而致力亦廑矣。爰即開彫，㠯廣其傳，俾武林舊聞不至放失，可不謂鄉邦之厚□乎？

清·陸心源《儀顧堂題跋》卷四《宋槧咸淳臨安志跋》　《咸淳臨安志》一百卷，前有潛説友自序。宋刊宋印本。卷一、卷八十一至八十九、卷六十五、六十六凡十二卷皆抄補，卷六十四、卷九十、卷九十八、卷九十九、卷一百皆缺。每頁二十行，每行二十字。小字雙行。版心有字數及刊工姓名。宋諱皆缺筆，語涉宋帝皆提行。年號亦空一格。即百宋一廛賦所謂「臨安百卷，分豆剖瓜。海鹽常熟，會萃竹垞」者也。字體圓勁，刊手精良，不下北宋官刊。杭州汪氏新刊本摹刊亦精，視此則有霄壤之判矣。卷七十五、七十八有「毛晉之印」朱文方印、「毛氏子晉」朱文方印。卷二、卷四十六、卷五十四、卷六十、卷六十七、卷八十一有「高平家藏」朱文方印，「朝列大夫之章」朱文方印，又一印不可辨。後有黄蕘圃四跋，述得書源流甚詳。黄歸于汪閬原，汪歸于郁泰峯，光緒八年歸于皕宋樓。吴兔牀拜經樓所藏刊本二十卷，影抄七十五卷，今歸杭州丁松生大令。徐健菴傳是樓藏本後歸高江村，乾嘉間爲鮑以文所得，歸之孫氏，今歸山東楊氏海源閣。

清·丁丙《善本書室藏書志》卷一一　《咸淳臨安志》九十五卷。宋刻鈔配本。吴氏拜經樓舊藏。

前爲中奉大夫、權户部尚書兼詳定敕令官，兼知臨安軍府事，兼管内勸農使，兩浙西路安撫使、馬步軍都總管兼檢點行在贍軍激賞酒庫所縉雲縣開國男、食邑二百户潛説友序。次目録，凡例，次圖。前十五卷爲行在所録，記宫禁曹司之事。自十六卷以下乃爲府志，區畫明晰，體例秩然。説友，字君高，處州人，淳祐甲辰進士。咸淳四年，知臨安軍府，飛來峰下尚有與賈相同游題名，後以誤捕似道私秫罷，又起守平江。德祐元年四月罷。宋亡，在閩降元，仍不得其死，亦可慨矣。明成化《杭州志》尚依其款式開版，其時書固完善也。康熙間，朱檢討始爲搜補，已缺軼不少。吴氏《拜經樓藏書題跋》曰：《咸淳臨安志》九十五卷，每葉二十行，每行白文二十，注文雙行二十。鮑淥飲得於平湖高氏，凡宋刻二十卷，影宋鈔七十卷。首有季滄葦圖記，卷帙與傳是樓宋版書目相符，蓋東海舊藏原本盡八十一卷，淥飲先生從王氏、吴氏影宋補鈔，較竹垞所見多六十五、六十六兩卷。有紅藥山房收藏私印、馬思贊之印、漁村子仲安、秀水朱氏潛采堂圖書。天水寒可無衣，飢可無食，至於書不可一日失。此昔人詒厥之名言，是爲拜經樓藏書之雅則諸圖章。同治四年邱春生作緣歸之八千卷樓。

又　《咸淳臨安志》九十三卷。琴趣軒黄氏鈔本。

右爲錢塘黄澐瀠江手鈔版，心下有「琴趣軒藏書」五字，前有飛白書「咸淳臨安志」五字。闕卷悉同前本。海鹽張燕昌謹識云：《咸淳臨安志》凡百卷，潛説友撰。世鮮傳本，茲鈔爲瀠江黄先生三易寒暑所成，裝成二十四册。乾隆辛卯長至前五日，余游杭，寓居龍泓館，先生見過，珍重出示，備言『手鈔辛苦，今幸得告成，願君飛白書其前，不欲以人間墨汁汙之耳！』噫！自五代以來，圖籍有雕本，不知得書之艱，惟前賢好學皆手自鈔校，而讀書亦百倍於今。先生之手鈔是書，可謂無愧前賢之讀書矣！燕昌自幼好書，展對是鈔，覺三十年來皆虛度也，於古人讀書之法全未有合，先生其有以教我矣。即爲蘸墨揮灑，用報謬賞。」黄薌泉士珣爲汪小米遠孫，校刊跋中自言並據此本也。

又《咸淳臨安志》九十三卷，《札記稿》三卷。小山堂鈔本。振綺堂舊藏。

右爲小山堂鈔本，後有乾隆甲子東潛趙一清手記云：聞之繡谷居士云昔年朱太史竹垞有宋刻半部，高詹事江邨亦有半部，意欲合之，竹垞靳而不予，花山馬仲寒賄典書者竊鈔，寶同球璧居士力請之，先與錢二十千，僅得其半，蓋終惜之。殆彼之亡，求之孺子，始成全書，幾二十年矣。雍正庚辛間修《浙江通志》，開局於南榷關署，居士與予及竹垞之孫稼翁咸與纂修。稼翁貧甚，居士爲余作緣，以白金一斤購之，曾未及三之一也。而江村白雲樓所藏莫可致詰。竹垞本雖不全，而府治九縣圖居然完好，則又仲寒本之所無。余嘗偕繡谷本鈔寫一通，每卷尾多有題識，亦間作議論及時事。居士抱才不試，有感輒發。今年攜之松江舟中，手勘愛而録之，嗣爲振綺堂所得。道光辛卯，汪小米右史、延黄薌泉明經校而刻之，即據以作底本，又附《札記》三卷。手稿於後咸豐庚辛兩遭兵燹，復後汪氏書散棄坊市，予收得殘本，仍以汪刊本補其闕。滄桑之變，喬木之感，都於此帙寓之矣。

清·黄虞稷《千頃堂書目》卷八《地理類下》 潛説友《臨安志》一百卷。咸淳四年以司農少卿知臨安府。

清·倪燦《宋史藝文志補》 潛説友《臨安志》一百卷。今闕七卷。

清·嵇璜《續文獻通考》卷一七〇《經籍考·史地理上》 潛説友《咸淳臨安志》九十三卷。

説友字君高，處州人，淳祐進士。咸淳間，知臨安府事。及宋亡，降元，爲李雄剖腹死。

清·孫星衍《孫氏祠堂書目内編》卷二 《咸淳臨安志》九十五卷。宋潛説友撰。寫本。

清·孫星衍《平津館鑒藏記》卷三《影寫本》 《咸淳臨安志》一百卷。前有潛説友序。此編即説友咸淳庚午以中奉大夫權户部尚書知臨安軍府事時所撰。末有朱彝尊、盧文弨兩跋，稱是書海鹽胡氏、常熟毛氏所藏。宋槧本止八十卷，朱氏鈔補十三卷，盧氏又鈔補二卷，惟六十四、九十暨最末三卷闕焉。四庫全書本九十三卷，即朱氏鈔本也。

清·陳揆《稽瑞樓書目·小樹叢書貯西樓後書室》 《咸淳臨安志》九十三卷。鈔本，十六册。

清·瞿鏞《鐵琴銅劍樓藏書目録》卷一一《史部四·地里類》 《咸淳臨安志》一百卷。舊鈔本。

宋潛説友撰并序。此本舊爲何夢華所藏，鈔自毛氏所得宋槧本，闕第六十四卷、第九十卷、第九十八至第一百卷，凡五卷，莫由補全。近振綺堂汪氏刻本亦仍其闕，可知世無他本矣。卷首有何元錫印、何敬祉氏二朱記。

清·丁立中《八千卷樓書目》卷六《史部》 《咸淳臨安志》九十三卷。宋潛説友撰。宋刊抄配本。繡谷亭抄本。振綺堂刊本。

《（淳熙）嚴州圖經》 《新定志》

宋·董弅《嚴州重修圖經舊序》 《周官》職方氏掌天下之圖，周知其數要。漢得秦圖書，具知天下阸塞，户口多少，彊弱處。光武中興，按司空輿地圖以封諸子。歷代放周，遂以職方名官。至唐立制，凡地圖，命郡府三年一造，與版籍偕上省。國朝定令閏年諸州上地圖。大中祥符四年，詔儒臣纂修圖經，頒下州縣，俾遵承之，距今百二十有八年矣。其閒州名有更易，軍制有升降，户口有登耗，賦税有增損，既皆不同，而又艱難以來，州縣唯利斂是急，趣具目前，閏年之制，寖以不舉，蓋職方之職廢也。紹興七年，弅來承乏，嘗訪求歷代沿革，國朝典章，前賢遺範，率汗漫莫可取正。詢之故老，則曰：是邦當宣和庚子盜據之後，圖籍散亡，視他州尤難稽考。乃喟然歎曰：惟嚴爲州，山水清絶，高賢之遐躅久，以輯睦得名，今因嚴陵紀號。自唐爲軍事州，藝祖開基，首命太宗爲睦州防禦使。先帝政和中，悉裒録祖宗潛藩之地，詔升其軍爲節度，既而出節少府以授，今上嘗以親王道臨鎮焉。其後繼世以有天下，實似太宗。蓋是邦兩爲真主興王之地，其視少康之綸，漢文之代，有不足道，則地望顧不重哉！而況歷代以來，文人才士間出於其地，偉賢鉅公來爲牧守者相望也，庸可以勿紀乎！於是因通判軍州事孫傳有請，乃屬僚屬知建德縣事熊通、州學教授朱良弼、主建德縣簿注勃王、桐廬縣簿賈廷佐，及郡人前漢陽軍教授喻彦先相與檢訂事實，各以類從，因舊經而補緝，廣新聞而附見，是邦之遺事略具矣，豈特備異日職方與閏月之制？抑使爲政者究知風俗利病，師範先賢懿績，而承學晚生覽之，可以輯睦而還舊俗。宦達名流玩之，可以金高風而勵名節，渠小補也哉！至於紀録尚或未盡，則以竢後之君子。紹興己未春正月壬午，知軍州事董弅序。

宋・劉文富《重修圖經序》 先王盛時，封建未壞，井地既正，疆理修明。千八百國之廣，各有土地之圖，以周知其地域，大司徒所掌是已。且司徒掌邦教之任，而乃下兼職方之事，其亦有説歟。蓋民之情性，有剛柔輕重遲速不同，不辨其宜而施教焉，則有捍格而不相入者，是以修其教不易其俗，齊其政不易其宜。逮秦人罷侯置守，亦各有圖。漢人入關所收財知阨塞而已。司徒辨五地十二壤，而施十有二教之制，無有也。漢氏去古未遠，不能復先王之制，而郡國難治，況後世去先王益遠，而曰復古，不其疎乎？

國朝沿唐郡縣之舊，而其經理視唐尤爲盡善。大中祥符三年十二月丁巳，詔獎翰林學士李宗諤等上新修諸道圖經，由是圖籍大備。而嚴之爲州，自東漢建安中至是，適八百年矣。其遷徙廢置，詳載於經。郡有板本，中更遺漏不存。淳熙甲辰，太守陳公公亮下車之初，憫其廢墜而未暇也。逾年，時和年豐，訟簡刑清，百廢具舉，課最之餘，因取舊經，命文富訂正之，將再鋟諸木。竊惟此邦之俗，舊號輯睦，因以名州，可以無事治，不可以多事理。所謂安於簡易之政，擾之則生事，是以自公之開府將再朞矣。一以寛政理，惟頑民黠吏始繩之以法，故邦人甚安之。因其俗而施其教，公已得之，此其大可書者。若夫民數之登降，財賦之赢縮，軍籍之去留，公館之興廢，是則因之，否則革之，特其粗耳。故書其大者以告後之爲政云。歲在丙午正月丁未迪功郎州學教授劉文富謹序。

清・錢大昕《十駕齋養新録》卷一四《嚴州重修圖經》 《嚴州圖經》，予所見者淳熙重刻本，僅存首三卷。前有紹興己未正月知軍州事董弅序，及淳熙丙午正月州學教授劉文富序。文富蓋承郡守陳公亮之命訂正是書者也。卷首載建隆元年太宗皇帝初領防禦使詔，宣和三年太上皇帝初授節度使制及勑書榜文二道，蓋淳熙丙午之歲高宗尚在德壽宫，故有太上之稱。考董弅初剏此志，本題「嚴州圖經」，陳公亮重修亦仍其名，而王氏《輿地紀勝》、陳氏《直齋書録》、馬氏《文獻通考》皆作《新定志》，蓋宋人州志多用郡名標題，續志載書籍，亦但有《新定志》，初無圖經之目，名目雖異，實非有兩本也。

清・吴騫《桃溪客語》卷二 朋溪在宜邑東北五里，下漳《毘陵志》作下漲。港之支流也。宋董弅嘗僑居其地，自謂與溪爲朋，故名曰朋溪。孫覿嘗爲之記。弅又于溪上建橋，自爲之記，又作楚頌亭，今皆莫可考。邑志又載「董待制弅墓在墣山」，墣山之名不見於方域志，墣字書亦未載，疑傳寫之譌。意當去朋溪不遠，惜未有表識之者。弅字令升，東平人，逌子。紹興五年爲吏部郎，建議祫祭太祖宜正東向之位，見《宋史・禮志》。弅譌作棻。六年，試中書舍人，累知衢、嚴、婺三州。紹興末，以敷文閣待制降集英殿脩撰，終。李心傳《繫年要録》載其歷官始末頗詳。又費衮《梁谿漫志》曰：後漢馬文淵、路博德竝嘗爲伏波將軍，皆有功于海上。政和修《九域志》以睢陽雙廟例合祀兩神。紹興乙卯，董令升舍人弅爲吏部郎，以嘗持節廣西，乞兩廟封爵一等。詔從之。令升守嚴陵，曾修《嚴州圖經》。予見宋槧本楮墨極精好，首有紹興己未弅自序，惜已散佚不全。錢曉徵宫詹曰：按《書録解題》，令升所著有《新定志》八卷，蓋即守嚴時所撰。又有《閒燕常談》三卷，取士相與談仁義於閒燕之義。《禮志》所載請正太祖東向之位，當時雖未及行，迨寧宗時竟用其説，可謂特立不阿之士。惜史不爲立傳。

清・陸心源《儀顧堂集》卷一六《嚴州圖經跋》 《嚴州圖經》三卷，影鈔宋本。每葉二十行，行十九字。前載建隆元年宋太宗初領防禦使詔，宣和二年太上皇帝初授節度使詔，及敕書榜文各一道，次爲紹興己未知軍州董棻序，淳熙丙午迪功郎州學教授劉文富序。太上皇者，高宗也。淳熙丙午，高宗尚在德壽宫，故不曰高宗而太上也。卷首爲建德府城圖、建德府全圖。卷一志嚴州府沿革、分野、風俗、州境、城社、户口、學校、科舉、廨舍、館驛、倉庫、軍營、坊市、橋梁、物産、税賦、寺觀、賢牧題名、添倅題名、登科記、人物、碑碣各門。卷二志建德縣，卷三志淳安縣，其分水、桐廬、遂安、壽昌則佚矣。紹興中，董棻知嚴州，始剏是書名曰《圖經》。淳熙丙午，知州陳亮命劉文富重爲訂正，故陳氏《書録解題》、馬氏《文獻通考》有《新定志》之目，其實即《圖經》也。後景定中方瑶寺撰《續志》，即續此書而作。續志今尚存，此書則僅存殘本耳。原本誤以圖後一葉及卷一税賦門至學校門，羼入卷三後，今一一爲之釐正。是書殘宋本藏吴門汪士鐘處，即鈔本所從出，亂後不知所歸矣。

宋・尤袤《遂初堂書目・地理類》 《嚴州圖經》。

宋・王象之《輿地紀勝》卷八《嚴州》 《新定志》。紹聖間，太守董弅編并序。淳熙中，太守陳公亮重修，劉文富序。

宋・陳振孫《直齋書録解題》卷八《地理類》 《新定志》八卷。郡守東平董弅令升撰，紹興己未也。淳熙甲辰，武義陳公亮重修。

《(景定)嚴州續志》卷四《書籍》 《新定志》。

元・馬端臨《文獻通考》卷二〇四《經籍考三十一》 《新定志》八卷。陳氏曰：郡守東平董弅令升撰，紹興己未也。淳熙甲辰，武義陳公亮重脩。

元・脱脱等《宋史》卷二〇四《藝文志三》 董棻《嚴州圖經》八卷。

明・柯維騏《宋史新編》卷四九《藝文志三》 董棻《嚴州圖經》八卷。

明・王圻《續文獻通考》卷一七八《經籍考・地理》 《嚴州圖經》，董弅著。

清・倪燦《宋史藝文志補》 董弅《嚴州圖經》。

清・瞿鏞《鐵琴銅劍樓藏書目録》卷一一《史部四・地里類》 《嚴州圖經》三卷。影鈔宋本。

宋嚴州郡守陳公亮修。前有紹興己未知軍州事董弅序，及淳熙丙午州學教授劉文富序。王氏《輿地紀勝》、陳氏《書録》、馬氏《通考》俱作《新定志》，即此書也。此從淳熙刻本鈔出，卷首載建隆元年太宗皇帝初領防禦使詔，宣和三年太上皇帝初授節度使制，及敕書榜文二道。蓋修志時高宗猶在德壽宮，故稱太上也。前有圖九葉，卷一新定郡，卷二建德縣，卷三淳安縣。其體例先以歷代沿革，次分野，次風俗，次州境，次城社，次户口，次學校，次科舉，次廨舍，次改充，次館驛，次軍營，次坊市，次橋梁，次溝渠，次物産，次土貢，次課利，次祠廟，次古跡，次賢牧，次正倅題名，添倅題名，次學校登科記，次人物，次碑碣終焉。惜卷三古蹟後已脱佚矣。

清・丁立中《八千卷樓書目》卷六《史部》 《嚴州重修圖經》三卷。宋董棻撰，劉文富續。影宋抄本。漸西村舍本。

《(寶慶)四明志》

宋・羅濬《四明志序》 四明舊有圖經，成於乾道五年，蓋直祕閣張公津守郡之三祀也。先是，大觀初朝廷置九域圖志局，令州郡各編纂以進。明已成書，而厄於兵火，遂逸其傳。三山黄君鼎得所藏以獻張公，乃俾僚屬參稽，釐爲七卷，而鋟諸梓。然自明置州，至是四百三十二年，而城治之遷徙，縣邑之沿革，人未有知其的者。唐刺史韓察實移州城，石刻尚存於時，且未之見，他豈暇詳？甚哉作者之難，固有俟乎述於後者也！尚書廬陵胡公，以寶慶二年被命作牧。上距鋟梓之歲甲子，欲周而竟，未有述之者。越明年，政修人和，百廢具興，爰命校官方君萬里取舊圖經與在泮之士重訂之。未幾方君造朝，事遂輟。又明年，濬調官遲次，來謁鈐齋尚書，俾專任斯責，因得與士友胥講論，胥校讐，且朝夕質諸尚書，由孟夏迄仲秋，成二十一卷，圖少而志繁，故獨揭志名，而以圖冠其首。考據之未精，搜訪之未博，淺學其敢辭誚，而百五十日之間，用力亦勞矣。竊嘗謂地道圖以詔地事，道方志以詔觀事，古人所甚重也。圖志之不詳，在郡國且無以自觀，而何有於詔王哉？欲知政化之先後，必觀學校之廢興；欲知用度之贏縮，必觀財貨之源流。觀風俗之盛衰，則思謹身率先；觀山川之流峙，則思爲民興利。事事觀之，事事有益，所謂不出户而知天下者也。今有司類窘簿書期會，問以圖志之事，率曰是非所急，尚得謂之知務乎？尚書召還孔邇，執六典八則之要，按九賦九式之目，以佐聖天子經綸四海，則收圖書固相業之一。天下之大，一邦之推爾，注意拳拳，有以也夫。從政郎新贛州録事參軍廬陵羅濬敘。

元・贍思《重刻四明志序》 唐世柳芳之史燼於禄山之火，劉昫執筆以繼之，遂成一代之典。逮歐宋改作，則紀録森嚴，文章烜赫，於時大行，而昫之書廢弛幾絶。然筆削既加，損益交變，而詳略互見，旁求廣索者，亦或有取焉，故賴以不泯，於是《唐書》有新舊之稱。四明有志久矣，而著述非一，可稽者惟宋乾道間郡守張津重縉大觀初所編爲七卷，及寶慶間廬陵羅浚復演爲二十有一，而各以圖冠其首。國朝袁翰林桷命十有二考以成書，蓋變體也。文富事明，氣格標異，誠爲奇特，乃大掩前作。然浚之書詎可全廢哉？俾與《舊唐》爲徒，以備參考，亦自有補，乃命梓刻於郡學。至正改元仲夏末旬月真定贍思序。

清・杭世駿《道古堂全集・文集》卷二七《跋二・寶慶四明志跋》 明之設州，自唐始。乾道五年，張津守郡，始釐定圖經七卷，其名見於《宋史・藝文志》，今不復傳矣。繼此者，《書録解題》稱寶慶二年，廬陵胡榘仲方爲守，屬其鄉人羅濬撰《四明志》二十一卷。鄞縣全君紹衣爲予言，其家尚有此書，予固疑而不敢信也。雍正壬子孟夏，紹衣入都，道武林，竟以是書來，乃宋末雕本，與吳丞相續志合刊者。予驚喜出望外，亟走書屬友人趙谷林爲紹衣謀脂轄之費，而以書納之小山書庫，酌酒相賀。紹衣爲長句五百言紀其事。時九沙萬太史方領明州志局，予作詩送行，即述其顛末以告，所謂人喜則斯陶，陶斯咏也。按渠以兵部尚書除煥章閣學士、通議大夫兼沿海制置使來知郡，越明年，命校官方萬里重訂圖經。未幾萬里造朝，事遂輟。又明年，羅濬以從政郎新補贛州録事參軍調官來謁，渠命與府學學正袁藻，學録劉叔温，直學汪煇，學諭汪坰、繆暹、蔣淵明，教諭伍子獻共事編類。由孟夏迄仲秋，凡五月而書成。先以郡志，次鄞，次奉化，次慈谿，次定海，次昌國，次象山，蓋當時六縣之次第如此。而其目曰敘郡、敘山、敘水、敘産、敘賦、敘兵、敘人、敘祠、敘遺，雖志多而圖少，然其間每依舊經所載，則乾道不傳之志，於此可以獲覩其什之四五。考之寧宗即位，既陞州爲慶元府，而標題書目猶曰四明，仍舊也。

清·全祖望《鮚埼亭集外編》卷三五《題跋九·跋四明寶慶開慶二志》 胡尚書榘《寶慶四明志》二十一卷，吴丞相潛《開慶續志》十二卷，皆宋槧也。予得之同里陸參政懋龍書庫。寶慶志先以郡志十一卷列於首，分爲敘郡、敘山、敘水、敘産、敘賦、敘兵、敘人、敘祠、敘遺九例，而接以《六縣志》十卷。續志則不分郡邑，專紀丞相涖明之事及其詩文而已。吾鄉志乘以乾道《圖經》與此二志最古，實爲文獻之祖，可寶也。雍正庚戌，予以拔萃入太學，是書爲人篡去，質於富人之手。仁和趙五兄谷林以白金四十錠贖歸，仍鈔一副本歸予，予作長歌謝之。尚書之《志》，見於陳振孫《書録》、鄱陽馬氏《通攷》暨明焦氏《經籍志》，胡志成於參軍羅濬之手，焦氏誤爲羅膾。而吴志則藏書家未有及者，前此臨川李侍郎穆堂、江都馬上舍嶰谷皆嘗向予借鈔，逡巡未寄，兹并屬谷林鈔以貽之。牙籤厄塞，歷五百年而始流布於時，殆亦有數存其閒哉。古者著述雖佳，非人不重。尚書立朝，與薛極輩附史相彌遠，稱四木，當時有「草頭古，天下苦」之謡，其與丞相之書並列，有慙德焉。故予前所作詩，於胡志頗畧，然未嘗不自笑其迂也。

清·全祖望《鮚埼亭集外編》卷三五《題跋九·再跋四明寶慶開慶二志》 吴丞相《開慶志》皆記其涖明善政，其自九卷而下，則其吟稿也。吾友杭君堇浦頗疑其非志體。予謂丞相涖吾鄉，最有惠政，即此志可備見其實心實政之及民者，而以其餘閒春容詩酒，又想見當日刑清政簡之風，原不必以志乘之體例求之也。況丞相遺集不傳，則是志之存，可不謂有功歟？獨《寶慶志》則多訛謬，如元豐之舒亶、中興之王次翁，皆爲作皇皇大傳，而高憲敏傳不載其受楊文靖之學，又不載其拒秦檜請婚之事，何歟？史忠定傳謂其仲父簽樞罷官在秦檜死後，則并國史《宰執年表》未之攷也。袁正獻公附入遠祖轂傳後，亦寥寥。羅濬謂是書成於一百五日，固宜其有所舛戾也夫。

清·全祖望《鮚埼亭集外編》卷三五《題跋九·三跋四明寶慶開慶二志》 《寶慶志》中有載及胡尚書以後事者，予初甚疑之，既而知是書嘗爲劉制使黻所增加也。第一卷《牧守》，自尚書以後凡二十人而至吴丞相，又十人而至制使，皆附列之，則爲制使所增加可知矣。及讀第二卷《經籍志》，有《四明續志》三百三十幅，大使吴丞相置；四十五幅，制使劉公置。吾鄉志乘自吴丞相而後，直至延祐方有續本，未聞有劉《志》，乃知四十五幅即散入《寶慶志》中所增加者。然劉制使之涖吾鄉在咸淳，自淳熙四先生而後，吾鄉人物之當表章者不可勝舉，制使一無所增，而增其事之小者，抑末矣。

清·錢大昕《潛研堂文集》卷二九《跋寶慶四明志》 寶慶五年，尚書廬陵胡榘仲方知慶元府，命贛州録事參軍羅濬修《四明志》，羅亦廬陵人也。其書首郡志十一卷，次鄞志二卷，奉化志二卷，慈溪志二卷，定海志二卷，昌國志一卷，象山志一卷，合之得廿一卷。書成於史彌遠枋國之日，故其父浩得佳傳。浩老成忠厚，不居寵利，在南渡諸相中本自表表，世徒訾其沮張浚用兵一事，不知符離之役，張以輕進而無功，則史之持重爲可取。朱文公作張魏公《行狀》，頗詆浩，浩不怒，而轉薦之，其器量更非尋常可及，未可以子之權奸并其父而抑之也。志修于寶慶，而卷内叙事往往及紹定、端平、嘉熙、淳祐、寶祐，蓋後人次弟增入，非寶慶元刻本。

宋·陳振孫《直齋書録解題》卷八《地理類》 《四明志》二十一卷。贛州録事參軍廬陵羅璿修，時胡榘仲方尚書爲守，璿其鄉人也。

宋·馬端臨《文獻通考》卷二〇四《經籍考三十一》 《四明志》二十一卷。陳氏曰：贛州録事參軍廬陵羅璿脩，時胡榘仲方尚書爲守，璿其鄉人也。

明·焦竑《國史經籍志》卷三《史類》 《四明志》二十一卷。羅膾。

清·彭元瑞《天禄琳琅書目後編》卷四《宋版史部》 《四明志》二函十册。宋羅濬撰。濬，廬陵人，官贛州録事參軍。《文獻通考》作璿，誤。書二十一卷，一卷至十一卷爲郡志，分九門四十六子目。十二卷至二十一卷爲鄞、奉化、慈谿、定海、昌國、象山六縣志，縣自爲門。當時明州雖建府而不置倚郭縣，如今直隸州制，故體例如。此前有濬序，列編類文字，銜名府學學正袁藻，學録劉叔温，直學汪煇，學諭王坰、繆暹、蔣淵明，教諭伍孚獻七人。據序，《四明圖經》七卷成於乾道中守郡張津，至寶慶三年煥章閣學士通議大夫知慶元府兼沿海制置使廬陵胡榘命校官方萬里增訂，未成。四年，濬來遊四明，屬之編定，即此本也。考書中職官、科第、姓名、事蹟，閒及咸淳，蓋後所增益，非盡濬舊。然均宋時舊籍也。至元延祐中袁桷撰《四明志》，今亦竝傳，然門目迥異，故著録家以此爲《寶慶四明志》、袁本爲《延祐四明志》别之。

史浩，字直翁，鄞縣人，紹興十四年進士。相孝宗，贈會稽郡王，謚文惠。浩初爲孝宗建王府教授，又兼直講。隆興元年，拜尚書右僕射，旋予祠。淳熙五年，復爲右丞相。十年，除太保致仕，封魏國公，治第鄞之西湖。建閣奉兩朝，賜書，上爲書明良慶會名其閣，舊學名其堂，故有舊學印章。其曰復隱，蓋在請老再歸後也。

清·嵇璜《續通志》卷一五九《藝文略四》 《四明志》二十一卷，《續志》十二卷。宋羅濬等撰，梅應發等續。

清·永瑢等《四庫全書總目》卷六八《史部二十四·地理類一》 《寶慶四明志》二十一卷，《開慶續志》十二卷。兩淮鹽政採進本。

宋羅濬撰。濬，廬陵人。官贛州録事參軍。《文獻通考》作羅璿，蓋傳寫誤也。先是，乾道中，知明州張津始纂輯《四明圖經》，而搜採未備。寶慶三年，煥章閣學士、通議大夫、知慶元府兼沿海制置使廬陵胡榘復命校官方萬里因《圖經》舊本，重加增訂。如唐刺史韓察之移州城、唐及五代郡守姓名，多據碑刻史傳補入。其事未竟，會萬里赴調中輟。濬與榘同里，適遊四明，遂屬之編定。凡一百五十日而成書，前十一卷爲郡志，分《敘郡》《敘山》《敘水》《敘産》《敘賦》《敘兵》《敘人》《敘祠》《敘遺》九門，各門又分立四十六子目；第十二卷以下則爲《鄞》《奉化》《慈谿》《定海》《昌國》《象山》各縣志，每縣俱自爲門目，不與郡志相混。蓋當時明州雖建府號，而不置倚郭之縣，州與縣各領疆土。如今直隸州之體，特與他郡不同也。《宋史·藝文志》僅有張津《圖經》十二卷及《四明風俗賦》一卷，不載是書。惟陳振孫《書録解題》載之，其卷數與此本相合，蓋猶從宋槧抄存者。志中所列職官科第名姓及他事蹟，或下及咸淳，距寶慶三四十年，蓋後人已有所增益，非盡羅濬之舊。然但逐條綴附，而體例未更，故敘述謹嚴，不失古法。元袁桷《延祐四明志》亦據爲藍本，多採用焉。《續志》十二卷，則開慶元年慶元府學教授梅應發、添差通判鎮江府劉錫所撰。共分子目三十有七。其自序稱，《續志》之作，所以志大使丞相履齋先生吳公三年治鄞之政績，其已作而述者不復志，故所述多吳潛在官事實。而山川疆域已詳於舊志者，則概未之及。是因一人而别修一郡之志。名爲輿圖，實則家傳，於著作之體殊乖。

清·張金吾《愛日精廬藏書志》卷一六《史部》 《寶慶四明志》二十一卷。《開慶四明續志》十二卷。文瀾閣傳抄本。

宋羅濬撰。續志梅應發等撰。

清·瞿鏞《鐵琴銅劍樓藏書目録》卷一一《史部四·地里類》 《寶慶四明志》二十一卷。鈔本。

宋羅濬撰，有圖四葉。其書成於寶慶，而卷中及紹定以後事乃出後人增訂，非原本矣。

《（淳熙）三山志》

宋·梁克家《淳熙三山志序》 予領郡暇日，訪無諸以來遺跡故俗。閩晉太康既置郡之二百一十三年，太守陶夔始有撰記，又四百五十六年至唐，郡人林諝復增爲之，皆散佚無存者。獨最後一百九十二年，本朝慶曆三年，郡人林世程所作傳於世，自言視前志頗究悉。然不過地里、人物、土俗、物産之大概，哀次亦復缺略。迄今又一百三十九年，興廢增改，率非其舊制，故闕不書者十九。夫追維往昔之事，不可復記，竊常以爲恨。至耳目所接，謂未遽泯没，則又不急於紀録，歲月因循，忽莫省意，使來者復恨之。斯亦守土之責也。乃約諸里居與仕於此者相與纂集，討尋斷簡，援據公牘，採諸長老所傳，得諸里閭所記。上窮千載建創之始，中閱累朝因革之由，而益之以今日之所聞見。厥類惟九，靡不論載，豈惟使四方知是邦於是爲盛，抑嚮古者有考焉。書成，爲四十卷。名曰《三山志》。淳熙九年五月八日丁丑清源梁克家序。

明·林材《三山志序》 閩自晉太康始置郡，迄今且越千年，滄海桑田，不翅三變矣。東晉太守陶夔、唐郡人林諝、宋郡人林世程各有撰記，皆久湮無存。宋淳熙間，清源梁克家叔子來守是邦，輯《三山志》。時永嘉陳傅良君舉通判州事，負文名，多所考述。元致和又有《三山續志》。明興二百五十年，《志》一修於正德庚辰，再修於萬曆己卯，迨茲壬子，復加修輯。欲求正德庚辰《志》而參閱之，僅僅得於一、二世家；至萬曆己卯《志》，則陰祈求改，浸失太史之舊，執簡盱衡，爲之三歎。夫以近者尚如此，又何意於數百載之上更有魯壁藏經、汲冢斷簡者哉？一日，謝在杭水部、王永啓武曹持馬恭敏家所抄宋淳熙《三山志》，過道山相示。餘喜而作曰：「事覈而詞確，彰往昭來，於是乎在。」遂謀以授諸梓，顧山中菑畬，安獲所羡，以覓梨棗？會有郡乘之役，悉公家庖廩之繼，可數十金，又節縮裘飪以益之。甫殺青，客有向餘咲曰：「芻狗既夷，蝌蚪是問。子亦乖於時、違於好矣。」餘曰：「否，否！昔仲尼學郯子而慨失官，志二代而傷杞、宋。蓋傳聞罕據，則徵信無從。此所以文獻闕而夏、殷之禮亡，方策存而文、武之政舉耳。閩爲東南大藩，而晉安襟帶列郡。長空滄滄，萬古銷沉，間嘗眺越王之故墟，溯螺女之遠涘，俯榕城之萬蔭，挹甌冶之一泓。而臺上鷓鴣，望中煙雨，欲問其事，而故老皆無在者。今幸睹是編，霸圖若繪，國紀如星。遠而歷朝之興廢，轂轉波洄；邇而四郭之周遭，陵虚邑改。辨方啓宇，則嚴太守高之茂烈猶存；尊主庇民，則蔡忠惠十數公之流芳未泯。地靈人傑，户誦家絃。此在邦域之中與天壤共敝者也。輓近以來，匪先民是程，歇馬逢人，孰尋故事？即聚國族而生於斯者，詢以數世枌榆，百年桑梓，流風善政，遺俗故家，率倀倀然莫之能省。嗚呼！以今天下多類此，叔子之《志》不益荒落哉？」客唯唯而退。

用是，與同修郡乘謝在杭、王永啓、朱君聘、鄧汝實、徐興公、王粹夫諸君子，兼搜互訂，逼觀厥成，俾千古此都之鑒，不當吾世而失之。若元致和《志》，計後是《志》百有餘年，而茫然無所考，倘亦有藏之名山者乎？則願以竢他日。

萬曆癸丑長至日，晉安九龍山人林材謹任甫書于在我軒中。

明・徐𤊹《重刻淳熙三山志後跋》　宋《三山志》四十二卷。林都諫先生捐貲授授，閲歲告成。數百年不絶如線，一旦翻摹，傳之來禩，甚盛心也。又恐秘之家塾，傳弗能廣，乃徙置法海禪寺，令主僧守之，以便好事者印行。昔白樂天以生平所著散佈東林、香山、善聖、南禪諸寺，與僧爲約，不出寺門，不借外客。以叢林中善保守也。今都諫既置版于寺，且能公諸人，其視白公，廣狹又何如哉？萬曆癸丑臘月，徐𤊹題。

清・朱彝尊《曝書亭集》卷四四《淳熙三山志跋》　閩中多藏書家，康熙壬子過福州，訪梁丞相《三山志》，無有也。後三十年，覩武進莊氏書目有之，借觀不可得。又六年，而崑山徐學使章仲以白金一鎰購之，予遂假歸録焉。書凡四十二卷，丞相自爲之序。志閩地者晉有陶夔，唐有林諝，宋有林世程，諸書均佚。是編亦罕流傳，以三山士夫未著録者，一旦有之，足以豪矣。特其體例附山川於寺觀之末，未免失倫。然十國之事，可徵信者多有出于黄氏《八閩通志》、王氏《閩大紀》、何氏《閩書》之外，學者所當博稽也。

清・錢大昕《潛研堂文集》卷二九《題跋三・跋三山志》　梁克家《三山志》四十卷，《宋史・藝文志》謂之《長樂志》，其實一書也。今本作四十二卷，其弟卅一、弟卅二兩卷「進士題名」，乃淳祐中福州教授朱貔孫續入。攷《目録》，本附於弟卅之後，但云「弟卅中」「弟卅下」，未嘗輒更舊《志》卷弟。後人析爲四十二者，又非貔孫之舊矣。《志》成於淳熙九年五月，而「知府題名」增至嘉定十五年；它卷閒有闌入淳祐中事者，皆後人隨時儳入也。《宋史》本傳於乾道罷相，以觀文殿大學士知建康府之後，即云「淳熙八年，起知福州」。據《志》，克家於淳熙六年三月，以資政殿大學士、宣奉大夫知福州。則《傳》稱八年者誤。《志》又書八年五月，復觀文殿學士，此即《史》所載「趙雄奏，欲令再任，降旨仍知福州」事。是時，克家蒞任已滿二年，故有「再任」之旨，因復其職名。《史》誤以再任之年爲初任之年，則甫經到任，不當云再任矣。且克家於罷相時，已除觀文殿大學士。越數年，起知福州，止帶資政殿大學士；又二年，始復觀文殿學士，仍無「大」字。則知建康以後，必有落職奉祠之事，而《傳》皆闕之。世人讀《宋史》者，多病其緐蕪，予獨病其缺略。缺略之患，甚於緐蕪，即有范蔚宗、歐陽永叔其人，緐者可省，缺者不能補也。因讀此《志》，爲之喟然。

宋・陳振孫《直齋書録解題》卷八《地理類》　《長樂志》四十卷。

府帥清源梁克家叔子撰，淳熙九年《序》。時永嘉陳傅良君舉通判州事，大略出其手。

明・楊士奇等《文淵閣書目》卷四　《三山志》八册。《三山志》十一册。

明・王圻《續文獻通考》卷一七八《經籍考・地理》　《三山志》四十卷。梁克家纂輯。

清・黄虞稷《千頃堂書目》卷八《地理類》　梁克家《淳熙三山志》四十二卷。

清・嵇璜《續文獻通考》卷一七〇《經籍考・史地理上》　梁克家《淳熙三山志》四十二卷。

清・嵇璜《續通志》卷一五九《藝文略・史類第五下》　《淳熙三山志》四十二卷。宋梁克家撰。

克家，字叔子，晉江人。紹興中廷試第一，官至右丞相，封儀國公，謚文靖。

清・吴壽暘《拜經樓藏書題跋記》卷三《三山志》　《淳熙三山志》四十二卷，

舊鈔本。

清・永瑢等《四庫全書總目》卷六八《史部二十四・地理類一》　《淳熙三山志》四十二卷。兩淮馬裕家藏本。

宋梁克家撰。克家字叔子，泉州晉江人。紹興三十年廷試第一，授平江簽判，召爲秘書省正字。乾道中，累官右丞相，封儀國公，卒謚文靖。事迹具《宋史》本傳。史稱其爲文深厚明白，自成一家。制命尤温雅，多行於世。今所作已罕流傳，惟此書尚有寫本。凡分九門，一曰地理，二曰公廨，三曰版籍，四曰財賦，五曰兵防，六曰秩官，七曰人物，八曰寺觀，九曰土俗。朱彝尊《曝書亭集》有是書跋，議其附山川於寺觀，未免失倫。今觀其人物惟收科第，土俗時出謡讖，亦皆於義未安。然其《志》主於紀録掌故，而不在誇耀鄉賢，侈陳名勝，固亦核實之道，自成志乘之一體，未可以常例繩也。其所紀十國之事，多有史籍所遺者，亦足資攷證。視後來何喬遠《閩書》之類，門目猥雜，徒溷耳目者，其相去遠矣。

清・瞿鏞《鐵琴銅劍樓藏書目録》卷一一《史部四・地里類》　《淳熙三山志》四十二卷。舊鈔本。

宋梁克家撰并序。原書四十卷，其第三十一、三十二兩卷「進士題名」乃朱貔孫續入。共分九門，其人物一門專詳科第，不載事實。陳氏《書録》、《宋史・藝文志》俱作《長樂志》，直齋謂其時陳止齋通判州事，志多出其手也。後有錢竹汀跋。

清・丁丙《善本書室藏書志》卷一一　《淳熙三山志》四十二卷。鈔本。

宋梁克家撰。克家，字叔子，晉江人。紹興三十年廷試第一，累官右丞相，封儀國公，謚文靖。《宋史》有傳。此書自宋刻外，諸藏書家罕見其目，四庫館亦以寫本著録。前有淳熙九年克家自序，云：【略】。凡分九門：一地理，二公廨，三版籍，四財賦，五兵防，六秩官，七人物，八寺觀，九土俗。朱竹垞有是書跋，載《曝書亭集》，兹不録。

清・丁立中《八千卷樓書目》卷六《史部》　《淳熙三山志》四十二卷。宋梁克家撰。抄本。

清・陸心源《皕宋樓藏書志》卷二九《史部・地理類》　《三山志》四十二卷。鈔本。宋梁克家撰。

清・陸心源《儀顧堂集》卷一七《舊鈔三山志跋》　此書從宋本傳鈔，尚存四十卷舊式。近從閩中楊雪滄侍讀借得明萬曆刊四十二卷本，對校一過，補缺張一葉，補正數百字。明刊本卷四内外城濠門脱小注、正文六百餘字。卷八祠廟門會應廟條下脱小注三百餘字。卷十墾田門園林山地條下脱小注一千五百餘字，户口門今額主客丁條下脱小注五百九十餘字。卷十一官莊田門官莊租課錢條下脱小注二百六十餘字。卷十二贍學田門豆麥雜子條下脱小注九百餘字，景祐四年條下脱小注七百餘字，職田門職田二十頃條下脱小注四百五十餘字，租課田條下脱小注一千五百八十餘字。卷十四州縣役人門在城三縣社首副條下脱小注二百餘字。卷十七歲收門小注全脱約五千餘字。卷三十二科名門淳祐十年方逢時榜脱陳無咎至王同叔三十四人，而誤以淳祐四年劉夢炎榜周淼至張全二十七人羼入。此外零星脱落又不下數千字，明人刊書粗莽滅裂，真有刊如不刊之歎矣。

《高麗圖經》《宣和奉使高麗圖經》

宋・尤袤《遂初堂書目・地理類》　《高麗圖經》。

宋・陳振孫《直齋書録解題》卷八《地理類》　《高麗圖經》四十卷，奉議郎徐兢明叔撰。宣和六年，路允迪、傅墨卿使高麗，兢爲之屬，歸上此書。物圖其形，事爲之説。今所刊不復有圖矣。兢，鉉之後，善篆書，亦能畫。嘗自題保大騎省世家宣和書學博士，又自號自信居士。

元・馬端臨《文獻通考》卷二〇六《經籍考三十三》　《高麗圖經》四十卷。

元・脱脱等《宋史》卷二〇四《藝文志三》　徐兢《宣和奉使高麗圖經》四十卷。

明・柯維騏《宋史新編》卷四九《藝文志三》　徐兢《宣和奉使高麗圖經》四十卷。

明・高儒《百川書志》卷五《史・地理》　《宣和奉使高麗圖經》四十卷。

宋奉議郎徐兢撰進。兢奉使高麗，往回居館，耳目所及，道路山川，宫室器用，人物土俗，纂記此書。又得其建國立政之體，用心良且勤矣。

明・焦竑《國史經籍志》卷三《史類》　《宣和高麗圖經》四十卷。使臣徐兢。

明・陳第《世善堂藏書目録》卷上　《高麗圖經》四十卷。徐兢。

清・錢謙益《絳雲樓書目》卷一《地志類》　《宣和奉使高麗圖經》。

清・錢曾《錢遵王述古堂藏書目録》卷四《别志》　徐競《高麗圖經》四十卷。

宋板。

清·毛扆《汲古閣珍藏秘本書目》《高麗圖經》四本。綿紙舊抄。一兩。

清·嵇璜《續通志》卷一五九《藝文略四》《宣和奉使高麗圖經》。宋徐競撰。

清·永瑢等《四庫全書總目》卷七一《史部二十七·地理類四》《宣和奉使高麗圖經》四十卷。兩淮馬裕家藏本。

宋徐兢撰。兢字明叔，號自信居士。是書末附其行狀，稱甌寧人，《文獻通考》則作和州歷陽人，思陵《翰墨志》又作信州徐兢。似當以行狀爲確。《通考》又稱兢爲鉉之裔，自題保大騎省世家，考王銍《默記》稱徐鉉無子，惟鍇有後，居攝山前開茶肆，號徐十郎。鉉、鍇誥敕尚存，則《通考》亦誤傳也。據兢行狀，宣和六年高麗入貢，遣給事中路允迪報聘。兢以奉議郎爲國信使，提轄人船禮物官，因撰《高麗圖經》四十卷，還朝後詔給劄上之。召對便殿，賜同進士出身，擢知大宗正事，兼掌書學，後遷尚書刑部員外郎。其書分二十八門，凡其國之山川、風俗、典章、制度，以及接待之儀文，往來之道路，無不詳載。而其自序尤拳拳於所繪之圖。此本但有書而無圖，已非完本。然前有其姪蒧題詞一首，稱書上御府，其副藏家。靖康丁未兵亂失之，後從醫者得其本，惟《海道》二卷無恙。又述兢之言，謂世傳其書，往往圖亡而經存。欲追畫之，不果就，乃以所存者刻之澂江郡齋。周煇《清波雜誌》亦稱兢仿元豐中王雲所撰《雞林志》爲《高麗圖經》。物圖其形，事爲其說。蓋徐素善丹青也。宣和末，老人在歷陽案此「老人」字疑爲先人之訛，蓋指其父邦彥也。雖得見其書，但能抄其文，畧其繪事。乾道中刊於江陰郡齋者，即家間所傳之本，圖亡而經存。蓋兵火後徐氏亦失元本云云，是宋時已無圖矣。又張世南《游宦記聞》曰：高麗是年有請於上，願得能書者至國中，於是以徐兢爲國信使、禮物官。則兢之行，特以工書遣，而留心記載乃如是。今其篆書無一字傳世，惟此編僅存。考魏了翁《鶴山集》，稱兢篆於《說文解字》以外自爲一家，雖其名兢字見於印文者，亦與篆法不同云云。則其篆乃滅裂古法者，宜不爲後人所藏弆。然此編已足以傳兢，雖不傳其篆可也。

清·錢曾《讀書敏求記》卷二《史·地理輿圖》《高麗圖經》四十卷。宣和六年，徐兢奉使高麗，撰《圖經》四十卷，凡三百條，物圖其形，事爲之說。上之御府。乾道三年，徐蒧嘗鏤板澂江，惜乎圖亡而經存。兢字叔明，張孝伯與作行狀附刊于卷末。

清·孫星衍《孫氏祠堂書目内編》卷二《宣和奉使高麗圖經》四十卷。宋徐兢撰。

清·陳揆《稽瑞樓書目·邑中著述捐入興福寺》《高麗圖經》四十卷。校本。三册。

清·瞿鏞《鐵琴銅劍樓藏書目録》卷一一《史部四·地里類》《宣和奉使高麗圖經》四十卷。校宋本。

題奉議郎充奉使高麗國信所、提轄人船禮物、賜緋魚袋臣徐兢撰并序，又從子蒧後跋，附張孝伯撰行狀。此書有乾道三年刻本，圖已不存。明季海鹽鄭休仲重刻，脱文至數千字，又有錯簡處。近鮑氏所刻，雖勝鄭本，亦多脱誤。此本出舊鈔毛斧季，復以宋本校正。其第四十卷「儒學」條中「雞林之人引領嘆慕至以」下舊脱一葉，是本尚全。其文曰：「一金易一篇，用爲規範，則其用心可知矣。觀夫倭、辰餘國，或横書，或左畫，或結繩爲信，或鍥木爲誌，各不同制。而麗人乃摹寫隸法，取正中華，至於貨泉之文，符印之刻，舉不敢妄有增損字體者，是宜文物之美，侔於上國焉。炎宋肇興，文化遠被，稽首叩闕，請爲藩臣。其使者每至來朝，觀國之光，歆艷晏粲，歸而相語，人益加勉。淳化二年，廷試天下士，彼亦賓貢，其人夾獻文藝。太宗皇帝嘉之，用擢其數，内王彬、崔罕等進士及第，授將仕郎守祕書省校書郎，津遣還國。時國王治上表致謝，詞甚感戢。神宗皇帝憫俗學之弊，命訓釋三經，以發天下蔽蒙，特詔賜其書本，俾之獲見大道之純全。主上丕承先志，推廣舍法，又賜其來學子弟金端等科名以歸。於是靡然」。以下闕。宋本每半葉九行，行十七字。書中涉宋帝及詔賜字皆提行。每卷有「虞山毛扆手校」朱記。

清·張之洞《書目答問·史部》《宣和奉使高麗圖經》四十卷。宋徐兢。知不足齋本。

《九域圖》

宋·王堯臣等《崇文總目》卷四《地理類》《九域圖》三卷。

宋·鄭樵《通志》卷六六《藝文略第四》《九域圖》三卷。宋朝王曾撰。

元·脱脱等《宋史》卷二〇四《藝文志三》王曾《九域圖》三卷。

明·柯維騏《宋史新編》卷四九《藝文志三》王曾《九域圖》三卷。

明·焦竑《國史經籍志》卷三《史類》《九域圖》三卷。王曾。

《開元分野圖》

宋·王堯臣等《崇文總目》卷四《地理類》《開元分野圖》一卷。闕。

宋·鄭樵《通志》卷六六《藝文略第四》《開元分野圖》一卷。

宋·鄭樵《通志》卷七二《圖譜略第一·記無·地理》《開元分野圖》。

明·柯維騏《宋史新編》卷四九《藝文志三》趙珣《開元分野圖》一卷。又《十道記》一卷。

明·焦竑《國史經籍志》卷三《史類》《開元分野圖》一卷。

《十八路圖》

宋·呂南公《灌園集》卷八《十八路地勢圖序》 罷侯置守，以爲天下，積千四五百年，易十有餘姓，中間華夏且混且裂，爲三爲二，爲十六爲九，其變故多矣。郡縣之城治，大概略相循沿，而其乘便隨時，析併遷因，廢復僑創，不勝名號之紛錯也。學者操《禹貢》《春秋譜》讀之，紙編屢敗，然于後世之所變，有不及悉也。職方之史，邸計之吏，據圖按牒，各熟其一時，然于前世之本初有不能詳也。蓋知古而不知今，其爲儒也腐；知今而不知古，其爲儒也淺。君子之于天下也，何淺何腐？與其腐也寧淺，逃淺必資于腐，逃腐必資于淺，是爲兩得之術。余求世儒所出《禹貢圖》觀之，家各不同，則知其不能裁以後世之所變然也。願一作是書，欲見職方圖經而不可得。熙寧末年，得所謂《十八路圖略》者考之，參以天禧《九域書》，則四封際接，往往差舛，蓋畫手之屢失也。以書正圖而約以繪焉，用防乎腐，若夫有淺之患，則吾不患久矣。夫欲聚米者按之，思過半矣。

元·脱脱等《宋史》卷二〇四《藝文志三》《十八路圖》一卷，《圖副》二十卷。熙寧間天下州府軍監縣鎮圖。

明·柯維騏《宋史新編》卷四九《藝文志三》《十八路圖》一卷，《圖副》二十卷。熙寧間天下州府軍監縣鎮圖。

《天下郡縣圖》

元·脱脱等《宋史》卷二〇四《藝文志三》沈括《天下郡縣圖》一部。卷亡。

明·柯維騏《宋史新編》卷四九《藝文志三》沈括《天下郡縣圖》一部。

《守令圖》

宋·沈括《長興集》卷四《進守令圖表一》 臣某言：臣先準熙寧九年八月八日中書劄子，奉聖旨編脩《天下州縣圖》。準今年二月十八日尚書省批狀，許令投進者。攬提封於堂上，徒盡謏聞；措方輿於日中，愧非良史。臣某中謝。竊以漢得關中之籍，始盡天下之險夷；周建主方之官，務同萬民之弊利。文不備則不足資實用，事不核則無以待有爲。編探廣内之書，參更四方之論。該備六體，略稽前世之舊聞；離合九州，兼收古人之餘意。四海可以喻度，率土聚於此書。僅欲終篇，適緣罪去。出守封疆者再閏，流落江湖者七年。每行抱於遺編，幸終塵於乙覽。伏惟皇帝陛下道充八極，恩悼萬邦，仁智信武之民，翕歸於《禹貢》；昧任侏離之樂，並趍于舜方。掩躋聖之九圍，惣雲師之二監。使百世有所詢考，豈片言可以形容？上愧金國之金城，無裨廟略；遠跡賈耽之《隴右》，粗紀方聞。今畫《守令圖》，並以二寸折百里，其間道路迂直，山川隔礙處，各隨事准折。内廢置郡縣，開拓邊境，移徙河渠，並據臣在職日已到文案爲定。後未系臣罷職，別無圖籍。修立大圖一軸，高一丈二尺，廣一丈。小圖一軸，諸路圖一十八軸，並用黃綾裝褾。副本二十軸，用紫綾裝褾。謹隨表上進以聞。

宋·鄭樵《通志》卷七二《圖譜略第一·記有》《守令圖》。

《六合掌運圖》

宋·陳振孫《直齋書録解題》卷八《地理類》《六合掌運圖》一卷。不著名氏。凡爲四十圖。首列禹跡，次爲中興後南北三境，其後則諸邊關阨險要以及敵地疆界亦著之。

元·馬端臨《文獻通考》卷二〇四《經籍考三十一》《六合掌運圖》一卷。

鼂氏曰：不著名。凡爲四十四圖。首列禹跡，次爲中興後南北二境，其後則諸邊關險要以及敵地疆界亦著之。

明・焦竑《國史經籍志》卷三《史類》《六合掌運圖》一卷。

清・陳昌圖《南屏山房集》卷二〇《續圖譜略稿下記無》《六合掌運圖》一卷。

宋人撰。姓氏無考。按鼂氏《讀書志》，不著撰人姓氏，凡四十四圖，首列禹跡，次中興後南北二境，次邊關險要。疑紹興後人所作。

《地里圖》

宋・鄭樵《通志》卷六六《藝文略第四》《天下至京地里圖》一卷。

元・脱脱等《宋史》卷二〇四《藝文志三》《地里圖》一卷。

明・柯維騏《宋史新編》卷四九《藝文志三》《地里圖》一卷。

《地理指掌圖》

宋・尤袤《遂初堂書目・地理類》《地理指掌圖》。

宋・陳振孫《直齋書録解題》卷八《地理類》 蜀人税安禮撰，元符中欲上之朝，未及而卒。書肆所刊皆不著名氏，亦頗闕不備。此蜀本有涪右任慥序，言之頗詳。

《(景定)建康志》卷三三《文籍志一・書籍・圖志之目》《指掌圖》。

元・馬端臨《文獻通考》卷二〇四《經籍考三十一》《地理指掌圖》一卷。

陳氏曰：蜀人税安禮撰，元符中欲上之朝，未及而卒。書肆所刊皆不著名氏，亦頗闕不備。此蜀本有涪右任慥序，言之頗詳。

明・朱睦㮮《萬卷堂書目》卷二《雜志》《東坡地理指掌圖》一卷。蘇軾。

明・焦竑《國史經籍志》卷三《史類》《地里指掌圖》一卷。蜀税安禮。

明・陳第《世善堂藏書目録》卷上《地理指掌圖》。蜀安禮。

明・曹學佺《蜀中廣記》卷九六《著作記第六・地理志部》《地理指掌圖》一卷。陳氏曰：蜀人税安禮撰，元符中欲上之朝，未及而卒。書肆所刊皆不著名，書亦頗闕不備。此蜀本有涪右任慥序，言之頗詳。

清・黄虞稷《千頃堂書目》卷八《地理類下》 税安禮《地理指掌圖》一卷。

清・倪燦《宋史藝文志補》 税安禮《地理指掌圖》一卷。蜀人。或云東坡者，誤。

清・嵇璜《續通志》卷一五九《藝文略四》《歷代地理指掌圖》一卷。舊本題宋蘇軾撰。

清・顧櫰三《補五代史藝文志》《地理指掌圖》一卷。税安禮撰。

《淳化天下圖》

宋・王應麟《玉海》卷一四《地理》 淳化四年，詔畫工集諸州圖，用絹一百四，合而畫之，爲《天下圖》，藏于秘閣。

《指掌圖》

元・脱脱等《宋史》卷二〇四《藝文志三》《指掌圖》二卷。

明・柯維騏《宋史新編》卷四九《藝文志三》《指掌圖》二卷。

《南北對鏡圖》

元・脱脱等《宋史》卷二〇四《藝文志三》《南北對鏡圖》一卷。

明・柯維騏《宋史新編》卷四九《藝文志三》《南北對鏡圖》一卷。

清・陳昌圖《南屏山房集》卷二〇《續圖譜略稿下記無》《南北對鏡圖》一卷。

【略】《宋史・藝文志》並不詳作者姓氏。

《混一圖》

元・脱脱等《宋史》卷二〇四《藝文志三》《混一圖》一卷。

明・柯維騏《宋史新編》卷四九《藝文志三》《混一圖》一卷。

清・陳昌圖《南屏山房集》卷二〇《續圖譜略稿下記無》《混一圖》一卷。

【略】《宋史・藝文志》並不詳作者姓氏。

《福建地理圖》

元·脱脱等《宋史》卷二〇四《藝文志三》 《福建地理圖》一卷。

《交廣圖》

宋·鄭樵《通志》卷七二《圖譜略第一·記有》 《交廣圖》。

元·脱脱等《宋史》卷二〇三《藝文志二》 《交廣圖》一卷。並不知作者。

元·脱脱等《宋史》卷二〇四《藝文志三》 《交廣圖》一卷。

明·柯維騏《宋史新編》卷四九《藝文志三》 《交廣圖》一卷。

《續東京至益州地里圖》

元·脱脱等《宋史》卷二〇四《藝文志三》 李常《續廬山記》一卷。《東京至益州地里圖》。卷亡。

明·曹學佺《蜀中廣記》卷九六《著作記第六·地理志部》 《續東京至益州地里圖》若干卷。

《宋史》：李常著。常字公擇，東坡友也。

明·柯維騏《宋史新編》卷四九《藝文志三》 《東京至益州地里圖》。卷亡。

《平江圖》

清·葉昌熾《語石》卷五 一曰地圖，是亦畫象之一體也，而絶不同。以晁陳之學通之，一爲藝術，一則當入史部地理家。王象之《輿地紀勝》每一州碑目之後必附以圖經若干卷，初疑邑乘，無與於石刻，後觀唐《吳興圖經》，其先爲顔魯公所書，刻於石柱。始知唐時圖經皆刻石，而今亡矣。此碑林中一大掌故，而知之者尠矣。最古者，惟僞齊阜昌之《禹跡圖》。《華夷圖》開方記里雖簡，實輿圖之鼻祖也。山西稷山縣有摹本，在保真觀。石横二尺五寸，爲方七十一，豎三尺，爲方八十一，共方五千七百五十一，每方折地百里，誌《禹貢》山川古今州郡山水地名極精。《阜昌圖》方廣各三尺，餘此石旁綱，非得墨本不能別其同異。宋呂大防《長安志圖》已佚，近新出殘石數十片。余嘗從西估得拓本，離合鈎貫，不能得其闕筍之處。吾吳郡學有《平江圖》，又有《地理圖》，與《天文圖》《帝王紹運圖》共爲一石。益都有《平昌寺地圖記》，元至正十五年刻。所見地圖石刻僅此。此外，桂林府學有《釋奠位序儀式圖》《牲幣器服圖》，天一閣范氏藏舊拓《投壺圖》，此爲禮圖，當附阮諶、聶崇義之次。右地圖一則。

清·孫星衍、邢澍《寰宇訪碑録》卷九《南宋》 《府學平江圖》。正書，無年月。江蘇吳縣。

《長興萬壽寺閣圖并記》

清·孫星衍、邢澍《寰宇訪碑録》卷八《北宋》 長興萬壽寺閣圖并記。爾朱權撰，楊時中正書，大觀元年七月。陝西大荔。

《南劍州魯國諸圖記》

清·孫星衍、邢澍《寰宇訪碑録》卷九《南宋》 南劍州魯國諸圖記。鮑耆撰。趙彦价正書，隆興二年三月。福建南平。

《地理圖》

清·孫星衍、邢澍《寰宇訪碑録》卷九《南宋》 府學天文圖，地理圖，帝王紹運圖。正書，凡三石，淳祐七年十一月。有王致遠跋。江蘇吳縣。

《曲阜林廟圖》

清·孫星衍、邢澍《寰宇訪碑録》卷九《南宋》 《曲阜林廟圖》。正書，無年月。浙江鎮海。

《静江府城圖》

《桂林石刻·章時發〈静江府修築城池記〉》 公（胡穎）之在鎮也，時發適司臯事，間嘗從公登陴，一再寓目，見其度地植表，縮板以載，首尾相應，如常山之蛇，恢乎規置之陰也。已而雉堞緫亘，巑崖雲矗，其下積水而壍，累石而防，斗絶窅深，引睇莫究其極。【略】初公之未至，戍卒率寄民家，客主雜襲。公既展城，而戍營首建，軍民按堵，各以其業。【略】是役也，始於咸淳五年之八月，遇非時輟工，迄於今八年之三月。督工者都統丁順也。凡城濠廣袤，緡錢磚石灰木之數，具載城圖，故不書。公名潁，字叔獻，長沙人也。今爲中大夫集英殿修撰樞密都承旨，有詔入覲云。是年四月□日。朝散大夫權發遣廣南西路提點刑獄公事兼提舉廣南西路常平等事借紫章時發記。□□□□□□西山□□□□□□。

明・張明鳳《桂故》卷五《先政下》 胡潁，字叔獻，湘潭人，自廣東移節廣右。與李曾伯先後在鎮築浚城池，其勞居多，有提刑章時發所撰記在城北寶華山，文漫滅不可録，其圖尚在。

清・汪森《粤西文載》卷六三 李曾伯，字長孺，河南人。淳祐九年，知靖江府兼經略安撫使，後元兵自滇入侵廣右，曾伯積穀練衆，繕城浚隍，爲必不可犯之計。援軍至者，禮遇其將甚備，軍不敢擾，且樂爲用。元兵知不可攻，北去。曾伯遣軍躡其後，敗之黄沙，又敗之衡山，湘桂以寧。湘潭胡潁自廣東移節廣右，治踵曾伯，先後在鎮拓鑿，最盛足稱金湯。其事與圖刻北門寶華山。潁，字叔獻。

《西域圖》

《（雍正）浙江通志》卷二四四《經籍四》 《西域圖》，又《河西隴右圖》。成化《杭州府志》：盛度著。

《使遼圖抄》

宋・鄭樵《通志》卷六六《藝文略四》 《使遼圖鈔》一卷。沈括撰。

明・焦竑《國史經籍志》卷三《史類》 《使遼圖抄》一卷。沈括撰。

《使北圖》

宋・鄭樵《通志》卷七二《圖譜略第一・記無・地理》 沈括《使北圖》。

《水利圖經》

明・陳第《世善堂藏書目録》卷上 《水利圖經》二卷。程師孟。

明・王圻《續文獻通考》卷一七八《經籍考》 《水利圖經》。程師孟嘗灑渠築堰，漑良田萬八千頃，州縣哀其事，爲《水利圖經》。

《海潮圖論》

宋・姚寬《西溪叢語》卷上 舊於會稽得一石碑，論海潮依附陰陽時刻，極有理。不知其誰氏，復恐遺失，故載之：

觀古今諸家海潮之説者多矣。或謂天河激湧，見葛洪《潮説》。亦云地機翕張，見《洞真》《正一二經》。盧肇以日激水而潮生，封演云月周天而潮應，挺空入漢，山湧而濤隨。施師謂僧隱之之言。析木大樑，月行而水大。見竇叔蒙《濤志》。源殊派異，無所適從，索隱探微，宜伸確論。

大中祥符九年冬，奉詔按察嶺外，嘗經合浦郡廉州，沿南溟而東，過海康。雷州。歷陵水，化州。涉恩平，恩州。住南海，廣州。迨由龍川惠州，抵潮陽，潮州。洎出守會稽，越州。移莅勾章。明州。已上諸郡，俱沿海濱，朝夕觀望潮汐之候者有日矣。汐，音夕，潮退也。得以求之刻漏，究之消息，消，進；息，退也。十年用心，頗有準的。

大率元氣噓翕，天隨氣而張斂；溟渤往來，潮隨天而進退者也。以日者，衆陽之母，陰生於陽，故潮附之於日也；月者，太陰之精，水乃陰類，故潮依之於月也。是故隨日而應月，依陰而附陽，盈於朔望，消於朏朏，敷尾切。魄，虚於上下弦，息於輝朒。朒，女六切。朔而日見東方也。故潮有小大焉。今起月朔夜半子時，潮平於地之子位四刻一十六分半，月離於日，在地之辰，次日移三刻七十二分，對月到之位，以日臨之次，潮必應之。過月望，復東行，潮附日而又西應之，至後朔子時四刻一十六分半，日月潮水俱復會於子位，其小盡則月離於日，在地之辰，次日移三刻七十三分半，對月到之位，以日臨之次，潮必應之。至後朔子時四刻一十六分半，日月潮水，亦俱復會於子位。於是知潮常附日而右旋，以月臨子午，潮必平矣，月在卯酉，汐必盡矣。或遲速消息之小異，而進退盈虚，終不失其期也。

或問曰：「四海潮平皆有漸，惟浙江濤至，則亘如山岳，奮如雷霆，水岸橫飛，雪崖傍射，澎騰奔激。吁，可畏也！其漲怒之理，可得聞乎？」曰：「或云夾岸有山，南曰龕，北曰赭，二山相對，謂之海門，岸狹勢逼，湧而爲濤耳。若言狹逼，則東溟自定海，縣名，屬四明郡。吞餘姚、奉化二江，江以縣爲名，一屬會稽，一隸四明。侔之浙江，尤其狹逼，潮來不聞濤有聲也。今觀浙江之口，起自纂風亭，地名，屬會稽。北望嘉興大山，屬秀州。水闊二百餘里，故海商舶船，畏避沙潬，不由大江，水中沙爲潬，徒旱切。惟泛餘姚小江，易舟而浮運河，達於杭、越矣。蓋以下有沙潬，南北亘連，隔礙洪波，蹙遏潮勢。夫月離震、兑，他潮已生，惟浙江潮水未至，洎月經乾、巽，潮來已半，濁浪堆滯，後水益來，於是溢於沙潬，猛怒頓湧，聲勢激射，故起而爲濤耳，非江山淺逼使之然也，宜哉。」

清·翟均廉《海塘録》卷一九《燕肅〈海潮論〉》 觀古今諸家海潮之説者多矣。或謂天河激湧，葛洪《潮説》。亦云地機翕張，見《洞真》《正一經》。盧肇以日激水而潮生，封演云月周天而潮應，挺空入漢，山湧而濤隨。施師謂僧隱之言。析木大樑，月行而水大。見竇叔蒙《濤志》。源殊派異，無所適從，索隱探微，宜伸確論。

宋·鄭樵《通志》卷六六《藝文略第四》 燕肅《海潮論》三卷。

宋·陳振孫《直齋書録解題》卷八《地理類》 《海潮圖論》一卷。陳氏曰：龍圖閣學士燕肅撰進。

宋·馬端臨《文獻通考》卷二〇六《經籍考三十三》 《海潮圖論》一卷。龍圖閣學士燕肅撰進。

明·焦竑《國史經籍志》卷三《史類》 燕肅《海潮論》三卷。

明·陳第《世善堂藏書目録》卷上 《海潮圖論》一卷。宋燕甫。

《海潮圖論》

元·脱脱等《宋史》卷二〇四《藝文志三》 謝頤素《海潮圖論》一卷。

明·柯維騏《宋史新編》卷四九《藝文志三》 謝頤素《海潮圖論》一卷。

《新儀象法要》

宋·蘇頌《新儀象法要·進儀象狀》 臣頌先準元祐元年冬十一月詔旨定奪新舊渾儀，尋集日官及檢詳應前後論列干證文字，赴翰林天文院、太史局兩處，對得新渾儀係至道皇祐中置造，並堪行用；舊渾儀係熙寧中所造，環器怯薄，水趺低墊，難以行使。奉聖旨：下祕書省依所定施行。臣竊以儀象之法，度數備存，而日官所以互有論訴者，蓋以器未合古，名亦不正，至於測候，須人運動，人手有高下，故躔度亦隨而移轉，是致兩競，各指得失，終無定論。蓋古人測候天數，其法有二：一曰渾天儀，規天矩地，機隱於內，上布經躔，以日星行度察寒暑進退，如張衡渾天開元水運銅渾是也。二曰銅候儀，今新舊渾儀，翰林天文院與太史局所用者是也。又案：吴中常侍王蕃云：渾天儀者，羲和之舊器，積代相傳，謂之機衡。其爲用也，以察三光，以分宿度者也。又有渾天象者，以著天體，以布星辰。二者以考於天，蓋密矣。詳此，則渾天儀、銅渾儀之外又有渾天象，凡三器也。渾天象，歷代罕傳其制，惟《隋書·志》稱梁代祕府有之，云是宋元嘉中所造者。由是而言，古人候天具此三器，乃能盡妙。今惟一法，誠恐未得親密，然則張衡之制，史失其傳，開元舊器，唐世已亡。國朝太平興國初，巴蜀人張思訓首創其式，以獻太宗皇帝，召工造於禁中，踰年而成，詔置文明殿今文德殿是也。東鼓樓下，題曰太平渾儀。自思訓死，機繩斷壞，無復知其法制者。臣昨訪問得吏部守當官韓公廉通《九章算術》，常以鉤股法推考天度。臣切思，古人言天有《周髀》之術，其説曰：髀，股也，股者，表也。日行周徑里數，各依《算術》，用鉤股重差，推晷影極游，以爲遠近之數，皆得表股，周人受之，故曰《周髀》。若通此術，則天數從可知也。因説與張衡、一行、梁令瓚、張思訓法式大綱，問其可以尋究，依仿製造否？其人稱：若據《算術》，案器象，亦可成就。既而撰到《九章鉤股測驗渾天書》一卷，并造到木樣機輪一坐。臣觀其器範雖不盡如古人之説，然激水運輪，亦有巧思，若令造作，必有可取，遂具奏陳乞先創木樣，進呈差官試驗，如候天有準，即別造銅器。奉二年八月十六日詔，如臣所請，置局差官及專作材料等，遂奏差鄭州原武縣主簿充壽州州學教授王沇之充專監造作，兼管句收支官物；太史局夏官正周日嚴、秋官正于太古、冬官正張仲宣等與韓公廉同充製度官；局生袁惟幾、苗景、張端、節級劉仲景、學生侯永和、于湯臣測驗晷景刻漏等；都作人員尹清部轄指畫工作。至三年五月，先造成小様，有旨赴都堂呈驗。自後造大木様，至十二月工畢。又奏乞差承受内臣一員赴局預先指説，前件儀法準備内中進呈日有宣問。十月入内，内侍省差到供奉官黄卿從。至閏十二月二日，具劄子取稟安立去處，得旨置于集英殿。臣謹案：歷代天文之器制範頗多，法亦小異，至于激水運機，其用則一。蓋天者運行不息，水者注之不竭，以不竭逐不息之運，苟注挹均調，則參校旋轉之勢，無有差舛也。故張衡渾天云置密室中，以漏水轉之，令司之者閉户唱之，以告靈臺之觀天者。璇璣所加，某星始見，某星已中，某星今没，皆如符合。唐開元中詔浮屠一行與率府兵曹梁令瓚及諸術士更造鑄銅渾，爲之圓天之象，□具列宿及周天度數，注水激輪，令其自轉，一日一夜，天轉一周。又别置二輪，絡在天外，綴以日月，令得運行。每天西轉一匝，日正東行一度，月行十三度有奇。凡二十九轉而日月會，三百六十五轉而日行匝。仍置木櫃以爲地平，令儀半在地上，又立二木偶人于地平之前，置鐘鼓，使木人自然撞擊，以候辰刻，命之曰水運渾天俯視圖。既成，置武成殿前，以示百僚。梁朝渾象以木爲之，其圓如丸，徧體布二十八宿、三家星，謂巫咸、石中、甘德三家星圖以青黄赤三色别之。黄赤道及天河等。别爲横規環以繞其外，上下半之，以象地。張思訓渾儀爲樓數層，高丈餘，中有輪軸關柱，激水以運輪。又有直神摇鈴扣鐘擊鼓，每一晝夜周而復始。又有十二神，各直一時，時至則自執牌循環而出報，隨刻數以定晝夜之長短。至冬水凝，運行遲澁，則以水銀代之，故無差舛。又有日月星象，皆取仰觀。案舊法，日月行度，皆人所運，新制成于自然，尤爲精妙。然則據上所述，張衡所謂靈臺之璇璣者，兼渾儀、候儀之法也。置密室中者，渾象也。故葛洪云張平子陸公紀之徒，張衡字平子，陸績字公紀。咸以爲推步七曜之運，以度歷象昏明之證候，校以三八之氣，考以刻漏之分，占晷景之往來，求形驗于事情，莫密于渾象也。開元水運俯視圖亦渾象也。思訓準開元之法，而上以蓋爲紫宫，旁爲周天度而正東西轉，出其新意也。今則兼採諸家之説，備存儀象之器，共置一臺中。臺有二隔，渾儀置于上而渾象置于下，樞機輪軸隱于中，鐘鼓時刻司辰運于輪上，木閣五層蔽于前，司辰擊鼓，摇鈴執牌出没于閣内，以水激輪，輪轉而儀象皆動，此兼用諸家之法也。渾儀則上候三辰之行度，增黄道爲單環，環中日見半體，使望筒常指日，日體常在筒竅中，天西行一周，日東移一度。此出新意也。渾象則列紫宫于北頂，布中外官星、二十八舍、周天度、黄赤道、天河遍于天體。此用王蕃及《隋志》所説也。又以五色珠爲日、月、五星，貫以絲繩，兩末以鈎環掛于南北軸。依七曜盈縮、遲疾、留逆移徙，令常在見行躔次之内，晝夜隨天而旋，使人于其旁驗星在之次，與臺上測驗相應，以不差爲準。此用一行、思訓所説而增損之也。二器皆出一機，以水激之，不由人力，校之前古，疏密雖未易知，而器度算數亦彷彿其遺象也。又制刻漏四副：一曰浮箭漏，二曰稱漏，皆與今太史及朝堂所用略同。三曰沈箭漏，四曰不息漏，并採用術人所製法式，置于别室，使挈壺專掌，逐時刻與儀象互相參考，以合天星行度爲正。所以驗器數與天運不差，則寒暑氣候自正也。《虞書》稱「在璇璣玉衡，以齊七政」，蓋觀四七之中星，以知節候之早晚。《考靈耀》曰：「觀玉儀之游，昏明主時，乃命中星者也。」「璇璣中而星未中爲急，急則日過其度，月不及其宿；璇璣未中而星中爲舒，舒則日不及其度，月過其宿；璇璣中而星中爲調，調則風雨時，庶草蕃廡而五穀登，萬事康。」由是言之，觀璇璣者不獨視天時而布政令，抑欲察灾祥而省得失也。《易》曰：「先天而天不違，後天而奉天時」，此之謂也。今依《月令》創爲四時中星圖，以曉昏之度附于卷後，將以上備聖主南面之省觀，此儀象之大用也。又上論渾天儀、銅候儀、渾天象三器不同，古人之説，亦有所未盡。陳苗謂張衡所造蓋亦止在渾象七曜，而何承天莫辨儀象之異，若但以一名命之，則不能盡其妙用也。今新製備二器而通三用，當總謂之渾天。恭俟聖鑒，以正其名也。光禄大夫守吏部尚書兼侍讀上護軍武功郡開國侯臣蘇頌上。

清・錢曾《讀書敏求記》卷三 《新儀象法要》三卷。

前列蘓頌《進儀象狀》，卷終二行云：乾道壬辰九月九日，吴興施元之刻本于三衢坐嘯齋。此從宋刻影摹者，圖様界畫，不爽毫髮，凡數月而後成，楮墨精妙絶倫，又不數宋本矣。

清・瞿鏞《鐵琴銅劍樓藏書目録》卷一五《子部三・天文算法類》 《新儀象法要》三卷。影鈔宋本。

宋蘇頌撰。是書爲重修渾儀而作，始於元祐間，成於紹聖中，故《遂初堂書目》謂爲《紹聖儀象法要》。首列進書狀，卷各有圖，圖各有説。當時奉敕撰進者。宋槧本卷末有「乾道壬辰九月九日吴興施元之刻本於三衢坐嘯齋」兩行。元之，字德初，即注蘇詩行世者，此相傳影摹本，圖様界畫，不爽毫髮，不減遵王氏藏本也。

宋・尤袤《遂初堂書目・數術家類》 《紹聖儀象法要》。

宋・陳振孫《直齋書録解題》卷一二《曆象類》《天象法要》二卷。原註：天象當作儀象。

丞相温陵蘇頌子容撰。元祐三年，新造渾天成，記其法要而圖其形象，進之。

元・馬端臨《文獻通考》卷二一九《經籍考四十六》《天象法要》二卷。

陳氏曰：丞相温陵蘇頌子容撰。元祐三年，新造渾天成，記其法要而圖其形象進之。

元・脱脱等《宋史》卷二〇六《藝文志五》《新儀象法要》一卷。

明・焦竑《國史經籍志》卷四《子類》《天象法要》二卷。

清・嵇璜《續通志》卷一六一《藝文略六》《新儀象法要》三卷。宋蘇頌撰。

清・于敏中《天禄琳瑯書目》卷四《新儀象法要》一函一册。

宋蘇頌撰，三卷，前頌《進書狀》。

陳振孫《書録解題》載蘇頌於哲宗元祐三年新造渾天成，記其法要，而圖其形象進之。考《宋史》，蘇頌，字子容，丹陽人。第進士，歷官吏部侍郎。元祐初，遷吏部尚書。七年，拜右僕射，兼中書門下侍郎。紹聖四年，以太子少師致仕。稱其總吏部時請別製渾儀，以吏部令史韓公廉曉算術，奏用之，授以古法，爲臺三層，上設渾儀，中設渾象，下設司晨，貫以一機，激水轉輪，不假人力。時至刻臨，測司晨出，告星辰躔度所次，占候則驗，不差晷刻，晝夜晦明，皆可推見云云。今以頌進狀年月并狀後結銜與史傳較之皆合。書中爲圖六十有一，畫極工細，字亦精整，可寶也。

御題：梁代渾儀已制之，失傳蘇頌乃重爲。有經有緯述前驗，具説具圖期後垂。亦曰用心究鉤股，即看影槧悉毫釐。大成圓象精鎦黍，皇祖鴻貽萬世規。乾隆乙未孟春上澣御筆。鈐乾隆雙璽。

虞山錢遵王述古堂藏書。每葉邊闌外左方。

按，遵王名曾，常熟人。

清・永瑢等《四庫全書總目》卷一〇六《子部十六・天文算法類》《新儀象法要》三卷。内府藏本。

宋蘇頌撰。頌字子容，南安人，徙居丹徒。慶曆二年進士。官至右僕射兼中書門下侍郎，累爵趙郡公。事蹟具《宋史》本傳。是書爲重修渾儀而作，事在元祐間。而尤袤《遂初堂書目》稱爲《紹聖儀象法要》。宋《藝文志》有《儀象法要》一卷，亦注云紹聖中編，蓋其書成於紹聖初也。案：本傳稱：時別制渾儀，命頌提舉。頌既邃於律算，以吏部令史韓公廉有巧思，奏用之。授以古法，爲臺三層。上設渾儀，中設渾象，下設司辰，貫以一機。激水轉輪，不假人力。時至刻臨，則司辰出告星辰躔度所次。占候測驗，不差晷刻，晝夜晦明，皆可推見，前此未有也。葉夢得《石林燕語》亦謂頌所修制造之精，遠出前古，其學略授冬官正袁惟幾，今其法蘇氏子孫亦不傳云云。案：書中有官局生袁惟幾之名，與《燕語》所記相合，其説可信，知宋時固甚重之矣。書首列進狀一首，上卷自渾儀至水趺共十七圖，中卷自渾象至冬至曉中星圖共十八圖，下卷自儀象臺至渾儀圭表共二十五圖，圖後各有説。蓋當時奉勅撰進者，其列璣衡制度、候視法式甚爲詳悉。南宋以後，流傳甚稀。此本爲明錢曾所藏，後有「乾道壬辰九月九日吴興施元之刻本於三衢坐嘯齋」字兩行，蓋從宋槧影摹者。元之，字德初，官至司諫，嘗注蘇詩行世。此書卷末天運輪等四圖，及各條所附一本云云，皆元之據別本補入，校核殊精。而曾所抄尤極工致，其撰《讀書敏求記》，載入是書，自稱「圖樣界畫，不爽毫髮，凡數月而後成。楮墨精妙絶倫，不數宋本」，良非誇語也。我朝儀器精密，夐絶千古，頌所創造，固無足輕重，而一時講求制作之意，頗有足備參考者。且流傳秘册，閱數百年而摹繪如新，是固宜爲寶貴矣。

清・周中孚《鄭堂讀書記》卷四四《子部六之上》《新儀象法要》三卷。文瀾閣傳鈔本。

宋蘇頌撰。頌，字子容，泉州人徙居丹徒。慶麻二年進士，官至右僕射兼中書門下侍郎，累封趙郡公，贈司空。《四庫全書》著録，《書録解題》《通攷》俱作《天象法要》二卷。《宋志》作《新儀要象法要》一卷。蓋据所見本各異也。當元祐中，詔别製渾天儀，以子容提舉，子容以吏部令史韓公廉曉算術，有巧思，奏用之，授以古法，爲《新儀象》上之，併詔記其制度，爲此書。紹聖中始告成，故一名《紹聖儀象法要》。見遂初堂書目。上卷首列子容《進儀象狀》一篇，次列渾儀以下十七圖，中卷列渾象以下十八圖，下卷列水運儀象臺以下二十五圖。圖後各系以説，攷歷代天文之器制範頗多，法亦小異。至於激水運機，其用則一，蓋天者運行不息，水者注之不竭，以不竭逐不息之運，苟注挹均調，則參校旋轉之勢，無有差舛也。是書於制度法式象形唯肖，闡發靡遺，制作之精，遠出前古。其學授冬官正袁惟幾，雖其子孫亦不傳云。卷首冠以乾隆乙未御製《題影宋鈔新儀象法要詩》及提要一篇。

清·張金吾《愛日精廬藏書志》卷二三《子部·天文算法類》《新儀象法要》三卷。影寫宋刊本。

宋蘇頌撰。末有「乾道壬辰九月九日吳興施元之刻本於三衢坐嘯齋」兩行。

《數書九章》

宋·秦九韶《數書九章·序》 周教六藝，數實成之，學士大夫，所從來尚矣。其用本太虛生一，而周流無窮。大則可以通神明，順性命，小則可以經世務，類萬物，詎容以淺近窺哉？若昔推策以迎日，定律而知氣，髀矩浚川，土圭度晷，天地之大，囿焉而不能外，況其間總總者乎？爰自河圖、洛書，闓發秘奧，八卦九疇，錯綜精微，極而至於大衍皇極之用，而人事之變無不該，鬼神之情莫能隱矣。聖人神之，言而遺其麤，常人昧之，由而莫之覺。要其歸，則數與道非二本也。漢去古未遠，有張蒼、許商、乘馬延年、耿壽昌、鄭[元]、張衡、劉洪之倫，或明天道，而法傳於後，或計功策，而效驗于時。後世學者自高，鄙不之講，此學殆絕，惟治曆疇人，能爲乘除，而弗通於開方衍變，若官府會事，則府史一二參之，算家位置，素所不識，上之人亦委而聽焉。持算者惟若人，則鄙之也宜矣。嗚呼！樂有制氏，僅記鏗鏘，而謂與天地同和者止於是，可乎？今數術之書，尚三十餘家，天象曆度，謂之綴術；太乙壬甲，謂之三式，皆曰內算，言其秘也。《九章》所載，即《周官》九數，系於方圓者爲叀術，皆曰外算，對內而言也。其用相通，不可歧二，獨大衍法不載《九章》，未有能推之者，曆家演法頗用之，以爲方程者誤也。且天下之事多矣，古之人先事而計，計定而行，仰觀俯察，人謀鬼謀，無所不用其謹，是以不愆於成，載籍章章可覆也。後世興事造始，鮮能考度，浸浸乎天紀人事之殽缺矣，可不求其故哉？九韶愚陋，不閑於藝，然早歲侍親中都，因得訪習于太史，又嘗從隱君子受數學。際時狄患，歷歲遥塞，不自意全於矢石間。嘗險罹憂，荏苒十禩，心槁氣落，信知夫物莫不有數也。乃肆意其間，旁諏方能，探索杳渺，麤若有得焉。所謂通神明，順性命，固膚末於見。若其小者，竊嘗設爲問答，以擬于用，積多而惜其棄，因取八十一題，釐爲九類，立術具草，間以圖發之，恐或可備博學多識君子之余觀，曲藝可遂也。願進之於道，儻曰藝成而下，是惟疇人府史流也。烏足盡天下之用，亦無曹焉。時淳祐七年九月魯郡秦九韶敘。且系之曰：

昆侖旁礴，道本虛一。聖有大衍，微寓于易。奇餘取策，群數皆捐。衍而究之，探隱知原。數術之傳，以實爲體。其書九章，惟兹弗紀。曆家雖用，用而不知。小試經世，姑推所爲。述大衍第一。

七精廻穹，人事之紀。追綴而求，宵星晝晷。歷久則踈，性智能革。不尋天道，模襲何益？三農務穡，厥施自天。以滋以生，雨膏雪零。司牧閔焉，尺寸驗之。積以器移，憂喜皆非。述天時第二。

魁隗粒民，甄度四海。蒼姬井之，仁政攸在。代遠庶蕃，墾菑日廣。步度庀賦，版圖是掌。方圓異狀，斜窳殊形。叀術精微，孰究厥真？差之毫釐，謬乃千百。公私共弊，蓋謹其籍。述田域第三。

莫高匪山，莫浚匪川。神禹奠之，積矩攸傳。智刱巧述，重差夕桀。求之既詳，揆之罔越。崇深廣遠，度則靡容。形格勢禁，寇壘仇墉。欲知其數，先望以表。因差施術，坐悉微渺。述測望第四。

邦國之賦，以待百事。畡田經入，取之有度。未免力役，先商厥功。以衰以率，勞逸乃同。漢猶近古，税租以算。調均錢穀，河菑之扞。惟仁隱民，猶已溺饑。賦役不均，寧得勿思。述賦役第五。

物等斂賦，式時府庾。粒粟寸絲，褐夫紅女。商征邊糴，後世多端。吏緣爲欺，上下俱殫。我聞理財，如智治水。澄源濬流，維其深矣。彼昧弗察，慘急煩刑。去理益遠，吁嗟不仁。述錢穀第六。

斯城斯池，乃棟乃宇。宅生寄命，以保以聚。鴻功雉制，竹個木章。匪究匪度，財蠹力傷。圍蔡而栽，如子西素。匠計靈臺，俾漢文懼。惟武圖功，惟儉昭德。有國有家，兹焉取則。述營建第七。

天生五材，兵去未可。不教而戰，維上之過。堂堂之陣，鵝鸛爲行。營應規矩，其將莫當。師中之吉，惟智仁勇。夜算軍書，先計攸重。我聞在昔，輕則寡謀。殄民以幸，亦孔之憂。述軍旅第八。

日中而市，萬民所資。賈貿滯鬻，利析錙銖。滯財役貧，封君低首。逐末兼并，非國之厚。述市易第九。

清·顧廣圻《思適齋集》卷一〇《數書九章序伐夏方米》 敦夫太史，校其家道古數書開雕，屬文熹爲之覆算。其題問與術草不相應，或術與草乖甚，且算數有誤，則當日書成後，未經親自覆勘耳。至《綴術》推星題，推五星逐度用遞加遞減之法。揆日究微題，於節氣影差，逐日不同，皆以平派求之，此則法有古今，弗可概論也。大衍求一術，向以爲即郭守敬《曆源》、李冶《測圓海鏡》之天元一法，及歐羅巴借根方法。今案借根方之兩邊加減，雖與天元一相消不同，而其術即天元一法，無待論矣。若大衍術實非天元一法，未可以其有立天元一之語，遂以郭守敬及李冶所謂天元一者當之。《潛揅堂集》亦言大衍術與李敬齋自言得自洞淵者有異，不信然乎？聞李尚之嘗謂《孫子算經》中三三數之五五數之七七數之一題，爲大衍求一術所自出。予謂道古自序實已自言之，何也？是書大旨爲《九章》廣其用，如賦役章首題，荅數至一百七十五條，每條步算之數至十餘位，而得數皆無不合，均貨推本題，方程而兼衰分。劉徽云世人多以方程爲難，道古此題，其難更何如矣？開方衍變，圖式備詳，足資後人參攷，凡此皆大有功於《九章》者。自序乃云獨大衍術不載《九章》，其意以爲以各分數之奇零，求各分數之總數。《九章》無此法，而《孫子》有之。此《九章》後可以立法者，故隱以語人使自得之也。試爲衍之：甲三乙五丙七爲元數，連環求等，皆得一不約，便以元數爲定母。以定母相乘得一百五爲衍母，以各定母約衍母，得甲三十五，乙二十一，丙一十五，各爲衍數。滿定去衍，得奇。甲二、乙一、丙一，以奇與定用大衍求乘率，仍得甲二、乙一、丙一，對乘衍數，得甲七十、乙二十一、丙一十五，爲各用數。次置三三數之賸二，以二乘七十，得一百四十五。五數之賸三，以三乘二十一，得六十三。七七數之賸二，以二乘一十五，得三十。(五)〔乃〕併所得爲二百三十三，是爲總數。滿衍母倍數去之，餘二十三，即所求數。凡所求數在衍母限內者，其數最小爲第一數，若大於此數者，遞加一衍，母數無不合者。或列各定爲母於右行，各立天元一，爲子於左行，以母互乘子，亦得衍數。是反覆推之，而其術乃憭然也。作者之謂聖，述者之謂明，道古此術，其述而進於作乎？他如推求本息題各差，有反錐方錐蒺藜之名，少廣投胎術，即益積之異名，是必古有其名，而算數之書，爲世所不經見者猶多也。

清・陸心源《儀顧堂題跋》卷八《原本數書九章跋》 《數書九章》十八卷，題曰「魯郡秦九韶」。舊抄本。《宋史・藝文志》不列其名，明《文淵閣書目》始著于録。以永樂大典本參校，分卷不同，編次亦異，皆館臣所更定，《提要》所謂「疏者辨之，誤者正之，顛倒者次第之」是也。此則猶原本耳。題曰魯郡，著舊望也。案：韶字道古，秦鳳閒人。年十八，爲義兵首。後寓湖州，累官知瓊州，與吳履齋契合，爲賈似道所陷，謫梅州而卒。周密《癸辛雜識》敘其事甚詳，毀之者亦甚。至焦里堂力辨其誣。愚謂九韶既爲履齋所重，爲似道所惡，必非無恥之徒。能于舉世不談算法之時，講求絶學，不可謂非豪傑之士。父季槱，寶慶中官潼川守，九韶隨侍，見四川石魚題字，其人乃貴公子，非土豪武夫。其爲義兵首也，當以故家世族，爲衆所推。自序所云「際時狄患，歷歲遥塞，不自意全于矢石閒」者，當在紹興十二年蒙古破興元府時。至淳祐七年，却近十年，故曰「苒荏十禩」也。焦里堂謂爲義兵首不知何年，殆未細考耳。密以詞曲賞鑒遊賈似道之門，乃姜特立、廖瑩中、史達祖一流人物。其所著書謗正人而于侂胄、似道多恕詞，是非顛倒可知。觀九韶所作《十系》，洞達事機，言之成理，其于經世之學實有所得。惜宋季競尚空談，不能用其長耳。大典本題作《數學九章》，明《文淵閣目》同此本，作《數書九章》，豈明以後人所改歟？

宋・陳振孫《直齋書録解題》卷一二《曆象類》 《數術大略》九卷。魯郡秦九韶道古撰。前世算術，自漢志皆屬歷譜家，要之數居六藝之一，故今解題列之雜藝類，惟《周髀經》爲蓋天遺書，以爲歷象之冠。此書本名《數術》而前二卷《大衍》《天時》二類於治歷測天爲詳，故亦置之於此。秦博學多能，尤邃歷法，凡近世諸歷，皆傳於秦，所言得失，亦悉著其語云。

明・楊士奇等《文淵閣書目》卷三《算法》 《數學九章》一部三册。

明・孫能傳《内閣藏書目録》卷七 《數學九章》三册全。抄本。宋淳佑間魯郡秦九韶譔。

清・錢曾《錢遵王述古堂藏書目録》卷二《數術》 淳祐秦九韶《數書九章》十八卷，四本。閣本抄。

清・錢曾《讀書敏求記》卷一《經・數》 《數書九章》十八卷。

《數書九章》，淳祐七年魯郡秦九韶撰。清常道人從會稽王應遴借閣鈔本校録。

清・嵇璜《續通志》卷一六一《藝文略六》 《數學九章》十八卷。宋秦九韶撰。

清・永瑢等《四庫全書總目》卷一〇七《子部・天文算法類》 《數學九章》十八卷。永樂大典本。

宋秦九韶撰。九韶始末未詳。惟據原序自稱其籍曰魯郡。然序題淳祐七年，魯郡已久入於元。九韶蓋署其祖貫，未詳實爲何許人也。是書分爲九類。一曰大衍，以奇零求總數爲九類之綱。二曰天時，以步氣朔晷影及五星伏見。

三曰田域，以推方圓冪積。四曰測望，以推高深廣遠。五曰賦役，以均租税力役。六曰錢穀，以權輕重出入。七曰營建，以度土功。八曰軍旅，以定行陣。九曰市易，以治交易。雖以《九章》爲名，而與古《九章》門目迥别，蓋古法設其術，九韶則别其用耳。宋代諸儒，尚虚談而薄實用。數雖聖門六藝之一，亦鄙之不言，即有談數學者，亦不過推衍河洛之奇偶，於人事無關。故樂屢争而不決，歷亦每變而愈舛，豈非算術不明，惟憑臆斷之故歟？數百年中，惟沈括究心是事，而自《夢溪筆談》以外，未有成書。九韶當宋末造，獨崛起而明絶學。其中如《大衍類》著卦發微，欲以新術改《周易》揲蓍之法，殊乖古義。古歷會稽題數既誤，且爲設問以明大衍之理，初不計前後多少之歷過，尤非實據。《天時類》綴術推星，本非方程法，而術曰方程，復於草中多設一數以合方程行列，更爲牽合。所載皆平氣平朔，凡晷影長短，五星遲疾，皆設數加減，不過得其大槩，較今之定氣定朔用三角形推算者，亦爲未密。然自秦、漢以來，成法相傳，未有言其立法之意者。惟此書大衍術中所載立天元一法，能舉立法之意而言之。其用雖僅一端，而以零數推總數，足以盡奇偶和較之變，至爲精妙。苟得其意而用之，凡諸法所不能得者，皆隨所用而無不通。後元郭守敬用之於弧矢，李冶用之於勾股方圓，歐邏巴新法易其名曰借根方，用之於九章八線，其源實開自九韶，亦可謂有功於算術者矣。至於田域、測望、賦役、錢穀、營建、軍旅、市易七類，皆擴充古法，取事命題，雖條目紛紜，曲折往復，不免瑕瑜互見，而其精確者居多，今即《永樂大典》所載，於其誤者正之，疏者辨之，顛倒者次第之，各加案語於下。庶得失不掩，俾算家有所稽考焉。

清・孫星衍《孫氏祠堂書目内編》卷二　《數學九章》十八卷。宋秦九韶撰。

清・張金吾《愛日精廬藏書志》卷二三《子部》　《數書九章》十八卷。舊抄本。脈望館藏書。

宋魯郡秦九韶撰。《四庫全書》著録本係從《永樂大典》録出者，此則原本也。

清・瞿鏞《鐵琴銅劍樓藏書目録》卷一五《子部三・天文算法類》　《數書九章》十八卷。舊鈔本。

宋秦九韶撰并序，其書分九類，以明實用，故曰《九章》，非舊所謂《九章》也。第一大衍術中詳言立天元一法，推明數術之原，所謂即形上之義以通形下之數。李氏《測圓海鏡》所言即本之，其實西法亦出於此。至國朝梅氏而始宣其藴，則是書爲算家最精微之作。《四庫》著録本從《永樂大典》録出。此本卷末有趙清常跋云：《數書九章》十八卷。宋淳祐間魯郡秦九韶撰。會稽王應遴堇父借閲鈔本而録也，予轉假録之。原無目，予爲增入之。時萬曆十五年新正五日清常道人趙琦美記。

清・丁立中《八千卷樓書目》卷一一《子部》　《數學九章》十八卷。宋秦九韶撰。宜稼堂本。

清・陸心源《皕宋樓藏書志》卷四八《子部・天文算法類》　《數書九章》十八卷。舊鈔本。焦里堂舊藏。

宋魯郡秦九韶

案：《四庫全書》著録本係從《永樂大典》録出者，此則原本也。

清・張之洞《書目答問・子部》　《數書九章》十八卷。宋秦九韶。附《札記》。宋景昌。宜稼堂叢書本。

《契丹疆宇圖》

宋・尤袤《遂初堂書目・地理類》　《契丹疆宇圖》。

宋・陳振孫《直齋書録解題》卷八《地理類》　《契丹疆宇圖》一卷。不著名氏。録契丹諸夷地及中國所失地。

元・馬端臨《文獻通考》卷二〇六《經籍考三十三》　《契丹疆宇圖》一卷。陳氏曰：不著名氏。録契丹諸夷地及中國所失地。

元・脱脱等《宋史》卷二〇四《藝文志三》　《契丹國土記》、《契丹疆宇圖》二卷。

明・柯維騏《宋史新編》卷四九《藝文志三》　《契丹國王記》、《契丹疆宇圖》二卷。

明・陳第《世善堂藏書目録》卷上　《契丹疆宇圖》一卷。

《契丹地里圖》

宋・鄭樵《通志》卷七二《圖譜略第一・記有》　《契丹地里圖》。

元・脱脱等《宋史》卷二〇四《藝文志三》　《契丹地里圖》一卷。並不知作者。

《禹蹟圖》

清・畢沅《關中金石記》卷七《禹蹟圖》 阜昌七年四月立，正書。

圖，劉豫時刻。攷豫以宋紹興元年爲金所立，則是年當丁巳，亦金天會之十五年也。每折地方百里，所載山川，多與古合。唐宋以來地圖之存，惟此而已。攷宋毛晃《禹貢指南》稱：「先儒所刻《禹蹟圖》黑水在雍州西北，而西南流至雲南之西南，乃有黑水口，東南流而入南海，中問地里闊遠。」今此圖黑水與毛説合，是爲宋以前相傳之舊也。《唐書》稱：賈耽繪《海内華夷圖》，廣三丈，縱三丈三尺，以寸爲百里，中國本之《禹貢》，外夷本班固《漢書》古郡國題以墨，今州郡題以朱，豈此圖之權輿與？圖象之學，自古重之。《山海經》前五篇乃益經也，其後十二篇爲周秦以來釋圖之言，故往往雜以後代郡縣。今案其文有云：在其東，或在其北，云捕魚水中，云兩手各操一蛇，云右手指青邱北之屬，皆據形言之耳。《山海經》本有圖，故陶潛以之入詩，張駿、郭璞以之作讚，始知班固《藝文志》入之形家，有以也，不知者乃以爲域外之言、堪輿之學，非聖經矣。又《史記》言：蕭何收秦圖書。《大宛傳》言：昆侖天子。案：古圖書《三王世家》有御史奏《輿地圖》，《漢書》言李陵圖所過山川地形，元帝示後宫人《單于圖》，明帝賜王景《禹貢圖》。又班固案：《秦地圖》，虞喜《志林》，薛瓚注《漢書》，皆案《漢輿地圖》。《晉書》言：裴秀自製《禹貢地域圖》十八篇。李吉甫《元和郡縣圖志》言：起京兆府，盡隴右，凡四十七鎮，每鎮皆圖在篇首，今俱不存。則此圖之傳，良足寶矣。地理之學，古今互異，試條其得失，附以鄙証，爲讀《禹貢》者有所採也。

案：圖嶓冢山在秦州東南，深合自漢以來相傳之説，考《水經・〈禹貢〉山水澤地所在》言嶓冢在隴西氐道，班固《地理志》言在隴西西縣，漢氐道及西縣治皆在今秦州。自魏收《地形志》以嶓冢山爲在華陽郡嶓冢縣，《括地志》《元和郡縣志》並承其誤，山乃移今之寧羌州矣。然唐人猶兩存其説。據魏收以駁班固，自胡渭《禹貢錐指》始。

案：圖西漢水出秦州，南至涪州入江，東漢水出興元府，東至漢陽入江，亦合于班固《地理志》之説。其圖西漢水不通于東漢，則不合于古，何則？余嘗謂：《禹貢》言嶓冢導漾，是言水之在今甘肅秦州者也。東流爲漢，是言水之在今陝西漢中府者也。又東爲滄浪之水，則言水之在今湖北省者也。西漢至寧羌州西北，有水通于東漢，班固所云東漢水首受氐道水。郭璞《爾雅音義》謂之「潛水」，《水經注》謂之「通谷水」，《括地志》謂之「復水」，云出利州縣、谷縣龍門山，今俗以爲燕子河也。其水于圖當自興元府南承東漢水，流至利州北合于西漢，而殊未之及。今四川廣元縣是唐宋利州治，寧羌州是其東北境，龍門山在州北百五十里，即李吉甫所云「利州東北有龍門山」者也。樂史又云：龍門山下有燕子谷，或水之所以名矣。郭璞既稱「舊云」，即《禹貢》沱潛缺之，非也。

案：圖黑水是三危之黑水，黑水實有二，余攷《華陽》，黑水惟梁州，孔安國言東據華山之南，西距黑水。張守節《史記正義》案《括地志》黑水源出梁州城固縣西北太山，以此釋梁州黑水較長，酈道元案諸葛亮牋稱「朝發南鄭，暮宿黑水」即此。諸家解書以二黑水爲一，非也。今水在漢中府城固縣西北五里。案圖漆沮之洛至同州南入于河，古説皆入渭，是洛自宋金時改流入河也。近韓邦靖著《朝邑縣志》云洛水明成化改流入河，不察之至矣。

清・王昶《金石萃編》卷一五九《禹蹟圖》 圖高、廣各三尺四寸二分，在西安府。

《禹蹟圖》。圖不繪。

清《(乾隆)西安府志》卷七二《金石志・西安府》 《禹跡圖》。阜昌七年四月。

清・孫星衍、邢澍《寰宇訪碑録》卷一〇《僞齊》 《禹蹟圖》。釋文。正書，阜昌六年四月。陝西長安。

《華夷圖》

清・畢沅《關中金石記》卷七 《華夷圖》。

阜昌七年十一月立。正書。並在西安府學。

清・王昶《金石萃編》卷一六〇 《華夷圖》。

圖高、廣各三尺四寸二分，在西安府。

《華夷圖》。圖不繪。

右《華夷圖》，不著刻人名氏，題云「阜昌七年十月朔岐學上石」，蓋劉豫時所刻。其年十一月，豫爲金人所廢，阜昌之號終于此矣。唐貞元中，宰相賈耽圖《海内華夷》，廣三丈，從三丈三尺，以寸爲百里。斯圖蓋仿其製，而方幅縮其什之九。京府州軍之名，皆用宋制。開封爲東京，歸德爲南京，大名爲北京，惟河南不稱西京，未詳其故也。碑云：四方蕃夷之地，賈魏公圖所載凡數百國，今取其著聞者載之，又參考傳記以敘其盛衰本末。至如西有沙海諸國，西北有奄蔡，北有(首)〔骨〕利幹，東北有流鬼，以其不通名貢而無事于中國，故略而不載，此亦見其去取之不苟矣。《潛研堂金石文跋尾》。

按，《禹蹟》《華夷》二圖，高、廣尺寸相同。《禹蹟圖》界方格，每方折地百里，列《禹貢》山川名，古今州郡名，古今山水地名。阜昌七年四月刻石。《華夷圖》，阜昌七年十月刻。圖中所載，多及宋朝通貢之語。有建隆、乾德、寶元年號，其爲宋時所圖，固無可疑。然其稱契丹云即今稱大遼國，其姓耶律氏，似乎作圖猶及遼盛時。又渤海夫餘之間有女貞，國名女貞，一作女真，避宋仁宗諱改名女直。然在宋則避之，遼人尚仍其舊稱，以此證之，疑是遼人所繪，故有「大遼」字。若是宋人，則當避「貞」字。若金人，則宜加「大金」之稱説矣。然遼以幽州爲南京，此圖仍作「幽」字，而宋之四京獨詳其三，又似宋人所作，甚不能臆定也。劉豫以七年十一月丙午被廢，而十月朔尚刻《華夷圖》者，蓋廢豫之舉，不過奉詔降封，並無干戈擾攘之事，僞齊全境恬然安之。當刻此圖之時，初不料逾月即亡也。兩碑但紀歲月，不著所以刻石之故，而《華夷圖》則有「岐學上石」字，殆由學校中得此二圖舊本，刻石以示諸生耳。餘説已詳《關中金石記》，不復述。

清・錢大昕《潛研堂金石文跋尾》卷一七　劉《華夷圖》阜昌七年十月

右《華夷圖》，不著刻人名氏，題云「阜昌七年十月朔岐學上石」，蓋劉豫時所刻。其年十一月，豫爲金人所廢，阜昌之號終於此矣。唐貞元中，宰相賈耽圖《海内華夷》，廣三丈，從三丈三尺，以寸爲百里。斯圖蓋仿其製，而方幅縮其什之九。京府州軍之名，皆用宋制。開封爲東京，歸德爲南京，大名爲北京，惟河南不稱西京，未詳其故也。碑云：四方蕃夷之地，賈魏公圖所載凡數百國，今取其著聞者載之，又參考傳記，以敘其盛衰本末。至如西有沙海諸國，西北有奄蔡，北有骨利幹，東北有流鬼，以其不通名貢而無事於中國，故略而不載，此亦見其去取之不苟矣。

清・武億《授堂金石文字續跋》卷一二《華裔圖》　《華裔圖碑》，阜昌七年十月朔岐學上石。其略云：四方蕃夷之地，賈魏公圖所載凡數百國，今取其著聞者存之，又參攷傳記，以敘其盛衰本末。蓋撰者自著其例，如是所云。「魏國公」謂賈耽也。《舊唐書》本傳：耽令工人畫《海内華夷圖》一軸，廣三丈，縱三丈三尺，率以一寸折成百里。今此圖所載，皆宋制京府州軍之名。取賈舊製，變爲縮本，最易展閲。閻伯詩著《潛邱劄記》，地圖見者元道士朱思本《輿圖》，蓋「其平生之志，而十年之力」，不知此圖，又前于元矣。伯詩引《新唐書》謂：以寸爲百里，表獻于上曰：縮四極于繊縞，分百郡于作繢，宇宙雖廣，舒之不盈庭，舟車所通，覽之咸在目。此表載《舊唐書》耽本傳，今誤連于新書下，伯詩必不疎莽至此，校録者誤也。僞齊僭立，亦有四京之目，此圖稱河南不言西京，或由翟琮復西京，已不屬之僞齊與。

清《(乾隆)西安府志》卷七二《金石志・西安府》　《華夷圖》　阜昌七年十月。

清・孫星衍、邢澍《寰宇訪碑録》卷一〇《僞齊》　《華夷圖》釋文正書：阜昌七年十月。陝西長安。

《靈巖山場界至圖記》

清・孫星衍、邢澍《寰宇訪碑録》卷一〇《金》　靈巖山場界至圖記。僧裕顯撰，正書，天德三年。山東長清。

《華藏世界海圖》

清・孫星衍、邢澍《寰宇訪碑録》卷一〇《金》　《陝西興平大雲寺華藏世界海圖碑》。僧法圓撰序正書大定五年九月。山東泰安。

海圖碑陰。正書。山東泰安。

《元一統志》

元・許有壬《圭塘小稿》卷五《大一統志序》　至元二十三年歲丙戌，江南平而四海一者十年矣。集賢大學士中奉大夫行秘書監事扎瑪拉迪音，方今尺地一民，盡入版籍，宜爲書以明一統。世皇嘉納，命札馬剌丁洎奉直大夫秘書少監虞應龍等蒐輯爲志。二十八年辛卯書成，凡七百五十五卷，名《大一統志》，藏之秘府。應龍謂比前代地里書似爲詳備，然得失是非，安敢自斷？尚欲網羅遺逸，證其同異焉。至正六年，歲又丙戌，十二月二十一日，中書右丞相巴爾奇爾布哈率省臣奏，是書國用尤切，恐久湮失，請刻印以永于世。制可。明年丁亥二月十七日，皇上御興聖便殿，中書平章政事特穆達實傳旨，命臣有壬序其首。臣聞《春秋》所以大一統者，六合同風，九州共貫也。然三代而下，統之一者可考焉。漢拓地雖遠，而攻取有正譎，叛服有通塞，況師異道，人異論，百家殊方，指意不同，亡以持一統，議者病之。唐腹心地爲異域而不能一者，動數十年，若夫宋之畫于白溝，金之局于中土，又無以議爲也。我元四極之遠，載籍之所未聞，振古之所未屬者，莫不涣其羣而混于一，則是古之一統皆名浮於實，而我實協於名矣。且統之爲言，昉見於《易》。乾之彖曰：大哉乾元，萬物資始，乃統天。説者謂天也者，形也；統也者，用形者也。象曰：天行健，君子以自强不息。則又示人以體乾之道。蓋天爲萬物之祖，君爲萬邦之宗。乾以至健而爲萬物始，乃能統理於天。皇上體乾行健，以統理萬邦，所謂一統萬類，可以執一御而六合同風、九州共貫之機括繫焉。九州之志，謂之九丘。《周官》：小史掌邦國之志，外史掌四方之志。志之由来尚矣，況一統之盛，跨軼漢唐者乎？是書之行，非以資口耳博洽也。垂之萬世，知祖宗創業之艱難；播之臣庶，知生長一統之世。邦有道穀，各盡其職，於變時雍，各盡其力，上下相維，以持一統，我國家無疆之休，豈特萬世而已哉？統天而與天悠久矣！

清·吴騫《尖陽叢筆》卷四 《元大一統志》一千卷，奏進者爲集賢大學士、資善大夫、同知宣徽院事孛蘭肹，昭文館大學士、中奉大夫、秘書監岳玹等。其書不知何時所進，而二人姓名亦未見《元史》。按元《秘書志》：太祖至元二十三年蘭命脩《大統志》，至成宗大德七年始成，揔六百册一千三百卷，詔藏秘府。孛蘭肹，《秘書志》作卜蘭禧。

《元一統志》卷帙既繁，徵採亦博，間有可疑者。如彭州古跡「九女冢」下引舊經云：唐則天朝劉一統志作陳。易從爲彭州長史，決崇寧沱江水溉數縣，鄉民獲利，九女以斷絶地脉共訴于則天，伏誅，百姓思易從之德，爲立廟。後九女被理而誅。九女事不見于史。又官迹門云陳易從。彭州《古今集》：唐高宗儀鳳三年，吐蕃寇涼州，易從父工部尚書左衛大將軍爲吐蕃所掠，諸子詣闕請入吐蕃贖其父。敕聽次子省之，即易從也。比至，父已病卒，易從晝夜號哭不絶聲，吐蕃哀之，還其尸。易從徒步萬里，負之以歸，見者流涕。其後易從爲彭州長史，決唐昌并沱江，鑿派流合堋口歧水溉九隴唐昌田，大獲其利，後易從李敬業事就州被害，民皆憐之，爲立祠云云。此二事時既相近，而事迹亦略同，一人耶？二人耶？要之攬摭宏廣，書成衆手，自不能無可疑處，姑書以俟攷。

清·吴騫《愚谷文存》卷四《元大一統志殘本跋》 《元大一統志》，集賢大學士、資善大夫、同知宣徽院事孛蘭肹，昭文館大學士、中奉大夫、秘書監岳鉉等纂上。其書於古今建置沿革，及山川、古蹟、形勢、人物、風俗、土産之類，網羅極爲詳備，誠可云宇宙之鉅觀、堪輿之宏製矣。惜乎明初修元史者，編纂草草，而地理一門，尤爲疏略，苟憑此志爲權輿，更加之檢核，庶幾在宋遼金之上，乃竟不知出此，何歟？迨永樂中詔修《一統志》，迄於天順五年始克成編，大都不過剌取《元一統志》之什一，而其間挂漏舛譌，又不可勝計。即如各府州縣廢置沿革一門，《元一統志》正文既詳，復取古今地理各書，參互攷證，而細注其下。《明一統志》盡變正文爲小注，僅僅摘取數語，其餘槩從割棄，雖沿革且都未備。如犍爲縣下，《明一統志》載宋併玉津縣入焉，徙治懲非鎮，元仍舊。考《元一統志》云宋乾德四年，省玉津入焉。大中祥符四年，徙治懲非鎮。按縣治在府大江之下，臨江濱，距府百二十里。縣治荒簡無居者，自歸附後，徙玉津鎮。玉津在縣界上，亦臨大江之濱，去府城二十里不遠，距犍爲一百里。是犍爲于元初已從懲非鎮徙治玉津鎮矣，而所謂歸附後者，以前總序中已有自附國朝之語，故此但曰歸附且其序述詳明若，是乃《明一統志》猶憒憒焉，幾使讀者至今猶犍爲縣之在懲非鎮，寧不可哂乎？又如彭州名宦中之劉易從，按《明一統志》作陳易從。攷易從乃唐工部尚書劉審禮次子，其事詳見《通鑑》。《元一統志》偶誤刻作陳易從。然古蹟九女冢下本作劉易從，即屬一人，而《明一統志》亦不能更正。其他訛舛尚多，姑舉其一二。豈復知有所謂攷證哉？此書前輩間有著録，亦多舛誤。《國史經籍志》不著撰人名氏，《居易録》作岳璘而遺孛蘭肹。攷其始末，惟元王士點、商企翁所輯《祕書監志》爲詳，凡修纂歲月，校寫人員，裝潢書畫匠禄食，繕寫紙劄，收掌儲藏，靡不周至，可想見當日之慎重。往嘉定錢曉徵宮詹，嘗借鈔南濠朱氏殘本《元大一統志》四百四十三翻，每册有處州路儒學教授官印，其疆域乃河南、陝西、江浙、江西等省。今此僅四百三翻，較朱本又少四十翻。其疆域則止四川一省之彭州、威州、茂州、簡州，嘉定路眉州、沔州、蓬州，重慶路，夔路達州等，且皆闕佚不全。然楮墨精好，並無官印，自是民間流傳之本。地理諸書如宋刻乾道咸淳兩《臨安志》、嘉泰《四明志》、《會稽志》、嘉定《赤城志》等至今傳本尚多，矧元刻部籍流於人間又奚可勝計？偶從粥故書者見此，漫憶而識之。乾隆甲辰秋日。

按錢宮詹《跋元大一統志》，謂原有兩本，至元二十三年，世祖命集賢大學士行祕書監事札馬剌丁與祕書少監虞應龍等修輯，二十八年書成，凡七百五十五卷，名《大一統志》，藏之祕府，此初修本也。成宗大德初，復因集賢待制趙忭之請，作《大一統志》。《元史》：大德七年三月戊申，卜蘭禧、岳鉉等進《大一統志》，賜賚有差。此再修之本也。宫詹兩本之説，未知所據何書。竊攷元《祕書監志》：至元乙酉，二十二年。欲實著作之職，乃命大集萬方圖志而一之，以表皇元疆理無外之大。詔大臣近侍提其綱，聘鴻生碩士立局置屬庀其事。凡九年而成書。續得雲南、遼陽等書，又纂修九年而始就，今祕府所藏《大一統志》是也。因詳其原委節目，爲將來成盛事之法。又，大德七年五月，祕書郎呈奉祕府指揮，當年三月也可怯薛玉德殿内有時分，集賢大學士岳鉉等奏祕書監修撰《大一統志》，元欽奉世祖皇帝聖旨編集，始自至元二十三年，至今才方成書，以是繕寫，總計六百册，一千三百卷。進呈欽奉御覽過，奉旨於祕府如法收藏，仍賜賚纂集人等。據此志則《大一統志》以世祖至元二十二年開修，首尾共歷一十八年，迨成宗大德七年始成。而卜蘭禧、岳鉉等奏進當即札馬剌丁等奉敕始修之本，未嘗有兩本。此書體大事繁，非十數年纂輯不能成也。宫詹又云：按至正六年中書右丞相别兒乞不花等奏：《大一統志》于國用尤切，恐久湮失，乞刻印。許有壬奉詔撰序，其文略不及大德重修事，似當時所刻乃至元本，非即此本。竊疑所請刻者當即卜蘭禧、岳鉉等所進之本。按《祕書志》所載，纂修繕寫，俸食儲藏，無不具悉，獨未嘗載及刊刻。蓋此書多至一千三百卷，卷帙既繁，刊板非易，直至至正六年始刊行之事未可知。《祕書志》成於至正二年，故始終未及刻印事。而許序不及大德重修，益可證其無兩本矣。惜此殘帙無歲月可稽，至其卷數，《國史經籍志》及《千頃堂書目》等並以爲一千卷，殆亦未攷《祕書監志》而云然與。

清·錢大昕《潛研堂文集》卷二九《跋元大一統志殘本》 戊子春，從南濠朱氏假《元大一統志》殘本，釐四百四十三翻，大字疎行，殊可愛。每册鈐以官印，驗其文，則處州路儒學教授官書也。元時幅員最廣，兹所存者，惟中書省之孟州，河南行省之鄭州、襄陽路均州、房州、南陽、嵩州、裕州，江陵路，陜州路，陜西行省之延安路，洋州、金州、鄜州、葭州、成州、蘭州、會州、西和州，江浙行省之平江路，江西行省之瑞州路、撫州路，又皆散佚不完。以全書計之，特千百之什一爾。攷元時《大一統志》凡有兩本。至元二十三年集賢大學士、行祕書監事札馬剌丁言：方今尺地一民，盡入版籍，宜爲書以明一統。世祖嘉納，即命札馬剌丁與祕書少監虞應龍等搜輯爲志。二十八年書成，凡七百五十五卷，名《大一統志》，藏之祕府。此初修之本也。成宗大德初，復因集賢待制趙忭之請作《大一統志》。《元史》載：大德七年三月戊申，卜蘭禧、岳鉉等岳鉉，字周臣，湯陰人。徙居燕。追封申國公，謚文懿。進《大一統志》，賜賚有差。此再修之本也。此本卷首題「集賢大學士資善大夫同知宣徽院事孛蘭肹、昭文館大學士中奉大夫祕書監岳鉉等上進」，正大德所修者。史以孛蘭肹爲卜蘭禧，譯音之轉也。又按，至正六年，中書右丞相别兒怯不花等奏：《大一統志》於國用尤切，恐久湮失，請刻印以永於世。許有壬受詔製序，其文略不及大德重修事，似當時所刻者乃是至元本，非即此本。此本序文、目録皆闕佚，其刻印年月、卷帙次第無可考。傳聞康熙間刑部尚書昆山徐公乾學奉敕修《大清一統志》，開局於吴之洞庭山，借内府書有《元大一統志》殘本二十餘册。徐公志藁今在史局，所借之書度已歸中祕，而未聞有見之者。兹讀朱氏所藏，因鈔其副而書之後云。

明·焦竑《國史經籍志》卷三《史類》 《元一統志》一千卷。

明·楊士奇等《文淵閣書目》卷四《古今志》 《大元大一統志》一百八十二册。《大元大一統志》六百册。

明·王圻《續文獻通考》卷一七八《經籍考·地理》 《大元一統志》，卜蘭禧、岳鉉等進。

清·黄虞稷《千頃堂書目》卷八《地理類下》 《大元一統志》一千卷。年卜蘭溪、岳鉉等進。

清·倪燦《補遼金元藝文志·史部》 《元大一統志》一千卷。集賢大學士孛蘭肹、昭文館大學士岳鉉等進本。有誤孛蘭肹爲卜蘭溪者，得吴氏藏本正之。

清·錢大昕《元史藝文志》卷二《地理類》 《大元一統志》七百五十五卷。至元二十八年，集賢殿大學士札馬剌丁、祕書少監虞應龍等進。

清·永瑢等《四庫全書總目》卷六八《史部二十四·地理類一》 《明一統志》九十卷。内府藏本。【略】

考輿志之書出自官撰者，自唐《元和郡縣志》、宋《元豐九域志》外，惟元岳璘等所修《大元一統志》最稱繁博。《國史經籍志》載其目，共爲一千卷，今已散佚無傳。雖《永樂大典》各韻中頗見其文，而割裂叢碎，又多漏脱，不能復排比成帙。惟浙江汪氏所獻書内，尚存原刊本二卷，頗可以考見其體製。知明代修是書時，其義例一仍《元志》之舊，故書名亦沿用之。

清・魏源《元史新編》卷九二《藝文二》 《大一統志》七百五十五卷。至元二十八年，集賢大學士札馬剌丁、祕書少監虞應龍等進。

《大一統志》一千卷。大德七年，集賢大學士孛蘭肹、昭文館大學士祕書監岳鉉等上。

清・瞿鏞《鐵琴銅劍樓藏書目録》卷一一《史部四・地里類》 《元一統志》八卷。舊鈔殘本。

題：「集賢大學士資善大夫同知宣徽院事臣孛蘭肹、昭文館大學士中奉大夫秘書監臣岳鉉等上進。」案：《秘書監志》：至元二十二年乙酉，世祖命集賢大學士行秘書監事札馬剌丁與秘書少監虞應龍輯《大一統志》。成宗大德初，復從集賢待制趙忭請重修，書成，藏之秘府。至正六年，始刊行之。全書一千三百卷。此存蜀省均州一卷，房州一卷，通安州一卷，鄜州二卷，葭州三卷。其書分縣編次，紀載分明，不同《明一統志》之府縣合併也。

《大德昌國州圖志》

元・馮復京《昌國州圖志序》 史所以傳信，傳而不信，不如亡史，故作史者必擅三者之長：曰學，曰識，曰才，而後能傳信於天下。蓋非學無以通古今之世變，非識無以明事理之精微，非才無以措褒貶之筆削，三者闕一，不敢登此職焉。然而有天子之史，有諸侯之史，晉之《乘》，楚之《檮杌》，魯之《春秋》，是諸侯之史也。後世因之，郡各有志，所以備天子史官之採録，亦豈可易爲哉！若昔素王刑賞二百四十二年列國之君臣，游、夏且不能贊一辭；司馬氏以良史才而作《史記》，議者猶謂《十二諸侯年表》爲殺亂於聖經，然則侯邦之志，亦以記事纂言也，而可易爲哉？往宋末運，人主好諛，宰相導諛，士大夫習諛，内外遂以成風，操史筆者多患得患失之。夫希合顧望，不惟泯其實以誣公朝之是非，抑且駕其虛以騁私意之向背，故光、寧、理三朝之史，皆權臣黨與之蕪辭，而郡縣間一時之志，亦侯牧誇張之誕筆。今宋史既與國偕亡，惟志書之見於郡縣間者，版籍所計，或以寡爲多；風土所宜，或以亡爲有；形勢所在，或以險爲夷；貢賦所出，或以儉爲泰；評人物則多過情之譽，陳民風則少退抑之辭。妝飾富麗，競爲美觀，詳覈其實，百無一二。苟上之人按其圖數其貢，流毒貽害可勝言哉！昔蕭何入關收秦圖籍文書，具知虛實險要，用以相漢，厥功茂焉。藉使今世或有踵蕭何之智，信往宋所存之記載，責其實於天下郡國，豈不敗乃公事？余益以悲世變之至宋，獨圖書史籍一事，鑿空駕僞，顧不如秦之猶爲務實，而且貽禍於來世蒼生也。昌國中海而處，由縣陞州，而州志不作，此固僕厮吏不知稽古之務，而爲士者亦有罪焉。余來首訪圖經，徒起文獻不足之歎。越歲餘，始於里民購得其籍，大率浮誇如前所云，議欲刊削，且書混一以來之沿革。既以授州之文學士屬余往吴中，此事中輟。今瓜戍已踰，滯留卧疾，豈其機乎？乃趣學官捃摭舊載，芟其蕪，黜其不實，定爲傳信之書。使州之闕文者於所補，以俟掌建邦之六典者采焉。故序作史之大略，與異時文勝其質之流弊，俾二三子知所決擇而復有以告之。孔子曰：吾猶及史之闕文也。嗚呼！史闕則紀綱將板蕩而無稽矣，是豈斯民之幸？聖人猶幸闕文之及見者，蓋逆知他日諸侯惡其籍之害己而去之也。今余於舊志得之既難，本復無一，二三子不亟圖之，余幸而受代，則是籍之存於有司者幾矣。嗚呼！猶欲及於闕文，得乎？大德戊戌七月朔日潼川馮福京序。

清・嵇璜《續文獻通考》卷一七〇《經籍考・史地理上》 馮復京、郭薦昌《國州圖志》七卷。復京，潼川人，官昌國州判。薦里貫未詳，官鄞縣教諭。

清・錢大昕《元史藝文志》卷二《地理類》 《昌國州圖志》七卷。元馮復京等撰。

清・嵇璜《續通志》卷一五九《藝文略四》 《昌國州圖志》七卷。大德中馮復京、郭薦。

清・永瑢等《四庫全書總目》卷六八《史部二十四・地理類一》 《大德昌國州圖志》七卷。浙江范懋柱家天一閣藏本。

元馮復京、郭薦等同撰。復京，潼川人，官昌國州判官。薦，里貫未詳，官鄞縣教諭。昌國州即今定海縣，宋熙寧六年置昌國縣，元至元十五年始升爲州。此書成於大德二年七月。凡分八門，曰敘州，曰敘賦，曰敘山，曰敘水，曰敘物産，曰敘官，曰敘人，曰敘祠。前有《州官請耆儒修志牒》一篇，末有郭薦等《繳申文牒》一篇，冠以《復京序》。據序中所述始末，蓋復京求得舊志，屬薦等訂輯，而復京爲之審定者也。其大旨在於刊削浮詞，故其書簡而有要，不在康海《武功志》、韓邦靖《朝邑志》下。海書、邦靖書爲作者盛推，而此書不甚稱於世，殆年代稍遠，鈔本稀傳歟？據原目所載，卷首當有環山、環海及普陀山三圖。圖志之名，實由於是。此本有録無圖，蓋傳寫者佚之矣。

清・阮元《文選樓藏書記》卷三 《昌國州圖志》七卷。元鄉貢進士郭薦等修抄本。

是書修於元大德二年，昌國州判官馮福京董其事。州即今定海縣。

清・陳揆《稽瑞樓書目・小樹叢書貯西樓後書室》《大德昌國州圖志》七卷。鈔，一冊。

清・魏源《元史新編》卷九二《藝文二》《昌國州圖志》七卷。大德中馮復京、郭薦撰。

清・瞿鏞《鐵琴銅劍樓藏書目録》卷一一《史部四・地里類》《大德昌國州圖志》七卷。鈔本。

元馮復京、郭薦等撰并序。昌國，今定海縣。宋曰昌國縣，元升爲州。書曰圖志，而其圖已佚。宋元邑志俱簡要，覩此志與澉水、仙溪《志》，可見明康氏、韓氏之書亦宗之。

清・徐時棟《煙嶼樓文集》卷一一《四明志作者傳一・宋元四明六志作者傳序目》《大德昌國州圖志》，主修一人。

馮福京。

覩志中敘述，疑此書即出馮判官之手，而其自序則云授州之文學士，又云乃趣學官捃摭舊載，芟其蕪，黜其不實，定爲傳信之書。又按此書原本有州官請耆儒修志及耆儒繳志各牒，然則判官但主其事而爲之審定者耳。

作者一人。

郭薦。《四庫提要》稱郭薦等同撰，又稱有薦等繳申文牒，是修志非薦一人可知。今文牒已佚，無從考索矣。

清・丁立中《八千卷樓書目》卷六《史部》《大德昌國州圖志》七卷。元馮復京撰。煙嶼樓刊本。

清・陸心源《皕宋樓藏書志》卷三二《史部・地理類四》《昌國州圖志》七卷。影寫元刊本。

元馮福京等撰。【略】

《昌國州圖志》板五十六片，雙面五十四，單面二，計印紙一百零十副。永爲昌國州官物相沿交割者。大德二年十一月長至日畢工。

前鄉貢進士郭薦等右薦等伏準使州旨揮發到馮州判所收《昌國縣志》一本，俾薦等重行編撰，仰見使州官不以簿書期會之勞而廢□□文物之務，甚盛舉也。□□□□□□書所以備太史官及觀民風者之所採録，非老於文學其誰宜爲□□固辭而不獲，輒操筆札以□□□□□□其實舊志之不關於名教，不係□□□□□□□□□□並皆删去。□□□計一百丹八紙，隨此申伏乞□□詳施行須至呈者謹具呈大德二年七月日。

《至大金陵新志》《至正金陵新志》《金陵新志》

元・張鉉《金陵新志序》 郡志之見於世者多矣，其間名是而實非，語此遺彼者，比比皆是。求其紀載有法，序事詳密，使人如身履其地而目擊其事者，則百不一二見焉，豈以其陵谷之變遷、事文之繁縟故紀述有難詳與？不然，何其可觀者鮮若是哉！甲申春，浮光士張君鉉以其所撰《金陵新志》首稾見示。其《脩志本末》略曰：首爲圖攷，以著山川郡邑形勢所存。次述通紀，以見歷代因革、古今大要。中爲表志譜傳，所以極天人之際、究典章文物之歸。終以摭遺論辨，所以綜言行得失之微，備一書之旨。至其終又曰：文摭其實，事從其綱，亦詳矣哉！是年夏，集慶路將以是編鋟諸梓，上之臺僉曰善，且以序見屬，辭不獲命，應之曰：是編首稾固嘗見之，而有以知其敘事之詳也。使其中皆然，豈不能使覽者如身履其地而目擊其事哉！予聞張君博物洽聞，而作事不苟。於是編也，容有始詳而終略者乎！是夏四月初吉奉直大夫江南諸道行御史臺都事索元岱序。

明・黃佐《南廱志》卷一八《經籍考下篇》《金陵新志》十五卷。存者一千一百六十四面，壞板九十二面。元奉元路學古書院山長張鉉輯。首地理圖，次金陵通紀，次金陵世年表，次疆域志，次山川志，次官守志，次田賦志，次民俗志，次學校志，次兵防志，次祠祀志，次古蹟志，次人物世譜列傳，次摭遺，次説辨終焉。

清・錢大昕《十駕齋養新録》卷一四《金陵新志》 張鉉《金陵新志》十五卷。有至正三年南臺御史索元岱序。鉉字用鼎，關中學古書院山長。前載文移稱浮光張鉉，則光州人也。此書本續《景定建康志》而作，前志所有者不具載。其於江南行御史臺建置本末及御史大夫以下題名最詳備。

明・朱睦㮮《萬卷堂書目》卷二《雜志》 《金陵志》十五卷。張鉉。

明・焦竑《國史經籍志》卷三《史類》《金陵新志》十五卷。元張鉉。

清・錢謙益《絳雲樓書目》卷一《地志類》 元修《金陵新志》，十二冊。

清・黃虞稷《千頃堂書目》卷八《地理類下》 張鉉《金陵新志》十五卷。

清・倪燦《補遼金元藝文志・史部》 張鉉《金陵新志》十五卷。字用鼎，陝西人。

清・嵇璜《續文獻通考》卷一七〇《經籍考・史地理上》 張鉉《金陵新志》十

五卷。

鉉字用鼎，陝西人，嘗爲奉元路學古書院山長。

清・嵇璜《續通志》卷一五九《藝文略・史類第五下》 《金陵新志》十五卷。元張鉉撰。

清・錢大昕《元史藝文志》卷二《地理類》 張鉉《金陵新志》十五卷。字用鼎，陝西人。

清・永瑢等《四庫全書總目》卷六八《史部二十四・地理類一》 《至大金陵新志》十五卷。兩江總督採進本。

元張鉉撰。鉉字用鼎，陝西人。嘗爲奉元路學古書院山長。至正初，江南諸道行御史臺諸臣將重刊宋周應合所撰《建康志》，而其書終於景定中，嗣後七八十年，紀載闕略。雖郡人戚光於至順間嘗修有《集慶續志》，而任意改竄，多變舊例，未爲詳審。覆議增輯，以繼《景定志》之後。因聘鉉主其事，凡六閲月而書成。首爲圖考，次通紀，次世表、年表，次志譜列傳，而以摭遺、論辨終焉。令本路儒學雕本印行。至明嘉靖中，黄佐修《南雍志》，尚載有此書版一千一百六十四面。是今所流傳印本，猶出自原刻也。其書署依周《志》凡例，而元代故實則本之戚光《續志》及路州司縣報呈事蹟。其間如官屬姓名已入前志者，不復具録。而世譜列傳則前志所有者仍摭載無遺，體例殊自相矛盾。又其凡例中以戚《志》删去地圖，不合古義，譏之良是。至於世表、年表則地志事殊國史，原不必仿旁行斜上之法，轉使氾濫無稽。戚《志》删除，深合體例。鉉乃一概訾之，亦爲失當。然其學問博雅，故薈萃損益，本末燦然，無後來地志家附會叢雜之病。其《古跡》門中所載梁始興忠武王、安成康王二碑，朱彝尊皆嘗爲之跋，而不引是書爲證，豈其偶未見歟？

清・孫星衍《平津館鑒藏記》卷一《元版》 《金陵新志》十五卷，前有甲申四月江南諸道行御史臺都事索元岱序。鈔録《修志文移》、臺府提調官掾職名、《修志本末》，題「前奉元路學古書院山長張鉉輯」，末有督刊姓氏。此即元至正四年刊本也。内亦有明補刊葉，十八行，行十八字。

清・孫星衍《孫氏祠堂書目内編》卷二 《金陵新志》十五卷。元張鉉撰。元至正四年刊本。

清・陳揆《稽瑞樓書目・小檞叢書貯西樓後書室》 《金陵新志》十五卷。元刻，二十册。

清・張金吾《愛日精廬藏書志》卷一六《史部》 《金陵新志》十五卷。元至正刊本，陳眉公藏書。

元前奉元路學古書院山長張鉉輯，卷首有麋公印記。

清・魏源《元史新編》卷九二《藝文二》 張鉉《金陵新志》十五卷。字用鼎，陝西人。

清・瞿鏞《鐵琴銅劍樓藏書目録》卷一一《史部四・地里類》 《金陵新志》十五卷。元刊本。

題「前奉元路學古書院山長張鉉輯」。有索元岱序。書成於至正三年，明年，本路儒學刊板。首列《修志文移》《修志本末》及《引用書目》。此猶原本也，舊藏金壇蔣氏。卷首有「内翰金壇蔣超藏書」朱記。

清・莫友芝《宋元舊本書經眼録》卷二 《金陵新志》十五卷。元本。

至正癸未張鉉撰本。鉉書文淵閣箸録。此本郁氏宜稼堂藏板，多漫漶。

清・丁丙《善本書室藏書志》卷一一 《金陵新志》十五卷。元刊本。黄虞邰、毛子晉、朱西畯、汪魚亭藏書。

前奉元路學古書院山長張鉉輯。

鉉字用鼎，陝西人。至正江南諸道行御史臺臣將重刊周應合《建康志》，而書終於景定。至順間，郡人戚光修《集慶續志》，未爲詳審。因聘鉉以繼《景定志》之後。一爲地理十八圖，二通紀，三年表，四疆域，五山川，六官守，七田賦，八民俗，九學校，十兵防，十一祠祀，十二古蹟，十三人物，十四摭遺，十五論辨。前有江南行御史臺都事索元岱序，又修志文移，修志本末，引用古今書目。此爲元刊版，存南雍。明正德間修補印本有晉江黄氏父子藏書、俞邰二印。俞邰名虞稷，有《千頃堂書目》。先世泉州人，明末流寓上元，此志當其所收。又汲古閣、彭城開國、秀水朱氏潛采堂圖書、朱西畯、曾觀、汪魚亭藏閲書各印。西畯者名昆田，秀水朱竹垞檢討子也。

清・丁立中《八千卷樓書目》卷六《史部》 《至正金陵新志》十五卷。元張鉉撰。元刊本。

《長安志圖》

元・李好文《長安志圖原序》 關中天府之邑，土居上游，古稱天地奥區神臯，周及漢唐都之，子孫皆數百歲。雖其積累深厚，亦曰神器之大，措之善也。觀其創業垂統，規模宏廓，分郊畫畿，制詳作密，城郭宮室之巨麗，市井風俗之阜繁，山川靈迹之雄偉奇譎，史冊所書，稗官所記，文人碩士之揄揚頌嘆，習而誦之，如談蓬壺閬苑，鈞天帝居，使人耳可得聞，目不可得而覩也。原闕十三字。圖見示當時，弗能盡曉，茫然原闕五字。之。及來陝右，由潼關而西至長安，所過山川城邑，或遇古跡，必加詢訪。嘗因暇日，出至近甸，望南山，觀曲江，北至故漢城，臨渭水而歸。數十里中，舉目蕭然，瓦礫蔽野，荒基壞堞，莫可得究。稽諸地志，徒見其名，終亦不敢質其所處。因求昔所見之圖，久乃得之。于是取志所載宮室池苑、城郭市井，曲折方向，皆可指識，瞭然千百世全盛之迹，如身履而目接之。圖舊有碑刻，亦嘗録附《長安志》後，今皆亡之。有宋元豐三年，龍圖待制吕公大防爲之跋，且謂之《長安故圖》，則此圖前世固有之。其時距唐世未遠，宜其可據而足徵也。然其中或有後人附益者，往往不與志合，因與同志較其訛駁，更爲補訂，釐爲七圖。又以漢之三輔及今奉元所治古今沿革廢置不同，名勝古跡，不止乎是；涇渠之利，澤被千世，是皆不可遺者，悉附入之。總爲圖二十有二，名之曰《長安志圖》，明所以圖爲志設也。

嗚呼！廢興無常，盛衰有數，天理人事之所關焉。城郭封域，代因代革，先王之疆理寓焉。溝洫之利，疏溉之饒，生民之衣食繫焉。覩是圖也，凡夫有志之士，游意當世，將適古今之宜，流生民之澤，不無有助，豈特山林逃虚，悠然遐想，升高而賦者以資見聞而已哉？至正二年秋九月朔中順大夫陝西諸道行御史臺治書侍御史東明李好文序。

清·朱彝尊《曝書亭集》卷三六《長安志圖序》　宋敏求撰《長安志》，舊有圖，勒之碑，吕待制大防跋其尾，秦人取以附録于志，謂之《長安故圖》，其後亡之。夫欲周知郡縣廣輪之數，晰其離合，莫圖若矣。周公宅洛，伻來以圖。其建官也，掌以司險、職方氏，而大司徒實緫之。漢高入關，酇侯先收圖籍。東京乃設司空輿地圖，三輔宮觀陵廟，明堂辟雍，郊畤苑囿，撰黄圖以著其目。晉之洛城，隋之諸州，咸有圖經。又統撰區宇圖地。馬融之言曰：東西爲廣，南北爲輪，王制東西兩遥一近，南北兩近一遥，蓋舍圖無以準其數也。元至正初，東明李好文官陝西行臺侍御史，補繪二十有二，分爲三卷，於是神臯京輦，城郭市井，溝渠屈曲面勢一一可以指識。讀敏求之志者必合是編並觀，而古人之迹庶幾得其十九也已。好文，字惟中，官至翰林學士承旨，預修宋遼金史。又撰《太常集禮》《端本堂經訓》《大寶龜鑑》。《元史》有傳。

清·黄丕烈《士禮居藏書題跋記》卷二　《長安志》八卷。明刻本。

元李好文《長安志圖》，宋宋敏求《長安志》，靈岩山館曾有刊本，余所藏者璜川吴氏舊鈔本。近日收得嘉靖時刻本，其《長安志圖》卷下「渠堰因革」標目，及一、二、三條俱在，可云佳絶。靈岩山館本已將「四曰豐利渠」條徑接入「富平縣境石川溉田圖」後，而璜川吴氏本僅留原闕半葉，均未妥協。惟竹垞所見汪文升本原闕，以兹刻文句，照其每葉二十四行、每行二十二字計，恰爲一葉，且版心無小號，則所闕固自不妨，自後轉相傳寫，行款既改，承接又誤，苟無兹刻，又誰知所闕者猶巋然獨存也乎？因重加裝潢，與宋元舊刻之志書並儲焉。丁卯夏五月複翁黄丕烈。

書中闕葉，擬待别本之與此刻同者補之。頃聞經義齋書坊獲書于河上賈人，蓋自湖廣漢口鎮來者，中有嘉靖本《長安志》，因往觀。取對是本，非但缺失多同，且末留空白印亦同，毫無佳處。益信書之難得全本如是。惟卷十八小號總排第五十五葉。内可補幾字，餘本版損失之，彼猶完也。辛未九月十日複翁識。

《長安志》二十卷。鈔本。

《長安志》二十卷，宋常山宋次道所撰。舊有圖，亡已久矣。此本前列圖二十有三，闕三。分爲三卷，則元至正初東明李好文官陝西行台侍御史時所補也。是書傳本甚少，乾隆戊戌春日假得朱文遊所藏汪退谷本，曾經朱竹垞鈔讀者，而誤闕尚多，信乎善本之難也！好文字惟中，官至翰林學士承旨。次道又有《河南志》二十卷，今不傳。是歲冬至後四日，督率門徒寫完，漫書於卷尾。校庵漫士吴翌鳳。

壬寅三月，借海寧吴君葵李所藏竹垞鈔本，校對一過，改正數百字，尚未盡善也。送春日，漫士記。

書賈朱繡城云海鹽張氏有宋刻本，當托吾友文□借校也。癸卯十二月廿日。

道光癸未秋七月下浣，海寧陳簡莊令嗣元籌攜向山閣舊藏諸書，與予商措三十餅金，余愧囊空，無以應之。元籌亦怏怏，云即解纜歸矣。其去之日，余得詩二律，中有句云「不知我力薄，翻訝友情疏」，蓋表予懷之歉然也。越日，予門人沈澹生至，因談及攜去之書多在伊族人陳行可處。行可者，沈生之戚，與同居者，故稔之。適予亦以舊刻術數書，從他處易得三十餅，遂稍分潤與之，轉從行可作介歸此及校宋《李義山詩》，别有《元遺山集》，予介歸獨學老人，亦可藉慰予懷矣。是書出吴枚叟家鈔本，又經手校，是又觸余懷舊之情，與簡莊同其感慨者也。八月朔日，秋清逸士識。均在卷末。

《長安志》二十卷。《長安志圖》三卷。明本。

杜常《華清宫詩》：「行盡江南數十程，曉風殘月入華清。朝元閣上西風急，都入長楊作雨聲。」「曉風」二字重下句「西風」字，或改作「曉乘」，字亦未佳，楊升庵云，見宋敏求《長安志》乃是「星」字。敏求又云長楊非宫名，朝元閣去長楊五百里，此乃風入長楊，樹葉似雨聲也。前説今本乃無之，後説則本李好文《志圖》中語，而升庵以爲敏求，蓋誤。升庵好辨，博而不審詳，往往如是。此所以來後人正楊之譏也。是本舊爲陶爾成所藏，今歸於朝爽閣中。爾成嗜書，而所藏多叢雜，此書雖有刻本，而流傳甚少。且次道爲此書，號稱博洽，爾成諸書當以此爲第一，殊可寶也。庚寅菊月之廿三日，温陵黄虞稷記。

此書人間已絶少，丁亥歲奉命纂修《方輿路程》，因於織造曹銀台處借鈔得之，真可寶愛，閲者勿忽視之也。壬寅九月十三日秋泉居士記。

李好文《長安志圖》、宋敏求《長安志》，近日靈岩山館曾有刊本，其所據依者乃汪文升家藏鈔本也。汪本藏吾郡香嚴書屋中，昔伯淵居畢弇山幕，校刻此書，曾借之，改易行款，並所脱葉而連之，其大誤者也。余向收璜川吴氏鈔本，借香嚴本勘之，行款已改易，然缺葉痕迹尚存。以香嚴本勘之，知有失葉，其可信爲汪本者。《曝書亭集》云「借録于汪編修文升」，今香嚴本卷尾有秋泉居士記，卷中又有彝尊印也。余續收嘉靖辛卯武功康海序、知西安府南阜李侯刻本，彼此參校，所失葉在焉。乃歎書必多得一本爲善。取李刻本文，按汪鈔本行款録，恰盡一葉，竊喜是書至我而始獲全也。參校才畢，適某書友以郡某故家藏成化刊本來，取香嚴本勘之，知即出於是本，以重值購獲，命工重装而補其失葉，並録香嚴本原跋附後，以便稽覽。今而後知俞邰所云「流傳甚少」，竹垞所云「字畫粗惡」，皆指是本也已。雖一明代刊本，然搜羅至第三次方得斯刻，可不謂難歟！至於成化與嘉靖本之同異優劣，尚容續考，已巳四月六日，複翁識。

《四庫全書總目·長安志》云「晁公武《讀書志》載有趙彦若序」，今本無之。□香嚴本雖出自是刻，然朱校紛如，已失其舊，安得似此之猶爲廬山真面目耶！勿以明刻輕之，書之號稱祖本者，此即是已。

又《長安志圖》云：「此本乃明西安府知府李經所録，列于宋敏求《長安志》之首，合爲一編。然好文是書本不因敏求而作，强合爲一，世次紊越，既乖編録之體，且圖與志兩不相應，尤失古人著書之意。」此本首載趙序並未脱佚，而李經所録即複翁跋中嘉靖辛卯刻本。此本當在其前數十年已合二書爲一，不得謂李氏所羼矣。且二書合刻，不過以類相從，卷目判然，各成部帙，亦未嘗互有竄並。或當日乃以好文之圖説附之宋志之末，而後來鈔刻誤冠於首耳，故仍依世次分著於録，云志二十卷。後有「成化四年孟秋郃陽書堂重刊木記」，每册有「錢氏書印」等印。

清·黄虞稷《千頃堂書目》卷八《地理類下》 李好文《長安圖記》三卷。

清·倪燦《補遼金元藝文志·史部》 李好文《長安圖記》三卷。

清·嵇璜《續文獻通考》卷一七〇《經籍考·史地理上》 李好文《長安志圖》三卷。

好文，字惟中，東明人。至治進士，官至翰林學士承旨。

清·嵇璜《續通志》卷一五九《藝文略四》 《長安志圖》三卷。元李好文撰。

清·嵇璜《續通志》卷一六五《圖譜略上》 元李好文《長安志圖》。

清·錢大昕《元史藝文志》卷二《地理類》 李好文《長安志圖》三卷。

清·永瑢等《四庫全書總目》卷七〇《史部二十六·地理類三》 《長安志圖》三卷。安徽巡撫采進本。

元李好文撰。好文字惟中，東明人。至治元年進士，官至光禄大夫，河南行省平章政事，致仕，給翰林學士承旨一品禄終其身。事蹟具《元史》本傳。此書結衔稱陝西行臺御史。考本傳稱好文至正元年自國子祭酒改陝西行臺治書侍御史，尋遷河東道廉訪使，又稱至正四年仍除陝西行臺治書侍御史，六年始除侍講學士。此書蓋再任陝西時作也。自序稱圖舊有碑刻，元豐三年吕大防爲之跋，謂之《長安故圖》。蓋即陳振孫所稱《長安圖記》，大防知永興軍時所訂者。好文因其舊本，芟除訛駁，更爲補訂。又以漢之三輔及元奉元所屬者附入。凡漢、唐宫闕陵寢及渠涇沿革制度皆在焉。總爲圖二十有二，其中渠涇圖説，詳備明晰，尤有裨於民事。非但考古蹟，資博聞也。本傳載所著有《端本堂經訓要義》十一卷，《歷代帝王故事》一百六篇，又有《大寶録》《大寶龜鑑》二書，而不及此《圖》。《元史》疏漏，此亦一端矣。此本乃明西安府知府李經所録，列於宋敏求《長安志》之首，合爲一編。然好文是書，本不因敏求而作，强合爲一，世次紊越。既乖編録之體，且圖與志兩不相應，尤失古人著書之意。今仍分爲二書，各著於録。《千頃堂書目》載此編作《長安圖記》，於本書爲合。此本題曰《長安志圖》，疑李經與《長安志》合刊，改題此名。然今未見好文原刻，而《千頃堂書目》傳寫多訛，不盡可據。故今仍以《長安志圖》著録，而附載其異同於此，備考核焉。

清・嵇璜《清朝通志》卷一一二《校讎略》 元李好文《長安志圖》。《千頃堂書目》誤作《長安圖記》，今據舊本校正。

清・陳昌圖《南屏山房集》卷二〇《續圖譜略稿下記無》 《長安圖》三卷。黄虞稷《藝文志稿》。

元李好文撰。按，好文字惟中，東明人，官翰林學士承旨。朱彝尊曰：宋敏求《長安志》舊有圖，其後亡之。元至正初，好文官陝西行臺御史，補繪二十二圖，分爲三卷。神皋京輦，城郭溝渠，屈曲面勢，一一可以指識云。

清・孫星衍《孫氏祠堂書目内編》卷二 《長安志圖》三卷。元李好文撰。

清・陳揆《稽瑞樓書目・小樹叢書貯西樓後書室》 《長安志圖》三卷。一册。

清・魏源《元史新編》卷九二《藝文二》 李好文《長安志圖》三卷。

清・丁立中《八千卷樓書目》卷六《史部》 《長安志圖》三卷。元李好文撰。

經訓堂本。瓶花齋抄本。

清・陸心源《皕宋樓藏書志》卷三三《史部・地理類五》 《長安志圖》三卷。

影寫元刊本。朱竹垞舊藏。

河濱漁者編類圖説，前進士潁陽張敏同編校正。

清・張之洞《書目答問・史部》 《長安志圖》三卷。元李好文。經訓堂本。

《長春真人西遊記》

清・錢大昕《潛研堂文集》卷二九《跋長春真人西游記》 《長春真人西游記》二卷，其弟子李志常所述，於西域道里風俗頗足資攷證，而世鮮傳本。予始於《道藏》鈔得之。村俗小説有《唐三藏西游演義》，乃明人所作，蕭山毛大可據《輟耕録》以爲出邱處機之手，真郢書燕説矣。

《記》云辛巳歲十月至塞藍城，回紇王來迎入館，十一月四日，土人以爲年，旁午相賀。考回回術有太陽年，彼中謂之宫分。有太陰年，彼中謂之月分。而其齋期則以太陰年爲準，又不在弟一月，而在弟九月。滿齋一月，至弟十月則相慶賀，如正旦焉。其所謂月一日者，又不在朔，而以見新月爲準。其命日，又起午正，而不起子正。故此《記》有「十一月四日，土人以爲年，旁午相賀」之語。回回術有閏日，而無閏月，與中國不同，故每年相賀之期無一定也。其云斡辰大王者，皇弟斡赤斤也。吉息利答刺罕者，哈剌哈孫之曾祖啓昔禮也。太師移剌國公者，阿海也。燕京行省石抹公者，明安之子咸得不也。

清・董祐誠《董方立文甲集》卷下《長春真人西遊記跋》 徐星伯舍人松出示《長春真人西遊記》，且詢記中日食事。按元太祖辛巳，當宋嘉定之十四年、金興定之五年。前一年庚辰，耶律楚材進西征庚午元術，以本術推之，辛巳年天正朔丙戌，以里差進一日，得丁亥。至五月朔，得甲申，與宋、金二史《天文志》所書合。日食之異在里差。《記》言見食在陸局河南岸，陸局即臚朐，張德輝《記》謂之翕陸連，今曰克魯倫河。自肯特山發源，南流，折而東北行，其曲處偏于京師西五度許。《記》以四月二十二日抵河南岸，行十六日，河勢遶西北山去，則見食之地距河曲六七程，偏西約二度，北極出地約四十七度。金山當今科布多之阿爾泰山，極高約四十八度，偏西約二十九度。邪米思干城即撒馬兒罕，其地極高四十三度，偏西五十度。以今時憲書步交食術約略上推，是時月在正交，日躔小滿後八度奇，值畢十度，與宋志所書日在畢合。陸局河南見食在正午，其食甚實緯在北二十五分奇，日晷高六十四度餘，南北差約二十五六分，則月心正當日心。且其時日近最高，月近最卑，日徑三十一分奇，月徑三十二分奇，日小月大，故見食既。金山偏於陸局河西約二十七度，於時當蚤七刻奇，日晷當高五十三度餘，南北差約三十五六分，日心當月心南約十分，以減併徑三十二分與日徑三十一分相比，約得七分，故金山於巳刻見食七分也。邪米思干城偏於陸局河西約四十八度，於時當蚤十三刻，日晷當高四十三度餘，南北差約四十分，月心當日心南約十五六分，以減併徑與日徑相比，得五分强、六分弱，故邪米思干於辰刻見食六分也。雖視行隨地不同，則食甚時刻及食分亦異，然所差不遠，已足見其大略。里差之説，《素問》《周髀》已言之，元代疆域愈遠，故其理愈顯。歐邏巴人詡爲獨得，陋矣。

記又言自陸局河西南行，夏至日影三尺六七寸。古人揆日皆以八尺表，是地夏至日晷約高六十六度，北極出地約四十六七度，蓋當土拉河之南、喀嚕哈河之東，近今喀爾喀土謝圖汗中右旗地。《記》又言辛巳十一月四日，塞藍城土人以爲年，傍午相賀。錢詹事《潛研堂集》云回回齋期以太陰年爲準，第九月滿，齋一月，至第十月則用慶賀如正旦。其所謂月一日者，以見新月爲準，其命日又起午正，故每年相賀之期無一定。詹事之説本宣城梅氏。今按回術，太陽宫分年百二十八年閏三十一日，太陰月分年三十年閏十一日，開皇己未春王前日入太陰年三百三十一日。以此推開皇己未至元太祖辛巳，太陽年積六百二十二，太陰年積六百四十一。辛巳白羊宫入太陰年之第二月，而中土之十一月爲彼中之第十月，貝琳《七政推步例》謂之答亦月，正回俗所言大節。其俗既以見新月之明日爲月之一日，又以午初四刻屬前日，則是年十一月四日傍午，適當彼中之正旦，詹事之説信矣。并書卷末，以質之舍人。道光二年六月十三日。

清・錢大昕《諸史拾遺》卷五 《長春真人西游記》記西遼事頗詳。

清・金星軺《文瑞樓藏書目録》卷四《子類》 《長春真人西遊記》二卷。元登州邱處機著。

清・錢大昕《元史藝文志》卷二《地理類》 《長春真人西游記》二卷。李志常述邱處機事。

清・魏源《元史新編》卷九二《藝文二》 《長春真人西游記》二卷。李志常述丘處機事。

清・瞿鏞《鐵琴銅劍樓藏書目録》卷一一《史部四・地里類》 《長春真人西遊記》二卷。舊鈔本。

題「真常子李志常述」。專記其師邱處機事蹟。曰遊記，實括其一生也。有孫錫序。處機，字通密，號長春真人。元太祖召居天長觀，禮遇優渥，著有《蟠溪集》六卷，記中多述神異，乃道家之常。其隨地題句，亦多清夐之作。

清・莫友芝《宋元舊本書經眼録》卷三 《長春真人西遊記》二卷。寫本，瞿氏藏。

元李志常撰，記其師邱處機西遊事，于山川、風土、飲食、衣服、百果、草木、禽蟲之别皆資攷證。《研經室外集》始著録。

清・張之洞《書目答問・史部》 《長春真人西遊記》二卷。元李志常。連筠簃本。

《西游録》

元・耶律楚材《湛然居士文集》卷八《西遊録序》 古君子南逾大嶺，西出陽關，壯夫志士，不無銷黯。予奉詔西行數萬里，確乎不動心者，無他術焉，蓋汪洋法海涵養之效也。故述《辨邪論》以斥糠蘖，少答佛恩。戊子，馳傳来京，里人問異域事，慮煩應對，遂著《西遊録》以見予志。其間頗涉三聖人教正邪之辨，有譏予之好辨者，予應之曰：《魯語》有云「必也正名乎」！又曰「思無邪」。是正邪之辨，不可廢也。夫楊朱、墨翟、田駢、許行之術，孔氏之邪也。西域九十六種，此方毗盧、糠瓢、白經、香會之徒，釋氏之邪也。全真大道、混元、太乙、三張左道之術，老氏之邪也。至於黄白金丹、導引服餌之屬，是皆方技之異端，本非伯陽之正道，疇昔禁斷，明著典常，第以國家創業，崇尚寬仁，是致僞妄滋彰，未及辨正耳。古者嬴秦焚經坑儒，唐之韓氏排斥釋老，辨之邪也。孟子闢楊墨，予之黜糠邱，辨之正也。予將刊行之，雖三聖人復生，必不易此説矣。己丑元日，湛然居士漆水移剌楚才晉卿序。

元・盛如梓《庶齋老學叢談・上》 耶律文獻公子，中書令湛然居士，孫丞相雙溪，曾孫宣慰柳溪，四世皆有文集，共百卷，行於世。柳溪在楊日，委草丞相行狀。嘗觀劉後村狀《真西山行實奏穆陵》謂「耶律某建平南之策」，于時已有此議。中書令國初時扈從西征，行五六萬里，留西域六七年，有《西遊録》述其事，人所罕見，因節略於此：「公戊寅春三月，出雲中，抵天山，涉大磧，踰沙漠，達行在所。明年，大舉西伐，道過金山。時方盛夏，雪凝冰積，斲冰爲道，松檜參天，花草彌谷。金山而西，水皆西流入海。其南有回鶻城，名别石把。有唐碑，所謂瀚海軍。瀚海去城數百里，海中有嶼，其上皆禽鳥所落羽毛。城西二百里有輪台縣，唐碑在焉。城之南五百里有和州，即唐之高昌，亦名伊州。高昌西三四千里，有五端城，即唐之于闐國。河出烏白玉。過瀚海千餘里，有不剌城。不剌南有陰山，東西千里，南北二百里。山頂有池，周圍七八十里。池南地皆林檎，樹陰蓊翳，不露日色。出陰山，有阿里馬城。西人目林檎曰阿里馬，附郭皆林檎園，故以名。附庸城邑八九，多蒲萄梨果，播種五穀，一如中原。又西有大河，曰亦列。其西有城，曰虎司窩魯朵，即西遼之都，附庸城數十。又西數百里，有塔剌思城。又西南四百餘里，有苦盞城、八普城、可傘城、芭欖城。苦盞多石榴，其大如拱，甘而差酸，凡三五枚，絞汁盈盂，渴中之尤物也。芭欖城邊皆芭欖園，故以名。其花如杏而微淡，葉如桃而差小。冬季而花，夏盛而實。八普城西瓜大者五十斤，長耳僅負二枚。苦盞西北五百里，有訛打剌城，附庸城十數。此城渠酋常殺命吏數人，商賈百數，盡掠其財貨，西伐之舉由此也。訛打剌西千餘里，有大城，曰尋思干。尋思干者，西人云肥也。以地土肥饒，故以名。甚富庶，用金銅錢無孔，郭環城數十里皆園林，飛渠走泉，方池圓沼，花木連延，誠爲勝槩。瓜大者如馬首。穀無黍糯大豆。盛夏無雨。以蒲萄釀酒。有桑不能蠶。皆服屈眴句。以白衣爲吉，以青衣爲喪服，故皆衣白。尋思干西六七百里，有蒲華城。土産更饒，城邑稍多。尋思干乃謀速魯蠻種落梭里檀所都，蒲華、苦盞、訛打剌城皆隸焉。蒲華之西有大河，西入於海。其西有五里犍城，梭里檀母后所居，富庶又盛於蒲華。又西瀕大河有班城，又西有甎城。自此而西，直抵黑色印度城，亦有文字，與佛國字體聲音不同，佛像甚多，不屠牛羊，但飲其乳。土人不識雪。歲二熟麥。盛夏置錫器於沙中，尋即鎔鑠。馬糞墮地沸溢。月光射人如夏日。其南有大河，冷於冰雪，湍流猛峻，注於南海。土多甘蔗，取其液釀酒熬糖。印度西北有可弗乂國，數千里皆平川，無復丘垤。不立城邑，民多羊馬。以蜜爲釀。此國晝長夜促，羊髀熟，日已復出，正符唐史所載骨利幹國事，但國名不同，豈非歲時久遠，語音訛舛？尋思干去中原幾二萬里，印度去尋思干又等，可弗乂去印度亦等，雖縈迂曲折不爲不遠，不知幾萬里也。

清·俞樾《茶香室四鈔》卷二一《湛然居士西游録》　元盛如梓《庶齋老學叢談》云：耶律文獻公子中書湛然居士，國初時扈從西征，行五六萬里，留西域六七年，有《西游録》述其事。按，國朝錢大昕《補元史藝文志·地理類》有「耶律楚材《西游録》」，不著卷數，即此書也。《長春真人西游記》世人多知之，此書則知者頗尠。

清·錢大昕《元史藝文志》卷二《地理類》　耶律楚材《西游録》。

清·魏源《元史新編》卷九二《藝文二》　耶律楚材《西游録》。

《（光緒）順天府志》卷一二四《藝文志三》　《西游録》。未見。見錢大昕《元史藝文志·地理類》，蓋庚午從太祖西征時所記。

《真臘風土記》

元·周達觀《真臘風土記·總敍》　真臘國或稱占臘，其國自稱曰甘孛智。今聖朝按西番經名其國曰澉浦只，蓋亦甘孛智之近音也。

自温州開洋，行丁未針。歷閩、廣海外諸州港口，過七洲洋，經交趾洋到占城，又自占城順風可半月到真蒲，乃其境也。又自真蒲行坤申針，過崑崙洋，入港。港凡數十，惟第四港可入，其餘悉以沙淺故不通巨舟。然而彌望皆修藤古木，黄沙白葦，倉卒未易辨認，故舟人以尋港爲難事。自港口北行，順水可半月，抵其地曰查南，乃其屬郡也。又自查南换小舟，順水可十餘日，過半路村、佛村，渡淡洋，可抵其地曰干傍，取城五十里。

按《諸番志》稱其地廣七千里。其國北抵占城半月路，西南距暹羅半月程，南距番禺十日程，其東則大海也。舊爲通商來往之國。

聖朝誕膺天命，奄有四海。索多元帥之置省占城也，嘗遣一虎符萬户、一金牌千户，同到本國，竟爲拘執不返。

元貞之乙未六月，聖天子遣使招諭，俾余從行。以次年丙申二月離明州，二十日自温州港口開洋，三月十五日抵占城。中途逆風不利，秋七月始至，遂得臣服。至大德丁酉六月回舟，八月十二日抵四明泊岸。其風土國事之詳，雖不能盡知，然其大略亦可見矣。

清·吴翌鳳《真臘風土記手寫本跋》　右從《説海》中録出，未知全否。達觀一作建觀，元人，自號草庭逸民。其表字、官爵，不可得而詳也。吴翌鳳識於古歡堂。

明·焦竑《國史經籍志》卷三《史類》　《真臘風土記》一卷。元周達觀。

明·陳第《世善堂藏書目録》卷上　《真臘風土記》一卷。周達觀。

明·祁承㸁《澹生堂藏書目·史部》　《真臘風土記》。一卷。元周達觀。

清·錢謙益《絳雲樓書目》卷一《地志類》　《真臘風土記》。

清·黄虞稷《千頃堂書目》卷八《地理類》　周達觀《真臘風土記》一卷。

清·倪燦《補遼金元藝文志·史部》　周達觀《真臘風土記》一卷。

清·錢曾《錢遵王述古堂藏書目録》卷四《别志》　周達《真臘風土記》三卷一本。抄。

清·錢曾《讀書敏求記》卷二《史·地理輿圖》　周建觀《真臘風土記》一卷。建觀自元貞乙未隨使招諭真臘，至大德丁酉始歸，述其風土國事甚詳。是册從元鈔校録。《説海》中刻者牴牾錯落，十脱六七，幾不成書矣。

清·嵇璜《續通志》卷一五九《藝文略四》　《真臘風土記》一卷。元周達觀撰。

清·錢大昕《元史藝文志》卷二　周達觀《真臘風土記》一卷。

清·永瑢等《四庫全書總目》卷七一《史部二十七·地理類四》　《真臘風土記》一卷。浙江范懋柱家天一閣藏本。

元周達觀撰。達觀，温州人。真臘本南海中小國，爲扶南之屬。其後漸以强盛，自《隋書》始見於《外國傳》。唐、宋二史並皆紀録，而朝貢不常至，故所載風土、方物往往踈略不備。元成宗元貞元年乙未，遣使招諭其國，達觀隨行。至大德元年丁酉乃歸。首尾三年，諳悉其俗。因記所聞見爲此書，凡四十則。文義頗爲賅贍，惟第三十六則内記「瀆倫神譴」一事，不以爲天道之常，而歸功於佛，則所見殊陋。然《元史》不立《真臘傳》，得此而本末詳具，猶可以補其佚闕。是固宜存備參訂，作職方之《外紀》者矣。達觀作是書成，以示吾邱衍，衍爲題詩，推挹甚至，見衍所作《竹素山房詩集》中。蓋衍亦服其敘述之工云。

清·孫星衍《孫氏祠堂書目外編》卷二《真臘風(士)[土]記》。元周達觀撰。

清·陳揆《稽瑞樓書目·邑中著述捐入興福寺》《真(獵)[臘]風土記》一卷。

清·魏源《元史新編》卷九二《藝文二》周達觀《真臘風土記》一卷。

清·陸心源《皕宋樓藏書志》卷三四《史部·地理類六》《真臘風土記》一卷。明抄本。

元永嘉周達觀撰。

清·孫詒讓《温州經籍志》卷一二《史部》周氏達觀《真臘風土記》。

一卷。《四庫全書總目》七十一，《千頃堂書目》八，《遼金元藝文志》，《元史藝文志》二。

存。吴琯古今逸史本，陸楫古今説海本，瑞安許氏刊巾箱本。【略】

案：周草庭《真臘風土記》，元貞元年隨使諭真臘時所作。其事《元史》無考，然其《總敘》所述甚明。《七修彙稿》謂草庭獨奉使，非也。《總敘》載唆都元帥置省占城，嘗遣一虎符百户，一金牌千户，同到本國，竟爲拘執不返。考《元史·占城傳》，至元十九年命左丞唆都等即其地立省，既而負固不服，招真臘國使速魯蠻請往招諭云云。所謂招真臘國使者，或即此金牌千户也。至元貞招諭，則史所不載，僅賴此考其叛服大略矣。

又案：萬曆《府志·藝文門》别載周達觀《滇臘記聞》，雍正《通志·經籍門》作《滇臘紀聞》。明以來書目，並無著録。疑《真臘風土記》一名《真臘紀聞》，傳寫又誤真爲滇，遂分爲二書，乾隆府、縣志《經籍門》並沿其誤。今删之。

《島夷志略》

元·張翥《島夷志略序》九州環大瀛海，而中國曰赤縣神州。其外爲州者復九，有裨海環之。人民禽獸，莫能相通。如一區中者乃爲一州，此騶氏之言也。人多言其荒唐誕誇，況當時外徼未通於中國，將何以徵驗其言哉！漢唐而後，於諸島夷力所可到，利所可到，班班史傳，固有其名矣。然考於見聞，多襲舊書，未有身遊目識，而能詳其實者，猶未盡之徵也。

西江汪君焕章，當冠年，嘗兩附舶東西洋，所過輒采録其山川、風土、物産之詭異，居室、飲食、衣服之好尚，與夫貿易賮用之所宜，非其親見不書，則信乎其可徵也。與予言，海中自多鉅魚，若蛟龍鯨鯢之屬，羣出遊，鼓濤拒風，莫可名數。舟人燔雞毛以觸之，則遠遊而没。一島嶼間或廣袤數千里，島人浩穰。某君長所居，多明珠、麗玉、犀角、象牙、香木爲飾。橋梁或甃以金銀，若珊瑚、琅玕、玳瑁，人不以爲奇也。所言尤有可觀，則騶衍皆不誕，焉知是誌之外，焕章之所未歷，不有瑰怪廣大又逾此爲國者歟！

大抵一元之氣，充溢乎天地，其所能融結爲人爲物。惟主國文明，則得其正氣。環海於外，氣偏於物，而寒燠殊候，材質異賦，固其理也。今乃以耳目弗逮而盡疑之，可乎？莊周有言：「六合之外，聖人存而不論。」然博古君子，求之異書，亦所不廢也。泉修郡乘，既以是誌刊入。焕章將歸，復刊諸西江，以廣其傳，故予序之。至正十年，龍集庚寅二月朔日，翰林修撰河東張翥序。

元·吴鑒《島夷志略序》中國之外，四海維之。海外夷國以萬計，唯北海以風惡不可入，東西南數千萬里，皆得梯航以達其道路，象胥以譯其語言。惟有聖人在乎位，則相率而效朝貢互市。雖天際窮髮不毛之地，無不可通之理焉。

世祖皇帝既平宋氏，始命正奉大夫工部尚書海外諸蕃宣慰使蒲師文，與其副孫勝夫尤永賢等通道外國，撫宣諸夷。獨爪哇負固不服，遂命平章高興、史弼等帥舟師以討定之。自時厥後，唐人之商販者，外蕃率待以命使臣之禮，故其國俗、土産、人物、奇怪之事，中土皆得而知。奇珍異寶，流布中外爲不少矣。然欲考求其故實，則執事者多祕其説，鑿空者又不得其詳。唯豫章汪君焕章，少負奇氣，爲司馬子長之遊，足跡幾半天下矣。顧以海外之風土，國史未盡其蘊，因附舶以浮於海者數年然後歸。其目所及，皆爲書以記之。校之五年舊誌，大有逕庭矣。以君傳者其言必可信，故附《清源續志》之後。不惟使後之圖《王會》者有足徵，亦以見國家之懷柔百蠻，蓋此道也。至正己丑冬十有二月望日三山吴鑒序。

元·汪大淵《島夷志略後序》皇元混一聲教，無遠弗届，區宇之廣，曠古所未聞。海外島夷無慮數千國，莫不執玉貢琛，以修民職；梯山航海，以通互市。中國之往復商販于殊庭異域之中者，如東西州焉。

大淵少年嘗附舶以浮于海。所過之地，竊嘗賦詩以記其山川、土俗、風景、物產之詭異，與夫可怪可愕可鄙可笑之事，皆身所遊覽，耳目所親見。傳説之事，則不載焉。

至正己丑冬，大淵過泉南，適監郡偰侯命三山吴鑒明之續《清源郡誌》，顧以清源舶司所在，諸蕃輻輳之所，宜記録不鄙。謂余方知外事，屬《島夷誌》附于郡誌之後，非徒以廣士大夫之異聞，蓋以表國朝威德如是之大且遠也。

清・彭元瑞《知聖道齋讀書跋・西洋番國志》　作者隨三保太監下西洋，紀所親見，乃卒伍中解文者，敍次了了，勝於元汪焕章《島夷誌略》、《明史》外國傳多採之。

明・馬歡《瀛涯勝覽序》　余昔觀《島夷誌》，載天時氣候之别，地理人物之異，慨然歎曰：普天下何若是之不同耶！永樂十一年癸巳，太宗文皇帝勅命正使太監鄭和，統領寶船往西洋諸番開讀賞賜。余以通譯番書，忝被使末。隨其所至，鯨波浩渺，不知其幾千萬里。歷涉諸邦，其天時、氣候、地理、人物，目擊而身履之，然後知《島夷誌》所著者不誣。

明・袁表《島夷志略跋》　嘉靖戊申五月望，汝南郡。考島夷惟日本重文事，其髹漆、金器、刀紙、屏障最精。此誌不載，故及之。予於正德初年，日本國使臣朝貢，留寓姑蘇。其正使了庵年已八十八，詩扎賡酬，尚在陶齋。袁表識。

清・嵇璜《續通志》卷一五九《藝文略四》　《島夷志略》一卷。元汪大淵撰。

清・永瑢等《四庫全書總目》卷七一《史部二十七・地理類四》　《島夷志略》一卷。浙江范懋柱家天一閣藏本。

元汪大淵撰。大淵字焕章，南昌人。至正中，嘗附賈舶浮海越數十國，紀所聞見成此書。今以明馬觀《瀛涯勝覽》互勘，如觀所稱「占城之人頂三山金花冠，衣皆縈綵帨，産伽南香、觀音竹、降真香之屬。瓜哇之廝村、沽灘新村、蘇馬魯隘、港口諸處，風俗各異。又其國人有三等，其土産有白芝麻、綠豆、蘇木、金剛子，白檀肉，豆蔻，蓽筒，玳瑁，紅綠鸚鵡之屬，舊港有火雞、神鹿之屬」，皆爲此書所未載。又所載《真臘風土記》亦僅十之四五。蓋殊方絶域，偶一維舟，斷不能周覽無遺。所見各殊，則所記各别，不足異也。至云瓜哇即古闍婆，考《明史》，明太祖時瓜哇、闍婆二國並來貢，其二國國王之名亦不同。大淵並而爲一，則傳聞之誤矣。然諸史外國列傳，秉筆之人皆未嘗身歷其地，即趙汝適《諸蕃志》之類，亦多得於市舶之口傳。大淵此書則皆親歷而手記之，究非空談無徵者比。故所記羅衛、羅斛、針路諸國，大半爲史所不載。又於諸國山川、險要、方域、疆里一一記述，即載於史者亦不及所言之詳，録之亦足資考證也。考黄虞稷《千頃堂書目》及焦竑《國史經籍志》皆不載是書，唯錢曾《讀書敏求記》載之，稱爲元人舊鈔本。則此書久無刊版，傳播殊稀。又稱至正年間河東張翥、三山吴鑒爲之序，今考此本，二人之序俱存。然吴鑒序乃有二篇，前一篇題至正己丑，乃此書原序，後一篇題至正十一年，在前序後二年，乃所作《清源續志》之序，誤入此書。蓋吴鑒修志之時，以泉州爲海道所通，賈船所聚，因附刊此書於志末，摘録者併志序鈔之也。又有嘉靖戊申袁褎跋，頗議其漏載日本。蓋未悉大淵此書，惟紀所見，非海國全志云。

清・錢曾《讀書敏求記》卷二《史・地理輿圖》　汪焕章《島夷志》一卷。

豫章汪焕章，少負奇氣，舶浮於海者數年始歸。書其目之所及，不下數十國，勒成一書，名《島夷志》。中一則云，至順庚午冬十月十有二日，卸帆大佛山下，月明水清，水中見樹婆娑，意謂琅玕珊瑚之屬。命童子入水拔之。出即堅如鐵，高僅盈尺，槎牙奇怪，枝有一蕊一花，天然紅色。既開者彷彿牡丹，半含者類乎菡萏。舟人咸雀躍曰：此謂瓊樹開花，海中稀有，千年始一遇耳。携歸留於君子堂。虞邵菴賦詩誌其異。其所記奇詭，率多類此。是書爲元人舊鈔本。至正年間河東張翥、三山吴鑒序之，咸謂其言可信不誣。鄭衍曰：九州之外復有九州，焕章此志，悉前古所未聞。予醯雞也，無能發甕天之覆，聊存其書而已。

清・陳揆《稽瑞樓書目・邑中著述捐入興福寺》　《島夷志略》一卷。鈔。一册。

清・魏源《元史新編》卷九二《藝文二》　汪焕章《島夷志略》一卷。字大淵，豫章人。

清・丁丙《善本書室藏書志》卷一二　《島夷志略》一卷。鈔本。

元江大淵撰。

大淵，字焕章，南昌人。至正中嘗附賈舶浮海，越數十國，紀其所見所聞而成此書。至正庚寅翰林修撰河東張翥序稱泉修郡乘，既以是誌刊入之，焕章復刊諸西江以廣其傳。三山吴鑒並爲序，後有嘉靖戊申袁褎跋。

《治河圖略》

清·陳昌圖《南屏山房集》卷一九《續圖譜略稿上記有》 《治河圖畧》一卷。元王喜撰。按，喜爵里無考，其書列五圖，首禹治河圖，次漢宋元治河圖，次河源圖，各系以説，而附《治河方畧》及《歷代決河總論》二篇于後。

清·明之綱《桑園圍總志》癸巳歲修志卷七《圖説》 案：繪圖爲地志切要之務，故名曰圖經。況言水利隄防，無圖以指畫險易，不特賢宦涖兹土者留心民瘼譚之茫然，即生長圍基内士民，未身履其地，尚多揣臆，故自元王氏喜撰《治河圖畧》一卷，首列六圖，圖末各系以説，後之江海河防諸書咸倣之。

明·楊士奇等《文淵閣書目》卷四《古今志》 《治河圖畧》一册。

清·嵇璜《續文獻通考》卷一七〇《經籍考·史地理上》 王喜《治河圖略》一卷。喜里貫未詳。

清·嵇璜《續通志》卷一五九《藝文略四》 《治河圖略》一卷。元王喜撰。

清·嵇璜《續通志》卷一六五《圖譜略上》 元王喜《治河圖略》。

清·永瑢等《四庫全書總目》卷六九《史部二十五·地理類二》 《治河圖略》一卷。永樂大典本。

元王喜撰。喜爵里無考。其書首列六圖，圖末各系以説，而附所爲《治河方畧》及《歷代決河總論》二篇於後。其文稱臣謹敘、臣謹論云云，疑爲經進之本。考《元史·順帝紀》及《河渠志》，至正中，河決白茅堤、金堤，大臣訪求治河方略，喜書殆作於其時歟？大旨取李尋因其自然之説，惟以浚新復舊爲主，厥後卒用賈魯之策，疏塞並舉，挽河東行，以復故道。與是編持論相合，則當時固已採録其言矣。特史文闕畧，未著其進書本末耳。卷中所圖河源，頗多訛舛。蓋昆侖、星宿，遠隔窮荒，自我國家底定西陲，蔥嶺、于闐悉歸版籍，於是河有重源之蹟，始確然得其明徵。元人所述，憑潘昂霄之所記，昂霄所記，憑篤什案：篤什舊作都實，今改正。之所傳。輾轉相沿，率由耳食。撰《元史》者且全録其文於《河渠志》，以爲亘古所未聞。喜之踵訛襲謬，又何怪乎！取其經畧之詳，而置其考據之疎可也。

清·錢大昕《元史藝文志》卷二《故事類》 王喜《治河圖略》一卷。

清·陳揆《稽瑞樓書目·小嫏嬛書貯西樓後書室》 《治河圖略》一卷。一册。

清·魏源《元史新編》卷九二《藝文志二》 王喜《治河圖略》一卷。

清·丁立中《八千卷樓書目》卷六 《治河圖略》一卷。元王喜撰。抄本。

《海道經》

明·高儒《百川書志》卷五《史·地理》 《海道經》一卷。無名氏。録登郡溟渤漕運故道及山川島嶼之殊，風雷變占之法，波濤之險，艘艦之製，備載無遺，真海運一實録也。

明·朱睦㮮《萬卷堂書目》卷二《雜志》 《海道經》一卷。熊磨溪。

明·焦竑《國史經籍志》卷三《史類》 《海道經》一卷。

清·嵇璜《續通志》卷一五九《藝文略四》 《海道經》一卷。不著撰人名氏。

《海道經》一卷。不著撰人名氏。與上一書疑皆元人。

清·嵇璜《續文獻通考》卷一七〇《經籍考·史地理上》 《海道經》一卷。不著撰人名氏。

清·永瑢等《四庫全書總目》卷七五《史部三十一·地理類四》 《海道經》一卷。浙江范懋柱家天一閣藏本。

不著撰人名氏。惟書中「揚子江」一條，自稱其名曰瑀，其姓則不可考。前有明嘉靖中應良序，疑爲元初人所撰，而後人增修之。今觀書末附朱晞顔《鯨背吟》三十三首，晞顔爲元人，則此書亦出元人可知矣。其書言海路要害，及占風雨潮汐諸事，大抵皆爲海運而作。其後歌訣，與今人所説亦同，然未免失之太簡。

《海道經》一卷。户部尚書王際華家藏本。

不著撰人名氏。紀海運道里之數，自南京歷劉家港開洋，抵直沽，及閩浙來往海道。凡舵泊遠近、險惡宜避之地，皆詳誌之。又有《占天》《占雲》《占風》《占月》《占虹》《占霧》《占電》《占海》《占潮》各門。蓋航海以風色爲主，故備列其占候之術。疑舟師習海事者所録。詞雖不文，而語頗可據。考海運惟元代有之，則亦元人書也。後有《海道指南圖》，乃龍江至直沽針路。嘉靖中袁褧以二本參校，刻入所編《金聲玉振集》，復録元延祐間海道都漕運萬户府《海運則例圖》、至正間周伯琦《供祀記》二碑，附於其末。

《輿地圖》

元・朱思本《貞一稿》卷一《齊文・輿地圖自序》　予幼讀書，知九州山川，及觀史司馬氏周游天下，慨然慕焉。後登會稽，泛洞庭，縱游荆襄，流覽淮泗，歷韓魏齊魯之郊，結轍燕趙而京都實在焉。繇是奉天子命祠嵩高，南至於桐栢，又南至於祝融，至於海，往往訊遺黎，尋故迹，考郡邑之因革，覈山河之名實，驗諸滏陽安陸石刻《禹迹圖》、樵川《混一六合郡邑圖》，乃知前人所作殊爲乖繆，思構爲圖以正之。閲魏酈道元《註水經》，唐《通典》《元和郡縣志》，宋《元豐九域志》《皇天一統志》，參考古今，量校遠近，既得其説而未敢自是也。

中朝夫士使于四方，冠蓋相望，則每囑以質諸藩府，博采羣言，隨地爲圖，乃合而爲一，自至大辛亥迄延祐庚申而功始成。其間河山繡錯，城連徑屬，旁通正出，布置曲折，靡不精到。至若漲海之東南，沙漠之西北，諸番異域，雖朝貢時至而遼絶罕稽言之者，既不能詳，詳者又未必可信，故於斯類姑用闕如。嗟夫！予自總角志於四方，及今二毛討論殆遍，兹其平生之志而十年之力也。後之覽者，庶知其非苟云。

明・陳子龍《明經世文編・補遺》卷一《陳組綬〈皇明職方地圖大序職方圖序〉》　元人朱思本計里畫方，山川悉矣，而郡縣則非。

清・遊藝《天經或問》卷一《諸國全圖》　復作一方圖，以九州爲心，四彝作輔，如朱思本之《廣輿》。按其畫方計里，修短廣狹偏，正曲直，如其地形，可分可合，山川險夷，郡邑聯絡，有不得盡聞者，按其形實一一瞭然。非如《世圖》疎密失準、遠近錯誤者也。

清・阮元《揅經室集・外集》卷五《貞一齋詩文藁二卷提要》　元朱思本撰。思本字本初，豫章臨川人。常學道于龍虎山中，貞一其號云。顧嗣立《元詩四集》稱：「思本嘗從吴全節居都下，博治文雅，見稱於時，所著詩文稿，世無刻本，僅存范梈、劉有慶、歐陽應丙、虞集、柳貫及全節六序，俱諸人手書，藏吴中劉損抑夫家。此本乃叢書堂吴寬手鈔，凡二卷。上卷爲雜著文，下卷則古近各體詩。思本好學遠遊，遍歷名山大川，幾半天下，嘗以昔人所刻《禹迹圖》《混一六合郡邑圖》皆有乖謬，乃參閲《郡縣》《九域》《一統》等志，攷訂古今，校量遠近，成《輿地圖》一書。計里開方之法，至思本而始備。今文稿內有《輿地圖》自序一篇，可証也。大約思本之學，地理爲長也。

清・劉獻廷《廣陽雜記》卷二　壬申春日，于茹司馬署中與虞臣卧地看《楚地全圖》。圖縱横皆丈餘，不可張挂，而細如毫髮。余既短視，立則茫無所見，遂鋪圖于地而身卧其上，俯而視之，楚地全局見其梗概矣。命虞臣執筆于側，書身所經歷諸水道，所恨者無界畫則里至不能詳盡耳。自晉頠作準望，當作晉裴頠。爲地圖之宗，惜其不傳於世。至宋朱思本縱横界畫，以五十里爲一方，即準望之遺意也。今之《職方圖記》即用此法，非此則方向里至皆模糊不可稽考，然其事甚難。至十里一方，則竟無從著手，四至八到，方方湊合，求其毛髮不爽，難矣。今之輿圖，奉旨所寫，如此已足。彼若爲界畫，是自窮之術也。

清・姚之駰《元明事類鈔》卷二《地理門・輿圖畫方》　《輿圖畫方》。《綱鑑》輿圖引是圖，乃元人朱思本所畫。思本，撫之臨川人，博學多聞，踪跡遍宇內，自叙此圖乃其十年之力，苟非目足所及，未敢遽書，可謂用心之勤。至其所爲畫方之法，則巧思者不逮也。

清・賀長齡《清經世文編》卷七九《全祖望〈皇輿圖賦序〉》　元則臨川道士朱思本作《輿圖》，參之梵人帝師之祕圖，與宋舊圖互譯而成，蓋用功十年，而自謂無憾。今世之所存者勵有此本，而亦多爲明人轉相增竄，名以己圖，獨計程畫方之法猶遵其舊耳。

清・陳忠倚《清經世文三編》卷九《學術九・朱正元〈西法測量繪圖即晉裴秀製圖六體解〉》　朱思本原本已不可見。

明・朱睦㮮《萬卷堂書目》卷二《雜志》　《廣與圖》□卷。朱思本。

清・黄虞稷《千頃堂書目》卷六《地理類上》　朱思本《廣與圖》二卷。

清・黄虞稷《千頃堂書目》卷八《地理類下》　朱思本《廣與圖》二卷。臨川人。

清・倪燦《補遼金元藝文志・史部》　朱思本《廣輿圖》二卷。臨川人。

清・錢大昕《元史藝文志》卷二《地理類》　朱思本《輿地圖》二卷。字本初，臨川人。

清・魏源《元史新編》卷九二《藝文二》　朱思本《輿地圖》二卷。字本初，臨川人。

《浙江潮候圖説》

明・田汝成《西湖遊覽志》卷二四《浙江勝蹟・浙江》 浙江在郡城之東南，登西湖諸山，則大畧可瞰。其源發自徽州，曲折而東，以入于海，故名浙江，亦曰浙河。其潮晝夜再上，諸家立説不同。宋時郡志載姚寬《西溪殘語》及徐叔明《高麗録》二篇，大抵皆云：「潮隨日而應月，依陰而附陽。」元時聚伯宣作《浙江潮候圖説》，又㮚括其詞，更加明爽。其説曰：

大江而東，凡水之入于海者，無不通潮。而浙江之潮，獨爲天下奇觀，地勢然也。浙江之口有兩山焉，其南曰龕山，其北曰赭山，並峙于江海之會，謂之海門。下有沙潬，跨江西東三百餘里，若伏檻然。潮之入于浙江也，發乎浩渺之區，而頓就斂束，逼礙沙潬，回薄激射，折而趨于兩山之間，拗怒不泄，則奮而上隮，如素蜺横空，奔雷殷地，觀者膽掉，涉者心悸，故爲東南之至險，非他江之可同也。原其消長之故者，曰天河激湧，曰地機翕張。揆其晨夕之候者，曰依陰而附陽，曰隨日而應月。地志濤經，言殊旨異，胡可得而一哉？蓋圜則之運，大氣舉之，方儀之靜，大水承之。氣有升降，地有浮沈，而潮汐生焉。日有盈虚，潮有起伏，故盈于朔望，虚于兩弦，息於朓朒，消於朏魄，而大小準焉。月爲陰精，水之所在，日爲陽宗，陰之所從，故晝潮之期，日常加子，夜潮之候，月必在午，而晷刻定焉。卯酉之月，陰陽之交，故潮大于余月。大梁析木，河漢之津也。朔望之後，天地之變，故潮大于餘日。寒暑之大建丑未也。一晦一明，再潮再汐，一朔一望，再虚再盈，天一地二之道也。月經于上，水緯于下，進退消長，相爲生成，歷數可推，毫釐不爽，斯天地之至信，幽贊于神明，而古今不易者也。杭之爲郡，枕帶江海，遠引甌閩，近控吴越，商賈之所輻輳，舟航之所駢集，則浙江爲要津焉。而其行止之淹速，無不畢聽潮汐者，或違其大小之信，爽其緩急之宜，則必至于傾墊底滯，故不可以不之謹也。某承乏茲郡，屬兵革未弭之秋，信使之往來，師旅之進退，雖期會紛紜，邊陲警急，必告之曰：「謹候潮汐，毋躁進以自危。」然而跡累肩摩，晨馳夕騖，有不能人喻而户説之者。考之郡志，得《四時潮候圖》，簡明可信，故爲之説，而刻石于浙江亭之壁間，使凡行李之過此者，皆得而觀之，以毋蹈夫觸險躁進之害，亦庶乎思患而預防之之意云。

清・錢大昕《元史藝文志》卷二《地理類》 宣伯聚《浙江潮候圖説》。

明・周祈《名義考》卷三《地部・潮汐》 漢東宣伯聚《潮候圖説》。

《平昌寺地圖記》

清・孫星衍、邢澍《寰宇訪碑録》卷八《北宋》 《平昌寺地圖記》。正書，至正十五年七月。山東益都。

明清分部

《大明志書》

清・萬斯同《明史》卷一三四《藝文志二》 《大明志書》，洪武三年令儒士魏俊民、黄箎、劉儼、丁鳳、鄭思克、鄭權等類編天下州郡、地里、形勢、降附、顛末爲書。凡行省十二，府一百十，州一百八，縣八百八十七，安撫司三，長官司一，東至海，南至瓊崖，西至臨洮，北至北平。本年十二月書成，命秘書監刊行。

清・張廷玉等《明史》卷九七《藝文志二》 《大明志書》，洪武三年詔儒士魏俊民等類編天下州郡、地理、形勢、降附、顛末爲書，卷亡。

清・葉鈖《明紀編遺》卷一 《大明志書》成，類編天下府州縣形勢及降附始末。

《寰宇通志》

明・孫能傳《内閣藏書目録》卷六 《寰宇通志》四十九册，景泰七年大學士陳公循等奉敕修，闕第八。

明・王圻《續文獻通考》卷一七八《經籍考》 《寰宇通志》，洪武十三年太祖命儒臣類集天下道里方隅，總爲八目，以便覽閲，景泰七年始成。

明・焦竑《國史經籍志》卷一《制書類》 《寰宇通志》一百十九卷。

清・錢謙益《絳雲樓書目》卷一 《寰宇通志》四十册。

清・張岱《石匱書》卷三七 《寰宇通志》一百十九卷。

清・朱彝尊《曝書亭集》卷四四《跋・寰宇通志跋》 《寰宇通志》一百一十九卷，景泰中奉勑撰。總裁五人：文淵閣大學士泰和陳循、東閣大學士揚州高穀、東鹿王文、翰林院學士安福、彭時、右春坊大學士吉水劉儼、翰林侍講學士上元倪謙、秀水吕原、左春坊左諭德莆田林文、司局洗馬永新劉定之、安福李紹、右春坊右中允莆田柯潛、翰林院修撰杞縣孫賢、左春坊左贊善長寧周洪謨、右春坊右贊善華亭錢溥、左司直郎眉州萬安香河李泰、翰林院編修蘭縣黄諫、長洲陳鑑。【略】書成，以景泰七年五月具表進，景陵親序之，鏤板内府，頒示中外。先是洪武三年命儒士魏俊民、黄箎、劉儼、丁鳳、鄭思克、鄭權六人編大明志書，迨二十八年，復命廷臣修飾刊行，此通志之權輿也。裕陵復辟，以其書汎濫，勑儒臣約爲一統志，天順五年帝亦爲之序。自一統志頒行而通志不復流布，民間儲藏者寡矣。總裁纂修諸員，雖得附書於郕戾王紀，獨曹恩、馬昇二人、香山黄才伯翰林記題名遺之，因具書姓氏，冀洽聞之君子補書其籍貫焉。

清・季振宜《季滄葦藏書目》 《寰宇通志》一百十九卷。

清・徐乾學《傳是樓書目》 《寰宇通志》一百十九卷，明陳循、高穀，五十本。

清・萬斯同《明史》卷一三四《藝文志二》 《寰宇通志》一百十九卷，景泰年。

清・張廷玉等《明史》卷九七《藝文志二》 《寰宇通志》一百十九卷，景泰中修。

清・范邦甸《天一閣書目》卷二之二《史部》 《寰宇通志》二百卷，刊本。

清・葉鈞《明紀編遺》卷一 修《寰宇通志》，縱一萬九百里，横一萬一千七百五十里，而四夷之驛不與焉。

《大明一統志》

明・李賢等《明一統志・圖敘》 自古帝王之御世者，必一統天下，而後爲盛。羲農以上疆理之制，世遠莫之詳矣。其見諸載籍者，謂黄帝畫野分州，得百里之國萬區。【略】惟我皇明誕膺天命，統一華夷，幅員之廣，東盡遼左，西極流沙，南越海表，北抵沙漠，四極八荒，靡不來庭。而疆理之制，則以京畿府州，直隸六部，天下分爲十三布政司：曰山西，曰山東，曰河南，曰陝西，曰浙江，曰江西，曰湖廣，曰四川，曰福建，曰廣東，曰廣西，曰雲南，曰貴州，以統諸府州縣。而都司衛所，則錯置於其間，以爲防禦。總之爲府一百四十九，爲州二百一十八，爲縣一千一百五。而邊陲之地，都司衛所，及宣慰、招討、宣撫、安撫等司，與夫四夷受官封、執臣禮者，皆以次具載於志焉。顧昔周官，詔觀事則有志，詔地事則有圖。故今復爲圖，分置於兩畿、各布政司之前。又爲天下總圖於首，披圖而觀，庶天下疆域廣輪之大，了然在目，如視諸掌。而我皇明一統之盛，冠乎古今者，垂之萬世，有足徵云。

清・顧炎武《日知録》卷三一《大明一統志》 永樂中，命儒臣纂天下輿地書，至天順五年乃成，賜名曰《大明一統志》，御制序文。而前代相傳，如《括地志》、《太平寰宇記》之書皆廢。今考其書，舛謬特甚，略摘數事，以資後人之改定云。《一統志》：三河本漢臨泃縣地。今考《兩漢書》，并無臨泃縣。《唐書・地理志》幽州范陽郡潞縣下云：武德二年置臨泃縣，貞觀元年省臨泃；而薊州漁陽郡三河下云：開元四年析路縣置。故知本是一地，先分爲臨泃，後分爲三河，皆自唐非漢也。《一統志》引古事舛戾最多，未有若密雲山之可笑者。

清・周中孚《鄭堂讀書記補逸》卷一一 《明一統志》九十卷，内府藏本。明李賢等奉敕撰。【略】采摭頗爲繁富，而所引古事，舛戾極多。顧氏《日知録》三十一曾摘其數事，並詆諸臣爲不學之甚，良有以也。至英宗御制序，但及成祖遣使，遍采天下郡邑圖籍，命儒臣大加修纂，而惜其書未就緒，絶不及太祖、景帝兩朝修志之事，蓋欲諱言景帝，並太祖亦不及也。又序中於歷代地志，一概貶斥，豈知其書更出歷代地志之下。此亭林所以有《肇域志》之作，而惜乎其傳本甚罕也。

明・朱睦㮮《萬卷堂書目》卷二《地志》 《大明一統志》九十卷，李賢。

明・王圻《續文獻通考》卷一七八《經籍考》 《大明一統志》，天順五年成祖命儒臣纂修，未就，至是命李賢、吕原等重修。凡九十卷。

明・焦竑《國史經籍志》卷一《制書類》 《大明一統志》九十卷，李賢等撰。

明・陳第《世善堂藏書目録》卷上 《大明一統志》九十卷。

明・祁承㸁《澹生堂藏書目》 《大明一統志》九十卷，廿四册。

清・張岱《石匱書》卷三七 《大明一統志》九十卷，李賢等撰。

清・萬斯同《明史》卷一三四《藝文志二》 《大明一統志》九十卷，天順五年四月吏部尚書李賢、學士彭時、吕原等同修。

清・錢曾《錢遵王述古堂藏書目録》卷四 《大明一統志》九十卷，四十本。

清・季振宜《季滄葦藏書目》 《大明一統志》九十卷。

清・張廷玉等《明史》卷九七《藝文志二》 《一統志》九十卷，天順中李賢等修。

清・永瑢等《四庫全書總目》卷六八《史部二十四》 《明一統志》九十卷，内府藏本。 明吏部尚書兼翰林院學士李賢等奉敕撰。 案沈文聖君《初政志》稱洪武三年命儒臣魏俊等六人編類天下郡縣地理形勢爲《大明志》，今其書不傳。 後成祖採天下郡縣圖經，命儒臣纂輯爲一書，亦未及成而中輟。 至英宗復辟後，乃命賢等重編。 天順五年四月，書成奏進，賜名《大明一統志》，御製序文冠其首，鋟版頒行。 考輿志之書出自官撰者，自唐《元和郡縣志》、宋《元豐九域志》外，惟元岳璘等所修《大元一統志》最稱繁博。《國史經籍志》載其目，共爲一十卷，今已散佚無傳，雖《永樂大典》各韻中頗見其文，而割裂叢碎，又多漏脱，不復能排比成帙。 惟浙江汪氏所獻書内尚存原刊本二卷，頗可以考見其體制。 知明代修是書時，其義例一仍元志之舊，故書名亦沿用之。 其時纂修諸臣，既不出一手，舛謬牴牾，疎謬尤甚，如以唐臨句爲漢縣，遼無章宗而以爲陵在三河，金宣宗葬大梁而以爲陵在房山，以漢濟北王興居爲東漢名宦，以箕子所封之朝鮮爲在永平境内，俱乖迕不合，極爲顧炎武《日知録》所譏。 至所摘王安石《虔州學記》地最曠大山長谷荒之語，則併句讀而不通矣。 此本内多及嘉靖、隆慶時所建置，蓋後人已有所續入，亦不盡出天順之舊。 我國家辨方定位，首重輿圖。《大清一統志》近復奉詔重修，起例發凡，彌臻盡善。 此書之舛略，本無可採，特是職方圖籍爲有國之常經，歷朝俱有成編，不容至明而獨闕，故仍録存，以備一代之掌故焉。

清・永瑢等《四庫全書簡明目録》卷七《史部・地理類》 《明一統志》九十卷，明李賢等奉敕撰。 其體例悉仍元岳鉉等《大一統志》之舊，故書名亦沿用之。 編次頗爲疏舛。

清・孫星衍《平津館鑒藏書籍記》卷二 《大明一統志》九十卷，前有天順五年御製序文，勑修官銜名，李賢、彭時、吕原進《大明一統志》表、《大明一統志》圖敘，大字，黑口，板每葉廿行，行廿二字。

清・繆荃孫《藝風藏書記》卷三《地理四》 《大明一統志》九十卷。 明慎獨齋小字本。 是書義例一仍《元一統志》之舊，書名亦沿用之。 官刊大字本外，刊本極多。 此慎獨齋刻，中板小字，字甚精緻，每半葉十行，每行二十二字，大小字同。

清・范邦甸《天一閣書目》卷二之二《史部》 《明一統志》九十卷，明宏治乙丑慎獨齋刊行，明李賢等奉敕撰。 天順五年御製序，卷首有進書表。

《承天大志》

明・朱睦㮮《萬卷堂書目》卷二 《承天大志》四十卷，林燫。

明・孫能傳《内閣藏書目録》卷六 《承天大志》四册，全。 嘉靖間禮垣丘岳請修，上命儒臣分纂，凡四十卷。 又十二册，全。

明・王圻《續文獻通考》卷一七八《經籍考》 《承天大志》，嘉靖癸亥年世宗命儒臣張居正等纂修以進，賜名《興都承天府志》。

明・焦竑《國史經籍志》卷一《制書類》 《承天大志》四十卷，徐階等修。

明・祁承㸁《澹生堂藏書目》 《承天大志》四十卷，六册，徐階等。

明・沈德符《萬曆野獲編・補遺》卷一《承天大誌》 《承天大誌》者，世宗既追宗獻皇，益務張大其事，以明得意，遂作《承天誌》一書。 時工部尚書顧璘以督顯陵工程，在事即命之總理。 璘乃聘楚人顔木、王廷陳等纂修。 蓋諸君俱高名廢棄，欲借此爲出山計也。 書成，而聖意不愜，遂報罷，不復議。 嘉靖末年，給事邱嶽復迎上意，請重修。 乃命閣臣徐階等總裁，而諸詞臣分領之。 時情咸謂書成必有異擢，争求入局，以至徐華亭與袁慈谿之相左，瞿文懿與高新鄭之相詬，俱起於此書。 比進呈乙覽，上以卷中脱簡，不復敍勞，僅各得賞，諸公大失所望，時去鼎湖不數月耳。 獨邱嶽以建議始功，超爲禮部右侍郎。

清・張岱《石匱書》卷三七 《承天大志》四十卷，徐階等修。

清・黄虞稷《千頃堂書目》卷七 徐階等修《承天大志》四十卷。

清・萬斯同《明史》卷一三四《藝文志二》 徐階等修《承天大志》四十卷。 四十二年四月禮科都給事丘嶽請刊定《興都志》，乃命董份及張居正等重修。 四十五年二月書成，進嶽爲禮部添註右侍郎。

清・徐乾學《傳是樓書目》《承天大志》四十卷，明徐階、李春芳。六本。

清・張廷玉等《明史》卷九七《藝文志二》《承天大志》四十卷，嘉靖中顧璘修《興都志》二十四卷，世宗以其載獻帝事實於志體例不合，詔徐階等重修。

清・范邦甸《天一閣書目》卷二之一《史部》《承天大誌》四十卷，刊本。明嘉靖四十五年吏部尚書徐階、禮部尚書李春芳上進表云：紀十有二，曰基命紀、曰符瑞紀、曰龍飛紀、曰聖孝紀、曰大狩紀、曰宮殿紀、曰陵寢紀、曰寶謨紀、曰御製紀、曰恩澤紀、曰禮樂紀、曰苑田紀。

《大明會典》

明・孫能傳《内閣藏書目録》卷一《大明會典》副本一百三十九册，不全。萬曆間修，抄本内闕一册。

明・王圻《續文獻通考》卷一八三《經籍考》《大明會典》，弘治十六年命儒臣纂成，凡一百八十卷。嘉靖三十八年重修，未刻，萬曆六年復修。

明・高儒《百川書志》卷五《史》《大明會典》一百八十卷，序例目録二卷。國朝弘治年少師吏部尚書華蓋殿大學士臣李東陽等奉勅纂修，諸司衙門統理事物，因革損益，上遵成憲，下博典籍，以成一代之典，頒布臣工，永爲遵守。

明・焦竑《國史經籍志》卷一《制書類》《大明會典》一百八十卷，李東陽等。

明・陳第《世善堂藏書目録》卷上《大明會典》二百三十八卷，萬曆初補修。

明・祁承㸁《澹生堂藏書目》《大明會典》二百八十卷，四十册。正德四年李東陽等。又《大明會典》二百二十八卷，六十册，萬曆十五年申時行等。

清・于敏中《天禄琳琅書目》卷八《大明會典》二十函七十四册。明萬曆間重修，二百二十八卷。前孝宗弘治十五年御製序，次武宗正德四年御製序，次神宗萬曆十五年御製序，次弘治、正德、嘉靖、萬曆四朝勅諭，次纂輯諸書，次開報文册衙門，次弘治間凡例，次嘉靖間續纂凡例，次萬曆四年張居正、吕調陽、張四維等請勅禮部編輯事例送館劄子，次萬曆間重修凡例，次萬曆十五年申時行、許國、王錫爵等進書表，次重修諸臣銜名。考《大明會典》一書始修於弘治，重訂於正德，嘉靖時，復加參補增入。弘治十六年以後事例至萬曆間又增入嘉靖二十八年以後條例，校刊成書，故《明史・藝文志》稱爲萬曆中《重修大明會典》。第此書自孝宗迄神宗四朝俱經纂輯，而世宗獨無御製序文，按書中所載萬曆四年諭旨，謂世宗申命儒臣重加校輯，比及進覽，訖未頒行，似於聖心猶有未當。據此則世宗時僅以稿本進覽，並未刊行，故不爲製序，非有闕佚也。

清・錢曾《錢遵王述古堂藏書目録》卷四《大明會典》一百八十卷。

清・萬斯同《明史》卷一三四《藝文志二》《大明會典》一百八十卷。弘治十年十一月帝以累朝典制散見疊出，未會於一，勅大學士徐溥等倣《唐會要》、《元經世大典》、《大元通制》爲書。十五年正月書成，未及頒行。正德四年復命大學士李東陽、焦芳、楊廷和等校訂，補正遺缺。成書，兩朝皆有御製序。其書止於弘治十五年，至嘉靖八年復命閣臣纂修十六年以後迄於嘉靖九年以前事例續之。

清・徐乾學《傳是樓書目》《大明會典》二百二十八卷，七十本。

清・張廷玉等《明史》卷九七《藝文志二》《大明會典》二百二十八卷，條例全文三十卷，增修條例備考二十六卷。

《大明一統志略》《志略》

明・祁承㸁《澹生堂藏書目》《大明一統志略》十六卷，二册。

清・黄虞稷《千頃堂書目》卷六 廖世昭《明一統志畧》十六卷。字師賢，懷安人，正德丁丑進士，海州知州，以病改國子監博士。好讀書，有文名。

清・嵇璜《續通志》卷一五九《藝文略》《志略》十六卷，明廖世昭撰。

清・萬斯同《明史》卷一三四《藝文志二》 廖世昭《大明一統志略》，十六卷。字師賢，懷安人，正德丁丑進士，海州知州，以病改國子監博士。

清・永瑢等《四庫全書總目》卷七二《史部二十八・地理類存目一》《志略》十六卷，編修汪如藻家藏本。明廖世昭撰。世昭，福建懷安人，正德丁丑進士，官國子監博士。是書首題南京兵部武庫司刊行，蓋當時官本。前載《周禮》職方氏九州全文。其後每省爲一圖，而終以四裔各略。載其沿革、山川、人物、古蹟、士産、舛譌、闕略，殊無可觀。其《四裔》一卷，傳聞附會，尤多失真。地志中之最劣者也。

《歷代地理指掌》

明・朱睦㮮《萬卷堂書目》卷二《歷代地理指掌》一卷，桂萼。

明・焦竑《國史經籍志》卷三《史類》《歷代地理指掌》四卷，桂萼。

清・黄虞稷《千頃堂書目》卷六 桂萼《歷代地理指掌》，四卷。

清・萬斯同《明史》卷一三四《藝文志二》 桂萼《歷代地里指掌》，四卷。

清・張廷玉等《明史》卷九七《藝文志二》 桂萼《歷代地理指掌》，四卷。

《輿圖記叙》

清・嵇璜《續文獻通考》卷一七〇《經籍考》 桂萼《輿圖記叙》，二卷。

清・嵇璜《續通志》卷一五九《藝文略》《輿圖記叙》二卷，明桂萼撰。

清・永瑢等《四庫全書總目》卷七二《史部二十八・地理類存目一》《輿圖記敘》二卷，江西巡撫採進本。明桂萼撰。萼有《桂文襄奏議》，已著録。是編即嘉靖八年爲大學士時所上。首爲總圖，次則兩京十三省各爲一圖，附以四夷圖，但略具兵馬錢糧之總數，併府州縣衛之名亦不具列。所述利病，亦皆敷衍之詞。其奏進疏乃稱披此圖如祖宗之親歷地方者然。而世宗批荅，亦稱其明白要切，具見體國經濟。皆不可解也。

清・丁立中《八千卷樓書目》卷六《史部》《輿圖記敘》二卷，明桂萼撰，明刊本，刊不分卷本。

《輿地略》

明・朱睦㮮《萬卷堂書目》卷二《輿地略》十一卷，蔡汝南。

明・焦竑《國史經籍志》卷三《史類》《輿地略》十一卷，蔡汝楠。

清・錢謙益《絳雲樓書目》卷一《輿地略》。

清・黄虞稷《千頃堂書目》卷六 蔡汝楠《輿地畧》，十一卷。

清・萬斯同《明史》卷一三四《藝文志二》 蔡汝楠《輿地略》，十一卷。

清・嵇曾筠《（雍正）浙江通志》卷二四四《輿地畧》十一卷，黄氏書目蔡汝楠著。

清・張之洞《書目答問・集部》《輿地畧》。

清・丁立中《八千卷樓書目》卷六《史部》《輿地略》一卷，不著撰人，名氏抄本。

《郡縣地理沿革》

明・朱睦㮮《萬卷堂書目》卷二《郡縣地理沿革》十五卷，吴龍。

清・黄虞稷《千頃堂書目》卷六 吴龍《郡縣地理沿革》十五卷。字豊人。

清・張廷玉等《明史》卷九七《藝文志二》 吴龍《郡縣地理沿革》，十五卷。

《職方考鏡》

明・方應選《方衆甫集》卷六《職方考鏡序》 蓋余副在職方，而庫部盧公時時爲言其徵君地輿考，私心願卒業焉。已出，晒一編曰《職方考鏡》，□公□次前書，而爲之參伍者也。余少習《周官職方》一書，□分畛列，如其文也，亦少衰矣。何以地輿爲地輿之有考其職方羽翼乎？河山不改，陵谷代遷，我明頓網垓埏，窮髮梯航，有《周官》所未籍者，故廣爲《一統志》。今之一統，即古之職方，援古計今，緊惟是考。夫使職方第以周知九州疆域已耳，則一地輿能槩之。迺其間封爵、朝貢、賦税、兵戎、畜牧之屬，錯見於六官，參諸曹會典，大都居其半，故更繫之。《職方考鏡》二考合，而後徵君未竟之緒始得爲完書。【略】庫部盧公日典五車，而能善讀父書，用光先志，孰與龍門眉山也。余守曹以來雅欲染指久矣，而爲公所先耕，不必奴織，不必婦試，覆一過輒獲我心，珠玉在前，瓦礫可擲。

明・陳第《世善堂藏書目録》卷上《職方考鏡》□卷，盧翹。

清・錢謙益《絳雲樓書目》卷三《職方考鏡》，四册。

清・黄虞稷《千頃堂書目》卷六 盧傳印《職方考鏡》，六卷。

清・季振宜《季滄葦藏書目》《職方考鏡》二本，抄。

清・徐乾學《傳是樓書目》《職方考鏡》，二本。又一部六卷，明盧傳印，四本。

清・萬斯同《明史》卷一三四《志一百八》 盧傳印《職方考鏡》，六卷。

清・張廷玉等《明史》卷九七《藝文志二》 盧傳印《職方考鏡》，六卷。

《皇輿考》

明・張天復《鳴玉堂稿》卷一《皇輿考序》 聖代肇運，全撫輿圖，一統之盛，光軼前古，載諸通志者，章章備矣。若夫辨形勢以明地險，陳憂患以達民艱，審經晝以悉時宜，時則若有俟焉。蓋道有升降，政有損益，經世者慎圖之也。我皇上訏謨保大駿業，中興創紹之隆，邁光二祖，頃年輔臣文襄桂公《輿地圖志》、宫論念菴羅公《廣輿圖》及司馬許公《九邊論》，於是三者獨詳，詞約而事該，憂深而思遠，今日修和阜成，衍泰居豐之道，間亦采行之矣。復嘗備員職方，遐覽區域，竊謂全志之後，當附諸公之帙，乃表經世謀猷，惟制書不當綴裂也。因取閩本志略，稍加詳定，首引杜氏古九州之文，然後次序郡國圖志，參據前説，各冠篇端，而以邊夷終焉。夫志略雖簡，亦足見區域之大都，而諸家著述，又能明國體，綜世務，而時張理之則，夫治平修攘之謀，固瞭然視諸掌矣。輯成，因僭名之曰《皇輿考》，間質同志，或曰當刻於梓，備通方之士覽而采之。

明・朱睦㮮《萬卷堂書目》卷三 《皇輿考》。

明・孫能傳《内閣藏書目録》卷六 《皇輿考》四册，全。嘉靖間學憲張天復著。

清・錢謙益《絳雲樓書目》卷一 《皇輿考》。

清・張岱《石匱書》卷三七《地里》 《廣皇輿考》二十四卷，張天復。

清・黄虞稷《千頃堂書目》卷六 張天復《皇輿考》十二卷。

清・徐乾學《傳是樓書目》 《皇輿考》，明張天復，八本。

清・萬斯同《明史》卷一三四《藝文志二》 張天復《皇輿考》，十二卷。

清・張廷玉等《明史》卷九七《藝文志二》 張天復《皇輿考》，十二卷。

清・嵇璜《續文獻通考》卷一七〇《經籍考》 張天復《皇輿考》，十二卷。天復，號内山，山陰人，嘉靖進士，官至雲南按察司副使。

清・嵇璜《續通志》卷一五九《藝文略》 《皇輿考》十二卷，明張天復撰。

清・永瑢等《四庫全書總目》卷七二《史部二十八・地理類存目一》 《皇輿考》十二卷，副都御史黄登賢家藏本，明張天復撰。天復號内山，山陰人，嘉靖丁未進士，官至雲南按察司副使，事蹟附見《明史・文苑傳》其子元忭傳中。是書取閩本志略稍加潤飾。其自序云：文襄桂公《輿地圖志》、宫論念菴羅公《廣輿圖》、司馬許公《九邊論》，詞約而事該，故往往引三家之説冠於篇端。文襄桂公者桂萼，念菴羅公者羅洪先，司馬許公者許論也。其大意在規《明一統志》之失，但貪列人物，依然挂一漏萬，至若四至八到、郡縣沿革，皆略而不詳，未爲善本。

清・范邦甸《天一閣書目》卷二之二《史部》 《皇輿考》十卷，刊本，明嘉靖丁巳張天復撰并序。

《職方抄》

清・黄虞稷《千頃堂書目》卷六 蔡文《職方抄》十卷。字孚中，龍溪人，嘉靖丁未進士，巡撫貴州都御史。

清・萬斯同《明史》卷一三四《藝文志二》 蔡文《職方抄》，十卷。字孚中，龍溪人，嘉靖丁未進士，巡撫貴州都御史。

《輿地一覽》

明・何三畏《雲間志略》卷一一《曹武選濮陽公傳》 曹嗣榮，字繩之，號濮陽，華亭人。公生而岐嶷，少即知學，然性頗不羈，乃翁筠坪公恒督過之。公乃感奮，弱冠補文學，廪於官，博綜閎覽，能爲詩賦古文詞，不專明經射策，而字亦臨摹有法。【略】居恒喜吟，與客尤多倡和，家食時有《家稿》，登第時有《燕京稿》，廬州時有《留都稿》。又有《萃玉稿》四十卷，《輿地一覽》十五卷。公多技能，凡琴奕、□博及堪輿星命之術，無不通曉。

清・萬斯同《明史》卷一三四《藝文志二》 曹嗣榮《輿地一覽》，十五卷，字繩之，松江人，吏部郎中。

清・張廷玉等《明史》卷九七《藝文志二》 曹嗣榮《輿地一覽》，十五卷。

清・趙宏恩《（乾隆）江南通志》卷一九一《藝文志》 《輿地一覽》十五卷，華亭曹嗣榮。

《考定輿地圖》

清・萬斯同《明史》卷一三四《藝文志二》 項篤壽《考定輿地圖》，十卷。

清・張廷玉等《明史》卷九七《藝文志二》　項篤壽《考定輿地圖》，十卷。
清・嵇曾筠《(雍正)浙江通志》卷二四四《考定輿地圖》十卷，項篤壽著。
清・嵇璜《續通志》卷一六六《圖譜略》　項篤壽《考定輿地圖》。

《寰宇分合志》

明・祁承㸁《澹生堂藏書目》《寰宇分合志》，八卷，八册。
清・黄虞稷《千頃堂書目》卷六　徐樞《寰宇分合志》八卷，一作盛稔。
清・萬斯同《明史》卷一三四《藝文志二》　徐樞《寰宇分合志》八卷，一作盛稔。
清・張廷玉等《明史》卷九七《藝文志二》　徐樞《寰宇分合志》，八卷。
清・阮元《文選樓藏書記》卷五　《寰宇分合志》八卷，明教諭徐樞著，廣陵人，抄本。曝書亭收藏是書。記歷代疆城分合。
清・姚覲元《清代禁毁書目四種》《寰宇分合志》，四本，明徐樞撰。

《一統名勝志》

清・黄虞稷《千頃堂書目》卷六　曹學佺《一統名勝志》，一百九十八卷。
清・徐乾學《傳是樓書目》《大明一統名勝志》，明曹學佺，七十本。
清・萬斯同《明史》卷一三四《藝文志二》　曹學佺《一統名勝志》，一百九十八卷。
清・張廷玉等《明史》卷九七《藝文志二》　曹學佺《一統名勝志》，一百九十八卷。
清・魯曾煜《(乾隆)福州府志》卷七二　《一統名勝志》，一百九十卷。

《廣輿記》

清・黄虞稷《千頃堂書目》卷六　陸應陽《廣輿記》，二十四卷。
清・徐乾學《傳是樓書目》《廣輿記》二十四卷，明陸應陽，八本。
清・萬斯同《明史》卷一三四《藝文志二》　陸應陽《廣輿紀》，二十四卷。
清・張廷玉等《明史》卷九七《藝文志二》　陸應陽《廣輿記》，二十四卷。
清・趙宏恩《(乾隆)江南通志》卷一九一《藝文志》《廣輿記》二十四卷，華亭陸應陽。
清・范邦甸《天一閣書目》卷二之二《史部》《廣輿記》二十四卷，刊本，明陸應陽撰，申時行序。

《三關紀要》

明・晁瑮《晁氏寶文堂書目》《三關紀要》。
明・朱睦㮮《萬卷堂書目》卷二　《三關紀要》三卷，蘇祐。
清・黄虞稷《千頃堂書目》卷八　蘇祐《三關紀要》，三卷。
清・錢謙益《絳雲樓書目》卷三　《三關紀要》。
清・萬斯同《明史》卷一三四《藝文志二》　蘇祐《三關紀要》，三卷。
清・張廷玉等《明史》卷九七《藝文志二》　蘇祐《三關紀要》，三卷。

《九邊圖論》

明・高儒《百川書志》卷五《史・地理》《九邊圖論》二卷。皇明職方主事靈寶許倫撰。冢宰許進之子，許讚之弟也。封疆延袤，山川險易，道里迂直，城堠疏密，據形審勢，計利制勝，非圖莫見也。作《九邊圖》，摭拾舊聞，參以時宜，作《九邊論》獻上，納之。
明・焦竑《國史經籍志》卷三《史類》《九邊圖論》三卷，許論。
明・晁瑮《晁氏寶文堂書目》《九邊圖論》。
明・周弘祖《古今書刻》上編《福建・書坊》《九邊圖論》。
清・錢謙益《絳雲樓書目》卷四《典故》　許論《九邊圖論》三卷。
清・張岱《石匱書》卷三七《地里》《九邊圖論》三卷，許論。
清・錢曾《述古堂藏書目》卷三《輿圖》《九邊圖論》一卷。
清・錢曾《也是園藏書目》卷三《圖誌》《九邊圖論》一卷。
清・黄虞稷《千頃堂書目》卷八《地理類下》　許論《九邊圖論》，三卷。
清・徐乾學《傳是樓書目》《九邊圖論》，明許論。一本。《九邊考》十卷，明許論，二本。

清・徐秉義《培林堂書目・史部》　許論《九邊圖論》一卷。

清・張廷玉等《明史》卷九七《藝文志二》　許論《九邊圖論》三卷。

清・嵇璜《續通志》卷一六六《圖譜畧・兵防》　許論《九邊圖論》。

清・陳昌圖《南屏山房集》卷二〇《地理》　《九邊圖論》三卷，明許論撰。按論字廷議，嘉靖進士，從父進歷邊境，盡知阨塞險易，因著是書，上之，累官兵部尚書。

清・劉錦藻《清續文獻通考》卷二七三《經籍考十七》　《九邊國論》一卷，明許倫。

清・范邦甸《天一閣書目》卷二之二《史部》　《九邊圖》一卷，明嘉靖甲午禮部祠祭司主事許論撰。

清・丁立中《八千卷樓書目》卷八《史部・地理類》　《九邊圖論》一卷，明許倫撰。

《廣輿圖》

明・李開先《李中麓閑居集・文》卷六《廣輿圖序》　默齋許尚書自爲祠郎日，曾著《九邊圖論》。今稍益以各方要害以及四夷，雖名其書爲《廣輿圖》，實則以九邊爲重，而九邊又以北夷爲重也。杜守刻之青州，請予序之。予遂爲一序付之，曰：近因武備廢馳，都府於撫綏百姓之餘，將援據《圖經》，東自東海，西至西河，原有營衛者俱當查復，高堂曹濮之間亦須略修城堡，而海防尤急。經營方始，即以改官旋京，未及爲之矣。竊念天下大器，置之安，則一方不足慮矣。天朝疆宇廣闊，亘古所無，其東西則自遼陽以達酒泉，山川延袤萬里，紆迴聯絡，皆因地設險，各有墻塹鎮堡，帶甲之士四十餘萬，以制禦諸夷，可謂得上策與要道矣。夫外列九邊，所以控諸夷也。內列關隘，所以制九邊也。以居庸三關視九邊，則三關重而九邊輕，以居庸三關視鴈門偏寧，則居庸三關重而鴈門、偏寧亦不爲輕。至於山海關以迄黃花鎮，實居庸之東輔，而京畿之近藩也。自居庸迤西，則紫荆倒馬也。又西則鴈門、寧武偏頭，黃河之界也。渡河轉西，則河套之故地，東勝之遺址也。分力而固守，給地以屯種，越度砍木，私自開墾者，俱各有禁。遼東開元廣寧，地號襟喉，而金復海蓋之富庶，久失其舊，倭雖未來侵犯，在東南則自昔無聞之大變也，更不可不預爲之備。若夫革市、姦嚴、驗放、增臺、益軍、儲蓄、糧餉，其大端也，大寧未可，卒復薊州、宜連二鎮可也。而潮河川之間，黃花鎮之外，不可因循故態，宣府則獨石已不及於往日，經署猶不備於今時，內而鷄鳴之川，直通內地之吭，外而威寧海子，斜當肆侮之鋒。大同則八柳樹等處，虜所出没，近雖設關，缺處猶多。黑石嶺一路，宣大之兩界，內外之持衡也。北樓口老營堡，晉趙之隣境，北虜之熟路也。延綏移鎮榆林河套，未敢輕議，青山隘口尤爲要地。寧夏花馬池一帶，舊爲虜衝，賀蘭山鐵柱泉亦係緊關。甘肅孤懸二千餘里，經制尤難。外藩久撤，恢取不易。今則嘉峪關諸處所，宜設備固原，曾經大掠之後，今爲重鎮。然山後之虜時發，蘭靖安會之間可虞甚矣。統而論之，太寧之地不復，山後之寇鮮寧日，河套之穴尚在，俺答等之擾無了期。假若破格有處，雖云鴈門等關可以入晉，武安涉邑可以入魏，獨黑石、古北、居庸等處，可以入燕，皆不必憂，山東永遠高枕而卧矣。至其所益各要害及四夷者，今又以倭夷爲重，猶九邊以北夷爲重也。中間審勢用人，練兵據險，柔遠能邇之道，因變制勝之方，鎮戍城堡之設，山澤虞衡之利，道里廣輪之詳，不出户而知之，不下堂而治之矣。斯刻也，不惟有裨東方，雖天下亦大於裨也。將執此以往，或以自用，或以資人之用，所謂易猶水也。隨其所用，存乎其人爾。

又　臨川朱本初氏有《天下輿圖》，吉水羅念菴氏益以所見今事，亦云《廣輿圖》，猶之許默齋也。古齋左圖右史，史即其言，圖即其象也。夏之禹貢、周之職方、唐之十道、宋之九域，皆是物也。我朝有《寰宇通志》、《寰宇通衢》、《大明一統志》。孝皇以其未備也，集多官重加修輯，如黃河止總書起某地經某地，或利或害，大畧已具，而各郡縣境界，更不之及，最有條理。刊成，將頒布矣。忽龍馭上賓，以其悞於醫也。遂并《本草》，束之高閣，而《輿地略》、《一統輿圖》、《輿地指掌圖》，一書三名，大同小異，皆桂見山總括一統志而縮之者也。惟唐荆川所得《兩直十三省總圖》最爲詳盡，雖御覽圖不及，惜缺兩處耳。其他爲圖者，無所增益，無所發明，不過依樣畫葫蘆而已。念菴所廣之圖，真實親切，簡要詳明，山川險夷，户口多寡，攻守利弊，沿革根源，一披閱無不周知。由之處天下事，不勞餘力矣。舊序《廣輿圖》者，以養生爲喻。予今喻之以醫齒，其事異而理同者乎？齒列頤內上下，食飲是資，榮衛攸賴，其於新生名齔者，庸心防護，而殘者無留，固其宜也。乃有近喉傍耳牙頭齒，用必先焉，殘尚存而新將發，厥根初癢後痛，不果忍一痛以拔之，遂使晝夜不安，而食飲漸少，左右輔因而將摇，雖天君亦爲其所苦，乃毅然獨斷，以牽絲拔去其根，吾身方復其常。人又有風熱蟲毒之害者，芫花、大戟、川椒、細辛，固不可無，而歸連、參朮、門冬、枸杞之屬，更不可緩，何也？蓋齒乃腎之標表而骨之精華也，腎實則骨强而齒固，又手陽明及大腸支脉所貫絡也。殘則須拔，幸而未及乎殘也，一補腎之外無奇術。今天下雖稱極治，不無衰弱姦頑之弊，衰弱者補之，姦頑者除之，以渾厚之治體而養元氣，以精明之治功而作元神。審時爲政，因病制方，是在聖明天子及大小臣工誠心竭力，一轉移之間，無難矣。所謂今朝試揭輿圖，看萬里山河掌握中也。

明・羅洪先《念菴文集》卷一〇《跋九邊圖》 日聞邊警，但覽圖而悲，思見其人無由也。某大夫遺畫史從余畫圖，冀其可語此者，因取《大明一統圖志》、元朱思本、李澤民《輿地圖》、許西峪《九邊小圖》、吴雲泉《九邊志》、先大夫《遼東、薊州圖》、浦東牟錢維陽《西關二圖》、李侍御《宣府圖志》、京本《雲中圖》、新本《宣大圖》、唐荆川《大同三關圖》、唐漁石《三邊四鎮圖》、楊虞坡徐斌《水圖》，凡一十四種。量遠近，别險夷，證古今，補遺誤，將以歸之，蓋再浹旬而就。然非飽食無所用心者矣。

明・焦竑《國史經籍志》卷三《史類・圖經》 《輿地圖》四卷，羅洪先。

清・張岱《石匱書》卷三七《地里》 《輿地圖》四卷，羅洪先。

清・黄虞稷《千頃堂書目》卷六《地理類上》 羅洪先《廣輿地圖》，四卷。

清・徐乾學《傳是樓書目》 《廣輿地圖》，明羅洪先，一册。

清・張廷玉等《明史》卷九七《藝文志二》 羅洪先《增補朱思本廣輿圖》二卷。

清・嵇璜《續通志》卷一六六《圖譜略》 明羅洪先《增補廣輿圖》。

清・孫星衍《平津館鑒藏書籍記》卷二《明版》 《廣輿圖》一册，前有元朱思本輿圖舊序，次廣輿圖序。稱偶得元人朱思本圖，其圖有計里畫方之法，於是增其未備，因廣其圖，至於數十云云。不題撰人姓氏，據漕運圖下載歲運額數自洪武卅年至嘉靖元年止，又總圖王府禄米下云以上係嘉靖卅二年十月前數。《明史・藝文志》有羅洪先《增補朱思本廣輿圖》二卷，當即此書。

清・丁丙《善本書室藏書志》卷一一《史部十一上》 《廣輿圖》二卷，明嘉靖刊本。孫淵如觀察《平津館鑒藏記》有《廣輿圖》一册，前有元朱思本《輿圖舊序》，次《廣輿圖序》。稱偶得元人朱思本圖，其圖有計里畫方之法，於是增其未備，因廣其圖，至於數十云云。不題撰人姓氏。據漕運圖下載運額數自洪武卅年至嘉靖元年止。《明史・藝文志》有羅洪先《增補朱思本廣輿圖》二卷，當即此書。淵如觀察殆未見此帙諸序也。此帙有嘉靖丙寅巡撫山東御史霍冀、又嘉靖辛酉浙江布政使胡松、餘姚徐九皋等敘。又一序云：朱爲撫之臨川人，博學多聞，踪跡徧海内，自敘此圖乃其十年之力，苟非足目所及，未敢遽書，可謂用心之勤。至其所爲畫方之法，則巧思者不逮也。然考郡史不載姓名，其圖亦不多見，豈所謂本之則無矣乎？嗚呼！又安知吾之諸圖之不爲長物也。殆即洪先所序歟？

清・丁立中《八千卷樓書目》卷六《史部》 《廣輿圖》二卷，明羅洪先撰，明刊本。

《九邊圖説》

明・陳子龍《明經世文編》卷三二三《霍司馬疏議・疏・霍冀仰遵明詔恭進九邊圖説以便聖覽事》 九邊圖説職方清吏司案呈，伏覩登極詔書内一款，各處府州縣大小，繁簡衝僻，難易不同。或逸而得譽，或勞而速謗，既乖陞黜之宜，遂起避趨之巧。士風日壞，吏治不修，吏部通將天下府州縣逐一品第，定爲上、中、下三等，遇該推陞選補，量才授任。各官考語獎荐，同在優列者，先儘上等府州縣，陞擢行取，次及中等，次及下等，不惟視等以爲歲月之遲速，仍視等以爲官資之高下。内有才優才短，更調者各就中酌處，其各將官所任。地方兵部亦以邊腹衝緩分爲三等，遇該陞調，照此施行，欽此。抄捧到部，送司就徑，呈堂咨行。各鎮督撫軍門將所管地方開具衝緩，仍畫圖貼説，以便查照。去後隨該各鎮陸續開報前來，或繁簡失宜，或該載未盡，又經咨駁，務求允當。往返多時，始獲就緒。本司稽之往牒，參諸堂稿。東起遼左，西盡甘州，每鎮有總圖以統其綱，有分圖以析其目，某爲極衝，某爲次衝，某爲偏僻，某處切近虜巢，某處極爲單弱，與夫一鎮之兵馬錢粮數目，無不畢具。誠爲簡要，似應恭上御前，以備檢閲，不惟思患預防。時厪聖念，而各鎮之地利險夷，各邊之兵馬多寡，一開卷而聖心自洞悉矣。及照先任本部尚書許論先爲禮部主事時曾奏上《九邊圖考》，嗣後本司主事魏焕亦曾續之，迄今近三十年。邊堡之更置，將領之添設，兵馬之加增，夷情之變易，時異勢殊，自有大不同者合無。自今具題之後，仍移文各省督撫，遵照舊例，每年終將建革緣由開報到部，本部隨即更正，庶籌邊之士不必身履其地，自可得聞其詳。而他日經略疆圉，咸有所憑藉矣。均乞施行等因，案呈到部，看得該司所呈，一遵詔例，分別衝緩地方，以爲推陞將領之具。一爲圖説，開具山川險易，以備聖明安攘之圖，均係該司職掌要務，且於邊計攸關相應，依擬臣等謹將前項圖説實封奏進，伏乞聖明法宮之暇，少垂睿覽，庶犬馬微忱，得以少罄於萬一矣。以後每三年一次修正，悉如該司所擬施行。

明·汪道昆《太函集》卷九一 嘗與諸臣熟計之，查得隆慶三年兵部刊定《九邊圖説》內開薊昌二鎮主兵十萬一千五百二十二員名，假令逃伍畢勾，殆踰此額。見今接差清軍御史，各省勾解，悉聽改發前來，即如該鎮所稱原額十一萬五千九百二十員名，猶難限量，乃今未可逆覩，難於懸餉待之。況二百年來薊兵視各邊爲最怯，縱經素練，兵氣未揚，夫以客兵，則更代不常，班軍則僅取傭作，當事者亦誠知其不爲賴也。

明·王鳴鶴《登壇必究》卷二三《輯北狄説》 王鳴鶴曰：我國家混一區宇，定鼎幽燕，掃胡塵於漠北，設雄鎮於九塞，延袤萬里，天險是憑，斯足以貽億萬年磐石之安乎？顧夷狄種類既繁，馴擾匪易，或假貢市而肆貪婪之欲，或倚富力而逞蹂躪之凶，出入聚散，不可爲常，使諸邊疲於防禦，所謂分兵以守，則力益寡而財益匱。此今日之大勢然也。《九邊圖説》具載茲篇，各舉險阻之要與經理之方，先正論之審矣。然所賴以擁護神京者，以遼陽爲肘掖，以宣大爲門户，三鎮視諸邊爲最重，第昔以備□而今則兼以備倭，則遼陽視宣大爲最重。嗚呼，爲國家根本慮者，其亦按圖而興思也哉！

明·祁承㸁《澹生堂藏書目·史部上》 《九邊圖説》一卷，二册。

清·黄宗羲《明文海》卷一一六《辯》 或問曰：若是，則塞上凡爲邊者十，其曰九邊，何也？曰：謂保定在內地，其曰九邊，去保定而言之。故隆慶歲己巳，大司馬霍襄敏、小司馬曹介肅所上《九邊圖説》置不言保定也。或又曰：然則胡以保定爲邊？曰：今制塞上設制置使，其東設制置使，一治密雲，謂之總督薊遼保定軍務，領順天巡撫，一治遵化，整飭薊州邊備；遼東巡撫，一治廣寧；保定巡撫，一治真定；其中央設制置使，一治陽和，謂之曰總督宣大山西軍務；領宣府巡撫，一治宣府；大同巡撫，一治大同；山西巡撫，太原其西設制置使，一治固原，謂之曰總督陝西三邊軍務；領延綏巡撫，一治延綏；寧夏巡撫，一治寧夏；陝西巡撫，一治西安；甘肅巡撫，一治甘州。蓋保定即內地，其旁塞有紫荆關、倒馬關、龍泉關，謂之內三關，皆外所嘗窺伺地，密雲總督使，既置保定軍事，以是謂保定爲邊也。或又曰保定巡撫，使與民事乎？曰然。

清·黄虞稷《千頃堂書目》卷八《地理下》 霍冀《九邊圖説》。

清·萬斯同《明史》卷一三四《藝文志二》 霍冀《九邊圖説》一卷。

清·張廷玉等《明史》卷九七《藝文志二》 霍冀《九邊圖説》一卷。

清·嵇璜《續通志》卷一六六《圖譜略二·兵防》 霍冀《九邊圖説》。

清·丁丙《善本書室藏書志》卷一二《史部十一下》 《九邊圖説》一卷，明刊本。前有隆慶三年兵部尚書霍左侍郎曹暨職方清吏司郎中孫應元、趙宋等題奏，稱伏覩登極詔內各處府州縣大小繁簡衝僻難易不同，吏部通將天下府州縣逐一品第，定爲上、中、下三等，遇該推陞選補，量才授任，其各將官所任。地方兵部亦以邊腹衝緩分爲三等，遇該陞調，照此施行。鈔捧到部，咨各鎮督撫軍門將所管地方開具衝緩，仍畫圖貼説，以便查照。隨陸續開報前來，本司稽往牒，參堂稿，東起遼左，西盡甘州，每鎮有總圖以統其綱，有分圖以析其目，某爲極衝，某次衝，某偏僻，某切近敵巢，某極單弱，與一鎮之兵馬錢糧數目無不畢具，不惟思患預防，而各鎮之地利險夷，各邊之兵馬多寡，一開卷而洞析矣。計遼東鎮總分圖説，薊鎮總分圖説，宣府鎮城五路總圖，大同鎮總分圖説，山西鎮總分圖説，延綏鎮總分圖説，寧夏鎮總分圖説，固原鎮總分圖説，甘肅鎮總分圖説，故曰《九邊圖》。繪極細，洵防邊者所不廢之書也。按《天一閣書目》載明《九邊考》，長沙魏焕嘉靖壬寅張環序，當與此仿佛耳。

《皇明職方地圖》

明·陳子龍《明經世文編》補遺卷一《序·陳組綬〈皇明職方地圖大序 職方圖序〉》 是編目曰《職方地圖》，蓋本之《周官》職方氏掌天下圖地，辨其邦國都鄙夷蠻戎狄之人民，而一以禹貢高山大川爲準，故篇首弁以《禹貢》暨《周職方》二書，乃次及圖，綴以職官表焉。元人朱思本計里畫方，山川悉矣，而郡縣則非。羅念菴先生因其圖，更以當代之省府州縣，增以衛所，註以前代郡縣之名，參以桂少保蕚、李太宰默二公之圖敘，廣以許論之邊圖、鄭若曾之海圖，易以省文二十有四法，可謂精意置制，略無遺議。但以天下幅員之廣，道里無數，則東西南北莫辯。舊圖於郡縣惟記其名，不書其險，所以郡縣可考，而山川之險阻莫測。

京省郡縣全在，責實於內，故凡逋逃澤藪不可不備。舊圖於邊墻，圖其內不繪其外，所以圖以內易見，而圖以外難知，九邊之要全在，謹備於外，故外夷出没不可不詳。舊圖邊鎮，不分大寧、開平、興和、東勝，四邊雖失，猶二祖之版圖也，烏可遂棄而不問。舊圖有黄河，有漕河，皆今昔莫辨，而無農丈人之禹貢河山圖，無江山圖，無弱水圖，無黑水圖，以此高山不足以栞旅，大川不足以滌源。舊圖漕河太略，無海防而有海運，無太僕圖。舊圖在萬曆以前，今歷兩世，朝代異則沿革異，制不揣復，因七氏之圖而加廣之，爰修天下大一統圖二，以便全覽，修兩直隸十三布政司圖十五，以知官守，修新舊九邊圖七、鎮圖十有五，以嚴大防。修山川圖四，以察地勢。修河漕、海運圖二，海防圖一，以別水道。修太僕總轄圖一，以知馬政，而亦尾以朝鮮、朔漠、安南、西域島夷圖終焉，四奥之既宅也。庶幾職方氏之考，不擇圖而運於掌，或亦今上中興帝業之一助。此外，名山大川以志形勝，物産以備懋遷，人物以表風氣，祠宇宦蹟以彰先德，則以隸於各府之後，邊海事宜摘其要，則以附於各圖之上。陵墓紀其大，則以屬於山川之下。其他米鹽淩雜，不敢贅陳。愚窃謂軍國之重寄，不如此不足以備觀採，毋亦子，張書紳之微意云爾。

清・徐乾學《傳是樓書目》 《明職方地圖》三卷，明陳祖綬，三本。

清・萬斯同《明史》卷一三四《藝文志二・地理類》 陳組綬《皇明職方地圖》三卷。

《洪武京城圖志》

明・歸有光《震川集》卷五《題洪武京城圖志後》 右《京城圖志》一卷，洪武間奉勅纂修。故鄉貢進士吴中英家藏。辛卯之歲，有光赴試京闈，中英以見示，今二十有九年矣。偶閲元御史臺所纂《金陵志》，念今市朝改易，無復六朝江左之舊，因從吴氏再借此本觀之，信分裂偏安之跡與混一全盛之規憮迥別。如此自永樂移鼎，儒臣附會，以爲高皇帝無再世之計也。嘗伏讀《御製閲江樓記》云：自禹之後四方之形勢有過中原而不都，蓋天地生人、氣運循環而未周，朕當天地循環之初氣，創基於此，非古之金陵，亦非六朝之建業也。道里之均，萬邦之貢，順水而趨，公私不乏利，亦久矣。大帝王所爲與天地應，高皇帝之論蓋度越千古，真有所謂配皇天毖祀上下自時中乂之意。愚生自謂獨能竊知之，與世俗所論建都者不同，因特著於此。

明・晁瑮《晁氏寶文堂書目》 《洪武京城圖志》。

明・楊士奇《文淵閣書目》卷四 《洪武京城圖志》，二册。

清・錢謙益《絳雲樓書目》卷一 《洪武京城圖志》。

清・黄虞稷《千頃堂書目》卷六 《洪武京城圖志》一卷，述都城山川、地理、封域之沿革，官闕、門觀之制度以及壇廟、寺宇、街市、橋梁之建置更易。洪武二十八年編。

清・萬斯同《明史》卷一三四《藝文志二》 《洪武京城圖志》一卷，述都城山川、地理、封域之沿革，宫闕、門觀之制度以及壇廟、寺宇、街市、橋梁之建置更易。洪武二十八年編。

清・張廷玉等《明史》卷九七《藝文志二》 《洪武京城圖志》一卷。

清・嵇璜《續通志》卷一六六《圖譜畧》 《明洪武京城圖志》。

清・丁丙《善本書室藏書志》卷一一 《洪武京城圖志》一卷，明宏治重刊本，山陰杜煦藏書。首有《皇都山川封域圖考》，乃敘楚威王、秦始皇、吴、晉、宋、齊、梁、陳、隋、唐、南唐、宋沿革也。次目録，分宫闕、城門、山川、壇廟、官署、學校、寺觀、橋梁、街市、樓館、倉庫、廄牧、園圃十三門。次爲京城圖，爲山川圖，已闕，爲大祀壇、山川壇、廟宇寺觀圖，爲官署圖，爲國學圖，爲街市橋梁圖，樓館圖。其文簡括，明初建國規模瞭然在目。前爲洪武二十八年十二月二十二日承直郎詹事府丞杜澤序，稱神聖聰明，深謀遠略，詳内略外，經營邑都，其龍蟠虎踞之勢，長江衛護之雄，羣山拱翼之嚴，此天地之所造設也。若乃紫微臨金闕，煌煌黄道分玉街，坦坦城郭延袤市。衢有條，六卿居左，經緯以文，五府處西，鎮静以武，如十廟以祀忠烈，十樓以待嘉賓，此皇上之所經制也。以此觀之，京師天下之本，萬邦輻輳，重譯來庭，四海之所歸依，萬民之所取正，非遠代七朝偏據一方之可侔也。皇上萬幾之暇，命工繪圖，頒示天下，臣叨近侍之列，仰瞻天日之光，幸覩斯圖，不勝感戴。又承務郎右春坊右贊善臣王俊華記，後有承直郎南京户部主事臣王鴻儒識，云：始鴻儒官南都，好訪求高皇帝定天下時神功聖德及當時謀臣戰將効奇戮力議論攻取之詳，而故老凋零無所於質，後生小子習聞俚談，亦往失實而不足稽據，獨時時從東南士大夫遊間得一二而嘗遺八九，殊可恨也。宏治壬子於杭人陳有功處忽得此書，雖未足以滿平生之懷，而金陵名勝之迹大抵得之矣。江寧知縣朱宗博雅好古，請壽諸梓以廣其傳，他日有欲賦南都之盛者亦當有考於此。云《絳雲樓書目》載有此書。上元朱緒曾《開有益齋讀書志》所藏此《圖志》是明初印本，鏤刻精工，字仿趙松雪體，共六十葉，每半葉十行，每行十九字，篇幅寬闊，字大悦目，古香觸手，與宋元佳刻無異。惟闕杜澤一序，今雖宏治翻刻，而當時得於杭人之手，又增一重掌故矣。有杜煦之印。煦字尺莊，山陰人，嘉慶丁卯舉人，截取知縣，道光元年舉孝廉方正。

《全遼志》

清・黄虞稷《千頃堂書目》卷六 徐文華、劉琦、程啓克、潘珍《全遼志》，嘉靖間修。

又 任洛等《全遼志》，嘉靖間重修。

清・范邦甸《天一閣書目》卷二之二《史部》 《全遼志》六卷，刊本，明畢恭撰并序。

《楚邊圖説》

清・徐乾學《傳是樓書目》 《楚邊圖説》，明吴國仕，四本。

清・丁丙《善本書室藏書志》卷一二 《楚邊圖説》一卷，明刊本，曹楝亭藏書，新安吴國仕著，蘄州門人王謙校。楚邊圖者，乃辰沅隸楚邊郡，咽喉滇黔，襟帶川廣，爲三省要區。苗穴參錯郡邑，而鎮筸及平清偏鎮等衛介其中，屢討屢叛。萬曆四十三年，黔中大叛，兩江肆横，鎮筸紅苗諸逆及六龍三山等寨所在蠭起。國仕入沅莅事，乃率劉别駕伯瀚歷險阻，察苗徑，規地形，較遠近，酌緩急，建哨一十有七，竪炮樓者三十有二，增兵至九百餘人。著爲《圖説》，萬曆丁巳辰州知府武圖功爲後序。繪圖精湛，字畫端方，不但有裨武備已也。國仕，甲辰進士。有楝亭曹氏藏書印。

清・何紹基《(光緒)重修安徽通志》卷三三九 《楚邊圖説》一卷，吴國仕著。

清・丁立中《八千卷樓書目》卷八《史部》 《楚邊圖説》一卷，明吴國仕撰，明刊本。

《武備志》

明・祁承㸁《澹生堂藏書目》 《武倫志》二百四十卷，八套，茅元儀。

清・錢謙益《絳雲樓書目》卷二 茅元儀《武備志》。

清・黄虞稷《千頃堂書目》卷一三《兵家類》 茅元儀《武備志》二百四十卷，崇禎元年三月進呈。

清・徐乾學《傳是樓書目》 《武備志》二百四十卷，明茅元儀。

清・張廷玉等《明史》卷九八《藝文志二》 茅元儀《武備志》二百四十卷。

清・丁立中《八千卷樓書目》卷一〇《子部》 《武備志》二百四十卷，明茅元儀撰，日本刊本。

清・姚覲元《清代禁毁書目四種》 《武備志》，茅元儀輯。

《九邊通考》

明・祁承㸁《澹生堂藏書目》 《皇明九邊通考》十卷，四册，魏焕著。遼東、薊鎮、宣府、大同、三關、榆林、寧夏、甘肅、固原。

清・黄虞稷《千頃堂書目》卷八 魏焕《明九邊通攷》十卷。字原德，長沙衛人，嘉靖乙丑進士，四川按察司僉事。

清・萬斯同《明史》卷一三四《藝文志二》 魏焕《皇明九邊通考》十卷。字原德，長沙衛人，嘉靖乙丑進士，四川按察司僉事。

清・張廷玉等《明史》卷九七《藝文志二》 魏焕《九邊通考》十卷。

《四鎮三關志》

清・黄虞稷《千頃堂書目》卷八 劉效祖《四鎮三關志》十二卷。武功左衛人，嘉靖庚戌進士，陝西按察司副使。

清・萬斯同《明史》卷一三四《藝文志二》 劉效祖《四鎮三關志》十二卷。武功左衛人，嘉靖庚戌進士，陝西按察司副使。

清・徐乾學《傳是樓書目》 《四鎮三關志》十卷，明劉効祖，十本。又一部八本。

清・張廷玉等《明史》卷九七《藝文志二》　劉效祖《四鎮三關志》十二卷。

清・姚覲元《清代禁毀書目四種》　《四鎮三關志》十本，查《四鎮三關志》，係明劉效祖等撰。書成於萬曆初年，其第十卷夷部語多誣謬，應請抽燬。

清・張之洞《（光緒）順天府志》卷一二四《藝文志三》　《四鎮三關志》十二卷。

《輿地圖考》

清・姚覲元《清代禁毀書目四種》　《輿地圖考》，明程道生輯。

《地圖綜要》

清・黄虞稷《千頃堂書目》卷六　吴學儼《地圖綜要》。

清・嵇璜《續文獻通考》卷一七〇《經籍考》　《地圖綜要》，無卷數，朱紹本、吴學儼、朱國達、朱國幹同撰。紹本等里貫俱無考。

清・嵇璜《續通志》卷一五九《藝文略》　《地圖綜要》，無卷數，明朱紹本、吴學儼、朱國達、朱國幹同撰。

清・徐乾學《傳是樓書目》　《地圖綜要》三卷，明吴學儼，二本。

清・周中孚《鄭堂讀書記》卷三二《史部十八》　《地圖綜要》，無卷數，明朱紹本、朱國達、吴學儼、朱國幹同撰。

清・趙宏恩《（乾隆）江南通志》卷一九一《藝文志》　《地圖綜要》，休寧吴學儼、朱紹本同著。

清・丁立中《八千卷樓書目》卷六《史部》　《地圖綜要》不分卷，明朱國達撰，明刊本。

清・姚覲元《清代禁毀書目四種》　《地圖綜要》，朱紹本編。

《輿圖備考》

清・許容修《（乾隆）甘肅通志》卷三四《人物》　潘光祖，字義繩，狄道人，天啓五年進士，歷任吏、户二部山西參議。道性清介，執法不撓，巡按某托令曲庇所知，光祖不從，巡按銜之。會流賊入境，光祖親冒石矢，督軍拒戰，賊皆敗走。巡按以招降之誤，劾其縱賊逮問。光祖自以無罪，恥對獄吏，絶食而死。晉民悲之，立祠祀之。

清・徐乾學《傳是樓書目》　《輿圖備考》十八卷，明潘光祖，十六本。

《漕河圖志》

明・祁承㸁《澹生堂藏書目》　《漕河圖志》八卷，四册。

清・黄宗羲《明文海》卷五九《奏疏十三》　《漕河圖志》、《海運編》、《太學馬鹽法志》之類，四方形勢，如《廣輿圖》、《九邊圖説》、《星槎勝覽》、《瀛涯勝覽》、《炎徼紀聞》、《殊域周谷録》之類，折衷以《實録》、《會典》所紀載，參以《衍義補》、《名臣經濟録》、《疏議》諸書。

清・黄虞稷《千頃堂書目》卷八　王瓊《漕河圖志》，八卷。

清・徐乾學《傳是樓書目》　《漕河圖志》三卷，明王瓊，二本。又一部八卷，明王瓊，四本。

清・萬斯同《明史》卷一三四《藝文志二》　王瓊《漕河圖志》，八卷。

清・張廷玉等《明史》卷九七《藝文志二》　王瓊《漕河圖志》，八卷。

清・嵇璜《續通志》卷一五九《藝文略》　《漕河圖志》三卷，明王瓊撰。

清・嵇璜《續文獻通考》卷一六六《圖譜略》　王瓊《漕河圖志》。

清・嵇璜《續文獻通考》卷一七〇《經籍考》　王瓊《漕河圖志》，三卷。

清・永瑢等《四庫全書總目》卷七五《史部三十一・地理類存目四》　《漕河圖志》三卷，浙江鄭大節家藏本，明王瓊撰。瓊有《晉溪奏議》已著録。先是，成化間三原王恕作《漕河通志》十四卷。宏治九年，瓊以工部郎中管理河道，乃因恕之書而增損之，首載漕河圖，次記河之脈絡原委及古今變遷、修治經費以逮奏議碑記，罔不具悉。《明史》本傳稱：「瓊出治漕河三年，臚其事爲志，繼任者案稽之，不爽毫髮。」由是以敏練稱。蓋其書之切於實用如此。惜原本八卷，此本止存三卷，非完帙矣。

清・張之洞《（光緒）順天府志》卷三六《河渠志一》　王瓊《漕河圖志》。

《三吴水利録》

明・歸有光《三吴水利録》歸輔世《書三吴水利録後》 天下之利有故而害有由，不明其故而妄以私智規小利，失大利而遺大害，至於累世不息者，斯其首禍何如？東南澤國，水非大利乎？今時被其災，反爲大害。空思神禹舊跡，莫知所以措。悲夫！亦思水何以泛濫，知其泛濫則可底定矣。何以底定？審其底定，宜無失其故矣。三代後，漢與唐獨略於東南之水者，時江水猶循其道，莫爲患也。至宋而言水事者紛紛矣。由慶歷時，築長隄於江水之上流，截其入海之勢故也。至於腹内之堰閘不可廢者，反一切廢之，皆爲一時轉運之便，不顧失大利而貽大害，壅遏上流之水，而瀰漫腹内之田。於是四郡之民，居卑者盡爲魚鼈之宅。治之者又往往不得其領，不惟無益而反滋其害，以迄於今也。先太僕務經濟之學，於今古遺書，無不研究，明禹跡之舊，爲《禹貢註》。至於東南之水，復具論於《三吴水利》中，詳其入海之道，定三江之圖，録水學之最者，彙爲一集，能自得其領，而後其法可備用。蓋東南之水既匯而爲具區，具區實由吴淞一江，東入於海，其流迅駛。左右南北之水，五六里而爲一浦者，皆旁支也。更横之，每十里而爲一塘。塘浦棊布，治水治田之道在是矣。是以原委分而支庶，明先後緩急，皆有其序。姑知宋元以來之治水，皆不得其分明而失其次序也。隆慶間，海忠介公喜得是書，倣而行之。時歲大飢，公多方處費，聽有罪者入贖，助工勤力者，加其稟餼，飢民大濟而江大開，海口至棚橋盡堙爲平地矣。不期月而遂通，江濤如昔，民誦便利。惜功未竟而公去任，繼之者不復行公之事。公爲人廉敏勤毅，親巡視事無虚日，謂大禹神聖，勞身焦思，胼胝於山水泥陸，我輩何人，食朝廷之禄而勞民自逸，矧又有因而掊克耶？時或有給餉不即應者，公嚴刑以儆，無不奮勵，功故垂成，而不意有媢嫉者亟奪公去。今幸蒙聖明深維國計，洞晰民隱，謂天下財賦仰給東南，治東南之水爲今經國利民首務。而吴淞一江，則水之綱領也。今多湮塞而僅存遺跡，不若旁水之流，此湖之所以時時泛溢，而吴民水旱蒙災也。敕行疏濬採酌事宜。聖謨如此，何愁無忠介公以成之乎？兹猶懷杞人之念者，謂古草茅亦切當世之慮。今廟廊之上憂及江湖，處江湖者，安敢隱其見聞？不磬芻蕘狂瞽之愚，以所聞吴淞之入海。禹鑿堙阜，後無宋之吴江岸，亦猶岷浙之至今長流也。曩時故跡深廣，可敵千浦，今堙者已爲平地，而通者反從南北支流，紆迴入海。昔之塘浦，廣猶三十丈，今嫡屈於庶，日失其勢，而震澤焉有安流？必廣復其故而與岷江相埒，即狹處猶當數里，斯言也，如以爲迂狂，則昔日之三江何如耶？古聖王經營天下，九州、九道、九澤、九山，爲之開通陂障，況東南一水乎？思天下之泛濫，可底於平成，則治一澤之水，不得視爲迂闊艱難矣。爲之者功期必成，上答天子，下澤蒼生，當仁可讓，與凡江故跡，載自前人，歷有其證。今其爲茭蘆阡陌者，何得不悉返東流，俾澤有安瀾，而後江之旁浦與塘可漸次疏治，復置腹内之堰閘。四郡水田蘇爲最，仍設吴越錢王時之營田司，督營田軍，專爲田事，導河築防。上流之壅截，既盡疏徹，而腹内之堰閘，又時其啓閉，則不惟水永無患，而旱亦無災，歲歲豐稔，建一時之功，垂萬世之利，拭目以望。崇禎元年戊辰季秋，孫男輔世書。

清・蔣光煦《三吴水利録跋》 東南言水利者，莫大於三江震澤，而松江之壅滯，自晉宋間始。梁時以滬瀆不通，欲於太湖之上流分殺其勢。宋郟亶、單鍔並有著書，以浚松江爲第一義，單鍔書爲蘇文忠所稱。明歸震川先生采郟、單諸人之論，爲《三吴水利録》，言治吴之水，宜專力於松江，松江既治，則太湖之水東下，而他水不勞遺力矣。夫水爲民之害，亦爲民之利。【略】當今之時，三吴之水利，不可不亟爲講求。是書實有系於國計民生之大者矣。道光丙申春孟，海昌蔣光煦跋。

明・朱睦㮮《萬卷堂書目》卷二 《三吴水利録》四卷，歸有光。

明・焦竑《國史經籍志》卷三《史類》 《三吴水利録》四卷，歸有光。

清・黄虞稷《千頃堂書目》卷八 歸有光《三吴水利録》，四卷。

清・徐乾學《傳是樓書目》 《三吴水利録》，四卷，歸有光，一本。

清・萬斯同《明史》卷一三四《藝文志二》 歸有光《三吴水利録》，四卷。

清・張廷玉等《明史》卷九七《藝文志二》 歸有光《三吴水利録》，四卷。

清・嵇璜《清續文獻通考》卷二七二《經籍考十六》 《三吴水利録》，四卷，續録附，明歸有光。

清・嵇璜《續通志》卷一五九《藝文略》 《三吴水利録》四卷，明歸有光撰。

清・王太岳《四庫全書考證》卷四〇 《三吴水利録》，明歸有光撰。

清・永瑢等《四庫全書總目》卷六九《史部二十五・地理類二》 《三吴水利録》四卷，江蘇巡撫採進本。明歸有光撰。有光有《易經淵旨》，已著録。是書大旨以治吴中之水宜專力於松江，松江既治，則太湖之水東下，而他水不勞餘力。當時隄防廢壞，漲沙幾與崖平，水旱俱受其病。因採集前人水議之尤善者七篇，而自作《水利論》二篇以發明之。又以《三江圖》附於其後。蓋松江爲震澤尾閭，全湖之水皆從此赴海，所謂塞則六府均其害，通則六府同其利者，前人已備言之。尋其湮塞之流，則張弼水議所謂自夏原吉濬范家浜，直接黄浦，浦勢湍急，洩水益徑，而江湖平緩，易致停淤。故黄浦之闊，漸倍於舊。吴淞狹處，僅若溝渠。其言最爲有理。有光乃概以爲湖田圍占之故，未免失於詳究。然有光居安亭，正在松江之上，故所論形勢、脈絡最爲明晰。其所云宜從其湮塞而治之，不可別求其他道者，亦確中要害。言蘇松水利者，是書固未嘗不可備考核也。

清・趙宏恩《（乾隆）江南通志》卷一九二《藝文志》 《三吴水利録》，四卷，俱崑山歸有光。

清・馮桂芬《（同治）蘇州府志》卷一三九 歸有光《三吴水利録》，四卷。

清・張之洞《書目答問・史部》 《三吴水利録》四卷，明歸有光。借月山房本，涉聞梓舊本。

《河防一覽》

明・祁承㸁《澹生堂藏書目》 《河防一覽》十卷，十册，潘季馴。

明・董斯張《（崇禎）吴興備志》卷二二 潘季馴《河防一覽》，若干卷。

明・陳子龍《明經世文編》卷四三九《河防一覽敘河防》 《河防一覽》者，何宫保印川潘公志河防之績也。

清・錢謙益《絳雲樓書目》卷三 潘季馴《河防一覽》。

清・黄宗羲《明文海》卷二二三《序十三・于慎行〈河防一覽叙〉》 《河防一覽》者，何宫保印川潘公志河防之績也。潘公自乙丑迄今奉三朝簡命，從事河漕之間前後二十七祺矣。其功難而鉅，其畫詳而深，其耳目之所狎，精神之所寄，若與水相忘者，國家萬萬年大計在焉。志之以示後也。兼漕而專言河者何？防河所以治漕也。河者漕之藉也。然則古之防河也避其害，今之防河也資其利乎。【略】然則公之防河也，奚若曰二十七年之中有大役於河者三，其功皆成於因，始而飛雲之決，則開南陽以往新渠二百里以避河之險，因而避之也。已而清口之役，則合河淮之流以趣於海，因而合之也。其後銅瓦之決，則隄大名上流以防其潰，因而隄之也。凡公之成功皆因也，而淮河之績爲最，即萬世不能易焉。嗟夫，古之聖人見轉蓬而爲車，覩落葉而造舟，察列星而分四時，視月行而推晦朔，未有無所因者也。況夫四瀆之流，呼吸吐納天地之性閎焉者乎。【略】蓋自河淮議興而謀夫盈庭，或以爲當瀹海口不思海口之壅，河淮分也，則以爲當開故河，不知河淮之分隄防潰也。是故高堰之隄成而淮不東，崔鎮之隄成而河不北，以河予淮，以淮予河，而以河淮予海，又安用瀹海口，而又安用復故河，爲此所謂因也，因者水之道也，漕渠之要在河淮之交，而公之績亦以此爲最，故特著焉。後之防河者第因公之成勢而時修備之，則智亦大矣。故曰志之以示後也。

清・黄虞稷《千頃堂書目》卷八 潘季馴《河防一覽》，十四卷。

清・萬斯同《明史》卷一三四《藝文志二》 潘季馴《河防一覽》，十四卷。

清・張廷玉等《明史》卷九七《藝文志二》 潘季馴《河防一覽》，十四卷。

清・嵇璜《續文獻通考》卷一七〇《經籍考》 潘季馴《河防一覽》，十四卷，《兩河管見》三卷。

清・嵇璜《續通志》卷一五九《藝文略》 《河防一覽》十四卷，明潘季馴撰。

清・永瑢等《四庫全書總目》卷六九《史部二十五・地理類二》 《河防一覽》十四卷，江蘇巡撫採進本。明潘季馴撰。季馴有《司空奏議》，已著録。季馴在嘉靖萬歷間，凡四奉治河之命，在事二十七年，著有成績。嘗於萬歷七年工成時，彙集前後章奏及諸人贈言，纂成一書，名《塞斷大工録》。既而以其猶未賅備，復加增削，輯爲是編。首敕諭圖説一卷，次河議辨惑一卷，次河防險要一卷，次修守事宜一卷，次河源河決考一卷，次前人文章之關係河務及諸臣奏議凡八十餘篇，分爲九卷。明代仰東南轉漕，以實京師，又泗州祖陵逼近淮泗，故治水者必合漕運與陵寢而兼籌之。中葉以後，潰決時聞，議者紛如聚訟。季馴獨力主復故道之説，塞崔鎮，隄歸仁，而黄不北，築高家堰黄浦八淺，而淮不東，創爲減水順水壩，遥隄縷隄之制，而蓄洩有所賴。其大旨謂通漕於河，則治河即以治漕，會河於淮，則治淮即以治河，合河淮而合入於海，則治河淮即以治海。故生平規畫，總以束水攻沙爲第一義。

清・永瑢等《四庫全書總目》卷七五《史部三十一・地理類存目四》 《兩河管見》三卷，浙江范懋柱家天一閣藏本。明潘季馴撰，季馴有《司空奏疏》，已著録。此書乃其巡撫廣東時值兩河水決，再以右都御史督理河道之所建白也。首卷爲圖説，冠以敕諭，二卷治河節解，三卷爲修守事宜。其大旨與所撰《河防一覽》相同云。

清・永瑢等《四庫全書簡明目録》卷七《史部・地理類》《河防一覽》十四卷，明潘季馴撰。首敕諭圖説，次河議辨惑，次河防險要，次修守事宜，次河源河決考，各一卷。次前人治河之議與明代之奏章，共九卷。大旨總主於束水以刷沙。

清・周中孚《鄭堂讀書記補逸》卷一四《河防一覽》十四卷，明刊本，明潘季馴撰。季馴字時良，號印川，烏程人，嘉靖庚戌進士，官至總督河道，工部尚書，兼右都御史。《四庫全書》著録，《明史・藝文志》亦載之。印川於嘉靖、萬曆中總督河漕，凡四任，前後二十七年。其於河事熟悉周詳，萬曆庚辰，河工告成，嘗以奏議及時人贈言，編刊爲《宸斷大工録》十卷，見《明志》。然以其事止於江左，而諸直省未備，因複加增削，輯成是編。【略】其大旨在以堤束水，以水刷沙，卒以此奏功。所載諸疏，並規度形勢，利弊分明，足以見一時施功之次第。

清・耿文光《萬卷精華樓藏書記》卷四五《地理類四》《河防一覽》十四卷，明潘季馴撰。【略】此河防之書，與歸震川《三吴水利録》同稱佳本，治河者莫不可少之書也。

清・丁立中《八千卷樓書目》卷八《史部》《河防一覽》十四卷，明潘季馴撰，明刊本。

《圖注水陸路程途》

清・嵇璜《續通志》卷一五九《藝文略》《圖注水陸路程途》，八卷，明黄汴撰。

清・永瑢等《四庫全書總目》卷七二《史部二十八》《圖註水陸路程途》八卷，浙江鮑士恭家藏本，明黄汴撰。汴不知何許人。是書前列南北二京及各省路途，後序道路分合，里數遠近，其山川夷險，亦言之頗詳。書成於隆慶四年，而猶載廣東至安南驛路，蓋未棄交趾以前所設站也。

《吴中水利書》

清・嵇璜《續文獻通考》卷一七一《經籍考》張國維《吴中水利書》二十八卷。國維，字九一，東陽人，天啓進士。福王時官至吏部尚書，南京破後，從魯王於紹興，事敗，投水死。

清・嵇璜《續通志》卷一五九《藝文略》《吴中水利書》二十八卷，明張國維撰。

清・永瑢等《四庫全書總目》卷六九《史部二十五・地理類二》《吴中水利書》二十八卷，浙江巡撫採進本，明張國維撰。國維，字九一，號玉笥，東陽人，天啓壬戌進士。福王時官至吏部尚書。南京破後，從魯王於紹興。事敗，投水死。事蹟具《明史》本傳。是書先列東南七府水利總圖，凡五十二幅，次標水源、水脈、水名等目，又輯詔敕章奏，下逮論議序記歌謡。所記雖止明代事，然指陳詳切，頗爲有用之言。凡例謂崇明，靖江二邑浮江海之中，地脈不相聯貫，自昔不混東南水政之内。今案二邑形勢，所説不誣，足以見其明確。《明史》本傳稱國維爲江南巡撫時，建蘇州九里石塘及平望内外塘、長洲至和等塘，修松江捍海堤，濬鎮江及江陰漕渠，竝有成績。遷工部右侍郎，兼右僉都御史，總督河道。時值歲旱，漕流涸，濬諸水以通漕。又稱崇禎十六年八總兵師潰，國維時爲兵部尚書，坐解職下獄。帝念其治河功，得釋。則國維之於水利，實能有所擘畫。是書所記，皆其閱歷之言，與儒者紙上空談固迥不侔矣。

清・丁立中《八千卷樓書目》卷八《史部》《吴中水利書》二十八卷，明張國維撰，明崇禎刊本。

《潞水客談》

清・張廷玉等《明史》卷二二三《徐貞明傳》徐貞明，字孺東，貴溪人，父九思，見《循吏傳》。貞明舉隆慶五年進士，知浙江山陰縣，敏而有惠，萬曆三年徵爲工科給事中。【略】及貞明被謫，至潞河，終以前議可行，乃著《潞水客談》以畢其説。其略曰：西北之地，旱則赤地千里，潦則洪流萬頃，惟雨暘時若，庶樂歲無饑，此可常恃哉？惟水利興而後旱潦有備，利一。中人治生必有常稔之田，以國家之全盛獨待哺於東南，豈計之得哉？水利興則餘糧棲畝皆倉庾之積，利二。東南轉輸其費數倍，若西北有一石之入，則東南省數石之輸，久則蠲租之詔可下，東南民力庶幾稍甦，利三。西北無溝洫，故河水横流，而民居多没。修復水田則可分河流，殺水患，利四。西北地平曠，寇騎得以長驅。若溝洫盡舉，則田野皆金湯，利五。游民輕去鄉土，易於爲亂，水利興則業農者依田里，而游民有所歸，利六。招南人以耕西北之田，則民均而田亦均，利七。東南多漏役之民，西北罹重徭之苦，以南賦繁而役減，北賦省而徭重也。使田墾而民聚，則賦增而北徭可減，利八。沿邊諸鎮有積貯，轉輸不煩，利九。天下浮户依富家爲佃客者何限，募之爲農而簡之爲兵，屯政無不舉矣，利十。塞上之卒，土著者少，屯政舉則兵自足，可以省遠募之費，甦班戍之勞，停攝勾之苦，利十一。宗禄浩繁，勢將難繼，今自中尉以下量禄之田，使自食其土，爲長子孫計，則宗禄可減，利十二。修復水利，則倣古井田，可限民名田，而自昔養民之政漸可舉行，利十三。民與地均，可倣古比閭族黨之制，而教化漸興，風俗自美，利十四也。

清・李富孫《校經廎文稿》卷一七《潞水客談跋》 《潞水客談》一卷，明貴谿徐貞明所著，以西北之地泉深土澤，皆可成田，而萑葦彌望，盡屬曠廢，議興水利，墾闢疏引，如南人圩田之制。噫！徐子之議，牧養斯民之亟務也。水利之說，三代無聞，蓋井閒有溝，成閒有洫，同閒有澮，以時其蓄洩，無水旱之虞，不必有水利之名也。自秦人決阡陌，古制蕩然。後之智者，各因川澤之利，引水溉田。鄭白之渠，人偁其功，而水利之説以興。自後踵而效之者，莫不變荒瘠而爲膏腴焉。元徙都燕地，始仰食於東南漕運之苦，有不可勝言。而西北之地鞠爲茂艸，未有知墾以成田。當時虞文靖議開京東瀕海之田，極措置之詳，事阻不行。及至正閒，海運不繼，始議舉行，而國執已莫之救矣。【略】徐子閱歷山海，京東數處如指諸掌，爲工科給事中，嘗請興西北水利，未果行。及累謫太平，猶對客談其疏之所未竟，爲《西北水利議》，亦名《潞水客談》。還朝，給事中王敬民薦之，會巡撫方國彦方開水利於薊，遂命貞明兼監察御史，領墾田使。先議於永平等處，募南人爲倡，明年二月，已墾三萬九千餘畮。又徧歷諸河，周覽水泉分合，將大行疏濬。而宦寺勛戚之占田者争言不便，遂罷。至崇禎十五年，曾頒是書於户部，令議興復水利，而已無及矣。噫！徐子之議，因執利導，實有裨於生民。當今之時，有能舉行之者，闢閑之地，疏水泉之利，如南人田而耕之，一畝數鍾，可得穀歲億萬萬，則西北之民可致贍給而偁富饒，東南百萬之漕亦可省已，民力有不大紓也哉？竹垞太史詩云：「東南民力愁先竭，西北泉源棄尚多。」蓋亦有慨乎此也。貞明，字儒東，貴谿人，隆慶五年進士。盛杣堂大令《問水漫録》載是議，謂言水利者不可不知，故備識之。

明・祁承爜《澹生堂藏書目》 《潞水客談》一卷，一册，徐貞明。

清・錢謙益《絳雲樓書目》卷三 《潞水客談》。

清・黄虞稷《千頃堂書目》卷八 徐貞明《潞水客談》，三卷。

清・萬斯同《明史》卷一三四《藝文志二》 徐貞明《潞水客談》，三卷。

清・嵇璜《續文獻通考》卷一七〇《經籍考》 徐貞明《潞水客談》，一卷。貞明，字伯繼，貴溪人，隆慶進士，官至尚寶少卿。

清・嵇璜《續通志》卷一五九《藝文略》 《潞水客談》一卷，明徐貞明撰。

清・永瑢等《四庫全書總目》卷七五《史部三十一・地理類存目四》 《潞水客談》一卷，兩淮鹽政採進本，明徐貞明撰。貞明，字孺東，一曰伯繼，貴溪人，隆慶辛未進士。官至尚寶司少卿。其官工科給事中時，上疏言畿甸水利，大旨開西北之溝洫，以省東南之漕運。廷議不行。會以他事外謫太平府知事，不能再疏理前説，乃於通州旅次作此書，設爲賓主問荅之辭，以盡疏中之義。前有萬歷丙子張元忭序，又有俞均重刊序及王祖嫡題詞，末有李世遠、王一鶚二書，李楨、米鴻謨二跋，皆盛推之。然其後貞明復官還朝，更申前請，廷議用其策，即命貞明領之，迄不能成功而罷。

清・范邦甸《天一閣書目》卷二之二《史部》 《潞水客談》一卷，刊本，明徐給諫撰。萬曆四年東齊朱鴻謨序。

清・張之洞《（光緒）順天府志》卷一二二《藝文志一》 徐貞明《潞水客談》，一卷，存刊本。貞明，字孺東，貴溪人，隆慶五年進士，歷官尚寶寺丞。

清・張之洞《書目答問・子部》 《潞水客談》一卷，明徐貞明。單行本，粤雅堂本。

清・丁立中《八千卷樓書目》卷八《史部》 《潞水客談》一卷，明徐貞明撰。粤雅堂本，畿輔水利叢書本。

《浙海圖》

清・黄虞稷《千頃堂書目》卷八《地理類下》 黎季《浙海圖》。都御史。

《籌海圖編》

明・茅坤《茅鹿門文集》卷一一《序・刻籌海圖編序》 國家諸夷徼，東起遼、薊，涉雲中、上谷，西接隴、蜀，南及蒼梧、象郡、百越之地，並湮山塹谷以爲界。秦漢來，世列亭障，繕戍守。一切阨塞、形勝、虚實、嚮背，世有圖牒以詮次其事，往者有睹，來者可鏡也。故士大夫起枹鼓，稍稍陳得失，形利害以從事。而海則閩、廣、浙、直隶、登萊之間，縮波而州者，南北萬餘里。諸島既不得附冠帶之國以自通，或貢，或絶，或内犯，率數十年一見，百餘年一見，而中國所以斥而守者，亦微矣。及入我朝，始遣信國公經略其間。然列聖以來，數十州郡宴然不覩兵革，頃者二三狂孽，僋儴内亂，往往遠近不支。明天子始下詔，徵材官騎士及選將以合戰，騷然中外矣。而大者覆師，小者陷陣，逡巡狼狽，所嚮無尺寸之功，何者？將不審敵，兵不服習故也。少保胡公來，小大數十百戰，稍得芟刈羣兇，遂填東南。予間視公，所當蓋世之氣，固若天授之者。然方其羽檄所告，日數十至，公舉杯談笑，往往事後當成敗，百不一失。蓋繇公結髮入仕，勒習戎事，又遊宦吾浙也久，一切彼已之阨塞、形勝、虚實、嚮背，了然於公襟帶間，故得以擘畫至是耳。公一日聞崑山鄭君伯魯從諸生後，好言兵事，且憤諸將校不得彼已之審，而輒以身嘗敵也。頗爲手次諸夷所入寇。與其將士所當勝負處。即劃然曰：「兵興來十餘年於兹，並不得片言隻字以系往事。吾屬且散去。戰陣之跡，當亦尋且零落，而他日之舉燧而馳者，不猶今日已乎？」於是幣聘君過幕府，哀次其事。君遂首括諸道之縮海而州，與其諸島之錯海而峙者爲圖。諸島之或貢，或絶，或内犯，中國所遣使，與彼之部署、文字、器什、戰鬭之習，不可以不條見也，於是次之爲《事略》。然諸道之山川、夷險異形，其所勒習戰陣異宜也，於是分列廣東、福建、浙江、直隶、登萊，又各自爲圖，而系之以《兵防事宜》。分則散，散則不可按月日而次。且諸夷所入寇，與其或離或合，吾必沿其情而後可乘諜遣間也。於是次之爲《年表》，爲《寇踪分合譜》。其所當斬馘數十百級以上，古人所謂封之京觀以威敵也，於是次之爲《大捷考》。烈士之戰没，與其婦人女子之殉夫而死，所謂兵厲也，於是次之爲《遇難殉節考》。兵將、攻守、糇糧、行伍之間，非共士大夫講且肄之，不可以明法而有功，於是終之以《經略》。予伏讀之，憫然嘆曰：君之誼亦博且勤也已。自王公大人以至處士布衣之俠，自朝廷建畫以至將帥部署之史，苟其一言之係乎當世，無不旬而比之，字而櫛之。君抑自知猶多繁龐雜，而中所稱述論列，亦共爲異同，似未可席之施行者。顧君方鋭於聚矢石以捍國家，其旁搜幽討，固宜如此。表既完，君因自名之曰《籌海圖編》。且嘗手之咲謂予曰：予之爲是編也，即醫家所纂古方書是也。神農之嘗百草，與方外之牛溲馬浡，吾並籍之，以待越人倉公者之出而自擇焉，而又何暇乎其他哉？君少多逸氣，欲以功名自喜，及不遇，適國家多外難，卒吐胷中所奇掘如是。嗟乎！若君者，其史遷所謂虞卿，非窮愁不能以著書自見於世者乎？

清・黄宗羲《明文海》卷二二二《序十三・胡松〈籌海圖編序〉》　比年海内憂世之士，游談聚議，必曰南倭、北敵，然言倭事畧矣，畧矣！何者？我國家之有天下，實逐狄君而宅之，狄君逋遁，而遺孽支屬尚多有之。是雖大將屢出，成祖三犁，然地廣衆繁，滋殖甚易。故永樂来馬塔瑪、阿嚕台、布尼雅實哩之徒，跳梁蹢躅，至爵之三王，而後少戢以定。矧又割大寧而棄之，其後寖然寖熾，即紅羅、白雲、開平、木葉、東勝、拂雲之險皆不能守。正統末，幾至覆没。弘治中，繼以和碩，浸淫削折，並朔方、河南故地遂失矣。自是國門戎索之憂，肘腋腹心之患，日切孔邇，憂及廊廟。即廊廟不遑暇食，文經武略，歲積月增。乃諸邊鎮既有撫臣，又設總督。而總督之設，初亦止於延、寧、甘、固四鎮而止，其後宣、大、遼、薊則皆並設。至於兵備憲使、參遊副將之屬，不可勝紀，法蓋日詳密矣。故西北邊事，雖苦宦冗費鉅，然以張皇戒詰，即韋褐文墨之士，類能言之。而其輿地形勢，與書疏論著，世多有而傳焉，事往往在人耳目。倭之負海，即自玄菟、樂浪，迄於徐聞、東莞，要無慮萬餘里，所在可犯。然自聖祖拒絶信國經畧之後，伏不敢動者頗歷年所。永樂中，雖嘗蠢動，賴劉江望海窩之捷，寧謐蓋百餘歲。要不獨韋褐文墨之士，不能詳其本末，即搢紳樞筦者流，亦與相忘久矣。加比歲海防闊疎，舶利羡溢，濵海三窟之豪，造舟售貸，横行洋中。翩翩如雁，春来秋去，各有主名。當事者即知其然，而憂連懼及，托於喑且瞶矣。故人老而耄以荒，器陳而敝以圮，法久而蠱且蠹，蓋自其理也。重以風俗傾頽，紀綱瀾潰，君子小人交鶩於利，以陰召陰，《小雅》廢而僭竊乘矣。前此十數禩，廟堂蓋憂患之，嘗遣重臣巡視，竟以罹禍。自是益靡所忌，因緣忿怒，轉爲叛逆，乘勝從横，狡焉思啓。蓋自壬子至戊午，黄巖至淮泗，涉壖場渚至村落邑鎮，而兩浙、三吴、長淮之禍變慘矣。所賴聖主憂民，大心悔禍，英豪僇力，兇渠授首，雖其遺燼餘烈時或灼然，而巨畩大勢，盍其遏矣。顧當時變出倉卒，事承蠱壞，徵兵調賦，署吏建官，一切從便，頗覺煩費多事焉。崑山鄭子伯魯，故太常卿魏莊渠先生高第弟子也，有志匡時，而阨於命，親在圍城，竊觀當世舉措，有慨於中，念欲紀載論著，貽之方來。即凡兵興以來，公私牘牒，旁搜遠索，手自抄寫，家本劇郡，而居又密切理所，夙以德學，見禮有位，故得究詳焉。他日以其間繕造沿海圖本，十有二幅，附以考論，郡守太原王君爲之版行，因獻督府梅林胡公。公見而驚曰：韋布中乃有斯人耶！此世所稀睹。余比欲爲之，而未遑暇及，韋布中乃有斯人耶！於是檄來武林，使益成書。伯魯感激知遇，追跡冦始，詳稽典制，參質風謠，即賊所入冦歲月、道路、克捷、僨北與今昔主客兵馬、餽餉之數，舟楫、器械、戰守屯戍之法，備書具載，凡爲卷者十有三，蓋經世者有依據矣。雖然，前兹所載，譬之局方醫案，已事云爾。若夫審運氣之流行，察臟腑之虚實，辨脈衛之理亂，增損劑量弗泥弗執，則係乎神聖工巧之人矣。昔仲尼答顓孫氏知來之問，而反復乎損益之際，孟子輿告畢戰井地之法，亦曰此其大畧也。若夫潤澤之，則在君與子矣。嗟夫！損益潤澤，道豈虚行？變通神明，是維賢者。至於制治未亂，保邦未危，防乎其防，則余蓋深望當世之君子焉。

清・錢謙益《絳雲樓書目》卷四《典故》　《筹海圖編》八册，胡宗宪。

清・黄虞稷《千頃堂書目》卷八　胡宗憲《籌海圖編》，八卷，一本十三卷。

清・錢曾《錢遵王述古堂藏書目録》卷四　《籌海圖編》十卷，八本。

清・萬斯同《明史》卷一三四《藝文志二》　胡宗憲《籌海圖編》，八卷，一本十三卷。

清・張廷玉等《明史》卷九七《藝文志二》　胡宗憲《籌海圖編》，十三卷。

清・嵇璜《續文獻通考》卷一七一《經籍考》　胡宗憲《籌海圖編》，十三卷。宗憲，字汝貞，績溪人，嘉靖進士。官至兵部尚書，督師剿倭冦，以言官論劾下獄，瘐死。萬曆初，追復原官，謚襄懋。

清・嵇璜《續通志》卷一五九《藝文略》　《籌海圖編》十三卷，明胡宗憲撰。

清・永瑢等《四庫全書總目》卷六九《史部二十五・地理類二》　《籌海圖編》十三卷，安徽巡撫採進本，明胡宗憲撰。宗憲，字汝貞，號梅林，績溪人，嘉靖戊戌進士。官至兵部尚書，督師勦倭寇，以言官論劾，下獄庾死。萬曆初追復原官，謚襄懋。事迹具《明史》本傳。是書首載輿地全圖、沿海沙山圖，次載王官使倭略、倭國入貢事略、倭國事略，次載廣東、福建、浙江、直隸、登萊五省沿海郡縣圖、倭變圖、兵防官考及事宜，次載倭患總編年表，次載寇迹分合圖譜，次載大捷考，次載遇難殉節考，次載經略考。【略】《經略考》三卷内凡會哨、鄰援、招撫、城守、團練、保甲、宣諭、間諜、貢道、互市及一切海船、兵仗、戎器、火器，無不周密。又若唐順之、張時徹、俞大猷、茅坤、戚繼光諸條議，是書亦靡不具載。於明代海防，亦云詳備。蓋其人雖不醇，其才則固一世之雄也。

清・周中孚《鄭堂讀書記補逸》卷一五　《籌海圖編》十三卷，明胡宗憲撰。【略】《四庫全書》著録，《明史・藝文志》亦載之。嘉靖中，梅林節制七省，督剿倭寇，運籌握勝，遂得芟刈諸凶，東南静謐。乃與其幕中士鄭開陽若曾等總搜群策，詮次是書。【略】凡所搜討，幾及百種。編中於嶴港礁洋之形，火攻水戰之具，訓練儲積之略，遣間用奇之秘，無不一一詳載，俱歸條理。至於采擇群言，苟中肯綮，無分朝野，一披閲如指諸掌。海防之書，莫備於此。《大捷考》中敘其功績，雖出於一時諸人之手，而與《明史》紀傳悉合，是其德及一方，功施一時，亦大有不可泯没者，非專以著書自見於後世者也。

清・耿文光《萬卷精華樓藏書記》卷四五《地理類四》　《籌海圖編》十三卷，明胡宗憲撰。明本，天啓甲子年重刊。胡思伸序云：少保公曾孫維極以是編原版毁於隣焰，不忍泯先澤，獨捐金重梓。前有嘉靖壬戌茅坤序、目録、凡例。

清・丁立中《八千卷樓書目》卷八《史部》　《籌海圖編》十三卷，明胡宗憲撰，明天啓刊本。

《海防圖論》一卷，明胡宗憲撰。兵法彙編本，兵垣四編本。

《江南經略》

明・朱睦㮮《萬卷堂書目》卷二　《江南經略》八卷，鄭若曾。

明・祁承㸁《澹生堂藏書目》　《江南經略》七卷，七册。鄭若曾。

明・孫能傳《内閣藏書目録》卷三　《江南經略》六册，全。隆慶間崑山太學生鄭若曾著，皆三吴要害圖，江海之形勝，列水陸官兵。都御史林閏撫江南時采梓之，凡八卷。

清・黄虞稷《千頃堂書目》卷八《地理類下》　《江南經略》八卷。

清・徐乾學《傳是楼書目・史部・河海》　《江南經略》八卷，鄭若曾，十本。

清・萬斯同《明史》卷一三四《藝文志二》　《江南經畧》八卷。

清・張廷玉等《明史》卷九七《藝文志二》　鄭若曾《江南經略》，八卷。

清・嵇璜《續通志》卷一六一《藝文略》　《江南經畧》八卷，明鄭若曾撰。

清・嵇璜《續文獻通考》卷一八三《經籍考》　鄭若曾《江南經畧》八卷。臣等謹案是編爲江南倭患而作，兼及防禦土寇之事。八卷之中，每卷又各分上、下，多一時權宜之計。福建林潤爲應天巡撫，爲評而刊之。

清・永瑢等《四庫全書總目》卷六九《史部二十五・地理類二》　《鄭開陽雜

著》十一卷，浙江巡撫采進本，明鄭若曾撰。若曾，字伯魯，號開陽，崑山人。嘉靖初貢生。是書舊分籌海圖編、江南經略、四陝圖論等編，本各自爲書。國朝康熙中，其五世孫起泓及子定遠又刪汰重編，合爲一帙，定爲《萬里海防圖論》二卷，《江防圖考》一卷，《日本圖纂》一卷，《朝鮮圖説》一卷，《安南圖説》一卷，《琉球圖説》一卷，《海防一覽圖》一卷，《海運全圖》一卷，《黄河圖議》一卷，《蘇松浮糧議》一卷。其《海防一覽圖》即萬里海防圖之初稿，以詳略互見，故兩存之。若曾尚有《江南經略》一書，獨缺不載，未喻其故。或裝輯者偶佚歟？若曾少師魏校，又師湛若水、王守仁，與歸有光、唐順之亦互相切磋。數人中惟守仁、順之講經濟之學，然守仁用之而效，順之用之不甚效。若曾雖不大用，而佐胡宗憲幕，平倭寇有功。蓋順之求之於空言，若曾得之於閱歷也。此十書者，江防、海防形勢皆所目擊，日本諸考皆咨訪考究，得其實據。非剽掇史傳以成書，與書生紙上之談固有殊焉。

清·永瑢等《四庫全書總目》卷九九《子部九·兵家類》 《江南經略》八卷，兩江總督採進本，明鄭若曾撰。若曾有《鄭開陽雜著》已著録。是編爲江南倭患而作，兼及防禦土寇之事。八卷之中，每卷又分二子卷。卷一之上爲兵務總要，卷一之下爲江南内外形勢總考。卷二之上至卷六之下分蘇州、常州、松江、鎮江四府所屬山川險易、城池兵馬，各附以土寇要害。卷七上、下論戰守事宜。卷八上、下則雜論戰具、戰備，而終以水利、積儲與蘇松之浮糧。明季武備廢弛，法令如戲。倭寇恒以數十人横行數千里，莫敢攖鋒。土寇亦乘之不靖。若曾此書，蓋專爲當時而言，故多一時權宜之計。福建林潤時爲應天巡撫，爲評而刊之，所評亦多遷就時勢之言。然所列江海之險要、道路之衝僻、守禦之緩急，則地形水勢今古略同，未嘗不足以資後來之考證。究非紙上空談，檢譜而角觝者也。

清·永瑢等《四庫全書簡明目録》卷九《子部·兵家類》 《江南經略》八卷，明鄭若曾撰。爲江南倭患而作，兼及防禦土寇之事。於山川形勢、攻守機宜及善後諸策，言之最詳。蓋若曾嘗入胡宗憲幕，參讚軍政也。

清·周中孚《鄭堂讀書記補逸》卷一五 《江南經略》八卷，鄭氏重刊本。亦鄭若曾撰。《四庫全書》著録，《明史·藝文志》亦載之。開陽既作《萬里海防圖論》，又與胡梅林撰《籌海圖編》，巡道王道行以其略於江防重務，乃屬令重述，以附於《籌海圖編》後。開陽因攜二子，應龍、一鸞，分方祇役，更互往復，挐舟遊於三江五湖間。所至辨其道里、通塞，録而識之；形勢、險阻、斥堠、要津，令工圖之；並相度居民，諮詢父老；僻遠者，移書往通，亦得其概。凡越二載，始得略者以詳，訛者以信，成是書八卷。卷各分上下，凡圖一百八十五，論議、考説、記辨三百五十有奇，而舉要之類不與焉。其於江南四郡十有八邑，水路要害之處，設險防禦之宜，以及善後諸策，皆展卷瞭如，與前者諸書相表裏。蓋開陽在梅林幕，參讚軍政，故於捍禦倭患土寇之事，言之最詳。

清·趙宏恩《（乾隆）江南通志》卷一九一《藝文志》 《江南經略》，長洲鄭若曾。

《海防圖論》

清·嵇璜《續文獻通考》卷一七一《經籍考》 《海防圖論》二卷，不著撰人名氏。

清·永瑢等《四庫全書總目》卷七五《史部三十一·地理類存目四》 《海防圖論》一卷，浙江范懋柱家天一閣藏本，明鄭若曾撰。若曾有《鄭開陽雜著》已著録。是圖乃若曾與唐順之所共定，凡十二幅。其式以海居上、地居下，乃畫家遠近之法，若曾具爲之辨。胡宗憲所題爲《海防一覽》者，即此書也。其書成於《萬里海防圖》之先，蓋草創未詳之本。後其六世孫定遠刊《海運圖説》、《黄河圖議》等編，復併是書刻之云。

清·劉錦藻《清續文獻通考》卷二七三《經籍考十七》 《海防圖論》一卷，明胡宗憲。

清·范邦甸《天一閣書目》卷一之一 《海防圖論》一册。

清·丁立中《八千卷樓書目》卷八《史部》 《海防圖論》一卷，明胡宗憲撰。兵法彙編本，兵垣四編本。

《温處海防圖略》

明·祁承㸁《澹生堂藏書目》 《温處海防圖略》二卷，二册。

清·黄虞稷《千頃堂書目》卷八《地理類下》 李如華《温處海防圖略》，二卷。

清·萬斯同《明史》卷一三四《藝文志二》 李汝華《温處海防圖略》二卷。

清・張廷玉等《明史》卷九七《藝文志二》 李如華《温處海防圖略》二卷。

清・陳昌圖《南屏山房集》卷二〇 《温處海防圖畧》二卷，明李如華。

《紀效新書》

明・王世貞《弇州四部稿》卷六五《文部・戚將軍紀効新書序》 閩中汪中丞使来，云戚將軍用兵如神，其所著《紀効新書》者，公能無意一言乎？不佞故嘗從王憲使論叙戚將軍用兵狀，曰戚將軍善用寡，已又曰戚將軍善用衆，已又曰戚將軍善用敗，已則曰戚將軍善用勝。【略】因出一編授余曰：此戚將軍所著《紀効新書》也。余得而讀之，卷凡六，自束伍以至水兵，篇凡十八。精者探無間操無形，若莊生之談要眇。粗者教技擊按營壘，分水布陸，纖細條備，若陶朱公之治生。其明賞罰，定章程，刻覈斷，斷若韓非之論難。刺見冦隐，出神入鬼，若季主君平之前知。【略】將軍名繼光，東萊人。中丞，名道昆，徽人。閩功與戚將軍共之，又操文章柄，而汲汲然欲以余言顯戚將軍。王憲使，名道行，不識戚將軍，顧獨遜戚將軍賢，俱可書也。

明・陳懿典《陳學士先生初集》卷二《重刻紀效新書序代》 《紀效新書》者，前大將軍孟諸戚公所著也，後更推演爲《練兵實紀》。余昔與公周旋，每從公行間，覩壁壘旌幟，無不有法，退未嘗不三歎，服公真有古名將風。其二書皆鑿鑿可行者。會是時虜酋懾公，十年之内弢弓橐矢，而絶桴鼓之警。公緩帶憑軾以觀諸軍之超距爲戲，無所見斬鹵功用，是世之稱戚將軍者，皆盛推其功在南而不知其功在北，皆訟言其善用南兵而不知其妙在能用南法練北卒。今觀《新書》，自練伍至水兵，凡十八篇，皆行之閩者也。《實紀》自練伍以至練將，凡九卷，皆行之薊者也。【略】余别公二十餘年，適以屬國之難，出督於兹土，巡行昔日從公周旋之地，低徊不能去。諸將士有及事公者，有不及事者，咸思起公於九京。而余則謂能讀公書，能用公法，公固在也。乃檄密雲令，爲重梓二書，以授諸將士。余猶憶爲令時嘗與公深言兵法，公亦壯余，掀髯爲余論用兵要渺，且笑曰：「將兵者余，他日將將者公。」今讀公二書，蓋不啻山陽之感矣。

清・强汝詢《求益齋文集》卷二《書紀效新書後》 自古盜賊之興，至於猖狂不可制者，或由煩刑暴斂，黎民愁怨，或由國勢陵夷，上下解體，或由頻歲饑饉，民困無告，當是時民心已離其上，桀黠一呼，應者四起，必至於大亂。【略】明季西北連歲大荒，民飢無食，争起爲盜，此由饑饉而亂者也。若乃天下爲一，紀綱整齊，非有唐元之弊，薄賦省刑，海内懷德，非有秦隋之釁，五穀豐熟，民足衣食，非有明永之災。當此之時，縱有盜賊，發兵收捕，不旋踵立定矣。然而一二驍猾不軌之流，煽惑徒黨，不逾數百，虜脅良民，以益其衆，民方樂業戴上，莫肯從逆，緣道解散，强者則相率拒賊，此其勢宜不能久，然而蹂躪數千里，攻城屠邑，覆軍殺將，數年而未得定，此其故何也？則兵弱故也。【略】戚氏之練兵，蓋有事而後教者，當時亦或迂之，然卒收其效，其書於節制爲詳，皆可見之施行，然武夫多不知書，儒生則曰兵非吾事也，有言兵者指以爲狂，故是書雖存，無留意者，嗚呼！古之名儒知兵者，非生而知之也，蓋亦有學焉。今諉曰兵非吾事，然而位大府總軍旅者，皆儒生也，則兵之所以弱，冦之所以熾，民之所以死亡者，非儒生之咎而誰咎哉？余既善戚氏書，頗爲校正闕誤，因識於卷末。

明・王圻《續文獻通考》卷一七九《經籍考》 《紀效新書》，戚繼光著。

明・祁承㸁《澹生堂藏書目》 《紀効新書》十八卷，六册，戚継光。

明・陳第《世善堂藏書目録》卷下 《紀效新書》，四本，戚。

清・張岱《石匱書》卷三七 《紀效新書》四卷，戚継光。

清・錢謙益《絳雲樓書目》卷三 《紀效新書》。

清・黄宗羲《千頃堂書目》卷一三 戚繼光《紀效新書》，十四卷。

清・萬斯同《明史》卷一三五《藝文志三》 戚繼光《紀效新書》，十四卷。

清・嵇璜《續文獻通考》卷一八三《經籍考》 戚繼光《練兵實記》，九卷，附《雜集》六卷，《紀效新書》十八卷。繼光，字元敬，世襲登州衛指揮僉事。歷官薊州、永平、山海等處總兵，官中軍都督府左都督，進太子太保。事迹具《明史》本傳。

清・嵇璜《續通志》卷一六一《藝文略》 《紀效新書》十八卷，明戚繼光撰。

清・永瑢等《四庫全書總目》卷九九《子部九・兵家類》 《紀效新書》十八卷，山東巡撫採進本，明戚繼光撰。是書乃其官浙江參將時前後分防寧波、紹興、台州、金華、嚴州諸處練兵備倭時作。首爲《申請訓練公移》三篇。所謂提督阮者阮一鶚，所謂總督軍門胡者胡宗憲也。次爲《或問》，題下有繼光自註云：束伍既有成法，信於衆則令可申，苟一字之種疑，則百法之是廢，故爲《或問》以明之。蓋明人積習，惟務自便其私，而置國事於不問，故己在事中，則攘功避過，以身之利害爲可否，以心之愛憎爲是非。己在事外，則嫉忌成功，惡人勝己，吠聲結黨，倡浮議以掣其肘。繼光恐局外阻撓，敗其成績，故反覆論辨，冠之簡端。蓋爲當時文臣發也。其下十八篇，曰《束伍》，曰《操令》，曰《陣令》，曰《諭兵》，曰《法禁》，曰《比較》，曰《行營》，曰《操練》，曰《出征》，曰《長兵》，曰《牌筅》，曰《短兵》，曰《射法》，曰《拳經》，曰《諸器》，曰《旌旗》，曰《守哨》，曰《水兵》。各系以圖而爲之說，皆閱歷有驗之言，故曰《紀效》。其詞率如口語，不復潤飾，蓋宣諭軍衆，非如是則不曉耳。《或問》第一條云：開大陣，對大敵，比場中較藝，擒捕小賊不同，千百人列陣而前，勇者不得先，怯者不得後。只是一齊擁進，轉手皆難，焉能容得左右動跳。一人回頭，大衆同疑，焉能容得或進或退。可謂深明形勢，不爲韜略之陳言。第四篇中一條云：若犯軍令，便是我的親子姪也要依法施行。厥後竟以臨陣回顧斬其長子，可謂不愧所言矣。宜其所向有功也。

清·周中孚《鄭堂讀書記》卷三八《子部二》 《紀效新書》十八卷，學津討原本，明戚繼光撰。繼光，字元敬，世襲登州衛指揮僉事。歷官薊州、永平、山海總兵，官中軍都督府左都督，進太子太保。《四庫全書》著録《明史·藝文志》作十四卷。元敬以孫武之法綱領精微莫加矣，第於下筆詳細節目，則無一及焉。下學者何由以措？於是乃集所練士卒條目，自選畎畝民丁，以至號令、戰法、行營、武藝、守哨、水戰，間擇其實用有效者分別教練先後次第之，合爲一書，以誨諸三軍，俾習焉。凡分禮樂射藝書數六秩，禮秩爲總敘，樂秩以下分爲十八篇，篇各一卷，俱繫以圖，而爲之説，其文取便口講，使兵伍聽而易於曉暢，不以潤色爲工，皆其官浙江參將時親試諸行陣，具有以效而紀者也，故曰《紀效》，明非口耳空言。曰《新書》，所以明其出於法而不泥於法，合時措之宜也。其束伍之法、號令之宜，鼓舞之機，賞罰之信，萬世一道，南北可通也。若夫陣勢之制，特因浙江一方之地形，倭賊出没之情狀，以形措圖，以熟愚民，分合之勢以教畎畝。初用之官，隨敵轉化，苟用之異地，無乃覓形索影矣。故其後升任薊州，更推演爲《練兵實紀》一書也。前有自序，不具年月，以卷首所載公移核之，蓋嘉靖庚申以後所作云。

清·張之洞《書目答問·子部》 《紀效新書》十八卷，明戚繼光。學津本。

清·丁立中《八千卷樓書目》卷一〇《子部》 《紀效新書》十八卷，明戚繼光撰，朱西泉刊本，學津討原本。

《算法統宗》

清·嵇璜《續通志》卷一六一《藝文略·算術》 《算法統宗》十七卷，明程大位撰。

清·永瑢等《四庫全書總目》卷一〇七《子部十七·天文算法類存目》 《算法統宗》十七卷，內府藏本。明程大位撰。大位，字汝思，徽州人。珠算之名，始見甄鸞《周髀注》，則北齊已有之，然所説與今頗異。梅文鼎謂起於元末明初，不知宋人三珠戲語已有算盤珠之説，則是法盛行於宋矣。此書專爲珠算而作，其法皆適於民用，故世俗通行。惟拙於屬文，詞多支蔓，未免榛楛勿翦之譏。

清·阮元《疇人傳》卷三一《明三·程大位》 程大位，字汝思，號賓渠，新安人也。著《算法統宗》十四卷，以古九章爲目，後以難題附之。

清·何紹基《(光緒)重修安徽通志》卷三四一 《算法統宗》十七卷，休寧程大位著。

清·丁立中《八千卷樓書目》卷一一《子部》 《算法統宗》十七卷，明程大位撰，刊本。

《崇禎曆書》

清·黃虞稷《千頃堂書目》卷一三《曆數類》 徐光啓《崇禎曆書》一百十卷：《曆書總目》一卷、《日躔曆指》四卷、《日躔表》二卷、《恒星曆指》三卷、《恒星圖》一卷、《恒星圖系》一卷、《恒星曆表》四卷、《恒星經緯表》二卷、《恒星出没表》二卷、《月離曆指》四卷、《月離表》六卷、《交食曆指》七卷、《五緯曆指》九卷、《五緯表》十卷、《測天約説》二卷、《天測》二卷、《割圓八線表》六卷、《黄道升度表》七卷、《黄赤道距度表》一卷、《通率表》二卷、《元史揆日訂訛》一卷、《通率立成表》一卷、《散表》一卷、《測圓八線立成長表》四卷、《曆指》一卷、《測量全義》十卷、《比例規解》一卷、《南北高弧表》十二卷、《諸方半晝分表》一卷、《諸方晨昏分表》一卷。

清·季振宜《季滄葦藏書目》 《崇禎曆書》總目：《治曆起緣》八本、《新曆曉或》一本、《測量全義序》十本、《古今交食攷》一本、《籌算》一本、《新法曆引》一本、《曆法西傳》一本、《新法表異》一本、《籌算指》一本、《日纏表》一本、《八線表》一本、《五緯表》十本、《遠鏡説》一本、《奏疏》四本、《五緯曆指》九本、《交食表》九本、《日纏曆指》一本、《大測》二本、《測天約説》二本、《測食略》二本、《日纏表》一本、《曆小辨》一本、《五緯表》又十本、《渾天文説》五本、《黄赤正球》二本、《垣星曆指》四本、《垣星緯表》二本、《垣星出没》二本。又《八線表》一本、《幾何法要》四本、《月離曆指》四本、《月離表》四本、《交食曆法》七本。共三十三種。

清·萬斯同《明史》卷一三五《藝文志三》 崇禎二年五月朔日食，晷刻與推算不符，禮部侍郎光啓疏請重修曆法。帝是之，命與李之藻、王應遴及西洋人羅雅谷、龍華民、鄧玉函、湯若望同修。陸續成書，迄六年九月而竣。又《曆學小辯》一卷，又《曆學日辯》五卷。

清·張廷玉等《明史》卷九八《藝文志三》 徐光啓《崇禎曆書》一百二十六卷《曆書總目》一卷、《日躔曆指》四卷、《日躔表》二卷、《恒星曆指》三卷、《恒星圖》一卷、《恒星圖系》一卷、《恒星曆表》四卷、《恒星經緯表》二卷、《恒星出没表》二卷、《月離曆指》四卷、《月離表》六卷、《交食曆指》七卷、《交食表》七卷、《五緯曆指》九卷、《五緯表》十卷、《測天約説》二卷、《大測》二卷、《割圓八線表》六卷、《黄道升度表》七卷、《黄赤道距度表》一卷、《通率表》二卷、《元史揆日訂訛》一卷、《通率立成表》一卷、《散表》一卷、《測圓八線立成長表》四卷、《黄道升度立成中表》四卷、《曆指》一卷、《測量全義》十卷、《比例規解》一卷、《南北高弧表》十二卷、《諸方半晝分表》一卷、《諸方晨昏分表》一卷、《曆學小辯》一卷、《曆學日辯》五卷。

清·周中孚《鄭堂讀書記》卷四四《子部六之上》 《測量全義》十卷，崇禎曆書本，明西洋羅雅谷撰。雅谷，字間韶，歟邏巴人，天啓末年入中國，寓祥符縣。崇禎三年督修新法，徐光啓奏請録用，赴局供事。《明史·藝文志》載徐光啓《崇禎麻書》注云《測量全義》十卷，蓋光啓所督修也。是書凡《測直線三角形》一卷、《測線》上、下二卷、《測面》上、下二卷、《測體》二卷、《測曲線三角形》一卷、《測球上大圈》一卷、《測星》一卷、《儀器圖説》一卷。前九卷屬法原，後一卷屬法器。法原者，法之所以然也。法器者，法之所當然也。第一卷之首爲《略説》二十三則，四、五卷之首爲《略説》十三則，猶《幾何原本》例也。夫曆家所重全在測量，所當測者略有三事：一曰線，測其長短；二曰面，測其長短、廣狹；三曰體，測其長短、廣狹、厚薄。故繇線而面而體，繇直線而曲線，平面而曲面，方體而圓體。譬之跬步，前步未行，後步不得近也。是測量之全義也。前有序目，備論其各篇之次第云。考明志，載其全書凡一百二十六卷，共三十四種。今所見者，僅此一種而已。

清·嵇璜《續文獻通考》卷一八二《經籍考》 徐光啓等修《新法算書》一百卷。

清·永瑢等《四庫全書總目》卷一〇六《子部十六·天文算法類一》 《新法算書》一百卷，編修陳昌齊家藏本，明大學士徐光啓、太僕寺少卿李之藻、光禄寺卿李天經及西洋人龍華民、鄧玉函、羅雅谷、湯若望等所修西洋新曆也。明自成化以後曆法愈謬，而臺官墨守舊聞，朝廷亦憚於改作，建議者俱格而不行。萬曆中，大西洋人龍華民、鄧玉函等先後至京，俱精究曆法。五官正周子愚請令參訂修改，禮部因舉光啓、之藻任其事。而庶務因循，未暇開局。至崇禎二年，推日食不驗，禮部乃始奏請開局修改，以光啓領之。時滿城布衣魏文魁著《歷元》、《曆測》二書，令其子獻諸朝。光啓作《學曆小辨》以斥其謬，文魁之説遂絀。於是光啓督成曆書數十卷，次第奏進。而光啓病卒，李天經代董其事，又續以所作曆書及儀器上進。其書凡十一部：曰《法原》，曰《法數》，曰《法算》，曰《法器》，曰《會通》，謂之基本五目。曰《日躔》，曰《恒星》，曰《月離》，曰《日月交會》，曰《五緯星》，曰《五星交會》，謂之節次六目。書首爲修曆緣起，皆當時奏疏及考測辨論之事。書末曆法西傳、新法表異二種，則湯若望入本朝後所作，而附刻以行者。其中有解，有術，有圖，有考，有表，有論，皆鉤深索隱，密合天行，足以盡歐邏巴曆學之藴。然其時牽制於廷臣之門户，雖詔立兩局，累年測驗，明知新法之密，竟不能行。迨聖代龍興，乃因其成帙，用備疇人之掌。豈非天之所祐，有開必先，莫知其然而然者耶？越我聖祖仁皇帝天亶聰明，乾坤合契，御製數理精藴、曆象考成諸編，益復推闡微茫，窮究正變。如月離二三均數分爲二表，交食改黄平象限用白平象限，方位以高弧定上下左右，又增借根方法解、對數法解於點線面體部之末，皆是書所未能及者。八線表舊以半徑數爲十萬各線數逐分列之，今改半徑數爲千萬各線數逐十秒列之，用以步算，尤爲徑捷。至欽定曆象考成後編，日月以本天爲橢圓，交食以日月兩經斜距爲白道，以視行取視距，推步之密，垂範萬年，又非光啓等所能企及。然授時改憲之所自，其源流實本於是編。故具録存之，庶諭西法之權輿者，有考於斯焉。

清·張之洞《書目答問·子部》 《新法算書》一百零三卷，明徐光啓等。明刻本，三十種。原名《崇禎曆書》，目列後：《治曆緣起》八卷、《奏疏》四卷、《八線表》二卷、《日躔表》二卷、《月離表》四卷、《五緯表》十卷、《交食表》九卷、《恒星經緯表》二卷、《新曆曉或》一卷。青照堂亦刻《曆小辨》一卷、《測量全義》十卷、《遠鏡説》一卷。珠塵亦刻《日躔歷指》一卷、《月離歷指》四卷、《五緯歷指》九卷、《恒星歷指》四卷、《食歷指》七卷、《恒星出没》二卷、《古今交食考》一卷、《黄赤正球》二卷、《渾天儀説》五卷、《測天約説》二卷、《天測》二卷、《幾何法要》四卷、《新法歷引》一卷、《歷法西傳》一卷、《新法表異》二卷、《籌算指》一卷、《籌算》一卷、《測食略》二卷。

《測量法義》

明·祁承㸁《澹生堂藏書目》 《測量法義》附《異同論》一卷，一册。

清·錢謙益《絳雲樓書目》卷二 《測量法義》。

清·嵇璜《續文獻通考》卷一八二《經籍考》 徐光啓《測量法義》一卷，《勾股義》一卷。

清·嵇璜《續通志》卷一六一《藝文略》 《測量法義》一卷，《勾股義》一卷，明徐光啓撰。

清·永瑢等《四庫全書總目》卷一〇六《子部十六·天文算法類一》 《測量法議》一卷，《測量異同》一卷，《勾股義》一卷，兩江總督採進本，明徐光啓撰。首卷演利瑪竇所譯，以明句股測量之義。首造器，器即《周髀》所謂矩也。次論景，景有倒正，即《周髀》所謂仰矩、覆矩、卧矩也。次設問十五題，以明測望高深廣遠之法，即《周髀》所謂知高、知遠、知深也。次卷取古法九章句股測量與新法相較，證其異同，所以明古之測量法雖具，而義則隱也。然測量僅句股之一端，故於三卷則專言句股之義焉。序引《周髀》者，所以明立法之所自來，而西術之本於此者，亦隱然可見。其言李冶廣句股法爲測圓海鏡，已不知作者之意。又謂欲説其義而未遑，則是未解立天元一法，而謬爲是飾説也。古立天元一法，即西借根方法。是時西人之來亦有年矣，而於冶之書猶不得其解，可以斷借根方法必出於其後也。三卷之次第大略如此，而其意則皆以明《幾何原本》之用也。蓋古法鮮有言其義者，即有之，皆隨題講解。歐邏巴之學，其先有歐几里得者，按三角方圓，推明各數之理，作書十三卷，名曰《幾何原本》。按後利瑪竇之師丁氏續爲二卷，共十五卷。自是之後，凡學算者必先熟習其書。如釋某法之義，遇有與《幾何原本》相同者，第註曰：見《幾何原本》某卷某節。不復更舉其言。惟《幾何原本》所不能及者，始解之。此西學之條約也。光啓既與利瑪竇譯得《幾何原本》前六卷，竝欲用是書者依其條約，故作此以設例焉。其《測量法義》序云：法而系之義也，自歲丁未始也，曷待乎？於時《幾何原本》之六卷始卒業矣，至是而傳其義也。可以知其著書之意矣。

清·周中孚《鄭堂讀書記》卷五九《子部十之八》 《測量法義》一卷，附《測量異同》一卷，明徐光啓撰。

清·張之洞《書目答問·子部》 《測量法義》一卷，明徐光啓。又海山仙館本，指海本。

清·丁立中《八千卷樓書目》卷一一《子部》 《測量法義》一卷，《句股義》一卷，明徐光啓撰，海山仙館本。

《測量異同》

清·嵇璜《續通志》卷一六一《藝文略》 《測量異同》一卷，明徐光啓撰。

清·嵇璜《續文獻通考》卷一八二《經籍考》 徐光啓《測量異同》一卷。

清·周中孚《鄭堂讀書記》卷四四《子部六之上》 《測量異同》一卷，天學初函本。明徐光啓撰。

清·張之洞《書目答問·子部》 《測量異同》一卷，明徐光啓。海山仙館本，指海本。

清·丁立中《八千卷樓書目》卷一一《子部》 《測量異同》一卷，明徐光啓撰，海山仙館本。

《渾蓋通憲圖説》

清·黄虞稷《千頃堂書目》卷一三 李之藻《渾蓋通憲圖説》二卷。

清·嵇曾筠《(雍正)浙江通志》卷二四七 《渾蓋通憲圖説》二卷，李之藻撰。

清·張廷玉等《明史》卷九八《藝文志二》 李之藻《渾蓋通憲圖説》二卷。

清·嵇璜《續文獻通考》卷一八二《經籍考》 李之藻《渾蓋通憲圖説》，

二卷。

清・嵇璜《續通志》卷一六一《藝文略》《渾蓋通憲圖說》二卷，明李之藻撰。

清・嵇璜《續通志》卷一六五《圖譜略》 明李之藻《渾蓋通憲圖說》。

清・永瑢等《四庫全書總目》卷一〇六《子部十六・天文算法類一》《渾蓋通憲圖說》二卷，兩江總督採進本，明李之藻撰。【略】是書出自西洋簡平儀法。蓋渾天與蓋天皆立圓，而簡平則繪渾天爲平圓，則渾天爲全形。人目自外還視，蓋天爲半形。人目自内還視，而簡平止於一面，則以人目定於一處而直視之之所成也。其法設人目於南極或北極以視黃道、赤道及晝長晝短諸規，憑視線所經之點，歸界於一平圓之上。次依各地北極出地以視，法取天頂及地平之周，仍歸界於前平圓之内。次依赤道經緯度以視，法取七曜恒星，亦歸界於前平圓之内。其視法以赤道爲中圈，赤道以内，愈近目則圈愈大而徑愈長，赤道以外，愈遠目則圈愈小而徑愈短。之藻取晝短規爲最大圈，乃自南極視之，晝短規近目而圈大，其意以爲中華之地，北極高，凡距北極百一十三度半以内者，皆在其大圈内也。卷首總論儀之形體。上卷以下，規畫度分時刻及制用之法。後卷諸圖，咸根柢於是。梅文鼎嘗作《訂補》一卷，其說曰：渾蓋之器，以蓋天之法代渾天之用。其制見於《元史》扎瑪魯鼎所用儀器中。竊疑爲周髀遺術流入西方，然本書黃道分星之法尚闕其半，故此器甚少，蓋無從得其制也。茲爲完其所闕、正其所誤，可以依法成造云云。又有《璇璣尺解》一卷，皆足與此書相輔而行。

清・陳昌圖《南屏山房集》卷一九《渾蓋通憲圖說》二卷，明李之藻撰。按神宗四十一年南京太僕寺少卿李之藻上西洋法，時西洋利瑪竇入中國，制渾象。之藻最信西法，特演其說。

清・周中孚《鄭堂讀書記》卷四四《子部六之上》《渾蓋通憲圖說》一卷，天學初函本。明李之藻撰。之藻，字振之，號涼菴，仁和人。萬曆戊戌進士。官至南京太僕寺少卿。

清・張之洞《書目答問・子部》《渾蓋通憲圖說》二卷，明李之藻。又守山閣本。

清・丁立中《八千卷樓書目》卷一一《子部》《渾蓋通憲圖說》二卷，明李之藻撰，守山閣本。

《海外輿圖全說》

明・祁承㸁《澹生堂藏書目》《海外輿圖全說》二卷，一册，龐迪我。

清・黃虞稷《千頃堂書目》卷六 龐迪我《海外輿圖全說》，二册。

清・萬斯同《明史》卷一三四《藝文志二》 龐迪我《海外輿圖全說》，二卷。

清・張廷玉等《明史》卷九七《藝文志二》 龐迪我《海外輿圖全說》，二卷。

清・嵇璜《續通志》卷一六六《圖譜略》 西洋人龐迪我《海外輿圖全說》。

《職方外紀》

明・陳第《世善堂藏書目録》卷上《職方外紀》四卷，西洋艾儒略。

明・祁承㸁《澹生堂藏書目》《職方外紀》二卷，二册，西洋艾儒略著。

清・錢謙益《絳雲樓書目》卷四《職方外紀》。

清・黃虞稷《千頃堂書目》卷八 艾儒畧《職方外紀》五卷。

清・徐乾學《傳是樓書目》《職方外紀》五卷，西洋艾儒畧，二本。

清・萬斯同《明史》卷一三四《藝文志二》 艾儒略《職方外紀》，五卷。

清・張廷玉等《明史》卷九七《藝文志二》 艾儒略《職方外紀》，五卷。

清・嵇璜《續文獻通考》卷一七二《經籍考》 艾儒略《職方外紀》，五卷。儒略，西洋人。

清・嵇璜《續通志》卷一五九《藝文略》《職方外紀》五卷，明西洋人艾儒略撰。

清・永瑢等《四庫全書總目》卷七一《史部二十七・地理類四》《職方外紀》五卷，兩江總督採進本，明西洋人艾儒略撰。其書成於天啓癸亥，自序謂利氏齎進《萬國圖志》，龐氏奉命翻譯，儒略更增補以成之。蓋因利瑪竇、龐迪我舊本潤色之，不盡儒略自作也。所紀皆絶域風土，爲自古輿圖所不載，故曰《職方外紀》。其說分天下爲五大州，一曰亞細亞州，其地西起那多理亞，離福島六十二度，東至亞尼俺峽，離福島一百八十度，南起瓜哇，在赤道南十二度，北至冰海，在赤道北七十二度。二曰歐邏巴州，其地南起地中海，北極出地三十五度，北至冰海，北極出地八十餘度，徑一萬一千二百五十里，西起西海福島初度，東至阿比河，距福島九十二度，徑二萬三千里。三曰利未亞州，西南皆至利未亞海，東至西紅海，北至地中海，極南南極出地三十五度，極北北極出地三十五度，東西廣七十八度。四曰亞墨利加，地分南北，中通一峽，峽南之地，南起墨瓦蠟泥海峽，南極出地五十二度。北至加納達，北極出地十度半，西起福島二百八十六度，東至三百五十五度。峽北之地，南起加納達，南極出地十度半，北至冰海，其北極出地度數則未之測量。西起福島一百八十度，東盡三百六十度。五曰墨瓦蠟尼加，則彼國與之初通，疆域道里尚莫得詳焉。前冠以萬國全圖，後附以四海總説，所述多奇異，不可究詰，似不免多所夸飾。然天地之大，何所不有，録而存之，亦足以廣異聞也。

清·丁丙《善本書室藏書志》卷一二《職方外紀》五卷，明刊本。西海艾儒略增譯，東海楊廷筠彙記。卷首爲《萬國全圖》、《五大州總圖》、《界度總説》，一卷爲《亞細亞圖説》，二卷爲《歐邏巴圖説》，三卷爲《利未亞圖説》，四卷爲《亞墨利加圖説》，五卷爲《海族總説》。其墨瓦蠟尼加以疆域初通，道里尚莫能詳。書成於天啓三年八月，艾儒略自有序，其從而敘者爲李之藻，爲楊廷筠，爲許胥臣，皆杭人也。幼時誦太白詩云：「海客談瀛洲，煙濤微茫信難求。」不圖五十年間，五大州之異竟於吾生親見之，噫！

清·張之洞《書目答問·史部》《職方外紀》五卷，明艾儒略。守山閣本，金壺本，龍威本。

清·丁立中《八千卷樓書目》卷八《史部》《職方外紀》五卷，明西洋艾儒略撰，守山閣本。

《時憲書》

《欽定大清會典則例》卷一五八《欽天監》御覽《時憲書》，首列都城節氣時刻，次列太歲干支年神九宫，次列六十花甲，次列三合天喜等神，次列逐月合朔弦望，逐月干支、納音生剋日名紀宿建除用事，日下並注吉神節候中氣交宫，月下止注交節月神九宫，後紀年男女九宫，下列宜忌等日。內注六十七事：祭祀、祈福、求嗣、上册、進表章、頒詔、覃恩、肆赦、施恩、封拜、詔命公卿、招賢、舉正直、施恩惠、恤孤惸、宣政事、行惠愛、雪冤枉、緩刑獄、慶賜賞、賀燕會、入學、冠帶、行幸、遣使、安撫邊境、選將訓兵、出師、上官赴任、臨政親民、結婚姻、納采、問名、嫁娶、進人口、般移、安床、解除、沐浴、整容、剃須、整手足甲、求醫療病、裁制、營建宫室、修宫室、繕城郭、築堤防、興造動土、豎柱上樑、經絡、開市、立券、交易、納財、置産室、開渠穿井、安碓磑、補垣、掃舍宇、修飾垣牆、平治道途、伐木、捕捉、畋獵取魚、栽種牧養、納畜。通用《時憲書》，首列都城節氣時刻，次列太歲干支年神九宫，次列各省各蒙古部落日出入晝夜節氣時刻，次列逐月合朔弦望，逐日干支納音紀宿建除用事，每月下仍列節候月神九宫及中氣交宫，後列紀年，男女九宫下列宜忌等日，末列監官銜名。內注三十七事：祭祀、上表章、上官、入學、冠帶、結婚姻、會親友、嫁娶、進人口、出行、移徙、安床、沐浴、剃須、療病、裁衣、修造、動土、豎柱、上樑、經絡、開市、立券、交易、納財、修置産室、開渠穿井、安碓磑、掃舍宇、平治道途、破屋壞垣、伐木、捕捉畋獵、栽種、牧養、破土安葬、啓攢。刊造時憲書、刷印紙包、封紙裝潢綾絹顔料，于户部支領；筆墨、版片、椶麻及頒發直隸、盛京、蒙古部落、朝鮮應用箱籠等物，于工部支領。

又　一、七政。《時憲書》首列五星伏見目録，次列逐月逐日七政經緯、宿舍度分，於月注正横斜升，於五星注晨夕伏見，後列七政行最高卑，及月孛羅候計都宿度。乾隆五年，議准正交爲羅候、中交爲計都，古法以出黄道南爲正交，西法以入黄道北爲正交，依古改正，並增紫氣，以備星家四餘。

一、推月五星陵犯。《時憲書》均按視差法推其犯掩時刻，及相距度分，按日排注，其犯掩次數、宫分，摘序目録，列於書前，歲終十二月恭進。雍正九年，奉旨改月五星陵犯曆爲月五星相距時憲曆。十三年，奏准改爲月五星相距時憲書。乾隆十八年，奏准月五星相距書照日月交食例，凡不見者，均不載入。

一、日月交食。日食分秒時刻，隨地不同，月食分秒，天下皆同，惟時刻各異，帶食則分秒時刻月食亦隨地不同，皆各按法推算，前期五月繪圖具題。旨下禮部，通行天下，救護自初虧起，至復圓止，帶出地平自見食起，至復圓止，食不及一分，不行救護。康熙六十一年，定日食三分以内者，不頒行。乾隆六年，定月食三分以内者，亦不頒行。十三年，定日月交食三分以内者，皆頒行，不救護。又定日月交食三分以下，例不救護者，不具題，仍於五月前折奏，禮部將見食省分行文知照，不見食省分，無庸行知。十四年，諭：「凡日月交食，授時者原可推算而得，而《春秋》之例又紀日而不紀月，朕惟懸象著明，人所共仰，雖爲晷運之常有，自不若光朗之恒度，無事於諱，不可不謹，故桑社奏鼓，自古重之。舊制交食分秒時刻頒行各省，不及一分者，不行救護，後定爲三分以上，方行救護，又經禮部奏定，不見食省分，並不及三分者，皆不行知。夫不先期行知，則二三分者，原可見食，將致反生疑駭，不以爲靈台失占，即爲有司怠事，非所以克謹天戒也。嗣後仍循曩制，一分以上，即令救護，前期五月具題請旨，無論見食不食省分，皆頒行，其不見食省分，不必救護，欽此。」

《御定數理精蘊》

清・永瑢等《四庫全書總目》卷一〇七《子部十七・天文演算法類》《御定數理精蘊》五十三卷。康熙五十二年聖祖仁皇帝御定《律曆淵源》之第二部也。上編五卷，曰立綱明體，其別有五，曰數理本源，曰河圖，曰洛書，曰周髀經解，曰幾何原本，曰演算法原本。下編四十卷，曰分條致用，其別亦有五，曰首部，曰線部，曰面部，曰體部，曰末部。又表八卷，其別有四，曰八線表，曰對數闡微表，曰對數表，曰八線對數表。皆通貫中西之異同，而辨訂古今之長短。如舊傳方程分二色爲一法，三色爲一法，四色五色以上爲一法，頭緒紛然，所立假如，僅可施之本例，而不可移之他處，至於正負加減法，實併分母諸例，率皆謬誤，今則約之爲和數、較數、和較兼用、和較加變四例，而和數不分正負，較數任以一色爲正，即以相當之一色爲負，皆以異名相併，同名相減，實足正舊法之譌誤。又割圜術，古以徑一圍三爲周徑之率，宋祖沖之用圓容六邊起算，元趙友欽用圓容四邊起算，皆屢求句股，得徑一者週三一四一五九六二五，泰西法亦同其率，古今周率之密，無逾於此。而舊所傳弧矢諸術，周徑皆用古率，又弧弦背互求諸術，立法極爲疎舛，今則以六宗三要二簡法，求得一象限內弦矢割切正餘八線，立爲一表，洵極句股弧矢之變。又《幾何原本》止於測面，七卷以下，徐光啓、李之藻後無譯之者，算法新書，往往有雜引之處，讀者未之能詳，且理分中末線，但有求作之法，而莫知所用，今則求得各等面體，及求內容外切各等面體之積，至十二等面及二十等面之體，皆以理分中末線爲之比例，足以補《測量全義》量體諸率之簡略。至末部借根萬法，即古立天元一之術，唐宋諸算家咸用之，至明而失傳，是以顧應祥、唐順之於元李冶《測圓海鏡》一書所立天元一術，皆茫然不解，今則具明其加減乘除之例，而後根與平方以下諸乘萬之多少者咸得其開法，與古所云帶縱立方三乘方諸變，同歸一揆，且線面體一以貫之，而本法所不能求者，皆可以借根而得，至爲精妙。他若對數表以假數求真數，比例規解以量代算，皆西法之迥異於中法者，咸爲疏通證明，繪圖立表，粲然畢備，實爲從古未有之書，雖專門名家，未能窺高深於萬一也。

清・嵇璜等《欽定皇朝通志》卷一一三《圖譜略一・天文》《數理精蘊》。謹按推測星度，西法與中法稍異。我聖祖仁皇帝奉若天道，研極理數，洞見西法之精審，可垂永久，敕靈臺專行弗失。御製《數理精蘊》五十三卷，上編五卷，以立綱明體，下編四十卷，以分條致用，又表八卷，其別有四。通中西之異同，殫天人之微奧，自隸首以來，咸未窺斯秘也。

《御製律曆淵源》

《御製律曆淵源・序》粵稽前古堯有羲和之咨，舜有後夔之命，周有商高之訪，逮及歷代史書，莫不志律曆，備數度用以敬天授民，格神和人，行于邦國而周於鄉閭，典至重也。我皇考聖祖仁皇帝生知好學，天縱多能，萬幾之暇，留心律曆演算法，積數十年博考繁賾，搜抉奧微，參伍錯綜，一以貫之。爰指授莊親王等率同詞臣，於大內蒙養齋編纂，每日進呈，親加改正，匯輯成書，總一百卷，名爲《律曆淵源》。凡爲三部，區其編次，一曰曆象考成，其編有二，上編曰揆天察紀，論本體之象，以明理也；下編曰明時正度，密緻用之術，列立成之表，以著法也。一曰律呂正義，其編有三，上編曰正律審音，所以定尺考度，求律本也；下編曰和聲定樂，所以因律制器，審八音也；續編曰協均度曲，所以窮五聲二變相和相應之源也。一曰數理精蘊，其編有二，上編曰立綱明體，所以解周髀、探河洛、闡幾何、明比例；下編曰分條致用，以線面體括《九章》，極於借衰割圓，求體變化於比例規、比例數，借根方諸法，蓋表數備矣。洪惟我國家聲靈遠屆，文軌大同，自極西歐羅巴諸國專精世業，各獻其技於闕闥之下，典籍圖表，燦然必具。我皇考兼綜而裁定之，故凡古法之歲久失傳，擇焉而不精，與西洋之侏僞詰屈，語焉而不詳者，咸皆條理分明，本末昭晰，其精審詳悉，雖專門名家莫能窺萬一，所謂惟聖者能之，豈不信歟？夫理與數合，符而不離，得其數則理不外焉。此圖書所以開易範之先也。以線體例絲管之，別以弧角求經緯之度，若此類者，皆數法之精，而律曆之要斯在。故三書相爲表裡，齊七政、正五音，而必通乎《九章》之義，所由試之而不忒用之而有效也。書成，纂修諸臣請序而傳之，恭惟聖學高深，豈易鑽仰？顧朕夙庭訓，於此書之大指微義，提命殷勤，歲月斯久，尊其所聞，敬効一詞之贊。蓋是書也，豈惟皇考手澤之存，實稽古准今集其大成，高出前代，垂千萬世不易之法，將欲協時正日同律度量衡，求之是書，則可以建天地而不悖，俟聖人而不惑矣。

雍正元年十月朔敬書

《御定曆象考成》

清·永瑢等《四庫全書總目》卷一〇六《子部十六·天文演算法類》《御定曆象考成》四十二卷。康熙五十二年，聖祖仁皇帝御定《律曆淵源》之第一部也。案推步之術，古法無徵，所可考者，漢太初術以下至明大統術而已。自利瑪竇入中國，測驗漸密，而辨爭亦遂日起，終明之世，朝議堅守門户，訖未嘗用也。國朝聲教覃敷，極西諸國，皆累譯而至，其術愈推愈精，又與崇禎新法算書國表不合，而作新法算書，時歐羅巴人自祕其學，立説復深隱不可解。聖祖仁皇帝乃特命諸臣，詳考法原，定著此書，分上下二編，上編曰揆天察紀，下編曰明時正度。集中西之大同，建天地而不悖，精微廣大，殊非管蠡之見所能測。今據其可以仰窺者，與新法算書互校。如黄道斜交赤道而出其内外，其相距之度即二至太陽距赤道之緯度，新法算書用西人第谷所測定爲二十三度三十一分三十秒，今則累測夏至午正太陽高度，得黄赤大距爲二十三度二十九分三十秒，較第谷所測減少二分。蓋黄赤二道由遠而近，其所以古多今少，漸次移易之故，非巧算所能及，故當隨時密測，以合天行者也。又時差之根，其故有二，一因太陽之實行而時刻爲之進退，蓋以高卑爲加減之限也；一因赤道之升度而時刻爲之消長，蓋以分至爲加減之限也。新法算書合二者以立表，名曰日差。然高卑每年有行分，則宫度引數必不能相同，合立一表，歲久必不可用，今分爲二表，加減二次，而於法爲密矣。又新法算書推算日食三差，以黄平象限爲本，然三差竝生於太陰，而太陰之經緯度爲白道經緯度，當以白平象限爲本，太陰在此度即無東西差，而南北差最大，與高下差等。若在此度以東，則差而早，宜有減差；在此度以西，則差而遲，宜有加差。其加減，有時而與黄平象限同，有時而與黄平家限異，故定交角，有反其加減之用也。又歷來算術，定月食初虧復圓方位，東西南北主黄道之經緯言，非謂地平經度之東西南北也。惟月實行之度在初宫六宫，望時又爲子正，則黄道經緯之東西南北與地平經度合，否則黄道升降有邪正，而加時距午有遠近，兩經緯迥然各别，所推之東西南北，必不與地平之方位相符，今實指其在月體之上下左右爲衆目所共睹，較舊法更爲親切。又新法算書言五星古圖以地爲心，新圖以日爲心，然第谷推步均數惟火星以日爲心。若以地爲心立算，其得數亦與之同，知第谷乃虚立巧算之法，而五星本天，實皆以地爲心。蓋金水二星以日爲心者，乃其本輪，非本天也。土木火三星以日爲心者，乃次輪上星行距日之蹟，亦非本天也。至若弧三角之法，新法算書所載圖説，殊多厖雜，而正弧又遺黄赤互求之法。今以正弧約之，爲對邊對角及垂弧矢較三比例，則周天經緯皆可互求而操之有要矣。此皆訂正新法算書之大端。其餘與新法算書相同者，亦推術精密，無差累黍。洵乎大聖人之製作，萬世無出其範圍者矣。

清·丁立中《八千卷樓書目》卷一一《子部·天文演算法類》《御定曆象考成》四十二卷，康熙十三年聖祖仁皇帝御撰京板本。

清·嵇璜等《欽定皇朝通志》卷一一三《圖譜略一·天文》《曆象考成》。

謹按是書四十二卷，上編十六卷，曰窺天察紀，以闡其理；下編十卷，曰明時正度，以詳其法，又表十六卷，以致其用。仰經聖祖親加審定，於圓靈儀象，殫極精微，雖庖犧之仰觀俯察，未能踰聰明之天縱也。

《御定曆象考成後編》

清·永瑢等《四庫全書總目》卷一〇六《子部十六·天文演算法類》《御定歷象考成後編》十卷，乾隆二年奉敕撰。新法算書推步法數，皆仍西史第谷之舊，其圖表之參差，解説之隱晦者，聖祖仁皇帝《歷象考成》上下二編研精闡微，窮究理數，固已極一時推步之精，示萬世修明之法矣。第測驗漸久而漸精，算術亦愈變而愈巧。自康熙中西洋噶西尼、法蘭德等出，又新製墜子表以定時，千里鏡以測遠，以發第谷未盡之義。大端有三，其一謂太陽地半徑差。舊定爲三分，今測止有十秒，蓋日天半徑甚遠，測量所係，祗在秒微，又有蒙氣雜乎其内，最爲難定，因思日月星之在天，惟恒星無地半徑差，若以日星相較，可得其準，而日星不能兩見，是測日不如測五星也。土木二星在日上，地半徑差愈微，金水二星雖有時在日下，而其行繞日，逼近日光，均爲難測，惟火星繞日而亦繞地，能與太陽衡，故夜半時火星正當子午線，於南北兩處測之，同與恒星相較，其距恒星若相等，則是無地半徑差，若相距不等，即爲有地半徑差，其不等之數，即兩處地半徑差之較，且火星衝太陽時，其距地較太陽爲近，則太陽地半徑差，以比例算之，必更小於火星地半徑差也。其一謂清蒙氣差。舊定地平上爲三十四分，高四十五度，上有五秒，今測地平上止三十二分，高四十五度，尚有五十九秒。其説謂蒙氣繞乎地球之周，日月星照乎蒙氣之外，人在地面，爲蒙氣所映，必能視之使高，而日月星之光線入乎蒙氣之中，必反折之，使下，故光線與視線在蒙氣之内，則合而爲一，蒙氣之外，則岐而爲二，所岐雖有不同，而相合則有定處，自地心過所合處作線抵圜周，則此線即爲蒙氣之割線，視線與割線成一角，光線與割線亦成一角，二角相減，即得蒙氣差角也。其一謂日月五星之本天。舊説爲平圜，今以爲撱圓，兩端徑長，兩腰徑短，蓋太陽之行有盈縮，由於本天有高卑，春分至秋分行最高半周，故行縮而歷日多，秋分至春分行最卑半周，故行盈而歷日少。其説一爲不同心天，一爲本輪，而不同心天之兩心差即本輪之半徑，故二者名雖異而理則同也。第谷用本輪推盈縮差，惟中距與實測合，而最高最卑前後則差，因用均輪以消息之，然天行不能無差刻，白爾以來，屢加精測，又以均輪所推高卑前後漸有微差，乃設本天爲撱圓，均分撱圓面積爲逐日平行之度，則高卑之理既與舊説無異，而高卑前後盈縮之行乃俱與實測相符也。據此三者，則第谷舊法經緯俱有微差。雍正六年六月朔，日食，以新法較之，纖微密合，是以世宗憲皇帝特允監臣戴進賢之請，命修日躔、月離二表，續於《曆象考成》之後，然有表無説，亦無推算之法，吏部尚書顧琮恐久而失傳，奏請增修表解圖説，仰請睿裁，垂諸永久，凡新法與舊不同之處，始抉剔底藴，闡發無餘，而其理仍與聖祖仁皇帝御製上下二編若合符節，益足見聖聖相承，先後同揆矣。

清·嵇璜等《欽定皇朝通志》卷一一三《圖譜略一·天文》《曆象考成後編》。謹按雍正八年，世宗憲皇帝因御製《曆象考成》中六儀之法，閱一甲子，將屆七十年，歲差之候，命續定日躔、月離二表，但有表無説，亦無演算法，皇上敕監臣增補圖説，爲後編十卷。蓋璿衡齊政之術，至是愈精密矣。

清·丁立中《八千卷樓書目》卷一一《子部·天文演算法類》《御定曆象考成後編》十卷，乾隆二年奉敕撰京板本。

《御定儀象考成》

清·永瑢等《四庫全書總目》卷一〇六《子部十六·天文演算法類》《御定儀象考成》三十二卷，乾隆九年奉勅撰。乾隆十七年告成，御製序文頒行。卷首上下爲御製璣衡撫辰儀，卷第一之十三爲總紀恒星及恒星黄道經緯度表，卷第十四之二十五爲恒星赤道經緯度表，卷第二十六爲月五星相距恒星黄赤道經緯度表，卷第二十七之三十爲天漢經緯度表。案璣衡之制，馬融、鄭元註《尚書》，皆以爲渾儀是其遺法，唐宋而後，日以加詳，然規環既多遮蔽，隱映之患，勢不能免，郭守敬析之爲簡、仰二儀，人稱其便。康熙十三年，聖祖仁皇帝命監臣南懷仁新製六儀，赤道、黄道分爲二器，皆不用地平圈，而地平、象限、紀限、天體諸儀，則地平之經緯與黄赤之錯綜皆已畢具。又命監臣紀利安製地平經緯儀，合地平象限二儀而爲一，其用尤便。皇上親涖靈臺，徧觀儀象，以渾天製最近古，而時度信宜從今，改制新儀，錫名曰《璣衡撫辰》，誠酌古準今，損益盡善。儀制凡三重，其在外者即古之六合儀，而不用地平圈，其正立雙環爲子午圈，斜倚單環爲天常赤道圈，其南北二極皆設圓軸，軸本貫於子午雙環，中空而軸内向，以貫内二重之環。又依京師北極高度而上五十度五分爲天頂，於天頂施垂線以代地平圈，故不用地平圈也。其内即古之三辰儀，而不用黄道圈，其貫於二極之雙環爲赤極經圈，結於赤極經圈之中要與天常赤道平運者，爲遊旋赤道圈，自經圈之南極作兩象限弧以承之，測得三辰之赤道經緯度，則黄道經緯可推，且黄赤距緯古遠今近，縱或日久有差，而儀器無庸改制，故不用黄道圈也。又其在内即古之四遊儀，貫於二極之雙環爲四遊圈，定於遊圈之兩極者爲直距，綰於直距之中心者爲窺衡，遊圈中要設直表以指經度，及時窺衡右旁設直表以指緯度，此則古今所同也。又星辰循黄道行，每七十年差一度，黄赤大距亦數十年而差一分，《靈臺儀象志》中所列諸表，皆據曩時分度，今則逐時加修，得歲差真數。其三垣二十八宿以及諸星，今昔多少不同者，竝以乾隆九年甲子爲元，驗諸實測，比舊增一千六百一十四星，亦前古之所未聞。密考天行隨時消息，所以示萬年修改之道者，舉不越乎是編之範圍矣。

清·張廷玉等《欽定皇朝文獻通考》卷二二九《經籍考十九·子》臣等謹按天學至後世而益精，自利瑪竇入中國，始倡幾何之學，制器作圖，愈推愈密。我聖祖仁皇帝造化在心，璣衡齊政，御定《曆象考成》諸書，研闡精微，示萬世修明之法。皇上復親涖靈臺，徧觀儀制，欽定《儀象考成》等編，酌古準今，昭垂無極。臣下如梅文鼎輩各抒妙悟，具有成書，言天之學，洵無過於昭代矣。考天文推算，馬氏析而爲二，然善言天者必有驗於人，故陳象緯之文，率兼推步，今從其例，署爲分輯，凡兼言測量之法者，胥隸天文，明所統也。至陰陽一門，今已無書，亦從其闕，仍以五行占筮形法列於後云。

《御製儀象考成》三十二卷，乾隆九年和碩莊親王允祿、大學士鄂爾泰等奉敕撰。皇上御製序曰：「上古占天之事，詳於《虞典》。《書》稱『在璿璣玉衡以齊七政』。後世渾天諸儀，所爲權輿也。歷代以來，遞推迭究，益就精密，所傳六合、三辰、四游儀之制，本朝初年猶用之。我皇祖聖祖仁皇帝奉若天道，研極理數，嘗用監臣南懷仁言，改造六儀，輯《靈臺儀象志》，所司奉以測驗，其用法簡當，如定周天度數爲三百六十周日，刻數爲九十有六，分黄赤道以備儀制，減地平環以清儀象，創制精密，尤有非前代所及者。顧星辰循黄道行，每七十年差一度，黄赤二道之相距亦數十年差一分，所當隨時釐訂，以期吻合。而六儀之改創也，占候雖精，體制究未協於古，赤道一儀又無遊環以應合天度，志載星象，亦間有漏畧躐次者。我皇祖精明步天定時之道，使用六儀度，至今必早有以隨時更正矣。予小子法祖敬天，雖切於衷，而推測協紀之方，實未夙習。兹因監臣之請，按六儀新法，參渾儀舊式，製爲璣衡撫辰儀，繪圖著説，以裨測候。並考天官家諸星紀數之闕者，補之序之，紊者正之，勒爲一書，名曰《儀象考成》。縱予斯之未信，期允當之可循，由是儀器正、天象著，而推算之法大備。夫制器尚象，以前民用莫不當求其至精至密，矧其爲授時所本，熙績所關，尤不容有杪忽差者。折衷損益，彰往察來，以要諸盡善，奉時修紀之道，敢弗慎諸至？乃基命宥密所爲夙夜孜孜監於成憲者，又自有在。是爲序。」

臣等謹按《尚書》「在璿璣玉衡以齊七政」，馬融諸人註，皆以爲渾儀，蓋自軒昊以來，羲和所掌，以之則天象而立人紀者，莫大於是。唐宋而後，新制屢更，而所謂六合儀、三辰儀、四游儀者，亘古不變。元郭守敬析之爲簡、仰二儀，頗稱精當。我聖祖仁皇帝命監臣南懷仁新製赤道、黄道二儀，及地平、象限、紀限、天體四儀，與黄赤相錯綜者，共爲六儀。又命製地平、經緯儀，合地平、象限二儀爲一，其法尤密。皇上以渾天之制爲最古，改製璣衡撫辰儀，酌古今以通其變，損益得中，斟酌盡善，爰勒爲是編，以《御製璣衡撫辰儀説》冠諸卷首焉。

清·嵇璜等《欽定皇朝通志》卷二三《天文略六·儀象》 臣等謹按《靈臺儀象志》所載南懷仁新製黄道經緯儀、赤道經緯儀、地平經儀、地平緯儀即象限儀、紀限儀、天體儀，又《儀象考成》所載戴進賢新製錫名璣衡撫辰儀，皆法天體渾然之象，互相考測，不差累黍，具詳載於器服署內。然天文非推步不詳，而推步非儀器不密。今恭録《御製儀象考成序》及南懷仁、戴進賢序説，與弧三角形，以闡明推步之理數，另爲一卷，列於象緯之後，庶考察者得以因理求器、因器知象，天文之學，於斯備矣。

清·嵇璜等《欽定皇朝通志》卷一一三《圖譜略一·天文》 《儀象考成》。謹按是書以六儀新法，參渾儀舊式，製爲璣衡撫辰儀，繪圖著説，以裨測候，併考天官家諸星紀之殘缺失次者，補而正之，爲《儀象考成》五十三卷。皆研究歲差，以符天運，其星圖較舊增一千六百一十四，皆經聖明釐定，欽若授時，垂爲令典，洵測算之大成，千古莫易也。

清·丁立中《八千卷樓書目》卷一一《子部·天文演算法類》 《御定儀象考成》三十二卷，乾隆九年奉敕撰京板本。

《曉菴新法》

清·永瑢等《四庫全書總目》卷一〇六《子部十六·天文演算法類》 《曉菴新法》六卷，山東巡撫採進本。國朝王錫闡撰。錫闡字寅旭，號餘不，又號曉菴，又號天同一生，吴江人。是書前一卷述句股、割圜諸法，後五卷皆推步七政、交食淩犯之術。觀其自序，蓋成於明之末年，故以崇禎元年戊辰爲歷元，以南京應天府爲里差之元。其分周天爲三百八十四，更以分弧爲逐限，以加減爲從消，創立新名。雖頗涉臆撰，然其時徐光啓等纂修新法，聚訟盈庭，錫闡獨閉户著書，潛心測算，務求精符天象，不屑屑於門户之分。鈕琇《觚賸》稱其精究推步，兼通中西之學，遇天色晴霽，輒登屋卧鴟吻間，仰察星象，竟夕不寐，蓋亦覃思測驗之士。梅文鼎《勿菴曆書記》曰：「從來言交食只有食甚分數，未及其邊，惟王寅旭則以日月圓體分爲三百六十度，而論其食甚時所虧之邊凡幾何度，今爲推演，其法頗爲精確。」又稱近代歷學以吴江爲最，識解在青州之上云云案「青州」謂「薛鳳祚」，鳳祚，益都人，爲青州屬邑故也。其推挹錫闡甚至，迨康熙中御製《數理精蘊》，亦多採錫闡之説，蓋其書雖疏密互見，而其合者不可廢也。書中於法有未備者，每稱別見補遺，然此本止於六卷，實無所謂補遺者，意其有佚篇歟？

清·丁立中《八千卷樓書目》卷一一《子部·天文演算法類》 《曉庵新法》六卷，國朝王錫闡撰守山閣本。

清·王錫闡《曉庵新法·自序》 炎帝八節，曆之始也，而其書不傳。《黄帝》、《顓頊》、《虞》、《夏》、《殷》、《周》、《魯》七曆，先儒謂其僞作。今七曆具存，大指與漢曆相似，而章蔀氣朔，未睹其真，爲漢人所托無疑。《太初》、《三統法》雖疏遠，而創始之功不可泯也。劉洪、姜岌次第闡明，何、祖專力表圭，益稱精切。自此南北曆家，率能好學深思，多所推論，皆非淺近所及。唐曆《大衍》稍親，然開元甲子當食不食，一行乃爲諛詞以自解。何如因差以求合乎？至宋而曆分兩途，有儒家之曆，有曆家之曆，儒者不知曆數，而援虛理以立説；術士不知曆理，而爲定法以驗天。天經、地緯，躔離、違合之原，概未有得也。國初，元統造《大統曆》，因郭守敬遺法，增損不及百一，豈以守敬之術果能度越前人乎？守敬治曆，首重測日，余嘗取其表景，反覆布算，前後抵牾，餘所創改，多非密率，在當日已有失食、失推之咎，況乎遺籍散亡，法意無徵，兼之年遠數盈，違天漸遠，安可因循不變耶？元氏藝不逮郭，在廷諸臣又不逮元，卒使昭代大典踵陋襲僞，雖有李德芳争之，然德芳不能推理，而株守陳言，無以相勝，誠可歎也。近代端清世子、鄭善夫、邢雲路、魏文魁皆有論述，要亦不越守敬範圍。至如陳壤摭拾《九執》之餘津，冷逢震墨守元會之畸見，又何足以言曆乎？萬曆季年，西人利氏來歸，頗工曆算。崇禎初，命禮臣徐光啓譯其書，有《曆指》爲法原，《曆表》爲法數，書百餘卷，數年而成，遂盛行於世，言曆者莫不奉爲俎豆。吾謂西曆善矣，然以爲測候精詳，可也；以爲深知法意，未可也。循其理而求通，可也；安其誤而不辨，不可也。姑舉其概：

二分者，春秋平氣之中；二正者，日道南北之中也。《大統》以平氣授人時，以盈縮定日躔，法非謬也。西人既用定氣，則分、正爲一因，譏中曆節氣差至二日。夫中曆歲差數强，盈縮過多，惡得無差？然二日之異，乃分、正殊科，非不知日行之朓朒而致誤也。《曆指》直以佛已而譏之。不知法意一也。諸家造曆，必有積年日法，多寡任意，牽合由人，守敬去積年而起自辛巳，屏日法而斷以萬分，識誠卓也。西曆命日之時以二十四，命時之分以六十，通計一日爲分一千四百四十，是復用日法矣。至於刻法，彼所無也。近始每時四分之，爲一日之刻九十六。彼先求度而後日，尚未覺其繁，施之中曆則窒矣。反謂中曆百刻不適于用，何也？且日食時差法之九十有六，與日刻之九十六何與乎？而援以爲據。不知法意二也。天體渾淪，初無度分可指，昔人因一日日躔命爲一度，日有疾徐，斷以平行，數本順天，不可損益。西人去周天五度有奇，斂爲三百六十，不過取便割圖，豈真天道固然？而黨同伐異，必曰日度爲非，詎知三百六十尚非弧弦之捷徑乎？不知法意三也。上古實閏，恒于歲終，蓋曆術疏闊，計歲以實閏也。中古法日趨密，始計月以實閏，而閏于積終，故舉中氣以定月，而月無中氣者即爲閏。《大統》專用平氣，置閏必得其月，新法改用定氣，致一月有兩中氣之時，一歲有兩可閏之月。若辛丑西曆者，不亦盩乎？夫月無平中氣者，乃爲積餘之終，無定中氣者，非其月也。不能虛衷深考，而以鹵莽之習，侈支離之學，是以歸餘之後，氣尚在晦；季冬中氣，已入仲冬；首春中氣，將歸臘杪。不得已而退朔一日，以塞人望，亦見其技之窮矣。不知法意四也。天正日躔，本起子半，後因歲差，自丑及寅。若夫合神之説，乃星命家猥言，明理者所不道。西人自命曆宗，何至反爲所惑？而天正日躔定起丑初乎，況十二次舍命名，悉依星象，如隨節氣遞遷，雖子午不妨異地，而元枵鳥咮，亦無定位耶？不知法意五也。

歲實消長，昉于《統天》。郭氏用之，而未知所以當用；元氏去之，而未知所以當去。西人知以日行最高求之，而未知以二道遠近求之，得其一而遺其一。當辨者一也。歲差不齊，必緣天運緩促。今欲歸之偶差，豈前此諸家皆妄作乎？黄白異距，生交行之進退；黄赤異距，生歲差之屈伸，其理一也。《曆指》已明于月，何蔽于日？當辨者二也。日躔盈縮，最高斡運，古今不同，揆之臆見，必有定數。不惟日躔，月星亦應同理，但行遲差微，非畢生歲月所可測度。西人每詡數千年傳人不乏，何以亦無定論？當辨者三也。日月去人時分遠近，視徑因分大小，則遠近、大小宜爲相似之比例。西法日則遠近差多，而視徑差少，月則遠近差少，而視徑差多。因數求理，難可相通。當辨者四也。日食變差，機在交分西曆名交角，日軌交分與月高交分不同，月高交於本道與交于黄道者又不同。《曆指》不詳其理，《曆表》不著其數，豈黄道一術足窮日食之變乎？當辨者五也。中限左右，日月視差時或一東一西；交、廣以南，日月視差時或一南一北。此爲視差異向，與視差同向者加減迥别。《曆指》豈以非所常遇，故置不講耶？萬一遇之，則學者何從立算？當辨者六也。日光射物，必有虛景。虛景者，光徑與實徑之所生也。闇虛恒縮，理不出此。西人不知日有光徑，僅以實徑求闇虛，及至推步不符天驗，復酌損徑分，以希偶合。當辨者七也。月蝕定望，惟食甚爲然，虧復四限，距望有差。日食稍離中限，即食甚已非定朔。至于虧復，相去尤遠。西曆乃言交食必在朔、望，不用朓朒次差西曆名次均加減，過矣。當辨者八也。歲、填、熒惑以本天爲全數，日行規爲歲輪；太白辰星以日行規爲全數，本天爲歲輪《曆指》又名伏見輪。故測其遲速留退，而知其去地遠近。考于《曆指》，數不盡合。當辨者九也。熒惑用日行高卑變歲輪大小，理未悖也；用自行高卑變歲輪大小，則悖矣。太白交周不過二百餘日，辰星交周不過八十餘日，《曆指》皆與歲周相近，法雖巧，非也。當辨者十也。

語云：「步曆甚難，辨曆甚易。」蓋言象緯森羅，得失無所遁也。據彼所述，亦未嘗自信無差。五星經度或失二十餘分西法一十二分，躔離表驗或失數分。交食值此，當失以刻計；凌犯值此，當失以日計矣。故立法不久，違錯頗多。余于《曆説》已辨一二。乃癸卯七月望食，當既不既，與夫失食、失推者何異乎？且譯書之初，本言「取西曆之材質，歸大統之型範」，不謂盡墮成憲，而專用西法如今日者也。余故兼采中西，去其疵纇，參以己意，著《曆法》六篇，會通若干事，考正若干事，表明若干事，增葺若干事，立法若干事。舊法雖舛而未遽廢者，兩存之；理雖可知，而非上下千年不得其數者，闕之；雖得其數，而遠引古測未經目信者，別見補遺，而正文仍襲其故。爲目一百幾十有幾，爲文萬有千言，非敢妄云窺其堂奧，庶幾初學之津梁也。或曰「子云稱洛下爲聖人」，識者非之。嗣是名曆代興，業愈精而差愈見，徒供人之彈射，子今法成，而彈射者至矣。曰「培岡阜者易爲高，浚溪谷者易爲深。」夫曆，二千年來差愈見而法愈密，非後人知勝於古也，增修易善耳。或者以吾法爲標的，則吾學明矣，庸何傷？昭陽單閼菊花開日。曉庵王錫闡自序。

《天經或問》

清·永瑢等《四庫全書總目》卷一〇六《子部十六·天文演算法類》《天經或問前集》一卷福建巡撫採進本。國朝游藝撰。藝字子六，建寧人。是書凡前後二集，此其前集也。凡天地之象，日月星之行，薄蝕朒朓之故，與風雲雷電雨露霜霧虹霓之屬，皆設爲問答，一一推闡其所以然，頗爲明晳。至於占驗之術，則悉屏不言，尤爲深識。昔班固作《漢書·律曆志》，言治曆當兼擇專門之裔，明經之儒，精算之士，正以儒者明於古義，欲使互相參考，究已往以知未來，非欲其説太極、論陰陽也。邵子曆理曆數之説，亦謂知其當然與知其所以然耳。儒者誤會其旨，遂以爲曆數之外別有曆理。孫承澤《春明夢餘録》因以元《授時曆》全歸於許衡之明理，所載崇禎十四年禮部議改曆法一疏，不能決兩家之是非，因推原曆本，掃除測算，尤屬遁詞案疏稱堯舜之歷，以釐工熙績爲欽天成周之歷，以無逸虛風爲月令，非如保章挈壺，斤斤於時刻分秒之末而已，凡歷數始於《河圖》，五十有五以十乘之爲五百五十，以五乘之爲二百七十有五，自洪武元年戊申距今壬午，蓋二百七十有五年矣，實爲《河圖》中候，宜修明禮樂，先德後刑，勸民農桑，敦崇仁厚，其斯爲治歷之本務乎。夫天下無理外之數，亦無數外之理，《授時曆》密於前代，正以多方實測，立法步算得之，使但坐談造化，即七政可齊，則有宋諸儒言天鑿鑿，何以三百年中歷十八變而不定，必待郭守敬輩乎？藝作此書，亦全明歷理，雖步算尚多未諳，然反覆究闡，具有實徵，存是一編，可以知即數即理本無二致，非空言天道者所可及也。

清·張廷玉等《欽定皇朝文獻通考》卷二二九《經籍考十九·子》《天經或問前集》一卷、《天經或問後集》無卷數，游藝撰。藝，字子六，建寧人。

清·丁立中《八千卷樓書目》卷一一《子部·天文演算法類》《天經或問前集》，國朝遊藝撰，日本刊，三卷本。

《天步真原》

清·永瑢等《四庫全書總目》卷一〇六《子部十六·天文演算法類》《天步真原》一卷浙江汪啓淑家藏本。國朝薛鳳祚所譯西洋穆尼閣法也。鳳祚有《聖學心傳》，已著録。順治中，穆尼閣寄寓江寧，喜與人談算術，而不招人入耶蘇會，在彼教中號爲篤實君子。鳳祚初從魏文魁遊，主持舊法，後見穆尼閣，始改從西學，盡傳其術，因譯共所説爲此書。其法專推日月交食，中間繪弧三角圖三，一則有北極出地，有日距赤道，有時刻而求高弧；一則有日距天頂，有正午黃道，有黃道與子午圈相交之角，而求黃道高弧交角；一則有黃道高弧交角，有高下差，而求東西南北二差。末繪日食食分一圖。鳳祚譯是書時，新法初行，又中西文字輾轉相通，故詞旨未能盡暢，梅文鼎嘗訂證其書，稱其法與崇禎新法曆書有同有異，其似異而同者，布算之圖、對數之表，與曆書迥別，然得數無二，惟黃道春分二差則根數大異，非測候無以斷其是非。然其書在未修《數理精蘊》之前，録而存之，猶可以見步天之術，由疎入密之漸也。

《天學會通》

清·永瑢等《四庫全書總目》卷一〇六《子部十六·天文演算法類》《天學

會通》一卷浙江汪啓淑家藏本。國朝薛鳳祚撰。是書本穆尼閣《天步真原》而作，所言皆推算交食之法。按推算交食，凡有兩例，一用積月積日，以取應用諸行度數，由平三角、弧三角等法逐次比例，而得食分時刻方位者；一用立成表，按年月日時度數，逐次檢取角度加減，而得食分時刻方位者。鳳祚此書蓋用表算之例，殊爲簡捷精密。梅文鼎訂註是書，亦稱其以西法六十分通爲百分，從《授時》之法，實爲便用，惟仍以對數立算，不如直用乘除爲正法，惜所訂註之處，未獲與之相質云。

清・張廷玉等《欽定皇朝文獻通考》卷二二九《經籍考十九・子》《天步真原》一卷、《天學會通》一卷，薛鳳祚撰。鳳祚，見經類。

梅文鼎跋曰：「鳳祚以西法六十分，通爲百分，從《授時》之法，實爲便用。惟仍以對數立算，不如直用乘除爲正法，惜所證正之處，未獲與之相質云。」

臣等謹按《天步真原》，鳳祚所譯西洋穆尼閣法也，《天學會通》所言皆推算交食之法，蓋用表算之例，殊爲簡捷精密。

《曆算全書》

清・永瑢等《四庫全書總目》卷一〇六《子部十六・天文演算法類》《曆算全書》六十卷浙江汪啓淑家藏本。國朝梅文鼎撰。文鼎字定九，宣城人，篤志嗜古，尤精曆算之學。康熙四十一年，大學士李光地嘗以其《曆學疑問》進呈，會聖祖仁皇帝南巡，於德州召見，御書「積學參微」四字賜之。以年老遣歸，嗣詔修樂律曆算書，下江南總督徵其孫瑴成入侍。及《律呂正義》書成，復驛致命校勘。後年九十餘，終於家，特命織造曹頫爲經紀其喪，至今傳爲稽古之至榮。所著曆算諸書，李光地嘗刻其七種，餘多晚年纂述，或已訂成帙，或略具草稾，魏荔彤求得其本，以屬無錫楊作枚校正，作枚遂附以己説，竝爲補所未備而刊行之，凡二十九種，名之曰《曆算全書》。然序次錯雜，未得要領，謹重加編次，以言曆者居前，而以言算者列於後。首曰《曆學疑問》，論曆學古今疎密，及中西二法與回回曆之異同，即嘗蒙聖祖仁皇帝親加點定者，謹以冠之簡編；次曰《曆學疑問補》，亦雜論曆法綱領；次曰《曆學問答》，乃與一時公卿大夫以曆法往來問答之詞；次曰《弧三角舉要》，乃用渾象表弧三角之形式；次曰《環中黍尺》，乃弧三角以量代算之法；次曰《歲周地度合考》，乃考高卑歲實及西國年月地度弧角里差；次曰《平立定三差説》，推七政贏縮之故；次曰《冬至考》，用《統天》、《大明》、《授時》三法，考春秋以來冬至；次曰《諸方日軌》，乃以北極高二十度至四十二度各地日軌，各按時節爲立成表；次曰《五星紀要》，總論五星行度；次曰《火星本法》，專論火星遲疾；次曰《七政細草》，載推步日月五星法及恒星交宫過度之術；次曰《揆日候星紀要》，列直隸、江南、河南、陝西四省表景，竝三垣列宿經緯，定爲立成表；次曰《二銘補註》，乃所解《仰儀銘》及《簡儀銘》；次曰《曆學駢枝》，乃所註《大統》曆法；次曰《交會管見》，乃以交食方位向稱南北東西者，改爲上下左右；次曰《交食蒙求》，乃推算法數；次曰《古算衍略》；次曰《籌算》；次曰《筆算》；次曰《度算釋例》，俱爲步算之根源；次曰《方程論》；次曰《句股闡微》；次曰《三角法舉要》；次曰《解割圜之根》；次曰《方圓冪積》；次曰《幾何補編》；次曰《少廣拾遺》；次曰《塹堵測量》，皆以推闡演算法，或衍《九章》之未備，或著今法之面形，或論中西形體之變化，或釋弧矢句股八線之比例，蓋曆算之術，至是而大備矣。我國家修明律數，探賾索隱，集千古之大成，文鼎以草野書生，乃能覃思切究，洞悉源流，其所論著，皆足以通中西之旨，而折今古之中，自郭守敬以來，罕見其比，其受聖天子特達之知，固非偶然矣。

《曆法通考》

清・魏禧《魏叔子文集外篇》文集卷八《敘》《曆法通考敘》。士於經世之務唯律曆學，非專家，雖高才博學不能通其微。余資性愚下，又不能學律曆數算諸家，茫昧無所知，自非終身從事不能至也，則不如勿學已矣。然能通其學者，見之未嘗不服而自媿。余養屙金陵，與宣城梅子定九相見于王子璞庵之南樓。定九不以余爲不知，出示曆算諸書，算書將次刊行，而《曆法通考》世未之知也。余既不知曆學，不能言其精微之處，覽其大綱，自《太初曆》以降，凡七十餘家皆陳載而論斷之，以求衷乎，其不可易。梅子之輟羣書而攻苦於是者，幾二十年矣。余嘗聞諸師友，後人之勝于古人者唯曆法，世愈降而愈精密，蓋創始者難爲智，繼起者易於神明，理固然也。天地之運雖有成法可測量，而必有其不齊不能盡知之故，雖聖人不能以一成而永定。夫元氣運用，過與不及，天地恒有其不能自主之時，此所謂不可知之神也。故造曆者雖甚精，必不能不久而差，而有待於後人之更定。然不考古以察其原，就今以求其不易，則遞傳至後世，將益無所考証。而欲有所更定者，道無由施然，則梅子是書，豈僅足以備一代之史前，當日之民用而已哉。余故不辭而爲之敘，使天下知有是書，必有能爲梅子刊佈，且實見諸施行者，非能敘梅子之書也。余姊婿丘邦士天資高，于易數曆學及泰西演算法，不假師授，皆能造其微，桐城方密之先生嘆爲神人，所著曆書未就而卒，惜夫邦士不及見梅子之書而爲之敘之也。

王璞庵曰：「『元氣運用，有不能自主之時，及必有不齊不能盡知』諸語，豈獨於曆得其精要，凡天下事理皆如是也，一結煙波，繚繞唱嘆無窮。」

蔡鉉升曰：「文從虛處結撰而得實理，其歉然自退托處，文之質厚於此益見。」

《大統書志》

清·永瑢等《四庫全書總目》卷一〇六《子部十六·天文演算法類》　《大統書志》十七卷兩淮鹽政採進本。國朝梅文鼎撰。初元郭守敬作《授時曆》，其法較古爲密，明初所頒《大統曆》，即用其舊法，歲久漸差，知曆者恒有異議，至崇禎間，徐光啓推衍西法，分局測驗，疎舛益明，欽天監正戈豐年無以復争，乃諉其過於守敬，孫承澤作《春明夢餘録》，又力辨守敬爲歷中之聖，惜不能盡用其法，聚訟迄無定論。康熙丙午，開局纂修《明史》。史官以文鼎精於算數，就詢明曆得失之源流，文鼎因即《大統》舊法，詳爲推衍註釋，輯爲此編，以持其平。分原書爲法原、立成、推步三部。法原之目七，曰句股測量，曰弧矢割圓，曰黄赤道差，曰黄赤道内外，曰白道交周，曰日月五星平立定三差，曰里差漏刻；立成之目四，曰太陽盈縮，曰太陰遲疾，曰晝夜刻分，曰五星盈縮；推步之目六，曰氣朔，曰日躔，曰月離，曰中星，曰交食，曰五星。法原所以取數，立成所以紀數，推步所以紀法，皆剖析分明，具有條理，蓋文鼎於象緯運行，實能究極其所以然，與疇人子弟俗世業而守成法者，所見固不同也。曆算之家測未來者，當以新法，推已往者，則當各求以本法。知其所以疎，而後可以得其密，知其所以舛，而後可以得其真，知其所以漸差，而後可以窮其至變。則是書雖明郭氏之法，亦測天者前事之師矣。其書舊不分卷，今以所立十七目，一目定爲一卷，以便循覽焉。

《勿菴曆算書記》

清·永瑢等《四庫全書總目》卷一〇六《子部十六·天文演算法類》　《勿菴曆算書記》一卷浙江吴玉墀家藏本。國朝梅文鼎撰。文鼎曆算諸書，僅刊行二十九種，此乃合其已刊未刊之書，各疏其論撰之意，凡推步測驗之書六十二種，算術之書二十六種，雖亦目録解題之類，而諸家之源流得失，一一標其指要，使本末釐然，實數家之總匯也。如「古今曆法通考」一條曰：「不讀耶律文正之《庚午元曆》，不知《授時》之五星；不讀《統天曆》，不知《授時》之歲實消長；不考王樸之《欽天曆》，不知斜升正降之理；不考《宣明曆》，不知氣刻時三差。非一行之《大衍曆》，不知歲自爲歲，天自爲天；非李淳風之《麟德曆》，不能用定朔；非何承天、祖沖之、劉焯諸曆，無以知歲差；非張子信，無以知交道表裏、日行盈縮；非薑岌，不知以月蝕檢日躔；非劉洪之《乾象曆》，不知月行遲疾。然非洛下閎、謝姓等肇啓其端，雖有善悟之人，亦無自而生其智。」又曰：「西法約有九家，一爲唐《九執曆》；二爲元紮瑪魯鼎原作紮馬魯丁，今改正《萬年曆》；三爲明瑪沙伊赫原作馬沙亦黑，今改正《回回曆》；四爲陳壤、袁黄所述《曆法新書》；五爲唐順之周述學所撰《曆宗通議》《曆宗中經》，皆舊西法也；六曰利瑪竇《天學初函》、湯若望《崇禎曆書》、南懷仁《儀象志》《永年曆》；七曰穆尼閣《天步真原》、薛鳳祚《天學會通》；八曰王錫闡《曉菴新法》；九曰揭暄《寫天新語》、方中通《揭方問答》，皆新西法也。非深讀其書，亦不能知其故。」又「周髀補註」一條曰：「觀其所言里差之法，是即西人之説所自出也。」「回回曆補註」一條曰：「回曆即西法之舊率，泰西本回曆而加精。」是皆於中西諸法，融會貫通，一一得其要領，絶無争競門户之見，故雖有論無法，仍録之天文算術類中，爲諸法之綱領焉。

《宣城梅氏叢書輯要》

清·梅瑴成《梅氏叢書輯要·序》　蒙數爲欽差授時至要道，帝王所首務也。明季茲學不絶如線，西海之士口機居奇，藉其技以售其學。學其學者，又從而張之注，注之鄙薄古人以矜創獲，而一二株守舊聞之士，因其學之異也，並其技而斥之，以爲戾古而不足用，又安足以服其心而息其喙哉？夫禮可求野，官可

清·梅文鼎《梅氏叢書輯要》卷六〇《雜著·曆法通考自序》 梅子輯《曆法通考》既成，而歎心之神明無有窮盡，雖以天之高，星辰之遠，有遲之數千百年始見端緒，而人輒知之輒有新法以追其變，故世愈降，曆愈以密，而要其大法，則定于唐虞之時。今夫曆所步有四，曰恒星，曰日，曰月，曰五星。治曆之具有三，曰算數，曰圖像，曰測驗之器，由是三者，以得前四者躔離、朓朒、盈縮、交蝕、遲留、伏逆、掩犯之度。古今作曆者七十餘家，疏密代殊，製作各異，其法具在，可考而知，然大約三者盡之矣。堯命羲和，曆象日月星辰，舜在璿璣玉衡，以齊七政。曆者，算數也；象者，圖也，渾象也；璿璣玉衡，測驗之器也，故曰定于唐虞之世也。然曆之最難知者有二，其一里差，其一歲差。是二差者，有微有著，非積差而至於著，雖聖人不能知，而非其距之甚遠，則所差甚微，非目力可至，不能入算，故古未有知歲差者。自晉虞喜，宋何承天、祖沖之，隋劉焯，唐一行始覺之，或以百年差一度，或以五十年，或以七十五年，或以八十三年，未有定説。元郭守敬定爲六十六年有八月，回回、泰西差法略似，而守敬又有上考下求，增減歲餘天周之法，則古之差遲，而今之差速，是謂歲差之差，可謂精到。若夫日月星辰之行度不變，而人所居有東南西北、正視側視之殊，則所見各異，謂之里差，亦曰視差。自漢及晉，未有知之者也，北齊張子信始測交道有表裏，此方不見食者，人在月外，必反見食。《宣明曆》本之爲氣、刻、時三差，而《大衍曆》有九服測食定晷漏法。元人四海測驗二十七所，而近世歐羅巴航海數萬里，以身所經山海之程，測北極爲南北差，測月食爲東西差，里差之説，至是而確。是蓋合數千年之積測，以定歲差，合數萬里之實驗，以定里差，距數逾遠，差積逾多，而曉然易辨，且其爲法既推之數千年、數萬里而準，則施之近用，可以無惑。曆至今日屢變益精，以此然。余亦謂定于唐虞之時，何也？不能預知者，差之數，萬世不易者，求差之法。古之聖人以日之所在不可以目視而器窺也，故爲之中星以紀之鳥火虚昴，此萬世求歲差之根數也。又以嵎夷昧谷、南交朔方之宅以分候之，此萬世求里差之定法也。嗚呼，至矣！學者知合數千年、數萬里之心思耳目以治曆，而後能精密，又知合數千年、數萬里之心思耳目以爲之精密者，適以成古聖人未竟之緒，則當思羲和以後，凡有能出一新智，立一捷法，乘之至今者，皆有其所以立法之故。及其久而必變也，又皆有所以變之説。於是焉反復推論，必使理解冰釋，無纖毫疑似於吾之心，則吾之心即古聖人之心，亦即天之心，而古今中外之見可以不設，而要於至是，夫如是則古人之精意可使常存，不致湮没於求鄭，技取其長，而理唯其是，何中西之足云？

先徵君公之書，於算術之用筆、用籌、用尺，以及幾何、三角、角線、七政、交食諸法，一一發明其所以然，因以見西法制不盡戾于古，實足補吾法制不逮。而于古法之少廣、方程、通軌、招差各術，尤詳爲著論，口口根源，以明古人之精意。且謂勾股之精微廣大，實爲西法之所莫外，更啓人稱先則古之思，使吾儒家有其書而讀之，將見絶學昌明，西人自無所炫其異，豈非回瀾閑聖之功歟？而乃習者寥寥，良由坊本或仇校未精，或編次混雜，夫經史大部之書，其卷次類皆通長編，列每卷首標書之總名，而分注細目於其下，故展卷了然，即初學無難閲讀。今仿此例，釐爲六十卷，名曰《梅氏叢書輯要》，而以末學管窺數卷附焉。嗟乎，先徵君著述等身，力不能自付剞劂，諸公好事，代登梨棗，又以投仇編次之未善，不得流行，未嘗不歎絶學之難明，非唯著撰難，而傳之尤不易易也。雖然書之傳，視作者之精神，與爲久暫，我徵君公之爲此，其用功勤矣，其用心公矣，彼太元解嘲，猶不致覆醬瓿，況實有關世道人心，而爲欽若授時之大用者哉？

清·梅纘高《梅氏叢書輯要·序》 梅氏叢書，先高祖文穆公本因兼濟堂《曆算全書》，仇校不精，編次紊亂，慮其貽誤後學，而大戾乎先徵君公作書之初心。用是詳加校正，重付梓人，顏曰《梅氏叢書》，所以别其名而使學者知所棄取也。夫兼濟堂之刻，創自柏鄉魏念庭觀察。觀察輪資刊佈，其綿延繩學，嘉惠來兹，一徵君公作書之志也。文穆爲徵君公孫，非不深感其誼？第以天之有象，物之有數，理極精微，毫釐千里，若一仍魏本之誤，則承僞襲謬，將無已時。故既爲考訂重刊，而於凡例中得著其失，且殫精編次，俾有志斯道者，得以循序漸進，權以知文穆公有不獲已之苦衷焉。自是書出，廬山之真面分明，而魏本遂同於覆瓿，迄於今歷年百有十四矣。咸豐初，粤逆肇亂，家藏舊板慘付劫火，纘高慮家學就湮，欲謀補刻，適官山左簿書鞅掌，無暇及斯。迨同治辛未冬，引疾歸里，始聞南城族人小蘇太守體萱已先我付梓，纘高且感且愧，亟從坊間購閲，乃知其名，則文穆公更正之名，而其專則仍魏氏原刻之書也。按觀察原序，自言拘刻是書，時歷五年，中多撓阻，其間雜遝參錯，理固宜然。文穆書成，當亦觀察所深望，小蘇斯刻，所以繼往開來者，其志亦與念庭觀察同。觀察之盡，幸未貽誤於當日，而小蘇之刻，至恐貽誤於將來，非惟觀察之所不取，抑亦小蘇之所不取也。用將文穆公更正原本，尅日開雕，命子壽康、侄壽祺同加校勘。工既竣，附數言于簡端，並質之小蘇以爲何如。

專已守殘之士。而過此以往，或有差變之微，出於今法之外，亦可本其常然以深求其變，而徐爲之修改，以衷於無弊，是則吾輯《曆法通考》之意也。《曆沿革本紀》一卷，《年表》一卷，《列傳》二卷，《曆志》二十卷，《法沿革表》十卷，《法原》五卷，《法器》五卷，《圖》五卷，是爲《曆法通考》五十八卷。其算數之學，別有書，曰《中西算學通》。謹識。

《算學》

清·永瑢等《四庫全書總目》卷一〇六《子部十六·天文演算法類》　《算學》八卷，續一卷安徽巡撫採進本。國朝江永撰。永有《周禮疑義舉要》，已著録。是編因梅文鼎《曆算全書》爲之發明訂正，而一準《欽定曆象考成》，折衷其異同。一卷曰《曆學補論》，皆因文鼎之説而推闡所未言；二卷曰《歲實消長》，文鼎論歲實消長以爲高衝，近冬至而歲餘漸消，過冬至而復漸長，永則以爲歲實本無消長，消長之故，在高衝之行與小輪之改，兩歲節氣相距，近高衝者，歲實稍贏，近最高者，稍朒，又小輪半徑，古大今小，則加減差亦異；三卷曰《恒氣註歷》，文鼎論冬至加減，謂當如西法用定氣不用恒氣，而所作《疑問補》等書，又謂當如舊法用恒氣註歷，永則以爲冬至既不用恒氣，則諸節亦皆當用定氣，不用恒氣，故此二卷皆條列文鼎之説，而以所見辨於下；四卷曰《冬至權度》，《元史》六曆冬至載晉獻公以來四十九事，文鼎因作《春秋冬至考》，刪去晉獻公一事，各以其本法推求其故，永則以爲算術雖明而未有折衷，更因文鼎之法，考證曆法史志之誤；五卷曰《七政衍》，文鼎論七政小輪之動，由本天之動，七政之動，由小輪之動，永則以恭按《欽定曆象考成》五星有三小輪，而月更有次均輪，且更有負圈，文鼎説雖精當，而各輪之左旋右旋，與帶動、自動、不動之異，尚未能詳剖，因各爲圖説以明之；六曰《金水發微》，文鼎初仍舊法，以金水二星伏見輪同於歲輪，後因門人劉允恭，悟得金水二星自有歲輪，而伏見輪乃其繞日圓象，因詳爲之説，後楊學山乃頗以爲疑，永謂文鼎説是，學山疑非，因爲圓説以明之；七曰《中西合法擬草》，明徐光啓酌定新法，凡正朔閏之類，從中不從西，定氣整度之類，從西不從中，然因用定氣，遂以每月中氣時刻，爲太陽過宫時刻，繫以中法十二宫之名，而西法十二宫之名，又用之於表，永病其錯互，又整度一事，永亦病其言之未盡，故著此論以辨之；八曰《算賸》，則推衍三角諸法，求其捷要。續曆學一卷，曰《正弧三角疏義》，以補《算賸》所未盡，故八卷各有小序，此卷獨無也。文鼎曆算，推爲絶技，此更因所已具，得所未詳，踵事而增，愈推愈密，其於測驗，亦可謂深有發明矣。

《幾何論約》

清·永瑢等《四庫全書總目》卷一〇七《子部十七·天文演算法類》　《幾何論約》七卷內府藏本。國朝杜知耕撰。知耕字臨甫，號伯瞿，柘城人。是書取利瑪竇與徐光啓所譯《幾何原本》，復加刪削，故名《論約》。光啓於《幾何原本》之首，冠雜議數條，有云此書有四不必：不必疑，不必揣，不必試，不心改；有四不可得：欲脱之不可得，欲駁之不可得，欲減之不可得，欲前後更置之不可得。知耕乃刊削其文，似乎蹈光啓之所戒，然讀古人書往往各有所會心，當其獨契，不必喻諸人人，並不必印諸著書之人。《幾何原本》十五卷，光啓取其六卷，歐几里得以絶世之藝，傳其國遞授之祕法，其果有九卷之冗贅，待光啓去取乎？各取其所欲取而已。知耕之取所欲取，不足異也。梅文鼎算數造微，而所著《幾何摘要》亦有所去取於其間，且稱知耕是書足以相證，則是書之刪繁舉要，必非漫然矣。

《數學鑰》

清·永瑢等《四庫全書總目》卷一〇七《子部十七·天文演算法類》　《數學鑰》六卷內府藏本。國朝杜知耕撰。其書列古方田、粟米、衰分、少廣、商功、均輸、盈朒、方程、句股九章，仍取今線、面、體三部之法隸之，載其圖解，並摘其要語，以爲之註，與方中通所撰《數度衍》用今法以合《九章》者體例相同，而每章設例，必標其凡於章首，每問答有所旁通者，必附其術於條下，所引證之文，必著其所出，蒐輯尤詳。梅文鼎《勿菴曆算書記》曰：「近代作者如李長茂之《算海詳説》，亦有發明，然不能具《九章》，惟方位伯《數度衍》，於《九章》之外蒐羅甚富，杜端伯《數學鑰》圖註《九章》，頗中肯綮，可爲算家程式。」其説固不誣矣。世有二本，其一爲妄人竄亂，殊失本真。此本猶當日初刊，今據以校正，以復知耕之舊云。

《數學》

清・阮元《疇人傳》卷四二《國朝九・江永》 江永，字慎修，婺源人也。讀梅文鼎書，有所發明，作《數學》八卷。一曰數學補論，文鼎《疑問》已爲術法疏通源流，指示窔奥，永別有觸悟，隨筆識之，或説於本書之外，或譯於本書之中。二曰歲實消長辨，歲實消長，前人多論之者。文鼎大約主《授時》，而亦疑其百年消長一分，以乘距算，其數驟變，殊覺不倫。又謂：「今現行之歲實，稍大于《授時》，其爲復長，亦似有據。因爲『高衝近冬至，而歲餘漸消，過冬至而復漸長』之説，蓋存此以俟後學之深思。」永別爲之説，謂：「平歲實本無消長，而消長之故，在高衝之行與小輪之改。兩歲節氣相距，近高衝者歲稍贏，近最高者稍朒，猶定朔、定望、定弦之不能均，惟逐節氣算其時刻分秒，而消長勿論也。」三曰恒氣註術辨，文鼎嘗舉康熙己未以後歷年高行以及四正相距時日，別爲一卷，而云：「西法最高卑之點在兩至後數度，歲歲東移，故雖冬至亦有加減，不得以恒爲定。」而《疑問補》等書謂「當如舊法之恒氣註術」。永謂「冬至既不得以恒爲定，則諸節氣亦當用定，不可用恒。」四曰冬至權度。文鼎作《春秋以來冬至攷》，各以本法詳衍，算術雖明，而未有折衷。永因文鼎所攷定者，用實法推算，有不合者，斷其術誤、史誤。五曰七政衍。文鼎論七政小輪之動由本天之動，七政之動由小輪之動。永據《曆象考成》，五星有三小輪，而月更有次均輪，乃以七政各輪之左右旋，與其帶動、自動、不動之異，本文鼎説，一一衍之。六曰金水發微。文鼎《五星紀要》論金水左右旋，猶仍舊説。後因門人劉允恭悟得金水自有歲輪，而伏見輪乃其繞日圓象，因詳爲之説，發前人所未發。永再三思之，繪圖試之，謂即此一事，文鼎已大有功於天學，乃爲此卷，以發其覆。七曰中西合法擬草。徐光啓「鎔西人之精算，入《大統》之型模」，正朔閏月從中不從西，定氣整度從西不從中，然因用定氣，遂以交中氣時刻爲太陽過宫，舉中法十二次之名繫之，而西法十二星象亦時用之於表，此則既非中法，復非西法，實可疑之端。文鼎《疑問補》已言之。又整度一事，當參酌者亦其一端。永以此二事擬數表明，仍以文鼎之説冠于卷首。八曰算賸。永以文鼎論算極詳，觀玩之餘，有得輒筆之。

又《續數學》一卷，曰正弧三角疏義，分支列目，以補算賸所未盡。是書初名《翼梅》，同郡戴震傳永之學，復爲訂定，改今名。所著又有《推步法解》五卷。

乾隆二十七年卒，年八十二。後震攜永書入都，無錫秦尚書蕙田見而奇之，撰《五禮通考》，摭其説入觀象授時一類，而《推步法解》則載其全書焉。《數學》、《五禮通攷》、《戴氏遺書》

論曰：慎修專力西學，推崇甚至，故於西人作法本原，發揮殆無遺藴。然守一家言，以推崇之故，并護其所短。恒氣注術辨專申西説以難梅氏，蓋猶不足爲定論也。

《數度衍》

清・永瑢等《四庫全書總目》卷一〇七《子部十七・天文演算法類》 《數度衍》二十四卷兩江總督採進本。國朝方中通撰。中通字位伯，桐城人，明檢討以智之子也。以智博極羣書，兼通算數，中通承其家學，著爲是書。有數原律衍、幾何約、珠算、筆算、籌算、尺算諸法，復條列古《九章》名目，引《御製數理精藴》推闡其義，其幾何約本前明徐光啓譯本，其珠算倣程大位元演算法統宗，筆算、籌算、尺算採《同文算指》及新法算書，惟數原律衍未明所自，大抵裒輯諸家之長，而增減潤色，勒爲一編者也。其尺算之術，梅文鼎謂其三尺交加取數，故祇能用平分一線。其比例規解之本法，惜僅見其弟中履但稱中通得舊法於豫章，而不知其法何如，竟未獲與中通深論。又稱見嘉興陳藎謨《尺算用法》一卷，亦祇平分一線，豈中通所據之法，與藎謨同出一源歟？蓋不可考矣。

《勾股引蒙》

清・永瑢等《四庫全書總目》卷一〇七《子部十七・天文演算法類》 《勾股引蒙》五卷浙江巡撫採進本。國朝陳訏撰。訏字言揚，海寧人，由貢生官淳安縣教諭。是書成於康熙六十一年壬寅。首載加減乘除之法，雜引諸書，如加法則從《同文算指》，列位自左而右；減法則從梅文鼎《筆算》，列位自上而下，易橫爲直；乘法則用程大位《元演算法統宗鋪地錦法》，畫格爲界；除法則用梅文鼎《籌算》，直書列位，至定位則又用西人橫書之式，蓋兼採諸法，故例不畫一。至開帶縱平方，但列較數而下列和數，開帶縱立方，但列帶一縱而不列帶兩縱相同及帶兩縱不同，皆爲未備。所論句股諸法，謂句股和自乘方與弦積相減，所餘之積，轉減弦積爲股弦較，不知以句股和自乘積與倍弦積相減，所餘爲句股較積，不得爲股弦較也。又謂句股相乘，以句股較除之，亦得容方，不知既用句股容方本法，以句股和除句積股相乘矣，則用此一句股相乘之積，而句股和與句股較除之，皆得容方，無是理也。又謂句股相乘之積爲容方者四，斜弦内爲容方者兩，不知句股形内以弦爲界，止容一方，試以句三股四之容方積較之，尚不及句股積四分之一，而股愈長則容方愈小者，更無論矣。又謂句股弦之長，恒兩倍於容圓之周，不知平圓積以半周除之而得半徑，句股相乘積以總和除之而得半徑，根既不同，不得牽混爲一也。如斯之類，亦多未協。其三角法則全録梅文鼎《平三角舉要》，略加詮釋，所用八線小表，以餘線可以正弦正切正割三線加減得之，故不備列，其半徑止用十萬，亦《測量全義》所載泰西之舊表，無所發明。然演算法精微，猝不易得其門徑，此書由淺入深，循途開示，於初學亦不爲無功，觀其名以引蒙，宗旨可見，録存其説，亦足爲發軔之津梁也。原本不分卷數，今略以類從，以演算法爲一卷，開方爲一卷，句股爲一卷，三角爲一卷，正餘弦切割表爲一卷。

清・阮元《疇人傳》卷四一《國朝八・陳訏》 陳訏，字言揚，海寧人也。由貢生官淳安縣學教諭。著《句股引蒙》五卷。其凡例言：「六藝，數居其一。句股又《九章》之一。古《周髀》積冪，今三角八線，皆句股法也。但不得其門，每多望洋。是編如蒙童初識之無，握管作文，或析其數，或明其理，爲入門之始，故名《句股引蒙》。」又有《句股述》二卷，自序略言：「余獲侍梨洲黄先生門下，受籌算開方，因著《開方發明》。後因暇請卒業句股。先生曰：『句三股四弦五，此大較也。古來鉅公大儒從事於實學者，多究心焉，可弗講乎？』余退而讀荆川《句股論》，幾不可以句。伏而思之，知空中之理非數不顯，空中之數非理不明，忽若有悟，因述爲句股書。」《句股引蒙》、《句股述》

《勾股矩測解原》

清・永瑢等《四庫全書總目》卷一〇七《子部十七・天文演算法類》 《勾股矩測解原》二卷浙江汪啓淑家藏本。國朝黄百家撰。百家有《體獨私鈔》，已著録。是書言句股測望，并詳繪矩度之形，與熊三拔《矩度表説》大概相同，而此書專明一義，其説尤詳。考句股測望，自古有之，其法或用方矩，或立矩表，或用重矩，引繩入表，以測高深廣遠所不能至者，總以近者小者與遠者大者相準。世傳劉徽《海島算經》，即此法也。及本朝御製割圜八線表出，又儀器製作悉備，始有三角形測量，蓋測量用三角度，低昂甚便，視步算檢表數密而功省，雖其理與句股無殊，而徑捷簡易，則不可同日而論矣。然必儀與表兼備，而後其術可施，苟闕其一，即精於是術者無從措手，故句股之法亦不可廢也。是書雖僅具古法，亦足備測量之資焉。

《少廣補遺》

清・永瑢等《四庫全書總目》卷一〇七《子部十七・天文演算法類》 《少廣補遺》一卷兩江總督採進本。國朝陳世仁撰。世仁，海寧人，康熙乙未進士。其書以一面尖堆，及方底、三角底、六角底尖堆各半堆等題，分爲十二法，復有抽奇抽偶諸目，蓋堆垜之法也。案堆垜乃《少廣》中之一術，與尖錐體、臺體相似而實不同，蓋尖錐體、臺體外平而中實，堆垜爲衆體所積，面有崚嶒，中多空隙，故二法和較，煩簡頓殊。古《少廣》中僅具以邊數、層數求積數法，亦未有解其故者，至以積求邊數、層數之法則未備焉。又其爲用甚少，故算家率略而不詳。世仁有見於此，專取堆垜諸形，反覆相求，各立一法，雖圖説未具，不能使學者窺其立法之意，而於《少廣》之遺法，引伸觸類，實於數學有裨，不可以其一隅而少之也。

清・阮元《疇人傳》卷四一《國朝八・陳世仁》 陳世仁，海寧人也。康熙乙未進士。著《少廣補遺》一卷，專明垜積之法，凡十二類：一曰平尖，二曰立尖，三曰倍尖，四曰方尖，五曰再乘，六曰抽奇平尖，七曰抽偶平尖，八曰抽偶數立尖，九曰抽奇數立尖，十曰抽奇偶數方尖，十一曰抽偶再乘尖，十二曰抽奇再乘尖。《少廣補遺》

《莊氏算學》

清・永瑢等《四庫全書總目》卷一〇七《子部十七・天文演算法類》 《莊氏算學》八卷福建巡撫採進本。國朝莊亨陽撰。亨陽字元仲，南靖人，康熙戊戌進士，官至淮徐海道。是編乃其自部曹由董河防，於高深測量之宜，隨事推究，設問答以窮其變，因筆之於書，其後人取其殘稾，裒輯成帙。中間大旨，皆遵《御製數理精蘊》，而參以《幾何原本》、《梅氏全書》，分條採摘，各加剖析，頗稱明顯。末爲七政步法，亦本之新法算書，而節取其要。其於推步之法，條目賅廣，縷列星羅，無不各有端緒。恭案《御製數理精蘊》綫面體三部凡三十餘卷，《幾何原本》五卷，《梅氏全書》卷帙亦爲浩博，學算者非出自專門，不能驟窺蹊徑，今亨陽撮舉精要，別加薈萃，簡而不漏，括而不支，可爲入門之津筏，雖未能大有所發明，而以爲初學者啓蒙之資，則殊有裨益矣。

《九章録要》

清·永瑢等《四庫全書總目》卷一〇七《子部十七·天文演算法類》 《九章録要》十二卷浙江巡撫採進本。國朝屠文漪撰。文漪字蒓洲，松江人。其書因古《九章》之術，參以今法，與杜知耕所著《數學鑰》體例相似，而互有詳略疎密，知耕詳於方田，文漪則詳於句股，知耕論《少廣》備及形體，文漪推《少廣》則研及廉隅之辨，知耕參以西法，每於設問之下，附著其理，文漪則採録梅文鼎諸書，推闡以盡其用，大致皆綴集今古之法以成書，而取捨各異，合而觀之，亦可以互相發明也。是書有借徵一條，專明借衰疊徵之術，爲知耕之所未及考，其所載雖未極精密，然於借數之巧，固已得其大端矣。

清·阮元《疇人傳》卷四一《國朝八·屠文漪》 屠文漪，字蒓洲，松江人也。著《九章録要》十二卷。言：「古《九章》其書不傳，特據所見近世之書，芟其繁謬，補其缺遺，以意隸之。」又言：「衰分、盈朒、方程之外，更有借徵之法。蓋借衰原于衰分，疊借原于盈朒，而觸類而通之，可以窮難知之數，此《九章》法外之巧也。故以次《九章》之後。」《九章録要》

論曰：文漪之于算術，蓋程大位之流，所著《九章録要》，亦與《統宗》相類。惟少廣篇，中有開方求命分密法一條，謂「命分還原，必朒于原實。若不復加隅，又必盈于原實。更有法開之，令盈于原實之數甚微，則其法爲密。」斯則可已不已，未達深旨者也。蓋開方命分，母數爲方面，西人所謂線也；子數爲冪積，西人所謂面也。二者如曲線、直線之終古不能相通。開方而有命分，止就其相近之數言之，本無還原不盈朒之理，且《九章》云不可開者，以面命之，然則古人開方并無命分法也。

《璿璣遺述》

清·張廷玉等《欽定皇朝文獻通考》卷二二九《經籍考十九·子》 《璿璣遺述》七卷，揭暄撰。暄，字子宣，江西廣昌人。梅文鼎序曰：「暄深明西術，又別有悟入。其謂七政小輪，皆出自然，亦如盤水之運旋，而周遭以行疾而生旋渦，遂成留逆一條，爲古今之所未發。」

《句股衍》

清·王昶《湖海文傳》卷二八《序·王元啓〈句股衍總序〉》 句股弦相求之法，參以和較，得七十八則。立表測量，又得求高、求深、求遠三則，重表亦然。求句股中函之數，則又有冪積之數，容員、容方及容縱方之數，彼此相求，又得二十三則。由句股推之，以至不成句股之形，亦可化而爲句股。此中裁截之法猶不與焉，其術亦繁矣哉。舊算書簡略不備者無論，詳者復錯雜無緒，而於疑難諸法，往往取逕太迂，運思太拙，閲之反亂人意。嘗試意爲區別，使各以類從，定爲相求法百有八則，録諸别紙，擬於暇時依次研求，創爲新法，以曉學者。多事卒卒未就。甲申秋仲，病卧重華書院，一切筆墨之緣都絶，思理前緒，遂得一一盡通其故，其中運思布算時比舊法爲直捷，而舊法亦不敢没，則附見焉，以資參考。至以中函積數與弦之所和、所較相求而得句股弦之正數，其法爲舊算書所不載，今亦竊擬一法以附於後。又別創截弦分兩及補句求股、補股求句二法，以該西術三角之算使學者知《周髀》一經於術無所不該，後人淺爲涉獵，不能旁推交通，以盡其變故，使西術得出而争勝，其實西術亦本《周髀》，不能越其範圍之外也。書成，總凡百十四則，名之曰《句股衍》，使從遊之士録而傳之，雖無關窮理之大要，以之啓誘童蒙，亦未必非小學之一助云。

清·錢林《文獻徵存録》卷三 王元啓，字宋賢，嘉興人。乾隆十九年進士，銓福建將樂縣。專業曆算，以算法始於句股，撰爲《句股衍》一書，分甲、乙、丙三集。甲集論開平十法，爲句股因積求邊起義；次論立方以及平方法；再論和數開立方，以盡立方諸法之變，爲《術原》三卷。乙集兩卷，爲相求法百三十二則之綱要，故名曰《綱要》。丙集即相求法，逐則分之，以發明立法之意，凡四卷。敘之曰：「句股弦相求法，參以和較，凡得七十八則。求句股中函數又有冪積之數、容員、容方、容縱方，及依弦作底，求容方與句股求外方、外員之數。又有積數與句股和較，相求容方與句股餘數相求之法。綜計之又得二十九。則立表測量，得求高、求遠、求深三則，重表亦然。舊算書多簡略不備詳者，又苦錯出無緒，嘗意爲區別，使各以類從。先定相求法百三十則，一一盡通其故，運思布算，時比舊法爲直捷，而舊法亦不敢没，附見以致參考。至以中函積數與弦之所和所較，相求而得句股弦之正數，其法爲舊算書所不載，今亦竊擬一法以附於後。又別創截弦分兩及補句求股之法，分爲六則，並載不成句股求中函積數二則，容方容員四則，外切員徑一則，員内累求句股六則，凡又一十九則。以該西術三角之算，兼備割員之用，使學者知《周髀》一經於術無所不該，後人不能旁推交通以盡其變，故使西術得出而争勝。而其術亦本《周髀》，總無出於折句爲股之外也。」其略例引言曰：「算家句股一門，非鑿指一數以爲布算之準，難以虚領其義。然如廣三修四見於經者，特其正例。正例外變例尤多，必欲正變兼陳。則彼此錯出，使閲者耳目數易，轉增煩憒。兹特標舉數端以爲略例，並不成句股之形亦附見焉，以盡句股之變也。」并附答友人問句股書曰：「欲求句股，必先學開方法，方有正方、縱方之異，縱方則以修廣之和較數開之，其次則求四率比例。有三率求四率之法，有二率求三率之法，又有一率求三率之法，知此即可以求句股弦。無零數之法，以三率之中率爲主，倍中率爲股，首末二率相減爲句，相加爲弦。依此衍之，得句股略例十數則。然後以句股弦爲正數，兩數相加爲和數，相減爲較數，又有弦與句股三數加減之和較數，弦與和和、弦與較和三數相加之和數也，弦與較較、弦與和較三數相減之較數也，三數相加減，今名之爲兼三和較。凡正數和較之數，各三兼三和，較數各二，共十三數，十三數中隨舉兩數，即可求句股弦全數。凡得相求法九十四則。而其中容方、容員及截弦分兩，與夫立表測量又有單表、重表之法，猶不與焉。其次則求截弦分兩之法，是爲一句股分兩句股之術，可以知不成句股亦可以分兩句股，即西法三角算之所由名，今則總以句股概之。其法取大小兩句股形，小股與大句同數者爲一形，即爲不成句股之形，分之爲兩，則所謂中垂線者，即小句之股，大矩之股，大矩之句。以此衍之，又得不成句股五十餘則。於此求之，又得合形分兩，削形求全二法。合形分兩，則有正合形截偶分兩，反合形截中分兩，偏合形截邊分兩之法。削形求全，則有削去正矩、削去偏矩之殊，偏矩中又有淺削、深削之分，知此則平句股之學盡此矣。」雖本舊法而分條析目，及入手前後之次，悉出新意，其標題名目及運思布算，多有不循其舊者，更有舊法不載而以意補入者。其後嘉定錢塘讀其書，味爲獨絶，題書後曰：「開方句股之法創始於《九章》、《周髀》二經，自後算家遞相推衍，至乎梅勿庵之《少廣拾遺》、《句股闡微》，幾無餘藴矣。惺齋尚以舊術爲繁也，更立简法，著書若干卷，先以開方究其原，繼於句股窮其變，以開方爲句股所取資也，統名之曰《句股衍》。」

《萬青樓圖編》

清·阮元《疇人傳》卷四一《國朝八·邵昂霄》　邵昂霄，字麗寶，餘姚人也。拔貢生。乾隆元年，薦博學鴻詞。以漢晉以來天官家言及歐羅巴之説，參以己論，爲《萬青樓圖編》十六卷，分爲十四目：曰天體，曰儀象，曰宫度，曰二曜，曰五緯，曰雲氣，曰煇氣，曰經星，曰曆案，曰曆理，曰曆數，曰測景，曰測時，曰定時。又創爲量天景尺及漏椀諸法。《欽定四庫全書總目》

《全史日至源流》

清·阮元《疇人傳》卷四一《國朝八·許伯政》　許伯政，字惠棠，巴陵人也。乾隆壬戌進士，官山東道監察御史。著《全史日至源流》三十二卷。其説以爲天周宜用三百六十度，日法宜用九十六刻，凡二百一十六年，恒星東行三度，歲實亦減二十秒，如是一百二十回爲一運，以運首所值日名甲子，壬子、庚子、戊子、丙子爲次，五運爲一元，元首甲子年甲子月甲子日甲子時正初刻一分内一秒冬至，其歲實爲三百六十五日二時七刻十四分十秒，此天行之始數也。依法遞推，上起壬子運一，下迄壬子運三十，每歲求其冬至之日，其壬子運三十之一百一十六年癸未，當明崇禎十六年，閲歲而明亡，故終於此。《欽定四庫全書總目》、《全史日至源流》

《割圖八線表》

清·阮元《疇人傳》卷四〇《國朝七·楊作枚》　楊作枚，字學山，無錫人也。

著《解割圓之根》一卷，言：「《割圓八線表》，久傳於世，而立法之根，未得專書剖晰。《大測》中如十邊、五邊形之理，皆缺焉弗講。反覆紬繹，漸得會通，遂著其圖衍。其算理之隱賾者明之，法之缺略者補之，以備好學者之采擇云爾。」又著《句股正義》一卷。《梅氏全書》

《八線測表圖說》

清・阮元《疇人傳》卷四一《國朝八・余熙》 余熙，字晉齋，桐城人也。著《八線測表圖說》一卷，發明句股和較、割圓八線、六宗、三要諸法。《欽定四庫全書總目》

《測量全義新書》

清・阮元《疇人傳》卷四〇《國朝七・袁士龍》 袁士龍，一名士鵬，字惠子，號覺菴，杭州府仁和縣人也。受星學於黄宏憲。西域天文有三十雜星之占，未譯中土星名，士龍有考，與梅文鼎所攷不謀而合。又著《測量全義新書》二卷，凡二十六篇。上卷曰七政經天圖說，曰測天儀象，曰次輪定位，曰經天要旨，曰列宿距度，曰新定步天歌訣，曰太陽測，曰太陰，附羅計孛炁，曰土木火金水星測，曰七政躔次位置測法不同，曰測景候氣，曰象限測法。下卷曰方程神算新法圖說，曰比例尺九式，曰測量用例查法，曰因乘用例查法，曰歸除用例查法，曰用乘捷法五式，曰用除捷法五式，曰句股開方捷法三式，曰指明圓周徑弦真率，曰測高用法，曰測遠用法，曰高置人目測量高遠，曰移象换影測量高遠，曰望竿定測。《測量全義新書》、《道古堂文集》

論曰：士龍謂内圓求外方，積三十二因、二十五歸，然則方周率四，圓周率三一二五也，與古率、徽率、密率俱不合。其所謂方程神算，亦以意爲之，非《九章》之方程也。《測量全義新書》，今德清許兵部宗彦藏有是書。

《皇輿表》

清・嵇璜等《欽定皇朝通志》卷一一三《圖譜略一・地理》 《皇輿表》，謹按：《坤輿圖志》，前史率多舛訛。康熙十八年，特命儒臣詳加考正，易圖爲表，瞭如指掌。嗣因幅員日廣，外藩屬國次第歸誠，如喀爾喀、青海諸部無不稱臣向化，比於郡縣。復奉敕考其山川封域，增列於編，以補原書之所未載。

《（康熙）輿地圖》

清・嵇璜等《欽定皇朝通志》卷一一三《圖譜略一・地理》 《輿地圖》，謹按：是圖乃康熙年間聖祖命人乘傳詣各部，詳詢精繪所定。自平定準噶爾，西陲諸部悉入版章，因奉敕遣大臣，率西洋人由西北兩路分道至各鄂拓克，測量星度、占候、節氣，詳詢其山川險易、道路遠近，繪圖一如舊制，以垂諸永久云。

清・邵懿辰撰、邵章續録《增訂四庫簡明目録標注》 《康熙地圖》三十二頁本，内地十六頁，邊外十六頁。即全祖望所作皇輿圖賦者，以周天經緯度，定相距里數，較元人所創開方法，更爲精審。

又 《康熙地圖》分省分府小頁本，計二百二十七頁。即《圖書集成》内地圖，所載鎮堡小名，細若牛毛，與大頁本不異，但未著經緯度數，及無邊外諸圖耳。

《盛京吉林黑龍江等處標注戰蹟輿圖》

清・嵇璜等《欽定皇朝通志》卷一一三《圖譜略一・地理》 《盛京吉林黑龍江等處標注戰蹟輿圖》，謹按：盛京、吉林、黑龍江諸處乃我朝肇跡興王之所，而《皇輿全圖》向未賅備，我皇上敬稽實録事蹟，命將軍等臣詳考道里形勢，按圖增補，且拓爲大圖，於聖武豐功，標注地名之右，恭紀太祖太宗親征及遣諸王貝勒等征討輪蹄所及之地。計圖一百四十有四，列聖開創丕基，山川疆域，釐然可攷，恭繹御製鴻篇，所以述祖烈而示來兹，誠可永垂不朽矣。

《皇輿西域圖志》

清・嵇璜等《欽定皇朝通志》卷一一三《圖譜略一・地理》 《皇輿西域圖志》。謹按：西陲疆索，列代未紀，以幅員所限，語言不通也。我皇上聖武遠揚，膚功耆定，拓地二萬餘里，準噶爾回部之人皆在廷執事，音譯既便，諸臣馳驅。是役者，親履其地，俾司校勘，既詳且覈，夫豈漢唐之程督異域者所可同日語哉。

清・邵懿辰撰、邵章續録《增訂四庫簡明目録標注》《皇輿西域圖志》五十二卷。乾隆二十一年大學士劉統勳撰，嗣以西域版圖日擴，規制日詳，又隨事增修。

續録：武英殿刊本，四十八卷，卷首四卷，鉛印本，鈔本，石印本。

《乾隆十三排地圖》

清・邵懿辰撰、邵章續録《增訂四庫簡明目録標注》《乾隆十三排地圖》。此圖南至瓊海，北極俄羅斯北海，東至東海，西至地中海，西南至五印度南海，合爲一圖，縱横數丈，而剖分爲十三排，合若干頁，每頁注明經緯度數。蓋本康熙圖，而製極其精，推極其廣，從古地圖，未有能及此者也。徐星伯有此本，相傳爲乾隆初年所作，及康熙二圖，皆内府銅版精刻，而外間流傳甚少，乾隆本尤罕見。又方略館有地圖刊本，大盈數丈，西北各邊皆滿洲字，内地則漢字，不知何時所刊。今内府此等圖板，恐皆不存，即有亦久不摹印矣。徐星伯圖，今入陳壽卿家，曾滌生曾見之，云所載西域地名甚略，在未平准部以前。

《新疆識略》

清・邵懿辰撰、邵章續録《增訂四庫簡明目録標注》《新疆識略》十卷。道光中官撰，本徐松所作，松筠奏進。

附録：即伊犁總統事略，官刻非官撰。懿榮

續録：道光武英殿刊本，十二卷，卷首一卷。

《西招圖略》

清・松筠《西招圖略・西招圖略序》守邊之要，忠信篤敬也。而忠信篤敬，莫不本乎格致誠正。故格物所以窮理，致知所以通俗，誠意所以不欺，正心所以寡欲，忠信篤敬於是乎行。以之欽承聖訓，教以寬柔，無分遐邇，一皆羈縻。而向化懷德，是在修德也。然修德者必矜細行，而圖治者宜防未然。曰書二十有八條，以敘其事略，復繪之圖以明其方輿，名之曰《西招圖略》，庶便於交代，以代口述之未盡者，後之奉命駐臧君子，其尚有以發於予所欲言而不及者，尤厚望焉。是爲序。嘉慶三年中秋日湘浦松筠識。

《秦邊紀略》

清・邵懿辰撰、邵章續録《增訂四庫簡明目録標注》《秦邊紀略》四卷。康熙間人撰。入存目。

《三省邊防備覽》

清・嚴如熤《三省邊防備覽・三省山内邊防備覽引》山南閬夔鄖宜，坤輿奧區也。山谷阻深，三楚兩粵滇黔流徙之民多寄籍其間，五方雜處。國家既勤撫治而所爲之防者，亦倍嚴於他處。余官山南二十餘年，嘗從事穿楚邊地，於身所經歷，僚友士民所博訪，草有《山内風土雜誌》、《邊境道路考》，顧摩盾吮毫，未能詳核也。辛巳春，奉官保礪堂制府檄，同川陝湖北三省委員查勘邊境，自春孟至夏仲蕆事。於往時所未經歷者，得流覽焉，于曾經歷者，得再至、三至焉。共事諸君子，蜀則述軒李君、古山陸君，楚則朗軒倪君、汧谷范君，秦則六琴方君、蓼禪陳君。或舊勤戎幕，或久宦岩疆，皆能洞達時務而練習乎邊事，爰咨爰詢，各出身所經歷，互相參考，蓋皆有得焉。昔人稱明侯氏加地《楚黔邊哨疆域考》凡於當時所已設施，與夫山川險要所當續，爲之備，與謀之而未及措注者，分條細數，罔不詳載，其思患預防爲甚遠，遂不覺其言之長也。余竊有志焉，乃合《風土雜誌》、《道路考》，增以往日見聞所未到、思慮所未周，輯爲《備覽》一書，區以輿圖、道路、水道、險要、民食、山貨、軍制、要略、史論、文藝十門，爲書一十四卷。夫今昔情形不同，則規劃亦異，安必今之所云足備采擇哉？然時事萬變而山川終古依然，覽乎此者，當亦得乂安邊疆之一助矣。

清・邵懿辰撰、邵章續録《增訂四庫簡明目録標注》《三省邊防備覽》十四卷。又《苗防備覽》二十二卷、《洋防輯要》二十四卷。清嚴如熤撰。道光二年刊本。

續録：道光二十三年重刊本。

《治河奏績書》

清・邵懿辰撰、邵章續録《增訂四庫簡明目録標注》《治河奏績書》四卷，附《河防述言》一卷。張靄生撰，清靳輔撰。四庫系鈔本。

靳文襄公治河方略十卷，系嘉慶中官修，即以奏續書爲底本重編。增卷首各圖，有東撫崔公刊本，及文襄後人重刊小字本。

附録：庫底本，此二種今在余家　懿榮

清・靳輔《治河奏績書・四庫全書提要》　臣等謹案：《治河奏績書》四卷，國朝靳輔撰。輔字紫垣，鑲紅旗漢軍，官至兵部尚書，總督河道，謚文襄。是書卷一爲《川澤考》、《漕運考》、《河決考》、《河道考》。卷二爲《職官考》、《堤河考》及《修防汛地埽規》，河夫額數、閘壩修規、船料工值皆附焉。卷三爲輔所上章疏及部議。卷四爲各河疏浚事宜及施工緩急先後之處。其《川澤考》所載，於黄河自龍門以下，至淮、徐注海，凡分匯各流，悉考古證今，頗爲詳盡。於注河各水及河所瀦蓄各水，亦縷陳最悉。其《漕運考》亦然。《河道考》於臨河要地及距河遠近分條序載，較志乘加詳。至於堤工修築事宜，則皆輔所親驗，立爲條制者矣。輔自康熙十六年至三十一年，凡三膺總河之任，故疏議獨多。别有《文襄奏疏》一書，已著於録，是編所載乃更摘其精要者。其專以治上河爲治下河之策，雖據一時所見，與後來形勢稍殊，然所載修築事宜，亦尚有足資采擇者。與張伯行《居濟一得》，均近時河道書中足備參考者也。乾隆四十六年十月恭校上。

《直隸河渠志》

清・邵懿辰撰、邵章續録《增訂四庫簡明目録標注》《直隸河渠志》一卷。清陳儀撰。畿輔河道水利叢書本。

續録：鈔本。

畿輔河道水利叢書本十五卷，共九種，有圖，清吴邦慶撰集，道光四年刊。

清・陳儀《直隸河渠志・四庫全書提要》　臣等謹案《直隸河渠志》一卷，國朝陳儀撰。儀字子翽，號一吾，文安人。康熙乙未進士，官至翰林院侍講學士，

《西征紀略》

清・邵懿辰撰、邵章續録《增訂四庫簡明目録標注》《西征紀略》二卷，清總兵王萬祥撰。從王進寶征吴三桂。有刊本。

《昆侖河源考》

清・邵懿辰撰、邵章續録《增訂四庫簡明目録標注》《昆侖河源考》一卷。清萬斯同撰。指海本。

附録：借月山房本　星詒

續録：鈔本，傳鈔本文瀾閣本。

《兩河清匯》

清・邵懿辰撰、邵章續録《增訂四庫簡明目録標注》《兩河清匯》八卷。清薛鳳祚撰。

《居濟一得》

清・邵懿辰撰、邵章續録《增訂四庫簡明目録標注》《居濟一得》八卷。清張伯行撰。有刊本。

續録：康熙間刊本，正誼堂原刊本。

《山東運河備覽》

清・邵懿辰撰、邵章續録《增訂四庫簡明目録標注》《山東運河備覽》十二卷，清陸耀撰。乾隆四十年刊本。

續録：切問齋刊本。

充霸州等處營田觀察使。是編即其經理營田之時作。海河、衛河、白河、淀河、東淀、永定河、清河、會同河、中定河、西淀、趙北口、子牙河、千里長堤、滹沱河、滏陽河、寧晉泊、大陸澤、鳳河、牤牛河、窩頭河、鮑邱河、薊河、還鄉河、塌河淀、七里海二十五水，皆洪流巨浸也。雖敘述簡質，所載但及當時形勢，而不詳古跡。又數十年來，屢蒙我皇上軫念民依，經營疏浚，久慶安瀾。較儀作書之日，水道之通塞分合，又已小殊。然儀本土人，又身預水利諸事，於一切水性地形，知之頗悉。故敷陳利病之議多，而考證沿革之文少。録而存之，亦足以參考梗概也。乾隆四十五年十二月恭校上

《欽定河源紀略》

清・紀昀等《欽定河源紀略》卷一《圖説一》　臣等謹案：地理非圖不明。大河源流，自古人跡罕至。《漢書》稱武帝按古圖書，名河所出山曰昆侖者，已佚不可睹。其圖之傳於今者，篤什所述，什僅得其四五。陶宗儀之所摹，又僅得篤什之四五。近時歐羅巴人作《坤輿圖説》，徧繪五大人州，而紀黄河者，僅寥寥數語，豈非皆傳聞未確之故歟？洪惟我朝，昄章式廓，聖祖仁皇帝嘗肇命臣工，攜挈儀器，遍曆區域，測量分數。以極星出地高下，定南北相距之數；以中星偏東偏西，定東西相望之實。周天三百六十度，當大地七萬二千里。其中山川脈絡，形勢燦陳，繪畫具備。我皇上德威遠鬯，准夷、回部相繼蕩平，拓地二萬餘里。昔所詳諮博考而得者，申命有司，履循絜度，繪入《輿地全圖》。西蒙東瀛，廣輪無外。於是大河源流，一曲一直，披圖指點，均可得其出某山、行某地、分某派，合某支之實。至有古書所未陳，往圖所不載，如伏流孔道阿勒坦真源者，證以欽定輿圖，瞭若指掌，洵乎億萬祀之標準也。臣等謹循畫方分度之體，繪爲《河源全圖》一圖，所不能盡者，析爲數圖，各系以説。自古縱横轇轕之論，質以今圖，不辯而知其得失。並取往籍可圖者，自《漢書》至元，使窮源舊圖，附載於後。

《畿輔水利四案》

清・邵懿辰撰、邵章續録《增訂四庫簡明目録標注》　《畿輔水利四案》，清潘錫恩編。

續録：道光刊本四案一卷，四案補一卷，附録一卷，又一本亦道光刊，四案六卷，圖一幅。

《直隷河渠水利》《畿輔安瀾志》

清・邵懿辰撰、邵章續録《增訂四庫簡明目録標注》　《直隷河渠水利》一百三十二卷。方觀承屬趙一清撰，未刻而一清卒，此其手稿，在許氏陔華堂，前有何元錫題字。

續録：畿輔安瀾志五十六卷。清王履泰撰，武英殿聚珍板本。

又　《直隷河渠書》一百二卷，清戴震撰。方觀承總督直隷時，屬仁和趙一清撰《直隷河渠水利》一百三十二卷，後屬戴震删定爲此編。未刻行。入周元理家。嘉慶己巳，周氏之姻王履泰删並爲五十六卷，易名《畿輔安瀾志》。獻之朝，命武英殿刊行。而趙書、戴書尚有鈔本行世，莫友芝謂履泰書雖竊趙戴，而戴氏後續載北河事案至嘉慶十二年止，亦非全據舊編也。

《行水金鑑》

清・邵懿辰撰、邵章續録《增訂四庫簡明目録標注》　《行水金鑑》一百七十五卷。清傅澤洪撰。全謝山云「此書實鄭芷畦元慶所著」。乾隆間傅氏刊本。

續録：雍正三年淮揚道署刊本。有圖一卷。

乾隆五十一年敕撰《欽定八旗通志》卷一二〇《藝文志》　《行水金鑑》一百七十五卷，傅澤洪撰。澤洪，鑲紅旗漢軍。官至分巡淮揚道、按察司副使。是書成于雍正乙巳。全祖望作《鄭元慶墓誌》，以爲出元慶之手，疑其客游澤洪之幕，或預編摹，然別無顯證，未之詳也。敘水道者，《禹貢》以下，司馬遷作《河渠書》，班固作《溝洫志》，皆全史之一篇。其自爲一書者，則創始于《水經》。然標舉源流，疏證支派而已，未及於疏浚隄防之事也。單鍔、沙克什、王喜所撰，始詳言治水之法。有明以後，著作漸繁，亦大抵偏舉一隅，專言一水。其綜括古今，臚陳利病，統前代以至國朝四瀆分合、運道沿革之故，匯輯以成一編者，則莫若是書之最詳。卷首冠以諸圖。次《河水》六十卷，次《淮水》十卷，次《漢水》、《江水》十卷，次《濟水》五卷，次《運河水》七十卷，次《兩河總説》八卷，次《官司》、《夫役》、

《漕運》、《漕規》，凡十二卷。其例皆摘録諸書原文，而以時代類次。俾各條互相證明，首尾貫串。其有原文所未備者，亦間以己意考核，附注其下。上下數千年間，地形之變遷，人事之得失，絲牽繩貫，始末犁然。至我國家，敷土翕河，百川受職，仰蒙聖祖仁皇帝翠華親莅，指授機宜，睿算周詳，永昭順軌，實足垂法於萬年。澤洪於康熙六十一年以前所奉諭旨，皆恭録於編，以昭謨訓，尤爲疏瀹之指南。談水道者，觀此一編，宏綱巨目，亦見其大凡矣。

《水道提綱》

清・邵懿辰撰、邵章續録《增訂四庫簡明目録標注》《水道提綱》二十八卷，清齊召南撰。乾隆丙申傳經書屋刊本。

續録：霞城精舍刊本。活字板本。

清・永瑢等《四庫全書提要》卷六九《地理類二》 臣等謹案：《水道提綱》二十八卷，國朝齊召南撰。召南字次風，台州人。乾隆丙辰召試博學鴻詞，授翰林院編修，官至禮部侍郎。歷代史書各志地理，而水道則自《水經》以外無專書。郭璞所注，久佚不傳。酈道元所注，詳於北而略於南，且距今千載，陵谷改移，即所述北方諸水，亦多非其舊。國初餘姚黄宗羲作《今水經》一卷，篇幅寥寥，粗具梗概，不足以資考證。召南官翰林時，預修《大清一統志》，外藩蒙古諸部，是所分校。故於西北輿地，多能考驗。又志館備見天下輿圖，乃參以耳目見聞，互相鉤校，以成是編。首盛京至京東諸水，次爲直沽所匯諸水，次爲北運河，次爲河及入河諸水，次爲淮及入淮諸水，次爲江及入江諸水，次爲江南運河及太湖源流，次爲浙江、閩江、兩廣諸水，次雲南諸水，次爲西藏諸水，次漠北阿爾泰以南水，次黑龍江、松花諸江，次東北海、朝鮮諸水，次塞北漠南諸水，而終以西域諸水。水之源委，往往袤延數千里，不可限以疆域。召南所敘，不以郡邑爲分，惟以巨川爲綱，而以所會衆流爲之目，故曰「提綱」。大抵源流分合，方隅曲折，統以今日水道爲主，不屑屑附會於古義，而沿革同異，亦即互見於其間。其自序譏古來記地理者，志在藝文，情侈觀覽。或於神仙荒怪，遥續《山海》；或於洞天梵宇，揄揚仙佛；或於遊蹤偶及，逞異炫奇。形容文飾，只以供詞賦之用。故所敘録，頗爲詳核，與《水經注》之模山范水，其命意固殊矣。然非召南生逢聖代，當敷天服屬之時，亦不能於數萬里外聞古人之所未聞，言之如指諸掌也。乾隆四十六年九月恭校上

《海塘録》

清・邵懿辰撰、邵章續録《增訂四庫簡明目録標注》《海塘録》二十六卷，清翟均廉撰。四庫著録系鈔本。今在余處。

《海塘通志》

清・邵懿辰撰、邵章續録《增訂四庫簡明目録標注》《海塘通志》二十卷。清方觀承撰。乾隆辛未刻。在翟氏此書之前。

附録：新譯西洋人海塘輯要十卷。上海製造局本紹箕

續録：海塘新志六卷，續志四卷。清琅玕撰。道光間刊本。鈔本

《管窺圖説》

清・戴殿泗《管窺圖説序》 《管窺圖説》，何君遠堂言天文之書也。談經家舌撟而不得下者，莫如天文。遠堂以其心得著成是書，其於四時列宿之出没、纏度之次序、日道月行、天上地底并列之，區左旋、右旋之故，日月交會、交食之狀，置開法，月體盈虧法，天體里度分野，五星歲差、歷法儀象以及經傳所載之度數無不詳明，而切究之製圖二十有四，以參其象，綴説四萬余言以盡其意，務令經傳諸言象緯者幽奥之處，較若列眉紛之條粲如指掌。天文即雲難冀，從此而潛心焉入其門者自可馴，至此遠堂之所以殷然於斯業也。然遠堂非必有所臆説、創造於其間也，會注疏百家之言，精而又精，折其衷而已，又非別有武斷速悟以訂正其是非也。積參稽之久，廢寢忘食，一旦洞然於胸中，於以筆□書而已。遠堂向有《溝洫圖説》，予曾序之，知其數十年來所研究者，有《九經通解》及《條攷讀史篇縮》及《筆譜》諸書，殫歲時之力可以繕成，各種向不次序，編纂以垂后乎。噫！吾金郡學者當伊昔極盛時，類皆專志經史，無心外慕，諸所纂述班匕可攷。遠堂所爲，其流風余韻后先接踵耶。以視今之束書不觀，略觀不澈者，其相去不可以道里計，而豊玉荒穀端有在矣！婺學之興，吾于是望。旹嘉慶庚午復四月

穀旦，友弟仙華戴殿泗謹序。

《揣籥小録》

清・趙懷玉《揣籥小録序》 自西學興，治歷者往往各存異見，互發違論，其實得數不符，固不足爲理之合。苟理既合，亦何害爲道之同，是所譯諸書，適能與古法相濟，而非所以相病也。邑侯張君來莅陽湖，朞年而政成，事之繁者日益簡，訟之猾者日益斂。夏則民多染疾，療之必勤。冬則民多被火，捄之必力。公餘之暇，發舒所積，作爲《揣籥小録》一書，使余外孫莊敏持以見示，敏固受知於君者也。余雖不解算法，受而讀之，敬其能不囿中西之見，將割、切二線探討罄盡，其北極經緯一表，尤從古書，鎔入西法。洵可謂方罫寰宇，綱盡六合，萬國之大，直可指諸掌矣。夫測驗之用在八線，八線之始由割圜。圜之體具渾象之全，而割切者，八線之四也。八線雖闡自西人，遡其所由，實《九章》之句股。考郭太史弧矢割員法，先變渾爲平，任割平之一分，皆有弧、有矢、有弦，乃以弧矢弦與員半徑，互爲句股。今也弦矢，皆仍其名。割即半徑之割，出員外者切，則切弧之外線，而皆以附用弧者爲正，附棄弧者爲餘。於是線凡得八，順逆犁然，縱横句股，中西之理，豈有間哉。雖然天地大矣，古今遠矣，以八線度之，遠者可歲月計，大者可道里計，今讀書乃知，且可時刻分寸計也。北極之下，經緯三百六十統計得方百里者，積二十五萬九千二百。幅員所届，東西六十三度，南北三十七度計，得方百里者，四千六百六十二，陽湖爲四千六百六十二之一，一者全之始，全者一之成。今君既不以中西之學爲異，又豈以天下之民爲異哉。陽湖之民既邀君惠矣，行將見登君於宰輔，使四千六百六十二方百里之民，咸受君惠也。昔當湖陸清獻，與先尚書爲康熙庚戌同年，清獻過常州，以年家子謁先兵部於里居。兵部語清獻曰，士人初入官，不能知錢穀之數，勢不能不需人，故平時算法不可不學熟，則人不敢欺。事載吴光酉所輯《稼書先生年譜》。故先尚書、先侍讀皆精句股之學，至於懷玉則不識方圓奇耦爲何物，又何足以讀君之書哉。追念祖德重，滋媿矣。嘉慶庚辰嘉平月，治下弟趙懷玉力疾拜譔，時年七十有四。

清・張作楠《揣籥續録序》 余既撰《揣籥小録》，以備測時之用。復因梅氏諸方日軌，以弧三角法逐節氣，求太陽距地平高度係用新法。黄赤距緯二十三度三十一分，推算又列表，自北極高二十度至四十二度止，而二十度以前如廣東之瓊海，五十度以外如黑龍江、烏喇等處，現隸版圖者，皆未之及。謹依《欽定歷象考成後編》實測，黄、赤大距二十三度二十九分推算。按古法推日在赤道内外，最大之數約二十四度。而新法算書載，亞里大各於周顯王二十五年測得黄、赤大距二十三度五十一分二十秒，變從中法度分，得二十四度三十五分奇，較古法爲强。自後屢測屢改，漸有減分。除依巴谷於漢景帝中元元年所測與亞里大各同外，如亞爾罷德於唐僖宗廣明元年庚子測定，黄、赤大距二十三度三十五分，《授時歷》則減爲二十三度三十三分三十二秒，新法算書又減爲二十三度三十一分三十秒。至我朝《考成》上編，始測定爲二十三度二十九分三十秒，後編又減三十秒。西人言黄、赤大距，古大今小，此其證與。自極高十八度至五十五度，逐節氣加時、太陽距地高度，以列表並屬。江雲樵推得横直二表，日景長短爲表影立成，以補前録所未備云。丹邨張作楠。

《漢江紀程》

清・王鳳生《漢江紀程序》 道光庚寅年冬仲，余自維揚解組既歸，適以王省齋尚書鼎、寶獻山侍郎興奉命來江蘇，與今兩江督部陶雲汀宫保澍有會籌鹽政之役，爲奏留兩淮襄司局務。辛卯夏，會值初北漢岸有勾稽事，雲汀宫保復奏請以行。其時三江兩楚同被水患，金陵屬其下游，受災彌甚。余家上新河，地素濱江窪下，其罹水厄以較城中猶先猶劇，家室蕩析。承命戒裝，義不他恤，惟念由江寧至漢上計程幾二千里，舟行匝一月乃達，一路目覩災黎，昏墊惻然，憮然若與，所次里道山川均時時繫在心目，爰就所聞所見，徵諸載籍，謹條其山水之與江相滙者，係以圖説，信筆記之。兹行實録也，至于金陵以東下達海門廳揚子江口入海，雖非是役所道，以地係熟游，又其流屬漢江支委，故於紀漢江程后并附參攷，繪圖紀略，俾觀者便覽焉。辛卯九月，婺源王鳳生序。

《貴陽山水圖記》

清・鄒漢勛《貴陽山水圖記敘》 《禹貢》一書爲千古志地者之祖，于九州之後，即繼以道山、道水，洵以山水爲志地者之關會，不可略，亦不可紊也。《禹貢》而外，師其意而作者，有班固之《漢書・地理志》，伯益、夷堅之《山經》，曹魏時之

《水經》。蓋《地理志》取瀍乎九州，《山經》取瀍乎道山，《水經》取瀍乎道水也。顧《地理志》踵之，而作者不一，麻史之郡國、州郡、地形諸志皆是，而自唐訖明，所存《元和郡縣圖志》諸書，毋慮數十種，卷帙雖有繁簡之異，紀載雖有詳略之殊，其體例固莫不本之孟堅也。而就此千餘秊中求一，則效《山》、《水》二經而製篇者蓋寡。我朝幅員既已超邁漢唐，而好古知今之士閒世疊出。黄蔾州宗羲始繼《水經》（今水經）。齊息園召南隨規酈《注》（水道提綱）。戴東原震更摹《山經》、《水地記》。蓋至是而志地之書駸駸乎漢魏而上，儗夏初矣。余意謂天下郡縣圖經，咸能上師大禹，中範益、酈，下儗齊、戴，則大山、小山、名川、支川罔不悉備，有以爲畫野分量之助，亦有以爲建都設邑之經。《易》曰：「王公設險，以守其國」，《詩》曰：「相其陰陽，觀其流泉」，胥于是乎！在今故繼《畺里圖記》而爲《山水圖記》。

《一統輿地全圖》

清・邵懿辰撰、邵章續録《增訂四庫簡明目録標注》　李兆洛《一統輿地全圖》五十一頁。仿乾隆圖之意，分爲八排，兼列里方及經緯度，府廳州縣，據道光間見名刊刻，不能甚精，亦無村鎮小地名。然較《一統志》圖爲佳。近年陳延恩又刻李圖縮本，便於掛壁，小字排擠促狹，更遜原圖矣。李又有星圖別見。李又有寫本《歷代輿地圖》，不能甚精。

《内府輿圖》

清・李兆洛《内府輿圖縮摹本跋》　古之爲地圖者，晉裴秀、唐杜佑、賈耽、元朱思本最稱善，裴、杜、賈已無傳本，世所推者，朱耳。而摹繪者往往失其方位，不盡可據依也。國朝《内府輿地圖》揆中星以定方，爲千古所未有，金匱錢氏又縮爲小本，尤便行篋。然各省分圖，閱者心神苦不相貫，檢核每覺扞格，而民間通行之《一統圖》又舛繆乖隔，動成牴牾。今別約《内府圖》爲總圖，計當原圖九之一，似可適流覽矣。夫所貴乎圖者，貴其可以據今而核古也。以今圖爲底本，而以歷代地名遞加之，其法起于世所傳之《東坡指掌圖》，而明王光魯《閱史約書》尤爲明晰，特篇幅太窄，填寫既不能容，以致缺略，復疏于考訂，亦恐轉滋疑誤。此圖較光魯圖四倍有餘，則填注不苦偪仄，亦仿光魯圖以硃印之。有志斯學者，能于廿三史地名逐加詳求，分其時代，各以墨加注于今圖之上，藉以訂約書之誤，亦可省繪畫之工焉。劃方依《内府圖》，準天度定（理）〔里〕，每度爲二格，計每格縱、横各當地上一百二十五里，第《内府圖》經度近極處漸狹，今則界令均齊。又《内府圖》河源、新疆等處，乾隆時有改刊之本，小有參差，今皆以改刊本爲準，府、州、縣依圖悉載無遺，盤江則從徐宏祖《遊記》，以其源流易尋耳。道光五年三月。

《地理韻編》

清・李兆洛《地理韻編序》　道光三年，兆洛始至暨陽。六生賡九問曰：「古今地名，疆域膠轕，檢書猥繁，讀史者何道以理之？」予示以《皇朝輿地圖》，令以古地名識其上爲別，以上古、《禹貢》、三代、春秋、戰國爲經，始年餘乃成。繼檢各史地志，別爲録副而編以歸韻，編寫凡三四年，乃既繼檢《皇輿表》及《一統志表》，詳其沿革，著之于圖，皆得其實地，則又七八年。繼會前代郡縣，注之每韻下，又三四年而後成。蓋六生德只之力十七八焉。初時，編寫者徐生步莊、王生望之、夏生行之、陸生子幹、張生子立、吴生子清、曹生豫章、劉生秉彝。成書繕録者，則沈生鑑虚、夏生厚栽、蔣生樊圃、劉生子千。而隨時校讐商榷者，則宋生冕之、六生賡九、周生唐士、鄭生守庭、徐生康甫、黄生仲孫也。自始至訖，事閱十有六年矣。雖非日日致力于此，而暇日之力則無不致焉，可謂勞矣。書徒薈粹載籍，檢稽同異，無義理可尋，求成之甚難，散失甚易。又卷帙差多，寫之頗難，校之尤難。爰以活字，集印數百本，使稍稍流布，誠以廢目力于此，不欲其成而速毁也。編長纂褋，誠不能無舛謬漏奪，惟淹雅君子加之糾正，是有厚望焉。充集字之役者，薛生安國、蘇生汝亮、族子仲武，而德只實董之。追思施手之初，若望之、行之、秉彝，已不幸短命，不見是書之成，而諸生各少者已壯，壯者漸老，所成幾何，歲月卒卒如此，使兆洛獨尸其名，不亦恧乎！賡九名承如、德只名嚴、步莊名紹堂、望之名渭、行之名時、子幹名楨、子立名志純、子清名廷璨、豫章名秉純、秉彝名純祚、鑑虚名成受、厚栽名培、樊圃名壽昌、子千名道英、冕之名景昌、唐士名賡良、守庭名經、康甫名思鍇、仲孫名志述、安國名光煜、汝亮名旦然、仲武名虎臣。予尚欲爲歷代史地名長編，凡史中地名見於因事而非郡縣者，悉編出之，以韻類之，藉可并入上古、《禹貢》、三代、春秋、戰國諸地名，若成此，則地名皆有歸宿，讀史者無遺憾矣。而此事尤難，以檢閲者必心有識別，手能纂録，始可任此，亦有三四生徒欣然受命者，而無財者牽于課蒙以餬口，不能分力；有財者牽于科舉以求名，不肯分心。三五年來，僅康甫成《晉書》一種，餘多爲之而不竟，自度年齒已莫，恐不能待也，聊書之，冀有同志者繼賡焉。道光十七年六月。

清·馮桂芬《跋武進李氏輿地圖後》 李氏輿地圖爲今最善本。以方界計里，又以虚線存天體經度，可謂密矣。然有不可不辨者，北極有定位，即南北線隨地不同而東西因之，故圖中之方位與其地之方位必有微差，偏東西之度愈多，南北線漸斜，東西線漸迤，而南北多則所差積微而著。以偏西四十五度言之，南北線在方界中成斜徑，圖中之東北易而正北，西北易而正西。不特此也，其東西線上之稍北且易而南，其南北線上之稍東且易而西，雖所差無多，而方位已易，此觀者所宜知也。辨之之法，當知圖中之虚線爲真南北線，準此縱横作十字形，其緯線即真東西線矣。他日重刊，當改經緯線盡爲弧線，則善之善者矣。李氏原跋偶未之及，潘季玉君裝是圖既成，以右語綴諸上方。

《地球圖説》

清·阮元《地球圖説序》 經筵講官南書房行走户部左侍郎兼管國子監算學臣阮元撰。

西洋人言天地之理最精，其實莫非三代以來古法所舊。有後之學者喜其新而宗之，疑其奇而闢之，皆非也。言天員地員者，顯著於《大戴記》、《曾子·天員篇》。元曩見編修杭世駿作《梅文鼎傳》，言其有《曾子·天員篇注》，向其裔人求之，實無此稿，但有一二條見《天學疑問》中。元之注釋《曾子》十篇也，於《天員篇》未嘗不要泰西之説。曾子曰：「上首謂之員，下首謂之方。」如誠天員而地方，則是四角之不揜也。嘗聞之夫子曰：天道曰員，地道曰方。據此則天員、地員之説孔子、曾子已明言之，非西域所創也。《周髀算經》曰：「日運行處極北，北方日中，南方夜半；日在極東，東方日中，西方夜半；日在極南，南方日中，北方夜半；日在極西，西方日中，西方夜半。」據此則天員地員之説，周公、商高已明言之，非西域所創也。嘉定少詹事錢大昕以乾隆年間奉旨所譯西法《地球圖説》一書見示，且屬付梓。元讀其書，校熊三拔《表度説》等書，更爲明晰詳備。按，地球即地員，元時西域札馬魯丁造西域儀象，有所謂苦來亦阿兒子者，漢言地理志也。其製以木爲圓球，畫水與地，今之地球，即其遺法。西人之説以地體渾圓，在天之中，若令地球不在天中，則在地之景必不能隨日周轉，且遲速不等矣。今春、秋二分日輪，六時在地平上爲晝，六時在地平下爲夜，非在正中而何。地體本圓，故一日十二時辰更迭互見，如正向日之處得午時，其正背日之處得子時，處其東三十度得未時，處其西三十度得巳時。相去二百五十里而差一度，又七千五百里而差一時，若以地爲方體，則惟日之下者其時正，處左、處右者必長短不均矣。西域此説即曾子地圖之意，亦即《周髀》日行之意也。梅徵君《天學疑問》曰：「西人言，水地合一圓球而四面居人，其地度經緯正對者，兩處之人以足版相抵而立，其説可從歟？」曰：「以渾天之理徵之，則地之正圓無疑也。是故南行二百五十里則南星多見一度，而北極低一度；北行二百五十里則北極高一度，南星少見一度，若地非正圓，何以能然？所疑者，地既渾圓，則人居其上不能平立也。」然吾以近事徵之，江南北極高三十二度，浙江高三十度，相去二度，則其所戴之天頂即差二度，各以所居之方爲正，則遥看異地皆成斜立，又況京師極高四十度，瓊海極高二十度，自京師而觀瓊海，其人立處皆當傾跌而今不然，豈非首戴皆天、足履皆地，初無傾倒，不憂環立歟？然則南行而過赤道之表，北游而至戴極之下，亦若是矣？元又謂：「水地所以能居天中者，天行至健有大氣以包舉之，試以豆置豬膀胱中，氣滿則豆虚而騰而居其中；以繩絡椀置水，盈椀旋轉而急舞之，椀側覆而水不溢；置木球於水盎中，攪水急旋則球必居正中；登泰山極頂，天寒風烈，氣塞耳鳴，況高遠千百倍於泰山者。其健氣急旋，居其中人皆正立，無分上下，又何疑哉？」此所譯《地球圖説》侈言外國風土或不可據，至其言天地七政恒星之行度則皆沿習古法，所謂疇人子弟散在四夷者也。少詹事原書有説無圖，爰屬詹事高弟子李鋭畫圖爲説以補之，凡《坤輿全圖》二、《太陽併游曜諸圖》十九，共二十一圖。是説也，乃周公、商高、孔子、曾子之舊説也，學者不必喜其新而宗之，亦不必疑其奇而闢之可也。

《續疇人傳》《疇人傳三編》《疇人傳四編》

清·阮元《續疇人傳序》 向疑《八線表》及《八線對數表》字數在一二百萬已上，且盡數目之字，非有文義可尋，而字體微芒，細碎嚴密，保無寫刻之譌，緣從屢求句股所成，無由讎校。近見羅氏茗香以乾隆間明氏捷法，校得《八線對數表》一度十三分二十秒正切第五字「○」誤作「一」，又六度四十一分十秒正切第五字「○」誤作「六」，又十二度五十分正弦第六字「七」誤作「五」，又十六度三十二分十秒正切第七字「九」誤作「○」，又四十二度三十二分四十秒正切第九字「五」誤作「四」。可見西人之所能者，今人亦能之也。羅氏又因讀《四元玉鑑》於如像招數一門有所會通，更取明氏捷法，御以天元，知密率亦可招差，其弧與弧矢互求之法，與《授時秝草》之垜積招差，一一符合，且以祖氏之《綴術》失傳已久，其法屢見於秦書，即大衍之連環求等，遞減遞加，亦與明氏捷法相近。爰融會諸家法意，爲撰《綴輯輯補》二卷，纂續微言，興復絶學，古人之名亦從兹不朽，爲功匪淺。明氏爲乾隆初滿洲人，其《割圜密率捷法》海内無刊本，與元朱松庭《四元玉鑑》等書皆出在嘉慶初，《疇人傳》成之後，兩家之書又皆大有裨于秝數。

在昔聖人治易畫象，獨于革卦，一則曰「治秝明時」，取諸革，再則曰「天地革而四時成」。夫日三月成時，月三日成霸，霸之義，從月，亦從革。《説文》：「革，更也」，故術家因之，隨時修改，以求合于天行。自古以來，所以有七十餘家之術，而《授時》歲實之上考用長，下推用消，黄赤大距之古今大小，歲差之古今不同，皆其明證。非古人之心思才力不逮今人，亦非古法之疏，不若今法之密，蓋迫于積漸生差，術以是見疏耳。漢落下閎謂：「《太初術》八百歲當差一日」，亦本取革之義。自西人尚巧算，屢經實測修改，精務求精，又值中法湮替之時，遂使乘間居奇。世人好异喜新，同聲附和，不知九重本諸《天問》，借根昉自天元，西人亦未始不暗襲我中土之成説成法，而改易其名色耳。如諸輪變爲橢圓，不同心天變爲地球動是已。元且思張平子有地動儀，其器不傳，舊説以爲能知地震，非也。元竊以爲此地動天不動之儀也。然則蔣友仁之謂地動或本於此，或爲暗合，未可知也。西法之最善者，無過八線。然舍表無以布算，苟如羅氏以密率招差，是其法亦無异乎元朝《授時秝草》，更安知《八線表》不亦由於此乎？世之學者，卑無高論，且因八線對數，以加減代乘除，競趨簡便，日習其術，罔識其故，致古人精詣盡晦矣。夫爲數之道，首在《虞書》，辨氣朔之盈虚，課日月五星之遲疾，因時製宜，即孟子所謂「苟求其故」，此亦實事求是最大最難者也。枚乘《七發》曰：「孟子持籌而算之，萬不失一。」此漢人亦必有所本，前傳未列孟子，應否補列，請思酌之。

方今盛世，六藝昌明，佚書大顯，後有疇人，思欲復古，將見大衍爲考古之根，天元爲開來之具，綴術爲五星之用，招差爲八線之資。合大衍約分、天元寄母、綴術求等、招差疊積，又爲後學之權衡，斯又宋元來復見之各書所亟宜甄而表章也。

元少壯本昧于天算，惟聞李氏尚之、焦氏里堂言天算。尚之往來杭署，搜列各書，與元商撰，成《疇人傳》。今老病，告歸田里，更爲昏耄。又喜得羅氏茗香論古天算有如此。羅氏補續疇人，各爲列傳，用補前傳所未收者，得補遺十二人、附見五人，續補二十人、附見七人，大凡四十四人，離爲六卷，次於前編四十六卷之後，統前傳共成五十二卷。容有挂漏，俟再續焉。

又宋元間算法所指太極、天元、四元、大衍等名，皆用假判真，借虚課實，以爲先後彼此地位之分別耳。非如道學家言，確有太極、天地之道貫乎其中，至術數、占候及太乙、壬遁、符讖之流，則尤明秝明算者所不屑言也。前傳凡例已詳析之，兹更不及之。道光二十年夏四月，予告體仁閣大學士經筵講官太子太保在家食俸揚州阮元序，時年七十有七。

清·諸可寶《疇人傳三編序》 序曰：明經明算，竝重唐典。元精明替，爰逮鼎建。聖祖首出，斯學大顯。盛世無外，古籍盡獻。瀍曰東來，實源大衍。阮先羅後，疇人列傳。訖今甲申，垂五十年。聰明才智，我有人焉。茗香四元，梅侶句股。莊滑橢圜，戴顧對數。宫簿神解，致曲洞方。徵君妙用，繪畫測量。秋紉集成，必則古昔。駕乎泰西，我書彼譯。語見《戴先生傳》。凡兹君子，度越前朝。蒙之纂續，庸備芻蕘。旁及名媛，女也三氏。附録西洋，太傅舊例。嗟嗟束髮，願學耽翫，六九齒逾，見惡迺積。如後所聞所見，筆之于書。庶有達者，理而董諸。光緒十有二年正月乙未朔立春日，錢塘諸可寶目。

清·黄鍾駿《疇人傳四編序》 儀徵阮文達公撰《疇人傳》四十六卷，起自皇帝之世，迄我國朝，得二百四十三人，各爲列傳，附西洋三十七人。甘泉羅明經士琳譔《續疇人傳》六卷，以補前朝未收者，補遺十三人、附見五人，續補二十人、附見七人。俾推步者不至數典忘祖，論者稱爲算學功臣。近今錢塘諸大令可寶又從而續之，爲《疇人傳三編》七卷，續補遺二十九人、附見二十二人，後續補三十一人、附見二十五人、附記又二人，後附録名媛三人，西洋十一人、附見四人、附記東洋一人。但諸大令《三編》所續，止列國朝，未及前代。鍾駿督兒子伯瑛、仲瑛、叔瑛、季瑛習算之餘，不揣蒙昧，輯所聞見，筆之于書。其間作輟無常，六閱寒暑，纂録僅得蔵事，命伯瑛助輯成編，而仲瑛等與校讐焉。倣阮、羅、諸三書體例，共爲書十一卷，附一卷，得後續補遺二百四十七人、附見二十八人，西洋九十九人、附見五十四人，後附録歷代名媛三人、附見一人，西洋名媛一人、附見三人，亦名曰《疇人傳四編》。其中採輯論斷，未盡允協者有之。管蠡之見，雖不敢爲文達諸公續，而薈萃簡編，網羅散失，亦妄備一時稽考云爾。時光緒戊戌仲夏，澧州黄鐘駿述。

《鏡鏡詅癡》

清・張穆《鏡鏡詅癡題詞》 乙未冬初，晤浣香於銀灣客館，從之學算。圍爐温酒，無夕或閒。一日，夜深月上，出自製遠鏡，相與窺月中，窅眣黑點四散，作浮萍狀，懽呼叫絶。浣香因爲説遠鏡之理，旁喻曲證，亹亹不竭。次日，復手是書見示，穆讀而憙之，以爲聞所未聞，倩胥録副，藏之篋衍。逮丑寅之交，海孽鴟張，或詫其善以遠鏡立船桅上，測内地虚實，惜無能出一技與之敵者，穆因從與當事，延浣香幕中，以所録副本爲券，當事既不甚措意。未幾，撫局大定，議遂寢。甲辰春，浣香復來京師，靈石楊君墨林耳其高名，禮請爲季弟子，言師兼謀刻所箸論、筭各種。穆曰：「是無，宜先於《鏡鏡詅癡》者」，因稍爲畫定體例，附火輪船圖説於後。嘗念天下何者謂之奇才也，一藝之微，不殫數十年之講求則不精，屠龍、刻楮，各從所好，精神有永、有不永，而傳世之久暫視之。浣香雅善製器，而測天之儀，脈水之車尤切民用，今老矣。有能奇其才者，乃知所學之適用也。道光二十六年丙午秋八月朔日，平定張穆題。

清・鄭復光《鏡鏡詅癡自序》 測實易，測虚難。非測虚難，虚必徵實之難也，而非虚非實尤難。昔西士作《幾何原本》，指畫抉發，物無遁形。説遠鏡者不復能如幾何，豈故秘哉，良難之也。蓋鏡以物形，是録虚求實，而物以鏡象，是攝實入虚。以實入虚者，而實中之虚以生，以虚求實者，而虚中之實彌幻，虚邪，實邪，抑非虚非實者邪？吾烏乎測之，雖然非此物不有此象，非此鏡不覿此形，以物象物，即以物鏡鏡，可因本遠鏡説推廣其理，敢曰猶賢，詅吾癡焉耳！憶自再游邗上，見取影鐙戲，北華弟好深湛之思，歸而相與刷尋，頗多弋獲，遂援筆記之，時逾十稔，然後成稿。蕭山廣文黄鐵年先生見而嗜之，欲爲付梓，僕病未能也。重拂其意，復加點竄，又已數年，稍覺條理麤具，而疵纇多有，殊不足存。顧念成之之艱，得一知己，覆瓿無憾已，弆之敝簏，以待深思篤好如鐵年、北華其人者。古歙鄭復光書。

《漕運程途誌略》

清・佚名《漕運程途誌略序》 道光貳拾柒年丁未九月當湖陸焕抄。蓋漕運自漢唐以來各隨其都城之建以開河道，或陸運者至明永樂定鼎燕京，平江伯陳公諱宣者開白塔河通洋子江，沿河筑堤及寶應達淮河，前五十里筑堤天妃閘，鏁淮水使洪澤湖下來弗使全進淮揚，復浚新、泇二河，建八閘於嶧山縣，由宿遷董家口少走黄河二百四十里，而(淪)〔濟〕南至臨清數百里猶未通行。宋尚書諱禮者訪同南旺老人白諱英，相度地勢，於南旺東北戴村地方筑壩以遏汶水，弗使東流引就南旺龍王廟前分兩派，故云三分朝天子，七分向諸侯，上下兩水閘五十余座蓄水。論漕運道乃通此，誠建都(平北)〔北平〕之良謨也。我朝系仍舊章，至康熙二十八年，開新河，由清河縣楊家莊至落馬湖少行二百里之險路者，皆賴配響功廟文襄公靳總河之惠政也。平望鎮江爲江南河，丹陽境上兩岸最高，河道淺狹，常患淤塞，逐年疏濬，遇江進瓜州口至淮安府爲淮河，即淮水之分支也。邵伯、高郵、寶應等處左首河岸内汪洋大湖，民多水患，天妃閘水勢潺漫。出風神壩渡黄，波濤可畏，入新河，出八閘，水溜難挽，儘莊至分水龍王廟爲上水閘，至臨清爲下水閘，至天津爲御河，計水程十二站，順流而下，曲折難行。天津至通州爲北河，逆流三百餘里，沙隨溜轉，淺深莫定，又時虞泛濫，務宜起駁，方得抵通。南北水程，大略如斯而已。

《瀛環志略》

清・彭藴章《瀛環志略序》 吉甫撰郡縣之《志》，未盡域中；景純注山海之《經》，空談荒外。良以地理之學難精，而滄溟之大，尤不易知也。五臺徐松龕中丞博學多聞，兼綜條貫，嘗與論歷代典章制度，以及前言往行，無不元元本本，考核精詳。又以其餘釐正古書，鉤稽戎索，軼亥章之步，盡儵忽之疆，囊括鯤程，包舉鼇奠，著爲《瀛環志略》若干卷。自東南海島諸國，西至蒲昌、鹿渾，北極伊連、渤鞮，其疆域之延袤，道里之遠近，創建因革之故，山川民物之名，前史所未詳，博物所不紀，靡不瞭如示掌，浩若吞胸。聽鄒衍之談天，小儒咋舌；覽木華之賦海，才士傾心。蓋公自觀察此邦，駐旌泉郡，值番舶通商之際，正譯書畢集之時，鯛醬魚鞸，圖披王會，象胥龍節，職在《周官》。固已訪埳影於酉陽，獲鱗書於丙穴，鯶更可數，犀照無遺。洎乎攄柔遠之藎忱，膺巖疆之重寄，三山甘雨，萬里恬波，既覩十郡之康，遂續九邱之志，寒暑再易，勒爲一編。洋洋乎，宇宙之鉅觀，古今之絶業也。夫六合之外，聖人以不論，存之千歲之日，智者可坐而致之。故詢天之高廣，則仲尼、子貢不能知，極人之短長，則僬僥、防風可以決，豈非無徵者不信，多識者有功歟！是書博采前賢箸述，正其舛誤，得所折衷，帝虎魯魚，無訾後世，石華海月，廣掇前聞，洵堪備史館之參稽，恢職方之紀載者矣。公今宣力閩疆，渥承宸眷，勳猷所至，譽望日隆，方將黼黻球圖，焜煌鐘鼎，移海國見聞之筆，作太平寰宇之書，錫文錦以招來，毀毛車而更造。上佐天子，布大德於埏紘，下綏黎元，樂匡生於袵席，豈惟是書之成焉，足縱横八極，表示千秌而已哉。道光二十八年歲在著雍涒灘，長洲愚弟彭藴章拜譔。

清・陳慶偕《瀛環志略跋》 地輿廣矣，重譯之外，耳目所不及。無稽之説羣起而簧鼓之，欲折以理，無由也。松龕中丞治閩，政通人和，旁及柔遠之略，得泰西人所繪地圖，反覆詢譯，參以史録所紀，訂其舛誤。閲五年，成《瀛環志略》一書，凡各國之沿革、建寘，與夫道里、風俗、人情、物産咸備焉。暇日出以相示，披讀一過，覺荒陬僻壤無不如指掌紋，如燭幽寐，而又於奇奇怪怪之中，芟夷古今荒唐之説，歸於實是。以是歎見聞果確，理無不通。而公不憚旁搜博採，積歲月以成此書者，非公之好奇，正公之精於窮理也。慶偕幸與參訂之役，跋簡末以志服膺。道光戊申秋八月，會稽陳慶偕謹跋。

清・徐繼畬《瀛環志略》卷一 地理非圖不明，圖非履覽不悉。大塊有形，非可以意爲伸縮也。泰西人善於行，遠帆檣，周四海，所至輒抽筆繪圖，故其圖獨爲可據。道光癸卯，因公駐厦門，晤米利堅人雅裨理，西國多聞之士也，能作閩語，攜有地圖册子，繪刻極細，苦不能識其字。因鈎摹十餘幅，就雅裨理詢譯之，粗知各國之名，然匆卒不能詳也。明年，再至厦門，郡司馬霍君蓉生購得地圖二册，一大二尺餘，一尺許，較雅裨理册子尤爲詳密，并覓得泰西人漢字雜書數種。余復搜求，得若干種。其書俚，不文淹雅者，不能入目。余則薈萃採擇，得片紙亦存録勿棄，每晤泰西人，輒披册子考證之，於域外諸國地形、時勢稍稍得其涯畧。乃依圖立説，採諸書之可信者，衍之爲篇，久之積成卷帙。每得一書，或有新聞，輒竄改增補。稿凡數十易，自癸卯至今，五閲寒暑，公事之餘，惟以此爲消遣，未嘗一日輟也。陳慈圃方伯、鹿春如觀察見之，以爲可存，爲之删訂其舛誤，分爲十卷。同人索觀者多慫恿付梓，乃名之曰《瀛環志畧》，而記其緣起如此。道光戊申秋八月，五臺徐繼畬識。

《六九軒筭書》

清・梅曾亮《六九軒筭書序》 劉簾舫先生年丈所箸《六九軒筭書》，星房都轉同年屬曾亮爲之序。先生自縣令至監司，所在以循吏著聲。其行狀所載嘗書後，以發明其守法而不爲法獘之用心，與教人爲吏之意，及所刊他書益于吏治者，亦皆得而讀之矣。至筭學則雖有家書，而未嘗通曉。于是書之精微，不能窺測而揚摧之。然先生此書，皆推廣梅氏之學，而又受業于李雲門侍郎。昔侍郎視學浙江，先君子時在幕中從之游，侍郎曰：筭書雖子家學，然習其書，不若受于人之爲捷也。先君子由是習之，歸以語同邑陳君懋齡，亦能通其學，箸《筭學天文考》，阮文達公嘗敘而刊之。然則先生與先君子非獨鄉舉之年同也，又有同學于師門之誼，雖先後不相接，其淵源一也。曾亮又與星房同年，同爲户部官，襟期相得，以兩世之義分，而先生之高行淳意，卓爲吏師。雖自愧荒墜，家學不足，以知是書之精微，而得掛名其間。非徒義不可辭，亦其所樂而深幸者矣。咸豐元年三月，家子梅曾亮撰。

清・劉良駒《六九軒筭書序》 昔先君學筭于李雲門侍郎，以筭法名當時，顧獨許先君爲可與語，先君亦好之不倦。良駒幼時隨侍先君，讀書城西之石鐘山房，見先君日居所爲六九軒者，授經之暇，時時布籌，爲乘除開方諸法。自製銅尺測量，隨地立表，或製器及搆室，開户牖，悉寓句股形數，其篤嗜也如此。良駒魯鈍，雖經先君口講指畫，卒不得要領。洎先君服官粵蜀，所箸筭書數種，恒攜以自隨。晚歲歸里養痾，檢昔時手稾，則已佚去《借根方淺説》一種。其手校侍郎《輯古考注》，又以常受之侍郎，不欲以自名也。良駒既校刊先君，治譜傳諸世。至于筭術孤學，知之者少，慮鈔傳舛誤，非深明其學者，不能讎校，故久未刊刻。會奉命轉運維揚，乃得羅徵君茗香精于筭學，遂委之勘定。羅君亦以先君書爲必可傳，悉心力以訂其譌缺，竝本原書義例，補借根方法淺説，以符原目。又以先君所補《輯古考注》附于自箸五種，後適定遠筱南孝廉，亦至實襄其事，閲數月而畢。曩先君在時，惟奉新趙竹岡前輩主講吾邑，深契先君筭學，爲序其書，繼宰粵東四會縣，武陵楊君愚齋先生亦序之，今又得諸君子共卒斯業，意者先君之道當不遺于後世，天固使同術者爲之羽翼，以先後之歟。良駒既以自慰，追思昔侍色笑時，益泫然不能止。于其刻之成，謹附志先君之勤，使子孫勿有忘。咸豐元年辛亥季春之月，男良駒謹識。

清·羅士琳《六九軒筭書後跋》 右《六九軒筭書》，南豐劉韞聲觀察箸也。憶自己亥庚子間阮文達師屬續《疇人傳》，因讀李雲門侍郎《輯古筭經考注》，有觀察校補弟三問，弟四□□隄求積，弟五問弟二術求隄濟上廣逸注二。當時即知觀察精于筭，顧未見所箸書，末由援據立傳，厪于李傳中署名，俟續補。今夏，喆嗣星方少鴻臚，奉命都轉兩淮，甫下車，即辱見訪，重以是書，屬士琳任斠事，敢謝不敏。書凡五種，一曰「尺筭日晷新義」，上卷舩尺法，下卷製晷法，晷判爲六，取正衺等面定向；二曰「句股尺測量新法」，有横置、直置之别法，有測高測遠之分；三曰「籌表開諸桒方捷法」，上卷釋籌表譜，備具十六桒方得若干例，下卷開方總法，後載開三桒四桒五桒方各式；五曰「四率淺說」，列假如答問者五。特弟四種借根方法淺說，有目無書，蓋觀察宦游于邁，栖橇往來，致藁遺佚。爰放其義例補足之，至都轉敬謹藏，弆之原藁，歲久間有漫漶，手澤所在，未容率加，塗乙覶工録副，代爲排比，定其踳敓。更取觀察所補輯古二注坿梓，斠既蕆，用綴緣起于簡末。道光庚戌冬中，甘泉後學羅士琳跋。

且系之曰：莫高匪天，不可形狀。粵古羲和，璿璣首剏。置槷以縣，職司馮相。厥後渾儀，功資巧匠。易晷定時，里差是尚。赤緯黄經，□行衺上。天頂、地平，羅鍼安放。南北東西，各以所向。述《尺筭日晷新義》上下卷弟一。

登高自卑，行遠自邇。《海島》測量，法宗《周髀》。聯以版竿，度以尺咫。平衍山原，毋迷所指。句廣股修，不爽黍絫。引矩正繩，端詳仰止。如管窺天，如鼓記里。小大同形，初無二理。述《句股尺測量新法》弟二。

伊古開方，少廣始肇。羃積錯綜，廉隅大小。借一步之，進退紛擾。演段商除，未易卒曉。檢譜運籌，濟之以表。億兆京垓，豪氂分秒。得數標填，從横了了。法簡而明，窮極幼眇。述《籌表開諸桒方捷法》上下卷弟三。

東來有表，厥名借根。雖泰西法，本自天元。假虛象實，執簡馭繁。鉤摘河洛，消息乾坤。上升下降，變化更番。桒除加減，探賾窮原。多少定位，無待絮言。發凡起例，佚藁乃存。述《補借根方法淺說》弟四。

《九章》、《粟米》，取策奇餘。均爲四率，求盈課虛。度支出納，丁户倉儲。剔釐奸弊，稽核吏胥。重差今有，異桒同除。互相比例，權輿假如。撮其梗概，識之楬櫫。説取淺顯，瞀惑是祛。述《四率淺說》弟五。

有唐選舉，明筭限年。筭經凡十，輯古爲先。藴深秘奧，學苦鑚研。嗣有好者，考注成編。維兹隄積，脱略未詮。洎濬上廣，罣漏非全。拾遺補缺，賴此薪傳。韓陵片石，洵足珍焉。述《輯古筭經補注》桒後。

清·凌焕《六九軒筭書跋》 簾舫觀察公與先大父故車笠交也，同客京華，以文章性情相契合。自焕童時，即聞先大父稱公學術、政術有本原。比長，讀公《庸吏庸言》、《讀律心得》諸書，且知公精九數，顧僅于《輯古筭經補注》窺一斑，惜未見全箸。庚戌，公車報罷，訪茗香徵君于揚州，諏秦、李、朱立元之奥。徵君適承星房都轉世丈屬，爲公校筭書。焕以通家子，得入幕襄其事。竊尋公諸書大旨，自序明且晳矣。而焕以爲公親炙于雲門侍郎，薪傳有自，于王通直、李灤城隱奥難讀之書，皆能攻其堅，引其緒，而于《御定律歷淵源》全書鑚研尤深，未嘗有中西畛域之見，故籌表開方，則能補羅雅谷、梅宣城之缺。《四率淺說》則本《九章》今有之術，通諸借衺互徵，且謂天元之妙，一借字盡之。則已引其耑倪，以竢學者之徐悟。至于剏六晷以求景，製句股尺以測量，則孰于《周髀》、《海島》變成法，出新意，固非沾沾泰西一家言矣。夫治學之道，六書九數不能偏廢，公之以六九名軒，此物此志也。本朝公卿通疇人言者，後先相望，即公同時，如曉徵宫詹、雲門侍郎、姚文僖公、戴簡恪公、古愚觀察、舟村太守，近日君青方伯，皆致身通顯，精研隸首，蓋儒者實事求是之學，輔相三才，綱紀萬事，于是乎在。而芸芸者流，病其非應時急務，或以爲巧筭致窮。觀此數公者，亦可以閒執其口，而動其興起之思矣。茗香徵君于此道三折肱，阮文達公比之松庭之居廣陵，《六九軒筭書》于四十年後，得付其人而校之，非偶然也。焕以菲才，辱三世交，得親見成書之顛末，儻亦釋氏所謂前因者歟，義不可以無。故推公自序未盡之旨，以諗徠者。上章淹茂，世再姪定遠凌焕跋。

《皇朝輿地略》

清·六承如《皇朝輿地略序》 圖與書相輔而行者也，而地理尤非圖不明。承如甫見申耆先生，問古今疆域膠轕，何道以理之。先生曰：「欲核古，先知今」，因示以《内府輿圖》及《大清會典圖說》。歸乃約各省爲總圖，填寫禹貢，既又節録圖說，爲輿地略，先生見而善之，竝以付梓。總圖佔紙太寬，不能入輿地略本中，始或用油紙嵌印，頗患不精，且歲久漫漶。今年秋，從子德只縮摹各省分圖，載府、廳、州、縣治所及水道經流，屬蘇子汝亮，詳校而梓之。較承如前所繪底本精繕倍蓰，而《輿地略》遂爲完書矣。惜吾師已歸道山，不及見此圖之成也，悲夫！道光二十一年辛丑九月，門人江陰六承如識。

清・湯成烈《重刻皇朝輿地圖略序》 輿地之書，曰圖，曰志，建置因革遠稽唐虞，上下古今，精詳博大，卷帙浩繁，《大清一統志》是也；辨廣輪之數，審經緯之度，版籍所隸，文執所同，罔不畢繪，《皇朝輿地圖》是也。惟我皇朝發祥長白，肇基東海，統一寰宇，德威所届，迄於四表，而《輿地全圖》藏於內府，下士罕覩，李申耆先生以《內府輿圖》暨《大清會典輿圖》示其弟子江陰六君承如，承如約各省爲總圖，節録圖說爲輿地略以貿，先生善之，竝刊而行之。顧總圖篇幅寬廣，與略分而不能合也。道光辛丑，承如從子德只縮摹分圖，曰盛京、曰直隸、曰江蘇、曰安徽、曰江西、曰浙江、曰福建、曰湖北、曰湖南、曰山西、曰山東、曰河南、曰陝西、曰甘肅、曰四川、曰廣東、曰廣西、曰雲南、曰貴州，爲圖一十有九，而附刊於《輿地略》之末，圖與略可相輔而行矣。庚申之變，板或毀於兵燹，楊復初得完本，不肯自秘，重刊焉。是圖於新疆、外藩竝缺，職方所記雖未全備，於各省疆理分明，仍於可總爲一圖，亦可詳且晰矣。

清・馮焌光《皇朝輿地略序》 《皇朝輿地略》，江陰六氏德只元本簡明有法，余欲重刻於板，以廣其傳，惜其圖惟十八省而已。番禺趙君子韶專精地理，爲余繪東三省、青海、西藏、伊犂、科布多、內外蒙古諸圖。余又以督、撫、將軍、鎮、道所駐皆要地，條列圖後，以便觀省。爰取六氏元本而增減之，以付梓人，仍題曰：《皇朝輿地略》，不可改也。余好地理之學，故汲汲而爲此。自念十餘年來，始則鶩科名，繼則更患難，近且側身戎馬之間，九州歷其八，西至烏魯木齊。今奉先君諱，當見星而奔，又以道路多梗，將自虎門泛海，至天津入都門，出居庸關，循長城而西，猶不知所止也。披覽地圖，百感交集，因識於卷端云爾。同治二年三月立夏日，南海馮焌光書於廣州城西之寶華坊。

《輿地經緯度里表》

清・丁取忠《輿地經緯度里表序》 地周橫黍尺爲九萬里，從黍尺爲七萬二千里。分地以爲三百六十度，則南北每度得從黍尺二百里也。李申耆兆洛《一統全圖》區畫州縣旗部，旁及朝鮮。列其經緯度，極爲詳密，每極度長二百里，用從黍尺也。夫圖既廣漠，必不能限以分秒。雖城郭所在之分，細量可得，轉寫摹臨，勢不能不易位，必賴表互相發明，而分位始定。取覽張丹邨作楠《揣籥小録》所紀內地州縣，冠以省府，惟西北旗部，混而莫辨。雖孰西孰北，據算可推，孰爲蒙古，孰爲回部，則茫然也。其度分皆與全圖吻合，然東西之偏度參差，漸近兩極則漸減而狹，漸近赤道則漸增而廣，極廣逼赤道，不過如極度之長爲二百里，極狹至兩極盡處，則分寸俱泯矣。取每覽圖録，病偏度分之廣狹不齊，距中線之偏里無數。欲以八線推之，而於輿地素所未諳，此心難遂，時用惘然。咸豐改元冬，幕遊昭陵，始得與郡人鄒叔明漢章、季深漢池昆季交。叔明之學，習於山川輿地者也，爲取釐定旗部，攷校海圖。季深布算，按度推襄，西人所紀福島、英國之偏度，皆折以京師中線。孟春持籌，閱八月而蕆事，對圖核算，則唐子式顯閆與有勞焉。然後官司之分治，蠻夷之世守，莫不燦然星列，一顧度分，而知其距中線東北爲若干里，距横線南北爲若干里也。其於考核輿圖，或稍有裨益云，例具于左：

一省鎮次第，先直隸，尊首善也。次盛京，尊陪都也。次山東、山西、河南，近畿也。次江蘇、安徽、江西、浙江、福建，文學之區，財賦所出，且海防重任也。次湖北、湖南，內地之中，無土官也。次陝西、甘肅、四川，接邊疆也。次廣東、廣西、雲南、貴州，鄰外國，或新開也。此皆督撫之所轄也。次吉林、黑龍江，高皇肇造之區也。次內外蒙古，文皇之所經營也。次伊犂、回疆，依昆侖也。此皆將軍之所轄也。青海、西藏，僅設大員，辦事而已。於各省鎮，爲權輕而事簡，故以爲殿。附録屬藩，頒朔之所及也。詳朝鮮郡縣，嘉其忠順無猜疑也。海國異式，略荒服也。

一小録全圖之州縣，間有爲近歲所升降並省者，又有圖録所無，爲近歲新設者，一以咸豐元年爲斷。其廢縣尚設縣丞、鄉學等官者，則稱某縣丞、某鄉，附并入之縣下，而列其度分，官學俱裁者，則削之。

一全圖所畫各省土司，原未分府界，今檢《乾隆府州廳志》及《廣西圖說》、《雲南通志》，凡土司之可明知係屬某府州廳者，則分附其轄下，餘概附本省末。

一東三省爲輿王肇跡之區。盛京已置郡縣，擬於內地。吉林、黑龍江南北距二十度、四千里，東西距三十度、三千餘里，視各省鎮，極爲荒遠。其城郭雖屈指可數，然列聖經其疆界，限以卡倫，繪其山河，極爲整密。徒以土廣民希，財賦莫出，未及置郡縣耳。謹案全圖，敘其山嶺及支川踰二百里以上者之源流，以彰列聖之德化，無遠弗屆云。

一同文四國，朝鮮已見全圖，度分森列，日本圖無度分，琉球無圖，越南雖有度分之圖，見《雲南通志》。攷其疆界，東西千七百六十里，南北二千八百里，今圖東西廣四度二十分，南北長僅三度二十分，兩府相去不過數十里。若以其圖推之，則兩縣相去不過十餘里。越南之府縣雖狹，府必當中國一大縣，縣必當中國一大鄉。然後可以設官布吏，斷不至府狹如鄉，縣狹如郵也。通志之圖，殆不可據，故越南州縣，不列於表。俟博物君子，取越南、日本、琉球真圖，案度補列，則所望也。

一海洋諸國，文字不同。利、南諸家各自爲説，頗近於誕。姑據其説，折以京師中線，列其四境，記其方里。其四境無可稽者，則按圖約指其國境適中處，命度加算，以誌其略。俟浮海步地之君子，遍歷洋邦，攷其方位，譯其文詞，而後度分可得而詳也。

一每度爲六十分，每分爲六十秒，小録間詳秒數。推算每偏分，極廣者不過三里許，則積至三十秒者，不過里許。今以小録之四十秒以上者，升爲分，三十秒以下者，去之不推算。

一横列偏度度分等字於各行之上，以醒閱者之目。偏度下之中字，即京師之中線也。凡值中線者，不稍偏倚，故無偏度與偏里之數而空其格。東者偏在中線之東，西者偏在中線之西也。州縣旗部及藩屬，皆在赤道北，故無南極出地之度數。度十下之一字，即十度也，二字，即二十度也。度單下之一字，即一度也，二字，即二度也。分十分單，里千里萬，以此類推。海國有在赤道南者，故異其式。凡北極高者言北，南極高者言南。在京師中線東者言東，中線西者言西。如大輿縣度下言三九，分下言五五，即北極高三十九度五十五分也。承德縣偏度下言東，偏度單下言七，偏分下言一三，即偏東七度十三分也。偏里下言一〇七四，即比中線偏一千零七十四里也。咸豐二年秋九月戊申朔，長沙丁取忠識。

清·丁取忠《輿地經緯度里表跋》 咸豐庚申，取忠校書於鄂省中丞胡宫保署，得觀乾隆《輿圖》。北盡鄂羅斯之北海，西及土爾其之西海。是歲臘，又購得魏默深源之《海國圖志》凡百卷。魏氏於是書凡三易稿，此爲晚年定著，視舊書加詳，環海列國皆有分圖。其南北極出地及東西之偏度分皆井然可觀。是時，宫保究心經世之學，新化鄒季深漢池與其從兄子子翼世詒及其里人晏圭齋啓鎮咸在署，左圖右書，昕夕參校。取忠因念舊刻度里表於海圖略焉，欲續表於篇末，商之季深，欣然從事。辛酉夏，自鄂還湘，攷校海國，凡三閱月，作爲密尺定分，推算則圭齋有勞焉。而舊刻之繆誤亦校改若干處。茫茫宇宙，來者何窮，必有能博采旁稽，銖分縷析，補魏氏之所未詳者，是則非鄙人所敢任而深有望於來哲也。補例於左：

一舟車所及，間爲四土，西人强分中土爲亞細亞及歐羅巴兩州，東曰奥大利亞，南曰利未亞，西曰亞墨利加，故稱五州也。按《山經》，肅慎氏之國，列於《大荒北經》，是在北海之外也。周人以爲武王之北土。然則奥大利亞等三州當曰東土、南土、西土也。中國之西南曰印度，東海諸島曰東洋，南海諸島曰南洋，歐羅巴之列國曰西洋。其最著之越南、日本、俄羅斯、法蘭西、英吉利、彌利堅凡六國地頗詳，各自提綱，朝貢諸國如暹羅、緬甸及各回部統名之曰賓服，次於越南，冠於外夷之上，嘉其尊中國也。

一大和曰日本，彌利堅曰花旗，大尼曰黄旗，奥地利曰雙鷹，普魯社曰單鷹，從中國之稱也。暹羅曰赤土，緬甸曰烏土，取其自號之近雅，且存古名也。

一計過萬里、踰百度者，皆均爲五行。其全行皆近南極，則上書南度二字，間北度於南度中者仍舊四行，不加北字，凡南度皆加南字，均爲五行。

一測緯度里數法，以半徑一千萬爲一率，過極經圈每度二百里爲二率，各度距等圈半徑即八線表餘弦。爲三率。二率三率相乘，一率除之，一率爲一，可省一遍除。求得四率，即其地每度里數。又以一度爲一率，每度里數爲二率，其地距中線偏東西度數如度下帶分，當以六十除分數。爲三率。二率三率相乘，一率除之，亦可省除。求得四率，即其地距中線偏東西里數。如湖南長沙縣北極出地二十八度一十三分，其餘弦爲八八一一六六〇，以二百里乘之，又以偏西三度四十分須化四十分爲六六六，併之得三六六六。乘之，得偏里爲六百四十六，即知湖南長沙縣在京師西六百四十六里。此合二四率爲一四率也。又法以三十分爲一率，各度餘弦爲二率，偏東西分數如分上有度，當以六十乘度數。爲三率，求得四率，即其地偏東西里數。如長沙縣北極出地度分餘弦爲八八一一六六〇，以偏西三度四十分須通三度爲一百八十分，併之得二百二十分。乘之，以三十分除之，亦得六百四十六里爲偏西里數，此合三四率爲一四率也。咸豐十有一年秋八月七日癸亥，長沙丁取忠識。

《皇朝中外壹統輿圖》

清・汪士鐸《皇朝中外壹統輿圖序》（代嚴樹森） 昔周公誕保成王，迺作《周官》致太平，而司徒、職方，咸掌天下之圖，以周知九服之利害。漢時將相大臣，若蕭何、趙充國、平當、延年之徒，皆以地圖治軍、防邊、行水。唐賈耽、李吉甫父子之著書，籌邊亦以圖。蓋輔翼承平、龕定暴亂者，皆宜先知邊塞之要也。明人惟朱思本圖，爲唐順之等所不及，然世不多見。至我仁皇帝天縱聖神，乃復晉裴氏所言繪圖之法，故康熙中二圖上系天度，豪髮合符。純皇帝耆定西域、回疆、青海、金川、藏衛，拓土三萬里，命疇人挈儀器，測斗極，考月食，審正黄道經緯度分，以畫中外封域廣輪曲折之數。睿皇帝續修《會典》，又益以内外喀爾喀蒙古百餘旗游牧及科布多、唐努山烏梁海、阿拉善額濟納諸部落。於是宙合之内，高山廣水之所盤紆而輸寫，郡邑斥堠之所星羅而辰拱，此界彼域之所伵邪而離絶，莫不可坐知其邊隰之弧直。可不謂盛歟！是故東自靺鞨、肅慎以南，西南盡六詔，二垂際海，西梁瀾滄，苞邛崍，青衣，循黨項、吐谷渾之墟，踰瓜、沙，渡居延，梯合黎，北河高闕，歷元魏六鎮，以會於龍城之陽。山陵之所以奠，宸極之所以尊，風化之所以端，貢賦之所以出。東三省外，爲省十八，條爲府縣，畫爲井里。此列聖旁召賢俊，塵宵旰，櫛風雨，以安定之者也。芒芒禹績，必思崇儒術、勤吏治以覆育之。自唐三受降城以東，南衛邊門，東湊松花江，北緣大漠，爲内蒙古六盟。其外涉瀚海阻興安，東濱黑龍江，西越阿爾泰山，爲外蒙古車臣等四部。屏翰之蔽，所以寵之。甥舅之聯，所以戚之。皮服上駟之貢，所以恤之。此列聖所以勤攻同，申昏姻，而撫宇之者也。無有遠邇，悉供臂指。必思因其俗、布其教以懷柔之。自玉門、陽關以西，階天山，蹠星宿，陟昆侖，橋伊麗，爲漢屯田車師、烏孫之壤。北爲鐵勒，南爲于闐、皮山、葱領，又南爲吐蕃，定爲將軍、都統、參贊諸大臣治所。此列聖簡將率，厲威武，以耰鉏銍爲沃壄者也。要荒蕃鎮，詘膝款塞，必思養之、教之、威之、信之。自是以來，東爲朝鮮、日本、琉球，北爲俄羅斯，西爲霍罕、布魯特，南爲暹羅、南掌、廓爾喀、緬甸、越南諸屬國。正朔所頒，共球所會。又其外則卜哈爾、回回、土爾其、意大里亞，及圖所未載之五印度、瑞連、英、法、荷、美等重譯貢市之國，皆列聖不泄邇忘遠而綏來之者也。管子有云：飛蓬在所不賓，燕雀在所不顧。惟籍之典屬，委之舌人。來者撫摩，去者保護，德足浹之，約足羈之，而已於鑠乎。《禮》有之曰：天之所覆，地之所載，凡有血氣，莫不尊親，今之謂矣。召康公之頌成王也，以謂土宇昄章，誠孔厚矣。然必繼以彌性，申以孝德，期以多吉士，多吉人。蓋惟修身任賢，乃足以康乂億兆，讋慄水陸也。故樹森之刊斯圖，既以昭列聖代車書大同之盛，亦將以詒開濟之才，俾其守邊、治河、使絶域、興水利者，皆有所考也。

清・汪士鐸《皇朝中外壹統輿圖後跋代》 益陽胡文忠公兼資文武，深耆輿地之學，嘗病李申耆《輿圖》僅志郡邑，無它地名，且紙狹，不復容增注。乃取本朝康熙、乾隆中内府所頒圖，延新化鄒子翼世詒上舍、晏圭齋啓鎮處士，鉤稽考覈，以成一編，穿摩歷歲。甫成定本，而文忠已薨。余奉恩命，自豫撫移節是邦，追維疇昔知己之雅，大懼隕越以失規隨之誼。商之相國官公，以亟成公志。又以斯圖成於江寧汪梅村士鐸孝廉，復使檢志乘之精核者，凡府、縣之改易，大河之移徙，驛站之遠邇，修明審定。上準《禹貢》「昆侖析支渠搜」之言，兼載屬國，以昭我國家疆域之廣，列聖聲教之訖，而文忠經緯天地，嘉與後學之惠，亦於是乎遂矣。圖既成，故復紀其體例之指曰：凡爲圖北上而南下，尊京師也。京師爲辰極，萬國所會歸也。準之皇極而奠爲中，由是而分偏東西，由是而判南北。上揆經度，紀以虚線。經度者，聯兩極而匀分三百六十者也，中南北者爲赤道，則經度之近極者斂，而近赤道者侈。自赤道而南北，各匀分百八十爲緯度。其距緯之圈皆平等，測以地平二百里一度，則緯度确而經度有贏縮之殊。不能計道里，故復計里畫方，方皆百里，以求其密。雖屬虚空鳥道，而人跡經行之數，亦不甚徑庭矣。其南北里差，以測北極出地高度而得，中國在赤道北也。其東西，以測月食加時而得，以交道之移先後也。凡域中，自外興安嶺北極出地六十一度，廣東崖州北極出地十八度，南北相距四十四度。東至費雅喀所居大洲，偏東三十一度，西至喀什噶爾所屬什克南部，偏西四十六度，東西相距七十八度。則南北八千八百里，東西萬有七百里，斜曲則難算計矣。域外華離味任，傳聞踳駁，概從簡略，亦區畫中外之理也。今定南北四百里爲一卷，卷容二緯度，自北而南，上下相屬，共三十一卷。東南北皆際海，西際地中海，大一統也。其稱名斷自同治二年，爲省十八，省作回，朝鮮謂之道。爲府百八十三，府作□，朝鮮亦謂之府，中外各和屯亦如之。爲直隸廳十八，作◎，散廳八十一，作◇。直隸州六十七，作回；散州百四十六，作□；縣千二百八十六，作○；朝鮮之州縣同焉。土州二十三，作|；土縣三，作●。將軍、都統、參贊、領隊、辦事大臣所駐

之城，作[symbol]，朝鮮之郡同焉。驛作△，城守尉以下所駐堡鎮，作·，卡倫作×，鄂博、訥林哈作[symbol]，西藏大寺，猶之城也，作[symbol]。自行省外，曰盛京、吉林、黑龍江，爲東三省。自外各蒙古、四衛拉特、哈薩克、土司、喇嘛，雖納貢賦，屬主客而紀載從略。又外若日本諸國，道里不能翔實者，亦圖其梗概。其四裔，自漢語外，雜用國語、蒙古語、托忒語、唐古特語、俄羅斯語，春秋公羊家所謂名從主人也。而其大略，則必拉，河也；色禽，河源也；鄂謨，大湖，泊，亦湖也；阿林，山也；達巴漢，嶺也；噶珊拜商，堡也；和屯，城也；昭，廟也；哈剌，省城也；珠克特亨，廟也，城也；多罕，橋也；戈壁，大漠也；林木，窩集也；曰柏興，曰斯科，若中國之言郡邑也。

清·官文《皇朝中外壹統輿圖序》 古今地理之書，惟圖爲最要。《周官》數言天下土地之圖、九州之圖。漢班固氏撰《地理志》，一則曰秦地圖，再則曰秦地圖書，此於圖爲最古。至晉裴秀氏繪圖，則以周、秦地圖秘書殆絶，僅有漢氏及括地諸雜圖，粗具形似，不爲精審。審圖又於地理爲最難，我國家幅員之廣，數倍前代，而欲海内外數千萬里於一圖約之，則尤難之難。顧吾謂成書之難，又不啻此數端而已。夫《通典》詳四至郡縣志、八到陳篇，曩例枚數瞭如然。陵谷時變，形勢屢遷，建設世殊，名稱代異，若非廣搜近録，薈集叢編，將遵古則戾今，舉中則遺外，其爲采輯也。難黄圖鈎奇於俶詭，桑經漏志於東南，業鮮覿門，丹素互詆，謬存籍佚，記里難詳，名一道殊，志邑多舛，若非學優畫地才裕，説山將指北以歧南，執經而惑緯，其爲纂述也難。況夫欃槍未落，戎車方震，千秋之皇圖已渺，七表之亥步誰量，畫斧既定，不踰兩戒，聚米無術，莫別九州，若非高掌遠蹠之識，洞幽燭微之幾，必將以《南都》爲無用之繪圖，《春秋》實斷爛之朝報，曠時惜力，置諸迂緩，則雖有創於前者，莫克成於後，是作之難，述之亦不易也。益陽胡文忠志刊此圖，未竟其事。會嚴渭春中丞來撫是邦，與予謀踵成之，博采志乘，禮徵名宿，策日蕆功，讐校精善，蔚然成一代大觀。夫鄂處兵燹之余，流軼存者蓋寡，其時當皖濱江上下數千里，胥受蹂躪，文忠議復皖，而以策後，饋餉責諸予，軍書往來，參互酌定，凡三易寒暑，合諸道之力，次第廓清，以底於皖，而告厥成，應日月光華之運，樹東南者定之基。此固天時人和使然，而其戰勝攻取，因勢利導，實有賴乎地利者也。今中丞行軍立政，一仿前規，於地理一道，尤心焉識之，往往聽其言，論覽其簡牘，所指陳山川州邑，皆歷歷如畫，予常因之以指揮諸軍，進退戰守，覺有了然於心目間，其得輿圖之力爲多。顧予督楚垂十年矣，夙夜殫精，罔或告瘁，雖瘡痍漸起，規模粗備，然而待理者甚衆，望治者方殷，則又不禁稽版籍、披地誌，怦怦然有動於中。嘗見山之高，則思所以厚滋培，川之流，則思所以籌利濟，郡邑之繁劇，則思所以致富庶，關隘之險阻，則思所以堅保障，疆圉之叢錯，則思所以固輔車，此皆予與中丞之責也。是書之成，固將以竟胡公之志，而予與中丞之所以圖治者，正未有已時矣，敢以畏難自畫哉，因誌數語以策將來。誥授光禄大夫欽差大臣太子太保文華殿大學士兵部尚書都察院右都御史總督湖廣等處地方軍務兼理糧餉遼陽官文序。

《直隸通省輿圖》

清·徐志導《直隸通省輿圖序》 咸豐九年歲次未春三月，總督部堂恒建節畿疆，駐直沽防海，特以徵兵、運餉、防堵、緝捕、解犯、勘災諸政務，應繪通省輿圖，稽道里、劃邊界必詳且覈，機宜形勝庶幾陳諸几席之間。寄諭命導司其事，晰府屬爲分圖，以昭其詳，合通省爲總圖，以挈其要。復諭舊刻州縣方位以李申耆繪本爲最當，州縣邊界則桐城方宫保所刊義倉圖得其梗概，可以參觀。至於水道，則今昔弗同，如永定河入東淀，不復趨武清滏陽河，越南北泊至小範，始與滹沱合流；滹沱則不由冀州李家莊，仍行束鹿、深州故道；濁漳併入清漳，不與滏陽匯合，均宜改訂舊圖，以切時務。若黄河銅瓦廂漫口，由開東長注山東穿運，歸大清河入海，亦屬一時之變，抑亦勘災之要也。山名之不甚著者，支河、岔港之無定軌者，限於篇幅，可概從删，以歸簡潔。導得所秉承，謹於公餘合并摹繪，共成二十二幅，用誌原起，聊以見大憲實事求是之盛心，是則效亦下僚所當隅反云爾。屬吏知保定府事徐志導謹圖并識。

《測量淺説》

清·梅啓照《測量淺説序》 《周髀》：「禹之所以治水者，數之所由生也」，漢趙君卿注：「禹治洪水，決流江河，望山川之形，定高下之勢，除滔天之災，釋昏墊之厄，使東注於海而無浸逆，乃勾股之所由生也」。然則數至勾股顧可以九九之術，小之哉。我朝圣祖仁皇帝聖明天縱，《御製律書淵源》一百卷，直抉河洛理數之奥，而多主發明，其所以然條分縷晰，以適於用，上而日月五星之運行，下而山川道里之高深廣遠，可坐而定，中法西法，無所不包，無所不備，世之言幾何者極之千萬里，推之千萬年，蓋莫能出其範圍矣。

聖祖嘗諭臣下曰：「爾等知朕算術之精，不知我學算之故，朕幼時欽天監漢官與西洋人不睦，互相參劾，幾至大辟。楊光先、湯若望於午門外、九卿前面測日影，九卿中無一知其法者，朕思已不知，焉能斷人之是非，因自憤而學。今入算之法，累輯成書，後之學者視此甚易，誰知當日苦心研究之難也。」蓋大聖人自道其甘苦如此，顧是書卷帙浩繁，板存禮部，雖經廷臣疏請，如梅瑴成所奏，聽書坊翻刻廣布流通，而百餘年來未有行之者，蓋不特讐校難其人，即圖繪精巧細密，雕鎸亦難其選也。今時疇人子弟於開方割圜之術，三角八線之成規，類能習其事，以步纏離交食分杪罔忒，而獨於行軍用兵之事，凡測量遠近高下之術，輒讓泰西人獨步，每炸彈轟擊及物觀者詫其新奇，彼亦矜爲詭異，若獨得不傳之秘，不知但熟於測量之法而已，無他謬巧也。夫三角之所以能即一知二，即二知三，無中生有者，原非有奇異。勾股之所以能即一求二，即二求三，和求較，較求和，和較積，互相求勾股弦者，亦非有奇異。蓋三角直角九十度，有鋭角不及九十度，有鈍角過九十度，然合三角併計之，必得半周一百八十度，此贏彼絀，此絀則彼贏，一定之數也，是以能互相求也。勾股弦之理，勾自乘方，積股自乘，方積併之，必弦自乘，方積折矩，以爲勾廣三、股修四、逕隅五，勾三股四弦必五，故併勾股之積得弦積，開方得弦，減勾積於弦積，開方得股，減股積於弦，開方得勾，亦一定之數也，是以能參伍錯綜互相求而不窮也。邵子曰：「數者，自然之理」，一語盡之矣。楚北李雲門侍郎註《九章算術》時，以爲能傳絶學，近年來海内士大夫通《九章》者漸夥，陳静菴助教著《算法大成》，言簡法凡賅，於四元、天元不道隻字，實梅勿菴徵君《叢書》以後第一善本，徐君青中丞務民《義齋算學》有割圜密率，載董方立、項梅侶、戴鄂士諸家，均能學有心得，與夫海山仙館所選《算書四種》並足嘉惠後學，君青中丞嘗語予曰：「生平得力於《四元玉鑑》一書，今觀其釋橢圜周逕見解有過戴東原處，幾何之奧義，可謂深切著明矣。惟著作家立言，各以所得精深筆之於書，必不屑爲淺語，學者質性稍下，每一展卷，不無望洋興嘆。」予今春重梓算經十書，取吾鄉紀慎齋大令《筆算便覽》附於後，以其簡明最便初學。他如南豐劉氏《六九軒算書》製成勾股尺，以便測量，雖亦易曉，然重測之所以能知，究未抉摘。予因仿其意，作量高測深，疊矩重表諸圖，每圖系以淺説，將積數一二標示圖内，使習其法者，即知其理，且知其所以然之理，不煩探索，開卷了然，名之曰《測量淺説》，亦以見予所得者淺，不敢以艱深文淺陋也。草成以示猶子文堉，讀輒通曉其開方割圜諸術，將更述其淺顯者，以爲初學入門之助，貽笑方家，所不計也。同治五年丙寅六月，南昌梅啓照小嚴氏識於虎門海舶中。

《測地志要》

清・陶雲升《測地志要序》

《周官》保氏以六藝教國子，六曰九數，旁要與焉。勾股之學由來舊矣！昔賢謂居官不可不知數，蓋知測廣、測遠之法，則胥吏不能舞弊於丈量而田無漏賦；知測高、測深等法，則凡瀦水、筑防、攻城、禦敵均得其準繩於以勝，天人之變而無難，誠哉爲足國衛民之要。不第係於麻算匚也。姚邑精此術者，前有黄梨洲先生著《勾股圖説》、《開方命算》、《測圜要義》及《授時》《回回、西麻假如》等書，厥後嗣子主一暨邵氏麗寰並有著述，嘉惠後學。

黄子蔚亭，梨洲先生七世宗子也，鋭志家學，發篋得遺書，讀之研精覃思，幾忘寢食。且秉性恬澹，不徇時好，家無儋石而取與嚴一介，不以貧窶移其志。故於麻算一道卒能造其閫奥，而非同影響之談。甲子春，左宫保制軍奉命，飭各屬訪求通曉勾股三角開方度算之士，測造沿海府縣輿圖并説。時余承乏姚邑，即以蔚亭通稟各大憲，邀請測算，未及半載而圖説俱成，業已申詳上憲，且梓而行之矣。蔚亭懼其術之鮮傳人也，又融會諸法參以心，得別爲一書，名曰《測地志要》。凡測經、測緯、測遠、測廣、測高、測深暨推算雜法，悉以試於一邑者爲之例，蓋謂理寓於器，巧生於法，用之一邑一郡，施之天下後世，理不變、法無二也。書既成，問序於余，余慨夫帖之學盛行，儒者習爲空談而茫無實用，即有材質過人者，轉入於異端小道，以惝怳無憑之説游揚於當路，繇是絶詣失傳，士氣亦因以日靡。今蔚亭屈抑一衿，慨然以絶學爲己任，與余交五年，未嘗一語及於請託。余造其廬，不數數見，有近於澹臺泄柳之遺風者。訪以天象變遷，常推測未來，如響斯應；詢及人生星命，則曰：「術士欺人之具，生平所恥言，郭氏、梅氏專精麻算，曷嘗有星命之説耶?」見示七古一章，備言三才運動之權，諄諄以造命相勖。蓋其學以切實爲真宰，無取乎杳渺之浮譚，故箸述成書，獨具過人之識，雖或爲流俗所疑駭，而施諸實用，固有補於國計裨於民生者。余故樂爲序之，且捐廉以授諸梓人，邑中同志朱君弢夫、劉君子枏、史君伍農暨胡君杞垞昆季咸出貲集其事云。時同治六年歲在丁卯二月既望，賜進士出身補用同知餘姚縣事天津陶雲升撰。

《江西輿圖》

清・劉坤一《刊修江西輿圖序》　江省北倚岷江，南臨閩、粵，東連浙、皖，西控兩湖，山則有匡廬、庾嶺之奇，水則有章、貢、彭蠡之險，土物豐蔚，人民秀良，亦東南一都會也。張文升文武庫曰：江西古揚州地，水陸四通，山川特秀，咽扼荆淮，翼蔽吴越。又曰：玉山爲入浙之衝，鉛山爲通閩之隘，潯陽兼通吴、楚，吉、袁密邇衡、湘。至於南贛之間，汀、漳、雄、韶諸山會焉。連州跨境，林谷茂密，爲閩、粵之奥區，此五大門户也。外有事則處處堪虞，而湖口尤爲咽喉，内有事則路路可通，而南贛實爲樞紐，其指陳利害，可云握要。外此特就勝國之疆圉言之耳，當日駐重臣於南贛，而閩、粵半隸版圖，樹藩邸於南饒，而瑞、潯咸歸統馭，形既中分，勢亦偏阻。我國家辨土分疆，規方定制，以南昌爲省會，而以南贛爲南界，居中央以運四維，猶臂指之相使，江省形勢至是始聯絡完固。昔蕭何入關中，收秦所藏圖書，具知天下戹塞，户口多少强弱，民所疾苦，是知圖書之設，自古重之。於以審遠邇，察夷險，正疆界，辨沿革風俗，於是乎分政令，於是乎成故有心，經世者靡弗以是爲競競。江西省、郡、州、縣各有志，志各有圖，其體例一遵昔賢之舊，然而陵穀之變遷，川源之通塞，民居之聚散，名號之改移，或數年一變，或數十年一變，今昔既已殊形，則圖志所載，胥陳言耳。夫農夫之治田也，必熟悉其畎畆之廣狹，原隰之高卑，地力之肥瘠，審其土性所宜者，而播植焉，然後耕耘灌溉，可以有秋。爲治之道，曷以異此。我皇上御極之三年，命各直省督撫勘繪所隸境内輿圖。前撫臣沈葆楨商同司道，遴委諳習地理之員，分赴各郡、廳、州、縣，周行履勘，未及蕆事，遽以省親回籍。臣劉坤一承乏斯土，步武前規，誡諭從事各員，必躬必親，慎終如始。凡山川、疆域、城池、制度、村墟、市鎮、隘塞、險要，關於民生利病、政治機宜者，必詳慎臚列，於舊圖之遺漏者補之，舛錯者正之。首尾四年，計繪成省圖一，府圖十有三，直隸州圖一，廳州縣圖七十有九。除咨部恭呈乙覽外，江省各衙署均存一分，以備稽考。惟各圖皆尺餘巨幅，不便收藏，且慮日引月長，爲蟲鼠風雨所剥蝕，爰删繁摘要，繪成縮本，刊訂成帙。俾守土之吏一展卷，而四境情形悉登幾案，因是以觀風察俗，遠撫近馭，於因地制宜之道，未必無小補云。書成，因志其緣起，弁諸簡端。頭等頂戴兵部侍郎兼都察院右副都御史巡撫江西等處地方兼理糧餉軍務兼提督銜碩勇巴圖魯臣劉坤一謹序。

《長江圖説》

清・馬徵麐《長江圖説例言》　古者圖、書并重，非圖不明。顧爲圖之難莫於地輿，不可以測望知推步得也。輿圖又莫難於水道，爲其淤洩靡常，遷流無定，不可操遺契以索也。長江入中國，受水實多余大河，圖長江而斷自荆州以下，居南條北條四分水之一爾。又復專主經流，其注入之水止記其所注之口，不討其源則易之易者，然已自夏徂冬八閲月而流覽，乃偏焚輪扶摇，節節淹滯，重以江潮洋汗，嚙陵蝕岸，尋月影於奔波，求指南於大霧，益足徵其難矣。裴氏製圖六體，一曰分率以辨廣輪之度，二曰準望以正彼此，三曰道里以定所由之數，四曰高下，五曰方邪，六曰迂直以校險夷之異，兹圖竊用其五，高下一體所以定崇山峻路之紆徐，使與平地徑直之數相埒，在江言江，姑置勿論。

輿圖用開方所以攷分率得遠近徑距之實數也，裴氏十八篇以二寸爲千里，倣其式而拓之，從今民俗時尺，每方二分有五爲地五里，積方二寸爲地四十里。欲得道里紆曲之數，用厚紙一小條依方畫作尺樣，轉折量之即得。又間於兩地之間注記里數，猶覺一目了然。

輿地之書所記里數多不相符，及證於今又各不相合。且即以今論，如江右之吴城鎮至昌邑，一云六十，一云三十，一云四十，一云四十有五；昌邑至樵舍，一云六十，一云三十，幾於無所適從，若此之類，不可枚舉。惟於舟行之際約略計之，酌取一説，據以成圖。若云安石鼓車，未能率意而造已。川流屈曲，亦非緯度可推。

爲圖北上南下，所以尊京師，北上南下則前東而后西，且亦《禹貢》揚、荆之次也。兩岸地名山形相向，書寫圖江意主於江，故以江中所見爲相背也。湖水汪洋，舟程莫辨委折，所經偶加點線以誌之。《禹貢》紀導水過山必書，山無遷變沿革，雖歷萬古可識別也。兹圖於江上所見之山，問名則記之，不得其名亦略寫其形，有山而水之變遷可得而證。至于洲汀港汊代易而歲不同，謹就目前所見圖之，既以知今昔之殊，觀亦冀以貽來哲得有所攷云。【略】

六標各營汛地一時難稱定章，若於圖中一一注記，剞劂告成，勢復時下雌黄，今但標題爲第一、第二兩卷，應俟初章齊定，再行補刊。而圖中亦可用五色筆補作圈點以識之，如每標中營營官駐處用黄筆作長方口圍於某標中營字外，都守駐處用黄筆作空圈，千、把、外委駐處用黄筆作實點，其前營用硃筆、左營用藍筆、右營用赭筆、后營用紫筆亦如之。汛地改移，隨時可涂抹也。

初作零星小幅，漸次聯爲巨幀，未便展閲，於是復劃之爲六册十二幅。最北爲第一册，最南爲第六册，每册俱以第一幅爲極東，以次而西，又别爲目録八幅以便檢閲。若易册頁爲條屏，則裂其東西，綴其南北，改横爲縱，并爲六幅亦一便也。

凡爲輿圖，以水道爲提綱方有把握，水道清而山脈可得而理，山脈清則原隰可得而度，郡縣乃有所附麗，沿革亦有所係屬。兹圖意主長江而山原步位適當其虚，於焉嵌入必若合符，則五省輿圖始基之矣。皖江馬徵麐素臣氏謹識。

《皇輿全圖》

清・鄒伯奇《皇輿全圖序》 地圖以天度畫方，至當不易，然地本爲圓體，經緯相交，皆爲正角，而寫於平面，以經緯爲直線，至邊地則成斜方之形矣。余昔嘗爲總圖小幅，依渾蓋儀用半度切線法，然内密外疎，究與實數不符。故復爲圖，其經度無益盈縮，而緯度漸狹，相視皆爲半徑與馀弦之比例，横九幅、縱十一幅，合之則成地球滂沱四隤之形，欲使以圓繪圖，其形乃肖也。成於甲辰，頗自珍重，丁未歲杪，李奎垣見而愛之，囑潘壁東展臨以去，自是斯圖有副本，故書以誌喜，因道其本意焉。南海鄒伯奇序。

清・馮瑞光《皇輿全圖序》 右圖六十六幅，總圖一幅，鄒特夫師以地圖當以經緯度爲準，陽湖李氏本增作方格，不合地球弧面法。因作是圖，以示竹儒伯兄，伯兄命瑞光影摹副本，越五十日乃蕆事，其山形水道暨經緯各線則龔君蕙林與有力焉。同治癸亥四月八日馮瑞光謹識。

清・馮焌光《皇輿全圖序》 此圖爲吾師鄒徵君獨創之作，每幅中線皆正南北，此繪地圖最善之法也。昔焌光得見原稿，屬舍弟瑞光影摹之，李君奎垣屬潘君壁東别爲展臨之本。今吾師歿數年矣，此圖當刻板行世，舍弟摹本其細如髮，難於雕鏤，惟當什襲藏之，而以展大之本屬本君菱洲影摹付刻。昔吾師爲此圖，所據者道光中李氏申耆所刻董氏方立之本，此後數十年，州縣稍有增併，咸豐五年黄河改流，徑長垣、東明至利津入海，亦異於昔時。今刻此圖，皆不敢改易，以存其舊，且今昔不同，百不及一，亦不必改也。同治甲戌二月馮焌光謹識。

《鄒徵君遺書》

清・鄒仲庸《鄒徵君存稿序》 先兄徵君讀書好覃思而懶著述。其成書者，《學計一得》、《乘方捷術》、《格術補》三種而已。先兄既没，諸公聞名相慕，捐資刻其遺書。仲庸復取其篋中手積，質之陳蘭甫先生，寫爲一卷，題曰《鄒徵君存稿》，以付梓人。其不必存者，則以其稿付舍侄達泉什襲藏之，以寶其手澤，不必盡以問世也。所存者雖篇葉不多，然往往有關于實事求是，與夫鉤深索隱甚費苦心者，覽者當有取焉。同治十二年十二月弟仲庸謹序。

清・陳璞《鄒徵君遺書序》 近日海内算學日精，吾粤則以鄒特夫徵君爲稱首。吾與徵君少相善，每見徵君讀書遇名物制度，必窮晝夜探索，務得其確，或按其度數繪爲圖、造其器而驗之，涣然冰釋而后已，故其解識多前人所未發。又能正舛誤，别是非，皆以算術權衡之。其晚年論算術新法曰：自董方立以後，諸家極思生巧出於前人之外，如華嚴樓閣彈指即見實，抉算理之窔奥，然恐後之學者不復循途守轍而遽趨捷法，將久而忘其所自，是可憂矣。余於是益服徵君所慮之遠也。徵君既殤，粤中明算之士莫不以徵君爲宗，海内問其名者咸慕之。徵君所著書，有《學計一得》二卷、《補小爾雅釋度量衡》一卷、《格術補》一卷、《對數尺記》一卷、《乘方捷術》三卷、《存稿》一卷、《恒星圖》二幀、《輿地圖》一册，今皆刻成。陳蘭甫語余曰：是當有序，我病，不能作，子宜作之。余與徵君之學未能究其涯涘，何以序其書，無已，即余所羡慕及徵君所論者書之，以爲喤引焉可亦。同治十三年三月陳璞序。

清・鄒達泉《鄒徵君遺書又序》 同治八年，先徵君見背，生平撰述有已定者，有未定者，達泉隨益鴻叔父謹守之。明年，丁果臣先生自湖南来訪，求先徵君遺書，捐資倡議付梓，孫省齋方伯葆之、岑方伯、鐘云卿廉訪、蔣雲樵觀察、方柳橋太守、曾衡甫司馬、易林墅分司皆惠刻資，謝麐伯太史以典試至粤，亦加惠焉，馮竹如觀察，先徵君高弟子也，官於江南，惠寄刻資回粤，敝族叔侄兄弟亦共出資以成之。其任校勘之勞者，孔君惠疇、湯君警槃、湯君馨顔、馬君覺渠、關君星華、家侄麗疇，而叔父率達泉校而讀之，郵寄丁先生，復加校正，而陳蘭甫先生爲之編定焉。其《赤道南北恒星圖》則先徵君在時，伍襄卿、呂雲甫諸先生所刊，今亦併入《遺書》中。伏念先徵君躬負絶學，以諸生而名達九重，乃未得中壽而没，蒙大人先生與諸君子校梓所著圖書，以傳千古，達泉感何可言，敬書於目録后，志不忘也。復有未定之書《測量備要》二册、《玉篇類音》五册、《攷異》一册，以俟異日。同治十二年十二月男達泉謹識。

《廣城太陽到方式》

清・鄒伯奇《廣城太陽到方式並序》 天學有太陽到方之説，諏日家襲之而未究根源，或誤以過宫及加時當之。惟《協紀辨方書》有《太陽到方時刻表》，據京師推步，而不可通用於他處。劉君稌村疑焉，以問余。余答曰：「此地平經緯、赤道經緯互求數。然數生於象，列以數則賾而不窮，顯以象則簡而易見也。」因據廣州城北極高度畫圖，視之節氣時刻、方位，縱横交貫，旋迴指揣，不煩布算，故名曰：《廣城太陽到方式》。《周禮》所謂：「太史抱式，以知天時」者，即此類矣。規畫法用割圜切線，寫渾於平，一一與懸象相應，古蓋天之學也。觀玩有得，則近通《弧角》，遠紹《周髀》。施於測量，有裨實用，不徒爲諏日家解惑而已。

《海國圖志》

清・左宗棠《重刻海國圖志敘》 邵陽魏子默深《海國圖志》六十卷，成於道光二十二年，續增四十卷，成於咸豐二年，通爲一百卷。越二十有三年，光緒紀元，其族孫甘肅平慶涇固道光燾懼孤本久而失傳，督匠重寫開雕，乞余敘之。

維國家建中立極，土宇閎廓。東南盡海，島嶼星錯，海道攸分，内外有截。西北窮山水之根，以聲教所暨爲疆索。荒服而外，大陬無垠，距海遼遠，以地形言，左倚東南矣。然地體雖方與天爲圓，固無適非中也，以天氣言，分至協中，寒暑適均，則扶輿清淑所萃，帝王都焉，歷代聖哲賢豪之所産也。海上用兵，泰西諸國互市者紛至，西通於中，戰争日亟，魏子憂之，於是蒐輯海談，旁摭西人著録，附以己意所欲見諸施行者，俟之異日。嗚呼！其發憤而有作也。人之生也，君治之，師教之，上古君師一也，後則君以世及而教分。撮其大凡，中儒、西釋其最先矣，儒以道立宗，受天地之中以生者學之，釋氏以慈悲虚寂式西土，由居國而化及北方行國。此外爲天方，爲天主，爲耶穌，則肇於隋唐之間，各以所習爲是，然含形負氣，鈞是人也，此孟子所謂「君子異於人」者也。其無教者，如生番，如野人，不可同羣，此孟子所謂「人異於禽獸」者也。釋道微而天方起，天方微而天主、耶穌之説盛。俄、英、法、美諸國奉天主、耶穌爲教，又或析而二之，因其習尚以明統紀，遂成國俗。法蘭西雖以羅馬國爲教皇，其人稱教士，資遣外出行教，故示尊崇，然國人頗覺其妄，聊以國俗奉之而已。今法爲布所敗，教皇遂微，更無宗之者，是泰西之奉天主、耶穌，固不如蒙與番之信黄教、紅教也。釋氏戒殺絶紛，足化頑獷，時露靈異，足懾殊俗，其經典之入中國，經華士潤飾，旨趣玄渺，足以滌除煩苦，解釋束縛，是分儒之緒以爲説者，非天方所可並也。天主、耶穌非儒非釋，其宗旨莫可闡揚，其徒亦鮮述焉。泰西棄虚崇實，藝重於道，官、師均由藝進，性慧敏，好深思，製作精妙，日新月有異，象緯輿地之學尤稱專詣，蓋得儒之數而萃其聰明才智以致之者，其藝事獨擅，乃顯於其教矣。百餘年來，中國承平，水陸戰備少弛，適泰西火輪車舟有成，英吉利遂蹈我之瑕，搆兵思逞，並聯與國，競互市之利，海上遂以多故。魏子數以其説干當事，不應，退而著是書。其要旨以西人談西事，言必有稽，因其教以明統紀，徵其俗尚而得其情實，言必有倫，所擬方略非盡可行，而大端不能加也。書成，魏子殁，廿餘載事局如故。然同光間福建設局造輪船，隴中用華匠製鎗礮，其長亦差與西人等。藝事，末也，有迹可尋，有數可推，因者易於創也，器之精光淬厲愈出，人之心思專壹，則靈久者進於漸也，此魏子所謂「師其長技以制之」也。鴉片之蠱，癰養必潰，酒後益醒，先事圖維，罌粟之禁不可弛也。異學争鳴，世教以衰，失道民散，邪慝愈熾，以儒爲戲，不可長也，此魏子所謂「人心之寐患，人材之虚患」也。宗棠老矣，忝竊高位，無補清時，書此彌覺顔之厚，而心之負疚滋多，竊有俟於後之讀是書者。光緒元年歲在乙亥長至日，湘陰左宗棠譔。

清・魏源《海國圖志原敘》 《海國圖志》六十卷，何所據？一據前兩廣總督林尚書所譯西夷之《四洲志》，再據歷代史志，及明以來島志，及近日夷圖、夷語，鉤稽貫串，創榛闢莽，前驅先路，大都東南洋、西南洋，增於原書者十之八，大小西洋、北洋、外大西洋，增於原書者十之六，又圖以經之，表以緯之，博參羣議以發揮之。何以異於昔人海圖之書？曰：彼皆以中土人譚西洋，此則以西洋人譚西洋也。是書何以作？曰：爲以夷攻夷而作，爲以夷款夷而作，爲師夷長技以制夷而作。《易》曰：愛惡相攻而吉凶生，遠近相取而悔吝生，情僞相感而利害生。故同一禦敵，而知其形與不知其形，利害相百焉；同一款敵，而知其情與不知其情，利害相百焉。古之馭外夷者，諏以敵形，形同几席，諏以敵情，情同寢餽。然則執此書即可馭外夷乎？曰：唯唯否否，此兵機也，非兵本也，有形之兵也，非無形之兵也。明臣有言：欲平海上之倭患，先平人心之積患。人心之積患如之何？非水非火，非刃非金，非沿海之奸民，非吸煙販煙之莠民。故君子讀雲漢車攻，先于常武江漢，而知二《雅》詩人之所發憤；玩卦爻內外消息，而知大《易》作者之所憂患。憤與憂，天道所以傾否而之泰也，人心所以違寐而之覺也，人才所以革虛而之實也。昔準噶爾跳踉於康熙、雍正之兩朝，而電埽於乾隆之中葉。夷煙流毒，罪萬準夷。吾皇仁勤，上符列祖，天時人事，倚伏相乘，何患攘剔之無期，何患奮武之無會。此凡有血氣者所宜憤悱，凡有耳目心知者所宜講畫也。去僞去飾，去畏去難，去養癰，去營窟，則人心之寐患祛其一。以實事程實功，以實功程實事，艾三年而蓄之，網臨淵而結之，毋馮河，毋畫餅，則人材之虛患祛其二。寐患去而天日昌，虛患去而風雷行。《傳》曰：孰荒於門，孰治於田，四海既均，越裳是臣。敘《海國圖志》。【略】道光二十有二載歲在壬寅嘉平月，內閣中書邵陽魏源敘于揚州。原刻六十卷，道光二十七載刻於揚州。咸豐二年重補成一百卷，刊於高郵州。

清·魏源《海國圖志後敘》 譚西洋輿地者，始於明萬曆中泰西人利馬竇之《坤輿圖說》、艾儒略之《職方外紀》，初入中國，人多謂鄒衍之談天。及國朝，而粵東互市大開，華梵通譯，多以漢字刊成圖說。其在京師欽天監供職者，則有南懷仁、蔣友仁之《地球全圖》，在粵東譯出者，則有鈔本之《四洲志》、《外國史略》，刊本之《萬國圖書集》、《平安通書》、《每月統紀傳》，燦若星羅，瞭如指掌。始知不披海圖、海志，不知宇宙之大，南北極上下之渾圓也。惟是諸志，多出洋商，或詳於島岸土産之繁，埠市貨船之數，天時寒暑之節，而各國沿革之始末，建置之永促，惜乎未之聞焉。近惟得布路國人瑪吉士之《地里備考》與美里哥國人高理文之《合省國志》，皆以彼國文人，留心丘索，綱舉目張。而《地里備考》之「歐羅巴洲總記」上下二篇，尤爲雄偉，直可擴萬古之心胷，至墨利加北洲之以部落代君長，其章程可垂奕世而無弊，以及南洲孛露國之金銀，富甲四海，皆曠代所未聞。既彙成百卷，故提其總要於前，俾觀者得其綱，而后詳其目，庶不致以卷帙之繁，望洋生歎焉。又舊圖止有正面、背面二總圖，而未能各國皆有，無以惬左圖右史之願。今則用廣東香港册頁之圖，每圖一國山水城邑，鉤勒位置，開方里差，距極度數不爽毫髮，於是從古不通中國之地，披其山川，如閲《一統志》之圖，覽其風土，如讀中國十七省之志。豈天地氣運，自西北而東南，將中外一家歟！夫悉其形勢，則知其控馭必有於籌海之篇，小用小效，大用大效，以震疊中國之聲靈者焉，斯則夙夜所厚幸也夫。至瑪吉士之「天文地球合論」與夫「近日水戰火攻船械之圖」，均附於后，以資博識，備利用。咸豐二年，邵陽魏源敘於高郵州。

《江寧輿圖》

清·李宗義《江寧輿圖序》 皇帝御極之七年，歲戊辰，《江蘇輿圖》成，曾文正公覽而善之，乃命續繪《江寧輿圖》，合成全省。其測量勾摹諸法，一如江蘇例。局設於蘇垣，以江蘇布政使督其役，局用所需則江寧布政使籌款濟焉。創始於同治八年已巳冬十有一月，越五年，癸酉冬十有二月事蕆。寧屬封圻視蘇省且倍，其爲地較險而其爲治亦較難。若黄河之變遷、運道之通塞以及兵防、水利攸繫匪輕。軍興以後，民人蕩析離居，廬井非昔，經界多舛，向時巖寨、營壘之制，頗著異同。

今上圣神洞燭萬里，特簡文正公督兩江，時則瘡痍未平，流離乍集，慨然謀所以持其後者，莫如正經界，興水利，以濟轉輸，以固封守，而在江海要衝之路，運、黄遷變之區，尤宜周畫而盡善，顧欲審緩急在知地勢，欲知地勢，在綜輿圖。南疆古稱地利，中亘長江，倚爲天塹，今則跨江北以爲防，幅員既擴，考備宜周，用是不惜艱難之費，力成遠大之謀。凡茲防河之要、捍海之方，其爲蘇省所從略者，益復稽志乘，博採羣言，悉以實測證之，權衡變通，折衷至當，俾後之留心國是者，得以有備無患，是則文正公之志也。已巳冬，文正公移節畿輔，中更馬端愍公任，工猶未竟，辛未之秋，文正公秉鉞重來，方且樂見厥成也。乃甫定坤輿，遽騎箕尾，維時距正圖咨送裁數月耳。西仲春，宗義奉命承乏是邦，爰飭兩藩司督繪繕，凡爲圖四十有三，説四十有三，北極道里表一，疆域表一，府州幹路册一，城垣册一，舊黄河高堰范塘隄工、京驛、運河、鹽河、潮河各册三，釐爲正本，分別奏咨，以副本圖及圖說彙刊成帙，與蘇省合册，以竟文正公遺志。因述其崖略如此，其在局任事者，曰何令紹章，曰唐令翰，題最後曰吳丞恒，董役者曰金徵士德鴻，曰李茂才鳳苞，例得備書。兵部尚書兼都察院右都御史總督兩江等處地方提督軍務糧餉操江南河管理兩淮鹽漕事務開縣李宗義序。

《朔方備乘圖説》

清・何秋濤《朔方備乘圖説序》 臣秋濤謹案：山川方位，遠近形勢，匪圖弗顯，圖舉其形，説詳其事，故每圖必繫以説，亦古者左圖右史之意也。臣纂輯茲編，合諸圖説爲一卷，首冠皇輿全圖以示會歸有極之意，次地球二攬山海之全形也，次歷代北徼圖十有二，備古今之異勢也，次俄羅斯初起圖，次分十六道圖，次《異域録》俄羅斯圖，明彼國由微而漸鉅，次康熙、乾隆、嘉慶、道光以來各圖，明邊塞之事，不可執一，宜博以考之，詳以辨之也，合計共得二十五圖。他書之圖，間有及俄羅斯者，往往舛誤，不足爲據，業已隨事辨正，不列於此云。

《兩太交食捷算》《五緯捷算》

清・胡秉成《兩太交食捷算五緯捷算後敘》 天文家步算之書夥矣！然或立法未簡，或推數不精，無有挈領提綱、周而復始、應於無窮，一覽而千百年前後之天象昭然者。此吾師黄蔚亭先生《兩太交食捷算》、《五緯捷算》二書洵觀象家之津梁也。先生爲梨洲先生七世宗子，自幼即有志家學，弱冠后酷嗜天文、厤算之術，家貧無力購書，欲辨恒星經緯度以考也，乃繫繩於南北兩牆爲子午線，加垂線以測經度，畫度於板，加窺表以測緯度，歷半載而周天經緯如指掌矣。是時先生不以生計之匱乏爲憂，而惟憂學術之不能超衆而拔萃，以自見於世也。聞北鄉張氏藏厤學書，即下榻其家，夕測晨推，忘食廢寢，三易星霜，盡通星厤之學，取垂線度版所測星度，證之悉合。既又得西人新出之書，湛思默會，而厤學益進。【略】二書既成，秉成請付諸剞劂與校讐焉。先生以梨洲先生《授時》、《回回、西厤假如》見示，謂是即《捷算》之鼻祖。秉成讀竟，問先生曰：「《假如》一書，凡日躔月離，交食、五緯各設算例一條，而無每歲根數、每節躔度，第使學者粗知其術耳。茲書於交食則用圖算，而每歲、每月之度分悉備五緯，俱有捷表而各節各氣之實行，胥詳法取其簡數極其精，誠足補《假如》所未備乎？」先生謂：「《假如》猶易之，太極萬理渾括而無窮，《捷算》猶易之，三百八十四爻萬象顯呈而無隱」，因命秉成敘其旨。噫！先生之學，秉成何能窺涯涘，第即先君子所以知先生與先生所以見知於世者。謹志之。若是書之爲步算家開一捷徑，驗之將來，若合符節，天下後世必有奉爲圭臬者，又何待秉成之覼縷哉！光緒戊寅日躔鶉首之次，受業胡秉成原名士培。在茲百拜謹敘。

清・黄炳垕《五緯捷算敘》 人必視吾身與千萬人爲一體，而後可語儒者公恕中正之道，彼斤斤焉自私其身者不能也。人必知大地與衆行星爲一類，而後可語五緯遲疾退留之理，彼沾沾焉自域於地者無當也。余性憺愚，見事極鈍，而於厤算一道若別有會心。舞勺時從里中朱霞林先生學舉業，先生論天象，謂地球若六合之中，日月星隨天左旋，每日繞地一周，月星無光，借日光以明，故日爲君象。余即起而問曰：「日既象君，星月皆借其光，是六合中莫尊於日矣，奈何與月星同繞地球行耶？」先生愕然曰：「小子未可以語此也。」既而謂人曰：「此子異日當以絶學鳴世。」弱冠後，得《御製厤象考成》暨先梨洲公《西厤假如》諸書，潛心推步之法，積日累月，通曉其術，并悟本次均輪之設皆爲虛象，而星之本行不如是也。厥後涉獵於《譚天》、《博物》等編，紬繹其法，用以驗五星遲留順逆及大小伏見之故，悉出於自然而皆有一公理，迥殊私智穿鑿之説，乃恍然於日之象君者固端居六合之中也，星月與地借日之光者，固環形於日之旁也。昔之憑虛而悟者，今果稽之載籍，徵諸實測而不謬也。由是參詳新法，旁通舊術，晝推夜測，殫心數載，成《五緯捷算》一書，聊記所得，非敢出而問世也。粵匪擾後，稿多散失，寇氛既滅，整理殘稿，增删補葺，益臻簡便。會稽胡生在茲，士培今改秉成。見而悦之，謂此書一出，千百年五星之經緯瞭如指掌矣！願任剞劂，公諸同好。刻既成，用志數言於簡端。光緒四年歲在戊寅端午前一日，蔚亭黄炳垕自敘。

《泰順分疆録》

清・張盛藻《（同治）泰順分疆録敘》 維陽林太沖先生，古之振奇人也。於學無所不窺，尤究心當世之務。嘗出佐粵西學使者，幕會時事，變起省垣，被圍當道者，以守城功登薦牘，銓補溆溪司訓，適寇擾浙東，率諸生守禦。其歸田也，寇氛逼近鄉關，先生年已老命，命其子用霖督團扼隘。堵截先后，指授方畧，境賴以安。見所箸《望山堂詩鈔》，中皆實録也。生平箸作甚夥，尤要者，爲《分畺録》一書。泰邑自前明景泰間，劃瑞平二邑之遠鄉設縣，其華離之地，志乘不詳。遂致界址混淆，人物舛互，先生憂之，竭十數年心力，條分縷析，如指上羅紋，可謂勤矣。又以舊志主脩非人，紀載失實，恐年代久遠，將有以非爲是，不肖賢者，關係世道人心匪淺。故發憤爲此排陷而廓清之。使後之脩志者有所據依。嗚呼！以先生而入史館，其是非當不謬於聖人，能爲一代信史，無疑也。惜乎，懷才不遇，僅以區區一邑掌故之書，表見於世，不亦重可慨哉。嗣君能讀父書，踵成之，以承先志。此不朽事也。先生可無憾矣。余故樂爲序之，以詒後之讀是書者。光緒五年己卯秋七月，知温州府事枝江張盛藻序。

《五省溝洫圖説》

清・沈夢蘭《五省溝洫圖説後序》 嘉慶四年，歲次己未，衍聖公孔慶鎔從夢蘭讀《周官》經，以溝洫問蘭曰：「此古人平土法也。地之於水，猶人身之血脈。通則利，塞則病。故文川雍爲□，川亡爲荒。三代之時，盡力溝洫，冀、雍、兖、豫諸州罔非沃土，是以舉方三千里之地，給千八百國諸侯之用，而無不足也。今西北水利廢塞，不講久矣。余嘗按之古法，考之地勢，準之人功，計不過二十日而《周官》五溝、五涂之制可以悉復。公欲聞而知之乎。」因爲作圖而條系西北水道於后，名曰《五省溝洫圖説》云。烏程沈夢蘭。

清・王家坊《五省溝洫圖説後序》 及《五省溝洫圖説》原板爲六丁取去，詩書學二稿先長兄玉士攜至吴中，恐遂散佚。近因三晉大祲，深思善後之策，莫急於興水利，水利之要，莫便於溝洫，溝洫之法，莫詳於圖説。□先付剞劂，爲善後之一助，而次及《易》、《禮》、《孟子》何如。予甚服鏡秋之紹家學而善，不私己也。謹取舊藏本參互考訂以歸之，即於閏三月始事，朞年成。越三年，辛巳春，恭逢衛中丞蒞晉，念切民依，適江蘇吴中丞以蘇局新刊本郵寄宫保曾制府行營，轉咨發局飭屬仿行。蓋蘇局梓於庚辰春，距鏡秋開梓之期遲一稔，異地同心，先後一揆，文得人而傳，人與時相際，烏虖，盛矣！而鏡秋以《易》、《禮》、《孟子》等集亦將次告竣，復謂予曰：是書之成有日，子與有勞焉。願丐一言，以誌顛末，予維經義炳若日星，坐而言，尤貴起而行。

古村先生本經術以發，爲吏治談名理而不腐，精考据而不煩。乃若《溝洫圖説》，酌古宜今，其道易明，其教易行，亦既措施於洱陽、荆江等處，至今猶利賴之，則是書有裨實用，而非經生家常言也。益信從此承學之士曉然於古法之果可行於今日，在法古而不泥古，毋使議古者藉爲口實。是則先生著作之本意，亦即鏡秋重刊之盛心也歟！或者猶以缺詩書爲憾，而又何可憾也。夫豐城劍氣歷劫不磨，神物之出有時難，亦有時合。三吴爲人才淵藪，安知不有珍惜瑯嬛如予者乎？君其勤加搜訪，他時合浦珠還，幸即報予，予雖不敏，猶能吮墨濡毫以贊全集之成也。光緒七年歲在辛巳仲春月分水後學少厓王家坊拜譔。

《地輿圖攷》

清・龔柴《地輿圖攷序》 光緒五年己卯，益聞報館剏設於上海徐家匯，余不敏承乏，輯著地圖攷，刊列報内。迄今四歷寒暑，悉心探究，涉獵中外諸書。其山川形勝、風土人情，諸國疆域之寬窄、開國之遠近、世代之沿革、物産之盛衰、人才之優劣，凡實有益於見聞而堪資印證者，略具於篇。句不尚艱深，詞不求華藻，匪特腹餒所致，亦理所宜然也。茲因同人慫恿，先將亞細亞州圖攷復加參校，重付手民。噫！昆侖之脈發於培塿，江漢雖長，始於涓滴。余之攷略盡培塿耳，然苟由是而旁搜遠引，撫古徵今，或者於中外修睦事宜、通商利害之所在并推原反本，認識闢地生民之主而昭事惟謹，不無稍補也。因述是書之緣起而誌予愿望如此。前京司鐸古愚龔柴序於徐家匯之修身齋。

《東北邊防輯要》

清・曹廷傑《東北邊防輯要序》 咸豐八年，刑部主事何秋濤進呈所纂書籍八十卷，文宗顯皇帝垂覽，賜名《朔方備乘》。其書於中俄交界及俄國古今疆域，無不條分縷晰，誠如聖諭所謂制度沿革、山川形勢考據詳明者也。顧其時東南多事，俄人乘隙窺我東北，尚有康熙二十八年尼布楚城定議界碑，足嚴中俄之限，故其書于東北邊界，特由安巴格爾必齊河源外興安嶺，東抵海，凡中俄分屬山河，不憚詳述。今則疆界已殊，情形不同矣。奉天、吉林、黑龍江三省皆有邊防要圖，廷傑不揣譾陋，參考羣書，即其有關於時務者，輯爲若干篇。凡所依據，或因文義不便稱引，遂從減省。其附己意以爲説爲考者，則以廷傑謹案別之，非敢掠美也，但期便於觀覽，有裨實用耳。若夫北徼全境事蹟，則《朔方備乘》全書具在，茲固無庸置議矣。光緒十一年歲在乙酉莫春之初，楚北曹廷傑序于吉林防次。

《西藏圖考》

清・黄錫燾《西藏圖考序》 益州天府，亦天險也。然古有據形勝、僭大號，或資富强、圖中原，其爲得失亦僅矣，獨未有遠謀，能馳域外之觀者。我朝聖武，取西藏前後胥入版圖，其固吾圉，至深遠也。若乘全盛，建行省，置郡縣，其地當倍於黔，於是疆理之生聚、之教訓、之既庶既富，以進規印度，不徵兵轉餉而拓土開疆，毋滋他族實偪處此尚矣。夫印度，地在海内，水土肥美，人之所争，其意有在，故規印度所以衛西藏，衛西藏所以固蜀都，設西藏有警，蜀能安枕乎？履霜之思，又豈僅在蜀！今印度既淪海外，則經營西藏尤爲急務，然必竭全蜀之力經之、營之，安内攘外，庶幾固此藩籬，輔車相依，有備無患，斯不易之言也。吾鄉黄君壽菩早歲縱戎，官蜀最久，旁搜博采，編輯《西藏圖考》一書，於古今沿革、山川險易、道里遠近，條分脈合，瞭如指掌，若有事於西藏，此爲南針，可謂識時務之急者矣。惟願我國家懷遠之謨，邦交之固，阻恒河、絶獨脊，千百年如一日，不獨西鄰士人實受其福，中邦實樂利之然，則余言爲過計，而壽菩是編則未必非有用之書也。光緒丙戌季秋月善化黄錫燾序於錦城寓。

清・崔廷璋《西藏圖考序》 蓋聞巡大宛之藪，漢使停槎；敘西域之圖，隋賢削秭。故知興朝拓宇，界劃斧於流沙；元輔綏疆，標銘碑於遐裔。然或新封都護，叛服靡恒，甫隸版章，藩籬罔固。越在貫胸窮髮，聖人蚤示無外之規，緊彼鐵勒、婆羅，志士原從不論之例。若夫朝天弭節，世戴王雲，款士殘忱，幾輸上貢。如今之西藏者，部落雖歧，其種風教各莫，厥居蔥嶺雲峥，内藩赤縣，金沙霞灎，表錯重洋，巍乎滇蜀之巨鍵，嶄然華夷之雄障，稽列祖撫綏之績義，別羈縻揆齊民，鎮服之文，形侔郡縣。倘其山川里道，舊籍罕詳，城堞邱墟，前聞鈔紀，何以憑墉扼塞，銷遠徼之封狼，度地屯田，拒長城之牧馬。吾友黄子壽菩雅儲偉抱，夙握奇珍，虎帳參籌，曾借留侯之箸，雞聲觸慨，頻加祖逖之鞭。爰乃蒿目時艱，游心藏典，旁搜傳記，摹繪圖程，靡間昕宵，尤精編次，窮其要害，陳險隘於簡端，探厥源流，辨關河于眼底。奚俟伏波聚米，已諳決勝之塗；匆需道子書山，預識經邊之奥。撫兹鴻寶，壯我皇猷，統四海爲一家，萬國上懷柔之頌，規八荒於尺素，六韜增策畧之書。光緒十二年小陽月楚北崔廷璋拜序於錦官寓舍。

清・顧復初《西藏圖考序》 西藏之地，古屬吐番，歷代叛服不常。聖清龍興遼瀋，以班禪、達賴剌麻首先歸命，遂收蒙古、赫業等四大部落，實爲受命開國之基，特實禮之，異於他部。厥後其地爲別種所據，復出師勘定之，命駐藏大臣護視其衆，二百餘年朝貢不絶，雖未嘗隸版圖、郡縣治，儼然食毛踐土之民焉。顧其地絶險遠，惟商販茶布之徒歲一往來，其里裡塘、巴塘、察木多等處，雖設糧台、置驛傳，類皆視爲畏途，未有能詳紀其山川、阨塞四至八到者也。惟《四川通志》及果親王《西藏志》、松相國筠《西招圖略》粗具綱要，合之古書，時有同異，視遠者不詳其貌，聽遠者不聞其聲，不其然歟。壽菩觀察久綰軍事，留心邊務，乃博采衆説，規方計里，繪爲諸圖，又搜羅藝文，土風謡俗，莫不畢載。謂予曰：雖未能準望鉤絃，分寸密切，然推詳頗竭心力，當亦攷疆索者之一助也。復初惟方今聖化洋溢，北覃於俄羅斯，西迄於英吉利，互市三十有六國，聲教之盛，振古無比。海國有《圖》，寰瀛有《志》，而況衛藏之地接壤巴蜀猶我宇，下且達於披楞、印度，異日馳域外之觀，揚鉤深致遠之威於是乎在，必將以是書爲權輿矣。光緒十有二年歲在丙戌仲冬之月長洲顧復初序。

清・丁士彬《西藏圖考序》 光緒癸未之春，廓尔喀所屬之巴勒布商人在藏被擄，唐、廓有釁，事久不決。次年春，制軍丁公慮有邊事，以狀聞，奉命，使士彬馳往勘辦。彬於甲申四月銜命出關，閏五月達川藏交界時，唐、廓已聞風震慴，和議有成，藏使亟以入告，士彬乃退次於巴塘候旨，旋蒙俞允，士彬遂歸。夫唐古忒與廓番接壤，廓番又與英圭黎屬之印度接壤，英圭黎常思開通藏路以達中國，勝海道之迂險，是以經營印度，汲汲若不終日，而唐古忒齮齕之，不得逞。然則今日之藏衛，其關繫中外利害數倍於昔，而攷其山川險要與其道路出入、關隘分歧，尤今日之急務也。士彬前於被命後，訪求各種輿圖及諸家紀載，攜之行篋，凡至一處，不憚咨諏，稽其異同，察其風氣，欲他時纂集成書，爲籌邊之一助。事忽中輟，雖可以藏拙偷安，而於心終有耿耿焉。同官黄君壽菩本經世才，留心時務，以所撰《西藏圖考》見示，仍過自虚抑，殷殷下問。士彬受而讀之，則凡昔所裒輯者，君皆已有之，且加詳焉，即有餘於君之外者，類皆《郢書》、《燕説》，不足爲輕重。士彬於是服君蒐討之勤，且補士彬之不逮舉，向之所爲耿耿者，亦且釋然矣。夫天地之運，日開日闢，當其否塞，隔閡絶地，天通無可鑿也。及乎時至氣應，東漸西被，儼若呼噏，如班禪、達賴之就我太宗文皇帝於盛京，此豈政教號令之所及哉，而不遠數萬里，不憚經仇敵之國以歸命於聖神。蓋有驅策於元會摩盪之中，而不能自主者。《詩》曰：海外有截。《中庸》曰：凡有血氣者，莫不尊親。士彬讀是書畢，將拭目而覩皇猷之允塞，而宣布德意，成一代安攘之奇動，才與世遭豈異人任。彬不敏，猶願執筆俟之，是爲序。光緒十有二年歲在丙戌嘉平月既望固始丁士彬拜識。

《東三省輿圖説》

清·胡思敬《東三省輿圖説跋》 自日俄搆難，談邊防者，僉以陪都根本爲憂。曹大令廷傑嘗奉檄勘履俄界，著有《西伯利亞東偏紀要》一書，稿藏外部，余未之見也。是編亦勘界時所作，觀其辨證古今，雖未脱經生考據，余習而指陳三省疆里險要，讀其書如親歷其境，實有裨於今日兵防屯墾之用。舊有圖，今佚，存其識語於後，亦可見其用心之勤，有前輩專家所不及者。光緒戊申夏胡思敬跋。

《補註東三省輿地圖説》

清·希元《題補註東三省輿地圖説後》 光緒癸未，涖吉林。明年，督辦邊務。又明年，奉命派員游歷俄界。曹令廷傑捧檄前往，於吉、江兩省與俄交界地方悉心查訪，往返七閱月，周歷二萬里。歸來時，飭作簡明圖説，隨摺進呈。形勢險要，固已瞭如指掌。然於古今沿革山川驛路各名，未及詳註也。今朝廷軫念東陲，佈置經營至周且備。凡屬臣民，莫不思殫竭愚忱，上慰宵旰。顧三省地輿，向無合圖，亦少善本。籌邊聚米，非可臆譚。爰囑曹令將前圖補註，付之剞劂。俾留心時務者，知所依據焉。旹光緒十三年月日，古開平希元贊臣氏識於吉林節署。

《湖南疆域驛傳總纂》

清·郭嵩燾《湖南疆域驛傳總纂序》 《周官》職方氏掌天下之地大小相距、遠近相屬，而縣師掌郊野地域，司險掌山川、道路，又分隸之邦國，總而會之，以周知天下廣輪之數，爲之節與傳以通遠於四方，出内皆有期日，綜計道里，傳達使命，實亦王政之大經。秦、漢以後，郵政益詳。至元世後水陸二驛，於是水程與陸程贏縮復有參差。又後通遠鋪、置鋪兵，傳遞文書，蓋古傳遽之置各於其國而已。其法常疏而不密。天下一統，開疆拓土，遠及萬里，極郡縣之地錯之、綜之、經之、緯之，按數而稽計里，而至法日密，而紀録日繁，然要皆官行書由各州縣自記其道里，所至司之典吏，存之官府。愓硂子乃彙輯今湖南七十四廳、州、縣之地，類編而分次之，爲目三：一曰各州縣接壤限行程途，一曰鋪遞程途，一曰湖南四至水陸程途，則極十八省方位、道里、袤廣、遠近皆若列眉，是所記者湖南一省之地域，而通之各省亦皆得其道里之大，凡與《周官》所謂周知山林、川澤之阻，以達其道路爲法，亦書於是矣。雖爲官書，家置一編以爲考覽地勢之助，亦學者所宜盡心也。光緒十有四年秋九月湘陰郭嵩燾序并書。

《郡國方輿通釋》

清·谢應芝《郡國方輿通釋序》 覽昔《禹貢》九州敷土，而幽、并、營統於冀、青，故爲牧十有二，而爲州者九。殷、周以來，《爾雅》、《職方》所載，或并或離。秦置四十郡，漢衰而爲三國。晉亂，天下畫分南北，自後分合不常。歷唐、宋迄元，西北之壤獨闢。明興，元裔歸北，復號蒙古。而朝鮮實古嵎夷，周初以封箕子，燕滿有此，遂不隸中國。交阯實南交，漢之中葉，流於異域，明嘗置省而不能有。古九州皆以高山大川爲界，秦郡始犬牙相臨，唐十道之制如古，然畫分險阻則易爲守，不患外寇，而患在割據。疆壤交錯，以相牽制，則强臣不能自擅，又難守而易潰。伏維我朝天下統一，四海大同。京師、直隸，勢居上游。自冀、幽而東兖、青，爲山東省。西南并、豫，爲山西、河南省。又南徐、揚，爲江蘇、安徽、江西，及浙江、福建、廣東、廣西省。自揚而西荆、梁，爲湖南、湖北、四川、雲南、貴州省。自梁而北雍，爲陝西、甘肅省。又自冀、幽，營轉而北，爲盛京、吉林、黑龍江。自雍西南崑崙析支渠搜，爲伊犂、青海、西藏。自冀、雍而北，爲内、外蒙古。凡布政司治十有八，將軍治四，辦事大臣治二，蒙古十有三，而都統、參贊，副將軍治在焉。京師、直隸、盛京，北跨長城，居天下之首。沿邊而西，山西、陝甘爲肩背。山東濱海，而漕渠下通江淮，爲咽喉。河南、兩湖、江西爲腹膂。江、浙、福建、四川、兩廣、雲、貴爲四肢。吉林、黑龍江、蒙古、伊犂、青海、西藏爲身之外衛。昔舜北發息慎，南撫交阯。而黑龍江直出息慎東北數千里，蒙古又延袤於西北數千里。越南即交阯，南與廣中瓊州相值。計東西一萬二千五百里，南北八千六百里，疆宇超邁前古有如此。東南皆距海，西至五印度，北至俄羅斯，則故元嘗闢其土而未歸中國者也。大地周九萬里，中國得其四之一。又西有洲盡於海，廣袤如中國，同在地之東半，跨海而西。又有洲在地之西半，繞出東海。西人之言四大洲，其名不雅馴，而地球面背之説，則非誣妄也。綴取海國，並載簡末。見聲教之四訖云。

《東道圖説便覽》

清・裕長《東道圖説便覽序》 《東道紀略》一書恭備。皇上祗謁東陵，駐蹕行宫之地有四，曰燕郊，曰白澗，曰桃花寺，曰隆福寺。凡翠華臨幸之州縣有五，自大興而通州，而三河，而薊州，而遵化州，計程二百四十一里。曩刊《紀略》一編，記載各道段土性地勢興工難易情形，俾承辦工員瞭如指掌，易於修墊，法至善也。惟查是編刊自道光十九年己亥，迄今已越五十二年矣，歲時寖久，地勢改移，昔日之正道今成溝渠，昔日之河渠今成河道，情形多有變更，簡篰遂難依據。如舊本所載，聖駕回鑾出葦子峪門，自石洞子起，由朱華山、堡子山至壕門一節，又自通州八里橋，經由黄廠至南苑北小紅門二節，此皆昔年經行道路，早已變動，大壑深溝，不能修辦，然歷屆差期刷印成書，其道雖改，其文仍舊，不足以資考證。即本年閏二月，恭逢皇上謁陵大差，蒙嚮導大臣拉勘甚力，道段亦有改移繞修之處，如通州馬廠迤東正道沖刷，舊址已入河底，改由隆舊莊繞越賈家窪之南修墊，是近年情形猶有滄桑之慨，況在數十年外乎？夫制貴因時，法宜變通。今昔情形既有不同，匪特記載所無者宜删除之，詮次歧異者宜考正之，改越繞修者宜詳記之，而舊章有未妥者宜酌參而釐訂之也。乙丑冬，長奉簡命來直，聞每次派辦道差，各州縣咸爲畏途，殊有惑焉。究其所由，緣東道二百餘里向分二十三段，里數綿長，承辦工員慮墊修之不易，思賠累之滋多，逡巡裹足。職是之故，今逢差期，若不及時酌改舊章，則嗣後一遇要差，各牧令俱以辦道爲難，既非所以體恤，尤非所以敬乃事。籌思至再，祇有加增道段、減里添員之法，用將舊章二十三段改爲三十二段，減里自可省費，添員足以助力，庶乎衆擎易舉，在各員便於從事，獲免賠累，而要工又可精益求精，一舉而衆删備焉。第思道段加增、里數減少，則每段起止處所、村莊地名已與舊本參差，雖沿途州邑、城郭依然，山林如故，而年湮时远，河道變遷，其地勢之低昂、施工之難易究不能節節符合，假使此次脩辦之後仍不編刊，是舊册徒有紀略之名，而無徵信之實，工員視爲廢帙，刷印成爲具文，何所取益？本年恭遇大差，特令工員悉心講求，逐段繪圖，覼縷記載，茲當差竣，妥援開呈各折，詳加披覽，考訂舊本，參酌同異，編輯成書，并將東道全圖按照新增道段，籤分甲乙，繪列卷首，因更名曰《東道圖説便覽》，付之剞劂。在昔有説而無圖，今則圖説兼賅，俾後之敬謹將事者開卷了然，直如身臨其地，不致有畏難之慮，非敢曰刱前未有，冀辦傳言將來，聊記其實，圖其真，以期針孔相對，藉資考證云爾。是爲序。光緒十六年庚申仲夏日，直隸布政使裕長謹識。

《三省黄河圖》

清・吴大澂《三省黄河圖後敘》 海防、江防、河防皆不可無圖，圖而不准適足以誤事。近數十年來，泰西各國輿圖之學日益精求，而中國海道圖、長江圖，亦皆參用西法，測繪精密，獨河道無總圖，亦無善本。蓋豫省人才，于天文測量之學尚多隔閡，風氣未開，因陋就簡。以河圖責之吏胥，摹繪草率，悉依舊本。南北七廳所轄之區僅存大略；上下游則無從問津矣！

光緒戊子冬十二月鄭工合龍以後，設局開辦善後事宜，臣所竱壹講求者，以添築石壩、測繪河圖爲最要。奏調福建船政局、上海機器局、天津製造局、廣東輿圖局精於測算、工丁繪畫之委員、學生二十余人，並委道員易順鼎總理河道圖説事務。自黄河入豫境之閿鄉縣起，至山東利津縣之海口止，分作四段，圖成則合而爲一。每方一里，總計河道二千四十二里，爲圖一百五十七紙。河身之寬窄，以沙灘隄岸爲限；南北兩岸之高下，以隄外民地爲率；河溜之緩急，以溜箭之多寡爲別；東西南北之方向、道里之遠近，皆以天文星度爲准。雖河水之忽長忽落，沙灘之忽有忽無，日變遷而不可知，原非一圖所能定，而頂沖、坐灣、分溜、合流，何處工險，何處工緩，大致不出此圖。

但使河工人員留心講習，以後逐年伏秋大汛變易情形，隨時添注圖内，以無定之説，補有定之圖，是在後之人輔其不逮，精益求精，則亦是圖爲發軔之端可也。經始於光緒十五年五月，閲十月而圖成。以正本進呈御覽，並以副本交上海鴻文書局加工石印，借廣流傳。工既竣，謹識數語以紀顛末。頭品頂戴兵部尚書銜前河東河道總督臣吴大澂謹敘。

《測地膚言》

清・陶保廉《測地膚言・矩度測量》 測量爲算學一事。余質鈍體弱，嚴親戒勿攻算。故於數理，至今茫然。隨侍陝右之二年，署中奉會典館行文，飭辦全省輿圖。綜其事者，清宛孫介眉先生。並延宏道、味經兩書院明算者多人，分任測繪，咸能以所學見諸實事。余得與諸君子交，獲益良多。竊惟準望之術，古疏今密。近人所輯《測地志要》等書，美矣備矣，然在作者力求明顯，以授初學，仍未易解。蓋深人不能作淺語，而於各種儀器，亦未暇一一詳論。因不揣固陋，抄撮陳言，參以臆見，將各儀器用法彙成一卷，名曰測地膚言，聊爲讀測地各書之階梯，以云數理則固鼷之於河、蠡之於海也。光緒庚寅秋秀水陶保廉。

清・柯逢時《測地膚言序》 算術至今，可謂盛矣！然以之測天地，百不能無差者，習其數不能明其理，明其理不能求其實也。測地之法難於測天，測平衍之地難於測高山大河，非好學深思、躬歷其境者，烏能知之。今世刊行諸書，器數略備，詞義亦較明晰，學者仍若其難通，則以著述之家用心有厚薄，詣力有淺深，文藝有工拙故也。然通其術者顧不乏人，試以之測地法，法不能密合，蓋點線之相距易知也，而角度之贏絀異焉，高深之重測易也，而矩度之疏密又異焉。平衍之區四無衿帶，咋有山林之可指，經緯之可辨也。畺圉錯襍，道路紛歧，視力偶淆，動輒逾里，測法之不精而求配於方形，繪事之不工而强施于平面，其不鑿枘者幾希矣。陶茂才保廉明於算理，寔事求是，箸《測地膚言》，既成書，逢時讀而嗟之，爲述其義例於此。學者爲即數以窮理，要之以實，天地雖大，亦豈能外哉。於時陝中方有繪圖之舉，官吏及諸生皆從事是役也，可以觀政焉，茂才以盛年隨侍官舍，已留心政術，若此其賢爲何如耶。光緒十六年冬至日，武昌柯逢時。

清・孫萬春《測地膚言序》 世之談經濟者，必先輿地。如無錫顧氏、德清胡氏、武進李氏均積十餘年之力，始克成書。究竟考之載籍者多，得之親歷者少，於測量一術尚未職及。嘗謂繪圖非憑實測，雖論説繁，每於夷險所在終未能瞭然心目，苟能合攷據、測量爲一家，則圖皆徵實，有合於裴秀六體及賈耽所云：百聞不如一見、十説不如一圖者矣。方今朝廷重修《會典》，令各直省輿圖從事測量，大邑通者、積學明算之士，咸得展其所長，將來圖成，必爲宇内大觀。陝省設輿圖館，大府檄余習其事，日與同事諸君講習討論，思將古今準望各法彙爲簡編，因循未果。秀水淘拙存先得我心，集中外各書，擇善而從，名曰《測地膚言》，經略解算法者，皆能知所從事，不致目迷五色。將見窮鄉僻壤各據一編，大地河山高深廣遠，人之以得其真際，攷據家阮藉以徵實，守土者亦是資經野之助，豈經有裨於關輔輿圖哉。古樊與孫萬春并書。

《圖形一斑》

清・王肇鋐《圖形一斑序》 以地面之真形，顯諸紙上而能了然心目者，莫如圖然。地有山脈之起伏、溪澗之凸凹，他若橋梁、津渡、道路、村城，與夫田園、屋舍種種形態不齊，若不以寫影之法施之，雖滿幅燦然可觀，問其真寔部位，終有未能相合者矣。是未知幾何之法，但寫景而未能寫影也。原夫地圖之學，始於希臘、羅馬等國，在二千四百年以前已發明水平寫影之法，厥後精益求精，泰西諸國靡弗講究。故西人不僅測繪其本國地圖，凡所經歷之國，鮮不繪其地圖而去。予自纂輯《日本沿海圖誌》以來，既將日本地圖窮蒐無遺，不禁有周游環宇之志。蓋心乎圖繪之學，冀以西人之心爲心也。且念自與泰西通商以後，繪圖之法前人已譯有成書，地圖一門與尋常畫學不同，學者亦既曉然，惟憾未見善本圖幅。因不量愚魯，存人一己百之心，從事於此，數年來略知一二，爰於公暇繪就圖形若干式。非敢謂得其全豹，不過窺見一斑，故即以《圖形一斑》命名焉爾。光緒十七年辛卯仲冬王肇鋐振夫序於日本東京使廨。

《新修會典廣東輿地圖説》

清・李瀚章《新修會典廣東輿地圖説序》 光緒己丑，臣奉命督粵。甫下車，適會典館頒到諭旨，測繪輿圖。維時百務待理，部分未暇。越明年三月，開局羊城，又明年十二月蕆事。凡成廣東省府直隸州總圖一十五、廳州縣分圖九十四，都一百有九圖，圖各繫説，又附新法一總圖、欽防一大圖。爰序其首，曰：粵昔軒轅造夏，肇啓炎土，放勳紹統，是宅南交，二禺本帝子之鄉，五嶺實荆州之域。商、周繼軌，疆理來宣，戰國構争，百越式廓，秦亡金鏡，一尉曾以，自雄漢下樓船，九郡因而内屬，自茲以降，悉隸版圖。吳、晉則徙治龍編，隋、唐則沿名清海，雖竊據於劉漢，旋歸王於廣南。由元迄明，均置行省。其間形之續事，登之紀載者，隋則有樊子蓋，宋則有王中行，四十七鎮之本，《元和志》已失其真，五十七卷之書，《通志·畧》但存其目，外此如王儀父之所引、姚澤山之所編佚者，固不足徵，存者又非典要。【略】今者疇人廣徵，雅材宏集，析方計里，望極正繩，準劉徽之重差，仿裴秀之六體。章亥所步，極乎南北東西；《周髀》之矩，妙乎平偃覆卧。廣輪辨數，上協星躔；華離寫狀，下肖方野。擬季彦之製，地域無所隱形；如敦詩之繪，華夷宛然在目。既丹青其各奏，亦校驗之罔差，又復阨塞具知，山川能説，揭孟堅之旨趣，芟善長之繁蕪，伯翳類别紀之，爲山海之《經》；朱贛條記演之，即地里之《志》。宛溪有言，書以立圖之根柢，圖以顯書之脈絡，亶其然矣。臣家世籌邊，迭膺疆寄。上河北之險要，夙景趙公；書蜀道之山川，飫聞衛國。撫斯圖也，眺川原之盤鬱，則思陶士行所以宣勞，覩鄉聚之殷蕃，則思宋廣平所以遺愛，見蕃舶瑶溪之雜，則思孔君嚴、陳唐夫所以綏懷，覽横水、藤峽之阻，則思韓襄毅王文成所以龕定。彼管子轘轅之術，但解行軍，淮南墜形之篇，侈談異蹟，其於《周禮》體經之指、大易設守之謨，猶未窺其全而揭其精已。光緒十八年二月，頭品頂戴兵部尚書兼都察院右都御史兩廣總督臣李瀚章謹序。

清·劉瑞芬《新修會典廣東輿地圖説後序》　《官禮》一書，周公所以建太平也。其間於土地之圖三致意焉，保章辨星土、土方測日景，量人書其塗數，總之職方，而上諸大司徒形方，以正封域。司險以達道路，司書以知百物，遂人以造縣鄙形體之法，而地事、觀事又有土訓掌道，圖以詔之，誦訓掌道，志以詔之，其詳審如是，故王者不下堂而知四方也。我朝康熙、乾隆間，迭命疇人周歷測繪，藏之内府，凡理民、用兵，胥得所據，致治之本，同符成周，圖之爲用，不綦重哉！粤東去京師五千餘里，一省而防海、備邊皆與焉，形束壤制尤不可無圖以識之。自廣州之南，東沿東莞、新安，帶香港，越惠、潮，而南介南澳以迄於閩西，循香山、新會、新寧，掠陽江，掖高抱雷，而南環瓊州，又西北挾廉、欽以迄于越南，皆水師所有事也。港嶼錯雜，輪颿如織，宜絶其窺伺而極其綢繆。自欽州之南，溯北崙河而上，西盡嘉隆江之源，踰阢懷、南雲、青龍、歌馬諸嶺，至江口循板興水而西抵峒中，迤西北窮那含水西源以達廣西上思州，皆南與越南分界也。非我族類，實逼處此，宜時其鎮撫而修其捍禦。内地則自東而北、而西，若江漳、江贛、衡、湘、梧、鬱，皆粤肩背之雄也，蟠幽宅阻，土壤相錯，宜聯其獲衛，而壯其聲援。凡此大端，按圖可索。惟是幅員遼闊，奏限孔亟，故詳於邊海而腹地少略，亦以時事多艱，所重尤在乎此也。自泰西互市，遊歷紛來，所至輒寫其山川、阻隘、徑路、險夷，以去而於海道津要尤再三測記，不憚煩勞，其處心積慮若此。倘非圖之精而説之審，何以握控馭之宜乎。今重修會典，特論行省測繪輿圖，各畺臣實事求是，行見書成，奏上聖天子，覽寰宇之體勢，法祖制以復成周之隆，將於是乎。在東粤一隅，庶幾土壤細流之助云爾。光緒十八年二月，兵部侍郎兼都察院右副都御史廣東巡撫臣劉瑞芬謹序。

《光緒輿地韻編》

清·錢保塘《光緒輿地韻編序》　道光間，江陰六氏承如撰《皇朝輿地略》，中有《輿地韻編》一卷，仿其師武進李氏《歷代地理志韻編》而作，便撿閲，考異同，例至善也。近年軍興以來，甘肅、新疆、福建、臺灣開置行省，增設府、廳、州、縣，他行省亦有增改者。爰繫新名於原書各韻中，久之積多，遂依六氏例，另編而删其故名舊屬，以歸簡易，欲考沿革，自有專書，且不欲以後出之書掩前編也。録既成，取晉《太康地記》、唐《元和郡縣圖志》、宋《太平寰宇記》、《元豐九域志》及國朝《乾隆府廳州縣志》義，更以紀元冠其編。時光緒十九年五月，海寧錢保塘序。

《奉天全省地輿圖説圖志》

清·張英麟《奉天全省地輿圖説圖志序》　光緒十有五年，開會典館重修《會典》，國史館重修《地理志》，詔令各直省繪輿圖，刊表具説以進。以奉天爲陪都重地，前修《會典》之時尚未改立行省，記載猶略，勒令詳加編輯以備纂入。維時長白裕公爲總制，當即咨調北洋精測繪者司繪圖，揀旗民數員司繕校，而一切典章制度以及圖説、圖表應行編輯之事則延委王倚廬太守志修專司秉筆焉。謹按：奉天爲陪都重地，壇廟、宫殿、三陵、三京以及五部、六邊、新舊宗室、内務府各衙門一切規制視他省爲最繁重，雖嘉慶之初重修《會典》已有記載，至今百有余年，因時制宜，多有增減。自與吉林、黑龍江分界設立行省，而事務益繁，府、廳、州、縣添設十餘城，道府丞倅、州縣佐貳、教職等官添設十員，一切分界、建城，設學，修署均屬新創，旗民田賦添徵十四五萬兩，新墾升科之地至五百餘萬畝，而户口稱之村鎮亦因之而多，其山自分界險隘頓殊，水則緣遷徙今昔迥異，八旗營兵時有增減，練軍之隊、捕盜之營又皆新設，驛傳雖有定制，而鋪司馬撥均屬新添，北邊、東邊地皆新墾，歷代沿革尤不易詳。他如税釐之章程屢易，物産之生息日蕃，均宜考究。然奉省除乾隆朝《欽定盛京通志》外，府、廳、州、縣惟開原與奉化有志，亦只略具規模，其餘皆無志書可稽，私家著作更屬杳然，兼之開邊以後，地面遼闊，圜圓縱廣約三萬餘里，若是而欲詳輯成書，其難可想矣。而脩廬獨能不畏其難，堅持冥想，考之於舊檔，證之以新案，而又博采羣書，廣咨衆論，誤者譯國書以正之，闕者查原奏以補之，其餘稍有疑難必再三考核，或履其地以察方隅，或求其物以辨疑似，無取聚訟之詞，不爲模稜之見，要皆遵勅查各項，縷析條分，詳悉開載，即史館所未及而必不可少者，亦斟酌增入，分類編輯。歷時既久，始克成書，脩廬之書成，脩廬之志苦矣。然非裕公任之專、信之篤，雖有脩廬之學與識，恐不能自竭其平日之所蓄，成一家之言。是此書之成，脩廬成之，實裕公有以使之成也，非裕公無以成脩廬之志，非脩廬無以酬裕公之知。裕公幸此事之克蔵，除全書進呈外，先以初繪大圖鐫之銅版，復以圖説、圖表屬脩廬校而刊之。脩廬亦幸此書之克成，而又恐官刻未便暢行，兼之當世索觀者日不暇給，遂捐廉，復遵頒發圖式之縮圖合圖説表彙爲一書，付之梨棗。回憶此書開辦之初，余適奉命東來，倏忽三載，又值其書之成，余適以少詹奉命還朝，行有日矣。脩廬以其自刻之圖志示余，東都與地清若列眉，因曷其將全書次第刊之，俾讀其書者曉然於邠、岐之典章文物，固有如斯之詳且備者。然即此先刻之圖志，亦足見脩廬之專心經世。當此邊防用武，地理實爲行兵之要，不得謂非有用之書也，嘗鼎一臠可以知味矣，是爲序。光緒二十年歲次甲午八月上澣，新授詹事府少詹事東三省督學使者歷城張英麟序於瀋陽試院之蟠榆簃。

清·王志修《奉天全省圖説》 盛京形勢東控朝鮮，西衛畿輔，南俯登萊，北聯吉林。北緯四十一度五十一分五十秒，東經七度十三分二十五秒。全省起東經三度，東暨十二度，北起北緯三十八度三十分，北暨四十四度三十分。西南距京師一千五百里，縱距烏里三百八十八里，橫距烏里一千一百零五里，斜距烏里一千一百七十一里，南北縱九百六十里，東西廣一千七百六十里。南至大孤山五百四十里海界，北至鄭家屯四百二十里蒙古王旗界，西至清河邊門四百二十里直隸界，西南至紅牆子八百三十里直隸界，西北至葉茂台邊一百六十里直隸界，東南至長甸河口七百六十里朝鮮界，東北至亮子河六百六十里吉林界。此現在周曆勘測之四至八(道)〔到〕也。然其險隘形勢，今昔確乎不同。如東邊之帽兒山，昔者爲極東之界。數十年而上，至十二道溝矣，今則且至二十一道溝矣。蓋自長白分脈，沿鴨绿江數十起伏，而至帽兒山其起而爲崇山峻嶺，幽深蒙密。伏則爲泉爲淵，而結一溝。其溝口皆横通江岸，冬則冰凍，出入尚易藏奸。自光緒二年開邊，始有客民入溝墾地，自此漸有居人。然地氣極寒，霜雪不時。由帽兒山沿江而南，至九連城，江迤西皆老崗，僅通車馬。至太平溝百余里，道路少平，因此地與九連城均與朝鮮相望，駐兵防守。而太平溝爲鴨绿江入海處，然其水淺，輪船不能入港。至旅順、大連灣，而輪船進口矣。其餘北井、大孤山、青堆子、莊河、貔子窩、金廠、小平島、羊頭窪各海口僅有貨船出入，至没溝、營河口淺淤，商賈輪船僅能乘潮進口，而鐵甲兵輪仍難駛入，至釣魚臺、天橋廠、馬蹄溝等處，水勢益淺。此東南沿海一帶之形勢也。其西面陸路沿邊各門，與蒙古諸旗接壤。而松嶺子邊門迤外，地近熱河之朝陽等縣，地面遼闊。水塘、梨樹溝、白石嘴各門，又皆山道崎嶇。此西面沿邊一帶之形勢也。北則昌圖府屬地，頗平坦，出入蒙古王旗，與吉林相唇齒。只東北一隅，接大圍場，地廣人稀，山深林密，巡邏似恐難周。然自查丈升科，以海龍城地居上游，設總管通判等官，且於山城子、朝陽鎮駐防兩翼，則勢若建瓴矣。其水或來自境外，或發源境内，歲久不無少異。若渾河自東北來，合英額河，經盛京城東而西南流，合太資河入大遼河。大遼河自昌圖北來，經盛京城西而南流，至三岔河會渾河、太資河入海。西入境者曰大淩河，入清河門，由義州而環流于錦州之東南入海。小淩河入松嶺子門，由義州而環流于錦州之南入海。鴨绿江則自二十一道溝東入境，經通化、懷仁、寬甸、安東四縣至太平溝入海。蘇子河、輝發江、混江發源於興京之東，靉河、大洋河迴旋於鳳凰廳之東西，大都夏秋水長，運木之筏、載糧之棹，尚可運行，一經水落，隨在可渡車馬。其山則醫巫閭、虹螺峙於西，帽兒、老崗障於東，大高嶺、千山列于南，哈拉巴勃圖控於北，閲時漸久，險化爲夷。即如古之青石關爲奉省總要，今則迤西山下海水退出三四十里，直爲通衢矣。自東溝匪靖，東南沿海之重地，均設防營，自朝陽事平，西北沿邊之要區，皆屯練隊。而圖場之卡倫，昌圖之捕盜，備入圖中，藉以觀今昔之不同，而因地因時爲地理之要也。

《江蘇全省輿圖》

清・鄧華熙《江蘇全省輿圖序》 聞之度景眡星，匠人建國之制。準望、分率，裴秀顯門之秘。職系《周官》，例詳《晉史》。《隋書・經籍》卷目僅存，《元和郡縣》篇幅未備。自昔輿圖之學，其源尚矣，其傳罕矣。洎夫昭代右文，名人輩起，胡渭錐指，始創里方，國宗韜乘，迺著經緯，兆洛縮本於内府，文忠重訂于鄂疆。蓋熙、雍、乾、嘉以來，漸美且善。近如吾鄉通儒陳京卿澧疏證《漢志》，則攷沿革十代之名，鄒徵君伯奇祖述《周髀》，則寫滂沱四隤之勢，陳又正誤於《禹貢九州》，鄒亦垂範于南海一邑，蓺苑所貴，蔑以加焉。顧言此學于今日，人尠能之矣。經生、墨客工繪畫者，不必旁通詠數，疇人、臺官通算數者，又豈皆工繪畫，兼長集美，致嘆才難，不信然歟！庚寅十月，予從鄂藩欽承簡命移治三吴，適會典館奏頒測繪輿圖之議，於直省當事，先已遴委錢塘諸暹鞠大令綜司是役。次年秋，又奉頒續章，加測經緯，并標類七門，纂表代説，予于兹事素非擅長，然譾知大令之可任也，於是一切舉界之俾致力也，專而用心也。壹購置儀器，俛察仰觀，周歷大江南北，而折中于方策志乘，大令原莞書局，故諸圖説表得以隨畢隨刊，寒暑五易，遂觀厥成，因索弁言於予。予惟兹圖之成，可以覈省并之規，可以辨廣輪之限，可以定偏高之度，可以明夷險之交，可以審瀦洩之宜，可以識市集之盛衰，可以悉任使之輕重，與同治年刻實測之圖整散詳略，相輔而行，是能不失吾鄉陳、鄒二家之良法精意，誠輿圖之又一善本已。夫士之當官也，豈不曰通經致用焉云爾，實事求是焉云爾。能若是，斯乃不負所學也矣。大令以名孝廉游幕二十年，于訓故詞章外，尤究心中西算術，熟習繪事，與修《湖北通志》、《江漢隄防圖》二卷，爲其手稿，曾于武昌見之，予來此邦，亟相賞契，謂其必可勝任而愉快也。今果成功，一加披覽，朗若列眉，洞如觀火，益嘉大令之能不負所學而致用求是焉，如此乃樂得而書之。光緒二十一年歲在乙未相月幾望，頭品頂戴江南蘇松常鎮太等處承宣布政使司布政使順德鄧華熙識。

清・諸可寶《江蘇全省輿圖跋》 江蘇之有實測輿圖也，首刱於曾文正公。自甲子迄丁卯，豐順丁撫軍日昌初開專局，蘇藩司屬圖成，遂接辦江藩司所屬，至癸酉冬莫蕆事，開縣李督部宗羲序而刊之。今兩司合圖之板存江藩庫中，蘇圖則庤板書局，册幅周備，世號善本。越十有五年，己丑十二月，會典館奏辦章程，令直省測繪省、府、廳、州、縣輿地境自立圖，開方計里，遞爲詳略説，用會典舊文，同異分疏案語。辛卯七月，又頒續章：於省格方百里，府方五十里。總圖概仍舊説，廳、州、縣方一十里。散圖則分列，沿革、畺域，皆欽遵《一統志》攷定。天度、新加測繪。山鎮、水道皆據方志，見時爲準。鄉鎮、繁盛則載，偏僻則計都數。官職、核對檔册。七門各置横表，通行海内，較然畫一。貴筑黄方伯彭年以可寶明算習繪，檄承兹乏，舉大江南北兩司八府四直隸州廳六十六廳州縣之地，責成一身，別無匡贊。夫人而知其繁且重，雖前圖具在，藍本有資，可以破整爲零，縮大至小，其必徧稽檔案，參攷志乘，博取而約存之，非可苟且塗飾也，明矣。至測算所重者，經緯度分，晝夜永短，里差出入，隨地變更，又必攜帶儀器，迭加考驗，午憑日景，宵準中星，迺得根據。然舟車患風雨之阻，寒暑虞陰晦之候，廣歷邨郭，動廢日時，其難、其慎有加甚焉。可寶自惟孤陋，未敢辭讓，於是遵循館章，酌量變通。經始於庚寅五月，矗從鈞撫，大體略具，洎卯冬，議加測算，歷辰踰巳，截止於甲午四月，次第告竣。總圖先經咨送，散圖見在刊完，顧竭一二人之材力，四年之間，校圖纂表，綜合全省之大廑乃集事，良爲厚幸。若求無挂漏踳譌，勢誠弗免，而格式所限，名城要隘固皆燦然，欲詳纖悉，請按前圖。抑可寶猶有説者，當今之時，測繪之學日益精通，凡夫行軍之險夷進退，航海之島嶼沙礁，急就能草於馬上，熟習或布於掌中，其所關繫且將什伯倍蓰於此者，則斯圖也未始非有志之士講求測繪之嚆矢云。圖其三册，爰述因由如右。分任測算者，曰吴縣增生吴壽萱，專司繪畫者，曰桐城貢生雷鳴夏，例得備書。光緒二十一年歲在乙未閏五月，提調江蘇書局承辦輿圖事宜五品銜請補蘇州府崑山縣知縣諸可寶謹跋。

《續圖比例尺圖説》

清・傅雲龍《續圖比例尺圖説敘》 雲龍監造比例尺既竣，就圖算學堂教習郭恩承所圖，系以説表，而敘曰：凡圖欲縮伸，舍比例尺別無捷徑，欲用其尺於續圖之縮與伸時，先度所欲續者之長若干尺，縮至與某尺相等，即用某尺續之，或以它數再推，不其贅。而欲造比例尺，似宜以工部尺爲宗，英尺八分爲寸，十二寸爲尺，中國則寸尺皆以十進，又孰若以工部尺爲便，奚俟比較英尺爲而難偏廢。大恉有二，一取差少，一取通變。曷言乎差少也？工部尺尚未合十數行省通用之度而壹之，裁尺、魯班尺以菽異，京尺，俗謂高香尺，廣東尺，又以地異，伸縮器圖，差之毫釐可乎？儻得部尺一律，罔或異度，如馮氏桂芬《壹權量議》，豈獨比例尺得以畫一歟，曷言乎通變也。中國自製一器，用工部尺以伸縮比例。奚不可者，今則機器工圖取自外國，或因以增修，或從而改製，圖以算爲先，算以比例爲捷，必以工部尺繩之，動輒零分，易滋齟齬，不且貽西工口實乎。雲龍輒用英尺伸縮，以期推行盡利，仍用工部尺比較，以期萬變而不離其宗。嘗見英製比例尺，有二千五百分尺之一者，機器圖不能縮如是之微，而地圖又莫若用里數尺之爲愈也；又有六寸一里者，地圖可用，而厥制有差；又有一尺分十寸者，此與十分寸之一作一尺何異，類此皆不屑沿。茲爲圖三十、説二、表一，見者謂續圖伸縮，得此則事半功倍，非無用物也，遂付之石印。光緒二十一年冬十二月立春前十二日，德清傅雲龍敘於學自彊不息齋。

《測繪儀器考》

清・羅長裿《測繪儀器考敘》　敘曰：古者邦國之志與時日之厤皆掌於太史，自唐設翰林學士，而觀象之職始分屬於司天臺監。及宋世有翰林天文院，儀器皆寘院中候臺，蓋用周制也。元初，許魯齋官祭酒、王敬甫官贊善，皆領新厤事。本朝天法大備，泰州陳公厚耀以試三角法特授編脩，實爲詞臣掌故，而吴縣惠公士奇官翰林遂究推步之原，遂以名家。自順治丙戌逮今，百有九科，通才接軌傳疇人者，樂書之以爲榮，而居是官者則以爲不忘職守之意也。長裿少嘗從事輿圖之學，以新法諸儀考求經緯度，分系以圖説，假歸暇日輯爲《測繪儀器考》一卷，於古法詳其器，於新法詳其器之製與用，亦三代之史下士所有事也。光緒二十二年仲春月朔日。

《江南安徽全圖》

清・福潤《江南安徽全圖序》　嘗考《周官》，職方掌天下之圖，以周知九服利害。管子察環轅，因以名篇。蓋地之有圖，由來尚矣。後世講輿地者，占星度日，其爲術益精且確。雖前賢或未逮焉。我聖祖仁皇帝上揆躔度，參用晉裴氏法繪圖，藏内府。高宗純皇帝審正經緯度分，以畫中外廣輪曲折之數，列諸《會典》。仁宗睿皇帝丕承而賡續之，九州八極，按圖可稽。洵足昭車書之大同，允奕裔之遵守矣。福潤生晚，不獲躬覩乾嘉朝聲教漸被之盛，每閲益陽胡文忠公所刊輿圖，未嘗不心往神怡，恍如身履其地也。光緒十五年，朝廷復開會典館，訂輿圖章程，飭各行省依期集事。十七年，復令實測天度經緯，並用三角法測地，特頒表式，俾昭一律。前撫部遴員設局，究以皖中鮮明於天度者，復自鄂招致熟諳測算之士，假儀器參用泰西法測準京師所在，以逆推安徽行省，由省遞推各郡州縣，並以三角曲線法測山川集鎮暨道途邊界，譔著表説，務與成式脗合。福潤於二十年九月抵皖，增派敏練之員，計日課功，以二十一年八月奏報竣事，計繪圖七十有四，表説如其數，都爲八册，賫送會典館彙覈成書，勤事之員擇尤奏奬。既撤局，在事諸君謂成之綦難，皖中不可無述也。檢所存底稿，將付石印，而乞一言誌其緣起。余謂地圖爲用廣矣，大矣。凡郡邑廣袤，疆圉扼塞，道里山川之遠近夷險，罔弗包舉靡遺。豈第曰考廢興之陳跡，資名勝之游覽已哉。當寰宇乂安，固將綜田賦、户口、漕運、驛傳、關津、河渠諸要政，胥視此以爲規畫。若際行軍講武，則戰勝攻取，設奇用間之策，向非明於地利，安能所向有功。安徽跨江踞淮，爲南北舟車衝要。自小孤、梁山以迄采石，號稱長江天塹。徽、寧則控扼潯浙，而合肥、壽春、鐘離、潁、亳、渦、泗諸重鎮率皆淮服屯隘，建業屏藩，溯項羽渡江以來，吴、魏之争雄，方鎮之竊據，濠泗之龍興，流賊之鼠竄，江淮兵亂何代蔑有。咸豐間粤寇據安慶，九年捻匪叛練乘隙俶擾，全省糜爛，抑至酷矣。胡文忠定滅賊之計，以安徽爲根本，曾文正、忠襄卒用其説，遂戡大難。當其謀定後，動固由智深勇沉，而指畫形勢，實賴此以握樞要，而大措施成効昭昭可覩。是以今頒定式，悉奉文忠原圖爲權輿，用克上備天府，共球垂諸典誥。而茲册之留遺於皖也，每念及執綱維是，孰保障是，輒兢兢焉。以弗克負荷滋懼，自慙建樹無聞，行且引疾以去。所願循覽斯編者，懲前毖後，尚其於備禦不虞之説，加之意乎。光緒二十二年八月撫皖使者福潤謹譔。

《湖南全省輿圖》

清・彭言孝《湖南全省輿圖敘》　乙未之春，于役遼左，臨渝曉出，渾潢夜渡，覽關城之險固，想秦漢之雄圖，疇昔所聞，良不予欺。既驚風鶴，彌困行旅，舉目遥望，莫名川阜，薄暮投憩，馬首靡託，固景真所嘆也。然軍中獲敵間，往往

（狹）〔挾〕經秉圖，道路遠近，山林險隘，食宿亭候，纖悉畢載，而吾軍幕府所用舊圖，既已簡畧，猶難共睹。彼操兵之士，人人習知，深入吾境，如踐故土，吾主帥、謀士，或猶未知，無論士卒，則勝負之數，豈待兩軍相當哉！後得王修廬太史所作《奉天新測地圖》，余甚寶之，今春歸自西邊，聞吾省所進史館新圖告成，亟欲披讀，乃珍秘殊甚，廛肆罕覯。夏初至天岳山，與五弟畯伍話别，見左甥學呂、從子清瑋方假平江官署藏本，擴其分率，晝夜臨倣，各得一紙，蓋以官本字細牛毛，幾不可識别，故擴而大之也。余嘉二子勤，命合縣别散圖爲全省巨幅，使縱横相接，爲圖七十有九，又聯綴諸表，各以類相從，湘沅源委相屬爲説，綺分脈散，燦若親涉，但取易曉，不尚藻麗，水出之山，略具主名，岡巒綿邈，諸水所歸赴，亦居然可識，顧以前人未有專書，委曲枝析，難與覼縷義從，蓋闕圖成而北征戒途，因命梓行，庶吾湘人士知本土之形勢，察山川之條貫，未始非方志之一也。他日復得諸省善本，當還書郵寄二子，尚踵而成之，攬九域之全勝，斯海内之大觀，非獨一方一隅已也。二子勉矣。

敘曰：王景修渠，始聞賜圖，慨我庶士，誰窺秘書，作圖七十有九。長沙黔中，建置自古，聖祖定藩，臨湘開府，述沿革表弟一。裴氏六法，實重準望，偃矩卧矩，山海一量，述經緯度表弟二。舜禹遐戾，爰啓南國，苗民既靈，是廓是極，述疆域表弟三。邈彼靈均，超遥遠遊，沅湘無波，洞庭我秋，述水道弟四。五嶺九疑，乖蠻限夷，武溪嗟毒，巴北運奇，述險要弟五。蕩蕩王路，悠悠山川，天衢有亭，皇華駪駪，述驛程表弟六。丁酉季夏，長沙彭言孝石愚氏敘。

清・佚名《湖南全省輿圖跋》 是書專論山川形勢，爲兵家之實用。非如近今輿圖家，第詳於山脈河流都邑物産已也。攷其自敘，舊有全圖一幅，縱横十餘尺。總論一，各省分論十有五，顧以傳抄日久，圖説既不可得見，而總論亦闕焉。是年夏，友人以先生兵論付印局，更以是書之不可少，而求其圖與總論者。越百里外訪之。閲月不可得。噫，《尚書》合古、今文而始備，《禮經》得漢儒之補綴而始完。古之名人，凡有所傳，或有所聞闕，豈文字爲造物所忌。固應如是耶。雖然良將行軍，有法術以爲運用之妙，尤必據形勝以施攻守之宜。今既有兵論，則是書必相輔而行，雖其圖不可行。而讀先生之論，觀近世之圖，即可瞭然於心目。雖總論不復存，而讀先生各省分論，總論亦可想見焉。因即付諸排印贅數言於尾，以俟後得全書而補之。

《廣東全省輿地全圖》

清・譚鍾麟《廣東全省輿地全圖序》 古之學者，左圖右史，物皆有圖，而地志尤非圖莫辨。歷代建置、沿革、地名互異，而山川之形勢不易。《周官》職方氏掌天下之圖，於是廣輪之數、疆索之限一目瞭然，大約古人繪圖亦如今之手卷，荆軻刺秦王所謂圖窮而匕首見也，蕭何入咸陽，先收圖籍，故能周知天下阨塞之區，民穀之數，圖綦重已！自計里開方之法行，凡郡縣州廳各有圖，詳略不可知，惟内府所存直省輿圖爲周密。往在隴上，值與俄分哈薩克界，内廷頒到縮繪伊犁、科布多圖，適有久住阿克泰山寺呼圖克圖棍噶札拉參來見，出圖詢之，指示某處至某處相距幾百里，某處最爲險要，與圖相符，因嘆地非親歷，不能臆度也。會典館開，索各省地圖，閩、浙皆設局，派員分途測繪，咸謂精詳，而闕略仍不免。廣東奉文後，即照舊式重繪，迨會典館頒到格式，則已垂成，遂録以進。張安圃方伯複按館中新式，於全省方格圖外，另繪一經緯線圖，用點石法印數千册，以廣流傳，俾是邦人士知本省方域之廣狹、形勢之阨要，時思設險以守之義，其用意可謂深且遠矣。光緒二十三年丁酉秋日茶陵譚鍾麟。

清・許振禕《廣東全省輿地全圖序》 《周禮》大司徒掌天下土地之圖，周知九州之地域廣輪之數，辨其山林、川澤、邱陵、墳衍、原隰之名物，而職方氏掌天下之圖，辨其邦國都鄙人民財用之數要，周知其利害。秦燔詩書，獨圖具存。漢蕭何入關，收秦圖籍，以知天下阨塞廣遠。至後漢，乃有《司空郡國輿地圖》。晉裴秀爲《地域圖》十八篇，而繪圖六法始立，曰分率、曰準望、曰道理、曰高下、曰方邪、曰迂直，其圖以一分爲十里，一寸爲百里，厥後裁減展拓，皆以秀法爲權輿。唐李吉甫《元和郡縣圖》所由昉也。宋吴淑請令諸轉運使每十年各書本路圖，冀天下險要不窺牖而可知，諸道所繪益加詳密，明因之成《一統志》，藏其圖於内府。國朝設會典館，直省府廳州縣圖各繫説，規制大備。光緒己丑，開館重脩，改説爲表，刊格頒行，而粤東圖先成，進呈本仍用舊式，豐潤張安圃方伯今藩是邦，遵會典館新頒格，重加編纂，整齊而書一之，合粤西圖石印，以廣其傳，測量摹繪視舊法尤精邃焉。竊維輿地有圖，所以使阨塞險要如指諸掌，由是講求治術，以蕃其人民，阜其財用，而措天下於磐石之安者也。粤省北枕五嶺，東襟八閩，西與桂林、梧、鬱錯壤，獨其南濱太平洋，自弛海禁，税番舶，廣州先許互市，帆輪縱横，直達堂奥，香港、澳門左右環伺，行省所在，勢成扼吭，瓊崖入海南，與内地懸隔，迨後寧越事起，而欽、防與法隣，臺澎約成，而南澳與日隣，形勢險要，唯粤稱首。汪洋巨浸，又無阨塞以守之，陬澨伏莽，嘯聚時聞，厝火積薪，豈足爲喻。賴聖天子懷柔，萬邦服，嶺以南晏然，無斥堠之警。方伯奉命來，旬來宣復，能休養生息以元氣相涵，煦周咨疾苦，登斯民衽席之上，鼓之舞之，作其忠義，優之游之，與其廉讓，使嶺海數千里桴鼓不鳴，比户可封，和親康樂，此粤民如天之福而振褘所禱祀以求者也。然則是圖之成，豈獨籍以知廣輪、辨名物已哉，亦顧涖斯土者覩兹地大物博，兢兢焉謀保乂其富庶，冀有造於粤，用紓朝廷南顧憂，始不負方伯編纂之懃耳。光緒丁酉秋九月奉新許振褘。

清·魁元《廣東全省輿地全圖序》 泰西諸國靡不精究測量，兼習繪書。凡遊歷内地，皆自攜儀器，所至繪圖，山川道里高深、遠近，生長其地者尚或茫然，彼乃計里開方，瞭如指掌。隱憂深患，行道盡知，以聲明文物之大國而圖籍弗修，何以有備無患也。粤東舊存輿圖幅方盈丈，横直分截，編刻成書，檢查不易，閲者嘗之。方今人材輩出，講求測繪之學，能以西法抉其精微，故輿圖之成於今，其審碻詳明，固非曩昔之所得擬焉。安圃方伯念形勢之不可知也，爰取今圖，重爲摹印，易説爲表，以符會典式程，庶幾海疆、阨塞展卷了然，設險籌防無難按圖而計矣。然明姚虞《嶺海輿圖》最稱簡要，今已散佚罕見。若《方輿紀要》以湘江、庾嶺足據上游之勢，虎門、沙角宜駐重兵，魏源《籌海》諸篇亦嘗論之，抑自通商以來，漸及内地，藩籬洞徹，利權日侵，伏莽潛滋，蠕蠕欲動，内外交乘，有未可墨守成規所能晏然無事者。吾知大府宏猷碩畫，必胥羣策羣力，爲粤民興教養，謀富强，以紓宵旰之勞而消窺伺之念，則斯圖之有裨於防海者不綦重哉！光緒丁酉秋七月索爾和碧漢伊爾根覺羅魁元。

清·英啓《廣東全省輿地全圖序》 輿地繪圖所以備掌故、明政典，非僅爲防務策也。而策防務者最重輿圖，廣東爲南洋首衝，海防尤緊重焉。廣西自龍州關既開，關以外用鐵路來接界，火車迅於輪艦，一旦有事，陸路防邊將無異於防海，矧復三梧兩關，一水中通哉。夫設關互市以通貨財，非必詐虞也。然而千金所聚，盗夫涎焉；尺步之進，黠者先焉。物理固有然者，間嘗謂山川有定形而無定勢，形者天地所設施也，勢則繫乎時，而視乎人，人事定，乾坤且賴以旋轉，山川之勢固全盛矣，是豈獨兩粤爲然。安圃方伯曩在廣西理鹽法，兼攝藩、臬兩司事，既嘗預訂廣西輿圖矣，坿説列表，補志識官，至詳且審。兹複重摹是圖，一如廣西圖體式，將使閲者了然心目，徹土綢繆，事至有以應之，意念深矣哉。點石印成，取以相示，且命之爲敘。啓不才，既衰且病，無能役矣，展卷再三，欲已於言而有不容已於心者，綴書紙尾，驤望彌深矣。時光緒二十三年丁酉夏六月瀋陽英啓。

清·延祉《廣東全省輿地全圖序》 安圃方伯攜有石印《廣西輿圖》，全圖附説，分圖列表，更舉文武識官，詳注駐紥所在，見者咸推爲善本。兹開藩東粤，復取《廣東輿圖》，訂正、摹印，一如西省輿圖格式，可分可合，不贅不漏，俾覽者按圖探索，朗若列眉，其有資於考覈措施，尤非淺鮮。夫廣東爲濱海要區，通商互市，賈舶紛集，萑苻之出没堪虞，即險要之形勢宜審，雖曰地大物博，而撫綏籌策用兢兢焉。祉生長京華，粤境山川、阨塞曾未詳究，今獲從方伯朝夕討論，受斯圖讀之，九府五直隷州恍如親身徧歷，則是圖也非惟與《廣西輿圖》足稱合璧，而周行之示，惠我宏多矣。光緒二十三年七月哈達赫舍里延祉。

清·張人駿《廣東全省輿地全圖序》 輿地圖後坿説，會典舊式也。光緒己丑，重修會典館中頒發各行省測繪詳記，旋以分類區録較便省覽，因定州縣圖後概行列表。刊格重頒，粤東奉文繪録最早，續式頒到而全書已將告竣，故解呈會典館本仍用舊式。余旬宣是邦，念形勢不可不共悉也，擬刊印流布，因屬原纂諸君，重行摹繪，改説爲表，以符會典新式，點石之法賈廉工省，江都張中丞曾用以印廣西圖，今廣東圖亦以此法印之。使兩圖可並行，庶幾服嶺以南，凡山川、阨塞、道路險夷、户口多少强弱，一展卷而瞭如指掌矣。編成，因敘之曰：粤東邊海，爲南洋首衝，西鄰法，越，近接港、澳，蹈瑕抵隙，在在堪虞，慎固之幾，間不容髮。互市處所，城西而外，若潮州之汕頭、廉州之北海、瓊州之海口，沿邊散布，敞我門庭。今西江又將通商矣，三水置關，堂奥洞達，設險守要，尤宜講求，嘗謂此邦地大物博，民俗强悍，習于戰鬭，且與泰西狎，既易滋奸，亦多敵愾，儻能休養生息，蓄財練兵，去其厖雜，作之忠義，十年以外，富强轉樞，將此焉在，惜乎悉索敝賦之未遑也，撫斯圖不禁重有感也。光緒二十三年丁酉三月豐潤張人駿序。

《陝西全省輿地圖》

清·魏光燾《陝西全省輿地圖序》 關中爲古昔都會，舊圖夥矣。率多不傳，今郡縣志乘雖首冠輿圖，核以晉裴秀氏分率、準望諸法，支離繆盭，紛紜踳駮，百無一當，使者按部所至，證以古事，亦往往不合。其爲圖衹備體而已，夫何益！今天子振興百度，博綜憲章，特詔樞臣重修《會典》，又以幅員之廣，易舛難合，乃頒測量之法於天下，各行省得所依據，兢兢毋敢違越。於是四方萬里，山陬海隅，瞭然如身履其境，而指畫其高下、方邪、廣袤、迂直之勢，豈不懿哉！夫輿圖之所繫，宏矣。治民、行軍、興利、拯災，胥於是乎在。況關中控帶隴蜀，跨踞襄樊，據天下上游，以陪輔京師，自奉春、留侯以來，談形勝者所必及，然則斯圖也於大一統之盛，不過江海之支流，而以之制置關中，則不啻振裘挈領、操權量而問銖黍，已爰付石印，用廣流傳，凡以仰承天子疆理天下之意，亦俾承學之士，獲證古知今之一助云。都凡總分圖，共百有一幅，工既竣，謹弁言於簡端。光緒己亥秋邵陽魏光燾書。

《新譯中國江海險要圖志》

清・陳壽彭《新譯中國江海險要圖志》　《中國江海險要圖誌》二十二卷，補編五卷，光緒二十七年印行本。侯官陳壽彭譯，英國海軍輿圖局原輯本。是書卷一曰序、譯例、編目、原敘、歷屆測量家姓氏官職、年分表、原例、航海要略，卷二曰總說、政治、地勢、物産、水道、泊船處、湖、天氣、通商各口岸、風流潮水，卷三曰浮錨、浮墩、提防漁船、提防海水、屯煤所、船塢、郵政、鐵路、電報、錢法、權量、權衡、水程、香港至上海停泊處表、船帆路徑、帆船東來第一路，卷四至卷六，曰香港至汕頭，曰南澳，曰西江水道，卷七至九曰南澳至福州，卷十至十二，曰臺灣附近，曰福州至溫州，卷十三至十五，曰溫州至杭州、錢塘江口，卷十六至十八，曰揚子江及上海，卷十九、二十，曰揚子江口至山東海面，及奉天南岸，卷二十一、二十二曰直隸及奉天。補編五卷，曰南海，曰東京灣，曰東京灣北濱，曰雷州地角諸處，曰補例，曰橫欄諸處，以下爲圖五卷，凡二百零八軸。【略】光緒貳拾柒年玖月十九日示。

《江浙閩三省沿海圖説》

清・奕劻等《江浙閩三省沿海圖説》卷首　光緒二十八年七月十七日，管理外務部事務和碩慶親王臣奕劻、文淵閣大學士軍機大臣外務部會辦大臣臣王文韶、軍機大臣外務部尚書臣瞿鴻禨、署外務部左侍郎臣那桐、署外務部右侍郎臣聯芳謹奏，爲進呈候選州同朱正元所撰《江浙閩三省沿海圖説》，懇恩俯賜給獎以示鼓勵，恭摺仰祈聖鑒事。臣衙門前於光緒二十三年六月據候選州同朱正元稟稱，中國海疆之廣，非圖無以周知地勢之險易、防守之緩急。沿海圖惟廣東省告成，他省尚未舉辦。現用英國海軍中所繪之本，天津曾爲譯印，較上海製造局所譯者爲詳，惟主客異勢，命意不同，欲取爲我用，補其漏圖，正其譯名，莫若攜帶洋圖，周歷海岸，即所聞見分類以記，圖成而説亦得，其大略等情。當以沿海輿圖從前尚無善本，該員所籌辦法簡明切要，可裨實用，即經劄派前往江、浙兩省先行試辦，並請南洋大臣籌給經費，飭屬妥爲助理。去後，旋據該員於二十五年十二月呈送《江浙沿海圖説》，復經臣衙門以閩洋尚無專圖，仍飭該員接辦福建一省。兹據先後告成，呈請奏進前來。臣等詳加查核，該員所撰《江浙閩三省沿海圖説》並《海島表》，譯繪精詳，考證確實，其論防守形勢均尚扼要，於籌海事宜不無裨益，相應將石印原圖三十四張、圖説三本一併恭呈御覽。該員朱正元經臣衙門派往江、浙、閩三省辦理此事，前後五年，周歷海岸，風濤艱險，勞瘁不辭，自應量加甄敘。查各省承辦會典輿圖在事人員均照異常勞績給獎有案，該員事同一律，其勤奮則尤過之，可否仰懇天恩，准將候選州同朱正元免選本班，以知州發往沿海省分遇缺即補，以示鼓勵之處出自鴻施，如蒙俞允，臣等即咨行吏部，遵照辦理。所有進呈《江浙閩三省沿海圖説》並請給獎緣由，理合恭摺具陳，伏乞皇太后、皇上聖鑒訓示。謹奏，本日奉硃批：著照所請，圖留覽。欽此。

《盛京疆域考》

清・顧雲石《盛京疆域考序》　盛京所隸，自周末秦並燕始有兵事，中更累代，迄有明之季亡，盧皆戰場矣。而荒略之區頗有建置暨或沿或革，上下數千年不可齊一。又聲教時阻，列史所志、諸家所説，未嘗躬履其地，但據故紙，而譌迕、掛漏雜出，其閒莫由傳信。然則即其疆域所在，甄綜之，剖析之，使覽者瞭然於上下數千年之所以分合，其用力既勤，而漢句驪、夫餘、濊貊、魏公孫、晉慕容，中間烏桓、鮮卑及隋唐有事高驪，下逮渤海、大氏與奚霫，以至遼、金、元，又我朝於明歷世戰爭以次附見，有《讀史方輿紀要》所未詳者，地勢、兵形如指諸掌，俾來者有稽，真爲功不尤韙哉。光緒十七年辛卯，雲從事吉林通志局，亡友楊君伯馨以知府充提調兼分纂輿地，伯馨籍北通州，少日從宦奉天尋數，數於役黑龍江，既乃筮仕吉林，周旋東三省有年。又博極羣書，故所纂特精覈。且聞隨侍海龍廳，日與其友黄縣孫君篠藩同輯《盛京疆域考》亦既成，書未之見也。越甲午，志事將竣，伯馨去署長春府。吉林府署任無錫秦君曙村，亦其事志局者，得所爲《疆域考》謝歸，次年伯馨卒。其後雲亦爲將軍郭博羅公要與西授，乙未軍罷，遂於其家，寄視雲，數千裡外屬爲校之，亡友也，校字之役其忍辭。既蕆，以視劉蕙石觀察，許付手民，雲惟觀察傳伯馨且使孫君與之俱傳，而曙村抱故人遺書，又以傳爲己責，高義均可感。至其書，言約事賅，上下數千年析疑訂誤，多所發明，覽者自得之，雲何贅焉。惟一再繙閱，而幸其書之傳於觀察也。又悅如甲午、乙未間，崎嶇遼水左右，因以慨當日主兵者不能出奇制勝，如曩人一役之不力，而貽後來環而相輕之患於無窮焉。夫遠者不具論，明楊鎬、洪承疇先後以二十萬、十數萬之衆出關而殲，時我朝勝兵可兩萬耳，甲乙之役我關外諸軍視敵且十倍，而失遼陽以南八城，遽與之講，昔人有言神堯以一旅取天下，子孫不能以天下取河北，其言深痛，今豈殊哉！宜雲校是書，而友朋之徂謝與戎馬之倉皇交觸於心，不能以自已也。光緒二十八年壬寅上元顧雲石公謹序。

清・孫宗翰《盛京疆域考序》 並榆關而東盡鴨绿江岸與朝鮮爲鄰，南至於海，北帶蒙古諸邊，至兩遼河匯流處，是爲盛京，我國家肇基地也。幅員數千里，設關置守，棊布星羅，耕牧漁鹽之利，日有加益，枌榆子弟宿兵而講武，里巷之歈豳奏雅頌，聲達乎遠近。登風俗之書，考王會之圖，一水一石今皆可畫方而計，徵輿地者不難得其詳備矣。而獨至古地之沿革，則地輿諸家紛然聚訟。餘以貧薄，遊遼左十數年，於兹山川道里略聞梗概，閒欲鉤考漢唐遺跡，輒病諸説之牴牾，跡其所由，率推本於《遼史》餘亦未敢議其非也。及證以《漢書》，而《遼史》誤矣，《班志》有山川，《遼志》無山川也。復參之《金史・地理志》，而《遼史》益誤，《金志》有山川，《遼志》無山川也。嗚呼，志地者不著山川之界限，考地者不徵各史之參伍，徒斷斷然搜數故實，承譌襲謬，是猶扣槃捫燭取形聲之近，似而自謂得之，烏能窺其要領也哉？然諸家亦非樂受《遼史》之愚也，足跡不及乎馬訾，行蹤未逾乎狼水，不知山川之遠近，不諳道里之縱横，習焉不察，固無怪其然也。楊子伯馨近畿之通津人也，趨庭關外者有年，遼水東西輪蹏幾徧，山川、疆域得於耳目者甚習，比者侍膳海龍廳署，因於詩禮之暇，考證今古，釐爲斯編。餘是時適客其署，與載筆焉，大要以各史地誌爲之經，李氏《地理韻編》爲之緯，以洪氏之疆域各志補其闕，於顧氏之《方輿紀要》觀其通，又參之《水道圖説》、《裔夷列傳》、《蒙古游牧記》諸書以正其譌而求其是，旁徵遠引，辨微析疑，槧鉛讐校，自秋徂冬，始成完帙。吁遼東自漢、晉以降爲華、夷割據之場，如十六國之燕、秦，唐世之渤海，皆無正史可據，千餘年而有《遼史》又徒以臆説誤人，此輿地諸説之所以日紛，古今疆域之所以難合也。今於遊覽之聞見、史志之異同、山川道里之差池，或有千慮一得者，誠不免自忘其譾陋，若夫缺略之處，必欲强不知以爲知，是固吾儕所不敢也。孫宗翰序。

《最新萬國輿地韻編》

清・張之洞《最新萬國輿地韻編序》 古遼齊太史以經學鳴於時，出其餘力，專心於輿地學，同院諸子嘗搜隱僻之地辨難之，太史應答如懸河，曰「某英屬、某法屬、某新闢、某初鑿」，如數家珍，無謬誤者。居恒無他好，斗室之内，左習測量，右披圖績，嚴寒酷暑無少減。比年以來，測繪之稿盈篋，常勸其石印行世，太史嘆：「難哉、難哉，無庸也！」叩其故，曰：「閲地圖者，必知測量，測量不通，而攷地圖，點線誤，毫釐千里。東瀛輿地圖最精，而欲餉吾中國，其裨益哉何。」予甚韙其言，而又疑其以專門學自私也。無何，袖《萬國輿地韻編稿》凡十二卷，索序於予，予觀其體例，則仿李氏《地理志韻編》也，其攷訂之圖書不下五十餘種也。其言都邑、商埔皆據前近之沿革也。其辨别異同，審定譯音，又萬派同源，一絲不溢也。予雖不精地學，而開卷瞭然，向嘗閲西籍而冥搜不（不）得者，今仿佛五大洲歷歷俱在吾目，則是書之嘉惠來學豈有涯哉！然則太史匪特不以專門自私其欲，由淺入深，取便學者，用意良厚，用心良苦。學者苟乎是編大致有得，再加圖繪，再深以測量，則不出户而知天下，藉以用兵，可得戰守攻取之宜，幫助以出使，可知道里山川之要，皆以是書爲嚆矢也，是爲序。光緒癸卯五月，張之洞序。

《皇朝輿地通考》

清・汪鐘霖《皇朝輿地通考序》 自歐美文字譯行日多，於是禹域章逢相與攷求外情爲事，居今日而不知八行星、五大洲必將爲譚者所齒冷矣。雖然騏驁高遠而於其本國之若山脈、若水流、若郡縣主名、若關塞險要無不概屬茫如，豈非秋毫與薪之見哉？【略】

然則吾中國之人應生感情於中國之方輿，猶應生感情於今日中國之方輿甚明矣！抑又聞之外人之言，曰：中國者，老大之帝國；甚又曰：中國者，東方之病夫也。既老又病，其合能久。加以列强虎視，中原逐鹿，澳門最先割，而香港、而臺灣、而旅大、而膠州、而威海、九龍，其藩服，則越南、暹羅、緬甸、高麗相率迮飛，近且及乎滿洲、蒙古、西藏，皆爲異國殖民地之兆。即於本國十八行省亦分布分國之范圍，圈而侵攫我主權。時局至此，而中國者猶沈酣不醒，守歷劫所傳之政治風俗，拘牽文字，束縛思想，變活機而成定質，當進步而反卻行，悲夫！然夫其老也，其病也，吾未知一雪此言於何日。乃者國家幡然變計，知泰西立國之本源者首在教育，於都會設大學堂，於州縣設中、小學堂，培植人才，以爲維新之先導。學堂之課程必詳必備，由普通而專門，又階級井然，有條不紊，則歷史、地理二者非普通之、猶普通者乎？亟宜選定課本以惠學，而地理一項瑣碎愈甚，博聞强識，古如《水經注》、《元和郡縣志》、《太平寰宇記》之屬，今如《大清一通志》之屬，靡不卷帙繁多，浩如煙海，其中舊聞逸事亦無補於實用。曩者當憂之玆通文主人輯《皇朝輿地通考》一書，自直隸而下訖於西域、新疆，城池、形勢、建置，沿革朗若列眉，并附以鐵路、電線、航路、商埠，專備學堂地理課本之參考書，裨助良非淺鮮，故爲推本吾中國立國之所以然，指示爲地理學者之目的，而慨然於吾四百兆同種之撫。有此國者慎毋使神皋沃壤等於阿非利加也，因縱筆而弁其首。光緒二十九年閏五月吴縣汪鍾霖序。

《富陽縣輿地小志》

清·陳承澍《富陽縣輿地小志序》 自學界更招志士，裘憤高掌遠蹠，瀏覽全球之疆域，規畫五大洲之形勢地理，理科誠亟亟焉。然天下事必由近及遠，由小及大，使全球五洲之地理明，而一國之地理或闕如，一國之地理明，而一鄉一邑之地理或闕如，基礎未立而築崇垣，跬步未能而躍巨海，要在其能沸哉？博而寡效，勞而鮮功，荀卿所以病儒家者流也。富春山水靈秀甲寰宇，大江自嚴州、桐廬入境，磅礴而東，直入錢塘界，錢塘江所自出焉。隔江南北支流萬派，凡背餘杭、臨安、新城各地而走向東南，絶清江、諸暨、蕭山諸境而疾趨西北者，皆會合朝宗於治境之前後左右，而又東而北，吴越遂自此分疆焉。至其山脉綿亘，溪橋棋布，或兩册尖一溪，或一溪轉數曲，或溪左而路右，或溪右而路左，測量、繪圖均非易易。承澍奉檄攝富篆，下車之始，吴郡人士商訂邑志，以續汪前縣未竟之功。徐君滄仙慨然以輿地自任，親歷山鄉，悉心測繪，寒暑不輟，有志竟成，閱兩年而以稿見示，其間總圖、分圖、《水陸道里記》、《莊分路程歌》凡爲十種，披尋一遍，朗若列眉，亦可謂瑰異鉅觀矣。顧圖記備一縣之掌故，故貴乎精核；歌訣供一方之傳誦，故取其淺顯，其用既異，其體亦殊。爰將圖記載入志乘外，另與莊分路程歌合訂成册，助貲石印，俾薦紳士并父老、兒童皆得識本土之形勝，道前代之遺聞，其與一邑關系亦綦重矣！雖然徐君地學嫥家也，豈僅以一邑率業哉，擴而充之，察一國之風土，扼全球之險要，明五大洲之輿圖，是又承澍所拭目者也，故樂爲之序。光緒三十年歲次甲辰七月，青浦陳承澍書於富春官廨。

《東三省韓俄交界道里表》

清·聶士成《東三省韓俄交界道里表敘》 古者建國之始，伐木通道以辟榛莽，以修阨塞，於是視山川之險易，道路之紆直，爲師行之遲速、挽運之難易，廟算所資，而邊圉以固。漢列亭障，出玉門。唐置安西、北庭、燕然、金微各都護府，出邊牆各數千里置鎮戍，誠以長駕遠馭，不以荒略而棄之也。我朝龍興遼、瀋，東海赫哲諸部及黑龍江以北索倫諸部，鞭笞所及，皆爲臣僕。康熙朝奄有漠北，雍乾之間，西域底定。於是金山以北、以東，葱嶺以西，皆我將軍、參贊所治沿邊列卡倫、鄂博，師行絶域，如過腹地。而於吉、江兩省東北邊未設臺站，非畧也，蓋爾時與俄羅斯雖有雅克薩城現俄鎮阿爾捌金站。之設，而通商孔道以庫倫卡、外恰克圖爲総匯，東路以外興安嶺爲界，爲荒遠不通之域。其東三省與俄羅斯交涉者，不過額爾古訥、黑龍江南。格爾畢齊黑龍江北。兩河西界一面。咸豐之季，俄人日闢而南，於是黑龍江北、烏蘇里江以東、興凱湖以南，翦爲俄境，而我混同江及與朝鮮分界之圖門江無下口，吉省東南之琿春及寧古塔、東北之三姓遂爲邊要重地。而是三城者，南北聯絡，相去千數百里，中間雖間有民屯，而荒蕪特甚。今雖未即列卡置戍，而由腹至邊，自中及外，道路經行所及，實亦軍謀所資。謹即士成及學生等行迹所至，繪成東省與俄韓交界道路草圖一分並勒表一册，以備採擇。

清・胡思敬《東三省韓俄交界道里表跋》 右書凡二十五表，合肥聶士成功亭奉委履勘東邊時箸。甲午援遼之役，唯功亭戰最力，庚子之難，亦唯功亭死事最慘。慕其人因重其書，讀其書如親履其地。二萬三千餘里疆界牙錯出入，不藉圖記，一覽而盡得之。自日俄戰後，廢陪都，改建行省，督臣予奪自專。四方游士聞羶輳集，問以邊隅措置，茫乎未有應也。間島事起，院司相顧錯愕，莫能執空辭與爭，專閫之設不及一介之使，國無人焉可守哉！光緒丙午秋胡思敬跋。

《歷代輿地沿革險要圖》

清・楊守敬《重訂歷代輿地沿革險要圖序》 四十年前，余在京師，与歸善鄧鴻臚承脩同撰《歷代輿地沿革險要圖》。光緒戊寅，復与東湖饒君敦秩增編而刊之。歲久漫漶，鄂中、滬上、西蜀均有翻本，而讹謬兹多，擬重鐫之，未有暇也。邇來有日本河田四熊者，就余書删併，竟以南北朝合爲一圖，而圖中又只題劉宋、北魏兩代，豈知南之宋、齊、梁、陳，北之元魏、齊、周，其疆域州郡分合不常，乃以一圖括之，五代十國亦只一翻，反謂余圖爲疏略，其誣何可言！使初涉亥步者驚其刻印之觀美，不考其事實之有無，貽誤後學匪淺鮮也。乃囑门人熊君會貞重校之，亦間補其缺略。吾願讀此圖者，勿徒觀其表焉可也。光緒丙午十月，宜都楊守敬記。

《長白設治兼勘分奉吉界線書》

清・李廷玉等《長白設治兼勘分奉吉界線書序言》 客歲十月初一日，奉欽差大臣東三省總督部堂徐、奉天巡撫部唐札派調查臨江一帶，並繪鴨绿全圖，爲籌辦邊防之預備。是役也，有咨議廳副議員傅强同差前往，于十四日首途，十二月二十五日旋省。呈上東邊形(式)〔勢〕全圖，重要捉影，並報告及意見書，均蒙憲閲俯賜采納。本年正月二十七日卑職廷玉奉檄委署臨江縣事，並飭籌長白設治事宜，先后建議數十條，經廳司核議，呈蒙批准。旋奉札派長白設治差使兼充奉吉勘界委員，當以力小任重，屢請遴派幹員，妥籌辦法。四月初旬，加派張守鳳臺充長白設治總辦，飭卑職幫同辦理。是月二十八日卑職到臨接篆。五月中旬，吉林勘界委員劉壽彭來臨，與張守商訂勘界各事，卑職與議其間，定有訓令十條，交副委員高建封、許中書收訖。二十九日，該員偕測繪生康瑞霖等起程，取道老嵩后，六月二十二日直躋白山，兼查松花、圖們、鴨绿三江之源，盡得形勢以歸。中秋節後，陸續抵臨，測繪邊圖，另成册，合並記述□篇。録呈憲鑒，用代稟言，序列篇目如左。光緒三十四年九月十二日，奉省勘界正委員□□□謹識。

《延吉邊務報告》

清・吴禄貞《延吉邊務報告敘言》 韓之附屬中國也，舊矣，漢唐以來列爲藩服。我朝龍興東土，密邇韓封，臣服而卵翼之。凡河山國界之分，往往無歧視，非有他也，不外視諸藩服也。自韓政不綱，國益削弱。内分君妃、儲貳之黨援，外迫悍族、豪宗之争閧，而列强環視，遂啓乘間抵隙之思。迨日俄戰罷，而日人擴張之勢力於韓日以鞏固，遂漸啓其侵略之野心，既羡圖們江北農産之沃饒，夾皮溝金礦之美富，長白山森林之豐茂，且得之可以拊海参崴之背，而斷俄人之左臂也。於是視線所集，一若舍延吉無有爲進取之基者。從來朔幕以東，文風不振，志風土、紀道里之作在昔無之，即國朝輿地學者之著述，亦多詳南而略北，以圖們江爲天然界限，鐵案難移，故欲藉土門等種種音訛，淆亂萬國之視聽，其用心蓋已狡矣。不知守土者疆吏、守志者史官，穆克登審視之碑彰彰具在，雖經韓民移置，而光緒紀元以來重勘三次紅丹舊址可考，而知彼豈能以游移無據之詞，奪我圖們有定之界。中心疑者，其辭枝固非自反而縮者之所懼也。惟是疆域廣狹，道里遠近，生産多寡，輿圖詳簡不能了然於心，有主權者寧無愧焉。今東三省總制徐公知山川不習，不可以圖勝算，特於丁未之夏，檄禄貞調查吉、韓界務。爰挈督練處周、李二科員，測繪生六人，冒暑偕行，既抵吉，則窮旬月之力，上考史乘，中稽界碑，下採輿論，而日人誣造間島之名不攻自破。徐公以禄貞能知滿、韓界事，請諸朝，命陳君昭常督辦吉林邊務，而以禄貞副之。九月到防，籌所以治邊之策，以爲必示人以不可攻而後人不攻，必示人以不可欺而後人不欺。居今日而求其所以不攻、不欺之道，蓋舍揭滿、韓界務之沿革，以釋内外國人之疑惑。疆場之事未由定也，因綜其前日所得，復旁考列國之輿圖，逐譯西人之紀載，證以日、韓之邦志，斷以國史及諸名家之著録，薈萃成編，求其可以公之於世。讀是書者，當知此爲歷史之遺跡，而非禄貞一人之私言也。

書既成，敘其略曰：貢矢古邦，厥名肅慎。樂浪、句麗，郡國漢、晉。唐隸渤海，羈縻受命。圖們流域，女真威震。越數百年，聖清翊運，長白巍巍，山陵永鎮。述延吉廳疆域之歷史第一。

王迹肇基，不咸山東。豐林窩集，鬱鬱葱葱。樵蘇却步，禁地緘封。外藩越畔，實始咸同。邊臣獻策，作邑同豐。琿春治設，延吉名崇。河防牧馬，弓抱髯龍。天造草昧，民政從風。述延吉廳建設之沿革第二。

圖們南繞，白山東迤。大陸中開，方四千里。剖判隰原，經畫疆理。神皋隩區，山河表里。述延吉廳之地理第三。

我皇初元，韓民越墾。月戴耰鋤，雲屯鍤畚。田許牛蹊，户聞犬警。聖德同仁，棄捐不忍。受以氓廛，籍諸國境。納税輸租，結廬成井。庇宇宰恩，假田忘返。東隅雖失，桑榆未晚。述韓人越墾之始末第四。

封碑峨峨，紅丹是存。圖們、鴨绿，界水中分。韓民鼠黠，盗竊糾紛。中韓會勘，既無異言。紅土、石乙，兩水之間，如何疆吏，争辯齗齗，爰據典志，還我河山。述吉、韓界務之始末第五。

日人墟韓，思拓其土。摭拾唾餘，横肆簧鼓。土門、豆滿，臆説紛歧。間島之名，昔無根依。爰據載籍，敢告職司。述日、韓謬説之糾正第六。

平原膴膴，膏腴之藪。五金累累，礦藏之母。攝緘固扃，爲大盗守。投骨於地，噬争羣狗。利之所趨，恐居人後。地不自治，民不我有。物腐蟲生，其來已久。述日人經營延吉之原因第七。

交遠攻近，聲東擊西。狡哉斯策，破我藩籬。内行詭秘，外飾聽聞。人燭其僞，我揭其真。登之紀載，布告四鄰。述日人經營延吉之政策第八。

綜此八章，而吉、韓邊務大概已略可觀矣。與斯役者，調集官、私書籍數十種，鉤稽圖志亦數十種，分條析縷，頗復不易。特先成八章，以供先覩之快。蒐集資料，有待續纂。蓋事例繁頤，調查須時，書名《報告》，固非一時所能備也。詎司編輯，則周君維楨躬任其勞而潤色。襄校之者，則王君國琛與莫君錫鑫之力居多，云例得附書。光緒戊申三月，幫辦吉林邊務陸軍協統銜陸軍正參領吴禄貞敘。

《中國近世輿地圖説》

清·丁仁長《中國近世輿地圖説序》　輿地爲通古今之學，言輿地於近世，則通今尤先。有巨室於此，思厥先祖父經營締造，披荆棘而驅狐狸，始得有此一椽之庇。數傳而後，不幸而與盗鄰，而涉其藩垣，而瞰其堂奥，甚且嘯於梁、鼾於榻，剥於膚，所據者非第空域而已。乃並其庫廄、囷倉、珍賂、重器而有之，爲子孫者方且偃仰自若，熟視無睹，叩以基構而弗對，質以劵籍而罔聞，昏眊若此，足保其家乎？

國家自勍敵交偪，疆圖日蹙以來，鮫涎鱷毒之所被，宇内殆無浄土，名假而實奪，毛去而皮存。於此時而審其封域，明其走集，周知其阨塞、津要，以爲固圉補牢之計，固宜急起直追，如擊鼓以求亡子者之不能姑待也。

光緒二十有八年，先皇帝憤積弱之久，慨然思振，將使天下士一奮於學。而吾粤教忠學堂應詔而興，諏經考史之外，求足以勝地理之專師者，衆皆曰：汝楠羅君。蓋羅君殫精方輿，曩嘗有《歷代地理志彙編》之輯，通人廖澤羣編修、黄芑香孝廉咸重而序之。既登講席，爲諸生口述指畫，詳審勤篤，昕夕靡遑。越戊申，乃裒其積年講義，顔以《中國近世輿地圖説》，問序於余，其自爲序例。有云：同一海岸，昔者人迹不到，今以闢商埠而成繁盛之區。同一地勢者，昔者有險可守，今以通蕃舶而爲蕩平之路。故於壤地之交通、兵事之争競纂述之際，加察詳焉。《彙編》主於籍古，而未嘗不援今以爲證，此編主於用今而未嘗不師古以取信乎！學之篤者必觀其通也，《傳》有之：「疆埸之邑，一彼一此，何常之有」，七十里而王天下者，此地也；六千里而爲仇人役者，亦此地也。我朝龍興東土，席卷六合，罔有内外，來享來王。中更多難，稜威稍鈍，上下不過百年，不勝畫斧缺甌之感，平陂往復，理有固然。屬者奉詔修明憲典，君民一體，率土臣庶咸曉然，於宿恥之當雪，以作其忠愛。行見英才飆舉，渡百濟而頒正朔，封燕然而勒新銘，遠撫長駕，以上佐聖天子，守在四夷之盛，則此編其嚆矢也已。宣統元年孟春，番禺丁仁長。

清·方新《中國近世輿地圖説跋》　《中國近世輿地圖説》二十三卷，吾師羅憩棠先生所纂也。先生熟精經史，學有本原，固不僅長於輿地，而輿地亦其夙所擘究。昔刊《歷代地理志彙編》已大有功於讀史者，然嘗謂：「地理一事，貴乎通今，至近世則更宜注意。誠以山川之險夷、疆域之廣狹、港灣之淺深，歐美人士探險我國，繪圖注説，月異而歲不同，而吾邦之士夫反有茫然莫辨者。此黑龍江界約一見欺於俄，滇緬、帕米爾界約再見欺於英，未始非講求地理者不知，時勢之過也。」先生自奉派東游，於其歸也，凡外人旅行中國著爲圖説者，莫不購求以返。迨主教忠學堂講席，因隨時譯爲課本，口講指畫歷有年所。丁未之歲，期届畢業，而書亦告成，然又慮圖、説分行，閲者究多窒礙，爰命新取胡氏《大清一統圖》暨陽湖董氏、新化鄒氏等圖，依其位置，審定分率，按里開方，作各分圖。其全圖則概以鄒氏爲稿本。若沿江沿海商埠、軍港則多從洋圖譯出，故間有以英京爲子午線者，要知北京在其偏東一百十六度二十九分，自可漸次推得之也。是書通計大小圖四百餘幅，歷兩寒暑而始成。其中規畫摹繪，悉本説内所引，按圖備載，間有限於尺幅未能盡行增入者，則於書中地名下分行注明，讀者亦可知其梗概矣。惟以付印期速，校讎容有疏畧，符號或有參差，是皆新一時之誤，識者諒焉。是書搜羅富有，議論詳明，喚起愛國之精神，示以世界之知識，已型式吾學子不淺，他日外國地理先生倘照此而刊行之，則尤有功於學者也。宣統元年孟春下浣，門人香山方新謹識。

《奉天地理》

清·興貴《奉天地理序》 將欲於一城一邑或一省會之地執扞掫密，譏察以豫防一切天災人爲之患害，則必先將一城一邑或一省會之都鄙、村落、川阜、闤闠、里巷位置疏與密，道路徑塗之紆折或坦易了然心目中，然後有所措手，不至蹈防匪所防、衛匪所衛之弊。此部定巡警教練所課程，所以特設本處地理一科也。本所遵部飭，爲預備奉天省會巡警而設，則地理一科自應以奉天爲揭櫫，而編輯範圍亦只能以奉天省會爲制限。惟奉天省會之巡警向分兩部分，一曰城廂巡警，一曰鄉鎮巡警，本所專爲預備城廂巡警而設，則地理範圍又不得不以城廂爲制限，非局隘也。詳繹部定本處二字之意，夫固有所限之矣。本所擔任是科編輯、講授者，爲山東益都湯堯符茂才允中，湯君留學日本警監學校卒業，且又嘗卒業於青州師範學堂，其講授地理一科，固恢恢有餘裕，惟頗以範圍狹小爲疑，乃商諸教務委員侯井心君。侯君於是述湯君之意告余，且申言之，曰：本所學生如皆具普通卒業資格，地理教科雖範圍狹小何害，不然不知全球何如，五洲何如，甚或不知中國各行省何如，第局局於一區域之地理，不過養成捫籥坐井之地理知識而已。而且巡警所管理者，人民也，非第地方已也。方今五洲交通，奉省又爲歐亞往來之孔道，東西人士絡繹不絶，使爲巡警者不粗諳各國之大概，恐國際警察非所能任。曷先述全球暨五洲並中國各直省之概略以爲前提，而趨重於奉省城廂以爲結束，且於城廂區劃分别繪圖，俾益明瞭，似首尾較完備，而按之部意，亦不至刺謬。余以爲然，而湯君所輯講義亦遂，以是爲標準，惜本所學生縮短學期，兩月卒業，講義雖編輯完竣而圖未及繪，不無遺憾，然較之專乞靈於鄉土志者，固已勝一籌矣。因於其講義付録之始，而述其編輯之顛末，以爲序。宣統庚戌孟夏長白興貴。

《輿圖總論注釋》

清·丁紹周《輿圖總論注釋序》 乙丑冬，余自閩使回，道出武林，武進謝君畹季以所著《方輿總論注釋》寄示，喜其於古今郡縣離合、山川險阻，考證詳明，上下數千年，如示諸掌。毘陵前輩好爲輿地之學，如洪稺存、李申耆二先生，尤卓卓者，今讀畹季此書，蓋可接武前賢矣。略識數言，以志欽佩。京江丁紹周濂甫氏書於杭州行館。

《輿圖指掌論》

清·王源《輿圖指掌論跋》 是書專論山川形勢，爲兵家之實用。非如近今輿圖家，第詳於山脈河流都邑物産已也。攷其自敘，舊有全圖一幅，縱横十餘尺。總論一，各省分論十有五，顧以傳抄日久，圖説既不可得見，而總論亦闕焉。是年夏，友人以先生兵論付印局，更以是書之不可少，而求其圖與總論者，越百里外訪之，閲月不可得。噫，《尚書》合古今文而始備，《禮經》得漢儒之補綴而始完。古之名人，凡有所傳，或有所聞闕，豈文字爲造物所忌，固應如是耶。雖然良將行軍，有法術以爲運用之妙，尤必據形勝以施攻守之宜。今既有兵論，則是書必相輔而行。雖其圖不可行，而讀先生之論，觀近世之圖，即可瞭然於心目。雖總論不復存，而讀先生各省分論，總論亦可想見焉。因即付諸排印，贅數言於尾，以俟後得全書而補之。

理論與方法總部

測量理論與方法部

總論

《周髀算經》卷上　昔者周公問於商高曰：竊聞乎大夫善數也，請問古者包犧立周天曆度，夫天不可階而升，地不可將尺寸而度，請問數從安出？商高曰：數之法出於圓方，圓出於方，方出於矩，矩出於九九八十一。故折矩以爲句廣三，股修四，徑隅五。既方之外，半其一矩，環而共盤，得成三四五。兩矩共長二十有五，是謂積矩。故禹之所以治天下者，此數之所生也。

周公曰：大哉言數！請問用矩之道。商高曰：平矩以正繩，偃矩以望高，覆矩以測深，卧矩以知遠。環矩以爲圓，合矩以爲方，方屬地，圓屬天，天圓地方，方數爲典，以方出圓，笠以寫天。天青黑，地黄赤，天數之爲笠也。青黑爲表，丹黄爲裏，以象天地之位。是故知地者智，知天者聖。智出於句，句出於矩，夫矩之於數，其裁制萬物惟所爲耳。周公曰：善哉。《周髀算經》。

《周禮》卷四一《冬官考工記》　匠人建國，水地以縣，置槷以縣，眂以景，爲規，識日出之景與日入之景，晝參諸日中之景，夜考之極星，以正朝夕。

《九章算術》卷九《勾股》　句股。以御高深廣遠。

今有句三尺，股四尺，問：爲弦幾何？

答曰：五尺。

今有弦五尺，句三尺，問：爲股幾何？

答曰：四尺。

今有股四尺，弦五尺，問：爲句幾何？

答曰：三尺。

句股。短面曰句，長面曰股，相與結角曰弦。句短其股，股短其弦。將以施于諸率，故先具此術以見其源也。術曰：句、股各自乘，并，而開方除之，即弦。句自乘爲朱方，股自乘爲青方。令出入相補，各從其類，因就其餘不移動也，合成弦方之冪。開方除之，即弦也。

又，股自乘，以減弦自乘。其餘，開方除之，即句。臣淳風等謹按：此術以句、股冪合成弦冪。句方於内，則句短於股。令股自乘，以減弦自乘，餘者即句冪也。故開方除之，即句也。

又，句自乘，以減弦自乘。其餘，開方除之，即股。句、股冪合以成弦冪，令去其一，則餘在者皆可得而知之。

今有圓材徑二尺五寸。欲爲方版，令厚七寸，問：廣幾何？

答曰：二尺四寸。

術曰：令徑二尺五寸自乘，以七寸自乘減之，其餘，開方除之，即廣。此以圓徑二尺五寸爲弦，版厚七寸爲句，所求廣爲股也。

今有木長二丈，圍之三尺。葛生其下，纏木七周，上與木齊。問：葛長幾何？

答曰：二丈九尺。

術曰：以七周乘（三）圍爲股，木長爲句，爲之求弦。弦者，葛之長。據圍廣，求從爲木長者其形葛卷裹袤。以筆管青線宛轉，有似葛之纏木。解而觀之，則每周之間自有相間成句股弦。則其間葛（青）〔長〕，（七）弦。〔七〕周乘（三）圍，并合衆句以爲一句；木長而股，短；術云木長謂之股，言之倒。句（五）與股求弦，亦無圍，（二十五青）弦之自乘冪出上第一（圍）〔圖〕。句、股冪合爲弦冪，明矣。然二冪之數謂倒在於弦冪之中而已。可更相〔表〕裏，〔居裏〕者則成方冪，其居表者則成矩冪。二表裏形訛而數均。又按：此圖句冪之矩青，卷白表，是其冪以股弦差爲廣，股弦并爲袤，而股冪方其裏。股冪之矩青，卷白表，是其冪以句弦差爲廣，句弦并爲袤，而句冪方其裏。是故差之與并，用除之，短、長互相乘也。

今有池方一丈，葭生其中央，出水一尺。引葭赴岸，適與岸齊。問水深、葭長各幾何？

答曰：

水深一丈二尺。

葭長一丈三尺。

術曰：半池方自乘，此以池方半之，得五尺爲句，水深爲股，葭長爲弦。以句、弦見股，故令（句）自乘，先見矩冪也。以出水一尺自乘，減之，出水者，股弦差。減此差冪於矩冪則除之。餘，倍出水除之，即得水深。差爲矩冪之廣，水深是股。令此冪得出水一尺爲長，故爲矩而得葭長也。加出水數，得葭長。臣淳風等謹按：此葭本出水一尺，既見水深，故加出水尺數而得葭長也。

今有立木，繫索其末，委地三尺。引索卻行，去本八尺而索盡。問：索長幾何？

答曰：一丈二尺六分尺之一。

術曰：以去本自乘，此以去本八尺爲句，所求索者，弦也。引而索盡、開門去閫者，句及股弦差，同一術。去本自乘者，先張矩冪。令如委數而一。委地者，股弦差也。以除矩冪，即是股弦并也。所得，加委地數而半之，即索長。子不可半者，倍其母。加差者并，則(成)〔兩〕長。故又半之。其減差者并，而半之(得木長)也。

今有垣高一丈。倚木於垣，上與垣齊。引木卻行一尺，其木至地。問：木長幾何？

答曰：五丈五寸。

術曰：以垣高一十尺自乘，如卻行尺數而一。所得，以加卻行尺數而半之，即木長數。此以垣高一丈爲句，所求倚木者爲弦，引卻行一尺爲股弦差。爲術之意與繫索問同也。

今有圓材埋在壁中，不知大小。以鐻鐻之，深一寸，鐻道長一尺。問徑幾何？

答曰：材徑二尺六寸。

術曰：半鐻道自乘，此術以鐻道一尺爲句，材徑爲弦，鋸深一寸爲股弦差之一半。鐻道長是半也。臣淳風等謹按：下鐻深得一寸爲半股弦差。注云爲股弦差者，鐻道也。如深寸而一，以深寸增之，即材徑。亦以半增之。如上術，(去)本當半之，今此皆同半，不復半也。

今有開門去閫一尺，不合二寸。問：門廣幾何？

答曰：一(尺)〔丈〕一寸。

術曰：以去閫一尺自乘。所得，以不合二寸半之而一。所得，增不合之半，即得門廣。此去閫一尺爲句，〔半〕門廣爲(股)〔弦〕，不合二寸以半之，得一寸爲股弦差，求弦。故當半之。今次以兩弦爲廣數，故不復半之也。

今有户高多於廣六尺八寸，兩隅相去適一丈。問：户高、廣各幾何？

答曰：

廣二尺八寸。

高九尺六寸。

術曰：令一丈自乘爲實。半相多，令自乘，倍之，減實。半其餘，以開方除之。所得，減相多之半，即户廣；加相多之半，即户高。令户廣爲句，高爲股，兩隅相去一丈爲弦，高多於廣六尺八寸爲句股差。按圖爲位，弦冪適滿萬寸。倍之，減句股差冪，開方除之。其所得即高廣并數。以差減并而半之，即户廣。加相多之數，即户高也。今此術先求其半。一丈自乘爲朱冪四、黄冪一。半差自乘，又倍之，爲(朱)〔黄〕冪〔四分之二，減實，〕半其餘，有朱冪二、黄冪四(半)〔分之〕一(丈)。其於大方(棄)〔者〕四分之一。故開方除之，得高廣并數半(并數)。減差半，得廣；加，得户高。又按：此(圓)〔圖〕冪：句股相并〔冪〕而加其差冪，亦減弦冪，爲積。蓋先見其弦，然後知其句與股。今適等，自乘，亦各爲方，〔合〕爲弦冪。令半相多而自乘，倍之，〔又半并自乘，倍之，〕亦〔合〕爲弦冪。而差數(復先)〔無者〕，此各自乘之，而與相乘數，各爲門實。及股長句短，同源而分流焉。假令句、股各五，弦冪五十，開方除之，得七尺，有餘一，不盡。假令弦十，其冪有百，半之爲句、股(弦三)〔二〕冪，各得五十，當亦不可開。故曰：圓三、徑一，方五、斜七，雖不正得盡理，亦可言相近耳。其句股合而自相乘之冪者，令〔弦〕自乘，〔倍之〕，爲(四)〔兩弦〕冪，以減之。〔其餘〕，開方除之，(其餘)爲句股差。加於合而半，爲股；減差於合而半之，爲句。〔句〕、股、弦即高、廣、(袤)〔衺〕。其出此圖也，其倍弦爲(廣)衺。令矩句即爲冪，得廣即句股差。其矩句之冪，倍〔句〕爲從法，開之亦句股差。(其餘)以句股〔差〕冪減〔弦冪〕，半其餘，差爲從法，開方除之，即句也。

今有竹高一丈，末折抵地，去本三尺。問：折者高幾何？

答曰：四尺二十分尺之一十一。

術曰：以去本自乘，此去本三尺爲句，折之餘高爲股，以先令〔句〕自乘之冪。令如高而一。凡爲高一丈爲股弦并之，以除此冪得差。所得，以減竹高而半餘，即折者之高也。此術與繫索之類更相(反)〔返〕覆也。亦可如上術，令〔高〕自乘爲股弦并冪，去本自乘爲矩冪，減之，餘爲實。倍高爲法，則得折之高數也。

今有二人同所立，甲行率七，乙行率三。乙東行，甲南行十步而邪東北與乙會。問：甲、乙行各幾何？

答曰：

乙東行一十步半，

甲邪行一十四步半及之。

術曰：令七自乘，三亦自乘，并而半之，以爲甲邪行率。邪行率減於七自乘，餘爲南行率。以三乘七爲乙東行率。此以南行爲句，東行爲股，邪行爲弦，并句〔弦〕率七。欲引者，當以〔股率自乘〕爲冪，如并而一，所得爲句弦差〔率〕。加并，之半爲〔弦〕率，以〔差〕率減，餘爲句率。如是或有分，當通而約之(及)〔乃〕定。術以(可)〔同〕使(無)〔無〕分母，故令句弦并自乘爲朱、黄相連之方。股自乘爲青冪之矩，以句弦并爲袤，差爲廣。今有相引之直，加損同上。其(圓)〔圖〕大體，以兩弦爲袤，句〔弦并〕爲廣。引橫斷其半爲弦率，列用率七自乘者，句弦并之率。故弦減之，餘爲句率。同立處是中停也，皆句弦并爲率，故亦以句率同其袤也。置南行十步，以甲邪行率乘之，副置十步，以乙東行率乘之；各自爲實。實如南行率而一，各得行數。南行十步者，所有見句求見弦、股，故以弦、股率〔乘〕，如句率而一。

今有句五步，股十二步。問：句中容方幾何？

答曰：方三步十七分步之九。

術曰：并句、股爲法，句、股相乘爲實。實如法而一，得方一步。句、股相乘爲朱、青、黄冪各二。令黄冪袤於隅中，朱、青各以其類，令從其兩徑，共成脩之冪：(方)中〔方〕黄〔爲廣〕，并句、股爲袤。故并句、股爲法。冪(圓)〔圖〕：方在句中，則方之兩廉各自成小〔句〕股〔袤〕，而其相與之勢不失本率也。句(中)〔面〕之小〔句〕、股，股面之〔小句、股各〕并爲中率，令股爲(中)率，并句、股爲〔率〕，據見句五步而今有之，得中方也。復令句爲中率，以〔并〕句、股爲率，據〔見〕股十二步而今有之，則中方又(何如)〔可知〕。此則雖不效而法，實有法由生矣。(不)〔下〕容圓率而似今有、衰分言之，可以見之也。

今有句八步，股一十五步。問：句中容圓徑幾何？

答曰：六步。

術曰：八步爲句，十五步爲股，爲之求弦。三位並之爲法。以句乘股，倍之爲實。實如法，得徑一步。句、股相乘爲(圓)〔圖〕本體，朱、青、黄冪各二。〔倍〕之，則(田)爲各四。可用畫於小紙，分裁邪正之會，令顛倒相補，各以類合，成脩冪：圓徑爲廣，并句、股、弦爲袤。故并句、股、弦以爲法。又以圓大體言之，股中青必令立規於横廣，句、股又邪三徑均。而復連規，從横量度句、股，必合而成小方矣。又畫中弦以規除會，則句、股之面中央小句股弦：句之小股、(面面)〔股之〕小句皆小方之面，皆圓徑之半。其數故可衰。以句、股、弦爲列衰，副并爲法。以(小)句乘未并者，各自爲實。實如法而一，得句面之小股，可知也。以股乘列衰爲實，則得股面之小句可知。言雖異矣，及其所以成法之實，則同歸矣。則圓徑又可以(句乘)〔表〕之差、并：句弦差減股爲圓徑；又，弦減句股并，餘爲圓徑；以句弦差乘股弦差而倍之，開方除之，亦圓徑也。

今有邑方二百步，各中開門。出東門一十五步有木。問：出南門幾何步而見木？

答曰：六百六十六步太半步。

術曰：出東門步數爲法，以句率爲法也。半邑方自乘爲實，實如法得一步。欲以此以出〔東〕門十五步爲句率，東門南至隅一百步爲股率，南門東至隅一百步爲見句步。見句求股，以爲出南門數。正合半邑方自乘者，股率當乘見句，此二者數同也。

今有邑，東西七里，南北九里，各中開門。出東門一十五里有木。問：出南門幾何步而見木？

答曰：三百一十五步。

術曰：東門南至隅步數，以乘南門東至隅步數爲實。以木去門步數爲法。實如法而一。此以東門南至隅四里半爲句率，出東門一十五里爲股率，南門東至隅三里半爲見股。所問出南門即見股之句。爲術之意，與上同也。

今有邑方不知大小，各中開門。出北門三十步有木，出西門七百五十步見木。問：邑方幾何？

答曰：一里。

術曰：令兩出門步數相乘，因而四之，爲實。開方除之，即得邑方。按：半邑方，令半方自乘，出門除之，即步。令(之)〔二〕出〔門〕相乘，故爲半方邑自乘，居一隅之積分。因而四之，即得四隅之積分。故爲實，開方除，即邑方也。

今有邑方不知大小，各中開門。出北門二十步有木，出南門一十四步，折而西行一千七百七十五步見木。問：邑方幾何？

答曰：二百五十步。

術曰：以出北門步數乘西行步數，倍之，爲實。此以折而西行爲股，自木至邑〔南〕一十四步爲句，以出北門二十步爲(弦)〔句〕率，北門至西隅爲(單望)〔股率〕，半廣數。故以出北門乘(至南)〔折西〕行股，以(半)〔股〕率乘句之冪。然(北)〔此〕冪居半，以西行。故又倍之，合東，盡之也。并出南、〔北〕門步數，爲從法，開方除之，即邑方。此術之冪，東西〔如邑方〕，南北(邑)自木盡邑南(四)十四步之冪，各南、北步爲廣，邑方爲袤，故連兩廣爲(從)法，并以爲隅外之冪也。

今有邑方一十里，各中開門。甲、乙俱從邑中央而出：乙東出；甲南出，出門不知步數，邪向東(門)〔北〕，磨邑〔隅〕，適與乙會。率：甲行五，乙行三。問：甲、乙行各幾何？

答曰：

甲出南門八百步，邪東北行四千八百八十七步半，及乙；

乙東行四千三百一十二步半。

術曰：令五自乘，三亦自乘，并而半之，爲邪行率；邪行率減於五自乘者，余爲南行率；以三乘五爲乙東行率。求三率之意與上甲乙同。置邑方，半之，以南行率乘之，如東行率而一，即得出南門步數。今半方，南門東〔至〕隅五里。半邑者，謂爲小股也。求以爲出南門步數。故置邑方，半之，以南行句率乘之，如股率而一。以增邑方半，即南行。半邑者，謂從邑心中停也。置南行步，求弦者，以邪行率乘之；求東行者，以東〔行〕率乘之，各自爲實。實如法，南行率，得一步。此術與上甲乙同。

今有木去人不知遠近。立四表，相去各一丈，令左兩表與所望參相直。從後右表望之，入前右表三寸。問：木去人幾何？

答曰：三十三丈三尺三寸少半寸。

術曰：令一丈自乘爲實，以三寸爲法，實如法而一。此以入前右表三寸爲句率，右兩表相去一丈爲股率，左右兩表相去一丈爲見句。所問木去人者，見句之股。（於右行）股率當乘見句，此二率俱一丈，故曰自乘之。以三寸爲法。實如法得一［寸］。

今有山居木西，不知其高。山去木五十三里，木高九（尺）［丈］五（寸）［尺］。人立木東三里，望木末適與山峰斜平。人目高七尺。問山高幾何？

答曰：一百六十四丈九尺六寸太半寸。

術曰：置木高，減人目高七尺，此以木高減人目高七尺，餘有八丈八尺，爲句率；去人目三里爲股率；山去木五十三里爲見股，以（木高爲見股）求句。加（人目）［木］之高，故爲山高也。餘，以乘五十三里爲實。以人去木三里爲法。實如法而一。所得，加木高，即山高。此術句股之義。

今有井徑五尺，不知其深。立五尺木於井上，從木末望水岸，入徑四寸。

問：井深幾何？

答曰：五丈七尺五寸。

術曰：置井徑五尺，以入徑四寸減之，餘，以乘立木五尺爲實。以入徑四寸爲法。實如法得一寸。此以入徑四寸爲句率，立木五尺爲股率，井徑（之餘）四尺六寸爲見句。問井深者，見句之股也。

今有户不知高、廣，竿不知長短。横之不出四尺，從之不出二尺，邪之適出。問户高、廣、（袤）［衺］各幾何？

答曰：

廣六尺。

高八尺。

（袤）［衺］一丈。

術曰：從、横不出相乘，倍，而開方除之。所得，加從不出，即户廣；〔此以户廣爲句，户高爲股，户（袤）［衺］爲弦。凡句之在股，或矩於表，或方於裏。連之者舉表矩而端之。又從句方裏令爲青矩之表，未滿黄方。滿此方則兩端之邪重於隅中，各以股弦差爲廣，句弦（并）［差］爲袤。故兩端差相乘，又倍之，則成黄方之冪。開方除之，得黄方之面。其外之青知，亦以股弦差爲廣。故以股弦差加，則爲句也。加横不出，即户高；兩不出加之，得户（袤）［衺］。

晉・劉徽《海島算經》 今有望海島，立兩表，齊高三丈，前後相去千步，令後表與前表參相直。從前表卻行一百二十三步，人目著地，取望島峯，與表末參合。從後表卻行一百二十七步，人目著地，取望島峯，亦與表末參合。問：島高及去表各幾何？答曰：島高四里五十五步；去表一百二里一百五十步。

術曰：以表高乘表間，爲實。相多爲法，除之。所得加表高，即得島高。求前表去島遠近者：以前表卻行，乘表間，爲實。相多爲法，除之，得島去表數。

今有望松生山上，不知高下。立兩表，齊高二丈，前後相去五十步，令後表與前表參相直。從前表卻行七步四尺，薄地遥望松末，與表端參合。又望松本，入表二尺八寸。復從後表卻行八步五尺，薄地遥望松末，亦與表端參合。問：松高及山去表各幾何？答曰：松高一十二丈二尺八寸。山去表一里二十八步七分步之四。

術曰：以入表乘表間，爲實。相多爲法，除之。加入表，即得松高。求表去山遠近者，置表間，以前表卻行乘之，爲實。相多爲法，除之，得山去表。

今有南望方邑，不知大小。立兩表，東、西去六丈，齊人目，以索連之。令東表與邑東南隅及東北隅參相直。當東表之北卻行五步，遥望邑西北隅，入索東端二丈二尺六寸半。又卻北行去表一十三步二尺，遥望邑西北隅，適與西表相參合。問：邑方及邑去表各幾何？答曰：邑方三里四十三步四分步之三。邑去表四里四十五步。

術曰：以入索乘後去表，以兩表相去除之，所得爲景差。以前去表減之，不盡，以爲法。置後去表，以前去表減之，餘以乘入索，爲實。實如法而一，得邑方。求去表遠近者，置後去表，以景差減之，餘以乘前去表，爲實。實如法而一，得邑去表。

今有望深谷，偃矩岸上，令句高六尺。從句端望谷底，入下股九尺一寸。又設重矩于上，其矩間相去三丈。更從句端望谷底，入上股八尺五寸。問：谷深幾何？答曰：四十一丈九尺。

術曰：置矩間，以上股乘之，爲實。上下股相減，餘爲法，除之。所得以句高減之，即得谷深。

今有登山望樓，樓在平地。偃矩山上，令句高六尺。從句端斜望樓足，入下股一丈二尺。又設重矩于上，令其間相去三丈。更從句端斜望樓足，入上股一丈一尺四寸。又立小表于入股之會，復從句端斜望樓岑端，入小表八寸。問：

樓高幾何？答曰：八丈。

術曰：上、下股相減，餘爲法。置矩間，以下股乘之，如句高而一，所得，以入小表乘之，爲實。實如法而一，即是樓高。

今有東南望波口，立兩表，南北相去九丈，以索薄地連之。當北表之西卻行去表六丈，薄地遥望波口南岸，入索北端四丈二寸。以望北岸，入前所望表裏一丈二尺。又卻後行去表一十三丈五尺，薄地遥望波口南岸，與南表參合。問：波口廣幾何？答曰：一里二百步。

術曰：以後去表乘入索，如表相去而一。所得，以前去表減之，餘以爲法。復以前去表減後去表，餘以乘入所望表裏爲實，實如法而一，得波口廣。

今有望清淵，淵下有白石。偃矩岸上，令句高三尺，斜望水岸，入下股四尺五寸。望白石，入下股二尺四寸。又設重矩于上，其間相去四尺。更從句端斜望水岸，入上股四尺。以望白石，入上股二尺二寸。問：水深幾何？答曰：一丈二尺。

術曰：置望水上、下股，相減，餘以乘望石上股爲上率。又以望石上、下股相減，餘以乘望水上股爲下率。兩率相減，餘以乘矩間爲實。以二差相乘爲法。實如法而一，得水深。

又術：列望水上、下股及望石上、下股相減，餘并爲法。以望石下股減望水下股，餘以乘矩間爲實。實如法而一，得水深。

今有登山望津，津在山南。偃矩山上，令句高一丈二尺。從句端斜望津南岸，入下股二丈三尺一寸。又望津北岸，入前望股裏一丈八寸。更登高巖，北卻行二十二步，上登五十一步，偃矩山上。更從句端斜望津南岸，入上股二丈二尺。問：津廣幾何？答曰：二里一百二步。

術曰：以句高乘下股，如上股而一。所得以句高減之，餘爲法。置北行，以句高乘之，如上股而一。所得以減上登，餘以乘入股裏爲實。實如法而一，即得津廣。

今有登山臨邑，邑在山南。偃矩山上，令句高三尺五寸。令句端與邑東南隅及東北隅參相直。從句端遥望東北隅，入下股一丈二尺。又施橫句于入股之會，從立句端望西北隅，入橫句五尺。望東南隅，入下股一丈八尺。又設重矩于上，令矩間相去四丈。更從立句端望東南隅，入上股一丈七尺五寸。問：邑廣長各幾何？答曰：南北長一里百步；東西廣一里三十三步少半步。

術曰：以句高乘東南隅入下股，如上股而一，所得減句高，餘爲法；以東北隅下股減東南隅下股，餘以乘矩間爲實。實如法而一，得邑南北長也。求邑廣，以入橫句乘矩間爲實。實如法而一，即得邑東西廣。

宋・秦九韶《數書九章》卷七《測望類・望山高遠》 問名山去城不知高遠，城外平地有木一株，高二丈三尺，假爲前表，乃立後表，與木齊高，相去一百六十四步。先退前表三丈九寸，次退後表三丈一尺三寸，斜望山峯，各與其表之端參合。人目高五尺，里法三百六十步，步法五尺。欲知山高及遠各幾何。

答曰：高二十里半零三步。五分步之三。

遠二十七里三百二十八步。五百七十五分步之六十七。

術曰：以勾股求之，重差入之。置二退表相減，餘爲高法。通表間併法於上，以目高減表高，餘乘上爲實，實如法而一，得山高，以法乘表高，爲遠法。以退後表乘高實，爲遠實，實如法而一，得山遠。

宋・秦九韶《數書九章》卷七《測望類・臨台測水》 問臨水城臺，立高三丈，其上架樓，其下址側脚闊二尺，護岸排沙下樁，去址一丈二尺，外樁露土高五尺，與址下平，遇水漲時，浸至址。今水退不知多少，人從樓上欄杆腰串間，虛駕一竿出外，斜望水際，得四尺一寸五分，乃與竿端參合。人目高五尺，欲知水退立深，涸岸斜長自臺址至水際各幾何。

答曰：水退立深，一丈五尺。一百五十七分尺之一百三十五。

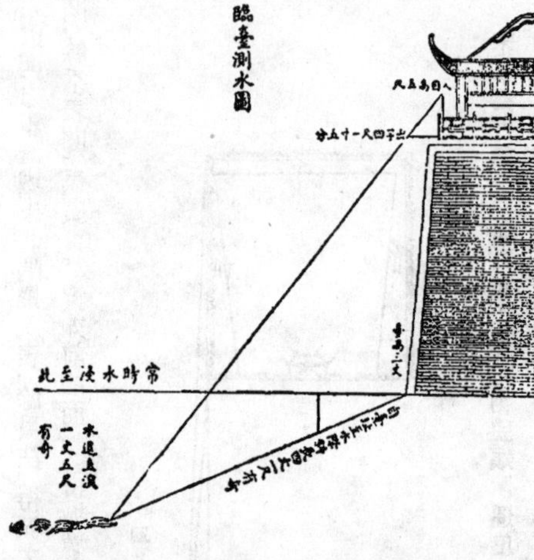

涸岸自臺址至水際斜長，四丈一尺。一百五十七分尺之三十七。

術曰：以勾股變法，兼少廣求之。求涸岸斜長，置出竿，乘臺高，爲段。以去基乘段，爲闊泛。以岸高乘段，爲淺泛。以目高乘去基，爲約泛。三泛可約者，約之，爲定率。不可約，徑爲率。以闊率自乘，爲闊冪。以淺率自乘，爲淺冪。併闊淺二冪，共爲峻冪。復乘闊冪於上，以臺高冪乘上，爲峻實。次以闊率乘淺率，爲寄。以臺高數乘闊率，又乘約率，得數。內減寄，餘自乘，爲峻隅。驗峻實峻隅兩者可約，求等約之，爲峻定實、峻定隅。開同休連枝平方，得峻岸斜長。同體格，先以隅開平方，得數，名同隅。以同隅乘定實，開之，得數，爲實。以同隅爲法，除之，得峻斜。求水退深，置岸高冪乘峻定實，爲深實。以去岸冪併岸高冪，乘峻定隅，爲深隅，其深實深隅，可約，約之，仍以同體格入之。開連枝平方，得水退深。

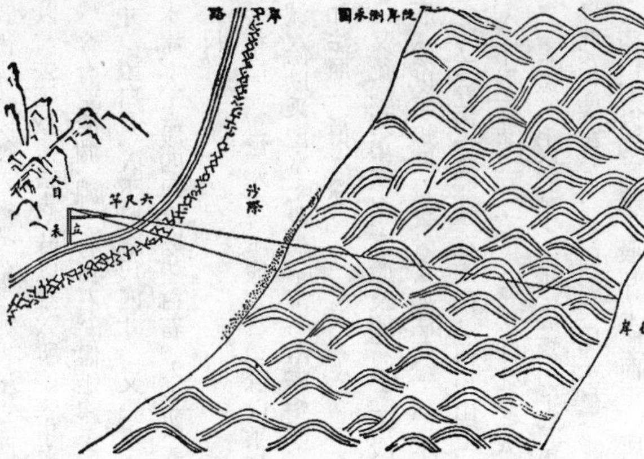

宋·秦九韶《數書九章》卷七《測望類·陟岸測水》　問行師遇水，須計篾纜，搭造浮橋。今垂繩量陡岸，高三丈，人立其上，欲測水面之闊，以六尺竿爲矩，平持去目下五寸，今矩本抵頤，遥望水彼岸，與矩端參相合。又望水此岸沙際入矩端三尺四寸，人目高五尺，其水面闊幾何？

答曰：水闊二十三丈四尺六寸。

術曰：以勾股重差求之。置矩去目下寸，爲法。以人目併岸高減去法【按減法誤】餘乘人矩端，爲實。實如法而一，得水闊。

宋·秦九韶《數書九章》卷八《測望類·表望方城》　問敵城不知廣遠，傍城南山原林間望之，林際有木二株，南北相去一百六十步，遥與城東方面參相直。於二木之東，相對立表，表間與木四方平。人目以繩維之，人自東後表，向西行一十步，望城東北隅，入東前表一十五步。又望城東南隅，入東前表四十八步强半步，里法三百六十。欲知其方廣及相去幾何。

答曰：城東廣各一十二里三百二十步。城去木九里三百二十步。圖具于后。

術曰：以勾股重差求之。置城東南隅景入表，減表間，餘乘表間，爲城去木實。以西方步減城東北隅景入表，餘爲法，得城去木數。以城東北隅景入表，減表間，餘乘表間，爲廣實。實如前法而一，得城廣數。

宋·秦九韶《數書九章》卷八《測望類·遥度圓城》　問有圓城不知周徑，四門中開，北外三里有喬木，出南門便折東門行九里，乃見木。欲知城周徑各幾何。圓用古法。

答曰：徑九里，周二十七里。

術曰：以勾股差率求之。一爲從隅，伍因北外里，爲從七廉。置北里冪八因，爲從五廉。以北里冪爲正率，以東行冪爲負率，二率差，四因，乘北里爲益從三廉。倍負率，乘五廉，爲益上廉，以北里乘上廉，爲實。開玲瓏九乘方，得數，自乘，爲徑，以三因徑，得周。

遥度圓城，圖具于後。

遥度圓城圖

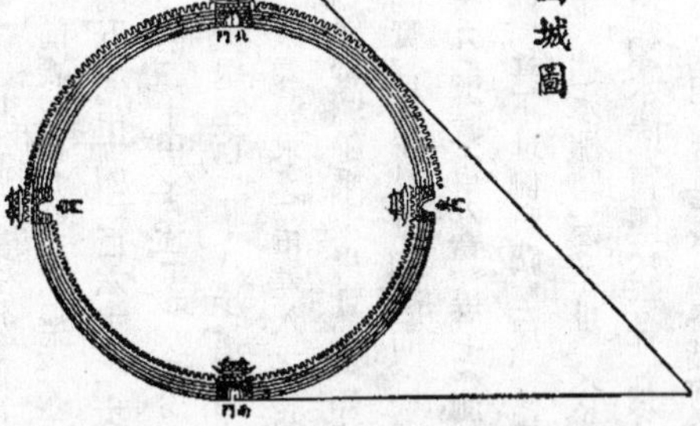

宋·秦九韶《數書九章》卷八《測望類·望敵圓營》　問敵臨河爲圓營，不知大小。自河南岸至某地，七里，於其地立兩表，相去二步，其西表與敵營南北相直。人退西表一十二步，遥望東表，適與敵營圓邊參合。圓法用密率，里法三百六十步，欲知其營周及徑各幾何。

答曰：營周六里一百二步七分步之六。

徑二里。

術曰：以勾股夕桀求之。置表間，自乘，爲勾冪。以退表自乘，爲股冪。併二冪爲弦冪。置里通步，自之，乘勾冪，爲率，自乘，爲泛實。半弦冪乘率，爲泛從上廉，以勾冪減股冪，餘四約之，【按此即半勾半股各自乘相減之數】自乘，爲泛益隅。三泛，可約，約之，爲定。開連枝三乘玲瓏方，得營徑。以密率二千二乘七除，爲周。

望敵圓營圖

宋·秦九韶《數書九章》卷八《測望類·望敵遠近》　問敵軍處北山下，原不知相去遠近，乃於平地立一表，高四尺，人退表九百步，步法五尺。遥望山原，適與表端參合。人目高四尺八。欲之敵軍相去幾何。

答曰：一十二里半。

術曰：以勾股求之，重差入之。置人目高，以表高減之，餘爲法。置退表，乘表高，爲實，實如法而一。

望敵遠近圖

宋·秦九韶《數書九章》卷八《測望類·古池推元》　問有方中古圓池，堙圮止餘一角。從外方隅，斜至内圓邊，七尺六寸。欲就古跡修之，欲求圓方斜各幾何。

答曰：池圓徑三丈六尺六寸。四百二十九分寸之四百二十二。方面三丈六尺六寸。四百二十九分寸之四百二十二。方斜五丈一尺八寸。四百二十九分寸之四百二十二。

術曰：以少廣求之，投胎術入之。斜自乘，倍之，爲實。倍斜爲益方，以半寸爲從隅，開投胎平方，得徑，又爲方面。以隅併之，共爲方斜。

宋·秦九韶《數書九章》卷八《測望類·表望浮圖》　問有浮圖欹側，欲換塔心木，不知其高。去塔六丈，有刹竿，亦不知其高。竿本去地九尺二寸始釘鍋，鍋一十四枚，枚長五寸，每鍋下股，相去二尺五寸。就竿爲表，人退竿三丈，遥望浮圖尖，適與竿端斜合。又望相輪之本，其影入鍋第七枚上股。人目入去地四尺八寸，心木放三尺爲楯卯剪截。欲求塔高輪高，合用塔心木長，各幾何。

答曰：塔高一十一丈七尺。

望塔圖

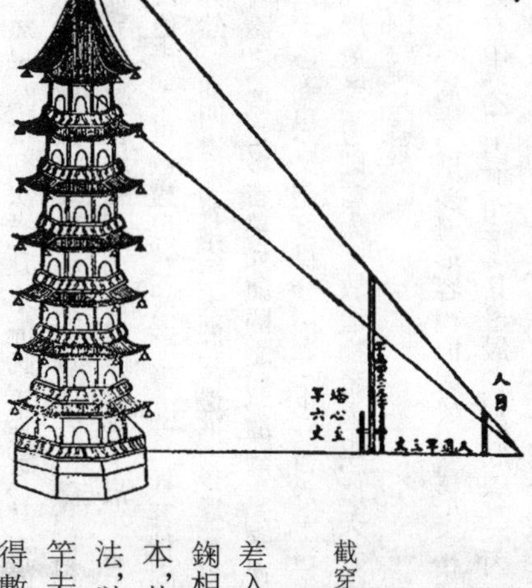

相輪高三丈。

塔身高八丈七尺。

竿高四丈二尺二寸。

塔心木九丈。內三尺爲剪截穿鑿防卯。

術曰：以勾股求之，重差入之。置鍋數減一，餘乘鍋相去數，併一枚長數，加竿本，共爲表竿高。以退表爲法，以人目高減表竿高，餘乘竿去塔，爲實。實如法而一，得數，加表竿高，共爲塔高。置相輪本之鍋數，減一，餘乘鍋相去。又乘竿去塔，爲實，實如法而一，得相輪高。以減塔高，餘爲塔身高。以益楯卯尺數，爲塔心木長。

明·劉天和《問水集·治河始末》　迺測淤淺深，度河廣狹，淤以尺計，工以日計。役巨期迫，公迺完測諸閘自水面至淤、自淤至閘底之淺深，而后逐里逐段止。測水之淺深，即知淤之淺深矣。淤之淺深，自數尺以至丈有玖尺，通融計算，各淤深壹丈貳尺玖寸，議止濬壹丈爲準。復度河中心至岸廣狹，自叁拾餘步至肆拾伍步，一以肆拾伍步爲準。復置方斗，深廣各壹尺，取泥實之，秤重壹百肆拾斤，每壹筐以泥百斤爲準。濬河則以面廣拾丈、底廣伍丈通融折算，柒丈伍尺爲準。濬河工每長壹尺廣柒丈五尺即得泥壹千伍拾筐爲準。復計春月每日可行百里許，擡泥土以往廻伍拾里爲準，餘爲休息，以每里叁百陸拾步計之，貳人每日可擡泥貳百筐。然肆人擡泥，即壹人取泥，伍人總計各得泥捌拾筐，仍減拾筐，止計柒拾筐。壹人用工兩月，內以壹月爲陰雨及泥水妨工，止計實工壹月，是壹人可擡泥貳千壹百筐，即該分工貳尺。先是羣議以前此會通張秋近年新河之役計之，非役夫數拾萬不可，蓋彼皆用工久而茲役止兩月故也。公曰：審如是，民不堪命矣。迺竭心思規畫，既定，而夫役勞費大省。【略】用平準以測濬之淺深，俾舟行無滯也。（水平法，用錫匣貯水，浮木其上，而兩端各安小橫板，置於數尺方棹之上，前竪木表長竿，懸紅色橫板而低昂之，必與匣上橫板平準，以測高下。凡上下閘底高低及所濬河底淺深，悉藉此以度之。）公躬親測量，暴露風日，行泥淖中，遍歷諸閘，人不堪其勞，公弗恤也。

明・徐光啓《農政全書》卷一五《水利》 開河法，凡九條。【略】一准水面算土方多寡，分工次難易。開河之法，其説甚難均，是河也，中間不無淤塞深淺之殊，地形亦有高下凹凸之異，而土方之多寡，工次之難易，必有判焉不相同者。宋臣郟僑云：以地面爲丈尺，不以水面爲丈尺，不問高下，勻其淺深，欲水之東注，必不可得，須於勘河之時，先行分段編號。算土之法，若本河有水，即沿河點水有深淺不同之處，差一尺者即另爲一段，假如通河水深一尺，而有深二尺者，即易段也，深三尺者，又易段也，深四尺者，極易段也，深與議開尺寸等者，免挑段也。闊倣此。各立樁編號以記之，隨令精算者逐段計算土方，其法每土四傍上下各一丈爲一方，每方計土一千尺，假如本河議開面闊五丈，底闊三丈，水面下開深五尺，每長一丈，該土二方。（誤算矣！然不言總深，亦難算其實數，假若原深一丈，而加深廣五尺，該土二方又八百尺也。假若不論原深，以此權説，應開實土，則有水一尺者，實開土一方五百二十尺也，有水二尺者，實開土一方零八十尺也，有水三尺者開土六百八十尺也。有水四尺者，開土三百二十尺也。）又如某段水深一尺，該空土方四分，實開土一方六分，爲難工。某段水深二尺，該空土方八分，實開一方二分，爲易工。三尺、四尺、五尺倣此，闊倣此。若本河無水，即督夫先於中心挑一水線，深廣各三尺或二尺，務要徹頭徹尾，一脈通流，卻於水面上丈量，露出餘土，有厚薄不同之處，差一尺者另爲一段。假如通河皆餘土一尺，而有餘二尺者，即難段也，餘三尺者，又難段也，餘四尺者，大難段也，餘五尺者，極難段也。立樁編號，算土如前法。但此乃計水上之土，而水下應挑之土，可一律齊矣。然後通算本河該實開土若干方，兩旁得利田若干畝，起夫若干名，每夫該土若干方。分工定宕，第從土方。土少者宕長，土多者宕短，齊土方不齊丈尺，而後夫役爲至均，河形爲至平也。

附打水線法：水線至平也，而人心不平，奸巧百出，如三十三年開福山塘，打水線十數日不成，管工官皆不知，職既識破其術，隨設法，五里委一官，官各乘馬；一里委一皂，皂各飛奔。如是往來不停，看其水線，不令陰阻，乃一日而成。奸巧立破，何以故？渠功少者，於水線中暗藏小壩，官來則暫決之，過則壩住，雖土高無水之處，而兩頭藏壩，中間水可不絶。此奸不破，高低不明，水線爲虛。何以知其然也，陰壩初決者，其水流動，不然者，其水靜定也。

明・李之藻《圜容較義》卷端 萬形有全體，目視惟一面，即面可以推全體也。面從界顯，界從線結，總曰邊線。邊線之最少者爲三邊形，多者四邊、五邊乃至千萬億邊，不可數盡也。三邊形等度者，其容積固大於三邊形不等度者，四邊以上亦然。而四邊形容積恒大於三邊形，多邊形容積恒大於少邊形，恒以周線相等者驗之，邊之多者莫如渾圜之體，渾圜者，多邊等邊。試以周天度剖之，則三百六十邊等也，又剖度爲分，則二千一百六十邊等也，乃至秒忽毫釐，不可勝算。凡形愈多，邊則愈大。故造物者天也，造天者圜也，圜故無不容，無不容所以爲天，試論其槩。

凡兩形外周等，則多邊形容積恒大於少邊形容積。

假如有甲、乙、丙三角形，其邊最少，就底線乙、丙兩平分於丁，作甲丁線，其甲乙、甲丙兩腰等，丁乙、丁丙又等，甲丁丙角、甲丁乙角皆等，則甲丁線爲乙丙之垂線。【略】次作甲戊丙丁角形，而甲戊與丁丙平行，戊丙與甲丁平行，視前形增一角者，既甲丁丙、甲丁乙兩形等，而甲丙戊與甲丁乙亦等。則甲丁丙戊方形與甲乙丙三角形自相等矣。以周論之，其甲戊、戊丙、丙丁、甲丁四邊皆與乙丁相等，甲丙邊爲弦，其線稍長，試引丙戊至己，引丁甲至庚，皆與甲丙線等，而作庚丁己丙形與甲乙丙三角形同周，則羸一甲庚己戊形，故知四邊形與三邊等周者，四邊形容積必大于三邊形。

凡同周四角形，其等邊者所容大於不等邊者。

假有直角形等邊者，每邊六，共二十四，其中積三十六，另有角形不等邊者，兩邊數十，兩邊數二，其周亦二十四，與前形等周而其邊不等，故中積只二十。又設角形其兩邊各九，其兩邊各三，亦與前形同周，而中積二十七。又設一形兩邊各八，兩邊各四，亦與前同周，而中積三十二。或設以兩邊爲七，以兩邊爲五，亦與前同周，而中積三十五，是知邊度漸相等，則容積固漸多也。試作角長方形，令中積三十六，同前形之積然，周得三十，與前周二十四者迥異，令以此周作四邊等形，則中積必大於前形。

凡同周四角形，其等邊等角者所容大於不等邊等角者。

設甲乙丙丁不等角形從丙丁各作垂線，又設引甲乙至己作戊丙己丁四角相等形，與不等角形同底，原相等甲乙亦同戊己，而乙丁及甲丙線則赢於己丁、戊丙線，是甲乙丙丁之周大於戊丙己丁之周，試引丁己至辛與乙丁等，引丙戊至庚與甲丙等，而作庚丙辛丁形，則多一庚戊辛己形，因顯四等角形大於不等角形。

以上四則見方形大於長形，而多邊形更大於少邊形，則圜形更大於多邊形，此其大略，若詳論之，則另立五界説及諸形十八論於左：

第一界：等周形，謂兩形之周大小等。

第二界：有法形，謂不拘三邊、四邊及多邊，但邊邊相等，角角相等，即爲有法，其攲邪不就規矩者爲無法形。

第三界：求各形心，但從心作圜，或形內切圜，或形外切圜，皆相等者，即係圜與形同心。

第四界：求形面，謂周線內所容人目所見乃形之一面。

第五界：求形體，如立方、立圜、三乘、四乘諸形，乃形之全體。

明·李之藻、利玛竇《同文算指》通編卷六《測量三率法第十一》 凡測山岳、樓臺、城郭之高，川谷之深，土田道里之遠，舊名勾股法，立表或立重表，參望相直，乃以開方求之。今立器以代表，名曰矩度，而以三率代開方之算。勾股者，植立地上爲股，其影横地上爲勾。今半矩木尺，其制也，矩度之形，平方而取横直二邊，各刻爲度，互爲勾股，立爲直影，倒影二算，義同勾股而法稍捷。

製矩度法，以堅木或銅版，其制平方上畫甲乙丙丁四直角方形務取極方，詳具《幾何原本》。用甲乙邊立兩耳平對各通一竅，名曰通光，以便窺望，以甲角爲矩極，系線任其垂下，以權鎮之。次自甲至丙斜界一線，分矩面爲兩平分，乃並乙至丙及並丙至丁，各依原邊線又平行二線，俱匀分十二度，其度各自其邊界望矩極分之。近極爲虛線，外用爲實線，或每度更分三分、五分、六分至十二，皆隨版體大小，爲分愈細則法愈密矣。用時甲昂乙低，以目射兩竅，與所望之物參相直視，其繩之所值何度、何分，以算推之。或不設兩竅，只立相等兩小表亦可。凡測望，必以所求物與立矩度處爲直角形取平解在《幾何》，有不平者，須先準平，然後測量。次論直、倒二景，直影者繩在乙丙界内，即勾影也，如立表地中，影落地面者是。倒影者繩在丁丙界内，即股影也，如立表墻上，影射墻面者是。凡有所窺測，而望者前卻其步，使其繩適在甲丙，是爲勾股平等，知勾即得股，知股即得勾。其不然者，須將倒直互變，推求且如求高求深，所求在股，即權繩宜在直度而却在倒度，則當變倒爲直，若求遠求近，所求在勾，其權繩宜在倒度而却在直度，則當變直爲倒，各以通二度之窮，其互變之術，皆以矩全度爲準，少者用十二，多者用一百四十四。假如繩在倒影三度，今欲變爲直影度者，法以矩度爲實，三度爲法，除之得四十八，爲直影度。假如繩在倒影五度三分度之二，欲變直度者，因有三之二，每度以三通之，得一十七，爲法亦以三通，其矩度得四百三十四，爲實以法，除之得二十五度餘十七分，度之七爲直度也。其繩在直度而欲變爲倒度者，亦如之。詳見徐太史《測量法義》。

量影測高

已知影長若干，欲測其高者，如測日影，即以矩度向日，目切于乙，甲耳在前，日光透于耳之兩竅，權線與矩度相切，任其垂下，審值何度何分，若在十二度之中正對角線丙際，則影與物必正相等，知影何長，即得物何高矣。

若權線在直影邊，則影小于物，而直影上所值度分爲第一率，以矩度十二爲第二率，以物影度爲第三率，二三相乘一除之得第四率，爲其物高。

假如欲測己庚之高，線在直影乙戊得八度，正其庚辛，影長三十步，即以矩度十二乘庚辛之三十得三百六十爲實，以乙戊八度爲法，除之得四十五，即己庚高四十五步。

若權線在倒影邊，則影大於物，以矩度爲第一率，以倒影上所值度分爲二率，以物影度爲三率，算之得物之高。

假如欲測己庚之高，線在倒影丁戊得七度五分度之一，庚辛影六十步，即以丁戊七度五之一乘庚辛之六十得二千一百六十爲實，以矩度六十分爲法，除之得己庚之高三十六步，因權值有零分五分度之一，故以分母五通七度通作三十五分，以分子一從之爲三十六分，其表度十二亦通作六十分。

從高測影

若已知物高若干，欲測其影者，以矩度承，曰審值度分。若權線在丙，則影與物等，若權線在直影邊，即物大于影，以矩度十二爲第一率，直影度分爲第二率，物高度爲第三率，算之得數爲影度。若權線在倒影邊，即物小于影，以倒影度分爲第一率，矩度爲第二率，物高度爲第三率，算之得數爲影度。

以目測高

已知庚辛之遠，欲測己庚之高，人目在辛，先量自目至足其高幾何，乃以矩度向所測物頂，甲耳在前目切乙，後目與矩耳及高相參直，細審權線值何度分。假如權線在直影乙戊，以乙戊度爲第一率，矩度爲第二率，次量庚距辛之遠何爲第三率，二三相乘，以一除之得物之高。假如權線在倒影丁戊，即以矩度爲第一率，丁戊倒影爲第二率，庚辛爲第三率，照前算之。若權線不在丙而有平地可前、可却，即任意前却，至權線值丙而止，不必推算，既知辛庚即知己庚。

若人目在辛，求己庚之高，而爲山水林木屋舍所隔，或地非平面不欲至庚，或不能至者，則用兩直影之較起算。其法依前，以矩竅向物頂審權線在直影否，如在倒影，即以所值度分依法變作直影，次從所立之辛，依地平取直線，或前或却，任意遠近，至癸仍以矩竅向物頂審權線在直影否，如在倒影亦以所值度分變作直影，乃以兩直影度分相減之較爲首率，以矩度爲二率，辛癸大小兩矩之較爲三率，依法算之，得己壬之高。又加自目至足乙癸之數，得己庚之高。

假如欲測己庚之高，如前圖，先從辛立望得直影小乙戊爲五度，次却立于癸，得直影大乙戊爲十度，丙影之較五度爲首率，矩度爲次率，次量足距之較從癸至辛十步爲三率，依法算得二十四步，加目至足之乙辛或乙癸試作一步，即知己庚之高二十五步。如後圖，先于辛得直影小乙戊爲十一度，次退立于癸得倒影九度，當如前變法作大乙戊直影十六度，得景較五度以爲首率，矩度爲次率，次量距之較癸辛二十步爲三率，依法算得四十八步，加自目至足或一步，即知己庚之高四十九步。

地平測遠

欲于己測己庚之遠，先除自目至足之高爲甲己，若量極遠，則立樓臺或山岳之上，以目下至地平爲甲己。測高法見前。次以矩極甲角切于目，以乙向遠際之庚如前法，稍移就之，俾甲乙庚相參直，細審權線值何度分。如權線在丙，則高與遠等，若權在乙丙，直影邊即遠數，不及高數，以矩度十二爲首率，直景乙丙爲二率，甲己爲第三率，算之得己庚遠。若權在丁丙，倒影邊即遠，過于高以倒影丁丙爲首率，以矩度十二爲次率，甲己爲三率算之，此所置一率、二率，視前測高之法互换云。

測深

凡從井上測深者，井口或徑爲己庚，井面爲辛壬，欲測己壬之深，用矩極甲角切目，以乙從己向對面水際之辛，如前法稍移就之，令目與竅、與辛相參直垂下權線，假如線在直影，乙戊三度爲首率，矩度爲次率，次量己庚井口十二尺爲三率，算得四十八尺爲己壬之深。若權線在倒影三度，則依法變爲直影，得四十八度，而以矩度十二爲首率，變得直影度爲次率，井口乘之歸除數同。

以上用矩度者。如無矩度，另有用鏡、用表、用尺諸法，具後。平鏡測高用盂水亦同。欲知甲乙之高，置平鏡于丙，人立于丁，其丙丁取平人目，在戊向物頂之甲稍移就之，令目見甲在鏡中心，而甲影從鏡心射目，乃量自丁至丙之度爲首率，丁戊爲次率，乙丙爲三率，算之得甲乙高。

以表測高

凡立表必三面垂線，以取端直。已知乙戊之遠，而欲測甲乙之高，立表于丙，爲丁丙退立于戊，置乙丙戊爲極平線，人目在己，視表末丁至物頂甲相參直，次量目至足數，移置表上爲辛，以截取丁辛之數，其辛己線與乙丙戊爲平行。若其表僅與身等或小于身，另立一小表爲己戊，而以目切之爲己亦可，乃以丙戊爲首率，丁辛爲次率，乙戊爲三率，算之得甲庚之高，加目至足之數己戊，即得甲乙之高。若戊不欲至乙或不能至，則用兩表之較爲算，如前圖立于戊，目在己望丁至甲移己置辛得丁辛數，乃或前、或却又立一表，或即用前表，或兩表等爲癸壬，目在丑壬癸至甲，亦移丑至寅，得癸寅數，此癸寅與丁辛之度相同，而丑寅度必小于己辛度，以相減截己辛于卯得卯辛較爲首率，以表目相減之較癸寅或丁辛爲二率，以兩目相距之較己丑或戊子爲三率，算之得甲庚，加自目至足之數，得甲乙之高。前圖爲進步立重表者，後圖爲退步立重表者。

以表測地平遠

欲于甲測甲乙之遠，依地平立丙甲表，此表稍矬于身，以便窺望，次却立于戊，目在丁視表末丙與遠際乙相參直，次移丙度于己，截取丁己之度爲首率，以丙己或甲戊爲次率，丙甲表度爲三率，算之得甲乙之遠。

以矩尺測遠

欲于甲測地平遠者，先立一表爲甲丁，與地平爲直角，次以矩尺之内直角置表末丁上，以丁戊尺向所望遠際之乙稍移就之，使丁戊與乙相參直，次迴身從丁丙尺上亦望地平之己使丁丙與己相參直，乃量己至表下甲爲首率，表身丁甲爲次率，又爲第三率，依法算之得甲乙遠。

以重矩兼測無廣之深、無深之廣

有甲乙、丙丁壁立深谷，不知甲乙之廣，欲測乙丙之深，則用重矩法。先于甲岸上依垂下直線立戊甲己勾股矩尺，其甲己勾長六尺，人從股尺上視勾末己與谷底丙相參直，以目截取戊甲股上之庚，庚甲之高得五尺。次又于甲上依垂下直線取壬，壬去甲一丈五尺，于壬上亦依垂直線更立一辛壬癸勾股矩尺，壬癸勾亦長六尺，從股尺上視勾末癸與谷底丙相參直，而以目截取辛壬股上之辛，辛壬之高八尺，如欲求深者，以前股所得庚甲五尺與兩勾間壬甲十五尺相乘得七十五尺爲實，以兩股所得庚甲辛壬相減之較辛子三尺爲法，除之即得乙丙深二十五尺。如欲求廣者，以勾六尺與兩勾間十五尺相乘得九十尺爲實，以辛子三尺爲法，除之即得甲乙之廣三十尺。測深法與重表測遠同，測遠法與重表測高同。

移測地平遠及水廣

凡測江河谿壑之廣遠，身不能至而其傍近有平地與彼相當者，立表於乙際爲甲乙，與地平爲直角，次用一小尺或竹木等爲丙丁斜加表上，稍移就所望之戊，使丙丁戊相參直。次以表帶尺旋轉向平地，以目視丙丁尺端所直得己，次自乙量至己，即得乙戊之數，如不用表，即以身代作甲乙表，不用尺，或以笠覆至目代作丙丁亦便。

明・孫元化《西法神機》卷下《造鐵彈法》　查《同文算指》、《圜容較義》，再查《幾何原本》，夫銃既盡法矣，乃彈不遠，以藥不精之故也。藥精矣，乃彈對真又不及，豈盡可以咎藥哉？譬之銃猶弓也，彈猶矢也，良弓雖良，能使歪斜不調之箭命中乎？當先以銃口徑幾何大小爲一大周線，仍照規半徑幾何點周線爲甲爲乙，復以甲乙之規跨量爲丙，即將規分開，從丙至甲，將丙甲同規，自乙至丁，丁至大周線幾何闊窄，復分爲三股，虛其一股，以規再圓小周線一圍，而彈始中式可用，然後照小周線様鏤一木板，車一木彈，展轉較之無差，而以木彈爲鐵之模，雖百年老手，不得任意大小，則臨期用彈，自無寬窄之誤矣。西洋大彈式十種，凡彈必合銃口徑，以爲圓形，故不預定大小斤數。

立圓開方問徑法。　今有立圓積六萬二千二百八尺，問立圓徑若干？法曰：置積六二二八，以十六乘之得九十九萬五千三百二十八尺，以九歸之得一十一萬五百九十二尺爲實，以開方法除之，初商四十，於左亦置四十，於右四四自乘得一百六十四，與一六再乘之得六萬四千，除上實餘實四萬六千五百九十二尺。另以初商四十以三因之得一百二十爲方法，列位次商八尺，於初商之次亦置八尺於下法，共四十八尺，就以次商八尺乘之，得三百八十四尺爲廉法，以方乘廉得四萬六千八十尺，除實又另置次商八尺，自乘再乘得五百一十二尺爲隅法，除實恰盡得立圓徑四十八尺，此立圓球也。

解曰：平圓不離平方，立圓不離立方，以十六乘九除之，得十一萬五百九十二尺者，即立方之積也，以開立方法除之，得立面即立圓徑也。其以十六乘九除者，立圓得立方十六分，中九分，四隅得七分也。平圓得平方四分之三圓得三分，四隅得一分也。立圓如球，四隅所餘加多，將十六三因四歸得十二是平圓數，又將十二三因四歸得九是立圓數，是十六分之九分，乃兩次三因四歸之數，猶之一乘、再乘也。立方是一乘、再乘，而得立圓亦本立方一三因四歸，再三因四歸而得也。將立方面四十八尺一乘、再乘得立方積十一萬五百九十二尺，又兩次三因四歸得六萬二千二百八尺，即立圓之積也。若因徑問積，以徑四八一乘，再乘得積用九因十六歸，得立圓積也。

立圓開方問周法。　今有立圓積六萬二千二百八尺，問立圓周若干？法曰：置積數以四十八尺乘之，得二百九十八萬五千九百八十四尺爲實，以開方法除之，初商一百尺於左，自乘一萬，再乘百萬除實訖，次商四十於左，初商一百之次位，就於下法置初次商共一百四十，自乘得一萬九千六百，又置初次共商一百四十，以初商一百乘之得一萬四千。又置初商一百自乘一萬，併三數共四萬三千六百，以次商四十乘之得一百七十四萬四千，除實訖，餘積二十四萬一千九百八十四尺，再商四尺於左，初商一百四十之下亦置四尺於下法，共一百四十四尺，自乘得二萬七百三十六尺。又置初次三商一百四十四尺，以初次商一百四十尺乘之，得二萬一百六十尺。又置初次商共一百四十尺，自乘得一萬九千六百，併三數共六萬四百九十六尺，以三商四尺乘之得二十四萬一千九百八十四尺，除實恰盡，得周一百四十四尺也。

解曰：問周而以積四十八乘之者，一个圓周係三个圓徑，即三个方面也。以三个方面自乘，横皆三个，得九个平方也。再以三个方面乘之，高俱三个，每一个平方因作三个立方，共三九二十七个立方也。立圓得立方十六分之九，將二十七以十六因之，得四百三十二，以九歸之得四十八，是四十八个立圓積，合二十七个立方積也。故以四十八乘立圓積，得二百九十八萬五千九百八十四尺，即二十七个十一萬零五百九十二尺立方積也。

金球問徑法。今有金球積一百二十一寸五分，問球徑若干？置積一二一五，以十六乘之，得一千九百四十四寸，以九歸之，得二百十六寸爲實，以開立方法除之，初商六寸，自乘得三十六寸，再乘得二百一十六寸，恰得球徑六寸。凡鐵彈、鉛彈以此爲準則。方寸鐵重六兩，方寸鉛重九兩五錢，方寸青石重三兩也。

金球以徑問積法：有个金球裏面空，球高尺二厚三分。一寸自方十六兩，試問金球多少金。

法曰：置球十二寸，一再乘之，得一千七百二十八寸，九因十六除，得九百七十二寸，爲金球積。另置球高十二寸，將上下實牆各三分并得六分以減十二寸，得球內空徑一十一寸四分，亦用一乘，再乘，得一千四百八十一寸五分四釐四毫，九因十六除，得八百三十三寸三分六釐八毫五絲，爲球內空積，以減全金球之積，實存金一百三十八寸六分三釐一毫五絲，每寸一斤作一百三十八斤，其零者以斤兩加六法，又得十兩一錢四釐，并之得球之重。凡彈有中空，藏鍊者以此算法爲準則。

明·徐光啓《測量法義·造器》 測量者，以測望知山岳、樓臺之高，井谷之深，土田道里之遠近也。其法先造一測望之器，名曰矩度。造矩度法，用堅木版或銅版作甲乙丙丁角方形，以甲角爲矩極，作甲丙對角線，次依乙丙、丙丁兩邊各作相近兩平行線，次以乙丙、丙丁兩邊各任若干平分之，從甲向各分各作虛線，而兩邊之各外兩平行線間則作實線，如上圖，即外兩線間爲宗矩極之十二平分度也，其各內兩平行線間則于三六九度亦作實線，以便別識。若以十二度更細分之，或每度分三分、五分、六分十二，視矩大小作分，分愈細即法愈詳密矣。次于甲乙邊上作兩耳相等，耳各有通光竅，通光者或取日光相射，或取目光透照也。或植兩小表代耳亦可，其耳竅表末須與甲乙平行，末從甲點置一線，線末垂一權，其線稍長于甲丙對角線，用時任其垂下，審定度分，既設表度十二，下方悉依此論，若有成器，欲驗已如式否，亦同上法，其用法如下方諸題。【略】

如上圖，作甲乙丙丁角方形，于乙丙、丁丙各從丙任引長之，令丁丙爲地平面或爲地平平行面，其乙丙亦向日作面，與地平面爲角，即甲丁爲丁丙平面上立之表，而甲乙爲乙丙平面上橫立之表也。次以甲爲心、丙爲界作戊己丙圜，次引甲乙、甲丁線各至圜界，夫地球比日天既止一點，説見天地儀解，即甲點爲地心，丁丙面在地心之下，而戊己丙圜爲隨地平上日輪之天頂圜矣。即戊乙亦可當地平線而已，丁線爲正過頂圜矣，則丁丙面離地平線者，甲丁表之度而乙丙面離過頂圜線者，甲乙表之度也，故日輪在庚，其光必過地心，甲截丁丙面于辛而遇乙丙之引長面于壬，則甲丁表在丁丙面上之丁辛景爲景，而甲乙表在乙丙面上之乙壬景爲倒景。若日輪在癸則丁丑爲景，而乙子爲倒景，若日輪在寅則丁丙爲景，而乙丙爲倒景，是甲乙丙丁角方形之內，隨日所至，其景恒在丁丙邊，倒景恒在乙丙邊也。

凡測量，于二景得一即可推算，但須備曉二景之理，何者？有景過丁丙邊之外，有倒景過乙丙邊之外，如上圖者，則景過丁丙邊如丁丑當用倒景代之，倒景過乙丙邊如乙壬當用景代之也。若日光至丙，即倒景等可任意用之，因兩景各與本表等故。

欲知目前日景所至在丙耶？在丁丙、乙丙之內耶？又有一法，如日輪離地平四十五度，即景當在丙，日在四十五度以上，即景在丁丙之內，日在四十五度以下，即景在乙丙之內。論曰：戊甲己、己甲乙、乙甲丁、丁甲戊既四皆角即等，而對角之各圜界亦等，是每分爲四分圜之一也，而戊己亦四分圜之一也。又甲丙對角線分乙甲丁角爲兩平分，即丁甲丙、丙甲乙兩角等，戊甲寅、寅甲己兩交角亦等。而戊寅、寅己兩圜界亦等，夫戊己圜界既九十度，即戊寅必四十五度，則日在寅，景必在丙，日在寅之下，倒景必在乙丙之內，日在寅之上，景必在丁丙之內。【略】今從上論解二景之轉合于矩度者，如日輪高四十五度，而其光過甲乙，即矩度上權線在丙，日在四十五度以上，即權線在乙丙邊之內，日在四十五度以下，即權線在丁丙邊之內，故矩度上之乙丙邊爲景，而丁丙爲倒景。論曰：前圖之甲戊己分圜形既四分之一，試兩平分之于庚，即日在庚爲四十五度，在辛爲四十五度以上，在壬爲四十五度以下，設于辛庚壬各出日光下射爲辛甲乙、庚甲乙、壬甲乙三景線同過甲心，而以矩度承之，其甲爲地心，而甲乙邊與日景相次，以己甲線引長之至地心下爲丙，而甲丙爲矩度之權線，夫戊庚、庚己圜界既等，即戊甲庚、庚甲己兩角亦等。戊甲己既角即戊甲庚、庚甲己皆半角，而矩度上之乙甲丙角在庚甲乙景線及甲丙權線內者亦半角，凡直角方形之對角線必分兩角爲兩平分，即甲丙爲依庚甲乙景線之甲乙丙丁直角方形之對角線。則日在庚爲四十五度，權線必在丙，又己甲辛角小于己甲庚半角，即辛甲乙景線及甲丙權線內之乙甲癸交角亦小于半角。凡角方形之對角線必分兩角爲兩平分，則于依辛甲乙景線之甲乙丙丁角方形上若作一甲丙對角線，其權線必不至丙，必在乙丙之內，而分乙丙邊于癸，是日在四十五度之上，其權線必在乙丙邊之內也。

又己甲壬角大于己甲庚半角，即壬甲乙景線及甲丙權線内之乙甲癸交角亦大于半角。凡角方形之對角線必分兩角爲兩平分。則于依壬甲乙景線之甲乙丙丁角方形上，若作一甲丙對角線，其權線必過丙必在丁丙之内而分丁丙邊于癸，是日在四十五度之下，其權線必在丁丙邊之内也，故矩度之内，其傍通光耳之分度邊爲景，而對通光耳之分度邊爲倒景。

明・徐光啓《定法平方算術》卷端　平方者，等邊四直角之面積也。以形而言，則爲兩矩所合。以積而言，則爲自乘之數，因其有廣無厚，故曰平方，因其縱横相等，故曰正方。蓋方積面也，而其邊則線也，有線求面，則相乘而得積，有面求線，則開方而得邊。開之之法略與歸除同，但歸除有法有實，而開方則有實而無法，故古人立爲商除廉隅之制以相求，每積二位得邊之一位，所謂一百一十定無疑，一千三百有零餘，九千九百不離十，一萬方爲一百推是也。其法先從一角而剖，其冪以自一至九自乘之數爲方根，與所有之積相審，量其足減者而定之，是爲初商。初商減盡無餘，則方邊止一位，若有餘實，即初商方積外别成一磬折形，其附初商之兩旁者，謂之廉，兩廉之角所合一小方謂之隅，廉有二，故倍初商爲兩廉之共長，是爲廉法，視餘積足廉法幾倍即定次商，隅即次商之自乘，故次商爲隅法，合廉隅而以次商乘之，則得兩廉一隅之共積。所謂初商方積外，别成一磬折形者是也。故次商爲初商所得方邊之零，如次商數與初商餘積相減尚有不盡之實，則又成一磬折形，而仍爲兩廉一隅，但較前廉愈長而隅愈小耳。凡有幾層廉隅，俱照爲商之例逐層遞析之，實盡而止，實不盡者必非自乘之正數，遞析之至於纖塵，終有奇零，若餘實不足廉隅法之數者，則方邊爲空位，此開方之定法也。面形不一，而容積皆以方積爲準，故平方爲算諸面之本，諸面必通之方積而後可施其法也。

明・徐光啓《幾何原本》卷一首《界説三十六則》　凡造論，先當分别解説論中所用名目，故曰界説。

凡曆法、地理、樂律、算章、技藝、工巧諸事有度有數者，皆依賴十府中幾何府屬。凡論幾何，先從一點始，自點引之爲線，線展爲面，面積爲體，是名三度。

第一界　點者無分。

無長短廣狹厚薄，如下圖，凡圖十干爲識，干盡用十二支。支盡用八卦、八音。

第二界　線有長無廣。

試如一平面，光照之，有光、無光之間不容一物，是線也。真平真圜相遇，其遇處止有一點，行則止有一線，線有直有曲。

第三界　凡線之界是點，凡線有界者，兩界必是點。

第四界　凡直線止有兩端，兩端之間上下更無一點，兩點之間至徑者直線也，稍曲則繞而長矣。線之中點能遮兩界，凡量遠近皆用直線。甲乙丙是直線，甲丁丙、甲戊丙、甲己丙皆是曲線。

第五界　面者止有長有廣。一體所見爲面，凡體之影極似於面，無厚之極，想一線横行所留之迹即成面也，甲乙線行至丙丁，其迹成甲乙丁丙面。

第六界　面之界是線。

第七界　平面一面平在界之内，平面中間線能遮兩界平面者，諸方皆作直線。試如一方面用一繩施於一角，繞面運轉不礙不空是平面也，如甲。若曲面者則中間線不遮兩界，如乙。

第八界　平角者，兩線於平面縱横相遇交接處，凡言甲乙丙角皆指平角，如上。甲乙、乙丙二線平行相遇不能作角，如上。甲乙、乙丙二線雖相遇不作平角，爲是曲線。所謂角止是兩線相遇，不以線之大小較論。

第九界　線相遇作角爲線角。平地兩線相遇爲線角，本書中所論止是線角，但作角有三等，今附著於此。【略】。

第十界　線垂於横線之上。若兩角等必兩成直角，而直線下垂者謂之横線之垂線，量法常用兩角及垂線，垂線加於横線之上，必不作鋭角及鈍角。若甲乙線至丙丁上，則乙之左右作兩角相等，而甲乙爲垂線。若甲乙爲横線，則丙丁又爲甲乙之垂線。何者？丙乙與甲乙相遇，雖止一角，然甲線若垂下過乙，則丙線上下定成兩角。所以丙乙亦爲甲乙之垂線，如今用矩尺一縱一横，互相爲垂線。凡直線上有兩角相連是相等者，定俱直角，中間線爲垂直線，反用之，若是直角則兩線定俱是垂線。

第十一界　凡角大於角爲鈍角。如甲乙丙角與甲乙丁角不等，而甲乙丙大於甲乙丁，則甲乙丙爲鈍角。

第十二界　凡角小於角爲鋭角。如前圖，甲乙丁是通上三界論之角一而已，鈍角、鋭角其大小不等，乃至無數，是後凡指言角者俱用三字爲識，其第二字即所指角也。如前圖，甲乙丙三字第二乙字即所指鈍角，若言甲乙丁，即第二乙字是所指鋭角。

第十三界　界者一物之始終，今所論有三界，點爲線之界，線爲面之界，面爲體之界，體不可爲界。

第十四界　或在一界或在多界之間爲形，一界之形如平圜、立圜等物，多界之形如平方、立方及平立、三角、六八角等物，圖見後卷。

第十五界　圜者，一形於平地居一界之間，自界至中心作線俱等，若甲乙丙爲圜，丁爲中心，則自甲至丁與乙至丁、丙至丁其線俱等。外圜線爲圜之界，內形爲圜。一説圜是一形，乃一線屈轉一周，復於元處所作，如上圖，甲丁線轉至乙丁，乙丁轉至丙丁，丙丁又至甲丁，復元處，其中形即成圜。

第十六界　圜之中處爲圜心。

第十七界　自圜之一界作一線過中心至他界爲圜徑。徑分圜兩平分甲丁乙戊，圜自甲至乙過丙心作一線爲圜徑。

第十八界　徑線與半圜之界所作形爲半圜。

第十九界　在線界中之形爲直線形。

第二十界　在三線界中之形爲三邊形。

第二十一界　在四線界中之形爲四邊形。

第二十二界　在多線界中之形爲多邊形，五邊以上俱是。

第二十三界　三邊形三邊線等爲平邊三角形。

第二十四界　三邊形有兩邊線等爲兩邊等三角形，或銳、或鈍。

第二十五界　三邊形三邊線俱不等爲三不等三角形。

第二十六界　三邊形有一角爲三邊角形。

第二十七界　三邊形有一鈍角爲三邊鈍角形。

第二十八界　三邊形有三銳角爲三邊銳角形。凡三邊形恒以在下者爲底，在上二邊爲腰。

第二十九界　四邊形四邊線等而角爲角方形。

第三十界　角形其角俱是角，其邊兩兩相等，如上，甲乙丙丁形，甲乙邊與丙丁邊自相等，甲丙與乙丁自相等。

第三十一界　斜方形四邊等但非角。

第三十二界　長斜方形其邊兩兩相等但非角。

第三十三界　以上方形四種謂之有法四邊形，四種之外他方形皆謂之無法四邊形。

第三十四界　兩直線於同面行至無窮不相離，亦不相遠，而不得相遇，爲平行線。

第三十五界　一形每兩邊俱平行線，爲平行線方形。

第三十六界　凡平行線方形若於兩對角作一線，其線爲對角線。又於兩邊縱橫各作一平行線，其兩平行線與對角線交羅相遇，即此形分爲四平行線方形，其兩形有對角線者爲角線方形，其兩形無對角線者爲餘方形。甲乙丙丁方形於丙乙兩角作一線爲對角線，又依乙丁平行作戊已線，依甲乙平行作庚辛線，其對角線與戊已庚辛兩線交羅相遇於壬，即作大小四平行線方形矣。則庚壬已丙及戊壬辛乙兩方形謂之角線方形，而甲庚壬戊及壬已丁辛謂之餘方形。

求作四則

求作者，不得言不可作。

第一求　自此點至彼點求作一直線。此求亦出上篇，蓋自此點行至彼點即是線，自甲至乙或至丙至丁俱可作直線。

第二求　一有界線，求從彼界行，引長之如甲乙線，從乙引至丙或引至丁俱一行。

第三求　不論大小，以點爲心，求作一圜。案，圖下無説，今補云：如甲爲心，以甲乙爲度繞甲一周成甲乙圜，甲丙、甲丁、甲戊爲度俱同。

第四求　設一度於此，求作彼度較此度或大或小。凡言度者，或線或面或體，皆是或言較小作大可作，較大作小不可作。何者？小之至極數窮盡故也。此説非是，凡度與數不同數者，可以長不可以短，長數無窮，短數有限，如百數減半成五十，減之又減，至一而止，一以下不可損矣。自百以上增之可至無窮，故曰可長不可短也。度者可以長亦可以短，長者增之可至無窮，短者減之亦復無盡。嘗見莊子稱一尺之棰，日取其半，萬世不竭，亦此理也。何者？自有而分不免爲有，若減之可盡，是有化爲無也，有化爲無猶可言也，令已分者更復合之，合之又合，仍爲尺棰，是始合之初，兩無能并爲一有也，兩無能并爲一有不可言也。

公論十九則

公論者不可疑。

第一論　設有多度，彼此俱與他等，則彼與此自相等。

第二論　有多度等，若所加之度等，則合并之度亦等。

第三論　有多度等，若所減之度等，則所存之度亦等。

第四論　有多度不等，若所加之度等，則合并之度不等。

第五論　有多度不等，若所減之度等，則所存之度不等。

第六論　有多度俱倍於此度，則彼多度俱等。

第七論　有多度俱半於此度，則彼多度亦等。

第八論　有二度自相合，則二度必等，以一度加一度之上。

第九論　全大於其分，如一尺大於一寸，寸者全尺中十分中之一分也。

第十論　角俱相等，見界說十。

第十一論　有二橫線或正或偏，任加一縱線，若三線之間，同方兩角小於兩角，則此二橫線愈長愈相近，必至相遇。甲乙、丙丁二橫線任意作一戊己縱線，或正或偏，若戊己線同方兩角俱小於角，或并之小於兩角，則甲乙、丙丁線愈長愈相近必有相遇之處。欲明此理，宜察平行線不得相遇者，界說卅四加一垂線，即三線之間定爲角，便知此論兩角小於角者，其行不得不相遇矣。

第十二論　兩線不能爲有界之形。

第十三論　兩直線止能於一點相遇。如云線長界近相交不止一點，試於丙乙二界各出線交於丁。假令其交不止一點，當引至甲，則甲丁乙宜爲甲丙乙圜之徑，而甲丁丙亦如之界說十七。夫甲丁乙圜之右半也，而甲丁丙亦右半也，界說十七甲丁乙爲全，甲丁丙爲其分，而俱稱右半，是全與其分等也。本篇九。

第十四論　有幾何度等，若所加之度各不等，則合并之差與所加之差等。甲乙丙丁線等於甲乙加乙戊於丙丁加丁己，則甲戊大於丙己者，庚戊線也，而乙戊大於丁己，亦如之。

第十五論　有幾何度不等，若所加之度等，則合并所贏之度與元所贏之度等，如上圖。反說之，戊乙、己丁線不等於戊乙加乙甲，於己丁加丁丙，則戊甲大於己丙者，戊庚線也，而戊乙大於己丁　亦如之。

第十六論　有幾何度等，若所減之度不等，則餘度所贏之度與減去所贏之度等。甲乙、丙丁線等於甲乙減戊乙，於丙丁減己丁，則乙戊大於丁己者，庚戊也，而丙己大於甲戊亦如之。

第十七論　有幾何度不等，若所減之度等，則餘度所贏之度與元所贏之度等，如十四論。反說之，甲戊、丙己線不等於甲戊減甲乙，於丙己減丙丁，則乙戊長於丁己者亦庚戊也，與甲戊長於丙己者等矣。

第十八論　全與諸分之并等。

第十九論　有二全度，此全倍於彼全。若此全所減之度倍於彼全所減之度，則此較亦倍於彼較，相減之餘曰較。如此度二十，彼度十，於二十減六、於十減三，則此較十四、彼較七。

明・徐光啓《幾何原本》卷三首《界說十則》　第一界　凡圜之徑線等，或從心至圜界線等，爲等圜。三卷將論圜之情，故先爲圜界說。此解圜之等者，如上圖，甲乙、乙丙兩徑等，或丁己、戊庚從心至圜界等，即甲己乙、乙庚丙兩圜等。若下圖，甲乙、乙丙兩徑不等，或丁己、戊庚從心至圜界不等，則兩圜亦不等矣。

第二界　凡線切圜界過之而不與界交爲切線。甲乙線切乙己丁圜之界，乙又引長之至丙而不與界交，其甲丙線全在圜外，爲切線。若戊己線先切圜界，而引之至庚入圜內，則交線也。

第三界　凡兩圜相切而不相交爲切圜。甲乙兩圜不相交而相切於內，或切於外如第一圖，或切於內如第三圖，其第二、第四圖則交圜也。

第四界　凡圜內線從心下垂線，其垂線大小之度即線距心遠近之度。凡一點至一線上，惟垂線至近，其他即遠，垂線一而已，遠者無數也。故欲知點與線相去遠近，必用垂線爲度試，如前圖，甲點與乙丙線相去遠近，必以甲丁垂線爲度，爲甲丁一線獨去線至近，他若甲戊、甲己諸線愈大愈遠，乃至無數，故如後圖，設甲乙丙丁圜內之甲乙、丙丁兩線，其去戊心遠近等，爲己戊、庚戊兩垂線等故。若辛壬線去戊心近矣，爲戊癸垂線小故。

第五界　凡線割圜之形爲圜，分甲乙丙丁圜之乙丁線任割圜之一分，如甲乙丁及乙丙丁兩形皆爲圜分。凡分有三形，其過心者爲半圜分，函心者爲圜大分，不函心者爲圜小分，又割圜之線爲所割圜界之一分爲弧。

第六界　凡圜界偕線內角爲圜分角。以下三界論圜角三種，本界所言雜角也，其在半圜分內爲半圜角，在大分內爲大分角，在小分內爲小分角。

第七界　凡圜界任於一點出兩線作一角爲負圜分角。甲乙丙圜分甲丙爲底，於圜周乙點出兩線作甲乙丙角形，其甲乙丙角爲負甲乙丙圜分角。

第八界　若兩線之角乘圜之一分爲乘圜分角。甲乙丙丁圜內於甲點出甲乙、甲丁兩線，其乙甲丁角爲乘乙丙丁圜分角圜角三種之外，又有一種爲切邊角，或線切圜或兩圜相切，其兩圜相切者又或內、或外，如上圖，甲乙線切丙丁戊圜於丙，即甲丙丁、乙丙戊兩角爲切邊角，又丙丁戊、己戊庚兩圜外相切於戊及己戊庚、己辛壬兩圜內相切於己，即丙戊己、戊己辛、壬己庚三角俱爲切邊角。

第九界　凡從圜心以兩線作角偕圜界作三角形爲分圜形。甲乙丙圜從戊心出戊甲、戊丙兩線，偕甲丁丙圜界作角形爲分圜形。

第十界　凡圜内兩負圜分角相等，即所負之圜分相似。甲乙丙丁圜内有甲乙己與丁丙戊兩負圜分角等，則所負甲乙丁己與丁丙甲戊兩圜分相似。又有兩圜或等或不等，其負圜分角等，即圜分俱相似，如上三圖，三圜之甲乙丙、丁戊己、庚辛壬三負圜分角等，即所負甲乙丙、丁戊己、庚辛壬三圜分相似，相似者，如云同爲幾分圜之幾也。

明・徐光啓等《新法算書》卷九《大測・因明篇・總論三十二條》　三角形者，一形而三邊，容有三角也。　如上圖，甲乙丙爲平面三角形，丁戊已爲球面三角形。三角形各以兩邊容一角，此兩邊爲角形之兩腰，第三邊爲角形之底。如前，甲乙丙形若以甲乙、甲丙爲兩腰，則容乙甲丙角第一字爲所指角，乙丙其底也，餘二同，丁戊已亦同，各邊向一角者名爲對角。　如前，甲乙線向丙角者名爲對丙角，甲丙向乙名爲對乙角。

角以何爲尺度？一弧之心在交，從心引出線爲兩腰，而弧在兩腰之間，此弧即此角之尺度。　如上，乙甲丙角，其尺度則丁丙或戊已，皆是其法。甲爲心，其界或近如丁丙，或遠如戊已。　大測法分圈三百六十爲度，度析百分，中曆或六十分，遠西分或百析爲秒，遞析爲百，至纖而止。中曆或析爲六十秒，遞析爲六十，至十位而止。　遠西圈愈大其度分亦愈大，兩弧之分數等，其圈等，則弧亦等。　其圈不等，弧亦不等，其不等之兩弧名相似弧。【略】如甲丁弧四十度，則丁至丙五十度爲餘弧，有弧大于象限在九十以上名爲過弧，如甲乙弧大于甲丁過九十度，則丁乙爲過弧。　半圈界一百八十度，有弧小于半圈，則其外至百八十度者名爲半圈之較弧。　如甲乙弧小于甲乙丙半圈，則乙丙爲其較弧。　凡交角俱相等。　如甲與乙、丙與丁皆交角相等。【略】如戊與已亦交角相等。　角有二類，一直角，一斜角。　凡直角其度皆九十。　斜角有二類，一鋭角，一鈍角。　鈍角者，其度大于象限；鋭角者，其度小于象限。　角之餘與弧同理，或曰較角，或曰差角。有兩角并在一線上爲同方角，并之等于兩直角。　如上，甲與乙、丙與丁皆是同方兩角，等于兩直角，故彼角爲此角之較。　如前乙角即甲之較，甲亦乙之較。　三角形或三邊等，或兩邊等，或三不等。　三角形兩腰等，其底線上兩角亦等，底上兩角等，則兩腰亦等。【略】三邊形之三角等，則三邊亦等。　三角形之角有二類：一爲直角三邊形，一爲斜角三邊形。　直角三邊形形内止有一直角，直角三邊形之對直角邊名兩腰，名勾股，遠西勾股俱名垂線。　互用之斜角形，其角皆斜，斜角形有二類：一曰鋭角，一曰鈍角。　鈍角形止有一鈍角，鋭角形三皆鋭角。　三角形有二類：一曰平面上形，一曰球上形。【略】平面上三角形有三種：一直線、一曲線、一雜線，大測所論皆直線也。　凡等角兩三邊形，其在等角旁之各兩腰線相與爲比例必等，而對等角之邊爲相似邊。【略】凡兩三角形其角兩邊之比例等，即兩形爲等角形，而對各相似邊之角各等。　此二題爲大測之根本，不用開方，直以比例得之，法至簡，用至大也。　如上圖，甲乙丙、丁戊已兩形，甲與丁、乙與戊、丙與已皆等角，其旁各兩腰之比例等者十與六若五與三也，更之則十與五若六與三也，反之則六與十若三與五也。　凡兩形中各對相當，等角之邊皆相似之邊，如甲丙對乙丁，已對戊，而乙戊爲等角者，即甲丙、丁已爲相似之邊也。　三角形之外角與相對之内兩角并等。

明・徐光啓等《新法算書》卷八七《測量全義・第四題》　圈徑截弦亦截弧，任分之兩分，與兩弧之正各相似。　解曰：有圈徑乙辛截丙丁通於已，截丙乙丁通弧於乙，其丙乙、乙丁兩分弧之各正爲丙甲、戊丁，題言：丙已、已丁兩分與甲丙、戊丁兩正比例等。

論曰：丙甲已、丁戊已兩角形相似。　何者？兩形有相等之已交角，有相等之兩直角，即丁角與丙角必等，是形與形、邊與邊俱相似，而丙已、已丁兩分之比例與丙甲、丁戊兩正自相似。

明・徐光啓等《新法算書》卷八八《測量全義・第六題・測高之廣》　法曰：有室欲量其簷廣如丁乙，先于丙求丙丁、乙丙兩斜線，次向丁向乙定丁丙乙角而成丙丁乙形，此形有丙角丙丁、乙丙兩邊，可得丁乙邊。

明・徐光啓等《新法算書》卷八九《測量全義・測極遠別法・增題三》　兩郡邑相距太遠，以高求遠，表法爲窮，則用四表。　遇地面不平，四表法又窮。　別法：每邑取一高，若山巔、若樓、若林木俱可。　或并爲諸物，又地平爲他物所礙，則又窮。　當於氣清日朗風恬時，燒狼烟直上作兩處之表，次于近山之頂取甲、取乙，甲山上加象限向所測之丁與丙，又向乙山定丙甲丁、乙甲丁兩角，乙山上加象限向甲、向丁、向丙定丁乙丙、甲乙丙兩角，夫甲乙丙形有甲乙邊乙甲丙兩角可求，甲丙邊甲乙丁形有甲乙邊甲乙兩角可求，甲丁邊未甲丁丙形有丙甲丁兩邊可求丁丙相距之遠，若一次不能測，則分測之，如以甲乙測丁丙，以乙辛測丙戊，以辛庚測戊已。

明・徐光啓等《新法算書》卷八九《測量全義・量高遠深・增題四》　用方

木表承以鼎足之跗，垂權取直，表端以下一尺或五寸用一十或一百平分之下作方孔，長寸許，廣三分，貫以橫表，游移無定，亦以十或百平分之，縱橫作直角。解曰：如一圖，欲測甲乙之高，丙上立表，橫表游移，令丁戊乙爲直線，成丁戊己、丁乙庚兩相似形，即丁己若干分與己戊一百分。若丁庚與乙庚加甲庚得全高，以高求遠，則戊己一百分與丁己若干分。若乙庚與庚丁減丁己得甲丙，遠物在下，目在上，如二圖，令戊丁丙作直線，則戊己與己丁，若戊甲與甲丙，若無高求遠，則用重表，如三圖，以丑壬兩測之，較當庚癸相距之遠。

明·徐光啓等《新法算書》卷八九《測量全義·繪洲島郡邑法增題三》 用木或合楮作一圓儀，周分三百六十度，中心立一表，依法取直爲定表，又別作一游表，兩表俱銳其末如錐，或若不作本儀，或象限，或簡平儀，但圓周分度者悉可用，測用兩所皆須以高臨下，兩所各相見。又各見所繪之物，若隔礙不可得見，不妨多處展轉相求。如甲欲測丁，不見丁見乙，先用乙，從乙測丁，乙又不見丁見丙，又用丙，從丙測丁，至得見而止。其兩所或在所繪之內，或在外，皆可。所繪之物如山阜、河渠、樓臺、屋舍等，兩測之所亦用山脊，樓閣，臺塔等。

明·徐光啓等《新法算書》卷九一《測量全義·圓面求積》 凡圓面積與其半徑線偕半周線作矩內直角形之積等。依此法，則量圓形者以半徑乘半周而已。古高士亞、奇默德作圜書内三題洞燭圓形之理，今表而出之，爲元本焉。量面用法：以木造矩錐，平者爲盤，直者爲幹盤，徑五六寸，厚二寸，面畫兩徑輳心成直角，刻成渠深五分、廣一分，下作鑿以受幹也，幹徑一寸以上長四五尺，令平立者目切其盤之面，幹之末，施鐵錨焉，別具望竿數，事略與幹等，器成先試之，法于平地卓錐，從一徑之渠向左、向右各距若干丈尺，卓兩竿與徑爲直線，又從他徑之渠向前、向後各距若干丈尺，卓兩竿與徑爲直線，次轉器易徑以望，先立諸竿，仍作直線，則爲如法之器。

明·王禕《重修革象新書》卷下《求海中舟道》 漂海者依指南針行，此定法也。總分針盤爲三十二向，如正南北東西，乃四正向。如東南、東北、西南、西北乃四角向，又有在正與角之中各三向，各相距一十一度一十五分，而各向線乃其過頂及交地平之大圈也。臨行時其道有三等，皆依盤上向線引舟，而實有與盤所載直線異同者，蓋正南北行則依針線所引之道與所指子午圈同。若正東西在赤道下行，則以東西線所引之道與所指過頂之赤道圈同。正東西在赤道内外行者，雖依東西線引舟，而其實所行之道與赤道爲平行，與線所指之圈則不同，線指過頂交地平大圈，因至地平并交赤道與之斜行，乃舟離去二界皆距赤道等，而路以直角交中子午圈，必與赤道平行。若西南、西北、東南、東北行，雖依針盤所分正角中諸線引舟，而其實所引之舟與所行之道異，蓋所行之道非大圈，亦非平行圈，且亦非圓圈線，何者？大圈因過天頂，斜交子午圈，則所交子午圈之角不等，必漸遠得角漸大，而平行圈皆以直角交，乃舟道之交子午者爲等角，隨處方向同，故自與大小等圈不同也。

今舟行正南北或正東西，赤道下即未嘗離子午，或赤道因而皆爲大圈，則須以度加減之，乃可得其路程，即正東西與赤道爲平行，亦不離此小圈。【略】惟斜行推路甚煩，故或以經緯推距度及方向，或以經及方向推距與緯，又或以緯與距度推經及方位，或以方向及距推經緯，必先知總方所引西南、西北、東南、東北，全圈四分之一及原界之緯度所開，乃依本球求得，此簡法也。

明·王禕《重修革象新書》卷下《以經及方向求距與緯》 法將球本向線至子午圈，與開舟處之緯相交，復轉球令其經度差過子午圈，東西必繇彼界之距，亦視其向線在何度，復交子午圈，即是舟所至界之緯。設從依勒納島舟行西北之偏西，中向相距經約二十四度，因使本向線交子午圈，得距赤道南一十五度三十分，本島緯是隨轉之東行至二十四度，止得原向線交子午圈爲距赤道南五度三十分，即舟所至界之緯，而其距前界之里數，亦可依前法推定矣。

清康熙五十二年奉敕撰《御製數理精蘊》上編卷四《幾何原本十二·第十六》 作分數比例測量儀器法。以甲丙乙半圓形界分爲一百八十度，每度作六十分，將此半圓之丁甲、丁乙、丁丙三半徑線照所容方界分截開，分爲一百分，於每分上俱與三半徑平行，作縱橫線，於甲乙徑線之甲乙兩末作兩定表，以圜丁心爲樞，作一遊表，如丁己，將此遊表亦如前所分一百分度作二百分，復於此儀器後面作一垂線，記號以掛墜線，如庚，即成一全儀器。用以測高深廣遠，可知其各角各界之度矣。如有一辛壬旗杆，欲測其高，則將儀器按墜線立準，看甲乙徑線兩末之定表與旗杆癸處相對，乃爲地平，再將丁己遊表與旗杆頂尖辛處相對，次量儀器中心所對處，至旗杆癸處，得幾何，如有四十丈，則看儀器丁乙線上自丁心至子得四十分，以當地平四十丈，即視與子相對垂線至遊表相交處，有幾何，如丑子三十分，即爲旗杆自辛至癸相當數爲三十丈也。再加癸壬高，即得旗杆辛壬之共高度矣。蓋儀器上之丁子丑小三角形，與所測得丁癸辛大三角形，原爲同式，其相當各界之比例必俱相同，故以丁子四十分與子丑三十分之比，即同於丁癸四十丈與癸辛三十丈之比也。若欲知丁辛弦線數，即視遊表自丁至丑相交之處，得幾何，如有五十分，其相當數即爲五十丈也。若欲知丁癸辛三角形之各角度，則視圜界與遊表相交處，如己，其乙己弧度即丁角三十五度一十三分，其餘己丙弧五十度四十七分即辛角度，而癸辛線原與子丑垂線平行，爲平行線，故癸角必是直角而爲九十度也。

清康熙五十二年奉敕撰《御製數理精蘊》下編卷三《線部一·比例》 凡物彼此相形，並之而用加，較之而用減，聚之而用乘，散之而用除。觀之不過兩率，然乘除之間，四率之理已默寓其中。如因乘命法曰人幾何，每人得物幾何，求總物幾何，則是每一人得物幾何，與幾何人共得物幾何，相比而成四率，乃自小而得大者也。如歸除命法曰有物幾何，命幾何人分之，每人得物幾何，則是共人幾何，共物幾何，與每一人得物幾何，相比而成四率，乃自大而得小者也。蓋因命數以一人爲法，故乘與除各省其率耳，是雖名爲乘除，而實爲相比之四率也。至於比例正法，則所該甚廣，大而推步七政天行，測量高深廣遠，小而量功命事，度大移小，無一非由比例而得。蓋以兩數爲比例，用今有之數，即可以得未有之數也。比例之理雖分相連、相當二種，而相當比例之中，實又兼相連比例。相當比例，一率比二率，如三率比四率，而相連比例，首率比中率，若中率比末率者，即是中率爲二率而又爲三率也。盡人皆知線有線之比例，面有面之比例，體有體之比例，殊不知差分、盈朒、方程、借衰、疊借之類，正皆比例之屬也。然此類中有合數之比例、分數之比例、均數之比例、借數之比例，非條分縷析，各項專論則不備，故仍舊各自爲類，而獨於比例中最切者詳明其理，以列法焉。其法一名異乘同除或名爲準測，或名爲順較，以原有之兩件相除，故爲同除，以今有之一件乘之，故爲異乘如先乘而後除，亦同，而今則質言之曰正比例，蓋以原有之兩件爲一率、二率，以今有之一件爲三率，而所求之一件，則爲四率也。一名爲同乘異除或名爲變測，或名爲互視，或名爲逆較，以原有之兩件相乘，故爲同乘，以今有之一件除之，故爲異除，而今則質言之曰轉比例，蓋以原有之兩件爲二率、三率，以今有之一件爲一率，而所求之一件，則爲四率也。然論其乘除之名雖異，究其比例之理則一而已。今以數明之，如原有之兩數爲二與四，今有之一數爲八，以原有之二作一率，原有之四作二率，今有之八作三率，即得今所求之四率爲十六，而一率二與二率四之比，即三率八與四率十六之比，爲相當之比例也。如原有之兩數爲八與四，今有之一數爲十六，以原有之八作二率，原有之四作三率，今有之十六作一率，即得今所求之四率爲二，而一率十六與二率八之比，即三率四與四率二之比，或以一率十六與三率四之比，即同於二率八與四率二之比，皆爲相當之比例也。總之，乘除之名有異同，四率之列有更換，而既成比例之後，其理無不歸於大同。由此引伸觸類，推而廣之，有合幾四率而爲一，四率者則名爲同乘同除或名爲重測，或名爲順較、逆較，而今則質言之曰合率比例，蓋其理亦不過合幾乘而爲一乘，合幾除而爲一除，各按四率，參互錯綜，豈能出於比例之外哉？凡此各種比例，俱設數例於後，以明立法之根，加之解説，以廣用法之意。

清康熙五十二年奉敕撰《御製數理精蘊》下編卷一八《面部八·測量》 《周髀》曰：「偃矩以窺高，覆矩以測深，卧矩以知遠。」蓋以矩度或表杆相度窺測，立者則取其直，平者則取其方，必使成直角，以大小勾股爲比例，以在器之勾股，比所測之勾股，彼此相形而得之者也。然勾股必爲直角，而三角形則惟變所適而無定形，要以角度爲準，而用割圜八線以爲比例。凡求角求邊，皆以三角形之法爲本，總以對所知爲一率，對所求爲二率，所知爲三率，得四率，即所求也。或一測，或屢測，惟在隨時而致用；或用正，或用餘，惟在比例之相當。不特凡物之高深廣遠可得，而推即七政之躔度、天地之形體，俱可得而測也。

勾股測量凡用矩度，或立表杆，必用垂線，取其與地平成直角以爲準則，若地不平，須記取某處與人目所看相平爲記。

設如有一旗杆，欲測其高，但知距旗杆之遠爲三丈，問得高幾何？

法用矩度矩度之制，必用正方，每邊定一百分或二百分，橫豎俱界線，畫成小方分，自中心所出線俱平分每邊一半，對中心所出線兩邊安定表，取中心，安遊表，看分數必以其自中心所出線爲準，見《幾何原本》十二卷定準墜線，以定表看地平，遊表看旗杆頂，得距地平分四十分，此矩度前邊爲百分，自中心平分，半邊爲五十分，乃以中心平分距分五十分爲一率，所得距分四十分爲二率，距旗杆之遠三丈爲三率，求得四率二丈四尺，即矩度中心定表所對地平至旗杆頂之高，加矩度中心距地之高四尺，共得二丈八尺，即所求旗杆之高也。如圖。甲乙爲旗杆之高，丙乙爲距旗杆之遠，丁爲矩度中心，丁丙爲矩度中心距地之高，己庚爲定表所對地平，爲戊辛壬，爲遊表看旗杆頂甲，其丁庚爲矩度中心平分距分五十分，壬庚爲遊表距地平分四十分，其丁庚與壬庚之比，同於丁戊與甲戊之比，故丁庚五十分爲一率，壬庚四十分爲二率，丁戊距旗杆之遠三丈爲三率，得四率甲戊二丈四尺，加同丁丙高之戊乙四尺，即得甲乙二丈八尺，爲旗杆之高也。【圖略】

又用表杆測法。於距旗杆三丈處立一表高四尺，向前又立一表高八尺，看二表端與旗杆頂齊，量二表，問相距，得五尺，乃以五尺爲一率，前表八尺内減後表四尺，餘四尺爲二率，距旗杆之遠三丈爲三率，求得四率二丈四尺，加入後表高四尺，得二丈八尺，即旗杆之高也。如圖。甲乙爲旗杆之高，乙丙爲距旗杆之遠三丈，丁丙爲後表之高四尺，戊己爲前表之高八尺，丙己爲二表之距五尺，戊庚爲二表之較四尺，丁戊甲爲人目視線，試與乙丙平行，作辛丁線，遂成甲辛丁、戊庚丁兩勾股形，爲同式形，故丁庚與戊庚之比，同於丁辛與甲辛之比，既得甲辛加與丁丙相等之辛乙，即得甲乙爲旗杆之高也。【圖略】

設如一樹欲測其遠，爰取一直角橫量十五丈，問得遠幾何？

法以矩度定表與遊表，定準直角，以定表對樹，遊表隨直角立表杆二三處，橫量十五丈，於此處復安矩度，以定表對所立表杆取直，看原處，以遊表看樹，得距矩度中心平分線距分三十分，乃以所得距分三十分爲一率，矩度中心平分距分五十分爲二率，橫量十五丈爲三率，求得四率二十五丈，即離樹之遠也。如圖。甲爲樹，甲乙爲離樹之遠，乙爲直角，乙丙爲橫量十五丈，丁戊爲所立二表杆，丙爲矩度中心，丙己爲矩度中心平分距分五十分，己庚爲所得距分三十分，丙己庚勾股形與甲乙丙勾股形爲同式形，故己庚與己丙之比，即同於丙乙與甲乙之比也。【圖略】

又用表杆測法。先立一表於乙，取直角橫量十五丈至丙，次立一表於丙，自丙對甲相直復立一表於丁，次依丁丙度引至乙丙線，上截乙丙於戊，乃以丙戊折半於己，遂得丁己丙勾股形與甲乙丙勾股形爲同式形，因量丙己得三丈爲一率，丁己得五丈爲二率，丙乙十五丈爲三率，求得四率二十五丈，即甲乙之遠也。

【圖略】

設如有山一座，欲知其高，用重矩之法測之，問山之高得幾何？

法用矩度定準墜線，以定表看地平，遊表看山頂，得距地平分四十分，又向後量九丈，復安矩度，定準墜線，以定表仍看前矩度定表所看地平原處，遊表看山頂，得距地平分三十二分，乃以前矩度距地平分四十分爲一率，中心平分距分五十分爲二率，後矩度距地平分三十二分爲三率，求得四率四十分，爲前矩度遊表與後矩度遊表同距地平分所得之中心距分，乃以所得四十分與後矩度中心平分距分五十分相減，餘十分爲一率，後矩度距地平分三十二分爲二率，向後量九丈爲三率，求得四率二十八丈八尺，即矩度中心定表所對地平至山頂之高，加矩度中心距地之高四尺，共得二十九丈二尺，即所求之山之高也。如圖。甲乙爲山之高，丙爲前矩度中心，丙庚爲定表所對地平，爲戊丙己，爲遊表看山頂甲，其己庚爲遊表距地平分四十分，丙庚爲中心平分距分五十分，丙丁爲向後量九丈，丁爲後矩度中心，丁壬爲定表所對地平，亦爲戊丁辛，爲遊表看山頂甲，其辛壬爲遊表距地平分三十二分，丁壬爲中心平分距分五十分，試依後矩度遊表距地平分辛壬度，於前矩度作癸子線，則丙子中心距分，必小於丙庚，故己庚與丙庚之比，同於癸子與丙子之比，而得丙子之分，既得丙子，則以丙子與丁壬相減，餘丁丑與前矩度子庚等，即前後兩矩度遊表同距地平分所得中心距分之較，乃自辛至丑作辛丑線，遂成辛壬丑勾股形，與癸子丙同度，俱與甲戊丙勾股形爲同式形，而辛壬丁勾股形又與甲戊丁勾股形爲同式形，且丁丙與丁丑皆爲兩勾股形之各股之較，故辛丑丁三角形與甲丙丁三角形亦爲同式形，是以丁丑與辛壬之比，同於丁丙與甲戊之比，而爲相當比例，四率也。【圖略】

又法用矩度定準墜線，以定表看地平，遊表看山頂，向後量九丈，復安矩度，定準墜線，以定表仍看前矩度，定表所看地平原處，遊表看山頂，得距地平分三十二分，其中心平分距分爲五十分，爰察前矩度距地平分三十二分處，得距中心距分爲四十分，乃以所得四十分，與後矩度中心平分距分五十分相減，餘十分，爲一率，距地平分三十二分爲二率，向後量九丈爲三率，求得四率二十八丈八尺，即矩度中心定表所對地平至山頂之高，加矩度中心距地之高四尺，共得二十九丈二尺，即所求之山之高也。如圖。甲乙爲山之高，丙爲前矩度中心，定表所對地平爲戊，遊表看山頂甲，丙丁爲向後量九丈，丁爲後矩度中心，其辛壬爲遊表距地平分三十二分，丁壬爲中心平分距分五十分，試依後矩度距地平分三十二分辛壬度，於前矩度三十二分處，作己庚線，其丙庚距中心距分得四十分，乃以丙庚四十分，截後矩度丁壬中心平分距分於癸，則丁癸爲減，餘十分，其丁癸與辛壬之比，即同於丁丙與甲戊之比也。前法兩矩度遊表距地平分不同，故用比例四率，而得其距地平相等之中心距分，以取其兩中心距分之較，此法因取其距地平相等之分，故其兩中心距分不同，相減即得其兩中心距分之較也。

【圖略】

設如一牆，欲知其遠，用重矩之法測之，問牆之遠得幾何？

法用矩度定準墜線，以定表看地平，遊表看牆頂，得距地平分四十分，又向後量一丈，復安矩度定準墜線，以定表仍看前矩度，定表所看地平原處，遊表看牆頂，得距地平分二十四分，乃以前矩度距地平分四十分爲一率，中心平分距分五十分爲二率，後矩度距地平分二十四分爲三率，求得四率三十分，爲前矩度遊表與後矩度遊表同距地平分所得之中心距分，乃以所得三十分與後矩度中心平分距分五十分相減，餘二十分，爲一率，前矩度所得中心距分三十分爲二率，向後量一丈爲三率，求得四率一丈五尺，即前矩度距牆之遠。若求後矩度距牆之遠，則以後矩度中心平分距分五十分爲二率，所得四率二丈五尺，即後矩度距牆之遠也。如圖。甲乙爲牆之高，丙爲前矩度中心，丙庚爲定表所對地平爲戊，丙己爲遊表看牆頂甲，其己庚爲遊表距地平分四十分，丙庚爲中心平分距分五十分，丙丁爲向後量一丈，丁爲後矩度中心，丁壬爲定表所對地平，亦爲戊，丁辛爲遊表看牆頂甲，其辛壬爲遊表距地平分二十四分，丁壬爲中心平分距分五十分，試依後矩度遊表距地平分辛壬度，於前矩度作癸子線，則丙子中心距分，必小於丙庚，故己庚與丙庚之比，同於癸子與丙子之比，而得丙子之分，既得丙子，則以丙子與丁壬相減，餘丁丑，與前矩度子庚等，即前後兩矩度遊表同距地平分所得中心距分之較。乃自辛至丑作辛丑線，遂成辛壬丑勾股形，與癸子丙同度，俱與甲戊丙勾股形爲同式形，而辛壬丁勾股形又與甲戊丁勾股形爲同式形，且丁丙與丁丑皆爲兩勾股形之各股之較，故辛丑丁三角形與甲丙丁三角形亦爲同式形，是以丁丑與丑壬之比，同於丁丙與丙戊之比，又丁丑與丁壬之比，亦同於丁丙與丁戊之比也。【圖略】

又法用矩度定準墜線，以定表看地平，遊表看牆頂，向後量一丈，復安矩度，定準墜線，以定表對前矩度中心，遊表看牆頂，得距地平分二十四分，其中心平分距分爲五十分，爰察前矩度距地平分二十四分處，得距中心距分爲三十分，乃以所得三十分與後矩度中心平分距分五十分相減，餘二十分，爲一率，前矩度中心距分三十分爲二率，向後量一丈爲三率，求得四率一丈五尺，即前矩度距牆之遠。若求後矩度距牆之遠，則以後矩度中心平分距分五十分爲二率，所得四率二丈五尺，即後矩度距牆之遠也。如圖。甲乙爲牆之高，丙爲前矩度中心，定表所對地平爲戊，遊表看牆頂甲，丙丁爲向後量一丈，丁爲後矩度中心，其辛壬爲遊表距地平分二十四分，丁壬爲中心平分距分五十分，試依後矩度距地平分二十四分辛壬度，於前矩度二十四分處作己庚線，其丙庚距中心距分得三十分，乃以丙庚三十分，截後矩度丁壬中心平分距分於癸，則丁癸爲減，餘二十分，其丁癸與癸壬之比，同於丁丙與丙戊之比，又丁癸與丁壬之比，亦同於丁丙與丁戊之比也。【圖略】

設如一石，欲知其遠，不取直角，於左右兩處横量三十九丈測之，問兩處各距石幾何？

法先平安矩度於右，以定表看左矩度之中心，遊表看石，得距矩度中心距分三十七分五釐，其遊表之斜距分爲六十二分五釐，次平安矩度於左，以定表看右矩度之中心，遊表看石，得距矩度中心距分十一分二釐五豪，其遊表之斜距分爲五十一分二釐五豪，乃以所得兩距分相併，得四十八分七釐五豪，爲一率，右矩度所得之遊表斜距分六十二分五釐爲二率，横量三十九丈爲三率，求得四率五十丈，爲右矩度距石之遠。若求左矩度距石之遠，則仍以兩距分相併爲一率，左矩度所得之遊表斜距分五十一分二釐五豪爲二率，横量三十九丈爲三率，求得四率四十一丈，爲左矩度距石之遠也。如圖。甲爲石，乙爲右矩度中心，其丁戊爲距分三十七分五釐，戊乙爲遊表斜距分六十二分五釐，乙丙爲横量三十九丈，丙爲左矩度中心，其己庚爲距分十一分二釐五豪，己丙爲遊表斜距分五十一分二釐五豪，試自甲角至乙丙線作甲辛垂線，分爲兩勾股形，則丁戊乙勾股形與甲辛乙勾股形爲同式形，己庚丙勾股形與甲辛丙勾股形爲同式形，而乙丙即爲兩勾之和，故以丁戊與己庚兩勾相併，與戊乙之比，同於乙丙與甲乙之比，又丁戊與己庚兩勾相併，與己丙之比，同於乙丙與甲丙之比，俱爲相當比例四率也。【圖略】

設如隔河一樹，欲測其遠，不能定直角，爰取兩處，俱斜對樹横量十七丈測之，問離樹之遠得幾何？

法先平安矩度於一處，隨定表横量十七丈，復安一矩度，若止用一矩度，則記準一處亦可，以先安矩度定表看後安矩度中心，遊表看樹，得距矩度中心距分四十九分，其遊表之斜距分爲七十分，次以後安矩度定表看先安矩度中心，遊表看樹，得距矩度中心距分十五分，其遊表之斜距分爲五十二分二釐，乃以先安矩度之中心距分四十九分，與後安矩度之中心距分十五分相減，餘三十四分，爲一率，先安矩度遊表斜距分七十分爲二率，横量十七丈爲三率，求得四率三十五丈，爲先安矩度距樹之遠。若以後安矩度遊表斜距分五十二分二釐爲二率，則得四率二十六丈一尺，爲後安矩度距樹之遠也。如圖。甲爲樹，乙爲先安矩度中心，其丁戊爲距矩度中心距分四十九分，戊乙爲遊表斜距分七十分，乙丙爲横量十七丈，丙爲後安矩度中心，其己庚爲距矩度中心距分十五分，庚丙爲遊表斜距分五十二分二釐，按己庚十五分，截丁戊四十九分於辛，則辛戊爲減，餘三十四分，乃自辛至乙作辛乙線，與庚丙等，又將乙丙線引長於壬，自甲作甲壬垂線，遂成甲壬丙、甲壬乙兩勾股形，其乙丁辛勾股形與丙己庚勾股形同度，俱與甲壬丙勾股形爲同式形，而乙丁戊勾股形又與甲壬乙勾股形爲同式形，故乙戊辛三角形與甲乙丙三角形亦爲同式形，是以辛戊與乙戊之比，同於乙丙與甲乙之比，而辛戊與乙辛，乙辛即與丙庚度等之比，又同於乙丙與甲丙之比也。此法蓋因遊表視線俱在對角以外，故甲壬垂線所成甲壬乙、甲壬丙兩勾股形同以甲壬爲股，而矩度上所得之乙丁戊、乙丁辛兩勾股形，乙丁辛即丙己庚亦同以乙丁爲股，故即成兩兩同式形。若遊表視線在對角以內，或一在對角之內，一在對角之外，所得距矩度中心距分不同者，則須取其同距矩度中心距分之度以爲比例，如後法。【圖略】

設如隔河一亭，欲測其遠，不能定直角，爰取兩處，俱斜對亭横量三十丈測之，問距亭之遠得幾何？

法先平安矩度於一處，隨定表横量三十丈，復安一矩度，以先安矩度定表看後安矩度中心，遊表看亭，得距矩度中心距分二十七分，其遊表之斜距分爲五十六分八釐有餘，次以後安矩度看先安矩度中心，遊表看亭，亦察距矩度中心距分二十七分處，得距中心距分三十分，其遊表之斜距分爲四十分三釐有餘，乃以所得距中心距分三十分，與先安矩度中心平分距分五十分相減，餘二十分，爲一率，先安矩度遊表斜距分五十六分八釐有餘爲二率，横量三十丈爲三率，求得四率八十五丈二尺有餘，爲先安矩度距亭之遠。若以後安矩度遊表斜距分四十分三釐有餘爲二率，則得四率六十丈四尺五寸有餘，爲後安矩度距亭之遠也。如圖。甲爲亭，乙爲先安矩度中心，其丁戊爲距矩度中心距分二十七分，乙戊爲中心平分距分五十分，丁乙爲遊表斜距分五十六分八釐有餘，乙丙爲横量三十丈，丙爲後安矩度中心，其己庚亦爲距矩度中心距分二十七分，丙庚爲距中心平分距分三十分，己丙爲遊表斜距分四十分三釐有餘，按丙庚三十分，截乙戊中心平分距分五十分於辛，則乙辛爲減，餘二十分，又自丁至辛作丁辛線，與己丙等，又將乙丙線引長於壬，自甲作甲壬垂線，遂成甲壬丙、甲壬乙兩勾股形，其丁戊辛勾股形與己庚丙勾股形同度，俱與甲壬丙勾股形爲同式形，而丁戊乙勾股形又與甲壬乙勾股形爲同式形，故丁乙辛三角形與甲乙丙三角形亦爲同式形，是以乙辛與丁乙之比，同於乙丙與甲乙之比，又乙辛與丁辛即己丙之比，同於乙丙與甲丙之比也。此法蓋因遊表視線俱在對角以內，故甲壬垂線所成甲壬乙、甲壬丙兩勾股形同以甲壬爲勾，而兩矩度上亦取與丁戊相等之己庚爲勾，使成兩兩同式形，然後可以爲比例也。【圖略】

設如有塔一座，欲知其高，用相等兩表測之，問得高幾何？

法先立一表，比人目高四尺，看塔頂，得距分六尺，又自前表向後量六丈，復立一表，亦比人目高四尺，看塔頂，得距分八尺，乃以前距分六尺，與後距分八尺相減，餘二尺，爲一率，表比人目高四尺爲二率，向後量六丈爲三率，求得四率十二丈，加表比人目之高四尺，共得十二丈四尺，即人目以上之高也。若求前表距塔頂下地平之遠，則以兩距分相減之較爲一率，前表距分六尺爲二率，向後量之數爲三率，得四率十八丈，爲前表距塔頂下地平之遠。若求後表距塔頂下地平之遠，則以後表距分八尺爲二率，得四率二十四丈，即後表距塔頂下地平之遠也。如圖。甲乙爲塔之高，丙丁與戊己爲兩表比人目之高四尺，丁目爲前表距分六尺，丁己爲向後量六丈，己目爲後表距分八尺，試依前距分丁目六尺度，截後距分己目於庚，則庚目爲減餘二尺，乃自戊過丙至辛作戊丙辛線，又自戊至庚作戊庚線，遂成戊己庚勾股形，與丙丁目勾股形同度，俱與甲辛丙勾股形爲同式形，而戊己目勾股形又與甲辛戊勾股形爲同式形，且丙戊與庚目皆爲兩勾股形之各股之較，故戊庚目三角形與甲丙戊三角形又爲同式形，是以庚目與戊己之比，同於戊丙與甲辛之比，又庚目與己庚之比，同於丙戊與辛丙之比，庚目與己目之比，並同於丙戊與辛戊之比也。【圖略】

設如有樓一座，欲知其高，用不等兩表測之，問得高幾何？

法先立長表，比人目高六尺，看樓脊，得距分五尺四寸，又自先立長表向後量二丈，立短表，比人目高四尺，看樓脊，得距分六尺四寸，乃以前表比人目之高六尺爲一率，前表距分五尺四寸爲二率，後表比人目之高四尺爲三率，求得四率三尺六寸，爲前表與後表同高所得之距分，爰以所得之三尺六寸，與後表距分六尺四寸相減，餘二尺八寸，爲一率，後表比人目之高四尺爲二率，以前表距分五尺四寸，内減所得之三尺六寸，餘一尺八寸，與兩表相距二丈相減，餘一丈八尺二寸，爲三率，求得四率二丈六尺，加後表比人目之高四尺得三丈，即人目以上之高也。如圖。甲乙爲樓之高，丙丁爲前表比人目之高六尺，丁目爲前表距分五尺四寸，丁己爲向後量二丈，戊己爲後表比人目之高四尺，己目爲後表距分六尺四寸，試依後表戊己度作庚辛垂線，截丁目於辛，則辛目距分必小於丁目，故丙丁與丁目之比，同於庚辛與辛目之比，而得辛目之分，既得辛目，則以辛目與己目相減，餘壬目，即前後兩表同高所得距分之較，又於兩表相距丁己，内減丁辛，餘辛己，即同高兩表相距之分，故壬目與戊己即庚辛之比，即同於戊庚即辛己與甲癸之比也。【圖略】

三角度數測量度數測量，必取資於儀器，全圜儀、半圜儀、象限儀雖爲體不同，其爲用則一，以九十度爲準，以定表、遊表爲二視線，其相距之度，即爲所測之角。

設如一塔，不知其高，但知距塔之遠爲三十丈，欲測其高幾何？

法以儀器定準墜線，以定表看地平，遊表看塔尖，得兩表相距二十四度，乃以二十四度與九十度相減，餘六十六度，爲對所知之角，其正弦九萬一千三百五十五爲一率，儀器上二十四度，爲對所求之角，其正弦四萬零六百七十四爲二率，距塔之遠三十丈，爲所知之邊，爲三率，求得四率十三丈三尺五寸七分，加儀器之高，即所求之塔之高也。如圖。甲乙爲塔之高，丙乙爲距塔之遠，儀器中心爲丁，丁丙爲儀器中心距地之高，丁戊爲定表所對地平爲庚，丁己爲遊表看塔尖甲，得兩表距弧二十四度爲己戊，其正弦爲己辛，其餘弦爲壬己與丁辛等，象限九十度，内減二十四度，餘六十六度，爲癸己，即甲角之正弧，其正弦即壬己，是以與壬己相等之丁辛與己辛之比，同於丁庚與甲庚之比，爲相當比例四率，既得甲庚，加同丁丙高之庚乙，得甲乙，即塔之高也。【圖略】

又法，以半徑十萬爲一率，二十四度之切線四萬四千五百二十三爲二率，距塔之遠三十丈爲三率，求得四率十三丈三尺五寸七分，加儀器之高，即塔之高也。如圖。己戊弧爲二十四度，丁戊爲半徑，壬戊爲二十四度之正切，故丁戊與壬戊之比，同於丁庚與甲庚之比，爲相當比例四率也。【圖略】

設如一樹，欲知其遠，取一直角，横量十五丈測之，問得幾何？

法以儀器定遊表於九十度，定表看樹，對遊表立兩表竿，取直横量十五丈，復安儀器於此，以定表看原處，遊表看樹，得兩表相距六十度，乃以六十度與九十度相減，餘三十度，爲對所知之角，其正弦五萬爲一率，儀器上六十度，爲對所求之角，其正弦八萬六千六百零三爲二率，横量十五丈爲所知之邊，爲三率，求得四率二十五丈九尺八寸，即所測之樹之遠也。如圖。甲爲樹，甲乙爲距樹之遠，乙爲所定直角，丙乙爲横量十五丈，丙爲儀器中心，丙丁爲定表看原處乙，丙戊爲遊表看甲，得兩表距弧六十度爲戊丁，其正弦爲戊己，餘弦爲庚戊，與丙己等，象限九十度，内減六十度，餘三十度爲辛戊，即甲角之正弧，其正弦即庚戊，是以與庚戊相等之丙己與戊己之比，同於丙乙與甲乙之比，爲相當比例四率也。【圖略】

又法，以半徑十萬爲一率，丙角六十度之正切十七萬三千二百零五爲二率，横量十五丈爲三率，求得四率二十五丈九尺八寸，即所測之樹之遠也。若求甲丙斜距，則以半徑十萬爲一率，丙角六十度之正割二十萬爲二率，横量十五丈爲三率，求得四率三十丈，即甲丙斜距之遠也。如圖。戊丁弧爲六十度，丙丁爲半徑，己丁爲六十度之正切，己丙爲六十度之正割，故丙丁與己丁之比，同於丙乙與甲乙之比，又丙丁與己丙之比，同於丙乙與甲丙之比，俱各爲相當比例四率也。【圖略】

設如一山，欲知其高，用重測之法測之，退步十丈，問山之高得幾何？

法先安儀器，定準墜線，以定表看地平，遊表看山頂，得兩表相距五十度，又退行十丈，復安儀器，定準墜線，以定表仍看前儀器定表所看地平原處，仍以遊表看山頂，得兩表相距四十度，乃以前儀器所得五十度，内減後儀器所得四十度，餘十度，爲對所知之角，其正弦一萬七千三百六十五，爲一率，後儀器所得四十度，爲對所求之角，其正弦六萬四千二百七十九爲二率，退行十丈，爲所知之邊，爲三率，求得四率三十七丈零一寸，爲前儀器中心至山頂之斜距，次以山頂垂線與地平所成直角，爲對所知之角，其正弦即半徑十萬爲一率，前儀器所得五十度，爲對所求之角，其正弦七萬六千六百零四爲二率，前儀器中心至山頂之斜距三十七丈零一寸，爲所知之邊，爲三率，求得四率二十八丈三尺五寸，即所測之山之高也。如圖。甲乙爲山之高，丙丁爲退行十丈，前測得丙角五十度，後測得丁角四十度，而丙角爲甲丙丁三角形之外角，與丁甲二内角相併之度等解見三角形邊線角度相求卷中，故丙角五十度，内減丁角四十度，餘十度，即甲丙丁三角形之甲角，故先用甲丙丁鈍角三角形，求甲丙邊，既得甲丙邊，然後用甲乙丙直角三角形求甲乙邊，爲山之高也。【圖略】

又法，以前測所得五十度之餘切八萬三千九百一十，與後測所得四十度之餘切十一萬九千一百七十五相減，餘三萬五千二百六十五，爲一率，半徑十萬爲二率，退行十丈爲三率，求得四率二十八丈三尺五寸，即所求之山之高也。如圖。戊己爲丙角之餘切，即丙甲乙角之正切，與壬癸等，庚辛爲丁角之餘切，即丁甲乙角之正切，與子癸等，子壬即兩餘切之較，甲癸與戊丙，及庚丁俱同爲半徑，甲癸壬三角形與甲乙丙三角形爲同式形，而甲癸子三角形與甲乙丁三角形

爲同式形，故甲壬子三角形與甲丙丁三角形亦爲同式形，是以子壬與甲癸之比，同於丁丙與甲乙之比，而爲相當比例四率也。【圖略】

設如人在山上，欲測山之高，但知山前有二樹與山參直，二樹相距十八丈，問山之高得幾何？

法於山頂安儀器，定準墜線，以定表向空中取一平線，先以遊表看遠樹，得遊表距垂線四十九度，次以遊表看近樹，得遊表距垂線三十八度，乃以所得兩數相減，餘十一度，爲對所知之角，其正弦一萬九千零八十一爲一率，以看遠樹所得之四十九度，與九十度相減，餘四十一度，爲對所求之角，其正弦六萬五千六百零六，爲二率，二樹相距十八丈爲三率，求得四率六十一丈八尺九寸，爲近樹距山頂之斜距，次以山頂垂線與地平所成直角，爲對所知之角，其正弦即半徑十萬爲一率，以看近樹所得之三十八度，與九十度相減，餘五十二度，爲對所求之角，其正弦七萬八千八百零一爲二率，近樹距山頂之斜距六十一丈八尺九寸，爲所知之邊，爲三率，求得四率四十八丈七尺七寸，即所測之山之高也。如圖。甲乙爲兩樹相距十八丈，丙丁爲山之高，甲丙丁角爲看遠樹所得之四十九度，乙丙丁角爲看近樹所得之三十八度，兩數相減，餘十一度，爲甲丙乙角，甲丙丁角四十九度與九十度相減，所餘之四十一度，爲甲角，乙丙丁角三十八度與九十度相減，所餘之五十二度，爲乙角，先用甲乙丙鈍角三角形，求丙乙邊，既得丙乙邊，然後用乙丙丁直角三角形求丙丁邊，爲山之高也。【圖略】

又法，以先看遠樹所得四十九度之正切十一萬五千零三十七，與後看近樹所得三十八度之正切七萬八千一百二十九相減，餘三萬六千九百零八，爲一率，半徑十萬爲二率，二樹相距之十八丈爲三率，求得四率四十八丈七尺七寸，即山之高也。如圖。戊已爲甲丙丁角之正切，庚已爲乙丙丁角之正切，戊庚即兩正切之較，丙已爲半徑，故戊庚與丙已之比，同於甲乙與丙丁之比，而爲相當比例四率也。【圖略】

設如一石，欲知其遠，不取直角，於左右兩處横量五十丈測之，問兩處各距石幾何？

法先平安儀器於左，以定表看右儀器之中心，遊表看石，得兩表相距七十度，次平安儀器於右，以定表看左儀器之中心，遊表看石，得兩表相距六十度，互以兩角度相併，得一百三十度，與一百八十度相減，餘五十度，爲對所知之角，其正弦七萬六千六百零四爲一率，求右邊，則以左邊儀器所得七十度，爲對所求之角，其正弦九萬三千九百六十九爲二率，左右相距五十丈爲所知之邊，爲三率，求得四率六十一丈三尺三寸，爲右邊距石之遠。若求左邊距石之遠，則以右邊儀器所得六十度，爲對所求之角，其正弦八萬六千六百零三爲二率，左右相距五十丈爲所知之邊，爲三率，求得四率五十六丈五尺三寸，爲左邊距石之遠也。如圖。甲爲石，乙丙爲左右相距五十丈，乙角爲左邊所測七十度，丙角爲右邊所測六十度，兩角相併，與一百八十度相減，得甲角五十度，共爲甲乙丙鋭角三角形，蓋知乙、丙二角及乙丙邊而求甲乙邊及甲丙邊也。【圖略】

又法，以左邊儀器所得七十度之餘切三萬六千三百九十七，與右邊儀器所得六十度之餘切五萬七千七百三十五相併，得九萬四千一百三十二爲一率，右邊儀器所得六十度之餘割十一萬五千四百七十爲二率，左右相距五十丈爲三率，求得四率六十一丈三尺三寸，爲右邊距石之遠。若求左邊距石之遠，則以左邊儀器所得七十度之餘割十萬六千四百一十八爲二率，左右相距五十丈爲三率，求得四率五十六丈五尺三寸，爲左邊距石之遠也。如圖。甲爲石，乙丙爲左右相距五十丈，乙角爲左邊所測七十度，丙角爲右邊所測六十度，試自甲至乙丙線上作甲丁垂線，分爲甲丁乙、甲丁丙兩直角形，戊已爲丙角之餘切，即丁甲丙角之正切，與壬癸等，已丙爲丙角之餘割，即丁甲丙角之正割，與甲癸等，庚辛爲乙角之餘切，即丁甲乙角之正切，與壬子等，庚乙爲乙角之餘割，即丁甲乙角之正割，與甲子等，而癸子即兩餘切之和，甲壬癸與甲丁丙爲同式形，甲壬子與甲丁乙爲同式形，故甲子癸與甲乙丙亦爲同式形，是以癸子與甲癸之比，同於丙乙與甲丙之比，又癸子與甲子之比，同於丙乙與甲乙之比，皆爲相當比例四率也。【圖略】

設如隔河一樹，欲知其遠，不能定直角，爰取兩處，俱斜對樹横量十二丈測之，問離樹之遠得幾何？

法平安儀器於一處，隨定表横量十二丈，復安一儀器（若止用一儀器則記準一處亦可），以先安儀器定表看後安儀器中心，遊表看樹，得兩表相距一百一十度，次以後安儀器定表看先安儀器中心，遊表看樹，得兩表相距四十度，乃以兩角度相併，得一百五十度，與一百八十度相減，餘三十度，爲對所知之角，其正弦五萬爲一率，後安儀器所得四十度，爲對所求之角，其正弦六萬四千二百七十九爲二率，横量十二丈，爲所知之邊，爲三率，求得四率十五丈四尺二寸七分，即所測之樹之遠也。如圖。甲爲樹，甲乙爲離樹之遠，乙丙爲横量十二丈，乙角爲一百一十度，丙角爲四十度，兩角相併，與一百八十度相減，得甲角三十度，共爲甲乙丙鈍角三角形，蓋知乙丙二角及乙丙邊而求甲乙邊也。【圖略】

又法，以先安儀器所得之外角七十度之餘切三萬六千三百九十七，與後安儀器所得四十度之餘切十一萬九千一百七十五相減，餘八萬二千七百七十八，爲一率，先安儀器所得之外角七十度之餘割十萬六千四百一十八爲二率，橫量十二丈爲三率，求得四率十五丈四尺二寸七分，即所測之樹之遠也。如圖。甲爲樹，甲乙爲離樹之遠，乙丙爲橫量十二丈，乙角爲先安儀器所得一百一十度，丙角爲後安儀器所得四十度，試將乙丙線引長，自甲角作甲丁垂線，遂成甲丁乙直角三角形，而甲乙丁角即乙角之外角，戊己爲乙外角之餘切，即乙甲丁角之正切，與壬癸等，己乙爲乙外角之餘割，即乙甲丁角之正割，與甲壬等，庚辛爲丙角之餘切，即丙甲丁角之正切，與子癸等，子壬即兩餘切之較，甲癸壬三角形與甲丁乙三角形爲同式形，甲癸子三角形與甲丁丙三角形爲同式形，故甲壬子三角形與甲乙丙三角形亦爲同式形，是以子壬與甲壬之比，同於丙乙與甲乙之比，而爲相當比例四率也。【圖略】

設如遠望一山，欲知其高，不得退步，爰取左右兩處，橫量一百丈，先求斜距測之，問山之高得幾何？

法以儀器斜對山頂，隨定表橫量一百丈，任記一處，遊表看山頂，得兩表相距八十六度五十三分，又隨定表橫量一百丈，所記之處復安儀器，斜對山頂，以定表看原處，遊表看山頂，得兩表相距七十八度零七分，乃以兩角度相併，得一百六十五度，與一百八十度相減，餘一十五度，爲對所知之角，其正弦二萬五千八百八十二爲一率，後測所得七十八度零七分，爲對所求之角，其正弦九萬七千八百五十七爲二率，橫量一百丈，爲所知之邊，爲三率，求得四率三百七十八丈零九寸，爲先安儀器至山頂之斜距。次以儀器安於原處，定準墜線，定表看地平，遊表看山頂，得兩表相距五十一度，乃以山頂垂線與地平所成直角，爲對所知之角，其正弦即半徑十萬爲一率，儀器所得五十一度，爲對所求之角，其正弦七萬七千七百一十五爲二率，儀器至山頂之斜距三百七十八丈零九寸，爲所知之邊，爲三率，求得四率二百九十三丈八尺三寸，即所測之山之高也。如圖。甲爲山頂，甲乙爲先安儀器至山頂之斜距，乙丙爲橫量一百丈，甲丙爲後安儀器至山頂之斜距，乙角爲八十六度五十三分，丙角爲七十八度零七分，兩角相併，與一百八十度相減，得甲角一十五度，遂成甲乙丙鋭角三角形，今有乙、丙二角與乙丙邊，求甲乙邊，即先安儀器至山頂之斜距，又甲丁爲山之高，甲乙爲儀器至山頂之斜距，丁角即山頂垂線與地平所成直角，乙角爲五十一度，復成甲丁乙直角三角形，今有乙、丁二角與甲乙邊，求甲丁邊，即山之高也。【圖略】

設如人在山坡，測山之高，前後不得地平，爰取斜坡前後兩處，相距一百丈測之，問山之高得幾何？

法於山坡先安儀器，定準墜線，以定表空取一地平，以遊表看山頂，得兩表相距四十度，於是向後就斜坡直量一百丈，復安儀器，定準墜線，以定表空取一地平，以遊表看山頂，得兩表相距三十五度，又以遊表看前儀器中心，得兩表相距十三度，乃以前儀器所得四十度，內減後儀器所得三十五度，餘五度，爲對所知之角，其正弦八千七百一十六爲一率，以前儀器所得四十度，內減後儀器看前儀器中心所得十三度，餘二十七度，爲對所求之外角，其正弦四萬五千三百九十九爲二率，退量一百丈，爲所知之邊，爲三率，求得四率五百二十丈八尺七寸，爲山頂至後儀器之斜距。次以山頂垂線與地平所成直角，爲對所知之角，其正弦即半徑十萬爲一率，後儀器所得三十五度，爲對所求之角，其正弦五萬七千三百五十八爲二率，山頂至後儀器之斜距五百二十丈八尺七寸，爲所知之邊，爲三率，求得四率二百九十八丈七尺六寸，即所測之山之高也。如圖。甲乙爲山之高，丙丁爲山坡斜距一百丈，甲丙戊角爲前儀器所得四十度，甲丁乙角爲後儀器所得三十五度，丙丁乙角爲後儀器看前儀器中心所得十三度，若將戊丙線引長至己，則甲己戊角與甲丁乙角爲二平行線之內外角，其度必等，故於甲丙戊角四十度，內減甲丁乙角三十五度，餘五度，爲丁甲丙角此即前題退步兩測之理，又試將丁丙線引長至庚，則庚丙戊角與丙丁乙角亦爲二平行線之內外角，其度亦等，故於甲丙戊角四十度，內減與庚丙戊角相等之丙丁乙角十三度，餘甲丙庚角二十七度，爲甲丙丁鈍角之外角，故先用甲丙丁鈍角三角形，求甲丁邊，爲後儀器至山頂之斜距，次用甲乙丁直角三角形，求甲乙邊，爲山之高也。【圖略】

設如東西二樹，欲知其相距之遠，測處距西樹五十丈，距東樹七十丈，問二樹相距幾何？

法以儀器定表看東樹，遊表看西樹，得兩表相距五十度，乃以距西樹五十丈，與距東樹七十丈相加，得一百二十丈，爲一率，又以五十丈與七十丈相減，餘二十丈，爲二率，兩表相距五十度與一百八十度相減，餘一百三十度，爲外角，折半得六十五度，爲半外角，其正切二十一萬四千四百五十一爲三率，求得四率三萬五千七百四十二，爲半較角之正切，檢表得十九度四十分，與半外角六十五度相減，餘四十五度二十分，爲小角，與半外角六十五度相加，得八十四度四十分，爲大角，既得二角，則以小角四十五度二十分，爲對所知之角，其正弦七萬一千一百二十一爲一率，兩表相距五十度，爲對所求之角，其正弦七萬六千六百零四爲二率，距西樹之遠，爲所知之邊，其數五十丈爲三率，求得四率五十三丈八尺五寸，即東西二樹相距之遠也。如圖。甲爲西樹，乙爲東樹，丙爲儀器中心，甲丙爲距西樹五十丈，乙丙爲距東樹七十丈，丙角爲兩表視線相距五十度，今以丙角爲心，甲丙小邊爲半徑，作一甲丁戊圜，截乙丙大邊於戊，將乙丙引長至圜界丁，則丙戊、丙丁俱爲半徑，與甲丙等，自丁至乙，即兩邊之和，自戊至乙，即兩邊之較，試自甲至戊作甲戊線，則成丙甲戊三角形，其丙甲戊與丙戊甲二角併之，與甲丙丁外角度等，今折半用其正切，即如用丁戊甲角之正切，故自甲至丁作甲丁線，即丁戊甲角之正切，又戊甲乙角即甲角，大於丙甲戊角之較，亦即乙角，小於丙戊甲角之較，故自圜界戊至甲乙邊作己戊線，與甲丁平行，即戊甲乙角之正切，且乙甲丁與乙己戊爲同式形，故兩邊之和，乙丁與丁戊甲半外角切線甲丁之比，即同於兩邊之較，乙戊與半較角切線己戊之比，爲相當比例四率也。【圖略】

又法，以半徑十萬爲一率，兩表相距五十度之正弦七萬六千六百零四爲二率，距西樹之遠五十丈爲三率，求得四率三十八丈三尺，爲西樹至看東樹視線上之垂線。又以半徑十萬爲二率，兩表相距五十度之餘弦六萬四千二百七十九爲二率，距西樹之遠五十丈爲三率，求得四率三十二丈一尺四寸，爲西樹至看東樹視線上垂線，所分之小段分邊線，將此數與距東樹之遠七十丈相減，餘三十七丈八尺六寸，亦爲西樹至看東樹視線上垂線，所分之大段分邊線，爰以此線爲勾，所得垂線爲股，求得弦五十三丈八尺五寸，即東西二樹相距之遠也。如圖。甲乙丙三角形，甲爲西樹，乙爲東樹，丙爲儀器中心，甲丙爲距西樹五十丈，乙丙爲距東樹七十丈，試自甲角至乙丙視線上作甲丁垂線，遂分甲乙丙三角形爲甲丁乙、甲丁丙兩直角三角形，先求得甲丁垂線爲股，次求得丁丙小段分邊線，與乙丙相減，餘乙丁大段分邊線，爲勾，求得甲乙弦，即二樹相距之遠也。【圖略】

又法，以距西樹之遠五十丈爲一率，距東樹之遠七十丈爲二率，兩表相距五十度之餘割一十三萬零五百四十一爲三率，求得四率一十八萬二千七百五十七，爲西樹至看東樹視線上垂線，所分兩分角之兩正切之和，內減兩表相距五十度之餘切八萬三千九百一十餘九萬八千八百四十七，爲對西樹視線之對邊角之餘切，檢表得四十五度二十分，即對西樹視線之對邊角，乃以此角度爲對所知之角，其正弦七萬一千一百二十一爲一率，兩表相距五十度，爲對所求之角，其正弦七萬六千六百零四爲二率，距西樹之遠，爲所知之邊，其數五十丈爲三率，求得四率五十三丈八尺五寸，即東西二樹相距之遠也。如圖。甲乙丙三角形，甲爲西樹，乙爲東樹，丙爲儀器中心，甲丙爲距西樹五十丈，乙丙爲距東樹七十丈，丙角爲兩表視線相距五十度，試自甲角至乙丙視線上作甲丁垂線，遂分甲乙丙三角形爲甲丁乙、甲丁丙兩直角三角形，以甲角爲心，作一戊己庚半圜，則甲丁垂線平分於己，兩邊各成一象限，又與乙丙平行，作一辛壬線，則辛己一段，爲乙甲丁分角之正切，即乙角之餘切，己壬一段，爲丙甲丁分角之正切，即丙角之餘切，而甲壬爲丙甲丁分角之正割，亦即丙角之餘割，甲辛壬與甲乙丙兩三角形爲同式形，故甲丙邊與乙丙邊之比，同於丙角餘割，甲壬即丙甲丁分角之正割，與丙甲丁、乙甲丁兩分角之正切相合之辛壬之比，爲相當比例四率，既得辛壬兩分角之共切，內減去丙甲丁分角之正切己壬即丙角之餘切，所餘辛己，爲乙甲丁分角之正切，即爲乙角之餘切，檢表即得乙角，既得乙角，則用兩角一邊比例求之而得甲乙邊矣。【圖略】

設如南北二橋，欲知其相距之遠，測處距南橋九十丈，距北橋一百二十丈，問二橋相距幾何？

法以儀器定表看北橋，遊表看南橋，得兩表相距一百二十度，乃以距南橋九十丈，與距北橋一百二十丈相加，得二百一十丈，爲一率，又以九十丈與一百二十丈相減，餘三十丈爲二率，兩表相距一百二十度與一百八十度相減，餘六十度爲外角，折半得三十度，爲半外角，其正切五萬七千七百三十五爲三率，求得四率八千二百四十八，爲半較角之正切，檢表得四度四十三分，與半外角三十度相減，餘二十五度一十七分，爲小角，與半外角三十度相加，得三十四度四十三分，爲大角，既得二角，則以小角二十五度十七分，爲對所知之角，其正弦四萬二千七百零九爲一率，兩表相距一百二十度，爲對所求之角，其外角六十度之正弦八萬六千六百零三爲二率，距南橋之遠爲所知之邊，其數九十丈爲三率，求得四率一百八十二丈四尺九寸，爲南北二橋相距之遠也。如圖。甲爲南橋，乙爲北橋，丙爲儀器中心，甲丙爲距南橋九十丈，乙丙爲距北橋一百二十丈，丙角爲兩表視線相距一百二十度，今以丙角爲心，甲丙小邊爲半徑，作一甲丁戊圜，截乙丙大邊於戊，將乙丙引長至圜界丁，則乙丁爲兩邊之和，乙戊爲兩邊之較，試自甲至戊作甲戊線，成甲丙戊三角形，其丙甲戊與丙戊甲二角併之，與甲丙丁外角度等，今折半，用其正切，即如用丁戊甲角之正切，故自甲至丁作甲丁線，即丁戊甲角之正切，又戊甲乙角，即甲角，大於丙甲戊角之較，亦即乙角，小於丙戊甲角之較，故自圜界戊至甲乙邊作已戊線，與甲丁平行，即戊甲乙角之正切，且乙甲丁與乙已戊爲同式形，故兩邊之和乙丁與丁戊甲半外角切線甲丁之比，即同於兩邊之較乙戊與半較角切線已戊之比，爲相當比例四率也。【圖略】

又法，以半徑十萬爲一率，兩表相距一百二十度之外角六十度之正弦八萬六千六百零三爲二率，距南橋之遠九十丈爲三率，求得四率七十七丈九尺四寸，爲南橋至看北橋視線引長虛邊線上之垂線。又以半徑十萬爲一率，兩表相距一百二十度之外角六十度之餘弦五萬爲二率，距南橋之遠五十丈爲三率，求得四率四十五丈，爲南橋至看北橋視線引長所成直角之虛邊線，與距北橋一百二十丈相加，得一百六十五丈，爲南橋至看北橋視線引長之總邊線。爰以此線爲股，所得南橋至虛邊之垂線爲勾，求得弦一百八十二丈四尺八寸，即南北二橋相距之遠也。如圖。甲乙丙三角形，甲爲南橋，乙爲北橋，丙爲儀器中心，甲丙爲距南橋九十丈，乙丙爲距北橋一百二十丈，試將乙丙線引長自甲角，作甲丁垂線，遂成甲丁丙、甲丁乙兩直角三角形，先求得甲丁垂線爲勾，次求得丙丁虛邊線與乙丙相加得乙丁總邊線爲股，求得甲乙弦，即二橋相距之遠也。【圖略】

又法，以距南橋之遠九十丈爲一率，距北橋之遠一百二十丈爲二率，兩表相距一百二十度之外角六十度之餘割二十一萬五千四百七十爲三率，求得四率一十五萬三千九百六十，爲南橋至看北橋視線引長虛邊線上之垂線，所成兩分角之正切之較，與兩表相距一百二十度之外角六十度之餘切五萬七千七百三十五相加，得二十一萬一千六百九十五，爲對南橋視線之對邊角之餘切，檢表得二十五度十七分，即對南橋視線之對邊角，乃以此角度爲對所知之角，其正弦四萬二千七百零九爲一率，兩表相距一百二十度，爲對所求之角，其外角六十度之正弦八萬六千六百零三爲二率，距南橋之遠爲所知之邊，其數九十丈爲三率，求得四率一百八十二丈四尺九寸，即南北二橋相距之遠也。如圖。甲乙丙三角形，甲爲南橋，乙爲北橋，丙爲儀器中心，甲丙爲距南橋九十丈，乙丙爲距北橋一百二十丈，丙角爲兩表視線相距一百二十度，試將乙丙邊引長自甲角，作甲丁垂線，遂成甲丁丙、甲丁乙兩直角三角形，甲丁丙三角形之丙角，即甲乙丙三角形之丙角之外角，其餘切戊已，即甲丁丙三角形之甲角之正切，如庚辛丙外角之餘割，已丙即甲丁丙三角形之甲角之正割，如甲庚，而甲乙丙三角形之乙角之餘切，壬癸即甲丁乙三角形之甲角之正切，如子辛，若甲丁乙三角形之乙角餘切，與甲丁丙三角形之丙角餘切相減，即兩甲角相差之較，如子庚，甲辛庚三角形與甲丁丙三角形爲同式形，甲辛子三角形與甲丁乙三角形爲同式形，故甲子庚三角形與甲乙丙三角形亦爲同式形，是以甲丙邊與乙丙邊之比，同於丙外角餘割甲庚即已丙與兩餘切之較子庚之比，爲相當比例四率，既得子庚兩餘切之較，與丙外角之餘切庚辛即戊已相加，得子辛，即乙角之餘切，檢表得乙角，既得乙角，則用兩角一邊比例求之而得甲乙邊矣。【圖略】

如隔河東西二樹，欲知其相距之遠，爰對一樹取一直角，左右横量十三丈測之，問二樹相距幾何？

法先對西樹安儀器於右，定遊表於九十度，以定表看西樹，隨遊表横量十三丈，乃以遊表看東樹，得西樹視線距横量邊線九十度，東樹視線距横量邊線三十八度，西樹、東樹兩視線相距爲五十二度。次於直角横量十三丈處安儀器於左，以定表看右儀器中心，遊表看東樹，得東樹視線距横量邊線一百一十度，復以遊表看西樹，得西樹視線距横量邊線四十五度。乃先求右儀器距西樹之遠，以左儀器看西樹，距横量邊線之四十五度，與九十度相減，餘四十五度，爲對所知之角，其正弦七萬零七百一十一爲一率，以左儀器看西樹，距横量邊線之四十五度，爲對所求之角，其正弦七萬零七百一十一爲二率，左右横量十三丈爲所知之邊，爲三率，求得四率十三丈，爲右儀器距西樹之遠。次求右儀器距東樹之遠，以右儀器看東樹，距横量邊線三十八度，與左儀器看東樹距横量邊線一百一十度相併，得一百四十八度，與一百八十度相減，餘三十二度，爲對所知之角，其正弦五萬二千九百九十二爲一率，以左儀器看東樹，距横量邊線一百一十度，爲對所求之角，其外角七十度之正弦九萬三千九百六十九爲二率，左右横量十三丈爲所知之邊，爲三率，求得四率二十三丈零五寸，爲右儀器距東樹之遠。末求東西二樹相距之遠，以右儀器距西樹十三丈，與右儀器距東樹二十三丈零五寸相加，得三十六丈零五寸爲一率，又以十三丈與二十三丈零五寸相減，餘十丈零五寸爲二率，以右儀器看西樹東樹兩表相距五十二度，與一百八十度相減，餘一百二十八度，爲外角，折半得六十四度，爲半外角，其正切二十萬零五千零三十爲三率，求得四率五萬七千一百五十八爲半較角之正切，檢表得二十九度四十五分，與半外角六十四度相減，餘三十四度十五分，爲小角，以半較角二十九度四十五分與半外角六十四度相加，得九十三度四十五分，爲大角，乃以小角三十四度十五分，爲對所知之角，其正弦五萬六千二百八十爲一率，看西樹東樹兩表相距之五十二度，爲對所求之角，其正弦七萬八千八百零一爲二率，右儀器距西樹之遠十三丈爲所知之邊，爲三率，求得四率十八丈二尺，爲東西二樹相距之遠也。如圖。甲爲西樹，乙爲東樹，丙爲右儀器中心，丁爲左儀器中心，丙丁爲兩測之距十三丈，甲丙丁角爲直角九十度，甲丙乙角爲右儀器看東樹、西樹兩表相距之五十二度，乙丙丁角爲右儀器看東樹視線，距横量邊線三十八度，乙丁丙角爲左儀器看東樹視線，距横量邊線一百一十度，甲丁丙角爲左儀器看西樹，距横量邊線四十五度。先以甲丁丙角四十五度與九十度相減，餘四十五度爲丁甲丙角，遂成甲丙丁三角形，求甲丙邊爲右儀器距西樹之遠，次以乙丙丁角三十八度與乙丁丙角一百一十度併之，與一百八十度相減，餘三十二度，爲丙乙丁角，遂成乙丙丁三角形，求乙丙邊，爲右儀器距東樹之遠。末以甲乙丙三角形之甲丙、乙丙二邊，甲丙乙一角，求乙甲丙大角九十三度四十五分，甲乙丙小角三十四度十五分，而得甲乙邊，爲東西二樹相距之遠也。【圖略】

設如南北二峯，欲知其相距之遠，不取直角，於左右兩處横量一百丈測之，問二峯相距幾何？

法安儀器於右，隨定表向左横量一百丈，乃以遊表看南峯，得南峯視線距横量邊線一百零七度，復以遊表看北峯，得北峯視線距横量邊線四十六度，南峯、北峯兩視線相距爲六十一度。次於横量一百丈處安儀器於左，以定表看右儀器中心，遊表看北峯，得北峯視線距横量邊線九十九度，復以遊表看南峯，得南峯視線距横量邊線五十度，北峯、南峯兩視線相距爲四十九度。乃先求左儀器距北峯之遠，以右儀器看北峯距横量邊線之四十六度，與左儀器看北峯距横量邊線之九十九度相併，得一百四十五度，與一百八十度相減，餘三十五度，爲對所知之角，其正弦五萬七千三百五十八爲一率，以右儀器看北峯，距横量邊線之四十六度，爲對所求之角，其正弦七萬一千九百三十四爲二率，横量一百丈爲所知之邊，爲三率，求得四率一百二十五丈四尺一寸，爲左儀器距北峯之遠。次求左儀器距南峯之遠，以左儀器看南峯，距横量邊線之五十度，與右儀器看南峯距横量邊線之一百零七度相併，得一百五十七度，與一百八十度相減，餘二十三度，爲對所知之角，其正弦三萬九千零七十三爲一率，右儀器看南峯，距横量邊線一百零七度，爲對所求之角，其外角七十三度之正弦九萬五千六百三十爲二率，横量一百丈爲所知之邊，爲三率，求得四率二百四十四丈七尺四寸，爲左儀器距南峯之遠。末求南北二峯相距之遠，以左儀器距北峯一百二十五丈四尺一寸，與左儀器距南峯二百四十四丈七尺四寸相加，得三百七十丈一尺五寸爲一率，又以一百二十五丈四尺一寸與二百四十四丈七尺四寸相減，餘一百一十九丈三尺三寸，爲二率，以左儀器看南峯北峯兩視線相距四十九度，與一百八十度相減，餘一百三十一度，爲外角，折半得六十五度三十分，爲半外角，其正切二十一萬九千四百三十爲三率，求得四率七萬零七百四十，爲半較角之正切，查表得三十五度十六分，與半外角六十五度三十分相減，餘三十度十四分，爲小角，與半外角六十五度三十分相加，得一百度四十六分，爲大角，乃以小角三十度十四分，爲對所知之角，其正弦五萬零三百五十二爲一率，左儀器看南峯北峯兩視線相距之四十九度，爲對所求之角，其正弦七萬五千四百七十一爲二率，左儀器距北峯之遠一百二十五丈四尺一寸爲所知之邊，爲三率，求得四率一百八十七丈九尺七寸，爲南北二峯相距之遠也。【圖略】

又法，求自北峯至左儀器距南峯視線上之垂線，作勾股法算之，則以垂線所分直角爲對所知之角，其正弦，即半徑十萬爲一率，左儀器看南峯北峯兩視線相距之四十九度，爲對所求之角，其正弦七萬五千四百七十一爲二率，左儀器距北峯之遠，爲所知之邊，其數一百二十五丈四尺一寸爲三率，求得四率九十四丈六尺四寸，爲自北峯至左儀器距南峯視線上之垂線。次求左儀器至垂線末之分邊線，仍以垂線所分直角爲對所知之角，其正弦即半徑十萬爲一率，以左儀器看南峯北峯兩視線相距之四十九度，與九十度相減，餘四十一度，爲對所求之角，其正弦六萬五千六百零六爲二率，即四十九度之餘弦，左儀器距北峯之遠爲所知之邊，其數一百二十五丈四尺一寸爲三率，求得四率八十二丈二尺七寸，爲自左儀器至垂線末之分邊線，與左儀器距南峯之二百四十四丈七尺四寸相減，餘一百六十二丈四尺七寸，爲南峯距垂線末之分邊線，乃以此數爲股，所得垂線九十四丈六尺四寸爲勾，求得弦一百八十八丈零二寸，即南北二峯相距之遠也。如圖。甲爲南峯，乙爲北峯，丙爲右儀器中心，丁爲左儀器中心，丙丁爲兩測之距一百丈，甲丙丁角爲右儀器看南峯視線，距横量邊線一百零七度，乙丙丁角爲右儀器看北峯視線，距横量邊線四十六度，乙丁丙角爲左儀器看北峯視線，距横量邊線九十九度，甲丁丙角爲左儀器看南峯視線，距横量邊線五十度，甲丁乙角爲左儀器看南峯北峯兩表相距之四十九度，先以乙丙丁角四十六度與乙丁丙角九十九度併之，與一百八十度相減，餘三十五度，爲丁乙丙角，遂成乙丁丙三角形，而求乙丁邊，爲左儀器距北峯之遠。次以甲丁丙角五十度與甲丙丁角一百零七度併之，與一百八十度相減，餘二十三度，爲丁甲丙角，遂成甲丙丁三角形，而求甲丁邊，爲左儀器距南峯之遠。末以甲乙丁三角形之甲丁、乙丁二邊，甲丁乙一角，求甲乙丁大角一百度四十六分，乙甲丁小角三十度十四分，而得甲乙邊，爲南北二峯相距之遠也。又或求得乙戊垂線，又求得丁戊爲左儀器至垂線末之分邊線，則以丁戊與甲丁相減，餘甲戊爲股，乙戊垂線爲勾，而得甲乙弦，爲南北二峯相距之遠也。【圖略】

清康熙五十二年奉敕撰《御製數理精蘊》下編卷三九《末部九・比例規解》

比例尺代算，凡點、線、面、體，乘除開方，皆可以規度而得，然於畫圖製器，尤所必需，誠算器之至善者焉。究其立法之原，總不越乎同式三角形之比例。蓋同式三角形，其各角各邊皆爲相當之率，今張尺之兩股，爲三角形之兩腰，其尺末相距，即三角形之底，遂成兩邊相等之三角形，於中任截兩邊相等之各三角形，則其各腰之比例，必與各底之比例相當也。一曰平分線，以御三率；一曰分面線；一曰更面線，以御面冪；一曰分體線；一曰更體線，以御體積；一曰五金線，以御輕重；一曰分圓線；一曰正弦線；一曰正切線；一曰正割線，以御測量併製平儀諸器。凡此十線，或總歸一器，或分爲數體，任意爲之，無所不可。今將各線之分法及用法併著於篇，此外又有假數尺，即用對數及正弦割切諸線之對數爲之，用於三率比例，測量尤爲簡捷，亦詳其法於後。

清・梅文鼎《梅氏叢書輯要》卷一六《方程論・測量》　測量非方程事也。方程者，算術。算術恃計，測量恃目，實惟兩途。測量之不能兼算術，猶算術之不能兼測量，雖曰能兼，非其粹矣。今略具其所兼、其不能兼者，有句股諸法。

清・梅文鼎《梅氏叢書輯要》卷三九《塹堵測量》　塹堵測量序目。塹堵測量者，借土方之法以量天度也。其術以平圓御渾圓，以方體測圓體，以虛形準實形，故托其名於塹堵也。古法斜剖立方成兩塹堵，塹堵又剖爲三，成立三角，爲量體，所必須然。此義中西皆未發，今以渾儀黄赤道之割、切二線成立三角形立三角本實形，今諸線相遇，成虛形，與實形等，而四面皆句股，即弧度，可相求，不須用角。西法通于古法矣。又于餘弧取赤道及大距弧之割切諸線成句股，方錐形亦四面皆句股，即弧度可相求，亦不言角。古法通於西法矣。二者並可用堅楮爲儀，以寫其狀，則弧度中八線相爲比例之理，了如掌紋。而郭太史圓容方直，矢接句股之法，亦不煩言説而解。書凡二卷。

塹堵測量

總論

塹堵測量者，句股法也。以西術言之，則立三角法也。古《九章》以立方斜剖成塹堵，其兩端皆句股，再剖之，則成錐體，而四面皆句股矣。任以此錐體之一面平寘爲底，則其鋭上指，環而視之，皆成立面之句股，而各有三角三邊，故謂之立三角也。

立三角之法以測體積，方圓斜側，靡所不通。其測渾圓之弧度，則有二理。其一，用視法。如弧三角所詮，用三角三弧之正弦切線，移於平面謂渾圓立剖之平面，即成三層句股相似之比例，今謂之渾圓容立三角也。其一，不用視法而用實數。如句股錐形等法，用三弧三角之割線餘弦，各於其平面自成相似之句股，以爲比例三弧直剖至渾圓之心，即各成句股形之面，今謂之塹堵測量也渾圓內容之立三角，亦塹堵之小形，而塹堵測量所測亦渾圓之度，因書匪一時所爲，而意各有屬，其名遂別二而一，一而二者也。

以上通論立三角及塹堵測量命名之意，並其同異之處因立三角有塹堵之名，因渾圓(丙)(内)三層勾股生塹堵之用，故存此二者以爲塹堵測量基本。

而數之可算者，皆可作圖以明之，故渾圓可變爲平圓，如古者蓋天之圓是也。數之可算可圖者，皆可製器以象之，故渾圓可剖爲錐體，塹堵測量之儀器是也。

凡測算之器，至今日大備，且益精益簡。古者渾儀經緯相結，爲儀三重。至郭太史之簡儀，立運儀，則一環而已足，今則更省之爲象限儀，是益簡益精之效也。至於渾象，無與於測而有資於算，所以證理也。西法之簡平渾蓋，以平寫渾，亦可謂工巧之至，獨未有器以證八線。夫用句股以算渾圓，其法莫便於八線。然八線之在平圓者可以圖明，在渾圓者難以筆顯。鼎蓋嘗深思其故，而見渾圓中諸線犁然，有合于古人塹堵之法，乃以堅楮肖之爲徑寸之儀，而三弧三角各線所成之句股了了分明，省筆舌之煩以象相告於作圖布算，不無小補，而又非若渾象之難成。因名之曰塹堵測量，從其質也。

塹堵形，析渾象之一體，亦如象限儀剖渾儀之一隅，環而測之，則象限即渾儀之全周也，周遍析之，則塹堵即渾象之全體也。是故塹堵形可析爲兩，可合爲一。其析者，一爲句股錐亦曰立三角儀，則起二分訖二至；一爲句股方錐亦曰方直儀，則起二至訖二分。起分者，西率，起二至者，古率也。是兩者，九十度中皆可爲之自分訖至九十度，並可爲句股錐，自至訖分九十度，並可爲句股方錐。然至半象以上，割切二線太長，溢出於方塹堵之外，故又有互用之法也。其合者，近分度用句股錐，近至度用句股方錐。以黄道四十七度、赤道四十五度爲限，過此者互用其餘。如是則兩錐形，合之成方塹堵矣。

方塹堵内，又成圓塹堵二：其一，下爲赤道圓象限，而上爲橢形之象限，距度割切二線所成也；其一，下爲橢形象限，而上爲黄道之圓象限，距度正弦黄道半徑所成也兩圓塹堵之用，已拈於兩錐形内。兩圓塹堵内，又以黄道正弦、距度正弦成小方塹堵之象，則郭太史圓容方直本法也。於是又有圓容方直儀簡法，而立三角之儀遂有三式句股錐，其形四鋭；方直儀，其底長方；圓容方直簡法儀，其底爲渾圓冪之分。之三者，或兼用割切，或專用正弦，而並不用角，合渾圓内三層句股觀之，可以明立法之根。

以上論塹堵測量儀器句股錐形及句股方錐形二種，爲塹堵測量正用，而圓容方直形，專用正弦成小塹堵，尤正用中之正用也。此小塹堵在兩重圓塹堵内，故兼論之。又此小塹堵足闡《授時》弧矢之秘因，遂以郭法附焉。

問：八線生於角，用八線而不用角，何也？

曰：角與弧相應，故用角即用弧也，用弧即用角也。明於斯理，而後可以用角，渾圓内三層句股是也。明於斯理，而後可以不用角，塹堵三儀是也。用角者，西法也，而用角即用弧，則通于古法也。不用角者，古法也，而用弧即用角，則通於西法也。於是而古法、西法，可以觀其會通，息其煩喙矣。

以上論角即弧解之理。

立三角法

立三角者，量體之法也。西學以《幾何原本》言度數，而所譯六卷之書，止於測面，其測體法則未之及，蓋難之也。余嘗以句股法釋幾何而稍爲推廣其用，謂之《幾何補編》，亦曰立三角法本爲體積而設，然其中義煩，頗有與渾圓弧度之法相通者，故摘録之以明塹堵測量之理。

立三角法摘録

一、立三角爲有法之形

立三角之面，皆平三角也，平三角不拘斜正，皆爲有法之形，故立三角亦不拘斜正，而皆爲有法之形。

一、立三角爲量體之密率

凡量體者，必析之，析之成立三角形，則可以知其容積可得而量矣。若不可以立三角析者，則爲無法之形，不可以量。

一、立三角即錐體

立三角任以一面平安如底，則餘三面皆斜立亦有一面正立者，而鋭必在上，即成三角立錐。

一、各種錐體，皆立五角之合形

凡錐體必上尖下闊，任取其一面觀之，皆斜立之平三角也。凡錐形自其尖切至底，則其中剖之立面，亦平三角也。錐體之底，或四邊、五邊以至多邊，若以對角線分其底，又即皆成平三角也。故四棱錐可分爲兩，五棱可分爲三，六棱以上，無不可分，分之皆立三角形。故知一切錐體，皆立三角之合形也。

底之邊多至於三百六十，又析之爲分爲秒，以此爲底，皆可成錐體。再析之至於無數，即成平圓底，可作圓錐；要之皆小平三角面無數，以成之者也。

一、各種有法之形，亦皆立三角之合形

如立方體依其棱剖至心，成六分體，皆扁方錐，其斜面輳心皆成立三角。長方體亦然。

四等面體，從其棱剖至心，成(曰)(四)分體。八等面，則成八分體。二十等面成二十分體，皆立三角錐。

十二等面，依故剖至心，成十二分體，皆五棱錐，其立面五，皆立三角。

渾圓形，以渾圓面冪爲底，半徑爲高，作大圓錐而成渾積，準前論，皆無數立三角所成，然則渾圓亦立三角也。

渾圓既爲立三角所成，則半之而爲半渾圓一平圓面，一半渾圓面，如圓瓜中剖。或再分之而爲一象限，或更小於象限之渾圓細分弧面自象限以内置於一度，或一度内若干分秒，如剖橘瓤，並一弧面兩半平圓面。以渾圓之理通志，皆立三角所成。

一、無法之形，有面有棱，即皆爲立三角所成

準前論，各依其棱線割之至底，或依對角線斜剖之，即皆成立三角，而無法之形皆可爲有法之形。

一、立三角體之形不一，而皆有三角三邊

非四面不能成體，故立三角必四面，非三角三邊不能成面，故立三角體之面，皆三角三邊。

約舉其類，有四面相等者，即四等面形也其面冪等，其棱之長短亦等。有三面相等而一面不等者，其不等之一面，必三邊俱等，餘三棱則自相等。有二面兩兩相等者，有二面相等餘二面不等者，有四面各不相等者。有三面非句股，而一面成句股者，有兩面成句股者其句股或等或否。有四面並句股者，句股立錐也。以上皆正形也，四等面任以一面爲底，其錐尖正立居中，三等面以等邊之一面爲底，錐尖亦正立居中。以上不皆正形，而皆爲有法之形。

一、立三角形，有實體，有虛體

實者如臺如塔如堤，虛者如井如池。又如隔水測物，皆自其物之平面角，作直線至人目，即成虛立錐體，以人目爲其頂銳，而所測平面則其底也，所作直線皆爲其棱，若所測平面爲四邊五邊以上，皆可作對角線，分爲三角錐形。

立三角又有三平面一弧面者，如自地心作三直線至星宿所居之度，則此三星之相距，皆弧度也，三弧度爲邊，即成弧三角形以爲之底，其三直線皆大圓半徑以爲之棱，而合於地心以爲之頂銳，亦立三角之虛形即弧三角錐體。

若干渾球體作三大圈相交，成弧三角形，從三角作直線至圓心，依此析之，即成實體，與上法並同一理。

一、立三角形，有立有眡，有倒有倚，立者以底平安，則銳尖上指，如人之立。

眡者以底側立如堵牆，而錐形反横，如人之眡，此惟正形之錐則有之既定一面爲底，則底在下者爲立，在旁者爲眡。如虛形，則不拘正斜，皆以所測爲底。

又如弧三角錐，以渾圓面上所成之弧三角爲底，以三直線輳於渾體之心爲其頂銳，則四面八方，皆可爲底，而銳常在心，不特能眡能立，亦且能倒能攲亦惟有底有銳之正形則然，若他形底無定，各隨人所置。眡體倒體以及他形之攲側不同，而皆爲有法之形者，三角故也。

一、古法有塹堵一作塹堵、陽馬、鱉臑、芻甍等法，皆可以立三角處之。凡立方體，從其面之一棱，依對角斜線剖至其底相對之一棱，則其積平分而成塹堵形。

甲乙爲頂，有袤無廣，丙丁戊己爲方底，或長方，則丙丁同己戊爲袤，丁己仝丙戊爲廣，乙丙同甲丁爲其高，甲丁丙爲立面，甲戊己爲斜面，皆長方，乙丙戊同甲丁己爲兩端立面，皆句股形，而相對相等。

塹堵形有如屋者，甲乙頂袤如屋脊，甲乙丙丁及甲乙戊己丙長方，皆斜面而相等，丙丁戊己爲底，乙丙戊與甲己丁兩圭形相對而等，而以乙辛爲其高，其辛丙及辛戊，俱平分而等。

又或甲乙頂袤，不居正中而近一邊，然甲乙與丁丙及己戊俱平行而等，其甲丁乙丙，及甲己乙戊兩斜面雖有大小而並爲長方形，乙辛垂線，不能分丙辛及辛戊爲平分，而比與丙戊底爲十字正角，則乙辛爲正高。【圖略】

以上三者，皆塹堵正形，並以高乘，底折半見積，何也？皆立方之半體，其兩端皆立三角形也第一形兩端爲句股，第二、第三皆以乙辛中奇，成兩句股。

凡塹堵形，亦可立可眡，立者以甲乙爲頂長，丙丁戊己爲底。眡者以戊己爲頂長，以甲乙丙丁爲底，如隔水測懸崖之類。

又有斜塹堵形，其各線不必平行，底不必正方，但俱直線，則底與兩斜面，皆可作對角線以分爲三角形，而諸線可測，實體虛體並有之，於測量之用尤多。

斜塹者，本爲無法之形，而亦能爲有法之形者，可析之成三角也。

凡塹堵形，從頂上一角，依對角線斜剖之爲兩，則成一立方錐、一句股錐。

塹堵形，從乙角作乙己、乙丁兩對角線，依線剖之，則成兩形。

立方錐，一名陽馬。

句股錐，一名鱉臑。

陽馬形以丙丁戊己方形爲底，以乙爲頂銳而偏居一角，故乙丙直立如垂線以爲之高，其四立面皆成句股形，故又名句股立方錐。

論曰：陽馬形，從塹堵第一正形而分，故其高線直立於一隅，乃立方之棱線，四面句股因此而成，是爲句股方錐之正體。若斜塹堵等形之分形，則但可爲斜立方錐而不得爲句股方錐，亦非陽馬。

斜立方錐者，其頂不居正中，然又不能正立一隅，故非句股立錐，而但爲斜立方錐，如上二形頂既偏側，底亦非方，亦斜立錐形。

斜立方錐，亦可立可眡，皆可以立三角法禦之，但不知句股立方錐之有一定比例。

鱉臑形以甲乙爲上袤而無廣，以丁己爲下廣而無袤，故稱鱉臑，象形也。其各面或句股，或不爲句股，而皆三角，故又名三角錐。

句股立錐形其上有袤而無廣，下有廣而無袤，並同鱉臑，所異者，甲角正方，故乙甲丁立面，乙甲己斜面，並成句股，是四面皆句股也。故謂之句股方錐，不得僅名鱉臑。

論曰：鱉臑中有句股立錐，猶斜立方錐中之有句股方錐也。立三角皆有法之形，而此二者尤可以明測量比例之理。

又論曰：立三角所以爲有法形者，謂其可施八線也。而八線原爲句股之比例，此二者既通體皆句股所成，故在有法形中，尤爲有法矣。

又論曰：若句股方錐再剖之，即又成二句股錐而皆等積，故陽馬爲立方三之一，句股錐則爲六之一，皆立方之分體也。

又論曰：句股方錐及句股錐皆生於塹堵，故塹堵形爲測量之綱要。

芻甍形亦如屋而兩端漸殺，故項窄而底寬，其丙丁戊己底，或正方，或長方，甲乙項小於丙丁，或居正中，或稍偏，然皆與丙丁及戊己平行。

芻甍，蓋取草屋之象，乃塹堵形之一種，亦可分爲三鱉臑。

芻甍從甲丙甲戊二線剖之，成一鱉臑，一立方錐。鱉臑一

立方錐又從丁戊斜剖之，成兩鱉臑。鱉臑二

又有芻童者，形如方台，皆立方之變體，方臺面與底俱正方，芻童則長方，而面小底大則同，亦皆可分爲立三角。

準前論，方台作對角線，並可分爲兩芻甍，即可再分爲六鱉臑，即皆立三角錐也。【圖略】

論曰：量面者必始於三角，量體者必始於鱉臑，皆有法之形也。量面者析之至三角而止，再析之仍三角耳。量體者析之至鱉臑而止，再析之仍鱉臑耳。面之可以析爲三角者，即爲有法之面，體之可以析爲鱉臑者，即爲有法之體。蓋鱉臑即立三角之異名也。量體者必以立三角，非是不可得而量。

演算法

凡算立三角體，須求其正高，以正高乘底，以三而一見積，其法有三：其一頂居一角，其棱直立，即用爲正高；其二頂鋭不居一角，而在三角之間，其三頂斜出底三邊之外，並以法求其垂線爲正高。

假如己甲乙丙立三角體，甲乙丙爲底，己爲頂鋭，正居丙角之上，己丙正垂線爲高，先以乙丙五十六尺，甲乙邊六十一尺，甲丙邊七十五尺，求其冪積一千六百三十尺，以乘己丙高四十尺，得六萬七千二百尺爲實，以三爲法除之，得二萬二千四百尺爲立三角錐體。若欲知己乙、甲己兩斜弦，依句股求弦，即得己丙既直立，則恒爲股，以股自乘冪，加乙丙句冪爲弦冪，開方得己乙弦。又以股冪加甲丙句冪爲弦冪，開方得甲己弦。

若己頂不居一角而在三角之中，則己丙非正高，乃斜棱也。法當分爲兩形，其法依丙己棱直剖至底。【圖略】

以上三形，乃中剖爲二之象，其中剖之立面，亦成丁己丙三角形，如平三角法，求得己戊垂線，即爲正高，如上法，先求甲乙丙冪，以乘己戊高，得數爲實，三除見積。

又法，不必剖形，但於形外，任依一棱如丙己，於庚作垂線至丙，以法取庚點，與己頂平行，即庚丙爲正高，與己戊等。或量得庚己橫距爲句，以己丙爲弦，求其股，即得庚丙正高，亦同。

立三角之頂有斜出者，或在底外，則於己頂作垂線至庚，與甲乙丙底平行，乃任用相近一棱如己乙爲弦，量庚乙之距爲句，依法求其股，得己庚爲其正高，以乘底三除見積。

問己頂既居形外，己庚何以得爲正高也。曰，此易知也。但補作甲庚虛線，成四邊形爲底，則爲四棱立錐，而己庚爲其正高，甲乙丙底，乃其底之分也，亦必以己庚爲正高矣。

假如乙庚丙甲爲底，丙甲與乙庚等，丙乙與甲庚等，或斜方，或正方，其己庚一棱，正立如垂，則即爲正高。正高乘方底，三除之，即體積也。若從甲乙對角線分其底爲均半，又依甲己、甲乙二棱，從頂直剖之至底，則分爲兩三角形，而各得其積之半矣底既平分爲兩，則其積亦平分爲兩。其己庚乙甲與己甲乙丙形既皆半積，則相等，而庚乙甲底與甲乙丙底又等，則其高亦等，而己庚乙甲形，既以己庚爲高矣，則己甲乙丙形之高，非己庚而何？【圖略】

又論曰：量體積者必先知面，猶量面冪者必先知線也。然則量體者，亦先知線矣。是故，量體之法，可轉用之以求線也量體者有先知之面冪，有求而得之面冪，夫求之而得面者，必先求其面冪之界，界即線也，故量體之法，可用之以求線也。

何謂以量體之法求線，曰測量是也。前論立三角有虛體爲測量之用，夫虛體者，無體也，無體而有線，如實體之有棱，故可以量體之法求之也。如所測之物有三點，即成三邊三角，當以三直線測之，則立三角錐形矣。所測有四點，當以四直線測之，則四棱立錐形矣。兩測則又爲塹堵形矣。故測量之法，可以求線也。

又論曰：用立三角以量體者，仍平三角也，而用三角以量面者，仍句股也。吾以是而知聖人立法之精深廣大。

渾圓內容立三角體法

總圖【圖略】

全形爲塹堵。

分形爲鱉臑，即立三角體，又爲句股立錐，西法所用。

若内切小塹堵，則爲圓容方直形，即郭太史弧矢法。

先解全形　塹堵體【圖略】

亢戊乙卯，爲塹堵斜面，其形長方。

卯乙爲渾圓半徑卯爲渾圓之心，亢戊爲四十五度切線，與卯乙同度，同爲横邊，亢卯爲乙角割線，與戊乙同度，同爲直邊。

亢氐戊丁，爲塹堵立面，其形横長方。

亢氐者，乙角切線也，與戊丁同度，以爲之高，亢戊及氐丁皆四十五度切線，與半徑同度以爲之闊。

亢氐卯，戊丁乙，皆塹堵兩和之牆，其形皆立句股。

氐卯同丁乙，皆半徑，爲句，亢氐同戊丁皆乙角切線，爲股。亢卯同戊乙，皆乙角割線，爲弦。

卯乙丁氐，爲塹堵之底，其形正方。

卯乙及卯氐，皆渾圓半徑，其對邊悉同。

法曰先爲立方體，以容渾球，使北極在上，南極在下，皆正切于立方底蓋之中心，則赤道平安，而赤道之二分二至亦皆在立方四面之中心矣。

次依赤道，横剖方體爲均半，而用其上半，爲半立方容半渾圓，則二分二至皆在半立方之底線各中心，而赤道全圈居其底。

次依二分二至，從北極十字剖之，又成四小立方，各得原立方八之一，而小立力(方)内，各容渾圓分體八之一。此小立方，有一角之棱，直立爲北極之軸，上爲北極，下即渾圓心，即角也，其立方根皆渾圓半徑。

次依黄赤道大距取切線爲高，作横線于小立方夏至之一邊，即亢戊線。

次依亢戊横線，斜剖至對邊之足，則成塹堵矣對邊之足，即卯乙也，本爲黄赤道半徑，今在小立方體，爲方底之邊，故云足也。

塹堵體有五面，其一斜面亢戊乙卯長方，其三立面一亢氐戊丁長方，二亢氐卯、戊丁乙相等，兩句股，其一方底卯乙氐丁，平方。

底面總形【圖略】

塹堵形面，有赤道象弧在方底，有黄赤大距弧在立句股邊，即兩和之牆。

底形

底形正方，其卯角即黄赤道心，氐甲乙，爲(亦)〔赤〕道一象限，乙爲春分，氐爲夏至赤道，卯氐及卯乙，皆赤道半徑，其對邊氐丁及乙丁，皆四十五度切線。

立句股面形

立句股之面有二一亢氐卯，二戊丁乙，皆同角同邊。

亢氐卯形内有氐癸弧，爲夏至黄赤大距，二十三度半强，氐卯爲赤道半徑，癸卯爲黄道半徑，卯角爲黄赤道大距角氐癸弧之角。

立句股面形二

亢氐者，氐癸弧之切線亦即卯角切線，亢卯者，氐癸弧之割線亦即卯角割線。

戊乙丁形，即前圖亢氐卯形之對(而)〔面〕，戊丁高同亢氐切線如股，戊乙斜線同亢卯割線如弦，丁乙横線同氐卯如句，乙角同卯角。

斜面形

又有黄道象弧在斜面

斜面形長方其斜立之勢依黄道，其卯角爲黄道心即赤道心，乙丙癸爲黄道一象限。乙爲春分與赤道同用，癸爲黄道夏至，卯癸及卯乙皆黄道半徑丙卯乙與赤道同用，亢卯爲二十三度半强之割線夏至黄赤大距割線，其相對戊乙邊，與亢卯割線同度，亢戊邊與卯乙半徑相對同度，乃四十五度之切線與底上切線氐丁相應。

立面形

立面形亦長方，其勢直立，亢戊及(曰)〔氐〕丁二邊爲其闊，皆四十五度切線，與半徑同度，亢氐及戊丁爲其高，皆二十三度半之切線夏至黄赤大距切線。以亢戊邊，度起斜面之亢戊邊，而成角體，仍以氐丁邊聯于方底之氐丁邊，則其形直立矣。

次解分形，立三角體古謂鱉臑，即句辰錐。

内含乙甲丙弧三角形，及乙甲丙卯弧三角錐體。

卯爲渾圓心黄赤同用，卯乙，渾圓半徑黄赤同用，乙丙弧爲黄道經度，丙卯爲黄道半徑，乙甲弧爲赤道經度，甲卯爲赤道半徑，丙甲弧爲黄赤距緯，乙爲春分點，酉乙未角爲春分角二十三度半，與二至大距之緯度相應，此角不動，丙爲所設黄道度距春分後之點，此點移，則丙之交角變，而諸數皆從之而變。

法曰：于前圖全形塹堵斜面黄道象弧内，尋所設黄道經度，自春分乙起數設度至丙，從丙向圓心卯，作丙卯半徑，遂依半徑引長至塹堵之邊酉，成酉卯直線，依酉卯直線，直剖至底未卯線爲底，酉未線爲邊，成酉未乙卯立三角體，此立三角體有四面，而皆句股，故又曰句股立錐。

立句股之錐尖爲酉

其斜面爲酉乙卯句股乙正角，乙酉爲股，乙卯爲〔句〕，酉卯爲〔弦〕。

其立面二

一爲酉未乙句股形未正角，酉未垂線爲股，未乙爲句，酉乙爲弦。

一爲酉未卯句股形未正角，酉未垂線爲股，未卯爲句，酉卯爲弦。

其底爲未乙卯句股形乙正角，未乙爲股，乙卯爲句，未卯爲弦。

以上四句股面凡棱線六。

卯乙，半徑也；酉乙，黄道；丙乙，弧之切線也；而酉卯則其割線也；未乙，赤道；乙甲，弧之切線也；而未卯，則其割線也，惟酉未垂線於八線無當，今名之曰錐尖垂線，亦曰錐尖柱，亦曰外線，以其離於渾圓之體也。

句股面有四而用者二，酉未乙也，以其能與乙角之大句股爲比例也。

棱線六而用者二，酉乙及未乙也，以其爲二道之切線，爲八線中有定數可爲比例也。

第一層句股比例圖【圖略】

酉未乙句股形以黄道切線酉乙、赤道切線未乙相連於乙角，則酉乙爲弦，未乙爲句，而戊丁乙及牛昴乙二句股形，同在一立面，又同用乙角，故可以相爲比例。

術爲以赤道半徑丁乙，比乙角之割線戊乙，若赤道切線未乙，與黄道切線酉乙也此爲以句求弦。

又以黄道半徑牛乙，比乙角之餘弦昴乙，若黄道切線酉乙，與赤道切線未乙也此爲以弦求句。

解曰：丁乙與氐昴同大，則皆赤道半徑也。戊乙與亢卯同大，則皆乙角割線也。牛乙與癸卯同大，皆黄道半徑。昴乙與巳卯同大，皆乙角餘弦也。從乙窺卯，則成一點，而乙角卯角，合爲一角，其角之割線餘弦，盡移於壍堵之第一層，而同在一立面，爲若干弦觀總圖自明。

以赤道求黄道，以黄道求赤道

一赤道半徑；一黄道半徑；

二乙角割線；二乙角餘弦；

三赤道切線；三黄道切線；

四黄道切線；四赤道切線。

若求角者，反用其率，又法：

一赤道切線　半徑；一黄道切線　半徑；

二黄道切線；二赤道切線；

三半徑赤道餘切；三半徑黄道餘切。

四乙角割線；四乙角餘弦。

第二層句股比例圖【圖略】

子甲丑句股形，以黄赤距度之切線子甲，赤道之正弦甲丑，相連于甲，成正角，則子甲爲股，甲丑爲句，而與坎震丑及女婁丑，二句股形同在一立面，又同丑角，故可相求。

術爲以赤道半徑震丑，比乙角之切線坎震，若赤道正弦甲丑，與距度之切線子甲也是爲以句求股。

又爲以乙角之正弦女婁，與乙角餘弦婁丑，若距度之切線子甲，與赤道之正弦甲丑也是爲以股求句。

解曰：震丑即氐卯，赤道半徑也；坎震即亢氐，乙角之切線也；女婁即癸巳，而婁丑即巳卯，乙角之正弦餘弦也。從乙窺卯，則乙丑卯成一點，而合爲一角，其角之切線正弦餘弦，盡移於壍堵第二層立面，爲句與股。

以赤道求距度，以距度求赤道　又法：

一半徑，一乙角正弦，一乙角切線，半徑；

二乙角切線，二乙角餘弦，二半徑乙角餘切；

三赤道正弦，三距度切線，三距度切線；

四距度切線，四赤道正弦，四赤道正弦。

若求角則反用其率　又法：

一距度切線，半徑，一赤道正弦，半徑；

二赤道正弦，二距度切線；

三半徑距度餘切，三半徑赤道餘切；

四乙角餘切，四乙角切線。

第三層句股比例圖【圖略】

丙辛壬句股形，以距度正弦丙辛，黄道正弦丙壬，相連于丙而成鋭角，則丙壬爲弦，丙辛爲股，而與乾艮壬及奎胃壬二句股，同在一立面，同用壬角，故可相求。

術爲以黄道半徑奎壬，比乙角之正弦奎胃，若黄道正弦丙壬，與距度之正弦丙辛也是爲以弦求股。

又爲以乙角之切線乾艮，比乙角之割線乾壬，若距度之正弦丙辛，與黃道正弦丙壬也是爲以股求弦。

解曰：奎壬即癸卯，黃道半徑也，奎胃即癸巳，距度正弦也，乾艮即亢氐，而乾壬即亢卯，則乙角之切線割線也。從乙窺卯，則乙丑壬卯半徑，因直視成一點，而合爲一角，其角之正弦切割線，盡移於塹堵之第三層立面，一位弦爲股。

以黃道求距度　以距度求黃道　又法：

一半徑，一乙角切線，一乙角正弦，半徑；

二乙角正弦，二乙角割線，二半徑乙角余割；

三黃道正弦，三距度正弦，三距度正弦；

四距度正弦，四黃道正弦，四黃道正弦。

若求角則反用其半　又法：

一距度正弦，半徑，一黃道正弦，半徑；

二黃道正弦，二距度正弦；

三半徑距度餘割；三半徑黃道餘割；

四乙角正割，四乙角正弦。

弧三角錐體即割渾圓體之一分

法曰，依前論，從丙點對卯直剖至底，則截黃道於丙，截赤道於甲，得丙乙及甲乙二弧，所剖渾圓之跡，又成丙甲弧爲兩道距緯。三弧相湊，成丙甲乙弧三角面。丙卯、甲卯、乙卯同爲半徑，三半徑爲棱輳於卯心，卯爲三角之尖，乙甲丙弧三角面爲底，成乙甲丙卯弧三角錐體，爲割渾圓體之一分也。

此弧三角錐體，含千句股立錐體內，準前論可以明之。【圖略】

因此弧三角錐，與句股錐同銳卯尖異底一以弧三角面爲底，一以句股平面爲底，故以弧三角變爲句股，以求其比例，而有三法即前條所論三層句股。

其一爲酉未乙句股形。

用酉乙弦爲黃道丙乙弧切線，未乙句爲赤道乙甲弧切線，以當乙角之弦與句。

其一爲子甲丑句股形。

用子甲股爲距度丙甲弧切線，甲丑句爲赤道乙甲弧正弦，以當乙角之股與句。

其一爲丙辛壬句股形。

用丙辛股爲距度丙甲弧正弦，丙壬弦爲黃道丙乙弧正弦，以當乙角之股與弦。

問：兩弧求一弧，非句股錐乎？與此所用同耶？異耶？

曰：形不異也，乃法異耳。

何言乎法異？

曰：句股錐一也，而有用角不用角之殊。此用角度，其句股在錐形之底以卯心爲錐形之銳，則三層句股皆爲其底，而遙對渾體之心，以視法成比例。兩弧求一弧不用角度，其句股同在錐形之一面，無假視法自成比例，所以不同，然其爲句股之比例一而已矣。然則兩弧求一弧，惟用割線餘弦，此所用者惟正弦切線，又何不同若□耶？

曰：角之句股在心如卯亢氐等形，皆依極至交圈平剖渾圓，成平面，其象始著，是在渾圓之心，與爲比例之句股在面如酉未乙等形，皆以一角連於渾圓之面，二者相離，以視法相疊如一平面，然惟正弦切線能與之平行從凸面平視，則設度之正弦切線，皆與渾圓中剖之平面諸線平行，若割線餘弦皆非平行。因視法而蹐縮失其本象徵或斜對則長線成短線，或對視則直線成一點，不能爲比例，無所用之矣。若兩弧求一弧，則其句股自相埰疊于一平面平立斜三面各具三句股，面如相埰疊，並以一大句股橫截成三，皆以本數自相爲比例，全不關於視法，故無蹐縮，而其算皆割線餘弦所成，於正弦切線反無所取，所以不同。若以量體之法言之，割線餘弦爲量立棱斜棱之法，正弦切線則量底之法也兩弧求一弧法見二卷。

如圖【圖略】以卯爲句股立錐之頂，卯乙爲直立之棱，如渾圓半徑，卯未、卯酉爲斜面之棱，並如割線酉乙、未乙兩底線，並如切線，若依底線平截之，成大小三形，則比例見矣。

清・沈大成《學福齋集・文集》卷二〇　句股三述引。句股之學，本於《周髀》，見於《周禮・地官》。一曰旁要讀平聲，曰重差夕讀若的桀，其九章之第最後及之，所以禦高深廣遠也。橫爲句，縱爲股，斜爲弦，三者可以互相求。以句中所容方直之積求，則山之高、井之深、城邑之廣、道路之遠，皆可測量知之。此竿(算)數之至極。羣經注疏援據，時有陋儒不學展卷面牆，余竊恥焉。少時與里中張衢尊先生游，即知好之。壯客四方，獲交休寧程栗也。太史涇縣劉其暉、宜興謝曉山兩君皆精於此學者，塵磚鹿鹿，僅闚藩籬。晚遇吾友休寧戴君東原於廣陵，專門名家聚中西演算法之書，相與講尋討論聞所未聞。泊館江氏，與長洲谷翁士芳同舍，谷翁最精西法，能製鐘表儀器篝鐙風雨，非余過翁，即翁過余，如是者五年，而其學遂以大明。因屬翁製一儀器，陽爲象限，即割圜之一角三百六十度之九十度，用以視線分度，陰爲矩度，中數一萬，外週三百六十度，每面九十度，用以開方定數，或運尺，或引線，仰可測高，偃可算平，爲數幾何，一量即得。不揣檮昧，爰爲之述三篇：一曰句股，以原其體；二曰開方，以究其用；三曰測量，以證其實。仍各圖之於後，以便考索，其綜冠之曰《句股三述》者，從其朔也。夫古人之於道有縣解神悟者，而余於一菽之微，積年累歲，老而始明，斯亦愚者之歸也。已可，哂也夫。

句股小述

句股竿術，其精爲容圜、測圜、割圜，周公商高之遺法。自西洋人改容圜爲矩度，測圜爲八線，割圜爲三角，自炫獨得，而世人耳食目論，遂忘其故。余嘗考《九章竿經》，載劉徽割圜術，及祖沖之皆以割六弧起數，趙友欽乾象周髀法以四角起數，今西法割圜八線，以六宗率則兼用之，而橫詆古人，但知徑一圍三，徐光啓等傅會之，是不知二五之即十，不亦傎乎。蓋今之三角竿，即古之句股，而割圜八線又從而引伸之者也。略述其要，爲學者言之。法以素方版，先界一正方，取準中心一點，所謂八線之根，即半徑規之中心小半圜也凡四率術之第一率半徑，亦同。然後于方之内邊規一大圜，周分三百六十度，隨割一角，四分讀去聲之，一得九十度爲則，即象限儀也。而八線從此可分，所謂割圜也。從此而分，取正矢、餘矢、正弦、餘弦、正割、餘割、正切、餘切，所謂八線也，此三角之本也。然欲明此法，用器有三，一曰半徑規，又曰半圜，又曰半弧，上分一百八十度，即三百六十度之半，以爲三角取度之用；二曰規車，上合而下分，其末鋭以爲規圜分度之用；三曰分釐尺西洋原尺名分釐豪尺，今不能細分，以釐爲止，自分而釐，分須極準，以爲取量各線之用，皆範銅爲之。有此三器，隨宜取用，而三角八線了然矣。分八線之法，先畫一三角形以取三線，其初爲一點，自左而右引爲一線，曰平線，西法曰矢線，即中法之句也，以六寸爲率；又自下而上引爲一線，曰直線，西法曰切線，即中法之股也，亦以六寸爲率；又從矢線之根，至切線之杪止凡線下爲根，上爲杪，引爲一線，曰斜線，西法曰割線，即中法之弦也。矢切二線皆六寸，其割線一定八寸五分，蓋矢切二線原可不拘寸數，今以六寸爲率者，因分釐尺止用六寸，合四十五度之定數，各線之數倣此。再用規車從矢線之根起，至切線之根止，規一半圜線，將此半圜線分四十五爲定數，蓋非半圜不能定此數，是以先定矢線，後定切線，既有度數，則割線出矣。三角形各線既具，以分釐尺量之，即得八線之尺寸，而八線之底蘊見，于此可知三角、句股、割圜、八線之本一理矣。今設有三十五度之切線四寸二分，因矢線只六寸，故只四寸二分，矢線六寸，十倍之即六尺，則切線四寸二分亦十倍，得四尺二寸矣。若矢線之六寸折半爲三寸，則切線之四寸二分折半爲二寸一分矣。餘可類推。蓋矢切二線，合象限折半四十五度之定數，俱是六寸，故以爲則，八線之長短大小原無一定，今依分釐尺所定而取之，則初學易曉，第用尺量，即得各線之尺寸矣。象限止九十度，折半得四十五度，自一度至四十五爲四正線，自四十六度至九十爲四餘線，四餘以通四正之用，蓋因切割二線過四十五之外漸漸加長，無有底止，故用餘線代量，以通其用。今設有五十八度之切線，已過四十五度之外，則以九十度全數減去五十八度，只剩三十二度，則用餘切代量，得九寸六分，再取五十八度之切線，以尺量之，亦九寸六分，此法最捷，不必布竿之紛紜也。是故規車盡圜之用半徑，規盡度數之用分釐尺，盡各線之用，句股之學無難矣。至比例尺，理法亦精，恐初學一時難明，不若分釐尺之較便，故只用之云。

清・孫蘭《柳庭輿地隅記》卷下　天文、水法，二者交成而總不出於算。趙君卿爲《周髀算經》註云：「禹治洪水，決流江河，望山川之形，定高下之勢，除滔天之災，釋昏墊之厄，使東注於海而無浸溺，乃句股之所由生也。」元郭守敬受學於劉秉忠，以精算數巧思絶倫。世祖召見，面陳水利六事，又陳水利十有一事，以海面較京師至汴梁，定其地形高下之差，又自孟門而東循黄河故道，縱廣數百里間各爲測量地平，乃可以分殺河勢。世祖信，用之開通惠、惠通二河，至今運行無弊。欲治河淮，須明高下之勢與曲折進退之理，今世無絶學之人，即有之，在山林艸澤，槁項黄馘而深自晦藏，接膝而不知也。《周髀》《九章》，甄鸞、李淳風注釋頗明，而徐文定公更爲句股義與測量法，義至精微，今有用學其人乎？吾爲之撫卷而歎也。

清・鄭復光《鏡鏡詅癡》卷一《原線》　五、折線必是斜射，故其所會之角必正而不偏此鏡心，測高之法所本也法見《測量全義》。

解曰：乙丁丙爲鏡，平置地上，有高在辛，人目於鏡心見之，則目必在己，故以庚甲爲一率，己庚爲二率，甲壬爲三率，得辛壬高，試依庚壬作丑甲垂線，則丑甲辛與丑甲己二角必等，如云不然，若丑甲癸與丑甲己二角不等，是四率，仍辛壬而高，實子壬則不可測矣，寅戌即如己庚，甲戌即如甲庚，故兩形相等，則甲角必相等。

清・鄭復光《鏡鏡詅癡》卷三《圓疊》　十六、距顯限兩凸相等者，俱深或俱淺，其順收限，止及半距，目出限外既遠，故視物小，不可以爲遠鏡。若外淺内深，則淺限極長，深限極短，其全距與淺限相近，故視物極明而大，物景雖倒，可藉以得中景原景十二，是亦遠鏡也，故窺測用之。

論曰：距顯限兩凸相等者，則其距爲倍順收限本章八，是外凸爲清倒象，內凸爲顯微，故外凸之小物象，內凸能使之稍大，至外淺內深，則全距與淺凸限相近，正是昏極大極之處，使加一深凸切之，必見倒小而清，引深凸近目，必漸大矣。能清能大，故具遠鏡之用也。測量必用窺筩者，求中景也。而窺筩必用細孔者，以太偏易見，微偏難察也。然視物不暢，故後來又增長縫十字等法，今用兩凸取其倒景大象。夫倒景線法，物景偏下，移下反不見，以物實在上，故則是景偏下一秒者，反當上移一秒，是一秒見爲二秒也。且以凸大其象，是一秒不啻數秒也。視物彌暢，中景彌確，又況加細孔爲束腰，並加十字於其中，尤爲準確可知矣。

十七，甲乙丙三深凸相疊，成大光明限四凸以上同論，以其光爛然，故曰大光明，以其離目視遠，見物象小而清，故曰同凹理本章九，然則外加子淺凸必成遠鏡矣。其相合法，甲丙深者子宜深，甲丙淺者子宜淺，與一凸一凹之理同本章十五。所差異者，有甲丙相合之力也。是故相合深者，距稍縮焉則稍淺，相合淺者，距稍伸焉則稍深，是可以消息子凸之深淺而爲之劑。如外淺過劑，內合又淺，則目不能近甲，設近甲，其弊乃白如望羊而不真，內合太深則目必須靠甲，雖靠甲，其弊仍倀乎幽室而無見。弊在淺，或加一焉，弊在深，則必易之此言太深之弊。其長短法，設子凸限二尺，以甲乙丙凸二寸五合足，距器長定用四尺，取物景倒而清，得大光明理也。子距丙約三尺，取其近，初清限也，丙距目約尺餘，取定甲丙大光明限而有餘地也，必留餘地取其伸縮，以合遠近目力之異也。

論曰：伸縮者，遠鏡要法也。三種遠鏡皆有之，惟兩凸一種伸縮既微，其用專於測量，遂可不用，至於一凸一凹，已爲要務，若純乎凸者，出入稍差，遂謬千里，不可不知，是故甲乙丙深不必力等，甲乙丙距不必長同，以故離目太遠，則伸甲乙可也，視丙太小，則縮乙丙可也。

又論曰：鏡法諸限皆不可移，獨大光明限稍可伸縮，緣有二端，一以甲丙有兩距，此盈彼朒，故伸縮適調其劑也；一以甲乙與乙丙皆本距顯限。夫距顯限之所顯者二，一顯鏡光，一顯物景，物景必當限乃清，鏡光則出入猶可大，光明限乃取其光，非取其景，若見物景，反爲過劑，不可用，故伸縮恰當其分也。

○本用表測，以與鏡無關，故附於論，不別出。

一、測量儀器向於儀邊作兩耳，每耳上下作兩孔，上孔畧大，下孔極小，或別作兩表，以螺旋安於儀上如一圖，兩表之孔相對，須與儀邊爲平行，先以上兩孔睹其畧，再以下兩孔審其微，此初法也。邇來臺儀兩表高三寸二分，闊九分，厚一分，於靠目之表上開細孔，下開細縫，長一寸如二圖，外表如三圖上開大孔，徑四分，中嵌銅片，作十字，下開長縫，略闊之，中嵌銅片，較之細孔易於尋求矣。今洋製小儀則變用鏡測，又有用遠鏡者，其法尤妙，詳後遠鏡篇，茲專取鏡測本用論於左。

二、鏡測高遠，即鏡心測高之理原線五。法用堅木爲三角之弧如甲子癸，弧合全周八分之一有奇，取其八分之一，平分九十度如癸子，兩邊放寬寸許，以便開孔，受兩定表如庚與丙戊，定表皆銅爲之，一上端開細孔如庚，一上端嵌含光玻璃如丙戊，丙戊玻璃面向甲乙，背護以銅，中腰開一縫如巳，縫之玻璃，亦去其襯箔，使縫能通光，甲辛爲遊表，甲乙爲含光鏡，立遊表上端之上面向丙戊。此器原名野世丹地，未經譯出，俗名量天尺，曾於粵遊時得之，已三十餘年不得其用，晉江丁君寄圖指示，稍有會悟，惟多一顯微及壬丁事件，爲圖說，其略於此。

一系此器專爲行海測日而設江河亦同，陸則無用，蓋海舟雖巨，不無動盪，難取地平，故用鏡心測高之理，奎婁爲表，上含光鏡，從鏡心作井畢線，爲中線，設日在虛，距畢高三十度，日景必在水下之室，而虛距室爲六十度矣。設日在危，距畢高六十度，日景必在水下之壁，而危距壁爲百二十度矣。作者見其狀，故弧取四十五度之地即足九十度，一象限之用矣。此法不必地平，只將日與水中日景縮定，而地平即寓其中，是其巧也。其儀上大弧析九十度，度析三格，每格合二十分，次取其二十一格之地截于遊表，弧上析爲二十格，其中線如午爲指線，以測度分圖隘展大如四圖。用時執儀於丑三圖，目從庚孔透窺巳縫，水際既見，日景即視巳縫上下含光處，有遊表返照之日景否，如無所見，即進退遊表，使恰見日，則執定遊表，緊辰螺二圖使勿動，爰審午線指大弧何度分，或值大格，則得若干度，或值小格，則一格爲二十分，二格爲四十分，即所求。設午線值某度幾十分，而有空處，是知有餘分也，則從午右行，尋遊表第幾格與大弧線相值，如第一格線與大弧線有相值者，即爲餘一分，第二格相值餘二分，以至十格爲未，相值卯亦必相值即十分也。倘午至未皆無相值之線卯亦必不相值，則從申右行尋之，如第一格相值即十一分，二格相值即十二分，以至十格爲午即二十分，豈不恰合大弧小格每一格之數平此謂每度中第一格也，若第二格則右爲二十幾分，左爲三十幾分，若在第三格則右爲四十幾分，左爲五十幾分矣。西洋丁氏舊法推算以求秒微，其數極確，後人省算，改用對角分釐法，所差極微，今靈臺八儀用之肰，究有微差，此法析度頗稀而求度既密，且爲確數，蓋又後來新術。靈臺有鏡之儀象限，半徑不過二三尺間，實用此法矣。

二系丁君寄來之圖，大弧取九度五十分，共小格五十九，格之地截遊表，上析作六十格，與愚所藏之器疏密相反丁君之器大弧五十九，遊弧六十，是大弧疏而遊弧密，愚所藏則大弧二十一，遊弧二十，是大弧密而遊弧疏也，推求其術，指線起於未指，得某度幾十分，尚有空處，則自未左行，尋得第一格即爲十秒，第二格即二十秒，至六格爲六十秒而滿一分，至六十格而滿一度矣。與愚器理實相通，而一律挨次左行，術意尤顯，惟指線不用午而用未者，蓋甲乙鏡安遊表上，不當遊表中線，甲午而稍偏於右，爲甲士未耳，緣未見其器，故繪圖從愚所藏也又思若愚所藏器，取大弧十九小格，地截遊表，上析作二十格，則亦可左行一律矣。

三系丁壬事件，本丁君圖增補，但壬黏箸遊弧，丁須黏箸大弧而丁壬可離合，則丁距壬一段，中在弧上，必當有縫，圖似未悉，蓋丁與胃昴連體，辰與大弧稍滯，遊表透丁之孔稍橢也橫徑三三分可也。

四系顯微用螺丁如牛，可移角亢於女，以審度分，箭亦作螺，可上下旋以配目力。

清·方以智《物理小識》卷一《天類》 氣映差。魏樸亦言之矣。空中皆氣，江海水浮射之，其專綴之算，影皆不直也。置錢於盌，遠立者視之不見，注水溢盌，錢浮於水面矣，此猶日未出而水光浮，日初出而不熱之理也。滶川董漢陽穀謂：「京口至瓜洲江面一千三百餘欂。一欂之力不過三尺，則四百丈也。中有金山，廣百五十丈，南北水面共二百五十丈，可以八十餘艘作浮橋，每舟二丈，中虛一丈，加版通行，當名朝宗萬歲橋。昔宋取南唐，繫浮橋於採石，雖暫亦知其可爲矣。」《寰宇志》「京口江闊四十里。」蔡寬夫曰：「瓜洲在江中也，今闊十七里。」憶崇禎乙亥測量，言二千丈餘者，以目光爲水光奪，以水嘗飽視，其中爲極，而所餘猶半也，空中久視，亦爲日光所搖，非固精凝定者測量空遠，豈能準哉？暄曰：「氣能使物大，氣能使物顯，氣能使物近，江中見逆風使檣者，隔岸望之，舟已觸岸而久不迴帆，乃知所望之岸非真岸也。又江中有洲，此岸望之則洲近彼岸，距十分之一，彼岸望之則近此岸，距十分之一，是知十與一乃中數也，故立清蒙差演算法。然地上浮游之氣日少而夜多，晝少而横多，干差則蒙中有清，清中有蒙，蒙差少而清差多，要在算者之自得於心也。」中通曰：「測遠須重表，凡數測而後算，始能無差。又須彼岸有樹或屋或物可作準的，方能測度，不然，則一線江岸，左右無定宜，其不準也。日初出大而不熱者，地氣横映，故大，氣厚隔遠，故不熱也。日午熱而不大者，地上氣淺，故不大，氣淺易透，故熱也。又日初出，光切地圜之界九輕，故不熱，日午光直射地平力重，故熱。日初出，人目力横視遠，故大，日午，人目力上視短，故小。」

清·方以智《通雅》卷四〇《算數》 叀術，即今之測量器也。祖暅之綴術，宋衛樸專明叀術。叀，音「胃」，掛也，掛空取線而算之，總曰綴術。今測量器作一方版，安兩耳紐，一隅繫線，目穿兩耳紐，以直物杪則線必下垂，視其所直分數，以三率乘除之。其神捷者並不須方版矣。三率者，異乘同除法也。以第二率、第三率相乘得數，以第一率爲法除之，變測者第一率，二率相乘，而以三率之數分除，知之然。凡乘除無往而非三率也，若事務、人數、歲月數工直數則用重測。凡學者屏欲尊精，乃能慧解。如精耗病散，則目光爲日光、水光所奪，必迤且支而不準。

清·鄭光祖《一斑録》附編二《勾股》 測量遠近。假如有一塔爲高屋重疊遮隔，屋上但露塔尖，以測塔之高低遠近爲甚易也。

法取板門一具，對塔横置一桌上，於板門面上畫一長方形，横闊五尺，前長二尺，要甚準，長方四角各插一細鍼，將門敧使前高，窺之，使右兩鍼準對塔尖擱定，而又窺左兩鍼向塔尖所差幾何，若差一分，則是遠二尺，差一分也，差至五尺，當遠一百丈，是右鍼去塔尖所遠之數一百丈也，於二尺爲五百倍之數也，是弦也。又察二尺直下，與下鍼平，其高幾何，若高四寸，則塔當高二十丈，亦同五百倍之數，是勾也。以勾弦求股，而知塔根去鍼之數。

隔江河以測對岸之遠近，隔山谿而測對山之遠近同此。

演算法何盡此，不過至淺之一事，餘因其稍有可用之處，故特著之於末，西洋量天尺即同此法。

清·莊亨陽《莊氏算學》卷三《勾股測量》 立表杆測法凡立表杆必用垂線取直，並量所立地距，人立尺寸以取準

測高設有一旗杆，距人立處三丈，欲知其高，立表杆測之

法以距旗杆三丈處立一表杆，高四尺如圖丁丙，向前又立一表杆高八尺如圖戊己，看兩表端與旗杆頂齊如圖甲丁，量兩表間相距五尺如圖丁庚，乃以五尺爲一

率，前表八尺内減後表四尺，餘四尺如圖戊庚，爲二率，距旗杆三丈如圖丁辛，爲三率，求得四率二丈四尺如圖甲辛，加入後表四尺，得二丈八尺如圖甲乙，即旗杆之高也。

測遠設有一樹，欲知其遠，用表杆測之

法先立一表杆對樹如圖甲乙，次於表杆處取直角，横量十五丈立一表杆如丙，再依次表立一表杆對樹參直如丁，乃於丁表處作垂線至丙乙線界如圖丁己，量得五丈，復量丙己度，得三丈，爰以三丈爲一率，五丈爲二率，十五丈丙乙爲三率，求得四率二十五丈如圖甲乙，即樹之遠也。

又 測高設有一旗杆，不知其遠，今欲求其高，用表杆兩測求之【圖略】

法先立一表杆高四尺如圖丁丙，向前又立一表杆高八尺如圖戊己，看兩表端與旗杆頂齊如圖甲丁，量兩表間相距五尺如圖丁庚，記之。再退後三丈，對準前表立一表杆，高四尺如圖壬癸，向前又立一表杆高八尺如圖子丑，看兩表端與旗杆頂齊如圖甲壬，量兩表間相距一丈如圖壬卯，乃以再測之距度一丈，與先測之距度五尺相減，餘五尺如圖壬寅，爲一率，前表八尺與後表四尺相減，餘四尺如圖子卯，爲二率，先測與再測相距之三丈如圖壬丁，爲三率，求得四率二丈四尺如圖甲辛，加入後表高四尺，得二丈八尺如圖甲乙，即旗杆之高。如欲求其遠，則以再測之距度一丈，與先測之距度五尺相減，餘五尺如圖壬寅，爲一率，再測之距度一丈如圖壬夘，爲二率，兩測相距之三丈如圖壬丁爲三率，求得四率六丈如圖壬辛，即旗杆距退後表杆之遠。

又法，設塔一座，欲知其高，用相等兩表測之。【圖略】

法先立一表杆，比人目高四尺，人離表杆六尺，看塔頂與表端齊，又自前表退後六丈，復立一表杆，亦比人目高四尺，人離表杆八尺，看塔頂與表端齊，乃以前表距分六尺，與後表距分八尺相減，餘二尺如圖己壬，爲一率，表比人目高四尺如圖辛庚，爲二率，兩表相距六丈如圖辛戊爲三率，求得四率十二丈如圖甲癸，加表比人目高四尺如圖癸乙，共十二丈四尺如圖甲乙，即人目以上之高，再加人目距地之尺寸，即塔頂距地平之高。如求塔距前表之遠，則以兩表距分相減之二尺如圖己壬，爲一率，前表距分六尺如圖丙丁爲二率，兩表相距之六尺如圖辛戊爲三率，求得四率十八丈如圖戊癸，即塔距前表之遠，再加六丈，即塔距後表之遠。

又法，設樓一座，欲知其高，以不等兩表測之。【圖略】

法先立一長表，比人目高六尺，人離表五尺四寸，看樓脊與表端齊，又退後二丈，立一短表，比人目高四尺，人離表六尺四寸，看樓脊與表端齊，乃以前表比人目高六尺如圖丙丁爲一率，前表距分五尺四寸如圖目丁，爲二率，後表比人目高四尺如圖戊己與庚辛同，爲三率，求得四率三尺六寸如圖目辛，爲前表與後表同高所得之距分庚目辛勾股形與戊壬己勾股形同，爰以三尺六寸如圖目辛與壬己同，與後表距分六尺四寸如圖目己相減，餘二尺八寸如圖目壬，爲一率，後表比人目高四尺如圖戊己，爲二率，前表距分五尺四寸如圖目丁，内減三尺六寸，餘一尺八寸如圖辛丁，與兩表相距之二丈如圖己丁相減，餘一丈八尺二寸如圖戊庚，爲三率，求得四率二丈六尺如圖甲癸，加表比人目之高四尺如圖癸乙，共得三丈如圖甲乙，即人目以上之高，再加人目距地尺寸，即樓脊距地之高。

又日景測高設一旗杆，量日景長十丈，問高幾何？【圖略】

法于同時立一表杆，高四尺，量表景長二尺，乃以表景二尺爲一率，表高四尺爲二率，旗杆之景一丈爲三率，求得四率二丈，即旗杆之高。

矩度測量矩度之制，必用正方，每邊定一百分，或二百分，横竪俱界線，畫成小方，分對中心所出線，兩邊安表，取中心安遊表，定準墜線，以成勾股。

測高設有一旗杆，距人立處三丈，欲測其高幾何？【圖略】

法用矩度，以定表看地平，遊表看旗杆頂，得距地平分四十分此矩度係界，畫爲一百分，自中心平分半矩爲五十分，乃以半矩五十分如圖丁己爲一率，所得距分四十分如圖辛己爲二率，距旗杆三丈如圖丁庚爲三率，求得四率二丈四尺如圖甲庚，即矩度中心所對地平至旗杆頂之高，再加矩度中心距地如圖庚乙，即所求旗杆之高也。

測遠設有一樹，欲求其遠，用度測之【圖略】

法須平安矩度，以定表與遊表定準正方直角，定表對樹，隨遊表所指立表杆二三處，横量十五丈，復安矩度，定表對表杆，遊表對樹，得矩中心距分三十分，乃以距分三十分如圖戊丁爲一率，半矩五十分如圖戊丙爲二率，横量十五丈如圖丙乙爲三率，求得四率二十五丈如圖甲乙，即所求樹之遠也。

重矩測高設山一座，欲知其高，以重矩測之【圖略】

法用矩度，以定表看地平，遊表看山頂，得距地平分四十分，又向後量九丈，復安矩度，以定表仍看前矩定表所看原處，遊表看山頂，得距地平分三十二分，乃以前矩距分四十分如圖己庚爲一率，半矩五十分如圖丙庚爲二率，後矩距分三十二分如圖辛壬爲三率，求得四率四十分如圖丙子，乃以後矩之半距五十分與四十分相減後矩之辛壬丑勾股形與前矩之癸子丙勾股形相同，餘十分如圖丁丑，爲一率，後矩距分三十二分如圖辛壬爲二率，兩矩相距九丈如圖丁丙爲三率，求得四率二十八丈八尺如圖甲戊，即矩度中心所對地平至山頂之高，再加矩度中心矩，即所求山之高。若求山距後矩之遠，則以相距矩分相減之十分如圖丁丑爲一率，半矩五十分如圖丁壬爲二率，兩矩相距之九丈如圖丁丙爲三率，求得四率四十五丈如圖丁戊，即後矩距山之遠，減兩矩相距九丈，即前矩距山之遠。

又法，設有一石，欲知其遠，不取直角，於左右兩處測之。【圖略】

法先平安矩度於右，以定表對左矩中心，遊表看石，得距中心距分三十七分五釐，其遊表之斜矩分爲六十二分五釐，次安矩度于左，以定表對右矩中心，遊表看石，得距中心距分十一分二釐五毫，其遊表之斜距分爲五十一分二釐五毫，横量兩矩，相距三十九丈，乃以兩矩中心距分相併，得四十八分七釐五毫如圖甲乙與丙丁兩勾股相併，爲一率，右矩遊表之斜距分六十二分五釐如圖右丁爲二率，横量三十九丈如圖石左爲三率，求得四率五十丈如圖石右，即右矩距石之遠。如求左矩距石，則仍以四十八分七釐五毫爲一率，以左矩遊表之斜距分五十一分二釐五毫如圖甲左爲二率，仍以三十九丈爲三率，求得四率四十一丈如圖石左，即左矩距石之遠也。

又法，設隔河一樹，欲知其遠，不能定直角，斜對樹兩測求之。【圖略】

法先平安矩度於一處，復隨定表所指，横量十七丈，安一矩度如止用一矩度，則記準一處，亦可，以先安矩度定表看後安矩度中心，遊表看樹，得距矩度中心距分四十九分，其遊表之斜距分爲七十分，次以後安矩度定表看先安矩度中心，遊表看樹，得距矩度中心距分十五分，其遊表之斜距分爲五十二分二釐，乃以先安距度之中心距分四十九分，與後安矩度之中心距分十五分相減，爲三十四分如圖戊乙，爲一率，先安矩度遊表之斜距分七十分如圖乙先爲二率，横量十七丈如圖先後爲三率，求得四率三十五丈如圖樹先，即先安矩度距樹之遠。如求後安矩度距樹，則仍以三十四分爲一率，以後安矩度遊表之斜距分五十二分二釐如圖丁後與戊先等爲二率，仍以十七丈爲三率，求得四率二十六丈一尺如圖樹後，即後安矩度距樹之遠。

清・黄百家《勾股矩測解原》卷上　解矩度

或木或銅錫類，製極方板一具不拘大小，空其中不空亦可，其四角分甲乙丙丁，甲乙邊爲直表，爲股，乙丙邊爲直景，平分十二度一度中又各細分十二度，爲句，甲丁邊爲横表，爲句，丁丙邊爲倒景，爲股，亦平分十二度。直表上作兩耳須極平正，不可畧高低，耳中作細竅，甲角置線一條，末繫小權，用時使目光透兩竅，與物頂相對視，權線之下垂所得度分以起算，測高以乙耳近目，測低以甲耳近目。

解表影

凡欲用矩度，必須知造矩度之源。矩度之起由乎表，表之起由乎日影，故先論表影。立直表地上，其表爲股，其影爲句，日自東而上，影向西，自西而下，影向東，皆在平地，是名直影。立横表東西墻上，其表爲句，其影爲股，影皆自上而下，是名倒影。凡測影之法，以直影言之，日晷自地平至天頂，則所測在西，自天頂至地平，則所測在東，其表一也。以倒影言之，日在東則測西表，日在西則測東表，今但言在東之理，其在西亦如是也。地平距天頂九十度爲一象限，日距地半象限，直影、倒影皆與表等，在半象限以上，則直影短於表，倒影長於表，在半象限以下，則直影長於表，倒影短於表，此直影、倒影之别也。

解矩度表影

矩度何以由於表影也，曰矩度之上方即直表，右方即直影，左方即横表，下方即倒影，無有二也。前圖之直表、直横表、横直影、横倒影、直矩度反是，何也？曰權線使然也。日輪在半象限，兩表兩影相等無較，以矩度承之，使日光穿兩耳而過，則權線垂於對角，兩表兩影亦無較，蓋日輪在半象限，權線亦在半象限，然矩度兩表兩影之位尚無從别也。日輪在半象限以上則直影短，今以矩度承之，權線垂於右方，亦截句而使之短，以是知上方爲直表，右方爲直影也。日輪在半象限以下則倒影短，今以矩度承之，權線垂於下方，亦截股而使之短，以是知左方爲横表，下方爲倒影也。曰權線之使然也，曷故？蓋直表在地、横表在墻，其有定者也。日之或高或下以爲弦，其無定者也，以有定待無定，而影得焉。矩度以耳承日，因日光以爲俯仰，是矩度之表，其無定者也，而權線之下垂，其有定者也，以權線之有定，切矩度之無定，代日以爲弦，而影亦得焉。是其兩表兩影之相反，此測算之由生，天然之巧，亦不易之理也。其度何以十二也？曰用表或八尺，或十二尺，此十二，所以識也，非日行之度也。右方之度何以自一而至十二，下方之度何以自十二而至一也？曰日下而直影長，日上而直影銷，右方直影也，日上而倒影長，日下而倒影銷，下方倒影也。倒影、直影至十二不更長乎？曰倒影過十二則直影，直影過十二則倒影，合用之而自足也，其倒影、直影相通之法，詳變影中。

解物影

矩度爲平方，兩表兩影之句股何以分也矩度直表爲股，直影爲句，橫表爲句，倒影爲股？曰前已論之詳矣，今試再以物影明之。物爲股，影爲句，物高至影末爲弦，物與影之句股無較，以矩度承之，權線必垂於對角，其句股亦無較也第一圖。如物高於影，則股長句短，以矩度承之，亦必截直影而使與相應，亦股長句短也第二圖。如物短於影，則股短句長，以矩度承之，亦必截倒影而使與相應，亦股短句長也第三圖。蓋物，大股也，直表倒影，小股也，物影，大句也，直影橫表，小句也，物高至影末，大弦也，權線，小弦也，此天然之妙合也。今於權線所測之度分已定，試將矩度轉面而觀之，則小句股與大句股儼然無異也。

解兩影消長即變影

日在半象限以下，影射倒影，然直影非無影也，試從倒影外斜引長之，則仍遇直影。日在半象限以上，影射直影，然倒影非無影也，試從直影下斜引長之，則仍遇倒影。蓋直影倒影合成一象限，在象限内一消一長，其消之分數，即長之分數。在象限外則倒影之一度，爲直影之一百四十四度，二度爲直影之七十二度，三度爲直影之四十八度，四度爲直影之三十六度，五度爲直影之二十八度又三十分度之四，六度爲直影之二十四度，七度爲直影之二十度又七十分度之四，八度爲直影之一十八度，九度爲直影一十六度，十度爲直影一十四度又百分度之四，十一度爲直影一十三度又一百一十分度之一，十二度於直影仍爲十二度其法：以矩度十二自乘，得冪一百四十四，即以所得之影度除之，其解詳後變影法中。若在幾分度之幾，即將度照分分之，以除矩冪如五度三分度之二，即將每度分作三分，五度爲一十五分，又加三分度之二，共一十七分，以除矩冪，其矩冪一百四十四，亦每度三分之，爲四百三十二，以一十七除之，得二五四又一十七分之零二。直影於倒影亦然。明乎此，則直影倒影，可變互用之，其在矩度，即權線之消長也。

清・黄百家《勾股矩測解原》卷下　以影測高

以矩度承日，使其光穿兩耳而過，視權線垂於何度何分，若權線垂於對角，則影與物等即前句股無較，第一圖，量其影長，即得物高。在直影則影短於物即前股長句短，第二圖，以直表乘物影，以直影除之。在倒影則影長於物即前股短句長，第三圖，以倒影乘物影，以橫表除之。

假如權線在直影五度，物影二十尺，即以直表十二度，與物影相乘，得二百四十，爲實，以直影五度爲法除之，得物高四十八尺。

解曰：物與物影爲大句股，矩度爲小句股，大股不可知而大句可知，大句可知而大句之長短原出於大股，則大股亦可知。立一法焉，以矩度一定之小股直表，因大弦以定小句，小句定，則小句小股之比例猶大句大股之比例也，於是遂以一定之小股，入於大句中，而與之相乘，使不可知之大股遂與小股之十二相當，而後以小句之五度除之，而大股得焉。蓋十二人所任設者也，於十二而得五度，則本乎大股者也，以十二乘大句，而五度代二十物影，以除冪，相乘總數，則大股亦遂因五度而化爲十二也。大股之四十八，其有合於十二者，何？小句五度，其爲五分者，十積五分而至二十四，則爲十二大句，二十尺其爲二尺者十積，二尺而至二十四，則爲四十八也。

假如權線在倒影七度五分度之一，物影六十尺，即以倒影通作三十六分七度五分度之一，每度即通作五分七度，五七三十五分，又度之一，共三十六分，與物影相乘，得二千一百六十，爲實，以橫表十二通作六十分，爲法，亦每度通作五分除之，得物高三十六尺。

解曰：倒影與直影相反，直影爲句，倒影爲股，故直影之度自一而至十二，引而遠之，句漸長也，倒影之度自十二而至一，引而遠之，股漸短也，前權線在直影，股長句短，由股以截句，今在倒影，句長股短，由句以截股，其理一也。以倒影乘物影者，所求在股，以小股乘大句，以小句除之，與前無二也。倒影通作三十六分，橫表通作六十分者，以有五分度之一，即以每度通作五分如三分度之一，即每度可通作三分，餘倣此也。蓋矩度之妙用，藉權線以測句測股而得其比例，其分度則固任人通變也。

重矩

單矩須用量自足至物之數，方可入算，此句與小句股求股也，今不用句，止以小句股求股，故設重矩。

假如立表四尺，與目齊，以矩度向物頂，線在直影五度，次退後立表四尺，與目齊，以矩度向物頂，線在直影十度，相減得影較五度，次量二表相去十尺，即以矩度十二與表間十尺相乘，得一百二十，爲實，以影較五度除之，得二十四，加表四尺，爲物高二十八尺。

解曰：後直影爲句，目平行至物爲句，矩度直表爲股，物高爲股，其比例一也。前直影之比例，於前表平行至物矩度之比例，於物高亦一也。今以影較爲矩度股之句，表間爲物高股之句，何以知其一哉？蓋前表平行至物數不可知，後表至前表其數可知，然前表至物之數雖不可知，而已見於兩直影互異之中，今於後直影減去前直影，則將其不可知者置之影較，則已移物之股近至前表，其表間之數，同單矩測高術，量足至物之數，故與矩度相乘而得物高，此減句不減股，以準之於弦也。弦之爲準，即在直影，假如物高股二十四尺，表四尺，不入算，試截句至一尺，直影必五分，算之仍得二十四，如物高股十二尺，試截句至一尺，直影必一度，算之得十二，故曰弦之爲準，即在直影。

以目測高

不取日光而用目光，別立一表若干尺，以審自足至目之數，目切矩度乙耳，以甲耳向上，使物頂從甲耳竅透乙耳竅，斜見之，視權線在何度分，次量自足至物之數，其演算法與以影測高術同，不另具，假令與圖。

解曰：目光斜見，即物影之弦也，然物不能常有影，即有影，有不能攝入耳竅者，切矩以目，其法更捷，凡目光所及，不論高深廣遠，俱可入算，不爽毫釐。

變影

前矩在直影，後矩在倒影者，亦以矩度乘表間爲實，以倒影變直影相較爲法，除之。前後矩俱在倒影者，將兩倒影俱變直影，兩影較乘表間爲實，以矩度爲法，除之。如兩影在幾分度之幾者，以矩度照分分之，自乘得冪，如法，變影乘表積，如法除之（有幾分度之幾者，測時亦可或前或後，使其正當某度，無有零分。）

假如前矩直影十一度，後矩倒影九度，表間二十尺，法以矩度十二乘表間二十，得二百四十尺，爲實積，又以矩度自乘之幕一百四十四，以倒影之九度爲法除之，得十六，變作直影十六度，兩影較餘五度爲法，除之，得四十八尺，加表四尺，得五十二尺。

陳言揚曰：「有物於前，立兩表望之，後表之小句必多於前表之小句，此視差之理也。而今之之前矩在直影之十一度，後矩在倒影之九度，若不計其直影倒影之何以變通，而第執度分之多寡以爲法，則後表之視差反少於前表之視差，有是理乎？故必變倒爲直，而後可以兩影較也。」

假如前矩倒影九度，後矩倒影二度，表間二十尺，法以矩幕一百四十四，先以前影九除之，變爲十六，次以後影二除之，變爲七十二，兩影較五十六，乘表間二十，得一千一百二十，以矩度十二爲法除之，得九尺三寸又一百二十分尺之四三分，加表四尺，得全高一十三尺三寸三分。

陳言揚曰：「兩矩測物，有前直影而後倒影者矣，未有前倒影後直影者也。蓋矩愈遠則愈平，平則必切於倒影之度，故止有前直後倒之法，而不及前倒後直之影也。至於兩影俱倒，其影爲同，似可不變，而亦必變者，何也？曰：『其故有二，一則倒影之度少於縱矩之小句，假如倒影二度，以矩度之甲乙縱之，則退望之處，其人目與物影相參者，必不止於矩度十二分之二，而爲矩度十二分度之七十，又十二分度之二也，故必變也；一則倒影之度，前表多，後表少，不合於立表之小句，假如矩度之甲乙，縱之至頂，則爲一度，漸遠則漸爲二度、三度、四五度不等，其前少後多，直影與小句同也，其在倒影則否，如以甲丁之矩而縱之，其望高之線之在倒影者，始而近也，反切於丙丁之十二度，漸遠則十一度，或十度、九度不等，愈退則愈遠，愈遠則愈平，愈平則倒影之度愈少，殊非小句漸遠漸長之理，故兩倒不可不變也。變之，而倒影之二度變爲一百四十四矣（矩幕原數一度無殊），倒之二度變爲七十二，遞變至倒影之十二度，以之爲法除幕，而仍存原度十二，豈非愈遠而愈平、愈平而變影愈多，不失小句近少遠多之至理乎？立法至此，亦云密矣。或者曰景之變固因小句之多寡而變，然使權線之在一度者，其小句雖應多，而非一百四十四之多，權線之在十二度者，其小句雖應少，而非猶然十二度之少，則是多寡之轉移，西人亦約畧其法而未必有確然之數也。不知立法者，必窮於法之源，必晰於法之委，未有懸空擬合而可云法也。試先立一平方形，其矩之下丙角作平行線如地平，如人目望高，然後以矩之甲角漸運漸高，其權線之切於一度者，必矩之甲角高於乙角一度矣，由是而因甲乙之漸低者作斜直線引之，令切合於地平，必在一百四十四也，如在十二度，則甲角高於乙角，亦十二度矣。其斜弦切合於地平者，亦必在十二度，兩角形相等，凡少於十二度，多於一度者，推之無不有確然之數也。且設有物焉，高十二尺，如甲角之高一度有原矩度十二，離十二尺以立表，表之高亦十二，如乙丙角之高，其離表退望之處爲一百四十四，如一度之變影，以表乘遠，得一四四也，即矩幕也，以退立之一四四爲法，除而仍得表上之高一尺，即甲角之高一度也，亦即權線之影高一度也，無不合也。』然其變影之合於小句既有然矣，而變影之必以權度除矩幕者，何也？曰：『是不難知。夫容方求餘句餘股者，以容方自之，以餘句爲法，除之而可得餘股，以餘股爲法，除之而可得餘句，今矩幕非即容方之自乘乎？以權爲法，其實以甲角之高爲法，非以餘股求餘句乎？故立表亦容方法也，變影亦容方法也，無二法也。至甲角之高十二，則成斜方句股等形，故倒影十二，則其變影亦十二，甲角愈低，而後斜線之切於地平愈長，其幾何長者，法也，其所以長者，理也，其所以幾何長者，窮理以立法，而非懸空擬合之爲也。因創爲後圖，可以作變影觀，亦可以作立表測高觀，亦可以作容方求餘句餘股觀言圖未載。

解曰：變影之法，言之論辨矣，今取其言之未盡者，再爲悉之。夫矩度之測高，於倒影何以必變哉？蓋矩度之倒影，股也，故分度自十二而至一已詳前論影測高中，今所求在股，其影爲句，乃股短句長，權線逾直影之句而至倒影，則此倒影亦爲句也，此變法之所由立也。然倒影爲股，究不可爲句，今云變倒爲直者，蓋矩度止爲十二度之平方，直影既窮，權線侵股而上，在倒影十一度，在直影則當爲十三度又一百一十分之一也，在倒影十度，在直影則當爲十四度又一百分度之四也，股漸低，則線漸高而句愈遠，以至倒影一度，在直影則當爲一百四十四度也詳前論兩影消長中，此借倒影以推直影而爲之準耳。

測深測廣

用矩度須以甲耳切目，乙耳向外測深線，在直影深過於廣，以矩度乘面之廣，以影度除之，倒影廣過於深，以影度乘廣，以矩度除之，其測廣反是。

假如測深水面十二尺，直影三度，以矩度十二乘廣十二，得一百四十四，爲實積，以直影三除之，得四十八尺，如在倒影三度，即以三乘廣十二，得三十六，爲實積，以矩度十二除之，得三尺。

假如測廣水深四十八尺，直影三度，則以直影三乘四十八，得一百四十四，爲實積，以矩度十二除之，得廣十二尺，水深三尺，倒影三度，則以矩度十二乘三，得三十六，以倒影三除之，得廣十二。

解曰：測深亦以小句股與句求股也，故與測高同，廣即遠也，故與測遠同或云從下望高，測遠爲遠，從高望遠，測遠爲廣。

測遠

從高測遠，先定自地至目之數，以甲耳切目，乙耳向遠線，在直影者，以影度乘高，以矩度除，在倒影者，以矩度乘高，以影度除。望高測遠，先以重矩測高，得高數，視後矩影度線，在直影者，亦以影度乘高，以矩度除，在倒影者，以矩度乘高，以影度除，其前矩俱不必推算。

假如高六丈，測遠，權線在直影九度，即以九與六相乘，得五十四，爲實，以矩度十二爲法除之，得遠四丈五尺。

假如高九丈，倒影八度，以矩度十二與高九相乘，得一百八丈，以倒影八爲法除之，得遠十三丈五尺。

右二則俱從高測遠，其望高測遠，須除矩度，乙角下表數，或四尺，如高六丈，除去表四尺，得高五丈六尺，與矩度影度相乘，其乘除法直影倒影，與從高測遠同，不另立假如。

解曰：測遠者，以小句股與股求句也，視測高之以句求股，正相反，故此直影視彼倒影之法，此倒影視彼直影之法，所得遠數，俱平行句數，非從高至遠斜望弦數也。

清・焦勷述《火攻挈要》卷下　驚遠說略。凡敵兵遠來，我欲令彼驚潰，則先以遠鏡看明敵營所在，次則測量地步遠近如何，再以銃規算合所到度數，出其不意，以飛龍大銃炤準營頭，連發數彈，如雷從天降，即雖强敵亦未有不驚散而奔潰也。

清・靳輔《治河奏績書》卷四《堅築河堤》　堤之高卑，因地勢而低昂之，用水準打量，毋一概以丈尺爲憑，以水面爲準。築堤之法，陡則易圮，如堤根六丈，頂止二丈，俾馬可上下。

清・靳輔《治河奏績書》卷四《量水減洩》　至柔莫如水，然苟不得其平，則雖天下之至剛者不能禦。平水之法奈何？曰量入爲出而已。今使上流河身至寬至深，而下流河身不敵其半，或更減而半之，勢必懷山襄陵，而潰決之患生。夫河面窄狹之處，或城鎮山岡，不可開闢，我則於其上下流相度地形，多建滚水閘壩及涵洞，放入通水之溝渠，以測土方之法，移而測水，務使所泄之水，適稱所溢之數，則其怒平矣。至其下或復寬闊如故，又恐其力弱而流緩，流緩而沙停耳。仍引上流所泄之水，歸之正河以一其力。如是則雖以洪河之浩瀚，而盈虚消長之權，操之自我，不難擇便，而疏導之矣。

清・靳輔《治河奏績書》卷四《永安省》　竊計決口不患其闊也，而患其深。然決口雖深，而決口之上下五六十丈之外，未嘗加深。其法當避深就淺，於決口上下退離五六十丈，爲偃月形，抱決口兩端而築之，計所築之隄，其長必數倍於決口，然較其淺深，必減七八九倍不止。況湖底平坦，則樁埽易施，湖面寬緩，則沖淌無患。因命於決口之上測之，果深不過六七尺也。

清・李世禄《修防瑣志》卷一《器具》　丈杆五尺二式

以杉木爲之。取細直者，尺寸務畫的準。側邊每尺畫紅圈，圈内注數目，杆頭分上下，丈量時一目了然。然須如此式再做五尺杆一根，做法亦照此式。

捆杆式

用半大竹爲之，分刻丈尺，每杆頂釘小銅圈一個，又大銅圈一個，套杆中寬大，以竹根離數寸爲準，庶不脱落，用線蔴細繵繩長二十丈者，以藍布縷分出丈尺，將繩頭由大圈下穿，上又穿入杆頭小圈內，拉下繩頭，結大圈上。兩杆一樣穿法，用四人分杆竪堤兩邊，將繩扯起照量，頂底高寬，一目了然矣。

均高

丈量兩面堤工，當用捆杆，如量一面堤工，則用均高，繩用線蔴細繵，名曰小縴子。

杆長一丈五尺，以圓直杉木爲之，杆頂釘小木鈴鐺，下用銅圈套杆上，將繩一頭結圈上，一頭穿入木鈴內，扯下又穿入大圈內。用一人竪杆堤旁，將有結繩頭如扯旗法拉住，隨圈起落鬆緊之，一人立堤上，縴繩頭縴至杆上銅圈與高處平爲度，看杆上尺寸，自地至圈，高數自見，量河坡收分必用之具也。

紅旗式

小旂長一尺餘，竹杆鐵頭一樣多備，以便量工記數。每工長十丈，插一根，每百丈，插大旂一根。

竹繵式

以竹片爲之。每片長五尺或一丈，共爲二十丈，或用篾簟亦可。藍布縷分出丈尺，兩頭用木杆長三尺，釘小鐵圈縛簟頭，牽行省力，便宜且幹濕不致長短丈尺，較蔴繩的準，多備一根，以防損折。若量河寬深，則用蔴簟。

清·李世禄《修防瑣志》卷二《總略》 水準圖式做法。凡估工程，地勢有高低不等，非用水準測量，難以一律相平，估計不能懸擬，土方多寡難分，而開河更不可少，以此較準上下口高底，可否流通，庶與工程有裨，不致糜費錢糧，參差失勢，列圖於後。【略】

水準做法。用木板一塊，厚二寸，長二尺四寸，兩頭及中間鑿方槽三個，名曰三池。横闊一寸八分，縱闊一寸三分，深一寸二分，其內有通水水槽一道，闊三分，深一寸三分。三池上各置一蓋，蓋周圍略小些微，能放入池內，名曰浮子。蓋上用一横樑，高八分，錐一小眼，如菉豆大，闊一寸二分，長一寸七分，蓋厚三分，三眼穿對相齊，爲平，名曰天下平。其水準架用木一根，長二尺四寸，下裝鐵脚，易於入土，上用木盤，盤中用圓筍一個，好安水準。水準背面正中處，琢一圓窩，深二三分，安放盤筍上，要圓活爲妙。【略】

水準用法。先將盤架插穩地上，次將水準擱於盤上，以壺盛水，慢慢傾入水準池中，以四面相平爲準。三池內各將浮子放於水面，外立度竿，長二丈，刻定尺寸，外用柴杆，夾紅紙一條。令人拏立遠至十丈外，于浮子上孔內眇目視之，三眼與紅紙相射處，即定尺寸若干，挨次照去，便知高低矣。

水準演算法。將水準照看，以第一平高若干爲主，次照第二平高低。如第一平高三尺，第二平高三尺一寸，則地勢低第一平處一寸。又以第二平較第三平，如第三平高三尺，則地勢高第二平一寸。如此逐平較去高低，記明第幾平高若干，較前平高低若干，遞算記明完畢，一總將高共算記若干丈尺，低共算記若干丈尺，此牽算一定之法則也。若以一平較一平，前後逐平除算，恐測量遠長，易於錯誤，則不準矣。

旱平圖式做法。測量高低，雖有水準，然攜水不便，且冬月水凍，不能爲力，今又設旱平，數準而便。其旱平做法，用堅細好板一塊，作半月形，弦長一尺二寸一分零，圓背長一尺八寸二分零，厚六分。弦口下于中心開通方眼，安横門，半月內中心開圓月，又於圓月中心開通方眼，內安鑼鏡，以定方向。圓月旁，較準上下，打一墨線，以便上插垂線半截針于上墨線孔內。半月兩頭，各陰準二個，如吕字式，以便安入銅準。準系銅的，或以木爲之，左右各一，長二寸，寬一寸，厚分餘。左準上開二眼爲陽線，下開一眼爲陰線，右準上開一眼爲陰線，下開二眼爲陽線。準下各有小方榫二個，以便安入半月兩頭陰榫內横門之下，用平架高二尺七寸，分作三節，各長九寸，横門系圓身，將架木上，節上開陰圓榫眼，下用陽榫，平架中節，內鑿空，上圓下方，兩頭用銅箍，下節上用方陽榫，下用三鐵足，便於安放也。

旱平照法。細心將旱平閂起，兩頭銅準安平，掛起墨線，少離平身分余，與平中墨路對準，即平眇目，由銅準中陰線，看照下準子中陽線，又將陽線對去，與標相平，便是的準。

看旱平標杆法。標用藍邊白心小方旗掛杆上，從準子對照，要與旗上邊相平爲則，然完一平，先將平移立樹標處，再將標杆前移，至立標杆，宜與平稍近，以看得明白爲主，若貪遠，則差之毫釐，失之千里，是以看標旗，必須二人更換，蓋恐看久，目力太勞，不甚準耳。

架平圖式做法。以木做方框，中豎方柱，高三尺，長二尺，框木見方八分，三木各錐豆大透眼一個，以相對爲主，眼離地高二尺八寸，中木二面，各打墨線一道，下用方木爲脚，方得擺墊平正。用時於避風一面，以針插入墨線上，垂線與墨線對直爲平，照法眇目，於三眼之第一眼，視透第二、第三眼之直射處爲平，以標旗起落與平爲準，然後於標處按量高數。其量算各法，一如水準之法，而較水旱二平，更覺便利穩準，俞大宗製。

杆平法三則。一法用直木二根，長四五尺不等，豎於堤河二邊，上架平準横木一根，用眼自正中平觀，以木平爲度，則堤面與水面高低立見。一法用直木一樣兩根，一立河邊，一立堤邊，如相去遠者，中間再立短木一根，用長細繩一條，牽極平，縛於兩邊立木上，墨塗記認，取直木量之，此二法俱憑目力爲定，恐難準確，用此約其大端則可。一法用大水盆一個，約徑二尺餘者，或水缸，或長木桶更妙，傾水於內，離口約淺三寸，盆邊兩頭，各鋪紅紙一塊于水上，如有油紙更佳，俾不爲水浸透，又用一樣長尺餘，或數寸小志二根，立於水面紙上，人手扶正，則小志兩頂上一樣相平，以此爲則，用法將麻線或細繩一條，長二丈，兩頭各縛立木上，仍用人執定，以便起落，將水盆放置麻線下適中之所，傾水鋪紙立志，其線須拉緊，當中方平，與兩小志稍頭相平，則準，按量兩頭立木縛線離地尺寸，則知高低矣。此乃小法，最遠者不過三四丈，匠工用之，若用於堤河，則嫌太繁，且移桶不便，仍用水旱平爲是。

又　一、備丈杆一根，足長一丈，内分十尺，每尺分開十寸，畫明尺寸，以便量工。

清·李世禄《修防瑣志》卷三《水性》　測量河心水面法。聽水聲之汩汩，知其之驟來，視中泓之水擁溜急，較兩旁之水面必高，河心水高，後水正大，故不可不察也。欲知來水之大小，須看擁勢之疾徐，徐則微高水小，疾則擁高水大，故當設法探量，可知後勁。其法將河邊水内壘小土埂一條，攔水尺餘一塊，使水寧静，不爲風浪摇漾，然後于河邊鏟平地一塊，與圍定之水相平。挖一土塘，寬五六尺，深照水準之高，將水平安入塘内，總期水準三眼與河心水面相平爲度。再纖簹繩，横擔土塘口上，可量水準三眼高出土塘若干，此即河心水高之數也。

又　月信。正月上旬秤水，卜一年之水旱。初一日起用一瓦瓶，每朝取水秤之，重則雨多，輕則雨少。初一日占正月，初二日占二月，餘仿此。初八日晚立一竿於平地，看月纔有光，即量之，隨其短長，移於水面，就橋枋柱或橋柱記之，梅水必到所記之處。

二月驚蟄前後有雷，謂之發蟄，雷聲自坎方來，主水。

三月清明，凡預驗水汛之大小，清明前一日汲水，稱重若干，於次日清明節正刻復汲水，較量輕重，水重則發水必大，其立夏立秋較量水信亦如之。故寧夏人至清明日候水河幹，消長尺寸，即預知一歲水勢之大小，亦此意也。穀雨日雨，主雨多。

清·李世禄《修防瑣志》卷四《河工》　估河。勘估河道，必須審度形勢，籌畫機宜，考究來源，安排去路。測地勢之高卑，定河身之深淺，估口寬底寬之闊窄，量來水去水之受容，新口舊口宜分，旱平水準必講。兩截土不可輕忽，兩截土如上估乾土，下估水土；或上估乾土，下估大沙礓、小沙礓之類。八則例尚可通融，八則例即漕規之土方八則也，然銀數亦有多寡，須看工之難易，援成例聲明耳。既因地而制宜，更量時而動作，悉心勘估，毋刻毋浮，斯爲得矣。

開挑河道，必須審度上下口地勢，或耳朵形，或葫蘆樣者佳。然後用水準照定尺寸，果上高下卑，頭有吸川，尾有建瓴，所謂得勢，方可議挑。然後酌量水勢大小，挑挖寬深。亦必豎立標杆，照河勢曲直，立定封墩，志定河心、河口、河底，始計土方。

又　估算舊河包方法。舊河包方者，即舊河所該方數也。舊河受水，及兩面新舊河坡各有不同，如兩岸河坡，或一邊臨溜沖凹如鍋底形，或一邊背溜淤凸如馬鞍，則受水自有盈虧，而估算者焉可漫無區别，以滋賠累？至於開河，則又生偷減河坡之弊，如河之坦坡斜直到底，則將河心量深若干，再將河坡牽簹較量平寬若干，或將河深折半乘坡平寬，或將河坡平寬折半，乘河深，則得一面河坡土方，再將二坡乘之，得兩面河坡受水及土方數。又將河底之寬，乘河深，得河心土方及應受水數，加前兩坡數，則得滿河每丈方數矣。

如河坡有沖凹淤凸之處，並非斜直到底者，應將河坡之寬纖簹平量，共寬幾丈，以河坡平寬一丈處深若干爲第一深，河坡平寬二丈處深若干爲第二深。如此逐丈量至河底處，共有幾深，各深若干，並而爲一。河邊雖並無深，但牽算之法，亦應作一深。將共量幾深，外加一數爲法歸，除並一之數，得牽深若干，然後以河坡平寬乘之，則得一坡方數。如是各將兩坡算出方數，再將河底寬若干，乘河心方數，三數相並，則得每丈方數矣。今繪圖引證於後。

河坡平寬四丈，内離河邊一丈處深二尺五寸，離河邊二丈處深五尺，離三丈處深七尺五寸，離四丈處深一丈，計四深共深二丈五尺。河邊雖無深亦作一深，共五深，即用五歸爲法，歸共深二丈五尺，得牽深五尺。再用原坡寬四丈乘之，得每邊坡土二十方，兩坡共土四十方。

河心寬四丈，深一尺，以寬乘深，得土四十方。

兩坡河心三共合得每河長一丈，該土八十方。

上圖口寬十二丈，底寬四丈，深一丈。若系平坡好工，只須照法以口底二寬相並，然後折半，得牽寬八丈，再以深乘之，即得每丈土八十方。原無須如此之贅也，但恐坡有淤凸鼓鰓，則算水方，水方必多，如收挑河或估挑舊河，便有盈虧之弊，故設此法明之。凡遇堤河工程，俱應分別坡心核算，每高深一尺，應收分幾尺，每高深一寸，應收分幾寸，則通工計算多寡無誤，收分要緊，不可不留心也。堤工仿此。

又　丈量灣河。丈量灣河口底之寬，其定篢之法有二。如於弓弦定篢，向對過弓背量照正封堆，上較一丈，下較一丈，以遠合原寬爲準；若于弓背定篢，向對過弓弦量，亦照正封堆，上較一丈，下較一丈，以近合原寬爲準。用木匠灣尺式勾順河勢，股向對過，以篢貼股上爲準。具圖於後。

較量河面寬闊

測量河面寬闊，應用立表知遠法。如于河邊立表一根，高二尺五寸，退行二丈，又立後表高三尺，其安前後表之處，平地上用水準較準，以高出水面之數爲主，如或高下分釐，即有千里之謬。然後人目自後表木杪斜，由前表木杪望至彼岸河邊，適湊斜平演算法，置前表高二尺五寸，以退行二丈乘之，得五十丈爲實，卻將後表高三尺，內減去前表高二尺五寸，餘五寸爲法歸五十丈，即得河寬十丈。又法，將後表減去前表，以餘高五寸爲法歸，前表高二尺五寸，得五數，乃五個五寸也，再以退行二丈因之，亦得河寬十丈。按量河面，應纖篢計丈尺，雖屬正理，然恐篢長中凹，而丈尺有未準者矣，故不如此法爲妙，列圖於後。

估水方

估舊河水方，如河坡坦直到底，將河心水深折半，乘水面之寬，即得。如坦坡不能斜直，應用舊河包方法量算。又法，先量明河底水面之寬，用細繩一條，將河肋中心拴志標三根爲記，河口兩邊亦以布條爲記。分段牽量，照河底志標三處量深，並所量三深爲一，加河坡二深，共爲五深，以五歸三處共深，得牽深尺寸。以水面之寬乘之，得每丈水方，再以工長乘之，得通工水方。以此三法相較，數目大有不同，當取間包方法，分算兩坡河心者爲是。

又　論開引河七則

【略】故估計之法，其初次丈量，先于應掘河身內封土作堆，以記丈尺。再估計之時，即于封堆上用長竹各插望竿一條，務使一律條順，直達河尾，不可灣曲，曲者移之。條順之後，然後用水準或三十丈或五十丈，挨次打量，記明某段比某段高若干，某段比某段低若干。照依高低科算土方、通核錢糧，庶河無貽誤，此估計之不可草率者二也。又估計既定之後，自必按段分委人員，其河頭、河尾兩段必選平素諳練之人，方可委任，將新到學習與不甚謹慎之人，俱派委河身之內。蓋河之頭尾關係通工，且河性無常，稍長難測，苟素非諳練，不知利害，則輕忽從事，倘一經暴漲，成有坍塌，則河未全完，水一內注，前功盡棄。【略】

又　挑河問答。【略】欲杜其弊，是以設立信樁，信樁即志樁。如應挑深若干，以量定尺寸之樁木釘入河內，樁頂與河底相平，然後挑挖應深幾尺，即以信樁露出幾尺爲準。法盡善矣。乃奸猾之夫，復於法中生弊，私將樁木偷拔數寸，將河涯墊土與樁頂相平，謂之墊假涯，是立樁之法，仍難杜絕其弊也。惟有先驗信樁出土尺寸，再察兩涯，如有私墊假涯之處，其形必如螳肚，其處必有魚鱗土塊之跡，地色必異他處，土必松，若切去浮土，露出本色堅土，其弊自除。

清・李世祿《修防瑣志》卷五《堤工》　估堤總綱

勘估堤工，必須審度河勢，分別湖河江海，水勢大小急徐，河流曲直，地勢高低。毋臨河邊，汕刷可慮，毋加埽工，傾倒堪虞。辨縷遙之名，詳隔越之號，加舊戧新有別。幫內築外，宜分測上下，以定堤身之高卑，量遠近以料價值之多少。【略】

估築新堤

【略】先用水準打探，逐段丈量，分別高下，豎立封墩，然後始計土方。如估高一丈，頂寬三丈，底寬九丈，此潘穎川先生所論六收法也。每高一尺，兩面各收三尺，坡長三尺一寸六分二釐三毫，乃合走馬坡式。忽遇一段較兩頭地勢窪一尺，則將此段估高一丈一尺，頂寬仍估三丈，底寬應估九丈六尺。蓋六收之堤，每高一尺，則攤寬六尺，故將底寬應加六尺也。窪二三尺者，照此遞加，或遇地勢較高，亦按此法。每高一尺，減估底寬六尺，實估高九尺，底寬八丈四尺，頂寬仍估三丈，總期堤身不可肥瘦。就其地勢之低昂，酌量估計，庶工告成，方可通長高寬一律平整。

又　丈量殘堤牽寬法

【略】估加幫殘缺舊堤，或五十丈一段，或一百丈一段，必須將堤之頂寬首尾中三量，用三歸取寬計方，庶無盈虧之偏。如高下寬窄較多者，更須多量幾篙，總照捆量幾篙，即用幾歸牽寬。

又　較量對岸堤工高矮法

如南北兩岸堤工欲較高矮，有用水準測看，原可定其高低，然恐太遠，目力難勝。今酌一探量之法，將兩岸堤工，各自堤頂牽篙量至堤坡，得高若干，又自堤坡較量平高水面若干，二數並得堤面共高水面數，再以兩堤高數相較，則高低萬無一失矣。

淤沒堤坡丈量法

臨河舊堤，水浸堤根，勢必停淤，則底淤於河內，焉知寬數？其法將現在堤坡捆量算出收分，如三收之坡，淤高一尺，該去底寬三尺；四收之坡，則淤高一尺，去底寬四尺也，餘仿此。

凡收工，或十丈一量，或五丈一量，照原估高寬丈尺量之，以準爲主。或南坦水長，因長水停淤，漸至淤起尺寸。如六收之堤，淤高一尺，南坦即少三尺，承修官最難分辯，最易貽累，則於未淤上截，及無淤之北陡丈量其高低，與原估相符者，則知南坦之淤矣。不然每每量堤，致多不足者，不知此法故也，承修與收工者，當留意焉。

戧堤未竣丈量法

如舊堤高一丈五尺，一面已幫新土，頂寬二丈，高一丈，則舊堤已被新土覆蓋在內。其新幫底寬土方，舊坡寬窄似難查察，然舊堤收分具在，其覆蓋在內者，止高一丈，其新幫之上，尚有未幫舊堤高五尺，明露在外，當用淤沒堤坡法量之。用捆杆或丈杆篙繩於新戧頂上，量得舊堤餘高五尺，坡平寬一丈，即將平寬一丈，用高五尺歸之，得二尺，乃二收堤也，則知所覆舊堤亦系二收，此量上知下法也。另量新幫收分，並量新戧頂寬，則知新幫土方，並戧底寬數，此量外知內法也。如新幫頂寬二丈，亦系二收，每長一丈，高一尺，該新土二方，高一丈，該新土二十方。如新幫系三收，則舊坡少收一尺，新收分應加一尺，每高一尺，照收分一尺算，遞加至頂高一丈，應收分一丈，加頂寬二丈。該新坡底寬三丈，頂底相並折半，以高一丈乘之，計已挑新土二十五方。如欲加足未幫之五尺，乃以寬底而問窄頂也，應照前加收分減算，將已幫之頂寬二丈，改爲底寬，另將每尺應減一尺收分，遞加至高五尺，應減收分五尺，將底寬內減此五尺，餘一丈五尺，乃五尺高之頂寬也。頂底相並折半，牽寬一丈七尺五寸，乘高五尺，該土八方七分五釐，新幫戧土二十五方，續估加高五尺，土八方七分五釐，二共每丈土三十三方七分五釐。試以戧頂寬一丈五尺，加戧底寬三丈，共四丈五尺，折半牽寬二丈二尺五寸，以高一丈五尺乘之，亦得土三十三方七分五釐。

又　丈杆，一根連杆繩，一根測量高厚用。

清·李世祿《修防瑣志》卷二五《工程》　清口東西二壩，爲黄淮交會要區，蓄清敵黄，最關緊要。乾隆二十七年春，聖駕南巡，指授方略。四月內，奉旨：「現在測驗洪湖高堰五壩，高於水面七尺，及七尺五寸不等，清口口門現寬二十丈。當即以此酌定成算，將來俟兩壩之水，如再增長三尺，清口不必議展，仍存其蓄清之說。設如由三尺長至四尺，即將清口拆寬十丈，湖水以次遞長，則清口以次遞寬，總以上壩增一尺之水，下口加開十丈之門爲準。其或入夏後水勢一時不常，旋長旋落，則不必以口門既展，急事堵塞，以過秋汛爲定，逐漸收清口仍至二十丈，或十數丈。如此則全湖勢暢，以視求助於分支別派者，其功奚啻倍蓰哉。欽此。」欽遵。

又　量影知高法。如有立木不知高，日影在地長五丈，另用丈長木一根，並立木側，量得影長一丈二尺二寸。法置立木影長爲實，以丈竿影長爲法歸之，得立木高四丈。此乃孫子度影量竿法也。

望標知高遠法

遙望木竿歌：「望木須知立表竿，表離木處幾多寬。退行表後參眸望，望表斜平立後竿。前表減除後表數，餘表乘遠實相看。退行之數爲法則，法實相除加一竿。」

假有木不知高，木脚量遠二十五尺，立一丈竿，表後退行五尺，用窺穴望表，與木稍斜平，其人窺穴，高四尺人目高四尺者，即後表也。法以前表丈竿高十尺，減去人目穴四尺，餘六尺，以乘表竿遠二十五尺，得一百五十尺爲實，以退行五尺爲法歸之，得三十尺，加表高十尺，得木高四十尺。

假有木不知高，自木脚量遠二十五尺，立表一根，高三尺六寸此系前表，退行二尺，又立表一根，高三尺此系後表，人目望其二表，稍與木稍適當斜平。

法置遠二十五尺，加入退行二尺，共二十七尺，以二表相減，餘六寸，乘之，得一十六尺二寸爲實，卻以退行二尺爲法歸之，得八尺一寸，加入後表三尺，得木高一丈一尺一寸。又法此法與前法同，置前表三尺六寸，減去後表三尺即是人目高數，餘六寸，以乘前表，去木遠二十五尺，得一十五尺爲實，以退行二尺爲法歸之，得七尺五寸，加前表三尺六寸，亦得木高一丈一尺一寸此二條以下量遠知高之法也。

如小河一道，不知寬，于南岸水際立表，高三尺，退行一尺八寸，又立後表，高三尺六寸。人目望其二表斜平射地處，適當北岸水際。

法置後表三尺六寸，以退行一尺八寸乘之，得六十四尺八寸爲實，卻以二表相減，餘六寸爲法歸之，得十尺零八寸，爲後表相去之遠，除去退行一尺八寸，實河寬九尺。又法，置前表三尺，以退行一尺八寸乘之，得五尺四寸爲實，卻以二表相減，餘六寸爲法歸之，得河寬九尺，爲前表相去之遠。又法，二表相減，餘六寸歸前表，知前表乃五個六寸也，再以退行尺八，乘五個，得河寬九尺，乃前表遠數，若以餘高六寸歸後表，知後表是六尺六寸，以退行尺八，乘六個，得後表遠十尺零八寸，再除退行尺八，餘得河寬九尺此條系以高望下知遠之法。

清・陳琮《永定河志》卷六《工程考二》　一、埽廂做法。

【略】凡新舊廂墊工程，若遇水深溜急之處，隨時相機，每丈簽樁一二根不等。或用長三丈、徑七寸楊木樁，或用長二丈五尺、徑六寸楊木樁，或用長二丈、徑五寸楊木樁，系臨時測量水勢大小緩急擇用。

清・張伯行《居濟一得》卷三《汶河中閘》　汶河中閘之板，當視分水口之志樁，以爲啓閉。如運河五尺水足以濟運，則止用五尺水，過五尺則酌量下板，使水至五尺則止；不足五尺，則酌量啓板，使水至五尺而止。如中閘下板，則將東西二斗門啓板，收水入湖，俟中閘啓板之時，仍將二斗門閉板，毋泄湖水。如中閘之板全啓，運河水猶不足用，則將斗門酌量啓板，放出湖水接濟，足用即止，不可過泄。蓋湖中之水，常使有餘，毋使不足也。

清・張靄生《河防述言・疏浚第七》　浚之之計，量度土方，以估工費，自有常則。然計方論工，又不若聚夫而計擔給值，隨挑隨發，尤爲便捷，是在敏于任事者，因時度地，酌而行之耳。至於河身廣狹深淺之宜，又必計水之大小，流之緩急，量其水方，度其消納以定之。待舟楫通利，淺者亦可漸深，倘潮汐停淤，深者行將漸淺，水無定形，工難終已，歲修額設，良有以也。

清・徐端《安瀾紀要》上卷　歲修宜早

【略】除大隄埽壩之外，凡灘面河唇，均須親到閱看，詢訪土著老人，細問水長時情形如何，水落時情形又如何。丈量比較，大隄高灘面若干，灘唇較隄根高矮若干。蓋臨河之灘唇必高，隄根之灘地多窪，往往以隄視灘，似乎頗高，及較灘唇即形卑矮者。如此較準高下，以定大隄應培之尺寸。再量灘寬若干，察看河心溜勢之趨向，有無坐灣里卧者，若離隄漸近，即應預籌防範灘面串水，溝槽尤爲隱患，必須填做土格。

又　險工對岸估挑引河

【略】測量灘高水面若干，再用旱平，自河頭至河尾，逐細較準，方得河頭水面高河尾水面若干。如高二尺以外，大可興挑。迨開放時，河頭有吸川之形，河尾有建瓴之勢，其成工也必矣。

又　並量灘唇高水面若干，再用旱平，按五丈一簹，量灘唇高隄根平地若干，便知河水漫灘隄根水深若干。如果水勢太深，應先於下游挑挖倒溝，于半槽水時開放，使水內灌，逐漸停淤，民堰如已殘缺單薄，亦照此辦理。【略】

一、河勢里卧塌灘，應量明至隄根若干丈，每丈一封堆，以便查看，有無續塌將塌崖之處，用鍁放坦，並多掛柳枝以免續塌。

一、河水漫灘，各堡門前安設小志樁一根，隨時察看，如上游水長，即傳知下段，一見消落，亦須傳知以安人心。

一、大隄高矮，未必能一律相平，漫水一到隄根，即令長巡逐細測量，分段開單，報明廳營。如普律高五尺，一兩處高二三尺者，即趕加子堰，以防水勢續長，免至臨事周章。

又　埽工做法

一、問舊埽前眉朽爛，如何拆廂。答云，先較量隄高埽眉若干，舊埽出水若干，埽外水深若干。如埽出水一丈，埽外水深一丈，前眉朽爛，即看前眉腐朽多少，如若水底柴眉齊整，只拆高一丈，入水二尺，共高深一丈二尺，拆寬二丈，務要拆見底柴，丈尺均須拆足，不可偷減。前後一律相平，不可預留底土，必須用長整柴料廂做，用新淤土壓尺餘厚，再用騎馬加廂第二坯。柴高一尺五寸，壓好於土一尺，如此層土層柴，方能如式。所有拆槽舊土，斷斷不可用於底坯，蓋舊土力乏性松，不能禦水，只可留壓埽面，亦不致糜費。

一、問因前次加廂時，眉土過厚，未曾挑去，以致埽張嘴刷去，肚土抽去，柴眉空虛，至五六尺，如何廂法。答云，先量埽出水若干，埽外水深若干，如埽出水一丈，水深二丈，先用小船著人用丈杆測摸埽身空隙、大小、淺深，是否平整，將後臺無論寬窄，折與水準，前眉用鐵抓鉤拉撈凈盡，寬丈餘，用丈杆探量埽上水深若干，打橛掛纜廂做小軟摟，鎮住前眉，柴要斜廂，加壓新土，勾繩攢緊，上橛再用騎馬加廂，可期穩固。

清·徐端《安瀾紀要》下卷　照法

【略】假如新河應挑口寬五丈，底寬二丈，深五尺，誌樁須長八尺，釘與土平，除完工挑出五尺，仍入土三尺，以爲豎立根脚。再兩邊河口各釘口橛，又各越出二丈，打定灰印，用篾繩從此岸灰印量至對岸灰印，連應挑河口，共計篾長幾丈，或兩岸地勢窄狹，越出五尺一丈，均可再用丈杆在樁頂上豎量空高若干，並東西口橛空高各若干。

清·徐端《回瀾紀要》上卷　挑水壩

【略】總以看定壩基後，先緝量該處河面寬若干，壩基離大溜若干。未到大溜，必是淺水，應自壩基順勢斜長，每十丈插一標竿，直至溜邊爲止，共計長若干。再於對岸崖上立一標竿，與溜邊標竿緊緊相對，緝量水面尚寬若干。再自岸上標竿量至引河頭上唇長若干，則壩頭應再做若干丈，可以約略計之。

又　輯口

漫口已成，擇定壩基後，即須緝量口門寬若干丈尺，以便估計應需料物若干，兩壩應各進若干占，或一日可進一占，或三日進兩占，便可約定合龍時日。事關入奏，不可草率，倘緝量不準，報寬則涉張惶，報窄則估料不足，且耽時日，致多棘手。如口門寬不過百餘丈，宜擇無風之日，或微風頂溜時，用長二百餘丈絲篾，以小船渡過，即可緝量。如在二百餘丈，當以大船數隻，排列口門，下錨定住，並拉起風蓬，不使下淌，能於對岸淺水中釘提腦橛，更爲穩當。再用划船，於壩頭將弦線渡至大船，逐船緝量，以定丈尺，每出一兩占，即宜緝量一次，庶胸中得有把握，不可忽視，此事應專交管提腦之備弁。

又　掌壩須知

【略】一、到壩時，先看兩壩台是否相對，測量現在水深若干，並問明至深若干。兩壩公同議定，某壩進幾占，每占約用正雜料若干，共計應用若干，夫土錢文亦照數約計。當關照總局各廠，早爲置備，寧可有餘，無令不足。如壩前水勢深不過三丈，每日可進一占，倘水勢加深，亦不過三日兩占，開工宜早，日間趕緊，不必做夜工。

一、每日一占，勾回後，即於上水下水中間，量水深若干，高寬若干，寫一小牌子，插於下水埽眉，以備查考，此占共計單長若干，查明用料若干，每料一堆，廂做單長若干。此應派一員專司其事，再親自測量水勢，則料垛之虛實，可以立見。

清·阮元《揅經室集·續二集》卷二《陝州以東河流合勾股弦説》　凡水行於山石不平之地，隨地形爲高低也，若黄河出陝州之後，由陝州以至海口，數千里之遠，數百年之久，必平無高低，如弦之直矣。何也？地勢本平而沙填又久也。故自河南至淮南，海口則日墊日遠，河身必日加日高，低者填之使平，坳者填之使仰，如弦之直，如準之平矣。此合乎勾股弦矣。加以屢次決口，屢次挑爲引河，少有丈尺之高，坳者亦無不平矣。右圖癸庚，股也；甲癸，勾也；甲壬，弦也。股與弦同，此日加日長，而獨欲使丁之弦屈曲低落，如丙乙之舊，使乙水仰出於庚，此斷斷不能之勢也。此理易明，人所共曉，尺幅之間，此理此數，數千里之遠，亦同此理，同此數也。蓋測天測地，未有勾股直而弦曲者，亦未有大股已加長改位，而弦不加長改位者如戊改庚，乙改丁。

清·朱正元《周髀經與西法平弧三角相近説》　且屢變者法也，不變者理也。善變者以不變御至變，而無窮之變出焉。自其變者而言之，千萬言不能盡其緒者也。自其不變者而言之，一二言已足括其要。當今西法風行，援今證古，今勝於古，勿能諱焉。然攷泰西之學，每有與我古書符合之處。即如西法之有平弧角，後來者驚爲創獲。而《周髀經》實以啓其緒，特未能暢厥指耳。謹按周髀者言蓋天也，而其測天以句股，平矩正绳以下六句，測法浸備。以下率用偃矩望高一語，其測天也。立表八尺以視日景，其相去二千里，立兩表者，重測法也。原文謂在天千里，影差一寸者，以兩表影相減餘二寸也。「以地爲平遠，乃成此算」疑非《周髀》本文。其算由比例而得，兩表影較爲一率，即兩句股。表長八尺爲二率，即小股。兩表相去二千里爲三率，即兩大句股。求得四率，爲日去地之高。即大股。其表竿恆长八尺，故其在儀之影与在天之理，恆若一寸与千里比，以下定各節氣，皆本此加減也。查經中所得里数雖非密合，因以地爲平遠，天爲平高，疑皆傳習者所竄入也。然其立法已啓近時西法之緒，其所言測量者，句股也。西人言三角，不言句股。謂三角可以概句股，句股不能概三角也。不知法雖異，而理實相近。蓋三角法以對角邊對爲比例，又以角爲虛度，不可比擬。乃創為八線，以其角之正弦與對角之邊爲比例，高深廣遠一例可御。夫用三角必借徑於八線，八線縱横交錯，皆成直角。以半徑斜剖之，又成多個同式句股形。然則八線御三角，猶是以句股御三角也。豈独平三角爲然，弧三角亦然。雖爲算球形之巧法，若其立法之根，與句股亦甚相近也。蓋弧三角之八線皆自球心生,縱横相遇,成立句股體形。而其弦切所成之句股,皆爲同形,可以互相比例。用次形者如平三角之用,外角也。然則以八線御弧三角,猶是以句股御弧三角也。夫算數不能無所憑藉,而得八線者,是以虛數御實也,是不憑之憑也。《周髀》之測量句股也,即矩也,是亦八線也。矩也,而何以八線名之,曰是有象之八線也。以句爲正弦,股爲餘弦,如互易之,以句爲股,以股爲句,是猶是餘角正餘弦必互易也。以切線名之,亦通夫弦切與对邊本成比例,是以知角固能知邊之大小,亦可以知角之大小矣。若以句股言之,句大則股弦所成角必大,句小亦小。惟股亦然。是用句股測量,虽不明指为角,縷分爲度,實无往不用八線也。其言曰,方數为典,以方出圓,是明知圓之不可御,而必以方御之也。蓋近時用八線法,已在其言内矣。案《周髀》一書,其首篇了了數言,最爲簡賅。其言笠以寫天者,是寫天于笠之下面,成仰視形。言笠者,謂其形如笠,實則半球矣。夫既寫天于笠,則又必寫笠于平,以傳久而行遠。漢儒議其非者,是誤渾为平耳。夫古書多殘缺,儀又不傳,固不能確指其器與法究竟若何。惟當綜覽其首尾,詞指必一一符合。斯爲得之。今觀其精到之處,實與西法吻合。其自榮方問陳子以下,得失參半,自相矛盾。必原書已缺傳習者,竟为補苴也。何以知之。案原書曰,天象蓋笠,地法覆槃。又曰極下地高,滂沲四隤而下,夫既中高而四下矣。則地爲球形可知矣。又曰北方日中,南方夜半,東方日中,西方夜半,南方日中北方夜半,西方日中,東方夜半。夫既晝夜互易矣,則地为球形更可知矣。又曰北極之下不生萬物,北極左右夏有不釋之冰,中衡左右,即赤道。冬有不死之草。五穀一歲再熟,是不独知地爲球形,且知地理之分冷温熱三带矣。又曰凡北極之地物有朝生暮獲者,是即半年爲晝,半年爲夜矣。是其於黄赤邪距及日躔黄道之理,已了然矣。乃知陳子所云,聽其言地固圓也,攷其算則又以爲平遠矣。宜其數之不符也。而其書之爲後人補述,可知烏可以此短之哉。

清·梅啓照《學彊恕齋筆算》卷五《三角測量》 句股測量以小句股比大句股,又有求容圓諸術,數之義微矣哉。然句股重差之法,古人用表。《海島算經》所云望海島立兩表齊高三丈,相去千步是也。至製句股以爲矩,則更精矣。惟句股必取道直角,倘限於地不能取直角,則重差術孤離者三望離而旁求者,四望亦甚艱於取差焉。又不若三角之邊角相求,無論有無直角,皆可測量也。

清·梅啓照《學彊恕齋筆算》卷六《三角測量》 凡測得直角,其所知兩邊線一爲半逕,一爲正弦。九十度無正弦,以半逕之直者爲正弦。半逕一千萬,九十度直角之正弦亦一千萬。

中法

一爲句,一爲股。

凡測得鋭角,其所知兩邊線爲一半逕,一爲割,中法一爲句,一爲徑隅。須中垂一虚線作股,分爲兩直角,句股形徑隅,本《周髀》即弦也。因西法八線表正弦餘弦頗與相混,故凡句股之弦俱用徑隅代之,以清眉目。

凡測得鈍角,其所知兩邊線一爲同角半逕,一爲外角割,若儀器不將一邊線作地平,則一爲内角割,一爲外角割,中法一爲内角句,一爲外角徑隅,須虚垂一線作股,分爲兩直角句股形。【略】

古以句股徑隅互求本善,西法竟以八線相比,取其線之相類者比之,一乘一除,即得之矣,較句股徑隅互求必用開方尤簡便十倍。

清·陳龍昌《中西兵略指掌》卷一二《軍器·測定遠近》 凡定礮準,須知敵船距礮之遠近。如相距不遠,則拋物線同於直線,即可用礮準之初距點定之。若相距甚遠,則須測算其相距之尺數。有數法如下。一法預知敵船之桅高,用紀限儀測其桅頂與海面所成角度,而用三角法算其相距。舊時各船桅高有一定尺數,今或否矣。一法預知己船之長,於己船首尾各立一兵,同時測定敵船之方向,用三角法,可算其相距,惟敵船在旁面者,此法最妥。若在前後,則不可用。一法預知己桅之高,令測量者登於桅頂以測敵船。如敵船不用桅,或不知其桅高者,可用此法。如第一百六十五圖,甲爲己船,丙爲敵船,甲乙爲桅正時,甲乙爲桅斜時,敵船在下風,甲丁爲桅斜時,敵船在上風,測量者應量甲乙丙角而知甲丙兩船相距尺數,此法用於桅正時甚便。若桅斜時須用垂線先求斜度,設一人在桅頂,一人在船旁,相曳一繩,同時測敵船角度,即成斜三角形。無論桅之前後左右,俱可用此測之。

清·陳龍昌《中西兵略指掌》卷二四《軍防·籌海策略》 一測量宜準。西人之礮,百發百中者,以其人多通算學,知道里之遠近,識人力之强弱。用拋物線以算礮碼之所落。故礮無虚發。宜令各礮臺預先測量洋面海道,寬者分爲十餘丈,窄者五六丈,或三四丈,每一段設有暗記,用拋物線算之,録於量天尺上。每大礮一尊,旁置一測准之量天尺一柄。如敵船入洋面某段,則礮位之低昂,悉視量天尺之分度以爲准。則發無不中矣。

清·黄炳垕《測地志要》卷四《測望雜法》 雷電測遠 電者雷之光,雷者電之聲，陽伏地中蓄極上騰者也。雷出之處，電與雷偕，漸遠則時差漸多。故其地可測。

銃礮測遠　與雷電測遠同法，凡聲光並見之物，皆可測遠。

日影測高　高謂物高，測以日影，亦小勾股比大勾股之法。

表杆測高　儀器矩度，未易猝辦。此法可備緩急之需。

測晷定向　用方案，令極平，作圜數層，植表圜心取日影，凡表端影切圜上，皆作識視午前午後兩點同在一圜上者。作直線聯之，即東西線，與此線十字交作南北線，南北線與羅盤子午線參直視鍼端所指，刻線作識於盤上。用時，令鍼端與識相對，則子午得真向，而羅鍼所偏正矣。

隔河量地　即梅勿菴勾股闡微遥量平面法，《三角法舉要》載此法，名隔水量田。軍中測敵城大小，此法登高用之。遥量山面亦可用。即上三角測遠、兩遠推廣、距里求積三法，若用圖算紙上，一量即得丈數。勿菴云，新法曆書言測量詳矣，然未著斯法，意在《幾何》後數卷中，爲未譯之書歟。案，咸豐間海寧李壬叔善蘭與西士偉烈亞力，續譯後九卷，亦不載此法。

推算雜法　勾股求弦用切割線代法本新法曆書。下一條同。

比例尺代算　比例尺有十線平分御三率，分面更面御面冪，分體更體御體積，五金御輕重，分圓正弦正切正割御測量，又有假數尺御三率及測量。平分線用較廣，其制自樞心至兩股末，平分數百分，另作一釐尺，亦平分數百分。

對數　一名假數，西士若往訥白爾所作，一爲〇，十爲一，百爲二，千爲三，萬爲四，十萬爲五，推之百千萬億，皆遞加一數。表中首位止四數而五六七八九十皆可借用。以加代乘，以減代除，以加倍代自乘，以三因代再乘，折半即開平方，三歸即開立方。

八線對數　平三角暨正斜弧通用，舊表無割線，《數理精蘊》補之。以半徑假數加倍，內減餘弦假數，得正割假數。

帶縱立方求積　即量倉法，係居官居家所必需，故附於此。【略】

量法須知

總引：量法者，乃因所已知之數而推算所未知之數也。大概分爲四等，一爲推算某線之長短，二爲推算某面之方積，三爲推算某體之皮積，四爲推算某體之立積。且因測量可以知角度，因角度可以求線，因線可以求面，因面可以求體。如有一方體，其底面、邊線各二尺高亦二尺，將底兩邊線自乘得四方尺，爲底面積，再與高相乘得八立方尺，爲其體積，反之，如開其體之立方根，可得每面之邊線，開面之平方根，亦可得其邊線，由是觀之，量法亦日用工作內所必需者，茲特掣其要領擇人所常見常用者，按欵繪圖，按圖設題立法，一一釋解，使線面體形、各種相求之法，無不一目了然。論線面體與形等類甚繁，試略舉其名目臚列於左，如線有直線、弧線、雙曲線、抛物線、擺線、圜柱、螺線、平面螺線之類，形有正角三角形、斜角三角形、等角三角形、正方形、平行方形、二平行四邊形、四不等邊形、磬折形、等邊多邊形、不等邊多邊形、平圜形、分圜形、橢圜形，體有示體、截球體、二平面截球體、橢圜體、橢圜截體、圓柱體、圓柱截體、環形體、環形雜體、圓錐體、圓錐截體、多邊錐體、多邊錐截體、方柱體、三角柱體、劈形體，凡此諸類，莫不各有公法求之，亦算學之一助云。

清·劉衡《勾股尺測量新法》卷上《勾股尺測量新法》　句股尺測遠第一法與測高第一法同。

乙爲河，彼岸甲爲河，此岸欲測河距乙甲之遠，從甲量至丁，置尺于丁，窺管指乙，次從丁數至癸，取丁癸之度，如丁甲之數，乃從癸至壬作小線，則壬癸即乙甲也，而丁壬亦即丁乙。

平面測遠　又謂之知廣測遠。

句股尺測遠第二法

人在甲測乙，而兩旁無餘地可作正方角，則任指一可測之地如丁，作乙甲丁鋭角形，借句股尺重測之。先測于丁，置尺右角齊丁，左邊平甲，窺管指乙而出于庚，以墨作線記之。次測于甲，置尺即用前尺左角齊甲，右邊平丁，窺管指乙而出于辛，亦以墨作線記之。而庚辛兩線相遇于壬，得壬甲丁小鋭角形，則小丁甲當大丁甲，而丁壬當丁乙，甲壬當甲乙矣。

平面測遠鋭角形

句股尺測遠第三法

不知甲乙之遠，而知丁乙之高，置尺于甲測之，作壬癸線以當丁乙，則甲癸當甲乙。

用高測遠

句股尺測遠第四法

欲測甲乙之遠，而乙之根爲物所掩，如山麓有小阜，或爲林木蔽阻之類。難得真距。若用兩測甲外，又無餘地。惟望有高如戊，爲山顛，上有石臺，臺上有塔如丁。丁戊之高原有定距，借以爲用。從甲測丁，又測戊，乃作壬癸丙小直線，以壬癸當丁戊，則癸丙如戊乙，而甲丙如甲乙矣。

用高上之高測遠

句股尺測遠第五法、第六法 重測

欲測乙甲之遠，而不知戊甲之廣，則用重測。先測于丁線出辛，後測于戊線出庚，次作壬癸丙横線，以壬癸當丁戊，則癸丙當戊甲，而戊丙當乙甲矣。先後兩測

欲測戊甲之遠，而不知乙甲之高，則借乙之高以爲據，而重測之。

法同上。

測不知廣之遠，借不知之高測遠。此法巧妙絶倫。

清・劉衡《勾股尺測量新法》卷上《勾股尺測量新法》 横置法

所測之度小于所知之度，則是以股測句也，則横置其尺。

直置法

所測之度大于所知之度，則是以句測股也，則直置其尺。

斜置法

或不欲正測，或不能正測，則于窺管背二小釘入尺邊孔，目從管窺所測之物。帶尺上下移就之，次于尺之昂角，以線鎮重物下垂俟定，即得真度矣。案前横、直置尺二法俱以管當弦，此法以垂線當弦。前二法尺定而弦移，此則弦定而尺移，其理同也。

又按，横置直置二法爲初學設便省記耳，其實非有二理，不必泥也。

清・項聯普修、黄炳垕纂《(光緒)雲南縣志》卷一《天文志》 地不可測，古人以麗於天者測之，於是，《周官》及《左氏傳》有分之説，率多穿鑿附會，未足盡信。

清・陳松《推測易知》卷一《黄道經緯儀》 黄道經緯儀，鑄銅三重，凡八圈，其外正立爲子午圈，制與赤道經緯儀子午圈同。次内爲過極至圈，外徑五尺五寸。規面闊二寸三分，側面厚一寸一分，兩面亦刻去度極度，貫於赤道南北極之兩軸。象天左旋，又從赤道南北極各距二十三度二十九分三秒，定黄道極。【略】

地平經儀，鑄銅。平置地平圈，外徑六尺二寸，闊二寸四分，厚一寸二分。上面側面皆刻四象限度，上面自南北起初度，側面自東西起初度。東西設通徑，下設圓盤，以立龍承之。圈下立柱適當圈心，上出圓軸。圈上東西植二龍柱，結爲横梁，中穿孔爲天頂，與圈心相直。安立表，長四尺四寸，上應天頂，下應地心。下端結十字横表，與地平圈相切，長與圈之全徑等。立表中空，上下各設小圓柱一，頂開一孔，旁開二孔，中結一直線，左右分引二線斜貫於横表之兩端，成兩三角形。旋轉横表，令三線與所測參直。視表所指，以測各曜之地平經度。

清・陳松《推測易知》卷四《數學測量簡法》 測量例義

《周髀》曰：偃矩以窺高，此用矩測高之法，偃者仰也。仰矩方可測高，矩之一股植立在前。一股定平在下，然後比例推之，蓋平股與立股之比，即所知之遠。與所測之高之比也，故仰測而得高。覆矩以測深。此用矩測深之法也。覆者俯也。俯矩方可測深。矩之一股立者在前，一股平者在上。平股與立股之比，即所知之遠與所測之深之比也。故俯測而得深。卧矩以知遠。此用矩測之法也。卧者平也。平矩方可測遠以矩之一股爲横向内，一股爲縱向前，是以横與縱之比，即所知之度，與所求之遠之比也。故平測之而得遠。蓋以矩或表桿相度窺測，立者則取其直，平者則取其方。必使成直角，以大小勾股爲比例，以在器之勾股比所測之勾股，彼此相形而得之者也。然勾股爲直角，而三角形則惟變所適，而無定形。要以角度爲準，而用割圜八線以爲比例。凡求角求邊，皆以三角形之法爲本。總以對所知爲一率，對所求爲二率，所知爲三率，得四率即所求也。或一測，或屢測，惟在隨時而致用。或用正或用餘，惟在比例之相當，不特凡物之高深廣遠可得而推，即七政之躔度，天地之形體，俱可得而測也。

勾股測量説

測必先量，量爲測之本，量而後測，測濟量之窮。蓋曠野平疇，可量也。至高山峻嶺兩處垂線相距之平遠，無可量矣。一里二里可量也，至數十百里穿山越海直距之里數，更無可量矣。於不能量之處，而欲知其數，非測不爲功。測法或以矩度或以儀器，要必量一處爲始基。故先定一直角，横短直長，以横爲勾，直短横長，以直爲勾，測定其弦，并得其股，而轉測他處，既以是爲底線焉。凡用矩度或立表杆，必用垂線，取其與地平成直角以爲準，則若地不平，須記某處與人目所看相平爲記。至三角測量，必取資儀器。象限儀九十度爲準，以定表遊表爲二視線，其相距之度，即爲所測之角。

高遠深廣説

測量之學，非圖不明。非器無以定率。然測之尺寸，設或不準，亦不足以代算。茲以矩表百分爲一儀，象限九十度爲一儀，及設如高遠各條，悉圖如左，以

爲入門之徑，推算之基。凡用矩表測得之數，不用八線表，則以二三率相乘，一率除之，或用算學對數表二三率相加，一率減之。其用象限儀測得度分，先查八線表弦切之數。如正切一度前三字〇〇一七四作爲一百七二四數，又如正切四十四度五十九分前四字九九四作爲九千九百九十四之類，按八線表度分假數，原列八位，首位得一爲一千萬，《數理精蘊》於測算遠近高下法內八線表首位改爲一十萬，今作首位一萬者，因其對數表附刻一萬零□。再相算學對數表，二三率相加，一率減之。求得四率。亦與相乘之數同。或以八線表弦切數，與所量之附近里數丈尺。每丈作一千，每尺作一百之類。改用二率三率相乘，一率除之得數亦是所測里數丈尺無異也。以丈尺爲主線者，所求四率之數，即是丈尺。以里分爲主線者，所求四率，即是里分也。又對數表內十里爲千數，一里爲百數，一分作十數也。

矩度測量說

測高深廣遠，算學之稍難者也。然得其器，亦不難矣。古人用重表西人用象限儀，近來算學家用矩度，益簡而便。然《周髀算經》已言，仰矩以望高，覆矩以測深，今人之智力果能出古人上哉。他姑不暇論。矩度用一正方木板，橫直畫成正方格，格愈多，則測愈密。以一百格爲度，橫直同。板之側面加二小銅板，各鑽一眼，以代管窺，板之角掛一線，下垂一銅砣名垂線，窺測以此爲準也。

【略】

測遠術

設如有一地不知其遠，但知前有山高一百五十丈，用矩度測之中，即得其遠三百丈。其理具前。【略】

測量簡易說

算學有句股三率，於數無所不統。曆象家又有三邊三角諸法，尤爲變通。蓋度數綿取之割圓，而或分或合，其有定者也。至於懸空立義，本無定法，而一稟於大圓，則無定法。實有定理。明哲之儒，因有定者，以立之法。用無定者，以究其理。正餘相生，大小相比，高下相準，遠近相度，而天下無不可算之物矣。乃探奇伐異之士，推玄步虛，多方衍說，設算愈岐，立法愈繁。譚理則愈入愈曲，愈闡愈晦，廢盡時日，幾於幽無可縋，無險可鑿。其究也以有用之心思，措諸無用之地。斯即好學深思者，青年受術，皓首難期，而欲執此以示初學，無怪乎其望而生畏也。松常病之。竊欲於至繁至難之中，挈一至簡至易之術，法取其便，理匯其通，而適於用也。則無之而不可。庶人人可以學步，將用力少而成功多，爲初學一大快事。然遍覽羣書，訖無涯岸，因思算術多端，莫顯於測量，亦莫切於測量。何者，算無定形，測量則指有形以定無形者也。算無定數，測量則據有數以定無數者也。形顯數確，而法隨之。形分數合，法立而理隨之。隨測隨得，多測多得，觸類旁通而平方、立方、平圓、立圓、邊角弧矢諸法。自不待煩言而解矣，請申説之。

今夫總物以爲度，論其幾何大，曰量法也。截物以爲數，論其幾何多，曰算法也。二法相函，其端有四，曰點、曰線、曰面、曰體。究此四者，請有形有質之物，細若纖芥，鉅若大圜，悉可極其數而盡其變矣。如第分而言之，則點不可爲度，線不可爲形，必三線相遇而形始成三角焉。故合之而後有三角，有三角而度與數可得而測也。舍此不用，雖巧術無從布算，是三角者測量之總綱也已。且凡言度數，必通大小通遠近者也。三角形有兩視線，一徑線。徑線者，吾所測此物之點，與彼物相去之點，中間相聯之線是也。視線者，於徑線之兩端，各出直線，交入於目睛之最中，而成三角形是也。是形也，反正順逆，欹斜零整，出之無方，用之無窮，神明規矩，變化生心，無不如是。不獨此也，其所測在分寸咫尺，則爲近爲小之三角形。所測在大圜七政，則爲遠爲大之三角形。兩形絶不相等，其爲三角一也，一則相同。相同則兩形可以相比，兩算可以相例，故曰通大小通遠近也。夫學難者，必自易始學繁者，必自簡始，最繁且難，莫如步天之衆星，最簡且易，莫如測形之三角。松茲所言，測地面高深廣遠，無非形也，無非三角也，無非簡且易也。然則測一方之高遠，測一山之高遠，與測日月星辰之高遠，無以異也。高深廣遠，悉準諸此。則亦通大小通遠近者也。其次進而測面，面之積亦曰冪，平方、平圓之類，其變不可勝窮。然測物之面，測地景之面，與測日月星辰之面，其理一也。又進而測體，體之積亦曰容。立方、立圓之類，其變不可勝窮。然測物之容，測地景之容，與測日月星辰之容，其理一也。是皆大小遠近通焉者也。既曰通焉，而松不言遠大，專言近小者，取便於習也。便於習奈何，習目與法，以求其慣，習心與理，以求其信。不習不慣，未有能信者也。且習且慣，未有不信者也。故習近習小，即遠大之徵也。能遠能大，皆近小之效也。夫而後人人可以學步，人人習之，而且信之曰真簡真易也。乃知非松一人之私智私説也。夫謹列用法、假如、比例數則於左。

用法一則

測量必須用器，或象限、矩度等儀，並用九十度尺爲比例。圖見此卷第三十一頁。象限九十度，即三百六十度羅經，用其四分之一。合之以中心爲樞紐，卯十五度爲地平，午十五度爲天頂，由地平數一度至天頂九十度爲止，若以九十度爲象限，以横直之角爲樞紐，其樞安遊表或垂線，皆可通用。測廣用羅經三百六十度者，以其便於記度數也。於地面有形可望之物，對定作一直線，命爲初次根源線。此線須變通，蓋係指定之物，與目正對，則爲直線。若所指之物，其左或右，又有一物可指可測，中間相隔幾度，又知丈尺里數不論排列相當對定所測兩面相□，作一横徑之線，合得幾度，比較若干次，用九十度内一半四十五度，每次該幾度比較若干次用九十度，内一半四十五度，每次該幾丈幾里，即知總共若干也。若對岸並無兩處可指，或不知其兩處中間所隔丈尺里數。再從原測附近兩旁，或左邊，或右邊。任擇一寬平無礙之處，定一横線，其横線之兩端，一端聯初次所定之直線，又一端復視所測之物，出一直線，成三角形。命爲二次之界限線。此線亦宜變通，蓋係因所測之物，對向左右無排列相當之形，故無横線可定，即就初次所定直線之端，另擇一處定作横線，合一虚直線成三角形也。若其對向左右有排列相當，又知中間相隔幾丈幾里，即可先定對向横徑，無庸覓旁處横線矣，須明辨之。然後將羅經儀器，兩處對所測之形，查其當横線中間，相隔幾度幾分，合計量得幾丈幾里，即將此幾丈幾里爲法，按象限九十度，用四十五度尺，比照若干度，相加幾倍始合四十五度之數。如測中間隔五度，量得三十丈，共比九次五度，合四十五度，即九個三十丈，總共二百七十丈。或隔二度，量得三十丈，當比二十二次半五度，合四十五度，是其二十二個半三十丈，亦系二十二倍半三十丈，餘倣此。若有零餘，亦照法扣算，總其積數，即得所測有形不知廣遠之數矣。此用測便知不須表算之簡易法也。此言用法，僅即廣遠以明其理。如用測高深，只將儀器側放，則横直兩線移步换形，不外三角。三角又只求其一邊，餘皆同卷内所載測量并算各則，莫不同此根原，同此三角，因數與理相符，故引以爲題，使學者易曉耳。

假如四則

假如近處有塔不知其高，先於地平上塔根下定第一次視線，即所謂根原也。從塔中心起線，必從塔中心者，塔高必測其頂，頂居塔之中心，若只就塔外周之面定量，則丈尺相去差矣。量至離塔七八丈，或九十丈處所，爲第二定線，即所謂界限。即於此處安置一儀器。或象限，或方矩，用象限則折半定四十五度，用四面各一百分方矩，一面爲一百分，則定正方角，是爲正三角形者此也。將器向塔頂相對查看，如對象限恰到一半四十五度，如對方矩則在一面到一百分正方角。是其塔高，必與地平上，從塔根量至安儀器處所之丈尺相符。平豎兩線相當故也。儻塔頂相對未合，或出象限四十五度之外，亦即方矩正方角百分外。必其塔高有餘，再從安器處加一二丈測之。若在象限四十五度之内，亦即方矩正方角内。必其塔高不足，且從安器處移進一二丈測之。總以額定象限之四十五度爲準，以取地平下從塔根量至安器處所丈八尺之數，即是塔高之數也。如不用儀，即以四方兩角，不論度數分數，亦得地下相對與高同數，若以正方棹經例棹高二尺五寸，則以四方兩角相對，一角斜對棹面，一角斜對所量二尺五寸之邊，再高則量地再多。不知其高者，則先用方角對準，然後量地高當與地平數同。萬物可以爲例，只比一次，得數必符也。

此不煩積算，亦不用比例幾次之法，而高可測也。若求山谷深淺，則用儀器，地平下度數，亦無不合矣。

假如塔高十丈，地平下四周房屋或樹木環繞障礙，無十丈寬隙可量之地，便於塔根中心起量。出簷外院三丈三尺三寸三零之處，安一象限九十度，必對七十五度。用九十度減之，餘十五度爲比例。每次十五度，比至三次爲三倍，成四十五度。每十五度量過三丈三尺三寸，三零三個三丈三尺三寸三零，即塔高十丈之數也。前條是先不知高測得其數，此條是先已知高，測符其數，兩條相較，其理愈明，如不知高限於地步，亦照象限測之，但測高用象限過四十五度之外，因所量之地丈尺不及塔之高，若所量之地較塔丈尺多者，自可移進近塔之處，就其四十五度成爲方角，不用比例，是地下若干丈，塔亦若干高。若測在四十五度外，當減象限一半四十五度，用其餘度爲比例，則以幾次比到四十五度，每次若干丈，總計幾倍，爲所測塔高之數也。

假如有一大河，南北兩岸不知其寬幾里，今欲測之。人在北岸望見南岸指一大樹，對下羅經，定其樹在正南午宫十五度之方。所謂正南午宫十五度，不能□拘，若在二十度三十度，或巳宫十度，未宫十度，皆呼在南。總期第二次所測偏東若干度爲用，四方俱可轉移。便轉向正西行準一里，又下羅經，仍對先指之樹，查看在正南前測宫度，卻偏東十五度，乃取象限一半四十五度尺，立爲四寸五式，將此一里偏東十五度作一寸五分算，三倍相加爲四十五度，是偏東十五度爲一里，三個十五度，便合三里，可知河寬爲三里也。又法。若以初視大樹定羅經在正南午宫十五度，轉向正西行準五里。又定羅經，或象限九十度，或方矩兩面各百分，對向大樹羅經象限，必是四十五度方矩，必是一百分成正方角。羅經對向大樹成方角者，必在巽方巳宫三十度。即辰宫初度之位。相離原定午宫十五度，爲四十五度。凡係四十五度成平方角，則不用四十五度，比兩次，若比兩倍爲九十度，反多一倍里數也。三器皆合正三角，横直三里，以其界限分明，容易比較，且知東西相離三里，即南北兩岸，亦寬三里。此外凡測不知廣遠，俱照以上兩法，立可知也。

假如東邊有山，遠在百里内，不知其實在相去若干里，用羅經對定此山之頂，在何宫幾度上，乃轉往南行準五里，或十里地面再用羅經。仍對向原定此山之頂，看到在何宮幾度上，合計原定羅經宮度，與此處所定羅經宮度，相隔若干度，每一度作尺一分，幾度作尺幾分，約幾倍加至四十五分，再以每一倍原定五里，總計幾個五里。若一倍原是十里，總計幾個十里，即得所求東邊之山，離此地實在若干里也。

比例一則

將京城東邊最高之盤山比例爲式，宜於東直門外覓寬敞處下羅經，對向盤山適當卯宮二十九度。爲初次根原。轉向南行準十里，在江山門外地方，又下羅經，仍對向盤山，爲二次界限，查看當寅宮二度，即從寅二度回數至卯宮二十九度，中間相隔三度，是三度所管定爲十里，乃以象限九十度一半四十五度尺，作爲四寸五分式，算每十里三分爲三度，用十五個三度，方滿四十五度，是亦十五個十里，爲一百五十里，即在東直門外，所測盤山之數爲一百五十里也。查盤山在薊州西北三十餘里，薊州偏在京城東五十九分，直線推算一百五十里，搢紳載二百里，是兼道路曲折而定，故盤山至京直算亦一百五十里，得數亦確。此外凡東西南北之山廣遠道里之數，均可於附近三五里或查稍高之處，倣照分兩次下羅經定準度數，再用四十五度比例，所得總共積數，即是廣遠里數。惟里數少則定附近相隔之度較多，若里數多則定附近相隔之度轉少。看所測之地斟酌可也。其於推測日月星辰之法之理，莫不如是，算天星經緯各法詳見卷三。今世之操籌者，大都以能算高深廣遠爲長技自詡。殊不知只比例一横一直，記其一纖微可得。然算丈尺多里數遠者加以零數用表，所得之數，除測四十五度方角比例算法皆同外，其餘算法較之比例略多，總之大長大遠，道里不無曲折，牽線終不能確。何必徒費心力，論説紛紛，致使深數空步者望而生畏哉，有與同志者尚其鑒諸。

清·屠繼善《（光緒）恒春縣誌》卷一《疆域》　案，計里之法，向以營造尺一百八十丈爲一里。恒邑設縣以來，所計里數，祇有大略，未經丈量。

分論

天文測量

明·陳子龍《明經世文編》卷四九三《謹題爲奉旨回奏事：製器測晷》　臣等竊照定時之法，當議者五事：一曰壺漏，二曰指南針，三曰表臬，四曰儀，五曰晷。其一，壺漏等器規制甚多，今所用者水漏也。然水有新舊滑濇。【略】其二，指南針者，今術人恒用以定南北，凡辨方正位皆取則焉。然所得子午非真子午，向來言陰陽者多云泊於丙午之間，今以法考之實，各處不同。在京師則偏東五度四十分，若憑以造晷，則冬至午正先天一刻四十四分有奇。夏至午正先天五十一分有奇。然此偏東之度，必造針、用磁悉皆合法，其數如此，若今術人所用短針、雙針、磁石同居之針，雜亂無法，所差度分或多或少，無定數也。

明·顧應祥《静虚齋惜陰録》卷六《曆算》　天未嘗有度也，以日之行爲度。天本無體也，以星辰之附麗處爲體。天不見其旋轉也，以星辰之東升西没而知天之左旋也。【略】古之言天者三家，一曰周髀，二曰宣夜，三曰渾天。宣夜之術無傳，周髀蓋天之術也，髀者股也，用勾股之法以測天。【略】古曆有閏而無差，周髀以十九年爲一章，四章爲一蔀，二十蔀爲一遂，三遂爲一首，七首爲一極，三萬一千九百二十生數皆終萬物復始。【略】國朝因之，行之年久未見差失，而新安鮑泰著《天心復要》乃謂其徒知測影驗氣，而不知曆之本元，不知天之度數，何其謬哉？【略】回回曆以西域阿剌必年爲元，在吾中國則隋開皇十九年己未也。彼地先年有聖人馬哈麻作之者，以三百六十五日爲一歲，歲有十二宫，宫有閏日，一百二十八年閏三十一日。又以三百五十四日爲一周，周有十二月，月有閏日，三十年閏一十一日，一千九百四十一年宫月閏日再會，宫月起戌名白羊宫，終亥名雙魚宫。【略】《授時曆》周天徑一百二十一度七十五分二十五秒，蓋用圍三徑一之術也，若以祖沖之密率求之，得一百一十六度二十一分八十二秒二十二分秒之二十一，以徽率求之，得一百一十六度二十二分四十秒一百五十七分秒。【略】近見欽天監所刻天文圖，云十二月建乃十二月，斗綱所指之辰，正月指寅，二月指卯，三月指辰，四月指巳，五月指午，六月指未，七月指申，八月指酉，九月指戌，十月指亥，十一月指子，十二月指丑。惟閏月斗杓斜指兩辰之間，異於他月也。

明·陳建《皇明通紀集要》卷八　閏十月，欽天監博士元統言，今曆雖以大統爲名，而積分猶授時之數，見授時之法，以至元辛巳爲曆元，至洪武甲子積一百四年，經云大約七十年而差一度，每歲差一分五十秒。辛巳至今，年遠漸差，臣今以洪武甲子歲冬至爲大統曆元。上是其言，擢統爲正欽天監監正。李德茂又言，故元至元辛巳爲曆元，上推往古每百年長一日，每百年消一日，永久不可易也。今正元統改作洪武甲子曆元，不用消長之法非是。元統復争之。上曰：二統皆難憑，只驗七政交會行度無差者爲是。自是欽天造曆以洪武甲子爲曆元，仍依舊法推筭，不用捷法。

明·田藝蘅《留青日札》卷一二《洪武曆元》：洪武十七年，欽天監博士元統言，今曆雖以大統爲名，而積分猶授時之數，見授時之法，以至元辛巳爲曆元，至洪武甲子積一百四年，以曆法推之得三億七千六百一十九萬九千七百七十五分，經云大約七十年而差一度。每歲差一分五十秒，辛巳至今，年遠數盈，漸差天度，擬合修改。臣今以洪武甲子歲冬至爲大統曆元推衍。聞磨勘司令王道亨有師郭伯玉者，精明九數之理，若得此人，推大統曆法，庶幾可成一代之制。蓋天道無端，惟數可以推其機，天道至妙，因數可以明其理，是理因數顯，數從理出，可相倚而不可相違也。書奏，上是其言，擢統爲監正。【略】

《回回曆》：回回曆者，相傳西域馬可之地年號阿剌必時，異人馬哈麻之所作也。其元起于隋開皇十九年己未歲，其法常以三百五十日爲一歲，歲有十二宮，宮閏日凡一百二十八年閏三十一日，又以三百日歷千九百四十一年，而宮月甲子再會其白羊宮第一日，日月五星之行與中國春正定氣日之宿直同。【略】元末時其曆始入中國，我朝造大統曆，得西域人之精于曆者，于是命欽天監以其曆與中國曆相參推步，至今用之。

明·王禕《重修革象新書》卷下《渾儀制度》　渾天之儀有三，曰六合儀，三辰儀，四遊儀，共爲一器。所謂六合儀者，平置一黑環準爲地，平列十二辰及八方四隅，其上又置黑雙環，並結於地平之子午，半在地上，半在地下，比爲天脊。其側刻爲周天去極之緯度，從地平子位而上三十六度，夾小板於黑雙環之間，板通圓竅，比爲北極。又從地平午位而下三十六度亦夾小板爲竅，以比南極。別置赤單環，比爲赤道。於上刻周天之經度，結於地平之卯酉，其最高處結於北極之南九十一度，即天頂之南三十六度也。四環之結，如天地之定位，赤環雖刻周天經度，實乃周地之經三百六十餘度。黑環雖刻周天去極之度，實亦周地之緯度三百六十有餘。蓋六合儀不以運轉，而天體則左旋，故言周地不言周天也。三辰儀者，亦置黑雙環，與六合儀之雙環同，而圍徑小，所刻始爲周天去極之度，其雙環北板竅與六合儀北板竅相通，共貫以圓軸，南板亦然。軸圓則雙環轉還於六合儀內，轉非定體，故爲周天。去極度亦置赤單環，如六合儀者，附結於雙動環之上，去極九十一度是爲卯酉兩月之日躔，而其上始刻周天赤道之度，可以隨雙環而運轉，別置黄單環，附結於赤環，卯酉宿度仍刻周天黄道度數，恐赤黄兩環動摇，又作白環以輔之，使無欹傾，而五環總爲三辰儀。四遊儀者亦置黑雙環，與三辰儀之雙環同，而圍徑又小。其上亦刻周天去極度，其北極板竅與在外二板竅通一軸，南板亦然。此雙環内各置一直幹，名曰直距，如圓扇之脊，與兩極相比，數均上下俱夾外軸，量兩距之長，取其當半作圓竅。別置一圓板，其心貫以八尺之衡管，圓板兩旁聯爲圓軸，横距道、直距道，兩竅軸圓可轉，則衡管可以南北低昂而窺天。復隨此雙環東西轉運，無往不可窺望，故謂之四遊也。窺管長八尺，故四遊之環徑八尺，在外者以次漸寬，若測望各宿星躔去極度數，並於三辰環上驗之，又於南軸之外接連一長木，貫定水輪，引水運之，使南軸因而轉運一晝夜而周，以比天體之繞地一周也。三辰儀上布列珠玉，比爲星象，即璿璣玉衡之遺制也。

明·王禕《重修革象新書》卷下《測經度法》　古法夜驗中星，知黄道各宿度數，乃參之於渾儀，而赤道分經之度於渾儀上，以黄道推之，去赤道分兩極之數，南北不殊，其十二次之度必均，黄道則半偏南，而半偏北，各次宿度有多少而又日躔差，理宜先測赤道以分天體，乃以赤道推變黄道之度，然其間渾儀有不能盡測者，今別立一法以測之。【略】然必置四壺，立兩架，同時參驗，庶無差，且須測半周天度，俟半年後更測之也。

明·王禕《重修革象新書》卷下《測緯度法》　渾儀不可測經度，亦不可測緯度。既別置測經度法，則測緯度法亦當更爲之。其壺箭與度之架皆在，所不用宜即地中立四木爲架，不限高低，須正向子午，而旁夾卯酉，架上交二木如十字，而十字之木不直，子午卯酉乃斜構於四木，當交之心樹一木爲表，約高六尺，於表首作竅，可令通線，架南別樹一長木，約高丈餘，距架丈餘而遠，乃即表木竅南下二尺許，鑿竅置一平木約厚二寸，闊四寸，横構於架南之長木，其平木正指子午，上鑿渠置水以取正，而左側均畫九十一度有奇爲周天四分之一，蓋用一寸准一度也。又即平木之上一寸許，重加一平木，刻畫與下平木同，而當畫處皆作竅，可令通針，其下平木則作淺竅以承針，針長二尺許，插平木最南之畫竅，而針竅以線繫之，其線穿於表首之竅，引過竅北，表北置窺筒，長五尺餘，上下有環，上環結於所引之線，下環繫於表根，而窺筒直表北矣。筒既端直，乃於筒底直窺嵩高，別令人當架前移針，線亦漸縮，針逐畫北移，而衆星所在之度從可測也。測者言之，又別令人筆記之，當先測北極不動處，定於平木以爲的，乃從最南度測起，漸移九十一度以至最北，及星象漸轉，復如前測之。凡測望至曉，則最低之度升至最高，高則度密，低則度疎，而平木之左所畫均度不可移改，更考南密北疎之度，分晝於右側，亦爲周天四分之一。然又必先測赤道經度，求地平上下或東西日所出没，亦止半周天，則南北緯度亦當增晝於平木矣。測望已審，復移架指北向，木亦移樹表北，與測南不殊，但不用均晝之度，唯以疎密之度測之。宜用兩架，而測以數夜，庶彼此同異，可以參較，南北俱已測定，則其晝數必合半周天度，或有餘度，乃因地上天多故也。所測止半周天，餘半周天當更測於半年之後。一法鑿地爲方穴，而立架穴中，蓋恐方向有動移耳。

明·王禕《重修革象新書》卷下《立表占景》 立表於地中，高四丈，表首置一大圓器，表下四傍平地廣塗，以白而黑晝方眼如棊枰，每眼方一寸，縱横正向子午卯酉，即其上推測四時日景、九道月景以考其東西南北疾遲之差，或日月兩景相紀，因以求日食分數，并虧圓時刻，起復方位，八方偏地亦可如是測之然。但可推測日食，若月食則惟步日度相對，不可以兩景相犯而推也。

明·葉子奇《草木子》卷一 南北二極所以定子午之位，曆家因二極而立赤道，所以定卯酉之位，北極瓜之蒂也，南極瓜之攢花處也，赤道瓜之腰圍也。指南針所以通二極之氣也。赤道爲天之腰圍，正當天之闊處，黄道自是日行之道，月之九道，又自月行之道也。

明·周述學《神道大編曆宗通議》卷一八《渾儀内安座物件》 混天毬一個，壺身一座，龍首玉嘴俱全。大浮子一箇，壺蓋一座，四傍圖説四片，蓋上銅人四座。水則箴一件，下有小浮子，時盤一件，陰陽消長旗二面并桿。時刻半環一條，量天尺一根，指南針一件，蓋内轉軸一件併鉄梁、銅索二條，銅鈎一件，銅引條并轉子時桿一付，水斗一箇併絹籮銅筐接時盂一箇。

明·徐光啓等《新法算書》卷一九《渾天儀説·求諸晷方位法》 日晷之制，原以度數考求，而度數必有相應之定處，則又在取準方位焉。故凡平面日晷所向方位多變，大約相較有二原，或較地平即與之爲平行，有正立，有曲立，種種不同，皆應度數不等，或較子午圈亦與之爲平行，乃有偏左、偏右，而多寡復以間度爲則者。又或有偏于地平，偏于子午，兼地平子午而别爲一種，總不外此二原，乃復得一方位者，必先置木或銅，取四方直角平面形爲甲乙丙丁，依其長邊面内作戊己線，與甲乙爲平行線，應平分于壬，即以壬爲心，以辛爲界作己，辛戊半圈，乃平分一百八十度也。從中線壬辛左右各一象限，而另設垂線于壬，則定方位之器全矣。臨用時如求地平方位，即令此器以丙丁邊倚晷面正立得垂線，合壬辛中線者即得。其面正與地平同，若垂線偏距中線左右，則必查象限得晷面前後，離地平若干度，以垂線依象限辛點之前後度爲法，或令甲丙邊依直角倚晷面得垂線正合壬辛線者，即其面正立在地平。若得垂線距辛點内外，則依其距度于象限上，亦可得晷面。偏前後之廣，欲求距子午圈方位，即令甲乙邊以直角倚晷面，從此器中心壬出尺能旋轉于半圈，諸度尺末設指南針，其上隨尺同轉，乃先安器，後轉尺，而以羅針對下，順尺線者爲準，隨以尺距中線之度定晷面，距子午圈之廣，但羅針未免畧差，故又一法，晷面上界線自上一直下于線上立表，表末另懸，垂線候日光射，垂線之景必合晷面上線乃準，且將渾儀依法測得日輪高度，而以太陽躔度對高弧，則高弧所指地平度，或正東西，或偏左右，因偏若干亦可定晷面，離正南北之廣也。其求重復方位，各依所向可得。乃向地平如前，向子午别有法，于晷面立二表，任意相距，表鋭各設垂線距面皆等，候日輪出視，其二線準對，即於儀上測其地平，高以與高弧正合，而地平經度可得，子午圈方位亦定矣。

明·徐光啓等《新法算書》卷九六《測量全義·儀器圖説》 測日月星兩點相距，别有二法：一、同時測兩點之地平經緯度，以推其相距度。一、用赤道儀求其赤道上經緯度，以推距度，俱見本書第六卷《今用儀器三式》「測得之省算」。

明·徐光啓等《新法算書》卷九七《新法曆引·測恒星》 測星之法不一，大要以太陽爲主，而以太陰或太白或歲星爲中，次任取某星爲界，互相測度，即得。其度法，于太陽將入之時測月，或太白或歲星，其距太陽度分若干，日既没，再測月或太白或歲星，其與某星相距度分若干，合兩測即得太陽與此星之距。然後查太陽本日躔某宫度，則知此星所在宫度矣。測一星之經度如此，他星可以類推，于是又測此星出地平之最高，即其距極、距赤道之緯度，并可得也。然而恒星之經緯度分有二，其一以黄極爲樞，每歲東行五十一秒有奇，而其距本極之緯度則亘古無變。其一則因赤道以算其經緯，南北星位古今大異，如堯時外屏星全座在赤道南，今則在北，角宿古在北者今亦在南，星緯變易類多如此。至以赤道論各宿距度亦有異者，如觜宿距星，上古爲三度，歷代遞減，今且侵入參宿二十四分，他宿互有損益，距度各各不同，因知赤極非恒星之極，而其經緯之度亦非赤道之經緯度分也。由是觀之，象數精微，彌測彌明，彼自晝者流，輙謂循古已足，豈其然哉！

清·萬斯同《明史》卷二七《曆法志一》 洪武元年改太史院爲司天監，又置回回司天監。【略】十七年閏十月，刻漏博士元統言：一代之興，必有一代之制。

今曆以大統爲名，而積分猶踵授時之數，非所以重始敬正也。況授時以至元辛巳爲曆元，至洪武甲子積一百四年，用法推之，得三億七千六百一十九萬九千七百七十五分，經云大約七十年差一度，每歲差一分五十秒，辛巳至今，年遠數盈，漸差天度，擬合修改。【略】疏奏報可，擢統爲監令。統乃取《授時曆》，去其歲實消長之説，析其條例，錯綜其文，得四卷，以洪武十七年甲子爲曆元，命曰《大統曆法通軌》。二十二年改監令監丞爲監正、監副。二十六年監副李德芳言，授時至元辛巳曆元，上推往古，每百年長一日「日」字係「分」字之誤，下驗將來，每百年消一日，今監正元統改作洪武甲子曆元，不用消長之法，以考魯獻公十五年戊寅歲距至元辛巳二千一百六十三年，以辛巳爲曆元推得天正冬至在甲寅日夜子初三刻，與當時實測數相合，若以洪武甲子爲元，上距獻公戊寅歲二千二百六十六年，推得天正冬至在丁巳日己未誤作丁巳，午正三刻，比辛巳爲元差四日六時五刻，今當復用辛巳元及消長之法。疏入，元統奏辨。帝曰：「二説皆難憑，但驗七政交會行度無差者爲是！」

清・張廷玉等《明史》卷三一《曆志一》 漏刻博士元統言，曆以大統爲名，而積分猶踵授時之數，非所以重始敬正也。【略】擢統爲監令，統乃取《授時曆》，去其歲實消長之説，析其條例，得四卷，以洪武十七年甲子爲曆元，命曰《大統曆法通軌》。二十二年改監令丞爲監正副。二十六年監副李德芳言，監正統改作洪武甲子曆元，不用消長之法，以考魯獻公十五年戊寅歲天正冬至比辛巳爲元差四日半强，今當復用辛巳爲元及消長之法。疏入，元統奏辨。太祖曰：「二説皆難憑，但驗七政交會行度無差者爲是！」【略】

時有滿城布衣魏文魁，著《曆元》、《曆測》二書，令其子象乾進《曆元》於朝，通政司送局考驗。光啓摘當極論者七事：其一，歲實自漢以來，代有減差，至《授時》減爲二十四分二十五秒。依郭法百年消一，今當爲二十一秒有奇。而《曆元》用趙知微三十六秒，翻覆驟加。其一，弧背求弦矢，宜用密率。今《曆測》中猶用徑一圍三之法，不合弧矢眞數。其一，盈縮之限，不在冬夏至，宜在冬夏至後六度。今考日躔，春分迄夏至，夏至迄秋分，此兩限中，日時刻分不等。又立春迄立夏，立秋迄立冬，此兩限中，日時刻分亦不等。測量可見。其一，言太陰最高得疾，最低得遲，且以圭表測而得之，非也。太陰遲疾是入轉内事，表測高下是入交内事，豈容混推。而月行轉周之上，又復左旋，所以最高向西行極遲，最低向東行乃極疾，舊法正相反。其一，言日食正午無時差，非也。時差言距，非距赤道之午中，乃距黄道限東西各九十度之中也。黄道限之中，有距午前後二十餘度者，但依午正加減，焉能必合。其一，言交食定限，陰曆八度、陽曆六度，非也。日食，陰曆當十七度，陽曆當八度。月食則陰陽曆俱十二度。其一，《曆測》云：「宋文帝元嘉六年十一月己丑朔，日食不盡如鉤，晝星見。今以《授時》推之，止食六分九十六秒，郭曆舛矣。」夫月食天下皆同，日食九服各異。南宋都于金陵，郭曆造于燕地，北極出地差八度，時在十一月，則食差當得二分弱，其云「不盡如鉤」，當在九分左右。郭曆推得七分弱，乃密合，非舛也。本局今定日食分數，首言交，次言地，次言時，一不可闕。已而文魁反覆論難，光啓更申前説，著爲《學曆小辨》。【略】

五緯之議三：一曰五星應用太陽視行，不得以段目定之。蓋五星皆以太陽爲主，與太陽合則疾行，沖則退行。且太陽之行有遲疾，則五星合伏日數，時寡時多，自不可以段目定其度分。二曰五星應加緯行。蓋五星出入黄道，各有定距度。又木、土、火三星沖太陽緯大，合太陽緯小。金、水二星順伏緯小，逆伏緯大。三曰測五星，當用恒星爲準則。蓋測星用黄道儀外，宜用弧矢等儀。以所測緯星視距二恒星若干度分，依法布算，方得本星眞經緯度分。或繪圖亦可免算。

清・谷應泰《明史紀事本末》卷七三《修明曆法》 五官正理曆法，造曆。歲造《大統曆》、《御覽月令曆》、《六壬遁甲曆》、《御覽天象七政躔度曆》。【略】十五年命大學士吴伯宗等譯《回回曆》、《經緯度天文》諸書。十七年冬閏十月，欽天監博士元統上言：臣聞一代之興，必有一代之曆。隨時修改以合天道，今曆雖以大統爲名，而積分猶踵授時之數，非所以重始敬正也。授時法以至元辛巳爲曆元，至洪武甲子積一百四年，以曆法推之，得三億七千六百一十九萬九千七百七十五分，經云大約七十年而差一度，每歲差一分五十秒。辛巳至今，年遠數盈，漸差天度，擬合修改，請以洪武甲子歲冬至爲曆元，而七政之行，有遲疾順逆，伏見不齊，其理深奥，實難推演。【略】二十六年秋七月，欽天監副李德芳言：故元至元辛巳爲曆元，上推往古，每百年長一日，下驗將來，每百年消一日，永久不可易也。今監正元統改作洪武甲子曆元，不用消長之法。考得《春秋》晉獻公十五年戊寅歲，距至元辛巳二千一百六十三年。以辛巳爲曆元，推得天正冬至在甲寅日夜子初三刻，與當時實測數相合。洪武甲子元正，上距獻公戊寅歲二千二百六十一年。推得天正冬至在己未日午正三刻，比辛巳爲元差四日六時五刻。當用至元辛巳爲元及消長之法，方合天道。疏奏，元統復言：臣所推甲子曆元，實於舊法無爽。【略】四十一年，南京太僕寺少卿李之藻上西洋曆法，略言：邇年臺諫失職，推算日月交食，時刻虧分，往往差謬，交食既差，定朔定氣，由是皆舛。伏見大西洋國歸化陪臣龐迪我、龍化民、熊三拔、陽瑪諾等諸人，慕義遠來，讀書談道，俱以穎異之資，洞知曆算之學，攜有彼國書籍極多。久漸聲教，曉習華音。其言天文曆數，有我中國昔賢所未及道者。一曰天包地外，地在天中，其體皆圓，皆以三百六十度算之。地經各有測法，從地窺天，其自地心測算，與自地面測算者，都有不同。二曰地面西北，其北極出地高低度分不等，其赤道所離天頂，亦因而異，以辨地方風氣寒暑之節。三曰各處地方所見黄道，各有高低斜直之異，故其晝夜長短，亦各不同。所得日景有表北景有南景，亦有周圍圓景。四曰七政行度不同，各爲一重天，層層包裹。推算周經，各有其法。五曰列宿在天另行度，以二萬七千餘歲一周。此古今中星所以不同之故，不當指列宿之天，爲晝夜一周之天。六曰五星之天，各有小輪，原俱平行，特爲小輪旋轉於大輪之上下，故人從地面測之，覺有順逆遲疾之異。七曰歲差分秒多寡，古今不同。蓋列宿天外，別有兩重之天，動運不同。其一東西差，出入二度二十四分；其一南北差，出入一十四分，各有定算。其差極微，從古不覺。八曰七政諸天之中心，各與地心不同處所，春分至秋分多九日，秋分至春分少九日。此由太陽天心與地心不同處所，人從地面望之，覺有盈縮之差，其本行初無盈縮。九曰太陰小輪，不但算得遲疾，又且測得高下遠近大小之異，交食多寡非此不確。十曰日月交食，隨其出地高低之度，看法不同。而人從所居地面南北望之，又皆不同。兼此二者，食分乃審。十一曰日月交食，人從地面望之，東方先見，西方後見。凡地面差三十度，則時差八刻二十分。而以南北相距三百五十里作一度，東西則視所離赤道以爲減差。十二曰日食與合朔不同。日食在午前，則先食後合；在午後，則先合後食。凡出地入地之時，近於地平，其差多至八刻。漸近於午，則其差時漸少。十三曰日月食所在之宫，每次不同，皆有捷法定理，可以用器轉測。十四曰節氣當求太陽真度，如春秋分日，乃太陽正當黄赤二道相交之處，不當計日勾分。凡此十四事者，臣觀前此天文曆志諸書，皆未能及。或有依稀揣度，頗與相近，然亦初無一定之見，惟是諸臣能備論之。不徒論其度數而已，又能論其所以然之理。蓋緣彼國不以天文曆學爲禁，五千年來通國之俊曹聚而講究之，窺測既核，研究亦審。與中國數百年來始得一人，無師無友，自悟自是，此豈可以疏密較者哉！觀其所制窺天窺日之器，種種精絶。即使郭守敬諸人而在，未或測其皮膚。又況現在臺諫諸臣，刻漏塵封，星臺跡斷者，寧可與之同日而論也！昔年利瑪竇最稱博覽超悟，其學未傳，溘先朝露，士論至今惜之。今龐迪我等鬚髮已白，年齡向衰，失今不圖政，恐後無人解。伏乞敕下禮部，亟開館局，首將陪臣龐迪我等所有曆法，照依原文，譯出成書，其於鼓吹休明，觀文成化，不無裨補也。

懷宗崇禎二年九月癸卯，開設曆局，命吏部左侍郎徐光啓督修曆法。【略】已而光啓上曆法修正十事：「其一，議歲差，每歲東行漸長漸短之數，以正古來百五十年、六十六年多寡互異之説。其二，議歲實小餘，昔多今少，漸次改易，及日景長短、歲歲不同之因，以定冬至，以正氣朔。其三，每日測驗日行經度，以定盈縮加減真率，東西南北高下之差，以步日躔。其四，夜測月行經緯度數，以定交轉遲疾真率，東西南北高下之差，以步月離。其五，密測列宿經緯行度，以定七政盈縮遲疾順逆違離遠近之數。其六，密測五星經緯行度，以定小輪行度遲疾留逆伏見之數，東西南北高下之差，以推步凌犯。其七，推變黄赤道廣狹度數，密測三道距度，及月五星各道與黄道相距之度，以定交轉。其八，議日月去交遠近及真會似會之因，以定距午時差之真率，以正交食。其九，測日行，考知二極出入地度數，以定周天緯度，以齊七政。因月食考知東西相距地輪經度，以定交食時刻。其十，依唐、元法，隨地測驗二極出入地度數，地輪經緯，以求晝夜晨昏永短，以正交食有無先後多寡之數。」因舉南京太僕寺少卿李之藻、西洋人龍華民、鄧玉函同襄曆事。疏奏，報可。故有是命。

清乾隆十二年奉敕撰《欽定大清會典則例》卷一五八《欽天監·天文科》

一、測日圭表。平案長一丈六尺二寸，立表高八尺，上設横樑，用影符以取中影。西法：立表加高二尺，上端安銅片，中開圓孔，徑二分，午正，日光自圓孔射至平案，成橢圓形，南界爲日體上邊之影，北界爲日體下邊之影，中心爲中影。京師夏至影長二尺九寸四分，冬至影長一丈九尺九寸四分，因案長不及長影之數，又於北端設立表高三尺五寸，冬至之影上立表二尺七寸有四釐。

一、測候之法。交食陵犯、日出入晝夜、節氣時刻，隨地不同，皆以北極高度、東西偏度推算。占候、八節、風占，皆用題本，即日具題，如封印後，暫用奏本，即日帶回，俟開印後仍用題本送内閣。占驗交食，止用所食月分朔望干支、月離躔宿，三占八節，止用八方風占具題。康熙七年，命大臣傳集西洋人與本監官，於午門前測驗正午日影。八年，特遣大臣二十人赴觀象臺測驗。二十二年，盛京北極高度推算交食表告成。五十二年，覆准科爾沁等部落日出入節氣時刻。自三十二年載入《時憲書》，皆照舊地圖推算，今新地圖乃用御制新儀所測各省各口外經緯度數，絲毫不爽，乃非舊圖可比，嗣後皆照新圖推算。又蒙古部落遊牧無常處，其地之經緯度數，以有城池房屋之處爲定。【略】五十三年，奉旨，北極高度、黄赤距度，於曆法最爲緊要，著于澹寧居後每日測量，遵制中表、正表、倒表各一具，均高四尺，象限儀二具，均半徑五尺；晝測日影，夜測句陳帝星。測得暢春苑北極高三十九度五十九分三十秒，比觀象臺高四分三十秒，黄赤大距二十三度二十九分三十秒，比舊少一分三十秒。又奏准河南、江南、浙江、陝西、廣東、雲南，各差學習演算法一人，及部院衙門官各一人，前往測量星日，以備修正算書之用。乾隆十八年，議准，二十八宿紀日，古法觜前參後，西法參前觜後，今以參宿中三星之東一星作距星，依黄道度測算，應觜前參後，與古合。【略】觀星臺晝夜觀候，記註册籍，開報封呈。所用時辰香於光禄寺支領，紙燭於户部支領，冬月木炭，三年一次換造香匣，於工部支領。

清·永璇等《欽定皇朝通志》卷一八《天文略一·兩儀》 臣等謹案，西法謂地居天中，其體渾圓，與天度相應，即渾天家卵黄之説。人居其中，各隨所在，皆戴天而履地。居赤道北者，北極見，南極隱；居赤道南者，南極見，北極隱。近極則見極高，遠極則見極低。東方日中，西方夜半，南方日中，北方夜半，周天三百六十度，日月星辰旋繞其間，而人目力所極，適與地平，止一百八十度。昔人局於地平測算，而不知地如卵圓，故多踈舛，今首列兩儀以爲恒星七曜運行之準，而西法之與前代迥殊，於斯具見。

清·永璇等《欽定皇朝通志》卷一八《天文略一·天象》 《虞書·堯典》曰：「欽若昊天，曆象日月星辰。」《楚詞·天問》曰：「圜則九重，孰營度之。」後世專家謂天有十二重，非天實有如許重數，蓋言日月星辰運轉於天，各有所行之道，即《楚詞》所謂「圜」也。欲明諸圜之理，必詳諸圜之動；欲考諸圜之動，必以至静不動者準之，然後得其盈縮。蓋天道静專者也，天行動直者也。至静者，自有一天與地相爲表裏，故羣動者運於其間而不息，若無至静者以驗至動，則聖人亦無所成其能矣。人恒在地面測天，而七政之行無不可得者，正爲以静驗動故也。十二重天，最外者爲至静不動，次爲宗動，南北極、赤道所由分也。次爲南北歲差，次爲東西歲差，此二重天其動甚微，專家姑置之而不論焉。次爲三垣、二十八宿，經星行焉。次爲填星所行。次爲歲星所行。次爲熒惑所行。次則太陽所行，黄道是也。次爲太白所行。次爲星辰所行。最内者則太陰所行，白道是也。要以去地之遠近而爲諸天之内外，然所以知去地之遠近者，則又從諸曜之掩食，及行度之遲疾而得之。蓋凡爲所掩食者，必在上，而掩之食之者，必在下。月體能蔽日光，而日爲之食，是日遠月近之徵也。月能掩食五星，而月與五星又能掩食恒星，是五星高於月而卑於恒星也。五星又能互相掩食，是五星各有遠近也。又宗動天以渾灝之氣，挈諸天左旋，其行甚速，故近宗動天者左旋速，而右移之度遲漸，遠宗動天則左旋較遲，而右移之度轉速。今右移之度，惟恒星最遲，土、木次之，火又次之，日、金、水較速而月最速，是又以次而近之徵也。是故恒星與宗動相較而歲差生焉，太陽與恒星相會而歲實生焉，黄道與赤道出入而節氣生焉，太陽與太陰循環而朔望盈虚生焉，黄道與白道交錯而薄蝕生焉，五星與太陽離合而遲疾順逆生焉，地心與諸圜心之不同而盈縮生焉。歷代專家多方測量，立法布算，積久愈詳，已得其大體。其間或有毫芒之差，諸説不無同異者，蓋因儀器仰側穹蒼，失之纖微，年久則著，雖有聖人，莫能預定。惟立窮源竟委之法，隨時實測，取其精密附近之數，折中用之，每數十年而一修正，斯爲治曆之通術，而古聖欽若之道，庶可復於今日矣。

清·永璇等《欽定皇朝通志》卷一八《天文略一·經緯度》 臣等謹案，天文之有黄赤經緯，由宗動天而分爲恒星七曜之所轉旋，因列於天象地體之後。又古法以日行命天周，爲三百六十五度四分度之一，然爲畸零之度而不能合於日行。西法與回回同以周天爲整度，就三百六十爲起數之宗，經緯通爲一法，賅括萬殊，斜側縱横，周通環應，得以整御零，爲法倍易，可謂最善者矣。

清·永璇等《欽定皇朝通志》卷一九《天文略二·恒星黄赤經緯度》 恒星布列周天，古有去極入宿度數。入宿，即經度也；去極，即緯度也。然黄道度與赤道度不同，歲差亦異，蓋黄道以黄極爲樞，赤道以赤極爲樞，兩道兩極各相距二十三度半。故星在兩極之間者，黄道屬未宫，赤道則屬丑宫；星在兩道之間者，黄道屬緯南，赤道則屬緯北，此黄赤道不同之極致也。恒星循黄道東行，每年五十一秒，緯度終古不改，而經度之差有常。赤道與黄道斜交，分至前後，南北遠近，其差不等。兩極之間，在黄道爲差而東，在赤道爲差而西；兩交之際，黄道南者差而入赤道北，黄道北者差而出赤道南，此歲差不同之極致也。今以乾隆九年甲子恒星黄赤經緯度，依黄道次序，列恒星黄道經緯度表，而以赤道經緯附之；依赤道次序，列恒星赤道經緯度表，而以黄道經緯附之，各將赤道歲差列於其下，黄道以便推算，赤道以便測量，觀象之用，於斯備矣。

清・永璇等《欽定皇朝通志》卷二〇《天文略三・地半徑差》 凡求七曜出地之高度，必用測量。乃測量所得之數，往往不合，蓋推步所得者，七曜距地心之高度，而測量所得者，七曜距地面之高度也。距地心之高度爲真高，距地面之高度爲視高。人在地面，不在地心，故視高必小於真高，以有地半徑之差也或有大於真高者，則清蒙氣所爲也。蓋七曜恒星雖皆麗於天，而其高下又各不等，惟恒星天爲最高，其距地最遠，地半徑甚微，故有視高、真高之差。若夫七曜諸天，則皆有地半徑差。

噶西尼等謂日天半徑甚遠，無地半徑差，而測量所係，只在秒微，又有蒙氣雜乎其内，最爲難定。因思日月星之在天，惟恒星無地半徑差，若以日與恒星相較，可得其準，而日星不能兩見，是測日不如測五星也。土、木二星在日上，去地尤遠，地半徑差愈微；金、水二星雖有時在日下，而其行繞日，逼近日光，均爲難測；惟火繞日而亦繞地，能與太陽衝。故夜半時火星正當子午線，於南北兩處測之，同與一恒星相較，其距恒星若相等，則是無地半徑差；若相距不等，即爲有地半徑差，其不等之數，即兩處半徑差之較。且火星衝太陽時，其距地較太陽爲近，則太陽地半徑差必更小，如火星地半徑差也。噶西尼用此法推得火星在地平上，最大地半徑差爲二十五秒，比例得太陽在中距時地平上，最大地半徑差爲一十秒，驗之交食，果爲吻合，近日西法並宗其說。

清・永璇等《欽定皇朝通志》卷二〇《天文略三・地影半徑》 太陽照地而生地影，太陰遇影而生薄蝕，凡食分之淺深，食時之久暫，皆視地影半徑之大小，其所係固非輕也。但地影半徑之大小隨時變易，其故有二：一、緣太陽距地有遠近，距地遠者，影巨而長，距地近者，影細而短，此由太陽而變易者也；一、緣地影爲尖圓體，近地粗而遠地細，太陰行最卑，距地近，則過影之粗處，其徑大，行最高，距地遠，則過影之細處，其徑小，此由太陰而變易也。

舊説謂太陽有光分，能侵地影，使小。今説謂地周有蒙氣，能障地影，使大。此亦極不同之致。然最大影半徑舊爲四十六分四十八秒，今爲四十六分五十一秒，相差不過三秒。最小影半徑舊爲四十二分三十八秒，今爲三十分二十八秒，相差四分有餘。蓋地影之大小，固由於太陽距地之遠近，及太陰距地之高卑，而太陰所關爲尤重，最卑太陰距地今昔相差不過百分，地半徑之九十五，最高太陰距地則相差至百分，地半徑之五百六十一。夫月之距地既因兩心差而不同，則月徑與影徑遂亦因之而各異，要皆據一時之所測，設法推步以求合，而非爲臆說也。

清・永璇等《欽定皇朝通志》卷二〇《天文略三・日月實徑與地徑》 日最大，地次之，月最小。新法曆書載日徑爲地徑之五倍有餘，月徑爲地徑之百分之二十七强。今依其法，用日月高卑兩限各數推之，所得實徑之數，日徑爲地徑之五倍又百分之七，月徑爲地徑之百分之二十七弱，皆與舊數大制相符，足徵其說之有據而非誣也。

臣等謹按：西法以日實徑爲地徑之五倍有餘，近西人用遠鏡儀測，日實徑爲地徑之九十六倍餘，月實徑爲地徑百分之二十七零，是月實徑與舊大致相符，而日實徑差至十九倍。說詳《考成後編》。《物理小識》云「影瘦光肥」，斯言得之矣。

清・永璇等《欽定皇朝通志》卷二〇《天文略三・清蒙氣差》 清蒙氣差，從古未聞，明萬曆間，西人第谷始發之。其言曰：「清蒙氣者，地中遊氣時時上騰，其質輕微，不能隔礙人目，卻能映小爲大，升卑爲高，故日月在地平上，比於中天則大，星座在地平上，比於中天則廣，此映小爲大也。定望時地在日月之間，人在地面，無兩見之理，而恒得兩見，或日未西没而已見月食於東，日已東出而尚見月食於西，此升卑爲高也。」又曰：「清蒙之氣有厚薄，有高下，氣盛則厚而高，氣微則薄而下，而升象之高下，亦因之而殊。其所以有厚薄，有高下者，地勢殊也。若海或江湖水氣多，則清蒙氣必厚且高也。故欲定七政之緯，宜先定本地之清蒙差。」第谷言其國北極出地五十五度有奇，測得地平上最大之差三十四分，自地平以上，其差漸少，至四十五度其差五秒，更高則無差，此即新法曆書所用之表也。近日西人又言於北極出地四十八度之地，測得太陽高四十五度，時蒙氣差尚有一分餘，自地平至天頂，皆有蒙氣差，即此觀之，益見蒙氣差之隨地不同，而第谷爲不妄矣。

第谷所定地平蒙氣差，噶西尼謂蒙氣繞乎地球之周，日月星照乎蒙氣之外，人在地面，爲蒙氣所映，必能視之，使高，而日月星之光線入乎蒙氣之中，必反折之，使下，故光線與視線在蒙氣之內，則合而爲一，蒙氣之外，則岐而爲二，此二線所交之角，即爲蒙氣差角。第谷已悟其理，然猶未有演算法。今反覆精求，視線與光線所岐，雖有不同，而相合則有定處，自地心過所合處作線，抵圜周，則此線即爲蒙氣之割線。視線與割線成一角，光線與割線亦成一角，二角相減，即得蒙氣差角。爰在北極出地高四十四度處屢加精測，得地平最大差爲三十二分二十九秒，蒙氣之厚爲地半徑千萬分之六千零九十五，視線角與光線角正弦之比例，常如一千萬與一千萬零二千八百四十一，用是以推逐度之蒙氣差，至八十九度，尚有一秒，驗諸實測，較第谷爲密，近日西法並宗之。

清·永瑢等《欽定皇朝通志》卷二二《天文略五·北極》 臣等謹案，北極高度，各隨其地而測，偏度與節氣，皆以京師爲準，而測其東西，推其遲早焉。

又案星土之文見於《周禮》，雜出於内外傳諸書，其説茫昧不可究窮。伏讀《御製毛晃禹貢圖詩註》中已斥其謬，鄭樵襲舊史載入略内，殊失精當。今備列京師、各直省及蒙古回部、金川所測量北極高偏，以推晝夜長短、節氣早遲，則我國家東漸西被，數萬里版圖，瞭如指掌，豈區區分野所能盡耶？

清雍正二年奉敕撰《御製曆象考成》上編卷一《曆理總論·地體》 欲明天道之流行，先達地球之圓體。日月星辰，每日出入地平一次，而天下大地必非同時出入。居東方者先見，居西方者後見。東西相去萬八千里，則東方人見日爲午正者，西方人見日爲卯正也。周天三百六十度，每度當地上二百里，是故推驗大地經緯度分，皆與天應。測緯度者，用午正日晷，或測南北二極；測經度則必於月蝕取之，蓋月蝕與日蝕異，日之食限分數隨地不同，月之食限分數天下皆同，但入限有晝夜，人有見、不見耳。此處食甚於子者，處其東三十度，必食甚於丑，處其西三十度，必食甚於亥。是故相去九十度，則此見食於子，而彼見食於酉；相去百八十度，則此見食於子，而彼當食於午。雖食而不可見矣。【圖略】

設如午酉子卯爲日天，甲乙丙丁爲地球，日在午。人居甲者，日正在其天頂，得午時，人居丙者，日卻在其天頂對沖而得子時。東去甲九十度居丁者，得酉時，而西去甲九十度居乙者，又得卯時矣。夫居甲丙者，以酉乙丁卯爲地平，而居乙丁者，則又以午甲丙丁爲地平，蓋大地皆以日到天頂爲午正也。是故測東西之經度者，兩地同測月食虧復時刻，或相約於同夜測月與某星同經度分，爲其時刻分秒，相隔一時，則東西相去六千里。如測南北之緯度，則於兩地測北極出地之度，所差一度，即相去二百里，此皆地球圓體之明驗也。

清雍正二年奉敕撰《御製曆象考成》上編卷一《曆理總論·黄赤道》 天包地外，圜轉不息，南北兩極，爲運行之樞紐；地居天中，體圓而静，人環地面以居，隨其所至，適見天體之半。中華之地面近北，故北極常現，南極常隱。平分兩極之中，横帶天腰者爲赤道。赤道距天頂之度，即北極出地之度也。赤道以北，爲内爲陰；以南，爲外爲陽。斜交赤道而半出其南、半出其北者，爲黄道，乃太陽一歲所躔之軌迹也。黄赤道相交之兩界，爲春秋分；距赤道南二十三度半，爲冬至；距赤道北二十三度半，爲夏至。七政所行之道，紛然不齊，惟將黄赤二道以爲推測之本。蓋太陽循黄道東行，而出入於赤道之南北；太陰與五星各循本道東行，而又出入於黄道之南北，故黄赤二道之位定，則晝夜永短、寒暑進退，以及晦朔弦望、薄蝕朏朒，皆從此可稽矣。

清雍正二年奉敕撰《御製曆象考成》上編卷一《曆理總論·經緯度》 恒星七政，各有經緯度，蓋天周弧線，縱横交加，即如布帛之經緯然。以東西爲經，南北爲緯。然有在天之經緯，有隨地之經緯。在天則爲赤道，爲黄道；隨地則爲地平赤道。均分三百六十度；平分之爲半周，各一百八十度；四分之爲象限，各九十度；六分之爲紀限，各六十度；十二分之爲宫，爲時，各三十度，是爲赤經。從經度出弧線，與赤道十字相交，各引長之，會於南北極，皆成全圜，亦分爲三百六十度。兩極相距各一百八十度，兩極距赤道俱九十度，是爲赤緯。依緯度作圜，與赤道平行，各距等圜。此圜大小不一，距赤道近則大，距赤道遠則小，其度亦三百六十，俱與赤道之度相應也。赤道之用，有動有静。動者隨天左旋，與黄道相交，日躔之南北於是乎限；静者太虚之位，亘古不移，晝夜之時刻於是乎紀焉。黄道之宫度，並如赤道，其與赤道相交之兩點爲春秋分，相距皆半周。平分兩交之中，爲冬夏至，距兩交各一象限。六分象限爲節氣，各十五度。是爲黄經。從經度出弧線，與黄道十字相交，各引長之，周於天體，即成全圜。其各圜相凑之處，不在赤道之南北兩極，而别有其樞心，是爲黄極。黄極之距赤極，即兩道相距之度。其距黄道亦皆九十度，是爲黄緯。而月與五星出入黄道之南北者，悉於是而辨焉。故凡南北圜過赤道極者，必與赤道成直角，而不能與黄道成直角；其過黄道極者，必與黄道成直角，而不能與赤道成直角。惟過黄赤兩極之圜，其過黄赤道也，必當冬夏二至之度，所以並成直角，名爲極至交圜。又若赤道度爲主，而以黄道度準之，則互形大小，何也？渾圓之體，當腰之度最寬，漸近兩端，則漸狹距等圜之度也。二至時，黄道以腰度，當赤道距等圜之度，故黄道一度，當赤道一度有餘；二分時，兩道雖皆腰度，然赤道平而黄道斜，故黄道一度，當赤道一度不足也。此所謂同升之差。而七政升降之斜正，伏見之先後，皆由是而推焉。至於地平經緯，則以各人所居之天頂爲極，蓋人所居之地不同，故天頂各異，而經緯從而變焉。地在天中，體圓而小，隨人所立，凡目力所極，適得大圓之一半，則地雖圓而與平體無異，故謂之地平。乃諸曜出没之界，晝夜晦明之交也。地平亦分三百六十度；四分之爲四方子午卯酉，各相距九十度；二十四分之爲二十四向，各十五度，是爲地平經。從經度出弧線，上會於天頂，並皆九十度從地平下至天頂之衝亦九十度，是爲地平緯，又名高弧。高弧從地平正午上會天頂者，其全圜必過赤道、南北兩極，名爲子午圜，乃諸曜出入地平適中之界，而北極之高下、晷影之長短、中星之推移，皆由是而測焉。是故經緯相求，黄赤互變，因黄赤而求地平，或因地平而求黄赤，乃曆象之要務，推測之所取準也。

清雍正二年奉敕撰《御製曆象考成》上編卷四《日躔曆理·南北真線》 辨方定位，曆象首務。蓋必先定南北，然後可以候中星，步日躔。然南北之大勢雖若易知，而立線定向，必(豪)〔毫〕釐不失，乃得其真。即用指南針，亦有所偏向，不可爲準，其所偏向，又隨地不同。故欲得南北之真線者，必以測量星日爲主。

【圖略】

法於春秋分日，植表於案，令極平，取日影自午前至午後，視表末影所至，隨作點爲識，次聯諸點，成一直線，即東西線。取東西線之正中，作垂線，即南北線也。或不拘何日，植表取影，自午前至午後，視表末影所至，隨作點爲識，次取與表心最近之一點爲午正表影，乃太陽出地平最高之度，依此點向表心作直線，即南北線也。

又法，用方案，令極平，作圓數層，植表於圓心，以取日影。凡影切圓上者，皆作點識之，乃視午前、午後兩點同在一圓上者，作直線聯之，即東西線。取東西線之正中，向圓心作垂線，即南北線也。

又法，植表取日影，别用儀器，測得午前日軌高度，作點於影末，又測得午後日軌高度，與午前等，亦作點於影末。乃以兩點作直線聯之，即東西線。取東西線之正中，向表作垂線，即南北線也。

又法，於冬至日前後，用儀器測勾陳第五星。初昏時，此星在北極之西，候其漸轉而西，至不復西而止，至五更後，此星在北極之東，候其漸轉而東，至不復東而止，兩表視線之正中，即南北線也。蓋勾陳第五星，冬至日酉時在極西，卯時在極東，他星則離極太遠，故止取此星，可以得東西之準。他時非不可測，但或日永夜短，卯酉二時，星不可見，故必於冬至日前後測之也。

又法，取恒星之大者，用兩儀器測之，一測其高度，一測其地平經度。視此星在東時，測其高度若干，隨測其地平經度，俟此星轉而西，測其高度與在東時等者，復測其地平經度，此兩經度之正中，即南北線。此法與前同，然不拘冬至，他日皆可用，較前法爲簡便也。

清雍正二年奉敕撰《御製曆象考成》上編卷四《日躔曆理·地半徑差》 凡求七曜出地之高度，必用測量。乃測量所得之數，與推步所得之數，往往不合，蓋推步所得者，七曜距地心之高度，而測量所得者，七曜距地面之高度也。距地心之高度，爲真高，距地面之高度，爲視高。人在地面，不在地心，故視高必小於真高，以有地半徑之差也或有大於真高者，則清蒙氣所爲也。蓋七曜、恒星，雖皆麗於天，而其高下又各不等，惟恒星天爲最高，其距地最遠，地半徑甚微，故無視高、真高之差。若夫七曜諸天，則皆有地半徑差。今欲求太陽之真高，必先得地半徑差，欲求地半徑差，必先得地半徑與日天半徑之比例。今隨時測太陽之高度，求得地半徑與日天半徑之比例，最高爲一與一千一百六十二，最卑爲一與一千一百二十一，比舊定地半徑與日天半徑之比例，最高少二十一，最卑多二十一。蓋太陽高卑之故，由於兩心差。然最高之高於本天半徑，最卑之卑於本天半徑者，非兩心差之全數，而止及其半詳見本輪均輪半徑篇。舊表日天半徑，乃依兩心差全數所定，故最高較實測則多，最卑較實測必少也。【圖略】

如圖，甲爲地心，乙爲地面，甲乙爲地半徑，乙丙爲地平，丁戊己爲太陽天，庚辛壬癸爲恒星天，戊爲太陽。人從地面乙測之，對恒星天於壬，其視高爲壬乙丙角，若從地心甲計之，則見太陽於戊者，對恒星天于辛，其真高爲辛甲癸角。此兩高之差，爲乙戊甲角，即地半徑之差。然又時時不同者，其故有二：一、太陽距地平近，其差角大，漸高則漸小；一、太陽在本天上，又有高卑，高則距地心遠，其差角小，卑則距地心近，其差角大如戊甲線，其長短時時不同，其所以遠近之故，詳見於後。今約爲最高與中距及最卑三限太陽本天高卑，細推之，每日不同，然用以求差角，所差甚微，故止用三限。於夏至、春秋分、冬至時各以所測地面上太陽之高度，求太陽距地心之戊甲線太陽夏至前後行最高限，春秋分前後行中距限，冬至前後行最卑限，故于三時測之。

康熙五十四年乙未五月二十九日甲子午正夏至後八日也，以本日太陽躔本天之最高，爲距地心之最遠，在暢春園測得太陽高七十三度一十六分零二十三微，同時于廣東廣州府測得太陽高九十度零六分二十一秒四十八微，以之立法，甲爲地心，乙爲暢春園地面，庚爲天頂，子爲廣州府地面，丑爲天頂，戊爲太陽，寅爲赤道，寅庚弧三十九度五十九分三十秒，爲暢春園赤道距天頂之度，寅丑弧二十三度一十分，爲廣州府赤道距天頂之度赤道距天頂數，俱系實測所得。兩處赤道距天頂度相減，餘一十六度四十九分三十秒，爲庚丑弧，即庚甲丑角，以暢春園高度與一象限相減，餘一十六度四十三分五十九秒三十七微，爲庚乙戊角，于廣州府高度内減去一象限，餘六分二十一秒四十八微，即戊子丑角戊在天頂丑北。先用乙甲子三角形，此形有甲角一十六度四十九分三十秒，又有乙甲及子甲邊，俱地半徑，命爲一千萬，乃以甲角折半之正弦，倍之得二九二五九七七，爲乙子邊，又以甲角與半周相減，餘數半之，得八十一度三十五分卄十五秒，爲乙角，亦即子角。次用乙戊子三角形，此形有乙子邊二九二五九七七，有戊乙子角八十一度四十分四十五秒二十三微半周内減去甲乙子角，又減去庚乙戊角，餘即戊乙子角，有戊子乙角九十八度一十八分二十三秒一十二微半周内減去甲子乙角，又減去戊子丑角，餘即戊子乙角，即有乙戊子角五十一秒二十五微，求得戊子邊一一六一三二三八三九。次用戊子甲三角形，此形有戊子邊，有子甲邊地半徑一千萬，有戊子甲之外角六分二十一秒四十八微即戊子丑角，求得戊甲邊一一六二二六四二五一二一，爲太陽在本天最高時距地心之遠，以地半徑較之，其比例如一與一千一百六十二也乙甲一千萬與一一六二二六四二五一二一之比，同於一與一千一百六十二有餘之比。末用乙戊甲三角形，乙甲邊爲一，戊甲邊爲一一六二，戊乙甲之外角一十六度四十三分五十九秒三十七微即庚乙戊角，求得乙戊甲角五十一秒零五微，爲最高限太陽高七十三度一十六分之地半徑差。以暢春園視高七十三度一十六分零二十三微，得七十三度一十六分五十一秒二十八微，爲暢春園太陽之真高也。於乙戊子角五十一秒二十五微，内減去乙戊甲角五十一秒零五微，餘二十微，爲甲戊子角，乃最高限太陽高九十度零六分二十一秒之地半徑差即八十九度五十三分三十九秒之地半徑差。以減廣州府視高九十度零六分二十一秒四十八微視高過九十度，故減，得九十度零六分二十一秒二十八微，爲廣州府太陽之真高也。

又康熙五十五年丙申三月初五日丙申午正春分後八日也，以本日太陽躔本天之中距，爲距地心之適中，在暢春園測得太陽高五十三度零三分三十八秒一十微，同時於廣東廣州府測得太陽高六十九度五十四分零八秒三十八微，減去緯差一十四秒，餘六十九度五十三分五十四秒三十八微測得廣州府子午線在京師至西三度三十三分，其午正時每日止差四十餘秒，其一刻所差甚微，可不論，若春分時每日差至二十四分，則十四分時可差一十四秒，又春分後太陽自卑而高，緯度既差一十四秒，則午正之高度亦多一十四秒，故必於所測之度，減去緯差，始爲與京師子午相當地面之高度也。此即東西里差，詳後節氣時刻篇。以之立法，庚爲暢春園天頂，丑爲廣州府天頂，戊爲太陽，寅爲赤道，乙甲子三角形之三邊三角，俱與前圖等。以暢春園高度與一象限相減，餘三十六度五十六分二十一秒五十微，爲庚乙戊角，以廣州府高度與一象限相減，餘二十度零六分零五秒二十二微，爲戊子丑角，先用乙戊子三角形，此形有乙子邊二九二五九七七，有戊乙子角六十一度二十八分二十三秒一十微半周内減去甲乙子角，又減去庚乙戊角，餘即戊乙子角，有戊子乙角一百一十八度三十分五十秒二十二微半周内減去甲子乙角，加入戊子丑角，即戊子乙角，即有乙戊子角四十六秒二十八微，求得戊子邊一一四一〇三一〇二九九。次用戊子甲三角形，此形有戊子邊，有子甲邊地半徑一千萬，有戊子甲之外角二十度零六分零五秒二十二微即戊子丑角，求得戊甲邊一一四二一八六七七三〇，爲太陽在本天中距時距地心之遠。以地半徑較之，其比例如一與一千一百四十二也。末用乙戊甲三角形，乙甲邊爲一，戊甲邊爲一一四二，戊乙甲之外角三十六度五十六分二十一秒五十微即庚乙戊角，求得乙戊甲角一分四十八秒三十二微，爲中距限太陽高五十三度零三分三十八秒之地半徑差。以加暢春園視高五十三度零三分三十八秒一十微，得五十三度零五分二十六秒四十二微，爲暢春園太陽之真高也。於乙戊甲角一分四十八秒三十二微，内減去乙戊子角四十六秒二十八微，餘一分零二秒四微，爲子戊甲角，乃中距限太陽高六十九度五十四分零八秒之地半徑差，以加廣州府視高六十九度五十四分零八秒三十八微，得六十九度五十五分一十秒四十二微，爲廣州府太陽之真高也。

今若以最高太陽距地心一一六二，與中距太陽距地心一一四二相減，餘二〇，爲兩限距地心之較，則最卑限太陽距地心之遠爲一一二二，然中距太陽距地心如弦，本天半徑如股圖見後求盈縮差篇，其距最高之差應少，距最卑之差應多，故最卑限太陽距地心當不足一一二二，欲以實測求之，奈冬至後太陽躔本天最卑時，高弧僅二十六度餘，蒙氣差甚大，難得其真。今以太陽最高與本天半徑比例數一〇一七九二〇八見交食曆理求日月距地與地半徑之比例篇，與地半徑比例數一一六二之比，即同於太陽最卑與本天半徑比例數九八二〇七九二，與地半徑比例數一一二一之比，是爲最卑限太陽距地心之遠也。既得三限距地心之遠，即各用爲一邊即戊甲，地半徑爲一邊即乙甲爲一，太陽出地逐度之高即戊點，與象限相加，爲一角即甲乙戊角，成戊乙甲三角形，求得乙戊甲角，爲三限太陽自地平至天頂逐度之地半徑差。以列表。

清・王勷《題〈天經或問〉》（清・游藝《天經或問》卷二） 囫圇天地，茫茫無際。一動一靜，體質各異。其動有由，其靜有自。太極既判，陰陽之秘。從動測天，天體非玄。有形無質，度數昭然。三百六十，左旋右旋。樞紐二極，位乎南北。黃赤二道，天之至奧。交絡天腹，歲功是造。左旋惟疾，右旋不一。遲疾參差，星辰月日。不害不悖，層次可識。其層曰九，又爲十二。數明理實，自然之義。水土與石，凝爲地質。圍九徑三，至靜不易。水週於地，土間乎石。中含庶類，實有萬國。足底相對，上下各背。子午卯酉，隨在而配。至靜至圓，從可測焉。天內包地，地外裹天。日月中行，化育流宣。赤道內外，日月所躔。日遠而寒，日近而炎。晝夜永短，四時運還。備則得中，靈氣所潛。此春彼秋，此永彼短。經緯之度，乃其所幹。或炎不寒，或夜寡旦。候異氣偏，冥頑多悍。得中者靈，得偏則蠢。化於無心，成於無形。天動不息，地靜永寧。化育生生，莫知始終。始有所始，終豈無終。欲知所終，不外動靜。動至不動，靜至不靜。動靜相反，天地道窮。化育機塞，靈蠢皆冥。自有而無，有爲無漸。自無而有，無爲有先。無極而極，貞下起元。游子之書，天地理全。王勷題

清・游藝《天經或問》卷二《天體》 問：天之蒼蒼，高遠無極，其星辰錯綜，體象運旋，可得聞歟？

曰：天體如碧瑑，透映而渾圓，七曜列宿，層層運旋以裹地七政運旋有高下，故謂層層云。地如彈丸，適天之最中，永靜不動，而四面人居焉。最上一層常靜天，爲諸天主宰宋儒謂此天爲天殼也，而不可思議。其次爲宗動之天，帶轉下諸重天也。此天之運，依南北二極，從東而西，左旋十二時，歷一周，其各天皆因此一動製之而運焉西士測尚有南北歲差、東西歲差二重，約四萬九千年，從西歷東行一周。其次爲恒星，天在七曜之上，此天之本動也，於赤道上偏南而北，從北而南，謂之一近一距之動，歷七千年行一周，從東歷西之正行約二萬五千餘年而行一周此即歲差正行之算也。其次土星土星約二十九年一百五十五日零二十五刻行一周天、木星木星約十一年三百十三日七十刻行一周、火星天火星約一年三百二十一日九十三刻行一周。其次太陽之天，照映世界，萬象取光，故在七曜之中也太陽約三百六十五日二十三刻五分行一周。其次金、水二星天，皆從太陽天行，而太陰天最近地太陰約二十七日三十一刻行一周。此恒星七曜諸天俱從自西而東右旋之行算也。左旋一天，以靜天極爲軸，以赤道爲天腰，右旋諸天以黃道極爲軸，偏南北各二十三度三十一分，即以黃道爲天腰。赤道之心與靜天之心、宗動天之心、地球之心同是一點，其兩極在南北，正子午，主一日一周，七曜列宿之公運悉繫轉楗焉。其道與天元赤道相合爲一線，動靜雖異，終古不離其極，爲正子午也。黃道斜絡，出入赤道各二十三度半，其極非正子午，則在巳亥也。太陽行黃道正線，其天心不與諸天同心，故其行轉於地面，自非平行也。黃道左右各八度爲太陰、五星出入之道，而日月經緯俱從黃道極轉，故有不同子午之樞也。吾儒按九重者，因恒星七曜行度各異，相次而上，權立數重以起測云。

清・游藝《天經或問》卷二《地體》 問：藏經以四方分爲四州，鄒衍以瀛海環九州外，文長謂水際天，是皆以地爲扁土也。今曰天體渾圓，古人亦曰天如卵白，地如卵黃，是天包於外，地亘於中也。然天乃輕清之氣，地乃重濁之滓，既爲圓體，亘中能浮空而不墜乎？四面皆人，何以安其居也，而能辯其四方乎？

曰：天地渾圓，本相聯屬，古人云減一尺地則多一尺天，然地亦天也，以其形言之謂之地。唯天虛，晝夜運旋於外，地實，確然不動於中也。而地四面窪者爲河海，突者爲山嶽，平者爲田地，人所居立，皆依圓體，天裹著他，運旋之氣，升降不息，四面緊塞，不容展側，地不得不凝於中以自守也。然總無方隅，四面都是上，無可墜處，適天之至中，亦無可倚處，天之東升西降，亦就人所居而言，天則無處非升，無處非降，渾淪環轉而已。地圓則無處非中揭子曰：「天之虛，非虛也，虛者，氣塞滿之，無有空隙，如以瓶挈水，閉其一孔，水使不入，氣塞中也。氣即天也。地之實，非實也，氣出入之，雖有土石，其堅者悉在皮表，進焉則虛濡也。然天內有氣，故時結爲攙搶彗孛諸星，映爲暈珥霱珮諸象。地內有空，故潮汐呼吸轉爲泉源，深山大谷吐爲雲霧，陰伏陽愆發爲震撼。」故游子曰：「地亦天也」，唯指極星分東西南北，測太陽定寒暑晝夜，故所居之地，日所照不同。居赤道之下南北二十三度半之地一圈，春秋二分，太陽正過其天頂，日中無影，過春分，則影在南，過秋分，則影在北，名爲煖帶。南北二十三度半以外，截至六十六度半之地，此地太陽不經其天頂而不近不遠，此南北二圈爲正帶，不甚冷熱此帶溫和，而聖賢挺生，中國處赤道北十八度至四十二度，適當其地也。南北二方自六十六度半各抵其極，爲冷帶，有日太陽繞其地，恒見，有日太陽繞其地，恒隱，隱見之候，或至數月，或至半年揭子曰：「兩極之下，天輪橫繞，半年爲晝，半年爲夜，其地甚冷，其人耐寒」。此五帶之大概也。因此推之，距赤道南北二方者，其氣候必相反，如太陽躔星紀即丑宮向北之方爲冬至，向南之方則爲夏至，諸節莫不皆然。又因推之，地球爲人所止，以天頂而分四方，

亦可界爲三百六十度，以合天行，東西爲經，測以黄道，南北爲緯，定以子午。若測南北，有二極爲之端游熊曰：「西學測地球周圍有九萬里，如往北行二百五十里，測極星便高一度，二萬二千五百里，便高九十度，在天頂正中，再行則又從中漸低。無北極過南，南極過北之理，地圓故也」。若測東西，必先定一處爲起界之端如處某地即以某地爲端，方可測也。如無測法，則寒暑無定，東西不辨耳。

清·游藝《天經或問》卷二《黄赤道》 問：天體無涯，難以器測，日月五星，有形可步，黄赤二道，全無影像，何所指而名也？

曰：赤道者，平分天體爲南北，從南北二極相距正中之界判一細道，名曰赤道朱子云：「天體如一圓匣相似，赤道是那匣子相合縫處一線也」。亘於中天，終古不易，推步者畢賴之爲準則也。李振之曰：「此道列三百六十度，分十二辰，界九十六刻以一時八刻算，餘分不列，而爲用有七焉：一以度天行一日一周之運，一以定晝夜刻分之永短，一以齊黄道出入之廣狹，一以限春秋分之晷影，一以判天道之南北，一以起南北之緯算，一以紀天下之地圓也。」黄道者，從太陽旋週一歲之界而設，以記月與五星所經行者。蓋太陽行天一歲，所周軌蹟，旋以成規，名爲黄道。此道斜絡於赤道，如兩環相疊，然半出赤道南，最南之界約緯度二十三度半，爲冬至，半出赤道北，最北之界約緯度二十三度半，爲夏至，二道相交之所爲春秋分，四平分之爲四象限，限各九十度，是即二分二至之限也。以三百六十度計之，十二剖之則爲宫，二十四剖之則爲氣，七十二剖之則爲候，更細鍥之爲三百六十五度四分度之一，而二十八宿列焉。凡月建與宫界常差五度，所以分黄道爲十二宫者，日月相逐，會於黄道者，歲有十二次，而一歲四時有十二變，取數於十二，其義最精。半之則爲六，三之則爲四，四之則爲三，諸曜之行，四時之變，總不出於此，天下寒暑榮瘁，皆由黄道。中國處赤道北，故太陽之行黄道也，北陸煖而萬物生，南陸寒而萬物死也黄子曰：「如國處赤道南者，太陽行南陸則反是」。黄道一規而用有四焉：一以節七曜列宿逆行右轉之度黄道惟太陽行道中正線，餘各別有小輪，故有遲疾伏退之異，一以審日月交食之限月行有九道，大抵近黄道則食，一以其出地多寡定天下晝夜長短，一以分列宿之南北及紀其緯度。

清·游藝《天經或問》卷二《南北極》 問：天學家云南北二極是相對也，又曰北極出地，南極入地，則是低昂矣。是低昂乎？相對乎？

曰：南北極者，天體永久不動之兩點，周天倚爲環轉之樞者也，故名爲極游燕曰：「極如輪之轂，如磨之臍，非星也。云極星者，蓋指其近極之星而名耳」，而居中有不轉之地以爲之心，故南北有不轉之極以爲之樞。太虚空洞，固有不轉之神，化以爲之主，而後此天得以循行萬古而不越也。李振之名之藻曰：「測從極中周圍起線，爲南北緯度，至天之中九十度，爲赤道界。人居赤道之下者，以赤道爲天頂，居二極之下者，以二極爲天頂，極之低昂，因人所居而定也。從極中分瓣起線，爲十二宫，從宫内分密線，爲東西經度，合至中天則爲赤道經度此皆測法而定。」太陽躔黄道，行度雖極南極北，止離赤道二十三度半也。故南北二極之規，天輪横繞黄道之所，不至晝夜永短偏勝之極，二規之内，天地之氣甚寒，周圍皆有日影，而以半年爲晝，半年爲夜矣。

清·游藝《天經或問》卷二《子午規》 問：渾天以赤道爲中分，以南北二極爲子午，又以天頂爲午，地下爲子，則是以赤道爲子午，何也？

曰：南北二極處，爲正子午是也。然天之子午，亦南北極之子午，天之子午但取中分南北極處過頂之線爲名，從諸曜升降適中之界而設也。太陽一日，遶天一周，見於東方，漸升天頂爲午中，此地平以上東半晝分，謂之升過天頂；向西漸低地平，是爲西半晝分，謂之降。他曜皆然，於此升降之中界，設一規爲子午規也。諸曜際此，謂之在子在午也黄道十二宫之子午以列宿分度而定，天之子午以人所居之地而立也。此規透過赤道及地平與二極，其偕赤道地平而交爲直角也，恒然不動，但人在地面上，南北遷此規惟一，東西遷此規隨在各異也。極之子午，即地之子午，静而有定，此有定之子午發線，去隨太陽到天頂而轉，故天之子午動而不居也游熙曰：「日行周天，子午亦隨而周天，是以人所居之天頂而定也，餘支亦皆然」。設此規其用有五：一以分半晝半夜時刻；一以尋列宿極高過頂之度，當此之謂中星；一以此規計日，凡每日自子半起，正當此規之下；一以檢夜半中星以定太陽正宿；一以分周天之度，亦可緣太陽以求赤道，緣赤道以求北極。

清·游藝《天經或問》卷二《地平規》 問：子午規者，中分南北極過天頂之線爲名，從諸曜升降適中之界而設也，地平規者，則何説也？

曰：地平規者，平分天地之半，從人足所附，極目四望之界而設也。人附地面，所可望見者，天之半耳，其半恒繞於地下，人不可而見也，即此可見不可見之界。而諸曜由是而出入，明暗晝夜由是而分，因定此規，剖爲四象，以應四方。象各限以九十度，是爲地平經度，可以定北極赤道離地之度，可以定星辰出入之分，及何星常見不伏，何星常伏不見，可以定七曜列宿同出同入之度，及先後出入之度，可以定太陽各曜所出地離赤道幾何緯度，可以辯各曜出入之方位，可以算各曜漸升之度，自一度上至九十度，皆可知得而稽也。

問：諸規必須爲象，方可知之，理雖剖晰，終屬茫然。

曰：黄赤道、南北極、子午地平者，不過相形酌理，設其象爲依據，如不知此，欲知諸曜之行，則茫然無措，故欲知象，先明此爲首，如此理不諳，雖登臺轉象亦茫然耳。

清·游藝《天經或問》卷三《七曜離地》 問：渾天之内，七曜列宿各有所麗之位，則其遠近距地幾何？與其高下運旋幾何？

曰：天道微妙，古明其理而畧其測，今徹其理以精其測，從地至宗動，各有測算。利西泰曰：「測地周九萬里，而月離地心有四十八萬二千五百二十里餘，辰星離地心九十一萬八千七百五十里餘，太白離地心二百四十萬六百八十一里餘，日離地心一千六百零五萬五千六百九十里餘，熒惑離地心二千七百四十一萬二千一百里餘，歲星離地心一萬二千六百七十六萬九千五百八十四里餘，填星離地心二萬五百七十七萬五百六十四里餘，經星離地心三萬二千二百七十六萬九千八百四十五里餘，此外即係一日一周。宗動之天，包絡轉運諸天者，其離地心有六萬四千七百三十三萬八千六百九十里餘，其餘遠近各有測算之法、測量之器游熊曰：『夫測器之在曆象家，猶之工師準繩規矩也。原靈臺止有圭表、景符、簡儀、渾天儀諸器耳，今西法乃有象限儀、百游儀、地平儀、弩儀、天環、天球、紀限儀、渾蓋、簡平儀、黄赤全儀諸器，巧妙精絶。外更有地平晷、立晷、百游晷、通光晷、柱晷、瓦晷、碗晷、十字晷、星晷、月晷，此皆測影之器。若遇陰雨，則有自鳴鐘、沙漏、水漏，窺天則有遠鏡，見其界限分明，星體微渺，此諸器晷惟鏡最巧』。」實非荒唐之言，揣摩之見，直是一毫不爽者。然高低尚有定位，而行天轉旋皆可測也。如日處七曜之中約一時，從宗動之行有九百萬零四萬里，經星天在七曜之上約一時，從宗動之行有一萬萬零七百二十萬里，較行疾於太陽數十倍，爲近宗動天之故揭子曰：「就人息與天行合計之，人一日一夜計二萬五千二百息，天一日一夜共行一周，凡人之一息計，月所麗天位應行一百二十里，日麗天位應行四千零四里餘，火星麗天位應行六千八百三十七里餘，木星麗天位應行三萬一千六百二十里餘，土星麗天位應行五萬一千三百二十五里餘，經星麗天位應行八萬五百又九里餘，宗動天位應行一億六萬一千四百六十七里餘」。蓋諸星處天有高下，距赤道亦有高下，各有本行本輪，各有二道二極，故行天有遲速而體段有鉅細也。只因離地絶遠，人仰見得鉅者亦微也，細者如天河、積屍等，雖星亦夥，亦不見其爲星也，若人從星上視地，決如一塵不能見矣。

清·西清《黑龍江外記》卷一 出關東行，漸遠益高，所過岡阜既上輒平坦有軌，途法庫門，又東岡起愈平，無俯瞰低下勢，土人謂之上天邊子，可以驗地形矣。地高則天逾近，測量家惟依北極高度爲準，日月出輪較大，色亦深，赤夜見斗杓横屋角，星點亦大，手若可捫。四時之氣，多風，四月猶霏雪霰，夏日偶噎，或南風作必雨，不雨則江漲，蓋興安嶺一帶陰山中雪不常，或冰澌融入谿澗所致。惟雷至四月始聞，伏天多雨雹，大者如盌。七月已霜，八月則無不雪，所謂高處不勝寒，可以驗天時矣。

清·梅文鼎《梅氏叢書輯要》卷一六《方程論·測量》 一曰陰雲測量。陰雲者，不見宿度，而雲影微薄之處猶能見五緯，若見二星，則有其相距之度，而可以方程取之矣。

一曰宿度測量。宿度者，雖無陰翳，而無儀器，故借宿距一定之度以取之，必有二星同見，或星與太陰同見，則成方程之算矣。【略】

宿度測法

凡測量之法，有測器又有水漏，則雖陰雲，可以所見者得其度。若但有測器而無水漏，可以所見兩星之距度取之，如前所列陰雲不知宿度之法是也。乃又無測器而但據目見，則當以宿度取之，蓋宿有一定之度，借以爲兩星之和度、較度，因所知以求不知，此則方程之法可爲測量者助也。至於諸星行率，古今曆術不同，學者通其意，無拘其數焉其可。

清·梅文鼎《梅氏叢書輯要》卷六二《附録二操縵卮言》 儀象論

齊政授時，儀象與算術並重，蓋非算術，無以預推其節候以前民用，非儀象，無以測現在之行度以驗推步之疏密，而爲修改之端也。《虞書》璿璣玉衡，爲儀象之權輿，其制不傳。漢人創造渾六十度，内安赤道緯圈，以南北極爲樞，而可東西遊轉，與經圈内規面相切，緯圈徑亦爲圓軸，軸中心亦立圓柱，以及遊表垂線交梁螺柱等法，皆同黄道儀。一曰地平經儀，儀止用一圈，即地平圈，全徑六尺，其平面寬二寸五分，厚一寸二分，分四象限，限各九十度，以四龍立于交梁以承之，梁之四端各施取平之螺柱，而梁之交處，則安立柱，高與地平圈等，適當地平圈之中心。又于地平圈上東西各立一柱，約高四尺，柱各一龍，盤旋而上，從柱端各伸一爪，互捧圓珠，下有立軸，其形扁方，空其中如聰櫳，以安直線，軸之上端入於珠，下端入立柱中心，令可旋轉，而軸中之線，恒爲天頂之垂線焉。又爲長方横表，長如地平圈全徑，厚一寸，寬一寸五分，中心開方孔，管於立軸下端，便隨立軸旋轉，復剡其兩端，令鋭，以指地平圈之度分，又自兩端各出一線，而上會於立軸中直線至頂，成兩三角形，凡測一星，則旋轉遊表，使三線與所測之星參相直，乃視表端所指，即其星之地平經度也。一曰地平緯儀，及象限，蓋取全圈四分之一，以測高度者也，其弧九十度，其兩邊皆圓半徑，長六尺，兩半徑交處爲儀心，儀架東西立柱，各以二龍拱之，上架横樑，又立中柱，上管於横樑，令可轉動，儀安柱上，儀心上指，儀之兩邊一與中柱平行，一與横樑平行。又於儀心立短圓柱以爲表，又加窺衡，長與半徑等，上端安於儀心，剡其下端，以指弧面度分，更安表耳於衡端，欲測某物或日或月或星，乃以窺衡上下遊移，從表耳縫中窺圓柱，令與所測之物相參直，其衡端所指度分，即其物之高度。天儀，即璣衡遺制，唐宋皆仿爲之，至口口口簡儀、仰儀、闚幾、景符等器，視古加詳矣。明於齊化門即今之朝陽門南，倚城築觀象臺，仿元製作渾儀、簡儀、天體三儀，置於臺上，台下有晷影堂、圭表壺漏。國初因之。康熙八年，命造新儀，十一年告成。安置臺上，其舊儀移置他室藏之。新儀有六，一曰黄道經緯儀，儀之圈有四。圈名分四象限，限各九十度，其外大圈恒定而不移者，名天元子午規，外徑六尺，規面厚一寸三分，側面寬二寸五分，規之下半夾入於雲座仰載之半圓，前後正直子午，上直天頂，從天頂北下數五十度，定北極，從天頂南下數一百三十度，定南極，此赤道極也。次爲過極至圈，圈平分處，各以鋼樞貫于赤道之南北極，又依黄赤大距度，於過極至圈上，定黄道之南北極，距黄極九十度，安黄道經圈，與過極至圈十字相交，各陷其中以相入，令兩圈合爲一體，旋轉相從，經圈之兩側面，一爲十二宫，一爲二十四節氣，其兩交處一當冬至，一當夏至，此第三圈也。第四爲黄道緯圈，則以鋼樞貫于黄極焉。圈之徑爲圓軸，圍三寸，軸之中心立圓柱爲緯表，與緯圈側面成直角，而經圈緯圈上各設遊表儀，頂更設銅絲爲垂線，全儀以雙龍擎之，復爲交梁以立龍足，梁之四端各承以獅，仍置螺柱以取平視垂線或有偏側，則轉螺柱，或起或落，以正其垂線，則儀自直矣。一曰赤道經緯儀。儀有三圈，外大圈者，天元子午規也。以一龍南向而負之，規之分度定極，皆與黄道儀同，去極九十度安赤道經圈，與子午規十字相交，恒定不動，經圈之内規面及上側面，皆鐫二十四時，時各四刻，外規面分三百也。一曰紀限儀。紀限儀者，全圓六分之一也，其弧面爲六十度，一弧一幹，幹長六尺，即全圓之半徑，弧之寬二寸五分，幹之左右，細雲糾縵纏連，蓋藉之以固全儀者也。幹之上端有小横，與幹成十字，儀心與衡兩端皆立圓柱爲表，而弧面設遊表三，承儀之台約高四尺，中直立柱以系儀之重心，則左右旋轉，高低斜側，無所不可，故又名百遊儀焉。一曰天體儀。儀爲圓球，徑六尺，面布黄赤經緯度，分宫别次，星宿羅列，宛然穹象，故以天體名之，中貫鋼軸，露其兩端，以屬於子午規之南北極子午規與黄道儀同。令可轉運，座高四尺七寸，座上爲地平圈，寬八寸，當子午處各爲闕，以入子午規。闕之度與子午規之寬厚等，則兩圈十字相交，内規面恰平，而左右上下環抱乎儀，周圍皆空五分，以便高弧遊表進退。又安時盤於子午規外，徑二尺，分二十四時，以北極爲心，其指時刻之表，亦定於北極，令能隨天轉移，又能自轉焉。座下復設機輪，運轉子午規，使北極隨各方出地度升降，則各方天象隱現之限，皆可究觀，尤爲精妙。康熙五十四年，西洋人紀理安欲炫其能而滅棄古法，復奏制象限儀，遂將台下所遺元明舊器作廢銅充用，僅存明仿元制渾儀、簡儀、天體三儀而已，所制象限儀成，亦置臺上。

按《明史》云，嘉靖間修相風杆及簡渾二儀，立四丈表以測晷影，而立運儀正方案懸晷偏晷、盤晷，具備於觀象臺，一以元法爲斷。余於康熙五十二三年間，充蒙養齋彙編官，屢赴觀象臺測驗，見台下所遺舊器甚多，而元制簡儀、仰儀諸器，俱有王恂、郭守敬監造，姓名雖不無殘缺，然睹其遺制，想見其創造苦心，不覺肅然起敬也。乾隆年間，監臣受西洋人之愚，屢欲撿括臺下餘器，盡作廢銅送製造局，廷臣好古者聞而奏請存留，禮部奉敕查檢，始知僅存三儀，殆紀理安之燼餘也。夫西人欲藉技術以行其教，故將盡滅古法，使後世無所考，彼益得以居奇，其心叵測，乃監臣無識，不思存什一於千百，而反助其爲虐，何哉？乾隆九年冬，奉旨移置三儀於紫微殿前，古人法物，庶幾可以千古永存矣。

清·阮葵生《茶餘客話》卷一三《天文地理》 蓋天云天如蓋笠，宣夜則云天了無質，方天以火光遠轉爲比，惟渾天則以形圓裨黄爲踰。渾天，古雖有其説而未盡其論，唐之淳風、一行、宋之堯夫、元之郭太史、許魯齋、明之劉伯温皆聰明絶世而未能明言天地之皆爲圓體。至西人利瑪竇入中國，言地無上下，無正面四周，皆人著其上。華人笑之，不知自彼國至中土幾於遶地一周，此乃彼所目見，非臆説也。至梅定九出，始發明《周髀》經以爲原係如此立説，《周髀》言地如饅首，天如上下兩傘合籠，日月在腰，如在兩傘合縫處，人在日月之下，不正當傘脊處。西人言中國東西南三面皆有人，惟北方尚未開闢，盡是樹木鬼魅青燐而已。中國不見之星甚多，西人皆能圖之，乃知聖人無所不通，《周禮》中説九州只以景長景短、景夕景朝數語盡之，至天地全局，只以《周髀》盡之矣。蒙氣離地甚近，四十度以上即不用蒙氣表，故地方高朗，清氣楚處，皆無蒙氣，近有測量地里人早行，晨雞未發聲，忽見天際如日方升，林木邨舍依稀辨色，須臾昏如故，移時東方，始漸白，蓋日在地平之下，光映蒙氣而浮上也。正如置錢碗底，遠視若無，及盛水滿時，則錢隨水光而顯見矣。

清·陳壽祺《左海文集》卷四下《答儀徵公書》 蒙示《堯典》「平秩東作」、「平秩南爲」、「平秩西成」、「平在朔易」，獨主義和造厤之説解曰：「朔字從月從屰，月與日同經度而不同緯度，則相屰而爲合朔，若同經度而又同緯度，則相屰而爲日食。屰本逆字，見《説文》「逆，迕也，遇也」，兼此二義，此造字朔從屰從月之初意。合朔時刻雖不定，而一月一周天，朔與望弦分四位，則朔必在正北爲定，故於朔方言之北，固以朔名其方者也。望字亦取日月相對望，而月食有亡象焉。壬猶廷也，廷相對也，望、壬二字皆可假借爲用，不必岐分。朔之曰易，亦以日月相易起義於文，日月相竝爲明，月在日下爲易，《説文》引《祕書》説日月爲易，蓋即古《尚書》説專指朔易之易也。」抉前聖之奧窔，通千古之瞑塗，前書言之，心悦誠服。夫子謂能道其考據得力之端，自慚黯淺，何敢任茲？謹案《尚書》東作、南爲、西成、朔易，不獨鄭康成注《周禮》，引此以證敘事，會天位而不言農事，考伏生書大傳所述亦未嘗專及耕穫也。伏生於「辨秩西成」，傳曰：「天子以秋命三公將帥，選士厲兵，以征不義，決獄訟斷，刑罰趣收斂，以順天道，以佐秋殺見《太平御覽時序部九》」，於「辨在朔易」，《傳》曰：「天子以冬命三公，謹蓋藏，閉門閭，固封境，入山澤田獵，以順天道，以佐冬固藏見《御覽時序部十二》」，此則條法甚廣，非止一端，春夏文雖闕逸，咸可推知。伏生傳又云：「春昏張中，可以種稷，夏大火中，可以種黍菽，秋虚中，可以種麥，冬昴中，可以收斂蓋藏見《周禮司寤氏疏》」，此則四時農事繫於中星，不繫於東作、南爲、西成、朔易。夫子以爲農事之説，始於王莽。是也。且如平秩南爲設屬農事，則下言敬，致文氣隔閡，爲不辭矣。然謂東作、南爲、西成，指義和測量躔度作之、爲之、成之，其義猶若未密。竊意作訓始也，日春行東陸，立春、春分，月從青道出黄道東，故經曰「辨秩東作」，言日月之行，於是始義仲辨次之也。成訓平也，日秋行西陸，立秋、秋分月從白道出黄道西，故經曰「辨秩西成」，言日月之行，於是得正而平辨次之也。是時日，夜分，氣候，適平也。又日春在奎而月圓於角，角者，東宫維首之星也。日秋在角而月圓於奎，奎者，西宫維首之星也，亦東始西平之義，步日以月，此二者春秋致月之事也。爲訓行也。夏至之日景尺五寸，景短日長，謂之「長至」，自是之後，漸差向南，故經曰「辨秩南爲」，言日躔由此南行辨次之也。後世厤元起於冬至，古者制厤，蓋以夏至爲準，周禮所謂「正日景以求地中者也」，故經繼之曰「敬致」，此言冬夏致日之事也，經於冬不言致者，舉夏至以賅冬至也，猶之朔方言幽都，南交不必言明都也。辨在朔易，則言合朔交食之事也。朔易者，義主日月合度，交易也。辨在者，辨察之也。夫東作、西成者，步月之術，南爲者，測日之術，朔易者，定朔之術。星鳥以正中春，星火以殷中夏，星虚以正中秋，星昴以殷冬者，步星以定四時之術。日中、日永、宵中、日短者，驗日躔以求中氣之術也。古今疇人之秘，悉備於此。義和所以爲萬世造厤之宗，如此解之，則義主造厤，而東作、南爲、西成、朔易，竝屬日月言，非謂義和作之、爲之、成之，文義混成，似不破碎。敬以質諸左右，乞剖其是非焉。

清·梁章鉅《制義叢話》卷一六 林暢園師於天文、厤法、樂律之書靡不精究貫通，發之於時文，實開三四百年來未開之境。然每成一篇，仍是曲折赴題，不支不漏，非同遊騎無歸也。【略】地之去天，上下難窮，其紀極而偃矩以測高，覺一曜之大，小者數萬里，鉅者億萬里，匪遠之故，何以仰瞻者直小其規圜？南之於北，兩表甚覺其懸差，而立渾以察度，覺一日所躔，起度於牽牛，周回於星紀，匪遠之由，何以奔馳者轉疑其弗動？按此六比統括，渾蓋三家之奧秘，會通中西測量之異同，旁推交通，無非爲遠字還出實際，方非空作一篇星辰考也。

清·胡襲參《囂囂子曆鏡》 勾股。勾股之法，從來尚矣。《九章·周髀》載之，垂線爲股，横線爲勾，斜線爲弦，測量家立表代股，平圭爲句，其景爲弦，善斯術者，高深廣遠，無不可求，而測天之用爲尤大。然拘泥其見，以讀《周髀》，不過設二求三直角一形，若遇斜角、弧角，不能措用矣。新法則變而通，既公其名曰三角形，又審其平面、球面、曲線、雜線、鋭角、鈍角之别，知天爲圜圜體，宜測以弧，宿躔近遠諸道互交，宜測以多類之弧，遂生多類之三弧形，於是各弧咸備有三弧、三角，互設三以求餘三，是謂以圓齊圓，於法爲善，雖天道隱微，象數零雜，未有遁焉者也。

測黄赤道日月等旨

凡學非可驟進，莫不始於物格知致，物格知致，必須物物格之而後各致其知，從而推廣，以求精詳，故古人因所見所聞而鈎索生悟，記而驗之，接續成書，詔示後學。

黄赤宿度，今古變易，緣諸星隨黄道斜交赤道，每見太陽之行黄道，夏日距赤道北，冬距其南，逐年如此，則知由二道斜交之故矣。曆家同時測日經，而兩道上所測度分必異，又所差日各不等，此爲日經之變。如從兩極各出直線以交日心，引之徑過以至赤道兩線，必不復會於一點，以是知日經緯在赤道恒變，即恒星亦然。

逐漸右旋，即赤道宿度逐漸有變，其數多寡，前後必異，惟黄道經度終古如一，而經亦修古如一，斗恒似斗尾，恒似尾，古二星在一直線者，今時亦然，彼此相距皆同也。如測黄赤兩道恒星之經緯度，以推古今之各宿積及本度，並摘在《曆指》，讀者每以參觜二宿不仍舊次爲疑，不知宿在黄赤二道，原有分别，其依在黄道不變之度分，參前觜後，終古恒然。若依赤道而論，在昔則先觜後參，清初以上二百年來，則參先而觜後矣，蓋因兩道從兩極出線以定，度數故有異也。黄道經緯變赤道經緯，及繪星圖數法，蓋之去離赤道無恒，而其去離黄道有恒，即黄赤二道之相距，亦如有恒，以兩有恒求一無恒，則依曲線三角形，以乘除三率等法推算可得。若直欲從赤道求之，無由得矣，因星依黄道以向赤道時有遷移故也。

測太陽

諸曜森羅，太陽其宗主也。或推或測，必有太陽，顧其應測之行不外三種：一、盈縮之限；二、盈縮細行；三、盈初縮末之所。古曆之測太陽未及此三行。其法立八尺之表，用景符器於冬至前後三四日測定三景，因以三景之較數，求太陽到冬至時刻，其法未嘗不是，但表景短長，乃太陽行南行北所生，論其近二至之候，南北之行極微，計一日所在天度，有分半者，有一分者，有半分者，乃於冬至近期建表尋丈，而其所得二景差，爲一分二厘，厘爲八刻，而此一二厘間相差甚微，彼景符曷能定之？況景符光線常占數厘，或更稍爲進退，其失彌甚，是常差數十刻也。若測夏至，則倍難矣。今新法八線表法，查古遺之數以用於推步，庶稱密近耳，然又不但用表，亦時用别法以相濟也。比如春秋二分，太陽之南北行較大，日行天度二十四分，乃於其前後日先測極出地度，得赤道高，次用象限儀測日軌高，不免相差一分，而其於本算日軌入交點時刻，則約差四刻耳，較之以尋丈表測冬至，豈不大相遠哉。且新法於日實躔宫度分秒，逐日可測，舊法於至日外，推步遂窮，新法本測曰太陽從春分底，立夏行黄道四十五度，歷四十六日十刻十分，又從立秋底，秋分亦四十五度，歷四十六日三十八刻十分，是逐日刻數不等，所謂春行盈、秋行縮也。欲定此盈縮之界，非在二至點也，在二至後六度。此率古稱盈末縮初，新法所謂最高古今不同，因有此最高，遂晰太陽之行，爲一不同心規也。其行遲者在最高，其行疾者在最高之沖，此最高之行，亦猶太陰之有月孛也。

測恒星

恒星之法不一，大要以太陽爲主，而以太陰或太白或歲星爲中，次任取某星爲界，互相測度，即得其度。法於太陽將入之時測月或太白或歲星，其距太陽度若干分。日既没，再測月或太白或歲星，其與某星相距度分若干。合兩測即得太陽與此星之距。然後查太陽本日躔某宫度，則知此星所在宫度矣。測一星之經度如此，他星可以推。於是又測此星出地平之最高，即其距極距赤道之緯度，并可得也。然恒星之經緯度分有二，其一以黄極爲樞，每歲東行五十一秒有奇，而其距本極之緯度，則亘古無變；其一則因赤道以算其經緯、南北星位，古今大異，如堯時外屏星全座在赤道南，今則在北，角宿古在北者，今亦在南。星緯變易，多如此，即歲差也可見恒星左旋。至以赤道論各宿距度，亦有異者。如觜宿距星上古爲三度，歷代遞減，清初且侵入參宿，只存二十四分，漸侵入内，而至無分，今復在前，而當度則爲觜十一度，參宿僅一初度矣二星原擠在一處。他宿亦互有損益，距度或多或少，各各不同，因知赤道之極非恒星之極，而其經緯之度亦非赤道之經緯度分也。由是觀之，象數精微，愈測愈明耳。

測太陰

太陰行度所當測定者五，一遲疾之限；一遲疾初末；一月孛行；一每日細行；一交行。五測有一不詳，月離之違合難齊矣。又月有氣差、時差，即地平半徑所生，所測之經緯度分，於正度分復有相較，以此測月，於七政中爲最難。新法用三會食推算。其法以食甚正對太陽，得月經度，以食甚分秒，得距交若干，以各食中積日時刻數不等，並得天上所行不等度分，於是用本法以求月天之孛。或云最高即極遲之行，遂得平視二行相較之度，以簡禦繁，莫善於此。其測上下二弦經度，亦有本法。蓋弦乃太陰實距太陽或東或西九十度，即周天四分之一也，在同度則合朔，九十則上弦，一百八十度則望，二百七十度則下弦。復與日會，又合朔矣。合朔不必泥同度，但與之會，亦朔矣。先以本儀測定每限，次用法算其平行，因其加分恒與所測差二度餘，賴有二三均數測算，乃合。又弦時去離南北所測與算，亦較天度差四分之一，緣白道斜交黄道，相距度分，各廣狹不同故也。至太陰之掩，恒星測其出入，亦可以知月離度分，但須先以地半半徑差均之。

測五緯

上三星天爲土、木、火，與太陽相沖會，于沖會二時，各無歲行加減分，緣其會太陽，即在歲行圈之最高，而沖之即在其最卑，於實行爲合故也。須知實行與平行不同，平行千百萬年維均，各星本天，各有遲疾即最高最卑，然星合太陽，無從可測，每于其沖測之，測其對太陽，用恒星各經度，或太陽躔度推算，得此沖經度，即有中積天度日數，及本星隨日數之午行。而後用此三率以求各星本天最高之所，于是又得其盈縮大差，因並得沖時各星，以平行距冬至之界若干矣。下二星天爲金、水，以其不能沖太陽，測之較難。法先于或晨或昏，求其于太陽距度者數次，然後依法測算，即可得其本天諸情也。凡歲行之測，以二行爲本，二留之根，各星不同，即所躔天度亦不同，然星之二留，非沖太陽，乃折中之度，故本之以測歲行也。又二留之際，因無歲圈緯度，故可得其本天之緯，其或在日之沖，又可得歲圈之本緯矣。五星之天，皆斜交黄道，與白道同，但其相距之緯，各多寡不等，又白道交行右旋，而五星左旋，此其異也。

清·劉衡《尺算日晷新義》卷下《作日晷六法》 第一法

此晷作于平面用時支之，使向南斜立，其斜度視各方北極高下之度，隨處可以通用。

斜立向正南之日晷

先定時刻

法曰，作横線如坎離，次于坎離横線中任定一點爲表位如兑。兑作小孔，以植表也。次任取長數，長約晷體九之一。務直毋曲細長如鍼鋭其兩端。爲表，如咸恒：【略】

表植于表位，兑其一端，入兑之孔。務直，毋稍偏倚。而表長如咸兑，次以咸兑表度置尺十二限處爲底定尺。勿令移動。而取尺第一限至二十二限之各底，以次移于坎離線兑點之左右。左右。自兑起以次蟬聯，而至于坎離各作點識之。每一點爲一刻，即得午前午後各刻如圖：【略】

若晷體窄小，則近午難容密點法，並取二限爲一點，則每點爲二刻。或併取四限爲一點，則每點爲半時。然自巳未正而右左爲限漸寬，仍析取每限爲是。

問其義云，何曰坎離線？即赤道也。每年春秋分兩日太陽正躔，赤道日影終日行此線，上表端咸點所指之某限，即是日某時某刻也。兑即赤道之心，故二分日正午則咸兑表直立，正對太陽中心一點，而無表影也。又曰太陽射之，弦割線影也。而其影度之見于平面，則切線也。十二限者，切線之四十五度也，半徑也。尺上各限，即切線各度也。以表度置尺十二限爲底，是以表度者，半徑也。以表度當半徑，而取其切線以定時刻，此恒理也。

問以某度爲底者，何也？曰：此定尺之法也。以規兩鋭張翕之量，定某長短之度，如咸兑表度之類。乃定規。勿兩規令張翕。乃張尺以規度施于兩尺之某限，如十二限之類。將兩尺張翕之，以就規度，既得規度，則定尺。勿令兩尺張翕。此以尺就規度，令兩尺某限相距之度如兩規相距之度也。規定，而尺定于規也。

問取某限爲底，何也？曰：此取兩尺各限之度之法也。兩尺既定矣，乃以規兩鋭張翕之量，定兩尺間某限相距之度，如第一限至二十二限之類。既得尺度，則定規。勿令兩規張翕，以便移其度入晷線也。此以規就尺度，令兩規相距之度，如兩尺某限相距之度也。尺定，而規定於尺也。

次定二至日太陽各時刻距赤道緯度

法曰，以咸兑表度置尺十二限處爲底定尺，而取兩尺間六限下第二分之底，移於晷線兑心之南與其北。南北。而各截之，南如兑井，北如兑夬，乃于井夬作線聯之，與坎離線十字正交于兑心，如下圖：【略】

問井夬之義？曰：井即夏至日正午日影所到也。夬即冬至日正午日影所到也。問何以知其然也？曰：每日自東而西者，太陽之經度也。一年之中，太陽半年在赤道南，半年在赤道北。其自北而南，自南而北者，太陽之緯度也。緯度極北爲夏至，距赤道二十三度半，緯度極南爲冬至，距赤道亦二十三度半。南北兩緯相距四十七度，故冬至日太陽在赤道南二十三度半，爲太陽緯度之極南。自此以後，太陽以次漸移而北，迨北行二十三度半而到赤道上，是日爲春分。既過春分，太陽漸離赤道而北，又北行二十三度半，而到緯度之極北，是日爲夏至。夏至日太陽在赤道北二十三度半，爲太陽緯度之極北。自此以後，太陽以次漸移而南，迨南行二十三度半而到赤道上，是日爲秋分。既過秋分，太陽漸離赤道而南。又南行二十三度半而到緯度之極南，是日爲冬至，此太陽終歲行度之不易者也。右法以表長當半徑。半徑，圓徑之半也。即下圖圓心至各弧界之度。以十二限當四十五度之切線，亦即半徑也。其六限下第二分，即二十三度半之切線，故其度爲冬夏至日影所到也。又曰，日南行而影則見于北，日北行而影則見于南。日晷者，取影之器也。故晷面井位南，而其日影所到，非南緯冬至，乃北緯夏至也。夬位北，而其日影所到，非北緯夏至，乃南緯冬至也。圖則晝日道所晷，則晝日影所到，故其南北相反也。

次以咸兑表長當句，而以兑心至右午初點當股。兑心至左未初點亦同。乃以表端咸至右午初點之弦度。咸至左未初之度亦同。置尺十二限爲底定尺，而取尺六限下第二分之底，移于晷面午初點處，于其點之上下截之，亦移于未初點處，亦于其上下截之。各如截井夬法，亦各作直線聯之，而皆與井夬線平行，即二至日午初未初日影所到也。【略】次仍以咸兑表長當句，而以兑心至右巳左未正點當股，乃以表端咸至右巳左未正點之弦度，置尺十二限爲底定尺。其取底移于晷面巳未正點處，上下截之，作線聯之，悉如前法。即二至日巳未正日影所到也。次仍用咸兑句，而以兑心至右巳左申初點當股，乃以咸至右巳左申初點之度，置尺十二限爲底定尺。其取底移于晷面巳申初點處，上下截之，作線聯之，悉如前法，即二至日巳申初日影所到也。自是右辰左申而右卯左酉正而正，皆用咸兑句，而以兑心至各時刻點當股，以表端咸至各時刻點處之度爲十二限之底。其取底截點作線，悉同前井夬法。惟自右巳左未正而右左影度漸長，點線漸寬。若能以細分之各刻，與咸兑表長爲句股，而各取其弦度爲底，以求緯度，則可得二至日各刻之日影所到也。如圖：幅短，借作直圖，須横觀之。【略】

問二至日正午以外不用表度，而用各弦度爲底，有説乎？曰：天體渾圓，日晷則寫渾于平者也，故必有影差。何也？太陽惟二分日正躔，赤道腰圍之一線，故晷面赤道線直必中繩。而是日日影所到，亦終日不出此線。餘節氣太陽出入于南北緯度，故晷面之影不行直線，近午則短，而東西則漸弛也。非用割線，則不能求其影差。各弦度者，割線也。右法表長，恒爲句，即半徑也。兑心至左右各時刻點爲股，即大圈外之切線也。表端咸至各時刻點爲弦，即大圈外之割線。兑井、兑夬線以半徑表度當半徑。十二限即四十五度，亦半徑也。而求二十三度半之度，其餘各線則以割線各影弦度當半徑而求二十三度半之度，故能遞求遞闊，而得其影差也。

次定各節氣

法曰：以兑井之度，用兑夬亦同。置尺十二限處爲底定尺，而取其第二限即七度半之切線之底，自兑心起，向南兑井線加之，作點識之，亦自兑心起，向北兑夬線加之，作點識之。北點即驚蟄、寒露日正午日影所到南點，即清明、白露日正午日影所到也。次即原定尺，取第四限即十五度之切線之底，自兑心起南向兑井北向兑夬線上加之，作點識之。北點即雨水霜降南點即穀雨處暑日正午日影所到也。次即原定尺取第六限即二十二度半之切線之底。自兑心起，南向兑井北向兑夬線上加之，作點識之，北點即立春立冬南點即立夏立秋日正午日影所到也。次即原定尺取第八限即三十度之切線之底，自兑心起，南向兑井北向兑夬線上加之，作點識之，北點即小雪大寒南點即小滿大暑日正午日影所到也。次取原定尺，取第十限即三十七度半之切線之底，自兑心起，南向兑井北向兑夬線之上加之，作點識之，北點即大雪小寒南點即芒種小暑日正午日影所到也。

右所定節氣二十，皆本日正午日影所到也。合之兑心爲春分、秋分，井爲夏至，夬爲冬至，則正午二十四節氣全矣。

井夬正午線之左、之右各時刻線，其定節氣之法，皆以本線之半或用赤道南半線，或用赤道北半線之度，置尺十二限處爲底定尺，而遞取其第二限、四限、六限、八限、十限各底，以次皆自本線之心起，向南亦向北加之，作點識之，悉同上兑井兑夬線，求各節氣法。

正午左右各時刻線均定節氣訖，乃于各線點識處，各作横線聯之，次于各横線兩端盡處，將各節氣以次書之，如右圖：【略】

士琳案，此段原稿在圖前，今移于圖後，故于圖上增一右字。

晷體横寬北甲乙，南丙丁，西丙甲，東丁乙，廣狹長短無定，度取足晝線書字而已。丙丁盡處，各餘少許爲横軸，以入晷牀，兩弧心氏小孔也。

問尺十二限，即切線之四十五度也。今分之爲六節氣，何也？曰：太陽一日行一度，十五日行十五度，爲一節氣，若六節氣，則滿九十度矣。日晷尺與切線同理，切線無九十度，平行無度，終古不能與割線相遇，故不立等。不得已而用其半，故以十二限之四十五度代九十度，而所取各限，亦俱用其半也。第二限七度半，以代十五度，爲一節氣。第四限十五度，以代三十度，爲二節氣。第六限二十二度半，以代四十五度，爲三節氣。第八限三十度，以代六十度，爲四節氣。第十限三十七度半，以代七十五度，爲五節氣。而十二限四十五度，代九十度，爲六節氣。用半實用全，法窮而巧法生矣。

問晷面各時刻線自赤道至二至，皆二十三度半也，何以又分爲九十度也？曰：太陽黄道周天三百六十度，分爲四分，每分九十度，謂之象限。一象限又分爲六分，每分十五度爲一節氣。太陽自冬至至春分，春分至夏至，夏至至秋分，秋分至冬至，每一象限各行九十度，各有六節氣，此太陽行黄道之經度也。而其行赤道之緯度，則非九十度也，則仍不出二十三度半也。何也？九十度者，黄道自東而西之度。而二十三度半者，黄道與赤道相距南北之度也。

問以九十度六節氣加于晷面南北緯線，何以不挨次蟬聯，而必逐次皆自兑心起度也？曰：天體渾圓，而非平圓，故太陽所躔緯度，可以平算而不可以平視平測。自春分至清明，自秋分至寒露，日行黄道經度十五度，而其緯度則非十五度，乃六度十九分也。自立夏至小滿，自立冬至小雪，日行黄道經度亦十五度，而其緯度乃四度也。自芒種至夏至，自大雪至冬至，日行黄道經度，亦十五度，而其緯度則一度弱也，蓋太陽近二分日，其差多近二至日，其差少，故所取各限之底，必自兑心起度而累加之也。

晷牀

用薄片作象限弧二，必等弧半徑度，與晷體丙丁度等。亦同丁乙。弧平分九十度，度皆從弧心氏斜出，直線聯之，皆作孔洞之。孔當各度兩界線之中，與弧線平行密排如齒，如圖：【略】次用平版廣狹長短視晷體差豐，亦横置之。以兩弧斗氏就版氏，南斗北植立版之兩端，兩弧東西正對，勿稍欹側，其一以膠或釘固之，其一安晷後，乃固之版。近北安指南車一具，如角。【略】

士琳案，弧版與晷牀平行，故原圖易作鈍角。

次于兩弧心氏盡處，各横穿圓孔一，東西正對如右圖。乃以晷體丙丁盡處兩横軸入之，令晷體低昂，任意如轆轤然。

用法

定指南針，查本方北極出地平高若干度，各省北極第四法高度見下《北極攷》。次將晷體甲乙昂起，乃數晷牀旁植兩弧之度，自北之斗處數起，至本方北極高度，以長物爲支條，入本度之孔，而横貫于彼弧本度之孔以支晷。令晷體爲支條所横格斜立，向南則晷體斜度如本方北極高度，而表端咸正指本方赤道矣。

若晷體稍厚，則支條斷不可施于本度之孔，必于其下一二度之孔，斟酌用之。須令晷厚體平分處與本度兩界線之中心一點相準，否則晷面高于本度，差毫釐失千里矣。

第二法

斜立向正東之日晷

此晷亦作于平面用時，視本方赤道之高下，斟酌斜支，隨處可以通用。

法曰，作直線，即赤道也。如乾坤以乾爲表位，乾作小孔，以植表也。

次任取長數爲表，植之于表位乾之孔，務直勿使偏倚。而表長如咸乾。【略】

次以咸乾表度，置尺十二限爲底，定尺而取尺第一限至二十二限之各底，移于乾坤線上，自乾點起，以次蟬聯順下，而各作點識之。第一點乾，即卯正初刻也。次卯正一刻，次卯正二刻，次卯正三刻。自是而下四點爲辰初之四刻，次四點爲辰正之四刻，次四點爲巳初之四刻，次四點爲巳正之四刻。又次爲午初，此春秋分日各時刻日影所到也。若晷小近卯處難容密線，則併取二限爲一點，或併取四限爲一點。

次定二至日各時刻太陽距赤道緯度，次定各節氣，悉同前第一法。但彼分左右，此則自上而下耳。

晷體長方，剡其下坤端，綴小圓釘如軸，以入晷牀弧心氏小孔也。

晷牀

用薄片作象限弧，一弧平分九十度，度皆從弧心氏斜出。直線聯之，皆作小孔洞之，孔當兩界線之中，與弧線平行密排如齒，如後圖：【略】

士琳案，原稿晷牀文一段本在圖後，故末云如右圖。今因所空之行太狹，難容晷圖地位，故移圖在文後，而改右圖爲後圖。

次用平版長與弧氏斗等廣，視長稍殺或等，乃以弧氏斗就版斗南氏北植立版中央，以膠或釘固之，勿令欹側。弧之東或西安指南車一具，乃于弧心氏作小圓孔洞之，以晷體坤端小圓軸入之，如轆轤然。

用法

定指南針，查本方赤道高若干度。赤道高度同北極餘度，見第四法《北極攷》。乃數晷牀弧度，自南之斗數起，至本方赤道高度，將晷體上下斜轉之。令晷體乾坤線恰當本度兩界線之中，乃於乾坤線上作小孔洞之。令與本度之孔準對，以樞貫之，則乾坤線如本方赤道，而成正東日晷矣。

第三法

斜立向正西之日晷

説同前

此晷作法同第二法，但面向正西，故其時刻次序皆逆行。自下而上第一點乾，即酉初三刻交正也。次酉初二刻，次酉初一刻，次酉初初刻，自是而下，爲申正，爲申初，爲未正，爲未初，爲午末。又其節氣惟中一線，春分、秋分同第二法，餘俱與第二法相反。如彼爲冬至，此爲夏至，彼爲芒種小暑，此爲大雪小寒之類。至晷牀用法俱同。第二法但彼向正東，故晷體安于弧之東面，此向正西，故晷體安于弧之西面耳。圖同第二法。

第四法

平卧向正北之日晷

此晷視本方北極之高下，定表之長短與表位及晷心之遠近。惟本方鄰近南北二百五十里東西四百里以内可用，餘不能通用。

法曰，作直線如乾坤，乾南坤北。

次于乾坤直線中，任定一點爲表位如艮，艮作小孔，以植表也。

次作表，或銅或鐵，務直毋曲，細長如針，鋭其兩端。任長一寸或數寸，植立于表位艮，其一端入艮之孔。務直毋稍偏倚。表長如咸艮。

次以咸艮表度置尺十二限處爲底定尺，而取兩尺間本方北極出地高度如浙江北極高三十度，在尺第四限之類。若其度爲尺各限所不備者，則于相近之限上下斟酌取之。之底，移于乾坤線，自表位艮向北截之，作識于艮北如兑，爲艮兑。

次即原定尺取本方北極高度之餘度如浙江北極餘度六十度，在尺第十二限之類。若其度爲尺各限所不具者，則于相近之限上下斟酌取之。之底，亦移于乾坤線。自表位艮向南截之，作識于艮，南如巽。即晷心也。爲艮巽。

問北極高度、餘度云，何曰高度者？北極出地平之度也。餘度者，北極距天頂之度也。餘者對正之，稱周天大圜三百六十度。四平分之，每分九十度，即地平至天頂之度也。故北極出地平一度，其餘度必八十九度。北極出地平二度，其餘度必八十八度。正盈一度，則餘必絀一度。正絀一度，則餘必盈一度。正餘相爲盈絀，并之必滿九十度，故即正可以知餘，即餘可以知正也。

次于兑點左右，引長之作横線如坎離，與乾坤直線十字正交于兑。如圖：【略】

士琳案，圖漏坎離字，今補。

問坎離云，何？曰，即赤道也。

次以表長咸艮當句，以艮兑當股，而取其弦度咸兑當股尺，而取其自第一限至二十二限之各底，次第移于坎離横線兑點之左右右左，自兑起蟬聯而至于坎離，而各識之，乃自晷心巽向各識處斜出直線聯之，即得午前午後各時刻，如右圖：兑左右各時刻，詳見第一法。

問咸艮表，曰：半徑也。問艮兑，曰：北極高度之正切線也。問艮巽，曰：北極高度之餘切線也。何以知其然也？曰：試以咸爲心，艮爲界，作卯辰丑艮大圜，次引長咸艮線至于卯，又作截腰横線于卯辰線，十字正交于圜心，如丑辰。又于卯丑弧，圜形似弓背之弧故曰弧。艮辰弧之間斜作直線，過心如申未。次于卯辰弧、艮丑弧之間亦斜作直線，與申未直線十字正交于圜心，如巳丁。夫大圜周天三百六十度也，卯艮直線丑辰横線十字正交，將大圜平分爲四分，各得九十度。卯辰弧、艮辰弧、卯丑弧、艮丑弧皆九十度也。丑辰爲地平，卯爲天頂，咸爲地心，巳丁爲赤道，申未爲北極。申丑則北極出地平之高度，申卯則北極高度之餘度也。巳辰赤道出地平之度，巳卯則赤道距天頂之度也。赤道與北極相去必九十度，相爲高低，此高則彼低，此低則彼高，故北極出地平一度，則赤道出地平必八十九度。若如京師北極出地平四十度，則京師赤道出地平必五十度。故圜中四甲度皆等，四乙度亦皆等，此天道之不易者也。咸丑也，咸辰也，咸卯也，咸艮也，咸申咸巳咸未咸丁也，各得大圜徑之半，故曰半徑。凡自圜心出線至弧界，皆爲半徑，即皆句也。若無圜内之正弦爲句股，則半徑又爲弦。其出圜外而與切線相遇者，曰割線。割線有二，與正切相遇者，曰正割。與餘切相遇者，曰餘割。正割也，餘割也，皆弦也。圜外截圜之線，其直與卯艮線平行，横與丑辰線平行，而相遇于割線者，曰切線。切線亦有二，一曰正切，一曰餘切。二線互爲正餘，此爲正則彼爲餘，彼爲正則此爲餘。割線亦然。正切也，餘切也，皆股也。圜内弦線亦爲股。句股爲正方角，無論巨細，但同弦則反正順逆，其形必兩兩相等，故可以互求，此筭理之不易者也。如右圖。咸艮表上指天頂，下至地心，即咸卯也，亦即咸丑也。艮爲表位，咸艮兑句股形與咸丑子形等。故艮兑正切與北極高度之正切子丑必等。而咸兑正割與北極高度之正割咸子亦無不等也。巽爲晷心，咸艮兑句股形與咸卯寅形等，故艮巽餘切與北極高度之餘切卯寅必等。而咸巽餘割與北極高度之餘割卯寅亦無不等也。然則晷用艮兑，實用子丑也。晷用咸兑，實用咸子也。晷用艮巽，實用卯寅也。玩圖自明。又論曰，赤道高低隨各方北極之高低爲轉移，故北極度高則赤道低。低則艮兑之距遠，艮巽之距近，而咸艮表宜短。若北極度低，則赤道高。高則艮兑之距近，艮巽之距遠，而咸艮表宜長。故表之長短，表位及晷心之遠近，必準乎北極之高下。然後赤道有定位，而春秋分兩日日躔赤道表端之割線，乃終日指坎離赤道線上矣。

各省北極出地度、赤道高度攷北極餘度與赤道高度同

北極出地度	赤道高度
京師四十度	五十度
盛京四十二度	四十八度
山西三十八度	五十二度
山東三十七度	五十三度
陝西三十六度	五十四度
河南三十五度	五十五度
江南三十二度	五十八度
湖北三十一度	五十九度
浙江三十度	六十度
江西二十九度	六十一度
四川二十九度《天問》略作廿九度半	六十一度
福建二十六度	六十四度
廣西二十五度	六十五度
貴州二十四度《天問》略作廿四度半	六十六度
廣東二十三度《天問》略作廿三度半	六十七度
雲南二十二度《天問》略作廿四度	六十八度

第五法

立面向正南之日晷

並同第四法，但所定艮兑之距，于本方北極餘度之底取之，所定艮巽之度，于本方北極高度之底取之。蓋以北極高度定晷心，以北極餘度定表位，爲稍異耳。又其時刻逆旋，與第四法相反也。

第六法

斜立向正北正對北極之日晷

此晷亦作于平面用時支之，使向北斜立，其斜度視各方赤道高下之度，隨處可以通用。

法曰，此晷不煩用尺，但取方版爲晷體。北如甲乙，南丙丁，西丙甲，東丁乙。其甲乙盡處餘少許爲兩横軸。晷體上下二面，務極平正。以版中心一點爲晷心，作大圜于方内，平分圜周爲九十六限。其向北正中一線，即正午也。午右左四限爲午初午正之四刻，次右左四限爲巳正未初之四刻，次右左四限爲巳初未正之四刻，次辰正申初四刻，次辰初申正四刻，次卯正酉初四刻，次卯初酉正四刻。將各時刻挨次書于圜外版上，其戌亥子丑寅五時日入地平影不能到，毋庸排寫乃于晷心，作小孔洞之。務直毋曲。直貫于下面中心之一點。下面亦以孔爲心，作大圜亦平分爲九十六限，其向北正中一線，亦正午也。而其左右各時刻，則皆與上面相反而逆旋。如圖：【略】

乃作表，表長短無定度，鋭其兩端，以晷心小孔爲表位。乃植表，表穴孔而出于彼面，令上下二面各得表之半。

晷牀

用薄片作象限弧二，必等弧，半徑與晷體丙甲丁乙同等。其作線、作孔俱如第一法。兩弧心氐盡處亦各横穿小圜孔，俱如前法。次用平版視晷體差，大以兩弧氐斗就版斗南氐。北植立版兩端，兩弧東西正對，毋稍欹側。其一以膠或釘固之，其一安晷後，乃固之版。近南安指南針，如角。

乃以晷體甲乙兩横軸入兩弧心氐之小圜孔，若轆轤然。令晷體低昂適意。

用法

定指南針，將晷體丙丁昂起，次查本方赤道高若干度。赤道高度攷見上。乃數晷牀旁植兩弧之度，自南斗數起。至本方赤道高度。以長物爲支條入本度之孔，而横貫于彼弧之孔以支晷。令晷體爲支條所横格斜立向北，則晷體斜度如本方赤道高度，而晷上面之表指北極，下面之表指南極也。故自春分以後，太陽行北緯，則影見于上面，而下面無影。秋分以後太陽行南緯，則影見于下面，而上面無影。若春秋分兩日太陽正躔赤道，則上下二面皆無影矣。

英・侯失勒撰、英・偉烈亞力口譯、清・李善蘭删述、清・徐建寅續《談天》

卷三《測量之理》 前二卷論地球之大凡、諸曜之相屬、測量所憑諸事及諸名目。今以天學之實事及諸法詳論之。其要，每法之立，必攷求其測量之理。蓋不明測量之理，不能深信其法，故特詳論之，俾學者確知古法之誤，而今有法以改其誤，然後歎立法之精密，無可疑焉。

造測天器爲工之最精細者，非精通幾何之理，不能充此工。如作銅環分爲三百六十等分，置其中心于軸端，令其面恰平。似甚易事，而不知此事極難。蓋

測角度用遠鏡，設遠鏡力爲一千，則測天差一分，一若差一千分矣。設一尺爲半徑，則一分角度爲周線三百五十分寸之一，非顯微鏡不能察矣。然此尚爲測天麤器，今西國觀星臺之器能分一秒之角度。夫一秒之弧不滿二十萬分半徑之一，故以六尺爲徑，則一秒之弧不滿六千八百分寸之一，非大力顯微鏡不能分也。于銅環周分三百六十度，令無微差，已非易事。況度既成，再作分，分既成，再作秒，世未有能作如此細分而無差也。即曰能之，而寒暑及質重俱能生差，蓋寒暑能令銅長縮，不能令環通體同變，故生差，而四周所憑不能如一，故質重亦生差。又安環于架時，必微有震動，亦能生差。故近法先安環于架，然後分爲度分，再用諸巧法分爲極細分，然亦不能無差也。要之，天學家所願得之器，良工不能造。不得已，精心設法，補救良工之差。故測量必當擇時，又必當知器之差，又必當知器之質性。攷之既詳，乃用其正者，去其差者，此爲天學家之妙用。然理甚深曲，此特言其大略耳。

用有差之器，能令測得之數不差，爲天學家之要事。其法必精心勤求其差，或改正器，或改正所得之數。攷器生差之故，其大端有三：一曰自然之差，人力不能爲，氣之變化是也。所以蒙氣差雖有表與實測恒不合，其理人不能知，故大小不能定。又器之大小、方向亦因寒暑而生差，其餘不能備述。二曰測量之差，乃人不巧便，或目力不精，或測量略先略後，不得真時之度，或天氣不清，或器之力不足，或器微動，如是者亦難枚舉。三曰器之諸差，分爲二端。其一器不精，或軸筍不正圜，或環心不在正中，或非的係正圜，或非真平面，或度分不停勻，其他亦難盡言，此非心目之過，測天者每恨之。其一置器不審，或配合未能恰好，或動分相屬未能恰好，此不能免者。如地面或房屋不十分堅實，雖生差甚微，在他事可不論，而于測天則不能不論也。又如工匠安器時，非極穩固，久而生差，此諸差最難知，蓋非用本器，不能知器之地平、子午、卯酉、地軸等諸要線有差與否，而用本器測本差，則甚難也。

設所差有定數，則能用法改正之，而自然及測量諸差參差不齊，故必累次測望，約取其中數，則出入相消而得數畧近也。至于工匠及安器諸差，須恒防之，凡人之手、器之體，必不能成正圜及直線、垂線，但其差甚微，目不能見，手不能揣，而測望時必能覺之。蓋人所造之器與造所生之物，以大力鏡勘之，而知人所造者其差甚大，可立見也。故先測望，以所得之數造法，即以其法攷測望之器，求其誤而改正之，循環察驗，其差易去也。攷天地自然之法，必由漸而精，先用疎器，測得數亦疎，命名亦疎。以所得數細考之，而知其不合，或仍其名而釋其理，或立新名，如此考察，必至其名與測量之實合而止。當攷求時，大法之中，又生小法，故初所立名及數皆當改易。而用新法時，其中又有分支之法，必再攷之。凡初得之法，其理往往誤會，心以爲如此，與所測恒不合，初以爲偶然，再四推之皆然，然後知器必有差，乃推其差之最大當得若干，若最大之差大于測望當得之差，則器爲無用，或棄之，或改正之，改正非能消其差，但令差益明，而知前所立法俱當改，故幾次測望，新理乃明。

凡攷天，覺有不合理處，必思有未知之理隱而未顯，則以測望之數列表，見表有級數之理，則再改正器，復測之。而不合之數與前不同，則或係器差，用幾何之理推其差之根。凡器必有差，若不知其差之例，恒誤謂天地之理，蓋天地之理與器之差恒雜而難分也。此差非同測量之差，生于偶然，由于器之病，器不改，差不滅。所以或造器、或安器，必俱有一定法推其差。此差既明，方知其中有一級數之差，與此不合理之事合，昔所難分者，一旦忽分，故測望能正器之差也。

天學家最要者，當先明器之理。此理明，則造器、安器差俱能知，而有法以消其差，測天乃密也。假如器之理，環與活軸當同心，而人所造不能一定同心，則攷其不同心，當得差若干。乃準幾何理，環軸不同心，一邊之角必較小，一邊之角必較大。又兩心相去無論若干，于環之相對二分，各測其角，取所得之中數，必無差，蓋此大彼小，恰相消也。又器之理，其軸當與地軸平行，而人所安不能恰平行，則當考其不平行之差。凡此攷器差之理，乃最要事，若一一明之，則器雖不精，用以測天仍精密也。此準幾何理，攷之不難，後凡言器，俱作精器論也。

上所論，凡欲從事天學者必應知之。天學必由疎漸密，今畧舉數條言之。

古未有測天之器，有俱大智慧者，仰觀而知各星每晝夜繞極一匝，後用疎器測之，覺諸星繞極之道，非平圜而近橢圜，愈近地平愈橢。攷知非器之差，推求其故，忽悟蒙氣之理，與前論太陽同。則知測望所得星道有蒙氣差，以法推之，而得真星也。

未有器時，覺諸曜一晝夜俱繞地心一匝，後用器測諸曜過午，以鐘表測時，知有不同，且亦非測量之差。細測諸恒星至子午圈時俱同，而一匝非同太陽二十四小時，乃爲二十三小時五十六分四秒〇九，故有恒星日，有太陽日，二日不同。若以太陰言之，所得之日更長，爲二十四小時五十四分也。以太陽每至子午圈爲日之本，考諸恒星之日，爲二十三小時五十六分四秒○九俱同，故知此係地球自轉一周無疑。

太陽、太陰之周時與公法不合，故二物自有動法，無論或真或視，與地之動法無涉。欲測證之，不必用器，任取一牆之界線，用銅板中開小穴，安定一處，令不動，人立于牆之北方，以鐘表攷各星過穴之時，太陽過時，用煤薰玻璃，測其東西二邊至界線之時，取其中數，即太陽心至界線之時，依此測之，即知日至子午圈，每日不同，或早于鐘，或遲于鐘。故太陽周時長短不同，冬至大于平周時半分，秋分小于平周時半分，相連二周時長短不同，故太陽之視動，不獨與恒星異，且每日不同。其遲速可以法測之，測此理必用精器，非徒仗目力所能也。既有子午儀，再細攷鐘表之差，如此攷之，至器之理極精細，則知太陽周時差中又恒生諸細差，昔未知者，因與器差相雜故也。海中之平面可比太陽之平周時，一月之潮差，可比一年中太陽之差。太陽日與恒星日之別，爲西曆諸法大綱之一，恒用者，太陽平日。中術起于子正，至明日子正爲一晝夜，西術起于午正，至明日午正爲一晝夜。惟民事間常用者，自子正至子正，與中術無異。如正月初二午初，曆家謂一日二十三小時，初二未初，曆家謂二日一時，此法有便、有不便。

二地推時必不同，此自然之理。爲地球相對二地，此方日中，彼方夜半，此方日出，彼方日没，甚或差至一日，是甚不便也。近立新法，徧地球同用一時，不以本地晷影中星爲主，而以太陽躔度爲主，名之爲分點時，其詳見後。

以天文言時，其要有二：一顯動角，地球平轉一匝，各星用平時繞地，故以各星過子午圈時計之，爲星之赤經度。一用曆法之時，恒爲自變數，天文之大綱，在求諸曜之動法及其故，而星視動之法，及考其過去、見在、未來之方位，用此法與測量比較，必先有古測望之簿及測之時。

古測時用水漏、沙漏。沙漏最疏，而未有鐘表時，水漏製造亦甚精，今因不及鐘表，故廢之，獨用鐘表。近代武弁迦得以法令水銀恒滿器中，下開微穴，恒漏而不淺，測時承以斜溝，令注他器，測畢，去其溝，秤他器水銀之輕重，即得二時中間之分秒，此法甚妙可用也。

擺鐘及度時表，表之别一種，乃最精者。曆家恒憑以測時。近日二器造法益精密，一晝夜差至一秒，即以爲無用，故所用者十二時以内，其差不過十分秒之二三，然積時愈多，其差必大，故相連數日，欲全憑鐘表必不能，須逐日察其差而改之，則積時雖久，與暫無異焉。測中星，得時最準確，故曆家取最明便測之星定時，以察鐘表之差。

用光差遠鏡測中星法如圖。甲乙爲筒，以螺旋定于架。甲爲象鏡，用二種玻璃相合而成，令無紅藍暈色，鑲以銅圈，圈周作螺旋，旋入筒口，令不動。丙爲目鏡，或用數鏡依光學令視力增大，視物更明，目鏡亦須旋定，令象鏡、目鏡、筒三者合爲一體，則不生變巳午線過象目二鏡之心，此線之方向與筒合，名曰視軸。戊爲所測物，己爲戊之倒象，在象鏡聚光點，從目鏡窺之如真形，目鏡力增大，如真形增大焉。此象在筒之空際無實體，故當象處作二正交徑，或用銅絲，或畫于平面玻璃俱可，窺之，見二徑交點與物點戊合爲一，設微不合，目鏡增大力能覺之，即知視軸非正射戊，則微轉螺旋令恰合乃止。用此法而置鏡又極平，則縱有差角不過十分秒之二三。測物，每患不恰當視軸，有此法，可免此患。如此用遠鏡能分微角，如顯微鏡之能察微物焉，再用變大理，推其微度，能知其形狀所得，與幾何所推幾無別焉。

測中星之鏡，名子午儀。其鏡連一横軸，鏡與軸必正交，則測望所得皆真。軸之兩端，其徑必等，以銅爲圜轂，兩半合而固之，轂之下半，堅定于石。安軸時，必正其高低及卯、酉二方向，高低憑視軸準，卯、酉憑測望，皆用螺旋正之。當目鏡聚光點處，作一地平線正交視軸，又作垂線若干，相距俱等，皆以細銅絲爲之。測時須令諸線全見，晝則映以日光，夜則用法映以燈光。線之外圈用螺旋正之，令中垂線正交視軸，則星過中線，即過子午圈，驗表記其時，再以所測星過左右諸線之時較其誤否。若恐器不平，則易置横軸之東西而測之，所得仍不異，則筒與横軸果正交，而筒旋轉恰在天空大圈面内也。最精子午儀測中星，除鐘表差外，所差不過十分秒之二三。

視軸旋轉之面，當合本地之子午面。攷察法，取恒見界中一星，測其二次過鏡中線，若在中線兩邊之時相等，俱得半周時，則其面爲真子午面，蓋子午面必正交星所行圈于相對二點也。

用子午儀及鐘表測度分，所得即赤極之角度也。此法即以地球自轉之時刻爲準，不必用銅環之度分。蓋若干時有一定若干弧分過去也，其率一時十五度，若非赤道經，欲知其度分，須作銅環，細分度分秒以測之。如圖，甲乙丙丁爲銅環，分爲三百六十度，用天、地、人諸輻連于中心，心開圜孔，孔中鑲以短活軸，可旋轉，軸上裝一遠鏡，鏡之視軸甲乙與環面平行，而正交短軸，鏡之腰連一横桿，桿正交視軸，短軸轉動，則鏡與桿循環而轉。假使欲知申酉二物之距度，先令環合于申酉及人目所居之面，而以法定環，令不動，乃轉鏡令視軸正射申，復定鏡令不動，而視桿端小針所指察其度，或恰滿一度，但察其度，或在二度之間，須細察分秒，法詳後。復移鏡，令視軸正射酉，定鏡察其度，二度之較，即環中心之角，申酉之距度也。

一法，遠鏡筒與環合爲一體不動，而活軸另連一銅墩，理亦同。如圖，酉爲遠鏡筒，以巳巳二柱連于甲乙環，丁爲環之活軸轉于戊戊銅墩，墩裝一曲尺巳，其端有針近環乙，以指環之度，鏡與環轉時，過針之度分，即角度也。針若鐘表之針如甲，或用佛逆如乙，最妙者，用疊顯微鏡如丙。法于目鏡、象鏡公聚光點處，作正交二線用細螺旋轉之，如丁，先令交點與所察點之最近度合乃轉螺旋，復令與所察點合，螺旋若干轉，即知距視軸所指點若干分秒。鏡力須極深，螺旋須極佳，此法能辨度分之極微，與遠鏡之細測相輔而行也。用此法測量，全憑三事，甲乙筒向物須的準，一也，環之度分須極勻，二也，二分中間須細辨其杪微，三也。察筒之方向，甲乙兩端或用交線，或開小穴，或一端用交線、一端開穴，俱可皆全憑目力。若易以遠鏡，象鏡在乙，目鏡在甲，而于公聚光點置交線，則遠勝目力之細測也。

前條爲測度分之最簡法，但僅能測不動之角度，如地平界之類。若天星則刻刻漸移，此法不能合，惟測二恒星視道相距則亦合。諸星每日周行天空，所成之道若有迹可見，隨時可測其相距。今無迹可見，然鏡之交點與星合，即與其道合。故候星過時，以交點合之，而定其鏡，察其度分，乃轉遠鏡，候他星過，復以交點合之，而定其鏡，察其度分，二度分之較，即二星道之距也。連測之，以玫其誤否。此乃牆環之理，牆環者，即前條之環，而與子午面合。法令環連一地長軸，堅固不動，軸深入石牆，用螺旋正其高卑及東西方向，令環與子午面合。凡恒星道皆正交子午圈，牆環測得二星過子午圈點中間之角度，去蒙氣差，爲二星道之距，即二星赤緯之較，亦即子午圈高度之較。凡曜之赤緯度，爲距極之餘度，極在子午圈內，設極點有星，以環測定其度，則餘星之距極及赤緯度俱可測。今極點無星，故取一近極之最明星，測其上下過子午圈之較度，折半以加下高度，或減上高度，即極之高度。如圖，辛巳辰爲天空子午圈，巳爲極，乙未、甲午、丙丁爲三星道，上過子圈在乙、甲、丙三點，下過子午圈在未、午、丁三點，辛巳辰爲牆環，申爲心，其邊乙、甲、丙、巳、丁諸度分，與天空乙、甲、丙、巳、丁諸星相合，既測得乙甲、乙丙、乙丁、丙丁四度分，則各星距極俱可知。蓋丙巳等于巳丁，故丙巳等于巳丁，俱爲丙丁之半，則環之極點巳知，而巳乙、巳申、巳丙三星距極度分亦可知矣。

極星爲最近極之明星，距極約二度半，過子午圈上下二點甚相近，極出地度多，則二點距地平俱遠，蒙氣甚微。又甚明晝亦可測，故天學家恒用之，以正諸器之差。如子午儀測此星，以驗其合子午圈與否，法見前。是也。

環上極點既測定，永爲原點，諸星距極度皆準之。設環上度分或有不勻，可旋轉其環，再測三測，比勘以定之，移動遠鏡，有螺旋能定之，故環可任意旋轉也。

牆環上更有最要者，爲地平點，一切子午圈高度皆準之，測定之法與極點同。天空地平交子午圈點，無星，法于夜中測一星過子午圈，明夜測水銀中此星之影過子午圈，環上二測中間之度，去蒙氣差，爲星之倍高度，折半得地平點。準視學理，光射平面之倚度，與回光之倚度等，水銀之面恒平，星在地平上，影在地平下，其度恒相等也，故水銀面名曰借地平。

牆環之軸，惟一端着于牆，力不甚固，亦不能如子午儀兩端可易置，以正其差。故其用不若子午儀，然其環可連于子午儀之軸，與鏡同轉，定顯微鏡于銅墩，以測其分秒，名曰子午環，可并測赤道經度及距極度。測時用鐘表定其過午時，用顯微鏡察其分秒，欲造恒星表用此法，經緯度一時同得，甚便也。子午環上之遠鏡，其力無論若干大俱可，牆環鏡太大，則重力不能勝也。

環上定地平點，爲天學最要事，其法不一：曰借地平，曰垂線準，曰酒準，曰視軸準。借地平已見前，垂線準用極細鐵絲，或銅絲，或蔴線，下懸砝，砝浸入水中，則不擺動，線之方向即地心力方向，此法非精心細察最易差，故今不用。

酒準用玻璃管貯燒酒等物，微不滿，令中有小空，著于直板，上邊微凸，準平則小空恒在中。如圖，甲乙爲管，定于直板丙丁，先置板令底極平，于小空之界甲、乙二點各作識，後凡置準，令小空與甲、乙合，則丙丁必與地平合，若稍不平，小空必偏向高邊也。如欲驗巳午合地平否，置丙丁板于上，視小空二界合甲、乙，反置之，視小空仍合甲、乙，則巳午必合地平，若不然，則小空所向一邊必偏高也。天學家所用酒準，皆有細分，視小空二界所在，能辨一秒之角差，此準必用法細磨管內，非易造也。用酒準定環之地平點法，如圖，甲乙爲遠鏡，與戊巳環相附，而轉于橫軸丙，其軸亦可東西易置，見前。而環固定于軸，丑爲酒準，正交戊巳桿，而于巳或戊，用顯微鏡或佛逆察其分秒，巳戊桿與丙軸連，或令易轉而軸不轉，或與軸俱轉，將遠鏡正對物申，乃定之，令酒準之小空合甲、乙二點，亦定其桿，則桿與鏡成一定角度，乃察巳點之度，而以横軸東西易位，令環南北易位，復將環與鏡同轉于軸，令鏡仍對申，定之，如前定酒準，再察巳點之度，二測中間之度折半，得申距天頂度，其餘弧爲高度，知申之高度，即可定環之地平點。此法雖繁，然用酒準必如此，不能簡也。

視軸準者，迦得所創，乾隆五十年，立敦厚始依光學之理用之。此器佳者，用遠鏡，當聚光點有交線，其鏡之筒連以二柱，横立于厚鐵板上，而鐵板浮于水銀面，故與地平成角恒同。用燈映鏡中之交線，交線在象鏡聚光點，令光線出鏡平行，復聚于他鏡之聚光點，與同方向天空之星無異，鏡之倚度，即星之高度，故測二線之交點如測星焉。法置視軸準于環之兩邊，距環遠近不論，以環之鏡二次窺之，俱令二鏡交線之點相合，則環上半之度即倍距頂點度，故天頂及地平點俱可知，準鏡二交線，一正交地平，一與地平平行，環鏡二交線俱交地平四十五度，故測時交角之度互相平分焉。後便孫伯又變化其法，即以環鏡正對水銀面，而以燈傍映鏡中之交線，交線之光出象鏡，平行遇水銀面而回，復入象鏡，聚于聚光點，成交線之象，故轉動其鏡，令象與線合，即知鏡之視軸正對天底點。

子午儀與牆環，皆所以測諸星過子午圈之時刻。測星過子午圈時刻，以正遠鏡方向最易，蓋星視道與鏡中交線之横者平行，而用螺旋能細移至密合，少有未合，有餘暇改正，他處不能也。凡測角，務得真確，若角有變者，則當于最大、最小時測之，蓋此時不驟變，有餘暇可安徐細測也，星之高度亦然，其變之最大、最小皆在子午圈上。

星任在何處，皆當測之，不定在子午圈也。其法，天球上無論何點，以正交二大圈定之，幾何所謂點之縱横線是也。如知地面之經緯度，即知本地之點，知赤道之經緯度，即知本星之點，知地平經度及高度，即知出地之點，是也。

欲任測星道上何點，先當置遠鏡，令有上下及四周二旋動。法用二環，令所居之面恒正交，亦與遠鏡旋動之二面平行。二環之軸亦正交，一爲本軸，其兩端裝入銅竅，可旋轉，餘一軸即裝入本軸之腰。二環或用二佛逆，或用二顯微鏡，一着于石墩，一着于本軸，察其度，二環俱可任意定於軸，其定之之物，亦連於墩及軸。此器測天之大用，在置本軸丙丁，有二方向，一與地軸平行，直指天空之極，則甲乙環與赤道面合，測其時角，即赤經度之較，丙丁軸旋轉，則庚辛環恒與天空之諸時圈合，其環之度分爲赤緯度，或距極度，此置法名赤道儀。欲久測一星，此器最便，蓋遠鏡已正對其星，則遠鏡與極軸交角等于星距極度，乃定遠鏡于庚辛環，隨極軸而轉，如此鏡所指不出星道也。正赤道儀最不易，其法先隨極星轉一周，則知極軸偏于何方向，而改正之，極軸已定，乃以緯度環依子午圈定于極軸，任取數星緯度大不同者，各測其過子午圈，若其過午之時較俱與表合，則鏡正對子午圈，而環之軸恒正交極軸，或與表有不合，則視其差而改正之。近時赤道儀用輪法，測時能自轉于極軸以隨星，測者但專心候星，無煩手轉也。法用懸錘，轉諸輪以轉極軸，錘力極準，恰二十四小時極軸一轉。二令本軸爲地平垂線，而甲乙環與天空地平面合，庚辛環恒與天空垂大圈合，甲乙環上之度爲地平經度，庚辛環上之度，從頂點起則爲距天頂度，從地平起則爲高度，此置法名地平經儀，用垂線準正本軸，或用酒準置器上而轉之，視小空不變，即正矣。定平環上南北二點，則以垂環正向子午，用攷子午儀合子午面法定之。見前。又法，取子午圈東邊一星，令與遠鏡內之交點合，察地平環上之度分，乃定鏡于垂環，俟此星過午後，轉器隨之，至星復與交點合，再察平環之度分，乃以二度分之較折半，即得地平之南北點，蓋前後所測二高度等，凡星在子午圈兩邊之高度等，則兩點距午之地平經度亦必等故也。此名等高度法，曆家恒用鐘表測二高點之時較，折半，得午正。此法亦可正鐘表之差。

地平環上南北點已定，以垂環正對之，即與子午面合，乃轉鏡正對地平環上之北點，視交線所合之點識之，南點亦然，過此二點之線爲午線。地平經儀之妙用，莫大于測蒙氣差。法先取一過天頂之星，再取一切地平而過之星，俱測其視道，攷每點與平圜差若干，即知蒙氣大小。

天頂尺、地平尺製與地平經儀皆畧同。天頂尺細測近天頂諸星，垂環惟用下面之一分，餘俱不用，故垂軸極長，環之半徑極大，令弧度寬大，便于細分也。地平尺用以測地面諸物，遠鏡俯仰無幾度，故不用垂環，或用小者，亦不必細分也。遠鏡連一横軸，着于二柱，與子午儀同，二柱堅定于平環之輻，與環同轉。

又有紀限儀，用以測二物之距度，或測一物之高度。如圖，甲乙爲全圜之六十度，分爲一百二十等分，丙乙半徑上有鏡，半回光、半透光，正交儀面，而與甲丙半徑平行。丙戊爲活半徑，可移動，其末有佛逆戊，可細測度分，其端有回光鏡丙，亦正交儀面，而與本半徑平行。甲丙半徑上有遠鏡，視軸與乙丙半徑成巳丁丙六十度角。如欲測巳、午二物，先以遠鏡從丁之透光鏡正對午，乃移動活半徑，令巳光線從丙回至丁，從丁回入遠鏡筒，至遠鏡内二物之象合于一，即定其活半徑，則丙巳、巳午二線之交角，必倍于戊丙甲角，即二物之距度也。故此儀倍其分數，以三十分爲一度，蓋光與二次回光三線在一面内，則首、末二線之交角必倍于二回光鏡面之交角也。此器或云哈得烈所造，實則作于奈端，可手握，而測航海者測星距太陰及高度，非此器不能。蓋海面高度，酒準、垂線準、借地平俱不可用，故必用此器，令所測之星與海中地面界合，即得星距地面界之高度，見前。減地面界深度，即得真高度。陸地可用借地平，無地面界深度也。

正紀限儀之差，法最簡。令活半徑所指之度爲〇，則二回光鏡當平行，若不平行，則任測一星，令遠鏡見丁透光、回光鏡中星之二象合爲一，即知其差數。蓋象合時，其度當爲〇，若不爲〇，所得度分即差數，每測去其差數，即得真度分焉。若回光鏡不正交儀面，則鏡傍有小螺旋可旋動正之。大率活半徑上之回光鏡，造儀者已詳細定之，無須正，惟丁鏡當正其差，而遠鏡之視軸亦必詳審，令與儀面平行。其正差法，用一地平線一垂線相交，而以儀面合地平之垂面，以遠鏡正對交線，移動活半徑，令地平線與回光之影相合，又轉小螺旋，令垂線與回光之影相合，視地平線仍與影合，即正矣。

回光環之用，與紀限儀同，而圜周皆有度分。此器有三佛逆，每測俱察其度分，以三度分相并約之，三差相消，畧得真度分，故此器稱最精妙。

疊測之例，竇大所造，有大小二環，遞次疊測，可任至若干次，故其差幾可消盡也。如圖，甲寅丑爲定環，子丑爲遠鏡，定于甲乙丙環，與甲辰活桿共轉于定環之心辰，活桿之端有針或佛逆。設欲測巳、午二物之距度，先以遠鏡正對巳，察其度，乃定桿于内環旋鏡正對午，桿隨之俱轉過環甲乙弧，與巳辰午角度等，再察其度，二度之較，必等于巳辰午角。然必有二差：一分度差，一測量差，乃定桿于定環，脱于内環，轉遠鏡向巳，復定桿于内環，脱于定環，轉遠鏡向午，桿同轉至丙，所過乙丙弧，亦等于巳辰午角，再察其度，二次察得度之較弧甲辰丙，倍于巳辰午角，亦有二差，如此累測至十次，得十倍所求之角以十約之，則其差幾可消盡。此法甚妙，然依此測之，仍有差，未知其故，俟測者攷之。

分微尺能細分角度之秒微，可測諸曜視徑之角度，其妙全憑螺旋。法于遠鏡内象、目二鏡公聚光點，置二平行線，以細銅絲爲之，定于二活架，用二螺旋移其架，其動之方向俱正交平行線，令二線恰至星之二界，再轉至二線相合，視螺旋轉幾周、幾分，知在星界時二線之相距，以轉數化爲度分秒即得，或僅用一螺旋移一界之線亦可。

分微術或用光學法，能變其象爲雙象。如圖，甲爲本象，變爲相等、相似甲、乙二象，其相距若干及方向，一任測望者令之，故可令二象相切如甲丙，復令移于又一邊相切如甲丁，自此切移成彼切，所過之分秒，即象之倍徑也。變一象爲雙象，法甚多。一法，平分象鏡，即能變其象爲二，以象鏡之兩半分置二架而參差移動之，此名量日鏡，用以量日之徑最便也。如圖，甲乙爲象鏡之兩半，準光學理，二半鏡之象俱在本軸上，故目鏡窺聚光點處有二相似之象並列，轉螺旋能令相近、相遠也。一法，用水晶之一種視物成雙象者，此水晶中有一線名光軸，二象之相距準此線有定限，最近至相合，最遠至限而止。用此水晶作球，代目鏡，轉其球，則球之光軸與目之視線角度漸變，當光軸與象鏡之視軸合，則象爲一，轉之至光軸正交視軸，則見本象分爲二，漸離，而遠視晶球所轉度分，而知二象相距度分也。又一法最簡易。凡三棱體二種玻璃，一名冕號玻璃，一名火石玻璃。相併能消去光之彩暈，而視物形狀不變，但有光線差。法令二棱體彼此相對，各面畧近平行，光線差甚小，約五分，平剖之，兩半各裁爲正圜，鑲以銅架，而以尋常平面玻璃隔之。如圖，虚線爲一半玻璃架之輻，實線爲又一半玻璃架之輻，令在後之架能轉動，亦可察其轉之度，若二半相合，其差角爲十分，則相逆必無差角，而自相逆至相合俱有差角，自〇至于十分，皆以圜架之轉若干計之。凡光自象鏡至聚光點成尖錐形，置此兩半玻璃于尖錐之腰，恰占截面之半，則象鏡之光一半有差，一半無差，故成雙象，其分合之度可測也。若象鏡不大，則置于象鏡之外，貼近象鏡，其徑較象鏡之徑，比例當爲七百零七與一千，又輻畧礙光約爲七與十。

方位分微尺只一線轉于目、象二鏡之公聚光點，恒正交遠鏡之視軸，取視界中一線爲準線，依準線以定二物聯線之方向。法轉分微線，令與二物相合，或與二物聯線平行，遠鏡外有度分小環，察其度分若干，即聯線與本線之交角也。此尺若用于赤道遠鏡上，則本線方向合于赤緯，其方位角恒從原點一邊計之，自北而後而南而前，原點之方向正北也，九十度之方向正東即後也，一百八十度之方向正南也，二百七十度之方向正西即前也。

續：二星相近而能並見，欲定其聯線之方向，則不用單線，而平行雙線。若二星大小不等，此法更便用。法使二星在雙線之間而相配，則易知其聯線之方向，若人立之勢，頭正直立則更易準。

凡在夜中窺測，必用燈光，使視界亮而線暗，或視界暗而線亮，否則分微尺中之交線難見。使視界亮之法，以燈光自遠鏡筩邊之孔，映入筩内不亮之白面，使光四散，不凝成象之尖錐形光也。惟所用燈光之色爲要，試知用紅色之光，見線甚明於别色之光。使交線亮之法，以燈光映入筩内交線向目之面，燈光之餘者，或至筩内之黑面，或自對面之孔入黑箱中，皆能滅也。

窺測太陽，必用暗玻璃隔之。紅玻璃易透太陽之熱而傷目，不可用。若用深紅玻璃而久觀之，則目眩而不能見。惟用青、緑二色之上品玻璃相疊最佳，此二色相疊透純黄之色而略無熱焉。日之光遇玻璃面，亦能返照而甚減小，其返照者約爲正光千分之二十五。故造窺測太陽之回光遠鏡，可用玻璃作回光象鏡，二面俱凹，前面合抛物線與聚光點之距相合，後面合大曲率之球體，使其餘光由玻璃透出而折射，散入空中，故或正或斜，或粗或細，俱無妨也。前面所回之光已能顯甚清之象矣。若第一次回光，光尚太多，則或多用數平行玻璃回光以減之。或用三棱玻璃，以一面回光，一面放餘光，則所回得之光約爲正光九百分之一，因依光差之理，使面與光線成正角，可稍得回光而減小甚多也。若用大力之鏡，欲細察太陽面之小處，可用金類板作小孔，安於聚光點，以透所欲察太陽面小處之光，則光多爲所阻，而至目鏡者已甚少，可不害目矣。導斯朔設此法，能見太陽面最奇之狀，别法所不能也，後詳論之。

天學家多用回光大遠鏡，其體重大，難於安置。使鏡面不改方位，故必有便易之法，可時時試較其視軸。設鏡面有改方位，可改正其視軸，故用視軸準之法。見本卷視軸準條。外以燈光映之視軸準象鏡之端，向回光鏡，自回光鏡筩之目鏡窺見視軸準内之銅絲，對燈火則與窺同方向之星無異，視軸準之倚度，即星之高度也。因使此銅絲正對一星，則回光鏡或平動，或立動，其銅絲仍必對其星，而星之光線與視軸準之視軸仍平行，故可用視軸準之視軸，爲回光鏡之實視軸，而回光鏡筩之軸非爲回光鏡之實視軸也。惟欲測微差，或所窺之物不明及視界不明，而不能用此法，則必時時試較回光鏡之改動，而有機稍動回光鏡以改正之，使分微之銅絲與回光鏡之視軸相合。

清·鄒漢勛《敦藝齋文存》卷二《極高偏度説》 夫善言地者，必合于天。地之合于天者，惟北極高度、東西偏度爲最著。《周官》經曰：以土圭之灋測土深，正日景以求地中。日南則景短多暑，日北則景長多寒，日東則景夕多風，日西則景朝多雨。日至之景，尺有五寸，謂之地中，天地之所合也，四時之所交也，風雨之所會也，陰陽之所和也。然則百物阜安，乃建王國焉，製其畿方千里而封樹之。凡建邦國，以土圭測其地而製其域，諸公之地封疆方五百里，其食者半；諸侯之地封疆方四百里，其食者參之一；諸伯之地封疆方三百里，其食者參之一；諸子之地封疆方二百里，其食者四之一；諸男之地封疆方百里，其食者四之一。《記》曰：「匠人建國，水地以縣，置槷以縣，眡以景，爲規，識日出之景與日入之景。晝參諸日中之景，夜考之極星，以正朝夕」。測土深，景短景長即北極高度也。正日景者，謂由月食之頃于南北同度、東西不同度之地，同時識中星起漏刻，各推至次日日中景正午之時，驗其刻漏之多寡，以知天之正午，故曰正日景也。于是轉以刻漏折度，以定東西相距度，故正日景即定東西也。既以測土深之法，知海内南北大距，又以正日景之法，知海内東西大距，就南北東西之中而折算，即求得海内之地中。所云昆侖地之中也，海内之地當北極之南、赤道之北，故近日而南者，景短多暑，遠日而北者，景長多寒。昆侖正直天之午位，故其地日中即是天之正午。直之而東者日出早，當天正午之時，彼之日已過中，故其景夕也；直之而西者日出晏，當天正午之時，彼之日未及中，故其景朝也。海内之四極，南暑而北寒，東風而西雨，故景朝多風而景夕多雨，此總論海内也。海内有九土，《禹貢》九州于九土爲一土，實東南神州農土也，故昆侖扗中國之西北。每土又各有地中，亦有四極，以生風雨寒暑。又以測土深之法，定南北之大距，亦折算以求一土之地中，乃得五行。陽城、洛陽之閒，爲中國之地中，其地當午中，夏至之時，土圭景長尺有五寸，于是建王國焉。一土之地中，亦曰土中。故《書》曰：「宅土中，參諸日中之景」，即測景之短長也。攷諸極，即測北極也。今時測北極高下者，咸由日景轉算，宋沈括有直測北極術。攷諸星，即測中星也。正朝夕，天之之定丣丣也，既有定丣丣，轉以日景中星攷之，即知偏度矣。知定丣丣之法，顯則由月食起漏，隱則以气驗之焉。《詩》曰：「定之方中，作于楚宫，揆之以日，作于楚室」，又曰：「既景迺岡」，即土圭匠人之法云。故土深景短長之説，即今之北極高度，正日景、景朝夕，即今之偏度及日出入時刻也。是則《周官》之法，上自王圻，下至百里之國，皆以土圭測之，無不有極高及偏度。蓋亦如今《揣籥小録》之所載，縣有極高及偏度矣。

清·李元度《天岳山館文鈔》卷四〇《平江縣志論·晷度》 測晷之法，土圭置槷，著在《周官》。其在《詩》曰：「既景迺岡」，謂考日影以正四方也。揆之以日，謂樹八尺之臬，度日出入之影以定東西，又參日中之影以正南北也。後世史家言測日，不言實測之數。唐開元十二年，始詔太史躬詣方州測影。僧一行又爲覆矩圖，法仍未密。至元立圭表、影符、闚几、晷影堂諸儀器，而太史郭守敬測影之術亦精於前矣。惟以銅爲影符，鑽孔如芥子，前仰後低，以向太陽，而日之高低每日不同，銅片欹測，亦不能盡合。不合則光不透，臨時遷就，日已西移，又不知地半徑差及近地清蒙氣，是以所測仍不能如今法之密。我聖祖仁皇帝天亶聖聰，探象緯之原，通中西之術，靈臺測驗，無絫黍差，又遣疇人攜儀器，分途測驗，上下合符。高宗純皇帝識冠古今，欽定《熱河志》，删星野之談天，測斗極之出地，創立晷度一門，洵不刊之定論矣。考古人分封，先測景而後製域，故宜冠疆域之首。近世兼測北極，則法之漸詳者也。蓋晷以測影，度以測極，影有長短，極有高低。日漸南，故南境影略短，漸北則漸長矣。極在北，故北境望若高，漸南則漸低矣。數百里差一寸，數十里當差一分，此其略也。言天文實用者，必在度分，故測極之法必以北極高度爲準，六十秒爲一分，六十分爲一度，周天三百六十度。地處天中，其體渾圓，亦與天度相應。中國當赤道之北，北極常見，南極常隱。北行二百五十里，則北極高一度，南極低一度；南行二百五十里，則南極高一度，北極低一度。北極高度即南北里差也，東西偏度即東西里差也。南北經度易測，東西緯度難知。經度測二極之低昂，緯度測月食之早晚。《唐會要》云：開元十二年，太史監南宫説測朗州日影，武陵北極高二十九度五分，此與郭守敬歷衡嶽皆湖南測晷度之見諸前史者。我朝參用西法測量，以定各府縣坐落地方高度，備載《輿圖》，較前史天文各志尤爲精密。其法以子午弦線爲準，謂之中線，凡偏東、偏西里數皆繇中線推之。乾隆四年，旌德劉茂吉著《測極表》，《通志》據以爲準。咸豐十一年，長沙丁取忠得見《乾隆輿圖》，參以邵陽魏源《海國圖志》定本，作《輿地經緯度里表》，盡大地所訖，上系周天度數，纖悉合符。今取平江度里數，具列之以繼晷影之後。至每節氣日出、日入時刻，平江視京師先後分數，名不同，則悉推而表之，以昭實測云。

清・黃炳垕《五緯捷算》卷一《五星算術源流》 古人不究五緯，勾己遲疾之故，輒以順軌爲吉。逆行爲兇。超次爲殃，留守爲變。夫星之距地，不知幾萬萬里也。星大於地，不知幾十百倍也。自星視地，地直渺如一粟也。大地生人，多於太倉稊米也。五星即能以行度爲災祥，安得應於地哉。安得應於地之某人某事哉。曰土曰木曰火曰金曰水，不過以色之黄白，行之遲速，位之高卑，隨人意象爲之名耳，豈真能顯其相生相剋之功用耶。慨自術家妄言休咎，而星學晦，亦自曆家不求本原，而星學愈晦。《漢志》三統術，言五步之法，爲推步五緯，見於紀載之始。其率甚疏，宋人以五行生成數，推順疾退留，亦多不合。元郭太史作《授時曆》，定五星段目，悉用實測，頗爲善法，然猶未知緯度之南北也。明太祖平元都，得回回曆法，始知五星各有本輪次輪，爲退順疾遲所由生。又各有本道交道，爲南北緯度所由判，然其法猶未密也。萬曆時，西洋利瑪竇入中國，始知本輪半徑，即不同心天之兩心差，多禄某漢順帝時西洋人。用其四分之三爲本輪半徑，水星用六分之一。厥後第谷萬曆時西洋人。改定之，而算法始密。法詳《曆象考成》上編，今《時憲書》用之。國朝康熙間，西人噶西尼測得五星本天皆橢圜，一端度闊，一端度狹，心不居中故也。闊狹度之差，即初均數之加減，乃悟前此本輪均輪之象爲虚設矣。乾隆中，蔣友仁入中國，始信歌白尼，明成宏正嘉時西洋人。測得地爲行星，與諸星同繞太陽，地道與星道交錯。因兩動而生遲留順逆之變，并悟前此次輪之象爲虚設矣。咸豐中，偉烈亞力與李君善蘭譯《譚天》一書。知刻白爾順治中西洋人。推行星三例，一曰應時同，則星日距線所過面積亦同。二曰諸行星皆行橢圜道，以日爲橢圜之一心。三曰諸行星距日中數與周時有公比例。及攝動諸差，皆確有證據，益信地球繞日東行，爲萬世不易之定論，於乎，合三萬里智慧之士，積二千年測算之勞，始得見其本原焉。星學豈易言哉。

星道以日爲心論

舊説五星各有本天，重重包裹，皆以地爲心，遂據太陽與諸星同環地球立算，率多扞格不通之處。蓋其本象不如是也。厥後西人精測天象，知大地亦行星之一，其大與金星畧等。五星與地，皆繞日東行，其道俱爲橢圜。水星距日最近，行最速，八十八日繞日一周。金次之，二百二十五日弱繞日一周。地又次之，一年繞日一周。火又次之，六百八十七日繞日一周。木又次之，四千三百四十日繞日一周。土又次之，一萬零七百四十六日繞日一周。西人又測得土星之上有天王，天王之上有海王，亦爲行星。恒星最遠，行最遲，二萬四千九百二十三年，以新定每歲東行五十二秒算。繞日一周。金水行道，在地道環之内，名内二星。土木火行道，在地道環之外，名外三星。故金水有合日之時，星在日上爲合伏，星在日下爲退合伏。無衝日之時。自地視星，無時不在日左右焉。土木火三星與地對衝時，日在星地間，自地面視之，日與星同度爲合。與地同度時，地在星日間，自地面視之，日與星相對爲衝。所謂本天者，特各星所行之道耳。由是行度多寡，退順遲疾，悉歸一公共之例，不必强天以求合矣。謹桉《曆象考成》上編，列古新二圖，而融貫其說。不言地爲行星，其時華人未諳新法，恐駭睹聞也。近日疇人家知新法之盡美，海內諸君子，亦多曉然於地行之有據，故不妨直表其說，以見本象之非同虛設爾。

五星順逆遲留說

西人舊術推五星，各有本輪、均輪、次輪。本輪心右旋於本天周，均輪心左旋於本輪周，次輪心右旋於均輪周，星右旋於次輪周。三輪大小，每星不同。次大於本，本大於均，其大較也。星在次輪上弧，其行與輪行相從，則爲順爲速。星在次輪下弧，其行與輪行相反，則爲逆爲遲。在次輪之兩旁，星雖行而自地面視之，不見其爲行，則爲前留，爲後留。上下兩弧皆非平分，上弧常多，下弧常少，因五星距地各有遠近，而次輪又各有大小也。多禄某首創其說，第谷改定其數，《曆象考成》采用其法矣。然行度雖合於垂象，而諸輪俱由於虛設。藉以推步度數，期與實測相符而已。明正嘉時，西士加利阿、歌白尼諸人，精推天行，知金水二星繞日軌道，尚與虛設次輪之象相似，以其在地球行道之內也。土木火三星，行道在地道之外，雖繞日東行，星與地同，而星遲地速，厥象殊焉。嘗測星與地對衝前後，即星與日同度前後。自地面視星，爲順爲疾，過此則由疾而遲，而爲前留矣。星與地同度前後，即星與日對衝前後。自地面視星，爲退爲留，過此則由順而遲，復爲疾行矣。究之五星無時不順行平行也。人見爲留逆遲速者，因地球不在星道之心。又行於本道，生諸視差故耳。此說行，而一切推步，悉本於實象。究其所得之數，與舊法相同而加密焉。愈以見輪法之巧合，而曆學之久而彌精云。

星學辨惑論

甚哉星學之當求其原也。知地爲行星之一，日爲星地道之心，則五星順逆遲留之故盡明。而星與地之行法，皆歸於公理，迥異於私智穿鑿矣。顧人猶有疑之者，謂地球繞日旋轉，何以地上之物，不散飛於空中乎。殊不思地球四面，皆人物也。所以不散飛於空中者，正以地之速轉故耳。不見夫舞火球者乎。置炭器中，顛倒底面而炭不傾墜者，由動力而生攝力也。置水或他物於器中，挈而舞之，亦可顛倒空中，不致傾墜。地之繞日，亦猶是已。蓋天空有壓力。諸物有重力，俱直射地心，地心有攝力，吸引諸物。與地球之動力相助，人居地面，如蟻附球而行，球轉而蟻不覺也。故地自轉一周成晝夜，人自地面視之，恍如日月星辰東生西没焉。所居之地向日，則謂日東出所居之地，背日則謂日西入，星月亦然。地繞日一周成寒暑，人自地面視之，恍如太陽環行十有二宮焉。地在丑宮，人見太陽在未，地在戌宮，人見太陽在辰。豈知無窮者天，非里數所能紀，斷無一日能繞地一周之勢。至速之炮彈，一時不過行數千里，若星辰晝夜繞地一周，則一時當行幾萬萬里，故知爲必無之事。至大者曰，地與星月皆借其光，豈有與星月同環地球之理，乃人第拘於目之所見，則一望平原，浩無邊際，謂地之大不可測度焉。仰觀日月如盆如鏡，偏覽諸星，如粟如珠，渺乎小矣。不知此特諸曜之視徑耳。由視徑推其實徑，木星大於地十一倍半，土星大於地九倍半，金星與地同大，小於地者，惟火水二星與月耳。至日體之大，有合地與五星之體，不能得其一隅者，而謂其能繞地而行乎。此皆天文家累測千百年而後得其詳者，不同影響之談也。或曰地轉之說，測諸形象，揆諸理勢，誠確然不易矣。顧聖人作《易》，曷云天行健乎。曰曆算未精之世，雖聖人有所不知。曆法大備之時，即愚人不難盡曉，此則時爲之也。《尚書·考靈曜》云，地體雖靜，而終日旋轉，如人坐舟中。舟自行動，人不能知，春星西遊，夏星北遊，秋星東遊，冬星南遊，一年之中，地有四遊，是地轉之說，華人早知之，但未用之於曆算耳。

謹桉《考成》上編，以此爲新圖，謂金水本天即曰天。此圍日者，其本輪也。土木火各有本天，此圍日者次輪上星行距日之跡也。蓋是時地轉之說，初入中國，人皆不信，故爲此調劑之術耳。【略】

五星與地，行道皆爲橢圜，高卑二點，各有定度，而離日遠近不同。大約地離日十分，水星四分，金星七分，火星十六分，木星五十二分，土星一百分，此圖因幅隘不能按準分數，閱者諒之。【略】

本輪心從本天周右旋，爲平行經度，均輪心從本輪最高戊點左旋爲引數。本輪心行一度，均輪心亦行一度。次輪心從均輪最近辛點右旋，爲倍引數，均輪心行一度，次輪心行二度，水星次輪心從最遠庚點右旋爲三倍引數。土木火三星，不拘本輪在本天何處，均輪在本輪何處，次輪在均輪何處。日在子，星必在壬。最遠點伏。日在丑，星必在甲。將及前留。日在寅，星必在癸。最近點衝。日在卯，星必在乙，已過後留。即距日度也。金水二星，以日爲本輪心。星在次輪周，行伏見度。在上爲順合，在下爲退合，在兩旁爲前留後留，順合退合，不定在壬癸二點。另有平遠平近點，與本輪徑線平行，爲起算之端也。【略】

同治戊辰己巳間，徐壽蘅侍郎視學兩浙，謂近日星學家所用量天尺，係道咸間星度，歲久漸差，且宮度與宿度渾合，不分細界，非精製也。囑炳訂定上元甲子黃道量天尺。炳推算呈覽，即蒙頒示各校官。迄今十稔，又有微差。兹刻《五緯捷算》，推至光緒十年甲申歲爲始，與上恒星經緯圖合。每年恒星東移五十二秒，比舊法多一秒。約七年差六分，七十年弱差一度。如甲申歲初度二十分八丑宮，後六年庚寅，箕初度十四分，入至中元甲午，尾十四度三十一分八矣。他宮度倣此，表中注明入宮分數，用以上推下推，雖百世可知也。

清·黄炳垕《五緯捷算》卷二《五緯逐年行度表説》 數必求其復，法必提其綱，不求其復，曷以知來，不提其綱，曷以就簡。五緯之周天，或一二歲，或一十二歲，或二十九歲，數不齊矣。五緯之推步，用兩心差，用諸輪行，用橢圜天，法不一矣。竊觀「七政時憲書」僅列本年經緯，不及餘歲，「七政萬年曆」僅載已往宿度，不及未來。考成新法等書，詳述布算之術，而寒士未易購置，愚不揣謭陋，殫數載之心力，得一簡法，盡推來數，創爲上元甲子後五緯行度表，至各星一大周天而止。凡交節在前六時，用本日子正度，交節在後六時，用次日子正度，並註留退留順之日，退順皆主始留之日言，交節在前六時，表中稱先後若干日，以本日爲主。交節在後六時，表中稱先後若干日，以次日爲主。并附上應下應之年，雖一周前後，度有增損，然上推爲增者，下推爲損，上推爲損者，下推爲增，推之再周三周，增損之數，有定率焉。由是析之可得每日之度者，積之可得千載之度，蓋度以大周見其復，歲以每節爲之綱，費我一勞，畀人永逸，當於觀象家不無小補云。

土星行度表

五緯中，土星距地最遠，行度最遲，每日平行二分零三十六微，積二十九年，内閏日七。又一百五十四日二小時弱，行天一周，五十八年，内閏日十四。又三百零九日三小時，行天二周，而恒星已東移五十一分有奇，土星又行二十五日十二小時，追及恒星。再加三十日零九小時，始足五十九年之數，而土星越一度一分。故以宿度推之，五十九年一大周天。留退留順俱五十七次。比前進一度，茲推上元甲子後，每歲每節之度，欲知每日之度，用比例法求之。及上應下應之年，列於表，以便仰觀者隨時考驗云。

土星不論順逆遲留，俱比五十九年前進一度，上推用減法，如同治三年甲子，立春軫九，嘉慶十年乙丑，立春軫八，上一大周天減一度。乾隆十一年丙寅，立春軫七上二大周天減二度。是也。下推用加法。如同治三年甲子，立夏軫四，光緒四十九年癸亥，立夏軫五，下一大周天加一度。中元壬戌，立夏軫六下二大周天加二度。是也。欲知每日之度，用比例法求之。如立秋軫五，白露軫八，則立秋後十日在軫六，白露前十日在軫七。其時順行，故順數。又如清明角六，立夏角四，則穀雨在角五其時逆行，故逆數。是也。餘可類推。

木星行度表

三代上不知跳辰之算，故遷舍在元枵，而目爲淫，西漢後粗知超次之期，然計數兩花甲，而失之過。自西法入中國，始知木星每日平行四分五十九秒一七。十二年，内閏日三。行十二宮零四度二十三分，積八十三年，内閏日二十。行天七周越一十二分，而恒星亦東行一度十二分，木星又行十二日零三刻，追及恒星，故八十三年一大周天，留退留順俱七十六次。而超一辰以宿度推之，比前縮一度，宫度不縮。計九百九十六年，超十二辰，復於故處，謂宫度。茲依此法，步算成表，庶上求下推，罔不密合云。【略】

木星不論順逆遲留，俱比八十三年前縮一度。上推用加法，如同治四年乙丑，立春尾八，乾隆四十七年壬寅，立春尾九。上一大周天加一度。康熙三十八年己卯，立春尾十。上二大周天加二度。是也。下推用減法。如同治四年乙丑，立夏尾十四，中元戊子，立夏尾十三。下一大周天減一度。下元辛亥，立夏尾十二下二大周天減二度。是也。求每日之度，與求土星法同。

天啓四年甲子，處暑後七日，五星聚張，欲知木星在張幾度，推天啓甲子，下應康熙四十六年丁亥，又下應乾隆五十五年庚戌，又下應同治十二年癸酉，三大周天。查癸酉木星，立秋張三度，白露張九度，上推一大周天加一度，三大周天加三度，則天啓甲子，立秋張六度，白露張十二度，立秋距白露三十一日，行六度。實行每日多寡不同，此時適值五日有奇，行一度也。處暑後七日，係白露前八日，木星在張十度也。【略】

土木二星緯度説

土木火三星，各有本道，與黄道斜交。自黄道南過黄道北之點爲正交，自黄道北出黄道南之點爲中交，兩交之間爲大距。名義與太陰同，而行之順逆相反，太陰之交逆行，五星之交順行也。自交而後，即有距緯。土木火三星緯度，約有四種：初經度。即初實行。所當本道距黄道之緯，曰初緯。實經度。即黄道實行。所當本道距黄道之緯，曰實緯。《考成》上編謂金水二星本道即黄道，無初緯實繞，蓋以金水繞日之道爲次輪，太陽爲本輪之心故也。星距本道之緯，曰次緯。星距黄道之緯曰視緯者，自地心作視線所得之真緯度也。考《回回曆》表，表見《明史·曆志》。以自行度即土木火距日度，金水爲伏見度。與小輪心度，平行減最高。縱横相求，而得緯度。蓋其時無正交、中交之名，寓兩交於引數中也。新法曆書，以距交度推中分，土木火置初經減正交，得距交，金水有前後兩中分，俱以次實引求之。初均加減引數爲實引，金星以實引加十六度爲次實引，即距交度水星以實引爲距交度。以距日度推緯限，土木火置日實行減初經，得距日度。金水有前後兩緯限，俱以伏見實行求之。伏見平行加減初均數，爲伏見實行。其法加均爲減，減均爲加。中分與緯限相乘，以六十除之，得視緯，金水二星以此法得前緯後緯，二緯南北同號相加，異號相減得視緯。其時有正交、中交之名矣。《考成》上編以距日度，求得星距地心數爲一率，以距交度，求得星距黄道數爲二率。金水二星，以伏見實行求得星距地，再以引數求得距地差，於距地數内減之，得星距地用數爲一率。以距次交實行，求得星距黄道數爲二率。距次交實行者，伏見實行與距交實行相加之度也。半徑爲三率，得四率爲視緯之正弦。檢正弦表，得視緯推算不同，而得數相符。非巧於立法，而能然乎。然自初學視之，猶嫌其法之繁也。兹變通舊術，創立土木二星緯度簡表，加減實行，逆推初經，本以初均加減平行，得初經，復以次均加減初經得實經，今從實經反用加減得初經，故曰逆推。分列初緯於初經旁。既得初經，即移初緯於實經下。按衝合退順前後，以其在交距左右宜加宜減之數加減之，即得視緯。較之諸法，似爲便捷云。光緒己卯，土星正交六宫廿三度卅七分，每年進四十二秒弱，木星正交六宫八度六分，每年進十三秒半，距正交六宫爲中交，距兩交各三宫爲大距。【略】

如同治甲子小暑日，土星躔軫三度，后九日爲順后一月。查遲速圖，一度行十六日，是日仍在軫三。查初經表，加六度初經得軫九。查初緯表，北緯二度三十分，在大距右。查真緯表，大距左右順后減三四分，今在后一月，當減三分，得北緯二度廿七分。同治丁卯，清明次日，木星躔虚七度，后七日，爲退前二月半。查遲速圖，一度行六日弱，是日當在虚八。查初經表，減八度，初經得虚初。查初緯表，南緯五十五分，在中交大距間，查真緯表，交大距間退前減七八分。今在前二月半，當減七分，得南緯四十八分。

清·黄炳垕《五緯捷算》卷三《火星行度表》 火星行道，在土木二星道之内，地球道之外，故其行速於土木，而緩於地球。每日平行三十一分二十六秒又三分秒之二，每一平年，三百六十五日爲平年，三百六十六日爲閏年，三平年後必有一閏年，每年五小時三刻三分五十七秒四十一微所積也。行宫十一度十七分又四分之一。曆二平年，行一周天，越二十二度三十四分半，約二平年又五十日，爲衝合退順周率。蓋地球行二周天四十九度弱，火行一周天四十九度弱也。七十九年，内閏日十九。行四十二周天。越一度又三分度之二，爲大周天，退順衝合俱三十七次。而恒星亦東移一度八分有奇，故以宿度計之，第八十年與第一年恒同，惟留退前兩月，至留順後兩月，共二百餘日内，其度進於前一大周。日地對衝時，進度最大，衝前衝後漸小。蓋火道近於地道，衝日時更近，故差數如是耳。前卷土木二星表，至大周一年而止。兹表與金星表多推一年者，以一年未盡退順遲疾全限，必合兩年方見周率云。

清·黄炳垕《五緯捷算》卷三《火星退衝前後緯度表》 土木火各有兩交，正交、中交。初實行距兩交九十度時，土緯二度三十一分，木緯一度十九分四十秒，火緯一度五十分，是爲大距。星當大距時，適值退衝前後，距日五宫末至六宫初。則視緯極大。土星北緯二度四十八分，南加一分。木星北緯一度三十八分，南加二分。然與初緯不甚相遠也。惟火星當大距時，適值退衝前後，北緯爲四度三十一分，南緯爲六度四十七分，初實行在本道北半周當本天最高，距地遠，故緯小。南半周當本天最卑，距地近，故緯大。則與初緯迥殊矣。故於退前兩月，至順後兩月，細推緯度，創爲表，庶閲者開卷了然云。

清·黄炳垕《五緯捷算》卷三《火星緯度表説》 火星緯度四種，與土木二星同，但土木實經與初經相差之度少，故視緯與初緯相差之分亦甚少。火星則初實二經，有差至四十餘度者，故視緯與初緯懸殊。且土木緯度之加減，至多不過二十分。火星緯度，減數至四十餘分，加數有至數度者，若倣土木二星簡表求之，恐難悉合。今從實經求初經，分三限求之，以高卑中距，加減不同也。從初經得中分，約以緯限十分之幾，而後以距日度查緯限，不必中分緯限相乘，而知視緯矣。光緒己卯，火星正交四宫廿度四十四分，每年進五十三秒。

清·黄炳垕《五緯捷算》卷四《金水二星與土木火不同》 西法，五星分三類，土木一類，火一類，金水一類，然火行雖速於土木，究與土木同爲外行星之類，若金水二星，在地行道之内，有與土木火迥殊者矣。曷以見金水在地行道之内也？土木火能合日，又能衝日。合日時，日在星地間。衝日時，地在星日間。遲留逆行，皆在衝日前後。金水二星，能合日，不能衝日。上合時，日在星地間。下合時，星在日地間遲留逆行，皆在下合前後。自地視星，無時不在日左右，此金水在地道内之一證也。西人以大千里鏡窺星象，見土木二星，常如滿月。火星雖或小虧，不過八之一，星道包地道，故在地視星，與日照星之方向略同。金水二星，如月有弦望，有時光僅一線，有時過日面如黑斑，此金水二星，如月有弦望。有時光僅一線，有時過日面如黑斑，此金水在地道内之又一證也。故土木火三星，以地心推其躔度，與以日心推其躔度，所差無多。金水二星，當退合時，地心推得之度，與日心推得之度恒相反。然曆家以人目所見爲據，故以推得於地者，爲二星實行焉耳。

清·黄炳垕《五緯捷算》卷四《金星經緯行度表》 金水二星道，俱在地行道内。然水道距日近，金道距日遠，故金行速於地球，而緩於水星，每日繞日行一度三十六分零七秒四十六微，舊説以地爲不動，故金水二星設伏見輪象，於繞日行内減地行，用其餘數，爲伏見行也。積二百二十四日十六小時三刻四分。繞日一周，五百八十四日，與日地同度二次，合伏一次，退伏一次。爲順逆伏留周率。蓋地繞日一周，又行七宫六度，金繞日二周，亦過七宫六度也。八年内閏日二。順逆伏留五次，爲大周天，星行繞日已十三次矣，今推宿度緯度，具列於表。【略】

土木火三星緯度，以距交實行爲主，南北宫度有定。金水二星緯度以距次交實行爲主，南北宫度無定，故推得每節氣緯度，附經度之下，俾閲者一覽了然。

金星過日面，恒近冬夏二至，有一定時，而二次相距之年不等。大率初八年，次一百二十二年，次八年，次一百零五年，周而更始。測此以推地日距及日之地半徑視差，爲天文家最要之事。本朝第一次，乾隆二十六年五月。第二次，三十四年五月。第三次，同治十三年十一月。第四次，當在光緒八年大雪後。附識於此，以便臨時考驗云。

清·黄炳垕《五緯捷算》卷四《水星經緯行度表》 五緯中水行最速，自地面視之，雖歲一周天，與金星同，而其繞日平行，每日四度零五分三十二秒半，《考成》謂水星每日伏見行三度零六分二十四秒七微，於繞日行内減地行，用其餘數也。八十七日二十三小時一刻一分，繞日一周。一百十五日二十一小時一刻，與日地同度二次，合伏一次，退合伏一次。爲順逆伏留周率。蓋地行三宫二十四度十四分，水繞日一周，又行三宫二十四度十四分也。三十三年，内閏八日。順逆伏留一百零四次，爲大周天，星行繞日，已一百三十七次矣。今推宿度緯度，具列於表。【略】

用法，如土星躔七宫廿度前後，則距日十二度而旦見，在黄道南三度，加一度，十三度旦見。北三度，減一度。十一度旦見。距日廿二度而夕不見，在黄道南三度，加五度，廿七度夕不見。北三度，減五度，十七度夕不見。躔十宫十度亦如之。金星躔七宫廿度前後，則旦見不見皆距日六度爲限。夕見夕不見皆距日十度爲限。南北加減，與土星同，躔十宫十度亦如之，餘可類推。然此特言五星當地平，約畧可見之限耳。若夫天氣有清蒙，目力有强弱，則必見之期，遲於約率。不見之期，早於約率，不可以一例拘也。

清·黄炳垕《五緯捷算》卷四《五星行度表用法》 先繪恒星黄道經緯圖，止繪黄道南北十度内一帶。次按五星每節氣經緯度，土木火三星須用緯表推定緯度。繪於黄道南北。五星中止繪一二星亦可。又將每節氣所躔之點，聯爲一線，一星爲一線，五星爲五線。爲各星所行之道。乃於星道上按遲速行度分，每節相距爲若干分，或一日一分，或三五日一分。即各日子正各星之躔度。遇留退留順，則依退順緯線繪之。每夜較諸天象，無有差忒也。

如同治丙寅歲火星，白露日參五度，推得南緯初度强。寒露次日，交節亥時故用次日。井十一度，推得北緯初度半强。乃於星圖上，按兩處經緯度各爲一圈，兩圈中心，用一線聯合，即白露至寒露火星之行道。兩節距三十一日，參五井十一距十七度，依行度遲速圖，分三十一分，即每日子正之視經視緯。

清·陳松《推測易知》卷四《數學測量簡法·日晷圖式説》 右圖如第一第二兩式，以别東面西面之形，而分北極節氣之界，次序高下，合之爲一也。第三第四兩式，乃係方矩内列節氣。共管四十六度五十四分，隨其北極高度，相對春秋二分，合之亦爲一也。用晷之法，以圓平面向南爲時盤。柄連子午。時盤午字卻在北，酉字卻在東，因到午時日影在北，酉時日影在東，其餘時刻日影，皆在對照之方。柄端立置方矩側爲象限九十度，人在東邊，方矩象限則在西邊，度數節氣字向東，上爲北極次序，下爲離地高度次序。離地高度者，係指太陽自地平之上，數至天頂，最高爲九十度。若人在西邊，方矩象限則在東邊，度數節氣字向西，上爲北極次序，下爲離地高度，次序隨視一面，皆相符合，所有第三第四兩式，細分節氣，以明其度。亦詳東西兩面，仍合一式，此式本可另做一面，不連象限，隨地安入方矩，總以春秋二分爲中線，同貫方矩象限樞紐。樞紐安一垂線，上通北極，下對春秋二分，定爲此地北極日晷。其餘節氣，則視垂線所到時節。再看時盤日影刻分，若改他處地方，即將春秋二分中線，移至他處北極高度，定爲他處日晷。其餘節氣，亦視垂線所到時節。再看時盤刻分不差矣。蓋節氣北極，各地不同，日晷測時有異，若在象限九扶正度内，畫定此處春秋二分，相對北極高度爲中線，前後各分二十三度二十七分，不能用於他處，因其晷式中線爲主，左右布列二十三度二十七分，共管四十六度五十四分。在春分節亦於所定中線北極高度相對之地平上，次序度分。以後漸加二十三度二十七分，至夏至爲緯北。在秋分節亦於所定中線北極高度相對之地平上，次序度分。以後漸減二十三度二十七分，至冬至爲緯南，此大要也。茲以北極四十度地方爲式。兼看京都北極三十九度五十五分，所定春秋二分中線，正在象限內圈四十度，外邊五十度，即合春分、秋分午正日影離地平上五十度，北極天頂四十度。所謂象限九十度者，在東視其內圈次序，由右而左，外圈次序，由左而右，各有九十度。在西視其內圈次序，由左而右，外圈次序，由右而左，亦各九十度也。就京都北極高四十度而論，春分至夏至，太陽由象限外邊五十度上，漸增至二十三度二十七分。到夏至，太陽離地高七十三度二十七分。蓋春分太陽黃道在戌初，爲距度緯北，自初度漸增至二十三度二十七分。到夏至，所以太陽日高，天氣日長，夏至太陽黃道在未初，亦緯北。自二十三度二十七分內，漸減至初度，則無距緯。太陽黃道到辰爲秋分平氣，上對北極高度，此後離地漸低，其日漸短。秋分至冬至，太陽由象限外邊五十度，漸減至二十三度二十七分。到冬至，太陽離地只高二十六度二十三分，蓋秋分太陽黃道在辰初，爲距度緯南，自初度亦增至二十三度二十七分。到冬至，所以太陽日低，天氣日短。冬至太陽黃道在丑初，亦緯南。自二十三度二十七分內，亦漸減至初度，則無距緯。太陽黃道到戌爲春分平氣，上對北極高度，此後離地漸高，其日漸長。考度之法，春分、秋分前後各節，計三日移一度，夏至、冬至前後三節，計十三四日移一度。各節緯度，微有不同，見卷三太陽距度簡表，檢查便知。或用日晷午正時，指定太陽高度，直横不差，並視時盤平面，將見日影可辨時刻之際，再看象限內垂線所對節氣度數恰合太陽黃道距度之數，亦知時刻分數之真矣。在春分後則視時盤上面時刻，秋分後改看時盤下面時刻。下面亦須畫十二時刻分，俱以午時在北，酉時在東，卯時在西爲式，方能見影知時，若將日晷平放，則垂線靠邊，而無度數可指，只看方位，並定地平。若將時盤抬起視之，則有度數可測，高下可測。如欲測其地方北極高度，先查節氣在春分後午正，測得太陽高若干度，記之，再查太陽現行黃道距度緯北距度自春分後三日約增一度，至冬至二十三度二十七分。若干度，即在先測之數內減之，其餘爲北極高度之餘。高度論象限內圈九十度次序，測高看外圈九十度。在秋分後午正，測得太陽高若干度記之。再查太陽現行黃道距度緯南距度自秋分後三日約增一度，至冬至二十三度二十七分。若干度。與先測之度，兩數相加，共爲北極高度之餘，此用象限外邊九十度，測其地平上之數，故名北極高度之餘。仍查象限內圈度數，與此高度之餘相對者，即以內圈度數爲北極高度。如冬至午正測得日影高三十六度三十三分，相加冬至距緯南二十三度二十七分，二共六十度，上對內圈三十度，是爲北極三十度。自來日晷不一，製造亦難，似不如此之作易，而用益廣矣。凡造日晷宜用細木乾者爲之。或用銅片銅柄，其架總以平正不致動摇爲準，中間直柱宜方，勿使偏倚，架上安放小羅針以定南北，柱之上頂，另安平面圓板，宜小不宜大，亦畫十二宫二十四山方位。兼看七政到方，參對時刻度分。其時盤爲平面，北連方矩，其方矩内，側列節氣象限，兩器中間，以銅釘穿於直柱之中，使其能高能下，象限節氣度數，務要排勻，惟節氣所占象限内，兩箇二十三度二十七分，共四十六度五十四分。又可另製一小銅片，註明二十四節氣。春分、秋分列爲中線，側看靠北，自春分至夏至二十三度二十七分。又從北移南退二十三度二十七分，到秋分中線。再由秋分在東側視靠南二十三度二十七分至冬至。又從冬至退二十三度二十七分到春分中線，緯南日短，緯北日長，所謂中線者，即是春秋二分相交之界也。中線樞紐，亦貫於象限樞紐，中線所管四十六度五十四分，隨其春分秋分，按照節前節後爲之轉移，如在北極四十度，其中線上靠象限内四十度，下對象限外爲五十度，若到北極三十度地方，即將中線移到象限内九十度上之三十度，下對六十度。只看節氣時辰與垂線相對，其法更易明矣。

面積測量

《九章算術》卷一《方田》　方田。以御田疇界域。

今有田廣十五步，縱十六步。問爲田幾何？

答曰：一畝。

又有田廣十二步，縱十四步。問爲田幾何？答曰：一百六十八步。圖縱十四，廣十二。

方田。

術曰：廣縱步數相乘得積步。此積謂田冪。凡廣縱相乘謂之冪。臣淳風等謹按：經云廣縱相乘得積步，注云廣縱相乘謂之冪。觀斯注意，積冪義同。以理推之，固當不爾。何則？冪是方面單布之名，積乃衆數聚居之稱。循名責實，二者全殊。雖欲同之，竊恐不可。今以凡言冪者據廣縱之一方；其言積者舉衆步之都數。經云相乘得積步，即是都數之明文。注云謂之爲冪，全乖積步之本意。此注前云積爲田冪，於理得通。復云謂之爲冪，繁而不當。今者注釋，存善去非，略爲料簡，遺諸後學。

以畝法二百四十步除之，即畝數。百畝爲一頃。臣淳風等謹按：此爲篇端，故特舉頃、畝二法。餘術不復言者，從此可知。一畝之田，廣十五步，縱而疏之，令爲十五行，即每行廣一步而縱十六步。又横而截之，令爲十六行，則每行廣一步而縱十五步。此即從疏横截之步，各自爲方，凡有二百四十步。一畝之地，步數正同。以此言之，則廣縱相乘得積步，驗矣。二百四十步者，畝法也；百畝者，頃法也。故以除之，即得。
今有田廣一里，縱一里。問爲田幾何？答曰：三頃七十五畝。
又有田廣二里，縱三里。問爲田幾何？答曰：二十二頃五十畝。
里田。
術曰：廣縱里數相乘得積里。以三百七十五乘之，即畝數。按：此術廣縱里
數相乘得積里。故方里之中有三頃七十五畝，故以乘之，即得畝數也。【略】
今有田廣七分步之四，縱五分步之三，問：爲田幾何？
答曰：三十五分步之十二。
又有田廣九分步之七，縱十一分步之九，問：爲田幾何？
答曰：十一分步之七。
又有田廣五分步之四，縱九分步之五，問爲田幾何？
答曰：九分步之四。
乘分。臣淳風等謹按：乘分者，分母相乘爲法，子相乘爲實，故曰乘分。
術曰：母相乘爲法，子相乘爲實，實如法而一。凡實不滿法者而有母、子之名。
若有分，以乘其實而長之，則亦滿法，乃爲全耳。又以子有所乘，故母當報除。報除者，實如
法而一也。今子相乘則母各當報除，因令分母相乘而連除也。此田有廣縱，難以廣諭。【略】
今有田廣三步三分步之一，縱五步五分步之二，問：爲田幾何？
答曰：十八步。
又有田廣七步四分步之三，縱十五步九分步之五，問爲田幾何？
答曰：一百二十步九分步之五。
又有田廣十八步七分步之五，縱二十三步十一分步之六，問：爲田幾何？
答曰：一畝二百步十一分步之七。
大廣田。臣淳風等謹按：大廣田知，初術直有全步而無餘分；次術空有餘分而無全
步；此術先見全步，復有餘分，可以廣兼三術，故曰大廣。
術曰：分母各乘其全，分子從之，「分母各乘其全，分子從之」者，通全步內分子。
如此則母、子皆爲實矣。相乘爲實。分母相乘爲法。猶乘分也。實如法而一。今爲
術廣縱俱有分，當各自通其分。命母入者，還須出之，故令「分母相乘爲法」而連除之。
今有圭田廣十二步，正縱二十一步，問：爲田幾何？
答曰：一百二十六步。
又有圭田廣五步二分步之一，縱八步三分步之二，問：爲田幾何？
答曰：二十三步六分步之五。
術曰：半廣以乘正縱。半廣知，以盈補虛爲直田也。亦可半正縱以乘廣。按(平)
(半)廣乘從，以取中平之數，故廣縱相乘爲積步。畝法除之，即得也。
今有邪田，一頭廣三十步，一頭廣四十二步，正縱六十四步。問：爲田
幾何？
答曰：九畝一百四十四步。
又有邪田，正廣六十五步，一畔縱一百步，一畔縱七十二步。問：爲田幾何？
答曰：二十三畝七十步。
術曰：并兩邪而半之，以乘正縱若廣。又可半正縱若廣，以乘并。畝法而
一。并而半之者，以盈補虛也。
今有箕田，舌廣二十步，踵廣五步，正縱(五)[三]十步，問：爲田幾何？
答曰：一畝一百三十五步。
又有箕田，舌廣一百一十七步，踵廣五十步，正縱一百三十五步，問：爲田
幾何？
答曰：四十六畝二百三十二步半。
術曰：并踵、舌而半之，以乘正縱。畝法而一。中分箕田則爲兩邪田，故其術相
似。又可并踵、舌，半正縱，以乘之。
今有圓田，周三十步，徑十步。臣淳風等謹按：術意以周三徑一爲率，週三十步，
合徑十步。今依密率，合徑九步十一分步之六。問：爲田幾何？
答曰：七十五步。此於徽術，當爲田七十一步一百五十七分步之一百三。淳風等謹
依密率，爲田七十一步二十二分步之一十三。
又有圓田，周一百八十一步，徑六十步三分步之一。臣淳風等謹按：周三徑
一，周一百八十一步，徑六十步三分步之一。依密率，徑五十七步二十二分步之一十三。
問：爲田幾何？
答曰：十一畝九十步十二分步之一。此於徽術，當爲田十畝二百八步三百一十
四分步之一百十三。臣淳風等謹按：依密率，爲田十畝二百五步八十八分步之八十七。
術曰：半周半徑相乘得積步。按：半周爲縱，半徑爲廣，故廣縱相乘爲積步也。
假令圓徑二尺，圓中容六(弧)[觚]之一面，與圓徑之半，其數均等。(令)[合]徑率一而弧周
率三也。【略】
又術曰：周、徑相乘，四而一。此周與上觚同耳。周、徑相乘各當一半。而今周、

徑(田)〔兩〕全，故兩母相乘爲四，以報除之。於徽術，以五十乘周，一百五十七而一，即徑也。以一百五十七乘徑，五十而一，即周也。新術徑率猶當微少。則據周以求徑，則失之長；據徑以求周，則失之短。諸據見徑以求冪者，皆失之於微少；據周以求冪者，皆失之於微多。

臣淳風等按：依密率，以七乘周，二十二而一，即徑；以二十二乘徑，七而一，即周。依術求之，即得。

又術曰：徑自相乘，三之，四而一。按：(方)圓徑自乘爲外方，「三之，四而一」者，是爲圓居外方四分之三也。若令六(弧)〔觚〕之一面乘半徑，其冪即外方四分之一也。因而三之，即亦居外方四分之三也。是(謂)〔爲〕圓裏十二(弧)〔觚〕之冪耳。取以爲圓，失之於少。於徽新術，當徑自乘，又以一百五十七乘之，二百而一。

臣淳風等謹按：密率，令徑自乘，以十一乘之，十四而一，即圓冪也。

又術曰：周自相乘，十二而一。六(弧)〔觚〕之周，其於圓徑，三與一也。故六(弧)〔觚〕之周自相乘爲冪，若圓徑自乘者九方，九方凡爲十二(弧)〔觚〕者十有二，故曰十二而一，即十二(弧)〔觚〕之冪也。今此令周自乘，非但若爲圓徑自乘者九方而已。然則十二而一，所得又非十二(弧)〔觚〕之冪也。若欲以爲圓冪，失之於多矣。以六(弧)〔觚〕之周，十二而一可也。於徽新術，直令圓周自乘，又以二十五乘之，三百一十四而一，得圓冪。其率：〔二十五者，周冪也；〕三百一十四者，周自乘之冪也。置周數六尺二寸八分，令自乘，得冪三十九萬四千三百八十四分。又置圓冪三萬一千四百分。皆以一千二百五十六約之，得此率。

臣淳風等謹按：方面自乘即得其積。圓周求其冪，(股)〔假〕率乃通。但此術所求用三、一爲率。圓田正法，半周及半徑以相乘。(令)〔今〕乃用全周自乘，故須以十二爲母。何者？據全周而求半周，則須以二爲法。就全周而求半徑，復假六以除之。是二、六相乘，除周自乘之數。依密率，以七乘之，八十八而一。

今有宛田，下周三十步，徑十六步。問：爲田幾何？

答曰：一百二十步。

又有宛田，下周九十九步，徑五十一步。問：爲田幾何？

答曰：五畝六十二步四分步之一。

術曰：以徑乘周，四而一。此術不驗，故推方錐以見其形。假令方錐下方六尺，高四尺。四尺爲股，下方之半三尺爲句。正面邪爲弦，弦五尺也。令句(股)〔弦〕相乘，四因之，得六十尺，即方錐四面見者之冪。若令其中容圓錐，圓錐見冪與方錐見冪，其率猶方冪之與圓冪也。按：方錐下六尺，則方周二十四尺。以五尺乘而半之，則亦方錐之見冪。故求圓錐之數，折徑以乘下周之半，即圓錐之冪也。今宛田上徑圓穹，而與圓錐同術，則冪失之於少矣。然其術難用，故略舉大較，施之大廣田也。求圓錐之冪，猶求圓田之冪也。今用兩全相乘，故以四爲法，除之，亦如圓田矣。開立圓術説圓方諸率甚備，可以驗此。

今有弧田，弦二十步，矢十五步。問：爲田幾何？

答曰：一畝九十七步半。

又有弧田，弦七十八步二分步之一，矢十三步九分步之七。問：爲田幾何？

答曰：二畝一百五十五步八十一分步之五十六。

術曰：以弦乘矢，矢又自乘，并之，二而一。方中之圓，圓裏十二(弧)〔觚〕之冪，合外方之冪四分之三也。(方)中〔方〕合外方之半，則朱青合外方四分之一也。弧田，半圓之冪也。故依半圓之體而爲之術。以弦乘矢而半之，則爲黄冪，矢自乘而半之，則爲二青冪。青、黄相連爲弧體，弧體法當應規。(令弧而)〔今觚面〕不至外畔，失之於少矣。圓田舊術以周三徑一爲率，俱得十二(弧)〔觚〕之冪，亦失之於少也。與此相似。指驗半圓之冪耳。若不滿半圓者，益復疎闊。依句股鋸圓材之術，以弧弦爲鋸道長，以矢爲句深，而求其徑。既知圓徑，則弧可割分也。割之者，半弧田之弦以爲股，其矢爲句，爲之求弦，即小弧之弦也。以半小弧之弦爲句，半圓徑爲弦，爲之求股。以減半徑，其餘即小弦之矢也。割之又割，使至極細。但舉弦、矢相乘之數，則必近密率矣。然於算數差繁，必欲有所尋究也。若但度田，取其大數，舊術爲約耳。

今有環田，中周九十二步，外週一百二十二步，徑五步。此欲令與周三徑一之率相應，故言徑五步也。據中、外周，以徽術言之，當徑四步一百五十七分步之一百二十二也。

臣淳風等謹按：依密率，合徑四步二十二分步之十七。

答曰：二畝五十五步。於徽術，當爲田二畝三十一步一百五十七分步之二十三。

臣淳風等依密率，爲田二畝三十步二十二分步之十五。

又有環田，中周六十二步四分步之三，外周一百一十三步二分步之一，徑十二步三分步之二。此田環而不通匝，故徑十二步三分步之二。若據上周求徑者，此徑失之於多，過周三徑一之率，蓋爲疎矣。於徽術，當徑八步六百二十八分步之五十一。

臣淳風等謹按：依周三徑一考之，合徑八步二十四分步之二十一。依密率，合徑八步一百七十六分步之一十三。

答曰：四畝一百五十六步四分步之一。於徽術，當爲田二畝二百三十二步五千二十四分步之七百八十七也。依周三徑一，爲田三畝二十五步六十四分步之二十五。

臣淳風等謹按密率，爲田二畝二百三十一步一千四百八分步之七百一十七也。

術曰：并中、外周而半之，以徑乘之，爲積步。此田截而中之周則爲長。并而半之知，亦以盈補虚也。此可令中、外周各自爲圓田，以中圓減外圓，餘則環實也。

密率術曰：置中、外周步數，分〔母〕子各居其下。母互乘子，通全步，內分子。以中周減外周，餘半之，〔以益中周〕。徑亦通分內子，以乘周爲實。分母相乘爲法。除之爲積步。餘，積步之分。以畝法除之，即畝數也。按：此術，并中、外周步數於上，分母、子於下，母〔互〕乘子者，爲中外周俱有分，故以互乘齊其子。母相乘同其母。子齊母同，故通全步，内分子。〔半之〕知，以盈補虚，得中平之周。周則爲從，徑則爲廣，故廣從相乘而得其積。既合分母，還須分母出之。故令周、徑分母相乘而連除之，即得積步。不盡，以等數除之而命分。以畝法除積步，得畝數也。

尖田步

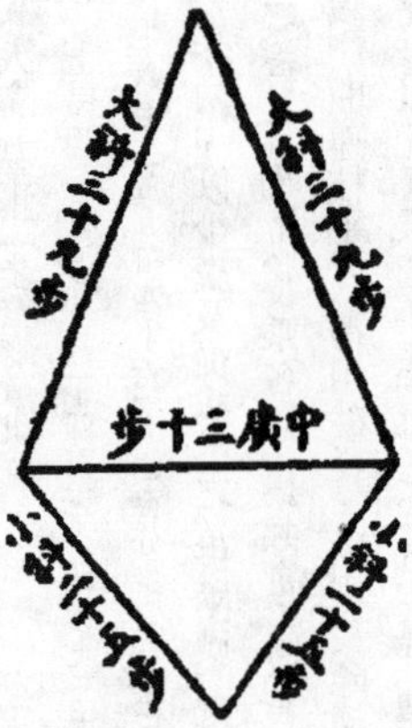

大斜三十九步
中廣三十步
小斜二十五步

宋・秦九韶《數書九章》卷五《田域類・尖田求積》　問有兩尖田一段，其尖長不等，兩大斜三十九步，兩小斜二十五步，中廣三十步。欲知其積幾何。

答曰：田積八百四十步。

術曰：以少廣求之，翻法入之。置半廣自乘，爲半冪。與小斜冪相減，相乘，爲小率。以半冪與大斜冪相減，相乘，爲大率。以二率相減，餘自乘，爲實。併二率，倍之，爲從上廉，以一爲益隅，開翻法三乘方，得積。一位開盡者，不用翻法。

小斜一十三里
中斜一十四里
大斜一十五里

宋・秦九韶《數書九章》卷五《田域類・三斜求積》　問沙田一段，有三斜，其小斜一十三里，中斜一十四里，大斜一十五里。里法三百步，欲知爲田幾何。

答曰：田積三百一十五頃。

術曰：以少廣求之。以小斜冪，并大斜冪，減中斜冪，餘半之，自乘於上。以小斜冪乘大斜冪，減上，餘四約之，爲實。一爲從隅，開平方，得積。

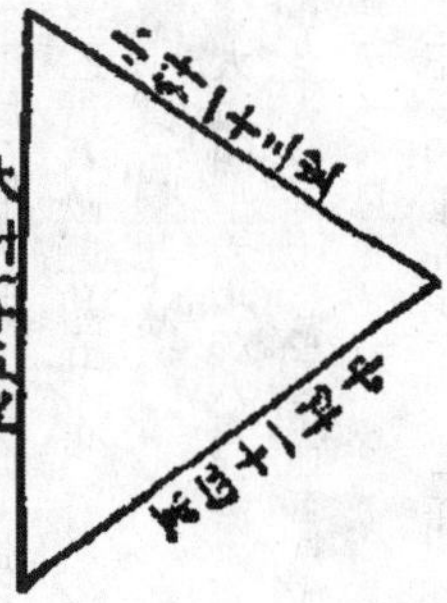

宋・秦九韶《數書九章》卷五《田域類・斜蕩求積》　問有蕩一所，正北闊一十七里，自南尖穿徑中長二十四里，東南斜二十里，東北斜一十五里，西斜二十六里。欲知畆積幾何。

答曰：蕩積一千九百一十一頃六十畝。

術曰：以少廣求之。置中長，乘北闊，半之，爲寄。以中長冪減西斜冪，餘爲實。以一爲隅，開平方，得數，減北闊，餘自乘，併中長冪，共爲內率。以小斜冪，併率，減中斜冪，餘半之，自乘於上。以小斜冪乘率，減上，餘四約之，爲實。以一爲隅，開平方，得數，加寄，共爲蕩積。

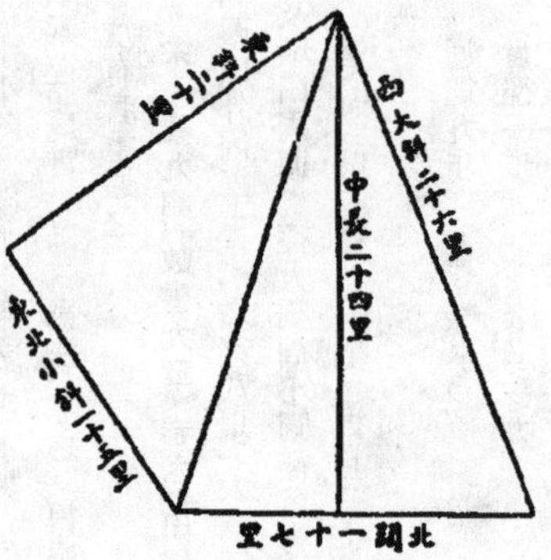

斜蕩圖

西大斜二十六里
中長二十四里
北闊一十七里
北

宋・秦九韶《數書九章》卷五《田域類・計地容民》　問沙洲一段，形如棹刀。廣一千九百二十步，縱三千六百步，大斜二千五百步，小斜一千八百二十步，以安集流民，每户給一十五畆。欲知地積容民幾何。

答曰：地積一百四十九頃九十五畝，容民九百九十九户，餘地一十畝。

術曰：以少廣求之。置廣，乘長，半之，爲寄。以廣冪併從冪，爲中冪。以小斜冪併中冪，減大斜冪，餘半之，自乘於上。以小斜冪乘中冪，減上，餘以四約之，爲實。以一爲隅，開平方，得數，加寄，共爲積。以每户給數，除積，得容民户數。

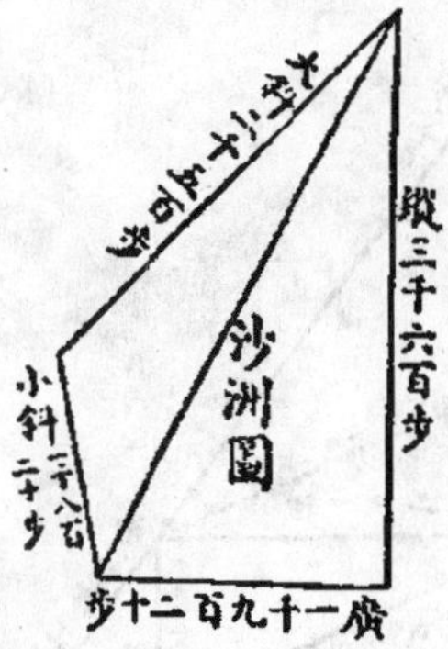

沙洲圖

縱三千六百步
廣一千九百二十步

宋・秦九韶《數書九章》卷五《田域類・蕉田求積》　問蕉葉田一段，中長五百七十六步，中廣三十四步，不知其周。求積畝合幾何。

答曰：田積四十五畝一角十一步。六萬三千七十分步之五千二百一十三。

術曰：以長併廣，再自乘，又十乘之，爲實。半廣半長各自乘，所得相減，余爲從方，一爲從隅，開平方，半之，得積。

中長五百七十六步
中廣三十四步

宋・秦九韶《數書九章》卷五《田域類・均分梯田》　問户業田一段，若梯之狀。南廣小三十四步，北廣大五十二步，正長一百五十步，合係兄弟三人，均分其田，邊道各欲出入，其地難分，經官乞分南甲乙，北丙。欲知其田共積，各人合得田數，及各段正長大小廣幾何。

答曰：田共積二十六畝二百一十步。

甲得八畝三角五十步。

小廣三十四步。系元南廣。

大廣四十步。五萬八千七百九分步之五萬三千二百八十四，大約百分步之八十九分。

正長五十七步。二千四十五分步之八百五十三，大約一百分步之四十一分。

乙得八畝三角五十步。

小廣。同甲大廣。

大廣四十六步。八萬四千八百二十六億八千九百五十七萬二千六百五十一分步之六萬五千八百七十四億五千四百八十二萬五千二百八十三，計大率約百分步之七十七分半强。

正長四十九步。四億一千二百四十萬六千二百九分步之二千二十七萬六千三百一十九，大約百分步之四分九厘。

丙得八畝三角五十步。

小廣。同乙大廣。

大廣五十二步。係元北廣。

正長四十三步。八千四百三十三億七千九十萬一千九百五分步之四千四百八十八億八千六百二萬九千四十六，大約百分步之五十三分强。

術曰：以少廣及從法求之，併兩廣，乘長，得數，以分田人數約之，爲通率。半之，爲各積。以長乘各積，爲共實。以長乘南廣，爲甲從方，二廣差，半之，爲共隅。開連枝平方，得甲截長。以甲長除通率，得數，減小廣，餘爲甲廣，即爲乙小廣。以元長乘乙小廣，爲乙從方，置共隅共實，開連枝平方，得乙截長。以乙長除通率，得數，減乙小廣，餘爲乙大廣，即爲丙小廣。併甲乙長，減元長，餘爲丙長。以元大廣爲丙大廣，各有分者通之。

宋·秦九韶《數書九章》卷六《田域類·漂田推積》 問三斜田，被水沖去一隅，而成四不等直田之狀。元中斜一十六步，如多長。水直五步，如少闊。殘小斜一十三步，如弦。殘大斜二十步，如元中斜之弦。横量徑一十二步，如殘田之廣。又如元中斜之句，亦是水直之股。欲求元積、殘積、水積、元大斜、元中斜、二水斜各幾何。

答曰：元積一百三十八步。一十一分步之八。

水積一十二步。一十一分步一八。殘積一百二十六步。元大斜二十九步。一十一分步之二。元小斜一十八步。一十一分步之一十。水大斜九步。一十一分步之一。水小斜五步。一十一分步之一。

術曰：以少廣求之，連枝入之，又句股入之。置水直減中斜，餘爲法。以中斜乘大殘，爲大斜實。以法除實，得元大斜。以殘大斜減之，餘爲水大斜。以法乘徑，又自之，爲小斜隅。以水直冪併徑冪，爲弦冪，又乘徑冪，又乘中斜冪，爲小斜實。與隅可約，約之。開連枝平方，得元小斜。以殘小斜減之，餘爲水小斜。以水直乘之，爲水實。倍水小母爲法，除之，得水積。以水直併中斜，乘徑，爲實。以二爲法，除之。得殘積，以殘積併水積，共爲元積。有分者通之，重有者重通之。

宋·秦九韶《數書九章》卷六《田域類·環田三積》 問環田大小圓田共三段，環田外周三十步，虛徑八步，大圓田徑一十步，小圓田周三十步。欲知三田積及環田周通實徑大圓周小圓徑各幾何。

答曰：環田積二十步。二百三十六萬二千二百五十六分步之一百二十九萬八千二十五。

通徑九步。一十九分步之九。

實徑一步。一十九分步之九。

内周二十五步。一十七分步之五。

大圓田積七十九步。五十三分步之三。周三十一步。二十一分步之十三。

小圓田積七十一步。二百八十六分步之四十三。徑九步。一十九分步之九。

術曰：以方田及少廣率變求之。各置圓環徑自乘，爲冪，進位爲實。以一爲隅，開平方，得周。各置環圓周自乘，爲冪，退位爲實。以一爲隅，開平方，得徑，以周冪或徑冪乘各實，以一十六約之，爲實。以一爲隅，開平方，得圓積。置環周冪，乘徑實，十六約之，爲大率。置虚徑冪，乘内周實，十六約之，爲小率。以二率相減之，餘以自乘，爲實。倂二率，倍之，爲從上廉，一爲益隅，開三乘方，得環積。置環周自乘，退位爲實，一爲隅，開平方，得通徑。以虚徑減通徑，餘爲實徑。其有開不盡者，約而命之。

環田　大圓田　小圓田

距離和經緯測量

清·梅文鼎《梅氏叢書輯要》卷六〇《雜著》 地度弧角

地度求斜距法

有兩處北極高度，又有兩處相距之經度，而求兩地相距之里數。

甲乙丙爲赤道象弧，丁爲極丁角之度爲甲乙，戊甲距四十五度，甲乙十度半即經度之距，亦即丁角，己乙距四十度，求戊己之距。法作戊庚丙象弧，斜交於赤，先求庚乙距，以減己乙得庚己邊，又求戊庚邊，求庚角，成戊庚己小弧三角形。

算戊己庚小三角形，有一角兩邊一戊庚邊，一己庚邊，而求己戊邊。法先作己辛垂弧，截出戊辛邊，並求戊角，因得己戊邊，乃一度變成里，此所得即大度。

若距亦同度，則以距赤道餘弦，求其比例，得里數。

一率　全

二率　距赤餘弦

三率　大度里數二百五十里

四率　緯圈里數

如距亦四十五度，依法算得離赤道四十五度之地，每一度該一百七十六里二百八十步，如東西相距二十七度，該四千七百七十二里三百五十步弱。

論曰：地有距赤緯度，又有東西經度，經度如句，緯度相減之餘如股，丙地斜距如弦。

既有句有股，可以求弦，而不可以句股法求者，地圓故也。

又論曰：此爲一角兩邊，而角在兩邊之中，法當用斜弧三角法。求其對角一邊之度，變爲里，即里數也。或用垂線分形法，並同。

補論曰：己點或在庚上，或在其下，其用庚角並同。但在下，則當於庚乙内減己乙，而得己庚。

以里數求經度法

或先有兩地相距之里數，而不知經度。

法先求兩處北極高度，乃以兩高度之餘爲兩邊，及相距里數。變成度用二百五十里大度，又爲一邊成弧三角形，乃以三邊求角法，求其對里數邊之一角，即經度也。

論曰：凡地經度，原以月食時取其時刻差，以爲東西相距，然月食歲不數見，又必多人兩地同測，始能得之，況月天最近，有氣刻時三差及朦影之改變高度，非精於測者不易得準，今以里數求之，較有把握。得此法，與月食法相參伍，庶幾無誤。

凡以里數論差，當取徑直，若遇山林水澤，峻嶺回谷，則以測量法求其折算之數而取直焉。

不但左右不宜旋繞曲折，斯謂之直，即高下若干，亦須用法取平。

若兩地極高同度，則但以距赤道餘弦即極高度正弦，求其比例，得經度。

一率　距赤度餘弦

二率　全數

三率　里數所變之度用二百五十里爲度

四率　相應之經度緯圈，經度也，與赤道大圈相應，但里數小耳

論曰：北極高度雖有準則，然近在數十里内，所争在分秒之間，亦無大差，今以里數準之，則當以正東西爲主，如自東至西之路，合羅金卯酉中線斯爲正度，若稍偏側，亦當以斜度改平，然後算之，視極高度，反似的確。

清・梅文鼎《梅氏叢書輯要》卷六一《附録一赤水遺珍》 方田度里正王制注疏之誤

《王制》曰：「古者以周尺八尺爲步，今以周尺六尺四寸爲步；古者百畝，當今東田百四十六畝三十步；古者百里，當今百二十一里六十步四尺二寸二分。」按《疏》言經文錯亂不可用，而陳氏注又言《疏義》所算亦誤。今以算術考之，經疏固誤矣，陳氏亦未盡合也。蓋古者百畝當今東田百五十六畝二十五步；古者百里，當今百二十五里，演算法附後：

求畝法，以古步八尺自乘，得六十四尺，又以百畝乘之爲實，以今步六尺四寸自乘，得四十尺九十六寸爲法，實如法而一，得一百五十六畝二十五步，爲今田畝數。

求里法，以古步八尺與百里相乘爲實，以今步六尺四寸爲法，實如法而一，得一百二十五里，爲今里數。

論曰：此三率互視法也，以三率排之：

一率，今步積四十尺九十六寸

二率，古步積六十四尺

三率，古田百畝

四率，今田百五十六畝二十五步無零注于步下誤加寸分。

以二三兩率相乘爲實，一率爲法除之，得四率爲今田數。

一率，今步六尺四寸

二率，古步八尺

三率，古者百里

四率，今一百二十五里

以二三兩率相乘爲實，一率爲法除之，得四率爲今里數。

又論曰：古今同用周尺，惟步法不同，故惟以古今之步法相較，即得田里之差，今疏注兩家俱將古今尺折成十寸，立法已遷，而得數又復舛誤。《疏》算得今田一百五十二畝七十一步有餘，今里一百二十三里一百一十五步二十寸，注算得今田一百五十六畝二十五步一寸六分千分寸之四。故爲正之。

清・梅文鼎《梅氏叢書輯要》卷六二《附録二操縵巵言》 里差論。里差者，因人所居有東西南北之不同，則天頂地平亦異地在天中，體圓而小，隨人所立，凡目力所極，適見天體之一半，則與平面無異，故名地平，可以計里而定地差二百里，則天頂差一度，故名里差。其所關於仰觀甚巨，蓋恒星之隱見南行二百里，則北極低一度，南星多見一度，北行二百里反是、晝夜之永短北極高，則永短之差多，北極低，則永短之差少、七曜之出没、節氣之早晚偏東，則諸曜早見，而節氣遲，偏西反是、交食之深淺先後日食隨地各異，月食天下皆同，而見食有先後，莫不因之而各殊焉，惟得其差之數，則其各殊之數皆可預知，不致詫爲失行而生飾説矣。新法算書所載各省北極高度及東西偏度，大概據輿圖道里定之，多有未確，今以康熙年間實測各省及諸蒙古之高度偏度列于左。

清・孫蘭《柳庭輿地隅説》卷上 厚以氣言，不以形言。近有因天測地之法，每二百五十里，當天一度，依新法周天三百六十度，則地周九萬里，圍三徑一，則知地厚三萬里少弱，此蓋立表測量，豪髮不差者也。《淮南子》謂禹使太章自東極至於西極，步得二億三萬三千五百里七十五步，使豎亥步北極至於南極亦如之。而不知其厚，蓋以地爲平面，能言廣而不能言厚，則其所謂廣者，亦甚荒唐無據矣。今以天準地，知天圓而地亦圓，以天度準地里，以三百六十度知地周九萬里，以九萬里三之一，知地厚三萬里少弱，則地之厚可測望而算也，又焉用太章、豎亥也哉？獨其所謂厚以氣言者，何也？莊子曰：「水之積也不厚，則負大舟也無力，厚則元氣運行而不窮也。」《易》曰：「厚德主利而有常，含萬物而化光。」有常，言不改也，化光，言新景時時照耀也，非天下之極厚能如是乎。

清・陶保廉《測地膚言》 古法測量

測量之法之器，雖今勝於古。而窒礙弊病，仍不能免。器雖精究，無不差者，但以差之有定無定判優劣耳。空氣有變化，蒙氣表未可盡恃。目力光線，人人不同。丈量底線，必無極平者。想疇人家精益求精，當别有善法以處之。惟是推陳出新，理無止境。由疏入密，學貴探源。則古人所用矩尺表竿等測法，未可遽捐也，終言古法測量。

《周髀》商高告周公有曰：偃矩以望高，偃仰也。一股立在前，一股平在下，以平股比立股，若所知遠與所測高。覆矩以測深，一股立在前，一股平在上，以平股比立股。若所知遠與所測深。卧矩以知遠，卧者平也。一股横向内，一股縱向前。以横比縱，若所知度與所求遠。此用矩尺之權輿也。

魏劉徽《海島算經》：今有望深谷，偃矩岸上，令勾高六尺，從勾端望谷底，入下股九尺一寸，又設重矩於上。其矩間相去三丈，更從勾端望谷底，入上股八尺五寸。問谷深幾何，答曰：四十一丈九尺。案《海島》所用矩尺，蓋長至丈餘。偃矩測深，與《周髀》所言略異。法以小股較比上小股，若矩間與下勾端至谷底減勾高，餘爲谷深。

《九章》劉徽序謂《周禮》九數之流，有木去人不知遠近。立四表，相去各一丈。令左兩表與所望參相直，從後右表望之。入前右表三寸，問木去人幾何，答曰，三十三丈三尺三寸少半寸。少半寸者，三分寸之一也。

附表竿單測、重測之法

單測，如知遠則測高，知高測遠者，向所測處立表。如左圖丁丙。與地平面成直角，又依直線退後立望竿。己戊。人目從竿末己視表末，丁。與物頂甲成一線。或前或卻移就之。次於目光線直對表上辛高物下庚兩處，各記之，爲地平線，己庚。即成兩同式勾股形。甲庚己與丁辛己。可以比例。

一率表目距，己辛小股。即退行步丙戊。

二率表目較。丁辛小勾。

三率所知遠乙戊。即庚己。大股。

四率得甲庚。大勾高。加目高己戊，得高甲乙。

一率表目較。丁辛小勾。三率所知高。甲庚大勾。

二率表目距己辛小股。四率得庚己大股，即乙戊遠。

高遠皆未知者，用重測。先如前法，得同式兩勾股。甲庚己與丁辛己。又依直線退後立表癸壬，長與前表等。及望竿，丑子，長與前望竿等。人目從竿末丑視後表末，癸。與高處甲成一線。其視高物下之目光線，丑庚。亦適合於先所記之地平線。己庚又得同式兩勾股，甲庚丑與癸寅丑。乃可比例。

一率兩小股較。卯丑。即丙戊退行步。減壬子退行步。

二率表目較。癸寅小勾。

三率兩大股較。己丑。即兩望竿相距。

四率得大勾。甲庚高。加目高丑子。即甲乙高。

一率小股較卯丑。二率寅丑小股。後表目距。

三率大股較己丑。四率大股庚丑遠。

明徐光啓《測量法義》：有平鏡測高法。如測甲乙高，置平鏡於地，人依地平線立於丁。目在戊，或前或卻，令目適見甲影在鏡心如丙。則目光至鏡心，偕足至鏡心，兩線成戊丙丁角，與甲丙乙角等。乃以丙丁比戊丁，若丙乙與甲乙之高。注曰，可以盂水當鏡。測極遠，可以水澤當鏡。案紀限儀射光回光之理，及測星所用水銀借地平法，蓋肇端於此。

《測量法義注》：又有用笠測水廣一法。如測遠處戊，以身代作甲乙表以笠覆至目，如甲丁。目視丁與戊成一線。回顧他處，視丁所直在己，自乙量至己，等於乙戊。笠微物也。既以寫天，又堪測地，其用果如是宏乎。顧天下精深之理，大都在日用耳目之間，録之以備一説。

又　經緯儀測量

前言紀限儀，除航海外，僅便於軍中悤促之需。若繪精細輿圖，須測算確切，則紀限儀實未適用。欲求盡美，莫如經緯儀。經緯儀爲測天利器，而亦便於測地。攷欽天監所用下卧地平圈，徑五尺，上立一象限。今番舶運售者，大都用平立兩全圓，各有匆匿弧。平輪之心有立軸，中有横軸，貫立輪能上下動，并能左右轉。遠鏡附立輪，可低昂以測高深，旋動以測廣遠。

又　矩度測量

測望之法，宜用三角八線。惟驟語三角之法，未易明白。矩度所用勾股比例，較表竿爲密，較象限爲易，故先言矩度。

數出於圓，圓周無論大小，皆分三百六十度，與天地之度數相應。半之爲半周一百八十度，四之爲象限，一象限九十度。即四矩也。矩即匠人之曲尺。矩者勾股，勾股必直角。勾横股直。十字線相遇，爲直角。直角必九十度。過此爲鈍角，九十度以上。不及者爲鋭角。九十度以下。勾短股長弦更長。設令勾數三，股數四，則弦數必五。設令勾股大至無窮，仍不外乎三四與五之比例。而於是勾股弦三者，知其二邊，便可求其一邊。而於是大地山河，皆可設爲勾股，以器上相當之邊，比地上未知之邊。【略】

勾股形有大小，其爲直角則一也。故取小勾之數，比擬小股之數，等於同式勾股形之大勾比大股。小勾每一分抵小股幾分，則同式之大勾每一分，亦抵大股幾分。簡言之，謂以小勾比小股也。若大勾與大股，即三率比例也。率音律。【略】

凡三率比例之法。一名正比例，即異乘同除。言以者作爲一率，言比者作爲二率，言若者作爲三率，列之如左：

一率以器上小勾幾分。算法，先有前三率數，以二率乘。
二率比器上小股幾分。三率得數以一率歸除之。除得
三率若地上大勾幾丈。之數爲四率。即所欲求之數。
四率與地上大股幾丈。

首末相乘之數，以首率除之，必得末率。今因中兩率相乘數，等於首末率相

乘數。凡相當比例必如是。故取中兩率相乘，以首率除之，而得四率也。

以上各理既明，乃可用矩度。以堅木爲之，方邊如部尺一尺一寸，須極平極直。厚六分。任擇一角爲樞。樞左右兩邊，各勾刻百分爲矩分。樞心兩爲絲相交處。立針貫指尺。即游表可左右之。長一尺六寸，厚三分，闊六分。中畫直線，旁刻度分，一如矩邊。十寸以上，每寸作一線。十寸以下，剖尺之半，令顯中線所指之度。尺端立針爲望準，樞左右兩邊爲絲之末，各有定表。或用銅耳，或立針。樞右邊側面開一尖底槽，深四分，亦爲望準。此槽用於立矩，或恐槽不附樞，未能密合，則仍以目切樞心視定表與物成一線。測時，恒以矩邊之分爲勾與股。尺上之分爲弦，高深廣遠惟所宜。

測廣遠卧矩，承以三足活架，可屈伸高下。測高深立矩，立矩不一法。於樞角之背，畫半圓形，刻薄，鑲銅片。綴環可懸。或於矩背當四邊之中取重心鑿圓孔，受木柱之横軸，可俯仰轉旋。或於矩背中間，開一凹形長槽，外窄内寬。別用木柱刻凸形，貫矩令平立不動。或於矩面中央鑿孔，内圓外方，用長螺釘亦方其頭貫矩於柱，釘露柱外，矩可直立斜立，候測望適準，以母螺絲旋緊而定之。【略】

測量時，以指尺向所測處。如尺適在戊，查丁戊得六十分，是爲矩上小勾丁戊六十。小股丙丁一百，蓋矩邊本一百也。而指尺上自心至切邊處。丙戊。爲形内小弦，即可以矩度上小勾股，比所測之空中大勾股。

矩度測沿途底線遠近高低法

測望一術，無非將鎮堡村莊之星羅棋布者，分剖爲大小勾股形，大小三角形，以便入算繪圖。其關鍵全在底線。然地面凹凸萬狀，任便量去，底線必不準，則各處所測高深廣遠。雖得大概，而迤邐曲折，不能脈絡貫通。全境形勢，更不能綱舉目張，此測望之大弊也。不可無法以取之。用繩着地量。無從知其高低，用有度分之尺桿，將繩兩端扣入尺桿，可按分寸知高低。惟繩引至數丈外，必成弧背形，斷不能平直如矢。用西洋帶尺雖佳，然太輕薄，引至七八丈易受風彎曲，不能扯直。或合漲縮不同之銅鐵爲尺，或用平剖面法，惟經費太鉅，未易照辦。

法用雙矩度，合兩矩爲一。羅經及表竿。竿長十五尺，或二十尺，竿頭作記號，用小旗或横木條，或加別物。另用木桿，長五尺，比竿略粗。上端加鐵圈二。相去一尺，可插表竿，旁亦作記號。離地五尺，並附垂線。桿末鑲鐵尖，長五寸，分三足，下歧上合，曲處可受槌。測時定起手之某處，爲首段底線首點。記册。令人持竿，順路向前行數百步。長短任便，以能望見上下兩記號爲度。將表竿插定，視桿左右垂線取直。爲首段末點。乃用羅經定首末點之向，記册。立矩於首點，架高四尺。以矩側邊向前，矩心在上先，測上記號，移指尺至後矩。人目從尺末視矩心，與記號成一線，得後矩小勾幾分。次測下記號，移指尺至前矩，人目從矩心視尺末與記號成一線，得前矩小勾幾分。即可比得首末點之遠近高卑。乃以首段末點爲二段首點，仿此推廣。【略】

測望時，宜豫爲繪圖地步。所求底線，皆境内最要之路。每段用羅經定向，經過村堡、古蹟、河道、坡原、津渡、歧路等，及遥測左右各處遠近度分，一一載册。測畢，按册核算。

丈量。不能測望秖得實量。然欲繪圖，不可如農家尋常量法也。應用之器，如丈竿、竹箭、步弓、繩、窺管、丁字尺、平尺、羅經等物，丈竿必勻刻分寸。

紀限儀測量。西人製器，往往名同式異，此與行軍測繪所載稍有不同。

有矩度，有象限測地之器，粗具矣。然製作既未精良，又無遠鏡以視遠。靈臺所用，秘府所藏，力難仿造，則購西人儀器爲宜。厥器不一，便於航海及軍中攜帶者爲紀限儀。

西式紀限儀，創自奈端，或云哈德里所造，與欽天監紀限儀，一名距度儀，用一弧一幹加小輪者不同。其製：由圓心出左右兩定幹，即爲圓半徑。幹間弧度，得圓周六分之一。即六十度。

又由圓心出游幹。其端當圓心有回光鏡。即極平之襯錫玻璃。其末綴勿匿，即比例弧，理詳前。均隨游幹移動。左定幹上有鏡，半面回光，半面透光有雜色鏡，以便測日時障目，除光暈。右定幹上有遠鏡，對目之鏡面凹，對物之鏡面凸。或俱用凸鏡，則物鏡之凸，須小於目鏡之凸，理詳格致諸書。人目從遠鏡窺所測物在半透光鏡，再移游幹，令圓心上回光鏡内物影，射至半回光鏡。遠鏡中能見回光透光鏡上，並有所測物。乃查勿匿所切度分，爲測得之度。【略】

簡法測量

前言各法，勾股三角之至淺者也。然非略知算術，不能運用。欲無煩思慮，人人能知。則測而不算者爲羅經，即測即繪者，爲平面桌，官民所常用者爲丈量，總言之曰簡法測量。

羅經《邠廬抗議》：反羅經用二十四字。《測繪淺説》改爲左右各一百八十度，極爲適用。惟東西反向，悤促易訛。西式測地羅盤，用三百六十度，但記角度，而方向瞭然，尤爲簡易。購覓不便，仿其製爲之。

測時，常以初度向己身。由望準內窺見所測物，爲目至物之視線。乃查南鍼所指度。爲人立處對物之角度。即南北線與視線相交之角度。其交角有二法，所指度在半周內者，即以所得爲角度。若多於半周者，以半周減之，餘爲交角度。

平面桌

以平板方一二尺，嵌小南鍼於三足活架，爲平面桌。中貫螺釘，桌面可旋轉，削木爲視尺。兩端立鍼爲望準，或中立一柱，上加遠鏡。尺邊斜薄，匀刻分厘，畫線時可依此邊取直，並比例長短如測遠處丙。先量一底線甲乙，置桌於首點甲，令極平，黏圖紙於桌。作細點爲定點，以視尺一端靠定點，作甲己線爲圖上底線。其長短須與所量底線有比例，如底線長百丈圖作十寸，其比例爲千分之一。轉動桌面，俟甲己與乙相直。旋緊桌底螺絲，令勿動。以視尺一端，靠申，向丙。俟甲丙相直，作申丁線。次攜桌至末點乙，仍置視尺於申己線。轉桌面。俟己申與甲相直，旋緊螺絲。以視尺靠己向丙，俟己丙相直，作己壬線。兩線相交之丑，即丙所在也。乃依南鍼畫一南北線，而申己丑小形等於甲乙丙，其角度無不相等。

清・吴錫釗《矩象測繪》 求偏西距里法

由京師中線福建建寧、江西廣昌兩界間，橫推偏西經度至貴陽府治，得九度五十二分，化作赤道闊度一千九百七十三里三分，貴陽北極出地二十六度三十一分，則在赤道北二十六度三十一分，以之減象限九十度，餘六十三度二十九分。查八線表正弦八九四八〇四五，即二十六度三十一分之餘弦也。以三率法求之，凡三率法二三率相乘，一率除之得四率，餘皆準此。【略】

求直距京師法

既知中線及偏西距里，則以中線二千六百八十里爲股，偏西一千七百六十五里爲句，句自乘得數，股自乘得數，二數相加，開方得弦三千二百〇八里九分，即貴陽直距京師之斜線也。【略】

求直距省城法

欲求直距省城里數，則以貴陽府爲主線，南北反減，北極出地高度。如修文北極出地二十六度四十四分，減去貴筑北出地度分，餘一十三分，則知在省北四十三里，貴定北極出地二十六度三十分，反減貴筑北極出地度分餘一分，則知在省城南三里，餘作爲里數。仍依中線每度二百里，每三分化一百八十秒作爲十里，每十八秒作爲一里。東西則以偏西經度彼此加減，仍用前求偏西距里法，得橫距省城里數。【略】仍以南北里數爲股，東西里數爲句，或以南北爲句，東西爲股，亦可句股各自乘，併開方得弦，即直距省城之里數，所謂鳥道也。人行路曲，鳥行路直，以故直線名爲鳥道。

求偏度距里又法

若求各府州屬之州縣直距各府州里數，又當以各府州爲主線。今擬繪貴州全省地圖，必以貴陽府爲主線，取各府廳州縣及各土司偏西度距里，與貴筑之偏西度距里彼此反減，所餘即各處橫距省城東西之里數。再以各處北極高度與貴筑北極高度南北反減，所餘度分化作距里，即各處在省城南北之距里數。【略】

求各屬經緯距里法

欲求經緯距里，本可用測遠遞推之法，而黔省在萬山之中，其城鎮村落雖登高眺望，莫由快覩。相距若在數里而外。惟有峰巒拱峙而已，尚論數十里哉。今欲測地繪圖，非用經緯度分不可。蓋八線在十萬以內者，用表止五位足矣。而後數位多屬畸零，所差甚微。十萬內不過五位，推之千萬不過八位。若各屬距里徑用偏西距里反減，多至齟齬。良以尾數畸零，難期密合。茲詳較經度，得其距里，用分釐比例各尺，量定句股，列入圖中，庶不至叩槃捫燭，茫無準的爾。黔省惟安順府一屬可用測遠遞推之法，測法詳後。

又 求緯度法

用象限儀測北極高度，北極乃不動處，非極星也。據同治上元甲子起，算極星距不動處五度十二分二十二秒。惟句陳大星明而近極，冬至前後酉時在北極上，測其漸高之度，至不復高而止。卯時在北極下測其漸低之度，至不復低而止。高低兩緯之較，折半加於低度，減蒙氣差分，得北極出地度，即其地在赤道北之緯度。據同治上元甲子起，算句陳大星在赤經戌宮十五度五十八分八秒，一年加二分五十秒半强，北緯度八十八度三十六分三十秒，一年加一十九秒五十四，微距不動處一度二十三分三十秒，三年減一分弱。則今歲庚寅十一月十一日丁丑卯初初刻冬至，距不動處一度一十四分三十三秒。此後二百四十五年，距不動處五分爲最近，過此又漸遠矣。法載《考成》上編。

求經度法

用月食時兩處細測刻分，月體受虧，普天同見，而命時早晚不同。東人爲子，西人爲亥。於虧復及食既生光時，以中星及各星高弧測算兩處時分之較，化作經度，方爲密合。時之一分，當度之十五分，度之一分，當時之四秒。每十五度作爲四刻，每一度作爲四分。凡測經度以京師爲中線，貴州貴陽與京師較早二刻九分三十二秒，可收作十分，則是偏西九度五十二分，貴陽比京師早二刻十分。

求中線法

凡求經度皆以京師爲中線，以京師北極出地三十九度五十五分，減去貴筑縣北極出地二十六度三十一分，餘一十三度二十四分。每度作爲二百里，每三分作爲十里，每十八秒作爲一里，每分中線在福建建寧、江西廣昌兩界之間，北極出地亦二十六度三十一分，此求貴陽府法也，餘俱倣此推之。

矩象測繪諸法並圖説

北極測地緯度，月食測地經度，爲相距甚遠者言之也。若相距在一二百里者，自可用測遠遞推之法。《周髀算經》載偃矩望高，覆矩測深，卧矩知遠，而無測廣之説。明末陳子蓋謨著《度測》一書，補之曰：弦矩以測廣。乃合居卑求高、重矩求高、立高求遠三法用之。《數理精蘊·三角測量》篇用分角法求得半較角，加減半外角，或用分邊總邊線作句股求弦法算之，尤便於推測。餘姚黄氏炳垕《測地志要》量句測弦以得股，化股爲句以測弦。三角測兩遠，兩遠測横廣，横廣屢求遠廣，主線遍求腰線，立法最易。今融會各術，博採諸家，務求簡明確切，便於測繪。既可得山嶺川澤之本位，並可聯郡邑市鎮之經緯。因取《幾何原本》造地圖法及西人測地繪圖，測繪洲島郡邑法兼而用之，略具矩測儀測、圖算省算各法，以備用焉。

初入門法

凡初學求入門法，先於板上或紙上分無數正方分，極匀極正，定所測之點及測所，剪紙爲小儀器及矩度，表必極直，度必極匀，置於測所。如法測定度分，即以板上正方分作尺量之，量與算合，入門無難。【略】

檢表法

凡用儀器測得度分，即以所得度分查八線表，無論弦切割線，皆可據以入算。若無八線總表，須於象限儀上量取正弦、餘弦兩數，以餘弦歸除半徑得正割，以正弦歸除半徑得餘割，以正弦減半徑得餘矢，以餘弦減半得正矢。然量必極準，布算方合。試以八線表如法除減，檢查自知。

製象限矩度法

凡製象限矩度，銅爲上，木爲次之，或以矩象分而爲二，或以矩象合而爲一。若加矩度及窺表於儀器上，即得八線加儀器矩度於主線上，即得角度距分及三邊距里。其製之法有四，儀各用圜，矩各用方，其法一，以上所圖是也。幾何原本外用半圜内函半方，其方二。或以方式一面畫儀，一面畫矩，可以反覆用之，其法三。或以方式内層畫儀方邊分列矩線，其法四。總之制器尚象方圓，從心果能精熟，自必隨宜施用，無所不可，是在善學者。

省算法

用只幕萬分之矩度，化丈爲釐，或化里爲分，化里爲釐，亦可按所得直影切指尺，察直表，横距指尺若干分，處其直距知樞若。

清·黄炳垕《測地志要》卷一《測算本原論附入門法》　測算之術原理以製器，憑器以用法，由法以生巧。理不明，蔑以製器。器不精，蔑以用法。法不熟，蔑以巧。圜儀曷仿，仿於天圜。象限曷肇，肇於四象。矩測曷本，本於絜矩。明乎此，器可得而製矣。規極圓，矩極方。樞極正，度極匀，平取水準，立取繩直。精乎此，法可得而用矣。異乘同除，是謂凖測，同乘異除，是謂變測，同乘同除是謂重測。三率不忒，四率乃得，熟於此，巧亦得以生矣。由繁得簡，由紆得捷，由舊得新，由難得易。觸於機，亡者可補。悟於意，變者乃通。會於神，粗者入細。巧寓法中，周乎法外，理之所融，器莫能限也。或曰，世有明理而不精其器，製器而不熟其法，用法而不進於巧者，將明理無益。器與法均不足恃耶。曰，否否，萬事悉本一心。絶學尤宜立志，志不立，則功不純。事雖極易，有難成者矣。而欲其測量天地之高深，推度山川之廣遠也，烏乎能，故學者貴專心而致志。

初學求入門，先於板上或紙上分無數正方，分極匀極正，定所測之點及測所，剪紙爲小儀器及矩度，表極直度極匀，置於測所，如法測定度分，即以板上正方分作尺量之，量與算學合，入門無難，此即圖算法，測廣遠高深皆可用。

月食時刻測各地經度

地輿以東西爲經，南北爲緯，與天度相應。但測緯尚易，而測經甚難。西人測經度，定一處爲正中線，或用太陰淩犯星宿時，或用木旁四小星掩食木星時，兩地互測，得其時差，化爲度分。一小時爲十五度，一刻化爲三度四十五分。知兩地要距里數，或用鐘表，於午正時較定分秒。以之東西行一日，或二三日復以他器於午正時測定晷刻，與鐘表時刻相較，即以所差時分，化爲度分，得其距里，而要不若用月食時，兩處細測其刻分，爲能（豪）〔毫〕厘不爽也。蓋太陽恒多視差，即地半徑差，木旁小星，非自力所能見，必用極精極大遠鏡窺之，即鐘表之極準者亦非易得，惟月體受虧，普天同見，而命時蚤晚不同，故同此一時，西人爲酉者，東人爲戌，於虧復及食既生光時，以中星及各星高弧，測算兩處時分之較，化作經度，方爲密合，若相距在一二百里間，則惟用測遠遞推之法。【略】

昔人憑月食測各地經度，重在省會，於府、州、縣或不甚留意。故分秒不合。余潛心曆學，悟得推步捷法。因遵《曆象考成後編》各數。推同治丙寅至丙申三十年中月食。得食既者十三次，九分以上者一次，八分以上者四次，七分、六分、五分以上者各一次，四分以上者三次，三分以上者二次，二分、一分以上者各一次，不及一分者兩次。推月食分秒，命月全徑爲十分，每分百秒，約當天度三分强弱，其三十次，北緯十四次，南緯十六次，北緯食分在南，南緯食分在北，均算定實望時刻。用推日躔月離法，得設時，日月兩實行距弧化秒與三千六百秒相乘，距日實行化秒歸除之，得數爲秒，以分收之，加減設時，得實望實時。再查均數升度，兩時差加減之，得實望用時交周度分，推得實望時日月實行，并應用各數。置月實行減正交實行，得月距正交，即實交周，正交加減六宫，爲中交。南北距緯，月距正交中交前後十分，距緯五十五秒，前後十度，距緯五十五分。月食分秒。【略】

月食步法，推交周距緯及月與地影之大小，日月行度之遲疾，而食分食時，可得而知焉，蓋日大於地，故地影尖圓，月高則徑小行遲。當地影小處，月卑則徑大行疾。當地影大處，日高則徑小行遲。夏至後十日最高而地影微大行亦遲，曰卑則徑大行疾。冬至後十日最卑而地影微小，行亦疾，故有距緯同，而見食多寡，虧復久暫不同者，職是故也。今推得後三十年内月食，實望時刻，以中線爲主，尊京師也。戊辰、壬申、乙亥、壬午、丙戌、戊子、癸巳、乙未八年不見食，入交在朔不在望，或入交在望而在晝也。【略】食在夜中，可細測經度也。客秋今春，驗諸實測，分秒悉合，可卜新法之善，歷久不變矣。或曰，每歲月食，欽天監五月前推算繪圖，呈御覽，即行文各省，子何算之豫耶？曰，粤匪滋事以來，道途多梗，每有行文不至者，非早行推算，曷以備測望之用？且曆學爲余之所好，一經布算，遂遠及數十年者，并欲驗曆法之疏密耳。曰，曷不及於日食也？曰，書爲測地而作，日食無關於測地，雖經推算，不著於此編。同治六年春分日書。

北極高下測各地緯度

求各地緯度度，或測太陽午正高弧，或測恒星正午高弧，太陽恒星在赤道北，則減其距赤道度，及蒙氣差。太陽恒星在赤道南，則加其距赤道度，減蒙氣差得其地赤道高度，以與九十度相減，餘爲其地距赤道北緯度。但太陽距赤道之緯度。每日每時不同，恒星距赤道之緯，每歲每宿不同。須各求其真緯，方可據以爲準。其法較繁，不如用北極高度爲便捷。此北極指不動處非極星也。夫北極不可見，於何測之？曰，測以附近之勾陳大星，蓋極星甚小，今已距不動處五度五十二分二十秒。據今甲子歲算，每年加歲差二十秒。惟勾陳大星明而近極，冬至前後，酉時在北極上。用象限儀測其漸高之度，至不復低而止。高低兩緯之較，折半加於低度，減蒙氣差分，得北極出地度，即其地在赤道北之緯度。法載《考成》上編，測算家尚之。用上法，測得紹府北極出地三十度零五分，姚邑北極出地三十度零三分。【略】

東西偏度求相距里數

南北緯度，每度計里二百。每里縱黍尺一百八十丈。向北直行二百里，而北極高一度，向南行二百里，而北極低一度。度無闊狹，故里無多寡，東西經度，當赤道下者，每度亦二百里，自赤道而南北，其度漸狹。里數亦漸少，今用月食時刻，推得距中線之度分，尚未知距中線之里數也。欲知其里數，以三率法求之。假如姚城在赤道北三十度零三分，偏東四度三十六分，求本地距中線之里數，以赤道闊度距中線九百二十里爲對所求。

清・黄炳垕《測地志要》卷二　量勾弦以得股

測必先量，量爲測之本；量而後測，測濟量之窮。蓋曠野平疇，可量也。至高山、峻嶺兩處垂線相距之平遠，無可量矣。一里二里可量也。至數十百里、穿山越海直距之里數，更無可量矣。於不能量之處，而欲知其數，非測不爲功。測法或以距度，或以儀器，要必量一處爲始基，故先定一直角，横短直長，以横爲勾，直短横長，以直爲勾，測定其弦，并得其股，而轉測他處，即以是爲底線焉。矩測如姚邑西石山之北，横量五十六丈，東西兩端，平安矩度，定表相對，西矩游表，與西石山成直角，東矩游表，測得西石山直影三十一分零八(豪)[毫]，斜距分一百零四分七厘，直影即八線之餘切，其斜距即餘割查線表便得角度。【略】

化股爲勾以測弦

勾股有定形，無定數。故量勾測弦，而所得之股，長於所量之勾，化股爲勾，而所測之弦，更長於所求之股，由是輾轉相推，愈遠愈大，無窮之形象，悉入於布算中矣。【略】三角測兩遠，直角九十度，鈍角過九十度，鋭角不及九十度，三角皆有八線，鈍角用外角八線。凡勾股必取直角，三角則惟變所適而無定形。然直角即勾股，鈍、鋭二角，求垂線於形中，則成兩勾股形，求垂線於形外，亦成一勾股形，蓋勾股爲三角之體，三角爲勾股之用，三角與勾股，二而一者也。第推算之法，勾股用距中心分，即倒直影，及斜距分。三角則以八線，其用較廣，故用以測兩遠爲尤宜。

兩遠推横廣

《周髀算經》載，偃矩望高，覆矩測深，卧矩知遠，而無測廣之法。明末陳子龘謨著《度測》一書，補之曰：弦矩以測廣，乃合居卑求高。重矩求高，立高測遠，三法用之，必先取兩地相平，其用較隘。惟《數理精蘊》三角測量篇用分角法，求得半較角，加減半外角，或用分邊總邊線，作勾股求弦法算之。神明其術，不必彼此相一，可得兩遠之横廣，尤便於推測云。【略】

横廣屢求遠廣

兩儀器推横廣，定底線一里，測遠無過十里，定底線十里，測遠可至百里。然一里之底線，定以丈量，直距至十里，必有岡阜、江湖、屋舍、陵墓横阻其間，而量之術窮。將以何法取之乎？余因取《數理精蘊》、《諸家測量》等書，反覆紬繹，悟得廣益求廣之法，止量一處爲底線，測得兩遠横廣，即以其横廣爲底線，測至更遠處，如前推横廣法算之，由是漸推漸廣，至於無窮，即人跡罕到之地，無不可布算定之矣。【略】

主線偏求腰線

自測弦至進推横廣，法綦備矣。然郡邑之山嶺、江湖、村市、橋梁，既星羅而棊布，而疆界之斜直凹凸、遠近廣狹，亦殊相而異形，苟非有執簡御繁之法，曷以悉得其本位，而俱合其真形哉。因取《數理精蘊》、《幾何原本》造地圖法及《新法曆書》、《測量全義》測繪洲島郡邑法兼而用之。《幾何原本》兩儀俱用鋭角而不言量取底線，《測量全義》備言主線爲底兩角求腰，并隔礙處輾轉相求之法，而角度兼用鈍角，擇兩高曠遠處兩端，平安儀器，或矩度定表相對，凡前後所見各形象，均視兩游表視線相交之點，爲其物之本位。至邊界不齊之處，亦以是法施之繪於圖上，無不各得其本位，而合其真形焉。【略】

隔海山測洋面里程

劉徽之《海島算經》以兩表相距千步，測得千二百五十五步之高，因得三萬零七百五十步之遠。此以重測法求島高，而後求其遠也。然海濱之地高下不齊，勢難取平。況海面至數十里之遥，隨地球圓體而轉，亦難得平準。失之（豪）〔毫〕釐，差以千里，其法恐難密合，不如用測遠法，徑測海島之遠，即知海面之距里。不求其高即不用取兩地相平。其法爲便且準云。【略】

境外山聯鄰郡經緯

月食測地經度，北極測地緯度。爲相距極遠者言之也。若相距不甚遠，以地面之物測之，可即此地經緯，得彼地經緯。【略】

距里求中積

凡測造郡邑輿圖，以屢測得各地距里及邊境遠近，猶未知其中積若干里也。欲求其中積里，將全境分作若干正方形，若干長方形，若干勾股形，若干等邊形，若干兩等邊形，若干不等邊形。正方長方形，均以縱横里數相乘得積里，勾股形以縱横里數相乘，折半，得積里，等邊兩等邊不等邊形，均以法求得中垂線，分作兩勾股形，以勾股求積法算之，不等邊形或不求中垂線，以三較連乘法算之既得各形之積里。然後合爲一圖，得全境這積里。

清·莊廷敷《地圖説》　地球渾圓全圖，始於明神宗時，西人利瑪竇及國朝南懷仁等所進地球式及《坤輿説》。但其地球經緯度分以正面中國度線收狹小，而外域各國度線反放寬大者。據稱地體渾圓，分繪作兩半圓，應作中高之勢，使閲者視正中則小，視斜側應寬，庶合西洋線法云云。不知人視圓球，則當中面寬而側面狹。今既於平幅繪圖，則當正中與邊隅一律均匀。其經緯度分已分曲直線，雖突面之體，人豈不可帶左右視，即與視中線法同，何得如西人偏執迂見，致天度地面一圖内有大小之殊耶。昔徐光啓亦曾進萬國經緯地球圖，已無傳本。今此圖内經緯度線，覈量匀派。其每度内應得水土界限，與西法舊圖同。惟四隅之與中線，則概分均平，無大小偏陂之議。至西人舊圖爲幅尋丈，未便篋笥。且所書國土尚俱係前代名目。又圖中混列蟲魚怪物，無關坤象大體，今並删除。祇彷其水土形局縮成尺幅。而外夷名稱，悉遵《欽定職方會覽》、《四彝圖説》等書。間或旁附舊名，便覈同異至坤輿地圓之旨。《元史》札馬魯丁亦已言之，天有三百六十度，中界赤道分南北極以便推步，地亦如之，與天度相應。中國當赤道北，故北極常見，南極常隱。南行二百五十里，則北極低一度。北行二百五十里，則北極高出一度。地體渾圓，是以知地之全周爲九萬里。又以南北緯度定天下之縱，凡北極出地之度同，則四時寒暑靡不同，若南極出地之度與北極出地之度同，則其晝夜永短靡不同，惟時令相反，此之春，彼爲秋，此之夏，彼爲冬。

以東西經度定天下之衡，兩地經度隔三十度，地隔七千五百里，則時刻差一辰。凡時刻内刻之四分天即西過一度，相去一百八十度，則晝夜相反。自赤道南二十三度半爲南道，即冬至限，赤道北二十三度半爲北道，即夏至限。中國在赤道北，故日行南道，則中國晝短，日行北道，則中國晝長，日行赤道中則普天下晝夜均平。因以日輪行天之勢，分山海爲五帶，即赤道間爲中帶，其地甚熱，日輪晝夜長短勻平之間故也。一近北極圈，一近南極圈，此二處地甚冷帶，遠日輪故也。一在北極下中國晝長二圈之間，即北道夏至限，一在南極下中國晝短二圈之間，即南道冬至限，此二處皆爲正帶。一歲中日輪高下遠近，得冷熱往還相均故也。又以全地塊段之勢，分輿地爲五大洲。曰亞細亞者爲中土，大清國南至呂宋亞齊噶喇巴，北至新增白臘冰海，東至日本島，西至大乃河、黑海、西紅海、小西洋等處。曰歐羅巴者，爲大西洋，南至地中海，北至白海，東至黑海，西至大西洋海各島。曰利未亞者，爲西南洋，南至大浪山，北至地中海，東至西紅海聖老楞佐島，西至聖多默島等處。其利未亞四圍俱海，僅東北區盡西紅海處微地，與西戎相連。大西人稱若此處能與大西之地中海相通，則西舶可由此達小西洋至中國，免繞利未亞之海，經大浪山風波，而又遠二三萬里也。曰亞墨利加者，是中國後面之地，全是海圍，亦有數中國，於近赤道之宇加單處止微地，與南極下地相連，遂分南亞墨北亞墨二州。盡南爲瑪熱辣尼峽，惟見南極出地，而北極恒藏焉。人物荒杳，從海北轉，即中土屬之瓜哇境矣。

大地同海，本一圓球，以入圖分繪兩面，閱者聯東西爲一，反覆旋合觀之，與得三百六十度全勢。全圖内十度作一格，使簡約易覽，其緯度自晝夜平線，分南北起至兩極，係平度，漸近極圈漸小，而盡於九十度。其每度之東西里分，應漸減除，其經度自兩極疏分至赤道，係直度，其每度之南北經線，應准定二百五十里無減。自京師順天府爲經線正中初度者，乃東方九十度内，定九五居中之義，餘經線爲京師偏東偏西，循環合轉，仍三百六十。今每幅經緯線得一百八十度，而外圍之大圓周亦仍三百六十度也。其各省府所定度位，則遵《欽制數理精蘊》以北極出地平，並日月交食各方所測時刻天頂，推而定之。以中國所驗而論，如春秋二分，日躔赤道時，於順天府午正所測驗，日離赤道天頂四十度，於最南之廣州府午正所測驗，日離赤道天頂二十三度，以二十三與四十相減，則餘十七度，即知廣州距順天南北隔地面亦十七度矣。再以合天交食之理定東西相去之廣，以每年頒行月食，於最東杭州省城所驗，較最西雲南省城所驗每差五刻五分，以刻分覈度數，則知兩省東西相距二十度，是以輿圖定兩府東西隔二十度。餘他省府與全地各國及海島海面，俱依方測量，勿可混列也。其日出入方位，晝夜永短刻分，與夫交節氣遲早時刻，各地不同處，自有頒行時憲，可與斯圖外層之約略注載攷覈，或不甚舛。宣城梅文鼎曰：「極度晷景常相因，知北極出地之高，即可知各節氣午正之景，測得各節氣午正之景，亦可知北極出其地之高，然其學非膚淺可窺。」今第以監定所測京省等處北極出地度，並以京師子午線爲中，而較各省會地所偏之度，凡節候遲早月食先後胥視此。

或問：古典籍記載，有言地之廣大，東西南北曰四方，隅曰四維，總稱八方。又曰四極，四遊八紘之外，更有大九州。昔神農度地，四海内東西九十萬里，南北八十一萬里，地厚與天等之説。今述地球兼水土，而圓周止九萬里，何據乎？不知地體圍圓九萬里，非可臆見，以所定里數而測月食，分秒里差，覈以時刻。如日隨天行，一日一周。地面有十二時，較交食時分，得若千里，因知地兼海大圍實九萬里。再以北極出各地高卑，定南北準則亦九萬里。但南北有兩極不動之定位，至東西乃隨各方人居處，論天與地，本無東西定位，慎勿泥古爲膠柱之議。譬諸記載，稱有國土，從無日光，惟燭龍銜火相照。又有稱天方仙界，日長無夜等説，固虚誕無憑。更有可據者，如稱奉使至北方，日皆長晝，即日入尚皆見博烹羊胛未熟，而日又東升，以爲其長晝可異。乃不知其時值夏秋間，至其地耳，如遇冬令。豈知其地之人，皆伏蟄而避長夜，猶之《臺郡雜誌》載海中有暗嶴，夷舶初抵是處，見其日亦長晝無夜，山青水秀，萬花遍滿，惜無居人。夷人謂其地美，留番衆二百人住此，給以歲糧，俾爲耕植。次後原舟至，值山中如長夜，前留番衆，無一存者，舉火索之，見石上遺書言，夏後漸成昏黑，且山多怪魅，所留人漸没矣。此等處所，同北極下之地，皆近極入九十度内，乃夏則北有長晝，而南爲長夜，冬則南有長晝，而北爲長夜。至半年爲日，半年爲夜。恐聞者疑信未然，今將日躔南北帶，冬夏二至限外，地面之晝夜時，列書刻以見晝夜長短一定之理。可見太陽非獨於九重天内居中，而於南北兩極一百八十度内高卑上下以成歲，功亦在居中五十度内，吾人幸生中土，全仰大陽和煦，如君父愛育之下，其極北極南地面，光氣稍偏，雖曰大德好生，而冰海火地，人物亦罕，由少資生之道也。

清·傅雲龍《地圖經緯説》 《説文》：經，義從絲也。「從」字據《御覽》引補。緯，織横絲也。此從横本誼。《釋名》：「南北爲經，東西爲緯。」證之《周禮·天官·冢宰疏》、《匬人注疏》、《考工記·匠人·九經九緯疏》、《大戴記》、《家語》、《吕覽》、《淮南》高注、《周髀算經注》、《揚子》均同。今中外圖法，適符古誼。天道潛北而見南，故地圖亦上北而下南，下之者向之也，即張衡、蔡邕、王蕃諸説北高南下意也。自東横西曰緯線，以赤道爲根，赤道北曰北緯線，南可類推，南曰南緯線。此有定者也。經線自北直南，中國圖當以京城觀象臺爲主，外國亦自起其都。東曰東經線，西曰西經線。如以左右論則右東左西。此爲定者也。而或疑無定爲有定，此雲龍所以不能已於説也。赤道緯線亦曰赤徑，南北各二十三度二十有八，分曰黄道，寒温漸得厥平，近日度也。又南北各四十三度四分曰黑道，去日度遠，是爲南北冰海。所謂赤道、黄道、黑道者，見《周禮·馮相氏》、《洪范正義》、《後漢志》、《晉志》、《唐天文志》，而經線兩端南北極也，亦曰極徑。自赤道直北二十三度有半，俗名北帶，亦謂晝短圈。又謂夏至圈。南亦如之，俗名南帶，亦謂晝長圈，又謂冬至圈。以地面言晝長晝短二圈，時有變更，自北極直南二十三度有半，俗名北圈線。南極直北，亦如之，俗名南圈線。此二線亦稱二寒界圈，又名黄極圈。凡言二十三度半者，細數二十三度二十七分二十秒也。五道雲者，南帶至北帶曰熱道，當赤道日度故也。北帶北圈線曰北温道，南帶至南圈線曰南温道，近赤道日度故也。南圈線至南極曰南寒道，北圈線至北極曰北寒道，遠赤道日度故也。□説寒温以南北分，非耶是也，凡地圖經緯十度爲一線，線之從横南北，自赤道計，東西自經線根計，中國以京爲根。地面半圖爲三百六十度之半，以二百里計度，是爲三萬六千里。赤道大約七萬二千里。其經緯線各十有九，而東西經緯線則各三十有六。

清·葉瀚《以月離測經度解》 測地之法，全以三角容廣爲本。其法先求底線，再測諸角。作細圖而地小者，則以三角互求，用工繁瑣，碎而需日多。若測遠地而作略圖，則測天文經緯爲便。有用電火標者，有用奔星作標者，有用月蝕、木星土星月蝕作標者，有用度時表者。西人以度時表爲常用，然行道日久不能無差，而月食又恐他影不准。而以電火作標，必須有路相通，彼此相見之處。奔星代標，則必須立秋、立冬二夜三夜爲妙。且歷時甚速，且又恐難取准。木星月蝕則半球同見，星台亦測有定時，最爲便捷。而便於航海者，則測日及天星之外，惟恐莫如以月離測經度之法。月離測經度，見於侯失勒約翰《談天·地學》中。但言其理，未述其法。今改西洋行海要術，有以月離測經度法。其求月距各曜度，又求月高度及他曜高度。祇是求太陰之一法，要知其法最便於航海，故天文家設各簡法，皮生天文書，共有二十四家。設立太陰，消去地心差及氣差之度，而得相距之法。其法亦多矣，此其一也。其二則以月過午線及他曜過午線時，求本處經度，此太陰經度。因其本動，而於某時刻過午線，與他恒星過午線，則得其相距之較，即可定其本地經度較也。其三者，即爲太陰沖恒星求經度，月行白道，動變甚繁。行約一月，一周行時，或掩星，或出二星中間，此太陰越度沖恒星之法所由立也。以月距他曜考本處經度，爲太陰之法。凡諸曜中，惟月行最速，大約每二小時之久，東行一度，每二分時東行一分度，故可測月距日度，或距恒星與行星度，以與通書内三小時月距離於他曜之數相爲比較，而得本處經度也。凡測月距他曜之法，有三事爲最要。其尤要者，爲太陰與他曜諸星之相距度，其餘二事爲月高度及他曜之高度。此三事宜以三人同時測定，若一人測三事，則宜變。同時同測之數，其法以一紀限儀測距度，别以二象限儀測兩高弧，又有時表考定時刻。紀限儀先期考定儀差，推算某日月距他曜之約數，以定紀限佛逆紀，置於時表近處，又先預推兩曜約高弧，以定兩象限佛逆，亦置於時表近處報告，先以甲象限測遠午線一曜之高紀之，又以乙象限測近午線一曜之高候越二分時，即定其佛逆紀之，次以紀限測距度紀之，每進退佛逆一分，遞測遞紀之。凡三次。再用乙象限測近午線一曜之高越二分時，以甲象限測遠午線一曜之高，俱紀之。然後取中時及中距，度法以紀限，三次所測之距度，並而三分之，爲中距度。以時表所得之三數，並而三分之，爲中時。此取中時、中度之法也。有中時、中距度，可求中高，中高乃太陰及太陽或行星及恒時之中高數也。法以初日高時、次日高時相減爲時較，以初日高度與次日高度相減爲較高，以較高度化分後列初測距中時之分。又以較時合前共三數，開四率比例，以較時爲一率，較高化分爲二率，以初測距中時爲三率，比得四率。加減分數，以初日高時與次日高時相減爲較時，以初月高度與次月高度相減爲較高。以初測距中時若干分開比例，以較時爲一率，以較高爲二率，以初測距中時若干分爲三率，比得四率。加減分爲月中高。測行星、恒星與月距亦如之。夫距度取中者，以月距他曜移變甚速，屢測取中，方准也。測次數不同，故時亦不同。取中時者，變爲同時也。取中高者，兩象限高弧本約定其數。屢測於衷，始得測定之中度也。蓋高度者，即太陰及太陽各星上下邊之高度。其餘度爲距天頂之度，比高度之設，不過爲改正其角度，即消去其地心差與蒙氣差之用。故去測時，不必取准太甚也。有中時及日中、高月、中高、中距各數，而後可推泛高及泛距。泛高，泛距者，太陰及他曜之中心，視高度太陰與他曜兩心相距之視度也。

英・華爾敦著、英・傅蘭雅口譯、清・趙元益筆述《測繪海圖全法》卷四《第十二章　論測量而定緯度之法》 各種測海繪圖之工夫內，多用測量天文而定緯度之法。除極小圖之外，其圖比例恃測日或測星推算經度與緯度而定之。又前言作海圖之工夫內，常恃真方向如行船時測量，或在大洋中求淺處，或度其深幾全恃天文法定其方位，所以求經度與緯度之各法，爲最要者。論此事內，必先論陸地岸上用借地平而測量。因此工夫內，必得紀限儀所能查得最準之各數。所以此卷內除用經緯儀測真方向之外，專論用紀限儀，而論陸地測量之後，再論海面測量。

凡測量空中諸曜所測得之數，有器具差與空氣差，又有各人測量之差。無論測之如何詳慎，如不能銷去此各無定之差，則所測量而定之各方位，亦必有差。所以用天文法測量而欲定之最準，必定用何法銷去各差，爲最合宜。其總理每一事，要測數二幅。而其二幅必彼此相銷其各差，而求其中數則無差。惟成此事，必在各種測量之工夫內特言之。

測星子午線左右高而定緯度之法

以天文法定緯度，比較定經度更爲簡便。因不藉別事，全藉本測量之工夫。然而測經度藉二處測數二幅，而從其數之較內，求其經度。又恃度時表之爲準與否，如無電報，必全藉度時表。反言之，測緯度之工夫最難得準，因測緯度而得極細之數目俱藉星。而因用借地平測星，必在夜中測之，其事更難。因在日內測天文事頗易，而夜中測量，欲其無誤爲最難之事。

凡用天文法定緯度，所需銷去之差有四種：一爲測量之差。二爲器具之差，即紀限儀游表之差，或光行過借地平玻璃蓋，所有折光差等是也。三爲空氣折光差，此差常改變，而無法能全改正之。四爲本人之差，即諸人測量之時，觀二物相切，不免有不同之處。

第一種測量之差，必測多次，方能銷去之。而測之次數愈多愈佳，故不能近在子午線而測之。而必在左右測若干次，即其星尚未到子午線若干時之前起首測量，到星已過子午線若干時而止。每測一次，必改其差，令其與子午線高相等。如此得星在子午線高之中數，如其差能推算得準，則所得中數比較準。在子午線測一次，更爲可恃。

其餘各種差，間有能徑加或減若干數，得其相近數，但此等差無法能改之全準，所以祇測一物，如測太陽等，則必有差，而其差之大小不等。

免以上各差而銷去之，須測二個星，其高度略等，愈相等愈佳。一個在天頂之南，一個在天頂之北，則所有之差，彼此相銷。因天頂此邊有令其高度過大，或過小，則彼邊亦有相等之事。以後推算緯度之時，此邊之差，令其緯度過大，彼邊之差，令其緯度過小，所以測二星所得緯度之中數與真數最爲相近。

凡測星一對，則借地平之玻璃蓋，必在人之左右邊，不改變，所以先測北而後測南。則必反其借地平之蓋，反之亦然。又如祇觀一體如太陽，則測至一半工夫之時，則玻璃蓋亦必調換。

紀限儀托架之用，與測量得準有大益處。而用慣之時，則星形之定在一處者，不致有人手之振動，所以其星之形，可以彼此交過而得最準。【略】

各星之略高度，必推算而記於角書內。又必記其過子午線之時刻，與其爲若干等之星，並身邊攜帶度時表之時刻，或爲天頂之南，或爲天頂之北。又每一對必取一號數，又一對星之時刻，愈能相近，則銷去極光差愈準。如相離之時過長，則熱度有改變，又有成露或別故，能改變空氣之折光差。【略】

測量之人調換方位，自南至北，或自北至南，亦必費時刻。如過於急迫，亦易有誤。

清・楊錫恩《測量備要》 測地經度

一定正子午線。指南針隨地有差岐，不專得子午，故用正子午，當以勾陳大星考之。勾陳大星繞北極樞旋轉於子午線，或遠或近。先以一線直向勾陳大星，乃用紀限儀測得高弧，以弧三角對弧對角法算之，視現時過子午圈之赤經度，與勾陳大星赤經度相減，爲新知之角。測得大星高弧，減象限，乃勾陳大星實距天頂爲新知之弧。勾陳大星距極樞爲對新求角之弧，求得新對之角，爲現在勾陳大星偏於子午線度分。改正前所向線，即爲正子午線，以校指南針知差岐。

算法

一率所知之弧正弦。二率所知之角正弦。

三率所求之弧正弦。四率所求之角正弦。

一定本地平太陽時。自所定正子午線之南高置薄鋼片中，開小孔，懸垂線，與子午線相對，候午正太陽從小孔漏與，成橢圓影。與子午線相疊，即爲真太陽午正時。加減時差爲平太陽時，以校經度錶。此錶所行爲平太陽時，既定子午線，用中星亦可定時刻。若據行海通書各件定經度。要加本地距倫敦經度，化時爲倫敦午正經錶，既有此定準經錶，任行海陸，晝則測日，夜則測星月，皆可以定經度。惟此錶價值極昂，不易購辦。則用平原常略準之錶，以中星校本地時刻。加減時差，得出地平太陽時。以千里鏡視木星月蝕，檢行海通書，得倫敦時，校出本地時，亦得經度。此所用者，在一二時之間，其錶快慢無多，若行海者，其船時刻易地，此法似屬不準，然行海者，只求度中之分，難求分中之秒，似亦可用也。

一覆校定準錶之差。以校經度錶之後數日，或數十日，如前法校得午正時相符，則爲無差。若有差計其所差有常，則積其差數而用之。若所差有盈縮，此錶不可用矣。

一定經度。隨帶有經度錶者，晝則測日，夜則測月，得本地平太陽爲時。與經度錶相校，快爲偏東，慢爲偏西。以四分爲一度，四秒爲一分，倫敦在中國京師偏西一百十六度二十八分，加減此度，得京師偏東西度。

一以恒星隨月過子午規時刻。檢行海通書相校算，亦得偏度。

一檢行海通書，有月距恒星數並時刻，與本地用紀限儀測得數。並時刻算之，亦得偏度。

一以太陰過子午規時刻。與行海通書相校，亦得偏度。

一以本地時刻測日月食，檢中國通書相校，得京師偏度，檢行海通書相校，得倫敦偏度。

一行海通書，有七政各相會度數時刻，以本地時刻，測得合度，亦得偏度。

一以火、木、土三星，有過子午規時刻，檢行海通書相校，亦得偏度。

一木星之旁有四月，每夜常有掩蝕，先以中星校準時辰錶，加減時差，爲平太陽時，乃以千里鏡視其伏見時，得時刻，檢行海通書，將倫敦時刻相較，得偏度。

木星月蝕釋例

一木星四月記號。I此指一月，II此指二月，III此指三月，IV此指四月。三月有蝕，其第四月無蝕。

一月體及月影記號。Th此指月體，Sh此指月影，*此指月體掩月，†此指月影掩月。

一掩蝕出入伏見記號。I此指入字，E此指出字。出入者，月從木星面過，而有出入。或從月體月影過，亦有出入也。Ee此指蝕字。蝕者，月從木星背過，爲木星所蝕也。Oe此指掩字。掩者，月入木星暗虚中，爲其所掩也。D此指伏字。R此指見字。伏見者，月從木星背過，或從暗虚中過，有伏見也。

地球經緯方向里數互求法

一有自此至彼，正子午行里數，求緯度差。法自此至彼，正子午行星數爲實。每度二百里爲法，法除實，得度分，爲緯度差。以加減此緯度，得彼緯度加減，漸遠赤道則加，漸近赤道則減，後倣此。正子午同行此經線，經度無差，故不用求。

二有此地緯度，有自此至彼，正卯酉行里數，求經度差。法置自此至彼，正卯酉行里數，以此地緯度正割線乘之，每度二百里除之，得度分，爲經度差。以加減此經度，得彼經度加減，例漸遠中線則加，漸近中線則減，後倣此。正卯酉行同此緯線。無緯度差，故不用求。

三有此地緯度，有自此至彼，不向正角北行，而專向偏東西若干度行，如專向正丑方行，是專向正北偏東三十度行也。如專向正寅方行，是專向正北偏東六十度行也。俱從正子午起初度，後倣此。行若干里，求緯度差。法置自此至彼所行里數，以正北偏東度之餘弦乘之，每度二百里除之，得度分，以加此地緯度，得彼地緯度。

四有此地緯度，有彼地緯度，有自此至彼里數，求所專向偏度。法以兩地緯度相減，爲緯度差度分。以每度二百里乘之，所行里數除之，得數檢餘弦表，得度分，爲專向偏度。

五有此地緯度，有彼地緯度，有自此至彼專向偏度，即如正北偏東若干度是也，求經度差。法以彼此地距北極度，即以緯度減象限也。各折半，檢八線正切對數表，兩對數相減，以偏度正切真數乘之，爲實。乃以一度弧線〇〇一七四五三三，乘對數根〇四三四二九四五，得〇〇七五七九八七二二爲常法。法除實得度分，爲經度差，加減此地經度，得彼地經度。

六有此地緯度，有兩地經度差，有專向偏度，求彼地緯度。法以兩地經度差，度化爲分，有零分併入，以前常法乘之爲實。以專向偏度正切真數爲法除之，得对數較，乃以此地距極度折半，檢正切對數，與所得对數較相加減，自此至彼，漸遠極則加，漸近極則減。亦爲正切对數，檢表得度分，倍之爲彼地距極度，與一象限相減，爲彼地緯度。

七有此地經緯，有彼地經緯，求自此至彼專向偏度。法置兩地經度差度化爲分，有零分並入，以前常法乘之爲實。又以兩地距北極度各折半，檢正切對數相減，餘以六十乘之爲法，法除實爲正切真數，檢表得度分，爲專向偏度。

八有兩地緯差，有專向偏度，求所行里數。法置兩地緯差度分，以每度二百里乘之。專向偏度，餘弦除之，得所行里數。

九論曰：在地球上專依指南針盤上一向行。惟向正子午及在赤道上向正卯酉所行，是大圈線。若離赤道，雖向正卯酉所行，是距等圈。其餘偏向所行，俱爲螺線圈。然後與經線相交，常爲等角，故不可以斜弧三角之法御之。因斜弧三角形三邊，俱是大圈。若循大圈而行，則與經線交角，時時不等矣。惟有兩地緯度，而自此地望彼地，某方向相距里數，及經度差者，可以斜弧三角法御之。求其相距之弧，及所對之角即得。然自此望彼，與彼望此，其方向必微有不同。又循此相距之弧而行，徑直而捷，所謂飛鳥準繩之道也。循螺線而行，則稍曲而微多，皆不可不知也。

測地緯度

一日行正午線，用紀限儀測得高弧折半，減清蒙差，加減日赤緯度，南加北減，測得與象限相減，爲極距天頂度。再減象限，爲北極出地度。

一早晚測日出入地平方向，用弧三角法算之，得北緯度。

一隨時測得日高弧，又得日方向，用弧三角法算之，得北緯度。

一隨時測得日高弧，又得時刻，用弧三角法算之，得北緯度。

一候月到正午線，用紀限儀測得高弧折半，除清蒙差，加太陰地半徑差爲實高，以減蒙限爲實距天頂，乃與是時太陰赤緯相加減，爲赤道距本天頂減象限，得北極出地度。

一測月不在正午，以紀限儀測得其方向，用斜弧三角法求之，以太陰在午偏度爲一角，太陰赤緯與象限相加減，南加北減，爲对角之弧。太陰實距天頂爲夾角之一弧，求夾角之又一弧，爲本天頂距極減象限，得地緯度。

一句陳大星，用紀限儀測得高弧，折半減清蒙差，得實高。視中星爲某時刻，檢句陳升降表加減，句陳大星在極下用加，在極上用減，得地緯度。

一勾陳大星，用紀限儀測得高弧，折半除清蒙差，視中星爲某經度爲一角。以勾陳大星北緯減象限爲一弧，測得勾陳大星實高度，減象限爲星距天頂度，爲又一弧。求又一弧，與象限相減，即地緯度。

一火、木、土三星，候其行到午線，用紀限儀測得實高度。折半除(青)[清]蒙差。減象限，爲星距天頂，加減星赤緯，南加北減，爲赤道距本天頂，減象限爲極出地緯度。

一測各星，不在午正線，亦爲太陰之法算之。

以勾陳大星測北極出地度法

乙丑十一月廿四夜，昴宿中頂，用紀限儀測得勾陳大星倍出地四十八度三十二分一十秒。昴宿赤道經時三小時三十九分三十二秒八十五微。勾陳大星經一小時一十分〇二十三秒四十微。相減得二小時二十九分〇九秒四十五微。將〢二〩〇〤〥化度，得三十七度十七分二十一秒七十五微作甲角，勾陳大星北緯八十八度三十六分〇二秒四十微，減象限得一度二十三分五十七秒六十微，作甲丙邊。

測得勾陳大星倍出地〤〨〣〢〡〇，折半得〢〤〡〦〇〥，除清蒙差二分一十秒，得寔高二十四度十三分五十五秒，爲出地平高度。減象限得六十五度四十六分〇五秒爲距天頂，作一邊，作乙丙邊。

測量法

凡測人距物遠，或二物相距遠，先立二表，量其兩表距爲底線，以紀限儀先測其表物差，物表差各記之。然後測其表物角，物表角，各減其差爲寔角，以法算之，得其距遠。凡測物距遠，應以平遠爲準，今以儀器置表端而測，所得者，乃斜遠也。此斜與平之比，若弦與股之比，如表物距遠，所差亦可無庸計。若有距遠求高，則所測得之角多表高一度，減去乃爲寔角。算表高虛角法，半徑爲一率，表物距遠爲二率，表高爲三率，求得四率爲虛角，檢正弦表得度。若隔河測物，以表端至水面爲表高，以水面爲平故也。

量地求積法

凡量地計積者，先度其地形勢，以線開成三角形量之。有中垂線者，以垂線與底線相乘，折半得積。無垂線者，以三邊求積法求之。如池塘不能開線，則沿堤丈量，以指南針定其方向，如後四法算之得積。

簡平儀畫地圖法

以南北極爲中，赤道爲邊。

渾蓋通憲畫圖經緯度格法

有正弦有矢求全徑

法以正弦自乘，矢除之得以大矢，加矢得全徑，折半得半徑，若減矢折半得餘弦。

墨克得畫圖經緯度格法

以赤道爲中，南極爲下，北極爲上，經線三百六十俱直，名曰各地午線。

清・江蘇省輿圖總局《蘇省輿圖測法繪法條議圖解・輿圖測法繪法條議圖解》 圖解十則附後

圖解凡堪輿所用羅盤準向之法，以針頭對準午正，視所測當某向字，別用線以夾取之，是針與向字，都成呆物，但藉以認清南方爲指引耳。今測向盤，妙在以八百靈動之向字，移就一定指南之針頭，如右圖塔在干方，就堪輿羅盤論，以午正對準針頭，自然乾字對准此塔，而測向盤即以午正對准此塔，則亦自然乾字對準針頭。但一倒轉，即針與向字皆活相矣，巧便之極。謹將兩盤合繪演式，以期易曉。

尺杆圖解 附計步尺式

尺杆長四尺，闊一寸，厚五分，皆準營造尺，以木爲之。正面出一中線，兩邊即照營造尺，逐寸、逐分畫之。共一邊每間一寸，刻去二分，深際中線，爲四五缺口。必四五者備用多磨齒。測量時，將代弓繩扣入曳緊，以矩乙丙邊貼中線，甲乙邊湊繩下。看矢平與矩平齊，則杆直而繩之高下立見。若所差甚鉅，即以甲乙邊就繩斜勢，驗垂矢所切矩度。若所差無多，則將繩移出缺口。就甲乙邊取平，驗所切尺杆分寸。無論孰高、孰低，皆移前繩。後繩扣定莫動。杆長必四尺，則用盤用矩時，不致傴僂費力。蓋矩有分無厘，分率太密則難辨，短身太大則重笨。必十丈中高下一尺。方滿一分而可驗，故此杆一以補矩之不足，一以量繩，不滿一繩而轉向則餘繩須量。一以測河岸高下，可兼三用。惟杆邊分寸，與矩度大不相同。詳後冊式記高下條。必須分別矩、杆二字記明，至爲緊要。測陸用三杆捷法，粗工甲、乙、丙三人，各執其一，乙、丙曳繩，甲隨乙向前，丙與書手隨測者在後，測者並後杆及矩於一手，先驗杆平，則比及繩直而高下即見。一面測向，屬書手記之，而甲、丙已一面曳繩向前，乙則執定前杆勿動，比測者到前，杆已曳直，一面測驗，乙又一面至第二次之前杆，執定勿動則畢。甲、丙復曳繩向前，測者亦隨至，如此則能速而準。計一日六時，以四時測量十里，兩時息力，晚宿舟中。四時按鐘錶共四百八十分，十里共二百八十繩，計該二分六秒有零，測一繩二十步之路，盡從容矣。若止兩杆、兩粗工，則必待測者到前杆，方能曳繩向前，否則不知前杆落於何處。是一繩之路，走作兩繩工夫矣，能速即省，速一日便少一日費用，省一工，轉添一倍工夫，不可不知。又近時有等處村鎮稀少，雖在水陸通衢，而下許裏間，往往無可棲泊，必須或進或退，趕上宿處。次早折回再測，又有山路難走，一日不及測十里。且須酌量住宿等處。是以條議中，大縣各路千二三百里，小縣各路七八百里，通計以四個月內一律彙齊，正不寬不迫也。

計步尺寸

矩度本一順一逆，分直景、倒景，重測得一直一倒者。又須與變倒景爲直景，然後以勾股比例求之。今改自丁至乙，强作曲尺二尺，而以量代算，去諸名目，以期易曉。又垂線摇摇，切度難準。今改用垂矢，以堅木爲之，取其重實直墜，厚當矩邊，長當矩弦，上尖作鏃形，鏃下爲幹，闊當矩度二寸，幹下爲枯，長闊皆半之。幹上穿小孔，以懸矩極曲針上，幹側餘木爲矢平，闊約當幹四分之一，以等下括之偏重。令矢不欹側，測平路時，取矩平與矢平適齊，而得高下於尺杆，較垂線易準，不亞水平也。【略】

右度板，以細白紙印淺朱色，爲量所測之高遠深廣等用。中萬營造尺一尺，邊尺闊五分，其分率即準營造尺。直者爲高數深數，横者爲遠數廣數，或一分當數丈，或數分當一丈，皆可。中直線即皆直尺，以當矩上垂矢。其横線即皆横尺，以當地平。假如有山，不知其高，但知距遠二十丈，測得垂矢切一尺四寸五分。即將右玻璃紙矩，罩度板上，其弦之下端齊横尺二十丈，此以一分當一丈，斜向直尺，隨取消直線，上對矩極。矩極最爲緊要，切不可忽。下對所切矩度，看弦之上端際直尺處，用針穿一孔，畫一線如甲，便知此山高三十六丈四尺。凡用單測者，皆不必畫線，以本只一線，但數尺邊便知，右爲演式故耳。又如此山，但知其高，不知距遠若干丈，測得垂矢切一尺三寸一分。即依上法，以矩弦上端齊直尺之三十六丈四尺，取一直線，對準矩極。及所切度，於弦之下端際横尺處，穿孔畫線如乙，便知距遠二十五丈一尺，據山頂一直到地而言，非指山麓。前法爲知遠測高，後法爲知高測遠，皆單測也。設同此一山，既不知其高，又不知其遠，則須用重測法。如初測垂矢切一尺四寸五分，退後五丈一尺測之，垂矢亦切一尺二寸一分，進退丈尺本不拘，此特演同上兩法之式以冀易曉耳。但既不知其高遠，勢不能以直尺當山，亦安能必所距當横尺之幾丈，則竟不拘矩弦齊横尺其分率。但如上法，對準矩極切度，於弦兩端際尺處，穿孔畫線如丙。乃從丙線，依後測退後五丈一尺，横尺向左爲退，向右爲進，以矩弦切定，仍如上法，對準後測切度，穿孔畫線如丁，看丙丁兩線交叉處，便是此山之高，正得三十六丈四尺。其當交叉之第二行直線，便是前後兩測之距遠。設不遇直線，則於當交叉折痕量之，丙得二十丈，丁得二十五丈一尺，與上知遠、知高兩測丈尺正同，其理極易明曉。試看丙距甲二丈，丁距乙亦二尺，而第二行直線距直尺亦二丈，所測既同，相距又同，自然一一皆同矣。蓋重測雖進前退後不同，而目光同射一處，兩線交叉處，便是目光同射處，既是目光同射處，豈不即是此山之真高乎。此爲不知遠測高、不知高測遠二法也。其知廣測深即同甲，知深測廣即同乙。不知廣測深，不知深測廣，亦同丙丁，設不遇橫線亦如上。又凡自高測深，以走上爲退，走下爲進，然須隨在酌量，如向南測，雖走下而落北之路，多於走下之路，則亦爲退。雖走上，而朝南之路，多於走上之路，則亦爲進，遇此等處莫如揀取平路爲便。或萬不得已，則必照測山路法以繩量準丈尺，依弦求勾股表折實，然後如法量之，否則大誤矣。唯高數中須加入人目離地五尺，以中人爲斷，如右高加作三十六丈九尺爲實深數中，須除去人目離地五尺，方是實數。此法測時既不分直影、倒影等名目，但記切度。每日測畢，即如法量準填入草底。發騰量時，亦不用勾股比例求率等算術但看尺邊，庶易知易能，不患測法之難行矣。右矩以玻璃紙爲之，準營造尺三寸見方，分率與木矩同。傍矩之尺，即營造尺當矩準之斜弦。其四圍直線，亦皆是弦，多則便於取準。但畫線時，須認明兩端同出一弦不可歧異，且以護矩度，用法詳上。【略】

右法即以度板左上角當矩極，橫直兩尺當矩度，而依垂矢所切如圖，甲切七寸半、乙切一尺三寸畫線。如甲爲知遠四十三丈五尺測高，則取遠數於橫尺，即以紙矩邊之營造尺量取爲尤便，而得高數於直尺。乙爲知高四十八丈五尺測遠，則取高數於直尺，而得遠數於橫尺。如不知遠，並不知高，甲爲前測，乙爲後測。則取甲、乙兩測相距之數，而得遠數於橫尺，高數於直尺，此法依矩度出斜線，以求其縱橫之比例，似亦易明而便捷。圖中高遠之數，皆不計寸。

弦求勾股表

右表首行言斜路縮平者，專爲畫山路而設。蓋山路斜上斜下之數，必多於山體占地平廣之數。若照斜路實數畫之，勢必溢出平廣之外，故須將此斜數縮作平數也。次行言斜路積高者，爲算此斜路漸積之高，及合境之高下而設也，法皆用矩湊代弓繩一根爲例。假如垂矢一寸二分，即查表矩度一寸二分下。右行○九九三，便知此一繩十丈，當縮作平路九丈九尺三寸也。左行一一九一五，便知此一繩之地，斜高一丈一尺九寸一分五厘也。如是若干繩，即以若干倍之。斜之縮平，數本不止四位，因零數甚微，即積至幾百千丈之斜，亦非畫所能顯。故略之。矩度一二三分之縮平，亦同從略。其斜之積高又多列兩位者，緣平路高下，本無可畫，而水利所關，却分寸不可忽略。縣境容有一面偏高至數十里者，依表乘算，尺位已在四五之間，況局中匯算通省地勢高下，苟非積零成整，不能得真也。

又 條議二十則

一、測陸路有三法，用代弓繩遞長，扣入尺杆缺口，滿一繩爲一段，便是十丈。不必更記，不滿一繩而轉向，乃記明若干丈尺，是爲里步。繩既扣平，曳令緊直，用矩湊繩，驗繩斜否，詳尺杆圖解，逐段記明尺杆分寸，是爲高下。繩既曳直，用測向羅盤子午中線，與繩對準。看針頭指某向幾度，即記明之，是謂方向。三法爲總綱，其間節目約有十二：

一、先測通衢大路，以城門或吊橋，作起平之根，記明根位，乃用三法測記。至鄰境有土名，可記認處，遠則二三里而止，雖在鄰省，亦須測過二三里，以備總理衙門合勘。

一、遇分路歧路，則齊路口爲段，用三法測記，並注明遇某向某路。此向必先約略之，以爲記號。即於所遇號册，標明在大路第幾號、幾節、幾段，否則逢十字路，無可分別上圖矣。

一、遇橋樑津渡，及一切逢水處爲一段。水面約闊三十丈以上者，約略記之。四十丈以上者，對渡用計艫法記之。詳後測水條。此指河形一直者而言。

一、測沿河陸路時，如遇河面灣斜闊狹不等者，須隨時用借根法詳後圖二記明，以便分別上圖。無須更測水路，尤爲簡便。

一、遇營汛墩鋪，隨在分段記明，切勿疏漏。

一、村鎮大至半里以上者，則自鎮之起處及訖處，逐一用三法測記分段。小者隨路測過，但記其名。

一、海塘亦自起處分段，測至訖處。其塘身高下，及內外兩塘相距丈尺，必須詳記。

一、閘壩堰口，至爲緊要。遇即分段，其上下流相去之高低，左右岸相距之廣狹，必須詳記勿略。繩揣緊鉛，正爲測水深淺，以鉛能一直下水也。

一、大路測畢，次歧路、分路。亦可酌量，遠近從便。但須留意，詳後測山條注。

即以測大路時所記在幾號云云，爲起手之根。悉照三法，逐條挨次測記，亦至鄰境有土名可記認處而止。大路旁之歧路，必是村鎮或邊隘之通途要路，故必逐條測記勿略。

一、歧中之歧，亦悉數照上記明其根在第幾號云云。但須酌量測記。如通本境山隘邊險，或通鄰境山隘險處所，則各如法測至鄰境有土名可記認處而止。如通本境著名村鎮，及關卡津渡閘壩堰口等處，則但測至界首而止。其餘一概從略。

一、土阜高至四五丈，及塔可登眺者，如不經過其旁，則遥測其向，並測其高。詳後。記明在幾號幾節幾段測見。

一、路形約略望之，大率直多曲多，必須測准方向。否則漸積漸差，愈差愈遠。即各路不能鬭筍，而全地亦改樣矣。

一、測水路里步方向之法，與陸路大同小異。其有塘路者，即於測陸路時，測見其兩岸，而水道亦天然顯出矣。陸可兼水，水不得兼陸，以陸乃按繩計步，究較計艫尤准，且有高下也。必兩岸皆無塘路，乃以代弓繩一頭系定岸邊，用小船稍齊系繩處，傍岸平緩摇去，至繩曳直，其一頭齊船稍而止，複照樣平緩摇回。至船稍頂原系處，繩頭收足而止，一一較准。順水若干艫當一繩，逆水若干艫當一繩。而各處水勢大小、緩急不同，及一切風潮上落等處，悉如上法。隨在較准，不可執一，以便上圖時，各照所較長短，折算丈尺。測時則但記艫數，一面將測向盤午字中線對準船頭。船須照較時傍岸平緩平摇，不可横斜。看針頭指某向幾度，至轉灣處，以船稍轉進灣爲度。記明若干艫，乃略停一艫，審准盤針轉得某向幾度，再進前測，凡轉一灣皆如之。其水勢高下，既詳測陸地，自得八九，但隨在記明順逆足矣。至河面廣狹，悉以測陸路中遇橋樑津渡各法測之，一一詳記。

清・徐建寅《兵學新書》附卷《測地繪圖》 分三角形 一百三十三

測地繪圖之理，係將地面各物，依其比例收小，按其方位繪於紙上也。欲定爲繪於紙上各物之方位，必用分三角形之法。三角之角點，即爲地面各物之方位，而亦地面各物之方位也。以地面各物爲三角形之角點，必擇其最高者，取遠望能見而易辨，如寶塔、煙通、獨樹等是也。故地面分三角形，即假設以線在空中相連地面各物也。測得此三角形各線之方向，或量得其長短，依比例繪於紙上，亦連成三角形，自與地面之方位相同矣。

地面最高各物既定，則其餘各物皆必包括在所有各三角形之内。此爲分三角形已定之後，所有補圖之功夫也。故測地繪圖之工，分爲二次。一擇地面最高各物，爲各三角形之角點。二將三角形内地面所有各物，依附最高各物之點，逐一添補於圖中。

設以紙之大同於地面，如圖十五。從地面之四物如呷吃哂叮作垂線，下至紙面爲四點，如甲乙丙丁。成兩三角形。再將此兩三角形内各物，引下補於紙内。惟紙必小於地面，爲若干分之一。而分三角形及形内添補各物，其理仍與此相同。因三角形無論大小，若同式者，其角點方位必不差。故依其比例繪於紙，其方位亦不差。

凡三角法必先知三邊，或知二邊一角，或知一邊二角，則可知其餘之數，測地亦用此理。惟行軍圖以速成爲貴，若必量各邊，測各角，太費時。故另用簡法。如圖十六。先量地面兩高處，如呷吃。之相距爲一邊，依比例畫一綫於紙。如甲乙。再在地面原處如吃。測又一高處如哂。與原處如吃。之角度。如哂呷吃。又在地面原處如呷。測又一高處，如哂。與原處如呷之角度，如呷吃哂。即用此兩角度，依比例畫在紙上，成三角形如甲乙丙，已得三處之三點矣。無須再量。又一處如哂。與原處之相距，而相距已得矣。其餘各處，如叮戊吧咦啐。依此類推而測之，畫於紙上，爲各點如丁戊己庚辛。而成矣。兩原處如呷吃。相距爲底綫，必擇適當所畫地面之中，則人在兩原處，易見各高處，便於測得多角。

分三角形，必使三角略等爲要。若任意爲之，每致一角甚鋭，則於測别角必有差。如圖十七。或有甚鋭之角，如丙。其測角如甲之差雖微，而鋭角之差已多。且在同大之地面内，能用得三角略等者，則所分三角形可少，而省測工作。行軍圖不宜另用書以記相距數及角度，須測得角度，隨即畫其線於圖，以免分心於别事。所帶之書專記各處人民之數，地産各物之數，兵丁之數，官員之數，各地高數，以裨益兵事。學者必屢次自測自繪，方能準而速。分多三角形之後，再將地面各三角形内之各物，仍用三角法或量其相距，或測其角度，以得各點而補繪於圖内。

量法 一百三十四

量地用細鏈，每節一尺。或繩長一百尺。用扦十枝，用二人，一在前，一在後。前人右手持鏈之一端，左手持扦十枝，後人右手持鏈之一端，而立於起量之點。前人依方向前行，至鏈曳緊，將一扦插地，再前行。後人亦隨行至插扦處停止，以鏈端對扦。前人再將一扦插地，後人左手拔取初插之扦，前人再向前行。照此爲之，至後人收取十扦皆在手中，即知所量者爲一千尺，記於書內。後人將所收十扦全付與前人，再依此法，量之至到彼點止。用鏈時必留心使鏈相平，因凡量相距必須合地平也。地面兩處有高低者，若將鏈曳平，則離地面而中必下彎不準，不如以鏈靠地面，而將其高低數核計爲平相距更準。量地面各物之相距，以補入圖中。如用鏈量法，得數雖準，而多費工夫。作草圖無暇用此，故有簡法見卷二之末，可以酌用以速得相距，相距既得，則依其比例畫於圖中。圖之比例如以六寸代一英里，即一千七百六十碼。則一千碼爲三寸四。其法：畫一線長三寸四，平分作十分，每分爲一百碼，再以一分平分作十分，每小分爲十碼。

平分之法，如圖十八。作底線長三寸四，如甲乙。另作一線，與底線任成何角，如甲辰。從起點如甲，向彼端如辰。以規量十平分，如一二三四五六七八九十。至末點，如丙，即十。自此點即丙。作線至底線末。如乙。又自各點如一二三四五六七八等。各作線與前線平行，至過底線如甲乙。得各點，而平分爲十分，極準。

於底線左端引長，如甲乙。而以同法分爲十平分。另於底線如甲乙。上加二平行線，相距各十五分寸之一。將小分引上至中線，大分引上至上線，於分數上書明其碼數。用法：將規量圖上各點之相距，以比於此尺，與用鏈量地面各點之相距同理。如欲量四百七十碼之相距於圖上，即將規之一尖，指在四百分點，又一尖指在第七小分點，以量於圖上，即得。反之，如欲量圖上二點相距之數，即將規之二尖，指此二點，而移至此尺，比得其碼數。

依人行之步數，或乘馬行之時，如量二處之相距，須知人步及馬行之碼數。其數如左。

常人行步，每分時約行一百二十步，二千步等於一英里。馬徐行每分時爲一百碼，花蹏每分時一百八十碼，快蹏每分時爲二百三十碼，跳蹏每分時二百八十碼。

馬行之快慢平匀，在乎人之駕馭。有此各數，可以估計地面各點之相距，而補畫於圖上。

地面有二處相距甚遠，欲量直距甚難，必在二物之間，另立記號量之。設數法如左。

一法如圖十九。地面二處，如甲乙。一處人能到，如甲。一人立於此處，又一人，如丙。在二處如甲乙。之間持竿立。第一人如甲。以手招第二人，如丙。左右行移，至見前竿如丙。正對第二處，如乙。停止，即易量得二處間之相距。

二法如圖二十。一人持竿在二處如甲乙。之外。如丙。左右移行，望見二處，如甲乙。相合爲一，則竿如丙。爲二處如甲乙。引長之方向。

三法如圖二十一。地面二處，如呷吃。人皆不能到，欲在其間取相距，用二人如甲乙。各持一竿在其間，相離不遠，而能見二處。如呷吃。一人如乙。以手招，又一人如甲。左右移行，見與一處如呷。相對，又一人如甲。立定，而手招前人，如乙。左右移行，至見與一處如吃。相對，而前一人如乙。又立定，同法爲之，至二人如甲乙。所持之竿，彼此各對二處，如呷吃。而插地已合直線。二人如相離太遠，不能彼此招呼，左右移行則另用一法。如圖二十二。二人面相向，如甲乙。各持竿向一處如呷吃。之線移行。一人如乙。比又一人如甲。行稍速，而二人如甲乙。常對一處。如呷。行至又一人如甲。見前一人如乙，已對又一處，如吃。即插竿於地，皆合線矣。

補圖。圖内有四點，如甲乙丙丁。地面有物，如吠。欲補入圖。如圖二十二。在地面新物處，如吠。望原有四物，如呷吃呐叮。皆相對者，則於圖内對四點，如甲乙及丙丁。畫二線得交點，如天。即爲其點。

圖内有四點，如甲乙丙丁。地面有物，如吠。在兩物如呷吃。之直線内。欲補入圖。如圖二十三。【略】一人持竿，如啐。既在原二物如呷吃。直線内，又望對又二物，如呐叮。將竿插地，量竿如啐。與物如吠。之相距，依其比例畫於圖，得其點。如天。

圖内有四點，如甲乙丙丁。地面有物，如吠。皆不在直線内。欲補入圖，如圖二十四。一人持竿，如喉。望對原二物如呷吃。及又二物，如叮呐。將竿插地，喉量補物，如吠。與竿如喉。及原物如呐。之相距，依其比例畫於圖，得其點。如天。

圖内有三點，如甲乙丙。地面有物如吠。在人不能到之原二物如呷吃。直線内，欲補入圖。如圖二十五。量補物如吠。至原物如呐。之相距，依其比例，量於圖，得其點。如天。

圖内有三點，如甲乙丙。地面有物如吠。不在原二物如呷吃。直線内，欲補入圖。如圖二十六。一人一持竿，如啐。望對補物如吠及原物如呐，又望在二物如呷吃線内，將竿插地，量竿如啐，至原物如呷及補物如吠。之二相距，在地圖畫線，如甲乙。依比例量其長，如甲辛。畫一線，如辛丙。再量其長，如辛天。即得其點。如天。

圖內有二點，如甲乙。地面有物，如㕧。人不能到，欲補入圖。如圖二十七。二人各持竿，如叮哦。各望在二物如㕧叱與啊呷。之直線內。次量二竿至二原物之各相距，如呷叮及呷哦與叮及哦叱。依比例在圖上量之，得二點。如丁戊。各作線，如甲丁及乙戊。引長至相遇成點。如天。

圖內有二點，甲乙。地面有物，如㕧。原處新處之間，人不能過，欲補入圖。如圖二十八及二十九。用四竿如啊叮啐吧。各在直線內如呷㕧叱。插地，量其相距。如呷叮及呷啊，又叱啐及叱吧。依其比例，用前法量於圖上，得交點。如天。

地面原處，如呷。人亦不能到。如圖三十。一人持竿如啊，在二原處如呷叱。之直線內插於地，再持一竿，如叮。與新處如㕧。及前竿如啊。在直線內量其二竿如啊叮。及原處如叱。之各相距。如叱叮及叮啊及叱啊。依其比例於圖內量得二點，如丙丁。再以一人持竿如啐。望對二處如呷㕧。及前竿如叮。與原處如叱。皆在直線內。將竿插地，量二竿如叮啐。之相距，依其比例畫於圖，得點。如辛。引長二線，如辛甲及丁丙。至相遇得點。如㕧。

圖內有二點，如戊丁。地面有物，如呷叱啊。欲補入圖。如圖三十一。一人先立於地面一原處，如哦。又一人持數竿，於每對各處，如呷叱啊。各插一竿於地。量其與原處如哦。相距，使皆相等。又量各竿之相距，如吡嗔、嗔唧、唧吧。再於又一原處，如叮。同法爲之。依其比例於圖內，兩原點如丁戊。各爲心，各作圓弧。又依比例量各通弦，得各點。如子己庚辛丑寅卯己。由原點各作半徑，過此各點引長至相遇，得各點。如甲乙丙。

以上各量法，因無測望之器，故用之代測法。固可分三角形及補圖，惟須逐處履量，費工稍多，不如測法之簡而速。

測法，分三角形及補畫各物於圖，俱可用測法，工夫速而準。惟測法必用測器，行軍所用測器，以簡便易攜者爲宜，能隨時自造更便。茲特詳論便用之測器，如測向羅盤、平面桌等器。學者能明用此等器之理法，則用別種器，亦不難矣。紀限儀等器雖精妙，然其回光鏡及各件繁瑣，易差易損，常須修理。行軍不宜用，若平時用之，則甚便。

測向羅盤　一百二十五

羅盤之鋼針有恒指南北之性，故能定向。其恒指南北之性，因鋼針有吸鐵性，與地球吸鐵性之南北極相攝之故。故用指南針之人，不可帶鐵器，如佩刀、洋槍、鑰匙、小刀等，皆能吸指南針，使方向不準。用時如持於手中，則稍振動而分度難看清，必平置架上用之。又視孔或不直立，而所看之物高於地面者，每差至十度。山林房屋等處在一處，不能測得多點者，用此器最宜。行軍測繪，大半藉此器。指南針所指，係地球之吸鐵極，此極與地球自轉之南北極不相合，故指南針非指正南北，而有偏差。針雖有偏差，而用之測向繪圖則無妨。因所測各向之相較，仍可無差也。俟圖成後，考得本處偏差之度分，繪一方向盤於圖之角，作一正南北線，以記其偏差可矣。此器簡便易攜，所測角度，皆係平地之度。故作行軍圖，分三角形及補圖，皆極便用。

羅盤之用，能測得地面各處之方向，即與指南針所成南北經線相交之角度。故亦可得二方向所成之角度。其所成角度，即等於二方向度之較，如圖三十二。二方向所成之角度如乙甲丙角。等於二方向度如乙甲卯角及丙甲卯角。之相較數。

形式，如圖三十三。中有活面，如丙。周畫自〇度起，至三百六十度。由左向右連於指南針之上針，中有瑪瑙，帽子罩於中釘尖上，轉動極活。其前有立牌，如甲。中繫絲線一條，後有視孔，連折光鏡，如己。視孔及立牌皆作鉸鏈，不用之時可以按平。折光鏡能上下移動，下面有顯微鏡，看活面之度數能清晰。旁有一小簧，輕按之能使活面停止。測望時，將立牌及視孔皆扳起直立，測方向，如前圖三十二。人手持羅盤，或置桌上。立於心點，如甲。而測一處，如乙。將折光鏡上下移動，以對眼光，至見活面之度數極清，從視孔看絲線，對準其處，如乙。而看活面之度數，即得方向。視孔後有紅綠二鏡，用測太陽出沒時之角度，非測地所用。

既測得各處之方向，畫於紙上，法用紙一張，畫平行線多條，合於南北向。其各線之相距合於圖之比例，如以四寸代一英里，則各線相距四分寸之一，即代一百十碼。補畫各物於圖甚易。

畫方向線於圖，用分角板，如圖三十四。以薄明角作半圓形，外周畫分度，自〇度起，由右向左至一百八十度。內周自一百八十度起，亦由右向左，至三百六十度。直邊，如甲乙。與圓徑平行相距二分，又有長方形分角板，其理相同，而用之有差，故不詳録。

畫各物之方向，必自北而東而南而西計之。如圖三十五。

欲自一點如丙。畫一線，與縱線成五十度，以分角板之五十度對縱線，而移圓心對其如丙。作線。如乙丙。

自〇度至一百八十度，用分角板之外周，自一百八十度至三百六十度，用分角板之内周。如圖三十六。

羅盤用法 一百三十六

圖内有二點，如甲乙。地面有物，如吠。欲補入圖。如圖三十七。先在原處，如呷。測新處如吠。之方向，再往一原處，如叱。亦測新處如吠。之方向，用分角板依二方向之角度，在地圖上二原點。如甲乙。各畫其方向角線二線，相遇得點。如天。

圖内有二點，如甲乙。地面有物，如吠。人能到其處，欲補入圖。人立在其處，如吠。以測人不能到之原處，如呷叱。之二方向，用分角板依二方向之角度，在圖上二原點，如甲乙。各畫其方向角線，相遇得點。如天。

地面原有二處，如甲乙。人立其處，同時可測數處如天地人。之方向。如圖三十八。【略】但各角不可太鋭，如太鋭，必從別處如丙。另測一方向，始得準。

地面有路，如呷叱哂叮。欲繪於地圖上，如圖三十九。人先立於原處如呷。起測第二處如叱。之方向，用分角板在地圖原點，如甲。依測得之方向畫一線，量地面二處，如呷叱。之相距，依比例在圖上原點量得第二點，如乙。又在地面第二點如祒，測第三處如丙之方向，量二處如祒丙之相距，用分角板在地圖第二點，如乙。依測得之方向畫一線，依比例在圖上第二點，如乙。量其相距得第三點，如丙。餘仿此而成路形。

反測其角，更爲便捷。在路第一處，如呷。測第二處如叱。之方向。其第二處，如叱。第四處如叮。可不測。而在第三處，如哂，測第二處、如叱。第四處如叮。之方向，仍量各處如呷叱哂叮。之相距，在地圖原點，如甲。依方向畫一線，依比例量相距得點如乙。自此點如乙，依方向畫一線，量相距得點。如丙。

畫路旁各處如辛寅卯。者，如圖四十。在路各處，如甲乙丙丁。測其方向，用分角板於圖上依方向畫線。

城牆凸角，人不能到其處，欲測其方向角，如圖四十一。人持羅盤，如甲。移行至望對凸角之一面如呷哂。合一線，測其方向角，如喻。人又行至如乙。望對凸角之又一面，如叱哂。測其方向角。如吭。由喻角内減去吭角，爲凸角之角度，如呷叱哂，半之爲凸角角度之半。

繪行軍圖便用之木板，法國武官塗林刻所創，能代分角板、比例尺二者之用，其式甚簡。數分時即能造成。如圖四十二。用長方木板，如甲乙丙丁。板面用厚圓紙一張，圓心如戊。釘連於木板，能旋轉圓紙，周分畫三百六十度，紙面畫平行縱横多線，其相距依欲畫地圖之比例，如六英寸代一英里，則九分九代一千英尺，再平分爲十分，即代一百英尺是也。其對九十度及二百七十度之通徑，畫紅線。對〇度及一百八十度之通徑，畫黑線。其餘每五線稍粗，使易分別。板邊連有指針如庚。與紙周相切而不相礙。畫地圖紙用薄而透明者，以帽釘四箇，如己己己己。釘於板面。板右有缺口，手指在此撥紙轉動。

欲畫方向線，如爲一百三十度，可撥圓紙轉至一百三十度，對指針。如庚。用界尺在圖紙上對下圓紙面之線，以鉛筆靠尺畫之，再依所量得之相距，照每方格所有方向線之長量之，或另用指南針，以螺釘二箇，連於木板之角，則更便用。

平面桌 一百三十七

測地用羅盤、經緯儀、紀限儀等，皆先測得角度，記其數。後用分角板依數畫其線於紙面成圖。惟用平面桌，則隨測隨畫於紙面，可省記其度數而依度數畫圖之繁。

形式，用方板一塊。如圖四十三。其邊爲一尺或一尺半，下用三足架托之，必平。木板下連螺絲，可旋轉旋，緊之板即不動。以紙一張，用帽釘釘固於板面，上有直尺，有視筩。以銅短柱連於直尺，能俯仰，名視尺。視尺另式。如圖四十四。

或用紙一條摺起成塹堵，如甲。亦可爲視尺。

用極厚紙，下面連厚紙圈，套於竿端，亦可爲平面桌。或用書一本，平置左手曲肱上。上加紙條視尺，亦可用。平面桌昔有另加多件，意欲其甚準，惟件多而差亦多，今皆廢而不用。英國工程家測繪，不常用平面桌。然行軍圖用之，最便捷而省時。

曾有武官作極簡之平面桌，可帶於馬鞍。如圖四十五。用薄木片六條，闊各二寸，長各一尺。各片並排稍離，面糊布或羊皮，易於摺疊。横頭另有兩木片，如甲乙。其端有釘，與第一、第六木片釘連而能轉動，可以展平。第三、第四木片下有活節，以接連竿端。板上加紙，即可測繪。用畢拆開摺攏，其視尺用木，上豎兩針。如圖四十六。

法國人否法，近時造新式平面桌，行軍甚便用。如圖四十七、四十八。用木板長十一寸，闊八寸，重二十八兩，板之四周，有方銅管，如甲。管中容螺釘帽，如乙。螺釘連視尺，能在四周之方銅管内移動。板左銅管上面有孔，如丙。螺絲帽由此入管中。螺蓋如丁。以旋緊指南針及視尺。板面四角有壓簧，如庚庚等。下有螺絲，旋緊壓住紙角。視尺用黃楊木，上面有黃銅針二箇，用時立起，不用即平下，嵌入尺之槽中。木板下有空心木柄，如戊。柄上有球形節，如己。能轉動。騎馬時以手持柄測繪，下馬時，套於竿端測繪，不用時視尺置於木板底空處，板旁有兩孔，可以穿繩掛起，以便行路。指南針底旁有耳，耳下有兩小釘，入銅管槽內，便與桌四周相配。中有孔套於螺絲，如乙。上與視尺同旋緊，針下作正交二徑線，刻東西南北字，將針對其下南北徑線，則木板正對南北，如移指南針於板之別面，則針指東或西或北，皆可不必再加九十度。如圖四十九。

否法所造比例尺與規合一器。如圖五十。有同長兩尺，一闊一狹。狹者如乙，嵌在闊者如甲。之中，能進出闊狹尺之頭，皆連有鋼尖之横拐。如甲乙。闊尺之槽内及旁，有比例分寸。用時看狹尺之端，如戊。移對分寸，而以鋼尖，如申申。量圖之相距。

平面桌用法 一百三十八

圖内有二點，如甲乙。在地面二處，如呷吃。人皆能到地面，有新處，如呹。欲補入圖。如圖五十一。

先將平面桌置於地面原處，如呷。令極平，三足皆穩。將視尺置對圖上原線。如甲乙。人目望視尺，轉動平面桌至望對原處。如吃。旋緊桌底螺絲，轉過視尺至望對新處，如呹。尺邊仍對圖上原點，如甲。以鉛筆靠尺畫一線，如甲天。次移平面桌置又一原處。如吃。照前法將視尺置對原線，如甲乙。人目望視尺，轉動平面桌至望對原處。如呷。旋緊桌底螺絲，轉過視尺至望對新處。如呹。尺邊仍對圖上原點，如乙。靠尺畫一線，與前線相遇，得點。如天。

鄉野曠地無山林房屋阻隔者，如圖五十二。則置平面桌於二原處，如呷吃。可測多新處。如呹哋叺等。而得圖上之多新點。如天地人等。

圖上有二點，如甲乙。在地面處如吃。人不能到，又處如呷。人能到，地面有新處如呹。人亦能到，欲補入圖。如圖五十三。先置平面桌於地面原處，如呷。將視尺置對圖上原線，如甲乙。人目望視尺，轉動平面桌至望對原處，如吃。旋緊桌底螺絲，轉過視尺至望對新處，如呹。尺邊仍對圖上原點，如甲。靠尺畫一線。如甲天。次移平面桌置新處，如吃。視尺置對圖上新線，如甲天。人目望視尺，轉動平面桌望對原處，如呷。旋緊桌底螺絲，轉過視尺至望對原處。如吃。尺邊仍對圖上原點，如乙。靠尺畫一線，與前線相遇得點，如天。圖上有二點，如甲乙。在地面二處，如呷吃。人皆不能到，地面有新處，如呹。人能到，欲補入圖。如圖五十四。置平面桌於地面二原處，如呷吃。間之直線内，如丙。將視尺置對圖上原線，如甲乙。人目望視尺，轉動平面桌至望對原處，如呷或吃。旋緊底螺絲，轉過視尺至望對新處，如呹。靠尺畫一線，與原線如甲乙。相遇，如丙。得成一角，如天丙乙。與地面之角如呹呐吃。同式。在地面此點如呐。插一竿，或次移平面桌至地面新處，如呹。轉之使圖上新線如天丙。與地面插竿如丙。相對。旋緊底螺絲，轉過視尺望對原處。如呷。尺邊靠原點，如甲。靠尺畫線，如天甲。轉過視尺，望對又原處，如吃。尺邊靠又原點，如乙。靠尺畫線，與前線相遇，得點。如天。

圖上有二點，如甲乙。在地面二處如呷吃。人皆不能到。地面有二新處如呹叺。人皆能到，欲補入圖。如圖五十五。另用紙一張，釘於桌面圖上，任意畫一線於紙，如天人。以代地面二新處如呹叺。之方向。置平面桌於地面新處，如呹。轉動平面桌，令紙上線如天人。與地面二新處如呹叺。方向相合。法見前。旋緊桌底螺絲，轉過視尺至望對原處，如呷。尺邊對新點，如天。靠尺畫一線。如天甲。再以同法轉過視尺至望對又一原處，如吃。亦畫線如天乙。相遇。如天。移置平面桌於又一新處，如叺。同法爲之，二線相遇，如人。即成四邊形，如甲乙天人。與地面之四邊形如呷吃呹叺。同式。惟其大小尚不合圖之比例，必配合之。其法以二原點如甲乙。相距爲度，量於對角線，如甲乙。得相等。如乙辰。次作四邊形如乙辰巳午。等於圖之比例，即繪於圖之對角線，如甲乙。而得相遇兩點。如天人。

又法，亦置平面桌於新處，如呹。轉動平面桌，使圖合於指南針經線。旋緊底螺絲，轉過視尺至望對原處。如呷。尺邊對原點如甲。靠尺畫一線，如天甲。再轉視尺至對又原處，如吃。同法爲之，二線相遇之點，如天。移置平面桌於又一新處。如叺。以同法爲之，得相遇之點，如人。

圖内有三點，如甲乙丙。在地面三處如呷吃呐。人皆不能到，地面有新處如呹人能到，欲補入圖。如圖五十六。

另用油紙一張，釘於桌面圖上，任意取一點，如天。以前法作三線相交如天甲天乙天丙。成三角相並。次將此油紙移至圖上，使三線如天甲、天乙、天丙。合於圖之三原點，如甲乙丙。而用針刺角尖。如天。揭去此油紙，所得針孔在圖上，如天。此法之理，因以二線，如甲乙、乙丙。各爲通弦，各作圓界，所得相交之公點，如天。即所求。

圖内有一線及一點，欲自點作線，與原線平行，將視尺置對此線，轉動平面桌，望對距二三百碼遠處，旋緊底螺絲，移尺邊對其點，而仍望對遠物。靠尺畫一線，即與所有一線必平行。前平行線如前圖五十五。即用此法作之。

平面桌加指南針，測得方向甚易。如圖五十七。地面有二原處如呷吃。人皆不能到。有新處如吠。人能到，欲補入圖。置平桌於新處，如吠。圖上原有指南針經線，轉動平面桌至圖上指南針經線，與羅盤指南針經線相合，則圖上原線如甲乙。與地面原線如呷吃。必已平行。用前法轉過視尺，望對原處，如呷。尺邊對原點，如甲。靠尺畫一線，再轉過視尺。尺邊對又一原點，如乙。而望對又一原處。如吃。靠尺亦畫一線，兩線相遇得點。如天。如無指南針，可用一直針立於平面桌上，用時辰表看其每半時之日影，畫於紙面，成一日晷，以供數日之用。用時將平面桌轉至日影與時辰相配，能得南北方向，同於指南針。

紀限儀　一百三十九

盒內紀限儀，如圖五十八。形似短圓柱，蓋有螺旋，旋開即旋於盒之底，便於手持。面有遊表，如戊。其樞如甲。下連回光鏡，與表平行。另有小圓盤，如乙。撚之能使表轉過，表端有佛逆，能顯度分，如寅卯。其差不過一分。自〇度起至一百二十度止，有顯微鏡如嗔。以看度分。視孔如丁。係活插，可以移開而插入遠鏡筩。又有半回光、半透光之鏡如庚。在下，與回光鏡相對。此二鏡皆與儀之平面正交，係造鏡者所原定。旁有兩柄，如辛。內端各連一紅綠小圓鏡。又遠鏡外端亦旋連深紅小鏡，以看太陽之用。

測繪者用此儀，必親自配準，方能無差。且攜此儀遠出，偶損不準，必須自行修整，故列修配之法如左：

佛逆對〇度回光鏡，與半回光鏡平行，而皆與儀之平面正交，則爲無差。造此儀之人，原已將回光鏡詳細定準無差。故欲知其與儀平面正交與否，須試其半回光鏡法。將儀平置在視孔，如丁。看遠物或看天際線，或看太陽，若見兩影，則知有差。可旋出其鑰匙，如丙。而入其孔，如庚。旋之至兩影相合，方爲無差。次以佛逆對〇度，在視孔看遠物。若見半透光鏡內之形及回光鏡回至半回光鏡之影相合，則兩鏡已平行。否則用鑰匙如丙。入孔，如壬。內旋之至相合。

用法　一百四十

欲測平面兩物相距之角，用左手持此儀，合兩物之平面，而在視孔，如丁。或遠鏡內看左邊之物，用右手旋轉上面小柄。如乙。至回光鏡內右邊物之影，與左邊物在透光鏡內之形相合，再在顯微鏡內看佛逆所指，即知兩物相距之度分。測立面兩物相距之角，持此儀豎立，餘同上法。

前用羅盤及平面桌所測各題，用紀限儀亦可測得，再用分角板畫於圖，亦可代平面桌。隨測隨畫，或代羅盤，用相交角而得其角度。測繪之人能用紀儀，則前之各題極易解釋。茲另設兩題如左。

地面有點，如甲。有線，如乙丙。欲作正交線。如圖五十九。先在原點，如甲。立竿將紀限儀之佛逆對九十度。持儀循原線如丙乙。行走，在視孔內看竿，如甲。與原線之一點，如乙。相合。即立定，如丁。則竿如甲。至立處如丁。作線，如甲丁。與原線如乙丙。正交。

地面原點，如甲。若在原線如乙丙。之內。如圖六十。將佛逆對九十度，人持儀立於原點，如甲。又一人持竿如丁。向左行，在視孔內看原線之一點，如丙。與竿如丁。相合，即令竿立定。從竿如丁。作線至原點，如甲。與原線如乙丙。正交。持竿人若向右行，則紀限儀必倒置。

地面有點如甲。人能到，又點如丙。不能到，求其相距。如圖六十一。依前法作正交線如甲乙丙。再將佛逆對四十五度，循原線如甲乙。行走。在視孔內看兩原點，如丙甲。至相合即立定，如乙。而得二等邊三角形。如甲乙丙。其二邊如甲丙與甲乙。必相等，量其一邊，如甲乙。即得又一邊如甲丙。之長。

人初觀此盒，紀限儀必以爲更精於測向羅盤。因可手持而測角度，所差不過一分，又可測各物向上向下之斜度，非羅盤之所能。但此儀之弊，其所測之角每不合於地平面。或兩點皆高，或兩點彼此有高低，則測其角必不合於地平面也。如立於一處，而偏測周圍各物相距之角度。將各角度相加，必不能合於三百六十度，而必或多或少。其所差之數，比用測向羅盤更大。雖另有法，能將所測各角合於地平面，但繁而難用。然慣用者，能在測物之上或下，擇一點合地平者測之。

析理　一百四十一

此儀之理，如圖六十二。所測點射來之光線，如哌味。至回光鏡面，如呷吃，折出成回光線，如吒味。另作線與鏡面正交，如咳味。其回光角如吒味咳。必等於原光角。如哌味咳。

兩回光鏡相交成角，如圖六十三、圖六十四之甲。有光線如哌，射至鏡面，如呷吶。成回光線，如味味。至第二鏡面，如呷吃。再成回光線，如味吒。則原光線如哌吒。與回光線如味吒。相交之角如哌吒味。□味，必倍大於兩回光鏡相交之角。如吃呷吶，即甲角。【略】

半回光鏡其半如吃吃。能透光，故人目看地面物，如巳。能直見之。若轉動其回光鏡，如甲。令地面物如寅。之回光線與地面物如巳。之直光線相合，則兩鏡如甲乙。所成之角，爲兩物如寅巳。光線所成角之半。遊表中線如甲庚。連回光鏡，如甲。以指出度數。如丑辰。此度數之倍，必等於所測兩物如寅巳。相距之角度。回光鏡如甲。與半回光鏡如乙。平行，則遊表之佛逆所指在〇度。【略】

佛逆　一百四十二

佛逆能顯極微分數，或直或弧，其理皆同直尺。佛逆如圖六十六。【略】與度分相切，此度分線分數爲其長數，爲叮。而在佛逆作分數，爲卯。長爲丁。故佛逆與原尺積數可以丁。【略】與丁卯命之。因二數同，即【略】而【略】若佛逆之〇度。過度分線之各分，即佛逆之〇度過度分線，爲卯叮或卯叮二或卯叮三，皆自一二三各分點，與度分線之分點相合。凡量相距或角度之器上有佛逆，必揣其度分相合，而以卯叮乘之。將乘得之數與已過佛逆〇度後之度分相加，即得紀限儀度分。長叮。數爲三十，而卯。亦爲三十，所以爲一分度分線。各分至半度。佛逆三十分，與度分線二十九分同長。假如佛逆之〇度過度分線十二度之點，而佛逆之第九分點與之相對，即其角度爲十二度九分。又如佛逆之〇度過度分線四十三度三十分，而佛逆二十三分點與之相合，即其角度爲四十三度五十三分是也。

直角器　一百四十三

角器即中國之矩，古時測量所用，今時西國工程家亦常用。行軍圖便用於補圖後之餘事，共有數式，如圖六十七、六十八。爲圓柱形或六角形，柱面分作長縫四條，成方角。四人目在長縫內窺之。黃銅圓圈，如圖六十九。中有正交二徑線，徑線端有四針，成方角，四人目對針窺之。

平板如圖七十。上畫方角線，線端插四針，人目亦對針窺之。此各式下皆有竿，末甚尖，可以插地。此各器在山林處測量最便，在山麓或下隰亦便用。用步數量地，可兼用此器測之，而補繪於圖，用法如左。

地面有三原處，如甲乙丙。欲定一新處，如己。與原三處皆正交。如圖七十一。左手持此器至二原處如乙丙。之間，人目望器之一直縫，對二原處。如乙丙。左右移行，又望一縫，對又一原處，如甲。停止插地。如己。

地面有物阻隔，欲於其兩旁作相對直線，如圖七十二。【略】原線。如甲乙。將器置於原點，如乙。望一縫對又原點。如甲。另以一人持竿在又一點如丙。於又一縫，至望對即停，而插地。如丙。再以同法在此點如丙。爲之，得又一點。如丁。再以同法在此點如丁。爲之，又得一點。如戊。次量前距如乙丙。與後距如丁戊。相等。而在此點如戊。同法爲之，又得一點。如己。則前線如甲乙。與後線如戊己。必正相對，地面有原線，如丙乙。原點，如甲。欲自此點作線，與原線如丙乙。平行，如圖七十三。將器置原線如丙乙。之間，如丁。用前法望對原點，如甲。以竿插地，如丁。移器置原點，如甲。望其竿，如丁。用同法得又一點，插竿，如辛。則兩線如丙乙及甲辛。必平行。

地面有二處，內一處如甲。人不能到。求其相距，如圖七十四。置器於人能到處，如乙。用前法得又一點，如丙。插竿於地，而量兩點如乙丙。之相距，平分之。如丁。移置器於插竿處，如丙。以同法得點，如戊。望三點，如甲丁戊。相對量新相距，如丙戊。必等於所求相距如甲乙。

地面有二處　如甲乙。人皆不能到，求其相距，如圖七十五。置器在任二處，如丙丁。用前法使成二方角，則二線如甲丙、乙丁。必已平行，平分其相距，如戊。各插竿。如丁戊丙。另使人行至望二線如乙及甲戊。皆相對，即停止插竿。如辛。再以同法得又處，如庚。插竿。量此二竿如辛庚之相距，必等於原相距。如甲乙。

地面有多不等邊形，如甲乙丙丁戊。欲量其各數，而畫其形。如圖七十六。置器於兩原處如甲乙。之間，用前法望對各處，如丙丁戊。而插竿。如己己己。量其各相距，如甲己、己己、己乙及己丙、己戊、己丁。依比例畫於圖。

地面有河或樹林或湖岸或山脚，用此法可得曲線甚準，而畫於圖。如圖七十七。在其旁任意插二竿，如甲乙。量其間之各等距，如辰辰辰。各插竿置器，用前法得方角。而各量其垂線至其曲線之長，如甲午、辰辰、辰午、辰午。依其比例畫於圖。

無法形田，求其面積。如圖七十八。在田之外四角各插竿，如甲乙丙丁。用器使各成方角。又用前法於方形之四面，量其各垂線之長，次依比例，以量得各垂線之長，量於紙之各垂線，連各垂線之端作曲線，即得田之真形。用利刀將紙依方形割下，詳權其重，再依田之真形割下，亦權之。則田真形重數與全方重數比，若田面積與全方形面積比。

又　草圖一百四十六

交戰之時，難於從容測繪。但移兵、紮營、擇地、攻城、越山、度河、進攻、住守等事，若不看詳準地圖，猶瞽者之無相，夜行之無燭也。故行軍必有武官隨時隨地測量繪圖，以供嚮導之用。

學習行軍測繪，勿存畏難之念。必奮其志，以期盡得各術。初學者每自恐不能學成，故初時且勿貪多欲速，宜循序爲之。日久自能由熟生巧，所謂有志竟成也。凡畫草圖，衹有二事，一量其相距，二測其角度。用斯二法，草圖即成。量相距之便法有三：一人走步數，人人能用，係最要法。二騎馬步數，三行路時刻，看時辰表知之。測角度之器有三：一平面桌最便用，二測向羅盤，三特林儀。此外有正角器、象限垂可以隨時自造。又帶畫圖紙、鉛筆、小刀、象皮，再不必帶他物。

作草圖之首要，先在地面擇定底線，作多三角形，常以四寸代一英里，或一寸代人步若干。能有舊地圖，則在其圖上作底線，而以圖上所有之風車、磨坊、高塔、煙通、橋梁、通路等爲分三角形之角點。此法在歐洲各國有舊準地理圖者可用，若往他國未有舊準地理圖者，必在地面量得底線，測得多三角形。先畫其圖，其地若樹林或曠野平地，無有高處作角點，則令人立定一處爲角點。多三角形線能不差，則用前各法補圖甚易。在曠野平地用測角交線法，在樹林村鎮則用量法，如前圖三十九。或二法並用。所有二處相距，大半用人步量之，或登高遠望揣估，以省行步之繁。

測地面高低，以一處爲主，用象限垂測各處高低之斜度。每處用粗線記其地之高低，由此可作平剖面界線及斜面之方向。

已有多三角形圖，補繪各處於圖之法，先繞此處四周行走，依三角形角點，測得各近處之方位，後測其中之路。或山行走時，順便量左右各物之相距，如此即分爲兩三角形。再以同法分多三角形，依次遞分測之，則各物皆可補入圖中矣。行過僅一次，左右測量各物不宜太多，以免紛亂。宜先設一點爲略數，後從他處測而改正之。

凡路必依路之總方向畫之，路有曲，畫之自亦必曲，但初學者必畫至太曲，如圖一百五。路之真形，如呷叱。初學者看路而約畧畫其圖，每易誤作太曲，如甲乙。必須留心。村鎮有高樓高塔，先登其上瞭望，以畫村鎮之大略。次量其中之大街及街之交角，而畫入圖已得其分形，再測其四周，將各物皆補畫入圖。大樹林亦用此法。

約略以畫地面之高低，亦易致差錯。斜度小者，每誤爲甚大，有平有斜者，更易差誤。如圖一百六。真形如呷叱。初學者每誤揣作太曲，如甲乙。其差已多。山旁小斜谷深僅三碼，如圖一百七。真形如哂。初學每誤揣作太深，如酉。其差亦多。山谷形每揣作太寬，如圖一百八。必用心揣估，其谷旁更改其斜度線如甲乙呷叱之方向，則差可免。敵軍已逼近，以上量相距之便法皆不能用。欲畫草圖以略知地勢，僅可一望而得其大略。故作草圖之官，平時必操練其眼光，使能任意看多物而揣知其相距及其角度。若未經操練眼光之人，決不能一看便畫其圖。又未經熟用各器測量之人，亦決不可私心自用，以爲一看便能畫圖也。看地速畫草圖，僅能歷看一遍，所見之地面必甚少。故欲作大地面圖，不能用此法，而仍必用測量之法。因瞭望太遠，所揣估之相距及角度必有大差。蓋眼光揣估之相距及角度，係從他物比較而得，必不能的準也。

畫極快之草圖，其理與平常畫行軍圖相同。亦先酌定底線量之，或揣估之，得其相距。而登岡頂或高樹頂，瞭望地面各物方向之角度，或擇易見之三處，以行步若干時量此三處之相距，依比例在紙上作三角形。當在地面從此角行走至彼角時，亦揣估附近各物之方向，迨走遍三邊，再至三角形內看地面凹凸形勢，隨行隨看，隨畫於圖。並作粗細疏密各線，以記地面之斜度。各處斜度數以一號、二號、三號分别步兵、馬兵、礮兵，能上或不能上。人目望遠揣估真形，甚爲不易。如峭壁及平原，遠望揣估以爲不遠，及實測而甚遠。天陰濃霧，揣估以爲遠，及實測而知不遠。仰觀俯察，尺寸之大小不同。相距逾一英里，必不能恃目力揣估各物之相距矣。

畫極快草圖，操練眼光之法，須看遠處一人或一馬或樹或屋，以試自己眼力，相距若干步清楚，若干步模糊，方可用於畫圖。揣估揣測角度簡器，如圖一百九。用木尺二條，長各尺許，正交釘定，如甲。三端如甲乙、甲丙、甲丁。長各相等，又一端如甲戊。長半之。每端各插一針，如乙戊丙丁。用法與測正角器略同。能測四十五度者四，如乙丁戊、戊丁丙、丙乙丁、乙丙丁。測三十度者二，如戊乙丙，戊丙乙。測六十度者二，如乙戊丁，丁戊丙。測七十五度者二，如戊乙丁，戊丙丁。測九十度者一，如乙丁丙。測一百二十度者一，如乙戊丙。日耳曼測繪者常用此尺。常用摺尺，亦可測角度。如圖一百十一。或用方紙畫線，如圖一百十二。方紙對角如乙甲，摺一半，再摺一半，又摺一半，得九十度、四十五度、二十二度三十分、十一度十五分。如摺去全方八之一、八之二、八之三、八之四、八之五，得七十八度四十五分、六十七度三十分、五十六度十五分、三十三度四十五分。用硬紙條摺成角，如圖一百十。亦可測角，繪於圖。將一手伸出，如圖一百十三。以大指、食指所對之角，略爲十一度。

以上粗法揣測角度甚便，但必時時習練。人立在曠野，遠望四周能見之物，揣估其角度，將各角度相加。如多於三百六十，知所揣太大，如不足三百六十，知所揣太小。或先揣四角，次揣八角，再揣十二角爲一周。由大角至小角，從容習練，久久自準。

行軍必派員爲前茅，測量前途之險夷，稟報中權。可知用以上各法速成草圖，於行軍關係匪細也。作前途之草圖，如前圖三十九、四十。測量路之各轉角及路長，又路之兩傍數百碼内緊要各物，皆測量其相距，而畫於圖。凡耳聞目見有關於行軍者，皆詳記而畫圖。畫行軍圖宜相機爲之，不可固執。時值匆促，不及用以上各法測繪，或多人圍繞，衆目注視，則志意慌張，無從下手，或勍敵臨前，不能細心詳測，必另設巧思，專恃記憶。且必知此時不可忽略者係何事，此外勿再分心於他事。行過各路，皆看所帶時辰表，知每行某路有若干時分，記明之。又詳察路之廣狹險夷，河之曲直長短大小並斜面角度方向等，記明之。回至本營，依所記行過各路之時分及方向，畫一粗圖。所記路旁各物亦畫之，此爲行軍測繪最要之事，不可不知。

前往敵國測地，而敵人尚未知覺，未有防兵稽察，可向近界居民訪問行路之大略，得一極粗之圖。本處居民或業行路，或業打獵，或業負販，或業養馬，或業牧羊等，必分開在數處，逐一訪問。其大路通至某處，小路通至某處，路上有無難行處，如山峽、山谷、樹林、下隰、河橋等。訪問之法，先順其所説之情形，即於此時略畫所説各處之方向及相距，再另在一二處訪問其情形。如有僞言，必與前説不同矣。每問一人，必自有定見，以決其言之是非。如此法可得地勢之大略，而畫成草圖。

行軍測繪，必知地面之情形，及他處所有食物與本處相比若何，並知敵軍人數及所在之處。行軍繪圖之外，稟報各處情形，亦爲武員之要事。所稟報情形之書，必論及與現在行軍之利弊，所有事物，凡耳聞者，目睹者，宜分別登記，不可混記一處。主帥委派武官，前往某處測繪偵探，必特囑現在須辦各事，以何者爲要。其要者詳細報明，而別事一概從略。此種工夫頗爲不易，因訪問事情，取其緊要，删其繁蕪，非曾經閱歷者不能勝任。故平時必令步馬礮工各項武官，常往各處測繪探訪，稟報各事，以資練習，臨時庶免竭蹶。在本國訪問各事情形已難確切，況往敵國，更爲不易。大抵鄉間居民被武官詳細訪問，必生疑懼之心，反説危言恐嚇，僞言阻撓。故訪問者勿聽一人之言而輕信，必察各人之言以定論，乃得確情。武官能通各國語言文字最爲有益，訪問時從容婉委，百姓之懷疑盡釋，何患其不吐真情。測繪時既須訪問各事，又須查核前人之地志圖，以資參攷。

清·朱鎮《測量繪算合解》卷一《測繪器用》 測量繪法

一測陸路以代弓繩。一繩共十丈爲一段，不滿一繩而遇轉向，可兼就尺杆量計，亦作一段。其法雇甲、乙二工人，分前後，各持尺杆曳繩令緊。既杆正繩直，即將測向盤子午中線與繩對準，看針頭所指，記明某向幾度，丈尺若干。倘地有高下，用矩甲丁邊就繩斜勢，分别俯仰，看垂割所湊切，分註丈尺之下，大都皆正切無餘切也。測畢甲工一手提杆，一手拍石灰印於杆下，復曳繩前行。乙工隨之認定石灰印，豎後杆於前杆原豎之地，仍如法測記，逐段銜接遞進。此係測量之大要，莫稍淆亂疏忽，慎之慎之。

一陸路先測幹路。以城門作起手之根，遇枝路則齊路口爲段，記明遇某向度，某路測枝路時，即本所記爲根位。遇枝中之枝，通山隘邊險者，分段測記，亦如之，皆至鄰境有可記認處爲止。

一村鎮自半里以上者，詳其界限。不及半里，但記其名。所過橋梁津渡營汛炮臺關卡郵站等，逐一分段記明。土阜高至四五丈及塔可登眺者，雖不經其旁，亦隨在遥測向度，並測其高遠各若干。

一鐵路電線亦有幹、有枝，江海塘有内塘、外塘，閘壩、堰口有上下流之高卑、左右岸相距之廣狹，各爲軍民水利攸關，尤當起訖分明一一測記。

一測水路在岸上測量爲尤準，大要與陸路法同。先測近城幹河，以水關作起點，向度丈尺并岸之高下如法，一一測記。河面闊狹不等者，對岸用測遠法記之。兼探水之深淺，分記潮水、清水之順逆，訖於鄰境交界中。遇分枝、港口及橋梁、津渡等，悉仿陸路，分段記明。次測枝河，亦如之。此外枝分小港，如毗連城鎮而通險要之區者，一體測記。餘則或測或否，須計上圖時，水道疏密若何，隨地不同，毋庸執一。

一河面約闊二里以外及一切大川巨澤，必須環歷兩岸，詳細分段測記，庶得上圖後，真形畢肖。至鄉僻大蕩，雖不通舟楫，亦水利所關，悉當測記，須先從陸路接測至水邊，以爲根位。如遇水中之山，用三角法測記周圍山麓，出水灣直積廣之邊線，若遇沙灘并記之。

一測山先測平廣。以平路到山麓分段處爲根，從根盤繞四圍，隨其方圓斜直，逐一測記。其沿山無路者，測其相距之遠近，其衆山重疊綿延數十百里者，逐面測過鄰境而止，遥見山頂則並測之。其下臨大溪者，測其溪之廣狹曲直。既得平廣，次測山路。不論幹枝險仄，悉用陸路法。但斜上斜下矩切尤繁，務須詳細，庶折算上圖與平廣符合。見山頂非平地所能見者，隨在測記。逢村市及著名寺院等，一一記之。路有接連鄰境者，必測過交界。測畢，凡矩切之丈尺，逐段用縮平積高表見卷首。折算。

一測城先測各門通衢高下。隨取一門，定爲根位。從根環歷城頭一周，并城樓逐段如法測記向度丈尺。所有城中水陸各路，但測穿城通道，餘可從略。至環城濠池，自段詳測。分別廣狹深淺，一一記明。如跨山爲城，則並測山之高下。

一海口闊數十里外者，雇甲、乙二舟，用借賓定主法求之。先從岸上定底線測二舟，甲前乙後，相距丈尺作爲第二程底線。乃從二舟遥望，可作記認處，測得距甲舟丈尺，作爲第三程底線。由是乙舟前進，用針尾反測記認處，及甲舟得二舟相距丈尺作爲第四程底線，再遥測前面一處，可作第二記認者，距乙舟丈尺作爲第五程底線，於是甲舟前進，用針尾反測第二記認處，及乙舟得二舟相距丈尺作爲第六程底線，從此如法，一一測記。二舟互輪前進，測過鄰境交界之岸，既得口門廣狹，然後探水勢通塞，潮來時深淺若干，其所轄境内島嶼沙帶均須測記。至出境海線及各口往來準望，亦須確查，逐一記明。

一記方向等，須各自立册編號。城爲一號，陸路幹路一條爲一號，枝路一條爲一號，水路幹路一條爲一號，枝路一條爲一號，鐵路、電線、江海塘、海口各爲一號。山從平陽突起及水中島嶼，亦各爲一號。每號任分若干節，每節首行，皆先記根位，接第幾號、第幾節、幾段下，以便繪圖。抽查時，按號按節可得。

一規測矩測各比例算法，詳卷二、卷三。惟測算所得之高數中須加入人目離地五尺，深數中須減去人目離地五尺，紙矩量法代算並同。

清·朱鎮《測量繪算合解》卷二《平規測遠》 設有甲乙距三十丈，甲測五十三度零八分，乙測直角，求甲丙遠、乙丙遠。

清·佚名《江寧布政司屬府廳州縣輿圖道里清册·道里北極兩表後序》

蘇省道里北極兩表，均以實量句股縱橫之數，定各城方位竝案割圜八線衍合天度法，詳前序。今仍之。夫地體渾圓，全係穹面，在一縣一鄉之間，距度既少，穹數極微。天度不能顯，弧算不能施，則測必以實量濟之。若推至千里萬里之外，穹面既大，極度可驗，而繩量伸縮，羅經偏性反有積差，故實量必以仰測證之。案張作楠舊表紀蘇寧兩布政司治所南北相距一百三十八里，東西相距二百九十六里，今從實量，推算蘇寧北門距布政司治東西一里，南北十二里，蘇州北門距布政司治東西三里，南北四里。實案兩布司治所南北相距一百四十五里，東西相距二百九十七里，以舊表與實量較其參差，僅南北七里，東西一里，爲數甚微，莫能究其所致，姑兩存其數，備參考焉。其鳥道逕直之數，亦係穹面，應從垂弧總較立算，今仍用句股者，因地係一省，出入尚微。仍踵前表，不致兩歧也。凡入表城垣三十一，治所三，入算幹路七千三百六十里奇，謹次於蘇省全表之後。

清·佚名《南洋創辦測繪之經過·測量實施之要件》 二、圖根之選定法

圖根以編成法而異其名稱，測圖地全以三角網之者，是謂三角圖根，以多角形網之者，是謂多角圖根。圖根點之位置，易於展望，便於通視，且碎部之測量亦須便易。故凡道路及地類界上之要點，或地性線上等皆爲適宜採用多角形圖根，或三角形圖根。則皆以地形之景況、測圖之目的、地域之廣狹、比例尺之大小等而不能一定。

然通常蔭蔽地線，傾斜緩徐，交通自在，且爲詳細圖，小地域大比例尺之測圖時，則採用多角圖根。若展望自在，傾斜急峻，通過困難，且爲掌圖略圖，大地域小比例尺之測圖時，則採用三角圖根。要之作業欲求其迅速，測圖又欲其精詳，當彼此并用，相機而行。

圖根之疏密，固以地形之難易狀態，而定然圖上二生的方向，當有一點爲適度，以故須多設補助圖根點。若圖根而爲道線法，則宜多設横綴線，以區分多角形，或由交會法，而多設定點。

三之一、多角形圖根之實測

多角形之各邊，半皆撰定道路、河岸、地性線及地類界等，班長當偵察時由出行點，至閉塞計畫測圓區域内，或用一个或數个多角形，可否包圍其各邊之距離。測量容易傾斜，宜使等齊，且諸角頂之位置須易於總識，而便於通視。若在横綴線之決定，總以易於測量碎部爲宜。

多角形之邊過短少，則測估之數增加，費時亦甚。即有誤差，亦以積累而愈大。若各邊過長，則碎部無所依託。所依託以測之。故各邊之長總以五里半以内爲適當。而邊數總不過二十爲宜。在横綴線以十數爲大限。

正多角圖根之測法，當依順次測量法。若副多角圖根各邊，則由越次測量法

亦可。附第二圖。

三之二、三角圖根之實測

三角圖根以基線爲最要，凡基線沿河岸及道路爲最宜。班長爲偵察時，就基線中之一端，圖根點就該點，而考察其測定目標之有無及適宜與否。此點既終，他點亦如此。

偵察若全基線既終，則基線左右各一千密達遠近之道路山背等，著手偵察，以爲第二次基線之用。其法意有二：

一、第一次之目標皆能認識否。

二、由此基線之圖根點，果能測定第三次之目標否。

要之，偵察者務須令全區域能以三角網而網之。若土地蔭蔽，不得不用道線法者，則出行點及蔽塞點亦當留意。凡三角圖根之基線須在測圖之中央，其全長須有測圖地全長三分之一。以上各邊之長，總在五百密達以上，曲折成鋭角，亦非所宜。第二次所測之目標點，豫爲第二基線之用者，則此點須用三次測量以交會法定基點，若爲補助各點，則一次測量亦可。

四、特別測法

或河道横截，或森林蔭蔽，或池沼水田不能通行者，則非採用特別測法不爲功。此種測法，蓋不用尺牌，而僅假現地之物以爲媒介也。

凡圖根皆用三角圖根高低，以角度遠近以圖量，如第三圖甲乙丙等點均爲人足所不能至，則由ⅠⅣ等線特別測法惟定之，即甲乙丙等點不能立尺牌，就該地之物以爲標誌，若測甲點則由ⅣⅢⅠ等棹面引線計其高低之度。然後就圖上以比例尺量其遠近，然後以所測之角度計其高低，此謂交會法也。

誤差之原因及其正法

閉塞差由編成上及測量上之邊長或方向不正故而生。交會法之三角誤差，亦由於各點之方向及操用器械之不正而生。高低誤差則由棹面之整頓不一或蛛之視界不齊而生。

一、閉塞差若過於視度之極限，凡人之視度以十分之二米里爲極限。先須檢點而後修整其檢點之方法，先於誤差之方向，擇其略，與平行之邊爲起手，蓋此等誤差，起於一部之過失也。方向誤差之探求最爲困難，然與誤差方向成直角之邊，先爲檢點，每能發明其原因。【略】若在極限以内之誤差，則各配置，其頂角附配置法。

平面閉塞差之配置由頂角與a「a」閉塞差成平行畫線，自終末頂角始在此線上，將誤差逐次移轉之量，由終末之角頂起首之角頂各有不同其式。【略】

二、交會法

三角誤差，其極限以三角内容圓之半徑在0.2以内爲止。若過此則須檢查修正。修正之法，先由别已知點而檢之。若仍係不確，則前測諸點當復行重測。

三、交會法高低誤差，其極限以不過曲線間隔二分之一爲度，在二萬五千分之一圖上，曲線間隔以五米達爲定率。故其極限當在二米達半。其在此極限内修正法，即將各標高平均之而已。

度量之要義

此種測量碎部，當以度量爲唯一之方法。而度量之高低，測量全憑目力遠近，測量全憑步測度之長短。人人異故人各自行檢查。遇傾斜地而步之伸縮，亦須自行心知。【略】

五、碎部測量

碎部測量以圖測地形爲最難。而地形現圖之法，亦有不同，兹爲普通軍用地圖，則採取不閏曲線式以單簡而明瞭故也。

水平曲線之通過點，固以各圖根之標高爲基準，且以補助圖根點爲輔。決定水平曲線有二法，一曰直接定法，一曰間接定法，遇傾斜緩坦或起伏不平之地，則採用直接定法，遇傾斜急峻或等齊傾斜之地，則採用間接定法。

直接定法則以操平法爲基本就止，亦分二類：

一、半道線法。擇與欲定水平曲線之標高差，違微少之點爲基本。其法以瞶而置於此點。加桌面高求水平，覘平面之標高，此覘平面與兼行水平曲線與同高之地平面之交截線，即曲線之通過點也。

二、光線法。與半道線無甚差異，在半道線法測各點之距離而已。而光線法則測曲線經路之距離。此次所用器械有尺牌，故採用此法，尤爲便捷。

注意採用圖根點，務須擇與曲線通過點稍高者，且貴整數。然尺牌僅三米達，過高非宜也。

間接定法全憑目力，決定或由計算或由圖解法雖多，而實行實難。【略】

水準測量以欲求海水面之平均數，故各海岸均設。監視所，一月中三回報告。於測量部，其式則用略圖示之，其圖示如下：

十二時
六時
十二時
六時

以此潮汐之長落，遂定取其平均之數，以爲水準測量之基點。然非一朝一夕所能得者。故在參謀部前由東京灣之潮汐，先設水準基點以爲水準測量之基礎，其水準測量分一二兩等，皆由道線法測定各三角點，再由二等水準點爲基，間接逐次推測。

清·佚名《南洋創辦測繪之經過·江蘇安徽兩省三角測量之方案》

（一）測量先從事於一等三角，即設原點於南京，測定其經度，且於此撰定基線，由此起測，漸次測就三角網。其三角形之邊長約五十吉米，是兩省面積爲二十三萬方吉米，則一等三角點之總數約百四十點。一人測之，每年一人十五點，不出五年當可竣事矣。但撰點及造標須二年前行之。

（二）二等三角測量須較一等三角測量約遲一年，其三角點之距離一萬至三萬米不等，故點之總數約有千五百之譜，一人測之二年，二十五點合十人計則六年間當可竣事矣。撰點建標亦含有其中可也。

（三）三等三角測量，其每點距離平均六吉米，則百平方之内含有四點，可知總數以一萬點計。是一人測之，一年八十點，合二十人計，當於六年餘竣事矣。

（四）地形測圖之比例尺若爲二萬五十之一，測板之面爲方五十生的，則一板而含有六點。以上之三角點若比例尺爲五萬分之一，則測板當含有二十五點之三角點，自可臻於精密矣。

（五）水準測量於上海附近設置驗潮儀，以取中等潮信，然亦可惟現所知之中等潮信爲基，施行水準測量，其人員四五人可也。

（六）基線至少須設六處，其位置務須適宜測量所用之機械，可取用コーデリン鈉製鋼針，基線尺，其器簡單而費省，似爲最良，一基線測量之費不過三四百元之譜而已。

（七）一等三角觀測併用反光器及アセチリン電燈，晝夜均可從事測量，故前述點數測量作業或可增加。

（八）一等三角點之平均法，其角及邊均約以方程式，其二三等三角點之平均以平面直角縱横線可也，且各點均須算定經緯度。

（九）將來各省施行一等三角測量之際，可與此三角點聯結平均計之可也。

（十）茲就日本一二三等三角測量及水準測量所需之費用，除人員薪水不計外，約如下表：【略】

照以上方案及經費表外，應需開辦經費計一等儀器兩副，約四千元，二等儀器十副，每副約一千二百元，共一萬二千元，三等儀器二十副，每副六百元，共計一萬二千元，水準儀器五副，約一千元，其他點及反光儀電燈及基線尺約一千元，總計約在三萬元之譜。

清·鄒代鈞《中俄界記·八方偏度圖解》 書中述界道之曲折及河流之方向，或決定各地點之所在，皆以八方及偏度記之，如圖。東西南北爲四正，子丑寅卯爲四隅，是爲八方。又各小分之爲四十五度，每度又二分之爲三十分，即半度。以東西南北四正爲起數，北之子爲北偏東，東之子爲東偏北，而子爲正東北。北之寅爲北偏西，西之寅爲西偏北，而寅爲正西北。南之丑爲南偏東，東之丑爲東偏南，而丑爲正東南。南之卯爲南偏西，西之卯爲西偏南，而卯爲正西南。設於地點甲欲定甲外乙點之方位。視甲乙線在西之卯間，是知乙點在甲點西偏南，又細查甲乙線間丙點距正西若干度，即知乙在甲西偏南若干度矣，餘可類推。至欲定甲乙距離，則依地圖比例尺在圖上量取之。

清·成本璞《九經今義》卷九 《周禮》以天下九州之圖，周知九州之地域廣輪之數，辨其山林、川澤、丘陵、墳衍、原隰之名物。以土會之法，辨五地之物生。以土宜之法，辨十二土之名物。辨十有二壤之物而知其種，以教其稼穡樹藝。以土均之法辨五物之等，制天下之地征。蓋地學之不可不講也，其義博矣。西人於地學設有專科，昕夕測繪，精鑿不磨。又令精於化學者四出遊歷，考驗土宜物產，著之報章。故種植蕃滋，工藝繁興，地利既盡，國計自饒，可坐而俟也。

土圭測日景，求地中，此後世里差之法所昉也。測太陽之緯度，定北極之出地，而得里差。有地半徑差之加，有蒙氣差之減。夏至日景尺有五寸，張衡、鄭康成、王蕃、陸績皆謂影千里差一寸，其説已舛。大率五百二十六里二百七十步，影差二寸有餘。相距三十度差一時，相距九十度差三時，相距一百八十度則晝夜時刻俱反對矣。如巴黎之午正當中國北京之酉正一刻，美京之戌初三刻九分，俄京之未正三刻十三分，英京之午正十一分，西貢之酉正三刻十分，馬賽之午正十一分，羅馬之午正二刻十一分。巴黎去赤道遠，夏至日行南陸晷影特長，故日長幾及八時有奇，而俄京已晝長十一時矣。地球橢圜，天静地動。西人測量之精，遠過中土。用土圭測黄赤道，其法甚密。郭守敬立四丈之表，用影符測之。竪表測日體之上邊，横表測日體之下邊，表端架横梁以測其中心，其説可据。自西法既入，儀器益精，推闡日密。向之所得，皆成芻狗矣。

夏至樹八尺之臬，得日影尺有五寸，爲地中。以西法八綫表算之，八尺爲股，爲一率。尺有五寸爲句，爲二率。半徑爲股，爲三率。求得四率，正切一八六七五爲句，檢表得十度三十四分，加黄赤大距二十三度零，約得赤道距天頂三十四度，即北極出地度分。今河南開封等府，及東之徐州西之秦州皆是。考之外國，朝鮮之南海，日本之南部對馬島，印度之以拉部屬，花旗之西路，皆合影千里差一寸。以今算法推之，約差一度有零，凡二百五十里有奇。竊謂千里差一寸者，乃方千里差一寸也。古者八寸爲尺，千里當今八百里。開方得六百四十里，即周尺方千里之數，亦即今二百五十里，開方得六百二十五里，爲一度之差之數。《周禮》原以土圭土其地而制其域，知千里亦指方里言也。

高程測量

清·陳鑾等《重濬江南水利全書·重濬孟瀆三河全案》卷三　一既用信樁以測深，須用統木以測廣，並用水平長篙以測其平也。測廣之法向用數尺之竿，層累而量，每不確實。今擬河底估挑三丈者，以統長三丈之木横量估挑，四丈者亦如之。而河底高低不齊，行船每爲高處所擱。其低處挑工，皆屬虚擲，且泥夫挑土，每於封墩之旁，格外挑深。而兩封墩之間，逐漸凸高，行船更爲所阻。今擬在兩封墩之底，以長篙拉直，平量並製二丈四尺水平，較量河底凹凸，所製器具均發交董事，逐段量準，隨時責令補挑，卑府於收工時抽查。

清·劉衡《勾股尺測量新法》卷上《勾股尺測量新法》　句股尺測高第一法

知乙丙之距，而測甲乙之高。置尺以角齊丙邊，平乙窺管，從丙指以墨作斜線識之，乃自丙甲數至癸，令丙癸之度如丙乙之距。或兩倍，或三倍，或以分當丈，或以二分當丈，或以三分當丈。次作壬癸小線，壬癸之度，即甲乙之矩也。蓋以丙癸當丙乙，則壬癸即當甲乙。

自平測高

句股尺測高第二法

山頂乙，山頂之塔甲，知戊丁而欲測甲乙及乙丁之高，則于戊置尺，以窺管指乙指甲，俱以墨作線，次數戊丁之度，得戊丙，次從丙作直線，爲壬癸丙小線，蓋戊丙當戊丁，則癸丙當乙丁，而壬癸當甲乙矣。

測山上之兩高

句股尺測高第三法重測

欲測甲丁之高，而不知已丁之遠，則用重測。先測人立于已，置尺角齊已，窺管指甲而出于庚。後測退立于戊，置尺角齊于戊，窺管指甲而出于辛，庚辛兩線俱以墨記之。乃于兩線中以戊已矩數約之，作壬癸小線，平引之至丙。蓋壬癸當戊已，則壬丙當已丁，而丙戊當甲丁矣。

測不知遠之高

句股尺測高第四法

人在山頂甲，欲知本山甲丁之高，但知山脚平處有物如戊，距山脚丁若干度，乃置尺于尺上，作壬癸線，以當戊丁，則已壬當甲丁。

從高測高又謂之因遠測高。

句股尺測高第五法重測

山頂如甲，山脚如丁，欲知本山甲丁之高，而又無可據以爲筭之遠。但山有樓或塔，如乙量得甲乙之距，則用重測以句股尺，任指山脚一處如戊，先測于甲，窺管指戊而出于辛，後測于乙，窺管指戊而出于庚，乃于辛庚兩線中，以甲乙矩數約之，作壬癸小線，直引之至丙，則壬癸當甲乙，而壬丙當甲丁，乙丙亦即當戊丁。

從高測不知遠之高

句股尺測高第六法

山頂甲，山脚丁，人立于甲，欲測甲丁之高，而無可據之遠。但山下與丁平行處有戊，有已知其相距之度，則于甲置尺測之，以窺管指戊指已，俱以墨作線。次于子丑小線，當戊已平行之至乙，則丑乙當已丁，而甲乙當甲丁矣。

借山下兩遠測本山之高

清·朱正元《西法測量繪圖即晉裴秀製圖六體解》　蓋曠野平疇可量也，至高山峻嶺，兩處垂線相距之平遠，無可量矣。一里、二里可量也，至數十里穿山越海，直距之里數，更無可量矣。西人之測地也，最初、最要者，爲測三角法。三角之最初最要者，爲定底線。此底線乃本三角之本，亦衆三角之根也。【略】

裴氏曰，道里所以定，所由之數。又曰，有准望而無道里，則施於山海隔絶之處，不得以相通。下又以道里與徑路分別言之，則道里者，固測量之始事，而與西人測三角無異者也。大局已定，則地面高下、方邪紆直可細測矣。西人之測高下方邪也，所用之器，最要者爲紀限儀，爲瓶水地平儀。紀限儀以測高深之度數，測法於測處置二定點，或立表。與山頂成三點。以二定點間相距數爲底線，用平測三角法，已知三角一邊，求得測處之任一點至山頂斜線之數，再用立測三角法，以斜線爲已知之邊，測得三角。求得山頂高於測處之數，及山頂垂線與地平成直角，至測處之平距數，所謂測處者，即上所用求山頂斜距之點，測深者同。至測山之斜度，若用象限儀，尤便捷。雖不及瓶水地平儀之准，而輕便過之。若測山之逐層高低，則非用瓶水儀不可，測法詳下。測法：懸垂線於儀心，系錘使下墜，依平邊仰望高處，相切視垂線所成角，即爲斜度。實用餘角。若山根有退行之路，則用以測山之高，及平距數。較平立測三角更便。其法或名重測，本前後立兩表，因不便且難准，今爲改之。法於山前一處，用象限儀用瓶水地平儀更准。測得山頂與垂線及測處所成直角，三角形之頂角命爲甲角，又退行若干里必使前後兩測處與山頂成一直線。又測如前，命爲乙角，乃以甲乙兩正切相減爲一率，半徑爲二率，退行里數爲三率，求得四率，即山頂須加儀器離地平數。若用甲正切或乙正切爲二率，則求得四率爲山之平距數。用甲正切，則得數爲山頂，垂線下去前測處，數用乙角，則爲去後測處數。瓶水地平儀以測逐層之高低，器爲長銅管，管上兩端上安玻璃瓶刻度瓶，與管成直角管下承三足架，當管中承處爲活節，置器於高低之間，低昂銅管視兩端瓶水等平，而止於器之上下，對管口直尺，自管窺之，而取其度高低。懸遠者屢測之，而記其各層之〔數〕（款）。山勢磅礴者，環測之而記其各點之向。屢測者逐層之高須等，以便命共距之數。環測者各點之高亦須等，以便平成剖面之形。又山高與逐層之高之比如平距，與各平剖面平距之比求之，以記於册。其測迂直也，水道徑路之類，均其測迂直之間，而以測路輪記其遠近，使容於各三角之内。按，古地理書於名山大川，往往記其高數及周圍數，湖泊亦記之周圍之數。班固《地理志》於大川記其里數，《水經》諸書尤詳。《古今注》曰：「大章車所以識道路也，起於西京，亦曰記里車。車上爲二層，皆有木人，行一里，上層擊鼓，行十里，下層擊鐲，較近時測路輪製更巧也。」裴氏曰，高下方邪迂直，諒哉言乎。雖書缺有間之校，則徑路必與遠近之實相違，三者皆因地而製形，所以校險夷之異。又曰，有道里而無高下方邪迂直，而左右采獲者，尚足以互相發明，又何震於西人刮面圖之精也哉。

清・梅啓照《學彊恕齋筆算》附卷《測量淺説序》　今有木不知高，立表八尺，目表四尺，退二尺望之弦，與木尖直表距木遠四尺，問高幾何，答曰十六尺。法以表八尺，截去目表四尺，剩四尺乘遠四尺，得十六尺，爲實以退後二尺爲法，除之知八尺加表高八尺，通長十六尺也。

今有井徑六尺，不知深，以横木二尺爲句，直木四尺爲股，望弦與井底參直，問井深幾何，答曰，八尺法，以徑六尺減横木二尺，剩四尺，乘高四尺，得十六尺爲實，以横木二尺除之，知八尺也。此亦容方積等内方積十六尺，與外積方十六尺等也。

今有大壑不知深，亦不知廣，必用疊矩測之不地，以股三尺句二尺之矩。即俗用曲尺也。立於岸上，望弦與壑底參直，又以股四尺句二尺之矩，從先測之，矩巔望著之望弦，亦與壑底參直，測得壑深九尺，廣八尺，何以知之，其法將下矩與上矩比較，下矩高三尺，上矩高四尺，是差一尺也，下矩股與句相乘，幂得六尺，爲兩句間之長，方積即差一尺之長，方積故以差一尺爲法，除之便宜知其廣六尺，既得廣六尺，然後以下矩三尺乘廣六尺，幂得一十八尺，以下矩之句二尺除之知深九尺。

前表高四尺，人目表二尺，後表高四尺，人目表二尺，前表退三尺，齊尖。後表退四尺，齊尖。比前差一尺。多一尺也。以前後兩表相間三尺乘表，曰表二尺，剩二尺，得六尺，□名曰：表間積爲實，然後以差一尺爲法，除之得高六尺。又以高六尺乘兩表相間，以表減目表剩二尺爲法，除得遠九尺，是前表距木之遠。法以後矩之尖量至前矩之尖，勾股相乘，如表間積爲實，以差二尺爲法，除之得深四尺，既得深四尺，再以後矩之廣四尺乘深四尺，□□□□爲實，以矩二尺爲法。□□□□□□尖矩，尖矩所測之遠。

清・李鴻章等《山東直隸河南三省黄河全圖・述意十二條》　一、測量之事起自帝堯，《虞書》稱：宅東嵎夷，宅西昧穀。宅與度古字通用，所謂度者，即測量也。《淮南王書》稱：堯爲天子，天下遠近險易，始有道里，尤其明諭。數千年來，幾成絶業。聖朝育虞孕夏，稽古同天，風氣大開，實效將睹。然知其理尚易，而行其法甚難，施之黄河尤難之難者。約舉其端，蓋有十事。

兩岸測量，先求對線，小則目不能見，大則遊移生差，其難一也。

堤非一重，灘非一岸，南北合計，六線之多，得東遺西，顧此失彼，其難二也。

器不精良，何能盡善？至於用器，又易有差。非器精用嫻，差且罔覺，其難三也。

秣林葦地，蔽日連天，遠勢難知，得尺得寸，其難四也。

堤爲水斷，跬步難施，須出横線，比例得數，若無横線地步，又須涉河，用測兩遠相距法，費時既多，所得無幾，其難五也。

堤岸難取直角，非鈍即鋭，比例難准。輾轉設法，心力俱憊，其難六也。

堤線灘線，量用鐵絲，絲與堤灘，均有凹凸，積微成鉅，數里必差，其難七也。

移步换形，稍縱即逝，五官並用，庶免遺忘，其難八也。

目光之差，或偏左右，須自試定，以法消之。白馬昌門，易成匹練，其難九也。

光線入目，多成弧形，不能徑直，且有氣差與弧面差，故測量之人，宜兼明光學，其難十也。

至於用力，又有數難。三汛時至，水皆漫灘，舟大則膠，舟小則危。緤于叢樹，死生呼吸，其難一。自朝至昃，暴露河幹，行不能車，立不能蓋，烈日風寒，靡所棲息，其難二。東北際海，西南亘山，舟輿不通，人跡罕到，跋涉艱險，爲世所無，其難三。濱河之地，多同沙漠，村落絶少，食宿難求，既患枵腹，兼有戒心，其難四。

一、測算非所以治河，而治河之道未有不資於測算。《周髀算經》曰：「故禹之所以治天下者，此數之所由生也。」趙岐注云「禹治洪水，決疏江河。望山川之形，定高下之勢。除滔天之災，釋昏墊之厄，使東注於海，而無浸溺，乃勾股之所由生。」據此數言，是漢儒尚知治水之必用算學。元郭守敬爲千古算學名家，嘗以海面較京師至汴梁，定其地形高下之差，又自孟門而循黄河故道，縱横數百里間，各爲測量地平，或可以分殺河勢，或可以灌溉田土。其事見於《元史》本傳。可見黄河，古人行之已久。近人馮桂芬有《測河道議》，欲以此事行之于直隸、山東、河南三省，惟偏測各州縣高下，其事甚難耳。

清·黄炳垕《測地志要》卷三　差角測高

凡城城邑，必依山爲主，藉爲瞭望御侮之資也。苟非預測其直下之高數，則臨時施用，何所據以爲準哉。測法用象限儀，以前後兩角度差數，爲布算之樞紐，總不外小勾股比例大勾股之理。此術施之軍中，可測敵城樓櫓之高阜。【略】

重矩測高

與差角測高同理，但彼用儀器，此用矩度，爲不同耳。【略】

求遠測高

重差測高，須對高頂退步，又必取平準。若亂山中不得退步，難取平準，其術窮矣。今合重表測遠、知遠測高二法，以斜距測之，又用遞測法，於斜坡測之，而測高之術，乃用之而不窮。【略】

斜距測高

此法因斜坡前後難取平準，用之説，見上篇。【略】

憑高測遠

高少遠多，以高爲勾，高多遠少，以高爲股。勾股既得其一，藉推其二，不煩重測，此法用之軍中可知敵營遠近丈數，爲施礮之準。【略】

據高測廣

以高爲勾，或爲股，分左右爲兩直角，合之成不等邊形。

重差測深

與測高同理，但測高用立儀，人目近表樞，用懸儀，人目近表端。度數皆自下而上。測深用立儀，人目近表端。若定表在上，亦以目近樞。用懸儀，人目近表樞。度數皆自近而遠。矩度亦然。對角内爲距地平分，對角外爲距中心分。惟此不同，若在軍中，遇敵營在低窪之地，欲爲淹水計可用此法測之。

以廣測深

以所測直上之線爲股，則廣爲兩勾之和，以所測直上之線爲勾，則廣爲兩股之和，與據高測廣同理。

清·黄炳垕《測地志要》卷四　圖説

測望之學，非圖不明，然圖或不準尺寸不足以代算。兹圖矩度距分，準於儀器之八線，加矩度及窺表於儀器上，即得八線高深廣遠，準於主線之距里。加儀器矩度於主線上，即得角度距分及三邊距里，以圖代算，分寸悉合。

又　三角須知

總引：三角法又名八線術，其所以名謂八線者，以三角法中所用之數，乃正弦、余弦、正切、正割、余割、正矢、余矢八種線也。所以名謂三角者，以三線各端相遇而成三角形也。三角法中，雖盡用八線所證明推求者，終爲三角形之各事，故此書不爲八線須知。而謂三角須知。論三角之理，乃就邊角之已知者而求所未知者。論三角之用，乃於無法量度之事，而以三角法推算之，或有法量度而需工甚多，仍不得其準數，以三角法推算，則簡而且准。更有物之高不可攀，遠莫能及者，非三角法無由測其高遠也。論三角之理，乃明邊角相關之比例，以弦切割失求其邊角，求邊角所用之數俱爲對數，故推算時，對數表乃所不可少者。論此書之義，乃三角路引也。因講三角之書，其法甚繁，其用甚隱，人初閲之，法術不能驟得，妙用又非明顯。故有謂其多難，而自甘暴棄者。有誤其無用，而不屑學習者。而此書則變繁爲簡轉難成易，其理其用畢呈，目前欲僅明三角之法者，此謂足以償其愿，欲深究三角之理者，此書足以開其端，書雖小而用大，言雖簡而意該，一閲是書，便知實爲三角入門之捷徑，八線測算之津梁，切勿以其爲一本小書而忽之也。

清・朱鎮《測量繪算合解》卷二《仰視測高》 設有甲測三十八度四十分，進行十丈，乙測四十八度。求甲丁乙丁遠，丁丙高，甲丙乙丙斜。

清・朱鎮《測量繪算合解》卷二《俯規測深》 設有甲測三十五度，甲乙距十丈，斜下五十七度，乙測三十度，求甲丙乙丙斜，丁丙戊丙深，庚丙辛丙遠。

清・朱鎮《測量繪算合解》卷三《仰矩測高》 設有甲測正切六十分，垂割一百十七分，進行十丈，測正切八十分，垂割一百二十八分，求甲丁乙丁遠，丁丙高，甲丙乙丙斜。

清・陳松《推測易知》卷四《數學測量簡法》 測高術

設如有一山，不知其高，但知其遠有三百丈，用矩度測之得高一百五十丈。如圖子丑山高也，寅丑人距山之遠三百丈也。甲乙矩度也，丙丁亦矩度也。用甲乙矩度以顯其理，丙丁矩度實致其用。先論甲乙矩度，矩度格數少，則以一格當十丈，從寅數至戊得三十格，即三百丈也。從戊數至巳得十五格，即知山高一百五十丈。何也？寅子丑句股形也，矩度上之寅巳戊亦同式句股形。既以寅戊三十格當寅丑三百丈遠，則巳午十五格即可當子丑一百五十丈高。丙丁矩度窺測時，垂線定於卯，則以寅辰當寅丑數，辰午即子丑高。【略】

測不知遠之高術

設如有一山欲測其高，而不知所距之遠，則先用矩度測之。退一百二十步，再測之，即得山高三百步。如圖甲丁爲山高，先用矩度在巳窺甲高，其指線交於庚。由巳退行一百二十步至戊，由戊窺甲高，指線交於辛。乃移前矩度巳庚線與後矩度，如戊庚。成戊辛庚三角形。試由壬數至癸，恰得一百二十格，以當戊巳，即可由癸數至子，其格數即巳丁遠。由子數至戊，其格數即甲丁高。何也？壬子戊勾股形即戊丁甲勾股形之倒形，其測不知高之遠術同此理推。

設如正南有山不知其遠，即在山之北面横量五十六丈，東西兩端平安矩度，定表相對，東矩遊表與山成直角，西矩遊表測得山頂直影三十一分零八豪，斜矩分一百零四分七厘。直影之數，即八線餘切，其斜距即餘割，查八線表便得角度。法以直影三十一分〇八豪爲一率，矩度百分。爲二率，所量之五十六丈爲三率，求得四率一百八十丈有餘，爲東矩直距南山之丈數也。

若以斜距分爲二率，求得四率一百八十八丈六尺有餘，是所求之西矩斜距南山之丈數也。算法還原，乃以一率二率互易，則三率四率亦必互易，數相同也。再以三率四率互易，則一率二率亦互易也。如一率改爲四率，四率改爲一率，尤易還原，更可知其前算差與不差也。

若用象限儀測如前，安設儀器之處，測得其山之高，即以東儀與山成直角，西儀測得象限高七十二度四十四分。【略】

設如有一旗杆，欲測其高，但知距旗杆之遠爲三丈，問得高幾何。

法用矩度置四尺高凳或架上，以便人目所視。即作爲地平。定準墜線，視遊表看旗杆頂如一線，得距地平分四十分。此矩度全邊爲百分，自中心平分半邊爲五十分。乃以中心平分爲距分五十分爲一率，所得距分四十分爲二率，距旗杆之遠三丈爲三率，求得四率二丈四尺，即距中心定表所對地平至旗杆頂之高。加矩度木架距地之高四尺，共得二丈八尺，即所求旗杆之高也。凡測高處，用矩之上五十分，其距心以下五十分，乃用測視地平下之深，故前得距地平分四十分，在距上本係九十分，除去距心以下五十分，作爲四十分算，此半邊只五十分。故用五十分爲一率。再測高測深之矩，其器當立放，測遠測平兩矩之器當用平放。立放者，必須取平，平放者，必須取直。取平之法，即有矩背面作一垂線，記其弦之號，以掛墜線，其所墜之線，與記所向之處如一線即是。平地取直之法，則用其線兩邊拉住，依線安矩。若兩矩太遠，不能拉線，則用南針定之。若用算學對數表，則以二率距地平距分四十分，用四。假數一六〇二〇五九九相加，三率距旗杆遠三丈用三。假數一四七七一二一，共得三〇九一八一一一，減去一率五十分，假數一六九八九七〇〇。其餘一三八〇二一一〇，檢表得二四。爲二十四尺。再加矩度之架抬高四尺，則離地亦四尺，即所求之旗杆離地高二丈八尺。

又以杆測近高之法，或用表二三率相加，或用二三率相乘，俱於距旗杆三丈處立一表高四尺，向前又立一表高八尺，看兩表端與旗桿頂齊，量二表間相距得五尺。乃以五尺爲一率，前表八尺內減後表四尺，餘四尺爲二率。距旗桿之遠三丈爲三率。求得四率二丈四尺，加入後表高四尺，得二丈八尺，即旗杆之高也。

又如旗杆已知立表距旗杆三丈之遠，亦作安表高四尺，地平前測矩度四十分，若改用儀器象限九十度，測其杆高必是三十八度四十分。算法即用八線簡表三十八度四十分，正切〇〇八〇〇一九六。用算學對數表八千〇〇一，假數三九〇三一四四二爲二率。三丈遠用三千數。假數三四七七一二一二爲三率，乃以二率三率相加，共得七三八〇二六五四，減去一率，五〇〇〇〇〇〇〇。求得四率二三八〇二六五四。檢表二四〇，即所求之二百四十數零。是爲二百四十寸，即所求之二丈四尺之數。再加安設矩架，抬高四尺，亦是二丈八尺之數也。

設如遠望南北兩峯各頂高處，欲測其遠，並兩峯相距若干丈，須於平曠之地不取直角，左右兩處橫量一百丈，測之間兩峯相距幾何。

法安儀器於右，隨定表向左橫量一百丈，乃以遊表看南峯，得兩峯視線，距橫量邊線一百零七度。復以遊表看北峯，得北峯視線距橫量邊線四十六度，南峯、北峯兩視線相距爲六十一度。次於橫量一百丈處安儀器於左，以定表看右儀器中心，遊表看北峯，得北峯視線距橫量邊線九十九度。復以遊表看南峯，得南峯視線距橫量邊線五十度。北峯、南峯視線相距爲四十九度，乃先求左儀器距北峯之遠，以右儀器看北峯距橫量邊線四十六度，與左儀器看北峯距橫量邊線之九十九度，相併得一百四十五度，與一百八十度相減餘三十五度，爲對所知之角。其正弦五萬七千三百五十八爲一率，以右儀器看北峯，距橫量邊之四十六度爲對所求之角，其正弦七萬一千九百三十四爲二率，橫量一百丈爲對所知之邊，爲三率。求得四率一百二十五丈四尺一寸，爲左儀器距北峯之遠。次求左儀器距南峯之遠，以左儀器看南峯距橫量邊線之五十度，與右儀器看南峯距橫量邊線之一百零七度相併，得一百五十七度。與一百八十度相減餘二十三度，爲對所知之角。其正弦三萬九千零七十三爲一率，右儀器看南峯距橫量邊線一百零七度爲對所求之角，其外角七十三度之正弦九萬五千六百三十爲二率，橫量一百丈爲所知之邊爲三率。求得四率二百四十四丈七尺四寸，爲左儀器距南峯之遠。

末求南北二峯相距之遠，以左儀器距北峯一百二十五丈四尺一寸，與左儀器距南峯二百四十四丈七尺四寸相加，得三百七十丈五寸爲一率。又以一百二十五丈四尺一寸，與二百四十四丈七尺四寸相減，餘一百一十九丈三尺三寸爲二率。以左儀器看南峯、北峯兩視線相距四十九度，與一百八十度相減，餘一百三十一度，爲外角，折半得六十五度三十分，爲半外角。其正切二十一萬九千四百三十爲三率，求得四率七萬零七百四十爲半較角之正切，查表得三十五度十六分，與半外角六十五度三十分相減，餘三十度十四分爲小角。與半外角六十五度三十分相加，得一百度四十六分爲大角。乃以小角三十度十四分爲對所知之角，其正弦五萬零三百五十二爲一率，左儀器看南峯、北峯兩視線相距之四十九度爲對所求之角，其正弦七萬五千四百七十一爲二率。左儀器距北峯之遠一百二十五丈四尺一寸，爲所知之邊爲三率，求得四率一百八十七丈九尺七寸，爲南北二峯相距之遠也。【略】

測深

設如山中一谿，已知面闊三丈，不知其兩岸至底深若干丈尺，用儀器於兩岸各測谿底一處，右儀得六度，左儀得三度五分。

法以兩儀度分正切相併爲一率，全數爲二率，三丈闊爲三率，求得四率，即谿深十八丈八尺七寸也。

一率　兩正切相併一五八九七，用一千五百八十九。對數三二〇一二三八。

二率全數　用一千數。對數三〇〇〇〇〇〇。

三率三丈　用三千數。對數　三四七七一二一二。

四率　三二七五九九七四。檢表得一千八百八十七數。小餘。即所求之谿深一十八丈八尺七寸也。

設如甲乙丙直角三角形，乙角爲直角九十度，知丙角五十一度五十一分，甲丙邊八十九丈零二寸二分，求甲乙邊丙乙邊各幾何。

法以丙角五十一度五十一分與九十度相減，餘三十八度零九分爲甲角。求甲乙邊，則以乙角爲對所知之角。其正弦即半徑十萬爲一率。以丙角爲對所求之角，其正弦七萬八千六百四十爲二率，丙邊爲所知之邊，其數八十九丈零二寸二分爲三率，求得四率七十丈零六分有餘，即甲乙爲所求之邊也。求丙乙邊，亦以乙角爲對所知之角。其正弦即半徑十萬爲一率。丙以甲角爲對所求之角，其正弦六萬一千七百七十二爲二率。甲丙邊爲所知之邊，其數八十九丈零二寸二分爲三率。求得四率五十四丈九尺九寸有餘，即丙乙爲所求之邊也。如丙丁戊一象限巳戊弧爲丙角之正弧，巳庚線爲丙角之正弧，丁巳弧爲丙角之餘弧，即甲角之正弧。辛巳線爲丙角之餘弦，即甲角之正弦。巳庚丙與甲乙丙兩勾股形爲同式形，故半徑巳丙與丙角正弦巳庚之比，同於甲丙邊與甲乙邊之比，爲相當比例四率。又半徑巳丙與甲角正弦丙庚之比，同於甲丙邊與丙乙邊之比，爲相當比例四率也。

設如甲乙丙直角三角形，乙角爲直角九十度，知甲乙邊二十丈，丙乙邊三十四丈六尺四寸一分，求甲角丙角各幾何。

法以甲乙邊二十丈爲一率，丙乙邊三十四丈六尺四寸一分爲二率。半徑十萬爲三率，求得四率一十七萬三千二百零五，爲甲角之正切。檢八線表得六十度，即甲角之度與九十度相減，餘三十度，即丙角之度也。如先求丙角則以丙乙邊三十四丈六尺四寸一分爲一率，甲乙邊二十丈爲二率，半徑十萬爲三率，求得四率五萬七千七百三十五爲丙角之正切。檢八線表得三十度，即丙角之度。與九十(庚)[度]相減，餘六十度，即丙角之度也。如圖先求甲角，則如甲丁戊一象限，巳戊弧爲甲角六十度之弧。庚戊爲甲角之正切，甲戊爲半徑，甲戊庚與甲乙丙兩勾股形爲同式形。故甲乙邊與丙乙邊之比，同於甲戊半徑與庚戊正切之比，爲相當比例四率。先求丙角三十度之弧，辛丁爲丙角之正切，丙丁爲半徑，丙丁辛與丙乙丙兩勾股形爲同式，故丙乙邊與甲乙邊之比同於丙丁半徑與辛丁正切之比，爲相當比例四率也。

設如甲乙丙直角三角形，乙角爲直角九十度，知甲乙邊六十尺，丙乙邊三十二尺，求甲丙邊幾何。

法以甲乙邊六十尺爲一率，丙乙邊三十二尺爲二率，半徑十萬爲三率，求得四率五萬三千三百三十三爲甲角之正切，檢八線表得二十八度零四分，即甲角之度。如用丙乙邊作一率，甲乙邊作二率，好先得丙角度。乃以甲角爲對所知之角，其正弦四萬七千零五十爲一率，乙角爲對所求之角，其正弦即半徑十萬爲二率，丙乙邊爲所知之邊，其數三十二尺爲三率，求得四率六十八尺零一分二釐有餘，即甲丙爲所求之邊也。又既得甲角之後，用割線法則以半徑爲一率，甲角之正割爲二率，甲乙邊爲三率，求得四率即甲丙爲所求之邊也。或得丙角，則用丙角之正割爲二率，丙乙邊爲三率，亦得甲丙邊。若得丙角，仍用甲乙爲三率，則用丙角餘割，即甲角之正割。爲二率，而亦得甲丙邊也。

設如甲乙丙直角三角形，乙角爲直角九十度。知甲丙邊一百零二丈二尺，丙乙邊四十八丈，求甲角丙角各幾何。

法以甲丙邊爲對所知之邊，其數一百零二丈二尺爲一率，丙乙邊爲對所求之邊，其數四十八丈爲二率。乙角爲所知之角，其正弦即半徑十萬爲三率，求得四率四萬六千九百六十六，爲甲角之正弦。檢八線表得二十八度零一分，即甲角之度也。甲角之餘弦，即丙角之正弦。如檢八線表餘弦，得六十一度五十九分，即丙角之度也。如甲丁戊一象限，巳庚爲甲角正弦，辛巳與甲庚等爲甲角之餘弦，即丙角之正弦。甲庚巳與甲乙丙兩勾股形爲同式形，故甲丙邊與丙乙邊之比，同於甲巳半徑與巳庚正弦之比，爲相當比例四率也。

清・徐建寅《兵學新書》附卷《測地繪圖》 測高一百四十四

測高之法有二，一測高之斜度，二測高之直數。測斜度用象限垂，此器用厚紙或銅板爲之。如圖七十九。由心點如甲。作圓界畫，自〇度起至九十度掛垂線，如甲辛。測高處之斜度。如圖八十。在此器之一邊，如甲丙。望對高處，如乙。而其垂線所對處，如亥。即高處之角度。如辰丙亥角。測深處之斜度，則反用之。行軍測地用象限垂甚便，與盒紀限儀略同。惟紀限儀易損壞，而象限垂不易損，且雖壞亦易隨時修理，并易自造。

地面有二原處，欲知其高低。如圖八十一。地圖內已有二原處之點，如甲乙。可依比例量得其相距。又知高處之底角，如辛。必爲正角低處之斜角。如甲。巳用象限垂測得度數，則二原處如甲乙。之高低直距，如乙辛。等於其平距乘所測得角度如甲。之切線。

平距如甲辛。爲一百碼之切線表。【略】

測高低直距之器有數式，以瓶水準法國所剙。爲最便。如圖八十二。用銅或錫作横管，如甲乙。長三尺，兩端各連短管。如甲丁乙丙。上口各含玻璃小瓶，如辛辛。瓶底各有小孔以通水。横管中段連活節，如甲。裝於三足架之上。灌水入瓶中，通至第二瓶水面，各滿至瓶内三分之二，如辛辛。則二瓶之水面，必與地面相平。

地面有兩原處，如丙丁。欲知其高低直距，如圖八十三。置準於二處之間，一人持長尺立於一處。如丙。看兩瓶水面，如辛辛。對長尺之分數如乙。記之。再移長尺至又一處，如丁。同法爲之。兩分數相減，餘爲高低直距。長尺有極精之式，用之甚便，隨時亦能自造。用直竿，上刻分寸，以白紙作圈，套在竿外，能上下移。由瓶水準望對紙圈，即令停止。持竿人看竿若干尺寸，告知之。用瓶水準逐段測地之高低直距，如圖八十四。置準於各處，其後各處，如寅寅寅寅。其前各處。如卯卯卯卯。各測其高，記於簿中，以免遺忘。於後各高數和內，減去前各高數和，爲其共高實數。用瓶水準測地面各處之高低甚便，作城牆亦用之測各高點。

掛平器，如圖八十五。用尺如甲乙。兩端，繫繩而懸其中，如丙。下掛小錘，風吹不動。小木尺必合地平線，其用同於平水準，而不甚準，易於自造。

特林儀能測地面二處高低之角度及平距、立距，如圖八十六。下爲羅盤，如巳。其蓋爲方形，旁有方銅片。如未。支蓋使直立，蓋内如丁。有横徑線分上下兩半。下半有平分之垂線，如圖八十七。其分數自中至周，又平分之横線，相距爲垂線相距之半。其分數自上至下，黄銅半圓，如圖八十八。用螺釘掛於蓋如丁。内，有簧可壓令不動。其大小及徑之分數，皆與蓋如丁。内同。其半周分兩象限，各自〇度至九十度。有圓錘如叱。以較準活徑，如丙丁。使恒合地平。其活徑之兩端有兩針，如丙丁。在兩視孔如寅寅。内。見兩針相對，則知定徑必合，活徑而亦合。地平有長方銅兩片，如申申。用螺絲釘連於蓋旁，後片如申。有孔如丄形。前片如申。繫細髮兩根，與孔相配，此孔與髮用測方向而不測高低。人目在後孔，如午。向前望一遠處，見前孔。如午。與髮及遠處相對，而看指南針以知方向。蓋内如丁。之各分線，恒爲正三角形，與高處所成斜度同式。其活徑如丙丁。之半，爲高低兩處之斜相距，定徑爲其平相距，垂線爲其立相距。用法：如圖八十九。其視線如吠㗊。觀器内知斜角二十五度，再量地面。自人所站處如吠。至高處如㗊。得二百二十碼。看活徑第二十二分所對之垂線，而引至定半徑對二十分，以一分爲五碼，知平距爲二百碼。再看活徑之第二十二分對横線之第十八分，其横線相距爲垂線之半，故以一分爲五碼，得立相距爲九十碼。

地面兩原處在地圖上已有平距一百九十碼，欲測其立距，用此器測高處，而看定徑第十九分之垂線，與活徑交點在横線之第十二分，得立距爲六十碼。

英·華爾敦著、英·傅蘭雅口譯、清·趙元益筆述《測繪海圖全法》卷三《第十一章　論測高測高低法》　凡測高，大半必恃船上用紀限儀。而測其角度，又藉陸地諸方位，用經緯儀。測各體之高低，如前章所言身邊攜帶之風雨表，能測不甚緊要處之高，又能助畫山之高低情形。然因其不全可憑，則測緊要之方位，不用此器。

凡原方位並便於測各體之高或低角度之方位，則應乘各機會而測之，記於高數簿內。又能知其相距，則推算其各角所對之高數。所有推算而得之各數，必成表而求其中數。

凡將來必知其高數之方位，亦可從此方位而測他處之高或低。惟所測本方位之高數有誤，則所測他處之高數亦必有誤。故以與海水等高之方位，測他方位爲最穩，或者將本方位用繩度其高於海平線亦可。

凡用經緯儀測各體之高或低，則其經緯儀必預先配準，而其酒準亦必能得準平。又所有平差與視軸差，亦必入其推算之工夫內。

海洋測繪

英·華爾敦著、英·傅蘭雅口譯、清·趙元益筆述《測繪海圖全法》卷一《第一章　論器具與配用之物件》　十尺竿

凡測海邊而繪圖則常用竿一根，必有一定之尺寸，而測其所對之角，則能知其相距，有一便法如下：

將長方形木架子二箇，各寬十八寸，長二尺，以輕爲妙，外蓋以粗白布。二架之背面，做一容物之節，能接住長竿之尖，其節與竿各作孔能插進，紅銅銷插銷之後，則二箇布面之架，相距不能改變，以十尺之相距最便於移動。其二箇架上之布，上白色之油，而在中心做直立黑色一條，則二箇架子黑色心條之相距準十尺。

如用紀限儀測量竿子所對之角，則必視此黑條之形，與彼黑條相合，方能得其角度，又必預備相距表一紙，能配其竿在各相距所對之角。而相助測量者，必攜帶在身，便於到處查之，見附卷中號之表。如第六圖爲便用之十尺竿。【略】

測繪作號所用之物體

凡測量之事，無奈何必有若干定體，其方位先在圖上記録之，謂之根點。所用之各物件，自與測量事之大小粗細有相關，最大者爲大山峯，最小者爲小木杆。

如測繪海圖之人，能多得天然之記號，則大能省時刻，即如山峯，或易分别之樹木，或房屋，或禮拜堂之塔等，總之從周圍各方向容易分辨之物，俱爲合式。然陸地得此各物尚易，而測海之工夫內，頗難得之，故不得已，必自立物體爲記

號。兹將自己所立之記號，略言之。

測海繪圖者，以白石灰漿爲最要之物。因乾灰帶至遠處最便，而到處能得水成漿，從遠處易於分辨，其價頗廉，又地球偏處能得之，不能爲風吹倒，不致爲本處土人所竊或毁壞。如尋常土人見海邊等處立别種記號，則不知爲何意，疑其有害，故必忌之而欲去之，所以石崖面，或山邊，或樹身，或房屋之角等處，用此爲最要。又所立之各種記號如石堆或泥墩，或白粗布等物，亦可上石灰漿，即如石崖面上白石灰漿，祇能從正面見之，不能周圍視之。無奈何必掛一旗號同，而上白石灰漿，便於遠處分辨。惟所作之記號，必酌量本處之事，與所需見之遠，而定爲何種。

如本處有多石，則聚之成堆爲最便。惟山頂石堆應上白石灰漿與否，難於定準，如天晴時見太陽或後面有更高而暗色之山，則白色石堆能亮如星，設天陰而石堆之後無高山，祇有陰天之色，則石堆之白色，幾不能顯。如作黑色，更易分辨，惟海邊平坦處作石堆，務必上石灰漿。

如無石之處，可用粗木杆，長約八尺，將三根木杆作鼎足形，其上可包舊帆布一條，約六尺。面加白色灰，可用小麻繩縫連之。此種杆易帶於小船上，又易帶至山上，亦易拆下，可屢次用之。至舊又因其爲三足形，易受大風而不倒，設如另用麻繩爲扳，則周圍觀之，俱爲圓錐形，易於分辨，且其粗木杆與舊帆布，遍處俱能得之。

如能得竹杆，則比實心之木杆更便，因其體更輕，便於帶至山上，或可作三足架子，或可作旗杆。

又可用粗寛之白色棉布爲暫作記號之用，即如無太陽之時，而欲從此方位看至别方位，不能用日光號鏡，則用此種布爲便。又不必留大記號爲將來之用者，亦可用此作記號。

如海邊底最淺而平，而必用小船測水深之處。頗寛必用大旗掛於旗桿上，惟必謹慎所懸之旗，不可用國號者，或易誤爲國號者，曾有數案。因不慎此事，而成争端，且因船上所發大而舊之旗往往與國旗有關。則必割成數條，而换其排列。再行縫連，則不易誤爲國旗。如紅白二色相間之旗，尋常能從最遠處分别之。【略】

鉛錘繩

新派出海測量之船，第一要事，必將各繩加牽力引長至足。如尚未作此要事，則各繩作尺寸之記號，俱屬無用。其法待船出口之後，將其新繩略長七百至八百托，其端加重鉛錘，繫船尾拖在水中數日，則其繩已引長至足，然後來作尺寸記號。之後每若干時，亦必量之。因常少有漲縮之弊，如手持之鉛錘，無論爲大小船，所用者必每一尺作記號。至托爲度，過五托至二十五托，每托作一記號。

如大船測海水之深數，並小船測一百托之深，自一尺至二十五托，須照前説作記號。而過二十五托，每五托作一記號，至一百托而止。過一百托，則每十托作一記號，至二百托而止。過二百托，則每二十五托作一記號。如測海水最深之繩，則每二十五托作一記號已足。

測海水深之繩所作之記號，尚未定公法，兹將余所用慣而得益者，開列如左表。【略】

浮標

【略】測海繪圖之事，間有以浮標爲不可少者，如測海繪圖之船，常有此種浮標在船之首。預備二箇，隨時能立即落水。浮標有一種便益之形狀，爲大木桶，其箍最結實而不漏泄。上下各有孔，能接著桅子，其桅子下伸三尺，上伸五尺。而桅與木桶相連之處，用不漏洩之套圈，其上桅能接著一旗杆，便於掛旗爲號，桅之下端有鐵圈，能連一壓儎，令其桅直立，又有錨鏈。

又有一種浮標，更能耐久，惟其體更重，其法在中間用一立杆，而圍住之。則釘木塊所成之形，與木桶大同小異，惟内能通水，則恃木之本浮力，而不沉下，可免木桶漏洩，沉下之弊。如其水常向一箇方向流動，則錨鏈必與浮標之中間相連。如不欲浮標順水流而變方位，可用一箇或二箇小錨收之，其浮標上須預備繩與眼，連於其上，便於起落之用。

英·華爾敦著、英·傅蘭雅口譯、清·趙元益筆述《測海繪圖全法》卷一《第二章 測海繪圖事之總説》 測海繪圖之法甚多，而其事分種類，故欲測海繪圖之總法，實非易事。

測海繪圖之事，大略可分爲三種：一爲測或粗測之工夫，二爲因尋常行船而測量，三爲細測。

以上三種測量，其界限難於言定。雖原來各不相同，而其交界難免有攙越之處。常有測海繪成之圖，送回本國，預備刻印，其内包括以上三類之若干分，因各分依當時無奈何之事而辦理之。【略】

凡有測海繪圖之事，内有一事爲相同者，即俱必藉三角法而成若干三角形。其三角形之角爲圖内之要點，而其各三角形，可當爲圖之架子。而因此架子，必先爲之，則第一要事，須定以何法爲之。

成各三角形之法有數種，自粗至細，即如船行路時，測量而成三角形，其三角形之一邊，爲疑心船所行之路數，而其角爲紀限儀所測者，而測角之時，船常行動，此爲其粗者。如海邊相近之陸地，用最準之經緯儀細測量其底線並各要點，爲圖内三角形架子之根基，此爲其工夫之細者。

以上所言三角形法，似指出圖内能顯其各三角形之工夫，如測海繪圖，其工夫無一定之法爲之，而用已有經緯線與尺寸之紙爲之，則似不用三角法，實言之，亦並無三角法。然圖之工夫所恃之架子，務必爲三角形，故其圖不能不稱謂三角法所成者。【略】

測海繪圖之公法，惟六事爲要，兹將其六事依次第而列之如左：

一、求底線。或爲暫用者，如大測量之事，常換其底線，或用細而一定之圓，則以一箇底線爲主，而各工夫全藉此底線。凡底線爲第一箇三角形，所已知之一邊。

二、做各原三角形。即恃若干地位，頗爲相離者，而測所成之各角，從此各角，再測他角，定别方位，則先測之。各角爲圖所恃，爲架子之角，故謂之原方位。其底之兩端爲首二箇原方位，其餘各事，藉此二方位而成之。

三、從各原方位測角，而定若干次方位，又定各緊要之點，便於作圖上欲顯出之各要物。惟尋常繪圖，亦必從各要物之點而測角爲妥。

四、以上所詳各方位之各點，或其若干分，足爲起首繪圖之用，可在圖上畫之，後換至露天畫圖板上。其法或用細鍼刺孔而成之，或用影圖透光布先影畫之，後通過此布刺孔於露天畫圖板之紙上。

五、其繪圖之工夫，分若干分爲之，每一分派一人專爲之。尋常言之，則先畫海邊線，後測各處海水之深而記之。再後隨便測其陸地，而畫其細圖。

六、每一人在露天畫圖板上，先畫其一分，而以墨成之。成功之後，亦用影紙而刺孔之法，過於總圖上，各人工夫成功，而過於總圖之後，則用墨爲之，此爲預備刻板等用。

以上次第雖爲最妥，然間亦可以改變之。即如有人喜將各工夫，先在原圖畫之，而不用分圖之法。設如其圖全恃一人爲之，或祇有正副二人，則徑畫於一箇圖上爲便。以上所言之法六條爲任，多人合用已久，試驗之，而知其爲妥。

測海水最深之處，秘在大船上爲之。而離岸若干遠，不便於用大船，因水過淺等故，則用小船。

【略】

英·華爾敦著、英·傅蘭雅口譯、清·趙元益筆述《測繪海圖全法》卷二《第三章　論底線》凡海圖或地圖所用之底線，爲用三角形法之根基，而作底線之法有數種，俱依本處之事，與情形，並測法之粗細，而檢出之常法，分爲五種如左：

一、用特設一百尺長之鏈。

二、測兩端之緯度，從此得其相距。

三、將已知之長處或物，用量微數表或紀限儀測其所成之角，即如將二箇立杆，其相距詳細測量，或長竿兩端之相距，或船桅頂與底處之相距，測其所成之角。

四、用繩量之，即用測海水深之繩量之。

五、用聲浪速率之法。

以鏈量底線法

用此法地面必爲平者，愈平愈佳。如用繩量之，此亦爲要事。其底線之長，幾分藉其測量工夫之緊要或大小，從九千尺至一千尺不等。如祇測量一小港口，則不滿一千尺，亦不妨害。

尋常用鏈量底線，則其底線依比例畫於圖上，則過於短，因藉此畫全圖之用，尚爲不足。設如在紙上先畫其原底線，因其線短，則因其器具之誤，眼光之差等弊，易生大差，而此差在後來之工夫，愈做愈大，故可見尋常工夫内，必引長底線爲要。

引長之法，先推算若干三角形，依便法排列者，如此得長邊足爲起首之用。繪圖各工，可向内畫之。如有小差，愈爲之則其差愈小。設如向外畫之，則其差愈做愈大。

起首作引長底線之工夫，在所測之底線，應檢測便當之方位，其左右兩邊各有合式之方位，可爲初造三角形之底線，並後來作引長底線之用。【略】

以上排列之便，不能常得之，惟測量之人，必多費事檢出最合式排列之方位。

如能得便當之三角形，爲引長底線之用，則不必細測量最長之底線。如所測之角度在合宜之界限內，而用紀限儀詳細測之。又其地面最平，則測短底線，比較不平之地，而測量長底線更爲可恃。設如全藉紀限儀，則底線愈長愈佳。

測量之人，必先在所擬測之底線上，步行而細看其情形，又必查其底線兩端之方位，能周圍多見別種有用之方位，再於一端立經緯儀，而在他端或立一旗竿，或再立一經緯儀，後派一相助之人，將木杆若干，立在兩端方位之間，如用船上之戈，最爲合式。先用經緯儀，他方位而指出應在何處立竿，成直線，已立二三竿，則其餘各竿相助者自能立直之。

以上各竿排成直線之後，必向一端起首測量。設如有二人測量，則必從兩端一併起首測量。每鏈需用二人，前人手中持小鐵樁十根，而測量者與前人偕行，手中帶書觀其鏈曳成直線，則每一鏈記在書內，但相助者不可曳鏈過緊，而必平靠於地面，其第一鏈必從經緯儀之心起，而鏈之端將鐵樁插於地內，在鏈端眼中與鏈眼之平面相切，則簿內作一豎，有二人將鏈取起前行一百尺，則後人已至所打之鐵樁，必將鏈眼之外面，與鐵樁相切，則前人再將鐵樁照前法插入地內，而測量者在簿內再作一豎。後人將第一樁收起，則各人再往前一百尺。其餘類推。惟簿內作豎四箇之後，則第五箇必斜劃於四箇之上，後每五百尺亦然。每一千尺，須數其樁數，即在簿中作第十劃之時，前人所帶之十箇樁必已用盡，而後人手中，必應有九箇樁。

已量到末一百尺，則必觀鏈上餘尺，與餘寸，因每鏈每一節準長一尺，最便於推算。

凡向前行之時，必慎令二人之速率均勻，因後人過速，則鏈鬆而落於地面，或過草與石等，或阻住不能動，或令其彎曲則因鏈有差數，比較初起時，測量之差不同。

測量底線之次數，藉本處之事而定之，如爲港或海口之圖，則測量二次，所有之差有限，即在一二尺之內，不必再測。設如測量更大之處，則測量三次或四次爲更合宜。設如第一次與第二次所量得之數最相近，則不必再測。

測量底線能得全平之地甚少，故測量者，必依地面所有不平之處，而從所量得之數，減去若干爲補其高低之誤。爲此事者，無公法，故測量者，必自己細觀地面之情形，而定減去若干數。所用之鐵鏈，必在測量底線之前，與後試驗其差而記之。

測緯度以求底線之長

如有二箇合式之方位，相距二十或三十或四十英里，天晴之時，彼此能分別，而二方位之間，亦有幾處之物，能分辨者，則可用測緯度之法，與準測方位之法，得可恃之底線。

照此法則底線必等於緯度之較數，乘墨加禱圖方向之餘弦。

又可藉其當中之各點，推算三角形合用之邊，便於定各方位之用。如不能得平地作爲測量底線之用，而欲得比例，從起首爲準者，則可用測緯度之法，有大益處。

測船桅頂所對之角

此法用量微數表或紀限儀，將測船桅頂與船邊之弔牀網等便當之定線，在船邊者，不可用水平線，因此線常有改變之處。

經緯儀之立圈，因祇顯分度，則不能作此用。尋常尺寸者，所能測之數太略，而更大者不常有之。

如用二箇紀限儀，彼此能證各度數，則爲最妙，並觀分度在弧上，或不在弧上爲妥當。

用此法則桅頂高於船邊所用之線，其數必預知之，而不可有微差。

用此法測角度之後，則其餘工夫，祇爲推算正角三角形，此爲極易之事。

用此法者，應立一表，內有船桅頂與船邊所用之線所成大小各角，相配之相距，因測量海水淺處之工夫，內能常用之爲便。

量地一小處而測角求底線法

如不能用船桅高於船邊之測法，則畫一小圖，所需之底線，可在地面上二箇易分辨之物，測其所對之角，又準測二物相距之數，或用長竿，而測其竿所對之角，必用紀限儀或分微尺量之。

如地面立竿，則必謹慎其竿排列之方位，爲所求底線之正角。又如用長竿之法，亦必謹慎其竿與測角者成正角。其法或在長竿之中心，釘小板一塊，與竿成一正角，而手中持竿之人，必令其板對著測量之人，或者持竿之人平置而搖動之，測量之人，所能得最大角度之時，則爲得正角之方向。

用此法所測之角，不可小於一度，如一度之角，而相距二十尺，則能得一千一百尺之底線。設能和更長之相距與更大之角，而求底線，則更爲可恃。或如不能得長底線，則先測短底線，而用前法引長之亦可。

凡測角必在分度弧上，與不在分度弧上而測之，又用多於一箇紀限儀爲妥。

如不甚長之底線，可用分微尺測之，然用紀限儀亦能得。如不甚長之底線，可用分微尺測之。然用紀限儀，亦能得準。又在船上常有預備之紀限儀，便於作各事之用。

如以爲竿之長與角之餘切線相乘，所得之和數，爲其相距數，則其差小至於不能覺之。

用繩量底線法

用繩量底線，自然不能全準，因繩鬆緊之分別，每量一次，必有小差。又與天氣燥濕有相關，因爲濕時縮而乾時漲。如所測之地面濕，則先將繩加水後，試驗之，則不能有大差，惟用時不令其繩得乾。

用聲浪速率測底線

此法藉放礮，從遠處觀礮火之時，與聞聲時之間，所過之時刻，即在底線彼端放礮，而此端聞聲。

如不能得平地，則可用此法測底線，然此法不甚準。如其圖之不能得平地，則可用此法測底線，然此法不甚準。如其圖之比例，至末欲恃天文測量法定準之。則先用此法，是爲定各處高低，與十尺竿所量圖之小分等用。

如用此法，在底線兩端各放礮，則更爲可恃，所以測量之船，應帶二箇小黄銅礮，作此用。其最合式者，名曰哥哈納田雞礮。此二礮易在小船搬動，如落於海内，不受傷害。

常有在底線之一端，恃本大船上放礮，而他端用小船。如數箇小海島中，測量用此法最多。設能在岸上做底線之一端，更爲妥當。又如能檢擇底線之方向，則有風横對底線而來者，爲最合式。因雖綺一端順風，一端逆風，能免風速率增減之弊，然使風略大，則逆風之聲難聞。兩端所測之方位，能有遮風之處爲妥。因不遮風之處，難免風在人耳中自成一聲，而混亂聽者之心。

如以底線長三箇英里，爲最合宜。然尋常言之，此事不能測量者自主。又如能得天晴無風之日，則聞聲最遠最易，惟測量者難得檢此合式之日。因測量之工夫，藉許多事。如每一事延緩若干日，待合宜而便當之時，則幾永不能成。祇能將其時分數種，所有恃天氣或天色者，爲一種，所有與天時無相關者，爲一種。則凡遇藉天時之事，而天時不合，則作與天時不相關之別事。如此略能免延緩之弊。底線兩端所放之礮，必遞更而放之。而每放一次之相距，必爲一定者，又放礮時，必作一記號。即如落一旗等法，而其旗應在早一分或早半分時起之。或將旗先落之後，漸所起之，而預定其旗到船桅或旗竿頂，則放礮如聽聲之漸起之。而預定其旗到船桅或旗竿頂，則放礮如聽聲之人，不設此旗號之法，則久待此礮火與聲音者，大爲可厭。最合式用之表，爲小度時表，能帶在身邊者，每兩秒作五響，如平常之表，每兩秒作九響，過於速而易混。然用慣者，或用尋常之表，能聞得準，度時表相同，或更準亦未可知。

用表之法，將表著耳。口中念〇〇〇等順表之聲，至見放礮之火，則起念一二三等數，至聞礮聲而止。如用遠鏡觀遠處臨放礮之旗號，則一手持表，一手持遠鏡，大爲不便，可用手巾縛表近耳，而遠鏡以兩手持之。

如其地面相距頗大，則聞表之聲過多，亦易混其數。故預將手指俱握緊，則每聞十聲，或二十聲，則伸一指，或用別種便法記之。

如測量之時不甚迫，則來往三四次測量爲妥。又如二三次所量得之數不等，則多次測量，更加爲要。又必預定如須再量一次，可作一定之號令。

量數次之後，則求中時數之工夫内，如用算學中數，則未必準，因順風而行之聲所增之速，與逆風而行之聲所減之速不等，而爲更小，因逆風者，其混錯數目之緣故，比順風者顯得更長。所用之式【略】見附卷庚號，有此式之證。其哂爲所求之中時數，哂爲彼方向聲來之時，哂爲此方向聲來之時，依此法，得中時數，必與當時熱度所配聲速得所需之相距。

聲行速度，常有不等之時，而尚未得各變化之準法。其變化之緣故，内最大暑爲熱度，而此變化能改正幾分。

曾試驗極詳，而得最可恃之數，爲一秒時内，在三十二度熱之時，聲行一千〇九十尺。又三十二度以上，每加熱一度，則其聲行之路，加一·一五尺。又三十二度以下，每減熱一度，則所減聲行之路相等。

以上變化之外，無別法能改正所量得之數，改正熱度之後，所得之數，幾可爲準數，所以他數不必論之。

英·華爾敦著、英·傅蘭雅口譯、清·趙元益筆述《測繪海圖全法》卷三《第八章　測海水深數》　凡測海繪圖之事，難分輕重，因其各事俱爲不可少者，而無論何事，内有差，即全有差。如必欲在各要事内指出一事爲重者，則爲測海水深數之一事也。

測海水之深，爲測量官所作之事内最無趣者。如天氣不佳，而測量之事無甚大益。即各處深淺略同，無淺灘或危險處可查，則其工夫極爲平淡。因此老於測量之官，託年輕人辦理此事，則不惟有累年輕之人，尚能令其圖內有差，而因測海水深數爲要事，則其圖因此而不可恃。

其各緊要之點，已度在圖上，則可動手測海水之深數。但前已言海邊之形爲繁者，最好先畫其海邊線而後測海水之深數。

尋常測海水深之總法，用小船向各一定之方向直行，每行一方向之長與相距，俱爲預定者，而船首之人拋鉛錘測海水之深數，每測若干次，則測量之官，用紀限儀測角，定船之方位，每行一方向，初時與末次亦必如此。

以上爲總法，但可見其總法，能改得若干不同之法。

第一要事，須定小船帶露天繪圖板，隨時度所定之各點，與記録海水之各深數，此或記在書內，而暫時在圖上畫緊要之定點，再回至大船上，全畫於圖。此事各人之意見不同，而我之意見，以爲必當時度之。而記在圖上，因在小船爲之，尋常與大船爲之同準。又測量之官，覩圖則知何處，應另測數次。又摇船之人，每若干時停一次，則免其過於辛苦。設有大風浪，自然不能在小船內繪圖，必回至大船爲之，所有能在當時度各點於圖上者，則應爲之。又如以大比例繪圖，即如河口或港等處，因必得最準，則先測海水深數，而後畫細圖，亦爲應當之法。

凡測海水深數，而可當時記在大圖上，自然恃潮水情形，已全知與否。如潮水漲落之數少，或潮水流動之法，預先知之，足爲開一表，則依其表改所測量海水深數，而記其真數，而以墨筆記之。或小船每行至一處，測其角，定其方位，則於圖上所刺之微孔，記其海水之深數。後回至大船，行之遲速，並其船每度水深一次，須停止與否，均恃水之深淺，並度水者之巧拙而定之。

應停船測角與否，恃所有各記號及各體所能便當，或能清楚與否，並測角者之靈巧與否，起首測量者，作事最遲，至能一併得準而速，則可更快。

每測角定小船之方位一次，應當時度在圖上與否，或先定二三箇角，再停船或抛錨數分時，繪圖與否，俱依本處之事與情形。

每測角定小船之情，如海底本，或斜度極小，可以度水深多次，而測角一次，設如海底深淺不勻，則停船測角之處，必更相近。

凡在成功之細圖上，所用線相之海水深數，即如三托、五托、七托等，俱應測角而定之。而作此事，必記得所有等深之線之向外者，必在整度數上，又必推算潮水漲落之事，包在深數內。惟潮水漲落之事最難得準，所以難免其海水深數與相連深數之線有小誤。

所有測海水深數各處之線，尋常應與海邊有正角之方向。又各線彼此平行，因不惟能得更準更簡之線，又其船可常借二箇體之方向，令其直行。

如大比例之圖，而作細工，可特立二箇記號，成直線。小船依此記號，可以直行。但尋常之工夫內，常將二箇記號移動，大爲費事。所以除極細之工夫外，可以天然之體當爲記號。

凡測量小海口，或小海港等事，則必依本處之情形而定線之方向。

小船測海水，以若干深數爲限，亦藉本處之情形。如小船度水深於二十托者，大爲累事。小船直行至一線之端，轉一正角，横行至第二線之端，當横行之時，仍必度水之深數。

此工夫內，用指方位器之法，已在第一章用指方位器之一節內詳言之，兹不再述。

凡在小船測角之時，則定角之工夫，必將右邊或左邊之角，依指方位器爲左邊右邊者，得若干度數，必足爲本器具上，能測準之用。如不能在指方位器配其過小之角度，則可用脱墨紙之法，度其方位於圖上。

測海水深數記録之書，不必畫線成稿。又簿內寫各物體，定其方位，記其角度，有數法。設如其書面大如英國海部所特備之書，則最妙之法，照眼力看各方位，而記於書上左邊者，則寫在左邊。又在測角定方位處之深數，再向右邊測一線，在其下成横行而寫之如下式。【略】

每若干時，必另測一角爲證角，則不致於有大差。即如上所設之案內，末一次度水深時，確與豆所成之角。凡起首作工，或換新者作記號之體，此事更爲緊要。因暫時難免有差誤，如測證角，則知所測之他角不誤。

測海水深數工夫內，每若干時，必記録時刻，便於以後將各數改爲潮水退盡時之數。

管理此事之官，每度若干次，必查鉛錘底凹所聚海底之料，因度水深之水手，易於混淆材料之名目，如石與大小礫石，俱稱爲石，而其實大不相同也。

所擇測角定方位之體，必定連用之，至不能再用而止。因依此法，可免看差角度，即每一副角，必與前副有一定之相關。【略】

每測角一次，角度少改變，亦能顯出其測角之各體合用與否。又可免繪圖之時，將指方位器全行配準，其佛逆如此可省時刻。

如測海水深數之事內，相助者不是熟手，則必有二人，以免各誤。若測量之官與相助之人俱爲熟手，祗須一相助者已足用，而相助者祗須令其寫字而已。近今各水手必學習寫字，所以摇小船之人內，必有一人能合法新寫字。即如用小船之首人爲最合式，此人尋常亦把舵，所以測量之官，儘可料理測角與測海水深數等事。

如海水深者，則船必停而測水，故度水深之人，必聽命而度之。管理者可觀時辰表，每若干時度一次。或在寬闊水深之處，可用自己船行路表，拉在船尾。

【略】

測海水深數，每行一條線之相距，依其圖之比例，與測量事之情形，又依其相近之地，有人住居與否。設有土人可問，常出海捕魚者，有否淺灘等事，而可免自行詳查。惟此事亦恃所問之土人聰明或誠實與否，因常有土人之言，不可憑證。

如海邊或海口，爲各國來往之船所不知者，而觀陸地之情形，高低與土石等，不匀，則必細查其海底，恐有亂石藏伏於水內。本書總論內，言明大半測海之事，其比例小而測量之時刻亦有限，故難免有未查到之處，測量之官，必細觀水面，如色有一處與他處不同，可疑其因有淺灘或硬石。凡有疑心之處，必分外詳細查驗之。

尋常測海繪圖，所用之比例，雖其海水深數頗密，然在其數目之間可有硬石或淺灘，而測海水深數之時實未遇之。即如以三寸代一里之圖，則每一箇數目字，其本體所占之地位，當五十碼，故可見字之周圍空處，可當爲若干寬處，足爲有淺灘，或硬石之處。

總理測海圖之官，須言明遇可疑之處，必當時查驗，或回至船上，記録之，以便後來查驗。尋常言之，則離岸而行，小船其海水之深數漸小，則大爲可疑。應在各線之中，再令小船行中線，又必用盡眼力，查有淺灘，或硬石之情形。測海水深數之小船，須帶一小浮標，並小鏈與壓儎，可以當錨之用，遇淺處可放在水中，便於周圍度水試其有更淺之處與否。

凡遇淺水之處，則測水所行之線，應比更深處多一倍，即如水深七托以内，應有此事。其法先行線一行，而到線端之時，回行當中之線。【略】如用尋常之法，假如深水內有獨立之石，而水面不露出者，則最難查得之。

不能爲之。必將二箇或多箇小船平行而長繩，一箇船拖繩之一端，而繩上必加重物，令繩沉下，所用之重物，必在二船相近處用之。因如其重物在繩之中間，易行過其石之相近處而不遇之。所用繩之大小長短，必依船之大小配之。既用此法，亦難免一處來往數次，一處不到之弊。又如用小輪船拖其繩，則必謹慎行勿過速，否則其重物離水面不深，可行過其石之首，而不相遇，此法名曰掃海法。

如有淺灘離海邊甚遠，或不能見陸地之處，則不能憑記號，必令大船停在淺灘之中，或在其邊而圍其大船測量。小船必藉指南鍼，依大船之方位而直行，又可藉船桅頂離水面之高形測角而定其相距。如此能圍其大船測量，其小船行線如輪之輻。

船桅項掛一大布球，或圓柱形體，其布套在輕鐵絲所成之架外而上黑色，則小船最便測量船高所成之角。如其淺處爲極緊要，而欲詳細測量者，則必將小船或高浮標在合式之方位停泊，而用三角法測量定其各方位。則測海水深數之工夫，可依測各記號所成之角，而定其船到之方位。

凡測海水深數之工夫內，回至大船之時，必量其度水之繩，記於簿內。或云繩無差，或云差若干。又如其繩許久未用，則早上起手測海之先，應先量其繩有差與否。若晚間已量過者，早上不必於再量。

凡小船測水之深數，不可用新繩。如其船初出本國，無奈何必用新繩，但以後必用舊繩，即大船行海時用過之繩，而其繩必乘濕時量之，而做托與尺之記號。

凡測海水所得之深數，必準記於簿內，惟其半托或托之四分之一，必依比例之大小，或圖之粗細，或測水處之疎密而定其事。尋常言之，則六托以下，應記其托之分數，過六托則存其托數，而分數去之不問。即如測海水得九托又四分托之三，爲潮水退盡之深數，則可當爲九托記於圖內。

凡測得水之深數，而變爲潮水退盡之真數，其詳細依圖之比例，與水之深淺，可見所測之處，潮水退盡時，有六托以上者，如用小比例，則圖上一箇數目字所佔之而積已經度五六處。如欲詳細變爲潮水退盡之真數，則爲枉費工夫。若爲海水淺處，則無論比例之大小，必謹慎變爲潮水退盡之細數。因五托之處，其爲危險與否，依其變成潮水退盡之數，爲合法與否。【略】

凡行大船或小船之時，度水之人忽見水深之數比較前次淺甚，應大聲呼水淺，不可先將繩收緊細測其深數而報明。余前有一次，因此誤大船衝淺處，俱因度水之人覺水忽淺，繩過長不能報其真深數，故收短其繩，再度一次，能報其真深數。因此延誤而船衝淺灘。如行船者立即知有淺處，則可轉舵而免害。

倍勒義書中有一法，能先查得淺灘之水深，可免大小船行過而反覆，然此法不知有人試過與否。其法將船先在淺灘邊穩當處拋錨，待潮水滿時，將空水桶放在水內，底有小錨。其連錨與桶之繩之長短，必依所需查之深數。空桶飄過淺灘時，如水淺過所定之數，則其錨必鈎入水底，空桶停止而亂動，從此觀者能知水淺於所定之數。其桶與錨可預備繩束，便於起錨而收回本船，又可向別方向，依同法試之。

大船測海水深數法

海水過若干深，略以二十托爲限，則不能用小船，而必用大船度之爲便。

如用汽機運動之絞車，則能度海水深數甚速。又如船首向前拋鉛錘，而在船桅架上起之，則船每一小時行四海里半，用一百磅重之鉛錘，能度深至四十托而船不必停。尋常言之，測海繪圖之事，以水深一百托爲限，過此深則圖上不理會之。但海圖記水之深淺無一定之深數爲界限，俱依海邊情形等事爲主。

度深水之事，多費時又費力，曾設省儉數法，即收回鉛錘，再移至船首，而向前拋之，其各法内，下法爲余所用過而知其有益者。

其法用繩一條，連其兩端成一圈，此繩從絞車用轆轤，通到船前桅下層横杆之端，而從此又通到船尾起重架，從此架仍通至絞車。此循環之繩每五托做一結成圈。

鉛錘用繩連於放錘器，如第二十七圖，其船前桅下層横杆轆轤之項上有相連之方板，伸出轆轤外略八寸。鉛錘從海底起至船尾架上，則其放錘器之舌通過其循環繩之圈内，再移至絞車，而鉛錘落至水面，藉循環繩起至横杆端之轆轤。【略】

曾有人設立數種器具，爲繩不能直立處合用者，有數種幫助齒輪與扇輪，如瑪西之法，又有藉海水各深處之壓力，又有别種法，俱爲有益。而其器具之差已知之，則可與鉛錘相連而得益。

又有湯勿生新設壓力表之法，尚未久試驗，故不能論其利弊，其所設舊法壓力表不合於測量船之用，而能合於原造之意。

又有羅指司所設之法，或謂最合於用。然其器余未見之。又有法係白特所設用口袋與剪子，如船爲水所飄，而與鉛錘相離，則有用處。凡測海水之時，應備此器。【略】

凡潮水流動之力大，方向常改變。而在大船上，離開海邊，遠至不能望見，測海水深數所行之線一條。最緊要者，回行向岸，須測角定方位。因所測海水深數，以後或有大用處者。【略】

測海水之人，應在桅子第三層横杆上細觀，置經緯儀少二箇方位，因間有爲空氣改變等故，能從船桅上觀二箇方位，而二方位上，不能見船，作此工夫内，亦能恃真方向而有益。因太陽與山或别體所成之角，從船高桅測之，同時有人在船艙面測太陽之高度，從此能求其地平經度。又有法用一號，或二號副船，離岸頗遠，以能見岸上之體爲度。則測海水之船，來往度深數之時，能測此二號船所成之角，而定各方位。如風小之時，副船能在一百托深之水内拋錨，或在更深之水内拋錨。

如陸地用定方位，則可用日光號鏡，令其行測海水之船，知爲陸地處所見，如船桅上之官，見回光鏡之光，則知當時陸地測角，而此時度水深處之方位能定準。

如測海水深數之船，向陸地回行之時，天色已晚，不能見陸地，則船上與陸地，可點號火，或放火箭，如此即定方位。如月光能明，則在北半球可測火光，或山與北極星所成之角。此事在第十五章内詳細言之。此角度亦可再從船桅上測之，如爲北極星，不必測算其高度。

如不能用北極星，則可測近於卯酉線之星，地平經度之時角。所得之數，亦爲可憑。如所得之經度，比較所擬之經度有甚差，或必重推算，如測高度地平經度角，則在夜中，不能多可憑。

如夜間能從船艙面見物體，而指南鍼方向爲可憑者，則可用準指南鍼旁用三足架托一燈，令光照於指南鍼之面，又用指南鍼所有測地平經度各器具，照日間同法用之。

凡測海之船，應預備艙面簿，便於記録所測海水之深數。又原三角法工夫内，用本船當爲一地位，則周圍所測各體之角，亦可記之。又紀限儀所測各高度，並其所定相配之角，與海邊情形，所畫之粗圖，俱可記於此簿内。【略】

查疑有隱石或珊瑚堆等物之處

尋常之法，則於所報緯度相近處，東西來往行船巡查，因緯度之有誤，不如經度之易誤也。

第一日如此來往查之，難得海底深淺有大分別之事，設有此危險處，則船上之人，應能見之。或度水深之鉛錘，連度水不停，應遇其危險處。

夜中測海繪圖之船，在疑有危險之相近處，爲水所飄，大爲不妥。故可放一小錨，有長一百托之鏈，則如遇淺灘，船可停止，或其錨鏈收緊，船上之人知之，可免船撞壞之弊。

如夜間在大海中，或有淺灘，則周圍常有多魚，而有魚之處常有燐光，故見此光可當爲據。又如日間，則能見多鳥，因多魚處，常有多鳥飛鳴。

英·華爾敦著、英·傅蘭雅口譯、清·趙元益筆述《測海繪圖全法》卷三《第九章　潮水》　凡測海水深數之事，在印成之圖内，俱爲大潮水退盡之深數。所以測海水深數，最緊要者，知潮水之性情。凡船行至所欲測海水處，第一要事，須查潮水。【略】

故凡測海之船，一到測海之處，無論測量之事如何辦理，必先立一潮水分度竿，而記録每日潮水之情形。

潮水分度竿，應立在安静而有障蔽之處，又應插入結實之泥土，或海底之别料内，須打入頗深，令其不致移動或落下。間有特派數人視此竿，記録其事。慎防測量之船，開往他處，則竿或移動或落下，而看守之人在他處裝立與前處不同，則大有誤於測量之工。【略】

如能在潮水分度竿相近之定體上作記號，與竿上之一記號相配，則如竿偶因海浪等衝去，則可恃此記號，再行裝立，與前者同。

此潮水分度表應每一小時記其潮水之高低。如欲詳考潮水之事，則晝夜記録之。如祇欲得水深可恃之數，則尋常之潮，日中測之已足。惟大潮時，其夜潮間有比日潮更高，或更低，則夜潮亦應記之。【略】

記潮水高低最妙之法，須預備一格以作表。其法將平線分作等分，當幾小時與分數，而從此線在各分點垂線，俱照所設之比例，則各時候潮水之高，能作記號記之。再作曲線，行過此各點，則觀曲線之高低，即知潮水高低之詳細。

【略】如大潮之時，能測海潮退盡時之深數，則别時所測海水深數，俱能變爲潮水退盡之高數。惟間有到一處之時，大潮候却在春秋二季之内，已過數日，而不能再遇。果如此，必查海邊所有前數日，最大潮之痕跡。而將此痕跡之高數，與當時潮滿時之高數相較。而將比較數與本日潮水退盡時之深數相減，則其餘數可當爲最大潮水退盡時所有之高數，或多減去一二尺更穩。【略】

如速行測海灣而繪圖，則此法大爲便易，因測海邊界線之官，能知水之高數，則不致於大延誤時刻。而測海水深之各數，可藉此事配準之。【略】

凡測量海水之深，祇能知一日潮水漲足與退盡之水深數，則可作一曲線表，知一日内所有每一小時之水深數。【略】

如測海之船，應預備現成之正方格子，如無此現成者，可自畫之。格子上照本圖畫曲線，假如推算各數，而知大潮退盡之時，水深四尺，則本日所有潮水竿上各數，須改變如左。【略】

其本章程云，如二日以内，能測海水深而定其中深數，但必屢次測水深，而測時必能令其太陽之日與月之日，各分爲若干等分，而其各分數不可少於三分，假如太陽日與月之日，各以箇小時爲一分，假如月之日爲太陽時之二十四點鐘四十八分，此略數最爲便用。又可檢出任一便當之時，爲起首測量，則測量水深之時如下表。【略】

以上所測水深數，可當爲三幅，每幅内測三次，每次隔開八點鐘，或爲日之時，或爲月之時，又各幅隔開八點鐘，爲月之時，或爲日之時，又將九次所測之深數，求其中數，必將月與日與半天與一天共四種不等之處，全行銷去。【略】

以上之法，所得水平面之中深數，亦能爲天時所改變。苟能在一年内不同之時，再測量一次爲更妥。但如連測潮水之深，以半箇月爲限，則不必用以上之法，另求水平面之中深數。

間有能將水之中深數，當爲變水深數，得最低數之根源。即如在某處起首，測水之時，尚未知大潮水之界限，意欲將來過數箇月詳細求之，則可將潮水滿足與退盡之深數，求其中數爲根原，而依此改變各深數後若干時。查得大潮退盡之時，低於前所得之中數若干，則每一箇深數能檢出此公用之數，而得其大潮退盡之數，如此能少許多煩難與遲誤。而可預先度測量處於圖上，不致有誤。

英·海軍海圖官局原著、清·陳壽彭譯《新譯中國江海險要圖誌》　海圖第一

凡船奉飭測量，其效驗全在於更改海圖也。宜從是日起，凡有所得，陸續選入海圖官屬，俾其如法編輯，更改舊章，類以成誌。積久成書，故刊布之爲行船準則。

所有小地，要宜更改者亦不可忽。雖按航海詣人所記録，一一標入海圖上，而誌中特爲詳明言之。

若圖上有大更改之處，轉多不便。不如各從舊稿之原位，去其方向，備輯其説如此，以爲航行法則，自無誤會破撞之事。

海圖應行大改者，係在中國之下都中央各段、江南以南諸省，其小改者，係在左邊諸低角也。今皆詳陳於誌中，見者自知之。

海圖各□，所有更改之處，皆依各國次第之數目號碼爲定，此等號碼，係遵海軍命令，以編輯之，今悉注於誌中分條之下。

又 誌書第三

此書既將諸海圖中所有測量之記録，一一纂入分卷之内，尚有從前未有，及其記録未及收到者，則俟之將來再輯。

卷中雖紀沿海一帶，亦詳及測量雜記，以示駕駛方向，庶有以參觀而感通。

又 第一欵海圖

海圖以明備爲貴，庶可按照其藍本測量標準，散拓而大之，使某水某山，一切高低形勢，悉與圖合，則其險要之區，自然瞭如指掌。

海圖最要之處，又在於時時測量，按其名目方位，精益求精，港岸之轉移，沙泥之塞，年□月更，不同形勢，前人所測者如是，而今日所測者異是。此雖精備之海圖，亦有不能詳盡之事。夫測量之效驗，尤要者在於泊船隨近處，先爲測探一周，然後更驗水底，尋覓其有無險阻隱伏也。既而則以所測闊窄諸勢，證諸海圖之異同，倘所探之水底，有高低參差不齊處，可於圖上標明，此乃善用其圖，不至爲圖所誤耳。

清·陶保廉《測地膚言》 航海測法附此，由談天節録餘法，詳航海通書。

先認定一星，已知其距極度距天頂度。由遠鏡内窺海中地面界。即水天交際處，目力能見之海面圜界。移游幹，令星之回光與地面界合。定游幹，查得星距地面界高度，減去地面界深度，海水附地成渾圓，目光至地面界盡處，四周皆爲弧線。地平線以上爲真高度，以下爲地面界深度。得真高度，即可求船所至之緯度。求地面界深度法，持儀窺地面界時，其視線必與人目直下之垂綫，成若干度角，以減象限即得。

紀限儀最便於航海，特標之。餘若求北極出地，東西偏度等，須兼明天文，非數語可了，具詳各種算書。斯編但言測一鄉一邑之法，力求淺近，故不復述及。

繪圖理論與方法部

總論

唐・房玄齡等《晉書》卷三五《裴秀傳》 製圖之體有六焉。一曰分率，所以辨廣輪之度也。二曰準望，所以正彼此之體也。三曰道里，所以定所由之數也。四曰高下，五曰方邪，六曰迂直，此三者各因地而制宜，所以校夷險之異也。有圖象而無分率，則無以審遠近之差；有分率而無準望，雖得之於一隅，必失之於他方；有準望而無道里，則施於山海絶隔之地，不能以相通；有道里而無高下、方邪、迂直之校，則徑路之數必與遠近之實相違，失準望之正矣，故以此六者參而考之。然遠近之實定於分率，彼此之實定於道里，度數之實定於高下、方邪、迂直之算。故雖有峻山鉅海之隔，絶域殊方之迥，登降詭曲之因，皆可得舉而定者。準望之法既正，則曲直遠近無所隱其形也。

明・茅元儀《武備志》卷一八九《占度載度》 方輿乃國家郡邑之地也，自來志一統、考輿地者，彼略此詳，莫中章程，於經世無補焉，故約劑之使簡，而悉分以兩京、十三布政司，所以示有統也；首以叙採先哲之擘畫，所以示嘉猷也；次以形勢圖，所以示天下大勢也；次以郡邑圖，所以示犬牙相制也；次以方輿圖，所以示幅員相轄也。

《清聖祖仁皇帝實録》卷一九八 康熙三十九年三月甲午。原任河道總督王新命，以修理永定河，繪圖呈覽。上批閲指問良久，顧王新命曰：「此圖曲折闊狹，與河形不符。如一百八十丈爲一里，則以尺爲丈，或以寸爲丈，更或以分厘爲丈尺。量其遠近，按尺寸繪之，方與河形相符，一覽了然。今爾此圖，皆意度爲之，未見明確。著另繪圖呈覽。」

清・游藝《天經或問》卷一《諸國全圖》 天體渾圓，内以中分南北爲赤道圜，兩頭盡處爲南北極，極猶樞紐，運轉全天星斗也。古天學家唯以北極爲心，目所見旋繞諸星爲圖，不列南極，是中華處赤道北，不及見南極諸星故也。世人則以北極爲天心，周羅諸星爲邊幅，以南極爲空名耳。湯道未先生曰：「人處赤道北，則見赤道南天應漸狹，而在圖則漸廣，形勢相違，無法可以入圖，故圖惟列北極，處赤道南者見北亦然。」今圖全天地，必以赤道中分爲界，分作二圖，以二極爲心，然後體理相應，故作赤道二總圖，則見天渾圓全體也。今以赤道南北細分之，以南北二極二十八宿另爲圖，以黄赤道南北見界各爲圖，則知子午相對處爲南北極，南北中分處爲赤道圜，赤道之相交斜絡者爲黄道圜。是故分之，求其詳合之無遺漏矣。地輿圖者，按地在天中，如鷄子黄在青之内，天運旋於外，地静處居中，人依圓體無方隅上下，蓋在天之内，何瞻非天也，故定一圓圖，倣西士職方之遺意也。復作一方圖，以九州爲心，四彝作輔，如朱思本之廣輿，按其畫方計里，修短廣狹，偏正曲直，如其地形可分可合，山川險夷，郡邑聯絡，有不得盡聞者，按其形實一一瞭然，非如世圖疎密失準、遠近錯誤者也。

揭子暄《禹書經天合地圖説》曰：「昔之作禹圖者，東西南北惟按書畫之，至地之長短曲折廣狹偏正，悉置不問。今以天下校古禹跡而畫方計里，始如其形，故曰合地。中土以北極出地三十六度，夏至日長六十刻爲算，不知地自南而北，二百五十里差天一度，赤道居兩極之中，離赤道漸遠則北極漸高，夏至日漸長，且四方國土日之出入不同時，東方先見，西方後見，兩地相去七千五百里，則差一時，惟以里度測刻分，而多寡早遲始可通推，故曰經天。」藝以地圓形，東西升降，故時刻之先後不同，南北出入，故晝夜之長短互異，所以環地而轉，從東達西，時時曉，時時黄昏，自南而北，有半年爲晝，半年爲夜者。此圖每方五百里，方各二度，南起赤道二十三度，北行二十二度，縱五千五百里，西起地中海七十一度，東行二十八度，廣七千里。其間以單墨行者州界，雙墨行者水道，以圈行者山道，點列者貢道也，邊之左紀日長，右紀出極，下紀距日里刻，見各地之不同也，以其經天合地，餘故約而布之。遊藝書

清・胡敬《胡氏書畫考三種・國朝院畫録》卷下 《西域輿圖》一卷乾隆丙子御題《輿地圖詩》注：「輿地圖自康熙年間皇祖命人乘傳詣各部，詳詢精繪而後定，或有不能身履其地者，必周諮博訪而載之，既成，鐫以銅版，垂諸永久。上年平定準噶爾，迤西諸部悉入版章，因命都御史何國宗率西洋人，由西北兩路分道至各鄂托克測量星度、占候、節氣，詳詢其山川險易，道路遠近，繪圖一如舊制。」再題《輿地圖疊前韻詩》注：「乾隆乙亥年平定準噶爾各部，既命何國宗等分道測量，載入輿圖。己卯，諸回部悉隸版籍，復遣明安圖等前往，按地以次釐定，上古星朔，下列職方，備繪全圖，永垂徵信。」

清・魏禧《魏叔子文集外篇・文集》卷一二《題跋・跋伯兄泰西畫記》 甲寅，嘉平伯兄出示泰西畫，嘆其神奇，甚欲得之。既讀此記，則如見其平墀瑀牆、

高堂層堦、復室周軒、曲巷可出入游而居也，見其人馬起立，人可呼而至馬可騎也。予抄置幾案，則不復欲得此畫矣。至於牆有陰陽，除之明光外達牆，而内燭牖尤古人所謂難狀之景，吾意畫者私心自喜，當謂天下無復有能竭其目力以及此者，況能以文字情狀之乎？惜夫不令泰西人見也。予性好宫室園亭之樂，而貧無由得，每欲使畫工寫放古人名第宅，或直寫吾意所欲作，故於此畫最爲流連。然中國人自古無有是此，以知泰西測量之學爲不可及。伯子又述客言泰西人作宫殿圖，千門萬户不可方物，觀者如身望見阿房建章中。噫！安得使予見之而記之。

彭躬菴曰：「泰西畫能於尺幅洞開重門，空明曲折，跋亦如之，令觀者循覽無盡，然卻是跋記，不是跋畫。」

清・劉統勛《欽定皇輿西域圖志》卷一《圖考一》　圖考

臣等謹按，《周禮》職方、大司徒、土訓諸職並掌土地之圖，然核其疆域廣輪，與夫墳衍邱陵藪澤之所隸，率不出中區九畿而止。我聖朝撫有方夏，丕基式闢，既裒直省郡邑之記，爲《一統志》，備列輿圖，麟麟炳炳，載在册府，宫司掌之。維西域古稱絶徼，史籍荒邈，好博者不過臚舉人物怪異以爲侈譚，無裨實用。洪惟聖祖仁皇帝軫情邊計，遣使諮訪，已繪有全圖，勒諸銅版。我皇上纘承前烈宏啓，新疆準噶爾部、回部並入版章，分命臣工傳乘履勘方輿晷度，並得諸目擊身親，遠近翔實，訂證舊圖，務俾無毫髮爽。進御之日，宸章寵冠，自此冰天火州與腹地川原同登指掌矣。兹輯圖志，用尺幅爲縮本，復據駐防大吏各就所轄分繪互勘，形勢倍顯。總圖所未能悉者，重以分圖，圖所未能賅者，系以帖説，而山川端委則務規全局，源流脈絡，灼然可尋，藩屬疆索，亦列簡中，用昭環拱之盛。至於由今溯昔，累朝沿革之跡，約以《漢書》爲綱領，本其道里方位，旁參道元《水經》，循環閲筍，取證新圖，合猶符節，晉魏以下，雖詳略互異而次第可推。庶於縱横上下間得印合今古，較如聚米，且見聖代幅員之廣幬覆無外，實邁越萬古雲。志圖考第一。

皇輿全圖説

中華當大地之東北，西域則中華之西北，爲大地直北境也。自嘉峪關西迄準部，回部，外列藩部，圓廣二萬餘里，其疆圉之闊遠，幾與中土埒。自古英君誼辟聲教有所不通，有時力征，經營而羈縻服屬，卒未聞有混而一之者。厥故安在？蓋以德之所覆，有其及之，必有遺也；量之所包，有其舉之，必有失也。其德與量之弱者，即一中華而離爲十二，合爲六七三分之國，南北之朝猶不足以囊括而包舉，必俟諸數十年或數百年而後見大一統之盛況，其外焉者乎？若夫德足以充六宇，而六宇不足以究其德，量足以配八極，不足以殫其量，則舉從古帝王經營不及之區域，亦將全界之，以副德與量之所歸。其事雖創，而其理則常也。我皇上神靈天亶，舉堯舜禹湯文武之所以爲君者，集其大成，以宰制宇内，夫固清和咸理矣，而無窮之德量，猶恢恢乎有餘地焉。於是乎帝心攸眷，乾貺彌隆，用創鴻規，以翊我聖人未有之奇功於前古後今之際，而後中土之與西域始合爲一家。撫斯圖者，當凜然於千秋功烈之駿，惟我皇之德與量有以致之此，固以堯舜禹湯文武之爲君而不能得於中天之世者也。

西域全圖説

西域在古爲西戎，自漢孝武始通其境，厥後二千年來向背靡常，前史備載其事。大抵文弱之世，規模不遠，外夷酋長各若其國，以長世稱雄，互相吞噬，不奉朝命。及當中國强盛，鋭意外攘，職貢所通，稍受約束。三代以降，宋時隔越西夏，併不獲與接境，明則棄地閉關，退葸已甚。其長駕遠馭，號稱闊大者，莫如漢唐。然考其時，僅設都護府，置羈縻州，虚存統率之名，初無服屬之實，夷酋之稱王稱汗、畫地以守者自若，是以旋服旋叛，反覆無定。英君誼辟力征經營，訖不能以混一，皇上乾綱獨斷，神武布昭，初因機會之可乘，嗣以根株之必絶，星馳電掃，雷厲風行，遂使數千年阻深汶昧之區，子臣其民，版籍其地，咸得耀於光明。視大禹之敘西戎，祇以織皮通貢，其難易廣狹何如？而自漢以下益無論矣。其地在肅州嘉峪關外，東南接肅州，東北直喀爾喀，西接蔥嶺，北抵俄羅斯，南界番藏，輪廣二萬餘里。天山以北，準噶爾部居之人皆强悍，逐水草，無城郭。天山以南，回部居之風氣柔弱，有城郭，土田良沃，人習耕種，利矢猛礮，其力足以戰，重崗疊嶂，其險足以守，此天地之奥區。累代以來，番夷迭居，得以抗衡中國者，職是之故。間考《漢書》西域三十六國皆在匈奴之西，烏孫之南，南北有大山，中央有河，東則接漢阸以玉門陽關，西則限以蔥嶺諸國，大率土著有城郭田畜，與匈奴、烏孫異俗，故皆役屬匈奴。今自鎮西府西至伊犁天山，綿亘三千餘里，即《漢書》之北山也。敦煌縣西之黨河口、紅山口，古玉門陽關遺址也。喀什噶爾、葉爾羌以西之山，即古蔥嶺。其自嘉峪關外迤南，自東而西以達於蔥嶺，即所謂南山者也。而中央之河，今之羅布淖爾是也。由是言之，則今回部諸城爲古西域有城郭之三十六國，確然無疑。至準夷在天山北，並爲烏孫地，其東境猶屬匈奴也。故古之稱西域者，指南北兩大山内之諸國言之。而新闢皇輿之西域，兼及北山之北古烏孫、匈奴故境，拓地尤廣，至左右哈薩克、東西布魯特、霍罕安集延、那木幹、塔什罕、拔達克山、博洛爾、布哈爾、愛烏罕、痕都斯坦、巴勒提諸部，揆諸往古，當屬康居、大宛、休循、損毒、烏托難兜、月氏、罽賓諸國。奉朔獻琛，實踰重譯，分繪全圖，以限於楮幅，祇載山川都會之大者而備論其梗概如此。

安西南路圖説

唐之安西初治西州，後移龜兹，特爲羈縻外藩之所。今之安西即漢酒泉敦煌故壤，久爲西陲屏衛，近復置設州縣，與内地相維。出嘉峪關而西，延袤千里，皆其地也。昔人稱爲國當乾位，地列艮墟，水有縣泉之神，山有鳴沙之異，川無蛇虺，澤無兕虎，形勢之美，亶其然乎。披圖而考，三危流沙，其蹟最古，因以訪玉門陽關之遺址，慨吐蕃西夏之竊據，稽前明諸衛之廢興，俯仰千載，倍深生逢盛世之幸矣。

安西北路圖説一

此安西州北哈密暨鎮西府之全境也。道周千里，不必屬於安西，亦以安西名者。其地向無統名，今道員已移駐。府境舊稱安西道，則因安西以連及之也。哈密、鎮西府，同在天山東陲，南北相隔，中爲庫舍圖，扼形勝，控極徼，誠西域之咽喉，邊關之鎖鑰。往時以哈密爲外藩，故嘉峪關西連設五衛，而安西屹然爲重鎮。今則幅員萬里，皆我版圖，於是設守今於爪沙舊墟，駐總兵於伊吾故壤。天山要路，鎮以軍門，沿山而西，郵傳絡繹，遐陬逖土，指臂相聯，洵得制御荒服之要矣。

安西北路圖説二

準部以伊犁爲定，自今鎮西府西行至伊犁三千里之間，以烏魯木齊爲適中膏潤之地，今爲迪化州。全境東南傍近祁連，山環水帶，最稱腴壤。兩漢以來，未入中國，唐得之，爲北庭都護府，非以其水深土厚，欝成都會之區歟？其左右諸境水泉饒裕，並宜耕牧，居今稽古，則單桓、蒲類、移支諸國之於漢，處月、處密諸部，後庭、金滿諸境之於唐，遺壤斯在，兹並入聖人之宇，而康衢萬里，斥堠風清，豈如古者羈縻服屬？僅録其招降開置之目，以相震耀者歟。

天山北路圖説一

太白山陰，準夷是宅，而北境尤廣。東抵阿勒坦，北界俄羅斯，南臨沙磧，中間土地肥腴。厥名塔爾巴噶台，爲古匈奴、烏孫交壤處，唐則西突厥諸部在焉。山形水脈，逶迤西走，長流巨浸，都在崗巒襟帶間。往時部落錯處，利賴保居，金山以爲屏，邏水以爲池，何必非形勝所憑。而桀黠反覆，卒就芟夷。覽者於此考五單于角逐之場，稽三葛邏憑陵之蹟，益共仰聖謨之運，不徒誇地勢之雄。其南境與迪化州接畛，斥鹵彌望，畧同澣海，蓋即唐之沙陀州云。

天山北路圖説二

伊犁形勢甲西域，高山長河，表裏環抱，漢之烏孫、大昆彌治，唐之突厥可汗庭當在於此也。雖俗不土著，雲集烏散，而厥酋負阻，是有常區以爲門智角力之藉，亦所謂扼要者歟。自是東南行五百餘里，胥水泉之腴壤，實山川之隩區，蓋準部以伊犁爲庭，而自哈什，迄裕勒都斯，其門户也。於焉訪岑陬射匱之遺壤，溯鷹娑伊列之故流，振古梗化之區，悉歸王度，豈非習染久污剥極，而復遂得耀于光明之宇歟？

天山北路圖説三

自伊犁而西，洪流奔逝，北瀦爲澤，踰河眺覽，境地忽開，羣山界畫，萬川輸委，形勢所擅，稱兑域之隩區焉。以漢武雄材，經營盡瘁，可謂長駕遠馭，而烏孫西境則車轍未之能及，豈非境地愈遠，聲教之推暨愈難與？方今聖德誕敷，廣被無垠之域，伊犁既我侯甸，而右境悉屬版圖，頌格登之鴻文，功與蒼山並峙矣。其在於古，則赤城、柳穀之墟，碎葉、千泉之派，閲歲二千，雲煙陳跡，而臨水登山，訪求故實，猶能想見其大概焉。

天山南路圖説一

西域城郭多於山南，而闢展所屬爲尤盛。周圍千有餘里之間，雉堞參差，煙火彌望，近依金嶺，遠抱天山，南北流泉，彎環如帶。訪高昌之故壘，溯交河之舊流，兩漢以來，久稱勝地。昔者回人是宅，見逼準夷，内慕王化，遷附甘沙，西州故墟，棄爲榛莽。近以大功耆定，俾復故地，沐浴膏澤，尤深他部。史所云地勢高敞，人庶昌盛者，皆可按圖而得之。夫山川千古不易而人民有時盛衰，則彼花門帕首之儔，固何幸而得際此昇平之會歟？

天山南路圖説二

漢西域三十六國，惟焉耆、龜兹最饒地利。班(趍)〔超〕五年孤守，疏勒二國，獨未服從，猶俟上書請兵，然後通貢入侍。今考其遺墟，當闢展西境，北倚祁連，南連計式。縱横之間，形勢合沓，良田嘉禾，蒲葦魚鹽之美，潤澤乎疇壤，充牣乎海曲，是以漢時都護屯田之使，於兹託處，李唐四鎮並重，而碎葉、龜兹居二，於此豈非當西域之中而雄區猶擅者歟？若夫溯蒲海之宏流，窺潛行之故蹟，印合水經，不睽分寸，有與積石河源相發明者，爲並繪於圖。

天山南路圖説三

自庫車西出，爲賽喇、木拜、阿克蘇三城，古龜兹西境姑墨、温宿兩國地也。赫色勒郭勒、哈布薩朗郭勒、木素爾郭勒、阿克蘇郭勒、托什幹、達里雅，經流環抱於三城之間，而阿克蘇城爲尤大，且居回部之中，審求形勢，宰制區域，洵扼要地也。北踰木素爾鄂拉，路通準部，高峯峻阪，人艱登涉，是曰白山，亦曰雪山。冬夏積雪不消，千里同縞。鄭樵云：郡縣之設，有時而改；山川之秀，千古不易。旨哉言乎。木素爾謂冰，蓋回語云。

天山南路圖説四

回部名城不一，而喀什噶爾爲之冠。西屏葱嶺，東引長河，疏勒遺都，宅深阻陿，漢時定遠侯班超長驅扼要，是經是營二十餘年，殊方馴服，無有異萌，非地勢之所居有可以建瓴而治者歟？其東爲烏什城，亦山南諸境適中扼要地，我朝武功遠軼漢代，西陲膏沃咸收，襟帶之間，自烏什以西，暨於喀什噶爾，城堡鱗次，披圖而覽，地勢之邈綿，仰神機之廣運，訪求磐槁楨中之跡，移易兆題安國之風，當有慶逢斯盛者矣。

天山南路圖説五

西域以葱嶺爲西屏。葱嶺之東，南北名域相望，有若對待。而葉爾羌地近南山，左接于闐，右臨疏勒，山縈水帶，境尤寬廣，誠邊徼之上腴，足同功於内地也。漢代莎車王賢建國於此，陵躐兼併，雄視一時，雖皆其所自爲，亦憑依者厚歟。襟帶之間，得古皮山、莎西、夜子合諸國在右毗連，遺墟可指，而要以葉爾羌爲極西門户，西通布魯特，拔達克山諸藩部，則控扼綦嚴，今者銷氛濛汜，包甲虎皮，削石蒼崖，勝蟬聖藻梯航之侶，萬里來王，均得取道名都而欽心於駿烈之垂焉。

天山南路圖説六

漢自敦煌西南行爲南道，通于闐。晉魏以降，南道阻絶，唐時號爲磧尾，設毗莎鎮於此，其地即今和闐也。境阻宅幽，三采韞輝，璿源方折，於回部中爲最南境。而南山之南，地通西藏舊屬版圖，聯南北爲一家，儼康衢之可達，是不惟重關扼要而阻深幽絶之境，咸得耀于光明矣。由是溯崑崙之古源，尋樹枝之舊派，當時博望西馳，惟是粗傳厓略，今者星軺絡繹，玉石紛羅，河出于闐之舊，有不徒案古圖書而可得之於目睹者矣。

清·劉統勛《欽定皇輿西域圖志》卷二《圖考二》 西域山脈圖説

大地羣山之脈，自西而東。其在中土，唐浮屠一行嘗論河山兩戒，謂北戒自三危積石，負終南地脈之陰，東及太華，逾河並雷，首底柱王屋、太行，北抵常山之右，乃東循塞垣，至濊貊、朝鮮；南戒自岷山嶓冢，負地脈之陽，東及太華，連商山熊耳，外方桐柏，自上洛南，逾江漢，攜武當荆山，至於衡陽，乃東循嶺徼，達東甌閩中是也。其在西域，自西南而東北，按其統宗起脈之處，在西藏極西鄙之岡底斯山，直陝西西寧西南五千五百九十餘里，地勢由西南徼外以漸而高，至此爲極。本朝康熙五十六年，遣使測量，以此處爲天下之脊，衆山之脈皆發於是。【略】今志西域，其山岡土石並詳山志各卷，而先爲偹論其全勢之首尾，繪諸尺幅，俾世之談堪輿者有所考。往代中外未通，凴臆懸揣，端緒淆誤，漢武以南山爲崑崙，一行據三危爲經首，郭璞有云「名實相亂，莫矯其失」，蓋自昔言之。我國家德威廣被西藏、青海、漠北、蒙古諸部落，凡在西域左右者，納土獻圖，久爲臣僕，今西域蕩平，殊方内附，爰得綜攬天下名山之全局，原其所自始，而究其所終極，一岡一阜，咸在階闥，顯坤輿自然之條理，正千古積習之沿訛，猗歟！盛哉！

清·劉統勛《欽定皇輿西域圖志》卷六《晷度一》 晷度

臣等謹按古地理之書類，載天文分野，誠以周天三百六十度，應大地七萬二千里，憑地測天，數緣理顯，非如占驗機祥，恍忽倖揣者可比也。人居地面有南北，則北極出地有高下，而晝夜之長短因以不同，是爲南北里差。人居地面有東西，則見時刻有早晚，偏東一度，見時應早四分，偏西一度，見時應遲四分，是爲東西里差。測量之法，在先定京師北極之高四十度以定緯，次定京師西距中綫四十二度以定經，由是推之，自北極高四十度至四十七度爲西域緯度，自京師偏西二十度至四十二度爲西域經度，其晝夜刻分、午正日景，即無難按次而考。國家戡定西陲，特命推步之臣先後垂傳測量，凖道里之遠近，憑彝器以審求，俯察仰觀，弗踰銖黍，既加詳於都會之區，亦不遺於邊境所屆，此固信而可徵者矣。若分野之法，始於《周禮》，以星分辨九州之地而不及九州以外。其在四裔外藩，即以附近分野之星，牽連統屬，如鶉首爲秦分。春秋時未有武威、張掖、酒泉、敦煌之地也，漢置爲郡，不過附於鶉首之次。今西域拓地二萬餘里，欲以秦屬井鬼之説統之，則井鬼之次晰之至於無可晰，非通論也。伏讀御製毛晃《禹貢指南》

詩注，闡論雍州兩星之難，槩伊犂、葉爾羌諸境，睿裁超卓，曠若發蒙，因灼然於古來分野之説之不可信，既數有所窮，亦理原難據，未敢因仍傅會，致滋岐誤。爰舉極度晷景高卑贏縮之數著於篇。志晷度第四。

清・劉統勛《欽定皇輿西域圖志》卷七《晷度三》　天山南路

按天山南路惟闢展舊隸版籍，自哈拉沙爾以西，迄於葉爾羌、和闐、新疆内附諸境，命使測量，一如準部。諸回咸有城郭可憑，各就治所起數，方隅道里，尤稱準的云。

御製庚辰春帖子己卯臘半發青陽，曉春萃百祥。十幹週復始，又慶值金穰。東陸延禧肇，西師告武成。南端雙鳳闕，北拱萬年清。嚕斯訥默會文同回中諸部有相沿占候書，名《嚕斯訥默》，今命欽天監官往測量日景，定《時憲書》節氣之差，測景詳求昏旦中，從此凹晴凸鼻輩，一齊受吏驗東風。

又　按北極高偏度分，及晝夜時刻、午正日景，皆就新疆各屬地形高下測量而得，非如古分野之説，託諸空虛也。西域分野，舊惟附于雍州井鬼之次，參用漢志「其界自宏農故關以西」之説，以京師偏西四十八度三十二分至四十度三十三分，當屬井宿，自偏西四十度三十三分至四十七度，當屬參宿，而始盡夫天山南北路準回諸境。然考《唐書・西域傳》，貞觀二十一年，議討焉耆者，是夜月食，昴，詔曰：「月陰精，用刑兆也，星胡分數且終」，是又以昴爲西域分星，與井參之説不合，況如《春秋内外傳》所載祇渾舉某宿屬某國。其晰指度分始于漢初，堪輿家顧謂郡國所入度非古數，鄭康成早已疑之，又古人分星或以配食，或以主祀，若以恒星次第，分配十二州東西南北方位，則據其一必違其八，而二十八宿之躔已盡，於中土外此大地尚賒，更於何所附麗？洪惟聖論昭垂見于《毛晃禹貢指南詩注》，炳照日月，臣等數四紬繹，知九州十二次之説流傳近誣，而占驗機祥，更非正道，故於西域分野舊説均置弗録，而復綴論其大槩如此。

清・松筠《西招圖略・審隘》　守邊之術，宜乎審隘繪圖，使各汛官兵熟悉道里阨塞，方于緩急有益。譬如藏地從前因防準噶爾侵犯，故自前藏東北哈喇烏蘇，直至西北極邊阿哩一帶三千餘里，原有卡防。其後仰賴天威，剿滅準部，乃除邊患，今卡防久撤，無庸備述。至若西南有薩喀，有濟嚨，有聶拉木，有絨轄，有喀達，有定結，有千壩，有派克哩一帶，既爲沿邊阨塞，皆宜審辦詳識也。聶拉木内有定日汛守備一員，統領漢番弁兵鎮守。自定日三站至聶拉木，中隔通拉大山，阨塞天然。定日西八站至濟嚨，計有莽噶布堆官寨、洋阿拉山、鞏塘拉山、宗喀城，靈瓦昌峽，察本卡山，梁招提壁壘，邦馨，亦皆天然阨要。定日西南距絨轄四站，中有山峽，崎嶇僅容一騎。又由定日入山，走札什宗隆邁三站，至喀達邊隘在絨轄迤東，中多阨險。定日西北遥通薩哈遊牧，界連阿哩，此定日以外之形勢也。定日以内兩站至協噶爾官寨，是爲大路，官寨迤西數里，岩峽聯絡，一名羅哩，一名果瓊拉，實爲協噶爾屏障。協噶爾迤南，亦通喀達，僅四站路狹，更有吉拉大山。東南經春堆瑪布甲仲烏拉山，直抵薩迦廟路坦，巴勒布卡契等貿易往復經此，是爲通衢。協噶爾以内兩站至甲錯大山，中有羅羅塘汛。大山迤西，地名拉固隆固。其西北越一大山，條唐古忒世家波絨巴遊牧，東連洋阿拉，西接鞏塘拉，毗連薩喀東界。其甲錯本爲天險，且有瘴氣，内抵拉孜僅一站。拉孜東南兩站至薩迦路坦，拉孜西北十站至宗喀，沿途多險。拉孜以内五站至後藏札什倫布，沿途險隘有四，自西而東，一曰科頗拉，一曰日東巴，一曰彭錯嶺，一曰格登山峽，因于彭錯嶺東岩道築卡爲隘，此後藏迤西直抵拉孜之右路，亦通衢也。自格登山峽西南直抵拉孜之捷徑，中有珠鄂嚨山峽，僅容一騎，是爲中路最爲險要。因于珠鄂嚨築卡爲隘，自札什倫布西走那爾湯，越達克拉平山山離札什倫布六十餘里，盡可設伏，爲後招保障，至崗堅喇嘛寺分路，西南過朗拉山此後招重門保障，今仿八陣之法，於嶺頭堆立鄂博六十有四，經察嚨巒寨、曲多江固、阿尼固三處卡隘，過阿仲拉大山，轉西，即至薩迦，是爲左路，即貿易通衢。薩迦西南亦通喀達邊隘系由瑪布甲、春堆、宜霞、楚固爾、隆邁等處，共五站至喀達。自喀達沿邊東行四日，可達定結邊隘。自札什倫布經那爾湯對面入南山，走仁津孜塔克及拉固隆固此一帶九山九溝，險隘頻仍，共行四日，至定結。而札什倫布東九十里有白郎官寨，此寨東南入山，經堆瓊官寨、金穀爾拉等山金穀爾拉一帶皆爲阨要，走錯莫志通海子南岸，共行六日，至定結。由定結東行一站，至幹壩，又東三站至派克哩派克哩本名那木結噶爾布，不産稞麥，是爲藏地南界。此外東接布嚕克巴，所屬巴珠布拉小部，而西南毗連哲孟雄部。哲孟雄人民雖大半已被廓爾喀侵佔，然其部中有大河名藏曲，所有河北百餘户，仍能保護部長，依河據險，堅守自固。蓋藏曲水深溜急難渡，源自喀達一帶衆水匯流，至布嚕克巴界而南，入噶里噶達部唐古忒謂南界，有水城，無庸戍多兵，是爲邊外阨塞。派克哩以内四站至江孜，沿途多有阨塞由江孜至康瑪爾一帶，有連山叢石，自康瑪爾迤南，間有山(陝)[峽]，而派克哩東西南三面皆山，北有海子，名薩木錯，江孜亦設守備，統領漢番弁兵鎮守。所有定日、江孜二汛，皆屬後藏都司統轄。自前藏西南行七日，共六百餘里，至江孜，而西過白朗，共行二百餘里，乃至札什倫布，此前藏直達後藏之正路。至沿途阨塞，自前藏起，有曲水，有巴則，有春堆，皆在江孜以內，而江孜迤東，有錯納，有工布，均爲前藏南界邊隘。前藏有通札什倫布捷徑，系由巴則山陽西北經行仁本山溝，較之正路可近兩站。尚有北道由札什倫布東北渡江，走陽巴井遊牧，共十站，即抵前招，路程與正路相等。險有德慶東山岩道，有巴布賴長嶺，有瑪爾江，有喇湯，皆爲阨要。如由陽巴井東北行三站，可抵達木蒙古遊牧，自此東北一帶毗連三十九族遊牧，而正東緊接哈喇烏蘇，直達西寧，均系草地。由哈喇烏蘇轉向西南，過哷征，經達隆，共行九站，可抵前招，中有阨塞，不甚險要。此衛藏圍圓大概，僅述要隘，繪圖以示汛官，以重操防也。所有各路程站，均爲分別附録於後。

清·章學誠《文史通義》卷七《外篇二·永清縣誌水道圖序例》 史馬遷爲《河渠書》，班固爲《溝洫志》，蓋以地理爲經，而水道爲緯。地理有定，而水則遷徙無常，此班氏之所以別《溝洫》於《地理》也。顧河自天設，而渠則人爲，遷以《河渠》定名，固兼天險人工之義；而固之命名《溝洫》，則考工水地之法，井田澮畎所爲，專隸于匠人也。不識四尺爲洫，倍洫爲溝，果有當於瓠子決河、碣石入海之義否乎？然則諸史標題，仍馬而不依班，非無故矣。【略】

地理之書，略有三例，沿革、形勢、水利是也。沿革宜表，而形勢、水利之體宜圖，俱不可以求之文辭者也。遷、固以來，但爲書志而不繪其圖，是使讀者記誦，以備發策決科之用爾。天下大勢，讀者了然于目，乃可豁然於心。今使論事甚明，而行之不可以步，豈非徇文辭而不求實用之過歟？

地名之沿革，可以表治，而水利之沿革，則不可以表治也。蓋表所以齊名目，而不可以齊形象也。圖可得形象，而形象之有沿革，則非圖之所得概焉。是以隨其形象之沿革，而各爲之圖，所以使覽之者可一望而周知也。《禹貢》之紀地理，以山川爲表，而九州疆界，因是以定所至。後儒遂謂山川有定，而疆界不常，此則舉其大體而言之也。永定河形屢徙，往往不三數年，而形勢即改舊觀，以此定界，不可明也。今以村落爲經，而開方計里，著爲定法，河形之變易，即于村落方里表其所經，此則古人互證之義也。

志爲一縣而作，水之不隸於永清者，亦總於圖，此何義耶？所以明水之源委，而見治水者之施功有次第也。班史止記西京之事，而《地理》之志，上溯《禹貢》、《周官》，亦見源委之有所自耳。然而開方計里之法，沿革變遷之故，止詳於永清，而不復及于全河之形勢，是主賓輕重之義。濱河州縣，皆仿是而爲之，則修永定河道之掌故，蓋秩如焉。

清·莊亨陽《莊氏算學》卷二《幾何原本舉要》 作不用比算測高深廣遠各種三角形之儀器法。先作甲乙丙半圓，界分爲百八十度，將此半圓之丁甲、丁乙、丁丙三半徑線每每分爲一百分，各作直線，縱橫相交會如碁局。再於徑線之兩末作兩立表，安住不動。又於丁心處如圖作一遊表如戊己，將遊表亦如半徑度分爲二百分。再於此儀器後面掛一墜線爲庚，即可按線而測矣。如欲測旗杆之高，則將儀器之丁心安於所立之處，定準墜線，以甲乙徑線兩末之立表與旗杆癸處對準，爲地平，穩住不動，再將戊己遊表與旗杆尖之辛處相對準，次量所立之丁處至旗杆癸處，得若干，若得四十丈，則看儀器地平線上自丁心起，用四十分當四十丈如子，再看子處垂線與上遊表相交處，得若干，若得三十分如丑，則旗杆之高爲三十丈也。若欲測丁辛弦線數，則看自丁至丑相交處，得若干分，若得五十分，則相當數爲五十丈也。若欲測丁癸辛三角形之各角度，則癸角既爲直角，再看圓界向乙至遊表相交處，得若干度，爲丁角度，與九十度相減，所餘者爲辛角度也。

畫地圖者，選戊己兩處，可以盡見諸形。先於戊處立儀器，指諸要緊數處，看所成之數角各得幾何度，記之。次移儀器到己處，將不動表與己對準，爲地平，亦指於諸要緊數處，看所成之數角亦各幾何度，亦記之。然後取一幅紙，任意作一線，爲戊己相當線，將前所測角度倣而作之，一一與前相當，成數三角形，其中邊所有之形一一畫上，即成圖也。若將大圖蹲入小圖，則將大圖分爲數正方形，小圖亦分爲數正方形，與大圖相當，將大圖中某方形內所函之山河、城渠、村林，依蹲而入於小圖，即與原大圖同也。凡有多界形，倣此，或爲大，或爲小之同式形方，如甲乙丙丁一無法形，欲減各界之半，作同式形，則任意自一壬處作諸對角線，又任意將甲乙界之度取其半，爲甲乙平行線，作於甲壬、乙壬二線之間，恰容癸子處，照此於對角線間作諸界之平行線，則所成癸子卯已之形，即是原有形每界減一半之同式小形也。苟欲作大於原有之形，則將對角線任意引長，而照前任意加爲界度，與原界作平行線，即成所欲作之大形也，或自一角發線亦可。

清·陸燿《切問齋集》卷九《書後·題王氏寫本地圖後》 鄭漁仲嘗言古之學者索象於圖，索理於書，故人亦易爲學，學亦易爲功；後之學者離圖即書，尚詞務說，故人亦難爲學，學亦難爲功。旨哉！斯言！非圖固不足以爲學也。然所圖一事，而彼此有異同之説，古今有因革之殊，板刻流傳，漫無區別，研究不審，遺誤滋多。古之爲圖譜之學者，常用數色以識別之，如星官書，巫氏以黄記，甘氏以黑記，石氏以朱記，後雖不盡遵用，而於三垣列宿、北極北斗星之大綱及明大者，並用朱記，黑次之，黄又次之，是猶有古法也。他如《本草綱目》亦有朱字、黑字之别。其朱字者，乃漢張仲景、魏華佗所傳舊本，謂之《神農本經》；其墨字者，乃梁陶隱居之所續增，謂之《名醫别品》。今坊刻李時珍本草，概用黑字，則非其舊矣。至於九州輿地之圖，或用黄色以爲河，青色以爲江，朱色以爲新附之版籍，此可以資知今之學而尚不足於考古。蓋古者幅員廣狹，隨時不同，據今疆域，遥溯古初，則有東西異位，南北乖方者。淮南漢恭王氏著有《閲史書約》，各按諸史前後分爲十六圖，先據方今郡縣朱筆繪寫，而後以墨筆就加古輿地於上，使人開卷瞭然，知今之某地在某代爲某地，或合或分，或廢或置，皆可以參考而得，使其付之坊人，又將併爲一色，不復可辨矣。此書爲孝廉施醴泉家所藏，特書其後而還之。

清・阮元《揅經室集・一集》卷一二《浙江圖考上》 古今水道變遷極多，小水支流混淆不免，然未有一省主名之大川，定自禹跡而後人亂之，若今不知浙江爲岷江，以漸江、穀水冒浙江者也。元家在揚州府，處北江之北，督學浙省，往來吴越間者屢矣，參稽經史，測量水土，而得江浙本爲一水之跡，浙江實《禹貢》南江之據。近儒著述多考三江而終未實發之，予乃博引群書，爲圖説一卷，綜其大旨而考之，曰：江者，發原岷山者也，《禹貢》「三江」有北江、中江、南江。北江者，岷江由江寧、鎮江、丹徒、常州之北入海，即今揚州南之大江也。中江者，岷江由高淳，過五壩，至常州府宜興縣入海者也。南江者，岷江由安徽池州府，過寧國府，會太湖，過吴江石門，出仁和縣臨平半山之西南今唐棲，折而東而北，由餘姚北入海者也。《禹貢》不出南江之名者，爲江之正流不比北、中也。中江自楊行密築五堰，其流始絶。永樂時設三壩，陸行十八里矣。南江自北魏時石門仁和流塞，唐初築海塘以捍潮，其流始絶。今吴江、石門、仁和數百里内皆爲沃土，惟一綫清流，自北新關通漕，達於吴江，猶是浙江故道。然則浙江者，乃岷山導江之委，即由吴江、石門、仁和、海寧，至餘姚入海，數百里内之地之專名也。若以今富陽江論之，乃《漢書》、《説文》、《水經》之漸江水、穀水，與《説文》江浙相連之浙水迥不相同。特自杭州府城東北爲浙水之故道，其自杭州城隍山西南，上達富陽，斷不能名之爲浙江也。今之海塘所以捍潮，元撫浙修塘月必至焉。自尖山至海寧州以西，隄雖險而地勢高，惟老鹽倉西南，至杭州府城東北數十里中，地勢低平，潮汐往來，活沙無定，有朝爲桑田，莫成滄海者。且加築隄塘，難施樁石，濬之愈深，則沙性愈散，不如老鹽倉東北鐵板沙之堅固。然則此數十里中非古浙江沙淤故道之明證乎？非即《禹貢》南江乎？且潮水最高時，較之北新關塘棲一帶水面高至七八尺，設無海塘，則海潮必北注嘉興，所以西塘柴工尤爲要計也。班孟堅《漢書》、許叔重《説文》、孔疏所引真鄭康成《書》注，桑欽《水經》諸説是也。《初學記》引僞鄭康成書注，韋昭《國語注》、酈道元《水經注》、庾仲初《吴都賦注》諸説非也。以其説之是者，證之《禹貢》、《周禮》、《左傳》、《國語》、《越絶》、《史記》諸書，及今各府縣地勢，無不合也。以其説之非者，證之諸書及今地勢，無不謬也。元嘗立詁經精舍於西湖孤山之麓，諸生議奉許叔重、鄭康成二君木主於舍中而祀之，二君説經之功，人罕見者，然浙省讀經之士，奚翅數萬人，問以所居之省，莫不曰浙江也。問以浙江究爲何水，鮮不誤舉也。若非許氏《説文》「浙」、「漸」二字相别爲解，鄭氏《尚書禹貢注》讀「東迆」爲斷句，與《漢書》、《説文》相發明，則必爲酈道元諸説所誤，浙江禹跡及古吴越之界皆不可復求。然則許鄭之爲功，豈不甚鉅？固宜爲潛學之士所中心（説）〔悦〕而誠服者哉。元七八年來博稽古籍，親履今地，引證諸説，圖以明之，用告學者，請勿復疑。嘉慶七年撰於杭州使院。

清・陸世儀《思辨録輯要》卷一九《治平類井田》 古人治地，必因水利，而水性趨下，河形無常，如伊洛澗瀍之類皆川也，然不可以方計也。即如我吴三江既入震澤底定，三江皆川類也，然不可以方計也。乃若遂人之法，則可因三江以明之。三江之水，自湖達海，長亘百餘里，深廣亦數十丈，而江之兩旁或十里，或五里，則有縱浦。縱浦者，江之支流也，故其深廣則稍減於江。縱浦之兩旁或三里，或二里，則有横塘。横塘者，又浦之支流也，故其深廣又稍減於浦。至於塘之兩旁又有港汊，港汊之兩旁又有溝渠，其深廣以次更減。而凡江浦涇塘之上，莫不有岸，是可以知遂人之法矣。萬夫有川，三江也，川上之路則江岸也；千夫有澮，縱浦也，澮上之道則浦岸也；百夫有洫，横塘也，洫上之塗則塘岸也；十夫有溝，港汊也，溝上有畛則港岸也；夫間有遂，溝渠也，遂上之徑則塍圩也。此即遂人之法也，不徵之實境而拘拘求紙上之圖，豈不悖哉？

治地之法與治兵不同。治兵由寡以及衆，治地自大以及小。故善治兵者必先定隊伍，隊伍定，而後千夫百夫以至數十萬之衆無不可就約束。善治地者必先濬大川，大川濬，而後縱浦横塘以至港汊溝渠之屬無不可就條理。知隊伍而後可以談八陣，知濬川而後可以論井田。今之談八陣者，泥八門之説，而隊伍之間，亦欲以八起數，是由衆以及寡也。論井田者，泥溝洫之制，而萬夫之川，亦必以爲週三十里，此自小以及大也。何怪乎議論煩多，迄無成功哉！

經界是治地大法，三代以後從無人識經界，泥於以阡陌爲經界也。阡陌有實無虚，經界則有虚有實。阡陌有曲有直，經界則有直無曲。張横渠有言「經界必須正南北」，此有直無曲之證也，又曰「經界不避山河之險」，此有實有虚之證也。

經界如今地圖之計里畫方。計里畫方，今人但於紙上約畧畫就，古人則實實於地上經畫出來，真所謂經天緯地。

經界之法，正東西南北，其形四方，每百里爲大方，十里、一里則又爲小方。天下地形雖尖斜屈曲，萬有不齊，只用一方格子格去，便纖毫莫能遯。

今天下地圖最難準，一有經界，畫地圖亦極妙。

今人欲定經界，不可太泥古人成法。古人治地，即阡陌，即經界，蓋太古之世，地皆草萊，治地分田，絶無隔礙，凡地之當爲經界者，隨吾所欲。惟至大山大川不可阡陌處，則或立標竿，或設望墩，爲虚勢以通之。且自堯舜禹湯以至文武周公，經數千百年，歷數十百聖人，所行所爲，皆出一轍，故可方圓如意。今自開阡陌後，古法大壞，凡當爲經界處，非室廬即墳墓，必欲改變動摇，勢難卒正，此蘇子瞻所謂「井田成而骨朽」之説也。愚謂當今欲復經界，且須如張子横渠之説，樹立標竿，或以石，或以木，各依方之大小，刻識其上，先爲遥勢，使地形有準，然後視地之可爲阡陌者，即阡陌之，其未可爲阡陌者，姑徐徐以俟後，庶不失推行次第。經界是絶妙算法。今人算田畝，只是開方法，隨地形尖斜屈曲，皆可推算，不過就其中分作小方耳。有經界畫方法，其中田畝便俱有定準。假如一里一方，方三百步，則知其中爲九百畝，十里一方，方三千步，則知其中爲九萬畝。田畝之數大段瞭然，官吏更不得欺匿。

步算田畝，惟方無奇零，圓斜則有奇零，中多不盡法。古人治地，必畫方形，蓋有謂也。偶行南畝，見田岸皆圓斜，固知是里區作弊。

横渠云：「只看四標竿，中間地雖不平，饒與民無害」，此言一方之中或中有山原，或邊高中下，則中間地畝必多，不止九百畝。不止九百畝之説，亦止言其常，不可執爲定據，此又須每方之中細細步算，隨高逐低，自有演算法，或贏或縮，絲毫俱見，不容不均也。

清・嚴如熤《三省邊防備覽》卷一《輿圖》 洋縣華陽教場壩毗連盩厔形勢圖

每方四十里，以線分疆界，所繪樹木之多寡，即爲老林之寬窄。東北盩厔地，正東爲寧陝廳地，正西爲留壩廳地，西南爲城固地，華陽端北爲郿縣地。

陝甘毗連黑河輿圖

每方三十里，以線分疆界，所繪樹木之多寡，即爲老林之寬窄。正東、東南爲沔縣地，正西、西南爲略陽地，東北爲留壩鳳縣地，正北兩當地，西北徽縣地。

清・嚴如熤《三省邊防備覽》卷一〇《軍制・埋伏略》 行兵之道，貴知地利，地利不明，萬難出奇設伏。所到之處，管營務將官先將彼處山川險易形式繪成圖本。繪圖之法，必如天上之看地下，極其明白，山山水水不可混淆，更不可巧飾點綴，以圖壯觀，必將我兵應由某處而進，某處可守，某處可伏，有無分途暗度之處，某處可以令師歸一，某處可以決戰，賊兵必由某處而來，某處可以埋伏，及有無傍徑抄截我後之處。若在某處對敵，我兵宜占某處可得地利，某處山險谷深，有無林木，其中寬狹若何，可以伏兵若干名，一一注明，獻之大將，參以己見，詳加斟酌。

清・馮桂芬《校邠廬抗議》卷上《繪地圖議附繪地圖法》 《周官・大司徒》：「掌建邦之土地之圖，周知九州之地域廣輪之數。」《職方氏》：「掌天下之圖，固王政之先務也。」《史記・蕭何傳》：「漢王所以具知天下阨塞、户口多少强弱之處，民所疾苦者，以何具得秦圖書也。」《宋史・袁燮傳》：「燮爲江陰尉常平使，令每保畫一圖，田疇、山水、道路悉載之，合保爲都，合都爲鄉，合鄉爲縣，徵發爭訟追胥，披圖可立決。」此言都圖之始。《嘉定縣志》：「圖即里也，以每圖冊籍首列一圖，故名曰圖。」都圖之宜有圖舊矣，今江南州縣有魚鱗冊，猶沿其制。惟有明以前，繪圖不知計里開方之法，圖與地下能密合，無甚足用。大氏不審乎偏東西經度、北極高下緯度，不可以繪千里萬里之大圖；不審乎羅經三百六十度方位及弓步丈尺，不可以繪百里十里之小圖。而繪小圖視繪大圖更難，以無顯然之天度可據，全在辨方正位，量度丈尺，設有差忒，便不能鉤心鬭角。陽湖李氏兆洛製定向尺一十八枚，圖繪頗準，猶嫌其繁重。今定一簡易之法如後，請下之各直省州縣如法繪畫。任取本州縣一城門，左旁立一石柱爲主柱，即爲起數之根，依此作子午卯酉縱横線，以一里三百六十步爲度，各立一柱，令四柱之内爲一圖，容田五百四十畝。各圖中乾坤艮巽四隅皆有一柱，而以艮隅之柱爲本柱，以千字文爲號，勒於其上。柱徑一尺，高一丈，埋露各半，其露者尺寸有識，適當山水市舍則省之，或向西，或向南退行若干步補之。繪圖則用約方二尺之紙，十步爲一格，縱横各三十六格，則一里内阡陌廬舍纖悉可畢具，如是而地之廣袤著矣。更用水準測量高下，即以主柱所傍城門之石檻，爲地平起數之根，以絜各圖石柱，而得各圖立柱之地高下於城檻之數。又偏測本柱前後左右四里之高下，而得四里内高下於本圖之數。又偏測東西南北毘連州縣城檻之高下，而得各城檻高下於本城檻之數。以之入圖，則以著色爲識别，凡高下於城檻在一尺内者，不著色，其餘分數色，以一尺爲一色，至若干尺以上，則概爲一色，高山土阜又别爲一色，仍識若干尺於上，如是而地之高下亦明矣。此圖既成，爲用甚大，一用以均賦税，一用以稽旱潦，一用以興水利，一用以改河道，詳後議。

附繪地圖法

法造反羅經，如下式，分二十四字、七十二向線兩線空隙亦可作一線，看是七十二向，實得一百四十四向之用，不必更分三百六十度，轉易舛混。一向分六向，一子正、一子兼癸少、一子兼癸太、一子癸、一癸兼子太、一癸兼子少，餘仿此二十四向，共成一百四十四向，每向二度半。又造定向尺，如界尺式，首用圓盤，即正羅經，邊分若干線，與反羅經相準，中作十字線，以取子午，正中中心用釘合於尺上，仍令活動，可以旋轉，尺上作中線如甲乙，尺邊任刻細分如丙丁。又造圖紙，用朱絲作正方格，格之大小，準定向尺細分，任以十分或二十分爲一格。量地之法，用反羅經居子向午，對所欲量之地，視鍼頭所指，即知何向，此用反羅經之巧。用軟步弓量定若干尺，至轉彎處止，即簿録某向，其若干步是爲一節，嗣轉他向，皆如之。凡一轉爲一節，清丈田畝，逐坵四面皆用此法馭之。其簡法又有三：一曰人行計步，先較準本人行步若干當弓步丈尺若干，即計行步之數爲準；一曰車行計輪，先量準輪周若干尺，任於輪之一幅作識，但以輪行若干周計之，三法中此爲最的；一曰舟行計艭，先較準行若干艭當若干步，惟風水順逆，所差甚多，宜隨時消息之。此法止能禦直線，不能禦弧線，遇弧形之地，宜於弧旁標識，作直線，縱横成句股形，入以算術，此不具載。大氐止繪地圖，三法已足，清丈田畝，則必以弓步實量，得數始密。至畫圖之法，先於圖紙上占位，作一定點，爲起手之地，復於定向尺首圓盤上取所記某向線，移指中線甲乙，並將尺邊丙位移就定點上，仍審上層十字線，上子下午，地圖本上北下南，與紙格勿稍偏斜，乃循尺邊於定點上丙位起，按分繪畫，甲乙爲向線，丙丁線既與甲乙平行，亦即向線矣，是爲一節，續繪次節，即於前線之末接起後線，以下皆如之，即圖成矣。

清·胡渭《禹貢錐指·禹貢圖後序》　右《禹貢圖》四十七篇，皆余所手摹也。凡九州之疆域，山海川流之條理，原隰陂澤之形勢，及古今郡國地名之所在，八方相距之遠近，大略粗具，而獨恨晉國既亡，諸地記道里之數，無以得準望遠近之實也。裴氏《序》云，製圖之體有六：一曰分率，分，扶問切，率，音律。所以辨廣輪之度也；二曰準望，所以正彼此之體也；三曰道里，所以定所由之數也；四曰高下，五曰方邪，六曰迂直，此三者，各因地制宜，所以校夷險之異也。有圖象而無分率，則無以審遠近之差；有分率而無準望，則得之于一隅，必失之于他方；有準望而無道里，則施于山海絶隔之地，不能以相通；有道里而無高下、方邪、迂直之校，則徑路之數，必與道里之實相違，失準望之正矣。故以是六者，參而考之。然後遠近之實，定于分率；彼此之實，定于道里；度數之實，定于高下、方邪、迂直之算。故雖有峻山鉅海之隔，絶域殊方之迥，登降詭曲之因，皆可得舉而定者。準望之法既正，則曲直遠近無所隱其形也。此三代之絶學，裴氏繼之，於秦漢之後著爲圖説，神解妙合，而志家終莫知其義。

今按分率者，計里畫方，每方百里、五十里之謂也。準望者，辨方正位，某地在東西、某地在南北之謂也。古志定境界，四正四隅爲八到，或又曰正東微南，正北微西，推此類則共有十六方準望之法加密矣。道里者，皆人跡經由之路，自此至彼里數若干之謂也。路有高下、方邪、迂直之不同，高謂岡巒，下謂原野；方如鉅之鉤，邪如弓之弦，迂如羊腸九折，直如鳥飛準繩，三者皆道路夷險之别也。人跡而出於高與方、與迂也，則爲登降屈曲之處，其路遠；人跡而出於下與邪、與直也，則爲平行徑度之地，其路近。然此道里之數，皆以著直略切。地人跡計，非準望遠近之實也。準望遠近之實，必測虚空鳥道以定數，然後可以登諸圖，而八方彼此之體皆正，否則得之於一隅，必失之於他方，而不可以爲圖矣。

古之爲圖者，必精於句音鉤。股之數，故準望絫黍不差。金吉甫云，句股演算法自禹制之，所以測遠近高深，而疆理天下，弼成五服者也。説本《周髀經》。句股之數，密則於山川迂回之處，道里曲折之間，以句股之多計弦之直，而得遠近之實，大率句三股四弦直五，以正五斜七取之。仁山此説，蓋深有得於裴氏準望之法者。大抵里數之多寡，惟據人跡所由爲得其真，而特不可以爲圖。何也？高下、方邪、迂直之形，非圖之所能具也。圖惟據準望、弦直之數，而弦直之數，非考之于書，而核其高下、方邪、迂直之形，則無從折算而得虛空鳥道之遠近，此圖與書所以相爲表里也。書詳夷險之别，則道里之遠近，不與準望相違；準望既定爲圖，則夷險之形，亦若視諸掌矣。後之撰方志者，以郡縣廢置不常，而無暇以句股測遠近之實，其所書惟據人迹所由之里數，而高下、方邪、迂直之形，一切不著，雖有精於句股者，亦孰從而測之？故四至八到之里數，與準望遠近之實，往往不相應。此圖之所以難成，而地理之學日荒蕪也。

今杜氏《通典》、《元和郡國志》、《太平寰宇記》、《九域志》等書，皆於州縣之下，列四至八到之里數，可謂詳矣，而夷險之形不著，吾未知其所據者，著地人跡屈曲之路乎？抑虛空鳥道徑直之路乎？至於近世之郡志，尤爲疏略，其道里亦未必盡覈，況可據以定準望邪？昔人謂古樂一亡，音律卒不可復。愚竊謂晉圖一亡，而準望之法亦遂成絶學。嗚呼惜哉！有能毅然以復古爲任者，乞靈帝語，敕郡縣諸吏，循行水陸道路，徧稽其高下、方邪、迂直之形，以上之司徒。司徒徵天下之善筭者，覆按其狀而以句股之贏餘計弦直之實數，以正準望之法，而定爲一書。每郡縣之下，分爲二條：一道路，曰東至某若干里，西至某若干里云云；一準望，曰某在東若干里，某在西若干里云云。如此，則準望與道路可以互相參驗，而各得其實。由是繪之以爲圖，則彼此之體皆正，而無得之一隅、失之他方之患矣。裴氏之絶學復見於今，豈非千古之盛事乎！雖然，此特爲方志言之也，若夫《禹貢》之圖，則但如吾之所爲，名山之位，方向不迷；大川之源，原委無誤；郡縣與山川相符，新形與舊跡並存，亦可以證明傳注，而爲學者之一助矣。壬午仲秋月幾望東樵山人識。

清・陳錦《勤餘文牘・續編》卷一《論繪地圖法》　裴氏序《禹貢錐指》云：制圖之體有六：一曰分率，分，扶問切。率，音律。所以周廣輪之度；二曰準望，所以指弦直之途；三曰道里，所以定經由之程；四曰高下，五曰方邪，六曰迂直，所以因地制宜，窮道里之變。有圖象而無分率，則無以發辨方正位之端；有分率而無準望，則無以得縱横距絶之勢；有準望而無道里，則無以兼山川間隔之地而計其遠近；有道里而無高下、方邪、迂直之校，則人迹經由之數與遠近相望之數有差。故六者必參考而始備，此三代之絶學，裴氏繼之於秦漢之後者，而志家終莫知其義。今按分率者，計里畫方，每方百里、五十里之謂也。準望者，兩端相距，某地在東西，某地在南北之謂也。古志言境界四正四隅爲八到，或又曰正東微南，正北微西，推此類則共有十六方準望之法加密矣。道里者，自此至彼，人迹經由之路里數若干之謂也。路有高下、方邪、迂直之不同。高謂岡巒，下謂原野，方如矩之鉤，邪如弓之弦，迂如羊腸九折，直如鳥飛失急，三者皆道路夷險之别也。人迹而出於高與方、與迂也，則爲登降屈曲之處，其路遠；人迹而出於下與邪、與直也，則爲平行徑度之地，其路近。然此道里之數，皆以著直略切。地人迹計，非準望兩端相距之實也。準望遠近，必測虛空鳥道以定數，然後可以登諸圖，而八方彼此之體皆正，否則上規天度，隱合分野，伸縮互行，而不可以爲圖矣。

古之爲圖者必精於句音鉤。股之數，故準望纍黍不差。金吉甫云：句股算法，自禹制之，所以測遠近高深而疆理天下，弼成五服者。說本《周髀經》。句股之數，密則於山川迂迴之處、道里曲折之間，以句股之多，計弦之直，而得遠近之實。大率句三股四弦直五，以正五斜七取之。仁山此說，蓋深有得於裴氏之法者。大抵里數之多寡，惟據人迹所由爲得其真，而特不可以爲圖。何也？準望弦直之數，圖所能具也；高下、方邪、迂直之形，書所能具，圖所不能具也。先核其高下、方邪、迂直之形，然後折算，而得其虛空弦直之數，此經由之遠近也。據虛空弦直之數而略其高下、方邪、迂直之形，此準望之遠近也。後之撰方志者惟據人迹經由之里數爲遠近，而高下、方邪、迂直之形不暇折算，一旦以開方法爲圖，則高下、方邪、迂直皆成平地直線，而圖之道里倍長於準望之道里矣。此圖之所以難成，而地理之學日荒也。今杜氏《通典》、《元和郡國志》、《太平寰宇記》、《九域志》等書皆於州郡之下列四至八到之里數，可謂詳矣。而夷險之形不著，吾未知其所據者，著地人迹屈曲之路乎？抑虛空鳥道徑直之路乎？至於近世之郡縣志，尤爲疏略，其道里亦未必盡覈，況可據以定準望邪？昔人謂古樂一亡，音律卒不可復。予竊謂晉圖一亡而準望之法亦遂成絶學。嗚呼惜哉！有能毅然以復古爲任者，乞靈帝語，勅郡縣諸吏，循行水陸道路，徧籍其高下、方邪、迂直之形，以上之司徒。司徒徵天下之善算者覆案其狀，而以句股之贏餘計弦直之實數，以正準望之法，而定爲一書。每郡縣之下分爲二條：一經由里數，曰東至某經行若干里，西至某經行若干里云云，并高下、方邪、迂直而計之也。一準望里數，曰東至某相望若干里，西至某相望若干里云云，不計其高下、方邪、迂直也。如此，則準望與經由可以互相參驗而各得其實，由是繪之以爲圖，則彼此之體皆正，而無伸縮之差矣。然要之仍不可以開方也，開方之法，專規準望，以計其弦直，上規天度，隱合分野，别成一書。就其中聲，敘經由之里數，以兼高下、方邪、迂直之形，或伸或縮，存之貼説，而與開方之圖無與。是爲得之。今之所謂輿圖者，前之推李申耆，近之推胡文忠，究據經由爲里數與？抑據準望爲里數與？吾已有所不敢知，更有翙爲輿地道里圖者，上規天度，下列開方，渾而言之，曰某至某若干里，以之測海面則可耳，彼山川叢雜之途，升降迂迴之數，安在乎？此其不可信者矣。西洋海口島岸圖所繪山阜，輒計其山根基址佔地若干，以墨線圈之，圈中加線，細若牛毛，旋若螺紋，則以隱誌其山之高卑者。高則線密，卑則線疏，以居中黑點誌其山之巔頂。法極精矣。然可以入開方圖，而又不可以計經由之道里也。總之，經由、準望，各自爲遠近，截然兩事，不可合而致之一圖。撰方志者，以準望遠近爲之主，而參經由道里於其間，則可。以經由之程途作爲準望之道里，而居然開方以爲圖，則不可。此義尚未經人道，謹存其説，以俟來兹。

清·阮元《（道光）廣東通志》卷八三《輿地略一·廣東輿地總圖》 輿地之有圖，由來尚矣。而古人作圖之法，詳於《晉書·裴秀傳》。其例有六：一曰分率，二曰準望，三曰道里，四曰高下，五曰方邪，六曰迂直。後之作地圖者不從古法，第知開方而已。明時西人入中國，以天之度計地之里，於是有北極高度、東西偏度之圖，矜爲創獲，詎知裴秀《禹貢地域圖》已詳言之。秀曰：分率，所以辨廣輪之數。此即經緯度也。馬融《周禮注》：東西曰廣，南北曰輪。南北，經度也。東西，緯度也。可知裴秀之圖亦用經緯度矣。

清·王仁俊《格致古微》卷二《晉書》《裴秀傳》：爲地圖十八篇。制圖之體有六：一分率，辨廣輪之度。二準望，正彼此之體。三道里，定所由之數。四高下，五方邪，六迂直，三者因地制宜，校夷險之異。案，今西法測量繪圖，不出此六法中。葉瀾曰：裴氏分率之説，即西人角度比例之説也。西人之準測線點角度，即準望正體之説也。測繪之事，遠大之地，必以經緯求距。分圖之地，全資測角之工，而正體一言盡之矣。道里所以定所由之數，言角點之相距，非知其里數則不能證其實也。西人凡測量繪圖之事，無不以里數爲準，高下、方邪、迂直此三體者，所以濟等邊平線之窮也。西人測量三角之妙用，盡具於六解中。其器數不必相同，而其理要無少異。

清·陶澍《江蘇水利全書圖説·水利全書繪圖例略》 志地之書，繪圖皆北上，而《江南通志》於江淮河三水圖則北上，蓋就水之形勢也。乾隆五十一年，廷寄湖廣總督武陵白沙隄工圖樣，南北倒置，不便閲看，嗣後勿再舛錯，故近今《續修行水金鑒》中各圖，皆南向觀之，《海運全案》所繪吳淞江圖亦同。今此書繪列之圖，悉用是例。

圖用開方法，如皐昌禹蹟圖每方百里是也。今按以吳中疆域，祇能一方一里，然每里各縱横三百六十步計，各二百一十六丈，以河寬二十丈者，僅居里十分之一而弱也。況書版高不過六寸，每行至多析爲二十格，是每格見方寬廣僅三分。以二十丈之河居三分之一里之格，在其中祇宜一線，若以次遞減之，支河亦何從著筆，今繪諸圖，不復界畫方格。

蘇省水利之大綱也，次吳淞江圖二，劉河圖一，劉河即婁江。次泖湖圖一，泖湖今爲黄浦之源，足當東江，三者皆太湖入海之道也。次白茆河圖一，附徐六涇圖一，七浦圖一，皆分洩太湖之水者也。次孟瀆德勝澡港三河圖各一，常郡資以灌田濟運者也。次練湖圖一，附張官渡牐圖一，亦以濟運者也。次徒陽二縣境運河全圖一，江浙轉漕之道，歲所濬治者也。次附蘇州府城河圖一，江寧府城河圖一，皆重濬之，以便民者也。

清·李兆洛《養一齋集》卷二〇《雜著·圖繪問》 輿圖之學本朝遠邁前古，測星度以定地里，南北東西之方位不爽毫髮，可以坐一室知宇宙，真承學士之幸哉。《周官》保章氏以星土辨九州之地所封，封域皆有分星，以觀妖祥，則左氏所列星紀、壽星等十二宫分野是也。在天之宿度，本分攝乎大地之山河，而不聞以列度紀疆理，故宋鄭南服而屬子丑，秦晉西北而屬未申，理致膠轕，後人遂有互易其宫以求合者，能詳言之歟？明劉基《清類天文分野書》不盡承古法，于近時地形約可通，而亦多參錯，不相中。能略指之歟？今既以地里準天度，以天度定東西，則亦可略舉一省以爲根，以度數約差之，以訖於周天。不言機祥，不區宫分，但定方位，使地之氣常屬于天，雖有動静之分，而無乖離之患。此亦《清類天文分野》之遺意，而有志圖學者所當究心也。意亦可稽求研窮，爲之創法者歟？古之繪圖，大率約略方向而已。晉裴秀始明準望之理。其説云何？宋謝莊爲方丈圖，可分可合。其製云何？元朱思本創爲分方格之圖。其説云何？其各舉所習，以爲叩槃捫籥者發其蔀。

清·李兆洛《養一齋集》卷二〇《雜著·圖繪解》 分野之説最古，必古聖人自以所見於天人者定之，不可得而意揣也。見於《左氏》者，如辰爲商星，參爲晉星，龍爲宋鄭之星，皆有其故，後世無從而知之。戰國方術家按十二宫，以星占分列國吉凶，有驗，有不驗，以此而已。徐圃臣以斗差之法，分天正、地正、人正三圖，以地正爲分野所自，始謂後世方域迷謬，遂改易其分野，并歷考其地之災祥以實之，其說巧矣。然以是爲實，則參差之數未必盡然。至劉基《清類天文分野書》略依地域所界，差以列宿，亦未嘗有驗之者也。今《内府輿地圖》以地里準天度，以京師爲中，各直省隨所在區爲偏東、偏西，又以北極出地差其南北所當度，蓋自古所未有矣。若必以此差排分野，但以析木爲京師，以直省東西遠近，定爲娵訾、降婁各次，以度約之，以次列之，盡周天之度而止，亦無所難者。然亦《清類天文分野》之續也，何益實用哉！倘或泥之，必有以妖言兆釁者，尤不可不慮也。《晉書·裴秀傳》：「作《禹貢地域》十八篇，製圖之體有六：一曰分率，辨廣輪之度。二曰準望，正彼此之體。三曰道里，定所由之數。四曰高下，五曰方邪，六曰迂直，因地勢而製宜，校夷險之異。準望之法既正，則曲直遠近無所隱其形」。秀此法亦第九數句股法耳，然自唐以下無有知之者。《宋書·謝莊傳》：「莊依《左氏經傳》，製木方丈圖，山川、土地各有分理，離之則州別郡殊，合之則宇内爲一」。則此時分省分郡圖之法也。元朱思本留心地學，逢人輒問，病與地圖多華離不合，爲格方之式，每方百里，皆以口問得之。其法頗合準望之意，而得之於問，不可盡準，故與地上實數不能盡合也。

清·謝金鑾《蛤仔難紀略·圖說》 爲蛤仔難圖者，厥有數家，今所見有四焉。其形勢彼此互異，觀者惑之，遂以爲難據而弗信也。必細詳之，得其牴牾之所由，而後其實可見。在最初者。有諸羅志之圖，固甚略矣。然而港汕之說已具如彎環者，全體已得，以後山爲黑沙晃，惟諸羅志能言之。且其圖北連三貂，南接崇爻，則全寫臺灣後山而悉得其意者，誠古圖也。其後有徐司馬夢麟圖，則由傳聞而寫其彷彿者，故三港失其形勢。且圖玉山於蛤仔難之西北，爲不能無訛。蕭竹甚悉於蛤仔難，乃其爲圖則專寫四圍，以其時竹爲吴沙，卜四圍地，特誇其妙，故爲圖坐乾向巽。其言後山之疊胍，水法之迥抱，雖於山川之向背特詳，要皆爲圍言之。僅可稱四圍圖，而不可以蛤仔難名之也。若其形體之大備，東西勢之分屬，民番之錯處，莊社田園道途里至畢具，則惟楊太守之圖爲得其詳焉。今臺所盛稱者，惟蕭竹一圖，以竹狎於蛤仔難，而圖復巧妙而衆信之也。乃古圖與楊太守圖皆西北東，視竹之圖方向大異，故觀者炫惑，莫知所從。不知背西面東者，貌其全體，而竹之圖獨爲寫一方也。

清·毛玉成、張翊辰等《（咸豐）南寧縣志·凡例》 一地圖以道里爲經，村落爲緯，官斯土者，一披覽焉。覺星羅碁布，瞭如指掌矣。其文廟官署之製，有一定者，俱不圖。

清·陳培桂等《（同治）淡水廳志》卷一《圖說一》 古人作圖之法，晉裴秀最詳，其例六：曰分率，曰準望，曰道里，曰高下，曰方邪，曰迂直。後人則止知開方而已。查西法以天之度計地之里，於是有北極高度，東西偏度之圖。此即裴氏分率内之經緯度也。今以京師北極出地三十六度子午線爲中度，直至閩之汀州、粤之潮州止，是爲南北經度，自二十五度至二十三度止爲東西緯度。每方一度六十分，爲里二百五十，此乃直度里數，非驛路所經之迂數也。紙方狹小，弧線不易，圖故不載。今繪全圖一、分圖四，圖析爲十格，爲里二十有五，爲方不同；而積分求度，按度計里，其致一也。參《廣東通志》。案，地居天中，其體渾圓，與天度相應。中國當赤道之北，北極常見，南極常隱。南行二百五十里，則北極低一度，南極高一度。北行二百五十里，則北極高一度，南極低一度。北極高度即南北里差也，東西偏度即東西里差也。南北經度易測，東西緯度難知。經度測二極之低昂，緯度測月食之早晚。欲定東西偏度，必於兩地同測一月食，較其時刻。若早六十分時之二，則爲偏西一度，遲六十分時之二，則爲偏東一度。今淡水僻居海外，一時不能測，驗以輿圖經緯度計之，僅能詳其度數分秒，細數未詳。海外里數極長，淡屬自大甲起，至三貂溪止，綿延七站，輿夫窮日之力，僅行五十里。《穀梁》稱：「周製，三百步爲一里」。以此數計之，實七百里矣。今圖内里數，以步核計，昭其實也。其餘或云三百餘里，或云四百餘里，不一而足，存其真也，勿以參差訝之。

清·朱雲錦《豫乘識小録·地圖説》 昔晉司空裴秀嘗作《禹貢地域圖》十八篇，其序曰，製圖之體有六：一曰分率，所以辨廣輪之度也。二曰準望，所以正彼此之體也。三曰道里，所以定所由之數也。四曰高下，五曰方邪，六曰迂直，此三者，各因地而製宜，所以校平險之異也。六者作圖之法備矣，惜其書不傳。後唐賈耽作《華夷圖》，亦稱於世，嘗謂地理之學百聞不如一見。又云十説不如一圖，古人之圖史並重者以此。愚意有方面之任者，可飭沿邊及腹地有山險州縣，各勘明本境某山周回約幾里，高約若干丈，與傍近山或聯或斷，距州縣治若干。某水出某山，流接某縣，山内通行之路。凡自某縣某堡入境，至某縣某地出境，有無兵營分防官司。又有樵路若干條，可爲至某處捷徑。或古設有某關，今有無基地。再注明四至八到，並爲說。挨縣呈送，再繪爲總圖，統爲之說，則一省之形勢了然矣。漢入關中，蕭相國先入丞相府收圖書，然後知天下扼塞户口。唐時每州亦造送圖經，皆此。若得數同志者，即所蒞之地，各成一圖，匯齊可成大觀。與古之裴賈，方軌並駕。而守土稽古者，皆得有所考鏡矣。嘗閱各志，見張應科林縣險要圖說，甚簡核可法，附録之，以待有心者之則傚云。

清·林鶚、林用霖《(同治)泰順分疆録·凡例》 一凡志書類，有圖繪，茲不及備，僅將用霖杜繪開方一圖，並圖說附綴於卷。

一分疆首重輿地，邑雖偏在郡西，星野纏度，僅差分數。茲遵郡邑各志，畧加攷證。分古測今測，著於圖。

清·鄒代鈞《湖北測繪地圖章程》 一繪法：繪者，當首明分率，會典館所頒格式，原就書式大小而設，外間測繪原本，務必放大，以便詳測密填。迨圖成之後，始照館頒格式，縮成定本送館，仍將外間原本，副送一分，以務采擇。今酌定外間原本分率：省府總圖，定爲九十萬分之一，以圖之一寸，代地之五十里，五十里爲九十萬寸；州縣分圖，定爲十八萬分之一，以圖之一寸，代之地十里，十里爲十八萬寸。隨測隨繪之，草圖定爲一萬八千分之一，以圖之一寸，代地之一里，一里爲一萬八千寸。用圓錐通徑法，作緯曲經直之式，使經緯相交，皆成直角。各如率布算，定其南廣北狹之式，用分角器微分尺填繪各點。凡測向儀所成子午儀，必與圖之經線平行，以求各點角度，則能得各處距等圈真形，不至展闊而生向差矣。圖中作識之法，送館之圖，自應照館頒格式所言，外間原本，所收既詳，名目亦多，識别不嫌其繁，今另爲表識圖附後。

一圖說：《禹貢》一書，爲千古志地者之祖，於九州之後，即繼以導山導水，師其意而作者，有班固之《漢書·地理志》，伯益夷堅之《山經》，曹魏時之《水經》，蓋地志取法乎九州，山經取法乎導山，水經取法乎導水也。踵地志而作者，歷史之郡國州郡地形諸志皆是，而自唐訖明，所存《元和郡縣圖志》、《太平寰宇記》、《元豐九域志》諸書。記載雖有詳略之殊，其體例固本之孟堅也。仿《水經》而作者，則有黄梨洲之《今水經》，齊次風之《水道提綱》。仿《山經》而作者，則有戴廣原之《水地記》，黄岩、李誠之《萬山綱目》，皆爲名作。今會典館所發表格，其敘沿革疆域鄉鎮，蓋略仿班志諸書之例，敘山則擬《山經》，敘水則擬《水經》，又詳天度道里，而山之礦産要隘，水之圩堰橋津，均敘於當處之下，簡而明，要而詳，自應遵之，無庸别生異議也。

清·鄒漢勳《斅藝齋文存》卷二《寶慶量里圖說》 夫作圖之法，古有成規，蓋必明於句股，深知形執，更能測星、測景，又有指南、記里、準表、重測之器。故其成圖也，特爲精絶。暴秦滅法以來，知者蓋尠。晉裴秀作《禹貢圖》，條陳六法，尚能存其仿佛，賈耽諸人略能宗仿，此後又將絶矣。國初，胡朏明渭又申明六法，而以鳥道爲要，可謂振隊緒、興絶業者焉。自是踵而效之者愈多，然取鳥道之説則未有詳言者。而朏明所譔《禹貢圖》不畫支川，因之地執差違，亦未爲精玅。知之非艱，行之爲艱，不信然乎。近世爲地志者，大半委之畫工、書吏。畫工之法與圖地形者迥異，段手斯涂，是南轅而尋大行也。書吏則艸艸應責，(豪)〔毫〕無法度，安得有善圖哉！今作斯圖，深鑒諸(獘)〔弊〕，增益六法，講毌既明，方舉郡内髦俊，轉相授受，按方搜討。既成全圖，始一一分劃，列爲小圖，以著於篇。又縮爲六圖冠之篇首。其指揣方向、鉤心門角，以明形執，尋歷川涂，辜榷近遠，以明分率，用心良苦，知者亦希。然記里表準之器，徒有成説，未能造具，不克見之行事，是所不及于古人而未快於心耳。夫作圖必明分率。分率者，約地之廣狹與紙之廣狹，辜榷而命之之謂也。其法，畫紙爲正方格，或每方千里，或數百里，或數十里、數里，惟所命，此作圖之第一誼，決不可變者也。作圖而無分率，是謂偭規鑿(巨)〔矩〕，然知者雖多，而能者絶少，則由不知其病也。畫工描景之法，近密而遠疏。圖地形者亦師其意，近城之處雖爲地無多，必廖郭盈紙，及乎四竟，雖畺土廖郭，反(笮)〔窄〕狹無幾，病一也。畫工之畫山也，必爲崇峻崝陗之執，一山之廣大，必寸許方能容。其畫川也，必爲波瀾壯淼之狀，一川之蹍歷長亢幅者，闊亦寸餘。夫圖之大者，不過方丈，切縮而廁之卷首，僅尺許耳，勢必不能容于是，一圖之中僅一二經流、四五崇山而已，而山川之闕會概未之及，病二也。又見方志中繪城郭必如栝盌之大，備列門巷，尺許之幅，一城已居其半，竟地無從而安，則扁縮不能如率，病三也。書吏之圖，略具城邑、汛哨，此外皆不之及。山川、城邑之大，率如疛病，既無分率，則無遠近，故汛哨距城之里數必書於幅，每繪一處多至數十字。本是粗獷之法，斷不可用，而保殘之徒反以爲明爽，圖何以堪，病四也。葬師之法，專圖龍穴，環回抱護，曲折必明，一片之山，動盈尺許，病五也。今爲此圖，五病皆祛，又酌古今之圖，勒爲成法。凡作山，但連疊數人而已。作川，則爲雙線，經流稍闊，支水周尺度之僅分許，乾流故道則墨填其中，伏流則空之，而使其勢連屬，書伏字於閒，繪涂則疊點，分畛則單線。城郭略具形勢，大小依率，字書於中，故城則填墨字書於上。郵、團、洞、柴則有□△○之别，關則爲丌，塘汛則爲巾，橋則爲□，渡則爲◎，皆扗水中。又别以五色分率之，方格、方隅之斜行、子甲之記號皆以黄色，山川、城郭之形皆以墨色，道涂以藍色，分畛以赤色，去誤則以粉焉。分率既明，而準望可得而言矣。準望者，方隅、鳥道之謂也，胡朏明言之詳矣。方隅之法，自來地志之書惟四正、四隅、十二方。朏明增爲十六，曰正東、曰正東微南、曰東南、曰正南微東，餘以類推。堪輿家則有二十四向，測望家則有六十方、三百六十度。若以三百六十度、六十方，則大密，以八、以十二、以十六，則大疏，今酌用二十四。而學者每疑二十四向之不古，不知《緯書》之言明堂也，有巳地、丙地之論，淮南之敍節候也，有指甲、指寅之文，一興於六國，一起自漢初，復何疑焉！而作者之不能明方隅也，則有八病。地圖之製，無論冊書，卷軸必上北下南，冉東後西，昧者初見，冥不能(辦)[辨]，(到)[倒]易其方，或上南下北，或隅正反施，病一也。舊志及采訪册但有四向，或並四向而無之，據以作圖，無從位置，病二也。作圖者先定中宮，作一縣之圖，以城郭爲中宮，一府之圖，以府城爲中宮，一省之圖，以省會爲中宮，中宮不立，凡舊志采訪册所云東西南北，舉不能定，病三也。省、府、州、縣之竟，原不正方，城又不定處于中，作者知有中宮，又必以紙心爲中宮，不知就偏裁空中實，圖何以成，病四也。作者不能實測名山之方向，徒依方志之言，苟且填入，東南寖易，子午乖方，據其舊言，布置形埶，糾繆膠轕，無從下手，病五也。多山之縣，數里外即爲嶺嶠所阻障，無從而測其方向，是宜用轉測之法。轉測者，先自城下測可見之山，又自可見之山以測遠山也。舍是則已測者可填入於圖，而未測者斷不能填，病六也。既知轉測，又不能以轉測之山填之於圖，則由於不知轉遂中宮之法也。夫繪圖者以城郭爲中宮，分而爲二十四向，城下可見之山固可依而寫矣，而轉測者，中宮非城郭，乃城下可見之山也。作者迷亂，不知遂易，必瞀(或)[惑]而不能成，病七也。遂易中宮之法，以紙書二十四向，而中宮聚於紙心，欲遂中宮，則以此紙之心摹套其處，據向以書，雖轉測至四五遞皆可畫也。不知此法，則雖能測而不能繪，病八也。鳥道者，空中鳥飛，一直無回轉之道也。黔首日履川原，而謂能知空中之直徑，人孰信之，是必有法以取之。講求其理，凡有二，一耑取四海九州之遥者，則以日星，取一郡一縣之細者，則以句股重測。既得二者，又參之道路三法，思過半矣而不能者，則有六病。由北極出地之度，可以知南北之鳥道，由偏西之度，可以知東西之鳥道。作者不解其理，不求其率，雖有明文定法，忽爲不經，病一也。出地之度，無有所差，偏西之度，地扗赤道北者，類北狹而南廣。作者不知以率綴算，形勢必不能肖，病二也。句股重測之法，原以御高深廣遠，詳具于《周髀》、《海島算經》。平日不能講明，不知何以測度，何以入算，病三也。徒能講明其法而無其器，若準、若引、若表、若筒，四者無一，必不能測，又何以算，病四也。一縣之地，可測者不過數處，其餘山川必須以道里消息。作者高論，謂待處處重測，方可入圖，必無之理，難成之事，徒以驚人，病五也。既取鳥道，得其遠近，每每不能寫之於圖，則由於不知作分率尺以度紙也。作者既申紙命率，必別造一尺，長視紙之十格，又畫分寸，欲取遠近，則依數量之，展轉回環，惟其所用，是謂分率之尺。不明於此，遠近曷法以取哉，病六也。今造此圖，以府治爲中宮，方隅則分二十四向，既成圖，始去其線，而留線末以爲標識。其取鳥道也，以出地偏西定五屬城。而重測之法，則以製器未成，不及施用。餘則悉依法以製也。夫作圖之必有道里者，蓋以圖之所肖，惟山川、城郭、關隘、壘畛、里尻而已。城郭、關隘、壘畛、里尻，咸人所建置，惟山川則以一定之形，經緯、土宇尤不可略。乃山脈川道恒多曲折，獨人行之道避紆趨徑，避曲趨直，故道路校山水迂回特少，此圖法所以獨重道路也。裴秀六法，其三曰道里，其四曰高下，其五曰方衺，其六曰迂直，皆以言乎道路也。作圖而不能記道里者，凡有七病。圖有分率，以鳥道爲主，道里出於人行，以人行校鳥道，有絀無贏。故納道里於分率，絀者爲密合，贏者爲真差。不明乎此，少見不合，輒自瞀亂，病一也。道路遠近，於有塘、遞之處，官標其數，以爲可據。然以營册校舊遞，每每塘、鋪同處一所，取涂亦未少異，而鋪路十里者，塘路輒止八九里，彼此參差，不能酌定，病二也。無塘遞之路，信口以嘑，訊之涂次，言人人殊，有一里而實有二三里之遠者，據以入圖，形埶乖舛，病三也。兩山之閒必有川，而山狹之際恒多兩水分流，此實山川之關竅，而亦道路所必經，於此辜榷可得正形。昧者漠不留心，任意遂置，道里必乖，病四也。地有高下，路出其閒，一上一下，爲里必多。又或南北大同，東西無異，自此之彼，循弦必近，磬折則遠。又或一則羊腸九曲，一則馳道直除，遠近自應殊懸。作者不知消息，形埶必不能合，病五也。定經涂之遠近，步步而量，未若記里鼓之推行即知，今之作者不能有其器，又不知以意消息，圖必不成，病六也。水道人行，皆有支裔，交互毌穿。徒有經涂名川，而橫出兼苞之谿徑，經過之津梁，概委而不繪，則紙多空闊，路不交川，必致差遂，病七也。今爲此圖，無論官道、小路，經緯咸登，委曲備寫，而又酌之以高下、方斜、迂曲之三法，毌之以津梁，圖既茂密，差即易知，此亦作圖之關楗也。大氏古人六法，今約之爲四要，曰分率，曰方隅，曰鳥道，曰道里。而察其要害，抉其苞縕，廿又六病之説又興焉。爲知者提其肯會，爲習者道其艱苦，或不以曉曉爲嫌也。

清・鄒漢勳《斅藝齋文存》卷五《貴陽畺里圖記敘》　方志，古曰圖經，重圖也，圖而係之以經。圖必有記，以相輔也。圖難矣，而圖黔南尤難。圖者苟知裴氏之六灋思過半矣，圖黔南者雖知裴氏之六灋尚不能成。何則？黔以南多深谿，當其下入也，兩岸之峯巒若合，無人焉能下以入谿之中。黔以南多伏流，當其斷續也，重原之顯見難知，無人焉能遥以測川之脈。故水道之見於舊記、采訪册者，或有原而無委，或有委而無原，或有原委而無受納之支川，或有支川而無決入之左右、先後。故黔南之水難圖也。黔南之地多華離，非僅犬牙相錯也。一州一縣或分爲數區，多與它州外縣相隔，或越一里一司，或懸絶千里，反與本州本縣聯屬。又或苗仲錯雜甌脱，即在郊關之外邨屯，無異受轄，乃至三四之歧。故地又難圖也。黔南之路，叢箐多而遠近無定，山巖斷阻，或百里之徑紆曲至於半千，官程、驛路稍有規橅，密洞、窮鄉無復步里。又或百里之遥，舉中而得半，三分而取一。此又道路之難圖也。黔南之山，峯叢障雜，無遼隰以拓之，無川瀆以止之，緜多而紀律亂，疊起而向背迷，尻民尟少，名號恒無，形埶模黏，罔巒若一。以故談山脈者，非緜言莫竟，或敘數里之支而紊驥，或舉由旬之榦而連篇，至於苞括郡縣，畍畫經流者，類居荒徼，即有千里之遥、萬仞之高，亦不能及。此又圖山之難也。若夫方言雜糅，百里之川或百其名，三里之保至三其號，此則名偁之不可恃也。出東門者即號東方，出西門者即號西方，百里以外可見之崇山，莫或準而望之，以致正隅反施、午子易向，暫訖無從舉正，此則方向之不可恃也。古書定灋，凡云東北距州者，是在其州之西南，東南至縣者，是在其縣之西北。舊志、采訪册，往往在縣之西南者云西南至縣，在州之西北者云西北距州，此則記録之不可恃也。具此四難，加之以三不可恃，圖又烏能成哉！今據其可信者以審其可疑，據其所有者以推其所無，納之於軌，而分其大，定之以方，而略其小，乖剌者缺焉，闕落者缺焉。一其分率，明其畍畫，使有志者可因而加密焉，可就而更正焉。其間爲總圖者，括其全也，爲分圖者，定其畍也。全圖而析之者，明合者之可分，而亦使分者之可合也。弟輪以甲乙、中於府治，而東西南北定其方隅，分一州縣綱之而司里領之，圖具而記麗焉。要已成其難矣，知難者庶可語于斯。

清・李鴻章等《山東直隸河南三省黄河全圖・三省黄河全圖凡例》　一、地球周七萬二千里，分爲三百六十度，南北緯每度二百里，東西經惟赤道每度二百里，漸近兩極則漸狹。兹圖推測經緯盈縮，悉與天度相符。

一、遵用工部尺布算，每里一百八十丈。圖用五分一格爲一里，較原形縮爲三萬六千分之一。

一、列於里格之上者爲經度，列於里格兩旁者爲緯度，皆二分一列。經度依京師中線起，偏中線東者曰東幾度幾分，偏中線西者曰西幾度幾分。

一、河邊老灘用單線，嫩灘用沙點；遥隄、縷隄、格隄、越隄均用雙線，幫隄旁加一線；小堰用粗單線，淤河用雙虚線。壩從，埽從，土塘、水塘從，大溜從，山從。州縣城各從測量本形。間有未經實測者從□，廳從□，營從□，哨從×，汛從⊙，堡從○，鎮集從◎，村莊從●，廟從，閘從，省界從，州縣界從，渡口從△。

一、河流自西而東，溜所向處繪作箭形。溜偏南則矢南，溜偏北則矢北，觀偏指之處，即知險工所在。

一、圖内支水皆據現有者繪之，其昔有今無之水，不復入圖。惟故道尚可指名者，亦繪虚線，以存形勢。

一、支水來源，遠近不一，兹圖詳於正河，凡現有支水，只繪近河數里，未能溯流窮源。

一、繪圖有正視旁視各法，兹圖用天空下視法。由上視下，則全體皆見，故繪山作團欒勢，不作峭側形。

一、濱河之山，蜿蜒曲折，皆繪全形，所占之區，其距河稍遠，僅測一面者，繪作半山形，以示未盡。

一、兩岸城郭村莊，皆測量得其方位，十數里以外，足跡目力所未及者，任缺無誣。

一、村莊名目，悉本土音俗呼，《春秋》所謂名從主人。

一、地名之字，間有不見字書者，相沿已久，未便以他字代之，即廳堡戧壩等字，亦皆古書所無，禮在從宜，不嫌質實。

一、金隄自直隸開州境以下漸次有工，故從河南滑縣白道口測繪，其白道口以西金隄，距河更遠，未及測量，亦不繪入。

一、兩岸曾辦大工之處，略載年月始末以識之。其遠事則考之傅澤洪《行水金鑑》、黎世序《續行水金鑑》諸書，近事則考之山東、河南兩省成案。

一、圖内所繪，系據當時實測之數，至測量以後，埽壩或有增益，沙灘或有變遷，尚待他時添注。

一、圖每頁皆標縱横數目，以同緯度者爲横，同經度者爲縱。

一、圖分爲五册，凡横數之一六爲第一册，二七爲第二册，三八、四九、五十爲第三、第四、第五册。欲閱某處，先檢總圖，視其横幾爲某册；次檢縱數，即得所欲閱處。若閱全圖，以第二册承第一册，三册承二册，四册承三册，五册承四册，一册復承五册，挨次接連，便不紊亂。

一、開方計里，鳥道易知。若水道迴環，必用規尺宛轉量之，乃得真數。别載河道里數於圖後。

一、兩岸隄身遠近、長短、高低、厚薄，關係工程，别作河隄高寬表，並載隄工里數丈尺於圖後。

清·李鴻章等《山東直隸河南三省黄河全圖·述意十二條》　一，輿圖之學，古人最重，而其法未備，故不能如近世之精。晉裴秀方丈圖以一分爲十里，一寸爲百里。唐賈耽《海内華夷圖》亦以寸爲百里。明朱思本縱横界畫，以五十里爲一方。此皆古圖之最精者。

國初劉繼莊曾言：圖至十里一方，竟無從著手。四至八到，方方湊合，求其毛髮不爽，難之有難。胡渭作《歷代河圖》，亦云辨方正位，存其梗概，非身所親歷，終無以得其真。蓋圖學之難如此。近時《長江圖》五里一方，《江蘇省圖》二里一方，爲最精核之本。此圖每方一里，尤爲前此所無。蓋河形曲折，一里數變；壩身隄面，丈尺無多；如以二里爲一方，則數十丈一曲之河，與長數丈之壩，寬數丈之堤，皆不能繪入方内。然非身所親歷，亦安能成此真實可據之圖！知今之所以難，益知古之所以不易耳。

一，河圖向無善本，每年咨報歲搶工程全圖，皆出吏胥之手，不過取多年藍本，更改描畫，於工段長短、形勢險易、道理遠近，無可鉤稽。且東河河道地兼三省，籌治河者，當合全局以謀之，如常山之陣，擊首則尾應，擊尾則首應。而東省之河勢，問之豫省不能知；豫省之河勢，問之東省不能知；兩省不能如一省，一河遂幾如兩河，由全河無圖可考之故也。

兹圖西自河南閿鄉金斗關河流入豫之處起，東至山東利津鐵門關河流入海之處止，凡二千四十餘里。沿河三省州縣、村莊、堤岸、埽壩，曾經測量者，例皆繪入，庶幾全河形勢可以一目瞭然。

一，圖莫難於地輿圖，地輿圖莫難於水道圖，水道莫難於河圖，河又莫難於圖現在之河。蓋非先測後繪不能得其真形，非若歷來之圖以意度爲之者可比。

韓非言：畫工惡圖，犬馬好圖，鬼魅實事難姓而虚僞不窮，其言信然。

昔胡文忠林翼作《大清一統輿圖》，歷數載而始成。此圖較一統圖有更難者。蓋以遠近論，一統圖數萬里，此圖僅二千里之河，彼遠而此近；以虚實論，一統圖僅取内府舊圖鉤稽參覈，此圖全無藍本，跬步毫釐皆由測量得數，此實而彼虚矣。

清·陳澧《東塾集》卷三《鄒特夫地圖序》　地圖有經緯，古未聞也，自康熙朝《内府地圖》始也。緯線横，經線中直而旁斜，陽湖董方立摹本未失也。李申耆刻之，徧加直線，則已失之矣。斜線非斜也，欲使近赤道者廣，近北極者狹也，地圓之理也。吾友南海鄒特夫乃一變之，爲總圖，經緯皆作弧線，爲分圖，每幅皆下廣上狹，合地圓之形。自有地圖以來，無如國朝《内府圖》立法之善者。自有《内府圖》以來，無如此圖深得其立法之意者也。立一法而其後寖失，豈獨地圖爲然，但恨無如特夫者變而通之，以得其本意耳。余爲《禹貢圖》，用直線不用斜線，其失與六氏同。觀此圖，自知聰明不逮特夫遠甚。特夫既爲序，復屬余爲後序，遂自訟其失焉。

清·曹廷傑《東三省輿地圖説·補註圖説》　輿地之學，非圖不明，非説不顯，非準之經緯度數，則方隅里到必多不合。湖北書局所刻東三省輿圖，於奉、吉二省交界之威遠堡門外一帶，吉、江二省交界之松花江一帶，皆鉏鋙不相接。且松花江水道自格林河以下，逕向東北入海，無折向北流，又西北流再折而東南之勢。俄人所繪東海濱省圖，又皆詳於彼界，而於我東三省地方，則俱從略。廷傑此圖蓋取齊氏《水道提綱》、何氏《朔方備乘》、張氏《翠微山房》所載測定各處經緯度數列爲大綱，然後參合各圖所繪山水作爲細目，似較中、俄兩圖爲勝。顧於未經測定度數之處，不免稍有參差。補註既成，以呈贊臣爵督將軍，幸蒙改其紕繆，爰亟攷訂里數，附録於左，以便重刻更正焉。至圖中各處地方沿革險要，因紙幅太隘，不能偏爲之説，容俟續刊用公同好。楚北曹廷傑謹識。

清·朱鎮《測量繪算合解》卷一《測繪器用》　一繪圖上北下南法，將定向盤罩圖紙上，盤心十字線與紙上格線對準勿偏。用針於十字中心穿一孔，透入紙上爲根。即取計里尺，從根湊準所記向度丈尺，以一分當二十丈，用針再穿一孔，於兩針孔間畫一線，復將盤心對第二針孔，仍如法以尺湊準。悉照册内向度丈尺，逐段銜接。穿孔畫線，此本割圓法，故校勘輿圖號册之真僞，必用正餘弦表也。記號【略】各標地名。惟水路以字之所向爲順流，餘則可縱可横，悉隨形勢而已。至縮繪道府圖，則先以縣圖寸方五里者，每方假作四小方，另以寸方格紙，每方畫作六十四小方，是爲横直皆四與一之比。依此比例縮繪畢，更以寸方格紙摹繪，即成寸方二十里之道府圖。若欲再縮省圖寸方五十里者，可類推。

一比勘中外輿圖有表，法國以地球周四萬分之一爲啓羅密達，即一里每五里，合中國九里。意大利，比利士，荷蘭，西班牙，葡萄牙，希臘，瑞士，巴西，秘魯，智利等國，同英國計里曰買爾，每買爾合中國三里弱，三海里合中國十里，歐美諸國亦大率本之。日本以三十六町爲一里，其五里合中國三十六里，則每五町即中國一里。

清・劉沛霖等《（道光）宣威州志》卷一《圖考》 紀千古於一書者，莫如志。表儀象，繪山川繪萬里於尺幅者，莫如圖。故志必先圖，以其爲全書之綱領也。宣威紛錯於滇黔之交，改設未久，其河山都邑形勝，俾保障封域者，昭然可考。形勢，關津、要隘與宫廟、廨署，沿舊更新。考核精詳，圖之簡端，庶一覽無遺，益以識帝德之無疆云。志圖考。

清・王琛等《（光緒）重纂邵武府志》卷首《輿圖説》 昔楚漢之争，蕭何入關，首收圖籍。然則秦雖暴得天下，周與六國，固莫不圖其地而藏之矣。六國之圖，明見史書者，有燕之督亢，而他圖不傳。然其時蘇秦、張儀抵掌周歷，倘非親見六國之圖，安能言之鑿鑿歟。今國家方輿，測繪之事，五洲萬國，山川險要，道里遠近，精圖學者，尚能按緯合度，如視諸掌。於是向之《瀛寰志畧》、《海國圖志》諸圖，又不足言矣。邵圖六，曰總圖，總全郡也。曰府治圖別四，縣也四，縣各有圖者，别乎府也。援《皇朝輿圖》例，以爲圖志中《疆域》、《山川》、《城池》、《水利》、《學校》、《官署》既詳之矣。由是稽圖以攷志，讀志以按圖，覽古昔之廢興，察人物之隆替。雖於測量緯度，未及從事，或亦攻圖學者之嚆矢也。夫因爲是説，以補舊缺云爾。

清・劉毓珂等《（光緒）永昌府志》卷一《輿圖》 攷之《周官》，輿圖以職方氏掌之，所以明疆域遠近之分，山川形勢之全也。我國家體國經野，首重輿圖。《欽定皇輿全覽圖》使萬里邊圉之方位，各郡犬牙之交錯，如指諸掌。蓋由德威遠播，重譯之地，盡入版圖。永昌地處極邊，幅員甚廣，謹遵成式，繪圖於首，以昭一統無外之規，志輿圖。

清・陳燕等《（光緒）霑益州志》卷一《輿圖》 相陰陽而覩流泉，治一國與治一隅無異。苟不察山川之向背，原野之脉絡與邨落之遠近，何以使几席間田野，如聞呼吸乎。有圖則瞭然於目，有説可了然於心。即他日興廢所關，無不可按圖而稽也。若學校、祠祀及公署、書院，以重典禮，以肅觀瞻，以興教化，俱應圖入，垂之永久，誌輿圖附焉。

清・陳宗海等《（光緒）騰越廳志稿》卷二《地輿志上・輿圖》 蓋自王會山川，《周禮》重職方之掌疆圉形勝，熙朝登一統之書，此輿圖之繪所由，遠及於八荒九有，近該乎小邑邊區，而不使或遺也。騰越郡開炎漢，歷唐而僅號羈縻。斧劃宋朝迄元，而聿登版籍。有明繼起覃敷聲教，大闢疆圉。我朝人烟輻輳，萬餘里車書入會，數百年治化聿新，地輿上應夫星躔，其載在皇輿者，由來久矣。兹謹按邊陲之方位，疆域之分區，遵式繪圖於卷首，庶膺簡命而來者，披覽焉而瞭如指掌云。

清・項聯普等《（光緒）雲南縣志》卷二《地理志・輿圖》 《周禮・地官・大司徒》以天下土地之圖，周知九州之地域廣輪之數，而後量地製邑也。班固著《漢書》，作《地理志》，後遂沿以爲例。縣處滇西，遠在天末，彈丸粒黍，烏足侈陳。然我朝鼎闢以來，裁衛爲縣，二百餘年山川草木，胥荷聖朝雨露。寸地尺天，争思入貢，上以廣一統之治，下以固封守之經，則固不可忽也。志地理。

分論

《周髀算經》卷三《七衡圖註》 趙君卿曰：……【略】凡爲此圖，以丈爲尺，以尺爲寸，以寸爲分，分一千里。凡用繒方八尺一寸，今用繒方四尺五分，分爲二千里。

方爲四極之圖，盡七衡之意。

唐・虞世南《北堂書鈔》卷九六《藝文部二・圖》 《方丈圖》。晉諸公贊云：司空裴秀以舊天下大圖用縑八十疋，省視既難，事又不審，乃裁減爲《方丈圖》，以一分爲十里，一寸爲百里，從率數計里，備載名山都邑，王者可不下堂而知四方也。

宋・王溥《唐會要》卷三六《修撰》 （貞元十七年）十月，宰臣賈耽撰《海内華夷圖》一軸并序，《古今郡國縣道四夷述》四十卷。上之。耽好地理學。四方之使，自蕃方來者，必問其土地山川之所終始，凡三十年。問既備，因撰《海内華夷圖》，廣三丈，縱三丈三尺，率以一寸折一百里。人有披圖以問其郡人者，皆得其實，無虛詞焉。

宋・錢端禮《諸史提要》卷一三《唐書中十三》 《華夷圖》。賈躭，字敦詩，嗜書，尤悉地理。圖《海内華夷》，廣三丈，從三丈三尺，以寸爲百里。并撰《古今郡國縣道四夷述》。中國本《禹貢》，外夷本《漢書》。古郡國題以墨，今州縣以朱，多所釐正。

宋・沈括《夢溪補筆談》卷三《雜誌》 地理之書，古人有《飛鳥圖》，不知何人所爲。所謂「飛鳥」者，謂雖有四至，里數皆是循路步之，道路迂直而不常，既列爲圖，則里步無緣相應，故按圖別量徑直四至，如空中鳥飛直達，更無山川回屈之差。予嘗爲《守令圖》，雖以二寸折百里爲分率，又立準望、牙融，傍驗高下、方斜、迂直七法以取鳥飛之數。圖成，得方隅遠近之實，始可施此法。分四至八到爲二十四至，以十二支、甲乙丙丁庚辛壬癸八干、乾坤艮巽四卦名之。使後世圖雖亡，得予此書，按二十四至以布郡縣，立可成圖，毫髮無差矣。

宋・李燾《續資治通鑑長編》卷五一四《哲宗》 （元符二年八月戊寅），詔熙河依界道圖樣，以十里爲一方，取見今城寨地名，考尋古驛程相去里數，畫《西蕃圖》聞奏。

清・劉獻廷《廣陽雜記》卷二 自晉頠作準望，當作晉裴頠。爲地圖之宗，惜其不傳於世。至宋朱思本縱横界畫，以五十里爲一方，即準望之遺意也。今之《職方圖記》即用此法，非此則方向里至皆模糊不可稽考，然其事甚難。至十里一方，則竟無從著手，四至八到，方方湊合，求其毛髮不爽，難矣。今之輿圖，奉旨所寫，如此已足。彼若爲界畫，是自窮之術也。

清・鄒漢勳《(咸豐)安順府志輿圖》卷二《安順府輿圖則例》 《大清會典》之輿圖繪水道，《貴州通志》輿圖加以山。他如各府州縣及外省志中地圖，搜羅而詳閱之。數十圖中，各有所長。兹仿遵義加以方格，而取材於各圖之所長者，以薈萃成圖。方格以紅印板套之，清眉目也。城池、塘汛、鋪等字，以紅字別之，城用黑□圈，塘用小紅○圈，汛用小紅瓜△圈，鋪用小紅□圈。重官地也。界用紅單線，界中有雜處屬者，擇其要地一二處，以黑印陰文別之，正疆界也。绿雙線爲水，水源線合，水止而伏。或八洞則線頭用一水行，出界則線口用分。通衢之橋，以紅二字跨之，渡以紅斜╲字穿之。海子、大潭則用绿圈，山用⩕，出界大山則用連⩕，路則於各圖中僅以黑點計大道。如正方十里，斜角十三里餘，此鳥道直路也。人行路則有紆曲，計圖縮而計里盈，可以見山川之阻深焉。是圖也。

清・錢恂《江北運程》卷首《圖・江北運程並有漕諸省圖》 江北運程，自瓜洲北抵京師，統名運河，爲全漕所經。奉天之漕，渡海由天津入河南之漕，由衛入山東之漕，分由臨清牐内外，入安徽、江蘇之漕。在江北者，各就附近支河。入在江南者，暨浙江之漕。嗣亦由瓜洲入。渡江由瓜洲入江西、湖北、湖南之漕，沿江由儀徵入浙江之漕。兹圖江北運程，并有漕諸省圖之。俾攬其全是也。山西無漕，而爲桑乾滹沙滋滹入運，諸大水所自出。因並列焉。圖開方以里計方，各百書敘地，自北以次而南，圖循書次，亦右北左南，省作⊡，府作□，廳作◇，直隸州作▣，州作▯，縣作○，屯堡作・，省界作┅，均如前圖式。男蓮謹繪並識。

清・佚名《臺湾府輿圖纂要・例言》 一、總圖方寸無幾，就中所有，難以圖寫者，詳具於册。其疆域用口，坊里用⬡，衙署用○，鋪舍用△，汎塘用⋀，凡皆遵例標明，以便觀覽。

一、各屬輿圖有表、有册。總册於疆域坊里各門，彙列條貫，第紀總目，不復立表。

一、府志續修於乾隆二十九年，所載山川支分發脈之處，類多失詳，道里亦多差錯，更有今昔殊形，稱名互異，廳縣攸分，界限淆混者。各屬圖册尤不免有此失，爰加詳細採訪，逐一訂正，以成信説。

一、屯番與戍兵相輔，必須補入。至各屬所載橋梁、古井，不免紛繁，且與險要無關，概爲删削。

一、淡水噶瑪蘭具載防番隘寮，今查番性日馴，所有隘丁、隘寮，均爲虚設，甚有名存實廢者，各屬既未全録，故亦不載。

一、内山難屬界外，分界禁墾爲一時之權宜。究之今日之廳縣，即昔日之禁地，附論所及，亦以志要。

清・江蘇省輿圖總局《蘇省輿圖測法繪法條議圖解・輿圖測法繪法條議圖解》 條議二十則

一、全境測記已畢，然後逐號挨節分段上圖。先約略縣城當在全境何方。查所記各號節數便得大概。或即以圖紙適中定縣城。將玻璃紙定向盤，上子下午，罩於圖紙定縣城處，審准盤上十字線，與圖紙之子午直線。圖紙亦上子下午，直格皆是子午線。勿稍偏斜。乃查所記城圖一號，系以某門爲起手之根位，即以針於十字線之中心穿一孔，從玻璃紙透入圖紙，以當此根位，亦即全圖起筆之根位。

再查第一節第一段，測得某向幾度若干丈尺，即用計步尺邊緊頂針孔，量到盤上某向幾度。算准代弓繩之若干丈尺，當計步尺之若干分，用針靠緊若干分邊。再穿一孔如上，乃將盤尺移開。用筆就兩針孔間繪之，是爲全圖挨節分段之第一段。以下即以第一段線末，爲第二段之根位，接續照繪。如此逐節逐段。凡遇每段下所記分路等，必須隨手於該路號册注明在圖紙第幾行第幾格。否則續繪時，針孔業已畫滿，無從下筆矣。又所遇地名等應入圖者，亦即隨手填明草圖，免再查對費事。用盤用尺，隨量隨繪。城圖繪畢，次及水陸各道，無不如之。則任其路之曲折盤旋，交横紛錯，總無遁形。【略】

一、繪法。城圖用水墨雙線。先照上法繪就外圖，然後加繪里圖。兩線相去勿過計步尺之二分。逢門則於兩線間濃墨界之。衛城亦然。村鎮長半里許者，用淺朱單線標出界址。關卡墩鋪用朱作□形，閘壩堰口用朱作○形。縱横皆勿過三分。分界處用朱作草蛇式虚線。陸路用水墨作連珠式虚線。繪圖畢，即繪陸路，以計丈究較計艫尤准。庶繪水路時，雖小有參差，易於校正。若以陸路遷就水路，則界線斷難鬭筍矣。海之内外塘，用赭蓋於虚線之上。水路闊三十丈以下者，用草绿單線，通潮處改用淺赭。四十丈以下者，用深青單線，通潮處改用赭墨。四十丈以上者，依計步尺分率。用水墨雙線，中以草绿染之。皆以標名之字所向爲順流。海面亦用淺赭，鐵路照陸路作連珠式。其不畫之地名等，量緊要者，隨所在書之。至舊本畫山，每作墳起形似，只有一面。今既實測山體占地之平廣，凡山畫平廣者，欲以核計所占地畝，及彼此相隔高下。至海面諸山，其無分防營汛並額征租糧者，盡可從略，但約略里數。鉤摹腔廓，並遥測積高可也。即按計步尺摹出四圍。用深青染頂，漸淡至山脚。其大小路，亦以水墨虚線畫之。須折算之詳後表。積高若干，即書於頂，庶面面呈露。某誇某險，形勢灼然，其有可樵汲否，則詳於説。繪法各式詳後圖解。

一、每縣發測向盤一、代弓繩一、尺杆三、矩一、編號册式印格四、紙矩三、度極三、以上二器山縣倍之。定向紙盤五、計步尺五、圖紙二、又寸方印格二十，用尺餘見方竹紙以備草圖借根畫線等用。條議圖解二。各紙器如不敷用，可函商添發。由縣慎選實心静細之人，審器習法，逐一明白者，即令認定某一路，如法測記匯齊，如法繪圖，申送憲台飭發到局。儻未了然於諸法者，即令來局面談，或偕同就近觀測觀繪，以曉暢不疑爲斷。蓋百聞不如一見，以一傳十無不明通，於公於私兩有裨益。

一、逐日測畢後，即將草底發交書手，飭依發去格様，謄寫清册二分。俟測有一月，以奉文後十日爲始。即將其一分校對無誤，飛速移送省局，以後陸續按月送局。局中即按號預繪一圖，待縣圖到後，兩圖合勘。遇有參差，函商更正。且限期早滿，局中尚須分繪各憲衙門存案一分。若待縣圖到後方繪，又遲二十餘日，且亦無從知縣圖之是否也。設全不合符，或寄回重繪，或到縣親勘，皆以送到號册爲實據。各圖之孰是孰非，鬭合時固可立見，仍需每縣抽查二三處，以昭信實。如是而印委員董，自各慎始慮終矣。

一、照以上諸法測繪。約計水陸縱横應測之路。小縣共七八百里，大縣共千二三百里。縣以兩紳分任，先陸路，每日可十里，次水路，每日可三十餘里。每測一路，紳董一人，書手一人，粗工三人。法詳尺杆圖解後。水路則可省多人。其間酷暑風雨，不無間輟，大約兩月余方畢。照測成圖，又須半月許。擬請憲劄到後十日爲始，預習其法，並令該縣仿造盤繩杆短各一二具，使衆手分任，同時並舉。統限於四個月内，一律匯齊，訂入正圖。

一、如法測繪，則地之真形畢露。牙錯筍鬭處，本自天成。設一縣偶誤，勢必四面鄰境如法之圖轉掩其長，與其聚訟於後，終有公評，何如審慎於先，且免多費。局中合散成總，合總成全，且須匯算通省高下，並照繪存案各分。亦頗非易，不得不齊宿懇求也。

一、舊本輿圖，大都准北極出地偏東西度測繪。原以一統地大，勢難周行天下，勘入細微。且亦未有測向盤等法。因借經緯線之虚，以推廣輪數之實。惟是北極經緯，易致里差。千里數百里，固有準繩，若概施之百里數十里之間，所謂毫釐千里，力有所窮，而況水陸道里、市鎮村墟之細如粒粟乎。誠如宫保所論，李《圖》計方百里爲一格，以虚線存天上之經度，而以二方格當緯線之一度，蓋《一統全圖》，體式闊大然也。今繪一省府州縣之圖，里數較窄，而格線轉寬，小地名載入益多，則方位佈置，總以實勘爲主，洵名論也。故圖必以實勘始，實勘必以縣始。

清·曾國藩等《江西全省輿圖·例言》 一輿圖之設，所以稽幅員之廣狹，考山川之隘易，紀道里之遠邇，察看隘塞之廢興，使數千里形勢，一開卷而瞭如指掌，誠爲治之要務也。同治三年，奉旨勘繪輿圖，因派員周行各郡縣，詳細履勘，或古無而今有，或昔盛而今湮，一一繪圖列説，歷四年始克告成。計府圖十有三、直隸州圖一、各廳州縣圖七十有九，懼其久而散佚，因照原圖，稍爲删節，刊爲縮本，裝訂成帙，冀垂永久。【略】

一計里開方，所以測量遠邇，以村紀里，所以標誌程途。各縣散圖每方十里，府圖每方三十里，省圖每方九十里，皆以經過之村坊、市鎮爲區別。由斯以察疆域之廣袤，蓋較若列眉云。【略】

一四正四隅，乃輿圖之綱領，其地多系通衢要道，爲往來之所必經。今列其經由之村鎮與鄰境接壤之界址，又總計其出城及邊之里數，千里程途，可一望而知，亦行人之指南也。【略】

一圖所不能繪，則載於説。説所不能詳，則列於圖，二者如輔車之相依，不容偏廢。古人左圖右史，不惟究其理，並欲察其形，故立説皆有根據，亦此義也。

清·曾國藩等《江西全省輿圖·凡例》 一省府直隸州各圖欽遵頒示，省作回，府作□，直隸州作回，散廳作◇，散州作▯，縣作○。散廳州縣各圖，畧爲變通，城池照真形繪作○，大圈爲城，小圈爲署。同通駐所作▣，佐雜駐所作[illegible]，税關作[illegible]，釐局作[illegible]，釐卡作[illegible]，鹽局作[illegible]，鹽卡作[illegible]，陸路營作[illegible]，水師營作[illegible]，陸汛作[illegible]，有駐防官作[illegible]，水汛作[illegible]，有駐防官作[illegible]，大鎮隨形繪書於駐防所外，加圈作[illegible]，墟市作[illegible]，村莊作▲，驛鋪作·，關隘作[illegible]，礮臺作[illegible]，古城作[illegible]，山鎮作[illegible]，水道作[illegible]，津渡作[illegible]，橋梁作／，道路作[illegible]，電線作／，省界作[illegible]，府界作[illegible]，縣界作[illegible]。

清·鄒伯奇《鄒徵君存稿·攝影之器記》 有一密室，惟前壁開小孔。透光，則室外諸物盡倒影於後壁，居東者見於西，在下者射於上。以似平非平之中高鏡安其孔，接浄白紙，則形形色色畢肖焉。紙距鏡視鏡高爲遠近，如以鏡照日，遠一尺得火，則紙距鏡不過一尺爲最明，稍遠則漸暗也。若描寫爲畫，與當面景色無少異。變而更之，以木爲箱，中張白紙或白色玻璃，前面開孔、安筒，筒口安鏡而進退之，後面開窺孔，隨意轉移而觀之，名曰攝影之器。此畫譜之最生活者也。如欲描寫，則去其後面，別加黑布，併入帳之。若先於一處描寫一幅，依直邊移遠若干丈尺，別描寫一幅，度其差數，以爲比例，而山木、樓臺遠近、高卑之數盡得焉。如先畫得一樹，距中線左一寸，樹距鏡一尺。中線者，從鏡直射與紙爲正角者也。左移遠五丈，又畫得此樹，距中線左一寸五分，其差五分與移五丈之比，同於畫樹距鏡一尺與鏡距真樹百丈之比。又如量畫樹得高四分與距鏡一尺之比，亦同於真樹高四丈與距鏡百丈之比，則知此樹高四丈，離初測處百丈也，此又測量之變而加捷者。或以鏡向地平，則影見於紙上，其度與地上真數之比，同於紙距鏡與鏡距平地之比，可省重測，但不能及遠，故必濟以上法也。若又以白色玻璃變紙之平面，爲半渾圓，邊各抵板，鏡居圓心，令可轉側四遊，各向四方。描寫畢，用火映之於平面紙上，合爲一圖，則其八面形勢，一目了然，繪圖之法莫密於此。如夜間以鏡心向上，半圓在下，使星月之光映照其中，可以量其升降經緯之度，同於郭若思仰儀之用焉。先是，歲在乙未，客有以塔倒影獻疑者，取《夢溪筆談》讀而極思之，驗之室中之雲影、飛鳥之往來，因通其故，與陽燧倒影實爲一理。甲辰歲，因用鏡取火，忽悟其能攝諸形色也，急閉窗穴板，驗之，引申觸類，而作此器。夫塔倒影爲陸放翁、陶宗儀等所不解，見所著《老學庵筆記》及《輟耕録》。明季有著《天香樓偶得》者，極論此事，而猶非其實。今余乃爲器以顯迹象，復引而至圖畫，極之測量，通之儀器，豈不快哉。然非《夢溪》之有以啓其衷，豈能頓悟，故並記之。

畫地圖之法：余嘗製爲攝影之器，以木爲方箱，前面開孔，置中高鏡，中張一浄白薄紙，後面爲門。將此器前面向所欲繪之處，以黑布蔽，後面開門視之，則此地諸物悉見紙上，形色、位置不失毫釐，以彩筆摹之，則爲平遠山水一幅，又移別位復摹一幅，以二幅各較其差角，以所繪各地距鏡心之遠近、高下求之。即得各地之遠近，可以畫爲平面圖矣。變而通之，其用不窮，亦快事也。

清·陶保康《測地膚言》 繪平面地圖説七則附平面者，別於球面也。

一、標度分。張子《正蒙》謂地在氣中，順天左旋。程子謂地特天中一物。朱子語類，天有半邊在上面，半邊在下面。此即渾天家卵黄之義，與近人地球之説也。地既橢圓，人處地上，以南向相較，則北極出地不同，而日星之出入，晝夜之長短，因是而異。以東西相較。則經度偏數不同，而交節之後先，日月食之早晚因是而殊。各省城度分，當謹遵御製《曆象考成》，其各郡縣則長沙丁氏經緯度里表，搜羅甚備，惟未可盡恃，以實測爲宜。然繪一鄉一邑之圖，不列度分，亦可。各分野之説，殊可不必。

二、定比例。圖以一分當幾丈，以幾分當一丈之類。將所定比例注明，或即畫比例尺於圖。行軍圖，至小以一分代一丈，即十八寸代一里。州縣圖，至小以二三寸代一里。計里開方，以一寸代數里之圖，不過略具大概，無從詳細測繪。如陝西輿圖章程，乃最淺之法也。

三、顯高低。山峰邱陵，有正形偏形。遠望凹凸狀爲偏形。自天俯視，團團如水渦，爲正形。以正形畫圖，名曰平剖面式。法須周圍細測，於可記識處，作平剖面底線數圈。圖内每圖之相距，較真高數，各有比例。或中間再作垂線，垂線之長短斜直粗細，均可與高物斜度酌定比例。衆山綿延無平處，亦須順山路用酒準平尺。儀器逐段求高度爲主線，再據高處測別處斜高與遠，互相較準而繪之。或數人分路，同時用風雨表測高，亦因此表自下至高，則分數遞減也。惟如此層分幾圈約略畫之，法詳富路瑪測地繪圖等書。

四、分記號。除山川、城鎮、村堡、營壘、電線等，依比例縮小繪圖外，其陸路之關隘、疆界、卡房、汛地、驛站、廟塔、礦洞、磚窰、溝塹、樹林及沿途，有高低，有平曠，有下隰，有沙石，有泥濘，有上臨陡壁，有旁瞰深谷，有可通車轍，有僅容騎步，有斜坡騎行能上不能上之別。其水路之石橋、木杠、津口、堤壩、閘籪、燈竿、舊道、淺灘底面深淺、冬夏漲涸界限、流勢順逆緩急、旋渦、潛石、緯路，商船聚泊處，灣曲避風處，種種不可枚舉。圖中每項用一記號識別之。另列一記號表，標明某記號代某項，俾閱者於水陸夷險一覽了然。勝於圖說之長篇累牘，掛一漏萬者多矣。

五、別顏色。亦另定一表，標明某項用某色以歸一律。

六、詳圖說。記號所不能該者，附入圖說。如某地屬某處管轄，四至八到，大路枝路，險要所在，文武官弁，民情土產等。其古蹟可考者，擇要酌録。總之圖說須於户工兵三大政有關繫者，方詳言之。若夫騷人逸士吟詠之資，寧割愛也。

七、慎縮繪。大圖縮小，須先定一比例尺。如大圖本以部尺四十五分爲一方，今改小圖，欲以十五分爲一方，則以厚紙照部尺十五分之長，作一小尺，平分爲四十五分。視大圖某處用部尺若干分，亦於小尺取若干分，就新圖繪之，爲縮小三分之一。此言尺寸，若方向則仍用分角片。又法查大圖有若干方，將小圖紙亦分爲若干小方。山水城邑等，在大圖第幾方，即於小圖第幾方内繪之。或更於大圖下襯紙，將每方再分爲若干小方。又於小圖下襯紙，將每小方亦細方，較準。

清·陝西布政使司《陝西繪輿圖章程》 一、圖式宜顯明也。省城作[圖符]，府[圖符]，直隸廳◎，廳◇，直隸州[圖符]，州[圖符]，縣○，驛△，鎮堡●，小村聚·，營屯[圖符]，山[圖符]，水[圖符]，界[圖符]，路[圖符]。種種圖式，方須極方，圓須極圓。或同爲點，而鎮堡與村聚有大小之別，或同爲虚線，而界與路有縱横之殊。山之形，可作[圖符]，或[圖符]，或[圖符]，或衆山聯屬如[圖符]。總以纖秀匀净爲貴，勿如畫家作峰巒高聳狀。圖中小字，均須極細。

一、沿革宜詳載也。嘉慶以來，各屬或分或合，或新設，或改隸，查明年代，載入圖說。又兵燹後，有舊時鎮堡，今爲荒郊，亦有舊時村野，今成市集者，均按現在情形繪圖，而詳其興廢之故於圖說。庶不與一統志背謬，亦可免會典館駁詰。

一、圖說宜按序也。首載治所在府、直隸州某向，距省、距府、直隸州里數，本境四至八到距鄰州、縣之某村莊里數；次載大鎮、大堡距相近小村落之四至里數；次載山巔之高，山麓之寬，水道源委，寬窄淺深擇其大者要者，今昔變遷，冬夏盈涸；又次載道路夷險等情。須查照以上所開各條，一一詳載。此圖說較原頒章程稍繁者，非此則總圖無從勾稽也。

一、丈量宜造細册也。因實量甚難，故用測望。若測算不能，則仍須丈量。然丈量亦須實力辦理。轉(灣)[彎]處用羅經隨時定向，記明某路第幾段，向某方量得若干丈尺。其左右之山川歧路，村鎮古蹟，在某段幾丈尺上，隨時登册。凡應入圖說各里數，一一丈明開載。

清·長順、李桂林《(光緒)吉林通志·圖例》 治地理者，首重輿圖。圖之爲用，視書猶切。吉林幅員遼闊，方數千里，而爲區者，僅十有二，書之尺幅有限，難以求詳。今故別爲之圖，附於書後。因地製宜，其勢然也。凡圖十四，總圖二，舊界一，每方二百里，新界一，每方百里。吉林府將軍治所，猶盛京之奉天也，故爲分圖之首，所屬伊通州敦化縣各圖次之，次以長春府圖所屬農安縣圖次之，皆以十里開方，是裴氏分率之義也。府圖視州縣，應略。吉林長春則雖建府號，而不置倚郭之縣與所屬，各領疆土如内地之直隸州，故圖亦與州縣同。伯都訥、賓州、五常、雙城四處各分圖一，亦每方十里，四廳不隸於府事，皆專達分巡道，雖無直隸之名，乃有其實。而分地治民，則同於州縣故圖，亦從同。凡吉林伯都訥、阿勒楚喀各駐防之與府廳地者，載入各府廳之内，從《皇朝文獻通考》奉天、錦州兩府附載駐防之例也。其有專城駐守，地不屬於府廳者，次於後，爲寧古塔、三姓，琿春分圖三三成，廣袤各千餘里，亦以十里開方者，以副都統全製其地，更無分城，其體與州縣同，且非是不能詳也。各城疆域廣狹不同，圖之舒斂因之。要使方數可增分寸無易。庶冀披覽之下，而地域廣輪之數，一望而知。如三姓之與農安地大十倍，較然易明。則所以量地置邑，度地居民，使地邑民居必參相得者，將於閱圖而得之矣。省城作[圖符]，府作□，州作[圖符]，縣作○，廳作◇，城作[圖符]，站作△，邊作[圖符]，界牌作⊥。中外之界以朱線識之，府廳州縣及各界則識之以藍。方面皆以南爲上，東西南北四正四隅，辨方位瞭如指掌，亦期合於裴氏準望之義云。

清·劉簪《江南安徽全圖·圖例》 省圖每方百里，經度每一度作虚線，省界作～，府界作～，省治作[圖符]，府治作□，直隸州治作[圖符]，州治作[圖符]，縣治作○，山脈作[圖符]，岡作[圖符]，通舟楫水道作[圖符]，淺水溪澗作[圖符]，湖作[圖符]，路作～。

府直隸州圖每方五十里，經度每三十分作虚線，縣界作～，文官分防駐所作[圖符]，防營統領駐所作[圖符]，分防營汛作[圖符]，水陸驛站作[圖符]，村鎮作·，關隘作[圖符]，壩作[圖符]，圩隄作[圖符]，餘同省圖。

州縣圖每方十里，城依原形作〇，無城作◎，文官分防駐所作〇，水師統領駐所作[符號]，水師分防營汛作[符號]，稅關作π，釐局作⊥，電報局作十，電線作〜，鋪遞作△，炮臺作⌑，行船塔燈作．，閘作[符號]，橋作〜，餘同省府直隸州圖。

清·宗源瀚等《浙江全省輿圖並水陸道里記·凡例》 一、存局圖稿，每方一里，一縣之圖有數十紙者。送會典館之圖，遵館章每方十里，茲酌繁簡之中，別爲每方五里，較送館之十里方圖，化一格爲四格。府圖則每方二十里，地名計增數倍。湖北舊刊百里方圖，浙江一省僅占兩葉餘，今不啻化鄂圖一格中積里爲四百格矣。若更欲求詳，則存局一里方，及測量等册具在。

一、浙江舊有沿海二十六廳縣圖，以通省七十八廳州縣計之，衹有三分之一辨法繪法尚未盡善。且其圖於各邑分界，犬牙相錯處，亦多未明顯。揆諸今圖疏密判然，惟沿海圖合繪成帙，覽之亦可知江海大勢。

一、會典館頒式，省城作回，府城作□，散廳作◇，散州作[符號]，縣作○，都統駐城作[符號]。今於百里方之省圖，二十里方之府圖，均遵用之。惟於五里方分繪各邑，篇幅既寬，故於各廳州縣之有城者，皆按城垣所占之地，以濃墨迴環入繪，沿海各衛所城亦然。其縣治之無城者，則竟不繪城形，各有所宜，非歧出也。

一、畫法，炮臺作小圓圈，水道之陡門、閘壩亦然。橋梁則作小長方形，江塘、海塘、土塘作粗墨線，石塘作雙鈎竹節形。其餘內地塘岸，如苕溪諸塘，但於岸旁各紀其名。送館各圖依頒式，以連珠點爲分界，草蛇線爲陸路。今圖則仍用沿海圖舊式，於陸路用連珠點，分界用草蛇線。

一、圖中山峯村落，多有小墨圓點，乃各董辦圖時所據爲測望之準，敬遵《數理精蘊》內平三角法，用儀器互測，遞測而後得之。送館十里方圖，因幅隘不能備登，此本依原圖悉爲繪入。

一、測地者，必兼測天，如南北距度，則有緯度線，東西偏度，則有經線。然天度高遠，故前賢惟於百里方圖，用之西人繪圖，亦惟大者分經緯度，小者以高山爲主。前送館十里方圖，格外求密，亦勉配經緯線，此本則不復用。夫地爲圓體，四面皆與天空之經緯圈相應，其線實曲而非直，各處測點皆爲鳥道直線，故推得里數往往不能與天度密合。此曲線直線不同，亦猶弧線切線之有差也。此外目力之强弱，有視線差，天氣之清濁有光線差，以及儀器之易變微秒之難分，地平之難取，底線之難準，一切致差之由，非一端所能罄。如五里方圖，亦欲略爲伸縮，添畫經緯，則地面廣闊，名目繁多，一經改動，位置未必悉當，長短亦難派勻矣。故十里方圖之可配經緯者，準實測之天度，以定地球上各處曲面之真形，五里方圖之不用經緯者，憑實測之鳥道，以存地球上各點直距之確數也。

一、浙西水道，支流分港極多，勢難盡繪。故各董原圖於分支處，僅作斷形，皆仍其舊界，上水道有旁通外境者，亦如之。

一、界線作草蛇形界，外則不復繪。惟犬牙交錯之水陸各道間，有甫入鄰界，復入本界者，不得不彼此兼繪，以著其形。又水鄉往往一水而兩縣兼轄，亦不得不依原圖，於水中作草蛇線，以清界限。

一、各廳州縣城爲地無多，僅標州縣治二字，有餘地者，酌著一二地名。其周徑較大者，增寫各署名。若省城則兼繪水陸橋梁，而亦未能備列者，限於方幅也。

一、沿海沙漲之地，遷變無常，潮汐所及，更旦暮易勢。圖所繪者，測量時之情形也。時過情遷，未能逆臆。海面島嶼，凡有民居村落，測量所及者入圖。此外因會典館初奏尚須專繪海圖，故從略。電線有測繪後，添設者亦未入圖。

一、幅員大者，圖之張數較多，非拼看不可。今酌於各邑圖前半葉載拼圖式，府圖未著式，閱者自可隅反。

一、府圖後半葉載全府之方域，廳州縣圖後半葉，載本邑之沿革，庶幾紀行程，講考據者，亦得所取資云。

一、辨圖之法，測量兼施。測得者，虛空直行之鳥里，量得者，地上屈曲之人里。雖繪圖以鳥里爲綱，而治水行軍諸實政，則人里尤切於用。茲本所載方域並水陸記，皆人里也。

一、水路道里，記於水道之自爲起訖者，從本境發源，而流入鄰境者，從他縣流至本境，又流入鄰縣者，皆曰經流。其從經流分出者，與凡出入乎經流者，曰枝流。又有自經流分出，仍以經流爲歸宿者，亦曰枝流。或寥寥短幅，而不在枝流之中，或汪汪大河，而不列經流之目，既斷章而取義，自隨步而换形，各以類從，不容泥視。

一、水勢張落不常，溪流尤甚，記中所載水深面闊丈尺，乃各董測量時，據其所見而言，未便膠執。惟存之亦可知河形大概，間有各董原册未詳及者，衹得略之。

一、館章衹敘水道，今爲水陸道里記，兼敘陸道各路，均以縣城爲本。所謂幹路、枝路者，衹以別方向之正偏，非以言路之要僻也。故縣治苟屬僻處，雖巨鎮大市，亦或反列於枝路。

一、輿圖之役，各董分地測量，任其事者既非一人，疏密優劣之殊，勢所不免。改之補之，必有依據，始可措手。茲之圖記有可補者，均爲校正。無可依據者，罅漏必多，匡其不逮，是賴後賢。

清・宗源瀚等《浙江全省輿圖並水陸道里記・修訂凡例》 一、原編府縣方域，或爲二三圖，或八九圖不等，頭緒紛繁，眩目勞神，特爲集散爲整，化分爲合，一律改繪全圖，彙訂成帙，一開卷瞭若指掌。

一、全省原圖不分界線，殊欠分明，今於劃分道區，添繪界線，分看顏色，道界用竹節形粗線别之，縣用竹節形細線别之，此疆彼界形勢判然。

一、是編原圖山脈係側面形，近不適用，今於舊府圖，仍照舊式，其餘省道縣各圖參照陸軍測量局十萬分一圖，一律改繪俯視形。

一、原編圖例，省城作回，縣作〇，今於五里方縣圖，仍遵用之，則省治改作[symbol]，新設道治另定作[symbol]，鎮守使駐所作■，以分别之。其衛所各城按城垣所占之地，以濃墨迴環入繪，應仍其舊，其縣治之無城者，僅於其旁作墨圓圈以誌之。

一、原圖砲台作小圓圈，水道之陡門、閘壩、橋梁，則作小方形，江塘、海塘土塘作粗墨線，石塘作雙鉤竹節形，其餘内地塘岸，如苕溪諸塘，但於岸旁各記其名，陸路用連珠點分用草蛇線，今圖概仍其舊。至廳州佐貳營汛各舊署章製已改，茲概從删。

一、滬杭甬鐵道及常玉等處鐵道之計畫，均爲原圖所無，茲圖均爲補繪，已成路作[symbol]，未成路作[symbol]，其電線有添設者，增繪細墨線以誌之。

一、原圖電線參繪圖中，殊欠分明，茲另附電線全圖，於省圖之側將添設電線，電局地點一一標明，以清眉目，而便稽查。【略】

一、是編修訂圖記，詳由巡按使核定印行。

一、是編原有凡例，於測量計里、水陸行程，繪載之情形，詳悉靡遺，茲仍印附，以資攷證。

清・佚名《江寧布政司屬府廳州縣輿圖道里清册・江寧布政司屬府廳州縣輿圖凡例》 一、測繪諸法悉照蘇省原辦章程，惟其閒地勢異同，閒有未能一律者，謹備識於後，以備稽考。

一、分率舊照部頒步弓，畫爲寸方，縣圖方二里半，府圖方五里，全司總圖方十里。蓋蘇屬州縣轄地，縱横極多，六七十里，界址稠密，必得寬其分率，方可纖悉備載。寧省則壤地較大，若仍照蘇省分率，則阜寧、東臺諸屬之縣圖佔幅尋丈，不便展閲。謹改縣圖爲五里方，府圖爲十里方，全司總圖爲二十里方。惟與同治七年所呈蘇屬地圖，未能合符，茲亦按照節删，補呈一分，以備合觀，分别考證。

一、舊例橋梁作長方形，牐壩作圓形，但取醒目，不計丈尺。今查寧省各牐壩，爲黄河水利關鍵，尤爲緊要。若仍以圓形標識，不甚明析。謹改作長方形，長短寬窄，各按分率，庶蓄洩之宜有所參考。

一、黄河故道，雖經淤墊，似難再復。然黄水變遷靡定，欲溯其墊塞衝決之由，必合新舊兩道，互觀形勢，謹詳測兩隄，照率繪出，用淡墨色分染積淤，以考遺址。

一、北極道里兩表，謹仍從北門起測。海門、高淳、東臺無城郭者，從治所起。邳州新舊兩治理應並列，近因舊治久廢，僅列新治，以歸畫一。

清・許景澄《西北邊界圖地名譯漢攷證・西北邊界圖地名譯漢攷證凡例》

一、圖内地名無義例可以詮序，今略就北緯度數爲次，由北而南，同度内地名先東後西，以圖證説，庶便檢查。

一、洪侍郎界圖所列地名經今圖改譯者，於本條下注明。洪圖作某，並引據改之，書證釋之。其有不必引書者，則曰洪圖作某，今從某書改正，或曰從某書所據，非專本者，曰從舊文。新譯地名注曰洪圖，無仍洪圖原文者不注。

一、引書之例，首在審會俄文音呼暨圖内方位，證合漢文舊名，次及水道原委，參較今昔，著其異同。其他舊聞新義，因便綴録，止求實是，無取博徵，山水城邑諸名，耳目習知，無藉發明者，概不加釋。譯名無攷者，亦從闕疑。

一、是編引用官私圖籍，諸名暨歷屆條約已詳前，援例言不再臚舉。所引諸書初見則標全名，後從省。稱胡氏一統輿圖，係遵内府圖摹印，圖内譯名大半據此爲本。

一、圖内地名列在條約者，節敘約文，以見畫界大概，諸約所載，建立界牌鄂博，各地俄文原圖不能備列，是編亦未及析攷。

一、圖内軍臺諸名均據新畺識略原文，南路臺站有經咸豐二年增改者，並爲輯録。近年改臺爲驛，厥製未詳，至冬夏卡倫，同光以來，畺界變易，或裁或增，異於乾隆舊製。茲惟喀城邊界一帶，有牘可稽，其他置設亦罕確聞，漏略之由，覽者諒諸。

一、近年新繪邊界地圖，有便館舊存同治中新疆軍營繪送喀什噶爾圖，光緒癸巳甲午閒續有喀什噶鏡湖道李宗賓所繪喀城沿邊卡倫圖，新疆省委員海英測繪喀城邊界圖，是編據引概稱新喀什噶爾圖。又伊塔道英林辦理，交收，巴爾魯克山繪有巴爾魯克山圖，詳列塔城西南境水道，可與今圖印證，茲亦補采攷及之。

一、圖内標名有誤者，於所敘地名條下旁注當作某某。

光緒二十二年歲次丙申秋七月駐俄使者嘉興許景澄識。

清·李應珏輯《浙志便覽》卷首《例言》　一卷首倣崇方伯浙省全圖一篇，各郡依形勢大畧，各爲圖一篇，依崇圖南上北下。今浙省測繪輿圖告成，復採其水陸道里，附之各序，以備參觀。

清·汪廷棟《二華開河渠圖説·凡例》　一、圖中黄河用黄色，渭河用赭色，諸小舊河用绿色。

一、圖中新開河渠用紫色。

一、圖中疏濬舊河用藍色。

一、圖中山作[符號]，平原作[符號]，村莊、堡鎮俱作·，廟宇、衙署俱作田，驛路作[符號]，界作[符號]。

光緒二十有三年丁酉仲秋月吉立。

清·孫家鼐輯《續西學大成·測繪器説》　繪圖所用之墨不可太稀，亦不可太稠，太稀則淡，太稠則滯。習久之後，研時已知稠稀之度，研墨不可太重，太重則不勻。若欲多用，宜一次多研，不可屢次添研。研成將筆稍噓口氣横入墨内蘸之。蘸墨之後，揩净外面，則不污尺。或以毛筆蘸墨填入其間亦可。用畢，須將鋼筆揩净，必備生紙、絲絨、羊皮等物，將生紙揩疊成角，放鬆鋼筆螺絲，先揩二片之間，以去結墨，或將筆横畫於絲絨之面，亦可去其結墨。用時若滯濇將結，必速揩之，方可再用。用畢之後，揩净收藏，則不生鏽。此則測繪地圖所用器具之大略也。外有測地繪圖，行軍測繪諸書，可以參閲。至於繪地圖之法，以經緯線爲要。作經緯線法，須知地爲圓球，各經線由赤道起，至南北兩極，皆漸狹。至極則合爲一點。故所畫之線，必爲曲線。各緯線作於平圖，亦成曲線，即赤道北者應向上彎，赤道南者應向下彎。此常法也。另有墨加禱法，展地作平面，以經度同闊。與緯度相比，緯度距赤道南北愈遠，其度愈長。經度距赤道南北愈遠，其度愈寬。以經度之加寬，比緯度之加長，是緯度漸長之比。若經度漸寬之比，此法之用處極大。

以上爲作大地圖之法。若所測地面小者，所作經緯線可爲直線方格，每格爲一里或五里。凡山河地界各事，照所測之遠近迂直，繪於圖上，則易瞭然可見。繪圖一事，須細心練習，依法鋪陳。如作武事地圖爲行軍用者，又必有指明各事各數之説，使圖與説相因爲用，或詳於圖而略於説，或詳於説而略於圖，必以何者爲要而定之。今中國各省開辦輿圖，多請高明之士各處測量，其中深通西法者，已不乏人。猶恐考求者未能周知，故特將西國測繪器具備圖貼説，釋其要略，以公同好。復接得湖南鄒君沅帆《上會典館言測繪地圖書》一稿，展閲一過，甚覺趣益。所言西法亦極暢明確切，大有裨於測繪之人。故特照列於左，以公衆覽。另有鄒君新編《湖北會典測繪輿地圖章程》八欵，附録於後。

清·曹廷傑《補註東三省輿地圖説》　吉林寧古塔、三姓、伯都訥，黑龍江即愛琿、雅克薩各城，謹遵康熙庚寅、辛卯間臺臣測定，北極高度列入緯線，東西偏度列入經線，每方一格，準經緯各一度，每度縱横，各當地上二百五十里。其吉省之琿春、阿勒楚喀、烏拉、拉林、長春廳、雙城廳、五常廳、賓州廳、伊通州、敦化縣等處，江省齊齊哈爾、呼倫貝爾、布特哈、墨爾根、呼蘭廳、巴彦蘇蘇等處，則亦各以方隅里到通之。自安巴格爾必齊河源，循外興安嶺，直抵索倫河口北，所畫紅線係康熙二十八年議定界，外興安嶺以南屬中國，以北屬俄羅斯。自額爾古訥河入黑龍江處起，順黑龍江入松花江至伯利，即溯烏蘇里江，入興凱湖至蜂蜜山，南折至巖杵河西南止，所畫紅線，係咸豐時兩次議定界。黑龍江以南以西屬江省，以北以東屬俄羅斯。由黑河口至伯利，松花江以南屬吉林，以北屬俄羅斯。溯烏蘇里江，入興凱湖，至巖杵河西南，以西屬吉林，以東屬俄羅斯。所有吉、江二省水道，皆從湖北書局所刻《輿地圖》録出，間有里到不合者改之。至俄界水道，則從俄羅斯地圖，參以游歷訪問，實係確鑿，故多與舊圖不同。但兵法首重地利，若於無關緊要諸處，概行注明，反多混淆，是以謹將俄人屯兵之地作ｏ，惟伯利作[符號]，特林作·，莫胡掄温泉、沙哈林煤廠亦作·。吉、江二省邊要作⊙，省會作☐，各城作ｏ。現在靖邊五路作·，以清眉目。圖中黑線皆係鐵道，惟索倫河口黑線作旱道。

【略】圖中省城作[回]，府城作[▣]，直隸廳作◎，廳作○，驛站作△，蒙古部落作⊗，古城作●，俄屯作×，分界線作[符號]，電線道兼驛路作═，驛路作一，邊疆要害無論中外作[符號]。

清・希元《題補註東三省輿地圖説後・圖説正謁》 曹令補註圖説既成，細加察核，山川、城池俱準經緯度數，古今沿革考据詳明，頗稱善本。惟自安巴格爾必齊河至黑河口，黑龍江以北，以東水道，從咸豐十一年俄官吉成克所繪地圖録出，較直省地圖水道爲多，因不識俄文，未能悉註。又阿卜湖、穆稜河源、綏芬河源各宜移向北半度，海參崴、圖們江口、巖楚河以紙幅太隘，形勢未能脗合，另有分圖可據。江省墨爾根、呼蘭、綏化、巴彥蘇蘇四處道里稍有未符，容飭考訂更正，識者鑒之。希元又識。

清・朱正元《西法測量繪圖即晉裴秀製圖六體解》 繪圖首事當明分率。分率者，地與圖之比例也。地球周徑之數，古者參差不齊，蓋由於尺製不同之故。康熙年間測各處經緯，定爲每度二百里，是地球一周，實計七萬二千里，或爲每度二百五十里者，縱黍尺與横黍尺之差，其實一也。乾隆間西人蔣友仁按工部營造尺一百八十丈作一里，測得每度一百九十二里有奇，是地球全周僅有六萬九千餘里矣。營造尺即横黍尺。康熙、乾隆未聞有異，而差池若此，非康熙之尺與測不準，即乾隆之尺與測不準也。近三十年來，法蘭西人竭數十年之力，測量地球全周之數，減去地面高低差，以海平圓而爲准，分爲四千萬，分定爲密達尺，歐洲各國皆踵之，蓋後來居上者矣。按地圓之説，見於經典。地動之説，見於《尚書緯・考靈曜》，不待言矣。地爲匾圓，西人最精之詣也，前乎裴氏者，張平子《靈憲》已言之矣。密達尺亦西人最精之詣也。案，齊氏履謙《郭太史行狀》曰，嘗自孟門以東，循黄河故道，縱廣數百里間，皆爲測量地平。又嘗以海面較京師至汴梁地形高下之差，是後乎裴氏者，且見之實事矣，又何疑於裴氏哉。定分率本無定法，或以一寸代一里，或代十里，或代百里，或代千里，總以圖之詳略定比例之大小。西人作圖，每擇蕃盛之區，另爲詳圖，比例展大。圖中尺寸遞加、遞析，皆視此爲准。作分率，達分尺以遞析。其極小之數六十分之名曰度尺，二百分之名曰里尺。作分角器，以定其方向之准，以紙爲之作半圓形，畫度分於周，近時改用明角徹底，通用較易，便析作精圖。必能分分秒者。分率既定，可布經緯、寫渾平，本無長策。有經緯均作曲線者，有經曲緯直者，有經曲經直者，有經緯均作直線者，此即默加禱畫法，用作海圖最妙，舟行不迷方向也。之數法者，各有短長，或差在東西，或差在南北。但當相地以擇法，不可泥法以概地也。近時西人作各圖，分圖緯度不甚寬者，多用圓錐法，若以中國幅員南北四十四度者，用圓錐法繪之，則以北緯四十度爲中緯，以求得〔雖〕〔錐〕尖爲八十度。錐尖距中緯點爲六十八度十〔六〕分五十三秒。惟如緯太寬，應用割入球面法消息之，則從中緯北十一度割入中緯南十一度，割出則求得錐尖去中緯點，爲六十七度十一分三十七秒。法中錐尖八十度，指角度距中緯數系由本圖周比得。若填郡縣城之經緯，可展規按度分量分率。度尺縱横，定點即得。經緯漸遠赤道者，則按度求其距里。法以半徑爲一率，緯度余弦爲二率，赤道上每度二百里爲三率，得四率，即本處距里。案，距里者，本處兩經相距里。以里尺量之，亦得。若填各三角形，須先定準底線方向，用分度器即分角器。依測得角度，輾轉移向定其方位，此繪平面形之要略也。有山之處，既以其山根方向處作點，聯成曲線，爲天空俯視真形。其分山形平坦巉峭之法，常用者爲黑白二線，黑白之多少，定斜度之大小。全黑者爲四十五度，八黑一白者爲四十度，七黑二白者三十五度。順是而下，每少一黑線，即多一白線。則少五度。至零度，則全爲白線矣，均分之則，以線之粗細，定斜度坦削。此繪剖面形之要略也。裴氏圖已失傳，其究竟何如，繪法不能確指。然既分率準望而二之，則必有經緯度可知。既別道里、徑路而二之，則其先測三角或句股形可知矣。按中法測田，向用圭形。一田分爲多形，並之爲其共積。圭形即三角形，然則古人或測三角形，亦未可知也。即分高下、方斜而二之，則必有平剖面形，又可知矣。至繪法原無一定，歐洲各國尚不能一律，何必刻舟以求耶。綜斯六者，其於西人測地繪圖，猶有未盡否耶。竊意裴氏當古圖失傳之後，十八篇之圖，當僅如西人之總圖耳，未必能過詳也。其説當有所受之。案《管子》曰：「凡主兵者，必審知地圖。轘轅之險，濫車之水，名山通谷，經川陵陸丘阜之所在，苴草林木蒲葦之所茂，道里之遠近，城郭之大小，名邑廢邑困殖之地，必盡知之。地形之出入相錯者，盡藏之。然後可以行軍襲邑，舉措知先後，不失地利」，則古人地圖之詳可知。又案《周禮》「大司徒掌建邦土地之圖，周知九州之地域廣輪之數，司險、職方等官又分掌之」，則其圖之互爲詳略又可知。又案《史記・蕭何傳》「漢王所以具知天下扼塞，户口多少强弱之處，民所疾苦者，以何具得秦圖書也」，則其圖之非略具形，似又可知故。今略陳古義，以明裴氏之有本確指新法，以明中西之同歸。若今日通行之圖，則明人之圖也，朱思本原本已不可見，無論宋以前矣，其於準望猶未精也。近人李氏、胡氏之《圖》，畫分率、準望是矣，然所布經緯於算理可通，而於形不甚肖也。鄒氏《圖》經緯肖矣，然所據者，李氏之《圖》，不及胡《圖》之詳也。以裴氏所論核之，法尚未備也，何論測之精否乎？噫！古法之失傳者，殆不可更僕數也，豈僅測地繪圖一端已哉。

清・徐建寅《兵學新書》附卷《測地繪圖》總論 一百三十一

古今戰事皆以地勢爲最要，地勢非圖不明。故測地繪圖，關係戰事殊匪淺尠。因地圖能顯山谷、江河、溝牆、道路、橋梁、房屋一切要隘之方位，戰守計策，列陣布置，皆由此定。故兵家既須能測繪以成地圖，尤須能觀圖而知地形。且戰陣遺蹟，尤必有詳細地圖以印証記載，俾講兵學者互相參考，得以取其益而改其失。

地圖分正草二種，各適其用。如建造城營兵房，及存留戰蹟，必作詳細之正圖。如行軍列陣之地勢，祇作粗略之草圖。測繪正圖，宜用詳法精器，即書中平面桌、測向羅盤等器。費時必久，臨陣之際，事急時迫，成圖宜速，無暇用詳法精器。或竟不用測器，但憑目觀，而隨手繪成圖。或觀後默記，而回營繪之。或據偵探者所述，而約略繪之，皆草圖也。行軍多用草圖，罕用正圖。但學者則須先習正圖，日久諳熟，方可舍精器而作草圖，乃能成速而差少。若意求速效，入手即習草圖，不能成精藝也。地面有高低者，作圖另須能顯其高低地面各物，必各用一定之記號以識之，各圖皆同，俾學者習練諳熟，則觀圖易辨各物。作行軍圖，以地面六十英里爲最大之限，不能更大。凡某處地面，欲畫地圖，定其比例之大小，宜恰適其用。雖比例愈大，圖內各物自可繪之愈詳，然宜詳察，不可任意。須配合所須圖之詳略，及所用之大小，以定之。如地面長廣各三英里，而圖之長廣各二十四寸，則圖之比例必以二十四寸代三英里，即八寸代一英里。若小於此，固無不可，若大於此，則紙不能容，而圖不全矣。凡圖之比例小於八寸代一英里者，則諸小物不能全畫，因太細而人目難見也。蓋圖上所畫，小於百分寸之一，目力不能看清，規尺不能分辨，故欲圖之差不逾十碼，即必以百分寸之一代十碼。因此觀圖之比例尺，即知圖之差數。如圖之比例尺以一寸代四英里，則圖之差數必爲百分英里之四，即四十碼也。餘類推。

草圖不能詳而且準，但溝牆、大路等類，圖中雖有稍差，亦無妨於行軍。所用各圖常用之比例如左：【略】

繪工 一百三十二

地面各物記號。地面各物關涉行軍者，草圖內必以公用線號識之，分列如左：

一、鐵路大車路、分歧小車路、走馬狹路、狹隘路、行船縴路，以及大小河道、堰壩等處，皆關涉行軍之進退。

二、民房、村鎮、礮堡、廟塔等，皆能借以防守，並暫住兵丁，以庇風雨。

三、溝牆、籬栅等，可藉以遮庇而阻敵。

四、耕地、草地、花園、果園、菜園，可供人畜之食，樹林、竹林能爲柴薪及榰木、地刺之用，又可伏兵。

五、曠地便於槍礮遠擊。

六、通衢大鎮，在遠處易見人所共知者，我兵往來，易於認識。或戰敗可令兵丁在此處會集，整列再戰。

草圖有三要：曰準，曰清，曰簡。主將之號令，兵丁之行路，皆以圖爲憑，故要準。事迫時促，不及從容看圖，故要清。不得專家畫圖，主將須自行手繪，或看他人畫成之圖，一覽便明，故要簡。學者照後用線號，指明地面各物之圖。如圖一、二、三、四。

用功臨摹，日久嫺熟，方能脫手，隨筆自行繪出。繪時先用鉛筆，後用墨筆。此圖大半爲西人韋廉司所輯，征賦圖册，亦公用此圖。

地圖之比例以四寸代一英里，則各物亦用左圖。雖稍大無妨。地圖之比例，以小於四寸代一英里，則陸路水道用左圖必稍加大，以易見爲度。

草圖隨測用鉛筆，隨畫不可忽略，恐後無暇再加詳細墨筆也。初學手畫，切勿遲鈍，須一畫即成，則工快而準，遲鈍則志意不定，每多抹改。有抹改一處，而帶去旁線者，大病也。草圖已成，再加墨筆，暇時再設五色。若不及加墨筆，則圖釘於板，用牛乳調水，或淡膠水洒其面，待乾可不易揩去。

草圖有俯視之意，故分有光暗。圖之比例小於四寸代一英里者，水道、石山、房屋、樹林之寬處，分畫二線，一粗一細，以分光暗。

各圖皆作光，從左上角來成四十五度，暗面作粗線，使各物更清。設色田禾等物正黃色，小礫石暗黃色，作褐色小點。稀森草山草名，馬兵遇之不能行，深紫色。低窪處淡藍色，作長方點，各點間設綠色。兩色接處，勻而無痕。草地淡綠色，耕地淡紫色。長江正藍色，大河藍色，岸邊深藍色。陸路淡褐色，沙地淡暗黃色，沙地有水淡暗黃色，微加紅色。磚屋紅色，西國磚色紅，平常瓦屋水墨色。叢樹淡黃色，獨樹深紅色。兵丁所在，用其號衣之色，另有線號如圖五。【略】

特異之物，無公用之線號，則另畫一線號。而亦畫此線號於圖旁，書其名於右。

線號畫法。畫道路之二線，筆尖皆向內，二線粗細相等且平行。大路寬，山徑窄。先畫左線，次順其曲折，畫右線。鐵路恒筆，靠尺畫二粗線平行。大車路寬於鐵路，多路相交，其轉折處必稍圓。河道二線，近光一線粗於遠光一線。河廣者，中多畫順邊平行線，近邊漸粗，江海亦同此法。樹林略同繪山水法。花園、菜園外有圍牆，或籬者内分多小方，各方内畫滿平行細線，内路留空白。房屋不設色者，亦畫滿細線，疏密依圖之比例。小於六寸代一英里者，用淡墨渲染，代細線。

習繪行軍圖，一習練手法，須日久方能熟極生巧。二習練線號，須臨摹名手所繪之圖，方能精熟。此兩層工夫須循序爲之，自成精藝。

臨繪地圖尺寸相同者，舊圖與新各作縱横多平行線，分爲多方格。觀圖之物在某方格某處，即仿繪於紙之某方格某處，須專恃眼力臨摹，勿用規及尺比量。如此習練日久，自能速而且準。若某方格内形式繁多，眼力難準。可添畫對角線，如仍難準，則此方格内可再分小格。舊圖工細者，加畫方格。恐有傷損，宜用薄玻璃片作方格，置圖上暎而觀之。

繪圖次序，先用鉛筆畫車路、河道、房屋、圍牆、小路、園溝等，依此次序，爲之再加墨筆於其上。田地界線以所種之物分别之。再繪大石，再繪山之平剖面線。樹林、沮澤、草田，或繪記號，或設色，再寫各處之名並高數。再畫比例尺，或寫比例數於圖之上角或下角而事畢。臨圖欲放大收小者，則按所欲收放大小之數，用紙量準邊線，按圖之方格，畫放大收小之方格於紙，餘各法同前。

地面高低。地面有高低，則前言之各線號尚不足以表明之，必另設線號，方能表明山谷各形。圖能表明地面高低，則將官觀圖，便知地勢而用兵，能估形勢之便宜，並知各處斜面度數，步兵或馬兵或礮兵，能知上下或不能上下。

繪地面高低於圖，有二法。皆能一看其圖，而知其高低。一用平剖面界線，二用平剖面粗細疏密線。行軍圖多用平剖面界線，取其簡而易明。

各平剖面之距，必皆相等。故觀圖内某點，在平剖面界線之某處，即能知某點之高數。將平剖面距與圖内剖面界線距數相比，即得斜面横之比。有横剖面線作任方向之立剖面，如圖六。【略】

其立剖面之方向如呷法，於另紙作一線如丙叮，作各點如甲乙丙丁，與平剖面界線之各點如甲乙丙丁相配。在各點作垂線，其長等於各平剖面之高作線，連各垂線上端，即成立剖面。

地形名目。地面無論大小，所有凹凸彎曲各形，能以數形之名目包括之。

地面無論大小，其外必有海水或全環繞，或僅數分環繞，從海岸起，向上斜漸高成山。分此地面爲兩面斜坡，此山名曰正分水嶺。此外附連分支之小山，名曰副分水嶺。兩山間低處名曰谷，山上雨水匯流入谷，諸高谷之水，又匯流入低谷。最低之谷，受諸谷之水，合流入海，名曰江河。山形各不同，有數山頂連合成嶺者，有山頂平坦者，有頂成凹能積雨水者。多山相連，或大或小，或遠或近。兩山相連之空處名曰峽，峽即谷之發源處，如圖七之甲。【略】

兩山相連處，略爲長圓形，名曰深峽。有在山麓，如圖八。【略】

山略爲圓錐形，不連他山者，名曰峰，如圖九。【略】

一帶山坡與他山成谷者，名曰斷坡，如圖十。【略】

兩山之斜面相對，其中空處名曰谷，如圖十一。【略】

斜度甚小，其谷寬深，名曰深谷，如圖十二、十三。【略】

兩山並立，相近者名曰對峙山，如圖十四。【略】

仿以上各圖，能繪山之真形，並可註其名目。

清·傅雲龍《傅法橢圓地圖説》 欲圖全地密合，罔有或差，難矣。不免無差，未始無合，尺短寸長，可偏廢哉。墨加禱法而外，平分差多初學易爲，尋常圖亦便之。弦線勝平分而近邊狹，切線又善於弦線，差較少也。雲龍以爲地既實測爲橢圜，詳《地橢圜説》。何圖必圜爲？與其不合於體，而仍未免於差，何若創橢圜圖法，亦未必遽免於差，而先已粗合於體。雖地非正橢，而遠視大體，較圜圖已覺近是。不然地如璣、如卵、如肺葉、如橘皮，而圖學家大率圖圜，何歟？橢圜亦非意度也。據《談天》曰，其南北短徑約三百分赤道徑之一。是書術自李善蘭，測算家皆以爲是。繇近是以求皆是，後必有因精於創者。凡法類然，獨橢圜地圖云爾哉？此法圖面可正、可平，而不可偏，輒依切線例改圖爲正面。有不以爲非者，曰盍目傅法橢圜圖也。遂據入説，雖然其椎輪也。

清·崑岡等《清會典圖》卷首《凡例》 一、地本圓體，圖爲平面。繪圖於平，雖有弦線、切線及西人墨加島諸法，然皆因圖製宜，利弊參半。皇朝幅幀宏廓，東西距幾八十度，南北距幾五十度。圖幅愈大，脗合愈難。前湖北巡撫胡林翼所繪之《圖》，精密詳備，爲諸圖之所不及。惟誤會乾隆年所修《内府圖》五度通絃之義。凡經線皆斜直，不合弧理，而又强加方格，以致偏度愈大，形勢愈差。不知《内府圖》係每五度成一册，每册經線一曲，實即五度通弦。雖非弧線之理，自在且祇繪度分不繪方格，義尤精確。今遵《内府圖》高偏度分，用尖錐容圓法繪成《皇輿全圖》，不加方格，用百里方格繪成各省全圖，用五十里方格繪成各府分圖，皆不加經緯線。

其省圖祇繪名山大川，駐官處所，官商電線，惟舉其要。府圖則山川、村鎮、驛站、卡倫、海口、島嶼，務盡其詳，庶幾全圖視度，分圖視里，仰觀俯察，乃相得而益彰。省圖求要，府圖求詳，綱舉目張，自有條而不紊。

一、各省外界事關交涉，尤不可輕於更動，今以舊圖爲準。雖註有新界，概不繪入，以昭慎重。省府沿革，間有不同，今以新圖爲準。雖續有改移，亦不繪入，以示限製。

一、縮百里於七分格，比例過小，則標識貴詳繪。

一、圖爲若干幅，頭緒太繁，則次序宜定。【略】其一圖而繪成多幅者，謹以有標識者爲中，如省圖以省治爲中，府圖以府治爲中，即爲第一幅，次左、次右、次北、次南，如標識偏在一隅，圖無東北，則中幅之後，徑接西南，均先橫後縱，遞以例推。惟蒙古諸圖，不能以標識定者，則皆自西北起以次而左而南，以水皆東流，地勢南下也。

繪圖處收掌官内閣侍讀臣潤昌、工部候補郎中臣錫庚。

清·屠寄《黑龍江輿圖說·前言》 圖凡六十一幅，每方十里，經始于丁酉六月，告成于己亥三月，用經費白金三萬二千餘兩，其測繪攷訂之艱難，詳雨三將軍原奏中。

會典館原頒格式太小，山川地名不能一一詳載，則闕略可惜。此據第三次底稿詳校，付之石印，縮小十分之七。黑龍江極邊衝要，咸豐八年重訂界約，後與俄羅斯畫江而守，今昔疆理不同，自開設呼蘭同知、綏化通判，升呼倫貝爾、布特哈兩捻管，呼蘭城守尉並爲副都統，則建置亦異。舊圖漏逸，譌舛不足據依，即洪侍郎鈞所譯界圖，亦詳于江左而略于江右。是圖凡畫馬可通之地，則步步詳測，雖車馬難通而人跡猶可至者，莫不窮出鑿險而探繪之。其初次分測底本圖，水則別大小而分雙平之線，山則依平視而具夷險之形，色別標識，一仿泰西之法。因時日促迫，館中疊次咨催，不得已改從今例，且科爾芬河，呼瑪尔河、遜河以及嫩江之上源多窩集，哈湯人跡罕至，則于相距較近之地，訊訪獵户，參酌舊圖繪入。此外復取漠河覘香諸金礦及通旨勘荒繩丈之圖，補所未備，而黑龍江之地形可據者什八九矣。其送館之圖，依第二次稿本縮繪，其中小水三五支，微有差誤，未及追改，圖說亦較略，他日擬據是本撰爲黑龍江水道記，須成書，一并付之石印。其經緯線具館圖而通旨。副都統之設在圖成之後，且分界亦未定，鐵路勘成未造，故並不箸焉。測繪四人曰，崔禪奎、單世俊、張士元、劉鴻恩。

光緒二十有五年十月，賜進士出身工部主事前翰林院庶吉士武進屠寄謹誌。

清·屠寄《黑龍江輿圖說·黑龍江圖凡例》 一、境内山河無論支阜支流，有名者十之九，因地廣圖狹，不能悉注，今擇舊《會典》及乾隆《圖》、武昌所刻《大清一統圖》，所有山河盡數列入外，其次擇新查出之尤有名者，添入五十里分圖。其餘具載十里方底稿圖，以備稽考。

一、黑龍江之左外興安嶺之陽，自安巴格爾必齊河東至畢占河，本咸豐八年前中國舊地，遵館章繪入，示不忘本，今特别之曰舊界。

一、黑龍江左岸山河，舊圖未經確查形勢方位，多有未合。前使臣洪鈞所譯界圖形勢方位合矣，而譯音與舊圖稍殊。今圖形勢方位悉依界圖，其譯音仍從舊《會典》等圖。至舊《會典》等圖所無之山河，而界圖有者，酌依界圖。蓋界圖所譯之名，十九皆本地索倫蒙古舊名，不盡由彼國別自命名。【略】

一、大小格爾必齊河皆在黑龍江，未會額爾古納河上游。舊圖誤以阿瑪匝爾河爲格爾必齊河，今特依界圖更正。

一、黑龍江左岸自咸豐八年以後，彼國經營日新月盛，屯站、電線、官署、兵房未便列入中國圖中，今仿魏收《志》地形詳北齊略後周之意，悉在删除之例。而底稿圖中則仍詳載，以備參考。

一、黑龍江之左外興安嶺之南，地既遼闊，路又險阻。且在界外未便深入查繪，今就彼國濱江站道行旅易至之地，悉心詳繪。而江左照約留駐之旗屯五十五所尤詳細，繪入十里方底稿圖。

一、黑龍江本極邊防戍之地，自國初以來，分設將軍、都統、總管、城守尉，大抵有分兵無分土。而布特哈專轄牲丁，其牲丁所至之地，皆布特哈總管應巡查之地。故外興安嶺鄂博，向歸布特哈巡查，而遜河等處鄂倫春，亦歸管轄。故布特哈舊日所轄之地最廣，與各城本無一定之界。自光緒間改總管爲都統，其舊轄之鄂倫春分隸黑龍江、墨爾根、呼倫貝爾三城，於是六城分地稍有界限，今圖所定者是也。然打牲部落，本依山林逐禽獸爲生計，與蒙古逐水畜牧相類。歷時既久，禽獸水草既盡，不能無稍移徙，不比内地農民以田産爲土著。故今所定六城之界，亦不能無稍出入。即詢之土人，彼此亦難確指一定之界也。

一、嫩江自温托昏站以南，已入内蒙古杜爾伯特旗，札賚特旗境。松花江自札喀和碩臺以西左岸，皆郭爾羅斯後旗境。然名山大澤，不以封故，舊《會典圖》仍繪全形，説則從略。竊謂迤南五站皆瀕嫩江，迤東四臺皆瀕松花江，雖云借設，然各撥有耕牧實地，四圍十里。今之説水，是休臺站。故嫩江則直窮其流，松花江則西自茂興南之三汊口，東至黑龍江會口，並列入總説。

一、布雅密河以東，吉林於松花江左岸借設五站，故舊《會典圖》載此段松花江，於吉林撥之，主客之義，有似喧奪。況吉林站界東北至屯河右岸之古木訥城，而舊《會典》自屯河以東至必占河，悉畫入吉林三姓界者，誤也，今特更正。然吉林五站與黑龍江原築之封堆，歲久湮沒。其迤北定界至今，兩地守土官爭執未已，今圖界線亦止大概而已。

一、額魯特依克明公二旗，自準部平定，遠來投順。雍正初，安置於齊齊哈爾莽奈岡東北，跨湖裕爾河兩岸，設莽奈喀倫防範之，故俗呼莽奈公，無印，亦無札薩克字樣，故歸將軍衙門管轄，與各旗内外蒙古管於理藩院者不同。現在漸丁百餘户，其牧地借在齊齊哈爾、布特哈兩間，亦未劃清，故今圖仍繪入。齊齊哈爾城圖内其所管蒙屯，仍星散列入。大約在納木爾河以南，巴貝以北，柞樹岡以西，來可屯以東，然至到究未便列入圖説。

一、自開墾呼蘭、綏化兩廳荒地後，燕、齊、遼左客民，北來者衆重。以採參開礦，五方雜處。舊圖所列山川、溝澮，各以漢語土呼之稱隨意指目，而本地齊、呼兩城旗丁，既漸忘國語，不識滿文，亦復從而稱之。今圖特兩名並存，以資參考。

一、國初疆土初闢，多置喀倫。既防逃人，亦爲搜貂皮而設。近年客民之禁已弛，貂皮之産亦稀。齊、蘭、布、墨四城喀倫久廢。惟黑龍江北界俄羅斯，光緒間瀕江右岸，添設喀倫。呼倫貝爾北、西、南三面兼與内外蒙古接壤，除原設喀倫外，近亦添設多處。今圖悉依現在者列入，其已經廢棄確知地望者，以廢字别之。

一、臺站既附總説之末，其名當注入總圖。但地廣圖狹，礙難填寫。不得已於總圖僅作記號，於分圖詳注名稱。

清·朱正元《浙江沿海圖説·修訂凡例》 一、是編繪圖精審記載詳明，有裨實用，惟印行已久，製度稍更，輪軌交通情形亦異，且印本甚少，購置無從，故重加校訂，并行付印，以廣流傳。

一、浙省舊十一府，七十八廳州縣，現行製度通省定爲四道，七十五縣，茲依新製，詳加删訂，惟度製雖早經裁，仍存其舊，以資參攷。

一、原編府縣方域或爲二三圖或八九圖不等，頭緒紛繁，眩目勞神，特爲集散爲整，化分爲合，一律改繪全圖，彙訂成帙，俾一開卷瞭若指掌。

一、全省原圖不分界線，殊欠分明，今於劃分道區，添繪界線，分看顏色，道界用竹節形粗線别之，縣用竹節形細線别之，此疆彼界形勢判然。

清·魏光燾等《陝西全省輿地圖·總圖府圖直隸州圖記號》 省城作■，府城作■，直隸州城作■，廳城作◆，縣城作●，關作×，驛站作△，鋪作十，塘汛作■，路作╱，山作⌒，河作╱，界作╱，渡作⧗，插花作○，集鎮作·，橋梁作■，電線作╱，散州作■。

清·魏光燾等《陝西全省輿地圖·州廳縣圖記號》 城按本形繪入，界作━，鎮作○。村莊作·，原作◯，溝作╱，餘與總圖府圖同，河路、電線均著色，以便一覽而知，無須尋索。

清·傅以禮等《福建全省輿圖·輿圖録例》 福建舊時圖經，惟同治間所儕較爲詳細，然未定經緯，既不合地圖之理，未經開方，又難定遠近之差。省、府、州縣比例不一，邊界參錯，疏密失宜，此覆測所以不容緩也。

遵會典館原頒條式，北上南下，計里畫方，省圖每方百里，添繪經緯，酌用圓錐外切之法，以肖地體。府、直隸州每方五十里，擇最寬之汀州爲例，按里計方，盡格而止，其不及者以次遞減。廳、縣每方十里，擇最寬之霞浦爲例，其不及者遞減，一如府圖。省之比例爲二百四十萬分之一，府之比例爲一百二十萬分之一，縣之比例爲五十一萬四千二百八十分之一。省圖、府圖所繪，各治所如省城作□，府城作□，直隸州城作□，散廳作□，縣城作○，均遵初次館章，以清眉目。至若各縣分圖，其縣城悉據真形入繪，所有表識，亦遵館頒條款，如營屯作□，驛作△，山作⌒，水作〳，界作〳，路作〳，電線作〉。此外尚有未盡事宜，斟酌添列。如鹽場作◎，縣丞作□，巡檢作□，海關作□，釐卡作✕，通商口岸作□，領事署作十，電報局作□，礮臺作□，關隘作□，村鎮、汛鋪、墟市作·。

清·張人駿《廣東輿地全圖·凡例》 一、各圖皆遵會典館頒行格式，計里開方，省圖每方百里，府、直隸州圖每方五十里，直隸廳原式每方五十里，其小者不及一方，今坿入府圖，别爲每方十里圖。散州縣圖每方十里。全省方格圖外，别繪一經緯線圖。

一、圖幅省分十九格，府、直隸州分十格，直隸廳、散州縣分十六格，其南北袤長過十六格者，則於方外加畫數格以二十爲率，再過則分爲兩圖，另縮繪一總圖，其縱廣過十六格者，坿上策圖表之後。

一、會典館條例，州縣分圖後列表，省府及直隸州廳總圖後坿說，惟舊說不載職官，今欲詳備，故并補入。

一、各表以咨呈，會典館圖說爲據，依類編次，惟限於篇幅，不能不掇取精要，然但有删節，未嘗竄改。

一、量域距京距省府州及塘鋪，則用人行里數，四至八到，幅員廣狹，則用虚空鳥道。

一、量域界至與他省他府毗連者，必冠以某省某府字，其下文重見者則不復出。

一、粤地濱海，例有巡洋，東自南澳之東南南彭島，西迄防城外海之老鼠山、九頭山皆粤境也。故海界以瓊南爲斷。

一、省城經緯度是實測所得，真確不誤，其餘府廳州縣則綜核里數，按圖推算，參之志乘，折衷入表。

一、粤地爲牛女翼軫之分野，所屬地方甚廣，粤東廳州縣幾以百計，分野多同，若數十篇悉著此數字，未免繁贅，今惟見於全省總說，餘不復著。

一、山鎮悉依原說，分四至八到，詳其距城及每山相去里數，然雖分方向，仍復畧循山脈，以次敘述，庶免失其形勢。

一、水道凡與他水相會，及有小水來注者，必記其方向及地名，其餘經流屈曲，不能詳議。

一、粤東州縣瀕海者頗多，瓊州一府並四面環海，今依原說，凡瀕海州縣，皆記其海岸屈曲，坿載水道之後。

一、鄉鎮依原説以地方官所管轄爲先後，先詳大鄉之總數，次詳小村之總數，而終之以墟市，復坿塘鋪於後。

一、職官如州縣教職典史，必駐城者，無庸著駐城二字。其餘文武官員，駐紮處所必著地名。武職以品級爲次，於首見者著明某營並詳其員數及駐紮之地。若兩營同駐一縣，亦於首見者著明某營，以示區別。又所載武職至外委把總而止，其額外外委仍食錢糧，與兵丁無異，不得以職官論。

一、圖中作識，省城从回，府城从□，直隸州城从▣，直隸廳城从◈，散州城从◘，縣城从○，所城從小○。駐防同知、巡檢司均从●，汛从小·，寨從△，山从∧∧，水从〰，省界从⁄⁄，府界从／，縣界从／，電線从⁄⁄。

清・彭清瑋、左學吕《湖南全省輿圖説》第一册《圖例》 每方十里，省會作回，府作□，直隸廳作◈，直隸州作▣，散州作◘，橋同。縣作○。汛作▲，驛作△，釐卡作⍊，故城作ㅎ，鋪塘作×，市作・，司署作✕，關隘作开，堤垸作⌒，路作╲，府界作┅，縣界作╲，省界同。界碑作Ω。長沙彭清瑋左學吕摹繪。

清・曾寅《中俄界記・例言》 一、中俄國界，延長近二萬里。歷經會勘，改訂至十餘次。欲事攷覈，棼如亂絲。歸安錢氏謂考中俄界線有四難：約文既尠傳刊，界圖非所得見，一難也。即有約文，多本洋文，俄漢迻譯，文義往往難通，二難也。自康熙迄光緒，屢次議界，或仍或改，段落紛繁，三難也。邊檄之地，地名每多岐異，莫衷一是，四難也。寅師鄒沅帆先生曾纂《中俄界記》一書，搜集中外圖籍，融會舊約章，凡定界之年次、訂約之原起暨夫沿邊内外山川形要，卡倫牌博，度里方位，莫不宏攬無遺。而於我國五十年來，外交歷歷失敗，土地頻頻蹙割，又莫不申明而切論之。寅不揣固陋，詳加校訂，藉以永師説於不朽云。

一、關幾乎地與之載籍，非圖不明。是書當日本依圖立説，故言之極爲徵實。然讀是書者，無圖以副之，則山河形勢，仍難確指無疑。爰因取當日先生所據圖稿，參以新近各圖，爲補作《中俄交界圖》十六幅。手自鉤稽，閲歲始成。俾圖與書相輔而行，庶幾先生之學説益彰，而讀者之取資亦便。

一、全圖計總圖一幅，詳圖十五幅。幅各縱廣一尺一寸，横長一尺六寸，輪廓外不計。圖中密佈經緯，以京師爲中線。詳圖各幅，爲同一比例，比例率爲二百五十萬分一，每二寸四分爲緯度一度，可以遞相啣接。其排列之次序，於總圖附表説明。

一、書中所記道里，遵康熙中聖祖皇帝所定，以二百里爲一度計算。昔先生隨使泰西，曾在巴黎定製一尺，用法尺米突推出。以其與海關營造等尺，均微有長短差也，命曰中國與圖尺。其尺與米突比，若一與三〇八四二米突，與尺比，若一與三二四。蓋世界尺度，群推米突爲最精，以米突比地周爲四千萬分一。今以此尺比地周，應爲一萬二千九百六十萬分一。故以我國里製每里一千八百尺，合之適得二百里爲一度。圖之比例，亦仿用此尺，以歸一律。

一、咸豐八年以前，我朝領土廣於今日遠甚，以後日見其削。是書於割失地，山河舊界，言之綦詳。顧凡書所詳者，圖亦詳之。如東界，康熙以後，咸豐以前，北極外興安嶺，東北極於烏得海灣。今其地雖屬界外，然一山一水、一港一灣，圖中無不細載。

一、原書僅分上、下册，初無章節段落，頗不便於查檢。今據界道履勘之事實及年次，又乘其文義可斷之處，將上編離爲五章，下編離爲四章，並各撮其起迄之地名，標爲題字。眉目較清，檢查自便。甚或於章之首尾，將原文增損數字，以求合乎篇章起結之勢，非忍割裂也，爲便讀者，遂不避其誚矣。

一、圖書對照，不無詳略不同之處。寅細加參校，二者孰詳孰略，悉於書中逐一注明。或有探討他書，蠡見所窺，有可與是書是圖相爲發明者，無論説之同異，均擇要附入。偶亦加以辯正，首冠寅按二字，以示別於原書自注。淺識如寅敢云詮釋，欲圖與書兩相參照，毫無疑義，故不惜辭之費也。

一、摘要一覽表，原書所無。竊恐學説之繁，驟讀之難尋端緒，爰撰是表，括其大要，讀是書者開卷一覽，庶於書中條理，可以觸豁然。

一、書中皆以偏度記各地方向及位置，庸有不澈其故者，輒至扞挌，爲撰讀法一則，細爲圖解，以爲不知者説法。

一、著書者原並非身履其地，寅所爲圖亦多襲舊因陳，舛誤之處或所不免。尚望有國防之責，膺履勘之任者，執是書是圖以明梗概，而更慎重以從事，惜已失之疆土，珍向在之河山，則我國國際前途之大幸矣。至若時識大雅攬覽之餘，指示疏謬，以匡不及而訂正之，又寅所甚願也。

一、圖用刻銅彩印，鄂垣亞新地學社主其事者，爲鄒君永煊焕廷，於寅爲故交，於沅帆先生爲羣從，邃於地圖學，稿成悉以付之，卒能精印蕆事。爰記於此，以示弗諼。宣統三年七月，曾寅識於瀋陽師範學堂。

清・陳承澍《富陽縣輿地小志・凡例》　一、會典館頒發圖式宜遵定章，縣城用〇闊邊圈，疆界用⋮草蛇線，陸路用⋮連珠點，水道用〰細雙鉤，橋梁用▯小長方。凡照平三角法測準之峯巔塔尖、遥沙遠埠、山莊孤村及菴觀寺院、樓臺亭閣等類，均用・小圓點。

一、輿圖辦法，測量兼施，測而準者爲直線之鳥里，鍼對光線，互測便得定位。富陽多是山鄉，近處低山能遮遠處之高山，遠處高山難辨低處之衆山。茲舉高而有名之山，互相測準，以作綱領。量而準者，爲曲線之人里。扣足丈尺，灰印平量、正量各有定數。富陽崇山峻嶺，自山左之巔脚量至嶺巔，或三四里五六里，復自嶺巔量至山右之嶺脚，或八九里六七里。一經壓平，折算縮繪，圖中僅止二三里、四五里不等。蓋山嶺愈高，而圖中里數愈短。茲於總圖鈎山峯巒聯絡，分別山南山北之村莊，分圖不鈎山位置，寬平排寫。路東路西之地段，另繪城圖一幅，中通街巷，外繞山川，四城門分布。陸路水程，先清眉目。圖後並載水陸道里，記莊分路程歌，以資閲者互證參觀。

一、赴鄉測量，凡所過山川村落，道路橋梁，悉照就地所稱土名，按註圖中。有時天雨路僻，乏人指引，詢諸途人，稱名每多歧異，並間有音同字異之處。圖中音義文字，其無從訂正者，姑存之以備查閲。

一、富陽山鄉多溪橋，因兩山夾一溪，一溪轉數曲，忽溪左而路右，忽路左而溪右，測量繪圖雖極留意，而左右二字最易誤寫誤看，恐村落亦不無移易。又富陽山多地窄，人家半多近溪，或數家一村，數十家一村，每約一里許有二三小村者，又有一村分兩三村名者，圖中位置，一里只有一二分填寫村名。有偶應插寫緊要名目者，挨次排寫，但序前後不倒置而已。至十餘曲之長山灣，數百家之大村莊，又或蟬聯數里，祇能執中填寫，未堪拘泥上下也。

英・華爾敦著、英・傅蘭雅口譯、清・趙元益筆述《測繪海圖全法》卷一《第一章　論器具與配用之物件》　繪圖底板

凡船上繪圖，應多預備大小平面板，爲畫各比例圖之用。其大者略長二十九寸，寬二十五寸。尋常所用者，略長自二十五寸，至二十七寸，寬自二十寸至二十二寸。又應預備更小者，如長二十二寸，寬十六寸者。

所預備之底板，以輕爲要，惟其堅固，必足存其平面之形，故務必用伏過之木料爲之。如白松板厚四分寸之三，爲合用之料，其小板可用更薄之洋紅木爲之。

凡在露天用木板繪圖，則必用帆布作套，可免所畫之圖，或磨壞或著溼。如測海繪圖之細工，大半在船上，或在露天爲之，則每一繪圖之人，必預備底板二三塊。

鎮紙

英國發紙料等局所發之鎮紙，以鐵爲之。其面平，其形長方，其面以皮包之。如另預備鼓形鉛鎮紙，以白布或呢包之，亦爲極便。其大小輕重，可以配作

各事之用，如徑二寸半，高一寸半，爲尋常之尺寸，而能在本船上自造模鑄之，又可做數箇更重者，并數箇平而寬之鎮紙，如徑二寸半，厚三分寸之二，即如影畫之小圖，可用此壓之。

脱墨紙

所用之脱墨紙，必須自造，不可買現成者，因常出售者，往往含油質。其做法將影紙一張，略溼溼其面，而將筆鉛少許刮下其粉，而以手擦入紙内，分爲數次，每一次加筆鉛少許，每一次待乾，則再上一次。又如將其餘下之粉揩去之，此筆鉛紙加於紙之一面，又必鋪匀，令其色各處深淺無異，如成功之後，以軟布擦之更匀净。凡擦筆鉛二三次則合用。

凡出海測繪之船，其預備材料内，必帶筆鉛一塊，如將軟鉛筆刮下筆鉛少許，亦爲合用。惟用此法，自造脱墨紙者，不免污手，難於洗净。【略】

繪圖紙

繪圖之先，必定用何種紙，並表圖等事。常用之法有二種，第一法將其紙用漿或用膠平糊於繪圖底板，或在桌面，而畫成之後，則去之。又一法將繪圖之紙一張，裱於布面，臨用時壓平。

以上之法内第一法有多益處，因紙恒爲平，無皺紋，不移動。圖畫成之後，則再換紙一張。船上用第二法，較第一法更便。即如大做測繪之事，則必有圖多幅同時畫之。每一幅另備底板，或糊於桌面，則所占之地頗多。而數箇人在一箇桌上繪圖，亦爲不便。又如其紙爲大張，或爲數張，合而成者，則裱於桌上，大爲不便。因必用桌之全面，而不能糊於一塊板上，此因必用甚大之板，而不便帶至船中。【略】

間有動手繪圖之時，不用底線爲便，即如初時不能測底線，而能先測數方位之角，而可以爲二方位之相距爲若干遠。照此略數畫三角形，隨後乘便，當時細測其底線，惟尚未定比例之先，不能恃角而測各處高低之數。

英·華爾敦著、英·傅蘭雅口譯、清·趙元益筆述《測繪海圖全法》卷二《第四章　原三角形測量法》　看而畫之粗圖

如在本方位觀周圍所欲測角之物體，而畫其形狀之粗圖，則最便於以後分别各物體，如山、海島、房屋、樹木等體。從二三箇方位，而畫其粗圖（如畫工無甚差，則畫細圖）。時，易於分别之。因記録角度之簿内，不能詳細言明其物體之形狀，而除其物體有特奇之式外，則易有誤。設如畫其粗圖，比較寫細説更易，又粗圖之旁，再寫數箇解釋字，則更易免誤。

此種繪圖之粗工極易，幾不必操練而學之，自能成就。又不必求其界限，最準只須得其形狀之大略已可。又操練不久，則雖無繪圖本領之人，亦能作此種粗圖。

粗圖内如能粗測數角，可免其比例有大誤。否則初畫此種圖者，各處之比例不均匀，即數物體過大二三倍，又有數物體過小二三倍，後來用此圖之時，雖其角度之數目不差，然易混亂。

畫此種圖，先畫最遠物之界限，則以後工夫更易得均匀。又應在左邊起首，設如欲周圍繪圖，則必先擇一處，在不緊要之方向起首，而從左邊向右邊畫其圖。

如所畫粗圖甚長，而書之左右二面不足用，則到紙右邊界限之時，則摺一二寸，在下一頁接連畫之。如下圖【圖略】，依此法測，可連畫任多頁，能得周圍之粗圖。其法先在紙上定遠處二箇緊要點之方位，後依此二要點之相距爲度，而揣出各别體之相距。

如照前説，測角以助畫粗圖，必定其圖之比例，或每一度配三分寸之一爲便數，但比例之大小，與圖之粗細有相關。如無分度尺，可將紙一條在邊上藉眼光作點，當分度尺之用。在左邊檢測遠處緊要而易分明之點，而從此點至右邊别緊要之點，略相距二十度。而測其角，在粗圖上作一點，爲第一物體之方位。再將所預備之比例尺置於其上，而依第二件相距之度數作一點，惟此點亦必依高低而配準。再於此二體之中間所有之别要體，測其角而畫其形狀之界線，從最遠處起，至最近處止。

凡作此種粗圖，則各物體之高，可以分外放大。因有多山之處，則諸山峯嶺，各有高低之小分别。又房屋、樹木，各有高低之小分别，如依比例爲之，則易混而難别。設如將其高低之比例放大，則其誤爲更小。

凡作粗圖，有一事爲極要者，即各物體之高低，必顯明而不大誤。即如有一山，而山下有一點必謹慎，其點在山峯之應左或應右而畫之。如誤在其左右，則畫細圖之時，易生大差。常有不謹慎此事者，畫細圖時，則粗圖畫在彼邊，而依所測之角應在此邊，則疑心測角有差，其實或爲粗圖之誤。

英·華爾敦著、英·傅蘭雅口譯、清·趙元益筆述《測繪海圖全法》卷二《第七章　論畫海邊界線》　測海繪圖之工夫内，其海邊界線，應在何時用何法畫之，但恃本處之情形。

如畫細圖，而各處必最準者，則尚未測水深之先，可畫此界線。因測近於海

邊之水之深，所有伸出之小角，或進内之小灣，不列號記之，則於測水深之時，已有界線在圖上，則大便易。又海邊之界，每一尺應步過去，如坐一小船行過海邊相近處，則常有小件，如小河口，夏時有沙塞住，冬時開通等處，容易遺漏而不見。或海邊以内不遠處，有小河，有大潮與大風浪時，與海相通，亦能遺漏而不見。所以除石崖或顯露石塊之處，人不能步過外，應全行步過。或大船近於海邊抛錨，而乘小船上岸，立各號，測各角等工，亦爲小船之正用。

海邊界線度於紙上之法，亦有多種。如先測其各角，而將各要角之間，測量海邊次等之物，記於角書内，而畫其粗樣。後回至船上，可將其各角與交點度在圖上。或測量者可將露天繪圖板將已經度之各點，當行於海邊之時，隨行隨畫。

此兩法内，余喜用第二法，如當時將所定之各角，全行度而記之，則不致有遺漏。又如有小差，則在本處之時，比較後來在船上，更易分辨之。惟間有天雨等故，令其工夫不能當時當之。設如無此種大緣故，則應當時爲之。

如現成作記號之體頗多，而便當則畫海邊線者，衹須用經緯儀或紀限儀，或此二種器具爲測角之用。又要指方位器及脱墨紙及分度尺等，作度各點之用。設如海邊向外無便用爲記號之體，又向内地之記號亦甚少，或從海邊不能見之，則測量者必用長量竿。可以測量其竿所對之角，便於知數處或數點之相距。如前第一章内所言之十尺竿，最合於此事之用。

諸相助之人，應有十尺竿表攜帶在身，如附卷中號之表，或印在硬紙上，或裱在角書内，便於陸地隨時查用。

假如測量之官帶繪圖板並所已度之各要點上岸，則必先在圖上已度之點起手。而從此點測本處與下一箇定點之間，所能分别諸要體之各角。又過下一點，如有要體，亦測其角。從此處行至别便當處，當爲次等之方位，而測量已知處之角，定此方位，或用經緯儀，或用紀限儀，俱依其事爲主。

又必將此第二方位，度於繪圖板之紙上，而必謹慎從第一箇方位，畫線定準之。或從第二位，再測他角爲證。其第二位度準之後，必在繪圖板紙上畫之。又畫第一方位與第二方位之間，所有海邊之情形，並所見應須特記之物。

繪圖之人，必依圖之比例之大小，而定所有各次等方位之相距，又必依比例定海邊線之詳細或粗略，此各事亦與圖之將來作何處有相關。

假如當時不度各要點，而意欲回至船上爲之，其法亦同。惟各方位之間，並海邊之情形，必記在角書内，而不徑記於露天繪圖板之上。

如畫海邊線之人見下一方位，不能用測角之法，而定其方位，則無奈何。必用十尺竿，先派一人與之言明，在某處直立，手中持竿，或留其人在本方位，而自己行至彼方位，先與之言明，見號令之時，必將竿平持之。而與測角者成正角，其成正角之法，在竿子之心定一根正角方向之木條，則持竿者可以此木條對準測角之人。如無如此木條，則其人必將其竿平轉動之，而測者必測其所成最大之角。

其角測成之後，已查表上所有相配之相距，則依圖之比例，用規度之於圖中已有之線上，即前方位向新方位所畫之線上。

其全海邊，亦可照此法畫其界線。設所用之各記號，相距頗遠，則必最謹慎。測量其角，令其與所測之各方位相合，其故因此種工夫無法能證，而每一處之差必加於下處之各差上，至末其差必甚重。果有此種差，則必派其人前行，而立於前次測角之處，而測量者必正在此處作下一方位。

此種工夫，用指南鍼測角，亦爲有益。如有小差，則到定方位之處，可用截補之法改正之。

由此可見，以上所言十尺竿之法衹爲圖内細事之用，不能爲測定□位之用。即如小海島之海邊，或小海灣，其海邊略平而不顯出，可當爲作記號之體。【略】

畫海邊線者，非惟必細觀海邊之情形，而記録之。又必觀近於海邊所有陸地之情形，其詳略必依圖之比例之大小。

即如石崖，或用鉛錘測其高，或測量遠而能定之地之高，必從已定之方位而定之，或僅可推算之，而記於角書内。尋常在圖上畫石崖，其高之比例，必分外大，令其顯明，而實有高數之尺寸，應寫於其旁。

如河或溪之方向，或必向内步行定之，至若干遠爲止。或可定其河口，而測量其方向之大概所成之角。

所有山峯或山邊或山麓，所特顯之崖，或斷處，亦可看而畫其形，俱恃各點所成之角，而助其工夫。

所有離海邊若干遠之房屋，亦必記於圖上。平常可測其角，而定其方位，而不必自往。設欲知其房屋之尺寸，或爲何名，或要查相近處，有井水或泉水，合於來往無淡水之船之用，則必親往查驗。

近於海邊卑濕之地，亦必畫其情形之大略。又必查其冬時漲大，夏時收小。憑據須問本處之人，有否此事。

又必觀内地有特顯出之遠體而測其角，因畫海邊線之情形，俱有大用。而測量者必時時想將來之工夫，記於心中，如有當時能助將來之工夫者，不可不爲之。因雖無益於自己之工夫，可有益於後人之工夫也。

所有近於海邊之馬路，亦必步行至其數要處而定其方位，其餘看之而畫其略圖。

凡海邊有露於水面之石，或僅出水面而有浪飄過者，亦應記於圖上。此雖屬於測海水深之工夫，然能預先略記之，亦爲有益。閒有潮水落時僅顯出之石，則記之更爲緊要。恐測海水深之小船，潮水滿時，測量則不見此石，而遺漏也。

畫海邊線之工夫，雖以潮水滿之界限爲主，然另作潮水退盡之線，亦爲最妥。如其各角處潮水滿與退盡之時，其分别爲大者，此事更爲緊要。

如以大比例畫細圖，則派人在潮水退盡之時，查其界線而記之。尋常之法，恃測海水深時而爲此事。因如將各處海水之深，變爲大潮退盡之數，則能測海水各處之線，與潮水退盡時相遇之處，而依此畫潮水退盡之線，不致有大誤，可省自己往查之工。

用高山所測之角，可在定圖内各要點測角之時爲之，或從原方位，或從次方位，或從他處已經定準之點爲之。如畫海邊線者，能從海邊線有記號處，而測數山或别處之高，亦爲有益。惟測角之本處，其方位必定準，否則測山等處之高不可恃。

畫海邊線之官，亦必記録海邊所有益於行船之事，便於記録海圖説内，即使便於登岸處，或便於得淡水處等，回到船上時，將此事告於船主，船主即便記録書中，而將來可查之。最穩當之法，在船上特備一本書，爲記録此各事之用。

十尺竿之用處甚多，兹設一案，顯出其一種用法。假如海邊有珊瑚淺灘，或寬砂與泥之灘，潮水退盡時，顯露而乾。人能行過，但因高石崖岸，或密樹林之岸，不能在岸上立各記號，測量則可用此法。

清·佚名《新疆全省輿地圖》 一、全圖每幅縱横皆五十生的密達，合部尺壹尺陸寸，餘圖内比例尺亦以部尺爲準。

一、新省各屬疆域大小懸殊，故各圖分率不齊，每幅皆列比例尺，註明分數。

一、總圖分作四幅，四道各一幅，府廳州縣總分各圖四十八幅，伊犁將軍轄境圖一幅，外附阿爾泰山圖一幅，統共五十八幅。省圖、道圖於轄境内書以朱色大字，府廳州縣圖於轄境外書以黑色大字，一切圖例標識皆於每幅内註明。惟轄境外之各界均以黑色連斷線别之，山嶺祇於本境内用赭色繪作俯視形之脈絡，餘則於境外皆從略，以免繁複。

清·羅汝楠《中國近世輿地圖説》卷首《中國近世輿地圖説序例》 一、所繪各圖大都參用胡圖、董圖、鄒圖爲底本，其軍港、口岸、租界及分界等圖，則多採譯外人之圖，依次附入。至沿革地圖另有憚刻、李申耆及楊惺吾等專書，此編則概從簡略。

一、是編係石印本，一經落石，便難更改。故校勘雖經數次，而譌舛仍屬不免。兹於書末另列一表，以便參考。

一、本省圖例國界從[符號]，省界從[符號]，府界從[符號]，京師從[符號]，省會從[符號]，府從□，直廳從◈，散廳從◇，直州從[符號]，散州從[符號]，土州從[符號]，縣從◎，都統城從[符號]，山脈從[符號]，河流從[符號]，大河從[符號]，運河從[符號]，鐵路從[符號]，國道從[符號]，驛站從△，卡堡從[符號]，關塞從[符號]，衛所從·，市鎮從∘，長城從[符號]，柳邊從[符號]，商港從[符號]，學者循例以觀，自能有條不紊。

清·廖廷臣《廣東輿地圖説》卷首《録例》 輿圖測繪法日益密，今之所修，皆遵用會典館原頒條式，北上南下，計里畫方。省圖依舊法加具經緯線，每方百里，府直隸州廳每方五十里，州縣每方十里，山川、城鎮，關隘村堡，墟場臺汛，案位列繪。圖後附説，以次遞詳，其間損益變通皆有依據。廳圖每方五十里，其小者不及一方，今皆附入府圖，而别爲每方十里圖。

廣東舊圖，全省則以同治間所修爲最，海道則以近年所纂爲詳。此外各縣則南海、番禺、順德、香山，皆稱審核。今據爲底本，分途測勘。惟壤地廣大，期限既迫，人力亦寡，故先其切者、要者。如廣州近屬及沿海口岸，西越邊境，皆履行細測，證以洋圖，真確可憑。其餘則參攷諸圖，依分率繪入，測量之理，具見算書。然繪地之法，算書不載。近繹《繪地法原》、《行軍測繪》、《測地繪圖》諸書，均未詳明。今約分爲三事，曰測量，曰縮臨，曰摹寫。測量者，以量底線，測原三角形爲主，其次推測各次三角形，又其次補測諸三角形内山川道路之曲折遠近。縮臨者，勘合諸稿，縮爲小幅，按率比例，務得原形。摹寫者，先明法理，然後形之筆墨，庶纖毫曲折印合無差。凡此皆集從所長，參用中西之法。利器備用，泰西爲精，如測經緯，則有紀限儀、水銀盤、經度鐘、大力遠鏡、行海洋歷之類，測高遠則有經緯儀、疊測環、紀限儀，測向指南鍼、較指南偏差儀、平水遠鏡、高低尺表杆、風雨表、寒暑表之類，量地則有定距尺、帶尺、鐵鍊、平水窺筩、測正交儀之類，繪畫則有分角器、直界尺、丁字尺、平行尺、比例尺、分微尺、展縮尺、簧規、長規、分線規、活節規、鉛筆、鋼筆、曲線板、三邊直角板之類，擇其要者購之。近儒鄒氏伯奇所製指南分率尺分一十四向，以步代量，凡審方向、察遠近、記彎曲、定準望，皆適用其法，尤簡便易行。【略】

班孟堅言秦漢之製，縣大率方百里，今則大小不侔。且地形延袤，亦別計里析方，篇幅每不能容，故或截爲三四，仍注其上方，使分合瞭然。《管子·幼官》，一明堂而分爲東西南北本副十圖，則圖之分截由來古矣。晉裴秀自序《域地圖》，言今十六州，而爲圖乃十八篇，意當時亦有裁割於其間也。

測緯度易，測經度難，故《内府地圖》及李兆洛、胡林翼等《圖》、阮修《廣東通志圖》、同治間繪呈《廣東圖》，與近時各洋圖緯度大同，而經度互異，蓋儀器有精粗，用法有疏密也。洋圖幾實測，所差甚微。今據爲底本，詳細推勘圖上所記，是爲密率。測緯度者，以緯度鐘較諸曜行度差四秒爲一分，差四分爲一度，易致差忒。不若求緯度者，測句陳大星高度及日高弧之準。然均有目力差、蒙氣差、儀器差，不能一測不易，故覆測之數分秒不符，必屢測多次，折取中數，以銷其差，然後可得天之真度耳。可以驗測地之積差。【略】

中國在赤道之北，故經度北弇南侈，自來繪經線者，皆與緯線斜交，殊失地圜之理。新法圜外視圜、圜心視圜、圜邊視圜諸式，緯線亦非等距。惟圜錐包圜球，在切球而與割通徑兩間之法，經直而緯曲。緯度相距皆等，經緯相交皆成正角，爲率較密，今用其法，別繪一總圖，以肖地形。

欽、防邊檄，中外相錯，今之測繪特爲詳密。其界一依原勘大臣所定，惟會典館原頒格式過小，不能具載。別爲展大一圖，凡水陸夷阻，洪纖畢録，山嶺並摹，真形庶設，險守要倫然在目，亦賈耽九州之外，別圖隴右山南意也。

左圖右書，相因爲用，故唐宋以來，記州郡者多稱圖經，或曰圖志，然皆區分類聚，故不厭繁瑣。今纂輯沿用會典舊例，變條録爲連文，體製既殊，謹嚴爲尚。遠仿蘭臺之志，近法息園之書，正文之下，參用夾注，雜而不越，綱紀秩然。

清·聶士成《東三省韓俄交界道里表表例》　一、表内第二行每格内，各有一二字，如第一格書由字，二格向字，三格行字，四格逕過二字，五格計里字，六格至字，七格共計里字，八格闔字，九格省界字，如自右讀之，係由某處動身，向某方去，行某等路，逕過某處若干里，某府屬某省地也。

一、中國境内道路遠近里數，概用中國工部尺三百六十弓計算。

一、俄國境内道路里數，概用俄國里計算。每一里約合中國二里。

一、朝鮮境内道路里數，概用朝鮮里計算。每十里約合中國八里。

此表專爲明東三省與俄韓交界各處道路要隘，經行難易，有無超便，凡路之山嶺崎嶇，溝渠源委，道路泥濘，州城府縣相距遠近，無不備載。自天津起，經奉天、吉林、黑龍江三省，繼行俄羅斯阿穆爾、東海濱兩省後，過朝鮮八道，仍由奉天省高麗門沿海而歸。其各省内所在往來通行之路，皆分晰著明，共行兩萬三千餘里，繪集成圖。惟是圖幅較小，道路險易難以顯明，因將所行各種道路勒集成表，與圖對看，庶可一目了然。其所未經之路，難易未悉，姑付闕如。

清·宋賡平《礦學心要新編》卷上《第八章　論新法礦山測繪》　夫以蠡測海，以管窺天，皆古人之所非笑，謂其必無所得也。然天誠不易窺而可窺，海誠不易測而可測，特不可以管蠡之見參之耳。彼礦山之高大，亦不易測者也。使因其不易測而遂置之不測，則山於我何尤。而有求於此山者，則不能聽其不測也。能測之則礦在目前，不能測之則礦在鏡中。又必按地成圖，瞭如指掌，披覽之間，即知某山産某礦，某山近何處。其來脈何所，其引線、座屏、圍墻、照壁、水口、門户皆欲活見紙上，方爲有益。其高下、大小、遠近毫髮不移，然後照圖錯置，諸事裕如。譬之行軍算多者勝，道里熟習自無敗北。彼不知測繪者，聽其所言處處皆礦，及與之登山，張目瞠然，不知所爲，足繭荒山，自隔重霧，巨石危岩，戰競恐懼，安知所謂礦哉。夫礦在山中，必平日玩之紙上，如數家珍，始知某處林材可以取用，某處鎮可以買貨，某處險要可以防守，備盜賊也。某處溪流大河能否漏水入礌。利害既明，自舉事無失，固非冒昧者所得知也。西人之言測繪，但講山川形勢，經線度數，道里遠近，其於礦山，則測某某山有礦，大畧可知而已。豈知産礦之山高大或百餘里，非加細密，究於何處下手？故予特變一法，名曰礦山測繪。計尺加算，遵中線尺，以人跡不以鳥跡，分毫不爽，即腹中所有，皆可按圖而索事，雖艱難實爲言礦者必由之徑。初學之士白日登山，留心觀玩，夜間用沙拾數斛，將所見者排於木板上，古人聚米爲山，迺即用此法。稍若有差誤，掃去另排，務使城郭、市鎮、穿落傳變，星體方位，如其所見，然後爲是。推之他處，莫不皆然。一二三年後，則用黄泥以水潤之，即所見之山，尖圓方直，橫竪大小，高下疏密，長短寬厚，居然方位，細細揣摩，捏成各形，一一排列，東西南北毫無錯亂，再用沙點作界，四至分明，不溢不漏，星體變化，皆可識別，方爲得手。如此之後，又一二年始可加算開方者，疊算也。兩層爲歸除算，三層爲開方算，在法爲一乘方，四層爲二乘方，五層爲三乘方，以至六七八九乘方千乘方萬乘方，皆由類推。明得此訣，則習天元之法，以貫地元、人元、物元。測繪勾股，舉可以四元括之。其用之小者，則權衡尺度，一見了然。其用之大者，則天星曆數，江河海洋，皆無遺失。若遇山谷險峻，大江隔絶，則用勾股，以表竿測之。西人所謂測海島法是也。其法前用一表竿，其長若干，後用一表竿，其短若干，記其地之步數遠前表竿幾許，以目斜視之，以前表竿之準率爲憑，後再用一表竿又短幾許，以勾股法算之。山之高矮，脈之起伏，四方之界線，無一不合。然後將沙泥排入圖線，方内豎看倒看，絲絲入扣。學者到此境界，猶不可放鬆，學力更加精進，於山之奇峰怪形，無所眩惑。三五載後，足徧天下，見多識廣，方舍去泥沙，用鉛筆成圖，亦是以杠—作江河溪溝，以□○△回作城郭、碼頭、市鎮。惟山水之異，千迴百折，其精微奥妙，非熟精此道者即覽圖亦莫能道其詳。又非若丹青圖畫，用筆點綴，求其古老生動而已。即照相留影之法，亦衹能照其一面，斷不能四面前後，收入紙上。顧此失彼，施之於用，概不可行。蓋測繪所重者，在識其遠近，而最微妙者，則脈絡之貫穿，非明眼不能見，非高手不能繪。何謂穿山川之脈絡真氣，由此山穿過彼山，續斷起伏，奔騰數千萬里，大江、大湖、大洋、大海起落不常，隱顯不測是也。識得此理，落筆萬狀，神妙莫測矣。變者，何脱胎之謂也。祖孫父子，另起星峰，節節駁換，五行錯雜，非深明五行生尅之理，不能確有定見，落筆書紙，烏有把握。若能者，任他變，任他换，任他奔騰，下筆有神，自開生面，展圖查閲，一日千里，分寸不失。即中外輿地之學，亦何嘗如此精詳哉。予之所以精求此事者，亦謂地學一家，非此不能審，穴礦學一家，非此不能定。倉即相線，已見明知有礦，而山之周圍上下，直徑若干尺，何由而知，取礦之地，運貨之路何由而達？故言礦者，引線猶次，而測繪則其尤要者也。西人之聘礦師，先入山中，考驗試其眼力，知非紙上空談，然後以測繪試之，以素所測之山，並今日所勘之地，一並繪出，詳加評覽，至再至三，乃憑本國之領事官三面簽字，訂請。領事官亦親自考試，將自檢之圖式，請礦師圈出經緯度數界線，當面指陳，不差分毫，繪圖必用鉛筆。然後領事官一同簽字定案，出具福頭，乃如中國之印信關防。結實保單，保得某公司之商人果有實在本貲，某礦師果有實在本事，皆屬不虛，始作定奪。一訂便是六十年。簽字合同有草有正，其蓋福頭者，乃是正合同，永遠遵守無悔。如礦師不能測繪，萬不能以口説手指爲據，繪成之圖，其如云雜者，皆爲遠山起團團小雲者，爲平山起層層者，爲高山如圖中能點胍頭引線者，乃爲上上之圖式，素所罕見，不能輕以視人也。況密採之礦山，費盡心力，若使人知得，不懼其捷足先登耶。西人之深於測繪者，見有好圖，十分珍重，必令其謹慎收藏，勿輕示人，自有精圖亦然。予繪有礦山圖二十幅、長江圖十幅、濱海南北要隘全圖二十五幅，皆用最小手摺置之，懷袖毫不著跡。富美基、安迪二君一見稱善，欲以千金易去。英之來川之砂兵船，管駕兵頭磯畢納來樓覽予圖，欲以行程照圖，至遺之機器並各大小玻片，請易是圖。又德國查勘江船之總經理克乃波，亦以洋銀千元易是圖。予均未允許。予思賣圖是賣地，若坊間售賣各圖，其名開方，實無可用。西人不以此爲貴，即萬金亦不能動予之心哉。今是書既成，欲刻數幅以公同好，檢閲數次，仍守初衷。若博雅君子，不棄鄙陋，索圖以觀，則不敢吝也。識者諒之。

清·佚名《山東黄河簡明全圖·凡例十條》 一、山東黄河圖説，照進呈咨部，各册卷式均坐南朝北，以海口爲首頁。

一、山東黄河兩岸村莊無慮千百，圖中限於篇幅，不能悉載，現取曾經漫口合龍之處，村莊地名暨各州縣交接界限處所，一一登明。

一、山東黄河起西南，迄東北，上游河形稍直，中、下兩游河形灣曲，尺幅之中未能一一寫出，衹具大概形勢。

一、圖内沿河州縣衹載最近者，至距河較遠者，不能備載。

一、自上游荷澤縣南岸賈莊以下，隄埝承接，蟬聯而下。惟壽張縣十里堡以東，歷東阿、平陰、肥城至長清韓家壩百餘里間，濱河皆山，無須設防，未筑隄埝。

一、自壽張南岸十里堡以東，至宋家橋一帶，山泉各水入河者甚多，兹舉最著之南北運河及狼溪、玉符、徒駭、小清等河繪於圖内。

一、上、中、下三游道里遠近及起止界限，均分别註明圖内。

一、河防總局駐濟南省城，上游總局駐荷澤賈莊，上游收支分局駐壽張十里堡，中游總局駐齊河縣南壇，中游分局駐歷城縣雒口，下游上段總局駐惠民縣清河鎮，下游下段總局駐利津縣城。

一、河防十有八營，隸上游者三營，隸中游者七營，隸下游上段者四營，隸下游下段者四營，所有各營駐紮及交界處所，均分别註明圖内。

清·楊調元《華陰縣新修河渠圖説》 卑職親承指揮監視工作，懼盛美之有遺，且慮後政之無所考也，謹開方繪圖，附以説略，用備觀覽而存故事云。【略】

光緒丁酉九月，調署華陰縣知縣長安縣知縣楊調元恭紀。

圖中河道作[symbol]，用绿色。惟黄河、渭河用黄色，疏濬者用藍色，新開者用硃色。山作[symbol]，塬作[symbol]，路作[symbol]，界作[symbol]，□□□□□，准鳥道壹里開方。

儀器總部

儀器總説部

漢・班固《漢書》卷二一上《律曆志上》 夫推曆生律制器，規圜矩方，權重衡平，準繩嘉量，探賾索隱，鉤深致遠，莫不用焉。度長短者不失豪氂，量多少者不失圭撮，權輕重者不失黍絫。紀於一，協於十，長於百，大於千，衍於萬，其法在算術。宣於天下，小學是則。職在太史，羲和掌之。【略】

權與物鈞而生衡，衡運生規，規圜生矩，矩方生繩，繩直生準，準正則平衡而鈞權矣。是爲五則。規者，所以規圜器械，令得其類也。矩者，所以矩方器械，令不失其形也。規矩相須，陰陽位序，圜方乃成。準者，所以揆平取正也。繩者，上下端直，經緯四通也。準繩連體，衡權合德，百工繇焉，以定法式，輔弼執玉，以翼天子。《詩》云：「尹氏大師，秉國之鈞，四方是維，天子是毗，俾民不迷。」咸有五象，其義一也。以陰陽言之，大陰者，北方。北，伏也，陽氣伏於下，於時爲冬。冬，終也，物終臧，乃可稱。水潤下。知者謀，謀者重，故爲權也。大陽者，南方。南，任也，陽氣任養物，於時爲夏。夏，假也，物假大，乃宣平。火炎上。禮者齊，齊者平，故爲衡也。少陰者，西方。西，遷也，陰氣遷落物，於時爲秋。秋，䪞也，物䪞斂，乃成孰。金從革，改更也。義者成，成者方，故爲矩也。少陽者，東方。東，動也，陽氣動物，於時爲春。春，蠢也，物蠢生，乃動運。木曲直。仁者生，生者圜，故爲規也。中央者，陰陽之內，四方之中，經緯通達，乃能端直，於時爲四季。土稼嗇蕃息。信者誠，誠者直，故爲繩也。五則揆物，有輕重圜方平直陰陽之義，四方四時之體，五常五行之象。厥法有品，各順其方而應其行。職在大行，鴻臚掌之。

明・徐光啓《新法算書》卷九七《新法曆引》 夫測器之在曆家，猶之工師之準繩、規矩，不可須臾離也。蓋宿曜運行，樊然不齊。苟欲齊之，非器不可矣。然而簡便是求，制作未能盡善，雖欲齊，烏得齊。古曆所紀，原有數種，而今靈臺所存，止有圭表、景符、簡儀、渾象等器耳。新法所增置，曰象限儀、百游儀、地平儀、弩儀、天環、天球、紀限儀、渾蓋、簡平儀、黄赤全儀、日星等晷。諸器或用推諸曜，或用審經緯，或用測極，或用求時。是諸儀者，皆爲曆學名家酌量增修，精加研審，多歷年所，始趨巧便。此外尚有多種，以其不堪大用，置弗録。而其最奇巧者，則近時所製遠鏡，尤爲窺天要具。用之能詳日食，分秒能見，太白有上下弦。能見歲星旁四小星。又填星爲橢形，旁附有兩小星。昴宿星三十餘，鬼宿中之積尸氣，以至光體微渺之星，用此奚啻多數十倍。抑且界限分明，光耀璀璨。噫！造器至此，異甚矣。

明・徐光啓《新法算書》卷九八《曆法西傳》 近六十年西土有多名家，先後繼起，較前人用測更精，立法更盡，造圖更美。其一未葉大，因悟不同心規與小輪難於推算，於是更創蛋形圖，以解天文根本。設七政，三測求最遠點。又求地心與不同心差。又求各輪比例等理。其二第谷，竭四十年心力窮究曆學，備諸巧器，以測天度，不爽分秒。第谷本大家饍養知曆人，造器市書，計用二十萬金，著書計六卷。【略】

第六卷測器諸圖。圖計五章，一解用測器求三曜之高，二解用測器求星之緯度，三解用測器求星相距度，四解各儀象，五爲天文答問。【略】

以上諸賢所著，皆屬推解曆理。近因古學奥深，學者爲難，曆學家别有立成表及測天諸器，以便初學。又有永年曆，亦立成之類，預紀七政、經緯及交食凌犯諸行，取準於天，具舉其証。蓋由推測二功相佐而成，不可疑也。今論測器，惟渾儀爲最。用之取日光，求其躔度，求日緯度，求北極出地幾何，日出求東西之緯度，求太陽午正之高，推時求日星之高，求太陽赤道經度，求星出地平之時刻，求太陽距子午規時刻，求太陽出入并晝夜時刻，以日星高求時刻。又作地平、日晷，求朦朧時刻，隨時求東出黄道宫度分。

又渾儀挾持未便，因又約爲平儀。體製雖異，而施用不殊。乃有造平儀及百游各儀法，其説甚多，其用甚廣。

又有日晷多種，約言其法。如作象限，作卵形，考墻面之方向，求子午線。設時求日之高，設日之高求時，分論有法。日晷蓋有六種，一地平上晷，一向南平面晷，一向東平面晷，一向西平面晷，一向北平面晷，一向赤道平面晷。詳每日晷。

明・徐光啓《新法算書》卷一〇〇《新法表異卷下》 欲齊七政，首重璣衡。所藉以驗合改差者，器也。古曆尚有數種，近代靈臺所存惟有圭表、景符、簡儀、渾象等器，頗不足用。新法增置者，曰象限儀、百游儀、地平儀、弩儀、天環、天球、紀限儀、渾蓋、簡平儀、黄赤全儀、日星等晷諸器。或用推諸曜，或用審經緯，或用測極，或用求時，盡皆精妙。而其最巧最奇，則所製遠鏡，更爲窺天要具，用之能詳日食分秒，能觀太白。有上下弦，能見歲星旁四小星。填星爲橢形，旁附有兩小星。昴宿星三十餘，鬼宿中之積尸氣。以至體微光渺之星，用此所見奚啻多數十倍，又且界限分明，光芒璀璨。然此亦西洋近時新增之器，百年前未有也。欲求倍勝之法，必資倍勝之器。測器雖不一種，然而有渾有平，有全有隅。其平而隅者，較之渾而全者，徑廣三倍，分細十倍。黄赤分器，莫不精審，舊法未能也。

英·侯失勒撰、清·李善蘭删述、清·徐建寅續《談天》卷一五《恒星》 近時，測器歲精一歲，改正測差之法歲密一歲。

清·阮元《疇人傳》卷五二《國朝續補四·劉衡》 測量舊法，用表、用重表、用三表、四表。西法用鏡，用盂水，用矩尺，用套竿，用覆笠，用矩度，用象限儀。罔弗貫幽入微，備臻美善。然皆有待於算，未有不煩布算，一量即得者。

清·諸可寶《疇人傳三編》卷五《國朝後續補三·鄒伯奇》 一、丈量之器，曰插標，曰線架，曰指南尺，曰曲尺，曰丈竹，曰竹籌，曰皮活尺，曰蕃紙簿，曰鉛筆；二、測望之儀，曰指南分率尺，曰立望表，曰三脚架，曰矩度，曰地平經儀，曰平水準，曰紀限儀，曰回光環，曰折照玻璃屋，曰千里鏡，曰象限儀，曰秒分時辰標，曰行海時辰標，曰析分大日晷，曰風雨針，曰寒暑針；三、檢數之書，曰志書，曰地圖，曰星表，曰星圖，曰度算版，曰對數尺，曰八線表，曰八線對數表，曰十進對數表，曰現年行海通書，曰清蒙氣差表，曰太陽緯度表，曰日晷時差表，曰句陳四游表，曰大星經緯表，曰對數較表，曰對數較差表；四畫圖之具，曰大小幅紙，曰硯，曰墨，曰硃，曰顔色料，曰筆，曰五色鉛筆，曰筆殼，曰指南分率矩尺，曰長短界尺，曰平行尺，曰分微尺，曰機翦，曰交連比例規，曰玻璃片，曰橡皮。

清·杞廬主人《時務通考》卷一二《鐵路三》 測地之器，一曰寒暑表，二曰風雨表，三曰測地平儀器，四曰小羅經，五曰隻眼雙眼千里鏡，六曰測遠儀器，七曰量天尺。圖有善本，則測遠器、量天尺皆可不用。

清·朱壽朋《東華續録·光緒一百二十九》 向外洋購置經緯儀、度時表以測天，向儀、記里輪、鋼綀尺以測地，奪林儀、風雨表以測山，規筆、分角器、平行尺以繪圖。

測距類器具部

總論

漢・佚名《小爾雅・度第十一》 跬，一舉足也。倍跬謂之步。四尺謂之仞。倍仞謂之尋。尋，舒兩肱也。倍尋謂之常。五尺謂之墨。倍墨謂之丈。倍丈謂之端。倍端謂之兩。兩謂之匹。匹有五謂之束。

漢・班固《漢書》卷二一上《律曆志上》 度者，分、寸、尺、丈、引也，所以度長短也。本起黄鐘之長。以子穀秬黍中者，一黍之廣，度之九十分，黄鐘之長。一爲一分，十分爲寸，十寸爲尺，十尺爲丈，十丈爲引，而五度審矣。其法用銅，高一寸，廣二寸，長一丈，而分寸尺丈存焉。用竹爲引，高一分，廣六分，長十丈，其方法矩，高廣之數，陰陽之象也。分者，自三微而成著，可分别也。寸者，忖也。尺者，蒦也。丈者，張也。引者，信也。夫度者，别於分，忖於寸，蒦於尺，張於丈，信於引。引者，信天下也。職在内官，廷尉掌之。

宋・蔡元定《律吕新書》卷一《審度第十一》 度者，分、寸、尺、丈、引，所以度長短也。生於黄鍾之長，以子穀秬黍中者九十枚度之。一爲一分，（凡黍實於管中，則十三黍三分。黍之一而滿一分，積九十分則千有二百黍矣。故此九十黍之數，與下章千二百黍之數，其實一也。）十分爲寸，十寸爲尺，十尺爲丈，十丈爲引。數始於一終於十者，天地之全數也。律未成之前有是數，而未見律成而後數始得以形焉。度之成在律之後，度之數在律之前，故律之長短、圍徑，以度之分寸之數而定焉。

分論

準繩　規矩

《管子・乘馬》 因天材，就地利，故城郭不必中規矩，道路不必中準繩。

《吕氏春秋・似順論・分職》 巧匠爲宫室，爲圓必以規，爲方必以矩，爲平直必以準繩。

《尸子》卷下 古者倕爲規矩、準繩，使天下倣焉。

《墨子》卷七《天志上》 子墨子言曰：我有天志，譬若輪人之有規，匠人之有矩。輪匠執其規矩，以度天下之方圜。

漢・陸賈《新語・道基》 故聖人防亂以經藝，工正曲以準繩。

漢・司馬遷《史記》卷二《夏本紀》 左準繩，右規矩，載四時，以開九州，通九道，陂九澤，度九山。

漢《周髀算經》卷上 周公曰：「大哉！言數。請問用矩之道。」商高曰：「平矩以正繩，（趙爽注：以水繩之正，定平懸之體，將欲慎毫釐之差，防千里之失。）偃矩以望高，覆矩以測深，卧矩以知遠，（趙爽注：言施用無方，曲從其事，術在《九章》。）環矩以爲圓，合矩以爲方。（趙爽注：既已追尋情理，又可造製圓方，言矩之於物，無所不至。）

隋・夏侯陽《夏侯陽算經》卷上《辨度量衡》 權與物均而生衡，衡運生規，規圓生矩，矩方生繩，繩直生準，（劉徽注：立準以望繩，以水爲平也。）是爲五則。規者，所以規圓器械，令得其類也。矩者，所以矩方器械，令不失其形也。規矩相須，陰陽位序，圓方乃成。準者，所以揆平取正也。繩者，上下端直，經緯四通也。準繩連體，權衡合德，百工繇焉，以定法式。

唐・杜佑《通典》卷一六〇《兵十三・水平及水戰具附》 木槽長二尺四寸，兩頭及中間鑿爲三池，池横闊一寸八分，縱闊一寸，深一寸三分，池間相去一尺五分，間有通水渠，闊二分，深一寸三分。三池各置浮木，木闊狹微小於池，厓厚三分，上建立齒，高八分，闊一寸七分，厚一分。槽下爲轉關，脚高下與眼等。以水注之，三池浮木齊起，眇目視之，三齒齊平則爲天下準。或十步，或一里，乃至數十里。目力所及，置照版度竿，亦以白繩計其尺寸，則高下丈尺分寸可知，謂之水平。

宋・李昉等《太平御覽》卷八三〇《資産部十・尺寸》 又曰：以規矩爲方圓則成，以尺寸量短長則得，以法數治民則安。故事廣於理者，其成若神。

明・陶望齡《歇庵集》卷一九《大器猶規矩準繩》 器也者，以受爲用者也。凡物有所受，則必有所窮。斗庾受粟，瓴缶受水，適於量而止。益之以升勺，則概必溢，此以器小爲病者也。夏后氏之鼎，嬴氏之鐘簴，世所言至宏鉅者也。然均以適於量，則有時而亦窮，窮必溢。夫窮而至於溢，則鐘鼎與瓦缶同爲小者耳。蓋天下有器之器，有不器之器。不器者，制器者也。握尺寸之木，引尋丈之絲，以爲規矩、準繩。噫！亦小矣。而天下之爲斗庾，爲瓴缶，大而夏之鼎、秦之鐘簴者，皆取則焉。及其備物致用，而所謂規矩、準繩者，又不與也。

清・徐養原《頑石廬經説》卷一《規矩準繩説》　《孟子》曰：「離婁之明，公輸子之巧，不以規矩，不能成方員。」又曰：「聖人既竭目力焉，繼之以規矩、準繩，以爲方員平直，不可勝用也。」是則規矩、準繩各爲一器，後世失其制，但以作員形便謂之規，作方形便謂之矩。或訓規矩爲法，算家又訓矩爲表，而古法湮矣。惟《毛詩・沔水》箋云：「規，正員之器也。」楊倞注《荀子・不苟篇》云：「矩，正方之器也。」二語稍見分曉，始知規矩是器名，然猶未詳其制也。後讀小司馬《〈史記・禮書〉索隱》曰：「矩，曲尺也。」然後其制了然，爲之一快。夫曲尺者，近代木工所用，初以爲世俗之稱，觀於《索隱》，始知其來已久，以是爲矩之遺制，故非臆説。予嘗以此釋《周髀》首章，與西人之矩度大同小異，别有《矩説》一卷，此不具論。惟規制未有明義，西人有比例規，形似並夾，疑非古式。予嘗創意爲之。按太元周首云：「植中樞，周無隅。」《考工記・匠人》：「建國，置槷以縣，眂以景爲規，視日出之景與日入之景。」《管子・宙合篇》云：「多備規軸。」《漢書・律曆志》云：「衡運坐規。」其法：鑄銅爲規，員徑約二寸餘，於規之中央植樞焉。樞謂之槷，長可四寸，徑可二三分，中圍稍大。槷傍横出者爲軸，軸謂之衡，長半寸許。首爲環，以貫槷，末接以竹，竹之長短視員徑之大小，故規軸必多備也。竹端置筆，運之則成員矣。若員小於規，則拔其槷用之，故槷不必與規連體也。此其大略也。其細微曲折，則於成器時再斟酌焉。準之用水，繩之用繩，理易明也。而用水、用繩，亦各有其器。準者，所謂水平也。偶讀《太白陰經》卷四《水攻具篇》，得水平之制，其説曰：「水平，槽長二尺四寸，兩頭及中間鑿爲三池，池横闊一寸八分，縱闊一寸，深一寸三分，池間相去一尺五寸。中間有通水渠，闊二分，深一寸三分，池各置浮木，木闊狹微小於池，匡厚三分連齒，高八分，闊一寸七分，厚一分。槽下爲轉關，腳高下與眼等。以水注之，三池浮木齊起，眇目視之齊平，以爲天下準。或十步，或一里，乃至數十里。目力所及，置照版、度竿，亦以白繩計其尺寸，則高下丈尺分寸可知。照版形如方扇，長四尺，下二尺黑，上二尺白，闊三尺，柄長一尺。度竿長二丈，刻作二百寸二千分，其分隨向遠近高下。立竿，以照版映之，眇目視之，三浮木齒及照版黑映齊平。又以度竿上尺寸爲高下，遞而往視，尺寸相承，則山岡、溝澗、水源高下深淺，可以分寸爲度。」已上《太白陰經》之説，亦見《通典》一百六十卷及《御覽》三百廿一卷，字句略有異同。今參取之，觀此可考見準之遺制。或稍爲變通，止通作一池，注水令滿，視水之四邊俱齊槽面，則槽自平矣。若欲望遠，則於數十步外，目力所及樹一表，表端置一規，可徑三尺，又於槽之一端並置兩規，人於一端睎望，欲令高不見水，低不蝕規，則槽與所望參平矣。繩則《考工》疏言之，鄭注「匠人」云：「立植而縣」，疏云：「謂於柱四畔縣繩以正柱。」蓋四畔皆附繩，則無不正矣。此用繩之道也。繩須細而柔，數繩總爲一綱，下皆用重物垂之。若就平面取直，則須用墨，故曰繩墨誠陳。

規

《周禮》卷四一《冬官考工記・匠人》　爲規，識日出之景與日入之景。

漢・鄭玄《詩經・沔水》注　規者，正圓之器也。

明・陸仲玉《日月星晷式》　造規法。此運規之器形，以銅鐵爲之。圓頭二髀，可闔可開，一居心，一旋轉，鋭施精鋼。若用以量其兩髀，須極鋭。若用墨，其一髀須極鋭，其一作一小溝，以便用墨，可以爲圜，可以作直線也。

尺

漢・許慎《説文解字・尺部》　尺，十寸也。人手卻十分，動脈爲寸口。十寸爲尺。尺，所以指尺規榘事也。從尸，從乙。乙，所識也。周制：寸、尺、咫、尋、常、仞諸度量，皆以人之體爲法。凡尺之屬皆从尺。

唐・魏徵等《隋書》卷一六《律曆志上》　《史記》曰：「夏禹以身爲度，以聲爲律。」《禮記》曰：「丈夫布手爲尺。」《周官》云：「璧羡起度。」鄭司農云：「羡，長也。此璧徑尺，以起度量。」《易緯通卦驗》：「十馬尾爲一分。」《淮南子》云：「秋分而禾䅖定，䅖定而禾熟。律數十二而當一粟，十二粟而當一寸。」䅖者，禾穗芒也。《説苑》云：「度量權衡以粟生，一粟爲一分。」《孫子算術》

云：「蠶所生吐絲爲忽，十忽爲秒，十秒爲毫，十毫爲釐，十釐爲分。」此皆起度之源，其文舛互。唯《漢志》：「度者，所以度長短也，本起黄鍾之長。以子穀秬黍中者，一黍之廣度之，九十黍爲黄鍾之長。一黍爲一分，十分爲一寸，十寸爲一尺，十尺爲一丈，十丈爲一引，而五度審矣。」後之作者，又憑此説，以律度量衡，並因秬黍，散爲諸法，其率可通故也。黍有大小之差，年有豐耗之異，前代量校，每有不同，又俗傳訛替，漸致增損。今略諸代尺度一十五等，并異同之説如左。

一、周尺

《漢志》王莽時劉歆銅斛尺。

後漢建武銅尺。

晉泰始十年荀勖律尺，爲晉前尺。

祖沖之所傳銅尺。

徐廣、徐爰、王隱等《晉書》云：「武帝泰始九年，中書監荀勖校太樂八音，不和，始知爲後漢至魏，尺長於古四分有餘。勖乃部著作郎劉恭，依《周禮》制尺，所謂古尺也。依古尺更鑄銅律吕，以調聲韻。以尺量古器，與本銘尺寸無差。又汲郡盜發魏襄王冢，得古周時玉律及鍾磬，與新律聲韻闇同。于時郡國或得漢時故鍾，吹新律命之，皆應。」梁武《鍾律緯》云：「祖沖之所傳銅尺，其銘曰：『晉泰始十年，中書考古器，揆校今尺，長四分半。所校古法有七品：一曰姑洗玉律，二曰小吕玉律，三曰西京銅望臬，四曰金錯望臬，五曰銅斛，六曰古錢，七曰建武銅尺。姑洗微强，西京望臬微弱，其餘與此尺同。』（銘八十二字。）此尺者，勖新尺也。今尺者，杜夔尺也。雷次宗、何胤之二人作《鍾律圖》，所載荀勖校量古尺文，與此銘同。而蕭吉《樂譜》，謂爲梁朝所考七品，謬也。今以此尺爲本，以校諸代尺」云。

二、晉田父玉尺

梁法尺，實比晉前尺一尺七釐。

《世説》稱，有田父於野地中得周時玉尺，便是天下正尺。荀勖試以校尺，所造金石絲竹，皆短校一米。梁武帝《鍾律緯》稱，主衣從上相承，有周時銅尺一枚，古玉律八枚。檢主衣周尺，東昏用爲章信，尺不復存。玉律一口蕭，餘定七枚夾鍾，有昔題刻。乃制爲尺，以相參驗。取細毫中黍，積次訓定，今之最爲詳密，長祖沖之尺校半分。以新尺制爲四器，名爲通。又依新尺爲笛，以命古鍾，按刻夷則，以笛命飲和韻，夷則定合。案此兩尺長短近同。

三、梁表尺　實比晉前尺一尺二分二釐一毫有奇。

蕭吉云：「出於《司馬法》。梁朝刻其度於影表，以測影。」案此即奉朝請祖暅所算造銅圭影表者也。經陳滅入朝。大業中，議以合古，乃用之調律，以制鍾磬等八音樂器。

四、漢官尺　實比晉前尺一尺三分七毫。

晉時始平掘地得古銅尺。

蕭吉《樂譜》云：「漢章帝時，零陵文學史奚景，於泠道縣舜廟下得玉律，度爲此尺。」傳暢《晉諸公讚》云：「荀勖造鍾律，時人並稱其精密，唯陳留阮咸，譏其聲高。後始平掘地，得古銅尺，歲久欲腐，以校荀勖今尺，短校四分。時人以咸爲解。」此兩尺長短近同。

五、魏尺　杜夔所用調律，比晉前尺一尺四分七釐。

魏陳留王景元四年，劉徽注《九章》云：王莽時劉歆斛尺，弱於今尺四分五釐，比魏尺，其斛深九寸五分五釐。即晉荀勖所云「杜夔尺長於今尺四分半」是也。

六、晉後尺　實比晉前尺一尺六分二釐。

蕭吉云，晉氏江東所用。

七、後魏前尺　實比晉前尺一尺二寸七釐。

八、中尺　實比晉前尺一尺二寸一分一釐。

九、後尺　實比晉前尺一尺二寸八分一釐。（即開皇官尺及後周市尺。）

後周市尺，比玉尺一尺九分三釐。

開皇官尺，即鐵尺，一尺二寸。

此後魏初及東西分國，後周未用玉尺之前，雜用此等尺。

甄鸞《算術》云：「周朝市尺，得玉尺九分二釐。」或傳梁時有志公道人作此尺，寄入周朝，云與多鬚老翁。周太祖及隋高祖，各自以爲謂己。周朝人間行用。及開皇初，著令以爲官尺，百司用之，終於仁壽。大業中，人間或私用之。

十、東後魏尺　實比晉前尺一尺五寸八毫。

此是魏中尉元延明累黍用半周之廣爲尺，齊朝因而用之。魏收《魏史·律曆志》云：「公孫崇永平中更造新尺，以一黍之長，累爲寸法。尋太常卿劉芳受詔修樂，以秬黍中者一黍之廣，即爲一分。而中尉元匡，以一黍之廣，度黍二縫，以取一分。三家紛競，久不能決。大和十九年高祖詔，以一黍之廣，用成分體，九十之黍，黄鍾之長，以定銅尺。有司奏從前詔，而芳尺同高祖所制，故遂典修金石。迄武定未有論律者。」

十一、蔡邕銅籥尺

後周玉尺，實比晉前尺一尺一寸五分八釐。

從上相承，有銅籥一，以銀錯題，其銘曰：「籥，黄鍾之宫，長九寸，空圍九分，容秬黍一千二百粒，稱重十二銖，兩之爲一合。三分損益，轉生十二律。」祖孝孫云：「相承傳是蔡邕銅籥。」

後周武帝保定中，詔遣大宗伯盧景宣、上黨公長孫紹遠、岐國公斛斯徵等，累黍造尺，從横不定。後因修倉掘地，得古玉斗，以爲正器，據斗造律度量衡。因用此尺，大赦，改元天和，百司行用，終於大象之末。其律黄鍾，與蔡邕古籥同。

十二、宋氏尺　實比晉前尺一尺六分四釐。

錢樂之渾天儀尺。

後周鐵尺。

開皇初調鍾律尺及平陳後調鍾律水尺。

此宋代人間所用尺，傳入齊、梁、陳，以制樂律。與晉後尺及梁時俗尺、劉曜渾天儀尺，略相依近。當由人間恒用，增損訛替之所致也。

周建德六年平齊後，即以此同律度量，頒於天下。其後宣帝時，達奚震及牛弘等議曰：「竊惟權衡度量，經邦懋軌，誠須詳求故實，考校得衷。謹尋今之鐵尺，是太祖遺尚書故蘇綽所造，當時檢勘，用爲前周之尺。驗其長短，與宋尺符同，即以調鍾律，並用均田度地。今以上黨羊頭山黍，依《漢書·律曆志》度之。若以大者稠累，依數滿尺，實於黄鍾之律，須撼乃容。若以中者累尺，雖復小稀，實於黄鍾之律，不動而滿。計此二事之殊，良由消息未善，其於鐵尺，終有一會。且上黨之黍，有異他鄉，其色至烏，其形圓重，用之爲量，定不徒然。正以時有水旱之差，地有肥瘠之異，取黍大小，未必得中。案許慎解，秬黍體大，本異於常。疑今之大者，正是其中，累百滿尺，即是會古。實籥之外，纔剩十餘，此恐圍徑或差，造律未妙。就如撼動取滿，論理亦通。今勘周漢古錢，大小有合，宋氏渾儀，尺度無舛。又依《淮南》，累粟十二成寸。明先王制法，索隱鉤深，以律計分，義無差異。《漢書·食貨志》云：『黄金方寸，其重一斤。』今鑄金校驗，鐵尺爲近。依文據理，符會處多。且平齊之始，已用宣布，今因而爲定，彌合時宜。至於玉尺累黍，以廣爲長，累既有剩，實復不滿。尋訪古今，恐不可用。其晉、梁尺量，過爲短小，以黍實管，彌復不容，據律調聲，必致高急。且八音克諧，明王盛範，同律度量，哲后通規。臣等詳校前經，斟量時事，謂用鐵尺，於理爲便。」

未及詳定，高祖受終，牛弘、辛彦之、鄭譯、何妥等，久議不決。

既平陳，上以江東樂爲善，曰：「此華夏舊聲，雖隨俗改變，大體猶是古法。」祖孝孫云：「平陳後，廢周玉尺律，便用此鐵尺律，以一尺二寸即爲市尺。」

十三、開皇十年萬寶常所造律吕水尺　實比晉前尺一尺一寸八分六釐。

今太樂庫及内出銅律一部，是萬寶常所造，名水尺律。説稱其黄鍾律當鐵尺南吕倍聲。南吕，黄鍾羽也，故謂之水尺律。

十四、雜尺　趙劉曜渾天儀土圭尺，長於梁法尺四分三釐，實比晉前尺一尺五分。

十五、梁朝俗間尺　長於梁法尺六分三釐，於劉曜渾儀尺二分，實比晉前尺一尺七分一釐。

梁武《鍾律緯》云：「宋武平中原，送渾天儀土圭，云是張衡所作。驗渾儀銘題，是光初四年鑄，土圭是光初八年作。並是劉曜所制，非張衡也。制以爲尺，長今新尺四分三釐，短俗間尺二分。」新尺謂梁法尺也。

宋·李昉等《太平御覽》卷八三〇《資産部十·尺寸》

《禮記·王制》曰：「古者以周尺八尺爲步，今以周尺六尺四寸爲步。古者百畝當今田百四十六畝三十步。古者百里當今百二十一里六十步四尺二寸二分。」

《漢書》曰：「度者，分、寸、尺、丈、引也，所以度長短也。本起黄鍾之長，以子穀秬黍中者，率一黍之廣，度之九十分。黄鍾之長，一爲一分，十分爲寸，十寸爲尺，十尺爲丈，十丈爲引，而五度審矣。其法用銅，高一寸，廣二寸，長一丈，而分寸丈尺存焉。用竹爲引，高一分，廣六分，長十丈，其方法矩，高廣之數，陰陽之象也。分者，自三微而成著，可分别也。寸者，忖也。尺者，蒦也。丈者，張也。引者，信也。夫度者，引於分，忖於寸，蒦於尺，張於丈，信於引。引者，信天下也。職在内官，廷尉掌之。」

《魏略》曰：「昔長安市儈有劉仲始者，一爲市吏所辱，乃感激，蹋其尺折之。遂行學問，經明行修，流名海内。後以有道徵，不肯就。衆人歸其高。」

《晉書·荀勖别傳》曰：「魏杜夔制律乖錯。勖知漢魏尺漸長於古四分，夔依爲律，故不諧，乃令佐著作劉恭依《周禮》制尺、鑄銅律吕以諧音韻。後得古玉律鍾磬，與新律相合，詔賜古尺一具。」

《隋書》曰：「世稱有田父於野地中得周時玉尺，便是天下正尺。荀勖試以校尺所造金石絲竹，皆短校一米。」

《管子》曰：「尺、寸、尋、丈者，所以得短長之情也。故以尺寸量短長，則萬舉而萬不失矣。是故尺寸之度，雖富貴衆强，不爲益長；雖卑辱貧賤，不爲損度。公平而無所偏，故奸詐之人弗能誤也。故明法者，不可巧以詐僞；有尋丈之數者，不可欺以長短。」

又曰：「以規矩爲方圓則成，以尺寸量短長則得，以法數治民則安。故事廣於理者，其成若神。」

《孟子》曰：「陳代謂孟子云：『枉尺直尋，若宜可爲。』」（枉尺直尋，欲使孟子屈己信道也。）

《尸子》云：「孔子曰：『詘寸而信尺，小枉而大直，吾爲之者也。』」

《韓子》曰：「釋法術而任心治，堯不能正一國；去規矩而妄意度，奚仲不能成輪；廢尺寸而差短長，工爾不能半中。使中主守法術，拙匠執規矩，尺寸則萬不失。」

《孔叢子》曰：「跬，一舉足也，倍跬謂之步。四尺謂之仞，倍仞謂之尋。尋，舒兩肱也。倍尋謂之常。五尺謂之墨，倍墨謂之丈，倍丈謂之端，倍端謂之兩，兩謂之疋，兩有五謂之束。」

《家語》曰：「孔子曰：『夫布指知寸，布寸知尺，舒肱知尋，舒身知常，斯不遠之則也。』」

《説苑》曰：「度、量、衡，以粟生之。十粟爲一分，十分爲一寸，十寸爲一尺，十尺爲一丈。」

《夢書》曰：「丈尺爲人正長短。夢得丈尺，欲正人也。」

明・邢雲路《古今律曆考》卷三三《律吕五・審度》

《周禮・典瑞》：「璧羨以起度。玉人璧羨度尺，好三寸以爲度。」《淮南子》曰：「秋分蔈定，蔈定而禾熟。律之數十二，故十二蔈而當一粟，十二粟而當一寸。」《易緯通卦驗》：「以十馬尾爲一分。」《説苑》曰：「度量權衡，以粟生之。一粟爲一分，十分爲一寸。」《孫子・算術》曰：「蠶所吐絲爲忽，十忽爲絲，十絲爲毫，十毫爲氂，十氂爲分，十分爲寸。」《漢前志》曰：「度本起黄鐘之長，以子穀秬黍中者，一黍之廣，度之九十分。黄鐘之長，一爲一分，十分爲寸，十寸爲尺，十尺爲丈，十丈爲引，而五度審矣。」《隋志》有十五等尺。【略】

以上十五等尺，諸代不同，多由於累黍及圍徑之誤也。五代王朴尺，比漢前尺一尺二分。宋和峴用景表石尺，比漢前尺一尺六分。李照布帛尺，比漢前尺一尺三寸五分。阮逸、胡瑗尺，横累一百黍，與景表尺同。鄧保信尺，縱累百黍，短於大府尺九分。大晟樂尺，徽宗指三節爲三寸，長於王朴尺二寸一分。又考古物之有分寸，明著史籍，可以酬驗者，惟有法錢周之圜，法半兩，重八銖。漢初四銖，其文亦曰半兩。孝武之世，行五銖。下洎隋朝，多以五銖爲號。既歷代尺度屢改，故小大輕重鮮有同者。劉歆制銅斛之世，所鑄有錯刀、大泉五十，王莽天鳳間改鑄貨布、貨錢之類。《唐會要》：「武德間，行開元通寶，錢徑八分，以爲得中。」《六典》大泉、錯刀、貨布、貨錢，小大輕重不皆中度。宋以景表尺，較漢錢尺并大泉、錯刀等類。歷代沿革不一，固若斯也。

右審度諸説不同，而各有辨焉。昔夏禹以身爲度，《通志》曰：「夏禹十寸爲尺，成湯十二寸爲尺，武王八寸爲尺，又周家十寸八寸皆爲尺。」以十寸之尺起度，則十尺爲丈，十丈爲引。以八寸之尺起度，則八尺爲尋，倍尋爲常。且古稱丈夫，謂人長丈也。《周禮》則謂人長八尺，夫歷代之尺既不同，而周之十寸、八寸皆爲尺，然則所謂以身爲度者，或長丈，或長八尺，八尺即丈，代度不同故也。

明・朱載堉《樂律全書》卷二二《律學新説二・審度篇第一之上》

《度譜》，證古尺者凡十二類，總若干萬言。於經史百家書中禮樂名物、車服器用，近取諸身，遠取諸物，凡有關涉於度數者，無不博採，以爲證據。間有相傳之説，亦與辨析，使之昭然，無可疑焉。文煩不載，摘取數條，録於此篇，以見其大略云。

一曰證之以尺，二曰證之以步，三曰證之以鈔，四曰證之以錢，五曰證之以黍，六曰證之以粟，七曰證之以律，八曰證之以聲，九曰證之以身，十曰證之以體，十一曰證之以器，十二曰證之以物。

右十二條同類相附，合成六條。

《通志》曰：「夏禹十寸爲尺，成湯十二寸爲尺，武王八寸爲尺。」

《禮記・王制》曰：「古者以周尺八尺爲步，今以周尺六尺四寸爲步。」

陳祥道曰：「六尺四寸者，十寸之尺也。十寸之尺六尺四寸，乃八寸之尺八尺也。」

蔡元定曰：「周家十寸八寸皆爲尺，以十寸之尺起度，則十尺爲丈，十丈爲引。以八寸之尺起度，則八尺爲尋，倍尋爲常。」

今按：《説文》曰：「十寸爲尺，八寸爲咫。」然則尺之與咫，二器之名也。以尺度物而計之，則曰一尺二尺；以咫度物而計之，則曰一咫二咫。《孔叢子》曰：「昆吾之劒長尺有咫」，《史記》曰：「肅慎之矢長尺有咫」是也。今人但知八寸爲咫，而不知咫乃別是一物之名，而非尺矣。譬如量器，則鬴之非斛也。權器，則秤之非等子也。蓋尺、丈、斛、鎰之類，皆以十爲數者也。咫、仞、尋、常、豆、區、鬴、鍾、銖、兩、斤、石，皆以四以八爲數者也。殷人以夏尺爲其尺之咫，故夏之一尺乃殷之八寸，是因之而益者也。周人以夏尺之咫而爲尺，故夏之八寸乃周之一尺，是因之而損者也。孔子謂「殷因於夏，周因於殷」，所損益可知，其此之謂歟？雖然，周人亦未嘗廢夏尺，故註疏家言十寸之尺、八寸之尺，兼用所謂長尺有咫是也。陳氏、蔡氏謂「以十寸之尺起度，則十尺爲丈，十丈爲引；以八寸之尺起度，則八尺爲尋，倍尋爲常。」此言得之矣。

又按《王制》曰：「古者以周尺八尺爲步。」所謂古者，指周公制禮之時也；所謂周尺，即夏尺去二寸。《通志》、陳氏、蔡氏所謂「八寸之尺」是也。《王制》又曰：「今以周尺六尺四寸爲步」，所謂今者，指漢文帝命諸儒者撰《王制》之時也。所謂周尺六尺四寸，周字誤也，當作夏尺六尺四寸。蓋夏以十寸爲尺，周以八寸爲尺，周之八尺即夏之六尺四寸也。尺數雖殊，步則同也。漢儒撰《王制》，不曉周字誤，或謂古一步八十寸，今一步六十四寸，則比今多十六寸矣。或謂古一步六尺四寸，今一步五尺一寸二分，則比今多一尺二寸八分矣。夫步由人足，古今無異也。而云古者一百畝比今多四十六畝有餘，何哉？註疏家亦謂古者一百畝比今多五十六畝有餘，蓋皆誤矣。

又按《周禮》：「車人爲耒六尺六寸，與步相中。」《射人》及《儀禮》皆言：「量侯道以弓，謂之貍步弓。」人言弓長六尺有奇，《司馬法》及《荀子》皆言六尺爲步，則周制未嘗以八尺爲步也。蓋戰國變亂之時，意欲兼并，取人田土，是故大其步法，乃以八尺爲步耳。云八尺者即八十寸，亦未嘗言以八寸爲尺也。設若彼以八寸爲尺，今以十寸爲尺，則彼八尺與今六尺四寸無異，而田畝里數又有何差別乎？漢文帝時，儒者不見古文《周禮》等書，遂據戰國亂世之法妄謂八尺爲步，雖太史公之流，尚亦惑於其説，謂六尺爲步者，是秦始皇所制，何況於他哉？

清·鄭光祖《一斑録》附編一《權量》　度量權衡。國家有一定之則，然以天下之大，而欲使五方共昭畫一，勢有所難。故律雖有私造斗斛尺秤不平之條，而另有例可遵，録之備查。【略】

今將三代以後歷朝尺制，畧稽一二，録於左。

秦尺。（郎瑛云：「周八寸爲尺，秦比周七寸四分。」）

前漢銅斛尺。（王莽時劉歆製，校與周尺同，得夏尺六寸四分。）

後漢建武尺。（亦與周尺同。）

後漢建初官尺。（漢章帝建初年間，於泠道縣舜廟下得玉律，度以爲與周尺同，鑄爲銅尺，頒郡國。）

魏尺。（曹魏杜夔用以調律，校周尺一尺四分七釐。）

蜀尺。（郎瑛：「校同周尺。」）

吴尺。（郎瑛：「校同周尺。」）

晉前尺。（校與周尺同。）

晉始平古銅尺。（校晉前尺長三分强。）

晉後尺。（校晉前尺一尺六分二釐。）

晉田父玉尺。（田父於田野中得周時玉尺，校晉前尺一尺七釐。）

後魏前尺。（校晉前尺一尺二寸七釐。）

後魏中尺。（校晉前尺一尺二寸一分一釐。）

後魏後尺。（校晉前尺一尺二寸八分一釐。魏孝文時，一依《漢志》作斗尺，不知前中後三尺何以俱與漢異？）

東魏後尺。（校晉前尺一尺五寸八釐。）

後周鐵尺。（累十二黍爲寸，校晉前尺一尺六分四釐。）

宋雜尺。（校晉前尺一尺五分，宋武帝時平原人所送。）

宋氏尺。（考此尺爲宋時民間所用，校晉尺一尺六分四釐。）

齊尺。（郎瑛：「校與宋同。」）

梁銅尺。（與周尺同。）

梁法尺。（梁武帝時作，校漢銅斛尺長半分。）

梁表尺。（校晉前尺一尺二分二釐一毫。）

梁朝俗間尺。（校梁法尺長六分三釐，校晉前尺一尺七分。）

隋開皇官尺。（校與後周鐵尺同。）

隋銅龠尺。（隋時，從上相承有銅龠一，相傳是蔡邕銅龠。其銘曰：「龠，黄鍾之宫，長九寸，空圍九分，容秬黍一千二百粒。稱重十二銖，兩之爲一，合三之損一，轉生十二律。」原附後周玉尺，同此龠。）

隋開皇水尺。（隋開皇十年造律吕水尺，校晉前尺一尺一寸八分。或誤水爲木，非。）

唐貞觀尺。（校與後周玉尺同。）

唐開元尺。（合建初尺，又有以一尺二寸爲六尺，校夏尺八寸强。）

周王朴所定尺。（校周尺一尺二分强。）

宋二景表尺。（太祖建隆初所造，長於王朴尺四分。）

宋李照縱黍尺。（仁宗皇祐二年造。）

宋胡瑗横黍尺。（校周尺一尺七分。）

宋大觀帝指樂尺。（徽宗博求知音之士，魏漢津上言聲律身度，請以帝指爲律。）

宋司馬書儀布帛尺。（曰京尺，亦曰省尺，得今成衣尺八寸六分强，後同明代部定官尺。）

宋紫陽家禮周尺。（即周尺，得夏尺六寸四分。）

元尺。（相傳甚長，然無可考。）

明部定官尺。（依宋時布帛尺，凡田畝布帛營造所用悉同。準五尺爲尋，十尺爲丈，一百八十丈爲路一里。又五尺爲步，十尺爲弓，二百四十步爲田。一畝校夏尺八寸六分强，校周尺一尺三寸四分。周尺得此尺七寸五分弱。明鈔尺、周尺一尺得此尺六寸四分。近王棠謂明鈔尺與裁縫尺相近，知此尺實合我鄉成衣尺，而上同夏尺也。）

本朝衍聖公府古銅尺。（前任國子監博士孔尚任，從治下河於江都，得銅尺，上有文字曰：「慮虒銅尺，建初六年八月十五日造。」後又得一尺，定爲司馬文正公布帛尺。孔氏作有《銅尺記》：「慮虒，太原邑名。蓋建初時頒於慮虒者也。」考漢章帝建初年間，於泠道縣舜廟下得玉律，度以爲與周尺同，因鑄爲銅尺頒郡國，而周尺下同建武尺。今衍聖公《銅尺記》云：「校建武尺一尺三分七毫，即據爲周尺，似未盡合。」姑録孔氏所校各尺數於左備考。一云當古尺一尺三寸六分，一云當漢末尺八寸，一云與唐開元尺同，一云當宋省尺七寸五分，一云當宋浙尺八寸四分，一云當明部定官尺七寸五分，一云當今工匠尺七寸四分，一云當今量地官尺六寸六分，一云當今河北大布尺四寸七分，一云當今裁尺六寸七分。又《銅尺記》中謂明部定官尺加一寸爲今量田準尺。核之，準今我鄉成衣尺九寸六分。合前刊準尺，則前明道里之數校近於今，田畝之數校小於今，於此可據。）

古今尺律，當時雖考校至準，而歷久必差。蓋竹木有新舊，銅鐵有磨礲，彼此照造，以漸失之也。故後人於時移世易之後，得一古玉律、古銅尺如至寶，職此故也。余所刊尺式，僅兩經寒暑，核之釐毫已爽，雖或比校改正，究亦難保無差，閲者諒之。

清・麟慶《河工器具圖説》卷一《宣防器具》 孟子曰：「權然後知輕重，度然後知長短。」漢《律曆志》：「權者，銖、兩、斤、鈞、石。度者，分、寸、尺、丈、引也。」司河防者，稱物估工，烏能離此？然尺有夏商周之别，稱有京浙廣之分。今部頒銅尺，周尺也。其分寸與漢劉歆銅斛尺、後漢建武銅尺、晉祖沖銅尺竝同。較諸晉玉尺、隋木尺、後周鐵尺、及現用之工尺、漕尺，均微短矣。至秤以二十四銖爲兩，十六兩爲觔，較諸京法稍增，廣法稍減。合諸宋皇祐新樂圖所載銖、稱無異，實浙法爾。

清・劉衡《勾股尺測量新法・造尺》 尺以堅木爲之，或範銅。其形爲帶。縱方即句股相乘之冪積。斜剖之爲兩句股。句股爲正方角，故尺四角務取極方。厚寸許，廣狹長短無定度。面界縱横各方線，愈細則測愈密。尺厚處每邊施母螺轉孔各二，孔距度每邊必等，所以受托版之筍，與斜測時，納窺管之背之釘者也。【略】

置尺法

置尺務直，以其爲正方角也。必於尺背厚邊施線，任其兩端下垂，以取真度。尺載於托版，以螺轉筍之。版聯於竿，以支片支之。尺角用目處，以窺管之針納於矩角之小管，以指所測之物，而窺之。

横置法　所測之度小於所知之度，則是以股測句也，則横置其尺。

直置法　所測之度大於所知之度，則是以句測股也，則直置其尺。

斜置法　或不欲正測，或不能正測，則於窺管背二小釘入尺邊孔，目從管窺所測之物，帶尺上下移就之。次於尺之昂角，以線鎮重物下垂，俟定即得真度矣。

荀勖尺（晉前尺）

唐・房玄齡等《晉書》卷一六《律曆志上》 起度之正，《漢志》言之詳矣。武帝泰始九年，中書監荀勖校太樂，八音不和，始知後漢至魏，尺長於古四分有餘。勖乃部著作郎劉恭依《周禮》制尺，所謂古尺也。依古尺更鑄銅律吕，以調聲韻。以尺量古器，與本銘尺寸無差。又，汲郡盜發六國時魏襄王冢，得古周時玉律及鐘、磬，與新律聲韻闇同。於時郡國或得漢時故鐘，吹律命之皆應。勖銘其尺曰：「晉泰始十年，中書考古器，揆校今尺，長四分半。所校古法有七品：一曰姑洗玉律，二曰小吕玉律，三曰西京銅望臬，四曰金錯望臬，五曰銅斛，六曰古錢，七曰建武銅尺。姑洗微强，西京望臬微弱，其餘與此尺同。」銘八十二字。此尺者勖新尺也，今尺者杜夔尺也。

荀勖造新鐘律，與古器諧韻，時人稱其精密，惟散騎侍郎陳留阮咸譏其聲高，聲高則悲，非興國之音，亡國之音。亡國之音哀以思，其人困。今聲不合雅，懼非德正至和之音，必古今尺有長短所致也。會咸病卒，武帝以勖律與周漢器合，故施用之。後始平掘地得古銅尺，歲久欲腐，不知所出何代，果長勖尺四分，時人服咸之妙，而莫能厝意焉。

史臣案：勖於千載之外，推百代之法，度數既宜，聲韻又契，可謂切密，信而有徵也。而時人寡識，據無聞之一尺，忽周漢之兩器，雷同臧否，何其謬哉！《世説》稱「有田父於野地中得周時玉尺，便是天下正尺，荀勖試以校已所治金石絲竹，皆短校一米」。又，漢章帝時，零陵文學史奚景於泠道舜祠下得玉律，度以爲尺，相傳謂之漢官尺。以校荀勖尺，勖尺短四分；漢官，始平兩尺，長短度同。又，杜夔所用調律尺，比勖新尺，得一尺四分七氂。魏景元四年，劉徽注《九章》云：王莽時劉歆斛尺，弱於今尺四分五氂，比魏尺其斛深九寸五分五氂；即荀勖所謂今尺長四分半是也。元帝后，江東所用尺，比荀勖尺一尺六分二氂。趙劉曜光初四年鑄渾儀，八年鑄土圭，其尺比荀勖尺一尺五分。荀勖新尺惟以調音律，至於人間未甚流布，故江左及劉曜儀表，並與魏尺略相依準。

鎮圭尺

《周禮》卷四一《冬官・考工記・玉人之事》　鎮圭尺有二寸，天子守之；命圭九寸，謂之桓圭，公守之；命圭七寸，謂之信圭，侯守之；命圭七寸，謂之躬圭，伯守之。

裁衣尺（鈔尺）

明・朱載堉《樂律全書》卷二二《律學新説二・審度篇第一之上》　臣謹按，見今常用官尺有三種，皆國初定制，寓古法於今尺者也。世人止知今尺而已，豈知寓古法哉！請詳言之。一曰鈔尺，即裁衣尺，前所謂織造段疋尺也。此尺與寶鈔紙邊外齊，是爲衣尺，又名鈔尺。【略】

校尺之法亦用紙條，自鈔紙邊外齊，用刀裁作一尺，均爲十寸，每寸均爲十分，是名衣尺。

量地尺（銅尺）

明・朱載堉《樂律全書》卷二二《律學新説二・審度篇第一之上》　三曰寶源局銅五尺，即上條所謂量地五尺也。此尺比鈔黑邊長，比鈔紙邊短，當衣尺之九寸六分。臣家收藏寶鈔數萬，大率同者多，而不同者少，是以取其同者校尺，其不同者不可校也。

營造尺（曲尺）

宋・趙悳《四書箋義・大學卷一》　如今木匠曲尺，尺頭爲句，尺梢爲股，尺頭與尺梢盡處相去爲弦。以句股中所容方直之積求之，則山之高、井之深、城邑之廣、道里之遠可以測知，此算術之極致也。

元・脱脱等《金史》卷四四《兵志》　凡選弩手之制，先以營造尺度杖，其長六尺，立之謂之等杖。取身與杖等，能踏弩至三石，鋪弦解索登踏閑習，射六箭皆上垜，内二箭中貼者。

元・脱脱等《金史》卷四七《食貨志二》　量田以營造尺，五尺爲步，闊一步，長二百四十步爲畝，百畝爲頃。

明・朱載堉《樂律全書》卷二二《律學新説二・審度篇第一之上》　二曰曲尺，即營造尺，前所謂方高一尺者也。此尺與寶鈔黑邊外齊，是爲今尺，又名曲尺。【略】

別取紙條，自鈔近邊黑道外齊，裁作一尺，均爲十寸，每寸均爲十分，是名營造尺。【略】

今制三種尺：鈔尺即裁衣尺；銅尺即量地尺；曲尺即營造尺。

清・胡彦昇《樂律表微》卷一《度律上》　朱氏《圖載》：「營造尺，即木匠曲尺。」今木匠曲尺，一尺得營造尺九寸。嘗詢匠氏曲尺異同，答云：「此名魯班尺，自古至今無二尺。」蓋明代營造尺由工部更定頒行，而匠氏自用其高曾之矩，故不同也。開元錢徑八分，以明營造尺圖校之，亦八分。以今曲尺校之，得九分。朱氏謂漢尺十寸當大錢十枚，今之曲尺亦然。然則明營造尺同唐尺，今之曲尺同漢尺。若是，則今之曲尺乃天下正尺，去一寸適合黃鍾矣。何古人求之甚難，而今得之甚易也？此未必然之事也。

清・張廷玉等《續文獻通考》卷一〇八《樂考八》　商尺者，即今木匠所用曲尺。蓋自魯班傳至於唐，唐人謂之大尺。由唐至今用之，名曰今尺，又名營造尺。

清・端方《大清新法令・營造尺說一》　《會典》：「工部營造尺即縱黍尺。」謹案康熙五十二年，聖祖仁皇帝御製《律吕正義》，以累黍定黃鐘之制，始以縱累百黍之尺爲律尺。律尺一尺當今尺八寸一分，是爲營造尺之祖。又謹案聖祖仁皇帝御製《數理精蘊》，定度、量、衡、表、尺。高宗純皇帝御製《律吕正義後編》定權、量、表。凡升斗，每方寸之容量；法馬，每方寸之重量；皆以營造尺之寸法定之。而復以金銀銅鉛四種立方寸之分兩，定營造尺寸法之準。三者互相爲用，故能精密不差，率循罔越。然皆以尺爲根本，故考定尺度，尤宜審慎。今工部營造尺之祖器既已無存，就欽天監所存康熙、乾隆兩朝之儀器，內務府所存乾隆時之嘉量考校。因器有重製，質有漲縮，其尺寸亦微與載籍不符。惟有倉場衙門所存康熙四十三年之鐵斗，其面底方寸之度，與欽定《律吕正義》所圖今尺之度(即營造尺所自出)若合符節，最堪依據。各省咨送到部之營造尺，以代經更製，亦互有差別。祗吉林之營造尺、煙臺之官尺，則與圖相脗合，是舊製未盡磨滅，洵屬信而有徵。擬即以《律吕正義》之尺度爲今營造尺之尺度，以與各國通行之法國邁當尺相校，適合法尺三十二生的邁當之數，即法國一邁當合中國尺三尺一寸二分五釐之數。彼此比例皆便於計算，似可通行無礙。並增定曲尺、摺尺、鏈尺、捲尺四種，以期適於行用。凡所增定，皆爲通俗便民起見，故種類必求完備。但無論何種式樣，其尺寸總不得與制定之度數相違，庶昭畫一而資慎守，其權量增定已制亦如之。至各器之長短、大小、輕重，及製造之材料，別列爲總表，茲不具述。

象列尺　象牙尺　骨尺

宋・李昉等《太平御覽》卷八三〇《資産部十・尺寸》　《魏武上雜疏》曰：「中宮用物，雜畫象列尺一枚，貴人、公主有象牙尺三十枚，宮人有象牙尺百五十枚，骨尺五十枚。」

黍尺

明・朱載堉《嘉量算經》卷上《黃鍾面冪周徑真數第十》　古黃鍾，凡三種，一曰縱黍尺黃鍾，長八寸一分。《淮南子》曰：「黃鍾位子，其數八十一。」指此也。二曰斜黍尺黃鍾，長九寸。《後漢志》曰：「黃鍾律九寸。」指此也。三曰橫黍尺黃鍾，長一尺。《史記》曰：「黃鍾子一分。」謂整一分即是一尺。《前漢志》曰：「度本起於黃鍾之長」，又曰：「太極元氣，函三爲一。」又曰：「竹算徑一分，象黃鍾之一。」《敘傳》贊曰：「元元本本，數始於一。」此則指黃鍾橫黍律，其長一尺之明證也。雖有三種之說，算經求度量，取整數易算，只據橫黍，百分爲尺。故《周禮》曰：「鬴深一尺」，即知黃鍾，長一尺也。

明・朱載堉《樂律全書》卷二二《律學新說二・審度篇第一之上》　黍法三種尺：縱黍八十一分之尺；斜黍九十分之尺；橫黍一百分之尺。

步弓尺　弓尺　步弓

清・黃六鴻《福惠全書》卷一〇《清丈部・定步弓》　丈田地以步弓爲準，其弓悉用憲頒舊式。每村鄉地，照式各備數張，呈縣驗明印烙，方許應用。

《大清會典則例》卷三五《戶部》　(順治)十二年題准，部鑄步弓尺分頒直省，使丈量時悉依新制。**【略】**

(乾隆)五年奏准，直省弓尺，長短不齊。應令各督撫將見行丈地之弓尺，較準長短，製造式樣，送部存案。凡有應丈田地，照依各本省送部弓式，秉公丈勘。如有私行增減，任意盈縮，將丈地官嚴行治罪。督撫等失察一并議處。

(乾隆)十五年奏准，自順治十二年部鑄弓尺頒行天下，康熙年間復行嚴禁，如有盈縮，定以處分。迨後各省弓尺多有不齊，參差無定。乾隆五年行直省各將該地方舊用弓尺開明報部，惟直隸、奉天、江西、湖南、甘肅、四川、雲南、貴州並兩淮、河東二鹽場仍遵部頒弓尺，並無參差不齊。至山東、河南、山西、江蘇、安徽、福建、浙江、湖北、西安等省，或以三尺二三寸，或以四尺五寸，或以六尺五寸，或以七尺五寸爲一弓。或二百六十弓，或七百二十步爲一畝。長蘆鹽場三尺八寸爲一弓，三百六十弓、六百弓、六百九十弓爲一畝。均未遵照部頒弓尺。今若令各省均以部定五尺之弓，二百四十弓爲一畝。倘部頒弓尺大於各省舊用之弓，勢必田多闕額，正賦有虧；小於舊用之弓，又須履畝加徵，與民生未便。且經年久遠，一時驟難更張。除直隸、奉天等省原遵部頒弓尺，毋庸置議外，其山東、河南等省弓尺不齊之州縣，已據各該撫開明不齊緣由，報部存案，亦毋庸再議增減。嗣後有新漲新墾升科之田，務遵部頒弓尺丈量，不得仍用本處大小不齊之弓，如有私自增減盈縮，照例處分。

清・張廷玉等《清朝文獻通考》卷一《田賦考》 定丈量規制，凡丈量州縣地，用步弓；各旗莊屯地，用繩。如有民地缺額，督撫詳查開除。至十二年，頒部鑄步弓尺於天下，廣一步，縱二百四十步爲畝。

量田尺

清・鄭光祖《一斑録》附編一《權量》 量田尺　武林沈士桂丹甫，康熙時人，著有《算法大全》，刊定尺式，每尺合裁衣尺九寸五分。（意木板久而銷縮，當是九寸六分，與下藩臺頒下量河尺同也。）云此尺立方二千五百寸，爲量一石。以工部營造尺立方三千一百六十寸爲石，計之只九斗六升有零，以我邑河下斛計之，只八斗八升五合不足，殆此尺必有本也。（每尺準裁衣尺九寸六分算。）

以本縣丈量書所執掌步弓核之，每弓合此尺五尺。

按衍聖公孔尚任《銅尺記》明部定官尺一尺合夏尺，即同今裁衣尺八寸六分强（稍寬也）。加一寸（爲九寸六分），爲今量田尺，似與此尺不異，則即以此尺爲今量田尺，可也。

量米尺

清・鄭光祖《一斑録》附編一《權量》 阮漕臺量米尺　芸臺阮公元爲漕督（乾隆年間），漕艘五千經過，量算繁劇，公自製尺式。立方一尺合漕斛一石，量算便易，其尺式一尺合裁衣尺一尺二寸七分半。其立方一尺合裁衣尺立方二千七十二寸有零。我邑河下斛一石，約居裁衣尺立方二千五百寸爲準。以此量一石，校之只合彼河下斛八斗四升不足。姑存其式備查。

量河尺

清・鄭光祖《一斑録》附編一《權量》 藩臺量河尺　道光十四年三月，開濬白茆河，上臺頒發丈竿兩次。前一次其尺一尺合裁衣尺九寸六分强，後一次其尺一尺合裁衣尺九寸二分。今以其前尺定爲制，則與《銅尺記》所云適符也。

圍木尺

清・鄭光祖《一斑録》附編一《權量》 東西兩滙圍木尺　此尺一尺合成衣尺九寸八分。

木行論價稱換，（土語口音呼作貫，實换字也。）换大小，依木時價，貴賤無一定。而蘇州東西兩滙，各行圍量碼子則一定。似碼子因木大小爲重輕，實有緣情定制之義，姑録之備查。（量木圍圓，例必去根五尺量。）

（木圍）七寸	碼一分
七寸半	碼一分二釐半
八寸	一分半
八寸半	一分七釐半
九寸	二分
九寸半	二分二釐半
一尺	二分半
一尺五分	三分
一尺一寸	三分半
一尺二寸	四分半
一尺三寸	六分
一尺四寸	七分半
一尺五寸	九分
一尺五寸半	一錢五釐
一尺六寸	一錢二分

一尺七寸	一錢五分
一尺八寸	一錢八分
一尺九寸	二錢三分
二尺	二錢八分
二尺一寸	三錢三分
二尺二寸	三錢八分
二尺三寸	四錢三分
二尺四寸	四錢八分
二尺五寸	五錢三分
二尺五寸半	五錢八分
二尺六寸	六錢三分
二尺七寸	七錢三分
二尺八寸	八錢三分
二尺九寸	九錢三分
三尺	一兩三分
三尺一寸	一兩二錢三分
三尺二寸	一兩四錢三分
三尺三寸	一兩六錢三分
三尺四寸	一兩八錢三分

若圍量，每寸之餘多半寸，碼亦加半；多四分，亦作半寸；多七分，即作一寸。

清·麟慶《河工器具圖説》卷一《宣防器具》 又有圍木尺，其制每尺較銅尺大五分，較裁尺小三分，其質以竹篾、熟皮、籐條爲之，均可專備圍收木植之用。俗例：龍泉碼，離木鼻關口五尺圍起；漕規碼，離木鼻關口三尺圍起。

數學精詳尺

清·鄭光祖《一斑録》附編一《權量》 屈氏數學精詳尺 同邑屈曾發省園著有《數學精詳》，刊定尺式，每尺合裁衣尺八寸七分，不知何本。而漫云工部營造尺，今爲校核，而知非也。諸如此者，均未可輕信。闊八分，則合此尺無差。

夏尺

清·鄭光祖《一斑録》附編一《權量》 夏尺 此尺立方二千五百寸，爲常熟河下斛一石。

蘇州楓橋斛一石，合此尺立方二千四百寸，校常熟河下斛少一百寸，爲少四升。

以工部營造尺立方一寸，定金銀、玉石、牙角、沈檀各物重輕。

赤金十六兩八錢	紋銀九兩
水銀十二兩二錢八分	紅銅七兩五錢
白銅六兩九錢八分	黄銅六兩八錢
鋼六兩七錢三分	生鐵六兩七錢
熟鐵六兩七錢三分	六錫七兩六錢
高錫六兩三錢	倭鉛六兩
黑鉛九兩九錢三分	白玉二兩六錢
金泊八錢	白瑪瑙二兩三錢
紅瑪瑙二兩二錢	硨磲一兩五錢二分
青石二兩八錢八分	白石二兩五錢
紅石二兩五錢六分	□牙一兩五錢四分
牛角一兩九錢	沉香八錢二分
白檀八錢三分	紫檀一兩二分
花梨八錢七分	楠木四錢八分
黄楊七錢五分	烏木一兩一錢
油八錢三分	水九錢三分

地上二百五十里，合天上一度。周天三百六十度，合地周九萬里。今《會典》則云地上二百合天上一度，未知於何徵信。

摺尺

清·端方《大清新法令·摺尺説三》 直尺過長，即不便攜帶。故東西各國皆有摺尺之制。並有兩面，用兩國或數國尺度以資比較者，實爲簡便詳密。案《漢志》言度制，用銅，長一丈，用竹，長十丈，疑亦是摺尺。否則十丈之尺，安所置之？今採取其制，增定此項。摺尺，擬即以中國及英、法、日三國之尺度，分列兩面，以商業、製造、科學所用，皆此三國尺度爲多也。如欲多列數國之尺度，或除此三國外，另列他國之尺度爲一種，均可從，宜製造。

鏈

清・杞廬主人《時務通考》卷三〇《測繪中》　鏈之尺寸　工程家平時量地所用之鏈，長二十二碼（即六十六尺）。英國一畝之地，縱六百六十尺，廣六十六尺，所以用此長鏈量產業面積，最爲便捷。

清・徐建寅《兵學新書》附卷《測地繪圖》　量地用細鏈（每節一尺）或繩，長一百尺，用扦十枝。用二人，一在前，一在後。前人右手持鏈之一端，左手持扦十枝。後人右手持鏈之一端，而立於起量之點。前人依方向前行，至鏈曳緊，將一扦插地再前行。後人亦隨行至插扦處停止，以鏈端對扦。前人再將一扦插地，後人左手拔取初插之扦，前人再向前行。照此爲之，至後人收取十扦，皆在手中，即知所量者爲一千尺，記於書內。後人將所收十扦全付與前人，再依此法量之，至到彼點止。用鏈時必留心，使鏈相平，因凡量相距，必須合地平也。地面兩處有高低者，若將鏈曳平，則離地面而中必下彎不準，不如以鏈靠地面，而將其高低數核計爲平，相距更準。

鏈尺

清・端方《大清新法令・鏈尺說四》　《皇朝通志》：順治十年定丈量規制，頒部鑄步弓尺。凡州縣用步弓，依秦漢以來舊制，廣一步，縱二百四十步爲一畝。各旗莊屯田用繩，每四十二畝爲一繩。六畝爲晌，七晌爲繩。乾隆十五年復經申明，以部定五尺之弓，二百四十弓爲一畝。四十六年又改旗田，統以畝計，不用晌繩之名。見俞正燮《癸巳存稿》。其大制則縱黍營造尺，長五尺爲弓，方五尺爲步。畝積二百四十步，里長三百六十弓。頃有百畝，頃積二萬四千步。畝爲十分，分積二十四步是也。今各省量地，罕用步弓，多用木尺。閩廣并有用康熙錢，十枚排爲一尺，以代弓尺者。惟旗地尚多用繩，現南苑墾務局之繩尺用鐵製，以一只爲一節，每五尺加一鐵圈。每繩長二十弓，與東西各國鏈尺之制相同。即各處鐵路勘線，亦用外國鏈尺，不用步弓。詳考舊日，弓形可以意爲，短長並得手爲，高下滋弊既多，勢須改作繩尺。雖較弓形爲準便，然亦有斜曲之虞，擬即一律改用鏈尺。鏈字見《說文》，以爲計畝計里之標準。其長五尺爲弓，方五只爲步，二百四十步爲一畝，三百六十弓爲一里之制，應仍舊。

捲尺

清・端方《大清新法令・捲尺說五》　測量地形、登山陟水所用之尺，自以捲尺爲便。各國所製有用革、用麻、用金。類之不同，譯名亦有皮帶尺、捲尺之異。今採取其製，定爲捲尺。各省丈量木簰，向有用篾尺圍其圓徑者，謂之灘尺。海關即多用皮帶圍之，擬即附屬此種，以便量圓及估計凸凹之用。

界尺

明・陸仲玉《日月星晷式》　造界尺　若界尺欲驗其直否，則任依其一邊畫線。試如界尺在北，畫線在南，勿令線移，第轉尺，令其原邊在線南，線在尺北，視其切合原線否。如合則直，否則曲矣。視不合處，而得尺之曲處也。或如前尺在線北，線在尺南，線不動，但反覆界尺，令其下面向上，東端向西，亦視界尺原邊與線切合否，即得其曲直處也。

勾股尺

清・劉衡《勾股尺測量新法・造尺》　尺以堅木爲之，或範銅。其形爲帶。縱方即句股相乘之冪積。斜剖之爲兩句股。句股爲正方角，故尺四角務取極方。厚寸許，廣狹長短無定度。面界縱横各方線，愈細則測愈密。尺厚處每邊施母螺轉孔各二，孔距度每邊必等，所以受托版之箝，與斜測時，納窺管之背之釘者也。

清・阮元《疇人傳》卷五二《國朝續補四・劉衡》　年来反復探索，輒以鄙意刱爲句股尺。其制長方，即句股相乘之積面，畫横縱諸線，凡山岳樓臺城郭之高，川谷之深，土田道里之遠，一測而得，不煩布算。但數尺面縱横各格，即得真距，無分秒差。

帶尺

清·杞廬主人《時務通考》卷三〇《測繪中》 量地所用帶尺，西名牽。長二十二碼，計六十六尺，分爲一百分，西名連。每連長七寸九二。十平方牽等於英國一畝。故有平方牽數，與其小分數，而以十約之，則得畝數。其所餘之小分數，以四乘之，即得分數。再餘之小分數，以四十乘之，即得釐數。

玉尺

南朝宋·劉義慶《世説新語·術解》 後有一田夫耕於野，得周時玉尺，便是天下正尺。荀試以較己所治鐘鼓、金石、絲竹，皆覺短一黍，於是始服阮神識。

丈

銅丈

漢·班固《漢書》卷二一上《律曆志上》 其法用銅，高一寸，廣二寸，長一丈，而分寸尺丈存焉。【略】丈者，張也。【略】銅爲物之至精，不爲燥溼寒暑變其節，不爲風雨暴露改其形，介然有常，有似于士君子之行，是以用銅也。用竹爲引者，事之宜也。

引

竹引

漢·班固《漢書》卷二一上《律曆志上》 用竹爲引，高一分，廣六分，長十丈，其方法矩，高廣之數，陰陽之象也。【略】引者，信也。【略】用竹爲引者，事之宜也。（唐·顔師古注：李奇曰：「引長十丈，高一分，廣六分，唯竹篾柔而堅爲宜耳。」）

算

《山海經·海外東經》 帝命豎亥步，自東極至於西極，五億十選九千八百步。豎亥右手把算，左手指青丘北。（郝懿行云：「亦言圖畫如此也。算當爲筭。《説文》云：筭長六寸，計曆數者。」）

矩角

清·劉衡《勾股尺測量新法·矩角》 以銅爲之，厚分，廣各寸，高眡其尺之厚，内隅磬折處綴銅管如甲，管孔細如髮，欲其受針也。針也者，窺管之針也。角之面各作母螺轉孔如丑，孔洞於尺角之體。用時，以矩角附尺角，以公螺轉二箍之若釘然。不用釘而用螺轉者，欲其移此角作彼角也。若四角各作距角，則用釘便。

窺管

清·劉衡《勾股尺測量新法·窺管》 以銅作薄管，小而圓，取極直。管内廣徑分愈細，則測愈真。望而眡之，欲其無窒也。任以一爲底，底綴銅線一，貫管之兩端。線也者，以爲弦也，故取極直。其一端眡管寸許，磬折下垂與管，作正方角形，謂之针，以入矩角之孔也。欲其利轉也，管背綴小銅釘二，長半寸。釘矩度如尺厚邊，母螺轉距度。斜測時以釘入尺，厚邊螺轉孔，使窺望也。

托版

清·劉衡《勾股尺測量新法·托版》 托版，所以安尺者。以木爲之，廣若尺之厚，有二孔，孔距度與尺厚邊母螺轉孔距度必等。用時置尺於版，以公螺轉箝之。箝尺版爲一，版端施屈戌著於竿，聯版竿爲一。版與竿張翕任意。竿用木，鋭其下，或更施鐵觜，令可植於地。竿内向版處，下作十數齟齬，以受支片。

支片者，支托版，置齟齬，上下移就，令其可低可昂，以定尺，以取端直也。

代弓繩

清·江蘇省輿圖總局《蘇省輿圖測法繪法條議圖解》 造代弓繩，以細生麻繩爲之。（粗則重而中輭，曳不能直。且與盤上子午直線難準。）較準營造尺十丈爲準。計共二十弓，十八繩當一里，每弓系以綢條爲記（不可系以重物）。繩之兩端，各餘三尺，末墜鉛少許。量地時，用尺杆三根。旁刻缺口，將繩扣入，豎立地上，使人曳繩令直，驗杆令平。乃以測向盤子午中線，就繩對準，看針頭指某向幾度，即知此路若干丈尺，爲某向幾度。

尺杆

清·江蘇省輿圖總局《蘇省輿圖測法繪法條議圖解》 尺杆長四尺，闊一寸，厚五分。皆準營造尺，以木爲之。正面出一中線，兩邊即照營造尺，逐寸逐分畫之。其一邊每間一寸，刻去二分。深際中線，爲四五缺口。（必四五者，備用多磨齒。）

測量時，將代弓繩扣入曳緊，以矩乙丙邊貼中線，甲乙邊湊繩下。看矢平與矩平齊，則杆直而繩之高下立見。若所差甚鉅，即以甲乙邊就繩斜勢，驗垂矢所切矩度。若所差無多，則將繩移出缺口，就甲乙邊取平，驗所切尺杆分寸。（無論孰高孰低，皆移前繩，後繩扣定莫動。杆長必四尺，則用盤用矩時，不致傴僂費力。）蓋矩有分無釐，（分率太密則難辨，矩身太大則重笨。）必十丈中高下一尺，方滿一分而可驗。故此杆一以補矩之不足，一以量繩，（不滿一繩而轉向，則餘繩須量。）一以測河岸高下，可兼三用。惟杆邊分寸，與矩度大不相同。（詳後《册式》記高下條。）必須分別矩杆二字記明，至爲緊要。（測陸用三杆。捷法：粗工甲乙丙三人，各執其一，乙丙曳繩，甲隨乙向前，丙與書手，隨測者在後。測者並後杆及矩於一手，先驗杆平，則比及繩直，而高下即見。一面測向，屬書手記之。而甲丙已一面曳繩向前，乙則執定前杆勿動。比測者到前杆，繩已曳直。一面測驗，乙又一面至第二次之前杆，執定勿動，則畢。甲丙復曳繩向前，測者亦隨至。如此則能速而準。計一日六時，以四時測量十里，兩時息力，晚宿舟中。四時按鐘錶，共四百八十分，十里共一百八十繩，計該二分六秒有零。測一繩二十步之路，盡從容矣。若止兩杆，兩粗工，則必待測者到前杆，方能曳繩向前，否則不知前杆落於何處。是一繩之路，走作兩繩工夫矣。能速即省，速一日便少一日費用，省一工轉添一倍工夫，不可不知。又近時有等處，村鎮稀少，雖在水陸通衢，而十許里間，往往無可棲泊，必須或進或退，趕上宿處，次早折回再測。又有山路難走，一日不及測十里，且須酌量住宿等處。是以條議中，大縣各路千二三百里，小縣各路七八百里，通計以四個月內一律稟齊，正不寬不迫也。）

比例規（度數尺）

明·徐光啓《新法算書》卷二一《比例規解》 比例規造法（一名度數尺，其式有二。）

一以薄銅板或厚紙作兩長股，任長一尺，上下廣如長八之一，兩股等長等廣。股首上角爲樞，以樞心爲心，從心出各直線，以尺大小定線數。今折中作五線，兩股之面共十線，可用十種比例之法。線行相距之地，取足書字而止。尺首半規餘地以固樞也。用時張翕游移。

一以銅或堅木作兩股，厚一分以上，長任意，股上兩用之際以爲心，規餘地以安樞。其一規面與尺面平，而空其中。其一剡規而入於彼尺之空，令密無罅也。樞欲其無偏也，兩尺並欲其無罅也。樞心爲心，與兩尺之合線，欲其中繩也。用則張翕游移之。張盡令兩首相就成一直線，可作長尺。或以兩半直角相就，成一直角，可作矩尺。

清·梅文鼎《度算釋例》卷一 作尺之度，用厚銅片，或厚紙，或堅木（黄楊等木）作兩長股。任長一尺，上下廣如長八之一，兩股等長等廣。股首上角爲樞，以樞心爲心，從心出各直線，以尺大小定線數。今折中作五線，兩股兩面共十線，可用十種比例之法。線行相距之地，取足書字而止。尺首半規餘地以固樞也。用時張翕游移，式如後。

比例尺式（即度數尺也，原名比例規，以兩尺可開可合，有似作員之器，故亦可云規。）

尺用兩股相並，股上兩用之際以爲心，規餘地以安樞，其一規面與尺面平，而空其中。其一刻規而入於彼尺之空，令密無罅也。樞欲其無偏也，兩尺並欲其無罅也。樞心爲心，與兩尺之合線，欲其中繩也。張盡令兩首相就成一直線，可作長尺，或以兩尺横直相得，成一方角，可作矩尺。【略】

此本爲畫圓之器，尺算賴之，以取底數，蓋相須爲用者也。用銅或鐵，亦如尺，作兩股。但尺式扁方，此可圓也。首爲樞，可張可翕，末鋭，以便於尺上取數也。當其半腰，綴一銅條横貫之，勢曲而長，如割圓象限之弧，與樞相應，得數後，用螺釘固之。【略】

凡算例，假如有言取某數爲底線者，並以規之兩鋭於平分線上，量而得之。其用底線爲得數者，並以規取兩尺上線相等之距，於平分線上量而命之，故規之兩鋭可當横尺。數度衍以横尺比量，反不如用規之便利，而得數且真也。

標竿（表）竿

漢《周髀算經》卷上　陳子説之曰：「夏至南萬六千里，冬至南十三萬五千里。日中立竿測影，此一者天道之數。周髀長八尺，夏至之日晷尺六寸。髀者，股也。正晷者，句也。正南千里，句尺五寸。正北千里，句尺七寸。日益表南，晷日益長。候句六尺，即取竹空徑寸，長八尺，捕影而視之，空正掩日，而日映空之孔。」

三國魏·劉徽《九章算術·序》　度高者重表，測深者累矩。

清·徐端《回瀾紀要》卷上　每十丈插一標竿，直至溜邊爲止，共計長若干。再於對岸崖上立一標竿，與溜邊標竿緊緊相對，緝量水面，尚寬若干。再自岸上標竿量至引河頭上，脣長若干。則壩頭應再做若干丈，可以約畧計之。

套竿

明·徐光啓《農政全書》卷一四《水利》　此岸下定木樁，人足抵樁立，對岸人亦於步盡處站定。樁上人將矩度對岸準平，對岸人豎起套竿，權繩取直，將套夾靠定套竿，漸移向下，兩岸取平。對岸人即於平處站定，或用土石記定。樁上人用矩度對準人足或記處，看在直景何度何分，用地平測遠法算得河面闊處。

直竿

清·杞廬主人《時務通考》卷三〇《測繪中》　用直竿代長尺　所用之長尺，有極巧妙者，行路之人可攜帶之。設人未備此物，可用直竿，上刻分寸之記號代之。持竿之人，必用白紙圜於分寸間，可以移動。用瓶水準之人，看紙已準，令停，即知紙在若干分寸。若相離稍遠，而不能辨其分寸之記號，則持竿者看之，而告於其人。

風雨表

清·杞廬主人《時務通考》卷一二《鐵路三》　風雨表以測高下，曩以水銀爲之，今愛乃勞阿表以法條爲之，以辨氣之輕重，至細而準。其寒熱度有時而差，每寸約差百分之一，或多或少。以水銀表較之，得所差數，算則因其數以增損之。凡用斯表有數端宜慎：一、較準後勿動；二、所差若干必審記毋忘；三、必置革囊中，勿近日，勿近火，勿近身。若置至熱至寒之處，所差必多，必取出待其寒熱調勻乃用之；四、閲表置必穩，勿觸動。

清·杞廬主人《時務通考》卷三〇《測繪中》　風雨表所得高低之數，不及諸器之準。但其山爲陡立，而所測之立相距甚大者，則此器又能省工，且用時無須多人。如其詳細而驗得各數，亦不致有大差。現在所作測山之風雨表，極便於攜挈。惟欲移至別處，須倒置之，而將水銀杯底之螺絲轉緊，則水銀不能摇動，而無撞破玻璃管之虞。

最精風雨表　最精之風雨表，另有一螺絲，能令□内之水銀面合〇度，其〇度，即刻分寸時管内水銀之高。【略】

空盒風雨表　空盒風雨表，能代水銀表測驗不甚高之處。現在所作空盒表，只能指到二十七寸半，所以二千尺以上者，不能用此表測之。此器比水銀表便於攜挈，而攜挈時亦不易壞。其理亦爲空氣壓力所動，惟水銀表壓住水銀之面，此表壓住空盒之面。盒内空氣抽盡之後，另添一種氣質少許，而不必令真空，因盒體受熱，則減去凹凸力，而二面欲自相近。此氣質受熱能自漲，而即藉以推開之。空盒之上有一板，其端挺以螺絲簧，空氣壓力或加、或減，則空盒面或凹，或凸，而板端或起，或落。另有二箇相連之桿，亦爲此板所動。二桿動表針之軸，此軸有一平螺絲簧，逆其桿而動，針爲桿所推前，簧隨而前。桿已退，而此簧牽針隨退，由是指出空氣壓力改變之數。

矩

矩尺

《周禮》卷四二《冬官考工記·車人之事》 車人之事：半矩謂之宣，（鄭玄注：矩，法也。所法者，人也。人長八尺而大節三：頭也，腹也，脛也。以三通率之，則矩二尺六寸三分寸之二。頭髮皓落曰宣。半矩，尺三寸三分寸之一，人頭之長也。柯欘之木頭取名焉。《易·巽》爲宣髮。）（賈公彥疏：釋曰：言「車人之事」，謂車人爲造車之事，此與下爲總目也。云「半矩謂之宣」者，以下文取此宣爲尺度，故先定宣之長短，如上「十分寸之一謂之枚」之類也。知「所法者，人也」者，以《易》云「《巽》爲宣髮」，則人頭名宣。又見下云「一柯有半謂之磬折」，與人帶已下四尺半爲磬折同，故知法人也。云「人長八尺」已下，鄭欲推出宣之長短之數，以人長八尺，三分之，六尺各得二尺。其二尺又取尺八三分之，各得六寸。又以二寸，寸爲三分，爲六分，三分之，各三分寸之二，故云頭也，腹也，脛也。以三通率之，則二尺六寸三分寸之二也。云「頭髮皓落曰宣」者，以得謂宣去之義，人髮皓白則落墮，故云此者，解頭名宣意也。云「半矩，尺三寸三分寸之一，人頭之長也」者，矩既二尺六寸三分寸之二，故藏半爲人頭之長，有此數也。云「柯欘之木頭取名焉」者，下云「一宣有半謂之欘，一欘有半謂之柯」，柯欘皆從宣上取數，故云頭取名焉。猶言取名於頭也。云「《易》曰《巽》爲宣髮」者，按《說卦》云：「其於人爲宣髮。」注：「宣髮，取四月靡草死，髮在人體，猶靡草在地。」今《易》文不作「宣」作「寡」者，蓋宣、寡義得兩通，故鄭爲宣不作寡也。引之者，證宣爲頭意也。）一宣有半謂之欘，（鄭玄注：欘，斫斤，柄長二尺。《爾雅》曰：「句欘謂之定。」）（賈公彥疏：釋曰：一宣有半得長二尺者，以一宣尺三寸三分寸之一，取半添之，一尺得五寸，三寸每寸三分，得九分，並前一分爲十分，取半得五分，三分爲一寸，餘二分，總爲六寸二分寸之二，添前尺三寸三分寸之一，爲二尺也。「斫斤」即《爾雅》「句」，一也。彼云「句欘謂之定」，故知此欘，斫斤柄也。）一欘有半謂之柯，（鄭玄注：伐木之柯，柄長三尺。《詩》云：「伐柯伐柯，其則不遠。」鄭司農云：「《蒼頡篇》有柯欘。」）（賈公彥疏：釋曰：知「長三尺」者，以其欘長二尺，云「一欘有半」，故知三尺。引《詩》者，《伐柯》詩之文也。先鄭引《蒼頡》者，蒼頡造文字，有篇名《蒼頡》。云「柯欘」，並是柄也。）一柯有半謂之磬折。（鄭玄注：人帶以下四尺五寸。磬折立，則上俛。《玉藻》曰：「三分帶下，紳居二焉。」紳長三尺。）（賈公彥疏：釋曰：此據人之所立磬折之儀。以上有宣及欘柯之長短，故因解人立磬折淺深也。又下文造耒，亦以磬折之，故云之也。云「一柯有半謂之磬折」，據紳帶以下而言也。引《玉藻》者，按彼子遊曰：「參分帶下，紳居二焉。」鄭注云：「三分帶下而三尺，則帶高於中也。」以其人長八尺，中則四尺，今云三分帶下，紳居二分，明帶上有一分，上三尺半，是帶下有四尺半可知也。）

《禮記·經解》 規矩誠設，不可欺以方圓。（孔穎達疏：規所以正圓，矩所以正方。）

三國魏·劉徽《九章算術序》 度高者重表，測深者累矩。

清·端方《大清新法令·矩尺說二》 《會典》營造尺之外，僅有裁衣尺，名目與營造尺同，爲直尺。各省木工間用曲尺，周規，折矩，自較直尺爲便。近日鐵工亦有用之者，故增定此項。曲尺，而正其名爲矩尺。法國有檢查尋常商用尺，及求微分寸用之曲尺二種，亦可倣製。日本之曲尺，則彼國內之制，毋庸比附。

清·江蘇省輿圖總局《蘇省輿圖測法繪法條議圖解》 造矩，以測高下遠近。以堅木爲之，較準營造尺六寸見方，厚半寸。四角鐫甲乙丙丁四字，自乙角至甲角，甲角至丁角，兩邊各用烏絲畫去一寸，謂之矩平。則兩絲中間，實得五寸見方。將自丁至丙，自丙至乙，兩邊各五寸之中，皆刻百分，開作十寸，謂之矩度。兩絲相際對甲角處，謂之矩極。齊矩極釘一小針，略作曲尺形，針上懸木如尺，左右活動，謂之垂矢。甲乙角之側邊，居中開一尖底小槽，深闊約二分餘，謂之矩準。用時如自下測高，則將乙角槽底緊貼人目，使所測之物逼入裡。如不敷用，不妨更接一紙也。（府圖每方二十里，省圖每方五十里。）

矩度

明·徐光啓《測量法義·造器》 測量者，以測望知山岳樓臺之高，井谷之深，土田道里之遠近也。其法先造一測望之器，名曰「矩度」。造矩度法，用堅木版或銅版，作甲乙丙丁直角方形。以甲角爲矩極，作甲丙對角線。次依乙丙、丙丁丙邊各作相近兩平行線。次以乙丙、丙丁兩邊，各任若干平分之。從甲向各分，各作虛直線，而兩邊之各外兩平行線間，則作實線。即外兩線間，爲宗矩極之十二平分度也。其各內兩平行線間，則於三、六、九度，亦作實線，以便別識。若以十二度更細分之，或每度分三、分五、分六、分十二，視矩大小作分。分愈細，即法愈詳密矣。次於甲乙邊上，作兩耳相等，耳各有通光竅。通光者，或取日光相射，或取目光透照也。或植兩小表代耳，亦可。其耳竅，表末須與甲乙平行，末從甲點置一線，線末垂一權，其線稍長於甲丙對角線，用時任其垂下，審定度分。

明・陳藎謨《度測》卷上《詮器》 泰西之有《測量法義》也，實本《周髀》舊術而加詳焉。器有矩度，以十二爲法，自乘積實，百四十有四。《周髀》亦曰兩矩共長二十有五，是謂積矩，是蓋《周髀》以五爲法也。積矩者何言？羃也。羃者何？大方之面也。立法十二，無不可通。然十二爲乘，十二爲分，不若夫十乘十，十分十之簡捷也。故今立法，以十爲度，積矩之度百，積矩之分千，積矩之細分萬，以至十萬百萬，詳密至矣。

矩之體以工尺，十有二寸爲率，大則倍之。極高深、極廣遠，非大莫能盡其量。已上則體重，已下則分淆。

器體平方命曰合矩。合矩者，并兩句兩股以成器也。上左兩廉以當長，長恒爲股；右下兩廉以分度，度恒爲句。上左角間爲兩表之首，横透以軸，是立矩極，以掛懸針。針者，度之可從分也。分度值其右曰直景，值其下曰倒景。表無定股，修者以象股度；無定句，短者以象句懸。針恒直以象弦，舊繫垂線，線多摇。今掛懸針，針易定也。上廉綴兩耳，耳竅通光，前耳以代表，後耳以當目，與物相參，參相直則弦定。弦定而物與目之句股肖其形。蓋以矩之上表，合境物之弦。斯矩之弦，與境物之從者並峙。境物從爲股，則直景之横以當句；境物從爲句，則左表之横以當股。故曰以修短爲句股，不以縱横爲句股也。在器爲小句股，所測爲大句股，形相等也。形相等則理與數無不等，是故廣遠高深，可坐而致。

矩之內體，毀方而爲圓，信圓之周則成句。矩之外體，破圓而爲方，展方之匝則成股。肖大圓大方，四象之一也。趙君卿曰：「體方則度景正，形圓則審實難。」蓋方者有常，而圓者多變，故當制法而理之，今此矩度盡方圓之法矣。

上右角間亦如左角，横透以軸，別植小表，與目等高。以右角背軸貫之，而登降以就所測之高廣。若測深遠者，則以左角背軸貫之，而登降以就所測之深遠。

清・江蘇省輿圖總局《蘇省輿圖測法繪法條議圖解》 矩度本一順一逆，分直景、倒景，重測得一直一倒者。又須臾變倒景爲直景，然後以勾股比例求之。今改自丁至乙，强作曲尺二尺，而以量代算，去諸名目，以期易曉。

度板

清・江蘇省輿圖總局《蘇省輿圖測法繪法條議圖解》 右度板，以細白紙印淺朱色，爲量所測之高遠深廣等用。中萬營造尺一尺，邊尺闊五分。其分率即準營造尺。直者爲高數深數，横者爲遠數廣數。或一分當數丈，或數分當一丈，皆可。中直線即皆直尺，以當矩上垂矢。其横線即皆横尺，以當地平。假如有山，不知其高，但知距遠二十丈，測得垂矢切一尺四寸五分。即將右玻璃紙矩，罩度板上，其弦之下端，齊横尺二十丈（此以一分當一丈）。斜向直尺，隨取消直線，上對矩極，（矩極最爲緊要，切不可忽。）下對所切矩度，看弦之上端際直尺處，用針穿一孔，畫一線如甲，便知此山高三十六丈四尺。（凡用單測者，皆不必畫線，以本只一線，但數尺邊便知。右爲演式故耳。）

尋引

唐・柳宗元《河東先生集》卷一七《梓人傳》 裴封叔之第，在光德里。有梓人款其門，願傭隙宇而處焉。所職，尋引、規矩、繩墨，家不居礱斫之器。（尋，八尺。引，十丈。尋引，所以度長短也。）

丈杆

清・麟慶《河工器具圖説》卷一《宣防器具》 《傳疑録》：「度起於黄鐘之長，後世十寸謂之尺，十尺謂之丈，凡公私所度皆以丈計矣。」丈杆五尺，杆爲查量土埽、磚石工程，並收料、垛石方必需之具。

夾杆(均高)

清・麟慶《河工器具圖説》卷一《宣防器具》　夾杆、均高,一物二名。對以峙之,故曰夾;齊以一之,故曰均。長二三丈,刻劃尺寸,上釘鐵圈,中有腰圈。量堤時,將杆分列於南北兩坦,若堤高一丈,將腰圈拉至一丈之處,堤上兵夫踏住篁繩,以視高矮。

篁繩

清・麟慶《河工器具圖説》卷一《宣防器具》　黄福《安南日記》:「篁,綷索。」《演繁露》:「杜詩舟行,多用百丈,問之蜀人,云水峻,岸石又多廉稜,若用索牽,遇石輒斷,不耐久。故擘竹爲大,瓣以麻索,連貫其際,以爲牽具,是名百丈。」百丈言其長也,近時多以絨線結成,而總名曰篁繩。凡量堤估工,必拉篁以視高卑長短,用時須隨大杆、均高等具。

地篁　雲篁

清・麟慶《河工器具圖説》卷一《宣防器具》　地篁,丈量堤之長短。每五尺用紅絨爲記,二人拉量,遠觀便知數目。雲篁稍細,用亦畧同。

弩機

宋・沈括《夢溪筆談》卷一九《器用》　予頃年在海州,人家穿地得一弩機,其「望山」甚長,「望山」之側爲「小矩」,如尺之有分寸。原其意,以目注鏃端,以「望山」之度擬之,準其高下,正用算家句股法也。《太甲》曰:「往省括於度則釋」,疑此乃度也。漢陳王寵善弩射,十發十中,中皆同處。其法以「天覆地載,參連爲奇,三微三小,三微爲經,三小爲緯,要在機牙」。其言隱晦難曉。大意天覆地載,前後手勢耳;參連爲奇,謂以度視鏃,以鏃視的,參連如衡,此正是句股度高深之術也。三經三緯,則設之於堋,以志其高下左右耳。予嘗設三經三緯,以鏃注之,發矢亦十得七八。設度於機,定加密矣。

測高器

清・杞廬主人《時務通考》卷三〇《測繪中》　魯邊生測高器　英人魯邊生刱一測高之器,用玻璃管,徑一寸又四分寸之一,長十四寸。一端有小泡,泡之容積比管之容積大三四倍,管上刻度分。玻璃管挂於抽氣罩内,管口置於有水之杯内。水熱爲六十二度,準水銀風雨表三十寸,抽出其氣,至水銀表二十九寸,則將管口放下水内,隨放空氣進罩,即於管作水面之識。再抽空氣,至水銀表二十八寸,再放於水内,再令空氣進罩,又作水面之識。如此爲之,至管上記號足用。以此法測山之高,可用數管,如前法爲之。測地者,令人各攜一管,並馬口鐵筒盛水少許,至各高處,將空管之口插在水内,則管内所容之氣即此高處之氣。攜下其器,水漸上升,視水面對於管上之識,即知其山之高數。所有改正之差,爲空氣熱度,並水銀表之數。此器較便於水銀表,如有多山之處,用此法易得其畧數。

丈量步車

明・程大位《算法纂要》卷三　外套,似無底蓋墨匣,兩旁木,比十字木。空長,存作兩頭横木。插角合栒,内空僅容十字轉動。下横木,鑿一偏眼,後高前低出蔑。上可釘環,下釘鑽脚。十字中心,如墨斗攪轉之心。作曲尺樣三折,裝在十字中心,内者方而不動,外者俱圓,活動,以便收放。即似紡車之形,套匣上頭横木之下。鑿一眼,其十字四頭各開一口,但遇一頭湊著匣眼,用栓栓之,置鎖。其蔑,擇嫩竹,竹節平直者,接

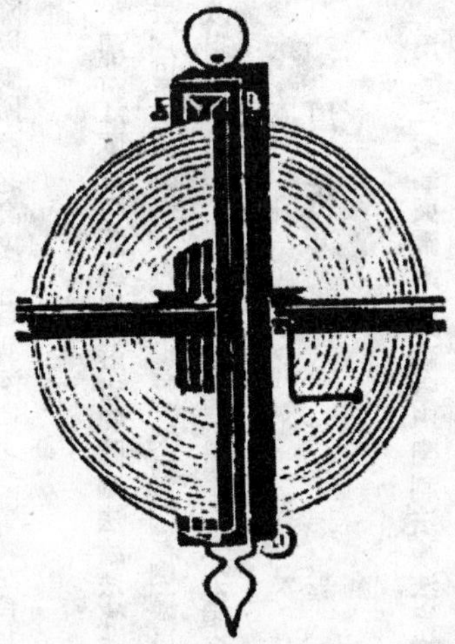

頭處用銅絲紮住。蔑上逐寸寫字，每寸爲二厘。二寸爲四，三寸爲六，四寸爲八，不必「厘」字。五寸爲一分，自一分至九分，俱用「分」字。五尺爲一步。依次而增，至三十步以上，或四十步以下，可止。蔑上用明油油之，雖泥汙可洗。

記里鼓車　大章車

南朝梁・沈約《宋書》卷一八《禮志五》　記里車，未詳所由來，亦高祖定三秦所獲。制如指南，其上有鼓，車行一里，木人輒擊一槌。大駕鹵簿，以次指南。

南朝梁・蕭子顯《南齊書》卷一七《輿服志》　記里鼓車。（制如指南，上施華蓋子，綦衣、漆畫，鼓機皆在內。）

唐・魏徵等《隋書》卷一〇《禮儀志五》　記里車，駕牛。其中有木人執槌，車行一里，則打一槌。

唐・房玄齡等《晉書》卷二五《輿服志》　記里鼓車，駕四，形制如司南，其中有木人執槌向鼓，行一里則打一槌。

唐・虞世南《北堂書鈔》卷一四〇《車部二・司馬車六》　大章車，崔豹《古今輿服注》云：「大章車，所以識道程也。起於西京，亦曰記里車。《上方故事》有作車法。」

唐・杜佑《通典》卷六四《禮二十四・記里鼓車》　記里鼓車，東晉安帝義熙十三年，劉裕滅後秦所獲，未詳其所由來。制如指南車，駕駟，中木人執槌向鼓，行一里則打一槌。宋因之不易。大駕鹵簿，次指南車後。齊因宋制，飾加華蓋子，綦衣、漆畫，鼓機皆在內也。梁因齊制，改駕以牛，大唐復修。大駕鹵簿，次指南車後。

宋・歐陽修《太常因革禮》卷二二《總例二十二》　記里鼓車，一名大章車。赤質，四面畫花鳥，重臺，句欄，鏤栱。行一里則上層木人擊鼓，十里則次層木人擊鐲。一轅，鳳首，駕士舊十八人，雍熙四年增爲三十人，服繡對鸞。天聖五年十一月，內侍盧道隆上言：「記里鼓車，其車獨轅雙輪，箱上爲兩層，各安木人，手執木槌，腳輪各徑六尺，圍一丈八尺，腳輪一周而行地三步。古法六尺爲步，三百步爲里。今法五尺爲步，三百六十步爲里。立輪一隻，附於左腳，徑一尺三寸八分，圍四尺一寸四分，出齒十八，齒間相去二寸三分，下平輪一隻，徑四尺一寸四分，圍一丈二尺四寸二分。出齒五十四，齒間相去與附立輪同。立貫心軸一條，上安銅旋風輪一枚，出齒三，齒間相去一寸二分。中立平輪一隻，徑四尺，圍一丈二尺，出齒百，齒間相去與旋風輪等。次安小平輪一隻，徑三寸少半寸，圍一尺，出齒十，齒間相去一寸。上平輪一隻，徑三尺少半尺，圍一丈，出齒百，齒間相去與小平輪同。其中平輪轉一周，車行一里，下一層木人擊鼓。上平輪轉一周，車行十里，上一層木人擊鐲。都用大小輪八隻，共二百八十五。齒遞相鉤鎖，犬牙相制，周而復始。」亦詔有司依此製造。

宋・王應麟《玉海》卷七八《車服・黃帝指南車　周司南車》　《黃帝內傳》：「玄女爲帝制司南車當其前，記里鼓車居其右。」

宋・王應麟《玉海》卷七九《車服・天聖記里鼓車　大章車》　《三朝志》：「記里鼓車，一名大章車。赤質，四面畫花鳥，重闌，鏤栱。一轅，鳳首。行一里，則上層木人擊鼓，十里則次層木人擊鐲。天聖五年十一月，內侍盧道隆剏記里鼓車。其車獨轅，雙輪，箱上爲兩重刻。木人手執木槌，輪一周而行地三步。其中平輪轉一周，車行一里，下一層木人擊鼓。上平輪轉一周，車行十里，上一層木人擊鐲。凡用大小輪八，合二百八十五齒，遞相鉤鎖，犬牙相制，周而復始。」《燕肅傳》：「嘗造指南、記里鼓二車，及欹器以獻，又上蓮花漏法。」《黃帝內傳》曰：「玄女爲帝制司南車當其前，記里鼓居其右。」崔豹《古今注》曰：「大章車，所以記道里。起於西京，亦曰記里車。車上爲二層，皆有木人，行一里下層擊鼓，行十里上層擊鐲。《尚方故事》有作車法。然則自黃帝造之，非兩漢所作也。漢甘泉鹵簿，晉中朝大駕有之，並駕四，漢曰記道車。晉滅後，秦獲之。形如指南車。」【略】

《文苑英華》：「張彥振指南車，賦北斗：『在天司南，在地扃闢。脉湊衡樞，星設帝容。順動王途，允泰備屬。車引行旆，候薰風而進指，仰卿雲而垂蓋。援枹鼓於天街，動輗軏於霜仗。候之節步，先以啓行。節六鼓以晷駭，首五路而鱗次。』」張衡應間曰：「參輪可使自轉，木彫猶能獨飛。」

元・馬端臨《文獻通考》卷一一七《王禮考十二》　大觀元年，內侍省吴德仁獻記里鼓車之制。（其法：車箱上下爲兩層，上安木人二身，各手執木槌。輪軸共四。內左壁車輪上立輪一，安車箱內，徑二尺二寸五分，圍六尺七寸五分，二十齒，齒間相去三寸三分五釐。又平輪一，徑四尺六寸五分，圍一丈三尺九寸五分，出齒六十，齒間相去二寸四分。上大平輪一，通軸貫上，徑三尺八寸，圍一丈一尺，出齒一百，齒間相去一寸二分。立軸一，徑二寸二分，圍六寸六分，出齒三，齒間相去二寸二分。外大平輪軸上有鐵撥子二。又木橫軸上關捩、撥子各一。其於車腳轉一百，遭通輪軸轉周，木人各一擊鉦、鼓。）

附：測面積類器具

量面積器

清·杞廬主人《時務通考》卷三〇《測繪上》 度田用量面積器 每畝田之面積，欲在圖内推算者，用量面積器最能省工。其比例尺不可小於二十牽爲一寸，而可大至三四牽爲一寸。其二十牽爲一寸者，英國所作道路之圖；其三四牽爲一寸者，乃各産業之圖。路之尺寸必照法測量，每若干相距，作横線以證各數。其測量簿内，亦照法寫明各事線之左右，各要物必用經緯儀測角，而得其交點。測角之處，或在線之兩端，或在線中間便當之處，作圖之時得此角點，而從測量簿内得其各垂線。其餘相度之工，如田之界線，或别種線，更易爲之。雖有小差，必是極微之數。

量面積比例尺

清·杞廬主人《時務通考》卷三〇《測繪中》 此尺量取圖之面積，與量面積器相同，而做法與用法更簡。

測向類器具部

分論

司南

《鬼谷子・謀篇第十》 故鄭人取玉也，載司南之車，爲其不惑也。夫度材量能，揣情者，亦事之司南也。

《韓非子・有度》 夫人臣之侵其主也，如地形焉，即漸以往，使人主失端，東西易面而不自知。故先王立司南以端朝夕。

漢・王充《論衡》卷一七《是應》 司南之杓，投之於地，其柢指南。

南朝梁・蕭統《文選・賦丙》 俞騎騁路，指南司方。

唐・歐陽詢等《藝文類聚》卷七七《内典下》 幽隱長夜，未覩山北之燭；沈迷遠路，詎見司南之機。

宋・李昉等《文苑英華》卷一〇八《器用七》 崔曙《瓢賦》：「挹酒漿則仰惟北而有別，充玩好則校司南以爲可。」

清・彭定求等《全唐詩》卷二三二《杜甫・雞》 紀德名標五，初鳴度必三。夜至雞三鳴，始爲正月一。日殊方聽有，異失次曉無。慚問俗人情，似充庖爾輩。氣交亭育際，巫峽漏司南。

清・董誥等《全唐文》卷二九三《張九齡十一・祭張燕公文》 既道長而運短，豈祥降而惠終。人亡令則國失良相，學墮司南，文殞宗匠。

司南車　指南車

晉・崔豹《古今注》上《輿服第一》 大駕指南車，起於黃帝。帝與蚩尤戰於涿鹿之野，蚩尤作大霧，士皆迷四方。於是作指南車，以示四方。遂擒蚩尤而即帝位。故後常建焉。

大駕指南車，舊説周公所作也。周公治致太平，越裳氏重譯來獻白雉一、黑雉一、象牙一。使者迷其歸路，周公錫以文錦二匹，軿車五乘，皆爲司南之製。越裳氏載之以南，緣扶南林邑海際，朞年而至。其國使大夫宴將送至國而旋，亦乘司南，而背其所指，亦朞年而還。至始制車轄轊皆以鐵，及還至，鐵亦銷盡，以屬巾車氏收而載之，常爲先導，示服遠人而正四方也。車法具在《尚方故事》。漢末喪亂，其法中絶。馬先生紹而作焉，今指南車是其遺法也。

晉・陳壽《三國志》卷二九《魏書・方技傳》裴松之注 時有扶風馬鈞，巧思絶世。傅玄序之曰：「馬先生，天下之名巧也，少而遊豫，不自知其爲巧也。當此之時，言不及巧，焉可以言知乎？【略】先生爲給事中，與常侍高堂隆、驍騎將軍秦朗争論於朝，言及指南車，二子謂古無指南車，記言之虚也。先生曰：『古有之，未之思耳，夫何遠之有！』二子哂之曰：『先生名鈞字德衡，鈞者器之模，而衡者所以定物之輕重；輕重無準而莫不模哉！』先生曰：『虚争空言，不如試之易效也。』於是二子遂以白明帝，詔先生作之，而指南車成。此一異也，又不可以言者也，從是天下服其巧矣。」

南朝梁・沈約《宋書》卷一八《禮志五》 指南車，其始周公所作，以送荒外遠使。地域平漫，迷於東西，造立此車，使常知南北。《鬼谷子》云：「鄭人取玉，必載司南，爲其不惑也。」至於秦、漢，其制無聞。後漢張衡始復創造。漢末喪亂，其器不存。魏高堂隆、秦朗，皆博聞之士，争論於朝，云無指南車，記者虚説。明帝青龍中，令博士馬鈞更造之而車成。晉亂覆亡。石虎使解飛，姚興使令狐生又造焉。安帝義熙十三年，宋武帝平長安，始得此車。其制如鼓車，設木人於車上，舉手指南。車雖回轉，所指不移。大駕鹵簿，最先啓行。此車戎狄所制，機數不精，雖曰指南，多不審正。回曲步驟，猶須人功正之。范陽人祖沖之，有巧思，常謂宜更構造。宋順帝升明末，齊王爲相，命造之焉。車成，使撫軍丹陽尹王僧虔、御史中丞劉休試之。其制甚精，百屈千回，未嘗移變。晉代又有指南舟。索虜拓跋燾使工人郭善明造指南車，彌年不就。扶風人馬岳又造，垂成，善明鴆殺之。

南朝梁・蕭子顯《南齊書》卷一七《輿服志》 指南車。（四周廂上施屋，指南人衣裙襦天衣，在廂中。上四角皆施龍子竿，縣雜色真孔雀氉，烏布皂複幔，漆畫輪，駕牛，皆銅校飾。）

南朝梁・蕭子顯《南齊書》卷三四《劉休傳》 宋末，上造指南車，以休有思理，使與王僧虔對共監試。元嘉世，羊欣受子敬正隸法，世共宗之，右軍之體微古，不復見賁。休始好此法，至今此體大行。四上，出爲豫章內史，加冠軍將軍。卒，年五十四。

南朝梁・蕭子顯《南齊書》卷五二《祖沖之傳》 初，宋武平關中，得姚興指南車，有外形而無機巧，每行，使人於內轉之。昇明中，太祖輔政，使沖之追修古法。沖之改造銅機，圓轉不窮，而司方如一，馬鈞以來未有也。時有北人索馭驎者，亦云能造指南車，太祖使與沖之各造，使於樂游苑對共校試，而頗有差僻，乃毁焚之。

唐・房玄齡等《晉書》卷二五《輿服志》 司南車，一名指南車。駕四馬，其下制如樓，三級四角，金龍銜羽葆，刻木爲仙人，衣羽衣，立車上，車雖回運而手常南指。大駕出行，爲先啓之乘。

又 指南車，過江亡失。及義熙五年，劉裕屠廣固，始復獲焉，乃使工人張綱補緝周用。十三年，裕定關中，又獲司南，記里諸車，制度始備。

唐・虞世南《北堂書鈔》卷一四〇《車部二・指南車五》 一作司南，周公所作，馬鈞遺法。崔豹《古今注》曰：「指南車者，周公所作，周公致治太平，越裳氏重譯來朝，使者迷其歸路，以軿車五乘，皆爲司南之制，載之而朞年得返。其國奉使大夫宴將，送至國而還，亦乘司南，復朞年而返。上以其車屬巾車氏，行而載之，常爲先導，車法具在《尚方故事》。」漢末喪亂，其法中絕。馬鈞悟而作焉。今指南車，馬先生之遺法也。指南司方，左思《吴都賦》云：「俞騎騁路，指南司方。出車檻檻，被練鏘鏘。」輦常爲前導，崔豹《古今輿服注》云：「大駕指南車，已見上義。鄭人取玉，必載司南之車。」《鬼谷子》云：「鄭人之取玉也，必載司南之車，爲其不惑也。」注曰：「肅慎氏獻白雉，還，恐迷路，周公作指南車以送之。」越裳迷路，以軿車爲司南之制。崔豹《古今輿服注》並見上義。

唐・杜佑《通典》卷六四《禮二十四・指南車》 黄帝與蚩尤戰於涿鹿之野，蚩尤作大霧，將士皆迷四方，黄帝於是作指南車以示方，故後常建焉。周致太平，越裳氏重譯來獻，使者迷其歸路。周公爲司南之制，使載之南，周年至國，故常爲先導，示服遠人而正四方。後漢張衡始復創造，漢末喪亂，其器不存。魏明帝青龍中，令博士馬鈞紹而作焉。車上有木仙人，舉手恒指南，車箱回轉，所指微差。晉亂覆亡。東晉義熙十三年，劉裕平長安，始得此車，復修之。一名司南車，駕駟。其下制如樓，三級四角，金龍銜羽葆，刻木爲仙人，衣羽衣立車上，車雖回運，而手恒指南。大駕出行，爲先啓之乘。此車戎狄所制，機數不精，回曲頻驟，猶須人力正之。范陽人祖沖之有巧思，常謂宜更造。宋順帝升明中，齊高帝爲相，命沖之造焉。車成，使撫軍將軍、丹陽尹王僧虔等試之，其制甚精，百屈千回，未嘗移變。齊因宋制，加飾四周，箱上施屋。指南人衣裙襦，天衣在箱中，上四角皆施龍子，竿懸雜色真孔雀毦，布皂複幔，駕牛，皆銅鉸飾梁，復名司南車。大駕出，爲先啓之乘。後魏太武帝使工人郭善明造之，彌年不就。扶風人馬岳又造，垂成，善明酖殺之。大唐修之，備於大駕，行則先導。

宋・歐陽修《太常因革禮》卷二二《總例二十二》 指南車，一曰司南車。赤質，兩箱畫青龍、白虎，四面花鳳。重臺，句欄、鏤棋，四角垂香囊，上有仙人。車雖轉而手常南指。一轅，鳳首，駕四馬，駕士舊十八人。雍熙四年，增爲二十八人。服繡孔雀毦。天聖五年十一月六日，定王府記室參軍、工部郎中、直昭文館燕肅上言：「案指南車，天子出，常爲先導，示服遠人，而正四方也。自五代至於國朝，但設其車，以備法駕，而不聞得其制者。臣今創意成之，其車用獨轅，車箱外籠上有重構，立木仙人於上，引臂南指。用大小輪九隻，合齒百二十。腳輪兩隻，高六尺，圍一丈八尺，附腳立子輪二隻，徑二尺四寸，圍七尺二寸。出齒各二十四，齒間相去三寸。轅端橫木下立小輪二隻，徑三寸，鐵軸貫之。左小平輪一隻，徑一尺二寸，出齒十二。右小平輪一隻，徑一尺二寸，出齒十二。中心太平輪一隻，徑四尺八寸，圍一丈四尺四寸，出齒四十八，齒間相去三寸。中立貫心軸一條，高八尺，徑三寸，上載木仙人，其車行，木人南指。若折而東，推轅右旋，附右腳子輪，順轉十二齒，擊右小平輪一匝，觸中心太平輪，左旋四分之一，轉十二齒車。東行，木人交而南指。若折而西，推轅左旋，附左腳子輪，隨輪順轉十二齒，擊左平輪一匝，觸中心太平輪，右旋四分之一，轉十二齒。車行西，木人交而指南。若欲北行，或東或西，轉亦如之。」詔有司製造，仍付史館。

宋・王應麟《玉海》卷七八《車服・黄帝指南車　周司南車》 《黄帝內傳》：「女爲帝制司南車當其前，記里鼓車居其右。」崔豹《古今注・輿服第一》：「大駕指南車起黄帝，與蚩尤戰涿鹿之野。蚩尤作大霧，兵士皆迷，於是作指南車，以示四方，遂禽蚩尤，後代常建焉。」

宋・王應麟《玉海》卷七九《車服・歷代指南車》 《三朝志》：「指南車，一曰司南車。赤質，兩箱畫青龍、白虎，四面畫花鳥。重臺、句闌、鏤棋，四角垂香囊，上有仙人。車雖轉，而手常南指。一轅，鳳首，駕四馬，駕士舊十八人。雍熙四年，增爲三十人。」天聖五年十一月壬寅，直昭文館燕肅請造指南車。其表云：「黄帝與蚩尤戰涿鹿，蚩尤起大霧。將士不知所向，帝遂作指南車。又周成王時，越裳氏重譯來獻，使者迷惑失道，周公賜軿車以指南，使大夫張宴送之，周年至國。還，以屬巾車，王出常爲先導，示服遠人，而正四方。其後器法俱亡。」漢張衡、魏馬鈞繼作。屬世亂離，其器無傳。宋武平長安嘗爲此車，而製不精。順帝令祖沖之復造之。後魏太武帝使工人郭善明造，彌年不就。又命扶風馬岳造之，垂成而爲善明鴆死，其法遂絶。唐元和十五年十月辛巳，典作官金公立以其車及記里鼓車上之憲宗，閲於麟德殿，以備法駕。歷五代至國朝，不聞得其制者，今創意成之。

其法：用獨輈車，立木仙人於上，引臂南指，車雖轉而手常指南。又内侍盧道隆上所創記里鼓車，其車獨輈，雙輪，箱上爲兩重，上皆以其法下有司製之。皇祐五年十月二十一日丙辰，御延和殿，召輔臣觀指南車。大觀元年，内侍吴德仁始獻指南車、記里鼓車之制，天子宗祀大禮用之始廢。天聖中，燕肅盧道隆所製。

《晉志》：「司南車，一名指南車。駕四馬，其下制如樓，三級四角，金龍銜羽葆，刻木爲仙人，衣羽衣立車上，車雖回運，而手常指南。大駕出行，爲先啓之乘。記里鼓車，駕四馬，形制如司南。其中有木人執槌向鼓，行一里而打一槌。」

《宋志》：「指南車，其始周公作。後漢張衡始復創造，漢末其器不存。義熙十三年，宋武帝平長安，始得此車。其制如鼓車，設木人於車上，舉手指南。車雖回轉，所指不移。大駕鹵簿，最先啓行。此車機數不精，雖曰指南，多不審正。回曲步驟，猶須人功正之。范陽祖沖之有巧思，謂宜更造。」

《隋志》：「指南車，出爲先啓之乘。漢初置俞兒騎，並爲前驅。左太沖賦曰：『俞騎騁路，指南司方。』後廢其騎，而存其車。」

《唐志》：「天子有屬車十乘，一曰指南。行幸，陳於鹵簿，則分前後。大朝會則分左右。黄帝戰涿鹿，蚩尤作大霧，彌三日。將士昏迷，人皆惑，帝令風后法斗機，作指南車，以別四方。」

《通典》：「魏明帝青龍中，令博士馬鈞再造，車上有木仙人，手掌指南，車箱回轉，所指微差。晉亂復亡，石虎使解飛，姚興使令狐生又造。晉義熙十三年，劉裕平長安，始得此車於姚興。外有形而無機杼，每行使人自轉之。宋順帝昇明末，齊高帝輔政，使祖沖之追修古法，沖之改造銅機，圓轉不窮，而司方如一。馬鈞以來，未之有也。車成，使王僧虔、劉休試之。其制甚精，百屈千回，未嘗移變。齊因宋制，加飾四周，箱上施木，指南人衣裙襦天衣，在箱中，上四角皆施龍子竿，懸雜色真孔雀毦，布皂複幔，駕牛皆銅鉸飾。」

《宣和鹵薄記》：「唐初，指南車有其名，而車破壞。將作大匠楊務廉性巧，奉勑改作，終不能至。開元中，衛普善造車，令直少府監。元和中，巧工金忠義作指南車、記里鼓，憲宗於麟德殿觀之。」

宋·司馬光《資治通鑑》卷一一八《晉紀四十·安帝義熙十三年》 裕收秦彝器、渾儀、土圭、記里鼓、指南車送詣建康。其餘金玉、繒帛、珍寶，皆以頒賜將士。

又 《晉·輿服志》：「司南車，一名指南車，駕四馬。其下制如樓，三級四角，金龍銜羽葆。刻木爲仙人，衣羽衣，立車上，車雖回轉，手常南指。大駕出行，爲先啓之乘。蕭子顯曰：『指南車，四周廂上施屋，指南人衣裙襦天衣在廂中，上四角皆施龍子竿，緣唯色真孔雀毦，烏布皂複幔，漆畫輪，駕牛，皆銅校飾。記里鼓車制如指南，上施華蓋子，襟衣漆畫，鼓機皆在内。

元·馬端臨《文獻通考》卷一一六《王禮考十一》 晉自過江之後，舊章多缺。【略】

指南車，過江亡失，及義熙五年，劉裕屠廣固，始復獲焉，乃使工人張綱補緝周用。十三年，裕定關中，又獲司南、記里諸車，制度始備。

元·馬端臨《文獻通考》卷一一七《王禮考十二》 指南車，黄帝與蚩尤戰於涿鹿之野，蚩尤作大霧，將士皆迷四方，黄帝於是作指南車以示方，故後常建焉。周致太平，越裳氏重譯來獻，使者迷其歸路，周公爲司南之制，使載之南，周年至國。故常爲先導，示服遠人，而正四方。後漢張衡始復創造。漢末喪亂，其制不存。魏明帝青龍中，令博士馬鈞紹而作焉。車上有木仙人，舉手常指南。車箱迴轉，所指微差。晉亂覆亡。東晉義熙十三年，劉裕平長安，始得此車，復修之，一名司南車。駕駟，其下制如樓，三級四角，金龍銜羽葆，刻木爲仙人，衣羽衣，立車上，車雖迴運，而手恒指南。大駕出行，爲先啓之乘。此車戎狄所制，機數不精，迴曲頻驟，猶須人力正之。范陽人祖沖之，有巧思，常謂宜更造。宋順帝升明中，東齊高帝爲相，命沖之造焉。車成，使撫軍將軍、丹陽尹王僧虔等試之。其制甚精，百屈千迴，未嘗移變。齊因宋制，加飾四周，箱上施屋。指南人衣裙襦天衣，在箱中。上四角皆施龍子干，懸雜色真孔雀毦，布皂複幔，駕牛皆銅鈸飾。梁復名司南車，大駕出，爲先啓之乘。後魏太武帝使工人郭善明造之，彌年不就。扶風人馬岳又造，垂成，善明酖殺之。唐修之備，於大駕行則先導。宋一名司南車。赤質，兩箱畫青龍、白虎，四面畫花鳥、重台、句闌、鏤拱，四角垂香囊。上有仙人，車雖轉而手恒指南。一轅，鳳首，駕四馬。駕士三十人。天聖五年，燕肅復創意造之。（其法：用獨轅車，箱外籠。上有重構，立木人於上。用大小輪九，合齒一百二十。足輪二，高六尺，圍一丈八尺。附足立子輪二，徑二尺四寸，圍七尺二寸，齒各二十四，齒間相去三寸。轅端横木下，立小輪二，其徑三寸，鐵軸貫之。左小平輪一，其徑一尺二寸，出齒十二。右小平輪一，其徑一尺二寸，出齒十二。中心大平輪一，其徑四尺八寸，圍一丈四尺四寸，出齒四十八，齒間相去三寸。中立貫心軸一，其高八尺，徑三寸。上刻木爲人，其車行，木人南指。若折而東，推轅右旋，附右足，子輪順轉十二齒，擊右小平輪一匝，觸中心大平輪。左旋四分之一，轉十二齒，車東行，木人交而南指。若折而西，推轅左旋附左足，子輪隨輪順轉十二齒，擊左小平輪一匝，觸中心大平輪。右轉四分之一，轉十二齒，車正西行，木人交而南指。若欲北行，或東，或西，轉亦如之。）

徽宗大觀元年，内侍省吴德仁又獻指南車之制。（其制：身一丈一尺一寸五分，闊九尺五寸，深一丈九寸，車輪直徑五尺七寸，車轅一丈五寸。車箱上下爲兩層，中設屏風，上安仙人一，執仗左右。龜鶴各一，童子四，各執纓立四角，上設關捩。卧輪一十三，各徑一尺八寸五分，圍五尺五寸五分，出齒三十二，齒間相去一寸八分。中心輪軸，隨屏風貫下，下有輪一十三，中至大平輪。其輪徑三尺八寸，圍一丈一尺四寸，出齒一百，齒間相去一寸二分五釐，通上，左右起落。二小平輪，各有鐵墜子一，皆徑一尺一寸，圍三尺三寸，出齒一十七齒，間相去一寸九分。又左右附輪各一，徑一尺五寸五分，圍四尺六寸五分，出齒二十四，齒間相去二寸一分。左右疊輪各二，下輪各徑二尺一寸，圍六尺三寸，出齒三十二，齒間相去二寸一分；上輪各徑一尺二寸，圍三尺六寸，出齒三十二，齒間相去一寸一分。左右車脚上各立輪一，徑二尺二寸，圍六尺六寸，出齒三十二，齒間相去二寸二分五釐。左右後轅各小輪一，無齒，系竹簟並索，在左右軸上。遇右轉，使右轅小輪觸落右輪。若左轉，使左轅小輪觸落左輪，行（則）仙童交而指南。）

指南舟

南朝梁·沈約《宋書》卷一八《禮志五》　晉代又有指南舟。

明·丘濬《大學衍義補》卷一三四《治國平天下之要》　晉有指南舟。

臣按：今番舶於舵樓之下亦置盤針，蓋凡舟皆用盤針於舟中，以定方向，非專設爲一舟也。

指南魚

宋·曾公亮《武經總要》前集卷一五《浮水指南魚》　若遇天景曀霾，夜色暝黑，又不能辨方向，則當縱老馬前行，令識道路，或出指南車，或指南魚，以辨所向。指南車法世不傳。魚法：以薄鐵葉剪裁，長二寸，闊五分，首尾鋭如魚形，置炭火中燒之，候通赤，以鐵鈐鈐魚首出火，以尾正對子位，蘸水盆中，没尾數分則止，以密器收之。用時，置水碗於無風處，平放魚在水而令浮，其首常南向午也。

指南針　指北針　子午針

宋·沈括《夢溪筆談》卷二四《雜誌一》　方家以磁石磨針鋒，則能指南，然常微偏東，不全南也。水浮多蕩摇，指爪及盌唇上皆可爲之，運轉尤速，但堅滑易墜，不若縷懸爲最善。其法：取新纊中獨繭縷，以芥子許蠟綴於針腰，無風處懸之，則針常指南。其中有磨而指北者。余家指南北者皆有之。

明·徐光啓《新法算書》卷一《緣起一》　指南針者，今術人恒用以定南北。凡辨方正位，皆取則焉。然所得子午非真子午。向來言陰陽者多云泊於丙午之間。今以法考之，實各處不同。在京師則偏東五度四十分，若憑以造晷，則冬至午正先天一刻四十四分有奇，夏至午正先天五十一分有奇。然此偏東之度，必造針用磁悉皆合法，其數如此。若今術人所用短針、雙針、磁石同居之，針雜亂無法，所差度分或多或少，無定數也。今觀象臺有赤道日晷一座，及正方案，臣等以法考之，其正方案偏東二度，日晷先天半刻。計在當時，亦用羅經與表臬參定，故差數爲少。若專用羅經者，恐所差刻分多少亦無定數，而大抵皆失於先天。據此以候交食時刻，即其失不盡，在推步也。今但用表臬或儀器，以求子午真線，或依偏針加減，别造正線，羅經以與舊晷較勘，差數立見矣。

清·俞樾《茶香室叢鈔》卷二二《指南指北針》　宋沈括《夢溪筆談》云：【略】余家指南、北者皆有之。」按指北之針，世所未見。然既可使指南，亦自可使指北，其理一也。

又宋寇宗奭《本草衍義》云：「以針横貫燈心，浮水上，亦指南，然常偏丙位。蓋丙爲大火，庚辛金受其制，故如是。」按沈寇兩家之説，是宋時已有指南針，而未有羅盤。故其用針者，止有水浮及縷懸諸法也。

清・丁芮樸《風水祛惑・指南針》 指南針，亦曰子午針，未詳所起。毛詩《公劉》：「既景迺岡，相其陰陽。」毛云：「既景迺岡，考於日景，參之高岡。」鄭云：「既廣其地之東西，又長其南北。既以日景定其經界。」疏云：「日景定其經界者，民居田畝，或南或東，皆須正其方面，故以日影定之。居山之脊，觀其陰陽，則觀其山之南北也。大名則山南爲陽，山北爲陰。又定之方中，作於楚宫。揆之以日，作於楚室。」【略】

三代時見於經典者，惟有揆日瞻星，以正東西南北之位，未聞有指南針。觀毛君、鄭君之注，則兩漢亦未有也。考《夢溪筆談・雜誌》：「方家以磁石磨針鋒，則能指南，然常微偏東，不全南也。水浮多盪摇。指爪及碗脣上皆可爲之，運轉尤速，但堅滑易墜，不若縷懸爲最善。其法：取新纊中獨繭縷，以芥子許蠟，綴於針腰，無風處懸之，則針常指南。其中有磨而指北者。余家指南、北者皆有之。」《本草衍義》亦載有此説，又云：「以針横貫燈心，浮水上，亦指南。」觀沈存中、寇宗奭之言，當時第知作指南針之法，而不言用於羅經，則其所未見又可知矣。乃今術士輒曰羅經創自黄帝，已屬後人附會之詞，史承其誤。且針與車自是兩器，各各不同。考《晉書・輿服志》：「司南車，一名指南車，駕四馬，其下制如樓，三級，四角金龍銜羽葆，刻木爲仙人，衣羽衣，立車上，車雖回運，而手常南指，大駕出行，爲先啓之乘，其制法具在。」其謂指南車始於黄帝者，出《黄帝内傳》，是書《漢藝文志》、《隋經籍志》俱不載，後世僞記，不足爲證。考《漢書・地理志》：「黄帝作舟車，以濟不通。」《初學記》引譙周《古史考》：「黄帝作車。」《後漢書・郡國志》注引《帝王世紀》：「黄帝始作舟車」，案《周易・繫辭下》：「黄帝、堯舜氏作，刳木爲舟，以濟不通。服牛乘馬，引重致遠，故後人皆歸之耳。」班氏以後之説皆取諸此。然第曰作舟車，非指南也。其謂周公所作者，意林引物理論指南車，見《周官》。而《周官》無指南車之文，魏博士馬鈞第曰：「古有之，晉代又有指南舟。」皆不言其所創始。而術士謂指南針始自黄帝、周公，則更庸妄，不足究詰矣。

清・杞廬主人《時務通考》卷二五《電學五》 指南針　將吸鐵針平置於立柱之尖，令任活轉，自能指歸南北。即一端指向地球南極，一端指向地球北極，因名之曰指南針，針二端，謂南北二極。西國製羅盤，以北極爲主，於北極作識以别之。中國則以南極爲主，亦作識别之。凡二吸鐵器相遇，同則相推，異則相引。即此吸鐵針之北極推彼吸鐵針之北極，而引其南極，反之亦然。地球能感動吸鐵針之理，因北極能推針之彼端，而引此端，又南極能推針之此端，而引彼端。所以吸鐵針能恒向南北，如强轉令對别向，一放鬆而仍歸南北，故謂之指南針。

清・杞廬主人《時務通考》卷三〇《測繪上》 指南差數　凡用指南針補圖中之物，必依法考其差數。針之指向，不但每年改變，而每月每日亦改變。每日之差，夏大冬小。最大有十五分，最小亦七分。如英國極大差之日，其時在早七點鐘，有偏東之差，至午後二三點鐘，爲偏西之差，此後又漸偏東。但此每日之差，在測地之時尚可不計，因常用之。指南針本不能看清半度，雖能看清，亦不過四分度之一，故不必計此小差矣。

陸地指南針

清・杞廬主人《時務通考》卷二五《電學五》 陸地指南針　以鋼針容滿吸鐵氣，藏於木匣内，或黄銅匣内，戴於中心之尖上。匣底内有度分圈，另有二銅針，可移對某向。銅針之上，或另有照星。匣口鑲以玻璃片，使針不爲風所吹動。有銅小圈，能舉上切針，使針不動，放下而針即轉。匣底之度分圈，分爲三十二向，及四分向之一。其南北向點之式，與針之式略同。取其易定他物之方向，準針指之方向，必依各地之差而改之。

船用指南針

明・徐光啓《新法算書》卷一九《渾天儀圖説卷四・求海中舟道》 漂海者依指南針行，此定法也。總分針盤爲三十二向，如正南北東西，乃四正向。如東南、東北、西南、西北乃四角向，又有在正與角之中各三向，各相距一十一度一十五分，而各向線乃其過頂及交地平之大圈也。臨行時其道有三等，皆依盤上向線引舟，而實有與盤所載直線異同者，蓋正南北行則依針線所引之道與所指子午圈同。正東西在赤道下行，則以東西線所引之道與所指過頂之赤道圈同。若正東西在赤道内外行者，雖依東西線引舟，而其實所行之道與赤道爲平行，與線所指之圈則不同，線指過頂交地平大圈，因至地平并交赤道與之斜行，乃舟離去二界皆距赤道等，而路以直角交中子午圈，必與赤道平行。若西南、西北、東南、東北行，雖依針盤所分正角中諸線引舟，而其實所引之舟與所行之道異，蓋所行之道非大圈，亦非平行圈，且亦非圓圈線，何者？大圈因過天頂，斜交子午圈，則所交子午圈之角不等，必漸遠得角漸大，而平行圈皆以直角交，乃舟道之交子午者爲等角，隨處方向同，故自與大小等圈不同也。

今舟行正南北或正東西，赤道下即未嘗離子午，或赤道因而皆爲大圈，則須以度加減之，乃可得其路程，即正東西與赤道爲平行，亦不離此小圈。【略】惟斜行推路甚煩，故或以經緯推距度及方向，或以經及方向推距與緯，又或以緯與距度推經及方位，或以方向及距推經緯，必先知總方所引西南、西北、東南、東北全圈四分之一及原界之緯度所開，乃依本球求得，此簡法也。

清・杞廬主人《時務通考》卷二五《電學五》 船用指南針 用鋼針容滿吸鐵氣，而藏於匣内。針戴於中心之尖上，皆與陸地者相同，惟度分面連於針，與針同轉。測他物方向之用者，以匣藏於外箱之内，匣旁有兩平樞，連於平圈。平圈亦用平樞，連於立半圈。立半圈以立樞，連於箱底。匣旁之樞與平圈之樞，彼此正立。匣底有重物，無論船摇動如何，匣恒自平。度分面連於針，常用僅分三十二向，及四分向之一。測他物之方向者，則外周再分三百六十度，而自南極或北極起。故西南即南偏西四十五度也，東北東即北偏東六十七度三十分也，餘類推。匣口另有二照星，可測他物之方向，與指南針成之角度。人目在辛，照星孔觀庚，照星略對所測之物，旋轉其匣至照星孔間之細絲，正對所測之物時，觀面上之角度，即他物方向之角度。

英國戰船部指南針 英國戰船部信用之指南針，用吸鐵四條，度分而用雲母爲之，上糊薄紙，紙面印三十二向，外周連白銅，薄圈分三百六十度，針中之帽，用瑪瑙爲之。中心釘尖，用相合之金類爲之。匣用黃銅爲之。

望筒

宋・李誡《營造法式・補遺》 望筒長一尺八寸，方三寸。兩罨頭開圜眼，徑五分。筒身當中兩壁用軸，安於兩立頰之内。其立頰，自軸至地高三尺、廣三寸、厚二寸。晝望以筒指南，令日景透北。夜望以筒指北，於筒南望，令前後兩竅内正見北辰極星，然後各垂繩墜下，記望筒兩竅心於地，以爲南，則四方正。

池版 景表

宋・李誡《營造法式・補遺》 若地勢偏衺，既以景表、望筒取正四方，或有可疑處，則更以水池、景表較之。其立表，高八尺、廣八寸、厚四寸，上齊後斜，向下三寸，安於池版之上。其池版長一丈三尺，中廣一尺，於一尺之内隨表之廣刻線兩道，一尺之外開水道環四周，廣深各八分。用水定平，令日景兩邊不出刻線，以池版所指及立表心爲南，則四方正。

式盤

宋・楊惟德《景祐六壬神定經》下卷《釋造式第三十》 《玄女》曰：造式之法，以楓子爲天。楓子者，楓樹之別株。自生大枝傍，遠望與母齊，近視高下異也。又以棗心爲地，以象天地陰之象。楓者，衆木之精。棗者，群木之使。物之靈者，莫過於此。【略】

式局有三，木之道，以霹靂棗心爲上，檀木爲中，以柿木爲下。無霹靂棗心，取舊車軸，亦爲次也，須擇良者爲之。造式天中作斗杓，指天罡。次作十二辰，中列二十八宿，四維局。地列十二辰、八干、五行、三十六禽、天門地户人門鬼路四隅訖。天子式，天廣六寸象六律，地廣一尺二寸象十二辰。王公侯伯式，天廣四寸象四時，地廣九寸象九宮。卿大夫式，天廣三寸象三才，地廣七寸象七曜。士庶人式，天廣二寸四分象二十四氣，地廣六寸象六律。次局，天廣八分，象八卦，地廣三寸法三才也。刻式之法用十一月壬子日，神在内時，起手刻之，至甲子日，醮而盛以縫囊，依法加臨而佩之。

羅盤

清・俞正燮《癸巳存稿》卷六 羅盤近裏爲十二格，次爲二十四，次爲三十六，次爲七十二，次爲三百六十格。就外格彼此相勘，其綫益直，方位益審。其舊盤中針縫針不煩别出界畫，就定格偏上、偏下取之，即得其位。嘗思得一法，作圓池方盤，畫圓格五重，内重十二支，由北而西、而南、而東、而復北，其方位與各書異，乃仰觀星圖法也。外格俱依仰觀法填之，車上用之，以子内向，午向轅置盤不動，針之所指，即車所向之方。舟行者嵌盤舟内，以午外向，針所指則舟行方也。置海舟柁樓，與時行羅盤比校用之，其水路益準。覆驗門宅墓，但以子内向，尤易辨也。又見儀器中，定南針指時刻日晷儀，因作此盤，但以午向日，兩牆無影，則針之所指即其時刻。徐岳《術數記遺》云：「其一，八卦針刺八方，位闕從天，即是此盤。」是漢時已有之，後不傳此器耳。若以偏東、偏西爲南，蓋西洋謂中國南北極不正，其説已見宋沈括《筆談》。謂磁石磨針，微偏東，不全南，其説非也，請以西説證之。晉法顯《佛國記》云：「拘薩羅國佛論議處起精舍，道東有外道天寺。日在西時，精舍影射天寺，日在東時，天寺影北映，終不得映精舍。」此事不足道，而旁證取可爲據。日月隨星躔，出辰入戌，則中在未。天寺蓋在精舍東，僧徒夸言，亦以中在偏西。未位若中國日中，時正在午，豈得謂中國北極不正？磁石乃指大郎山，如西洋人之論邪？以《佛國記》推之，中國正南在午，佛國及西洋正南反在未，此又言羅盤、指南針者所當知也。今羅盤有先天八卦、元空五行、開禧顯慶天度，嘗深思之不得，其理術士言之有餘味焉，蓋各有肺腸矣。

流質羅盤

清・杞廬主人《時務通考》卷二五《電學五》 流質羅盤　船用之指南針，亦曰羅盤。近有人設法，羅盤内滿以酒醕，度分面浮其上，外蓋玻璃，封密不洩，又必慎其内不存氣泡。此種謂之流質羅盤，較前者更覺穩便。盤内有黑垂線，謂之中線，準對船頭。行船者欲知當時船行方向，則看度分面與中線相較之處紙面，即指船行之向。間有盤上玻璃蓋外，用二照星如天地。其中掛黑線一條，以便校準羅盤中線。與紙面相較之處，並可測他物之方向，與指南針所成之角度。

羅盤照星　將指南針裝以銅盒，或木匣，即爲羅盤。盤面有分度圈，爲三十二向。陸地用之測方向者，一邊有視孔，爲照星。其對邊有孔，可以對視照星，以測準方向或角度，及太陽出没時之方向。

航海羅盤

清・杞廬主人《時務通考》卷二五《電學五》 航海羅盤　海舟所用之羅盤，以圓式之盤，中懸指北鐵鍼，上加玻璃罩，復有水枰與遠鏡，俱懸於架。斯舟雖搖動，而盤自平穩矣。

測向羅盤

清・江蘇省輿圖總局《蘇省輿圖測法繪法條議圖解》 造測向羅盤，如堪輿所用之羅盤。但將盤面卯東酉西，各向對易。每向分五度，共一百二十度。測量時，不論所向何方，總將盤上子字正中，對準自身；午字正中，對準前面欲量之地。看針頭指某向幾度，即知其地爲某向幾度。

清・杞廬主人《時務通考》卷三〇《測繪中》 測向羅盤有活表面，自〇度起，至三百六十度止，而以共度分其半。指南針之重心有瑪瑙帽子，罩於釘尖，轉動極活，表面依指南針而用之。視孔有絲線一根，繫於其中，折光鏡亦有長小孔，兩孔相對，以便於觀視。孔與折光鏡皆有鉸鏈，不用之時，可以壓平折光鏡。能上下移動，則羅盤表面移過時之小分數必易見之。羅盤之活表面，欲其不動時，有一小簧在視孔之下，或在别處，可以止之。羅盤測角度。測向羅盤簡便易帶，且所測之角度皆爲地平面之角度，故行軍用之最宜。畫圖之法，初分三角形，而後補滿各物於其中，皆用此器。欲測太陽出没之角度，則必另加一暗鏡，有時用一鏡，可在視孔上移動，則所看之物或在眼上，或在眼下，能見其形。

清・徐建寅《兵學新書》附卷《測地繪圖》 測向羅盤　羅盤之鋼針有恒指南北之性，故能定向。其恒指南北之性，因鋼針有吸鐵性，與地球吸鐵性之南北極相攝之故。故用指南針之人，不可帶鐵器，如佩刀、洋槍、鑰匙、小刀等，皆能吸指南針，使方向不準。用時如持於手中，則稍振動，而分度難看清，必平置架上用之。又視孔或不直立，而所看之物高於地面者，每差至十度。山林房屋等處在一處，不能測得多點者，用此器最宜。行軍測繪，大半藉此器。指南針所指，係地球之吸鐵極。此極與地球自轉之南北極不相合，故指南針非指正南北，而有偏差。針雖有偏差，而用之測向繪圖則無妨，因所測各向之相較，仍可無差也。俟圖成後，考得本處偏差之度分，繪一方向盤於圖之角，作一正南北線，以記其偏差可矣。此器簡便易攜，所測角度皆係平地之度，故作行軍圖、分三角形及補圖，皆極便用。

羅經石

清・金桂馨《逍遥山萬壽宫志》卷八　羅經石，在宫北西山之赤嶺髻珠庵，北距聖母墓可二里。相傳許公求吉壤，葬母尋龍至此，定羅盤於石上，以審蕭峰、南嶺之脈。迄今留迹，形肖羅盤。

附：測角類器具

分角器

清・杞廬主人《時務通考》卷三〇《測繪中》　分角器　用薄而明之牛角，做一半平圓之分角器。外周所分之度，爲共度之半。從〇度起，自右而左，至一百八十度而止。内周從一百八十度起，亦自右而左，至三百六十度而止。甲乙線與圓徑爲平行。又有一種分角器，用長方之象牙薄板爲之。用長方分角器，則其多平行線，爲指南經線之垂線，而移之至與紙之平行線相合而止。【略】

如測量極寬大之地，而其圖之比例甚大者，宜用半圓分角器。此種器以銅爲之，其周用佛逆，能得其小分數。【略】

以銅片作半圓，圓周分一百八十度。將度數目刻明，分内外兩層，内層度數自左而右，外層度數自右而左。

分角尺

清・杞廬主人《時務通考》卷三〇《測繪中》　分角尺用法　分角尺，畫指南針所得之各方向綫。將其面上作横，相距四分寸之一，而圖紙之上亦作甚淡之横綫，與經綫正交。其綫相距不遠，而其各相距不等，則易令分角尺之横綫，與紙上之横綫一條或數條相合。如將分角尺繞其心點，而轉移至有相合之綫爲止，則其尺之斜口，必與經綫平行，遂以所測之方向，從心點作綫，則得本物與經綫所成之角。

量角器

清・杞廬主人《時務通考》卷二九《光學》　金石回光量角器　西人胡立思登創造回光量角器，任顆粒極細，只要其面平而能回光者，皆可用此器量之。欲量之角，光點射至面上之點，回光至目，人視之如設旋轉其物，使光射之面，目視之，仍如光在之處，則未旋轉之面，與既旋轉之面，皆在一箇平面。而旋轉之度爲角，即角之外角也。準此造回光量角之器。其大盤，盤周分三百六十度，盤之軸，其中空心，佛逆旋輪，連於空心軸。手轉之，可使大盤運轉。内軸容於空心軸之中，而兩端長出，其一端安一小旋輪，以便手旋，一端連二活節，亦爲旋輪。又爲含其軸之管，及爲粘物之板，佛逆定於架不動，而輪盤及軸，均可轉旋。亦可令大盤定，而内軸轉旋。用此測器之法，先於室中離窗六尺至十二尺處，置一堅固不動之小桌，桌面之高，須適便於擱肘。然後置此器於桌上，令器之軸，與窗檻平行。又於窗檻間牆面距地不遠處，作一黑線，與檻平行。或不作此線，而於桌上用一黑板畫一白線，置於測器之前亦可。次將所測之顆粒，用蠟粘於子板之上，務令所欲測顆粒之稜，與器之軸心，在一直線上。其較準之法，或屈伸二活節，或旋轉其旋輪，使板轉側，或移動所粘之物，以挪移遷就之，無一定之法。準訖，則以目切近而視顆粒之面，必能照見向明窗户之一處。如顆粒安置已準，則所照見窗户之横格，必與所畫之線平行。乃用手旋轉其輪軸，至顆粒中所見之窗櫺横格，與窗下或板上所畫之線，合爲一線而止。如不能合爲一線，則必是所置之顆粒，尚未正也。必再較準之，務令合爲一線而止。既合之後，再轉左之小輪，至顆粒第二面中，能見窗櫺之本格，再旋之，則見横格與所畫之横線亦合爲一線。如不合，則顆粒之第一面雖準，而第二面尚未準也，必再挪移遷就以較準之。若手法靈敏者，則移置二三次，即能各面俱準。顆粒既準之後，乃旋轉左之大輪，使度分圈之一百八十度，與佛逆之圈度相合。再轉左之小輪，使所照見窗之横格，與所畫横線亦相合。再轉左之大輪，使物與度分圈同轉，至見顆粒之又一面所照窗之横格，與所畫之線相合而止，乃視佛逆之〇度所切度分圈之何度，即爲所求之度。惟度分圈上之線，若不能適切佛逆之〇度，則是度下尚有分數，須逐視佛逆上之某分，必有與度分圈上之線相合者，即其分數也。此器能量一秒之角，故爲極精。近有於器之下面增一回光鏡者，則對光更易，且更明亮。

測直角器

清・杞廬主人《時務通考》卷三〇《測繪中》 測直角器，各種工程家常用之。能於地面作一正角，畫行軍圖用之，甚便於補圖後之餘事。此器有數種，尋常者爲圓柱形，或爲六角形。圓柱面平分，長縫四條，成四箇正角。有用黄銅圓圈，中有正交之徑線。徑線之端有四針，亦成四箇正角。無論用何形，必有一柄，柄之末甚光，可插於地。測繪之人不帶此器，可用平板一塊，釘於竿頂，板上作正角綫，在綫之端插四針。此種器最便於山林之處，或在山麓，或在下隰，皆可用之。如以步數量地，可用以補各物之方位。

清・徐建寅《兵學新書》附卷《測地繪圖》 直角器即中國之矩，古時測量所用，今時西國工程家亦常用。

行軍圖便，用於補圖後之餘事。共有數式，爲圓柱形，或六角形。柱面分作長縫四條，成方角，四人目在長縫內窺之。

黄銅圓圈，中有正交二徑線。徑線端有四針，成方角，四人目對針窺之。

平板，上畫方角線，線端插四針，人目亦對針窺之。此各式下皆有竿，末甚尖，可以插地。此各器在山林處測量最便，在山麓或下隰亦便用。用步數量地，可兼用此器測之，而補繪於圖。

奪林儀（特林儀）

清・杞廬主人《時務通考》卷三〇《測繪中》 奪林儀 西士名奪林格耶，造一儀器，譯曰奪林儀，不但能測角度，又能測兩點之平距與立距。

清・徐建寅《兵學新書》附卷《測地繪圖》 特林儀，能測地面二處高低之角度，及平距立距。下爲羅盤，其蓋爲方形，旁有方銅片支蓋，使直立。蓋內有橫徑線，分上下兩半，下半有平分之垂線。其分數自中至周，又平分之。橫線相距爲垂線相距之半，其分數自上至下。

黄銅半圓，用螺釘掛於蓋，內有簧可壓，令不動。其大小及徑之分數皆與蓋內同。其半周分兩象限，各自〇度至九十度，有圓錘以較準活徑，使恒合地平。其活徑之兩端有兩針。在兩視孔內，見兩針相對，則知定徑必合活徑，而亦合地平。有長方銅兩片，用螺絲釘連於蓋旁，後片有孔，如⊥形，前片繫細髮兩根，與孔相配。此孔與髮用測方向，而不測高低。人目在後孔，向前望一遠處，見前孔與髮及遠處相對，而看指南針以知方向。蓋內之各分線，恒爲正三角形，與高處所成斜度同式。其活徑之半，爲高低兩處之斜相距，定徑爲其平相距，垂線爲其立相距。

測角測點紀限儀

清・杞廬主人《時務通考》卷三〇《測繪上》 測角測點紀限儀，測得三點或多點所成之角，亦能得測角之人所立之點。或以器得之，或以算得之，然不及用指南針之易。

佛逆

清・杞廬主人《時務通考》卷三〇《測繪中》 佛逆能測角度。測兩物相距之角度，則以佛逆。置於〇度，用左手持此器，在物之平面內，而自視孔看過。或用遠鏡看左邊之物，而用右手轉螺絲，至右邊回光鏡之形，與左邊物之真形相合，看其佛逆，則知二物中間之角度。求立面內兩物之對角，則以佛逆置於〇度，用右手持此儀豎立，令上物回形，與下物真形相合，看其佛逆，則知其角度。

佛逆能測極小分度，其形或爲弧，或爲尺。依所刻之度數，或爲直線，或爲圓線而定。

清・徐建寅《兵學新書》附卷《測地繪圖》 佛逆能顯極微分數，或直或弧，其理皆同。

測準類器具部

分論

縣(懸)

《周禮》卷四一《冬官考工記·匠人》　匠人建國,水地以縣,置槷以縣,眡以景。(鄭玄注:於四角立植,而縣以水,望其高下。高下既定,乃爲位而平地。)(孫詒讓疏:「水地以縣」者,將建國,必先以水平地,以爲測量之本。《莊子·天道篇》云:「水静則平中準,大匠取法焉。」李筌《太白陰經·水攻具篇》有水平法,蓋古之遺制也。江永云:「此謂測景之地,須先平之。蓋地不平,則景有差,故下注云『於所平之地中央,樹八尺之臬』,非謂通國城之地皆須平也。疏謂欲置國城,先當以水平地,知地之高下,然後平高就下,誤矣。國地隨地勢皆可居民,何用平?」案:江說是也。注云「於四角立植,而縣以水,望其高下」者,賈疏云:「植即柱也。於造城之處,四角立四柱而縣,謂於柱四畔縣繩以正柱。柱正,然後去柱,遠以水平之法遥望,柱高下定,即知地之高下。」)(鄭玄注:於所平之地中央,樹八尺之臬,以縣正之,眡之以其景,將以正四方也。《爾雅》曰:「在牆者謂之杙,在地者謂之臬。」)

準　水平

漢·許慎《說文解字·水部》　準,平也。(段玉裁注:謂水之平也。天下莫平於水。水平謂之準,因之制平物之器,亦謂之準。《漢志》:「繩直生準」。準者,所以揆平取正是也。因之凡平,均皆謂之準。《考工記》:「準之,然後量之。」)

唐·杜佑《通典》卷一六○《兵十三·水平及水戰具附》　木槽長二尺四寸,兩頭及中間鑿爲三池。池横闊一寸八分,縱闊一寸,深一寸三分,池間相去一尺五分。間有通水渠,闊二分,深一寸三分。三池各置浮木,木闊狹微小於池,厚三分。上建立齒,高八分,闊一寸七分,厚一分,槽下爲轉關脚,高下與眼等。

以水注之,三池浮木齊起,眇目視之,三齒齊平則爲天下準。或十步,或一里,乃至數十里,目力所及,置照版、度竿,亦以白繩計其尺寸,則高下丈尺分寸可知,謂之水平。

宋·李誡《營造法式·補遺》　定平之制既正,四方據其位置,於四角各立一表當心,安水平。其水平長二尺四寸,廣二寸五分,高二寸,下施立椿,長四尺,上面横坐水平。兩頭各開池方一寸七分,深一寸三分。或中心更開池者,方深同。

清·麟慶《河工器具圖說》卷一《宣防器具》　水平之制,用堅木,長二尺四五寸,或長四五尺,厚五寸,寬六寸,中間留長三寸,兩邊鑿槽,各寬八分,餘寬七分以作外框,兩頭各留長三寸,亦鑿槽,寬八分,通身槽深二寸,周圍一律相通。再於中央鑿池一方,寬長各二寸,深二寸左右,各添鑿一槽,其寬深與通身槽同,便於放水。通連槽内須放浮子一箇,浮子方長一寸五分,厚六分,面安小圓木柄一根,高出面五分。其兩頭亦各放浮子一箇,寬長均與中央同。惟兩頭之槽僅寬八分,未免浮寬槽窄,必得於兩頭適中之處開二方池,照中央寬深尺寸,名曰三池。用時置清水於槽内,三浮自起。驗浮柄頂平,則地亦平,如有高下,即不平矣。但用在五六丈之内尤準,若多貪丈尺,轉屬無益。

清·杞廬主人《時務通考》卷一二《鐵路三》　測地平儀器,宜用勞格水平。視水平與所見之物齊等,即可得其高下度數。三角玻璨羅經,能折放携帶,其盤面度數,與所視之物並見,臨視或以手持,或置平處,皆必定而不動。

清·杞廬主人《時務通考》卷三○《測繪中》　法國水平,常用於武事之圖。此器有三益,其一無須配準,其二價值甚廉。但無遠鏡,故不能測甚遠之處。

垂綫　垂繩

清·屠文漪《九章録要》卷一一之三　石壁濱江,人立壁上,不知横截江水,其遠幾何,及石壁直下,至水面幾何深者。邊壁竪木,木旁垂繩,以取端直,乃於石上附木,用矩測之,令通光,與垂繩相並,斜望對岸,水際入矩。

垂　球

清·阮元《疇人傳》卷四五《西洋三·南懷仁》　又製垂球,鍊銅爲球,以綫繫之，數其往來之數，準定時刻，可以測日月之徑，候星辰之行。

垂權

清・阮元《疇人傳》卷四四《西洋二・熊三拔》 上盤軸心施一綫下垂，綫末繫墜，令旋轉加於上盤周天度分者，名爲垂綫。若以銅爲權，下重末鋭，令其末旋轉加周者，名爲垂權，與垂綫同用。

垂矢

清・江蘇省輿圖總局《蘇省輿圖測法繪法條議圖解》 又，垂綫摇摇，切度難準，今改用垂矢。以堅木爲之，取其重實直墜。厚當矩邊，長當矩弦，上尖作鏃形。鏃下爲幹，闊當矩度二寸。幹下爲括，長闊皆半之。幹上穿小孔，以懸矩極曲鍼上，幹側餘木爲矢平，闊約當幹四分之一，以等下括之偏重，令矢不欹側。測平路時，取矩平與矢平適齊，而得高下於尺杆。較垂綫易準，不亞水平也。

垂綫架

清・杞廬主人《時務通考》卷三〇《測繪中》 垂綫架　將二桿分插於地，上端相平。以垂綫架置二桿之端，驗此二桿之端，適平爲止。以同法得二三、三四兩桿。如相距不大，此法甚便。如相距大者，可用同法立二桿，再於遠處立望表，上有轉移之識。一人對望，而又一人移識就之，至平爲止，以記其高數，而再前移爲之。用各桿之法，爲作營壘之斜面所常用。

象限垂

清・徐建寅《兵學新書》附卷《測地繪圖》 測斜度用象限垂。此器用厚紙或銅板爲之，由心點作圓，界畫自〇度起，至九十度。掛垂線，測高處之斜度。在此器之一邊，望對高處，而其垂線所對處，即高處之角度。測深處之斜度，則反用之。行軍、測地用象限垂甚便，與盒紀限儀略同。惟紀限儀易損壞，而象限垂不易損，且雖壞亦易隨時修理，并易自造。

水臬

宋・李誡《營造法式・補遺》 《周官・考工記》：「匠人建國，水地以垂。」鄭司農注云：「於四角立植而垂，以水望其高下。高下既定，乃爲位而平地。」《莊子》：「水静則平中準，大匠取法焉。」《管子》：「夫準，壞險以爲平。」《尚書大傳》：「非水無以準萬里之平。」《釋名》：「水，準也，平準物也。」何晏《景福殿賦》：「惟工匠之多端，固萬變之不窮。讎天地以開基，並列宿而作制。制無細而不協於規景，作無微而不違於水臬。」五臣注云：「水臬，水平也。」

宋・王應麟《玉海》卷五《天文》 韓顯符造銅候儀之制有九，九曰水臬。十字爲之，其水平滿，北辰正。以置四隅，各長七尺五寸，高三寸半，深一寸四。隅水平則天地準。唐貞觀初，李淳風於浚儀縣古岳臺，測北極出地高三十四度八分，差陽城九分。今測定北極，高三十五度，以爲常準。

水浮子

宋・李誡《營造法式・補遺》 槽子廣深各五分，令水通過，於兩頭池子内各用水浮子一枚。用三池者，水浮子或亦用三枚。方一寸五分，高一寸二分刻上。頭令側薄，其厚一分，浮於池内，望兩頭水浮子之首，遥對立表，處於表身，内畫記即知地之高下。若槽内如有不可用水處，即於椿子當心，施墨線一道，上垂繩墜下，令繩對墨線心，則上槽自平，與用水同。其槽底與墨線兩邊用曲尺，較令方正。

真尺

宋・李誡《營造法式・補遺》 凡定柱礎取平，須更用真尺較之。其真尺，長一丈八尺，廣四寸，厚二寸五分。當心上立表，高四尺，廣厚同上。於立表當心，自上至下施墨線一道，垂繩墜下，令繩對墨線心，則其下地面自平。其真尺身上平處，與立表上墨線兩邊，亦用曲尺，較令方正。

照版

唐·杜佑《通典》卷一六〇《兵十三·水平及水戰具附》 照版，形如方扇，長四尺，下二尺黑，上二尺白，闊三尺，柄長一尺，大可握。

宋·李昉等《太平御覽》卷三三一《兵部五十二》 又曰照板，形如方扇。長四尺，下二尺黑，上二尺白。闊三尺。柄長二丈，刻作二百寸二千分，每寸内小刻其分。隨向遠近高下立竿，以照板映之，眇目視三浮木齒及照板，又以度竿上尺寸爲高，下遞而往，尺寸相承，則山岗、溝澗、水源高下、深淺，可以分寸而度。

度竿

唐·杜佑《通典》卷一六〇《兵十三·水平及水戰具附》 度竿，長二丈，刻作二百寸二千分，每寸内小刻其分。隨向遠近高下立竿，以照版映之，眇目視三浮木齒及照版，以度竿上尺寸爲高下，遞而往視，尺寸相乘，則山岗、溝澗、水源下高、深淺，可以分寸而度。

旱平

清·麟慶《河工器具圖説》卷一《宣防器具》 旱平，以木製成，三角式。或銅爲之。長闊不滿尺，上以二鈎備掛，中有活銅針。用時平掛於篙繩，視針之斜正，知地面之高低，河底之平窪。《傳疑録》：「衡起於黄鐘之平，權與物鈞而爲衡，衡平而權鈞矣。」衡以準曲直也，旱平類是。

打水杆

清·麟慶《河工器具圖説》卷一《宣防器具》 《正韻》：「杆，僵木也。」打水杆有長至六七丈者，東河兩鑲，上半用杉木，取其輕浮易舉；下半用榆木，取其沉重落底。南河三鑲，中用雜木，兩頭接束以竹，取攜便利，然遇大溜，探試少遲即難得，底質輕故耳。

試水墜

清·麟慶《河工器具圖説》卷一《宣防器具》 又有試水墜，其墜重十餘觔，鎔鉛爲之。上繫水綫，樓繩爲之。蓋鉛性善下，垂必及底，雖深百丈，祇須放綫亦可探得。定例：有工處所，派兵專司打水，每日具報三次，若遇水勢直長埽前，溜急淘深，更須隨時測量，以備搶護。再，杆底鑲鐵，則下觸碎石，錚錚有聲，亦驗水底石工之法也。

瓶水準

清·杞廬主人《時務通考》卷三〇《測繪中》 瓶水準。測高下相較之器有數種，惟法國所用瓶水準最爲簡便。空管長三尺，或以錫，或以銅爲之。短管相連於兩端，其兩口容玻璃瓶，活節裝入三足架。其用法：傾水於兩瓶中，至三分之二，看瓶水之面，則知平面之方向。此種瓶水準，尋常用之，在一方向内，測地面各處之高低。凡作城壘者，亦必用此法，測各處之高點。

清·徐建寅《兵學新書》附卷《測地繪圖》 測高低直距之器有數式，以瓶水準爲最便。用銅或錫作横管，長三尺，兩端各連短管，上口各含玻璃小瓶，瓶底各有小孔，以通水。横管中段連活節，裝於三足架之上。灌水入瓶中，通至第二瓶，水面各滿至瓶内三分之二，則二瓶之水面必與地面相平。

地面有兩原處，欲知其高低直距，置準於二處之間，一人持長尺立於一處，看兩瓶水面對長尺之分數，記之。再移長尺至又一處，同法爲之。兩分數相減，餘爲高低直距。長尺有極精之式，用之甚便，隨時亦能自造。用直竿上刻分寸，以白紙作圈，套在竿外，能上下移。由瓶水準望對紙圈，即令停止，持竿人看竿若干尺寸，告知之。

用瓶水準逐段測地之高低直距。置準於各處，其後各處，其前各處，各測其高，記於簿中，以免遺忘。於後各高數和内，減去前各高數和，爲其共高實數。

用瓶水準測地面各處之高低甚便，作城牆亦用之測各高點。

掛平器

清·徐建寅《兵學新書》附卷《測地繪圖》 掛平器。用尺兩端繫繩而懸其中，下掛小錘，風吹不動，小木尺必合地平線，其用同於平水準而不甚準，易於自造。

測平器

清·杞廬主人《時務通考》卷三〇《測繪中》 從前常有之測平器，名爲乂架鏡，因窺筩安於乂形之架也。此器並杜老頓與頓皮測平器，俱在雪墨司，算器書詳之。【略】

回光測平器，爲法國人布來勒所剙。此器之理，可從其名而推知之。凡平面之回光鏡，其光面似在鏡之後面一點射出，而此點在鏡後之遠，等於物在鏡前之遠。如鏡面合垂綫，則鏡外之人目，與鏡中之人目，必在一箇平綫上。故將回光鏡正角立起，則可測周圍之平面。

測地平尺

清·杞廬主人《時務通考》卷一二《鐵路三》 測地平尺，製以白松木，長十尺，博三寸，厚一寸，兩端裹以銅漆，白色邊。平量時加水平於上，或即以水平嵌於尺上。凡藏尺之處，宜平卧，毋直立，毋令枉曲。若用量天尺及諸儀器，則執旗之人必多。所量之兩端，皆植旗。始測定所向，後即從之，時以指南針考之。度數量定，塞一木橛於地，與地平。又立一標，於其左志其尺寸，旗有竿，製以白松，長十七尺，博二寸有半，厚一寸，鋭其下端，連以鋼錐，漆白色。上端裹以薄銅，以黑綫界尺寸。自下而上，朱書尺寸字。竿高至三尺，嵌水平一，承以銅盤，鍕以螺釘。

天球地球測量類器具部

總論

宋・蘇頌《新儀象法要》卷上《進儀象狀》 臣頌先準元祐元年冬十一月詔旨，定奪新舊渾儀。尋集日官及檢詳，應前後論列干證文字。赴翰林天文院、太史局兩處，對得新渾儀，係至道皇祐中置造並堪行用。舊渾儀係熙寧中所造，環器怯薄，水趺低墊，難以行使。奉聖旨下祕書省依所定施行。臣竊以儀象之法，度數備存，而日官所以互有論訴者，蓋以器未合古名，亦不正，至於測候，須人運動，人手有高下，故躔度亦隨而移轉，是致兩競各指得失，終無定論。

蓋古人測候天數，其法有二：一曰渾天儀，規天矩地，機隱於內，上布經躔，以日星行度，察寒暑進退，如張衡渾天、開元水運銅渾是也；二曰銅候儀，今新舊渾儀，翰林天文院與太史局所用者是也。又案吳中常侍王蕃云：渾天儀者，羲和之舊器，積代相傳，謂之機衡。其爲用也，以察三光，以分宿度者也。又有渾天象者，以著天體，以布星辰。二者以考於天，蓋密矣。詳此則渾天儀、銅渾儀之外，又有渾天象，凡三器也。渾天象歷代罕傳，其制惟《隋書・志》稱梁代祕府有之，云是宋元嘉中所造者。由是而言：古人候天，具此三器，乃能盡妙。今惟一法，誠恐未得親密。然則張衡之制，史失其傳，開元舊器，唐世已亡。

國朝太平興國初，巴蜀人張思訓首創其式，以獻太宗皇帝，召工造於禁中，踰年而成。詔置文明殿（今文德殿是也）東鼓樓下，題曰太平渾儀。自思訓死，機繩斷壞，無復知其法制者。臣昨訪問，得吏部守當官韓公廉通《九章算術》，常以鈎股法推考天度。臣切思，古人言天有周髀之術，其說曰：「髀，股也；股者，表也。日行周徑里數，各依算術，用鈎股重差，推晷影極游，以爲遠近之數，皆得表股。周人受之，故曰周髀。」若通此術，則天數從可知也。因說與張衡、一行、梁令瓚、張思訓法式大綱，問其可以尋究依仿製造否？其人稱：「若據算術案器，象亦可成就。」既而撰到《九章鈎股測驗渾天書》一卷，并造到木樣機輪一坐。臣觀其器，範雖不盡如古人之說，然激水運輪亦有巧思。若令造作，必有可取。遂具奏陳，乞先創木樣進呈，差官試驗，如候天有準，即別造銅器。奉二年八月十六日詔，如臣所請置局，差官及專作材料等，遂奏差鄭州原武縣主簿充壽州州學教授王沇之充專監造作，兼管句收支官物，太史局夏官正周日嚴、秋官正于太古、冬官正張仲宣等與韓公廉同充制度官，局生袁惟幾、苗景、張端，節級劉仲景，學生侯永和、于湯臣測驗晷景刻漏等，都作人員尹清部轄指畫工作。

至三年五月先造成小樣，有旨赴都堂呈驗。自後造大木樣，至十二月工畢。又奏乞差承受內臣一員赴局，預先指說前件儀法，準備內中進呈，日有宣問。十月入內，內侍省差到供奉官黃卿從至。

閏十二月二日，具劄子取稟安立去處，得旨置於集英殿。臣謹案，歷代天文之器，制範頗多，法亦小異。至於激水運機，其用則一。蓋天者運行不息，水者注之不竭，以不竭逐不息之運，苟注挹均調，則參校旋轉之勢，無有差舛也。故張衡渾天云置密室中，以漏水轉之，令司之者閉户唱之，以告靈臺之觀天者。璇璣所加，某星始見，某星已中，某星今没，皆如符合。

唐開元中，詔浮屠一行與率府兵曹梁令瓚及諸術士，更造鑄銅渾，爲之圓天之象，具列宿及周天度數，注水激輪，令其自轉，一日一夜，天轉一周。又別置二輪，絡在天外，綴以日月，令得運行。每天西轉一匝，日正東行一度，月行十三度有奇。凡二十九轉，而日月會；三百六十五轉，而日行匝。仍置木櫃，以爲地平，令儀半在地上。又立二木偶人於地平之前，置鐘鼓，使木人自然撞擊，以候辰刻，命之曰水運渾天。俯視圖既成，置武成殿前，以示百僚。梁朝渾象以木爲之，其圓如丸，徧體布二十八宿、三家星（謂巫咸、石申、甘德三家星圖，以青、黃、赤三色別之）、黃赤道及天河等。別爲横規，環以繞其外，上下半之以象地。張思訓渾儀爲樓數層，高丈餘，中有輪軸，關柱，激水以運輪。又有直神摇鈴、扣鐘、擊鼓，每一晝夜周而復始。又有十二神各直一時，時至，則自執牌循環而出，報隨刻數以定晝夜之長短。至冬，水凝運行遲澁，則以水銀代之，故無差舛。又有日月星象，皆取仰觀。

案舊法日月行度皆人所運，新制成於自然，尤爲精妙。然則據上所述，張衡所謂靈臺之璇璣者，兼渾儀、候儀之法也，置密室中者，渾象也。故葛洪云：張平子、陸公紀之徒（張衡字平子，陸績字公紀），咸以爲推步七曜之運，以度曆象昏明之證，候校以三八之氣，考以刻漏之分，占晷景之往來，求形驗於事情，莫密於渾象也。開元水運俯視圖亦渾象也。思訓準開元之法，而上以蓋爲紫宮，旁爲周天度，而正東西轉，出其新意也。今則兼採諸家之說，備存儀象之器，共置一臺中。臺有二隔：渾儀置於上，而渾象置於下，樞機輪軸隱於中。鐘鼓、時刻、司辰運於輪上，木閣五層蔽於前。司辰擊鼓、搖鈴、執牌出没於閣内，以水激輪，輪轉而儀象皆動，此兼用諸家之法也。渾儀則上候三辰之行度，增黄道爲單環，環中日見半體，使望筒常指日，日體常在筒竅中，天西行一周，日東移一度，此出新意也。渾象則列紫宫於北頂，布中外官星，二十八舍，周天度，黄赤道，天河遍於天體，此用王蕃及《隋志》所説也。又以五色珠爲日月五星，貫以絲繩，兩末以鈎環掛於南北軸，依七曜盈縮、遲疾、留逆、移徙，令常在見行躔次之内，晝夜隨天而旋，使人於其旁驗星在之次，與臺上測驗相應，以不差爲準。此用一行、思訓所説而增損之也。二器皆出一機，以水激之，不由人力校之。前古疏密，雖未易知，而器度算數亦彷彿其遺象也。又制刻漏四副：一曰浮箭漏，二曰稗漏，皆與今太史及朝堂所用略同。三曰沈箭漏，四曰不息漏，并採用術人所製法式，置於別室，使挈壺專掌，逐時刻與儀、象互相參考，以合天星行度爲正。所以驗器數與天運不差，則寒暑氣候自正也。

《虞書》稱「在璇璣玉衡，以齊七政」。蓋觀四七之中星，以知節候之早晚。《考靈耀》曰：「觀玉儀之游，昏明主，時乃命中星者也。」【略】

又上論渾天儀、銅候儀、渾天象三器，不同古人之説，亦有所未盡。陳苗謂張衡所造，蓋亦止在渾象七曜，而何承天莫辨儀、象之異，若但以一名命之，則不能盡其妙用也。今新製備二器，而通三用，當總謂之渾天。恭俟聖鑒，以正其名也。

明·宋濂等《元史》卷一六四《郭守敬傳》 守敬首言：「曆之本在於測驗，而測驗之器莫先儀表。今司天渾儀，宋皇祐中汴京所造，不與此處天度相符，比量南北二極，約差四度；表石年深，亦復欹側。」守敬乃盡考其失而移置之。既又別圖高爽地，以木爲重棚，創作簡儀、高表，用相比覆。又以爲天樞附極而動，昔人嘗展管望之，未得其的，作候極儀。極辰既位，天體斯正，作渾天象。象雖形似，莫適所用，作玲瓏儀。以表之矩方，測天之正圓，莫若以圓求圓，作仰儀。古有經緯，結而不動，守敬易之，作立運儀。日有中道，月有九行，守敬一之，作證理儀。表高景虚，罔象非真，作景符。月雖有明，察景則難，作窺几。曆法之驗，在於交會，作日月食儀。天有赤道，輪以當之，兩極低昂，標以指之，作星晷定時儀。又作正方案、丸表、懸正儀、座正儀，爲四方行測者所用。又作《仰規覆矩圖》、《異方渾蓋圖》、《日出入永短圖》，與上諸儀互相參考。

明·徐光啓《新法算書》卷八七《測量全義卷一·緣起一》 曰器之用大矣，智者非器不作，明者非器不述，差者非器不改，合者非器不驗，教者非器無以措其辭，學者非器莫能領其意，巧者非器未繇見其長，拙者非器有所匿其短。是以唐虞欽若，首在璣衡，歷代以還，屢更其制。據今所有，則渾天儀、簡儀、立運儀、渾天象四器也。而年逾數百，久闕繕治，地址傾墊，樞軸鏽蝕。渾天一儀不復運動，簡儀、立運，猶似堪用，復少黄道、規環，且測候多端，止憑二器，架柱森列，多成映蔽，均賦辰度，尚未精密，刻定宿度，則又元時所測，非今測也。此卷中分列諸器，擇其最急，畧有五種：曰測高儀，曰距度儀，曰地平經緯儀，曰赤道經緯儀，曰黄道經緯儀。有此諸儀，相襲並用，彼礙則此通，可以無求不得矣。更求密測，責以分秒無差，則一式又須三器。三器俱列，用相參較。三測並合，則製器精，工安置如式。測驗得法，灼然具見矣。有不合者，可以推究病源，更求釐正。釐正之後，測復參差，則擇其同者用之。

明·徐光啓《新法算書》卷九六《測量全義卷十·儀器圖説》 儀器之用有六：一測日月星地平高之緯度，二測地平東西南北之經度，三測日月星各兩點相距之度分，四測日月星赤道上之經度、緯度，五測日月星黄道上之經度、緯度，六測定時刻。

古今儀器造法百變，綜而論之，其形體則大儀勝小儀，其材質則銅儀勝鐵儀、木儀。其置頓，則恒儀勝游儀。何者？儀大則分畫愈細，可得分秒，小則每度僅容分許，古稱若干度半者是也。或分四，古稱半及少半、太半者是也。或分五，則稱二十四十是也。故曰大勝小也。銅儀不受侵蝕，永無渝變。鐵多鏽損，雕鏤更難。木多欹斜，易致毁折。故曰銅勝他材也。或用銅鐵雜，或用銅木雜，隨宜造之，或雜錫木者，則應猝小器，易於雕刻，亦便屢更，皆屬權法，不堪久用。銅亦宜純黄色，須銅多鍮少。若出山銅，純赤則起釁，雜錫則太堅，亦不可用。恒儀定方向，置之永久不易，恒與天行相準。游儀動盪，得數未真，故曰恒勝游也。

諸儀爲用，皆以求七政。恒星分晝之界域，躔離之期限，運行之體勢，其功力所必資者，則分與窺其大端也。分欲極細，欲極均，窺欲極密，欲極確，此二者曆學之資用，儀器之權輿，古今名史咸究心焉。

明·徐光啓《新法算書》卷一〇〇《新法表異卷下·測器大備》 欲齊七政，首重璣衡。所藉以驗合改差者，器也。古曆尚有數種，近代靈臺所存，惟有圭表、景符、簡儀、渾象等器，頗不足用。新法增置者，曰象限儀、百游儀、地平儀、弩儀、天環、天球、紀限儀、渾蓋簡平儀、黄赤全儀、日星等晷。諸器或用推諸曜，或用審經緯，或用測極，或用求時，盡皆精妙。而其最巧最奇，則所製遠鏡，更爲窺天要具。【略】

欲求倍勝之法，必資倍勝之器。測器雖不一種，然而有渾有平，有全有隅。其平而隅者，較之渾而全者，徑廣三倍，分細十倍，黄赤分器，莫不精審，舊法未能也。

清・張廷玉等《明史》卷二五《天文志一》 璿璣玉衡爲儀象之權輿，然不見用於三代。《周禮》有圭表、壺漏，而無璣衡，其制遂不可考。漢人創造渾天儀，謂即璣衡遺制，其或然歟。厥後代有制作。大抵以六合、三辰、四游、重環湊合者，謂之渾天儀；以實體圓球，繪黄赤經緯度，或綴以星宿者，謂之渾天象。其制雖有詳略，要亦青藍之别也。外此則圭表、壺漏而已。迨元作簡儀、仰儀、窺几、景符之屬，制器始精詳矣。【略】

崇禎二年，禮部侍郎徐光啓兼理曆法，請造象限大儀六，紀限大儀三，平懸渾儀三，交食儀一，列宿經緯天球一，萬國經緯地球一，平面日晷三，轉盤星晷三，候時鐘三，望遠鏡三。報允。已，又言：定時之法，當議者五事：一曰壺漏，二曰指南鍼，三曰表臬，四曰儀，五曰晷。

清・嵇璜、劉鏞等《清朝通志》卷五七《器服略二・儀器》 臣等謹按，儀器之作，所以授時成憲，體天運而布歲功，蓋綦鉅也。我聖祖仁皇帝學貫天人，洞達象數，既成《數理精藴》一書，並鑄觀象臺六儀、簡平、三辰、半圓諸儀，以昭萬世成法。皇上敬天法祖，集占測之大成，示聲教於無外，御製璣衡、撫辰儀、地球儀，以至西法諸器，萬里來航，莫不仰承聖裁，折衷而酌用之，皆足以佐參稽，供步算，而推筴之法益詳且備。蓋自羲和命官以來，言天者十有三家，精密明當，鮮克臻此。今據《皇朝禮器圖式》，自天文測量及鐘表諸器，謹載於篇，以彰聖朝欽若之盛云。

清・劉錦藻《清朝續文獻通考》卷二九六《象緯考三・儀器》 儀器之製，肇始璣衡。逮入本朝，創制尤夥。康熙十三年，新製天體儀、黄道經緯儀、赤道經緯儀、地平經儀、地平緯儀、紀限儀等。乾隆九年，製三辰公晷儀、六合驗時儀、方月晷儀等，十九年製璣衡撫辰儀，二十五年製地球儀、七政儀等。道光十八年，將撫辰儀更換軸心，加以修整。儀器之精密，遠邁古昔。

清・杞廬主人《時務通考》卷三〇《測繪中》 測天諸器 測天常用之器，所便於攜挈者，爲紀限儀、回光圈、多倫得疊測圈、水銀盆、度時表、風雨表、寒暑表。【略】比前各器更精，其分度線刻至極細。觀星臺所常存之器爲子午儀、恒星時表、赤道儀、大經緯儀、天頂儀、子午圈、回光鏡。回光鏡之器，其兩鏡平面所成之角，爲所測之角之半，故其弧面刻線之法加倍，其數如六十度，則在紀限之弧面爲一百二十度，其全圈之度共有七百二十。

分論

璇（璿）璣玉衡

《尚書・舜典》 舜讓於德，弗嗣。正月上日，受終於文祖。在璇璣玉衡，以齊七政。肆類於上帝，禋於六宗，望於山川，徧於群神。

漢・司馬遷《史記》卷一《五帝本紀》 於是帝堯老，命舜攝行天子之政，以觀天命。舜乃在璿璣玉衡，以齊七政。南朝・裴駰《集解》：鄭玄曰：「璿璣，玉衡，渾天儀也。七政，日月五星也。」唐・張守節《正義》：《說文》云：「璿，赤玉也。」案：舜雖受堯命，猶不自安，更以璿璣玉衡以正天文。璣爲運轉，衡爲橫簫，運璣使動於下，以衡望之，是王者正天文器也。觀其齊與不齊。今七政齊，則己受禪爲是。蔡邕云：「玉衡長八尺，孔徑一寸，下端望之，以視星宿，並縣璣以象天，而以衡望之，轉璣窺衡，以知星宿。璣徑八尺，圓周二丈五尺而强也。」鄭玄云：「運轉者爲璣，持正者爲衡。」《尚書大傳》云：「政者，齊中也。謂春秋冬夏天文地理人道，所以爲政也，道正而萬事順成，故天道政之大也。」

漢・司馬遷《史記》卷二七《天官書》 北斗七星，所謂「旋、璣、玉衡，以齊七政」。（唐・司馬貞《索隱》：馬融云：「璿，美玉也。機，渾天儀，可轉旋，故曰機。衡，其中横簫。以璿爲璣，以玉爲衡，蓋貴天象也。」鄭玄注：《大傳》云：「渾儀中簫爲旋機，外規爲玉衡」也。）

唐・魏徵等《隋書》卷一九《天文志上》 案《虞書》：「舜在璇璣玉衡，以齊七政。」則《考靈曜》所謂觀玉儀之遊，昏明主時，乃命中星者也。璇璣中而星未中爲急，急則日過其度，月不及其宿。璇璣未中而星中爲舒，舒則日不及其度，月過其宿。璇璣中而星中爲調，調則風雨時，庶草蕃蕪，而五穀登，萬事康也。所言璇璣者，謂渾天儀也。故《春秋文耀鉤》云：「唐堯即位，羲、和立渾儀。」而先儒或因星官書，北斗第二星名旋，第三星名璣，第五星名玉衡，仍七政之言，即以爲北斗七星。載筆之官，莫之或辨。史遷、班固，猶且致疑。馬季長創謂璣衡爲渾天儀。鄭玄亦云：「其轉運者爲璣，其持正者爲衡，皆以玉爲之。七政者，日月五星也。以璣衡視其行度，以觀天意也。」

宋・歐陽修等《新唐書》卷三一《天文志一》 昔者，堯命羲、和，出納日月，考星中以正四時。至舜，則曰「在璿璣玉衡，以齊七政」而已。雖二典質略，存其大法，亦由古者天人之際，推候占測，爲術猶簡。至於後世，其法漸密者，必積衆人之智，然後能極其精微哉。蓋自三代以來詳矣。詩人所記，婚禮、土功必候天星。而《春秋》書日食、星變，《傳》載諸國所占次舍、伏見、逆順。至於《周禮》測景求中、分星辨國、妖祥察候，皆可推考，而獨無所謂璿璣玉衡者，豈其不用於三代耶？抑其法制遂亡，而不可復得耶？不然，二物者，莫知其爲何器也。

宋・王應麟《六經天文編》卷上《天道》 璣衡 朱氏曰：「美珠謂之璿。璣，機也。以璿飾璣，所以象天體之運轉也。衡，横也，謂衡簫也。以玉爲管，横而設之，所以窺璣而察七政之運行，猶今之渾天儀也。齊，猶審也。七政，日月五星也。七者運行於天，有遲有速，有順有逆，猶人君之有政事也。言舜初攝位，乃察璣衡，以審七政之所在，以起渾天儀。」《晉・天文志》云：「言天體者有三家，一曰周髀，二曰宣夜，三曰渾天。宣夜絶無師説，不知其狀如何。周髀之術，以爲天似覆盆，蓋以斗極爲中，中高而四邊下，日月旁行遶之，日近而見之爲晝，日遠而不見爲夜。蔡邕以爲考驗天象，多所違失。」渾天説，王蕃曰：「天之形狀似鳥卵，地居其中，天包地外，猶卵之裹黄，圓如彈丸，故曰渾天。」言其形體渾渾然也。其術以爲天半覆地，上半在地下，其天居地上見有一百八十二度半强，地下亦然。北極去地上三十六度，南極入地亦三十六度，而嵩高正當天之中極南五十五度。

元・脱脱等《宋史》卷四八《天文志一》 曆象以授四時，璣衡以齊七政，二者本相因而成。故璣衡之設，史謂起於帝嚳，或謂作於宓犧。又云璿璣玉衡乃羲、和舊器，非舜創爲也。漢馬融有云：「上天之體不可得知，測天之事見於經者，惟有璣衡一事。璣衡者，即今之渾儀也。」

元・脱脱等《宋史》卷八〇《律曆志十三》 宣和六年七月，宰臣王黼言：臣崇寧元年邂逅方外之士於京師，自云王其姓，面出素書一，道璣衡之制甚詳。比嘗請令應奉司造小樣驗之，逾二月，乃成璿璣。其圓如丸，具三百六十五度四分度之一，置南北極，昆侖山及黄、赤二道，列二十四氣、七十二候、六十四卦、十干、十二支、晝夜百刻，列二十八宿，並内外三垣、周天星。日月循黄道天行，每天左旋一周，日右旋一度，冬至南出赤道二十四度，夏至北入赤道二十四度，春秋二分黄、赤道交而出卯入酉。月行十三度有餘，生明於西，其形如鉤，下環，西見半規，及望而圓；既望，西缺下環，東見半規，及晦而隱。某星始見，某星已中，某星將入，或左或右，或遲或速，皆與天象吻合，無纖毫差。玉衡植於屏外，持扼樞斗，注水激輪。其下爲機輪四十有三，鉤鍵交錯相持，次第運轉，不假人力，多者日行二千九百二十八齒，少者五日行一齒。疾徐相遠如此，而同發於一機，其密殆與造物者侔焉。自余悉如唐一行之制。

然一行舊制機關，皆用銅鐵爲之，澀即不能自運，今制改以堅木，若美玉之類。舊制外絡二輪，以綴日月，而二輪蔽虧星度，仰視躔次不審，今制日月皆附黄道，如蟻行磑上。舊制雖有合望，而月體常圓，上下弦無辨，今以機轉之，使圓缺隱見悉合天象。舊制止有候刻辰鐘鼓，晝夜短長與日出入更籌之度，皆不能辨，今制爲司辰壽星，運十二時輪，所至時刻，以手指之，又爲燭龍，承以銅荷，時正吐珠振荷，循環自運。其制皆出一行之外。即其器觀之，全象天體者，璿璣也；運用水斗者，玉衡也。昔人或謂璣衡爲渾天儀，或謂有璣而無衡者爲渾天象，或謂渾儀望筒爲衡：皆非也。甚者莫知璣衡爲何器。唯鄭康成以運轉者爲璣，持正者爲衡，以今制考之，其説最近。

清・阮元《疇人傳》卷四二《國朝九・戴震》 古寫天之器，莫善於璇機玉衡。漢以降，失其傳也久，可徵而復也。爲儀象考識日躔：渾圜而中規之，象赤道；距規四分圜周之一，設其樞，象天極也；爲規載之，曰子午之規；半出於地平，規隨北極高下，以察各方之永短昏昕。斜絡赤道外内爲規，象黄道，距黄道四分圜周之一，是爲南北璇機。璇機者，黄道極也。準赤道爲規法。二分之規曰中衡，赤道也。冬至之規曰外衡，夏至之規曰内衡。凡爲衡者五，應一歲之分至啓閉。衡百度，度六之，應晝夜之漏刻。刻七十有二分，以知里差。經歲三百六十有五日不滿四分日之一，以是爲日躔黄道之度分。是故黄道日也，赤道刻也，星儀考識昏旦中，設其樞以象星極，爲游規而載之，以知歲差。規設天極焉，載於子午之規，以周知一歲。婺女爲元枵之維首，而周分十有二次，以紀日月之躔離。察玉衡以知左旋，察璇機以知右旋，天行之大致舉矣。

玉簡

晉・王嘉《拾遺記》卷二《夏禹》 禹鑿龍關之山，亦謂之龍門。至一空巖，深數十里，幽暗不可復行。禹乃負火而進，有獸狀如豕，銜夜明之珠，其光如燭；又有青犬，行吠於前。禹計行可十里，迷於晝夜，既覺漸明，見向來豕犬變爲人形，皆着玄衣。又見一神，蛇身人面，禹因與語。即示禹八卦之圖，列於金版之上，又有八神侍側。禹曰：「華胥生聖人，子是耶？」答曰：「華胥是九河神女，以生余也。」乃探玉簡授禹，長一尺二寸，以合十二時之數，使量度天地。禹即持此簡，以平定水土。授簡披圖蛇身之神，即羲皇也。

量天尺

清・于敏中《日下舊聞考》卷四六《天文志》 有量天尺，鑄銅人捧尺，北面，室穴其頂以候日中，測景之長短。【略】殿東小室，曰壺房，即浮漏堂。內有銅人一，銅壺五：日天壺、夜天壺、平水壺、萬水壺、分水壺。日月交食前三日調壺，置銅人於萬水壺上，南面抱箭。箭又名量天尺，長三尺一寸，鐫晝夜時刻，上起午正，下盡午初。壺中安箭舟如銅鼓形，水長舟浮，則箭上出；水盈箭盡，則洩於池。箭上時刻與赤道符，晝夜一周。再注水，亦如之。雖陰雨，時刻無差。是銅人爲調壺用，並不占日晷短長。

渾儀　渾天儀

南朝宋・范曄《後漢書》卷五九《張衡傳》 遂乃研覈陰陽，妙盡琁機之正，作渾天儀，著《靈憲》、《筭罔論》，言甚詳明。

晉・司馬彪《續漢書・律曆志下》 黄道去極，日景之生，據儀、表也。漏刻之生，以去極遠近差乘節氣之差。如遠近而差一刻，以相增損。（**南朝梁・劉昭注**：張衡《渾儀》曰：「赤道横帶渾天之腹，去極九十一度十六分之五。黄道斜帶其腹，出赤道表裏各二十四度。故夏至去極六十七度而强，冬至去極百一十五度亦强也。然則黄道斜截赤道者，則春分、秋分之去極也。今此春分去極九十少，秋分去極九十一少者，就夏曆景去極之法以爲率也。上頭横行第一行者，黄道進退之數也。本當以銅儀日月度之，則可知也。以儀一歲乃竟，而中間又有陰雨，難卒成也。是以作小渾，盡赤道、黄道，乃各調賦三百六十五度四分之一，從冬至所在始起，令之相當值也。取北極及衡各誠鍼㧊之爲軸，取薄竹篾，穿其兩端，令兩穿中間與渾半等，以貫之。令察之與渾相切摩也。乃從減半起，以爲百八十二度八分之五，盡衡減之半焉。又中分其篾，拗去其半，令其半之際正直，與兩端減半相直，令篾半之際從冬至起，一度一移之，視篾之半際（夕）多少黄、赤道幾也。其所多少，則進退之數也。從此北極數之，則無去極之度也。各分赤道、黄道爲二十四氣，一氣相去十五度十六分之七，每一氣者，黄道進退一度焉。所以然者，黄道直時，去南北極近，其處地小，而横行與赤道且等，故以篾度之，於赤道多也。設一氣令十六日者，皆常率四日差少半也。三氣一節，故四十六日而差今三度也。至於差三之時，而五日同率者一，其實節之間不能四十六日也。今殘日居其策，故五日同率也。其率雖同，先之皆强，後之皆弱，不可勝計。取至於三而復有進退者，黄道稍斜，於横行不得度故也。春分、秋分所以退者，黄道始起更斜矣，於横行不得度故也。亦每一氣一度焉，三氣一節，亦差三度也。至三氣之後，稍遠而直，故横行得度而稍進也。立春立秋横行稍退矣，而度猶云進者，以其所退減其所進，猶有盈餘，未盡故也。立夏、立冬横行稍進矣，而度猶云退者，以其所進，增其所退，猶有不足，未畢故也。以此論之，日行非有進退，而以赤道重廣量度黄道使之然也。本二十八宿相去度數，以赤道爲强距耳，故於黄道亦有進退也。冬至在斗二十一度少半，最遠時也，而此曆斗二十度，俱百一十五，强矣，冬至宜與之同率焉。夏至在井二十一度半强，最近時也，而此曆井二十三度，俱六十七度，强矣。夏至宜與之同率焉。」）

南朝梁・沈約《宋書》卷二三《天文志一》 漢末吴人陸績善天文，始推渾天意。王蕃者，廬江人，吴時爲中常侍，善數術，傳劉洪《乾象曆》，依乾象法而制渾儀，立論考度曰：「前儒舊説，天地之體，狀如鳥卵，天包地外，猶殼之裹黄也。周旋無端，其形渾渾然，故曰渾天也。周天三百六十五度五百八十九分度之百四十五，半露地上，半在地下。其二端謂之南極、北極。北極出地三十六度，南極入地亦三十六度，兩極相去一百八十二度半强。繞北極徑七十二度，常見不隱，謂之上規；繞南極七十二度，常隱不見，謂之下規。赤道帶天之紘，去兩極唐・魏徵等《隋書》卷一九《天文志上・渾天儀》 故王蕃云：「渾天儀者，羲、和之舊器，積代相傳，謂之璣衡。其爲用也，以察三光，以分宿度者也。又有渾天象者，以著天體，以布星辰。而渾象之法，地當在天中，其勢不便，故反觀其形，地爲外匡，於已解者，無異在內。詭狀殊體，而合於理，可謂奇巧。然斯二者，以考於天，蓋密矣。」又云：「古舊渾象，以二分爲一度，周七尺三寸半〔分〕。而莫知何代所造。」今案虞喜云：「落下閎爲漢孝武帝於地中轉渾天，定時節，作《泰初曆》。」或其所製也。

漢孝和帝時，太史揆候，皆以赤道儀，與天度頗有進退。以問典星待詔姚崇等，皆曰《星圖》有規法，日月實從黄道。官無其器。至永元十五年，詔左中郎將賈逵，乃始造太史黄道銅儀。至桓帝延熹七年，太史令張衡，更以銅製，以四分爲一度，周天一丈四尺六寸一分。亦於密室中，以漏水轉之。令司之者，閉户而唱之，以告靈台之觀天者，琁璣所加，某星始見，某星已中，某星今没，皆如合符。蕃以古製局小，以布星辰，相去稠概，不得了察。張衡所作，又復傷大，難可轉移。蕃今所作，以三分爲一度，周一丈九寸五分、四分〔分〕之三。張古法三尺六寸五分、四分分之一，減衡法亦三尺六寸五分、四分分之一。渾天儀法，黄赤道各廣一度有半。故今所作渾象，黄赤道各廣四分半，相去七寸二分。又云：「黄赤二道，相共交錯，其間相去二十四度。以兩儀凖之，二道俱三百六十五度有奇。又赤道見者，常一百八十二度半强。又南北考之，天見者亦一百八十二度半强。是以知天之體圓如彈丸，南北極相去一百八十二度半强也。而陸績所作渾象，形如鳥卵，以施二道，不得如法。若使二道同規，則其間相去不得滿二十四度。若令相去二十四度，則黄道當長於赤道。又兩極相去，不翅八十二度半强。案績説云：『天東西徑三十五萬七千里，直徑亦然。』則績意亦以天爲正圓也。器與言謬，頗爲乖僻。」然則渾天儀者，其制有機有衡。既動静兼狀，以效二儀之情，又周旋衡管，用考三光之分。所以揆正宿度，凖步盈虚，求古之遺法也。則先儒所言圓規徑八尺，漢候台銅儀，蔡邕所欲寢伏其下者是也。

梁華林重雲殿前所置銅儀，其制則有雙環規相並，間相去三寸許。正豎當子午。其子午之間，應南北極之衡，各合而爲孔，以象南北樞。植楗於前後，以屬焉。又有單横規，高下正當渾之半。皆周帀分爲度數；署以維辰之位，以象地。又有單規，斜帶南北之中，與春秋二分之日道相應。亦周帀分爲度數，而署以維辰，並相連著。屬楗植而不動。其裏又有雙規相並，如外雙規。内徑八尺，各九十一度少强。黄道，日之所行也。半在赤道外，半在赤道内，與赤道東交於角五少弱，西交於奎十四少强。其出赤道外極遠者，去赤道二十四度，斗二十一度是也。其入赤道内極遠者，亦二十四度，井二十五度是也。【略】」

太中大夫徐爰曰：「渾儀之制，未詳厥始。王蕃言：『《虞書》稱「在琁璣玉衡，以齊七政」。則今渾天儀、日月五星是也。鄭玄説：「動運爲機，持正爲衡，皆以玉爲之。」視其行度，觀受禪是非也。』渾儀，羲和氏之舊器，歷代相傳，謂之機衡，其所由來，有原統矣。而斯器設在候台，史官禁密，學者寡得聞見；穿鑿之徒，不解機衡之意，見有七政之言，因以爲北斗七星，構造虚文，托之讖緯，史遷、班固，猶尚惑之。鄭玄有贍雅高遠之才，沈静精妙之思，超然獨見，改正其説，聖人復出，不易斯言矣。』蕃之所云如此。夫候審七曜，當以運行爲體，設器擬象，焉得定其盈縮，推斯而言，未爲通論。設使唐、虞之世，已有渾儀，涉歷三代，以爲定凖，後世聿遵，孰敢非革。而三天之儀，紛然莫辯，至揚雄方難蓋通渾。張衡爲太史令，乃鑄銅制範。衡傳云：『其作渾天儀，考步陰陽，最爲詳密。』故知自衡以前，未有斯儀矣。蕃又云：『渾天遭秦之亂，師徒喪絶，而失其文，惟渾天儀尚在候台。』案既非舜之琁玉，又不載今儀所造，以緯書爲穿鑿，鄭玄爲博實，偏信無據，未可承用。夫琁玉，貴美之名；機衡，詳細之目。所以先儒以爲北斗七星，天綱運轉，聖人仰觀俯察，以審時變焉。」

史臣案：設器象，定其恒度，合之則吉，失之則凶，以之占察，有何不可？渾文廢絶，故有宣、蓋之論。其術並疏，故後人莫述。揚雄《法言》云：「或人問渾天於雄，雄曰：落下閎營之，鮮于妄人度之，耿中丞象之，幾乎莫之違也。」若問天形定體，渾儀疏密，則雄應以渾儀答之，而舉此三人以對者，則知此三人制造渾儀，以圖晷緯。問者蓋渾儀之疏密，非問渾儀之淺深也。以此而推，則西漢長安已有其器矣。將由喪亂亡失，故衡復鑄之乎？王蕃又記古渾儀尺度並張衡改制之文，則知斯器非衡始造，明矣。衡所造渾儀，傳至魏、晉，中華覆敗，沈没戎虜；績、蕃舊器，亦不復存。晉安帝義熙十四年，高祖平長安，得衡舊器，儀狀雖舉，不綴經星七曜。

文帝元嘉十三年，詔太史令錢樂之更鑄渾儀，徑六尺八分少，周一丈八尺二寸六分少，地在天内，立黄赤二道，南北二極規二十八宿，北斗極星，五分爲一度，置日月五星於黄道之上，置立漏刻，以水轉儀，昏明中星，與天相應。十七年，又作小渾天，徑二尺二寸，周六尺六寸，以分爲一度，安二十八宿中外宫，以白黑珠及黄三色爲三家星，日月五星，悉居黄道。

周二丈四尺，而屬雙軸。軸兩頭出規外各二寸許，合兩爲一。內有孔，圓徑二寸許，南頭入地下，注於外雙規南樞孔中，以象南極。北頭出地上，入於外雙規北樞孔中，以象北極。其運動得東西轉，以象天行。其雙軸之間，則置衡，長八尺，通中有孔，圓徑一寸。當衡之半，兩邊有關，各注著雙軸。衡既隨天象東西轉運，又自於雙軸間得南北低仰。所以準驗辰曆，分考次度，其於揆測，唯所欲爲之者也。檢其鐫題，是僞劉曜光初六年，史官丞南陽孔挺所造，則古之渾儀之法者也。而宋御史中丞何承天及太中大夫徐爰，各著《宋史》，咸以爲即張衡所造。其儀略舉天狀，而不綴經星七曜。魏、晉喪亂，沉没西戎。義熙十四年，宋高祖定咸陽得之。梁尚書沈約著《宋史》，亦云然，皆失之遠矣。

後魏道武天興初，命太史令晁崇修渾儀，以觀星象。十有餘載，至明元永興四年壬子，詔造太史候部鐵儀，以爲渾天法，考琁璣之正。其銘曰：「於皇大代，配天比祚。赫赫明明，聲烈遐布。爰造茲器，考正宿度。貽法後葉，永垂典故。」其製並以銅鐵，唯誌星度以銀錯之。南北柱曲抱雙規，東西柱直立，下有十字水平，以植四柱。十字之上，以龜負雙規。其餘皆與劉曜儀大同。即今太史候台所用也。

唐·魏徵等《隋書》卷七八《耿詢傳》 詢創意造渾天儀，不假人力，以水轉之，施於闇室中，使智寶外候天時，合如符契。世積知而奏之，高祖配詢爲官奴，給使太史局。

唐·房玄齡等《晉書》卷一一《天文志上》 故丹楊葛洪釋之曰：《渾天儀注》云：「天如雞子，地如雞中黄，孤居於天內，天大而地小。天表裏有水，天地各乘氣而立，載水而行。周天三百六十五度四分度之一，又中分之，則半覆地上，半繞地下，故二十八宿半見半隱，天轉如車轂之運也。」諸論天者雖多，然精於陰陽者少。張平子、陸公紀之徒，咸以爲推步七曜之道，以度曆象昏明之證候，校以四八之氣，考以漏刻之分，占晷景之往來，求形驗於事情，莫密於渾象者也。

張平子既作銅渾天儀，於密室中以漏水轉之，令伺之者閉户而唱之。其伺之者以告靈台之觀天者曰：「琁璣所加，某星始見，某星已中，某星今没」，皆如合符也。崔子玉爲其碑銘曰：「數術窮天地，制作侔造化，高才偉藝，與神合契。」蓋由於平子渾儀及地動儀之有驗故也。

宋·歐陽修等《新唐書》卷三一《天文志一》 至漢以後，表測景晷，以正地中，分列境界，上當星次，皆略依古。而又作儀以候天地，而渾天、周髀、宣夜之說，至於星經、曆法，皆出於數術之學。唐興，太史李淳風、浮圖一行，尤稱精博，後世未能過也。故采其要說，以著於篇。至於天象變見所以譴告人君者，皆有司所宜謹記也。

貞觀初，淳風上言：「舜在璿璣玉衡，以齊七政，則渾天儀也。《周禮》，土圭正日景以求地中，有以見日行黄道之驗也。暨於周末，此器乃亡。漢落下閎作渾儀，其後賈逵、張衡等亦各有之，而推驗七曜，並循赤道。按冬至極南，夏至極北，而赤道常定於中，國無南北之異。蓋渾儀無黄道久矣。」太宗異其說，因詔爲之。至七年儀成。表裏三重，下據準基，狀如十字，末樹鼇足，以張四表。一曰六合儀，有天經雙規、金渾緯規、金常規，相結於四極之內。列二十八宿、十日、十二辰、經緯三百六十五度。二曰三辰儀，圓徑八尺，有璿璣規、月遊規，列宿距度，七曜所行，轉於六合之內。三曰四游儀，玄樞爲軸，以連結玉衡遊筩而貫約矩規。又玄極北樹北辰，南矩地軸，傍轉於內。玉衡在玄樞之間，而南北遊，仰以觀天之辰宿，下以識器之晷度。皆用銅。帝稱善，置於凝暉閣，用之測候。閣在禁中，其後遂亡。

開元九年，一行受詔，改治新曆，欲知黄道進退，而太史無黄道儀。率府兵曹參軍梁令瓚以木爲游儀，一行是之，乃奏：「黄道游儀，古有其術而無其器，昔人潛思，皆未能得。今令瓚所爲，日道月交，皆自然契合，於推步尤要，請更鑄以銅鐵。」十一年儀成。一行又曰：「靈台鐵儀，後魏斛蘭所作，規制樸略，度刻不均，赤道不動，乃如膠柱。以考月行，遲速多差，多或至十七度，少不減十度，不足以稽天象、授人時。李淳風黄道儀，以玉衡旋規，別帶日道，傍列二百四十九交，以攜月遊，法頗難，術遂寢廢。臣更造遊儀，使黄道運行，以追列舍之變，因二分之中，以立黄道，交於奎、軫之間，二至陟降，各二十四度。黄道內施白道月環，用究陰陽朓朒，動合天運。簡而易從，可以制器垂象，永傳不朽。」於是玄宗嘉之，自爲之銘。

又詔一行與令瓚等更鑄渾天銅儀，圓天之象，具列宿赤道及周天度數。注水激輪，令其自轉，一晝夜而天運周。外絡二輪，綴以日月，令得運行。每天西旋一周，日東行一度，月行十三度十九分度之七，二十九轉有餘而日月會，三百六十五轉而日周天。以木櫃爲地平，令儀半在地下，晦明朔望遲速有準。立木人二於地平上：其一前置鼓以候刻，至一刻則自擊之；其一前置鐘以候辰，至一辰亦自撞之。皆於櫃中各施輪軸，鈎鍵關鎖，交錯相持。置於武成殿前，以示百官。無幾而銅鐵漸澀,不能自轉,遂藏於集賢院。

宋・蘇頌《新儀象法要》卷上《渾儀》 (渾儀)其制爲輪三重:一曰六合儀,縱置於地渾中,即天經也,與地渾相結,其體不動。二曰三辰儀,置六合儀內。三曰四游儀,置三辰儀內。

曰六合者,象上下四方天地之體也。曰天經者,對地渾也。又名陽經環者,以地渾爲陰緯環對名也。又植四龍柱於渾下之四維,各繞以龍,故名曰龍柱。又置鼇雲於六合儀下,承以雲氣,雲下有鼇座,名曰鼇雲。又四龍柱下設十字水趺,鑿溝通水道以平高下,故名曰水趺。別設天常單環於六合儀內。又設黃道雙環、赤道單環,皆在三辰儀內,東西相交,隨天運轉,以驗列舍之行。又爲四象環附三辰儀,相結於天運環,黃赤道兩交。又爲直距二,縱置於四游儀內,北屬六合儀、地渾之上,以正北極出地之度;南屬六合儀、地渾之下,以正南極入地之度,此渾儀大形也。直距內夾置望筒,一筒之半設關軸,附直距上,使運轉,低昂,窺測四方之星度。

李淳風制六合儀、三辰儀、四游儀凡三重。六合儀有金渾緯規其法。劉曜時孔挺所增四游儀,即舜「璿璣玉衡」之遺法也。本朝至道中,韓顯符止用淳風六合、四游儀,移三辰儀、黃赤道安於六合儀,如孔挺之說。逮皇祐中,復從黃赤道附於三辰儀。

今則全用淳風三重之制,而於三辰儀上設天運環,以水運之。水運之法始於漢張衡,成於唐梁令瓚及僧一行,復於本朝張思訓。今又變正其制,設天運環,下以天柱關輪之類上動渾儀,此出新製也。

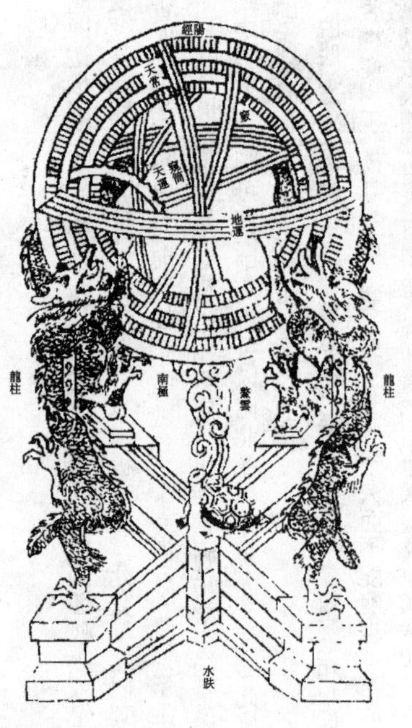

宋・王應麟《玉海》卷四《天文・儀象》 渾儀者,法天象地。數有三層,有地軸、地輪、地足,亦有橫輪、側輪、斜輪、定關、中關、小關、天柱、七直神。左搖鈴,右扣鐘,中擊鼓,以定刻數。其七直,一晝夜方退,是日、月、木、土、火、金、水。中有黃道天足,十二神報十二時刻數,定晝夜長短。上有天頂、天牙、天關、天指、天托、天束、天條,布三百六十五度,爲日月五星、紫微宮及周天列宿,并斗建、黃赤二道,太陽行度,定寒暑進退。古之制作,運動以水,頗爲疏略,寒暑無準。乃以水銀代之,運動不差。舊制太陽晝行度,皆以手運,今所制取於自然。自東漢張衡始造,至開元中,詔僧一行與梁令瓚造渾天儀,後銅鐵漸澁,不能自轉。今思訓所作,起爲樓閣之狀數層,高丈餘,以木偶人爲七直神,搖鈴、撞鐘、擊鼓。又作十二神,各直一時,至其時即自執辰牌,循環而出。并著日月星辰,皆須仰視。其機轉之用,俱隱樓中。其制頗巧,得開元遺象。

元・趙友欽《革象新書》卷四《渾儀制度》 古者有渾天儀,又有所謂蓋天、宣夜。蓋天不可憑信,宣夜失其所傳。渾天之儀有三,一曰六合儀,二曰三辰儀,三曰四遊儀,共爲一器。

所謂六合儀者,平置一黑環,準爲地平,列十二辰及八干、四隅於其上,又置黑雙環,並結於地平之子午。半在地上,半在地下,比爲天脊。於其側刻爲周天,去極之緯度。從地平子位而上三十六度,夾一小板於黑雙環之間,板中通一圓竅,比爲北極。又從地平午位而下三十六度,亦夾一小板,作爲圓竅,比爲南極。則置赤單環比爲赤道,於上刻周天之經度,結於地平卯酉。其赤環最高處結於北極之南九十一度初,天頂之南三十六度也。四環總六合儀,比如天地之定位。赤環雖刻周天之經度,寔非周天之經度,乃周地之經三百六十餘度也。黑環雖刻周天去極之度六,只是周地之緯度三百六十有餘也。蓋爲六合儀,不以運轉天體,卻左旋,故云周地,而不云周天也。

所謂三辰儀者,亦置黑雙環,與六合儀之雙環同,但圍徑較小,所刻才是周天去極之度,不可言周地度矣。所以然者,此雙環之北板竅與六合儀之北板竅相通,共貫一圓軸,南板亦然。軸既圓,則此雙環可以運轉,轉於六合儀內,轉非定體,故云此是周天去極度。亦置赤單環如六合儀者,附結於雙動環之上,去極九十一度,乃是卯酉。兩月太陽所過之躔,赤環所刻周天赤道之度,可以隨雙環而運轉之。別置黃單環,附結於赤環之卯酉宿度,仍刻周天黃道度數。恐黃赤兩環動搖不穩,又作白環佐輔之,使無傾欹之患。其白環於天,卻無所比。此五環總爲三辰儀。

所謂四遊儀者，亦置黑雙環，與三辰儀之雙環同。但圍徑較小，於上亦刻周天去極度。其北極竅，與在外二板竅通一軸，南板亦然。此雙環之内，各置一直幹，名曰直距，似乎圓扇之脊，與兩極相比，數均上下，俱一外軸。量兩距之長，去其當半處作一圓竅，別置二圓板之心，穿定八尺衡管，圓板兩傍，聯爲圓軸，横距於直距之兩竅。軸圓可轉，則衡管可以南北低昂而窺天。又隨此雙環而運轉，東西則無往而不可窺望，故曰四遊儀。

元·脱脱等《宋史》卷七六《律曆志九·皇祐渾儀》 堯敕羲、和制横簫以考察星度，其機衡用玉，欲其燥濕不變，運動有常，堅久而不能廢也。至於後世，鑄銅爲圓儀，以法天體。自洛下閎造《太初曆》，用渾儀。及東漢孝和帝時，太史惟有赤道儀，歲時測候，頗有進退。帝以問典星待詔姚崇等，皆曰：「星圖有規法，日月實從黄道，今無其器，是以失之。」至永元十五年，賈逵始設黄道儀。桓帝延熹七年，張衡更制之，以四分爲度。其後，陸績、王蕃、孔挺、斛蘭、梁令瓚、李淳風並嘗製作。五代亂亡，遺法蕩然矣。真宗祥符初，韓顯符作渾儀，但遊儀雙環夾望筒旋轉，而黄、赤道相固不動。皇祐初，又命日官舒易簡、于淵、周琮等參用淳風、令瓚之制，改鑄黄道渾儀，又爲漏刻、圭表，詔翰林學士錢明逸詳其法，内侍麥允言總其工。既成，置渾儀於翰林天文院之候台，漏刻於文德殿之鐘鼓樓，圭表於司天監。帝爲製《渾儀總要》十卷，論前代得失，已而留中不出。今具黄道遊儀之法，著於此焉。

第一重，名六合儀。陽經雙環：外圍二丈三尺二寸八分，直徑七尺七寸六分，闊六寸，厚六分。南北並立，兩面各列周天三百六十五度少强，北極出地三十五度少强。陰緯單環：外圍、徑、闊與陽經雙環等，外厚二寸五分，内厚一寸九分。上列十干、十二支、八卦方位，以正地形。上有池沿環流轉，以定平準。天常單環：外圍二丈四寸六分，直徑六尺八寸二分，闊，厚一寸二分。上列十干、十二支、四維時刻之數，以測辰刻，與陽經、陰緯環相固，如卵之殻幕然。

第二重，名三辰儀。璇璣雙環：外圍一丈九尺五寸六分，直徑六尺五寸二分，闊一寸四分，厚一寸。兩面各均周天三百六十五度少强，作二樞對兩極。赤道單環：外圍一丈九尺六寸八分，直徑六尺五寸六分，闊一寸一分，厚六分。上列二十八宿距度、周天三百六十五度少强，附於璇璣之上。黄道單環：外圍一丈九尺二分，直徑六尺三寸四分，闊一寸二分，厚一寸。上列周天三百六十五度少强，均分二十四氣、七十二候、六十四卦、三百六十策。出入赤道二十四度，與赤道相交，每歲退差一分有餘。白道單環：外圍一丈八尺六寸三分，直徑六尺二寸一分，闊一寸一分，厚五分。上列交度，置於黄道環中，入黄道六度，每一交終，退行黄道一度半弱，皆旋轉於六合之内。

第三重，名四遊儀。璇樞雙環：外圍一丈八尺二寸一分，直徑六尺七分，闊二寸，厚七分。兩面各列周天三百六十五度少强，挾直距以對樞軸，東西運轉於三辰儀内，以格星度。横簫望筒：長五尺七寸，外方内圓，中通望孔，直徑六分，周於日輪，在璇樞直距之中，使南北遊仰，以窺辰宿，無所不至。十字水平槽：長九尺四寸八分，首闊一尺二寸七分，身闊九寸二分，高七尺。水槽一寸，深八分，四柱各長六尺七寸八分，植於水槽之末，以輔天體，皆以銅爲之。乃格七曜遠近盈縮，以知晝夜長短之效。其所測二十八舍距度，著於後；其周天星入宿去極所主吉凶，則具在《天文志》。

元·脱脱等《宋史》卷八〇《律曆志十三》 熙寧六年六月，提舉司天監陳繹言：「渾儀尺度與《法要》不合，二極、赤道四分不均，規、環左右距度不對，遊儀重澀難運，黄道映蔽横簫，遊規璺裂，黄道不合天體，天樞内極星不見。天文院渾儀尺度及二極、赤道四分各不均，黄道、天常環、月道映蔽横簫，及月道不與天合，天常環相攻難轉，天樞内極星不見。皆當因舊修整，新定渾儀，改用古尺，均賦辰度，規、環輕利，黄赤道、天常環並側置，以北際當天度，省去月道，令不蔽横簫，增天樞爲二度半，以納極星，規、環二極，各設環樞，以便遊運。」詔依新式製造，置於司天監測驗，以較疏密。七年六月，司天監呈新制渾儀、浮漏於迎陽門，帝召輔臣觀之，數問同提舉官沈括，具對所以改更之理。尋又言：「准詔，集監官較其疏密，無可比較。」詔置於翰林天文院。七月，以括爲右正言，司天秋官正皇甫愈等賞有差。初，括上《渾儀》、《浮漏》、《景表》三議，見《天文志》。朝廷用其説，令改造法物、曆書。至是，渾儀、浮漏成，故賞之。

元豐五年正月，翰林學士王安禮言：「詳定渾儀官歐陽發所上渾儀、浮漏木様，具新器之宜，變舊器之失，臣等竊詳司天監浮漏，疏謬不可用，請依新式改造。其至道、皇祐渾儀、景表亦各差舛，請如法條奏修正。」從之。元祐四年三月，翰林學士許將等言：「詳定元祐渾天儀象所先奉詔製造水運渾儀木様，如試驗候天不差，即別造銅器，今校驗皆與天合。」詔以銅造，仍以元祐渾天儀象爲名。將等又言：「前所謂渾天儀者，其外形圓，可遍佈星度；其内有璣、有衡，可仰窺天象。今所建渾儀象，別爲二器，而渾儀占測天度之真數，又以渾象置之密室，自爲天運，與儀參合。若並爲一器，即象爲儀，以同正天度，則渾天儀象兩得之矣。請更作渾天儀。」從之。七年四月，詔尚書左丞蘇頌撰《渾天儀象銘》。六月，元祐渾天儀象成，詔三省、樞密院官閲之。紹聖元年十月，詔禮部、秘書省，即詳定製造渾天儀象所，以新舊渾儀集局官同測驗，擇其精密可用者以聞。

元・脱脱等《宋史》卷四八《天文志一・儀象》 熙寧七年七月，沈括上《渾儀》、《浮漏》、《景表》三議。

《渾儀議》曰：

五星之行有疾舒，日月之交有見匿，求其次舍經劘之會，其法一寓於日。冬至之日，日之端南者也。日行周天而復集於表鋭，凡三百六十有五日四分日之幾一，而謂之歲。周天之體，日別之謂之度。度之離，其數有二：日行則舒則疾，會而均，別之曰赤道之度；日行自南而北，升降四十有八度而迤，別之曰黄道之度。度不可見，其可見者星也。日、月、五星之所由，有星焉。當度之畫者凡二十有八，而謂之舍。舍所以絜度，度所以生數也。度在天者也，爲之璣衡，則度在器。度在器，則日月五星可摶乎器中，而天無所豫也。天無所豫，則在天者不爲難知也。

自漢以前，爲曆者必有璣衡以自驗跡。其後雖有璣衡，而不爲曆作。爲曆者亦不復以器自考，氣朔星緯，皆莫能知其必當之數。至唐僧一行改《大衍曆法》，始復用渾儀參實，故其術所得，比諸家爲多。

臣嘗歷考古今儀象之法，《虞書》所謂璿璣玉衡，唯鄭康成粗記其法，至洛下閎制圓儀，賈逵又加黄道，其詳皆不存於書。其後張衡爲銅儀於密室中，以水轉之，蓋所謂渾象，非古之璣衡也。吴孫氏時王蕃、陸績皆嘗爲儀及象，其説以謂舊以二分爲一度，而患星辰稠概，張衡改用四分，而復椎重難運。故蕃以三分爲度，周丈有九寸五分寸之三，而具黄赤道焉。績之説以天形如鳥卵小橢，而黄、赤道短長相害，不能應法。至劉曜時，南陽孔定制銅儀，有雙規，規正距子午以象天；有横規，判儀之中以象地；有時規，斜絡天腹以候赤道；南北植幹，以法二極；其中乃爲遊規、窺管。劉曜太史令晁崇、斛蘭皆嘗爲鐵儀，其規有六，四常定，以象地，一象赤道，其二象二極，乃是定所謂雙規者也。其制與定法大同，唯南北柱曲抱雙規，下有縱衡水平，以銀錯星度，小變舊法。而皆不言有黄道，疑其失傳也。唐李淳風爲圓儀三重：其外曰六合，有天經雙規、金渾緯規、金常規。次曰三辰，轉於六合之內，圓徑八尺，有璿璣規、月遊規，所謂璿璣者，黄、赤道屬焉。又次曰四遊，南北爲天樞，中爲遊筒可以升降遊轉，別爲月道，傍列二百四十九交以攜月遊。一行以爲難用，而其法亦亡。其後率府兵曹梁令瓚更以木爲遊儀，因淳風之法而稍附新意，詔與一行雜校得失，改鑄銅儀，古今稱其詳確。至道中，初鑄渾天儀於司天監，多因斛蘭、晁崇之法。皇祐中，改鑄銅儀於天文院，姑用令瓚、一行之論，而去取交有失得。

臣今輯古今之説以求數象，有不合者十有三事：

其一，舊説以謂今中國於地爲東南，當令西北望極星，置天極不當中北。又曰：「天常傾西北，極星不得居中。」臣謂以中國規觀之，天常北倚可也，謂極星偏西則不然。所謂東西南北者，何從而得之？豈不以日之所出者爲東，日之所入者爲西乎？臣觀古之候天者，自安南都護府至浚儀大岳台纔六千里，而北極之差凡十五度，稍北不已，庸詎知極星之不直人上也？臣嘗讀黄帝《素書》：「立於午而面子，立於子而面午，至於自卯而望酉，自酉而望卯，皆曰北面。立於卯而負酉，立於酉而負卯，至於自午而望南，自子而望北，則皆曰南面。」臣始不諭其理，逮今思之，乃常以天中爲北也。常以天中爲北，則蓋以極星常居天中也。《素問》尤爲善言天者。今南北才五百里，則北極輒差一度以上；而東西南北數千里間，日分之時候之，日未嘗不出於卯半而入於酉半，則又知天樞既中，則日之所出者定爲東，日之所入者定爲西，天樞則常爲北無疑矣。以衡窺之，日分之時，以渾儀抵極星以候日之出没，則常在卯、酉之半少北。此殆放乎四海而同者，何從而知中國之爲東南也？彼徒見中國東南皆際海而爲是説也。臣以謂極星之果中、果非中，皆無足論者。彼北極之出地六千里之間所差者已如是，又安知其茫昧幾千萬里之外邪？今直當據建邦之地，人目之所及者，裁以爲法。不足爲法者，宜置而勿議可也。

其二曰：紘平設以象地體，今渾儀置於崇台之上，下瞰日月之所出，則紘不與地際相當者。臣詳此説雖粗有理，然天地之廣大，不爲一台之高下有所推遷。蓋渾儀考天地之體，有實數，有準數。所謂實者，此數即彼數也，此移赤彼亦移赤之謂也。所謂準者，以此準彼，此之一分，則準彼之幾千里之謂也。今台之高下乃所謂實數，一台之高不過數丈，彼之所差者亦不過此，天地之大，豈數丈足累其高下？若衡之低昂，則所謂準數者也。衡移一分，則彼不知其數幾千里，則衡之低昂當審，而台之高下非所當卹也。

其三曰：月行之道，過交則入黄道六度而稍卻，復交則出於黄道之南，亦如之。月行周於黄道，如繩之繞木，故月交而行日之陰，則日爲之虧；入蝕法而不虧者，行日之陽也。每月退交二百四十九周有奇，然後復會。今月道既不能環繞黄道，又退交之漸當每日差池，今必候月終而頓移，亦終不能符會天度，當省去月環。其候月之出入，專以曆法步之。

其四，衡上下二端皆徑一度有半，用日之徑也。若衡端不能全容日月之體，則無由審日月定次。欲日月正滿上衡之端，不可動移，此其所以用一度有半爲法也。下端亦一度有半，則不然。若人目迫下端之東以窺上端之西，則差幾三度。凡求星之法，必令所求之星正當穿之中心。今兩端既等，則人目遊動，無因知其正中。今以鈎股法求之，下徑三分，上徑一度有半，則兩竅相覆，大小略等。人目不摇，則所察自正。

其五，前世皆以極星爲天中，自祖暅以璣衡窺考天極不動處，乃在極星之末猶一度有餘。今銅儀天樞内徑一度有半，乃謬以衡端之度爲率。若璣衡端平，則極星常遊天樞之外；璣衡小偏，則極星乍出乍入。令瓚舊法，天樞乃徑二度有半，蓋欲使極星游於樞中也。臣考驗極星更三月，而後知天中不動處遠極星乃三度有余，則祖恒窺考猶爲未審。今當爲天樞徑七度，使人目切南樞望之，星正循北極樞里周常見不隱，天體方正。

其六，令瓚以辰刻、十干、八卦皆刻於絃，然絃平正而黄道斜運，當子、午之間，則日徑度而道促；卯、酉之際，則日迤行而道舒。如此，辰刻不能無謬。新銅儀則移刻於緯，四游均平，辰刻不失。然令瓚天中單環，直中國人頂之上，而新銅儀緯斜絡南北極之中，與赤道相直。舊法設之無用，新儀移之爲是。然當側窺如車輪之牙，而不當衡規如鼓陶，其旁迫狹，難賦辰刻，而又蔽映星度。

其七，司天銅儀，黄、赤道與絃合鑄，不可轉移，雖與天運不符，至於窺測之時，先以距度星考定三辰所舍，復運遊儀抵本宿度，乃求出入黄道與去極度，所得無以異於令瓚之術。其法本於晁崇、斛蘭之舊制，雖不甚精縟，而頗爲簡易。李淳風嘗謂斛蘭所作鐵儀，赤道不動，乃如膠柱。以考月行，差或至十七度，少不減十度。此正謂直以赤道候月行，其差如此。今黄、赤道度，再運遊儀抵所舍宿度求之，而月行則以月曆每日去極度算率之，不可謂之膠也。新法定宿而變黄道，此定黄道而變宿，但可賦三百六十五度而不能具餘分，此其爲略也。

其八，令瓚舊法，黄道設於月道之上，赤道又次月道，而璣最處其下。每月移一交，則黄、赤道輒變。今當省去月道，徙璣於赤道之上，而黄道居赤道之下，則二道與衡端相迫，而星度易審。

其九，舊法：規環一面刻周天度，一面加銀丁。所以施銀丁者，夜候天晦，不可目察，則以手切之也。古之人以璿爲之，璿者，珠之屬也。今司天監三辰儀設齒於環背，不與横簫會，當移列兩旁，以便參察。

其十，舊法：重璣皆廣四寸，厚四分。其他規軸，椎重樸拙，不可旋運。今小損其制，使之輕利。

其十一，古之人知黄道歲易，不知赤道之因變也。黄道之度，與赤道之度相偶者也。黄道徙而西，則赤道不得獨膠。今當變赤道與黄道同法。

其十二，舊法：黄、赤道平設，正當天度，掩蔽人目，不可占察。其後乃別加鑽孔，尤爲拙謬。今當側置少偏，使天度出北際之外，自不淩蔽。

其十三，舊法：地絃正絡天經之半，凡候三辰出入，則地際正爲地絃所伏。今當徙絃稍下，使地際與絃之上際相直。候三辰伏見，專以絃際爲率，自當默與天合。

又言渾儀製器：

渾儀之爲器，其屬有三，相因爲用。其在外者曰體，以立四方上下之定位。其次曰象，以法天之運行，常與天隨。其在内璣衡，璣以察緯，衡以察經。求天地端極三明匿見者，體爲之用；察黄道降陟辰刻運徙者，象爲之用；四方上下無所不屬者，璣衡爲之用。

體之爲器，爲圓規者四。其規之别：一曰經，經之規二並峙，正抵子午，若車輪之植。二規相距四寸，夾規爲齒，以別去極之度。北極出絃之上三十有四度十分度之八强，南極下絃亦如之。對衡二釭，聯二規以爲一，釭中容樞。二曰緯，緯之規一，與經交於二極之中，若車輪之倚，南北距極皆九十一度强。夾規爲齒，以別周天之度。三曰絃，絃之規一，上際當經之半，若車輪之僕，以考地際，周賦十二辰，以定八方。絃之下有趺，從一衡一，刻溝受水以爲平。中溝爲地，以受注水。四末建趺，爲升龍四以負絃。

凡渾儀之屬皆屬焉。龍吭爲綱維之四揵以爲固。

象之爲器，爲圓規者四。其規之別：一曰璣，璣之規二並峙，相距如經之度。夾規爲齒，對衡二釭，釭中容樞，皆如經之率。設之亦如經，其異者經膠而璣可旋。二曰赤道，赤道之規一，刻，璣十分寸之三以銜赤道。赤道設之如緯，其異者緯膠於經，而赤道銜於璣，有時而移，度穿一竅，以移歲差。三曰黃道，黃道之規一，刻赤道十分寸之二以銜黃道，其南出赤道之北際二十有四度，其北入赤道亦如之。交於奎、角，度穿一竅，以銅編屬赤道。歲差盈度，則並赤道徙而西。黃赤道夾規爲齒，以別均迤之度。

璣衡之爲器，爲圓規二，曰璣，對峙，相距如象璣之度，夾規爲齒，皆如象璣。其異者：象璣對衡二釭，而璣對衡二樞，貫於象璣天經之釭中。三物相重而不相膠，爲間十分寸之三，無使相切，所以利旋也。爲橫簫二，兩端夾樞，屬璣，其中挾衡爲橫一，棲於橫簫之間。中衡爲轊，以貫橫簫，兩末入於璣之鋍而可旋。璣可以左右，以察四方之詳；衡可以低昂，以察上下之祥。【略】

元祐間蘇頌更作者，上置渾儀，中設渾象，旁設昏曉更籌，激水以運之。三器一機，吻合躔度，最爲奇巧。宣和間，又嘗更作之。而此五儀者悉歸於金。中興更謀制作，紹興三年正月，工部員外郎袁正功獻渾儀木樣，太史局令丁師仁始請募工鑄造，且言：「東京舊儀用銅二萬斤，今請折半用八千斤有奇。」已而不就，蓋在廷諸臣罕通其制度者。乃召蘇頌子攜取頌遺書，考質舊法，而攜亦不能通也。至十四年，乃命宰臣秦檜提舉鑄渾儀，而以內侍邵諤專領其事，久而儀成。三十二年，始出其二置太史局。而高宗先自爲一儀置諸宮中，以測天象，其制差小，而邵諤所鑄蓋祖是焉，後在鐘鼓院者是也。

清臺之儀，後其一在祕書省。按：渾儀制度：表裏凡三重，其第一重曰六合儀，陽經徑四尺九寸六分，闊三寸二分，厚五分。南北正位，兩面各列周天度數，南北極出入地皆三十一度少，度闊三分。陰緯單環大小如陽經，闊三寸二分，厚一寸八分。上置水平池，闊九分，深四分，沿環通流，亦如舊制。內外八干、十二枝，晝艮、巽、坤、乾卦於四維。第二重曰三辰儀，徑四尺三分，闊二寸二分，厚五分。釭釧刻畫如陽經。赤道單環，徑四尺一寸四分，闊一寸二分，厚五分。上列二十八宿，均天度數，闊二分七釐。黃道單環，徑四尺一寸四分，闊一寸二分，厚五分，上列七十二候，均分卦策，與赤道相交，出入各二十四度弱。百刻單環，徑四尺五寸六分，闊一寸二分，厚五分，上列晝夜刻數。第三重曰四遊儀，徑三尺九寸，闊一寸九分，厚五分。釭釧刻畫如璿璣，度闊二分半。望筒長三尺六寸五分，內圓外方，中通孔竅，四面闊一寸四分七釐，竅眼闊三分，夾竅徑五尺三分。鼇雲以負龍柱，龍柱各高五尺二寸。十字平水台高一尺一寸七分，長五尺七寸，闊五寸二分。水槽闊七分，深一寸二分。若水運之法與夫渾象，則不復設。

其後朱熹家有渾儀，頗考水運制度，卒不可得。蘇頌之書雖在，大抵於渾象以爲詳，而其尺寸多不載，是以難遽復云。舊制有白道儀以考月行，在望筒之旁。自熙寧沈括以爲無益而去之，南渡更造，亦不復設焉。

元・脱脱等《宋史》卷四六一《方技傳上・韓顯符》 伏羲氏立渾儀，測北極高下，量日影短長，定南北東西，觀星間廣狹。帝堯即位，羲氏、和氏立渾儀，定曆象日月星辰，欽授民時，使知緩急。降及虞舜，測璿璣玉衡以齊七政。《通占》又云：「撫渾儀，觀天道，萬象不足以爲多。」是知渾儀者，實天地造化之準，陰陽曆數之元，自古聖帝明王莫不用是精詳天象，預知差忒。或鑄以銅，或飾以玉，置之內庭，遣日官近臣同窺測焉。

明・宋濂等《元史》卷四八《天文志一》 世祖至元四年，扎馬魯丁造西域儀象咱秃哈剌吉，漢言混天儀也。其制以銅爲之，平設單環，刻周天度，畫十二辰位，以準地面。側立雙環而結於平環之子午，半入地下，以分天度。內第二雙環，亦刻周天度，而參差相交，以結於側雙環，去地平三十六度以爲南北極，可以旋轉，以象天運，爲日行之道。內第三、第四環，皆結於第二環，又去南北極二十四度，亦可以運轉。凡可運三環，各對綴銅方釘，皆有竅以代衡簫之仰窺焉。

明・徐光啓《新法算書》卷一六《渾天儀説卷一》 渾天儀圖

古今儀有多種，其間最公而易明者，無如渾天儀。蓋不獨以圓形象天，且其所載諸象及諸圈，悉存天上之象與圈。凡大小遠近之比例，但一設圈，必與天上之圈應，故同一渾形而分虛實兩等。其實者以儀面當圓體，圖列星或地於面上，並顯黃赤兩道，乃所借名曰天球、地球者是。其虛者特有其圈以聯絡黃赤二道等實圈，爲法而中無實體，外無球面，猶存以公名，曰渾天儀者是。近或獨取其圈，或圈與球合成一儀，其分圈尚有大小，有多寡。然彼此約等，故總圖之如左。

凡儀上諸圈，因以顯諸曜之行者，必分爲三百六十平度。或盡書，或止以一象限九十度爲度。其圈之大小，則以所分平，與不平有別。大者，必平分其儀體有六焉，如兩道兩過極圈、子午及地平圈。而地平子午恒定不移。小者即在大圈之左右，與大圈爲平行，原無定數，任意多寡之，惟以利用取規焉。凡旋轉之圈，俱貫入子午南北二處。而承子午圈者，地平也。地平圈平置架上不動，而子午圈則可上可下，以應各方北極出地之度。承架短柱，任用幾端，第須長短必等，總期上爲極平，以負地平耳。架下設一羅針，以審方位。子午圈内安一時盤，取本圈能切時刻。詳見後製法中。【略】

渾天儀增圈

本儀内外增設者，亦共四圈，但在外者，不必全圈。一爲象限用，當高弧上，自天頂下至地平。一爲半圈，用當立象，在子午圈之左右，竪合子午，倒合地平，共當六圈。古設此六圈，皆在黄極中相交，因名十二宫圈。今設於子午交地平處，平分赤道十二弧，總黄道及渾天，爲十二舍，故名天容圈，亦名立象圈。本圈隨極出地，各處不等，全與地平同，或起或伏，順地平而東西。地平乃一與七舍之初界，子午圈當四與十焉。其象限之高弧，以直角交地平，任游移安置，過日月諸星之度，故於本弧可求諸曜出地高度，並黄平象限等。用以螺旋，安游表於天頂，依各地平爲規儀，内又置太陽本圈，安黄道線下度分，合黄道上。内又一圈爲太陰本圈，較太陽圈少斜，依本行取則焉。或南或北，時時不一，故有正交爲太陰往北之界，有中交爲太陰往南之界，而本圈依黄道旋。其兩交之自行，約十九年一周。諸圈俱負本曜，安黄樞上，以顯二曜會望及互相照之理焉。【略】

安儀

凡測天諸儀有黄赤道等圈，必以本圈正合天上所有之圈爲準。如在天有過頂者，儀中相當圈宜竪立以應之。有距頂向南北東西者，儀中相當之圈亦宜向南北或東西地平，皆與天上之圈合。則日月諸星行度，爲儀圈所得者，即天上諸曜實行之度分也。今渾儀雖未盡乎測天，然能以日景考查時刻，並求各方北極出地之度，及太陽高弧距地平等用，則必一切方位，與天脗合。先以兩極，依出地度安定，徐以羅針所得，正其南北，又以垂線，取準地平，任置臺几之上，以聽次第用焉。

清·張廷玉等《明史》卷二五《天文志一》 御製《觀天器銘》，其詞曰：「粤古大聖，體天施治，敬天以心，觀天以器。厥器伊何？璿璣玉衡。璣象天體，衡審天行。歷世代更，垂四千祀，沿制有作，其制寖備。即器而觀，六合外儀，陽經陰緯，方位可稽。中儀三辰，黄赤二道，日月暨星，運行可考。内儀四遊，横簫中貫，南北東西，低昂旋轉。簡儀之作，爰代璣衡，制約用密，疏朗而精。外有渾象，反而觀諸，上規下矩，度數方隅。别有直表，其崇八尺，分至氣序，考景咸得。縣象在天，制器在人，測驗推步，靡忒毫分。昔作今述，爲制彌工，既明且悉，用將無窮。惟天勤民，事天首務，民不失寧，天其予顧。政純於仁，天道以正，勒銘斯器，以勵予敬。」

清·阮元《疇人傳》卷六《前趙·孔挺》 孔挺，南陽人也，爲劉曜史官丞。光初六年，造渾天銅儀，有雙環規相並，間相去三寸許，正竪當子午。其子午之間，應南北極之衡，各合而爲孔，以象南北樞，植楗於前後以屬焉。有單横規，高下正當渾之半，皆周帀分爲度數，署以維辰之位，以象地。又有單規，斜帶南北之中，與春秋二分之日道相應，亦周帀分爲度數，而署以維辰，並相連著，屬楗植而不動。其裏又有雙規相並，如外雙規，内徑八尺，周二丈四尺，而屬雙軸。軸兩頭出規外各二寸許，合兩爲一。内有孔，圓徑二寸許。南頭入地下，注於外雙規南樞孔中，以象南極。北頭出地上，入於外雙規北樞孔中，以象北極。其運動得東西轉，以象天行。其雙軸之間，則置衡，長八尺，通中有孔，圓徑一寸，當衡之半，兩邊有關，各注著雙軸。衡既隨天象東西轉運，又自於雙軸得南北低仰。所以準驗辰曆，分考次度，其於揆測，唯所欲爲之者也。其儀至梁尚存，華林重雲殿前所置銅儀是也。

清·阮元《疇人傳》卷四〇《國朝七·李光地》 其《記渾儀》曰：「儀有三重：外一重不動者，爲六合儀，所以定上下四方之位；其中一重旋轉者，爲三辰儀，所以象天體圜動之行；其内一重周遊四徧者，爲四遊儀，所以繫玉衡而便觀察。蓋三辰一儀，尤爲要切。其儀有三環：一環以準赤道；一環横跨，以準二極；一環側倚之，以準日道。三環交結相連，上刻南北東西縱横之宿度，以水激其機輪，使之日夜隨天東西運轉，必使在儀之度與在天之度相應而不忒，然後可以按候而仰窺也。即以木星言之。今夜經天之處，距極幾度，距赤道幾度，於何知之？以儀上所刻南北之度準之，則足以知之矣。又如木星行疾時今夜距昨夜幾度，行遲時今夜距昨夜幾度，於何知之？以儀所刻東西之度準之，則足以知之矣。以至日晷之南北平斜，太陰之躔絡委曲，五緯之遲留順逆，莫不皆然。然儀度雖與天相準，而人之轉瞬難定，故四遊儀繫衡管於中，可以隨處低昂，掛於儀之上而注視焉，則儀度與天度相直不爽，如盤針定於秒忽之中，而外薄乎四表，蓋無幾微之差也。古旋璣玉衡之說，雖不可考，然大要當不甚遠。」

渾象　渾天象

南朝梁・沈約《宋書》卷二三《天文志一》 古舊渾象以二分爲一度，凡周七尺三寸半分。張衡更制，以四分爲一度，凡周一丈四尺六寸。蕃以古制局小，星辰稠概，衡器傷大，難可轉移，更制渾象，以三分爲一度，凡周天一丈九寸五分四分分之三也。

御史中丞何承天論渾象體曰：「詳尋前説，因觀渾儀，研求其意，有以悟天形正圓，而水周其下。言四方者，東暘谷，日之所出，西至濛汜，日之所入。莊子又云：『北溟之魚，化而爲鳥，將徙於南溟。』斯亦古之遺記，四方皆水證也。四方皆水，謂之四海。凡五行相生，水生於金，是故百川發源，皆自山出，由高趣下，歸注於海。日爲陽精，光耀炎熾，一夜入水，所經燋竭，百川歸注，足於補復，故旱不爲減，浸不爲益。徑天之數，蕃説近之。」

唐・李延壽《南史》卷七六《陶弘景傳》 又嘗造渾天象，高三尺許，地居中央，天轉而地不動，以機動之，悉與天相會云。

唐・魏徵等《隋書》卷一九《天文志上》 渾天象者，其制有機而無衡，梁末秘府有，以木爲之。其圓如丸，其大數圍。南北兩頭有軸。徧體布二十八宿、三家星、黄赤二道及天漢等。別爲横規環，以匡其外。高下管之，以象地。南軸頭入地，注於南植，以象南極。北軸頭出於地上，注於北植，以象北極。正東西運轉。昏明中星，既其應度，分至氣節，亦驗，在不差而已。不如渾儀，別有衡管，測揆日月，分步星度者也。吴太史令陳苗云：「先賢制木爲儀，名曰渾天。」即此之謂耶？由斯而言，儀象二器，遠不相涉。則張衡所造，蓋亦止在渾象七曜，而何承天莫辨儀象之異，亦爲乖失。

宋文帝以元嘉十三年詔太史更造渾儀。太史令錢樂之依案舊説，采效儀象，鑄銅爲之。五分爲一度，徑六尺八分少，周一丈八尺二寸六分少。地在天内，不動。立黄赤二道之規，南北二極之規，布列二十八宿、北斗極星。置日月五星於黄道上。爲之杠軸，以象天運。昏明中星，與天相符。梁末，置於文德殿前。至如斯制，以爲渾儀，儀則内闕衡管。以爲渾象，而地不在外。是參兩法，別爲一體。就器用而求，猶渾象之流，外内天地之狀，不失其位也。吴時又有葛衡，明達天官，能爲機巧。改作渾天，使地居於天中。以機動之，天動而地止，以上應晷度，則樂之所放述也。

到元嘉十七年，又作小渾天，二分爲一度，徑二尺二寸，周六尺六寸。安二十八宿中外官星備足。以白青黄等三色珠爲三家星。其日月五星，悉居黄道。亦象天運，而地在其中。

宋元嘉所造儀象器，開皇九年平陳後，並入長安。大業初，移於東都觀象殿。

宋・司馬光《資治通鑑》卷一一八《晉紀四十・安帝義熙十三年》 漢武帝時，洛下閎、鮮于妄人、耿壽昌造員儀以考曆度。和帝時，賈逵又加黄道。順帝時，張衡又制渾象，具内外規、黄赤道、南北極，列二十四氣、二十八宿、中外星官及日月、五緯，以漏水轉之於殿上室内，星中出沒，與天相應。其後，吴陸績造渾象，王蕃制渾儀。舊渾象以二分爲一度，凡周七尺三寸半分。張衡更制，以四分爲一度，凡周一丈四尺六寸。王蕃以古制局小，星辰稠概，衡器傷大，難可轉移，更制渾象，以三分爲一度，凡周天一丈九寸五分分之三。《周禮》：「大司徒以土圭之法測土深，正日景，以求地中。日南則景短多暑，日北則景長多寒，日東則景夕多風，日西則景朝多陰。日至之景，尺有五寸，謂之地中。」注云：「土圭所以致四時、日月之景也。鄭司農云：測土深，謂南北東西之深也。日南，立表處太南，近日也。日北，謂立表處太北，遠日也。景夕，謂日昳景乃中，立表處太東，近日也。景朝，謂日未中而景中，立表處太西，遠日也。玄謂晝漏半而置土圭，表陰陽，審其南北。景短於土圭，謂之日南，是地於日爲近南也。景長於土圭，謂之日北，是地於日爲近北也。東於土圭謂之日東，是地於日爲近東也。西於土圭謂之日西，是地於日爲近西也。如是，則寒暑陰風偏而不和，是未得其所求。凡日景於地千里而差一寸。」鄭司農又云：「土圭之長尺有五寸，以夏至之日立八尺之表，其景適與土圭等，謂之地中。今潁川陽城地爲然。」

宋・蘇頌《新儀象法要》卷中《渾象》 右渾象一座，太史舊無。今倣《隋志》增損製之，上列二十八宿，周天度及紫微垣，中外官星，以俯視七政之運轉。納於六合儀、天經、地渾内，周以一木櫃載之。其中貫以樞軸，軸南北出渾象外（南長北短）。地渾在木櫃面而横置之，以象地；天經與地渾相結，縱置之，半在地上，半隱地下，以象天。其樞軸，北貫天經上杠中，末與杠平，出櫃外三十五度少弱，以象北極；出地南亦貫天經，出下杠，外入櫃内三十五度少弱，以象南極入地。就赤道爲牙距四百七十八牙，以衡天輪，隨機輪之地轂以運動。

按《隋志》云：渾天象者，其制有機而無衡。梁末祕府有以木爲之，其圓如丸，其大數圍，南北兩頭有軸，遍體布二十八宿、三家星，黄、赤二道及天漢等。別爲横規以抱其外，高下半之（此謂抱規、抱渾象高下謂之半）以象地。南軸頭入地，注於南植（植，柱也），以象南極；北軸頭出於地，上注於北植，以象北極。正東西運轉。昏明中星既應其度，分、至、氣節亦驗，在不差而已。

今所製大率倣此，並約梁令瓚、張思訓法，別爲日月五星，循繞三百六十五度，隨天運轉。又王蕃云：渾象之法，地當在天内，其勢不便，故反觀其形，地爲外郭而已。解者無異在内，詭狀殊體而合於理，可謂奇巧也。今地渾亦在渾象外，蓋出於蕃法也。

一云：以象南極入地，別設天運輪，一側置渾象南，其轂貫南樞軸之末。其軸爲牙距六百，以衡天軸。軸下接天輪，隨機輪之地轂以運動。

元·脱脱等《宋史》卷四八《天文志一》 銅候儀，司天冬官正韓顯符所造，其要本淳風及僧一行之遺法。顯符自著經十卷，上之書府。銅儀之制有九：一曰雙規，皆徑六尺一寸三分，圍一丈八尺三寸九分，廣四寸五分，上刻周天三百六十五度，南北並立，置水臬以爲準，得出地三十五度，乃北極出地之度也。以釭貫之，四面皆七十二度，屬紫微宮，星凡三十七坐，一百七十有五星，四時常見，謂之上規。中一百一十度，四面二百二十度，屬黄赤道内外官，星二百四十六坐，一千二百八十九星，近日而隱，遠而見，謂之中規。置臬之下，繞南極七十二度，除老人星外，四時常隱，謂之下規。二曰遊規，徑五尺二寸，圍一丈五尺六寸，廣一寸二分，厚四分，上亦刻周天，以釭貫於雙規巔軸之上，令得左右運轉。凡置管測驗之法，衆星遠近，隨天周徧。三曰直規，二，各長四尺八寸，闊一寸二分，厚四分，於兩極之間用夾窺管，中置關軸，令其遊規運轉。四曰窺管，一，長四尺八寸，廣一寸二分，關軸在直規中。五曰平準輪，在水臬之上，徑六尺一寸三分，圍一丈八尺三寸九分，上刻八卦、十干、十二辰、二十四氣、七十二候於其中，定四維日辰，正晝夜百刻。六曰黄道，南北各去赤道二十四度，東西交於卯酉，以爲日行盈縮、月行九道之限。凡冬至日行南極，去北極一百一十五度，故景長而寒；夏至日在赤道北二十四度，去北極六十七度，故景短而暑。月有九道之行，歲匝十二辰，正交出入黄道，遠不過六度。五星順、留、伏、逆，行度之常數也。七曰赤道，與黄道等，帶天之紘，以隔黄道，去兩極各九十一度强。黄道之交也，按經東交角宿五度少，西交奎宿一十四度强。日出於赤道外，遠不過二十四度。冬至之日行斗宿，日入於赤道内，亦不過二十四度，夏至之日行井宿；及晝夜分，炎涼等。日、月、五星陰陽進退盈縮之常數也。八曰龍柱，四，各高五尺五寸，並於平準輪下。九曰水臬，十字爲之，其水平滿，北辰正。以置四隅，各長七尺五寸，高三寸半，深一寸。四隅水平則天地準。

又 吴王蕃之論亦云：「渾儀之制，置天梁、地平以定天體，爲四遊儀以綴赤道者，此謂璣也；置望筩横簫於遊儀中以窺七曜之行，而知其躔離之次者，此謂衡也。」若六合儀、三辰儀與四遊儀並列爲三重者，唐李淳風所作。而黄道儀者，一行所增也。如張衡祖洛下閎、耿壽昌之法，別爲渾象，置諸密室，以漏水轉之，以合璿璣所加星度，則渾象本別爲一器。唐李淳風、梁令瓚祖之，始與渾儀並用。

太平興國四年正月，巴中人張思訓創作以獻。太宗召工造於禁中，逾年而成，詔置於文明殿東鼓樓下。其制：起樓高丈餘，機隱於内，規天矩地。下設地輪、地足；又爲横輪、側輪、斜輪、定身關、中關、小關、天柱；七直神，左摇鈴，右扣鐘，中擊鼓，以定刻數，每一晝夜周而復始。又以木爲十二神，各直一時，至其時則自執辰牌，循環而出，隨刻數以定晝夜短長。上有天頂、天牙、天關、天指、天抱、天束、天條，布三百六十五度，爲日、月、五星、紫微宫、列宿、斗建、黄赤道，以日行度定寒暑進退。開元遺法，運轉以水，至冬中凝凍遲澀，遂爲疏略，寒暑無準。今以水銀代之，則無差失。冬至之日，日在黄道表，去北極最遠，爲小寒，晝短夜長。夏至之日，日在赤道里，去北極最近，爲小暑，晝長夜短。春秋二分，日在兩交，春和秋涼，晝夜平分。寒暑進退，皆由於此。並著日月象，皆取仰視。按舊法，日月晝夜行度皆人所運行。新製成於自然，尤爲精妙。以思訓爲司天渾儀丞。

元·楊桓《渾象銘》（元·蘇天爵《元文類》卷一七《表》） 於昭聖皇，德惟天希。密察乾坤，動符化機。乃命太史，考順求違。制器象天，具體而微。度數綦布，星次珠輝。道分黄赤，擬議玄規。兩極低昂，中主璇璣。匱方象地，極樞以維。地本天函，術取外圍。反而觀之，其趣同歸。體雖至約，用足明大。象設目前，人居天外。觀天之裏，合象之背。日月交錯，五行進退。造化無窮，不出户内。始終參求，簡儀是配。於昭聖皇，夙夜睿思。先天天合，後天本時。先後惟天，聖皇無爲。

明·宋濂等《元史》卷四八《天文志一》 咱秃朔八台，漢言測驗周天星曜之器也。外周圓牆，而東面啓門，中有小台，立銅表高七尺五寸，上設機軸，懸銅尺，長五尺五寸，復加窺測之簫二，其長如之，下置横尺，刻度數其上，以準掛尺。下本開圖之遠近，可以左右轉而周窺，可以高低舉而遍測。【略】

苦來亦撒麻，漢言渾天圖也。其制以銅爲丸，斜刻日道交環度數於其腹，刻二十八宿形於其上。外平置銅單環，刻周天度數，列於十二辰位以準地。而側立單環二，一結於平環之子午，以銅丁象南北極，一結於平環之卯酉，皆刻天度。即渾天儀而不可運轉窺測者也。

又 其渾象之制，圜如彈丸，徑六尺，縱横各畫周天度分。赤道居中，去二極，各周天四之一。黄道出入赤道内外，各二十四度弱。月行白道，出入不常，用竹篾均分天度，考驗黄道所交，隨時遷徙。先用簡儀測到入宿去極度數，按於其上，校驗出入黄赤二道遠近疏密，了然易辨，仍參以算數爲準。其象置於方匱之上，南北極出入匱面各四十度太强，半見半隱。機運輪牙，隱於匱中。

明・李之藻《渾蓋通憲圖説》卷上 渾蓋舊論紛紜，推步匪異。爰有通憲，範銅爲質，平測渾天截出。下窺遥遠之星，所用固僅倚蓋，是爲渾度蓋模，通而爲一。面爲俯視圓象，背則璇璣玉衡，中樞兼有南北二極，系以窺筩，及定時衡尺，其上弁以提紐，用則懸之。儀之陽有數層，上爲天盤，其下皆爲地盤，各俱中規。三規爲赤道，内外二規爲南至北至之限，而黄道絡於内外二規之間。天盤渾似天體，用黄道以紀太陽周天之度。度分三百六十，剖爲十二宫二十四氣。其度斜刻，緊切地盤，以便觀覽。錯以經星，星不具載，載其最明鉅者，各以針芒所指爲準。地盤隨地更换，各視所用地方北極出地之度爲率。其盤分地上、地下二限，最下一曲線爲晨昏界，稍升一曲線爲出地，入地之界，自此以上，度數以漸平升，直至天頂，匀爲九十度，以觀太陽列宿。漸升漸降，所到其中央一直線，則當子午之中。其過頂一曲線，結於赤道卯酉之交者，則爲正東西界。其餘方向，皆有曲線定之。近北窄而近南寬，蓋若置身天外斜望者。然其晨昏界下諸曲線，分爲五停，又爲夜漏之節云。儀之陰中分十字界，其衡界以分入地、出地之限，其最上近紐處，爲天中，外規周分三百六十度，自地上至天頂，左右俱鐫九十度。中央運以闚筩，筩立兩表，各有大小二竅，以受太陽列宿之影，以觀其影離地而上得幾何度。其三百六十度，每三十度作一宫，内次層則分三百六十五度四分之一，以具歲周全數，備刻節氣列宿，以與外盤相準爲用，皆以窺筩審定，此爲太陽行實度也。中央上截另爲分時小軌，下截方儀，以勾股測遠近高深。

水運儀象臺

宋・蘇頌《新儀象法要》卷下《水運儀象臺》 (水運儀象臺)其制爲臺，四方而再重，上狹下廣，高下相地之宜。四面以巨枋木爲柱，柱間各設廣桄，周以板壁，下布地栿，上布板面，内設胡梯。再休隔：上開南北向各一門，隔下開二門，各南向雙扉。(別本云：再休隔：上開南向一門，東西向各一門，隔下開二門，各南向雙扉。)渾儀置上隔(即臺面也)。儀有三重：曰六合儀、曰三辰儀、曰四游儀。其上以脱摘板屋覆之。六合儀有陽經雙規爲天規，縱置之；陰緯單規爲地渾，横置之。三辰儀南施天運環(天運環係新創)。

渾象連木地櫃，置臺中隔。渾象亦有天經雙規，縱置木地櫃中，半出地上，半隱地下。有地渾單規置地櫃面(爲櫃之子口、渾象等，今倣《隋書・志》新創)。臺内仰設晝夜機輪八重，貫以機輪軸。第一重曰天輪，在天束上，與渾象赤道牙相接。第二重曰晝時鐘鼓輪。第三重曰時刻鐘鼓輪。第四層曰時初正司辰輪。第五重曰報刻司辰輪。第六重曰夜漏金鉦輪鉦(今號曰錚錚是也)。第七重曰夜漏更籌司辰輪。最下第八重曰夜漏箭輪。外以五層半座木閣蔽之，層皆有門，以見木人出入。

第一層左摇鈴，右扣鐘，中擊鼓。第二層報時初及時正。第三層報刻。第四層擊夜漏金鉦。第五層報夜漏更籌。又於八輪之北側設樞輪，其輪以七十二輻，爲三十六洪，束以三輞，夾持受水三十六壺。轂中横貫鐵樞軸一，南北出軸，南爲地轂，運撥地輪。天柱中動機輪，動渾象，上動渾儀。(別本云：又於八輪之北側設樞輪，以九十六輻，四十八洪，束以三輞，夾扶受水四十八壺。轂中横鐵樞軸一，南北出軸，南中以天梯下轂，以運天梯，上動渾儀；末以地轂運撥牙機輪，上動渾象。)又樞輪左設天池、平水壺。平水壺受天池水，注入受水壺，以激樞輪。受水壺水落入退水壺，由壺下北竅引水入昇水下壺，以昇水下輪運水入昇水上壺。上壺内昇水上輪及河車同轉，上下輪運水入天河。天河復流入天池。周而復始。

一云：三辰儀南施天運環，渾象連木地櫃，置臺中隔。渾象(云云)半隱地下，上有地渾雙規，置地櫃面。體外亦施天運(倣《隋志》新創)，臺内仰設晝夜機輪。

別衡。分刻本差，輪廻守故。其爲疎謬，不可復言。亦既由理不明，致使異家間出。蓋及宣夜，三說並驅。平、昕、安、穹，四天騰沸。至當不二，理唯一揆，豈容天體，七種殊說？又影漏去極，就渾可推，百骸共體，本非異物。此真已驗，彼僞自彰，豈朗日未暉，爝火不息，理有而闕，詎不可悲者也？昔蔡邕自朔方上書曰：『以八尺之儀，度知天地之象，古有其器，而無其書。常欲寢伏儀下，案度成數，而爲立說。』邕以負罪朔裔，書奏不許。邕若蒙許，亦必不能。邕才不逾張衡，衡本豈有遺思也？則有器無書，觀不能悟。焯今立術，改正舊渾。又以二至之影，定去極晷漏，並天地高遠，星辰運周，所宗有本，皆有其率。祛今賢之巨惑，稽往哲之群疑，豁若雲披，朗如霧散。爲之錯綜，數卷已成，待得影差，謹更啓送。」

又云：「《周官》夏至日影，尺有五寸。張衡、鄭玄、王番、陸績先儒等，皆以爲影千里差一寸。言南戴日下萬五千里，表影正同，天高乃異。考之算法，必爲不可。寸差千里，亦無典說，明爲意斷，事不可依。今交、愛之州，表北無影，計無萬里，南過戴日。是千里一寸，非其實差。焯今說渾，以道爲率，道里不定，得差乃審。既大聖之年，升平之日，釐改群謬，斯正其時。請一水工，並解算術士，取河南、北平地之所，可量數百里，南北使正。審時以漏，平地以繩，隨氣至分，同日度影。得其差率，里即可知。則天地無所匿其形，辰象無所逃其數，超前顯聖，效象除疑。請勿以人廢言。」不用。至大業三年，勑諸郡測影，而焯尋卒，事遂寢廢。

表

景(影)表

漢·劉安《淮南子》卷三《天文訓》 正朝夕，先樹一表東方，操一表却去前表十步，以參望日始出北廉。日直入，又樹一表於東方，因西方之表以參望，日方入北廉則定東方。兩表之中，與西方之表，則東西之正也。日冬至，日出東南維，入西南維。至春、秋分，日出東中，入西中。夏至，出東北維，入西北維，至則正南。欲知東西、南北廣袤之數者，立四表以爲方一里歫，先春分若秋分十餘日，從歫北表參望日始出及旦，以候相應，相應則此與日直也。輒以南表參望之，以入前表數爲法，除舉廣，除立表袤，以知從此東西之數也。假使視日出，入前表中一寸，是寸得一里也。一里積萬八千寸，得從此東萬八千里。視日方入，

蓋圖

唐·魏徵等《隋書》卷一九《天文志上》 晉侍中劉智云：「顓頊造渾儀，黄帝爲蓋天。」然此二器，皆古之所制，但傳說義者，失其用耳。昔者聖王正曆明時，作圓蓋以圖列宿。極在其中，迴之以觀天象。分三百六十五度四分度之一，以定日數。日行於星紀，轉迴右行，故圓規之，以爲日行道。欲明其四時所在：故於春也，則以青爲道；於夏也，則以赤爲道；於秋也，則以白爲道；於冬也，則以黑爲道。四季之末，各十八日，則以黄爲道。蓋圖已定，仰觀雖明，而未可正昏明，分晝夜，故作渾儀，以象天體。今案自開皇已後，天下一統，靈台以後魏鐵渾天儀，測七曜盈縮，以蓋圖列星坐，分黄赤二道距二十八宿分度，而莫有更爲渾象者矣。

仁壽四年，河間劉焯造《皇極曆》，上啓於東宮。論渾天云：「璿璣玉衡，正天之器，帝王欽若，世傳其象。漢之孝武，詳考律曆，糾落下閎、鮮于妄人等，共所營定。逮於張衡，又尋述作，亦其體制，不異閎等。雖閎制莫存，而衡造有器。至吴時，陸績、王蕃，並要修鑄。績小有異，蕃乃事同。宋有錢樂之，魏初晁崇等，總用銅鐵。小大有殊，規域經模，不異蕃造。觀蔡邕《月令章句》，鄭玄注《考靈曜》，勢同衡法，迄今不改。焯以愚管，留情推測，見其數制，莫不違爽。失之千里，差若毫釐，大象一乖，餘何可驗？況赤黄均度，月無出入，至所恒定，氣不

入前表半寸，則半寸得一里。半寸而除一里，積寸得三萬六千里，除則從此西里數也。并之東西里數也，則極徑也。未春分而直，已秋分而不直，此處南也。未秋分而直，已春分而不直，此處北也。分、至而直，此處南北中也。從中處欲知中南也，未秋分而不直，此處南北中也。從中處欲知南北極遠近，從西南表參望日，日夏至始出與北表參，則是東與東北表等也，正東萬八千里，則從中北亦萬八千里也。倍之，南北之里數也。其不從中之數也，以出入前表之數益損之，表入一寸，寸減日近一里，表出一寸，寸益遠一里。欲知天之高，樹表高一丈，正南北相去千里，同日度其陰，北表二尺，南表尺九寸，是南千里陰短寸，南二萬里則無景，是直日下也。陰二尺而得高一丈者，南一而高五也，則置從此南至日下里數，因而五之，爲十萬里，則天高也。若使景與表等，則高與遠等也。

漢・班固《漢書》卷二六《天文志》　夏至至於東井，北近極，故晷短；立八尺之表，而晷景長尺五寸八分。冬至至於牽牛，遠極，故晷長；立八尺之表，而晷景長丈三尺一寸四分。春秋分日至婁、角，去極中，而晷中；立八尺之表，而晷景長七尺三寸六分。

魏晉・佚名《三輔黄圖》卷五《臺榭》　又有銅表，高八尺，長一丈三尺，廣尺二寸。題云太初四年造。

元・趙友欽《革象新書》卷四《占景知交》　於地中置立一表，約高四丈。表首置圓物，狀如燈毬，亦可竹篾爲之，而用紙糊，但不可透明。須令塞實，亦不可小，小則景淡，大卻不妨。表下四傍平地，以石灰塗之令白。於黑畫方眼，若棊枰然。一眼方一寸，其畫縱横正向，子午卯酉。然必須廣遠塗畫之，使早晚其景皆在其上。或不用石灰，但將白紙糊篿而畫。着地砌釘，平妥以代之。於是推測四時，日景，又測九道，月景於棊枰上。考究東西南北遲疾之差，則可推日月兩景相犯，求其日蝕分數，并求虧圓時刻、起復方位。八方偏地，亦當如此。測景比較地中之差，但可推測日蝕。蓋日蝕関係仰望參差，所以此景可測。若夫月蝕，只須步日度相對，不可以兩景相犯而推之。

元・脱脱等《宋史》卷四八《天文志一》　《景表議》曰：

步景之法，惟定南北爲難。古法置槷爲規，識日出之景與日入之景。晝參諸日中之景，夜考之極星。極星不當天中，而候景之法取晨夕景之最長者規之，兩表相去中折以參驗，最短之景爲日中。然測景之地，百里之間，地之高下東西不能無偏，其間又有邑屋山林之蔽，倘在人目之外，則與濁氛相雜，莫能知其所蔽，而濁氛又系其日之明晦風雨，人間煙氣塵坌變作不常。臣在本局候景，入濁出濁之節，日日不同，此又不足以考見出没之實，則晨夕景之短長未能得其極數。

參考舊聞，别立新術。候景之表三，其崇八尺，博三寸三分，殺一以爲厚者。圭首剡其南使偏鋭。其趺方厚各二尺，環趺刻渠受水以爲準。以銅爲之。表四方志墨以爲中刻之，綴四繩，垂以銅丸，各當一方之墨。先約定四方，以三表南北相重，令趺相切，表别相去二尺，各使端直。四繩皆附墨，三表相去左右上下以度量之，令相重如一。自日初出，則量西景三表相去之度，又量三表之端景之所至，各别記之。至日欲入，候東景亦如之。長短同，相去之疏密又同，則以東西景端隨表景規之，半折以求最短之景。五者皆合，則半折最短之景爲北，表南墨之下爲南，東西景端爲東西。五候一有不合，未足以爲正。既得四方，則惟設一表，方首，表下爲石席，以水平之，植表於席之南端。席廣三尺，長如九服冬至之景，自表趺刻以爲分，分積爲寸，寸積爲尺。爲密室以棲表，當極爲霤，以下午景使當表端。副表並趺崇四寸，趺博二寸，厚五分，方首，剡其南，以銅爲之。凡景表景薄不可辨，即以小表副之，則景墨而易度。

元・脱脱等《宋史》卷七六《律曆志九・皇祐圭表》　觀天地陰陽之體，以正位辨方、定時考閏，莫近乎圭表。宋何承天始立表候日景，十年間，知冬至比舊用《景初曆》常後天三日。又唐一行造《大衍曆》，用圭表測知舊曆氣節常後天一日。今司天監圭表乃石晉時天文參謀趙延乂所建，表既欹傾，圭亦墊陷，其於天度無所取正。皇祐初，詔周琮、于淵、舒易簡改制之，乃考古法，立八尺銅表，厚二寸，博四寸，下連石圭一丈三尺，以盡冬至景長之數，面有雙水溝爲平準，於溝雙刻尺寸分數，又刻二十四氣岳台晷景所得尺寸，置於司天監。候之三年，知氣節比舊曆後天半日。因而成書三卷，命曰《岳台晷景新書》，論前代測候是非、步算之法頗詳。既上奏，詔翰林學士范鎮爲序以識。琮以謂二十四氣所得尺寸，比顯德《欽天曆》王朴算爲密。今載氣之盈縮，備採用焉。

明・宋濂等《元史》卷五二《曆志一》　舊法擇地平衍，設水準繩墨，植表其中，以度其中晷。然表短促，尺寸之下所爲分秒太、半、少之數，未易分別。表長，則分寸稍長，所不便者，景虚而淡，難得實景。前人欲就虚景之中考求真實，或設望筩，或置小表，或以木爲規，皆取表端日光下徹圭面。今以銅爲表，高三十六尺，端挾以二龍，舉一横梁，下至圭面，共四十尺，是爲八尺之表五。圭表刻爲尺寸，舊寸一，今申而爲五，釐毫差易分。別創爲景符，以取實景。其制以銅葉，博二寸，長加博之二，中穿一竅，若針芥然，以方閩爲趺，一端設爲機軸，令可開闔，楮其一端，使其勢斜倚，北高南下，往來遷就於虚景之中，竅達日光，僅如米許，隱然見横梁於其中。舊法以表端測晷，所得者日體上邊之景。今以横梁取之，實得中景，不容有毫末之差。

地中八尺表景，冬至長一丈三尺有奇，夏至尺有五寸。今京師長表，冬至之景七丈九尺八寸有奇，在八尺表則一丈五尺九寸六分；夏至之景一丈一尺七寸有奇，在八尺表則二尺三寸四分。雖晷景長短所在不同，而其景長爲冬至，景短爲夏至，則一也。惟是氣至時刻考求不易，蓋至日氣正，則一歲氣節從而正矣。劉宋祖沖之嘗取至前後二十三四日間晷景，折取其中，定爲冬至，且以日差比課，推定時刻。宋皇祐間，周琮則取立冬、立春二日之景，以爲去至既遠，日差頗多，易爲推考。

清·張廷玉等《明史》卷二五《天文志一》 嘉靖二年，修相風杆及簡、渾二儀。七年，始立四丈木表以測晷影，定氣朔。

清·蔣溥《清朝禮器圖式》卷三《儀器三·日影表》 謹按本朝製日影表。木質，立表高八寸，上施墜線平表，長二尺七寸。中銜銅尺，三角施螺柱。以指南針盤九十度對表，候景正時，自立表下量之，視景之長短以定節氣時刻。

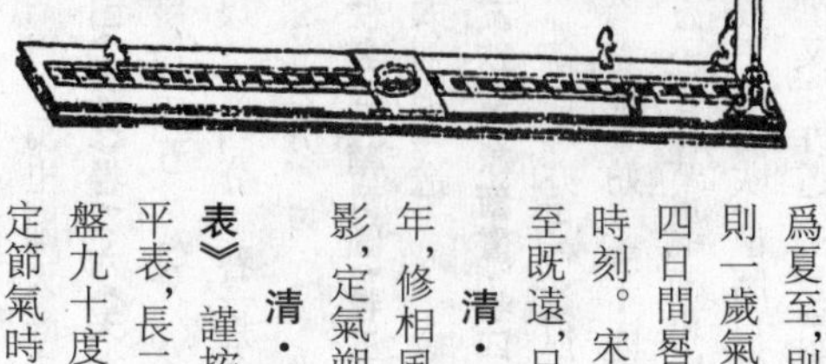

土圭　圭表　圭表儀

《周禮》卷一〇《地官·大司徒》 以土圭之法，測土深，正日景，以求地中。日南則景短多暑，日北則景長多寒，日東則景夕多風，日西則景朝多陰。日至之景，尺有五寸，謂之地中。

《周禮》卷四一《冬官考工記·玉人之事》 土圭尺有五寸，以致日，以土地。（鄭玄注：土圭，所以致四時日月之景也。測猶度也。不知廣深故曰測。鄭司農云：測土深，謂南北東西之深也。日南謂立表處，太南近日。日北謂立表處，太北遠日。景夕謂日昳景乃中立表處，太東近日。景朝謂未中而景中立表處，太西遠日。玄謂晝漏半而置土圭表陰陽，審其南北焉。景短於土圭謂之日南，是地於日爲近南。景長於土圭謂之日北，是地於日爲近北。東於土圭謂之日東，是地於日爲近東。西於土圭謂之日西，是地於日爲近西。如是則寒暑陰陽風雨偏而不和，是未得其所求。凡日景於地千里而差一寸。【略】鄭司農云：「土圭之長，尺有五寸。以夏至之日，立八尺之表，其景適與土圭等。」）

南朝梁·沈約《宋書》卷二三《天文志一》 《周禮》：「日至之景，尺有五寸，謂之地中。」鄭衆説：「土圭之長，尺有五寸。以夏至之日，立八尺之表，其景與土圭等，謂之地中，今潁川陽城地也。」鄭玄云：「凡日景於地千里而差一寸，景尺有五寸者，南戴日下萬五千里也。」以此推之，日當去其下地八萬里矣。日邪射陽城，則天徑之半也。天體圓如彈丸，地處天之半，而陽城爲中，則日春秋冬夏，昏明晝夜，去陽城皆等，無盈縮矣。故知從日邪射陽城爲天徑之半也。

唐·魏徵等《隋書》卷一九《天文志上》 梁天監中，祖暅造八尺銅表，其下與圭相連。圭上爲溝，置水，以取平正。揆測日晷，求其盈縮。至大同十年，大史令虞劇，又用九尺表，格江左之影。夏至一尺三寸二分，冬至一丈三尺七分，立夏、立秋二尺四寸五分，春分、秋分五尺三寸九分。陳氏一代，唯用梁法。齊神武以洛陽舊器，並徙鄴中。

元·脱脱等《宋史》卷四八《天文志一》 《周官》大司徒以土圭之法正日景，以求地中。而馮相氏春夏致日，秋冬致月，以辨四時之敘。漢之造曆必先定東西，立晷儀，唐詔太史測天下之晷，蓋校定日景，推驗氣節，必先乎此也。宋朝測景在浚儀之岳台。崇寧間姚舜輔造《紀元曆》，求岳台晷景，冬至後初限六十二日二十二分。蓋立八尺之表，侯圭尺上正八尺之景去冬至多寡日辰，立爲初限，用減二至，得一百二十日四十二分爲夏至後初限，以爲後法。蓋冬至之景，長短實與歲差相應，而地里遠近古今亦不同焉。中興後，清台亦立晷圭，如汴京之制，冬至必測驗焉。《統天曆》、《開禧曆》亦皆以六十二日數分爲冬至初限，而議者謂臨安之晷景當與岳台異。或謂當立八尺之表，侯圭景上八尺之景在四十九日有奇，當用四十九日五分爲臨安冬至後初限，用減二至限，得一百三十三日有奇爲夏至後初限。參合天道，其法爲密焉。然土圭之法本以致日景，求地中，而表景不應，災祥繫焉。占家知之，而亦不能知其所以然也。

明·徐光啓《新法算書》卷一《緣起一》 表臬者，即《周禮》匠人置槷之法，識日出入之景，參諸日中之景，以正方位。今法置小表於地平，午正前後累測日景，以求相等之兩長景，即爲東西。因得中間最短之景，即爲真子午。其術更爲簡便也。

明・徐光啓《新法算書》卷九六《測量全義卷十・儀器圖説・圭表儀》 造表有二法：一爲直表，以取正景，表直則爲平圭。一爲横表，以取倒景，表横則爲立圭。其法畧同。

凡圭與表，必相與爲直角。直角者，從表末施垂線，繫以末鋭之權，下至表面，所切圭面之一點，即以起算，是直角也。圭欲極平，立圭欲極直。平圭者，或爲渠，以水準之；或爲準平之器，以定之。立圭則以垂權正之。分圭之度，即用分表之度。圭之長倍表，極愈下表，當加長量作之。

日升表前，即表後得景，則表圭日光成三角形，表爲股，圭爲句，日光爲弦，表爲半徑，全數圭爲切線，日光爲割線。查八線表，切線數得度分，即日躔天頂度分，以減象限，得日高度分。

清・蔣溥《清朝禮器圖式》卷三《儀器三・圭表》 謹按《周禮・春官・大司徒》以土圭之法測日景。《考工記・玉人》：土圭尺有五寸，以致日。《宋史》云宋何承天始立表候日景。皇祐圭表考古法，立八尺銅，厚二寸，博四尺，下連石圭，一丈三尺，以盡冬至景長之數。明代觀象臺下設晷影堂，南北平置銅圭於石臺，長一丈六尺二寸，闊二尺七寸，周以水渠。南端植銅表，高八尺，上設横梁，用影符以取中景。本朝加表二尺，上端施銅葉，中穿圓孔，徑二分。午正，日景自圓孔透圭面，成橢形。南界爲日體上景，北界爲日體下景，中心爲中景。

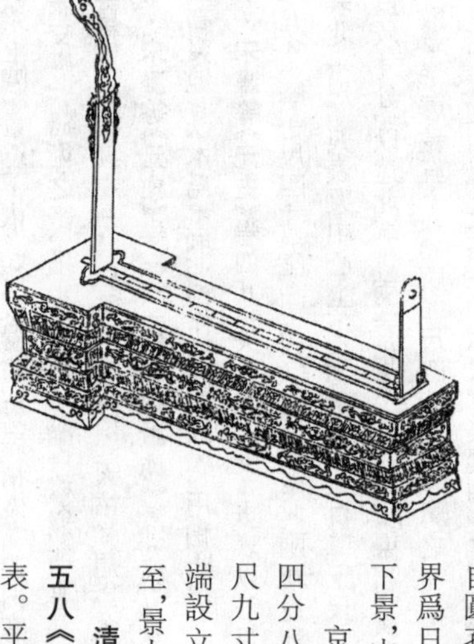

京師夏至，景二尺九寸四分八釐；冬至，景一丈九尺九寸四分，以次贏縮。北端設立圭，高三尺五寸。冬至，景上立圭二尺七寸四釐。

清《大清會典則例》卷一五八《欽天監》 一測日圭表。平案長一丈六尺二寸，立表高八尺，上設横梁，用影符以取中影。西法：立表加高二尺，上端安銅片，中開圓孔，徑二分。午正，日光自圓孔射至平案，成橢圓形，南界爲日體上邊之影，北界爲日體下邊之影，中心爲中影。

京師夏至影長二尺九寸四分，冬至影長一丈九尺九寸四分。因案長不及長影之數，又於北端設立表，高三尺五寸，冬至之影上立表二尺七寸有四釐。

渾儀圭表

宋・蘇頌《新儀象法要》卷上《進儀象狀》 右渾儀圭表一。舊法渾儀、圭表各爲一器，故渾儀不能測晷景之長短，土圭亦不能驗七政之行度，今以二器合爲一。法：其制於渾儀下安圭，座面與水趺中心相結，各爲水溝，通流以定平準。於圭面分尺寸，圭長一丈三尺，爲日行晷之南北。兩旁列二十四氣。自圭面上與陰緯環面與直距望筒之半，爲表之高。表高八尺，故自陰緯環面及望筒之半至鰲雲之下，亦高八尺。當於午正以望筒指日，令景透筒竅至圭面，以竅心之景，指圭面之尺寸爲準。望筒所以上考時刻，五星留逆徐疾，日道昇降去極遠近；圭面所以下候二十四氣、晷景之長短。二法相參，則氣象與上象相合，考正曆數，免有差舛。

高表

元・楊桓《高表銘》（元・蘇天爵《元文類》卷一七《表》） 聖人修政，唯農是本。農之所見，時則爲準。過與不及，民安究之。動措由中，聖人授之。時在於天，術何以得。制器求之，乃見天則。日月周運，閏餘歲成。盈虚消息，在表斯徵。分至既辨，氣序乃會。朔晦一定，弦望由對。爰演斯曆，用詔民時。百工允治，庶績用熙。表中以正，圭平以直。不言而諭，與時偕極。天德芒芒，參以明焉。民生皞皞，振以興焉。惟昔八尺，景促分密。爲用雖可，每艱辨析。聖皇御極，百度惟新。乃五其昔，其用益神。表高之法，先哲匪憚。其顛景虚，取的是患。表梁上陳，景符下依。符竅得梁，景辰精微。揆月有方，闞几是映。几限容光，圭表交應。器術之密，推步之精。歷古於今，斯畢其能。上天之載，無聲無臭。聖皇儀刑，在其左右。仁民育物，以對天祐。眉壽萬年，寶茲悠久。

明・宋濂等《元史》卷一六四《郭守敬傳》　守敬乃盡考其失而移置之。既又別圖高爽地，以木爲重棚，創作簡儀、高表，用相比覆。

明・宋濂等《元史》卷四八《天文志一》　圭表以石爲之，長一百二十八尺，廣四尺五寸，厚一尺四寸，座高二尺六寸。南北兩端爲池，圓徑一尺五寸，深二寸，自表北一尺，與表梁中心上下相直。外一百二十尺，中心廣四寸，兩旁各一寸，畫爲尺寸分，以達北端。兩旁相去一寸爲水渠，深廣各一寸，與南北兩池相灌通以取平。表長五十尺，廣二尺四寸，厚減廣之半，植於圭之南端圭石座中，入地及座中一丈四尺，上高三十六尺。其端兩旁爲二龍，半身附表上擎橫梁，自梁心至表顛四尺，下屬圭面，共爲四十尺。梁長六尺，徑三寸，上爲水渠以取平。兩端及中腰各爲橫竅，徑二分，橫貫以鐵，長五寸，系線合於中，懸錘取正，且防傾墊。

按表短則分寸短促，尺寸之下所謂分秒太半少之數，未易分別；表長則分寸稍長，所不便者景虛而淡，難得實影。前人欲就虛景之中考求真實，或設望筒，或置小表，或以木爲規，皆取端日光，下徹表面。今以銅爲表，高三十六尺，端挾以二龍，舉一橫梁，下至圭面共四十尺，是爲八尺之表五。圭表刻爲尺寸，舊一寸，今申而爲五，釐毫差易分別。

晷表

明・沈德符《萬曆野獲編》卷二〇《言事・日圭同異》　監觀象臺，晷表分寸不一，乃用南京日出分秒，似相矛盾。今宜會舉理學大臣，總理其事，鑄立銅表，考四時日中之影。仍差曆官往河南南陽，察舊立土圭，以合今日之晷分。立圭表於山東、湖廣、陝西、大名，以測四方之影，庶合朔得真，交食不謬。上僅報聞，寢不行也。朱裕蓋以兩京地方俱居偏方，不足標準，欲立圭於四方，此即唐堯分命羲仲四人各宅之法也。若南陽舊圭，未審何代所立，裕上疏時必有所據，今已不可問矣。

明・陸仲玉《日月星晷式・正表式》　晷表立不正，則指氣及時刻俱不準，故須得法以正之。法曰：凡用直表，即以表位爲心，任作一圜。次用規，其一髀任指圜上，其一指表端，自圜上三處量表端，如三相遇於一，則表正矣，否則偏。試如甲爲表位，乙爲表端，即以甲爲心，作丙丁戊圜，任從丙、從丁、從戊量乙，若俱相遇於乙，即甲乙表正立矣。否則移而正之。如欲切知自丙至乙開規二髀之度，即以甲丙本圜半徑爲度，別作己庚線，次從己立己辛爲己庚垂線，而與甲乙表長等。次以庚辛相望作線，庚辛即開規髀自圜量乙之度也。

窺衡（窺管、窺籥）　窺表

明・徐光啓《新法算書》卷九六《測量全義卷十・儀器圖説》　窺法之用器有二：一曰窺衡，一曰窺表。窺衡者，即古之窺管、窺籥也，管孔大即測驗未真。今欲造一管，其孔僅大於黍米，或小於芥子，長數尺，欲以之從上照而得日景，以之從下覷而見星體，則無法可作，故用窺衡焉。測日之衡長與儀等，廣與定度平分，其廣去其半而不盡其一端，所不盡者，其長與廣之元度等，是爲衡首。衡首之制，剡爲圓形，形之心是爲衡之心，亦即爲儀之心。從心出線，至於衡之末，依半衡之邊，作一直線，名曰指線。近衡之兩端，各立一銅版，其形長方廣四，則高六可也，是名窺表。立表與衡之平面爲直角，表之兩面各取中，作指線之垂線，名曰心線。兩心線之上去衡面等，各作一點，是爲表心。表之近衡心者，曰上表。上表從心作圓孔，最大者無過一分。其在衡末者，曰下表。表心不作孔，從心作大小數，平行距心圈，務令上表之孔、下表之心，俱與指線相直，而去衡之平面等高。

次剡薄木板爲方管三，中管之廣如衡首之廣，其長如衡三之二；兩端之管小於中管，其長如中管二之一，其廣無度。既成，入之中管，密而不濇，可也。中管之中，相去尺餘，爲螺旋之柱二三，以合於衡面。小管入於中管，出入之，各切其所當之表。即兩表間無容光之隙，故三表之總名曰景籥。景籥者，承上表所受之光，束而致之下表也。下管之切下表，不盡五分刻方孔，令從旁得見下表之面。用時，加管受光，因表間之黝黑，即下表之受景也真。次令景之圈合表面之距心圈，轉儀及衡，左右下上之，必合乃止。次視指線之末所當度分，即所求之度分。若不用衡，則從表向儀心之線爲指線，蓋圓儀之弧上所定度分，皆宗儀心故。

測星之窺衡則異前法，上表之高廣各若干，下表倍之。下表之面作方形，三線與上表等。線外三面作方孔，孔之長稍殺於中方之長，其廣無過一分。用時，目居下表之後，令中方揜星，從三孔察上表之同方邊，各見星，即目與兩表與星皆參直。或兩表各依心線，一左一右，各去其四之一，令星居兩闕間，一線之上亦得目，與表與星相參直。若不用衡，則以圓柱代上表，其高廣與之等。表或柱若在大儀，宜得一寸以下，恐暮夜不可得見也。

候極儀

明・宋濂等《元史》卷一六四《郭守敬傳》 又以爲天樞附極而動，昔人嘗展管望之，未得其的，作候極儀。

指時度表

清・戴進賢《儀象考成》卷首上《御製璣衡撫辰儀説卷上之一》 指時度表，通長七寸三分，本長一寸六分。形如方筒，入於四遊雙環中空之間。闊一寸四分，與四遊環之中空等。平分其闊，即當窺衡之中線。筒中施左右螺旋，以充塞於中空之内，使表不動移。横帶長三寸二分，闊五分，兩端各鉤回二分，扣於環面之外。表長五寸二分，闊一寸。其指時度之邊線，對方筒之正中，亦即窺衡之正中。下端二寸四分，厚三分，切於遊旋赤道之面，以指度分。上端二寸八分，厚二分，切於天常赤道之面，以指時刻也。

借弧指時度表

清・戴進賢《儀象考成》卷首上《御製璣衡撫辰儀説卷上之一》 借弧指時度表，其本方筒及横帶長闊，並與前指時度表同。横帶之下，自左向右立安弧背一道，長九寸三分，闊一寸二分，厚二分六釐。弧背之末，平安指時度表，除弧背之厚，長五寸二分，闊一寸。計自表本方筒之中線，至指時度表之内邊，長六寸七分。當遊旋赤道之十五度，當天常赤道之一小時。測量時，指時度表或爲子午圈所礙，則用此表。視其所指之時度，加四刻即爲所測之時，減十五度即爲所測之度。蓋借弧指時度表在窺衡之右，所指雖視乎(缺)借表而所測，則定於窺衡。天常之時刻左旋，故加三辰之度分；右旋，故減。則用借弧指時度表察之，與用指時度表等也。

指緯度表

清・戴進賢《儀象考成》卷首上《御製璣衡撫辰儀説卷上之一》 指緯度表，其形兩曲，安於窺衡下端之右面。底長三寸，闊九分，平分其闊爲中線，對衡面中線，以螺旋結之。曲横七分，與四遊環之厚等。又曲長一寸七分，切於四遊環之外面，從中線減闊之半，所以指緯度也。

立表

清・戴進賢《儀象考成》卷首上《御製璣衡撫辰儀説卷上之一》 立表二座，形直底平，表高底長各三寸二分，闊九分，厚一分。平分其闊爲中線，表直立於底長之半，與底面成直角，距底面一寸。一表向上開長方孔，長一寸，中留直線，又上五分開圓孔，徑四分，中留十字線，安於窺衡之上端。一表依前度，下開直縫，上開小圓孔，安於窺衡之下端。各對衡面中線，以螺旋結之。測量時，窺衡或爲赤道及銅枕所礙，則用此表。蓋兩表之孔心中線距衡面皆相等，又與衡面之中線參直，則用立表測之，與用窺衡等也。

平行立表

清・戴進賢《儀象考成》卷首上《御製璣衡撫辰儀説卷上之一》 平行立表二座，形曲底平，底盤長四寸，闊一寸二分，厚一分，中空長三寸二分，闊九分，與立表底盤之長闊等。表曲如勾股，股直如立表，高三寸二分，闊九分。勾横連於股末，長五寸，闊九分，横植於底盤之末。底盤中空，冒於立表底盤之外，以掐表固之。測量時，窺衡立表或爲子午圈及龍柱所礙，則用此表。蓋平行立表曲如勾股，而與立表平行，則用平行立表測之，與用立表等，亦與用窺衡等也。

平行借弧表

清・戴進賢《儀象考成》卷首上《御製璣衡撫辰儀説卷上之一》 平行借弧表，制如平行立表，而倒正異。蓋四遊、窺衡，東西爲子午圈及龍柱所礙，南北爲赤道及銅枕所礙，則用平行立表。猶是窺衡所能及而管孔被遮，故其表平行正立，即可見。若近北極之星，則東西既礙於子午圈，南北又礙於極軸，窺衡不能及。自上測之，不能及北極之南六度餘；自下測之，不能及北極之北六度餘。故借十度作平行借弧表。其法：以半徑一千萬爲一率，十度之正切線一百七十六萬三千二百七十爲二率，表之横勾距窺衡中心二尺三寸三分爲三率，求得四率四寸一分零八毫，爲表高之中數。上端之表立植於衡面，則中數即表高。下端之表自衡面下垂，則於中數加衡方之半六分。表端距窺孔中心六分，又加平行横勾之闊九分，得六寸二分零八毫，爲表之高。距表端下六分開圓孔，又下五分開長方孔，皆與立表制同。凡測近北極之星，測得距赤道北若干，加十度即得星距赤道北之緯度。若測赤道南之星，亦可用此表，但測得距赤道南若干，減十度即得星距赤道南之緯度也。

縮經度表

清・戴進賢《儀象考成》卷首上《御製璣衡撫辰儀説卷上之一》 縮經度表，通長四寸，闊一寸四分。平分其闊，即當窺衡之中線。其本方筒長一寸六分，高一寸八分，入於四遊雙環之間，以左右螺旋固之。其末上下二面，以夾遊旋赤道。上面闊七分，減本之半，與窺衡中線參直。下面以螺旋固之，所以縮定遊旋赤道之經度於四遊圈也。

縮時度表

清・戴進賢《儀象考成》卷首上《御製璣衡撫辰儀説卷上之一》 縮時度表，內外二截。內截上下內三面，縮於遊旋赤道之內規。上面之末，承於外截之下，開二方孔，以受外截之方足，下面以螺旋固之。外截上下外三面，縮於天常赤道之外規。上面之末，覆於內截之上，安二方足，入於內截之方孔，下面以螺旋固之。凡以太陽時刻及經度測月星，則內外截俱縮定，别測月星。若以經度求時刻，則止縮定內截，外截隨之運轉，視其所當刻分，即得時刻。若以時刻求經度，則止縮定外截，任遊旋赤道之運轉，視其所當度分，即得經度也。

平行線測經度表

清・戴進賢《儀象考成》卷首上《御製璣衡撫辰儀説卷上之一》 平行線測經度表，以赤經之平行線，與直距之平行線相參直，而測距星之經度也。其制：於直距南北極之兩端，各安銅板，如工字形，正方二寸八分，與直距二面之分等。兩要各缺一長方，長一寸六分，闊七分，與直距一面之分等，扣於直距中空之間。中心開圓孔，貫於天經之軸。四隅距中心一寸九分，各安立柱，圓頂開孔，以穿直線，與直距中徑平行。下安小環，以爲結赤經平行線之用。又按距星宫度，於遊旋赤道安赤經平行線表。其制：上畫半圓，內容半方，自對角斜線起，初度至横徑爲四十五度，其中直徑與指度表之邊線參直。半圓中心安二遊表，各長二寸，距中心一寸九分。邊留小臍，中開小圓孔，與直距四隅立柱之距中心等，以線穿之。上端繫於北極銅板對角之兩環，下端貫於南極銅板對角之兩環，各以垂球墜之。

乃視四遊圈之所測，與此平行線之所測相距若干度，即將遊表對半圓度數安定，下面以螺旋、中徑以壓表固之。此二線必與赤經中徑平行，而與直距中徑之二平行。線廣狹相等，從左線視之，與所測參直，從右線視之，亦與所測參直，則此二線即爲距星經度之準線。以此線對定距星，將遊旋赤道隨之運轉，又以四遊圈及窺管測日月及星，即得其經緯度也。蓋以一星作距，測日月及星必用兩測。舊制黄道赤道二儀，南北極之通徑皆係圓軸，故測候用通光耳。實其正中與軸徑等，兩邊各開直縫，從左縫對軸，左邊見光；從右縫對軸，右邊見光，亦猶用平行線之意也。今不用圓軸，而用直距，兩測相距有遠近，則直距對角有斜横。斜則二線平距之分狹，横則二線平距之分廣。其限自正斜起，初度至四十五度而横，四十五度以後復由横而斜，至九十度與初度同。如四遊環與平行線表同度，是爲初度。是時直距對角正斜，而其二線平距之分爲斜之方，此二線平距之最狹者也。過此而四遊環距平行線表漸遠，則直距對角漸横，而二線平距漸廣。至四遊環距平行線表四十五度，則直距對角正横，而其二線平距之分爲方之斜，此二線平距之最廣者也。過此則直距對角又漸斜，而二線平距又漸狹，至九十度正斜而最狹，故又與初度同也。今欲使赤經平行線與直距平行線廣狹相等，必以直距對角斜横之度，合於赤道之半圓。遊表二線距圓心各一寸九分，通共三寸八分，即直距銅板對角之斜分也。半圓自内方之對角斜線起，初度即直距對角之初度，爲正斜也。半圓至横徑爲四十五度，即直距對角之四十五度，爲正横也。設以二遊表通爲一直表，則與直距對角之斜横儼爲一體。但遊表在赤道，若通爲一直表，則其線爲赤道所礙，而廣狹不靈。且通爲一表，此端在横徑内，彼端必在横徑外。凡斜線與十字線過心相交，其彼端距横徑外之度，與此端距横徑内之度必相等，而距中徑之闊亦相等。故以直表彼端當横徑外之度，另用一遊表於横徑内，按度安之，其距中徑之闊必相等，而與直距二平行線廣狹亦相等。則用平行線表，亦猶用通光耳之意也。

玲瓏儀

元・楊桓《玲瓏儀銘》（元・蘇天爵《元文類》卷一七《表》） 天體圜穹，三辰在中。星雖紀度，天實無窮。天度之數，環周三百，六十五度，四分度一。因星而步，推日而得。月次十二，往來盈虧。五星參差，進退有期。判爲寒暑，分爲四時。太史司天，咸用周知。制諸法象，各有攸施。萃於用者，玲瓏其儀。十萬餘目，經緯均布。與天同體，協規應矩。徧體虛明，中外宣露。玄象森羅，莫計其數。宿離有次，去極有度。人由中闕，目即而喻。先哲實繁，兹制猶未。逮我皇元，其作始備。實因於理，匪鑿於智。於萬斯年，寶之無墜。

明・宋濂等《元史》卷一六四《郭守敬傳》 象雖形似，莫適所用，作玲瓏儀。

證理儀

明・宋濂等《元史》卷一六四《郭守敬傳》 日有中道，月有九行，守敬一之，作證理儀。

正方案

明・宋濂等《元史》卷四八《天文志一》 正方案，方四尺，厚一寸。四周去邊五分爲水渠。先定中心，畫爲十字，外抵水渠。去心一寸，畫爲圓規，自外寸規之，凡十九規。外規内三分，畫爲重規，遍佈周天度。中爲圓，徑二寸，高亦如之。中心洞底植臬，高一尺五寸，南至則減五寸，北至則倍之。

凡欲正四方，置案平地，注水於渠，眡平，乃植臬於中。自臬景西入外規，即識以墨影，少移輒識之，每規皆然，至東出外規而止。凡出入一規之交，皆度以線，屈其半以爲中，即所識與臬相當，且其景最短，則南北正矣。復遍閲每規之識，以審定南北。南北既正，則東西從而正。然二至前後，日軌東西行，南北差少，即外規出入之景以爲東西，允得其正。當二分前後，日軌東西行，南北差多，朝夕有不同者，外規出入之景或未可憑，必取近内規景爲定，仍校以累日則愈真。

又測用之法，先測定所在北極出地度，即自案地平以上度，如其數下對南極入地度，以墨斜經中心界之，又横截中心斜界爲十字，即天腹赤道斜勢也。乃以案側立，懸繩取正。凡置儀象，皆以此爲準。

景（影）符

明・宋濂等《元史》卷一六四《郭守敬傳》 表高景虛，罔象非真，作景符。

明・宋濂等《元史》卷四八《天文志一》 景符之制，以銅葉，博二寸，長加博之二，中穿一竅，若針芥然。以方闆爲趺，一端設爲機軸，令可開闔，楮其一端，使其勢斜倚，北高南下，往來遷就於虛梁之中。竅達日光，僅如米許，隱然見横梁於其中。舊法一表端測晷，所得者日體上邊之景。今以横梁取之，實得中景，不容有毫末之差。至元十六年己卯夏至晷景，四月十九日乙未景一丈二尺三寸六分九釐五毫。至元十六年己卯冬至晷景，十月二十四日戊戌景七丈六尺七寸四分。

窺几

明・宋濂等《元史》卷一六四《郭守敬傳》 月雖有明，察景則難，作窺几。

明·宋濂等《元史》卷四八《天文志一》 窺几之制，長六尺，廣二尺，高倍之。下爲趺，廣三寸，厚二寸，上闊廣四寸，厚如趺。以板爲面，厚及寸，四隅爲足，撑以斜木，務取正方。面中開明竅，長四尺，廣二寸。近竅兩旁一寸分畫爲尺，内三寸刻爲細分，下應圭面。几面上至梁心二十六尺，取以爲準。窺限各各長二尺四寸，廣二寸，脊厚五分，兩刃斜鋼，取其於几面相符，著限兩端，厚廣各存二寸，銜入几閫。俟星月正中，從几下仰望，視表梁南北以爲識，折取分寸中數，用爲直景。又於遠方同日窺測取景數，以推星月高下也。

春秋分晷影堂

明·宋濂等《元史》卷四八《天文志一》 魯哈麻亦渺凹只，漢言春秋分晷影堂。爲屋二間，脊開東西橫罅，以斜通日晷。中有台，隨晷影南高北下，上仰置銅半環，刻天度一百八十，以準地上之半天，斜倚鋭者銅尺，長六尺，闊一寸六分，上結半環之中，下加半環之上，可以往來窺運，側望漏屋晷影，驗度數，以定春秋二分。

冬夏至晷影堂

明·宋濂等《元史》卷四八《天文志一》 魯哈麻亦木思塔餘，漢言冬夏至晷影堂也。爲屋五間，屋下爲坎，深二丈二尺，脊開南北一罅，以直通日晷。隨罅立壁，附壁懸銅尺，長一丈六寸。壁仰畫天度半規，其尺亦可往來規運，直望漏屋晷影，以定冬夏二至。

地球儀　地理志

明·宋濂等《元史》卷四八《天文志一》 苦來亦阿兒子，漢言地理志也。其制以木爲圓球，七分爲水，其色緑，三分爲土地，其色白。畫江河湖海，脈絡貫串於其中。畫作小方井，以計幅圓之廣袤、道里之遠近。

明·徐光啓《新法算書》卷一《緣起一》 造萬國經緯地球儀一架，用木料、油漆，大小不拘。

明·徐光啓《新法算書》卷一六《渾天儀説卷一》 地球，倣地之原形，必爲圓面儀。其得大圈與天球同，惟黄道地上無定處，故可不用。夫天球因二十八宿，而以南北引圈，線過各宿距星，則地球亦因子午線有先後，以引其圈，乃東西任距十度或十五度；而南北各作小圈，與赤道爲平行，以顯南北之距焉。古西士紀東西地經一百八十度，極西爲福島，極東爲日本；紀南北地緯約八十度，極南爲利未亞月山，極北爲都力。乃謂大地總當一島，在北冰海南，印度海及大東與大西洋之中，此外似無地矣。今則不然，三百年以來，漂海者恒繞利未亞之渾洲，至過其赤道，極南之地爲大浪山，距赤道外三十五度。復繞北至新增辣，距赤道内七十八度。又徑過日本，東西繞地一周，尋得新洲。南北各大塊，中以小峽接連，總較古所識東西地約等。雖南極下未及登岸，不詳其内境，然順濱而行，似亦無所不經矣。【略】

地球用法　地球以圓形倣地之本體，又以旋動反其性情者，總欲因各處向頂之自然也。蓋地居萬物之中心，隨處向天，即如圓圈中心，出直線，無一線不正向其界者。然乃製之爲球，反若偏居（在地面故），距天此近彼遠（俱以子午圈求天頂故），必宜活動，以隨處能移至頂，與天相近，而從之向頂可也。故安球，必先取平，以合於地平，使子午圈南北得正，而因以諸方向得本所焉。後令球前後起，或左右轉，務以本處至中頂，乃得向天之勢。有以二處相提而論，或經緯皆異者，或經同而緯異者，或求二處相距之里及所向之位，緯同而經異者，總於本球得明矣。

清·蔣溥《清朝禮器圖式》卷三《儀器三·御製地球儀》 謹按地球儀爲皇上御製。規木爲球，以象地體，圍四尺五寸，兩端中心爲南北極，貫以鋼軸，腰帶赤道，斜帶黄道，平分三十六分，每分占十度，布列中國及蒙古、準、回諸落部，海外諸國靡不咸具。外正立爲子午圈，面刻三百六十度。座面爲地平圈，列地平度，外列十二時九十六刻，皆鑄銅爲之。承以圓座，高二尺四寸七分。北極上加時盤，以京師爲準，旋之知各處時刻及日出入平度。所以配天體儀，益足驗

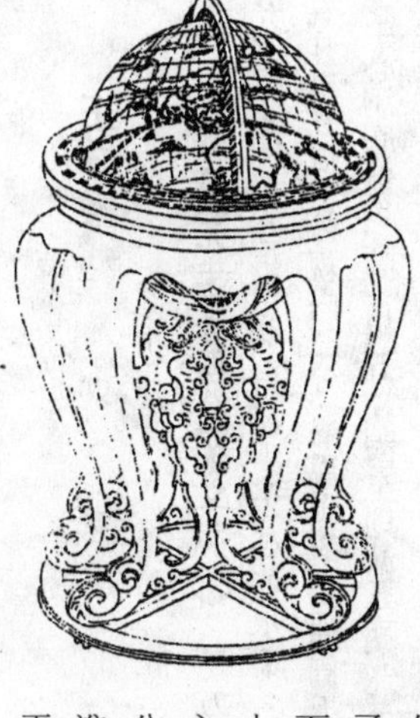

聖朝聲教，訖於無外云。

零點儀

清·劉錦藻《清朝續文獻通考》卷二九六《象緯考三·儀器》　零點儀，用於量星體過子午綫時之高度及極度等。凡視星體，須在表圈上定零點。如測高度及天頂距度等，當先定地底點；如測北極距及赤緯度等，當先定北極點。定北極點之法：先以圈測，視近極之星，一俟其在北極上過子午經綫時，誌之；逾十二小時，復俟在北極下過子午綫時，誌之；平分兩次所記之中數，再減視差，即爲望遠鏡正對北極點之表尺度數，此點定名爲北極點。地底點之定法：即鏡筒正對地下時圈，上所指之點也。其定法：盛水銀於盆，置儀器下，乃用鏡筒視水銀，俟綫網中平行綫，由水銀中反光所見之影，與綫之自身相合，即得地底點。此因綫網正對物鏡中之焦點，故自網内任何點發出之光綫，透過鏡片後，必成一平行綫。如此綫正射反光鏡面，則其光必依原光綫之向而反射，此與天空物體光綫入鏡相同。是時鏡片復使反照，光綫收集於焦點平面，故網中中綫，由水銀面反光照成之影，如與綫之本身相合，則知鏡筒中綫，與水銀面相正交，即其綫爲正確之垂綫也。然欲於鏡内視反射之影，必在綫後向物鏡片下射光綫至網，而後可見。因在窺視之際，普通光綫照入鏡内之法類，皆自鏡之對面而來，在此則其用相反，故更取射光法。用一薄玻璃片斜嵌在兩目鏡片間，斜角爲四十五度。從此薄片下發射光綫，使測者可以透玻璃而見網綫。此裝有薄玻璃片之器，曰鏡中綫目視片。天頂點，即去地底點一百八十度之點。故任何星之天頂距離，即表圈指星之度數，與天頂度數兩數相減之數。子午儀亦可作經緯儀用，如以此儀與時鐘並用，則測望者可定天空任何星體，過子午經綫時之赤經度與赤緯度。

立運儀

明·徐光啓《新法算書》卷一《緣起一》　本臺原有立運儀，用以測驗七政高度。臣等即用以較定子午，於午前累測日高度分，至於長極而消，則因最高之度，即得最短之景，此午正時南北真線也。

黃道銅儀

晉·司馬彪《續漢書·律曆志中》　案甘露二年大司農中丞耿壽昌奏，以圖儀度日月行，考驗天運狀，日月行至牽牛、東井，日過一度，月行十五度，至婁、角，日行一度，月行十三度，赤道使然，此前世所共知也。如言黃道有驗，合天，日無前卻，弦望不差一日，比用赤道密近，宜施用。上中多臣校。案逵論，永元四年也。至十五年七月甲辰，詔書造太史黃道銅儀，以角爲十三度，亢十，氐十六，房五，心五，尾十八，箕十，斗二十四四分度之一，牽牛七，須女十一，虚十，危十六，營室十八，東壁十，奎十七，婁十二，胃十五，昴十一，畢十六，觜三，參八，東井三十，輿鬼四，柳十四，星七，張十七，翼十九，軫十八，凡三百六十五度四分度之一。冬至日在斗十九度四分度之一。史官以部日月行，參弦望，雖密近而不爲注日。儀，黃道與度轉運，難以候，是以少循其事。

黃道遊儀

宋·歐陽修《新唐書》卷三一《天文志一》　其黃道遊儀，以古尺四分爲度。旋樞雙環，其表一丈四尺六寸一分，縱八分，厚三分，直徑四尺五寸九分，古所謂旋儀也。南北科兩極，上下循規各三十四度。表裏畫周天度，其一面加之銀釘。使東西運轉，如渾天遊旋。中旋樞軸，至兩極首内，孔徑大兩度半，長與旋環徑齊。玉衡望筩，長四尺五寸八分，廣一寸二分，厚一寸，孔徑六分。衡旋於軸中，旋運持正，用窺七曜及列星之闊狹。外方内圓，孔徑一度半，周日輪也。陽經雙環，表一丈七尺三寸，裏一丈四尺六寸四分，廣四寸，厚四分，直徑五尺四寸四分，置於子午。左右用八柱，八柱相固。亦表裏畫周天度，其一面加之銀釘。半出地上，半入地下。雙間挾樞軸及玉衡望筩旋環於中也。陰緯單環，外内廣厚周徑，皆準陽經，與陽經相銜各半，内外俱齊。面平，上爲天，下爲地。橫周陽環，謂之陰渾也。平上爲兩界，内外爲周天百刻。天頂單環，表一丈七尺三寸，縱廣八尺，厚三分，直徑五尺四寸四分。直中國人頂之上，東西當卯酉之中，稍南，使見日出入。令與陽經、陰緯相固，如鳥殻之裏黃。南去赤道三十六度，去黃道十二度，去北極五十五度，去南北平各九十一度强。赤道單環，表一丈四尺五寸九分，横八分，厚三分，直徑四尺五寸八分。赤道者，當天之中，二十八宿之位也。雙規運動，度穿一穴。古者，秋分日在角五度，今在軫十三度；冬至日在牽牛初，今在斗十度。隨穴退交，不復差繆。傍在卯酉之南，上去天頂三十六度，而横置之。黃道單環，表一丈五尺四寸一分，横八分，厚四分，直徑四尺八寸四分。日之所行，故名横道。太陽陟降，積歲有差。月及五星，亦隨日度出入。古無其器，規制不知準的，斟酌爲率，疏闊尤甚。今設此環，置於赤道環內，仍開合使運轉，出入四十八度，而極晝兩方，東西列周天度數，南北列百刻，可使見日知時。上列三百六十策，與用卦相準。度穿一穴，與赤道相交。白道月環，表一丈五尺一寸五分，横八分，厚三分，直徑四尺七寸六分。用行有迂曲遲速，與日行緩急相反。古亦無其器，今設於黃道環內，使就黃道爲交合，出入六度，以測每夜月離，上畫周天度數，度穿一穴，擬移交會。皆用鋼鐵。游儀，四柱爲龍，其崇四尺七寸，水槽及山崇一尺七寸半，槽長六尺九寸，高、廣皆四寸，池深一寸，廣一寸半。龍能興雲雨，故以飾柱。柱在四維。龍下有山雲，俱在水準槽上。皆用銅。

黃赤道經緯度儀

明·徐光啓《新法算書》卷九六《測量全義卷十·儀器圖説》 黃赤道經緯度儀，計四式。一式爲赤道簡儀，一全周，一半周，徑一丈一尺。二式爲三圈儀，即赤道圈、載赤道圈、子午圈，徑七尺。三式爲赤道四圈，儀徑七尺。四式爲黃道四圈，儀徑七尺。

黃道經緯儀

明·徐光啓《新法算書》卷九六《測量全義卷十·儀器圖説》 新法黃道經緯儀第五，凡一式。黃道經緯度儀與赤道經緯儀畧同，用四全圈。外第一甲圈，斜入於架，查本地北極出地度，定置之，爲子午圈。次內二乙圈，外切甲而結於赤道兩極，爲過極圈，距赤極二十三度三十一分三十秒，爲黃道極，距黃極九十度，横置。次三丙圈曰黃道圈，與過極圈交爲斜角，故乙圈又名載黃道圈也。乙丙之交爲凹，以相入，令內外規皆平面。次內四丁圈，宗黃道極，外切於黃道圈，是名黃道緯度圈。中設黃道軸，軸中心立圓柱表，作游表。用架、用權線等，與赤道同法。

用法：求某星之黃道經緯度，一人於黃道圈上，查先得某星之經度分，加游表其上，過柱，表對星定儀。又一人用游表，於緯圈上過柱，表對星，游移取直，即緯圈上游表之指線，定某星之緯度。又定儀，查黃道圈與某圈相距度分，即某星之經度差。

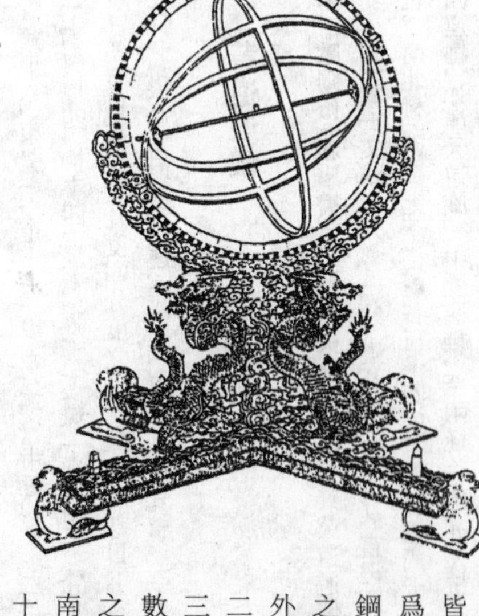

清·蔣溥《清朝禮器圖式》卷三《儀器三·欽定黃道經緯儀》 謹按舊渾天儀制，有黃道緯圈，而無黃道經圈。康熙十二年，聖祖仁皇帝命監臣製黃道經緯儀。鑄銅爲之，凡三重四圈，其外正立爲子午圈，徑六尺一寸，規面厚一寸三分，側面寬二寸五分，兩面皆刻去極度數，以京師爲準。兩極側面各貫鋼軸，以半圓合而固之。次內爲過極至圈，外徑五尺五寸，規面寬二寸五分，側面厚一寸三分，兩面亦刻去極度數，貫於南北赤道。極之兩軸象天，左旋又從南北赤道。極各距二十三度三十一分三十秒，定黃道極，去極九十度。横置黃道緯圈，與過極圈交，徑及寬厚亦同，陷其中以相入，四面皆刻黃道經度，象七政，右旋又從黃道。南北兩極貫黃道經圈，外徑五尺一寸四分，規面寬九分，側面厚二寸三分，四面皆刻黃道緯度，象黃道、四遊、兩極。施直軸徑一寸，中半施横表，長三寸，於緯圈上加遊表，對直軸以測黃道經度。於經圈上設遊表，對横表以測黃道緯度。下爲半圓雲座，升龍二承之。

清·阮元《疇人傳》卷四五《西洋三·南懷仁》 黃道經緯儀，儀之圈有四，各分四象限，限各九十度。其外大圈恒定而不移者，名天元子午規，外徑六尺，規面厚一寸三分，側面寬二寸五分，規之下半夾入於雲座。仰載之半圈，前後正直子午，上直天頂，中直地平。從地平上下按京師南北兩極出入度分，定赤道兩極。次内爲過極至圈，圈周平分處，各以鋼樞貫於赤道二極。又依黄赤大距度，於過極至圈上定黄道南北極。距黄極九十度安黄道圈，與過極至圈十字相交，各陷其中以相入，令兩圈爲一體，旋轉相從。黄道圈之兩側面，一爲十二宫，一爲二十四節氣。其兩交，一當冬至，一當夏至。次内爲黄道經圈，則以鋼樞貫於黄極焉。圈之徑爲圓軸，圍三寸。軸之中心立圓柱爲緯表，與經圈側面成直角，而黄道圈經圈上各設游表，儀頂更設銅絲爲垂線。全儀以雙龍擎之，復爲交梁以立龍足。梁之四端，各承以獅，仍置螺柱以取平。【略】

黄道儀之用，欲求某星之黄道經緯度，須一人於黄道圈上，查先所得某星之黄道經緯度分，其上加游表，而過南北軸中柱，表對星定儀，又一人用游表於緯圈上，過柱，表對所測之星，游移取直，則緯圈上游表之指線，定某星之緯度。又定儀查黄道圈兩表相距之度分，即某星之經度。差若本星在黄道密近，難以軸中心表對之，則用負圈角表，而測其緯度，其法與測赤道緯法同。

赤道經緯儀

明・徐光啓《新法算書》卷九六《測量全義卷十・儀器圖説》 新法赤道經緯儀第四，凡二式。

測赤道緯度别法：星在正午圈，測其地平緯度，即地平上高。得數内減赤道高度，爲某星之赤道緯度。若星在天頂北，測其北高，内減北極高度，爲星距北極之緯度。若星在子午圈外，則測地平經緯度，可推赤道緯度。此借法也，其本法當用本儀。

一式曰赤道經緯簡儀。用全周圈一，半周圈一。全圈之用在其外弧，設縱横諸軌，以固其内。半圈之用在其内規，設正斜支柱，以安其外。當全圈之心而設軸，與圈面平行，軸之兩端爲兩極。設架北高南下，各爲圓竅，以受極。其高下之較本地北極出地之度分也，是爲過極經圈。半圈者，仰儀也。内規向上斜置之，爲赤道之地下半周，與全圈爲直角。轉全圈則切其内規面而過之。分法：全圈從極起算，又從赤道起算，交互識之。半圈從子午線起算，分識之。全圈之上設游表，軸之心設柱表。【略】

二式曰赤道經緯全儀。用四全圈。外第一甲圈，分三百六十度，如本方北極出地之度，斜入於半圈之架，定置之，是爲子午圈。次内二乙圈，乙之外規面與甲之内規面密相切，而結於南北兩極，是爲過極圈，亦名載赤道圈。次三丙是爲赤道圈，縱横合於乙圈，兩交處皆作直角，又各作凹，以相入，令兩圈之内外皆爲平面也。次内四丁，亦結於兩極，爲過極圈，以容赤道之緯度，又名赤道緯圈，與乙丙二圈密相切。兩過極圈，貫以一軸，而合於甲三游圈之各兩側面。皆依法爲細度分，亦作游表，數具於各弧之上，游移用之。軸心立圓柱，表架之上兩端準地平，以定極出入之度。置儀依子午線以取正，加垂權以取直。

凡聚圈爲儀，欲極圓，令規面相切，密而不礙樞軸。欲正傅軸，勿於規面，於側面。軸之心與側面爲一點，刻面爲半圓而合之，加伏兔以受之。何故？爲度分之界，指線所切，窺表所及，皆在側面故。

用法：以測兩星赤道經度差。一人用游表，於緯圈向中柱，表對星；又一人用游表，於載赤道圈向中柱，對他星。即兩過極圈，所限赤道圈上度分，爲兩星之經度差。又兩圈上，兩游表相距度分，即兩星距赤道南北之緯度分。

清・蔣溥《清朝禮器圖式》卷三《儀器三・欽定赤道經緯儀》 謹按舊渾天儀制三重，外曰六合儀，次内曰三辰儀，内曰四遊儀，凡七圈。康熙十二年，聖祖仁皇帝命監臣製赤道經緯儀。鑄銅爲之，凡二重三圈，蓋會三辰於六合，而又省一地平圈也。其外正立爲子午圈，制與黄道經緯儀子午圈同，距兩極各九十度。

横置赤道經圈，與子午圈交，陷其中以相入。外徑五尺九寸，規面寬二寸五分，側面厚一寸三分。内規面及上側面，鐫晝夜時刻；外規面及下側面，鐫周天度分。南極旁承以兩象限弧，又從南北兩極，貫赤道緯圈。外徑五尺六寸，規側面寬厚與經圈同。四面刻赤道緯度，内爲通軸，設横表、遊表，俱與黃道經緯儀同。下爲半圓雲座，升龍承之。

清·阮元《疇人傳》卷四五《西洋三·南懷仁》 一曰赤道經緯儀。儀有三圈。外大圈者，天元子午規也，以一龍南向而負之。規之分度定極，皆與黃道儀同。去極九十度，安赤道經圈，與子午規十字相交，恒定不動。經圈之內規面及上側面，皆鋟二十四時各四刻。外規面分三百六十度，內安赤道緯圈，以南北極爲樞，而可東西遊轉，與經圈内規面相切。緯圈徑亦爲圓軸，軸中心亦立圓柱以及遊表、垂綫、交梁、螺柱等，法皆同黃道儀。【略】

赤道儀之用，可以知時刻，亦可以測經緯度分。若測時刻，則赤道經圈上用時刻游表，即通光耳，而對之於南北軸表，蓋經圈內游表所指，即本時刻分秒也。若經度用兩通光耳，即兩徑表在赤道經圈上，一定一游，一人從定耳窺南北軸表，與第一星相參測之，一人以游耳轉移遷就，而窺本軸表，與第二星相參直。如兩耳間於經圈外之度分，即兩星之經度差也。用加減法，即得某星之經度矣。緯度亦以通光耳於緯圈上轉移而遷就焉。若測向北之緯度，即設耳於赤道之南；測向南之緯度，即設耳於赤道之北。務欲其準，與夫在本軸中心小表，令目與表與所測之星相參直，次視本耳下緯圈之度分，在赤道之或南或北若干度分，即本星之距赤道南北之度也。若本星在赤道密近，難以軸中心表對之，則用負圈角表，定於緯圈之第十度上，在赤道或南或北，次以通光游表對之。蓋游表距相對之十度若干度分之數，則減其半，即爲某星之緯度分也。

地平經儀

清·蔣溥《清朝禮器圖式》卷三《儀器三·欽定地平經儀》 謹按舊渾天儀制，有地平圈，能測三辰，當地平之經度，而不能測地平上之經度。康熙十二年，聖祖仁皇帝命監臣製地平經儀。鑄銅爲之，平置，地平圈徑六尺二寸，寬二寸四分，厚一寸二分。上面、側面皆刻四象限度。上面自南北起初度，側面自東西起初度。以立龍四承之。圈下立柱，其高相等，適當圈心上，出圓軸圈上。東西二龍柱結橫樑中，穿孔爲天，頂與圈心，對施立軸，長四尺四寸，上應天頂，下應地心。表末結十字横表，與圈相切，尺寸與圈徑同。立軸頂左右，結二線斜貫横表，兩端成兩三角形。旋轉横表，令三線與所測參直，視表所指，以測各曜之地平經度。

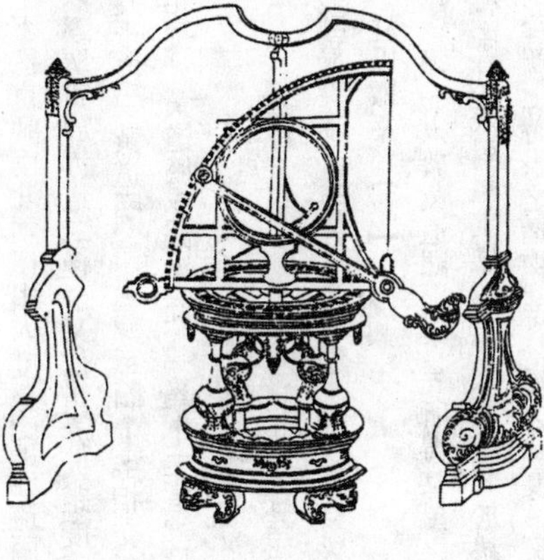
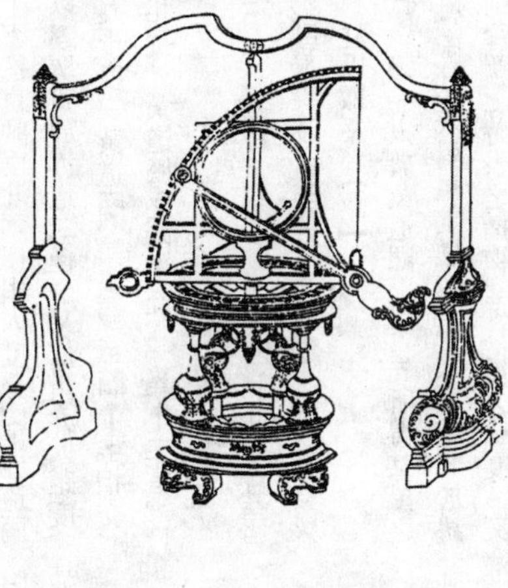

清·阮元《疇人傳》卷四五《西洋三·南懷仁》 一曰地平經儀。儀止用一圈，即地平圈。全徑六尺，其平面寬二寸五分，厚一寸二分，分四象限，限各九十度，以四龍立於交梁以承之。四端各施取平之螺柱，而梁之交處則安立柱，高與地平圈等，適當地平圈之中心。又於地平圈上東西各立一柱，約高四尺，柱各一龍，盤旋而上，從柱端各伸一爪，互捧圓珠。下有立軸，其形扁方，空其中如牕櫺，以安直綫。軸之上端入於珠，下端入立柱，中心令可旋轉。而軸中之綫，恒爲天頂之垂綫焉。又爲長方横表，長如地平圈，全徑厚一寸，寬一寸五分。中心開方孔管，於立軸下端，便隨立軸旋轉。復剡其兩端令鋭，以指地平圈之度分。又自兩端各出一綫，而上會於立軸中直綫之頂，成兩三角形。凡測一星，則旋轉遊表，使三綫與所測之星參相直，乃視表端所指，即其星之地平經度也。

地平緯儀　象限儀

明·徐光啓《新法算書》卷一《緣起一》 一、急用儀象十事。其一，造七政象限大儀六座，俱方八尺，木匡、銅邊、木架。

明·徐光啓《新法算書》卷九六《測量全義卷十·儀器圖説》 五式曰象限大儀。木造大象限，鍛銅爲分弧之邊，爲窺衡之面，爲表半徑。長十尺以外，細分弧可得至十秒。此儀體質重大，運動惟艱，可依正子午線，倚臺牆定置之，以測日月星午正時之赤道緯度。

清·蔣溥《清朝禮器圖式》卷三《儀器三·欽定象限儀》 謹按舊渾天儀制，有地平圈而無地平經圈。元郭守敬簡儀設立運圈，以測三辰出地之度，即地平經圈也。康熙十二年，聖祖仁皇帝命監臣製象限儀，爲全圓四分之一，亦名地平緯儀，鑄銅爲之。其制：直角爲心，兩方皆爲半徑，各長六尺，寬二寸一分，厚一寸一分，圓爲弧，寬二寸六分，厚一寸一分，正面鐫九十度分，外規面鐫度數字。

其數自上而下，以紀地平高度，自下而上，以紀距天頂度。聯以雲龍，東西立柱，縱八尺八寸。上下梁橫七尺八寸，飾以雲龍。梁中各穿圓孔，以受立軸。軸與儀之立半徑平行，長九尺七寸，寬二寸一分，厚一寸七分。東西運之，直角施橫軸長二寸一分，軸本加遊表，寬二寸一分，厚二分有奇，長與半徑等。遊表末設立耳，以測地平緯度。

清·阮元《疇人傳》卷四五《西洋三·南懷仁》 一曰地平緯儀，即象限儀，蓋取全圓四分之一，以測高度者也。其弧九十度，其兩邊皆圓，半徑六尺，兩半徑交處爲儀心。儀架東西立柱，各以二龍拱之，上架橫梁。又立中柱，上管於橫梁，令可轉動。儀安柱上，儀心上指儀之兩邊，一與中柱平行，一與橫梁平行。又於儀心立短圓柱以爲表。又加窺衡，長與半徑等，上端安於儀心，剡其下端，以指弧面度分。更安表耳於衡端。欲測某物，乃以窺衡上下遊移，從表耳縫中窺圓柱，令與所測之物相參直，其衡端所指度分，即其物之高度也。【略】

象限儀之用，凡測日或測星，轉儀向天，低昂窺衡，以取參直，即得地平之緯度。凡轉動儀時，若其背面之垂線，或有不對於原定之處，則其偏內或偏外若干分秒，必須與其所測得之緯度，或加或減分秒若干。蓋儀偏於內則用減，偏於外則用加也。夫地平而分爲經緯兩儀者，以便於用而窺測爲準故也。其便於用者，蓋謂兩人同時分測，乃并向於一點，以轉動而互用之，則赤道經緯度可推也。並夫日月五星之視差，及地半徑差、清蒙氣差等，無不可推也。

清·杞廬主人《時務通考》卷三〇《測繪中》 象限儀，或用厚紙，或用紅銅板爲之。行軍測地，用之甚爲簡便，功用不減於盒内紀限儀。且紀限儀偶然傷損，亦可作象限儀而代之。若測角之時，切近地面而看之，則更準。尋常測繪之事，此法可用。若欲求其極準之角度，則用平面回光之法。盆內容水數寸，或用水銀，即可得天際之平面。

地平經緯儀

明·徐光啓《新法算書》卷九六《測量全義卷十·儀器圖説》 新法地平經緯儀第二，凡一式。

地平經度者，分地平圈爲三百六十，從天頂向各度，作一百八十過心大圈，以限地平之經度，容地平之緯度也。從午正向東、向西各起算，或從北、從東、西皆可。儀法：作全圈循周，爲渠以注水。去地二尺餘，與地平平行，承以六礎，或以臺架。中心爲圓孔，定置之。

別作象限，其半徑與平圈之全徑等，平分其徑，與平邊爲直角，而傅之軸。軸之下端入於平圈之孔，即象限側立於平圈之上，相與爲直角，而環行不滯，可周窺也。平邊之下，依正線爲衡，左右出其一端，居儀之背。立斜柱以支儀一端，居儀面作指線爲度指，以取平圈之度，其窺衡等如前法。

用法：定儀依子午線取正，水準取平。測日或星，各用本測窺表，轉象儀向本點，升降窺衡，取參直，即得地平上之高，爲緯度。度指所當平弧之度分，距子午或卯酉，爲地平之經度。依此經緯度，可推赤道經緯度，可推日月五星之視差、地半經差、清蒙氣差等。

詳論造法：爲移動之儀，宜三足，足下以螺柱取平。大儀難運，則其底切地盤處，加兩轆轤之軸。儀高恐摇揚不直，則長其軸，上切於儀背，下入於架之底，架之底爲鐵窾以承之。軸欲粗，或儀背作一句股形，其股切儀，其句合於地盤枎柱，以取直也。窺衡欲廣、欲厚，細而薄則撓而不直，以定高下前後不相應。衡之末爲鈎以止之，儀之後螺旋以固之。窺表宜爲二具，一測日，一測星。

清·蔣溥《清朝禮器圖式》卷三《儀器三·欽定地平經緯儀》 謹按地平經緯儀，乃合地平、象限二儀而爲一。康熙五十四年，聖祖仁皇帝命監臣製，鑄銅爲之。其制：平置地平圈，徑五尺，寬七寸七分，周圍鐫四象限度，下設四柱，圓座承之。東西立柱高一丈一尺，上結曲梁，中爲立軸，下端貫以圈心。螺柱上端以梁中圓孔受之，中加象限儀。直角在下，半徑六尺，寬二寸七分，正面列九十度分，中聯方圓及弧矢形，背結於立軸以運之。直角施遊表，長八尺，本設橫耳，末設橫柱，以備仰窺。凡測諸曜，旋象限儀，以遊表低昂合之，令與諸曜參直。其橫半徑所指，即地平經度。遊表所指，即地平緯度。

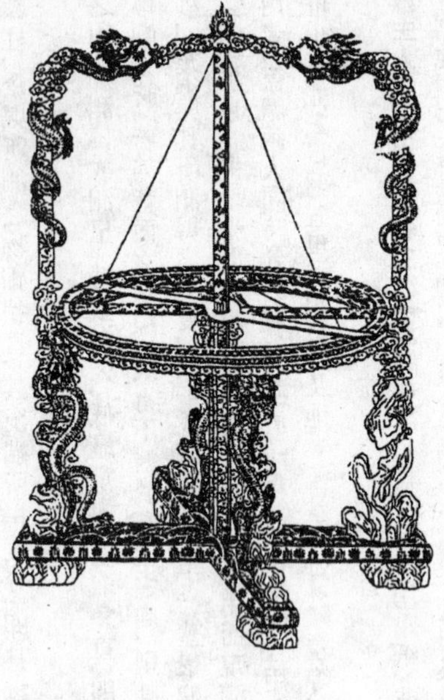

清・阮元《疇人傳》卷四五《西洋三・紀利安》 紀利安，一作紀理安，欽天監官。康熙五十四年，奉命製地平經緯儀，合地平、象限二儀而爲一。其制：平置地平圈，外徑五尺，闊七寸七分，周圍刻四象限度，下設四柱，以圓座承之。地平圈之中心倒安螺柱，上出立軸，東西安立柱，高一丈一尺，上結曲梁，正中開孔，以容立軸之上端。中間安象限儀，圓心在下，半徑六尺，弧闊二寸七分，背面結於立軸以運之。圓心安遊表，長八尺，本設橫耳，末設橫柱，以備仰窺。凡測諸曜，將象限儀推轉，又將游表仰昂，令與諸曜參直，則橫半徑所指即地平經度，遊表所指即地平緯度，是一測而經緯悉得矣。

經緯儀

清・劉錦藻《清朝續文獻通考》卷二九六《象緯考三・儀器》 經緯儀，有望遠鏡一具，視端有網一。鏡裝於堅固之軸，軸貫於义狀之承柱。义狀承柱備有螺絲，可司鏡軸之進退，所以使鏡軸與經綫確相正交也。軸樞上裝有一精製之水準器，用以定鏡之平準與否。鏡上更附以刻尺圓圈，俾窺準星點時，可記取星度也。儀上應有倒轉器，則鏡筒可在承柱上倒轉用之。經緯儀中之網綫，其縱綫自五條至十五條不等，橫綫則爲二條。如須與時辰表併用，綫當更增排列，亦當較密。又因觀星每在夜間，故於器之樞軸穿孔，令燈光經鏡軸射至一小反射鏡上，照見網中縱橫各綫。小反射鏡裝於鏡內中央立方上，即軸與鏡筒相聯之處。反射鏡之光接目，可使視域之內全部光明，同時天空星光光綫，又可不爲燈光所混。此儀製配精確，無論如何轉動，中綫必與子午綫相合。故窺見一星過中綫時，即得星之赤經度。

校驗經緯儀計有四法。一、綫網須在物鏡片之焦點平面內，其中央一綫須正直無偏。二、物鏡片光心與中綫之聯綫，須與轉軸相正交。校驗時，可使鏡遠指一點，再倒轉鏡筒，復視原點鏡之聯綫，一無差誤，則倒轉鏡筒後，仍可平分原點。若不能平分，即爲有差，應就鏡中所備螺絲，校正網綫，務使確合爲度。三、鏡軸須在水平面。此可藉水準器之助而知之。兩义形承柱之一，備有一螺絲，司望遠鏡之小升降，所以就水準器之平也。四、軸之方位角須確爲九十度，即所指須爲正東正西也。其校驗法，可藉恒星時辰鐘之助，窺測恒星以驗之。如鏡爲無誤，則所窺近極處之星，一次在極上過中綫，後至第二次，在極下過中綫，所需時間應爲十二恒星時。復次，如所窺者爲兩星，一近極，一近赤道，則兩星過中綫時間之差，即爲兩星赤經度之差。用時鐘爲佐，窺測星體過中綫時，如已知時鐘之差率，而鏡已校驗無誤，則星過中綫之頃，即爲物體之赤經度。反之，如已知星之赤經度，則鐘與赤經度之差，即爲時鐘之差。

大經緯儀

清・杞廬主人《時務通考》卷三〇《測繪中》 大經緯儀可當子午儀用。大經緯儀爲觀星臺之要器，若定在子午線上，可當子午儀之用。所以勻列十字線五條，其正中之交點，合窺筩之視軸。此種儀器略可爲測望。一切之事，如赤經度，如真時刻，如高度，如天頂相距，如平面角，無不可測。惟赤道儀之事，不能代測。此儀如體小而能移動，又便於藉天文而測地。若安於疊測架上，則更有用。前測英國嘗用此法，其儀徑爲二尺者。

子午儀

清・劉錦藻《清朝續文獻通考》卷二九六《象緯考三・儀器》 子午儀，即加大之經緯儀也，其製更精。附軸處另有一刻表圓圈，圈與軸同轉。製造時，手術之費即在精分此圈。圈上每分，見時常分至兩分或五分，自此以下之數，用分微尺記取。每儀所備分微尺，約自四至六，因圓周一秒之距，僅爲圓半徑二十萬六千二百六十五分之一。數雖微渺，然名匠所分之綫，尚能無誤。

象限懸儀

明·徐光啓《新法算書》卷九六《測量全義卷十·儀器圖説》 一式曰象限懸儀。作象限，直角爲心，旁一邊定置窺表，二分弧爲九十度，又細分如前法。從窺表邊起算，儀心爲樞。倚柱，柱之下端爲圓軸，以入於架。從樞以高，下舉從柱，以左右旋，可周窺也。從樞心出垂線加權。

用測日月星之高轉。儀向所測，垂線所加度分，即距天頂度分。或日月星近地平、近天頂，儀體過重難舉，亦可儀中作樞，不必定在直角。

象限立運儀

明·徐光啓《新法算書》卷九六《測量全義卷十·儀器圖説》 三式曰象限立運儀。造象限分度，如前法。訂取重心置軸，與立邊平行。軸之兩端加以鐵樞，上下各以架受。樞平邊在上，加窺衡權線，如常法。下架有立柱，柱之端爲鐵環，以承下樞。環之徑三倍於樞之徑。環之三面各加螺柱，横入於環，出入展縮以進退樞，令就合於垂線也。

象限座正儀

明·徐光啓《新法算書》卷九六《測量全義卷十·儀器圖説》 四式曰象限座正儀。如前造象限，縱横木爲架，架底之四隅加螺柱三，展縮高下以取平，令合於垂線。

測高象限

明·徐光啓《新法算書》卷九六《測量全義卷十·儀器圖説》 測高象限，計六式。

一式：銅版爲象限，半徑一尺五寸，中平面刻先儒丁氏分弧法。有鐵座，有立樞，有垂權。座之四隅有螺柱，以取平。

二式：裁銅爲二徑一弧，合成儀，中虚則體輕。

三式：冶銅爲大象限，半徑八尺，倚墻南向定置之。其細分可至五秒，用游表測七政過午正度分。

四式：以木爲徑弧，銅版爲弧面，有游表，有樞軸，有架。旋轉周測，半徑七尺。

五式：鐵爲象限，外有矩度，下有地平圈，以測地平經緯度。其半徑八尺。各有度分，小衡用柱表，小弧用游表，可測相近兩星之距度分，下設三運之樞，餘如常法。

三式爲規儀，冶銅爲兩股，長七尺。上端爲樞心，有弧入於股之下端開闔之。兩腰間加螺旋之弧，隨弧開闔。欲止，則以兩螺圈固之。樞心立柱表，弧上設游表。

矩度象限儀

清·蔣溥《清朝禮器圖式》卷三《儀器三·御製矩度象限儀》 謹按矩度象限儀，爲聖祖仁皇帝御製。鑄銅爲之，半徑五寸四分，象限之周九十度，内晝方矩，縱横各九十分。兩半徑線末立耳，爲定表圓心。施游表二相連，其末各有立耳，下帶弧一段，作六十分，當外周三十度半，以比例分秒。圓中亦有立耳，旋之與四立耳皆相對。游表直邊，與方矩之分等。四表間弧度數，爲矩度比例之分。外有銅三角棱，施墜線，以取平直。承以直柱三，足能升降。儀面鐫「康熙御製」。

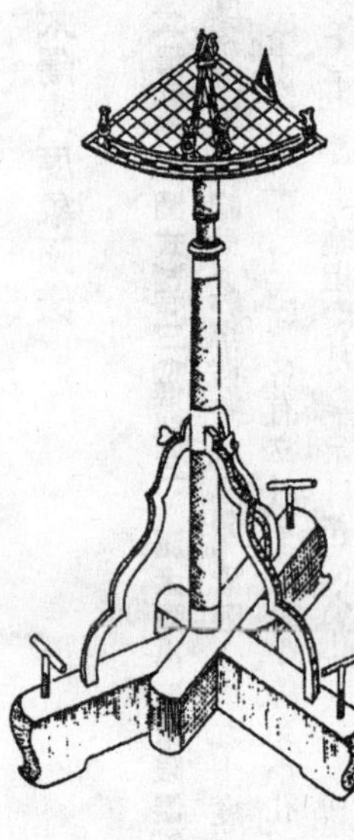

方矩象限儀

清·蔣溥《清朝禮器圖式》卷三《儀器三·御製方矩象限儀》 謹按方矩象限儀，爲聖祖仁皇帝御製。鑄銅爲之，半徑八寸五分，象限之周九十度。圓線十重，以斜線相交成十格。象限外畫方矩，線斜直相交，亦成十格。象限内亦畫方矩，線平，半矩施立耳，爲定表圓心。施遊表，表兩端有立耳，中爲指南針，盤前施二墜線。測量法：以游表直邊指度數，兩表相距度分爲所測之角。承以銅軸，攢木爲三足，能升降。儀面鐫「康熙御製」。

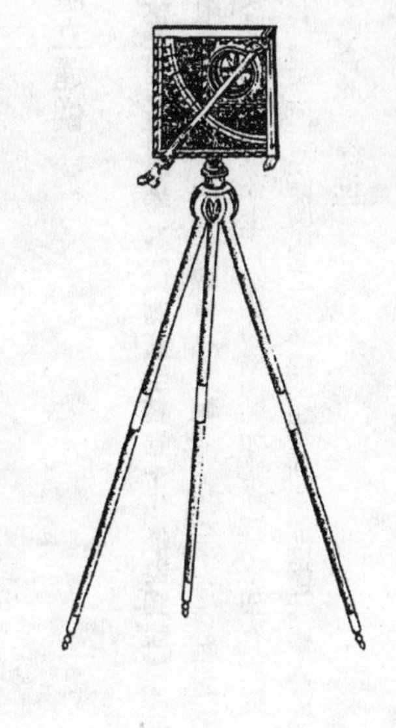

雙千里鏡象限儀

清·蔣溥《清朝禮器圖式》卷三《儀器三·雙千里鏡象限儀》 謹按本朝製雙千里鏡象限儀。鑄銅爲之，半徑一尺四寸五分，象限之周九十度。圓線十重，以斜線相交，成十格，平半徑。千里鏡爲定表，平中心。千里鏡爲遊表，下爲半圓，縱横設兩輪，低昂之。測量法：以兩表相距度分爲所測之角。承以直柱三足，平測立測惟所宜。

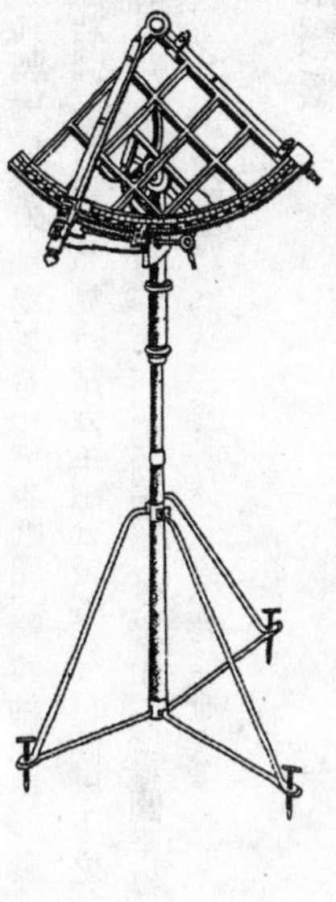

測太陽高度象限儀

清·蔣溥《清朝禮器圖式》卷三《儀器三·測太陽高度象限儀》 謹按本朝製測太陽高度象限儀，鑄銅爲之，半徑一尺二分，象限之周九十度。圓線十重，以斜線相交，成十格，平半徑。兩端各有立耳，上立耳中線穿小孔，下立耳中線爲空圈。内交十字半徑，旁施指南針。午正日光從小孔透十字心，與表其參直。圓心施墜線於方銅管内以護風。由管末玻瓈中，視墜線距日光線，知太陽距天頂之度。以時刻儀驗準，對太陽測之，知太陽隨時高度。易墜線爲遊表兩立耳，皆如定表法。與所測參直，以二表距度爲所測之角。承以直柱三足，能升降，平測立測惟所宜。

測高弧象限儀

清·蔣溥《清朝禮器圖式》卷三《儀器三·測高弧象限儀》 謹按本朝製測高弧象限儀，鑄銅爲之，半徑一尺七分，象限之周九十度，圓線十五層，以斜線相交，成十五格。兩半徑線末，各施立耳爲定。表中圓柱四面穿直孔，旋之，使孔中線與立耳中線相對，以受日光。圓心施銅墜，線表穿長孔，有比例分，以指分數。座中施指南針，以墜線距定表度爲太陽距天頂度。承以直柱，有輪，能升降。

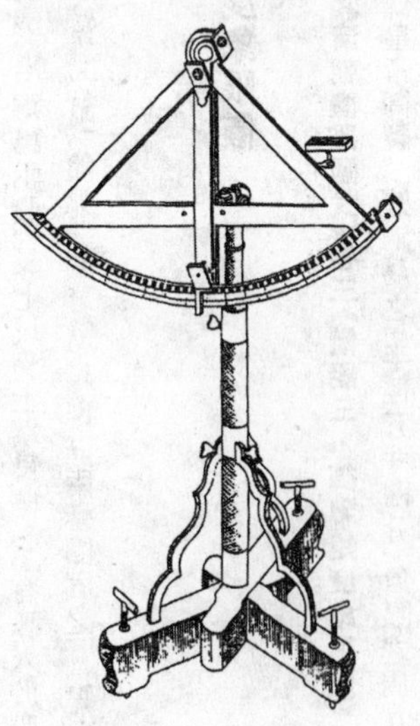

測礮象限儀

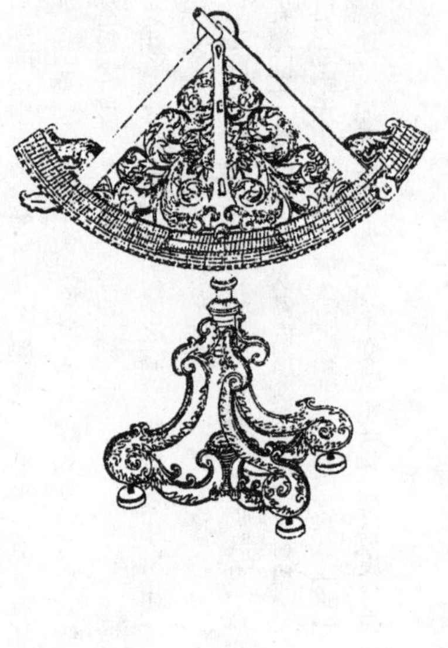

清·蔣溥《皇朝禮器圖式》卷三《儀器三·測礮象限儀》　謹按本朝製測礮象限儀，鑄銅爲之。用兩象限，周皆九十度，中爲初度，左右各四十五度，圓心皆施墜線當初度以取平。座上爲横方柱，一加柱端，一倚柱旁。用時置礮上，以柱旁墜線所指，合礮末所起之度。柱中空，左右各四十五度，中施遊表，穿小孔對礮末所起之度，於孔内視礮之星斗。

象運全儀

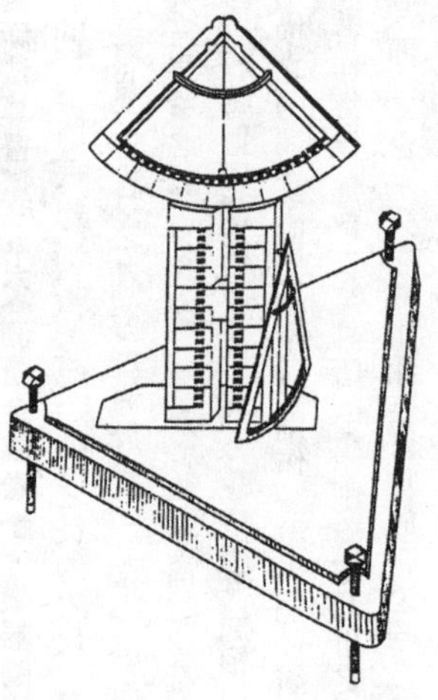

明·徐光啓《新法算書》卷九六《測量全義卷十·儀器圖説·古象運全儀第三》　儀有十二物：方版二，句股形版四，圜盤三，半周盤一，窺衡二。首定置甲乙方版，爲儀之底，名地平版。從版心作子午線，依本方赤道高，作乙、丙、丁句股形版二，定置子午線之兩旁與平行股。向南更作乙戊方版，定置句股版之上，與底版相切於乙，以鉸具聯之，作角爲本方赤道距地平之角。

次於赤道版上，亦依地平版作子午線，平分子午爲心，版邊爲界，作圈，圈一寸以内更作一同心圈，兩圈間平分三百六十度。從子午起算，版之心立樞軸，與版爲直角，貫以庚己游盤，盤之大與内圈等。盤中作兩徑線，盤周分十二宫，盤邊之外依冬至線作度指，以定赤道經度，是名赤道盤。

赤道游盤上，定置辛壬句股版二，其角二十三度三十分，與兩至線平行，股向夏至。

次於辛壬句股版之弦上，定置辛癸圜盤，是名黄道盤，周分十二宫三百六十度，從兩道之極遠處起數，爲夏至。從盤心立樞軸，與盤面爲直角，貫以丑寅窺衡，衡之兩端各設一窺表。

窺衡之上，定立卯辰等四柱，或側板與衡爲直角，附柱側。立巳午定圈，平分三百六十度。從本圈之横徑起數，其直徑線爲黄道之垂線，是名黄道緯圈。圈之心立樞軸，與圈爲直角，貫以未申窺衡。衡之兩端各設一窺表，未申之上各定置一短横柱，與衡爲直角，曰未酉、曰申戌。兩柱之端，各穿圓竅，别作一方衡，兩端爲圓枘，貫入竅中。方衡之上，定置一半周盤，平分百八十度，因酉戌軸之利，轉恒下垂也。半周之心，出一垂線，末繫垂權。

據此儀物，以配玄象，則甲乙平版，地平也；乙戊欹版，赤道也。若運赤道盤，必挈黄道盤以上與偕行。於時辛壬股在南者即黄道盤，政當天上之夏至午正時。若辛壬股在北者即黄道盤，政當天上之冬至午正時。黄道緯圈偕丑寅衡同轉，即定黄道之經度。若以未申衡向某星，即定黄道之緯度。因以垂線所至，定此星出地平之高。測地平上之高度，轉丑寅衡或未申衡向日，與參直視權線所至，去離半周徑之度，即日躔距天頂之度。測月若星亦如之。

測日躔經度，運赤道盤至黄道盤之上下面俱無光，此爲日與盤之上下弧參直也。定黄道盤，獨轉丑寅衡至緯圈之前後，面俱無光，此爲日與圈之上下弧參直也。即丑寅衡所指黄道之某宫度，是本時之日躔經度。

測星之經緯度，因日月光，再測如前儀法。

按此儀重規叠矩，纆連累積，測候所須亦略備矣。第其展轉欹傾，崔嵬摇颸，體過大則作用俱艱，體或小則分數未密，故後來名曆姑舍是焉。

弧矢儀

明·徐光啓《新法算書》卷九六《測量全義卷十·儀器圖説·古弧矢儀第四》 儀有七物：幹一、衡一、管一、窺表四。幹之長約六尺，方廣各七分，冶銅爲之。衡之長當幹之長二十分之九，方廣減於幹四之一。幹與衡各先爲一管，四分衡之長，以其一爲管之長，管之空。幹與幹等，衡與衡等。入之密而不濇，則甘苦衷也。既成，幹管置下，衡管置上，各以其一端縱横相切，鎔金合之。幹管之上端加窺表，横之兩端各定置一窺表。別作一游表加於衡，可離可合，轉移用之。兩管之旁，各作螺柱，每移管至其所欲至，則旋螺而止之。

分法：横之一面，二百平分之。用元度以加於幹之同方面，四百平分之。從一端起算，則爲幹首，末位所加，爲幹尾，尾有餘地，亦用元度分之，盡幹而止。幹與衡之數，遇十百皆刻而識之。

幹之一面既爲平分，其對面則以度分分之。分度法有二：一法作版，與幹等長，廣爲衡之半。案依長邊作長線，依衡邊一百作衡線，兩線爲直角。衡線之末爲心，角爲界，作象限弧，分九十度。用尺從心過弧上各度分至長線，作短界，遇五書識之。次依長線上度分，移分幹面，從幹首向下起數，遇五刻識之，幹尾亦向上起數。則八十與一十，七十與二十，六十與三十，五十與四十，四十與五十，三十與六十，二十與七十，一十與八十，初分與九十度俱同線。其向下度分至八十而止者，切線漸遠則無數。若至九十，與衡之上端平行矣。故凡切線，皆止八十度，幹長加二二焉。二法，半衡爲全數，查八線表各度分之切線數，向幹之分數面考其相當數之各度分，各作度分線，刻識之。

用法：此儀之用有二。一以測日月星之高度、距度，曆學所用。一以測高深廣遠，地學所用。今所解者，測天之用法也。

一、測日月星之高度、距度法。正立幹，幹首居上，管加其首，貫衡於衡管之中，左右出等，旋螺固之，權繩取直。次轉向所測，令衡端之景掩幹之分度面，視所得度分，即日月之距天頂度分，以減象限，得地平上高度分。【略】

若横置幹以當地平，加垂權衡上，取直半衡之末景物，幹得度分爲日月之地平高度分。

二、測星之高度。横置幹，直置半衡，目切幹首，遷管於衡。進退之，令幹首之角、衡首之窺表與星爲直線，得幹面度分，爲星之地平高度分。

向先以衡居幹首，半衡爲全數，幹上得切線，數之，推定度分。今衡不居幹首，而居中身，何以均爲全數？幹上度均爲切線度，曰如圖，乙甲半衡居幹首，甲丁丙半衡居衡中，丙以丁乙直線，聯兩衡之末成甲丁。長方形，四皆直角，即甲丁乙丙兩對角線必等。則目在甲，從丁測，目在丙，從乙測。依句股法，甲丙與丙甲兩切線必等，而甲丙所當之丙已弧，丙甲所當之甲戊弧亦等，即與天上之距弧俱相似。其餘弧庚已辛戊，與天上之地平高弧亦相似。

三、測兩星相距之度。欲測甲乙兩星之距度，用儀，倚他物爲安目，在幹首之上角丙，向衡首丁表之上邊。測甲星，又向衡中戊表之上邊。測乙星，執管移衡，進退之，至目與兩表、兩星俱參直，視衡所截幹上度分，爲兩星相距度分。若兩星相距太遠，用衡端之丁己，而表測之，進退衡，令兩參直，得幹度分，倍之爲兩星相距之度分。若星距甚近，用游表簡衡上，數去幹面十分，置之如前，進退測兩星，令參直。以衡之十分爲全數，幹上所得爲切線，查表得度分爲星距。

四、測日月之徑分。衡在幹尾，日在幹首，加游表衡上，向衡中。表左右移測之，令目過兩表，見徑之兩端俱參直，得兩表間之衡上，分四而一。即百爲全數，所得爲切線，查表得所當分秒，爲二曜之徑分秒。

問：太陽光大，目不可正視，當用何法可測？曰：輕雲薄露時可測，日出入時可測。又問：日出入時方之午正時，其體較大，何以得其定分？曰：日體安得以早晏大小？蓋出入時因清蒙之氣，映小爲大，人目自訛，日體不變也。試觀近地平兩星，元測有定距度分，其出入時相距之勢，必甚大於午正時。然地平周三百六十度，兩距出入時，果大於正中時，則徧測地平上一周之星，合并距度，當較三百六十而贏。不贏則安得變兩距之度分？今以日徑之兩端當兩星，星之出入，與其正中也，無異度分。日安得有異分？

按此儀於地學中，用測高深廣遠，爲徑捷法。若以測天，微成乖迕。所以然者，有數端焉。儀體過大，即度分密矣，而日景虚淡，體小景直，即度分不密，一也。所分度數，或依切線表，或以規，二法不同，皆以直求曲，則爲異類，二也。目視兩物成兩直線，來至於目，相遇作角，其角當在目睛最中之處。外輪已非，何況輪外？幹首之角，殆非真角。角既非真，邊之比例亦當小異，三也。目視手運，微有振動，四也。一時用目兼測兩星，其間度分，必難確合，五也。竿與衡，應成直角，乃兩管交互相合，焉保無差？差之甚微，其失甚鉅，六也。今曆家知此六訛，不復施用，別作新弧矢儀。

矩（距）度儀　紀限儀（百遊儀　六分儀）

明·徐光啓《新法算書》卷一《緣起一》 造列宿紀限大儀三座，俱方八尺，木匡、銅邊、木架。

明·徐光啓《新法算書》卷九六《測量全義卷十·儀器圖説·新法距度儀第三》 測日月星兩點相距，別有二法：一、同時測兩點之地平經緯度，以推其相距度。一、用赤道儀求其赤道上經緯度，以推距度。俱見本書第六卷。今用儀器三式。【略】

一式曰弧矢新儀，畧如舊式，一幹二衡。幹長四五尺，大衡之長與之等，小衡之長爲幹二之一。平分兩衡之中而爲鑿，幹之兩端俱爲方枘入之。各左右爲支柱，凡四。支柱之兩端，各以兩螺柱固之，不用可解而散也，凡螺柱十六。兩衡之交於幹也，左右各爲直角，前後各爲平面，幹與衡之方廣，用木則三四寸，用銅鐵則周尺一寸以下。其表，小衡上有三，皆圓柱定置之。大衡二，一定一游。分法：幹之一面爲一百平分，或一千平分，仍以元度分。大衡其對面則依前舊儀法分。度數：幹之度數，從幹首起算。幹首者，近大衡之一端也。衡之度數，從衡心起算，左右分列之。

小衡之分，用切線之數，左右分列之，各至十度而止。

小衡之定表三，中一，左右各一，皆圓柱也。

別作窺表二，則於大衡之上，游移用之。又定置一窺表，居大衡之心。儀之全體，訂取其重心，以爲儀心，刻識之。爲架以承儀，架有柱爲山口，以合於儀心，螺旋固之。柱與架爲三運之樞軸，左之、右之、高之、下之、平之、側之，惟所用之。

用法：測兩星相距，置儀於架，一人從大横之中表，過小中表窺某星，參直定儀。一人用游表於大衡之上進退之，過小中表窺他星，令參直。次取大中表至游表之指線，所定度分即兩星之距度分。

若兩星太近，難容並測，則一人置游表於大衡之左十度，向小左表對某星，一人置游表於大衡之右，向小中表游移之，與他星取直，則大衡心至右表之度分，爲兩星之距度分。何者？左兩表之視線，與中兩表平行，兩線與右表之視線各作角，必等。

若兩星距遠，過儀之度限，非前法可測，則置游表於大衡之左十度，一人從大左表向小右表，一人用大右表游移向小左表，交測之，得大衡之兩表距，以加小衡之兩表距，定爲二十度，爲兩星相距遠之度。

二式曰弩儀。儀一幹一弧，幹之長爲弧之半徑，弧之通弦，其長與幹等。左右爲支柱各一，弧之中設定表一，旁用游表各一。幹之末，弧之心也，定置窺表一。兩人並測，如上法。

三式曰紀限儀。其弧爲全圈六分之一，兩旁各作一半徑，成三角等腰雜形。以堅木爲之，中多説軏，縱横以爲固。鍛銅加於弧之邊，依法作細度，分弧之心。測星用圓柱，測日用窺表。更置之弧上，設兩游表，訂取重心，依重心爲三運之樞。以架承之，或以臺承之。

用法：一人從弧上，一表過圓柱。見某星，一人從他表過圓柱見他星，兩游表間度分爲星距度分。三運法儀，背加兩環，圓軸入之。又依圓軸爲徑，作半周圈，架心立圓柱，可周轉柱上，爲山口，以容周與徑。容周之處空而利轉，容徑之處爲小圓軸，以聯之。三運處寧苦無甘，寬則難定也。

清·蔣溥《清朝禮器圖式》卷三《儀器三·欽定紀限儀》 謹按諸曜在天之度、赤道經緯，以南北二極爲宗。黄道經緯以黄極爲宗，地平經緯以天頂爲宗。其兩曜斜距之度，古無測器。康熙十二年，聖祖仁皇帝命監臣製紀限儀，亦名矩度儀，鑄銅爲之。其制：一弧一幹。弧爲圓，周六分之一，通六尺，面寬二寸五分，從中線起，左右各列三十度。幹爲圓之半徑，長亦六尺，末有柄，以便運旋。上端爲圓心，設立柱加遊表，長與幹同。遊表末設立耳，爲測一曜之用。弧背左右各設窺表，爲另測一曜之用。又於幹兩旁設立柱，相距應弧背之十度，以爲借測之用。儀面聯以流雲，背以樞低昂之，承以半圓，有齒立軸，旁加小輪，可使平測，其下立柱，入於儀座，以左右之。座高四尺，寬三尺，繞以立龍。

清·阮元《疇人傳》卷四五《西洋三·南懷仁》 紀限儀者，全圓六分之一也。其弧面爲六十度，一弧一幹，幹長六尺，即全圓之半徑，弧之寬二寸五分。幹之左右，細雲糾縵纏連，蓋藉之以固全儀者也。幹之上端有小横，與幹成十字。儀心與衡兩端皆立圓柱爲表，而弧面設遊表三。承儀之臺，約高四尺，中直立柱，以繫儀之重心，則左右旋轉，高低斜側，無所不可，故又名百遊儀焉。【略】

紀限儀之用，其測法先定所測之二星爲何星，乃順其正斜之勢，以儀面對之，而扶之以滑車，一人從衡端之耳表，窺中心柱表及第一星，務令目與表與星相參直，又一人從游耳表向中心柱表，窺第二星，法亦如之。次視兩耳表間弧上之距度分，即兩星之距度分也。若兩星相距太近，難容兩人並測，則另加定耳表於中線或左或右之十度，一人從所定表向同邊之柱表窺第一星。又一人從游表向中心表窺第二星。其定表至游表之指線度分若干，即兩星相距度分若干也。

清・劉錦藻《清朝續文獻通考》卷二九六《象緯考三・儀器》 紀限儀爲行用測量之器。器之游尺，爲圓周六分之一，故又名六分儀。其圓半徑，約自四寸餘至七寸餘。尺上分度法，以每半度作一度，故所測之角不能過一百二十度。圓弧中心處有指臂一支，載有分微尺，可沿游尺游行。且有螺絲，可於游行時，定指臂於任何點上，所定之點即所求之角度也。中心處又有一反光綫鏡，與弧之平面相正交。鏡之一方，裝小望遠鏡一具，其又一方，裝橫玻璃一。橫玻璃半塗銀膜，使成回光鏡，半仍透明。兩鏡之裝置，全憑形學與折光理。

清・杞廬主人《時務通考》卷三〇《測繪中》 紀限儀，此器之弧，匀分爲十分數，用佛逆能察十秒。另有顯微鏡，能察十秒之半。先窺畧數，而將指數表轉螺絲夾緊於弧面，再將佛逆螺絲轉至極準。其指數表轉動之心，有回光鏡，名全回光鏡，此鏡與儀面成正角。儀上之鏡名際線鏡，此鏡半透光而半回光，其透光之半，可直窺所測之物。其平面必與前鏡之面平行，而指數表適合〇度。如兩鏡之面不平行，即爲指數之差。有一窺筩，與儀面平行，連於圈上，便於進退，使直窺之物，與回光鏡內之物等清。另備數箇暗鏡，以測太陽、海面。用此器測太陽，或星之高，以天際線與太陽，或星相切。如在陸地，而用水銀盆，必得二形，在水銀面相合。此法所得之角，爲海面所得之角之倍。

盒内紀限儀

清・杞廬主人《時務通考》卷三〇《測繪中》 盒内紀限儀，其盒形如短圓柱，蓋有螺旋，開即旋於盒之底，便於手握。下藏一回光鏡，有遊表與鏡相連而平行。有螺絲令其轉動。遊表之端有佛逆，能看度分，不差過一分之外。其度數自〇度起，至二百二十度止。有顯微鏡，看度數時用之，其視孔可以移開，而插入遠鏡之管。對準其孔，又有一鏡，半回光半透光。所以鏡之背面一半，爲攟錫者，此儀不差釐毫。則回光鏡與半回光鏡，必與儀之平面爲垂線，而佛逆在〇度，此二鏡必平行。造此儀之人，本以回光鏡詳細定之，不致有差，所以欲知垂線之方向能準與否，必須試半回光鏡法。將紀限儀平置，在視孔看遠物，或看水天之際，或看太陽，若見兩影，則知其有差。上有鑰匙，轉動令脱，而放於鑰匙孔轉之，至於兩影相合，則爲無差。欲準其平行，則以遊表置於〇度之點，將此器平置，遠望屋角，或太陽之下邊對準人目處，自此孔而看，至半回光鏡之透光之一半，若其真形并回光鏡回至半回光鏡，與其影相合，則爲平行。若不爲平行，必將鑰匙連於鑰匙孔內，令其轉動，至兩影相合，必爲平行。

清・徐建寅《兵學新書》附卷《測地繪圖》 盒内紀限儀，形似短圓柱，蓋有螺旋，旋開即旋於盒之底，便於手持。面有遊表，其樞下連回光鏡，與表平行。另有小圓盤，撚之能使表轉過表端。有佛逆，能顯度分，其差不過一分。自〇度起，至二百二十度止。有顯微鏡以看度分，視孔係活插，可以移開而插入遠鏡筩。又有半回光半透光之鏡在下，與回光鏡相對。此二鏡皆與儀之平面正交，係造鏡者所原定。旁有兩柄，内端各連一紅綠小圓鏡。又遠鏡外端，亦旋連深紅小鏡，以看太陽之用。測繪者用此儀，必親自配準，方能無差。且攜此儀遠出，偶損不準，必須自行修整，故列修配之法如左。

佛逆對〇度，回光鏡與半回光鏡平行，而皆與儀之平面正交，則爲無差。造此儀之人，原已將回光鏡詳細定準無差，故欲知其與儀平面正交與否，須試其半回光鏡法。將儀平置在視孔，看遠物，或看天際線，或看太陽，若見兩影，則知有差。可旋出其鑰匙，而入其孔旋之，至相合。

欲測平面兩物相距之角，用左手持此儀，合兩物之平面，而在視孔或遠鏡內，看左邊之物。用右手旋轉上面小柄，至回光鏡內右邊物之影，與左邊物在透光鏡內之形相合，再在顯微鏡內看佛逆所指，即知兩物相距之度分。測立面兩物相距之角，持此儀豎立，餘同上法。

全圈儀

清·杞廬主人《時務通考》卷三〇《測繪中》 全圈儀，其理與用法並同紀限儀。惟用全圈作弧面，而有三佛逆，一可轉緊，令指數表不動。又有螺絲，可與全回光鏡繞同心而轉。又有二柄，與平面爲平行。有一移動之柄，成正角方向。測平面角之時，可連於前二柄上。

全圈儀較勝於紀限儀。所有之指數與儀心差，因兩邊俱測，能自相消，又因三佛逆在等相距之點，而可並視其數也。所測角度比紀限儀更多，雖至一百五十度，尚能測之。所以太陽離天頂十五度以外，可用水銀盆測其倍高角。

全圈儀三事。全圈儀有三事須配準，與紀限相同。其一，必將全回光鏡令與全圈之面成正角。如造器之人藝精者，不常有此差。其二，際綫鏡亦必與儀面成正角。其三，遠鏡上下之平面亦必與儀面平行。

平渾懸儀

明·徐光啓《新法算書》卷一《緣起一》 造平渾懸儀三架，用銅，圓徑八寸，厚四分。

交食儀

明·徐光啓《新法算書》卷一《緣起一》 造交食儀一具，用銅、木料，方二尺以上。

六環儀

明·徐光啓《新法算書》卷九六《測量全義卷十·儀器圖説·古六環儀第二》 冶銅爲六環，外内相次，而遞結於黄、赤二道之南北極。故歛之，則自黄道一圈，而外皆合爲圓。平面展之，成渾球焉。外第一甲圈，包括内儀，而側立於半空。球之架平分三百六十度，從天頂起算，南北各去頂一象限，即爲地平。此圈恒定不移，以象靜天，亦名天元子午圈。次内二乙爲子午圈，外規面切甲圈兩旁，合爲平面，可以南北移，不能左右旋。從心出庚辛，直線平分圈體，線之兩端則赤道南北極也，各爲圓孔以受次内丙圈之軸。查本地赤道極出地之度，以極線上下游移，俾合於甲圈之本度分。如順天府，北極出地四十度弱，從甲圈地平起，上數至四十度，以北極切本度分，則定爲本地之儀，故又名載極圈也。次内三丙圈，平分圈體線之兩端，各施小軸，入於乙圈之庚辛二孔，左右環行，是爲宗赤道極，而過冬夏二至，名爲極至交圈也。圈之上去赤道二十三度五十一分，仍作小圓孔，以受内圈之黄道極。次内四丁圈，平分，設壬癸二軸。兩端出内外規面，外入於丙圈，内入於戊圈。三圈同軸者，同宗黄道極也，亦同去赤道極二十三度有奇，而旋繞環行。此圈限黄道之經度，容黄道之緯度，故名黄道經限圈也。本圈去本極前後各九十度，設一黄道圈，周分十二宫、三百六十度，其大與丁圈等，而縱横置之，相交爲直角，兩交之處爲冬夏二至。從黄極視之爲平行，從赤極視之則冬南而夏北也。去交最遠之兩點爲兩分。次内五戊圈，與丁圈同極，亦平分三百六十度，爲黄道緯度圈。次内六己圈，切戊圈。兩切之内外規面，一爲渠，一爲牡，相入焉。可前後移，兩旁偕爲平面。若二甲與二乙平分圈，設兩窺表相向。

用法

測日躔經度，因甲乙圈已定本方極出地度分，轉黄道丁圈向日，見黄道圈，以内無光，知儀上黄道必當天上黄道。次定儀，獨轉黄緯戊圈，縱横加於黄道之下，此爲黄道極上所出，過太陽之圈也。此圈以内，亦無光。查黄道圈，得兩圈所交某宫某度，爲本日本時之日躔經度。

測月與測日同法。若月光蒙昧，用測星法如左。

以月測星之黄道上經緯度。於日將入時，依前法定黄道上之太陽經度，又轉戊圈，以己圈之窺表向月輪，令月與二表參直，即得月離經度。日入後，又轉黄道圈，以己圈之窺表向月，用元定黄道。獨轉戊圈，以己圈之窺表向星，則戊圈所定黄道一點，爲星之定經度。先有日月之黄道上定經度，今有星之定經度，可推某星之經度。

定緯度，則以己圈之窺表向星，依星或南、或北，從戊圈上定本星之緯度。

天體儀　天球儀

明·徐光啓《新法算書》卷一《緣起一》 造列宿經緯天球儀一架，用木料、油漆，大小不拘。

明・徐光啓《新法算書》卷一六《渾天儀說卷一・天球》 天球爲實面儀，得大圈與前同，惟極至、極分兩圈可免，以子午圈當之足矣。儀面布列經星，依本黃赤二道經緯度點定。其不置緯星者，因緯星遲速無定，行且南北不一，臨用，以他色識之度分上可也。論經星在七政，上距地極遠，彼此相距有定度，終古如一，故西曆名爲恒星。而七政則游行如奕，遂稱曰游星焉。

凡星行度，距黃赤內外，顯體質大小，天下皆同。其在天頂遠近，分合、座位，立像、命名，或正照、斜照，紀數多寡，天下皆異。西曆依恒星本行，以黃道爲天之中，內外諸象總有六十。經黃道者十二宮，在內者二十一象，餘皆在南。或依本然，模彷人物取其名，或因性情類某人物而借名，各象星數不等，各星以所居體勢得稱。古未詳南極之星，止四十八象，即盡西國之見界。今本國人多遊赤道以南，往往見南極下諸星，因以兩極爲界，增象得滿六十焉。大統依見界紀星，凡遠南極三十六度者（從中州爲見界），俱不入圖。總分爲三垣、二十八宿、二百八十餘座，乃象與名，天球因之。其所占宮度，則依經緯取則，就中微渺難測，從未定度分者，悉去之。而以近南極者補之，得渾天之全圖焉。學者欲識星，當從七政。始七政別於恒星，約有三緣。恒星多閃爍，七政否。恒星彼此有定距，未嘗自爲那移，七政總無定距，亦無合轍之行。恒星一仰視間，恍若深邃，七政目之如近，且各易爲辨別。如金星隨太陽前後出没，最遠爲四十八度，體大而光異他星，晝或可見。木星次之，色雖同，體與光少殺，距日遠近無限。火星小而暗紅，熚熚顫動，與金木體色各別。土星體與火等色，青而光滯，行動最遲。水星光耀似金星，色稍紅，體質獨小，更近太陽前後焉。

恒星大小凡六等，積氣易識。以色論，有黃如北河，白如狼星，紅如心宿大星，青如老人星。以光論，有盛如五車，微如虛宿，中等如畢宿大星。或以芒角閃爍論，有閃多如南河，閃少如軒轅大星，中等如左肩，如玉井大星。以形象論，如南北斗，其象似斗；貫索得圓形；天津似弓；勾陳大星（今當北極）體雖小，周無他星可比。總之，各依本象本度，圖之球上，與天體脗合焉。

清・蔣溥《清朝禮器圖式》卷三《儀器三・欽定天體儀》 謹按《春秋文曜鈎》：「唐堯即位，羲和立渾儀。」《尚書・舜典疏》云：「楊子《法言》：或問渾天。曰：洛下閎營之，宣帝時司農中丞耿壽昌始鑄銅爲之象，史官施用焉。」後漢張衡作《靈憲》，以說其狀。康熙十二年，聖祖仁皇帝命監臣製天體儀，即古渾象也。鑄銅爲球，以象天體，圍一丈八尺，兩端中心爲南北極，貫以鋼軸，面刻黃赤二道，平分十二宮，布列星漢。其外爲子午圈，週圍各浮天體。球五分，兩面刻去極度數，東西兩極合成圓孔，以受天體之軸。其下爲地平圈，週與子午圈同，面闊八寸。環渠爲界，外刻四象限度及地平時刻方位。下施四足，承以圓座，高四尺七寸，設螺柱以取平。子午正對處向西少闕，以受子午圈，半入地平下，半出地平上。自天頂設高弧帶、地平遊表，以察諸曜。地平經緯度以時盤定於子午圈。設遊表於北極樞，令自轉以定日度，又能隨天體旋轉以指時。座下設機輪，使北極能高下。蓋渾天之全象，而諸儀之用所統宗也。

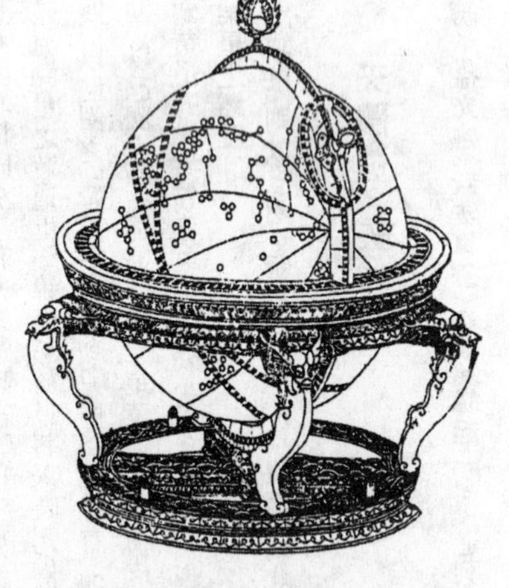

清・阮元《疇人傳》卷四五《西洋三・南懷仁》 （天體）儀爲圓球，徑六尺，面布黃赤經緯度分及宮次。星宿羅列，宛然穹象，故以「天體」名之。中貫鋼軸，露其兩端，以屬於子午規之南北極，令可轉運。座高四尺七寸，座上爲地平圈，寬八寸，當子午處各爲闕，以入子午規。闕之度與子午規之寬厚等，則兩圈十字相交，內規面恰平，而左右上下環抱乎儀。周圍皆空五分，以便高弧遊表進退。又安時盤於子午規外，徑二尺，分二十四時，以北極爲心。其指時刻之表，亦定於北極，令能隨天轉移，又能自轉焉。座下復設機輪運轉子午規，使北極隨各方出地度升降，則各方天象隱現之限，皆可究觀，尤爲精妙。

太陽儀

清・劉錦藻《清朝續文獻通考》卷二九六《象緯考三・儀器》 太陽儀，如其名，原定用於測量太陽視徑，亦能量取諸星角距，且可自數秒，記至二度或三度，得數準確。儀爲雙影分微尺，其量取兩物體之距離時，將一影疊置他一影之上而得之。吾人用綫條分微尺時，每次須兩度注視，視兩綫是否各分所指之星於正中。法煩，易於致誤。若用雙影分微尺，祇須視所指之點是否同中心而已。兩器繁簡自不可同日語也。太陽儀亦常用赤道裝置法，完全爲一望遠鏡，惟其物鏡片約且四寸至五寸，餘徑則沿鏡平分，使成上下兩半鏡。兩半鏡之裝置，可使沿徑左右互移。左右移之，距離約自二寸餘至三寸餘。此距離用一精製之尺，量取之度分秒數。另用一長分微尺，窺取之長。分微尺裝在鏡筒内，直達目窺處。鏡筒之裝置，可使繞座轉旋，并令兩鏡片之中分綫，可在任何角度地位。設如物鏡片之半鏡正相對合時，即可作一單鏡片用。此時在視域内照物，所成之影亦僅得一影，但如一鏡片作左右移時，即每半鏡片各自成影矣。量取視域内甲乙兩物體之距離時，即令兩影并合爲一得之。如下半截固定，鏡片之心在子，兩影之位置爲甲與乙，乃令上半截鏡片向左移動，使上鏡片之心在丑，其影爲甲乙，再令上鏡片向右移，使鏡片心在寅，其影爲甲乙，則甲乙兩影之距，必爲子丑與子寅二者之一，此數即可由游尺得之。子丑寅綫之向，即示甲乙兩體之向，並示兩體之角度也。

簡儀

元·姚燧《簡儀銘》（元·蘇天爵《元文類》卷一七《表》） 舊儀昆命，六合包外。經緯縱横，天常表帶。三辰内旋，黄赤道交。其中四遊，頫仰鈞簫。凡今改爲，皆析而異。繇能疏明，無窒於視。四遊兩軸，二極是當。南軸攸沓，下乃天常。維北欹傾，取軸渠應。鏤以百刻，及時初正。赤道上載，周列經星。三百六十，五度奇贏。地平安加，立運所履。錯勒于隅，若十二子。五環三旋，四衡繫焉。兩綴規距，隨捩流還。欲知出地，究茲立運。去極幾何，即遊是問。赤道重衡，四弦未張。上弦北軸，移影相望。策日用一，推星兼二。定距入宿，兩侯齊視。巍巍其高，漠漠其遥。蕩蕩其大，赫赫其昭。孰曰無形，而艱賾考。明乎制器，運掌有道。法簡而中，用密不窮。曆較古陳，未與侔工。猗歟皇元，發帝之蘊。界厥義和，萬世其訓。

明·宋濂等《元史》卷四八《天文志一》 簡儀之制，四方爲趺，縱一丈八尺，三分去一以爲廣。趺面上廣六寸，下廣八寸，厚如上廣。中布横輄三、縱輄三。南二，北抵南輄；北一，南抵中輄。趺面四周爲水渠，深一寸，廣加五分。四隅爲礎，出趺面内外各二寸。繞礎爲渠，深廣皆一寸，與四周渠相灌通。又爲礎於卯酉位，廣加四維，長加廣三之二，水渠亦如之。北極雲架柱二，徑四寸，長一丈二尺八寸。下爲鰲雲，植於乾艮二隅礎上，左右内向，其勢斜準赤道，合貫上規。規環徑二尺四寸，廣一寸五分，厚倍之。中爲距，相交爲斜十字，廣厚如規。中心爲竅，上廣五分，方一寸有半，下二寸五分，方一寸，以受北極樞軸。自雲架柱斜上，去趺面七尺二寸，爲横輄。自輄心上至竅心六尺八寸。又爲龍柱二，植於卯酉礎中分之北，皆飾以龍，下爲山形，北向斜植，以柱北架。南極雲架柱二，植於卯酉礎中分之南，廣厚形制，一如北架。斜向坤巽二隅，相交爲十字，其上與百刻環邊齊，在辰巳、未申之間，南傾之勢準赤道，各長一丈一尺五寸。自趺面斜上三尺八寸爲横輄，以承百刻環。下邊又爲龍柱二，植於坤巽二隅礎上，北向斜柱，其端形制一如北柱。

四遊雙環，徑六尺，廣二寸，厚一寸，中間相離一寸，相連於子午卯酉。當子午爲圓竅，以受南北極樞軸。兩面皆列周天度分，起南極，抵北極，余分附於北極。去南北樞竅兩旁四寸，各爲直距，廣厚如環。距中心各爲横關，東西與兩距相連，廣厚亦如之。關中心相連，厚三寸，爲竅方八分，以受窺衡樞軸。窺衡長五尺九寸四分，廣厚皆如環，中腰爲圓竅，徑五分，以受樞軸。衡兩端爲圭首，以取中縮。去圭首五分，各爲側立横耳，高二寸二分，廣如衡面，厚三分，中爲圓竅，徑六分。其中心，上下一線界之，以知度分。

百刻環，徑六尺四寸，面廣二寸，周布十二時、百刻，每刻作三十六分，厚二寸，自半已上廣三寸。又爲十字距，皆所以承赤道環也。百刻環内廣面卧施圓軸四，使赤道環旋轉無澀滯之患。其環陷入南極架一寸，仍釘之。赤道環徑廣厚皆如四遊，環面細刻列舍、周天度分。中爲十字距，廣三寸，中空一寸，厚一寸。當心爲竅，竅徑一寸，以受南極樞軸。界衡二，各長五尺九寸四分，廣三寸。衡首斜剡五分，刻度分以對環面。中腰爲竅，重置赤道環、南極樞軸。其上衡兩端，自長竅處邊至衡首底，厚倍之，取二衡運轉，皆著環面，而無低昂之失，且易得度分也。二極樞軸皆以鋼鐵爲之，長六寸，半爲本，半爲軸。本之分寸一如上規距心，適取能容軸徑一寸。北極軸中心爲孔，孔底横穿，通兩旁，中出一線，曲其本，出横孔兩旁結之。孔中線留三分，亦結之。上下各穿一線，貫界衡兩端，中心爲孔，下洞衡底，順衡中心爲渠以受線，直入内界長竅中。至衡中腰，復爲孔，自衡底上出結之。

定極環，廣半寸，厚倍之，皆勢穹窿，中徑六度，度約一寸許。極星去不動處三度，僅容轉周。中爲斜十字距，廣厚如環，連於上規。環距中心爲孔，徑五釐。下至北極軸心六寸五分，又置銅板，連於南極雲架之十字，方二寸，厚五分。北面剡其中心，存一釐以爲厚，中爲圜孔，徑一分，孔心下至南極軸心亦六寸五分。又爲環二：其一陰緯環，面刻方位，取趺面縱横軌北十字爲中心，卧置之。其一曰立運環，面刻度分，施於北極雲架柱下，當卧環中心，上屬架之横軌，下抵趺軌之十字，上下各施樞軸，令可旋轉。中爲直距，當心爲竅，以施窺衡，令可俯仰，用窺日月星辰出地度分。右四遊環，東西運轉，南北低昂，凡七政、列舍、中外官去極度分皆測之。赤道環旋轉，與列舍距星相當，即轉界衡使兩線相對，凡日月五星、中外官入宿度分皆測之。百刻環，轉界衡令兩線與日相對，其下直時刻，則晝刻也，夜則以星定之。比舊儀測日月五星出没，而無陽經陰緯雲柱之映。

簡平儀

意·熊三拔、明·徐光啓《簡平儀説·名數十二則》　簡平儀，用二盤。下層方面，名爲下盤，亦名天盤。上層圓面，半虚半實者，名爲上盤，亦名地盤。

下盤安軸處，爲地心。其過心横線，名爲極線。極線之左界爲北極，右界爲南極。其過心直線與極線作十字交羅者，名爲赤道線。盤周之最内一圈，名爲周天圈。

赤道線左右，各六直線，漸次疏密者，名爲二十四節氣線。即以赤道線爲春分，爲秋分。次左一曰清明，曰白露。次左二曰穀雨，曰處暑。次左三曰立夏，曰立秋。次左四曰小滿，曰大暑。次左五曰芒種，曰小暑。次左六曰夏至。此爲日行赤道北諸節氣線也。次右一曰驚蟄，曰寒露。次右二曰雨水，曰霜降。次右三曰立春，曰立冬。次右四曰大寒，曰小雪。次右五曰小寒，曰大雪。次右六曰冬至。此爲日行赤道南諸節氣線也。若儀體小者，左右各三線，則以一宫爲一線。儀體大者，左右各十八線，則以一候爲一線也。

從赤道線上取心，以冬夏二至線爲界，上下各作半圈者，名爲黄道圈。用半圈周平分十二者，是黄道半周天度，十五度爲一分。若儀體大者，分三十六，則五度爲一分也。【略】

極線之上、下，并周天圈分各十二曲線漸次疏密者，名爲十二時刻線。即以極線爲卯正初刻，爲酉正初刻。次上一爲卯正二，爲酉初二。每線二刻，依時列之。次上十二，即周天圈分，爲午正初刻也。次下一爲酉正二，爲卯初二。每線二刻，依時列之。至次下十二，即周天圈分，爲子正初刻也。若儀體小者，上下各六線，則以四刻爲一線。儀體大者，上下各二十四線，則以一刻爲一線。更大者，上下各七十二線，則以五分爲一線也。

周天圈以赤道線、極線，分爲四圈分。每圈分分九十度，爲周天象限。四象限共三百六十，爲周天度數。

上盤中央安軸處爲盤心。盤中過心横線，在半虚半實之界，名爲地平線。其過心直線，與地平線作十字交羅者，名爲天頂線。

上盤之圈周亦以地平天頂線分爲四圈分，每圈分分九十度，爲周天象限。四象限共三百六十，爲周天度數。

上盤半虚處，左右相望，作針孔，貫以絲繩，與地平線平行。不論多寡，皆名爲日晷線。

上盤地平線下，横布疏密度數。是依天頂線作平行直線，上應周天度分者，名爲直應度分。

上盤軸心，施一線下垂，線末繫墜，令旋轉加於上盤周天度分者，名爲垂線。若以銅爲權，下重末鋭，令其末旋轉加周者，名爲垂權，與垂線同。

下盤之上方，横作一直線，與極線平行者，名爲日景線。線之兩端，截去線之上方寸許，不盡線半寸許，又截去線之下方半寸許，令版之左右上角，各爲方柱。柱端與日景線平行者名爲表。

用法十三首

第一，隨時隨地，測日軌高幾何度、分。【略】以上盤地平線，加於下盤南、北極線。次任用下盤一表以承日，令表端景加於日景線。次視垂線所加上盤圈周度分，即目下日軌高於地平度分。

第二，隨節氣求日躔黄道距赤道幾何度、分。【略】日，日約行一度。視本日去春、秋分幾何日，即循兩黄道圈各檢取去赤道線幾何度，爲兩界，用直線，隱兩界上，循直線視所當周天圈度分，即所求。【略】

第三，隨地隨日，測午正初刻及日軌高幾何度分。【略】約日將中時，用第一法測日軌高幾何度分。少頃復依法累測之，日昃而止。次檢日軌最高度分，爲本地本日午正初刻日軌高。若立表，隨所測作線，即得子午線。【略】

第四，隨地測南、北極，出、入地幾何度、分。【略】依第三法，測得本地午正初刻日軌高幾何度分。次依第二法，求本日日躔距赤道幾何度分。次視日躔赤道南北算之，若日躔赤道南，則以距度加高度，得赤道至地平之高。以赤道高減周天象限度，即得赤道離天頂度，亦即本極出地度，對極入地度。日躔赤道北，則以距度減高度，得赤道至地平之高，如法算之。若春秋分，日正躔赤道，即無距度。其日軌高，即赤道至地平之高，如法算之，地在赤道南北，並同。其有日軌距赤道，天頂居中，日中有倒景者，即倒測日軌高。以高度并距度減去周天象度，即得赤道離天頂度。地在赤道南北，並同。【略】

第五，隨地、隨節氣，求晝夜刻各幾何。【略】以上盤地平線，加於下盤本地南北極出入地度數，視地平線加本日節氣線上，得地平線以上幾何刻即晝刻，以下所餘刻即夜刻。【略】

第六，隨地、隨節氣求日出入時刻。【略】依第五法，上下盤相加，視地平線加某時刻分，即得日出入時刻。【略】

第七，論三殊域晝夜寒暑之變。【略】依第五法，上下盤相加，視地平線以上時刻即晝，以下即夜。赤道之下，日行天頂皆夏，日行南北皆冬。【略】

第八，隨地隨節氣，求日出入之廣幾何。【略】依第五法，上下盤相加，視地平線下直應度分，值本日節氣線得幾度，即所求。【略】

第九，隨地隨節氣用極出入度，求午正初刻日軌高幾何度分。【略】依第五法，上下盤相加，從地平線所加起算，歷周天度分，數至本節氣上得幾何度分，即所求。【略】

第十，日晷。【略】依第一法，測得目下日軌高幾何度分。次依第五法，上下盤相加。次依日晷線所值日高度分，平行，視本日節氣線所值刻線，即目下時刻。若日晷線不值日高度分，即別用一直線，依日高度分與日晷線平行取之。若不用日晷線，即以日高度分之半弦爲度，與天頂線平行，一界抵地平，一界抵日高度分，依地平線平行取之。【略】

第十一，隨地隨節氣，求日交天頂線在何時刻。【略】依第五法，上下盤相加，視天頂線加某時刻，即所求。【略】

第十二，論地爲圜體。用地平線、天頂線加於下盤周天度數，展轉推論，可證地圜之義。【略】

第十三，論各地分表景不同。【略】用上盤地平線，天頂線展轉加於下盤周天度數，可推立表取景，隨地不同。若赤道之下，南北極各與地平，其地有三種景。若南北極各出地初度以上，至未及二十三度半强者，其地有四種景。正當二十三度半强者，亦有三種景。若二十三度半强以上，至九十度者，其地有二種景。若在九十度左右者，則有無窮景。

清・蔣溥《清朝禮器圖式》卷三《儀器三・御製簡平儀》 謹按簡平儀爲聖祖仁皇帝御製。鑄銅爲之，徑一尺。凡上下二重，各分天地盤。上地盤外列周歲十二月及餘分，內列日分，中心爲北極，東西弧界爲北地平。天盤外列朔策，內列赤道十二宮三百六十度，更內列二十四節氣，中爲赤道，北恒星斜帶爲春分，後半周黃道度。下盤向北視，故皆左旋，而月數節氣右旋。下盤向南視，故皆右旋，而月數節氣左旋。下盤連地平，爲橢形，盤當天盤之半，橫列節氣線、十二道，縱列日出入五更，攢點線八道。以上盤宮度對日分，求交節之日，知閏月。以游表加太陽黃道經度，轉天盤與地平交，知日出入時刻。以太陽赤道經度對時刻，視午正，則知中星。以午正之星驗太陽赤道經度，知星中之候。以日加時視遊表所指，知月之方位。以表加節氣與日出入更線之交，知五更時刻。地盤近下，橫鐫「康熙二十年御製」。

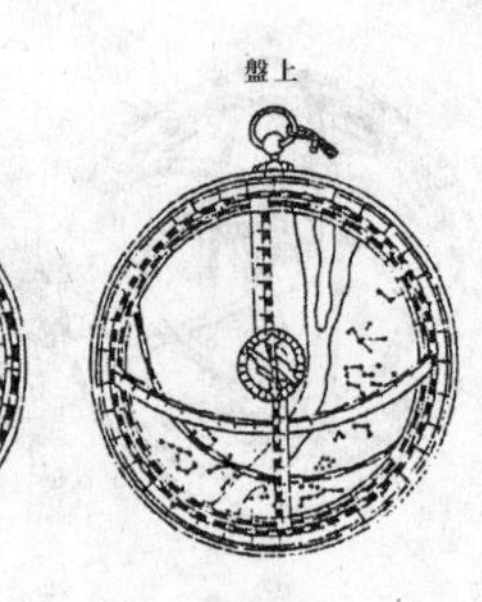
上盤

下盤

仰儀

元・姚燧《仰儀銘》（元・蘇天爵《元文類》卷一七《表》） 不可形體，莫天大也。無競維人，仰釜載也。六尺爲深，廣自倍也。兼深廣倍，挈釜兑也。振溉不洩，繚以澮也。正位辨方，日子卦也。橫縮度中，平斜載也。斜起南極，平釜鐓也。小大必用，入地晝也。始周浸斷，浸極外也。極入地深，四十太也。北九十一，赤道齗也。列刻五十，六時配也。衡竿加卦，巽坤內也。以負縮竿，子午對也。末旋機杖，窾納芥也。上下懸直，與鐓會也。視日漏光，何度在也。暘谷朝賓，夕餞昧也。寒暑發斂，驗進退也。薄蝕終起，鑒生殺也。以避赫曦，奪目害也。南北之偏，亦可槩也。極淺十七，林邑界也。深五十二，鐵勒塞也。淺赤道高，人所戴也。夏短冬永，猶少差也。深故赤平，冬晝晦也。夏則不没，永短最也。二天之書，曰渾蓋也。一儀即揆，何不悖也。以指爲告，無煩喙也。闇資以明，疑者沛也。智者是之，膠者怪也。過者巧曆，不億輩也。非讓不爲，思不逮也。將窺天眹，造物愛也。其有俟然，昭聖代也。泰山礪乎，河如帶也。黄金不磨，悠久賴也。鬼神禁訶，庶勿壞也。

明·宋濂等《元史》卷一六四《郭守敬傳》 以表之矩方，測天之正圓，莫若以圓求圓，作仰儀。

明·宋濂等《元史》卷四八《天文志一》 仰儀之制，以銅爲之，形若釜，置於甎臺。內畫周天度，脣列十二辰位，蓋俯視驗天者也。其《銘》辭云：「不可體形，莫天大也。無競維人，仰釜載也。六尺爲深，廣自倍也。兼深廣倍，絜釜兑也。環鑿爲沼，準以溉也。辨方正位，曰子卦也。衡縮度中，平斜再也。斜起南極，平釜鐓也。小大必周，入地畫也。始周浸斷，浸極外也。極入地深，四十太也。北九十一，赤道齘也。列刻五十，六時配也。衡竿加卦，巽坤內也。以負縮竿，子午對也。首旋璣板，竅納芥也。上下懸直，與鐓會也。視日透光，何度在也。絜穀朝賓，夕餞昧也。寒暑發斂，驗進退也。薄蝕起自，鑒生殺也。以避赫曦，奪目害也。南北之偏，亦可概也。極淺十五，林邑界也。黄道夏高，人所載也。夏永冬短，猶少差也。深五十奇，鐵勒塞也。黄道浸平，冬晝晦也。夏則不没，永短最也。安渾宣夜，昕穹蓋也。六天之書，言殊話也。一儀一揆，孰善悖也。以指爲告，無煩喙也。暗資以明，疑者沛也。智者是之，膠者怪也。古今巧曆，不億輩也。非讓不爲，思不逮也。將窺天眹，造化愛也。其有俊明，昭聖代也。泰山礪乎，河如帶也。黄金不磨，悠久賴也。鬼神禁訶，勿銘壞也。」

三辰簡平地平合璧儀

清·蔣溥《清朝禮器圖式》卷三《儀器三·御製三辰簡平地平合璧儀》 謹按三辰簡平地平合璧儀，爲聖祖仁皇帝御製。鑄白金如匱形，正方。徑七寸九分，上下啓之，凡六重。第一重爲三辰公晷，外盤列十二時初正，二十四節；內遊盤列十二時初正，三十日及恒星，皆注星名等次。測時旋轉，使當其空處。第二重爲日行時刻度分，下列度數，上以遊盤冪之。第三重爲指南針盤，上帶遊表，環以地平方向。第四重爲地平儀，外列九十度，中施指南針，上帶遊表，內畫矩度。第五重爲簡平儀，地盤外爲赤道，列十二時初正，中心爲北極，內橢圓心爲天頂，圓線爲經圈，徑線爲緯圈。天盤小圓爲黄道，列十二宫，上帶遊表。第六重爲象限儀，弧線爲圓度，弧內外方線爲矩度，以合諸儀之用，各如其法。地平儀面鐫「大清康熙癸酉清和月御製」。

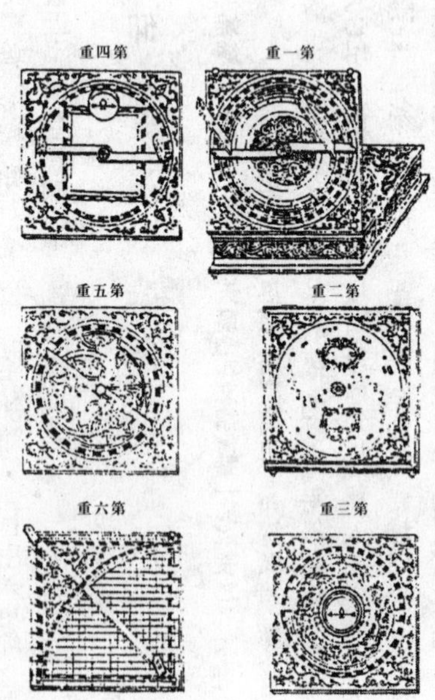

璣衡撫辰儀

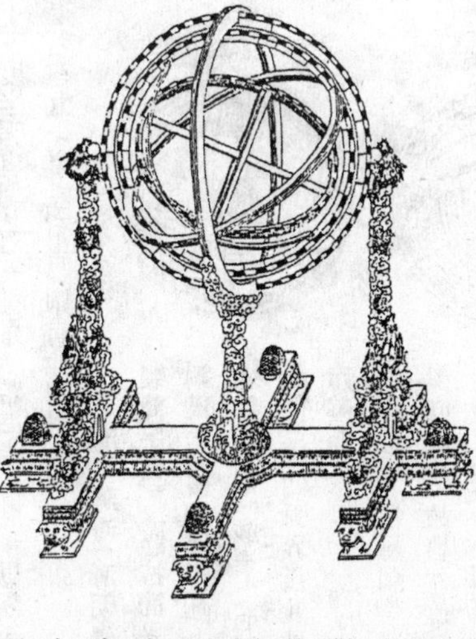

清·蔣溥《清朝禮器圖式》卷三《儀器三·御製璣衡撫辰儀》 謹按《尚書·舜典》：「在璿璣玉衡，以齊七政。」孔傳云：「璣衡，王者正天文之器。」《皐陶謨》：「撫於五辰。」孔傳云：「撫順五行之時。」乾隆九年，皇上御製璣衡撫辰儀。鑄銅爲之，徑六尺，其外即古六合儀，而不用地平圈。正立子午雙環爲天經，兩面鐫去極度數，以雲座承之。北極出地度，天頂距度，以京師爲準。距兩極九十度，結赤道單環爲天緯。兩面鐫晝夜時刻，兩龍柱挾之。次內即古之三辰儀，而不用黃道圈。兩極綰赤道經度，雙環兩面刻去極度數，中腰結遊旋。赤道兩面刻周天度分，以象七政運行。最內即古之四遊儀，通徑設直距，中心施窺衡，以測七政。經緯座施螺柱以取平，天頂施墜線以取正，較赤道經緯儀而加精焉。

清·于敏中《日下舊聞考》卷四七 增璣衡撫辰儀。儀制三重，其在外者，即古之六合儀，而不用地平圈。其正立雙環爲子午圈，兩面皆刻周天三百六十度。自南北極起初度，至中要九十度，是爲天經。斜倚單環，爲天常赤道圈，兩面皆刻周日十二時。以子正午正，當子午雙環中空之平，而結於其中要，是爲天緯。其南北二極，皆設圓軸，軸本實於子午雙環中空之間，而軸內向，以貫內二重之環。其下承以雲座，仰面正中開雙槽以受雙環，東面正中開雲竇以受垂毬。下面置十字架，施螺旋以取平。架之東西兩端各植龍柱，龍口銜珠，開孔以承天常赤道卯酉之兩軸。依觀象臺測定南北正線，將座架安定，則平面之四方正。又依京師北極出地三十九度五十五分，自北極而上五十度五分，即上應天頂。自南極而下五十度五分，即下對地心，而應天頂之衡。於天頂施小釘，懸垂線，而垂適當地心，又適切於雙環之面。不即不離，則上下正立面之四方亦正。而地平已在其中，故不用地平圈也。

次其內即古之三辰儀，而不用黃道圈。其貫於二極之雙環，爲赤極經圈。兩極各設軸孔，以受天經之軸，兩面皆刻周天三百六十度。結於赤極經圈之中要，與天常赤道平運者，爲游旋赤道圈，兩面皆刻周天三百六十度，與天之赤道旋轉相應。自經圈之南極，作兩象限弧以承之，使不傾墊。測得三辰之赤道經緯度，則黃道經緯可推。且黃道與赤道之相距，古遠今近，縱或日久有差，而儀器無庸改制，故不用黃道圈也。

其在內者，即古之四游儀。貫於二極之雙環，爲四游圈，兩面皆刻三百六十度，定於游圈之兩極者爲直距，綰於直距之中心者爲窺衡。游圈中要設直表，以指經度及時，窺衡右旁設直表，以指緯度。此古今所同，無容置議者也。是故體制倣乎渾天之舊，而時度尤爲整齊。運量同於赤道，新儀而重環，更能合應。至於借表窺測，則上下左右，無不宜焉。

游儀

黃道游儀

漢《周髀算經》卷下 即以一游儀，希望牽牛中央星，出中正表西幾何度。（漢·趙爽注：「遊儀，亦表也。遊儀移望星爲正，知星出中正之表西幾何度，故曰遊儀。」）

五代·劉昫等《舊唐書》卷三五《天文志上》 一行乃上言曰：「黃道游儀，古有其術而無其器。以黃道隨天運動，難用常儀格之，故昔人潛思皆不能得。今梁令瓚創造此圖，日道月交，莫不自然契合，既於推步尤要，望就書院更以銅鐵爲之，庶得考驗星度，無有差舛。」從之，至十三年造成。又上疏曰：

按《舜典》云：「在璿樞玉衡，以齊七政。」說者以爲取其轉運者爲樞，持正者爲衡，皆以玉爲之，用齊七政之變，知其盈縮進退，得失政之所在，即古太史渾天儀也。

自周室衰微，疇人喪職，其制度遺像，莫有傳者。漢興，丞相張蒼首創律曆之學。至武帝詔司馬遷等更造漢曆，乃定東西、立晷儀、下漏刻，以追二十八宿相距星度，與古不同。故唐都分天部，洛下閎運算轉曆，今赤道曆星度，則其遺法也。後漢永元中，左中郎將賈逵奏言：「臣前上傅安等用黃道度日月，弦望多近。史官壹以赤道度之，不與天合，至差一日以上。願請太史官日月宿簿及星度課，與待詔星官考校。」奏可。問典星待詔姚崇等十二人，皆曰：『星圖有規法，日月實從黃道，官無其器，不知施行。』甘露二年，大司農丞耿壽昌奏，以圓儀度日月行，考驗天運。日月行赤道，至牽牛、東井，日行一度，月行十五度；至婁、角，日行一度，月行十三度，此前代所共知也。」是歲永元四載也。明年，始詔太史造黃道銅儀。冬至，日在斗十九度四分度之一，與赤道定差二度。史官以校日月弦望，雖密近，而不爲望日。儀，黃道與度運轉，難候，是以少終其事。其後劉洪因黃道渾儀，以考月行出入遲速。而後代理曆者不遵其法，更從赤道命文，以驗賈逵所言，差謬益甚，此理曆者之大惑也。

今靈台鐵儀，後魏明元時都匠解蘭所造，規制樸略，度刻不均，赤道不動，乃如膠柱，不置黃道，進退無準。此據赤道月行以驗入曆遲速，多者或至十七度，少者僅出十度，不足以上稽天象，敬授人時。近秘閣郎中李淳風著《法象志》，備載黃道渾儀法，以玉衡旋規，別帶日道，傍列二百四十九交，以攜月游，用法頗雜，其術竟寢。

臣伏承恩旨，更造游儀，使黃道運行，以追列舍之變，因二分之中以立黃道，交於軫、奎之間，二至陟降各二十四度。黃道之內，又施白道月環，用究陰陽朓朒之數，動合天運，簡而易從，足以制器垂象，永傳不朽。於是玄宗親爲制銘，置之於靈台以考星度。其二十八宿及中外官與古經不同者，凡數十條。又詔一行與梁令瓚及諸術士更造渾天儀，鑄銅爲圓天之象，上具列宿赤道及周天度數。注水激輪，令其自轉，一日一夜，天轉一周。又別置二輪絡在天外，綴以日月，令得運行。每天西轉一帀，日東行一度，月行十三度十九分度之七，凡二十九轉有餘而日月會，三百六十五轉而日行帀。仍置木櫃以爲地平，令儀半在地下，晦明朔望，遲速有準。又立二木人於地平之上，前置鐘鼓以候辰刻，每一刻自然擊鼓，每辰則自然撞鐘。皆於櫃中各施輪軸，鈎鍵交錯，關鎖相持。既與天道合同，當時共稱其妙。鑄成，命之曰水運渾天俯視圖，置於武成殿前以示百僚。無幾而銅鐵漸澀，不能自轉，遂收置於集賢院，不復行用。

今録游儀制度及所測星度異同，開元十二年分遣使諸州所測日晷長短，李淳風、僧一行所定十二次分野，武德已來交蝕及五星祥變，著於篇。

黄道游儀規尺寸：

旋樞雙環：外一丈四尺六寸一分，暨八分，厚三分，直徑四尺五寸九分，即古所謂旋儀也。南北斜兩極，上下循規各三十四度，兩面各畫周天度數。一面加釘，並用銀飾，使東西運轉如渾天游儀。中旋樞軸至兩極首內，孔徑大兩度半，長與旋環徑齊，並用古尺四分爲度。

玉衡望筒：長四尺五寸八分，廣一寸二分，厚一寸，孔徑六分，古用玉飾之。玉衡，衡施於軸中，旋運持正，用窺七曜及列星之闊狹，外方內圓，孔徑一度半，周日輪也。

陽經雙環：外一丈七尺三寸，內一丈四尺六寸四分，廣四寸，厚四分，直徑五尺四寸四分，置於子午。左右用八柱相固，兩面畫周天度數，一面加釘，並銀飾之。半出地上，半入地下，雙間挾樞軸及玉衡望筒，旋環於中也。

陰緯單環：外內廣厚周徑，皆準陽經，與陽經相銜各半，內外俱齊。面平上爲天，以下爲地，横周陽環，謂之陰渾也。面上爲兩界，內外爲周天百刻。平上御製銘序及書，並金爲字。

天頂單環：外一丈七尺三寸，暨廣八分，厚三分，直徑五尺四寸四分。當中國人頂之上，東西當卯酉之中，稍南，使見日出入，令與陽經、陰緯相固，如轂之裏黄。南去赤道三十六度，去黄道十二度，去北極五十五度，去南北平各九十一度强。

赤道單環：外一丈四尺五寸九分，横八分，厚三分，直徑四尺九寸。赤道者，當天之中，二十八宿之列位也。其本，後魏解蘭所造也。因著雙規，不能運動。臣今所造者，上列周天星度，使轉運隨天，仍度穿一穴，隨穴退交，不有差謬。即知古者秋分，日在角五度，今在軫十三度；冬至，日在牽牛初，今在斗十度。擬隨差卻退，故置穴也。傍在卯酉之南，上去天頂三十六度而横置之。

黄道單環：外一丈五尺四寸一分，横八分，厚四分，直徑四尺八寸四分。日之所行，故名黄道。古人知有其事，竟無其器，遂使太陽陟降，積歲有差。月及五星，亦隨日度出入，規制不知準的，斟量爲率，疏闊尤多。臣今創置此環，置於赤道環內，仍開合使隨轉運，出入四十八度，而極畫兩方，東西列周天度數，南北列百刻，使見日知時，不有差謬。上列三百六十策，與用卦相準，度穿一穴，與赤道相交。

白道月環：外一丈五尺一寸五分，横度八分，厚三分，直徑四尺七寸六分。月行有迂曲遲疾，與日行緩急相反。古無其器，今創置於黄道環內，使就黄道爲交合，出入六十度，以測每夜行度。上畫周天度數，穿一穴，擬移交會，並用銅鐵爲之。

李淳風《法象志》説有此日月兩環，在旋儀環上。既用玉衡，不得遂於玉衡內別安一尺望筒。運用既難，其器已澀。

游儀四柱，龍各高四尺七寸。水槽、山各高一尺七寸五分。槽長六尺九寸，高廣各四寸。水池深一寸，廣一寸五分。龍者能興雲雨，故以飾柱。柱在四維，龍下有山雲，俱在水平槽上，並銅爲之。

三直游儀

明・徐光啓《新法算書》卷九六《測量全義卷十・儀器圖説・古三直游儀第一》 鑄銅爲方柱，名旋柱，高五六尺，廣厚各二寸，下端有軸爲臺，或架以入軸。左右旋轉，令可周窺也。上施垂線，線末繫之垂權取正焉。別造一直衡，曰窺衡，衡之長畧與柱等，其廣其厚，減三分之一。衡首爲小圓形，形之心横穿圓孔爲樞，以合於柱之上端，左旁令可高下游移也。衡之下面，從樞心中出直線，名曰指線。衡之末向下斜，剡之爲鋭邊，合於指線，以指定度分。衡之上面兩端不盡二寸許，各設一通光耳，耳各作二孔，一小一大，相等相向，直列之。兩孔相連之直線爲指線上之垂線。柱有二樞，上樞合於衡之上端，下樞與上樞相去，如窺衡之長。

別造一直尺，曰弦尺。尺之長與衡之長如七與五，方廣與衡等。尺之一端亦爲小圓形，形之心横穿圓孔，以合於柱之下樞尺之上面，從樞心出直線，亦名曰指線。

三物合之，成一三角形，獨衡與尺之末，恒相離也。又欲其恒相切也，則於旋柱之上，横穿圓孔，軸貫其中，軸之兩端各加轆轤，繫繩於尺，引從轆轤而下，末加鉛墜以掛尺。令窺衡之鋭邊與弦尺之面恒相切。

分尺法：干設旋柱之兩樞間若干尺，當爲一百平分或一千平分。弦尺之上截一度，與樞間等，亦百平分或千平分之。從尺之樞心起數，元度百千分之外有餘，地依前度分之，盡尺而止。

用法：三物既成三角形，又左右上下，斡運俯仰。可以旋觀偏測，用以求日月星辰之高度。先轉柱，令衡與尺皆正向所測點，舉衡尺上下移就之，令日月光從通光前耳兩竅中，透照後耳之兩竅，則本點與窺衡相參直。若測星，則目從後耳竅中，透前耳之竅而窺見星，即星與衡相參直。次視窺衡之末鋭所指，弦尺得何度分，即某點距天頂之弧之通弦，於八線表查得本弧之度分秒。【略】

又二法，以窺衡當半徑，爲全數，以弦尺之長，與全數以内之窺衡等者，爲通弦。平分通弦爲若干全數，數之，旁依八線表，並列其相當度分。用時移窺衡，就弦數若干，即得其度分若干，免查表。窺衡與弦尺宜相連，宜相切。

覆　矩

五代・劉昫等《舊唐書》卷三五《天文志上》　以覆矩斜視，北極出地三十四度四分。自滑台表視之，高三十五度三分（差陽城九分）。自浚儀表視之，高三十四度八分（差陽城四分）。自武津表視之，高三十三度八分（差陽城九分）。雖秒分稍有盈縮，雖以目校，然大率五百二十六里二百七十步，而北極差一度半，三百五十一里八十步，而差一度。樞極之遠近不同，則黄道之軌景固隨而遷變矣。【略】

沙門一行因脩《大衍圖》，更爲《覆矩圖》。自丹穴以暨幽都之地，凡爲圖二十四，以考日蝕之分數，知夜漏之短長。

晷　儀

漢・班固《漢書》卷二一上《律曆志上》　定東西，立晷儀，下漏刻，以追二十八宿相距於四方，舉終以定朔晦分至，躔離弦望。

晉・司馬彪《續漢書・律曆志中》　自古及今，聖帝明王，莫不取言於羲和、常占之官，定精微於晷儀，正衆疑，秘藏中書，改行《四分》之原。及光武皇帝數下詔書，草創其端，孝明皇帝課校其實，孝章皇帝宣行其法。君更三聖，年歷數十，信而徵之，舉而行之。其元則上統開闢，其數則復古《四分》。

宋・王應麟《玉海》卷五《天文》　漢造太初曆，立晷儀、黄圖。長安靈臺有銅表，高八尺，長一丈三尺，廣一尺二寸。題云太初四年造。《志・曆譜》有《日晷書》三十四卷。

日　晷

明・陸仲玉《日月星晷式・日晷圖法》　夫造日月星晷及諸測器之業，不能離方圓線圜也。其線與圜亦每須分之，故造器之論，恒命分某線某圜幾何度分，截幾何度分，量某圜分爲幾何度分之圜分。且命作直線，引長線，作平行線，作垂線，作全圜，作圜分，分平度，分差度，此等非直尺及規矩俱不能成也。縱尺規俱精，不得造法，則甚爲煩難，故易厭廢焉。且百種晷，必先知本處北極出地度分，然後其造法及用法俱準，不然則萬萬不能準也。方向不準，時刻亦不準。蓋羅經周於天下，獨有太狼山針鋒直指南北，其餘皆偏矣。西域指南之端則偏西，中國則偏東，以羅經定方向，安能不差爽耶？若得節氣線或子午線，則方向準，定羅經之偏，亦因可測而補之矣。故以作方圓分線圜，測極出度分、節氣線諸法，爲首篇也。

清・錢泳《履園叢話》卷一二《藝能・銅匠》　測十二時者，古來惟有漏壺，而後世又作日晷、月晷。日晷用於日中，月晷用於夜中。然是日有風雨，則不可用矣。

清·魏源《海國圖志》卷一〇〇《地球天文合論五·日晷圖説》 凡欲定時，先將指南針定明南北向，平鋪日晷圖。又將三角尖版一塊，大小如式，以尖角向南，底角向北，竪在午綫上，不使有偏倚斜側。放置日中；如正午時，則版全無影，餘視版影所射，便識何時矣。苟有好之者，務必選空闊片地，使日光自朝至暮常見者，置一石磴，上用細石，照式刻闊狹時辰綫，毋失分毫，定南北向置磴上。又用照式三角尖銅版一，粘置午綫中，可時時閱之，豈不便於作事乎？

月晷

明·陸仲玉《日月星晷式》 月晷須用兩盤，外盤分三十日，每日分十二時，内盤分十二時，每時分八刻。内盤邊子正處置一鋭，名時引，外盤邊置一尺，令可旋轉，下端作半鋭，上端加側圜，名月引。次作地平版一，旁與外盤晦朔之中相交，令可闔闢。用時以羅經正方，以度版本地極出度，倚晷其上，次依本月合朔數算起，十二時方爲一日，即以内盤時引指外盤本日本時。如此月寅初一刻爲合朔，即以引指每日寅初一刻也。次以月引旋轉向月，令圜中兩邊無光，以視下鋭所指，即得本時外盤。若更作三百六十度，亦可測月所至之經度也。

平面日晷

明·徐光啓《新法算書》卷一《緣起一》 其七，造節氣時刻平面日晷三具，用石長五尺以上，廣三尺以上。【略】

五曰晷者，造成平面日晷。依前儀器，表臬南針三法，參互考合，務得子午卯酉真線，因以法分布時刻，加入節氣諸線，即成平面日晷。若今時所用圓石欹晷，是爲赤道晷，亦用所得子午線較定。此二晷者，皆可得天正時刻，所謂晝測日也。若測星之晷，亦即《周禮》夜考極星之法。然周時北極一星，正與真北極同壤，今時久，密移此星去極三度有奇，《周官》舊法不復可用。故用重盤星晷，上盤書時刻，下盤書節氣，展轉相加，依近極二星。用時指垂權測，知天正時刻，所謂夜測星也。

地平半圓日晷儀

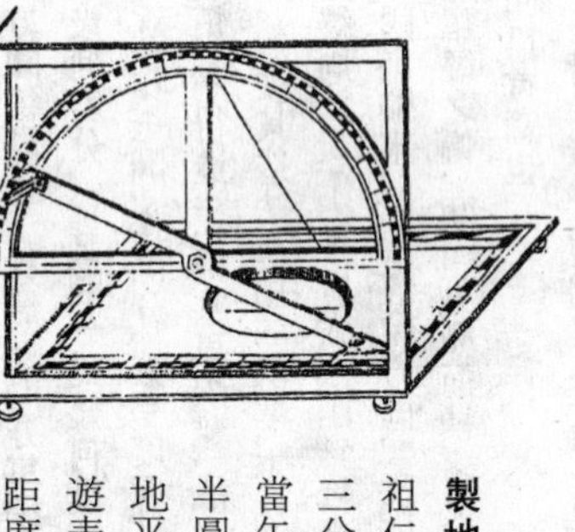

清·蔣溥《清朝禮器圖式》卷三《儀器三·御製地平半圓日晷儀》 謹按地平半圓日晷儀，爲聖祖仁皇帝御製。鑄銅爲之，二重。地平盤長四寸三分，闊三寸五分，中施指南針，外畫時刻線，正北當午正，正西卯正，正東酉正。後直立方盤，上加半圓，通徑中爲中心，兩旁各爲半徑，半徑上穿孔，地平中心線入之，視線影以知時刻。半圓中心施遊表，表兩端立耳，穿中線對太陽，驗遊表與通徑距度，以準太陽高弧。

星晷

明·宋濂等《元史》卷一六四《郭守敬傳》 天有赤道，輪以當之，兩極低昂，標以指之，作星晷定時儀。

清·張廷玉等《明史》卷二五《天文志一》 星晷者，冶銅爲柱，上安重盤，内盤鐫周天度數，列十二宫以分節氣；外盤鐫列時刻，中横刻一縫，用以窺星。法將外盤子正初刻移對内盤節氣，乃轉移銅盤北望帝星與句陳大星，使兩星同見縫中，即視盤面鋭表所指，爲正時刻。此星晷之大略也。

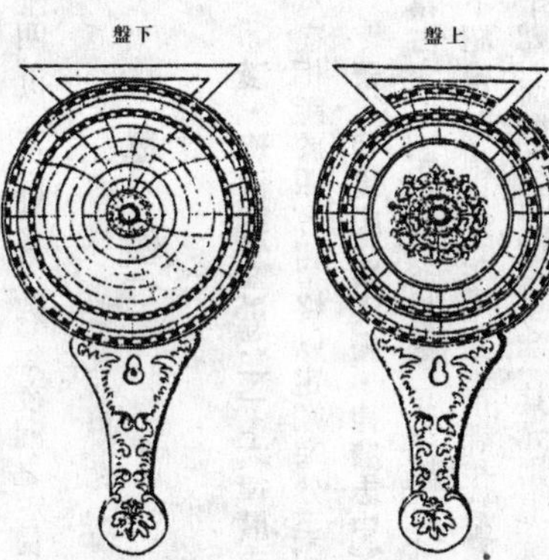

清·蔣溥《清朝禮器圖式》卷三《儀器三·御製星晷儀》 謹按星晷儀，爲聖祖仁皇帝御製。鑄銅爲之，凡二重，有柄。地盤徑四寸二分，列十二時初正。天盤徑三寸三分，列二十四節氣，上帶直表，兩端書帝星、勾陳。以中心墜線當孔中，轉天盤直表兩端當兩星，使相參直。視節氣對時分，以知時刻。下盤外列夜刻，內橫爲節氣線，縱爲更線，按節氣以定每更時刻。儀面圍鐫「康熙五十三年制」，柄鐫「康熙御製」。

四遊表半圓儀

清・蔣溥《清朝禮器圖式》卷三《儀器三・御製四遊表半圓儀》 謹按四遊表半圓儀，爲聖祖仁皇帝御製測量之器。鑄銅爲之，通徑二尺四寸，線長二尺，作二千分。其半爲圓心，施立耳，能旋，又施遊表二，各長一尺二寸，作一千二百分。表端各有立耳，半周外一百八十度爲心，角度通徑線兩端。各施遊表，表兩端各有立耳，面穿線。有比例弧，以指分數。內圓線二界，每界十重，列邊角度。表中心各有小半圓，通徑七寸五分，以取邊角。半周一百八十度，其圓心又施小遊表各一，長四寸五分。取每度斜線之長，作二十分，與斜線相交成二十格。自邊角中心取半圓爲心，角度之半，左邊角度畫於圓線內界，右邊角度畫於外界。測量法：以兩遊表相距度，爲所測之角。量算法：三角俱銳者，以通徑二千分，與所知一邊爲比例，以邊角度施所測之二角，使邊游表相交，成三角形。察其交處，距角若干分，仍以所知比例。如一角純者，以半徑一千分爲比，一心角一邊角，施之法如前。如兩邊夾一角者，以中兩遊表之度施之，各按二邊丈尺，察兩遊表分數，以邊遊表之分數比量之。承以直柱，下岐三足，半損，中鐫「康熙御製」。

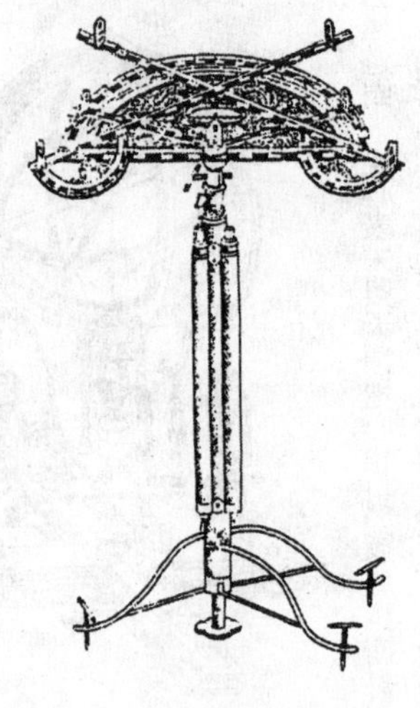

七政儀

清・蔣溥《清朝禮器圖式》卷三《儀器三・七政儀》 謹按本朝製七政儀，鑄銅爲之，徑二尺六寸五分，高二尺五寸，凡二重。外重平圈爲黃道，列周歲十二月，周天十二宮，斜圈爲赤道，十字圈爲赤道子午卯酉經圈。內重爲七政盤，列十二宮與黃道。左右相應，中心爲日體，最近日爲水星，次金星，次月與地，次火星，次木星，最遠土星，木星旁四小星，土星旁五小星。土星上，圓環平之，則星正；圓側之，則星長。圓日體旁爲瓶，置燈以取日影，對日處映以玻璨盤，內皆有機輪，其旁以小盤之軸，挈諸輪轉之。承以半圓十字，下岐三足，座心設指南針、十二宮。上施遊表，表轉一周爲一日，視諸體之旋轉，以測七政晝夜隱見之象。

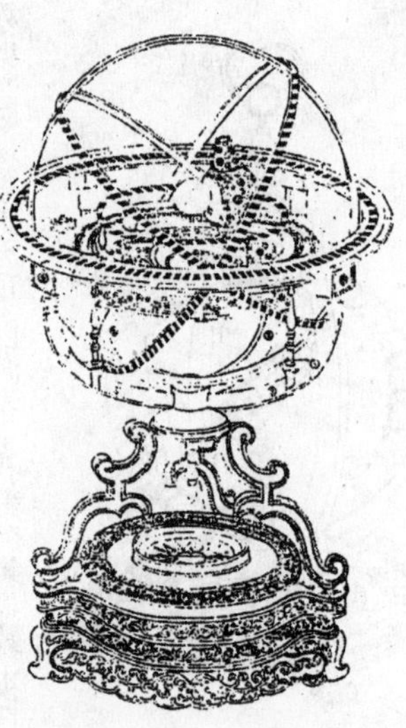

渾天合七政儀

清・蔣溥《清朝禮器圖式》卷三《儀器三・渾天合七政儀》 謹按本朝製渾天合七政儀，鑄銅爲之，徑一尺二寸，高一尺三寸五分。凡三重，外二環平者爲地平圈，上列西洋書十二宮、十二月。立者爲子午圈，子午圈上，天頂垂銅葉，爲地平高孤，北小圈爲時刻盤。次內五環，兩軸爲南北極，貫二極爲二至，經圈腰帶赤道，斜帶黃道，黃赤道交處爲二分，相距最遠處爲二至，二極軸上小圈爲負黃極圈，其最內平面圓環爲黃道十二宮。中心爲日，體圓，邊爲地球。對地球立表，以指日行宮度。日與地各爲盤，地盤有月體，日盤有金水二星體，日外大盤有火木土三星體，皆以機旋之。月旋以地爲心，五星旋以日爲心。

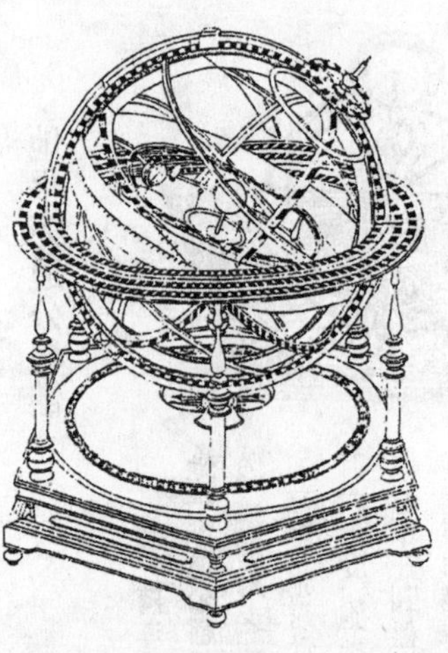

座面旁施指南針，以測太陽緯度，及出入地平時刻方位。

三辰儀

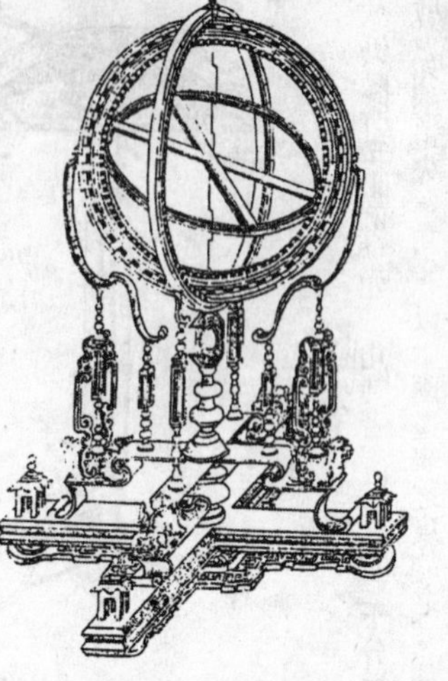

清·蔣溥《清朝禮器圖式》卷三《儀器三·三辰儀》 謹按《宋史》，唐李淳風作三辰儀，有外圍二樞、黄赤白道單環，皆旋轉於六合儀之内。本朝製三辰儀，鑄銅爲之，通高二尺一寸，凡二重四圈。正立爲子午圈，列周天度數，上應天頂，下應地心。兩軸爲南北極，與子午圈十字交。而常定不動者，爲天常赤道圈，列晝夜時刻。天常圈内層，爲遊旋赤道圈，列十二宫，以南北極爲樞。而東西旋轉者，爲過極遊圈。座心表末與天頂地心相對，後施指南針，前施墜線表，四足施螺旋，以中腰表耳測赤道經度，以對南北極直距。中窺衡，測赤道緯度，以游表加遊旋赤道上測時刻。

萬壽天常儀

清·蔣溥《清朝禮器圖式》卷三《儀器三·萬壽天常儀》 謹按本朝製萬壽天常儀，鑄銅爲之，通高一尺一寸，制與三辰儀同，座心穿孔對天頂，垂線用與三辰儀表末同。中腰兩表耳，一實一虛，綰遊旋赤道，實者穿中縫，虛者留中線，用與三辰儀、窺衡同。以游表加遊旋赤道上，視遊表末所指，用與三辰儀表耳同。

地平赤道公晷儀

清·蔣溥《清朝禮器圖式》卷三《儀器三·地平赤道公晷儀》 謹按本朝製地平赤道公晷儀，鑄銅爲之，徑七寸八分。地平盤分内外。外方盤，施露管二，螺柱四。内圓盤，列地平三百六十度，施指南針，中帶銅弧，弧上九十度。赤道環在圓盤北，銅弧入之，以定各處北極高度。環面施大遊表，表近上加立表，中有直線。環上端小圓盤内有小遊表及半環，環上穿小孔。以大遊表對日景，從小孔透立表中線，視大遊表下端所指知時刻，小遊表所指知分數。

地平經緯赤道公晷儀

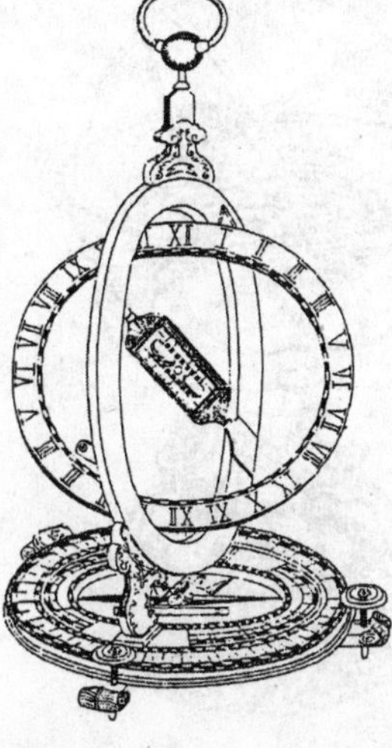

清·蔣溥《清朝禮器圖式》卷三《儀器三·地平經緯赤道公晷儀》 謹按本朝製地平經緯赤道公晷儀，鑄銅爲之，通高一尺。地平盤分内外，外盤書子午線，三角植螺柱。内盤列地平三百六十度，施指南針。縱横置露管，盤上正立爲赤道，經圈上環中線爲天頂，斜倚爲赤道，中施直表，列節氣宫度。表中縫加遊表，上穿孔，使透日光。經圈上平赤道，施兩表耳，測日影，内盤九十度線與外盤子午線準。以赤道經圈，按度對天頂，以游表小孔對節氣日數，視日影所臨，知時刻。以赤道經圈對日，上下轉之，日影從上表耳孔透下表耳之兩點。視赤道距天頂度，與九十度相減，知太陽距地平高度。視内盤距子午線度，知太陽距午正東西偏度，以外盤公數線與度數線對，知時刻。

八角立表赤道公晷儀

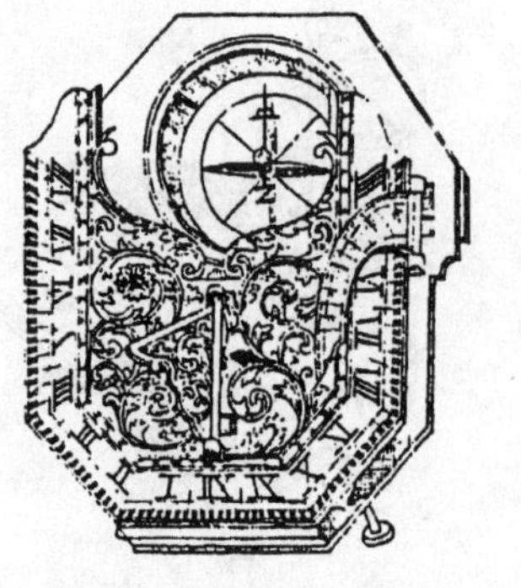

清・蔣溥《清朝禮器圖式》卷三《儀器三・八角立表赤道公晷儀》　謹按本朝製八角立表赤道公晷儀，鑄銅爲之，地平盤長二寸二分，闊一寸八分，前施指南針，後爲赤道盤。横軸上下之盤周晝時刻，線正北當午正，西南起寅正，東南止戌正。盤上施日影表，以指北極，右帶高弧表，角與弧皆高六十度，驗影以知時刻。

方赤道地平公晷儀

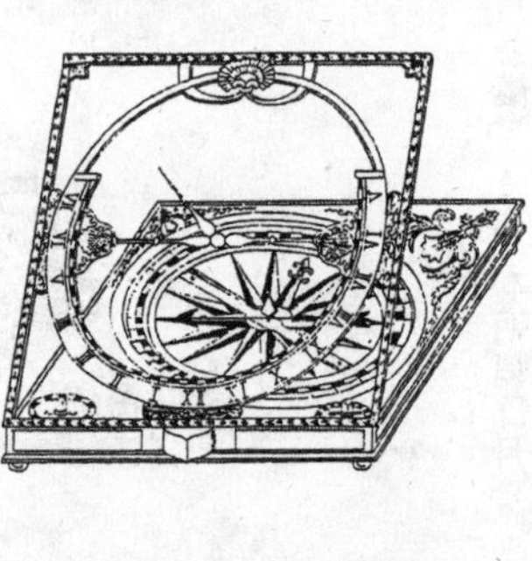

清・蔣溥《清朝禮器圖式》卷三《儀器三・方赤道地平公晷儀》　鑄銅爲之，地平四寸二分，中施指南針，後爲赤道盤。外方内圓，兩面晝時刻線，正北當午正，西南起卯初，東南止酉初。盤底有機上下之。地平右施螺旋表，環列度數，以表指之。赤道盤中施直表，指南北極。春分後向北，秋分後向南，驗表影以知時刻。

遊動地平公晷儀

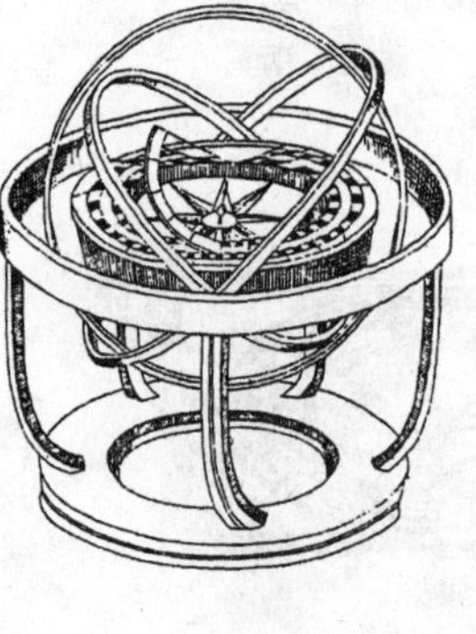

清・蔣溥《清朝禮器圖式》卷三《儀器三・遊動地平公晷儀》　謹按本朝製遊動地平公晷儀，鑄銅爲之，圓座徑二寸一分，高一寸八分，内遊環三層，系日晷地平盤。於三層環内，中施指南針，周圍時刻線三層，依北極，高三十度、四十度、五十度。北

有弧表，晝線亦如之。自地平中心出斜線，對弧表線，以指北極，視線影以知時刻，爲舟行測驗之器。

提環赤道公晷儀

清・蔣溥《清朝禮器圖式》卷三《儀器三・提環赤道公晷儀》　謹按本朝製提環赤道公晷儀，鑄銅爲之。外環爲子午圈，徑七寸二分。内環爲赤道。上環爲天頂。赤道北九十度爲北極，其對爲南極。中施直表，列節氣宫度及距緯度。表中縫施遊表，上穿孔以透日光。以上環對子午圈度數，以游表孔對節氣、日數。手提上環，旋直表，使影入赤道内，視所臨以知時刻。

赤道地平合璧日晷儀

清・蔣溥《清朝禮器圖式》卷三《儀器三・赤道地平合璧日晷儀》　謹按本朝製赤道地平合璧日晷儀，鑄銅爲之，長一尺三寸，闊八寸六分。前爲地平盤，列二十四節氣。圓盤加直表，其上按節氣進退，以就日行黄道度。外橢圓形，列時刻，西起卯正，東盡酉正。後爲赤道盤，内列時刻，西起寅初，東盡亥初。外列周天度。中施斜表，表下施墜線，以指北極高度。承以半圓，以輪齒低

昂之。兩盤相合定南北，視表影以知時刻。

定南針指時刻日晷儀

清·蔣溥《清朝禮器圖式》卷三《儀器三·定南針指時刻日晷儀》 謹按本朝製定南針指時刻日晷儀，鑄銅爲之，地平盤長一尺三寸五分，闊一尺一寸一分，中爲指南針，外畫時刻線七重。第一重爲二分，第七重爲二至，以次順逆數之，線各分十二時初正。兩端立表耳，中線對日兩耳，影相對，驗指南針所指，以知時刻。

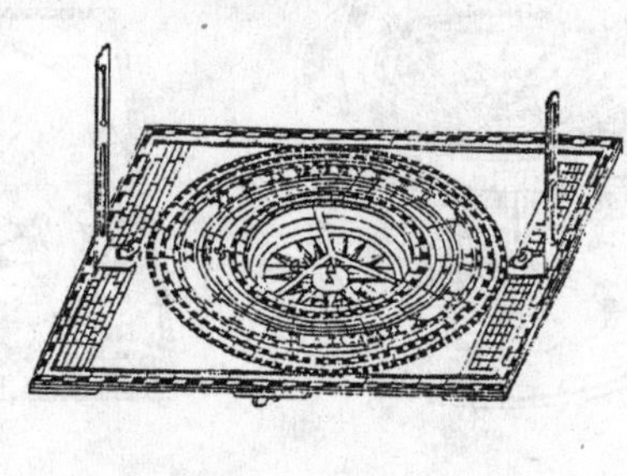

日月食儀

明·宋濂等《元史》卷一六四《郭守敬傳》 曆法之驗，在於交會，作日月食儀。

日月晷儀

清·蔣溥《清朝禮器圖式》卷三《儀器三·日月晷儀》 謹按本朝製日月晷儀，象牙爲之，凡二重。下爲日晷地平，長二寸，闊一寸四分。中施指南針，外畫時刻線。啓其上，直立之，以地平中心線綰小孔內，視線影以知時刻。上爲月晷赤道盤，上列三十日。從正北起，中心置時刻遊盤，列十二時午正初刻，上出表末，以指日數。中施遊表，表端立環對月表末指時。以上重左銅鉤，按下重側面，北極高度揸定，立環內不見月光，視表末以知時刻。

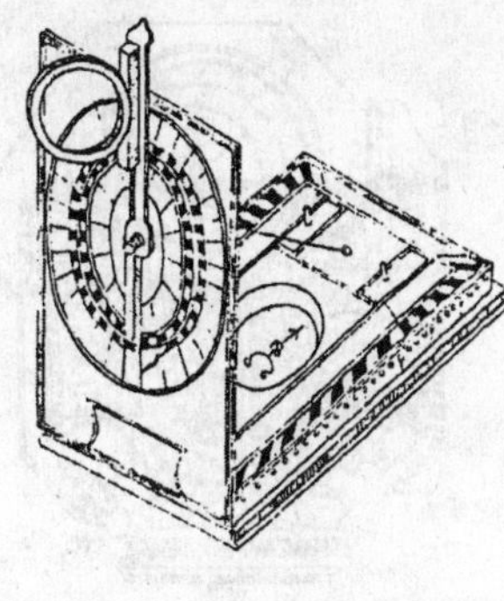

圓盤日月星晷儀

清·蔣溥《清朝禮器圖式》卷三《儀器三·圓盤日月星晷儀》 謹按本朝製圓盤日月星晷儀。鑄銅爲之，圓盤徑四寸一分，下有柄，上爲日晷。兩立耳相距二寸四分，各穿孔以透日光。兩旁直線爲時刻線之起止，中爲半圓，其半爲北極，畫節氣線十九道，當北極爲二分線間，二線爲一。中氣往來，數之，左盡夏至，右盡冬至。一線占一旬，自北極上，横分六十度，爲北極高度。下分十二時，右起丑未初，左盡子午正。中施遊表，以表末對北極高度及節氣線。表末施墜線，穿小珠，對太陽所躔宮度，使兩耳孔日光正對，驗珠影，以知時刻。背爲月晷、星晷，外分三百六十六日，內分十二時，初正午正出直表，以指太陽；內分三十日，自直表起朔。第二重圓盤，徑一寸七分。周穿圓孔，中出直表，表所指之，日數圓孔下，驗晦朔弦望。自第一重對太陽宮度，表起午正，數之至第十二宮。中心第一重圓盤，徑二寸二分。外分十二時，初正午正出直表，以指太陽；內分三十日，自直表起朔。第二重圓盤，徑一寸七分。周穿圓孔，中出直表，表所指之，日數圓孔下，驗晦朔弦望。自第一重對太陽宮度，表起午正，數之至第二重，指日數。表所指，以知時刻。第三重施直表，出圓盤外，表心及末皆穿圓孔，以表心孔窺勾陳大星，以表末孔窺天樞天璿，使相參直，亦如月晷數法，以知時刻。

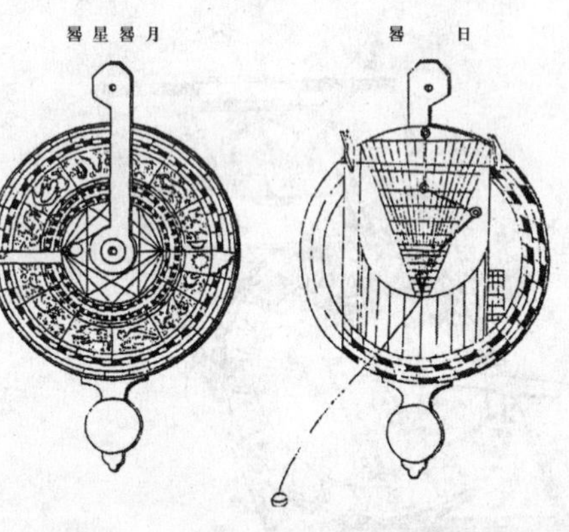

方月晷儀

清·蔣溥《清朝禮器圖式》卷三《儀器三·方月晷儀》 謹按本朝製方月晷儀，鑄銅爲之，徑五寸五分，上下二盤。下盤外重列十二時，次內初正各四刻，次內刻各十五分。上盤外重列三百六十度，內二重列三十日。空度起朔，爲日月同度，朔後月距日漸遠，至九十度爲上弦，倍之爲望，三倍之爲下弦。周復爲朔，

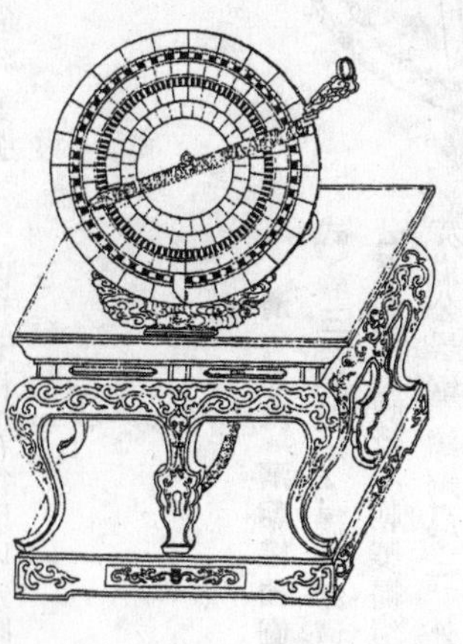

爲一月，與日一會。朔弦望相距各七日半。中心施游表，以遊表中線對上盤日數若干度。轉上盤，朔上表末，使表對月立，環内無影，視表末所指，以知時刻。儀面鐫「乾隆甲子年制」。

看朔望入交儀

清·蔣溥《清朝禮器圖式》卷三《儀器三·看朔望入交儀》 謹按本朝製看朔望入交儀，鑄銅爲横尺，兩端木座如几形，横一尺八寸，縱七寸八分，凡三重。下爲黄道，中爲白道，各十五度三十分。上爲時刻表，左右直距，以白道距黄道南北緯度爲準。正中爲黄道位，日食以日體，月食以地影加黄道上，月體加白道上，皆按度分。以其相掩知入交爲日月食，以相掩之分知食之淺深。以時刻表中心對白道，表端施直表對月行距日度，視所指知食之時刻。

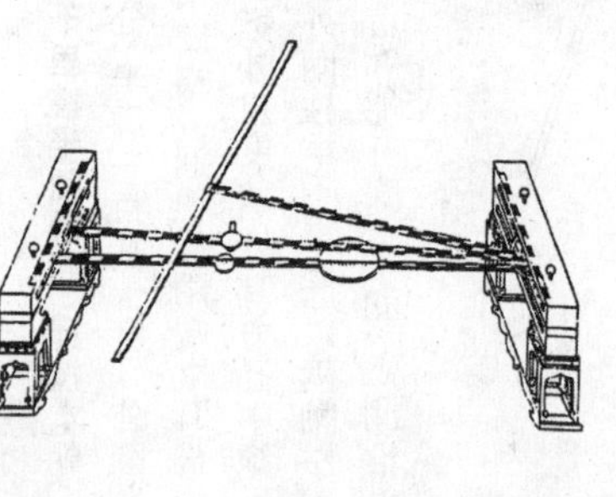

六合驗時儀

清·蔣溥《清朝禮器圖式》卷三《儀器三·六合驗時儀》 謹按本朝製六合驗時儀。鑄銅爲兩球，下球徑六分有奇，重二十四銖；上球減十之二，貫以鋼鋌，長四寸六分有奇。近上三之一爲兩軸，横梁承之。前後亦爲横梁，前梁下鍵以銅葉，一往一還爲一秒，七秒爲五里候。凡發聲時撥之，使動驗秒數，以知聲之遠近。

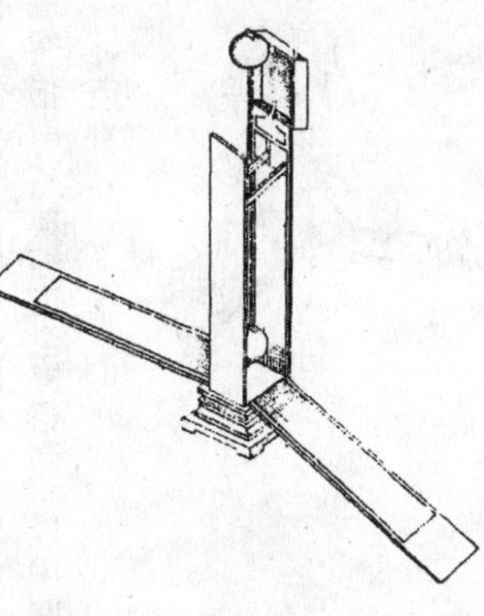

四定表全圓儀

清·蔣溥《清朝禮器圖式》卷三《儀器三·四定表全圓儀》 謹按本朝製四定表全圓儀。鑄銅爲之，通徑一尺，全周三百六十度，中施指南針。圓線十層，以斜線相交成十格，分四象限。通徑線兩端各施立耳，爲定表。中心設旋圓盤，其通徑線兩端，施立耳爲遊表，表兩端直邊對立耳中線，以指度數。以定表、遊表相距度分，爲所測之角。平測、立測惟所宜。

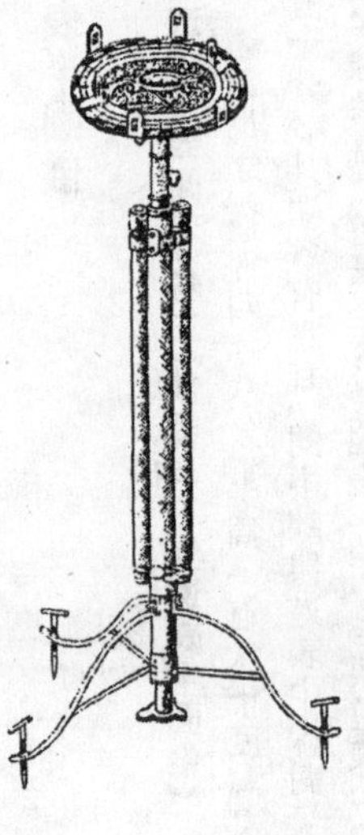

矩度全圓儀

清·蔣溥《清朝禮器圖式》卷三《儀器三·矩度全圓儀》 謹按本朝製矩度全圓儀。鑄銅爲之，通徑六寸，全周三百六十度分。半周通徑線兩端各施立耳爲定表，中心施遊表。表中線兩端加立耳，立耳中線與遊表中線對，上施指南針，前施墜線。表端鋭處指度數，以兩表相距度分，爲所測之角。圓内下半周，矩度縱横各六十分，爲勾股比例之用。平測、立測惟所宜。

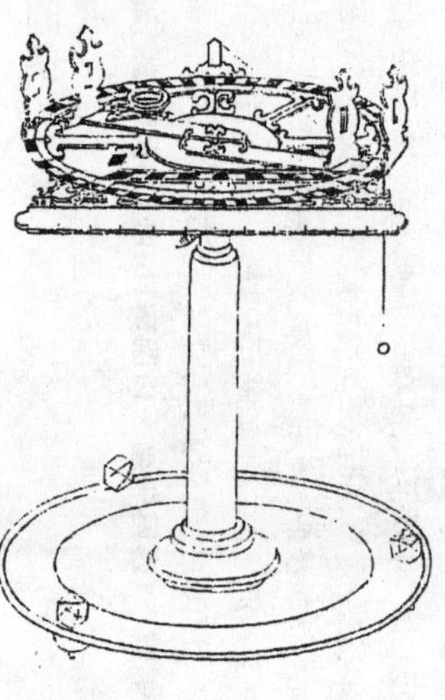

小花全圓儀

清・蔣溥《清朝禮器圖式》卷三《儀器三・小花全圓儀》 謹按本朝製小花全圓儀。鑄銅爲之，通徑二寸，施定表、遊表、指南針，與矩度全圓儀同。以中圓花隙鋭處，對遊表立耳指度數。平測、立測惟所宜。

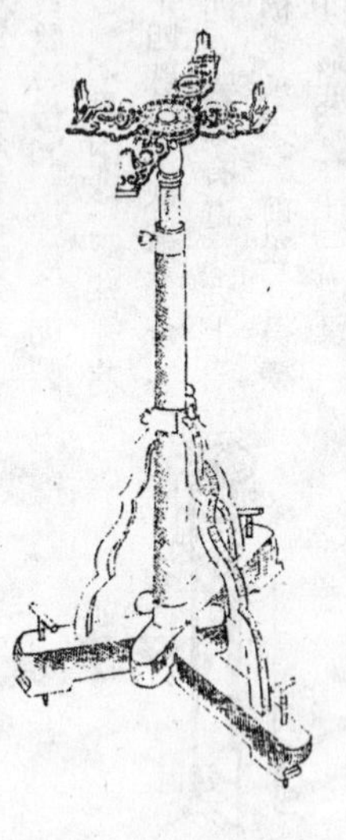

四遊千里鏡半圓儀

清・蔣溥《清朝禮器圖式》卷三《儀器三・四遊千里鏡半圓儀》 謹按本朝製四遊千里鏡半圓儀。鑄銅爲之，通徑一尺三寸五分，半周一百八十度。外圓線三重，内層十二重。每度末斜線與圓線相交，成十二格。通徑線兩端立耳爲定表，其半圓心施遊表，表兩端有立耳。表端中線以指外重度分，立耳方孔中線以指内重度分。立耳内施墜線，表心施指南針，圓盤外兩柱承千里鏡，以兩軸左右上下之。以遊表定表相距度，爲所測之角，座三足，能升降，平測、立測惟所宜。

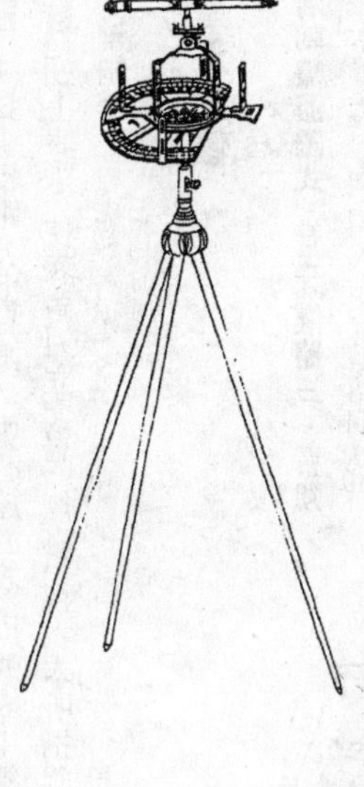

雙半圓儀

清・蔣溥《清朝禮器圖式》卷三《儀器三・雙半圓儀》 謹按本朝製雙半圓儀。鑄銅爲之，平置直尺，長一尺，内開空槽，束以銅，如帶鋌。施輪軸使遊動，兩半圓通徑皆三寸，一加尺端，一縮槽内，半周一百八十度。内畫半方矩，縱横皆十二分，圓心各有立耳。又施遊表，長與直尺等，表端各有立耳。圓心立耳，旋之與直尺對，則爲定表之用；與遊表立耳對，則爲遊表之用，後施墜線。測量法：以定表遊表之距度，爲所測之角。量算法：以所知一邊，與直尺爲比例，兩半圓進退施之，按度分以定所測之二角。兩游表相交成三角形，承以直柱，三足能升降，平測、立測惟所宜。

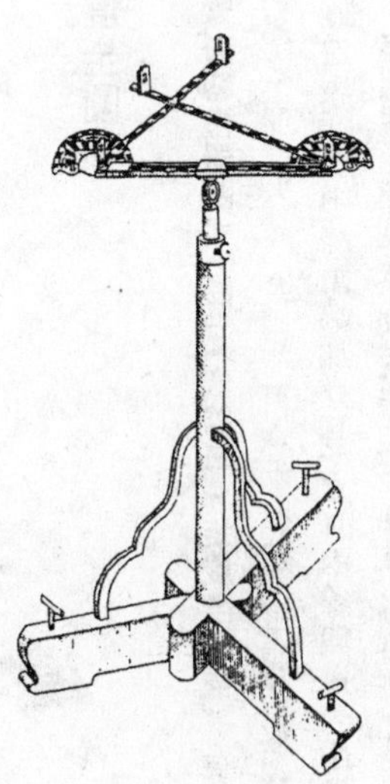

雙遊表半圓儀

清・蔣溥《清朝禮器圖式》卷三《儀器三・雙遊表半圓儀》 謹按本朝製雙遊表半圓儀。鑄銅爲之，通徑四寸八分，半周一百八十度，圓心施遊表二，其長皆爲一百五十分。其端各有立耳，開中線與遊表中線對。圓心亦有立耳，旋之與遊表中線參直。遊表上各帶揢表一，中心與遊表中線對，共縮一直表，長與二遊表共度等。一端當揢表中心，一端隨遊表開闔，中施指南針，後施墜線。測量法：以兩遊表相距度分，爲所測之角。量算法：兩邊夾一角者，以所知之邊角，按度分安定，成三角形。承以直柱，三足能升降，平測、立測惟所宜。

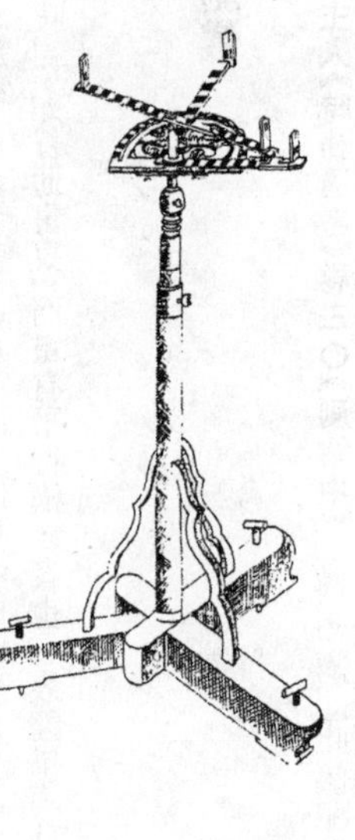

地平方位儀

清·蔣溥《清朝禮器圖式》卷三《儀器三·地平方位儀》 謹按本朝製地平方位儀。木質，螺鈿飾。徑二寸三分，中施指南針，周列十二辰，八方列八卦，內周施遊盤，盤面分十二宮，對立直表。其長兩相等，先定子午線，轉銅環，令表與所測之處參直，距正午東西若干度，爲地平偏度，以分界知其所屬方位。

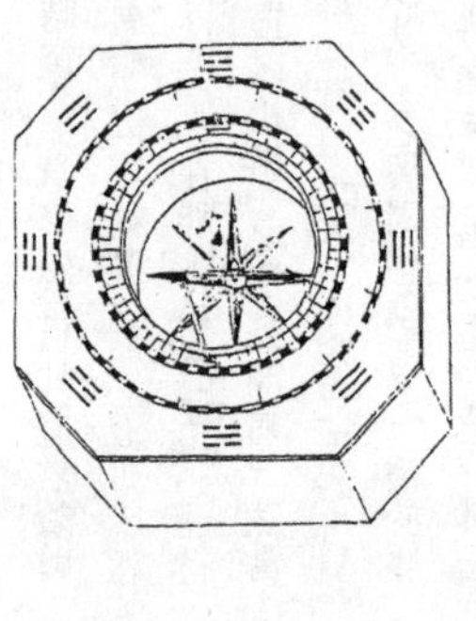

平面懸儀

明·徐光啓《新法算書》卷九六《測量全義卷十·儀器圖説》 二式曰平面懸儀。作平圓面，頂有連環，隨所在懸之，自爲垂線。從心作横直線，爲地平，周分三百六十度。儀小依幾何法，分一百八十，每分當二度，又六十分之，如前法。

儀周作兩平行圈，以容度分。内弧之上，從頂左右各取二十二度半，作圓孔，各加轉表一，或止用一表。轉表者，依表之心線爲枘，以入於儀周之孔，其端外出，以螺旋止之。儀心爲樞，貫以窺衡，衡之首依指線作度，指以取度分。衡之末稍短，勿及於弧周之表。又須訂取其重心，令左右平。衡首之指線，交於内弧之一點，作孔亦加轉表，與儀邊之轉表，同居内弧一線之上也。儀邊表從心向上，每五度、十度刻識之，至九十度而止。若二表，則各向上交錯，並識之。

用測日月星轉。衡令兩表與某點參直，轉表令平行，則度指所當度分，爲地平上之高度分。

望遠鏡

清·劉錦藻《清朝續文獻通考》卷二九六《象緯考三·儀器》 望遠鏡計分兩類，一爲折光鏡，一爲反射鏡。折光鏡之發明，遠在二百餘年前，但歷年所造最大儀器，均用反射鏡，兩鏡原理實皆一致。鏡之一端有一大玻璃鏡片，名物鏡片，收所視物之真影。此影由另一端之鏡片放大，而見於目，此鏡片曰目鏡片。目鏡片實一顆微鏡而已。簡單式之望遠鏡，用兩凸玻璃造成。一即物鏡片，徑較大，焦點距亦較長；又一片即目鏡片，焦點距較短。兩鏡片裝置之距離，等於兩焦點距之和。按光學理，照射物體之光綫，透凸鏡、經焦點後，即映成倒影。今物影經過物鏡片，必映倒影於兩鏡片間之焦點距處，此處爲交點平面。如以攝影片插入交點平面，令受適度光綫，即可攝得真物相片。如物鏡片之焦點距爲十尺，而於十尺距離處視月，則月影之大當與月等。如於一尺處視月，則月影比月當大十倍。苟有此等物鏡片，則雖不用目鏡片，亦可全見月中諸山。顧實際焦點距在一尺之下，物影即不能明顯，故不得不借助放大鏡片之力。如放大鏡片之焦點爲一寸，則在一寸距離處即能視物。以算式明之，令放大鏡爲放物鏡片，焦點距爲焦目鏡片，焦點距爲焦，則即鏡片之放大力，等於以目鏡片焦點距除物鏡片焦點距，所得之數也。設如物鏡片之焦點距爲四尺，目鏡片之焦點距爲四分之一寸，則依前式，得從可知望遠鏡之放大力，隨目鏡片爲變換，是則變換目鏡片，即變換鏡之放大力。故各種望遠鏡，均備有不同之目鏡片焉。像之明亮度不在物鏡片之焦點距，而在物鏡片之徑。易言之，即在物鏡片之面積。設如視者目徑爲五分之一寸，不計鏡之透光損失率，則一寸徑鏡片所收之星光，較人目所見之星光，大二十五倍。如鏡片徑爲三十六寸，則當增至三萬二千四百倍，減去鏡片透光損失率，亦當得二萬五千倍。故光數，舉物鏡片之徑爲正比例。【略】

裝鏡之法：使鏡之本軸，即依柱上所裝固定承軸處而轉之，軸亦曰極輔，與地球軸平行，使附裝與本軸正交之圓盤，與天空赤道相平行，是爲赤道裝置法，亦爲最普通之裝置法。間有不用赤道裝置法者，是皆特製之鏡也。望遠鏡角度表僅載度，而不及分，是以記分須用視器，此器名分微尺。分微尺之種類不一，最通行者爲綫條分微尺。用螺絲裝置於望遠鏡之視端，器内有裝定之綫一組。其二條或三條互相平行，與平行綫相正交者，或一綫，或數綫。裝綫之片板上歧出一义，义用一螺旋，以爲轉運。螺旋之端刻爲表尺，义中又裝綫一條或數條，此綫受刻表螺旋之制，可令分微尺中之縱綫距離隨之伸縮，且憑之以取度分。分微尺外，另用套箱，可隨望遠鏡光軸而轉，且可定於任何地位。分微尺内可以游動之綫，在視域内所指之星，自一星復至一星，時兩星地位之角度，即可用刻表螺旋在套箱游盤端記取之。然分微尺僅及於分，若在分之下，則又須用他器以取之。

天文時鐘

清·劉錦藻《清朝續文獻通考》卷二九六《象緯考三·儀器》　天文時鐘，亦與他種儀器同一重要。【略】

天文時鐘與別種時鐘，原無大異。惟造天文時鐘，更求準確，且其擺常須與温度變遷無關。鐘面備有秒針、分針、時針，針各有心，以爲轉運之樞，並可以報秒數記時，則自零點至二十四點。天文時鐘之所以準確，在能定其常速率，運行之度永遠相等，差率極微。或有差，則可升降其擺以校準，之法甚簡易。然常例，每日之差不得過一秒。測星者舊日記時法，每藉耳目之力，即窺見天空，見象時用耳聽，鐘以記秒數。或記至十分之一秒，秒以下之數則想象得之，精於測望者所記之數，鮮有差至十分之一秒者。近日記時之法，乃借助電力矣。其裝置爲一鐘擺，每一擺動時造成一電流，或令電流中斷，一瞬可令磁鐵横牽，與電報機之手音器同。電磁載有一筆，筆自動書於紙片上，紙片又自動行於筆下。紙片捲於六寸至七寸之圓筒上，圓筒每分鐘勻轉一周，同時載筆之器迆邐徐行，記聯續之螺旋綫於紙上。記至每兩秒鐘時，因擺之動，而自作一號於紙。故自圓筒取出紙片時，正如普通書頁，而畫有平行横綫者也。綫經每兩秒鐘之長，即有一號記之。

疊測儀

清·杞廬主人《時務通考》卷三〇《測繪中》　疊測儀。此儀配準之法：將内圈之佛逆移對外圈之〇度，即七百二十度，轉螺絲夾緊。再將全回光鏡指數表之佛逆放鬆，兩鏡平行之時，此佛逆應在〇度，則可測高角或平角。其法：將指數表移前，窺見二形相合之時，轉緊其螺絲，連於外圈。如欲記所測之時，則記之，而其角可得其畧數。再將窺筩之桿放鬆，倒置其儀，將窺筩之桿，移至前所得角度之畧數，其分度在内圈〇度之對邊，能辨之。再用佛逆螺絲令其相切，則外圈所得之角，自然爲平時所測之角之倍。因儀倒置，故無指數之差。如是而循環窺測若干次。其際綫鏡之佛逆所指，出末次之角度，必細察，而以所測之次數約之，即得各角之中數。測第一次時，其佛逆不必移至七百二十度，可從任一角起，與用經緯儀相同，但不如前法之準耳。

回光疊測之器

清·杞廬主人《時務通考》卷三〇《測繪中》　回光疊測之器最爲精緻。其疊測之意，因能屢次測角，而從各數取一中數。如測英國之時，所定緯度與經度，有天頂儀、大經緯儀、子午儀。此子午儀本在觀星臺所用之器，移至地面，可立一架而用之。地面先立四戕，上鋪平板，板上置器，如用磚石築小臺亦妙。大塊石不及沙堆之便，因沙堆不傳振動之力也。美國北邊與英國屬地之界綫，在西曆一千八百四十五年所測定，當時用子午儀，其聚光點之相距二十寸至三十寸，儀外用細布作帳，不使風吹滅燈。

際綫鏡

清·杞廬主人《時務通考》卷三〇《測繪中》　際綫鏡。有一小螺絲在架下，藉以配準此鏡。令與器面成正角，如窺遠物之回影，正在直窺之形之上，則知配準。

求回光鏡、際綫鏡差數。回光鏡、際綫鏡或不平行，而欲求其差數，則將佛逆之度正對分度面之〇度，而察直窺之形，與回光形相合。如不合者，以指數表移就，而使適相合。移過之角數，即其差數。尋常得此差之法，測太陽之徑，將指數表移至與〇度相距三十分，再轉佛逆螺絲，令太陽之兩形相切，而視所指之角度。

牽星板

明・李詡《戒庵老人漫筆》卷一　蘇州馬懷德牽星板一副，十二片，烏木爲之，自小漸大。大者長七寸餘，標爲一指、二指以至十二指，俱有細刻，若分寸然。又有象牙一塊，長二寸，四角留缺，上有半指、半角、一角、三角等字，顛倒相向，蓋周髀算尺也。

繪圖記録類器具部

分論

畫圖筆

清・杞廬主人《時務通考》卷三〇《測繪中》 畫圖以筆爲先。筆分數種，有鉛筆、鋼筆、雙股鋼筆、虛綫輪筆、毛筆。

鉛筆之精者數種，各種俱有記號。畫圖便用之號爲辛乙，堅而黑且韌者，以有韌性，耐磋削。如平滑紙面可用己號。貼於板面之粗厚紙，則用辛辛號，或辛辛辛號。此二號鉛筆質堅耐用，畫綫極勻，且不煩隨時磋削。有製成各色者，或紅或藍，亦便於用。

鋼筆　以鋼爲筆頭，分作兩片，中用螺釘旋轉，能使筆尖開合。上加直柄，以木或象牙爲之。雙股鋼筆，一柄分兩股，有兩鋼頭，二股中有孔，貫以螺絲。二筆頭可遠可近，用以畫平行雙綫。間有安四筆頭者，畫平行四綫用之。

虛綫輪筆　圖中每有假設之綫，恐誤爲實綫，以諸小點密排，占一綫方位，名謂虛綫，使人望而知爲假設之綫。此綫如以尋常之筆爲之，必不勻適，且費工夫。惟用虛綫輪筆作點，既速成綫，亦勻。其筆與鋼筆畧同，二片尖端夾小齒輪，關以螺絲。粗細各輪更可更換，輪式疎密不同。用時加墨於二片之間，墨即勻敷輪齒。

毛筆　此中國所作之筆，宜於設色之用。圖間鋼筆不能畫處，可用毛筆補畫。

清・杞廬主人《時務通考》卷一三《礦務一》 鉛筆　鉛西名古拉非得，爲顆粒形，炭質，常遇成鱗形片，或聚合密塊，亦有散碎者。摩之滑如油，遇紙或布則留污痕。鐵黑色金類，光不透明，可作鉛筆。或滑料，或合泥，作鎔金類之鍋，又可刷於鐵器之面，使黑亮而不鏽。

畫圖紙

清・杞廬主人《時務通考》卷三〇《測繪中》 畫圖紙種類甚多，其寬窄短長，亦各有定數。一爲的迷紙，長二十寸，闊十五寸二分。一爲迷的恩紙，長二十二寸六分，闊十七寸半。一爲陸約紙，長二十四寸，闊十九寸二分。一爲各倫比愛紙，長三十五寸，闊二十三寸半。一爲阿德辣司紙，長三十四寸，闊二十六寸。一爲得布立分得紙，長四十寸，闊二十七寸。一爲安體苦愛利安紙，長五十三寸，闊三十一寸。一爲安必落紙，長六十八寸，闊四十八寸。一爲蘇把陸的紙，長二十七寸二分，闊十九寸二分。一爲恩比利掗紙，長三十寸，闊二十二寸。一爲壹利分得紙，長二十八寸，闊二十三寸。

清・杞廬主人《時務通考》卷三〇《測繪上》 畫圖紙溼燥漲縮　凡欲推算各小分之面積，或作大比例圖，其左右所量之垂綫，以一牽至二牽爲最長。圖或不欲甚詳，比例不必甚大者，垂綫過長無妨。畫圖之紙，糊上板時必漲，揭下之時則縮，又常依天氣溼燥而或漲或縮，所以比例尺即畫於圖紙之上。如紙有漲縮，其尺亦隨之大小，而比例相同。糊紙於板，宜在未畫之前，不可畫至半而糊上。

三邊板

清・杞廬主人《時務通考》卷三〇《測繪中》 三邊板，其式有七，約之則有兩種。一爲二等邊正角三邊形，一爲三不等邊正角三邊形。

畫圖尺

清・杞廬主人《時務通考》卷三〇《測繪中》 尺有數種，有直界尺、平行尺、比例尺、丁字尺、帶尺，凡以爲畫直之準，度數之則，將使所作之綫，有一定之規模，所作之圖，與原式有一定之比例者也。

直界尺　此尺以堅重木爲之，常與三邊板並用。用三邊板作某綫，必恃此尺。長五尺以上者，以鋼板爲之。小者長約九寸或十寸，寬八分寸之七，厚三十二分寸之三。

平行尺　此尺用相等之二木板，作長方形，並排相附，再用二銅片斜連於二木板上，使二木板開合之方向平行。乃畫平行綫所用。

比例尺　此尺有雙單之分，雙者用二堅緻木板，以絞鏈相連，其中可以摺疊，單者將各種分數刻於短板。

丁字尺　一名大矩尺，用紅木爲之。其法：以長短二尺，縱横交加如丁字然。

帶尺　此尺乃一圓盒内盤長帶，如鐘表之法條，然爲度量甚長之數所用。

又有非尺而類於尺者，則如分角器、三邊板、通弦綫、曲綫板、分釐綫。

畫圖規

清・杞廬主人《時務通考》卷三〇《測繪中》　規有數種，有分綫規。分綫規之用，所以取二點之距，將物之比例數度之於比例尺，又將比尺尺之分數移於紙面，則按圖而知物之大小。

有螺絲分微規。此規式二股間有簧使開，簧下有螺絲，實連二股使合。用此規，取一相距之後，若不觸礙，移至紙面毫無改變。

有比例規。已有某圖，欲仿照更作一圖，宜用此規。較原圖放大、縮小皆可。其股上所刻比例數分四種，一直綫比例，一圓綫比例，一面冪比例，一體積比例。

有長規，以堅木作桿，桿面作分數與字，以銅□二短方管，一管套於桿上，可内外移動，上有螺絲關之，管下有尖；一管套於桿頭，旁設螺絲，可轉裏轉外，管下亦有尖，桿面設物逆，桿長以四五尺爲率，求甚大之相距及作甚大之圓界，必用此器。

有簧規，乃分微規之别種。股頭無樞，股根以鋼簧相連，恒自開張，外有螺蓋，以便轉裏轉外，使二股或開或合。

有活股規，乃套節而成，故可更换其尖，或换以鉛筆，换以鋼筆。用時一套即成，不用時一脱即下，極其便當。

有有柄小規，一股爲筆，一股爲尖，二股以活節相連，活節之上有柄。

有新式小規。此規所以異於常式者，即筆股之間有活節，尖股之端有細小套管，管上有螺絲，將針關定，此爲墨筆規。至鉛筆規式，與墨筆規同。

有鉛筆簧規，其式與簧規畧同，其不同處即一股有開口小管，可容鉛筆，管亦有小螺絲關住。

有三股規，又名三角規，有數式。一如常規式，外加一活股，可四面轉動。又有一式，乃三股已定，股中各有活節，作三角形。或求數點之相距與方向，用此規極其省工。

畫圖板

清・杞廬主人《時務通考》卷三〇《測繪中》　畫圖板，乃一方正木作成，將紙貼於其面，便於描摹。其大者長四十一寸，闊三十寸，小者長三十一寸，闊二十四寸，再小便不得用。以木有伏性，質紋匀細爲佳，紅木、橡木、黄松木皆可。

硫象皮

清・杞廬主人《時務通考》卷三〇《測繪中》　硫象皮能放大縮小。如用硫象皮之薄片，亦可將圖放大縮小。縮小之法，以象皮連在方架之上，架之四面能張開，用脱墨紙畫其圖於象皮，而放鬆其架，使自縮小，即以此象皮過於石板。如欲放大其圖，則於未張架之時畫圖，然後張開，而過於石板。

平面桌

清・徐建寅《兵學新書》附卷《測地繪圖》　測地用羅盤、經緯儀、紀限儀等，皆先測得角度，記其數，後用分角板，依數畫其線於紙面成圖。惟用平面桌，則隨測隨畫於紙面，可省記其度數，而依度數畫圖之繁。

形式：用方板一塊，其邊爲一尺或一尺半，下用三足架，托之必平。木板下連螺絲，可旋轉。旋緊之，板即不動。以紙一張，用帽釘釘固於板面，上有直尺。有視筩，以銅短柱連於直尺，能俯仰，名視尺。或用紙一條摺起成塹堵，亦可爲視尺。

用極厚紙，下面連厚紙圈，套於竿端，亦可爲平面桌。或用書一本，平置左手曲肱上，上加紙條視尺，亦可用。平面桌昔有另加多件，意欲其甚準，惟件多而差亦多，今皆廢而不用。英國工程家測繪，不常用平面桌，然行軍圖用之，最便捷而省時。

曾有武官作極簡之平面桌，可帶於馬鞍。用薄木片六條，闊各二寸，長各一尺，各片並排稍離。面糊布或羊皮，易於摺疊。橫頭另有兩木片，其端有釘，與第一、第六木片釘連，而能轉動，可以展平。第三、第四木片下有活節，以接連竿端，板上加紙，即可測繪。用畢，拆開摺攏。其視尺用木，上豎兩針。

法國人否法近時造新式平面桌，行軍甚便用。用木板長十一寸，闊八寸，重二十八兩。板之四周有方銅管，管中容螺釘帽，螺釘連視尺，能在四周之方銅管內移動。板左銅管上面有孔，螺絲帽由此入管中，螺蓋以旋緊指南針及視尺，板用時立起，不用即平下，嵌入尺之槽中。木板下有空心木柄，柄上有球形節，能轉動。騎馬時以手持柄測繪，下馬時套於竿端測繪，不用時視尺置於木板底空處。板旁有兩孔，可以穿繩掛起，以便行路。指南針底旁有耳，耳下有兩小釘，入銅管槽內，便與桌四周相配。中有孔套於螺絲上，與視尺同旋緊針。下作正交二徑線，刻東西南北字，將針對其下南北徑線，則木板正對南北。如移指南針於板之別面，則針指東、或西、或北皆可，不必再加九十度。

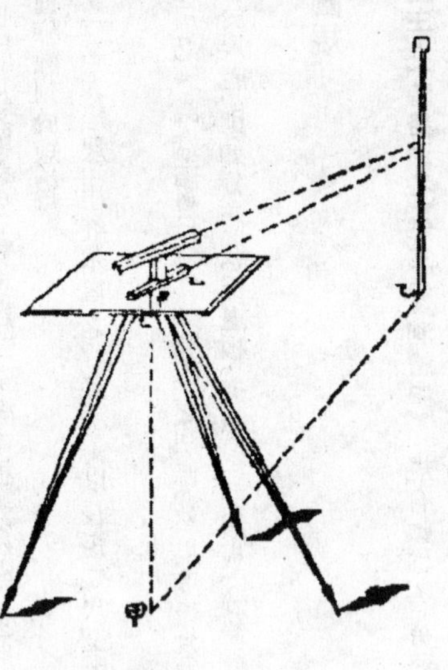

清・杞廬主人《時務通考》卷三〇《測繪中》　平面桌　用木板一塊，其方邊或一尺，或十八寸，下用三足架頂住令平，此足可任便移動。底有螺旋，若旋緊之，架不能動。畫圖紙置於板上，旋緊，用帽釘釘之。【略】

法國平面桌　法國有行軍測繪之官，曾用極簡便之法作此平面桌，而帶於馬鞍之前。其法：用薄木片六條，寬二寸，長一尺，一面糊上麻布或羊皮，則紙可置於其面。各塊木片平行，而稍相離，易於摺疊。另有兩木片，可以展之令平。木片之一端有一帽釘釘之，任便轉動。

此器不用遠鏡，祇有一視尺，以木爲之，上有兩針豎起。

畫圖房

清・杞廬主人《時務通考》卷三〇《測繪上》　畫圖之房，其熱度應四時畧同。

插標

清・端方《大清新法令・路政》　第九條，凡已經勘定丈量，插標載明圖內，應用各地，一面發價，一面即行填築。如逾限一箇月，業户遲延不領地價，即由鐵路公司按照插標處所，先行填築，即將地價發交地方官存儲，聽該業户隨時具領，以免停工待地之弊。

測量簿

清・杞廬主人《時務通考》卷三〇《測繪上》　測量簿程式　測量簿所記各數之字，應用墨筆，不可用鉛筆。所記各事，應與圖上作對號，以便查考。每日畢工，應記明時日並測者之名。記事程式應照一定之章，則彼此互看，一覽而知。儀器應日日配準，帶尺應日日與準尺相較，如有小差，隨時改正，或記明於簿內，而至畫圖之時藉以改正。測量之垂線應多，而其詳畧必依圖之大小。各鄉各鎮之名應依正音寫明其字，必用真書，如有轉音傳訛之不同，必加考訂。

測量登記編號册

清・江蘇省輿圖總局《蘇省輿圖測法繪法條議圖解》　測量登記編號册式，

每行分四段(不可横排)。向度者,如子一子二云云。水路即記明艫數於下,陸路即分别記明矩度、尺杆高下於下。(陸路不能統曳長繩,每向總以十丈分段,不必更記。如不滿十丈而轉向,則仍記之。)如應記關卡、堰壩、河身廣狹等字數多者,即接下格書之。每張共八十八段,以三張分一節。如陸路計繩,共該二千六百四十丈,得十四里有零。水路計艫,則約可二十餘里。皆於每節首行標明第幾節。所以必須如此者,一則分節太疏,則每節中段數過多,所記各小路等根位檢尋不易;一則小縣水陸約共七八百里,已需百五六十張,分作三四册。(如大路一條爲一號,共若干號合作一册,即於册面標明。)大縣水陸約共千二三百里,總得二百二三十張,分作五六册。各縣按號上圖,詳細檢對,全賴册式清楚,庶不堆案紛紜。况局中彙齊通省所記,少亦不下百數十册,若再字大行疏,參差不一,則不勝其煩矣。

數據總部

經緯度部

總論

明・潘光祖、李雲翔《彙輯輿圖備攷全書》卷一《纏度圖説》《山海輿地解》曰：地與海本是員形，而合爲一球，居天球之中，誠如卵黄。有謂地爲方者，乃語其定而不移之性，非語其形體也。天既包地，則彼此相應。故天有南北二極，地亦有之。天分三百六十度，地亦同之。天中有赤道，自赤道而南二十三度半爲南道，而北二十三度半爲北道。據中國在北道之北。日行赤道則晝夜平，行南道則晝短，行北道則晝長。故天球有晝夜平圈列于中，晝短夜長二圈列于南北，以著日行之界，地球亦有三圈對于下焉。但天包地外爲甚大，其度廣，地處天中爲甚小，其度狹，此其差數。天下之寬，自福島起爲十度，至三百六十度，復相接焉。試如察得南京離中線以上三十二度，離福島以東二百廿八度，則實爲北方。凡在中線下，則實爲南方焉。釋氏謂中國在南瞻部州，並計須彌山出入地數，其繆可知也。又用緯線以著各極出地幾何。蓋地離晝夜平線度數與極出地度數相等，但在南方則著南極出地之數，在北方則著北極出地之數也。故視京師隔中線以北四十度，則知京師北極高四十度也。視大浪山隔中線以南三十六度，則知大浪山南極高三十六度也。凡同緯之地，其極出地數同，則四季寒暑同態焉。若兩處離中線度數相同，但一離於南，一離於北，其四季並晝夜刻數均同，惟時相反焉。蓋此之夏，爲彼之冬焉耳。且長晝夜，愈離中線愈長也。余以式之，惟計於國濱，每五度其晝夜長何如，則西東上下隔中線數，一則皆可通用經線以定兩處相離幾何辰也。蓋日輪一日行一周，則每辰行三十度，而兩處相違三十度，並謂差一辰。故視女直離福島一百四十度，而緬國離一百一十，則明女直於緬國差一辰。而凡女直爲卯時，緬方爲寅時也。其餘倣是焉。設差六辰，則兩處晝夜相反焉。如又離中線度數同而差南北，則兩地人對足氐反行。故南京離中線以北三十二度，離福島一百二十八度，而南亞墨利加之瑪八作離中線以南三十二度，離福島三百零有八度，則南京於瑪八作人相對，反足氐行矣。從此可曉同經線處並同辰，而同時見日月蝕矣。此其大略也，其詳備於圖並後書云。

《山海輿地全圖》各國經緯度略曰，凡國大小，或居於南北，或於西東，皆以其度分也，蓋地與海既成員形如球焉。其南北似軸，二頭對天，南北極謂地二極，是一定名。離赤道九十度則赤道上下爲地，緯線之數原明矣。夫日月星麗天環地球，晝夜不息，本無出入焉。惟此國遇日之照爲晝，見月星爲夜，於所視太陽升爲東，於所視其降爲西耳。然此圖之西必爲他國之東，而地球本無正西東也，既而地之經線於何處爲起數乎。初制全圖者，歐邏巴與利未亞二大州土者，俱中華之西也。伊始察西海中福島乃至西也，即以是島之外，竟爲海而如東尋地也。見東之地廣闊難窮，且爲所交之國一摠圖，自北極因福島至南極畫一線，以此線爲横路之度數之裱焉，則福島結三百六十度之本末也。

清・張廷玉等《明史》卷二五《天文志一》 明神宗時，西洋人利瑪竇等入中國，精於天文曆算之學，發微闡奧，運算制器，前此未嘗有也。兹掇其要論著於篇，而《實録》所載天象星變，殆不勝書，擇其尤異者存之。【略】

其言地圓也，曰地居天中，其體渾圓，與天度相應。中國當赤道之北，故北極常現，南極常隱。南行二百五十里則北極低一度，北行二百五十里則北極高一度。東西亦然，亦二百五十里差一度也。以周天度計之，知地之全周爲九萬里也。以周徑密率求之，得地之全徑爲二萬八千六百四十七里又九分里之八也。又以南北緯度定天下之縱，凡北極出地之度同，則四時寒暑靡不同。若南極出地之度與北極出地之度同，則其晝夜永短靡不同。惟時令相反，此之春，彼爲秋，此之夏，彼爲冬耳。以東西經度定天下之衡，兩地經度相去三十度，則時刻差一辰，若相距一百八十度，則晝夜相反焉。其説與《元史》札馬魯丁地圓之旨略同。【略】

極度晷影：宣城梅文鼎曰【略】西洋之法又有進焉，謂地半徑居日天半徑千餘分之一，則地面所測太陽之高，必少於地心之實高，於是有地半徑差之加。近地有清蒙氣，能升卑爲高，則晷影所推太陽之高，或多於天上之實高，於是又有清蒙差之減。是二差者，皆近地多而漸高漸減，以至於無。地半徑差至天頂而無，清蒙差至四十五度而無也。

崇禎初，西洋人測得京省北極出地度分：北京四十度，周天三百六十度、度六十分立算，下同。南京三十二度半，山東三十七度，山西三十八度，陝西三十六度，河南三十五度，浙江三十度，江西二十九度，湖廣三十一度，四川二十九度，廣東二十三度，福建二十六度，廣西二十五度，雲南二十二度，貴州二十四度。以上極度，惟兩京、江西、廣東四處皆係實測，其餘則據地圖約計之。【略】

東西偏度：以京師子午線爲中而較各地所偏之度。凡節氣之早晚，月食之先後，胥視此。蓋人各以見日出入爲東西，爲卯酉，以日中爲南，爲午。而東方見日早，西方見日遲，東西相距三十度，則差一時。東方之午乃西方之巳，西方之午乃東方之未也。相距九十度則差三時，東方之午乃西方之卯，西方之午乃東方之酉也。相距一百八十度則晝夜時刻俱反對矣，東方之午乃西方之子。西洋人湯若望曰：天啓三年九月十五夜戌初初刻望，月食，京師初虧在酉初一刻十二分，而西洋意大里雅諸國望在晝，不見。推其初虧在巳正三刻四分，相差三時二刻八分，以里差計之，殆距京師之西九十九度半也。故欲定東西偏度，必須兩地同測一月食，較其時刻，若早六十分時之二，則爲偏西一度，遲六十分時之二，則爲偏東一度。節氣之遲早亦同。今各省差數未得測驗，據《廣輿圖》計里之方約略條列，或不致甚舛也。南京應天府、福建福州府並偏東一度，山東濟南府偏東一度十五分，山西太原府偏西六度，湖廣武昌府、河南開封府偏西三度四十五分，陝西西安府、廣西桂林府偏西八度半，浙江杭州府偏東三度，江西南昌府偏西二度半，廣東廣州府偏西五度，四川成都府偏西十三度，貴州貴陽府偏西九度半，雲南雲南府偏西十七度。

右偏度載《崇禎曆書·交食曆指》。其時開局修曆，未暇分測，度數實多未確，存之以備考訂云。

清·阮元《（道光）廣東通志》卷八三《輿地畧一·廣東輿地總圖》 謹案：《周禮·地官》：（大司徒）以天下土地之圖，周知九州之地域廣輪之數。《夏官》：（職方氏）掌天下之圖。鄭注：天下之圖，如今司空輿地圖也。《史記·蕭相國世家》：沛公至咸陽，蕭何先入，收秦丞相御史律令圖書。漢王具知天下阸塞、户口多少、强弱之處、民所疾苦者以何？具得秦圖書也。考之經史，輿地之有圖由來尚矣，而古人作圖之法，詳於《晉書·裴秀傳》。其例有六：一曰分率，二曰準望，三曰道里，四曰高下，五曰方邪，六曰迂直。後之作地圖者不從古法，第知開方而已。明時西人入中國，以天之度計地之里，於是有北極高度、東西偏度之圖，矜爲創獲，詎知裴秀《禹貢地域圖》已詳言之。秀曰：分率所以辨廣輪之數，此即經緯度也。馬融《周禮注》：東西曰廣，南北曰輪。南北經度也，東西緯度也，可知裴秀之圖亦用經緯度矣。今以京師北極出地三十六度子午線爲中度，至潮州止，是爲南北經度。自二十五度至十八度止，是爲東西緯度。每方一度六十分，爲里二百五十，此乃直度之里數，非驛站所由之迂數也。天體渾圓，地球亦渾圓，自二十三度至二十五度之線爲弧線，使觀者知地球渾圓，所以有偏西之度爾。由總圖析之爲府、爲州圖，每方六十二里有半。又析之爲縣圖，每方二里有半。爲方不同，而積分求度，按度計里，其致一也。至於名山之交錯，大川之經流，則於府州縣圖内詳畧互見焉。

清·陳培桂《淡水廳志》卷一《圖説一》 古人作圖之法，晉裴秀最詳。其例六：曰分率，曰准望，曰道里，曰高下，曰方邪，曰迂直。後人則止知開方而已。查西法以天之度計地之里，於是有北極高度、東西偏度之圖。此即裴氏分率内之經緯度也。今以京師北極出地三十六度子午線爲中度，直至閩之汀州、粤之潮州止，是爲南北經度。自二十五度至二十三度止，爲東西緯度。每方一度六十分、爲里二百五十，此乃直度里數，非驛路所經之迂數也。紙方狹小，弧線不易，圖故不載。今繪全圖一，分圖四。圖析爲十格，爲里二十有五。爲方不同，而積分求度，按度計里，其致一也。參《廣東通志》。案地居天中，其體渾圓，與天度相應。中國當赤道之北，北極常見，南極常隱。南行二百五十里，則北極低一度，南極高一度。北行二百五十里，則北極高一度，南極低一度。北極高度即南北里差也，東西偏度即東西里差也。南北經度易測，東西緯度難知。經度測二極之低昂，緯度測月食之早晚。欲定東西偏度，必於兩地同測一月食，較其時刻。若早六十分時之二，則爲偏西一度，遲六十分時之二，則爲偏東一度。

清·曹廷傑《東三省輿地圖説·補註圖説》 輿地之學，非圖不明，非説不顯，非準之經緯度數，則方隅里到必多不合。湖北書局所刻東三省輿圖，於奉吉二省交界之威遠堡門外一帶，吉江二省交界之松花江一帶，皆鉏鋙不相接。且松花江水道自格林河以下，逕向東北入海，無折向北流，又西北流再折而東南之勢。俄人所繪東海濱省圖，又皆詳於彼界，而於我東三省地方，則俱從略。廷傑此圖蓋取齊氏《水道提綱》、何氏《朔方備乘》、張氏《翠微山房》所載，測定各處經緯度數列爲大綱，然後參合各圖所繪山水作爲細目，似較中俄兩圖爲勝。顧於未經測定度數之處，不免稍有參差。補註既成，以呈贊臣爵督將軍。幸蒙政其紕繆，爰亟攷訂里數，附録於左，以便重刻更正焉。至圖中各處地方沿革險要，因紙幅太隘，不能偏爲之説，容俟續刊，用公同好。楚北曹廷傑謹識。

清·丁取忠《輿地經緯度里表》 地周横黍尺爲九萬里，從黍尺爲七萬二千里。分地以爲三百六十度，則南北每度得從黍尺二百里也。李申耆兆洛一統全國區畫州縣旗部，旁及朝鮮，列其經緯度，極爲詳密，每極度長二百里，用從黍尺也。夫圖既廣漠，必不能限以分秒，雖城郭所在之分，細量可得，轉寫摹臨，勢不能不易位，必賴表互相發明，而分位始定。取覽張丹邨作楠《揣籥小録》所紀内地州縣，冠以省府，惟西北旗部，混而莫辨，雖孰西孰北，據算可推，孰爲蒙古、孰爲回部，則茫然也。其度分皆與全圖吻合，然東西之偏度參差，漸近兩極，則漸減而狹，漸近赤道，則漸增而廣，極廣逼赤道，不過如極度之長爲二百里，極狹至兩極盡處，則分寸俱泯矣。取每覽圖録，病偏度分之廣狹不齊，距中線之偏里無數。欲以八線推之，而於輿地素所未諳，此心難遂，時用惘然。咸豐改元冬，幕遊昭陵，始得與郡人鄒叔明漢章、季深漢池昆季交。叔明之學，習於山川輿地者也，爲取厘定旗部，考校海圖，季深布算，按度推里，西人所紀福島英國之偏度，皆折以京師中線。孟春持籌，閱八月而蕆事。對圖核算，則唐子式顯間與有勞焉。然後官司之分治，蠻夷之世守，莫不燦然星列，一顧度分，而知其距中線東北爲若干里，距横線南北爲若干里也。其於考核輿圖，或稍有裨益云。例具于左：

一、省鎮次第，先直隸，尊首善也。次盛京，尊陪都也。次山東、山西、河南，近畿也。次江蘇、安徽、江西、浙江、福建，文學之區，財賦所出，且海防重任也。次湖北、湖南，内地之中，無土官也。次陝西、甘肅、四川，接邊疆也。次廣東、廣西、雲南、貴州，鄰外國，或新開也。此皆督撫之所轄也。次吉林、黑龍江，高皇肇造之區也。次内外蒙古，文皇之所經營也。次伊犁回疆，依昆侖也。此皆將軍之所轄也，青海、西藏，僅設大員辦事而已。于各省鎮，爲權輕而事簡，故以爲殿，附録屬藩，頒朔之所及也。詳朝鮮郡縣，嘉其忠順無猜疑也。海國異式，略荒服也。

一、小録全圖之州縣，間有爲近歲所升降並省者。又有圖録所無，爲近歲新設者，一以咸豐元年爲斷。其廢縣尚設縣丞鄉學等官者，則稱某縣丞某鄉，附併入之縣下，而列其度分。官學俱裁者，則削之。

一、全圖所畫各省土司，原未分府界，今檢《乾隆府州廳志》及《廣西圖説》、《雲南通志》，凡土司之可明知系屬某府州廳者，則分附其轄下，餘概附本省末。

一、東三省爲興王肇跡之區，盛京已置郡縣，擬于内地。吉林、黑龍江南北距二十度，四千里，東西距三十度，三千餘里，視各省鎮極爲荒遠，其城郭雖屈指可數，然列聖經其疆界，限以卡倫，繪其山河，極爲整密，徒以土廣民希，財賦莫出，未及置郡縣耳。謹案全圖，敘其山嶺及支川踰二百里以上者之源流，以彰列聖之德化，無遠弗屆云。

一、同文四國，朝鮮已見全圖，度分森列。日本圖無度分。琉球無圖。越南雖有度分之圖，見《雲南通志》。攷其疆界，東西千七百六十里，南北二千八百里。今圖東西廣四度二十分，南北長僅三度二十分，兩府相去不過數十里。若以其圖推之，則兩縣相去不過十餘里。越南之府縣雖狹，府必當中國一大縣，縣必當中國一大鄉，然後可以設官布吏，斷不至府狹如鄉，縣狹如邨也。通志之圖，殆不可據。故越南州縣，不列於表。俟博物君子取越南、日本、琉球真圖，案度補列，則所望也。

一、海洋諸國，文字不同。利南諸家各自爲説，頗近於誕。姑據其説，折以京師中線，列其四境，記其方里。其四境無可稽者，則按圖約指其國境適中處，命度加算，以誌其略。俟浮海步地之君子，遍歷洋邦，攷其方位，譯其文詞，而後度分可得而詳也。

一、每度爲六十分，每分爲六十秒，小録間詳秒數，推算每偏分，極廣者不過三里許，則積至三十秒者，不過里許。今以小録之四十秒以上者，升爲分，三十秒以下者，去之不推算。

一、横列偏度度分等字於各行之上，以醒閲者之目。偏度下之中字，即京師之中線也。凡值中線者，不稍偏倚，故無偏度與偏里之數而空其格。東者，偏在中線之東，西者，偏在中線之西也。州縣旗部及藩屬皆在赤道北，故無南極出地之度數。度十下之一字，即十度也，二字，即二十度也。度單下之一字，即一度也，二字，即二度也。分十分單里千里萬，以此類推。海國有在赤道南者，故異其式。凡北極高者言北，南極高者言南。在京師中線東者言東，中線西者言西。如大輿縣度下言三九，分下言五五，即北極高三十九度五十五分也。承德縣偏度下言東，偏度單下言七，偏分下言一三，即偏東七度十三分也。偏里下言一〇七四，即比中綫偏一千零七十四里也。

咸豐二年秋九月戊申朔長沙丁取忠識

清・彭清瑋、左學品《湖南全省輿圖説》第三册《經緯度表（赤道宫度附）圖説第二》 長沙丁果臣先生所著《度里表》，有距中線里數，而新測本無之。以經度廣狹不同，則丁所算之里，亦不能按度定率也。新測之經緯，既與丁本分數不同，則丁所算之里數，亦未可據，故列表如丁式，而分數悉遵新測。丁之里數不録，新測之秒數亦不録。

清・鄒弢《地輿總説》 地之大，測量家立有經度緯度。隨赤道而環接東西者，曰緯度。從南極至北極者，曰經度。緯線赤道南北各自九十度，在赤道南者，曰南緯線，在赤道北者，曰北緯線，共計三百六十度。與經線相交，爲之直角。然經線又可分爲東西，若以中國而論，可擇定一線以爲正線，即以京都爲正線，則正線之東一百八十度爲東經，正線之西一百八十度爲西經。經緯度每度六十分，每分六十秒。赤道處經緯相等，至兩極則經度相連漸隘，非如緯度之南北，仍如一致。緯線南北每度約一百八十里，經線在赤道至兩極適中再後六十度處，僅得赤道里數之半。以此相計，地球之大，共約一千三百三十七兆八十三萬有百方里。每方里約得六百四畝二分有奇，以此相乘，共得八千有八十四兆七萬六千九百畝。其中水地爲多，陸地只五分之二，其有人處不過五分之一，此地球形體之略也。

清・劉錦藻《清朝續文獻通考》卷三〇五《輿地考一》 臣謹案：我朝肇興東土，入關定鼎，正位燕京，奄有十八行省之地。康雍以還，北自喀爾喀、厄魯特諸蒙古，西及衛藏，南至臺灣，咸就皋牢。迨高宗蕩平准回，戡定金川，寰宇鏡清，幅員恢拓。東極於庫頁，西盡於蔥嶺，北連西伯利亞，南至西沙群島。大一統之規模，洵亘古所未有。乾隆五十年以前，前考述之備矣。迄今百有餘歲，其間並析廢徙，措施實繁。如光緒間之改建新疆、臺灣、奉天、吉林、黑龍江諸行省，尤其犖犖大者。且自鄰邦接壤，交涉鴟張，畫界分疆，動嗟蹙地，皆由我不明領域，不諳外情，有以致之，豈細故哉！臣嘗愍然憂之，爰采官私圖籍、地方誌書，匯成此篇，以著沿革之跡，明封域之限。而于邊陲形勢，尤詳盡而罔敢或遺。編次之例，皆遵前考，略有增損，可得而言。

前考推論里至之法，以爲可得某地所在之實。夫觀其里至，四鄰爲何地，相距之遠近若干，固已明白。而欲確知某地在全國、全球之位置，不如依經緯度測算地平縱横界畫，各爲百八十度，度又析爲六十分，規子午以别東西，據赤道而區南北，此近代科學之進步，爲地理家所當採用者。今故删去道里，僅存八界，而以經緯度附注於下，此其一。

海通而後商競日亟，互市之所在，財貨之所聚也，而貿易之贏絀見焉，民生之枯榮緣焉。甚至國計之盈虚消長，亦莫不繫焉。關係之大，幾莫與京。故凡約開，自開之商埠，一一標列，此其二。

鐵路爲交通要政，品物之輸轉，行旅之往來莫不由之，而軍事攸賴蓋尤急焉。是以路權之所及，即其勢力之所届，哈、長、吉、奉之巨工，所以爲大患於東方也。今詳載其經過地方，並識其出入之徑，此其三。

三者之外，間亦稍稍稱述見時情形，歷史故實，以通古今之變而備考鏡之資。要皆因時變通，不得不爾。前考備載府廳州縣之四至八到及距京遠近，兹復列之者，亦冀沿津討源，緍檢較易，非竟複出，自戾全書之例也。

分論

明・潘光祖、李雲翔《彙輯輿圖備攷全書》卷一《纏度圖説》 元，四海測驗二十七所，除和林鐵勒高麗不載。

南海北極出地一十五度，夏至景在表南長一尺一寸六分，晝五十四刻，夜四十六刻。

衡嶽北極出地二十五度，夏至日在表端無景，晝五十六刻，夜四十四刻。

衡臺北極出地三十五度，夏至晷景長一尺四寸八□分，晝六十刻夜四十刻。

北海北極出地六十五度，夏至晷景長六尺七寸八分，晝八十二刻，夜一十八刻。

大都即今京師，北極出地四十度太强，夏晷景長一丈二尺三寸六分晝六十二刻，夜三十八刻。

上都，今萬全都司，北極出地四十三度少。

北京，今大寧，北極出地四十二度强。

益都，今青州，北極出地四十三度强。

登州，北極出地三十八度少。

西京，今大同，北極出地四十度少。

太原，北極出地三十八度少。

西安府，北極出地三十四度半强。

興元，今漢中府，北極出地三十三度半强。

成都，北極出地三十一度半强。

西涼州，今陝西涼州衛，北極出地四十度强。
東平，北極出地三十五度太强。
大名，北極出地三十六度。
南京，今開封府，北極出地三十六度太强。
河南府陽城，北極出地三十四度太弱。
楊州，北極出地三十三度。
鄂州，今武昌，北極出地三十一度半。
吉州，今吉安府，北極出地二十六度半。
雷州，北極出地二十度。
瓊州，北極出地一十九度。
此中國測驗之度數，與前利西泰並存，以互考焉。

清·張廷玉等《明史》卷二五《天文志一》 西洋人湯若望曰：【略】今各省差數未得測驗，據《廣輿圖》計里之方約略條列，或不致甚舛也。南京應天府、福建福州府並偏東一度，山東濟南府偏東一度十五分，山西太原府偏西六度，湖廣武昌府、河南開封府偏西三度四十五分，陝西西安府、廣西桂林府偏西八度半，浙江杭州府偏東三度，江西南昌府偏西二度半，廣東廣州府偏西五度，四川成都府偏西十三度，貴州貴陽府偏西九度半，雲南雲南府偏西十七度。

清·劉衡《六九軒算書》卷下《勾股尺測量新法·各省北極出地度赤道高度攷北極餘度與赤道高度同》

北極出地度	赤道高度
京師四十度	五十度
盛京四十二度	四十八度
山西三十八度	五十二度
山東三十七度	五十三度
陝西三十六度	五十四度
河南三十五度	五十五度
江南三十二度	五十八度
湖北三十一度	五十九度
浙江三十度	六十度
江西二十九度	六十一度
四川二十九度《天問略》作廿九度半。	六十一度
福建二十六度	六十四度
廣西二十五度	六十五度
貴州二十四度《天問略》作廿四度半。	六十六度
廣東二十三度《天問略》作廿三度半。	六十七度
雲南二十二度《天問略》作廿四度。	六十八度

清·程同文《論會典里差書》（清·賀長齡《清朝經世文編》卷八〇《兵政一一·塞防上》） 舊《會典》所載經度五十一有奇，偏西度十七分者，乃尼布楚城也。其曰偏十七度者，度爲分字之訛。【略】雅薩克城，爲中國土壤，居黑龍江全境之北。詳其里差，未爲不可。但此城遠在尼布楚之東，經緯度皆不同。捉瓜替李，殊憒憒矣。又所示經緯度皆同諸處，惟布魯特、安集延系兩部落，萬無同理，今更正。【略】崆格、札布堪，乃兩河名。若指兩河合處，則經緯度不符。若按舊經緯度處，札布堪河實經之。崆格河不相涉也，或改爲札布堪河阿爾洪，則經緯度恰合。

清·昆岡等《清會典圖》卷一三九《輿地一·皇輿全圖》 京師，居天下之中，北極高三十九度五十五分。直隸省爲畿輔，北極高三十八度五十一分，偏西五十二分。其東三省：曰盛京，北極高四十一度五十一分，偏東七度一十五分。曰吉林，北極高四十三度四十七分，偏東一十二度二十七分。曰黑龍江，北極高四十七度二十九分，偏東七度三十五分。畿輔之南三省：曰河南，北極高三十四度五十二分，偏西二度五十六分。曰山東，北極高三十六度四十五分，偏東四十分。曰山西，北極高三十七度五十三分，偏西三度五十七分。山東省之南爲兩江三省：曰江蘇，北極高三十二度四分，偏東二度一十八分。曰安徽，北極高三十度三十七分，偏東三十四分。曰江西，北極高二十八度三十七分，偏西三十七分。兩江之南爲閩浙三省：曰浙江，北極高三十度一十八分，偏東三度四十一分。曰福建，北極高二十六度二分，偏東二度五十九分。曰臺灣，北極高二十四度十一分，偏東四度四分。河南之南爲湖廣二省：曰湖北，北極高三十度三十四分，偏西二度一十七分。曰湖南，北極高二十八度一十三分，偏西三度四十二分。湖廣之南爲兩廣二省：曰廣東，北極高二十三度一十分，偏西三度三十三分。曰廣西，北極高二十五度一十三分，偏西六度一十四分。山西之西爲陝甘三省：曰陝西，北極高三十四度一十六分，偏西七度三十三分。曰甘肅，北極高三十六度八分，偏西一十二度三十六分。曰新疆，北極高四十三度五十六分，偏西二十七度一十分。陝西之南爲四川省，北極高三十度四十一分，偏西一十二度一十六分。四川之南爲雲貴二省：曰雲南，北極高二十五度六分，偏西一十三度三十七分。曰貴州，北極高二十六度三十分，偏西九度五十二分。直隸西北爲察哈爾，北極高四十度五十分，偏西一度三十六分。甘肅之西爲青海，北極高三十七度，偏西十六度三十分。四川之西爲西藏，北極高三十度三十分，偏西二十四度五十分。新疆之北爲科布多，北極高四十八度六分，偏西二十六度二十三分。爲唐努烏梁海，北極高五十度四十分，偏西二十四度二十分。【略】

極東，三姓所屬庫頁島，偏東三十一度二十分；極西，新疆疏勒州葱嶺之西，偏西四十七度；極北，吉林三姓東北外興安嶺，北極高六十一度；極南，廣東瓊州府崖山，北極高十八度十三分。凡東西相距七十八度有奇，南北相距四十二度有奇。

清·張人駿等《廣東輿地全圖》 廣東全省輿地總圖

緯度北極出地二十三度零七分三十秒，經度距京師中綫偏西三度一十二分，極東南澳廳東南之南澎島距京師中綫偏東五十分，極西防城縣扣㓂隘距京師中綫偏西八度五十七分零六秒，極南崖州榆林港外山嘴十八度九分一十秒，極北仁化縣分水坳二十五度三十三分一十秒，凡東西相距九度四十七分零六秒，南北相距七度二十四分。【略】

廣州府附佛岡廳赤溪廳圖

緯度北極出地二十三度零七分三十秒，經度距京師中綫偏西三度一十二分。【略】

南海縣 天度

緯度北極出地二十三度零七分一十三秒，經度距京師中綫偏西三度一十二分二十四秒。

番禺縣 天度

緯度北極出地二十三度零七分三十秒，經度距京師中綫偏西三度一十一分三十四秒。

順德縣 天度

緯度北極出地二十二度五十分一十秒，經度距京師中綫偏西三度一十二分二十秒。

東莞縣 天度

緯度北極出地二十三度，經度距京師中綫偏西二度四十分零二十秒。

從化縣 天度

緯度北極出地二十三度三十三分四十秒，經度距京師中綫偏西二度五十五分。

龍門縣 天度

緯度北極出地二十三度四十四分，經度距京師中綫偏西二度十分零十秒。

增城縣 天度

緯度北極出地二十三度十五分，經度距京師中綫偏西二度三十五分三十五秒。

新會縣 天度

緯度北極出地二十二度二十六分二十秒，經度距京師中綫偏西三度二十六分五十秒。

香山縣 天度

緯度北極出地二十二度三十一分三十秒，經度距京師中綫偏西三度零四分。

三水縣 天度

緯度北極出地二十三度一十分五十秒，經度距京師中綫偏西三度三十七分一十秒。

新寧縣 天度

緯度北極出地二十二度一十三分三十秒，經度距京師中綫偏西三度四十四分五十秒。

清遠縣 天度

緯度北極出地二十三度四十二分三十秒，經度距京師中綫偏西三度二十五分二十秒。

新安縣 天度

緯度北極出地二十二度三十二分五十秒，經度距京師中綫偏西二度三十三分四十秒。

花縣 天度

緯度北極出地二十三度三十分零二十秒，經度距京師中綫偏西三度一十一分一十秒。

佛岡直隸廳　天度

緯度北極出地二十三度五十一分二十秒，經度距京師中綫偏西二度五十七分五十秒。

赤溪直隸廳　天度

緯度北極出地二十一度五十六分四十秒，經度距京師中綫偏西三度二十九分一十秒。

韶州府圖　緯度北極出地二十四度五十四分三十秒，經度距京師中綫偏西三度二十五分五十秒。【略】

曲江縣　天度

緯度北極出地二十四度五十四分三十秒。經度距京師中綫偏西三度二十五分五十秒。【略】

樂昌縣　天度

緯度北極出地二十五度一十五分二十秒，經度距京師中綫偏西三度三十六分二十秒。【略】

仁化縣　天度

緯度北極出地二十五度一十四分，經度距京師中綫偏西三度一十七分四十秒。【略】

乳源縣　天度

緯度北極出地二十四度五十三分四十秒，經度距京師中綫偏西三度四十四分一十秒。

翁源縣　天度

緯度北極出地二十四度二十八分三十秒，經度距京師中綫偏西三度一十分零一十秒。

英德縣　天度

清・王志修《奉天省總圖・奉天全省圖説》　盛京形勢東控朝鮮，西衛畿輔，南俯登萊，北聯吉林。北緯四十一度五十一分五十秒，東經七度十三分二十五秒。

清・屠寄《黑龍江輿圖説・黑龍江總圖説》　全境起北京偏西經一度有四分，東暨東經十八度五十有二分，北緯四十五度十五分，並茂興站計。北暨北緯五十五度三十七分。

清・屠寄《黑龍江輿圖説・齊齊哈爾城圖説》　齊齊哈爾城【略】東經七度一分，北緯四十七度三十分十四秒。【略】全城轄境起東經六度九分，東暨十度四十六分，北緯四十六度四十二分，北暨四十八度三十六分。

清・屠寄《黑龍江輿圖説・黑龍江城圖説》　黑龍江城【略】東經十一度二分十八秒，北緯四十九度五十九分十秒。【略】全城所轄起東經二度三十分，東暨十八度四十四分，北緯四十七度三十一分，北暨五十五度三十七分。

清・屠寄《黑龍江輿圖説・墨爾根城圖説》　墨爾根城【略】東經八度二十八分四十一秒，北緯四十九度十一分十四秒。【略】全城所轄起東經六度三十分，東暨十度十四分，北緯四十八度五十四分，北暨五十二度六分。

清・屠寄《黑龍江輿圖説・布哈特圖説》　布特哈【略】東經七度五十九分六秒，北緯四十八度二十六分二秒。【略】全城轄境起東經三度四十五分，東暨十一度三分，北緯四十六度四十四分，北暨五十二度三十六分。

清・屠寄《黑龍江輿圖説・呼倫貝爾圖説》　呼倫貝爾【略】東經二度四十五分四十六秒，北緯四十九度十七分十三秒。【略】全城所轄起京師偏西經一度有四分，東暨東經六度有九分，北緯四十六度四十四分，北暨五十三度十七分。

清・屠寄《黑龍江輿圖説・呼蘭城圖説》　呼蘭城【略】東經九度三十六分，北緯四十五度五十八分五十四秒。【略】全城轄境起東經八度五十二分，東暨十六度，北緯四十五度四十五分，北暨四十八度四分。

清・魏光燾《陝西全省輿地圖》　咸寧縣　天度　緯度北極出地三十四度一十六分，經度距京師偏西七度三十二分。

長安縣　天度　緯度北極出地三十四度一十六分，經度距京師偏西七度三十二分。

孝義廳　天度　緯度北極出地三十三度三十七分，經度距京師偏西七度一十九分。

寧陝廳　天度　緯度北極出地三十三度一十五分，經度距京師偏西七度五十三分。

咸陽縣　緯度北極出地三十四度二十分，經度距京師偏西七度四十六分。

興平縣　天度　緯度北極出地三十四度一十八分，經度距京師偏西八度一分。

臨潼縣　天度　緯度北極出地三十四度二十一分，經度距京師偏西七度一十七分。

高陵縣　天度　緯度北極出地三十四度三十一分，經度距京師偏西七度二十一分。

鄠　縣　天度　緯度北極出地三十四度零六分，經度距京師偏西七度四十八分。

藍田縣　天度　緯度北極出地三十四度二分，經度距京師偏西七度八分。

涇陽縣　天度　緯度北極出地三十四度三十分，經度距京師偏西七度三十八分。

三原縣　天度　緯度北極出地三十四度三十六分，經度距京師偏西七度三十四分。

盩厔縣　天度　緯度北極出地三十四度一十一分，經度距京師偏西八度一十一分。

清·劉錦藻《清朝續文獻通考》卷三〇五《輿地考一·直隸省》　京師順天府【略】

大興縣，附郭，縣署在北城教忠坊，治府東境。北緯三十九度五十五分，經度居中線。【略】

宛平縣，附郭，縣署在北城豐儲坊，治府西境。經緯度同前。【略】

良鄉縣【略】北緯三十九度四十四分，西經十三分。

固安縣【略】北緯三十九度二十四分，西經三分。

永清縣【略】北緯三十九度二十一分，東經六分。

東安縣【略】北緯三十九度二十五分，東經十九分。

香河縣【略】北緯三十九度四十六分，東經三十四分。

通　州【略】北緯三十九度五十五分，東經十四分。【略】

三河縣【略】北緯四十度一分，東經三十四分。

武清縣【略】北緯三十九度三十二分，東經二十八分。

寶坻縣【略】北緯三十九度四十五分，東經五十三分。

寧河縣【略】北緯三十九度二十八分，東經一度十八分。【略】

昌平州【略】北緯四十度十四分，西經九分。【略】

順義縣【略】北緯四十度九分，東經十三分。

懷柔縣【略】北緯四十度十九分，東經十二分。

密雲縣【略】北緯四十度二十三分，東經二十六分。【略】

涿　州【略】北緯三十九度三十一分，西經二十三分。

房山縣【略】北緯三十九度四十四分，西經二十二分。

霸　州【略】北緯三十九度八分，中。

保定縣【略】北緯三十九度一分，西經一分。

文安縣【略】北緯三十八度五十四分，東經五分。

大城縣【略】北緯三十八度四十四分，東經十四分。

薊　州【略】北緯四十度五分，東經五十九分。【略】

平谷縣【略】北緯四十度十三分，東經四十五分。

保定府【略】

清苑縣，附郭，北緯三十八度五十五分，西經五十一分。

滿城縣【略】北緯三十八度五十九分，西經一度三分。

安肅縣【略】北緯三十九度二分，西經四十一分。

定興縣【略】北緯三十九度十八分，西經三十五分。

新城縣【略】北緯三十九度十七分，西經二十五分。

容城縣【略】北緯三十九度四分，西經三十分。

雄　縣【略】北緯三十九度二分，西經十七分。

完　縣【略】北緯三十八度五十分，西經一度十一分。

唐　縣【略】北緯三十八度四十六分，西經一度三十五分。【略】

望都縣【略】北緯三十八度四十三分，西經一度十三分。

博野縣【略】北緯三十八度二十九分，西經五十四分。

蠡　縣【略】北緯三十八度三十二分，西經四十七分。

祁　州【略】北緯三十八度二十八分，西經一度二分。

束鹿縣【略】北緯三十七度五十五分，西經一度一分。

安　州【略】北緯三十八度五十四分，西經三十三分。

高陽縣【略】北緯三十八度四十三分，西經三十五分。

永平府【略】

盧龍縣，附郭，北緯三十九度五十五分，東經二度二十八分。

遷安縣【略】北緯四十度六分，東經二度十六分。【略】

撫寧縣【略】北緯三十九度五十五分，東經二度五十一分。

昌黎縣【略】北緯三十九度四十五分，東經二度四十四分。【略】
灤州【略】北緯三十九度四十七分，東經二度十九分。【略】
樂亭縣【略】北緯三十九度二十九分，東經二度二十九分。
臨榆縣【略】北緯三十九度五十八分，東經三度二十三分。【略】
正定府【略】
正定縣，附郭，北緯三十八度十一分，西經一度四十四分。
獲鹿縣【略】北緯三十八度八分，西經二度二分。【略】
井陘縣【略】北緯三十八度二分，西經二度二十七分。【略】
平山縣【略】北緯三十八度十六分，西經二度七分。
靈壽縣【略】北緯三十八度十八分，西經一度五十七分。
行唐縣【略】北緯三十八度二十六分，西經一度四十七分。
阜平縣【略】北緯三十八度五十二分，西經二度九分。【略】
欒城縣【略】北緯三十七度五十六分，西經一度四十一分。
元氏縣【略】北緯三十七度四十八分，西經一度四十八分。
贊皇縣【略】北緯三十七度四十二分，西經一度五十五分。
晉州【略】北緯三十八度五分，西經一度十五分。
無極縣【略】北緯三十八度十三分，西經一度二十一分。
藁城縣【略】北緯三十八度五分，西經一度二十九分。
新樂縣【略】北緯三十八度二十六分，西經一度三十三分。
順德府【略】
邢臺縣，附郭，北緯三十七度八分，西經一度四十九分。
沙河縣【略】北緯三十六度五十九分，西經一度四十九分。
南和縣【略】北緯三十七度四分，西經一度三十九分。
任縣【略】北緯三十七度十一分，西經一度三十九分。
平鄉縣【略】北緯三十七度二分，西經一度二十六分。
廣宗縣【略】北緯三十七度九分，西經一度九分。
鉅鹿縣【略】北緯三十七度十六分，西經一度十九分。
唐山縣【略】北緯三十七度二十三分，西經一度三十七分。
內邱縣【略】北緯三十七度二十分，西經一度四十八分。
廣平府【略】
永年縣，附郭，北緯三十六度四十六分，西經一度三十五分。【略】
曲周縣【略】北緯三十六度五十二分，西經一度二十三分。
肥鄉縣【略】北緯三十六度三十九分，西經一度二十三分。
廣平縣【略】北緯三十六度三十四分，西經一度二十二分。
成安縣【略】北緯三十六度三十分，西經一度三十六分。
邯鄲縣【略】北緯三十六度四十分，西經一度四十九分。
雞澤縣【略】北緯三十七度，西經一度二十八分。
威縣【略】北緯三十七度四分，西經一度二分。
清河縣【略】北緯三十七度九分，西經四十一分。
磁州【略】北緯三十六度二十五分，西經一度五十五分。
大名府【略】
大名縣【略】北緯三十六度二十一分，西經一度六分。
元城縣，附郭，治東偏，經緯度同上。
南樂縣【略】北緯三十六度九分，西經一度一分。
清豐縣【略】北緯三十五度五十八分，西經一度六分。
開州【略】北緯三十五度四十七分，西經一度十一分。
東明縣【略】北緯三十五度二十三分，西經一度九分。
長垣縣【略】北緯三十五度十七分，西經一度三十一分。
河間府【略】
河間縣，附郭，北緯三十八度三十分，西經十七分。
獻縣【略】北緯三十八度十六分，西經十五分。
肅寧縣【略】北緯三十八度三十一分，西經三十一分。
任邱縣【略】北緯三十八度四十六分，西經十五分。
交河縣【略】北緯三十八度六分，西經五分。
阜城縣【略】北緯三十七度五十六分，西經十二分。
寧津縣【略】北緯三十七度四十五分，東經二十六分。
景州【略】北緯三十七度四十六分，西經六分。
故城縣【略】北緯三十七度二十八分，西經十四分。
吳橋縣【略】北緯三十七度四十二分，東經六分。
東光縣【略】北緯三十七度五十九分，東經八分。

天津府【略】
天津縣，附郭，北緯三十九度十分，東經四十七分。
静海縣【略】北緯三十八度五十八分，東經三十一分。
青　縣【略】北緯三十八度三十七分，東經三十六分。
滄　州【略】北緯三十八度二十四分，東經二十九分。
南皮縣【略】北緯三十八度八分，東經十六分。
鹽山縣【略】北緯三十八度八分，東經四十八分。
慶雲縣【略】北緯三十七度五十五分，東經一度三分。
宣化府【略】
宣化縣，附郭，北緯四十度三十七分，西經一度二十一分。
赤城縣【略】北緯四十度五十八分，西經三十五分。【略】
龍門縣【略】北緯四十度四十八分，西經四十九分。
萬全縣【略】北緯四十度五十三分，西經一度四十一分。
懷來縣【略】北緯四十度二十四分，西經四十一分。
懷安縣【略】北緯四十度二十八分，西經一度五十八分。
蔚　州【略】北緯三十九度五十一分，西經一度五十三分。
西寧縣【略】北緯四十度七分，西經二度十三分。
延慶州【略】北緯四十度二十九分，西經二十八分。
保安州【略】北緯四十度二十二分，西經一度十二分。
圍場廳【略】北緯四十二度八分，東經一度五十分。【略】
張家口廳【略】北緯四十度五十二分，西經一度三十五分。【略】
獨石口廳【略】北緯四十一度十八分，西經三十八分。【略】
多倫諾爾廳【略】北緯四十二度三十分，西經八分。【略】
承德府【略】北緯四十一度三分，東經一度三十分。【略】
灤平縣【略】北緯四十度五十七分，東經一度十二分。【略】
豐寧縣【略】北緯四十一度二十七分，東經四十分。【略】
平泉縣【略】北緯四十一度七分，東經二度五分。【略】
隆化縣【略】北緯四十一度三十五分，東經一度二十八分。【略】
朝陽府，北緯四十一度四十五分，東經四度。
建昌縣【略】北緯四十一度二十分，東經三度。
阜新縣【略】北緯四十二度十二分，東經五度十分。
建平縣【略】北緯四十二度，東經三度二分。
綏東縣【略】北緯四十三度十分，東經五度。
赤峰州【略】北緯四十二度三十分，東經二度四十五分。
開魯縣【略】北緯四十三度五十分，東經四度三十六分。
林西縣【略】北緯四十三度三十分，東經一度四十分。
經棚縣【略】北緯四十三度十九分，東經一度。
遵化州，北緯四十度十三分，東經一度三十二分。【略】
玉田縣【略】北緯三十九度五十六分，東經一度十八分。
豐潤縣【略】北緯三十九度五十二分，東經一度四十二分。
易州，北緯三十九度二十三分，西經五十分。【略】
涞水縣【略】北緯三十九度二十五分，西經三十八分。
廣昌縣【略】北緯三十九度二十三分，西經一度四十一分。
冀州，北緯三十七度三十九分，西經四十七分。
南宫縣【略】北緯三十七度二十七分，西經五十八分。
新河縣【略】北緯三十七度三十五分，西經一度五分。
棗强縣【略】北緯三十七度三十五分，西經三十八分。
武邑縣【略】北緯三十七度五十二分，西經三十三分。
衡水縣【略】北緯三十七度四十七分，西經四十分。
趙州，北緯三十七度四十八分，西經一度三十三分。
柏鄉縣【略】北緯三十七度三十二分，西經一度三十八分。
隆平縣【略】北緯三十七度二十四分，西經一度三十三分。
高邑縣【略】北緯三十七度三十九分，西經一度四十二分。
臨城縣【略】北緯三十七度二十八分，西經一度四十九分。
寧晉縣【略】北緯三十七度三十九分，西經一度二十五分。
深州，北緯三十八度四分，西經四十七分。
武强縣【略】北緯三十八度三分，西經三十一分。
饒陽縣【略】北緯三十八度十六分，西經三十七分。
安平縣【略】北緯三十八度十六分，西經四十九分。
定州，北緯三十八度三十二分，西經一度二十一分。

深澤縣【略】北緯三十八度十三分，西經一度九分。
曲陽縣【略】北緯三十八度四十一分，西經一度四十一分。

清·劉錦藻《清朝續文獻通考》卷三〇六《輿地考二·奉天省》

奉天府，北緯四十一度五十二分，東經七度十三分。
遼陽州【略】北緯四十一度十六分，東經六度五十六分。
開原縣【略】北緯四十二度四十分，東經七度四十三分。【略】
鐵嶺縣【略】北緯四十二度二十四分，東經七度二十六分。
海城縣【略】北緯四十度五十五分，東經六度二十五分。
蓋平縣【略】北緯四十度三十分，東經六度一分。
復　州【略】北緯三十九度四十八分，東經五度三十七分。
金州廳【略】北緯三十九度十分，東經五度三十六分。
撫順縣【略】北緯四十二度一分，東經七度三十五分。
遼中縣【略】北緯四十一度三十五分，東經六度十分。【略】
本溪縣【略】北緯四十一度二十一分，東經七度二十九分。
興京府，北緯四十一度四十八分，東經八度三十四分。
通化縣【略】北緯四十一度四十二分，東經九度二十六分。
輯安縣【略】北緯四十一度十七分，東經九度三十九分。
鳳凰廳，北緯四十度二十四分，東經七度四十二分。
臨江縣【略】北緯四十度四十五分，東經十度四分。
懷仁縣【略】北緯四十一度十五分，東經九度。
岫岩州【略】北緯四十度二十分，東經六度五十九分。
安東縣【略】北緯四十度六分，東經七度五十六分。
寬甸縣【略】北緯四十度三十五分，東經八度十五分。【略】
長白府，北緯四十一度三十六分，東經十一度十三分。
安圖縣【略】北緯四十二度九分，東經十一度三分。
撫松縣【略】北緯四十二度五分，東經十度二十七分。
海龍府，北緯四十二度四十分，東經九度二十二分。
東平縣【略】北緯四十二度四十八分，東經九度二分。
西豐縣【略】北緯四十二度五十二分，東經八度十五分。
西安縣【略】北緯四十三度一分，東經九度。
柳河縣【略】北緯四十二度二十八分，東經九度五分。
輝南直隸廳【略】北緯四十二度四十三分，東經九度五十六分。
昌圖府，北緯四十三度四分，東經七度四十六分。
奉化縣【略】北緯四十三度二十七分，東經七度五十八分。
懷德縣【略】北緯四十三度五十八分，東經八度二十七分。
康平縣【略】北緯四十二度五十五分，東經七度。
遼源州【略】北緯四十三度四十分，東經七度十二分。
洮南府，北緯四十五度十一分，東經五度五十五分。
靖安縣【略】北緯四十五度三十分，東經六度七分。
開通縣【略】北緯四十四度五十分，東經六度十五分。
安廣縣【略】北緯四十五度二十七分，東經六度四十分。
醴泉縣【略】北緯四十五度四十六分，東經四度十八分。
鎮東縣【略】北緯四十五度三十四分，東經六度二十五分。
新民府，北緯四十一度五十六分，東經六度二十八分。
鎮安縣【略】北緯四十一度四十六分，東經五度三十分。
彰武縣【略】北緯四十二度三十八分，東經六度五分。
錦州府【略】
錦　縣【略】北緯四十一度七分，東經四度四十七分。
寧遠州【略】北緯四十度三十八分，東經四度二十七分。
廣寧縣，北緯四十一度四十一分，東經五度二十六分。
綏中縣【略】北緯四十度十五分，東經三度三十八分。
義　州【略】北緯四十一度三十一分，東經四度五十七分。
錦西廳【略】北緯四十一度二分，東經四度五分。
盤山廳【略】北緯四十一度二十一分，東經五度二十二分。

清·劉錦藻《清朝續文獻通考》卷三〇七《輿地考三·吉林省》

吉林府爲省治【略】北緯四十三度四十七分，東經十度二十七分。【略】
長春府【略】北緯四十三度四十六分，東經八度三十八分。【略】
農安縣【略】北緯四十四度三十五分，東經八度四十八分。【略】
德惠縣【略】北緯四十四度四十一分，東經十度二十二分。【略】
長嶺縣【略】北緯四十四度四十六分，東經八度三十分。【略】

雙陽縣【略】北緯四十三度二十八分，東經九度十五分。【略】
舒蘭縣【略】北緯四十四度十五分，東經十度三分。【略】
伊通直隸州【略】北緯四十三度四十分，東經八度五十分。【略】
樺甸縣【略】北緯四十三度七分，東經十度三十三分。【略】
磐石縣【略】北緯四十三度，東經十度。【略】
蒙江州【略】北緯四十二度十二分，東經十度二十五分。【略】
濱江廳【略】北緯四十五度四十七分，東經十度四十二分。【略】
新城府【略】北緯四十五度十五分，東經八度三十七分。【略】
雙城府【略】北緯四十五度四十分，東經九度二十分。【略】
榆樹直隸廳【略】北緯四十四度五十三分，東經十度十五分。【略】
五常府【略】北緯四十五度，東經十度五十分。【略】
賓州府【略】北緯四十五度五十分，東經十一度五分。【略】
長壽縣【略】北緯四十五度二十分，東經十二度。【略】
阿城縣【略】北緯四十五度四十分，東經一十度四十七分。【略】
延吉府【略】北緯四十二度五十分，東經十三度十五分。【略】
和龍縣【略】北緯四十二度三十二分，東經十三度三十分。【略】
汪清縣【略】北緯四十三度十五分，東經十三度二十分。【略】
琿春廳【略】北緯四十三度，東經十四度三十分。【略】
寧安府【略】北緯四十四度四十六分，東經十三度三十五分。【略】
東寧廳【略】北緯四十四度三分，東經十四度四十分。【略】
敦化縣【略】北緯四十三度十三分，東經十一度三十五分。【略】
穆棱縣【略】北緯四十四度四十六分，東經十四度。【略】
額穆縣【略】北緯四十三度四十五分，東經十一度三十分。【略】
依蘭府【略】北緯四十六度二十分，東經十三度二十分。【略】
方正縣【略】北緯四十五度四十三分，東經十二度三十分。【略】
臨江府【略】北緯四十七度三十分，東經十五度五十分。【略】
密山府【略】北緯四十五度二十九分，東經十五度三十分。【略】
虎林廳【略】北緯四十五度五十八分，東經十七度十四分。【略】
饒河縣【略】北緯四十六度五十分，東經十七度八分。【略】
樺川縣【略】北緯四十七度二分，東經十四度十五分。【略】
富錦縣【略】北緯四十七度十五分，東經十五度五十分。【略】
綏遠州【略】北緯四十八度十分，東經十八度十分。

清·劉錦藻《清朝續文獻通考》卷三〇八《輿地考四·黑龍江省》

龍江府【略】北緯四十七度二十七分，東經七度三十二分。【略】
呼蘭府【略】北緯四十六度十二分，東經十度。【略】
巴彥州【略】北緯四十六度，東經十一度十五分。
木蘭縣【略】北緯四十五度五十六分，東經十一度三十分。
蘭西縣【略】北緯四十六度二十分，東經九度四十七分。【略】
綏化府【略】北緯四十六度三十八分，東經十度十六分。【略】
餘慶縣【略】北緯四十六度四十分，東經十度五十六分。【略】
海倫府【略】北緯四十七度二十分，東經十度三十二分。【略】
青岡縣【略】北緯四十六度四十二分，東經九度二十五分。
拜泉縣【略】北緯四十七度三十八分，東經九度三十二分。【略】
嫩江府【略】北緯四十九度十三分，東經八度四十二分。【略】
訥河直隸廳【略】北緯四十八度五十九分，東經八度一分。【略】
興安城在北緯四十九度四十分，東經十度二十分。【略】
璦琿直隸廳【略】北緯五十度二分，東經十一度三分。【略】
黑河府【略】北緯五十度四分，東經十一度四分。【略】
呼倫直隸廳【略】北緯四十九度十分，東經三度。【略】
臚濱府【略】北緯四十九度二十八分，東經零五十分。【略】
興東道【略】北緯四十七度五十八分，東經十三度三十分。【略】
大通縣【略】北緯四十六度，東經十一度三十分。
湯原縣【略】北緯四十六度三十分，東經十二度四十分。【略】
肇州直隸廳【略】北緯四十五度三十分，東經八度二十五分。【略】
大賚直隸廳【略】北緯四十五度二十七分，東經七度十分。【略】
安達直隸廳【略】北緯四十六度三十三分，東經八度五十六分。

清·劉錦藻《清朝續文獻通考》卷三〇九《輿地考五·山東省》

曆城縣【略】北緯三十六度四十五分，東經四十一分。
章邱縣【略】北緯三十六度五十二分，東經一度十分。
鄒平縣【略】北緯三十六度五十六分，東經一度二十七分。

淄川縣【略】北緯三十六度四十三分，東經一度四十二分。
長山縣【略】北緯三十六度五十七分，東經一度三十五分。
新城縣【略】北緯三十七度二分，東經一度四十一分。
齊東縣【略】北緯三十七度十三分，東經一度十四分。
濟陽縣【略】北緯三十七度二分，東經五十七分。
齊河縣【略】北緯三十六度四十八分，東經二十六分。
德　州【略】北緯三十七度三十三分，西經四分。
德平縣【略】北緯三十七度三十四分，東經三十七分。
禹城縣【略】北緯三十七度三分，東經二十三分。
平原縣【略】北緯三十七度十六分，東經八分。
臨邑縣【略】北緯三十七度十八分，東經三十三分。
陵　縣【略】北緯三十七度二十七分，東經十二分。
長清縣【略】北緯三十六度四十分，東經二十三分。
泰安府【略】
泰安縣【略】北緯三十六度十五分，東經四十九分。
新泰縣【略】北緯三十六度，東經一度二十九分。
萊蕪縣【略】北緯三十六度十六分，東經一度二十二分。
肥城縣【略】北緯三十六度二十分，東經二十四分。
東平州【略】北緯三十六度七分，東經三分。
東阿縣【略】北緯三十六度十七分，東經三分。
平陰縣【略】北緯三十六度二十四分，東經七分。
惠民縣【略】北緯三十七度三十四分，東經一度十三分。
陽信縣【略】北緯三十七度四十五分，東經一度十六分。
海豐縣【略】北緯三十七度五十一分，東經一度十七分。
樂陵縣【略】北緯三十七度四十八分，東經五十一分。
青城縣【略】北緯三十七度十四分，東經一度二十六分。
商河縣【略】北緯三十七度二十四分，東經五十二分。
濱　州【略】北緯三十七度三十三分，東經一度三十分。
利津縣【略】北緯三十七度三十四分，東經一度五十九分。
霑化縣【略】北緯三十七度四十七分，東經一度三十分。

蒲臺縣【略】北緯三十七度二十五分，東經一度四十六分。【略】
兗州府【略】
滋陽縣【略】北緯三十五度四十二分，東經三十五分。
曲阜縣【略】北緯三十五度四十四分，東經四十四分。
寧陽縣【略】北緯三十五度五十六分，東經三十二分。
鄒　縣【略】北緯三十五度三十三分，東經四十一分。
泗水縣【略】北緯三十五度四十九分，東經一度一分。
滕　縣【略】北緯三十五度十四分，東經五十七分。
嶧縣在【略】北緯三十四度五十四分，東經一度二十七分。
汶上縣【略】北緯三十五度五十五分，東經十三分。
陽穀縣【略】北緯三十六度十分，西經三十分。
壽張縣【略】北緯三十六度六分，西經二十三分。【略】
沂州府【略】
蘭山縣，附郭，北緯三十五度十分，東經二度十一分。
郯城縣【略】北緯三十四度四十七分，東經二度十八分。
費　縣【略】北緯三十五度十九分，東經一度四十一分。
莒　州【略】北緯三十五度三十五分，東經二度五十一分。
蒙陰縣【略】北緯三十五度五十分，東經一度四十二分。
沂水縣【略】北緯三十五度四十八分，東經二度三十三分。
日照縣【略】北緯三十五度二十七分，東經三度二十六分。【略】
曹州府【略】
菏澤縣，附郭，北緯三十五度二十分，西經五十一分。
曹　縣【略】北緯三十四度五十七分，西經五十一分。
定陶縣【略】北緯三十五度十一分，西經四十三分。
單　縣【略】北緯三十四度五十五分，西經二十分。
城武縣【略】北緯三十五度五分，西經二十六分。
鄆城縣【略】北緯三十五度四十四分，西經十九分。
鉅野縣【略】北緯三十五度二十八分，西經十二分。
濮　州【略】北緯三十五度四十七分，西經五十五分。
範　縣【略】北緯三十六度，西經十一分。

觀城縣【略】北緯三十六度，西經五十一分。
朝城縣【略】北緯三十六度八分，西經四十一分。【略】
東昌府【略】
聊城縣，附郭，北緯三十六度三十三分，西經十九分。
堂邑縣【略】北緯三十六度三十四分，西經二十九分。
博平縣【略】北緯三十六度四十三分，西經十一分。
清平縣【略】北緯三十六度五十二分，西經十二分。
茌平縣【略】北緯三十六度四十二分，西經三分。
莘　縣【略】北緯三十六度二十七分，西經三十五分。
冠　縣【略】北緯三十六度三十二分，西經五十分。
館陶縣【略】北緯三十六度四十一分，西經五十一分。
高唐州【略】北緯三十六度五十八分，西經四分。
恩　縣【略】北緯三十七度十五分，西經一分。
青州府【略】
益都縣，附郭，北緯三十六度四十五分，東經二度十四分。
博山縣【略】北緯三十六度三十分，東經一度三十四分。
臨淄縣【略】北緯三十六度五十六分，東經二度七分。
博興縣【略】北緯三十七度十六分，東經一度五十三分。
高苑縣【略】北緯三十七度十分，東經一度四十三分。
樂安縣【略】北緯三十七度六分，東經二度。
壽光縣【略】北緯三十六度五十六分，東經二度三十一分。
昌樂縣【略】北緯三十六度四十七分，東經二度四十分。
臨朐縣【略】北緯三十六度三十五分，東經二度十九分。
安邱縣【略】北緯三十六度二十三分，東經三度十三分。
諸城縣【略】北緯三十六度，東經三度三十分。【略】
登州府【略】
蓬萊縣，附郭，北緯三十七度四十八分，東經四度三十八分。
黄　縣【略】北緯三十七度三十八分，東經四度二十三分。
福山縣【略】北緯三十七度三十三分，東經五度八分。
棲霞縣【略】北緯三十七度十八分，東經四度四十九分。
招遠縣【略】北緯三十七度二十二分，東經四度二十一分。
萊陽縣【略】北緯三十七度，東經四度四十三分。
寧海州【略】北緯三十七度二十五分，東經五度二十九分。
文登縣【略】北緯三十七度十二分，東經六度一分。
海陽縣【略】北緯三十六度四十分，東經五度十二分。
榮成縣【略】北緯三十七度二十分，東經六度三十分。【略】
萊州府【略】
掖縣，附郭，北緯三十七度十分，東經三度四十七分。
平度州【略】北緯三十六度四十七分，東經三度五十五分。
濰　縣【略】北緯三十六度四十七分，東經二度五十三分。
昌邑縣【略】北緯三十六度五十三分，東經三度十四分。【略】
膠　州，北緯三十六度十六分，東經三度五十七分。
高密縣【略】北緯三十六度二十二分，東經三度四十二分。
即墨縣【略】北緯三十六度二十二分，東經四度二十四分。
濟寧州，北緯三十五度三十三分，東經二十七分。
金鄉縣【略】北緯三十五度十一分，西經三分。
魚台縣【略】北緯三十五度八分，東經十九分。
嘉祥縣【略】北緯三十五度三十一分，西經一分。【略】
臨清州，北緯三十六度五十七分，西經三十五分。
邱　縣【略】北緯三十六度四十七分，西經一度八分。
夏津縣【略】北緯三十七度二分，西經十八分。
武城縣【略】北緯三十七度十五分，西經二十五分。

清·劉錦藻《清朝續文獻通考》卷三一〇《輿地考六·山西省》

太原府【略】
陽曲縣，附郭，北緯三十七度五十四分，西經三度五十六分。
太原縣【略】北緯三十七度四十六分，西經四度四分。
榆次縣【略】北緯三十七度四十一分，西經四度四分。
太谷縣【略】北緯三十七度二十六分，西經三度五十八分。
祁　縣【略】北緯三十七度二十二分，西經四度十一分。
徐溝縣【略】北緯三十七度三十四分，西經四度。

交城縣【略】北緯三十七度三十六分，西經四度二十分。
文水縣【略】北緯三十七度二十八分，西經四度二十九分。
岢嵐州【略】北緯三十八度五十分，西經四度五十五分。
嵐　縣【略】北緯三十八度二十五分，西經四度五十二分。
興　縣【略】北緯三十八度三十六分，西經五度二十七分。【略】
平陽府【略】
臨汾縣，附郭，北緯三十六度五分，西經四度五十六分。
洪洞縣【略】北緯三十六度十六分，西經四度四十六分。
浮山縣【略】北緯三十五分度五十八分，西經四度三十三分。
岳陽縣【略】北緯三十六度十六分，西經四度二十三分。
曲沃縣【略】北緯三十五度三十九分，西經四度五十七分。
翼城縣【略】北緯三十五度三十八分，西經四度四十一分。
太平縣【略】北緯三十五度四十九分，西經五度十分。
襄陵縣【略】北緯三十六度一分，西經五度三分。
汾西縣【略】北緯三十六度三十八分，西經四度五十八分。
鄉寧縣【略】北緯三十六度，西經五度四十一分。
吉　州【略】北緯三十六度六分，西經五度五十三分。【略】
蒲州府【略】
永濟縣，附郭，北緯三十四度五十二分，西經六度十五分。
臨晉縣【略】北緯三十五度九分，西經五度五十九分。
虞鄉縣【略】北緯三十四度五十二分，西經五度五十七分。
猗氏縣【略】北緯三十五度十一分，西經五度四十五分。
榮河縣【略】北緯三十五度二十三分，西經六度四分。
萬泉縣【略】北緯三十五度二十五分，西經五度四十二分。【略】
汾州府【略】
汾陽縣，附郭，北緯三十七度十九分，西經四度四十五分。
孝義縣【略】北緯三十七度十分，西經四度四十三分。
平遥縣【略】北緯三十七度十二分，西經四度十九分。
介休縣【略】北緯三十七度三分，西經四度三十八分。
石樓縣【略】北緯三十七度四分，西經五度三十六分。
臨　縣【略】北緯三十八度五分，西經五度三十一分。
永寧州【略】北緯三十七度三十三分，西經五度三十分。
寧鄉縣【略】北緯三十七度二十一分，西經五度十九分。【略】
潞安府【略】
長治縣，附郭，北緯三十六度七分，西經三度二十八分。
長子縣【略】北緯三十六度四分，西經三度四十分。
屯留縣【略】北緯三十六度十五分，西經三度四十分。
襄垣縣【略】北緯三十六度二十八分，西經三度二十三分。
潞城縣【略】北緯三十六度十六分，西經三度十五分。
黎城縣【略】北緯三十六度二十八分，西經三度三分。
壺關縣【略】北緯三十六度二分，西經三度二十二分。【略】
澤州府【略】
鳳台縣，附郭，北緯三十五度三十分，西經三度三十七分。
高平縣【略】北緯三十五度四十六分，西經三度三十五分。
陽城縣【略】北緯三十五度三十分，西經三度五十三分。
陵川縣【略】北緯三十五度四十三分，西經三度十二分。
沁水縣【略】北緯三十五度四十一分，西經四度十一分。【略】
大同府【略】
大同縣，附郭，北緯四十度五分，西經三度十二分。
懷仁縣【略】北緯三十九度五十二分，西經三度十七分。
渾源州【略】北緯三十九度四十二分，西經二度三十三分。
應　州【略】北緯三十九度三十九分，西經三度十四分。
山陰縣【略】北緯三十九度三十三分，西經三度三十二分。
廣靈縣【略】北緯三十九度四十六分，西經二度八分。
靈邱縣【略】北緯三十九度二十六分，西經二度十一分。
陽高縣【略】北緯四十度二十五分，西經二度四十三分。
天鎮縣【略】北緯四十度二十七分，西經二度四十三分。【略】
朔平府【略】
右玉縣，附郭，北緯四十度十一分，西經四度十一分。
左雲縣【略】北緯三十九度五十七分，西經三度四十三分。

平魯縣【略】北緯三十九度四十九分，西經四度十九分。
朔州【略】北緯三十九度二十一分，西經四度二分。【略】
寧武府【略】
寧武縣，附郭，北緯三十九度六分，西經四度十一分。
神池縣【略】北緯三十九度十二分，西經四度十六分。
偏關縣【略】北緯三十九度三十三分，西經五度十分。
五寨縣【略】北緯三十九度六分，西經四度四十分。
沁州，北緯三十六度四十一分，西經三度四十二分。
沁源縣【略】北緯三十六度三十六分，西經四度六分。
武鄉縣【略】北緯三十六度四十八分，西經三度二十九分。【略】
平定州【略】
平定州，北緯三十七度五十分，西經二度四十八分。
壽陽縣【略】北緯三十七度五十四分，西經三度十六分。
盂縣【略】北緯三十六度六分，西經三度四分。【略】
遼州，北緯三十七度三分，西經三度一分。
榆社縣【略】北緯三十七度三分，西經三度二十六分。
和順縣【略】北緯三十七度二十一分，西經二度五十分。【略】
忻州，北緯三十八度二十五分，西經三度四十三分。
定襄縣【略】北緯三十八度三十二分，西經三度二十九分。
静樂縣【略】北緯三十八度三十分，西經四度三十二分。【略】
代州【略】
代州，北緯三十九度六分，西經三度三十二分。
五台縣【略】北緯三十八度四十五分，西經三度五分。
繁峙縣【略】北緯三十九度十三分，西經三度十一分。
崞縣【略】北緯三十八度五十四分，西經三度四十一分。【略】
保德州，北緯三十九度四分，西緯五度四十分。
河曲縣【略】北緯三十九度十五分，西經五度二十八分。
解州，北緯三十四度五十八分，西經五度三十八分。
安邑縣【略】北緯三十五度七分，西經五度三十分。
夏縣【略】北緯三十五度十一分，西經五度十七分。
平陸縣【略】北緯三十四度四十九分，西經五度二十五分。
芮城縣【略】北緯三十四度四十五分，西經五度五十分。【略】
絳州，北緯三十五度三十八分，西經五度十三分。
聞喜縣【略】北緯三十五度二十三分，西經五度十九分。
絳縣【略】北緯三十五度二十九分，西經四度五十五分。
稷山縣【略】北緯三十五度三十七分，西經五度二十八分。
河津縣【略】北緯三十五度三十七分，西經五度四十四分。
垣曲縣【略】北緯三十四度五十七分，西經四度四十六分。
隰州，北緯三十六度三十九分，西經五度三十一分。
蒲縣【略】北緯三十六度十六分，西經五度二十三分。
大寧縣【略】北緯三十六度二十九分，西經五度四十三分。
永和縣【略】北緯三十六度四十七分，西經五度四十九分。【略】
霍州，北緯三十六度三十五分，西經四度四十四分。
趙城縣【略】北緯三十六度二十三分，西經四度四十六分。
靈石縣【略】北緯三十六度五十三分，西經四度四十三分。【略】
歸綏道【略】
歸化城廳，附郭，北緯四十度四十九分，西經四度四十八分。
和林格爾廳【略】北緯四十度二十分，西經四度二十四分。
薩拉齊廳【略】北緯四十度三十九分，西經五度十六分。
清水河廳【略】北緯四十度六分，西經四度四十八分。
托克托廳【略】北緯四十度三十分，西經四度四十分。
豐鎮廳【略】北緯四十度三十分，西經三度十二分。
寧遠廳【略】北緯四十度二十一分，西經三度五十二分。
興和廳【略】北緯四十度五十三分，西經二度五十二分。
陶林廳【略】北緯四十度五十分，西經三度五十一分。
武川廳【略】北緯四十一度二分，西經四度三十二分。
五原廳【略】北緯四十度三十九分，西經五度十六分。
東勝廳【略】北緯四十度四十九分，西經四度四十八分。

清·劉錦藻《清朝續文獻通考》卷三一一《輿地考七·河南省》

開封府【略】

祥符縣，附郭，北緯三十四度五十一分，西經一度五十五分。
陳留縣【略】北緯三十四度四十四分，西經一度四十五分。
杞　縣【略】北緯三十四度三十七分，西經一度三十四分。
通許縣【略】北緯三十四度三十五分，西經一度五十二分。
尉氏縣【略】北緯三十四度二十九分，西經二度五分。
洧川縣【略】里北緯三十四度十九分，西經二度十九分。
鄢陵縣【略】北緯三十四度十分，西經二度六分。
中牟縣【略】北緯三十四度四十七分，西經二度十四分。
蘭封縣【略】北緯三十四度五十三分，西經一度三十分。
密　縣【略】北緯三十四度三十二分，西經三度一分。
新鄭縣【略】北緯三十四度二十五分，西經二度三十五分。
禹　州【略】北緯三十四度十四分，西經二度五十四分。
鄭州，北緯三十四度四十九分，西經二度三十四分。
滎陽縣【略】北緯三十四度五十一分，西經一度五十四分。
滎澤縣【略】北緯三十四度五十六分，西經二度四十二分。
汜水縣【略】北緯三十四度五十五分，西經三度七分。【略】
歸德府【略】
商邱縣，附郭，北緯三十四度二十九分，西經三十六分。
寧陵縣【略】北緯三十四度三十分，西經五十八分。
鹿邑縣【略】北緯三十三度五十七分，西經五十五分。
夏邑縣【略】北緯三十四度二十分，西經九分。
永城縣【略】北緯三十四度二分，西經一分。
虞城縣【略】北緯三十四度三十八分，西經十八分。
睢　州【略】北緯三十四度二十八分，西經一度十三分。
考城縣【略】北緯三十四度五十六分，西經一度。
柘城縣【略】北緯三十四度八分，西經五十六分。
彰德府【略】
安陽縣，附郭，北緯三十六度六分，西經一度五十五分。
湯陰縣【略】北緯三十五度五十六分，西經一度五十五分。
臨漳縣【略】北緯三十六度二十二分，西經一度四十一分。
林　縣【略】北緯三十六度六分，西經二度三十分。
武安縣【略】北緯三十六度四十六分，西經□度三分。
涉　縣【略】北緯三十六度四十分，西經二度三十八分。
內黃縣【略】北緯三十六度一分，西經一度十九分。【略】
衛輝府【略】
汲縣，附郭，北緯三十五度二十七分，西經二度十一分。
新鄉縣【略】北緯三十五度二十一分，西經二度二十六分。
獲嘉縣【略】北緯三十五度十九分，西經二度三十九分。
淇　縣【略】北緯三十五度三十七分，西經三度五分。
輝　縣【略】北緯三十五度三十分，西經二度二十七分。
延津縣【略】北緯三十五度十分，西經二度六分。
浚　縣【略】北緯三十五度四十四分，西經一度四十分。
滑　縣【略】北緯三十五度三十八分，西經一度四十分。
封邱縣【略】北緯三十五度四分，西經一度五十一分。【略】
懷慶府【略】
河內縣，附郭，北緯三十五度六分，西經三度二十七分。
濟源縣【略】北緯三十五度七分，西經三度五十分。
修武縣【略】北緯三十五度十五分，西經二度五十一分。
武陟縣【略】北緯三十五度七分，西經二度五十七分。
孟　縣【略】北緯三十四度五十五分，西經三度三十四分。
溫　縣【略】北緯三十五度三分，西經三度十五分。
原武縣【略】北緯三十五度五分，西經二度三十一分。
陽武縣【略】北緯三十五度五分，西經二度二十分。【略】
河南府【略】
洛陽縣，附郭，北緯三十四度四十三分，西經四度二分。
偃師縣【略】北緯三十四度四十四分，西經三度四十分。
宜陽縣【略】北緯三十四度三十二分，西經四度十六分。
新安縣【略】北緯三十四度四十四分，西經四度二十一分。
鞏　縣【略】北緯三十四度五十三分，西經三度二十三分。
孟津縣【略】北緯三十四度五十二分，西經三度四十九分。

登封縣【略】北緯三十四度二十九分，西經三度二十四分。
澠池縣【略】北緯三十四度四十七分，西經四度四十七分。
嵩　縣【略】北緯三十四度九分，西經四度二十一分。
永寧縣【略】北緯三十四度二十二分，西經四度四十三分。【略】
南陽府【略】
南陽縣，附郭，北緯三十三度六分，西經三度五十五分。
南召縣【略】北境北緯三十三度三十七分，西經三度四十五分。
唐　縣【略】北緯三十二度四十九分，西經三度三十五分。
泌陽縣【略】北緯三十二度四十九分，西經三度六分。
桐柏縣【略】北緯三十二度十九分，西經二度九分。
鎮平縣【略】北緯三十三度十分，西經四度十一分。
鄧　州【略】北緯三十二度四十七分，西經四度二十一分。
新野縣【略】北緯三十二度四十一分，西經四度一分。
內鄉縣【略】北緯三十三度十一分，西經四度三十四分。
裕　州【略】北緯三十三度二十三分，西經三度二十七分。
舞陽縣【略】北緯三十三度二十九分，西經二度四十二分。
葉　縣【略】北緯三十三度四十三分，西經三度六分。【略】
汝寧府【略】
汝陽縣，附郭，北緯三十三度，西經二度八分。
正陽縣【略】北緯三十二度三十三分，西經二度九分。
上蔡縣【略】北緯三十三度十八分，西經二度七分。
新蔡縣【略】北緯三十二度四十六分，西經一度三十一分。
西平縣【略】北緯三十三度二十五分，西經二度二十一分。
遂平縣【略】北緯三十三度九分，西經二度二十八分。
確山縣【略】北緯三十二度五十分，西經二度二十八分。
信陽州【略】北緯三十二度十一分，西經三度二十八分。
羅山縣【略】北緯三十二度十七分，西經二度一分。【略】
陳　州【略】
淮寧縣，附郭，北緯三十三度四十七分，西經一度二十六分。
商水縣【略】北緯三十三度三十八分，西經一度四十七分。
西華縣【略】北緯三十三度五十三分，西經一度五十一分。
項城縣【略】北緯三十三度十八分，西經一度三十六分。
沈邱縣【略】北緯三十三度十五分，西經一度二十七分。
太康縣【略】北緯三十四度七分，西經一度二十七分。
扶溝縣【略】北緯三十四度十分，西經一度五十四分。【略】
汝　州【略】
汝州，北緯三十四度十三分，西經三度三十五分。
魯山縣【略】北緯三十三度五十一分，西經三度三十一分。
郟　縣【略】北緯三十四度三分，西經三度十三分。
寶豐縣【略】北緯三十三度五十七分，西經三度二十一分。
伊陽縣【略】北緯三十四度十三分，西經四度。【略】
許州，北緯三十四度五分，西經二度八分。
臨潁縣【略】北緯三十三度五十分，西經二度二十五分。
襄城縣【略】北緯三十三度五十三分，西經二度五十三分。
郾城縣【略】北緯三十三度三十七分，西經二度二十四分。
長葛縣【略】北緯三十四度十四分，西經二度二十七分。【略】
陝州，北緯三十四度四十六分，西經五度二十三分。
靈寶縣【略】北緯三十四度四十二分，西經五度三十分。
閿鄉縣【略】北緯三十四度三十七分，西經五度五十七分。
盧氏縣【略】北緯三十四度一分，西經五度三十六分。【略】
光州，北緯三十二度十二分，西經一度二十七分。
光山縣【略】北緯三十二度七分，西經一度三十八分。
固始縣【略】北緯三十二度十八分，西經五十五分。
商城縣【略】北緯三十一度五十四分，西經一度十分。
息　縣【略】北緯三十二度二十三分，西經一度四十六分。

清·劉錦藻《清朝續文獻通考》卷三一二《輿地考八·江蘇省》

江寧府【略】
上元縣，附郭，北緯三十二度四分，東經二度十八分。【略】
江寧縣，附郭治，府西南境，經緯度同上。【略】
句容縣【略】北緯三十一度五十九分，東經二度四十三分。

溧水縣【略】北緯三十一度四十三分，東經二度三十八分。
高淳縣【略】北緯三十一度二十八分，東經二度二十五分。
江浦縣【略】北緯三十二度四分，東經二度七分。
六合縣【略】北緯三十二度二十一分，東經二度二十一分。【略】
淮安府【略】
山陽縣，附郭，北緯三十三度三十二分，東經二度四十八分。
阜寧縣【略】北緯三十三度四十六分，東經三度十七分。
鹽城縣【略】北緯三十三度二十二分，東經三度三十四分。
清河縣【略】北緯三十三度三十七分，東經二度三十四分。
安東縣【略】北緯三十三度四十九分，東經二度五十六分。
桃源縣【略】北緯三十三度四十分，東經二度二十分。【略】
揚州府【略】
江都縣【略】北緯三十二度二十七分，東經二度五十六分。
甘泉縣【略】
揚子縣【略】北緯三十二度十九分，東經二度四十三分。
高郵州【略】北緯三十二度四十八分，東經二度五十三分。
興化縣【略】北緯三十二度五十七分，東經二度五十三分。
寶應縣【略】北緯三十三度十五分，東經二度五十二分。
泰　州【略】北緯三十二度三十分，東經三度三十二分。
東台縣【略】北緯三十二度四十八分，東經三度四十八分。【略】
徐州府【略】
銅山縣，附郭，北緯三十四度十五分，東經五十八分。
蕭　縣【略】北緯三十四度十三分，東經四十三分。
碭山縣【略】北緯三十四度二十九分，東經十一分。
豐　縣【略】北緯三十四度四十七分，東經二十一分【略】
沛　縣【略】北緯三十四度五十一分，東經四十二分。
邳　州【略】北緯三十四度三十分，東經一度五十二分。
宿遷縣【略】北緯三十四度一分，東經二度二分。
睢寧縣【略】北緯三十三度五十三分，東經一度四十二分。【略】
海　州【略】

海州，北緯三十四度三十三分，東經二度五十六分。
贛榆縣【略】北緯三十四度五十三分，東經三度一分。
沭陽縣【略】北緯三十四度十一分，東經二度三十二分。【略】
通州，北緯三十二度三分，東經四度十一分。
如皋縣【略】北緯三十二度二十七分，東經三度五十九分。
泰興縣【略】北緯三十二度十一分，東經三度二十一分。【略】
海門廳，北緯三十一度五十七分，東經四度四十二分。【略】
蘇州府【略】
太湖廳【略】北緯三十一度十二分，東經三度四十七分。
靖湖廳【略】
吴縣，附郭，北緯三十一度二十三分，東經四度一分。
長洲縣，附郭治，府東北境，經緯度同上。【略】
元和縣，附郭治，府東南境，經緯度同上。【略】
吴江縣【略】北緯三十一度十四分，東經四度。
震澤縣，與吴江同城治，西南境經緯度同。
常熟縣【略】北緯三十一度四十一分，東經四度六分。
昭文縣，與常熟同城治，東北境經緯度同上。
崑山縣【略】北緯三十一度二十八分，東經四度十九分。
新陽縣，與昆山同城治，西北境經緯度同上。【略】
松江府【略】
川沙廳【略】北緯三十一度十五分，東經四度五十二分。
華亭縣【略】北緯三十一度，東經四度二十七分。
婁縣，附郭治，府西境，經緯度同上。
奉賢縣【略】北緯三十一度，東經四度四十九分。
上海縣【略】北緯三十一度九分，東經四度四十五分。
金山縣【略】北緯三十度四十五分，東經四度三十六分。
南匯縣【略】北緯三十一度，東經四度五十七分。
青浦縣【略】北緯三十一度十分，東經四度二十三分。【略】
常州府【略】
武進縣【略】北緯三十一度五十一分，東經三度二十四分。

陽湖縣，附郭治，府東境，經緯度同上。
無錫縣【略】北緯三十一度三十八分，東經三度三十四分。
金匱縣，與無錫同城治，東境經緯度同上。
江陰縣【略】北緯三十一度五十九分，東經三度四十六分。
宜興縣【略】北緯三十一度二十七分，東經三度二十一分。
荆溪縣，與宜興同城治，西南境經緯度同上。
靖江縣【略】北緯三十二度五分，東經三度四十六分。
鎮江府【略】
太平廳【略】
丹徒縣，附郭，北緯三十二度十五分，東經二度五十七分。
丹陽縣【略】北緯三十二度二分，東經三度四分。
金壇縣【略】北緯三十一度五十分，東經三度三分。
溧陽縣【略】北緯三十一度三十二分，東經三度三分。【略】
太倉州【略】
鎮洋縣，附郭，北緯三十一度二十九分，東經四度二十五分。
嘉定縣【略】北緯三十一度二十三分，東經四度三十二分。
寶山縣【略】北緯三十一度二十分，東經四度五十四分。
崇明縣【略】北緯三十一度三十六分，東經四度四十九分。

清·劉錦藻《清朝續文獻通考》卷三一三《輿地考九·安徽省》

安慶府【略】
懷寧縣，附郭，北緯三十度三十七分，東經三十四分。
桐城縣【略】北緯三十一度八分，東經三十分。
潛山縣【略】北緯三十度四十四分，東經八分。
太湖縣【略】北緯三十度三十一分，西經七分。
宿松縣【略】北緯三十度十六分，西經十三分。
望江縣【略】北緯三十度十六分，東經十四分。【略】
徽州府【略】
歙縣，附郭，北緯二十九度五十七分，東經二度四分。
休寧縣【略】北緯二十九度五十六分，東經一度四十九分。
婺源縣【略】北緯二十九度十八分，東經一度三十一分。
祁門縣【略】北緯二十九度五十六分，東經一度二十一分。
黟　縣【略】北緯三十度四分，東經一度三十二分。
績溪縣【略】北緯三十度八分，東經二度十二分。【略】
寧國府【略】
宣城縣，附郭，北緯三十一度二分，東經二度十六分。
涇　縣【略】北緯三十度四十八分，東經一度五十七分。
南陵縣【略】北緯三十一度三分，東經一度五十三分。
寧國縣【略】北緯三十度四十四分，東經二度三十分。
旌德縣【略】北緯三十度二十三分，東經二度五分。
太平縣【略】北緯三十度二十四分，東經一度四十五分。【略】
池州府【略】
貴池縣，附郭，北緯三十度四十五分，東經五十九分。
青陽縣【略】北緯三十度四十五分，東經一度十九分。
銅陵縣【略】北緯三十一度四分，東經一度二十四分。
石埭縣【略】北緯三十度二十九分，東經一度三十一分。
建德縣【略】北緯三十度十六分，東經三十五分。
東流縣【略】北緯三十度二十一分，東經二十五分。【略】
太平府【略】
當塗縣，附郭，北緯三十一度三十八分，東經二度三分。
蕪湖縣【略】北緯三十一度二十七分，東經一度五十五分。
繁昌縣【略】北緯三十一度十三分，東經一度十七分。【略】
廬州府【略】
合肥縣，附郭，北緯三十一度五十六分，東經四十七分。
廬江縣【略】北緯三十一度十七分，東經四十九分。
舒城縣【略】北緯三十一度二十九分，東經三十八分。
無爲州【略】北緯三十一度二十四分，東經一度二十五分。
巢　縣【略】北緯三十一度四十二分，東經一度十九分。【略】
鳳陽府【略】
鳳陽縣，附郭，北緯三十二度五十五分，東經一度二分。
懷遠縣【略】北緯三十二度五十九分，東經四十分。

定遠縣【略】北緯三十二度三十四分，東經一度三分。
壽　州【略】北緯三十二度三十六分，東經十四分。
鳳台縣【略】北緯三十二度四十五分，東經十二分。
宿　州【略】北緯三十三度四十五分，東經三十五分。
靈壁縣【略】北緯三十三度三十三分，東經一度三分。【略】
潁州府【略】
阜陽縣，附郭，北緯三十二度五十八分，西經三十二分。
潁上縣【略】北緯三十二度四十分，西經十三分。
亳　州【略】北緯三十三度五十七分，西經三十七分。
霍邱縣【略】北緯三十二度二十四分，西經十四分。
渦陽縣【略】北緯三十三度三十分，西經十三分。
太和縣【略】北緯三十三度十一分，西經四十五分。
蒙城縣【略】北緯三十三度二十三分，東經七分。【略】
滁州，北緯三十二度十七分，東經一度五十三分。
全椒縣【略】北緯三十二度四分，東經一度四十九分。
來安縣【略】北緯三十二度二十六分，東經一度五十八分。【略】
和州，北緯三十一度四十四分，東經一度五十一分。
含山縣【略】北緯三十一度四十七分，東經一度三十六分。【略】
廣德州，北緯三十度五十九分，東經二度五十五分。
建平縣【略】北緯三十一度十一分，東經二度三十七分。【略】
六安州，北緯三十一度五十分，東經一分。
英山縣【略】北緯三十度四十四分，西經四十二分。
霍山縣【略】北緯三十一度三十分，西經七分。【略】
泗州，北緯三十三度三十分，東經一度二十三分。
盱眙縣【略】北緯三十三度四分，東經一度五十五分。
天長縣【略】北緯三十二度四十二分，東經二度二十七分。
五河縣【略】北緯三十三度十分，東經一度二十三分。

清·劉錦藻《清朝續文獻通考》卷三一四《輿地考十·江西省》

南昌府【略】
南昌縣，附郭治，府東南境。北緯二十八度三十七分，西經三十七分。
新建縣，附郭治，府西北境。北緯二十八度三十七分，西經三十七分。
豐城縣【略】北緯二十八度十分，西經四十七分。
進賢縣【略】北緯二十八度二十分，西經十四分。
奉新縣【略】北緯二十八度四十分，西經一度十一分。
靖安縣【略】北緯二十八度四十九分，西經一度九分。
武寧縣【略】北緯二十九度十五分，西經一度二十五分。
義寧州【略】北緯二十九度，西經一度五十九分。【略】
饒州府【略】
鄱陽縣，附郭，北緯二十八度五十九分，東經十一分。
餘干縣【略】北緯二十八度四十一分，東經九分。
樂平縣【略】北緯二十八度五十七分，東經四十七分。
浮梁縣【略】北緯二十九度十九分，東經五十分。
德興縣【略】北緯二十八度五十五分，東經一度十三分。
安仁縣【略】北緯二十八度二十五分，東經二十五分。
萬年縣【略】北緯二十八度四十一分，東經二十四分。【略】
廣信府【略】
上饒縣，附郭，北緯二十八度二十七分，東經一度三十八分。
玉山縣【略】北緯二十八度四十四分，東經二度。
弋陽縣【略】北緯二十八度二十三分，東經一度四分。
貴溪縣【略】北緯二十八度十七分，東經四十八分。
鉛山縣【略】北緯二十八度十三分，東經一度二十七分。
廣豐縣【略】北緯二十八度三十分，東經一度五十三分。
興安縣【略】北緯二十八度二十五分，東經一度十五分。【略】
南康府【略】
星子縣，附郭，北緯二十九度三十一分，西經二十五分。
都昌縣【略】北緯二十九度三十分，西經十二分。
建昌縣【略】北緯二十九度四分，西經四十七分。
安義縣【略】北緯二十八度四十六分，西經五十九分。【略】
九江府【略】
德化縣，附郭，北緯二十九度五十三分，西經二十四分。

德安縣【略】北緯二十九度十八分，西經四十五分。
瑞昌縣【略】北緯二十九度四十八分，西經四十五分。
湖口縣【略】北緯二十九度五十五分，西經十分。
彭澤縣【略】北緯三十度一分，東經七分。【略】
建昌府【略】
南城縣，附郭，北緯二十七度三十四分，東經十一分。
新城縣【略】北緯二十七度十四分，東經二十六分。
南豐縣【略】北緯二十七度十三分，西經一分。
廣昌縣【略】北緯二十六度四十五分，西經十七分。
瀘溪縣【略】北緯二十七度三十四分，東經三十八分。【略】
撫州府【略】
臨川縣，附郭，北緯二十七度五十六分，西經十分。
崇仁縣【略】北緯二十七度四十二分，西經二十六分。
金溪縣【略】北緯二十七度五十三分，東經二十四分。
宜黃縣【略】北緯二十七度三十三分，西經十五分。
樂安縣【略】北緯二十七度二十二分，西經三十九分。
東鄉縣【略】北緯二十八度十六分，東經六分。【略】
臨江府【略】
清江縣，附郭，北緯二十七度五十八分，西經一度三分。
新淦縣【略】北緯二十七度四十三分，西經一度三分。
新喻縣【略】北緯二十七度五十分，西經一度三十分。
峽江縣【略】北緯二十七度三十二分，西經一度十七分。【略】
瑞州府【略】
高安縣，附郭，北緯二十八度二十五分，西經一度十一分。
上高縣【略】北緯二十八度十一分，西經一度四十三分。
新昌縣【略】北緯二十八度十八分，西經一度五十二分。
銅鼓廳【略】北緯二十八度三十一分，西經二度十二分。【略】
袁州府【略】
宜春縣，附郭，北緯二十七度四十九分，西經二度五分。
分宜縣【略】北緯二十七度四十七分，西經一度四十六分。
萍鄉縣【略】北緯二十七度三十七分，西經二度三十七分。
萬載縣【略】北緯二十八度五分，西經二度九分。【略】
吉安府【略】
廬陵縣，附郭，北緯二十七度八分，西經一度三十五分。
泰和縣【略】北緯二十六度四十八分，西經一度三十五分。
吉水縣【略】北緯二十七度十四分，西經一度二十八分。
永豐縣【略】北緯二十七度二十二分，西經一度十分。
安福縣【略】北緯二十七度二十一分，西經一度五十五分。
龍泉縣【略】北緯二十六度十九分，西經二度一分。
萬安縣【略】北緯二十六度二十七分，西經一度四十四分。
永新縣【略】北緯二十六度五十五分，西經二度二十九分。
永寧縣【略】北緯二十六度四十四分，西經二度二十七分。
蓮花廳【略】北緯二十六度三十九分，西經二度二十三分。【略】
南安府【略】
大庾縣，附郭，北緯二十五度二十九分，西經二度三十分。
南康縣【略】北緯二十五度四十二分，西經一度五十四分。
上猶縣【略】北緯二十五度五十二分，西經二度九分。
崇義縣【略】北緯二十五度四十六分，西經二度二十六分。【略】
贛州府【略】
贛縣，附郭，北緯二十五度五十二分，西經一度四十五分。
雩都縣【略】北緯二十五度五十二分，西經一度九分。
信豐縣【略】北緯二十五度二十分，西經一度四十七分。
興國縣【略】北緯二十六度十三分，西經一度十七分。
會昌縣【略】北緯二十五度二十六分，西經四十五分。
安遠縣【略】北緯二十五度十四分，西經一度二十三分。
長寧縣【略】北緯二十四度五十三分，西經五十三分。
龍南縣【略】北緯二十四度四十二分，西經二度十分。
定南廳【略】北緯二十四度三十五分，西經一度四十分。
虔南廳【略】北緯二十四度四十二分，西經二度二十分。【略】
寧都州，北緯二十六度二十七分，西經三十八分。

瑞金縣【略】北緯二十五度四十九分，西經二十八分。

石城縣【略】北緯二十六度十九分，西經十一分。

清·劉錦藻《清朝續文獻通考》卷三一五《輿地考十一·福建省》

福州府【略】

閩縣，附郭治，府東境。北緯二十六度三分，東經三度。

侯官縣，附郭治，府西南境。經緯度同前。

長樂縣【略】北緯二十五度五十四分，東經三度十七分。

福清縣【略】北緯二十五度四十一分，東經三度八分。

連江縣【略】北緯二十六度九分，東經三度十六分。

羅源縣【略】北緯二十六度二十六分，東經三度十六分。

古田縣【略】北緯二十六度四十分，東經二度二十五分。

屏南縣【略】北緯二十七度，東經二度十八分。【略】

閩清縣【略】北緯二十六度十三分，東經二度三十三分。

永福縣【略】北緯二十五度四十七分，東經二度三十三分。【略】

興化府【略】

莆田縣，附郭，北緯二十五度二十六分，東經四十七分。

仙遊縣【略】北緯二十五度十八分，東經二度二十八分。【略】

泉州府【略】

晉江縣，附郭，北緯二十四度五十六分，東經二度二十五分。

南安縣【略】北緯二十四度五十八分，東經二度二十二分。

惠安縣【略】北緯二十五度二分，東經二度三十六分。

同安縣【略】北緯二十四度四十五分，東經一度五十二分。

安溪縣【略】北緯二十五度二分，東經一度五十五分。【略】

延平府【略】

南平縣，附郭，北緯二十六度三十九分，東經一度四十九分。

順昌縣【略】北緯二十六度四十七分，東經一度三十分。

將樂縣【略】北緯二十六度四十四分，東經一度九分。

沙　縣【略】北緯二十六度二十三分，東經一度二十七分。

尤溪縣【略】北緯二十六度十三分，東經一度五十一分。

永安縣【略】北緯二十五度五十五分，東經一度五分。【略】

建寧府【略】

建安縣，附郭治，府東南境。北緯二十七度四分，東經二度。

甌寧縣，附郭治，府西北境。經緯度同上。

建陽縣【略】北緯二十七度二十三分，東經一度四十四分。

崇安縣【略】北緯二十七度四十六分，東經一度三十七分。

浦城縣【略】北緯二十八度，東經二度十三分。

松溪縣【略】北緯二十七度三十七分，東經二度二十分。

政和縣【略】北緯二十七度二十六分，東經二度二十五分。【略】

邵武府【略】

邵武縣，附郭，北緯二十七度二十一分，東經一度五分。

光澤縣【略】北緯二十七度三十二分，東經一度。

建寧縣【略】北緯二十六度四十七分，東經三十分。

泰寧縣【略】北緯二十六度五十六分，東經四十九分。【略】

汀州府【略】

長汀縣，附郭，北緯二十五度四十五分，西經二分。

寧化縣【略】北緯二十六度十一分，東經九分。

清流縣【略】北緯二十六度六分，東經三十分。

歸化縣【略】北緯二十六度十九分，東經五十一分。

連城縣【略】北緯二十五度三十七分，東經二十一分。

上杭縣【略】北緯二十四度五十九分，西經五分。

武平縣【略】北緯二十五度四分，西經二十三分。

永定縣【略】北緯二十四度四十六分，東經二十四分。【略】

漳州府【略】

龍溪縣，附郭，北緯二十四度三十二分，東經一度二十五分。

漳浦縣【略】北緯二十四度九分，東經一度二十一分。

海澄縣【略】北緯二十四度二十七分，東經一度三十九分。

南靖縣【略】北緯二十四度三十五分，東經一度十七分。

長泰縣【略】北緯二十四度三十七分，東經一度三十二分。

平和縣【略】北緯二十四度十八分，東經四十五分。

詔安縣【略】北緯二十三度四十四分，東經五十一分。【略】

福寧府【略】

霞浦縣，附郭，北緯二十六度五十四分，東經三度四十一分。

福安縣【略】北緯二十七度五分，東經三度十九分。

寧德縣【略】北緯二十六度三十九分，東經三度十四分。

壽寧縣【略】北緯二十七度三十六分，東經三度三分。

福鼎縣【略】北緯二十七度十八分，東經三度四十分。【略】

永春州北緯二十五度十八分東經一度五十九分。

德化縣【略】北緯二十五度二十五分，東經一度五十九分

大田縣【略】北緯二十五度四十分，東經一度四十一分。

龍巖州，北緯二十五度九分，東經三十九分。

漳平縣【略】北緯二十五度十七分東經一度十分。

寧洋縣【略】北緯二十五度三十五分東經一度二分。

臺灣府【略】

臺灣縣，附郭，光緒十三年新設。北緯二十四度八分，東經四度十一分

彰化縣【略】北緯二十四度三分，東經四度四分。

雲林縣【略】北緯二十三度三十八分，東經四度八分。

苗栗縣【略】北緯二十四度三十分，東經四度八分。

埔里社廳【略】北緯二十三度五十九分，東經四度三十一分。

台南府【略】

安平縣，附郭，【略】北緯二十三度，東經三度四十三分。

鳳山縣【略】北緯二十二度四十一分，東經三度五十七分。

嘉義縣【略】北緯二十三度二十九分，東經三度五十八分。

恒春縣【略】北緯二十二度四分，東經四度十三分。

澎湖廳【略】北緯二十三度三十二分，東經三度四分。

臺北府【略】

淡水縣，附郭，北緯二十五度三分。東經五度二分、

新竹縣【略】北緯二十四度四十八分，東經四四二十九分。

宜蘭縣【略】北緯二十四度四十五分，東經五度十六分。

基隆廳【略】北緯二十五度十五分，東經五度十二分。【略】

台東州，北緯二十三度二十一分，東經五度六分。

卑南廳在【略】北緯二十二度四十五分，東經四度四十分。

花蓮港【略】北緯二十三度五十八分，東經五度七分。

清・劉錦藻《清朝續文獻通考》卷三一六《輿地考十二・浙江省》

杭州府【略】

錢塘縣，附郭治，府西境。北緯三十度十七分，東經三度三十九分。

仁和縣，附郭治，府東境。經緯度同上。

海寧州【略】北緯三十度二十七分，東經三度五十八分。

富陽縣【略】北緯三十度四分，東經三度二十五分。

余杭縣【略】北緯三十度十七分，東經三度二十三分。

臨安縣【略】北緯三十度十四分，東經三度十三分。

於潛縣【略】北緯三十度十四分，東經二度五十四分。

新城縣【略】北緯三十度四分，東經三度十五分。

昌化縣【略】北緯三十度九分，東經二度四十四分。【略】

嘉興府【略】

嘉興縣，附郭治，府東南境。北緯三十度五十二分，東經四度三分

秀水縣，附郭治，府西北境，經緯度同上。

嘉善縣【略】北緯三十度五十三分東經四度十二分。

海鹽縣【略】北緯三十度三十四分東經四度十一分。

平湖縣【略】北緯三十度四十四分東經四度十六分。

石門縣【略】北緯三十度三十五分東經三度五十一分。

桐鄉縣【略】北緯三十度四十四分東經三度五十五分。【略】

湖州府【略】

烏程縣，附郭治。府西北境。北緯三十度五十二分，東經三度二十七分。

歸安縣，附郭治，府東南境。經緯度同上。

長興縣【略】北緯三十度五十九分東經三度十三分。

德清縣【略】北緯三十度三十六分，東經三度三十分。

武康縣【略】北緯三十度三十四分，東經三度二十三分。

安吉縣【略】北緯三十度四十分，東經三度七分。

孝豐縣【略】北緯三十度三十一分，東經三度五分。【略】

寧波府【略】

鄞縣，附郭，北緯二十九度五十五分，東經四度五十七分。
慈溪縣【略】北緯三十度一分東經四度四十九分。
奉化縣【略】北緯二十九度四十五分東經四度五十分。
鎮海縣【略】北緯三十度一分，東經五度五分。【略】
象山縣【略】北緯二十九度三十四分，東經五度十三分。
南田縣【略】北緯二十九度十二分，東經五度十五分。【略】
定海廳【略】北緯三十度，東經五度三十分。
紹興府【略】
山陰縣，附郭治，府西境。北緯三十度五分，東經四度四分。
會稽縣，附郭治，府東境。經緯度同上。
蕭山縣【略】北緯三十度十二分，東經三度四十五分。
諸暨縣【略】北緯二十九度四十四分，東經三度四十六分。
余姚縣【略】北緯三十度五分，東經四度三十五分。
上虞縣【略】北緯二十九度五十八分，東經四度二十四分。
嵊　縣【略】北緯二十九度三十五分，東經四度十四分。
新昌縣【略】北緯二十九度三十一分，東經四度二十三分。
台州府【略】
臨海縣，附郭，北緯二十八度五十三分，東經四度三十九分。
黄巖縣【略】北緯二十八度四十一分，東經四度五十分。
天臺縣【略】北緯二十九度九分，東經四度三十四分。
仙居縣【略】北緯二十八度五十一分，東經四度十八分。
寧海縣【略】北緯二十九度二十四分，東經四度五十三分。
太平縣【略】北緯二十八度二十五分，東經四度五十九分。
金華府【略】
金華縣，附郭，北緯二十九度十分，東經三度二十一分。
蘭溪縣【略】北緯二十九度十五分，東經三度十分。
東陽縣【略】北緯二十九度十七分，東經三度五十五分。
義烏縣【略】北緯二十九度十九分，東經三度四十三分。
永康縣【略】北緯二十五度五十七分，東經三度四十二分。
武義縣【略】北緯二十八度五十四分，東經三度二十八分。

浦江縣【略】北緯二十九度二十八分，東經三度二十九分。
湯溪縣【略】北緯二十九度四分，東經三度六分。【略】
衢州府【略】
西安縣，附郭，北緯二十九度二分，東經二度三十五分。
龍游縣【略】北緯二十九度八分，東經二度五十二分。
江山縣【略】北緯二十八度四十七分，東經二度二十一分。
常山縣【略】北緯二十八度五十五分，東經二度十一分。
開化縣【略】北緯二十九度十五分，東經二度六分。【略】
嚴州府【略】
建德縣，附郭，北緯二十九度三十七分，東經三度三分。
淳安縣【略】北緯二十九度三十二分，東經三度三十五分。
桐廬縣【略】北緯二十九度五十二分，東經三度十一分。
遂安縣【略】北緯二十九度二十六分，東經二度二十四分。
壽昌縣【略】北緯二十九度二十四分，東經二度五十五分。
分水縣【略】北緯三十度一分，東經二度五十三分。【略】
温州府【略】
永嘉縣，附郭，北緯二十八度，東經四度二十一分。
里安縣【略】北緯二十七度四十八分，東經四度十七分。
樂清縣【略】北緯二十八度九分，東經四度三十一分。
平陽縣【略】北緯二十七度四十一分，東經四度十二分。
泰順縣【略】北緯二十七度三十五分，東經三度二十分。【略】
處州府【略】
麗水縣，附郭，北緯二十八度二十五分，東經三度二十五分。
青田縣【略】北緯二十八度九分，東經三度五十三分。
縉雲縣【略】北緯二十八度三十七分，東經三度三十八分。
松陽縣【略】北緯二十八度二十六分，東經三度一分。
遂昌縣【略】北緯二十八度三十四分，東經二度五十分。
龍泉縣【略】北緯二十八度七分，東經二度三十九分。
慶元縣【略】北緯二十七度四十一分，東經二度三十五分。
雲和縣【略】北緯二十八度六分，東經三度五分。

宣平縣【略】北緯二十八度三十九分，東經三度五分。
景寧縣【略】北緯二十七度五十五分，東經三度十二分。

清·劉錦藻《清朝續文獻通考》卷三二七《輿地考十三·湖北省》

武昌府【略】
江夏縣，附郭，北緯三十度三十三分，西經二度十五分。
武昌縣【略】北緯三十度二十三分，西經一度三十九分。
嘉魚縣【略】北緯二十九度五十七分，西經二度三十九分。
蒲圻縣【略】北緯二十九度四十二分，西經二度四十一分。
咸寧縣【略】北緯二十九度五十五分，西經二度十九分。
崇陽縣【略】北緯二十九度三十四分，西經二度三十分。
通城縣【略】北緯二十九度十五分，西經二度四十一分。
興國州【略】北緯二十九度五十一分，西經一度二十二分。
大冶縣【略】北緯三十度六分，西經一度三十五分。
通山縣【略】北緯二十九度四十分，西經二度三分。【略】
漢陽府【略】
漢陽縣，附郭，北緯三十度三十三分，西經二度二十一分。
漢川縣【略】北緯三十度四十一分，西經二度四十三分。
黄陂縣【略】北緯三十度五十四分，西經二度十三分。
孝感縣【略】北緯三十度五十六分，西經二度三十七分。
沔陽州【略】北緯三十度十二分，西經三度十五分。
夏口廳【略】北緯三十度三十五分，西經二度二十分。【略】
黄州府【略】
黄岡縣，附郭，北緯三十度二十六分，西經一度四十分。
蘄水縣【略】北緯三十度三十七分，西經一度十五分。
羅田縣【略】北緯三十度五十一分，西經一度五分。
麻城縣【略】北緯三十一度十四分，西經一度三十九分。
黄安縣【略】北緯三十一度二十三分，西經二度三分。
蘄　州【略】北緯三十度四分，西經一度九分。
廣濟縣【略】北緯三十度九分，西經四十八分。
黄梅縣【略】北緯三十度十二分，西經二十四分。【略】
德安府【略】
安陸縣，附郭，北緯三十一度十八分，西經二度五十二分。
雲夢縣【略】北緯三十一度四分，西經二度四十七分。
應城縣【略】北緯三十一度，西經二度五十七分。
隨　州【略】北緯三十一度四十六分，西經三度十二分。
應山縣【略】北緯三十一度四十一分，西經二度四十五分。【略】
安陸府【略】
鍾祥縣，附郭，北緯三十一度十二分，西經三度五十七分。
京山縣【略】北緯三十一度四分，西經三度二十五分。
潛江縣【略】北緯三十度二十八分，西經三度三十八分。
天門縣【略】北緯三十度四十一分，西經三度二十分。【略】
荆州府【略】
江陵縣，附郭，北緯三十度二十六分，西經四度二十三分。
公安縣【略】北緯三十度六分，西經四度三十一分。
石首縣【略】北緯二十九度四十三分，西經四度十分。
監利縣【略】北緯二十九度四十八分，西經三度四十三分。
松滋縣【略】北緯三十度二十六分，西經四度五十一分。
枝江縣【略】北緯三十度二十四分，西經五度三分。
宜都縣【略】北緯三十度二十九分，西經五度八分。
荆門州【略】
荆門州，北緯三十一度四分，西經四度二十一分。
當陽縣【略】北緯三十度五十五分，西經四度四十七分。
遠安縣【略】北緯三十一度四分，西經四度五十六分。【略】
襄陽府【略】
襄陽縣，附郭，北緯三十二度五分，西經四度二十二分。
宜城縣【略】北緯三十一度四十四分，西經四度十九分。
南漳縣【略】北緯三十一度四十九分，西經四度四十五分。
棗陽縣【略】北緯三十二度九分，西經三度四十八分。
穀城縣【略】北緯三十二度十八分，西經四度四十九分。
光化縣【略】北緯三十二度二十分，西經四度四十五分。

均　州【略】北緯三十二度四十一分，西經五度十九分。【略】

鄖陽府【略】

鄖縣，附郭，北緯三十二度四十九分，西經五度三十九分。

房　縣【略】北緯三十二度一分，西經五度四十六分。

竹山縣【略】北緯三十二度八分，西經六度八分。

竹溪縣【略】北緯三十二度十分，西經六度三十七分。

保康縣【略】北緯三十一度五十四分，西經五度十三分。

鄖西縣【略】北緯三十二度五十八分，西經六度五分。【略】

宜昌府【略】

東湖縣，附郭，北緯三十度四十七分，西經五度十七分。

歸　州【略】北緯三十度五十八分，西經五度五十二分。

長陽縣【略】北緯三十度三十三分，西經五度二十三分。

興山縣【略】北緯三十一度十分，西經五度四十一分。

巴東縣【略】北緯三十度三分，西經六度八分。

長樂縣【略】北緯三十度十四分，西經五度四十分。

鶴峰廳【略】北緯二十九度五十分，西經六度四十分。

施南府【略】

恩施縣，附郭，北緯三十度十六分，西經七度一分。

宣恩縣【略】北緯三十度六分，西經四度。

來鳳縣【略】北緯二十九度五十分，西經六度五十八分。

咸豐縣【略】北緯二十九度五十七分，西經七度十四分。

利川縣【略】北緯三十度十六分，西經七度二十六分。

建始縣【略】北緯三十度四十五分，西經六度四十四分。

清・劉錦藻《清朝續文獻通考》卷三一八《輿地考十四・湖南省》

長沙府【略】

長沙縣，附郭治，府西北境。北緯二十八度十二分，西經三度四十分。

善化縣，附郭治，府東南境。經緯度同上。

湘潭縣【略】北緯二十七度五十三分，西經三度四十七分。

湘陰縣【略】北緯二十八度四十一分，西經三度四十八分。

湘鄉縣【略】北緯二十七度四十六分，西經四度十二分。

寧鄉縣【略】北緯二十八度十七分，西經四度十一分。

益陽縣【略】北緯二十八度三十三分，西經四度二十二分。

瀏陽縣【略】北緯二十八度九分，西經三度一分。

安化縣【略】北緯二十八度十三分，西經五度二分。

醴陵縣【略】北緯二十七度四十一分，西經三度十二分。

攸　縣【略】北緯二十七度四分，西經三度十九分。

茶陵州【略】北緯二十六度五十五分，西經三度五分。【略】

岳州府【略】

巴陵縣，附郭，北緯二十九度二十四分，西經三度三十三分。

臨湘縣【略】北緯二十九度三十四分，西經三度二十二分。

平江縣【略】北緯二十八度四十三分，西經三度二分。

華容縣【略】北緯二十九度三十二分，西經四度三分。

南州廳【略】北緯二十九度二十五分，西經四度十二分。【略】

常德府【略】

武陵縣，附郭，北緯二十九度，西經五度四分。

桃源縣【略】北緯二十八度五十一分，西經五度十五分。

龍陽縣【略】北緯二十八度五十一分，西經四度四十七分。

沅江縣【略】北緯二十八度四十六分，西經四度十四分。

衡州府【略】

衡陽縣，附郭，北緯二十六度五十六分，西經四度三分。

清泉縣，附郭，經緯度同上。

衡山縣【略】北緯二十七度十五分，西經三度五十二分。

耒陽縣【略】北緯二十六度三十分，西經三度四十八分。

常寧縣【略】北緯二十六度二十五分，西經四度十二分。

安仁縣【略】北緯二十六度四十五分，西經三度二十四分。

酃　縣【略】北緯二十六度三十三分，西經二度五十分。【略】

永州府【略】

零陵縣，附郭，北緯二十六度九分，西經四度五十三分。

祁陽縣【略】北緯二十六度三十分，西經四度四十二分。

東安縣【略】北緯二十六度十四分，西經五度十三分。

道州【略】北緯二十五度四十四分，西經五度一分。

寧遠縣【略】北緯二十五度三十五分，西經四度四十一分。

永明縣【略】北緯二十五度十九分，西經五度十分。

江華縣【略】北緯二十五度十八分，西經四度五十九分。

新田縣【略】北緯二十五度四十五分，西經四度二十七分。【略】

寶慶府【略】

邵陽縣，附郭，北緯二十七度四分，西經五度六分。

新化縣【略】北緯二十七度三十二分，西經五度十九分。

城步縣【略】北緯二十六度十九分，西經六度十三分。

武岡州【略】北緯二十六度三十九分，西經五度五十九分。

新寧縣【略】北緯二十六度二十四分，西經五度四十二分。【略】

辰州府【略】

沅陵縣，附郭，北緯二十八度二十三分，西經六度二十分。

瀘溪縣【略】北緯二十八度十三分，西經六度三十五分。

辰溪縣【略】北緯二十七度五十八分，西經六度三十四分。

漵浦縣【略】北緯二十七度五十四分，西經六度十二分。【略】

乾州廳【略】北緯二十八度十分，西經七度。

鳳凰廳【略】北緯二十七度五十四分，西經七度。

永綏廳【略】北緯二十八度四十六分，西經七度。【略】

晃州廳【略】北緯二十七度二十一分，西經七度二十分。【略】

沅州府【略】

芷江縣，附郭，北緯二十七度二十四分，西經七度三分。

黔陽縣【略】北緯二十七度九分，西經六度五十七分。

麻陽縣【略】北緯二十七度三十八分，西經七度六分。【略】

永順府【略】

永順縣，附郭，北緯二十八度五十七分，西經六度三十三分。

龍山縣【略】北緯二十九度八分，西經七度七分。

保靖縣【略】北緯二十八度四十四分，西經六度五十七分。

桑植縣【略】北緯二十九度二十八分，西經六度二十七分。【略】

靖州，北緯二十六度三十五分，西經七度。

綏寧縣【略】北緯二十六度二十六分，西經六度三十七分。

通道縣【略】北緯二十六度十八分，西經七度。

會同縣【略】北緯二十六度五十分，西經六度五十九分。【略】

澧州，北緯二十九度三十七分，西經四度四十四分。

安鄉縣【略】北緯二十九度二十分，西經四度二十四分。

石門縣【略】北緯二十九度三十一分，西經五度六分。【略】

慈利縣【略】北緯二十九度二十分，西經五度二十一分。

安福縣【略】北緯二十九度二十六分，西經五度六分。

永定縣【略】北緯二十九度七分，西經六度二分。【略】

郴州，北緯二十五度四十八分，西經三度四十九分。

永興縣【略】北緯二十六度六分，西經三度四十四分。

宜章縣【略】北緯二十五度二十八分，西經三度五十二分。

興寧縣【略】北緯二十五度五十六分，西經三度二十九分。

桂陽縣【略】北緯二十五度三十五分，西經三度十一分。

桂東縣【略】北緯二十六度四分，西經二度五十五分。【略】

桂陽州，北緯二十五度四十九分，西經四度一分。

臨武縣【略】北緯二十五度二十分，西經四度十三分。

藍山縣【略】北緯二十五度二十三分，西經四度三十二分。

嘉禾縣【略】北緯二十五度二十一分，西經四度十九分。

清·劉錦藻《清朝續文獻通考》卷三一九《輿地考十五·陝西省》

西安府【略】

長安縣，附郭治，府西境。北緯三十四度十六分，西經七度三十二分。

咸寧縣，附郭治，府東境，經緯度同上。

咸陽縣【略】北緯三十四度二十分，西經七度四十六分。

興平縣【略】北緯三十四度十八分，西經八度一分。

臨潼縣【略】北緯三十四度二十一分，西經七度二十一分。

高陵縣【略】北緯三十四度三十一分，西經七度十七分。

鄠　縣【略】北緯三十四度六分，西經七度四十八分。

藍田縣【略】北緯三十四度三分，西經七度八分。

涇陽縣【略】北緯三十四度三十分，西經七度三十八分。

三原縣【略】北緯三十四度三十六分，西經七度三十四分。
盩厔縣【略】北緯三十四度十一分，西經八度十一分。
渭南縣【略】北緯三十四度二十九分，西經六度五十九分。
富平縣【略】北緯三十四度四十六分，西經七度二十一分。
醴泉縣【略】北緯三十四度三十分，西經八度三分。
耀　州【略】北緯三十四度五十四分，西經七度三十四分。
同官縣【略】北緯三十五度六分，西經七度二十三分。
孝義廳【略】北緯三十三度三十七分，西經七度二十分。
寧陝廳【略】北緯三十三度十分，西經七度五十二分。【略】
同州府【略】
大荔縣【略】北緯三十四度五十分，西經六度三十七分。
朝邑縣【略】北緯三十四度五十二分，西經六度三十八分。
郃陽縣【略】北緯三十五度十五分，西經六度二十三分。
澄城縣【略】北緯三十五度十分，西經六度三十七分。
韓城縣【略】北緯三十五度三十分，西經六度五分。
白水縣【略】北緯三十五度十分，西經六度五十九分。
華　州【略】北緯三十四度三十一分，西經六度四十六分。
華陰縣【略】北緯三十四度三十五分，西經六度三十分。
蒲城縣【略】北緯三十四度五十七分，西經六度五十九分。
潼關廳【略】北緯三十四度四十分，西經六度二十分。【略】
鳳翔府【略】
鳳翔縣，附郭，北緯三十四度二十八分，西經八度五十九分。
岐山縣【略】北緯三十四度二十三分，西經八度四十六分。
寶雞縣【略】北緯三十四度二十二分，西經九度十三分。
扶風縣【略】北緯三十四度十九分，西經八度三十三分。
郿　縣【略】北緯三十四度十四分，西經八度三十五分。
麟遊縣【略】北緯三十四度十一分，西經八度三十九分。
汧陽縣【略】北緯三十四度三十六分，西經九度十三分。
隴　州【略】北緯三十四度五十一分，西經九度三十一分。【略】
漢中府【略】
南鄭縣，附郭，北緯三十三度，西經九度十四分。
褒城縣【略】北緯三十三度五分，西經九度二十分。
城固縣【略】北緯三十三度三分，西經八度五十六分。
洋　縣【略】北緯三十三度五分，西經八度四十二分。
西鄉縣【略】北緯三十二度四十六分，西經八度三十四分。
鳳　縣【略】北緯三十三度五十九分，西經九度四十四分。
寧羌州【略】北緯三十二度四十四分，西經十度一分。
沔　縣【略】北緯三十三度六分，西經九度二十分。
略陽縣【略】北緯三十三度十八分，西經十度二十分。
留壩廳【略】北緯三十三度三十四分，西經九度二十分。
定遠廳【略】北緯三十二度十八分，西經八度二十四分。
佛坪廳【略】北緯三十三度五十分，西經八度十三分。【略】
延安府【略】
膚施縣，附郭，北緯三十六度四十二分，西經七度四分。
安塞縣【略】北緯三十六度四十九分，西經七度十三分。
甘泉縣【略】北緯三十六度二十二分，西經七度十二分。
安定縣【略】北緯三十七度十四分，西經六度五十八分。
保安縣【略】北緯三十七度一分，西經七度四十七分。
宜川縣【略】北緯三十六度九分，西經六度二十九分。
延川縣【略】北緯三十六度五十八分，西經六度二十三分。
延長縣【略】北緯三十六度三十八分，西經六度二十七分。
靖邊縣【略】北緯三十七度二十五分，西經八度十五分。
定邊縣【略】北緯三十七度四十四分，西經九度十四分。【略】
榆林府【略】
榆林縣，附郭，北緯三十八度十八分，西經七度六分。
懷遠縣【略】北緯三十七度五十六分，西經七度五十三分。
葭　州【略】北緯三十八度七分，西經六度五分。
神木縣【略】北緯三十八度五十五分，西經六度二十三分。
府谷縣【略】北緯三十九度六分，西經五度四十三分。【略】
興安府【略】

安康縣，附郭，北緯三十二度三十二分，西經七度六分。

平利縣【略】北緯三十二度十八分，西經七度三分。

洵陽縣【略】北緯三十二度四十二分，西經六度四十九分。

白河縣【略】北緯三十二度三十四分，西經六度十九分。

紫陽縣【略】北緯三十二度三十一分，西經七度四十分。

石泉縣【略】北緯三十二度五十五分，西經七度五十五分。

漢陰廳【略】北緯三十二度四十三分，西經七度三十八分。【略】

甎坪廳【略】北緯三十三度二十分，西經七度三十分。【略】

商州，北緯三十三度四十九分，西經六度三十五分。

鎮安縣【略】北緯三十三度二十分，西經七度十三分。

雒南縣【略】北緯三十四度六分，西經六度二十三分。

山陽縣【略】北緯三十三度三十二分，西經六度二十九分。

商南縣【略】北緯三十三度三十二分，西經五度五十三分。【略】

乾州，北緯三十四度三十三分，西經八度十五分。

武功縣【略】北緯三十四度十九分，西經八度二十分。

永壽縣【略】北緯三十四度四十九分，西經八度二十八分。【略】

三水縣【略】北緯三十五度十分，西經八度九分。

淳化縣【略】北緯三十四度五十一分，西經七度五十九分。

邠州，北緯三十五度四分，西經八度二十三分。

長武縣【略】北緯三十五度十四分，西經八度四十分。【略】

鄜州，北緯三十六度四分，西經七度十一分。【略】

洛川縣【略】北緯三十五度五十七分，西經六度五十八分。

中部縣【略】北緯三十五度三十八分，西經七度十七分。

宜君縣【略】北緯三十五度二十三分，西經七度二十二分。【略】

綏德州，北緯三十七度三十七分，西經六度二十五分。

米脂縣【略】北緯三十七度五十一分，西經六度二十七分。

清澗縣【略】北緯三十七度十二分，西經六度二十六分。

吳堡縣【略】北緯三十七度三十七分，西經五度五十八分。

清·劉錦藻《清朝續文獻通考》卷三二〇《輿地考十六·甘肅省》

蘭州府【略】

皋蘭縣，附郭，北緯三十六度八分，西經十二度三十四分。【略】

狄道州【略】北緯三十五度二十二分，西經十二度三十分。【略】

金　縣【略】北緯三十五度五十五分，西經十二度十五分。

渭源縣【略】北緯三十五度五分，西經十二度七分。

河　州【略】北緯三十五度四十六分，西經十三度二十三分。

靖遠縣【略】北緯三十六度三十分，西經十二度五分。【略】

鞏昌府【略】

隴西縣，附郭，北緯三十四度五十七分，西經十一度四十三分。【略】

安定縣【略】北緯三十五度三十八分，西經十一度四十七分。【略】

會寧縣【略】北緯三十五度四十一分，西經十一度二十分。【略】

通渭縣【略】北緯三十五度三分，西經十一度十一分。【略】

寧遠縣【略】北緯三十四度三十九分，西經十一度二十九分。【略】

伏羌縣【略】北緯三十四度四十分，西經十一度三分。【略】

西和縣【略】北緯三十四度一分，西經十一度二分。【略】

岷　州【略】北緯三十四度二十二分，西經十二度二十六分。【略】

洮州廳【略】北緯三十四度三十一分，西經十二度五十三分。【略】

平涼府【略】

平涼縣，附郭，北緯三十五度三十五分，西經九度四十八分。【略】

華亭縣【略】北緯三十五度十八分，西經九度五十二分。【略】

静寧州【略】北緯三十五度三十四分，西經十度四十一分。【略】

隆德縣【略】北緯三十五度四十分，西經十度十七分。【略】

慶陽府【略】

安化縣，附郭，北緯三十六度三分，西經八度四十六分。

合水縣【略】北緯三十六度二分，西經八度三十一分。

環　縣【略】北緯三十六度三十八分，西經九度二十一分。

正寧縣【略】北緯三十五度二十三分，西經八度十八分。

寧　州【略】北緯三十五度三十四分，西經八度三十六分。【略】

寧夏府【略】

寧夏縣，附郭治，府東偏。北緯三十八度二十分，西經十度二十分。【略】

寧朔縣，附郭治，府西偏，經緯度同寧夏縣。【略】

平羅縣【略】北緯三十八度五十七分，西經十度二十六分。【略】

靈　州【略】北緯三十七度五十一分，西經十度二十分。【略】

中衛縣【略】北緯三十七度四十分，西經十一度十九分。【略】

寧靈廳【略】北緯三十七度五十分，西經十度四十分。【略】

西寧府【略】

西寧縣，附郭，北緯三十六度三十九分，西經十四度五十二分。【略】

碾伯縣【略】北緯三十六度三十六分，西經十四度十八分。【略】

大通縣【略】北緯三十七度四分，西經十五度。【略】

貴德廳【略】北緯三十六度四分，西經十五度十分。【略】

循化廳【略】北緯三十六度，西經十四度五分。【略】

丹噶爾廳【略】北緯三十六度四十分，西經十五度四分。【略】

巴燕戎格廳【略】北緯三十六度十分，西經十四度十九分。【略】

涼州府【略】

武威縣，附郭，北緯三十八度三十分，西經十四度三十三分。【略】

鎮番縣【略】北緯三十九度二十四分，西經十四度十八分。【略】

永昌縣【略】北緯三十八度三十九分，西經十四度五十五分。

古浪縣【略】北緯三十七度三十二分，西經十三度二十八分。

平番縣【略】北緯三十六度四十五分，西經十三度十分。【略】

甘州府【略】

撫彝廳【略】北緯三十九度三十分，西經十六度十二分。【略】

張掖縣，附郭，北緯三十九度，西經十五度五十二分。【略】

山丹縣【略】北緯三十八度五十七分，西經十五度三十分。【略】

肅　州【略】

高臺縣【略】北緯三十九度二十八分，西經十六度三十一分。

毛目分縣【略】北緯四十度二十八分，西經十六度五十分。【略】

安西州【略】北緯四十度三十分，西經二十度二十八分。【略】

敦煌縣【略】北緯三十九度五十六分，西經二十一度二十八分。【略】

玉門縣【略】北緯四十度有二分，西經十八度四十二分。【略】

秦　州【略】北緯三十四度三十五分，西經十度四十分。【略】

秦安縣【略】北緯三十四度五十一分，西經十度三十六分。【略】

清水縣【略】北緯三十四度四十四分，西經十度十四分。【略】

禮　縣【略】北緯三十四度十五分，西經十一度五分。【略】

徽　縣【略】北緯三十三度五十分，西經十度七分。【略】

兩當縣【略】北緯三十四度，西經一十度。【略】

階　州【略】北緯三十三度二十五分，西經十一度十三分。【略】

西固分州【略】北緯三十三度五十二分，西經十一度五十五分。【略】

文　縣【略】北緯三十二度五十七分，西經十一度二十五分。【略】

成　縣【略】北緯三十三度五十二分，西經十度四十二分。【略】

涇　州【略】北緯三十五度二十二分，西經九度。【略】

崇信縣【略】北緯三十五度二十分，西經九度二十分。【略】

鎮原縣【略】北緯三十五度五十分，西經九度十五分。【略】

靈臺縣【略】北緯三十五度十分，西經八度五十分。【略】

固原州【略】

硝河分州【略】北緯三十五度五十六分，西經十度三十八分。【略】

平遠縣【略】北緯三十七度八分，西經十度十六分。【略】

海城縣【略】北緯三十六度三十二分，西經十度五十五分。【略】

化平川廳【略】北緯三十五度三十二分，西經十度五分。

清·劉錦藻《清朝續文獻通考》卷三二一《輿地考十七·新疆省》

迪化府【略】

迪化縣，附郭，北緯高四十三度四十四分，經度偏西二十八度二十二分。【略】

昌吉縣【略】北緯四十三度五十八分，西經二十八度四十四分。【略】

綏來縣【略】北緯四十四度二十五分，西經二十八度四十四分。【略】

阜康縣【略】北緯四十四度四分，西經二十八度一十分。【略】

奇臺縣【略】北緯四十四度一十分，西經二十六度五十分。【略】

孚遠縣【略】北緯四十四度一十四分，西經二十二度一十一分。【略】

鎮西直隸廳【略】北緯四十三度三十三分，西經二十七度。【略】

吐魯番直隸廳【略】北緯四十三度零四分，西經二十七度二十八分。【略】

鄯善縣【略】北緯四十二度四十分，西經二十六度。【略】

魯克沁回王城【略】北緯四十二度五十三分，西經二十三度。【略】

哈密直隸廳【略】北緯四十二度五十三分，西經二十三度。

庫爾喀喇烏蘇直隸廳【略】北緯四十四度二十四分，西經三十一度五十四分。【略】

伊犁府【略】

綏定縣，附郭，舊名烏哈爾里克。北緯四十四度十分，西經三十五度四十分。【略】

寧遠縣【略】北緯四十三度五十分，西經三十五度。【略】

精河直隸廳【略】北緯四十四度三十三分，西經三十三度三十分。【略】

博羅塔拉【略】北緯四十五度十分，西經三十四度四十分。【略】

塔城直隸廳【略】北緯四十七度，西經三十三度二十分。【略】

温宿府【略】北緯四十一度十六分，西經三十六度五分。【略】

温宿縣【略】北緯四十一度十分，西經三十六度十五分。【略】

拜城縣【略】北緯四十一度四十三分，西經三十四度三十二分。【略】

柯坪分縣【略】北緯四十度十分，西經三十七度三十分。【略】

烏什直隸廳【略】北緯四十一度十六分，西經三十七度五分。【略】

庫車直隸州【略】北緯四十一度三十五分，西經三十三度三十分。【略】

沙雅縣【略】北緯四十一度，西經三十三度半。【略】

焉耆府【略】北緯四十二度十五分，西經二十九度三十七分。【略】

新平縣【略】北緯四十一度二十分，西經二十九度五十分。【略】

輪臺縣【略】北緯四十一度三十五分，西經三十二度五分。【略】

婼羌縣【略】北緯三十九度，西經二十八度五分。【略】

疏勒府【略】北緯三十九度二十五分，西經四十度二十二分。【略】

疏附縣【略】北緯三十九度三十分，西經四十度二十七分。【略】

伽師縣【略】北緯三十九度二十分，西經三十九度十五分。【略】

英吉沙爾直隸廳【略】北緯三十八度四十分，西經四十度一十分。【略】

莎車府【略】北緯三十八度二十二分，西經三十九度一十分。【略】

蒲犁廳【略】北緯三十七度五十分，西經四十一度一十分。【略】

巴楚州【略】北緯三十九度五十分，西經三十七度四十四分。【略】

葉城縣【略】北緯三十七度四十五分，西經三十八度五十八分。【略】

皮山縣【略】北緯三十七度四十分，西經三十八度十五分。【略】

和闐直隸州【略】北緯三十七度十三分，西經三十六度四十分。【略】

于闐縣【略】北緯三十七度，西經三十四度二十分。【略】

洛浦縣【略】北緯三十七度十五分，西經三十五度五十分。

清・劉錦藻《清朝續文獻通考》卷三二二《輿地考十八・四川省》

成都府【略】

成都縣，附郭治，府北境。北緯三十度四十二分，西經十二度十六分。【略】

華陽縣，附郭治，府南境，經緯度同上。

雙流縣【略】北緯三十度三十五分，西經十二度二十四分。

温江縣【略】北緯三十度四十四分，西經十二度三十一分。

新都縣【略】北緯三十度五十一分，西經十二度十一分。

金堂縣【略】北緯三十度五十四分，西經十二度四分。

郫　縣【略】北緯三十度四十九分，西經十二度三十分。

新繁縣【略】北緯三十度五十四分，西經十二度二十分。

崇寧縣【略】北緯三十度五十四分，西經十二度三十一分。

彭　縣【略】北緯三十度五十七分，西經十二度二十五分。

灌　縣【略】北緯三十度五十九分，西經十二度四十五分。

簡　州【略】北緯三十度二十六分，西經十一度五十一分。

崇慶州【略】北緯三十度三十九分，西經十二度四十二分。

新津縣【略】北緯三十度二十七分，西經十二度三十六分。

漢　州【略】北緯三十一度，西經十二度五分。

什邡縣【略】北緯三十一度五分，西經十二度十二分。【略】

保寧府【略】

閬中縣，附郭，北緯三十一度三十二分，西經十度三十九分。

蒼溪縣【略】北緯三十一度四十分，西經十度三十二分。

南部縣【略】北緯三十一度十九分，西經十度二十四分。

廣元縣【略】北緯三十二度十九分，西經十度三十一分。

昭化縣【略】北緯三十七度十六分，西經十度三十八分。

巴　州【略】北緯三十一度五十二分，西經九度四十二分。

通江縣【略】北緯三十一度五十八分，西經九度十分。

南江縣【略】北緯三十二度二十一分，西經九度三十六分。

劍　州【略】北緯三十一度五十九分，西經十度五十分。【略】

順慶府【略】
南充縣，附郭，北緯三十度五十分，西經十度十九分。
西充縣【略】北緯三十一度一分，西經十度三十分。
蓬　州【略】北緯三十一度三分，西經十度三分。
營山縣【略】北緯三十一度七分，西經九度五十三分。
儀隴縣【略】北緯三十一度二十八分，西經十度三分。
廣安州【略】北緯三十度三十三分，西經九度五十分。
岳池縣【略】北緯三十度三十七分，西經十度二分。
鄰水縣【略】北緯三十度二十六分，西經九度三十六分。【略】
重慶府【略】
巴縣，附郭，北緯二十九度四十二分，西經九度四十八分。
江津縣【略】北緯二十九度十五分，西經十度一分。
長壽縣【略】北緯二十九度五十八分，西經九度十一分。
永川縣【略】北緯二十九度三十分，西經十度二十七分。
璧山縣【略】北緯二十九度四十六分，西經十度十分。
榮昌縣【略】北緯二十九度三十二分，西經十度四十八分。
大足縣【略】北緯二十九度五十一分，西經十度三十七分。
綦江縣【略】北緯二十八度五十八分，西經九度三十八分。
南川縣【略】北緯二十九度七分，西經九度十四分。
合　州【略】北緯三十度九分，西經十度五分。
銅梁縣【略】北緯二十九度五十八分，西經十度十九分。
定遠縣【略】北緯三十度二十六分，西經十度六分。
涪　州【略】北緯二十九度五十分，西經八度五十九分。【略】
夔州府【略】
奉節縣，附郭，北緯三十一度十一分，西經六度五十三分。
巫山縣【略】北緯三十一度十分，西經六度三十六分。
大寧縣【略】北緯三十一度三十二分，西經六度五十七分。
雲陽縣【略】北緯三十一度七分，西經七度二十一分。
萬　縣【略】北緯三十一度八分，西經七度五十七分。
開　縣【略】北緯三十一度十九分，西經七度五十七分。【略】

敘州府【略】
宜賓縣，附郭，北緯二十八度三十九分，西經十一度四十三分。
慶符縣【略】北緯二十八度二十一分，西經十一度五十三分。
富順縣【略】北緯二十九度十七分，西經十一度二十三分。
南溪縣【略】北緯二十八度四十六分，西經十一度二十四分。
長寧縣【略】北緯二十八度十分，西經十一度三十六分。
高　縣【略】北緯二十八度十四分，西經十一度五十二分。
筠連縣【略】北緯二十八度五分，西經十二度四分。
興文縣【略】北緯二十八度九分，西經十一度二十五分。
隆昌縣【略】北緯二十九度二十七分，西經十一度七分。
屏山縣【略】北緯二十八度三十分，西經十二度十分。
珙　縣【略】北緯二十八度十五分，西經十一度四十三分。
雷波廳【略】北緯二十八度十六分，西經十三度二十二分。
馬邊廳【略】北緯二十八度五十九分，西經十二度五十一分。
泥溪長官司【略】北緯二十八度四十分，西經十二度二十分。
平夷長官司【略】北緯二十八度三十分，西經十三度三十分。
蠻夷長官司【略】北緯二十八度三十分，西經十二度四十分。
沐川長官司【略】北緯二十八度五十分，西經十二度三十分。【略】
屏山縣【略】北緯二十八度五十分，西經十三度四十分。【略】
龍安府【略】
平武縣，附郭，北緯三十二度二十二分，西經十一度四十九分。
江油縣【略】北緯三十一度四十八分，西經十一度三十五分。
石泉縣【略】北緯三十一度五十分，西經十二度二分。
彰明縣【略】北緯三十一度三十七分，西經十一度三十七分。
陽地隘口長官司【略】北緯三十二度三十分，西經十一度四十分。【略】
潼川府【略】
三臺縣【略】北緯三十一度六分，西經十一度十六分。
射洪縣【略】北緯三十一度，西經十一度五分。
鹽亭縣【略】北緯三十一度十四分，西經十一度一分。
中江縣【略】北緯三十一度三分，西經十一度四十二分。

遂寧縣【略】北緯三十度三十三分，西經十度四十九分。
蓬溪縣【略】北緯三十度四十八分，西經十度四十二分。
安岳縣【略】北緯三十度八分，西經十一度六分。
樂至縣【略】北緯三十度十九分，西經十一度三十三分。【略】
嘉定府【略】
樂山縣，附郭，北緯二十九度二十七分，西經十二度三十一分。
峨眉縣【略】北緯二十九度三十一分，西經十二度四十五分。
洪雅縣【略】北緯二十九度五十四分，西經十二度五十三分。
夾江縣【略】北緯二十九度三十九分，西經十二度四十三分。
犍爲縣【略】北緯二十九度七分，西經十二度十四分。
榮　縣【略】北緯二十九度三十二分，西經十一度五十七分。
威遠縣【略】北緯二十九度三十七分，西經十一度四十三分。
峨邊廳【略】北緯二十九度七分，西經十三度二分。【略】
雅州府【略】
雅安縣，附郭，北緯三十度五分，西經十三度二十一分。
名山縣【略】北緯三十度十一分，西經十三度十四分。
榮經縣【略】北緯二十九度五十一分，西經十三度三十三分。
蘆山縣【略】北緯三十度十二分，西經十三度二十五分。
天全州【略】北緯三十度十分，西經十三度五十分。
清溪縣【略】北緯二十九度三十二分，西經十三度五十五分。【略】
寧遠府【略】
西昌縣，附郭，北緯二十七度五十四分，西經十四度十二分。
冕寧縣【略】北緯二十八度三十二分，西經十四度十九分。
鹽源縣【略】北緯二十七度二十五分，西經十四度五十四分。【略】
會理州【略】北緯二十六度三十四分，西經十四度十分。
越嶲廳【略】北緯二十八度三十八分，西經十三度五十七分。【略】
沙麻宣撫司【略】北緯二十八度十分，西經十三度三十分。
河東長官司【略】北緯二十八度，西經十四度。
昌州長官司【略】北緯二十七度二十分，西經十四度三十分。【略】
瓜別安撫司【略】北緯二十七度五十分，西經十五度十分。
木理安撫司【略】北緯二十八度二十分，西經十五度四分。
馬喇長官司【略】北緯二十七度十分，西經十五度十分。【略】
眉州，北緯三十度六分，西經十二度三十一分。
丹棱縣【略】北緯三十度五分，西經十二度五十分。
彭山縣【略】北緯三十度十三分，西經十二度二十九分。
青神縣【略】北緯二十九度四十八分，西經十二度二十五分。
邛州，北緯三十度二十九分，西經十二度五十三分。
大邑縣【略】北緯三十度三十八分，西經十二度五十一分。
蒲江縣【略】北緯三十度十五分，西經十二度四十九分。【略】
瀘州，北緯二十八度五十五分，西經十度五十七分。【略】
納溪縣【略】北緯二十八度四十六分，西經十一度一分。【略】
合江縣【略】北緯二十八度四十八分，西經十度三十一分。【略】
江安縣【略】北緯三十八度三十九分，西經十一度二十分。【略】
茂州，北緯三十一度三十七分，西經十二度三十一分。
汶川縣【略】北緯三十一度十九分，西經十二度五十二分。
長寧安撫司【略】北緯三十一度五十分，西經十二度四十分。
静州長官司【略】北緯三十一度四十分，西經十二度三十分。
岳希長官司【略】北緯三十一度四十分，西經十二度四十分。
龐木長官司【略】北緯三十一度四十分，西經十二度二十分。【略】
綿州，北緯三十一度二十八分，西經十一度三十五分。
德陽縣【略】北緯三十度九分，西經十一度五十七分。
安　縣【略】北緯三十一度三十五分，西經十一度五十六分。
綿竹縣【略】北緯三十一度十八分，西經十二度八分。
梓潼縣【略】北緯三十一度三十八分，西經十一度八分。
羅江縣【略】北緯三十一度十七分，西經十一度四十八分。【略】
資州，北緯二十九度五十分，西經十一度三十二分。
資陽縣【略】北緯三十度十一分，西經十一度四十五分。
內江縣【略】北緯二十九度三十九分，西經十一度十九分。
仁壽縣【略】北緯二十九度五十八分，西經十二度十一分。
井研縣【略】北緯二十九度三十八分，西經十二度十三分。【略】

綏定府【略】

達縣，附郭，北緯三十一度十八分，西經八度五十一分。

東鄉縣【略】北緯三十一度二十七分，西經八度三十七分。

太平縣【略】北緯三十二度七分，西經八度十七分。

新寧縣【略】北緯三十一度十一分，西經八度三十一分。

渠　縣【略】北緯三十一度五分，西經九度三十五分。

大竹縣【略】北緯三十度四十九分，西經九度二十分。

城口廳【略】北緯三十二度十二分，西經七度五十二分。【略】

忠州，北緯三十度二十七分，西經八度二十分。

酆都縣【略】北緯三十度四分，西經八度三十八分。

墊江縣【略】北緯三十度二十八分，西經九度五分。

梁山縣【略】北緯三十度四十九分，西經八度三十五分。【略】

酉陽州，北緯二十八度五十一分，西經七度三十八分。

秀山縣【略】北緯二十八度二十五分，西經七度二十八分。

黔江縣【略】北緯二十九度三十二分，西經七度三十四分。

彭水縣【略】北緯二十九度二十二分，西經八度十三分。

石耶洞長官司【略】北緯二十八度四十分，西經七度二十分。

邑梅洞長官司【略】北緯二十八度十分，西經七度二十分。

地壩副長官司【略】北緯二十八度三十分，西經七度三十分。【略】

永寧州，本州。 北緯二十七度五十六分，西經十一度十三分。

古宋縣【略】北緯二十八度十分，西經十一度二十分。【略】

松潘廳【略】北緯三十二度四十六分，西經十二度五十一分。【略】

理番廳【略】北緯三十一度十分，西經十三四十三度分。【略】

懋功廳【略】

懋功屯【略】北緯三十九度四十分，西經十三度二十八分。

撫邊屯【略】北緯三十度五十分，西經十三度五十分。

章谷屯【略】北緯三十度四十分，西經十四度十分。

崇化屯【略】北緯三十一度，西經十四度十分。

綏靖屯【略】北緯三十度三分，西經十四度二十分。【略】

巴安府【略】

巴塘舊城【略】北緯三十度，西經十七度。【略】

理化廳【略】北緯三十度十分，西經十五度五十分。【略】

三壩廳【略】北緯二十九度四十五分，西經十六度三十分。【略】

稻成縣【略】北緯二十九度二十分，西經十五度三十分。【略】

定鄉縣【略】北緯二十九度十分，西經十六度二十分。【略】

鹽井縣【略】北緯二十九度，西經二十度十分。【略】

康定府【略】北緯三十度七分，西經十四度三十五分。【略】

安良廳【略】北緯二十九度四十分，西經十四度四十五分。【略】

河口縣【略】北緯三十度五十分，西經十五度四十五分。【略】

登科府【略】北緯三十一三十分，西經度六度二十五分。【略】

德化州【略】北緯三十二度二十分，西經十七度三十分。【略】

昌都府【略】北緯三十一度二十五分，西經十八度四十五分。【略】

恩達廳【略】

乍丫縣【略】北緯三十度二十七分，西經十八度八分。【略】

江　卡【略】北緯二十九度四十分，西經十七度三十分。【略】

瀘定橋【略】北緯二十九度五十分，西經十四度二十分。

碩般多【略】北緯三十一度，西經二十度三十分。【略】

洛隆宗，北緯三十一度，西經二十度十分。【略】

類伍齊，北緯三十一度二十分，西經二十度十分。【略】

拉　哩【略】北緯三十一度，西經二十二度三十五分。【略】

江　達【略】北緯三十度四分，西經二十三度。

清・劉錦藻《清朝續文獻通考》卷三二三《輿地考十九・廣東省》

廣州府【略】

南海縣，附郭治，府西境。北緯二十三度十分，西經三度三十分。

番禺縣，附郭治，府東境。經緯度分同前。

順德縣【略】北緯二十二度五十分，西經三度四十分。

東莞縣【略】北緯二十三度，西經三度。

從化縣【略】北緯二十三度三十三分，西經三度十分。

龍門縣【略】北緯二十三度四十五分，西經二度三十分。

增城縣【略】北緯二十三度二十分，西經二度五十分。

新會縣【略】北緯二十二度三十分,西經三度五十四分。
香山縣【略】北緯二十二度三十分,西經三度三十分。
三水縣【略】北緯二十三度十五分,西經三度五十六分。
新寧縣【略】北緯二十二度十五分,西經四度十五分。【略】
清遠縣【略】北緯二十三度四十五分,西經三度四十五分。【略】
新安縣【略】北緯二十二度二十分,西經二度五十分。
花 縣【略】北緯二十三度三十分,西經三度三十分。【略】
赤溪廳【略】北緯二十一度五十四分,西經三度三十五分。【略】
韶州府【略】
曲江縣【略】北緯二十四度五十四分,西經三度二十四分。【略】
樂昌縣【略】北緯二十五度十分,西經三度三十五分。【略】
仁化縣【略】北緯二十五度十五分,西經三度十五分。
乳源縣【略】北緯二十四度五十二分,西經三度五十分。【略】
翁源縣【略】北緯二十四度三十分,西經三度十分。
英德縣【略】北緯二十四度十分,西經三度三十六分。【略】
南雄州,北緯二十五度十二分,西經二度三十三分。
始興縣【略】北緯二十五度三分,西經二度五十分。【略】
惠州府【略】
歸善縣【略】北緯二十三度五分,西經二度十二分。【略】
博羅縣【略】北緯二十三度十分,西經二度二十分。
長寧縣【略】北緯二十四度六分,西經二度三十六分。
永安縣【略】里北緯二十三度三十五分,西經一度十八分。
海豐縣【略】北緯二十二度五十七分,西經一度十二分。【略】
陸豐縣【略】北緯二十二度五十五分,西經五十分。
龍川縣【略】北緯二十四度,西經一度二十分。【略】
連平縣【略】北緯二十四度二十分,西經二度十二分。
河源縣【略】北緯二十三度四十分,西經一度五十六分。
和平縣【略】北緯二十四度三十分,西經一度三十五分。【略】
佛岡廳【略】北緯二十三度五十分,西經二度五十分。【略】
潮州府【略】
海陽縣,附郭,北緯二十三度四十分,東經十分。【略】
豐順縣【略】北緯二十三度五十四分,西經七分。
潮陽縣【略】北緯二十三度十二分,東經五分。
揭陽縣【略】北緯二十三度三十分,西經十分。
饒平縣【略】北緯二十三度五十五分,東經二十分。
惠來縣【略】北緯二十三度,西經十分【略】
大埔縣【略】北緯二十四度三十三分,東經十二分。
澄海縣【略】北緯二十三度二十五分,東經十八分。【略】
普寧縣【略】北緯二十三度二十四分,西經二十分。
南澳廳【略】北緯二十三度二十五分,東經四十分。【略】
肇慶府【略】
高要縣,附郭,北緯二十三度六分,西經四度二十五分。【略】
四會縣【略】北緯二十三度二十四分,西經四度十五分。【略】
新興縣【略】北緯二十二度四十五分,西經四度四十五分。【略】
高明縣【略】北緯二十二度五十五分,西經四度十三分。
廣寧縣【略】北緯二十三度四十分,西經四度三十分。
開平縣【略】北緯二十二度三十三分,西經四度三十分。
鶴山縣【略】北緯二十二度四十二分,西經四度十五分。
德慶州【略】北緯二十三度十五分,西經五度。【略】
封川縣【略】北緯二十三度二十分,西經五度二十七分。【略】
開建縣【略】北緯二十三度四十二分,西經五度。【略】
陽江州,北緯二十一度五十分,西經五度。【略】
陽春縣【略】北緯二十二度六分,西經五度十五分。【略】
恩平縣【略】北緯二十二度九分,西經四度四十五分。【略】
高州府【略】
茂名縣【略】北緯二十一度五十二分,西經六度。【略】
電白縣【略】北緯二十一度三十分,西經五度二十二分。【略】
信宜縣【略】北緯二十二度十三分,西經六度。【略】
化 州【略】北緯二十一度三十九分,西經六度十五分。【略】
吳川縣【略】北緯二十一度二十二分,西經六度十分。

石城縣【略】北緯二十一度四十分，西經六度三十八分。【略】
廉州府【略】
合浦縣，附郭，北緯二十一度四十分，西經七度三十分。【略】
靈山縣【略】北緯二十二度二十五分，西經七度三十分。【略】
欽州，北緯二十一度五十五分，西經八度三分。【略】
防城縣【略】北緯二十一度四十二分，西經八度五分。【略】
雷州府【略】
海康縣，附郭，北緯二十度五十分，西經六度四十六分。
遂溪縣【略】北緯二十一度十八分，西經六度四十分。
徐聞縣【略】北緯二十度十八分，西經六度四十八分。【略】
瓊州府【略】
瓊山縣，附郭，北緯二十度五分，西經六度四十分。
澄邁縣【略】北緯二十度，西經六度五十分。【略】
定安縣【略】北緯十九度四十五分，西經六度四十分。【略】
文昌縣【略】北緯十九度三十七分，西經六度十二分。【略】
會同縣【略】北緯十九度二十分，西經六度二十五分。【略】
樂會縣【略】北緯十九度十分，西經六度三十分。【略】
臨高縣【略】北緯十九度五十分，西經七度十分。【略】
儋　州【略】北緯十九度三十五分，西經七度三十分。【略】
崖州，北緯十八度二十七分，西經七度三十六分。【略】
昌化縣【略】北緯十九度十六分，西經八度七分。【略】
萬　縣【略】北緯十八度五十分，西經六度三十七分。【略】
陵水縣【略】北緯十八度三十六分，西經七度。【略】
感恩縣【略】北緯十八度五十分，西經八度六分。【略】
羅定州【略】
羅定州，北緯二十二度五十分，西經五度三十六分。
東安縣【略】北緯二十三度三分，西經五度。【略】
西寧縣【略】北緯二十三度七分，西經五度三十分。【略】
連州，北緯二十四度四十七分，西經四度十八分。【略】
陽山縣【略】北緯二十四度二十七分，西經四度六分。【略】
連山廳【略】北緯二十四度四十三分，西經四度三十分。【略】
嘉應州，北緯二十四度十二分，西經十八分。
興寧縣【略】北緯二十四度四分，西經四十六分。
長樂縣【略】北緯二十四度，西經五十五分。
平遠縣【略】北緯二十四度四十五分，西經三十六分。
鎮平縣【略】北緯二十四度三十五分，西經二十分。

清・劉錦藻《清朝續文獻通考》卷三二四《輿地考二十・廣西省》

桂林府【略】
臨桂縣，附郭，北緯二十五度十三分，西經六度十三分。【略】
興安縣【略】北緯二十五度三十三分，西經五度五十分。
靈川縣【略】北緯二十五度二十七分，西經六度十分。
陽朔縣【略】北緯二十四度四十二分，西經六度五分。
永寧州【略】北緯二十五度九分，西經六度四十分。
永福縣【略】北緯二十四度五十八分，西經六度二十七分。
義寧縣【略】北緯二十五度二十二分，西經六度二十八分。
全　州【略】北緯二十五度五十分，西經五度三十二分。
灌陽縣【略】北緯二十五度二十五分，西經五度二十九分。
龍勝廳【略】北緯二十五度四十五分，西經六度三十二分。
中渡廳【略】北緯二十四度三十五分，西經六度四十六分。【略】
平樂府【略】
平樂縣，附郭，北緯二十四度三十四分，西經五度四十九分。
恭城縣【略】北緯二十四度四十七分，西經五度四十分。
富川縣【略】北緯二十四度四十五分，西經五度十分。
賀　縣【略】北緯二十四度十六分，西經四度五十一分。
荔浦縣【略】北緯二十四度二十七分，西經六度三分。
修仁縣【略】北緯二十四度二十二分，西經六度一十分。
昭平縣【略】北緯二十四度七分，西經五度三十七分。
永安州【略】北緯二十四度八分，西經五度五十二分。【略】
梧州府【略】
蒼梧縣，附郭，北緯二十三度三十分，西經五度三分。

藤　縣【略】北緯二十三度二十三分，西經五度二十五分。
容　縣【略】北緯二十二度五十八分，西經五度五十五分。
岑溪縣【略】北緯二十三度，西經五度十八分。
懷集縣【略】北緯二十三度五十六分，西經四度十四分。【略】
潯州府【略】
桂平縣，附郭，北緯二十三度二十七分，西經六度十六分。
平南縣【略】北緯二十三度三十五分，西經五度五十二分。
貴　縣【略】北緯二十三度十二分，西經六度三十七分。
武宣縣【略】北緯二十三度四十分，西經六度三十五分。【略】
柳州府【略】
馬平縣，附郭，北緯二十四度二十二分，西經六度五十五分。
雒容縣【略】北緯二十四度二十七分，西經六度四十四分。
羅城縣【略】北緯二十四度四十五分，西經七度二十八分。
柳城縣【略】北緯二十四度三十二分，西經七度五分。
懷遠縣【略】北緯二十五度十七分，西經七度。
融　縣【略】北緯二十五度五分，西經七度八分。
象　州【略】北緯二十四度，西經六度三十五分。
來賓縣【略】北緯二十三度四十五分，西經七度。【略】
慶遠府【略】
宜山縣，附郭，北緯二十四度二十六分，西經七度四十分。
天河縣【略】北緯二十四度四十七分，西經七度三十八分。
河池州【略】北緯二十四度四十二分，西經八度三十六分。
思恩縣【略】北緯二十四度五十四分，西經八度六分。
東蘭州【略】北緯二十四度三十二分，西經九度三分。
安化廳【略】北緯二十五度五分，西經八度三分。
南丹土州【略】北緯二十四度五十九分，西經八度五十二分。
那地土州【略】北緯二十四度四十七分，西經九度二分。
東蘭土州【略】北緯二十四度三十六分，西經九度二十一分。
忻城土縣【略】北緯二十四度七分，西經七度三十七分。
永定長官司【略】北緯二十四度十七分，西經七度四十二分。
永順正長官司【略】北緯二十四度二十分，西經八度十五分。
永順副長官司【略】北緯二十四度三十六分，西經七度三十一分。【略】
南寧府【略】
宣化縣，附郭，北緯二十二度五十三分，西經七度四十六分。
新寧州【略】北緯二十二度四十三分，西經八度五分。
隆安縣【略】北緯二十三度十三分，西經八度三十分。
橫　州【略】北緯二十二度四十七分，西經六度五十五分。
永淳縣【略】北緯二十二度五十一分，西經七度二十二分。
歸德土州【略】北緯二十三度二十四分，西經八度三十二分。
果化土州【略】北緯二十三度二十六分，西經八度四十八分。
忠州土州【略】北緯二十二度二十三分，西經八度七分。【略】
上思直隸廳，北緯二十二度十三分，西經七度五十七分。
遷隆峒土司【略】北緯二十二度十分，西經八度十四分。【略】
思恩府，北緯二十三度三十分，西經七度五十六分。
武緣縣【略】北緯二十三度十三分，西經七度五十二分。
賓　州【略】北緯二十三度十七分，西經七度二十三分。
遷江縣【略】北緯二十三度四十四分，西經七度十六分。
上林縣【略】北緯二十三度二十六分，西經七度三十七分。
那馬廳【略】北緯二十三度四十二分，西經八度六分。
白山土司【略】北緯二十三度四十七分，西經八度。
古零土司【略】北緯二十三度四十一分，西經七度五十四分。
安定土司【略】北緯二十三度五十八分，西經八度二十二分。
興隆土司【略】北緯二十三度四十分，西經八度二分。
舊城土司【略】北緯二十三度三十六分，西經八度三十三分。
定羅土司【略】北緯二十三度三十分，西經八度二十一分。
都陽土司【略】北緯二十三度五十五分，西經八度三十七分。【略】
百色直隸廳，北緯二十三度五十五分，西經九度四十分。
恩隆縣【略】北緯二十三度四十五分，西經九度三十二分。
恩陽州判【略】北緯二十三度三十七分，西經九度十分。
上林土縣【略】北緯二十三度二十九分，西經八度五十五分。

下旺土司【略】北緯二十三度四十三分,西經八度四十四分。【略】

太平府【略】

崇善縣,附郭,北緯二十二度二十六分,西經八度二十九分。

左　州【略】北緯二十二度四十二分,西經八度二十八分。

養利州【略】北緯二十二度五十二分,西經八度四十七分。

永康州【略】北緯二十二度五十五分,西經八度四十四分。

寧明州【略】北緯二十二度七分,西經八度四十五分。

龍州廳【略】北緯二十二度二十四分,西經八度五十五分。

憑祥廳【略】北緯二十二度十分,西經九度五分。

太平土州【略】北緯二十二度四十分,西經八度四十七分。

安平土州【略】北緯二十二度四十五分,西經八度五十二分。

上下凍土州【略】北緯二十二度二十五分,西經九度八分。

萬承土州【略】北緯二十三度,西經八度四十二分。

茗盈土州【略】北緯二十二度五十六分,西經八度四十六分。

全茗土州【略】北緯二十二度五十七分,西經八度五十分。

龍英土州【略】北緯二十二度五十八分,西經九度二分。

結安土州【略】北緯二十三度十三分,西經八度五十五分。

結倫土州【略】北緯二十三度十七分,西經八度五十二分。

都結土州【略】北緯二十三度十六分,西經八度四十分。

鎮遠土州【略】北緯二十三度二十分,西經九度。

下石西土州【略】北緯二十二度十二分,西經八度五十五分。

土江州【略】北緯二十二度二十三分,西經八度二十四分。

思陵土州【略】北緯二十一度五十五分,西經八度三十九分。

土思州【略】北緯二十二度十分,西經八度二十二分。

羅陽土縣【略】北緯二十二度五十三分,西經八度八分。

羅白土縣【略】北緯二十二度二十三分,西經八度二十分。

上龍土司【略】北緯二十二度三十分,西經八度五十二分。【略】

鎮安府【略】

天保縣,附郭,北緯二十三度二十分,西經九度三十五分。

奉議州【略】北緯二十三度四十二分,西經九度二十五分。

向武土州【略】北緯二十三度十三分,西經九度十三分。

都康土州【略】北緯二十三度六分,西經九度。

上映土州【略】北緯二十三度七分,西經九度十二分。【略】

歸順州【略】北緯二十三度六分,西經九度四十五分。

鎮邊縣【略】北緯二十三度二十二分,西經十度三十二分。【略】

下雷土州【略】北緯二十二度五十四分,西經九度十七分。【略】

泗城府,北緯二十四度三十分,西經九度四十五分。

淩雲縣【略】北緯二十四度四十分,西經九度四十五分。

西隆州【略】北緯二十四度五十二分,西經十一度四分。

西林縣【略】北緯二十四度三十分,西經十度四十一分。【略】

鬱林州,北緯二十二度四十五分,西經六度十分。

博白縣【略】北緯二十二度二十五分,西經六度十四分。

北流縣【略】北緯二十二度五十分,西經六度三分。

陸川縣【略】北緯二十二度二十六分,西經五度五十五分。

興業縣【略】北緯二十二度五十分,西經六度二十二分。

清·劉錦藻《清朝續文獻通考》卷三二五《輿地考二十一·雲南省》

雲南府【略】

昆明縣,附郭,北緯二十五度六分,西經十三度三十八分。

富民縣【略】北緯二十五度十六分,西經十三度四十八分。

晉寧州【略】北緯二十四度四十七分,西經十三度三十五分。

宜良縣【略】北緯二十四度五十八分,西經十三度十二分。

呈貢縣【略】北緯二十四度五十八分,西經十三度三十二分。

羅次縣【略】北緯二十五度二十一分,西經十四度一分。

安寧州【略】北緯二十四度五十九分,西經十三度五十分。

祿豐縣【略】北緯二十五度十三分,西經十四度十二分。

昆陽州【略】北緯二十四度四十五分,西經十三度四十五分。

易門縣【略】北緯二十四度四十五分,西經十四度七分。

嵩明州【略】北緯二十五度二十三分,西經十三度十八分。【略】

曲靖府【略】

南寧縣,附郭,北緯二十五度三十三分,西經十二度三十九分。

霑益州【略】北緯二十五度三十八分，西經十二度三十七分。

陸涼州【略】北緯二十五度七分，西經十二度四十四分。

馬龍州【略】北緯二十五度二十九分，西經十二度五十一分。

羅平州【略】北緯二十四度五十九分，西經十二度八分。

尋甸州【略】北緯二十五度四十五分，西經十三度七分。

平彝縣【略】北緯二十五度三十八分，西經十二度十四分。

宣威州【略】北緯二十六度，西經十二度二十分。【略】

澂江府【略】

河陽縣，附郭，北緯二十四度四十四分，西經十三度二十三分。

江川縣【略】北緯二十四度三十一分，西經十三度三十二分。

新興州【略】北緯二十四度二十九分，西經十三度四十五分。

路南州【略】北緯二十四度四十九分，西經十三度五分。【略】

廣南府【略】

寶寧縣，附郭，北緯二十四度九分，西經十一度二十二分。

土富州【略】北緯二十三度四十分，西經十度五十九分。【略】

開化府【略】

文山縣【略】北緯二十三度二十四分，西經十一度五十五分。

安平廳【略】北緯二十三度十分，西經十一度五十分。【略】

東川府【略】

會澤縣，附郭，北緯二十六度二十二分，西經十三度一分。

巧家廳【略】北緯二十六度四十五分，西經十三度七分。【略】

昭通府【略】

恩安縣，附郭，北緯二十七度二十分，西經十二度三十六分。

永善縣【略】北緯二十七度五十八分，西經十二度五十七分。

大關廳【略】北緯二十七度四十三分，西經十二度十一分。

魯甸廳【略】北緯二十七度十六分，西經十二度四十九分。

鎮雄州【略】北緯二十七度十七分，西經十一度四十分。【略】

普洱府【略】

寧洱縣，附郭，北緯二十三度二分，西經十五度十二分。

思茅廳【略】北緯二十二度四十四分，西經十五度十三分。

威遠廳【略】北緯二十三度三十分，西經十五度四十分。

他郎廳【略】北緯二十三度二十六分，西經十四度三十五分。

車里宣慰司【略】北緯二十二度七分，西經十五度三十八分。

六困土司【略】北緯二十二度五十分，西經十五度三十分。

倚那土司【略】北緯二十二度二十分，西經十四度五十分。

易武土司【略】北緯二十二度三十分，西經十四度五十分。

普藤土司【略】北緯二十二度十九分，西經十五度一分。

猛旺土司【略】北緯二十三度，西經十五度三分。

猛烏土司【略】北緯二十二度，西經十四度三十分。

猛臘土司【略】北緯二十二度十二分，西經十四度四十三分。

猛遮土司【略】北緯二十二度十分，西經十五度五十分。【略】

猛籠土司【略】北緯二十一度五十分，西經十五度三十分。

孟艮土司【略】北緯二十一度四十五分，西經十五度五十分。

整欠土司【略】北緯二十一度，西經十五度。

猛勇土司，北緯二十一度二十分，西經十五度三十分。【略】

臨安府【略】

建水縣，附郭，北緯二十三度三十八分，西經十三度二十三分。

石屏州【略】北緯二十三度四十七分，西經十三度四十三分。【略】

阿迷州【略】北緯二十三度四十二分西經十三度。【略】

寧　州【略】北緯二十四度二十九分，西經十三度二十二分。

通海縣【略】北緯二十四度十四分，西經十三度三十二分。【略】

河西縣【略】北緯二十四度十七分，西經十三度三十九分。【略】

嶍峨縣【略】北緯二十四度十九分，西經十三度五十一分。【略】

蒙自縣【略】北緯二十三度二十三分，西經十二度五十分。【略】

虧容甸長官司【略】北緯二十三度一十分，西經十三度四十分。【略】

納樓茶甸長官司【略】北緯二十三度二十六分，西經十三度二十五分。【略】

落恐甸長官司【略】北緯二十三度一十分，西經十四度三分。

左能寨長官司【略】北緯二十三度五分，西經十四度。

思陀甸長官司【略】北緯二十三度十四分，西經十四度。

大理府【略】

太和縣，附郭，北緯二十五度四十六分，西經十六度八分。
趙　州【略】北緯二十五度三十九分，西經十五度五十八分。【略】
雲南縣【略】北緯二十五度三十二分，西經十五度四十四分。【略】
鄧川州【略】北緯二十六度三分，西經十六度十二分。【略】
浪穹縣【略】北緯二十六度十分，西經十六度十九分。【略】
賓川州【略】北緯二十五度四十八分，西經十五度四十二分。
雲龍州【略】北緯二十五度五十一分，西經十六度五十二分。【略】
十二關長官司【略】北緯二十六度，西經十五度三十分。【略】
楚雄府【略】
楚雄縣，附郭，北緯二十五度七分，西經十四度四十五分。
鎮南州【略】北緯二十五度十六分，西經十五度二分。
南安州【略】北緯二十四度五十八分，西經十四度四十三分。
姚　州【略】北緯二十五度三十二分，西經十五度三分。
大姚縣【略】北緯二十五度四十六分，西經十四度五十七分。
廣通縣【略】北緯二十五度十五分，西經十四度三十三分。
定遠縣【略】北緯二十五度二十二分，西經十四度四十六分。【略】
直隸黑鹽井提舉司【略】北緯二十五度二十八分，西經十四度三十二分。
直隸琅鹽井提舉司【略】北緯二十五度二十三分，西經十四度三十二分。
直隸白鹽井提舉司【略】北緯二十五度五十四分，西經十五度十五分。【略】
永昌府【略】
保山縣，附郭，北緯二十五度七分，西經十七度二分。【略】
永平縣【略】北緯二十五度二十八分，西經十六度四十二分。
騰越廳【略】北緯二十四度五十八分，西經十七度四十三分。
龍陵廳【略】
孟定土府【略】北緯二十三度三十九分，西經十七度八分。
鎮康土州【略】北緯二十四度十分，西經十六度五十分。
灣甸土州【略】北緯二十四度二十分，西經十六度五十二分。
南甸宣撫司【略】北緯二十四度四十六分，西經十八度二分。【略】
干崖宣撫司【略】北緯二十四度四十二分，西經十八度九分。【略】
隴川宣撫司【略】北緯二十四度十五分，西經十八度十六分。【略】
盞達副宣撫司【略】北緯二十四度二十八分，西經十八度二十三分。【略】
猛卯安撫司【略】北緯二十三度五十三分，西經十八度二十三分。【略】
户撒長官司【略】北緯二十四度二十分，西經十八度十一分。
臘撒長官司【略】北緯二十四度二十分，西經十八度十九分。【略】
遮放副宣撫司【略】北緯二十四度六分，西經十七度五十七分。【略】
芒市安撫司【略】北緯二十四度十八分，西經十七度三十九分。【略】
潞江安撫司【略】北緯二十四度五十六分，西經十七度二十四分。
孟連宣撫司【略】北緯二十二度一分，西經十六度三十七分。【略】
順寧府【略】
順寧縣，附郭，北緯二十四度三十七分，西經十六度十八分。
雲　州【略】北緯二十四度三十一分，西經十六度六分。
緬寧廳【略】北緯二十四度十二分，西經十六度十五分。
耿馬宣撫司【略】北緯二十三度三十八分，西經十六度四十二分。【略】
猛猛土巡檢【略】北緯二十三度三十分，西經十六度十九分。【略】
麗江府【略】
麗江縣，附郭，北緯二十六度五十二分，西經十六度二分。
鶴慶州【略】北緯二十六度三十五分，西經十六度五分。
劍川州【略】北緯二十六度三十五分，西經十六度二十一分。
維西廳【略】北緯二十七度三十一分，西經十七度十二分。
中甸廳【略】北緯二十七度二十五分，西經十六度十九分。【略】
武定州【略】
武定州，北緯二十五度三十三分，西經十三度五十七分。
元謀縣【略】北緯二十五度三十八分，西經十四度二十二分。
祿勸縣【略】北緯二十五度三十四分，西經十二度五十二分。【略】
廣西州，北緯二十四度三十九分，西經十二度三十八分。
師宗縣【略】北緯二十四度五十五分，西經十二度二十七分。
彌勒縣【略】北緯二十四度三十分，西經十二度五十四分。【略】
邱北縣【略】北緯二十四度十分，西經十二度二十分。【略】
元江州，北緯二十三度三十六分，西經十四度十九分。
新平縣【略】北緯二十四度十二分，西經十四度十七分。

猛龍土司【略】北緯二十一度，西經十五度。

補哈土司【略】北緯二十一度，西經十八度。【略】

鎮沅廳【略】北緯二十三度四十九分，西經十五度二十一分。【略】

永北廳，北緯二十六度四十三分，西經十五度三十一分。【略】

榮坪縣【略】北緯二十六度五十七分，西經十五度二十一分。

永寧土府【略】北緯二十七度四十七分，西經十五度二十一分。【略】

順州土州【略】北緯二十六度三十七分，西經十五度四十三分。【略】

南澗土州【略】北緯二十七度四十四分，西經十五度四十八分。

浪蕖土州【略】北緯二十七度十四分，西經十五度十三分。【略】

蒙化廳【略】北緯二十五度十九分，西經十五度五十七分。【略】

景東廳【略】北緯二十四度二十九分，西經十五度二十五分。【略】

鎮邊廳【略】北緯二十二度四十分，西經十六度十分。

清·劉錦藻《清朝續文獻通考》卷三二六《輿地考二十二·貴州省》

貴陽府【略】

貴築縣，附郭，北緯二十六度二十一分，西經九度五十二分。

龍里縣【略】北緯二十六度二十四分，西經九度三十七分。【略】

貴定縣【略】北緯二十六度三十分，西經九度二十一分。【略】

修文縣【略】北緯二十六度四十四分，西經七度五十九分。

開　州【略】北緯二十六度五十九分，西經九度四十七分。

定番州【略】北緯二十六度六分，西經十度。【略】

廣順州【略】北緯二十六度八分，西經十度十五分。【略】

羅斛廳【略】北緯二十五度二十分，西經十度。【略】

中曹長官司【略】北緯二十六度二十分，西經十度。

白納正副長官司【略】北緯二十六度四十分，西經十度。

養龍長官司【略】北緯二十六度五十分，西經九度四十分。

大谷龍長官司【略】北緯二十六度二十四分，西經九度三十七分。

羊場長官司【略】北緯二十六度二十四分，西經九度三十七分。

新添長官司【略】北緯二十六度三十分，西經九度二十一分。【略】

平伐長官司【略】北緯二十六度十分，西經九度二十一分。

大平伐長官司【略】北緯二十六度二十三分，西經九度二十一分。

小平伐長官司【略】北緯二十六度二十五分，西經九度十七分。

底寨正副長官司【略】北緯二十六度四十四分，西經九度五十九分。

乖西正副長官司【略】北緯二十六度五十九分，西經十度。

程番長官司【略】北緯二十六度六分，西經十度。

小程番長官司【略】北緯二十六度五分，西經九度五十九分。

金石番長官司【略】北緯二十六度六分，西經九度五十四分。

大龍番長官司【略】北緯二十六度六分，西經九度五十三分。

小龍番長官司【略】北緯二十六度三分，西經九度五十七分。

方番長官司【略】北緯二十六度四分，西經十度。

臥龍番長官司【略】北緯二十六度三分，西經十度。

羅番長官司【略】北緯二十五度五十九分，西經十度。

盧番長官司【略】北緯二十六度七分，西經十度。

韋番長官司【略】北緯二十六度五分，西經十度。

上馬橋長官司【略】北緯二十六度三分，西經九度五十七分。

木瓜正副長官司【略】北緯二十六度，西經九度四十分。

麻嚮長官司【略】北緯二十五度五十分，西經十度十分。【略】

思州府【略】

思州府，北緯二十七度十一分，西經八度。

玉屏縣【略】北緯二十七度十一分，西經七度四十一分。

清溪縣【略】北緯二十七度四分，十經八度五分。

都素正副長官司【略】北緯二十七度十分，西經八度十分。

施溪長官司【略】北緯二十七度三十分，西經七度五十分。

黃道溪正副長官司【略】北緯二十七度三十分，西經七度四十分。【略】

石阡府，北緯二十七度三十分，西經八度十九分。【略】

龍泉縣【略】北緯二十七度五十三分，西經八度二十六分。【略】

黎平府【略】

開泰縣，附郭，北緯二十六度十分，西經七度三十一分。

永從縣【略】北緯二十五度五十八分，西經七度二十四分。【略】

古州廳【略】北緯二十五度五十五分，西經七度五十五分。【略】

下江廳【略】北緯二十六度十八分，西經七度四十二分。

洪州泊里正副長官司【略】北緯二十六度，西經七度十分。【略】

潭溪正副長官司【略】北緯二十六度十四分，西經七度二十六分。

新化蠻夷長官司【略】北緯二十六度二十分，西經七度二十五分。

古州長官司【略】北緯二十六度，西經七度四十分。【略】

龍里長官司【略】北緯二十六度三十分，西經七度三十五分。

中林長官司【略】北緯二十六度三十五分，西經七度三十分。

八舟長官司【略】北緯二十六度十四分，西經七度三十分。

歐陽正副長官司【略】北緯二十六度三十分，西經七度三十分。

亮寨長官司【略】北緯二十六度三十三分，西經七度三十分。

湖耳正副長官司【略】北緯二十六度四十分，西經七度二十分。【略】

思南府【略】

思南府，北緯二十七度五十六分，西經八度五分。

安化縣【略】北緯二十八度十二分，西經八度十分。

婺川縣【略】北緯二十八度二十四分，西經八度十六分。

印江縣【略】北緯二十八度四分，西經七度五十六分。

蠻夷正副長官司【略】北緯二十七度五十分，西經七度四十分。

朗溪正副長官司【略】北緯二十七度五十分，西經七度五十分。

沿河祐溪副長官司【略】北緯二十八度三十分，西經八度。【略】

銅仁府，北緯二十七度三十八分，西經七度三十分。

銅仁縣【略】北緯二十七度四十分，西經七度五十分。

省溪正副長官司【略】北緯二十七度四十分，西經七度四十分。

提溪正副長官司【略】北緯二十七度四十分，西經七度五十分。

松桃廳，北緯二十八度十分，西經七度三十分。

烏羅正副長官司【略】北緯二十八度十分，西經七度四十分。

平頭着可正副長官司【略】北緯二十八度，西經七度三十分。【略】

鎮遠府【略】

鎮遠縣，附郭，北緯二十七度二分，西經八度十三分。

施秉縣【略】北緯二十七度一分，西經八度二十九分。

天柱縣【略】北緯二十六度四十九分，西經七度二十六分。

黃平州【略】北緯二十六度五十一分，西經八度四十一分。

清江廳【略】北緯二十六度四十三分，西經七度四十五分。

台拱廳【略】北緯二十六度四十四分，西經七度五十五分。

印水長官司【略】北緯二十六度五十分，西經七度。

偏橋正副長官司【略】北緯二十七度十分，西經七度三十分。

巖門長官司【略】北緯二十七度，西經八度五十分。【略】

都勻府【略】

都勻縣，附郭，北緯二十六度十三分，西經九度三分。

麻哈州【略】北緯二十六度二十七分，西經九度二分。

清平縣【略】北緯二十六度三十七分，西經八度四十八分。

獨山州【略】北緯二十五度四十六分，西經九度一分。

荔波縣【略】北緯二十五度二十三分，西經八度四十分。

八寨廳【略】北緯二十六度五分，西經八度四十六分。

丹江廳【略】北緯二十六度十八分，西經八度二十四分。

都江廳【略】北緯二十五度四十八分，西經八度二十分。

都勻正副長官司【略】北緯二十六度十一分，西經九度三分。

邦水長官司【略】北緯二十六度十三分，西經九度八分。

樂平長官司【略】北緯二十六度二十八分，西經九度十分。

平定長官司【略】北緯二十六度二十分，西經八度五十五分。

豐寧上長官司【略】北緯二十五度三十分，西經八度五十二分。

豐寧下長官司【略】北緯二十五度二十分，西經八度三十分。

爛土長官司【略】北緯二十五度四十七分，西經八度四十分。【略】

安順府【略】

普定縣，附郭，北緯二十六度十二分，西經十度四十四分。

永寧州【略】北緯二十五度五十二分，西經十一度三分。

清鎮縣【略】北緯二十六度三十分，西經十度六分。【略】

安平縣【略】北緯二十六度二十二分，西經十度二十五分。【略】

鎮寧州【略】北緯二十六度三分，西經十度四十五分。【略】

郎岱廳【略】北緯二十六度二分，西經十一度十四分。

歸化廳【略】北緯二十五度四十分，西經十度二十八分。

項營長官司【略】北緯二十五度五十分，西經十一度。

慕役長官司【略】北緯二十五度四十五分，西經十一度十二分。
沙營長官司【略】北緯二十五度五十八分，西經十一度八分。
西堡副長官司【略】北緯二十六度二十七分，西經十度五十分。
康佐副長官司【略】北緯二十六度二分，西經十度三十六分。【略】
興義府【略】
興義府，北緯二十五度四分，西經十度五十五分。
興義縣【略】北緯二十五度十一分，西經十一度十三分。
貞豐州【略】北緯二十五度四十四分，西經十度四十八分。
普安縣【略】北緯二十五度四十六分，西經十一度三十一分。
安南縣【略】北緯二十五度四十九分，西經十一度十五分。
盤州廳【略】北緯二十五度四十五分，西經十二度五十分。【略】
大定府，北緯二十七度四分，西經十度五十五分。
平遠州【略】北緯二十六度三十八分，西經十度四十三分。
黔西州【略】北緯二十六度五十九分，西經十度三十分。
威寧州【略】北緯二十六度四十四分，西經十二度十二分。
畢節縣【略】北緯二十七度十分，西經十二度十五分。
水城廳【略】北緯二十六度四十分，西經十一度三十六分。【略】
平越州，北緯二十六度三十八分，西經九度五分。
甕安縣【略】北緯二十七度，西經九度八分。
湄潭縣【略】北緯二十七度四十五分，西經八度四十九分。
餘慶縣【略】北緯二十七度九分，西經八度四十五分。
楊義長官司【略】北緯二十六度三十分，西經九度十分。【略】
遵義府【略】
遵義縣，附郭，北緯二十七度三十七分，西經九度二十九分。
桐梓縣【略】北緯二十八度，西經九度三十九分。
綏陽縣【略】北緯二十七度五十二分，西經九度十三分。
正安州【略】北緯二十八度三十分，西經八度五十七分。
仁懷縣【略】北緯二十七度五十分，西經十度二十四分。
赤水廳【略】北緯二十八度二十分，西經十度五十三分。

清·劉錦藻《清朝續文獻通考》卷三二七《輿地考二十三·內札薩克蒙古》

科爾沁【略】
右翼中旗，北緯四十六度十七分，東經四度三十分。【略】
右翼前旗【略】北緯四十六度，東經五度三十分。【略】
右翼後旗【略】北緯四十五度四十分，東經六度二十分。【略】
左翼中旗，北緯四十三度四十分，東經六度四十分。【略】
左翼前旗，北緯四十三度，東經六度二十分。【略】
左翼後旗，北緯四十二度五十分，東經六度五十分。【略】
郭爾羅斯【略】
前旗駐固爾班察罕【略】牧地【略】北緯四十五度三十分，東經八度十分。【略】
後旗駐榛子嶺【略】牧地【略】北緯四十六度十分，東經八度二十分。【略】
杜爾伯特【略】牧地【略】北緯四十七度十五分，東經七度十分。【略】
札賚特【略】牧地【略】北緯四十六度三十分，東經七度四十五分。【略】
札魯特【略】牧地【略】北緯四十五度三十分，東經三度。【略】
喀爾喀左翼【略】牧地【略】北緯四十二度三十分，東經五度三十分。【略】
奈　曼【略】牧地【略】北緯四十三度十五分，東經五度。【略】
敖　漢【略】牧地【略】北緯四十三度十五分，東經四度。【略】
土默特【略】
左翼駐旱龍潭山【略】牧地【略】北緯四十二度一十分，東經四度三十分。【略】
右翼駐大華山【略】牧地【略】北緯四十二度四十分，東經四度二十分。【略】
喀喇沁【略】
右翼駐錫伯河莊【略】牧地【略】北緯四十一度五十分，東經二度四十分。【略】
左翼駐牛心山【略】牧地【略】北緯四十一度十分，東經三度四十分。【略】
增設一旗，駐珠布格朗圖巴彥喀喇山【略】牧地【略】北緯四十一度三十分，東經二度。【略】
翁牛特【略】
右翼駐英席爾哈七特呼郎【略】牧地【略】北緯四十二度三十分，東經二度。【略】
左翼駐札喇峰西綽克温都爾【略】牧地【略】北緯四十三度十分，東經二度五十分。【略】
阿魯科爾沁【略】牧地【略】北緯四十五度三十分，東經三度五十分。【略】
巴林【略】右翼駐托鉢山左翼駐阿察圖陀羅海【略】牧地【略】北緯四十三度

三十六分，東經二度十四分。【略】

克什克騰【略】牧地【略】北緯四十三度，東經一度十分。【略】

烏珠穆沁【略】

右翼駐巴克蘇爾哈臺山【略】牧地【略】北緯四十四度四十五分，東經一度十分。【略】

左翼駐魁蘇陀羅海【略】牧地【略】北緯四十六度二十分，東經二度二十分。【略】

阿巴哈納爾【略】右翼駐永安山【略】牧地【略】北緯四十三度三十分，東經二十分。【略】

札薩克固山貝子，與阿巴噶左翼旗同遊牧，北緯四十三度五十三分，東經二十八分。【略】

阿巴噶【略】右翼駐科布林泉【略】牧地【略】北緯四十三度三十分，東經二十分。【略】

左翼駐巴顏額倫【略】牧地【略】北緯四十二度五十三分，東經二十八分。【略】

蘇尼特【略】

右翼駐薩敏錫勒山【略】牧地【略】北緯四十三度二十分，西經二度十分。【略】

左翼駐林圖察伯台岡【略】牧地【略】北緯四十三度三十分，西經一度二十八分。【略】

四子部落【略】牧地【略】北緯四十二度四十一分，西經四度二十二分。【略】

喀爾喀右翼【略】牧地【略】北緯四十一度四十四分，西經五度五十五分。【略】

茂明安【略】牧地【略】北緯四十一度十五分，西經六度九分。【略】

烏喇特【略】牧地【略】北緯四十度五十二分，西經六度三十分。【略】

鄂爾多斯【略】

左翼前旗固山貝子駐套內東南札拉谷【略】牧地【略】北緯三十九度四十分，西經五度四十分。【略】

左翼中旗多羅郡王，駐套內偏南近東鄂錫喜峰【略】牧地【略】北緯三十九度三十分，西經七度。【略】

左翼後旗固山貝子，駐套內東北巴爾哈孫湖【略】牧地【略】北緯四十度二十分，西經六度十分。【略】

右翼前旗固山貝子駐套內巴哈諾爾【略】牧地【略】北緯三十八度二十分，西經八度。【略】

右翼中旗多羅貝勒，駐套內正西錫喇布里多諾爾【略】牧地【略】北緯三十九度四十分，西經九度。【略】

右翼後旗固山貝子，駐套內西北鄂爾吉虎諾爾【略】牧地【略】北緯四十度四十分，西經八度。【略】

增設一旗，爲右翼前末旗，一等台吉遊牧，在前旗之北，北緯三十八度二十分，西經八度。【略】

察哈爾八旗【略】

左翼鑲黄旗駐蘇們哈達【略】牧地【略】北緯四十一度五十分，西經二度十分。【略】

右翼正黄旗駐穆遜特格山【略】牧地【略】東半旗北緯四十一度五十分，西經二度三十分，西半旗北緯四十一度四十分，西經二度五十分。【略】

左翼正白旗駐布林噶台【略】牧地【略】北緯四十二度十分，西經一度三十分。【略】

左翼鑲白旗駐布延阿海蘇默【略】牧地【略】北緯四十二度十分，西經一度十分。【略】

右翼正紅旗駐古爾班陀羅海山【略】牧地【略】北緯四十一度四十分，西經三度二十分。【略】

右翼鑲紅旗駐布林泉【略】牧地【略】北緯四十一度三十分，西經三度四十分。【略】

左翼正藍旗駐札哈蘇台泊【略】牧地【略】北緯四十二度十分，西經三十分。【略】

右翼鑲藍旗，駐阿巴漢喇喀山【略】牧地【略】北緯四十一度三十分，西經四度二十分。

清·劉錦藻《清朝續文獻通考》卷三二八《輿地考二十四·喀爾喀蒙古》

喀爾喀中路土謝圖汗部，駐圖拉河左右境【略】北緯四十六度四十分，西經十一度二十分。【略】

右翼左旗牧地【略】北緯四十九度二十分，西經十度十分。

中右旗牧地【略】北緯四十六度五十分，西經九度十分。

左翼中旗牧地【略】北緯四十四度，西經五度二十分。

中旗牧地【略】北緯四十七度二十分，西經七度三十分。

左翼後旗牧地【略】北緯四十四度五十分，西經九度五十分。

中右末旗牧地【略】北緯四十七度十分，西經八度五十分。

左翼左中末旗牧地【略】北緯四十五度四十分，西經十度三十分。

右翼右旗牧地【略】北緯四十五度十分，西經十一度三十分。

左翼前旗牧地【略】北緯四十七度五十分，西經十一度二十分。

右翼右末旗牧地【略】北緯四十八度十分，西經八度三十分。

中左旗牧地【略】北緯四十六度五十分，西經十度四十分。

左翼右末旗牧地【略】北緯四十五度十分，西經七度二十分。

左翼末旗牧地【略】北緯四十四度三十分，西經七度。

左翼中左旗牧地【略】北緯四十四度二十分，西經七度五十分。

中次旗牧地【略】北緯四十三度五十分，西經三度五十分。

右翼右末次旗牧地【略】北緯四十九度五十分，西經十度十分。

右翼左後旗牧地【略】北緯四十八度二十分，西經十度四十分。

中左翼末旗牧地【略】北緯四十九度五十分，西經九度二十分。

右翼左末旗牧地【略】北緯四十八度四十分，西經七度三十分。【略】

格根車臣汗旗牧地，跨喀魯倫河【略】北緯四十六度四十分，西經五度三十分。【略】

左翼中旗牧地【略】北緯四十八度十分，西經四度十分。

中右旗牧地【略】北緯四十七度五十分，東經一度三十分。

右翼中旗牧地【略】北緯四十五度四十分，西經七度二十分。

中末旗牧地【略】北緯四十五度四十分，西經五度二十分。

中左旗牧地【略】北緯四十七度十分，西經三度二十分。

中後旗牧地【略】北緯四十九度十分，西經六度十分。

左翼前旗牧地【略】北緯四十七度二十分，東經二度二十分。

右翼中右旗牧地【略】北緯四十五度四十分，西經六度二十分。

左翼後旗牧地【略】北緯四十六度三十分，西經一度十分。

左翼後末旗牧地【略】北緯四十七度四十分，東經十分。

右翼後旗牧地【略】北緯四十六度十分，東經十分。

中末右旗牧地【略】北緯四十五度五十分，西經五度。

右翼中左旗牧地【略】北緯四十七度二十分，西經五度四十分。

右翼前旗牧地【略】北緯四十八度十分，西經五度三十分。

右翼左旗牧地【略】北緯四十七度三十分，西經五度。

中末次旗牧地【略】北緯四十八度五十分，西經四度五十分。

左翼右旗牧地【略】北緯四十七度三十分，西經四度四分。

中右後旗牧地【略】北緯四十七度五十分，西經六度三十分。

左翼左旗牧地【略】北緯四十九度十分，西經二度五十分。

中左前旗牧地【略】北緯四十九度二十分，西經二度。

中前旗牧地【略】北緯四十九度四十分，西經五分。

右翼中前旗牧地【略】北緯四十六度四十分，西經六度三十分。【略】

喀爾喀西路札薩克圖汗部，駐杭愛山【略】北緯四十三度四十分，西經二十度十分。

右翼左旗牧地【略】北緯四十三度四十分，西經二十度十分。

中左翼左旗牧地【略】北緯四十九度五十分，西經十六度四十分。

左翼中旗，右翼後旗，同遊牧地【略】北緯四十六度十分，西經二十二度。

左翼右旗牧地【略】北緯四十六度五十分，西經二十四度五十分。

左翼前旗，左翼後末旗，同遊牧地【略】北緯四十八度三十分，西經十九度二十分。

右翼右末旗牧地【略】北緯四十九度二十分，西經十四度三十分。

中左翼右旗牧地【略】北緯四十九度十分，西經十六度。

右翼右旗牧地【略】北緯四十二度四十分，西經十九度四十分。

左翼後旗牧地【略】北緯四十二度十分，西經二十度三十分。

中右翼末旗牧地【略】北緯四十五度十分，西經二十一度。

右翼後末旗牧地【略】北緯四十四度十分，西經二十度四十分。

中右翼左旗牧地【略】北緯四十六度，西經二十五度二十分。

右翼前旗牧地【略】北緯四十三度十分，西經二十度四十分。

左翼左旗牧地【略】北緯四十八度，西經二十三度三十分。

中右翼末次旗牧地【略】北緯四十七度五十分，西經二十二度四十分。

中左翼末旗牧地【略】北緯四十九度五十分，西經十四度二十分。

附輝特旗牧地【略】北緯四十四度五十分，西經二十分。【略】

喀爾喀中路賽音諾顔部，駐杭愛山【略】賽音諾顔旗【略】北緯四十五度四十分，西經十三度五十分。

中路左末旗【略】北緯四十七度五十分，西經十五度四十分。

右翼右後旗牧地【略】北緯四十六度三十分，西經十五度五十分。

中路中右旗牧地【略】北緯四十四度五十分，西經十四度五十分。

中路中前旗牧地【略】北緯四十五度三十分，西經十二度二十分。
中路中左旗牧地【略】北緯四十八度四十分，西經十五度三十分。
中路中末旗牧地【略】北緯四十九度二十分，西經十二度三十分。
右翼中左旗牧地【略】北緯四十四度四十分，西經十二度四十分。
右翼末旗牧地【略】北緯四十五度十分，西經十五度四十分。
右翼前旗牧地【略】北緯四十七度三十分，西經十三度二十分。
中路中後旗牧地【略】北緯四十六度四十分，西經十七度四十分。
左翼左旗牧地【略】北緯四十七度十分，西經十六度二十分。
左翼中旗牧地【略】北緯四十八度五十分，西經十三度。
左翼右旗牧地【略】北緯四十二度四十分，西經十一度五分。
左翼左末旗牧地【略】北緯四十七度五十分，西經十二度五十分。
右翼中末旗牧地【略】北緯四十四度三十分，西經十五度四十分。
右翼左末旗牧地【略】北緯四十五度二十分，西經十三度二十分。
中路右末旗牧地【略】北緯四十八度十分，西經十五度五十分。
右翼中右旗牧地【略】北緯四十五度五十分，西經十三度二十分。【略】
右翼後旗牧地【略】北緯四十八度三十分，西經十三度四十分。
中路後末旗牧地【略】北緯四十七度四十分，西經十四度十分。
中右翼末旗牧地【略】北緯四十六度二十分，西經十四度三十分。
額魯特旗牧地【略】北緯四十六度十分，西經十二度十分。
喀魯特前旗牧地【略】北緯四十六度五十分，西經十二度三十分。【略】
賀蘭山額魯特【略】北緯三十八度三十分，西經十二度。【略】
額濟納【略】北緯四十一度，西經十七度。【略】
科布多所屬額魯特蒙古【略】
杜爾伯特右翼十一旗【略】北緯四十九度十分，西經二十七度二十分。【略】
附輝特一旗，曰下前旗，北緯四十九度十分，西經二十七度二十分。
左翼三旗，曰前旗、前右旗、中右旗，北緯四十九度二十分，西經二十四度。
附輝特一旗，曰下後旗，北緯四十九度二十分，西經二十四度。【略】
新土爾扈特【略】北緯四十六度，西經二十七度二十分。【略】
新和碩特【略】北緯四十七度，西經二十七度。【略】
札哈沁一旗牧地【略】北緯四十六度五十分，西經二十六度十分。【略】
明阿特一旗牧地【略】北緯四十八度五十分，西經二十六度二十分。【略】
額魯特一旗牧地【略】北緯四十八度五十分，西經二十七度三十分。【略】
阿勒泰烏梁海部七旗【略】北緯四十九度二十分，西經二十九度十分。【略】
南路舊土爾扈特部【略】北緯四十三度，西經三十度。【略】
中路和碩特部【略】北緯四十三度十分，西經三十一度二十分。【略】
北路舊土爾扈特部【略】北緯四十六度至四十七度半，西經二十九度至三十一度。【略】
東路舊土爾扈特部【略】北緯四十四度二十分，西經三十二度十分。【略】
西路舊土爾扈特部【略】北緯四十四度三十分，西經三十四度十五分。

清・劉錦藻《清朝續文獻通考》卷三二九《輿地考二十五・青海》

西前旗牧地【略】北緯三十六度四十分，西經十八度十分。
前頭旗牧地【略】北緯三十四度四十分，西經十五度十分。
前左翼頭旗牧地【略】北緯三十七度四十分，西經十六度三十分。
西後旗牧地【略】北緯三十六度十分，西經十七度。
北右翼旗牧地【略】北緯三十七度二十分，西經十六度二十分。
北左翼旗牧地【略】北緯三十七度四十分，西經二十度四十分。
南左翼後旗牧地【略】北緯三十六度四十分，西經十七度十分。
北前旗牧地【略】北緯三十七度，西經十七度十分。
南右翼後旗牧地【略】北緯三十七度，西經十五度四十分。
西右翼中旗牧地【略】北緯三十六度二十分，西經二十度三十分。
西右翼前旗牧地【略】北緯三十八度十分，西經十六度二十分。
南右翼中旗牧地【略】北緯三十五度三十分，西經十五度三十分。
南左翼中旗牧地【略】北緯三十五度，西經十六度三十分。
北左末旗牧地【略】北緯三十六度五十分，西經十八度。
北右末旗牧地【略】北緯三十七度十分，西經十八度十五分。
東上旗牧地【略】北緯三十七度二十分，西經十五度五十分。
南左翼次旗牧地【略】北緯三十六度，西經十六度三十分。
南左翼末旗牧地【略】北緯三十七度十分，西經十五度二十分。
南右翼末旗牧地【略】北緯三十六度十分，西經十六度。
西右翼後旗牧地【略】北緯三十六度二十分，西經二十度十分。

西左翼後旗牧地【略】北緯三十六度二十分，西經十九度四十分。【略】
南右翼頭旗牧地【略】北緯三十六度四十分，西經五十度五十分。【略】
北中旗牧地【略】北緯三十七度十分，西經十七度十分。【略】
南中旗牧地【略】北緯三十五度三十分，西經十六度三十分。
西旗牧地【略】北緯三十五度二十分，西經十七度十分。
南前旗牧地【略】北緯三十四度四十分，西經十六度十分。
南後旗牧地【略】北緯三十五度五十分，西經十七度。【略】
南旗牧地【略】北緯三十六度二十分，西經十五度四十分。【略】
南右旗牧地【略】北緯三十六度四十分，西經十六度四十分。
附察漢諾們罕一旗【略】北緯三十六度，西經十五度五十分。

清·劉錦藻《清朝續文獻通考》卷三三〇《輿地考二十六·西藏》

拉　薩【略】北極高二十九度四十五分，西經二十五度三十分。
德　沁【略】極高二十九度四十分，西經二十五度十六分。
耨　東【略】極高二十九度七分，西經二十五度十五分。
桑　里【略】極高二十九度十五分，西經二十四度四十分。
吹札爾普朗【略】極高二十九度七分，西經二十四度四十分。
恪噶爾【略】極高二十九度十分，西經二十四度三十分。
哩　古【略】極高二十九度，西經二十四度二十分。
裕勒佳阿雜【略】極高二十八度三十五分，西經二十四度十五分。
濟　古【略】極高二十八度三十二分，西經二十四度三十分。
捫磋納【略】極高二十八度三分，西經二十四度三十分。
拉巴隨【略】極高二十八度，西經二十三度。
達　木【略】極高二十七度五十分，西經二十三度五十分。
衮拉納馬佳勒【略】極高二十八度四十分，西經二十三度三十分。
碩勒噶【略】極高二十九度三十分，西經二十二度四十五分。
卓　莫【略】極高二十九度十分，西經二十二度三十五分。
多木純【略】極高二十八度二十五分，西經二十二度五十分。
則布拉岡【略】極高二十八度四十分，西經二十二度。
達克博奈【略】極高二十八度二十分，西經二十一度五十分。
德　摩【略】極高二十九度十五分，西經二十一度四十分。
東噶爾【略】極高二十九度三十分，西經二十五度四十分。
日噶努布【略】極高二十九度二十分，西經二十五度四十二分。
楚舒爾【略】極高二十九度二十五分，西經二十五度四十分。
日噶公噶爾【略】二十九度十分，西經二十六度。
雅爾博羅克勒巴底【略】極高二十八度五十分，西經二十五度三十分。
多　宗【略】極高二十八度十分，西經二十五度四十五分。
僧格宗【略】極高二十八度十四分，西經二十五度四十分。
得巴達克則【略】極高二十九度五十分，西經二十五度。
倫珠布【略】極高三十度，西經二十五度二十八分。
薩木珠布公喀爾【略】極高二十九度五十分，西經二十五度。
盆　多【略】極高三十度十五分，西經二十五度二十八分。【略】
札什倫布【略】極高二十九度十五分，西經二十七度四十分。
日喀則【略】極高二十九度十七分，西經二十七度三十分。
林　紭【略】極高二十九度二十分，西經二十六度四十分。
納噶爾澤【略】極高二十九度五分，西經二十六度二十分。
朋　堆【略】極高二十九度八分，西經二十六度十分。
巴納木【略】極高二十九度十分，西經二十七度三十分。
佳勒則【略】極高二十九度，西經二十七度。
烏裕克林噶【略】極高二十九度二十五分，西經二十六度三十分。
定　集【略】極高二十八度二十分，西經二十八度三十分。
羅西噶爾【略】極高二十八度四十分，西經二十九度三十分。
坡巴朗【略】極高二十七度三十二分，西經二十七度三十分。
噴磋克淩【略】極高二十九度二十分，西經二十八度三十二分。
桑札宗【略】極高三十一度，西經二十八度。
濟　隆【略】極高二十八度二十分，西經三十一度十五分。
阿里宗【略】極高二十九度，西經三十一度三十分。
葉爾摩【略】極高二十八度十分，西經三十度二十分。
烏　穆【略】極高二十九度二十分，西經二十七度十分。
尚納木林【略】極高二十九度四十分，西經二十七度四十五分。
將羅尖【略】極高二十九度十分，西經二十九度。

將阿木淩【略】極高二十九度十分，西經三十度。
春　丕【略】極高二十七度三十分，西經二十七度四十分。
薩噶哈拉【略】極高二十九度三十分，西經三十一度三十二分。
宗　喀【略】極高二十九度五分，西經三十二度。
大　屯【略】極高二十九度四十分，西經三十二度二十八分。
羅　和【略】極高二十九度十五分，西經三十二度四十五分。
東朗池【略】極高三十四度八分，西經三十六度。【略】
布朗達克喀爾【略】極高三十度十五分，西經三十五度四十五分。
噶爾東【略】極高三十度二十分，西經三十五度四十分。
什　德【略】極高三十度八分，西經三十五度三十五分。
古格札什倫博【略】北極高三十一度二十八分，西經三十六度十六分。
沖　隆【略】極高三十一度五分，西經三十五度五十分。
則布朗【略】極高三十一度，西經三十七度三十分。
札什岡【略】極高三十二度三十分，西經三十七度二十分。
羅多克喀爾【略】極高三十三度二十六分，西經三十七度十分。
桑　巴【略】極高自三十一度五十分至三十二度五十分，西經自三十四度半至三十六度。【略】
噶大克【略】極高三十一度五十分，西經三十六度三十分。

圖表

清・齊彦槐《北極經緯度分表》（清・張作楠《揣籥小録》）

盛京	縣州	度	分	秒	偏度	度	分	秒
奉天府	承德	四一	五一	四	東	七	一三	
	遼陽州	四一	一六		東	六	五六	
	海城	四	五五	五	東	六	二五	
	蓋平	四	三		東	六	一	
	復州	三九	四八		東	五	二七	
	寧海	三九	一		東	五	二六	
	開原	四二	四		東	七	四三	三
	鐵嶺	四二	五		東	七	二六	
錦州府	錦縣	四一	六	四	東	四	四七	
	寧遠州	四	三八	三	東	四	一七	
	廣寧	四一	四	五	東	五	二六	三
	義州	四一	三一		東	四	五七	
	岫岩城	四	二		東	六	五九	
寧古塔		四五			東	一三	二	
吉林		四三	四七		東	一	二七	
三姓		四七	二		東	一三	二	
白都訥		四五	一五		東	八	三七	
黑龍江		五	一		東	一	五八	
雅克薩城		五一	四八		西		一七	

（續表）

直隸	州縣	度	分	秒	偏度	度	分	秒
順天府	大興	三九	五五		中綫			
	宛平	三九	五五		中綫			
	良鄉	三九	四四		西		三	
	固安	三九	二四	三	西		三	三
	永清	三九	二一	三	東		六	
	東安	三九	二五		東		一九	
	香河	三九	四六	三	東		三四	
	通州	三九	五五		東		一四	
	三河	四	一		東		三九	
	武清	三九	三二		東		二八	三
	寶坻	三九	四五		東		五三	
	寧河							
	昌平州	四	一三	五	西		九	
	順義	四	九		東		一三	
	密雲	四	二三	三	東		二六	
	懷柔	四	一九		東		一二	
	涿州	三九	三一	三	西		二三	
	房山	三九	四四		西		二二	三
	霸州	三九	八	三	中綫			
	文安	三八	五四	三	東		五	
	大城	三八	四四		東		一四	
	保定	三九	一		西		一	
	薊州	四	五		東		五九	
	平谷	四	一三		東		四五	
遵化州	遵化州	四	一三		東	一	三二	三
	玉田	三九	五六		東	一	一八	三
	豐潤	三九	五二		東	一	四二	三
保定府	清苑	三八	五五		西		五一	
	滿城	三八	五九	三	西	一	三	
	安肅	三九	二		西		四一	三
	定興	三九	一八		西		三五	三
	新城	三九	一七		西		二五	
	唐縣	三八	四六		西	一	二五	
	博野	三八	二九		西		五四	
	望都	三八	四三		西	一	一三	三
	容城	三九	四		西		三	三
	完縣	三八	五	三	西	一	一一	
	蠡縣	三八	三二		西		四七	
	雄縣	三九	二		西		一七	
	祁州	三八	二七	四	西	一	二	
	東鹿	三七	五五	三	西	一	一	
	安州	三八	五四		西		三三	
	高陽	三八	四三		西		三五	
	新安	三八	五七		西		二八	
易州	易州	三九	二三		西		五	三
	淶水	三九	二五		西		三八	
	廣昌	三九	二三		西		四一	三
承德府	承德府	四一	三		東	一	三	
	灤平							
	平泉							
	豐寧							
	建昌							
	赤峯							
	朝陽							
永平府	盧龍	三九	五五	三	東	二	二八	三
	遷安	四	五	五	東	二	一六	
	撫寧	三九	五五		東	二	五一	
	昌黎	三九	四五		東	二	四四	三
	灤州	三九	四七	三	東	二	一九	
	樂亭	三九	二九		東	二	二九	

隸直	縣州	度	分	秒	偏度	度	分	秒
府平永	榆臨							
	間河	八三	三		西		七一	
	縣獻	八三	六一		西		五一	三
	城阜	七三	六五	二	西		二一	
	寧肅	八三	三	四	西		一三	三
	邱任	八三	六四	二	西		四一	三
府間河	河交	八三	六		西		五	
	津寧	七三	五四		東		六二	
	州景	七三	六四	一	西		六	
	橋吳	七三	二四		東		六	三
	城故	七三	八二		西		四一	三
	光東	七三	九五		東		八	三
	津天	九三	一		東		七四	
	縣青	八三	七三	三	東		六二	三
	海静	八三	八五	三	東		一三	三
府津天	州滄	八三	三二	四	東		九二	
	皮南	八三	七	五	東		六一	
	山鹽	八三	八		東		八四	
	雲慶	七三	五五		東		一	三
	定正	八三	一一		西	一	四四	
	鹿獲	八三	七	四	西	二	二	三
	陘井	八三	二		西	二	七一	三
	平阜	八三	二五	二	西	二	九	
	城欒	七三	六五	二	西	一	一四	
府定正	唐行	八三	六二	一	西	一	七四	
	壽靈	八三	八一	四	西	一	七五	
	山平	八三	六一	三	西	二	七	
	氏元	七三	八四	一	西	一	八四	
	皇贊	七三	二四	四	西	一	五五	三
	州晉	八三	五	三	西	一	五一	三

隸直	縣州	度	分	秒	偏度	度	分	秒
	極無	八三	三一	二	西	一	一二	
府定正	城藁	八三	五		西	一	九二	三
	欒新	八三	六二		西	一	三三	
	州冀	七三	八三	五	西		七四	三
	官南	七三	六二	四	西		八五	三
	河新	七三	五三		西	一	五	三
州冀	强棗	七三	五三	三	西		八三	
	邑武	七三	二五	二	西		三	三
	水衡	七三	七四	三	西		四	
	州趙	七三	八四	三	西	一	三三	三
	鄉柏	七三	二三		西	一	八三	三
	平隆	七三	四二		西	一	三三	三
州趙	邑高	七三	九三		西	一	二四	
	城臨	七三	八二	三	西	一	九四	三
	晉寧	七三	九三	二	西	一	五二	
	州深	八三	三	四	西		七四	
	强武	八三	二	四	西		一三	
州深	陽饒	八三	六一	三	西		七三	
	平安	八三	六一	三	西		九四	
	州定	八三	二三	三	西	一	一二	
州定	陽曲	八三	一四		西	一	一四	
	澤深	八三	三一	三	西	一	九	三
	臺邢	七三	七	四	西	一	九四	三
	河沙	六三	九五		西	一	九四	
	和南	七三	三	四	西	一	九三	
府德順	鄉平	七三	二	三	西	一	六二	
	宗廣	七三	八	四	西	一	九	三
	鹿鉅	七三	六一	二	西	一	九一	
	山唐	七三	三二		西	一	七三	
	邱內	七三	二	三	西	一	八四	三

（續表）

直隸	州縣	度	分	秒	偏度	度	分	秒
順德府	任縣	三七	一一		西	一	三九	
廣平府	永年	三六	四六	三	西	一	三五	
	曲周	三六	五一	四	西	一	二三	
	肥鄉	三六	三九	三	西	一	二三	
	雞澤	三七			西	一	二八	三
	廣平	三六	三四		西	一	二二	三
	邯鄲	三六	四	三	西	一	四九	
	成安	三六	三	一	西	一	三六	三
	威縣	三七	四		西	一	二	
	清河	三七	九	三	西	一	四一	
	磁州	三六	二五		西	一	五五	
大名府	元城	三六	二一	三	西	一	六	
	大名	三六	一九		西	一	六	三
	南樂	三六	九		西	一	一	三
	清豐	三五	五八		西	一	六	
	東明	三五	二三		西	一	九	
	開州	三五	四七	三	西	一	一二	
	長垣	三五	一六	四	西	一	三一	
宣化府	宣化	四	三七	一	西	一	二一	三
	赤城	四	五八		西		三五	
	萬全	四	五三		西	一	四一	
	龍門	四	四八		西		四九	三
	懷來	四	二四		西		四一	
	蔚州	四	五	四	西	一	五	三
	西寧	四	七		西	二	一三	
	懷安	四	二八		西	一	五八	三
	延慶	四	二九		西		二八	
	保安州	四	二二		西	一	一二	

江蘇	州縣	度	分	秒	偏度	度	分	秒
江寧府	上元	三二	四		東	二	一八	
	江寧	三二	四		東	二	一八	
	句容	三一	五九	一	東	二	四三	三
	溧水	三一	四二	四	東	二	三八	
	江浦	三二	四		東	二	七	三
	六合	三二	二	五	東	二	二一	三
	高淳	三一	二八	二	東	二	二五	三
蘇州府	長洲	三一	二二	四	東	四	一	
	吳縣	三一	二二	四	東	四	一	
	元和	三一	二二	四	東	四	一	
	崑山	三一	二八		東	四	一九	
	新陽	三一	二八		東	四	一九	
	常熟	三一	四一		東	四	六	三
	昭文	三一	四一		東	四	六	三
	吳江	三一	一四		東	四		
	震澤	三一	一四		東	四		
太倉州	太倉州	三一	二九		東	四	二五	
	鎮洋	三一	二九		東	四	二五	
	崇明	三一	三六		東	四	四九	
	嘉定	三一	二三	三	東	四	三二	三
	寶山	三一	二		東	四	五四	
松江府	婁縣	三一			東	四	二七	
	華亭	三一			東	四	二七	
	奉賢	三一			東	四	四九	
	金山	三	五		東	四	三六	
	上海	三一	九		東	四	四五	
	南匯	三一			東	四	五七	
	青浦	三一	九	四	東	四	二三	
常州府	武進	三一	五一	二	東	三	二四	
	陽湖	三一	五一	二	東	三	二四	

（續表）

江蘇	州縣	度	分	秒	偏度	度	分	秒
常州府	無錫	三一	三七	四	東	三	二四	
	金匱	三一	三七	四	東	三	二四	
	江陰	三一	五九		東	三	四六	
	宜興	三一	二七	三	東	三	二一	三
	荊溪	三一	二七	三	東	三	二一	三
	靖江	三二	五		東	三	四六	
鎮江府	丹徒	三二	一四	五	東	二	五七	
	丹陽	三二	二	三	東	三	四	
	金壇	三一	四九	五	東	三	三	三
	溧陽	三一	三一	四	東	三	二	三
淮安府	山陽	三三	三二	三	東	二	四八	
	阜寧	三三	四六		東	三	一七	
	鹽城	三三	二一	四	東	三	三四	
	清河	三三	三七		東	二	三四	三
	安東	三三	四八	四	東	二	五六	
	桃源	三三	四三	五	東	二	二	
海州	海州	三四	三二	四	東	二	五六	三
	贛榆	三四	五三		東	三	一	三
	沭陽	三四	一一	三	東	二	三二	三
揚州府	江都	三二	二七		東	二	五六	
	甘泉	三二	二七		東	二	五六	
	儀徵	三二	一九		東	二	四三	
	高郵州	三二	四八	三	東	二	五三	三
	興化	三二	五七		東	三	一八	
	寶應	三三	一五		東	二	五二	三
	泰州	三二	三	二	東	三	三二	
	東臺	三二	二八		東	三	四八	
通州	通州	三二	三	三	東	四	一一	
	如皋	三二	二六	五	東	三	五九	
	泰興	三二	一一	三	東	三	三一	

江蘇	州縣	度	分	秒	偏度	度	分	秒
徐州府	銅山	三四	一五	三	東		五八	
	蕭縣	三四	一二	四	東		四三	
	碭山	三四	二九		東		一一	
	豐縣	三四	四六	五	東		二一	
	沛縣	三四	五一		東		四二	
	邳州	三四	二九	四	東	一	五二	
	宿遷	三四	一		東	二	二	三
	睢寧	三三	五三	三	東	一	四二	

（續表）

安徽	州縣	度	分	秒	偏度	度	分	秒
安慶府	懷寧	三	三七		東		三四	
	桐城	三一	七	四	東		三	
	潛山	三	四三	五	東		八	
	太湖	三	三一	三	西		七	
	宿松	三	一六		東		一三	三
	望江	三	一五	五	東		一四	
徽州府	歙縣	二九	五七	二	東	二	四	
	休寧	二九	五五	四	東	一	四九	
	婺源	二九	一八	三	東	一	三一	三
	祁門	二九	五六		東	一	二一	三
	黟縣	三	四	三	東	一	三二	三
	績溪	三	七	四	東	二	一二	
寧國府	宣城	三一	二		東	二	一六	
	寧國	三	四四		東	二	三	
	涇縣	三	四八		東	一	五七	三
	太平	三	二四	三	東	一	四五	
	旌德	三	二三	三	東	二	五	
	南陵	三一	二	四	東	一	五三	
池州府	貴池	三	四五	三	東		五九	三
	青暘	三	四五		東	一	一九	
	銅陵	三一	三	四	東	一	二四	
	石埭	三	二九		東	一	三一	
	建德	三	五	五	東		三五	
	東流	三	二一	三	東		二五	
太平府	當塗	三一	三八	三	東	二	三	三
	蕪湖	三一	二七	二	東	一	五五	
	繁昌	三一	一二	五	東	一	四七	
廬州府	合肥	三一	五六	三	東		四七	
	廬江	三一	一六	五	東		四九	
	舒城	三一	二九		東		二八	三
廬州府	無爲州	三一	二四	一	東	一	二五	
	巢縣	三一	四一	五	東	一	一九	
	鳳陽	三二	五五		東	一	二	
	懷遠	三二	五九		東		四	
	定遠	三二	三四	二	東	一	三	三
	壽州	三二	三五	四	東		一四	
	鳳臺	三二	三五	四	東		一四	
	宿州	三三	四四	四	東		三五	
	靈璧	三三	三三	二	東	一	三	三
	臨淮鄉	三二	五九		東	一	七	
潁州府	阜陽	三二	五八	二	西		三二	
	潁上	三二	四	三	西		一三	
	霍邱	三二	二三	五	西		一四	
	亳州	三三	五七	三	西		三七	三
	太和	三三	一	四	西		四五	三
	蒙城	三三	二三	三	東		七	三
廣德州	廣德州	三	一九		東	二	五五	三
	建平	三一	一一		東	二	三七	三
滁州	滁州	三二	一七		東	一	五三	
	全椒	三二	四		東	一	四九	
	來安	三二	二五	四	東	一	五八	
和州	和州	三一	四四		東	一	五一	三
	含山	三一	四七	三	東	一	三六	三
六安州	六安州	三一	五		東		一	三
	英山	三	四四	二	西		四二	
	霍山	三一	三	一	西		七	
泗州	泗州	三三	三		東	一	二三	
	天長	三二	四一	五	東	二	一七	
	盱眙	三三	三	五	東	一	五五	
	五河	三三	一	三	東	一	二三	

秒	分	度	偏度	秒	分	度	縣州	西江
	七三		西		七三	八二	昌南	
	七三		西		七三	八二	建新	
	七四		西		一	八二	城豐	
	四一		西	三	二	八二	賢進	府昌南
	一一	一	西	三	四	八二	新奉	
三	九	一	西	五	八四	八二	安靖	
三	五二	一	西	三	五一	九二	寧武	
	九五	一	西			九二	州寧義	
	一一		東	三	九五	八二	陽鄱	
三	九		東	四	四	八二	千餘	
三	七四		東	五	六五	八二	平樂	
	五		東		九一	九二	梁浮	府州饒
	三一	一	東		五五	八二	興德	
	五二		東		五二	八二	仁安	
	四二		東		一四	八二	年萬	
三	八三	一	東		七二	八二	饒上	
		二	東	三	四四	八二	山玉	
三	四	一	東		三二	八二	陽弋	
三	八四	一	東	三	七一	八二	溪貴	府信廣
	七二	一	東		三一	八二	山鉛	
	三五	一	東		三	八二	豐廣	
	五一	一	東		五二	八二	安興	
	五二		西		一三	九二	子星	
三	二一		西		三	九二	昌都	
	七四		西		四	九二	昌建	府康南
	九五		西		六四	八二	義安	
	四二		西	三	三五	九二	化德	
三	五四		西		八一	九二	安德	府江九
	五四		西		八四	九二	昌瑞	
	一		西		五五	九二	口湖	

秒	分	度	偏度	秒	分	度	縣州	西江
	七		東		一	三	澤彭	府江九
	一一		東	三	四三	七二	城南	
三	六二		東		四一	七二	城新	
	一		西	三	三	七二	豐南	府昌建
	七一		西		五四	六二	昌廣	
三	八三		東		四三	七二	溪瀘	
	一		西		六五	七二	川臨	
	四二		東		三五	七二	谿金	
	六二		西	三	二四	七二	仁崇	
	五一		西	三	三三	七二	黃宜	府州撫
	九三		西		二二	七二	安樂	
	六		東		六一	八二	鄉東	
	三	一	西		八五	七二	江清	
	三	一	西		三四	七二	淦新	
	三	一	西		五	七二	喻新	府江臨
	七一	一	西	三	二三	七二	江峽	
	一一	一	西		五二	八二	安高	
	二五	一	西		八一	八二	昌新	府州瑞
	三四	一	西		一一	八二	高上	
	五	二	西		九四	七二	春宜	
	六四	一	西		七四	七二	宜分	
	七三	二	西		七三	七二	鄉萍	府州袁
	九	二	西		五	八二	載萬	
	五三	一	西		八	七二	陵盧	
	五三	一	西	三	八四	六二	和泰	
	八二	一	西	三	四一	七二	水吉	
三	一	一	西		二二	七二	豐永	府安吉
	五五	一	西		一二	七二	福安	
三	一	二	西		九一	六二	泉龍	
三	四四	一	西		七二	六二	安萬	

（續表）

（續　表）

江浙	縣州	度	分	秒	偏度	度	分	秒
	和仁	三	七一		東	三	九三	三
	塘錢	三	七一		東	三	九三	三
	州寧海	三	七二	三	東	三	八五	三
	陽富	三	四	三	東	三	五二	三
府州杭	杭餘	三	七一		東	三	三二	三
	安臨	三	四一	三	東	三	三一	
	潛於	三	四一	三	東	二	四一	三
	城新	三	四	三	東	三	五一	
	化昌	三	九	三	東	二	四三	三
	興嘉	三	二五		東	四	三	
	水秀	三	二五		東	四	三	
	善嘉	三	三五		東	四	二一	
府興嘉	鹽海	三	四三		東	四	一一	三
	門石	三	五三		東	三	一五	
	湖平	三	四四		東	四	六一	三
	鄉桐	三	四四	三	東	三	五五	
	程烏	三	二五		東	三	七二	
	安歸	三	二五		東	三	七二	
	興長	三	九五	三	東	三	三一	三
府州湖	清德	三	六三	三	東	三	三	
	康武	三	四三		東	三	三二	
	吉安	三	四		東	三	七	
	豐孝	三	一三		東	三	五	三
	縣鄞	九二	四五	四	東	四	七五	
	溪慈	三	一		東	四	九四	
府波寧	化奉	九二	五四		東	四	五	
	海鎮	三	一	三	東	五	五	
	海定	九二	九五	二	東	五	八五	
	山象	九二	四三	三	東	五	三一	
府興紹	陰山	三	五	三	東	四	四	

西江	縣州	度	分	秒	偏度	度	分	秒
府安吉	新永	六二	五五	三	西	二	九一	
	寧永	六二	四四		西	二	七二	
	縣贛	五二	二五	三	西	一	一四	
	都雲	六二	一		西	一	九	
	豐信	五二	四二	三	西	一	五四	
府州贛	國興	六二	三二		西	一	七一	
	昌會	五二	三三		西		六四	三
	遠安	五二	八一		西	一	三一	三
	寧長	四二	三五		西		三五	三
	南龍	四二	二五		西	一	四五	
	州都寧	六二	七二		西		八三	
州都寧	金瑞	五二	九四		西		八二	
	城石	六二	九一		西		一一	三
	庾大	五二	九二		西	二	三	
府安南	康南	五二	二四	三	西	一	四五	
	猶上	五二	二五		西	二	九	
	義崇	五二	六四	三	西	二	六二	三

（續表）

浙江	州縣	度	分	秒	偏度	度	分	秒
紹興府	會稽	三	五	三	東	四	四	
	蕭山	三	一二		東	三	四五	
	諸暨	二九	四四		東	三	四六	
	餘姚	三	五		東	四	三五	
	上虞	二九	五八	三	東	四	二四	
	嵊縣	二九	三五	三	東	四	一四	
	新昌	二九	三一		東	四	二三	
台州府	臨海	二八	五三		東	四	三九	三
	黃巖	二八	四一		東	四	五	三
	天台	二九	九		東	四	三四	三
	仙居	二八	五一		東	四	一八	
	寧海	二九	二四		東	四	五三	三
	太平	二八	二五		東	四	五九	
金華府	金華	二九	一		東	三	二一	
	蘭谿	二九	一五		東	三	一	三
	東陽	二九	一七	三	東	三	五五	
	義烏	二九	一九		東	三	四三	
	永康	二八	五七		東	三	四二	
	武義	二八	五四		東	三	二八	
	浦江	二九	二八		東	三	二九	三
	湯溪	二九	五		東	三	六	三
衢州府	西安	二九	二		東	二	三五	
	龍游	二九	八		東	二	五二	
	江山	二八	四六	五	東	二	二一	
	常山	二九	五五		東	二	四一	三
	開化	二九	九		東	二	六	三
嚴州府	建德	二九	三七		東	三	三	
	淳安	二九	三二	三	東	二	三五	
	桐廬	二九	五二	三	東	三	一一	
	遂安	二九	二六	三	東	二	二四	三
嚴州府	壽昌	二九	二四		東	二	五五	
	分水	三	一		東	二	五三	
温州府	永嘉	二八			東	四	二一	
	瑞安	二七	四八		東	四	一七	三
	樂清	二八	九		東	四	三一	
	平陽	二七	四一		東	四	一二	
	泰順	二七	三五		東	三	二	三
處州府	麗水	二八	二五		東	三	二五	三
	青田	二八	九		東	三	五三	
	縉雲	二八	三七	三	東	三	三八	三
	松陽	二八	二六		東	三	一	三
	遂昌	二八	三四		東	二	五	
	龍泉	二八	七	三	東	二	三九	
	慶元	二七	四一		東	二	三五	三
	雲和	二八	六		東	三	五	
	宣平	二八	三九		東	三	五	三
	景寧	二七	五五	三	東	三	一二	三

（續表）

建福	縣州	度	分	秒	偏度	度	分	秒
府州福	縣閩	六二	三		東	三		
	官侯	六二	三		東	三		
	田古	六二	四		東	二	五二	
	南屏	六二			東	二	八一	三
	清閩	六二	三一		東	二	三三	三
	樂長	五二	四一	三	東	三	七一	三
	江連	六二	九	三	東	三	六一	
	源羅	六二	六二	三	東	三	六一	
	福永	五二	七四		東	二	三三	
	清福	五二	一四	三	東	三	八	
府州泉	江晉	四二	六五	三	東	二	五二	
	安南	四二	八五	三	東	二	二二	
	安惠	五二	二	三	東	二	六三	
	溪安	五二	一	四	東	二	五五	
	安同	四二	五四		東	二	二五	三
府寧建	安建	七二	四		東	二		
	寧甌	七二	四		東	二		
	陽建	七二	三二		東	一	四四	
	安崇	七二	六四	三	東	一	七三	
	城浦	八二			東	二	三一	
	和政	七二	六二		東	二	五二	
	溪松	七二	七三		東	二	二	
府平延	平南	六二	九三	三	東	一	九二	三
	樂將	六二	三四	五	東	一	九	
	縣沙	六二	三二		東	一	七二	
	溪尤	六二	三一	三	東	一	一五	
	昌順	六二	七四		東	一	二	
	安永	五二	五五		東	一	五	三
府州汀	汀長	五二	五四		東		二	
	化寧	六二	一一	三	東		九	

建福	縣州	度	分	秒	偏度	度	分	秒
府州汀	杭上	四二	九五		東		五	
	平武	五二	四		西		三一	
	流清	六二	六	三	東		三	
	城連	五二	七三		東		一二	
	化歸	六二	九一		東		一五	
	定永	四二	六四		東		四二	三
府化興	田莆	五二	六二		東	二	七四	三
	遊仙	五二	八一		東	二	八二	
府武邵	武邵	七二	一二	三	東	一	五	
	澤光	七二	一三	五	東	一		
	寧泰	六二	六五	三	東		九四	
	寧建	六二	七四		東		三	
府州漳	溪龍	四二	二三		東	一	五二	
	浦漳	四二	八	五	東	一	一二	
	靖南	四二	五三		東	一	七一	
	泰長	四二	七三		東	一	二三	
	和平	四二	八一		東		五四	
	安詔	三二	四四	三	東		一五	
	澄海	四二	七二	三	東	一	九三	
府寧福	浦霞	六二	四五		東	三	一四	
	鼎福	七二	八二		東	四	二	
	安福	七二	五		東	三	九一	
	德寧	六二	八三	四	東	三	四一	
	寧壽	七二	二三		東	三	三	三
府泰永	州泰永	五二	八一	三	東	一	九五	三
	化德	五二	五二	三	東	一	九五	
	田大	五二	四	三	東	一	一四	
州巖龍	州巖龍	五二	八	四	東		九三	
	平漳	五二	七一		東	一	一	
	洋寧	五二	五三		東	一	二	

湖北	州縣	度	分	秒	偏度	度	分	秒
武昌府	江夏	三	二三	三	西	二	一五	
	武昌	三	二三		西	一	三九	
	嘉魚	二九	五七		西	二	三九	
	蒲圻	二九	四二	三	西	二	四一	
	咸寧	二九	五五		西	二	一九	
	崇陽	二九	三四		西	二	三	
	通城	二九	一五	三	西	二	四一	
	興國州	二九	五一	二	西	一	二二	
	大冶	三	六	三	西	一	三五	
	通山	二九	四		西	二	三	三
漢陽府	漢陽	三	三三	三	西	二	二一	
	漢川	三	四一	二	西	二	四三	
	孝感	三	五六		西	二	三七	三
	黄陂	三	五四		西	二	一三	
	沔陽州	三	一二	三	西	三	一五	
安陸府	鍾祥	三一	一二		西	三	五七	
	京山	三一	四		西	三	二五	三
	潛江	三	二八	三	西	三	三八	
	天門	三一	四一		西	三	二	
荆門州	荆門州	三一	四		西	四	二一	
	當陽	三	五	三	西	四	四七	
	遠安	三一	四		西	四	五六	
襄陽府	襄陽	三二	五	三	西	四	二二	
	宜城	三一	四四		西	四	一九	
	南漳	三一	四八	四	西	四	四五	
	棗陽	三二	九		西	三	四八	三
	穀城	三二	一七	四	西	四	四九	三
	光化	三二	二五	五	西	四	四四	五
	均州	三二	四一	三	西	五	一九	
鄖陽府	鄖縣	三二	四九		西	五	三九	三

福建	州縣	度	分	秒	偏度	度	分	秒
臺灣府	臺灣	二三			東	三	三一	
	鳳山	二二	四一		東	三	三八	三
	嘉義	二三	二八		東	三	四四	
	彰化	二四	三三		東	四	二	
	澎湖	二三	三五		東	三	二	
	八里坌	二五	六		東	四	四五	
	大雞籠社	二五	一七		東	五	一五	
	竹塹社	二四	一五		東	四	一一	
	大崑鹿社	二二	二五		東	四		

（續表）

（續 表）

湖北	州縣	度	分	秒	偏度	度	分	秒
鄖陽府	房縣	三二		二	西	五	四六	
	竹山	三二	八	一	西	六	八	
	竹谿	三二	九	四	西	六	三七	
	保康	三一	五三	四	西	五	一二	
	鄖西	三二	一八		西	六	五	
德安府	安陸	三一	一八		西	二	五二	
	雲夢	三一	四		西	二	四七	
	應城	三一			西	二	五七	
	隨州	三一	四六		西	三	一二	三
	應山	三一	四一	三	西	二	四五	三
黃州府	黃岡	三	二六		西	一	四	三
	黃安	三一	二二	四	西	二	三	
	蘄水	三	二七	三	西	一	一五	三
	羅田	三	五一		西	一	五	
	麻城	三一	一四		西	一	三九	
	蘄州	三	四	三	西	一	九	三
	廣濟	三	九	三	西		四八	
	黃梅	三	一二	三	西		二四	
荊州府	江陵	三	二六	二	西	四	二三	
	公安	三	二六	三	西	四	三一	
	石首	二九	四三	二	西	四	一	
	監利	二九	四八		西	三	四三	
	松滋	三	二六		西	四	五一	
	枝江	三	二四		西	五	三	三
	宜都	三	二九		西	五	八	
宜昌府	東湖	三	四七		西	五	一七	三
	歸州	三一	五八		西	五	五二	三
	長陽	三	三三		西	五	二三	
	興山	三一	一	三	西	五	四一	
	巴東	三一	三		西	六	八	
	長樂	三	一四		西	五	四	
	鶴峯州							
施南府	恩施	三	一六		西	七	一	三
	宣恩							
	來鳳							
	咸豐							
	利川							
	建始	三	四五		西	六	四四	

（續表）

湖南	州縣	度	分	秒	偏度	度	分	秒
長沙府	長沙	二八	一三		西	三	四	三
	善化	二八	一三		西	三	四	三
	湘潭	二七	五三		西	三	四七	
	湘陰	二八	四	五	西	三	四八	三
	寧鄉	二八	一七		西	四	一一	
	劉陽	二八	九	三	西	三	一	
	醴陵	二七	四一		西	三	一二	三
	益陽	二八	三二	四	西	四	二二	三
	湘鄉	二七	四六		西	四	一二	
	攸縣	二七	四		西	三	一九	三
	安化	二八	一三		西	五	二	三
	茶陵州	二六	五四	四	西	三	五	
岳州府	巴陵	二九	二三	四	西	三	三三	三
	臨湖	二九	三四	三	西	三	二二	三
	華容	二九	三二		西	四	三	
	平江	二八	四三	二	西	三	二	三
澧州	澧州	二九	三七		西	四	四四	
	石門	二九	三	五	西	五	六	三
	安鄉	二九	二		西	四	二四	
	慈利	二九	二	三	西	五	二一	
	安福	二九	二六		西	六	一六	三
	永定	二九	七		西	六	二	三
寶慶府	邵陽	二七	四	三	西	五	六	
	新化	二七	三二		西	五	一九	
	城步	二六	一九		西	六	一三	
	武岡州	二六	三九		西	五	五九	
	新寧	二六	二四		西	五	四二	三
衡州府	衡陽	二六	五六		西	四	三	三
	清泉	二六	五六		西	四	三	三
	衡山	二七	一五		西	三	五二	
衡州府	耒陽	二六	三	三	西	三	四八	三
	常寧	二六	二五	三	西	四	一二	
	安仁	二六	四五		西	三	二四	
	酃縣	二六	三三		西	二	五	三
桂陽州	桂陽州	二五	四九	三	西	三	一一	
	臨武	二五	二		西	四	一三	三
	藍山	二五	二三	三	西	四	三二	三
	嘉禾	二五	三一	三	西	四	一九	三
常德府	武陵	二九			西	五	四	三
	桃源	二八	五一	三	西	五	一五	三
	龍陽	二八	五一		西	四	四七	三
	沅江	二八	四五	四	西	四	一四	
辰州府	沅陵	二八	二三		西	六	二	
	瀘溪	二八	一二	四	西	六	三五	
	辰谿	二七	五八		西	六	三四	三
	漵浦	二七	五四	二	西	六	一二	三
沅州府	芷江	二七	二三	四	西	七	三	三
	黔陽	二七	八	四	西	六	五七	
	麻陽	二七	三八	三	西	七	六	
永州府	零陵	二六	九		西	四	五三	
	祁陽	二六	三	三	西	四	四二	三
	東安	二六	一四	一	西	五	一三	三
	道州	二五	四四		西	五	一	
	寧遠	二五	三四	四	西	四	一一	
	永明	二五	一九		西	五	一	三
	江華	二五	一八		西	四	五九	三
	新田	二五	四四	四	西	四	二七	
靖州	靖州	二六	三四	五	西	七		
	會同	二六	五		西	六	五九	
	通道	二六	一七	四	西	七		

（續表）

湖南	州縣	度	分	秒	偏度	度	分	秒
靖州	綏寧	二六	二六		西	六	三七	三
郴州	郴州	二五	四七	五	西	三	四九	三
	永興	二六	五	五	西	三	四四	
	宣章	二五	二八		西	三	五二	
	興寧	二五	五五	四	西	三	二九	
	桂陽	二五	三四	五	西	三	一一	
	桂東	二六	四	三	西	二	五五	
永順府	永順	二八	五七		西	六	三三	
	龍山	二八			西	七	七	三
	保靖	二八	四四		西	六	五七	
	桑植	二九	二八		西	六	二七	三

河南	州縣	度	分	秒	偏度	度	分	秒
開封府	祥符	三四	五一	三	西	一	五五	三
	陳留	三四	四四	二	西	一	四五	三
	杞縣	三四	三七	三	西	一	三四	
	通許	三四	三五		西	一	五二	
	尉氏	三四	二九	三	西	二	五	三
	洧川	三四	一九	三	西	二	一九	
	鄢陵	三四	九	四	西	二	六	三
	中牟	三四	四六	四	西	二	一四	三
	蘭陽	三四	五三	三	西	一	三	
	儀封廳	三四	五四		西	一	二一	
	鄭州	三四	四九		西	二	三四	
	滎陽	三四	五一	一	西	二	五四	三
	滎澤	三四	五六		西	二	四二	
	汜水	三四	五四	四	西	三	七	三
	禹州	三四	一三	五	西	二	五四	三
	密縣	三四	三三		西	三	一	
	新鄭	三四	二五		西	二	三五	
陳州府	淮寧	三三	四七	三	西	一	二六	三
	商水	三三	三八		西	一	四七	
	西華	三三	五三	一	西	一	五一	
	項城	三三	一七	五	西	一	三六	
	沈邱	三三	一五		西	一	一七	
	太康	三四	六	四	西	一	二七	
	扶溝	三四	一	三	西	一	五四	三
許州	許州	三四	五		西	二	八	
	臨潁	三三	五	四	西	二	二五	
	襄城	三三	五三	三	西	二	五三	
	郾城	三三	三七	三	西	二	二四	
	長葛	三三	一四	三	西	二	二七	
歸德府	商邱	三四	二九		西		三六	三

（續表）

河南	州縣	度	分	秒	偏度	度	分	秒
歸德府	寧陵	三四	三		西		五八	
	鹿邑	三三	五六	四	西		五五	
	夏邑	三四	二		西		九	
	永城	三四	二		西		一	
	虞城	三四	三八	二	西		一八	
	睢州	三四	二八	三	西	一	一三	
	柘城	三四	八		西		五六	三
彰德府	安陽	三六	六	三	西	一	五八	
	湯陰	三五	五六		西	一	五五	
	臨漳	三六	二一	四	西	一	四一	
	林縣	三六	六	三	西	二	三	三
	內黃	三六	一	三	西	一	一九	三
	武安	三六	四六	二	西	二	三	
	涉縣	三六	四	二	西	二	三八	
衛輝府	汲縣	三五	二七	三	西	二	一一	
	新鄉	三五	二一		西	二	二六	
	獲嘉	三五	一九		西	二	三九	
	淇縣	三五	三七	一	西	二	五	
	輝縣	三五	三		西	二	二七	
	延津	三五	一	四	西	二	六	
	濬縣	三五	四四		西	一	四	三
	滑縣	三五	三八		西	一	四	
	封邱	三五	四	四	西	一	五一	三
	考城	三四	四六		西	一	二	
懷慶府	河內	三五	六		西	三	二七	
	濟源	三五	七	三	西	三	五	
	原武	三五	五	三	西	二	三一	
	修武	三五	一五		西	二	五一	
	武陟	三五	七	三	西	二	五七	
	孟縣	三四	五四	五	西	三	三四	三

河南	州縣	度	分	秒	偏度	度	分	秒
懷慶府	溫縣	三五	三		西	三	一五	
	陽武	三五	四	四	西	二	二	
河南府	洛陽	三四	四三	二	西	四	二	三
	偃師	三四	四三	五	西	三	四	
	鞏縣	三四	五三		西	三	二三	
	孟津	三四	五二		西	三	四九	三
	宜陽	三四	三二	三	西	四	一六	
	登封	三四	二八	四	西	三	二四	
	永寧	三四	二二	三	西	四	四三	
	新安	三四	四四		西	四	二一	三
	澠池	三四	四六	四	西	四	四七	
	嵩縣	三四	九	二	西	四	二一	
陝州	陝州	三四	四六		西	五	二三	
	靈寶	三四	四二		西	五	三	
	閿鄉	三四	三七	三	西	五	五七	
	盧氏	三四	一	三	西	五	三六	
南陽府	南陽	三三	六	三	西	三	五五	
	南召	三三	三七		西	三	五五	
	鎮平	三三	九	五	西	四	一一	
	唐縣	三二	四八	四	西	三	三五	三
	泌陽	三二	四九		西	三	六	
	桐柏	三二	一九		西	三	九	三
	鄧州	三二	四七	三	西	四	二一	
	內鄉	三三	一一		西	四	三四	
	新野	三二	三九	四	西	四	一	
	淅川	三三	四		西	五	一	
	裕州	三三	二二	五	西	三	二七	三
	舞陽	三三	二九	三	西	二	五二	
	葉縣	三三	四三	二	西	三	六	
汝寧府	汝陽	三三			西	二	八	

（續表）

河南	州縣	度	分	秒	偏度	度	分	秒
汝寧府	正陽	三二	三二	四	西	二	九	
	上蔡	三三	一八	二	西	二	七	
	新蔡	三二	四六	三	西	一	三一	
	西平	三三	二五	三	西	二	二一	三
	遂平	三三	九		西	二	二八	
	確山	三二	五	三	西	二	二八	
	信陽州	三二	一一	三	西	二	二八	
	羅山	三二	一七		西	二	一	
光州	光州	三二	一三		西	一	二七	三
	光山	三二	七		西	一	三八	三
	固始	三二	一八	三	西	一	五五	
	息縣	三二	二二	五	西	一	四六	
	商城	三一	五四	三	西	一	一	
汝州	汝州	三四	一三	三	西	三	三五	
	魯山	三三	五	五	西	三	一	三
	郟縣	三四	三	三	西	三	一三	
	寶豐	三三	五七	二	西	三	二一	
	伊陽	三四	一三		西	四		

山東	州縣	度	分	秒	偏度	度	分	秒
濟南府	歷城	三六	四五	三	東		四一	
	章邱	三六	五二	三	東	一	一	
	鄒平	三六	五六	三	東	一	二七	
	淄川	三六	四三	三	東	一	四二	三
	長山	三六	五七	二	東	一	三五	
	新城	三七	二		東	一	四一	
	齊河	三六	四八	三	東		二六	
	齊東	三七	一三		東	一	一四	三
	濟陽	三七	二	三	東		五七	三
	德州	三七	三三		西		四	
	德平	三七	三四	三	東		三七	三
	禹城	三七	三	三	東		二三	三
	臨邑	三七	一八	三	東		三三	
	平原	三七	一六	三	東		八	三
	陵縣	三七	二七		東		一三	
	長清	三六	四		東		二三	
泰安府	泰安	三六	一五		東		四九	
	東平州	三六	七	三	東		三	三
	東阿	三六	一七	三	西		三	
	平陰	三六	二三	四	東		七	
	新泰	三六			東	一	二九	
	萊蕪	三六	一六	二	東	一	二二	
	肥城	三六	二		東		四	
武定府	惠民	三七	三四		東	一	一三	
	陽信	三七	四五		東	一	一六	
	海豐	三七	五一	二	東	一	一七	
	樂陵	三七	四八		東		五一	三
	濱州	三七	三三	三	東	一	四	三
	利津	三七	三四	三	東	一	五九	
	霑化	三七	四七		東	一	三	三

（續表）

山東	州縣	度	分	秒	偏度	度	分	秒
武定府	蒲臺	三七	二五		東	一	四六	
	青城	三七	一三	四	東	一	二六	
	商河	三七	二四		東		五二	
兗州府	滋陽	三五	四二	二	東		三五	
	曲阜	三五	四三	五	東		四四	三
	寧陽	三五	五六	二	東		三二	三
	鄒縣	三五	三二	四	東		四一	三
	泗水	三五	四九		東	一	一	三
	滕縣	三五	一四	三	東		五七	
	嶧縣	三四	五四		東	一	二七	
	汶上	三五	五五	一	東		一三	三
	陽穀	三六	一		東		三	
	壽張	三六	五	四	西		二三	
濟寧州	濟寧州	三五	三三	二	東		一七	
	金鄉	三五	一一	三	東		三	
	嘉祥	三五	三一	二	東		一	三
	魚臺	三五	七	五	東		一九	
沂州府	蘭山	三五	九	五	東	二	一一	
	郯城	三四	四七		東	二	一八	
	費縣	三五	一八	五	東	一	四一	
	莒州	三五	三四	四	東	二	五一	
	沂水	三五	四八		東	二	三三	三
	蒙陰	三五	五	三	東		四三	
	日照	三五	二七		東		二六	
曹州府	菏澤	三五	二	三	西		五一	
	曹縣	三四	五七		西		一一	
	濮州	三五	四七		西		五五	
	范縣	三六			西		四一	
	觀城	三六			西		五一	三
	朝城	三六	八	三	西		四一	
曹州府	鄆城	三五	四四		西		一九	
	單縣	三四	五五		西		二	
	城武	三五	五		西		二六	
	定陶	三五	一一		西		四三	
	鉅野	三五	二八		西		一二	
東昌府	聊城	三六	三三		西		一九	
	堂邑	三六	三四		西		二九	
	博平	三六	四三		西		一一	
	茌平	三六	四二		西		三	
	清平	三六	五二		西		一二	
	莘縣	三六	二七		西		三五	
	冠縣	三六	三二		西		五	
	館陶	三六	四一		西		五一	
	恩縣	三七	一五		西		一	
	高唐州	三六	五八		西		四	
臨清州	臨清州	三六	五七		西		三五	
	武城	三七	一五		西		二五	
	夏津	三七	二		西		一八	
	邱縣	三六	四七		西	一	八	
青州府	益都	三六	四五		東	二	一四	
	博山	三六	三		東	一	三四	
	臨淄	三六	五六		東	二	七	
	博興	三七	一六		東	一	五三	
	高苑	三七	一		東	一	四三	
	樂安	三七	六		東	二	九	
	壽光	三六	五六		東	二	三一	
	昌樂	三六	四七		東	二	四	
	臨朐	三六	三五		東	二	一九	
	安邱	三六	二三		東	三	一三	
	諸城	三六			東	三	三	

（續表）

東山	縣州	度	分	秒	偏度	度	分	秒
府州登	萊蓬	七三	八四		東	四	八三	
	縣黃	七三	八三		東	四	三二	
	山福	七三	三三		東	五	八	
	霞棲	七三	八一		東	四	九四	
	遠招	七三	二二		東	四	一二	
	陽萊	七三			東	四	三四	
	州海寧	七三	五二		東	五	九二	
	登文	七三	二一		東	六	一	
	城榮	七三	二		東	六	三	
	陽海	六三	四		東	五	二一	
府州萊	縣掖	七三	一		東	三	七四	
	州度平	六三	七四		東	三	五五	
	縣濰	六三	七四		東	二	三五	
	邑昌	六三	三五		東	三	四一	
	州膠	六三	六一		東	三	七五	
	密高	六三	二二		東	三	二四	
	墨即	六三	二二		東	四	四二	

西山	縣州	度	分	秒	偏度	度	分	秒
府原太	曲陽	七三	四五		西	三	六五	三
	原太	七三	五四	四	西	四	四	
	次楡	七三	一四	三	西	三	四四	
	谷太	七三	六二		西	四	八五	
	縣祁	七三	二二	三	西	四	一一	
	溝徐	七三	四三	三	西	四		
	城交	七三	六三		西	四	二	
	水文	七三	八二	三	西	四	九二	
	州嵐苛	八三	五	三	西	四	五五	
	縣嵐	八三	五二	三	西	四	一五	
	縣興	八三	六三	三	西	五	七二	三
州定平	府定平	七三	五	三	西	二	八四	
	縣盂	八三	六		西	三	四	
	陽壽	七三	四五	三	西	三	六一	
州忻	州忻	八三	五二		西	三	三四	
	襄定	八三	二三		西	三	九二	
	樂靜	八三	三		西	四	二三	三
州代	州代	九三	六		西	三	二三	三
	臺五	八三	五四		西	三	五	
	縣崞	八三	四五	三	西	三	一四	
	峙繁	九三	三一		西	三	一一	三
州德保	州德保	九三	四		西	五	四	
	曲河	九三	五一		西	五	八二	
府陽平	汾臨	六三	五	三	西	四	六五	
	洞洪	六三	六		西	四	六四	
	山浮	五三	八五	三	西	四	三三	
	陽岳	六三	五一	五	西	四	三二	
	沃曲	六三	八三	四	西	四	七五	
	城翼	六三	八三	三	西	四	一四	
	平太	五三	九四	二	西	五	一	

（續表）

西山	縣州	度	分	秒	偏度	度	分	秒
府陽平	陵襄	六三	一		西	五	三	
	西汾	六三	八三	三	西	四	八五	三
	寧鄉	六三			西	五	一四	
	州吉	六三	六	一	西	五	三五	三
州霍	州霍	六三	五三	二	西	四	四四	
	城趙	六三	三二	三	西	四	六四	
	石靈	六三	二五	四	西	四	三四	三
府州蒲	濟永	四三	二五		西	六	五一	
	晉臨	五三	八	五	西	五	九五	
	鄉虞	四三	二五		西	五	七五	
	河榮	五三	三二		西	六	四	
	泉萬	五三	五二	二	西	五	二四	
	氏猗	五三	一一	一	西	五	五四	
州解	州解	四三	八五		西	五	八三	
	邑安	五三	七		西	五	三	
	縣夏	五三	一一		西	五	七一	
	隆平	四三	八四	四	西	五	五二	
	城芮	四三	四四	五	西	五	五	
州絳	州絳	五三	七三	四	西	五	三一	
	曲垣	四三	七五	三	西	四	六四	
	喜聞	五三	三二		西	五	九一	
	縣絳	五三	九二	三	西	四	五五	
	山稷	五三	七三	三	西	五	八二	三
	津河	五三	七三		西	五	四四	
州隰	州隰	六三	九三		西	五	一三	
	寧大	六三	九二		西	五	三四	
	縣蒲	六三	六一	三	西	五	三二	
	和永	六三	七四	三	西	五	九四	
府安潞	治長	六三	七		西	三	八二	
	子長	六三	四		西	三	四	

西山	縣州	度	分	秒	偏度	度	分	秒
府安潞	留屯	六三	五一	三	西	三	四	
	垣襄	六三	八二		西	三	三二	
	城潞	六三	五一	四	西	三	五二	
	關壺	六三	二	三	西	三	二二	
	城黎	六三	八		西	三	三	
府州汾	陽汾	七三	八一	五	西	四	五四	三
	義孝	七三	一	三	西	四	三四	
	遥平	七三	二一	三	西	四	九一	
	休介	七三	三		西	四	八三	
	樓石	七三	三	四	西	五	六三	三
	縣臨	八三	四	四	西	五	一三	
	州寧永	七三	二三	五	西	五	二二	
	鄉寧	七三	一二	二	西	五	九一	
州沁	州沁	六三	一四	二	西	三	二四	
	源沁	六三	六三		西	四	六	三
	鄉武	六三	八四	三	西	三	九二	三
府州澤	臺鳳	五三	三		西	三	七三	三
	平高	五三	六四		西	三	五三	三
	城陽	五三	三	三	西	三	三五	三
	川陵	五三	三四	三	西	三	二一	
	水沁	五三	一四	三	西	四	二一	
州遼	州遼	七三	三		西	三	一	
	順和	七三	二	五	西	一	一五	
	社榆	七三	三		西	三	六二	
府同大	同大	四	五		西	三	二一	
	仁懷	九三	二五		西	三	七一	三
	州源渾	九三	一四	五	西	二	三三	
	州應	九三	九三		西	三	四一	
	陰山	九三	二三	五	西	三	二三	
	高陽	四	五二		西	二	三四	

山西	縣州	度	分	秒	偏度	度	分	秒
府同大	鎮天	四	七二		西	二	七二	
	靈廣	九三	六四		西	二	八	三
	邱靈	九三	六二	三	西	二	一一	
府武寧	武寧	九三	六		西	四	一一	
	關偏	九三	三三		西	五	一	
	池神	九三	二一		西	四	六一	
	寨五	九三	六		西	四	四	
府平朔	玉右	九四	一一		西	四	一一	
	州朔	九三	六二		西	四	二	三
	雲左	九三	七四		西	三	三五	
	魯平	九三	七四		西	四	九一	

西陝	縣州	度	分	秒	偏度	度	分	秒
府安西	安長	四三	六一		西	七	二三	
	寧咸	四三	六一		西	七	二三	
	陽咸	四三	二		西	七	六四	三
	平興	四三	八一		西	八	一	
	潼臨	四三	一二		西	七	七一	
	陵高	四三	一三		西	七	一二	
	縣鄠	四三	六	三	西	七	八四	
	田藍	四三	三	三	西	七	八	
	陽涇	四三	三		西	七	八三	
	原三	四三	六三		西	七	四三	
	厔盩	四三	一一		西	八	一一	
	南渭	四三	九二		西	六	九五	
	平富	四三	五四	四	西	七	一二	
	泉醴	四三	三	三	西	八	三	三
	官同	五三	六		西	七	三二	
	州耀	四三	三五	四	西	七	四三	
州商	州商	三三	九四	三	西	六	五三	
	安鎮	三三	二		西	七	三一	
	南雒	四三	五	四	西	六	三二	
	陽山	三三	二三		西	六	九二	
	南商	三三	二三		西	五	三五	
府州同	荔大	四三	五		西	六	七三	三
	邑朝	四三	二五		西	六	八二	
	陽郃	五三	五一		西	六	三二	
	城澄	五三	一		西	六	七三	
	城韓	五三	三	三	西	六	五	
	水白	五三	九	四	西	六	九五	
	州華	四三	一三		西	六	六四	
	陰華	四三	五三	三	西	六	三	
	城蒲	四三	六五	四	西	六	九五	三

陝西	州縣	度	分	秒	偏度	度	分	秒
乾州	乾州	三四	三三		西	八	一五	
	武功	三四	一九	三	西	八	二	
	永壽	三四	四九	三	西	八	二八	
邠州	邠州	三五	四	二	西	八	二三	
	三水	三五	一	二	西	八	九	
	淳化	三四	五一	三	西	七	五九	
	長武	三五	一四	二	西	七	四	
鳳翔府	鳳翔	三四	二八	三	西	八	五九	
	岐山	三四	二三		西	八	四六	
	寶雞	三四	二二		西	九	一三	
	扶風	三四	一八	四	西	八	三三	
	郿縣	三四	一三	四	西	八	三五	
	麟遊	三四	四	四	西	八	三九	
	汧陽	三四	三五	四	西	九	一三	
	隴州	三四	五一		西	九	三一	
漢中府	南鄭	三三			西	九	一四	
	褒城	三三	五		西	九	二	
	城固	三三	三		西	八	五六	
	洋縣	三三	五	三	西	八	四二	
	西鄉	三二	四六		西	八	三四	
	鳳縣	三三	五九		西	九	四四	
	寧羌州	三二	四四	二	西	一	一	
	沔縣	三三	六		西	九	四二	
	畧陽	三三	一八	三	西	一	二	三
興安府	安康	三二	三二		西	七	六	
	平利	三二	一八		西	七	三	
	洵陽	三二	四二		西	六	四九	
	白河	三二	三四	二	西	六	一九	三
	紫陽	三二	三一	二	西	七	四	
	石泉	三二	五五	二	西	七	五五	
延安府	膚施	三六	四二	二	西	七	四	
	安塞	三六	四九	三	西	七	一三	
	甘泉	三六	二二	三	西	七	一二	
	保安	三七	一		西	七	四七	三
	安定	三七	一四	一	西	六	五八	
	宜川	三六	九	二	西	六	二九	
	延長	三六	三八		西	六	二七	
	延川	三六	五八		西	六	二三	
	定邊	三七	四四		西	九	一四	
	靖邊	三七	二五		西	八	一五	三
鄜州	鄜州	三六	四	三	西	七	一一	
	洛川	三五	五七		西	六	五八	
	中部	三五	三七	五	西	七	一七	
	宜君	三五	二三	二	西	七	二二	
綏德州	綏德州	三七	三六	四	西	六	二五	
	米脂	三七	五一		西	六	二七	
	清澗	三七	一一	五	西	六	二六	三
	吳堡	三七	三六	五	西	五	五八	三
榆林府	榆林	三八	一八		西	七	六	三
	神木	三八	五五		西	六	二三	
	府谷	三九	六	三	西	五	四三	
	葭州	三八	七		西	六	五	
	懷遠	三七	五六		西	七	三三	三

（續表）

（續表）

甘肅	州縣	度	分	秒	偏度	度	分	秒
蘭州府	皋蘭	三六	七	四	西	一二	三四	三
	金縣	三五	五五		西	一二	一五	三
	狄道州	三五	二二		西	一二	三	
	渭源	三五	三五		西	一二	七	
	靖遠	三四			西	一三	一五	
	河州	三五	四六		西	一三	二三	三
平涼府	平涼	三五	三四	四	西	九	四八	
	靜寧州	三五	三四	二	西	一	四一	
	華亭	三五	一八	三	西	九	五三	
	隆德	三五	四		西	一	一七	
	固原州	三六	三	五	西	一	七	
涇州	涇州	三五	二一	四	西	九	七	
	崇信	三五	一九	二	西	九	二八	
	靈臺	三四	五九	四	西	九	二	
	鎮原	三六			西	九	二六	
鞏昌府	隴西	三四	五六	四	西	一一	四三	三
	安定	三五	三八	三	西	一一	四七	
	會寧	三五	四一	三	西	一一	二	
	通渭	三五	三		西	一一	一一	
	漳縣	三四	三九		西	一一	四五	
	伏羌	三四	三九		西	一一	三	
	西和	三四	一	三	西	一一	一二	
	岷州	三四	二二	三	西	一二	二六	三
	寧遠	三四	三八	四	西	一一	二九	
階州	階州	三三	二二	四	西	一一	二三	
	文縣	三二	五七	二	西	一一	二	三
	成縣	三三	四八	五	西	一	四二	三
秦州	秦州	三四	三五		西	一	四	
	秦安	三四	五	五	西	一	三六	
	清水	三四	四四	二	西	一	一四	
秦州	禮縣	三四	一五		西	一一	一九	
	徽縣	三三	五		西	一	一九	三
	兩當	三四			西	一	三	
慶陽府	安化	三六	三		西	八	四六	
	合水	三六	二		西	八	三一	
	環縣	三六	三八	三	西	九	二一	
	正寧	三五	二三		西	八	一八	
	寧州	三五	三四		西	八	三六	
寧夏府	寧夏	三八	三二		西	一	二	
	寧朔	三八	四五		西	一	一六	
	平羅	三八	五七		西	一	六	
	靈州	三八	一一		西	一	二	
	中衛	三七	四		西	一一	一九	
西寧府	西寧	三六	三九	三	西	一四	四二	
	碾伯	三六	三六		西	一四	一八	
	大通	三六	四		西	一三	二	
涼州府	武威	三七	五九	五	西	一三	四三	
	鎮番	三八	三四		西	一三	一八	三
	永昌	三八	一八	五	西	一四	一五	
	古浪	三七	三二		西	一三	二八	
	平番	三六	四五		西	一三	一	
甘州府	張掖	三九			西	一五	三一	
	山丹	三八	五七		西	一五		
肅州	肅州	三九	四五	四	西	一七	二二	
	高臺	三九	二四		西	一六	一一	
洮州廳	洮州廳	三四	二一		西	一二	五三	
安西州	安西州							
	敦煌							
	玉門							
鎮西府	鎮西府							

（續表）

甘肅	州縣	度	分	秒	偏度	度	分	秒
鎮西府	迪化州							
	昌吉							
	阜康							
	綏來							

四川	州縣	度	分	秒	偏度	度	分	秒
成都府	成都	三	四二		西	一二	一六	
	華陽	三	四二		西	一二	一六	
	雙流	三	三五		西	一二	二四	
	温江	三	四四		西	一二	三一	
	新繁	三	五三	四	西	一二	二	
	金堂	三	五三	四	西	一二	四	
	新都	三	五一	三	西	一二	一一	
	郫縣	三	四九		西	一二	三	
	灌縣	三	五九		西	一二	四五	
	彭縣	三	五七		西	一二	二五	
	崇寧	三	五四		西	一二	三一	
	簡州	三	二六		西	一二	五一	
	崇慶州	三	三九		西	一二	四二	
	新津	三	二七		西	一二	三六	
	漢州	三			西	一二	五	
	什邡	三	五		西	一二	一二	三
資州	資州	三九	五		西	一二	三二	
	仁壽	二九	五八	二	西	一二	一一	
	資陽	三	一一		西	一一	四五	
	井研	二九	三八		西	一二	一三	三
	內江	二九	三九	二	西	一一	一九	
綿州	綿州	三	二七	四	西	一一	三五	
	德陽	三	九		西	一一	五七	
	安縣	三	三五		西	一一	五六	
	綿竹	三	一八	三	西	一二	八	
	梓潼	三	三八		西	一一	八	
	羅山	三	一七	三	西	一一	四八	
茂州	茂州	三	三七	三	西	一二	三一	
	汶川	三	一九		西	一二	五二	三
寧遠府	西昌				西			

四川	州縣	度	分	秒	偏度	度	分	秒
寧遠府	冕寧				西			
	鹽源				西			
	會理州	二六	三四	一	西	一三	三四	
保寧府	閬中	三一	三二	一	西	一	二九	
	蒼溪	三一	四	三	西	一	三二	
	南部	三一	一九	一	西	一	二四	三
	廣元	三二	一九	一	西	一	三一	三
	昭化	三二	一六		西	一	三八	
	巴州	三一	五二		西	九	四二	
	通江	三一	五八		西	九	一	
	南江	三二	二一		西	九	三六	
	劍州	三一	五九	三	西	一	五	三
順慶府	南充	三	五		西	一	一九	三
	西充	三一	一	三	西	一	三	
	蓬州	三一	三	三	西	一	三	
	營山	三一	六	四	西	九	五三	
	儀隴	三一	二八		西	一	三	
	廣安州	三	一二	三	西	九	五	
	渠縣	三	一五	三	西	九	三五	
	大竹	三	一九		西	九	二	
	鄰水	三	一六		西	九	三六	
	岳池	三	一七		西	一	二	
敘州府	宜賓	二八	三八	四	西	一一	四三	
	慶符	二八	二一		西	一一	五三	
	富順	二九	一七		西	一一	二三	
	南溪	二八	四六	三	西	一一	二四	三
	長寧	二八			西	一一	三六	三
	高縣	二八	一四		西	一一	五二	
	筠連	二八	五	三	西	一二	四	三
	珙縣	二八	一五		西	一一	四三	

四川	州縣	度	分	秒	偏度	度	分	秒
敘州府	興文	二八	九	一	西	一一	二五	
	隆昌	二九	二七	二	西	一一	七	
	屏山	二八	三		西	一二	一	
	永寧	二七	五三		西	一一	八	
重慶府	巴縣	二九	四一	四	西	九	四八	
	江津	二九	一四	四	西	一	一	
	長壽	二九	五八	二	西	九	一一	
	永川	二九	三		西	一	二七	
	榮昌	二九	三二		西	一	四八	
	綦江	二八	五八		西	九	三八	三
	南川	二九	七	二	西	九	一四	
	合州	三	八	五	西	一	五	
	涪州	二九	五	三	西	八	五九	
	銅梁	二九	五八		西	一	一九	
	大足	二九	五一		西	一	三七	
	璧山	二九	四六		西	一	一	
	定遠	三	一六		西	一	六	
酉陽州	酉陽州	二八	五一		西	七	三八	
	秀山				西			
	黔江	二九	三二		西	七	三四	
	彭水	二九	二二		西	八	一三	
	忠州	三	一六	四	西	八	二	
	酆都	三	四		西	八	三八	三
	墊江	三	一八	一	西	九	五	
	梁山	三	一八	四	西	八	三五	
夔州府	奉節	三一	一一	二	西	六	五三	
	巫山	三一	一		西	六	三六	
	雲陽	三	六	四	西	七	二一	
	萬縣	三一	一八	二	西	七	五七	
	開縣	三一	一九		西	七	五七	

（續表）

（續表）

四川	州縣	度	分	秒	偏度	度	分	秒
夔州府	大寧	三一	三二		西	六	五七	
	達縣	三一	一八		西	八	五一	
綏定府	東鄉	三一	二七	三	西	八	三七	三
	新寧	三一	一一		西	八	三一	
龍安府	平武	三二	二二		西	一一	四九	
	江油	三一	四八		西	一一	三五	
	石泉	三一	五		西	一二	二	
	彰明	三一	三七		西	一一	三七	三
潼川府	三臺	三一	六		西	一一	一六	
	射洪	三一			西	一一	五	
	鹽亭	三一	一四	三	西	一一	一	
	中江	三一	三	二	西	一一	四二	
	遂寧	三	三三		西	一	四九	
	蓬溪	三	四八		西	一	四二	
	樂至	三	九		西	一一	二三	
	安岳	三	八		西	一一	六	
眉州	眉州	三	六	三	西	一二	三一	
	丹陵	三	四	四	西	一二	五	
	彭山	三	一三		西	一二	二九	
嘉定府	青神	二九	四八		西	一二	二五	
	樂山	二九	二六	四	西	一二	三一	
	峨眉	二九	三	四	西	一二	四五	
	洪雅	二九	五四		西	一二	五三	
	夾江	二九	三九		西	一二	四三	
	犍爲	二九	六	四	西	一二	一四	
	榮縣	二九	三一	四	西	一一	五七	
	威遠	二九	三七		西	一一	四三	
邛州	邛州	三	一八	四	西	一二	五三	
	大邑	三	一八		西	一二	五一	
	蒲江	三	一五		西	一二	四九	

四川	州縣	度	分	秒	偏度	度	分	秒
瀘州	瀘州	二八	五四	四	西	一	五七	
	納溪	二八	四六	三	西	一一	一	三
	合江	二八	四八		西	一	三一	
	江安	二八	三九	三	西	一一	二	三
雅州府	雅安	三	四	五	西	一三	二一	
	天全州	三	一		西	一三	五	
	名山	三	一	四	西	一三	一四	
	榮經	二九	五一	二	西	一三	三三	
	蘆山	三	一二		西	一三	二五	三
	清溪				西			
	打箭爐	三	七		西	一四	三五	
各廳衛	雜谷廳	三一	四		西	一三	一三	
	越巂廳	二八	三八		西	一三	五七	
	馬邊廳	二八	五九		西	一二	五一	
	敘永廳	二七	五六		西	一一	一三	
	雷波廳				西			
	石砫廳	三	一		西	八	一五	
	太平廳	三二	八	二	西	八	一九	
	松潘廳	三二	四六		西	一二	五一	
	建昌衛	二七	五四		西	一四	一二	
	鹽井衛	二七	二五	三	西	一四	五四	
	寧番衛	二八	三二	三	西	一四	一九	
	會川衛	二六	三四	三	西	一四	一	

（續表）

廣東	州縣	度	分	秒	偏度	度	分	秒
廣州府	南海	二三	一一		西	三	三三	
	番禺	二三	一一		西	三	三三	
	順德	二二	四九	三	西	三	三九	
	東莞	二三			西	二	五五	
	從化	二三	三四	三	西	三	一	
	龍門	二三	四四	四	西	二	二五	
	新寧	二二	一四	五	西	四	一五	三
	增城	二三	一九	三	西	二	五三	
	香山	二二	三二	五	西	三	三	三
	新會	二二	三一		西	三	五五	
	三水	二三	一四	三	西	四	一	
	清遠	二三	四五		西	三	四七	
	新安	二二	二五	二	西	二	五四	三
	花縣	二三	三一	二	西	三	三	三
連州	連州	二四	五	二	西	四	一七	
	陽山	二四	三	四	西	四	五	
	連山	二四	四六	三	西	四	三一	三
韶州府	曲江	二四	五五		西	三	二一	
	樂昌	二五	一一	五	西	三	三五	
	仁化	二五	一五	五	西	三	一五	
	乳源	二四	五一	五	西	三	四	
	翁源	二四	二六	三	西	三	九	
	英德	二四	一二	一	西	三	三五	
南雄州	南雄州	二五	一二	四	西	二	三四	三
	始興	二五	二	二	西	二	四八	三
惠州府	歸善	二三	二	四	西	二	一六	
	博羅	二三	六	五	西	二	二四	
	長寧	二四	七	五	西	二	三七	三
	永安	二三	三三		西	一	二四	
	海豐	二二	五四	四	西	一	一一	

廣東	州縣	度	分	秒	偏度	度	分	秒
惠州府	陸豐	二二			西		五二	
	龍川	二四			西		四	
	連平州	二四	一九	五	西	二	一一	
	河源	二三	四二	三	西	一	五六	
	和平	二四	三		西	一	三五	
潮州府	海陽	二三	三六	四	東		一二	
	豐順	二三	二		東		一	
	潮陽	二三	一三		東		四	
	揭陽	二三	三		西		九	
	饒平	二三	五七		東		二一	
	惠來	二三			西		九	三
	大埔	二四	三四		東		一一	
	澄海	二三	二五	四	東		一九	
	普寧	二三	二六	四	西		一九	
嘉應州	嘉應州	二四			西		一九	
	長樂	二四			西		五三	
	興寧	二四	五		西		四六	三
	平遠	二四	四三		西		三七	三
	鎮平	二四	三二	三	西		一八	三
肇慶府	高要	二三	六		西	四	二四	三
	四會	二三	二五		西	四	一三	
	新興	二二	四七	一	西	四	四四	
	陽春	二二	六	五	西	五	一六	
	陽江	二一	四四	三	西	五	三	三
	高明	二二	五三	五	西	四	一	
	恩平	二二	五	四	西	四	四三	
	廣寧	二三	四	四	西	四	三一	
	開平	二二	三三	四	西	四	二八	
	鶴山	二三			西	四	一	
	德慶州	二三	一四	三	西	五	一五	

廣東	州縣	度	分	秒	偏度	度	分	秒
肇慶府	封川	二三	二四	四	西	五	二八	三
	開建	二三	四		西	五	二	
高州府	茂名	二一	五	二	西	六	二	
	電白	二一	二八	二	西	五	四三	三
	信宜	二二	七		西	六	一	
	化州	二一	三九		西	六	一七	
	吳川	二一	二	三	西	六	一二	
	石城	二一	三三	二	西	六	三八	三
廉州府	合浦	二一	四		西	七	二八	
	欽州	二一	五五		西	八	一	
	靈山	二一	二四	五	西	七	二七	
雷州府	海康	二	五二	二	西	六	四七	
	遂溪	二	二	四	西	六	四一	
	徐聞	二	二	三	西	六	四八	三
瓊州府	瓊山	二	二		西	六	三八	
	澄邁	二			西	六	五一	
	定安	一九	四四	三	西	六	三九	三
	文昌	一九	三六		西	六	一四	三
	會同	一九	一七	三	西	六	二五	
	樂會	一九	八	三	西	六	二七	三
	臨高	一九	四七	三	西	七	一四	
	儋州	一九	三四	三	西	七	二九	三
	昌化	一九	一四	三	西	八	七	三
	萬州	一八	四九		西	六	三四	
	陵水	一八	三六		西	六	五六	
	崖州	一八	二四		西	七	四二	三
	感恩	一八	五二		西	八	一二	
羅定州	羅定州	二二	五六		西	五	三五	
	東安	二二	三		西	四	五七	
	西寧	二二	一	三	西	五	二九	

廣西	州縣	度	分	秒	偏度	度	分	秒
桂林府	臨桂	二五	一三	三	西	六	一三	三
	興安	二五	三三		西	五	五一	
	靈川	二五	二六	四	西	六	七	
	陽朔	二四	三一	四	西	六	五	
	永寧州	二五	八	四	西	六	五一	
	永福	二四	五七	四	西	六	三七	
	義寧	二五	二二	三	西	六	二七	
	全州	二五	四九	四	西	五	二二	
	灌陽	二五	二二		西	五	二九	
柳州府	馬平	二四	一四	二	西	七	一九	三
	雒容	二四	二五		西	七	五	
	羅城	二四	四五	三	西	七	五一	
	柳城	二四	二五	三	西	七	三一	
	懷遠	二四	一七	二	西	七	一一	
	來賓	二三	三八		西	七	二一	
	融縣	二四	五九	四	西	七	二五	三
	象州	二四			西	七	二	三
慶遠府	宜山	二四	二六		西	八	五	
	天河	二四	四七		西	八	四	
	河池	二四	四二	三	西	八	四六	
	思恩	二四	四七	三	西	八	二一	
	東蘭州	二四	二八		西	九	三九	三
	忻城土縣	二四	一		西	八	一	
	南丹土州	二四	五九		西	九	二	三
	那地土州	二四	四四		西	九	一四	
思恩府	思恩府	二三	二五	二	西	八	三五	
	武緣	二三	一	三	西	八	三七	
	賓州	二三	一三	四	西	七	五一	
	遷江	二三	三二		西	七	四三	
	上林	二三	二五	四	西	八	六	

（續表）

（續表）

廣西	州縣	度	分	秒	偏度	度	分	秒
	上林土縣	二三	二九		西	九	二三	
思恩府	田土州	二三	四五	三	西	九	四九	
	陽萬土分州				西			
	泗城府	二四	一七		西	一	九	
泗城府	淩雲	二四	二八		西	一	九	
	西隆州	二四	三二	一	西	一	四九	三
	西林	二四	一二	五	西	一	五七	
	平樂	二四	二四		西	五	五九	
	恭城	二四	三三	二	西	五	四四	三
	富川	二四	三四	四	西	五	二六	三
平樂府	賀縣	二四	九		西	五	一一	
	荔浦	二四	一六	五	西	六	一三	
	修仁	二四	一二		西	六	二三	
	昭平	二四	五三	二	西	五	五七	
	永安州	二四	一		西	六	九	
	蒼梧	二三	三	二	西	五	三七	
	藤縣	二三	二七	三	西	五	五七	
梧州府	容縣	二二	五四		西	六	二五	
	岑溪	二三	二		西	五	五八	三
	懷集	二三	五六	三	西	四	一一	
	鬱林州	二二	四一	三	西	六	四六	
	博白	二二	二三		西	六	五二	
鬱林州	北流	二二	四六		西	六	三七	
	陸川	二二	二六		西	六	三九	
	興業	二二	四六		西	六	五九	
	桂平	二三	二七	三	西	六	三六	
	平南	二三	三一	二	西	六	二五	
潯州府	貴縣	二三	六	一	西	七	九	
	武定	二三	四一		西	七	四	三
南寧府	宣化	二二	四四	四	西	八	二五	

廣西	州縣	度	分	秒	偏度	度	分	秒
	新寧州	二二	三四	四	西	八	五二	
	隆安	二三	一三		西	九	七	
	橫州	二二	三八	三	西	七	三一	
	永淳	二二	四一		西	七	五五	
南寧府	上思州	二二	一九		西	八	五	
	歸德土州	二三	二四		西	九	五	
	果化土州	二三	二五		西	九	一八	
	忠土州	二二	二五		西	九		
	崇善	二二	二五	五	西	九	二	
	養利州	二二	五四	五	西	九	三一	
	左州	二二	四二		西	九	一五	
	永康州	二二	五五		西	八	五一	
	羅陽土縣	二二	五三	三	西	八	五七	
	萬承土州	二三	一	三	西	九	一九	三
	思陵土州	二一	五七		西	九	三九	
	寧明州	二二	一一		西	九	三	
	憑祥土州	二二	一		西	一	一	
太平府	太平土州	二二	四一	五	西	九	三五	
	安平土州	二二	四三		西	九	四	
	茗盈土州	二三	二	三	西	九	三	
	結安土州	二三	一七	二	西	九	二七	
	佶倫土州	二三	一九		西	九	三	
	龍英土州	二二	五八	三	西	九	四一	
	都結土州	二三	一二		西	九	二	
	龍土州	二二	二四	三	西	九	五	
	江土州	二二	二	二	西	九	二	三
	思土州	二二	一		西	九	四	
	上下凍土州	二二	二八		西	九	五九	
鎮安府	天保	二三	二一	三	西	一	九	
	下雷土州	二二	五四		西	九	五六	

雲南	州縣	度	分	秒	偏度	度	分	秒
	昆明	二五	六		西	一三	三八	
	富民	二五	一六	三	西	一三	四八	三
	宜良	二四	五八		西	一三	一二	三
	嵩明州	二五	二二	四	西	一三	一八	
	晉寧州	二四	四七		西	一三	三五	三
雲南府	呈貢	二四	五八		西	一三	三二	
	安寧州	二四	五九		西	一三	五	三
	羅次	二五	二一	一	西	一四	一	
	祿豐	二五	一二	五	西	一四	一二	
	昆陽州	二四	四四	四	西	一三	四五	
	易門	二四	四五		西	一四	七	
	太和	二五	四五	四	西	一六	八	三
	趙州	二五	三九	二	西	一五	五八	
	雲南	二五	三二		西	一五	四四	
大理府	鄧川	二六	二	四	西	一六	一二	三
	浪穹	二六	一	三	西	一六	一九	
	賓川州	二五	四八	三	西	一五	四二	
	雲龍州	二五	五一	三	西	一六	五二	
	建水	二三	三八		西	一三	二三	
	石屏州	二三	四七		西	一三	四三	三
	阿迷州	二三	四二	三	西	一三		
臨安府	寧州	二四	二九		西	一三	二二	
	通海	二四	一四	三	西	一三	三二	
	河西	二四	一七		西	一三	三九	
	嶍峨	二四	一八	四	西	一三	五一	三
	蒙自	二三	二三	二	西	一二	五	
	楚雄	二五	六	五	西	一四	四五	
楚雄府	定遠	二五	二二		西	一四	四六	
	姚州	二五	三二		西	一五	三	
	南安州	二四	五八	一	西	一四	四三	

廣西	州縣	度	分	秒	偏度	度	分	秒
	奉議州	二三	四二	三	西	九	四九	三
鎮安府	歸順州	二三	一二	二	西	一	二一	
	向武土州	二三	一二	一	西	九	四三	
	都康土州	二三	二		西	九	三六	三

（續表）

（續 表）

南雲	縣州	度	分	秒	偏度	度	分	秒
府雄楚	州南鎮	五二	六一		西	五一	二	
	通廣	五二	五一		西	四一	三三	
	姚大	五二	六四	三	西	四一	七五	
府江澂	陽河	四二	四四	一	西	三一	三二	
	川江	四二	一三		西	三一	二三	
	州興新	四二	九二	三	西	三一	五四	
	州南路	四二	八四	四	西	三一	五	三
州西廣	州西廣	四二	九三	一	西	二一	八三	
	宗師	四二	五五		西	二一	七二	
	勒彌	四二	三		西	二一	四五	
府南廣	寧寶	四二	九		西	一一	一二	
府寧順	府寧順	四二	七三	二	西	六一	八一	
	寧順							
	州雲	四二	一三		西	六一	六	
府靖曲	寧南	五二	三三		西	二一	九三	
	州益霑	五二	八三	一	西	二一	七三	
	州涼陸	五二	七		西	二一	四四	
	州平羅	四二	九五		西	二一	八	三
	州龍馬	五二	九二	一	西	二一	一五	
	州甸尋	五二	五四	三	西	三一	七	三
	彝平	五二	八三		西	二一	四一	
	州威宣	五二			西	二一	二	
州定武	州定武	五二	三三	三	西	三一	七五	
	謀元	五二	八三	二	西	四一	二二	三
	勸禄	五二	四三	三	西	三一	二五	三
府江麗	府江麗	六二	二五	三	西	六一	二	
	江麗							
	州慶鶴	六二	四三	四	西	六一	五	三
	州川劍	六二	五三	三	西	六一	一二	三
州江元	州江元	三二	六三		西	四一	九一	

南雲	縣州	度	分	秒	偏度	度	分	秒
州江元	平新	四二	一二		西	四一	七一	三
府洱普	洱寧	三二	二		西	五一	二	
府昌永	山保	五二	七	三	西	七一	二	
	平永	五二	八二		西	六一	二四	
	州越騰	四二	八五	三	西	七一	三四	
府化開	山文	三二	四二	二	西	二一	七	
府川東	澤會	六二	一二	四	西	三一	一	
州沅鎮	州沅鎮	三二	九四		西	五一	一二	
	樂思	四二	二		西	五一	一四	
府通昭	安恩	七二	二		西	二一	六三	三
	善永	七二	八五	三	西	二一	七五	三
	州雄鎮	七二	七一		西	一一	三三	
廳各	廳東景	四二	九二	三	西	五一	五二	
	廳化蒙	五二	九一		西	五一	七五	
	廳北永	六二	三四		西	五一	一三	
	井鹽白	五二	四五		西	五一	一	

（續表）

貴州	州縣	度	分	秒	偏度	度	分	秒
貴陽府	貴筑	二六	三一		西	九	五二	
	龍里	二六	二四		西	九	三七	
	貴定	二六	三	二	西	九	二一	
	修文	二六	四四	二	西	九	五九	
	開州	二六	五九	三	西	九	四七	
	定番州	二六	五	四	西	一		
	廣順州	二六	八		西	一	一三	
思州府	思州府	二七	一	四	西	七	五五	
	玉屏	二七	一一		西	七	四一	
	清溪	二七	四		西	七	五五	
思南府	安化	二七	五六	一	西	八	五	
	婺川	二八	二四		西	八	一六	
	印江	二八	三	五	西	七	五六	三
鎮遠府	鎮遠	二七	二		西	八	一三	
	施秉	二七	一		西	八	二九	
	天柱	二六	四八	五	西	七	二六	
	黄平州	二六	五	四	西	八	四一	
銅仁府	銅仁	二七	三八		西	七	三	
	松桃廳							
黎平府	開泰	二六	九		西	七	三一	
	錦屏	二六	二七		西	七	一五	三
	永從	二五	五八	三	西	七	二四	
安順府	普定	二六	一二	三	西	一	二四	三
	鎮寧州	二六	二	三	西	一	四五	
	永寧州	二五	五五		西	一一	一	
	清鎮	二六	二九	四	西	一	六	三
	安平	二六	二二	三	西	一	一七	
興義府	興義							
	貞豐州							
	普安州	二五	四五	三	西	一一	五	

貴州	州縣	度	分	秒	偏度	度	分	秒
興義府	普安	二五	四六		西	一一	三一	
	安南	二五	四九	三	西	一一	一五	
都匀府	都匀	二六	一三		西	九	三	
	麻哈州	二六	二七		西	九	二	
	獨山州	二五	四六		西	九	一	
	清平	二六	三七		西	八	四八	三
	荔波	二五	三三		西	八	四七	
平越州	平越州	二六	三八	三	西	九	五	三
	湄潭	二七	四五		西	八	四九	
	甕安	二七			西	九	八	
	餘慶	二七	九	三	西	八	四五	
石阡府	石阡府	二七	二九	四	西	八	一九	
	龍泉	二七	五三		西	八	二六	
大定府	大定府	二七	三	四	西	一	五五	
	平遠州	二六	三八	一	西	一	四三	三
	黔西州	二六	五九	九	西	一	三	
	威寧州	二六	四四	二	西	一二	一二	
遵義府	畢節	二七	一	三	西	一二	一五	
	遵義	二七	三七	二	西	九	二九	
	桐梓	二八			西	九	三九	
	綏陽	二七	五二	三	西	九	一三	
	正安州	二八	三		西	八	五七	三
	仁懷	二八	三三	二	西	一	四四	

（續　表）

蒙古及各回部	度	分	秒	偏度	度	分	秒
阿勒坦淖爾烏梁海	五三	三		西	二八	四	
汗山哈屯河	五一	一		西	二九		
唐努山烏梁海	五	四		西	二四	二	
布隴堪布爾噶蘇台	四九	二八		西	一一	二二	
額格色楞額	四九	二七		西	一二	二五	
烏蘭固木杜爾伯特	四九	二		西	二五	四	
桑錦達賚	四九	一二		西	一六	二	
額爾齊斯河	四九	二		西	二五	四	
齋桑淖爾	四八	三五		西	三八	二五	
肯特山	四八	三三		西	七	三	
阿勒台山烏梁海	四八	三		西	二八	三五	
阿勒輝山	四八	二		西	三六	五	
克嚕倫巴爾城	四八	五	三	西	二	五二	
圖拉河汗山	四七	五七	一	西	二	一二	
科布多城	四八	二		西	二七	二	
烏里雅蘇台城	四七	四八		西	二二	四	
喀爾喀河克勒和碩	四七	三四	三	東	二	四六	
哈薩克	四七	三		西	三四	五	
杜爾伯特	四七	一五		東	六	一六	
塔爾巴哈台	四七			西	三		
布勒罕河土爾扈特	四七			西	二八	一	
巴爾噶什淖爾	四七			西	三八	一	
烏隴古河	四六	四		西	二九	一五	
赫色勒巴斯淖爾	四六	四		西	二九	一五	
和博克薩哩土爾扈特	四六	四		西	三一	一五	
鄂爾坤河額爾德尼昭	四六	五八	一五	西	一三	五	
峪格扎布堪	四六	四二		西	二	一二	
扎賚特	四六	三		東	七	四五	
扎哈沁	四六	三		西	三二	一	
推河	四六	二九	三	西	一五	一五	
科爾沁	四六	一七		東	四	三	
齊爾土爾扈特	四五	三		西	三一		
郭爾羅斯	四五	三		東	八	一	
阿嚕科爾沁	四五	三		東	三	五	
翁吉	四五	三		西	一三		
薩克薩克圖古哩克	四五	二三	四五	西	一九	三	
哈布塔克	四五			西	二四	二六	
烏珠穆沁	四四	四五		東	一	一	
拜達克	四四	四三		西	二五		
晶河土爾扈特	四四	三五		西	三三	三	
博囉塔拉	四四	五		西	三三	三	
吹河	四四	五		西	二四		
庫爾喀喇烏蘇土爾扈特	四四	三		西	三一	六五	
安濟海	四四	一三		西	三	四五	
哈什	四四	八		西	三三		
浩齊特	四四	六		東		三	
伊犁	四三	五六		西	三四	二	
塔拉斯河	四三	五		西	四四		
固爾班賽堪	四三	四八		西	一一		
巴林	四三	三六		東	二	一四	
穆壘	四三	四五		西	二五	三六	
濟木薩	四三	四		西	二六	五二	
巴里坤	四三	三九		西	二三		
峪吉斯	四三	三三		西	三三		
扎嚕特	四三	三		東	五		
烏嚕木齊	四三	二七		西	二七	五六	
阿巴哈納爾	四三	二三		東		二八	
珠勒都斯	四三	一七		西	三	五	
柰曼	四三	一五		東	五		
吐魯番	四三	四		西	二六	四五	

（續表）

蒙古及客回部	度	分	秒	偏度	度	分	秒
塔什干	四三	三		西	四七	四三	
和碩特	四三			西	三一		
那林山	四三			西	四五		
克什克騰	四三			東	一	一	
蘇尼特	四三			西	一	二八	
哈密	四二	五三		西	二二	三二	
特穆爾圖淖爾	四二	五		西	三九	二	
魯克沁	四二	四八		西	二六	一一	
翁牛特	四二	三		東	二		
烏沙克塔勒	四二	一六		西	二八	二六	
敖漢	四二	一五		東	四		
喀喇沙爾	四二	七		西	二九	一七	
喀爾喀	四一	四四		西	五	五五	
庫爾勒	四一	四六		西	二九	五六	
布古爾	四一	四四		西	三二	七	
四子部落	四一	四一		西	四	二二	
賽哩木	四一	四一		西	三四	四	
納木干	四一	三八		西	四五	四	
庫車	四一	三七		西	三三	三二	
喀喇沁	四一	三		東	二		
布嚕特	四一	二八		西	四四	三五	
安集延	四一	二三		西	四四	三五	
霍罕	四一			西	四五	五六	
茂明安	四一	一五		西	六	九	
阿克蘇	四一	九		西	三七	一五	
烏什	四一	九		西	三八	二七	
烏喇特	四	五二		西	六	三	
歸化城土默特	四	四九		西	四	四八	
鄂什	四	一九		西	四二	五	
鄂爾多斯	三九	三		西	八		
喀什噶爾	三九	二五		西	四二	二五	
巴爾楚克	三九	一五		西	三九	三五	
英吉沙爾	三八	四七		西	四一	五	
阿拉善	三八	四九		西	一二		
葉爾羌	三八	一九		西	四	一	
幹罕	四八			西	四五	九	
色呼庫勒	三七	四八		西	四二	二四	
喀楚特	三七	一一		西	四二	三二	
哈喇哈什	三七	一		西	三六	一四	
克里雅	三七			西	二五	五二	
和闐	三七			西	三五	五二	
伊里齊	三七			西	三五	五二	
博羅爾	三七			西	四三	三八	
三珠	三六	五八		西	三七	四七	
玉隴哈什	三六	五二		西	三五	三七	
鄂囉善	三六	四九		西	四五	二六	
什克南	三六	四七		西	四四	四六	
巴達克山	三六	二三		西	四三	五	

（續表）

兩金川及各土司	度	分	秒	偏度	度	分	秒
三雜谷	三二			西	一三	五五	
黨壩	三一	五四		西	一四	二	
淖斯甲布	三一	五五		西	一四	五	
金川勒烏圍	三一	三		西	一四	二	
金川噶拉依	三一	一九		西	一四	二八	
瓦寺	三一	二		西	一三		
革布什咱	三一	一四		西	一四	四四	
布拉克底	三一	一		西	一四	三	
小金川美諾	三一			西	一四	一	
巴旺	三一			西	一四	四	
沃克什	三一			西	一三	四四	
明正	三	四		西	一四	四	
木坪	三	二五		西	一三	五	

外國	度	分	秒	偏度	度	分	秒
朝鮮	三七	三九	一五	東	一	四	
琉球	二六			東	一一	三	
越南	二二			西	一		

經緯度表

赤道北緯	度	分	秒	經	度	分	秒
黑龍江	五○	○一	○○	偏東	一○	五八	○○
吉林	四三	四七	○○	偏東	一○	二七	○○
奉天	四一	五一	○四	偏東	○七	一三	○○
京師	三九	五五	○○	正中	○○	○○	○○
直隸	三九	一八	○○	偏西	○○	三五	三○
山東	三六	四五	三○	偏東	○○	四一	○○
江寧	三二	○四	○○	偏東	○二	一○	○○
蘇州	三一	一九	二○	偏東	○三	五一	四○
上海	三一	一二	○六	偏東	○四	四一	五○
松江	三一	○○	○○	偏東	○四	二七	○○
安徽	三○	三七	○○	偏東	○○	三四	○○
江西	二八	三七	○○	偏西	○○	三七	○○
浙江	三○	一七	○○	偏東	○三	三九	三○
福建	二六	○三	○○	偏東	○三	○○	○○
山西	三七	五四	○○	偏西	○三	五六	三○
河南	三四	五一	三○	偏西	○一	五五	三○
湖北	三○	二三	三○	偏西	○二	一五	○○
湖南	二八	一三	○○	偏西	○三	四○	三○
陝西	三四	一六	○○	偏西	○七	三二	○○
甘肅	三六	○七	四○	偏西	一二	三四	三○
四川	三○	四二	○○	偏西	一二	一六	○○
廣東	二三	一一	○○	偏西	○三	三三	○○
廣西	二五	一三	三○	偏西	○六	一三	三○
貴州	二六	三一	○○	偏西	○九	五二	○○
雲南	二五	○六	○○	偏西	一三	三八	○○

是表經緯度數惟彙造一統圖所需，列之以見大略。

距離數據部

綜合里程數據分部

總論

唐・魏徵等《隋書》卷二九《地理志上》 大凡郡一百九十，縣一千二百五十五，戶八百九十萬七千五百四十六，口四千六百一萬九千九百五十六。墾田五千五百八十五萬四千四十一頃，其邑居、道路、山河、溝洫、沙磧、鹹鹵、丘陵、阡陌皆不預焉。東西九千三百里，南北萬四千八百一十五里。東南皆至於海，西至且末，北至五原。隋氏之盛，極於此也。

五代・劉昫等《舊唐書》卷三八《地理志一》 漢地東西九千三百二里，南北一萬三千三百六十八里。【略】及隋氏平陳，寰區一統，【略】其地東西九千三百里，南北一萬四千八百一十五里。東、南皆際大海，西至且末，北至五原，隋氏之極盛也。【略】（貞觀十四年，）其地東極海，西至焉耆，南盡林州南境，北接薛延陀界，凡東西九千五百一十里，南北萬六千九百一十八里。

宋・歐陽修等《新唐書》卷三七《地理志一》 至隋滅陳，天下始合爲一，【略】爲郡一百九十，縣一千二百五十五，戶八百九十萬七千五百三十六，口四千六百一萬九千九百五十六。其地東西九千三百里，南北一萬四千八百一十五里，東、南皆至海，西至且末，北至五原。

唐興，【略】北殄突厥頡利，西平高昌，北逾陰山，西抵大漠。其地東極海，西至焉耆，南盡林州南境，北接薛延陀界，東西九千五百一十一里，南北一萬六千九百一十八里。

元・脱脱等《宋史》卷八五《地理志一》 至是天下既一，疆理幾復漢唐之舊，其未入職方者，唯燕雲十六州而已。【略】東、南際海，西盡巴僰，北極三關，東西六千四百八十五里，南北萬一千六百二十里。

明・宋濂等《元史》卷五八《地理志一》 若元則起朔漠，併西域，平西夏，滅女真，臣高麗，定南詔，遂下江南，而天爲一。故其地北踰陰山，西極流沙，東盡遼左，南越海表。蓋漢東西九千三百二里，南北一萬三千三百六十八里；唐東西九千五百一十一里，南北一萬六千九百一十八里；元東、南所至不下漢唐，而西、北則過之，有難以里數限者矣。

清・張廷玉等《明史》卷四〇《地理志一》 計明初封略，東起朝鮮，西據土番，南包安南，北距大磧，東西一萬一千七百五十五里，南北一萬零九百四里。

明・申時行等《大明會典》卷一三三《兵部十六・鎮戍八・圖本》 天下險隘要衝，在職方皆有圖本，今不能盡載，而邊事特重，故載鎮戍總圖一、九邊圖九。其沿海及腹里地方，夷蠻猺獞之屬，所宜備禦者，咸著於總圖焉。

洪武二十六年定，凡天下要衝及險阻去處，各畫圖本並軍人版籍，須令所司成造送部，務知險易。造圖册地方：

陝西、寧夏、甘肅、四川、貴州、兩廣、雲南、湖廣、河南、遼東、大同、宣府、山西、山東、延綏等處，松潘等處，鄖陽等處，鳳陽等處，蘇松等處，鴈門等處，紫荊等關，薊州等處，順天等府。腹里城池，各都司總送。成化元年，令圖本、戶口文册俱限三年一次造報。弘治元年，令圖本及官軍戶口馬騾文册限期，在京並北直隸衛所、大寧萬全二都司，限二月終。南京並南直隸、中都、河南、浙江、江西、山東、遼東、山西等都司，限三月終。陝西、福建、湖廣限四月終。其圖本，自各邊、沿海以至腹里都司，一體造報。嘉靖十年奏准，各該都司衛所官軍馬騾文册，今後每十年造送一次，止造總數，不必細開。仍移咨南京兵部，一體查造施行。

鎮戍總圖　東起朝鮮，西至嘉峪，南濱大海，北連沙漠，道路紆縈，各萬餘里，（見圖）；

薊鎮邊圖　本鎮邊界自遼東鎮邊起，西至宣府鎮邊止，沿長一千餘里，（見圖）；

遼東邊圖　本鎮邊界東自東海岸起，西至薊鎮邊止，沿長一千餘里，（見圖）；

宣府邊圖　本鎮邊界東自薊州黄花鎮起，西至大同邊平遠堡止，沿長一千二百餘里，（見圖）；

大同邊圖　本鎮邊界東自宣府鎮西陽河堡寬溝起，西至山西鎮丫角山止，沿長六百四十餘里，（見圖）；

山西邊圖　本鎮邊界東自大同丫角山起，西至老牛灣延綏鎮邊止，沿長一百餘里，

(見圖)；

延綏邊圖　本鎮邊界東自山西邊老牛灣起，西至寧夏鎮邊止，沿長一千五百餘里，(見圖)；

寧夏邊圖　本鎮邊界東自延綏鎮邊起，西至固原鎮邊止，沿長一千八百餘里，(見圖)；

固原邊圖　本鎮邊界自寧夏鎮邊起，西至甘肅鎮邊止，沿長二百餘里，(見圖)；

甘肅邊圖　本鎮邊界東自固原鎮邊起，西至本鎮嘉峪關止，沿長一千五百餘里，(見圖)。

清·顧祖禹《讀史方輿紀要·凡例二十六則》　正方位，辨里道，二者方輿之眉目也。而或則略之，嘗謂言東，則東南、東北皆可謂之東。審求之，則方同而里道參差，里同而山川回互。圖繪可憑也，而未可憑；記載可信也，而未可信。惟神明其中者，始能通其意耳。若並方隅里道而去之，與面牆何異乎？

清·萬斯同《明史》卷四一四《外蕃傳·歐邏巴》　歐邏巴，古不通中國。嘉靖間，始有西商循小西洋東來，貿易香山嶴。其後，國人名道侶者，每附舶而來，計海程八九萬里，有近十萬者。南起地中海，北至水海，徑一萬二千二百五十里。西起西海福島，東至阿比阿，徑三萬三千里，共七十餘國，大國十一。

清·鄒代鈞《京師大學堂中國地理講義》第一課《疆域》　廣袤　東西距六十度餘，取鳥道約七千餘里，南北距三十五度餘。取鳥道約九千餘里，面積爲方里者，三千五百二十六萬五千三百三十一里。面積方里之數諸說不同，日本參謀本部《支那地志》爲四千五百七十一萬又四百五十方里，日本金氏《亞細亞地志》爲四千又三十二萬二千七百五十方里，政家年鑒爲三千七百六十四萬三千九百方里，自譯《列國歲計政要》爲三千五百四十萬又三千八百四十七方里，今依通田保熙所譯《世界地志》。以其數與英吉利地圖本前所列方里表多有同者，而英本稍舊，放從通田。竊按方里之數，均以儀器量地圖而得。圖精者，其數確，圖粗者，其數差。吾華地圖久無精本，得數不一，似不足怪。

分論

《山海經》卷一《南山經》　南山經之首曰䧿山。【略】又東三百里，曰堂庭之山。【略】又東三百八十里，曰猨翼之山。【略】又東三百七十里，曰杻陽之山。【略】又東三百里柢山。【略】又東四百里，曰亶爰之山。【略】又東三百里，曰基山。【略】又東三百里，曰青丘之山。【略】又東三百五十里，曰箕尾之山。【略】凡䧿之首，自招搖之山以至箕尾之山，凡十山，二千九百五十里。【略】

南次二經之首曰柜山。【略】東南四百五十里，曰長右之山。【略】又東三百四十里，曰堯光之山。【略】又東三百五十里，曰羽山。【略】又東三百七十里，曰瞿父之山。【略】又東四百里，曰句餘之山。【略】又東五百里，曰浮玉之山。【略】又東五百里，曰成山。【略】又東五百里，曰會稽之山。【略】又東五百里，曰夷山。【略】又東五百里，曰僕勾之山。【略】又東五百里，曰咸陰之山。【略】又東四百里，曰洵山。【略】又東四百里，曰虖勺之山。【略】又東五百里，曰區吳之山。【略】又東五百里，曰鹿吳之山。【略】東五百里，曰漆吳之山。【略】凡南次二經之首，自柜山以至于漆吳之山，凡十七山，七千二百里。【略】

南次三經之首，曰天虞之山。【略】東五百里，曰禱過之山。【略】又東五百里，曰丹穴之山。【略】又東五百里，曰發爽之山。【略】又東四百里，至於旄山之尾。【略】又東四百里，至於非山之首。【略】又東五百里，曰陽夾之山。【略】又東五百里，曰灌湘之山。【略】又東五百里，曰雞山。【略】又東四百里，曰令丘之山。【略】又東三百七十里，曰侖者之山。【略】又東五百八十里，曰禺稾之山。【略】又東五百八十里，曰南禺之山。【略】凡南次三經之首，自天虞之山以至南禺之山，凡一十四山，六千五百三十里。

右南經之山，志大小凡四十山，萬六千三百八十里。

《山海經》卷二《西山經》　西山經華山之首曰錢來之山。【略】西四十五里，曰松果之山。【略】又西六十里，曰太華之山。【略】又西八十里，曰小華之山。【略】又西八十里，曰符禺之山。【略】又西六十里，曰石脆之山。【略】又西七十里，曰英山。【略】又西五十二里，曰竹山。【略】又西百二十里，曰浮山。【略】又西七十里，曰羭次之山。【略】又西百五十里，曰時山。【略】又西百七十里，曰南山。【略】又西四百八十里，曰大時之山。【略】又西三百二十里，曰嶓冢之山。【略】又西三百五十里，曰天帝之山。【略】西南三百八十里，曰皋塗之山。【略】又西百八十里，曰黃山。【略】又西二百里，曰翠山。【略】又西二百五十里，曰騩山。【略】凡西經之首，自錢來之山以至于騩山，凡十九山，二千九百五十七里。

西次二經之首曰鈐山。【略】西二百里，曰泰冒之山。【略】又西一百七十里，曰數歷之山。【略】又西百五十里高山。【略】西南三百里，曰女牀之山。【略】又西二百里，曰龍首之山。【略】又西二百里，曰鹿臺之山。【略】西南二百里，曰鳥危之山。【略】又西四百里，曰小次之山。【略】又西三百里，曰大次之山。【略】又西四百里，曰薰吴之山。【略】又西四百里，曰底陽之山。【略】又西二百五十里，曰衆獸之山。【略】又西五百里，曰皇人之山。【略】又西三百里，曰中皇之山。【略】又西三百五十里，曰西皇之山。【略】又西三百五十里，曰萊山。【略】凡西次二經之首，自鈐山至於萊山，凡十七山，四千一百四十里。

西次三經之首曰崇吾之山。【略】西北三百里，曰長沙之山。【略】又西北三百七十里，曰不周之山。【略】又西北四百二十里，曰峚山。【略】自峚山至于鍾山，四百六十里，其間盡澤也。【略】又西北四百二十里，曰鍾山。【略】又西百八十里，曰泰器之山。【略】又西三百二十里，曰槐江之山。【略】西南四百里，曰昆侖之丘。【略】又西三百七十里，曰樂遊之山。【略】西水行四百里，曰流沙，二百里至於嬴母之山。【略】又西北三百五十里，曰玉山。【略】又西四百八十里，曰軒轅之丘。【略】又西三百里，曰積石之山。【略】又西二百里，曰長留之山。【略】又西二百八十里，曰章莪之山。【略】又西三百里，曰陰山。【略】又西二百里，曰符惕之山。【略】又西二百二十里，曰三危之山。【略】又西一百九十里，曰騩山。【略】又西三百五十里，曰天山。【略】又西二百九十里，曰泑山。【略】西水行百里，至於翼望之山。【略】凡西次三經之首，崇吾之山至于翼望之山，凡二十三山，六千七百四十四里。【略】

西次四經之首曰陰山。【略】北五十里，曰勞山。【略】西五十里，曰罷父之山。【略】北七十里，曰申山。【略】北二百里，曰鳥山。【略】又北百二十里，曰上申之山。【略】又北百八十里，曰諸次之山。【略】又北百八十里，曰號山。【略】又北二百二十里，曰盂山。【略】西二百五十里，曰白於之山。【略】西北三百里，曰申首之山。【略】又西五十五里，曰涇谷之山。【略】又西百二十里，曰剛山。【略】又西二百里，至剛山之尾。【略】又西三百五十里，曰英鞮之山。【略】又西三百里，曰中曲之山。【略】又西二百六十里，曰邽山。【略】又西二百二十里，曰鳥鼠同穴之山。【略】西南三百六十里，曰崦嵫之山。【略】凡西次四經自陰山以下，至于崦嵫之山，凡十九山，三千六百八十里。【略】

右西經之山，凡七十七山，一萬七千五百一十七里。

《山海經》卷三《北山經》　北山經之首曰單狐之山。【略】又北二百五十里，曰求如之山。【略】又北三百里，曰帶山。【略】又北四百里，曰譙明之山。【略】又北三百五十里，曰涿光之山。【略】又北三百八十里，曰號山。【略】又北四百里，至於虢山之尾。【略】又北二百里，曰丹熏之山。【略】又北二百八十里，曰石者之山。【略】又北百一十里，曰邊春之山。【略】又北二百里，曰蔓聯之山。【略】又北八百里，曰單張之山。【略】又北三百二十里，曰灌題之山。【略】又北二百里，曰潘侯之山。【略】又北二百三十里，曰小咸之山。【略】北二百八十里，曰大咸之山。【略】又北三百二十里，曰敦薨之山。【略】又北二百里，曰少咸之山。【略】又北二百里，曰獄法之山。【略】又北二百里，曰北嶽之山。【略】又北百八十里，曰渾夕之山。【略】又北五十里，曰北單之山。【略】又北百里，曰羆差之山。【略】又北百八十里，曰北鮮之山。【略】又北百七十里，曰隄山。【略】凡北山經之首，自單狐之山至于隄山，凡二十五山，五千四百九十里。【略】

北次二經之首在河之東，其首枕汾，其名曰管涔之山。【略】又西二百五十里，曰少陽之山。【略】又北五十里，曰縣雍之山。【略】又北二百里，曰狐岐之山。【略】又北三百五十里，曰白沙山。【略】又北四百里，曰爾是之山。【略】又北三百八十里，曰狂山。【略】又北三百八十里，曰諸餘之山。【略】又北三百五十里，曰敦頭之山。【略】又北三百五十里，曰鉤吾之山。【略】又北三百里，曰北囂之山。【略】又北三百五十里，曰梁渠之山。【略】又北四百里，曰姑灌之山。【略】又北三百八十里，曰湖灌之山。【略】又北水行五百里，流沙三百里，至於洹山。【略】又北三百里，曰敦題之山。【略】凡北次二經之首，自管涔之山至于敦題之山，凡十七山，五千六百九十里。【略】

北次三經之首曰太行之山，其首曰歸山。【略】又東北二百里，曰龍侯之山。【略】又東北二百里，曰馬成之山。【略】又東北七十里，曰咸山。【略】又東北二百里，曰天池之山。【略】又東三百里，曰陽山。【略】又東三百五十里，曰賁聞之山。【略】又北百里，曰王屋之山。【略】又東北三百里，曰教山。【略】又南三百里，曰景山。【略】又東南三百二十里，曰孟門之山。【略】又東南三百二十里，曰平山。【略】又東二百里，曰京山。【略】又東二百里，曰虫尾之山。【略】又東三百里，曰彭毗之山。【略】又東百八十里，曰小侯之山。【略】又東三百七十里，曰泰頭之山。【略】又東北二百里，曰軒轅之山。【略】又北二百里，曰謁戾之山。【略】東三百里，曰沮洳之山。【略】又北三百里，曰神囷之山。【略】又北二百里，曰發鳩之山。【略】又東北百二十里，曰少山。【略】又東北二百里，曰錫山。【略】又北二百里，曰景山。【略】又北百里，曰題首之山。【略】又北百里，曰繡山。【略】又北百二十里，曰松山。【略】又北百二十里，曰敦與之山。【略】又北百七十里，曰柘山。【略】又北二百里，曰維龍之山。【略】又北百八十里，曰白馬之山。【略】又北二百里，曰空桑之山。【略】又北三百里，曰泰戲之山。【略】又北三百里，曰石山。【略】又北二百里，曰童戎之山。【略】又北三百里，曰高是之山。【略】又北三百里，曰陸山。【略】又北二百里，曰沂山。【略】北百二十里，曰燕山。【略】又北山行五百里，水行五百里，至於饒山。【略】又北四百里，曰乾山。【略】又北五百里，曰倫山。【略】又北五百里，曰碣石之山。【略】又北水行五百里，至於雁門之山。【略】又北水行四百里，至於泰澤。【略】又北五百里，曰錞于毋逢之山。【略】凡北次三經之首，自太行之山以至于無逢之山，凡四十六山，萬二千三百五十里。【略】

右北經之山，志凡八十七山，二萬三千二百三十里。

《山海經》卷四《東山經》 東山經之首曰樕𧑙之山。【略】又南三百里，曰藟山。【略】又南三百里，曰栒狀之山。【略】又南三百里，曰勃亝之山。【略】又南三百里，曰番條之山。【略】又南四百里，曰姑兒之山。【略】又南四百里，曰高氏之山。【略】又南三百里，曰嶽山。【略】又南三百里，曰犲山。【略】又南三百里，曰獨山。【略】又南三百里，曰泰山。【略】又南三百里，曰竹山。【略】凡東山經之首，自樕𧑙之山以至于竹山，凡十二山，三千六百里。

東次二經之首曰空桑之山。【略】又南六百里，曰曹夕之山。【略】又西南四百里，曰嶧皋之山。【略】又南水行五百里，流沙三百里，至於葛山之尾，無草木，多砥礪。又南三百八十里，曰葛山之首。【略】又南三百八十里，曰餘峩之山。【略】又南三百里，曰杜父之山，無草木，多水。又南三百里，曰耿山。【略】又南三百里，曰盧其之山。【略】又南三百八十里，曰姑射之山。【略】又南水行三百里，流沙百里，曰北姑射之山。【略】又南三百里，曰碧山。【略】又南五百里，曰緱氏之山。【略】又南三百里，曰姑逢之山。【略】又南五百里，曰鳧麗之山。【略】又南五百里，曰䃌山。【略】凡東次二經之首，自空桑之山至于䃌山，凡十七山，六千六百四十里。【略】

又東次三經之首曰尸胡之山。【略】又南水行八百里，曰岐山。【略】又南水行七百里，曰諸鉤之山。【略】又南水行七百里，曰中父之山。【略】又東水行千里，曰胡射之山。【略】又南水行七百里，曰孟子之山。【略】又南水行五百里，曰流沙，行五百里，有山焉，曰跂踵之山。【略】又南水行九百里，曰踇隅之山。【略】又南水行五百里，流沙三百里，至於無皋之山。【略】凡東次三經之首，自尸胡之山至于無皋之山，凡九山，六千九百里。

又東次四經之首曰北號之山。【略】又南三百里，曰旄山。【略】又南三百二十里，曰東始之山。【略】又東南三百里，曰女烝之山。【略】又東南二百里，曰欽山。【略】又東南二百里，曰子桐之山。【略】又東北二百里，曰剡山。【略】又東北二百里，曰太山。【略】凡東次四經之首，自北號之山至于太山，凡八山，一千七百二十里。

右東經之山，志凡四十六山，萬八千八百六十里。

《山海經》卷五《中山經》 中山經薄山之首曰甘棗之山。【略】又東二十里，曰歷兒之山。【略】又東十五里，曰渠豬之山。【略】又東三十五里，曰葱聾之山。【略】又東十五里，曰涹山。【略】又東七十里，曰脱扈之山。【略】又東二十里，曰金星之山。【略】又東七十里，曰泰威之山。【略】又東十五里，曰橿谷之山。【略】又東百二十里，曰吴林之山。【略】又北三十里，曰牛首之山。【略】又北四十里，曰霍山。【略】又北五十二里，曰合谷之山。【略】又北三十五里，曰陰山。【略】又東北四百里，曰鼓鐙之山。【略】凡薄山之首，自甘棗之山至于鼓鐙之山，凡十五山，六千六百七十里。【略】

中次二經濟山之首曰煇諸之山。【略】又西南二百里，曰發視之山。【略】又西三百里，曰豪山。【略】又西三百里，曰鮮山。【略】又西三百里，曰陽山。【略】又西二百里，曰昆吾之山。【略】又西百二十里，曰葌山。【略】又西一百五十里，曰獨蘇之山。【略】又西二百里，曰蔓渠之山。【略】凡濟山經之首，自煇諸之山至于蔓渠之山，凡九山，一千六百七十里。

中次三經萯山之首曰敖岸之山。【略】又東十里，曰青要之山。【略】又東十里，曰騩山。【略】又東四十里，曰宜蘇之山。【略】又東二十里，曰和山。【略】凡萯山之首，自敖岸之山至于和山，凡五山，四百四十里。

中次四經釐山之首曰鹿蹄之山。【略】西五十里，曰扶豬之山。【略】又西一百二十里，曰釐山。【略】又西二百里，曰箕尾之山。【略】又西二百五十里，曰柄山。【略】又西二百里，曰白邊之山。【略】又西二百里，曰熊耳之山。【略】又西三百里，曰牡山。【略】又西三百五十里，曰讙舉之山。【略】凡釐山之首，自鹿蹄之山至于玄扈之山，凡九山，千六百七十里。

中次五經薄山之首曰苟林之山，無草木，多怪石。東三百里，曰首山。【略】又東三百里，曰縣劚之山。【略】東北五百里，曰條谷之山。【略】又北十里，曰超山。【略】又東五百里，曰成侯之山。【略】又東五百里，曰朝歌之山。【略】又東五百里，曰隗山。【略】又東十里，曰歷山。【略】又東十里，曰尸山。【略】又東十里，曰良餘之山。【略】又東南十里，曰蠱尾之山。【略】又東北二十里，曰升山。【略】又東十二里，曰陽虛之山。【略】凡薄山之首，自苟林之山至于陽虛之山，凡十六山，二千九百八十二里。

中次六經縞羝山之首曰平逢之山。【略】西十里，曰縞羝之山。【略】又西十里，曰廆山。【略】又西三十里，曰瞻諸之山。【略】又西三十里，曰婁涿之山。【略】又西四十里，曰白石之山。【略】又西五十里，曰穀山。【略】又西七十二里，曰密山。【略】又西百里，曰長石之山。【略】又西一百四十里，曰傅山。【略】又西五十里，曰橐山。【略】又西九十里，曰常烝之山。【略】又西九十里，曰夸父之山。【略】又西九十里，曰陽華之山。【略】凡縞羝山之首，自平逢之山至于陽華之山，凡十四山，七百九十里。

中次七經苦山之首曰休與之山。【略】東三百里，曰鼓鐘之山。【略】又東二百里，曰姑媱之山。【略】又東二十里，曰苦山。【略】又東二十七里，曰堵山。【略】又東五十二里，曰放皋之山。【略】又東五十七里，曰大苦之山。【略】又東七十里，曰半石之山。【略】又東五十里，曰少室之山。【略】又東三十里，曰泰室之山。【略】又北三十里，曰講山。【略】又北三十里，曰嬰梁之山。【略】又東三十里，曰浮戲之山。【略】又東四十里，曰少陘之山。【略】又東南十里，曰太山。【略】又東二十里，曰末山。【略】又東二十五里，曰役山。【略】又東三十五里，曰敏山。【略】又東三十里，曰大騩之山。【略】凡苦山之首，自休與之山至于大騩之山，凡十有九山，千一百八十四里。

中次八經荊山之首曰景山。【略】東北百里，曰荊山。【略】又東北百五十里，曰驕山。【略】又東北百二十里，曰女几之山。【略】又東北二百里，曰宜諸之山。【略】又東北三百五十里，曰綸山。【略】又東北二百里，曰陸郃之山。【略】又東百三十里，曰光山。【略】又東北百五十里，曰岐山。【略】又東百三十里，曰銅山。【略】又東北一百里，曰美山。【略】又東北百里，曰大堯之山。【略】又東北三百里，曰靈山。【略】又東北七十里，曰龍山。【略】又東南五十里，曰衡山。【略】又東南七十里，曰石山。【略】又南百二十里，曰若山。【略】又東南一百二十里，曰彘山。【略】又東南一百五十里，曰玉山。【略】又東南七十里，曰讙山。【略】又東北百五十里，曰仁舉之山。【略】又東五十里，曰師每之山。【略】又東南二百里，曰琴鼓之山。【略】凡荊山之首，自景山至琴鼓之山，凡二十三山，二千八百九十里。

中次九經岷山之首曰女几之山。【略】又東北三百里，曰岷山。【略】又東北一百四十里，曰崍山。【略】又東一百五十里，曰崌山。【略】又東三百里，曰高梁之山。【略】又東四百里，曰蛇山。【略】又東五百里，曰鬲山。【略】又東北三百里，曰隅陽之山。【略】又東二百五十里，曰岐山。【略】又東三百里，曰勾檷之山。【略】又東一百五十里，曰風雨之山。【略】又東北二百里，曰玉山。【略】又東一百五十里，曰熊山。【略】又東一百四十里，曰騩山。【略】又東二百里，曰葛山。【略】又東一百七十里，曰賈超之山。【略】凡岷山之首，自女几山至于賈超之山，凡十六山，三千五百里。

中次十經之首曰首陽之山，其上多金玉，無草木。又西五十里，曰虎尾之山。【略】又西南五十里，曰繁繢之山。【略】又西南二十里，曰勇石之山。【略】又西二十里，曰復州之山。【略】又西三十里，曰楮山。【略】又西二十里，曰又原之山。【略】又西五十里，曰涿山。【略】又西七十里，曰丙山。【略】凡首陽山之首，自首山至于丙山，凡九山，二百六十七里。

中次一十一山經荊山之首曰翼望之山。【略】又東北一百五十里，曰朝歌之山。【略】又東南二百里，曰帝囷之山。【略】又東南五十里，曰視山。【略】又東南二百里，曰前山。【略】又東南三百里，曰豐山。【略】又東北八百里，曰免牀之山。【略】又東六十里，曰皮山。【略】又東六十里，曰瑤碧之山。【略】又東四十里，曰支離之山。【略】又東北五十里，曰袟𥳑之山。【略】又西北一百里，曰堇理之山。【略】又東南三十里，曰依軲之山。【略】又東南三十五里，曰即谷之山。【略】又東南四十里，曰雞山。【略】又東南五十里，曰高前之山。【略】又東南三十里，曰游戲之山。【略】又東南三十五里，曰從山。【略】又東南三十里，曰嬰硜之山。【略】又東南三十里，曰畢山。【略】又東南二十里，曰樂馬之山。【略】又東南二十五里，曰蔵山。【略】又東四十里，曰嬰山。【略】又東三十里，曰虎首之山。【略】又東二十里，曰嬰侯之山。【略】又東五十里，曰大孰之山。【略】又東四十里，曰卑山。【略】又東三十里，曰倚帝之山。【略】又東三十里，曰鯢山。【略】又東三十里，曰雅山。【略】又東五十五里，曰宣山。【略】又東四十五里，曰衡山。【略】又東四十里，曰豐山。【略】又東七十里，曰嫗山。【略】又東三十里，曰鮮山。【略】又東三十里，曰章山。【略】又東二十五里，曰大支之山。【略】又東五十里，曰區吳之山。【略】又東五十里，曰聲匈之山。【略】又東五十里，曰大騩之山。【略】又東十里，曰踵臼之山。【略】又東北七十里，曰歷石之山。【略】又東南一百里，曰求山。【略】又東二百里，曰丑陽之山。【略】又東三百里，曰奥山。【略】又東三十五里，曰服山。【略】又東百十里，曰杳山。【略】又東三百五十里，曰几山。【略】凡荆山之首，自翼望之山至于几山，凡四十八山，三千七百三十二里。

中次十二經洞庭山之首曰篇遇之山，無草木，多黄金。又東南五十里，曰雲山。【略】又東南一百三十里，曰龜山。【略】又東七十里，曰丙山。【略】又東南五十里，曰鳳伯之山。【略】又東一百五十里，曰夫夫之山。【略】又東南一百二十里，曰洞庭之山。【略】又東南一百八十里，曰暴山。【略】又東南二百里，曰即公之山。【略】又東南一百五十九里，曰堯山。【略】又東南一百里，曰江浮之山。【略】又東二百里，曰真陵之山。【略】又東南一百二十里，曰陽帝之山。【略】又南九十里，曰柴桑之山。【略】又東二百三十里，曰榮余之山。【略】凡洞庭山之首，自篇遇之山至于榮余之山，凡十五山，二千八百里。

右中經之山，志大凡百九十七山，二萬一千三百七十一里。

大凡天下名山五千三百七十，居地大凡六萬四千五十六里。

蓋其餘小山甚衆，不足記云。天地之東西二萬八千里，南北二萬六千里。出水之山者八千里，受水者八千里。

漢・班固《漢書》卷九六上《西域傳上》 西域以孝武時始通，【略】皆在匈奴之西，烏孫之南。南北有大山，中央有河。東西六千餘里，南北千餘里。

蒲昌海，一名鹽澤者也，去玉門、陽關三百餘里，廣袤三百里。【略】

都護治烏壘城，去陽關二千七百三十八里。【略】

婼羌國，王號去胡來王，去陽關千八百里，去長安六千三百里。【略】

鄯善國，本名樓蘭，王治扜泥城，去陽關千六百里，去長安六千一百里。【略】西北去都護治所千七百八十五里，至山國千三百六十五里，西北至車師千八百九十里。【略】

鄯善當漢道沖，西通且末七百二十里。【略】

且末國，王治且末城，去長安六千八百二十里。【略】西北至都護治所二千二百五十八里。【略】

小宛國，王治扜零城，去長安七千二百一十里。【略】西北至都護治所二千五百五十八里。【略】

精絶國，王治精絶城，去長安八千八百二十里。【略】北至都護治所二千七百二十三里。【略】

戎盧國，王治卑品城，去長安八千三百里。【略】東北至都護治所二千八百五十八里。【略】

扜彌國，王治扜彌城，去長安九千二百八十里。【略】東北至都護治所三千五百五十三里。【略】

渠勒國，王治鞬都城，去長安九千九百五十里。【略】東北至都護治所三千八百五十二里。【略】

于闐國，王治西城，去長安九千六百七十里。【略】東北至都護治所三千九百四十七里。【略】

皮山國，王治皮山城，去長安萬五十里。【略】東北至都護治所四千二百九十二里，西南至烏秅國千三百四十里，南與天篤接，北至姑墨千四百五十里，西南當罽賓、烏弋山離道，西北通莎車三百八十里。【略】

烏秅國，王治烏秅城，去長安九千九百五十里。【略】東北至都護治所四千八百九十二里，【略】去陽關五千八百八十八里，去都護治所五千二十里。【略】

西夜國，王號子合王，治呼犍谷，去長安萬二百五十里。【略】東北到都護治所五千四十六里。【略】

蒲犂國，王治蒲犂谷，去長安九千五百五十里。【略】東北至都護治所五千三百九十六里，東至莎車五百四十里，北至疏勒五百五十里，南與西夜子合接，西至無雷五百四十里。【略】

依耐國，王治去長安萬一百五十里。【略】東北至都護治所二千七百三十里，至莎車五百四十里，至無雷五百四十里，北至疏勒六百五十里。【略】

無雷國，王治盧城，去長安九千九百五十里。【略】東北至都護治所二千四百六十五里，南至蒲犂五百四十里。【略】

難兜國，王治去長安萬一百五十里。【略】東北至都護治所二千八百五十里，西至無雷三百四十里，西南至罽賓三百三十里。【略】

罽賓國，王治循鮮城，去長安萬二千二百里。【略】東北至都護治所六千八百四十里，東至烏秅國二千二百五十里。【略】

烏弋山離國，王去長安萬二千二百里。【略】

安息國，王治番兜城，去長安萬一千六百里。【略】

大月氏國，治監氏城，去長安萬一千六百里。【略】東至都護治所四千七百四十里，西至安息四十九日行。【略】

大夏本無大君長，城邑往往置小長，【略】有五翖侯：一曰休密翖侯，治和墨城，去都護二千八百四十一里，去陽關七千八百二里；二曰雙靡翖侯，治雙靡城，去都護三千七百四十一里，去陽關七千七百八十二里；三曰貴霜翖侯，治護澡城，去都護五千九百四十里，去陽關七千九百八十二里。四曰肸頓翖侯，治薄茅城，去都護五千九百六十二里，去陽關八千二百二里。五曰高附翖侯，治高附城，去都護六千四十一里，去陽關九千二百八十三里。【略】

康居國，王冬治樂越匿地。到卑闐城。去長安萬二千三百里。【略】至越匿地馬行七日，至王夏所居蕃内九千一百四里。【略】東至都護治所五千五百五十里。【略】

康居有小王五：一曰蘇䪥王，治蘇䪥城，去都護五千七百七十六里，去陽關八千二十五里；二曰附墨王，治附墨城，去都護五千七百六十七里，去陽關八千二十五里；三曰窳匿王，治窳匿城，去都護五千二百六十六里，去陽關七千五百二十五里；四曰罽王，治罽城，去都護六千二百九十六里，去陽關八千五百五十五里；五曰奧鞬王，治奧鞬城，去都護六千九百六里，去陽關八千三百五十五里。【略】

大宛國，王治貴山城，去長安萬二千五百五十里。【略】東至都護治所四千三十一里，北至康居卑闐城千五百一十里，西南至大月氏六百九十里。【略】

桃槐國，王去長安萬一千八十里。【略】

休循國，王治鳥飛谷，在蔥領西，去長安萬二百一十里。【略】東至都護治所三千一百二十一里，至捐毒衍敦谷二百六十里，西北至大宛國九百二十里，西至大月氏千六百一十里。【略】

捐毒國，王治衍敦谷，去長安九千八百六十里。【略】東至都護治所二千八百六十一里。【略】西北至大宛千三十里。【略】

莎車國，王治莎車城，去長安九千九百五十里。【略】東北至都護治所四千七百四十六里，西至疏勒五百六十里，西南至蒲犂七百四十里。【略】

疏勒國，王治疏勒城，去長安九千三百五十里。【略】東至都護治所二千二百一十里，南至莎車五百六十里。【略】

尉頭國，王治尉頭谷，去長安八千六百五十里。【略】東至都護治所千四百一十一里，【略】西至捐毒千三百一十四里。

漢·班固《漢書》卷九六下《西域傳下》 烏孫國，大昆彌治赤谷城，去長安八千九百里。【略】東至都護治所千七百二十一里，西至康居蕃内地五千里。【略】

姑墨國，王治南城，去長安八千一百五十里。【略】東至都護治所二千二十一里，南至於闐馬行十五日，【略】東通龜茲六百七十里。【略】

温宿國，王治温宿城，去長安八千三百五十里。【略】東至都護治所二千三百八十里，西至尉頭三百里，北至烏孫赤谷六百一十里。土地物類所有與鄯善諸國同。東通姑墨二百七十里。【略】

龜茲國，王治延城，去長安七千四百八十里。【略】東至都護治所烏壘城三百五十里。【略】

烏壘，【略】其南三百三十里至渠犂。【略】

渠犂，【略】西有河，至龜茲五百八十里。【略】

輪台西於車師千餘里。【略】

東通尉犂六百五十里。【略】

尉犂國，王治尉犂城，去長安六千七百五十里。【略】西至都護治所三百里。【略】

危須國，王治危須城，去長安七千二百九十里。【略】西至都護治所五百里，至焉耆百里。【略】

焉耆國，王治員渠城，去長安七千三百里，【略】西南至都護治所四百里，南至尉犂百里。【略】

烏貪訾離國，王治于婁谷，去長安萬三百三十里。【略】

卑陸國，王治天山東乾當國，去長安八千六百八十里。【略】西南至都護治所千二百八十七里。【略】

卑陸後國，王治番渠類谷，去長安八千七百一十里。【略】

郁立師國，王治内咄谷，去長安八千八百三十里。【略】

單桓國，王治單桓城，去長安八千八百七十里。【略】

蒲類國，王治天山西疏榆谷，去長安八千三百六十里。【略】西南至都護治所千三百八十七里。【略】

蒲類後國，王去長安八千六百三十里。【略】

西且彌國，王治天山東于大谷，去長安八千六百七十里。【略】西南至都護治所千四百八十七里。【略】

東且彌國，王治天山東兑虚谷，去長安八千二百五十里。【略】西南至都護治所千五百八十七里。【略】

劫國，王治天山東丹渠谷，去長安八千五百七十里。【略】西南至都護治所千四百八十七里。【略】

狐胡國，王治車師柳谷，去長安八千二百里。【略】西至都護治所千一百四十七里，至焉耆七百七十里。【略】

山國，王去長安七千一百七十里。【略】西至尉犂二百四十里，西北至焉耆百六十里，西至危須二百六十里。【略】

車師前國，王治交河城。河水分流繞城下，故號交河。去長安八千一百五十里。【略】西南至都護治所千八百七里，至焉耆八百三十五里。【略】

車師後國，王治務塗谷，去長安八千九百五十里。【略】西南至都護治所千二百三十七里。

北齊・魏收《魏書》卷一〇二《西域傳》 鄯善國，都扜泥城，古樓蘭國也，去代七千六百里，所都城方一里。【略】

且末國，都且末城，在鄯善西，去代八千三百二十里。【略】

于闐國在且末西北，葱嶺之北二百餘里。東去鄯善千五百里，南去女國二千里，去朱俱波千里，北去龜滋千四百里，去代九千八百里。【略】

蒲山國，故皮山國也，居皮城，在于闐南，去代一萬二千里。【略】

悉居半國，故西夜國也，一名子合，其主號子治呼犍，在于闐西，去代萬二千九百七十里。【略】

權於摩國，故烏秅國也。其王居烏秅城，在悉居半西南，去代一萬二千九百七十里。

渠莎國，居故莎車城，在子合西北，去代一萬二千九百八十里。

車師國，一名前部，其王居交河城，去代萬五十里。【略】

且彌國，都天山東于大谷，在車師北，去代一萬五百七十里，本役屬車師。

焉耆國，在車師南，都員渠城，白山南七十里，漢時舊國也，去代一萬二百里。【略】南去海十餘里，有魚鹽蒲葦之饒。東去高昌九百里，西去龜兹九百里，皆沙磧，東南去瓜州二千二百里。【略】

龜兹國，在尉犂西北，白山之南一百七十里，都延城，漢時舊國也，去代一萬二百八十里。【略】其南三百里有大河東流，號計式水，即黄河也。東去焉耆九百里，南去于闐一千四百里，西去疏勒一千五百里，北去突厥牙帳六百餘里，東南去瓜州三千一百里。【略】

姑默國，居南城，在龜兹西，去代一萬五百里，役屬龜兹。

温宿國，居温宿城，在姑默西北，去代一萬五百五十里，役屬龜兹。

尉頭國，居尉頭城，在温宿北，去代一萬六百五十里，役屬龜兹。

烏孫國，居赤谷城，在龜兹西北，去代一萬八百里。【略】

疏勒國，在姑默西，白山南百餘里，漢時舊國也，去代一萬一千二百五十里。【略】南有黄河，西帶葱嶺，東去龜兹千五百里，西去鏺汗國千里，南去朱俱波八九百里，東北至突厥牙帳千餘里，東南去瓜州四千六百里。

悦般國，在烏孫西北，去代一萬九百三十里。【略】

者至拔國，都者至拔城，在疏勒西，去代一萬一千六百二十里。【略】

迷密國，都迷密城，在者至拔西，去代一萬二千六百里。【略】

悉萬斤國，都悉萬斤城，在迷密西，去代一萬二千七百二十里。【略】

忸密國，都忸密城，在悉萬斤西，去代二萬二千八百二十八里。

洛那國，故大宛國也，都貴山城，在疏勒西北，去代萬四千四百五十里。【略】

粟特國，在葱嶺之西，古之奄蔡，一名温那沙，居於大澤，在康居西北，去代一萬六千里。【略】

波斯國，都宿利城，在忸密西，古條支國也，去代二萬四千二百二十八里，城方十里，戶十餘萬。【略】

伏盧尼國，都伏盧尼城，在波斯國北，去代二萬七千三百二十里。【略】

色知顯國，都色知顯城，在悉萬斤西北，去代一萬二千九百四十里。【略】

伽色尼國，都伽色尼城，在悉萬斤南，去代一萬二千九百里。【略】

薄知國，都薄知城，在伽色尼南，去代一萬三千三百二十里。【略】

牟知國，都牟知城，在忸密西南，去代二萬二千九百二十里。【略】

阿弗太汗國，都阿弗太汗城，在忸密西，去代二萬三千七百二十里。【略】

呼似密國，都呼似密城，在阿弗太汗西，去代二萬四千七百里。【略】

諸色波羅國，都波羅城，在忸密南，去代二萬三千四百二十八里。【略】

早伽至國，都早伽至城，在忸密西，去代二萬三千七百二十八里。【略】

伽不單國，都伽不單城，在悉萬斤西北，去代一萬二千七百八十里。【略】

者舌國，故康居國，在破洛那西北，去代一萬五千四百五十里。【略】

伽倍國，故休密翕侯，都和墨城，在莎車西，去代一萬三千里。【略】

折薛莫孫國，故雙靡翕侯，都雙靡城，在伽倍西，去代一萬三千五百里。【略】

鉗敦國，故貴霜翕侯，都護澡城，在折薛莫孫西，去代一萬三千五百六十里。【略】

弗敵沙國，故肸頓翕侯，都薄茅城，在鉗敦西，去代一萬三千六百六十里。【略】

閻浮謁國，故高附翕侯，都高附城，在弗敵沙南，去代一萬三千七百六十里。【略】

大月氏國，都賸監氏城，在弗敵沙西，去代一萬四千五百里。北與蠕蠕接，數爲所侵，遂西徙，都薄羅城，去弗敵沙二千一百里。【略】

安息國，在葱嶺西，都蔚搜城，北與康居、西與波斯相接，在大月氏西北，去代二萬一千五百里。【略】

大秦國，一名黎軒，都安都城，從條支西渡海曲一萬里，去代三萬九千四百里。【略】

阿鈎羌國，在莎車西南，去代一萬三千里。國西有縣度山，其間四百里中，往往有棧道，下臨不測之淵，人行以繩索相持而度，因以名之。【略】

波路國，在阿鈎羌西北，去代一萬三千九百里。【略】

小月氏國，都富樓沙城，【略】在波路西南，去代一萬六千六百里。【略】

罽賓國，都善見城，在波路西南，去代一萬四千二百里。【略】

吐呼羅國，去代一萬二千里。東至范陽國，西至悉萬斤國，中間相去二千里。南至連山不知名，北至波斯國，中間相去一萬里。【略】

副貨國，去代一萬七千里。東至阿副使且國，西至没誰國，中間相去一千里。南有連山不知名。北至奇沙國，相去一千五百里。【略】

南天竺國，去代三萬一千五百里。

疊伏羅國，去代三萬一千里。【略】

拔豆國，去代五萬一千里。東至多勿當國，西至旃那國，中間相去七百五十里。南至罽陵伽國，北至弗那伏且國，中間相去九百里。【略】

嚈噠國，大月氏之種類也，亦曰高車之別種，其原出於塞北，自金山而南，在于闐之西，都烏許水南二百餘里，去長安一萬一百里。【略】其王都拔底延城，【略】其國南去漕國千五百里，東去瓜州六千五百里。

唐·魏徵等《隋書》卷八三《西域傳》 石國，居於藥殺水，都城方十餘里，【略】南去鏺汗六百里，東南去瓜州六千里。【略】

焉耆國，都白山之南七十里，【略】東去高昌九百里，西去龜兹九百里，皆沙磧。東南去瓜州二千二百里。【略】

龜兹國，都白山之南百七十里，【略】東去焉耆九百里，南去于闐千四百里，西去疏勒千五百里，西北去突厥牙六百餘里，東南去瓜州三千一百里。【略】

疏勒國，都白山南百餘里，【略】東去龜兹千五百里，西去鏺汗國千里，南去朱俱波八九百里，東北去突厥牙千餘里，東南去瓜州四千六百里。【略】

于闐國，都葱嶺之北二百餘里。【略】東去鄯善千五百里，南去女國三千里，西去朱俱波千里，北去龜兹千四百里，東北去瓜州二千八百里。【略】

鏺汗國，都葱嶺之西五百餘里，【略】東去疏勒千里，西去蘇對沙那國五百里，西北去石國五百里，東北去突厥牙二千餘里，東去瓜州五千五百里。【略】

吐火羅國，都葱嶺西五百里，【略】南去漕國千七百里，東去瓜州五千八百里。【略】

挹怛國，都烏滸水南二百餘里，【略】南去漕國千五百里，東去瓜州六千五百里。【略】

米國，都那密水西，【略】西北去康國百里，東去蘇對沙那國五百里，西南去史國二百里，東去瓜州六千四百里。【略】

史國，都獨莫水南十里，【略】北去康國二百四十里，南去吐火羅五百里，西去那色波國二百里，東北去米國二百里，東去瓜州六千五百里。【略】

曹國，都那蜜水南數里，【略】東南去康國百里，西去何國百五十里，東去瓜州六千六百里。【略】

何國，都那密水南數里，【略】東去曹國百五十里，西去小安國三百里，東去瓜州六千七百五十里。【略】

烏那曷國，都烏滸水西，【略】東北去安國四百里，西北去穆國二百餘里，東

去瓜州七千五百里。【略】

穆國，都烏滸河之西，【略】東北去安國五百里，東去烏那曷二百餘里，西去波斯國四千餘里，東去瓜州七千七百里。【略】

波斯國，都達曷水之西蘇藺城，即條支之故地也。【略】西去海數百里，東去穆國四千餘里，西北去拂菻四千五百里，東去瓜州萬一千七百里。【略】

漕國，在葱嶺之北，漢時罽賓國也。【略】北去帆延七百里，東去刦國六百里，東北去瓜州六千六百里。【略】

附國者，蜀郡西北二千餘里，即漢之西南夷也。【略】其國南北八百里，東西千五百里。

五代・劉昫等《舊唐書》卷三八《地理志一》 關内道

京師，秦之咸陽，漢之長安也。隋開皇二年，自漢長安故城東南移二十里置新都，今京師是也。城東西十八里一百五十步，南北十五里一百七十五步。【略】禁苑在皇城之北，苑城東西二十七里，南北三十里，東至灞水，西連故長安城，南連京城，北枕渭水。苑内離宫亭觀二十四所，漢長安故城東西十三里，亦隸入苑中。【略】

京兆府【略】去東京八百里。【略】

華州【略】在京師東一百八十里，去東都六百七十里。【略】

同州【略】在京師東北二百五十五里，至東都六百二里。【略】

坊州【略】在京師東北三百四十七里，去東都九百四十八里。【略】

丹州【略】在京師東北六百一十一里，去東都九百二十里。【略】

鳳翔府【略】在京師西三百一十五里，去東都一千一百七十里。【略】

邠州【略】去京師西北四百九十三里，至東都一千一百三十二里。【略】

涇州【略】在京師西北四百九十三里，至東都一千三百八十七里。【略】

隴州【略】在京師西四百九十六里，去東都一千三百二十五里。【略】

寧州【略】在京師西北四百四十六里，至東都一千三百二十四里。【略】

原州中都督府【略】在京師西北八百里，至東都一千六百四十五里。【略】

慶州中都督府【略】在京師西北五百七十三里，至東都一千四百一十里。【略】

鄜州【略】在京師東北五百里，至東都九百二十五里。【略】

延州中都督府【略】在京師東北六百三十一里，至東都一千一百五十一里。【略】

綏州【略】在京師東北一千里，至東都一千八百一十九里。【略】

銀州【略】在京師東北一千二百三十里，至東都二千五百七十九里。【略】

夏州都督府【略】在京師東北一千一百一十里，至東都一千六百八十里。【略】

靈州大都督府【略】在京師西北一千二百五十里，至東都二千里。【略】

鹽州【略】在京師北一千一百里，至東都二千一十里。【略】

豐州【略】在京師北二千二百六里，至東都三千四十四里。【略】

會州【略】去京師一千一百里，至東都二千一百里。【略】

宥州【略】去京師二千一百里，去東都三千二百九十里。【略】

勝州下都督府【略】去京師一千八百三十里，至東都一千九百五里。【略】

麟州【略】去京師一千四百四十里，至東都一千九百五里。【略】

安北大都護府，開元十年，分豐勝二州界置蒲海都護府。總章中，改爲安北大都護府。北至陰山七十里，至迴紇界七百里。【略】去京師二千七百里，至東都二千九百里。在黄河之北。【略】

河南道

東都，周之王城，平王東遷所都也。故城在今苑内東北隅，自赧王已後，及東漢、魏文、晉武皆都於今故洛城。隋大業元年，自故洛城西移十八里置新都，今都城是也。【略】都城南北十五里二百八十步，東西十五里七十步，周圍六十九里三百二十步。【略】

河南府【略】在西京之東八百五十里。【略】

鄭州【略】至京師一千一百五里，至東都二百七十里。【略】

陝州大都督府【略】在京師東四百九十里，東至東都三百三十里。【略】

虢州【略】西至京師四百三十里，東至東都五百五十三里。【略】

汝州【略】在京師東九百八十二里，至東都一百八十里。【略】

許州【略】去京師東一千二百里，至東都四百里。【略】

汴州【略】在京師東一千三百五十里，東都四百一里。【略】

蔡州【略】去京師一千五百四十里。至東都六百七十里。【略】

滑州【略】去京師一千四百四十里，至東都五百三十里。【略】

陳州【略】在京師一千五百二十里，至東都七百一十七里。【略】

亳州【略】至京師一千七百里，至東都八百九十八里。【略】

潁州【略】至京師一千八百二十里。至東都九百六十里。【略】

宋州【略】去京師一千五百四十里，至東都七百八十里。【略】

曹州【略】在京師東北一千四百五十三里，至東都東北六百五十七里。【略】

濮州【略】在京師東北一千五百七十里，至東都七百三十五里。【略】

鄆州【略】在京師東北一千六百九十七里，去東都東北九百七十三里。【略】

海州【略】在京師東二千五百七十里，至東都一千七百五十四里。【略】

兖州上都督府【略】在京師東一千八百四十三里，去東都一千七十里。【略】

徐州【略】在京師東二千六百里，至東都一千二百五十七里。【略】

沂州【略】在京師東二千二百五十四里，至東都一千四百三十里。【略】

密州【略】在京師東南二千五百三十里，至東都東一千八百六十九里。【略】

齊州【略】在京師東北二千六十九里，至東都東北一千二百四十四里。【略】

青州【略】在京師東北二千二百五十里，至東都一千五百七里。【略】

淄州【略】在京師東北二千一百三十三里，至東都東北一千四百二十五里。【略】

棣州【略】在京師東北二千二百一十里，至東都東北一千三百七十里。【略】

萊州【略】在京師東北三千五百九十九里，去東都一千八百五十二里。【略】

登州【略】在京師東三千一百五十里，至東都二千七十一里。

五代・劉昫等《舊唐書》卷三九《地理志二》　河東道

河中府【略】在京師東北三百二十四里，去東都五百五十里。【略】

晉州【略】在京師東北七百二十五里，至東都七百三十九里。【略】

隰州【略】在京師東北九百六里，至東都八百八十里。【略】

汾州【略】去京師一千二百六里，東都九百三十七里。【略】

慈州【略】在京師東北六百八十三里，去東都七百二十七里。【略】

潞州大都督府【略】在京師東北一千一百里，至東都四百八十七里。【略】

澤州【略】在京師東北一千三十里，至東都六百六十七里。【略】

沁州【略】在京師東北一千二十五里，去東都六百三十五里。【略】

遼州【略】在京師東北二千四百五十九里，至東都七百九十七里。【略】

北京太原府【略】在京師東北一千三百六十里，至東都八百八里。【略】

代州中都督府【略】在京師東北一千五百五十里，去東都一千二百二十三里。【略】

蔚州【略】在京師東北一千八百一十里，去東都一千六百四十里。【略】

忻州【略】在京師東北一千三百八十里，去東都一千十三里。【略】

嵐州【略】在京師東北一千二百九十五里，去東都一千一百四十四里。【略】

石州【略】在京師東北一千二百九十一里，至東都一千二百二十八里。【略】

朔州【略】在京師東北一千七百七十四里，至東都一千三百四十三里。【略】

雲州【略】在京師東北一千九百四十里，去東都一千六百四十二里。【略】

單于都護府【略】東南至朔州五百三十七里。【略】在京師東北二千三百五十里，去東都二千里。【略】

河北道

懷州【略】在京師東九百六十九里，至東都一百四十里。【略】

衛州【略】在京師東一千二百二十二里，去東都三百九十里。【略】

相州【略】在京師東北一千四百二十里，至東都六百六里。【略】

魏州【略】在京師東北一千五百九十里，去東都七百五十里。【略】

澶州【略】在京師東北一千四百八十五里，至東都六百八十五里。【略】

博州【略】在京師東北一千七百一里，至東都九百四十七里。【略】

貝州【略】在京師東北一千七百八十二里，至東都九百九十三里。【略】

洺州【略】在京師東北一千五百八十五里，至東都八百五十七里。【略】

磁州【略】在京師東北一千四百八十五里，至東都六百六十五里。【略】

邢州【略】在京師東北一千六百五十五里，至東都八百五十七里。【略】

趙州【略】去京師東北一千八百四十三里，至東都一千三十三里。【略】

鎮州【略】在京師東北一千七百六十里，至東都一千一百三十六里。【略】

冀州【略】在京師東北一千九百七十八里，至東都一千一百里。【略】

深州【略】在京師東北二千一十三里，至東都一千二百五十里。【略】

滄州【略】在京師東北二千二百一十八里，去東都一千三百八十二里。【略】

景州【略】在京師東北二千九百里，至東都一千三百里。【略】

德州【略】至京師一千九百八十二里，去東都一千一百三十八里。【略】

定州【略】在京師東北二千九百六里，至東都一千二百里。【略】

祁州【略】在京師東北二千二百一十里，至東都一千三百二十里。【略】

易州【略】在京師東北二千三百三十四里，至東都一千四百六十三里。【略】

瀛州【略】在京師東北二千二百里，至東都一千三百二里。【略】

莫州【略】去京師二千三百一十里，至東都一千四百三十里。【略】

幽州大都督府【略】在京師東北二千五百二十里，至東都一千六百里。【略】

涿州【略】至京師二千四百里，至東都一千四百八十里。【略】

薊州【略】至京師二千八百二十三里，至東都一千二十三里。【略】

檀州【略】在京師東北二千六百五十七，至東都一千八百四十四里。【略】

媯州【略】在京師東北二千八百四十二里，至東都一千九百一十里。【略】

平州【略】在京師東北二千六百五十里，至東都一千九百里。

歸順州【略】在京師二千六百里，至東都一千七百一十里。【略】

營州上都督府【略】在京師東北三千五百八十九里，至東都二千九百一十里。【略】

安東都護府【略】去京師四千六百二十五里，至東都三千八百二十里。【略】

山南道

山南西道

梁州興元府【略】至京師一千二百二十三里，至東京二千七百八里。【略】

鳳州【略】在京師西南六百里，至東都一千四百五十里。【略】

興州【略】至京師九百四十八里，至東都一千七百八十一里。【略】

利州【略】在京師西南一千四百八十八里，至東都二千一百九十七里。【略】

通州【略】在京師西南二千三百里，去東都二千八百七十五里。【略】

洋州【略】在京師南八百里，至東都二千里。【略】

合州【略】在京師南二千四百五十里，至東都三千三百里。【略】

集州【略】在京師西南一千四百二十五里，至東都二千六百里。【略】

巴州【略】至京師二千三百六十里，至東都二千五百八十二里。【略】

蓬州【略】至京師二千二百一十里，至東都二千九百九十五里。【略】

壁州【略】在京師西南二千八百二十二里。至東都二千九百四十二里。【略】

商州【略】至京師二百八十一里，至東都八百八十六里。【略】

金州【略】在京師南七百三十七里，至東都一千七百里。【略】

開州【略】在京師南一千四百六十里，至東都二千六百七十里。【略】

渠州【略】在京師西南二千一百七十里，至東都三千一百九十里。【略】

渝州【略】在京師西南二千七百四十八里，至東都三千四百三十里。【略】

山南東道

鄧州【略】在京師東南九百二十里，至東都六百七十里。【略】

唐州【略】至京師一千四百八十里，至東都六百四十六里。【略】

均州【略】在京師東南九百三十里，至東都九百一十七里。【略】

房州【略】在京師南一千二百九十五里，至東都一千二百八十五里。【略】

隋州【略】在京師東南一千三百八十八里。至東都一千八里。【略】

郢州【略】在京師東南一千四百四十里，至東都一千一百四十九里。【略】

復州【略】在京師東南二千八百里，至東都一千五百一十八里。【略】

襄州【略】在京師東南一千一百八十二里，至東都八百五十三里。【略】

荆州江陵府【略】在京師東南一千七百三十里，至東都一千三百一十五里。【略】

硤州【略】在京師東南一千八百八十八里，至東都一千六百四十六里。【略】

歸州【略】在京師南二千二百六十八里，至東都一千八百四十三里。【略】

夔州【略】在京師南二千四百四十三里，至東都二千一百七十五里。【略】

萬州【略】在京師西南二千六百三十四里，至東都二千四百六十五里。【略】

忠州【略】在京師南二千二百二十二里，至東都二千七百四十七里。

五代·劉昫等《舊唐書》卷四〇《地理志三》 淮南道

揚州大都督府【略】在京師東南二千七百五十三里，至東都一千七百四十九里。【略】

楚州【略】在京師西南二千五百一里，至東都一千六百六十里。【略】

滁州【略】在京師東南二千五百六十四里，至東都一千七百四十六里。【略】

和州【略】在京師東南二千六百八十三里，至東都一千八百一十里。【略】

濠州【略】在京師東南二千一百五十里，至東都一千三百一十三里。【略】

廬州【略】在京師東南二千三百八十七里，至東都一千五百六十九里。【略】

壽州【略】在京師東南二千二百一十七里，至東都一千三百九里。【略】

光州【略】至京師一千八百五十五里，至東都九百二十五里。【略】

蘄州【略】至京師二千五百六十里，至東都一千八百二十四里。【略】

申州【略】至京師一千七百九十六里，至東都九百四十三里。【略】

黄州【略】在京師東南二千一百四十八里，至東都一千四百七十里。【略】

安州中都督府【略】在京師東南二千五十一里，至東都一千一百九十里。【略】

舒州【略】在京師東南二千六百四十六里，至東京一千八百九十三里。【略】

江南道

江南東道

潤州【略】在京師東南二千八百二十一里，至東都一千七百九十七里。【略】

常州【略】在京師東南二千八百四十三里，至東京一千九百八十三里。【略】

蘇州【略】在京師東南三千一百九十九里，至東都二千五百里。【略】

湖州【略】在京師東南三千四百四十一里，至東都二千六百四十四里。【略】

杭州【略】在京師東南三千五百五十六里，至東都二千九百一十九里。【略】

越州中都督府【略】在京師東南三千七百二十里，至東都二千八百七十里。【略】

明州【略】在京師東南四千一百里，至東都三千二百五十里。【略】

台州【略】在京師東南四千一百七十七里，至東都三千三百三十里。【略】

婺州【略】在京師東南四千七十三里，至東都三千一百三十五里。【略】

衢州【略】在京師東南四千七百十三里，至東都三千一百四十五里。【略】

信州【略】在京師東南五千八百里，至東都二千九百五十里。【略】

睦州【略】在京師東南三千六百五十九里，至東都二千八百三十二里。【略】

歙州【略】在京師東南三千六百六十七里，至東都二千八百二十六里。【略】

處州【略】在京師東南四千二百七十八里，至東都三千一十五里。【略】

溫州【略】在京師東南四千七百三十七里，至東都三千九百四十里。【略】

福州中都督府【略】在京師東南五千三十三里，至東都四千二百三十三里。【略】

泉州【略】在京師東南六千二百一十六里，至東都五千四百一十三里。【略】

建州【略】在京師東南四千九百三十五里，至東都三千八百八十八里。【略】

汀州【略】在京師東南六千一百七十三里，至東都五千三百七十里。【略】

漳州【略】在京師東南七千三百里，至東都六千五百里。【略】

江南西道

宣州【略】在京師東南三千五百五十一里，至東都二千五百一十里。【略】

饒州【略】在京師東南三千二百六十三里，至東都二千四百一十三里。【略】

洪州上都督府【略】在京師東南三千九十里，至東都二千二百三十一里。【略】

虔州【略】在京師東南四千一十七里，至東都三千四百里。【略】

撫州【略】在京師東南三千三百一十二里，至東都二千五百四十里。【略】

江州【略】在京師東南二千九百四十八里，至東都二千一百九十七里。【略】

袁州【略】在京師東南三千五百八十里，至東都二千一百六十一里。【略】

鄂州【略】在京師東南二千三百四十六里，至東都一千五百三十里。【略】

岳州【略】在京師東南二千二百三十七里，至東都一千八百一十六里。【略】

潭州中都督府【略】在京師南二千四百四十五里，至東都二千一百八十五里。【略】

衡州【略】在京師東南三千四百三里，至東都二千七百六十里。【略】

澧州【略】在京師東南一千八百九十三里，至東都一千五百七十二里。【略】

朗州【略】在京師東南二千一百五十九里，至東都一千八百五十八里。【略】

永州【略】在京師南三千二百七十四里，至東都三千六百六十五里。【略】

郴州【略】在京師東南三千三百里，至東都三千五十七里。【略】

邵州【略】在京師東南三千四百里，至東都二千二百六十八里。【略】

連州【略】在京師南三千六百六十五里，至東都三千四百五里。【略】

黔州下都督府【略】在京師南三千一百九十三里，至東都三千二百七十一里。【略】

辰州【略】在京師南微東三千四百五里，至東都三千二百六十里。【略】

錦州【略】至京師三千五百里，至東都三千七百里。【略】

施州【略】在京師南二千七百九里，至東都二千八百一十里。【略】

巫州【略】在京師南三千一百五十八里，至東都三千八百三十三里。【略】

業州【略】在京師南四千二百九十七里，至東都三千九百里。【略】

夷州【略】在京師南四千三百八十七里，至東都三千八百八十里。【略】

播州【略】在京師南四千四百五十里，至東都四千九百六十里。【略】

思州【略】在京師南三千八百三十九里，至東都三千五百九十六里。【略】

費州【略】在京師南四千七百里，至東都四千九百里。【略】

南州【略】在京師南三千六百里，至東都三千七百里。【略】

溪州【略】至京師二千八百九十三里，至東都二千六百九十六里。【略】

溱州【略】至京師三千四百八十里，至東都四千二百里。【略】

珍州【略】至京師四千一百里，至東都三千七百里。【略】

隴右道

秦州都督府【略】在京師西七百八十里，至東都一千六百五里。【略】

成州【略】在京師西南九百六十里，至東都一千八百里。【略】
渭州【略】在京師西一千一百五十三里，至東都二千里。【略】
鄯州下都督府【略】在京師西一千九百一十三里，至東都二千五百四十里。【略】
蘭州【略】在京師西一千四百四十五里，至東都二千二百里。【略】
臨州下都督府【略】在京師西一千四百四十五里，至東都二千二百里。【略】
河州【略】在京師西一千四百一十五里，至東都二千二百七十里。【略】
武州【略】在京師西一千二百九十里，至東都二千里。【略】
洮州【略】在京師西一千五百六里，至東都二千三百九十里。【略】
岷州【略】在京師西一千三百七十八里，至東都二千一百里。【略】
廓州【略】在京師二千三十里，至東都二千七百七十二里。【略】
疊州下都督府【略】在京師西南一千一百二十里，至東都二千五百六十里。【略】
宕州【略】在京師西南一千六百五十六里，至東都二千二百八十五里。【略】

河西道

涼州中都督府【略】在京師西北二千一十里，至東都二千八百七十里。【略】
甘州【略】在京師西北二千五百里，至東都三千三百一十里。【略】
肅州【略】在京師西北二千八百五十八里，至東都三千七百八十里。【略】
瓜州下都督府【略】在京師西三千三百一十里，至東都四千三百六里。【略】
伊州【略】在京師西北四千四百一十六里，至東都五千三百三十里。【略】
伊吾【略】南去玉門關八百里，東去陽關二千七百三十里。【略】
沙州【略】在京師西北三千六百五十里，至東都四千三百九里。【略】
陽關，在縣西六里。玉門關，在縣西北一百一十八里。【略】
西州中都督府【略】在京師西北五千五百一十六里，至東都六千一百一十五里。【略】
北庭都護府【略】在京師西北五千七百二十里，東至伊州界六百八十里，南至西州界四百五十里，西至突騎施庭一千六百里，北至堅昆七千里，東至迴鶻界一千七百里。【略】
北庭都護府【略】東至焉耆鎮守八百里，西至疏勒鎮守二千里。南至于闐二千里，東北至北庭府二千里，南至吐蕃界八百里，北至突騎施界雁沙川一千里。【略】
龜茲都督府【略】去瓜州三千里。【略】
毗沙都督府【略】在安西都護府西南二千里。【略】
疏勒都督府【略】去瓜州四千六百里。【略】在安西都護府西南二千里。【略】
焉耆都督府【略】在安西都督府東八百里。

五代·劉昫等《舊唐書》卷四一《地理志四》 劍南道

成都府【略】在京師西南二千三百七十九里，至東都三千二百一十六里。【略】
漢州【略】至京師二千二百里，至東都三千一百一十六里。【略】
彭州【略】至京師二千三百三十九里，至東都三千一百六十九里。【略】
蜀州【略】至京師三千三百三十二里，至東都三千一百七十二里。【略】
眉州【略】至京師二千五百五十里，至東都三千二百八十九里。【略】
綿州【略】至京師二千五百九里，至東都三千二百五十九里。【略】
劍州【略】至京師一千六百六十二里，至東都二千五百六十里。【略】
梓州【略】至京師二千九十里，至東都二千九百里。【略】
閬州【略】至京師一千九百一十五里，至東都二千七百六十里。【略】
果州【略】至京師二千五百五十八里，至東都三千四百二十三里。【略】
遂州【略】至京師二千三百二十九里，至東京三千一百六十六里。【略】
普州【略】至京師二千三百六十里，至東都三千二百三里。【略】
陵州【略】至京師二千五百一十里，至東都三千四百八十四里。【略】
資州【略】至京師二千五百六十里，至東都三千五百一十里。【略】
榮州【略】至京師二千九百七十二里，至東都二千七百四十九里。【略】
簡州【略】在京師西南二千七百里，至東都三千六百里。【略】
嘉州【略】至京師二千七百二十里，至東都三千五百里。【略】
邛州【略】在京師西南二千五百一十五里，至東都三千三百七十一里。【略】
雅州下都督府【略】在京師西南二千七百二十三里，至東都三千五百一里。【略】
黎州【略】至京師二千九百五十里，至東都三千七百里。【略】
瀘州下都督府【略】在京師西南三千三百里，至東都四千一百九十六里。【略】
茂州都督府【略】至京師西南二千七百九十四里，至東都三千一十四里。【略】

翼州【略】在京師西南二千九百三十里,至東都三千二百七十八里。【略】

維州【略】至京師二千八百三十里,至東都三千五百六十三里。【略】

塗州【略】在京師西南二千六百八十九里。【略】

炎州【略】在京師西南三千三百七十六里。【略】

徹州【略】在京師西南三千四百一十八里。【略】

向州【略】在京師西南二千八百六十九里。【略】

冉州【略】在京師西南三千七百三十九里。【略】

笮州【略】在京師西南二千九百四十五里。【略】

戎州中都督府【略】在京師西南三千一百四里,至東都四千四百八十里。【略】

協州【略】在京師西南四千里。【略】

曲州【略】在京師西南四千三百三十里。【略】

郎州【略】在京師西南五千六百七十里。【略】

昆州【略】在京師西南五千三百七十里。【略】

盤州【略】在京師西南五千三十里。【略】

匡州【略】在京師西南五千一百六十五里。【略】

髳州【略】在京師西南四千八百五十里。【略】

曾州【略】在京師西南五千一百四十五里。【略】

鉤州【略】在京師西南五千六百五十里。【略】

靡州【略】在京師西南四千九百四十五里。【略】

裒州【略】在京師西南四千九百七十里。【略】

宗州【略】在京師西南五千一十里。【略】

徽州【略】在京師西南四千九百七十里。【略】

姚州【略】至京師四千九百里。【略】

嶲州中都督府【略】在京師西南三千六百五十四里。【略】

松州下都督府【略】南至翼州一百八十里,東至扶州三百三十八里,東至茂州三百里,西南至當州三百里,西北至吐蕃界九十里。至京師二千二百五十里,至東都三千五十里。【略】

文州【略】在京西南一千四百九十里,至東都二千二百九十里。【略】

扶州【略】在京師西南一千六百九十里,至東都二千四百四十九里。【略】

龍州【略】在京師西南二千六百六十里,至東都三千一十五里。【略】

當州【略】至京師三千一百里,至東都三千九百里。東北至松州九百里。【略】

悉州【略】至京師二千七百五十里,至東都三千八百里。西至静州六十里,西北至當州八十里也。【略】

静州【略】東北至當州六十里,東至悉州八十里,至京師與當州道里數同也。【略】

恭州【略】東至柘州一百里,東北至静州界。至京師三千一百二十里。【略】

保州【略】至京師二千九百四十里,至東都三千七百九十里。東至維州風流鎮四十五里也。【略】

真州【略】至京師三千里,至東都三千八百五十里。【略】

霸州【略】至京師二千六百三十一里,至東都三千二百七十一里。【略】

崌州【略】在京師西南二千二百四十六里。【略】

懿州【略】在京師西南二千二百五十里也。【略】

闊州【略】在京師西南二千五百一十里。【略】

麟州【略】至京師四千五百里。【略】

雅州【略】在京師西南二千六百六十里。【略】

叢州【略】在京師西南一千八百里。【略】

可州【略】在京師西南一千四十里。【略】

遠州【略】在京師西南二千三百六十里。【略】

奉州【略】在京師西南二千一百六里。【略】

嚴州【略】在京師西南二千一百里。【略】

諾州【略】在京師西南二千六百四十三里。【略】

蛾州【略】至京師四千七百里。【略】

彭州【略】在京師西南二千七百八十里。【略】

軌州都督府【略】在京師西南二千三百九十里。【略】

盍州【略】在京師西南二千六百三十里。【略】

直州【略】至京師二千五百里。【略】

肆州【略】至京師二千六百里。【略】

位州【略】至京師二千四百一十里。【略】

玉州【略】至京師二千八百七十八里。【略】

嶂州【略】至京師二千九百里。【略】

祐州【略】至京師二千一百九十里。【略】

臺州【略】至京師二千一百三十五里。【略】

橋州【略】至京師二千四百里。【略】

序州【略】至京師二千四百里。【略】

嶺南道

廣州中都督府【略】在京師東南五千四百四十七里，至東都四千九百里。【略】

韶州【略】南至廣州八百里，西至郴州五百里。東南至虔州七百里。至京師四千九百三十二里，至東都四千一百四十二里。【略】

循州【略】南至廣州四百里，東至潮州五百一十七里，北至虔州隔山嶺一千六百五十里。至東都四千八百里。【略】

岡州【略】在京師西南六千三百五里。【略】

賀州【略】在京師東南四千一百三十里，至東都三千五百七十二里。東南至廣州八百七十六里，東至連州二百六十里，南至封州三百六十六里，北至道州四百里，北至富州三百二十里，西南至梧州四百二十二里也。【略】

端州【略】東至廣州二百四十里，南至新州一百四十里，西至康州一百六里。至京師四千九百三十五里，至東都四千七百里。【略】

新州【略】東至廣州義寧縣四十一里，北至端州一百四十里，西北至康州二百七十里，西南至勤州一百七十里。至京師五千五十二里，至東都五千里。【略】

康州【略】東北至廣州三百四十里，西南至梧州二百八十四里，東至端州一百六十里，南至瀧州二百三十里，西至封州一百三十里，南至新州二百七十里。至京師五千七百五十里，至東都五千一百五十里。【略】

封州【略】東北至廣州九十五里，西北至梧州五十五里，東至康州一百三十里，北至賀州三百六十六里。至京師水陸四千五百一十里也。【略】

恩州【略】至京師東南六千五百里，西北六十里接廣州界。【略】

春州【略】至京師東南六千四百四十八里。東至廣州六百四十二里，南至恩州九十三里，西至高州三百三十里，東北至新州二百六里，西北至瀧州界也。【略】

高州【略】西北至竇州九十二里，北至瀧州界三百五十里，西南至潘州九十里，東至春州三百三十里。至京師六千二百六十二里，至東都五千五百二十里。【略】

藤州【略】至京師五千五百九十六里，至東都五千二百里。南至義州二百里，西至龔州一百四十九里，北至梧州九十七里。【略】

義州【略】至京師五千七百五十里，至東都四千六百九十里。東至梧州隔鄣嶺一百七十里，北至藤州二百里，西至容州九十里，東南至竇州一百七十二里，東北至瀧州二百七里。【略】

竇州【略】至京師水陸六千一百二里，至東都水陸五千四百里。西至容州二百里，東至瀧州一百八十里，南至潘州一百五十里，東南至高州九十二里，北至義州二百三十里，西南至禺州一百九十里。【略】

勤州【略】至京師五千三百九十里，至東都五千里。東至新州一百七十里，西至瀧州二百六十里，南至廣州六百三十五里，西北至康州二百七十三里。【略】

桂州下都督府【略】至京師水陸路四千七百六十里，至東都水陸路四千四十里。東至道州五百里，西至容州四百九十三里，南至昭州二百一十里，北至邵州六百八十五里，東南至賀州五百三十里，西南至柳州八百里，東北至永州五百五十里。【略】

昭州【略】至京師四千四百三十六里，至東都四千二百一十九里。西至桂州二百二十里，東北至道州四百里，北至永州六百三十九里，南至富州一百六十六里也。【略】

富州【略】至京師五千一百三十里，至東都四千八百五十里。西北桂州州界八十里，東南至梧州界九十里，北至昭州一百六十六里。【略】

梧州【略】至京師五千五百里，至東都五千一百里。東至封州八十里，東北至賀州四百一十里，北接富州界，正西至藤州一百九十里。【略】

蒙州【略】至京師五千一百里，至東都四千七百里。南至桂州二百四十九里，東至富州九十七里，西南至象州一百七十六里。【略】

龔州【略】至京師五千七百二十里，至東都五千三百六十二里。東至藤州一百四十九里，南至繡州九十五里，西到潯州一百三十里，北至蒙州二百四十

里。【略】

潯州【略】至京師五千九百六十里，至東都五千七百里。東至龔州一百三十里，西至潘州二百五十里，西南至貴州一百五十里，西北至蒙州三百六十里，西南接郁林州界。【略】

鬱林州【略】至京師五千五百七里，至東都五千一百六十里。東至平琴州九十里，南至牢州一百二里，西南至昭州一百一十里，北至貴州一百五十里。【略】

平琴州【略】至京師六千四百八十里，至東都五千八百三十里。西至郁林州九十里，東南至牢州一百一十里，北至貴州一百五十里，北至繡州九十二里，東至黨州二十二里。【略】

賓州【略】至京師四千三百里，至東都四千一百里，南至淳州二百里，東南至貴州一百七十里，西至邕州二百五十七里，東南至蒙州三百二十里，西北至澄州一百二十里也。【略】

澄州【略】至京師四千六百里，至東都四千三百里。南至邕州三百里，北至賓州四百三十里，東南至賓州一百二十里，西至古州五百七十九里。【略】

繡州【略】至京師六千九十里，至東都五千五百里。南至黨州五十里，北至貴州一百里也。【略】

象州【略】至京師四千九百八十九里，北至桂州四百里，東至象州一百七十六里，南至費州三百里，西北至柳州二百里，東南至潯州三百六十里，西南至嚴州一百九十里也。【略】

柳州【略】至京師水陸相乘五千四百七十里，至東都水陸相乘五千六百里。東至桂州四百七里，至粵州二百九十里，北至融州二十里，東南至象州二百里，北至柳州三十里。【略】

融州【略】至京師五千二百七十里，至東都四千四百七十里，東至桂州四百九十一里，南至柳州三十里，至武零山二百里也。【略】

邕州下都督府【略】至京師五千六百里，至東都五千三百二十七里，東南至欽州三百五十里，東北至賓州二百五十里，西南至羈縻左州五百里。【略】

貴州【略】至京師五千三百八十里，至東都五千一百二十里。東至繡州一百里，南至鬱林州一百五十里，西至橫州一百里，北至象州三百里，西南至賓州九十四里，東北至潯州一百五十里。【略】

黨州【略】南至牢州一百里，北至繡州五十里，東南至容州一百五十里，北接繡州界百餘里也。【略】

橫州【略】至京師五千五百三十九里，至東都四千七百五里。南至欽州三百五十里，西至巒州一百五十里，北至貴州二百六十里也。【略】

嚴州【略】至京師五千三百二十七里，至東都四千八百九十三里。東北至柳州二百四十里，東南接象州界，西北接澄州界也。【略】

巒州【略】至京師五千三百里，至東都四千九百里。南至橫州一百四十里，西至邕州三百里，北至賓州二百五十五里。【略】

羅州【略】至京師六千五百二十二里，至東都五千七百五里。東至大海一百三十九里，南至雷州二百五十里，西至廉州二百五十里，北至辯州一百五十里，西南至零緣縣大海一百二十里，西北至白州二百三十里，東北至新州五十里。【略】

潘州【略】至西京七千一百六十一里，至東都六千三百八十九里。至高州九十里，南至大海五十六里，至辯州一百二十里，北至竇州一百五十一里。【略】

容州下都督府【略】至京師五千九百一十里，至東都五千四百八十五里。東至藤州二百五十九里，南至竇州二百里，西至禺州十五里，北至龔州二百里，西至隋建縣一百九十里，西北至黨州一百五十里，東北接義州界。【略】

辯州【略】至京師五千七百一十八里，至東都五千三百七十里。東至廣州一千一百四十四里，南至羅州吳川縣界五十里，南至白州博白縣二百三十里，北至禺州三百八十二里，南至潘州四十里，西至羅州一百五十里，西北至白州三百里。【略】

白州【略】至京師六千一百七十五里，至東都五千九百一十九里。東至辯州二百里，南至羅州二百二十里，西至州界朗平山八十里，北至牢州一百里，西南至廣州二百里，東北至禺州二百里。【略】

牢州【略】去京師與容州道里同。東至容州一百二十五里，南至白州一百里，西至鬱林州一百一十里，北至黨州一百里。【略】

欽州【略】至京師五千一百五十一里。東至嚴州四百里，南至大海二百五十里，西至瀼州六百三十里，至橫州三百五十里，東南至廣州七百里，西南至陸州六百里，西至容州三百五十里，東北至貴州四百里。【略】

禺州【略】至京師五千三百五里，至東都五千里。至義州一百九十里，南至辯州三百里，西至白州二百里，北至容州一百一十里。【略】

瀼州【略】東至欽州六百三十里，北至容州二百八十二里。【略】

安南都督府【略】至京師七千二百五十三里，至東都七千二百二十五里。西至愛州界小黄江口，水路四百一十六里，西南至長州界文陽縣靖江鎮一百五十里，西北至峰州嘉寧縣論江口水路一百五十里，東至朱鳶縣界小黄江口水路五百里，北至朱鳶州阿勞江口水路五百四十九里，北至武平縣界武定江二百五十二里，東北至交趾縣界福生去十里也。【略】

愛州【略】至京師八千八百里，至東都八千一百里。【略】

驩州【略】至京師陸路一萬二千四百五十二里，水路一萬七千里，至東都一萬一千五百九十五里，水路一萬六千二百二十里。東至大海一百五十里，南至林州一百五十里，西至環王國界八百里，北至愛州界六百三里，南至盡當郡界四百里，西北到靈跂江四百七十里，東北到辯州五百二里。【略】

林州【略】去京師一萬二千里。【略】

景州【略】至京師一萬一千五百里。【略】

北景【略】在安南府南三千里。【略】

峰州【略】至京師七千七百一十里。【略】

陸州【略】至京師七千二十六里，至東都七千里。東至廉州界三百里，南至大海，北至思州七百六十二里，東南際大海，西南至當州寧海二百四十里也。【略】

廉州【略】至京師六千五百四十七里，至東都五千八百三十六里。東至白州二百里，南至羅州三百五十里，西北至安南府一千里，北至欽州七百里。【略】

雷州【略】至京師六千五百一十二里，至東都五千九百三十一里。東至大海二十里，西至大海一百里，東南至大海十五里，西南至大海一百里，隔海至崖州四百三十里，北及西北與羅州接界。【略】

崖州【略】至京師七千四百六十里，至東都六千三百里。廣府東南二千餘里。【略】

儋州【略】至京師七千四百四十二里。【略】

瓊州【略】兩京與崖州道里相類。西南至振州四百五十里。【略】

振州【略】至京師八千六百六里，至東都七千七百九十七里。東至萬安州陵水縣一百六十里，南至大海，西北至儋州四百二十里，北至瓊州四百五十里，東南至大海二十七里，西南至大海千里，西北至延德縣九十里，與崖州同在大海洲中。

宋・歐陽修等《新唐書》卷三七《地理志一》 雄州，在靈州西南百八十里。【略】

警州，本定遠城，在靈州東北二百里。

宋・歐陽修等《新唐書》卷二一六上《吐蕃傳上》 吐蕃，本西羌屬，蓋百有五十種，散處河湟江岷間。【略】地直京師西八千里，距鄯善五百里。

宋・歐陽修等《新唐書》卷二一七上《回鶻傳上》 回紇，其先匈奴也，【略】居薛延陀北娑陵水上，距京師七千里。

宋・歐陽修等《新唐書》卷二一七下《回鶻傳下》 同羅，在薛延陀北，多覽葛之東，距京七千里而贏。【略】

白霫，居鮮卑故地，直京師東北五千里，與同羅僕骨接。【略】

烏羅渾，或曰烏洛侯，曰烏羅護，直京師東北六千里而贏。【略】

駮馬者，或曰弊剌，曰遏羅支，直突厥之北，距京師萬四千里。

宋・歐陽修等《新唐書》卷二一九《北狄傳》 契丹，本東胡種，其先爲匈奴所破，【略】至元魏自號曰契丹，地直京師東北五千里而贏。【略】

奚，亦東胡種，爲匈奴所破，保烏丸山，漢曹操斬其帥蹋頓，蓋其後也。元魏時自號庫真奚，居鮮卑故地，直京師東北四千里。【略】

室韋，契丹別種，東胡之北邊，蓋丁零苗裔也。地據黄龍北，傍𤞑越河，直京師東北七千里。【略】

黑水靺鞨，居肅慎地，亦曰挹婁，元魏時曰勿吉，直京師東北六千里。【略】

渤海，本粟末靺鞨附高麗者，姓大氏，高麗滅，率衆保挹婁之東牟山，地直營州東二千里。

宋・歐陽修等《新唐書》卷二二一上《西域傳上》 高昌直京師西四千里而贏，其横八百里，縱五百里。【略】

焉耆國，直京師西七千里而贏，横六百里，縱四百里。【略】

龜茲，一曰丘茲，一曰屈茲，東距京師七千里而贏，自焉耆西南步二百里，度小山，經大河二，又步七百里乃至。横千里，縱六百里。【略】自龜茲贏六百里，踰小沙磧，有跋禄迦，小國也，一曰亟墨，即漢姑墨國，横六百里，縱三百里。【略】西北五百里至素葉水城，【略】素葉城西四百里至千泉，地贏二百里，【略】西贏百里至呾邏私城，【略】西南贏二百里至白水城，【略】南五十里有笯赤建國，廣千里,【略】又二百里即石國。

疏勒,一曰佉沙,環五千里,距京師九千里而赢。【略】

于闐,或曰瞿薩旦那,亦曰涣那,曰屈丹,北狄曰于遁,諸胡曰豁旦,距京師九千七百里,瓜州赢四千里。【略】

天竺國,漢身毒國也,或曰摩伽陀,曰婆羅門,去京師九千六百里,都護治所二千八百里。【略】

罽賓,隋漕國也,居葱嶺南,距京師萬二千里而赢,南距舍衛三千里。

宋·歐陽修等《新唐書》卷二二一下《西域傳下》 康者,一曰薩末鞬,亦曰颯秣建,元魏所謂悉萬斤者。其南距史百五十里,西北距西曹百餘里,東南屬米百里,北中曹五十里。【略】

東安或曰小國,曰喝汗,在那密水之陽,東距河二百里許,西南至大安四百里,治喝汗城。【略】

寧遠者,本拔汗那,或曰鏺汗,元魏時謂破洛那,去京師八千里,居西鞬城,在真珠河之北。【略】

大勃律,或曰布露,直吐蕃西,與小勃律接。【略】小勃律去京師九千里而赢,東少南三千里距吐蕃贊普牙,東八百里屬烏萇,東南三百里大勃律,南五百里箇失蜜,北五百里當護密之娑勒城。【略】

識匿,或曰尸棄尼,曰瑟匿,東南直京師九千里,東五百里距葱嶺守捉所,南三百里屬護密,西北五百里抵俱蜜。初治苦汗城,後散居山谷。【略】護密者,或曰達摩悉鐵帝,曰鑊侃,元魏所謂鉢和者,亦吐火羅故地。東南直京師九千里而赢,横千六百里,縱狹纔四五里,王居塞迦審城,北臨烏滸河。【略】

箇失蜜,或曰迦濕彌邏,北距勃律五百里,環地四千里。【略】

波斯,居達遏水西,距京師萬五千里而赢,東與吐火羅康接,北鄰突厥可薩部,西南皆瀕海,西北赢四千里,拂菻也。【略】

拂菻,古大秦也,居西海上,一曰海西國,去京師四萬里。

宋·歐陽修等《新唐書》卷二二二下《南蠻傳下》 扶南,在日南之南七千里。【略】

真臘,一曰吉蔑,本扶南屬國,去京師二萬七百里。【略】

室利佛逝,一曰尸利佛誓,過軍徒弄山二千里,地東西千里,南北四千里而遠。【略】

羅越者,北距海五千里。【略】

驃,古朱波也,自號突羅朱,闍婆國人曰徒里拙,在永昌南二千里,去京師萬四千里。【略】地長三千里,廣五千里。【略】

昆明蠻,一曰昆彌,以西洱河爲境,即葉榆河也,距京師九千里。【略】昆明東九百里即牂柯國也,【略】東距辰州二千四百里,其南千五百里即交州也。【略】

東謝蠻,居黔州西三百里。

元·脱脱等《遼史》卷三七《地理志一》 上京道

徽州【略】在宜州之北二百里,因建州城。北至上京七百里。【略】

成州【略】在宜州北一百六十里,因建州城。北至上京七百四十里。【略】

懿州【略】在顯州東北二百里,因建州城。西北至上京八百里。【略】

渭州【略】顯州東北二百五十里。【略】

壕州【略】在顯州東北二百二十里,西北至上京七百二十里。【略】

原州本遼東北安平縣地,顯州東北三百里。【略】西北至上京八百里。【略】

福州【略】在原州北二十里,西北至上京七百八十里。【略】

横州【略】在遼州西北九十里,西北至上京七百二十里。【略】

鳳州,稾離國故地,渤海之安寧郡境,南王府五帳分地,在韓州北二百里,西北至上京九百里。【略】

遂州本高州地,南王府五帳放牧於此,在檀州西二百里,西北至上京一千里。【略】

豐州,本遼澤大部落遥輦氏僧隱牧地,北至上京三百五十里。【略】

順州【略】在顯州東北一百二十里,西北至上京九百里。【略】

閭州,羅古王牧地,近醫巫閭山,在遼州西一百三十里,西北至上京九百五十里。【略】

松山州,本遼澤大部落横帳普古王牧地,有松山,北至上京一百七十里。【略】

豫州,横帳陳王牧地,南至上京三百里。【略】

寧州,本大賀氏勒得山横帳管寧王放牧地,在豫州東八十里,西南至上京三百五十里。【略】

邊防城

河董城,【略】東南至上京一千七百里。

静邊城，【略】東南至上京一千五百里。

皮被河城，【略】南至上京一千五百里。

元·脱脱等《遼史》卷三八《地理志二》 東京道

東京遼陽府，【略】東至北烏魯虎克四百里，南至海邊鐵山八百六十里，西至望平縣海口三百六十里，北至挹婁縣范河二百七十里。【略】

鹽州【略】隸開州。相去二百四十里。【略】

穆州【略】東北至開州一百二十里。【略】

熊岳縣，西至海一十五里，傍海有熊岳山。

湯州，本漢襄平縣地【略】在京西北一百里。

元·脱脱等《遼史》卷四〇《地理志四》 南京道

昌平縣【略】隸幽州，在京北九十里。【略】

良鄉縣【略】在京南六十里。【略】

潞縣【略】在京東六十里。【略】

安次縣【略】在京南一百二十里。【略】

永清縣【略】在京南一百五十里。【略】

武清縣【略】在京東南一百五十里。【略】

香河縣【略】在京東南一百二十里。【略】

玉河縣【略】在京西四十里。【略】

漷陰縣【略】在京東南九十里。【略】

馬城縣，本盧龍縣地，【略】隸灤州，在州西南四十里。【略】

石城縣【略】在灤州南三十里，唐儀鳳石刻在焉，今縣又在其南五十里。

崇州【略】在京東北一百五十里。【略】

耀州【略】東北至海州二百里。【略】

嬪州【略】東南至海州一百二十里。【略】

桓州【略】在西南二百里。【略】

豐州【略】在西南二百里。【略】

正州【略】在西北三百八十里。【略】

東那縣【略】在州西七十里。【略】

墓州【略】在西北二百里。【略】

元·脱脱等《遼史》卷四一《地理志五》 西京道

天成縣【略】在京北一百八十里。【略】

長青縣【略】在京東北一百一十里。【略】

懷仁縣【略】在京南六十里。【略】

懷安縣【略】在州西北二百八十里。【略】

順聖縣【略】在州西北二百八十里。【略】

寧遠縣【略】東至朔州八十里。【略】

馬邑縣【略】南至朔州四十里。

元·脱脱等《宋史》卷八六《地理志二》 晉寧軍【略】東至尅胡砦隔河五里，南至吴堡砦一百七十里，西至神泉砦二十五里，北至通秦砦二十里。【略】

烏龍砦【略】東至神泉砦二十五里，南至暖泉砦二十里，西至暖泉砦三十里，北至女萌烽一十七里。【略】

通秦砦，地名昇囉嶺，元符二年賜今名。東至黄河二十九里，南至神泉砦四十二里，西至女萌骨堆界堠五十里，北至通秦堡一十七里。

寧河砦，地名窟薛嶺，元符二年賜名。東至黄河三十里，南至通秦堡一十七里，西至尹遇合一十三里，北至章堡二十五里。

彌川砦，地名彌勒川。元符二年賜名，東至黄河六十里，南至彌川堡十五里，西至砦浪骨堆界堆七十里，北至麟州大和砦三十里。

通秦堡，地名精移堡，元符二年同砦賜名。東至黄河一十七里一百二十步，南至通秦砦一十七里，西至龍移川界堠五十里，北至寧河砦一十一里。

彌川堡，地名小紅崖，元符二年同砦賜名。東至黄河四十里，南至寧河砦一十五里，西至祖平四十里，北至秦平堡一十里。

靖川堡，東至黄河三十里，南至寧河砦十四里，西至界首立子谷四十五里，北至彌川堡一十三里。

元·脱脱等《宋史》卷八七《地理志三》 塞門砦，延州北蕃部舊砦，至道後與蘆關石堡安遠砦俱廢。元豐四年收復，仍隸延州膚施縣。東至殄羌砦五十里，西至平戎砦六十里，南至安塞堡四十里，北至烏延口九十里。

平羌砦，地本克胡山砦，紹聖四年賜名。東至安定堡六十里，西至安塞堡三十五里，南至龍安砦五十四里，北至殄羌砦六十里。

威戎城，地本昇平塔，紹聖四年賜名。東至臨夏砦四十里，西至威羌砦七十里，南至黑水堡六十里，北至界臺七十里。

平戎砦，地本杏子河東山，紹聖四年賜名。東至塞門砦六十里，西至順寧砦七十里，南至園林堡五十一里，北至杏子堡四十里。

殄羌砦，地名那娘山，元符元年進築賜名。東至威羌砦四十里，西至塞門砦五十里，南至平羌砦六十里，北至御謀城三十五里。

威羌砦，地名白洛觜，元符元年進築賜名。東至威戎城七十里，西至殄羌砦四十里，南至安定堡七十里，北至蘆移堡七十里。

御謀城，崇寧三年進築賜名。東至蘆移堡三十五里，西至界臺三十五里，南至殄羌砦三十五里，北至界臺二十里。

新砦蘆移堡，東至屈丁堡五十里，西至御謀城三十五里，南至威羌砦七十里，北至界臺一十三里。

屈丁堡，萬安堡，東至威戎城六十里，西至蘆移堡四十里，南至威羌砦四十里，北至屈丁堡五十一里。

保安軍【略】砦二：

德靖，東至保安軍八十里，西至慶州荔原堡六十里，南至慶州平戎鎮五十里，北至金湯城六十里。

順寧，東至平戎砦七十里，西至金湯城九十里，南至保安軍四十里，北至萬全砦四十里。

堡一：

園林，東至安塞堡七十里，西至保安軍四十里，南至招安驛七里，北至平戎堡五十一里。

金湯城，舊金湯砦，在德靖砦西南，元符二年進築。東至順寧砦九十里，西至慶州白豹城四十里，南至德靖砦六十里，北至通慶城六十里。【略】

懷德軍，本平夏城，【略】東至結溝堡一十五里，西至石門堡一十八里，南至靈平寨一十二里，北至通峽寨一十八里。【略】

盪羌砦，故没煙後峽，元符元年進築賜名。東至通峽砦一十八里，西至正原堡四十里，南至石門堡三十里，北至蕭關一百三十五里。

通峽砦，故没煙前峽，元符元年建築賜名。東至東彎堡七里，西至盪羌砦一十八里，南至懷德軍一十八里，北至勝羌砦八十里。

靈平砦，故好水砦，紹聖四年賜名，【略】東至古高平堡一十五里，西至九羊砦三十二里，南至熙寧砦二十八里，北至懷德軍一十二里。【略】

鎮羌堡，東至三川堡二十八里，西至寺子岔堡二十五里，南至懷遠砦二十七里，北至九羊砦二十五里。

九羊砦，故九羊谷，元符元年建築賜名。東至靈平砦三十里，西至寧安砦六十六里，南至三川砦五十里，北至臨羌砦八十里。

通遠砦，東至龍泉谷三十五里，西至臨羌砦六十五里，南至通峽砦五十里，北至勝羌砦三十三里。【略】

勝羌砦，東至漫㖾口七里，西至寧韋堡四十里，南至通峽砦八十里，北至蕭關六十里。

蕭關，崇寧四年建築。東至葫蘆河一十五里，西至綏寧堡三十里，南至勝羌砦六十里，北至臨川堡一十八里。【略】

西安州，元符二年以南牟會新城建爲西安州，東至天都寨二十六里，西至通會堡五十五里，南至寧安砦一百里，北至囉没寧堡三十五里。【略】

天都砦，元符二年灑水平新砦賜名天都。東至臨羌砦二十里，西至西安州二十六里，南至天都山一十里，北至綏戎堡六十五里。

臨羌砦，元符二年秋葦平新砦賜名臨羌。東至通遠砦六十五里，西至天都砦二十里，南至定戎砦八十里，北至綏戎砦七十里。【略】

寧韋堡、定戎堡，元符二年賜名。地本蘇限川，東至山前堡三十里，西至秦鳳路分界堠一十二里，南至通安砦一百里，北至磨通流界堠五十里。

寧安砦，崇寧五年武延川峗朱龍山下新砦賜名寧安。東至九羊砦六十六里，西至通安砦六十一里，南至得勝砦九十里，北至西安州一百里。【略】

通安砦，崇寧五年烏雞三岔新砦賜名通安。東至寧安砦六十一里，西至同安堡三十五里，南至甘泉堡一百五里，北至定戎砦一百里。【略】

綏戎堡管下秋葦川口堡、鍬钁川中路堡、征通谷中路東水泉堡，皆不計建置始末，東至蕭關三十里，西至山前堡三十五里，南至臨羌砦七十里，北至枡椸嶺界堠五十里。【略】

洮州【略】東至岷州界一百一十三里，西至喬家族生界二百里，南至魯黎族生界一百五里，北至河州界一百二十里。【略】

廓州【略】東至寧塞砦一十七里，西至同波北堡不及里，南至黄河不及里，北至膚公城界十五里。【略】

樂州，舊邈川城【略】東至把拶宗六十里，西至龍支城界六十里，南至來羌城

界一百四十里，北至界首眹呪嶺一百一十里。【略】

西寧州【略】東至保塞砦五十七里，西至寧西城四十里，南至清平砦五十里，北至宣威城五十里。【略】

積石軍【略】東至廓州界八十里，西至青海一百餘里，南至蓋龍峗八十里，北至西寧州界八十里。

明・王誥、劉雨《（正德）江寧縣志》卷四《鋪舍》 西路鋪七

七里店鋪，在縣西南七里安德門内。

陰山鋪，舊名石子堽鋪，在縣西南十七里，去七里店鋪十里。

五里牌鋪，在縣西南三十二里，去陰山鋪十五里。

鐘家堽鋪，在縣西南四十七里，去五里牌鋪十五里。

馬塘山鋪，在縣西南五十七里，去鐘家堽鋪十里。

木龍亭鋪，在縣西南六十九里，去馬塘山鋪十二里。

葛家堽鋪，在縣西南八十四里，去木龍亭鋪十五里。

東路鋪七

菜園務鋪，在縣南二里餘□□門東南外。

河定橋鋪，在縣南十七里，去菜園務鋪十五里。

殷巷鋪，舊名清水亭鋪，在縣南三十二里，去河定橋鋪十五里。

玄武橋鋪，舊名園墓鋪，在縣南四十里，去殷巷鋪十里。

秣陵鋪，在縣南五十里，近秣陵鎮，去玄武鋪十里。

茅亭鋪，在縣南六十五里，去秣陵鋪十五里。

烏刹橋鋪，在縣南七十五里，去茅亭鋪十里。

明・王誥、劉雨《江寧縣志》卷五《坊鄉》 江寧編圖，在城曰坊，在郭曰廂，在野曰鄉。【略】鄉二十一：

鳳東鄉【略】在縣東南一十里。【略】

鳳西鄉【略】在縣東南一十里。【略】

安德鄉【略】在縣西南三十里。【略】

菜園務鄉【略】在縣南四十里。【略】

新亭鄉，在縣東南四十里。【略】

建業鄉，在縣南三十里。【略】

光宅鄉，在縣西南四十里。【略】

惠化鄉，在縣南六十里。【略】

處真鄉【略】在縣西南七十里。【略】

歸善鄉，在縣西南六十里。【略】

銅山鄉，在縣南九十里。【略】

朱門鄉【略】在縣南九十里。【略】

山南鄉【略】在縣東南百二十里。【略】

山北鄉，在縣東南百三十里。【略】

泰南鄉【略】在縣南五十里。【略】

泰北鄉，在縣南五十里。【略】

萬善鄉，在縣南五十里。【略】

隨車鄉，在縣南四十里。【略】

馴翟鄉，在縣東南六十里。【略】

永豐鄉，在縣東南九十里。【略】

葛仙鄉，在縣東南七十里。【略】

明・王誥、劉雨《江寧縣志》卷五《市鎮》 新林市，在縣西南二十里，近新林浦。

板橋市，在縣西南三十里。【略】

銅井市，在縣西南八十里，隸銅山鄉。

朱門市，在縣南九十里，隸朱門南鄉。

水橋市，在縣西南六十里，隸歸善鄉。

杜橋市，在縣南四十里，隸萬善鄉。

路口市，在縣南七十里。【略】

江寧鎮，在縣西南六十里。【略】

金陵鎮，在縣南六十里。【略】

秣陵鎮，在縣東南五十里。【略】

大城港鎮，在縣西南七十里。

明・吴學儼等《地圖綜要》卷一《總卷》 京省道里均一考

北京至　南京二千四百二十五里，山西一千二百三十里，山東九百二十五里，河南一千三百一十里，陝西二千三百九十里，浙江三千三百四十里，湖廣二千二百二十里，江西二千九百八十五里，福建五千三百二十里，四川四千七百三十

里，廣東五千五百□十里，廣西五千一十里，雲南五千五百七十里，貴州四千七百三十里。

南京至　北京　山西二千二百七十里，山東一千七百八十三里，河南一千一百一十五里，陝西二千三百二十五里，浙江九百二十里，湖廣一千六百三十里，江西一千五百九十四里，福建二千七百九十五里，四川四千五百八十里，廣東四千五百五十五里，廣西四千一百十七里，雲南五千三十五里，貴州四千里。

山西至　北京　南京

山東一千七百三十里，河南一千一百五十里，陝西一千八百九十里，浙江三千一百九十里，湖廣二千一百里，江西三千六百六十里，福建五千二百八十里，四川二千六百七十里，廣東五千二百三十里，廣西四千三百八十里，雲南五千一百四十里，貴州四千一百里。

山東至　北京　南京

山西　河南九百八十里，陝西二千三百二十里，浙江二千七百里，湖廣一千七百五十里，江西三千三百七十七里，福建四千一百五十里，四川四千二百一十里，福建四千一百五十里，四川四千二百一十里，廣東四千九百八十里，廣西四千二百五十里，雲南五千二百四十里，貴州四千二百里。

河南至　北京　南京

山西　山東

陝西一千二百四十里，浙江二千三十里，湖廣一千二百一十五里，江西二千五百二十里，福建四千四百二十里，四川三千四百十五里，廣東四千二百十里，廣西三千七百里，雲南四千三百一十里，貴州三千二百七十里。

陝西至　北京　南京

山西　山東

河南　浙江三千二百七十里，湖廣二千一十五里，江西三千七百六十里，福建五千一百里，四川二千三百五十里，廣東四千八百一十里，廣西三千七百五十里，雲南三千八百五十里，貴州二千八百一十里。

浙江至　北京　南京

山西　山東

河南　陝西

湖廣一千三百二十五里，江西一千一百七十里，四川三千九百六十里，福建一千八百七十里，廣東三千六百七十五里，廣西三千七百五十里，雲南四千五百九十里，貴州三千五百五十里。

湖廣至　北京　南京

山西　山東

河南　陝西

浙江　江西六百三十五里，福建二千二百零五里，四川三千八百六十里，廣東一千九百八十里，廣西二千四百八十七里，雲南三千四十里，貴州二千里。

江西至　北京　南京

山西　山東

河南　陝西

浙江　湖廣

福建一千七百九十里，四川二千四百一十里，廣東二千五百六十里，廣西二千五百十五里，雲南三千九百九十里，貴州二千九百五十里。

福建至　北京　南京

山西　山東

河南　陝西

浙江　湖廣

江西　四川四千三十五里，廣東一千四百二十里，廣西二千四百六十里，雲南五千一百三十里，貴州四千六百四十里。

四川至　北京　南京

山西　山東

河南　陝西

浙江　湖廣

江西　福建

廣東四千三十里，廣西三千一百里，雲南二千一百七十里，貴州一千一百三十里。

廣東至　北京　南京

山西　山東

河南　陝西
浙江　湖廣
江西　福建
四川　廣西二千二百三十里，雲南三千五百七十里，
貴州二千一百六十里。

廣西至　北京　南京
山西　山東
河南　陝西
浙江　湖廣
江西　福建
四川　廣東
雲南三千三百八十里，貴州二千三百五十里。

雲南至　北京　南京
山西　山東
河南　陝西
浙江　湖廣
江西　福建
四川　廣東
廣西　貴州一千一百三十里。

貴州至

邊鎮京畿道里均一考

遼陽鎮至北京一千五百八十里。

明·張天復撰、張元忭增補《廣皇輿圖考》卷一九《皇華考上》第一，自北京至南京水陸路

由漕河水程

順天府會同館四十，通州十五，張家灣登舟十，李兒四二十，漷縣二十，和合驛屬通州三十，蕭家林不可泊十，板禺口十，靳家莊十，紅廟三十，河西務河西驛爲武清戶部主事駐十，白廟十，蒙村可泊十，黃家務不可泊十，蔡村三十，楊村驛屬武清三十，滿溝十，桃花口不可泊十，尹兒灣可泊十，丁字沽十，天津衛楊清驛屬武清，上皆逆水，曰北河兵備戶部主事駐四十，楊柳清二十，新口二十，□流可泊二十，奉新驛靜海縣可泊十二，雙塘兒六十，流河驛青縣可泊四十，乾寧驛興濟縣四十，滄州遞運所長蘆鹽運司二十，東岸二十，磚河驛屬滄州十五，石窩兒可泊二十，薛家窩二十，齊家堰二十，泊頭新橋驛屬交河二十，油坊二十，下店口十五，東光縣不應付三十，蓮兒窩驛吳橋屬四十，安陵可泊三十，桑園良店驛屬山東德州七十，德州安德水驛遞運所三十，四女寺可泊三十五，故城縣屬河澗府不應付德州梁家莊驛在此應付可泊二十，防前鎮不可泊三十，鄭家口可泊五十，甲馬營驛遞運所屬武城四十，武城縣不應付三十，渡口屬臨青二十五，油房十，窰廠四十，臨清州清源驛遞運所兵備及鈔關磚廠管倉主事駐三十五，戴家灣有閘三十，魏家灣清陽驛不可泊十二，土橋閘十五，梁家鄉閘四十，東昌府崇武驛十八，李家務閘十三，周家閘十五，七級上下二閘十五，阿城上下二閘十五，荆門上下二閘十，張秋閘荆門驛屬陽谷河道郎中駐十二，沙灣二十，戴家淺閘二十五，安山閘安山驛屬東平三十五，靳家口閘十五，袁老口閘十，開河閘開河驛屬汶上十，南旺下閘十，南旺上閘自此以上北行皆順水有分水龍王廟，工部河道主事駐五里，寺前閘十二，大長溝六里，小長溝二十，耐勞坡五里，安居十五，濟寧州天井二閘南城驛十里，趙村閘五里，石佛閘十八，新店閘五里，新閘五里，仲家淺閘八里，施家莊閘五里，魯橋閘魯橋驛屬濟寧七里，棗林閘十，硯瓦溝十，南陽閘二十，利建閘四十，宋家閘三十三，河口十，楊莊閘八里，夏鎮閘泗亭驛屬沛縣主事駐五，溝家橋閘五里，西柳莊閘五里，百塚橋五，馬家橋閘十三，留城閘九，皮溝閘十八，黃家閘夾溝驛已上曰閘河屬徐州二十，溜溝十，境山梁境閘十二，內華閘五，古洪閘十五，秦梁洪十二，徐州彭城驛，遞運所兵備倉部駐五，徐州洪三十，黃鐘集二十，娘娘洪十，呂梁洪主事駐十，房村二十，桑溝二十，馬家淺十五，新安二十，青陽鎮十，乾溝二十，邳州下邳驛二十，鋤頭灣四十，直河三十，皂河三十，宿遷縣鐘吾驛十，小河口十，陸家村十五，白洋河十五，古城二十，崔鎮二十，滿家灣二十，桃源縣桃源驛二十，張思仲二十，三汊河卅五，清河縣清口驛十，新莊閘十，興福閘十五，清江浦船廠主事駐十五，移風下閘五，移風上閘十，淮安府淮陰驛漕運軍門總兵理刑主事漕儲道管倉主事鈔關主事駐四十，平河橋三十，涇河三十，寶應縣安平驛二十，淮角樓五十，瓦店鋪三十，界首驛高郵州屬二十，新河閘二十，張家溝二十，高郵州盂城驛廿六，露觔廟三十，邵伯驛江都縣屬六十，楊州府廣陵驛鈔關主事駐四十，樸樹灣三十，上閘三，儀真縣儀真驛過江五十五，龍潭驛句容縣屬九十，應天府龍江驛。

由山東徐州陸程

順天府會同館四十，蘆溝橋三十，良鄉縣固節驛四十，琉璃河三十，涿州涿鹿驛三十，三家店三十，新城縣汾水驛三十，白溝河三十，雄縣歸義驛三十，鄚州四十，任丘縣鄚城驛三十，新中驛四十，河間府瀛海驛三十，商家霖三十，獻縣樂城驛十，單家橋三十，富莊驛交河屬二十，新店二十，阜城縣阜城驛二十，漫河三十，景州東光驛三十，南留智三十，德州安德馬驛四十，苦水鋪三十，恩縣太平驛三十，腰站即古平原十五，梁村店二十，高唐州魚丘驛三十，南鎮三十，茌平縣茌山驛三十，三十里鋪三十，銅城驛東阿屬四十，東阿縣東阿驛卅五，羊谷店卅五，東平州東原驛卅五，沙河站廿五，汶上縣新橋馬驛二十，通河橋廿五，新嘉驛滋陽屬四十五，兖州府昌平驛廿五，東灘店二十，鄒縣邾城驛廿五，耳家店三十，界河驛鄒縣屬三十五，滕縣滕陽驛二十，南沙河二十，官橋三十，臨城驛滕縣屬廿，沙溝三十，通泥溝二十，利國驛今廢四十，柳泉四十，徐州東岸驛渡河五十，桃山驛四十，夾溝驛二十，鼠莊鋪二十，符離集過河二十，宿州睢陽驛六十，大店驛宿州屬六十，固鎮驛靈壁屬內有小路，自宿州卅至水泗、鎮，廿至舊荒莊，廿至任橋鋪，卅至固鎮驛，此民間小路也，驛路必由大店至此三十。連橋鋪三十，鳳陽縣王莊驛三十，三鋪三十，鳳陽府濠梁驛渡河三十，總鋪三十，紅心驛臨淮屬四十，池河驛定遠屬守備駐四十，大柳驛滁州屬十五，廣武十五，朱橋五，關山嶺廿五，滁州滁陽驛三十，烏衣三十，東葛城四十，江浦縣江淮驛浦口過江二十，至南京。

附自汶上抄道由西陸程

汶上縣十，濟寧州三十，新店二十，魯橋二十，南陽四十，沙河二十，廟道口三十，沛縣三十，豆腐店二十，村店三十，茶城三十，徐州以下同。

附自揚州或鎮江起旱至滁州程

揚州府三十，甘泉山三十，大義二十，小店廿五，蘆隆二十，天長縣無驛三十，石梁河渡卅，張公鋪二十，連塘廿，義井廿渡，泗州河口二十，管公店二十，包家集四十五，雙溝四十五，上塘二十，冷飯墩二十，虹縣三里灣三十，直長溝三十，靈壁縣固鎮驛三十，樓莊三十，大店驛以上同前，如由鎮渡江□十，瓜州四十五，儀真縣儀真驛七十，六合縣棠邑百二十，滁州以上同前。

附自德州東昌登陸進游孔林太山

出濟寧州登舟程

德州八十，平原縣桃園驛、禹城縣劉普驛各七十，齊河縣晏城驛九十，靈巖寺九十，泰安州登太山百三十，寧陽縣青川驛六十，曲阜縣無驛三十，兖州府六十，濟寧州若自東呂進六十，茌平縣一百，長清九十，靈巖寺以下同前。

第二，自北京至浙江省城水陸程

由蘇常水程

北京至儀真詳見第一，儀真出江口九十，丹徒縣京口驛進京口閘十八，丹徒壩三十，新豐三十，丹陽縣云陽驛四十五，呂城十八，奔牛十五，洞子河十五，常州府毗陵驛三十，橫林二十，洛社十五，高橋十五，無錫縣錫山驛三十，新安二十，望亭二十，滸墅關鈔關主事駐二十，楓橋十五，閶門五，蘇州府姑蘇驛胥門五，盤門二十，尹山橋二十，吴江縣三十，八尺二十，平望驛吴江屬三十，王江涇二十，杉清閘洪口巡檢司五，嘉興府西水驛廿五，斗門十八，皂林十八，石門十八，崇德縣皂林驛十二，大泖九，雙橋十，落爪橋十，塘栖五，五林頭十，皂村十八，謝村十二，北新關五，杭州府吴山驛省城。

由徐州陸程

北京至徐州詳見第一，到徐州若由水路至北新關詳見第二，若仍由陸路自徐州至桃山驛至南京詳見第一，南京三十，高橋門二十，關上二十，土橋二十，句容縣云亭驛二十，徐村三十，白兔五十，丹陽縣雲陽驛至此仍登舟，至北新關同前。如要出楊州鎮江俱詳第一。

第三，自北京至江西省城水陸程

由大江進湖口水程

自北京張家灣至南京龍江驛詳見第一，龍江驛三十，上新河三十，應天府江寧縣大勝驛九十，當塗縣采石驛一百，蕪湖縣櫓港驛百卅，繁昌縣荻港驛一百三十，銅陵縣大通驛八十，貴池縣池口驛六十渡江，李陽河驛貴池屬六十，安慶府同安驛百廿，雷港驛望江屬百二十，江西彭澤縣龍城驛百二十，湖口縣彭蠡驛入湖百二十，南康府匡廬驛百二十，吴城驛新建屬百二十，樵舍驛新建屬六十，南昌府南浦驛。

由浙河過常玉山水程

自北京張家灣至儀真詳見第一，儀真至北新關詳見第二，北新武林驛三十，江口浙江驛錢塘屬登舟百三十，富陽縣會江驛百二十，桐廬縣桐江驛一百，嚴州府富春驛一百，蘭谿縣瀫水驛九十，龍游縣亭步驛七十，進賢討應付，衢州府上航驛八十，常山縣廣濟驛過山四十，草萍驛今革江浙分界四十，玉山縣懷玉驛登舟九十，廣信府葛陽驛一百，河口鉛山縣地八十，弋陽縣葛溪驛八十，貴溪縣薌溪驛一百，安仁縣紫雲驛八十，龍窟進餘干縣龍津驛討應付九十，瑞洪六十，趙家匯過湖嘴六十，南昌府南浦驛。

由黃梅從九江進陸程

自北京至紅心驛詳見第一，紅心驛六十，張橋驛定遠屬九十，護城驛合肥屬九十，廬州府金斗驛六十，派河驛合肥屬九十，三溝驛舒城屬六十，舒城縣梅心驛六十，桐城縣呂亭驛過山六十，陶沖驛桐城屬六十，潛山縣青口驛六十，太湖縣小池驛六十，宿松縣楓香驛六十，湖廣黃梅縣亭前驛四十，渡九十，九江府潯陽驛百二十，德安縣無驛百二十，建昌縣無驛九十，石頭口渡章江至江西省城。

由浙河至常山起陸程

自常山縣廣濟驛至安仁縣紫雲驛，以上同前，紫雲驛七十，東鄉縣無驛九十，進賢縣八十，武陽驛南昌屬四十，南昌府

第四，自北京至福建省城水陸程

由浙江衢州進浦城水程

自北京至儀真詳見第一，儀真至北新關詳見第二，北關至衢州府上航驛詳見第三，上航驛五十，江山縣無驛過山十，青湖六十五，石門街十五，江郎山二十，觀音閣五，保安橋十，仙霞嶺巡司十，楊姑嶺十，龍溪口十，下溪口十，南樓福浙界五，大風嶺十五，黎園嶺十，漁梁街三十，遷陽街三十，浦城縣無驛下水八十，水吉巡司七十，葉坊驛建寧屬七十，建寧府城西驛四十，建安縣太平驛四十，大橫驛南平屬四十，延平府劍浦驛六十，南平縣茶陽驛九十，古田縣黃田驛五十，水口驛古田屬四十五，小箬驛八十五，白沙驛並侯官屬六十五，懷安縣芋源驛二十，福州府三山驛。

由浙江常山過江西進崇安水程

自北京至儀真詳見第一，儀真至北新關詳見第二，北新關至江西廣信府葛陽驛詳見第三，葛陽驛八十，鵝湖驛鉛山屬六十，鉛山縣車盤驛四十，大安驛福建崇安屬卅，崇安縣長平水驛至此下水三十，武夷山四十，興田驛崇安屬五十，建陽縣建溪驛七十，葉坊驛以下同。

由九江進崇安陸程

自北京由紅心驛詳見第一，紅心驛至九江府潯陽驛詳見第三，潯陽驛六十，湖口縣彭蠡驛九十，井田九十，饒州府芝山驛六十，萬年縣無驛六十，安仁縣紫雲驛六十，貴溪縣薌溪驛六十，弋陽縣葛溪驛七十，鵝湖驛以下同前。

第五，自北京至廣東省城水陸程

由大江水凡兩廣湖貴川雲等省自浙江從江西而行者俱詳第三。

自北京至南京龍江驛詳見第一，龍江驛至江西南昌府詳見第三，南昌府七十，市汊驛屬南昌一百，豐城縣劍江驛七十，樟樹鎮清江屬三十，臨江府清江縣蕭灘驛進縣十五里，討夫馬六十，新淦縣金川驛六十，峽江縣玉峽驛九十，吉水縣白沙驛四十，吉安府廬陵縣螺川驛百廿，泰和縣白下驛百廿，萬安縣五雲驛六十，皂口驛萬安屬百二十，攸鎮驛贛州府屬百廿，贛州府水西驛八十，九牛驛南康屬八十，南康縣南埜驛百廿，大庾縣小溪驛百廿，南安府橫浦驛過梅嶺六十，中站即紅梅關六十，凌江驛廣東南雄府地至此登舟九十，黃塘驛南雄府地一百，南雄府平圃驛一百，芙蓉驛曲江屬一百，濛瀼驛曲江屬一百，英德縣湞陽驛百廿，橫石磯驛清遠屬九十，清遠縣安遠驛六十，回岐驛清遠屬六十，胥江驛南海屬九十，官窑驛南海屬八十，廣州府五羊驛廣東省城。

由紅心從九江進過臨江陸程

自北京至紅心驛詳見第一，紅心驛至建昌縣詳見第三，建昌縣無驛八十，安義縣無驛四十，奉新縣無驛六十，瑞州府無驛九十，蕭灘驛以下陸路同前水路。

由貴溪過建昌至贛州陸程

貴溪縣起陸一百，上清宮龍虎山張天師宅一百，金谿縣無驛百廿，盱江驛建昌府百二十，南豐縣無驛百廿，廣昌縣無驛百二十，寧都縣無驛下水百二十，雩都縣無驛百二十，贛州府水西驛以下同前。

避省城便陸，凡入川湖雲貴俱同。

自常山至進賢縣詳見第三，進賢縣百二十，豐城縣劍江驛以下同前水程。

第六，自北京至廣西省城水陸程

由大江水程

自北京至龍江驛詳見第一，龍江驛至南浦驛詳見第三，南浦驛至清縣蕭灘驛詳見第五，蕭灘驛自此以上水小便，多從陸路百廿，新喻縣羅溪驛七十，分宜縣安仁驛七十，袁州府秀江驛已上水陸同，又九十，瀘溪鎮五十，萍鄉縣無驛登舟三十，湘東六十，醴陵縣六十，荷塘驛九十，淥口驛並屬醴陵六十，泗洲灘七十五，湘潭縣都石驛六十五，皇華驛衡山屬七十五，衡山縣霞流驛六十，衡州府臨

蒸驛九十，新塘驛衡陽屬九十，柏枋驛常寧屬六十，常寧縣河州驛六十，歸陽驛祁陽屬九十，祁陽縣三吾驛九十，方瀫驛零陵屬六十，零陵縣湘口驛九十，東安縣石期驛九十，柳浦驛廣西全州屬六十，山角驛全州屬七十，全州城南驛九十，建安縣全州屬百三十，興安縣白雲驛八十，靈川縣六籠驛五十，桂林府東江驛。

由黄梅長沙陸程

自北京至紅心驛詳見第一，紅心驛至黄梅縣亭前驛詳見第三，亭前驛至湖廣省城詳見第七，將臺驛六十，東湖驛六十，山坡驛並屬江夏六十，咸寧縣咸寧驛六十，官塘驛六十，鳳山驛並屬蒲圻六十，長安驛六十，雲溪驛並屬臨湘六十，岳陽驛巴陵屬六十，榮田驛湘陰屬六十，湘陰縣笙竹驛七十，彤關驛長沙屬七十，長沙府臨湘驛六十，湘潭縣湘潭驛百里，茅堡驛衡山屬九十，臨蒸驛以下同前。

第七，自北京至湖廣省城水陸程

由大江水程

自北京至龍江驛詳見第一，龍江驛至湖口縣彭蠡驛詳見第三，彭蠡驛六十，九江府潯陽驛有鈔關百二十，湖廣興國州富池驛六十，蘄陽驛蘄州屬百二十，蘄水縣蘭谿驛六十，黄州府齊安驛六十，團風鎮九十，陽邏驛黄岡屬六十，武昌府夏口驛。

由黄梅陸程

自北京至紅心驛詳見第一，紅心驛至黄梅縣亭前驛詳見第三，黄梅縣九十，雙城驛廣濟屬九十，廣濟縣廣濟驛六十，蘄陽驛蘄州屬六十，蘄州西河驛六十，巴水驛蘄水屬六十，黄州府齊安驛五十，團風李坪驛黄岡屬六十，陽邏驛黄岡屬六十，湖廣省城。

又由河南陸

自北京至河南省城詳見第十一，開封府大梁驛四十，朱仙鎮五十，尉氏縣尉氏驛六十，洧川縣洧川驛六十，許州許州驛，林漁、桃城、磚橋各六十，上蔡縣上蔡驛六十，汝寧府汝陽驛五十，郭店五十，張五店六十，真陽縣無驛九十，光山縣無驛四十，潑皮河四十，長灘四十，界首四十，王福店四十，麻城縣無驛八十，到灌河三十，槐樹店十里，丁家墻三十，團風李平驛六十，陽邏驛六十，湖廣省。

第八，自北京至四川省城水陸程

由大江湖廣水程

自北京至龍江驛詳見第一，龍江驛至湖口縣彭蠡驛詳見第三，彭蠡驛至武昌府夏口驛詳見第七，夏口驛六十，金口驛江夏屬九十，簰州驛嘉魚屬九十，嘉魚縣魚山驛七十五，石頭口驛嘉魚屬百十，鴨欄驛臨湘屬六十，城陵驛臨湘屬九十，黄家驛華容屬七十，監利縣塔市驛六十，調弦驛石首屬六十，石首縣石首驛六十，柳子驛石首屬六十，孱陵驛公安屬六十，荆州府荆南驛六十，枝江縣流店驛六十，松滋縣潘家溪驛九十，宜都縣白羊驛百廿，鳳棲驛夷陵屬六十，夷陵州黄牛驛川江至此始平六十，屈溪驛今革六十，四川巫山縣高唐驛百廿，夔州府永寧驛七十，安平六十，南陀驛夔州屬一百，五峰驛雲陽屬九十，雲陽縣巴陽驛百廿，集賢驛萬縣屬八十，萬縣瀼途驛六十，曹溪驛忠州屬百二十，忠州雲根驛八十，花林驛忠州屬百十，酆都縣酆陵驛八十，東清驛涪州屬六十，涪州涪陵驛六十，藺市驛涪州屬七十，長壽縣龍溪驛一百，木洞驛巴縣屬一百，重慶府朝天驛一百，漁洞驛六十，銅鑵驛並巴縣屬六十，江津縣僰溪驛七十，石羊驛七十，石門驛六十，漢東驛並江津屬六十，合江縣史壩驛六十，牛腦驛六十，神山驛並合江屬七十，黄艤驛瀘州屬六十，瀘州瀘川驛大船此止七十，納溪縣納溪驛六十，董壩驛江安屬六十五，江安縣江安驛六十，南溪縣龍騰驛七十，李莊六十，敘州府汶川驛百二十，宜賓縣真溪驛百二十，月波驛宜賓屬六十，下壩驛六十，沉犀驛並犍爲屬百二十，犍爲縣三聖驛九十，嘉定州凌雲驛六十，平羌驛嘉定屬七十，峰門驛青神屬六十，青神縣青神驛七十，石佛驛今革六十，眉州眉州驛六十，武陽驛眉州屬七十，龍爪驛今革六十，華陽縣木馬驛六十，廣都驛今革九十，成都府錦官驛。

由河南陝西走棧道陸程

自北京至河南衛輝府詳見第十一，衛輝至陝西西安府京兆驛詳見第十四，京兆驛五十，咸陽縣渭水驛五十，白渠驛興平屬，長寧驛河州屬各四十，武功縣郃城驛五十，扶風縣鳳泉驛六十，岐山縣岐周驛五十，鳳翔府岐陽驛八十，寶雞縣陳倉驛、東河橋驛鳳翔屬，草涼樓梁山各六十，漳縣三岔驛七十，鳳縣松林驛六十，安山六十，褒城縣馬道驛五十，雞頭關八里，開山驛今革五十，黄沙驛今革至此路始平四十，沔陽順政驛六十，青陽驛綏德州屬四十，金牛驛沔縣屬七十，寧羌州五十，黄覇驛寧羌州屬六十過大盤關界，神宜驛七十，重慶府朝天驛六十，沙河七十，龍潭六十五，栢林四十，施店五十，槐樹七十五，保寧府錦屏驛六十，隆山、南部縣柳邊驛、富村、鹽亭縣雲亭驛、秋林、潼川州皇華驛各六十，建寧五十，中江縣五城驛、古店、漢州廣漢驛各六十，新都縣新都驛四十，成都府錦官驛。

附自朝天驛分路出劍閣合漢州

朝天驛二十五，廣元縣、昭化縣各二十，劍門關八十，劍州百二十，梓橦縣百三十，綿州九十，羅江縣一百，德陽縣九十，漢州以下同前。

由河南從夔州順慶陸程

自北京至衛輝府詳見第十一，衛輝府至荆門州詳見第九，荆門州百廿，當陽縣百五十，夷陵州百廿，白沙驛夷陵屬百二十，歸州建平驛、巴東縣巴山驛、小橋公館、巫山縣高塘驛各八十，瞿門公館、夔州府南陀驛各八十，雲陽縣六十，巴陽驛雲陽屬、萬州分水驛萬縣屬各九十，梁山縣大平驛五十，袁覇公館八十，大竹縣龍溪驛六十，渠縣無驛三十，瑯琊公館八十，廣安州盤龍驛六十，岳池縣平灘驛六十，清溪公館五十，順慶府嘉陵驛九十，蓬溪縣朝天驛七十，廣寒公館三十，射洪縣九井驛四十，潼川州皇華驛以下同前。

又由河南從重慶陸程

梁山縣以上同前，梁山縣百二十，墊江縣百四十，長壽縣龍溪驛百八十，重慶府五十，白市鋪驛巴縣屬五十，壁山縣來鳳驛八十，永川縣東臯驛一百，榮昌縣峰高驛百，隆昌縣隆橋驛百二十，內江縣安仁驛八十，資陽縣珠江驛一百，南津驛資陽屬百二十，簡州七十，龍泉驛簡州屬九十，錦官驛。

第九，自北京至貴州省城

由南京大江過洞庭湖爲東路

自北京至龍江驛詳見第一，龍江驛至湖口縣詳見第三，湖口至湖廣武昌府夏口驛詳見第七，夏口驛至城陵驛詳見第八，城陵驛南二十，岳州府過洞庭湖正西湖面二百五十里，至紅沾口入沅江百二十，龍陽縣河池驛八十，常德府府河驛百，桃源縣桃源驛以上水方急百里，川石百，高都驛桃源屬、清浪驛今革、北溶驛今革、辰州府、瀘溪縣武溪驛各六十，辰溪縣辰陽驛百廿，江口驛辰州府屬六十，銅安驛沅州屬、安江各八十，會同縣洪江驛六十，黔陽縣七十，竹寨驛今革七十，盈口驛沅州屬百，沅州懷化驛八十，便水驛七十，晃州驛並沅州屬六十，平溪驛貴州思州府屬七十，清浪衛九十，鎮遠府至此必從陸詳後陸程。

由南京大江入川江至瀘州爲西路

自北京至城陵驛同上，城陵驛至瀘州詳見第八，瀘州驛大舡止此七十，納溪縣納溪驛、渠覇各七十，大洲六十五，峽口三十，江門水驛納溪屬、永安驛、永寧驛、普市驛、麾尼驛各五十，赤水驛並屬永寧宣撫司六十，白厓六十，層臺驛驛貴州烏撒府七十，畢節衛東五十，歸化驛、閣鴉驛、金雞驛、奢香驛、水西驛、谷里驛、陸廣驛各六十，龍場驛並屬貴州宣慰司五十，貴州省城。

由河南衛輝陸路

自北京由河南衛輝府詳見第十一，衛輝府五十，新鄉縣新中驛六十，亢村驛五十，滎澤縣廣武驛四十，鄭州管城驛六十，新鄭縣永新驛九十，禹州八十五，新城驛百四十，襄城驛六十，葉縣滍水驛六十，保安驛葉縣屬六十，裕州赭陽驛六十，博望驛南陽府屬六十，南陽府宛城驛六十，林水驛七十，新野縣湍陽驛七十，呂堰驛六十，襄陽府漢江驛五十，潼口驛五十，宜城縣鄢城驛九十，麗陽驛六十，石橋驛六十，荆門州九十，建陽驛一百，荆州府荆南驛七十，公安縣孱陵驛九十，孫黃驛公安屬一百，澧州蘭江驛六十，清化驛澧州屬七十，大龍驛武陵屬六十，常德府河驛八十，桃源縣桃源驛六十，鄭家驛七十，新店驛並屬桃源七十，界亭驛六十五，馬底驛並屬沅陵七十，辰州府辰陽驛九十，船溪驛瀘溪屬七十渡，山塘驛辰溪屬七十渡，懷化驛沅州四十，盈口驛四十，羅曹驛四十，沅州六十，便水驛五十，晃州驛六十，平溪衛思州五十，清浪衛九十，鎮遠府六十，偏橋衛五十，興隆衛六十，清平衛七十，平越衛七十五，新添衛六十，龍里衛六十，至貴州省城。

第十，自北京至云南省城水陸程

由大江湖廣水程

自北京由南京大江詳見第一，至湖廣詳見第七，至貴州省詳見第九，威清衛以下皆陸路五十，平垻衛驛七十，普定衛六十，安莊衛四十，關嶺驛四十，頂站查城驛七十，安南衛尾洒驛七十，新興驛八十，湘滿驛六十五，亦資孔驛並普安州五十，平夷衛屬雲南六十，白水關驛南寧屬七十五，曲靖府南寧驛九十，馬龍驛馬龍八十，尋甸府易龍驛七十，楊林驛六十，板橋驛四十，雲南府滇陽驛。

由貴州陸程

自北京至貴州省城詳第九，貴州以下同前。

畢節衛分至雲南西路陸程

畢節衛以上詳第九，七十，周泥驛七十，黑草驛五十，瓦甸驛七十，烏撒衛、七星關倘塘驛、霑益驛、炎方驛各六十，松林驛七十，曲靖府以下同前。

第十一，自北京至河南水陸程

由真定順德陸程

順天府四十，盧溝橋三十，良鄉縣固節驛七十，涿州涿鹿驛十五，樓桑村五十，定興縣宣化驛七十，安肅縣白溝驛五十，保定府金臺驛四十，涇陽驛五十，慶都縣翟城驛六十，定州永定驛五十，新樂縣西樂驛九十，真定府恒山驛六十，欒城縣關城驛五十，趙州鄗城驛六十五，栢鄉縣槐水驛四十，尹村河二十，金提驛内丘地六十，順德府龍岡驛三十，沙河縣三十五，臨洺驛四十五，邯鄲縣叢臺驛七十，河南磁州滏陽驛七十。

明·茅元儀《武備志》卷一八九《占度載度一》 北直隸叙圖説。 桂萼曰：北直隸，古冀州地。京師，即金、元舊都也，扆山帶海有金湯之固。【略】北直隸計府八，曰順天，曰保定，曰河間，曰真定，曰順德，曰廣平，曰大名，曰永平，其所領州十七，縣一百一十五。又州二：曰延慶，曰保安，其所領縣一。共爲府八、州十九，縣一百一十六。【略】

順天府：禹貢冀州之域，天文尾箕分野，領州五，縣二十二。東至東平府灤州界三百九十里，南至河間府任丘縣界三百五十里，西至山西大同府蔚州界三百五十里，北至隆慶州界一百六十里。自府治至南京三千四百一十五里，屬邑至京師限二日。【略】保定府：禹貢冀州之域，天文尾箕兼昴畢分野，領州三、縣十七。東至河間府静海縣界三百里，西至山西大同府廣川縣界三百里，南至真定府安平縣界一百二十里，北至順天府涿州界二百里。自府治至京師三百五十里，限五日，至南京三千二百里。【略】河間府：禹貢冀州之域，天文箕尾分野，領州二、縣十六。東至山東濟南府海豐縣界三百里，南至濟南府德州界二百九十二里，西至保定府蠡縣界六十里，北至保定府雄縣界一百三十里。自府治至京師四百一十里，限七日，至南京二千九百四十里。【略】真定府：禹貢冀州之域，天文昴畢分野，周爲并州，領州五、縣二十七。東至直隸河間府獻縣界三百一十里，西至山西平定州界一百八十里，南至直隸順德府内丘縣界二百一十里，北至保定府慶都縣界一百七十里。自府治至京師六百三十里，限九日，至南京三千一百里。【略】順德府：禹貢冀州之域，天文昴分野，領縣九。東至廣平府威縣界一百五十里，西至山西遼州和順縣界一百五十里，南至廣平府永年縣界五十里，北至真定府栢鄉界一百里。自府治至京師一千里，限十五日，至南京一千七百二十里。【略】廣平府：禹貢冀州之域，天文昴分野，領縣九。東至山東東昌府臨清縣界一百二十里，西至河南彰德府磁州武安縣界八十里，南至河南彰德府臨漳縣界八十里，北至順德府南和縣界六十里。自府治至京師一千里，限十六日，至南京一千六百七十五里。【略】大名府：禹貢冀兖二州之域，天文室壁分野，領州一、縣十。東至山東東昌府冠縣界九十里，西至河南彰德府臨漳縣界一百一十里，南至河南開封府封丘縣界四百里，北至山東東昌府館縣界一百里。自府治至京師一千一百六十里，限二十日，至南京二千四百四十里。【略】永平府：禹貢冀州之域，天文尾箕分野，初虞分冀州東北爲營州，此即其地，周屬幽州，領州一、縣五。東至山海關一百八十里，西至順天府豐潤縣界一百二十里，南至海岸一百六十里，北至桃林口六十里。自府治至京師五百五十里，限九日，至南京三千九百九十五里。【略】延慶州：禹貢冀州之域，天文尾分野，編里十四，領縣一。東至四海冶一百三十里，南至分山道屯界二十里，西至保安州沙城界一百里，北至雲州八谷十里。自州治至京師一百八十里，限四日，至南京三千六百二十五里。【略】保安州：禹貢冀州之域，虞爲幽州北境，天文尾箕分野，永樂中置舊治南山下，景泰二年城雷家站，移州及衛治於此，編里七。東至隆慶州界土木驛四十里，南至山西蔚州界美峪一百里，西至蔚州界深井一百四十里，北至宣府界泥河七十里。自州治至京師三百里，限五日，至南京三千七百二十五里。

明·茅元儀《武備志》卷一九〇《占度載度二》 南直隸叙圖説。 桂萼曰：南直隸古揚州地，南京，即六朝舊都也，我祖宗創業實基於此，然江限南北，古今恃爲天險。【略】南直隸計府一十四，曰應天，曰鳳陽，曰蘇州，曰松江，曰常州，曰鎮江，曰揚州，曰淮安，曰廬州，曰安慶，曰太平，曰寧國，曰池州，曰徽州，其所領州十三，縣八十八。又州四：曰廣德，曰和，曰滁，曰徐，領縣八。共爲府十四，州十七，縣九十六。【略】

應天府：禹貢揚州之域，天文斗分野，領縣八。東至鎮江府丹徒縣界一百三十里，西至和州界八十里，南至太平府當塗縣界八十五里，北至揚州府儀真縣界一百五十里。自府治至京師三千四百四十五里，限四十日。【略】鳳陽府：禹貢揚州之域，天文斗分野，領州五、縣十三。東至揚州府寶應縣界四百里，西至河南開封府項城縣界五百九十里，南至廬州府合肥縣界一百五十里，北至徐州蕭縣界三百二十三里。自府治至京師二千里，限三十日，至南京三百三十里。【略】蘇州府：禹貢揚州之域，天文斗牛分野，領州一、縣七。東至東沙海岸三百一十四里，西至常州府宜興縣界一百里，南至浙江嘉興府秀水縣界九十四里，北至揚州府通州界一百五十里。自府治至京師三千六百里，限四十九日，至南京五百八十八里。【略】松江府：禹貢揚州之域，天文斗牛分野，領縣三。東至海岸一百里，西至蘇州府長洲縣界六十里，南至海岸七十里，北至蘇州府崑山縣界八十里。自府治至京師三千八百二十五里，限五十二日，至南京八百里。【略】常州府：禹貢揚州之域，天文斗分野，領縣五。東至浙江湖州府長興縣界二百里，西至鎮江府丹陽縣界五十五里，南至應天府溧陽縣界一百八十里，北至揚州府泰興縣界六十里。自府治至京師三千三百八十里，限四十五日，至南京三百六十里。【略】鎮江府：禹貢揚州之域，天文斗分野，領縣三。東至常州府宜興縣界七十五里，西至應天府句容縣界四十五里，南至常州府武進縣界一百一十七里，北至揚子江二里。自府治至京師三千二百里，限四十日，至南京一百八十里。【略】揚州府：禹貢揚州之域，天文斗牛分野，領州三、縣七。東至海三百六十里，南至江六十五里，西至應天府六合縣界一百二十里，北至淮安府山陽縣界二百八十里。自府治至京師三千一百二十五里，限三十九日，至南京三百三十里。【略】淮安府：禹貢揚州之域，天文斗牛分野，領州二、縣九。東至海岸二百三十里，西至鳳陽府虹縣界三百一十里，南至揚州府寶應縣界六十里，北至山東青州府莒州界四百五十里。自府治至京師二千一十里，限三十日，至南京五百里。【略】廬州府：禹貢揚州之域，天文斗牛分野，領州二、縣六。東至和州合山縣界一百九十里，西至河南汝寧府固始縣界三百五十里，南至安慶府桐城縣界一百八十里，北至鳳陽府定遠縣界一百八十里。自府治至京師三千六百七十七里，限三十五日，至南京五百一十里。【略】安慶府：禹貢揚州之域，天文斗分野，領縣六。東至廬州府無爲州界三百七十里，西至湖廣黄州府黄梅縣界二百一十里，南至池州府東流縣界五里，北至廬州府舒城縣界二百一十里。自府治至京師四千一百八十五里，限五十日，至南京七百四十五里。【略】太平府：禹貢揚州之域，天文斗分野，領縣三。東至應天府溧水縣界一百一十里，西至和州界三十里，南至寧國府宣城縣界七十里，北至應天府江寧縣界五十里。自府治至京師三千五百九十里，限四十三日，至南京一百五十里。【略】寧國府：禹貢揚州之域，天文斗分野，領縣六。東至廣州建平縣界六十里，西至池州府青陽縣界二百六十里，南至徽州府績溪縣界二百二十里，北至太平府當塗縣界一百五里。自府治至京師四千一十五里，限四十五日，至南京四百二十里。【略】池州府：禹貢揚州之域，天文斗牛分野，領縣六。東至寧國府南陵縣界一百四十里，西至江西九江府彭澤縣界一百九十里，南至徽州府祁門縣界一百九十里，北至安慶府桐城縣界三十里。自府治至京師四千五十里，限四十六日，至南京六百里。【略】徽州府：禹貢揚州之域，天文斗分野，領縣六。東至浙江杭州府昌化縣界一百二十里，西至江西饒州府浮梁縣界二百七十里，南至浙江衢州府開化縣界一百八十里，北至寧國府太平縣界一百七十里。自府治至京師四千里，限五十二日，至南京七百二十里。【略】廣德州：禹貢揚州之域，天文斗分野，編里二百四十三，領縣一。東至浙江湖州府長興縣界三十里，西至寧國府宣城縣界一百里，南至湖州府安吉州界六十里，北至應天府溧陽縣界七十里。自州治至京師三千七百五十五里，限四十六日，至南京五百里。【略】和州：禹貢揚州之域，天文斗分野，編里四十一，領縣一。東至應天府江浦縣界六十里，西至廬州府巢縣界一百一十里。自州治至京師三千二百八十里。限三十六日，至南京一百二十里。【略】滁州：禹貢揚州之域，天文斗分野，編里三十，領縣二。東至應天府六合縣界七十里，西至鳳陽府定遠縣界七十里，南至和州界七十里，北至泗州盱眙縣界一百三十里。自州治至京師三千二百五里，限三十六日，至南京一百二十里。【略】徐州：禹貢揚州之域，天文房心分野，編里一百一十三，領縣四。東至淮安府邳州界一百一十里，西至河南歸德府虞城縣界二百三十里，南至鳳陽府宿州界九十里，北至山東兖州府滕縣界一百二十里。自州治至京師二千里，限二十七日，至南京一千里。

明·茅元儀《武備志》卷一九四《占度載度六》　湖廣敘圖説。桂萼曰：湖廣古荆州地，襄（襄陽）、鄧（今河南鄧州，即襄陽北境）抗其頭顱，蘄（黄州府屬州）、黄（黄州）引其肘腋，江陵（荆州）制其腰腹，伸膝向南，亦足以雄視諸州矣。若鄖陽之保商、陝（陝西河南交界地方）、郴（柳州）、桂（本州桂陽縣）之跨閩（福建）、粤（廣東）辰（辰州）、沅（辰州府屬州）之捍蔽雲貴，大江中貫五溪（在常德辰州地方），外錯荆楚阨塞，斯其備焉。【略】

湖廣計府一十五，曰武昌，曰漢陽，曰襄陽，曰鄖陽，曰德安，曰黄州，曰荆州，曰岳州，曰長沙，曰寶慶，曰衡州，曰常德，曰辰州，曰永州，曰承天，其所領州十三，縣九十九。又州二：曰靖州，曰郴州，所領縣九。共爲府十五，州十五，縣一百有八。【略】

武昌府：禹貢荆州之域，天文翼軫分野，領州一、縣九。東至江西九江府瑞昌縣界五百二十里，西至漢陽府漢陽縣界五里，南至岳州府臨湘縣界四百里，北至黃州府黃岡縣界七十二里。自府治至京師五千一百七十里，限五十四日，至南京一千七百一十五里。【略】漢陽府：禹貢荆州之域，天文翼軫分野，領縣二。東至武昌府界隔江七里，南至沔陽州界二百六十里，西至德安府雲夢縣界二百里，北至黃州府黃岡縣界一百二十里。自府治至京師五千四百八十五里，限六十五日，至南京一千七百八十里。【略】襄陽府：禹貢荆、豫二州之域，天文翼軫分野，領州一、縣六。東至德安府隨州界二百一十里，西至陝西漢中府平利縣界一千里，南至承天府荆門州界一百八十里，北至河南南陽府新野縣界九十里。自府治至京師六千八百六十七里，限九十日，至南京三千七百里。【略】鄖陽府：領縣七。東至均州界六十里，西至白河界一百三十里，南至大昌縣界三百三十里，北至淅川縣界一百五十里。自府治至京師二千三百五十里，至南京二千九百餘里。【略】德安府：禹貢荆州之域，天文翼軫分野，領州一、縣五。東至黃州府黃陂縣界一百八十里，西至襄陽府棗陽縣界三百里，南至漢陽府漢川縣界二百里，北至河南汝寧府信陽縣界一百八十里。自府治至京師五千六百一十里，限七十二日，至南京二千二百里。【略】黃州府：禹貢荆州之域，天文翼軫分野，領州一、縣八。東至直隸安慶府宿松縣界五百一十里，西至德安府孝感縣界二百八十里，南至武昌府武昌縣界一十里，北至河南汝寧府羅山縣界四百七十里。自府治至京師四千九百九十里，限五十日，至南京一千五百五十里。【略】荆州府：禹貢荆州之域，天文翼軫分野，領州二、縣十一。東至沔陽州界二百里，西至四川夔州府巫山縣界六百六十里，南至岳州府澧州界一百九十八里，北至襄陽府宜城縣界二百四十五里。自府治至京師六千一百三十里，限八十日，至南京一千七百一十五里。【略】岳州府：禹貢荆州之域，天文翼軫分野，領州一、縣七。東至武昌府通城縣界二百里，南至長沙府瀏陽縣界二百九十里，西至辰州府江陵縣界八百二十五里，北至荆州府監利縣界三十里。自府治至京師五千六百七十里，限七十一日，至南京二千二百二十五里。【略】長沙府：禹貢荆州之域，天文翼軫分野，領州一、縣十一。東至江西袁州府宜春縣界二百五十里，南至衡州府衡山縣界二百三十五里，西至辰州府沅陵縣界六百五十里，北至岳州府巴陵縣界二百六十里。自府治至京師五千八百七十里，限八十日，至南京二千四百二十五里。【略】寶慶府：禹貢荆州之域，天文翼軫分野，領州一、縣四。東至衡州府衡陽縣界一百四十里，西至靖州綏寧縣界三百一十里，南至永州府東安縣界一百二十里，北至辰州府漵浦縣界三百八十里。自府治至京師五千三百九十五里，限九十五日，至南京三千七十五里。【略】衡州府：禹貢荆州之南境，天文翼軫分野，領州一、縣八。東至長沙府茶陵州界一百五十里，西至寶慶府邵陽縣界一百二十里，南至廣東廣州府連州界四百八十里，北至長沙府湘潭縣界一百三十里。自府治至京師六千六百六十里，限九十日，至南京三千二百一十五里。【略】常德府：禹貢荆州之域，天文翼軫分野，領縣四。東至岳州府華容縣界三百六十五里，西至辰州府沅陵縣界一百二十里，南至長沙府安化縣界一百二十里，北至澧州界九十里。自府治至京師六千二百一十里，限八十一日，至南京二千七百六十五里。【略】辰州府：禹貢荆州之域，天文翼軫分野，領州一、縣六。東至常德府桃源縣界一百四十里，西至寶慶府新化縣界三百二十里，南至貴州鎮遠府界六百五十里，北至永順宣慰司界九十里。自府治至京師七千一十里，限九十日，至南京三千五百里。【略】永州府：禹貢荆州之域，天文翼軫分野，領州一、縣六。東至衡州府常寧縣界二百里，西至廣西桂林府全州界一百四十里，南至廣西平樂府富川縣界四百二十里，北至寶慶府邵陽縣界一百七十里。自府治至京師六千八百八十里，限八十七日，至南京三千四百三十五里。【略】承天府：禹貢荆州之域，天文翼軫分野，領州二、縣五。即古之安陸州。東至德安府應城縣界一百六十里，西至荆州府枝江縣界一百七十里，南至□□□縣界□□□里，北至襄陽府宜城縣界一百里。自府治至京師六千二百二十五里，限八十三日，至南京二千六百八十里。【略】靖州：禹貢荆州之域，天文翼軫分野，編里二十二，領縣四。東至寶慶府武岡州界二百六十里，西至貴州黎平府界一百六十里，南至廣西柳州府融縣界一百八十里，北至辰州府沅州黔陽縣界一百八十里。自州治至京師六千一十里，限一百有二日，至南京二千五百七十里。【略】郴州：禹貢荆州之域，天文翼軫分野，編里一十二，領縣五。東至江西吉安府龍泉縣界三百九十里，西至衡州府桂陽州界四十里，南至廣東韶州府乳源縣界一百九十里，北至衡州府耒陽縣界一百二十里。自州治至京師七千三百里，限一百日，至南京三千七百里。【略】永順軍民宣慰使司：禹貢荆州之域，天文翼軫分野，領州三、長官司六。東至岳州府澧州慈利縣界三百九十里，西至保靖州宣慰司界三百二十里，南至辰州府沅陵縣界三百一十里，北至永定衛界二百九十里。自司治至京師七千三百里，至南京三千八百里。【略】保靖州軍民宣慰使司：禹貢荆州之域，天文翼軫分野，領長官司一。東至鎮溪千户所界一百八十里，西至施州大田軍民千户所界三百里，南至四川酉陽宣撫司界一百八十里，北至永順宣慰司界四十里。自司治至京師七千三百里，至南京三千八百里。

明・茅元儀《武備志》卷一九五《占度載度七》 河南敘圖說。桂萼曰：河南古豫州地，闔闢中夏，四方輳進，蓋彰德則控河北（今北直隸是），嵩洛以蔽山南（今陝西南境是），南陽汝寧直走襄黄（襄陽、黄州，俱湖廣屬府）之郊，而開封則其都會也。【略】

河南計府八：曰開封，曰歸德，曰彰德，曰衛輝，曰懷慶，曰河南，曰南陽，曰汝寧。其所領州一十一，縣九十二。又州一，曰汝，其所領縣四。共爲府八，州十二，縣九十六。【略】

開封府：禹貢兖、豫二州之域，天文角亢分野，領州四，縣三十。東至直隸鳳陽府宿州界五百一十五里，西至河南府鞏縣界三百六十里，南至汝寧府上蔡縣界四百里，北至衛輝府汲縣界一百七十里。自府治至京師一千五百八十里，限三十日，至南京一千一百七十五里。【略】歸德府：禹貢兖、豫二州之域，天文角亢分野，領州一、縣八。在開封府城東三百五十里，至京師限三十一日。【略】彰德府：禹貢冀州之域，天文室壁分野，領州一、縣六。東至直隸大名府内黄縣界七十里，南至大名府濬縣界七十里，西至山西潞州壺關縣界一百七十里，北至直隸廣平府邯鄲縣界一百二十里。自府治至京師一千三百里，限三十二日，至南京一千七百里。【略】衛輝府：禹貢冀州之域，天文室壁分野，領縣六。東至直隸大名府滑縣界五十里，南至開封府延津縣界四十里，西至山西澤州陵川縣界二百一十里，北至彰德府湯陰縣界七十里。自府治至京師一千四百里，限廿五日，至南京一千五百里。【略】懷慶府：禹貢冀州覃懷之地，天文室壁分野，領縣六。東至衛輝府獲嘉縣界二百四十里，西至山西平陽府絳州垣曲縣界二百五十里，南至河南府鞏縣界七十里，北至山西澤州界六十里。自府治至京師一千八百里，限三十日，至南京一千八百里。【略】河南府：禹貢豫州之域，天文柳分野，領州一、縣十三。東至開封府汜水縣界一百六十里，南至南陽府南陽縣界二百六十里，西至陝西西安府華陰縣界四百九十里，北至懷慶府濟源縣界九十里。自府治至京師一千八百里，限三十三日，至南京一千八百里。【略】南陽府：禹貢豫州之域，天文張分野，領州二、縣十一。東至汝寧府遂平縣界二百八十里，南至湖廣襄陽府襄陽縣界一百八十里，西至鄖陽府鄖陽縣界二百里，北至河南府登封縣界四百三十里。自府治至京師二千一百四十五里，限三十二日，至南京一千七百里。【略】汝寧府：禹貢豫州之域，天文角亢氐分野，領州二、縣十二。東至直隸鳳陽府潁州界二百三十里，西至南陽府裕州舞陽縣界一百四十里，南至湖廣黄州府黄陂縣界四百五十里，北至開封府陳州西華縣界一百一十五里。自府治至京師二千三百里，限三十二日，至南京二千二百五十里。【略】汝州：禹貢豫州之域，天文角亢氐分野，領縣四，編里九十二，在汝寧府城北三百七十里。

清・閔派魯《溧水縣誌》卷五《輿地志・疆界》 南抵高淳縣一百二十里，【略】界于遊山鄉六十里。

北抵江寧縣一百四十里，【略】界于烏利橋五十里。

東抵溧陽縣一百四十里，【略】界於分界山五十里。

西抵當塗縣一百五十里，【略】界于白鹿鄉五十里。【略】

抵江南省陸路一百四十里，水路一百六十里。

抵京師陸路三千五百四十五里，水路三千六百一十五里。

清・閔派魯《溧水縣誌》卷五《輿地志・鎮市》 官塘鎮，東二十五里，徑溧陽鋪路。

蒲塘鎮，南二十五里，徑高淳鋪路。

孔家鎮，南四十五里，徑高淳鋪路。

蒲干鎮，東北十五里，徑句容鋪路。

楊塘市，東四十五里，徑溧陽鋪路。

烏山市，北三十里，趨省鋪路。

柘塘市，北四十五里，趨省鋪路。

郜村市，南六十里，距建平縣界。【略】

洪藍市，南十五里。

清・劉獻廷《廣陽雜記》卷一 襄陽府至陝西商南縣：襄陽府水路九十里半扎店，一百四十里小江口，灣船處名沙陀營。西北由漢江一百二十里至均州，又一百八十里至鄖陽府，北行入小江，即淅水也。六十里至李官店，八十里淅川縣，一百二十里荆子關，二十里梳洗樓，陝西界矣。一百里徐家店，一百一十里竹林關，一百里龍駒寨。

淅川縣南至李官橋八十里，北至梳洗樓一百二十里，邊河爲縣，河西皆楚地。

從間道至鄖陽府一百二三十里，至均州一百二十里。均川至鄖陽亦一百二十里。均州至武當山頂一百二十里。淅川縣西南行六十里至火龍觀，六十里至均州。又一路四十里至稻田坪，四十里過賽嶺至青塘，四十里至均州，路稍寬大。又一路九十里至李官橋，三十里至薰子口，六十里至均州，乃大路也。

襄陽府西北九十里太山廟，九十里近鄧州，州在平陸，其西百餘里皆山，河路崎嶇難行。西北乃入内鄉，過土嶺，猶寬平可行車。又徑路西北行九十里至韋散集，九十里至淅川縣，不必由内鄉縣。自鄧州西北一百二十里爲内鄉縣，六十里丹水，五十里巡檢司，一百二十里魁門關，六十里花園關。東北去九十里黄沙，九十里灘河腦，九十里盧氏縣，九十里永寧縣。自花園關西北六十里商南縣，徐家店在縣西四十里。商南縣北五十里武關，山路崎嶇。一百二十里龍駒寨，西北一百六十里雒南縣，北九十里商州。

清·劉獻廷《廣陽雜記》卷三　衡州六十里泉溪，五十里插草，五十里小江口，六十里新城街，六十里快牌頭，四十里耒陽縣，十里皂頭市，六十里上寶街，六十里瓦窰坪，四十里郴州。

清·焦應旂《西藏誌·附録》　自四川成都抵藏程途

成都府四十里至雙流縣，五十里過黄水河、新津河至新津河，三十里至斜江河，六十里至邛州，四十里至大塘舖，四十里至北站，五十里至名山縣，四十里至雅州府，四十里至觀音舖，二十五里過飛龍閣至石家橋，二十五里過滎經河至滎經縣，四十里至黄泥舖，五十里過越相嶺大山至清溪縣，七十里至泥頭，路平山小。三十里至林口路崎，四十里過飛越嶺至華林，二十里至冷磧，四十里至瀘定橋，三十五里至大烹垻，三十里過大崗山、金釵塲、大小胡梯，甚險。至頭道水，六十里至打箭爐，相傳諸葛亮鑄軍器於此，故名，路崎嶇。四十里出爐過貢諸橋，至折多山根，有番民三四户，店二座，有柴草。七十里至納哇出卡，路不甚險崎，有煙瘴，有人户柴草。四十里至瓦磧，路平，有土百户一名，柴多草少。三十里至東惡洛，路平，有土百户一名。九十里上八義，六十里至泰寧即係噶達，六十里過高日寺大雪山至卧龍石，山高有瘴氣，柴草廣。三十里至八角樓，有人户柴草。三十里過雅龍江皮木船渡至德慶營，四十里至麻蓋中，有人户柴草。九十里過剪子灣撥浪工大雪山至西惡洛，山大有烟瘴，夾垻出没其中，有土百户。四十里過小山至咱嗎納洞，有柴草無人户。五十里過小山至大竹卡，人户柴草俱有。七十里過漫山至理塘，有正副營官二員，人户多有大寺院，地寒不産五穀，微有柴草。六十里上漫山至納哇奔松，無人户柴草，有瘴氣。一百里過山嶺至海子塘，過喇嘛丫大山至拉二塘，有人户柴草，山路崎嶇，有煙瘴，夾垻出没之所。五十里過大山業龍塞，有人户柴草。五十里過二山至立登三垻，無人户柴草微。七十里過大雪山至大所，無人户有柴草，山路陡嶇，有煙瘴，乃夾垻出没之所。一百二十里過大雪山至小垻冲，有人户柴草，天煖，山路險峻崎嶇，有煙瘴，亦夾垻出没處。三十里至巴塘，有人户寺院，正副營官二員，天煖有柴草，駐官兵糧臺，路崎嶇險窄。四十里過山沿金沙江行至牛古渡，有人户柴草。四十里過金沙江皮木船渡至竹芭籠，有人户柴草，路崎嶇險窄，自巴塘坐船一日可到。四十里至工拉，有人户柴草。八十里過空子頂、大雪山至莽里，有人户柴草，路寬，乃夾垻出没之處。六十里過漫山至南登，有寺院人户柴草，寺名漢人寺，昔雲南官兵所建，其山名寧静山，上有分界碑，乃雲南西藏巴塘分界之處。三十里過漫山至谷黍，有人户柴草烟瘴。十里過漫山至普拉，有人户柴草。五十里至江卡兒，有人户柴草，有夾垻。一百里過大山至黎樹，有人户柴草，有烟瘴夾垻。五十里過漫山至阿窄拉塘，有人户柴草，路稍平。四十里過二小山至石板溝，有人户柴草。五十里過大漫山至阿足，有人户，柴草烟瘴。五十里過二小山至谷家宗，有人户，柴草微。九十里至乍丫，多人户，有大寺院，駐糧臺防兵，少柴有草，路崎嶇多石，其番人性野好盜。三十里至兩撒塘，路稍崎嶇，有人户柴草，此塘係西藏安設。九十里過大雪山至昂地，有人户柴草，有煙瘴，山高陡險，崎嶇積雪。九十里過大山至王卡兒，有人户柴草，有熱水二道。五十里至巴貢，有人户柴草。一百里過二大山至奔地，有草無柴，少人户，多烟瘴。八十里過大山，五十至蒙布塘，有人户柴草，路崎嶇，有瘴。五十里過大山至昌都，有人户柴草，大寺院駐官兵糧臺，又名康名，乃川滇藏交界處，又通玉樹，納克書等處，山高陡峻，有烟瘴，自巴塘至此一帶番性狠狽好盜，又有桑昂邦、官角、上下瞻對等族夾垻出没其間，搶劫行路人物。五十里至惡洛藏，有人户柴草，路稍平。五十里至過腳塘，有人户柴草。六十里過腳腳大雪山至拉貢，有人户柴草，山高積雪烟瘴。六十里至思達，有人户柴草，路險窄。一百四十里過九合大雪山，至九合塘，有人户柴草，此山相連者四雪山，瘴最狠，歷來斃人頗多。四十里過大山至麻里，有人户柴草。四十里過大山至三巴橋，又名假夷橋，有人户柴草，山雖陡，不險。八十里過地貢大山至路隆宗，有人户柴草、寺院並正副營官，山高陡路險窄。六十里過漫大山至紫妥，有人户柴草大寺，路平有烟瘴。六五十里至設板多，有人户柴草並大寺院，正副營官，駐防官兵，此地通青海、玉樹等處。六十里過大漫山至中譯，有人户柴草。四十里過大漫山至八里郎，有人户柴草。一百二十里過賽及合山至拉子，有人户柴草，山高陡險，積雪有煙瘴。五十里過小山，至水垻，有人户、柴草、正副營官，路積崎。六十里至丹達，有人户柴草，路平而崎嶇。一百一十里過沙工拉大雪山至郎吉宗，有人户柴草，山高陡險，積雪烟瘴大。六十里至大窩，有人户柴草，有兩道，由小路六十里，路窄險，順溝走五十里，路平，夏水泛漲則難行。四十里至阿蘭多，柴廣草少，人户少，路平窄崎嶇。八十里至甲貢，柴廣，無人户，草少，地産醉馬草，若騾馬悮食之立斃，路險窄崎嶇。六十里至多洞，有柴，草微，無人户，路崎嶇有水。一百里過魯工拉大雪山，至插竹卡，無人户柴草，山不高而長積雪，煙瘴難行。七十里過小山至拉里，無柴微草，有人户，大寺院駐防官兵，路平，天寒，不産五穀。五十里過拉里大雪山至阿咱，無人户柴草，不産五谷，山高陡險，積雪有烟瘴。八十里沿海子行，至山灣，無人户柴草，天氣寒，路崎。五十里過瓦子山至常多，無人户，柴多草少，山高陡崎嶇，積雪有烟瘴，又石濯拉山。六十里至寧多，有人户、柴草、大寺院。七十里至江達，此處乃工布西藏咽喉重地，駐劄官兵防守，有人户柴草。五十里至順達，有人户柴草。八十里至禄馬嶺，有人户柴草。八十里過禄馬嶺大雪山至磊達，無人户柴草，山大積雪，烟瘴難行，又名浦各倉。六十里至馬素江，有人户，柴草白，此至藏路平坦。四十里至臨欽里，有人户、柴草、大寺院。六十里至墨竹工卡，有人户、柴草、大寺院，路平。六十里至拉末，八十里至德慶，四十里至砌塘，人名萊里，皆有人户、柴草並大寺院。三十里過機楮河至拉撒召，機楮河即藏江，惟此河水向西流，渡以皮木船。

自成都至打箭爐，計八百六十里，由爐至藏計四千七百八十里，共程五千六百四十五里，計一百站。

自打箭爐由霍耳迭草草地至察木多路程

打箭爐四十里至折多山根，四十里過折多山，至別始分路，四十里至瓦七砦，四十里至即砦堡，四十里至八桑砦，五十里至上八義，五十里至汎馬塘，三十里至雀雅，五十里過山至喇池塘，六十里至孜隆，七十里至甲撒楮卡，五十里至吉如楮卡，三十里過小山至章谷，五十里下山至江濱塘，五十里至竹窩，三十五里過山至葝恭松多，二十里過普王隆至甘孜，三十里過河至白利，五十里至隆垻㯓，四十里至阿甲拉洛，六十里至益隆，四十里至迭格界，又名七登。六十里至羅登，六十里至吉馬塘，五十里至格葱，六十里至楮泥拉沱，五十里至春科西河，四十里上山至班的楮卡，三十里下山至巴戎，六十里至甲界，七十里至姜党，六十里至草拉，三十里至草里工，三十里過漫山至峽隆塔，五十里至哈甲，三十里至哈甲峽口，三十里至冲撒得，六十里過山至熱丫，四十里過山至察木多。

自打箭爐至察木多計三十九站，共程一千七百七十五里，路遥平坦，草廣柴微，此一帶番民多住黑帳房，以牧畜爲主，微生烟瘴。

自察木多由類烏齊草地進藏路程

自察木多五十里至惡洛藏分路，六十里至杓多，四十里至康平多，五十里至類烏齊，五十里至達塘，八十里至加木喇族，一百里至江清松多，八十里至三岡松多，八十里過四小山至塞耳松多，六十里至拉咱，五十里至吉樂塘，七十里至察隆松多，即春奔色擦。七十里至江黨橋，七十里至拉貢洞，六十里至汪族，八十里至結樹邊卡，有人户大寺院。五十里至三大徧闕，八十里至噶咱塘，七十里至葛現多，七十里至拉里堡，從右手進山溝。六十里至拉里界，七十里過山至吉克卡，七十里至沙加勒，七十里至積華郎，七十里至哈噶錯乍，六十里至胖樹，六十里至仲納三巴，六十里至約定同古七十里，至墨竹工卡。合進藏路。

自察木多至墨竹工卡合大路處，計二十九站，共一千九百一十里。

自西藏白木魯烏蘇一帶至西寧路程

拉撒四十里至郎拉，三十里至們都，七十里至甘定羣科爾，六十里至沙拉，有水田，産荏草子，可壓油。四十五里至達隆，四十里過鐵索橋至夾藏堪，六十里至羊拉，六十里至達木東邊，七十里至克屯西里克，六十里至什保諾爾，六十里至噶欠，六十里至哈拉烏蘇西邊，五十里至郭隆，五十里至楚木拉，自們都而至楚木拉地方俱有水草，無柴燒馬糞，烟瘴。七十里至綽諾果爾西邊，六十里至蒙古西里克，四十里至蒙咱西里克東邊，四十里至沙克因果爾，六十里至泡河老，五十里至巴木漢，六十里至索柯東邊，五十里至依克諾木漢烏巴什，六十里至吉利布喇克，四十里至因達木，四十里至阿木達河，四十里至哈拉河洛，五十里至布哈賽勒，自綽諾果爾至此俱有水草，無柴燒糞，有烟瘴。五十里至多羅巴克爾，六十里至呼浪河，五十里至賽柯蚌，八十里至清河插漢哈達，四十里至揮漢哈達，八十里至插漢額爾吉，以上數處俱有水草，無柴燒糞，微瘴。五十里至庫庫可達，五十里至柯柯腦爾，四十里至柯柯溝，五十里至木魯烏索西河，七十里至哈拉河洛，六十里至巴漢拜彦，三十里至烏河那腦，六十里至烏河那峽，四十里至巴彦哈拉，以上數處俱有水草，無柴燒馬糞，無烟瘴。五十里至咧嘛托爾海川口，八十里至黨塞勒河，六十里至哈拉河，四十里至哈麻爾厄勒泰，四十里至且克腦爾，即星宿海。九十里至索羅木，即黄河。七十里至黑悦爾打板，七十里至畢留圖河口，四十里至畢留圖，五十里至垤里布拉克，五十里至得侖腦爾，六十里至哈侖烏素，五十里至哈侖烏素，五十里至登努爾泰，四十里至衣麻圖川，三十里至衣麻圖，七十里至沙拉圖，七十里至木呼爾，八十里至哈套口，三十里至插漢鄂博圖，七十里至庫庫托洛海，五十里至堪布灘，五十里至河什漢水，四十里至納拉撒拉圖，即日月山。四十里至駱駝頸項，即土爾根，自巴哈拉至此俱有水草，無柴燒糞，微有煙瘴。六十里至東科爾，即丹噶爾。九十里西寧城。

自藏至西寧一帶，俱有番子蒙古住牧。其生計種地、牧畜、打牲各不等，共計六十八站，共程三千七百餘里。

自藏出防騰格那爾路程 塘口

西藏三十里至對夾普，四十里至浪子，四十里至奔里，四十里至德慶，五十里至楊八景，四十里至卡子，四十里至乾海子，四十里至桑駝各海，五十里至楮登立馬爾，即騰格那爾。四十里至那根初多。每年出防先鋒下營處。

自藏至那根初多 即騰格那爾口，計十站，共程四百一十里。

自藏出防玉樹卡倫路程 藏之東北

西藏三十里至噶拉垻，三十里至彭多，三十里至墨隆堡，三十里至節仲，三十里至松竹宗，三十里至勒敢多，三十里至朋多，三十里至俊門，七十里至納的，八十里至八不弄，三十里至桑多，八十里至江足卡，九十里至哈拉烏素，三十里至色爾龍，六十里至噶色里處卡，六十里至江古郎，四十里至温江松多，八十里至奪塞爾，五十里至格焉爾卡，五十里至湯清，八十里至江清八納卡，四十里至曾項瀼，五十里至納喜塘，九十里至春科塘，四十里至甲里剛多，四十里至先布松多，六十里至東布松多，六十里至興東，一百里至必洛腮，六十里至擦桑納，六十里至曲尺松多，七十里至晒多坡，一百二十里至噶順，五十里至噶璽，八十里至魁清，一百里至納馬彎地，一百一十里至江溝八納巴，一百里至玉樹。

自藏至玉樹計三十八站，共程二千二百七十里，分小卡四處。

庫二塞、白兔山、齊岔河、瀘右腦此四處逐日分兵探哨。

自藏出防納克産卡崙路程

西藏三十里至夾普，四十里至浪子，六十里至拉咱爾，五十里至粗布，以上人户柴草有。七十里過大雪山至阿里，有柴草無人户。八十里至甲仲，七十里至泥木根舉，六十里至族貢，七十里至八角，以上有人户，柴草微。五十里至大雪山，九十里至臨卡宗，五十里至藺卡，以上無人户柴草。八十里至熱党，有人户柴草。六十里至甲蠟，人户有，柴草微。六十里至墊登，四十里至魚骨栢，二處人户有，柴草微。一百二十里至噶拉，五十里至賀洛，七十里至插蕩粗固，七十里至日鐙，九十里至木慶，八十里至栢木垻，以上人户柴草水俱無。八十里至按列，五十里至納克産。二處人户有，柴草微。

自西藏至納克産，計二十四站，共程一千五百七十里，沿途俱有瘴氣，又自納克産分小卡四處，特布托洛海離納克産十四日，約程五百餘里，其地甚冷，瘴氣甚。

拉克擦離特布托洛海七日，約程三百餘里，其地草微無柴，有瘴。

庫克擦離納克産十三日，約程五百餘里，有柴草，水俱微，有瘴。此三處俱派兵防哨。

扎克欽離庫克擦八日，約程四百餘里，其地柴草水俱無，每月派兵探查一次。

自藏出防奔卡立馬爾路程

西藏三十里至克噶拉俱，五十里至蒙至，四十里至又立場末，四十里至傑虫，六十里至拉末，八十里至烹多，三十里至熱正，五十里至擦木桑，四十里至八達，七十里至揆娘庫，三十里至三垻，七十里至奪洛得巴，七十里至哈拉烏素，六十里至胖米麻，八十里至阿木多，六十里至投順納哇，五十里至夏木吶熱麻，五十里至圖爾君，七十里至熱麻拉撒，八十里至巴思拉木期，八十里至白果東馬，六十里至布呼江，七十里至遮隆，八十里至楚隆，六十里至彭卡，五十里至奔卡立馬爾。

自藏至奔卡立馬爾計二十六站，共程一千五百一十里，自奔卡立馬爾，分設小卡五處：

噶爾藏骨岔、托克托賴、立拉撒、必隆奔卡、立馬口子。

自藏出防生根物角路程

西藏十站，共程四百一十里，至騰格那爾，七十里過大雪山至哈隆，三十里至雀雅，六十里過大山至錯隆角，二十里至欺馬多隆，此處供換烏拉。五十里過二山至大海子，四十里至白納辛，六十里過山至白噶哈力水，七十里至吉都烈路，六十里至拉卡爾工多，五十里過山至八拉，四十里過山至查木哈，六十里過二山至郎卡，九十里過大河至大鹽池，三十里過山至卡兩哈，四十里至西千工布，五十里過二山至哈千布，五十里過山至達干嵗所，四十里至恩達哈，六十里過山至星于哈岡，八十里過三山至色爾松多，五十里過山至生根物角。

自藏至生根物角，計三十一站，共程一千五百十里。沿途處處有煙瘴，無柴燒糞，水草俱微。

自藏由楊八景至噶爾藏骨岔路程

西藏五站，共程二百里，至楊八景分路，四十里至峽布，七十里至桑駝洛海，五十里至楮定馬奔，四十里至桑吉馬丁，五十里至喇定初多，五十里至騰格那爾界，大海子邊。五十里至郎錯，又名族隆角。六十里過大山，山頂有海。至過中，八十里過二山至章錯，有海。四十五里至海子頭，六十里至捉得爾，五十里至那塘，五十里至巴業丫，七十里至凍錯，七十里至噶爾藏骨岔。

自藏至噶爾藏骨岔，計程二十站，共程一千三十五里。

自藏由工孜一路至後藏札什隆布路程

西藏七十里至業党，四十里至降里，五十里至曲水，五十里至巴子，一百里過大山至白地，七十里至郎噶子，五十里至咱納，六十至勒隆，從左手分路，即通布魯克巴。六十里至郭喜，七十里至江孜，五十里至壯子，五十里至邊郎，六十里至郎地及布，四十里至扎什隆布。

自前藏至後藏計十四站，共程八百二十里。

自扎什隆布由咱黨至前藏路程

扎什隆布四十里至落窺，一百里至色木多，一百二十里至年木胡打，九十里至能木宗，八十里至沙楮卡，七十里至咱黨，七十里至白地，一百一十里至巴子，五十里至曲水，四十里至能工巴，四十里至獨隆崗，三十里至拉撒召。

自後藏由咱黨小路至前藏計十二站共程八百四十里。

自藏至布魯克巴路程

西藏七十里至業党，六十里至札什彩，八十里至巴子，以上三處有人户，田禾樹柳柴草少。一百里至白地，有人户土官，有微草無柴。七十里至郎噶子，有人户土官，無柴有草。一百十里至勒隆，少人户，無柴有草。七十里至列隆，有人户田地土官，微草無柴。五十里至殺馬達，有人户田畝，有柴草。六十里至噶拉，有人户田畝，有草無柴。五十里至遐拉，有人户田畝柴草。六十里至怕爾，微有人户田畝，無柴有草，係布魯克巴、噶畢、西藏三處交界，駐大牒巴及管領兵馬代奔。四十里過山至香郎，有人户，係土墻板棚碉房，有柴草水田稻谷，其天時與中華同，自怕爾過山即產各種竹木。七十里至仁進步，三十里至東噶拉，二處俱司香郎。四十里至喇嘛隆，有人寺院，餘俱不及香郎。五十里至西木多，有人户柴草，大寺院內住大喇嘛吉賽吉書，即諾彥林親之兄弟。三十里至札什曲宗。有人户柴草，大寺院乃諾彥林親避暑處。

自藏至札什曲宗計十七站，共程一千四十里。再行二日，地名坪湯，即諾彥林親住處。惟西木多札什曲宗夏日稍涼，故至此處避暑。其方產稻谷麥豆黍稷，各種瓜果蔬菜，鵝鴨豬等類，彷于中國。

自松潘出黃勝關至藏路程

出黃勝關，六十里至兩河口分路，八十里至出皂，七十里至甲望麻望，五十里至殺鹿堂，六十里至八嗎，六十里至江地克里麻，八十里至龍溪頭，以上皆有水草無柴。七十里龍溪頭，由插漢拜勝分路，向正南至途神兔，過黃河至吾浪奔，八十里至宗卡爾，七十里至插漢托灰，七十里至殺那吾舊，六十里至七氣哈賴，七十里過大雪山至安定達埧，七十里至途龍兔老，五十里至塔奔托洛海，六十里至丹仲誉，六十里至牒倫頓，八十里至中牒倫頓，八十里過大雪山至上牒倫頓，七十里至吾浪牒倫，二百四十里自吾浪牒倫分作四站，每站六十里至古爾分索羅木。合西寧進藏之大路。

自黃勝關至合西寧進藏之庫庫賽計二十四站，共程一千五百九十里。

自兩河口分路至西寧舊洮河州青海路程

兩河口七十里至雜牛洞，八十里過狼架嶺雪山至栢香林，五十里至大草塲，四十里至答建寺，五十里至下包坐，六十里至潘洲，以上水草燒柴俱有。八十里至龍溪頭，六十里至獨磊臿庫以上二處有水草無柴，六十里向北至熱黨，六十里至獨倫，八十里過大小二山至丹倫，八十里至納布鍋，以上有水草柴。八十里至攙隋，有水，無柴草。八十里至舊洮州。

自兩河口至舊洮州計十四站，共程九百三十里。

兩河口四百九十里分作八站至獨磊出庫，六十里至物藏，四十里至瑣胡盧分路，七十里過黃河至插溪拜勝，六十里至布勒哈數，六十里至廈納圖，六十里至巴溪海流圖，四十里至安這谷圖，六十里至吾浪，六十里至納木溪，七十里至巴納布哈，八十里過山至莽鼐，七十里過山至郎岸，以上俱有水草無柴。八十里至歸德，六十里過黃河進溝至郭密，八十里過大山至康城溝，五十里進闇門至申，六十里至西寧府城。

自兩河口至西寧計二十五站，共程一千五百五十里。

兩河口五百五十里分作九站至熱黨，六十里至江托，六十里至洮河腦，八十里至多提，五十里至黑錐，八十里至舍納，八十里至殺馬關，七十里至河州。

自兩河口至河州計十六站，共程一千三十里。

兩河口八百四十里分作十四站至巴漢海流圖，六十里至吾浪勒革，七十里至巴漢土爾根，六十里至依克生爾根，七十里至插漢諾木漢，六十里過黃河至插漢托洛海，一百三十里至青海。

自兩河口至青海托二十二站，共程一千三百五十里。

清・裴天錫、羅人龍《武昌府志》卷一《方域志》 武昌府四至

東至江西九江府瑞昌縣界五百二十二里，西至漢陽府漢陽縣界七里，南至岳州府臨湘縣四百里，北至黃州府黃岡縣界七十二里，自府至京師二千八百八十五里。【略】

江夏縣四至

東至武昌縣界七十二里，南至咸寧縣界一百三十七里，西渡江至漢陽縣界七里三分，北至黃岡縣界七十二里。【略】

武昌縣四至

東至蘄州白田洲八十里，西至江夏縣嚴婆坵界一百二十里，北至黃岡縣大江心五里，南至大冶縣大驛站路界十五里，又南跨大冶至咸寧一百五十里。

咸寧縣四至【略】

東至興國州界五十里，西至蒲圻縣界三十里，南至通山縣界五十里，北至江夏縣界四十五里，又北至府城二百四十里。【略】

嘉魚縣四至

東至咸寧界八十里，南至蒲圻界茗山五十五里，西至臨湘縣界新店一百三十七里，北至漢陽縣界潦水甲一百里。【略】

蒲圻縣四至

東至咸寧縣界汀泗橋七十里，西至臨湘鄉縣界新店四十里，南至崇陽縣界壺頭四十里，北至嘉魚縣界障山四十里。【略】

崇陽縣四至

東至通山縣界地名白羊四十五里，西至通城縣界地名小井六十五里，南至江西南昌府寧州界地名太原一百二十里，北至蒲圻縣界地名壺頭三十里。【略】

通城縣四至

東至崇陽縣雞鳴嶺四十五里，南至平江縣元烏嶺四十里，西至臨湘縣楚門界四十一里，北至崇陽縣柘橋十里。【略】

興國州四至

東至江西九江府瑞昌縣界九十里，南至江西南昌府武寧縣界一百四十里，西至通州縣界一百五十里，北至江邊黃顙口六十里，江中與黃州府蘄州分屬。【略】

大冶縣四至

南至興國州湖界半里，東至興國州界三十里，北至武昌縣界七十五里，西至武昌縣界四十五里。【略】

通山縣四至

東至興國州界三十里，南至江西武寧界八十里，西至崇陽界四十五里，北至咸寧界三十里。

清・沈青峰等《陝西通志》卷七《疆域二》 陝西布政司

治在京師西南二千六百五十里，東至河南閿鄉縣界三百五里，西至秦州清水縣界六百三十里，南至四川太平縣界一千三十里，北至榆林邊墻一千三百九十六里。按舊志多載廣袤若干里，蓋即合東至西至，而成東西相距之里數。合南至北至，而成南北相距之里數。如自閿鄉至清水東西合計九百三十五里，即廣數也。自太平至榆林邊墻，南北合計二千四百二十六里，即袤數也。讀者合觀，自能知之，故不復贅。至於府州之境，循例似宜先列廣袤，但如華之蒲城中隔西安，屬之渭南。耀之白水中隔華州，屬之蒲城，繡錯之處，殊難以不聯屬者，强計里數也。茲亦從畧，玩圖自明。

東南至河南淅川縣界六百二十里，西南至四川廣元縣界一千三百八十五里，東北至山西河曲縣界一千八百六十里，西北至慶陽府徵寧縣界三百二十里，領五府十二州七十三縣。【略】

西安府，最要。

治在布政司西，東至華州界一百六十里，西至武功縣界一百四十五里，南至鎮安縣界一百六十里，正南微西至石泉縣界四百三十里。按長安縣南境舊說，祇以鎮安之西北爲界，故止於一百六十里。若微西，取子午谷道抵五郎關，雖非坦途，亦屬封域。何可竟置不論。故凡係補入而里數懸絕者，皆此類也。玩圖可互證。北至耀州界一百七十八里。東南至商州界二百里，西南至洋縣界三百六十里，東北取高陵路至蒲城縣界二百一十里，西北至永壽縣界二百里。【略】

長安縣，最要，附郭。在府治西偏，東與咸寧分治，西至咸陽縣界二十五里，南至鎮安縣界一百六十里，正南微西至石泉縣界四百三十里，北至涇陽縣界三十里，西南至鄠縣界四十里，西北至咸陽縣界三十里。【略】西至咸陽縣治五十里，北至涇陽縣治七十里，南至鄠縣治七十里。【略】

咸寧縣，最要，附郭。在府治東偏，東至臨潼縣界四十五里，西與長安分治，南至舊縣關鎮安縣界二百五十里，北至高陵縣界三十里，東南至藍田縣界五十里，東北至高陵縣界三十五里。【略】東至臨潼縣治五十里，東南至藍田縣治九十里，東北至高陵縣治七十里，南至鎮安縣治三百四十里。【略】

咸陽縣，要。在府西少北五十里，東至長安縣界二十五里，西至興平縣界二十五里，南至鄠縣界二十里，北至涇陽縣界三十八里，東南至長安縣界二十五里，西南至盩厔縣界三十里，東北至涇陽縣界四十里，西北至醴泉縣界四十里。【略】東至長安縣治五十里，西至興平縣治五十里，南至鄠縣治五十五里，東北至涇陽縣治五十里，西北至醴泉縣治七十里。

興平縣，要。治在府西一百里，東至咸陽縣界二十五里，西至武功縣界四十五里，南至盩厔縣界二十五里，北至醴泉縣界三十五里，東南至麻紙頭咸陽縣界三十里，西南至薛固郿武功縣界四十五里，東北至夏家寨咸陽縣界三十三里，西北至張染郿醴泉縣界四十里。【略】東至咸陽縣治五十里，西至武功縣治九十里，北至醴泉縣治五十五里，東南至鄠縣治五十里，西南至盩厔縣治七十里。【略】

臨潼縣，要。治在府東五十里，東至渭南縣界四十七里，西至咸寧縣界十五里，南至藍田縣界三十五里，北至富平縣界七十里，東南至藍田縣界六十里，西南至咸寧縣界二十五里，東北至蒲城縣界九十五里，西北至高陵縣界三十里。【略】東至渭南縣治八十里，西至咸寧縣治五十里，南至藍田縣治八十五里，北至富平縣治九十里，東北至蒲城縣治一百六十里，西北至高陵縣治五十里。【略】

高陵縣，簡。治在府東北七十里，東至臨潼縣界十五里，西至康橋堡涇陽縣界二十里，南至蘇馬堡咸寧縣界二十里，北至仁村三原縣界十里，東南至嘴頭臨潼縣界二十里，西南至咸寧縣界三十五里，東北至齊家堡三原縣界七里，西北至桑園郿三原縣界十五里。【略】東南至臨潼縣治五十里，西南至長安、咸寧縣治七十里，西至涇陽縣治五十里，東北至富平縣治五十里，西北至三原縣治三十五里。【略】

鄠縣，中。治在府西南七十里，東至長安縣界三十里，西至盩厔縣界十五里，南至終南山二十里，山南面復屬長安縣境界。北至咸陽縣界三十五里，東南至長安縣界一百里，西南至盩厔縣界三十里，東北至長安縣界三十里，西北至興平縣界二十里。【略】東北至長安咸寧縣治七十里，西至盩厔縣治八十里，北至咸陽縣治五十五里，西北至興平縣治五十里。【略】

藍田縣，簡。治在府東南九十里，東至大龍廟渭南縣界一百二十里，西至咸寧縣界五十里，南至郭庵子鎮安縣界一百四十里，北至小金山臨潼縣界五十里，東南至新店鋪商州界七十五里，西南至填安縣界二百里，東北至厚子鎮渭南縣界五十里，西北至新街填咸寧縣界四十里。【略】東南至商州治二百一十里，西南至鎮安縣治二百九十里，北至臨潼縣治八十五里，東北至渭南縣治一百二十里，西北至長安、咸寧縣治九十里。【略】

涇陽縣，中。治在府西北七十里，東至高陵縣界二十五里，西至醴泉縣界三十二里，南至咸陽縣界十五里，北至淳化縣界五十里，東南至長安縣界四十里，西南至咸陽縣界十五里，東北至三原縣界十五里，西北至淳化縣界六十五里。【略】東至高陵縣治五十里，西至醴泉縣治九十里，南至長安、咸寧縣治七十里，西南至咸陽縣治五十里，東北至三原縣治三十里，西北至淳化縣治九十里。【略】

三原縣，中。治在府北九十里，東至臨潼縣界四十里，西至涇陽縣界八里，南至涇陽縣界八里，北至富平縣界五十五里，正北偏西至韓家村耀州界五十里，北至耀州界四十五里。按三原北抵陵前鎮，又北乃入富平界，非耀州界也。且耀州南三里即屬富平，何可越富平而以耀州爲界。舊説蓋指正北微西而言，東南至高陵縣界二十里，西南至涇陽縣界八里，東北至富平縣界三十里，西北至淳化縣界五十里。【略】北至耀州治八十里，東南至高陵縣治三十五里，西南至涇陽縣治三十里，東北至富平縣治六十里。【略】

盩厔縣，中。治在府西南一百六十里，東至鄠縣界六十五里，西至郿縣界四十里，南至洋縣界四百里，北至武功縣界五里，舊稱北至興平縣界二十里，按縣北五里抵渭河馬家村，即武功界，自北而東，乃興平界也。舊説指正北微東而言。東南至鄠縣界五十里，南微東至石泉縣界二百四十里，西南至洋縣界二百里，東北至興平縣界五十里，西北至武功縣界三十里。【略】東至鄠縣治八十里，西至郿縣治一百里，南至洋縣治五百里，東北至興平縣治七十里，西北至武功縣治五十里。【略】

渭南縣，要。治在府東一百四十里，東至華州界二十三里，西至臨潼縣界三十三里，南至商州界一百四十里，北至蒲城縣界六十里，東南至雒南縣界一百五十里，西南至藍田縣界七十里，東北至同州界五十五里，西北至富平縣界六十里。【略】東至華州治五十里，西至臨潼縣治八十里，南至商州治三百里，北至蒲城縣治一百里，東南至雒南縣治二百五十里，西南至藍田縣治一百二十里，東北

至同州治一百里，西北至富平縣治一百里。【略】

富平縣，要。治在府東北一百二十里，取三原路一百五十里，東至蒲城縣界四十里，西至三原縣界三十里，南至臨潼縣界二十里，北至同官縣界六十里，東南至關山里蒲富臨渭四縣界四十里，西南至三原縣界三十里，東北至六井村蒲城縣界九十里，舊稱東北至蒲城界四十里，按富平東至莊子鎮蒲城界四十里，東北九十里，抵六井村始盡，其境舊説蓋指莊子鎮稍北而言，西北至耀州界四十里。【略】東至蒲城縣治九十里，南至臨潼縣治九十里，西北至耀州治六十五里，西南至高陵縣治五十里，微南偏西至三原縣治六十里，東南至渭南縣治一百里。【略】

醴泉縣，要。治在府西北一百二十里，東至涇陽縣界五十八里，西至乾州界五里，南至興平縣界二十里，北至淳化縣界八十里，東南至興平縣界三十里，西南至武功縣界七十里，東北至土門脚底涇陽縣界五十里，西北至永壽縣界六十里。【略】東至涇陽縣治九十里，西至乾州治四十里，南至興平縣治五十五里，北至淳化縣治一百二十里，東南至咸陽縣治七十里，西南至武功縣治九十里，西北至永壽縣治一百四十里。【略】

延安府

治在布政司北七百二十里，東至山西永寧州界三百里，西至合水縣界一百八十里，南至鄜州界一百三十里，北至米脂縣界二百六十里，東南至韓城縣界三百五十五里，西南至鄜州界一百四十里，東北至清澗縣界一百九十五里，西北至靖邊縣界二百五十里，距京師二千二百里。【略】

膚施縣，中，附郭。東至延長縣界六十里，西至安塞縣界四十里，南至甘泉縣界四十五里，北至安塞縣界二十五里，東南至鄧旗屯甘泉縣界八十里，西南至甘泉縣界四十五里，東北至上磁窑安定縣界一百里，西北至郝家砭安塞縣界五十里。【略】東至延長縣治一百五十里，南至甘泉縣治九十里，西北至安塞縣治四十里，東北至安定縣治一百八十里。【略】

安塞縣，簡。治在府北少西四十里，東至安定縣界九十里，西至保安縣界九十里，南至膚施縣界一十五里，北至靖邊縣界一百八十里，東南至膚施縣界二十里，西南至甘泉縣界一百二十里，東北至安定縣界一百里，西北至保安縣界八十里，距省七百六十里。【略】東北至安定縣治一百四十里，西北至保安縣治一百八十里，東南至膚施縣治四十里。【略】

甘泉縣，簡。治在府南九十里，東至延長縣界一百五十里，西至伍花頭鄜州界七十里，南至鄜州界四十五里，北至膚施縣界四十五里，東南至宜川縣界一百七十里，西南至梅閣嶺鄜州界五十里，東北至膚施縣界四十五里，西北至石門子安塞縣界四十里，距省六百三十里。【略】東至宜川縣治二百六十里，南至鄜州治九十里，北至膚施縣治九十里，西南至合水縣治三百里，東北至延長縣治二百四十里。【略】

安定縣，簡。治在府北微東一百八十里，東至清澗縣界八十五里，西至靖邊縣界八十里，南至膚施縣界九十里，北至米脂縣界一百里，按縣北至瓦窑鋪，與米脂接界，綏德則東北界也。舊稱北至綏德州界，是指東北爲正北矣。東南至延川長二縣界俱六十里，西南至安塞縣界五十里，東北至綏德州清澗縣界七十里，西北至懷遠縣界七十里，距省九百里。【略】東至清澗縣治一百二十五里，正南微西至膚施縣治一百八十里，西南至安塞縣治一百四十里，東南至延川縣治一百四十里，東北至綏德州治二百五十里，北至米脂縣治二百二十里。【略】

保安縣，簡。治在府西北二百二十里，東至安塞縣界九十里，西至安化縣界一百七十里，南至安塞縣界一百三十里，北至靖邊縣界四十里，東南至安塞縣界六十里，西南至合水縣界一百五十里，東北至廟兒灣靖邊縣界一百里，西北至安化縣界一百三十里，距省九百四十里。【略】東南至安塞縣治一百八十里，北至靖邊縣治一百四十里，西至安化縣治三百七十里。【略】

宜川縣，簡。治在府東南二百六十里，東至山西吉州界一百里，西至鄜州界九十里，南至洛川縣界七十里，北至蘇洛郡延川縣界二百里，東南至韓城縣界一百里，西南至洛川縣界一百里，東北至馮家坬村延川縣界一百九十里，西北至虎峪寺甘泉縣界九十里，距省由韓城縣小路七百二十里，由洛川縣中路七百里，由延安府大路九百九十里。【略】東南至韓城縣治二百二十里，西南至洛川縣治一百八十里，西至甘泉縣治二百六十里，西北至延長縣治一百七十里，北至延川縣治二百三十里，東北至山西大寧縣治二百三十里，東至山西吉州治一百四十里。【略】

延川縣，簡。治在府東少北一百九十里，東至山西永和縣界七十里，西至延長縣界七十五里，南至宜川縣界八十里，北至清澗縣界十五里，東南至山西永和縣界一百里，西南至交口鎮延長縣界五十里，東北至賀家畔清澗縣界七十里，西北至寒沙寨安定縣界一百一十五里，距省九百二十里。【略】西南至延長縣治一百二十里，北至清澗縣治六十里，南至宜川縣治二百三十里，西北至安定縣治一

百四十里，東南至山西大寧縣治一百九十里，東北至山西石樓縣治一百七十里。【略】

延長縣，簡。治在府東一百五十里，東至宜川縣界七十里，西至膚施縣界九十里，南至甘泉縣界六十里，北至延川縣界五十里，東南至雲岩鎮宜川縣界九十里，西南至甘泉縣界四十里，東北至延川縣界七十里，西北至延川縣界六十里，距省八百五十里。【略】西至膚施縣治一百五十里，西南至甘泉縣治二百四十里，東南至宜川縣治一百七十里，東北至延川縣治一百二十里。【略】

鳳翔府

治在布政司西少北三百六十里，東至武功縣界一百五十里，西至清水縣界二百七十里，南至鳳縣界一百七十里，正南微西由寶雞至鳳縣界二百二十里，北至靈臺縣界七十里，東南至盩厔縣界譚家寨一百六十五里，南至漢陽縣界三百七十里。但漢陰在石泉之東，不與郿縣接壤，即漢陰之四正四隅亦無接郿界之語。故改從今說。西南至鳳縣界一百八十里，東北至永壽縣界一百六十五里，西北至華亭縣界二百一十里，距京師三千里。【略】

鳳翔縣，要，附郭。東至岐山縣界四十里，西至汧陽縣界三十五里，南至寶雞縣界四十里，北至麟遊縣界五十里，東南至岐山縣界六十三里，西南至寶雞縣界五十里，東北至麟遊縣界九十里，西北至汧陽縣界六十五里。【略】東至岐山縣治五十里，西至汧陽縣治七十里，西南至寶雞縣治九十里，東北至麟遊縣治一百二十里。【略】

岐山縣，要。治在府東五十里，東至扶風縣界三十五里，西至鳳翔縣界十里，南至郿縣界三十里，正南微西至鳳縣界一百五十里。北至麟遊縣界五十里，東南至郿縣界四十里，西南至寶雞縣界四十里，東北至扶風縣界六十里，西北至鳳翔縣界七十里，距省三百一十里。【略】東至扶風縣治六十里，西至鳳翔縣治五十里，東南至郿縣治五十五里，東北至麟遊縣治九十里。【略】

扶風縣，要。治在府東一百十里，東至武功縣界四十里，西至岐山縣界二十五里，南至郿縣界三十里，北至麟遊縣界七十里，東南至武功縣界四十里，西南至郿縣界二十里，東北至乾州界四十里，西北至岐山縣界二十里，距省二百五十里。【略】東至武功縣治六十里，西至岐山縣治六十里，南至郿縣治四十里，北至麟遊縣治一百一十里。【略】

郿縣，簡。治在府東南一百一十里，東至盩厔縣界六十里，西至岐山縣界三十里，南至太白山五十里，北至扶風縣界十里，東南至盩厔縣界六十里，西南至岐山縣界桃川里六十里，東北至扶風縣界牛蹄堡二十五里，西北至岐山縣界桃源邨十五里，距省三百里。【略】東至盩厔縣治一百里，北至扶風縣治四十里，西北至岐山縣治五十五里。【略】

寶雞縣，要。治在府西南九十里，東至岐山縣界九十里，西至秦州界九十里，正西微北至隴州界八十里，南至鳳縣界一百三十里，北至汧陽縣界四十里，東南至岐山縣界一百里，正西南至鳳縣界九十里，東北至鳳翔縣界五十里，西北至隴州界四十五里，距省四百五十里。【略】東北至鳳翔縣治九十里，西南至鳳縣治二百四十里，北至汧陽縣治六十里，西北至隴州治一百五十里。【略】

汧陽縣，中。治在府西少北七十里，東至鳳翔縣界三十五里，西至隴州界四十五里，南至寶雞縣界二十里，北至靈臺縣界七十里，東南至寶雞縣界二十五里，西南至隴州界五十里，東北至鳳翔縣界五十里，西北至隴州界三十五里，距省四百二十里。【略】東至鳳翔縣治七十里，西至隴州治九十里，南至寶雞縣治六十里，東北至靈臺縣治一百五十里。【略】

麟遊縣，簡。治在府東北一百二十里，東至乾州界七十里，西至鳳翔縣界六十里，又至汧陽縣界一百五十里，南至扶風縣界四十里，北至永壽縣界四十五里，東南至乾州界七十里，西南至岐山縣界四十里，東北至永壽縣界四十五里，西北至靈臺縣界一百一十里，距省三百三十里。【略】東至乾州治一百二十里，西南至鳳翔縣治一百二十里，南至扶風縣治一百一十里，西北至靈臺縣治一百二十里，東北至邠州治一百四十里。【略】

隴州治，中。在府西少北一百五十里，東至汧陽縣界四十五里，西至清水縣界一百二十里，南至寶雞縣界一百四十里，北至崇信縣界八十一里，東南至寶雞縣界一百二十里，西南至胡店秦州界一百二十里，東北至靈臺縣界六十里，西北至華亭縣界七十里，距省五百一十里。【略】東至汧陽縣治九十里，東南至寶雞縣治一百五十里，西至甘省清水縣治二百里，北至華亭縣治一百一十里。【略】

漢中府，要。

治在布政司西南一千七十里，東至石泉縣界三百十里，西至階州界五百里，舊稱西至四川廣元縣界三百七十里，西南至廣元縣治四百八十里。按廣元在府西南，若於正西言界西南，復言是指西南爲正西，而遺卻正西一面矣。南至四川南江縣界一百四十里，北至寶雞縣界五百一十里，東南至紫陽縣界三百二十里，西南至四川廣元縣界三百四十里，東北至五顆樹盩厔縣界三百六十里，西北至兩當縣界四百八十里，距京師三千五百里。

南鄭縣，要。東至城固縣界二十里，西至褒城縣界三十里，南至四川南江縣界一百四十里，北至褒城縣界二十里，東南至四川通江縣界一百二十里，西南至四川巴州界一百九十里，東北至獨木山城固縣界四十里，西北至褒城縣界二十里。【略】東至城固縣治七十里，西至沔縣治一百一十里，西北至褒城縣治四十里。【略】

褒城縣，要。治在府西少北四十里，東至南鄭縣界二十五里，西至鈕項鋪沔縣界三十里，南至官倉坪四川南江縣界二百里，北至鳳縣界一百四十里，東南至龍江鋪南鄭縣界二十里，西南至蔡壩寧羌州界一百八十里，東北至文川城固縣界六十里，西北至雲霧山沔縣界七十里，距省一千三十里。【略】東南至南鄭縣治四十里，西至沔縣治九十里，北至鳳縣治三百七十里。【略】

城固縣，中。治在府東少北七十里，東至洋縣界十里，西至南鄭縣界五十里，南至西鄉縣界七十里，北至鳳縣界一百五十里，東南至五堵門西鄉縣界五十里，西南至南鄭縣界一百四十里，東北至關王廟河洋縣界六十里，西北至南鄭縣界五十里，距省一千一百四十里。【略】東至洋縣治五十里，西至南鄭縣治七十里，東南至西鄉縣治一百五十里。【略】

洋縣，中。治在府東一百二十里，東至桑溪壩石泉縣界一百六十里，西至城固縣界四十里，南至西鄉縣界六十里，北至盩厔縣界一百里，至華陽山郿縣界二百一十里，東南至申溪西鄉縣界九十里，西南至泥鰍溝西鄉縣界七十里，東北至五顆樹盩厔縣界二百四十里，西北至黃溪埡城固縣界八十里，距省一千一百九十里。【略】東至石泉縣治二百三十里，西至城固縣治五十里，南至西鄉縣治一百二十里，北至盩厔縣治五百里。【略】

西鄉縣，簡。治在府東南二百四十里，東至石泉縣界一百二十里，西至城固縣界一百里，南至四川太平縣界五百里，北至洋縣界三十里，東南至紫陽縣界一百里，西南至四川通江縣界四百里，東北至石泉縣界一百二十里，西北至紅瓦鋪洋縣界六十里，距省一千二百九十里。【略】東南至紫陽縣治二百九十里，北至洋縣治一百二十里，東北至石泉縣治二百一十里，西北至城固縣治一百五十里。【略】

鳳縣，要。治在府西北三百八十里，東至寶雞縣界一百一十里，西至兩當縣界六十里，南至褒城縣界二百三十里，北至清水縣界七十里，東南至褒城縣界二百三十里，西南至沔縣界一百七十里，東北至寶雞縣界一百一十里，西北至兩當縣界七十里，距省六百九十里。【略】南至褒城縣治三百七十里，東北至寶雞縣治二百四十里，西南至略陽縣治二百三十里。【略】

寧羌州，要。治在府西南二百八十里，東至褒沔二縣界一百二十里，西至金山寺四川平武縣界二百七十五里，南至四川廣元縣界七十里，北至黃土鋪沔縣界一百十里，正北微西至略陽縣界一百三十里，東南至四川南江縣界二百五十里，西南至七盤關廣元縣界六十五里，東北至金堆鋪沔縣界一百零五里，西北至青木川階州文縣界一百二十里，距省一千三百二十里。【略】東北至沔縣治一百八十里，正北微西至略陽縣治二百一十里，西南至廣元縣治二百里，西北至文縣治三百五十里。【略】

沔縣，要。治在府西一百一十里，東至褒城縣界六十里，西至略陽縣界四十里，南至寧羌州界七十里，北至鳳縣界一百里，東南至天池子山褒城縣界六十里，西南至黃土嶺寧羌州界七十里，東北至黃沙窑褒城縣界五十里，西北至上沮水略陽縣界六十里，距省一千一百三十里。【略】東北至褒城縣治九十里，西南至寧羌州治一百八十里，西北至略陽縣治一百九十里，東至南鄭縣治一百一十里。【略】

略陽縣，中。治在府西少北二百九十里，東至沔縣界一百三十里，西至階州界一百一十里，南至寧羌州界八十里，北至徽州界一百三十里，東南至鐵佛鋪寧羌州界四十里，西南至階州界一百六十里，東北至白礬壩沔縣界一百三十里，西北至階樓壩成縣界一百九十里，距省一千三百二十里。【略】東南至沔縣治一百九十里，正南微東至寧羌州治二百一十里，東北至鳳縣治二百三十里，西北至成縣治二百里。【略】

榆林府，最要。治在布政司北一千三百五十里，東至乾溝葭州界九十五里，西至花馬池寧夏靈州界五百九十里，南至班家溝米脂縣界一百六十五里，北至鄂爾多斯界五十八里，東南至白家溝葭州界一百二十里，西南至五個掌兒慶陽府環縣界八百二十里，東北至鄂爾多斯界一百三十里，西北至鄂爾多斯界八十里，距京師一千七百九十里。【略】

榆林縣，最要。東至葭州界九十五里，西至華家梁懷遠縣界六十里，南至米脂縣界一百六十五里，北至邊墻十里，東南至白家溝葭州界一百二十里，西南至黨家岔懷遠縣界八十五里，東北至羊圈莊邊墻八十里，西北至寨城莊邊墻四十里。【略】東至神木縣治二百六十里，西至懷遠縣治一百六十里，南至米脂縣治一百七十里，東南至葭州治由建安堡二百九十里，由窟兒灣捷路二百里。【略】

懷遠縣，要。治在府西一百六十里，東至華家粱榆林縣界一百里，西至三道河溝靖邊縣界九十五里，南至西川中川米脂縣界一百五十里，下川綏德州界一百三十里，上川安定縣界九十里，北至邊墻二十里，東南至馬峪米脂縣界一百八十里，西南至卧牛城安塞縣界一百七十里，東北至官莊灘榆林縣界一百二十里，西北至石渡口靖邊縣界一百三十里，距省一千四百二十里。【略】東至榆林縣治一百六十里，西至靖邊縣治二百一十里，東南由響水堡至米脂縣治二百一十里。【略】

靖邊縣，要。治在府西三百五十里，東至清平堡懷遠縣界一百四十里，西至柳樹澗定邊縣界一百里，南至徐家台保安縣界一百一十里，北至邊墻十里，東南至牛頭坡保安縣界九十里，西南至張千户岔安化縣界一百八十里，東北至石渡口邊界一百一十里，西北至大河灣邊界五十里，距省一千一百里。【略】東至懷遠縣治二百一十里，西至定邊縣治二百三十里，南至保安縣治一百四十里。

【略】

定邊縣，最要。治在府西五百五十五里，東至寧塞堡靖邊縣界一百六十里，西至花馬池寧夏靈州界四十里，南至鐵鞭城環縣界二百六十里，北至大邊一里，東南至吴起營靖邊縣界一百七十里，西南至五個掌兒環縣界二百六十里，東北至大邊一里，西北至大邊一里，距省一千一百六十里。【略】東至靖邊縣治二百三十里，西至靈州治三百六十里，西北至寧夏府治三百二十里。【略】

興安州，中。

在布政司南六百八十里，東至湖廣鄖縣界四百一十五里，西至西鄉縣界三百四十五里，取漢中赴省驛路，至西鄉縣界三百三十里。南至四川太平縣界三百五十里，北至鎮安縣界二百七十里，東南至湖廣鄖縣、竹山二縣界五百四十里，西南至太平縣界四百四十里，東北至湖廣鄖西縣、商州山陽縣界四百二十里，一路民塘，由桑園鋪至鎮安縣界一百六十五里，一路兵塘，由老樹嘴至鎮安縣界一百九十五里。西北至長安、鎮安二縣界三百九十里，取河南路距京師四千四百四十里，取山西路四千二百一十里。【略】本州境東由江南至洵陽縣界七十里，由江北至洵陽縣界六十里，西至漢陰縣界一百五里，南至平利縣界三十里，北至燕子嶺鎮安縣界三百里，舊云北至鎮安界一百四十里，按州北三百里抵燕子嶺，與鎮安接界，未有百四十里之近者。惟東北由桑園鋪抵洵鎮二縣界牌灣最近，然踰洵陽，不與本州接界。東南至平利縣界四十里，西南至紫陽縣界一百六十里，至鐵佛寺四川太平縣界三百七十里，東北至關溝嶺洵陽縣界九十里，西北至鳳凰山漢陰縣界一百四十里。【略】東至洵陽縣治水路一百二十里，陸路一百三十五里，東南至平利縣治九十里，西北至漢陰縣治一百八十里，西南至紫陽縣治二百二十里，水路二百八十里。【略】

平利縣，簡。治在州南少東九十里，東至白土關埡湖廣竹溪縣界一百五十里，西至狗脊關埡本州界五十里，南至雞心嶺四川奉節縣界五百一十里，北至高望山本州界四十里，東南至固城洞竹谿縣界二百五十里，西南至花池嶺四川太平縣界二百六十里，東北至大頂山竹谿、興安、洵陽三境界一百六十里，西北至紙房河岸本州界三十里，距省七百四十里。【略】東北至洵陽縣治一百九十里，西北至本州治九十里。

洵陽縣，簡。治在州東一百二十里，東由江南至白河縣界一百二十里，由江北至藍灘鋪白河縣界一百八十里，西至廟溝鋪本州界六十里，南至青山觀湖廣竹山縣界一百五十五里，北至下茅坪鎮安縣界一百六十五里，東南至白河縣界一百四十里，至雞籠山湖廣房縣界一百五十里。西南至丫角山平利縣界一百六十里，東北至鑾川關山陽縣界三百里，微東北至湖廣鄖西縣界一百五十里。西北至鎮安縣界一百六十里，距省九百一十里。【略】東至白河縣治二百八十里，西至本州治一百三十五里，北至鎮安縣治二百八十里，南至竹谿縣治三百八十里。【略】

白河縣，簡。治在州東四百里，東至沙溝湖廣鄖縣界一十五里，西至藍灘鋪洵陽縣界一百里，南至界嶺湖廣竹山縣界一百六十里，北至漢江湖廣鄖西縣界三里，舊云北至鄖西縣界百里，按縣北三里即爲漢江與鄖西分界，百里則至鄖西治矣。東南至鄖縣界九十里，西南至竹山縣界一百六十里，東北至鄖西縣界三里，西北至鄖西縣界五十里，距省一千里。【略】西至洵陽縣治二百八十里，東至湖廣鄖縣治二百八十五里，西南至平利縣治二百七十里，南至湖廣竹山縣治二百八十里，北至湖廣鄖西縣治一百里。【略】

紫陽縣，簡。治在州西南二百二十里，東至本州界四十五里，西至團鑼寨西鄉縣界一百九十里，南至四川太平縣界八十里，北至五里坡漢陰縣界一百里，東南至太平縣界一百二十里，西南至二州埡太平縣界一百八十里，東北至蒿坪河本州界七十里，西北至漢陰縣界九十里，距省八百三十里。【略】東北至本州治

二百二十里，西至西鄉縣治二百九十里，北至漢陰縣治一百八十里。【略】

石泉縣，簡。治在州西北二百七十里，水路五百六十里。東至漢陰縣界五十里，西至洋縣界七十里，南至西鄉縣界九十里，北至長安縣界一百二十里，東南至火星山漢陰、西鄉二縣界一百三十里，西南至漁壩西鄉縣界六十里，東北至鎮安縣界一百二十里，西北至山河界長安縣界一百二十里，距省一千三百里。【略】東至漢陰縣治九十里，西南至西鄉縣治二百一十里，西至洋縣治二百三十里。【略】

漢陰縣，簡。治在州西少北一百八十里，東至越梅鋪本州界七十五里，西至草溝石泉縣界三十五里，南至紫陽縣界八十里，北至離恨坡鎮安縣界三百一十里，東南至圓潭子紫陽縣界一百二十里，西南至清溪西鄉縣界一百二十里，微西南至猪頭山西鄉縣蠟溪地界二百一十里。東北至本州界八十里，西北至石泉縣界九十里，距省一千二百一十里。【略】東至本州治一百八十里，西至石泉縣治九十里，南至紫陽縣治一百八十里。【略】

商州，中。

治在布政司東南三百里，東至河南盧氏縣界取商南道三百三十里，西至藍田縣界一百三十里，南至湖廣鄖西縣界二百四十里，北至華陰縣界一百九十里，東南至河南淅川縣界三百一十里，西南至興安州界四百三十里，東北至河南閿鄉縣界二百一十里，西北至渭南縣界二百里，距京師二千九百里，由雒南赴潼關路二千六百里。【略】本州境東至武關商南縣界一百九十里，西至牧護關藍田縣界一百三十里，南至下官坊山陽縣界九十里，北至藥子嶺雒南縣界七十里，東南至中家埡山陽縣界一百二十里，西南至藥王坪山陽縣界一百一十里，東北至鸛崖雒南縣界一百九十里，西北至鄭家坪藍田縣界一百四十里。【略】東北至雒南縣治九十里，東至商南縣治二百五十里，南至山陽縣治一百二十里，西南至鎮安縣治三百四十里，西至藍田縣治二百一十里。【略】

鎮安縣，簡。治在州西南三百四十里，東至山陽縣界一百三十里，西至五郎壩石泉長安二縣界三百五十里，南至洵陽縣界一百二十里，北至咸寧縣界九十里，按縣北九十里抵舊縣關咸寧界，舊云至藍田界百五十里，以東北為北矣。東南至元樹嶺鄖西縣界一百三十里，西南至紫溪河興安州界一百八十里，東北至藍田縣界一百五十里，西北至澗長庵長安縣界一百六十里，距省三百四十里。【略】東至山陽縣治二百二十里，南至洵陽縣治二百八十里，北至咸寧縣治三百四十里，東北至藍田縣治二百九十里。【略】

雒南縣，簡。治在州東少北九十里，東至河南盧氏縣界一百二十里，西至本州界三十里，南至本州界三十里，北至華陰縣界一百里，東南至老鸛崖商南縣界二百一十里，西南至藥子嶺本州界二十里，東北至扇車峪河南閿鄉縣界一百二十里，西北至楊家河渭南縣界一百一十里，距省由商州鋪遞大路三百六十里，一捷徑自縣西三十里，至火燒寨商州界到省三百里。【略】東南至商南縣治二百七十里，北至華陰縣治一百七十里，東北至潼關縣治一百四十五里，西北至華州治一百八十里。【略】

山陽縣，簡。治在州南少東一百二十里，東至商南縣界一百二十里，西至鎮安縣界一百里，南至湖廣鄖西縣界一百二十里，按縣南至龍王廟鄖西界百二十里，東南至任嶺百三十里，舊云南至鄖西縣界百三十里，是以東南為正南也。北至本州界三十里，南至任嶺鄖西縣界一百三十里，西南至七星碥鄖西縣界一百五十里，東北至中家埡本州界七十里，西北至藥王坪本州界七十里，距省四百二十里。【略】東至商南縣治二百六十里，西至鎮安縣治二百二十里，北至本州治一百二十里，東南至湖廣鄖西縣治二百四十里。【略】

商南縣，簡。治在州東少南二百五十里，東至河南淅川縣界四十里，西至四條嶺本州界五十里，正西微南至姚家灣州河本州界一百四十里。南至湖廣鄖縣界二百七十里，北至盧氏縣界八十里，東南至月兒灣淅川縣界九十五里，微東南至木家凹淅川縣界七十里。西南至湖廣鄖縣界二百五十里，東北至四山凹盧氏縣界六十里，西北至雒南縣界四十三里，距省五百四十里。【略】西南至山陽縣治二百六十里，西至本州治二百五十里，西北至雒南縣治二百七十里，東南至河南淅川縣治三百里。【略】

同州，要。

治在布政司東北二百四十里，取沙苑路二百六十里。東至山西蒲州府永濟縣界五十八里，西至蒲城縣界三十里，南至華州界三十五里，北至洛川縣界一百八十里，東南至渭河華陰縣界五十里，西南至喬店村渭南縣界五十里，東北至龍門山西河津縣界二百六十里，西北由澄城至洛川縣界一百九十里，取蒲津路距京師二千一百三十里。【略】本州境東至朝邑縣界十里，西至蒲城縣界三十里，南至華州界三十五里，北至澄城縣界二十五里，東南至渭河華陰縣界五十里，西南至喬店村渭南縣界五十里，東北至斷羅寨北朝邑縣界三十里，西北至坊舍鎮蒲城縣界三十里。【略】東至朝邑縣治三十里，西北至蒲城縣治七十里，南至華州治七十里，東南至華陰縣治七十八里，東北至郃陽縣治一百一十里，西南至渭南縣治一百里。【略】

朝邑縣，要。治在州東三十里，東至山西蒲州府永濟縣界二十八里，西至本州界二十里，南至華陰縣界四十里，北至郃陽縣界五十里，東南至華陰縣界六十里，西南至華陰縣界四十里，東北至烏牛鎮郃陽縣界五十里，西北至澄城縣界五十里，距省三百二十里。【略】東南至潼關縣治六十里，南至華陰縣治六十里，北至郃陽縣治一百里，西至本州治三十里，西北至澄城縣治一百里，東至山西永濟縣治三十里。【略】

郃陽縣，要。治在州東北一百一十里，東至黄河山西臨晉縣界四十里，西至王村澄城縣界二十里，南至朝邑縣界五十里，北至韓城縣界五十里，東南至黄河山西蒲州府永濟縣界四十里，西南至澄城縣界四十里，東北至大棗郩北韓城縣界五十里，西北至澄城縣界四十里，距省三百七十里，由朝邑華陰華州至省四百二十里。【略】西至澄城縣治四十里，南至朝邑縣治一百里，東北至韓城縣治九十里，西南至本州治一百一十里，東南至山西蒲州府治一百里。【略】

澄城縣，中。治在州北一百里，東至郃陽縣界二十里，西至白水縣界四十里，南至本州界六十里，北至洛川縣界七十里，東南至雙泉鎮朝邑縣界六十里，西南至污泥河蒲城縣界六十里，東北至九郎山韓城縣界九十里，西北至洛川縣界九十里，距省三百二十里。【略】東至郃陽縣治四十里，東南至朝邑縣治一百里，南至本州治一百里，西至白水縣治九十里，西南至蒲城縣治九十里，東北至韓城縣治一百二十里，西北至洛川縣治二百二十里。【略】

韓城縣，要。治在州東北二百二十里，東至山西滎河縣界十五里，西至神道嶺石堡洛川縣界一百二十五里，南至後窑頭郃陽縣界四十里，北至宜川縣界一百二十里，東南至黄河滎河縣界二十里，西南至營鐵村郃陽縣界七十里，東北至龍門山西河津縣界六十里，西北至北池山下宜川縣界一百二十里，距省四百四十里。【略】南至郃陽縣治九十里，西南至澄城縣治一百二十里，西至洛川縣治二百八十里，西北至宜川縣治二百二十里，東南至山西滎河縣治三十里。【略】

華州，要。

治在布政司東一百九十里，東至河南閿鄉縣界一百一十五里，西至渭南縣界二十七里，南至雒南縣界八十里，北由蒲城至白水縣界一百六十里，東南至雒南縣界一百一十里，西南至箭峪口石家村渭南縣界六十里，東北至朝邑縣界一百里，西北由蒲城至同官縣界二百一十里，距京師二千四百六十里。【略】本州境東至華陰縣界四十里，西至渭南縣界二十七里，南至雒南縣界八十里，北至渭南縣界三十里，東南至華陰縣界一百一十五里，西南至渭南縣界六十里，東北至同州界三十五里，西北至渭南縣界三十里。【略】東至華陰縣治七十里，西至渭南縣治五十里，東南至雒南縣治一百八十里，東北至同州治七十里。【略】

華陰縣，要。治在州東七十里，東至潼關縣界三十五里，按縣東舊包潼關至河南閿鄉縣界四十五里，雍正三年改潼關爲縣，建滿城於西，遂以滿城西門外分界止三十五里。西至本州界三十里，南至雒南縣界四十里，北至朝邑縣界二十里，東南至雒南縣界四十里，西南至雒南縣界八十里，東北至朝邑縣界三十里，西北至渭河同州界三十里，距省二百六十里。【略】東至潼關縣治四十里，北至朝邑縣治六十里，南至雒南縣治一百七十里，西至本州治七十里，西北至同州治七十八里。【略】

蒲城縣，要。治在州北少西一百二十里，東至同州界四十里，西至富平縣界五十里，南至渭南縣界四十里，北至白水縣界四十里，東南至同州界四十里，西南至臨潼縣界七十里，東北至澄城縣界七十里，西北至同官縣界九十里，距省二百二十里。【略】東南至同州治七十里，西至富平縣治九十里，南至渭南縣治一百里，北至白水縣治五十里，東北至澄城縣治九十里。【略】

潼關縣，要。治在州東一百一十里，按治內境土皆屯衛，舊區錯處，華陰、朝邑及河南靈閿諸邑分布參差，難以廣袤道里計，今第就建治一區，列其近界。東至河南閿鄉縣界五里。西至滿城西門外華陰縣界五里，南門外，不敷武即華陰、閿鄉二縣界。北至山西蒲州府界一里，距省三百里。【略】西至華陰縣治四十里，西南至雒南縣治一百四十五里，西北至朝邑縣治六十里，北至山西永濟縣治七十里，東至河南閿鄉縣治七十五里。【略】

耀州，中。

治在布政司北一百八十里，東至富平縣界十里，西至淳化縣界五十里，南至富平縣界三里，舊云南至三原界四十五里，東南至富平界三里，是以正南爲東南矣。按州南三里爲岔口即富平界，不與三原接壤，詳見三原。北至宜君縣界一百里，東南至梅家坪富平縣界七里西南至三原縣界二十里，東北踰蒲城地由白水至洛川縣界二百七十里，西北至岸門三水縣界九十里，距京師二千四百里。【略】本州境東至富平縣界十里，西至淳化縣界五十里，南至富平縣界三里，北至同官縣界二十里，東南至富平縣界七里，西南至三原縣界二十里，東北至同官縣界十五里，西北至三水縣界九十里。【略】南至三原縣治八十里，北至同官縣治七十里，西至淳化縣治九十里，東南至富平縣治六十五里，西北至三水縣治一百六十里。【略】

同官縣，簡。治在州北七十里，東至蒲城縣界五十里，舊云至白水界，白水中隔蒲城地，不與同官接界。西至本州界四十里，南至本州界五十里，北至宜君縣界六十里，東南至富平縣界三十里，西南至本州界五十里，東北至烏泥川蒲城縣界六十里，西北至袁家山宜君縣界五十里，距省二百五十里。【略】東南至富平蒲城縣治九十里，一百四十里南至本州治七十里，北至宜君縣治九十里。【略】

白水縣，簡。治在州東北二百十里，東至洛河澄城縣界四十里，西至白石河蒲城縣界四十里，南至臨川鋪蒲城縣界五里，北至洛川縣界七十里，東南至故現村蒲城縣界三十五里，西南至西河下蒲城縣界五里，東北至孔走鎮澄城縣界六十里，西北至宜君縣界七十里，距省二百六十里。【略】東至澄城縣治九十里，南至蒲城縣治五十里，東南至同州治一百二十里，西南至富平縣治一百四十里，北至洛川縣治二百一十里，西北至宜君縣治一百六十里。【略】

乾州，要。

治在布政司西北一百六十里，東至醴泉縣界三十五里，西至扶風縣界六十里，南至盩厔縣界九十五里，北至邠州界一百二十五里，東南至盩厔縣界九十里，西南至扶風、郿縣界七十五里，東北至邠州界一百六十里，西北至邠州界一百四十里，距京師二千八百里。【略】本州境東至醴泉縣界三十五里，西至扶風縣界六十里，南至武功縣界四十里，北至永壽縣界四十五里，東南至興平縣界六十里，西南至武功縣界五十里，東北至永壽、醴泉二縣界五十里，西北至麟遊縣界六十里。【略】東至醴泉縣治四十里，西至麟遊縣治一百二十里，北至永壽縣治九十里，西南至武功縣治六十五里。

武功縣，要。治在州西南六十五里，東至興平縣界四十五里，西至扶風縣界二十里，南至盩厔縣界三十五里，北至乾州界二十五里，東南至薛固村盩厔、興平二縣界六十里，西南至楊陵鎮郿、扶二縣界十五里，東北至東馬午興平、乾州界三十里，西北至黃家河扶風、乾州界二十里，距省一百九十里。【略】東至興平縣治九十里，西至扶風縣治六十里，東南至盩厔縣治五十里，東北至乾州治六十五里，西南至郿縣治七十里。【略】

永壽縣，要。治在州北九十里，東至大泒邨醴泉縣界八十里，西至楊家村麟遊縣界三十里，南至本州界四十五里，北至邠州界三十五里，東南至東五式村醴泉縣界九十里，西南至明月山乾州、扶風縣二界八十里，東北至邠州界七十里，西北至邠州界三十里，距省二百五十里。【略】東南至醴泉縣治一百四十里，北至邠州治七十里，西南至麟遊縣治一百里。【略】

邠州，要。

治在布政司西北三百二十里，東至耀州界一百八十里，西至涇州界一百一十里，南至永壽縣界三十五里，北至寧州界六十里，正北微東至徵寧縣界六十里，東南由淳化至涇陽縣界一百七十里，西南至麟遊縣界七十五里，東北至宜君縣界一百五十里，西北至湯溪村寧州界一百二十里，距京師三千里。【略】本州境東至淳化縣界八十五里，西至長武縣界四十里，南至永壽縣界三十五里，北至寧州界六十里，東南至淳化縣界八十里，西南至麟遊縣界七十五里，東北至三水縣界三十五里，西北至寧州界七十五里。【略】東至淳化縣治一百四十里，西至長武縣治八十里，南至永壽縣治七十里，東北至三水縣治六十五里，西南至麟遊縣治一百四十里。【略】

三水縣，簡。治在州東北六十五里，東至耀州宜君縣二界俱六十里，西至本州界三十里，南至淳化縣界五十里，北至徵寧縣界五十里，東南至岸門耀州界七十里，西南至本州界四十里，東北至宜君縣界九十里，西北至長溝川徵寧縣界六十里，距省二百七十里。【略】東至宜君縣治二百一十里，東南至耀州治一百六十里，南至淳化縣治一百里，西南至本州治六十五里。【略】

淳化縣，簡。治在州東少南一百四十里，東至耀州界四十四里，西至本州界四十五里，南至醴泉縣界四十里，北至三水縣界四十五里，東南至涇陽縣界四十里，西南至南莊村醴泉縣界五十里，東北至孟侯村耀州界四十五里，西北至二十里原三水縣界四十里，距省一百六十里。【略】東至耀州治九十里，西至本州治一百四十里，南至醴泉縣治一百二十里，北至三水縣治一百里，東南至涇陽縣治九十里。【略】

長武縣，中。治在州西北八十里，東至本州界四十里，西至涇州界三十里，南至途店鎮靈臺縣界三十五里，北至寧州界三十里，東南至少寨鎮靈臺縣界四十里，西南至响河村涇州界三十里，東北至梁社邨本州界三十五里，西北至湯溪邨寧州界四十里，距省四百里。【略】東至本州治八十里，西至甘省平涼府涇州

治一百一十里，南至平凉府靈臺縣治五十五里，北至慶陽府寧州治九十里，東南至麟遊縣治一百二十里。【略】

鄜州，中。

治在布政司北五百五十里，東至韓城縣界二百一十里，西至合水縣界一百七十里，南至同官縣界二百四十里，北至甘泉縣界四十五里，東南至澄城縣界一百九十里，西南至徵寧縣界二百二十里，東北至宜川縣界九十里，西北至保安縣界二百里，至安塞縣界一百五十里，距京師二千五百里。【略】本州境東至洛川縣界三十里，西至合水縣界一百七十里，南至中部縣界八十里，北至甘泉縣界四十五里，按州北四十五里抵倒坐鋪甘泉界，東北九十里抵界牌山宜川界。舊云北至宜川界九十里，是以東北爲北矣。 東南至街子河洛川縣界四十里，西南至原村中部縣界九十里，東北至界牌山宜川縣界九十里，西北至保安縣界二百里，至安塞縣界一百五十里。【略】東南至洛川縣治六十里，西至合水縣治二百九十里，南至中部縣治一百四十里，北至甘泉縣治九十里，東北至宜川縣治一百八十里，西北至保安縣治三百五十里。【略】

洛川縣，簡。 治在州東南六十里，東至阿石崖韓城縣界一百五十里，西至本州界三十里，南至史家河白水縣界一百三十里，北至聞喜邨東河陰鄜州宜川縣二界九十里，東南至界頭山澄城縣界一百三十里，舊云至白水界一百二十里，以正南當東南矣。 西南至中部縣界七十里，東北至界牌山宜川縣界六十里，西北至本州界二十五里，距省四百五十里。【略】東至韓城縣治二百八十里，西北至鄜州治六十里，南至白水縣治二百一十里，西南至中部縣治一百一十里，東北至宜川縣治一百八十里。【略】

中部縣，簡。 治在州南少西一百四十里，東至曹村洛川縣界四十五里，西至黨家崾嶮徵寧縣界一百八十五里，南至曹家坬宜君縣界二十里，北至攔虎村本州界五十里，東南至秦官村洛川縣界六十里，西南至許家原宜君縣界三十里，東北至交口洛川縣界四十里，西北至桃樹村徵寧縣界二百里，距省四百里。【略】南至宜君縣治七十里，北至鄜州治一百四十里，東北至洛川縣治一百一十里。【略】

宜君縣，簡。 治在州南二百十里，東至石盤里洛川縣界九十里，西至雙槐樹徵寧縣界一百五十里，南至烈泉鋪同官縣界三十里，北至東湖橋中部縣界五十里，東南至暗門白水縣界一百里，西南至泊鐵三水縣界一百四十里，東北至嘴兒頭中部縣界一百里，西北至徵寧縣界一百一十里，微西北至七里鎮中部縣界八十里。距省三百三十里。【略】南至同官縣治九十里，北至中部縣治七十里，西南至三水縣治二百一十里，東南至白水縣治二百六十里，西至慶陽府徵寧縣治二百二十里。【略】

綏德州，要。

治在布政司東北一千一百里，東至西河渡黄河山西永寧州界一百三十里，正東微北至岔道塢吴堡縣界一百二十里。 西至折家坪安定縣界一百四十里，南至延川縣界一百六十里，北至榆林縣界八十五里，東南至延川縣界二百二十里，西南至安定縣界八十里，東北至葭州界一百三十里，西北至雷家寨懷遠縣界二百八十里，距京師一千八百里。【略】本州境東至黄河永寧州界一百三十里，西至米脂縣界二十里，南至清澗縣界二十里，北至米脂縣界二十五里，東南至福榮坪清澗縣界一百三十里，西南至沐溝清澗縣界五十里，東北至石岔里吴堡縣界一百二十里，西北至高和尚砭米脂縣界五十里。【略】東至吴堡縣治一百四十五里，東南至清澗縣治一百四十里，正北微西至米脂縣治八十里，西南至安定縣治一百五十里。【略】

米脂縣，簡。 治在州北少西八十里，東至高家園葭州界六十里，西至安定縣界八十里，南至高和尚砭本州界三十里，北至榆林縣界五里，東南至吴堡縣界五十里，西南至安定縣界八十里，東北至葭州界五十里，西北至狄青園懷遠縣界二百里，距省一千二百里。【略】東至葭州治一百二十里，南至本州治八十里，北至榆林縣治一百七十里，西南至安定縣治二百二十里。【略】

清澗縣，簡。 治在州東南一百四十里，東至黄河山西石樓縣界一百五十里，西至安定縣界四十里，南至延川縣界四十五里，北至本州界一百二十里，東南至山西石樓縣界一百四十里，西南至延川縣界三十里，東北至綏德州界一百三十里，西北至米脂縣界一百二十里，距省九百五十里。【略】南至延川縣治六十里，北至本州治一百四十里，西至安定縣治一百二十五里。【略】

葭州，要。 治在布政司東北一千三百二十里，東至山西臨縣界二里，西至米脂縣界六十里，南由吴堡至綏德州界二百二十五里，北至邊墻一百八十里，東南由吴堡至山西永寧州界二百二十里，西南至綏德州界八十里，東北至山西河曲縣界五百四十里，西北至榆林縣界一百七十里，距京師一千八百里。【略】本州境東至山西臨縣界二里，西至米脂縣界六十里，南至吴堡縣界一百一十里，北至神木縣界一百六十里，東南至山西臨縣界二里，西南至綏德州界八十里，東北至神木縣界一百一十里，西北至榆林縣界一百七十里。【略】東至山西臨縣治一百一十里，西至米脂縣治一百二十里，南至吴堡縣治一百八十里，西北由建安堡至榆林縣治二百九十里，由捷路二百里，東北至山西興縣治二百二十里。【略】

吴堡縣，簡。治在州南一百八十里，東城下即黄河山西永寧州界，舊云東至永寧界二十里，是以東南爲東也。西至綏德州界三十里，南至綏德州界二十五里，按縣南二十五里抵河西驛，與綏德接界，舊稱南至綏德界六十里，是以西南爲南也。北至本州界七十里，東南至永寧州界三十里，西南至綏德州界六十里，東北至孟門鎮永寧州界三十里，西北至米脂縣界五十里，距省一千二百四十里。【略】西至綏德州治一百四十五里，北至葭州治一百八十里，東至山西永寧州治一百七十里，東北至山西臨縣治一百二十里。【略】

神木縣，要。治在州東北二百六十里，東至盤塘府谷縣界一百三十里，西至邊墻五十里，南至東灣溝本州界一百三十里，北至邊墻十里，東南至興縣界一百里，西南至葭州界一百里，東北至府谷縣界八十里，西北至邊墻三十里，距省一千六百三十里。【略】東北至府谷縣治一百七十里，西至榆林縣治二百六十里，西南至葭州治二百六十里。【略】

府谷縣，中。治在州東北四百三十里，東至黄河山西河曲縣界一里，西至萬家墩神木縣界一百里，南至黄河保德州界一里，北至鄂爾多斯界九十里，東南至保德州界一里，西南至李家石堡神木縣界四十里，東北至焦家坪山西河曲縣界九十里，西北至鄂爾多斯界九十五里，距省由榆林府路一千七百九十里。【略】西至神木縣治一百七十里，東至山西河曲縣治七十一里，南至山西保德州治四里。

清·李衛等《浙江通志》卷三《疆域》 浙江全省【略】

東距海洋，西控宣歙，廣五百二十里，袤一千七百五十九里，周圍五千二百七十五里，東至大海蓮花洋界，西至江西廣信府界六百五十五里，南至福建沙埕界一千三百里，北至江南蕪州府界三百三十里，東南至大海水洋爲界，西南至福建浦城縣界七百三十里，東北至江南金山衛界四百三十里，西北至江南寧國府界四百一十里。【略】

杭州府【略】

舊《浙江通志》：東西廣一百九十里，南北袤八十二里。《御定皇輿表》：東至赭山海口六十里，西至嚴州府桐廬縣界一百三十五里，南至紹興府蕭山縣界二十八里，北至湖州府德清縣界四十五里，自府治至京師四千二百里，東南到紹興府蕭山縣西興界二十八里，自界到縣一十里。西南到金華府浦江縣金沙嶺界三百四十里，自界到縣一百一十里，東北到嘉興府石門縣十六都横溪界一百二里，自界到嘉興府九十里。西北到江南寧國府寧國縣千秋關界二百八十里。自界到寧國府一百二十里。

錢塘縣【略】

東西廣四十五里，南北袤一百四十里，東至清泰望江二門抵城而止，西至餘杭縣長橋界十里，南至富陽縣廟山界七十里，北至湖州德清縣導墩舖界七十里，東南到紹興府蕭山縣西興界二十八里，西南到富陽縣分金嶺界六十五里，東北到仁和縣義和坊四里，西北到餘杭縣西溪界四十里。【略】

仁和縣【略】

東西廣六十一里，南北袤八十四里，東至海寧縣上舍涇界六十里自界至縣四十七里，西至錢塘門抵城而止，南至紹興府蕭山縣漁浦界二十八里，自界至縣一十里，北至湖州府德清縣五林村界四十五里，自界至縣三十六里，東南到紹興府蕭山縣西興界二十八里，自界到縣一十里，西南到甘泉西城脚下接錢塘縣界，東北到嘉興府崇德縣即今石門縣横溪界一百二里，自界到縣二十七里，西北到湖州府德清縣導墩舖界七十里，自界到縣四十里。【略】

海寧縣

在府治東一百二十里，東西廣一百三十里，南北袤七十里，東至嘉興府海鹽縣金牛山界八十三里，西至仁和縣上舍涇界四十七里，南至紹興府蕭山縣浙江中流界四十里，北至嘉興府石門縣白塔界三十里，東南到紹興府餘姚縣石棋山界六十里，西南到蕭山縣赭山浙江中流界五十四里，東北到嘉興府海鹽縣横湖界七十八里，西北到湖州府德清縣大麻堰界四十八里。【略】自縣治至京師四千一十三里。

富陽縣

在府治西九十里，東西廣五十五里，南北袤一百一十五里。【略】東至錢塘縣湖塘山石碑界二十五里，《富陽縣志》到縣九十里。西至新城縣分派峴界三十里，《富陽縣志》到縣五十里。南至紹興府諸暨縣嶺峰界八十五里，《富陽縣志》到縣一百六十里。北至餘杭縣篠嶺界三十里，《富陽縣志》到縣五十五里。東南到紹興府蕭山縣古石碑界四十五里，西南到金華府浦江縣金沙嶺界一百四十里，東北到錢塘縣分金嶺界五十里，西北到臨安縣芝羅嶺界四十五里，東北至京師四千三百里。

餘杭縣

舊《浙江通志》：在府治西北七十里，東西廣四十三里，南北袤八十四里。《杭州府志》：東至錢塘縣長橋界二十六里，《餘杭縣志》自界至縣四十五里。西至臨安縣杜塢橋界一十七里，《餘杭縣志》自界至縣一十八里。南至富陽縣篠嶺界二十五里，《餘杭縣志》自界至縣三十八里。北至湖州府武康縣馬頭山界五十九里，《餘杭縣志》自界至縣三十里。東南到錢塘縣西溪界三十里，《餘杭縣志》自界至縣四十里。西南到臨安縣進賢西村界二十五里，《餘杭縣志》自界至縣二十五里。東北到武康縣盤石界六十五里，《餘杭縣志》自界至縣三十五里。西北到湖州府安吉州獨松關界七十五里，《餘杭縣志》自界至縣七十五里。《餘杭縣志》：東北至京師，陸路三千二百八十里，水路四千一百一十二里。

臨安縣

舊《浙江通志》：在府治西北一百里，東西廣五十三里，南北袤一百一十里。《杭州府志》：東至餘杭縣杜塢橋界一十八里，自界至縣一十八里。西至於潛縣橫塘塍界三十五里，自界至縣三十里。南至新城縣閟嶺界四十里，自界至縣三十里。北至湖州府孝豐縣倪嶺界七十里，自界至安吉州四十里。東南到富陽縣青樹嶺界三十五里，自界至縣四十五里。西南到新城縣筍嶺界二十五里，自界至縣五十五里。東北到餘杭縣進賢西村界二十五里，自界至縣二十五里。西北到於潛縣天目山界五十里。《臨安縣志》：北抵京師水行四千一百三十里，陸行三千三百二十里。

於潛縣

舊《浙江通志》：在府治西北一百七十里，東西廣六十里，南北袤一百一十五里。《杭州府志》：東至臨安縣橫塘塍界三十里，自界至縣三十五里。西至昌化縣蘆嶺界三十里，自界至縣一十里。南至嚴州府分水縣磚山埠界六十里，自界至縣一十二里。北至江南寧國府寧國縣千秋關界五十五里，自界至縣一百五里。東南到新城縣浮雲嶺界四十里，自界至縣八十里。西南到昌化縣金鷄嶺界三十里，自界至縣一十五里。東北到湖州府安吉州水凝嶺界九十里，自界至縣一百五里。西北到昌化縣羅紋嶺界五十五里，自界至縣三十五里。《於潛縣志》：北至京師陸行三千三百八十里，水行四千二百一十五里。【略】

新城縣

舊《浙江通志》：在府治西南一百二十里，東西廣九十五里，南北袤九十里。《杭州府志》：東至富陽縣衆圃石牌界二十里，《新城縣志》：自界至縣二十五里。西至於潛縣寶福山界七十五里，《新城縣志》：自界至縣三十五里。南至嚴州府桐廬縣白峰山界二十里，《新城縣志》：自界至縣二十五里。北至臨安縣金嶺界七十里，《新城縣志》：自界至縣二十里。東南到富陽縣高平嶺界二十一里，《新城縣志》：自界至富陽六十四里。西南到嚴州府分水縣桐嶺界二十五里，《新城縣志》：自界至縣七十里。東北到臨安縣吴村界二十五里，《新城縣志》：自界至縣五十里。西北到於潛縣浮雲嶺界七十七里，《新城縣志》：自界至縣三十一里。《新城縣志》：東北至京師四千三百二十里。

昌化縣

舊《浙江通志》：在府治西二百一十里，東西廣八十五里，南北袤一百四十五里。《杭州府志》：東至於潛縣界頭溪界一十五里，自界至縣三十里。西至江南徽州府歙縣昱嶺關界七十五里，自界至縣一百七十五里。至嚴州府淳安縣沈嶺界七十五里，自界至縣一百五里。北至江南寧國府寧國縣黄花關界六十里，自界至縣一百二十里。東南到嚴州府分水縣洪嶺界五十里，自界至縣三十里。西南到淳安縣貢嶺界七十里，自界至縣一百二十里。東北到於潛縣羅紋嶺界三十里，自界至縣五十里。西北到徽州府績溪縣蕨嶺界八十里，自界至縣八十里。《昌化縣志》：北達京師陸行三千三百里，水行四千二百里。

嘉興府

《名勝志》：在浙江省城北一百八十里，東西廣一百七十里，南北袤一百六十里。舊《浙江通志》：東至江南松江府華亭縣界五十里，西至杭州府仁和縣界一百里，南至海八十三里，北至江南蘇州府吴江縣界二十七里，自府治至京師四千二十里。《嘉興府志》：東南盡平湖界大海接江南金山衛一百五里，西北盡桐鄉界烏程之烏鎮五十里，西南盡石門界仁和縣之金鵝鄉一百里，東北盡嘉善界蘇州府長洲縣之章練八十里。

嘉興縣

舊《浙江通志》：附郭，東西廣八十里，南北袤六十四里。《嘉興府志》：東至平湖縣，《嘉興縣志》：東至平湖界白馬堰五十四里。東南界海鹽，《嘉興縣志》：南至海鹽縣界五十三里，東南到海鹽縣界五十四里，自界首到海鹽縣九里。東北界嘉善，《嘉興縣志》：北至嘉善縣界三十二里，東北到嘉善縣界三十里，自界首到嘉善縣五里。西南北並界秀水。《嘉興縣志》：西至城内秀水縣界十步城外，西南至秀水縣界三里，南至城内秀水縣界十步，北至城内秀水縣界十五步，西北到城内秀水縣界二十一步，自界首到秀水縣一里。

秀水縣

舊《浙江通志》：附郭，西廣三十八里，南北袤四十五里。《嘉興府志》：東界嘉善，《秀水縣志》：東北至嘉善縣界四十五里。東南界嘉興，《秀水縣志》：東至嘉興縣界三里。南至嘉興縣界十五里，東南至嘉興縣界五里，東北界吳江，《秀水縣志》：北至吳江縣界三十里。西北界石門，《秀水縣志》：西北至桐鄉縣烏鎮界四十五里。西南界桐鄉。《秀水縣志》：西至桐鄉縣界三十五里，西南至桐鄉縣界三十里。

嘉善縣

舊《浙江通志》：在府治東三十六里，東西廣三十九里，南北袤九十八里。《嘉興府志》：東界江南華亭，《嘉善縣志》：東至松江府七十里。西至本府北門二十七里，東南界平湖，《嘉善縣志》：東南至平湖縣治三十六里，西南至府治三十六里。南界嘉興，《嘉善縣志》：南至嘉興縣界一十里。北界江南崑山，《嘉善縣志》：東北至青浦縣界三十六里，至長洲縣界四十里。西北界江南吳江，《嘉善縣志》：北至吳江縣界三十二里。《嘉善縣志》：達省城二百里，達京師水行四千一百三十里，陸行三千六百二十里。

海鹽縣

舊《浙江通志》：在府治東南八十里，東西廣六十四里，南北袤八十八里。《嘉興府志》：東南迫海，《海鹽縣圖經》：東半里海，東南二里海。西南界海寧，《海鹽縣圖經》：西六十三里，南四十八里，西南五十里，並至海寧縣。北界嘉興，《海鹽縣圖經》：北七十里嘉興縣。東北界平湖，《海鹽縣圖經》：東北五十里平湖縣。西北一百二十里嘉善縣。《海鹽縣圖經》：至司二百七十五里，至京水程四千一百六十五里，陸程三千八十二里。

石門縣

舊《浙江通志》：在府治西南九十里，東北抵嘉興府水陸各八十里，東西廣五十二里，南北袤二十七里。《嘉興府志》：東北界桐鄉，《石門縣志》：東界桐鄉募化鄉二十里，北界桐鄉保寧鄉二十里，東北至桐鄉清風鄉三十里。西南界德清，《石門縣志》：西界德清縣金鵝鄉二十五里，西南至金鵝鄉二十五里。東南界海寧，《石門縣志》：南界海寧昌亭鄉十里，東南至海寧元吉鄉十里。西北界歸安。《石門縣志》：西北至歸安太一鄉三十里。《石門縣志》：西南抵布政司水陸各一百十里，北達京師水四千一百九十里，陸三千六百七十里。

平湖縣

舊《浙江通志》：在府治東五十四里，東西廣三十九里，南北袤六十八里。《嘉興府志》：東南界海，《平湖縣志》：東界海三十六里，南界海二十七里。西界嘉興，《平湖縣志》：西界嘉興縣三里。西南界海鹽，《平湖縣志》：南界海鹽四十里。北界江南華亭，《平湖縣志》：東北界江南華亭二十九里。西北界嘉善。《平湖縣志》：西北界嘉善十五里。《平湖縣志》：西南至布政司二百四十九里，西北至京師水路四千一百五十四里，陸路三千六百三十八里。

桐鄉縣

舊《浙江通志》：在府治西六十里，東西廣三十五里，南北袤六十里。《嘉興府志》：東界嘉興，《桐鄉縣志》：東至嘉興縣嘉會都界一十八里。東南界海鹽，《桐鄉縣志》：南至海寧縣昌亭鄉界三十里，東南至海鹽縣長水鄉界四十五里。東北界秀水，《桐鄉縣志》：東北至秀水思賢鄉界三十八里。西南界石門，《桐鄉縣志》：西至石門縣玉溪鎮界二十五里，西南至石門縣崇德鄉界二十七里。西北界歸安，《桐鄉縣志》：西北至歸安縣太原鄉界三十七里。北界江南吳江。《桐鄉縣志》：北至吳江縣澄源鄉界三十二里。《桐鄉縣志》：至省會水陸各一百七十里，至京師水路四千一百三十里，陸路三千七百一十二里。

湖州府

《名勝志》：在省城西一百八十里，東西廣一百五十里，南北袤一百三十八里。《御定皇輿表》：東至江南蘇州府吳江縣界六十里，西至江南廣德州界一百三十里，南至杭州府仁和縣界一百二十里，北至蘇州府吳縣界一十八里，自府治至京師四千三百里。《湖州府志》：東南至嘉興府桐鄉縣界九十里。以烏鎮爲界，自界到嘉興府又八十里。西南至江南寧國府寧國縣界二百四十里。以紫峴山爲界，自界到寧國府又一百五十里。東北至江南蘇州府吳江縣界六十里。以染店浜爲界，自界到蘇州府又七十里。西北至江南常州府宜興縣界七十里。以懸腳嶺爲界，自界到常州府又七十里。

烏程縣

舊《浙江通志》：附郭，東西廣一百八里，南北袤八十一里。《湖州府志》：東至江南吳江縣界七十二里，以潯溪爲界。西至長興縣界三十五里，以水瀆中分爲界。南至歸安縣界六十三里，以橫水中分爲界。北至太湖口一十八里。東南到歸安縣一里，以小市巷爲界，《烏程縣志》：界兩平橋。西南到歸安縣界五十里，以吕村爲界。東北到吴江縣界六十里，以譚澤浦中分爲界。西北到長興縣界三十里，以卞山村爲界。

歸安縣

舊《浙江通志》：附郭，東西廣九十里，南北袤六十五里。《湖州府志》：東至桐鄉縣界八十二里，以璉市東爲界。西至烏程縣界一里，以儀鳳橋西爲界。南至德清縣界六十里，以横溪中分爲界。北至烏程縣界二里，以奉勝門爲界。東南至嘉興府石門縣界一百二十里，以白馬村爲界。西南至安吉州界一百二十里，以銅山鄉石門村爲界。東北至烏程縣界四十里，以上陂村爲界。西北至烏程縣界五里，以荻塘爲界。

長興縣

舊《浙江通志》：在府治西七十里，東西廣一百三十里，南北袤一百二十里。《長興縣志》：東西相距一百五十里，南北一百五十里。《湖州府志》：東至烏程縣界三十五里，以白鶴嶺爲界。西至江南廣德州界二百里，以龍目嶺爲界，《長興縣志》：西至廣德州界一百里。南至安吉州界六十里，以小溪橋爲界，《長興縣志》：南至安吉州界一百一十里。北至江南宜興縣界六十里，以懸脚嶺爲界。東南至烏程縣界三十五里，以宋瀆中心爲界。西南至安吉州界六十里，以趙村爲界，《長興縣志》：西南至安吉州界一百五里，以白水澗爲界。東北至太湖口二十五里，西北至江南常州府宜興縣界七十里，以義鄉山爲界。《長興縣志》：東南至省城二百五十里，至京師四千三百七十里。

德清縣

舊《浙江通志》：在府治南九十里，東西廣六十三里，南北袤六十九里。《德清縣志》：東西相距七十五里。《湖州府志》：東至石門縣九十里，以大麻村爲界，《德清縣志》：到石門縣一百八里。西至武康縣界三里，以金鵝山爲界，《德清縣志》：西至武康縣三里，以永安橋爲界，到縣二十六里。南至仁和縣界三十里，以五林村爲界，《德清縣志》：到杭州府九十里。北至歸安縣界三十里，以諸前瀆爲界，《德清縣志》：北至歸安縣界三十六里，到湖州府一百里。東南至仁和縣界三十里，以古駱塘爲界，《德清縣志》：東南到海寧縣界九十三里，以古駱塘爲界。西南至仁和縣界一十五里，以奉口斗門爲界。東北至歸安縣界五十四里，以郜浦中流爲界。西北至歸安縣界三十五里，以渚前瀆爲界。《德清縣志》：南達浙江布政司九十餘里，北達京師三千八百里。

武康縣

舊《浙江通志》：在府治西南一百七十里，東西廣七十九里，南北袤四十五里。《湖州府志》：東至德清縣界二十三里，以金鵝山爲界，《武康縣志》：東至金鵝山二十七里。西至安吉州界五十五里，以銅峴山爲界，《武康縣志》：西至安吉州界高塢嶺七十里。南至餘杭縣界三十里，以馬頭關爲界。北至歸安縣界一十五里，以桃塢嶺爲界，《武康縣志》：北至桃塢嶺三十五里。東南至錢塘縣界三十六里，以界頭村爲界，《武康縣志》：東南至錢塘縣三十七里。西南至餘杭縣界三十五里，以盤溪爲界。《武康縣志》：西南至餘杭縣闔石埃三十五里，東北至歸安縣界四十里，以塘頭舖爲界。西北至歸安縣界一百八十里，以方山爲界，《武康縣志》：西北至方山嶺二十八里。《武康縣志》：至浙江布政司九十里，至京師陸路三千八百九十一里，水程四千四百七里。

安吉州

舊《浙江通志》：在府治西北一百二十里，東西廣八十里，南北袤七十里。《湖州府志》：東至武康縣界三十五里，以銅峴山爲界。《安吉州志》：東至武康縣九十里。西至江南廣德州界四十里，以苦嶺山爲界。《安吉州志》：西至廣德州九十里。南至孝豐縣界三十里，以沿干市爲界。《安吉州志》：南至孝豐縣四十里，南二十里抵沿干爲孝豐縣界。北至長興縣界五十里，以方山謝公鄉爲界。《安吉州志》：北至歸安縣一百二十里，北四十五里抵小溪橋爲長興縣界。東南至餘杭縣界四十五里，以獨松關爲界。西南至江南寧國府寧國縣界一百二十里，以下峴山爲界。《安吉州志》：西南三十里抵錫干爲孝豐縣界。東北至長興縣界四十三里，以梅溪鄉大嶺爲界。《安吉州志》：東北四十三里抵前趙村爲歸安縣界。西北至江南廣德州界四十一里，以五嶺爲界。《安吉州志》：西北四十里抵龍潭嶺爲長興縣界。《安吉州志》：東南至省城三百里，北至京城四千二百里。

孝豐縣

舊《浙江通志》：在府治西南九十里，東西廣一百三十里，南北袤六十里。《湖州府志》：東至武康縣界三十里，以菱湖嶺爲界。《孝豐縣志》：東至武康縣一百二十里。西至江南廣德州界四十里，以苦嶺山爲界。《孝豐縣志》：西至江南寧國府一百二十里，以孔夫關爲界。南至臨安縣界五十里，以烏山關爲界。《孝豐縣志》：南至臨安縣六十里。北至安吉州界二十五里，以沿干溪爲界。《孝豐縣志》：北至安吉州四十里。東南至餘杭縣界三十里，以幽嶺爲界。《孝豐縣志》：東南至餘杭縣一百一十里。西南至於潛縣界三十里，以郎採關爲界。《孝豐縣志》：西南至於潛縣七十里。東北至安吉州界二十里，以穆王城爲界。《孝豐縣志》：東北至安吉州界二十五里。西北至江南廣德州界三十里，以金鵝嶺爲界。《孝豐縣志》：西北至廣德州界七十里。《孝豐縣志》：至省二百五十里，至京師四千三百九十里。

寧波府

《名勝志》：在省城南五百里。《寧波府志》：西北至省城四百八十里。舊《浙江通志》：東西廣二百二十四里，南北袤二百八里。《御定皇輿表》：東至海岸一百四里，西至紹興府餘姚縣界一百二十里，南至台州府寧海縣界一百四十六里，北至海岸六十二里，自府治至京師四千六百四十里。《寧波府志》：東南極海岸一百一十二里，東北極海岸七十二里，南極柵墟嶺之海一百四十六里，西南極杉木嶺一百二十六里，皆際於台州西極桐下浦一百二十里，西北極鳴鶴鄉之雙河一百有五里，皆際於紹興。

鄞縣

舊《浙江通志》：附郭，東西廣六十五里，南北袤六十六里。《寧波府志》：東至陽堂鄉隴東河舖三十五里界鎮海，南至鄞塘鄉傅河壩五十里《鄞縣志》五十五里界奉化，西至桃源鄉潘嶴嶺三十里界慈谿，北至老界鄉磚橋舖十五里界鎮海，東南至豐樂鄉之金峩山九十里界奉化，西南至通遠鄉梅山嶺一百七十里界紹之餘姚，東北至老界鄉張家堰四十一里界鎮海，西北至清道鄉西渡三十五里界慈谿。

慈谿縣

舊《浙江通志》：在府治西北六十里，東西廣一百里，南北袤九十里。《寧波府志》：東至梅林溼鸕鷀浦六十里界鎮海，南至鍾乳山潘嶴嶺三十里界鄞，西至桐下湖從浦至大江八十里界餘姚，北至海中桑嶼黄牛山六十里界海鹽，東南至西渡江心十五里界鄞，西南至楊溪村石門山一百里界餘姚，東北至鴈門嶺六十里界鎮海，西北至上林鄉八十里界餘姚。《慈谿縣志》：西北至省城四百三十里，至京師四千六百一十里。

奉化縣

舊《浙江通志》：在府治西南八十里，東西廣一百七十里，南北袤一百五里。《寧波府志》：東至鄞之藤嶺道陳嶺七十里，西至新昌縣六詔嶺、嵊縣剡嶺界俱一百里，南至寧海柵墟嶺六十里，北至鄞北渡四十五里，東南陸路由十廟碶渡海并折水路凡二百五十里界象山，西南由杉木嶺至龍宫馬嶴八十里界寧海，東北至金峩山嶺六十里界鄞，西北至箬坑嶺一百二十里界嵊。《奉化縣志》：西北到嵊縣一百七十里，上虞縣二百里，餘姚縣二百二十里。《奉化縣志》：至浙江布政司陸路五百六十里，水路六百里，至京師陸路四千六百三十里，水路四千五百五十八里。

鎮海縣

舊《浙江通志》：在府治東北六十五里，東西廣二百九十里，南北袤二百五十七里。《寧波府志》：在郡治東北六十里，東西相距二百五十里，南北相距二百三十里。《寧波府志》：東北切近海岸由關口二里至港口，又五里至虎蹲山，又十里至蛟門山，又十里至搗杵山，又三十里至金塘山西首山腳，又十里至太平山，又十里至後海，又五十里至東霍山，又五十里至西霍山，又二十里至七姊妹山，計洋面延袤四十里，東北界定鎮洋汛，西北界乍浦洋汛，南至靈巖鄉阿育王山三十里界鄞，西至清泉鄉浦橋北五十里界鄞，東南至海晏鄉旗頭山青龍港海洋一百十里界象山，西南至崇丘鄉張家堰三十五里界鄞，西北至靈緒鄉東埠墟松浦閘一百二十里界慈谿。《鎮海縣志》：西北至省城五百三十里，至京師四千七百二十里。

象山縣

舊《浙江通志》：在府治東南二百七十里，東西廣二百里，南北袤二百五里。東至海岸四十里，南至海岸一百二十里，西至寧海一百八十里，北至奉化一百九十里，東到鄞港東殊山八十里，南到寧海界秋蘆門海港一百九十里，西到寧海界蓋蒼山脊一百里，北到鄞港中烏嶼山六十里，東南到海岸三十里，西北到奉化界鄞港中白石山六十里，東北到鄞港中翁山七十里，西北到寧海縣界漁溪梅港一百五十里，西北至省城七百五十里，至京師四千九百五十里。

定海縣

《寧波府志》：在府治東北二百六十里，自東門至甬東嶴，十五里過吴洞二嶴，又十五里過蘆蒲嶴，又十里過舵嶴，又十里至大展嶴，又十里爲東之盡，從海船渡過蓮花洋金缽盂計水道五十里，至普陀山往東南十里，至朱家尖往南三十里，至桃花登步六横俱係懸山，舟行可達大小洛伽山，外係大洋，可達日本國。自南門三里至道頭水道，二十里至螺頭門，過横水洋向南至大榭，向西至金塘六十里，至蛟門三十里，至小港口十里，至招寶山界鎮海縣。自西門鹽倉嶴五里過西高嶺，十五里至紫薇嶴，十里至岑港嶴。向西北二十里至大小沙，向西二十里至碇齒，爲西之盡。從海船過渡五里至册子山，又十里至金塘鄉，又二十里與鎮海縣蛟門連界。自北門至□河嶴，向東北十里過東高嶺，又十里至皋洩嶴，十里至白泉嶴，十五里至北墠嶴，又十里至大展嶴，與舵嶴連接。從□河正北二十里至千檝嶴，又二十里至馬嶴。從海船過渡，至秀山，再渡至岱山外，即衢洋，洋外即衢山與江南崇明鎮洋面接界。【略】

紹興府

《名勝志》：在省城東南一百三十八里。《御定皇輿表》：東西廣二百九十里，南北袤四百四十七里。舊《浙江通志》：東至寧波府慈谿縣界二百里，西至杭州府富陽縣界二百三十五里，南至金華府東陽縣界二百五十里，北至海口三十里。《紹興府志》：北至海四十里。自府治至京師四千四百五十八里。《紹興府志》：東南至台州府天台縣界三百里，西南至杭州府富陽縣界一百九十二里，東北至寧波府慈谿縣界二百二十七里，西北至杭州府錢塘縣界一百二十五里。

山陰縣

舊《浙江通志》：附郭，東西廣九十八里，南北袤一百一十八里。《紹興府志》：東至會稽縣不二里許，界運河而中分之，東南至覆盆嶺諸暨縣界四十里，西南五十里際古博嶺，西南踰金牛嶺七十里達於浣江，亦接諸暨，北至海岸四十里，沙隄極目，轉徙無常，海之北岸則嘉興之澉浦也。東北以宋家漊爲界，隣會稽。西至錢清五十五里，界蕭山縣。西北抵航塢之瓜瀝村，亦達於海。

會稽縣

舊《浙江通志》：附郭，東西廣九十二里，南北袤一百三十里。《紹興府志》：九十里至曹娥江之中流上虞縣界，《會稽縣志》：東九十二里至曹娥江之中流。東南一百四十里至三界，南一百一十里至南嶀口溪之中流並嵊縣界，西南八十里至駐日嶺諸暨縣界西一里運河中流，西北三里並山陰縣界，北二十一里抵海。《會稽縣志》：逾北岸嘉興府海鹽縣界。東北七十五里，至瀝海纂風鎮上虞縣界。

蕭山縣

舊《浙江通志》：在府治西北一百一十一里，東西廣六十二里，南北袤九十里。《紹興府志》：東五十里至浦陽江之中，東南五十一里至螺山之外，東北四十九里至龕山，抵航塢山並山陰界，西至浙江之中二十三里，西北一十五里並錢塘縣界，南至壕嶺六十五里諸暨縣界，西南四十八里至黃嶺富陽縣界，北至大海之中三十五里杭州府仁和縣界。至省城三十里，至京師四千三百四十三里。

諸暨縣

舊《浙江通志》：在府治西南一百四十二里，《諸暨縣志》：至本府一百一十里。東西廣一百六十里，南北袤一百一十里。《紹興府志》：東至古博嶺山陰縣界、駐日嶺會稽縣界俱七十里，西至五洩山富陽縣界、金華府浦江縣界俱五十里，南至善坑嶺白巖山金華府義烏縣界六十里，北至兔石頭蕭山、山陰二縣界俱九十里，東北至白水山山陰縣界九十里，西北至雀門嶺富陽縣界七十里，西南至日入柱山浦江縣界七十里，東南至宣家山嵊縣界八十里而近，白水嶺金華府東陽縣界八十里而遥。《諸暨縣志》：至布政司二百里，至京師四千四百二十里。

餘姚縣

舊《浙江通志》：在府治東北一百四十七里，東西廣六十里，南北袤二百六十里。《餘姚縣志》：東西廣五十五里，南北袤一百九十六里。《紹興府志》：東二十里界桐下湖橋，《餘姚縣志》：東十里界桐下湖橋。東南三十五里界楊溪之石門山，《餘姚縣志》：東南四十五里界石門山。東北七十里界上林之漾塘並慈谿縣，西三十里界小楂湖，西南六十里界筆竹嶺，《餘姚縣志》：西南五十里界筆竹嶺。西北七十里界烏盆斷塘並上虞縣，南一百六十一里界黎州山嵊縣，北三十五里入海際，又北包懸泥山跨海之北抵海鹽縣。《餘姚縣志》：至省城三百一十里，至京師四千五百七十里。

上虞縣

舊《浙江通志》：在府治東一百二十里，東西廣五十三里，南北袤一百一十一里，《上虞縣志》：南北一百三十里。東二十里至通明壩，《上虞縣志》：東二十八里至新橋。東南四十五里至帛道猷嶺，東北二十里至新壩俱餘姚縣界，西二十八里至曹娥江之中流，西北八十七里至黃家堰俱會稽縣界，《上虞縣志》：西北八十里至黃家堰。西南九十里至車騎山，南一百三十里至覆卮山俱嵊縣界，《上虞縣志》：南七十里至郁嶺石牀舖嵊縣界。北六十里抵海。《上虞縣志》：海北即嘉興府海鹽縣界。

嵊縣

舊《浙江通志》：在府治東南一百八十里，《嵊縣志》：達府一百一十里。東西廣三百七十六里，南北袤一百七十六里。《紹興府志》：東至陸照嶺一百四十里寧波府奉化縣界，東南至太湖山七十里，南至胡塍一百五十里俱新昌縣界，西南至白峰嶺九十里東陽縣界，西至勞績嶺一百三十六里諸暨縣界，西北至孫家嶺七十里，北至池湖五十五里俱會稽縣界，東北至郁樹嶺六十里上虞縣界。《嵊縣志》：至省城三百二十五里，至京師水行四千六百四十里，陸行四千五百四十五里。

新昌縣

舊《浙江通志》：在府治東南一百二十里，東西廣二百二十里，南北袤一百四十五里。《紹興府志》：東至黃柏尖台州府寧海縣界一百里，《新昌縣志》：至縣一百八十里。東南至關嶺天台縣界一百二十里，南至彩烟山東陽縣界二百一十里，西南至穿巖山嵊縣界四十里，西至烏巖溪嵊縣界三十里，《新昌縣志》：至縣三十五里。西北至花鈿嶺嵊縣界十五里，《新昌縣志》：至縣三十五里。北至王宅後溪嵊縣界四十里，東北至黃罕嶺奉化縣界一百里，《新昌縣志》：至縣一百六十里。《新昌縣志》：北至京師四千五百五十八里，至省城三百二十五里。

台州府

《名勝志》：在省城東南三百里。舊《浙江通志》：東西廣三百九十里，南北袤三百九十里。《御定皇輿表》：東至海岸一百八十里，西至處州府縉雲縣二百一十九里，南至溫州府樂清縣界一百三十九里，北至紹興府新昌縣界一百四十五里。自府治至京師四千七百七十八里。《台州府志》：東南二百九十二里入海，西南一百九十二里括蒼山入處州府，東北三百二十五里磕蒼山入寧波府，西北二百九十四里大盆山入金華府。

臨海縣

舊《浙江通志》：附郭，東西廣二百四十里，南北袤二百一十五里。《台州府志》：東一百八十里牛頭山入海，西七十里黃沙嶺入仙居縣，南四十五里黃土嶺入黃巖縣，北六十五里杜潭嶺入天台縣，東南一百二十六里海門山入海，西南五十里括蒼山連登壇山入仙居縣，東北五十五里桐巖嶺入寧海縣，西北六十五里黃振嶺入天台縣。

黃巖縣

舊《浙江通志》：在府治南六十里，東西廣三百二十里，南北袤六十里。《台州府志》：東六十里海門山入海，西二百五十里蒼山入仙居縣，南五十里盤山入樂清縣，北一十里戌舖嶺入臨海縣，東南六十里新河入太平縣，西南三百里塵山入永嘉縣，東北六十里赤山村入臨海縣，西北七十里義誠鄉入臨海縣。至省城七百三十二里，至京師五千八百三十八里。

天台縣

舊《浙江通志》：在府治西北九十里，東西廣二百二十九里，南北袤七十五里。《台州府志》：東四十里筋竹嶺入寧海縣，《天台縣志》：東四十六里筋竹嶺界，自界至縣八十里。西一百八十三里大盆山入東陽縣，《天台縣志》：自界至縣七十五里。南二十五里杜潭入臨海縣，《天台縣志》：自界至縣六十五里。北五十里石壘寨入新昌縣，《天台縣志》：自界至縣七十五里。東南四十里黃振嶺入臨海縣，《天台縣志》：自界至縣七十里。西南一百里紫犨山入仙居縣，《天台縣志》：自界至縣八十里。東北六十里靈墟入寧海縣，西北四十里關嶺舖入新昌縣。《天台縣志》：西北五十里至關嶺界，自界至縣七十里。《天台縣志》：至省城五百五十里，至京師四千九百里。

仙居縣

舊《浙江通志》：在府治西九十里，東西廣一百二十里，南北袤一百四十里，《仙居縣志》：東西一百四十里，南北一百五十里。《台州府志》：東四十里界嶺入臨海縣，西一百里風門入縉雲縣，南一百里道者山入永嘉縣，北五十里祝家尞入天台縣，東南一百五十里五部山入黃巖縣，西南一百里界邊山入縉雲縣，東北八十里盧坑山入天台縣，《仙居縣志》：東北八十里紫岷入天台。西北一百一十五里郭坦山入永康縣。《仙居縣志》：西北一百五十里郭坦山。《仙居縣志》：至省城七百里，至京師四千九百一十里。

寧海縣

舊《浙江通志》：在府治東北一百八十里，東西廣一百九十里，南北袤二百六十五里。《台州府志》：東一百一十里西溪嶺入象山縣，西六十里白溪源入天台縣，南一百一十五里寧和嶺入臨海縣，北七十里柵墟嶺入奉化縣，東南二百五十里牛頭洋入海，西南一百二十里桐巖嶺入臨海縣，東北一百二十里柴溪嶺入象山縣，西北九十里杉木嶺入新昌縣。《寧海縣志》：至省城六百五十里，至京師四千八百七十里。

太平縣

舊《浙江通志》：在府治南一百五十里，東西廣七十五里，南北袤八十三里。《台州府志》：東三十五里新河所，又五里抵海，西三十五里石橋入樂清縣，南三十里隘頑所，又三里抵海，北四十里小塘嶺，又五里入黃巖縣，東南五十里松門衛抵海，西南七十里楚門所抵海，東北四十五里新橋入黃巖縣，西北四十里嶺店驛入樂清縣。《太平縣志》：至浙江布政司八百一十二里，至京師五千三十五里。

金華府

《名勝志》：在省城南五百五十里。《金華府志》：至浙江布政司陸路四百二十里，水路四百四十里。舊《浙江通志》：東西廣三百九十八里，南北袤三百六里。《御定皇輿表》：東至台州府天台縣界三百九十里，西至衢州府龍游縣界九十里，南至處州府縉雲縣界一百八十六里，北至嚴州府建德縣界一百一十里，自府治至京師四千五百八十八里。《金華府志》：東南到台州府仙居縣馬鬃嶺爲界三百四十九里，西南到衢州府龍游縣方山爲界七十五里，西北到嚴州府建德縣三河爲界一百里，東北到紹興府諸暨縣顔家畈界二百十五里。

金華縣

舊《浙江通志》：東西廣九十三里，南北袤六十八里。《金華府志》：東至義烏縣界六十八里，地名航慈，《金華縣志》：自界至義烏縣治四十二里。東南到武義縣界四十五里，地名石龍頭，《金華縣志》：自界至武義茭道驛十里，到縣治又二十五里。南至武義縣界四十里，地名焦顔狀石，《金華縣志》：自界至武義縣治三十里。西南到湯溪縣界二十五里，地名白龍溪，《金華縣志》：自界至湯溪縣治三十里。西至蘭谿縣界二十五里，地名柵頭，《金華縣志》：自界至蘭谿縣治二十五里。西北到蘭谿縣界二十五里，地名九龍，《金華縣志》：自界至蘭谿縣治二十五里。北到蘭谿縣界三十五里，地名盤泉，《金華縣志》：自界至縣治二十里。東北到浦江縣界五十五里。《金華縣志》：自界至浦江縣治五十五里。

蘭谿縣

舊《浙江通志》：在府治西五十里，東西廣七十五里，南北袤一百十五里。《蘭谿縣志》：今南北僅七十餘里。《金華府志》：東至金華縣界三十里，地名竹馬館。東南到金華縣界二十里，地名古城。南到湯溪縣界二十五里，地名赤井橋，《蘭谿縣志》：南至湯溪縣大有溪橋二十五里。西南到龍游縣界三十五里，地名游埠。西至壽昌縣界四十五里，地名檀村。西北到建德縣界三十五里，地名白雁插，《蘭谿縣志》：白雁岐。北至建德縣界四十五里，地名將軍巖。東北到浦江縣界五十五里，地名橫木。《蘭谿縣志》：至浙江布政司陸路三百六十五里，水路三百七十五里。至京師陸路四千四百三十五里，水路四千五百二十三里。

東陽縣

舊《浙江通志》：在府治東一百五十里，東西廣一百七十二里，南北袤一百二十八里。《金華府志》：東至天台縣界一百四十里，地名梅枝嶺，《東陽縣志》：東一百五十里梅枝嶺稍下蝦□巖爲界，到天台縣治共二百二十里。東南到天台縣界，地名烏巖，《東陽縣志》：至烏巖寨，抵深坑爲界，共一百四十里，到天臺縣治，共二百九十里。南至永康縣界六十一里，地名五斗，《東陽縣志》：南六十七里至丈塢坑水東橋爲界，到永康縣治共一百十里。西南到義烏縣界，地名下墅，《東陽縣志》：下墅街牌巷及洪塘村中界圻東郭坑並義烏界各五十里，到義烏縣皆百里。西至義烏縣界二十里，地名下昆溪，《東陽縣志》：至下昆溪二十里鋪昆橋爲界，到義烏縣治共四十里。西北到義烏縣界，地名蒲塘，《東陽縣志》：計十五里。北至諸暨縣界六十里，地名顔家畈，《東陽縣志》：六十一里，以三三保田中間石巖爲界，舊志作顔家畈。東北到嵊縣界，地名白峰，《東陽縣志》：共九十里，上白峰嶺計三百步，抵界到嵊縣治，共一百九十里。《東陽縣志》：到浙江布政司三百里，到京師四千六百二十里。

義烏縣

舊《浙江通志》：在府治東北一百一十里，東西廣六十里，南北袤一百十七里。《金華府志》：東至東陽縣界二十里，地名下崑溪，《義烏縣志》：自界至東陽縣治二十里。東南到東陽縣界五十里，地名洪塘，《義烏縣志》：自界至東陽縣治四十八里。南至永康縣界九十七里，地名杳嶺，《義烏縣志》：至永康縣界九十里，地名察嶺，自界至縣五十五里。西南到金華縣界五十里，地名何樓子，《義烏縣志》：自界至金華縣治八十里。西至金華縣界四十里，地名杭慈溪，《義烏縣志》：自界至金華縣治七十里。西北到浦江縣界三十里，地名石斛，《義烏縣志》：自界至浦江縣治三十里。東北到東陽縣界三十里，地名愛頭，《義烏縣志》：自界至東陽治縣二十六里。《義烏縣志》：至本省陸路五百三十里，水路五百五十里。至京師陸路四千六百里，水路四千七百八里。

永康縣

舊《浙江通志》：在府治東南一百一十里，東西廣二百六十五里，南北袤一百里。《金華府志》：東至仙居縣界二百四十里，地名馬鬃嶺。東南到縉雲縣界四十里，地名南岡嶺。南至縉雲縣界四十五里，地名黃碧封堠。西南到武義縣界二十里，地名桐琴。西至武義縣界二十五里，地名桐琴西堠，《永康縣志》：西至武義縣楊公橋交界三十里。西北到武義縣界三十里，地名馱塘。北至義烏縣界五十五里，地名杳嶺。東北到東陽縣界六十里，地名四路口。《永康縣志》到本省五百三十里，到京師四千六百八十里。

武義縣

舊《浙江通志》：在府治南八十里，東西廣六十里，南北袤六十里。《武義縣志》：東西廣七十里，南北袤八十里。《金華府志》：東至永康縣界三十五里，地名楊公橋。東南到永康縣界二十五里，地名桐琴。南至縉雲縣界三十里，地名小窖頭。西南到麗水縣界四十五里，地名應和，《武義縣志》：西南至麗水、宣平二縣，以應和小後陶爲界。西至金華縣界三十五里，地名長山。西北到金華縣界三十里，地名售溪，《武義縣志》：焦溪。北至金華縣界三十里，地名梅公山。東北到金華縣界三十五里，地名石龍頭。《武義縣志》：縣治至省陸路五百里，水路五百二十里。至京師陸路四千五百七十五里，水路四千六百七十八里。

浦江縣

舊《浙江通志》：在府治東北一百二十里，東西廣一百二里，南北袤一百四十里。《金華府志》：東至諸暨縣界六十里，地名楊家埠，《浦江縣志》：東至諸暨縣五十里，以界牌爲界，自界至縣治六十里。東南到義烏縣界四十里，地名赤村橋，《浦江縣志》：東南至義烏縣三十里，以步虛嶺爲界，自界至縣治三十里。南至金華縣界六十里，地名太陽嶺，《浦江縣志》：南至金華縣五十五里，以太陽嶺爲界，自界至縣治五十五里。西南到蘭谿縣界六十里，地名洪塘，《浦江縣志》：西南至蘭谿縣五十里，以橫木爲界，自界至縣治六十里。西到建德縣界四十里，地名井坑嶺，《浦江縣志》：井坑嶺至縣治六十里。西北到建德縣界五十里，地名截柘嶺，《浦江縣志》：西北至建德縣四十里截柘嶺爲界，自界至縣治六十里。北至富陽縣界九十里，地名金山嶺下，《浦江縣志》：金沙嶺至縣治九十里。東北到桐廬縣界一百里，地名松山坑口，《浦江縣志》：東北至諸暨縣九十里，以楊塘嶺爲界，自界至縣治五十里。《浦江縣志》：至浙江布政司陸路五百四十里，水路五百五十里。至京師陸路四千六百十里，水路四千七百八里。

湯溪縣

舊《浙江通志》：在府治西南五十五里，東西廣四十三里，南北袤一百一十里。《金華府志》：東至金華縣界二十五里，地名白龍溪。南至遂昌縣界七十里，地名周塢，《湯溪縣志》：東南四十里至遂昌縣界箬陽。南到遂昌縣界七十里，地名銀嶺。西南到龍游縣界二十里，地名方山，《湯溪縣志》：西南四十里至方山。西至龍游縣界二十里，地名湖鎮，《湯溪縣志》：西二十八里至龍游縣界白渡橋。西北到蘭谿縣界三十里，地名油埠，《湯溪縣志》：西北二十二里至油埠。北至蘭谿縣界四十里，地名樟林。東北到蘭谿縣界三十里，地名張坑。《湯溪縣志》：由縣治達省城陸路五百里，水路四百里。達京師陸路四千四百十里，水路四千四百十五里。

衢州府

《名勝志》在省城西南六百里，《衢州府志》：水路六百里，陸路四百八十里，至浙江布政司。舊《浙江通志》：東西廣二百三十里，南北袤三百五十里。《御定皇輿表》：東至金華府蘭谿縣界一百二十二里，西至廣信府玉山縣界一百一十五里，南至福建建寧府浦城縣界二百一十里，北至嚴州府遂安縣界九十五里。自府治至京師四千六百四十里。《衢州府志》：東南一百四十里至處州府遂昌縣界，西南一百八十里至福建建寧府浦城縣界，東北九十里至嚴州府壽昌縣界，西北一百九十里至江南徽州府婺源縣界，一百九十五里至江西饒州府德興縣界。

西安縣

舊《浙江通志》：東西廣七十五里，南北袤二百里。《衢州府志》：南北二百二十里。《衢州府志》：東四十里至本府龍游縣界烏頭鋪，自界至縣三十里。西三十五里至本府常山縣界源湖鋪，自界至縣四十五里。南一百二十五里至處州府遂昌縣界大金竹嶺，自界至縣一百六十里。北九十五里至嚴州府遂安縣界灰嶺，自界至縣一百四里。東南一百三十里至處州府遂昌縣界馬嶺口，自界至縣一百五十里。西南五十里至本府江山縣界後溪，自界至縣二十五里。東北六十里至本府龍游縣界大路口，自界至縣二十里。西北四十里至本府常山縣界葉坂，自界至縣二十里。

龍游縣

舊《浙江通志》：在府治東七十里，東西廣一百二十里，南北袤一百五十里。《衢州府志》：東西五十七里，南北一百五十五里。《衢州府志》：東三十里至金華府湯溪縣界，自界至縣四十里。西二十七里至本府西安縣界盈川，自界至縣三十八里。南九十里至處州府遂昌縣界馬越口，自界至縣六十里。北六十五里至嚴州府壽昌縣界梅嶺，自界至縣二十五里。東南六十里到處州府遂昌縣界井下源，自界至縣四十里。西南四十里到本府西安縣界，自界至縣四十里。東北四十里到金華府蘭谿縣界石硤，自界至縣六十里。西北五十五里到本府西安縣界下葉，自界至縣六十里。《龍游縣志》：自縣治至京師四千五百里，至省城五百里。

常山縣

舊《浙江通志》：在府治西八十里，東西廣八十里，南北袤六十里。《衢州府志》：東四十五里至本府西安縣界雙牌，自界至縣三十五里。西三十五里至江西廣信府玉山縣界草萍，自界至縣三十五里。南二十五里至本府江山縣界竹荆，自界至縣二十五里。北三十五里至本府開化縣界首，自界至縣四十五里。東南一十五里到本府江山縣界左坑，自界至縣四十里。西南三十五里到江西廣信府玉山縣界黄塘，自界至縣三十五里。東北五十里到本府西安縣界葉坂，自界至縣四十里。西北五十里到本府開化縣界深山嶺，自界至縣四十里。《常山縣志》：至浙江布政司水路七百里，陸路六百里。至京師水路四千七百二十里，陸路四千六百二十里。

江山縣

舊《浙江通志》：在府治西南七十里。《江山縣志》：去府城八十里。東西廣一百三十里，南北袤一百三十里。《衢州府志》：去府治七十五里，東西一百五里，南北一百六十里。《衢州府志》：東三十五里至本府西安縣界紆溪源青山，自界至縣四十里。西七十里至江西廣信府玉山縣界栗木，自界至縣十里。南一百二十五里至福建建寧府浦城縣界小竿頭嶺底。《江山縣志》：南抵浦城縣界小竿底一百三十五里，自界至縣一百里。北二十五里至本府常山縣界竹荆，自界至縣二十五里。東南一百里到處州府遂昌縣界東磧嶺底，自界至縣三十里。西南九十里到江西廣信府永豐縣界巖後，自界至縣三十里。東北三十五里到本府西安縣界後溪。《江山縣志》：東北抵西安縣界後溪三十里，自界至縣四十里。西北四十里到本府常山縣界馬駒，自界至縣一十五里。《江山縣志》：至省城七百里，至京師四千七百里。

開化縣

舊《浙江通志》：在府治西北二百里，東西廣二百九十里，南北袤二百三十里。《衢州府志》：去府治一百六十里，東西二百二十里，南北一百六十里。《衢州府志》：東四十里至本府常山縣界深山嶺，自界至縣五十里。西八十里至江西饒州府德興縣界白沙，自界至縣七十里。南四十里至本府常山縣界牌，自界至縣三十五里。北一百二十里至江南徽州府休寧縣界江嶺，自界至縣一百二十里。東南五十里到本府常山縣界蓼嶺，自界至縣六十里。西南八十里到江西廣信府玉山縣菱塘嶺，自界至縣六十里。東北七十里到嚴州府遂安縣界閶嶺，自界至縣五十里。西北八十里到江南徽州府婺源縣界際嶺，自界至縣一百里。《開化縣志》：至省城六百九十五里，至京師四千六百里。

嚴州府

《名勝志》：在省城西南四百里。《嚴州府志》：自府治至浙江布政司陸路二百七十里，水路三百一十里。舊《浙江通志》：東西廣三百九十里，南北袤三百三十里。《御定皇輿表》：東至杭州府富陽縣界二百里，西至江南徽州府歙縣界二百三十里，南至金華府蘭谿縣界五十里，北至杭州府於潛縣界一百二十里，自府治至京師四千四百二十八里。《嚴州府志》：東南到金華府一百八十里，西南到衢州府二百一十里，東北到杭州府三百一十里，西北到徽州府三百一十里。

建德縣

舊《浙江通志》：附郭，東西廣一百三十里，南北袤一百二十里。《嚴州府志》：東至桐廬縣界六十五里，以安仁牌爲界，自界至桐廬三十五里。西至壽昌縣界六十里，以菱塘爲界，自界至壽昌二十五里。南至金華府蘭谿縣界六十里，以花塘爲界，自界至蘭谿三十里。北至分水縣界六十里，以胥嶺爲界，自界至分水六十三里。東南到金華府浦江縣界七十五里，以井硎爲界，自界到浦江三十五里。西南到金華府蘭谿縣界四十里，以檀嶺爲界，自界到蘭谿四十五里。東北到桐廬縣界六十五里，以楊閘橋爲界，自界到桐廬三十五里。西北到分水縣界四十五里，《建德縣志》五十五里，自界到分水五十三里。

淳安縣

舊《浙江通志》：在府治西一百六十里。《淳安縣志》：自縣至府陸路一百四十里，水路一百八十里。東西廣一百七十里，南北袤一百五十里。《嚴州府志》：東至建德縣界八十里，以銅官嶺爲界，自界至建德八十六里。西至遂安縣界七十三里，以楊嶺爲界，自界至遂安四十五里。南至遂安縣界四十三里，以安硎嶺爲界，自界至遂安四十里。北至杭州府昌化縣界一百六十里，以桐坑庵獨石爲界，自界至昌化七十五里。東南到壽昌縣界七十五里，以遼嶺爲界，自界到壽昌五十里。西南到遂安縣界二十里，以銅橋爲界，自界到遂安四十三里。東北到分水縣界八十六里，以塔嶺爲界，自界到分水六十里。西北到江南徽州府歙縣界九十七里，以深渡爲界。自界到歙縣一百八十里。《淳安縣志》：一百一十里。《淳安縣志》：東至省城三百六十里，至京師四千五百八十里。

桐廬縣

舊《浙江通志》：在府治東一百里，東西廣九十七里，南北袤一百三十二里。《桐廬縣志》：東西相距八十五里，南北相距三十里。《嚴州府志》：東至杭州府富陽縣界三十里《桐廬縣志》四十五里，以東梓口爲界，自界至富陽五十里。西至建德縣界三十五里《桐廬縣志》四十里，以安仁牌爲界，自界至建德六十五里《桐廬縣志》六十里。南至金華府浦江縣界七十里，以蕩父爲界，自界至浦江二十里。北至分水縣界六十里，以畢嶺爲界《桐廬縣志》以石壁山爲界，自界至分水二十里。東南到浦江縣界九十里，以野狐嶺爲界，自界至浦江九十里。西南到建德縣界三十五里《桐廬縣志》四十里，以冷水堰爲界，自界至建德六十五里。《桐廬縣志》六十里。東北到杭州府新城縣界四十里，以白峰嶺爲界，自界至新城三十里。西北到分水縣界七十里，以何村爲界，自界至分水一十八里。《桐廬縣志》：自縣治至浙江布政司陸路一百八十里，水路一百九十里，至京師水陸俱四千四百二十八里。

遂安縣

舊《浙江通志》：在府治西二百八十里，東西廣一百二十三里，南北袤一百二十四里。《嚴州府志》：東至淳安縣界四十三里，以界橋爲界，自界至淳安二十里。西至江南休寧縣界八十里，以積雪嶺爲界，自界至休寧一百四十三里。《遂安縣志》：西至休寧縣界九十里，以白礫嶺爲界，自界至縣一百三十里。南至衢州府西安縣界七十九里，以黃連嶺爲界，自界至西安九十八里。北至淳安縣界四十五里，以楊嶺爲界，自界至淳安七十三里。東南到淳安縣界三十七里，以倉父灘爲界《遂安縣志》以侯嶺爲界，自界至淳安四十里。《遂安縣志》：自界二十里入新安江，泝江至淳安縣二十里。西南到衢州府開化縣界八十里，以馬金嶺爲界，自界至開化五十里。《遂安縣志》：西南至開化縣界七十里，以界牌爲界，自界至開化縣六十里。東北到淳安縣界四十里，以安硎嶺爲界，自界至淳安縣四十三里。西北到淳安縣界四十二里，以佛子嶺爲界，自界至淳安六十五里。《遂安縣志》：自縣治至省城陸路五百里，至京師四千八百八十里。

壽昌縣

舊《浙江通志》：在府治西南九十里，東西廣一百一十里，南北袤九十里。《嚴州府志》：東至建德縣界二十五里，以茭塘爲界，自界至建德六十里。《壽昌縣志》：自界至建德六十五里。西至遂安縣界七十五里，以黃連嶺爲界，自界至遂安七十里。南至衢州府龍游縣界四十里，以梅嶺爲界，自界至龍游七十五里。《壽昌縣志》：西南至龍游。北至淳安縣界五十里，以杜瀆爲界，自界至淳安七十五里。《壽昌縣志》：東南至蘭谿縣。以嚴洞山爲界，自界至蘭谿六十里。東南到金華府蘭谿縣界三十五里，以賭山爲界，自界至蘭谿三十五里。《壽昌縣志》：自界到西安九十里。西南到衢州府西安縣界六十里，以鶩籠山爲界，自界到西安五十里。東北到建德縣界三十五里《壽昌縣志》東北到建德三十里，以新安江爲界，自界至建德五十里《壽昌縣志》自界到建德六十里。西北到淳安縣界五十里，以遼嶺爲界《壽昌縣志》以玳瑁嶺爲界，自界到淳安七十五里。《壽昌縣志》：至京師陸路四千五百一十八里，水路四千六百八里。

分水縣

舊《浙江通志》：在府治東北一百五十里。《分水縣志》：去府城一百五十五里。《嚴州府志》：東西廣一百四十里，南北袤一百七十一里。《嚴州府志》：東至杭州府新城縣界八十里，以廣陵溪爲界，自界至新城二十五里。西至淳安縣界六十里，以塔嶺爲界，自界至淳安八十里。南至建德縣界六十三里，以胥嶺爲界，自界至建德六十里。北至杭州府於潛縣界一十二里，以印渚溪爲界，自界至於潛五十里。東南到桐廬縣界二十里，以畢嶺爲界，自界至桐廬六十里。西南到建德縣界五十里，以峽嶺爲界，自界至建德五十里。東北到杭州府臨安縣界六十三里，以栗硎口爲界，自界至臨安四十里。西北到淳安縣界七十八里，以阜硎嶺爲界，自界至淳安一百三十里。《分水縣志》：至省城二百八十里，至京師四千五百里。

溫州府

《名勝志》：在省城東南六百五十里。《溫州府志》：至省城一千八十五里。舊《浙江通志》：東西廣一百六十九里，南北袤八百二十里。《御定皇輿表》：東至海岸九十里，西至處州府青田縣界九十里，南至福建福寧州界四百九十里，北至台州府黃巖縣界三百三十里，自府治至京師四千六百九十里。《溫州府志》：東南到福建福州城八百六十里，東北到台州城四百八十里，西南到福建建寧城一千里，西北到處州城三百六十里。

永嘉縣

舊《浙江通志》：附郭，東西廣一百六十九里，南北袤三百二十里。《溫州府志》：東至海七十里，西至安溪九十里爲處州府青田縣界，自界到縣二十里。南至麗塘二十里爲瑞安縣界，自界到縣六十里。北至枏溪箬嶺三百里爲台州府仙居縣界，自界到縣五十里。東南到大海一百里。西南到桐嶺瑞安縣界三十五里，自界到縣六十七里。東北到館頭樂清縣界三十里，自界到縣五十里。《永嘉縣志》：西北到青田縣界一百里。

樂清縣

舊《浙江通志》：在府治東北八十里，東西廣二百五里《樂清縣志》東西一百七十里，南北袤一百九十五里。《溫州府志》：東至海渡一十五里，萬曆《溫州府志》：

越渡至温嶺一百三十里爲黄巖縣界。西至柟溪桐嶺六十里爲永嘉縣界，自界到縣六十里。南至海五里，萬曆《温州府志》：越海至玉環鄉南社一百三十里爲海洋。北至仙居縣界一百九十里，自界到縣一百九十里，《樂清縣志》：北至接莆嶺六十里，亦永嘉縣界。東南到大海二十里，西南至館頭永嘉縣界五十里，自界到縣三十里。西北至仙居縣界二百里，自界到縣三百八十里，萬曆《温州府志》：東北到黄巖縣界一百二十里，自界到縣六十里。《樂清縣志》：自縣至省城一千里，至京師四千八百一十里。

平陽縣

舊《浙江通志》：在府治西南一百三十里，東西廣一百五十里，南北袤二百一十五里。《温州府志》：東至海二十五里，西至笠帽山一百三十五里爲泰順縣界，南至盧屯山二百二十里爲福建福寧州界，北至散嶼三十五里爲瑞安縣，自界到縣一十五里。東南到海五十里，東北到瑞安縣五十里，西南到福建福寧州界一百一十里，自界到州一百八十里，共二百九十里。西北到瑞安縣五十里。《平陽縣志》：自縣至省城一千三百五十里，至京師四千八百二十里。

瑞安縣

舊《浙江通志》：在府治西南八十里，東西廣三百二十里，南北袤六十七里。《温州府志》：東至海一十里。西至龍闕山二百里爲泰順縣界，到縣共三百里。南越飛雲渡至平陽界一十五里，到縣共五十里。北至永嘉縣界五十二里，到縣共八十里。東南到海二十里，西南到平陽縣五十里，東北到永嘉縣八十里，西北到處州府青田縣三百五十里。《瑞安縣志》：自縣至武林一千三百里，至京都四千七百七十里。

泰順縣

舊《浙江通志》：在府治西南二百九十里，東西廣六十里，南北袤一百八十里。《温州府志》：東至瑞安縣界一百里，到縣三百里。西至福建壽寧縣黄洋隘界十里，到縣三百里。南至壽寧縣界三里，到福建福安縣三百里。北至處州府景寧縣界一百里，到縣二百一十里。東南到平陽縣一百八十里，東北到青田縣界一百一十里，西南到福建福安縣界八十里，西北到景寧縣上標界一百里。《泰順縣志》：至省城一千五百里，至京畿五千七十里。

處州府

《名勝志》：在省城南七百里。舊《浙江通志》：東西廣四百四十里，南北袤六百一十里。《御定皇輿表》：東至台州府仙居縣界一百一十里，西至衢州府江山縣界一百六十五里，南至温州府瑞安縣界三百五十里，北至金華府永康縣界一百二十里。自府治至京師四千五百八十里。《處州府志》：東南至温州府二百六十五里，西南至福建建寧府八百二十里，東北至金華府二百七十八里，西北至金華府三百二十里。

麗水縣

舊《浙江通志》：東西廣九十里，南北袤八十里。《處州府志》：東至青田縣界二十五里，《麗水縣志》：至其縣一百五十里。南至景寧縣界一百一十里，《麗水縣志》：至其縣一百二十里。西至松陽縣界五十里，《麗水縣志》：至其縣一百四十里。北至縉雲縣界五十里。《麗水縣志》：至其縣九十里。《括蒼彙紀》：東南至青田臘原寨六十里，東北至縉雲縣八十里，西南至景寧縣一百二十里，西北至宣平縣界四十里。【略】

青田縣

舊《浙江通志》：在府治東一百五十里，東西廣一百四十里，南北袤一百五十里。《處州府志》：東至永嘉縣界三十里，《青田縣志》：地名安溪，自界至城九十里。南至瑞安縣界一百里，《青田縣志》：地名烏杉，自界至縣一百五十里。西至麗水縣界一百二十五里，《青田縣志》：地名金村，自界至城二十五里。北至縉雲縣界一百里，《青田縣志》：地名盧溪，自界至城六十里。《括蒼彙紀》：東南至瑞安縣二百里，東北至台州府仙居縣三百四十里，西南至福建政和縣七百七十里，西北至縉雲縣二百四十里。《青田縣志》：由縣達省九百三十五里，達京師五千一百九十里。

縉雲縣

舊《浙江通志》：在府治北九十里，東西廣一百六十里，南北袤一百七十里。《處州府志》：東至仙居縣界八十五里，南至青田縣界一百里，西至麗水縣界三十五里，北至永康縣界四十里，東南到永嘉縣界一百五十里，東北到東陽縣界一百六十五里，西南到宣平縣界一百里，西北到武義縣界四十五里。《縉雲縣志》：由縣達省六百七十里，達京師五千一百五十里。

松陽縣

舊《浙江通志》：在府治西一百四十里，東西廣一百九十里，南北袤一百三十里。《處州府志》：東至麗水縣界七十里，《松陽縣志》：到縣一百二十里。南至雲和縣界七十五里，《松陽縣志》：到縣一百三十里。西至龍泉縣界一百二十里，《松陽縣志》：到縣二百四十里。北至宣平縣界三十里，《松陽縣志》：到縣六十里。《括蒼彙紀》：東南至麗水縣一百三十里，東北至宣平縣一百一十里，西南至龍泉縣一百九十里，西北至遂昌縣六十里。《松陽縣志》：北到遂昌縣七十里。《松陽縣志》：由縣至省一千三十五里，至京師四千五百八十里。

遂昌縣

舊《浙江通志》：在府治西二百里，《遂昌縣志》：一百八十里。東西廣一百里，南北袤一百里。《處州府志》：東至松陽縣界二十里，《遂昌縣志》：距縣六十里。南至龍泉縣界九十里，《遂昌縣志》：距縣一百八十里。西至江山縣界一百里，《遂昌縣志》：距縣二百三十里。北至龍游縣界四十里。《遂昌縣志》：北至龍游縣界六十里，距縣一百二十里。《括蒼彙紀》：東南至松陽縣七十五里，東北至金華縣二百里，西南至龍泉縣二百四十里，西北至衢州府西安縣一百七十里。《遂昌縣志》：由縣達省九百三十里，達京師五千二百九十里。

龍泉縣

舊《浙江通志》：在府治西南三百一十里，《龍泉縣志》：二百四十里。東西廣一百七十里，南北袤二百里。《處州府志》：東至武溪八十里，南至景寧縣界八十里，《龍泉縣志》：南至小梅村七十里。西至慶元縣界七十里，《龍泉縣志》：西至牌頭九十里。北至遂昌縣界九十里，《龍泉縣志》：北至黃鶴嶺八十里。《括蒼彙紀》：東南至麗水縣界二百四十里，東北至松陽縣界二百二十里，《龍泉縣志》：二百五十里。西南至浦城縣界一百六十里，西北至遂昌縣界二百四十里。《龍泉縣志》：二百三十里。《龍泉縣志》：自縣至京師四千五百八十里。

慶元縣

舊《浙江通志》：在府治南四百里，東西廣二百三十里，南北袤一百二十五里。《處州府志》：東至福建壽寧縣界九十里，《慶元縣志》：至其縣一百九十里。南至福建政和縣界五十里，《慶元縣志》：至其縣一百里。西至福建松溪縣界三十里，《慶元縣志》：至其縣八十里。北至龍泉縣界六十五里，《慶元縣志》：至其縣一百七十里。《括蒼彙紀》：東南至政和縣一百五十里，東北至景寧縣一百里，至其縣二百里，西南至政和縣九十里，西北至龍泉縣一百五十里。《慶元縣志》：至省一千三十里，至京師五千四十里。

雲和縣

舊《浙江通志》：在府治西南一百一十里，東西廣八十里，南北袤六十里。《處州府志》：東至麗水縣界四十里，《雲和縣志》：至縣一百二十里。南至景寧縣界二十里，《雲和縣志》：至縣四十里。西至龍泉縣界四十里，《雲和縣志》：至縣一百二十里。北至松陽縣界五十里。《雲和縣志》：至縣一百二十里。《括蒼彙紀》：東南至青田縣二百里，東北至松陽縣一百里，西南至景寧縣三十五里，西北至龍泉縣一百七十里。《雲和縣志》：至省七百十里，至京師四千九百里。

宣平縣

舊《浙江通志》：在府治西北一百二十里，東西廣一百六十里，南北袤一百四十里。《處州府志》：東至縉雲縣界一百里，《宣平縣志》：東至麗水縣西溪八十里，自西溪至縉雲六十里。南至麗水縣界八十里，《宣平縣志》：南至麗水黃茅洋八十里，自黃茅洋至麗水四十里。西至松陽縣界三十里，《宣平縣志》：西至松陽縣陳寮四十里，自陳寮至松陽二十里。北至武義縣界六十里。《宣平縣志》：北至武義后陶六十里，自后陶至武義四十里。《括蒼彙紀》：東南至麗水縣界六十里，《宣平縣志》：東南至麗水太平八十里，自太平至麗水三十里。東北至武義縣界一百一十里，《宣平縣志》：東北至武義吳村八十里，自吳村至武義三十里。西南至雲和縣界一百七十里，《宣平縣志》：西南至本縣白岸口五十里，自白岸口至雲和一百二十里。西北至遂昌縣界一百四十里。《宣平縣志》：西北至遂昌周塢六十里，自周塢至遂昌八十里。《宣平縣志》：至省六百六十里，至京師四千八百八十里。

景寧縣

舊《浙江通志》：在府治南一百四十里，東西廣二百三十里，南北袤一百九十里。《處州府志》：東至青田縣界一百一十里，《景寧縣志》：一百二十里。南至溫州府泰順縣界一百五十里，《景寧縣志》：八十五里。西至慶元縣界一百二十里，《景寧縣志》：一百四十里。北至雲和縣界三十里。《景寧縣志》：五十里。《括蒼彙紀》：東南至泰順縣二百二十里，東北至青田縣三百二十里，西南至慶元縣三百里，西北至麗水縣一百二十里。《景寧縣志》：由縣達省九百一十里，達京師五千二百七十里。

清・許容等《甘肅通志》卷四《疆域》 甘肅布政司駐劄蘭州

治在京師西南四千四十里，東至邠州長武縣界一千里，西至河州闇門界一千一百二十里，南至四川龍安府平武縣界一千三百七十里，北至亦不剌山一千四十里，東南至漢中府略陽縣界一千二百三十里，西南至洮州衛番界九百三十里，東北至延安府保安縣界一千四百三十里，西北至沙州衛外境二千四百四十

里。【略】

臨洮府

治在布政司南二百一十里，東至鞏昌府隴西縣界一百三十五里，西至閻門番界一千九十里，南至鞏昌府岷州界一百二十里，北至涼州府平番縣界六百九十里，東南至鞏昌府岷州界二百四十五里，西南至鞏昌府洮州衛界一百四十里，東北至鞏昌府靖遠縣界三百四十里，西北至涼州府平番縣界二百六十里，距京師四千一百九十里。【略】

狄道縣附郭

治在府城內，東至馬扎舖渭源縣界一百六十里，西至魏家寨鞏昌府岷州界一百四十里，南至橋道舖岷州界一百二十里，北至摩雲驛蘭州界一百五十里，東南至文家坪渭源縣界四十里，西南至弘道峪岷州界三十里，東北至普家寺金縣界八十里，西北至弘濟橋蘭州界一百五十里。【略】

蘭州

治在府北二百一十里，東至車道嶺鞏昌府安定縣界一百四十里，西至張家河灣西寧府西寧縣界一百里，南至摩雲驛狄道縣界六十里，北至紅水堡涼州府平番縣界四百三十里，東南至新營金縣、渭源二縣界一百三十里，西南至馬蓮灘河州界一百里，東北至一條城鞏昌府靖遠縣界一百一十里，西北至沙井堡平番縣界四十里。【略】

渭源縣

治在府東南一百二十里，東至鍬家舖鞏昌府隴西縣界一十五里，西至翠巖舖狄道縣界六十里，南至露骨山鞏昌府洮州衛界七十里，北至常家碑鞏昌府安定縣界七十里，東南至潘家岔隴西縣界一十五里，西南至過那山狄道縣界六十里，東北至林子溝隴西縣界四十里，西北至連二灣狄道縣界七十里。【略】

金縣

治在府東北一百八十里，東至車道嶺鞏昌府安定縣界七十里，西至煤洞山蘭州界三十里，南至清水溝口狄道縣界五十里，北至一條城蘭州界一百七十里，東南至劉家嘴狄道縣界七十里，西南至新營蘭州界四十里，東北至韋家堡營安定縣界一百三十里，西北至豬嘴嶺蘭州界四十五里。【略】

河州

治在府西少北一百九十里，東至弘濟橋狄道縣界一百一十里，西至積石關口外循化營界一百二十里，南至三渡水狄道縣界一百六十里，北至鮑家嶺西寧府西寧縣界一百五十里，東南至黨川舖狄道縣界一百五十里，西南至蓮花山鞏昌府洮州衛界二百四十里，東北至毛龍硤蘭州界一百二十里，西北至三川黄河沿西寧府界一百五十里。【略】

歸德所

治在府西北八百五十里，東至爾剛哇沙思定循化營界三百二十里，西至沙溝察罕諾木罕界一百三十里，南至揣咱都受一百五十里，北至黄河一里，東南至上下籠布河州界三百七十里，西南至草地上喇安扎薩克喇嘛察罕諾木罕界一百一十里，東北至南川番族阿失工界四十里，西北至黄河籠羊硤果密番族界七十里。【略】

鞏昌府

治在布政司南四百二十里，東至槐樹嶺秦州界二百二十里，西至臨洮府渭源縣界七十五里，南至殺賊驛階州界五百三十里，北至靖遠縣松山邊牆七百里，東南至小川驛階州界四百五十里，西南至舊洮州番界三百二十五里，東北至西安州平涼府固原州界七百四十里，西北至臨洮府渭源縣界七十五里，距京師三千九百八十里。【略】

隴西縣附郭

治在府城內，東至寧遠縣界四十五里，西至臨洮府渭源縣界七十五里，南至漳縣界六十里，北至安定縣界九十里，東南至漳縣界六十里，西南至岷州界一百里，東北至通渭縣界七十里，西北至安定縣界七十里。【略】

安定縣

治在府北一百六十里，東至會寧縣界一百里，西至臨洮府狄道縣界一百里，南至隴西縣界七十里，北至臨洮府金縣界一百二十里，東南至隴西縣界七十里，西南至臨洮府渭源縣界二百里，東北至靖遠縣界三百三十里，西北至臨洮府蘭州界一百八十里。【略】

通渭縣

治安定監在府東北一百六十里，東至王家舖秦州秦安縣界一百三十里，西至牛營會寧縣界二十里，南至里辛鎮伏羌縣界一百一十里，北至蒸餅山會寧縣界三十里，東南至土橋子伏羌縣界一百六十里，西南至杜家堡隴西縣界六十里，東北至佟家堡平涼府靜寧州界二百里，西北至腰食峴會寧縣界三十里。【略】

漳縣

治在府西南七十里,東至寧遠縣界七十里,西至岷州界四十五里,南至岷州界一百四十里,北至隴西縣界十里,東南至寧遠縣界九十二里,西南至岷州界八十五里,東北至隴西縣界三十里,西北至岷州界四十里。【略】

會寧縣

治在府北二百八十里,東至平涼府静寧州界一百二十里,西至安定縣界二十里,南至通渭縣界六十里,北至靖遠縣界一百八十里,東南至平涼府隆德縣界一百里,西南至隴西縣界一百里,東北至平涼府固原州界二百五十里,西北至黄河界二百八十里。【略】

伏羌縣

治在府東一百九十里,東至秦州界三十里,西至寧遠縣界五十里,南至秦州禮縣界六十里,北至通渭縣界二十里,東南至秦州界三十里,西南至寧遠縣界六十里,東北至秦州秦安縣界四十里,西北至隴西縣界八十里。【略】

寧遠縣

治在府東九十里,東至伏羌縣界五十里,西至隴西縣界四十五里,南至岷州界七十里,北至通渭縣界六十里,東南至秦州禮縣界九十里,西南至漳縣界五十里,東北至通渭縣界八十里,西北至隴西縣界四十五里。【略】

西和縣

治在府東南三百一十里,東至秦州界一百里,西至秦州禮縣界三十里,南至階州成縣界六十里,北至禮縣界三十里,東南至階州成縣界七十里,西南至階州界一百一十里,東北至禮縣界六十里,西北至禮縣界二十里。【略】

靖遠縣

治在府北四百八十里,東至西安州平涼府固原州界一百五十里,西至車路溝峴臨洮府蘭州界一百二十里,南至韓家山會寧縣界一百三十里,北至松山邊牆二百二十五里,東南至鎖家河會寧縣界一百二十里,西南至黑莊安定縣界一百三十里,東北至大澇壩寧夏府中衛縣界二百一十里,西北至青崖兒蘭州界八十里。【略】

岷州

治在府西南二百四十里,東至新寺鎮寧遠縣界一百三十里,西至西灣壕洮州衛界六十里,南至乾江頭西固城界一百八十里,北至橋道舖臨洮府狄道縣界一百八十里,東南至馬塢鎮秦州禮縣界二百四十里,西南至疊州天生寨生番界二百五里,東北至石關漳縣界一百三十五里,西北至把截關門洮州土司番界一百二十里。【略】

洮州衛

治在府西南三百六十里,東至西濠灣岷州界六十里,西至邊牆番界九十里,南至土司番界五十里,北至臨洮府狄道縣界一百四十里,東南至番界五十里,西南至番界六十里,東北至岷州界七十里,西北至臨洮府河州界一百二十里。【略】

西固城

治在府南五百一十里,東至階州界七十里,西至新歸番地三十里,南至柳樹城階州界六十里,北至三眼泉大石崖三里,東南至階州界五十里,西南至土司番界一百三十里,東北至羅家峪三里,西北至岷州界五里。【略】

平涼府

治在布政司東七百六十里,東至邠州長武縣界二百四十里,西至鞏昌府會寧縣界二百九十里,南至鳳翔府隴州界二百二十里,北至慶陽府環縣界一百二十里,東南至鳳翔府麟遊縣界三百六十里,西南至秦州秦安縣界三百一十里,東北至環縣界二百二十里,西北至寧夏府靈州界四百七十里,距京師三千二百八十里。【略】

平涼縣附郭

治在府城内,東至土垢舖涇州界一百一十里,西至白楊林華亭縣界六十里,南至馬舖嶺關華亭縣四十里,北至龍王廟鎮原縣界六十里,東南至崇信縣界八十里,西南至華亭縣界四十里,東北至鎮原縣界四十里,西北至固原州界六十里。【略】

崇信縣

治在府東南一百一十里,東至野雀溝平涼縣界二十里,西至硤口華亭縣界四十里,南至靈臺縣界三十里,北至趙家寨平涼縣界二十里,東南至王家嘴靈臺縣界五十里,西南至三鄉關華亭縣界八十里,東北至曲壇溝涇州界三十里,西北至黄頭寺平涼縣界四十里。【略】

華亭縣

治在府南九十里,東至斷萬山崇信縣界五十五里,西至焦韓集静寧州界七十里,南至三鄉關崇信縣界五十里,北至馬舖嶺平涼縣界五十里,東南至白崖嶺鳳翔府隴州界五十里，西南至麻菴硤秦州清水縣界六十里，東北至武安監平涼縣界二十里，西北至六盤山頂隆德縣界二百一十里。【略】

鎮原縣

治在府東北二百里，東至慶陽府安化縣界八十里，西至平涼縣界九十里，南至涇州界六十里，北至固原州界一百二十里，東南至慶陽府寧州界一百三十里，西南至平涼縣界七十里，東北至慶陽府環縣界八十里，西北至固原州界八十里。【略】

固原州

治在府西北一百七十里，東至慶陽府環縣界二百八十里，西至鞏昌府會寧縣界二百四十里，南至華亭縣界八十里，北至寧夏府靈州界二百四十里，東南至鎮原縣界二百六十里，西南至張義堡鹽茶廳界七十里，東北至下馬關鹽茶廳界二百八十里，西北至西安所邊界二百三十里。【略】

涇州

治在府東一百四十里，東至窰店邠州長武縣界七十里，西至土垢舖平涼縣界四十五里，南至盤口靈臺縣界三十里，北至槐賓舖鎮原縣界四十五里，東南至宋家莊靈臺縣界七十五里，西南至棗林子崇信縣界三十五里，東北至蘸家莊慶陽府寧州界七十五里，西北至樊家寨鎮原縣界四十五里。【略】

靈臺縣

治在府東南二百五十里，東至邠州長武縣界五十里，西至鳳翔府隴州界二百一十里，南至鳳翔府麟遊縣界一百三十里，北至涇州界一百里，東南至邠州界一百五十里，西南至鳳翔府汧陽縣界一百四十里，東北至長武縣界五十里。西北至崇信縣界一百五十里。【略】

靜寧州

治在府西二百三十里，東至亂柴舖隆德縣界二十里，西至界石舖鞏昌府會寧縣界六十里，南至通遠鎮華亭界一百二十里，北至單家集固原州界四十五里，東南至秦州清水縣界一百八十里，西南至温家川鞏昌府通渭縣界六十里，東北至隆德縣界七十里，西北至鞏昌府會寧縣界一百一十里。【略】

莊浪縣

治在府西南二百三十里，東至馬家寺靜寧州界十里，西至雷晚莊靜寧州界一百一十里，南至徐家城秦州秦安縣界九十里，北至朱莊溝隆德縣界三十里，東南至秦安縣界七十二里，西南至靜寧州界四十里，東北至隆德縣界六十里，西北至靜寧州界五十里。【略】

隆德縣

治在府西一百四十里，東至六盤山頂華亭縣界二十五里，西至亂柴舖靜寧州界七十里，南至曹務舖莊浪縣界四十五里，北至張義堡鹽茶廳界五十里，東南至美高山華亭縣界二十里，西南至李家店子莊浪縣界四十五里，東北至觀音殿鹽茶廳界二十里，西北至單家集固原州界八十里。【略】

鹽茶廳

治在固原州城內，距府一百七十里，東至鎮原縣界二百里，西至鞏昌府會寧縣界二百四十里，南至隆德縣界二百三十里，北至寧夏府同心城界三百四十里，東南至華亭縣界九十里，西南至隆德縣界二百三十里，東北至固原州界二百里，西北至鞏昌府靖遠縣界三百八十里。【略】

慶陽府

治在布政司東北一千一百八十里，東至延安府甘泉縣界一百八十里，西至平涼府鎮原縣界一百三十里，南至邠州界二百二十里，北至榆林府界三百八十里，東南至邠州三水縣界二百九十里，西南至平涼府涇州界二百一十里，東北至延安府保安縣界二百五十里，西北至寧夏府靈州花馬池界三百八十里，距京師三千七十里。【略】

安化縣附郭

治在府城內，東至冉家河合水縣界二十里，西至孟八寺平涼府鎮原縣界一百五十里，南至平涼府涇州界一百五十里，北至白豹鎮延安府定邊縣界二百里，東南至北岔子合水縣界六十里，西南至平涼府涇州治二百二十里，東北至黑水坡延安府保安縣界二百八十里，西北至曲子鎮環縣界七十里。【略】

合水縣

治在府東七十里，東至鄜州界一百二十里，西至安化縣界五十里，南至寧州界六十里，北至延安府保安縣界一百里，東南至鄜州中部縣治三百里，西南至寧州治一百四十里，東北至延安府甘泉縣治二百五十里，西北至環縣治二百五十里。【略】

環縣

治在府西北二百一十里，東至鐵角城延安府保安縣界一百二十里，西至半個城平涼府固原州界一百里，南至曲子鎮安化縣界九十里，北至甜水堡寧夏府靈州花馬池界二百一十里,東南至八珠原安化縣界八十里,西南至大方山平涼府鎮原縣界二百里,東北至五個掌榆林府定邊縣界一百二十里,西北至朱家堡平涼府固原州界八十五里。【略】

真寧縣

治在府東南二百四十里,東至劉家店鄜州宜君縣界一百一十里,西至宫河鎮寧州界二十里,南至石碑凹邠州三水縣界五里,北至平子鎮寧州界三十里,東南至文家川三水縣界二十里,西南至公家川寧州界三十里,東北至馮家堡寧州界五十里,西北至龍門川寧州界四十里。【略】

寧州

治在府南一百五十里,東至米家峪真寧縣界七十里,西至石家店平涼府涇州界四十里,南至亞店河邠州界七十里,北至黄家寨合水縣界六十里,東南至真寧縣界五十里,西南至白吉塬邠州長武縣界八十里,東北至子午嶺鄜州宜君縣界一百二十里,西北至安化縣界六十里。【略】

甘州府

治在布政司西北一千四十里,東至定羌廟涼州府永昌縣界二百二十里,西至雙泉堡肅州高臺縣界一百二十里,南至祁連山一百九十里,北至合黎山一百六十里,東南至大黄山二百五十里,西南至紅崖堡高臺縣界二百四十里,東北至轉嘴墩一百里,西北至鎮夷堡高臺縣界二百三十里,距京師五千八十里。【略】

張掖縣附郭

治在府城内,東至樂定堡山丹縣界九十里,西至撫彝驛肅州高臺縣界一百二十里,南至祁連山一百九十里,北至合黎山一百六十里,東南至永固城山丹縣界一百六十里,西南至紅崖堡高臺縣界二百四十里,東北至轉嘴墩一百里,西北至鎮夷堡高臺縣界二百三十里。【略】

山丹縣

治在府東一百二十里,東至定羌廟涼州府永昌縣界一百里,西至樂定堡張掖縣界三十里,南至祁連山一百五十里,北至邊牆二里,東南至白石崖口一百八十里,西南至祁連山一百五十里,東北至玉泉墩一百二十里,西北至甘浚山三十里。【略】

涼州府

治在布政司西北五百六十里,東至沙井堡臨洮府蘭州界五百二十里,西至定羌廟甘州府山丹縣界二百六十里,南至野馬川西寧府界二百里,北至亦不剌山四百八十里,東南至連城土司界五百二十里,西南至白石崖甘州府山丹縣界三百四十里,東北至口外魚海子四百八十里,西北至山丹縣界三百五十里,距京師四千六百里。【略】

武威縣附郭

治在府城内,東至雙塔堡古浪縣界一百里,西至柔遠堡永昌縣界九十里,南至南把截堡三十里,北至三岔堡鎮番縣界六十里,東南至沙溝東山壕古浪縣界一百三十里,西南至炭山堡西山小口永昌縣界一百三十里,東北二路,一路至圓墩子接古浪縣界一百里,一路至邊牆接鎮番縣界一百里,西北至陳重沙河堡永昌、鎮番二縣界五十里。【略】

永昌縣

治在府西一百六十里,東至柔遠驛武威縣界七十里,西至定羌廟甘州府山丹縣界一百里,南至雪山西番界一百八十里,北至昌寧湖鎮番縣界一百九十里,東南至炭山堡武威縣界七十里,西南至白石崖山丹縣界九十里,東北至蔡旗堡鎮番縣界一百八十里,西北至石峽口山丹縣界一百一十里。【略】

鎮番縣

治在府東北二百里,東至沙河寧夏府界六百里,西至昌寧堡永昌縣界一百里,南至三岔河武威縣界一百四十里,北至亦不剌山界三百八十里,東南至大靖古浪縣界四百九十里,西南至蔡旗堡永昌縣界三百二十里,東北至魚海子二百八十里,西北至亦集乃一千二百五十五里。【略】

古浪縣

治在府東南一百三十里,東至大靖石河平番縣界一百六十五里,西至番城臺武威縣界四十里,南至烏稍嶺平番縣界七十五里,北至圓墩邊武威縣界六十里,東南至擡車嶺古浪、平番二縣界一百五十里,西南至可可口八十里,東北至大靖邊牆一百七十里,西北至雙塔三十里。【略】

平番縣

治在府南三百四十里,東至古浪大靖界二百七十里,西至氷溝堡西寧府碾伯縣界一百五十里,南至臨洮府沙井堡蘭州界一百九十里,北至安遠堡古浪縣界一百五十里,東南至鎮虜堡蘭州界一百四十里,西南至紅谷城連城土司界一百九十里,東北至紅水蘭州界二百四十里,西北至連城一百四十里。【略】

寧夏府

治在布政司東北九百四十里，東至榆林府定邊縣界三百七十里，西至賀蘭山外額魯特一百六十里，南至李旺堡平涼府固原州界三百七十里，北至西瓜山外翁布扎賽二百九十里，東南至甜水堡慶陽府環縣界三百六十里，西南至固原州界四百里，東北至白塔山外額爾多斯三百里，西北至賀蘭山邊牆外額魯特二百二十里，距京師三千六百四十里。【略】

寧夏縣附郭

治在府城內，東至臨河堡靈州界三十里，西至豐盈堡寧朔縣界十五里，南至林皋堡寧朔縣界九十里，北至謝保堡寧朔縣界二十里，東南至黃河東岸河忠堡靈州界八十五里，西南至唐鐸堡寧朔縣界五十里，東北至通澄堡新渠縣界三十五里，西北至豐登堡寧朔縣界十五里。【略】

寧朔縣附郭

治在府城內，東至紅花渠寧夏縣界一里，西至賀蘭山邊牆九十里，南至大壩堡南中衛縣界一百六十里，北至張亮堡平羅縣界三十五里，東南至李俊堡寧夏縣界五十里，西南至玉泉營邊牆一百里，東北至王澄堡寧朔縣界三十五里，西北至張亮堡平羅縣界三十五里。【略】

平羅縣

治在府西北一百二十里，東至西河新渠縣邊界五里，西至賀蘭山六十里，南至張亮堡寧朔縣界七十里，北至通惠橋寶豐縣界五里，東南至西河新渠縣界三十里，西南至豐登堡寧朔縣界九十里，東北至通濟橋新渠縣界十里，西北至闇門寶豐縣界十五里。【略】

靈州

治在府東南九十里，東至榆林府定邊縣界二百八十里，西至寧夏縣界三十里，南至李旺堡平涼府固原州界二百八十里，北至橫城邊牆七十里，東南至甜水堡慶陽府環縣界二百九十里，西南至廣武營中衛縣界一百二十里，東北至興武營一百四十里，西北至河西寨寧夏縣界七十里。【略】

中衛縣

治在府西南三百六十里，東至廣武分守嶺寧朔縣界二百二十里，西至營盤水臨洮府蘭州界二百一十里，南至香山南平涼府固原州界二百里，北至邊牆十里，東南至大風溝靈州界二百里，西南至柴薪梁鞏昌府靖遠縣界二百里，東北至張恩堡牛首山靈州界二百里，西北至邊牆外境二十里。【略】

新渠縣

治在府北六十里，東至黃河十五里，西至堤埂平羅縣界一里，南至南通橋寧夏縣界一百里，北至通惠橋寶豐縣界五十里，東南至黃河十五里，西南至李祥堡寧夏縣界八十里，東北至紅岡堡寶豐縣界六十里，西北至威鎮橋平羅縣界五十里。【略】

寶豐縣

治在府東北一百六十里，東至黃河十五里，西至賀蘭山四十里，南至西永惠堡新渠縣界三十里，北至石嘴子山四十里，東南至東永惠堡新渠縣界三十里，西南至威鎮橋平羅縣界二十五里，東北至黃河長堤二十里，西北至鎮遠關五十里。【略】

西寧府

治在布政司西六百四十里，東至涼州府平番縣界三百九十里，西至丹噶爾青海番夷界九十里，南至南山後黃河沿臨洮府歸德所界一百六十里，北至大雪山二百三十五里，係荒山後，接連涼州府界，東南至三川黃河沿界五百里，西南至上郭密番夷界二百三十里，東北至氷溝山番居寫爾定族界二百八十里，西北至哈爾蓋界五百八十里，係加布加薩夷人住牧，接連西海地界，距京師四千六百四十里。【略】

西寧縣附郭

治在府城內，東至平戎堡碾伯縣界七十里，西至西川口外丹噶爾青海番夷界九十里，南至南山後黃河沿臨洮府歸德所界一百六十里，北至永安堡大通衛界八十里，東南至南山後掩達赤哈碾伯所屬擺羊戎界二百四十里，西南至上郭密番夷界二百三十里，東北至祐寧寺番夷界一百二十里，西北至西川乩迭溝腦娘娘山大通衛界八十里。【略】

碾伯縣

治在府東北一百三十里，東至涼州府平番縣界二百六十里，西至羊起舖西寧縣界四十五里，南至臨洮府河州界三百九十里，北至西番溝腦番居倉家族界一百六十里，東南至三川黃河沿界三百七十里，西南至高店溝腦雪山根八十里，東北至氷溝山番居寫爾定族界一百五十里，西北至上水磨溝腦番居鈕作族界一百七十里。【略】

大通衛

治在府北二百二十里，東至嘉爾多寺一百五十里，係番人住牧地方，接連涼州府界，西至徹爾圖一百三十里，南至北川營闇門邊牆一百六十里，接連西寧縣界，北至大雪山一十五里，係荒山後，接連涼州府界，東南至威遠營闇門邊牆一百六十里，接連西寧縣界，西南至波洛沖口三百四十里，係羅卜藏察罕夷人住牧，接連西海地界，東北至大雪山二十里，係荒山，接連涼州府界，西北至哈爾蓋三百六十里，係加卜加薩夷人住牧，接連西海地界。【略】

直隸秦州

治在布政司東南七百三十里，東至茶川舖鳳翔府隴州界二百里，西至鞏昌府伏羌縣界九十里，南至大石碑漢中府略陽縣界三百四十里，北至平涼府莊浪縣界二百一十里，東南至常家河略陽縣界五百里，西南至階州界三百一十里，東北至龍口峪平涼府華亭縣界二百五十里，西北至伏羌縣界九十里，距京師三千七百一十里。本州境東至硤口舖清水縣界一百一十五里，西至鞏昌府伏羌縣界九十里，南至黑林溝徽縣界九十里，北至秦安縣界六十里，東南至禮縣界七十里，西南至鞏昌府西和縣界八十里，東北至清水縣界一百里，西北至鞏昌府伏羌縣界九十里。【略】

秦安縣

治在州北八十里，東至清水縣界一百三十里，西至鞏昌府伏羌縣界四十里，南至秦州界二十里，北至平涼府莊浪縣界三十里，東南至魏家灣清水縣界三十里，西南至佘家峽秦州界四十里，東北至蓮花鎮平涼府莊浪縣界六十里，西北至王家舖鞏昌府通渭縣界八十里。【略】

清水縣

治在州東一百三十里，東至茶川舖鳳翔府隴州界七十里，西至硤口舖秦州界一十五里，南至磨兒硤秦州界十五里，北至平涼府靜寧州界一百二十里，東南至漢中府鳳縣界八十里，西南至小泉硤秦州界三十里，東北至龍口峪平涼府華亭縣界一百二十里，西北至秦安縣界八十里。【略】

禮縣

治在州西南一百六十里，東至秦州界八十里，西至鞏昌府岷州界一百二十里，南至鞏昌府西和縣界五十里，北至鞏昌府寧遠縣界六十里，東南至秦州界一百三十里，西南至階州界一百五十里，東北至鞏昌府伏羌縣界八十里，西北至岷州界七十里。【略】

徽縣

治在州南二百八十里，東至簸箕灣兩當縣界七十里，西至橫川鎮階州成縣界五十里，南至大石碑漢中府略陽縣界六十里，北至黑林溝秦州界二百九十里，東南至砂壩略陽縣界五十里，西南至成縣界九十里，東北至高橋關秦州界一百里，西北至木黎川秦州界八十里。【略】

兩當縣

治在州東南三百七十里，東至單河舖漢中府鳳縣界三十里，西至簸箕灣徽縣界三十里，南至常家河漢中府略陽縣界一百二十里，北至毛家莊秦州界八十里，東南至藍家關漢中府鳳縣界四十里，西南至火崖坡徽縣界五十里，東北至龐家河鳳縣界五十里，西北至駙馬廟徽縣界三十里。【略】

直隸階州

治在布政司東南一千七十里，東至漢中府略陽縣界三百二十里，西至鞏昌府西固城界九十里，南至松坪寨四川龍安府平武縣界三百里，北至秦州禮縣界二百五十里，東南至漢中府寧羌州界五百二十里，西南至番界四十里，東北至毛嘴山漢中府略陽縣界四百一十里，西北至西固城界一百六十里，距京師三千九百四十里。本州境東至文縣界一百三十里，西至鞏昌府西固城界九十里，南至番界二十里，北至秦州禮縣界二百五十里，東南至文縣界一百二十里，西南至番界四十里，東北至成縣界二百二十里，西北至西固城界一百五十里。【略】

文縣

治在州東南二百七十里，東至漢中府寧羌州界一百五十里，西至松坪寨四川龍安府界一百八十里，南至龍安府平武縣界一百八十里，北至階州界一百三十里，東南至寧羌州界二百五十里，西南至古扶州番界二百里，東北至漢中府略陽縣界二百里，西北至階州界一百五十里。【略】

成縣

治在州東北三百二十里，東至橫川鎮秦州徽縣界四十里，西至太石山階州界九十里，南至譚家河階州界九十里，北至鞏昌府西和縣界六十里，東南至毛嘴山漢中府略陽縣界九十里，西南至階州界一百一十里，東北至秦州界一百里，西北至鞏昌府西和縣界一百里。【略】

直隸肅州

治在布政司西北一千四百七十里，東至撫夷驛甘州府張掖縣界三百一十里，西至嘉峪關外雙井子赤金所界九十里，南至金佛寺南山一百二十里，北至邊牆三十里，東南至紅崖堡張掖縣界一百八十里，西南至卯來泉堡七十里，東北至張掖縣界二百八十里，西北至野麻灣堡六十里，距京師五千五百一十里。本州境東至雙井堡高臺縣界一百里，西至嘉峪關外雙井子赤金所界九十里，南至金佛寺南山一百二十里，北至兩山口邊牆三十里，東南至清水堡高臺縣界一百四十里，西南至卯來泉堡七十里，東北至金塔寺一百里，西北至野麻灣邊牆四十里。【略】

高臺縣

治在州東南二百七十里，東至撫夷驛甘州府張掖縣界四十里，西至雙井堡肅州界一百七十里，南至紅崖堡雪山界一百二十里，北至六壩邊牆五里，東南至新墩子張掖縣界二百四十里，西南至河清營肅州界一百八十里，東北至四壩堡張掖縣界二十里，西北至鎮夷堡肅州界一百一十里。【略】

安西廳

安西衛

治在布政司西北二千一百四十里，東至小灣柳溝衛雙塔堡界七十里，西至火燒林沙州衛百齊堡界七十里，南至八楞墩柳溝衛踏實堡界四十里，北至白墩子九十里，接連外境，東南至石溝三十五里，西南至瓜州六十里，東北至石坂墩一百里，西北至紅柳泉一百二十里，距京師六千一百八十里。【略】

沙州衛

治在安西廳西北二百六十里，東至塔兒泉柳溝衛踏實堡界一百七十里，西至古營盤四十里，接連外境，南至千佛洞三十里，北至青墩硤一百九十里，東南至三危山三十里，西南至沙棗墩三十里，東北至甜水井子安西衛界一百六十里，西北至鹽池四十里。【略】

柳溝衛

治在安西廳東一百六十里，東至三道溝東岸靖逆衛界八十五里，西至蘇賴河岸安西衛界四十里，南至踏實堡紅柳邊沙州衛界一百四十里，北至橋灣四十里，東南至六道溝五十里，西南至黑水河九十里，東北至古邊跡布魯湖墩一百一十里，西北至空心墩八里。【略】

靖逆廳

靖逆衛

治在布政司西北一千八百四十里，東至高見灘果璧齊勤所界五十里，西至三道溝東岸柳溝衛界四十里，南至果璧十里，北至花海子湖二十里，東南至果璧十里，西南至昌馬河一百二十里，東北至納蘸圖七十里，西北至布魯湖布魯墩三十里，自衛東至嘉峪關二百九十里，至蘭州一千八百三十里，至京師五千八百八十里。【略】

齊勤所

治在靖逆廳東一百一十里，東至雙井子界牌肅州界一百二十里，西至高見灘靖逆衛界六十里，南至雪山一百里，北至亂山子五里，東南至鴉兒河四十里，西南至野馬兔一百一十里，東北至後柳灣六十里，西北至旱硤五十里。

清·劉士俊、劉湘煃《漢陽府志》卷四《疆域》 漢陽府

至省治七里，至京師三千一百五十里，水路五千四百八十五里。【略】東南界江，至武昌府治七里。【略】東北至黄州府治水陸俱一百八十里。西北至德安府治三百二十里，水路三百八十里。西南至安陸府沔陽州四百里，水路四百七十里。

漢陽縣【略】

北至黄陂縣界四十五里，又五十里至黄陂縣治。西至漢川縣界九十里，又三十里至漢川縣治。西北至孝感縣界八十里，又四十里至孝感縣治。

漢川縣

至府治一百二十里，省治一百二十七里。東至漢陽縣界三十里，又九十里至漢陽縣治。東北至孝感縣界五十里，又五十里至孝感縣治。北至雲夢縣界四十里，又五十里至雲夢縣治。西北至應城縣界六十里，又六十里至應城縣治。西至天門縣界九十里，又七十里至天門縣治。南至沔陽州界一百里，又一百八十里至州治。

黄陂縣

廣一百一十里，袤二百里。至府治九十里，至省治八十五里，水路一百一十里。南至漢陽界五十里，地名牛湖，又四十里漢陽縣治。東南五十里至黄岡縣界，地名界埠，又七十里至黄岡縣之陽羅驛。東五十里至黄岡縣界，地名界牌，又一百九十里至黄州府治。東北八十里至黄安縣界。北一百八十里至河南羅

山縣，地名黄陂站，又一百八十里至羅山縣治。西北八十五里至孝感縣界，又一百五十里至德安府治。西六十里至孝感縣界，又六十里至孝感縣治。

孝感縣

至府治一百二十里，至省治一百二十五里，水路二百四十里。東南至漢陽縣界四十里，又八十里至漢陽縣治。東六十里至黄陂縣界醬鎮鋪，又六十里至黄陂縣治。東北一百五十里至鄧店，接應山界。北二百四十里至三里城，接河南羅山縣界，又十里至羅山縣治。西北九十里至安陸縣界新添鋪，又三十里至德安府安陸縣治。西十里至新建鋪，接雲夢縣界，又三十里至雲夢縣治。西南五十里至漢川縣界，又五十里至漢川縣治。

清·聶劍光《泰山道里記》 泰山道里，見於載籍者：《博聞録》謂「高四千丈，環一千里」。《茅君内傳》謂「周回三千里」，其説荒遠不可稽。唐徐堅《初學記》引《漢官儀》及《泰山記》曰：「自下至古封禪處凡四十里。」晉郭璞《山海經注》謂：「從山下至頂，四十八里三百步。」《唐六典》謂：「周百六十里，高四十餘里。」故俗皆以爲四十里云。然登山者寅上而未下，度其時在平地僅行六七十里而已，況攀陟爲勞，不足四十里明矣。明萬曆間有參政張五典者，嘗立一法量之。其法用竪竿一，長一丈，刻以尺寸，竿端置一環。用横竿一，長亦一丈，中置一環；兩端皆五尺，取其輕重相稱。以繩繫於横竿之環，而又穿於竪竿之環，牽其繩之尾，則横竿可上可下，而不失其平。於是以竪竿所立之處，視横竿所至之處，則五尺爲一步矣，此以量其遠近也；每量一步，若在平地，則横竿由端以至竪竿前後，俱著於地。若前高而後下，則横竿前著於地，而後懸於空，視竿所懸處至地尺寸若干，此以量其高下也。又備一册，每葉畫三百六十格，每量一步則填一格，平地則於格内填一平字。其高尺寸若干，亦於格内注之。填盡一葉，則足三百六十步爲一里。其高則累尺寸而計之不爽也。由山下至絶頂，凡量四千三百八十四步，而紆迴曲折皆在其中。高三百八十六丈九尺一寸，中除倒盤低十八丈五尺七寸抵高數外，實高三百六十八丈三尺四寸，折步七百三十六步六分八厘。平、高共積五千一百二十步有奇，實一十四里零八十餘步耳。

清·長白椿園氏《新疆輿圖風土考》卷五《新疆道里表》 軍台道里表

嘉峪關西至哈密一千四百七十里。

四十里雙井子。

五十里惠因堡。

七十里赤金湖。

四十里赤金峽。

三十里玉門縣。

三十里沙井子。

五十三里八道溝。

四十里卜隆吉。

三十里雙塔堡。

六十里小灣。

七十里安西州。

九十里白墩子。

七十里紅柳園，又稱紅柳峽。

八十里大泉。

七十里馬連井子。

八十里猩猩峽。

九十里沙泉子。

八十里苦水。

一百四十里格子煙墩。

七十里長流水。

七十里黄蘆岡。

七十里哈密。

哈密西至闢展九百里。

六十里頭堡。

六十里三堡。

七十里鴨子泉。

八十里瞭墩。

四十里助巴泉。

四十里陶賴泉。

一百四十里梧桐窩。

一百二十里鹽池。
一百八十里七克騰木。
五十里蘇魯圖。
四十里闢展。
哈密北至巴里坤三百三十里。
一百十里南山口。
七十里松柏塘。
八十里奎素。
七十里巴里坤。
闢展西至土爾番二百四十里。
一百二十里陸布沁。
五十里哈拉火卓。
七十里土爾番。
土爾番西至哈喇沙拉八百九十里。
七十里布幹。
六十里托克遜。
九十里蘇馬什。
六十里阿哈拉布拉克。
一百八十里朱木石阿哈馬。
二百四十里烏什他拉。
一百里特伯爾古。
九十里聞都河北岸，即哈喇沙拉之城也。
土爾番北至烏魯木齊四百九十里。
五十里根忒克。
一百里哈必爾漢布拉克。
一百十里哈拉巴爾噶遜。
一百十里昂吉爾圖淖爾。
一百二十里鄂綸拜興，即烏魯木齊之城也。
哈喇沙拉西至庫車九百六十里。
九十里哈爾哈愛曼。
六十里庫爾勒。
七十里哈拉布拉克。
一百里庫爾楚。
一百六十里策大雅爾。
六十里陽薩爾。
一百里布古爾。
一百里阿拉巴特。
一百六十里托和奈。
六十里庫車。
庫車西至阿克蘇六百九十里。
一百六十里河色爾。
四十里賽生水。
八十里拜城。
九十里雅爾幹。
四十里雅爾哈里克。
一百二十里哈拉王爾袞。
八十里扎木。
八十里阿克蘇。
阿克蘇西至葉爾羌一千三百五里。
八十里愛扈爾。
六十里養阿里克。
一百里都奇特。
六十里伊拉堵。
五十五里烏爾土斯克滿。
四十里亨阿拉克。
五十里庫庫車。
八十里巴爾楚克。
八十里折克得里克托海。
七十里賽爾姑努斯。
七十里必撒克抵。

六十里阿克撒克瑪拉爾。
六十里阿朗個爾。
七十里邁拉特。
七十里賴里克。
九十里愛吉持虎。
七十里即葉爾羌回城也。
阿克蘇北至伊犁九百七十里。
八十里札木。
一百二十里特克和樂。
四十里和洛伙羅克。
八十里圖巴拉克。
八十里胡斯圖托海。
七十里他木哈他什。
一百二十里噶克察哈爾海。
八十里沙土阿滿。
七十里特可斯。
六十里伊什噶爾地。
一百十里吉林遮克得。
四十里遮林得，即伊犁城也。
阿克蘇西南至烏什二百四十里。
一百二十里遮爾格吉克得。
一百二十里烏什。
葉爾羌西至喀什噶爾四百二十里。
五十里給拉古札什。
七十五里戈壁腰站。
七十五里河色爾察木壠。
五十里扎克布拉克。
八十里庫森塔斯渾。
九十里喀什噶爾回城也。
葉爾羌南至和闐六百七十里。
七十里坡斯遷。
一百十里洛河克亮噶爾。
一百八十里傰馬台。
九十里恭得里克。
九十里扁爾滿。
一百十里哈克哈什，即和闐之城也。

清·張金誠修、楊浣雨輯《寧夏府志》卷二《地里·疆域》 寧夏府

東至延安府屬安定邊鹽場堡界三百六十里。
西至涼州府屬平番縣紅水交界七百一十里。
南至平涼府屬固原州李旺驛界三百八十里。
北至平羅縣石嘴口邊界二百三十五里。
東南至平涼府屬固原州下馬關界三百八十里。
西南至蘭州府屬靖遠縣紫薪梁界六百三十里。
東北至靈州横城閶門交界三十里外鄂爾多斯地。
西北至賀蘭山外邊界七十里外係郡王羅布藏游牧地。
至甘肅布政司九百四十里，至京師三千六百四十里。【略】

寧夏縣，治在府城内。
東至靈州臨河堡界三十里。
西至寧朔縣豐盈堡界十五里。
南至寧朔縣林皋堡界九十里。
北至寧朔縣謝保堡界二十里。【略】

寧朔縣，治在府城内。
東至寧夏縣張政堡溝橋界五里。
西至賀蘭山外邊界七十里。
南至寧夏縣王元橋界一十八里，又自寧夏縣屬葉昇堡興理廟起，至中衛縣屬分守嶺交界六十里。
東南至青銅峽河岸十里。
北至平羅縣李剛堡界四十里。【略】

平羅縣，治在府西北一百二十里。
東至黃河岸三十里。

西至賀蘭山外邊界六十里。
南至寧朔縣張亮堡界八十里。
北至石嘴口鎮遠關界一百一十五里。
東南至寧夏縣王澄堡界八十里。
西南至寧朔縣豐登堡界九十里。
東北至黄河七十里。
西北至賀蘭山打磑口五十里。【略】
靈州，治在府東南九十里。
東至榆林府定邊縣界二百八十里。
西至寧夏縣界三十里。
南至李旺堡平涼府固原州界二百八十里。
北至横城邊墻七十里。
東南至甜水堡慶陽府環縣界二百九十里。
西南至廣武營中衛縣界一百二十里。
東北至興武營一百四十里。
西北至河西寨寧夏縣界七十里。【略】
中衛縣，治在府西南三百六十里。
東至分守嶺寧朔縣界二百二十里。
西至營盤水臯蘭縣界二百一十里。
南至白崖口靈州界一百三十五里。
北至邊墻十里。
東南至大風溝靈州界二百里。
西南至紫薪梁蘭州府靖遠縣界二百里。

清·祁韻士《西陲要略》卷一《南北兩路疆域總敘》 今之所謂南路、北路，則合天山南北而中分之，總屬於伊犁全境之地。東界安西州，東北界阿拉善及喀爾喀蒙古，北界科布多，西北界哈薩克部，西南界布魯特及霍罕安集延等部，南界西藏，東南界青海。蒙古東西七千餘里，南北三千餘里。周圍二萬餘里，就其相距道里計之，自伊犁惠遠城東北行一千五百餘里，至塔爾巴哈台城。又東北七百餘里，與科布多以額爾齊斯河爲界。伊犁自北而西及塔爾巴哈台東北一帶，皆哈薩克游牧。伊犁西南一帶，邊外皆布魯特游牧。自伊犁惠遠城東行一千餘里，至庫爾喀喇烏蘇城，又東經綏來、昌吉二縣，行八百餘里，至烏魯木齊城，即迪化州，俗呼爲紅廟子者也。自烏魯木齊東南，越博克達山，通土魯番五百餘里。自烏魯木齊東行，經阜康縣行四百餘里至古城。又東經奇台縣行七百餘里至巴里坤城，有鎮西府及宜禾縣在焉。南即天山，極高峻，路經天山行三百餘里，抵哈密城，此北路之疆域也。自伊犁惠遠城，南越穆蘇爾達巴罕至阿克蘇一千餘里。由阿克蘇西北二百餘里，至烏什。由烏什而西經樹窩子草地行七百餘里，直達喀什噶爾城，乃捷徑，布魯特游牧于此。凡伊犁西南及阿克蘇、烏什西北一帶皆布魯特游牧，即所謂東布魯特是也。自阿克蘇由南而西一千四百餘里至葉爾羌城，自葉爾羌西北五百九十餘里至哈什噶爾城中，有英吉沙爾城，其巴達克山回部距英吉沙爾西南烏魯克卡倫一千七百餘里。【略】又自葉爾羌東南行七百餘里至和闐城。【略】自阿克蘇東北行七百餘里至庫車城，庫車西南一帶界阿克蘇，和闐西北至伊犁一千七百餘里。【略】自庫車東北行九百餘里至喀喇沙爾城，由城西北經著勒土斯河至納喇特達巴罕四百八十里，接伊犁南界。【略】自喀喇沙爾東北行九百餘里至土魯番，東南經闢展回城約五百餘里，至羅卜諾爾，即古蒲昌海也。【略】自土魯番東北行一千二百餘里抵哈密城，此南路之疆域也。

由哈密南至南湖三十里外，俱戈壁。北與巴里坤、宜禾縣連界，東至嘉峪關一千五百餘里。其嘉峪關外赤斤湖地方南行百餘里，至庫克拖羅垓，即青頭山，路通青海，凡關外赴藏熬茶之蒙古人等，經行此路焉。

清·祁韻士《西陲要略》卷一《南北兩路山水總敘》 伊犁之山有格登山，在城西南一百餘里。有額琳哈畢爾罕山，在城東北哈什河接連圍場山陰一帶，約三百餘里。有阿布喇勒山，在城東二百餘里哈什河東一帶，與烏魯木齊之博克達山一脈。有阿勒坦額墨爾都圖山，在城西北四百餘里。有塔爾奇山，在城東北一百餘里。有崆郭羅鄂博，在城東北五十餘里。水則有伊犁河，附近城南緜亘千餘里，流入哈薩克游牧。哈什河在城東北二百餘里，有崆吉斯河，在城東七百餘里，此二水即伊犁河上流。有特克斯河，源在城南隔山三百餘里，東流而北，北而西，亦爲伊犁河上流。有奎屯河，有策集河，有薩瑪爾河，俱在城西北三百餘里。有霍爾果斯河，在城西北二百餘里。有察罕烏蘇山泉，在城北二百餘里。有阿里瑪圖河，在城北二百餘里。【略】有賽里木淖爾，在城東北隔山二百餘里，係察哈爾游牧。【略】西南四百餘里鄂爾果珠勒及哈爾奇喇等卡倫以外，行百餘里有善塔斯大嶺。【略】自善塔斯西行三百餘里至特穆爾圖淖爾。【略】由卓爾南岸越巴爾渾大山，渡塔爾垓河，溯流向東，南越大山可達回疆烏什。此水西流歸納林河八安集延。由淖爾南岸至塔爾垓河，共行三百餘里。西南過察奇爾圖大山，經穆蘇爾達巴罕西麓，由此而西，仍經布魯特游牧。又行五百餘里至鐵里冶克山嶺下，二十餘里西而轉南，由南而東，共行四百餘里，至喀什噶爾矣。穆蘇爾達巴罕者，冰山也，在伊犁南界，自伊犁西南行一千五百餘里始至山趾云。【略】共行四百餘里至喀什噶爾矣。塔爾巴哈台之山，則有有塔爾巴哈台山，又名楚呼楚，在城北一百餘里。有巴克圖山，在城西七十餘里。有珠爾呼珠山，在城東北二百餘里。有霍博克薩里山，在城東二百餘里。有達爾達木圖山，在城東南五百餘里。有巴爾魯克山，在城南二百餘里。有格德蘇山，在城西南五百餘里。有綽諾庫圖勒山，在格德蘇山迤東。水則有額彌勒河，城南縣亘三百餘里。有固爾圖河，在城東南二百餘里。有額爾齊斯河，在城東北七百餘里，與科布多以此河爲界。有齊桑淖爾，在城東北五百餘里，爲額爾齊斯所匯。又有噶扎勒巴什淖爾，在城東四百餘里。有額賓格森淖爾。【略】

自伊犁而南至烏什，則有貢古魯克山，在城北二百餘里，有巴什雅哈瑪山，在城西南二百里，有雅滿素山，在城西北二十里。水則有畢底河，來自布魯特游牧。【略】

喀什噶爾之山：則有玉斯圖阿爾圖什山，在城西北九十餘里。有穆什山，在城西北一百五十餘里。有塔什密里克山，在城西南一百五十餘里。

葉爾羌之山：則有密爾迪山，在城西南二百餘里。【略】有瑪爾瑚盧克山，在城西南四百餘里。【略】

阿克蘇山則有穆蘇爾達巴罕，在城北五百餘里，即冰山，伊犁、阿克蘇南北兩路孔道也。有滴水崖，在城東溫巴什地方。察爾奇克西南六十里有鹽池溝，在鄂依斯四十里，產銅。水則有渾巴什河，在城西五十里。【略】

庫車迤北一帶，亦係雪山綿亘。有丁谷山，在城西北一百餘里。又城北百餘里，有山產硇砂。水則有渭千河，在城西百餘里。【略】

喀喇沙爾山，則有博爾圖達巴罕，在城東北一百三十里，有著勒土斯山，在城西北一帶，接連雪山，迴環千里。【略】

土魯番之山，即天山東北，界巴里坤，西達穆蘇爾達巴罕。又西極蔥嶺，綿亘數千里。水則有羅卜諾爾，在城東南五百餘里。【略】

哈密之山即天山最高處，在城北一百三十里，山之北三百餘里，爲巴里坤。

清・祁韻士《西陲要略》卷一《南北兩路軍台總目》 伊犁起至嘉峪關各台站

伊犁惠遠城東北七十里至烏哈爾里克台，東北八十里至塔爾奇阿滿台，東四十里至博勒齊爾台，八十里至鄂爾哲圖博木台，九十里至胡素圖布拉克台，八十里至托霍木圖台，七十里至托里台，一百三十里至精河台，一百二十里至托多克台，九十里至固爾台，九十里至墩木達台，八十里至布爾噶濟臺，七十里至庫爾喀喇烏蘇底台，一百一十里至瑪納斯台，一百二十里至圖爾里克台，一百二十里至呼圖壁台，九十里至洛克倫台，一百二十里至烏魯木齊鄂倫拜昇底台，一百二十里東至昂吉爾圖台，一百一十里至哈喇巴勒噶遜台，八十里至奎屯台，九十里至安集海台，一百里至烏蘇台，一百一十里至哈爾罕布拉克台，一百里至根忒克台，六十里至土魯番底台，八十里至勝金台，九十里至里雅木沁台，一百二十里至闢展台，五十里至蘇魯圖台，六十里至齊克勝木台，一百八十里至鹽池台，一百二十里至梧桐窩台，一百四十里至套賴泉台，六十里至肋巴泉台，五十里至橙槽溝台，八十里至瞭墩台，八十里至鴨子泉台，七十里至三堡台，六十里至頭堡台，六十里至哈密底台，七十里至黃蘆岡台，七十里至長流水台，七十里至格子煙墩台，一百四十里至苦水台，七十里至沙泉子台，九十里至星星硤台，八十里至馬蓮井子台，七十里至大泉台，八十里至紅柳園台，七十里至白墩子台，九十里至安西台，七十里至小灣台，九十里至卜隆吉台，九十里至三道溝台，五十里至玉門縣台，九十里至赤斤硤台，一百一十里至惠回堡台，九十里至嘉峪關。

以上六十站，共五千二百餘里。【略】

喀什噶爾至土魯番各軍台

喀什噶爾底台一百一十里至庫森塔斯渾台，一百里至英吉沙爾台，七十里至托布拉克台，五十里至察木倫台，一百里至喀拉布札什台，七十里至葉爾羌底台，東北七十里至愛吉特虎台，九十里至賴里克台，七十里至邁那特台，一百里至阿朗格爾台，六十里至阿克薩克瑪拉勒台，六十里至皮產里克台，七十里至海南木橋台，八十里至巴爾楚克台，八十里至庫庫車勒台，一百四十里至恒阿喇克台，八十里至烏圖斯克滿台，六十里至伊勒都台，八十里至都奇特台，八十里東至洋阿里克台，一百七十里至渾巴什台，七十里至阿克蘇底台，八十里至札木台，八十里至哈拉玉爾滾台，一百四十里至察爾齊克台，八十里至鄂玉斯塘台，六十里至拜城，五十里至賽里木台，八十里至河色勒台，一百六十里至庫車底台，六十里至托和奈台，一百四十里至阿爾巴特台，一百里至洋薩爾台，六十里至策達雅爾台，一百六十里至車爾楚台，一百里至喀喇布拉克台，七十里至庫爾勒台，六十里至哈爾哈阿滿台，一百里至喀喇沙爾開都河底台，九十里至特伯爾古台，八十里至烏沙克塔爾台，一百五十里至喀喇河色爾台，九十里至庫木什阿哈瑪台，一百三十里至阿哈爾布拉克台，八十里至蘇巴什台，九十里至托克遜台，七十里至布幹台，九十里至土魯番。以上五十站，共四千四百餘里。

清·穆彰阿《大清一統志》卷四二《承德府一》 承德府在直隸省治東北七百八十里，東西距一千二百里，南北距三百五十八里，以平泉州、赤峰縣兩屬統計之，八百十里。東至盛京錦州府錦縣界七百五十里，西至直隸口北道屬獨石口廳界四百五十里，南至遵化州界一百五十里，北至木蘭圍場界二百十八里，東南至永平府臨榆縣界五百八十里，西南至順天府密雲縣古北口界一百九十里，東北至錦州府廣寧縣界一千零十五里，西北至口北道屬多倫諾爾廳界五百六十里，自府治至京師四百二十里。【略】

灤平縣在府西南，即喀喇河屯廳境，東西距四百四十五里，南北距二百六十八里。東至府界四十里，西至口北道屬獨石口廳界四百五里，南至古北口界一百三十八里，北至豐寧縣界一百三十里。【略】

豐寧縣在府西北，即四旗廳地，東西距五百二十里，南北距二百二十里。東至府界二百五十里，西至獨石口廳界二百七十里，南至灤平縣界六十里，北至圍場界一百六十里。【略】

平泉州在府東，即八溝廳地，東西距五百四十里，南北距四百九十里，東至建昌縣界三百里，西至府界二百四十里，南至永平府遷安縣邊界一百三十里，北至赤峰縣界三百六十里。【略】

赤峰縣在府東北，即烏蘭哈達廳地，東西距二百七十里，南北距三百二十里。東至建昌縣界一百二十里，西至圍場界一百五十里，南至平泉州界六十里，北至烏珠穆沁克什克騰諸旗界二百六十里。【略】

建昌縣在府東南，即塔子溝廳地，東西距二百六十里，南北距六百八十五里。東至朝陽縣界一百二十里，西至平泉州界一百四十里，南至永平府臨榆縣邊界二百六十里，北至烏珠穆沁界四百二十五里。【略】

朝陽縣在府東北，即三座塔廳地，東西距二百六十里，南北距五百三十里。東至盛京錦州府義州界一百三十里，西至建昌縣界一百三十里，南至建昌縣界一百五十里，北至科爾沁旗界三百八十里。

清·穆彰阿《大清一統志》卷四五《遵化州一》 遵化直隸州在直隸省治東六百三十里，東西距一百六十里，南北距二百二十八里。東至永平府灤州界九十里，西至順天府薊州界七十里，南至順天府寧河縣界海口二百十里，北至羅文峪關十八里，東南至永平府樂亭縣治二百八十里，西南至順天府寶坻縣治一百八十里，東北至喜峰口關二十里，西北至馬蘭峪六十里。本州境東西距一百二十里，南北距七十里，東至永平府遷安縣界五十里，西至薊州界七十里，南至豐潤縣界五十里，北至羅文峪關二十里，東南至豐潤縣界七十里，東北至喜峰口一百二十里，西南至玉田縣界七十里，西北至馬蘭峪六十里。自州治至京師三百二十里。【略】

玉田縣在州西南三十里，東西距七十五里，南北距一百二十里。東至豐潤縣界三十里，西至順天府薊州界四十五里，南至順天府寧河縣界九十里，北至州界三十里，東南至豐潤縣界五十三里，西南至順天府寶坻縣界四十二里，東北至州界四十四里，西北至薊州界五十二里。【略】

豐潤縣在州東南七十里，東西距七十三里，南北距二百五十里。東至永平府灤州界三十里，西至玉田縣界四十三里，南至海二百里，北至州界五十里，東南至灤州界一百二十里，西南至順天府寶坻縣界一百里，東北至永平府遷安縣界六十里，西北至州界五十里。

清·穆彰阿《大清一統志》卷七二《江蘇統部》 江蘇省江寧府爲省會，在京師南二千四百里，東西距九百五十里，南北距一千一百三十里。東至太倉州海岸七百七十里，西至安徽和州界一百八十里，南至浙江嘉興府嘉興縣界四百七十里，北至山東沂州府郯城縣界六百六十里，東南至松江府金山縣海岸九百三十里，西南至浙江湖州府長興縣界四百八十里，東北至山東沂州府日照縣界八百三十里，西北至河南歸德府虞城縣界九百四十里。

清·穆彰阿《大清一統志》卷七三《江寧府一》 江寧府，江蘇省治，在蘇州府西北四百五十里，東西距三百四十里，南北距三百八十里。東至鎮江府丹陽縣界一百六十里，西至安徽和州界一百八十里，南至安徽寧國府宣城縣界二百四十里，北至安徽泗州天長縣界一百四十里，東南至鎮江府溧陽縣界一百九十里，西南至安徽太平府當塗縣界一百三十五里，東北渡江至揚州府儀徵縣界一

百三十五里，西北渡江至安徽滁州界一百四十里。自府治至京師二千四百四十五里。【略】

上元縣，附郭，府治東北偏，東西距九十五里，南北距九十九里。東至句容縣界九十里，西至江寧縣界五里，南至江寧、溧水二縣分界處五十里，北至大江中流六合縣界四十九里，東南至句容縣界七十里，西南至江寧縣界四里，東北至句容縣治一百十里，西北渡江至六合縣治一百二十里。【略】

江寧縣，附郭，治城西南偏，東西距三十里，南北距一百里。東至上元縣界五里，西至大江中流江浦縣界二十五里，南至溧水縣界九十五里，北至上元縣界五里，東南至溧水縣界六十里，西南至安徽太平府當塗縣治百三十五里，東北至上元縣界六里，西北渡江至江浦縣治四十里。【略】

句容縣在府東九十里，東西距七十里，南北距一百二十里。東至鎮江府丹陽縣界五十里，西至上元縣界二十里，南至溧水縣界五十里，北至大江中流揚州府儀徵縣界七十里，東南至鎮江府金壇縣治一百二十里，西南至江寧縣界一百里，東北至鎮江府丹徒縣治一百十里，西北渡江至江浦縣治一百四十里。【略】

溧水縣在府東南百四十里，東西距一百里，南北距二百十里。東至鎮江府溧陽縣界五十里，西至安徽太平府當塗縣界五十里，南至高淳縣界六十里，北至江寧縣界五十里，東南至溧陽縣治七十里，西南至當塗縣治百五十里，東北至句容縣界四十里，西北至江寧縣界四十五里。【略】

江浦縣在府西北四十里，東西距七十里，南北距五十里。東至大江中流江寧縣界二十里，西至安徽滁州全椒縣界五十里，南至大江中流安徽和州界二十里，北至六合縣界三十里，東南至江寧縣界三十里，西南至和州治一百里，東北至六合縣治百里，西北至滁州界六十里。

六合縣在府北百二十里，東西距八十五里，南北距百二十里。東至揚州府儀徵縣界三十里，西至安徽滁州來安縣界五十五里，南至江浦縣界七十里，北至安徽泗州天長縣界五十里，東南渡江至句容縣治一百五十里，西南至江浦縣治百里，東北至儀徵縣治五十里，西北至來安縣治七十五里。【略】

高淳縣在府東南二百四十里，東西距一百里，南北距七十里。東至鎮江府溧陽縣界七十里，西至安徽太平府當塗縣界三十里，南至安徽寧國府宣城縣界四十里，北至溧水縣界三十里，東南至安徽廣德州建平縣治一百里，西南至宣城縣治百二十里，東北至溧水縣界三十里，西北至當塗縣界二十五里。

清・穆彰阿《大清一統志》卷七七《蘇州府一》 蘇州府，江蘇省治，在江寧府東南四百五十里，東西距二百二十里，南北距二百五十里。東至太倉州界一百二十里，西至常州府宜興縣界一百里，南至浙江嘉興府嘉興縣界一百里，北至大江通州界一百五十里，東南至松江府青浦縣界一百二十五里，西南至浙江湖州府長興縣界一百三十里，東北至通州界一百五十五里，西北至常州府江陰縣界二百六十里。自府治至京師二千七百二十里。【略】

吳縣，附郭，在府治西南偏，東西距一百一里，南北距三十七里。東至元和縣界一里，西至常州府宜興縣界一百里，南至震澤縣界三十五里，北至長洲縣界二里，東南至吳江縣界十五里，西南至浙江湖州府長興縣界一百三十里，東北至長洲縣界二里，西北至長洲縣界十一里。【略】

長洲縣，附郭，府治東北偏，東西距四十一里，南北距五十二里。東至元和縣界一里，西至常州府金匱縣界四十里，南至吳縣界二里，北至常熟縣界五十里，東南至元和縣界一里，西南至吳縣界二里，東北至崑山縣界四十五里，西北至常州府金匱縣界五十里。【略】

元和縣，附郭，府治東南偏，東西距四十六里，南北距三十七里。東至新陽縣界四十五里，西至長洲縣界一里，南至吳江縣界三十五里，北至長洲縣界二里，東南至松江府青浦縣界一百二十里，西南至吳縣界四里，東北至長洲縣界六十里，西北至長洲縣界十里。【略】

崑山縣在府東少北七十里，東西距五十六里，南北距八十一里。東至太倉州界三十三里，西至元和縣界二十三里，南至松江府青浦縣界八十里，北至新陽縣界一里，東南至太倉州嘉定縣界五十里，西南至元和縣界四十里，東北至新陽縣界二里，西北至新陽縣界一里。【略】

新陽縣在府東少北七十二里，東西距五十四里，南北距四十一里。東至太倉州界三十三里，西至元和縣界二十一里，南至崑山縣界一里，北至昭文縣界四十里，東南至崑山縣界二十四里，西南至元和縣界三十六里，東北至太倉州界三十里，西北至昭文縣界七十里。【略】

常熟縣在府北九十里，東西距四十一里，南北距八十五里。東至昭文縣界一里，西至常州府江陰縣界四十里，南至長洲縣界四十五里，北至大江中流通州界四十里，東南至新陽縣界四十五里，西南至常州府金匱縣界五十里，東北至昭文縣界四十里，西北至江陰縣界七十里。【略】

昭文縣在府北九十里，東西距八十一里，南北距八十里。東至太倉州界八十里，西至常熟縣界一里，南至新陽縣界四十里，北至常熟縣界四十里，東南至太倉州界四十五里，西南至常熟縣界一里，東北至海口通州界六十五里，西北至常熟縣界一里。【略】

吴江縣在府南少東四十五里，東西距八十一里，南北距八十里。東至松江府青浦縣界八十里，西至震澤縣界一里，南至浙江嘉興府秀水縣界七十里，北至元和縣界十里，東南至嘉興府嘉善縣界六十里，西南至震澤縣界七十里，東北至元和縣界十六里，西北至吴縣界二十里。【略】

震澤縣在府南少東四十五里，東西距一百一里，南北距六十里。東至吴江縣界一里，西至浙江湖州府烏程縣界一百里，南至吴江縣界五十里，北至吴縣界十里，東南至吴江縣界五十里，西南至烏程縣界一百三十里，東北至吴江縣界一里，西北至吴縣界二十里。

清·穆彰阿《大清一統志》卷八二《松江府一》 松江府在江蘇省蘇州府東南一百六十里，江寧府六百二十里，東西距一百六十里，南北距一百五十二里。東至大海一百里，西至蘇州府吴江縣界六十里，南至大海七十二里，北至蘇州府崑山縣界八十里，東南至大海一百十里，西南至浙江嘉興府嘉善縣界五十里，東北至太倉州嘉定縣界一百十里，西北至蘇州府長洲縣界一百里。自府治至京師二千九百五十里。【略】

華亭縣，附郭，治府東偏，東西距八十七里，南北距一百十六里。東至奉賢縣界二十七里，西至金山縣界六十里，南至海八十里，北至婁縣界三十六里，東南至奉賢縣界九十里，西南至金山縣界八十里，東北至上海縣界五十四里，西北至婁縣界一里。【略】

婁縣，附郭，治府西偏，東西距十九里，南北距二十七里。東至華亭縣界一里，西至青浦縣界十八里，南至金山縣界十二里，北至青浦縣界十五里，東南至華亭縣界一里，西南至浙江嘉興府嘉善縣界四十五里，東北至上海縣界五十四里，西北至青浦縣界二十七里。【略】

奉賢縣在府東九十里，東西距七十一里，南北距六十三里。東至南匯縣界二十七里，西至華亭縣界四十四里，南至華亭縣界四十五里，北至南匯縣界十八里，東南至海一里，西南至華亭縣界六十四里，東北至南匯縣界二十四里，西北至華亭縣界七十二里。【略】

金山縣在府南七十二里，東西距十里，南北距六十四里。東至華亭縣界一里，西至浙江嘉興府平湖縣界九里，南至海一里。北至婁縣界六十三里，東南至海二里，西南至浙江平湖縣界九里，東北至華亭縣年六十四里，西北至婁縣界八十一里。【略】

上海縣在府東北九十里，東西距六十六里，南北距八十四里。東至川沙廳界三十里，西至青浦縣界三十六里，南至奉賢縣界七十二里，北至太倉州寶山縣界十二里，東南至南匯縣界八十里，西南至華亭縣界三十六里，東北至寶山縣界十八里，西北至太倉州嘉定縣界三十六里。【略】

南匯縣在府東百二十里，東西距八十三里，南北距七十三里。東至海二十三里，西至上海縣界六十里，南至奉賢縣界二十四里，北至川沙廳界四十九里，東南至海三十里，西南至奉賢縣界八十四里，東北至川沙廳界五十里，西北至上海縣界七十里。【略】

青浦縣在府西北五十里，東西距九十五里，南北距八十二里。東至上海縣界五十五里，西至蘇州府吴江縣界四十里，南至婁縣界四十里，北至太倉州嘉定縣界四十二里，東南至婁縣界七十二里，西南至吴江縣界四十五里，東北至嘉定縣界五十五里，西北至蘇州府崑山縣界三十里。【略】

川沙廳在府東北一百二十里，東西距三十里，南北距二十八里。東至海十二里，西至南匯縣界十八里，南至上海縣界一里，北至上海縣界二十七里，東南至南匯縣界半里，西南至南匯縣界六里，東北至太倉州寶山縣界三十六里，西北至上海縣界二十四里。

清·穆彰阿《大清一統志》卷八七《常州府一》 常州府在江蘇省蘇州府西北二百三十里，江寧府東南二百七十里，東西距一百九十里，南北距二百八十五里。東至蘇州府常熟縣界一百四十里，西至鎮江府丹陽縣界五十里，南至浙江湖州府長興縣界二百里，北至大江北岸通州泰興縣界八十五里，東南至蘇州府長洲縣界一百四十里，西南至安徽廣德州界一百三十里，東北至通州如皋縣界一百七十里，西北至揚州府江都縣界一百二十里。自府治至京師二千五百三十五里。【略】

武進縣，附郭，東西距五十一里，南北距六十五里。東至陽湖縣界一里，西至鎮江府丹陽縣界五十里，南至陽湖縣界十五里，北至通州泰興縣界五十里，東南至陽湖縣界五里，西南至鎮江府金壇縣界六十里，東北至陽湖縣界十五里，西

北至丹陽縣界八十里。【略】

陽湖縣，附郭，東西距四十六里，南北距一百二十里。東至無錫縣界四十五里，西至武進縣界一里，南至宜興縣界七十里，北至江陰縣界五十里，東南至宜興縣界一百里，西南至武進縣界二十五里，東北至江陰縣界五十里，西北至武進縣界一里。【略】

無錫縣在府東南九十里，東西距五十里，南北距一百十里。東至金匱縣界半里，西至陽湖縣界五十里，南至蘇州府長洲縣界七十七里，北至江陰縣界三十三里，東南至長洲縣界四十三里，西南至陽湖縣界五十一里，東北至江陰縣界五十一里，西北至陽湖縣界五十一里。【略】

金匱縣在府東南九十里，東西距七十里，南北距一百十里。東至蘇州府常熟縣界七十里，西至無錫縣界半里，南至蘇州府長洲縣界七十七里，北至江陰縣界三十三里，東南至長洲縣界四十里，西南至無錫縣界十五里，東北至常熟縣界七十里，西北至江陰縣界三十三里。【略】

江陰縣在府東七十里，東西距一百六十里，南北距七十四里。東至蘇州府常熟縣界九十里，西至武進縣界七十里，南至無錫縣界五十四里，北至靖江縣界二十里，東南至常熟縣界八十里，西南至武進縣界七十里，東北至常熟縣界七十五里，西北至武進縣界七十二里。【略】

宜興縣在府南一百二十里，東西距一百六十里，南北距六十里。東至蘇州府吳江縣界九十里，西至鎮江府溧陽縣界七十里，南至荆溪縣界半里，北至陽湖縣界六十里，東南至荆溪縣界三十里，西南至荆溪縣界九十里，東北至陽湖縣界七十里，西北至鎮江府金壇縣界七十里。【略】

荆溪縣在府南一百二十里，東西距一百八十里，南北距八十里。東至蘇州府吳江縣界九十里，西至鎮江府溧陽縣界九十里，南至浙江湖州府長興縣界八十里，北至宜興縣界半里，東南至長興縣界七十里，西南至安徽廣德州界一百里，東北至宜興縣界三十里，西北至鎮江府溧陽縣界九十里。【略】

靖江縣在府東北一百五十里，東西距一百二里，南北距五十四里。東至通州如皋縣界六十里，西至通州泰興縣界四十二里，南至江陰縣界三十五里，北至泰興縣界十七里，東南至江陰縣界五十里，西南至武進縣界五十里，東北至如皋縣界七十里，西北至泰興縣界五十里。

清・穆彰阿《大清一統志》卷九〇《鎮江府一》 鎮江府在江蘇省蘇州府西北三百七十里，江寧府東少北一百八十里，東西距二百二十里，南北距一百三十六里。東至常州府宜興縣界一百六十里，西至江寧府句容縣界六十里，南至常州府武進縣界一百八里，北至揚州府江都縣界二十八里，東南至宜興縣界二百十里，西南至安徽廣德州建平縣治三百七十里，東北至常州府靖江縣界一百二十里，西北至揚州府儀徵縣界七十里。自府治至京師二千三百里。【略】

丹徒縣，附郭，東西距一百三十里，南北距七十八里。東至丹陽縣界七十里，西至江寧府句容縣界六十里，南至丹陽縣界五十里，北至揚州府江都縣界二十八里，東南至丹陽縣界六十五里，西南至句容縣界九十里，東北至通州泰興縣界一百里，西北至揚州府儀徵縣界七十里。【略】

丹陽縣在府東南七十里，東西距八十八里，南北距六十五里。東至常州府武進縣界五十八里，西至丹徒縣界三十里，南至金壇縣界四十里，北至丹徒縣界二十五里，東南至武進縣界六十里，西南至江寧府句容縣界四十五里，東北至武進縣界七十里，西北至丹徒縣界三十里。【略】

溧陽縣在府西南二百四十里，東西距九十八里，南北距一百五十里。東至常州府宜興縣界十八里，西至江寧府溧水縣界八十里，南至安徽廣德州界七十里，北至江寧府句容縣界八十里，東南至宜興縣治九十里，西南至廣德州建平縣治一百二十里，東北至金壇縣治九十里，西北至溧水縣治一百三十里。【略】

金壇縣在府南一百六十里，東西距一百里，南北距八十里。東至常州府武進縣界三十五里，西至江寧府句容縣界六十五里，南至溧陽縣界五十里，北至丹陽縣界三十里，東南至常州府宜興縣界五十里，西南至溧陽縣界七十里，東北至丹陽縣界三十里，西北至丹徒縣界六十里。

清・穆彰阿《大清一統志》卷九三《淮安府一》 淮安府在江蘇省江寧府北五百里，蘇州府西北七百五十里，東西距四百四十里，南北距二百六十里。東至海州界二百三十里，西至安徽泗州界二百十里，南至揚州府寶應縣界八十里，北至海州沭陽縣界一百八十里，東南至揚州府泰州治四百九十里，西南至泗州治一百八十里，東北至海一百八十里，西北至徐州府宿遷縣界一百九十里。自府治至京師一千九百七十五里。【略】

山陽縣，附郭，東西距一百九十五里，南北距一百二十里。東至阜寧縣界七十里，西至安徽泗州界一百二十五里，南至揚州府寶應縣界八十里，北至清河縣界四十里，東南至鹽城縣界七十里，西南至泗州盱眙縣界一百四十里，東北至阜

寧縣界八十里，西北至清河縣界六十里。【略】

阜寧縣在府東北一百六十里，東西距一百七十里，南北距一百四十里。東至海九十里，西至山陽縣界八十里，南至鹽城縣界五十里，北至安東縣界黄河岸九十里，東南至鹽城縣界一百五十里，西南至山陽、鹽城兩縣界九十里，東北至安東縣界黄河口一百三十里，西北至安東縣界六十里。【略】

鹽城縣在府東南二百四十里，東西距二百九十里，南北距一百三十里，東至海一百里，西至揚州府寶應縣界九十里，南至揚州府興化縣界六十里，北至阜寧縣界七十里，東南至海一百里，西南至興化縣界一百里，東北至海七十里，西北至山陽縣界一百四十里。【略】

清河縣在府西五十里，東西距八十六里，南北距一百五里。東至山陽縣界十里，西至桃源縣界七十六里，南至山陽縣界二十五里，北至海州沭陽縣界八十里，東南至山陽縣治六十里，西南至泗州治二百十里，東北至安東縣治八十二里，西北至桃源縣治六十二里。【略】

安東縣在府東北六十里，東西距九十里，南北距二百里。東至阜寧縣界三十里，西至海州沭陽縣界六十里，南至阜寧縣界一百二十里，北至海州界八十里，東南至阜寧縣治七十里，西南至清河縣界六十里，東北至海一百二十里，西北至海州沭陽縣界六十里。【略】

桃源縣在府西一百二十里，東西距一百里，南北距一百里，東至清河縣界四十里，西至徐州府宿遷縣界六十里，南至安徽泗州界四十里，北至海州沭陽縣界六十里，東南至清河縣界六十里，西南至泗州界八十里，東北至沭陽縣治一百二十里，西北至宿遷縣界八十里。

清·穆彰阿《大清一統志》卷九六《揚州府一》 揚州府在江蘇省江寧府東北二百十里，蘇州府西北四百四十五里，東西距四百七十里，南北距三百里。東至海岸通州如皋縣界三百六十里，西至江寧府六合縣界一百十里，南至大江鎮江府丹徒縣界四十里，北至淮安府山陽縣界二百六十里，東南至通州泰興縣界八十里，西南渡江至江寧縣界三百里，東北至淮安府鹽城縣界三百十三里，西北至安徽盱眙縣界二百五十一里。自府治至京師二千二百七十五里。【略】

江都縣，附郭，東西距一百里，南北距五十里。東至大江通州泰興縣界八十里，西至甘泉縣界十里，南至大江鎮江府丹徒縣界四十里，北至甘泉縣界十里，東南至鎮江府丹徒縣界四十里，西南至儀徵縣界二十里，東北至泰州界九十里，西北至甘泉縣界半里。【略】

甘泉縣，附郭，東西距六十一里，南北距七十六里。東至江都縣界半里，西至安徽天長縣界六十里，南至江都縣界半里，北至高郵州界七十五里，東南至江都縣界一里，西南至江寧府六合縣界九十里，東北至高郵州界九十里，西北至天長縣界七十里。【略】

儀徵縣在府西南七十里，東西距八十里，南北距七十八里。東至江都縣界四十里，西至江寧府六合縣界四十里，南渡江至江寧府句容縣界十八里，北至安徽天長縣界六十里，東南渡江至鎮江府丹徒縣治一百里，西南渡江至江寧府上元縣治一百三十五里，東北至江都縣界四十里，西北至六合縣界五十里。【略】

高郵州在府北少東一百二十里，東西距二百里，南北距九十里。東至興化縣界八十里，西至安徽泗州天長縣界一百二十里，南至甘泉縣界三十里，北至寶應縣界六十里，東南至泰州治二百五十里，西南至安徽天長縣界八十里，東北至淮安府鹽城縣治二百四十里，西北至泗州盱眙縣治二百五十里。【略】

興化縣在府東北一百六十五里，東西距一百六十五里，南北距九十五里。東至東臺縣界一百二十里，西至高郵州界四十五里，南至泰州界三十五里，北至淮安府鹽城縣界六十里，東南至泰州界一百三里，西南至江都縣治一百六十里，東北至鹽城縣界一百三十里，西北至寶應縣治一百六十里。【略】

寶應縣在府北二百四十里，東西距一百九十里，南北距八十里。東至淮安府鹽城縣界七十里，西至安徽泗州盱眙縣界一百二十里，南至高郵州界六十里，北至淮安府山陽縣界二十里，東南至興化縣治一百六十里，西南至泗州天長縣治一百六十里，東北至鹽城縣治一百二十里，西北至山陽縣界一百里。【略】

泰州在府東一百二十里，東西距一百五十里，南北距一百二十里。東至東臺縣界一百二十里，西至江都縣界三十里，南至通州泰興縣界三十里，北至興化縣界九十里，東南至通州治三百里，西南至江都縣界三十里，東北至東臺縣治一百四十里，西北至高郵州治一百五十里。【略】

東臺縣在府東二百四十里，東西距二百十里，南北距一百六十里。東至海一百二十里，西至興化縣界九十里，南至泰州界七十里，北至興化縣界四十里，東南至通州如皋縣界一百六十里，西南至泰州界八十五里，東北至淮安府鹽城縣界二百四十里，西北至興化縣界四十里。

清·穆彰阿《大清一統志》卷一〇〇《徐州府一》 徐州府在江蘇省江寧府

西北七百三十里,蘇州府西北一千二百里,東西距三百五十里,南北距二百四十里。東至海州沭陽縣界一百四十里,西至河南歸德府虞城縣界二百十里,南至安徽鳳陽府宿州界一百二十里,北至山東兗州府滕縣界一百二十里,東南至鳳陽府靈璧縣界一百九十里,西南至歸德府永城縣界二百二十里,東北至山東兗州府嶧縣界一百四十五里,西北至山東濟寧州魚臺縣界二百里。自府治至京師一千一百六十五里。【略】

銅山縣,附郭,東西距二百二十里,南北距一百四十五里。東至邳州界九十里,西至蕭縣界三十里,南至宿州界六十五里,北至山東兗州府嶧縣界八十里,東南至鳳陽府靈璧縣界九十里,西南至蕭縣界五十里,東北至嶧縣界一百里,西北至豐縣界一百二十里。【略】

蕭縣在府西五十里,東西距七十八里,南北距八十里。東至銅山縣界十八里,西至碭山縣界六十里,南至安徽鳳陽府宿州界四十里,北至沛縣界四十里,東南至鳳陽府靈璧縣界九十里,西南至河南歸德府永城縣界一百里,東北至沛縣治一百里,西北至豐縣治一百五十里。【略】

碭山縣在府西北一百六十里,東西距八十里,南北距六十里。東至蕭縣界五十里,西至河南歸德府虞城縣界三十里,南至河南歸德府夏邑縣界二十里,北至豐縣界及山東單縣界四十里,東南至蕭縣界四十五里,西南至河南夏邑縣治七十里,東北至豐縣治七十里,西北至山東兗州府單縣治一百里。【略】

豐縣在府西北一百五十里,東西距五十五里,南北距八十里。東至沛縣界十五里,西至山東兗州府單縣界四十里,南至碭山縣界四十里,北至山東濟寧州魚臺縣界四十里,東南至蕭縣界一百四十里,西南至碭山縣界七十里,東北至兗州府滕縣界一百四十里,西北至山東濟寧州金鄉縣界一百里。【略】

沛縣在府西北一百二十里,東西距八十里,南北距八十里。東至山東兗州府滕縣界四十里,西至豐縣界四十里,南至銅山縣界三十里,北至山東濟寧州魚臺縣界五十里,東南至銅山縣治一百十里,西南至碭山縣界一百十里,東北至滕縣治一百三十里,西北至魚臺縣治一百二十里。【略】

邳州在府東北二百里,東西距一百二十里,南北距一百四十里。東至宿遷縣界五十里,西至銅山縣界七十里,南至睢寧縣界九十里,北至山東沂州府沂水縣界五十里,東南至宿遷縣治一百六十里,西南至安徽鳳陽府靈璧縣治二百五十里,東北至沂州府郯城縣治七十里,西北至山東兗州府嶧縣一百十二里。【略】

宿遷縣在府東二百三十五里,東西距一百九十里,南北距一百七十里。東至海州沭陽縣界一百二十里,西至睢寧縣界七十里,南至安徽泗州界五十里,北至山東沂州府郯城縣界一百二十里,東南至淮安府桃源縣界四十里,西南至安徽泗州七十里,東北至沭陽縣治七十里,西北至山東郯城縣治一百八十里。【略】

睢寧縣在府東南一百八十里,東西距一百三十里,南北距八十里。東至宿遷縣界四十里,西至安徽鳳陽府靈璧縣界九十里,南至安徽泗州界三十里,北至邳州界五十里,東南至安徽泗州治二百里,西南至靈璧縣治一百二十里,東北至宿遷縣治七十里,西北至銅山縣治一百八十里。

清·穆彰阿《大清一統志》卷一〇三《太倉州一》 太倉直隸州在江蘇省江寧府東南五百六十里,蘇州府東北一百二十里,東西距二百一十里,南北距一百六里。東渡海至崇明縣東大海二百里,西至蘇州府新陽縣界一十里,南至松江府上海縣界六十六里,北至蘇州府昭文縣界四十里,東南至松江府上海縣界一百二十里,西南至松江府青浦縣界六十里,東北至海七十里,西北至蘇州府常熟縣治一百里。本州境東西距一百六里,南北距一百九里,東至海崇明縣界七十里,西至新陽縣界三十六里,南至鎮洋縣界一里,北至昭文縣界一百八里,東南至鎮洋縣界一里,西南至崑山縣界二十里,東北至崇明縣界一百三十里,西北至昭文縣界四十里。自州治至京師二千八百四十里。【略】

鎮洋縣,附郭,分治南偏,東西距八十里,南北距十三里。東至海崇明縣界七十里,西至蘇州府新陽縣界十里,南至嘉定縣界十二里,北至本州界半里,東南至寶山縣界三十六里,西南至嘉定縣界二十里,東北至本州界三十六里,西北至新陽縣界十八里。【略】

崇明縣在州東北一百三十里,東西距一百二十七里,南北距五十二里。東至高頭沙大海一百二十里,西至施翹河口七里,南至海七里,過海至本州界五十里,北至永安沙大海四十五里,至通州界四十五里,東南過海至嘉定縣界約四十里,西南過海至本州界約四十里,東北至廖家嘴大海三百里,西北至海門廳約五十里。【略】

嘉定縣在州南三十六里,東西距四十二里,南北距六十六里。東至寶山縣界十八里,西至蘇州府新陽縣界二十四里,南至松江府上海縣界四十八里,北至鎮洋縣界十八里，東南至寶山縣界二十四里，西南至松江府青浦縣界四十八里，東北至寶山縣界十八里，西北至鎮洋縣界十八里。【略】

寶山縣在州東南九十里，東西距四十一里，南北距六十四里。東至大海一里，西至嘉定縣界四十里，南至松江府上海縣界四十里，北至鎮洋縣界二十四里，東南至上海縣界三十六里，西南至上海縣界五十里，東北至海一里，至崇明縣海岸百里，西北至鎮洋縣界四十八里。

清·穆彰阿《大清一統志》卷一〇五《海州》　海州直隸州在江蘇省江寧府東北八百二十里，蘇州府北一千一百二十里，東西距二百七十里，南北距三百五里。東至高公島大海一百二十里，西至山東沂州府郯城縣界一百五十里，南至淮安府安東縣界一百五十里，北至山東沂州府日照縣界一百五十五里，東南至海二百里，西南至徐州府宿遷縣界一百六十里，東北至海一百里，西北至山東沂州府治二百四十里。本州境東西距一百八十五里，南北距一百九十里，東至海十五里，至高公島大海一百二十里，西至山東郯城縣界一百五十里，南至安東縣界一百五十里，北至贛榆縣界四十里，東南至海二百里，西南至沭陽縣界七十里，東北至海百里，西北至沂州府治二百四十里。自州治至京師一千七百里。【略】

贛榆縣在州西北八十里，東西距九十里，南北距一百四十五里。東至海十五里，西至山東沂州府蘭山縣界七十五里，南至本州界七十里，北至山東沂州府日照縣界七十五里，東南至州治八十里，西南至沂州府郯城縣界百八十里，東北至海八十里，西北至沂州府莒州治百八十里。【略】

沭陽縣在州西南一百二十里，東西距一百二十五里，南北距九十里。東至淮安府安東縣界八十五里，西至徐州府宿遷縣界四十里，南至淮安府桃源縣界四十里，北至本州界五十里，東南至清河縣治一百八十里，西南至桃源縣治一百二十里，東北至本州治一百二十里，西北至山東沂州府郯城縣界一百里。

清·穆彰阿《大清一統志》卷一〇六《通州》　通州直隸州在江蘇省江寧府東五百三十里，蘇州府北二百里，東西距三百八十五里，南北距一百二十里。東至海門廳一百里，西至鎮江府丹徒縣界二百八十五里，南至蘇州府昭文縣界三十里，北至揚州府泰州界九十里，東南至海一百四十里，西南至大江七里，東北至海一百十里，西北至揚州府泰州界百七十里。本州境東西距一百十八里，南北距七十八里，東至海門廳一百里，西至如皋縣界十八里，南至大江十八里，北至如皋縣界六十里，東南至江海交界一百四十里，西南至大江七里，東北至海一百十里，西北至如皋縣界一百三十里。自州治至京師三千六百九十五里。【略】

如皋縣在州西四十五里，東西距一百七十里，南北距一百里。東至海一百三十里，西至泰興縣界四十里，南至大江六十里，北至揚州府泰州界四十里，東南至州治百三十里，西南至常州府靖江縣界六十五里，東北至海一百三十里，西北至泰州治一百四十里。【略】

泰興縣在州西二百四十里，東西距七十八里，南北距九十里。東至如皋縣界六十里，西至鎮江府丹徒縣界十八里，南至常州府靖江縣界三十里，北至揚州府泰州界六十里，東南至如皋縣界七十里，西南至靖江縣界四十里，東北至泰州治九十里，西北至揚州府江都縣界六十五里。

清·穆彰阿《大清一統志》卷一〇七《海門廳》　海門直隸廳

海門直隸廳在江蘇省江寧府東五百八十里，蘇州府東北三百里，東西距一百八十里，南北距一百里。東至海一百里，西至通州界八十里，南至江五十里，北至通州界五十里，東南至海崇明縣界一百里，西南至海昭文縣界七十里，東北至通州界一百二十里，西北至通州界四十里。

清·穆彰阿《大清一統志》卷一〇九《安慶府一》　安慶府爲省會，在京師南二千七百里，東西距七百三十五里，南北距六百六十六里。東至江蘇江寧府溧水縣界三百九十五里，西至湖北黄州府黄梅縣界三百四十里，南至江西九江府彭澤縣界一百七十里，北至江蘇徐州府睢寧縣界四百九十六里，東南至浙江杭州府昌化縣界五百十里，西南至江西九江府界四百一十里，東北至江蘇江寧府江浦縣界五百二十里，西北至河南歸德府鹿邑縣界九百六十里。【略】

安慶府，安徽省治，東西距四百五十里，南北距二百七十里。東至廬州府無爲州界一百五十里，西至湖北黄州府蘄州界三百里，南至池州府東流縣界九十里，北至廬州府舒城縣界一百八十里，東南至池州府界一百二十里，西南至江西九江府治四百十里，東北至無爲州界三百二十里，西北至六安州界二百八十里。自府治至京師二千七百里。【略】

懷寧縣，附郭，東西距一百九十里，南北距六十五里。東至桐城縣界六十里，西至太湖縣界一百三十里，南越大江至池州府東流縣界五里，北至桐城縣界六十里，東南越江至池州府貴池縣界五十里，西南至望江縣界九十里，東北至桐城縣界三十里，西北至潛山縣界九十里。【略】

桐城縣在府城東北一百二十里，東西距一百三十里，南北距一百五十里。東至廬州府無爲州界七十里，西至潛山縣界六十里，南至懷寧縣界九十里，北至廬州府舒城縣界六十里，東南至池州府貴池縣界一百八十里，西南至懷寧縣界一百二十里，東北至廬州府廬江縣界九十里，西北至舒城縣界四十里。【略】

潛山縣在府城西北一百二十里，東西距一百七里，南北距一百八十里。東至桐城縣界七十里，西至太湖縣界三十七里，南至懷寧縣界四十里，北至廬州府舒城縣界一百四十里，東南至懷寧縣界十里，西南至太湖縣界三十里，東北至桐城縣界六十里，西北至六安州界一百六十里。【略】

太湖縣在府城西北二百二十里，東西距一百二十里，南北距九十里。東至潛山縣界四十里，西至湖北黄州府蘄州界八十里，南至宿松縣界三十里，北至潛山縣界六十里，東南至望江縣界五十里，西南至宿松縣界三十里，東北至潛江縣界八十里，西北至六安州英山縣界二百里。【略】

宿松縣在府城西南二百六十里，東西距二百五十五里，南北距一百七十里。東至望江縣界一百二十里，西至湖北黄州府黄梅縣界三十五里，南至江西九江府湖口縣界一百二十里，北至太湖縣界五十里，東南至九江府彭澤縣界一百二十里，西南至黄梅縣界二十里，東北至太湖縣界七十里，西北至黄州府蘄州界八十里。【略】

望江縣在府城西南一百二十里，東西距八十里，南北距七十五里。東至池州府東流縣界四十里，西至宿松縣界四十里，南至江西九江府彭澤縣界十五里，北至懷寧縣界六十里，東南至東流縣界三十里，西南至宿松縣界三十里，東北至懷寧縣界六十里，西北至太湖縣界七十里。

清·穆彰阿《大清一統志》卷一一二《徽州府一》 徽州府在安徽省安慶府東南五百七十里，東西距三百九十里，南北距二百二十里。東至浙江杭州府昌化縣界一百二十里，西至江西饒州府浮梁縣界二百七十里，南至浙江嚴州府淳安縣界一百里，北至寧國府太平縣界八十里，東南至嚴州府淳安縣界一百一十里，西南至饒州府樂平縣界二百七十里，東北至寧國府寧國縣界一百五十里，西北至池州府石埭縣界一百六十里。自府治至京師二千八百五十里。【略】

歙縣，附郭，東西距百五十七里，南北距二百二十里。東至浙江杭州府昌化縣界百二十里，西至休寧縣界三十七里，南至浙江嚴州府淳安縣界一百里，北至寧國府太平縣界八十里，東南至嚴州府淳安縣界百一十里，西南至嚴州府遂安縣界九十里，東北至績溪縣界三十五里，西北至太平縣界百二十里。【略】

休寧縣在府西六十里，東西距七十七里，南北距一百八十里。東至歙縣界三十七里，西至黟縣界四十里，南至浙江衢州府開化縣界一百二十里，北至黟縣界六十里，東南至浙江嚴州府遂安縣一百七十里，西南至婺源縣界七十里，東北至歙縣界三十里，西北至黟縣界四十里。【略】

婺源縣在府西二百四十里，東西距二百里，南北距一百四十里。東至浙江衢州府開化縣界一百一十里，西至江西饒州府浮梁縣界九十里，南至饒州府德興縣界三十五里，北至休寧縣界一百五里，東南至德興縣界三十里，西南至饒州府樂平縣界八十里，東北至休寧縣界一百二十二里，西北至浮梁縣界九十五里。【略】

祁門縣在府西一百八十里，東西距一百六十里，南北距一百四十里。東至休寧縣界六十里，西至池州府建德縣界一百里，南至江西饒州府浮梁縣界九十里，北至池州府石埭縣界五十里，東南至休寧縣界六十里，西南至浮梁縣界一百里，東北至黟縣界六十里，西北至石埭縣界八十里。【略】

黟縣在府西北一百四十里，東西距七十五里，南北距七十五里。東至休寧縣界四十里，西至祁門縣界三十五里，南至休寧縣界四十五里，北至寧國府太平縣界三十里，東南至休寧縣界八十里，西南至祁門縣界六十里，東北至太平縣界一百三十五里，西北至池州府石埭縣界一百五十里。【略】

績溪縣在府東北六十里，東西距一百二十里，南北距五十五里。東至浙江杭州府昌化縣界七十里，西至寧國府旌德縣界五十里，南至歙縣界二十五里，北至寧國府寧國縣界三十里，東南至歙縣界三十里，西南至歙縣界十五里，東北至寧國縣界九十五里，西北至旌德縣界七十里。

清·穆彰阿《大清一統志》卷一一五《寧國府一》 寧國府在安徽省治東四百三十里，東西距二百二十里，南北距三百三十五里。東至廣德州建平縣界六十里，西至池州府銅陵縣界一百六十里，南至徽州府績溪縣界二百十五里，北至太平府當塗縣界一百二十里，東南至浙江杭州府於潛縣界二百二十里，西南至池州府石埭縣界三百里，東北至江寧府高淳縣界七十里，西北至太平府繁昌縣界一百三十里。自府治至京師二千七百四十五里。【略】

宣城縣，附郭，東西距一百二十里，南北距一百六十五里。東至廣德州建平縣界六十里，西至南陵縣界六十里，南至涇縣界六十里，北至太平府當塗縣界一

百五里，東南至寧國縣界六十里，西南至涇縣界五十里，東北至江寧府高淳縣界七十里，西北至太平府蕪湖縣界七十里。【略】

涇縣在府城南一百里，東西距一百五十五里，南北距一百二十里。東至寧國縣界八十里，西至池州府青陽縣界七十五里，南至旌德縣界八十五里，北至南陵縣界三十五里，東南至旌德縣界七十里，西南至太平縣界一百一十里，東北至宣城縣界三十五里，西北至南陵縣界四十里。【略】

南陵縣在府城西九十里，東西距七十五里，南北距九十里。東至宣城縣界三十里，西至池州府銅陵縣界四十五里，南至池州府青陽縣界七十五里，北至太平府繁昌縣界十五里，東南至涇縣界二十里，西南至青陽縣界七十里，東北至太平府蕪湖縣界八十里，西北至繁昌縣界三十里。【略】

寧國縣在府城東南九十里，東西距二百二十里，南北距一百七十里。東至浙江湖州府孝豐縣界一百里，西至涇縣界一百二十里，南至浙江杭州府昌化縣界一百三十里，北至宣城縣界四十里，東南至孝豐縣界一百里，西南至徽州府績溪縣界一百三十里，東北至廣德州建平縣界六十里，西北至涇縣界九十里。【略】

旌德縣在府城南二百二十里，東西距一百里，南北距五十五里。東至寧國縣界四十里，西至太平縣界六十里，南至徽州府績溪縣界十五里，北至涇縣界四十里，東南至績溪縣界三十里，西南至徽州府歙縣界八十里，東北至寧國縣界四十里，西北至太平縣界五十里。【略】

太平縣在府城西南二百二十里，東西距九十里，南北距一百十五里。東至旌德縣界三十里，西至池州府石埭縣界六十里，南至徽州府歙縣界六十里，北至涇縣界五十五里，東南至歙縣界七十五里，西南至徽州府黟縣界一百三十里，東北至涇縣界八十里，西北至石埭縣界一百二十里。

清・穆彰阿《大清一統志》卷一二〇《太平府一》 太平府在安徽省治東北四百九十里，東西距九十里，南北距二百一十里。東至江蘇江寧府溧水縣界八十里，西至和州界十里，南至寧國府南陵縣界一百六十里，北至江寧府江寧縣界五十里，東南至寧國府界一百八十里，西南至池州府銅陵縣界一百六十里，東北至江寧縣界一百里，西北至和州界九十里。自府治至京師二千四百六十五里。【略】

當塗縣，附郭，東西距九十里，南北距八十里。東至江蘇江寧府溧水縣界八十里，西至和州界十里，南至蕪湖縣界三十里，北至江寧府江寧縣界五十里，東南至江寧府高淳縣界一百里，西南至蕪湖縣界四十里，東北至江寧縣界五十里，西北至和州界六十里。【略】

蕪湖縣在府城西南六十里，東西距四十七里。南北距七十里。東至當塗縣界四十里，西至和州界七里，南至寧國府南陵縣界四十里，北至當塗縣界三十里，東南至寧國府宣城縣界八十里，西南至繁昌縣界十五里，東北至當塗縣界三十里，西北至當塗縣界二十五里。【略】

繁昌縣在府城西南一百三十里，東西距九十里，南北距八十五里。東至蕪湖縣界四十里，西至廬州府無爲州界五十里，南至寧國府南陵縣界二十五里，北至蕪湖縣界六十里，東南至南陵縣界四十里，西南至池州府銅陵縣界三十里，東北至蕪湖縣界三十里，西北至無爲州界五十里。

清・穆彰阿《大清一統志》卷一二二《廬州府一》 廬州府在安徽省治北三百六十里，東西距三百一十里，南北距三百六十里。東至和州含山縣界一百九十里，西至六安州界一百二十里，南至安慶府桐城縣界二百四十里，北至鳳陽府定遠縣界一百二十里，東南至和州界三百里，西南至安慶府潛山縣界三百四十里，東北至滁州界一百八十里，西北至鳳陽府壽州界一百八十里。自府治至京師二千四百六十里。

合肥縣，附郭，東西距二百一十里，南北距二百一十里。東至巢縣界九十里，西至六安州界一百二十里，南至舒城縣界八十里，北至鳳陽府定遠縣界一百二十里，東南至巢縣界一百八十里，西南至舒城縣界八十里，東北至定遠縣界一百八十里，西北至鳳陽府壽州界一百八十里。【略】

廬江縣在府城南一百六十里，東西距一百二十里，南北距一百二十里。東至巢縣界八十里，西至舒城縣界四十里，南至安慶府桐城縣界五十里，北至合肥縣界七十里，東南至無爲州界一百八十里，西南至桐城縣界九十里，東北至巢縣界七十里，西北至舒城縣界九十里。【略】

舒城縣在府城西南一百二十里，東西距八十五里，南北距一百里。東至巢縣界六十里，西至六安州界二十五里，南至安慶府桐城縣界六十里，北至合肥縣界四十里，東南至廬江縣界九十里，西南至安慶府潛山縣界一百四十里，東北至合肥縣界五十里，西北至六安州界一百二十里。【略】

無爲州在府城東南一百六十里，東西距一百七十五里，南北距一百四十里。

東至太平府蕪湖縣界一百二十五里，西至廬江縣界五十里，南至安慶府桐城縣界九十里，北至巢縣界五十里，東南至太平府繁昌縣界九十五里，西南至桐城縣界一百七十里，東北至和州界一百四十里，西北至廬江縣界六十里。【略】

巢縣在府城東一百八十里，東西距一百十五里，南北距一百十八里。東至和州含山縣界二十五里，西至合肥縣界九十里，南至無爲州界三十八里，北至合肥縣界八十里，東南至無爲州界三十五里，西南至廬江縣界一百五十里，東北至和州界一百二十里，西北至合肥縣界一百八十里。

清·穆彰阿《大清一統志》卷一二五《鳳陽府一》 鳳陽府在安徽省治北六百七十里，東西距四百二十八里，南北距四百八十里。東至泗州盱眙縣界一百八十里，西至潁州府潁上縣界二百四十八里，南至廬州府合肥縣界一百五十里，北至江蘇徐州府蕭縣界三百三十里，東南至滁州界二百二十里，西南至六安州界三百三十里，東北至徐州府睢寧縣界二百四十里，西北至河南歸德府界五百五十里。自府治至京師一千九百八十五里。【略】

鳳陽縣，附郭，東西距一百一十五里，南北距一百一十里。東至泗州盱眙界七十里，西至懷遠縣界四十五里，南至定遠縣界五十里，北至靈壁縣界六十里，東南至泗州盱眙界七十里，西南至壽州界一百八十里，東北至泗州五河縣界九十里，西北至懷遠縣界六十五里。

懷遠縣在府西北七十里，東西距一百二十里，南北距一百六十里。東至鳳陽縣界三十里，西至潁州府蒙城縣界九十里，南至鳳臺縣界七十里，北至宿州界九十里，東南至定遠縣界一百七十里，西南至鳳臺縣界七十里，東北至靈壁縣界一百八十里，西北至蒙城縣治二百四十里。【略】

定遠縣在府南九十里，東西距一百六十里，南北距一百五里。東至滁州界七十里，西至壽州界九十里，南至廬州府合肥縣界六十里，北至鳳陽縣界四十五里，東南至滁州全椒縣界七十里，西南至合肥縣界九十里，東北至泗州盱眙縣界七十里，西北至懷遠縣界九十里。

壽州在府西少南一百八十里，東西距六十里有奇，南北距一百五十里有奇。東至鳳臺縣界半里，西至潁州府潁上縣界六十里，南至六安州界一百五十里，北至鳳臺縣界半里，東南至廬州府合肥縣界一百八十里，西南至潁州府霍邱縣界一百三十里，東北至鳳臺縣界半里，西北至潁上縣界一百三十里。【略】

鳳臺縣在府西南一百八十里，東西距一百十里，南北距九十里。【略】 東至懷遠縣界五十里，西至潁州府潁上縣界六十里，南至壽州界半里，北至潁州府蒙城縣界九十里，東南至定遠縣界九十里，西南至壽州界半里，東北至懷遠縣界七十里，西北至潁上縣界一百三十里。

宿州在府西北二百三十里，東西距二百六十里，南北距一百七十里。東至靈壁縣界六十里，西至河南歸德府永城縣界一百里，南至懷遠縣界八十里，北至江蘇徐州府蕭縣界九十里，東南至鳳陽縣界二百三十三里，西南至潁州府蒙城縣界一百二十里，東北至徐州府邳州界二百二十里，西北至永城縣界一百四十里。

清·穆彰阿《大清一統志》卷一二八《潁州府一》 潁州府在安徽省治西北八百四十里，東西距一百八十五里，南北距三百五十里。東至鳳陽府壽州界一百六十五里，西至河南陳州府沈邱縣界一百二十里，南至河南光州固始縣界一百二十里，北至河南歸德府商邱縣界二百三十里，東南至六安州界二百八十里，西南至河南汝寧府新蔡縣界一百二十里，東北至鳳陽府宿州界二百六十里，西北至河南歸德府鹿邑縣界一百五十里。自府治至京師一千八百二十里。【略】

阜陽縣，附郭，東西距二百一十里，南北距二百二十里。東至潁上縣界六十里，西至河南陳州府沈邱縣界一百五十里，南至河南光州固始縣界一百二十里，北至亳州界一百里，東南至霍邱縣界一百九十里，西南至河南汝寧府新蔡縣界二百一十里，東北至蒙城縣界一百九十里，西北至太和縣界八十里。【略】

潁上縣在府東南一百二十里，東西距一百里，南北距八十五里。東至鳳陽府鳳臺縣界四十里，西至阜陽縣界六十里，南至霍邱縣界二十五里，北至鳳臺縣界六十里，東南至壽州界六十里，西南至阜陽、霍邱二縣界五十里，東北至鳳陽縣界四十里，西北至阜陽縣界六十里。

霍邱縣在府東南二百九十里，東西距一百四十五里，南北距二百二十五里。東至六安州界六十里，西至河南光州固始縣界八十五里，南至六安州界一百八十里，北至潁上縣界四十五里，東南至六安州界一百八十里，西南至固始縣界一百六十里，東北至壽州界五十里，西北至阜陽縣界九十里。【略】

亳州在府北一百八十里，東西距一百六十里，南北距一百三十里。東至蒙城縣界一百二十里，西至河南歸德府鹿邑縣界四十里，南至阜陽縣界八十里，北至歸德府商邱縣界五十里，東南至潁上縣界一百五十里，西南至太和縣界一百四十里，東北至歸德府永城縣界二百四十里，西北至歸德府寧陵縣界一百八十

里。【略】

太和縣在府西北八十里，東西距九十里，南北距一百十五里。東至阜陽縣界三十里，西至河南陳州府沈邱縣界六十里，南至阜陽縣界二十五里，北至亳州界九十里，東南至阜陽縣界二十里，西南至河南陳州府沈邱縣界九十里，東北至亳州界七十里，西北至河南歸德府鹿邑縣界九十里。【略】

蒙城縣在府東北一百八十里，東西距一百五十里，南北距一百四十里。東至鳳陽府懷遠縣界六十里，西至亳州界九十里，南至鳳陽府壽州界九十里，北至鳳陽府宿州界五十里，東南至懷遠縣界四十里，西南至潁上縣界七十里，東北至宿州界七十里，西北至河南歸德府永城縣界七十里。

清·穆彰阿《大清一統志》卷一三〇《滁州》 滁州直隸州在安徽省治東北六百五十里，東西距一百四十里，南北距三百一十里。東至江蘇江寧府六合縣界七十里，西至鳳陽府定遠縣界七十里，南至和州界一百八十里，北至泗州盱眙縣界一百三十里，東南至江寧府江浦縣界五十里，西南至廬州府合肥縣界一百八十里，東北至泗州天長縣界一百五十里，西北至定遠縣界七十里。本州境東西距一百四十里，南北距一百八十里，東至六合縣界七十里，西至定遠縣界七十里，南至全椒縣界五十里，北至泗州盱眙縣界一百三十里，東南至江浦縣界五十里，西南至合肥縣界一百八十里，東北至東安縣界二十里，西北至定遠縣界七十里。自州治至京師二千二百五里。【略】

全椒縣在州南五十里，東西距一百十里，南北距五十五里。東至江蘇江寧府江浦縣界二十里，西至廬州府合肥縣界九十里，南至和州界三十里，北至本州界二十五里，東南至江浦縣界二十里，西南至和州含山縣界六十里，東北至本州界五十里，西北至鳳陽府定遠縣界四十里。【略】

來安縣在州東北四十里，東西距八十五里，南北距一百五十里。東至江蘇江寧府六合縣界三十五里，西至泗州盱眙縣界五十里，南至江寧府江浦縣界六十里，北至盱眙縣界九十里，東南至六合縣界三十五里，西南至本州界二十里，東北至泗州天長縣界四十五里，西北至盱眙縣界四十里。

清·穆彰阿《大清一統志》卷一三一《和州》 和州直隸州在安徽省治東北四百六十里，東西距一百八十里，南北距二百里。東至江蘇江寧府江浦縣界六十里，西至廬州府巢縣界一百二十里，南至廬州府無爲州界九十里，北至滁州全椒縣界一百一十里，東南至太平府當塗縣界六十里，西南至無爲州治一百五十里，東北至江浦縣治一百里，西北至廬州府合肥縣治二百八十里。本州境東西距九十里，南北距一百五十里，東至江浦縣界六十里，西至含山縣界三十里，南至無爲州界九十里，北至含山縣界六十里，東南至當塗縣界六十里，西南至含山縣界四十里，東北至江浦縣界六十里，西北至含山縣界八十里。自州治至京師二千二百八十里。【略】

含山縣在州西六十里，東西距七十里，南北距一百四十里。東至本州界三十里，西至廬州府巢縣界四十里，南至廬州府無爲州界八十里，北至本州界六十里，東南至本州界八十里，西南至無爲州界七十里，東北至本州界四十里，西北至廬州府合肥縣界五十里。

清·穆彰阿《大清一統志》卷一三二《廣德州》 廣德直隸州在安徽省治東南五百九十里，東西距一百三十里，南北距一百六十里。東至浙江湖州府長興縣界三十里，西至寧國府宣城縣界一百里，南至寧國府寧國縣界九十里，北至江蘇常州府荆溪縣界七十里，東南至浙江湖州府安吉縣界四十里，西南至寧國縣界一百一十里，東北至湖州府長興縣界四十里，西北至江蘇鎮江府溧陽縣界七十里。【略】

本州界東西距七十五里，南北距一百六十里。東至長興縣界三十里，西至建平縣界四十五里，南至寧國縣界九十里，北至荆溪縣界七十里，東南至安吉縣界四十里，西南至建平縣界六十里，東北至長興縣界四十里，西北至溧陽縣界七十里。自州治至京師二千七百八十里。【略】

建平縣在州西北九十里，東西距八十五里，南北距一百四十里。東至本州界四十五里，西至寧國府宣城縣界四十里，南至寧國府寧國縣界九十五里，北至江蘇江寧府高淳縣界四十五里，東南至寧國縣界五十里，西南至宣城縣界四十里，東北至江蘇鎮江府溧陽縣界四十里，西北至高淳縣界四十里。

清·穆彰阿《大清一統志》卷一三三《六安州》 六安直隸州在安徽省治西北四百四十里，東西距二百一十里，南北距二百二十里。東至廬州府合肥縣界五十里，西至河南光州固始縣界一百六十里，南至安慶府潛山縣界一百八十里，北至鳳陽府壽州界四十里，東南至廬州府舒城縣界七十里，西南至湖北黄州府蘄水縣界四百里，東北至合肥縣界六十里，西北至潁州府霍邱縣界一百四十里。本州境東西距一百二十里，南北距一百里，東至合肥縣界五十里，西至霍邱縣界七十里，南至霍山縣界六十里，北至壽州界四十里，東南至舒城縣界七十里，西

南至霍山縣界九十里,東北至合肥縣界六十里,西北至霍邱縣界七十里。自州治至京師二千九百五十里。【略】

英山縣在州西南三百六十里,東西距五十里,南北距一百六十里。東至安慶府太湖縣界三十五里,西至湖北黄州府羅田縣界十五里,南至黄州府蘄水縣界四十里,北至霍山縣界一百二十里,東南至太湖縣界五十里,西南至蘄水縣界四十里,東北至霍山縣界一百三十里,西北至羅田縣界一百里。【略】

霍山縣在州西南九十里,東西距二百八十里,南北距一百七十五里。東至本州界三十五里,西至英山縣界一百四十五里,南至安慶府潛山縣界一百五十里,北至本州界二十五里,東南至廬州府舒城縣界一百一十里,西南至安慶府太湖縣界一百四十里,東北至本州界三十里,西北至河南光州商城縣界一百七十里。

清·穆彰阿《大清一統志》卷一三四《泗州》 泗州直隸州在安徽省治東北七百六十里,東西距二百九十里,南北距二百里。東至江蘇淮安府山陽縣界二百五十里,西至鳳陽府靈璧縣界四十里,南至滁州來安縣界一百四十里,北至江蘇徐州府睢寧縣界六十里,東南至江蘇揚州府江都縣界三百五十里,西南至鳳陽府鳳陽縣界一百四十里,東北至江蘇徐州府桃源縣界一百里,西北至靈璧縣界七十里。【略】

本州境東西距二百一十里,南北距九十里。東至江蘇淮安府清河縣界一百七十里,西至靈璧縣界四十里,南至五河縣界三十里,北至睢寧縣界六十里,東南至盱眙縣界一百六十里,西南至鳳陽縣界七十里,東北至桃源縣界一百里,西北至靈璧縣界七十里。自州治至京師二千里。【略】

盱眙縣在州東南一百六十里,東西距二百十里,南北距七十一里。東至天長縣界九十里,西至鳳陽府鳳陽縣界一百二十里,南至滁州來安縣界七十里,北至本州界一里,東南至江蘇江寧府六合縣界八十里,西南至鳳陽府定遠縣界一百三十里,東北至江蘇淮安府山陽縣界七十五里,西北至五河縣界一百二十里。【略】

天長縣在州東南三百三十里,東西距九十里,南北距九十里。東至江蘇揚州府江都縣界四十五里,西至盱眙縣界四十五里,南至江蘇江寧府六合縣界四十五里,北至揚州府寶應縣界四十五里,東南至揚州府儀徵縣界四十里,西南至滁州來安縣界六十里,東北至揚州府高郵州界五十里,西北至盱眙縣界六十里。【略】

五河縣在州南三十里,東西距一百里,南北距一百十里。東至本州界三十里,西至鳳陽府靈璧縣界七十里,南至鳳陽府鳳陽縣界七十里,北至本州界四十里,東南至鳳陽縣界十里,西南至鳳陽縣界九十里,東北至本州界二十里,西北至本州界二十里。

清·穆彰阿《大清一統志》卷一五三《霍州》 霍州在山西省治西南五百里,東西距八十里,南北距二百二十五里。東至沁州沁源縣界五十里,西至平陽府汾西縣界三十里,南至平陽府洪洞縣界七十里,北至汾西縣界一百五十五里,東南至平陽府浮山縣界一百五里,西南至隰州蒲縣界一百五十里,東北至汾州府介休縣界一百五十里,西北至汾州府孝義縣界二百四十里。本州境東西距八十里,南北距七十五里。東至沁源縣界五十里,西至汾西縣界三十里,南至趙城縣界二十五里,北至靈石縣界五十里,東南至趙城縣界四十五里,西南至汾西縣界二十里,東北至沁源縣界五十里,西北至靈石縣界三十里。自州治至京師一千五百五十里。【略】

趙城縣在州南二十五里,東西距一百二十里,南北距四十五里。東至平陽府岳陽縣界六十里,西至隰州蒲縣界六十里,南至平陽府洪洞縣界二十里,北至本州界二十五里,東南至平陽府浮山縣界六十里,西南至蒲縣界一百三十里,東北至岳陽縣界四十里,西北至平陽府汾西縣界十五里。【略】

靈石縣在州北五十里,東西距一百九十里,南北距一百五里。東至沁州沁源縣界九十里,西至隰州界一百里,南至本州界五十里,北至汾州府介休縣界五十五里,東南至本州界七十里,西南至平陽府汾西縣界六十五里,東北至介休縣界四十里,西北至汾州府孝義縣界六十五里。

清·穆彰阿《大清一統志》卷一六〇《歸化城六廳》 歸化城,六廳,在山西省北八百九十里,東西距四百零三里,南北距三百七十里。東至藩部四子部落界一百三十八里,西至鄂爾多斯左翼前旗界二百六十五里,南至朔平府右玉縣邊城界二百十里,北至喀爾喀右翼界一百六十里,東南至鑲藍旗察哈爾界二百四十里,西南至鄂爾多斯左翼前旗界一百八十里,東北至四子部落界一百十里,西北至茂明安界一百七十里。至京師一千一百六十里。

清·穆彰阿《大清一統志》卷一八三《濟寧州》 濟寧直隸州在山東省治西南一百八十里,東西距一百四十里,南北距一百八十里。東至兗州府鄒縣界四十里，西至曹州府鉅野縣界一百里，南至江蘇徐州府豐縣界一百四十里，北至兗州府汶上縣界四十五里，東南至兗州府滋陽縣界四十里，西南至曹州府寧縣界一百二十里，東北至兗州府滋陽縣界五十里，西北至兗州府汶上縣界四十五里。本州境東西距八十里，南北距一百五里。東至兗州府鄒縣界四十里，西至嘉祥縣界四十里，南至魚臺縣界六十里，北至兗州府汶上縣界四十五里，東南至兗州府鄒縣界四十里，西至金鄉縣界六十里，東北至兗州府滋陽縣界五十里，西北至兗州府汶上縣界四十五里。自州治至京師一千二百里。【略】

金鄉縣在州西南九十里，東西距五十五里，南北距七十里。東至魚臺縣界十五里，西至曹州府城武縣界四十里，南至江蘇徐州府豐縣界三十里，北至嘉祥縣界四十里，東南至江蘇徐州府豐縣界二十五里，西南至曹州府單縣界三十里，東北至濟寧州治一百里，西北至曹州府鉅野縣治九十里。【略】

嘉祥縣在州西三十里，東西距三十五里，南北距七十五里。東至濟寧州界十里，西至曹州府鉅野縣界二十五里，南至金鄉縣界五十里，北至兗州府汶上縣界二十五里，東南至魚臺縣治一百十里，西南至曹州府城武縣治一百里，東北至兗州府汶上縣治九十里，西北至曹州府鄆城縣治九十里。【略】

魚臺縣在州南一百一十里，東西距一百三十五里，南北距六十里。東至兗州府滕縣界一百里，西至金鄉縣界三十五里，南至江蘇徐州府豐縣界二十里，北至濟寧州界四十里，東南至江蘇徐州府沛縣治六十里，西南至曹州府單縣治一百二十里，東北至兗州府鄒縣治一百五十里，西北至金鄉縣治五十里。

清・穆彰阿《大清一統志》卷一八四《臨清州》 臨清直隸州在山東省治西一百十里，東西距一百五十二里，南北距一百三十里。東至東昌府高唐州界八十二里，西至直隸廣平府曲周縣界七十里，南至東昌府堂邑縣界四十里，北至直隸河間府故城縣界九十里，東南至東昌府茌平縣界九十里，西南至東昌府館陶縣界三十里，東北至東昌府恩縣界九十里，西北至直隸廣平府清河縣界五十里。本州境東西距八十二里，南北距五十五里。東至東昌府清平縣界十二里，西至直隸廣平府曲周縣界七十里，南至東昌府堂邑縣界四十里，北至直隸廣平府清河縣界十五里，東南至東昌府清平縣界二十里，西南至東昌府館陶縣界三十里，東北至夏津縣界三十里，西北至直隸廣平府清河縣界二十里。自州治至京師七百六十里。【略】

武城縣在州東北七十里，東西距五十里，南北距七十里。東至恩縣界十五里，西至直隸冀州南宮縣界三十五里，南至夏津縣界二十里，北至直隸河間府故城縣界五十里，東南至夏津縣界二十五里，西南至直隸廣平府清河縣界十五里，東北至直隸故城縣界五十里，西北至直隸冀州棗強縣界四十里。【略】

夏津縣在州東四十里，東西距七十里，南北距四十七里。東至東昌府高唐州界三十里，西至直隸廣平府清河縣界四十里，南至東昌府清平縣界十二里，北至東昌府恩縣界三十五里，東南至東昌府高唐州界三十里，西南至東昌府清平縣界三十里，東北至東昌府恩縣界三十里，西北至武城縣界二十五里。【略】

邱縣在州西南四十里，東西距十七里，南北距二十五里。東至東昌府館陶縣界十二里，西至直隸廣平府曲周縣界五里，南至直隸曲周縣界五里，北至直隸曲周縣界二十里，東南至東昌府館陶縣界十六里，西南至直隸曲周縣界八里，東北至東昌府館陶縣界十八里，西北至直隸曲周縣界三十里。

清・穆彰阿《大清一統志》卷三〇六《玉環廳》 温台玉環廳在浙江省東南九百二十里，東西距五十五里，南北距九十五里。東至確頭塗二十五里，西至分水山三十里，南至梁灣四十五里，北至白于五十里，東南至坎門四十里，西南至普竺三十五里，東北至梅嶴四十五里，西北至芳杜五十五里。由廳治至京師六千二十里。

清・穆彰阿《大清一統志》卷三五一《施南府》 施南府在湖北省治西一千九百八十里，東西距五百八十八里，南北距六百十七里。東至宜昌府鶴峰州界一百七十里，西至四川石硅廳界四百十八里，南至四川直隸酉陽州界四百十五里，北至四川夔州府巫山縣界二百二里，東南至湖南永順府龍山縣界二百六十五里，西南至酉陽州黔江縣界三百十五里，東北至巫山縣界二百三十里，西北至夔州府萬縣界三百八里。自府治至京師三千七百八十六里。【略】

恩施縣，附郭，東西距二百五十八里，南北距一百七十九里。東至宜昌府鶴峰州界一百七十里，西至利川縣界八十八里，南至宣恩縣界一百里，北至建始縣界七十九里，東南至宣恩縣界九十里，西南至利川縣界一百十里，東北至建始縣界一百二十里，西北至夔州府奉節縣界一百七十里。【略】

宣恩縣在府東南八十里，東西距二百三十里，南北距二百五里。東至宜昌府鶴峰州界一百四十里，西至咸豐縣界九十里，南至來鳳縣界一百七十五里，北至恩施縣界三十里，東南至湖南永順府龍山縣界一百八十五里，西南至咸豐縣界一百里，東北至恩施縣界一百十里，西北至恩施縣界四十里。【略】

來鳳縣在府南二百七十里，東西距一百五十里，南北距一百七十五里。東至湖南永順府龍山縣界三十里，西至咸豐縣界一百二十里，南至四川直隸酉陽州界一百四十五里，北至宣恩縣界三十里，東南至龍山縣界一百四十五里，西南至酉陽州界二百里，東北至宣恩縣界十五里，西北至咸豐縣界五十五里。【略】

咸豐縣在府西南二百三十五里，東西距一百五十里，南北距二百三十里。東至宣恩縣界六十五里，西至四川酉陽州黔江縣界八十五里，南至來鳳縣界四十五里，北至利川縣界一百八十五里，東南至宣恩縣界六十里，西南至黔江縣界九十里，東北至恩施縣界九十五里，西北至黔江縣界一百四十里。【略】

利川縣在府西一百七十八里，東西距三百三十里，南北距三百十里。東至恩施縣界九十里，西至四川石砫廳界二百四十里，南至咸豐縣界二百十里，北至四川夔州府雲陽縣界一百里，東南至咸豐縣界一百三十里，西南至四川酉陽州彭水縣界二百五十里，東北至恩施縣界九十五里，西北至四川夔州府萬縣界一百三十里。【略】

建始縣在府東北一百二十里，東西距二百里，南北距一百四十九里，東至宜昌府巴東縣界一百六十里，西至恩施縣界四十里，南至宜昌府鶴峰州界二十九里，北至四川夔州府巫山縣界一百二十里，東南至鶴峰州界二百八十里，西南至恩施縣界一百十里，東北至夔州府巫山縣界一百十里，西北至夔州府奉節縣界一百二十里。

清·穆彰阿《大清一統志》卷四〇八《綏定府一》　綏定府在四川省治東一千二百里，東西距四百三十里，南北距四百七十里。東至夔州府開縣界一百五十里，西至順慶府營山縣界二百八十里，南至忠州墊江縣界二百里，北至太平廳界二百七十里，東南至忠州梁山縣界一百八十里，西南至順慶府鄰水縣界一百七十五里，東北至開縣界三百七十里，西北至保寧府巴州界一百三十里。自府治至京師六千五百八十里。【略】

達縣，附郭，東西距二百一十里，南北距一百六十五里。東至新寧縣界九十里，西至渠縣界一百二十里，南至大竹縣界一百二十里，北至東鄉縣界四十五里，東南至新寧縣界一百二十里，西南至大竹縣界一百里，東北至東鄉縣界四十里，西北至保寧府巴州界一百四十里。【略】

東鄉縣在府東少北九十里，東西距三百七十里，南北距三百二十里。東至夔州府開縣界三百里，西至達縣界七十里，南至新寧縣界四十里，北至太平廳界一百八十里，東南至新寧縣界一百六十里，西南至達縣界五十里，東北至太平廳界一百八十里，西北至保寧府巴州界二百里。【略】

新寧縣在府東少南一百十里，東西距六十里，南北距一百二十里。東至夔州府開縣界三十里，西至達縣界三十里，南至忠州梁山縣界七十里，北至東鄉縣界五十里，東南至開縣界三十里，西南至梁山縣界八十里，東北至東鄉縣界五十里，西北至達縣界三十里。【略】

渠縣在府西二百二十里，東西距一百六十里，南北距一百八十里。東至大竹縣界五十里，西至順慶府營山縣界一百十里，南至順慶府廣安州界五十里，北至達縣界一百三十里，東南至順慶府鄰水縣界一百三十五里，西南至順慶府岳池縣界八十里，東北至達縣界一百二十里，西北至營山縣界六十里。【略】

大竹縣在府西南一百二十里，東西距一百六十里，南北距二百里。東至忠州梁山縣界八十里，西至順慶府廣安州界八十里，南至忠州墊江縣界一百里，北至達縣界一百里，東南至墊江縣界八十里，西南至順慶府鄰水縣界八十五里，東北至新寧縣界八十里，西北至渠縣界四十五里。

清·穆彰阿《大清一統志》卷四一七《酉陽州》　酉陽直隸州在四川省治東少南一千七百四十里，東西距四百六十里，南北距五百六十里。東至湖南永順府龍山縣界二百八十里，西至貴州思南府婺川縣界一百八十里，南至貴州思南府印江縣界一百八十里，北至湖北施南府利川縣界三百八十里，東南至湖南永綏廳界二百九十里，東北至湖北施南府來鳳縣界二百三十里，西南至貴州沿河司界一百二十里，西北至重慶府涪州界三百八十里。【略】

本州境東西距三百八十里，南北距二百九十里，東至湖南龍山縣界二百里，西至貴州婺川縣界一百八十里，南至貴州印江縣界一百八十里，北至黔江縣界一百一十里，東南至秀山縣界一百三十里，東北至湖北來鳳縣界二百三十里，西南至貴州沿河司界一百二十里，西北至彭水縣界二百里。自州治至京師七千四百五十里。【略】

秀山縣在州東南二百二十里，東西距三百里，南北距二百二十里。東至湖南永順府保靖縣界二百里，西至貴州麻兔司界一百里，南至貴州松桃廳界一百三十里，北至本州界九十里，東南至湖南永綏廳界一百六十里，東北至本州界九十里，西南至貴州銅仁府界一百二十里，西北至本州界一百四十里。

黔江縣在州北二百八十里，東西距二百五十里，南北距一百七十里。東至湖北施南府恩施縣界七十里,西至彭水縣界一百八十里,南至本州界一百一十里,北至湖北施南府利川縣界六十里,東南至本州界一百三十里,東北至湖北施南府咸豐縣界三十里,西南至彭水縣界一百二十里,西北至石砫廳界二百四十里。【略】

彭水縣在州西北二百里,東西距二百里,南北距二百九十二里。東至黔江縣界一百里,西至重慶府南川縣界一百里,南至貴州思南府婺川縣界一百里,北至忠州酆都縣界一百九十二里,東南至本州界二百三十里,東北至石砫廳界七十里,西南至貴州婺川縣界一百里,西北至重慶府涪州界六十里。【略】

清·穆彰阿《大清一統志》卷四一八《敘永廳》 敘永直隸廳在四川省治東南九百九十里,東西距三百五十里,南北距三百里。東至貴州遵義府仁懷縣界二百里,西至敘州府界五十里,南至雲南昭通府鎮雄州界二百二十里,北至瀘州納谿縣界八十里,東南至貴州大定府畢節縣界一百五十里,西南至鎮雄州界七十里,東北至仁懷、納谿二縣界一百二十里,西北至敘州府界八十里。自廳治至京師八千七百八十里。

永寧縣在廳治西,東西距七十里,南北距一百八十里。東至本廳界十里,西至雲南昭通府鎮雄州界六十里,南至廳界三十里,北至瀘州納谿縣界一百五十里,東南至貴州大定府畢節縣界一百里,西南至廳界四十里,東北至廳界十里,西北至敘州府興文縣界百二十里。

清·穆彰阿《大清一統志》卷四一九《松藩廳》 松潘直隸廳在四川省治北九百五十里,東西距二百七十七里,南北距三百二十里。東至小河營八十七里,西至生番界一百九十里,南至疊溪營界一百九十里,北至漳臘營界三十里,東南至平番營界七十六里,西南至雜谷土司界二百里,東北至南坪營界三百里,西北至黄勝關草地界八十里。自廳治至京師六千十里。

清·穆彰阿《大清一統志》卷四二〇《石柱廳》 石砫直隸廳在四川省治東一千二百里,東西距二百二十里,南北距二百四十里。東至湖北施南府恩施縣界一百二十里,西至忠州酆都縣界一百里,南至酉陽州黔江縣界一百六十里,北至忠州界八十里,東南至黔江縣界二百四十里,西南至酉陽州彭水縣界三百里,東北至夔州府萬縣界二百五十里,西北至酆都縣界三十里。自廳治至京師五千里。

清·穆彰阿《大清一統志》卷四二一《雜谷廳》 雜谷直隸廳在四川省治北少西三百八十里,東西距九百六十里,南北距一百七十里。東至茂州界八十里,西至懋功屯綽斯甲布土司界八百八十里,南至茂州瓦寺土司界八十里,北至茂州界九十里,東南至茂州汶川縣界一百四十里,東北至茂州界一百二十里,西南至懋功屯鄂克什土司界二百一十里,西北至梭磨土司界二百二十里。自廳治至京師六千八十里。【略】

從噶克長官司在廳治西北六百里,東至卓克采土司界五十里,西至綽斯甲布土司界一百九十里,南至丹壩土司界一百三十里,北至下郭洛草地界九百三十里。【略】

卓克采長官司在廳治西五百四十里,東至梭磨土司界六十里,西至從噶克土司界五十里,南至小金川土司界二百二十里,北至郭洛克草地界二百六十里。【略】

梭磨宣慰司在廳治西北四百五十里,東至本廳界四百五十里,西至卓克采土司界六十里,南至小金川土司界二百一十里,北至茂州疊溪營界三百六十里。【略】

丹壩長官司在廳治西七百五十里,東至卓克采土司界一百三十里,西至懋功屯綽斯甲布土司界三十里,南至小金川土司界三十里,北至從噶克土司界一百三十里。

清·穆彰阿《大清一統志》卷四二二《太平廳》 太平直隸廳在四川省治東一千五百六十里,東西距三百一十里,南北距三百四十里。東至夔州府大寧縣界三百里,西至保寧府巴州界十里,南至綏定府東鄉縣界九十里,北至陝西興安府紫陽縣界二百五十里。東南至東鄉縣界一百六十里,西南至綏定府達縣界一百四十里,東北至陝興安府界二百三十里,西北至陝西漢中府西鄉縣界六十里。自廳治至京師六千九百四十里。

清·穆彰阿《大清一統志》卷四二三《懋功廳》 懋功屯務廳在四川省治西八百九十里,東西距一千四百五里,南北距五百七十里。東至茂州瓦寺土司界二百一十五里,西至雅州府打箭鑪廳屬瓦述色他土司界一千一百九十里,南至雅州府天全州屬木坪土司界一百八十里,北至雜谷廳屬梭磨土司界三百九十里,東南至瓦寺土司界二百二十里,東北至雜谷廳界三百里,西南至打箭爐廳屬明正土司界二百一十里,西北至雜谷廳屬卓克采土司界四百二十里。自廳治至京師六千六百里。

清・穆彰阿《大清一統志》卷四二四《福建統部》 福建統部在京師南六千一百三十里，東西距九百五十里，南北距九百八十里。東至海一百里，西至江西寧都州瑞金縣界八百五十里，南至海二百八十里，北至浙江處州府龍泉縣界七百里，東南至海二百八十里，西南至廣東嘉應州界一千二百里，東北至浙江温州府平陽縣界五百十五里，西北至浙江衢州府江山縣界八百二十五里。

清・穆彰阿《大清一統志》卷四二五《福州府一》 福州府，福建省治，東西距四百四十里，南北距六百三十里。東至大海一百九十里，西至延平府南平縣界二百五十里，南至興化府莆田縣界二百三十里，北至建寧府政和縣界四百里，東南至大海二百八里，西南至永春州德化縣界二百六十里，東北至福寧府寧德縣界二百一十里，西北至南平縣界二百七十八里。自府治至京師六千一百三十三里。【略】

閩縣，附郭，治府東偏，東西距九十四里，南北距八十一里。東至連江縣界九十二里，西至侯官縣界二里，南至福清縣界八十里，北至侯官縣界一里，東南至長樂縣界七十五里，西南至侯官縣界二里，東北至連江縣界九十五里，西北至侯官縣界一里。【略】

侯官縣，附郭，治府西偏，東西距八十一里，南北距一百七十二里。東至閩縣界一里，西至永福縣界八十里，南至閩縣界一里，北至古田縣界一百七十一里，東南至閩縣界一里，西南至永福縣治一百里，東北至閩縣界一里，西北至閩清縣治一百三十里。【略】

長樂縣在府東南一百里，東西距七十一里，南北距五十五里。東至海七十里，西至閩縣界一里，南至福清縣界五十里，北至海五里，東南至海五十里，西南至福清縣界六十里，東北至海五十里，西北至閩縣界五里。【略】

福清縣在府南少東一百三十五里，東西距一百十五里，南北距一百五十里。東至海五十里，西至興化府莆田縣界六十五里，南至海一百二十里，北至長樂縣界三十里，東南至海一百五十里，西南至莆田縣治一百二十里，東北至長樂縣界六十里，西北至閩縣界四十五里。【略】

連江縣在府東北九十五里，東西距六十里，南北距九十五里。東至海二十里，西至侯官縣界四十里，南至閩縣界十五里，北至羅源縣界八十里，東南至海三十五里，西南至侯官縣治九十五里，東北至羅源縣治一百里，西北至侯官縣界九十五里。【略】

羅源縣在府東北一百五十里，東西距九十里，南北距七十五里。東至海四十五里，西至古田縣界四十五里，南至連江縣界三十五里，北至福寧府寧德縣界四十里，東南至海四十里，西南至連江縣治一百里，東北至寧德縣治一百里，西北至古田縣界六十里。【略】

古田縣在府西北二百七十里，東西距二百七十里，南北距一百三十里。東至羅源縣界一百二十里，西至延平府南平縣界一百五十里，南至閩清縣界八十里，北至屏南縣界五十里，東南至侯官縣治二百五十里，西南至延平府尤溪縣治二百里，東北至福寧府寧德縣治二百五十里，西北至建寧府建安縣治二百五十里。【略】

屏南縣在府西北三百二十里，東西距一百四十里，南北距一百里。東至古田縣界七十里，西至建寧府建安縣界七十里，南至古田縣界八十五里，北至建寧府政和縣界十五里，東南至古田縣界一百二十里，西南至建安縣界一百六十里，東北至福寧府寧德縣界七十里，西北至政和、建安兩縣界七十里。【略】

閩清縣在府西北一百二十里，東西距八十五里，南北距一百二十里。東至侯官縣界十五里，西至延平府尤溪縣界七十里，南至永福縣界五十里，北至古田縣界七十里。東南至侯官縣治一百二十里，西南至永福縣治五十里，東北至古田縣治一百五十里，西北至尤溪縣界七十里。【略】

永福縣在府西南一百六十里，東西距一百五十里，南北距一百十五里。東至侯官縣界六十里，西至延平府尤溪縣界九十里，南至興化府仙遊縣界七十里，北至閩清縣界四十五里，東南至興化府莆田縣界八十五里，西南至永春州德化縣界一百里，東北至侯官縣界七十五里，西北至尤溪縣治二百四十里。

清・穆彰阿《大清一統志》卷四二七《興化府》 興化府在福建省治南二百四十里，東西距二百十里，南北距八十五里。東至大海九十里，西至永春州界一百二十里，南至大海四十里，北至福州府福清縣界四十五里，東南至大海一百里，西南至泉州府惠安縣界六十里，東北至福清縣治一百二十里，西北至永春州德化縣治二百里。自府治至京師六千四百三里。【略】

莆田縣，附郭，東西距一百二十里，南北距八十五里。東至大海九十里，西至仙遊縣界三十里，南至大海四十里，北至福州府福清縣界四十五里，東南至大海一百里，西南至仙遊縣界六十里，東北至福清縣界四十五里，西北至福州府永福縣界一百二十里。【略】

仙遊縣在府西七十里，東西距九十里，南北距一百五十五里。東至莆田縣界四十里，西至永春州界五十里，南至泉州府惠安縣界七十五里，北至福州府永福縣界八十里，東南至惠安縣界五十里，西南至泉州府南安縣界三十五里，東北至莆田縣界一百里，西北至永春州德化縣界一百里。

清・穆彰阿《大清一統志》卷四二八《泉州府》 泉州府在福建省治西南四百一十里，東西距二百八十里，南北距二百三十三里。東至海一百三十里，西至漳州府長泰縣界一百五十里，南至海一百三里，北至興化府仙遊縣界一百三十里，東南至海八十三里，西南至漳州府龍溪縣界一百四十里，東北至仙遊縣界九十里，西北至永春州界一百五里。自府治至京師七千二百五十五里。【略】

晉江縣，附郭，東西距二十八里，南北距二百三十三里。東至惠安縣界二十里，西至南安縣界八里，南至海一百三里，北至興化府仙遊縣界一百三十里，東南至海八十三里，西南至南安縣界三十里，東北至仙遊縣界九十里，西北至南安縣界十里。【略】

南安縣在府西少北十五里，東西距七十五里，南北距一百七十里。東至晉江縣界八里，西至安溪縣界六十七里，南至同安縣界八十里，北至永春州界九十里，東南至晉江縣界二十五里，西南至同安縣界一百一十里，東北至興化府仙遊縣治一百七十里，西北至永春州九十里。【略】

惠安縣在府東北五十里，東西距七十五里，南北距九十五里。東至海四十五里，西至晉江縣界三十里，南至海四十五里，北至興化府仙遊縣界五十里，東南至海五十里，西南至晉江縣界三十里，東北至仙遊縣界四十五里，西北至仙遊縣界四十五里。【略】

同安縣在府西南一百三十里，東西距一百十五里，南北距一百三十五里。東至南安縣界四十里，西至漳州府龍溪縣界七十五里，南至海八十里，北至安溪縣界五十五里，東南至南安縣界四十五里，西南至龍溪縣界七十五里，東北至南安縣界四十里，西北至漳州府長泰縣界五十里。【略】

安溪縣在府西一百五里，東西距八十五里，南北距八十五里。東至南安縣界二十五里，西至同安縣界六十里，南至南安縣界二十五里，北至永春州界六十里，東南至南安縣界四十里，西南至同安縣界六十里，東北至永春州界九十里，西北至龍巖州漳平縣界一百七十里。

清・穆彰阿《大清一統志》卷四二九《漳州府》 漳州府在福建省治西南六百八十里，東西距二百七十里，南北距二百九十里。東至泉州府同安縣界七十里，西至汀州府永定縣界二百里，南至海一百八十里，北至泉州府安溪縣界一百十里，東南至海一百八十里，西南至廣東潮州府饒平縣界二百八十里，東北至同安縣界一百二十里，西北至龍巖州漳平縣界一百四十里。自府治至京師七千五百二十五里。【略】

龍溪縣，附郭，東西距一百里，南北距七十五里。東至泉州府同安縣界七十里，西至南靖縣界三十里，南至漳浦縣界五十里，北至長泰縣界二十五里，東南至海澄縣治五十里，西南至平和縣治二百十里，東北至長泰縣治四十里，西北至龍巖州漳平縣治二百二十里。【略】

漳浦縣在府南一百二十里，東西距一百四十里，南北距一百十里。東至海八十里，西至南靖縣界六十里，南至詔安縣界六十里，北至龍溪縣界五十里，東南至海八十里，西南至詔安縣界八十里，東北至海澄縣治七十里，西北至南靖縣治一百三十里。【略】

海澄縣在府東南五十里，東西距八十里，南北距五十里。東至漳浦縣界六十五里，西至龍溪縣界十五里，南至漳浦縣界四十里，北至龍溪縣界十里，東南至海一里，西南至漳浦縣治七十里，東北至泉州府同安縣治一百四十里，西北至龍溪縣界十五里。【略】

南靖縣在府西四十里，東西距一百三十里，南北距二百三十里。東至龍溪縣界十里，西至龍巖州漳平縣界一百二十里，南至漳浦縣界一百里，北至漳平縣界一百三十里，東南至漳浦縣治一百三十里，西南至平和縣界五十里，東北至長泰縣治七十五里，西北至漳平縣界一百里。【略】

長泰縣在府東北四十里，東西距九十五里，南北距八十五里。東至泉州府同安縣界六十里，西至龍溪縣界三十五里，南至龍溪縣界五里，北至泉州府安溪縣八十里，東南至同安縣界五十里，西南至龍溪縣界十五里，東北至同安縣界八十里，西北至龍溪縣界五十里。【略】

平和縣在府西南二百五里，東西距一百七十里，南北距二百十里。東至南靖縣界一百四十里，西至廣東潮州府大埔縣界三十里，南至詔安縣界一百里，北至汀州府永定縣界一百十里，東南至漳浦縣界一百八十里，西南至潮州府饒平縣治一百里，東北至南靖縣治一百七十里，西北至永定縣治二百二十里。【略】

詔安縣在府西南二百五十里，東西距二百二十里，南北距七十里。東至海八十里，西至廣東潮州府饒平縣界四十里，南至饒平縣界三十里，北至平和縣界四十里，東南至海三十里，西南至饒平縣界一百里，東北至漳浦縣界八十里，西北至饒平縣界一百里。

清・穆彰阿《大清一統志》卷四三〇《延平府》 延平府在福建省西三百六十里，東西距二百七十五里，南北距三百里。東至建寧府建安縣界五十里，西至汀州府清流縣界二百二十五里，南至福州府古田縣界一百二十里，北至邵武府邵武縣界一百八十里，東南至福州府古田縣界二百二十里，西南至永春州德化縣界三百九十里，東北至建寧府甌寧縣界一百三十里，西北至汀州府歸化縣界二百六十里。自府治至京師五千二百九十三里。【略】

南平縣，附郭，東西距一百六十里，南北距一百六十里。東至福州府古田縣界一百里，西至順昌縣界六十里，南至尤溪縣界六十里，北至建寧府甌寧縣界一百里，東南至古田縣治二百二十里，西南至沙縣界六十里，東北至建寧府建安縣治一百三十里，西北至建寧府寧縣界一百里。【略】

順昌縣在府西少北一百二十里，東西距一百里，南北距一百二十里。東至南平縣界五十里，西至將樂縣界五十里，南至沙縣界二十里，北至建寧府甌寧縣界一百里，東南至沙縣界二十里，西南至沙縣治一百里，東北至甌寧縣治二百十里，西北至邵武府邵武縣治一百八十里。【略】

將樂縣在府西二百二十里，東西距一百五十五里，南北距一百四十里。東至順昌縣界五十五里，西至邵武府泰寧縣界一百里，南至沙縣界四十里，北至邵武府邵武縣界一百里，東南至沙縣治一百二十里，西南至汀州府歸化縣治一百三十里，東北至邵武縣界一百二十里，西北至邵武縣治一百六十里。【略】

沙縣在府西南一百二十里，東西距一百五十里，南北距一百四十里。東至南平縣界七十里，西至永安縣界八十里，南至尤溪縣界六十里，北至順昌縣界八十里，東南至尤溪縣治一百四十里，西南至永安縣治一百六十里，東北至順昌縣治一百里，西北至將樂縣治一百二十里。【略】

尤溪縣在府南一百六十里，東西距二百三十里，南北距一百九十里。東至福州府閩清縣界一百里，西至永春州大田縣界一百三十里，南至永春州德化縣界一百三十里，北至沙縣界六十里，東南至福州府永福縣界一百七十里，西南至德化縣治二百二十里，東北至南平縣界八十里，西北至沙縣治一百四十里。【略】

永安縣在府西南三百里，東西距一百八十里，南北距一百五十里。東至永春州大田縣界一百里，西至汀州府清流縣界八十里，南至龍巖州寧洋縣界六十里，北至沙縣界九十里，東南至大田縣治一百七十里，西南至汀州府連城縣治二百里，東北至沙縣治一百六十里，西北至汀州府歸化縣界一百里。

清・穆彰阿《大清一統志》卷四三一《建寧府》 建寧府在福建省治西北四百八十里，東西距四百九十五里，南北距四百三十里。東至福寧府壽寧縣界三百四十里，西至邵武府邵武縣界一百五十五里，南至延平府南平縣界八十里，北至浙江衢州府江山縣界三百五十里，東南至福州府古田縣界二百五十里，西南至延平府順昌縣界一百十五里，東北至浙江處州府龍泉縣界二百二十五里，西北至江西廣信府鉛山縣界三百四十五里。自府治至京師五千七百五十五里。【略】

建安縣，附郭，東西距二百一里，南北距八十一里。東至政和縣界一百里，西至甌寧縣界一里，南至延平府南平縣界八十里，北至甌寧縣界一里，東南至福州府古田縣治二百五十里，西南至南平縣界七十五里，東北至松溪縣界一百十里，西北至甌寧縣界三里。【略】

甌寧縣，附郭，東西距一百一里，南北距一百六十一里。東至建安縣界一里，西至延平府順昌縣界一百里，南至建安縣界一里，北至浦城縣界一百六十里，東南至建安縣界三里，西南至順昌縣界一百八十里，東北至松溪縣界一百里，西北至建陽縣界八十里。【略】

建陽縣在府西北一百二十里，東西距一百三十五里，南北距七十五里。東至甌寧縣界三十五里，西至邵武府邵武縣界一百里，南至甌寧縣界三十五里，北至崇安縣界四十里，東南至甌寧縣界七十里，西南至延平府順昌縣界一百里，東北至浦城縣治二百二十里，西北至邵武縣界一百三十里。【略】

崇安縣在府西北二百四十里，東西距一百九十里，南北距一百五十里。東至浦城縣界七十里，西至江西廣信府鉛山縣界一百二十里，南至建陽縣界八十里，北至廣信府上饒縣界七十里，東南至建陽縣治一百二十里，西南至建陽縣界八十里，東北至廣信府廣豐縣治一百三十里，西北至鉛山縣治一百三十里。【略】

浦城縣在府東北二百七十里，東西距一百七十里，南北距一百六十五里。東至浙江處州府龍泉縣界九十里，西至崇安縣界八十里，南至甌寧縣界九十里，北至浙江衢州府江山縣界七十五里，東南至松溪縣界九十里，西南至崇安縣界七十里，東北至江山縣界九十里，西北至江西廣信府廣豐縣界九十里。【略】

松溪縣在府東一百六十里，東西距九十里，南北距一百里。東至浙江處州府慶元縣界四十五里，西至政和縣界四十五里，南至政和縣界二十五里，北至浦城縣界七十五里，東南至政和縣界四十五里，西南至建安縣界四十五里，東北至慶元縣治八十里，西北至浦城縣治一百三十里。【略】

政和縣在府東一百四十里，東西距一百十五里，南北距一百二十里。東至福寧府壽寧縣界八十里，西至建安縣界三十五里，南至福州府古田縣界一百里，北至松溪縣界二十里，東南至福寧府寧德縣治二百五十里，西南至建安縣界三十五里，東北至浙江處州府慶元縣治一百二十里，西北至松溪縣界四十五里。

清・穆彰阿《大清一統志》卷四三二《邵武府一》 邵武府在福建省治西北六百七十里，東西距二百六十里，南北距一百八十里。東至延平府順昌縣界一百二十里，西至江西建昌府新城縣界一百四十里，南至延平府將樂縣界一百十里，北至建寧府建陽縣界七十里，東南至將樂縣界一百四十里，西南至汀州府寧化縣界三百四十里，東北至建陽縣界六十里，西北至建昌府新城縣界一百六十里。自府治至京師五千七百五十七里。【略】

邵武縣，附郭，東西距一百九十里，南北距一百四十里。東至延平府順昌縣界一百二十里，西至光澤縣界七十里，南至泰寧縣界七十里，北至建寧府建陽縣界七十里，東南至延平府將樂縣界一百四十里，西南至泰寧縣界一百二十里，東北至建陽縣治六十里，西北至光澤縣界五十五里。【略】

光澤縣在府西北八十里，東西距九十五里，南北距一百五十里。東至邵武縣界二十五里，西至江西建昌府新城縣界七十里，南至邵武縣界十里，北至江西廣信府鉛山縣界一百四十里，東南至邵武縣界八十里，西南至泰寧縣治一百六十里，東北至邵武縣界七十五里，西北至建昌府新城縣治一百二十里。【略】

建寧縣在府西南二百十里，東西距一百十里，南北距一百十五里。東至泰寧縣界三十里，西至江西建昌府廣昌縣界八十里，南至汀州府寧化縣界六十五里，北至建昌府南豐縣界五十里，東南至寧化縣界六十里，西南至寧化縣界一百里，東北至建昌府新城縣界八十里，西北至南豐縣六十里。【略】

泰寧縣在府西南一百四十里，東西距一百十里，南北距一百二十里。東至邵武縣界七十里，西至建寧縣界四十里，南至延平府將樂縣界四十里，北至邵武縣界八十里，東南至將樂縣治一百二十里，西南至汀州府寧化縣界一百里，東北至邵武縣界七十里，西北至建寧縣界五十五里。

清・穆彰阿《大清一統志》卷四三四《汀州府一》 汀州府在福建省治西九百七十五里，東西距三百里，南北距三百八十里。東至延平府永安縣界二百四十里，西至江西寧都州瑞金縣界六十里，南至廣東潮州府大埔縣界二百十里，北至江西建昌府廣昌縣界二百七十里，東南至漳州府南靖縣界四百里，西南至廣東嘉應州界三百四十里，東北至邵武府泰寧縣界三百五十里，西北至寧都州石城縣界二百里。自府治至京師五千二百二十六里。【略】

長汀縣，附郭，東西距一百四十里，南北距二百十里。東至寧化縣界八十里，西至江西寧都州瑞金縣界六十里，南至上杭縣界一百五十里，北至瑞金縣界六十里，東南至連城縣界一百六十里，西南至武平縣界一百五里，東北至寧化縣界八十里，西北至瑞金縣界六十里。【略】

寧化縣在府東北一百六十里，東西距一百十里，南北距二百里。東至清流縣界三十五里，西至江西寧都州石城縣界七十五里，南至長汀縣界九十里，北至邵武府建寧縣界一百十里，東南至清流縣界六十里，西南至長汀縣界一百里，東北至歸化縣治一百二十里，西北至江西建昌府廣昌縣治一百九十里。【略】

清流縣在府東北二百里，東西距一百十里，南北距七十五里。東至延平府永安縣界九十里，西至寧化縣界二十里，南至寧化縣界十五里，北至歸化縣界六十里，東南至連城縣治二百里，西南至寧化縣界二十里，東北至歸化縣治九十里，西北至寧化縣界三十里。【略】

歸化縣在府東北二百九十里，東西距一百十里，南北距一百五十里。東至延平府將樂縣界三十里，西至寧化縣界八十里，南至延平府永安縣界九十里，北至邵武府泰寧縣界六十里，東南至永安縣治一百六十里，西南至清流縣治九十里，東北至將樂縣治一百二十里，西北至邵武府建寧縣界一百里。【略】

連城縣在府東南一百六十里，東西距一百四十里，南北距二百六十里。東至延平府永安縣界八十里，西至長汀縣界六十里，南至上杭縣界一百里，北至長汀縣界六十里，東南至龍巖州界一百五十里，西南至上杭縣治二百四十里，東北至清流縣治一百四十里，西北至長汀縣界六十里。【略】

上杭縣在府南一百八十里，東西距一百二十五里，南北距一百六十里。東至龍巖州界一百里，西至武平縣界二十五里，南至廣東潮州府大埔縣界一百三十里，北至長汀縣界三十里，東南至永定縣治一百二十里，西南至廣東嘉應州治三百十里，東北至連城縣治一百四十里，西北至武平縣治八十五里。【略】

武平縣在府西南一百五十里，東西距一百九十五里，南北距二百四十里。東至上杭縣界五十里，西至江西贛州府安遠縣界一百四十五里，南至廣東嘉應州界九十里，北至長汀縣界一百五十里，東南至潮州府大埔縣界一百五十里，西南至嘉應州界一百里，東北至長汀縣界一百二十里，西北至贛州府會昌縣治一百八十里。【略】

永定縣在府東南三百里，東西距一百七十里，南北距一百三十里。東至漳州府南靖縣界一百里，西至上杭縣界七十里，南至廣東潮州府大埔縣界五十里，北至上杭縣界八十里，東南至漳州府平和縣治二百二十里，西南至廣東嘉應州治一百六十里，東北至龍巖州治一百四十里，西北至上杭縣治一百二十里。

清·穆彰阿《大清一統志》卷四三六《福寧府》　福寧府在福建省治東北五百四十五里，東西距三百六十里，南北距二百七十里。東至海二百里，西至福州府古田縣界一百六十里，南至海一百里，北至浙江温州府泰順縣界一百七十里，東南至海一百里，西南至福州府羅源縣界一百六十里，東北至温州府平陽縣界二百里，西北至浙江處州府慶元縣界二百九十里。自府治至京師七千二百里。

霞浦縣，附郭，東西距一百十里，南北距二百二十里。東至福鼎縣界七十里，西至福安縣界四十里，南至海一百里，北至福鼎縣界一百二十里，東南至福鼎縣界六十里，西南至福安縣界五十里，東北至福鼎縣界一百里，西北至福安縣界六十里。【略】

福鼎縣在府東北二百里，東西距一百六十里，南北距一百五十里。東至浙江温州府平陽縣界九十里，西至温州府泰順縣界七十里，南至霞浦縣界一百十里，北至平陽縣界四十里，東南至海七十里，西南至霞浦縣界七十里，東北至平陽縣界四十里，西北至泰順縣界五十里。【略】

福安縣在府西北一百十里，東西距八十里，南北距一百三十里。東至霞浦縣界四十里，西至寧德縣界四十里，南至寧德縣界七十里，北至壽寧縣界六十里，東南至霞浦縣界一百里，西南至寧德縣治一百三十里，東北至霞浦縣界一百里，西北至壽寧縣治一百二十里。【略】

寧德縣在府西南一百十里，東西距一百五十五里，南北距二百五里。東至霞浦縣界三十五里，西至福州府古田縣界一百二十里，南至福州府羅源縣界十五里，北至壽寧縣界一百九十里，東南至海二十里，西南至羅源縣治七十里，東北至福安縣治一百三十里，西北至建寧府政和縣治三百四十里。【略】

壽寧縣在府西北一百六十里，東西距一百九十里，南北距一百八十里。東至福安縣界九十里，西至建寧府政和縣界一百里，南至寧德縣界一百里，北至浙江處州府景寧縣界八十里，東南至福安縣治一百二十里，西南至寧德縣界一百四十里，東北至浙江温州府泰順縣治一百四十里，西北至處州府慶元縣治一百九十里。

清·穆彰阿《大清一統志》卷四三七《臺灣府》　臺灣府在福建省治東南五百四十里外，又水程一十一更，四面皆海，東西距除澎湖及水程四更外廣一百里，南北距二千八百四十五里。東至大山番界五十里，西至澎湖島五十里，南至沙馬磯頭海五百三十里，北至鷄籠城海二千三百十五里。自府治至京師七千餘里。【略】

臺灣縣，附郭，東西距除澎湖及水程四更外廣五十里，南北距五十里。東至大山番界四十五里，西至鹿耳門海五里，南至鳳山縣界十里，北至嘉義縣界四十里。【略】

鳳山縣在府南八十里，東西距五十五里，南北距三百七十五里。東至淡水溪大山番界二十五里，西至海三十里，南至沙馬磯頭海三百三十里，北至臺灣縣界四十五里。【略】

嘉義縣在府北一百十七里，東西距五十一里，南北距二百五里。東至大山番界二十一里，西至海三十里，南至臺灣縣界七十七里，北至彰化縣界一百二十八里。【略】

彰化縣在府北三百九十七里，東西距四十里，南北距七百七十里。東至大山番界二十里，西至鹿仔港海二十里，南至嘉義縣治二百八十里，北至鷄籠城海六百八里。

清·穆彰阿《大清一統志》卷四三八《永春州》　永春直隸州在福建省治西南四百一十里，東西距三百八十里，南北距二百二十五里。東至興化府仙遊縣界八十里，西至龍巖州漳平縣界三百里，南至泉州府南安縣界四十五里，北至福州府永福縣界一百八十里，東南至南安縣界三十里，西南至泉州府安溪縣界三十里，東北至永福縣界一百九十五里，西北至延平府永安縣界四百一十里。本州境東西距七十五里，南北距九十里，東至南安縣界三十里，西至漳平縣界四十五里，南至南安縣界四十五里，北至德化縣界四十五里，東南至南安縣界三十里，西南至安溪縣界三十里，東北至仙遊縣界六十里，西北至漳平縣界一百五十里。自州治至京師七千一百四十五里。【略】

德化縣在州西北三十里，東西距二百里，南北距一百四十里。東至興化府仙遊縣界八十里，西至大田縣界一百二十里，南至本州界二十里，北至福州府永福縣界一百二十里，東南至本州界二十里，西南至本州界七十里，東北至永福縣界一百五十里，西北至延平府尤溪縣界七十里。【略】

大田縣在州西北二百六十五里，東西距一百七十里，南北距一百三十里。東至延平府尤溪縣界七十里，西至龍巖州寧洋縣界一百里，南至德化縣界六十里，北至延平府永安縣界七十里，東南至德化縣治二百里，西南至龍巖州漳平縣治二百二十里，東北至延平府沙縣治二百三十里，西北至永安縣治一百七十里。

清・穆彰阿《大清一統志》卷四三九《龍巖州》 龍巖直隸州在福建省治西南九百里，東西距一百六十里，南北距二百九十里。東至泉州府安溪縣界二百一十里，西至汀州府上杭縣界五十里，南至漳州府南靖縣界九十里，北至延平府永安縣界二百里，東南至漳州府龍溪縣界二百二十里，西南至汀州府永定縣治一百六十里，東北至永壽州大田縣界二百里，西北至汀州府連城縣界一百里。本州境東西距一百四十里，南北距一百九十里，東至漳平縣界九十里，西至上杭縣界五十里，南至南靖縣界九十里，北至連城縣界一百里，東南至南靖縣界二百里，西南至永定縣治一百六十里，東北至寧洋縣治一百四十里，西北至上杭縣界五十里。自州治至京師七千三百四十里。【略】

漳平縣在州東七十里，東西距一百二十里，南北距一百三十里。東至泉州府安溪縣界六十里，西至本州界六十里，南至漳州府南靖縣界七十里，北至永春州大田縣界六十里，東南至漳州府龍溪縣界七十里，西南至本州治一百四十里，東北至永春州界六十里，西北至寧洋縣界三十里。【略】

寧洋縣在州東北七十里，東西距二百里，南北距一百二十里。東至永春州大田縣界八十里，西至本州界一百二十里，南至漳平縣界六十里，北至延平府永安縣界六十里，東南至漳平縣界四十里，西南至本州治一百五十里，東北至永安縣界八十里，西北至汀州府連城縣界一百里。

清・穆彰阿《大清一統志》卷四四〇《廣東統部》 廣東統部在京師西南七千五百七十里，東西距二千五百里，南北距一千八十里。東至福建漳州府詔安縣界一千里，西至廣西南寧府宣化縣界一千五百里，南至大海三百里，北至湖南郴州桂陽縣界七百八十里，東南至大海二百八十里，西南至崖州大海二千四百里，東北至江西贛州府長寧縣界八百里，西北至廣西平樂府賀縣界七百三十里。

清・穆彰阿《大清一統志》卷四四一《廣州府一》

廣州府，廣東省治，東西距四百二十里，南北距五百二十二里。東至惠州府博羅縣界二百二十里，西至肇慶府高要縣界二百里，南至海三百一十二里，北至佛岡廳界二百十里，東南至海四百里，西南至肇慶府陽江縣界五百四十里，東北至佛岡廳界二百四十八里，西北至連山廳界七百八十里。自府治至京師八千一百八十五里。【略】

南海縣，附郭，東西距一百一十二里，南北距一百二里。東至番禺縣界二里，西至三水縣界一百十里，南至順德縣界五十里，北至花縣界五十二里，東南至番禺縣界二里，西南至新會縣界一百五十里，東北至番禺縣界三里，西北至三水縣界一百二十里。【略】

番禺縣，附郭，東西距一百四里，南北距一百五十八里。東至增城縣界一百二里，西至南海縣界二里，南至香山縣界一百里，北至花縣界五十八里，東南至東莞縣界八十里，西南至南海縣界二十里，東北至從化縣界一百四十里，西北至南海縣界五十里。【略】

順德縣在府西南一百里，東西距九十五里，南北距一百五十里。東至番禺縣界四十五里，西至新會縣界五十里，南至香山縣界五十里，北至南海縣界一百里，東南至香山縣界九十里，西南至新會縣界六十里，東北至番禺縣界七十里，西北至南海縣界一百里。【略】

東莞縣在府東南一百八十里，東西距二百五十里，南北距一百二十里。東至惠州府歸善縣界一百五十里，西至香山縣界一百里，南至新安縣界六十里，北至增城縣界六十里，東南至新安縣界一百二十里，西南至香山縣界一百里，東北至惠州府博羅縣界六十里，西北至番禺縣界一百里。【略】

從化縣在府北一百三十里，東西距一百一十里，南北距一百六十里。東至增城縣界六十里，西至清遠、花縣兩夾界五十里，南至番禺、增城兩縣夾界四十里，北至佛岡廳界一百二十里，東南至增城縣界六十里，西南至番禺縣界六十里，東北至龍門縣界一百里，西北至清遠縣、佛岡廳夾界八十里。【略】

龍門縣在府東北二百一十里，東西距二百里，南北距二百里。東至惠州府河源縣界九十里，西至從化縣界一百一十里，南至增城縣界一百里，北至惠州府長寧縣界一百里，東南至惠州府博羅縣界六十里，西南至增城縣界二百里，東北至河源縣界八十里，西北至從化縣界一百一十里。【略】

增城縣在府東一百六十二里，東西距一百三十里，南北距一百四十里。東至龍門縣、惠州府博羅縣夾界七十里，西至番禺縣界六十里，南至東莞縣界六十里，北至龍門、從化兩縣夾界八十里，東南至東莞、博羅兩縣夾界六十里，西南至番禺縣界一百三十里，東北至龍門、從化兩縣夾界九十里，西北至從化縣界七十里。【略】

新會縣在府西南二百三十里，東西距一百二十里，南北距一百九十里。東至香山縣界八十里，西至肇廣府鶴山縣界四十里，南至香山縣界一百十里，北至南海縣界八十里，東南至香山縣界一百五十里，西南至新寧縣界一百二十五里，東北至順德縣界一百五十里，西北至鶴山縣界五十里。【略】

香山縣在府南二百二十里，東西距二百里，南北距二百一十二里。東至新安縣界一百里，西至新會縣界一百里，南至海岸九十二里，北至番禺縣界一百二十里，東南至新安縣界一百四十里，西南至新寧縣界一百八十里，東北至東莞縣界一百十里，西北至順德縣界三十五里。【略】

三水縣在府西北一百七十里，東西距九十里，南北距一百六十里。東至南海縣界六十里，西至肇慶府高要縣界三十里，南至南海縣界七十里，北至清遠縣界九十里，東南至南海縣界五十里，西南至肇慶府高明縣界五十里，東北至花縣界六十里，西北至肇慶府四會縣界五十里。【略】

新寧縣在府西南三百六十里，東西距八十里，南北距一百三十里。東至新會縣界四十里，西至肇慶府開平縣界四十里，南至海岸九十里，北至肇慶府開平縣界四十里，東南至新會縣界七十里，西南至陽江縣界一百五十里，東北至新會縣界八十里，西北至開平縣界六十里。【略】

清遠縣在府北三百四十里，東西距二百二十里，南北距三百十里。東至從化縣界一百五十里，西至肇慶府四會縣界七十里，南至三水縣界一百十里，北至連州陽山縣界二百里，東南至花縣界七十里，西南至四會縣界一百二十里，東北至佛岡廳界六十五里，西北至肇慶府廣寧縣界一百六十里。【略】

新安縣在府東南二百六十里，東西距一百里，南北距一百里。東至惠州府歸善縣界八十里，西至香山縣界二十里，南至海岸四十里，北至東莞縣界六十里，東南至歸善縣界一百五十里，西南至香山縣界二十里，東北至東莞縣界九十里，西北至東莞縣界六十里。【略】

花縣在府北九十里，東西距一百三十九里，南北距一百一里。東至從化縣界六十六里，西至三水、清遠二縣夾界七十三里，南至番禺縣界三十二里，北至清遠縣界六十九里，東南至番禺縣界四十里，西南至南海縣界五十里，東北至從化縣界七十里，西北至清遠縣界八十里。

清・穆彰阿《大清一統志》卷四四四《韶州府》 韶州府在廣東省治北少東一千里，東西距六百里，南北距五百三十五里。東至南雄州始興縣界一百五十里，西至連州陽山縣界四百五十里，南至佛岡廳界三百一十五里，北至湖南郴州桂陽縣界二百二十里，東南至惠州府連平州並長寧縣夾界三百三十里，西南至清遠縣界四百五十里，東北至始興縣界一百六十里，西北至湖南郴州宜章縣界三百七十里。自府治至京師七千三百三十五里。【略】

曲江縣，附郭，東西距二百一十里，南北距一百九十里。東至南雄州始興縣界一百五十里，西至乳源縣界六十里，南至英德縣界一百一十里，北至仁化縣界八十里，東南至翁源縣界七十里，西南至英德縣界一百二十里，東北至始興縣界一百六十里，西北至樂昌縣界四十里。【略】

樂昌縣在府西北八十里，東西距一百八十五里，南北距一百九十里。東至仁化縣界六十里，西至乳源縣界一百二十五里，南至乳源縣界六十里，北至湖南桂陽縣界一百三十里，東南至曲江縣界四十里，西南至乳源縣界四十里，東北至仁化縣界七十里，西北至湖南宜章縣界一百五十里。【略】

仁化縣在府東北一百里，東西距一百五十里，南北距一百四十里。東至南雄州界九十里，西至樂昌縣界六十里，南至曲江縣界二十里，北至湖南桂陽縣界一百二十里，東南至曲江縣界五十里，西南至曲江縣界六十里，東北至江西大庾縣界一百三十里，西北至湖南桂陽縣界六十里。【略】

乳源縣在府西少南九十里，東西距一百七十里，南北距一百五十里。東至曲江縣界三十里，西至連州陽山縣界一百四十里，南至英德縣界一百二十五里，北至樂昌縣界二十五里，東南至曲江縣界五十里，西南至陽山縣界二百九十里，東北至樂昌縣界一百二十里，西北至湖南宜章縣界二百八十里。【略】

翁源縣在府東南一百八十里，東西距一百五十三里，南北距一百二十五里。東至惠州府連平州界一百五十里，西至英德縣界三里，南至英德縣界三十里，北至曲江縣、南雄州始興縣夾界九十五里，東南至惠州府長寧縣界一百五十里，西南至英德縣界五里，東北至江西龍南縣界二百五十里，西北至曲江縣界一百十里。【略】

英德縣在府西南二百二十里，東西距三百八十五里，南北距二百二十五里。東至翁源縣界一百三十五里，西至連州陽山縣界二百五十里，南至廣州府清遠縣界一百十五里，北至曲江、乳源兩縣夾界一百十里，東南至惠州府長寧縣並佛岡廳夾界一百三十里，西南至清遠縣界一百十五里，東北至翁源縣界一百二十里，西北至乳源縣界一百八十里。

清·穆彰阿《大清一統志》卷四四五《惠州府》 惠州府在廣東省治東少南三百里，東西距六百七十里，南北距六百七十里。東至嘉應州長樂縣界五百四十里，西至廣州府東莞、增城、龍門三縣連界一百三十里，南至海岸一百二十里，北至江西贛州府龍南縣界五百五十里，東南至潮州府惠來縣界四百四十里，西南至廣州府新安縣界一百七十里，東北至贛州府長寧縣界六百七十里，西北至韶州府翁源縣界四百八十里。自府治至京師八千四百八十五里。【略】

歸善縣，附郭，在府東南隔江三里，東西距二百七十里，南北距一百四十里。東至海豐縣界一百七十里，西至廣州府東莞縣界一百里，南至海港一百二十里，北至博羅縣界二十里，東南至海豐縣界二百里，西南至廣州府新安縣界一百七十里，東北至永安縣界一百二十里，西北至東莞縣界八十里。【略】

博羅縣在府西北三十里，東西距二百八十里，南北距一百二里。東至永安縣界一百八十里，西至廣州府增城縣界一百里，南至歸善縣界二里，北至廣州府龍門縣界一百里，東南至歸善縣界十里，西南至廣州府東莞縣界一百里，東北至河源縣界一百里，西北至增城縣界一百里。【略】

長寧縣在府北少西四百里，東西距一百七十里，南北距一百二十里。東至連平州界五十里，西至韶州府英德縣界一百二十里，南至廣州府龍門、從化兩縣夾界五十里，北至韶州府翁源縣界七十里，東南至河源縣界一百三十里，西南至佛岡廳界一百里，東北至連平州界三十里，西北至翁源、英德兩縣夾界一百五十里。【略】

永安縣在府東少北二百里，東西距二百二十里，南北距一百三十里。東至嘉應州長樂縣界一百里，西至博羅縣界一百二十里，南至海豐縣界八十里，北至河源、長樂兩縣夾界五十里，東南至陸豐縣界一百二十里，西南至歸善縣界一百二十里，東北至長樂縣界九十里，西北至河源縣界一百十里。【略】

海豐縣在府東少南三百里，東西距二百五十里，南北距二百二十里。東至陸豐縣界一百二十里，西至歸善縣界一百三十里，南至海岸八十里，北至永安縣界一百四十里，東南至潮州府惠來縣界一百五十里，西南至海岸六十里，東北至陸豐、永安兩縣夾界一百四十五里，西北至歸善縣界八十里。【略】

陸豐縣在府東三百五十里，東西距一百里，南北距二百里。東至潮州府惠來縣界七十里，西至海豐縣界三十里，南至碣石衛大海五十里，北至嘉應州長樂縣界一百五十里，東南至甲子所城大海一百里，西南至海豐縣界三十里，東北至潮州府揭陽縣界一百五十里，西北至永安縣界一百五十里。【略】

龍川縣在府東北四百二十里，東西距一百三十五里，南北距一百五十里。東至嘉應州長樂、興寧兩縣夾界七十里，西至河源、和平兩縣夾界六十五里，南至長樂、河源兩縣夾界三十里，北至和平縣界一百二十里，東南至長樂縣界三十五里，西南至河源縣界四十里，東北至江西贛州府長寧縣界一百二十里，西北至和平縣界一百里。【略】

連平州在府北四百里，東西距一百四十里，南北距一百三十里。東至和平縣界六十里，西至長寧縣並韶州府翁源縣夾界八十里，南至長寧縣界七十里，北至江西贛州府龍南縣界六十里，東南至河源縣界一百三十里，西南至長寧縣界一百里，東北至和平縣界七十里，西北至翁源縣界二百里。【略】

河源縣在府北一百五十里，東西距二百七十里，南北距一百四十里。東至永安、龍川並嘉應州長樂三縣夾界一百四十里，西至廣州府龍門縣界一百三十里，南至博羅、永安兩縣夾界三十里，北至連平州、和平縣夾界一百一十里，東南至永安縣界三十里，西南至博羅縣並廣州府龍門縣夾界九十里，東北至龍川縣界一百三十里，西北至長寧縣界一百六十里。【略】

和平縣在府東北四百二十里，東西距二百十里，南北距二百十里。東至龍川縣並江西贛州府安遠縣夾界一百二十里，西至連平州並江西贛州府龍南縣夾界九十里，南至龍川縣界一百三十里，北至龍南縣界八十里，東南至龍川縣界一百二十里，西南至河源縣界四十里，東北至贛州府定南廳界八十里，西北至龍南縣界一百二十里。

清·穆彰阿《大清一統志》卷四四六《潮州府》 潮州府在廣東省治東八百七十八里，東西距五百里，南北距三百三十里。東至福建漳州府詔安縣界一百五十里，西至嘉應州長樂縣界三百五十里，南至海岸九十里，北至福建汀州府上杭縣界二百四十里，東南至海門二百四十里，西南至惠州府陸豐界六十里，東北至汀州府上杭、永定夾界三百二十里，西北至嘉應州界二百三十里。自府治至京師九千六十三里。【略】

海陽縣，附郭，東西距八十里，南北距一百一十里。東至饒平縣界五十里，西至揭陽縣界三十里，南至澄海縣界五十里，北至豐順縣界六十里，東南至澄海縣界四十里，西南至揭陽縣界三十里，東北至饒平縣界六十里，西北至豐順縣界五十里。【略】

潮陽縣在府南一百四十里，東西距一百七十里，南北距一百二十里。東至海六十里，西至普寧縣界一百一十里，南至惠來縣界三十里，北至揭陽縣界九十里，東南至海三十里，西南至惠東縣界一百四十里，東北至澄海縣界四十里，西北至揭陽縣界九十里。【略】

揭陽縣在府西少南八十里，東西距二百七十里，南北距九十里。東至澄海縣界七十里，西至嘉應州長樂縣界二百里，南至潮陽、普寧兩縣夾界三十里，北至海陽縣界六十里，東南至澄海縣界七十里，西南至普寧、陸豐兩縣夾界一百二十五里，東北至海陽縣界五十里，西北至長樂、豐順兩縣夾界九十五里。【略】

饒平縣在府東少北一百五十里，東西距一百九十里，南北距一百八十里。東至福建漳州府詔安縣界一百二十里，西至海陽縣界七十里，南至黄岡海岸一百二十里，北至大埔縣界六十里，東南至南澳接福建詔安縣界一百七十里，西南至海陽縣界九十里，東北至福建漳州府平和縣界六十里，西北至大埔縣界五十里。【略】

惠來縣在府西南二百七十里，東西距一百七十里，南北距五十五里。東至潮陽縣界八十里，西至惠州府陸豐縣界九十里，南至神泉司海岸十五里，北至潮陽、普寧兩縣夾界四十里，東南至靖海所海岸六十里，西南至陸豐縣界七十里，東北至海門一百里，西北至陸豐縣東海滘界八十里。【略】

大埔縣在府北少東一百六十里，東西距一百三十五里，南北距一百七十五里。東至福建汀州府永定縣界五十里，西至嘉應州界八十五里，南至饒平縣界一百二十里，北至嘉應州界五十五里，東南至福建漳州府平和縣界一百里，西南至豐順縣界一百二十五里，東北至福建汀州府上杭縣界六十里，西北至嘉應州界八十里。【略】

澄海縣在府東南六十里，東西距六十里，南北距四十五里。東至海岸二十里，西至海陽縣界四十里，南至海十五里，北至海陽縣界三十里，東南至海二十五里，西南至揭陽縣界三十里，東北至饒平縣界四十里，西北至海陽縣界二十五里。【略】

普寧縣在府西南一百二十里，東西距一百五里，南北距一百一十里。東至潮陽縣界三十里，西至惠來縣界七十五里，南至惠來縣界九十里，北至揭陽縣界二十里，東南至潮陽縣界四十里，西南至惠來縣界七十五里，東北至揭陽縣界三十里，西北至揭陽縣界十五里。【略】

豐順縣在府西北一百九十里，東西距二百一十里，南北距一百三十五里。東至饒平縣界一百四十里，西至嘉應州界七十里，南至揭陽縣界七十里，北至大埔縣並嘉應州夾界六十五里，東南至海陽縣界一百二十里，西南至揭陽縣界九十里，東北至大埔縣界一百三十里，西北至嘉應州界七十里。

清·穆彰阿《大清一統志》卷四四七《肇慶府》　肇慶府在廣東省治西二百九十里，東西距四百九十里，南北距七百七十里。東至廣州府三水縣界九十里，西至廣西梧州府蒼梧縣界四百里，南至海岸四百七十里，北至廣西梧州府懷集縣界三百里，東南至廣州府新會縣界三百二十里，西南至高州府電白縣界五百三十里，東北至三水縣界二百五十里，西北至廣西平樂府賀縣界四百六十里。自府治至京師七千四百二里。【略】

高要縣，附郭，東西距一百七十里，南北距一百六十里。東至廣州府三水縣界九十里，西至德慶州界八十里，南至高明、新興兩縣夾界四十五里，北至四會縣界一百十五里，東南至高明縣界五十里，西南至羅定州東安縣界一百里，東北至四會縣界九十里，西北至廣寧縣界一百四十里。【略】

四會縣在府東北一百三十里，東西距一百二十里，南北距一百三十三里。東至廣州府三水縣界六十里，西至廣寧縣界六十里，南至高要縣界一十三里，北至廣寧縣界一百二十里，東南至三水縣界七十里，西南至高要縣界二百里，東北至廣州府清遠縣界九十里，西北至廣寧縣界一百六十里。【略】

新興縣在府南一百三十里，東西距一百二十里，南北距一百二十里。東至鶴山縣界七十里，西至羅定州東安縣界五十里，南至恩平縣界七十里，北至東安縣界五十里，東南至開平縣界七十里，西南至陽春縣界八十里，東北至高明縣界五十里，西北至東安縣界二十里。【略】

陽春縣在府西南三百二十里，東西距一百八十里，南北距一百七十里。東至陽江縣界九十里，西至高州府電白縣界九十里，南至陽江縣界五十里，北至新興縣界一百二十里，東南至陽江縣界一百二十里，西南至高州府茂名縣界二百五十里，東北至新興縣界九十里，西北至羅定州東安縣界一百七十里。【略】

陽江縣在府南四百四十里，東西距二百五十里，南北距九十里。東至恩平縣界九十里，西至高州府電白縣界一百六十里，南至海三十里，北至陽春縣界六十里，東南至廣州府新寧縣界九十里，西南至高州府電白縣界一百四十里，東北至恩平縣界九十里，西北至陽春縣界六十里。【略】

高明縣在府東南七十里，東西距一百二十里，南北距四十里。東至廣州府南海縣界五十里，西至新興縣界七十里，南至鶴山縣界二十里，北至高要縣界二十里，東南至鶴山縣界四十里，西南至新會縣界五十里，東北至高要縣界四十里，西北至高要縣界五十里。【略】

恩平縣在府南二百七十里，東西距一百五十里，南北距一百七十里。東至開平縣界五十里，西至陽春縣界一百里，南至陽江縣界七十里，北至新興縣界一百里，東南至海八十里，西南至陽江縣界七十里，東北至新興縣界一百二十里，西北至新興縣界八十里。【略】

廣寧縣在府西北二百九十里，東西距二百二十里，南北距二百五十里。東至廣州府清遠縣界一百二十里，西至廣西梧州府懷集縣界一百里，南至四會縣界一百二十里，北至清遠縣界一百三十里，東南至四會縣界一百六十里，西南至高要縣界二百四十里，東北至清遠縣界一百九十里，西北至懷集縣界一百五十里。【略】

開平縣在府東南二百六十里，東西距九十里，南北距九十里。東至廣州府新會縣界六十里，西至恩平縣界三十里，南至廣州府新寧縣界四十五里，北至高明縣界四十五里，東南至新寧縣界五十五里，西南至恩平縣界五十里，東北至鶴山縣界五十五里，西北至恩平縣界四十里。【略】

鶴山縣在府東南二百六十里，東西距九十里，南北距一百里。東至廣州府新會縣界四十里，西至開平縣界五十里，南至開平縣界二十五里，北至廣州府南海縣界六十五里，東南至廣州府新會縣界三十里，西南至開平縣界四十五里，東北至南海縣界六十里，西北至高明縣界五十里。【略】

德慶州在府西一百八十里，東西距一百九十里，南北距一百六十六里。東至高要縣界一百三十里，西至封川縣界六十里，南至大江一里，北至廣西梧州府懷集縣界一百六十五里，東南至大江一百八十里，西南至大江二百里，東北至廣寧縣界二百二十里，西北至封川縣界九十里。【略】

封川縣在府西三百三十里，東西距九十里，南北距二百五十里。東至德慶州界六十里，西至廣西梧州府蒼梧縣界三十里，南至羅定州西寧縣界三十里，北至開建縣界二百二十里，東南至德慶州界七十五里，西南至蒼梧縣界五十里，東北至德慶州界一百五十里，西北至開建縣界一百九十里。【略】

開建縣在府西北四百十里，東西距一百四十里，南北距一百里。東至廣西梧州府懷集縣界五十里，西至梧州府蒼梧縣界九十里，南至封川縣界六十里，北至廣西平樂府賀縣界四十里，東南至封川縣界六十里，西南至蒼梧縣界八十里，東北至懷集縣界一百里，西北至賀縣界六十里。

清·穆彰阿《大清一統志》卷四四九《高州府》 高州府在廣東省治西南一千十里，東西距五百十里，南北距三百十五里。東至肇慶府陽江縣界一百九十里，西至廉州府合浦縣界三百二十里，南至限門海一百十五里，北至廣西梧州府容縣界二百里，東南至陽江縣界一百九十里，東北至羅定州界一百二十里，西南至雷州府遂溪縣界二百里，西北至廣西鬱林州博白縣界二百二十里。自府治至京師八千六百四十七里。【略】

茂名縣，附郭，東西距一百十五里，南北距一百七十里。東至電白縣界五十里，西至化州界六十五里，南至吴川縣界一百里，北至信宜縣界七十里，東南至電白縣界一百二十里，東北至肇慶府陽春縣界二百五十里，西南至化州界五十里，西北至廣西鬱林州北流縣界一百五十里。【略】

電白縣在府東南一百六十里，東西距一百四十里，南北距二百三十六里。東至肇慶府陽江縣界三十里，西至茂名縣界一百十里，南至海岸六里，北至茂名縣、肇慶府陽春縣夾界二百三十里，東南至陽江縣界三十里，東北至陽春縣界二百四十里，西南至吴川縣界一百十里，西北至茂名縣界一百里。【略】

信宜縣在府東北八十里，東西距一百五里，南北距一百七十里。東至茂名縣界二十里，西至廣西梧州府容縣界八十五里，南至茂名縣界五十里，北至容縣界一百二十里，東南至茂名縣界三里，東北至羅定州西寧縣界一百里，西南至茂名縣界二里，西北至廣西鬱林州北流縣界一百里。【略】

化州在府西南九十里，東西距一百五里，南北距二百里。東至茂名縣界二十五里，西至石城縣界八十里，南至吴川縣界四十里，北至廣西鬱林州北流縣界一百六十里，東南至吴川縣界六十里，西南至吴川縣界六十里，東北至茂名縣界四十里，西北至鬱林州陸川縣界一百六十里。【略】

吴川縣在府南一百二十里，東西距六十五里，南北距五十里。東至海岸五里，西至化州界六十里，南至限門海二十五里，北至茂名縣界三十五里，東南至海岸七里，東北至茂名縣界三十里，西南至雷州府遂溪縣界八十里，西北至化州界五十里。【略】

石城縣在府西南一百九十里，東西距一百六十里，南北距一百五十里。東至化州界三十里，西至廉州府合浦縣界一百三十里，南至雷州府遂溪縣界三十里，北至廣西鬱林州博白縣界一百二十里，東南至吴川縣界六十里，東北至鬱林州陸川縣界一百二十里，西南至遂溪縣界七十里，西北至博白縣界一百五十里。

清・穆彰阿《大清一統志》卷四五〇《廉州府》 廉州府在廣東省治西南一千四百九十里，東西距七百八十五里，南北距三百九十里。東至高州府石城縣界一百八十五里，西至廣西南寧府上思州界六百里，南至大海八十里，北至廣西南寧府横州界三百一十里，東南至雷州府遂溪縣界二百六十里，西南至交阯界四百二十里，東北至廣西鬱林州興業縣、南寧府横州夾界二百四十里，西北至廣西南寧府宣化縣、上思州夾界二百二十里。自府治至京師九千六十五里。【略】

合浦縣，附郭，東西距二百三十五里，南北距二百七十里。東至高州府石城縣界一百八十三里，西至欽州界五十二里，南至海岸八十里，北至靈山縣界一百九十里，東南至雷州府遂溪縣界二百六十里，西南至欽州界九十里，東北至廣西鬱林州博白縣界一百八十里，西北至靈山縣界一百十里。【略】

欽州在府西少北一百八十里，東西距三百五十里，南北距二百里。東至靈山縣界三十里，西至廣西南寧府上思州界三百二十里，南至大海六十五里，北至靈山縣界一百三十五里，東南至合浦縣界九十里，西南至交阯界二百四十里，東北至靈山縣界一百里，西北至上思州界二百里。【略】

靈山縣在府西北一百八十里，東西距四百五十里，南北距二百一十五里。東至合浦縣界九十里，西至廣西南寧府宣化縣界三百六十里，南至合浦縣界一百六十里，北至廣西南寧府横州界五十五里，東南至合浦縣界七十里，西南至欽州界一百三十里，東北至廣西鬱林州興業縣界七十里，西北至横州界四十里。

清・穆彰阿《大清一統志》卷四五一《雷州府》 雷州府在廣東省治西南一千四百二十二里，東西距一百六十里，南北距三百九十五里。東至高州府吴川縣界三十里，西至廉州府合浦縣界一百四十里，南至瓊州府瓊山縣界一百八十里，北至高州府石城縣界二百十五里，東南至海岸二百里，西南至瓊州府臨高縣界二百二十里，東北至吴川縣界一百六十里，西北至合浦縣界二百里。自府治至京師九千五百五里。【略】

海康縣，附郭，東西距九十里，南北距一百五里。東至高州府吴川縣界二十里，西至遂溪縣界七十里，南至徐聞縣界八十里，北至遂溪縣界二十五里，東南至徐聞縣界一百八十里，西南至海岸一百六十里，東北至遂溪縣界十五里，西北至遂溪縣界六十里。【略】

遂溪縣在府北一百八十五里，東西距一百二十里，南北距一百八十里。東至高州府吴川縣界三十里，西至海岸九十里，南至海康縣界一百六十里，北至高州府石城縣界二十里，東南至海岸一百四十里，西南至海岸二百里，東北至吴川縣界七十里，西北至石城縣界六十里。【略】

徐聞縣在府南一百六十里，東西距一百六十里，南北距一百三十里。東至海岸九十里，西至海岸七十里，南渡海至瓊州府澄邁縣界五十里，北至海康縣界八十里，東南至海岸六十里，西南渡海至瓊州府臨高縣界八十里，東北至海岸一百里，西北至海康縣界八十里。

清・穆彰阿《大清一統志》卷四五二《瓊州府一》 瓊州府在廣東省治西南一千七百里，東西距九百七十里，南北距九百七十五里。東至萬州海岸四百九十里，西至儋州海岸四百八十里，南至崖州海岸九百六十五里，北至瓊山縣海岸十里，東南至陵水縣海岸五百四十里，西南至感恩縣海岸八百一十里，東北至文昌縣海岸一百六十里，西北至臨高縣海岸二百八十里。自府治至京師九千七百一十五里。【略】

瓊山縣，附郭，東西距一百五十里，南北距九十里。東至文昌縣界一百里，西至澄邁縣界五十里，南至定安縣界八十里，北至海岸十里，東南至文昌縣界一百里，西南至黎界一百六十里，東北至文昌縣界五十里，西北至澄邁縣界五十里。【略】

澄邁縣在府西六十里，東西距七十里，南北距一百三十三里。東至瓊山縣界十里，西至臨高縣界六十里，南至黎峒接瓊山縣水尾司界一百三十里，北至海岸三里，東南至瓊山縣界七十里，西南至黎界一百二十里，東北至海岸十里，西

北至海岸六十里。【略】

定安縣在府南八十里，東西距八十七里，南北距二百四十里。東至文昌縣界四十七里，西至黎界四十里，南至黎界二百三十八里，北至瓊山縣界二里，東南至會同縣界六十五里，西南至儋州界一百十里，東北至瓊山縣界十三里，西北至澄邁縣界六十五里。【略】

文昌縣在府東南一百六十里，東西距一百二十里，南北距二百十里。東至海岸六十里，西至瓊山縣界六十里，南至會同縣界六十里，北至海岸一百五十里，東南至海岸九十里，西南至定安縣界一百二十里，東北至海岸一百二十里，西北至海岸一百五十里。【略】

會同縣在府東南二百九十里，東西距五十五里，南北距七十五里。東至海岸三十里，西至定安縣界二十五里，南至樂會縣界二十五里，北至定安、文昌兩縣夾界五十里，東南至海岸三十里，西南至樂會縣界十五里，東北至文昌縣界七十里，西北至定安縣界五十五里。【略】

樂會縣在府東南三百三十里，東西距二百六十里，南北距四十里。東至海岸十五里，西至黎界二百四十五里，南至萬州界二十五里，北至會同縣界十五里，東南至海岸二十里西南至萬州界七十里，東北至會同縣界三十里，西北至定安縣界四十二里。【略】

臨高縣在府西南一百八十里，東西距一百十里，南北距一百二十里。東至澄邁縣界六十里，西至儋州界五十里，南至黎界九十里，北至海岸三十里，東南至定安縣界八十里，西南至儋州界七十里，東北至澄邁縣界六十里，西北至海岸八十五里。【略】

儋州在府西南三百里，東西距二百五十五里，南北距二百五十里。東至臨高縣和舍司界二百二十里，西至海岸三十五里，南至崖州樂安司界二百十里，北至海岸四十里，東南至黎界五十里，西南至昌化縣界一百十里，東北至臨高縣界七十里，西北至海岸五十里。【略】

昌化縣在府西南五百五里，東西距一百三十里，南北距一百四十里。東至儋州界一百二十里，西至海岸十里，南至感恩縣界四十五里，北至儋州界九十五里，東南至感恩縣黎界一百三十里，西南至感恩縣界四十五里，東北至儋州界五十里，西北至海岸三十里。【略】

萬州在府東南四百五十里，東西距二百五里，南北距一百二十里。東至海岸二十五里，西至陵水縣寶停司界一百八十里，南至海岸二十五里，北至樂會縣界九十五里，東南至海岸三十里，西南至陵水縣界一百里，東北至海岸七十里，西北至樂會縣黎界一百六十里。【略】

陵水縣在府東南五百七十里，東西距九十里，南北距一百五十里。東至海岸三十里，西至黎峒六十里，南至海岸六十里，北至萬州界九十里，東南至海岸三十里，西南至崖州界六十里，東北至萬州界九十里，西北至黎峒一百三十里。【略】

崖州在府南，中隔黎峒，由東路至府八百七十里，西路至府九百六十五里，東西距二百五十里，南北距二百四十里。東至海岸一百六十里，西至海岸九十里，南至海岸二十里，北至儋州薄沙司黎界二百二十里，東南至海岸三十里，西南至海岸一百二十里，東北至陵水縣界二百四十里，西北至感恩縣界二百十里。【略】

感恩縣在府西南六百四十五里，東西距九十五里，南北距一百二十五里。東至崖州界八十五里，西至海岸十里，南至海岸三十里，北至昌化縣界九十五里，東南至崖州界一百十里，西南至海岸四十里，東北至昌化縣界九十里，西北至海岸三十里。

清·穆彰阿《大清一統志》卷四五四《南雄州》 南雄直隸州在廣東省治東北一千三百里，東西距三百二十里，南北距三百四十里。東至江西贛州府信豐、龍南兩縣夾界一百四十里，西至韶州府曲江、仁化兩縣夾界一百八十里，南至韶州府翁源縣界二百五十里，北至江西南安府大庾縣界九十里，東南至龍南縣界二百五十里，西南至翁源縣界二百二十里，東北至信豐縣界二百里，西北至大庾縣界二百里。本州境東西距二百三十里，南北距一百八十里，東至信豐縣界一百四十里，西至始興、仁化兩縣夾界一百六十里，南至始興縣界九十里，北至大庾縣界九十里，東南至龍南縣界二百五十里，西南至始興縣界四十里，東北至信豐縣界二百里，西北至大庾縣界二百里。自州治至京師七千三十五里。【略】

始興縣在州城西一百里，東西距一百五十里，南北距二百十里。東至本州界八十里，西至韶州府曲江縣界七十里，南至韶州府翁源縣界一百六十里，北至本州界五十里，東南至江西贛州府龍南縣界一百四十里，西南至翁源縣界一百十里，東北至本州界八十里，西北至仁化縣界九十里。

清·穆彰阿《大清一統志》卷四五五《連州》 連州直隸州在廣東省治北七

百六十里，東西距二百九十里，南北距四百四十五里。東至韶州府乳源、英德兩縣夾界二百四十里，西至連山廳界五十里，南至廣州府清遠縣並肇慶府廣寧縣夾界三百二十里，北至湖南桂陽州臨武縣界二百二十五里，東南至英德縣界二百六十里，西南至連山廳界一百二十里，東北至湖南郴州宜章縣界一百十里，西北至湖南永州府江華縣界一百四十里。本州境東西距一百九十里，南北距一百二十五里，東至陽山縣界一百四十里，西至連山廳界五十里，南至陽山縣界二十五里，北至臨武縣界一百里，東南至陽山縣界四十里，西南至連山廳界一百二十里，東北至宜章縣界一百十里，西北至江華縣界九十里。自州治至京師七千四百二十五里。【略】

陽山縣在州東南二百里，東西距一百七十五里，南北距二百十里。東至韶州府英德縣界七十五里，西至連山廳界一百里，南至廣州府清遠、肇慶府廣寧兩縣夾界一百三十里，北至本州並韶州府乳源縣夾界八十里，東南至英德縣界六十里，西南至廣西梧州府懷集縣界一百三十里，東北至英德縣界八十里，西北至本州界六十里。

清·穆彰阿《大清一統志》卷四五六《嘉應州》 嘉應直隸州在廣東省治東七百里，東西距四百一十五里，南北距二百里。東至潮州府大埔縣界一百四十五里，西至惠州府龍川縣界二百七十里，南至潮州府豐順縣界八十里，北至福建汀州府武平縣界一百二十里，東南至豐順縣界九十里，西南至惠州府永安縣界二百四十里，東北至福建汀州府上杭縣界一百二十五里，西北至江西贛州府長寧縣界二百六十里。本州境東西距一百九十五里，南北距一百二十里，東至潮州府大埔縣界一百四十五里，西至興寧縣界五十里，南至潮州府豐順縣界八十里，北至鎮平縣界四十里，東南至豐順縣界一百里，西南至興寧縣界八十里，東北至鎮平縣界五十五里，西北至平遠縣界六十里。自州治至京師八千七百六十三里。【略】

興寧縣在州西七十里，東西距一百二十里，南北距二百里。東至本州界七十里，西至長樂縣並惠州府龍川縣夾界五十里，南至長樂縣界九十里，北至平遠縣並江西長寧縣夾界一百里，東南至本州界七十里，西南至長樂縣界二十里，東北至平遠縣界一百八十里，西北至江西長寧、龍川兩縣夾界九十里。【略】

長樂縣在州西一百一十里，東西距一百六十里，南北距二百十五里。東至興寧縣並潮州府揭陽縣夾界九十里，西至惠州府龍川、河源兩縣夾界七十里，南至惠州府陸豐縣界一百七十五里，北至興寧縣界四十里，東南至潮州府揭陽縣界一百里，西南至惠州府永安縣界一百里，東北至興寧縣界十五里，西北至惠州府龍川縣界六十里。【略】

平遠縣在州西北七十里，東西距一百里，南北距一百二十里。東至鎮平縣界五十里，西至江西贛州府長寧縣界五十里，南至本州界九十里，北至長寧縣界三十里，東南至本州界七十里，西南至興寧縣界一百里，東北至福建汀州府武平縣界四十里，西北至長寧縣界三十里漢。【略】

鎮平縣在州西北六十里，東西距一百十里，南北距八十里。東至本州界六十里，西至平遠縣界五十里，南至本州界四十五里，北至福建汀州府武平縣界三十五里，東南至本州界八十里，西南至平遠縣界五十里，東北至福建汀州府上杭縣界七十五里，西北至武平縣界五十里。

清·穆彰阿《大清一統志》卷四五七《羅定州》 羅定州在廣東省治西南六百五十里，東西距三百五十里，南北距三百三十里。東至肇慶府高要縣界一百八十里，西至廣西梧州府岑溪縣界一百七十里，南至高州府茂名縣界一百八十里，北至肇慶府封川縣界一百五十里，東南至肇慶府新興縣界一百六十五里，西南至高州府信宜縣界一百八十里，東北至肇慶府德慶州、高要縣夾界一百四十五里，西北至廣西梧州府蒼梧縣界二百里。本州境東西距八十五里，南北距八十六里，東至東安縣界三十五里，西至西寧縣界五十里，南至信宜縣界八十五里，北至西寧縣界一里，東南至東安縣界六十里，西南至西寧縣界一百二十里，東北至東安縣界五十里，西北至西寧縣界二里。自州治至京師七千八百六十里。【略】

東安縣在州東一百六十里，東西距二百八十里，南北距一百七十里。東至肇慶府高要縣界六十里，西至本州界二百二十里，南至肇慶府新興縣界一百二十里，北至肇慶府德慶州界五十里，東南至肇慶府新興縣界六十里，西南至肇慶府陽春縣界一百八十里，東北至德慶州、高要縣夾界七十里，西北至西寧縣界一百三十里。【略】

西寧縣在州西北一百二十里，東西距一百二十里，南北距六十五里。東至東安縣界六十里，西至廣西梧州府岑溪縣界六十里，南至本州界三十五里，北至肇慶府封川縣界三十里，東南至東安縣界一百二十里，西南至高州府信宜縣界一百九十里，東北至肇慶府封川縣界十五里，西北至廣西梧州府蒼梧縣界八十里。

清・穆彰阿《大清一統志》卷四五八《佛岡廳》 佛岡直隸廳在廣東省治北四百四十里，東西距八十里，南北距九十五里。東至廣州府從化縣界五十五里，西至廣州府清遠縣界二十五里，南至清遠縣界二十五里，北至韶州府英德縣界七十里，東南至從化縣界四十里，西南至清遠縣界三十二里，東北至惠州府長寧縣界一百八十里，西北至英德縣界七十里。自廳治至京師八千一百。

清・穆彰阿《大清一統志》卷四六六《泗城府》 泗城府在廣西省治西南二千四十里，東西距六百五十里，南北距五百二十里。東至慶遠府東蘭州界二百里，西至貴州興義府普安州界四百五十里，南至思恩府土田州界一百五十里，北至興義府貞豐州界三百七十里，東南至土田州界一百四十里，西南至雲南廣南府界七百五十里，東北至東蘭州界四百七十里，西北至貴州貞豐州界四百里。自府治至京師九千五百里。【略】

淩雲縣，附郭，東西距六百十里，南北距五百二十里。東至慶遠府東蘭州界三百里，西至西隆州界三百十里，南至土田州界一百五十里，北至貴州興義府貞豐州界三百七十里，東南至土田州界一百四十里，西南至西林縣界二百四十里，東北至東蘭州界四百五十里，西北至貴州貞豐州界四百里。【略】

西隆州在府西北四百三十里，東西距六百七十里，南北距四百五十里。東至淩雲縣界一百二十里，西至雲南廣南府界五百五十里，南至西林縣界一百七十里，北至貴州興義府貞豐州界二百八十里，東南至西林縣界八十里，西南至廣南府界四百七十里，東北至貴州興義府普安州界四百七十里，西北至廣南府羅平州界四百九十里。【略】

西林縣在府西五百七十里，東西距三百四十里，南北距三百三十里。東至淩雲縣界二百四十里，西至雲南廣南府界一百里，南至雲南廣南府土富州界二百里，北至西隆州界一百十里，東南至土富州界一百八十里，西南至廣南府界一百八十里，東北至淩雲縣界二百三十里，西北至西隆州界一百三十里。

清・穆彰阿《大清一統志》卷四六七《平樂府一》 平樂府在廣西省治南少東一百八十里，東西距一千四十里，南北距二百七十里。東至廣東連州連山縣界五百六十里，西至潯州府平南縣界三百八十里，南至梧州府蒼梧縣界二百六十里，北至桂林府陽朔縣界十里，東南至梧州府懷集縣界二百里，西南至梧州府藤縣界四百七十里，東北至湖南永州府永明縣界一百里，西北至陽朔縣界六十里。自府治至京師七千六百四十里。【略】

平樂縣，附郭，東西距八十里，南北距一百里。東至昭平縣界七十里，西至桂林府陽朔縣界十里，南至昭平縣界七十里，北至陽朔縣界三十里，東南至昭平縣界一百十里，西南至荔浦縣界五里，東北至恭城縣界六十五里，西北至陽朔縣界六十里。【略】

恭城縣在府東北六十里，東西距一百七十里，南北距一百四十五里。東至富川縣界一百二十里，西至桂林府陽朔縣界五十里，南至平樂縣界十五里，北至湖南永州府永明縣界一百三十里，東南至平樂縣界三十里，西南至平樂縣界五里，東北至湖南永明縣界六十里，西北至桂林府臨桂縣界一百四十里。【略】

富川縣在府東少北二百六十里，東西距六十三里，南北距一百七十里。東至湖南永州府江華縣界六十三里，西至恭城縣界一里，南至賀縣界九十里，北至恭城縣界八十里，東南至湖南江華縣界五十里，西南至昭平縣界一百三十里，東北至湖南永明縣界七十里，西北至恭城縣界八十里。【略】

賀縣在府東南三百七十里，東西距二百九十里，南北距一百八十里。東至廣東連州連山縣界一百九十里，西至昭平縣界一百里，南至梧州府懷集縣界一百十里，北至富川縣界七十里，東南至廣東肇慶府開建縣界一百八十八里，西南至梧州府蒼梧縣界一百七十里，東北至湖南永州府江華縣界二百四里，西北至昭平縣界七十里。【略】

荔浦縣在府西少南七十五里，東西距九十里，南北距六十一里。東至平樂縣界六十五里，西至修仁縣界二十五里，南至永安州界十五里，北至桂林府陽朔縣界四十六里，東南至平樂縣界四十五里，西南至永安州界三十里，東北至平樂縣界五十五里，西北至桂林府永福縣界九十里。【略】

修仁縣在府西少南一百二十里，東西距一百二十五里，南北距二十五里。東至荔浦縣界十里，西至柳州府雒容縣界一百十五里，南至大峒諸猺界二十里，北至荔浦縣界五里，東南至永安州猺界七十五里，西南至柳州府象州界一百十里，東北至荔浦縣界五里，西北至桂林府永福縣界一百十里。【略】

昭平縣在府南一百二十里，東西距二百十里，南北距一百九十五里。東至賀縣界一百八十里，西至永安州界三十里，南至梧州府蒼梧縣界一百四十里，北至平樂縣界五十五里，東南至賀縣界一百七十里，西南至梧州府藤縣界一百八十里，東北至富川縣界一百四十里，西北至永安州界九十里。【略】

永安州在府西南一百八十里，東西距一百二十里，南北距一百八十八里。東至昭平縣界三十里，西至修仁縣界九十里，南至梧州府藤縣界一百十里，北至荔浦縣界七十八里，東南至昭平縣界三十里，西南至潯州府平南縣界二百里，東北至昭平縣界六十里，西北至荔浦縣界四十里。

清・穆彰阿《大清一統志》卷四八五《麗江府》 麗江府在雲南省治西北一千二百四十里，東西距七百四十五里，南北距二百九十里。東至永北廳界一百三十里，西至怒夷界六百十五里，南至大理府賓川州界二百三十五里，北至蒙番界五十五里，東南至永北廳界三百二十里，西南至大理府雲龍州界六百三十里，東北至永北廳界四百八十里，西北至西番界四百五十里。自府治至京師一萬一千七百六十里。【略】

麗江縣，附郭，東西距七百四十五里，南北距一百里。東至永北廳界一百三十里，西至怒夷界六百十五里，南至鶴慶州界四十五里，北至中甸界五十五里，東南至鶴慶州界一百三十五里，西南至大理府雲龍州界六百三十里，東北至永北廳界四百五十里，西北至維西界四百五十里。【略】

鶴慶州在府東南三百五十五里，東西距二百十里，南北距一百七十里。東至永北廳界一百二十里，西至劍川州界九十里，南至大理府賓川州界一百二十里，北至麗江縣界五十里，東南至永北廳界一百二十里，西南至大理府浪穹縣界一百八十里，東北至永北廳界四百八十里，西北至劍川州界一百十五里。【略】

劍川州在府城南九十里，東西距一百九十里，南北距二百四十里。東至鶴慶州界四十里，西至麗江縣界一百五十里，南至大理府浪穹縣界一百九十里，北至麗江縣界五十里，東南至鶴慶州界四十里，西南至大理府雲龍州界一百六十里，東北至麗江縣界二十里，西北至麗江縣界五十五里。【略】

中甸同知在府北五十五里，東西距三百六十里，南北距五百六十四里。東至麗江縣界二百三十里，西至維西界一百三十里，南至麗江縣界一百八十四里，北至四川里塘界二百八十里，東南至麗江縣界一百五十里，西南至維西界二百一十里，東北至里塘界一百二十里，西北至維西界一百四十里。【略】

維西通判在府西北五十七里，東西距一千一百五十里，南北距三百三十五里。東至麗江縣七十里，西至川藏擦瓦岡界一千八十里，南至麗江縣界二十五里，北至中甸界三百一十里，東南至麗江縣界七十里，西南至麗江縣界七十里，東北至中甸界三百二十里，西北至川藏界七百二十里。

清・穆彰阿《大清一統志》卷四八六《普洱府》 普洱府在雲南省治西南一千二百三十里，東西距六百八十里，南北距一千二百四十里。東至元江州界二百五十里，西至順寧府界四百三十里，南至緬甸界一千五十里，北至鎮沅直隸州界一百九十里，東南至老撾南掌界一千四百一十里，西南至緬甸界一千三百里，東北至元江州界二百二十五里，西北至景東廳界二百七十里。自府治至京師九千四百五十里。【略】

寧洱縣，附郭，東西距四百三十里，南北距二百七十里。東至元江州界二百五十里，西至威遠界一百八十里，南至思茅界八十里，北至鎮沅直隸州界一百九十里，東南至老撾南掌界一千四百一十里，西南至威遠界二百一十里，東北至元江州界二百二十五里，西北至景東廳界二百七十里。【略】

威遠同知在府西三百四十里，東西距五百八十里，南北距三百八十里。東至本府界二百三十里，西至順寧府界三百五十里，南至思茅界二百四十里，北至鎮沅州界一百四十里，東南至本府界二百五十里，西南至孟連長官司界四百里，東北至鎮沅州界一百六十里，西北至景東廳界一百四十里。【略】

思茅同知在府南一百二十里，東西距四百九十里，南北距七十里。東至猛旺界一百二十里，西至孟連界三百七十里，南至本府界三十里，北至本府界四十里，東南至寧洱界二百二十五里，西南至江外猛阿界三百六十里，東北至本府界一百四十里，西北至本府界一百七十里。【略】

他郎通判在府東北二百六十里，東西距一百七十五里，南北距二百三十里。東至元江州界十五里，西至鎮沅州界一百六十里，南至本府界一百二十里，北至元江州新平縣界一百十里，東南至元江州界六百三十里，西南至鎮沅州界二百五十里，東北至元江州界二十五里，西北至新平縣界一百五十里。

清・穆彰阿《大清一統志》卷四九八《騰越廳徼外附見》 騰越直隸廳在雲南省治西一千三百二十里，東西距三百五十里，南北距二百里。東至永昌府保山縣界一百七十里，西至野人界一百八十里，南至南甸宣撫司界二十里，北至保山縣界一百八十里，東南至隴川宣撫司治一百二十里，西南至野人界一百二十里，東北至保山縣界一百十里，西北至野人界二百七十里。自廳治至京師一萬三千十里。【略】

南甸宣撫司在廳城南七十里，東至潞江安撫司界一百二十里，西至干崖宣撫司界七十里，南至隴川宣撫司界一百二十里，北至本廳界七十里，東北至省治

二十三程。【略】

干崖宣撫司在廳城西南一百二十里，東至南甸宣撫司界四十里，西至盞達宣撫司界五十里，南至隴川宣撫司界八十里，北至南甸宣撫司界五十里。【略】

盞達副宣撫司在廳城西南一百四十里，東至干崖宣撫司二十里，西至巨石關一百里，南至銅壁關一百里，北至猛臉八十里。【略】

隴川宣撫司在廳城西南一百四十里，東至芒市安撫司界一百八十里，西至干崖宣撫司界八十里，南至木邦舊宣慰司界一百八十里，北至南甸宣撫司界六十里。

遮放副宣撫司在廳城南四十里，東至芒市安撫司界一百里，西至隴川宣撫司界五里，南至緬甸界八十里，北至南甸宣撫司界五十里。【略】

芒市安撫司在廳城東南四十里，東至鎮康土州界三里，西至隴川宣撫司界五里，南至遮放宣撫司界十里，北至潞江安撫司界十里。【略】

猛卯安撫司在廳城西南一百四十里，東至遮放宣撫司界六十里，西至緬甸界八十里，南至舊木邦宣撫司界十里，北至隴川宣撫司界四十里。【略】

戶撒長官司在廳城西南一百九十里，東至隴川五十里，西至干崖五十里，南至臘撒三十里，北至翕旋山境。【略】

臘撒長官司在廳城西南二百二十里，東至隴川八十里，西至干崖八十里，南至南灑山境，北至戶撒三十里。

清·穆彰阿《大清一統志》卷四九九《貴州統部》 貴州統部在京師西南七千六百四十里，東西距一千九十里，南北距七百七十里。東至湖南晃州廳界五百四十里，西至雲南曲靖府霑益州界五百五十里，南至廣西慶遠府南丹州界二百二十里，北至四川重慶府綦江縣界五百五十里，東南至廣西柳州府懷遠縣界三百五十里，西南至雲南曲靖府平彝縣界五百三十里，東北至湖南永綏廳界五百二十里，西北至雲南東川府會澤縣界五百六十里。

清·穆彰阿《大清一統志》卷五〇〇《貴陽府》 貴陽府，貴州省治，東西距一百五十里，南北距三百七十里。東至都匀府麻哈州界一百二十里，西至安順府清鎮縣界三十里，南至興義府貞豐州界二百二十里，北至遵義府遵義縣界一百五十里，東南至麻哈州界一百二十里，西南至貞豐州界一百二十里，東北至遵義縣界二百一十里，西北至清鎮縣界六十里。自府治至京師七千六百四十里。【略】

貴筑縣，附郭，東西距七十里，南北距一百二十里。東至龍里縣界四十里，西至安順府清鎮縣界三十里，南至龍里縣界六十里，北至清鎮縣界六十里，東南至龍里縣界八十里，西南至定番州界五十里，東北至開州界八十里，西北至修文縣界七十里。【略】

貴定縣在府城東一百十里，東西距四十八里，南北距一百七十里。東至平越州界十八里，西至龍里縣界三十里，南至定番州界一百二十里，北至平越州界五十里，東南至都匀府麻哈州界二十里，西南至龍里縣界五十里，東北至平越州界四十里，西北至開州界五十里。【略】

龍里縣在府城東五十里，東西距五十五里，南北距七十里。東至貴定縣界三十里，西至貴筑縣界二十五里，南至定番州界五十里，北至貴筑縣界二十里，東南至都匀府都匀縣界一百九十里，西南至定番州界一百二十五里，東北至貴定縣界二十里，西北至貴筑縣界五十里。【略】

修文縣在府城北五十里，東西距一百一十里，南北距一百里。東至開州界六十里，西至大定府黔西州界五十里，南至貴筑縣界二十里，北至黔西州界八十里，東南至貴筑縣界六十里，西南至安順府清鎮縣界五十里，東北至遵義府遵義縣界一百二十里，西北至黔西州界五十五里。【略】

開州在府城東一百二十里，東西距一百十里，南北距九十里。東至平越州界八十里，西至修文縣界三十里，南至貴筑縣界四十里，北至遵義府遵義縣界五十里，東南至平越州界九十里，西南至貴筑縣界四十里，東北至平越州湄潭縣界七十五里，西北至修文縣界四十五里。【略】

定番州在府城南一百里，東西距二百一十里，南北距六十五里。東至龍里縣界八十里，西至安順府鎮寧州界一百三十里，南至興義府貞豐州界五十里，北至廣順州界十五里，東南至貴筑縣界九十里，西南至廣順州界一百二十里，東北至貴筑縣界五十里，西北至貞豐州界八十里。【略】

廣順州在府城西南一百一十里，東西距二百里，南北距七十里。東至貴定縣界一百八十里，西至安順府普定縣界二十里，南至定番州界五十里，北至安順府安平縣界二十里，東南至定番州界六十五里，西南至安順府鎮寧州界一百二十里，東北至貴筑縣界五十里，西北至鎮寧州界十二里。【略】

白納長官司在府城南七十里。【略】

中曹長官司在府城北十五里。【略】

養龍長官司在府城北二百二十里。【略】

大平伐長官司在貴定縣南三十里。【略】

小平伐長官司在貴定縣西南五十里。【略】

大龍番長官司在定番州東三十里。【略】

韋番長官司在定番州南五里。【略】

羅番長官司在定番州南三十里。【略】

木瓜長官司在定番州西七十里。【略】

副長官顧姓麻嚮長官司在定番州西七十五里。【略】

盧番長官司在定番州北五里。

清·穆彰阿《大清一統志》卷五〇一《安順府》 安順府在貴州省治西一百八十里，東西距三百一十里，南北距一百六十里。東至貴陽府貴筑縣界一百四十里，西至興義府安南縣界一百七十里，南至興義府貞豐州界一百里，北至大定府平遠州界六十里，東南至貴陽府廣順州界四百里，西南至安南縣界四百五十里，東北至大定府黔西州界四百里，西北至平遠州界一百里。自府治至京師七千八百二十里。【略】

普定縣，附郭，東西距一百二十里，南北距九十里。東至安平縣界六十里，西至鎮寧州界六十里，南至貴陽府廣順州界五十里，北至大定府平遠州界四十里，東南至安平縣界五十里，西南至鎮寧州界四十里，東北至清鎮縣界五十里，西北至平遠州界八十里。【略】

永寧州在府城西一百四十里，東西距一百里，南北距一百五十里。東至鎮寧州界七十里，西至興義府安南縣界三十里，南至興義府貞豐州界一百一十五里，北至本府郎岱廳界三十五里，東南至貴陽府定番州界二百二十里，西南至興義府安南縣界八十里，東北至大定府平遠州界九十里，西北至興義府普安縣界八十里。【略】

清鎮縣在府城東一百二十里，東西距九十里，南北距七十里。東至貴陽府貴筑縣界二十里，西至大定府平遠州界七十里，南至鎮寧州界二十里，北至貴陽府修文縣界五十里，東南至貴筑縣界十里，西南至安平縣界二十里，東北至貴筑縣界三十里，西北至大定府黔西州界九十里。【略】

安平縣在府城東六十里，東西距五十里，南北距六十里。東至清鎮縣界二十里，西至普定縣界三十里，南至貴陽府廣順州界四十里，北至清鎮縣界二十里，東南至廣順州界三十里，西南至普定縣界三十里，東北至鎮寧州界三十里，西北至大定府平遠州界四十里。【略】

鎮寧州在府城西五十五里，東西距一百五十里，南北距一百九十五里。東至貴陽府廣順州界一百二十里，西至永寧州界三十里，南至永寧州界二十里，北至安平縣界一百七十五里，東南至普定縣界三十五里，西南至興義府界一百五十里，東北至貴陽府貴筑縣界二百二十里，西北至大定府黔西州界一百二十里。【略】

西堡副長官司在府城西北九十里。【略】

頂營長官司在永寧州南一百五十里。

清·穆彰阿《大清一統志》卷五〇二《都匀府》 都匀府在貴州省治東南三百里，東西距三百二十里，南北距四百五十里。東至黎平府古州界二百里，西至貴陽府貴定縣界一百二十里，南至廣西慶遠府南丹州界三百五十里，北至平越州界一百里，東南至古州界二百五十里，西南至貴陽府定番州界一百八十里，東北至鎮遠府黃平州界三十里，西北至平越州界六十里。自府治至京師七千五百六十里。【略】

都匀縣，附郭，東西距五十里，南北距一百里。東至本府屬八寨廳界三十五里，西至本府屬邦水司界十五里，南至獨山州界七十里，北至麻哈州界三十里，東南至黎平府古州界一百里，西南至獨山州界九十里，東北至麻哈州界三十里，西北至貴陽府龍里縣界六十五里。【略】

麻哈州在府城北五十里，東西距一百七十里，南北距八十五里。東至本府屬太平營界一百里，西至貴陽府貴定縣界七十里，南至都匀縣界五十五里，北至平越州界三十里，東南至本府屬八寨廳界四十里，西南至都匀縣界四十里，東北至清平縣界五十里，西北至平越州界六十里。【略】

獨山州在府城西南一百二十里，東西距一百里，南北距一百三十里。東至都匀縣界六十里，西至本府屬平州司界四十里，南至荔波縣界八十里，北至都匀縣界五十里，東南至本府屬八寨廳界二百里，西南至廣西慶遠府南丹州界一百六十里，東北至都匀縣界五十里，西北至本府屬平州司界五十里。【略】

清平縣在府城東北一百一十里，東西距一百三十五里，南北距四十五里。東至本府屬丹江廳界一百二十里，西至平越州屬楊義司界十五里，南至平越州界二十里，北至鎮遠府黃平州界二十五里，東南至麻哈州界三十里，西南至楊義

司界十五里，東北至黄平州界三十里，西北至楊義司界三十里。【略】

荔波縣在府城東南二百里，東西距二百六十里，南北距二百二十里。東至廣西慶遠府思恩縣界一百九十里，西至獨山州界七十里，南至廣西慶遠府南丹州界一百四十里，北至獨山州界八十里，東南至黎平府古州界一百四十里，西南至南丹州界八十里，東北至本府都江廳界一百二十里，西北至獨山州界七十里。【略】

都勻長官司在府城南七里。【略】

邦水長官司在府城西二十里。【略】

樂平長官司在麻哈州北四十里。【略】

平定長官司在麻哈州北一百里。【略】

豐寧上長官司在獨山州南一百二十里。【略】

豐寧下長官司在獨山州東南一百四十里。【略】

爛土長官司在獨山州東一百十里。

清·穆彰阿《大清一統志》卷五〇三《鎮遠府》 鎮遠府在貴州省治東三百八十里，東西距一百八十五里，南北距二百五里。東至思州府青谿縣界三十里，西至平越州餘慶縣界一百五十五里，南至黎平府界一百二十五里，北至石阡府界八十里，東南至湖南靖州界二百六十里，西南至都勻府清平縣界一百四十里，東北至思州府界四十里，西北至石阡府界八十里。自府治至京師七千二百六十里。【略】

鎮遠縣，附郭，東西距六十里，南北距一百五十里。東至思州府青谿縣界三十里，西至施秉縣界三十里，南至本府屬邛水司界七十里，北至石阡府界八十里，東南至邛水司界三十里，西南至施秉縣界三十里，東北至思州府界六十里，西北至思南府界一百五十里。【略】

施秉縣在府城西南六十里，東西距九十三里，南北距八十里。東至鎮遠縣邛水司界九十里，西至本府屬偏橋司界三里，南至黄平州界三十五里，北至鎮遠縣界四十五里，東南至黄平州界五十里，西南至黄平州界四十里，東北至鎮遠縣界四十里，西北至偏橋司界三里。【略】

天柱縣在府城東南一百八十里，東西距一百四十里，南北距一百八十里。東至湖南靖州會同縣界八十里，西至黎平府屬湳洞司界六十里，南至湳洞司界八十里，北至湖南沅州府芷江縣界一百里，東南至靖州界一百里，西南至湳洞司界一百里，東北至會同縣界九十里，西北至鎮遠縣界八十里。【略】

黄平州在府城西南一百二十里，東西距八十五里，南北距八十里。東至施秉縣界二十五里，西至平越州甕安縣界六十里，南至都勻府清平縣界四十里，北至平越州餘慶縣界四十里，東南至施秉縣界六十里，西南至清平縣界七十里，東北至餘慶縣界五十里，西北至平越州湄潭縣界八十里。【略】

邛水長官司在府城東南八十里。【略】

偏橋長官司在府城西六十里。

清·穆彰阿《大清一統志》卷五〇四《思南府》 思南府在貴州省治東北六百里，東西距四百里，南北距五百六十里。東至銅仁府界一百里，西至遵義府界三百里，南至石阡府界六十里，北至四川酉陽州彭水縣界五百里，東南至銅仁府界一百八十里，西南至石阡府龍泉縣界五十里，東北至四川酉陽州界三百七十里，西北至四川瀘州合江縣界二百一十五里。自府治至京師七千三百九十五里。【略】

安化縣，附郭，東西距一百八十里，南北距二百五十里。東至印江縣界四十里，西至石阡府龍泉縣界一百四十里，南至銅仁府界一百四十里，北至婺川縣界一百一十里，東南至銅仁府界一百五十里，西南至石阡府界六十里，東北至四川酉陽州界一百三十里，西北至四川彭水縣界二百五十里。【略】

婺川縣在府城西四百里，東西距八十五里，南北距一百六十里。東至安化縣界五十五里，西至石阡府龍泉縣界三十里，南至安化縣界六十五里，北至遵義府正安州界九十五里，東南至安化縣界五十里，西南至龍泉縣界五十里，東北至四川彭水縣界一百二十五里，西北至正安州界七十里。【略】

印江縣在府城南四十里，東西距六十里，南北距三百四十里。東至本府屬朗溪司界十五里，西至安化縣界四十五里，南至銅仁府界一百二十里，北至本府屬沿河司界二百二十里，東南至銅仁府界四百里，西南至安化縣界六十里，東北至四川酉陽州界八十里，西北至安化縣界七十六里。【略】

朗溪長官司在府城東八十里。【略】

沿河祐溪長官司在府城北二百一十里。

清·穆彰阿《大清一統志》卷五〇五《石阡府》 石阡府在貴州省治東北四百八十里，東西距四百四十里，南北距六十五里。東至銅仁府界八十里，西至遵義府界三百六十里，南至鎮遠府界十五里，北至思南府界五十里，東南至思州府界六十里，西南至平越州餘慶縣界六十里，東北至思南府印江縣界一百七十里，西北至平越州湄潭縣界十里。自府治至京師七千三百八十里。【略】

龍泉縣在府城西二百五十里，東西距六十里，南北距一百里。東至思南府安化縣界三十里，西至平越州湄潭縣界三十里，南至平越州餘慶縣界五十里，北至思南府婺川縣界五十里，東南至本府界一百二十里，西南至遵義府遵義縣界一百一十里，東北至思南府印江縣界五十里，西北至遵義府正安州界一百里。

清·穆彰阿《大清一統志》卷四〇六《思州府》 思州府在貴州省治東五百十里，東西距二百九十里，南北距二百六十里。東至湖南晃州廳界九十里，西至鎮遠府界一百里，南至黎平府界一百一十里，北至銅仁府界一百五十里，東南至湖南芷江縣界六十里，西南至鎮遠府界三十里，東北至湖南麻陽縣界一百二十里，西北至銅仁縣界一百二十里。自府治至京師七千三百八十里。【略】

玉屏縣在府城東南六十里，東西距六十里，南北距三百二十里。東至湖南晃州廳界三十里，西至青谿縣界三十里，南至鎮遠府天柱縣治一百七十里，北至銅仁府治一百五十里，東南至湖南沅州府界十里，西南至青谿縣界五里，東北至沅州府界五里，西北至本府界四十里。【略】

青谿縣在府城南九十里，東西距七十五里，南北距六十五里。東至玉屏縣界二十五里，西至鎮遠府鎮遠縣界五十里，南至鎮遠縣界四十五里，北至本府界二十里，東南至湖南沅州府界五十里，西南至鎮遠縣界二十里，東北至玉屏縣界二十五里，西北至鎮遠縣界二十五里。【略】

施溪長官司在府城東北二百二十里。【略】

黄道溪長官司在府城東北一百二十里。

清·穆彰阿《大清一統志》卷五〇七《銅仁府》 銅仁府在貴州省治東六百六十里，東西距一百七十里，南北距一百里。東至湖南麻陽縣界六十里，西至思南府安化縣界一百十里，南至思州府界七十里，北至松桃直隸廳界三十里，東南至思州府界二十五里，西南至思州府界一百三十里，東北至湖南永綏廳界一百六十里，西北至安化縣界七十里。自府治至京師七千二百里。【略】

銅仁縣，附郭，東西距一百三十里，南北距一百里。東至湖南麻陽縣界六十里，西至本府屬省溪司界七十里，南至思州府界七十里，北至松桃廳界三十里，東南至思州府界二十里，西南至省溪司界一百里，東北至湖南沅州府界四十里，西北至思南府安化縣界七十里。【略】

省溪長官司在府城西一百里。【略】

提溪長官司在府城西一百四十里。

清·穆彰阿《大清一統志》卷五〇九《大定府》 大定府在貴州省治西北三百三十里，東西距五百八十五里，南北距五百一十里。東至貴陽府修文縣界二百三十里，西至雲南東川府界三百五十五里，南至安順府鎮寧州界二百六十里，北至四川敘永廳永寧縣界一百五十里，東南至遵義府遵義縣界一百里，西南至普安廳界三百八十里，東北至遵義府仁懷縣界二百五十里，西北至雲南昭通府界一百九十里。自府治至京師七千九百三十里。【略】

平遠州在府城南八十里，東西距一百六十里，南北距一百一十五里。東至貴陽府貴筑縣界九十里，西至威寧州界七十里，南至安順府鎮寧州界六十五里，北至本府界五十里，東南至鎮寧州界七十里，西南至普安廳界二百里，東北至黔西州界四十五里，西北至本府界六十里。【略】

黔西州在府城東南一百四十里，東西距一百三十里，南北距二百一十里。東至貴陽府修文縣界九十里，西至本府界四十里，南至平遠州界六十里，北至遵義府界一百五十里，東南至安順府清鎮縣界五十里，西南至本府界四十里，東北至修文縣界一百二十里，西北至遵義府界一百二十里。【略】

威寧州在府城西三百九十里，東西距三百九十五里，南北距四百六十五里。東至水城廳界一百六十里，西至雲南東川府界二百三十五里，南至平遠州界三百七十里，北至畢節縣界九十五里，東南至本府界一百九十里，西南至雲南宣威州界一百里，東北至雲南鎮雄州界二百六十里，西北至雲南昭通府界二百四十里。【略】

畢節縣在府城北六十里，東西距二百七十五里，南北距一百二十五里。東至四川敘永廳永寧縣界一百七十五里，西至威寧州界一百里，南至本府界二十五里，北至雲南鎮雄州界一百里，東南至本府界一百里，西南至本府界八十五里，東北至鎮雄州界九十里，西北至威寧州界七十里。

清·穆彰阿《大清一統志》卷五一〇《興義府》 興義府在貴州省治西南五百四十里，東西距五百九十里，南北距五百五里。東至廣西泗城府界五百里，西至普安直隸廳界九十里，南至泗城府西隆州界二百二十五里，北至安順府永寧州界二百八十里，東南至西隆州界二百四十里，西南至雲南羅平州界二百四十里，東北至永寧州界六百二十里，西北至普安直隸廳界二十里。自府治至京師

八千二百二十里。【略】

貞豐州在府城東北九十里，東西距六百七十里，南北距三百二十里。東至廣西慶遠府南丹州界四百五十里，西至普安廳界二百二十里，南至廣西泗城府界二百二十里，北至安順府永寧州界一百里，東南至泗城府界三百五十里，西南至泗城府西隆州界四百八十里，東北至永寧州界五百二十里，西北至永寧州界三百五十里。【略】

普安縣在府城西北二百四十里，東西距一百九十里，南北距五十里。東至本府新城界一百七十里，西至普安廳界二十里，南至普安廳界二十里，北至安南縣界三十里，東南至興義縣界三百八十里，西南至普安廳界十里，東北至安南縣界三百三十里，西北至大定府平遠州界二百六十里。【略】

安南縣在府城北一百九十里，東西距一百四十五里，南北距六十里。東至安順府永寧州界三十五里，西至普安廳界一百一十里，南至普安縣界四十里，北至永寧州界二十里，東南至貞豐州界一百二十里，西南至普安縣界七十里，東北至永寧州界三十里，西北至普安廳界四十里。【略】

興義縣在府城西南一百八十里，東西距一百二十里，南北距二百五十里。東至本府坡岡界四十里，西至雲南廣南府界八十里，南至廣西西隆州界一百六十里，北至普安廳界九十里，東南至本府馬邊田界一百二十里，西南至雲南羅平州界六十里，東北至普安縣界九十里，西北至雲南曲靖府界九十里。

清·穆彰阿《大清一統志》卷五一一《遵義府》 遵義府在貴州省治東北二百五十里，東西距六百五十里，南北距四百九十里。東至平越州湄潭縣界一百五十里，西至四川敘永廳界五百里，南至貴陽府修文縣界一百二十里，北至四川重慶府綦江縣界三百七十里，東南至平越州湄潭縣界一百二十里，西南至大定府黔西州界一百五十里，東北至四川酉陽州彭水縣界五百五十里，西北至仁懷直隸廳界五百六十里。自府治至京師七千九百二十里。【略】

遵義縣，附郭，東西距二百三十里，南北距一百九十里。東至綏陽縣界八十里，西至仁懷縣界一百五十里，南至貴陽府開州界一百里，北至桐梓縣界九十里，東南至貴陽府修文縣界一百四十里，西南至大定府黔西州界一百五十里，東北至綏陽縣界九十里，西北至仁懷縣界一百六十里。【略】

桐梓縣在府城北一百二十里，東西距一百二十五里，南北距二百九十里。東至綏陽縣界五十五里，西至仁懷縣界七十里，南至遵義縣界三十里，北至四川重慶府綦江縣界二百六十里，東南至遵義縣界三十五里，西南至仁懷縣界三十里，東北至正安州界三百里，西北至綦江縣界一百四十里。【略】

綏陽縣在府城東一百里，東西距一百二十里，南北距八十五里。東至平越州湄潭縣界八十里，西至遵義縣界四十里，南至遵義縣界三十五里，北至桐梓縣界五十里，東南至湄潭縣界四十里，西南至遵義縣界五十里，東北至正安州界一百五十里，西北至桐梓縣界一百五十里。【略】

正安州在府城東三百六十里，東西距三百里，南北距四百四十里。東至思南府婺川縣界二百里，西至綏陽縣界一百里，南至婺川縣界一百四十里，北至四川重慶府南川縣界三百里，東南至婺川縣界三百里，西南至婺川縣界二百四十里，東北至南川縣界五百里，西北至南川縣界四百里。【略】

仁懷縣在府城西北一百八十里，東西距四百二十里，南北距五百二十里。東至桐梓縣界一百里，西至四川敘永廳界三百二十里，南至遵義縣界一百四十里，北至仁懷廳界三百八十里，東南至遵義縣界一百四十里，西南至大定府黔西州界一百三十里，東北至四川綦江縣界四百四十里，西北至仁懷廳界三百八十里。

清·穆彰阿《大清一統志》卷五一二《平越州》 平越直隸州在貴州省治東一百七十里，東西距一百八十里，南北距三百三十里。東至都匀府麻哈州界二十里，西至貴陽府開州界一百六十里，南至貴陽府貴定縣界五十里，北至石阡府龍泉縣界二百八十里，東南至都匀府麻哈州界五十里，西南至貴陽府貴定縣界五十里，東北至鎮遠府黄平州界五十里，西北至貴陽府開州界一百八十里。自州治至京師七千五百里。【略】

甕安縣在州城北六十里，東西距九十里，南北距六十里。東至鎮遠府黄平州界六十里，西至貴陽府開州界三十里，南至本州界三十里，北至黄平州界三十里，東南至都匀府清平縣界六十里，西南至貴陽府開州界十里，東北至黄平州界三十里，西北至湄潭縣界七十里。【略】

湄潭縣在州城北二百二十里，東西距八十里，南北距一百九十里。東至石阡府界四十里，西至遵義府遵義縣界四十里，南至甕安縣界一百三十里，北至石阡府龍泉縣界六十里，東南至餘慶縣界二十五里，西南至貴陽府開州界一百九十五里，東北至石阡府界四十五里，西北至遵義府綏陽縣界八十五里。【略】

餘慶縣在州城東北一百四十里，東西距八十里，南北距二百五里。東至石阡府界三十里，西至甕安縣界五十里，南至鎮遠府黄平州界二十五里，北至湄潭縣界一百八十里，東南至鎮遠府施秉縣界三十里，西南至黄平州界四十里，東北至石阡府界五十五里，西北至甕安縣界五十五里。【略】

楊義長官司在州城東三十里。

清・穆彰阿《大清一統志》卷五一三《松桃廳》 松桃直隸廳在貴州省治東八百四十五里，東西距一百四十里，南北距一百八十里。東至湖南鳳凰廳界八十里，西至四川秀山縣邑梅司界六十里，南至銅仁府銅仁縣界九十里，北至湖南永綏廳界九十里，東南至銅仁縣界九十里，西南至思州府都素司界二百一十里，東北至湖南永綏廳界九十里，東南至銅仁縣界九十里，西南至思州府都素司界二百一十里，東北至湖南永綏廳界六十五里，西北至四川秀山縣界一百四十里。自廳治至京師七千二百里。

清・穆彰阿《大清一統志》卷五一四《普安廳》 普安直隸廳在貴州省治西南五百五十里，東西距三百二十九里，南北距一百五十里。東至興義府界二百四十五里，西至雲南曲靖府霑益州界八十四里，南至雲南曲靖府平彝縣界一百里，北至興義府普安縣界五十里，東南至雲南曲靖府羅平州界二百七十里，西南至平彝縣界八十六里，東北至普安縣界五十七里，西北至霑益州界六十里。 自廳治至京師八千五百二十五里。

清・穆彰阿《大清一統志》卷五一五《仁懷廳》 仁懷直隸廳在貴州省治西北九百七十里，東西距三百二十里，南北距三百七十里。東至遵義府仁懷縣界二百里，西至四川敘永廳界一百二十里，南至仁懷縣界三百六十里，北至四川瀘州合江縣界十里，東南至仁懷縣界三百六十里，西南至敘永廳界二百七十里，東北至合江縣界十里，西北至合江縣界八里。 自廳治至京師八千五百四十里。

清・鄒漢勳《安順府志輿圖》卷四《地理志三・安順府總疆域》 《安順府通志》云：在省城西一百八十里。東至貴陽府貴築縣界一百四十里，西至南籠府今名光義府安南縣界一百七十里，南至南籠府永寧州今名貞豐州界一百里，北至大定府平遠州界六十里。東南至貴陽府廣順州與永豐州界四百里，西南至南籠府安南縣界四百五十里，東北至大定府黔西州界四百里，西北至大定府界三百六十里。東西廣三百一十里，南北袤一百六十里。由府治七千八百二十里達於京師。普定縣，附郭。府西五十里爲鎮寧州。府西一百四十里爲永寧州。府東六十里爲安平縣。府東一百二十里爲清鎮縣。府西一百六十里爲郎岱同知所轄。府南一百六十里爲歸化通判所轄。《黔南職方紀略》云：東清鎮縣，與貴陽府之貴築縣接界。西郎岱廳，與興義府之安南縣接界。南歸化廳，與興義府之貞豐州並貴陽府之定番州、羅斛州判交界。北府親轄地，與大定府之平遠州交界。東南與貴陽府之廣順州交界。西南永寧募役司，與興義府之貞豐州交界。東北與大定府之黔西州並貴陽府之修文縣交界。西北與大定府之水城廳交界。府城在省城正西一百八十里。廣三百里，袤二百里。盤江界其西，三岔河界其北。府東六十里爲安平縣，又東稍北六十里爲清鎮縣。府西五十里爲鎮寧州。又西稍南一百四十里爲永寧州郎岱廳。在府城西一百六十里，爲鎮寧之西，永寧之西北。歸化廳在府城南而稍西一百六十里，爲永寧之東，鎮寧之東南。按：府治東一百九十五里至省城。東稍北八十三里至安平縣。又由安平縣東北五十七里至清鎮縣。府西南六十三里至鎮寧州。又由鎮寧州西稍南一百五里至永寧州。又由鎮寧州西稍北一百二十里至郎岱廳。府南稍東一百四十五里至歸化廳。東至貴陽府之貴築縣、廣順州界一百二十里，西至興義府之安南縣界二百二十三里。相距三百四十三里。南至興義府之貞豐州界二百九十五里，北至大定府之平遠州界八十里。相距三百七十里。東南至貴陽府之羅斛州界二百六十五里，西北至大定府之水城廳界二百里。相距四百六十五里。西南至興義府之貞豐州界二百二十里，東北至貴陽府之貴築縣界一百七十里。相距三百九十里。

清・托明等《和林格爾廳志》卷一《疆域》 和林格爾城在省治西北七百八十里，至京師一千里。

東界寧遠縣六十里，西界阿林巴站五十里，南界邊墻十二里，北界巴哈哈城東五十里，西北界三十家子三十里，西南界清水河七十五里，東南界殺虎口五十五里，東北界布哈拉尔五十里。西至薩拉齊一百五十里，南至魯縣一百五里，東至寧遠縣六十里，北至綏遠城一百十里，東北至察哈爾廂藍旗一百四十里，東南至朔平府右玉縣四十里，西北至托克托城三十五里，西南至清水河七十五里。東西廣一百里，南北袤六十二里。

清・聶光鑾、王柏心、雷春沼《宜昌府志》卷二《疆域・道里》 宜昌府

郡距省治一千八十里，東西廣五百九十五里，南北袤四百一十里。由府治東北三千五百四十里達於京師。 東一百四十里至荆門直隸州當陽縣界，東南一百四十里至當陽界，南六十里至荆州府宜都界，西南三百五十里至湖南澧州直隸州石門縣界，西四百五十里至四川夔州府巫山縣界，西北五百六十五里至鄖

陽府房縣界，北三百五十里至襄陽府南漳縣界，東北九十里至荆門直隸州遠安縣界。

東湖縣，附郭

東西廣一百七十五里，南北袤四百一十里。東一百四十里至荆門直隸州當陽縣界，東南一百四十里至荆門直隸州當陽縣界，南六十里至荆州府宜都縣界，西南三十里至長陽縣界，西一百一十五里至歸州界，西北四百里至興山縣界，北三百五十里至襄陽府南漳縣界，東北九十里至荆門直隸州遠安縣界。

歸州

在府治西北三百零五里，東西廣二百五十五里，南北袤一百九十里。東一百九十里至東湖縣界，東南一百四十里至東湖縣界，南一百四十里至長陽縣界，西南一百二十里至巴東縣界，西六十五里至巴東縣界，西北六十五里至巴東縣界，北五十里至興山縣界，東北五十里至興山縣界。

長陽縣

在府治西南一百里，東西袤三百四十五里。南北廣二百二十里。東三十里至荆州府宜都縣界，東南四十里交宜都縣界，南一百五十里至長樂縣界，西南二百八十五里至巴東縣界，西二百六十五里交巴東縣界，西北二百二十里交東湖縣界，北二百七十里至歸州界，東至省城一千里。

興山縣

在府治北三百一十里，東西廣二百五十里，南北袤三百二十里。東一百二十里至東湖縣界，東南六十里至東湖縣界，南五十里至歸州界，西六十里至歸州界，西南五十里至歸州縣界，西北一百五十里至鄖陽府房縣界，北二百六十里至鄖陽府房縣界，東北一百四十五里至鄖陽府保康縣界。

巴東縣

在府治西四百二十五里，東西廣一百四十里，南北袤九百五十里。東五十五里至歸州界，東南三十里至歸州界，南三百五十里至長陽縣界，西南三百五十里至鶴峰州界，西九十里至四川夔州府巫山縣界，西北一百六十里至四川夔州府巫山縣界，北六百里至鄖陽府房縣界，東北二十里至歸州界。

鶴峰州

在府治南四百七十一里，東西廣一百九十里，南北袤三百四十五里。東九十里至長樂縣界，東南一百六十二里至湖南澧州直隸州石門縣界，南二百里至湖南澧州直隸州慈利縣界，西南六十五里至湖南永順府桑植縣界，西二百零五里至施南府宣恩縣界，西北一百四十五里至施南府建始縣界，北一百四十五里至巴東縣界，東北一百四十五里至長樂縣界。

長樂縣

在府治南二百九十一里，東西廣三百里，南北袤七十三里。東一百三十里至長陽縣界，東南一百四十五里至湖南澧州直隸州石門縣界，南一百四十五里至湖南澧州直隸州石門縣界，西南一百四十里至鶴峰州界，西一百八十里至鶴峰州界，西北一百五十里至長陽縣界。北四十二里至長陽縣界，東北一百六十里至長陽縣界。

清・曾國藩等《江西全省輿圖》卷首《江西省全境疆域圖説》 一，江西南昌府爲省會，南昌、新建二縣附郭。城制週圍廣三十餘里，穿城十里，城樓七座，空心駁臺五座，垛口共一千七百八十五個，城上窩鋪四百十一間。凡七門，南曰進賢，又南曰惠民，東南曰順化，西南曰廣潤，東曰永和，西曰章江，北曰德勝。其進賢、順化、惠民、廣潤四門隸南昌，德勝、永和、章江三門隸新建。【略】

一，江西共十三府，一直隸州，七十八廳州縣。【略】至各縣交界處所，犬牙相錯，已載各散圖内。

一，省西南驛路，自章江門出城，由烏山鋪一百里至高安縣，又南行，由曲水鋪九十里至清江縣，又南行，由留田鋪七十里至新淦縣，又西南行，由紫車鋪一百十里至峽江縣，又南行，由分界鋪九十里至吉水縣，又南行偏西，由王岡橋四十五里至廬陵縣，又南行，由甘露七十五里至泰和縣，又西南迤東，由官橋頭一百十里至萬安縣，又東南行，由烏兜山分水坳一百九十里至贛縣，又西南行，由五塖鋪四十五里至南康縣，又西南行，由小溪城一百三十五里至大庾縣，又南行二十五里至大梅嶺，交廣東南雄州界，自省城至此一千零八十五里，爲省境西南驛路至鄰省之止界。

一，省北驛路，自章江門出城，過沙井渡西北行，由豐安一百二十里至建昌縣，又北行由界牌鋪六十里至德安縣，又北行偏東由通遠驛一百二十里至德化縣，又過江四十里至孔壠鎮，交湖北蘄州黄梅縣界，自省至此三百四十里，爲省北驛路至鄰省之止界。

按：此二路，乃江西入京入粤驛站孔道，故置之前列，若由京入粤東，即自建昌向安義、奉新而行，並不由省經過，圖内點明，以備查攷。

又自德化過江小池口，東北行七十五里至横壩頭，右交安徽安慶府宿松縣界，左交湖北蘄州衛界。

又自德化過龍開河，西行九十里至瑞昌縣之馬頭，交湖北蘄州廣濟縣界，自省至此三百九十里。

又自德化東行，由南湖汛六十里至湖口縣，又東行，由尖山塅九十里至彭澤縣。又四十里至響水磯，交安徽池州府東流縣界，自省至此四百九十里。以上三路，亦爲省境北陸路至鄰省之止界。

一，省東陸路，自進賢門出城東南行，由茌港一百二十里至進賢縣，又東行，由潤溪一百四十里至餘干縣，又東行，由石榴亭六十里至萬年縣，又北行，由樂萬亭九十三里至樂平縣，又東行，由五家園一百二十里至德興縣，又東行一百二十五里至葉村，交浙江衢州府開化縣界，自省至此六百五十八里，爲省境東至鄰省之止界。

一，省西陸路，自距省一百里之高安縣西行偏南，由灰埠一百里至上高縣，又北行偏西由清水鋪四十里至新昌縣，又西北行由土地坳一百二十里至銅鼓營城，又西南行六十五里至血樹坳，交湖南長沙府瀏陽縣界，自省至此四百二十五里，爲省境西至鄰省之止界。

一，省南陸路，由距省八百八十里之贛縣南行，由坳頭鋪一百六十里至信豐縣，又南行由蛇子嵊一百九十里至龍南縣，又西行由觀音閣城一百六十里至分水坳，交廣東南雄州始興縣界，自省至此一千三百九十里。

又自龍南縣南行八十里至小武當山，交廣東連平州界，自省至此一千三百十里。

又自龍南之觀音閣城南行一百里至冬桃嶺，交廣東韶州府翁源縣界，自省至此一千三百二十六里。

又自贛縣分路東行，由三門灘一百五十里至雩都縣，又東行由萬田一百五十里至瑞金縣。

又東南行六十里至江西坳，交福建汀州府長汀縣界，自省至此一千二百四十里。

又自距省一千零四十里之信豐縣東行，由涼傘峽一百七十里至安遠縣，又東行由太陽關一百十里至長寧縣，又東南行七十里至牛挨石，交廣東嘉應州平遠縣界，自省至此一千三百九十里。

又自距省一千二百三十里之龍南縣東南行，由佛子坳八十里至定南廳，又南行三里至三兜沙，交廣東惠州府和平縣界，自省至此一千三百十三里。

又自距一百二十里之進賢縣南行，由白家墟九十里至臨川縣，又東南行由許灣一百三十里至金谿縣，又南行由李公嶺一百里至南城縣，又南行由大桀一百二十里至南豐縣，又南行由白含墟一百十五里至廣昌縣，又東行五十里至茱萸隘，交福建邵武府建寧縣界，自省至此七百二十五里。

又自廣昌縣西行迤南，由秀嶺隘二百四十里至寧都州，又東南行由新墟一百十里至石城縣，又東南行二十五里至站頭腦，交福建汀州府寧化縣，自省至此共一千零五十里，以上七路亦爲省境南至鄰省之止界。

一，省東南陸路，自距省一百八十里進賢縣之潤溪，分路正南行，六十里至東鄉縣。又東行，由白玗七十里至安仁縣。又東南行，由界山八十里至貴溪縣。又東行，由篠箬嶺六十里到弋陽縣。又東行，由上阪六十里至興安縣。又北行折而南，由黄源八十五里至上饒縣。又東由沙溪一百里至玉山縣，又東北行四十里至屏風關，交浙江衢州府常山縣界。自省至此七百三十五里，爲省境東南至鄰省之止界。

又自距省六百里之上饒縣東南行，由界牌亭五十五里至廣豐縣，又一百八十里至横棱山，交福建建寧府浦城縣界，自省至此八百三十五里。

又自距省四百五十里之弋陽縣東南行，由水南九十里至鉛山縣，又八十里至分水關，交福建建寧府崇安縣界，自省至此六百二十里。

又自距省三百九十五里之貴溪縣南行，一百三十三里至山頭關，交福建邵武府光澤縣界，自省至此五百二十八里。

又自距省六百九十五里之玉山縣北行一百二十里至化身臺，交浙江衢州府開化縣界，自省至此八百十五里。以上四路，亦爲省東南至鄰省之止界。

一，省西南陸路，自西南驛路距省一百九十里之清江縣分路西行，由羅坊司一百二十里至新喻縣，又西行由界首鋪七十里至分宜縣，又西行由彬江鋪八十里至宜春縣，又西行由分界鋪一百四十里至萍鄉縣，又六十里至插嶺關，交湖南長沙府醴陵縣界，自省至此六百六十里，爲省境西南至鄰省之止界。

又自距省四百六十五里之宜春縣北行，由八角亭九十里至萬載縣，又一百零五里至棖樹嶺，交湖南長沙府瀏陽縣界，自省至此六百六十里。

又自距省五百零五里之盧陵縣西行迤北，由上湖渡一百十六里至安福縣，又西南行，由虹橋一百二十五里至永新縣，又西南行由望月亭六十里至永寧縣，又四十五里至睦村汛，交湖南衡州府酃縣界，自省至此八百五十一里。

又自距省六百二十一里之安福縣西行，由寅陂一百四十里至蓮花廳，又西行三十里至關城山汛，交湖南長沙府茶陵州界，自省至此七百九十一里。

又自距省六百九十里之萬安縣西行，由鄧林鋪七十八里至龍泉縣，又九十二里至石獅，交湖南郴州桂東縣界，自省至此八百六十里。

又自距省九百二十五里南康縣西北行，由古樓坳九十五里至上猶縣，又西南行由打鼓广八十里至崇義縣，又一百四十里至石盤嶺隘，交湖南郴州桂東縣界，自省至此一千二百四十里。

又自距省一千零六十里之大庾縣西行，一百六十五里至三子口，交廣東韶州府仁化縣界，自省至此一千二百二十五里。以上六路，亦爲省境西南至鄰省之止界。

一，省東北陸路，自北路距省一百二十里之建昌縣北行，由鄭士橋一百里至星子縣，東渡湖三十里至左蠡汛，又四十里都昌縣，又東北行一百六十里至何家潭，交安徽池州府東流縣界，自省至此四百五十里，爲省境東北至鄰省之止界。

又自東路距省三百二十里之萬年縣西行，由石頭街分路一百里至鄱陽縣，又東北行由景德鎮一百八十里至浮梁縣，又一百五十里至鎮埠，交安徽徽州府祁門縣界，自省至此七百五十里。

又自東路距省四百八十五里德興縣之五家園過橋北行，十里至太白司，交安徽徽州府婺源縣界，自省至此四百九十五里，以上二路，亦爲省境東北至鄰省之止界。

一，省西北陸路，自距省五十里之烏雞鋪分路西行，由界牌鋪一百十五里至奉新縣，又西北由茅竹山二百三十里至義寧州，又一百四十六里至黃荊嶺，交湖北武昌府崇陽、通山縣界，自省至此五百四十一里，亦爲省境西北至鄰省之止界。

又自距省三百九十五里之義寧州西北行，一百五十里至大湖山，亦交湖北武昌崇陽縣界，自省至此五百四十五里。

又自義寧州西行迤北，一百二十四里至龍門廠，交湖南鄂州府平江縣界，自省至此五百一十九里。

又自距省一百十五里之奉新縣北行，由烏嵐鋪四十里至靖安縣，又北行偏西，由朱家山界牌鋪二百里至武寧縣，又一百五十里至九宫山，交湖北武昌府興國州界，自省至此五百零五里。

又北路距省一百八十里之德安縣西北行，由布袋嶺一百十六里至瑞昌縣，又五十里至界首鋪，交湖北興國州界，自省至此三百四十六里。以上四路，亦爲省境西北鄰省之止界。

一，省疆域東至饒州府德興縣葉村六百五十八里，西至南昌府義寧州血樹坳四百二十五里，計廣一千零八十三里。南至贛州府龍南縣小武當山一千三百一十里，北至九江府德化縣過江孔壠鎮三百四十里，計袤一千六百五十里。東南至廣信府玉山縣屏風關七百三十五里，西北至南昌府武寧縣九宫山五百零五里，計東南斜長一千二百四十里。西南至南安府大庾縣大梅關一千零八十五里，東北至南康府都昌縣何家潭四百五十里，計西南斜長一千五百三十五里。

清・倪文蔚等《荆州府志》卷二《疆域》 荆州府在湖北布政使司西，東西廣五百四十里，南北袤二百一十里。東至漢陽府沔陽州界二百里，西至宜昌府東湖縣三百四十里，南至湖南澧州直隸州界一百九十里，北至荆門直隸州界二十里，東南至湖南岳州府華容縣界二百八十九里，西南至宜昌府長陽縣界二百六十里，東北至安陸府治三百二十里，西北至荆門州遠安縣界二百四十里。由水程內河至省七百二十里，陸路五百六十五里，由府治東北達京師三千二百八十里。《通志》。

江陵縣，附郭，東西廣二百三十里，南北袤七十里。東一百六十里至直路河，交安陸府黔江縣界。西七十里至逍遥湖，交荆門州當陽縣界。南十里過江，四十里至普化觀，交公安縣界。北二十里至龍陂橋，交荆門直隸州界。《縣志》作十五里。東南一百九十里至魚家埠，交監利縣界。西南六十里至涴市，交松滋縣界。東北五十里至王家場，交荆門直隸州界。西北九十里至鄢壇河，交當陽支江縣界。

公安縣在府治西南一百四十里，東西廣一百三十里，南北袤一百四十里。東三十五里至霧溪嘴，交石首界。西七十里至尚王廟，交松滋縣界。南四十五里至界溪橋，交湖南澧州直隸州界。北七十五里至普化觀，交江陵縣界。東南六十里至黃山，交湖南澧州安鄉縣界。石首縣同。西南六十五里至石子灘，交松滋縣界。東北六十五里至呂江口，交江陵界。西北五十五里至顏王嘴，交松滋縣界。【略】

石首縣在府治東南一百八十里，東西廣一百九十里，南北袤一百四十里。東八十里至東山，交湖南岳州府華容縣界。《縣志》：分華容縣東山之半。西五十里至霧溪嘴，交公安縣界。《縣志》：由江南岸抵公安界四十里。南四十里至三汊，交湖南岳州府華容、澧州安鄉縣界。北八十里至拖茅埠，交江陵县界。東南三十里至道人橋，交湖南華容县界。西南六十里至紫金渡，交湖南安鄉县界。東北九十里至壺瓶套，交監利縣界。由江南岸至塔市驛，交湖南華容縣界，里數同。西北六十五里至吴秀灣，交江陵縣界。《縣志》：五十里至洪水淵，交江陵縣界。

監利縣在府治東二百四十里，東西廣二百五十里，南北袤一百五十里。東一百七十里至倪家峯，交漢陽府沔陽州界。西八十里至新觀，交江陵縣界。南二十五里至章華港，交湖南岳州府華容縣界。北一百三十里至金家場，交沔陽州界。東南一百六十里至楊林山，交湖南岳州府臨湘縣界。西南一百二十里至大江，交湖南華容縣界。東北一百三十里至小沙口，交沔陽州界。西北一百四十里至趙家院，交安陸府潛江縣界。

松滋縣在府治西南一百二十里，東西廣一百三十里，南北袤一百九十三里。東九十里至古牆，交江陵縣界。西四十里至洋溪橋，交枝江縣界。南一百九十里至界溪河，交湖南澧州直隸州界。北三里至大江，交枝江縣界。東南一百二十里至石子灘，交公安縣界。湖南澧州界同。西南八十里至起龍山，交宜都縣界。東北九十里至涴市，交江陵縣界。西北六十里至梅子溪，交宜都縣界。

枝江縣在府治西一百八十里，東西廣一百三十三里，南北袤一百二十五里。東一百二十五里至石套子，交江陵縣界。西十五里至羅家沖，交宜都縣界。南十五里至洋溪橋，交松滋縣界。北一百一十里至三界場，交荆門州當陽縣界。宜都縣界同。東南一百二十里至流店驛，過江交松滋縣界。西南三十五里至碾盤街，交宜都縣界。東北一百二十里至鳳台，交當陽、江陵縣界。西北十里至青夾洲，交宜都縣界。一百二十里至宜昌府治。

宜都縣在府治西北一百八十里，東西廣一百里，南北袤一百二十里。東五十里至董市，交枝江縣界。《縣志》：至滄茫溪。西五十里至永河坪，交宜昌府長陽縣界。《縣志》：至石桂口。南三十里至石橋，交枝江縣界。《縣志》：南九十里至誥賜山，交鬆滋縣界。北九十里至界嶺山，交宜昌府東湖縣、荆門州當陽縣界。《縣志》：八十里至黑土坡，交當陽縣界。東南八十里至斑竹寺，交松滋縣界。《縣志》：五十里至堆窩灘對江，交枝江縣界。西南一百二十里至漁洋關，交長陽縣界。《縣志》：九十里至大風口，交長樂縣界。東北五十里至三十里岡，交枝江縣界。《縣志》：四十五里至白露腦，交枝江縣界。西北五十里至烏石鋪，交東湖縣界。《縣志》：四十五里至小仙人橋，交東湖縣界。

清·英啓、鄧琛《黄州府志》卷一《疆域》 黄州府在省治東北，廣五百六十五里，袤三百三十里。

東至安徽宿松縣界四百一十里，西至漢陽府黄陂縣界一百五十五里，南至武昌府武昌縣十里，北至河南光山縣界三百二十里，東南至江西德化縣界三百五十里，東北至安徽霍山縣界三百里，西南至武昌府江夏縣界一百二十里，西北至河南羅山縣界三百三十里。陸路至省由陽邏渡江一百八十里，馬橋渡江一百五十里。水路泝大江至省一百八十里。陸路由河南至京師二千八百里，水路由大江泝淮河至京師四千七百里。

黄岡縣，附府，廣一百九十五里，袤一百四十里。東至本府蘄水縣界四十里，西至漢陽府黄陂縣界一百五十五里，南至武昌府武昌縣十里，北至本府麻城界一百三十里，東南至武昌府武昌縣界三十里，西南至武昌府江夏縣界一百二十里，東北至本府羅田縣界一百五十里，西北至本府黄安縣界一百六十里。

蘄水縣在府東一百一十里，廣一百七十里，袤一百二十五里。東至安徽英山縣界一百里，西至本府黄岡縣界七十里，南至本府蘄州界四十五里，北至本府羅田縣界八十里，東南至本府蘄州界四十里，西南至武昌府大冶縣界四十里，東北至本府羅田縣界一百里，西北至本府黄岡縣界七十里。

麻城縣在府北一百八十里，廣一百四十里，袤一百五十里。東至本府羅田縣界九十里，西至本府黄安縣界五十里，南至本府黄岡縣界五十里，北至河南光山縣界一百里，東南至本府羅田縣界一百里，西南至本府黄岡縣界六十里，東北至河南商城縣界一百里，西北至本府黄安縣界七十里。

黄安縣在府西北一百四十里，廣八十里，袤一百六十里。東至本府麻城縣界四十里，西至漢陽府黄陂縣界四十里，南至本府黄岡縣界八十里，北至河南光化縣界八十里，東南至本府麻城縣界六十里，西南至漢陽府黄陂縣界七十里，東北至河南光化縣界八十里，西北至河南羅山縣界九十里。

羅田縣在府東北一百八十里，廣八十里，袤一百九十五里。東至安徽英山縣界五十里，西至本府黄岡縣界三十里，南至本府蘄水縣界十五里，北至河南商城縣界一百八十里，東南至本府蘄水縣界十五里，西南至本府黄岡縣界三十里，東北至安徽霍山縣界一百八十里，西北至本府麻城縣界九十里。

蘄州在府東一百八十里，廣一百三十里，袤一百五十里。東至本府廣濟縣界四十里，西至本府蘄水縣界九十里，南至武昌府興國州界十里，北至本府羅田縣界一百四十里，東南至本府廣濟縣界十里，西南至武昌府興國州十五里，東北至安徽宿松縣界二百三十里，西北至本府蘄水縣界一百里。

廣濟縣在府東二百五十里，廣一百里，袤一百二十里。東至本府黄梅縣界七十里，西至本府蘄州界三十里，南至江西瑞昌縣界七十里，北至本府蘄州界五十里，東南至本府黄梅縣界七十里，西南至本府蘄州界七十里，東北至本府黄梅縣界三十里，西北至本府蘄州界二十里。

黄梅縣在府東三百五十里，廣五十里，袤一百七十里。東至安徽宿松縣界三十五里，西至本府廣濟縣界二十五里，南至江西德化縣界一百里，北至本府蘄州界七十里，東南至安徽宿松縣界六十里，西南至本府廣濟縣界九十里，東北至安徽宿松縣界四十里，西北至本府廣濟縣界五十里。

清·恩聯修、王萬芳《襄陽府志》卷一《疆域》 襄陽府在湖北布政司西北六百八十里，東北至京師二千六百二十里。東西廣六百六十里，南北袤二百七十里。東至德安府隨州界二百里，東南至安陸府鍾祥縣界二百二十里，南至荆門直隸州界一百八十里，西南至荆門直隸州遠安縣界四百八十里，西至鄖陽府保康縣界三百一十里，至鄖陽府鄖縣界四百六十里，西北至河南南陽府内鄉縣界五百一十里，北至南陽府新野縣界九十里，東北至南陽府唐縣界二百一十里。

襄陽縣，倚郭，東西廣一百六十里，南北袤一百七十里。東至二道溝棗陽縣界七十里，至耿家集棗陽縣界九十里。東南至大姑頂棗陽、宜城二縣界各一百一十里，至下王家集宜城縣界五十里，南至小河宜城縣界六十里，西南至丁蘭橋南漳縣界五十五里，至雙河店南漳、穀城二縣界各八十五里，西至茨河穀城縣界七十里，西北至朱家坡穀城縣界六十里，至漫家集光化、穀城二縣界各一百十里，至黑龍集柳堰橋南陽府鄧州界一百五里。北至老趙集鄧州界一百一十里，至黄渠河新野縣界八十五里。

棗陽縣在府治東北一百四十里，東西廣一百三十里，南北袤一百八十里。東至隨陽店德安府隨州界六十里，東南至石虎山、清潭店隨州界各九十里，至松林寺鍾祥縣界一百三十里。南至吴家集鍾祥縣界一百二十里。西南至老虎壇宜城縣界一百三十里，至九里岡宜城縣界一百二十里，至耿家集襄陽縣界七十里。西至楸樹井襄陽縣界七十里。西北至大湖坡唐縣界八十里，至聶家集新野縣界八十里，至鬫王寺襄陽縣界八十里。北至寺廟、湖河鎮唐縣界各八十里。東北至落河陂唐縣界七十里，至鍾家岡唐縣界六十里，至玉皇廟南陽府桐柏縣界七十里，至糞扒店蘭州界八十里。

宜城縣在府治東南九十里，東西廣一百二十里，南北袤一百二十里。東至上馬石棗陽縣界八十里，東南至龍山鍾祥、棗陽二縣各九十里，南至八角廟鍾祥縣界九十里，西南至八里鋪荆門直隸州暨鍾祥、南漳二縣界各五十里，西至界牌頭南漳縣界四十里，西北至古羊岡襄樊、南漳二縣界各四十里，北至小河口襄陽縣界三十里，東北至黄龍壋襄陽、棗陽二縣界各七十里。

南漳縣在府治西南一百二十里，東西廣二百里，南北袤三百七十里。東至丁蘭橋襄陽縣界六十里，至朱家陂、界牌頭宜城縣界各七十里。東南至楊家店、林子岡荆門直隸州界各八十里。南至峽口彫修橋荆門直隸州遠安縣界三百里。西南至白蠟坪廟子口宜昌府東湖縣界二百三十里，至雲旂山東湖、保康二縣界各二百六十里。西至司空山保康縣界一百三十里。西北至高峯樓王山穀城縣界一百三十里，至大北巖棘子山穀城、保康二縣界一百三十里，北至綿羊山穀城縣界七十里，至雙河店襄陽縣界七十里。東北吴家集襄陽縣界八十里。

光化縣界在府治西北一百八十里，東西廣一百二十里，南北袤九十里。東至楊家营襄陽縣界六十里，至劉姑寺鄧州界六十里。東南至黑龍集襄陽縣界六十里，至黑水河穀城縣界二十五里。南至龍溝、楊家集穀城縣界三十里、四十里。西南至上涓口、王家河穀城縣界十五里、三十里。西至界牌埡、鐵匠溝均州、穀城縣界各六十里，至大峪穀城縣界六十里。西北至三官殿、陳家港均州界六十里、五十里。北至三尖山内鄉縣界六十里，至陳家樓鄧州界四十里。東北至孟家樓、玉皇閣鄧州界四十五里、四十里。

穀城縣在府治西北一百四十里，東西廣二百四十里，南北袤一百二十里。東至張家集、奉山廟襄陽縣界各六十里。東南至黑龍廟、白馬灘襄陽縣界各八十里，至景家灣襄陽、南漳二縣界各一百一十里。南至閻王壁南漳縣界一百二十里，至壇旗荒保康縣界一百九十里。西南至開豐峪保康縣界一百九十里，至界牌嶺、馬髮嶺房縣界各一百九十里。西至王化山房縣界一百二十里，至班河均州界一百四十里，至阮緒溝均州界一百五十里。西北至大界山均州界一百一十里，至界牌嶺、鐵匠溝均州、光化二州縣界各一百二十里，至天峪光化縣界七十里。北至王府洲光化縣界二十里。東北至楊家岡光化縣界五十五里。

均州在府治西三百六十里，東西廣二百一十里，南北袤二百六十里。東至沙陀營田家灣光化縣界一百二十里。東南至葫荻山、大界山穀城縣界一百二十里。南至高店河塘房縣界一百八十五里。西南至雷鼓臺房縣界二百一十里，至白浪村鄖縣界一百二十里。西至遠河塘鄖縣界九十里。西北至左絞村洞子堰鄖縣界六十里，至火龍觀南陽府淅川縣界九十里。北至土地嶺淅川縣界一百二十里。東北至玉皇頂内鄉縣界九十里。

清·賡音布等《德安府志》卷二《疆域》 德安府合郡封疆東西廣四百八十五里，南北袤三百八十里。東至黄州府黄陂縣一百八十里，西至安陸府京山縣一百二十里，南至漢陽府漢川縣三百里，北至河南信陽州憾這關一百八十里。舊志按：雍正七年，孝感改隸漢陽，東西計減三百里有奇。今東至孝感縣界三十里，東北至孝感縣界一百五十里，南至漢川縣劉家隔一百二十里，西至京山平壩鎮九十里。北达京師二千四百八十里，南至省會三百二十里。《一統志》、《明史·地理志》作南至布政司四百里。《安陸志》作北至京二千四百七十里，東至省會，出雲夢、孝感、黄陂二百八十里，由應城、漢川二百九十里。水路至省三百七十里。《安陸志》：由府河一百二十里至雲夢隔蒲潭，又四十里至應城長江埠，八十里出漢陽涢口，一百二十里至漢口，又十里過江至省垣。

安陸縣治，附郭，東西廣一百四十五里，南北袤七十里。東三十里達新店鋪，入孝感縣界，又七十里至孝感縣治。南三十里達高岡鋪，入雲夢縣界，又三十里至雲夢縣治。西南四十里達濟時鋪，入應城縣界，又四十里至應城縣治。西九十里達平壩鎮，入京山縣界，又六十里至京山縣治。西北三十里達界牌鋪，入隨州界，又一百里至隨州治。東北四十里達接官廳，入應山縣界，又五十里至應山縣治。

雲夢縣治在府東南六十里，東西廣五十里，南北袤九十三里。東三十里達青石橋，入孝感縣界，又十里至孝感縣治。南六十里達劉家隔，入漢川縣界，又三十里至漢川縣治。西二十里達土門，入應城縣界，又二十里至應城縣治。北四十里達董店，入安陸縣界，又二十里至安陸縣治。

應城縣治在府西南八十里，東西廣九十里，南北袤一百三里。東三十里達官渡河，入雲夢縣界，又十里至雲夢縣治。南六十里達官莊鋪，入漢川縣界，又五十里至漢川縣治。西南六十里達皂市鋪，入天門縣界，又七十里至天門縣治。西六十里達更化鋪，入京山縣界，又六十里至京山縣治。北四十里達高廟，入安陸縣界，又四十里至安陸縣治。

隨州治在府西北一百三十里，東西廣二百里，南北袤三百二十里。東五十里達馬坪港，入應山縣界，又六十里至應山縣治。南一百里達界牌鋪，入安陸縣界，又三十里至安陸縣治。西一百五十里達大陽山，入京山縣界，又一百里至京山縣治。西南一百三十里達界山沖，入安陸府鍾祥縣界，又一百三十里至鍾祥縣治。西北一百六十里達陳家鋪，入襄陽府棗陽縣界，又二十里至棗陽縣治。北二百里至界牌口，入河南桐柏縣界，又一百里至桐柏縣治。舊志：北至南陽府唐縣界，誤。東北二百里達小林店，入河南信陽州界，又八十里至信陽州治。

應山縣治在府東北九十里，東西廣一百三十里，南北袤一百二十里。東四十里達東接官廳，入孝感縣界，又一百四十里至孝感縣治。南五十里達觀音坡，入安陸縣界，又四十里至安陸縣治。西六十里達馬坪港，入隨州界，又五十里至隨州治。北九十里達平靖關，入河南信陽州界，又五十里至信陽州治。又東北至河南羅山縣治三百五十里。

清·王志《光緒二十年奉天全省府廳州縣地輿圖志·奉天全省圖説》 西南距京師一千五百里，縱距鳥里三百八十八里，横距鳥里一千一百零五里，斜距鳥里一千一百七十一里，南北縱九百六十里，東西廣一千七百六十里。南至大孤山五百四十里海界，北至鄭家屯四百二十里蒙古王旗界。西至清河邊門四百二十里直隸界。西南至紅牆子八百三十里直隸界。西北至葉茂台邊一百六十里直隸界。東南至長甸河口七百六十里朝鮮界。東北至亮子河六百六十里吉林界。此現在周曆勘測之四至八(道)〔到〕也。

清·佚名《安徽輿圖表説》卷一 安徽省

南北距千里，東西距七百里，通省共得面積四十七萬三千八百一十方里。

安慶府【略】 府東距池州府界三十里，西距湖北黄州府界二百零□里，南距池州府界五里，北距廬州府界一百四十里，東南距池州府界九里，西南距江西九江府界二百零八里，東北距池州府、廬州府界一百五十里，西北距六安州界二百零七里，通境面積五萬四千一百六十方里。

清·曹廷傑《東三省輿地圖説·考定里數》 由寧古塔向東偏南行四百八十里，至三岔口中間，過穆棱河，又過小綏芬河，然後抵瑚布圖河口，即三岔口也。由寧古塔西行八十里至沙蘭站，東南三十里爲東京城，正南三十里爲阿卜湖。由吉林東北行四百八十里至雙城堡，偏北爲多。由吉林東北行四百九十里至阿什河，偏東爲多。雙城堡正東距阿什河一百三十里。呼蘭廳西北距卜魁六百餘里，西南距雙城堡一百八十里，東南距阿什河一百六十里。綏化廳在呼蘭東北一百六十里。巴彦蘇蘇在綏化廳西方一百二十里，西距呼蘭一百六十里。由卜魁東北行七站，四百三十里至墨爾根，由墨爾根東北行五站，三百四十九里至黑龍江站。由伯都訥東北偏東五百餘里至卜魁，由伯都訥正東偏北行一百六十里至得勝陀，距拉林河口四十里。由得勝陀正東偏南一百二十里至雙城堡。松花江自三岔口，東北流二百五十餘里，南岸爲拉林河口，又二百里北岸爲呼蘭河口，又東北五十里南岸爲阿什河口，又四百餘里爲瑪延河，又一百餘里爲牡丹江，三姓城在焉。以上考訂里數，再按寧古塔、吉林、伯都訥三處列入。經緯度爲綱，山水爲目。庶幾圖與地合，不致貽笑方家云。廷傑又識。

清·曹廷傑《東三省地理圖説録·吉林根本説、吉林形勝、吉林險要、俄夷情形附》 吉林爲東三省之一，在京師東北二千三百餘里。

清·魏光燾《陝西全省輿地圖·陝西全省總圖説》 其疆域在京師西南，陸路二千六百五十里，廣九百三十五里，縱二千四百六十六里。東至河南閿鄉縣界三百五十里，西至甘肅清水縣界六百三十里，南至四川太平縣界一千三百里，北至榆林邊墻一千三百九十六里，東南至河南淅川廳界六百三十里，西南至四川廣元縣界一千三百八十五里，東北至山西河曲縣界一千八百六十里，西北至甘肅正寧縣界一千三百二十里。

清·李誠《萬山綱目》卷一《總綱》 岡底斯山四面下垂，其西一支走狼楚河、拉楚河之間，西北徑一千四百里，至阿里西鄙桑納蘇木多之地，爲二河所圍而止。

其北一支爲北龍大榦，起自僧格喀巴布山，西北走阿里之北，分一支繞阿里之北西行二千五百里，入克什米爾境。又西南走痕都斯坦，達西海。其正榦北走退擺特博羅爾境内四千里，北走和闐西南。其東皆爲賀卜諾爾沮洳戈壁。自和闐西南分一支東走和闐南、賀卜諾爾北，東抵沙磧而止。其分支，正支自和闐西南北走葉爾羌，西南爲葱嶺，北走又東北二千里。又分一支東走三千餘里，並爲天山，界準噶爾回疆，分爲南北，至哈密東抵瀚海而止。【略】

岡底斯山西一支

岡底斯山南面支峰西南行七十里，有水數支合西南流，入郎噶池。其西南支西南行，拉楚河源從曾格喀巴布山西南流，繞其西北麓山。又西南出狼噶池，西北三百餘里起爲尼雅布拉粽山。

岡底斯山北一支分支東北走者【略】

者薩瑪岡阡山，在達克喇城東北七百餘里。

所拉牙山，在達克喇東北七百里，色木底克海東北，北臨羅卜諾爾大戈壁。【略】

查瑪爾山，在後藏卓書特西北三百餘里，納鞠河出其東南麓，東流四百里匯爲達魯克池而止。【略】

姜里山、噶爾山，均在卓書特北五百里，北臨賀卜諾爾大戈壁。【略】

岡底斯山北大榦東北走，折西北百餘里起爲僧格喀巴布山。

僧格喀巴布山，一名僧格噶把不山，爲岡底斯相近四大山之一。四大山者，曰狼千喀巴布山，曰麻布佳喀巴布山，曰僧格喀巴布山，與岡底斯而四。僧格喀巴布山在岡底斯山北百餘里，古格札什魯木布則城東北三百六十里。山高大，形如獅子，南麓有池，廣周數十里，匯諸泉水西流爲拉楚河源。

又西百數十里爲大雪山。大雪山，番名遮達布里阿林，一名這打布里山。阿林，番言山也。在古格札什魯木布則城東北二百四十里，山東南百餘里有水西北流，屈曲百餘里，折而西南而西二百里，會彭册泉西南百餘里入拉楚河

大雪山分一支西行，走彭册泉北，其北爲擦擦嶺。擦擦嶺，在古格札什魯木布則城北三百餘里。

又西走野公泉北，其北爲可兒也嶺。可兒也嶺，在則布龍城北四百里。

又西走札什岡城東北，其北爲查克昂巳山。查克昂巳山，在札什岡城東北三百里。

又西走札什岡城北、拉達克城南北，其北爲拉布凄嶺。拉布凄嶺，在拉達克城北百餘里。自擦嶺至此四山，並走拉楚河北阿里北境，其山皆西北走巴克達山境。【略】

又西爲查拉嶺。查拉嶺，在拉達克城東北百里處拉克河北，亦即拉楚河。此拉達克城與前各爲一城。

又西經拉達克城北，又西爲頂母岡，西行出阿里境走巴克達山境内。

頂母岡，在阿里極西北，當拉楚河西行折向南處，西四十三度六分，極三十一度弱。

又自頂母岡分一支南行，繞拉楚河、狼楚河之西至西南爲薩木臺岡山。薩

木臺岡山，在畢底城西南當狼楚河南流東折處，西四十三度三分，極二十七度六分。【略】

其正支自拉穹凄嶺西北走爲木孫山。木孫山，在阿里札什岡城西北二百餘里，當阿里極西北。【略】

又東走和闐南大戈壁北爲哈朗歸山。哈朗歸山，在和闐南，和闐河出其北麓，北流會葉爾羌河，下流爲塔里木河河源，當西三十四度六分，極出地三十八度正，爲黄河重源。【略】

正榦大榦北走爲葱嶺。葱領，番名塔爾塔什嶺，在葉爾羌西南，自西南而東北長數千里，與天山接，各隨地異名。

清·夏日琖校、姚明煇輯《蒙古志》卷一《位置》 蒙古在十八省之北，地形縱狹横廣，南盡北緯三十七度，當甘肅省寧夏府中衛縣西南之黄河北岸，北盡北緯五十二度十分，當貝克穆河之北源，南北相距十五度十分。西盡西經三十度二十九分，當齋桑湖之東部，東盡東經十度三十一分，當嫩江會合呼蘭河之點，東西相距四十一度。南界直隸、山東、陝西、甘肅四省，北界俄屬西比里，西界甘肅、新疆，東界滿州，面積約一千四百八十四萬一千七百方里。

又有青海蒙古，不連於上所云者，在甘肅、四川之西，新疆、西藏之東，甘肅、新疆之南，四川、西藏之北，南盡北緯三十三度，北盡北緯三十七度，東盡西經十四度二十九分，西盡西經二十八度二十九分，南北距四度，東西距十四度，面積約一百十八萬方里。近世多以英京倫敦爲中線，倫敦距中國京師凡百十六度二十九分。

清·夏日琖校、姚明煇輯《蒙古志》卷二《内蒙古》 一、哲里木盟，凡四部十旗

科爾沁部，在直隸喜峰口東北八百七十里，至京師千二百八十里。東西距八百七十里，南北距二千一百里。東界杞賚特部，南界盛京邊墻，西界札魯特部，北界黑龍江省，所部六旗，分左右翼，右翼附札賚特部一旗，杜爾伯特部一旗，左翼附郭爾羅斯部二旗，統盟於哲里木，盟地在右翼中旗境内。

札賚特部，在直隸喜峰口東北千六百里，至京師二千十里。東西距六十里，南北距四百里。東界杜爾伯特部，南及西界郭爾羅斯部。北界黑龍江省。所部一旗，屬科爾沁右翼，隸哲里木盟。

杜爾伯特部，在直隸喜峰口東北千六百四十里，至京師二千五十里。東西距百七十里，南北距二百四十里。東界黑龍江省，南界郭爾羅斯部，西界札賚特部，北界黑龍江省。所部一旗，屬科爾沁右翼，隸哲里木盟。

郭爾羅斯部，在直隸喜峰口東北千四百八十里，至京師千八百九十七里。東西距四百五十里，南北距六百六十里。東界吉林省，南界盛京邊墻，西及北界科爾沁部。所部二旗，屬科爾沁左翼，隸哲里木盟。

二、卓索圖盟，凡二部五旗及附牧一旗

喀喇沁部，在直隸喜峰口東北三百五十里，至京師七百六十里。東西距五百里，南北距四百五十里。東界土默特部及敖漢部，南界盛京邊墻，西界察哈爾正藍旗牧場，北界翁牛特部。所部三旗，與土默特二旗，統盟於卓索圖，盟地在土默特右翼境内。

土默特部，在直隸喜峰口東北五百九十里，至京師一千里。東西距四百六十里，南北距三百十里。東界養息牧牧場，南界盛京邊墻，西界喀喇沁右翼，北界喀爾喀左翼及敖漢部。所部二旗，統隸卓索圖盟。

三、昭烏達盟，凡八部十一旗

敖漢部，在直隸喜峰口東北六百里，至京師千十里。東西距百六十里，南北距二百八十里。東界奈曼部，西界喀喇沁部，南界土默特部，北界翁牛特部。所部一旗，與奈曼等七部統盟於昭烏達，盟地在翁牛特左翼境内。

奈曼部，在直隸喜峰口東北七百里，至京師千一百十里。東西距九十五里，南北距二百二十里。東界喀爾喀左翼，西界敖漢部，南界土默特部，北界翁牛特部。所部一旗，隸昭烏達盟。

巴林部，在直隸古北口東北七百八十里，至京師九百六十里。東西距二百五十一里，南北距二百三十三里。東界阿魯科爾沁部，西界克什克騰部，南界翁牛特，北界烏珠穆沁部。所部二旗，隸昭烏達盟。

札魯特部，在直隸喜峰口東北千一百里，至京師千五百一十里。東西距百二十五里，南北距四百六十里。東界科爾沁部，西界阿魯科爾沁部，南界喀爾喀左翼，北界烏珠穆沁部。所部二旗，隸昭烏達盟。

阿魯科爾沁部，在直隸古北口東北千一百里，至京師千三百四十里。東西距百三十里，南北距四百二十里。東界札魯特部，西界巴林部，南界喀爾喀左翼，北界烏珠穆沁部。所部一旗，隸昭烏達盟。

翁牛特部，在直隸古北口東北五百二十里，至京師七百二十里。東西距三

百三十四里，南北距三百五十七里。東界阿魯科爾沁部，西界承德府熱河禁地，南界喀喇沁部及敖漢部，北界巴林部及克什克騰部。所部二旗，隸昭烏達盟。

克什克騰部，在直隸古北口東北五百七十里，至京師八百十里。東西距百三十四里，南北距三百五十七里。東界翁牛特部及巴林部，西界浩齊特部及察哈爾正藍旗牧場，南界翁牛特部，北界烏珠穆沁部。所部一旗，隸昭烏達盟。

喀爾喀左翼部，在直隸喜峰口東北八百四十里。東西距百二十五里，南北距二百三十里。東界科爾沁部，西界奈曼部，南界土默特部，北界札魯特部及翁牛特部。所部一旗，隸昭烏達盟。

四、錫林郭勒盟，凡五部十旗

烏珠穆沁部，在直隸古北口東北九百二十三里，至京師千一百六十三里。東西距三百六十里，南北距四百二十五里。東界黑龍江，西界浩齊特部，南界巴林部，北至沙漠。所部二旗，與浩齊特等四部統盟於錫林郭勒，盟地在阿巴噶左翼、阿巴哈納爾左翼兩旗界內。

浩齊特部，在直隸獨石口東北六百八十五里，至京師千一百八十五里。東西距百七十里，南北距三百七十五里。東界烏珠穆沁部，西界阿巴噶部，南界克什克騰部，北界烏珠穆沁部。所部二旗，隸錫林郭勒盟。

蘇尼特部，在直隸張家口北五百五十里，至京師九百六十里。東西距四百六里，南北距五百八十里。東界阿巴噶部，西界四子部，南界察哈爾正藍旗牧場，北至沙漠。所部二旗，隸錫林郭勒盟。

阿巴噶部，在直隸張家口東北五百九十里，至京師一千里。東西距二百里，南北距三百十里。東界阿巴哈納爾部，西界蘇尼特部，南界察哈爾正藍旗牧場，北至沙漠。所部二旗，隸錫林郭勒盟。

阿巴哈納爾部，在直隸張家口東北六百四十里，至京師千五十里。東西距百八十里，南北距四百三十六里。東界浩齊特部，西界阿巴噶部，南界察哈爾正藍旗，北至沙漠。所部二旗，隸錫林郭勒盟。

五、烏蘭察布盟，凡四部六旗

四子部，在直隸張家口西北五百五十里，至京師九百六十里。東西距二百三十五里，南北距二百四十里。東界蘇尼特部，西界歸化城土默特，南界察哈爾鑲紅旗牧場，北界蘇尼特部。所部一旗，統盟於烏蘭察布，盟地在所部境內，即歸化城南百二十里之五藍義拍山。

茂明安部，在直隸張家口西北八百里，至京師千二百四十里。東西距一百里，南北距百九十里。東界喀爾喀右翼，西界烏喇特，南界歸化城土默特，北至沙漠。所部一旗，隸烏蘭察布盟。

烏喇特部，在山西歸化城西三百六十里，至京師千五百二十里。東西距二百十五里，南北距三百里。東界茂明安部及歸化城土默特，西及南皆界鄂爾多斯部，北界喀爾喀左翼。所部三旗，隸烏蘭察布盟。

喀爾喀右翼部，在直隸張家口西北七百十里，至京師千一百三十里。東西距百二十里，南北距百三十里。東界四子部落，西界茂明安部，南界歸化城土默特，北至沙漠。所部一旗，隸烏蘭察布盟。

六、伊克昭盟，凡一部七旗。

鄂爾多斯部，在山西歸化城西二百八十五里河套內，至京師千一百里。東距黃河，界歸化城土默特，西距黃河，界阿拉善額魯特，南距長城，界陝西、甘肅，北距黃河，界烏喇特部。所部七旗同牧，自爲一盟，曰伊克昭。

清・高賡恩等《綏遠全志》卷二《道里》 正東至寧遠廳所轄之石人灣九十里，通京大路距京城一千一百六十里。

東南至和林格爾廳所轄之沙畢納爾七十里，通京、通省大路距省城九百六十里，舊日通京、通省大路係走二間房子至和林格爾廳一百里。【略】

西南至三兩莊七十里，係通托克托城大路，又至喇嘛灣一百九十里，係通清水河廳大路。

正西至察素齊一百里，係通薩拉齊廳包頭鎮並黃河以西鄂爾多斯、烏拉特各旗大路。

正北至壩口二十里，又逾蜈蚣壩至克克以力根七十里，即通大青山後四子部落、茂明安達爾漢各旗之大路，並西北之賽拉烏素、庫倫、烏里雅蘇台、科佈多，以及古城新疆伊犁、塔爾巴哈台各城，亦皆由此取道焉。

本城達京師程限，自綏遠城起，五里歸化城站，一百四十里寧遠廳站，【略】八十里右玉縣右玉軍站，六十里左雲縣左雲軍站，六十里左雲縣高山軍站，六十里大同縣大同軍站，六十里大同縣聚樂軍站，六十里陽高縣陽和軍站，六十里天鎮縣天城軍站，入直隸界。【略】六十里直隸懷安縣懷安驛，一百二十里宣化縣宣化驛，六十里宣化縣雞鳴驛，六十里懷來縣土水驛，六十里懷來縣榆林驛，六十里延慶州居庸關驛，六十里昌平州榆河驛，七十里京師皇華驛，共計程一千一百三十五里，按日行六百里計，共限一日十時五刻九分。

省城北至綏遠城，由山陰縣行走。程限自陽曲縣臨汾驛起，由陽曲縣臨汾驛分道，八十里陽曲縣凌井驛，一百二十里靜樂縣康家會驛，一百二十里嵐州永寧驛，□□里河曲縣沙泉唐站，達保德。由康家會驛分道，八十里寧武縣寧化邊站，一百里寧武縣寧武邊站，五十里神池縣神池邊站，六十里神池縣八角邊站，□□里偏關縣老營邊站，四十里偏關縣水泉邊站，達口外。由寧武邊站分道，八十里五寨縣五寨邊站，六十里五寨縣三岔邊站，八十里偏關縣偏頭邊站，達陝西。由神池邊站分道，六十里神池縣利民邊站，六十里平魯縣井坪軍站，達朔平大同。七十里陽曲縣成晉驛，七十里忻州九原驛，八十里崞縣原平驛。由原平驛分道，七十里崞縣閙泥驛，五十里寧武縣寧武邊站，五十里神池縣神池邊站，一百里代州雁門驛，五十里代州廣武邊站，六十里山陰縣山陰驛，六十里應州安銀子驛。由安銀子驛分道，八十里渾源州上盤驛，一百二十里廣靈縣馬廠驛，五十里直隸蔚州，六十里懷仁縣西安驛，七十里大同縣甕城驛，由甕城驛分道，一百里豐鎮廳站。《大同府志》內載乾隆十年設。一百五十里寧遠廳站，未詳添設年分。六十里左雲縣高山軍站，六十里左雲縣左雲軍站，六十里右玉縣右玉軍站，由右玉軍站分道，一百二十里和林格爾廳站。卷查乾隆五年設。由和林格爾廳站分道，一百八十里清水河廳站，卷查乾隆五年設。又分道，一百九十里托克托城廳站，卷查乾隆五年設。又由右玉軍站，二十里八十家，蒙古站。一百里二十家，蒙古站。五十里薩爾沁，蒙古站。六十里歸化城，蒙古站。八十里寧遠廳站，一百四十里歸化廳站，卷查乾隆五年設。由歸化廳站分道，一百三十里薩拉齊廳站，卷查乾隆五年設。五里綏遠城，將軍駐劄所。共計程一千二十五里，按日行六百里計。共限一日八(十)[時]四刻。

又省城北至綏遠城，由朔州行走。程限自陽曲縣臨汾縣起，由山陰縣前往綏遠城道上代州廣武邊站分路，三百七十里代州廣武邊站，四十里朔州馬邑鄉廣武驛，四十里朔州本城塘站，六十里平魯井坪軍站，六十里平魯縣平魯軍站，六十里右玉縣威遠軍站，五十里右玉縣右玉軍站。卷查驛站奏銷册開軍站十，右玉縣右玉站、右玉縣威遠站、平魯縣平魯站、平魯縣井平站、左雲縣左雲站、左雲縣高山站、大同縣大同站、大同縣聚樂站、陽高縣陽和站、天鎮縣天城站，除右玉、左雲、高山、大同、聚樂、陽和、天城七站見綏遠城達京師驛程內，茲不復載。又查雍正七年提督袞立相奏準，將各營所管軍站改歸州縣管理。八十里寧遠廳站，一百四十里歸化廳站，五里綏遠城將(將)[軍]駐劄所，共計程九百五里，按日行六百里計。共限一日六時十二分。

清・昆岡等《清會典圖》卷一四一《輿地三・保定府圖　承德府圖》　保定府，爲直隸省治，至京師三百三十里。

承德府，在省治東北七百八十里，至京師四百二十里。【略】

清・昆岡等《清會典圖》卷一四二《輿地四・永平府圖　河間府圖　天津府圖　正定府圖》　永平府，在省治東北八百三十里，至京師五百五十里。【略】

河間府，在省治東一百四十里，至京師四百一十里。【略】

天津府，在省治東四百六十十里，至京師二百五十里。【略】

正定府，在省治西南二百九十里，至京師六百一十里。

清・昆岡等《清會典圖》卷一四三《輿地五・順德府圖　廣平府圖　大名府圖　宣化府圖》　順德府，在省治西南五百七十里，至京師一千里。【略】

廣平府，在省治西南六百八十里，至京師九百五十里。【略】

大名府，在省治南八百里，至京師一千一百二十里。【略】

宣化府，在省治西北七百里，至京師三百四十里。

清・昆岡等《清會典圖》卷一四四《輿地六・遵化州圖　易州圖　趙州圖　冀州圖　深州圖　定州圖》　遵化州，在省治東北六百三十里，至京師三百二十里。【略】

易州，在省治北一百四十里，至京師二百二十里。【略】

趙州，在省治西南三百九十里，至京師七百四十里。【略】

冀州，在省治南三百三里，至京師六百三十三里。【略】

深州，在省治南二百八十二里，至京師六百十二里。【略】

定州，在省治西一百五十里，至京師五百里。

清・昆岡等《清會典圖》卷一四五《輿地七・口北道屬三廳圖　察哈爾圖》

口北道駐宣化府，在省治西北七百九十里，至京師四百六十里。【略】

察哈爾都統駐張家口，在京師西北四百三十里。

清・昆岡等《清會典圖》卷一四六《輿地八・盛京全圖　奉天府圖》　盛京在京師東。

盛京奉天府，在京師東一千五百里。

清・昆岡等《清會典圖》卷一四七《輿地九・錦州府圖　昌圖府圖　鳳凰廳圖　興京廳圖》　錦州府，在省治西南四百九十里，至京師一千一十里。【略】

昌圖府，在省治北二百四十里，至京師一千七百四十里。【略】

鳳凰廳，在省治東南四百八十里，至京師一千九百八十里。【略】

興京廳，在省治東三百二十里，至京師一千八百二十里。

清・昆岡等《清會典圖》卷一四八《輿地十・吉林省全圖》　吉林省，在京師東北，吉林府爲省治。

清・昆岡等《清會典圖》卷一四九《輿地十一・吉林府圖　長春府圖》　吉林府，爲吉林省治，至京師二千三百五里。【略】

長春府，在省治西北二百四十里，至京師二千二百里。

清・昆岡等《清會典圖》卷一五〇《輿地十二・伯都訥廳圖　五常廳圖　雙城廳圖　賓州廳圖》　伯都訥廳，在省治北二百七十里，至京師二千五百七十里。【略】

五常廳，在省治北三百六十里，至京師二千六百六十里。【略】

雙城廳，在省治東北五百里，至京師二千八百五里。【略】

賓州廳，在省治東北六百三十里，至京師二千九百三十里。

清・昆岡等《清會典圖》卷一五一《輿地十三・寧古塔城圖　琿春城圖》

寧古塔城，在省治東八百里，至京師三千一百五里。【略】

琿春城，在省治東南一千一百里，至京師三千四百五里。

清・昆岡等《清會典圖》卷一五二《輿地十四・三姓城圖》　三姓城，在省治東北一千二百里。至京師三千五百五里。

清・昆岡等《清會典圖》卷一五三《輿地十五・黑龍江全圖　齊齊哈爾城圖》　黑龍江，在京師東北，將軍治齊齊哈爾城。【略】

齊齊哈爾城，爲黑龍江將軍治，在京師東北三千三百七十七里。

清・昆岡等《清會典圖》卷一五四《輿地十六・黑龍江城圖》　黑龍江城，在齊齊哈爾城東北八百二十五里，至京師四千二百二里。

清・昆岡等《清會典圖》卷一五五《輿地十七・呼倫貝爾城圖　呼蘭城圖》

呼倫貝爾城，在齊齊哈爾城西北八百五十七里，至京師四千二百四十五里。【略】

呼蘭城，在省治東南九百六十五里，至京師三千五百四十二里。

清・昆岡等《清會典圖》卷一五六《輿地十八・布特哈城圖　墨爾根城圖》

布特哈城，在齊齊哈爾城東北三百里，至京師三千六百七十七里。【略】

墨爾根城，在齊齊哈爾城東北四百六十里，至京師三千八百三十七里。

清・昆岡等《清會典圖》卷一五七《輿地十九・山東省全圖　濟南府圖　泰安府圖　武定府圖》　山東省在京師東南，濟南府爲省治。【略】

濟南府爲山東省治，至京師八百里。【略】

泰安府在省治南一百八十里，至京師一千里。【略】

武定府，在省治東北二百里，至京師七百里。

清・昆岡等《清會典圖》卷一五八《輿地二十・兗州府圖　沂州府圖　曹州府圖》　兗州府，在省治南三百二十里，至京師一千二百三十里。【略】

沂州府，在省治東南六百里，至京師一千六百里。【略】

曹州府，在省治西南五百八十里，至京師一千二百里。

清・昆岡等《清會典圖》卷一五九《輿地二十一・東昌府圖　青州府圖　登州府圖》　東昌府，在省治西南二百二十里，至京師九百四十里。【略】

青州府，在省治東三百三十里，至京師一千里。【略】

登州府，在省治東九百二十里。至京師一千八百六十里。

清・昆岡等《清會典圖》卷一六〇《輿地二十二・萊州府圖　濟寧州圖　臨清州圖》　萊州府，在省治東六百八十里，至京師一千四百里。【略】

濟寧州，在省治西南一百八十里，至京師一千二百十里。【略】

臨清州，在省治西一百十里，至京師七百六十里。

清・昆岡等《清會典圖》卷一六一《輿地二十三・山西省全圖　太原府圖　平陽府圖》　山西省，在京師西南，太原府爲省治。【略】

太原府，爲山西省治，至京師一千二百里。【略】

平陽府，在省治西南五百六十里，至京師一千八百里。

清・昆岡等《清會典圖》卷一六二《輿地二十四・蒲州府圖　潞安府圖　汾州府圖　澤州府圖》　蒲州府，在省治西南一千一百里，至京師二千二百里。【略】

潞安府，在省治東南四百五十里，至京師一千三百里。【略】

汾州府，在省治西南二百二十里，至京師一千三百八十里。【略】

澤州府，在省治東南六百二十里，至京師一千八百里。

清・昆岡等《清會典圖》卷一六三《輿地二十五・大同府圖　寧武府圖　朔平府圖　平定州圖》　大同府，在省治北六百二十里，至京師七百二十里。【略】

寧武府，在省治北三百四十里，至京師九百五十里。【略】

朔平府，在省治北六百七十里，至京師九百六十里。【略】

平定州，在省治東南二百七十里，至京師八百七十里。

清・昆岡等《清會典圖》卷一六四《輿地二十六・忻州圖　代州圖　保德州

圖　解州圖》　忻州，在省治北一百里，至京師一千三百里。【略】

代州，在省治東北三百二十里，至京師七百七十里。【略】

保德州，在省治西北四百六十里，至京師一千七百十五里。【略】

解州，在省治西南九百五十里，至京師一千四百五十里。

清・昆岡等《清會典圖》卷一六五《輿地二十七・絳州圖　隰州圖　沁州圖　遼州圖　霍州圖　歸綏道屬七廳圖》　絳州，在省治西南七百十里，至京師一千八百里。【略】

隰州，在省治西南五百五十里，至京師一千七百里。【略】

沁州，在省治東南三百十里，至京師一千七百里。【略】

遼州，在省治東南三百四十里，至京師一千二百里。【略】

霍州，在省治西南五百里，至京師一千五百五十里。【略】

歸綏道，屬七廳。歸綏道駐歸化城，在省治西北八百九十里，至京師一千一百八十里。

清・昆岡等《清會典圖》卷一六六《輿地二十八・河南省全圖　開封府圖　陳州府圖》　河南省在京師西南，開封府爲省治。【略】

開封府，爲河南省治，在京師西南一千五百四十里【略】

陳州府，在省治東南三百里，至京師二千一百里。

清・昆岡等《清會典圖》卷一六七《輿地二十九・歸德府圖　彰德府圖　衛輝府圖　懷慶府圖》　歸德府，在省治東二百八十里，至京師一千八百里。【略】

彰德府，在省治北三百六十里，至京師一千二百里。【略】

衛輝府，在省治西北一百六十里，至京師一千四百里。【略】

懷慶府，在省治西北三百里，至京師一千八百里。

清・昆岡等《清會典圖》卷一六八《輿地三十・河南府圖　南陽府圖　汝寧府圖》　河南府，在省治西三百八十里，至京師一千八百里。【略】

南陽府，在省治西南六百十里，至京師二千一百四十五里。【略】

汝寧府，在省治南四百六十里，至京師二千三百里。

清・昆岡等《清會典圖》卷一六九《輿地三十一・許州圖　陝州圖　光州圖　汝州圖》　許州，在省治西南二百五十里，至京師一千七百九十里。【略】

陝州，在省治西六百八十里，至京師二千一百里。【略】

光州，在省治南八百里，至京師二千四百里。【略】

汝州，在省治西南四百九十里，至京師一千九百里。

清・昆岡等《清會典圖》卷一七〇《輿地三十二・江蘇省全圖　江寧府圖　蘇州府圖　松江府圖》　江蘇省，在京師東南，江寧府爲兩江總督治。布政司共治焉。

江寧府，爲兩江總督治，在京師東南二千四百四十五里。【略】

蘇州府，爲江蘇巡撫治，在京師東南二千七百二十里。【略】

松江府，在江寧府東南六百二十里，蘇州府東南一百六十里，至京師二千九百五十里。

清・昆岡等《清會典圖》卷一七一《輿地三十三・常州府圖　鎮江府圖　淮安府圖》　常州府，在江寧府東南二百七十里，蘇州府西北二百八十里，至京師二千五百三十五里。【略】

鎮江府，在江寧府東北一百八十里，蘇州府西北三百七十里，至京師二千三百三十五里。【略】

淮安府，在江寧府東北五百里，蘇州府西北七百五十里，至京師一千九百九十五里。

清・昆岡等《清會典圖》卷一七二《輿地三十四・揚州府圖　徐州府圖　海門廳圖》　揚州府，在江寧府東北二百十里，蘇州府西北四百四十五里，至京師二千二百七十五里。【略】

徐州府，在江寧府西北七百三十里，蘇州府西北一千二百里，至京師一千一百六十里。【略】

海門廳，在江寧府東南五百七十里。蘇州府東北一百五十里。至京師二千七百二十五里。

清・昆岡等《清會典圖》卷一七三《輿地三十五・海州圖　通州圖　太倉州圖》　海州，在江寧府東北八百二十里，蘇州府西北一千一百三十里，至京師一千七百里。【略】

通州，在江寧府東南五百三十里，蘇州東北二百里，至京師二千六百九十五里。【略】

太倉州，在江寧府東南五百六十里，蘇州府東北一百二十里，至京師二千八百四十里。

清・昆岡等《清會典圖》卷一七四《輿地三十六・安徽省全圖　安慶府圖　徽州府圖》　安徽省，在京師東南，安慶府爲省治。【略】

安慶府，爲安徽省治，在京師東南二千七百里。【略】

徽州府，在省治東南五百七十里，至京師二千八百五十里。

清・昆岡等《清會典圖》卷一七五《輿地三十七・寧國府圖　池州府圖　太平府圖》　寧國府，在省治東南四百三十里，至京師二千七百四十五里。【略】

池州府，在省治東一百二十里，至京師二千八百里。【略】

太平府，在省治東北四百九十里，至京師二千四百六十五里。

清・昆岡等《清會典圖》卷一七六《輿地三十八・廬州府圖　鳳陽府圖　潁州府圖》　廬州府，在省治北四百六十里，至京師二千四百六十里。【略】

鳳陽府，在省治北六百七十里，至京師一千九百八十五里。【略】

潁州府，在省治北八百四十里，至京師一千八百二十里。

清・昆岡等《清會典圖》卷一七七《輿地三十九・廣德州圖　滁州圖　和州圖　六安州圖　泗州圖》　廣德州，在省治東六百二十五里，至京師二千七百八十里。【略】

滁州，在省治東北六百五十里，至京師二千二百五里。【略】

和州，在省治東北四百六十里，至京師二千二百八十里。【略】

六安州，在省治西北四百四十里，至京師二千九百五十里。【略】

泗州，在省治東北八百八十里，至京師二千二百里。

清・昆岡等《清會典圖》卷一七八《輿地四十・江西省全圖　南昌府圖》　江西省，在京師西南，南昌府爲省治。【略】

南昌府，爲江西省治，至京師三千二百四十五里。

清・昆岡等《清會典圖》卷一七九《輿地四十一・饒州府圖　廣信府圖》　饒州府，在省治東北三百六十里，至京師三千三百五里。【略】

廣信府，在省治東南五百六十里，至京師三千八百五里。

清・昆岡等《清會典圖》卷一八〇《輿地四十二・南康府圖　九江府圖　建昌府圖》　南康府，在省治北二百四十里，至京師三千三十五里。【略】

九江府，在省治北三百里，至京師二千九百四十五里。【略】

建昌府，在省治東南三百六十里，至京師三千六百五里。

清・昆岡等《清會典圖》卷一八一《輿地四十三・撫州府圖　臨江府圖》　撫州府，在省治南二百十里，至京師三千四百五十五里。【略】

臨江府，在省治西南二百十里，至京師三千四百十五里。

清・昆岡等《清會典圖》卷一八二《輿地四十四・瑞州府圖　袁州府圖　吉安府圖》　瑞州府，在省治西南一百二十里，至京師三千三百二十五里。【略】

袁州府，在省治西四百八十里，至京師三千六百八十五里。【略】

吉安府，在省治西南四百八十里，至京師三千六百八十五里。

清・昆岡等《清會典圖》卷一八三《輿地四十五・贛州府圖　南安府圖　寧都州圖》　贛州府，在省治西南九百三十里，至京師四千一百三十五里。【略】

南安府，在省治西南一千一百三十里，至京師四千三百三十五里。【略】

寧都州，在省治南七百二十里，至京師三千九百六十五里。

清・昆岡等《清會典圖》卷一八四《輿地四十六・福建省全圖　福州府圖　泉州府圖》　福建省，在京師東南，閩浙總督、福建布政司共治焉。【略】

福州府，爲福建省治，至京師四千八百四十五里。【略】

泉州府，在省治西南四百十里，至京師五千二百五十五里。

清・昆岡等《清會典圖》卷一八五《輿地四十七・建寧府圖　延平府圖　汀州府圖》　建寧府，在省治西北四百九十里，至京師三千四百五十五里。【略】

延平府，在省治西北三百六十里，至京師四千四百七十五里。【略】

汀州府，在省治西南九百七十五里，至京師五千一百二十六里。

清・昆岡等《清會典圖》卷一八六《輿地四十八・興化府圖　邵武府圖　漳州府圖》　興化府，在省治南二百六十里，至京師五千一百五里。【略】

邵武府，在省治西北六百七十里，至京師四千九百五十七里。【略】

漳州府，在省治西南六百八十里，至京師五千五百二十五里。

清・昆岡等《清會典圖》卷一八七《輿地四十九・福寧府圖　永春州圖　龍巖州圖》　福寧府，在省治東北五百四十五里，至京師五千四百里。【略】

永春州，在省治西南四百十里，至京師五千二百五十五里。【略】

龍巖州，在省治西南九百里，至京師五千七百四十里。

清・昆岡等《清會典圖》卷一八八《輿地五十・臺灣省全圖　臺灣府圖　臺北府圖　臺南府圖　臺東州圖》　臺灣省，在京師東南，臺灣府爲省治，臺灣巡撫、布政司共治焉。【略】

臺灣府，爲臺灣省治，至京師六千二百二十六里。【略】

臺北府，在省治東北二百五十里，至京師五千九百七十六里。【略】

臺南府，在省治西南二百里，至京師六千四百二十六里。【略】

臺東州，在省治東南五百里，至京師六千二百二十六里。

清・昆岡等《清會典圖》卷一八九《輿地五十一・浙江省全圖　杭州府圖　嘉興府圖》浙江省，在京師東南，杭州府爲省治，浙江巡撫、布政司共治焉。【略】

杭州府，爲浙江省治，至京師三千二百里。【略】

嘉興府，在省治東北一百八十里，至京師三千二十里。

清・昆岡等《清會典圖》卷一九〇《輿地五十二・湖州府圖　寧波府圖　紹興府圖》湖州府，在省治北一百八十里，至京師三千二十里。【略】

寧波府，在省治東南四百四十里，至京師三千六百四十里。【略】

紹興府，在省治東南一百四十里，至京師三千三百四十里。

清・昆岡等《清會典圖》卷一九一《輿地五十三・臺州府圖　金華府圖　衢州府圖》臺州府，在省治東南五百九十里，至京師三千八百七里。【略】

金華府，在省治西南四百里，至京師三千六百五十里。【略】

衢州府，在省治西南五百四十里，至京師三千七百四十里。

清・昆岡等《清會典圖》卷一九二《輿地五十四・嚴州府圖　温州府圖　處州府圖　定海廳圖》嚴州府，在省治西南二百九十里，至京師三千五百里。【略】

温州府，在省治東南八百九十里，至京師四千九十里。【略】

處州府，在省治南七百一十里，至京師三千九百里。【略】

定海廳，在省治東南六百二十里，至京師三千六百五十里。

清・昆岡等《清會典圖》卷一九三《輿地五十五・湖北省全圖　武昌府圖》

湖北省，在京師西南，武昌府爲省治，湖廣總督、湖北巡撫、布政司共治焉。【略】

武昌府，爲湖北省治，在京師西南三千一百五十五里。

清・昆岡等《清會典圖》卷一九四《輿地五十六・漢陽府圖　安陸府圖》

漢陽府在省治西北十里，至京師三千一百五十里。【略】

安陸府，在省治西北五百三十五里，至京師三千二百里。

清・昆岡等《清會典圖》卷一九五《輿地五十七・襄陽府圖　鄖陽府圖》

襄陽府，在省治西北六百八十里，至京師三千六百二十里。【略】

鄖陽府，在省治西北一千三百五十里，至京師二千五百里。

清・昆岡等《清會典圖》卷一九六《輿地五十八・德安府圖　黄州府圖》

德安府，在省治西北三百二十五里，至京師二千四百八十里。【略】

黄州府，在省治東北一百八十里，至京師三千二百六十里。

清・昆岡等《清會典圖》卷一九七《輿地五十九・荆州府圖　宜昌府圖》

荆州府，在省治西八百里，至京師三千三百八十里。【略】

宜昌府，在省治西一千八十里，至京師三千五百四十里。

清・昆岡等《清會典圖》卷一九八《輿地六十・施南府圖　荆門州圖》施南府，在省治西南一千九百八十里，至京師三千七百八十六里。【略】

荆門州，在省治西北六百二十五里，至京師三千二百九十里。

清・昆岡等《清會典圖》卷一九九《輿地六十一・湖南省全圖　長沙府圖》湖南省，在京師西南，長沙府爲省治，湖南巡撫、布政司共治焉。【略】

長沙府，爲湖南省治，至京師三千五百八十五里。

清・昆岡等《清會典圖》卷二〇〇《輿地六十二・岳州府圖　寶慶府圖》

岳州府，在省治東北三百里，至京師二千二百八十五里。【略】

寶慶府，在省治西南五百里，至京師四千八十五里。

清・昆岡等《清會典圖》卷二〇一《輿地六十三・衡州府圖　常德府圖　辰州府圖》衡州府，在省治南三百八十里，至京師三千九百六十五里。【略】

常德府，在省治西北四百十五里，至京師三千二百六十里。【略】

辰州府，在省治西八百五里，至京師三千六百五十里。

清・昆岡等《清會典圖》卷二〇二《輿地六十四・沅州府圖　永州府圖　永順府圖》沅州府，在省治西南一千一百三十五里，至京師三千九百八十里。【略】

永州府，在省治西南六百七十里，至京師四千二百五十五里。【略】

永順府，在省治西北一千八十里，至京師四千八十里。

清・昆岡等《清會典圖》卷二〇三《輿地六十五・乾州廳圖　鳳凰廳圖　永綏廳圖　晃州廳圖　南洲廳圖》乾州廳，在省治西南九百六十五里，至京師三千九百里。【略】

鳳凰廳，在省治西南一千五十里，至京師三千九百三十里。【略】

永綏廳，在省治西南一千一百五十九里，至京師三千九百五十里。【略】

晃州廳，在省治西南一千二百四十五里，至京師四千四百九十八里。【略】

南洲廳，在省治西北五百四十里，至京師三千三百一十里。

**清・昆岡等《清會典圖》卷二〇四《輿地六十六・澧州圖　桂陽州圖　靖州

圖》 澧州，在省治西北六百五里，至京師三千七十里。【略】

桂陽州，在省治西南六百三十里，至京師四千二百十五里。【略】

靖州，在省治西南一千六十里，至京師四千六百四十五里。【略】

郴州，在省治南六百八十里，至京師四千二百七十五里。

清・昆岡等《清會典圖》卷二〇五《輿地六十七・陝西省全圖 西安府圖》 陝西省，在京師西南，西安府爲省治，陝西巡撫、布政司共治焉。【略】

西安府，爲陝西省治，在京師西南二千五百三十五里。

清・昆岡等《清會典圖》卷二〇六《輿地六十八・同州府圖 鳳翔府圖 漢中府圖》 同州府，在省治東北二百四十里，至京師二千三百四十五里。【略】

鳳翔府，在省治西北三百六十里，至京師二千七百五里。【略】

漢中府，在省治西南一千六十五里，至京師三千六百里。

清・昆岡等《清會典圖》卷二〇七《輿地六十九・興安府圖 延安府圖 榆林府圖》 興安府，在省治南六百八十里，至京師三千二百十五里。【略】

延安府，在省治東北七百四十里，至京師二千二百里。【略】

榆林府，在省治東北一千三百五十里，至京師一千七百五十三里。

清・昆岡等《清會典圖》卷二〇八《輿地七十・商州圖 乾州圖 邠州圖 鄜州圖 綏德州圖》 商州，在省治東南三百里，至京師二千六百里。【略】

乾州，在省治西北一百六十里，至京師二千六百九十五里。【略】

邠州，在省治西北三百二十里，至京師二千八百五十里。【略】

鄜州，在省治東北五百五十里，至京師二千五百里。【略】

綏德州，在省治東北一千一百里，至京師一千八百六十五里。

清・昆岡等《清會典圖》卷二〇九《輿地七十一・甘肅省全圖 蘭州府圖》 甘肅省，在京師西北，蘭州府爲省治，陝甘總督、甘肅布政司共治焉。【略】

蘭州府，爲甘肅省治，至京師四千四里。

清・昆岡等《清會典圖》卷二一〇《輿地七十二・平涼府圖 鞏昌府圖》

平涼府，在省治東南八百一十九里，至京師三千一百八十五里。【略】

鞏昌府，在省治東南四百二十里，至京師三千九百二十一里。

清・昆岡等《清會典圖》卷二一一《輿地七十三・慶陽府圖 寧夏府圖 西寧府圖》 慶陽府，在省治東一千八十里，至京師二千五百里。【略】

寧夏府，在省治東北一千一百四十里，至京師四千三十五里。【略】

西寧府，在省治西北六百二十里，至京師四千六百二十四里。

清・昆岡等《清會典圖》卷二一二《輿地七十四・涼州府圖 甘州府圖 化平川廳圖》 涼州府，在省治西北五百六十里，至京師四千五百六十里。【略】

甘州府，在省治西北一千四十里，至京師五千四十四里。【略】

化平川廳，在省治東南七百四十九里，至京師三千二百五十五里。

清・昆岡等《清會典圖》卷二一三《輿地七十五・涇州圖 階州圖 秦州圖》 涇州，在省治東南九百五十九里，至京師三千四十五里。【略】

階州，在省治東南一千一百五十里，至京師三千九百四十里。【略】

秦州，在省治東南七百三十里，至京師三千七百十里。

清・昆岡等《清會典圖》卷二一四《輿地七十六・肅州圖 安西州圖 固原州圖》 肅州，在省治西北一千四百六十里，至京師五千四百六十四里。【略】

安西州，在省治西北二千一百二十里，至京師六千一百二十四里。【略】

固原州，在省治東六百四十九里，至京師三千三百五十五里。

清・昆岡等《清會典圖》卷二一五《輿地七十七・青海全圖》 青海，在京師西南，西寧辦事大臣駐甘肅西寧府。

清・昆岡等《清會典圖》卷二一六《輿地七十八・青海圖》 西寧辦事大臣，駐西寧城，在京師西南四千六百七十里。

清・昆岡等《清會典圖》卷二一七《輿地七十九・新疆省全圖》 新疆省，在京師西北，迪化府爲省治，新疆巡撫布政司共治焉。

清・昆岡等《清會典圖》卷二一八《輿地八十・迪化府圖 伊犁府圖》 迪化府，爲新疆省治，至京師八千八百四十里。【略】

伊犁府，在省治西一千六百三十五里，至京師一萬六百一十里。

清・昆岡等《清會典圖》卷二一九《輿地八十一・鎮西廳圖 庫爾喀喇烏蘇廳圖 精河廳圖》 鎮西廳，在省治東北一千三百三十里，至京師七千五百一十里。【略】

庫爾喀喇烏蘇廳，在省治西七百里，至京師九千五百五十五里。【略】

精河廳，在省治西一千七十五里，至京師九千九百六十里。

清・昆岡等《清會典圖》卷二二〇《輿地八十二・塔城廳圖 哈密廳圖》

塔城廳，在省治西北一千六百二十四里，至京師一萬二百八十里。【略】

哈密廳，在省治東南一千六百二十里，至京師七千一百八十里。

清・昆岡等《清會典圖》卷二二一《輿地八十三・吐魯番廳圖　喀喇沙爾廳圖》 吐魯番廳，在省治東南五百里，至京師七千九百三十里。【略】

喀喇沙爾廳，在省治西南一千九十里，至京師八千九百五十里。

清・昆岡等《清會典圖》卷二二二《輿地八十四・庫車廳圖　烏什廳圖　瑪喇巴什廳圖》 庫車廳，在省治西南二千三十里，至京師一萬一十八里。【略】

烏什廳，在省治西南三千二十里，至京師一萬一千五十八里。【略】

瑪喇巴什廳，在省治西南三千五百十四里，至京師一萬一千五十八里。

清・昆岡等《清會典圖》卷二二三《輿地八十五・英吉沙爾廳圖　温宿州圖》 英吉沙爾廳，在省治西南四千二百七十四里，至京師一萬二千五百八十八里。【略】

温宿州，在省治西南二千七百八十里，至京師一萬八百一十八里。

清・昆岡等《清會典圖》卷二二四《輿地八十六・疏勒州圖》 疏勒州，在省治西南四千一百二十里，至京師一萬二千七百九十八里。

清・昆岡等《清會典圖》卷二二五《輿地八十七・莎車州圖》 莎車州，在省治西南四千七十三里，至京師一萬二千二百二十八里。

清・昆岡等《清會典圖》卷二二六《輿地八十八・和闐州圖》 和闐州，在省治西南四千九百二十九里，至京師一萬三千三十八里。

清・昆岡等《清會典圖》卷二二七《輿地八十九・四川省全圖　成都府圖》 四川省，在京師西南，成都府爲省治，四川總督、布政司共治焉。【略】

成都府，爲四川省治，至京師四千七百十五里。

清・昆岡等《清會典圖》卷二二八《輿地九十・寧遠府圖　保寧府圖　順慶府圖》 寧遠府，在省治西南一千二百三十里，至京師五千九百四十五里。【略】

保寧府，在省治東北六百二十里，至京師四千三百二十五里。【略】

順慶府，在省治東六百二十里，至京師五千三百三十五里。

清・昆岡等《清會典圖》卷二二九《輿地九十一・敘州府圖　重慶府圖　夔州府圖》 敘州府，在省治南六百五十里，至京師五千三百六十五里。【略】

重慶府，在省治東南九百里，至京師四千六百四十里。【略】

夔州府，在省治東一千七百五十里，至京師三千七百九十里。

清・昆岡等《清會典圖》卷二三〇《輿地九十二・綏定府圖　龍安府圖　潼川府圖》 綏定府，在省治東一千二百里，至京師四千六百七十里。【略】

龍安府，在省治北六百五十里，至京師四千八百七十里。【略】

潼川府，在省治東北三百二十里，至京師四千五百七十里。

清・昆岡等《清會典圖》卷二三一《輿地九十三・嘉定府圖　雅州府圖》 嘉定府，在省治南三百九十里，至京師五千一百五里。【略】

雅州府，在省治西南三百三十里，至京師五千四十五里。

清・昆岡等《清會典圖》卷二三二《輿地九十四・敘永廳圖　石砫廳圖　松潘廳圖　理番廳圖　懋功廳圖》 敘永廳，在省治南九百九十里，至京師五千七百五里。【略】

石砫廳，在省治東一千六百四十里，至京師四千八百里。【略】

松潘廳，在省治北七百二十里，至京師五千四百三十五里。【略】

理番廳，在省治西北五百三十里，至京師五千二百四十五里。【略】

懋功廳，在省治西八百六十里，至京師五千七百里。

清・昆岡等《清會典圖》卷二三三《輿地九十五・資州圖　綿州圖　茂州圖　酉陽州圖》 資州，在省治東南三百四十里，至京師五千五十五里。【略】

綿州，在省治東北二百七十里，至京師四千九百八十五里。【略】

茂州，在省治北四百十里，至京師五千一百二十五里。【略】

酉陽州，在省治東南二千七百四十里，至京師四千八百二十里。

清・昆岡等《清會典圖》卷二三四《輿地九十六・忠州圖　眉州圖　邛州圖　瀘州圖》 忠州，在省治東一千五百里，至京師四千六百六十里。【略】

眉州，在省治南一百八十里，至京師四千八百九十五里。【略】

邛州，在省治西南一百八十里，至京師四千八百九十五里。【略】

瀘州，在省治東南七百五十里，至京師五千七十里。

清・昆岡等《清會典圖》卷二三五《輿地九十七・西藏全圖》 西藏，在京師西南，駐藏大臣駐前藏布達拉城。

清・昆岡等《清會典圖》卷二三六《輿地九十八・前藏圖》 前藏，在京師西南一萬八百八十五里，駐藏大臣駐布達拉城。

清・昆岡等《清會典圖》卷二三七《輿地九十九・後藏圖》 後藏，扎什倫布城在前藏西九百里，至京師一萬一千七百八十五里。

清・昆岡等《清會典圖》卷二三八《輿地一百・廣東省全圖　廣州府圖》 廣東省，在京師西南，廣州府爲省治，兩廣總督、廣東巡撫、布政司共治焉。【略】

廣州府，爲廣東省治，至京師五千四百九十四里。

清・昆岡等《清會典圖》卷二三九《輿地一百一・韶州府圖　惠州府圖　潮州府圖》　韶州府，在省治北八百七十里，至京師四千六百二十四里。【略】

惠州府，在省治東三百九十里，至京師五千八百八十四里。【略】

潮州府，在省治東一千一百八十五里，至京師六千六百七十九里。

清・昆岡等《清會典圖》卷二四〇《輿地一百二・肇慶府圖　高州府圖》

肇慶府，在省治西二百九十里，至京師五千四百四十四里。【略】

高州府，在省治西南一千六十里，至京師六千五百五十四里。

清・昆岡等《清會典圖》卷二四一《輿地一百三・廉州府圖　雷州府圖　瓊州府圖》　廉州府，在省治西南一千八百里，至京師七千二百九十四里。【略】

雷州府，在省治西南一千五百十里，至京師七千四里。【略】

瓊州府，在省治西南一千八百一十里，至京師七千三百四里。

清・昆岡等《清會典圖》卷二四二《輿地一百四・連山廳圖　佛岡廳圖　陽江廳圖　赤溪廳圖》　連山廳，在省西北一千二百三十二里。至京師四千四百六十四里。【略】

佛岡廳，在省治北四百四十里。至京師五千一百二十四里。【略】

陽江廳，在省治西南七百三十里。至京師六千二百二十四里。【略】

赤溪廳，在省治西南四百一十五里。至京師五千九百九里。

清・昆岡等《清會典圖》卷二四三《輿地一百五・連州圖　羅定州圖　南雄州圖　嘉應州圖　欽州圖》　連州，在省治西北一千一百七十一里，至京師四千五百二十五里。【略】

羅定州，在省治西南六百八十九里，至京師六千一百八十三里。【略】

南雄州，在省東北一千一百七十里，至京師四千三百二十四里。【略】

嘉應州，在省治東北一千二百八十二里，至京師六千七百七十六里。【略】

欽州，在省治西南一千九百里，至京師七千四百八十四里。

清・昆岡等《清會典圖》卷二四四《輿地一百六・廣西省全圖　桂林府圖　柳州府圖》　廣西省，在京師西南，桂林爲省治，廣西巡撫、布政司共治焉。【略】

桂林府，爲廣西省治，至京師四千六百四十九里。【略】

柳州府，在省治西南三百六十里，至京師五千九里。

清・昆岡等《清會典圖》卷二四五《輿地一百七・慶遠府圖　思恩府圖　泗城府圖　平樂府圖》　慶遠府，在省治西南五百八十里，至京師五千二百二十九里。【略】

思恩府，在省治西南九百四十里，至京師五千五百八十九里。【略】

泗城府，在省治西南一千七百八十里，至京師六千四百二十九里。【略】

平樂府，在省治東南二百十六里，至京師四千八百六十五里。

清・昆岡等《清會典圖》卷二四六《輿地一百八・梧州府圖　潯州府圖　南寧府圖　太平府圖　鎮安府圖》　梧州府，在省治東南九百三十五里，至京師五千五百八十四里。【略】

潯州府，在省治西南八百七里，至京師五千四百五十六里。【略】

南寧府，在省治西南一千十里，至京師五千六百五十九里。【略】

太平府，在省治西南一千二百八十里，至京師五千九百二十九里。【略】

鎮安府，在省治西南一千六百八十六里，至京師六千三百三十五里。

清・昆岡等《清會典圖》卷二四七《輿地一百九・百色廳圖　上思廳圖　鬱林州圖　歸順州圖》　百色廳，在省治西南一千七百八十五里，至京師六千四百三十里。【略】

上思廳，在省治西南一千二百八十里，至京師五千九百二十九里。【略】

鬱林州，在省治西南一千五百二十五里，至京師六千一百七十四里。【略】

歸順州，在省治西南一千八百六十里，至京師六千四百五十里。

清・昆岡等《清會典圖》卷二四八《輿地一百十・雲南省全圖　雲南府圖》

雲南省，在京師西南，雲南府爲省治，雲貴總督、雲南巡撫、布政司共治焉。【略】

雲南府，爲雲南省治，至京師五千八百九十五里。

清・昆岡等《清會典圖》卷二四九《輿地一百十一・大理府圖　臨安府圖》　大理府，在省治西北八百四十里，至京師六千七百三十五里。【略】

臨安府，在省治東南三百九十里，至京師六千二百四十五里。

清・昆岡等《清會典圖》卷二五〇《輿地一百十二・楚雄府圖　澂江府圖　廣南府圖》　楚雄府，在省治西南四百二十里，至京師六千三百十五里。【略】

澂江府，在省治東南二百里，至京師六千一十五里。【略】

廣南府，在省治東南九百九十五里，至京師六千六百里。

清・昆岡等《清會典圖》卷二五一《輿地一百十三・順寧府圖　曲靖府圖　麗江府圖》　順寧府，在省治西南一千二百里，至京師七千九十五里。【略】

曲靖府，在省治東北二百九十五里，至京師五千六百十里。【略】

麗江府，在省治西北一千二百四十里，至京師七千一百三十五里。

清·昆岡等《清會典圖》卷二五二《輿地一百十四·普洱府圖　永昌府圖　開化府圖》　普洱府，在省治西南九百四十里，至京師六千八百五里。【略】

永昌府，在省治西南一千三百四十五里，至京師七千二百四十里。【略】

開化府，在省治東南七百五十里。至京師六千三百六十里。

清·昆岡等《清會典圖》卷二五三《輿地一百十五·東川府圖　昭通府圖　景東廳圖》　東川府，在省治東北五百九十五里，至京師五千九百二十里。【略】

昭通府，在省治東北九百二十五里，至京師五千七百二十里。【略】

景東廳，在省治西南一千一百七十五里，至京師七千七十五里。

清·昆岡等《清會典圖》卷二五四《輿地一百十六·蒙化廳圖　永北廳圖　鎮沅廳圖　鎮邊廳圖》　蒙化廳，在省治西北八百二十里，至京師六千七百一十五里。【略】

永北廳，在省治西北一千四百里，至京師六千九百六十五里。【略】

鎮沅廳，在省治西南九百十里，至京師五千八百七十里。【略】

鎮邊廳，在省治西南一千八百三十里，至京師七千七百一十里。

清·昆岡等《清會典圖》卷二五五《輿地一百十七·廣西州圖　武定州圖　元江州圖》　廣西州，在省治東南四百里，至京師五千八百七十里。【略】

武定州，在省治西北一百八十里，至京師六千一百一十五里。【略】

元江州，在省治西南五百二十里，至京師六千三百七十五里。

清·昆岡等《清會典圖》卷二五六《輿地一百十八·貴州省全圖　貴陽府圖　思州府圖　思南府圖》　貴州省，在京師西南，貴陽府爲省治，貴州巡撫、布政司共治焉。【略】

貴陽府，爲貴州省治，至京師四千七百四十里。【略】

思州府，在省治東北六百二十里，至京師四千二百十里。【略】

思南府，在省治東北六百四十五里，至京師四千一百七十里。

清·昆岡等《清會典圖》卷二五七《輿地一百十九·鎮遠府圖　銅仁府圖　黎平府圖　安順府圖　興義府圖》　鎮遠府，在省治東北四百五十里，至京師四千二百九十里。【略】

銅仁府，在省治東北六百九十里，至京師四千五百四十五里。【略】

黎平府，在省治東南八百七十五里，至京師四千七百一里。【略】

安順府，在省治西南一百九十五里，至京師四千九百四十里。【略】

興義府，在省治西南六百二十七里，至京師五千三百六十七里。

清·昆岡等《清會典圖》卷二五八《輿地一百二十·都勻府圖　石阡府圖　大定府圖　遵義府圖》　都勻府，在省治東南二百四十里，至京師四千九百八十里。【略】

石阡府，在省治東北五百三十五里，至京師四千四百五十里。【略】

大定府，在省治西北三百四十里，至京師五千八十五里。【略】

遵義府，在省治東北二百八十里，至京師五千四百六十里。

清·昆岡等《清會典圖》卷二五九《輿地一百二十一·松桃廳圖　普安廳圖　仁懷廳圖　平越州圖》　松桃廳，在省治東北八百二十里，至京師五千一百二十里。【略】

普安廳，在省治西南一千三里，至京師五千七百四十三里。【略】

仁懷廳，在省治西北九百七十里，至京師五千七百里。【略】

平越州，在省治東北一百九十里，至京師四千五百十里。

清·佚名《土默特志》卷一《輿地·疆界圖考》　土默特全境圖考

土默特左右兩翼，地廣四百五十里，袤四百三十五里，周徑千餘里。東至察哈爾藍旗，又云舌爾登察汗庫連，南至邊墻西至烏拉特東公旗，又曰察汗鄂博，北至達爾汗貝勒旗，又曰托斯固鄂博，東南至殺虎口，西南至鄂爾多斯準格爾、達拉特兩旗，又曰托托城境，西北至茂明安並沙爾沁河岸，東北至四子部落旗，所謂四至八到也。

清·佚名《五原廳志·輿地志》　疆界

五原廳治，在山西太原府北一千六百一十里，東至薩拉齊廳界三百四十里，東南至東勝廳界五百五十里，南至鄂爾多斯右翼前旗界二百四十里，西南至鄂爾多斯右翼中旗界五百二十里，西至阿拉善王旗界二百七十里，西北至土謝圖汗默爾根五旗界九百里，北至土謝圖汗默爾根王旗界三百里，東北至武川廳界三百一十里。距京師一千九百里。口外無驛傳，所開里數均以車行之數計。

清·佚名《畿輔輿地全圖·畿輔全圖》　直隸省保定府爲省會，東西距一千二百二十八里，南北距二千六百二十八里，領府十一直隸州六。東界盛京寧遠州，西界山西廣靈縣，南界河南考城縣，北界巴林，東南界海岸，西南界河南彰德府，東北界盛京義州，西北界山西天鎮縣。

海路里程數據分部

分論

明·梁夢龍《海運新攷》卷上《海道里數》 淮安府至安東縣九十里。安東縣至馬洛闕五十里。馬洛闕至蘆浦四十里。蘆浦至楊寨四十里。楊寨至白沙闕二十里。白沙闕至雲梯闕二十里。雲梯闕至淮河套六十里。淮河套至大海東州山一百二十里。東州山至高公島三十里。高公島至鷹遊山三十里。鷹遊山至虛溝所十五里。虛溝所至青口六十里。青口至興莊五十里。興莊至東流所一百里。東流所至濤洛場三十里。濤洛場至信陽場一百二十里。信陽場至齊堂島四十里。齊堂島至靈山島九十里。靈山島至竹槎島五十里。竹槎島至浮島四十里。浮島至灣島六十里。灣島至鼇山管島三十里。管島至田橫島七十里。田橫島至欽島一十里。欽島至青島百二十里。青島至海洋所灰島七里。灰島至炕兒島十八里。炕兒島至玄城島一百二十里。玄城島至雙駝埠二十里。雙駝埠至寧津所八十里。寧津所至成山衛五十里。成山衛至青雞島六十里。青雞島至羅山所五十里。羅山所至威海衛四十里。威海衛至劉公島五十里。劉公島至寧海州七十里。寧海州至空空島五十里。空空島至奇山所三十里。奇山所至福山縣三十里。福山縣至登州新海口八十里。登州新海口至沙門島六十里。沙門島至桑島五十里。桑島至萊州峭屺島四十里。峭屺島至三山島八十里。三山島至芙蓉島五十里。芙蓉島至海倉一百里。海倉至魚兒鋪十里。魚兒鋪至白浪河五十里。白浪河至八溝河五十里。八溝河至小清河二十里。小清河至新河五十里。新河至絲罔口子十里。絲罔口子至江岔河十里。江岔河至大口子四十里。大口子至大清河十里。大清河至唐頭寨十里。唐頭寨至小沙河五里。小沙河至渾水汪十五里。渾水汪至降河三十里。降河至久山河十里。久山河至大沙河二十里。大沙河至泊油河十五里。泊油河至套河十五里。套河至沙頭河十里。沙頭河至大溝河三十里。大溝河至桑句河三十里。桑句河至徐家溝十里。徐家溝至乞溝河七十里。乞溝河至大沽河一百二十里。大沽河至天津衛一百五十里。天津衛至張家灣八十里。以上淮安府起至張家灣止，海道水程共計三千三百九十里。

明·梁夢龍《海運新攷》卷上《海道日程》 由淮安起至信陽，【略】齊堂島，諸城縣屬，在夏河所東南，相去水路陸路共約二十里。【略】靈山島，西離齊堂水路五十里，北離靈山衛水路四十里。【略】竹槎島，膠州屬，在靈山衛東薩家島前，離靈山衛水路五十里。【略】福島，一作浮，即墨縣南五十里。【略】董家灣，即墨縣南九十里。【略】大管島，即墨縣蕭旺社地方，距縣水陸共十里。【略】小管島，蕭旺社地方，離岸十里。【略】田橫島，即墨縣屬，去縣一百二十里，此島西離齊堂島水陸共有五百里。【略】沙島，大山所屬，離岸十里。【略】草頭嘴，大嵩衛正東，離衛二十里。【略】黃島，海洋所正南，離所二十五里。【略】宮家島，即琵琶島，寧海州郡村社地方，離海洋所四十里。【略】槎山，文登縣南一百二十里。【略】何家嘴，即延真島，離岸五里，文登縣東一百二十里。【略】竹島，成山衛正南，相去二十里。【略】白峰頭，在成山衛地方，約有十里。【略】海驢島，成山衛東北四十里。【略】雞鳴島，即青吉島，文登縣東一百里。【略】劉公島，文登縣地方，去縣一百二十里。【略】養馬島，水路至寧海衛十里。【略】八角海口，一名八家，福山縣屬。【略】東至芝罘島水路七十里。欒家海口，【略】西至黃河口寨三十里。桑島，【略】東至新海口六十里，離岸馬停寨十五里。【略】馬停寨備禦所，萊州衛屬，西至東良海口二十里，招遠縣屬。【略】峭屺島，【略】西至三山島約五十里。【略】三山島，【略】西至芙蓉島約四十里。蜉蝣島，【略】西至海倉巡檢司一百里，【略】至虎頭崖五十里，至唐頭寨三百餘里。【略】虎頭崖，【略】至海倉口七十里，海倉至唐頭寨一百八十餘里。唐頭寨至天津衛七百餘里。【略】海倉口，西半里新河海口。【略】西至魚兒鋪巡檢司一十里，至淮河三十里。【略】濰河口，【略】西至魚兒鋪三十里，至白浪河五十餘里。【略】魚兒鋪巡檢司，昌邑縣屬，西至青州左衛唐頭寨二百二十里，至洱河海口九十里。【略】小沙河口，至渾水汪十五里。【略】套河，往里二十餘里，【略】至沙頭河十里。【略】桑句河，至徐家溝十里。【略】徐家溝河口，可灣船十數隻，至乞溝河七十里。【略】乞溝河海口，可灣船三十餘隻，至天津一百二十里。【略】天津衛，至張家灣八十里。

清・岳濬等《山東通志》卷二〇《海疆志・海運附》 南道，自南而北者爲南海道。【略】

第一程自鶯遊門起，東北遠望琅邪山前投齋堂島，灣泊約四百里，爲自南而北入山東界之一大程。島西面有泥灘三里，可容船百餘隻。如船多，島東北三十里有龍灣口可泊船二百餘隻，中間所過水面東北一百九十里至濤雒口。又二十里至夾倉口迴避望海石，又東三十里至石臼所海口迴避石臼欄、胡家欄、曲福、桃花欄，又東四十餘里至龍汪口，迴避黄石欄，又東二十里至龍潭，可容船百餘隻，又東二十餘里至沐官島，迴避胡家山。【略】

第二程自齋堂島等處開船，正東由膠州靈山島東北遠望勞山前投福島灣泊，共約二百餘里。此島周圍二十里，西南有泥灘二里半，可容船六十隻。如船多，島西五十里有董家灣闊大可容船三百餘隻，中間所過水面東四十里至古鎮口，迴避海子嘴，又東五十里至靈山島，島西南嘴可容船二十隻，迴避東北正東風，島東北鼓樓圈可容船十餘隻，迴避正北西北風，此處雖可容船不宜久住。東北六十里至唐島可容船二百餘隻，避東風東北、正北風，迴避露明石即淮子口。又東五十里至小青島避正北東北風，又東六十里至董家灣，迴避捉馬嘴。【略】

第三程自福島開船，東二十里迴避老君石，遠望田横島灣泊，約一百五十餘里。此島周圍三十里，可容船二百餘隻。如船多，島東七十里有闊落灣，可容船二百餘隻，中間所過水面東北六十里至小管島，又東十里至大管島，又東七十里至田横島。【略】

第四程自田横島開船，遠望槎山前投延真島灣泊，共約四百餘里。此島東西長五十里。【略】所過水面東四十二里至楊家灣。又東三十里至草島嘴，又東三十里至青島，又東三十里至黄島，又東北三十里至宫家島，又東一百五十里。【略】

第五程自延真島開船，稍放洋行東轉杵島嘴，北過成山頭，西北望威海衛山前投劉公島灣泊，約一百四十餘里。此島可容船六七十隻，中間所過水面東三十里至鏌邪島西頭季家圈。又東三里至鹿島，又東十五里西北四十餘里至養魚池，又東北二十餘里至黄埠嘴，又東南一里迴避成山頭，又東七八里迴避殿東頭。此二處極險，須放洋遠避過此。轉西三十餘里至駱駝圈裡，東岸下可容船七八十隻，又西三里李叢嘴，可容船二三十隻，又西十五里至柳夼口避西北東北風，又西一百里至劉公島，迴避島東南礁石嘴，又西四十里至威海衛東門口教場塢，可泊船四百餘隻。【略】

第六程自劉公島開船，至之罘島灣泊約二百餘里。此島東南長二十里，可容船一二百餘隻。島迤東三十餘里有崆峒島，前可容船二三十隻。中間所過水面迤西一百四十里至養馬島，迴避西北風。又島西迴避煉石嘴，西北五十里係崆峒島，又西三十里係之罘島。【略】

第七程自之罘島開船，至沙門島灣泊約一百八十里。島東南汪周圍二三里，可容船一百餘隻，避西北、東北、正北風。中間所過水面西六十里經八角嘴。又西五里迴避龍洞嘴，又西五十里迴避四石，又一二里入劉家汪口避四面風，又西二十里迴避灣子口東北沙港，又西二十里迴避抹直口金嘴嶕石，又西三里入新河海口即登州府水城，迴避觀音嘴石，西北四十里迴避長山島東南嘴沙港，又西十里至沙門島。【略】

第八程自沙門島開船，至三山島灣泊約二百餘里。中間所過水面南三十里迴避大石欄。又西六十里至桑島避西北、東北、正北風，迴避島東北二處礁石，又西迴避羊欄口礁石，又西十五里即三山島。【略】

第九程自三山島開船，西投大清河口灣泊，共約四百餘里。此口可容船五十餘隻。中間所過水面西五十餘里至芙蓉島西南面，可容船四五十隻。又西五十餘里迴避虎頭崖並東北碎石，又西五十餘里至海倉口，迴避海口椿木鬧石，又西一百一十里至瀰河口，又西四十餘里至小清河口。【略】

第十程自大清河開船，投大沽河口約一百八十里。此口可容船二百餘隻。中間所過西三十里至大沙河口，可容船一百五十隻，迴避沙港一處。又西一百二十餘里至大溝河口，可容船一百餘隻，又西北二十餘里至大沽河口。【略】

北道，自北而南者爲北海道。

自直隸滄州祁河口東南爲大沽河，屬山東海豐縣，自大沽河口開船，向東南巳字行二十餘里至大溝河，又行二十里向正東乙辰約行十餘里，向南方未丁過淺沙至套兒河灣泊，計程五十五里。套兒河屬霑化縣，自縣西往東逶迤二十餘里向北入海。

自套兒河開船，向北方丑癸出套兒河攔港沙轉甲卯，又乙辰又巽巳共約行十里，過淺沙向東南巳字約行一百里，轉東南辰巽約行三十里至大清河灣泊，計程一百四十里。大清河屬利津縣，由河而上五十里爲丁河。【略】東北十里外有攔港沙。

自大清河口開船，向正東甲卯約行四里，若值正南風可折戧向南方己丙約行三十里，值西南風向東南巳字約行六十里，值正北風向東南巽巳約行六十里，若西北風大發，不得收入港口，姑就唐渡河海岸淺沙處亦可寄泊，計程一百五十里。【略】

自唐渡河開船，若值西北風向東南辰巽約行三十里，值正北風向東方乙辰約行三十里，又向東南巽巳約行六十里，值東北風向正東甲字約行三十里，可泊淮河口攔港沙外，計程一百五十里。【略】

自淮河口開船，若值正南風向正東乙卯約行五十里，遠望隱見虎頭崖及芙蓉島，又向東北艮寅約行七十里至芙蓉島灣泊，計程一百二十里。【略】

自芙蓉島開船，若值西南風向西北乾亥過小石島出鵰翎嘴，約行四十里，向東方甲寅約行十里，向正東乙卯約行三十里過三山島，值正南風向正東甲卯約行六十里，向東北艮寅約行一百里，向西北乾亥約行四十里過崆峒島，向正東甲卯約行六十里到桑島灣泊，計程三百四十里。【略】

自桑島開船，若值西北風向東北艮字行使至廟島灣泊，約計程一百里。【略】

自廟島開船，乘正北風向南巳丙約行三十里，將過長山島淺沙，若值風急浪湧難以前進，再行二十里可停泊於登州水城天橋外，計程五十里。【略】

自天橋口開船，若值西南風向東北艮寅約行十里，又向正東甲卯約行三十里到灣子口，水深四丈，又向正東甲卯約行十里到西鳳山，如值東北風向正東甲卯約行五里，又向東南辰巽約行五里，又向正南丙午約行三里，向西北乾亥至劉家汪口灣泊，計程六十餘里。【略】

自劉家汪口開船，若值正東風向東方乙辰約行六十里到龍門港，【略】向南己丙約行三十里左望之罘島，右循海岸進八角海口，【略】復向西北近岸灣泊，計程九十里。【略】

自八角海口開船，若值正南風甚微則撆楫而行，向東方乙辰約行六十里至之罘島山麓，【略】復向東南辰巽沿山麓約行二十里，向正西辛酉進口至島下灣泊，計程八十里。【略】

自之罘島開船，若值西南風向正南午字約行四十里，向東方乙辰約行六十里至養馬島灣泊，計程一百里。【略】

自養馬島開船，若值西南風向西北乾戌出口轉東北艮寅約行二十里，向正東卯字約行一百一十里過咬牙嘴，【略】又向東南巽巳約行二十里，水深六丈黑泥底，將進劉公島，北口有二巨石當流，行舟宜避之，向正南丙午約行十里至島下往南灣泊，計程一百六十里。劉公島屬文登縣，懸處海中，東南長十里，廣六里。【略】

自劉公島開船，若值西南風向東南巽巳約行二十里，又向東方乙辰約行八十里，又向正東乙卯約行五十里過青磯島。【略】復向正東乙卯約行五十里至成山頭，此處怪石嵯峨【略】三十餘里，爲南北分汛之地，有海口名駱駝圈，可容七八十艘避颶風。【略】對面正北有海驢島。【略】過海驢島，【略】約行四十里至龍口崖灣泊，計程二百四十里。

自龍口崖開船，若值西北風向西南坤字行三十里過養魚池，向正南午字約行八十里過倭島，向南方丁未約行三十里，向正南丙午約行四十里，向正西庚酉約行六十里，向西北乾戌收入泊在馬頭嘴，計程二百四十里。馬頭嘴屬文登縣，陸路三十餘里至舊靖海衛海口。【略】

自馬頭嘴開船，若值正北風用坤申出口，向西方辛字行過蘇門島至靖海衛灣泊，計程六十里。【略】

自靖海衛開船，若值東北風向正西庚酉約行一百五十里，過宫家島、黄島至葫蘆嘴，水深三丈五尺石底，又過小竹島轉正西辛酉約行三十里過小青島，又轉正西庚酉約行六十里至大嵩衛，今海陽縣。其西南有礁石出水，長十餘里，行舟宜避之，正南海中百餘里外有千里島，向西南坤未約行一百里，轉向南坤申約行二十里，至横島下灣泊，計程三百六十里。横島本名田横島，屬即墨縣，懸處海中，長十里，廣里許。【略】

自田横島開船，若值東北風向西南坤未約行九十里過管島、車門島、車公島，過勞山頭，【略】正西庚酉約行三十里過勞公島，從西南逶迤進福島灣泊，計程一百二十里。福島本名徐福島，屬即墨縣。是島背東面西，懸處海中，周圍二十餘里。【略】

自福島開船，若無風乘潮順流而行，向正西庚酉約行七十里，到淮子口轉西北乾亥行至黄島灣泊，計程七十里。黄島屬膠州，懸處海中，周圍二十餘里。有居民田地，東通淮子口大洋西北九十里。【略】

自黄島開船，若值西北風向東南巽巳行，出淮子口，轉南方巳丙約行三十里，過小珠山田島轉西南坤未約行三十里過薛家島，復行十里向東北方進唐島西口灣泊，計程七十里。唐島屬膠州，周圍四五里。【略】

自唐島開船，若値正北風向西南坤未約行七十里過大珠山古鎮口，又約行三十里至齋堂島灣泊，計程二百里。齋堂島屬諸城縣，東南兩岸皆相連，懸處海中，周圍二十餘里。【略】

東省赴遼海運道【略】

自日照縣濤雒口起十七里至夾倉口，五十里至宋家口，二百里至齋堂島，一百里至唐島，九十里至青島，四十里至福島，一作符島。六十里至管島，八十里至田橫島，一百四十里至蒲島，三十里至黃島，四十里至亢島，六十里至䨥島，四十里至靖海衛張家口，四十里至馬頭嘴，一百二十里至家雞旺，二十里至倭島，六十里至養魚池，六十里至成山嘴，四十里至朝陽口，四十里至雞鳴島，六十里至劉公島，一百六十里至養馬島，四十里至之罘島，八十里至八角口，一百里至廟島。

日照縣西南陸路四十里濤雒口開船，東南陸路二十里夾倉口開船。

沂水縣東南陸路二百里至日照縣夾倉口開船，蒙陰縣東南一百五十里至沂水，再至夾倉口，通計三百五十里。

莒州正南陸路一百六十里至日照縣夾倉口開船。見前

諸城縣東南陸路一百二十里董家口開船，二十里至齋堂島。正東陸路一百四十里夏河城開船，二十里至齋堂島。

膠州東門外陸路三里淮子口開船，八十里至青島。

東南陸路六十里至即墨縣女姑口開船，九十里至青島。

即墨縣西南陸路五十里女姑口開船，見前。正南陸路九十里董家灣開船，四十里至福島。正東陸路六十里金家口開船，一百五十里至蒲島。

高密縣東南陸路二百里，至膠州淮子口開船，見前。

萊陽縣正南陸路一百一十里，至即墨縣金家口開船，見前。東南陸路一百里行村寨開船，一百里至黃島寧海州。西南陸路一百三十里乳山島開船，八十里至浪暖口，七十里至馬頭嘴。東南陸路一百三十里浪暖口開船，見前。

文登縣西南陸路八十里長會口開船，三十里至望海口，一百一十里至馬頭嘴。正南陸路五十里望海口開船。東南陸路一百二十里馬頭嘴開船。正東陸路一百里至倭島開船。

寧海州正北陸路十里養馬島開船。西北陸路二十里龍門港開船，四十里至之罘島。

福山縣西北陸路四十里八角口開船，一百里至廟島。

棲霞縣東北陸路一百二十里，至福山縣八角口開船，見前。西北陸路一百五十里，至蓬萊縣天橋口開船，五十里至廟島。

蓬萊縣正北天橋口開船，見前。

招遠縣正北陸路一百里，至黃縣㟃屺島開船，八十里至桑島，七十里至廟島。

黃縣東北陸路二十里黃水河口開船，六十里至廟島。

以上州縣各海道會於廟島。

大清河自齊河縣東門外開船，四十里至濼口，八十里至濟陽縣，八十里至齊東縣，一百五十里至蒲臺縣，五十里至利津縣，一百二十里至牡蠣口，十五里至大海口，七十里至絲網口，七十里至淄河口，三十里至瀰河口，八十里至淮河口，四十里至海倉口，一百二十里至芙蓉島，八十里至三山島，一百二十里至㟃屺島，八十里至桑島，七十里至廟島。

齊河縣東門外大清河開船。

歷城縣正北陸路十八里濼口大清河開船。

章邱縣西北陸路六十里至濟陽縣開船。

濟陽縣南門外大清河開船。

齊東縣北門外大清河開船。

青城縣正北陸路二十里大清河開船。

惠民縣正南陸路六十里大清河開船。

陽信縣正南陸路一百二十里大清河開船，七十里至蒲臺縣。

蒲臺縣北門外大清河開船。

臨朐縣正北陸路二百里至蒲臺縣開船。

益都縣西北陸路一百八十里至蒲臺縣。

臨淄縣西北陸路一百二十里至蒲臺縣。

樂安縣西北陸路一百里至蒲臺縣。

利津縣東門外大清河開船。

濱州正南陸路二十五里大清河開船，五十里至利津縣。

高苑縣西北陸路五十里大清河開船，一百八十里至牡蠣嘴。

博興縣東北陸路六十里三岔鎮開船，一百五十里至牡蠣嘴。

海豐縣東北陸路六十里大沽河開船，一百二十里至絳河口，七十里至牡蠣嘴。

霑化縣東北陸路九十里久山河開船，十五里至絳河口，七十里至牡蠣嘴。

壽光縣東北陸路八十里瀰河口開船。

安邱縣東北陸路一百五十里至昌邑縣濰河口開船，即下營口。

昌樂縣正東陸路一百三十里濰河口開船。

濰縣正東陸路一百二十里濰河口開船。

昌邑縣正東陸路六十里濰河口開船。

平度州正北陸路一百二十里至掖縣海倉口開船。

掖縣西北陸路五十里海倉口開船，東北陸路八十里三山海口開船。

以上州縣各海道會於廟島。

自廟島正北七十里至鼉磯島，七十里至羊陀島，二百五十里至南隍城島，四十里至北隍城島，一百八十里至老鐵山。按，《登州府志》：自鐵山五十里至西北老猫圈，一百里至牧羊城，八十里至羊頭凹，六十里至雙島，一百五十里至猪島，二百五十里至中島，一百八十里至北信島，三百二十里至蓋州套。自蓋州陸運一百二十里至娘娘宮，一百八十里至廣寧，一百六十里至遼陽。又四十里至盛京金州旅順口，係北岸海口。自旅順東一百二十里至紅崖，四十里至大孤山，四十里至柳樹下海口，一百一十里至太義口，九十里至鳳皇城，往東入朝鮮界。自旅順西一百二十里至復州天妃宮口，一百二十里至蓋州。又自蓋州西南七百里至天津，自蓋州西北九百里至山海關。

清·佚名《山東海疆圖記》卷一《地利部》 自來志州郡者皆詳地域，若夫渤澥滄溟，茫洋不見端際，安所得言地利。然或指爲北海，或指爲東海，豈不以地有可憑斯疆域攸判乎？故先之以水口山島之目以定其形勢，繼之以道里延袤之數以便夫往來，終之以魚鹽之利以見其生殖之繁，而總目之爲地利志，庶使防海者得因是施其區畫，蓋亦所謂行政必自經界始也。

水口志

海水自直隸慶雲縣祁河口以東入山東境，爲武定府海豐縣之大沽口。【略】凡歷州縣所轄之境二十有五，計水程二千四百里有奇。其現爲商船出入、稽查稅務之口則有：海豐之大姑河口，縣東一百五十里。利津之牡蠣口，縣東北一百二十里。掖縣之海廟口，縣北十八里。小石島口，縣西北九十里。三山口，縣東北八十里。黄縣之龍口，縣西四十里。黄河營口，縣北二十里。蓬萊之天橋口，縣北三里。福山縣之八角口，縣西四十五里。之罘口，縣東五十里。又有大河海口，距縣十五里，近因沙淤水淺不可通，或水漲時間有停泊。寧海州之清泉口，州西北五十里。養馬口，州正北十里。戲山口，州東北十五里。金山口，州東北四十五里。又有龍門港口，在州西北二十里。浪暖口，在州東南一百四十里，久經淤塞。文登縣之雙島口，縣北九十里。威海口，縣北九十里。長峰口，縣北八十里。馬頭嘴口，縣東南一百里。朱家圈口，縣南一百里。龍王廟口，縣南一百二十里。望海口，縣南五十里。張家埠口，縣南五十里。長會口，縣南六十里。五壘島口，縣南七十里。榮成縣之石島口，縣南一百三十里。裏島口，縣南三十里。養魚池口，縣南十里。又有青魚灘口、倭島口、龍崖口，間有船隻採取薪水，無停泊者。海陽縣之桃林口，縣西七十里升村鄉。乳山口，縣東八十里。萊陽縣之蠡島口，縣南九十里。即墨縣之金家口，縣東六十里。女姑口，縣西南五十里。膠州之塔埠口，州□□□里。諸城縣之宋家口，縣南一百二十里。董家口，縣東南一百二十里。日照縣之龍汪口，縣□□□里。夾倉口，縣東南二十里。嵐山口，安東衛東南二十里。凡四十所。其僅可爲漁筏往來者，水口既小，礁沙填塞，或偶遇水漲，間可停泊及可避風者，不能一一詳考備記。

清·佚名《山東海疆圖記》卷二《地利部·山島志》 蟠峙於海涯者有山，孤懸於海中者有島，皆海邦所恃以自固，而亦舟行者所藉爲表志者也。【略】

久山，在霑化縣東北七十里大姑河口。【略】

禄山，在掖縣西北五里。【略】

三山，在掖縣北六十里海中。【略】

虎頭崖，在掖縣西二十里。【略】

峔屺島，在黄縣西北四十里。【略】

田横山，在蓬萊縣西北三里。【略】

丹崖山，在蓬萊縣北二里許。【略】

漏天岩，在蓬萊縣東三十里。【略】

西鳳山，在蓬萊縣東五十里。

朱高山，在蓬萊縣東八十里。【略】

崮山，在蓬萊縣南八十里。

海洋山，在福山縣東北二十八里，北枕海濱，東抵大洋。

沙山，在福山縣北十里。【略】

之罘山，在福山縣東三十五里，連文登界。【略】

斥山，在文登縣東南六十里。【略】

五壘山，在文登縣南五十里。【略】

鐵槎山，在文登縣南一百二十里。【略】

峩石山，在文登東一百二十里。【略】

乳山，在海陽縣南七十里，其形如乳，故名。

大珠山，在膠州南百二十里。【略】

小珠山，在膠州南九十里。【略】

靈山，在膠州東南百二十里。【略】

大小二勞山，在即墨縣東南六十里。【略】二勞相聯，高二十五里，周八十里，又名勞盛山。【略】

陰山，在即墨縣東南八十里。

嶗山，在即墨縣東北百二十里。【略】

琅邪山，在諸城縣東南百五十里。【略】

嵐山，在日照縣南九十里。【略】

蜉蝣島，以下隸掖縣。在縣西北一百里。遠望若蜉蝣然，故名。一名芙蓉島。【略】

岣屺島，以下隸黄縣。在縣北七十里，可泊十餘艘。

桑島，在岣屺島東五里，縣北四十里，距岸又十五里，島周十餘里。【略】

依島，在縣北四十五里，距岸二十五里。以上四島北面皆通大洋。

大黑山島，以下隸蓬萊縣。在城西八十里。【略】

小黑山島，在城西七十里。【略】

沙門島，即廟島，在城西北六十里，南連南峰山，北接鳳凰山。【略】

長山島，在城北四十里，《省志》云：在沙門島南，東西長三十餘里，若馬鬣然。【略】

小竹島，在長山島東，城北九十里，其東爲外洋。【略】

大竹島，在小竹島東，距城八十里。【略】

牽牛島，在大竹島西北，距城北二百里。

大欽島，在城北一百六十里。【略】

小欽島，即羊駝島，在大欽島東，距城一百八十里。【略】

鼉磯島，《蘇東坡集》及《名勝志》皆作駝碁。在沙門島東，《省志》作北與小欽島相對，距城一百二十里。【略】

高山島，在沙門島北，距城一百二十里。

南隍城島，在城東北二百二十里，《省志》云：去郡四百餘里，居民男二十四丁。

北隍城島，在城東北二百四十里，《省志》云：南隍城島北九十里。【略】

鳥胡島，在縣北二百六十五里。【略】

之罘島，以下隸福山縣。在縣北海岸，《省志》云：周圍四十里。【略】

海洋島，在縣北十里。

韓家島、潘家島、胡家島，右三島皆在縣東北五里。

宫家島，在縣東北十里。

栲栳島以下隸寧海州。【略】

崆峒島，在州西北八十里，距岸四十里，西距之罘島二十里。【略】

養馬島，在州北十二里，南距海岸三里，北爲大洋。【略】

劉公島，以下隸文登縣。在縣北九十里，去威海司東五里，距岸二十餘里，東南長十里，廣六里。【略】

雙島，在縣北九十里，西距養馬島八十里。

雞鳴島，以下隸榮成縣東海境。在成山正西，有浮礁舟行宜避。【略】

青磯島，在劉公島東南一百五十里。【略】

海驢島，在始皇橋西十里。【略】

龍須島，一名龍口崖，距縣三十里，北至成山頭五里。

倭島，《省志》：在文登縣東一百里，養魚池正南八十里。

鏌鋣島，一名砪磯島，在縣東南一百五十里，距岸二里。【略】

延真島，一作元真。縣東南一百里，舊有城。東至鏌鋣島三十里，東西長五十里。【略】

蘇門島，一作蘓山。以下隸文登縣南海境。在縣南一百二十里，靖海衛東南，距岸四十里。【略】

五壘島，《省志》謂在縣南八十里，舊有城。

遠島，《文登志》謂在縣西八十里。【略】

官家島，以下隸海陽縣東南海中。距岸九里，可容三十餘艘。

竹島，距岸七里，可容十餘艘。【略】

青島，《省志》作小青島，距岸十二里，可容七八艘。

黄島，距岸九里，可容十餘艘。

綿花島，距岸五里。【略】

千里島，距岸七百里，在外洋。

魯島，距岸二里。以下隸海陽縣西南海中。

泥島，距岸八里。

牙官島，距岸十里。

土埠島，距岸十四里。【略】

馬官島，距岸十五里，上有居民。

鼇島，在縣南九十里。

白馬島以下隸即墨縣南海。【略】

田横島，在縣東一百里，距岸二十里，長十里。【略】

大管島，在縣東北百里，田横島西七十里。【略】

小管島，在大管島西十里。【略】

徐福島，在縣南五十里，背東面西，週二十餘里。【略】

陰島，在縣西九十里，有居民。【略】

顔武島，在縣北一百里。

小青島，以下隸膠州境。在淮子口對岸。

黄島，在州西北九十里。【略】

薛家島，在州南九十里。【略】

唐島，在州南九十里。【略】

古鎮島，在州南一百十里，大珠山前海道迤西，其北岸多礁石。【略】

石臼島，在州南一百二十里，與陳家島相接。【略】

齋堂島，以下隸諸城縣。在縣東南一百四十里琅琊山，南距岸五里，週二十餘里。

清・佚名《山東海疆圖記》卷三《地利部・道里志》 海洋道里與內地不同，乘潮駛風，遠近所經詎可拘泥。舟行者不曰幾里，而曰幾更。更者，每一晝夜分爲十更，以焚香枝數爲度，以木片投海中，人從船面行船風迅緩定爲多寡，可知船至某山洋界，以六十里爲一更。

按自直隸祈河口以東入東省界，至丁河口一更。船至虎頭崖四更可泊船取薪水。船至小石島四更。船至峪屺島二更以上三處，皆可泊船取薪水。船至黄河營一更不可泊船。船至天橋口一更可屯戰船。船至八角口三更。船至之罘島一更以上二處皆泊船要道，可取薪水。船至養馬島一更所經祭祀台、丁字嘴，皆可泊船寄錨。船至劉公島四更可泊戰船，取薪水。船至成山頭三更不可泊船。船折而西南至龍須島一更有薪水，可泊船。船至養魚池一更可泊戰船。船至青魚灘一更。船至峪屺島一更。船至裡島口一更。船至馬頭嘴一更以上四處，皆可泊船。船至靖海衛一更。船至海陽所口二更。船至棉花島一更。船至乳山口一更。船至海陽縣一更。船至行村口一更。船至田横島一更以上諸口，皆可泊船取薪水。船至勞山下清宮一更不可泊船。船至登窑口二更可泊戰船。船至浮山所一更。船至青島口一更。船至膠州頭營子二更。船至唐島口二更以上諸口，皆可泊船寄錨，取薪水。船至柴葫蕩一更不可泊船。船至古鎮口一更。船至曹家口一更。船至琅邪臺一更不可泊船。船至董家口一更此下諸口水淺，戰船皆不能泊。船至宋家口一更，船至夾倉口一更，船至安東衛嵐山頭一更。

又西南入江南鶯遊山界。蓋沿海水程凡五十六更，計三千三百六十里。

其至關東旅順則取道廟島，自天橋口東北至廟島一更，船至鼉磯島一更，船至大小欽島一更，船至南北隍城一更，船至旅順洋交界所一更半。船九五更半，計三百三十里。

清・朱正元《江蘇沿海圖説》 吴淞：里距，西北距寶山縣城塘路六里，獅子林塘路十八里，距福山水路一百七十里，通州一百九十餘里，江陰二百九十餘里，圌山關四百四十里，鎮江四百九十里，金陵六百二十餘里，北距崇明南門港五十餘里，大輪或紆繞至八九十里，南距上海水路四十餘里，陸路三十餘里，南距浙江鎮海海程三百七十里。【略】

上海：里距，北距吴淞陸路三十餘里，西南距松江約百里，西距蘇州二百餘里。【略】

寶山：【略】里距，東南距吴淞鎮塘路六里，南距上海縣城陸路四十里，西北距獅子林礮臺塘路十二里，西北渡崇明，南門港江面五十里，大船或紆繞至八九十里。【略】

獅子林：里距，東南距寶山縣城塘路十二里，距吴淞口塘路十八里，西北距福山水路一百五十餘里，東北渡崇明南門港四十里，大船或紆繞至百里。【略】

崇明：里距，自縣治東南對渡吴淞口五十餘里，中間爲佛壽崇寶諸沙所阻大輪紆繞至八九十里，北渡惠隆諸沙皆十里。【略】

川沙：里距，西北距吴淞口五十餘里，南距南匯五十里，西距上海内河五十里。【略】

金山衛：里距，西距浙江乍浦塘路五十里，東北距拓林堡城三十六里，距奉賢縣城七十里，西北距泖涇四十餘里，【略】北距松江府七十餘里。【略】

海門【略】：里距，西距通州陸路七十里，東距海濱百餘里，南距江濱十餘里，均自廳署起計。【略】

吕四：里距，西距通州水陸路各一百數十里，距餘東場水陸路各六十里，距餘西場水陸路各百里，距金沙場水陸路各一百二十里，東北至海七八里至二十里不等。【略】

掘港：里距，西南距通州陸路九十里，西距如皋百餘里，東距東凌港口二十里。【略】

新洋港口：里距，口門西距划船港陸路六十里，南洋岸、北洋岸均八十餘里，鹽城一百一十里，水道竟紆繞至四百里。【略】

老黄河口：里距，西南距阜寧縣城陸路約二百里，西距佃湖一百數十里。【略】

射陽湖口：里距，湖口西距鮑家墩百餘里，距縣城二百餘里。【略】

灌河口：里距，西南距響水口一百里，西北距海州城二百里。【略】

高公島：里距，西南距海州城陸路九十五里，距南城由西路六十里，由東路八十里，距板浦八十里，距清江浦三百餘里。【略】

墟溝：里距，西南距海州城陸路七十五里，距南城六十里，距清江浦三百餘里。【略】

青口：里距，西北距贛榆縣城二十二里，西南距海州七十里，距林洪鎮五十餘里。【略】

朱蓬口：里距，西距贛榆縣城、西南距青口城均二十餘里，東北距山東山嵐頭四十餘里。【略】

劉河：里距，西北距白茆口六十里，距滸浦九十里，東南距吴淞口四十餘里，北渡崇明江而二十四里，西南距太倉州城陸路三十餘里，水路倍之。

白茆口：里距，東南距吴淞水路一百里，西距福山五十餘里。【略】

滸浦：里距，東南距吴淞口水路一百三十里，大船紆繞至一百四十里，西距福山二十五里，西北距通州蘆涇港五十餘里，北渡狼山，江面三十里，大船或紆繞至五六十里，内河距蘇州一百數十里。

福山：里距，東南距吴淞口水路一百六十里，西距江陰陸路約一百里，水路紆繞至一百數十里，對渡狼山，江面三十里，大船或紆繞至五六十里，内河距蘇州一百二十里。【略】

通州：里距，東南距滸浦五十餘里，距吴淞一百九十餘里，西距江陰一百里，距圌山關二百五十里，距鎮江三百里，距金陵四百四十餘里，南渡福山三十餘里，大船或紆繞至四五十里，均自蘆涇港起計。【略】

江陰：里距，東距通州蘆涇港水路一百里，距福山陸路亦約一百里，水路紆繞至一百四十里，東南距吴淞口二百九十里，西距圌山關一百四十五里，距鎮江一百九十五里，距金陵三百四十里。【略】

圌山關：里距，西距鎮江水道五十里，距金陵一百九十五里，東距江陰一百四十五里，距通州蘆涇港二百四十餘里，距吴淞口四百四十里，東北渡三江口十里。【略】

鎮江：里距，西距金陵水路一百四十五里，東距象山六里，距圌山關五十里，距江陰二百里，距通州蘆涇港三百里，距吴淞口四百九十里。

十二圩：里距，西距金陵下關水路一百零五里，東距鎮江三十五里，冬月中輪船繞世業洲以南紆至四十餘里。

金陵：里距，東距吴淞口六百三十餘里，距通州四百四十里，距江陰三百四十里，距圌山關一百九十五里，距鎮江一百四十五里，距十二圩一百零五里，西距蕪湖二百六十餘里，距太平府一百二十里，距安徽界七十里。

清·朱正元《浙江省沿海圖説》 乍浦：里距，西南距海鹽縣城陸路三十里，距澉浦城六十里，西距省垣二百二十里，西北距平湖縣城二十餘里，距嘉興府城七十里，東距江蘇金山衛五十里，東南距鎮海口海程二百里，距定海二百二十里，南渡餘姚，北海岸洋面五十里。【略】

澉浦：里距，東北距海鹽縣城陸路三十里，距乍浦六十里，西北距嘉興府城八十餘里，西距談仙嶺十里，距海寧州城七十餘里，距省垣一百六十里，南渡餘姚洋面四十里。【略】

蟹浦：里距，東南距鎮海縣城塘路三十里，西北距龍山城十二里。

鎮海：里距，西南距寧波府城水路四十里，西北距蟹浦鎮塘路三十里，距乍浦海程二百里，東距定海七十里，北距吴淞口四百里，實止三百七十里。【略】

寧波：里距，東北距鎮海縣城水路四十里，西北距餘姚縣城一百二十里，距慈谿縣城四十里，南距奉化縣城八十里。【略】

三山浦：里距，西南距新碶頭陸路五里，西距寧波府城七十里，距鎮海縣城四十里，東距穿山二十五里。【略】

穿山：里距，西距寧波府城陸路七十餘里，距鎮海縣城五十餘里，東北距定海海程五十里。【略】

象山港：里距，港口東北距定海海程九十里，北距鎮海紆繞至一百五十里，南距石浦一百一十里。【略】

舟山：里距，西距鎮海口海程七十里，西北距乍浦二百二十里，南距石浦一百八十里，距温州口五百四十里，均自道頭起計。【略】

沈家門：里距，西距定海廳治水陸路均四十里，距鎮海海程一百一十里，東距普陀十七里，距朱家尖北面月澳三十里，北距長塗港口六十餘里，大船須紆繞至百數十里。【略】

爵溪所：里距，西距象山縣城陸路二十餘里，北距定海海程一百二十餘里，距鎮海一百八十里，南距石浦六十里。【略】

石浦：里距，北距定海海程一百八十里，鎮海二百四十里，南距海門一百七十里，温州口三百五十里。【略】

健跳所：里距，東北距石浦海程七十里，大船紆繞至一百一十里，南距海門一百三十里。【略】

海門衛：里距，北距石浦海程一百七十里，南距温州口黄華關二百六十里，西北距台州府内河約百里，西南距黄巖縣五十里。【略】

松門衛：里距，北距海門海程二百里，距石浦二百里，南距温州口黄華關一百八十里，西距太平縣城陸路六十餘里。【略】

玉環：里距，由廳治南至坎門十九里，北至楚門渡十六里，東至後校門七里，西至西青渡八里，由坎門西至黄華關海程五十里，東北至松門百里。【略】

鏵鍬埠：里距，西南距樂清縣城陸路三十餘里，距蒲岐所城八里，距黄花關五十餘里，東距玉環西清渡海程二十里。【略】

温州：里距，由府城東至磐石衛水道三十五里，黄華關六十里，由黄華關南至飛雲江口海程百里，北至海門二百六十里，石浦三百五十里，定海五百四十里，鎮海六百里。【略】

飛雲江：里距，南距南北關海程一百三十里，北距温州口黄華關百里，大輪或紆繞至百數十里，均自江口起計。【略】

大漁口：里距，北距飛雲江口海程八十里，温州口一百六十里，大船紆繞至二百里，南距鎮下關五十餘里。【略】

南北關：里距，北距平陽縣城陸路一百三十里，距温州口海程二百里，大船或紆繞至二百數十里，西距沙埕港海程二十里。【略】

岱山：里距，東北距衢山倒斗澳海程三十八里，北距洋山五十餘里，南距舟山北澳四十里，距定海紆繞至百餘里，西南距鎮海一百一十里，東距長塗港口三十餘里，均自東沙角起計。【略】

長塗：里距，西北距衢山倒斗澳海程四十里，距岱山東沙角三十餘里，南距舟山北澳三十里，距定海紆繞至一百二十里，東南距沈家門六十餘里，西距鎮海一百二十里，均自長塗港口起計。【略】

衢山：里距，西南距岱山東沙角海程三十八里，東南距長塗港口四十里，南經竹嶼港至舟山北澳八十里，至定海紆繞至一百五十里，西北距洋山四十餘里，西南距鎮海一百四十里，均自倒斗澳起計。

清·朱正元《福建沿海圖説》 長門：里距，上距閩安水陸路均二十餘里，距馬尾四十餘里，距南臺八十里，距崖石水路三十餘里，距梅花五十里。【略】北距連江縣治陸路二十里，距東沖口水路一百五十里，距沙埕港口二百八十餘里，東南距海壇竹嶼門水路二百五十里，距廈門五百五十里。【略】

閩安：里距，西南距馬尾水陸路均二十餘里，距南臺五十餘里，東北距長門二十餘里，東距崖石水路二十餘里，距梅花三十餘里。【略】

馬尾：里距，西北距南臺水陸路均三十餘里，東北距洋嶼水路十餘里，距閩安水陸路均二十餘里，距長門四十餘里，均自船政局起計。【略】

崖石：里距，東距梅花水陸路均十餘里，西距閩安南岸礮臺水路二十里，北距長門水路三十餘里。【略】

梅花江：里距，西距崖石礮臺水陸路近十餘里，距閩安水路三十餘里，西北距長門由内港水路五十里，由外海止三十餘里。

連江：里距，南距長門陸路二十餘里，水路較紆，東距東岱二十里，均自縣

治起計。【略】

北茭：里距，西北距可門港口水路二十五里，距東沖四十餘里，西南距長門九十餘里，均自北茭角起計。【略】

東沖：里距，西距長門水路一百五十里，距海壇西面竹嶼門二百五十里，西南距廈門六百八十里，北距沙埕港口二百里，內距三都三十餘里。

三都：里距，外距東沖口水路三十五里，西距寧德縣治二十里，西南距飛鸞江口二十里，東北距白馬門三十五里。

松山口：里距，東距三沙水路三十里【略】，東北距沙埕水路一百里，西南距東沖水路一百二十里，均自松山起計。【略】

三沙：里距，西距福寧府治陸路四十餘里，水路至松山口三十里，東北距沙埕港口水路七十里，西南距東沖口一百二十里。【略】

嶅嶼：里距，東北距沙埕水路五十里，西南距東沖水路一百七十里。【略】

沙埕港：里距，西北距福鼎縣治水路五十餘里，東南渡南鎮水路五里，西南距東沖口水路二百里，距長門口二百八十餘里【略】北距浙江飛雲江口一百四十里，距溫州口黃華關二百二十餘里，均自沙埕鎮起計。【略】

松下口：里距，北距長樂縣治陸路七十里，距長門水路一百一十里，東南距海壇島平潭廳治水路六十里。【略】

鎮東口：里距，西北距縣治二十里，東南距海壇島平潭廳治水路七十餘里，南渡南日島一百三十里，均自鎮東城起計。【略】

海壇：里距，北距長門水路一百六十里，西距興化府三江口一百五十里，西南距南日島九十里，距湄洲島一百六十里，距廈門四百三十里，均自平潭廳治起計。

萬安：里距，北距長門水路一百八十里，西距興化府三江口一百里，西南距南日島水路四十里，東與海壇島隔岸相望，至平潭廳治則須紆至五十里左右。【略】

三江口：里距，北距涵頭鎮陸路五里，西距府治二十五里，水路較紆，東距江口鎮二十里，東北距省會約二百里，東南距南日島水路六十餘里，東距海壇平潭廳治水路一百五十里，東北距長門水路二百八十里。

南日：里距，西北距興化府三江口水路六十餘里，西距湄洲島水路六十里，東北距海壇島平潭廳治水路九十里，北距長門水路二百二十里。

平海：里距，西北距興化府陸路八十里，水路較紆，西南距湄洲水路二十餘里，距崇武九十里，【略】東距南日島三十餘里，東北距海壇島平潭廳治一百四十里。

湄洲：里距，東距南日島水路六十里，東北距海壇島平潭廳治一百六十里，西南距崇武城五十里，東北距平海二十餘里，北距三江口一百二十里，若北面對渡，由陸路至三江口較近。【略】

崇武：里距，西北距惠安縣治陸路五十里，西距泉州府治水路六十五里，陸路須經洛陽稍紆西南對渡祥芝三十五里，距永寧六十里，距深滬澳七十里，東北距湄洲六十里，距南日島一百二十里，距海壇島平潭廳治二百二十里。

永寧：里距，東北距祥芝陸路二十餘里【略】，距崇武城水路六十里，北距泉州府治八十里【略】，南渡深滬十里。【略】

深滬：里距，北渡永寧水路十里，【略】距泉州府治水路九十里，西南距圍頭三十里，西距安海八十餘里。【略】

圍頭：里距，東北距崇武水路一百里，距永寧水路四十里，【略】距深滬三十里，【略】北距泉州府治水路一百二十里，【略】西渡金門島水路二十里，若繞至島西面之後浦鎮【略】水路六十餘里，距廈門水路一百一十里，西北距東石水陸路均約五十里，距安海約六十里，【略】均自圍頭角起計。【略】

金門：里距，東北經祥芝角至泉州府治水路一百九十里，若由安海登陸路較近，北距同安縣治水路七十里，西距廈門水路五十里，距漳州府治一百三十里，均自西面後浦鎮起計。【略】

廈門：里距，東北距長門口水路五百五十里，距海壇島平潭廳治四百三十里，距崇武二百一十里，東距金門島後埔鎮五十里，北距同安縣治六十餘里，西距石馬鎮五十里，距漳州府治八十里，西南距銅山營二百一十里，距南澳島三百里。

陸鼇：里距，北距漳浦縣治陸路八十餘里，水路由西面舊鎮港上駛止五十餘里，東北距將軍澳水陸路均三十里，距鎮海九十里，距廈門水路一百五十里，西南距銅山營六十餘里。

銅山：里距，東北距廈門水路二百一十里，西南距南澳島之深澳口一百里，東渡古雷頭十里。【略】

宫口：里距，北距詔安縣治水陸路共四十里，東北距銅山水路八十里，西南渡柘林鎮水陸路均三十里。【略】

南澳：里距，東北距銅山城水路一百里，距廈門三百里，距海壇島平潭廳治六百七十里，距長門八百里，西距廣東潮州府屬之汕頭埠約一百里，均自深澳口起計。

清・鄒代鈞《京師大學堂中國地理講義》第六課《海岸》 渤海 渤海口門登州頭，與老鐵山南北距約一百九十里。

清・鄒代鈞《京師大學堂中國地理講義》第七課《海岸》 遼東灣口門西南向，灣之東北，爲遼河入海之口，口内四十餘里。【略】大凌河口之西南爲錦州澳，在錦州府南約七十里。【略】錦州澳之東南，有桃花島，在寧遠海岸之東，約二十里。【略】桃花島之東南，爲菊花島，【略】南距瓦倫角海岸約七八里。【略】又西爲溪角，有石崖在溪角上，名青峯島，又名秦皇島，【略】溪角與淺角相距約二十五六里。

清・鄒代鈞《京師大學堂中國地理講義》第八課《海岸》 自大沽口而面至岐口，其地灣而淺，距岸二十餘里皆淺沙。【略】老黄河口之東南，有淺沙傍岸，東南亘九十餘里。【略】黄河口之東南沿岸皆低，并有沙灘鋪入海中二百里，至萊州灣，在萊州之北，此二百里中，有小清河口。

清・鄒代鈞《京師大學堂中國地理講義》第九課《海岸》 鴨绿江口以西皆平岸，一百三十餘里爲大洋河口。【略】口内四十里，西岸有大孤山。【略】口外十餘里有二島，東西列。東曰大鹿，西曰小鹿。

自大洋河口至營頭澳二百餘里，海岸之南有數群島。【略】無産島之東約十二海里，有小島曰將軍石。【略】波爾邪爾列島之南偏東約四十五海里，有海洋島。南北約五海里。東西幾與相等。由漸而峭，島之巔高於海面一千三百二十尺。【略】其北角有沙頸相聯之小島，曰家地訥島，高三百五十尺。家地訥東北，約一海里，有橋洞石島。【略】海洋島之東南，約一海里，有白西島。

高程等數據部

山高廣數據分部

分論

漢·劉珍等《東觀漢記》卷二《紀二》 秭歸山,高四百餘丈。

南朝宋·范曄《後漢書》卷一〇六《五行志四》 南郡秭歸山,高四百丈。

唐·李沖昭《南嶽小録·五峯》 祝融峰,去地高九千七百八十丈。【略】紫蓋峰,去地高四千五百丈九尺。【略】雲密峰,昔夏禹治水登此峯,立碑紀其山高下丈尺,皆科斗文字。

宋·陳舜俞《廬山記》卷一《敘山水篇第一》 山高二千三百六十丈。

宋·施宿等《會稽志》卷九《山》 桐柏山,高一萬五千丈。

宋·施諤《臨安志》卷九《山川》 臨平山,【略】山高五十三丈。

皋亭山【略】高百餘丈。

青龍山【略】高七十餘丈。

母山【略】高一百餘丈。

佛日山【略】高六十餘丈。

黄鶴山【略】高約百餘丈。

超山【略】高三十七丈。

龍珠山【略】高約六七丈。

泰山【略】高約十五六丈。

大旗山【略】高約五十餘丈。

南鮑山【略】高約十餘丈。

南山【略】高約四十餘丈。

方山【略】高三十丈。

全山【略】高一十五丈。

苧山【略】高一十丈。

楊山【略】高二十丈。

唐墓山【略】高一十五丈。

近山【略】高十丈。

大遮山【略】高三百丈。

飲馬山【略】高二十丈。

安樂山【略】高三十丈。

石壁山、龍駒山、法華山【略】高四十餘丈。

三峰山【略】東山高一十五丈,周五里,西山高一十八丈,周四里,南山高一十二丈。

洛山【略】高五十八丈。

峨眉山【略】高一十八丈。

烏頭山【略】高八十餘丈。

石姥山【略】高五十餘丈。

獨山【略】高數十丈。

石姥嶺【略】高五十餘丈。

宋·周應合《建康志》卷一七《山川志·山阜》 鍾山,一名蔣山,在城東北一十五里,周迴六十里,高一百五十八丈。【略】

覆舟山,亦名龍山,又名龍舟山,在城北七里,周迴三里,高三十一丈。【略】

鷄籠山,在城西北六七里,高三十丈,周迴一十里。【略】

幕府山,在城西北二十里,周迴三十里,高七十丈。【略】

盧龍山,在城西北二十五里,周迴一十二里,高三十六丈。【略】

馬鞍山,在城西北十里,西臨大江東與石頭城接,高八十五丈。【略】

四望山,在城西北一十里,周迴三里,高一十七丈。【略】

大壯觀山,在城北一十八里,周迴五里,高二十八丈。【略】

直瀆山,在城北三十五里,周迴二十五里,高一十七丈。【略】

臨沂山,在城東北四十里,周迴三十里,高四十丈。【略】

雉亭山,在城東北四十里,周迴六里,高五十丈。【略】

衡陽山，在城東北四十五里，周迴九里，高二十九丈。【略】

攝山，一名繖山，蓋其狀似繖也，在城東北四十五里，周迴四十里，高一百三十二丈。【略】

白山，在城東三十里，周迴八里，高八十丈。【略】

苻堅山，在城東六十里，周迴一十五里，高六十丈。【略】

大城山，在城東七十里，周迴二十二里，高八十二丈，南連苻堅山，西連鴈門山，北連竹堂山。

雲穴山，在城東八十五里，周迴二十里，高九十七丈。【略】

土山，一名東山，在城東南二十里，周迴四里，高二十丈，無巖石，故曰土山。【略】

青龍山，在城東南三十五里，周迴二十里，高九十丈。【略】

祈澤山，有祈澤寺，在城東南三十五里，周迴一十里，高五十丈。【略】

丁山，在城東南四十里，周迴一十七里，高二十七丈。

石硊山，在城東南四十里，周迴一十五里，高二十七丈。【略】

方山，一名天印山，在城東南四十五里，高一百一十六丈，周迴二十七里。【略】

彭城山，有彭城館，在城東南四十五里，周迴九里，高二十七丈，西連祈澤山，北連青龍山。

鴈門山，在城東南六十里，周迴二十里，高一百二十五丈。【略】

竹堂山，在城東南七十五里，周迴一十六里，高九十二丈。【略】

横山，在城東南一百二十里，周迴八十里，高二百丈。【略】

梓桐山，在城南一十五里，高三十八丈。【略】

紫巖山，在城南一十五里，高三十八丈。【略】

夏侯山，在城南二十二里，周迴十里，高三十五丈，儀同三司夏侯亶居此，因名之。

甑蔽山，在城南二十三里，周迴八里，高二十五丈，以形似名之。

牛頭山，狀如牛頭，一名天闕山，又名仙窟山，在城南三十里，周迴四十七里，高一百四十丈。【略】

觀子山，在城南三十里，周迴四里一百步，高八十三丈。【略】

吉山，在城南四十五里，周迴三里，高一十丈，西臨大江。【略】

大青山，在城南四十五里，周迴三十五里，高一百二十五丈。【略】

三山，在城西南三十七里，周迴四里，高二十九丈。【略】

湖山，在江寧縣南三十里，周迴七里，高七十丈。【略】

車府山，在江寧縣四十里，周迴九里三百步，高一百丈。【略】

祖堂山，在江寧縣南四十五里，周迴四十里，高一百二十七丈。【略】

落星山，在江寧縣西南五十里，周迴二里，高一十丈。【略】

銅山，在江寧縣西南七十里，周迴一十九里，高一百丈。【略】

白都山，在江寧縣西南七十里，周迴五百步，高二十丈。【略】

鼓吹山，在城南八十里，周迴一十七里，高八十丈。【略】

龍山，在城西南九十五里，周迴二十四里，高一百一十二丈。【略】

慈姥山，在城西南一百一十里二百步，周迴二里，高三十丈。【略】

天竺山，在江寧縣西南一百二十里，周迴一十七里，高一十九丈。【略】

茅山，在句容縣東南四十五里，周迴一百五十里。【略】

絳巖山，一名赭山，在句容縣西南三十里，周迴二十四里，高一百六十五丈。【略】

射烏山，在句容縣西北五十里，周迴一十五里，高一十七丈。

五碁山，在句容縣北五十里，周迴二十里，高二十五丈。

銅山，在句容縣北六十里，周迴二十里，高八十七丈，以舊出銅故名。

戍山，在句容縣北六十里，周迴一十一里，高一十五丈。【略】

花碌山，在句容縣北五十里，周迴一十七里，高二十六丈，舊有礬坑。

東方山，在句容縣東南四十里，周迴一十五里，高四十二丈，東連僊几山。

周山，在句容縣南三十五里，周迴一十里，高一十丈。

崙山，在句容縣東北五十里，周迴一十五里，高一十七丈。【略】

駒驪山，在句容縣東北六十里，周迴二十五里，高三十九丈。

僊姑山，在句容縣東四十里茅山之側，周迴五里，高一十丈。

僊几山，在句容縣東南四十里茅山側，周迴三里一百步，高八丈，東連僊姑山。

丫頭山，在句容縣東南三十五里，周迴一十五里，高四十二丈，東連僊几山。

浮山，在句容縣南三十五里，周迴一十里，高一十二丈，西接周山。

胄山，在句容縣北三十五里，周迴一十二里，高一十六丈。

亭山，在句容縣北三十里，周迴一十五里，高二十丈。
青山，在句容縣北六十里，鬱罡山西，乾元觀北，周迴一十里，高一十三丈。
中山，在溧水縣東南一十五里，高一十丈，周迴五里。【略】
東破山，在溧水縣東南五十五里，高二十三丈，周迴一十七里。【略】
東廬山，在溧水縣東南一十五里，高六十八丈，周迴二十里。【略】
馬占山，在溧水縣東南三十五里，高一十八丈，周迴一十三里。【略】
匱船山，一名感泉山，在溧水縣南一十二里，高二十一丈，周迴一十八里。【略】
杜城山，在溧水縣南一十二里，高六十丈，周迴五十五里。【略】
竹澗山，在溧水縣東南一十八里，高一十二丈，周迴八里。
石城山，在溧水縣東南二十五里，周迴二十四里，高六十丈，上舊有石城院冷水亭基。
小茅山，在溧水縣西南五里，高一十七丈，周迴四里。
荆塘山，在溧水縣南一十里，高三十七丈，周迴二十里。
稟丘山，在溧水縣西三十里，高三十七丈，周迴二十里，上有井泉。
鳳棲山，在溧水縣西南七十里，高一十六丈，周迴八里。【略】
臘山，在溧水縣西南六十里，高一十四丈，周迴一十五里，西並石臼湖。
雀壘山，軍山，塔子山，馬頭山，並在溧水縣西南七十五里石臼湖内。
澳洞山，在溧水縣西南二十五里，高三十一丈，周迴一十八里。内有祈雨潭，禱之多應。
游子山，在溧水縣南八十二里，高二十丈，周迴一十里。【略】
蘆塘山，在溧水縣東南二十三里，高一十五丈，周迴二十二里。【略】
琛山，在溧水縣西一十五里，高一十一丈，周迴一十五里。【略】
回峰山，在溧水縣東南四十里，高三十七丈，周迴二十七里。【略】
石羊山，在溧水縣西南三十七里，高七十丈，周迴四十里。
土山，在溧水縣南五十里，高一十丈，周迴六里。
三山，在溧水縣東南一十里，高九丈，周迴一十里。
官塘山，在溧水縣東南二十五里，高一十一丈，周迴一十五里，下有大塘。
芝山，在溧水縣東南七十里，高三十九丈，周迴四十里。【略】
銅山，在溧水縣西四十里，高二十四丈，周迴一十三里。【略】

玉泉山，在溧水縣南一百一十里，高三十二丈，周迴一十八里。
卧龍山，在溧水縣北二十三里，高一十四丈，周迴一十里。
赤虎山，在溧水縣北三十三里，高一十丈，周迴十里。
白石山，在溧水縣北二十里，高一十丈，周迴十一里。
荆山，在溧水縣東南七十里，高四十二丈，周迴二十里。【略】
峒峴山，在溧水縣東二十里，高一十丈，周迴八里。
李墅山，在溧水縣東三十里，高二十丈，周迴一十六里，與句容縣茅山相接。
鹿子山，在溧水縣東一十五里，高一十丈，周迴九里，東接峒峴山。
浮山，在溧水縣東三十七里，高三十丈，周迴二十里，與句容縣茅山相接。
偎杏山，在溧水縣東南四十三里，高三十丈，周迴一十三里。【略】
爰景山，在溧水縣東北二十五里，高一十三丈，周迴一十里，與烏山相接。
烏山，在溧水縣北二十里，高二十八丈，周迴十五里。
鷄籠山，在溧水縣北三十里，高一十七丈，周迴一十二里，與爰景、烏山相接。
方山，在溧水縣東南六十五里，高一十二丈，周迴九里。南有青龍洞，與芝山相接。
赭山，在溧水縣東南五十里，高一十九丈，周迴二十一里。
靈嶽山，在溧水縣東南六十里，高二十一丈，周迴一十五里。
南鷄籠山，在溧水縣東南一百二十里，高三十二丈，周迴二十里。
遮軍山，在溧水縣南八十五里，高五十五丈，周迴二十三里，山北有水下入固城湖。
太山，在溧水縣南七十六里，高三十四丈，周迴二十五里。
秀山，在溧水縣南九十五里，高一十三丈八尺，周迴九里二百步。【略】
禪林山，在溧水縣南八十里，高四十一丈，周迴一十八里，上有寺。
黄山，在溧水縣東南一十里，高九丈，周迴一十里。
溧陽山，在溧水縣東南一十二里，高二十五丈，周迴七里一百步。【略】
濁山，在溧水縣東南一十里，高一十丈，周迴五里。【略】
巖山，在溧陽縣西十一里，周迴五里，高二十丈。【略】
桂林山，在溧陽縣西南三十里，周迴十五里，高五十丈。【略】
龍潭山，在溧陽縣南四十五里，周迴十五里，高二十七丈。【略】

虎山,在溧陽縣西南五十里,周迴五里,高二十丈。

青山,在溧陽縣南六十里,高十七丈,周迴十里。

神山,在溧陽縣南四十里,高五十丈,周迴二十里。

朝山,在溧陽縣西南二十里,高十五丈,周迴五十里。

盤白山,一名高邃山,在溧陽縣西南四十里,高五十六丈,周迴十里。【略】

伍牙山,一名護牙山,在溧陽縣西南六十里,高一百七十丈,周迴四十里。【略】

荆山,在溧陽縣西南四十里,高六十丈,周迴二十里。【略】

獨山,在溧陽縣西南六十五里,高二十九丈,周迴一十里。

鐵冶山,一名鐵峴山,在溧陽縣西南七十里,高一百八十丈,周迴二十里。【略】

三王山,一名三首山,在溧陽縣西南五十里,高二十丈,周迴一百餘步。【略】

銀方山,在溧陽縣南五十三里,高三十六丈,周迴一十五里。

結都山,在溧陽縣南五十里,高五十八丈,周迴一十八里。

鷄籠山,在溧陽縣南十二里,高十七丈,周迴三里。

屏風山,在溧陽縣南十五里,高九丈,周迴五里一百二十四步。山形如屏風。

石屋山,在溧陽縣南六十里,高三丈,周迴一百步。【略】

堠山,在溧陽縣南二十五里,高十八丈,周迴五里。【略】

懸鼓山,在溧陽縣南五十里,高六十丈,周迴二十二里。【略】

氳里山,在溧陽縣南五十里,高四十六丈,周迴一十五里。

金山,在溧陽縣南五十里,高五十丈,周迴三十里。

鐵山,在溧陽縣東南五十里,高六十丈,周迴二十八里。【略】

新婦山,在溧陽縣東南五十里,高三十五丈,周迴一十八里。

三鶴山,一名僊山,在溧陽縣東南六十里,高八十丈,周迴十五里。【略】

銅官山,在溧陽縣東南五十八里,高十八丈,周迴十六里。【略】

雲泉山,一名下山,一名夏山,在溧陽縣東南三十五里,高二十二丈,周迴十里。【略】

金鷄山,在溧陽縣東十里,高十二丈,周迴五里。

㠀山,在溧陽縣東北二十五里,洮湖之上,周迴十里,高十一丈。【略】

大岯山,一名大巫山,一名浮山,在溧陽縣東北四十五里,洮湖中,周迴三百五十步,高八丈。【略】

小岯山,一名小巫山,在溧陽縣東北二十五里,洮湖中,周迴四里,高五丈。【略】

張汊山,在溧陽縣東北三十五里,周迴三里,高七丈。

大蒻山,在溧陽縣北四十五里,洮湖東,周迴四里,高一十丈。

小蒻山,在溧陽縣北四十里,洮湖東,周迴二里,高六丈。

雷公山,一名雷山,在溧陽縣北三十七里,周迴五里,高十二丈。【略】

落霞山,一名霞山,在溧陽縣北四十里,周迴三里,高九丈。【略】

平陵山,在溧陽縣西北三十里,周迴三里,高三丈。【略】

土山,在溧陽縣北三十五里,周迴三里,高十二丈。

黄金山,在溧陽縣北七十里,周迴二里,高十三丈,雨後土色如金。

瓦屋山,在溧陽縣西北八十里,周迴二十里,高一百六十七丈。【略】

丫頭山,一名丫僊山,一名丫山,在溧陽縣西北八十里,周迴三十里,高一百八十五丈。【略】

曹山,一名曹姥山,在溧陽縣西北八十五里,周迴二十里,高八十四丈。【略】

秀山,在溧陽縣西七里,周迴一里,高十一丈。

菱山,在溧陽縣西十里,周迴四里,高十七丈。山有龍潭,禱之有驗。

姥山,在溧陽縣西十里,周迴六里,高十二丈。

大石山,在溧陽縣西十五里,周迴七里,高二十二丈。【略】

黄山,在溧陽縣西四十二里,周迴三里,高五丈。【略】

谷山,在溧陽縣西四十里,周迴二里,高十二丈。

燕山,在溧陽縣西九里,周迴五里,高二十一丈。

投龍山,在溧陽縣西十一里,周迴六里,高十二丈。

石門山,在溧陽縣西十三里,周迴四里,高十丈。

吕長山,在溧陽縣西二十里,周迴四十里,高十丈。

芝山,在溧陽縣西八十里,周迴二十五里,高四十五丈。舊志。

花山,在溧陽縣西四十五里,周迴六里,高十五丈。

明・王誥、劉雨《江寧縣誌》卷二《山阜》 梓橦山，在縣南，去京城十五里，高三十八丈。【略】

夏侯山，在縣南京城外，周十里，高三十五丈。【略】

甑蔽山，在夏侯山南二里許，周八里，高二十五丈。【略】

牛首山，在縣南安德門外二十三里，高一百四十丈，周四十七里。【略】

吉山，【略】在烏石岡北，周三里，高十丈。

觀子山，在縣南，去京城三十里，周四里一百步，高八十三丈。【略】

大青山，南去觀子山十五里，高一百二十五丈，周三十五里。

三山，濱江，在江寧鎮西，周四里，高二十九丈。【略】

湖山，在縣南，去京城二十五里，高七十丈，周七里。上有湖，久旱不涸。

車府山，在縣西南四十四里，周九里二百步，高一百丈。【略】

祖堂山，在牛首山南十里，高一百二十七丈，周四十里。【略】

落星山，在縣板橋市，西臨大江，周二里，高十丈。【略】

銅山，在縣銅山鄉，去京城七十里，高一百丈，周十九里。

白都山，在縣西南七十里，【略】高二十丈。【略】

鼓吹山，在縣南八十里，高八十丈，周十七里。【略】

龍山，在縣西南九十五里，高一百十二丈，周二十四里。以其山似龍形故名。

龍口山，在縣西南三十五里，高十八丈。【略】

白蕩山，去龍口山三十五里，高四十五丈，周二十里。其北爲高墟山。

慈姥山，【略】在縣西南一百一十里二百步【略】周二里，高三十丈。【略】

天竺山，在慈姥山西十里，高十九丈，周十七里。【略】

橫山，在縣東南一百二十里，接太平府界，周八十里，高二百丈。【略】

石子岡，一名石子墩，在梓橦山北，長二十里，高十八丈。【略】

段石岡，在牛首山東北，又名巘山，周十五里，高二十二丈。【略】

落星岡，近落星洲，去縣西三十里，周十里，上有小阜，高數丈。

清・閔派魯《溧水縣誌》卷五《山川志》 中山，東一十一里，高一十丈，周五里。【略】

濁山，東一十里，高十丈，周五里。【略】

廬山，東二十五里，高六十八丈，周回二十里。【略】

鹿子山，東一十五里，高一十丈，周九里，接峒峴山。

峒峴山，東二十里，高十丈，周八里。【略】

官塘山，東二十五里，高一十一丈，周回一十五里，有下堰塘。

李墅山，東三十里，高二十丈，周一十六里。【略】

浮山，東三十七里，高三十丈，周二十里。【略】

竹澗山，東南一十八里，高十二丈，周回八里。

馬鞍山，東南一十二里，高二十五丈，周七里一百步。一名溧陽山即此。【略】

黃山，東南一十五里，高九丈，周回一十里。

三山，東南二十里，高九丈，周回一十里。【略】

馬占山，東南三十五里，高一十八丈，周一十三里。【略】

靈嶽山，東南六十里，高二十一丈，周二十五里。【略】

芝山，東南七十里，高三十九丈，周四十里。【略】

荊塘山，南一十里，高三十七丈，周二十里。【略】

橫山，西三十里，高百丈，周百里。

清・賀長齡《清朝經世文編》卷七九《兵政十・地利下》 岡底斯山考四川通志

岡底斯山在阿里之達克喇城東北三百十里，直陝西西寧府西南五千五百九十餘里，其山高五百五十餘丈，周一百四十餘里，四面峰巒陡絕，高出乎衆山者百餘丈。

清・黃沛翹《西藏圖考》卷五《名川大川詳考》 岡底斯山，在阿里之達克喇城東北三百十里，直陝西西南府西南五千五百九十餘里，其山高五百五十餘丈，周一百四十餘里。四面峯巒陡絕，高出乎衆山者百餘丈。

清・屠寄《黑龍江輿圖說・呼蘭廳》 硯臺山在廳東六十里，高十丈。

小巴爾集瑪山，即小蒙古爾山，在廳東偏北二十里，高十一丈。

巴爾集瑪山，即大蒙古爾山，在廳東偏北五十里，高七十丈。

黑山，在廳東偏北六十里，高三十八丈。

察哈爾庫山，在廳東偏北八十九里，高三十丈。

玉皇閣山，在廳偏北百二十里，高十五丈。

駱駝石子，在廳東北三十里，高五十丈。

東保保山，在廳東北三里，高二十丈。
門面山，在廳東北七十三里，高十二丈。
富尼業和山，在廳東北九十三里，高十八丈。
南天門山，在廳東北八十里，高十九丈。
黑山，在廳北七十里，高四十丈。
青頂山，在廳北偏西十二里，高十五丈。
西保保山，在廳北偏西三十二里，高二十丈。
蘇瓦延山，即疙疸山，在廳北偏西四十六里，高二十丈。
綽爾博奇山，在廳西北八十里，高二十丈。
善音富勒哈山，在廳西北八十二里，高十丈。
尼瑪拉山，在廳西三十二里，高二十二丈。
碩羅山，在廳西四十二里，高十一丈。
阿力罕山，在廳西偏北六十八里，高九丈。

清・屠寄《黑龍江輿圖説・綏化廳》 紅石砬子，在廳東偏南百十有二里，高三十五丈。
肯臺山，在廳東百二十里，高十丈。
鐵山包岡，在廳東百三十里，高四十丈。
疙疸山，在廳東偏北八十八里，高十五丈。
小疙疸山，在廳東偏北百二十六里，高十二丈。
老頭山岡，在廳東偏北百三十七里，高十八丈。
大疙疸山，在廳東偏北百三十二里，高二十丈。
東疙疸山，在廳東偏北百五十里，高十五丈。
桃山，在廳東偏北百六十里，高二十丈。
闞門觜，在廳東偏北百七十六里，高二十丈。
肯臺山，在廳東偏北百八十七里，高十三丈。
小翰額木山，在廳東北百七十二里，高二十丈。
太平山，在廳東北八十四里，高八丈。
博克托山，在廳東北百七十七里，高九丈。
聚寶山，在廳東南十五里，高十丈。
二龍山，在廳東南二十二里，高十二丈。
孟家小山，在廳北偏東三十里，高九丈。

清・李誠《萬山綱目》卷一《總綱》 岡底斯山，在西藏極西阿里達克喇城東北三百十里，當甘肅西寧府西南五千五百九十餘里，西三十六度四分，極出地三十度五分。地勢自西南徼外漸西漸高，至岡底斯而極，其山高五百五十餘丈，周一百四十餘里。四面峰巒陡絶，高出衆山百餘丈。

水深潮高水面數據分部

分論

明・王誥、劉雨《江寧縣誌》卷二《川澤・湖堰附》 婁湖，在縣東南，周十里，溉田二十頃。【略】
梁墟湖，在縣東南，周十里，溉田二十頃。【略】
高亭湖，在縣東南，周二十里，溉田二十五頃。【略】
石坳湖，在縣南，周二十二里，溉田四十餘頃。
河湖，在縣西南，周八里，溉田十頃。
笪湖，在縣南，周五里，溉田十五頃。
銀湖，在縣南，周十三里，溉田二十頃。
白都湖，在縣南，周八里，溉田二十五頃，西連白都山。
葛塘湖，在縣東南，周七里，溉田四十頃。【略】
江寧浦，在縣南，源出太平路當塗縣界，長三十里，闊七尺，深一丈二尺，溉田一百二十頃。夏秋勝三百石舟，春冬勝百石舟。

清・閔派魯《溧水縣誌》卷五《山川志・湖》 丹陽湖，縣西七十里，周回百九十五里，深三丈。【略】
石臼湖，西南四十里，縱五十里，橫四十里。【略】

砂湖，南六十里，今開堰，周回五十畝。

清・閔派魯《溧水縣誌》卷五《山川志・堰》 烏刹堰，縣北四十五里，長一里，闊一丈五尺。

官塘堰，東二十五里，計三十六畝。

砂塘堰，南六十五里，舊名砂湖，計五十六畝。

清・朱正元《江浙閩三省沿海圖說・江蘇沿海圖說》 吴淞：水道，口門兩旁均有淺沙，東有燈船，西有浮筒以爲行船標準。燈船與浮筒間亦僅深三拓，故吃水稍深之船須乘潮出入。口内深五六拓至七八拓不等。【略】

潮汐，朔望日潮漲於十二點二刻十分鐘，大潮高一丈五尺，小潮高九尺。

上海：水道，黄浦江在楊樹浦一帶，闊一里餘，北岸深一二拓，南岸四五拓，下海浦寬如之，深三四拓，虹口至闊處一里半，北岸深四五拓，至七八拓，南岸僅深一二拓，轉彎處【略】闊止半里，深八九拓至十四五拓。英法租界闊一里左右，深六七拓，法租界較淺，東門外闊一里，深五六拓。【略】自此以南闊不及一里，深五六拓至八九拓，製造局前複闊一里餘，北岸止深二三拓，南岸深三四拓，再南闊一里至二里餘，深三四拓至五六拓。

潮汐，朔望日潮漲於一點半鐘，大潮高一丈一尺，小潮高七尺。

寶山：水道，寶山與崇寶沙間名南水道。深七八拓，塘外深三拓，輪船常行水道距岸約三里。【略】

潮汐，朔望日漲於十二點二刻十三分鐘，大潮高一丈四尺，小潮高八尺。

獅子林：水道，北有暗沙攔阻，故入江水道寬不及十里，中間深七八拓，輪船常行水路距岸約四里。

潮汐，朔望日潮漲於十二點三刻五分鐘，大潮高一丈四尺，小潮高八尺。【略】

崇明：水道，從前大輪進出長江口均由南水道，【略】近年探明北水路亦深三拓以外，故由南洋至者，仍由南水道，由北洋至者，改由北水道，船路較近。自十溦以西至南門港，深自三四拓至五六拓不等，且距岸甚近。南門港以西則爲沙攔阻，不能通行。崇明北面水道有深至八九拓尚未及底者，惟淺深不一，其東西兩端潮退僅深八尺左右，即西圖所謂假水道也。

潮汐，十溦口朔望日潮漲於十二點十一分鐘，大潮高一丈二尺半。

川沙：水道，東面白龍港爲廳屬汊港之最，今幾淤成平陸，潮漲時僅容小艇，此外近岸一帶均有淺灘，惟礟臺前離岸半里，即深三四拓，南匯沿海一帶沙灘尤寬。【略】

潮汐，朔望日潮漲於十一點三刻三分鐘，大潮高一丈五尺，小潮高一丈。

金山衛：水道，沿海一帶淺沙至金山嘴而盡，潮退漁船尚可到岸，距岸一二里外，即深二三拓至四五拓不等，柘林奉賢水道稍遠。【略】

潮汐，朔望日潮漲於十一點二刻八分鐘，大潮高一丈八尺。

沙礁，沿海一帶均係淺沙，寬二三里至三四里不等，惟金山嘴獨無。近金山有暗礁兩處。

海門：水道，宋季圩角等港口均深五拓，南面距岸四五里爲崇明西沙尾攔阻，此沙直伸向西，與狼山淺沙相連，沙尾上潮退，僅深八尺半，自圩角港以東，有探至八九拓尚未到底者。惟淺沙節阻，水道極曲。再東行至約能瞭見佘山，即有淺沙横亘，潮退亦僅深八尺左右。東面塘蘆港北口即蓼角嘴，西圖所記尚深三四拓。【略】

吕四：水道，東北舊有泗港大樣長稍潑水四港，見經淤塞不通舟楫，大輪常行之路約遠二百里，内河水道通通州、海門、餘東、餘西、金沙、石港、掘港等處。【略】

潮汐，朔望日潮漲於十二點一刻鐘，大潮高一丈三尺。

沙礁，淺沙入海遠至數十里，潮退露水面者亦十餘里。

掘港：水道，掘港不通外海，惟東面有東凌港，其北七里有新港，又三里有長沙灘。口門雖經淤塞，商漁船可由東南之麻蝦套隨潮而至。又長沙灘北四十餘里有河北汀港，又十里有環港，潮退港内水深三四尺，或五尺不等。内河通通州、如皋、石港、豐利、吕四等處。【略】

潮汐，朔望日潮漲於十二點三刻鐘，大潮高一丈餘，秋汛時潮潮漲漫至距南坎鎮里許。

新洋港口：水道，新洋港口門潮退尚闊三十餘丈，惟水道極曲，且多淺沙，大商船亦須乘潮方能出入。口外有攔門沙，又有大沙及五條沙，商漁船之諳習水道者，可由大沙以南之沙間行駛，大輪則必須繞過五條沙，由西北而至。然亦止能於距口數十里外停泊，内河民船可由新洋口西行，過鹽城北門外天后閘，小船過鹽城東門外石礎閘，均可通清江、揚州等處，南面鬭龍港淤沙節阻，僅通小船。【略】

潮汐，朔望日潮漲於三點一刻鐘，大潮高一丈餘。

射陽湖口：水道，口門潮漲寬三里，潮退寬二里，深二拓左右。【略】

潮汐，朔望日潮漲於三點一刻鐘，大潮高一丈餘。

老黄河口：水道，河身節節淤塞，惟近口十餘里尚通水道，潮漲寬約十丈，潮退寬四五丈，深四五尺，遇淮運兩河盛漲時，以此爲尾閭。【略】

潮汐，朔望日潮漲於四點半鐘，大潮高一丈餘。

灌河口：水道，口外潮退止深三四尺，十餘里外方有深水可泊大輪，進口十餘里深六七尺，再進至響水口一帶則深至二拓餘。【略】

潮汐，朔望日潮漲於五點一刻，大潮高一丈三四尺。

沙礁，近口十餘里，一片淺沙。

高公島：水道，羊山南面深六七尺，民船多泊於此，東北距岸里許，深三四拓，西北凰窩山一帶及鷹游門深一拓左右。【略】

沙礁，東南埒子口淺沙闊至十餘里，南面大板跳口闊四五里，以漸而窄至此幾盡。

墟溝：水道，口外有沙鴿子島，北面水深一二拓，至西連島之龜山頭，深六七拓至八九拓不等，鷹游山與紅石嘴間曰鷹游門，深一拓，東連島北面深七八拓，西墅西北一帶止深一二拓，竹島北面深三四拓。【略】

潮汐，朔望日潮漲於六點一刻鐘，大潮高一丈四尺。

青口：水道，口内水深一二尺至三四尺不等。口外潮退，一片淺灘，沙船任其擱置。口外沙間秦山西南一帶水深一二拓，東北水道頗深，大輪亦可停泊。【略】

潮汐，朔望日潮漲於六點半鐘，大潮高一丈五尺。

朱蓬口：水道，口内已經淤塞，深處亦不過一二尺，口外二里餘即係深水，近秦山東北面可泊大輪。【略】

潮汐，朔望日潮漲於六點半鐘，大潮高一丈五尺。

劉河：水道，口外淺灘入江甚遠，輪船常行水道距岸十里，中小輪船亦止能停泊五六里外。近口處更有淺沙一道，潮退僅深二尺，若門之有閾也。【略】

潮汐，朔望日潮漲於一點鐘，大潮高一丈四尺。

沙礁，口外淺沙寬約五里。

白茆口：水道，江口白茆老鼠兩沙間，向爲輪船必道之路，近年漸淤，潮退僅深八尺，船路遂改由老鼠沙北面行駛，距口岸八里。【略】

潮汐，朔望日潮漲於一點一刻十分鐘，大潮高一丈三尺，小潮高八尺。

滸浦：水道，長江自江陰而下，均駛近北岸，至此須折向南行，輪船常行水道距岸四里，深四五拓至十餘拓不等。從前江口有淺沙二道，船行其間，路亦甚窄，見南面之沙已經刷去，可以暢行。內河可通蘇常各府，潮退尚數尺，近處支河，此爲最大。【略】

潮汐，朔望日潮漲於一點二刻十分鐘，大潮高一丈二尺。

福山：水路，西北面有諸沙攔阻，欲溯江而上，須先折向東行，然後由窄水道向西北行。

潮汐，朔望日潮漲於一點三刻十分鐘，大潮高一丈二尺。【略】

通州：水道，【略】常行水道距岸一里，蘆涇港爲商輪停泊之所，各小港寬均不過二丈，深二三尺。【略】

江陰：水道，此間江面寬三四里不等，小角山前最窄，止寬二里半，輪船常行水路，距黄山大礮臺約一里半，距小角山嘴礮臺約三分里之二，距北岸天生港礮臺約二里，中間船路約深七八拓至十餘拓不等，亦有深至二十拓者。【略】

潮汐，朔望日潮漲於三點半鐘，大潮高八尺。

沙礁，此間江面較窄，水受束約，故無積沙，下游距江陰約四五十里。

圌山關：水道，此間水道南淺北深，輪船常行之路，距北岸天袱洲、東生洲各礮臺止半里，距南岸山頂各礮臺二三里至三四里不等，船路深均在九拓以外，江面寬二里至三四里不等。太平洲西面夾江寬僅一里左右，深則自五拓至六七拓不等。惟東口有淺沙，至深處亦止二三拓。北岸三江口有內河，可通揚州等處。【略】

潮汐，朔望日潮漲於六點鐘，大潮高六尺。

鎮江：水道，此間江面寬三里，中間深十餘拓至二十餘拓不等。象山前【略】深三四拓至五六拓不等。焦山以北水道頗深，惟焦山東沙尾上止深二三拓。和尚洲以北雖有水道可通三江口，因太紆遠，即民船亦鮮行駛者。內河由瓜洲至揚州清江可行小輪。【略】

潮汐，朔望日潮漲於七點鐘，大潮高五尺。

十二圩：水道，此間水道爲世業洲歧而爲二，南水道深在八拓以外，北水道深淺不一，近十二紆前止深三拓左右。冬月中輪均改由南水道行駛。【略】

潮汐，朔望日潮漲於八點半鐘，大潮高四尺餘。

沙礁，西面二十五里，近北岸有礁曰鐵板礁。

金陵：水道，自十二圩以上至烏龍山水道又分爲二支，南水道較近，深三拓至六七拓不等，江面亦窄，因禁輪船往來，北水道紆繞如大環，寬二三里不等，深皆在九拓以外。至近下關兩支合而爲一，江面較寬，深十餘拓至二十餘拓。長江水道深淺均指冬月水退而言，然上下游每處不同，以金陵而論，冬夏相去一丈五尺至一丈七尺。

清・朱正元《江浙閩三省沿海圖説・浙江沿海圖説》 乍浦：水道，南門外天后宫前沙灘逐年淤積，潮退均露水面。東面自觀山至益山及再東之獨山均深二三拓至四五拓不等，近裏蒲山更深，南面彩旗門則深至二十餘拓。海底均係輭沙泥，惟此間潮力甚猛，風浪尤大，船難久泊。大孟與小孟間水深四五拓。【略】

潮汐，朔望日潮漲於十一點三刻鐘，大潮高二丈五尺。

澉浦：水道，南門外黄道關口爲民船停泊之處，外有淺沙遥護，出入必經東面之巫子門，【略】門深數十拓。【略】北面青山及西北秦駐山脚均深二三拓至六七拓不等。【略】

潮汐，朔望日潮漲於半點鐘，大潮高三丈二尺。【略】

蟹浦：水道，鎮海口西北一帶海岸均有淺沙入海甚遠，惟蟹浦離岸一二里外即深二三拓至三四拓不等。

潮汐，朔望日潮漲於十一點一刻十分鐘，大潮高一丈二尺。

鎮海：水道，大浹江上通餘姚、上虞、慈谿、奉化諸縣，自鎮海至寧波江面寬約二百拓，招寶山與金雞山間深二拓餘，江南鎮前深八九拓。自此以上均深二拓至五拓不等。【略】

潮汐，朔望日潮漲於十一點一刻五分鐘，大潮高一丈三尺半。

寧波：水道，自鎮海至寧波河道長四十里，深二拓至五拓不等。【略】

潮汐，朔望日潮漲於一點鐘，大潮高八尺七寸。

三山浦：水道，口門外水流甚急，亦無障風之處，商漁船隻均乘潮進新碶頭停泊。

潮汐，朔望日潮漲於十一點鐘，大潮高一丈二尺。【略】

穿山：潮汐，朔望日潮漲於十點三刻鐘，大潮高一丈三尺，小潮高六尺。

象山港：水道，港長約九十里，寬五六里至十餘里不等，深約四拓，入内深七八拓至十拓不等。【略】

潮汐，朔望日潮漲於十點半鐘，大潮高二丈。

舟山：水道，南面道頭水深四五拓至十餘拓不等，東面竹山門深三十餘拓，螺頭門深十餘拓，蟹嶼門深三四十拓，貓港深五六十拓，吉祥門深十餘拓，西堠門深三四十拓。【略】蟹嶼門之北曰螺頭門，爲中小輪常行之路，然大輪亦能過之。東面十六門船路曲折，小輪過此亦待潮平。北面各澳亦深七八拓至十餘拓。【略】

潮汐，朔望日潮漲於十點一刻五分鐘，大潮高一丈三尺，小潮高八尺七寸。

沈家門：水道，沈家門港寬約半里，深三四拓至五六拓不等。自此以西至定海，可傍近老山而行，除馬秦山西三四里及茶山與老山間均止深二拓左右外，餘皆深三四拓至十餘拓不等。【略】輪而過魯家嶼與順母塗間水道深三四拓至六七拓。【略】又馬秦東西兩面亦各深二拓餘。東面蓮花洋洋面雖寬，深止一拓餘。【略】

潮汐，朔望日潮漲於十點鐘，大潮高一丈四尺。

爵溪所：水道，爵溪澳門雖寬，水道甚淺，吃水六七尺之船亦僅能停泊十餘里外羊背山與陸岸間。羊背山與青門山間水道尤淺。

石浦：水道，【略】石浦城西南面深四五拓至十餘拓。【略】

潮汐，朔望日潮漲於九點一刻鐘，大潮高一丈八尺，小潮高一丈。

健跳所：水道，狗頭山與藍嘴間僅深一二拓，亦有深不及拓者，入内則三四拓至七八拓不等。【略】

潮汐，朔望日潮漲於十點一刻五分鐘，大潮高一丈五尺。

海門衛：水道，海門口外水道雖寬，深僅一拓餘。近口處水受兩山束約，流力頗勁，水道遂因之而深。口内自城垣前上至葭芷鎮水道，深自三四拓至四五拓不等。【略】

潮汐，朔望日潮漲於十點鐘，大潮高一丈八尺。

松門衛：水道，松門水道近年漸淤，吃水六七尺之船止能停泊十里外之龍王堂。【略】

潮汐，朔望日潮漲於九點三刻鐘，大潮高一丈三尺。

玉環：水道，東面有淺沙，大船不能近。東南坎門【略】泊船處深三四拓至五六拓不等。黃門深六拓，外黃門山南面深十餘拓，老龍頭與橫址山間深二十餘拓，西面深至十餘拓。惟西北大青小青間均係淺沙，潮退有僅深一拓餘者。北面近楚門陸岸則深至四五拓至六七拓不等。【略】中小輪船停泊坎門最宜，大輪須泊西面水深七八拓處。【略】

潮汐，朔望日潮漲於九點半鐘，大潮高一丈三尺。

鐽鍬埠：水道，甌江口外北岸一帶均係淺沙，惟鐽鍬埠潮退尚深四五拓。【略】

潮汐，朔望日潮漲於十點鐘，大潮高一丈二尺。【略】

溫州：潮汐，朔望日府城前潮漲於十點一刻鐘，大潮高一丈八尺，小潮高七尺。

飛雲江：水道，江面寬三四里，口門深約一拓，入內至礮臺前漸深至一拓半，隆山前二拓，西門外三拓。【略】

潮汐，朔望日潮漲於九點半鐘，大潮高一丈八尺。

大漁口：水道，澳內深一拓餘，近官山南北面均深二三拓。【略】

潮汐，朔望日潮漲於九點三刻鐘，大潮高一丈六尺。

南北關：水道，鎮下關東西南三面懸水，西北爲大澳，澳內均係淺塗，不能收泊。南面有南關、鼠尾兩山爲屏障，水深二三拓，爲停泊民船之穩道。【略】西面虎頭鼻與南鎮山間爲沙埕港口，窄而深，內寬三四里，深六七拓至十餘拓不等。【略】

岱山：水道，岱山洋面皆深四五拓至七八拓不等，惟近蚕篷山或名鐵墩山深十餘拓至二十餘拓，南面官山一帶尤深。中小輪船東沙角亦可停泊。若轉西北風，須移泊兩頭洞。【略】

潮汐，朔望日潮漲於十一點一刻鐘，大潮高一丈二尺，小潮高九尺。

長塗：水道，北面爲衢港，南爲黃大洋，均深七八拓。長塗港中段約深六七拓，北面轉彎處深至二十拓，南口稍淺約五六拓。【略】

潮汐，朔望日潮漲於十點十四分鐘，大潮高一丈二尺，小潮高九尺。

衢山：水道，南曰衢港，深六七拓至八九拓不等，北曰黃澤港，深十餘拓。東面大洋深十餘拓至二十餘拓不等，西面稍淺，止深四五拓，北面黃澤小衢與衢山間爲極穩錨地。【略】

潮汐，朔望日潮漲於十點一刻鐘，大潮高一丈二尺，小潮高九尺。

清·朱正元《江浙閩三省沿海圖說·福建沿海圖說》 長門：水道，長門寬一里，深十餘拓，口內外深四五拓至五六拓不等。惟芭蕉尾東南有淺沙一道，與該島相連，潮退僅深一拓餘。【略】

潮汐，朔望日潮漲於十點二刻十分鐘，大潮高一丈八尺，小潮高八九尺。

閩安：水道，閩安水道寬一里餘，兩岸深六七拓，中間深十餘拓，自此上至羅星塔，下至長門，深四五拓至六七拓不等。惟洋嶼前稍淺，潮退止深三拓左右，而寬則倍之。南面梅花江潮退不及拓，然此間大潮高至一丈七八尺，雖非輪路，有事時亦防乘越。【略】

潮汐，朔望日潮漲於十一點鐘，大潮高一丈七尺，小潮高七尺。

馬尾：水道，羅星塔與海關間水道寬二里半，北岸甚淺，南岸深五六拓至七八拓不等，爲兵商輪船極穩錨地。自海關以上，既過羅星塔西南之淺處約深二三拓，亦可至船政局前水深五六拓處停泊。馬尾以上淺沙節阻，小輪進出亦須候潮。

潮汐，朔望日潮漲於十一點三刻五分鐘，大潮高一丈七尺，小潮高七八尺。

崖石：水道，此間水道寬三里，深三四拓，亦有淺至一二拓者。馬礁與礮臺間深五拓餘，自此以西不甚懸殊，惟此段水道中深而兩端謂梅花及滬嶼兩處俱淺，潮退約均在二拓左右，故非大船常行之路。【略】

潮汐，朔望日潮漲於十點二刻十分鐘，大潮高一丈七八尺。

梅花江：水道，梅花與琅崎隔岸相望，中有極大淺沙俗名沙汶，未知取義，遂分水道爲二。二水道間深二三拓至三四拓不等。口外則深不及拓，雖此間大潮高至一丈七八尺，平時不敢冒險試行。【略】

潮汐，朔望日潮漲於十點半鐘，大潮高一丈七八尺。【略】

連江：水道，連江城南門外深一拓又四分拓之三，自此以下深四五尺至十餘尺不等，亦有淺至二三尺者，近口處一片淺灘，潮退盡涸。【略】

潮汐，朔望日潮漲於十一點鐘，大潮高一丈餘。

北茭：水道，水道深十餘拓至二十餘拓不等，惟近北茭角橫流力猛，帆船過此，持舵宜慎，過嶼與北茭間可泊中小輪，定海外無障避，風浪頗大。黃岐、小埕兩澳泊民船尚穩，若遇颶風，宜移泊小埕西面之布袋澳。可障四面風力，水道雖淺，底係軟泥。【略】

潮汐，朔望日潮漲於十點鐘，大潮高一丈七尺。

東沖：水道，東沖水道寬七八里，深二十餘拓至三四十拓不等，從前大輪至三都，率由歧嶋島東面俗名大門而行，近查西面小門水道與大門不甚懸殊，深至二十餘拓，尚未及底。遂改由小門出入，取捷徑。【略】

潮汐，朔望日潮漲於十點一刻鐘，大潮高一丈六七尺。

三都：水道，三都島南面深六七拓至十餘拓不等，西面深三四拓，東面深四五拓至十餘拓不等，北面最淺，止深一二拓。三盤礁西面深六七拓處，爲外國兵輪常泊之所，尋常商輪即泊馬頭前。【略】

潮汐，朔望日潮漲於十點半鐘，大潮高一丈餘。

松山口：水道，松山左右雖成大澳，潮退則涸，民船均須乘潮而入泊松山東麓。【略】

潮汐，朔望日潮漲於十點三刻鐘，大潮高一丈五尺。

三沙：水道，距岸二三里約四五拓或六七拓不等，惟外無障護，風浪頗大。東面烽火山與陸岸間，【略】泊中小輪及民船頗穩。【略】

潮汐，朔望日潮漲於十點一刻鐘，大潮高一丈七尺。

嵛嶼：水道，嵛嶼左右兩澳潮退見底，民船亦須乘潮出入，近口處約深一二拓。【略】

潮汐，朔望日潮漲於十點一刻鐘，大潮高一丈七尺。

沙埕港：水道，沙埕港寬一里餘至四五里不等，深自四五拓至十餘拓不等，亦有深至二十三拓者，直至沙埕以上四十餘里之鐵門洋尚深七八拓。由鐵門洋折而北，有通福鼎縣水道。【略】惟水道陡淺，民船亦須候潮。由鐵門洋西行至八尺門水道始淺，然輪船大率至蓮花嶼以上數里即止。【略】

松下口：水道，松下城東面島嶼錯雜，鼓嶼與長嶼間名鼓嶼門，深約十拓，爲大輪常行之路。又松下城與吉兆島間水道，亦深可泊中輪。【略】

潮汐，朔望日潮漲於十一點鐘，大潮高二丈。

鎮東口：水道，口內有小河深僅數尺，可通福清縣治，近口稍深。【略】

潮汐，朔望日潮漲於十一點一刻鐘，大潮高一丈七八尺。

海壇：水道，海壇東面水道深十餘拓至二十拓，亦少暗礁，惟風浪較大。西水道深七八拓或二三拓不等，內有淺沙數道，潮退竟不及拓，非老於操舟者不敢輕試，大船進此水道指西水道有三路：由南面入者曰萬安洋塘嶼與萬安城間曰萬安洋，寬七八里，深七八拓至十餘拓不等，亦有深至二十拓，尚未及底者。除近塘嶼有鷺鷥礁分南鷺鷥、北鷺鷥外別無隱險。由東南入者曰草嶼門草嶼與海壇間曰草嶼門，寬六七里，深十餘拓至二十餘拓不等。【略】由北面入者曰鼓嶼門長嶼與鼓嶼間曰鼓嶼門，寬二里，深約十拓。【略】

潮汐，朔望日潮漲於十一點一刻鐘，大潮高二丈三尺，小潮高一丈餘。

萬安：水道，城下即係大海，深七八拓至十餘拓不等。北面萬安港口有小澳，可泊民船。

潮汐，朔望日潮漲於十一點一刻鐘，大潮高二丈四尺。【略】

三江口：水道，三江口前河道有深至四拓餘者，是處可泊中輪一二號，惟河身過窄，拋錨匪易。口外近塔子山處水道極淺，吃水十二三尺之船須乘大潮方能過此。東面江口一片淺沙，遠鋪入海，大船難近。【略】

潮汐，朔望日潮漲於十二點鐘，大潮高一丈四六尺。

南日：潮汐，朔望日潮漲於十一點一刻十分鐘，大潮高二丈三尺。

平海：水道，南面距岸三四里約深三拓，距岸十里約深至六七拓，遇西北風時，泊船亦穩。【略】

潮汐，朔望日潮漲於十一點三刻鐘，大潮高二丈。

沙礁，離南面山角外三里有半礁，東面有塘礁、丁礁、錢礁。

湄洲：水道，湄洲東西南三面水道，約深六七拓至十餘拓不等，惟不可行。近島旁，北面水道西圖所註僅深一拓餘，實則中輪僅可行駛，惟須士人引導。又湄洲灣西面水道亦頗深，曾中有輪至蕭厝以內十餘里處停泊。【略】

潮汐，朔望日潮漲於十一點鐘，大潮高一丈九尺。

崇武：水道，南面距岸二三里，即深六七拓，大輪可以暢行。惟西至泉州府水道，沙礁羅列，即民船亦須乘潮出入。【略】

潮汐，朔望日潮漲於十二點二十分鐘，大潮高一丈九七尺。

沙礁，澳口有白起礁，西南六里有一暗礁，潮退尚没水下二拓，大船深畏其險。西面泉州港礁石尤多。

永寧：水道，澳內深四五拓，近岸處約深二拓，澳口深七八拓。【略】

潮汐，朔望日潮漲於十二點二十分鐘，大潮高一丈餘。

深滬：水道，澳內約三四拓，惟山角有礁石排列入海，故凡船隻欲入深滬停泊者，須繞五塊以外行駛，以免礁險。【略】

潮汐，朔望日潮漲於十二點二十分鐘，大潮高一丈餘。

圍頭：水道，東南面水道深十餘拓至二十餘拓，即近岸處亦尚深六七拓。西北水道較淺，沙礁尤多，未易行駛。【略】

潮汐，朔望日潮漲於十二點十五分鐘，大潮高一丈六尺。

金門：水道，南面料羅澳【略】深四五拓，亦無暗礁，水道頗穩。惟外接重洋，風浪較猛。東北兩面深淺不一，且多礁石。西面與烈嶼間水道深五六拓至十餘拓不等，爲輪帆常行之路。登岸處曰同安碼頭，由此至後浦鎮陸路不過二三里。【略】

潮汐，朔望日潮漲於十二點鐘，大潮高一丈七尺。

沙礁：金龜尾有沙，向南遠鋪入海，長約十里，至闊處約五里。

廈門：水道，青墺與小擔間水道深十拓至十餘拓，爲大輪出入必由之路，惟須行近青墺，以避開小擔附近各礁。廈門與鼓浪嶼間水道寬一里半，中間深十拓至十餘拓不等，兩旁深約三四拓，大小船隻均便停泊，兵輪之尤大者，即泊於鼓浪嶼西北。廈門四面水道如得土人引導，大約至淺處亦尚深三四拓。【略】

潮汐，朔望日潮漲於十二點鐘，大潮高一丈八尺。

陸鼇：【略】

潮汐，朔望日潮漲於十一點半鐘，大潮高一丈二尺。

銅山：水道，銅山東南兩面均深六七拓至十餘拓不等，西北兩面深止一拓左右，又北面與陸岸間名八尺門，水道淺窄，僅通一丈。【略】

潮汐　朔望日潮漲於十一點半鐘，大潮高一丈。

宮口：水道，西面名前港，又名詔安港，係往詔安縣必由之路。港口水深三四拓，入內三四里，潮退即涸。東面名後港，又名誉前港，港口有島曰畲洲。其西即名畲洲門，約五六拓，大船可由此直抵距詔安縣二十餘里之處停泊。【略】

潮汐，朔望日潮漲於十一點一刻十分鐘，大潮高一丈左右。

沙礁，近口有數礁，南微偏西約十七里有流牛礁，南微偏東約二十四里有七星礁。

南澳：水道，南澳與陸岸間水道深三四拓至七八拓不等，西面深六七拓處可泊大輪，深澳前距岸十餘里，即深四拓，泊中輪頗穩，惟遇東西兩面之風浪稍大。雲澳深四五拓，遇北風亦可停泊。【略】

潮汐　朔望日潮漲於十一點一刻鐘，大潮高七尺。

清・廖廷相等《廣東全省海圖總説・潮信總説》　中路廣州府，省城。潮水漲足於太陰，月輪過子午經圈後二小時四十分不論朔望，每日皆可照推，水高七八尺不等。凡高數悉照工部尺。番禺縣東南境黃埔之珠江潮信，在雨水、驚蟄節候，潮漲於月過子午經圈後一小時二刻十分，春分、清明節候，漲於月過經圈後一小時一刻，穀雨至芒種節候，漲於月過經圈後一小時二刻，大潮高七尺至八尺。雨水、驚蟄節候潮汐同高。春分至白露潮大於汐，霜降至立春汐大於潮，穀雨至芒種節候較雨水、驚蟄節候，大潮高四尺，小潮高二尺。珠江外口新安、香山二縣界，伶仃島北礬石水道間潮漲於月過經圈後一小時，速率無定，小潮高二尺半至三尺，一小時流行六里至七里半。大潮高六尺至八尺半，一小時流行九里至十二里。新安縣香港泊船處潮漲於月過經圈後九小時一刻，大潮高四尺又四分尺之三，此外漲落不一，且莫辨水流方向。有時一晝夜僅潮落一次，其東沱濱列島間，潮漲於月過經圈後八小時。香山縣十字門泊船處暨澳門港內潮漲於月過經圈後十一小時，大潮高七尺，十字門內潮性當無風時一小時流行四里半至六里，潮自十字門內直退，及出十字門，則成橫流。寬河口即石蘭門，潮漲於月過經圈後十一小時，大潮高七尺半，但無定性，每晝夜一漲一落，河口外潮來方向大抵視乎風勢，若東風甚大，潮自東南來，若西南風則潮自南來而退向西南。惟河口內恒順水道流行。新寧縣銅鼓洲即赤溪大洲，南緯度十分，洲外潮向東流，每小時四里半至六里，各島間流行速率較大於洲外，其高六尺。東路歸善縣白耶士灣內尊洲之間，潮漲於月過經圈後八小時二刻。平海灣內聖箬嶼之間，望前二日潮漲於十小時。春分清明節候，每見此處水性恒向西流，潮漲速率更疾，但無過於一小時流行三里者。海豐縣之紅海灣潮，漲於月過經圈後十小時，大潮高六尺半。陸豐縣之碣石港與金箱角間，潮漲於月過經圈後七小時，甲子角西北與曬格石間，潮漲於月過經圈後八小時，潮陽縣海門灣與企望角間，潮漲於月過經圈後九小時，高六尺至七尺。東澳間冬至、小寒節候，潮漲於月過經圈後三小時，距東澳泊船處東面十五里，十二日潮退西向每小時流行三里。本月內不恒見潮漲企望角對面處，潮漲時有流行最疾之處。冬至至立夏節候，蓮花峯與香港之間，潮退向東略不甚疾，蓮花峯以東，潮漲恒向東行，凡沿海東北岸潮力所向皆然。蓮花峯猛浪角，屬惠來縣，潮漲於月過經圈後八小時二刻，高七尺。南澳快傳泊船港，潮漲於月過經圈後十二小時一刻，大潮高七尺，每小時流行九里。春分、清明節信，見距高南澎東又南二分五十一里之處，潮退速率第一小時，流向西南又西一分約四里半，第二小時流向西南偏南約四里半，第三小時與第二小時同，第四小時流向南。西南約一里半，潮漲第一小時流向東北偏東約三里，第二小時流向東北約四里半，第三四小時與第二小時同，第五小時流向東東南約一里半。處暑、白露節信，見距高南澎東偏北十二里之處，潮退速率第一小時流行向南偏東約一里半，第二小時流向南偏西約三里，第三小時流向南西南約三里，第四小時流向南西南約四里半。潮漲自始至末恒向東北，其速率共計三十一里半。凡由南澎列島以内，行船者應依潮力方向而行。塔澳南緯度三分，潮漲於月過經圈後九小時一刻，高七尺。西路陽江廳馬尾洲即海陸洲角之西豐頭灣口，潮漲於月過經圈後八小時二刻，高七尺五寸。電白縣大放雞島南午潮高八尺五寸。吴川縣硇洲津前硇臺東北，潮漲於月過經圈後十小時二十分，值日月合朔時，長至十二尺又四分尺之三，合望時長至八尺。雷南瓊北共際一海，其消長之勢，并詳南路。欽廉僻據海曲，潮勢不同，他所最大潮在望後二日，最小潮在朔後二日，斯時二長二消，或有時一長一消，共計在二十四小時内者，所謂日止一潮，古名并潮，《水經注》《温水》篇下云，自船官下注大浦之東湖大水連行潮上西流，潮水日夜長七八分，從此以西朔望并潮一上七日，水長丈六七，七日之後，日夜分爲再。潮水長一二尺，春夏秋冬厲然一定高下定度水無贏縮，是曰海運，亦曰象水也。又兼象浦之名，晉功臣表所謂金遴清逕象渚澂源者也。謹案古名象浦，即今欽廉海灣。亦名沓潮。見《番禺記》。其恒潮則欽廉池東消長共八小時。夏日漲始於上午三小時，冬日漲始於下午三小時，池西消長共十六小時，夏日漲始於上午十一小時，冬日漲始於下午十一小時，每日退遲一小時。廉州府合浦縣永安城南對達港口，潮高十二尺，大觀港口高十五尺，欽州烏雷硇臺前高十二尺，龍門高九尺，白龍尾高十六尺，海中潿洲港口高十二尺。

南路瓊州府，與雷屬徐聞對境，兩岸相夾，故潮長則西流，消則東流。日有消長，常也。八九月其勢獨大，每日兩有消長者，其變也。故舊潮漸減漸少，謂之老潮，新潮漸進漸大，謂之稺潮。十一月朔或時不測而長，謂之偷潮。每月兩次起新流，相距十四日，如十一月十三起流，二十七又起流是也。惟四月、十月則新流三次，其逐月争差，各縮二日，退一時，俱逆算如十一月十三、二十七起子，十二月十一、二十五起亥是也。三九月之初四、十八，十月之初一、十五，則縮三日。而流在上半月者則起時末，在下半月者則起時初。惟四月、十月之十五流起時中，其起新流之前三日俱伏流，每日一次，流東四箇時辰便退西，其逐日争差，各半箇時，歷兩日差一時，俱順算如十一月十三起子末，十四起丑，初十五起丑末是也。若遇閏月，則以上半月照前月之下半月，以下半月照後月之上半月。又海口北海安流早半箇時辰，海口瓊地海安雷地也。瓊郡東南諸港，朔望潮大，上下弦前後潮小，二至前後潮大，二分前後潮小，夏至潮大於汐，冬至汐大於潮。瓊民測候海潮，半月東流，半月西流，通年潮汐之信大畧如此。西人於瓊州海口，測得潮漲於月過經圈後七小時，高六尺至十尺不等。瓊南崖州之多銀水港口，潮漲於月過經圈後九小時五分，高二尺又四分尺之一。

城池堤防建築高寬深廣數據分部

分論

明・申時行等《大明會典》卷一八一《工部・營造・親王府制》 洪武四年定王城高二丈九尺，下闊六丈，上闊二丈，女墻高五尺五寸，城河闊十五丈，深三丈，正殿基高六尺九寸，月臺高五尺九寸，正門臺高四尺九寸五分，廊房地高二尺五寸，王宫門地高三尺二寸五分，後宫地高三尺二寸五分。正門、前後殿、四門城樓飾以青緑點金，廊房飾以青黑，四門、正門以紅漆金塗銅釘，宫殿窠拱攢頂中畫蟠螭，飾以金邊，畫八吉祥花，前後殿座用紅漆金蟠螭，帳用紅銷金蟠螭，座後壁則畫蟠螭彩雲，後改蟠螭爲龍。立社稷山川壇於王城内之西南，宗廟於王城内之東南。七年定親王所居前殿名承運，中曰圜殿，後曰存心，四城門南曰端禮，北曰廣智，東曰體仁，西曰遵義。九年定親王宫殿門廡及城門樓皆覆以青色琉璃瓦。十一年定親王宫城周圍三里三百九步五寸，東西一百五十丈二寸五分，南北一百九十七丈二寸五分。

弘治八年定王府制，前門五間，門房十間，廊房一十八間，端禮門五間，門房六間，承運門五間，前殿七間，周圍廊房八十二間，穿堂五間，後殿七間，家廟一所，正房五間，廂房六間，門三間，書堂一所，正房五間，廂房六間，門三間，左右盝頂房六間，宫門三間，廂房一十間，前寢宫五間，穿堂七間，後寢宫五間，周圍廊房六十間，宫後門三間，盝頂房一間。東西各三所，每所正房三間，後房五間，廂房六間，多人房六連，共四十二間。漿糯房六間，浄房六間，庫十間。山川壇一所，正房三間，廂房六間。社稷壇一所，正房三間，廂房六間，宰牲亭一座，宰牲房五間。儀仗庫正房三間，廂房六間，□殿門三間，正房五間，後房五間，廂房十二間，茶房二間，浄房一間。世子府一所，正房三間，後房五間，廂房十六間。典膳所正房五間，穿堂三間，後房五間，廂房二十四間，庫房三連一十五間，馬房三十二間，盝頂房三間，後房五間，廂房六間，養馬房一十八間。承奉司正房三間，廂房六間，承奉歇房二所，每所正房三間，厨房三間，廂房六間。六局共房一百二間，每局正房三間，後房五間，廂房六間，厨房三間，内使歇房二處，每處正房三間，厨房六間，歇房二十四間，禄米倉三連共二十九間，收糧廳正房三間，廂房六間，東西北三門每門二間，門房六間，大小門樓四十六座，墻門七十八處，井一十六口，寢宫等處周圍甎徑墻通長一千八十九丈，裏外蜈蚣木築土墻共長一千三百一十五丈。

明·申時行等《大明會典》卷一八七《工部·營造·城垣》 皇城：皇城起大明門，長安左右門，歷東安、西安、北安三門，周圍三千二百二十五丈九尺四寸。内紫禁城，起午門，歷東華、西華、玄武三門，南北各二百三十六丈二尺，東西各三百二丈九尺五寸，城高三丈，垛口四尺五寸五分，基厚二丈五尺，頂收二丈一尺二寸五分。京城：國初定都南京，城周圍九十六里，門十三：曰正陽、通濟、聚寶、三山、石城、清涼、定淮、儀鳳、鍾阜、金川、神策、太平、朝陽，後塞鍾阜、儀鳳二門，外城周圍一百八十里，門十六：曰麒麟、仙鶴、姚坊、高橋、滄波、雙橋、夾岡、上方、鳳臺、大馴象、大安德、小安德、江東、佛寧、上元、觀音。永樂中定都北京，建築京城，周圍四十里，爲九門，南曰麗正、文明、順成，東曰齊化、東直，西曰平則、西直，北曰安定、德勝。正統初，更名麗正爲正陽，文明爲崇文，順成爲宣武，齊化爲朝陽，平則爲阜成，餘四門仍舊，城南一面，長一千二百九十五丈九尺三寸，北二千二百三十二丈四尺五寸，東一千七百八十六丈九尺三寸，西一千五百六十四丈五尺二寸。高三丈五尺五寸，垛口五尺八寸，基厚六丈二尺，頂收五丈。嘉靖二十三年築重城，包京城南一面，轉抱東西角樓止，長二十八里，爲七門，南曰永定、左安、右安，東曰廣渠、東便，西曰廣寧、西便。城南一面，長二千四百五十四丈四尺七寸，東一千八十五丈一尺，西一千九十三丈二尺。各高二丈，垛口四尺，基厚二丈，頂收一丈四尺。

清·穆彰阿《大清一統志》卷八七《城池》 常州府城周十里有奇，高二丈五尺，門七，水門四，池廣十六丈，深二丈。

武進、陽湖二縣附郭。

無錫縣城，周十八里，高二丈一尺，門四，水門三，池廣一丈七尺，深二丈。

金匱縣城與無錫縣同。

江陰縣城，周九里有奇，高二丈五尺，門四，池廣四丈二尺，深七尺。

宜興縣城周九里有奇，高二丈五尺，門四，池廣三丈，深一丈五尺。

荆溪縣城與宜興縣同。

靖江縣城，周七里有奇，高一丈八尺，門四，池廣六丈五尺，深一丈八尺。

清·穆彰阿《大清一統志》卷九〇《城池》 鎮江府城周九里有奇，門四，南北二水關。【略】

丹徒縣附郭。

丹陽縣城，周九里，門六，水門二，濠廣八尺。【略】

溧陽縣城周四里有奇，門四，水門二，濠廣五丈。【略】

金壇縣城周三里有奇，門六，水門二，濠廣二丈。

清·穆彰阿《大清一統志》卷九三《城池》 淮安府城有三城，南曰舊城，周十一里，高三丈，門四，水門二。【略】其北曰新城，周七里二十丈，高二丈八尺，門五，水門二。【略】二城之中曰聯城，【略】舊城濱運河，新城濱淮河，濠廣四丈，深一丈二尺。

山陽縣附郭。

阜寧縣城，分山陽、鹽城二縣地，治廟灣城。

鹽城縣城周七里有奇，門四。【略】

安東縣城周八里有奇，門四，水門一。

桃源縣城舊址周八里，門四。

揚州府城，舊城明洪武初改築，周九里有奇，門五，水門二。新城起舊城東南至東北，周十里有奇，門七。

高郵州城周十里有奇，門四，水門二。

興化縣城周六里有奇，門四，水門四，濠廣二丈五尺。

寶應縣城周九里有奇，門五，水門一。

泰州城周十二里有奇，門四，水關二。

清・穆彰阿《大清一統志》卷二二七《城池》　西安府城周四十里，高三丈，門四，【略】池深二丈，廣八丈。【略】

興平縣城周七里有奇，池深一丈，門四。【略】

臨潼縣城周五里，門四，池深一丈五尺。【略】

高陵縣城周四里有奇，門四，池深二丈五尺。【略】

鄠縣城周六里有奇，門四，四面有池，深一丈五尺。【略】

涇陽縣城周五里有奇，門四，四面有池，深七尺。【略】

三原縣城周九里有奇，門四，水門二，北臨清河，東西南三面有池，廣五丈。西郭周不及二里，門二。北郭周四里有奇，門四。東郭周二里有奇，門三。

盩厔縣城周五里有奇，門四，池廣三丈五尺。【略】

渭南縣城周七里有奇，門四，池深一丈五尺。【略】

富平縣城周三里，門四，池深一丈。【略】

醴泉縣城有内外二城，内城周二里許，門四，東西南三面。外城周六里有奇，門五，池深二丈。【略】

耀州城周六里，門四，池深一丈。【略】

同官縣城周四里有奇，門四，池深一丈。【略】

孝義廳城周二里有奇，門四。【略】

寧陜廳城周五百六丈九尺，門三，東臨長安河，爲水關二，築石隄二百二十七丈有奇。

清・穆彰阿《大清一統志》卷二三三《城池》　延安府城周九里有奇，門四，池深二丈。【略】

安塞縣城周三里有奇，門三，池深一丈。新城周一里有奇。【略】

甘泉縣城周五里有奇，門三，池深一丈。【略】

安定縣城周五里有奇門四，池深一丈。【略】

保安縣城周九里有奇，門四，池深一丈。【略】

宜川縣城周四里有奇，門四，東北有池，深三丈。【略】

延川縣城周四里有奇，門三。【略】

延長縣城周四里有奇，門二，南有池深一丈。【略】

定邊縣城，即舊定邊營，周四里有奇，門二。【略】

靖邊營周六里有奇，門二，東西北皆深溝。

圖表

清・佚名《三省黄河全圖北岸堤工高寬表》

黄沁廳	面寬	高于地	高于灘
唐郭汛一堡	五丈六尺	一丈八尺八寸	一丈五尺
二堡	十丈二尺	一丈九尺八寸	一丈八寸
三堡	十丈七尺五寸	二丈	一丈八寸
四堡	十丈五尺	二丈三尺一寸	一丈三尺八寸
五堡	十丈二尺	二丈一尺	二丈四寸
武陟汛一堡	三丈三尺	三丈三尺	一丈六尺五寸
二堡	三丈六尺	三丈三尺	一丈六尺五寸
三堡	三丈六尺	三丈三尺	一丈五尺四寸
四堡	四丈	二丈七尺	一丈四尺八寸
五堡	四丈	二丈七尺	一丈三尺
六堡	三丈六尺三寸	一丈八尺八寸	一丈七尺一寸
七堡	二丈九尺七寸	一丈七尺五寸	一丈七尺五寸
八堡	三丈三尺	二丈四寸	二丈一寸
九堡	二丈九尺	一丈九尺八寸	一丈七尺
十堡	三丈三尺	一丈九尺	一丈八尺
十一堡	三丈一尺四寸	一丈八尺	一丈八尺二寸
縷隄頭堡	三丈三尺	二丈五尺	一丈八尺
二堡	三丈九尺	二丈二尺七寸	一丈七尺一寸
三堡	四丈	二丈三尺	一丈七尺

（續表）

黃沁廳	面寬	高于地	高于灘
四堡	七丈二尺六寸	二丈六尺七寸	一丈
五堡	八丈二尺	二丈九尺七寸	一丈五寸
六堡	六丈六尺	三丈六寸	一丈五寸
七堡	三丈九尺六寸	一丈五尺八寸	一丈五尺
八堡	六丈二尺七寸	一丈八尺四寸	一丈七尺一寸
九堡	五丈	一丈九尺四寸	二丈一尺
十堡	五丈	一丈	一丈五尺
十一堡	三丈六尺	一丈一尺	一丈五尺
十二堡	四丈五尺	二丈	一丈六尺八寸
滎澤汛一堡	四丈	二丈四尺	一丈三尺二寸
二堡	四丈六尺	一丈六尺五寸	一丈三尺五寸
三堡	四丈三尺	一丈五尺	一丈五尺
四堡	四丈	一丈六尺五寸	一丈二尺五寸
五堡	四丈	二丈七寸	一丈四尺五寸
六堡	四丈	二丈三尺四寸	一丈七尺
原武汛頭堡	三丈六尺	二丈	一丈四尺五寸
二堡	四丈	二丈	一丈五尺
三堡	五丈	一丈五尺	一丈七尺八寸
四堡	三丈三尺	一丈七尺	一丈六尺五寸
五堡	三丈三尺	二丈	一丈六尺
六堡	三丈二尺	一丈六尺	一丈三尺
七堡	三丈	二丈一尺	二尺六寸
八堡	五丈	三丈二尺六寸	一丈一尺
九堡	三丈六尺	三丈六尺	九尺三寸

（續表）

黃沁廳	面寬	高于地	高于灘
十堡	三丈三尺	一丈五尺五寸	三丈二尺
十一堡	四丈三尺	四丈三尺	一丈三尺二寸
十二堡	三丈三尺	三丈三尺	一丈五尺
十三堡	三丈九尺六寸	三丈一尺	一丈三尺二寸
十四堡	三丈九尺	三丈四尺	一丈六尺
十五堡	三丈三尺	三丈二尺	一丈三尺
十六堡	三丈三尺	三丈四尺	一丈二尺三寸
十七堡	三丈六尺	三丈四尺	一丈四尺
十八堡	四丈一尺	三丈七尺	一丈四尺五寸
十九堡	四丈一尺	三丈七尺	一丈四尺
二十堡	四丈	三丈七尺	一丈四尺
衛糧廳	面寬	高于地	高于灘
陽武汛頭堡	四丈	三丈二尺三寸	一丈三尺四寸
二堡	四丈三尺	三丈三尺二寸	一丈三尺二寸
三堡	四丈三尺	三丈五尺六寸	一丈五尺七寸
四堡	四丈三尺	三丈五尺三寸	一丈五尺八寸
五堡	六丈	三丈四尺三寸	一丈三尺五寸
六堡	五丈二尺	三丈六尺三寸	一丈三尺五寸
七堡	五丈	三丈七尺九寸	一丈三尺八寸
八堡	三丈	三丈七尺六寸	一丈四尺二寸
九堡	四丈五尺	四丈五尺	一丈三尺五寸
十堡	三丈三尺	三丈九尺六寸	一丈一尺三寸
十一堡	二丈六尺	三丈九尺一寸	一丈三尺二寸
十二堡	二丈八尺	三丈五尺六寸	一丈二尺一寸

（續　表）

衛糧廳	面寬	高于地	高于灘
十三堡	二丈八尺	三丈四尺	一丈一尺
十四堡	二丈八尺	四丈二尺	一丈二尺四寸
十五堡	二丈八尺	三丈四尺三寸	一丈五尺五寸
十六堡	三丈	二丈五尺	一丈三尺六寸
十七堡	三丈	三丈五尺	一丈九尺六寸
十八堡	五丈六尺	二丈七尺四寸	一丈一尺
十九堡	四丈	三丈六尺三寸	一丈一尺
二十堡	五丈二尺八寸	三丈六尺三寸	一丈四尺三寸
二十一堡	五丈	三丈七尺八寸	一丈三尺五寸
二十二堡	五丈	三丈六尺三寸	一丈三尺五寸
二十三堡	四丈六尺	三丈二尺	一丈三尺三寸
陽封汎頭堡	五丈	三丈二尺	一丈三尺五寸
二堡	五丈	三丈三尺	一丈三尺四寸
三堡	四丈三尺	三丈六寸	一丈三尺八寸
四堡	三丈五尺	二丈九尺	一丈八尺
五堡	四丈	四丈一尺	一丈四尺
六堡	六丈三尺	三丈四尺五寸	一丈三尺
七堡	五丈	三丈二尺	一丈四尺
八堡	五丈四尺	三丈九尺	一丈五尺三寸
九堡	六丈	三丈五尺	一丈七尺五寸
十堡	五丈	三丈四尺三寸	一丈六尺
十一堡	五丈	三丈九尺六寸	一丈四尺
十二堡	五丈	三丈六尺五寸	一丈三尺五寸
十三堡	四丈三尺	三丈九尺	一丈七尺五寸

（續　表）

衛糧廳	面寬	高于地	高于灘
十四堡	四丈六尺	四丈	一丈五尺
十五堡	四丈三尺	三丈九尺	一丈六尺
十六堡	四丈三尺	三丈九尺	一丈六尺
封邱上汎一堡	三丈三尺	三丈七尺六寸	一丈五寸
二堡	三丈三尺	三丈八尺	一丈三尺五寸
三堡	五丈	三丈九尺	一丈二尺三寸
四堡	五丈六尺	四丈一尺六寸	一丈二尺
五堡	三丈三尺	四丈二尺	一丈二尺
六堡	三丈三尺	四丈一尺	一丈四尺
七堡	三丈三尺	四丈三尺	一丈三尺五寸
八堡	三丈三尺	四丈	八尺
九堡	三丈三尺	四丈	一丈一尺五寸
封邱下汎十堡	五丈	三丈五尺六寸	一丈五尺七寸
十一堡	五丈六尺	三丈三尺	一丈七尺六寸
十二堡	六丈	三丈三尺	一丈六尺五寸
十三堡	四丈六尺	三丈三尺	一丈四尺五寸
十四堡	四丈六尺	三丈三尺	二丈
十五堡	八丈二尺	三丈	二丈
十六堡	四丈三尺	三丈九尺	一丈六尺
祥河廳	面寬	高于地	高于灘
祥符汎一堡	六丈二尺	四丈	一丈四尺
頭堡	六丈二尺	四丈	一丈七尺
二堡	七丈	三丈三尺	二丈
三堡	六丈六尺	三丈	一丈八尺

（續表）

祥河廳	面寬	高于地	高于灘
四堡	五丈	三丈三尺	一丈四尺八寸
五堡	五丈六尺	三丈七寸	一丈一尺
六堡	五丈三尺	三丈四尺	一丈三尺
七堡	四丈六尺	三丈六尺	一丈一尺
八堡	四丈六尺	三丈九尺	一丈三尺
九堡	六丈	三丈九尺六寸	一丈二尺
十堡	四丈六尺	四丈四尺	一丈四尺八寸
十一堡	七丈二尺六寸	四丈四尺二寸	一丈二尺二寸
十二堡	六丈六尺	四丈七尺八寸	一丈六尺五寸
十三堡	五丈	五丈一尺四寸	一丈一尺二寸
十四堡	九丈	五丈八尺	一丈三尺九寸
十五堡	十丈	四丈八尺	二丈九尺五寸嫩灘
十六堡	十丈	四丈四尺五寸	二丈六寸嫩灘
下北廳	面寬	高于地	高于灘
祥陳汛一堡	十丈	四丈一尺	二丈嫩灘
二堡	十丈	四丈一尺六寸	二丈嫩灘
三堡	八丈五尺八寸	四丈四尺五寸	二丈嫩灘
四堡	七丈二尺六寸	四丈三尺六寸	二丈七尺七寸嫩灘
五堡	四丈六尺	四丈三尺	一丈
六堡	三丈三尺	三丈一尺	一丈三尺五寸
七堡	三丈三尺	三丈三尺六寸	一丈八尺
八堡	三丈三尺	三丈三尺	一丈一尺五寸
九堡	三丈三尺	四丈三尺	一丈五尺
十堡	三丈六尺	三丈四尺	一丈四尺

（續表）

下北廳	面寬	高于地	高于灘
十一堡	四丈九尺五寸	三丈八尺	一丈四尺
十二堡	三丈三尺	三丈三尺	一丈二尺
陳留汛頭堡	一丈五尺	三丈六寸	一丈三尺八寸
二堡	三丈三尺	三丈二尺六寸	一丈二尺
長垣縣	面寬	高于地	高于灘
大車集	二丈三尺	六尺	五尺
東了牆	二丈	七尺	八尺
香莊	二丈八尺	七尺五寸	六尺
孟岡集	二丈六尺	七尺	七尺五寸
石頭莊	一丈五尺	八尺	八尺
大蘇莊	二丈四尺	九尺	九尺
王寨城	二丈五尺	八尺	九尺
楊桑□	三丈	七尺	八尺
滑縣	面寬	高于地	高于灘
西清城	二丈三尺	六尺	九尺
王小寨	二丈二尺	九尺	九尺
小曲集	二丈二尺	一丈二尺	七尺
開州	面寬	高于地	高于灘
瓦屋寨	一丈六尺	一丈	七尺
黃寨	一丈八尺	八尺	七尺
王新莊	二丈	八尺五寸	八尺
蓮村集	二丈	八尺	七尺五寸
新牛寨	二丈二尺	八尺	八尺

（續　表）

開州	面寬	高于地	高于灘
王寨	二丈	八尺	八尺
雙合嶺	一丈五尺	八尺五寸	八尺
南油	一丈三尺	八尺	九尺
清湖莊	二丈	八尺	七尺五寸
習城寨	二丈四尺	九尺	九尺
喬莊	二丈	一丈五寸	一丈
李園集	二丈二尺	九尺	八尺
董樓	一丈七尺	八尺五寸	七尺
常寨	一丈一尺	八尺五寸	五尺
濮州	面寬	高于地	高于灘
宋河渠	二丈四尺	七尺	六尺
高莊月隄	三丈	九尺	
姬莊集	二丈	七尺五寸	
柳園里	二丈二尺	七尺	
李家橋	二丈四尺	八尺	
石家樓	二丈五尺	一丈	九尺
廖家橋	二丈二尺	八尺	八尺
范縣	面寬	高于地	
羊二莊集	二丈	八尺五寸	
孫樓	二丈二尺	八尺	
張東環莊	二丈	七尺	
于家莊	一丈八尺	七尺五寸	
陳坊	二丈二尺	八尺	

（續　表）

陽穀縣	面寬	高于地	
路莊	二丈四尺	七尺	
壽張縣	面寬	高于地	
程家莊	二丈四尺	八尺五寸	
陳家樓	二丈二尺	七尺	
孫家口	二丈四尺	七尺五寸	
花那里	二丈四尺	八尺	
周莊	二丈三尺	八尺	
陽穀縣	面寬	高于地	高于灘
疊波朗	二丈二尺	七尺五寸	
楊家莊	一丈八尺	八尺	
晉城	一丈五尺	七尺	六尺
吕家莊	一丈	六尺	六尺
大風口	一丈六尺	五尺五寸	五尺
陶城鋪運河口	三丈	九尺	
魏家山	二丈二尺	七尺	五尺
王家坡	一丈五尺	五尺	四尺
南橋	一丈六尺	四尺	三尺
舊城	一丈八尺	六尺	四尺
張家道口	二丈二尺	九尺	五尺
井家□	二丈四尺	七尺	
姜家樓	三丈八尺	一丈二尺	八尺
滑口	二丈四尺	九尺	七尺
平陰縣	面寬	高于地	高于灘
于家□	二丈二尺	六尺	五尺

（續表）

平陰縣	面寬	高于地	高于灘
大義屯	二丈五尺	九尺	六尺
孫家溜	二丈六尺	九尺五寸	八尺
湖溪渡	二丈四尺	九尺	
朱家□	二丈六尺	九尺五寸	
陶家嘴	二丈四尺	一丈一尺	九尺
肥城縣	面寬	高于地	高于灘
傳家□	二丈六尺	一丈	
李家墳	二丈八尺	九尺	八尺五寸
長清縣	面寬	高于地	高于灘
五哥廟	二丈二尺	一丈	
顧道口	二丈五尺	一丈二尺	
孫莊	一丈二尺	一丈三尺	八尺
五龍潭	二丈	一丈五尺	九尺
大馬頭	二丈四尺	一丈一尺	九尺
董家寺	二丈六尺	一丈	九尺
荆隆口	二丈四尺	一丈二尺	八尺
孔官莊	二丈五尺	一丈一尺	九尺
陰河	二丈五尺	一丈	八尺五寸
楊家道口	二丈四尺	九尺	
焦莊	二丈四尺	一丈	九尺
齊河縣	面寬	高于地	高于灘
張村	二丈五尺	一丈一尺	
高套	三丈二尺	一丈五寸	

（續表）

齊河縣	面寬	高于地	高于灘
曹家營	三丈五尺	一丈一尺	
豆腐窩	二丈一尺五寸	一丈三尺	
元莊	二丈四尺	一丈二尺五寸	一丈
五里鋪	二丈二尺	一丈三尺	
南垣	六丈四尺連幫隄	一丈三尺	
齊河東門外	二丈二尺	一丈一尺五寸	六尺二寸
郭家集	二丈三尺	一丈三尺	七尺
朱河圈	三丈五尺	一丈一尺	六尺
歷城縣	面寬	高于地	高于灘
大王廟西	二丈二尺	一丈一尺	六尺
北灤口石隄	二丈	四尺	
鵲山東	二丈二尺	一丈	六尺
邢家渡口	一丈八尺	九尺	八尺
史家塢	一丈七尺	一丈一尺	七尺
朱毛店	二丈	一丈一尺	七尺
席家渡	二丈二尺	一丈一尺	八尺五寸
濟陽縣	面寬	高于地	高于灘
十里鋪	二丈二尺	一丈一尺五寸	八尺
南門外三合土隄	七尺三寸	六尺三寸	
戴家莊	二丈二尺	一丈	七尺五寸
葛家店	二丈一尺	一丈一尺四寸	六尺四寸
龍王廟西	二丈二尺	九尺	八尺
小街子	二丈二尺五寸	八尺五寸	六尺七寸
徐家道口	三丈四尺五寸	一丈四尺六寸	八尺二寸

（續表）

惠民縣	面寬	高于地	高于灘
劉旺莊	二丈三尺	一丈二尺四寸	七尺五寸
趙家坊子	二丈	一丈	九尺
齊東東門對岸	二丈四尺三寸	一丈一寸	五尺五寸
歸仁鎮西首	三丈一尺	一丈三尺	八尺
鄭家莊	二丈四尺	一丈五寸	六尺
楊家莊	二丈二尺	九尺	七尺五寸
徐家渡	二丈三尺	九尺九寸	五尺
青河鎮	二丈四尺	六尺	七尺五寸
青河鎮三合土隄	一丈八尺	五尺三寸	八尺八寸
薛家莊	二丈二尺	一丈	六尺二寸
丁河圈	二丈五尺	九尺二寸	六尺
姚家口	二丈	一丈三尺七寸	九尺七寸
曹買莊	二丈三尺	八尺八寸	八尺
邢董莊	一丈	一丈三尺	六尺
濱州	面寬	高于地	高于灘
東辛莊	二丈二尺	一丈六寸	七尺
藍家莊	二丈二尺	一丈一尺	一丈
孫家莊	二丈一尺五寸	一丈一尺	八尺五寸
捕魚莊	二丈一尺五寸	一丈三尺七寸	九尺
劉家莊	二丈一尺	九尺八寸	七尺六寸
新開口張家	二丈四尺	一丈一尺	九尺
丁家口	二丈三尺	一丈二尺	一丈
董家莊	二丈一尺	一丈八寸	七尺五寸
北鎮三合土隄	一丈	一丈三尺	七尺五寸
西劉莊	二丈二尺	一丈一尺九寸	九尺三寸

（續表）

濱州	面寬	高于地	高于灘
蔡家莊	二丈一尺	一丈一尺九寸	九尺
程家渡口	一丈七尺	一丈五寸	九尺三寸
劉家渡口	二丈	一丈二尺五寸	八尺六寸
利津縣	面寬	高于地	高于灘
傅王家莊	二丈二尺	一丈二尺二寸	一丈一寸
宮家莊	一丈二尺三寸	九尺七寸	六尺八寸
大田家莊	三丈	九尺	八尺一寸
大馬家莊	二丈一尺	八尺九寸	九尺一寸
張家灘	一丈八尺三寸	一丈一尺八寸	七尺七寸
豆腐店	一丈九尺五寸	一丈三尺	七尺六寸
利津縣東門外	三丈五寸	七尺五寸	七尺一寸
綦家夾河	二丈	一丈二尺三寸	一丈一尺二寸
王家口合龍處	二丈八尺	一丈九尺七寸	一丈三尺六寸
王家口下游	二丈三尺	一丈三尺八寸	九尺四寸
鹽窩	二丈一尺七寸	一丈三尺一寸	八尺九寸
孟家莊	二丈六尺	一丈三尺三寸	一丈三寸
高家莊	二丈二尺七寸	一丈二尺七寸	七尺五寸
陳家莊	二丈五尺	一丈三尺二寸	六尺八寸
鐵門關	二丈四尺	一丈	八尺六寸
劉家台子	一丈七尺	一丈一尺七寸	五尺九寸
草綠溝子下游	一丈四尺	九尺五寸	五尺六寸
舊隄盡處	一丈	四尺	四尺五寸
董家臥棚	八尺二寸	四尺七寸	三尺九寸
新隄盡處	九尺	四尺七寸	四尺

清・佚名《三省黃河全圖南岸堤工高寬表》

上南廳	面寬	高于地	高于灘
滎澤汛兵頭堡	三丈三尺	一丈八尺	一丈五尺
頭堡	三丈三丈	一丈八尺	一丈五尺
二堡	三丈三尺四寸	二丈三尺	一丈四尺五寸
三堡	四丈八尺	一丈八尺	九尺四寸
四堡	四丈九尺五寸	一丈八尺	九尺四寸
五堡	四丈九尺五寸	一丈八尺四寸	一丈五寸
兵二堡	三丈三尺	一丈八尺	一丈一尺
六堡	三丈三尺	一丈八尺	一丈一尺
七堡	三丈三尺	一丈七尺八寸	一丈四尺八寸
八堡	二丈三尺	二丈一尺	一丈四尺
九堡	四丈	二丈二尺七寸	一丈六尺
十堡	二十丈	二丈三尺	二丈
兵三堡	二十丈	二丈三尺	二丈
十一堡	八丈三尺	二丈八尺	一丈九尺
十二堡	九丈二尺	一丈三尺	一丈八尺二寸
鄭上汛一堡	十丈二尺	二丈三尺	一丈八尺五寸
兵一堡	十丈二尺	二丈二尺	二丈
二堡	六丈	一丈八尺五寸	一丈八尺二寸
三堡	四丈九尺	一丈八尺五寸	一丈三尺五寸
兵二堡	五丈	一丈七尺	一丈三尺五寸
四堡	四丈六尺	一丈八尺	一丈一尺
兵三堡	六丈六尺	一丈八尺	一丈六尺

（續 表）

上南廳	面寬	高于地	高于灘
五堡	八丈三尺五寸	二丈五尺	一丈六尺
六堡	九丈六尺	二丈七尺四寸	二丈
七堡	七丈六尺	二丈五尺	一丈七尺
兵四堡	八丈三尺	二丈九尺	一丈四尺五寸
八堡	九丈	二丈五尺五寸	一丈四尺八寸
鄭下汛九堡	十丈二尺三寸	二丈九尺七寸	一丈八尺四寸
兵五堡	二十三丈一尺一寸	二丈五尺	一丈八尺八寸
十堡	二十二丈一尺一寸	二丈五尺	一丈八尺八寸
鄭工合龍處	二十三丈一尺五寸	三丈九尺	二丈五尺七寸
十一堡	二十六丈七尺	二丈二尺四寸	一丈一尺八寸
兵六堡	四丈二尺九寸	二丈六尺四寸	一丈七尺一寸
十二堡	四丈二尺九寸	二丈六尺四寸	一丈七尺一寸
兵七堡	五丈六尺一寸	二丈八尺三寸	一丈七尺一寸
十三堡	五丈六尺一寸	三丈八尺三寸	一丈七尺一寸
十四堡	八丈二尺五寸	二丈八尺三寸	一丈九尺五寸
兵八堡	一丈一尺八寸	二丈二尺四寸	一丈六尺五寸
十五堡	一丈一尺八寸	二丈二尺四寸	一丈六尺五寸
十六堡	三丈三尺	二丈八尺	一丈五寸
十七堡	四丈九尺五寸	三丈二尺	七尺二寸
兵九堡	三丈三尺	二丈五尺	五尺六寸
十八堡	三丈三尺	二丈五尺	五尺六寸
中河廳	面寬	高于地	高于灘
中牟上汛兵頭堡	三丈三尺	三丈一尺	一丈三尺
頭堡	三丈三尺	三丈一尺	一丈

（續表）

中河廳	面寬	高于地	高于灘
二堡	九丈	二丈八尺五寸	一丈二尺
三堡	五丈四尺	三丈一尺	一丈三尺二寸
四堡	八丈九尺	二丈六尺四寸	一丈三尺八寸
兵二堡	五丈九尺四寸	三丈一尺	一丈五寸
五堡	十丈	三丈一尺三寸	一丈四尺八寸
六堡	四丈六尺	三丈一尺六寸	一丈一尺八寸
兵三堡	七丈九尺	二丈八尺三寸	八尺五寸
七堡	七丈九尺	二丈八尺三寸	八尺五寸
八堡	四丈八尺	二丈三尺四寸	一丈二尺二寸
兵四堡	四丈八尺	二丈三尺七寸	一丈五寸
九堡	四丈八尺	二丈三尺七寸	一丈五寸
十堡	五丈六尺	一丈五尺八寸	一丈一尺二寸
兵五堡	五丈	一丈六尺	一丈一尺
十一堡	五丈二尺	一丈六尺五寸	一丈一尺二寸
兵六堡	五丈二尺	三丈一尺六寸	七尺二寸
中牟下汎頭堡	七丈二尺六寸	三丈三尺	一丈六尺
兵頭堡	八丈五尺八寸	三丈四尺三寸	八尺八寸
二堡	八丈二尺五寸	三丈六尺	二丈二尺
三堡	七丈二尺六寸	四丈	二丈三尺四寸
兵二堡	七丈九尺二寸	三丈九尺二寸	一丈二尺
四堡	九丈二尺四寸	三丈七尺九寸	一丈六尺
五堡	七丈二尺六寸	三丈七尺五寸	一丈六尺
兵三堡	十丈八尺九寸	三丈	一丈五尺
六堡	七丈二尺六寸	二丈一尺	一丈七尺

（續表）

中河廳	面寬	高于地	高于灘
七堡	九丈九尺	二丈三尺	一丈七尺
兵四堡	九丈二尺四寸	二丈五尺	一丈六尺三寸
八堡	二十五丈七尺四寸連後□	三丈一尺八寸	一丈五尺
九堡	十七丈八尺	二丈六尺	一丈六尺
兵五堡	十丈	二丈一尺二寸	一丈八尺
十堡	八丈	一丈九尺	一丈一尺二寸
十一堡	七丈六尺	一丈八尺	一丈二尺
兵六堡	九丈五寸	一丈八尺	一丈二尺
十二堡	九丈一尺五寸	一丈八尺五寸	一丈一尺五寸
十三堡	六丈	一丈九尺一寸	一丈一尺五寸
兵七堡	六丈五尺	二丈	一丈二尺
十四堡	七丈二尺六寸	一丈九尺	一丈三尺二寸
十五堡	五丈六尺	二丈一尺五寸	八尺二寸
兵八堡	五丈	一丈三尺二寸	八尺
十六堡	五丈	一丈五尺	一丈
十七堡	四丈三尺	一丈七尺	一丈二尺
兵九堡	四丈	一丈七尺	九尺
十八堡	四丈	一丈九尺	一丈一尺
十九堡	三丈六尺	二丈一尺	一丈
兵十堡	三丈六尺	二丈	一丈
二十堡	三丈三尺	一丈九尺八寸	一丈
下南廳	面寬	高于地	高于灘
祥符上汎頭堡	三丈三尺	一丈九尺六寸	一丈
兵一堡	三丈三尺	二丈五寸	九尺五寸

（續　表）

下南廳	面寬	高于地	高于灘
二堡	三丈	二丈二尺	九尺
三堡	三丈	二丈	一丈一尺五寸
四堡	三丈	二丈	一丈一尺
兵二堡	三丈	一丈九尺	一丈五寸
五堡	三丈	一丈七尺五寸	一丈二尺
六堡	三丈	二丈四尺	一丈
七堡	三丈二尺	一丈七尺一寸	七尺
兵三堡	三丈三尺	一丈六尺五寸	六尺五寸
八堡	三丈五尺	一丈六尺一寸	六尺
九堡	四丈二尺	二丈九尺	八尺五寸
十堡	四丈六尺二寸	二丈四寸	六尺六寸
兵四堡	六丈二尺二寸	二丈六尺三寸	七尺三寸
十一堡	四丈六尺三寸	二丈九尺四寸	六尺八寸
十二堡	三丈六尺三寸	三丈一尺	一丈二尺
十三堡	三丈三尺	二丈一尺	一丈三尺
十四堡	七丈五尺八寸	二丈一尺二寸	一丈三尺三寸
兵五堡	七丈	二丈一尺二寸	一丈二尺九寸
十五堡	六丈五尺	二丈一尺二寸	一丈三尺
十六堡	六丈三尺	二丈一尺二寸	一丈四尺五寸
兵六堡	六丈八尺	三丈一尺三寸	一丈六尺
十七堡	十丈	三丈	一丈六尺
十八堡	十三丈	三丈、	一丈六尺
十九堡	十丈	三丈	二丈六尺
兵七堡	十丈	三丈一尺	二丈八尺

（續　表）

下南廳	面寬	高于地	高于灘
二十堡	八丈	三丈九寸	二丈六尺
二十一堡	七丈八尺	三丈四尺	二丈八尺
二十二堡	七丈九尺二寸	三丈五尺	二丈六尺
兵八堡	八丈四尺七寸	四丈	一丈一尺二寸
二十三堡	八丈五尺	三丈二尺	一丈二尺
二十四堡	十五丈	二丈三尺	一丈四尺
二十五堡	十四丈二尺	二丈三尺	一丈三尺
二十六堡	十二丈八尺	三丈三尺	一丈五尺六寸
兵九堡	十二丈八尺	三丈四尺	一丈五尺六寸
二十七堡	十丈五尺	二丈四尺	一丈八尺
二十八堡	六丈三尺	一丈八尺	一丈三尺
二十九堡	四丈九尺	一丈一尺	九尺
兵十堡	五丈五尺	一丈三尺	一丈二寸
三十堡	五丈	一丈一尺	七尺
三十一堡	七丈一尺	二丈	一丈
兵十一堡	六丈六尺	一丈三尺八寸	一丈四尺
三十二堡	六丈六尺	一丈三尺二寸	一丈三尺
三十三堡	六丈六尺	二丈一尺七寸	一丈三尺二寸
祥符下汛頭堡	四丈九尺	一丈二尺	九尺二寸
兵頭堡	六尺六寸	一丈一尺	五尺九寸
二堡	十丈五尺	一丈七尺	六尺
三堡	六丈六尺	一丈九尺	八尺
四堡	六丈六尺	二丈一尺	三尺
兵二堡	六丈六尺	一丈八尺二寸	二尺三寸

（續　表）

下南廳	面寬	高于地	高于灘
五堡	三丈九尺	一丈八尺	四尺六寸
六堡	三丈三尺四寸	二丈二尺	六尺
七堡	三丈三尺	二丈二尺	四尺
兵三堡	六丈五尺	三丈二尺	八尺
八堡	六丈五尺	一丈九尺	五尺九寸
九堡	七丈	二丈七尺	一丈二尺
十堡	六丈六尺	二丈五尺	八尺二寸
兵四堡	四丈	二丈五寸	六尺
十一堡	五丈三尺	二丈八尺	七尺八寸
十二堡	五丈六尺	二丈八尺	一丈
十三堡	三丈六尺	二丈四尺	四尺六寸
兵五堡	三丈六尺	三丈五寸	八尺五寸
十四堡	二丈九尺	三丈二尺	一丈五尺
十五堡	一丈九尺	三丈二尺	八尺
十六堡	二丈九尺	二丈六尺	一丈八寸
兵六堡	三丈三尺七寸	三丈	一丈二尺五寸
十七堡	七丈二尺	二丈九尺七寸	一丈四尺
十八堡	四丈四尺八寸	二丈九尺	一丈二尺五寸
十九堡	二丈四尺七寸	二丈九尺	一丈三尺
兵七堡	二丈三尺七寸	二丈九尺	一丈一尺
二十堡	四丈六尺	三丈六尺	一丈三尺
二十一堡	六丈一尺	三丈	一丈
二十二堡	三丈四尺	二丈三尺	一丈四尺
二十三堡	三丈六尺	一丈八尺	一丈四尺

（續　表）

下南廳	面寬	高于地	高于灘
兵八堡	二丈七尺	一丈八尺	一丈一尺
二十四堡	三丈四尺六寸	一丈七尺	一丈四尺
二十五堡	三丈四尺七寸	一丈九尺二寸	一丈二尺
二十六堡	三丈九尺六寸	一丈八尺八寸	一丈三寸
兵九堡	三丈七尺七寸	一丈六尺	一丈
二十七堡	二丈一寸	一丈七尺	四尺六寸
二十八堡	一丈六尺五寸	一丈八尺五寸	八尺六寸
二十九堡	三丈	二丈六尺四寸	一丈
兵十堡	一丈八尺	二丈六尺	一丈一尺
三十堡	三丈三尺	二丈三尺	一丈
三十一堡	二丈一尺四寸	二丈六尺	一丈
三十二堡	一丈九尺	二丈五尺	五尺九寸
兵十一堡	五丈三尺	七尺八寸	二丈八尺
三十三堡	二丈六尺	一丈	六尺
三十四堡	二丈	二丈五尺	六尺
三十五堡	二丈	三丈四尺	一丈二尺
兵十二堡	五丈六尺	二丈八尺四寸	九尺九寸
三十六堡	一丈六尺	一丈三尺	三丈三尺
三十七堡	一丈六尺五寸	三丈二尺	一丈一尺二寸
三十八堡	三丈四尺七寸	三丈六尺	九尺二寸
陳留汎一堡	二丈六尺	三丈七尺	一丈三尺
二堡	三丈	三丈八尺	一丈三尺
兵一堡	二丈二尺一寸	五丈七尺九寸	一丈二尺八寸
三堡	一丈八尺	三丈八尺	一丈二尺

（續　表）

下南廳	面寬	高于地	高于灘
四堡	二丈二尺	三丈五尺	一丈三尺
兵二堡	二丈二尺	三丈五尺	一丈三尺二寸
五堡	三丈三尺	五丈	一丈四尺
六堡	二丈六尺四寸	五丈八寸	一丈一尺二寸
兵三堡	二丈六尺四寸	五丈八寸	一丈
七堡	二丈六尺	五丈八寸	一丈
八堡	三丈三尺	二丈八尺	一丈四尺五寸
兵四堡	五丈二尺八寸	二丈三尺	一丈四尺
九堡	三丈三尺	四丈四尺八寸	一丈四尺八寸
十堡	五丈	四丈四尺八寸	一丈四尺八寸
兵五堡	五丈	四丈五尺	一丈四尺
十一堡	二丈八尺	四丈五尺	一丈四尺
十二堡	三丈三尺	四丈六尺	一丈五寸
兵六堡	三丈六尺	三丈六尺	二丈二寸
十三堡	三丈六尺三寸	四丈四尺二寸	一丈三尺八寸
兵七堡	三丈八尺五寸	四丈二尺	一丈三尺
十四堡	四丈九尺	三丈六尺	二丈二寸
蘭儀縣	面寬	高于地	高于灘
頭堡	三丈九尺	三丈七尺	一丈七尺
二堡	四丈九尺五寸	三丈七尺二寸	二丈
三堡	五丈	三丈七尺	一丈九尺
銅瓦厢壩頭	面寬	高于地	高于灘
閻潭	二丈九尺連幫隄	七尺	七尺
黃工上汎果寨	二丈二尺	八尺	

（續　表）

銅瓦厢壩頭	面寬	高于地	高于灘
何寨月隄	四丈五尺	一丈	一丈
何寨	九丈連幫隄	一丈	
黃工中汎高村	一丈六尺	一丈	
白店	三丈五尺內月隄五丈	一丈內月隄一丈	一丈一尺
黃工下汎黃莊	八丈五尺	六尺	六尺二寸
東明縣	面寬	高于地	高于灘
黃工下汎	十一丈四尺連幫隄	七尺	七尺
賈莊	三丈七尺	九尺六寸	一丈
菏澤縣	面寬	高于地	高于灘
藍路口	十五丈三尺連幫隄	六尺七寸	
劉屯至雙合嶺	三丈五尺	九尺六寸	
王盛屯	二丈	八尺	八尺
前黨堂東	二丈二尺	一丈	九尺五寸
濮州	面寬	高于地	高于灘
董家口	二丈	九尺	九尺
王莊	一丈八尺	八尺	八尺二寸
鼎堂莊前新築民隄	二丈	七尺	七尺
壽張界	面寬	高于地	高于灘
小龍灣	二丈	七尺	七尺三寸
郭莊	一丈五尺	七尺	七尺一寸
馬家那里	四丈	九尺八寸	
陽穀縣	面寬	高于地	高于灘
路莊	十三丈六尺連幫隄	一丈五尺	一丈四尺

（續表）

陽穀縣	面寬	高于地	高于灘
孫莊	六丈	一丈九尺	
十里鋪孫莊	六丈五尺	一丈二尺	
壽張縣運河口于莊	四丈四尺	一丈	九尺
車平州	面寬	高于地	高于灘
王莊	一丈五尺	七尺	六尺八寸
馬山脚	一丈二尺	六尺	六尺
尹山	一丈	五尺	四尺九寸
鐵山	一丈二尺	五尺	四尺五寸
東阿縣	面寬	高于地	高于灘
里連橋	一丈八尺	七尺	七尺一寸
馮家莊	一丈二尺	四尺	三尺五寸
行月樓	一丈二尺	四尺	三尺八寸
紅廟	二丈六尺連幫隄	五尺	五尺
河圈莊	三丈	五尺	四尺五寸
南店	一丈九尺	六尺	
長清縣	面寬	高于地	高于灘
玉符河口	一丈九尺	九尺	
王符河口北店	二丈四尺	一丈五寸	五尺五寸
席家渡口	二丈五尺	八尺	三尺五寸
段家莊	一丈八尺	一丈三尺五寸	六尺
歷城縣	面寬	高于地	高于灘
新徐莊	二丈一尺	一丈四尺	八尺五寸
丁家莊	一丈八尺	九尺六寸	四尺五寸

（續表）

歷城縣	面寬	高于地	高于灘
大魯莊	二丈	一丈四尺二寸	九尺
南濼口石隄	六丈	八尺四寸	
吉家莊	二丈五尺	一丈一尺	六尺五寸
堰頭	二丈二尺	九尺八寸	七尺
新開口	二丈二尺	七尺	
王家路	二丈二尺	一丈	七尺八寸
孟家圈	二丈一尺	九尺七寸	六尺
秦家道口	二丈一尺	九尺	
章邱縣	面寬	高于地	高于灘
溞溝	三丈	一丈六寸	
席家道口	一丈五尺	六尺五寸	六尺一寸
濟陽縣對岸上城隄	一丈九尺	八尺九寸	
盛家莊	一丈五尺	一丈	四尺五寸
何王莊	一丈	六尺四寸	三尺二寸
濟陽縣	面寬	高于地	高于灘
侯家莊斷隄	八尺	四尺	四尺五寸
齊東縣	面寬	高于地	高于灘
張家莊	一丈	五尺六寸	四尺
縣城北關	一丈四尺	八尺八寸	四尺
東王莊斷隄	八尺	三尺八寸	三尺
于王口	七尺	二尺九寸	二尺七寸
青城縣	面寬	高于地	高于灘
小李莊	七尺	二尺九寸	二尺七寸

（續　表）

青城縣	面寬	高于地	高于灘
孟家口	七尺	三尺	二尺五寸
趙家莊斷隄	五尺	三尺六寸	三尺三寸
小青河	九尺二寸	五尺七寸	五尺七寸
李家集	一丈	四尺五寸	三尺七寸
小青城	六尺	三尺五寸	三尺二寸
宫家莊北岸姚家口	九尺	五尺九寸	四尺二寸
董家口	八尺五寸	四尺八寸	四尺二寸
濱州	面寬	高于地	高于灘
翟家寺西一里	一丈	五尺九寸	四尺五寸
周家莊東面存隄	一丈	六尺二寸	三尺六寸
祁家莊存隄	一丈五尺	六尺九寸	五尺
高家莊	一丈二尺	三尺二寸	三尺二寸
潘家閣	一丈一尺	六尺九寸	六尺三寸
謝家莊	九尺	六尺六寸	五尺八寸
蒲台縣	面寬	高于地	高于灘
護城隄	一丈五尺	八尺三寸	四尺八寸
縣城東關	二丈	六尺	四尺二寸
東五里莊	一丈	七尺七寸	三尺五寸
龍王崖	一丈五寸	五尺二寸	五尺
賈家莊	一丈四尺三寸	七尺	六尺
三岔鎮	一丈	四尺六寸	六尺五寸
宫家莊對岸	一丈	五尺	六尺二寸
圈裏張家	一丈	五尺	三尺六寸
曹家店	一丈二尺九寸	七尺四寸	六尺四寸

（續　表）

利津縣	面寬	高于地	高于灘
四行子	一丈三尺	七尺四寸	六尺一寸
韓莊	一丈四尺	六尺二寸	五尺
縣城對岸	一丈四尺	七尺六寸	七尺三寸
白家莊	一丈二尺	六尺一寸	六尺三寸
宋家莊	一丈	八尺七寸	七尺七寸
張家莊	二丈二尺	四尺六寸	四尺七寸
寧海莊	一丈	七尺一寸	
十大六户	一丈一尺	九尺	六尺九寸
西灘莊下	一丈四尺	七尺五寸	六尺八寸
辛莊上游.	一丈五尺	八尺一寸	二尺五寸
辛莊	一丈五尺五寸	六尺三寸	五尺五寸
韓家垣斷隄	二丈	二尺六寸	二尺五寸
鐵門關碼頭對岸	一丈	七尺二寸	五尺
廟子	一丈	八尺	六尺五寸
圪塔鹽灘	一丈	六尺七寸	五尺一寸
南隄盡處	一丈	六尺五寸	四尺二寸

田地面積數據部

總論

明・申時行等《大明會典》卷一七《户部・田土》 國初至今，多寡不一，載在册籍可攷，其間科則陞降、收除、開墾、召佃、撥給有定例；詭射、侵獻有嚴禁；各宫勳戚、寺觀田地及草場苑牧有額數，備列於後。洪武二十六年，十二布政司並直隸府州田土，總計八百五十萬七千六百二十三頃六十八畝零。

分論

明・申時行等《大明會典》卷一七《户部・田土》 浙江布政司田土，計五十一萬七千五十一頃五十一畝；

江西布政司田土，計四十三萬一千一百八十六頃二畝；

北平布政司田土，計五十八萬二千四百九十九頃五十一畝；

湖廣布政司田土，計二百二十萬二千一百七十五頃七十五畝；

福建布政司田土，計一十四萬六千二百五十九頃六十九畝；

山東布政司田土，計七十二萬四千三十五頃六十二畝；

山西布政司田土，計四十一萬八千六百四十二頃四十八畝零；

河南布政司田土，計一百四十四萬九千四百六十九頃八十二畝零；

陝西布政司田土，計三十一萬五千二百五十一頃七十五畝；

四川布政司田土，計一十一萬二千三十二頃五十六畝；

廣東布政司田土，計二十三萬七千三百四十頃五十六畝；

廣西布政司田土，計一十萬二千四百三頃九十畝；

雲南布政司田土 原無數目；

應天府田土，計七萬二千七百一頃二十五畝；

蘇州府田土，計九萬八千五百六頃七十一畝；

松江府田土，計五萬一千三百二十二頃九十畝；

常州府田土，計七萬九千七百三十一頃八十八畝；

鎮江府田土，計三萬八千四百五十二頃七十畝；

廬州府田土，計一萬六千二百二十三頃九十九畝；

鳳陽府田土，計四十一萬七千四百九十三頃九十畝；

淮安府田土，計一十九萬三千三百三十頃二十五畝；

揚州府田土，計四萬二千七百六十七頃三十四畝；

徽州府田土，計三萬五千三百四十九頃七十七畝零；

寧國府田土，計七萬七千五百一十六頃一十一畝；

池州府田土，計二萬二千八百四十四頃四十五畝；

太平府田土，計三萬六千二百一十一頃七十九畝；

安慶府田土，計二萬一千二十九頃三十七畝；

廣德州田土，計三萬四千七頃八十四畝；

徐州田土，計二萬八千三百四十一頃五十四畝；

滁州田土，計三千一百五十頃四十五畝；

和州田土，計四千二百五十二頃二十八畝。

弘治十五年，十三布政司並直隸府州實在田土，總計六百二十二萬八千五十八頃八十一畝零：

浙江布政司田土，計四十七萬二千三百四十二頃七十一畝七分七釐；

江西布政司田土，計四十萬二千三百五十二頃四十六畝六分七釐；

湖廣布政司田土，計二百二十三萬六千一百二十八頃四十六畝六分二釐；

福建布政司田土，計一十三萬五千一百六十六頃一十七畝七分九釐；

山東布政司田土，計五十四萬二千九百二十九頃三十七畝六分三釐八毫；

山西布政司田土，計三十九萬八百九頃三十三畝九分三釐；

河南布政司田土，計四十一萬六千九十九頃六十八畝四分七釐；

陝西布政司田土，計二十六萬六百六十二頃八十一畝八分零；

四川布政司田土，計一十萬七千八百六十九頃六十二畝六分五釐零；

廣東布政司田土，計七萬二千三百二十四頃四十六畝一分六釐；

廣西布政司田土，計一十萬七千八百四十八頃一畝七分零；

雲南布政司田土，計三千六百三十一頃三十五畝；

貴州布政司田土，自來原無丈量頃畝，每歲該納糧差，俱於土官名下總行認納，如洪武年間例。

順天府田土，計六萬八千七百二十頃一十三畝五分零；

永平府田土，計一萬四千八百四十四頃五十七畝六分零；

保定府田土，計三萬五千五百二十九頃五十畝八分零；

河間府田土，計二萬四千二百二十頃七十一畝八分零；

真定府田土，計三萬八千九百八十頃六十五畝四分零；

順德府田土，計一萬三千八百二十二頃五十五畝九分零；

廣平府田土，計二萬二百三十八頃一十四畝二分零；

大名府田土，計五萬一千九百九十三頃六十二畝六分零；

延慶州田土，計一千五十九頃四十二畝四分零；

保安州田土，計三百四頃五十七畝七分零；

應天府田土，計六萬九千九百七十四頃八畝零；

蘇州府田土，計一十五萬五千二百四十九頃九十七畝八分二釐六毫；

松江府田土，計四萬七千一百五十六頃六十一畝八分八釐六毫；

常州府田土，計六萬一千七百七十七頃七十五畝五分六釐四毫；

鎮江府田土，計三萬二千七百二十二頃三十五畝一分零；

廬州府田土，計二萬五千四百三十頃四十五畝九分零；

鳳陽府田土，計六萬一千二百六十二頃六十六畝七分零；

淮安府田土，計一十萬一千七十三頃七十三畝四分零；

揚州府田土，計六萬二千二百九十七頃七畝一分五釐；

徽州府田土，計二萬五千二百七十七頃五十二畝九釐零；

寧國府田土，計六萬六百八十二頃九十一畝六釐零；

池州府田土，計八千九百一十九頃六十三畝一分五釐零；

太平府田土，計一萬六千二百四十三頃八十三畝二分零；

安慶府田土，計二萬一千八百九十頃六十六畝一分零；

廣德州田土，計一萬五千四百四頃二十九畝八分零；

徐州田土，計三萬一十二頃二十二畝八分零；

滁州田土，計二千九百一十二頃八十三畝八分零；

和州田土，計一萬一千八百九十一頃六十九畝五分零。

萬曆六年，十三布政司並直隸府州實在田土，總計七百一萬三千九百七十六頃二十八畝零：

浙江布政司田土，共四十六萬六千九百六十九頃八十二畝四分八釐零；

江西布政司田土，共四十萬一千一百五十一頃二十七畝一分一釐零；

湖廣布政司田土，共二百二十一萬六千一百九十九頃四十畝一分；

福建布政司田土，共一十三萬四千二百二十五頃六分七釐零；

山東布政司田土，共六十一萬七千四百九十八頃九十九畝六分八釐二毫；

山西布政司田土，共三十六萬八千三十九頃二十七畝二分一釐；

河南布政司田土，共七十四萬一千五百七十九頃五十一畝九分九釐零；

陝西布政司田土，共二十九萬二千九百二十三頃八十五畝一分零；

四川布政司田土，共一十三萬四千八百二十七頃六十七畝二分三釐零；

廣東布政司田土，共二十五萬六千八百六十五頃一十三畝六分六釐；

廣西布政司田土，共九萬四千二十頃七十四畝八分零；

雲南布政司田土，共一萬七千九百九十三頃五十八畝八分零；

貴州布政司田土，除思南、石阡、銅仁、黎平等府，貴州宣慰司，清平凱里安撫司額無頃畝外，貴陽府、平伐長官司、思州、鎮遠、都勻等府，安順、普安等州，龍里、新添、平越三軍民衛，共五千一百六十六頃八十六畝三分零。

順天府田土，計九萬九千五百八十二頃九十九畝九分零；

永平府田土，計一萬八千三百三十九頃四十六畝五分零；

保定府田土，計九萬七千九十五頃五十畝八分零；

河間府田土，計八萬二千八百七十二頃一十九畝八分零；

真定府田土，計一十萬二千六百七十五頃六畝零；

順德府田土，計一萬四千二百四頃四畝八分零；

廣平府田土，計二萬二百三十八頃三十八畝五分零；

大名府田土，計五萬六千一百九十六頃六十畝八分零；

延慶州田土，計一千五十九頃四十二畝四分零；

保安州田土，計三百四頃七十二畝七分零；

應天府田土，計六萬九千四百五頃一十四畝零；

蘇州府田土，計九萬二千九百五十九頃五十畝五分三釐零；

松江府田土，計四萬二千四百七十七頃三畝三分八釐零；

常州府田土，計六萬四千二百五十五頃九十五畝一分六釐零；
鎮江府田土，計三萬三千八百一十七頃一十三畝八分零；
廬州府田土，計六萬八千三百八十九頃一十一畝；
鳳陽府田土，計六萬一百九十一頃九十六畝七分零；
淮安府田土，計一十三萬八百二十六頃三十六畝八分零；
揚州府田土，計六萬一千八十四頃九十九畝七分；
徽州府田土，計二萬五千四百七十八頃二十七畝五分零；
寧國府田土，計三萬三百三十頃七十八畝四分零；
池州府田土，計九千八十九頃二十二畝七分零；
太平府田土，計一萬二千八百七十頃五十三畝三分零；
安慶府田土，計二萬一千九百五頃三十畝八分零；
廣德州田土，計二萬一千六百七十二頃四十四畝五分零；
徐州田土，計二萬一百六十七頃一十六畝四分零；
滁州田土，計二千八百九頃，九十六畝八釐零；
和州田土，計六千二百一十五頃七十九畝六分零。

地圖總部

總圖部

北宋宣和三年（一一二一）刻石《九域守令圖》（四川省博物館藏）

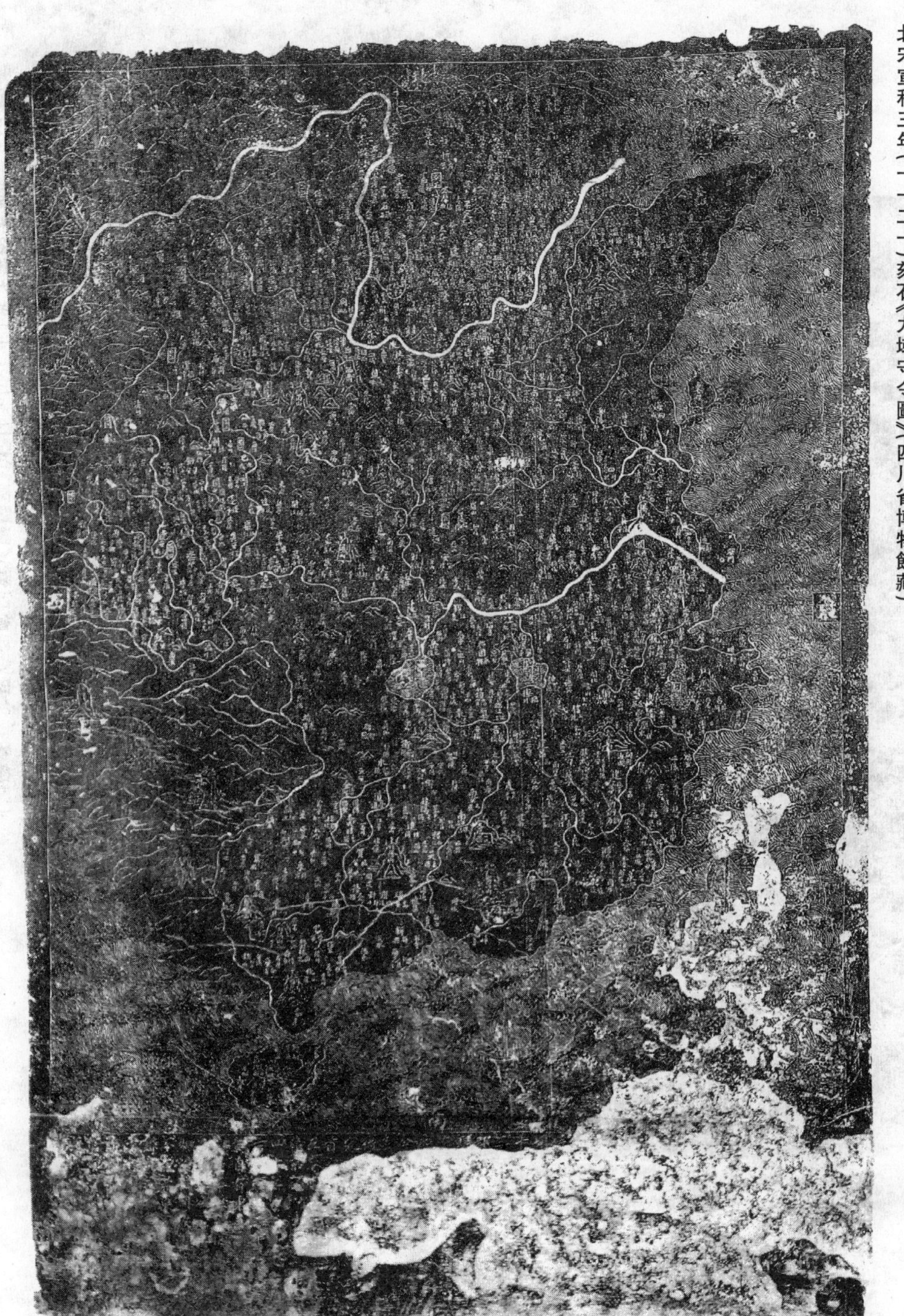

南宋紹興六年（一一三六）刻石《禹跡圖》（陝西省西安碑林博物館藏）

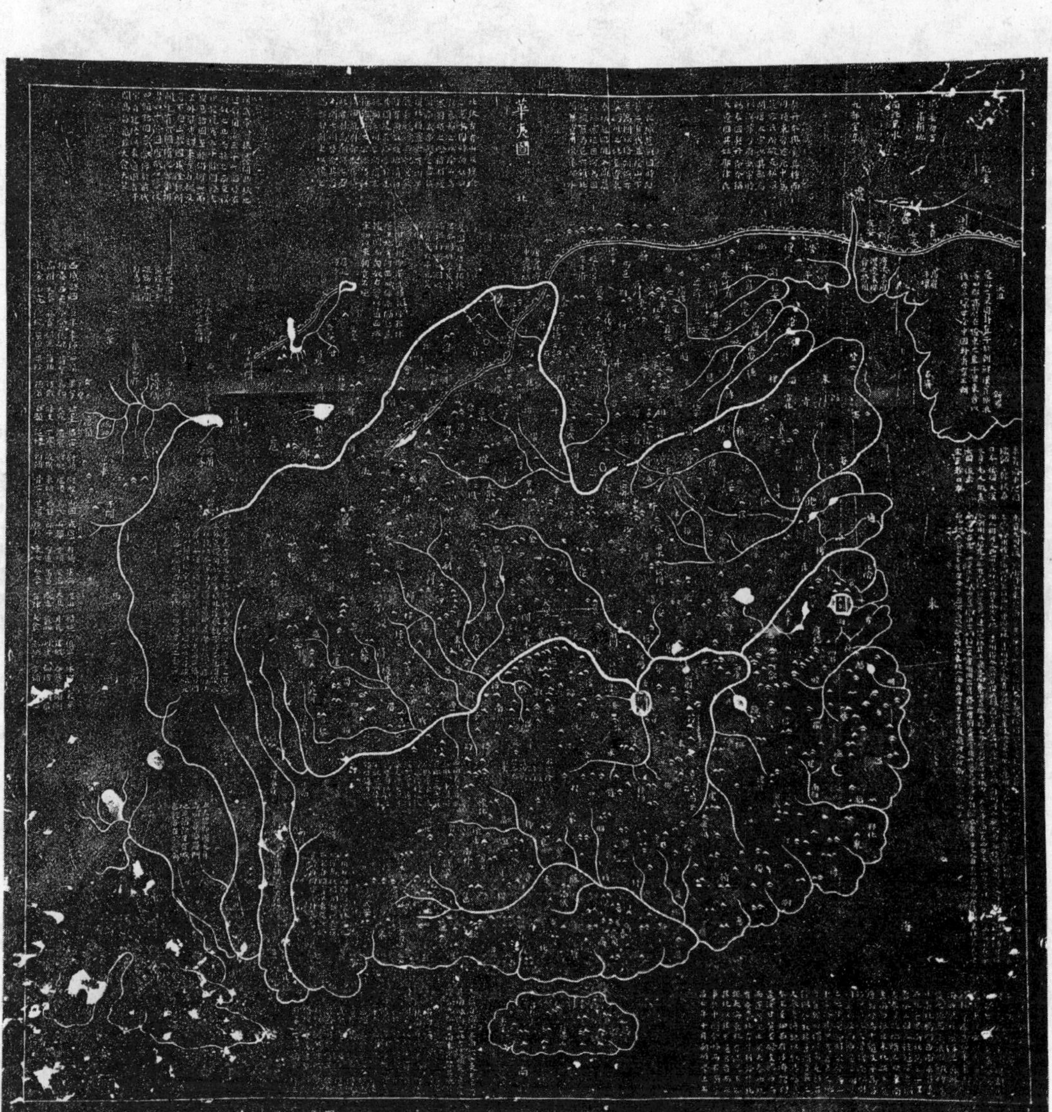

僞齊阜昌七年（一一三六）刻石《華夷圖》（陝西省西安碑林博物館藏）

南宋紹興十二年（一一四二）刻石《禹迹圖》（江蘇省鎮江市博物館藏）

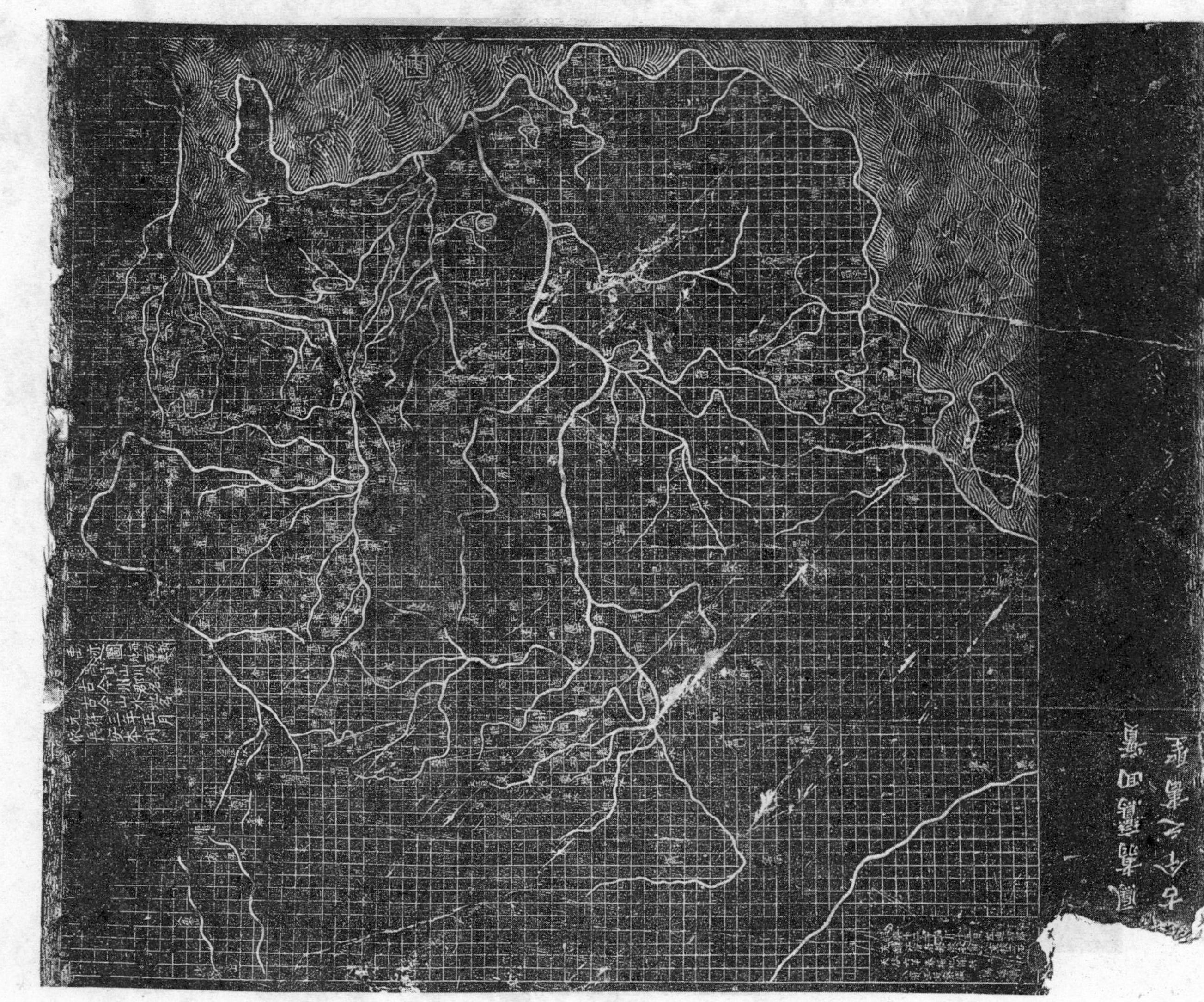

南宋淳祐二年（一二四七）刻石《墜理圖》（江蘇省蘇州市碑刻博物館藏）

明嘉靖五年（一五二六）重繪《楊子器跋輿地圖》（遼寧省大連市旅順圖書館藏）

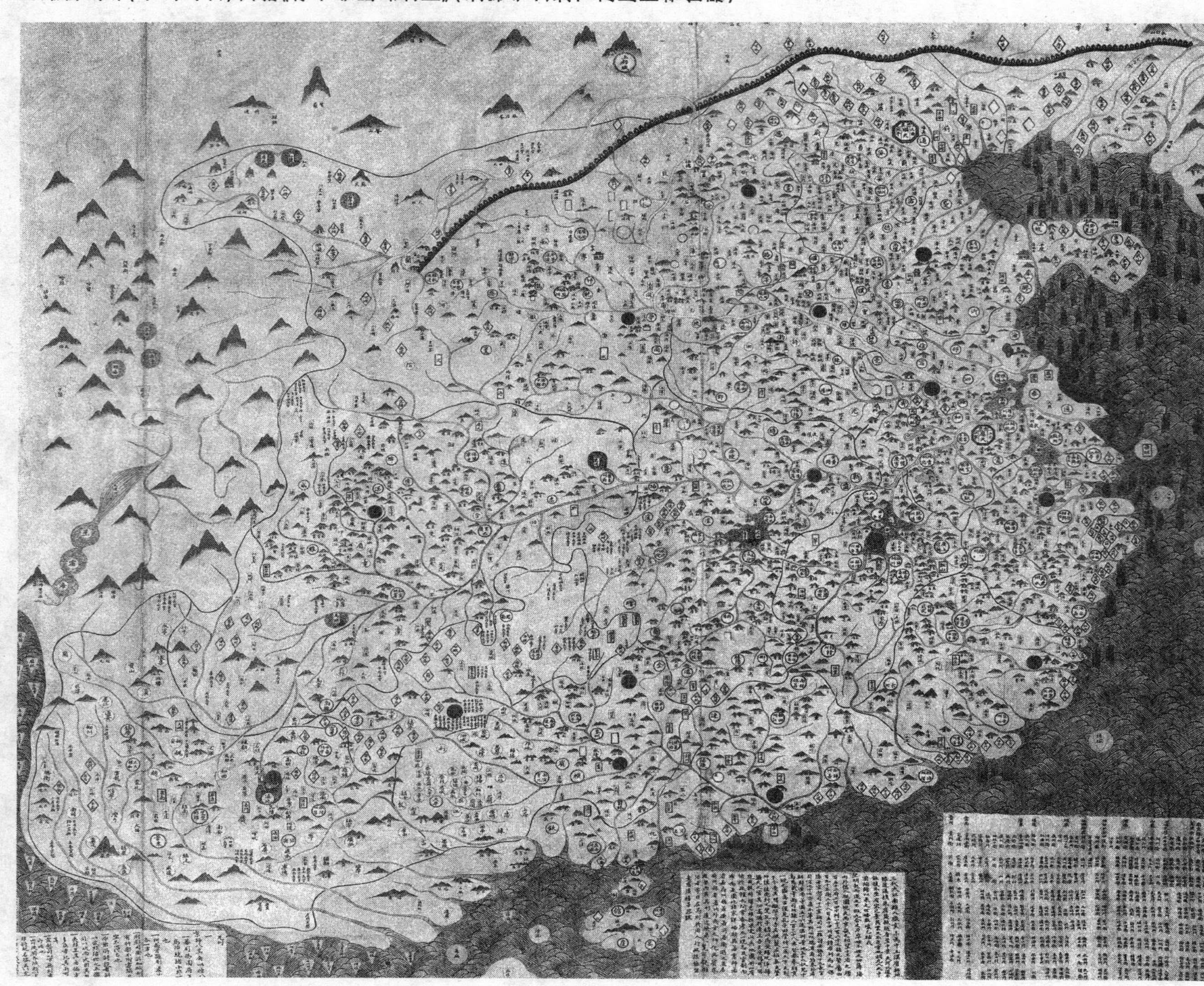

明嘉靖四十三年（一五六四）刻本《廣輿圖》之《輿地總圖》

輿地總圖

每方五百里止載府州不書縣
山止五嶽餘別以水不復標書

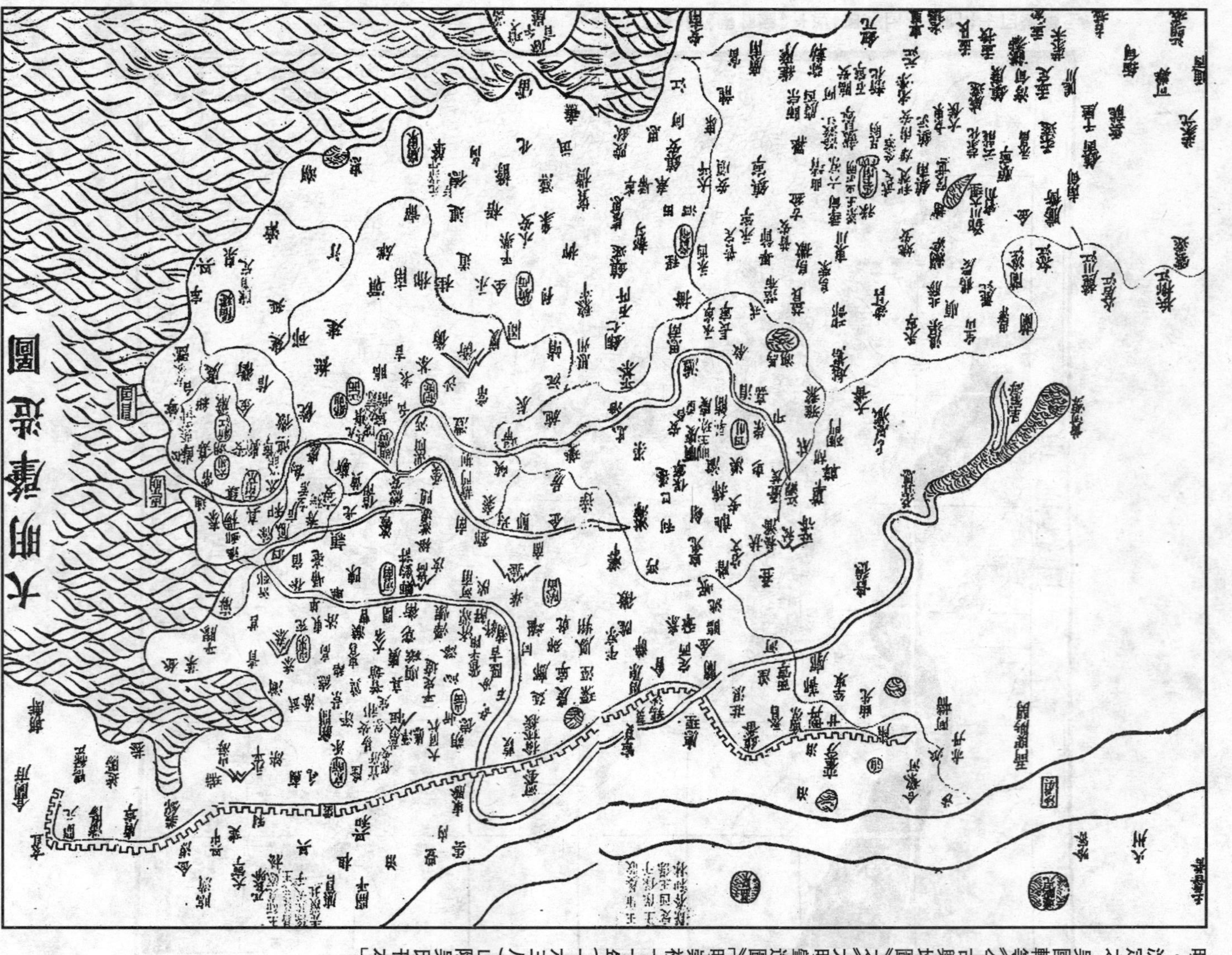

明·沈定之、吳國輔等《今古輿地圖》之《大明輿地圖》[明崇禎十一年(一六三八)山陰吳氏刊本]

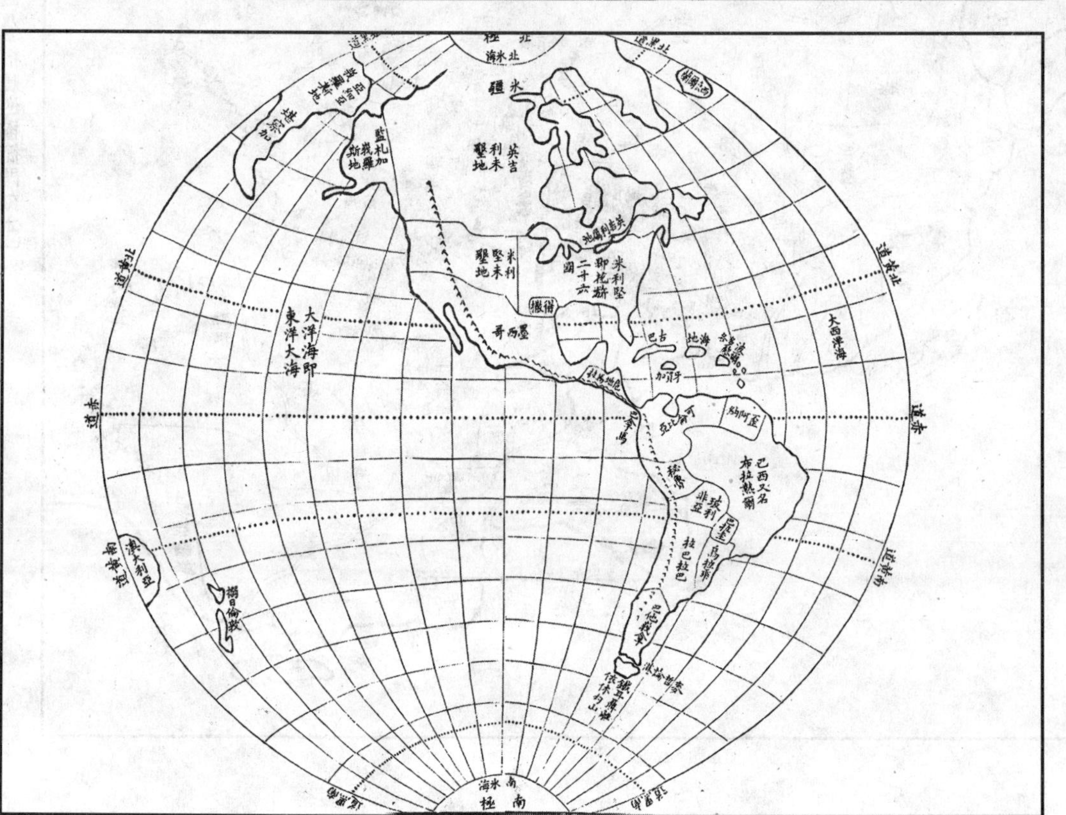

清・徐繼畬《瀛寰志略》之《地球圖》[清道光二十八年(一八四八)福建巡撫衙門刻本]

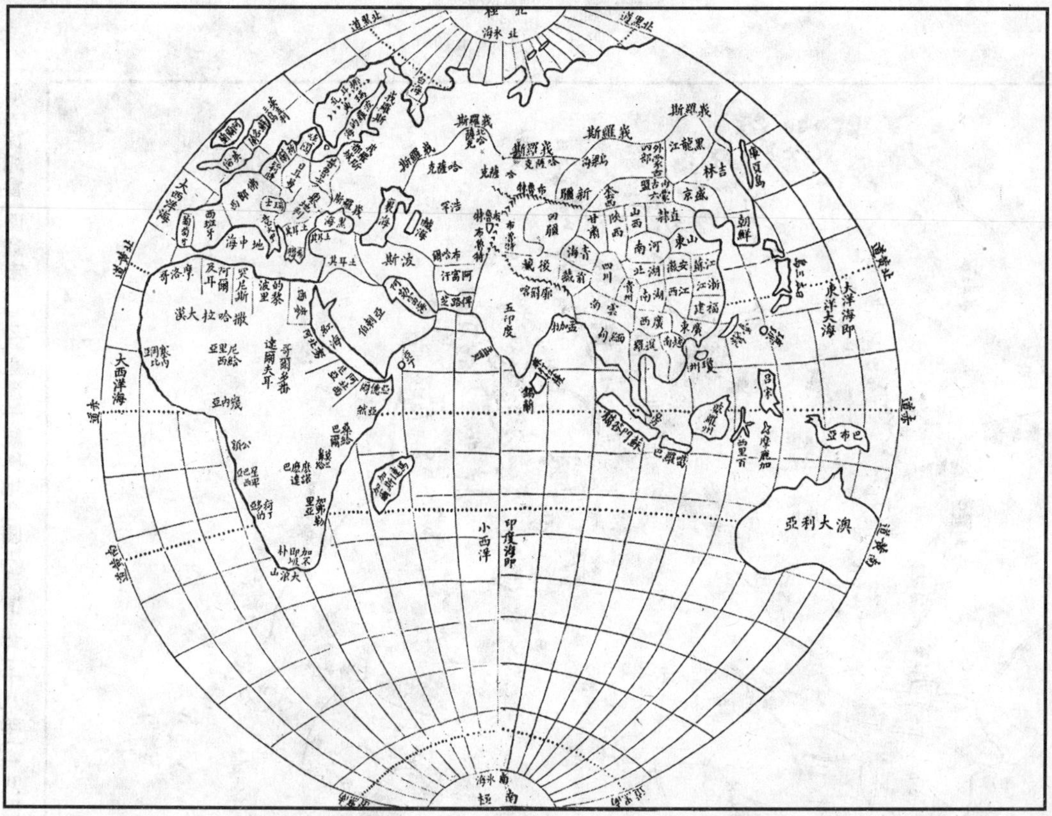

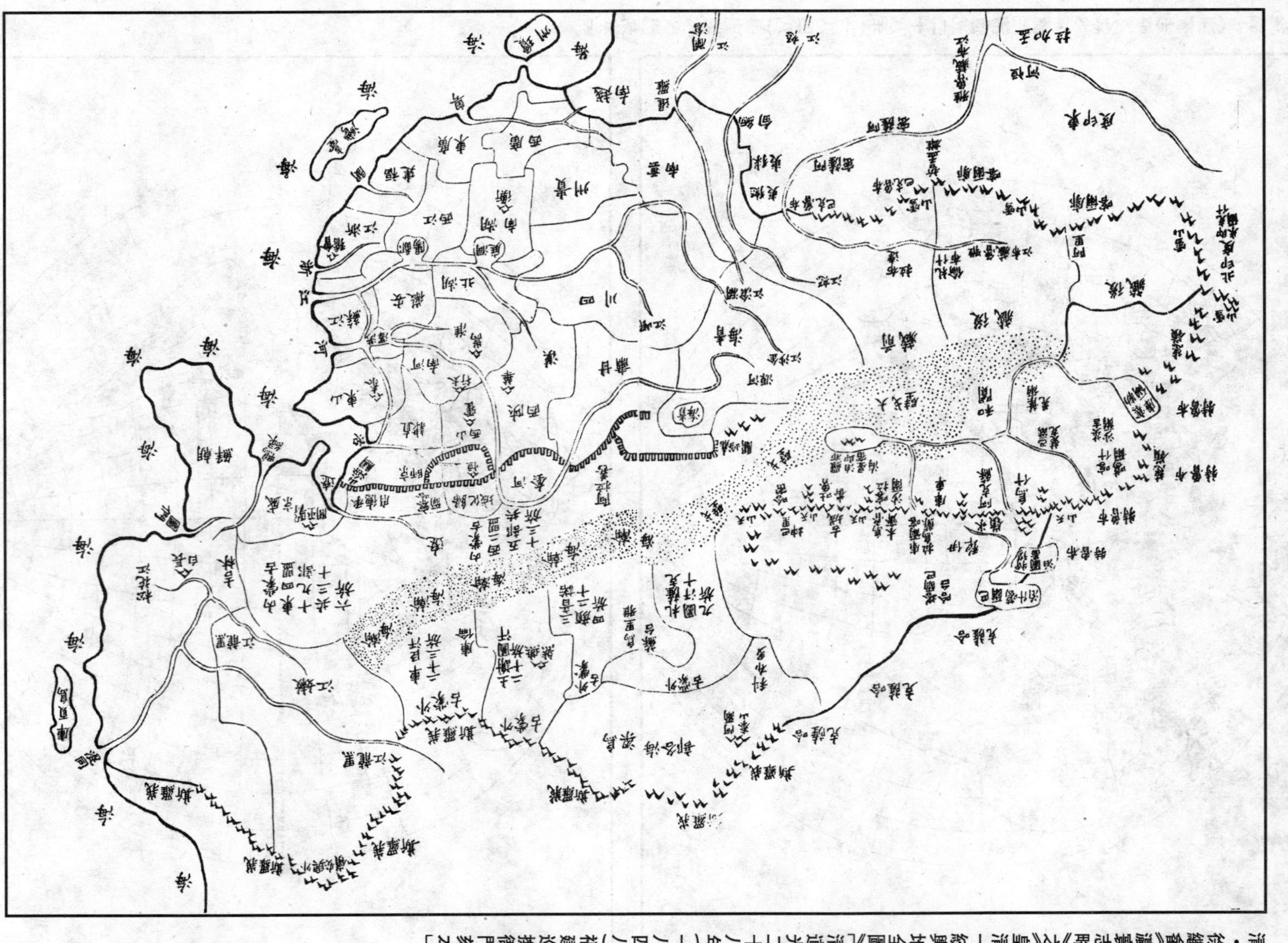

清・徐繼畬《瀛寰志略》之《皇清一統輿地全圖》［清道光二十八年（一八四八）福建巡撫衙門刻本］

清・徐繼畬《瀛寰志略》之《亞細亞圖》[清道光二十八年(一八四八)福建巡撫衙門刻本]

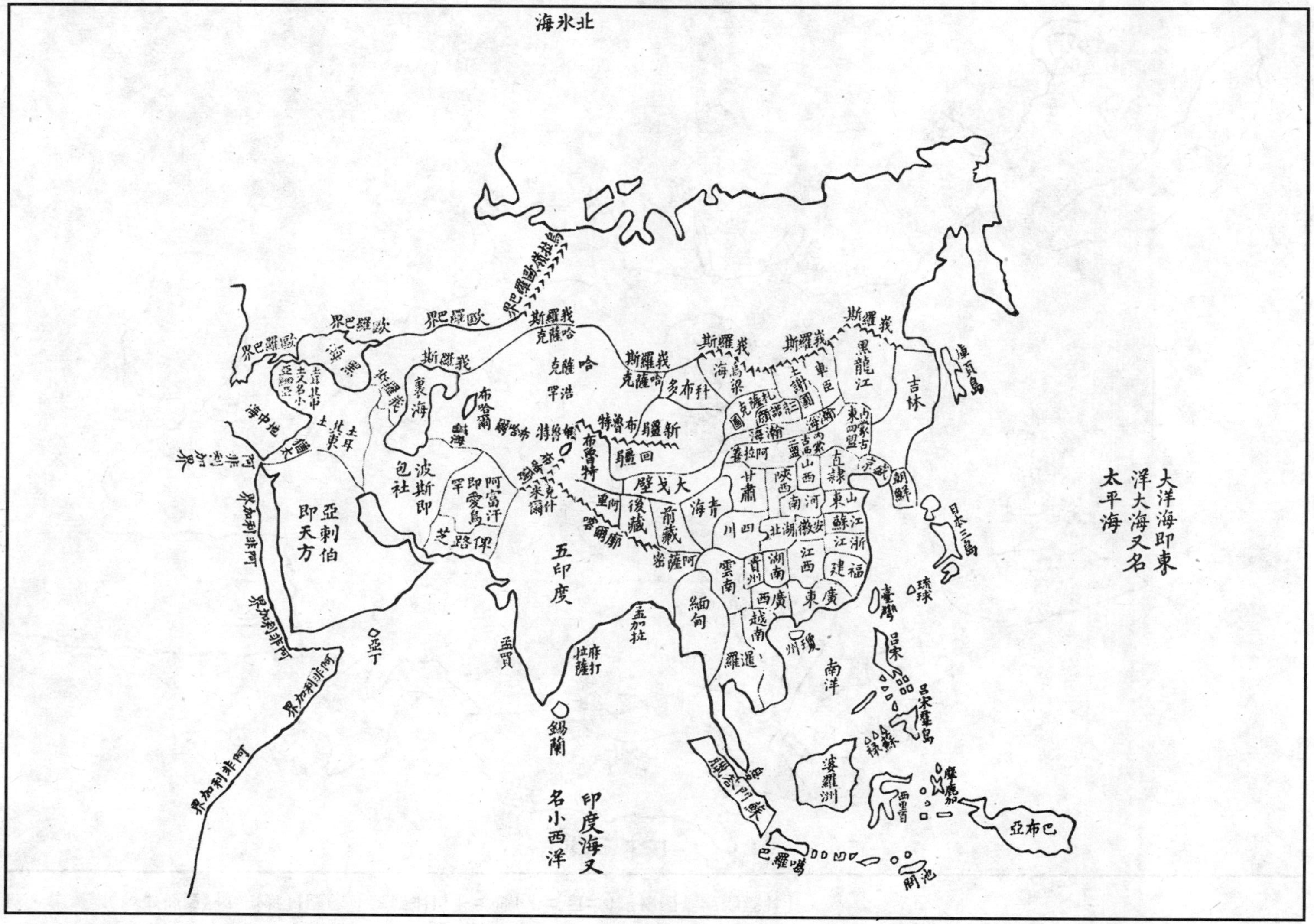

清·徐繼畬《瀛寰志略》之《東洋二國圖》[清道光二十八年(一八四八)福建巡撫衙門刻本]

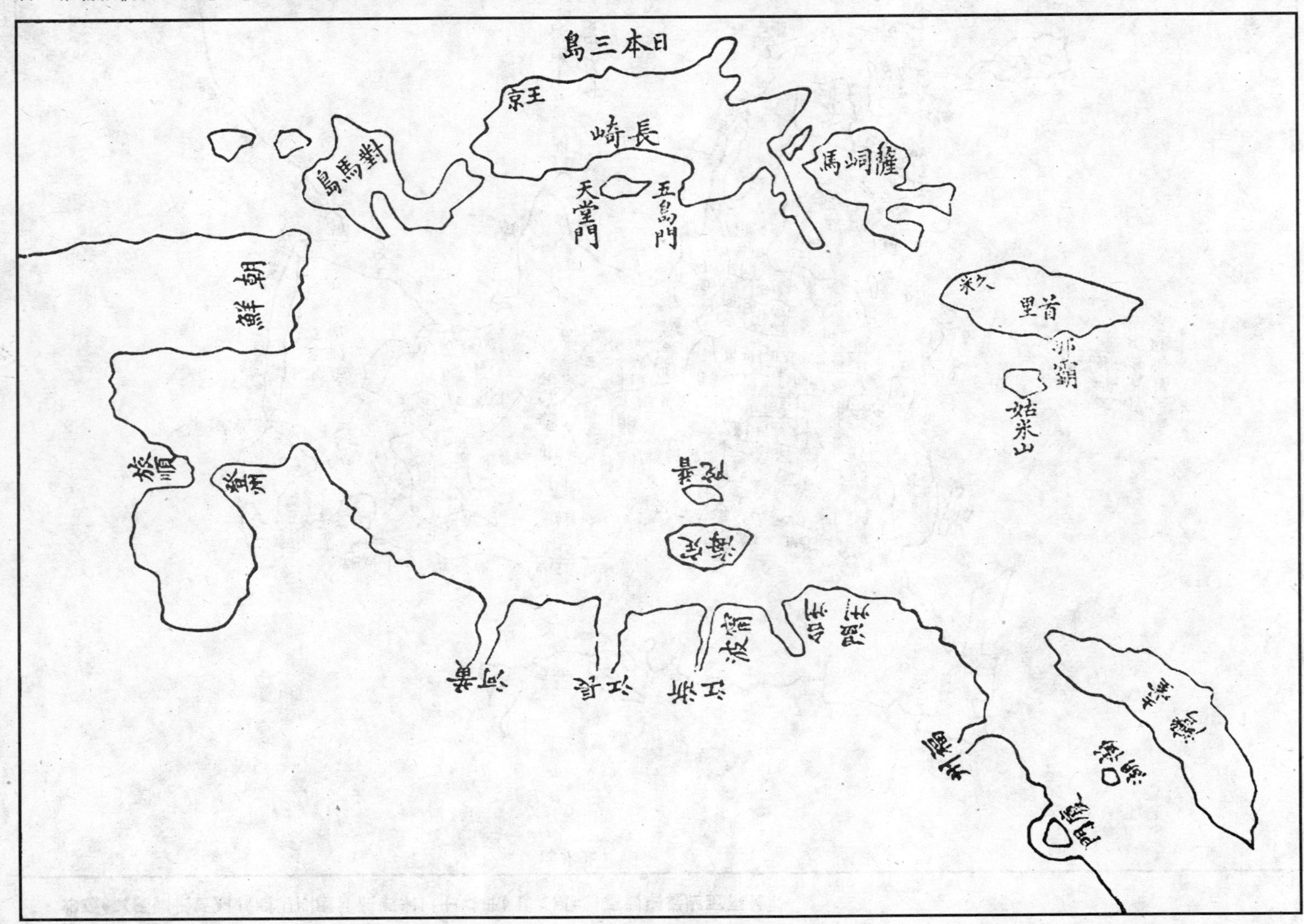

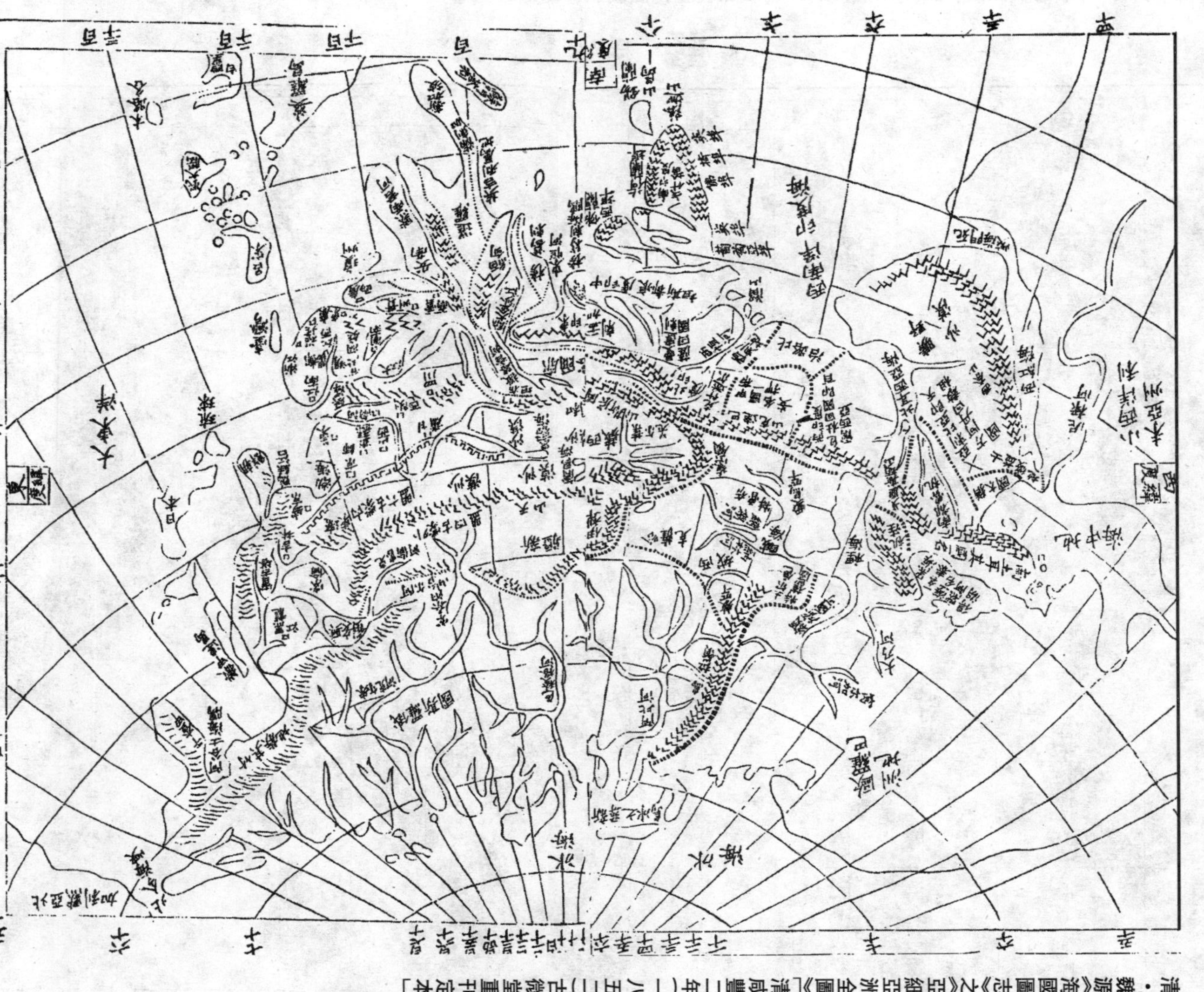

清・魏源《海國圖志》之《亞細亞洲全圖》[清咸豐二年(一八五二)古微堂重刊定本]

清光緒三十二年（一九〇六）新學會社（上海）發行之《世界全圖》（武漢大學歷史學院藏）

世界全圖

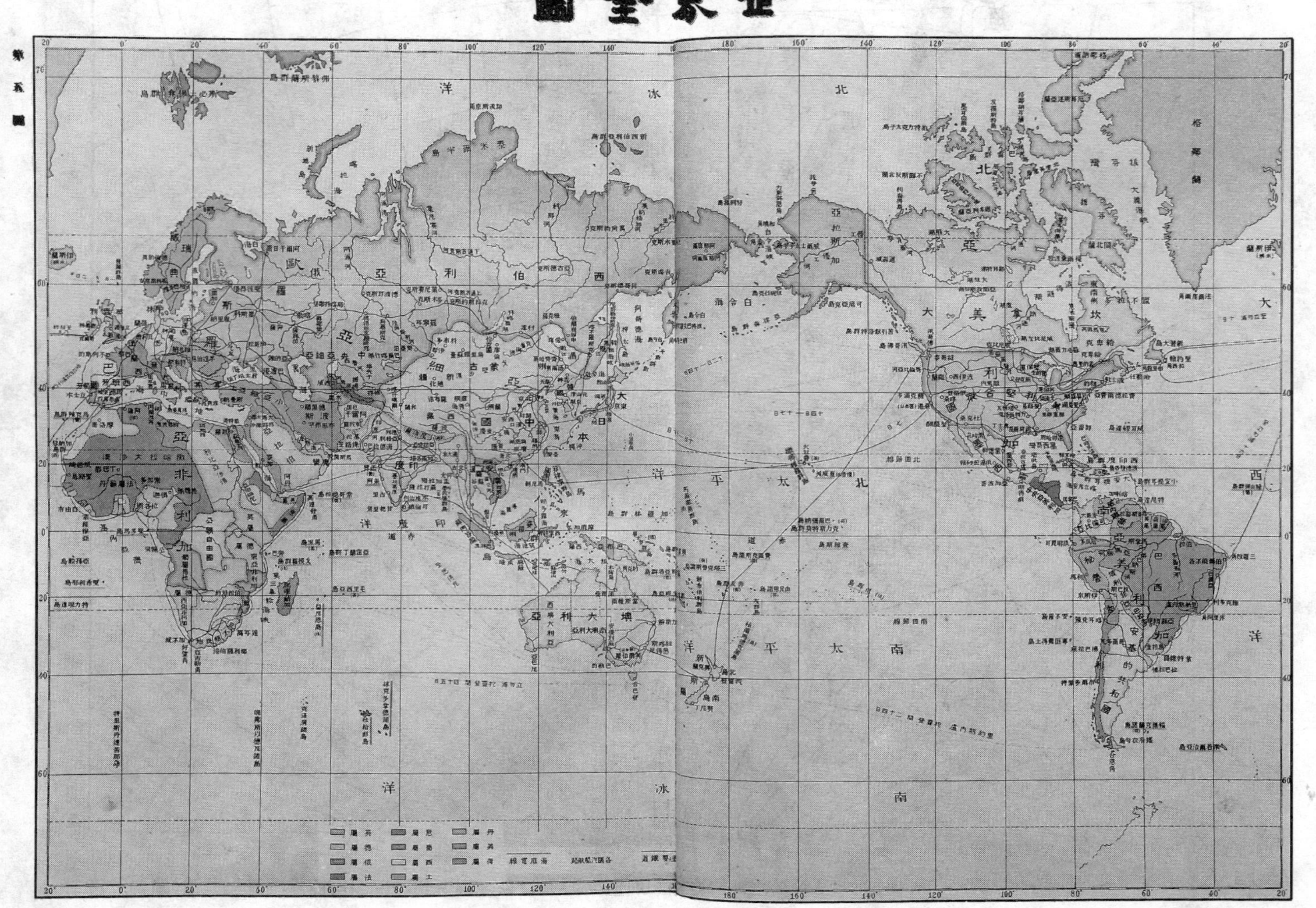

清光緒三十二年（一九〇六）新學會社（上海）發行之《亞細亞洲全圖》（武漢大學歷史學院藏）

第六圖

亞細亞洲全圖

清光緒三十二年（一九〇六）新學會社（上海）發行之《中國全圖》（武漢大學歷史學院藏）

中國全圖

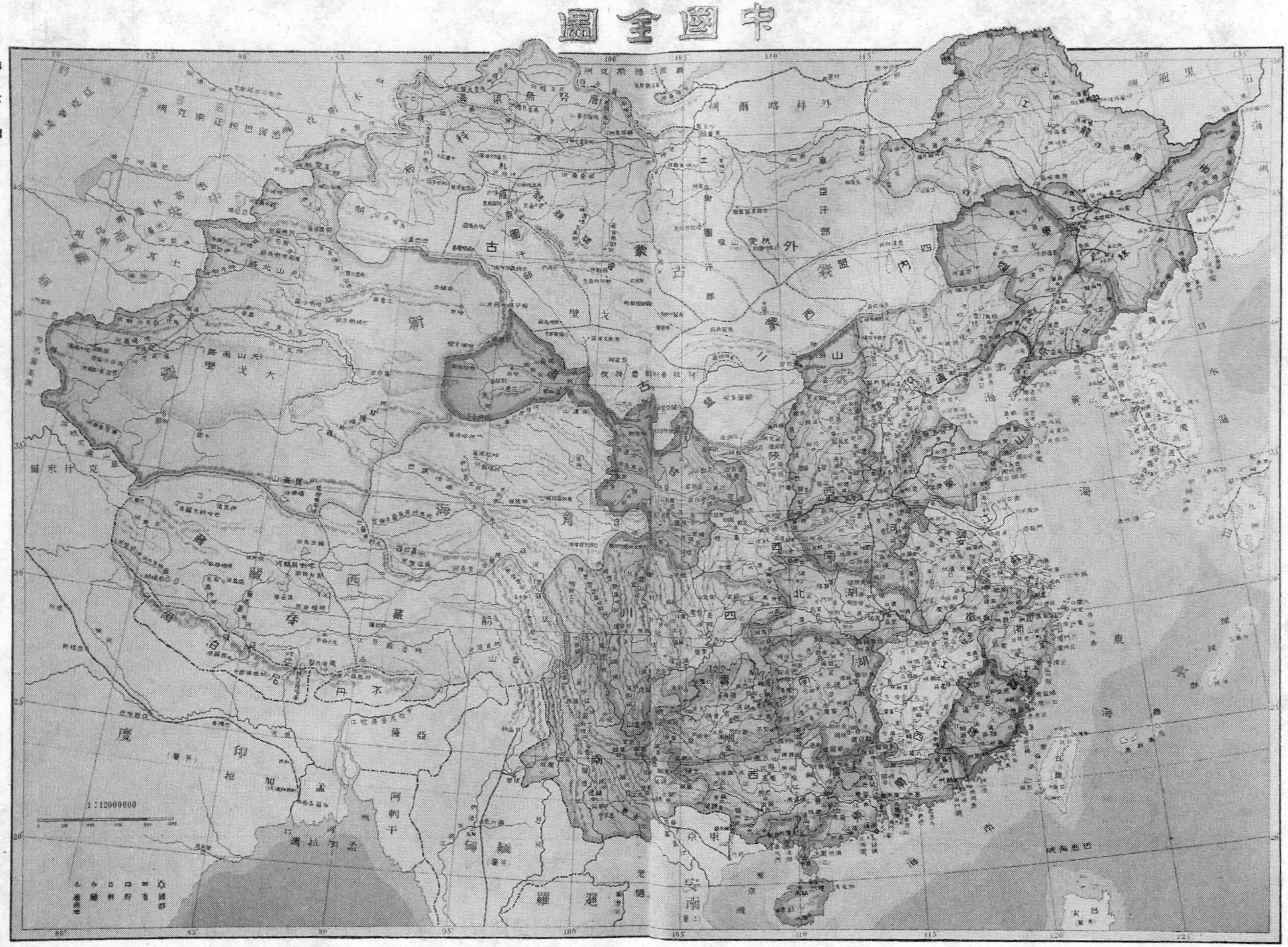

政區圖部

明嘉靖三十四年（一五五五）初刻本《廣輿圖》之《北直隸輿圖》及《圖例》（京都大學圖書館藏）

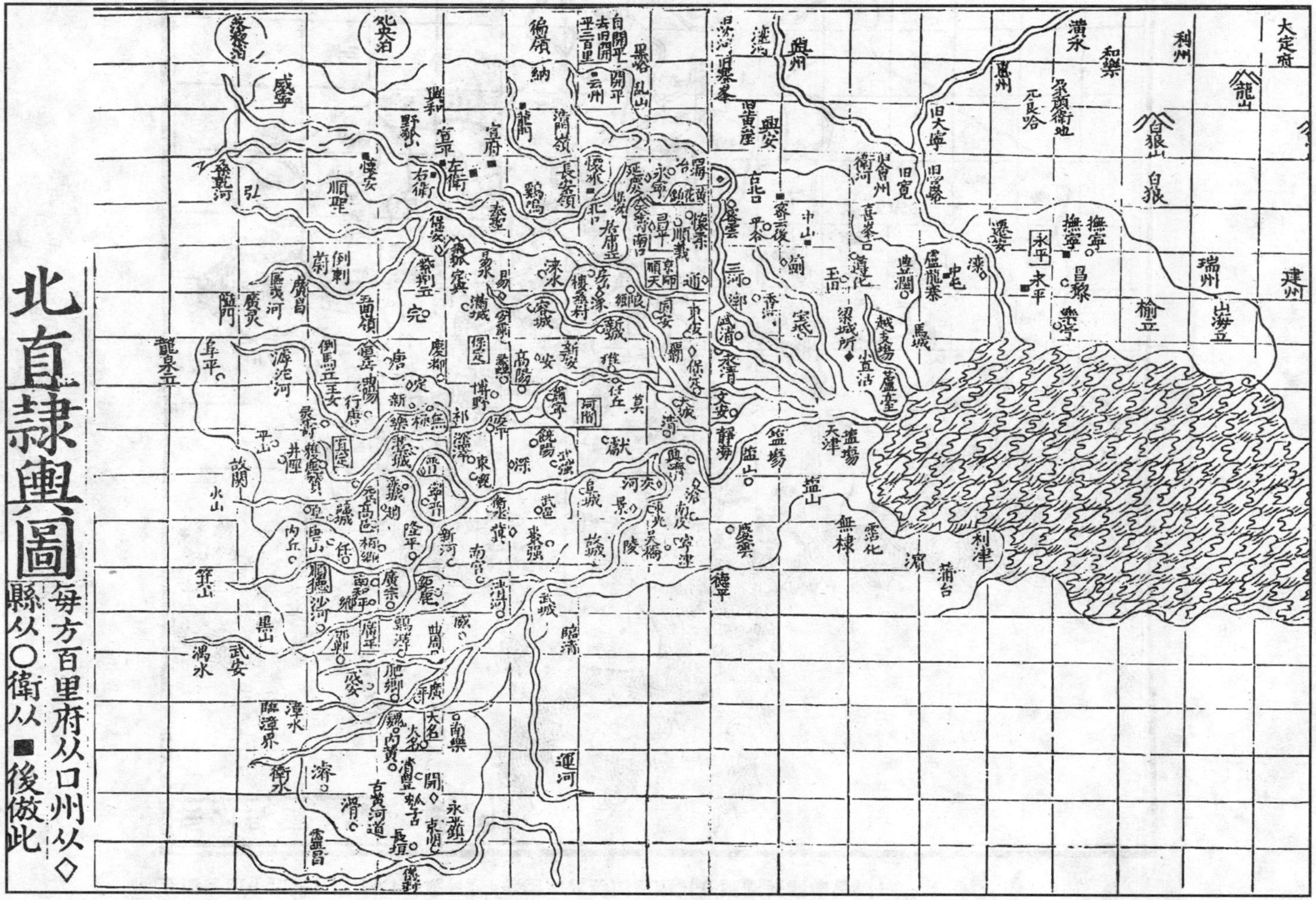

北直隸輿圖

每方百里府从口州从◇縣从○衛从■後倣此

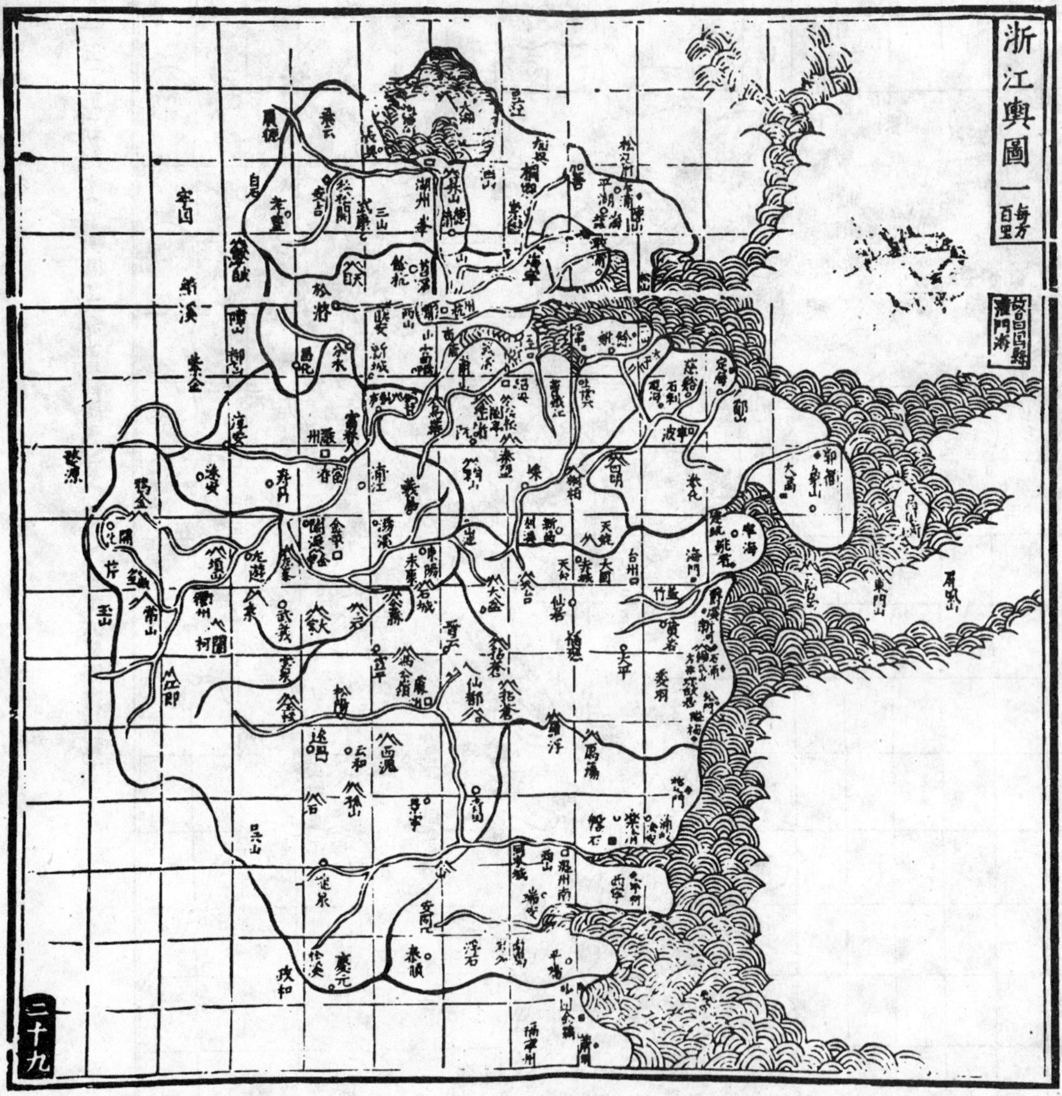

浙江輿圖一　每方百里

二十九

明嘉靖四十三年（一五六四）刻本《廣輿圖》之《浙江輿圖》（中國國家圖書館藏）

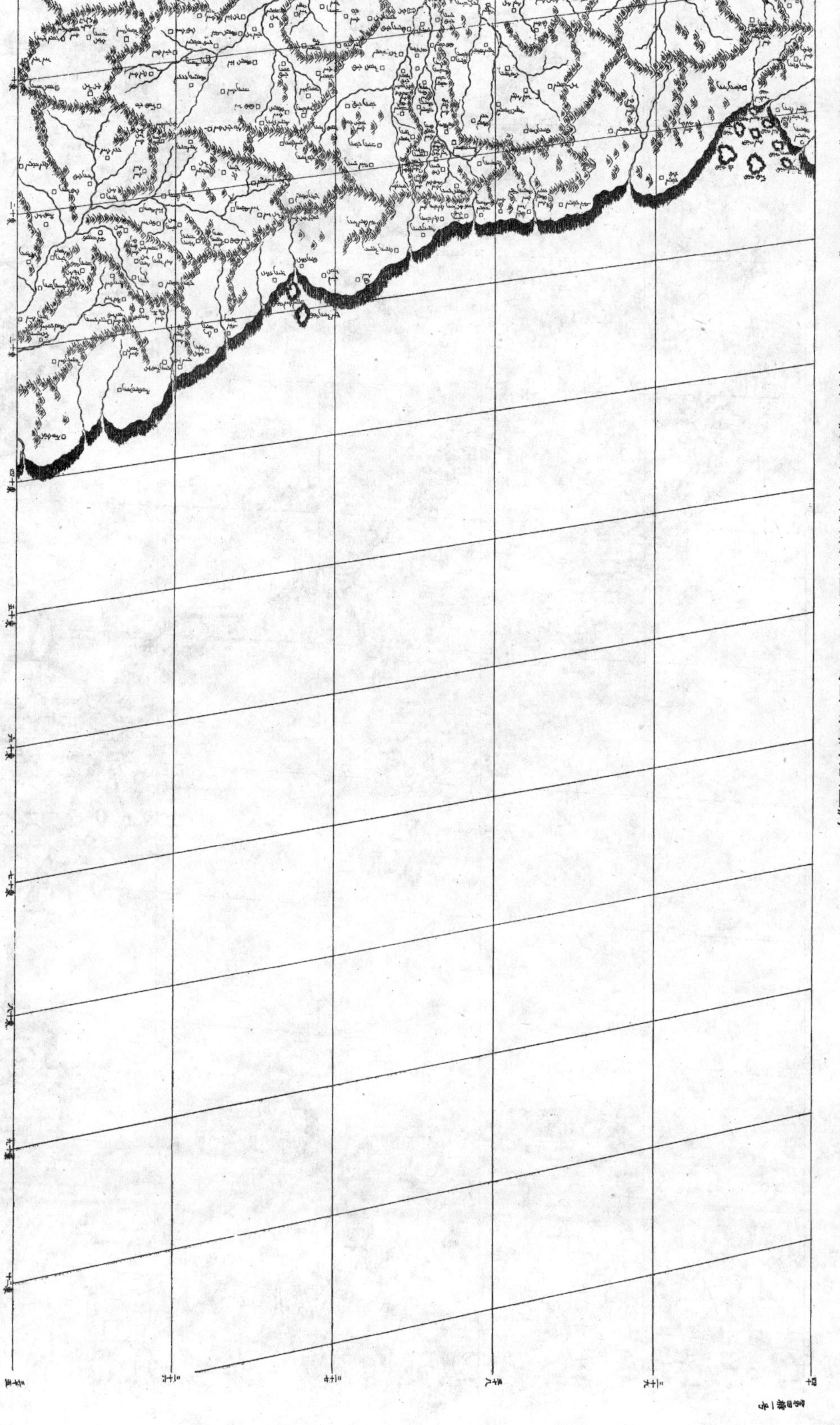

清康熙年間繪刻《皇輿全覽圖》之第四排圖（選自《清廷三大實測全圖集——康熙皇輿全覽圖》）

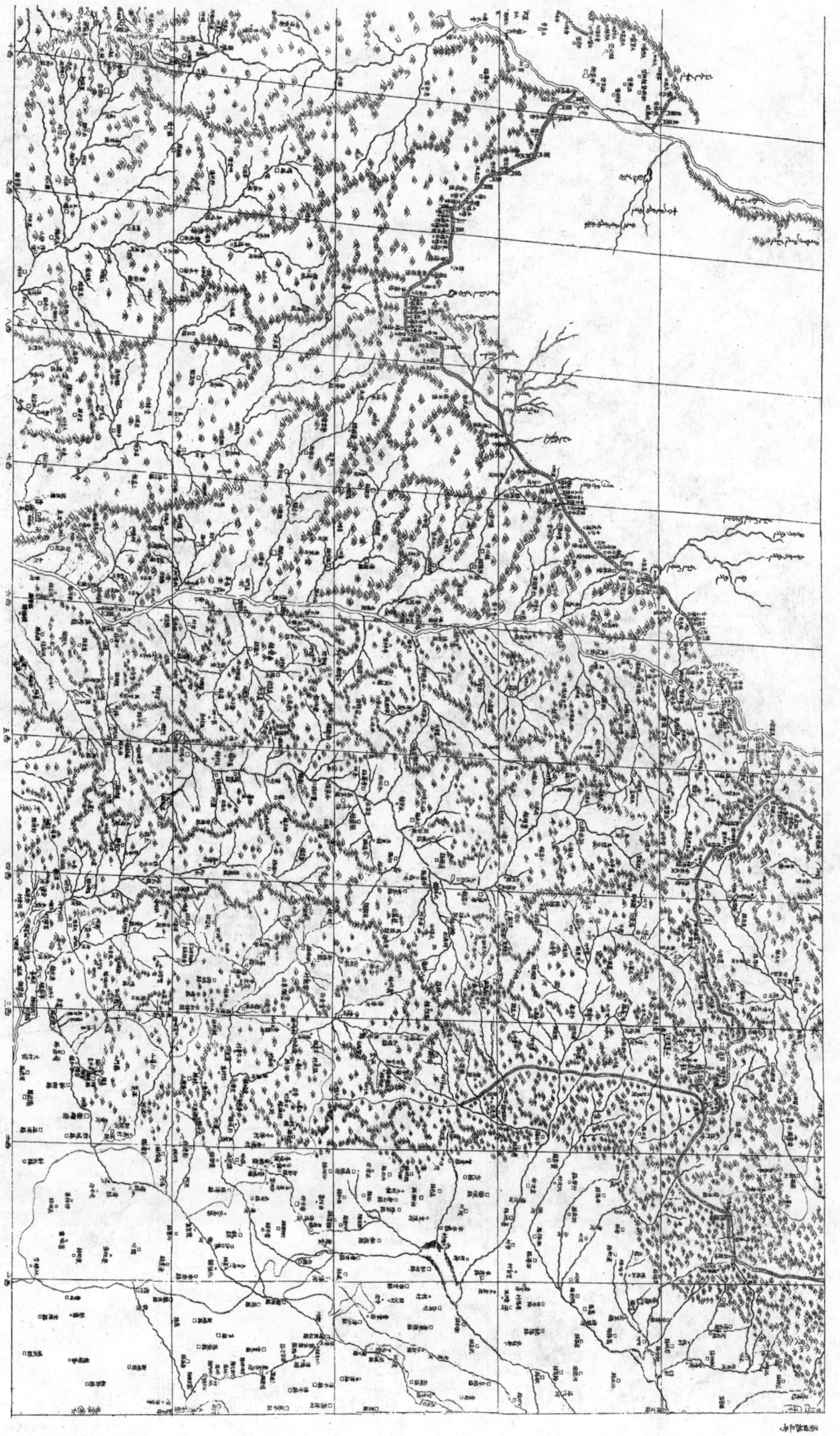

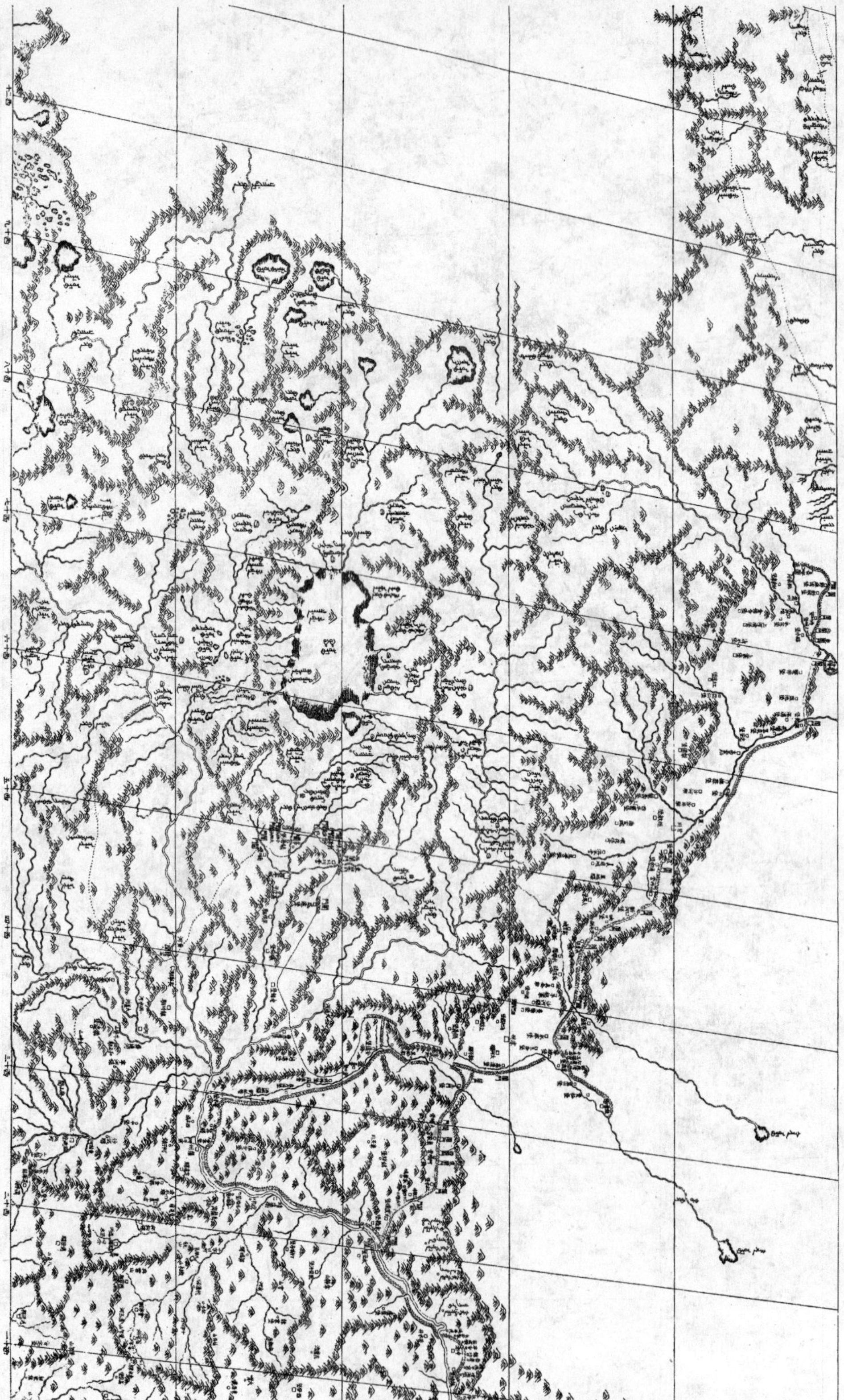

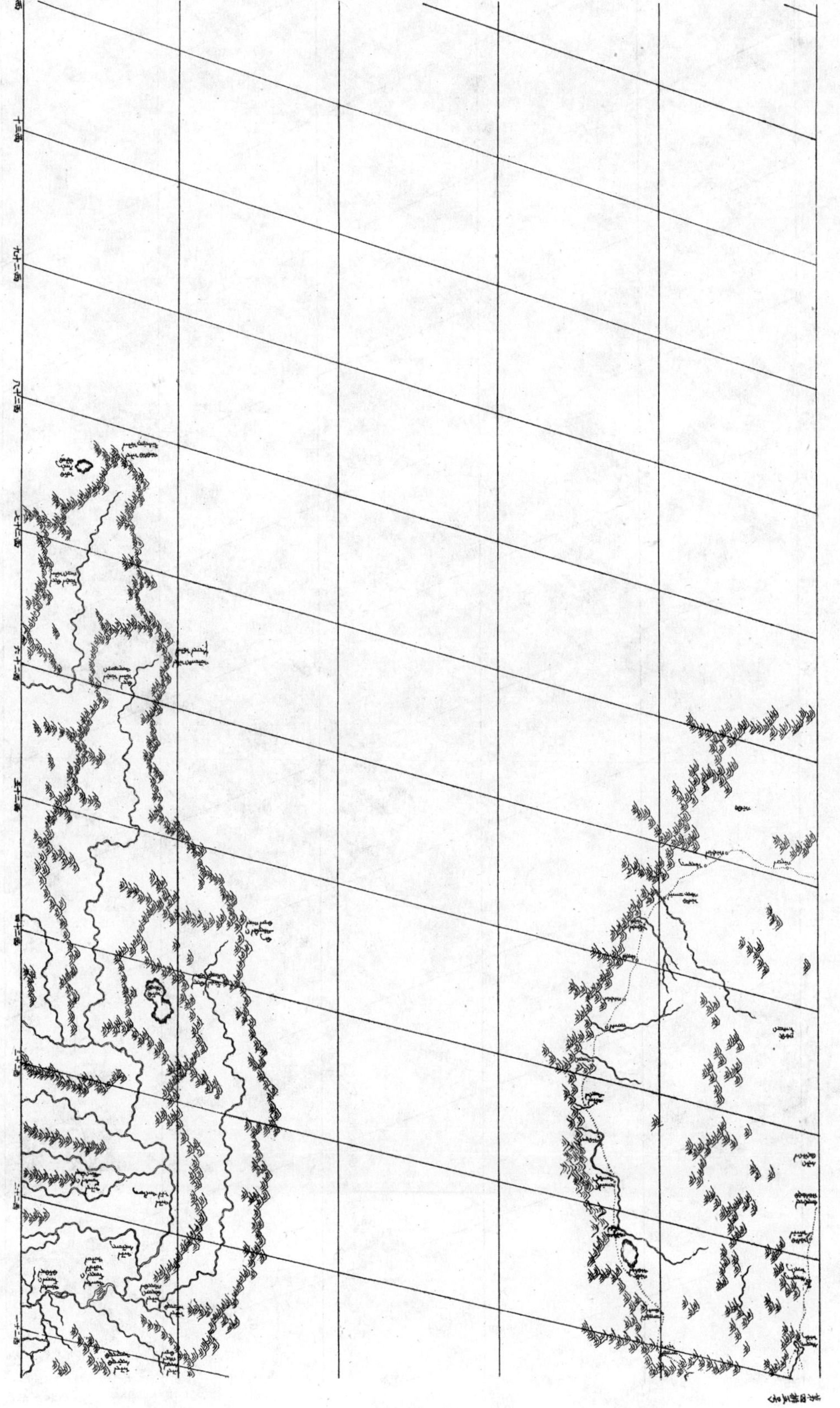

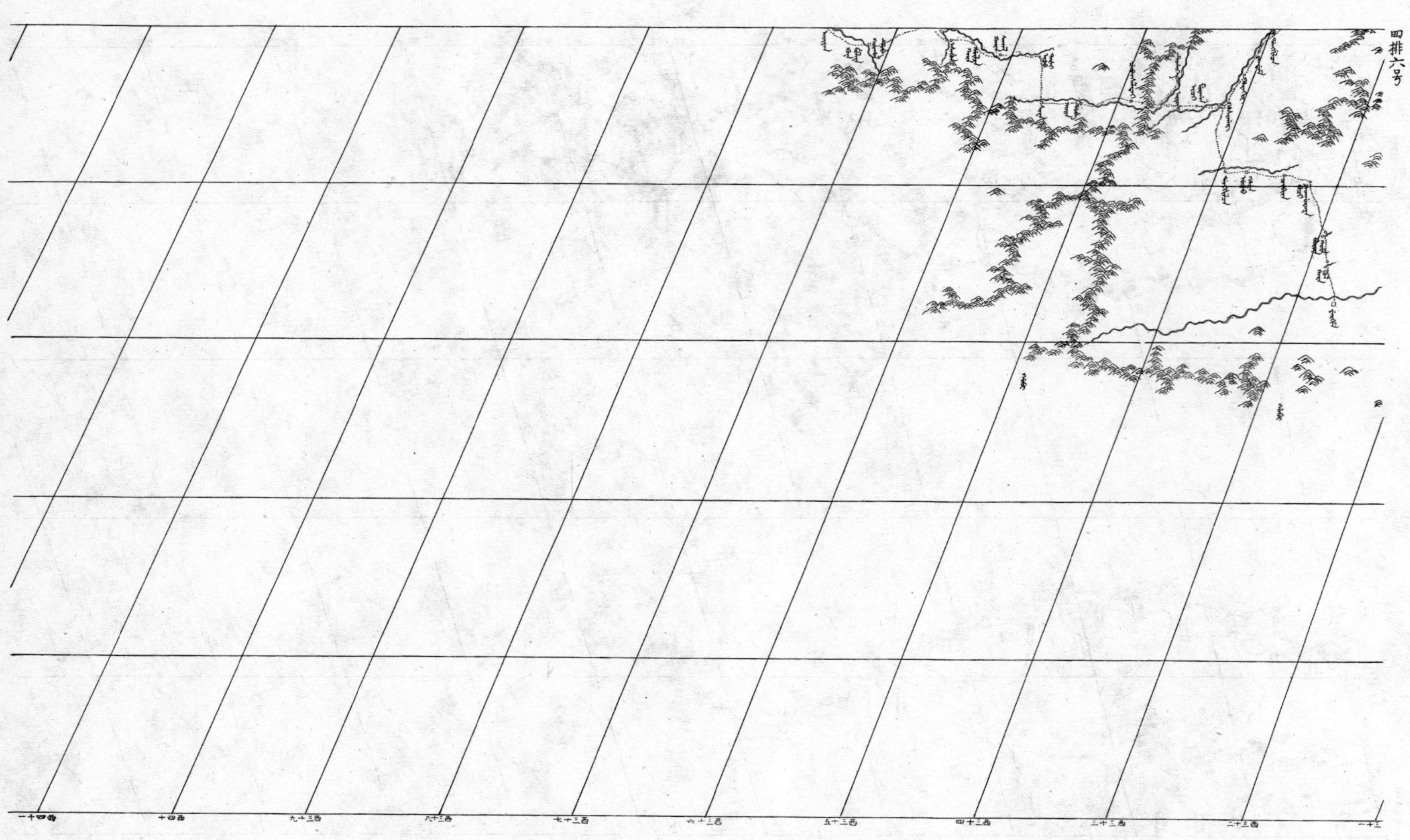
四排六號

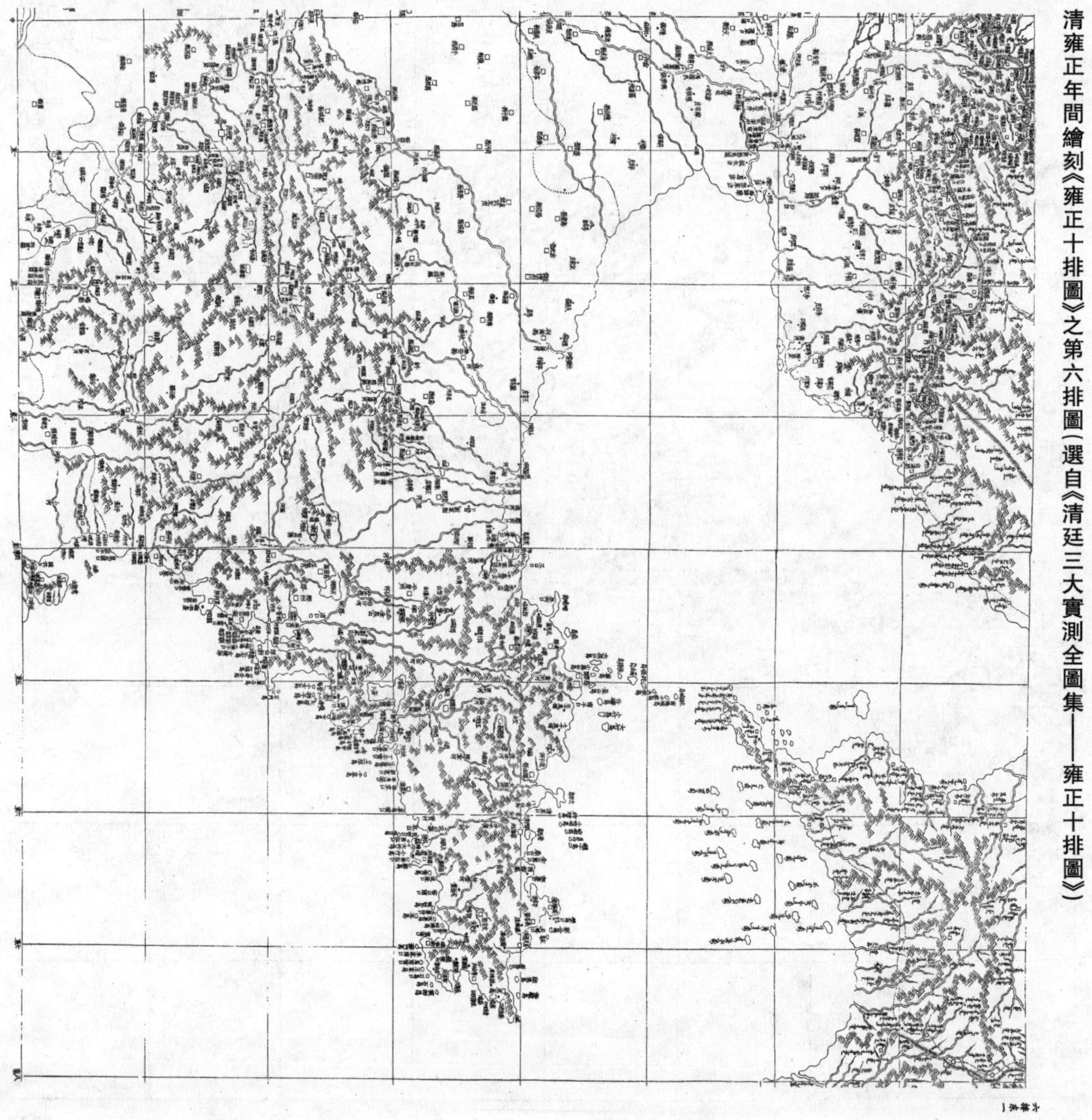

清雍正年間繪刻《雍正十排圖》之第六排圖（選自《清廷三大實測全圖集——雍正十排圖》）

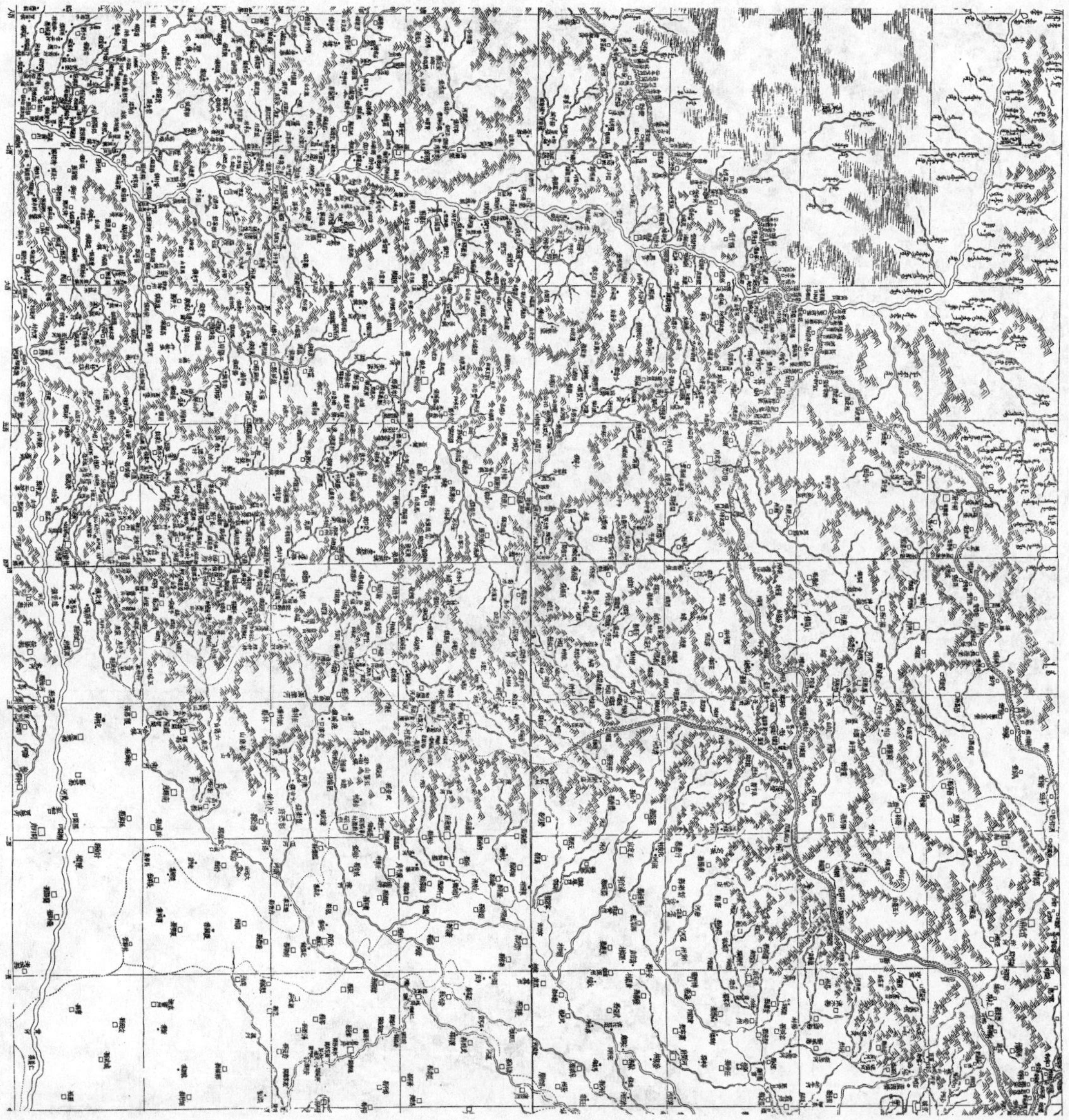

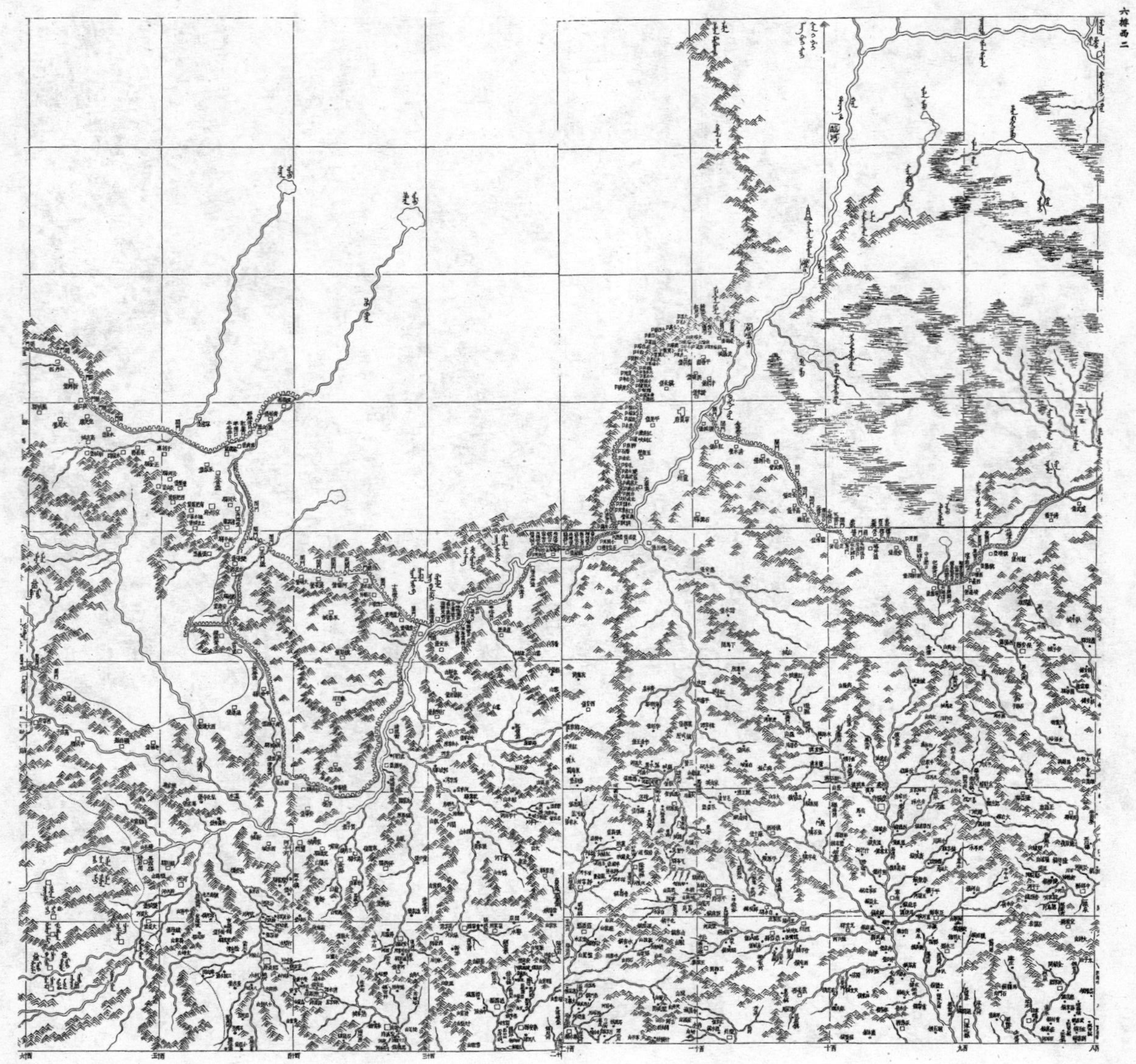
六排西二

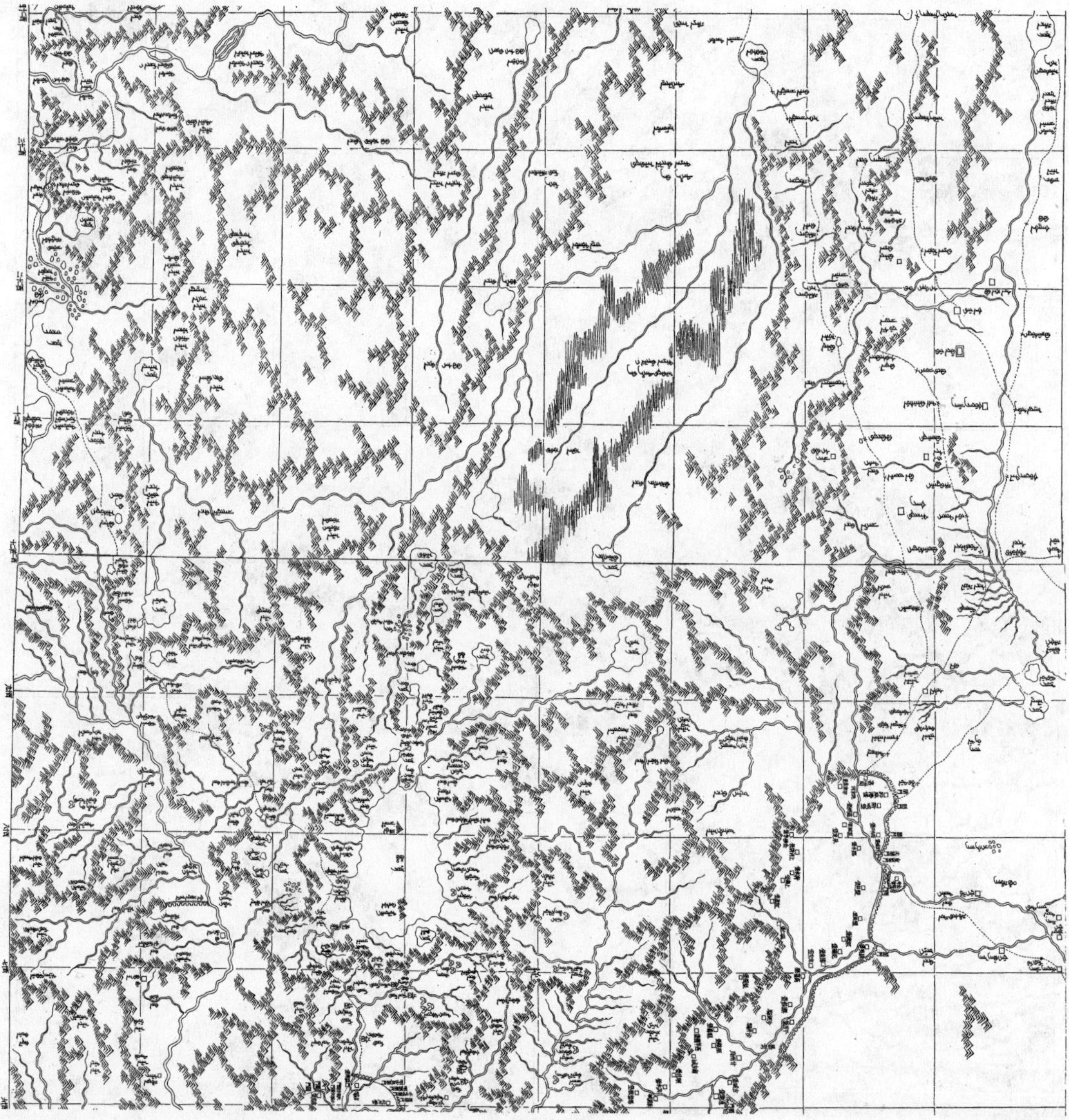

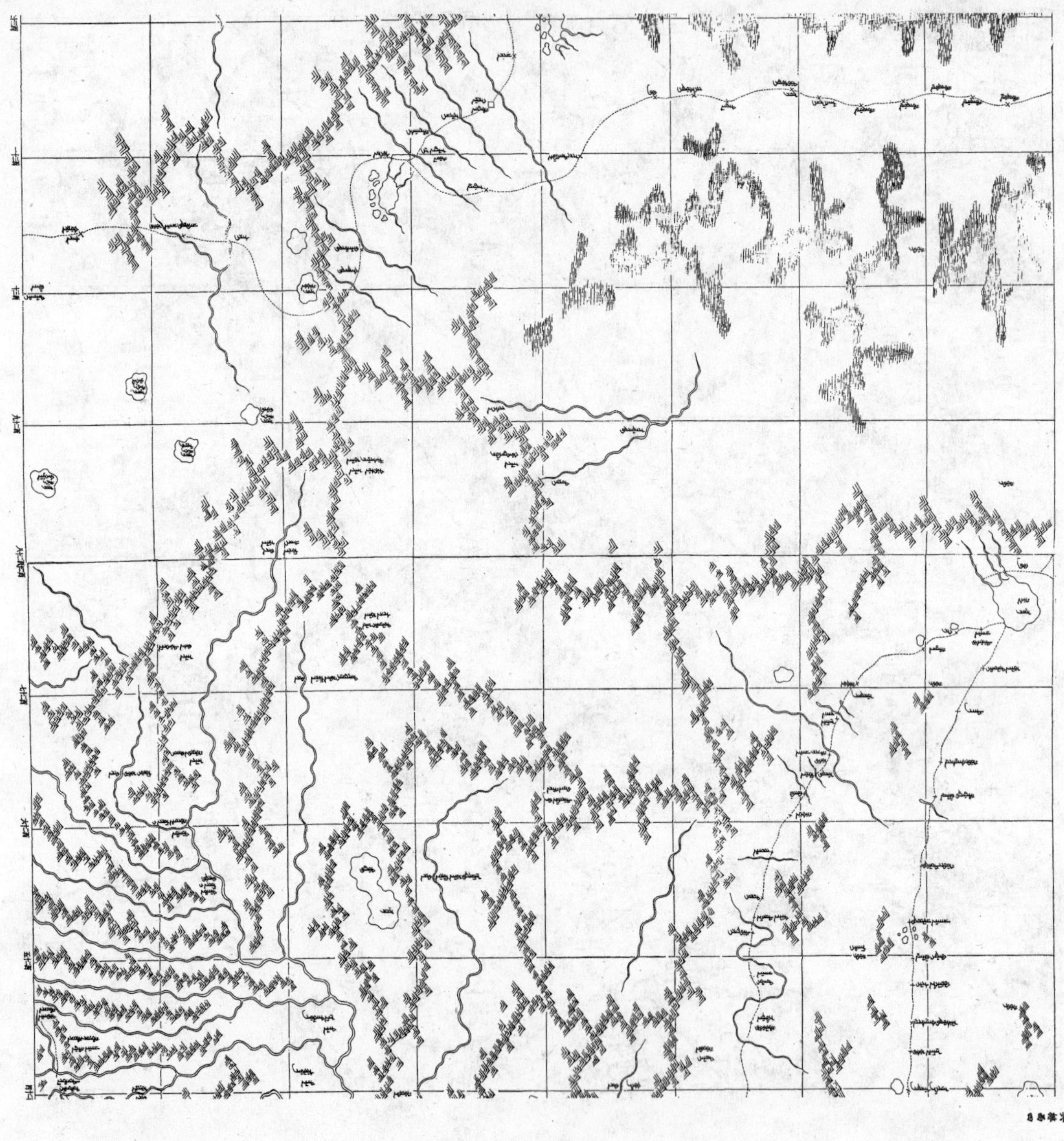

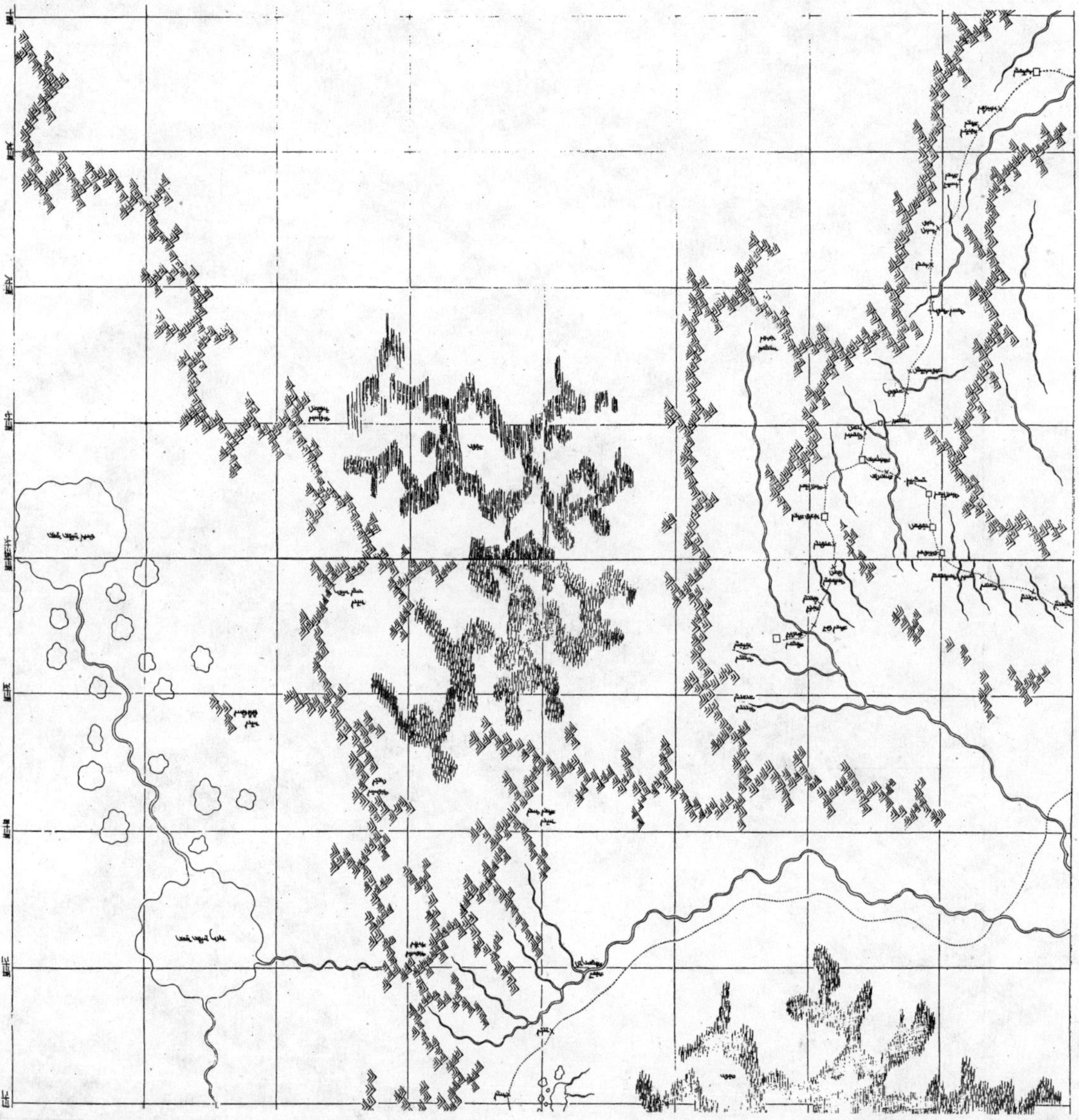

六排西六
北
中
南一
南二
南三
南四
南五
南六
第六排
南七
卌四西
三十四西
二十四西
一十四西
十四西

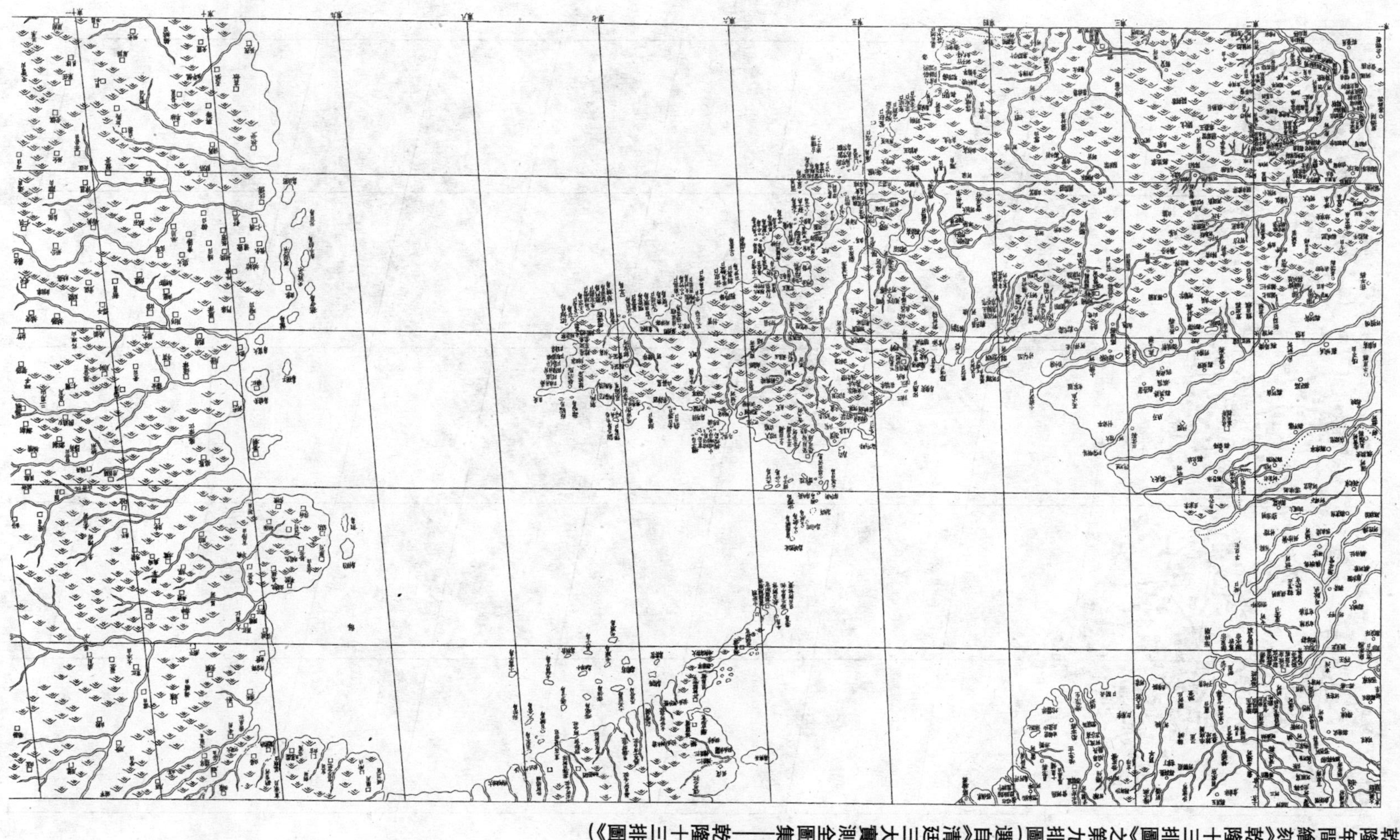

清乾隆年間繪刻《乾隆十三排圖》之第九排圖（選自《清廷三大實測全圖集——乾隆十三排圖》）

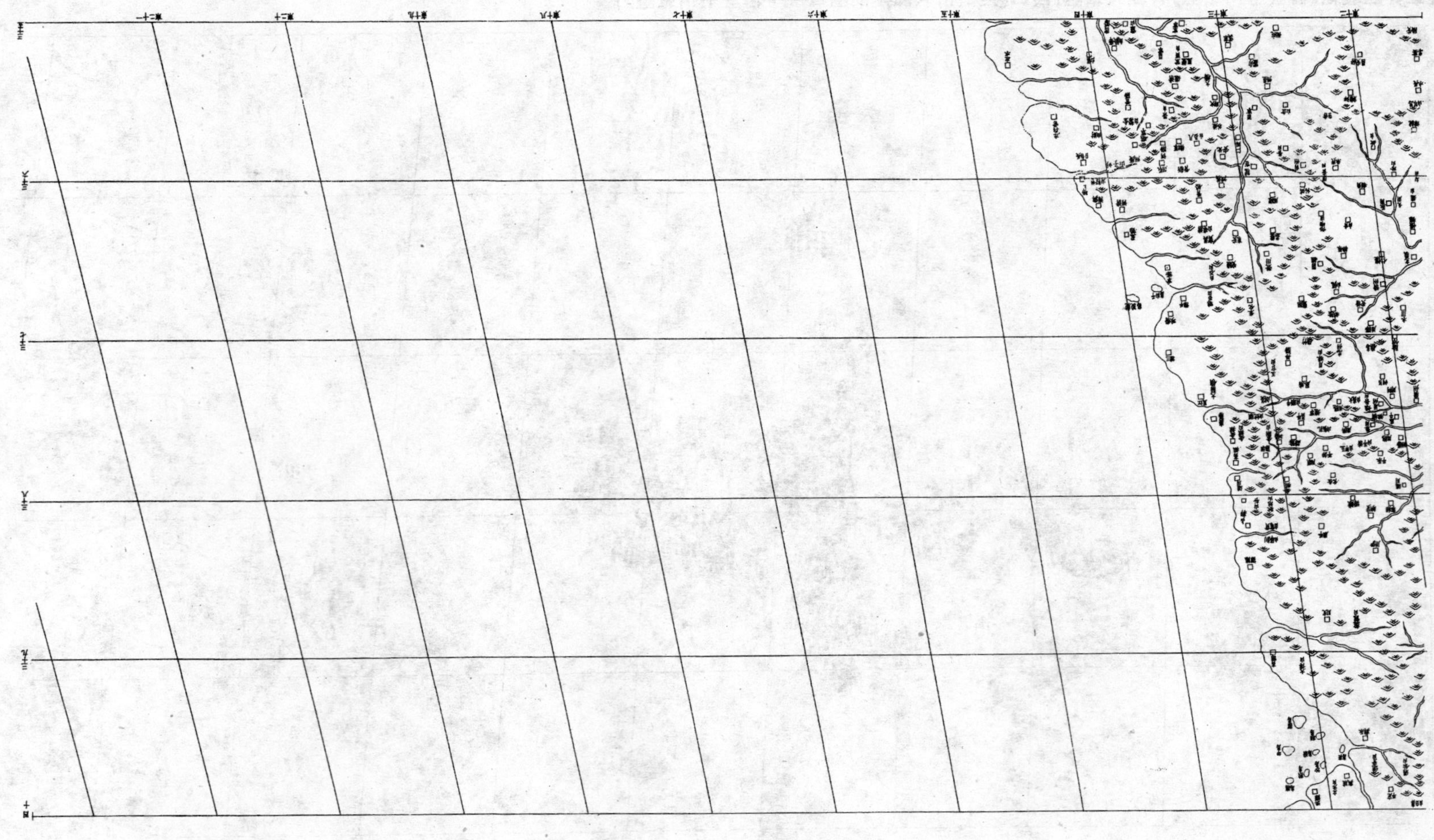

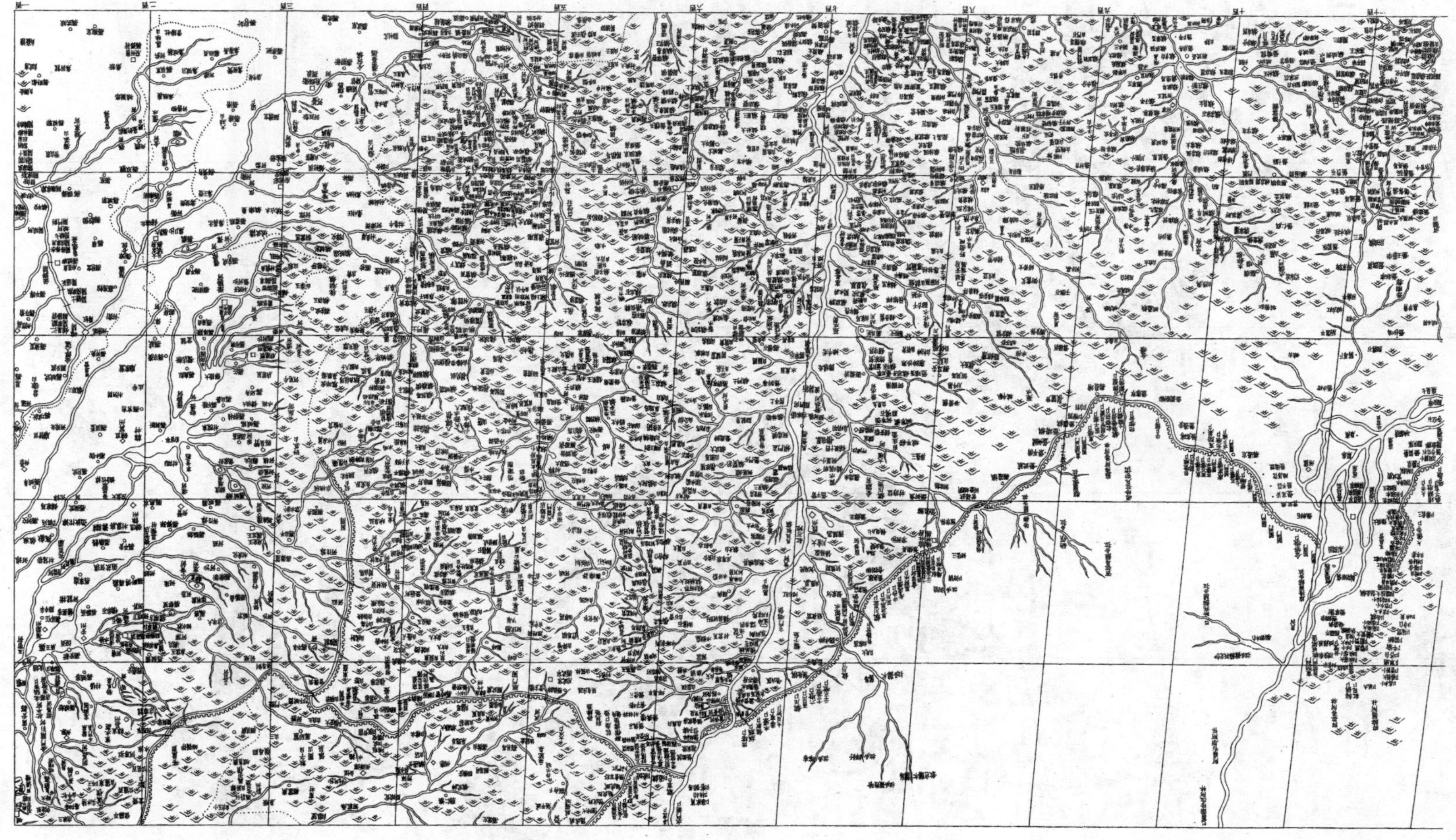

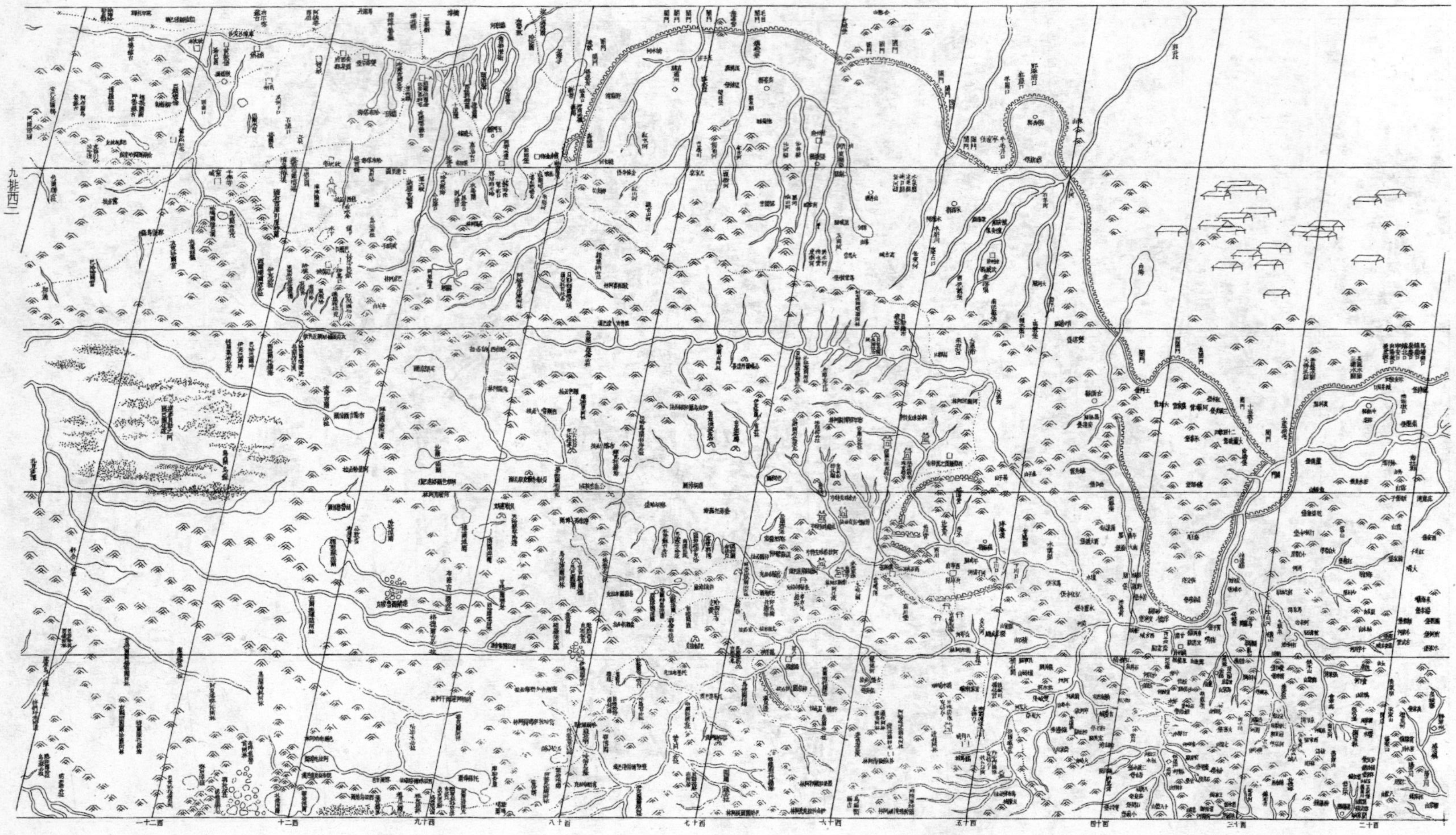

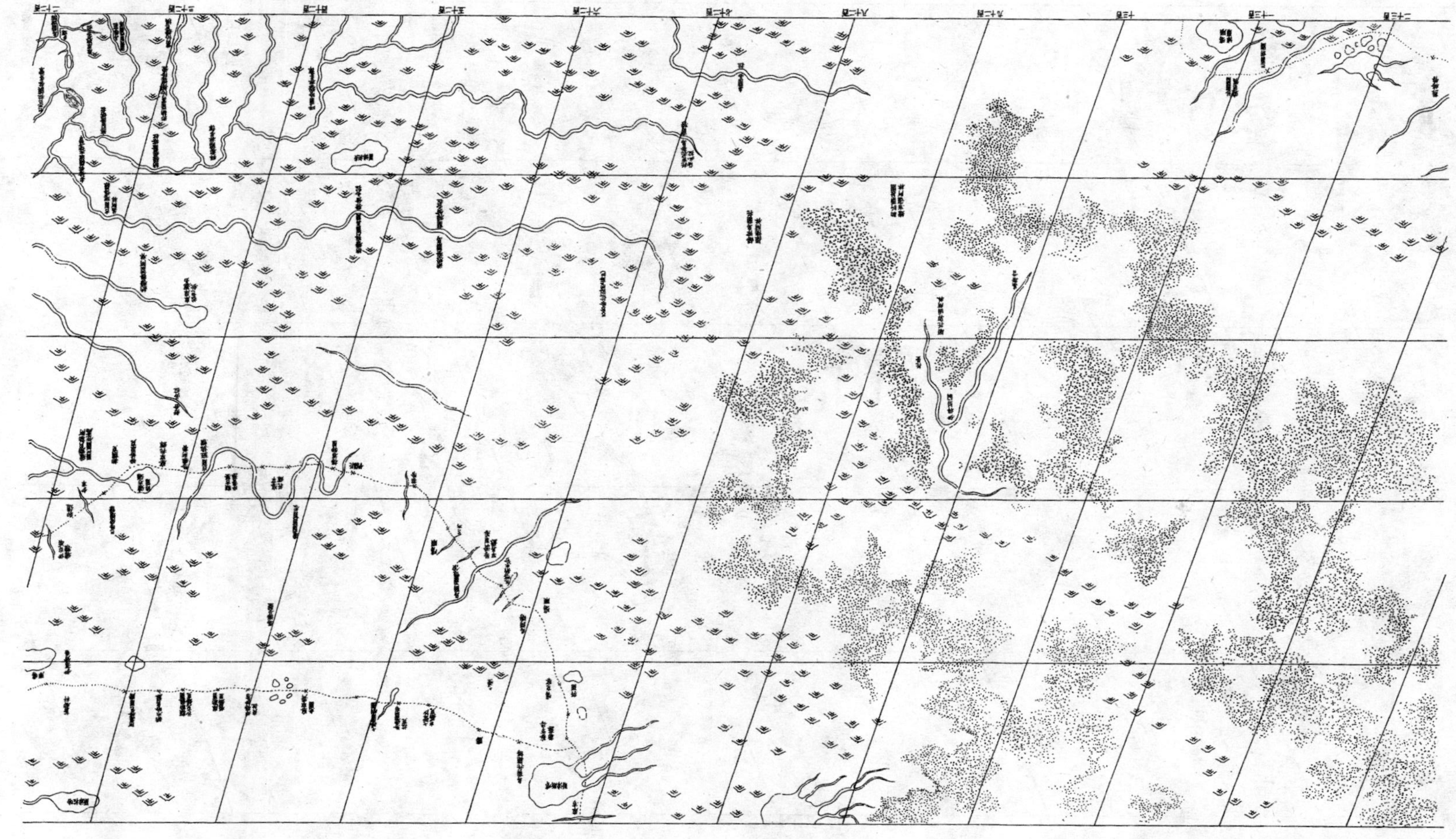

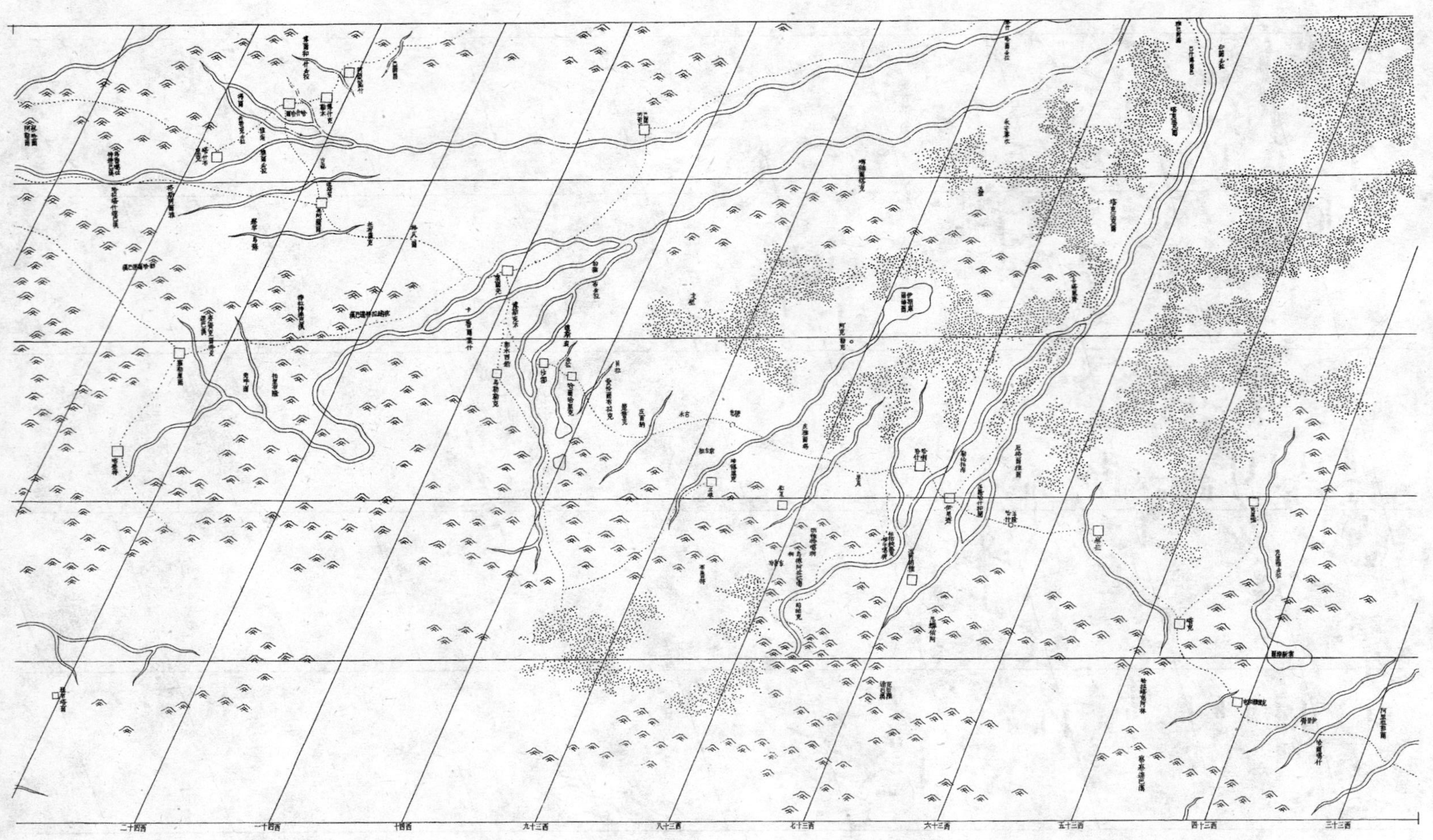
九排西四
西四十二
西四十一
西四十
西三十九
西三十八
西三十七
西三十六
西三十五
西三十四
西三十三

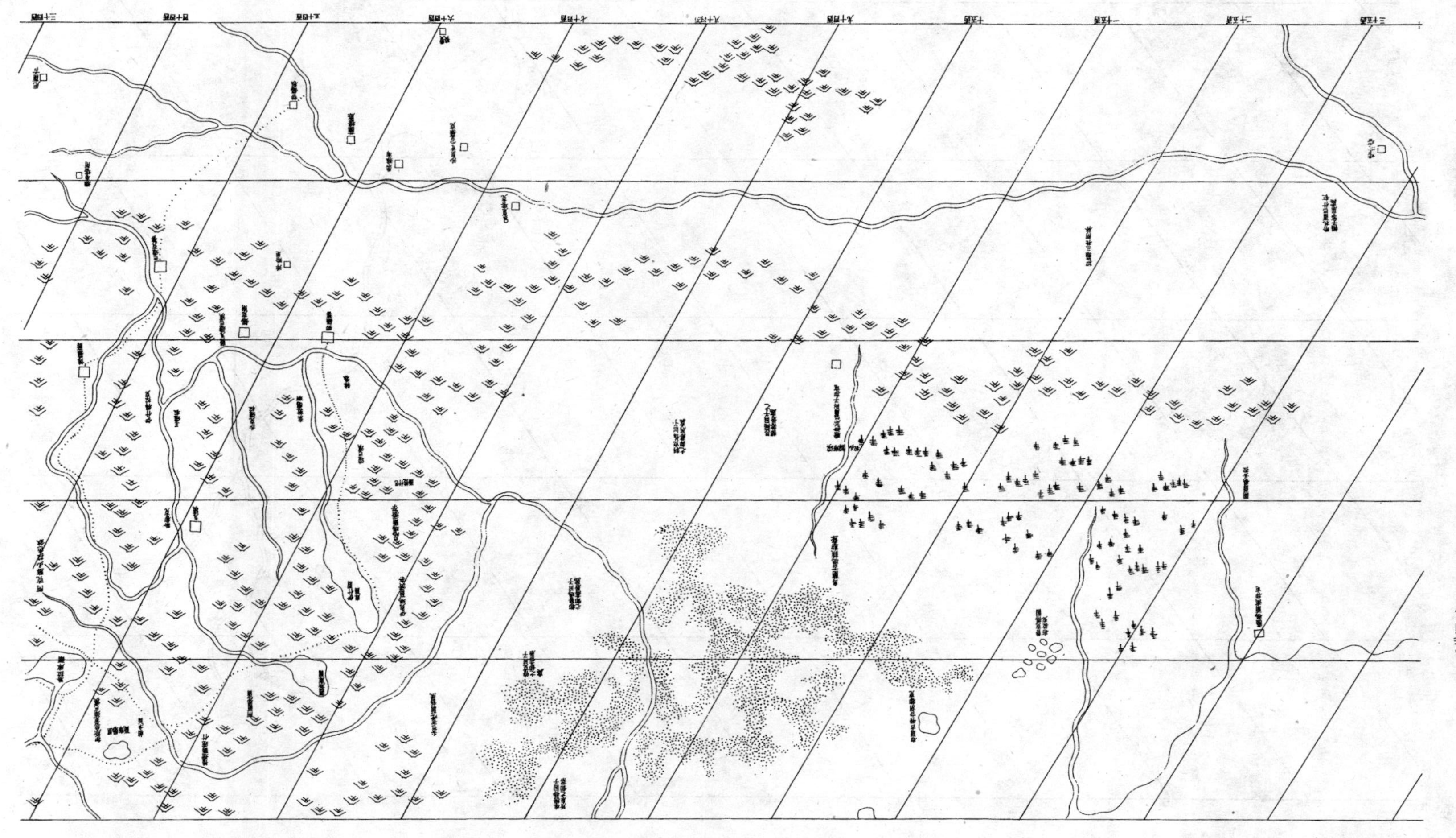

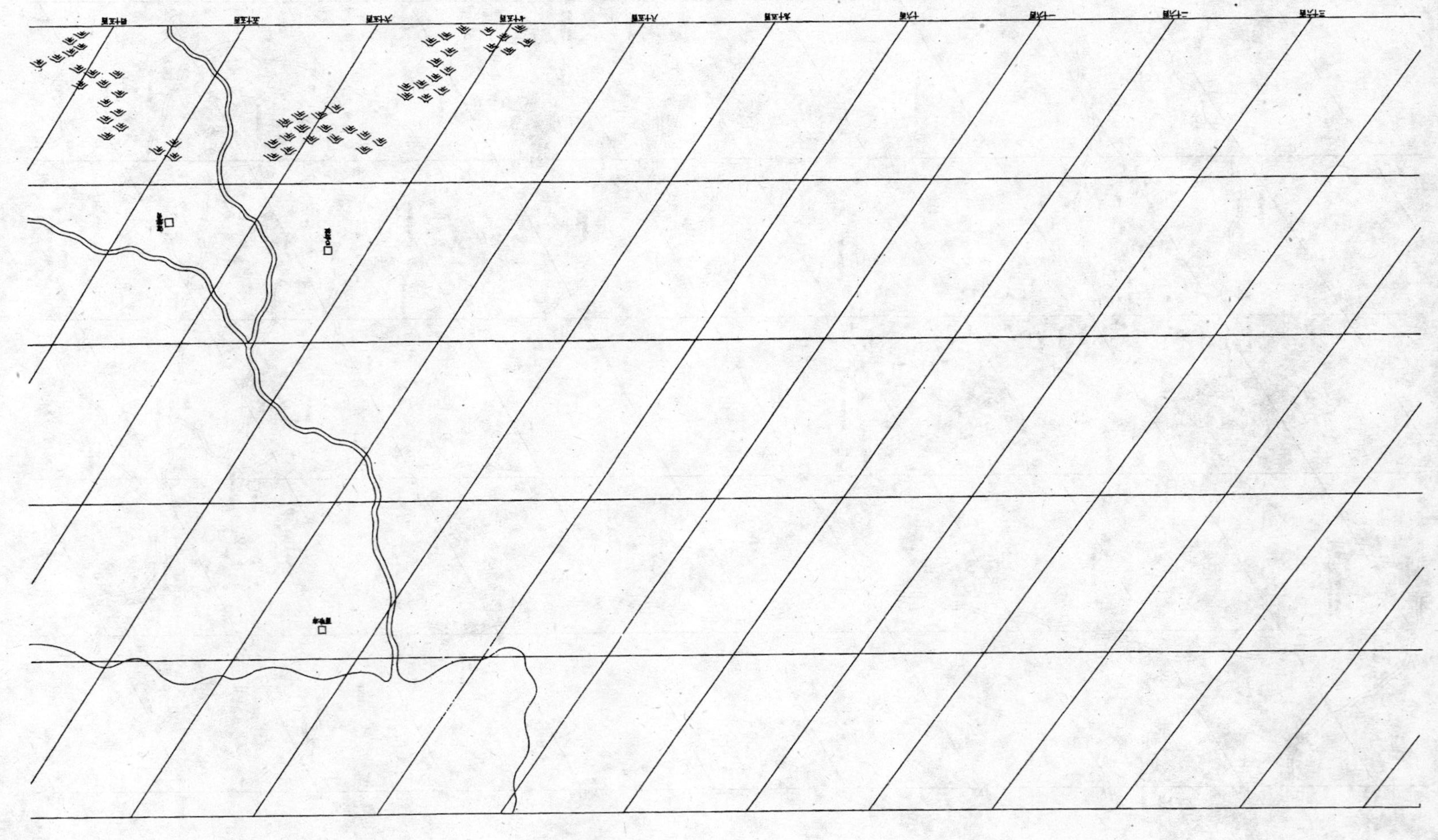

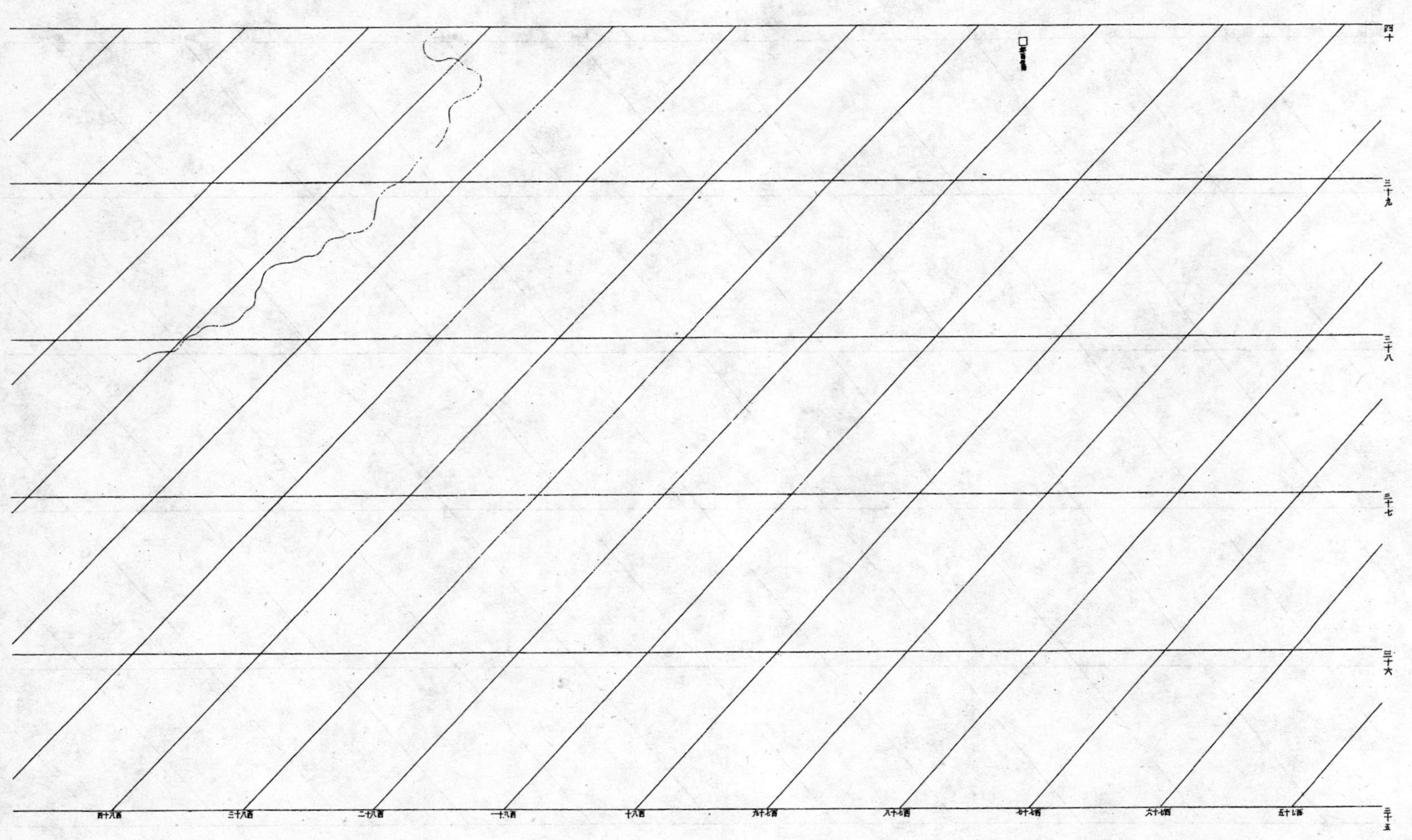
九排西八
四十
三十九
三十八
三十七
三十六
三十五
四十八西
三十八西
二十八西
一十八西
十八西
九十七西
八十七西
七十七西
六十七西
五十七西

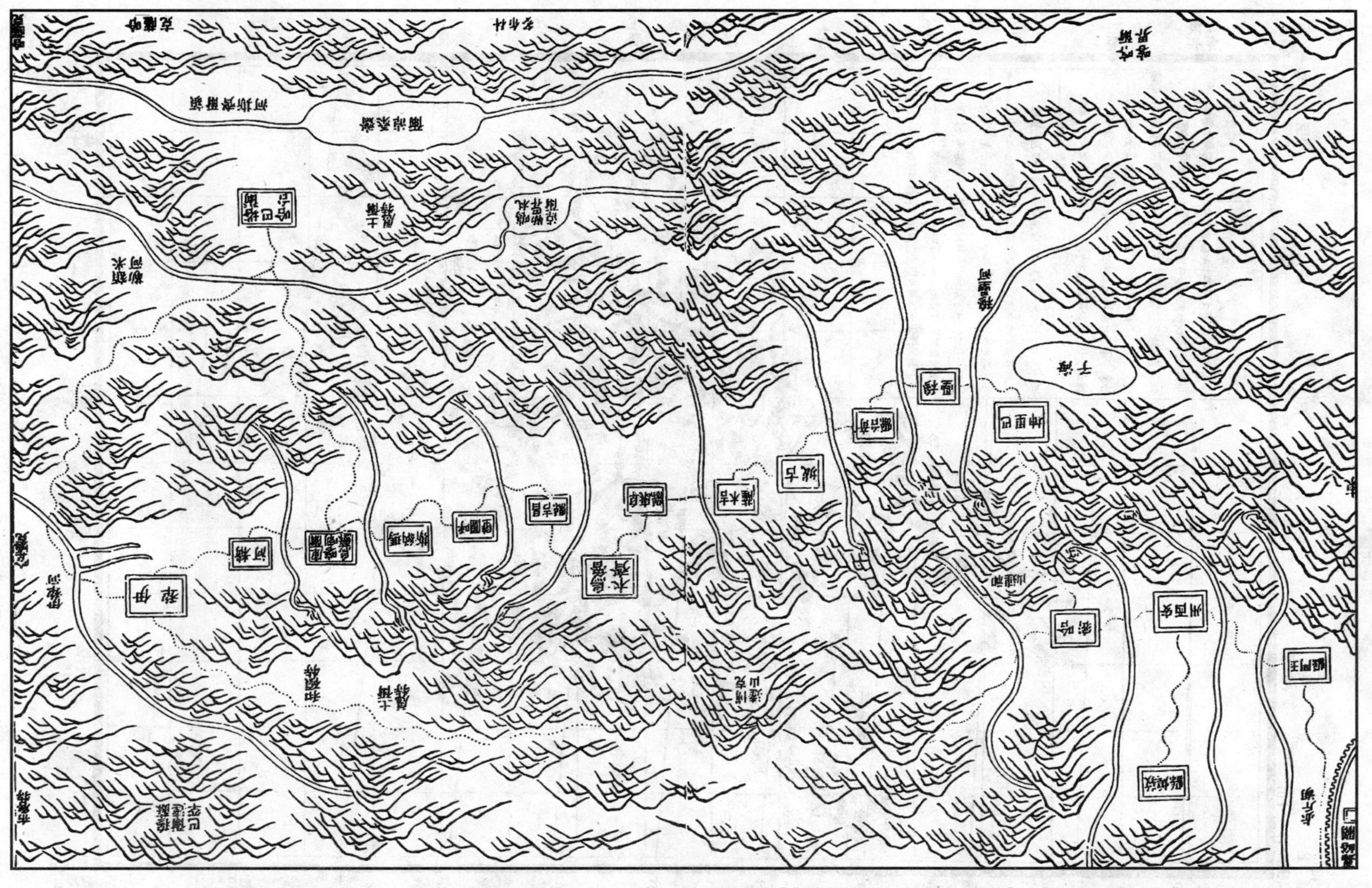

清·汪廷楷、祁韻士《西陲總統事略》之《新疆南北兩路全境總圖》[清嘉慶十四年(一八〇九)程振甲校刻本。早稻田大學圖書館藏]

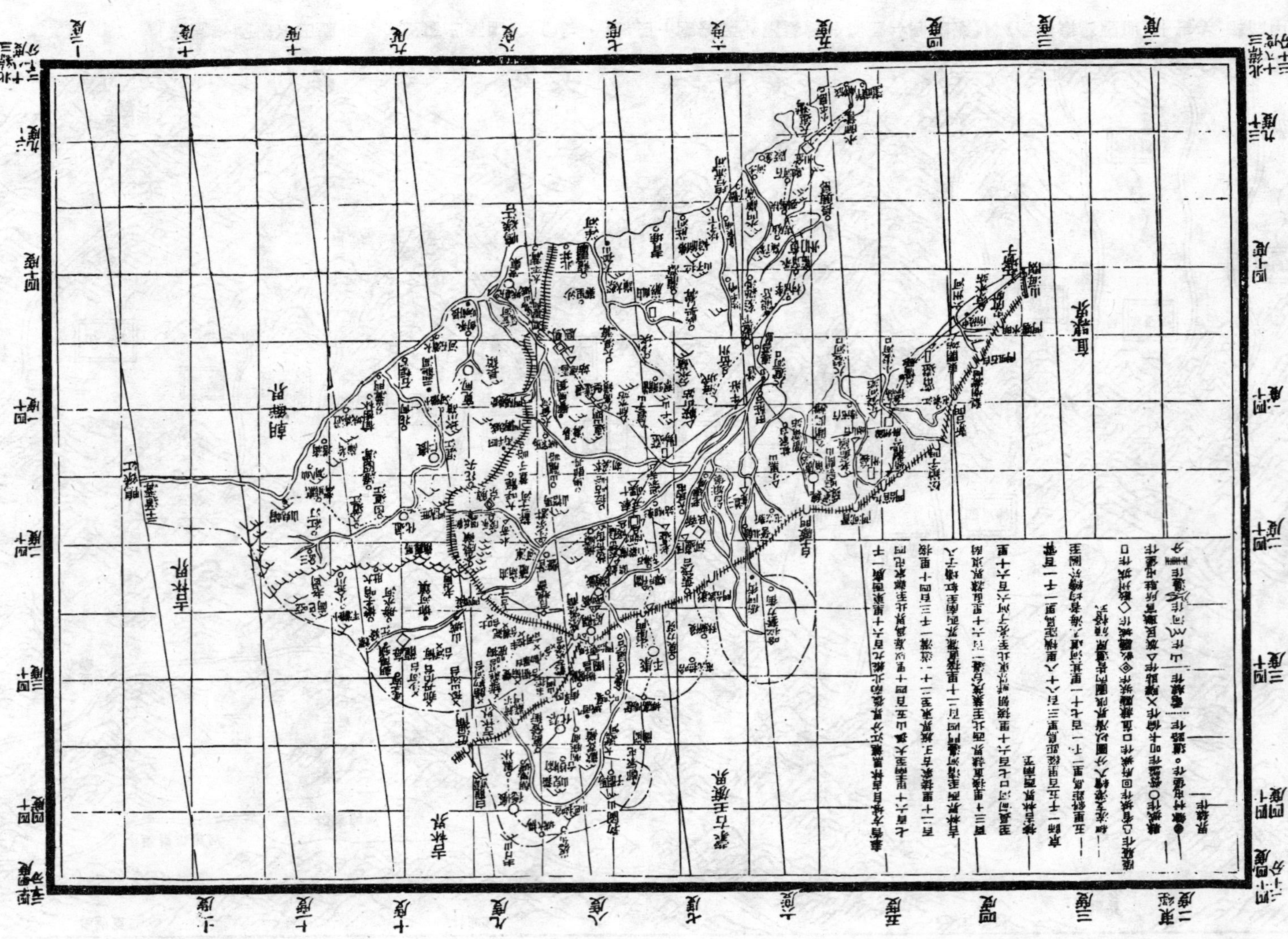

清·王志修《奉天全省地輿圖説》之《奉天全省總圖》[清光緒二十年(一八九四)刻本]

清・張人駿《廣東輿地全圖》之《廣東全省經緯度圖》[清光緒二十三年(一八九七)廣州石經堂印本]

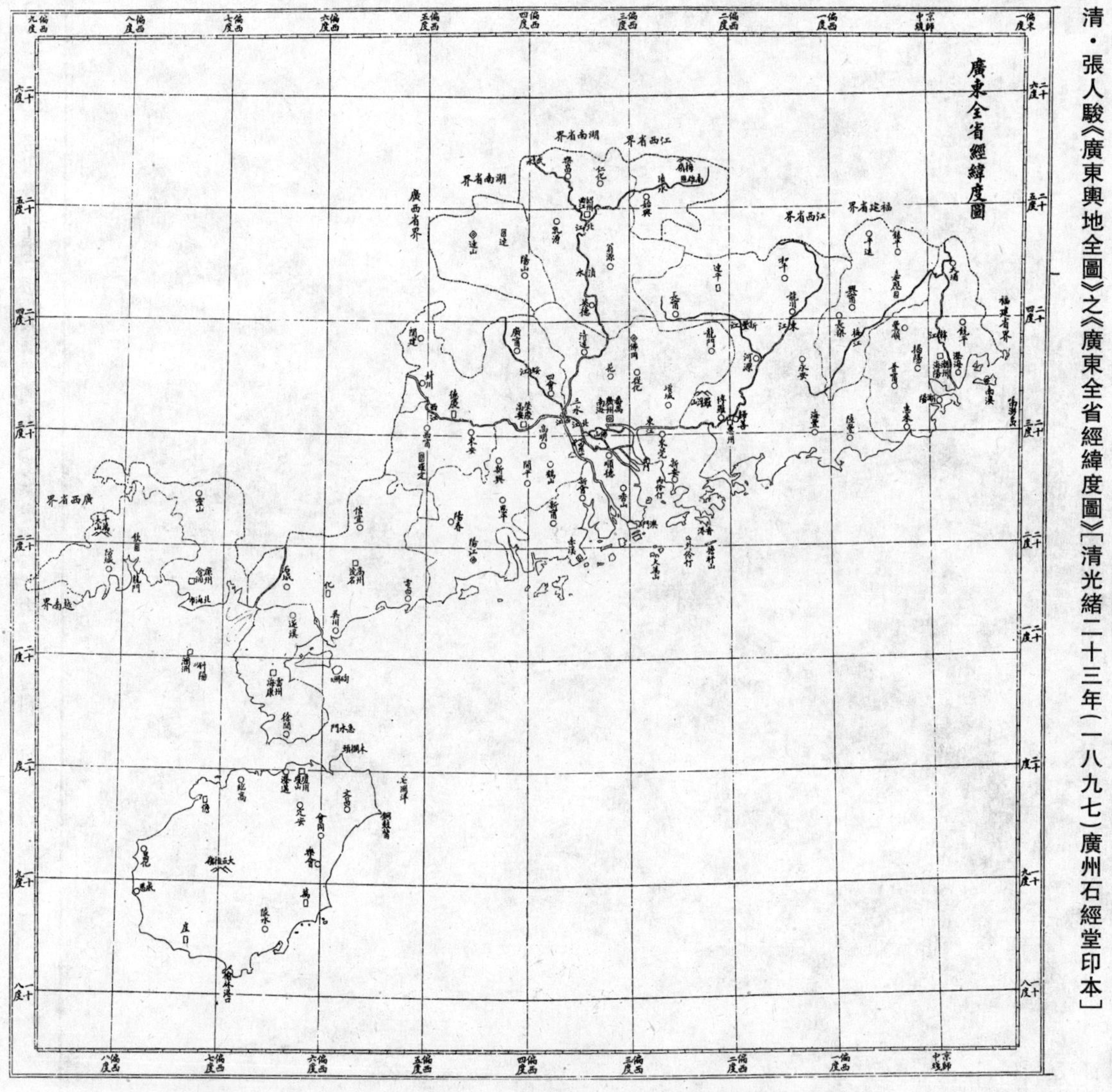

清宣統元年（一九〇九）上海商務印書館第三版《大清帝國全圖》之《貴州省》（中國社會科學院民族研究所藏）

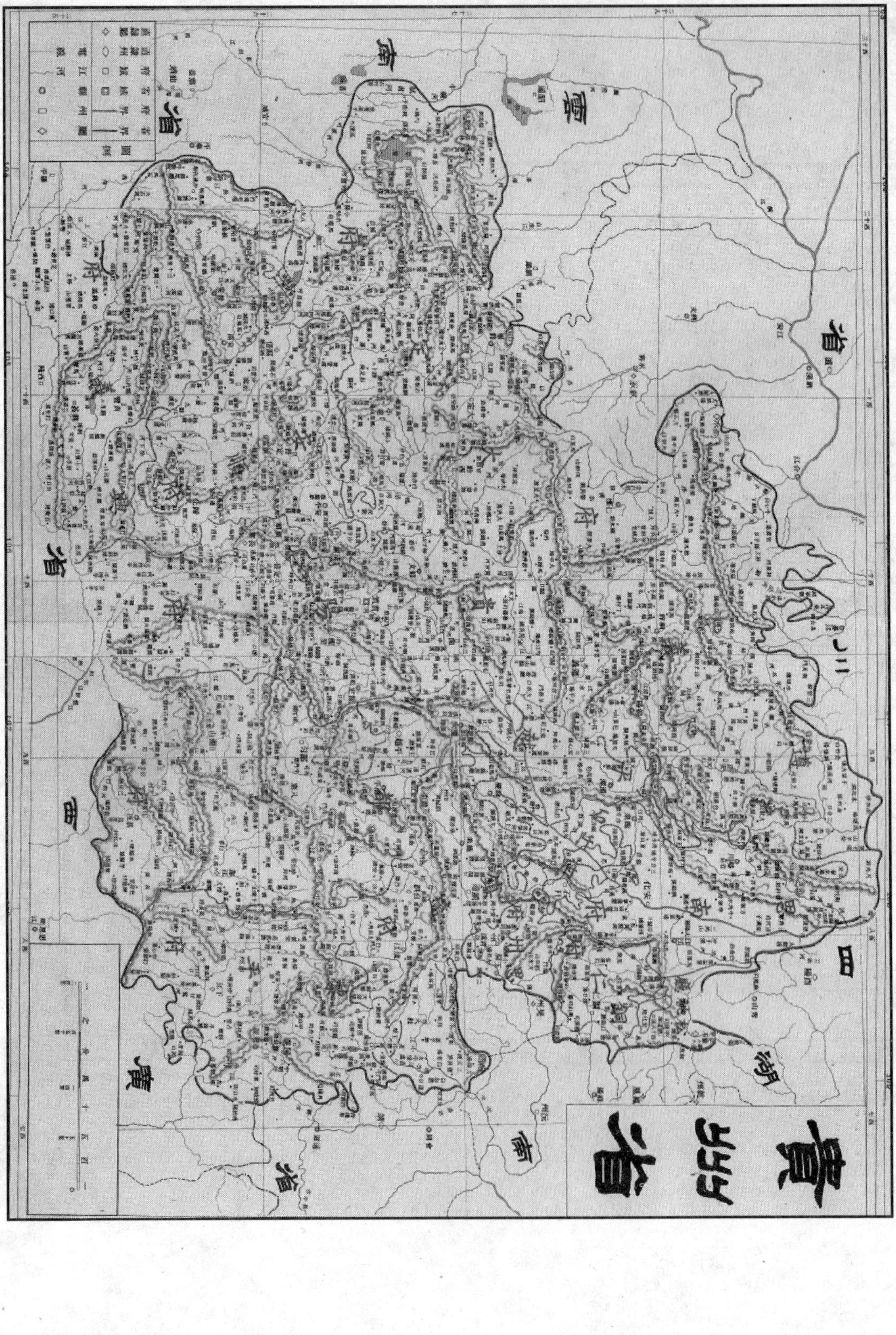

貴州省

專題圖部

戰國後期(約前三〇〇年)中山王陵《銅板兆域圖》(原圖河北省平山縣三汲村中山王陵出土)

戰國後期（約前三〇〇年）中山王陵《銅板兆域圖》摹本（選自張守中撰集《中山王𠳵器文字編》）

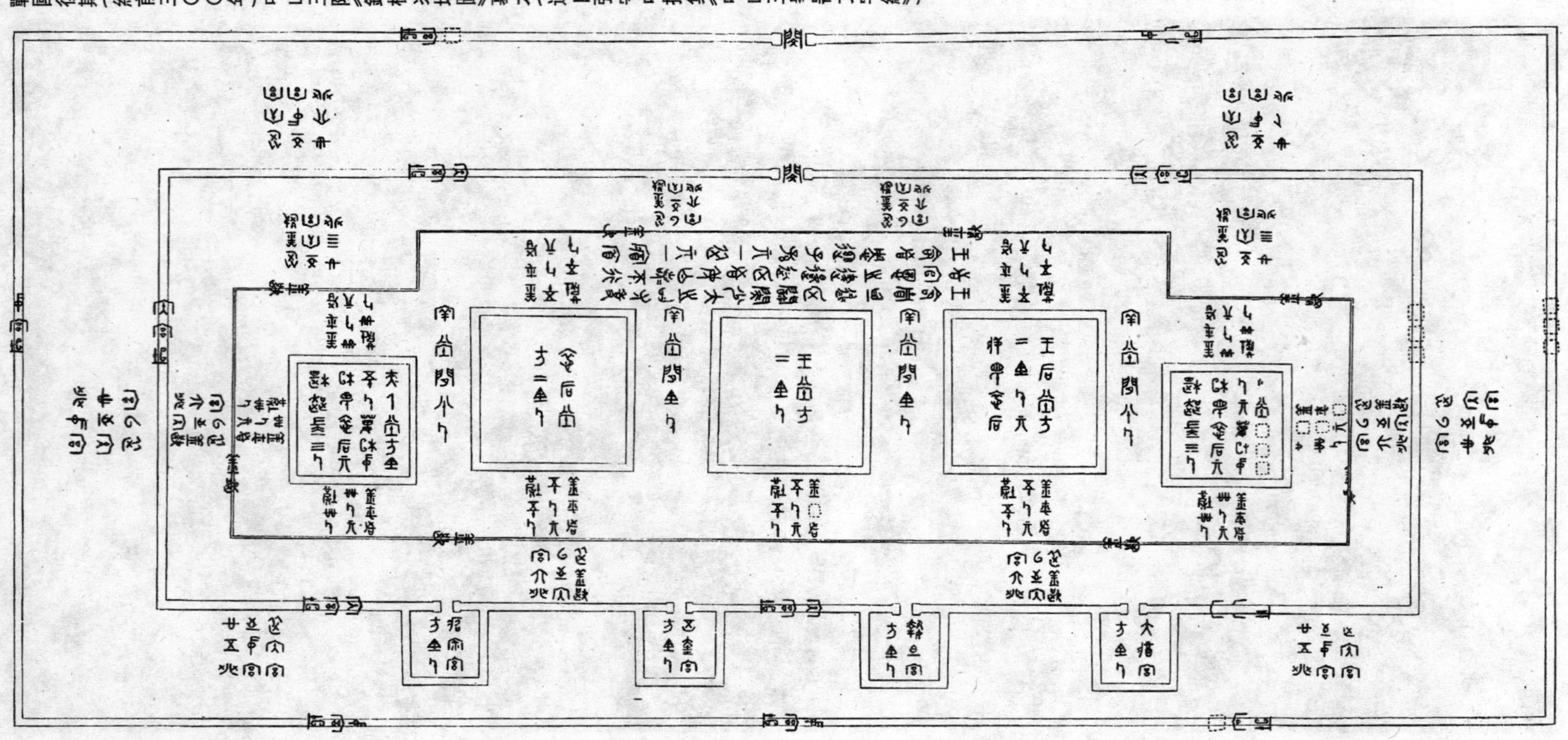

木板地圖一

戰國晚期繪製《天水放馬灘一號秦墓木板地圖》（甘肅省天水市放馬灘一號秦墓出土。圖片與摹本均選自《天水放馬灘秦簡》）

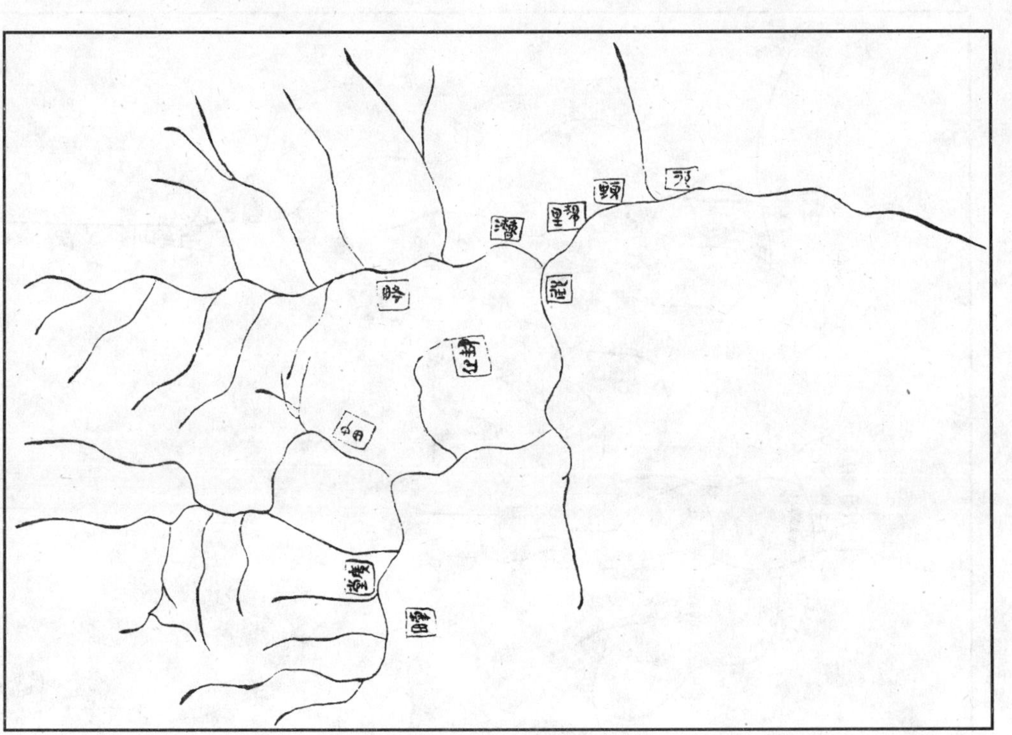

木板地圖一摹本

木板地圖二

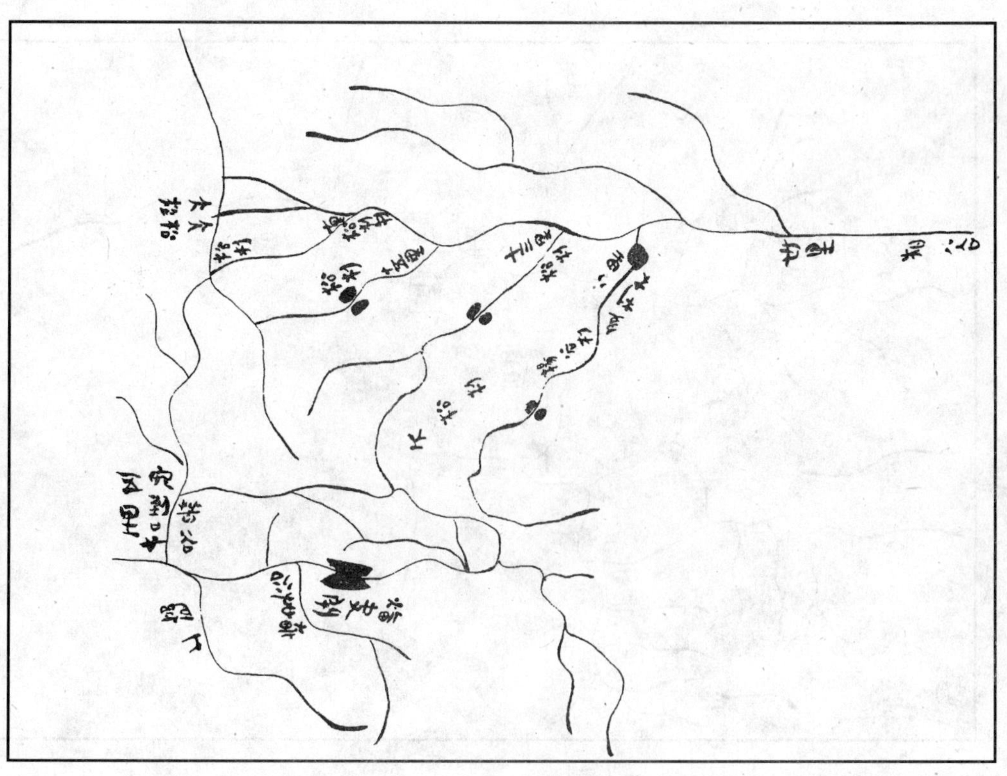

木板地圖二摹本

木板地圖三

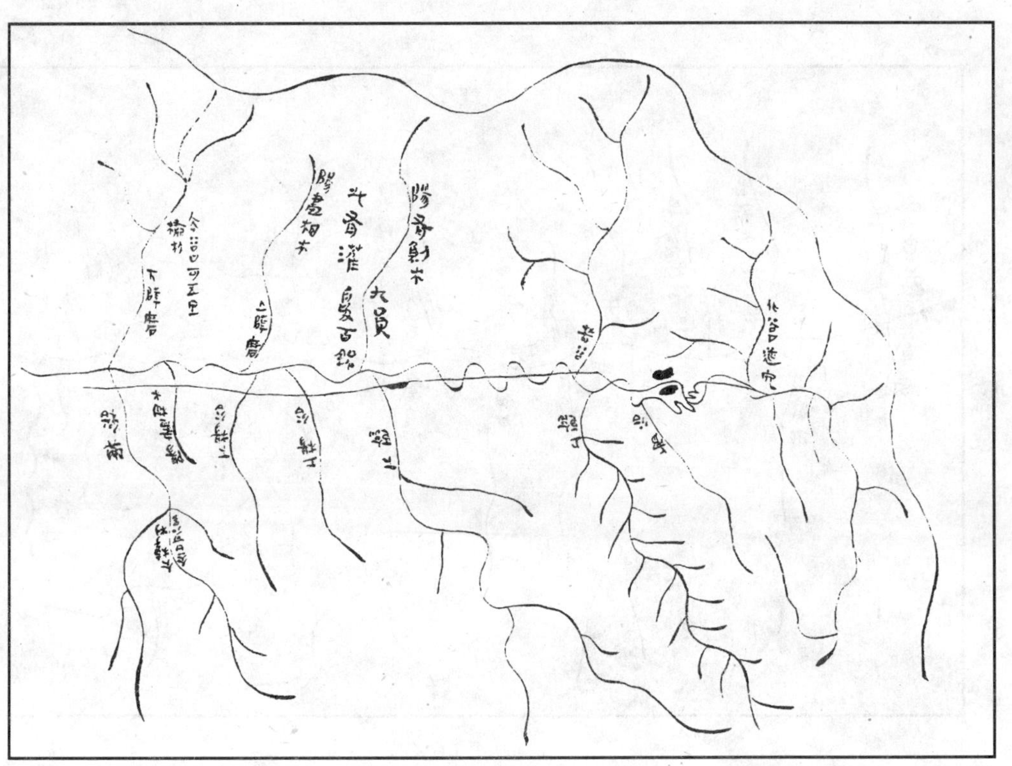

木板地圖三摹本

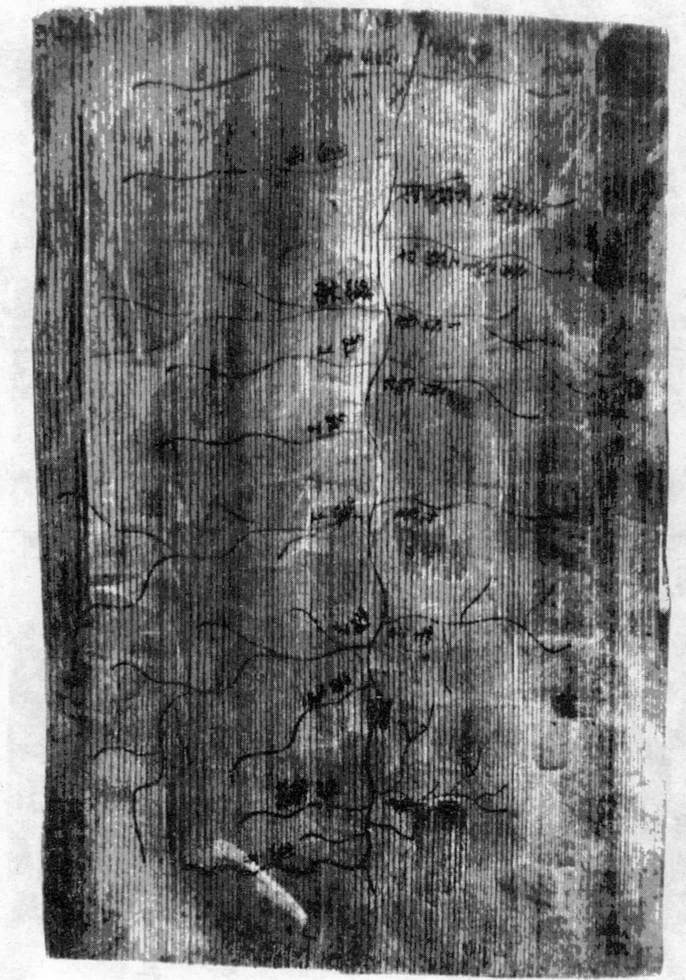

木板地圖四

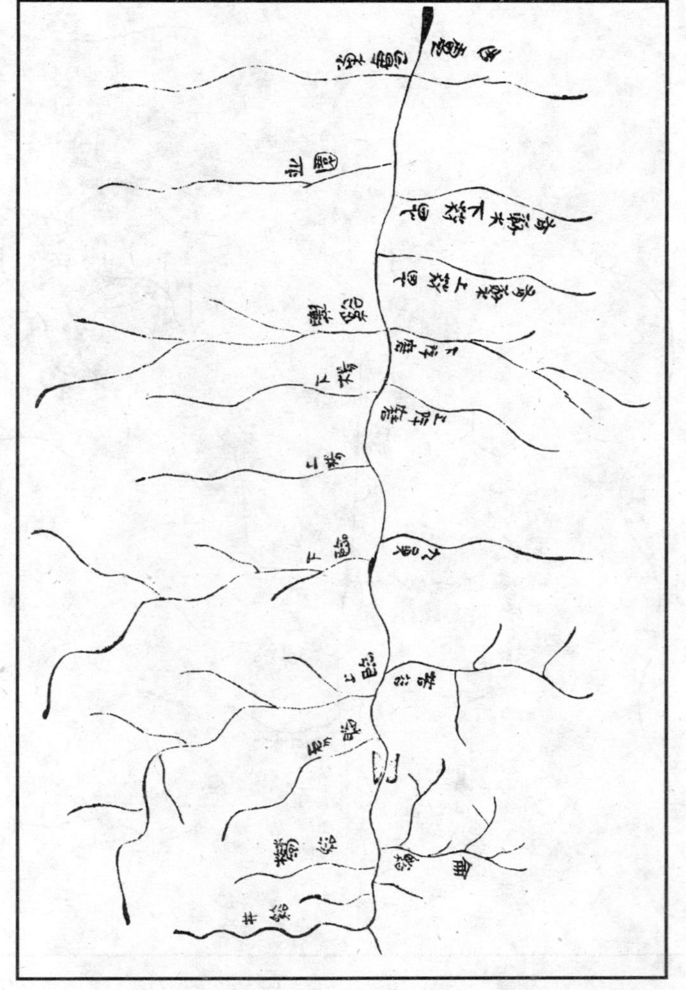

木板地圖四摹本

西漢前期繪製《天水放馬灘五號漢墓紙質地圖》殘片（甘肅省天水市放馬灘五號漢墓出土。圖片選自《天水放馬灘秦簡》）

西漢前期繪製《長沙國南部地形圖》(圖片選自《長沙馬王堆一號漢墓》)

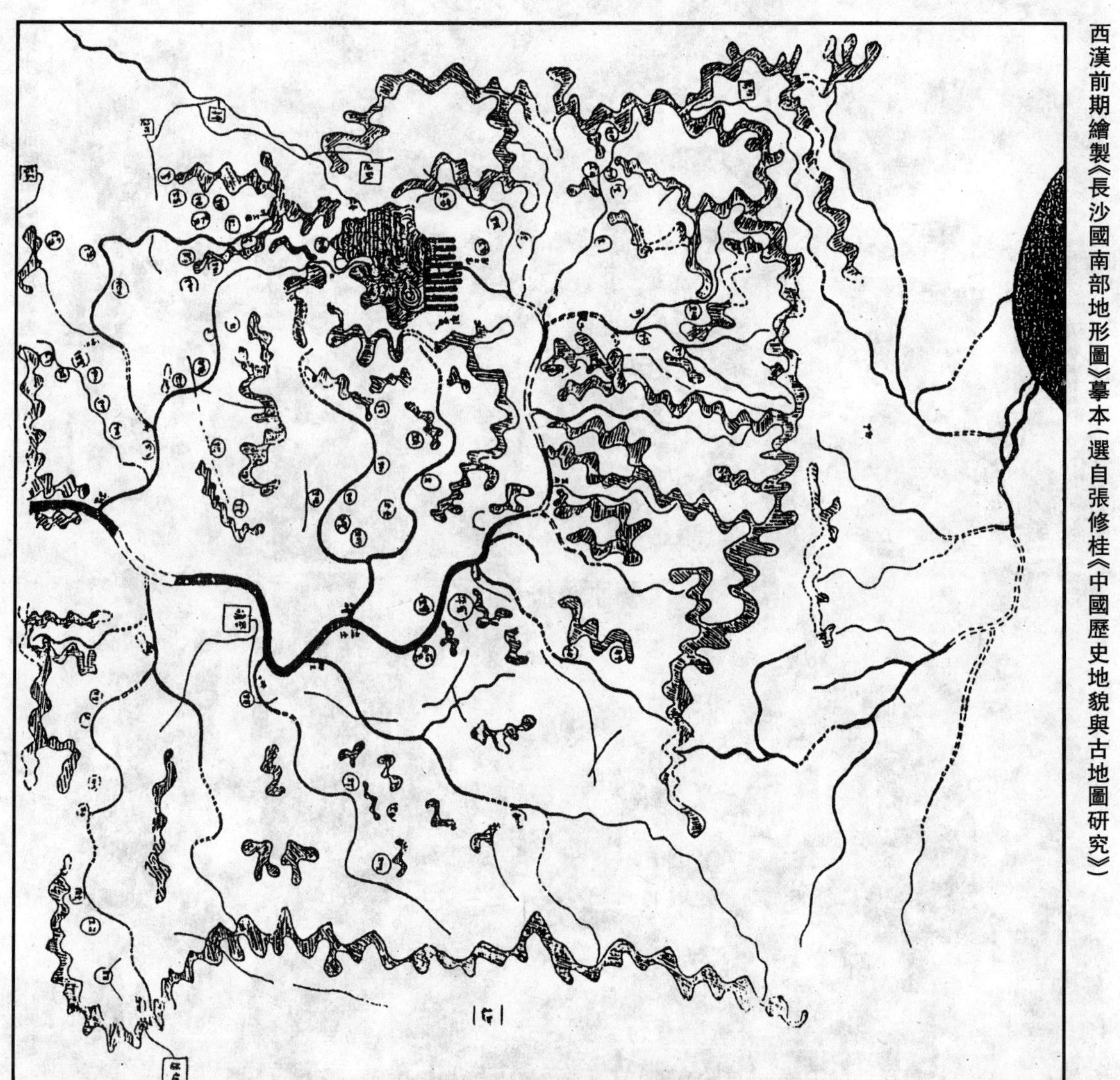

西漢前期繪製《長沙國南部地形圖》摹本（選自張修桂《中國歷史地貌與古地圖研究》）

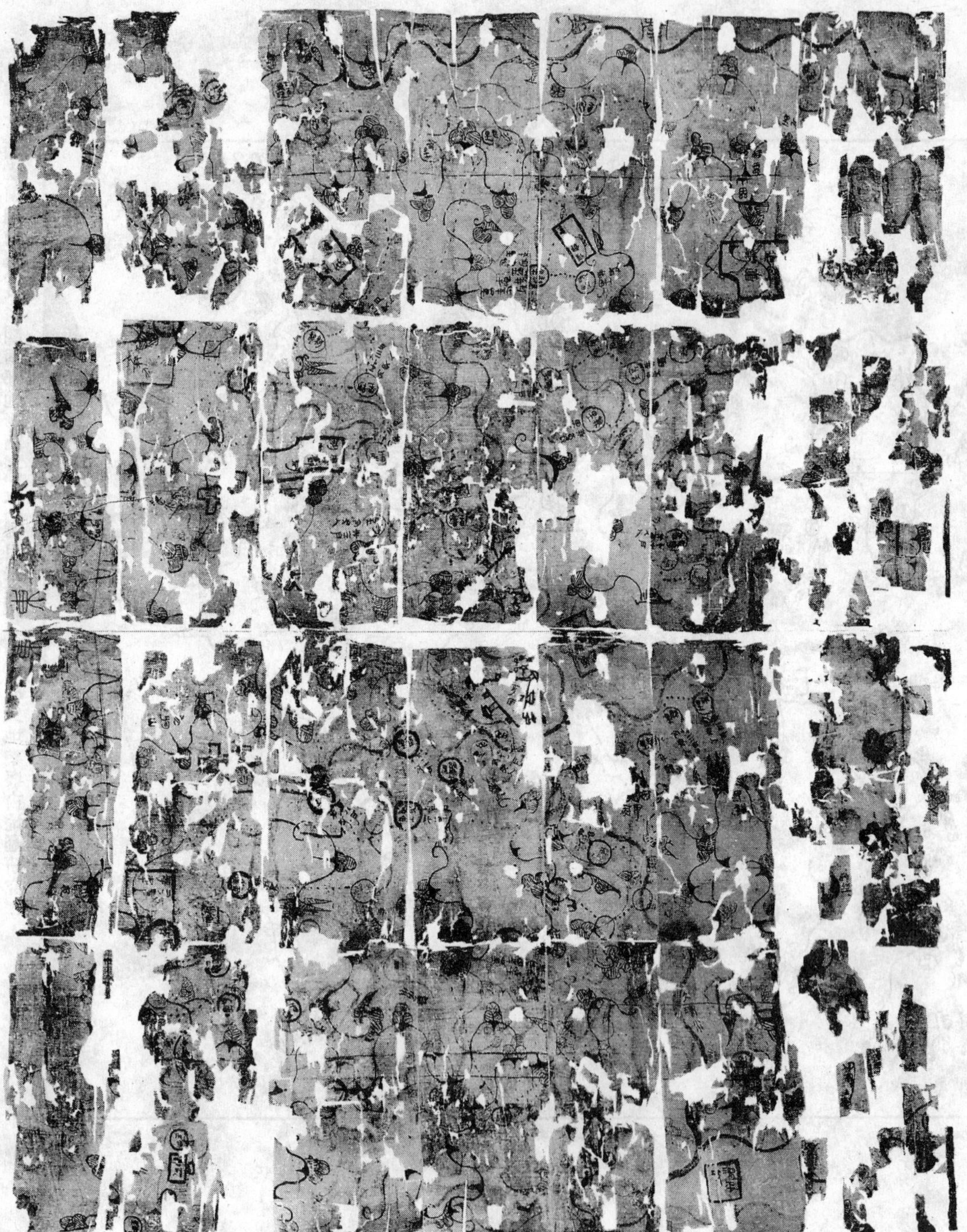

西漢前期繪製《長沙國南部駐軍圖》（圖片選自《長沙馬王堆一號漢墓》）

西漢前期繪製《長沙國南部駐軍圖》摹本（選自《長沙馬王堆一號漢墓》）

東漢晚期繪製和林格爾縣新店子壁畫《寧城圖》摹本（内蒙古自治區博物館藏）

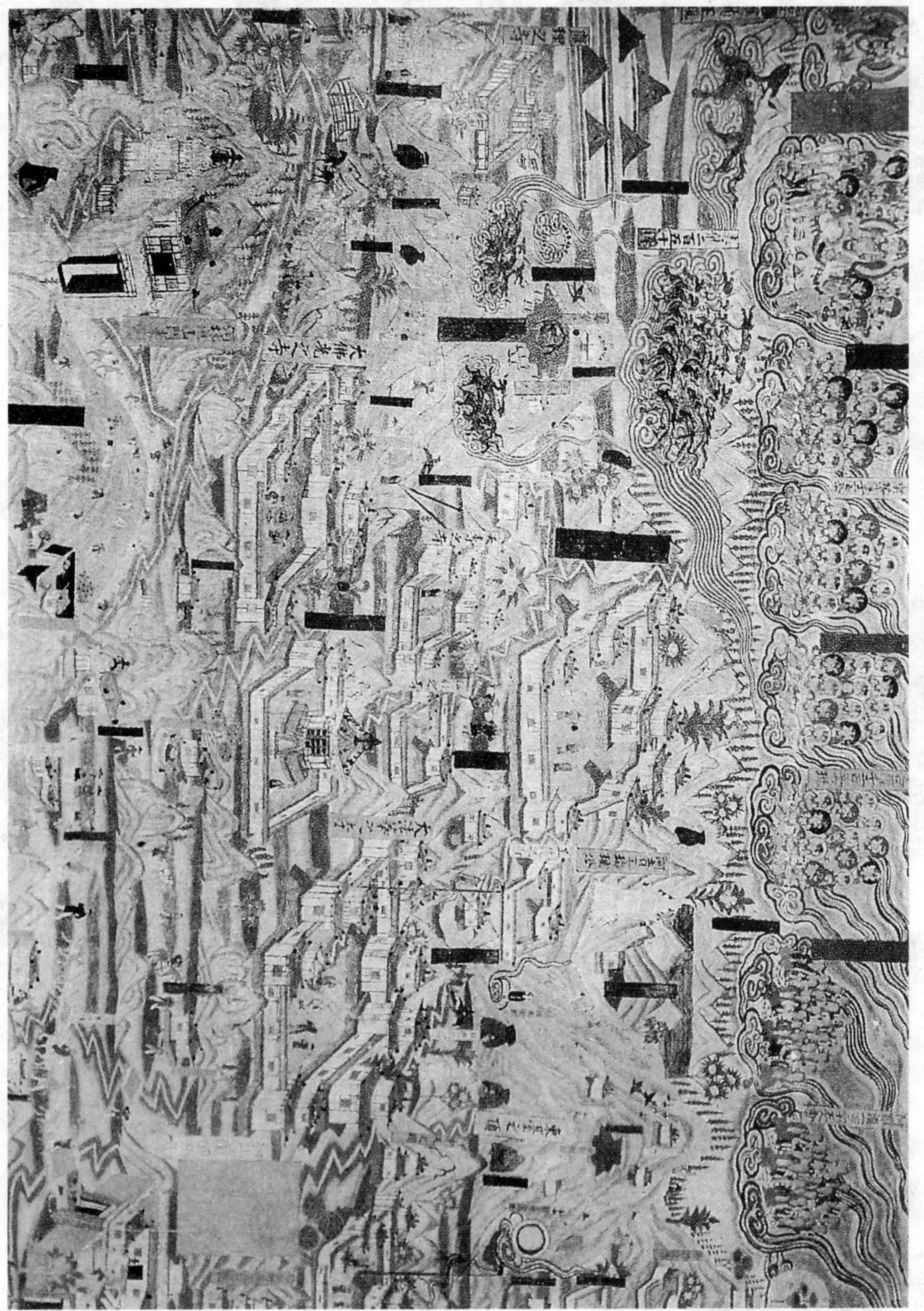

五代後期繪製《五臺山圖》局部摹本(甘肅敦煌莫高窟第六十一窟西牆上的壁畫)

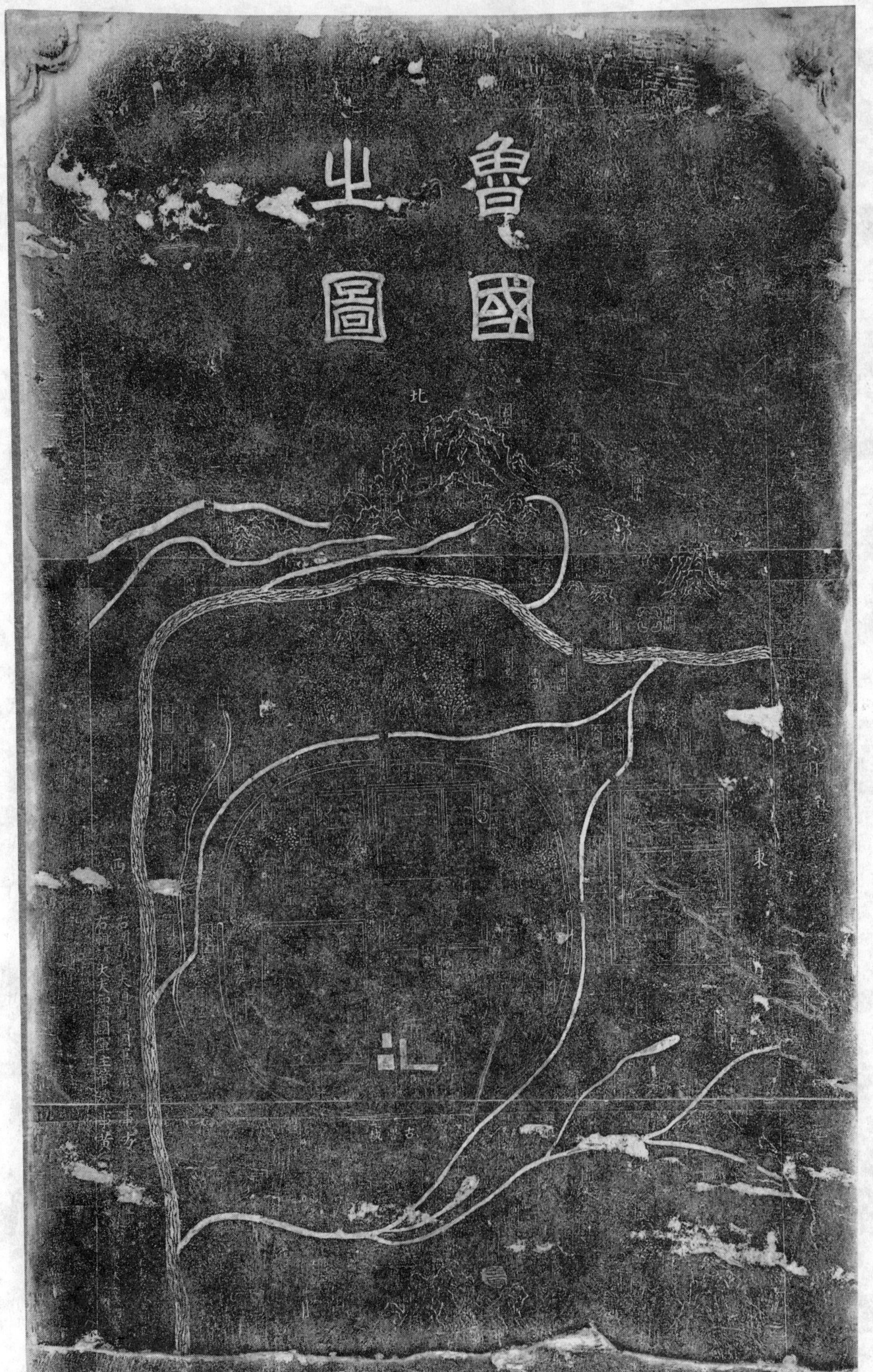

南宋紹興二十四年(一一五四)刻石《魯國之圖》(原碑現藏湖北省陽新縣博物館)

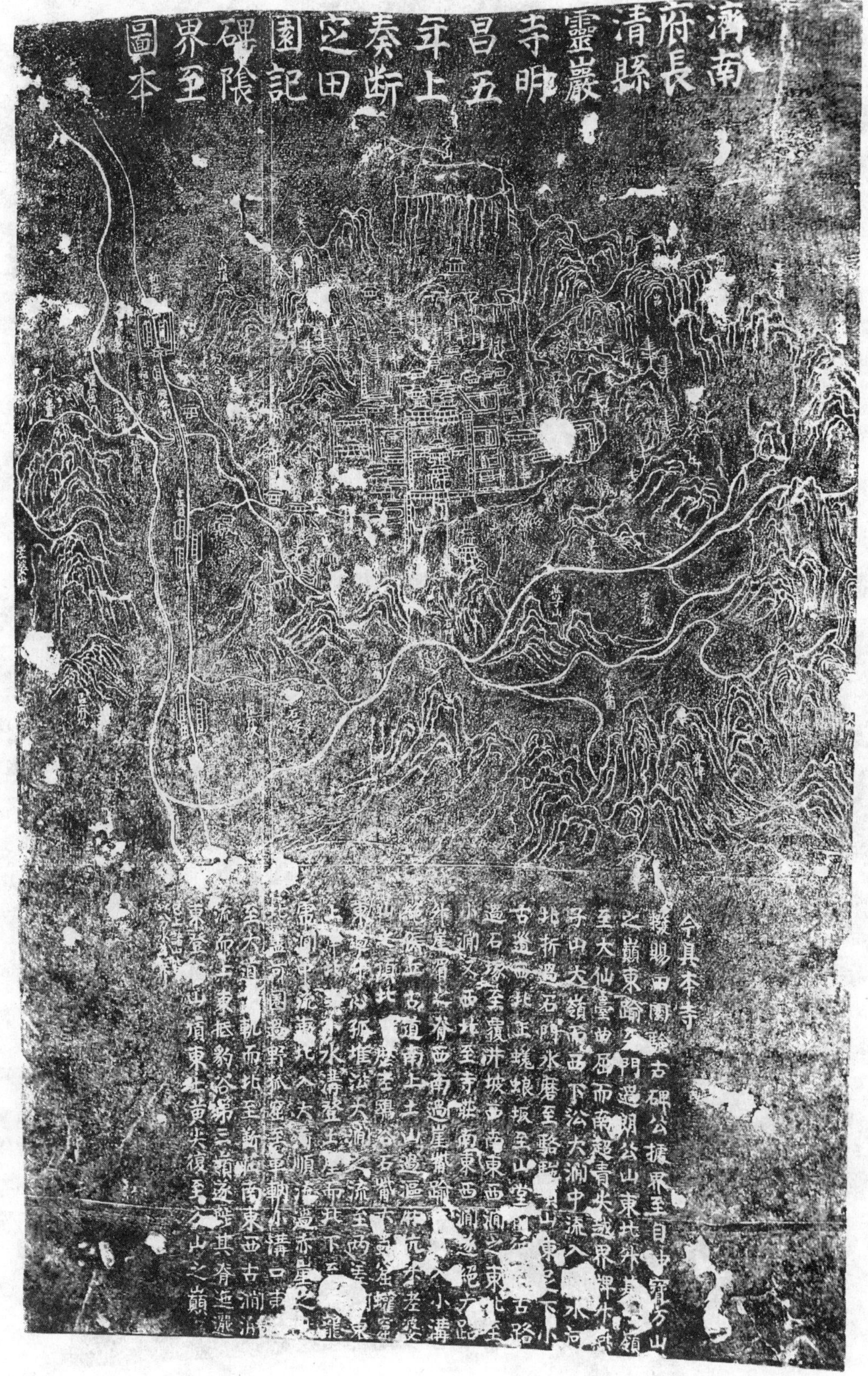

金明昌六年（一一九五）刻石《靈岩寺田園界至圖》（圖碑現存山東省長清縣靈岩寺文物管理處）

金承安五年（一二〇〇）刻石《大金承安重修中嶽廟圖》（現藏河南省登封市中嶽廟）

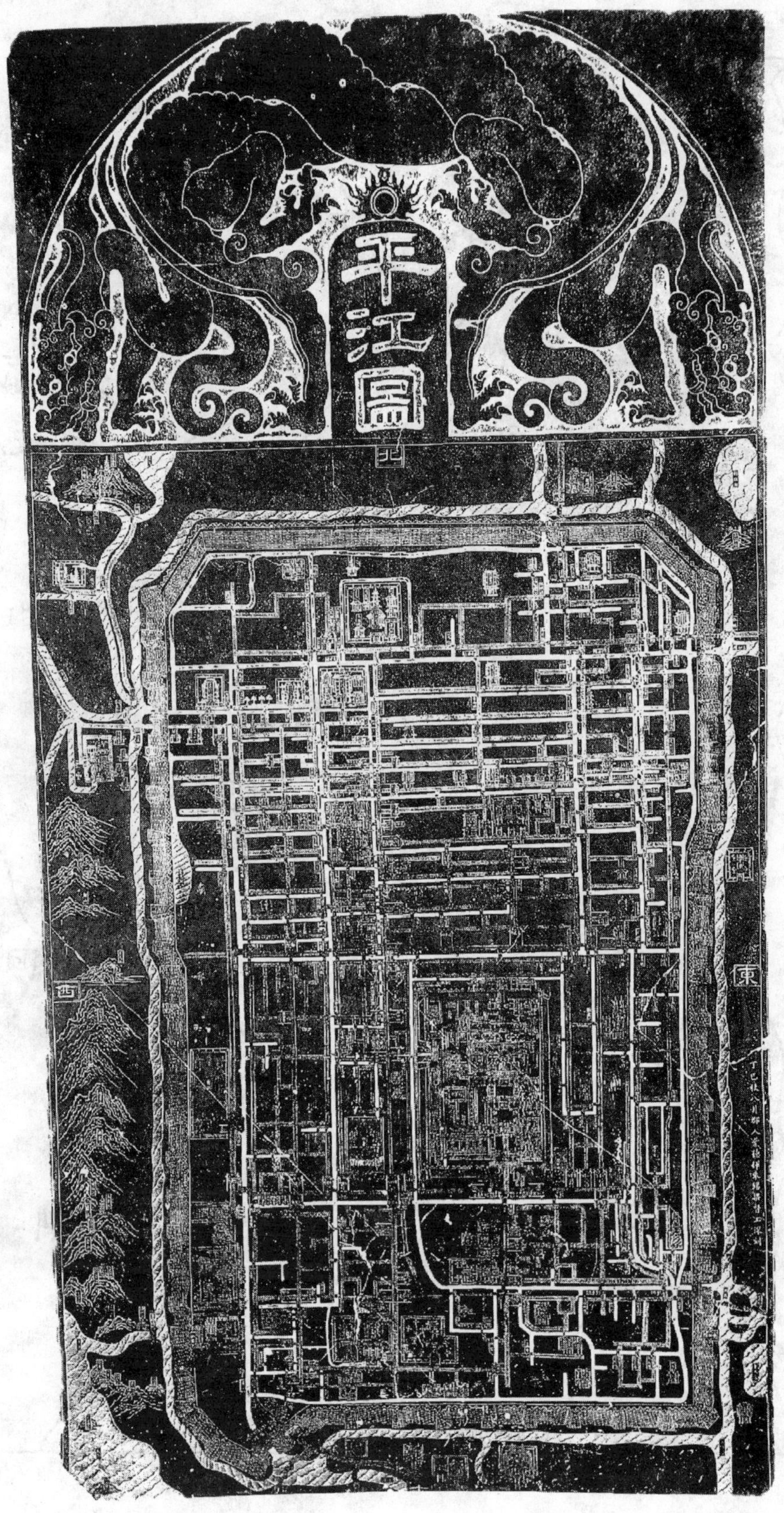

南宋紹定二年（一二二九）刻石《平江圖》（現藏蘇州市碑刻博物館）

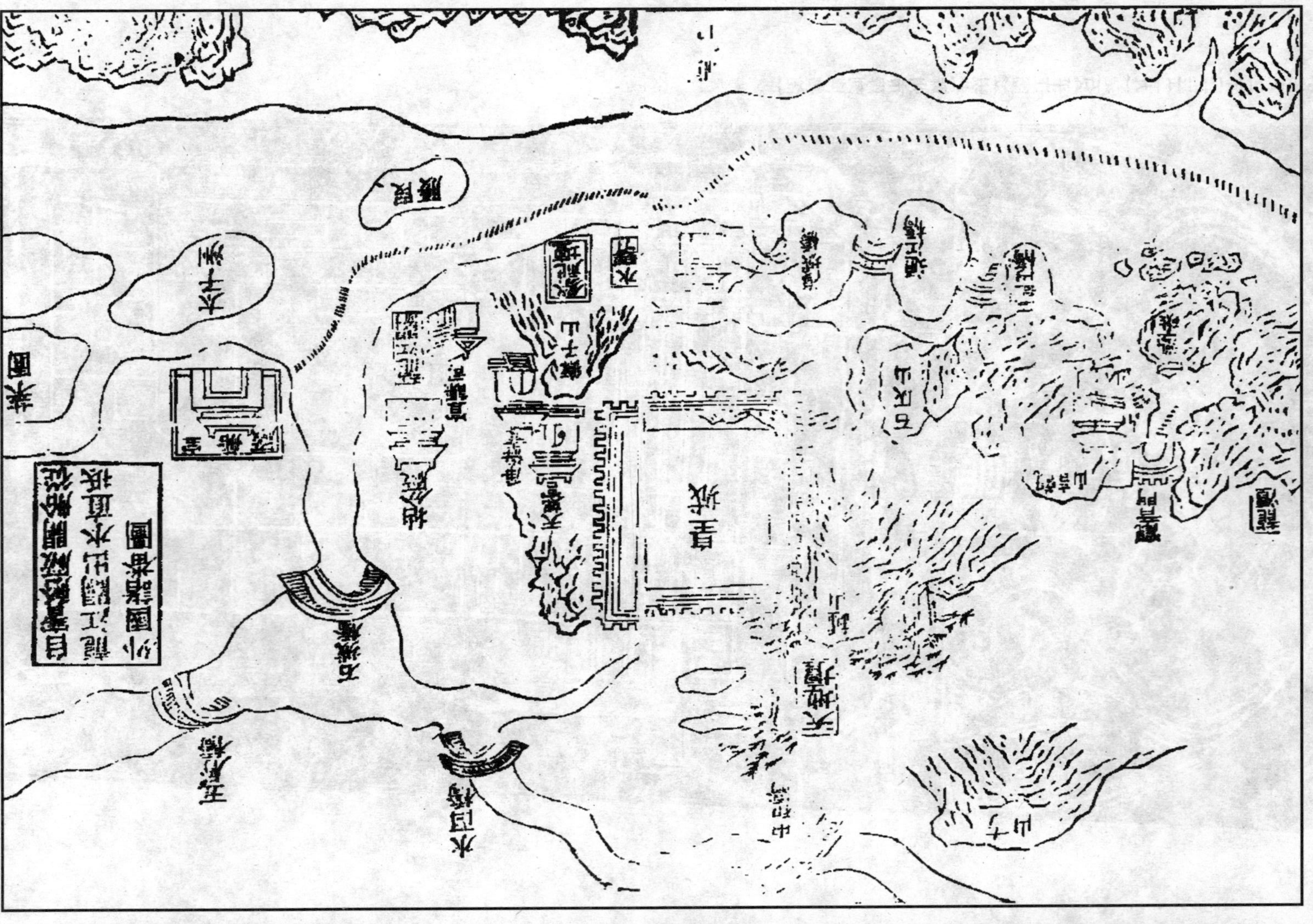

明·茅元儀《武備志》卷二四〇《自寶船廠開船從龍江關出水直抵外國諸番圖》部分。明天啓元年（一六二一）刻本。該圖亦名《鄭和航海圖》

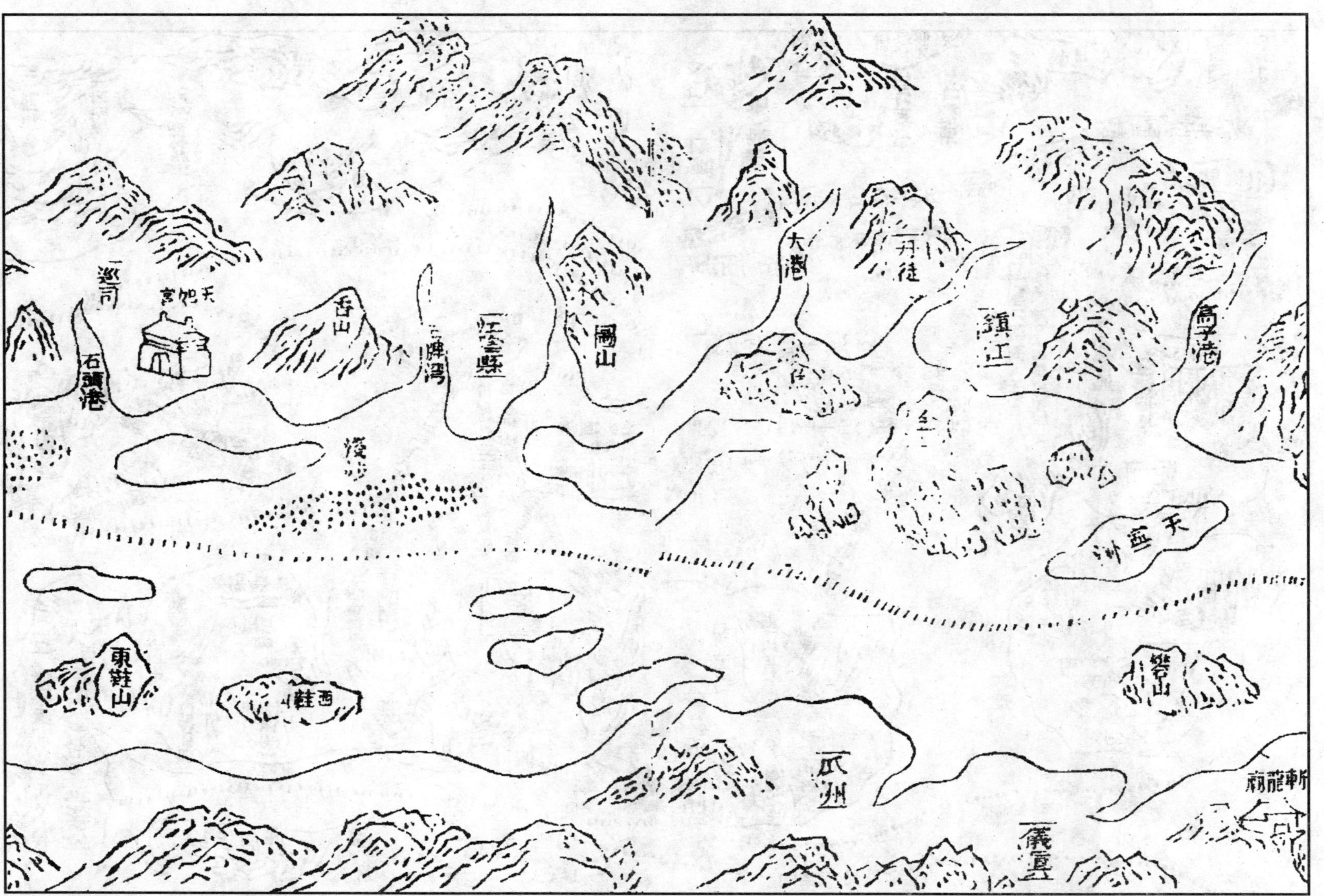
巡司
天妃宮
石頭港
香山
三牌灣
江寧縣
圌山
大港
丹徒
鎮江
高子港
東鞋山
西鞋
瓜州
儀真

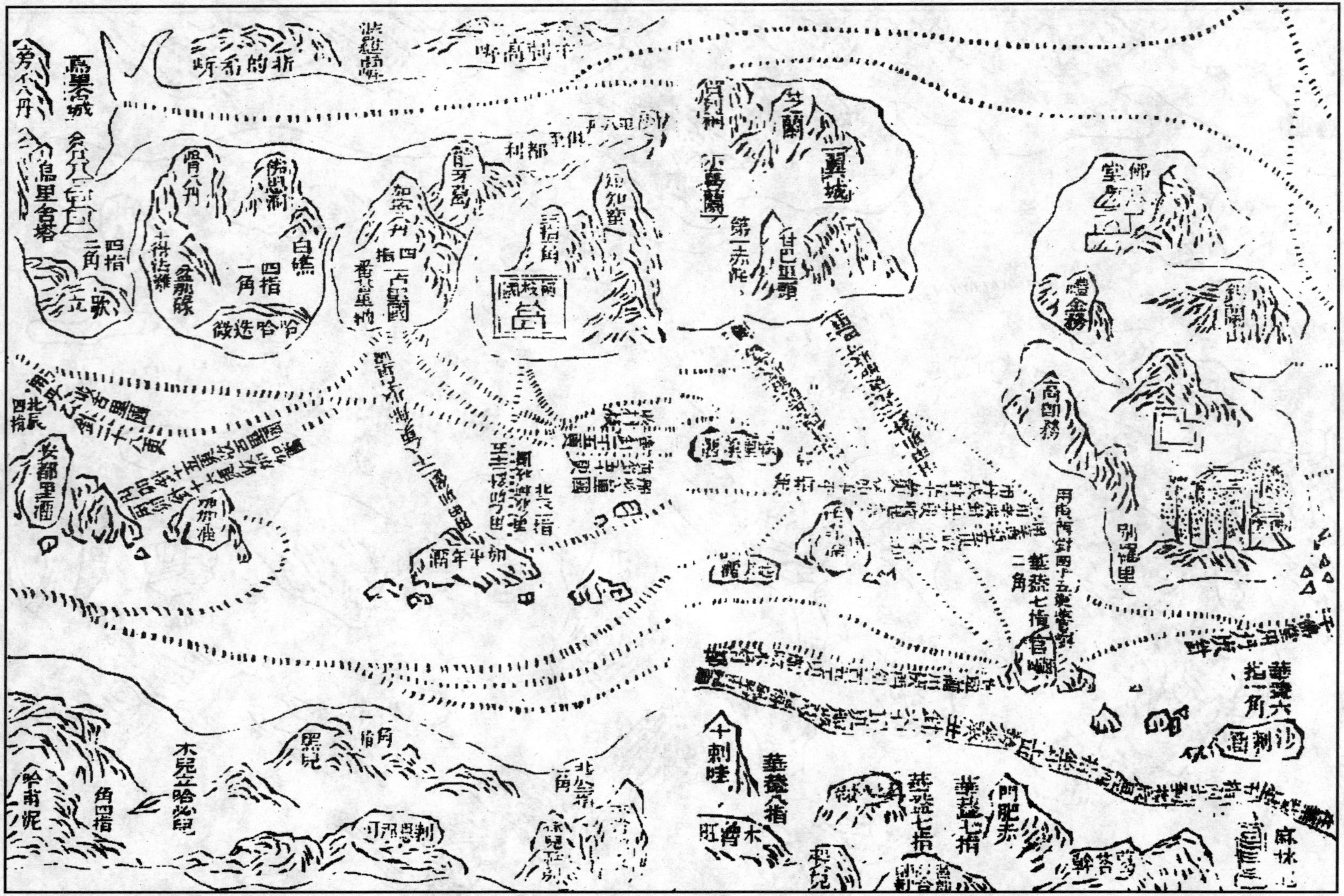
翼城
第一赤陀
麻林
十剌哇
沙剌溜
木兒立哈必兒
加平年溜
官嶼

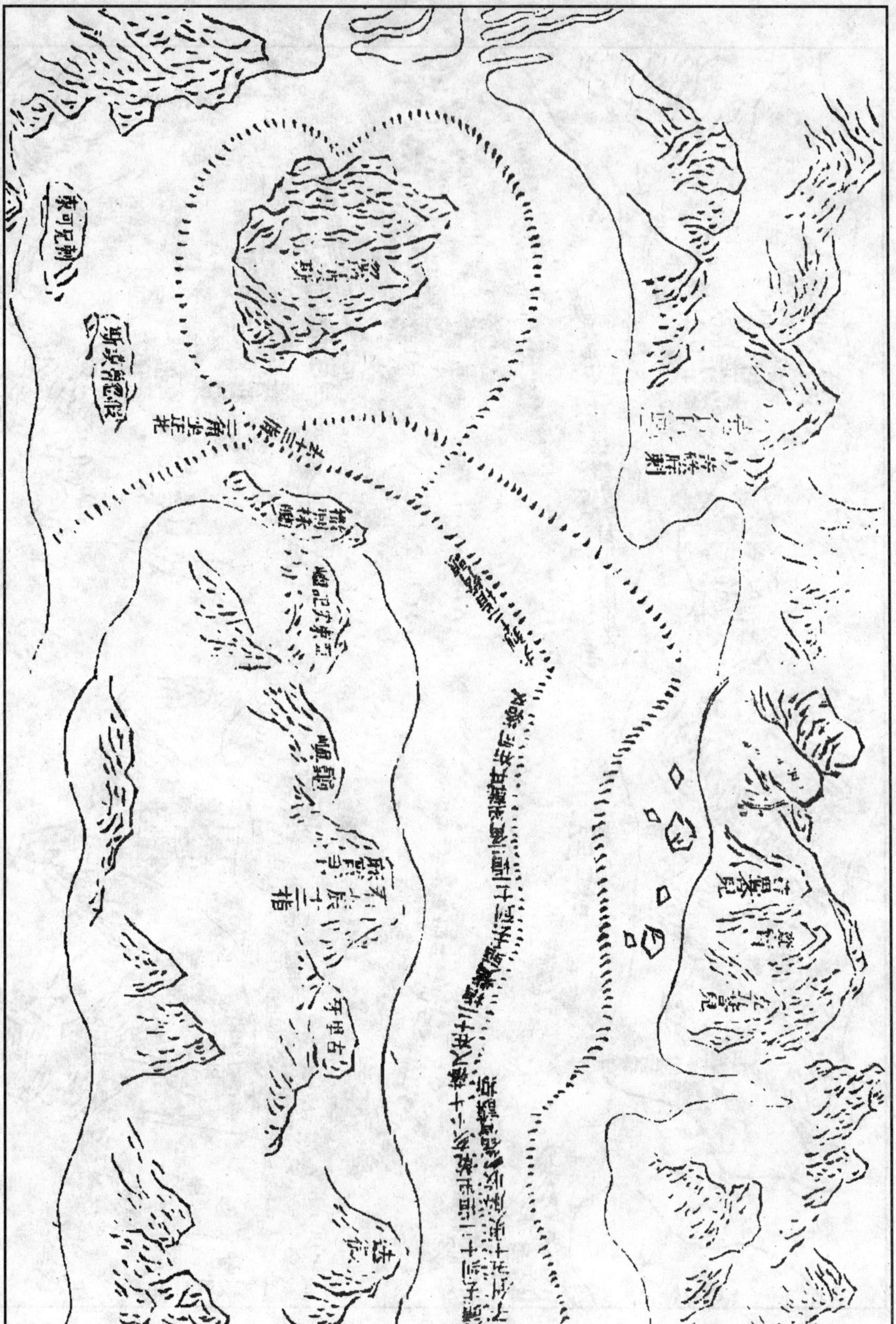

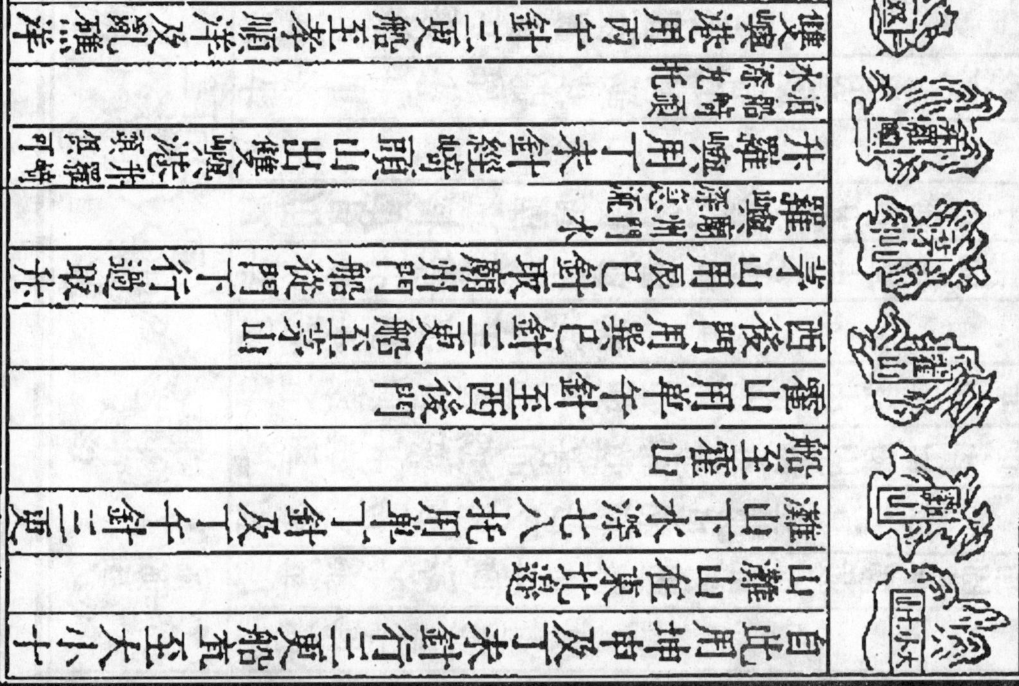

如以爲進止時宗憲已總督軍務洞燭其奸乃故示
以寬厚之意准令立功報効而爲之奏
請賞賚倭遂海寧還報直始從身而來謂市舶可通而不察
顯可致地然猶懷中變仍挾倭數千而來逗遛海上
者又兩閱月遣方大忠夏發說之又携其黨與始
入見軍門於寧波而生致之斬之市曹傳首
京師自此海上少戢矣後御史趙孔昭以汝直
達其王謂爲直黨惡奏繁詔獄論死逃視軍前郎中不
唐順之謂不救州將來者必以使絕
域爲諱而阻宣力報効之心後奏釋之

太倉使往日本針路 見渡海方程及海道針經

太倉港口開船用單乙針一更船平 更者每一晝夜分爲十更以焚香枝數爲度以木片投海中人從船面行驗風迅緩定更多寡可知船至某山洋界

吳淞江用單乙針及乙卯針一更平

寶山到南匯嘴用乙辰針出港口打水六七丈

沙泥地是正路三更見茶山 茶山水深十八托一云行一百六十里近嘆山合

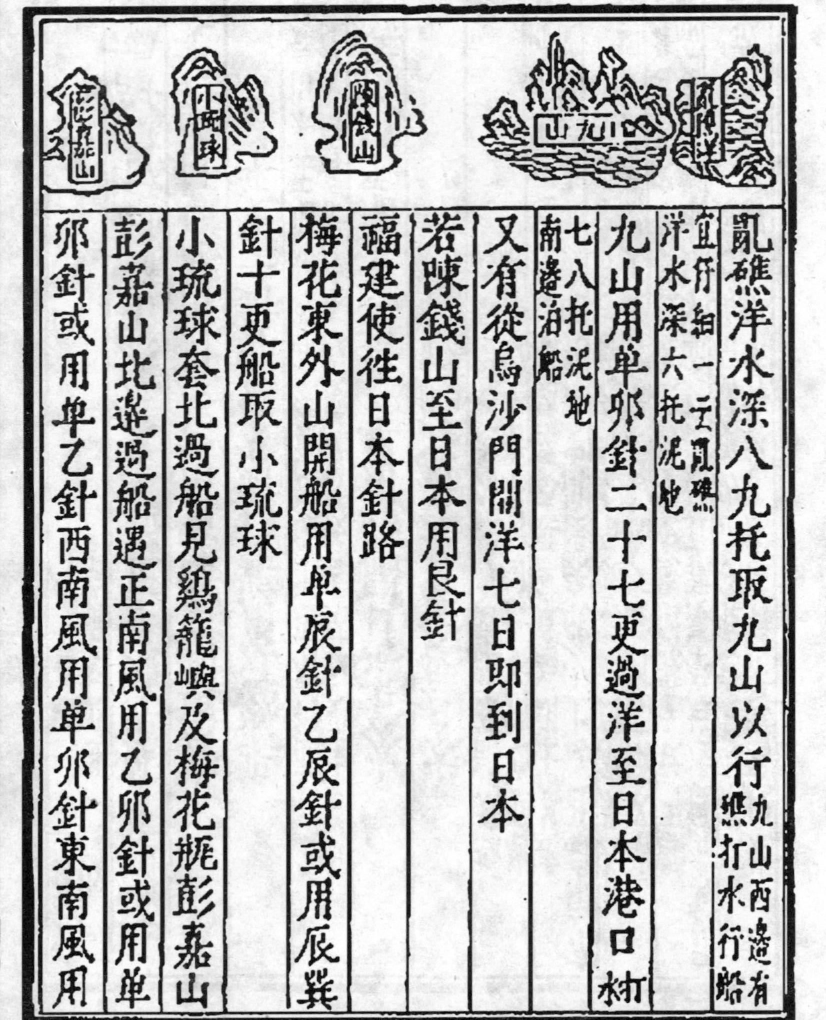

亂礁洋水深八九托取九山以行九山西邊有礁打水行船宜行細一云亂礁洋水深六托泥地

九山用单卯針二十七更過洋至日本港口打水七八托泥地南邊泊船

又有從烏沙門開洋七日即到日本

若陳錢山至日本用艮針

福建使往日本針路

梅花東外山開船用单辰針乙辰針或用辰巽針十更船取小琉球

小琉球奎北過船見鷄籠嶼及梅花瓶彭嘉山

彭嘉山北邊過船遇正南風用乙卯針或用单卯針或用单乙針西南風用单卯針東南風用

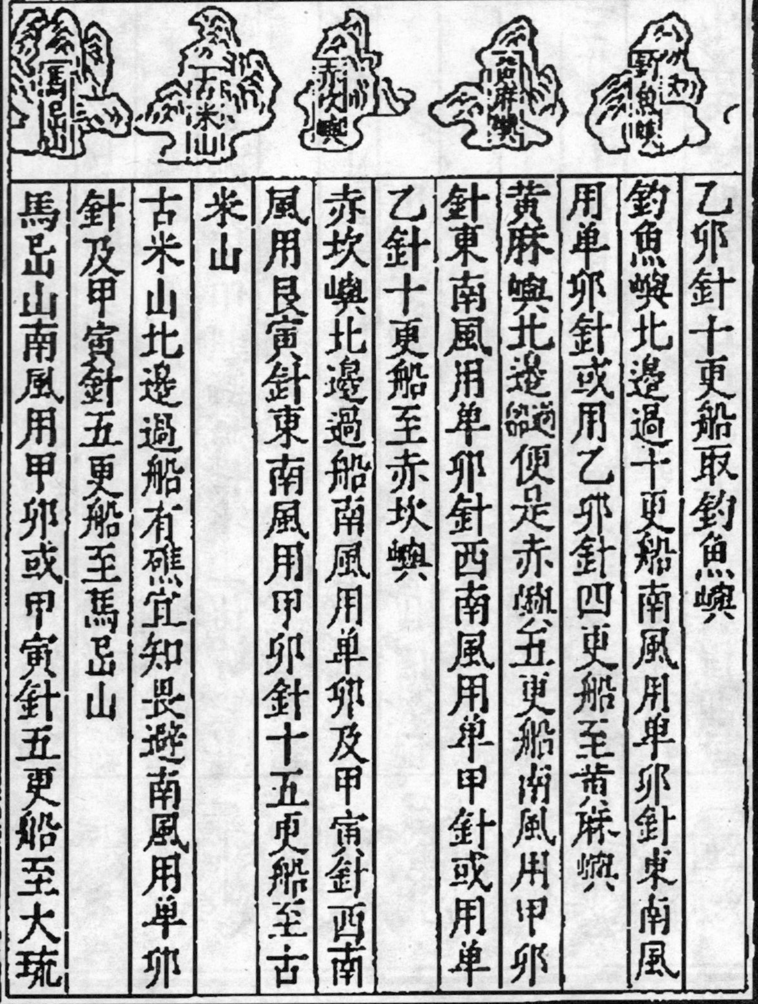

乙卯針十更船取釣魚嶼

釣魚嶼北邊過十更船南風用单卯針東南風用单卯針或用乙卯針四更船至黄麻嶼

黄麻嶼北邊過便是赤嶼五更船南風用甲卯針東南風用单卯針西南風用单甲針或用单乙針十更船至赤坎嶼

赤坎嶼北邊過船南風用单卯及甲寅針西南風用艮寅針東南風用甲卯針十五更船至古米山

古米山北邊過船有礁宜知畏避南風用单卯針及甲寅針五更船至馬齒山

馬齒山南風用甲卯或甲寅針五更船至大琉

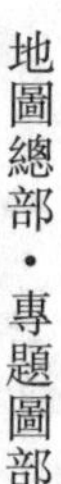

五嶽真形之圖

盖聞乾坤之内五嶽者謂之神五嶽之中岱嶽為其祖莫不應乎造化生於混沌之初立自陰陽鎮乎神維之位且五嶽者古經所分掌世界人間等事

東岱嶽泰山乃天帝之孫群靈之府也在兖州奉符縣是成興公真人得道之處長白梁父二山為副嶽神姓歲諱崇封号天齊仁聖帝岱嶽者主於世界人民官職及定生死之期兼注貴賤之分長短之事也

北嶽恒山在定州曲陽縣是茅公真人得道之處天涯岱岣二山為副嶽神姓晨諱萼封号安天元聖帝北嶽者主世界江河淮濟兼四足負荷之類管此事也

中嶽嵩山在西京河南府登封縣是鬼谷真人得道之處女几少室二山為副嶽神姓惲諱善封号中天崇聖帝中嶽者主世界土地山川谷陵兼牛羊食啗之但管此事也

南嶽衡山在衡州衡山縣是太虛真人得道之處潛山霍山為副嶽神姓崇諱醜封号司天昭聖帝南嶽者主世界星象分野兼水族魚龍之事也

東嶽太靈蒼光司命真君
南嶽應華紫光注生真君
中嶽黄元大光含真真君
西嶽素元耀魄大明真君
北嶽黟機洞淵元極真君

西嶽華山在華州華陰縣是黃盧子真人得道之處太白二山為副嶽神姓姜諱善封号金天順聖帝西嶽者主世界金銀銅鐵兼羽翼飛禽之事也

謹按抱朴子云凡修道之士棲隱山谷須得五嶽真形圖佩之其山中鬼魅精靈五虎妖怪一切毒物莫能近矣漢武帝元封二年七月七日夜西王母親降見王母巾器中有書卷紫錦囊盛之亦是斯圖太初中李充稱馮翊人三百歲荷策華留負嶽圖帝封負先生此圖如人出入作客過江渡海或入山谷或夜行又恐宿於凶房若此圖隨身一切邪魔魍魎魑魅水怪等盡皆隱跡遁道矣所居之處香花供養虔心扶侍必降真祥之祐以感聖力護持

明登封知縣孫秉陽刻《五嶽真形之圖》拓片（早稻田大學圖書館藏）

明嘉靖十五年（一五三六）刻石《黄河圖説》（陝西省西安碑林博物館藏）

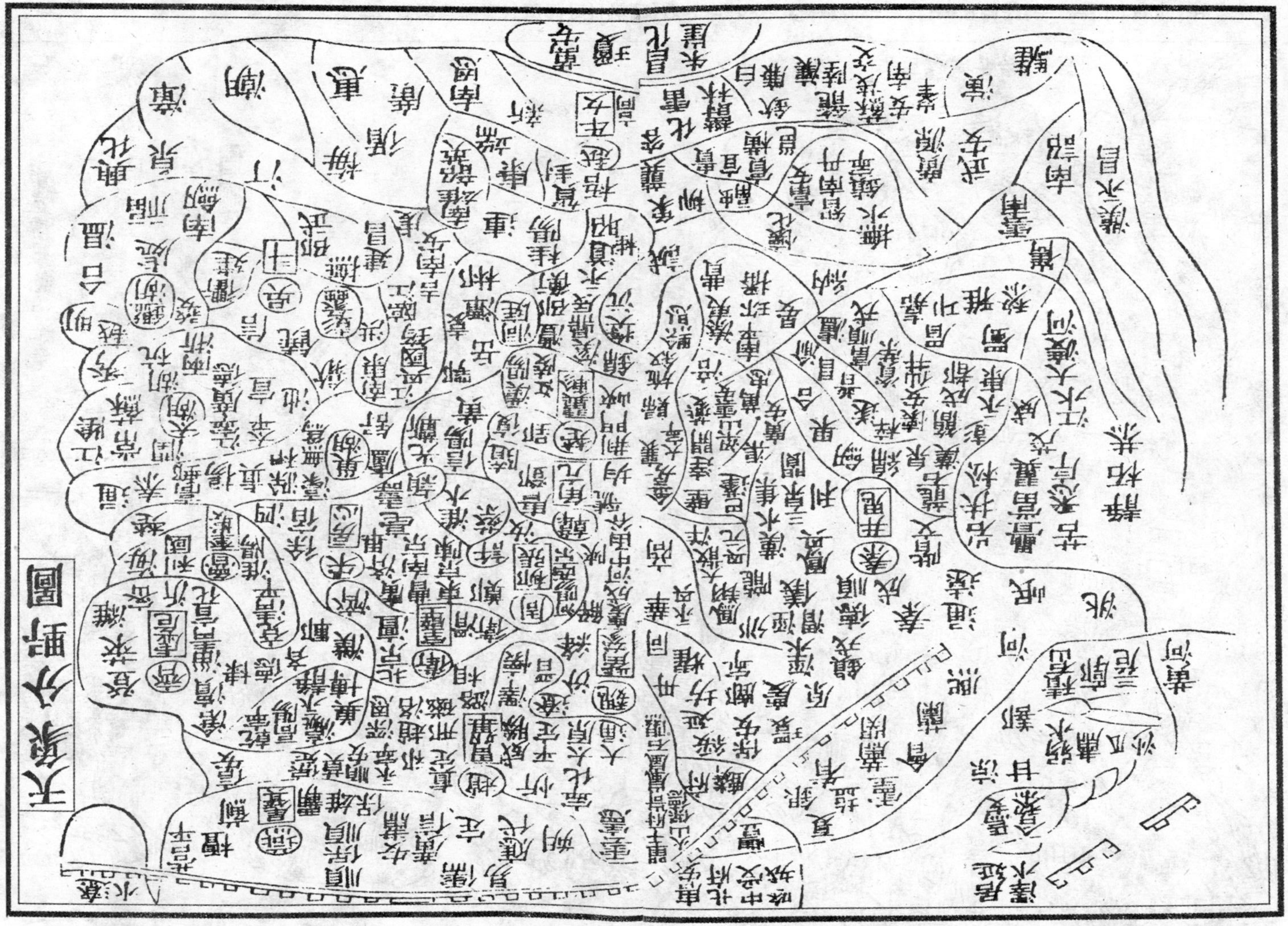

明萬曆三十五年（一六〇七）刻本《三才圖會·地理》之《天象分野圖》（北京大學圖書館藏）

天象分野圖

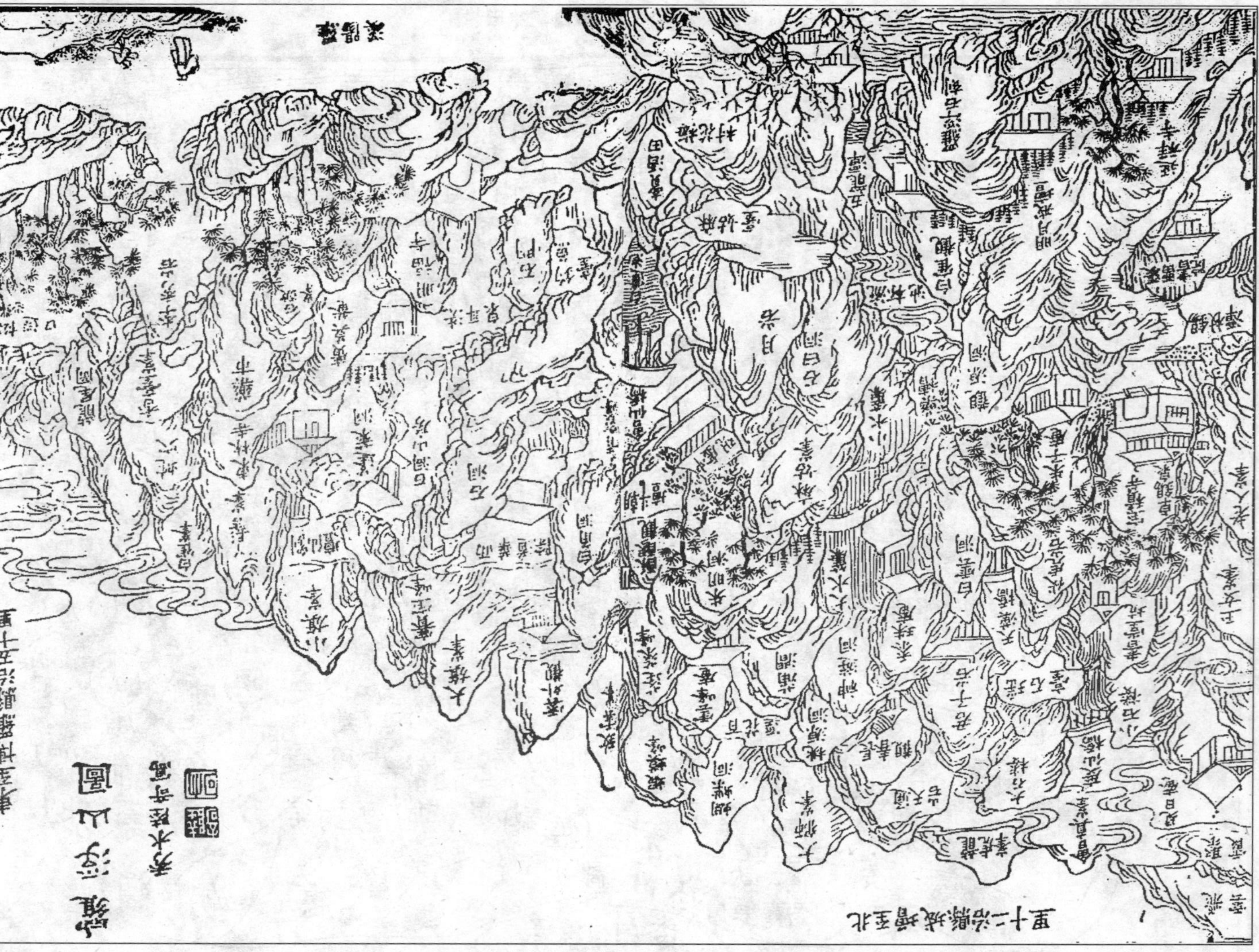

清康熙五十六年（一七一七）宋廣業撰《羅浮山志會編》之《羅浮山圖》局部（早稻田大學圖書館藏）

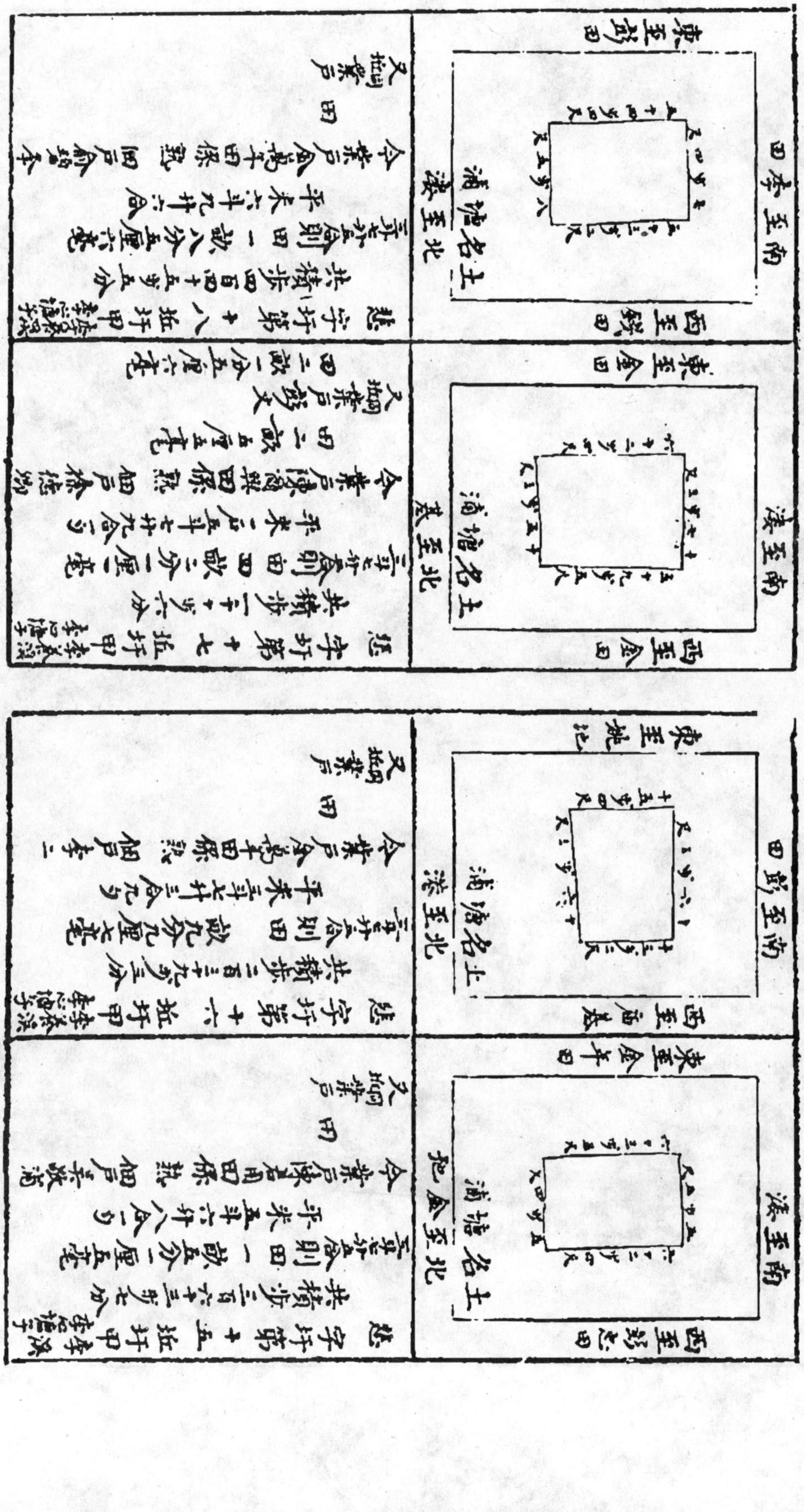

清康熙鈔本《魚鱗冊》之《魚鱗圖》節選（東京大學東洋文化研究所藏）

南至湊
西至彭志田
東至金年田
土名塘浦
北至金地

悲字圩第十五 坵圩甲李溪 李心塘子
共積步三百六十三步七分
三斗七升五合則田一畝五分一厘五毫
平米五斗六升八合一勺
今業戶陳君用田係熟 佃戶吴啟湳
又坵 業戶 田

南至彭田
西至廟基
東至姚地
土名塘浦
北至港

悲字圩第十六 坵圩甲李溪 李心塘子
共積步二百三十九步三分
三斗七升五合則田 畝九分九厘七毫
平米三斗七升三合九勺
今業戶金萬千田係熟 佃戶李二
又坵 業戶 田

南至湊
西至金田
東至金田
土名塘浦
北至基

悲字圩第十七 坵圩甲李溪 李心塘子
共積步一千十步六分
三斗七升五合則田四畝二分一厘一毫
平米一石五斗七升九合一勺
今業戶陳商與田係熟 佃戶徐德洲
田二畝五厘五毫
又坵 業戶彭文
田二畝一分五厘六毫

南至李田
西至錢田
東至彭田
土名塘浦
北至湊

悲字圩第十八 坵圩甲李溪 李心塘子
共積步四百四十五步五分
三斗七升五合則田一畝八分五厘六毫
平米六斗九升六合
今業戶金萬千田係熟 佃戶俞碧本
又坵 業戶 田

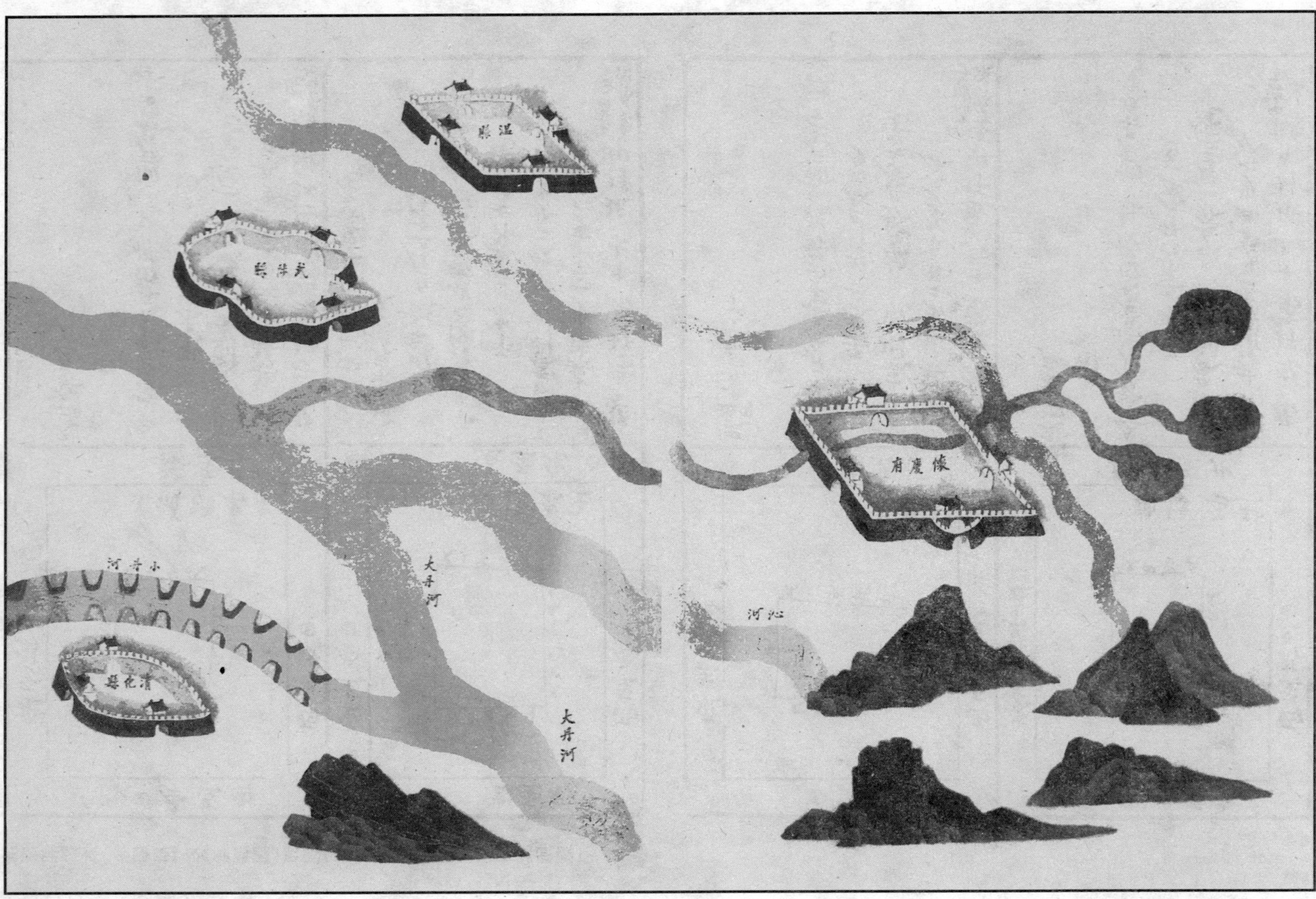

清・張鵬翮《治河全書》之《衛河圖》（清康熙年間繪製）

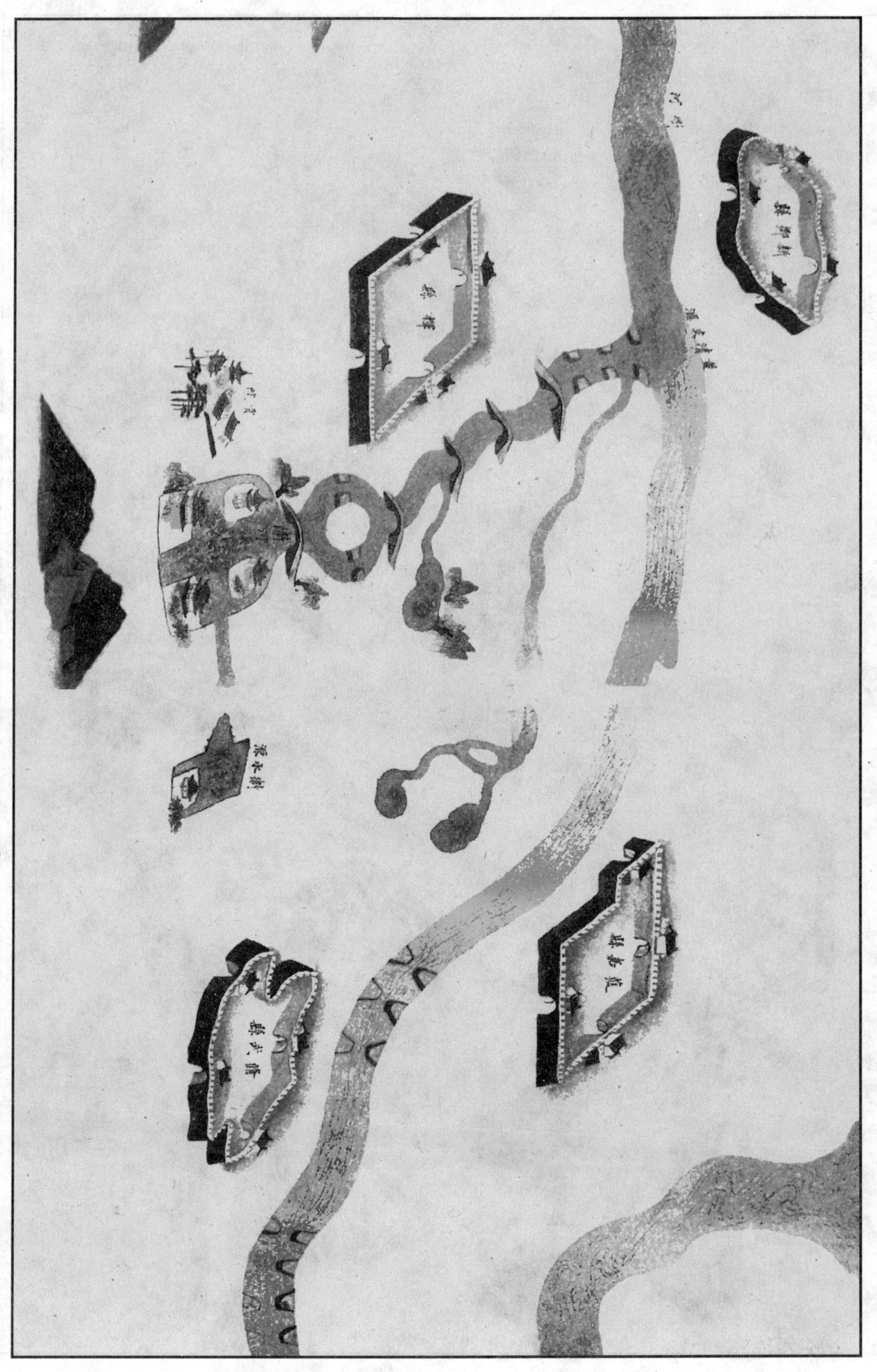

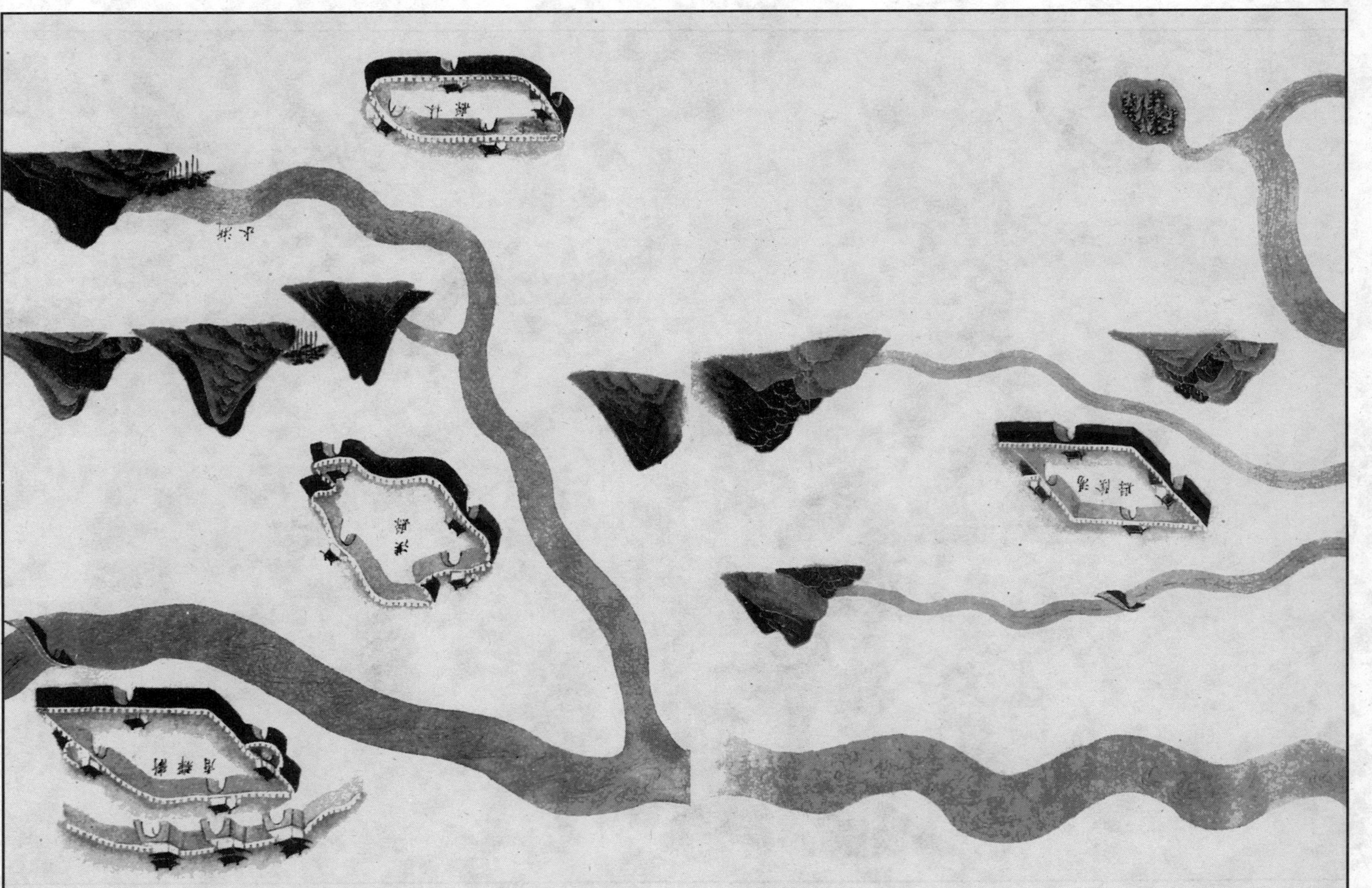

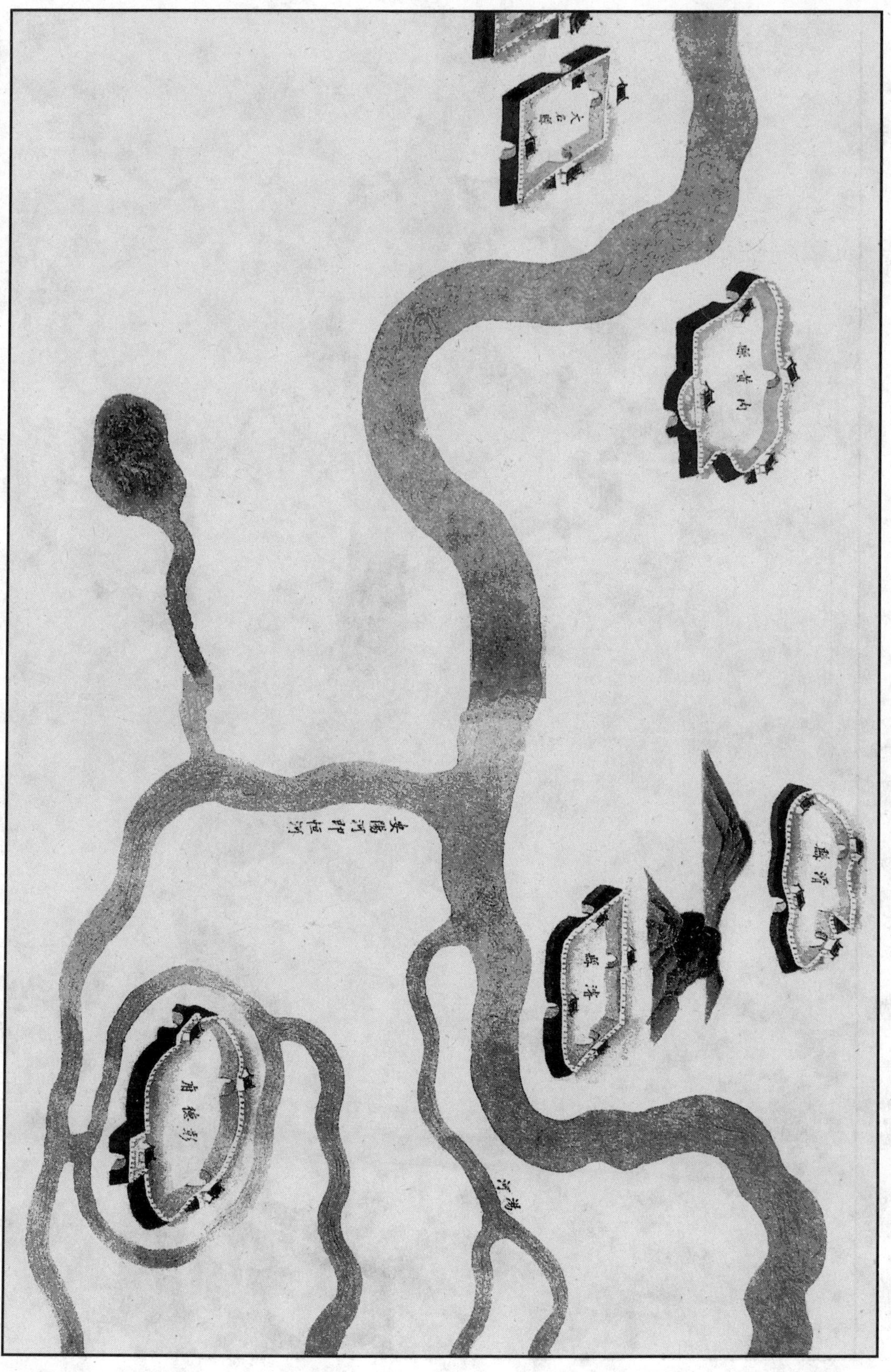
安陽河即恒河
湯河
彰德府

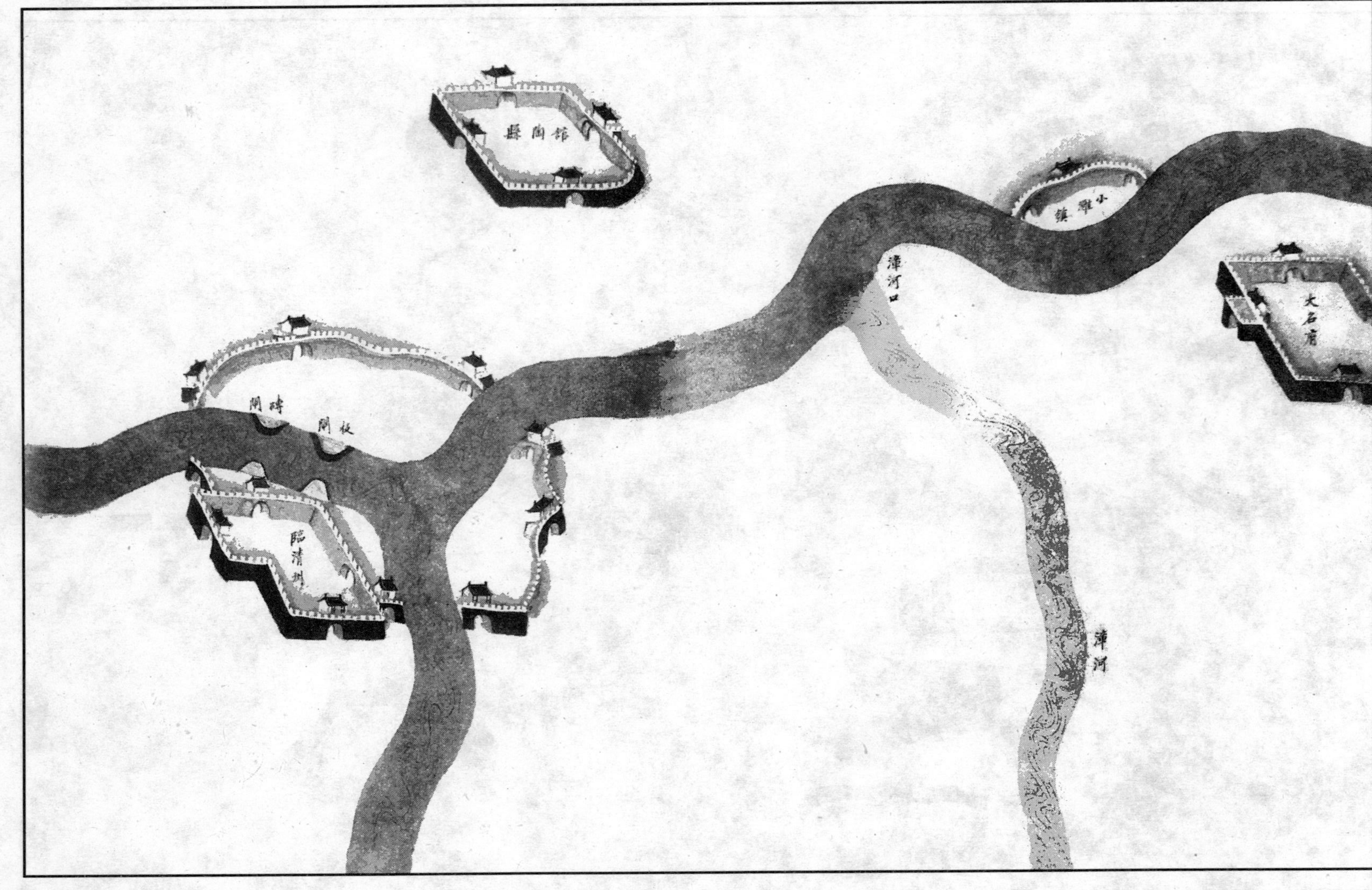
館陶縣
小灘鎮
漳河口
大名府
磚閘
板閘
臨清州
漳河

清雍正三年（一七二五）淮揚道署初刻本《行水金鑑》所收之《黄河圖》（部分）

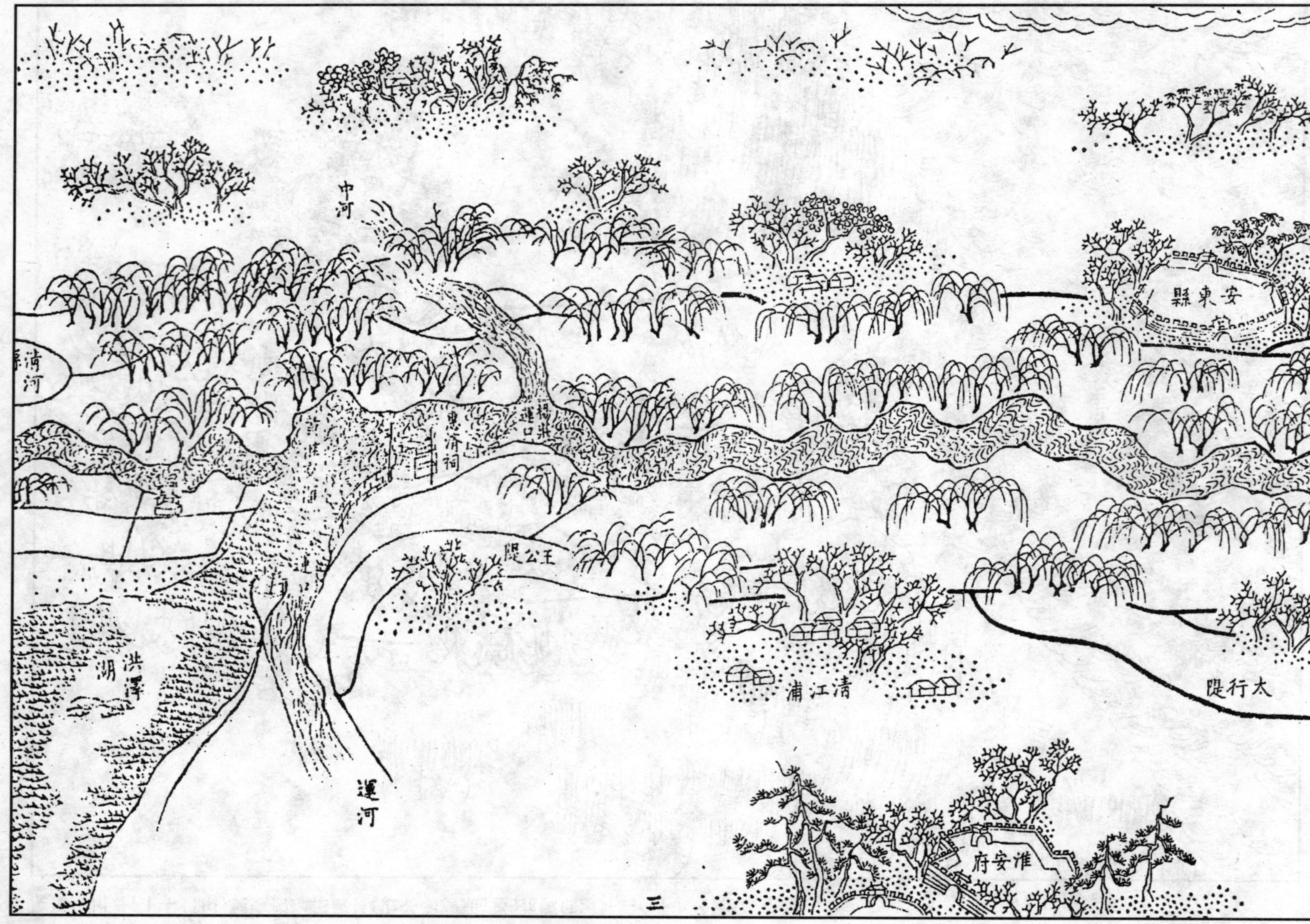

安東縣
太行隄
淮安府
清江浦
王公隄
運河
洪澤湖
清河
中河
楊家口
惠濟祠
三

清雍正三年（一七二五）淮揚道署初刻本《行水金鑑》所收之《淮水圖》（部分）

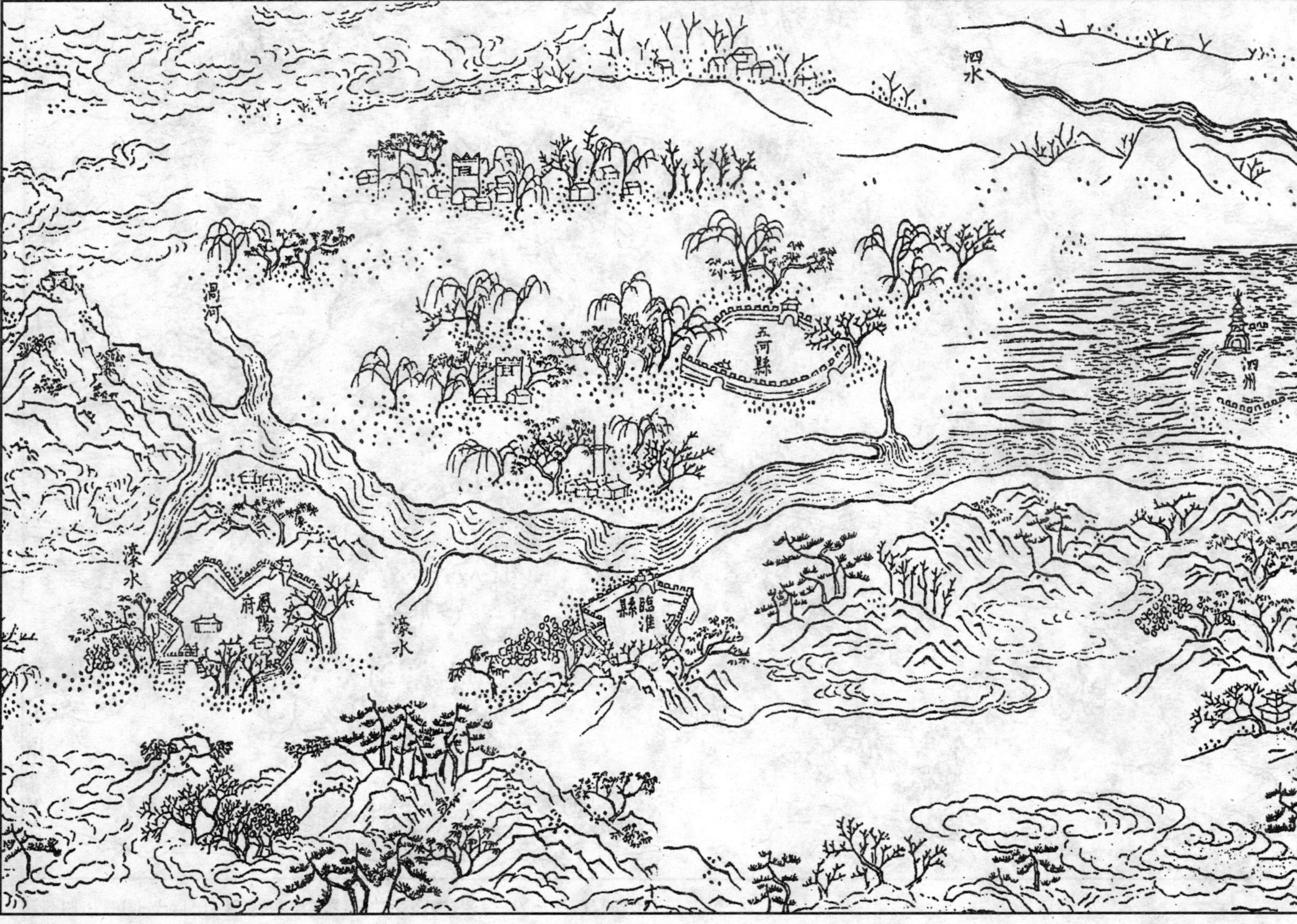
泗水
渦河
五河縣
泗州
濠水
鳳陽府
濠水
臨淮縣

清雍正三年（一七二五）淮揚道署初刻本《行水金鑑》所收之《漢水江水圖》（部分）

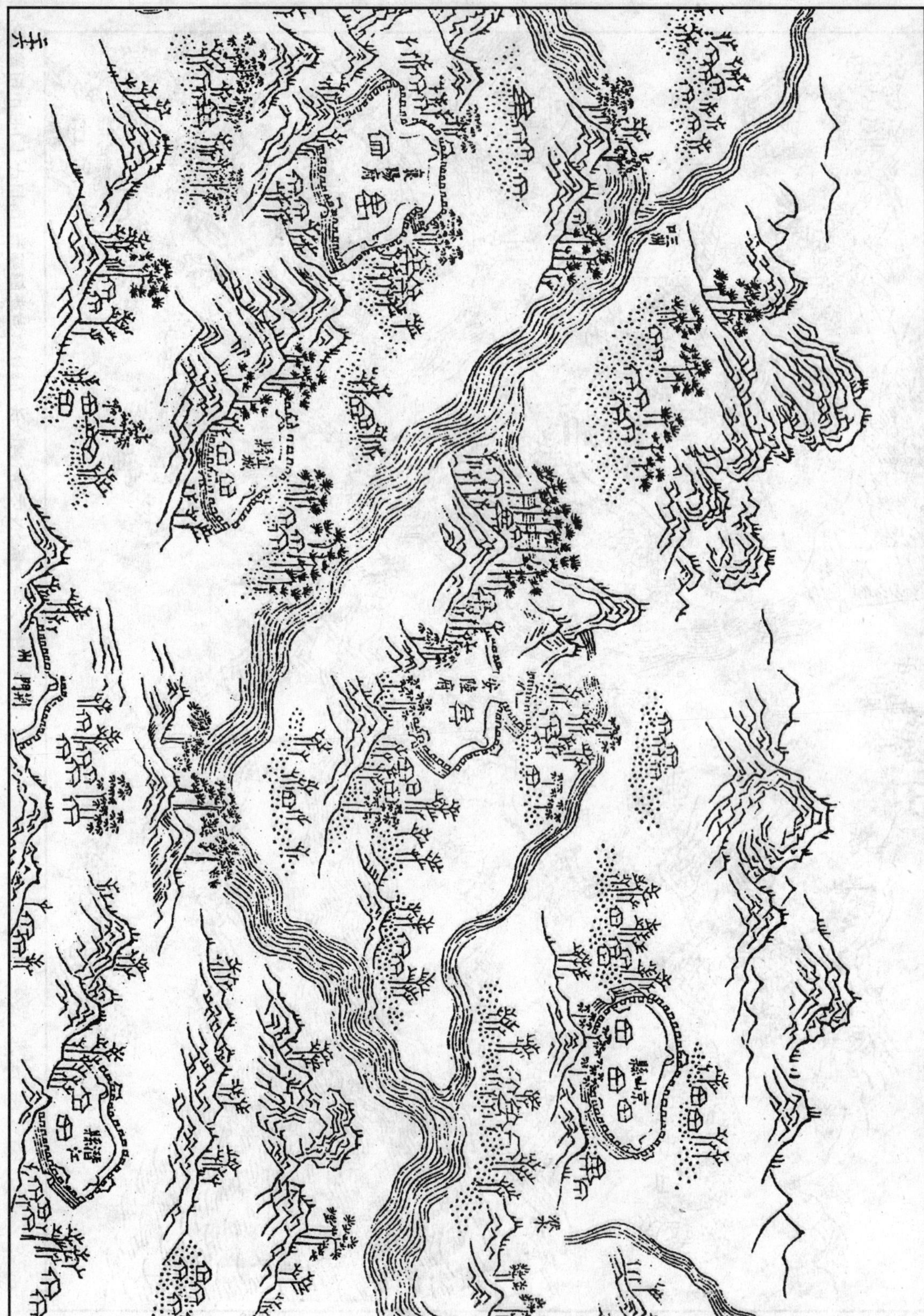
襄陽府
安陸府
荆門州
京山縣
潛江縣

清乾隆五十四年(一七八九)重印本《懷慶府志・圖經》之《丹水河渠全圖》

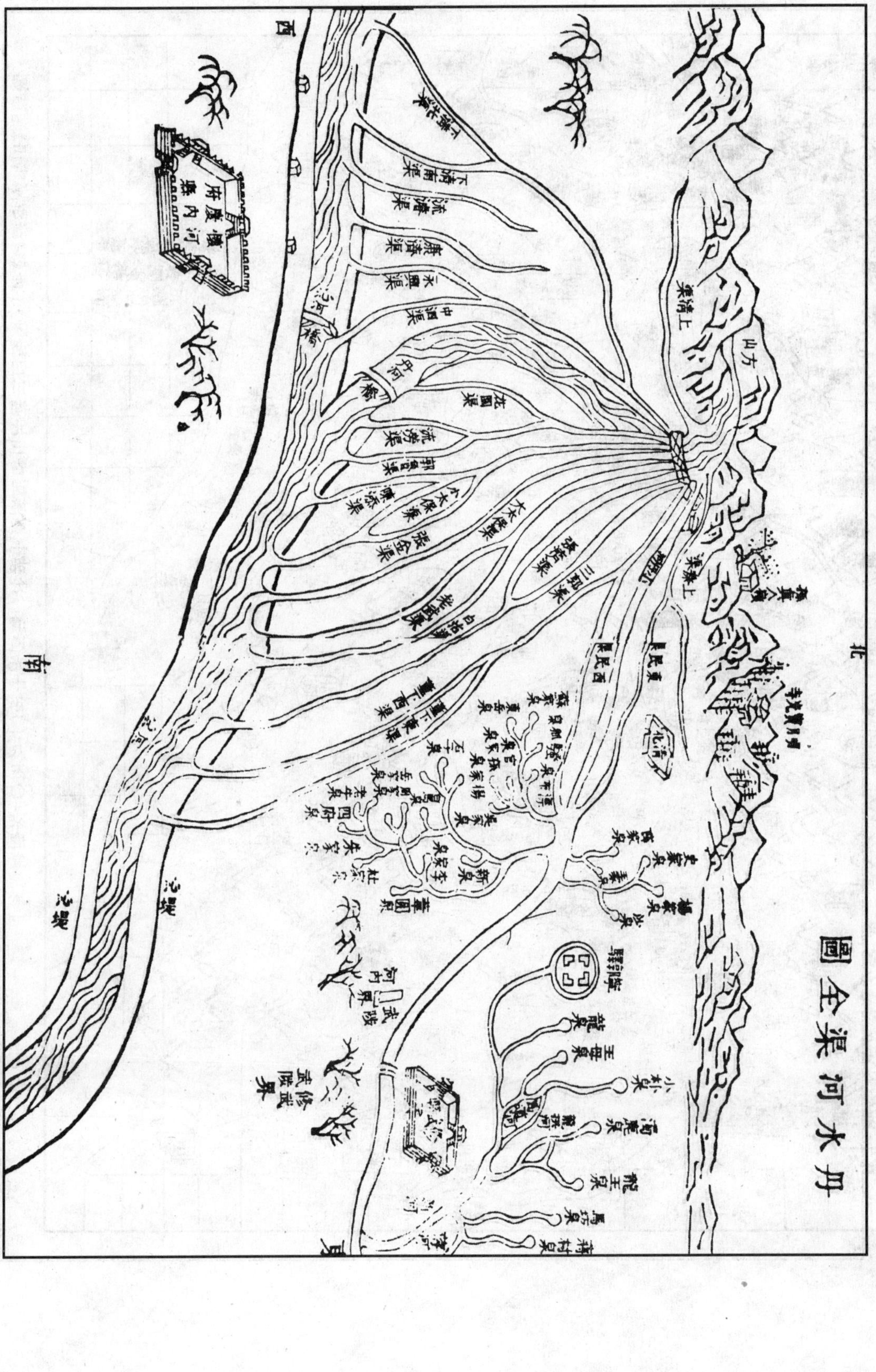

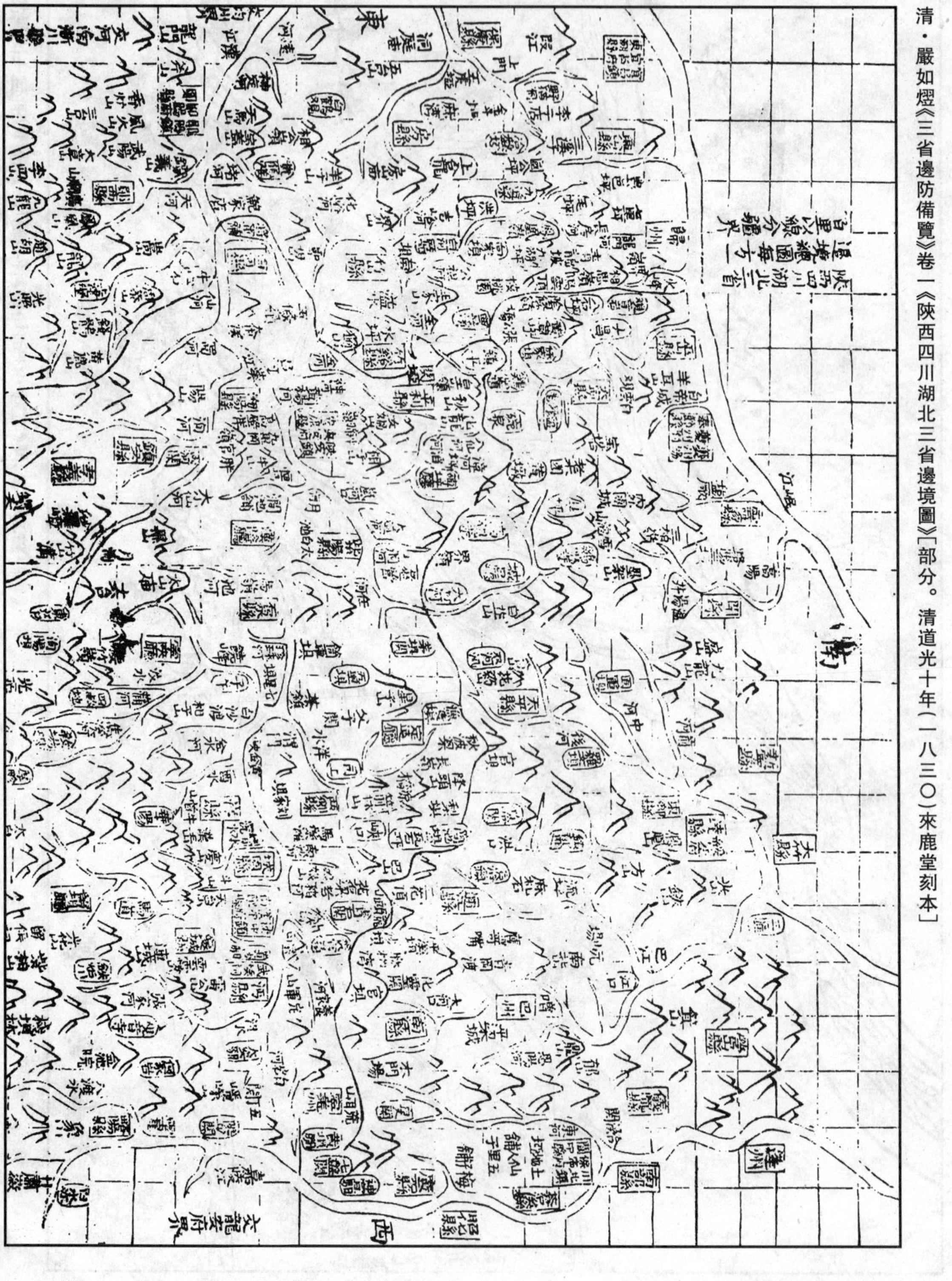

清·嚴如熤《三省邊防備覽》卷一《陝西四川湖北三省邊境圖》[部分。清道光十年(一八三〇)來鹿堂刻本]

陝西四川湖北三省邊境總圖每方一百里以綫分疆界

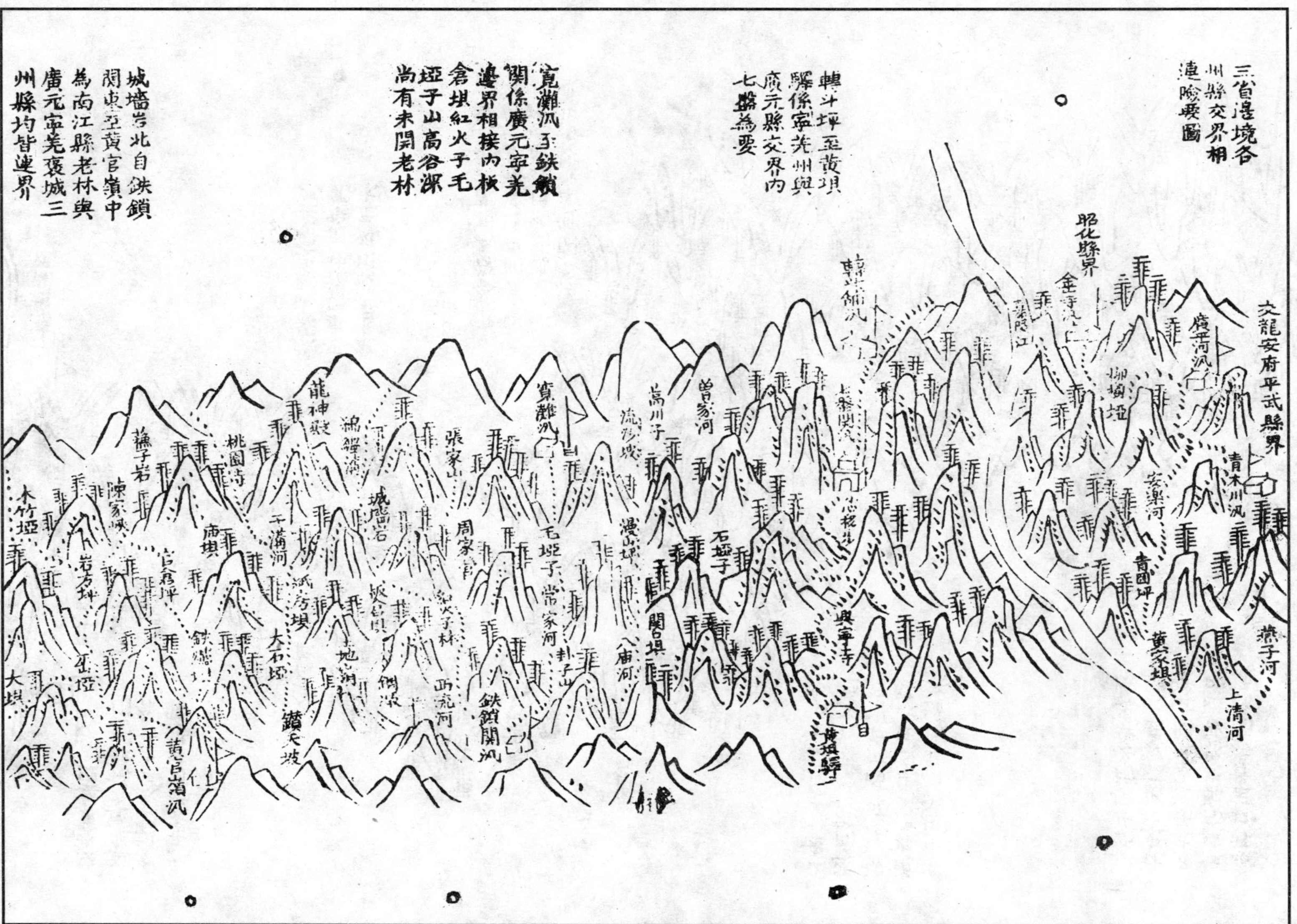
三省邊境各州縣交界相連險要圖
轉斗坪至黃壩驛係寧羌州與廣元縣交界內七盤為要
寬灘汛至鐵鎖關係廣元寧羌邊界相接內板倉壩紅火子毛埡子山高谷深尚有未開老林
城墻岩北自鐵鎖關東至黃官嶺中為南江縣老林與廣元寧羌褒城三州縣均皆連界
文龍安府平武縣界
昭化縣界
青木川汛
安樂河
青岡坪
黃家壩
燕子河
上清河
黃壩驛
興寧寺
石埡子
閻台壩
曾家河
高川子
流沙坡
寬灘汛
張家山
周家營
毛埡子
常家河
鐵鎖關汛
龍神殿
桃園寺
燕子岩
陳家峽
木竹埡
大壩
大石埡
千滿河
城墻岩
黃官嶺汛
鑽天坡

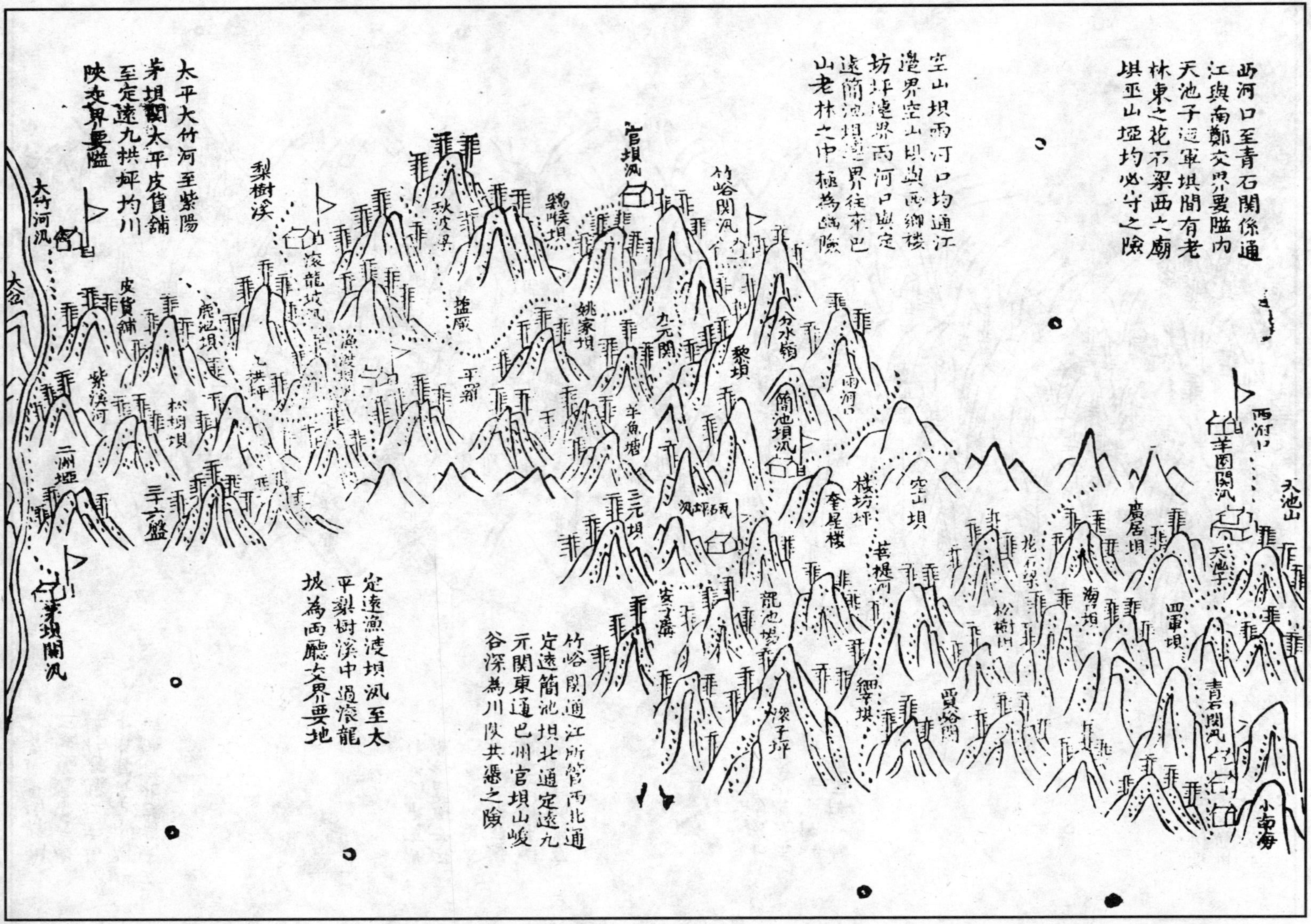
西河口至青石關係通
江與南鄭交界要隘内
天池子迴軍壩間有老
林東之花石梁西之廟
埧埡山埡均必守之險
空山埧兩河口均通江
邊界空山埧與西鄉楼
坊坪邊界兩河口與定
遠簡池埧邊界往來巴
山老林之中極為險隘
太平大竹河至紫陽
茅埧關太平皮貨舖
至定遠九拱坪均川
陝交界要隘
竹峪關通江所管西北通
定遠簡池埧北通定遠九
元關東通巴州官埧山峻
谷深為川陝共憑之險
定遠漁渡埧汛至太
平梨樹溪中過滾龍
坡為兩廳交界要地
大竹河汛
大谷
茅埧關汛
梨樹溪
官埧汛
竹峪關汛
秋波梁
滾龍坡汛
鹽廠
姚家埧
九元關
分水嶺
黎埧
兩河口
簡池埧汛
羊魚塘
空山埧
樓坊坪
奎星樓
西河口
羊圈關汛
天池山
天池子
廣居埧
四單埧
青石關汛
小南海
皮貨舖
鹿池埧
紫溪河
松樹埧
二洲埡
三元埧
安子溝
龍池埧
滾子坪
黃楊河
響埧
賈峪關
花石梁
松樹門
九拱坪
漁渡埧
平溪

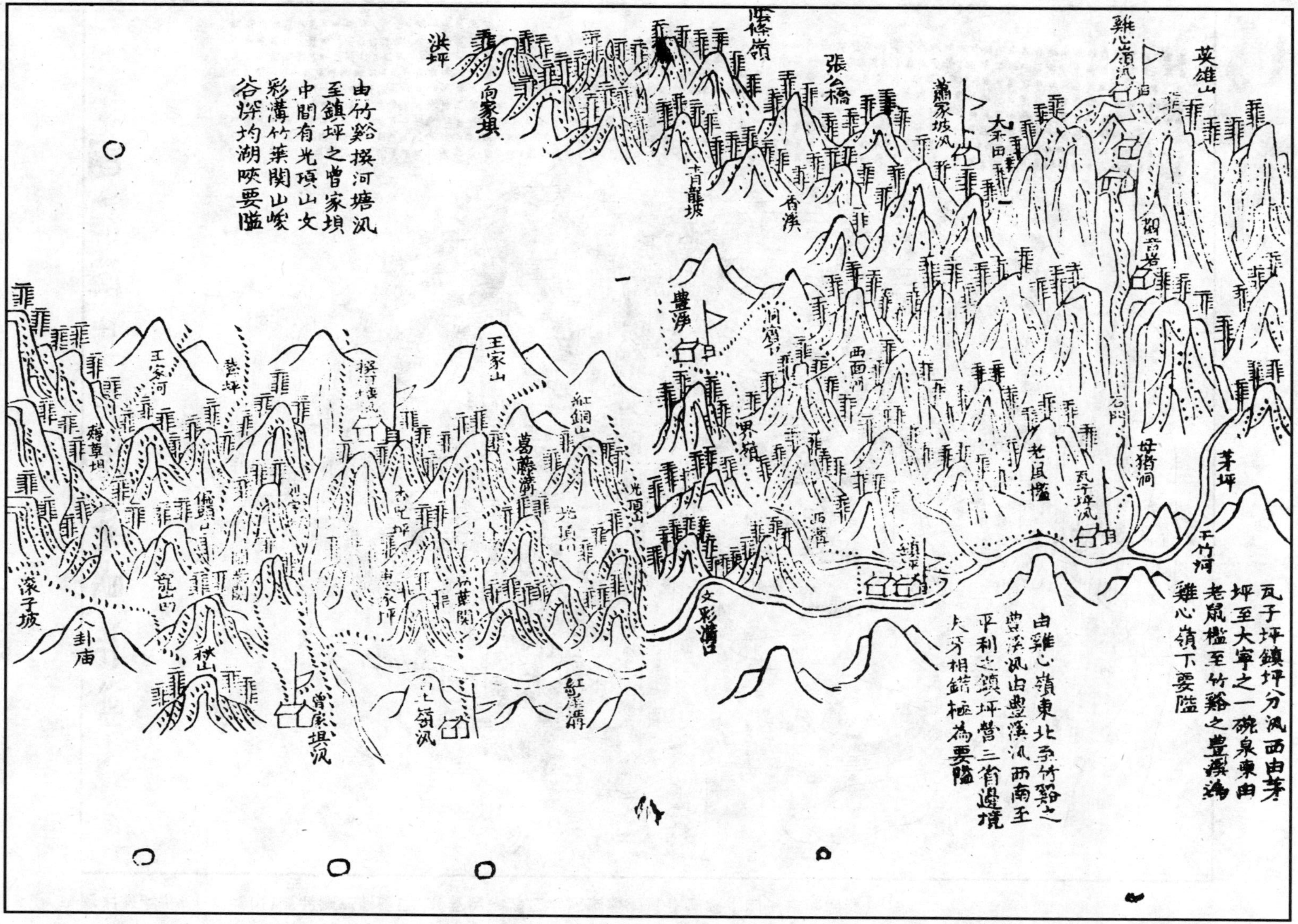
瓦子坪鎮坪分汛西由茅
坪至大寧之一碗泉東由
老鼠檻至竹谿之豐溪鴻
雞心嶺下要隘
由雞心嶺東北至竹谿之
豐溪汛由豐溪汛西南至
平利之鎮坪營三省邊境
犬牙相錯極為要隘
由竹谿撥河塘汛
至鎮坪之曾家壩
中間有光頂山文
彩溝竹葉關山峽
谷深均湖陝要隘
英雄山
雞心嶺汛
蕭家坡汛
張公橋
洪坪
向家壩
香溪
觀音岩
茅坪
母豬洞
石門
瓦子坪汛
老鼠檻
豐溪
界嶺
文彩溝口
王家山
紅銅山
葛藤溝
光頂山
紅崖溝
曾家壩汛
王家河
秋山
八卦廟
滾子坡

清光緒九年（一八八三）湖北善後總局刊行《湖北省城内外街道總圖》（中國第一歷史檔案館藏）

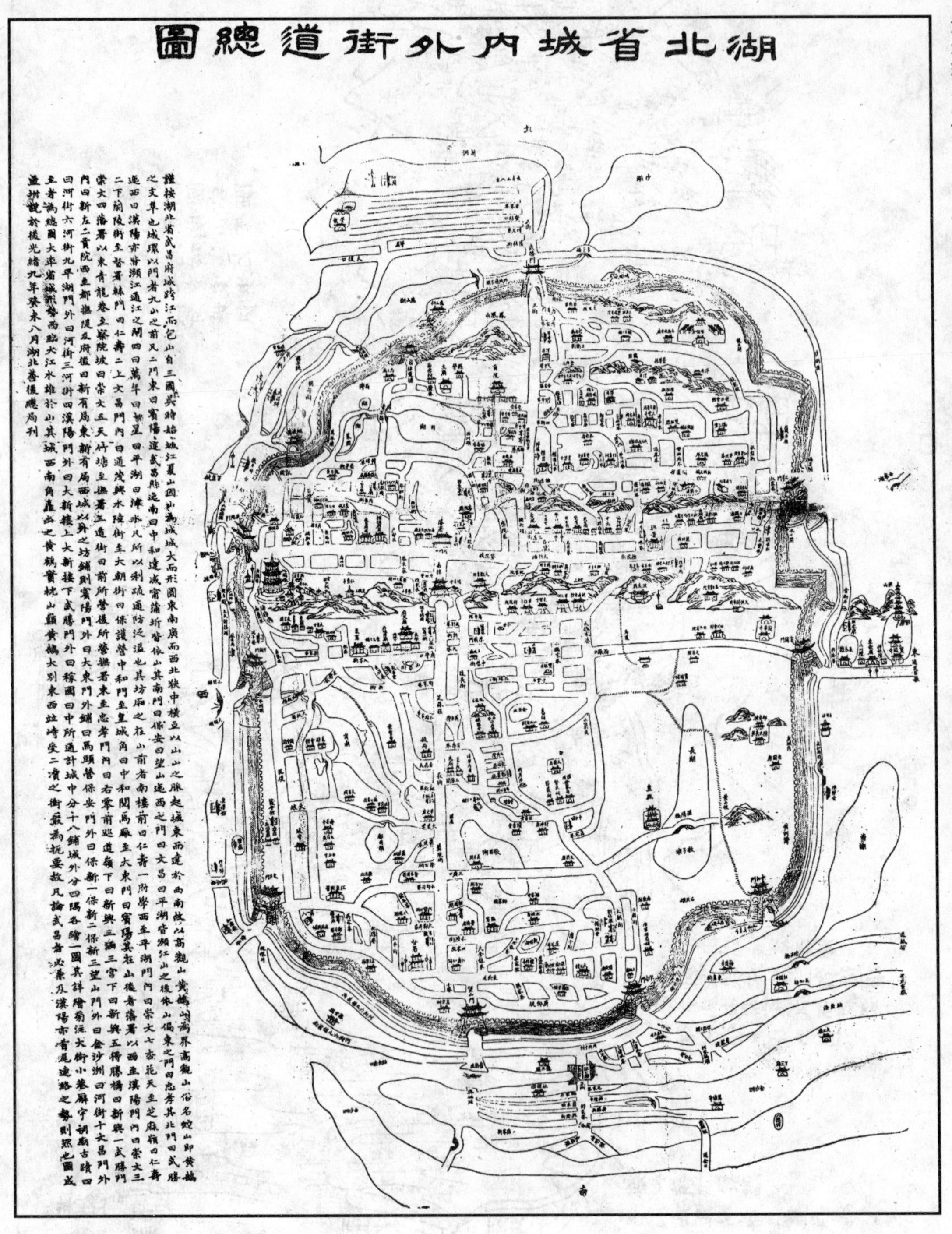

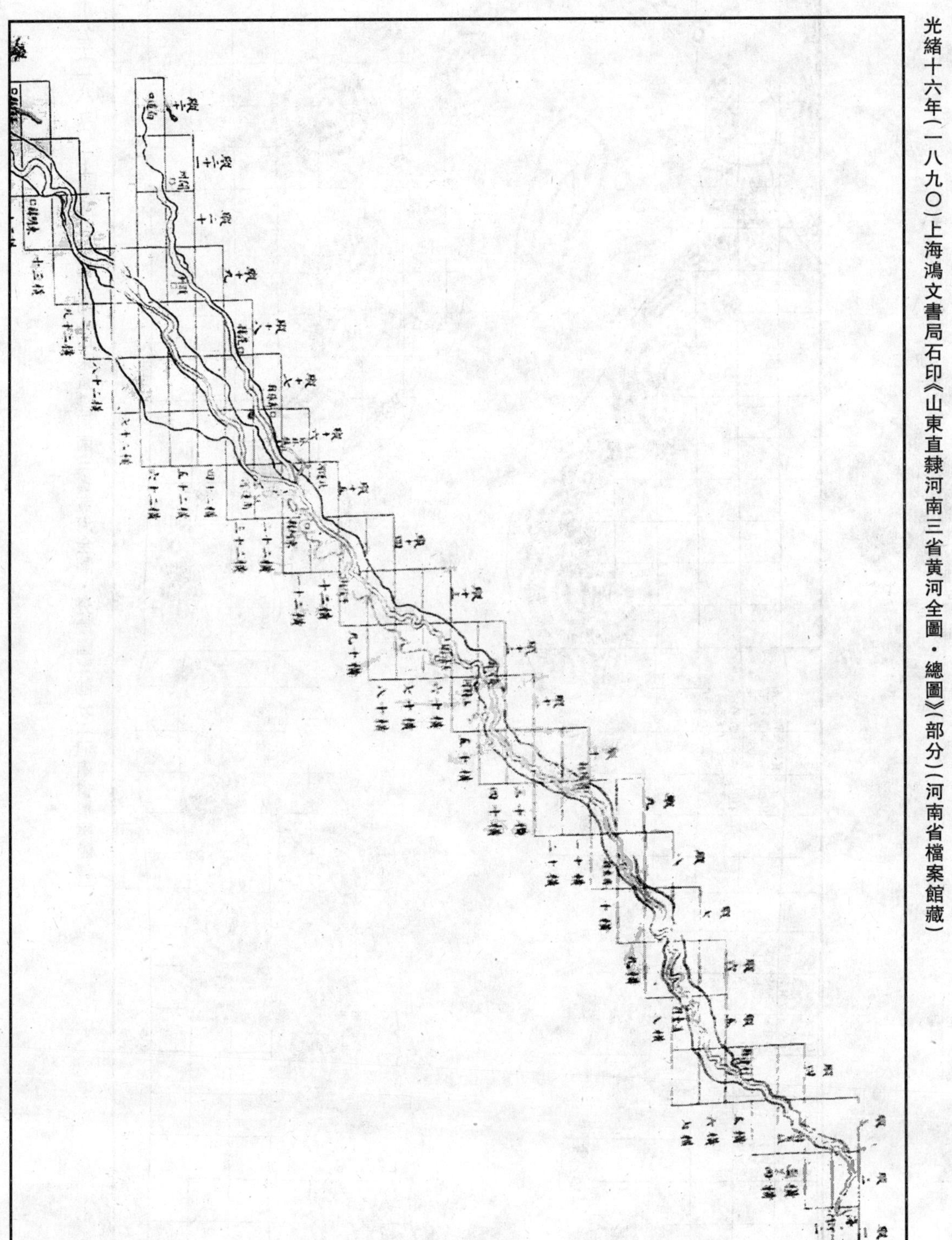

光緒十六年（一八九〇）上海鴻文書局石印《山東直隸河南三省黃河全圖·總圖》（部分）（河南省檔案館藏）

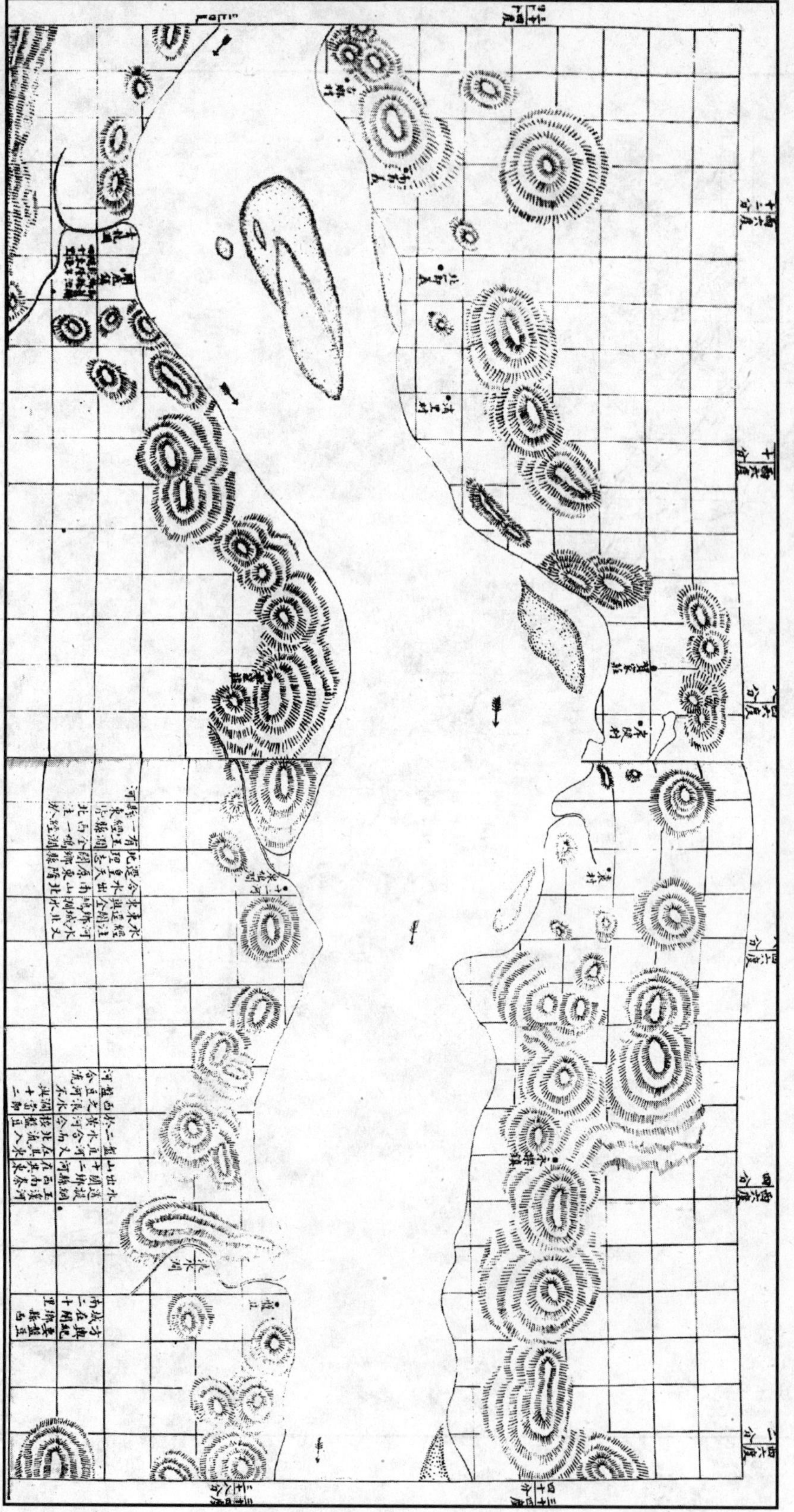

光緒十六年（一八九〇）上海鴻文書局石印《山東直隸河南三省黃河全圖·分段圖》（部分）（河南省檔案館藏）

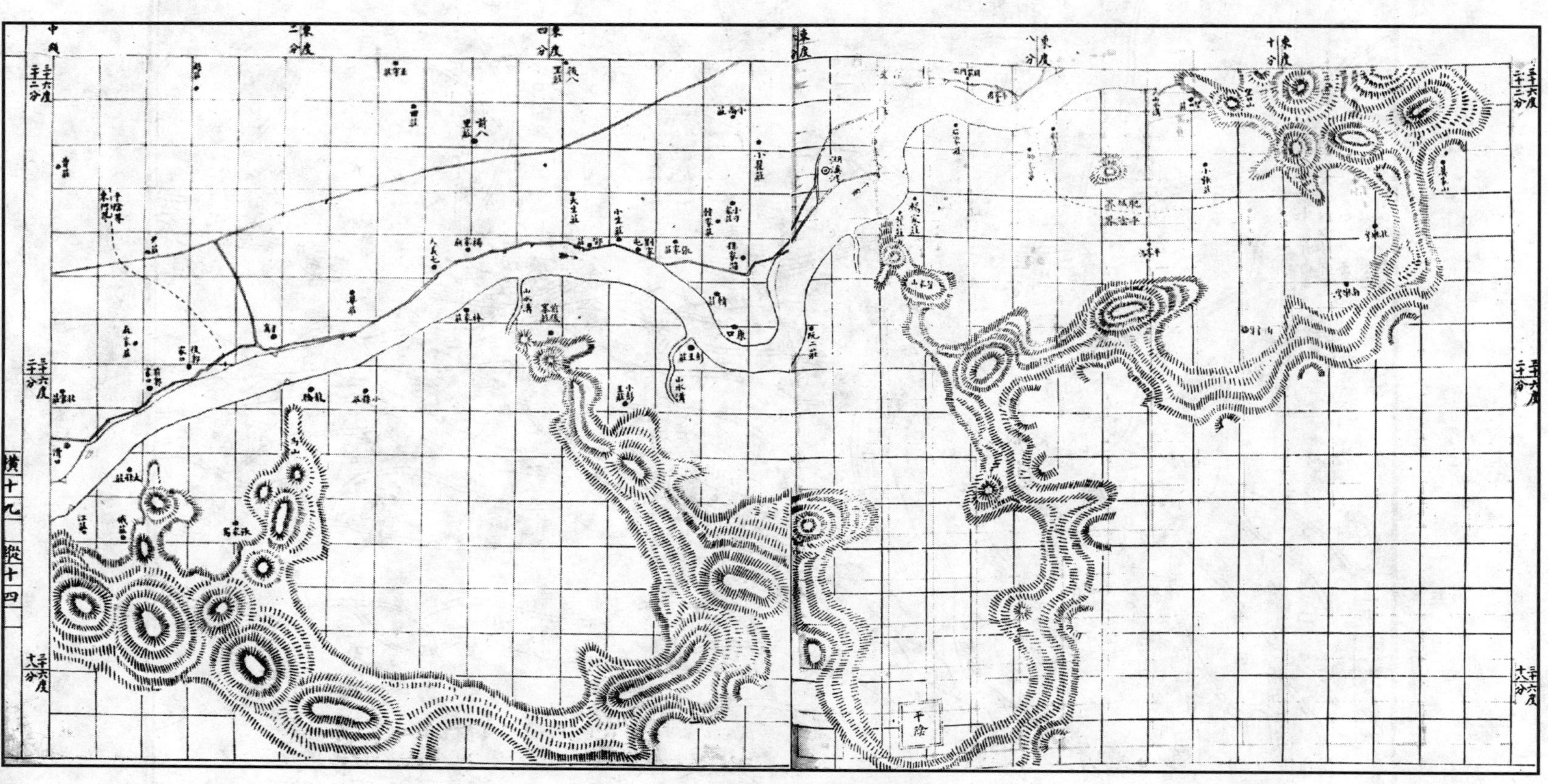
橫十九
縱十四
平陰

清・丁顯《復淮故道圖説》之《江淮河濟沂泗漳汶運道全圖》[同治八年(一八六九)集韻書屋刻本]

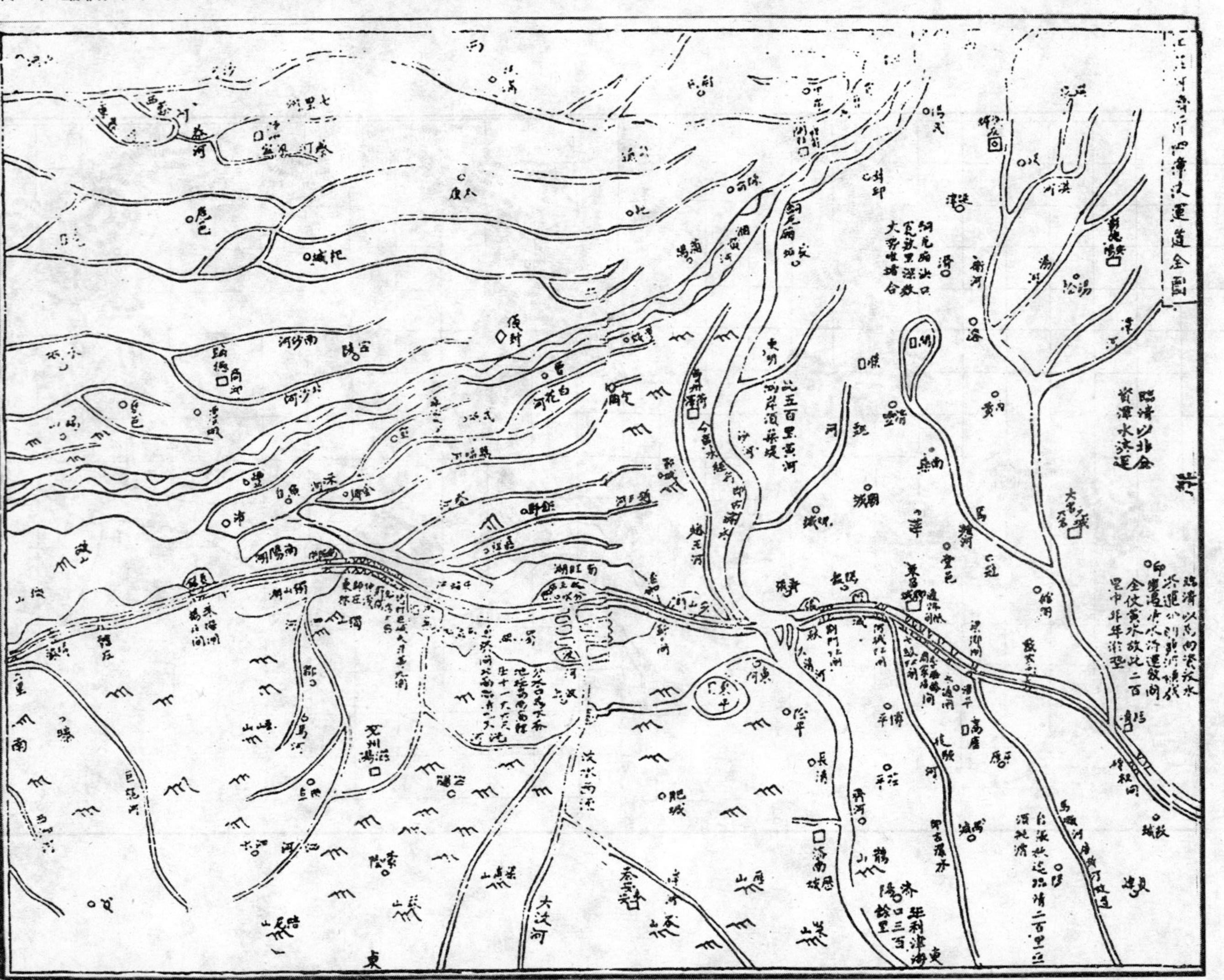

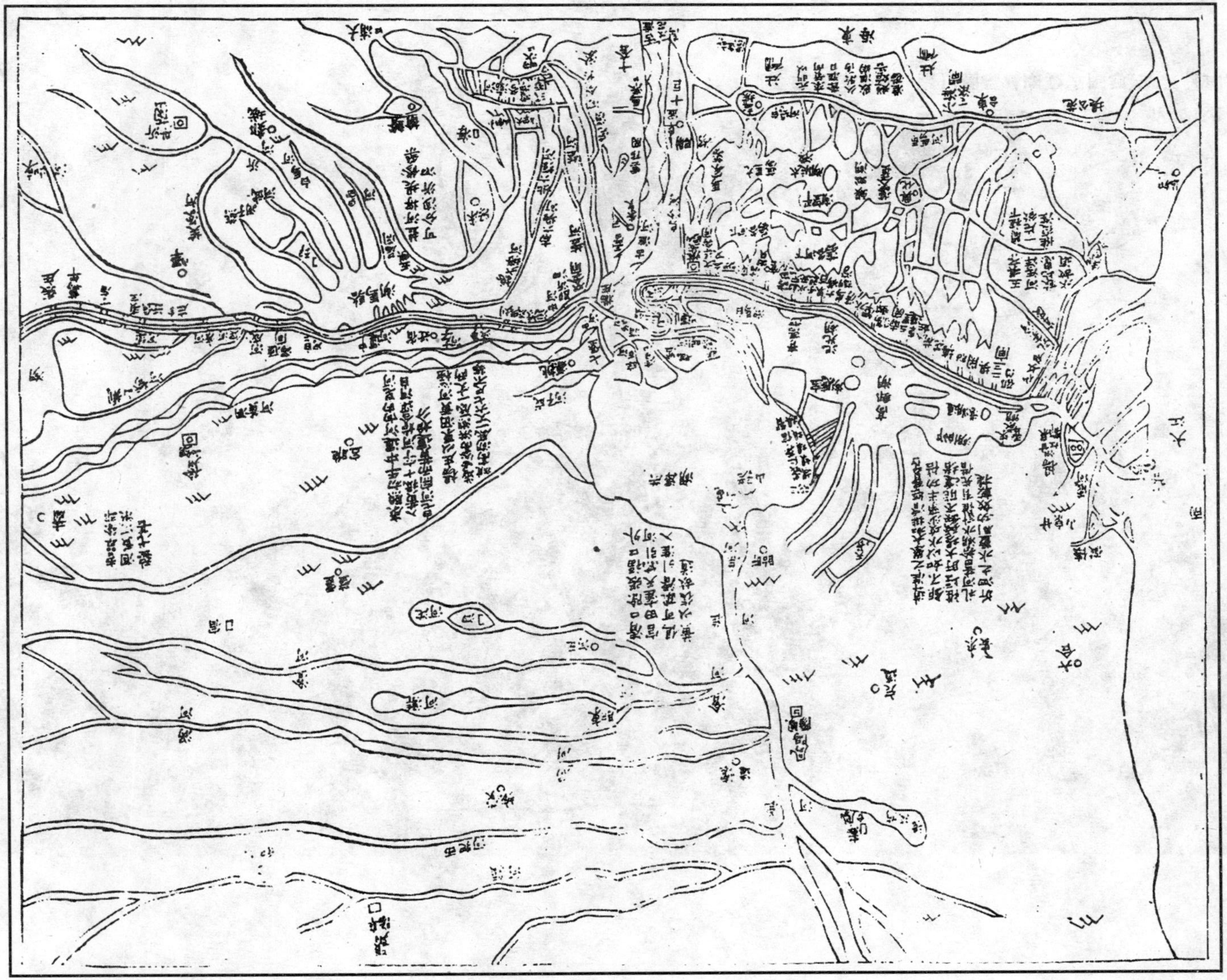

滑口除張福口外
宜田灌天然引河
俱可疏濬引淮入
黄以復故道

鳳陽府

洪澤湖

高郵湖

駱馬湖

大江

東海

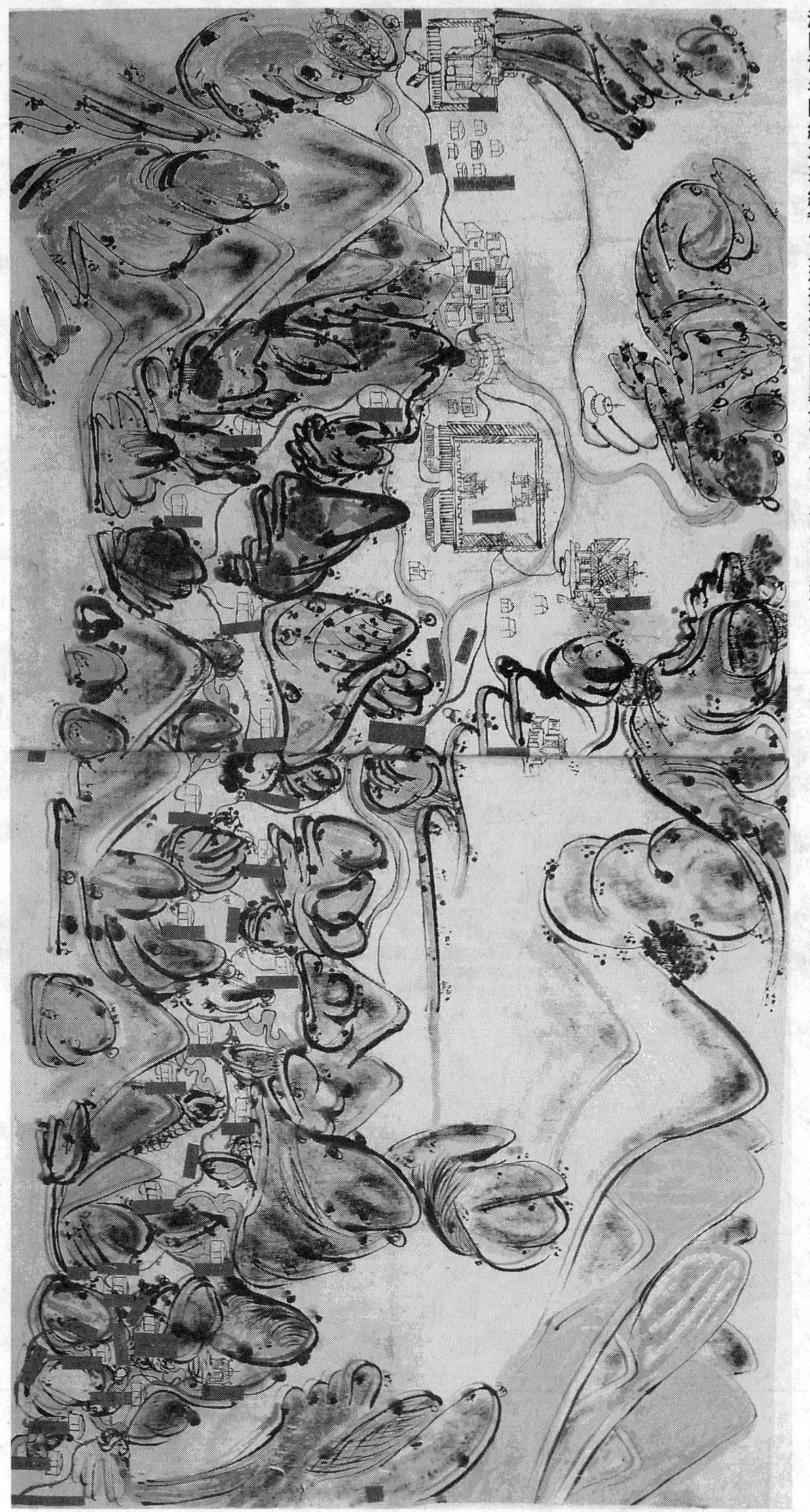

清同治年間紙本彩繪《烏里雅蘇臺籌防圖》(臺北故宮博物院藏)

清·黄沛翘《西藏图略》所收《西藏沿边图》[清光绪二十年（一八九四）京都申榮堂刻本]

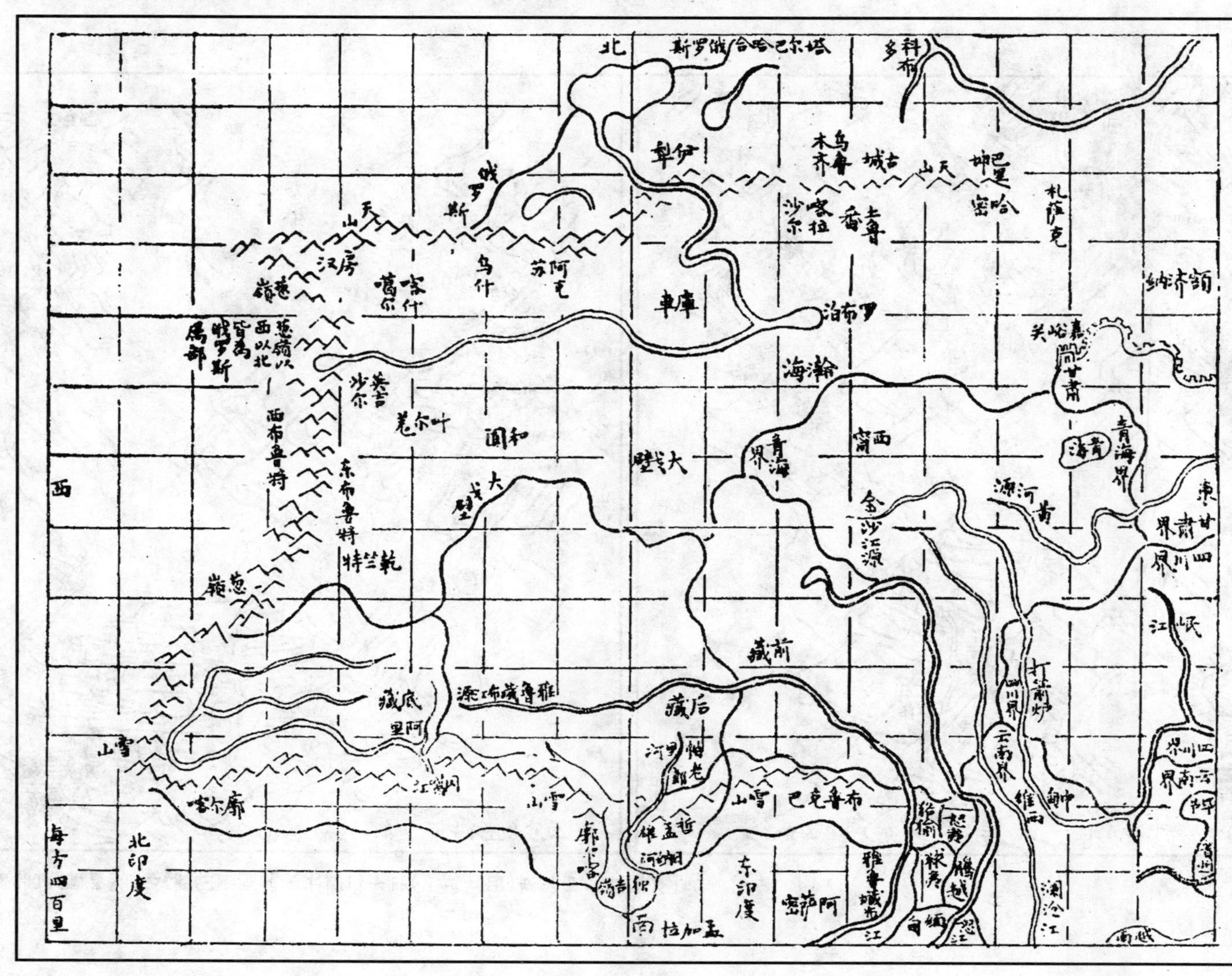

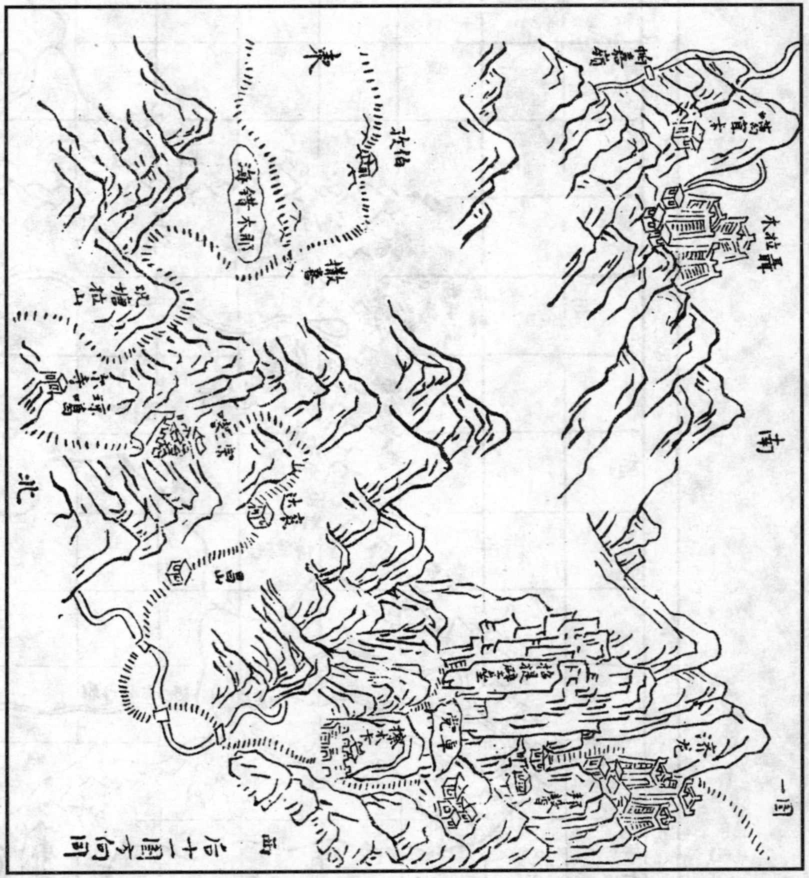

清·黄沛翹《西藏圖略》所收《西招原圖》[清光緒二十年（一八九四）京都申榮堂刻本]

一圖

二圖

图三
宗喀
作木朗
马甲河
布陵
洛窝
阿哩即
堆噶尔
达巴尔
库诺
克拉达
冈底斯大雪山
麻帕木海
僧格河
如妥
卓许
札就
喀萨
博第拉
落敏汤
盐池

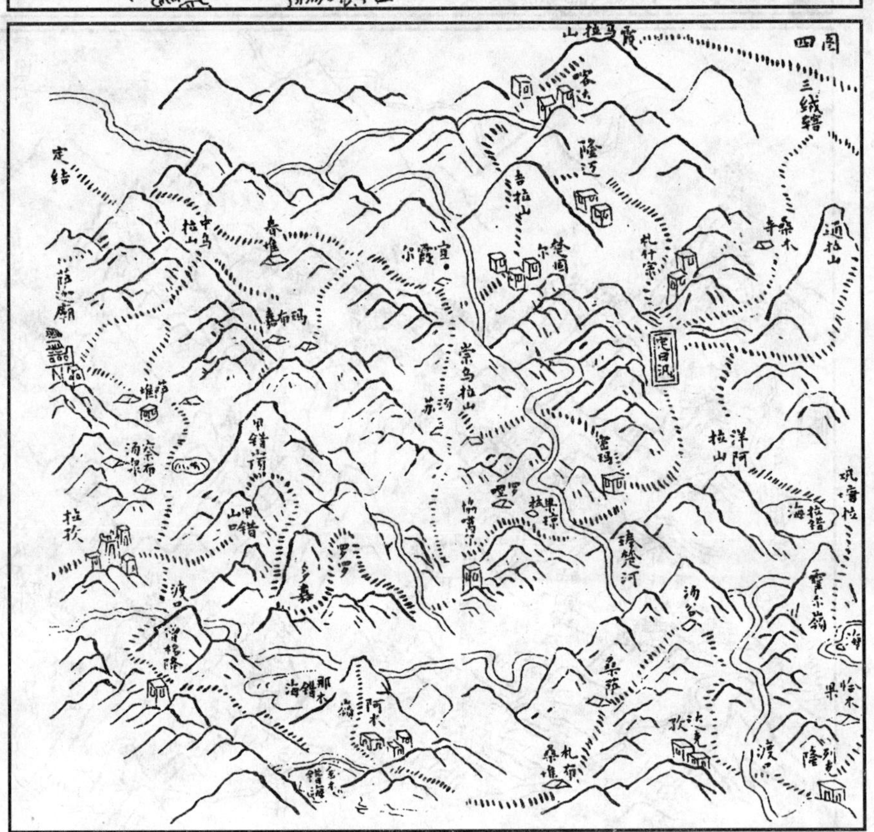
图四
三线辖
定结
隆迈
札什宗
宗喀
拉孜
洋阿拉山
通拉山
崇乌拉山
罗罗
多嘉
阿木
拉错海
雪尔翁
渡口
渡

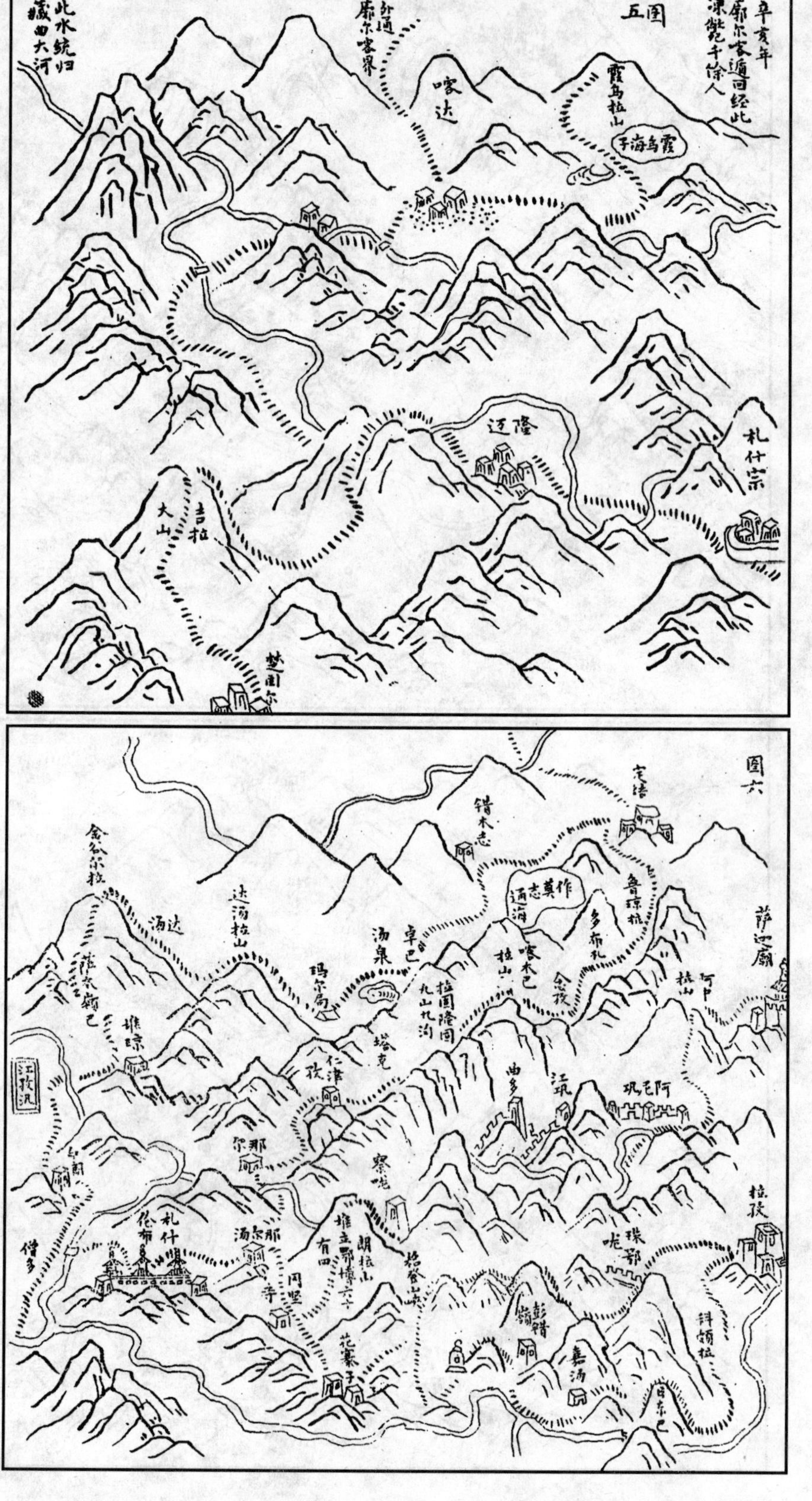
五图
辛亥年廓尔喀通回经此冻毙千余人
霞乌拉山
霞乌海子
喀达
外通廓尔喀界
此水统归藏四大河
迁隆
札什宗
吉拉大山
图六
定结
错木志
作莫志海
鲁琮拉
萨迦廟
多布札
汤泉
汤达
江孜汛
江孜
札什伦布
曾多
拉孜
仁津孜
察哒
彭错岭

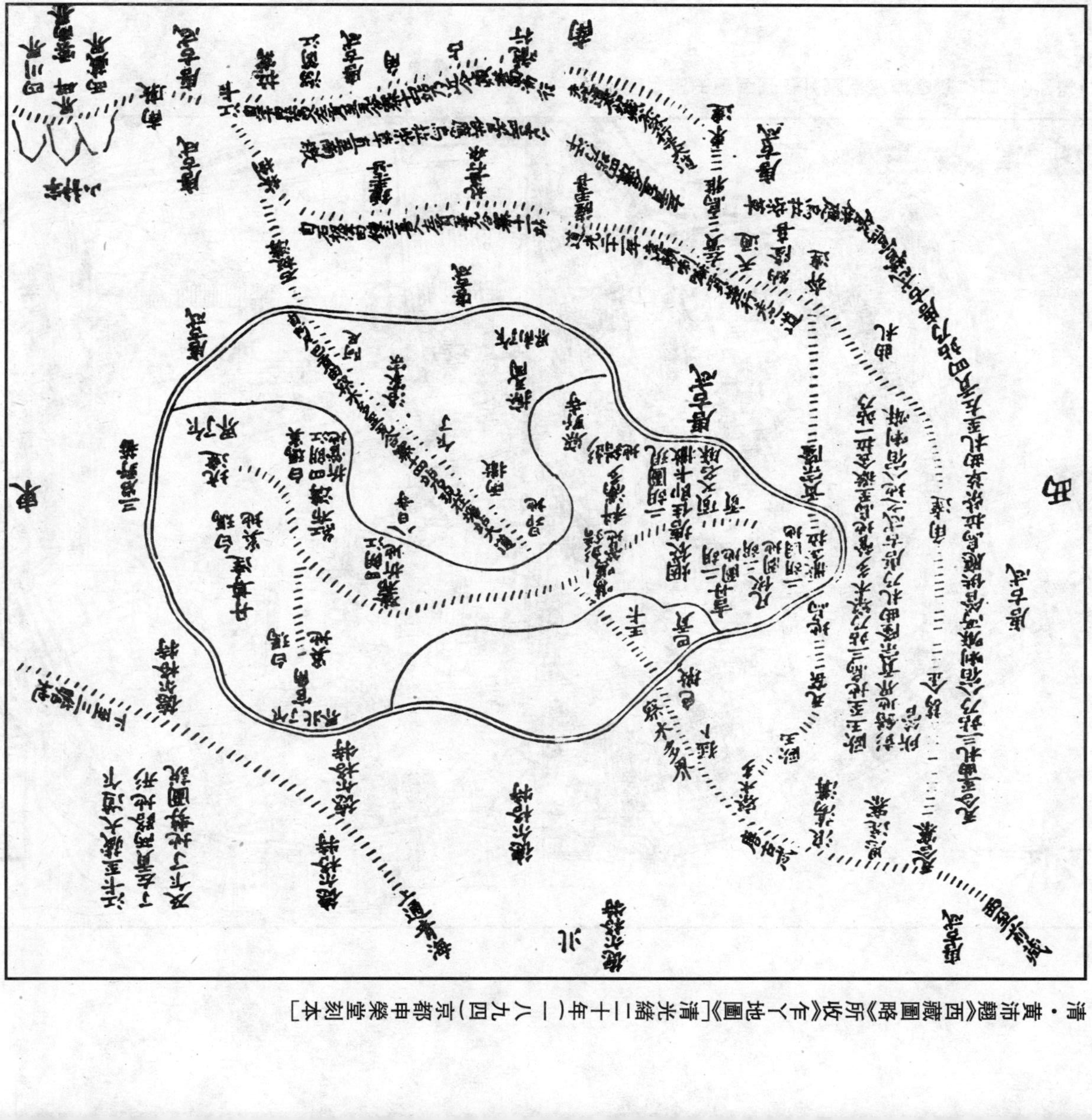

清·黄沛翹《西藏圖略》所收《乍丫地圖》[清光緒二十年（一八九四）京都申榮堂刻本]

清宣統元年(一九〇九)繪製《武昌省城最新街道圖》(中國地圖出版社藏)

引用書目

先秦

《詩經》，上海古籍出版社影印阮元《十三經注疏》刻本，一九九七年

《尚書》，上海古籍出版社影印阮元《十三經注疏》刻本，一九九七年

《周禮》，上海古籍出版社影印阮元《十三經注疏》刻本，一九九七年

《儀禮》，上海古籍出版社影印阮元《十三經注疏》刻本，一九九七年

《禮記》，上海古籍出版社影印阮元《十三經注疏》刻本，一九九七年

《管子校注》，黎翔鳳校注，中華書局，二〇〇四年

《山海經》，四部叢刊本

（周）左丘明傳，（晉）杜預注，（唐）孔穎達正義《春秋左傳正義》，十三經注疏，北京大學出版社點校本，二〇〇〇年

（周）左丘明《國語》，四部叢刊本

（春秋）管仲撰，（唐）房玄齡注《管子》，四部叢刊本

（戰國）鬼谷子著，許富宏校注《鬼谷子集校集注》，中華書局，二〇〇八年

（戰國）韓非著，（清）王先慎集解《韓非子集解》，中華書局，一九九八年

（戰國）吕不韋著，陳奇猷校釋《吕氏春秋新校釋》，上海古籍出版社，二〇〇二年

（戰國）墨翟著，（清）孫詒讓詁《墨子間詁》，中華書局，二〇〇一年

（戰國）尸佼《尸子》，華東師範大學出版社，二〇〇九年

漢

（漢）許慎《説文解字》，四部叢刊本

（漢）劉安《淮南子》，四部叢刊本

（漢）劉安著，劉文典集解《淮南鴻烈集解》，安徽大學出版社，一九九八年

（漢）司馬遷撰，（南朝宋）裴駰集解，（唐）司馬貞索隱，（唐）張守節正義《史記》，中華書局點校本，一九五九年

（漢）班固《漢書》，中華書局點校本，一九六二年

（漢）劉珍等《東觀漢記》，中華書局，一九八五年

（漢）陸賈著，王利器校注《新語校注》，中華書局，一九八六年

（漢）王充著，黄暉、劉盼遂校釋《論衡校釋》，中華書局，一九九〇年

（漢）《小爾雅匯校集釋》，黄懷信撰，三秦出版社，二〇〇三年

（漢）佚名《周髀算經》，清文淵閣四庫全書本

晉

（晉）劉徽《九章算術》，清文淵閣四庫全書本

（晉）劉徽撰，（唐）李淳風注《海島算經》，叢書集成初編本

（晉）陳壽著，（南朝宋）裴松之注《三國志》，中華書局點校本，一九六四年

（晉）常璩《華陽國志》，四部叢刊本

（晉）常璩著，任乃强校注《華陽國志校補圖注》，上海古籍出版社點校本，一九八七年

（晉）崔豹《古今注》，四部叢刊三編本

（晉）王嘉《拾遺記》，清文淵閣四庫全書本

（晉）佚名著，何清谷校注《三輔黄圖校注》，三秦出版社，二〇〇六年

南北朝

（南朝宋）法顯《佛國記》，清文淵閣四庫全書本

（南朝宋）范曄《後漢書》，（唐）李賢等注，中華書局點校本，一九六五年

（南朝宋）劉義慶著，（梁）劉孝標注，李毓芙新注，《世説新語新注》，山東教育出版社，一九八九年

（南朝梁）沈約《宋書》，中華書局點校本，一九七四年

(南朝梁)蕭統《文選》，清文淵閣四庫全書本

(南朝梁)蕭子顯《南齊書》，中華書局點校本，一九七二年

(南朝梁)釋慧皎《高僧傳》，中國佛教典籍選刊，中華書局點校本，一九九二年

(北魏)酈道元《水經注》，四部叢刊本

(北齊)魏收《魏書》，中華書局點校本，一九七四年

隋

(隋)夏侯陽《夏侯陽算經》，武英殿聚珍版叢書本

唐

(唐)歐陽詢等《藝文類聚》，清文淵閣四庫全書本

(唐)房玄齡等《晉書》，中華書局點校本，一九七四年

(唐)姚思廉《梁書》，中華書局點校本，一九七三年

(唐)姚思廉《陳書》，中華書局點校本，一九七二年

(唐)虞世南《北堂書鈔》，續修四庫全書本

(唐)令狐德棻等《周書》，中華書局點校本，一九七一年

(唐)魏徵等《隋書》，中華書局點校本，一九七三年

(唐)長孫無忌撰，(元)王元亮釋《唐律疏議》，日本京都大學人文科學研究所藏鈔本

(唐)玄奘《大唐西域記》，上海人民出版社點校本，一九七七年

(唐)李泰著，賀次君輯校《括地志輯校》，中國古代地理總志叢刊，中華書局點校本，一九八〇年

(唐)杜佑《通典》，清文淵閣四庫全書本

(唐)李林甫《唐六典》，中華書局點校本，一九九二年

(唐)李吉甫《元和郡縣圖志》，中國古代地理總志叢刊，中華書局點校本，一九八三年

(唐)權德輿《權載之文集》，四部叢刊本

(唐)吕温《吕衡州集》，清文淵閣四庫全書本

(唐)柳宗元《河東先生集》，四部叢刊本

(唐)張彦遠《歷代名畫記》，清文淵閣四庫全書本

(唐)司空圖《司空表聖文集》，四部叢刊本

(唐)劉肅《大唐新語》，唐宋筆記史料叢刊，中華書局點校本，一九八四年

(唐)李延壽《南史》，中華書局點校本，一九七五年

(唐)李延壽《北史》，中華書局點校本，一九七四年

五代

(五代)劉昫等《舊唐書》，中華書局點校本，一九七五年

宋

(宋)薛居正等《舊五代史》，中華書局點校本，一九七六年

(宋)竇儀《宋刑統》，法律出版社點校本，一九九九年

(宋)贊寧《宋高僧傳》，中國佛教典籍選刊，中華書局點校本，一九八七年

(宋)王溥《唐會要》，中華書局影印國學基本叢書本，一九五五年

(宋)樂史《太平寰宇記》，中國古代地理總志叢刊，中華書局點校本，二〇〇七年

(宋)李昉等《太平御覽》，清文淵閣四庫全書本

(宋)李昉等《文苑英華》，清文淵閣四庫全書本

(宋)曾公亮《武經總要》，清文淵閣四庫全書本

(宋)王堯臣《崇文總目》，國學基本叢書本

(宋)歐陽修等《新唐書》，中華書局點校本，一九七五年

(宋)歐陽修《新五代史》，中華書局點校本，一九七四年

(宋)歐陽修等《太常因革禮》，清文淵閣四庫全書本

(宋)陳舜俞《廬山記》，清文淵閣四庫全書本

(宋)曾鞏《隆平集》，哈佛大學漢和圖書館藏明萬曆二十六年刻本

(宋)司馬光《資治通鑑》，中華書局點校本，一九五六年

(宋)蘇頌《新儀象法要》,叢書集成新編本
(宋)王存《元豐九域志》,中國古代地理總志叢刊,中華書局點校本,一九八四年
(宋)沈括《夢溪筆談》,叢書集成初編本
(宋)沈括《長興集》,清文淵閣四庫全書本
(宋)李誡《營造法式》,清文淵閣四庫全書本
(宋)蘇轍《欒城集》,四部叢刊本
(宋)程俱《麟臺故事》,四部叢刊續編本
(宋)李綱《梁溪先生文集》,清文淵閣四庫全書本
(宋)朱弁《曲洧舊聞》,清文淵閣四庫全書本
(宋)沈與求《龜溪集》,清文淵閣四庫全書本
(宋)鄭樵《通志》,中華書局影印本,一九八七年
(宋)晁公武《郡齋讀書志》,四部叢刊三編本
(宋)錢端禮《諸史提要》,四庫全書存目叢書本
(宋)李燾《續資治通鑑長編》,中華書局點校本,一九九五年
(宋)范成大《吴郡志》,清文淵閣四庫全書本
(宋)尤袤《遂初堂書目》,叢書集成初編本
(宋)梁克家《淳熙三山志》,清文淵閣四庫全書本
(宋)留正《增入名儒講義皇宋中興兩朝聖政》,續修四庫全書本
(宋)蔡元定《律吕新書》,清文淵閣四庫全書本
(宋)趙彦衛《雲麓漫鈔》,唐宋筆記史料叢刊,中華書局點校本,一九九六年
(宋)傅寅《禹貢説斷》,清文淵閣四庫全書本
(宋)高似孫《史略》,叢書集成新編本
(宋)陳公亮修,劉文富纂《淳熙嚴州圖經》,續修四庫全書本
(宋)王象之《輿地紀勝》,續修四庫全書本
(宋)李心傳《建炎以來繫年要録》,清文淵閣四庫全書本
(宋)李心傳《建炎以來朝野雜記》,中華書局點校本,二〇〇〇年
(宋)陳振孫《直齋書録解題》,叢書集成初編本
(宋)羅濬《寶慶四明志》,宋元方志叢刊,中華書局影印本,一九九〇年
(宋)馬光祖修,周應合纂《景定建康志》,清文淵閣四庫全書本
(宋)潛説友《咸淳臨安志》,宋元方志叢刊,中華書局影印本,一九九〇年
(宋)王應麟《玉海》,清文淵閣四庫全書本
(宋)王應麟《六經天文編》,清文淵閣四庫全書本
(宋)楊仲良《宋通鑑長編紀事本末》,續修四庫全書本
(宋)楊惟德《景祐六壬神定經》,叢書集成初編本
(宋)趙悳《四書箋義》,守山閣叢書本
(宋)王稱《東都事略》,清文淵閣四庫全書本
(宋)佚名《京口耆舊傳》,清文淵閣四庫全書本

元

(元)耶律楚材《西遊録》,續修四庫全書本
(元)耶律楚材《湛然居士文集》,國學基本叢書本
(元)孛蘭肹等《元一統志》,中華書局點校本,一九六六年
(元)馮復京《大德昌國州圖志》,宋元方志叢刊,中華書局影印本,一九九〇年
(元)周達觀著,夏鼐校注《真臘風土記校注》,中外交通史籍叢刊,中華書局點校本,一九八一年
(元)汪大淵著,蘇繼廎校釋《島夷志略校釋》,中外交通史籍叢刊,中華書局點校本,一九八一年
(元)馬端臨《文獻通考》,清文淵閣四庫全書本
(元)蘇天爵《元文類》,四部叢刊本
(元)李好文《長安志圖》,文淵閣四庫全書本
(元)張鉉《至大金陵新志》,宋元方志叢刊,中華書局影印本,一九九〇年
(元)脱脱等《遼史》,中華書局點校本,一九七四年
(元)脱脱等《金史》,中華書局點校本,一九七五年
(元)脱脱等《宋史》,中華書局點校本,一九七七年
(元)王士點《秘書監志》,浙江古籍出版社點校本,一九九二年
(元)趙道一《歷世真仙體道通鑒續編》,續修四庫全書本
(元)趙友欽《革象新書》,清鈔本

(元)佚名《通制條格》,浙江古籍出版社點校本,一九八六年
(元)佚名《元典章》,中華書局點校本,二〇一一年

明

(明)宋濂等《元史》,中華書局點校本,一九七六年
(明)葉子奇《草木子》,清乾隆五十一年刻本
(明)姚廣孝等《明實録》,「中央」研究院歷史語言研究所影印本,一九六七年
(明)楊士奇《東里文集》,清文淵閣四庫全書本
(明)楊士奇《文淵閣書目》,清文淵閣四庫全書本
(明)劉惟謙《大明律》,日本影明洪武刊本
(明)費信《星槎勝覽》,明嘉靖古今説海本
(明)于謙《忠肅集》,清文淵閣四庫全書補配清文津閣四庫全書本
(明)鄭真《滎陽外史集》,清文淵閣四庫全書補配清文津閣四庫全書本
(明)李賢《明一統志》,清文淵閣四庫全書本
(明)倪謙《倪文僖集》,清武林往哲遺著本
(明)丘濬《大學衍義補》,清文淵閣四庫全書本
(明)陸容《菽園雜記》,清文淵閣四庫全書本
(明)程敏政《篁墩集》,明正德二年刻本
(明)胡謐《(成化)山西通志》,民國二十二年影鈔明成化十一年刻本
(明)劉春《東川劉文簡公集》,明嘉靖三十三年刻本
(明)黄訓《名臣經濟録》,清文淵閣四庫全書本
(明)費宏《費文憲公摘稿》,明嘉靖刻本
(明)文徵明《甫田集》,清文淵閣四庫全書本
(明)顧鼎臣《明狀元圖考》,漢陽葉氏平安館藏本
(明)王守仁《王陽明集》,清光緒三十四年鉛印本
(明)劉天和《問水集》,明刻本
(明)顧璘《顧璘詩文全集》,清文淵閣四庫全書補配清文津閣四庫全書本
(明)吕楠《涇野先生文集》,明萬曆刻本
(明)邵經邦《弘簡録》,續修四庫全書本
(明)黄瑜《雙槐歲鈔》,清嶺南遺書本
(明)严嵩《鈐山堂集》,明嘉靖二十四年刻本
(明)方豪《棠陵文集》,清康熙十二年刻本
(明)顧應祥《静虚齋惜陰録》,明刻本
(明)黄佐《革除遺事》,明鈔本
(明)黄佐《南廱志》,民國影明嘉靖二十三年刻增修本
(明)陳建《皇明通紀法傳全録》,明崇禎九年刻本
(明)陳建《皇明通紀集要》,明崇禎刻本
(明)柯維騏《宋史新編》,續修四庫全書本
(明)李默《群玉樓稿》,明萬曆元年李培刻本
(明)李默《孤樹裒談》,明刻本
(明)鄭曉《吾學編》,明隆慶元年鄭履淳刻本
(明)李開先《李中麓閑居集》,明刻本
(明)王誥、劉雨《(正德)江寧縣誌》,正德刻本
(明)田汝成《炎徼紀闻》,清指海本
(明)徐階《世經堂集》,明萬曆間徐氏刻本
(明)羅洪先《廣輿圖》,明嘉靖三十四年初刻本
(明)羅洪先《念菴文集》,清文淵閣四庫全書本
(明)雷禮《南京太僕寺志》,明嘉靖刻本
(明)雷禮《皇明大政紀》,明萬曆刻本
(明)雷禮《國朝列卿紀》,明萬曆徐鑑刻本
(明)李詡《戒菴老人漫筆》,明萬曆刻本
(明)歸有光《三吴水利録》,清咸豐涉聞梓舊本
(明)歸有光《震川集》,四部叢刊影清康熙本
(明)范欽《嘉靖事例》,明鈔本
(明)黄光昇《昭代典則》,明萬曆二十八年刻本
(明)張瀚《松窗夢語》,清鈔本
(明)張天復《鳴玉堂稿》,明萬曆八年刻本
(明)張天復撰,張元忭增補《廣皇輿圖考》,明末刻本
(明)皇甫録《明紀略》,民國影元明善本叢書本

(明)胡宗憲《籌海圖編》，清文淵閣四庫全書本
(明)茅坤《茅鹿門文集》，明萬曆刻本
(明)陳全之《蓬窗日録》，明嘉靖四十四年刻本
(明)朱睦㮮《萬卷堂書目》，清光緒至民國間觀古堂刻本
(明)龐尚鵬《百可亭摘稿》，明萬曆二十七年刻本
(明)田藝蘅《留青日札》，明萬曆重刻本
(明)汪道昆《太函集》，明萬曆刻本
(明)張居正《張太岳先生文集》，明萬曆四十年刻本
(明)王世貞《弇州史料》，明萬曆四十二年刻本
(明)王世貞《弇山堂別集》，清文淵閣四庫全書本
(明)張四維《條麓堂集》，明萬曆二十三年張泰刻本
(明)梁夢龍《海運新考》，明萬曆刻本
(明)李贄《續藏書》，明萬曆三十九年刻本
(明)章潢《圖書編》，清文淵閣四庫全書本
(明)凌迪知《萬姓統譜》，清文淵閣四庫全書本
(明)鄧元錫《皇明書》，明萬曆刻本
(明)黄鳳翔《田亭草》，萬曆四十年刻本
(明)王圻《三才圖會》，明萬曆三十五年刻本
(明)王圻《續文獻通考》，明萬曆三十年松江府刻本
(明)葉春及《石洞集》，清文淵閣四庫全書本
(明)程大位著，李培業校釋《算法纂要校釋》，安徽教育出版社點校本，一九八六年
(明)朱載堉《樂律全書》，清文淵閣四庫全書本
(明)朱載堉《嘉量算經》，明萬曆刻本
(明)崔旦《海運編》，清借月山房彙鈔本
(明)趙用賢《松石齋集》，明萬曆刻本
(明)申時行等《大明會典》，明萬曆内府刻本
(明)黄洪憲《碧山學士集》，明萬曆刻本
(明)晁瑮《晁氏寶文堂書目》，明鈔本
(明)高儒《百川書志》，清光緒至民國間觀古堂刻本
(明)周弘祖《古今書刻》，古典文學出版社，一九五七年
(明)艾穆《艾熙亭先生文集》，明萬曆刻本
(明)舒化《大明律附例》，明嘉靖刻本
(明)過庭訓《本朝分省人物考》，明天啓刻本
(明)管律《(嘉靖)寧夏新志》，明嘉靖刻本
(明)畢恭《(嘉靖)遼東志》，明嘉靖刻本
(明)焦竑《皇明人物要考》，明萬曆三衢舒承溪刻本
(明)焦竑《國朝獻徵録》，明萬曆四十四年徐象橒曼山館刻本
(明)焦竑《熙朝名臣實録》，明末刻本
(明)焦竑《國史經籍志》，明徐象橒刻本
(明)焦竑《玉堂叢語》，明萬曆四十六年徐象橒刻本
(明)陳第《世善堂藏書目録》，清知不足齋叢書本
(明)陸應陽《廣輿記》，清康熙刻本
(明)丁賓《丁清惠公遺集》，明崇禎刻本
(明)鄭汝璧《由庚堂集》，明萬曆刻本
(明)王肯堂《鬱岡齋筆麈》，明萬曆三十年王懋錕刻本
(明)邢雲路《古今律曆考》，清文淵閣四庫全書本
(明)張萱《西園聞見録》，民國哈佛燕京學社印本
(明)尹守衡《皇明史竊》，明崇禎刻本
(明)張大復《崑山人物傳》，明刻清雍正二年重修本
(明)郭正域《合併黄離草》，明萬曆刻本
(明)郭正域《皇明典禮志》，明萬曆四十一年劉汝康刻本
(明)馮從吾《元儒考略》，清文淵閣四庫全書本
(明)馮琦《宗伯集》，明萬曆刻本
(明)何喬遠《名山藏》，明崇禎刻本
(明)朱國禎《湧幢小品》，明天啓二年刻本
(明)陳繼儒《致富奇書》，清乾隆刻本
(明)陳繼儒《見聞録》，明寶顔堂秘笈本
(明)盧希哲《(弘治)黄州府志》，明弘治刻本

（明）萬民英《星學大成》，清文淵閣四庫全書本
（明）陶望齡《歇庵集》，明萬曆刻本
（明）徐光啓《測量法義》，清指海本
（明）徐光啓《定法平方算術》，清鈔本
（明）徐光啓《幾何原本》，清光緒刊本
（明）徐光啓等《新法算書》，清文淵閣四庫全書本
（明）徐光啓《農政全書》，清崇禎平露堂本
（明）余之禎《（萬曆）吉安府志》，萬曆十三年刻本
（明）顧起元《客座贅語》，明萬曆四十六年自刻本
（明）畢自嚴《度支奏議》，明崇禎刻本
（明）畢自嚴《餉撫疏草》，明天啓刻本
（明）李文鳳《越嶠書》，明藍格鈔本
（明）曹學佺《蜀中廣記》，清文淵閣四庫全書本
（明）沈德符《萬曆野獲編》，清道光七年姚氏刻同治八年補修本
（明）祁承㸁《澹生堂藏書目》，清宋氏漫堂鈔本
（明）毛憲、吴亮《毗陵人品記》，明萬曆刻本
（明）俞汝楫《禮部志稿》，清文淵閣四庫全書本
（明）張弘道《明三元考》，明刻本
（明）朱謀垔《續書史會要》，清文淵閣四庫全書本
（明）徐學聚《國朝典彙》，明天啓四年徐與參刻本
（明）李紹文《皇明世説新語》，明萬曆刻本
（明）陳舜仁《（萬曆）應天府志》，明萬曆刻增修本
（明）張昶《吴中人物志》，明隆慶年間刻本
（明）文震孟《姑蘇名賢小紀》，明萬曆刻清順治重修本
（明）陳九德《皇明名臣經濟録》，明嘉靖二十八年刻本
（明）廖道南《楚紀》，明嘉靖二十五年刻本
（明）栗祁《（萬曆）湖州府志》，明萬曆刻本
（明）王禕《重修革象新書》，清文淵閣四庫全書本
（明）黎遂球《蓮鬚閣集》，清康熙黎延祖刻本
（明）孫元化《西法神機》，清康熙古香草堂本
（明）陳仁錫《無夢園初集》，明崇禎六年刻本
（明）黄道周《廣名將傳》，清海山仙館叢書本
（明）黄道周《博物典彙》，明崇禎刻本
（明）施沛《南京都察院志》，明天啓刻本
（明）方孔炤《全邊略記》，明崇禎刻本
（明）董斯張《（崇禎）吴興備志》，清文淵閣四庫全書本
（明）徐象梅《兩浙名賢録》，明天啓刻本
（明）孫能傳《内閣藏書目録》，清遲雲樓鈔本
（明）范守己《皇明肅皇外史》，清宣統津寄廬鈔本
（明）茅元儀《三戌叢譚》，明崇禎刻本
（明）茅元儀《暇老齋雜記》，清光緒李文田家鈔本
（明）茅元儀《武備志》，明天啓刻本
（明）談遷《國榷》，清鈔本
（明）方應選《方衆甫集》，明萬曆刻本
（明）王兆雲《皇明詞林人物考》，明萬曆刻本
（明）朱鶴齡《愚庵小集》，清文淵閣四庫全書本
（明）陳子龍《安雅堂稿》，明末刻本
（明）陳子龍《明經世文編》，明崇禎平露堂刻本
（明）王鳴鶴《登壇必究》，清刻本
（明）何士晉《工部廠庫須知》，明萬曆林如楚刻本
（明）吴亮輯《萬曆疏鈔》，明萬曆三十七年刻本
（明）唐鶴徵《皇明輔世編》，明崇禎十五年刻本
（明）鄭大郁《經國雄略》，南明弘光元年刻本
（明）管紹寧《賜誠堂文集》，清道光十一年讀雪山房刻本
（明）陳師《禪寄筆談》，明萬曆二十一年自刻本
（明）沈國元《皇明從信録》，明末刻本
（明）鮑應鰲《明臣謚考》，清文淵閣四庫全書本
（明）徐官《古今印史》，民國影明寶顔堂秘笈本
（明）秦鏞《（崇禎）清江縣志》，明崇禎刻本
（明）鄭若曾《籌海圖編》，解放軍出版社，一九八七年

(明)喻均《江右名賢編》,明萬曆刻本
(明)程嗣章《明儒講學考》,清道光四年刻本
(明)張夏《雒閩源流録》,清康熙二十一年黄昌刻本
(明)曾燠《江西詩徵》,清嘉慶九年刻本
(明)萬國欽《萬二愚先生遺集》,明萬曆萬尚烈刻本
(明)黄景昉《國史唯疑》,清康熙三十年鈔本
(明)王錡《寓圃雜記》,明鈔本
(明)金日昇《頌天臚筆》,明崇禎二年刻本
(明)徐昌治《昭代芳摹》,明崇禎九年徐氏刻本
(明)雷夢麟《讀律瑣言》,明嘉靖四十二年刻本
(明)吴瑞登《兩朝憲章録》,明萬曆刻本
(明)樊深《(嘉靖)河間府志》,明嘉靖刻本
(明)陳懿典《陳學士先生初集》,明萬曆刻本
(明)杜應芳《補續全蜀藝文志》,明萬曆刻本
(明)涂山《明政統宗》,明萬曆刻本
(明)劉斯潔《太倉考》,明萬曆刻本
(明)羅日褧《咸賓録》,明萬曆十九年刻本
(明)程開祜《籌遼碩畫》,民國北平圖書館善本叢書影明萬曆本
(明)張銓《國史紀聞》,明天啓刻本
(明)何三畏《雲間志略》,明天啓刻本
(明)陳道《(弘治)八閩通志》,明弘治刻本
(明)陳燕翼《思文大紀》,清鈔本
(明)徐日久《五邊典則》,舊鈔本
(明)吕毖《明宫史》,清文淵閣四庫全書本
(明)吕毖《明朝小史》,舊鈔本
(明)周述學《神道大編曆宗通議》,明鈔本
(明)張燮《東西洋考》,清惜陰軒叢書本
(明)東村八十一老人《明季甲乙彙編》,舊鈔本
(明)陳藎謨《度測》,清鈔本
(明)陸仲玉《日月星晷式》,明鈔本
(明)吴學伊《地圖綜要》,明末朗潤堂刻本
(明)潘光祖、李雲翔《彙輯輿圖備攷全書》,清順治刻本
(明)李之藻《渾蓋通憲圖説》,清文淵閣四庫全書本
(明)李之藻《圜容較義》,清守山閣叢書本
(明)李之藻、利瑪竇《同文算指》,清文淵閣四庫全書本
(明)利瑪竇《天主實義》,明萬曆三十五年刻本
(明)佚名《明太祖文集》,清文淵閣四庫全書本
(明)佚名《崇禎長編》,「中央」研究院歷史語言研究所影印本
(明)佚名《諸司職掌》,明刻本
(明)佚名《秘閣元龜政要》,明鈔本
(明)佚名《海道經》,四庫全書存目叢書本

清

(清)林古度《(順治)溧水縣誌》,北京圖書館古籍珍本叢刊影印本
(清)錢謙益《絳雲樓書目》,上海古籍出版社二〇〇二年影印續修四庫全書本
(清)錢謙益《牧齋初學集》,四部叢刊影明崇禎本
(清)孫奇逢《理學宗傳》,上海古籍出版社二〇〇二年影印續修四庫全書本
(清)梁維樞《玉劍尊聞》,順治刻本
(清)孫承澤《春明夢餘録》,臺灣商務印書館一九八三年影印文淵閣四庫全書本
(清)張岱《石匱書》,稿本補配清鈔本
(清)查繼佐《罪惟録》,四部叢刊三編影手稿本
(清)沈壽民《姑山遺集》,康熙有本堂刻本
(清)傅維鱗《明書》,畿輔叢書本
(清)彭士望《恥躬堂詩文鈔》,咸豐二年刻本
(清)黄宗羲《明文海》,涵芬樓鈔本
(清)黄宗羲《明儒學案》,臺灣商務印書館一九八三年影印文淵閣四庫全書本

(清)徐開任《明名臣言行録》，康熙刻本
(清)方以智《通雅》，臺灣商務印書館一九八三年影印文淵閣四庫全書本
(清)陸世儀《思辨録輯要》，臺灣商務印書館一九八三年影印文淵閣四庫全書本
(清)顧炎武《天下郡國利病書》，稿本
(清)顧炎武《日知録》，乾隆刻本
(清)周亮工《印人傳》，光緒翠琅玕館叢書本
(清)游藝《天經或問》，臺灣商務印書館一九八三年影印文淵閣四庫全書本
(清)谷應泰《明史紀事本末》，臺灣商務印書館一九八三年影印文淵閣四庫全書本
(清)計六奇《明季北略》，清活字印本
(清)魏禧《魏叔子文集外篇》，寧都三魏全集本
(清)潘檉章《松陵文獻》，康熙三十二年潘耒刻本
(清)倪燦《宋史藝文志補》，上海古籍出版社二〇〇二年影印續修四庫全書本
(清)錢曾《錢遵王述古堂藏書目録》，上海古籍出版社二〇〇二年影印續修四庫全書本
(清)錢曾《讀書敏求記》，叢書集成初編本
(清)倪燦《補遼金元藝文志》，叢書集成新編本
(清)錢曾《也是園藏書目》，宣統二年上虞羅振玉刻《玉簡齋叢書》二集本
(清)朱彝尊《曝書亭集》，四部叢刊本
(清)朱彝尊《經義考》，臺灣商務印書館一九八三年影印文淵閣四庫全書本
(清)朱彝尊《明詩綜》，臺灣商務印書館一九八三年影印文淵閣四庫全書本
(清)朱彝尊《静志居詩話》，嘉慶扶荔山房刻本
(清)黄虞稷《千頃堂書目》，臺灣商務印書館一九八三年影印文淵閣四庫全書本
(清)屈大均《廣東文選》，康熙二十六年刻本
(清)季振宜《季滄葦藏書目》，嘉慶十年刻本
(清)徐乾學《傳是樓書目》，道光八年味經書屋刻本
(清)靳輔《治河奏績書》，臺灣商務印書館一九八三年影印文淵閣四庫全書本
(清)梅文鼎《宣城梅氏叢書輯要》，同治十三年頤園藏板
(清)梅文鼎《度算釋例》，梅氏叢書輯要本
(清)徐秉義《培林堂書目》，一九一五年仁和王存善鉛印二徐書目本
(清)徐元文《俄羅斯疆界碑記》，光緒間上海著易堂印本影印
(清)孫蘭《柳庭輿地隅記》，光緒螯園叢書本
(清)萬斯同《明史》，清鈔本
(清)萬斯同《石園文集》，民國四明叢書本
(清)孫嶽頒《佩文齋書畫譜》，臺灣商務印書館一九八三年影印文淵閣四庫全書本
(清)毛扆《汲古閣珍藏秘本書目》，叢書集成初編本
(清)黄百家《勾股矩測解原》，臺灣商務印書館一九八三年影印文淵閣四庫全書本
(清)彭定求《全唐詩》，臺灣商務印書館一九八三年影印文淵閣四庫全書本
(清)劉獻廷《廣陽雜記》，中華書局一九五七年點校本
(清)張伯行《居濟一得》，臺灣商務印書館一九八三年影印文淵閣四庫全書本
(清)汪森《粵西詩文載》，臺灣商務印書館一九八三年影印文淵閣四庫全書本
(清)沈季友《檇李詩繫》，臺灣商務印書館一九八三年影印文淵閣四庫全書本
(清)潘天成《鐵廬集》，臺灣商務印書館一九八三年影印文淵閣四庫全書本
(清)錢名世《欽定方輿路程考略》，清鈔本
(清)薛鳳祚《天步真原》，商務印書館一九三六年據指海本排印本
(清)盛楓《嘉禾徵獻録》，清鈔本
(清)納蘭性德《通志堂集》，上海古籍出版社二〇〇二年影印續修四庫全書本
(清)金星軺《文瑞樓藏書目録》，叢書集成新編本
(清)方苞《望溪集》，咸豐元年戴鈞衡刻本

(清)宋廣業《羅浮山志會編》，康熙五十六年刻本

(清)陳儀《直隸河渠志》，臺灣商務印書館一九八三年影印文淵閣四庫全書本

(清)嵇曾筠《(雍正)浙江通志》，臺灣商務印書館一九八三年影印文淵閣四庫全書本

(清)張廷玉等《明史》，中華書局一九七四年點校本

(清)張廷玉等《清朝文獻通考》，臺灣商務印書館一九八三年影印文淵閣四庫全書本

(清)陳世仁《少廣補遺》，臺灣商務印書館一九八三年影印文淵閣四庫全書本

(清)錢元昌《(雍正)廣西通志》，臺灣商務印書館一九八三年影印文淵閣四庫全書本

(清)鄂爾泰《軍衛道里表》，乾隆年間刻本

(清)鄂爾泰《(雍正)雲南通志》，臺灣商務印書館一九八三年影印文淵閣四庫全書本

(清)陳邦彦《歷代題畫詩類》，臺灣商務印書館一九八三年影印文淵閣四庫全書本

(清)戴進賢《儀象考成》，臺灣商務印書館一九八三年影印文淵閣四庫全書本

(清)黄叔璥《臺海使槎録》，臺灣商務印書館一九八三年影印文淵閣四庫全書本

(清)梅珏成《數理精蘊》，臺灣商務印書館一九八三年影印文淵閣四庫全書本

(清)梅珏成《律曆淵源》，海南出版社二〇〇〇年影印故宫珍本叢刊本

(清)王士俊《(雍正)河南通志》，臺灣商務印書館一九八三年影印文淵閣四庫全書本

(清)莊亨陽《莊氏算學》，臺灣商務印書館一九八三年影印文淵閣四庫全書本

(清)黄廷桂《(雍正)四川通志》，臺灣商務印書館一九八三年影印文淵閣四庫全書本

(清)沈青峰《(雍正)陝西通志》，雍正十三年刻本

(清)汪由敦《松泉集》，臺灣商務印書館一九八三年影印文淵閣四庫全書本

(清)杭世駿《道古堂全集》，上海古籍出版社二〇〇二年影印續修四庫全書本

(清)陳浩《生香書屋文集》，乾隆三多齋刻本

(清)允禄《世宗憲皇帝上諭内閣》，臺灣商務印書館一九八三年影印文淵閣四庫全書本

(清)劉統勳《皇輿西域圖志》，臺灣商務印書館一九八三年影印文淵閣四庫全書本

(清)方觀承《兩浙海塘通志》，海南出版社二〇〇一年影印故宫珍本叢刊本

(清)楊錫紱《漕運則例纂》，乾隆刻本

(清)孫灝《(雍正)河南通志》，臺灣商務印書館一九八三年影印文淵閣四庫全書本

(清)沈大成《學福齋集》，乾隆三十九年刻本

(清)胡彦昇《樂律表微》，臺灣商務印書館一九八三年影印文淵閣四庫全書本

(清)金德瑛《詩存》，乾隆三十三年刻本

(清)齊召南《水道提綱》，臺灣商務印書館一九八三年影印文淵閣四庫全書本

(清)岳濬《(雍正)山東通志》，乾隆元年刻本

(清)全祖望《鮚埼亭集外編》，上海古籍出版社二〇〇二年影印續修四庫全書本

(清)蔣溥《清朝禮器圖式》，臺灣商務印書館一九八三年影印文淵閣四庫全書本

(清)聶劍光《泰山道里記》，乾隆三十八年杏雨堂刊本

(清)嵇璜《續文獻通考》，臺灣商務印書館一九八三年影印文淵閣四庫全書本

(清)嵇璜《續通志》，臺灣商務印書館一九八三年影印文淵閣四庫全書本

(清)嵇璜《清朝通志》，臺灣商務印書館一九八三年影印文淵閣四庫全書本

(清)于敏中《天禄琳瑯書目》，臺灣商務印書館一九八三年影印文淵閣四庫

全書本

(清)《魚鱗册》，清康熙間鈔本

(清)于敏中《日下舊聞考》，臺灣商務印書館一九八三年影印文淵閣四庫全書本

(清)王元啓《祇平居士集》，上海古籍出版社二〇一〇年版

(清)阿桂《平定兩金川方略》，乾隆十一年武英殿刻本

(清)盧文弨《抱經堂文集》，北京直隸書局一九二三年影印本

(清)程晉芳《勉行堂文集》，上海古籍出版社二〇〇二年影印續修四庫全書本

(清)傅恒《平定準噶爾方略》，乾隆三十五年武英殿刻本

(清)傅恒《歷代通鑑輯覽》，臺灣商務印書館一九八三年影印文淵閣四庫全書本

(清)王太岳《四庫全書考證》，武英殿聚珍版叢書本

(清)王鳴盛《十七史商榷》，商務印書館一九三七年影印本

(清)陸燿《切問齋集》，上海古籍出版社二〇一〇年版

(清)戴震《水地記》，乾隆四十二年鈔本

(清)紀昀《河源紀略》，臺灣商務印書館一九八三年影印文淵閣四庫全書本

(清)紀昀《八旗通志》，臺灣商務印書館一九八三年影印文淵閣四庫全書本

(清)戴震《戴東原集》，四部叢刊本

(清)王昶《湖海文傳》，道光十七年經訓堂刻本

(清)王昶《金石萃編》，江蘇古籍出版社一九九八年影印本

(清)阮葵生《茶餘客話》，光緒十四年本

(清)汪啓淑《續印人傳》，道光二十年海虞顔氏刻本

(清)錢大昕《潛研堂文集》，四部叢刊本

(清)錢大昕《補續漢書藝文志》，國學基本叢書本

(清)錢大昕《嘉定錢大昕全集》，江蘇古籍出版社一九九二年點校本

(清)錢大昕《潛研堂金石文跋尾》，上海古籍出版社二〇〇二年影印續修四庫全書本

(清)錢大昕《元史藝文志》，上海古籍出版社二〇〇二年影印續修四庫全書本

(清)錢大昕《十駕齋養新録(附餘録)》，上海古籍出版社二〇〇二年影印續修四庫全書本

(清)朱筠《笥河文集》，上海古籍出版社二〇〇二年影印續修四庫全書本

(清)畢沅《續資治通鑑》，中華書局一九五七年點校本

(清)畢沅《關中金石記》，上海古籍出版社二〇〇二年影印續修四庫全書本

(清)陳琮《永定河志》，海南出版社二〇〇一年影印故宫珍本叢刊本

(清)彭元瑞《天禄琳琅書目後編》，上海古籍出版社二〇〇二年影印續修四庫全書本

(清)吴騫《尖陽叢筆》，上海古籍出版社二〇〇二年影印續修四庫全書本

(清)吴騫《愚谷文存》，上海古籍出版社二〇〇二年影印續修四庫全書本

(清)慶桂《國朝宫史續編》，嘉慶十一年内府鈔本

(清)慶桂《剿平三省邪匪方略》，嘉慶武英殿刻本

(清)章學誠《文史通義》，中華書局一九九四年點校本

(清)孔繼涵《雜體文稿》，上海古籍出版社二〇〇二年影印續修四庫全書本

(清)董誥《全唐文》，上海古籍出版社二〇〇二年影印續修四庫全書本

(清)陳昌圖《南屏山房集》，乾隆五十六年刻本

(清)陳昌齊《(道光)廣東通志》，同治三年刻本

(清)陳昌齊《測天約術》，民國間鈔本

(清)永瑢等《四庫全書總目》，中華書局一九六五年影印本

(清)戴殿泗《風希堂詩集》，道光八年九靈山房刻本

(清)祁韻士《西陲要略》，道光十七年刊本

(清)松筠《松筠叢著》，嘉慶道光間刻本影印本

(清)孙星衍《寰宇訪碑録》，上海古籍出版社二〇〇二年影印續修四庫全書本

(清)孙星衍《孫氏祠堂書目》，叢書集成新編本

(清)孙星衍《平津館鑒藏書籍記》，叢書集成新編本

(清)徐端《安瀾紀要》，道光刊本

(清)徐端《回瀾紀要》，道光刻本

(清)王芑孫《淵雅堂全集》，嘉慶刻本

(清)謝金鑾《(嘉慶)蛤仔難紀略》，道光十四年二勿齋刻本

(清)徐養原《頑石廬經説》,皇清經解續編本
(清)錢泳《履園叢話》,道光十八年述德堂刻本
(清)嚴如熤《三省邊防備覽》,道光二年刻本
(清)謝蘭生《輿圖總論注釋》,清末刻本
(清)江藩《國朝漢學師承記》,嘉慶十七年刻本
(清)錢林《文獻徵存録》,咸豐八年刊本
(清)黄丕烈《蕘圃藏書題識》,上海遠東出版社一九九九年點校本
(清)那彦成《阿文成公年譜》,北京圖書館出版社一九九九年版
(清)成瓘《(道光)濟南府志》,道光二十年刻本
(清)李富孫《校經廎文稿》,上海古籍出版社二〇〇二年影印續修四庫全書本
(清)阮元等《疇人傳彙編》,廣陵書社二〇〇九年點校本
(清)阮元《疇人傳》,嘉慶道光年間阮氏琅嬛仙館刻本
(清)阮元《文選樓藏書記》,越縵堂鈔本
(清)阮元《揅經室集》,中華書局一九九三年點校本
(清)顧廣圻《思適齋集》,上海古籍出版社二〇〇二年影印續修四庫全書本
(清)周中孚《鄭堂讀書記》,叢書集成新編本
(清)周中孚《鄭堂讀書記補逸》,商務印書館一九五九年版
(清)李兆洛《養一齋文集》,道光二十三年木活字本
(清)胡敬《胡氏書畫考三種》,嘉慶刻本
(清)潘世恩《欽定户部漕運全書》,海南出版社二〇〇〇年影印故宫珍本叢刊本
(清)吴壽暘《拜經樓藏書題跋記》,上海古籍出版社二〇〇二年影印續修四庫全書本
(清)陳壽祺《左海文集》,清刻本
(清)張作楠《翠微山房數學》,嘉慶道光間刻本
(清)張作楠《揣籥小録》《揣籥續録》,光緒年間息園刻本
(清)梁章鉅《浪跡叢談》,道光二十七年刻本
(清)梁章鉅《制義叢話》,咸豐九年刻本
(清)俞正燮《癸巳存稿》,連筠簃叢書本
(清)王鳳生《漢江紀程》,道光十一年刻本
(清)劉衡《六九軒算書》,道光三十年兩淮轉運署刻本
(清)劉衡《勾股尺測量新法》,六九軒算書五種本
(清)李誠《萬山綱目》,光緒二十六年長沙刻本
(清)鄭復光《鏡鏡詅癡》,道光二十七年靈石楊氏刻本
(清)徐松《新疆識略》,道光元年武英殿刻本
(清)徐松《西域水道記校補》,宣統元年番禺沈宗畸刻本
(清)徐松《宋會要輯稿》,上海大東書局一九三六年影印本
(清)穆彰阿《嘉慶重修一統志》,四部叢刊續編本
(清)阮亨《文選樓叢書》,廣陵書社二〇一一年影印本
(清)錢儀吉《碑傳集》,中華書局一九九三年版
(清)賀長齡《清朝經世文編》,道光七年刊本
(清)張金吾《愛日精廬藏書志》,上海古籍出版社二〇〇二年影印續修四庫全書本
(清)吴振棫《養吉齋叢録》,光緒刻本
(清)麟慶《河工器具圖説》,道光南河節署刻本
(清)董祐誠《董方立文甲集》,上海古籍出版社二〇〇二年影印續修四庫全書本
(清)林鶚《(同治)泰順分疆録》,光緒五年林氏望山堂刻本
(清)魏源《元史新編》,上海古籍出版社二〇〇二年影印續修四庫全書本
(清)魏源《海國圖志》,嶽麓書社一九九八年版
(清)瞿鏞《鐵琴銅劍樓藏書目録》,上海古籍出版社二〇〇二年影印續修四庫全書本
(清)王柏心《(同治)宜昌府志》,同治五年刻本
(清)何紹基《(光緒)重修安徽通志》,光緒四年刻本
(清)夏燮《明通鑒》,同治刻本
(清)汪士鐸《(同治)續纂江寧府志》,光緒六年刻本
(清)汪士鐸《汪梅村先生集》,光緒七年刻本
(清)鄒漢勳《鄒叔子遺書》,光緒九年刻本
(清)鄒漢勳《安順府志輿圖》,咸豐元年刻本

(清)鄒漢勳《(咸豐)安順府志》，咸豐元年刻本
(清)鄒漢勳《斅藝齋文存》，光緒八年鄒叔子遺書本
(清)魏耆《邵陽魏府君事略》，清咸豐同治間刻本
(清)湯成烈《古藤書屋文稿》，咸豐同治年間稿本
(清)董恂《楚漕江程》，咸豐四年荻芬書屋刻本
(清)馮桂芬《顯志堂稿》，光緒二年吴縣校邠廬刻本
(清)馮桂芬《(同治)蘇州府志》，光緒九年刻本
(清)馮桂芬《校邠廬抗議》，光緒十年豫章刻本
(清)戴肇辰《學仕録》，同治六年刻本
(清)陳澧《東塾集》，光緒十八年菊坡精舍刻本
(清)丁取忠《輿地經緯度里表》，光緒二十三年上海鴻文書局石印本
(清)邵懿辰《增訂四庫簡明目録標注》，上海古籍出版社一九七九年版
(清)莫友芝《宋元舊本書經眼録》，上海古籍出版社二〇〇二年影印續修四庫全書本
(清)徐時棟《煙嶼樓文集》，上海古籍出版社二〇〇二年影印續修四庫全書本
(清)盛康《清朝經世文續編》，光緒二十三年刻本
(清)羅惇衍《集義軒詠史詩鈔》，光緒元年刻本
(清)黄炳垕《八旬自述百韻詩》，同治光緒間刻本
(清)黄炳垕《五緯捷算》，餘姚黄氏留書種閣光緒四年刻本
(清)黄炳垕《測地志要》，光緒二十三年上海書局石印本
(清)鄒伯奇《鄒徵君遺書》，同治十二年鄒達泉刻本
(清)鄒伯奇《皇輿全圖》，同治十三年刻本
(清)丁寶楨《丁文誠公奏稿》，光緒二十五年補刻本
(清)馬徵麐《長江圖說》，同治九年金陵提署刻本
(清)俞樾《茶香室四鈔》，上海古籍出版社二〇〇二年影印續修四庫全書本
(清)李元度《天岳山館文鈔》，光緒六年刻本
(清)李元度《國朝先正事略補編》，光緒十一年敦懷書屋刻本
(清)李瀚章《廣東輿地圖說》，廣東參謀處宣統元年鉛印本
(清)譚吉璁《(康熙)延綏鎮志》，康熙刻乾隆增補本
(清)丁日昌《蘇省輿地圖說》，同治年間刻本
(清)王軒《山西疆域沿革圖譜》，光緒十三年涂月斠印
(清)李鴻章《山東直隸河南三省黄河全圖》，光緒十六年季秋月上海鴻文書局石印本
(清)王軒、楊恩濬《顧齋簡譜》，民國二十六年山右叢書初編本
(清)何秋濤《朔方備乘圖說》，光緒三年刻本
(清)曾國荃《(光緒)湖南通志》，光緒十一年刻本
(清)龍文彬《明會要》，光緒十三年永懷堂刻本
(清)彊汝詢《求益齋文集》，光緒間江蘇書局刻本
(清)梅啓照《學彊恕齋筆算》，同治十二年刻本
(清)孫家鼐《續西學大成》，光緒二十三年上海飛鴻閣書林石印本
(清)張景祁《(光緒)重纂邵武府志》，光緒二十四年刻本
(清)劉國光《(光緒)德安府志》，光緒十四年刻本
(清)耿文光《萬卷精華樓藏書記》，清人書目題跋叢刊本
(清)黄炳堃《(光緒)雲南縣志》，光緒十六年刻本
(清)丁丙《善本書室藏書志》，上海古籍出版社二〇〇二年影印續修四庫全書本
(清)丁仁《八千卷樓書目》，上海古籍出版社二〇〇二年影印續修四庫全書本
(清)王闓運《(光緒)湘潭縣志》，上海古籍出版社二〇〇二年影印續修四庫全書本
(清)錢保塘《光緒輿地韻編》，光緒十九年海寧錢氏清風室刻本
(清)許應鑅《測繪章程》，清光緒十六年刻本
(清)宗源瀚《浙江全省輿圖並水陸道里記》，光緒二十年石印本
(清)陸心源《皕宋樓藏書志》，上海古籍出版社二〇〇二年影印續修四庫全書本
(清)陸心源《儀顧堂題跋》，上海古籍出版社二〇〇二年影印續修四庫全書本
(清)陸心源《儀顧堂書目題跋彙編》，中華書局二〇〇九年點校本
(清)陸心源《儀顧堂集》，上海古籍出版社二〇〇二年影印續修四庫全書本

(清)崑岡《大清會典圖》，光緒二十五年京師官書局石印本
(清)聶士成《東三省韓俄交界道里表》，中華書局一九八五年叢書集成初編影印本
(清)魏光燾《陝西全省輿地圖》，清光緒二十五年石印本
(清)張之洞《(光緒)順天府志》，清光緒十二年刻本
(清)張之洞《書目答問》，清光緒刻本
(清)張之洞《張文襄公全集》，北平文華齋民國十七年刻本
(清)李有棠《遼史紀事本末》，上海古籍出版社二〇〇二年影印續修四庫全書本
(清)鄒世詒《大清中外壹統輿圖》，同治二年刻本
(清)薛福成《滇緬劃界圖説》，光緒二十八年石印本
(清)楊守敬《歷代輿地沿革圖》，光緒二十四年上海鑄記書局石印本
(清)田宗漢《湖北漢水圖説》，漢川田氏對古樓光緒二十七年刻本
(清)傅雲龍《繪圖比例尺圖説》，傅雲龍學自强不息齋光緒二十一年石印本
(清)潘衍桐《兩浙輶軒續録》，光緒十七年浙江書局刻本
(清)高賡恩《綏遠全志》，光緒三十四年刊本
(清)姚振宗《三國藝文志》，上海古籍出版社二〇〇二年影印續修四庫全書本
(清)姚振宗《漢書藝文志拾補》，上海古籍出版社二〇〇二年影印續修四庫全書本
(清)繆荃孫《藝風藏書記》，中國歷代書目題跋叢書本
(清)諸可寶《疇人傳三編》，光緒十二年江陰南菁書院刻南菁書院叢書本
(清)諸可寶《江蘇全省輿圖》，光緒二十一年刻本
(清)徐建寅《兵學新書》，光緒年間刻本
(清)張人駿《廣東輿地全圖》，光緒二十三年廣州石經堂石印本
(清)閻鎮珩《六典通考》，光緒刻本
(清)葛士濬《清朝經世文續編》，光緒二十八年石印本
(清)孫詒讓《温州經籍志》，上海古籍出版社二〇〇二年影印續修四庫全書本
(清)王萬芳《(光緒)襄陽府志》，光緒十一年刻本
(清)葉昌熾《緣督廬日記鈔》，上海古籍出版社二〇〇二年影印續修四庫全書本
(清)曹廷傑《東北邊防輯要》，光緒十一年鈔本
(清)曹廷傑《東三省輿地圖説》，光緒二十三年仿聚珍版石印本
(清)陳虬《治平通議》，光緒十九年甌雅堂刻本
(清)王樹枏《新疆國界圖志》，宣統元年十月刻本
(清)王樹枏《新疆山脈圖志》，宣統元年刻本
(清)錢恂《中俄界約斠注》，光緒二十三年質學會刻本
(清)范本禮《吴疆域圖説》，光緒十四年江陰南菁書院刻本
(清)華世芳《近代疇人著述記》，光緒二十二年石印本
(清)鄒代鈞《中外輿地全圖目録序例》，光緒二十九年京師大學堂鉛印本
(清)鄒代鈞《京師大學堂中國地理講義》，光緒間鉛印本
(清)王錫祺《中俄交界記》，光緒二十三年質學會刻本
(清)陳壽彭《中國江海險要圖説》，光緒三十三年廣東廣雅書局石印本
(清)屠寄《黑龍江輿圖説》，宣統三年鉛印本
(清)劉鶚《歷代黄河變遷圖考》，光緒十九年袖海山房石印本
(清)端方《大清新法令》，宣統上海商務印書館刊本
(清)端方《端忠敏公奏稿》，民國七年鉛印本
(清)劉錦藻《清朝續文獻通考》，光緒三十一年鉛印本
(清)齊忠甲《最新萬國輿地韻編》，光緒二十九年京都刻本
(清)羅長裿《測繪儀器考》，光緒二十二年刻本
(清)羅長裿《江南將弁學堂學案》、《陸師學堂學案》，光緒年間刻本
(清)通文主人《清朝輿地通考》，光緒二十九年上海通文書局石印本
(清)朱壽朋《(光緒朝)東華續録》，宣統元年上海集成圖書公司本
(清)閔爾昌《碑傳集補》，民國十二年刻本
(清)成本璞《九經今義》，清末長沙刻本
(清)吳禄貞《延吉邊務報告》，光緒三十四年吉林官書刷印局鉛印本
(清)徐葆光《中山傳信録》，康熙六十年刻本
(清)張夏《雒閩源流録》，康熙二十一年刻本
(清)黄六鴻《福惠全書》，康熙三十八年金陵濂溪書屋刊本

(清)焦應旂《西藏志》，康熙刊本
(清)胡襄參《囂囂子曆鏡》，康熙桂花書屋刻本
(清)許容《(乾隆)甘肅通志》，乾隆元年刊本
(清)劉湘煃《(乾隆)漢陽府志》，乾隆十二年刻本
(清)魯曾煜《(乾隆)福州府志》，乾隆十九年刊本
(清)長白椿園氏《新疆輿圖風土考》，乾隆四十二年刊本
(清)七十一《軍臺道里表》，光緒十七年上海著易堂鉛印本
(清)潘相《琉球入學見聞録》，乾隆刻本
(清)楊浣雨《(乾隆)寧夏府志》，嘉慶三年刊本
(清)何濟川《管窺圖説》，嘉慶二十五年刻本
(清)范邦甸《天一閣書目》，嘉慶文選堂刻本
(清)黄掌綸《長蘆鹽法志》，嘉慶刻本
(清)馮辰《李恕谷先生年譜》，道光十六年刻本
(清)朱光鼎《(道光)宣威州志》，道光二十四年刻本
(清)鄭光祖《一斑録》，道光舟車所至叢書本
(清)張翊辰《(咸豐)南寧縣志》，咸豐二年刻本
(清)托明《和林格爾廳志》，咸豐二年刊本
(清)朱鳳榼《南部縣輿地圖説》，咸豐三年縣署刻本
(清)施勤《步算筌蹄》，咸豐六年崇明竹義山房刻本
(清)六承如《皇朝輿地略》，同治二年廣州寶華坊刻本
(清)江蘇省輿圖總局《蘇省輿圖測法繪法條議圖解》，同治四年江蘇省輿圖總局刻本
(清)明之綱《桑園圍總志》，同治九年羊城西湖街富文齋刻本
(清)曾國藩、顧長齡《江西全省輿圖》，同治七年刊本
(清)陳培桂《(同治)淡水廳志》，同治十年刻本
(清)師承瀛《嘉興府水道圖説》，光緒四年梁若辰重刻本
(清)金桂馨《逍遥山萬壽宫志》，光緒四年江右鐵柱宫刻本
(清)史澄《(光緒)廣州府志》，光緒五年刻本
(清)倪文蔚、顧嘉蘅《(光緒)荆州府志》，光緒六年刻本
(清)沈夢蘭《五省溝洫圖説》，光緒六年江蘇書局刻本
(清)龔柴《地輿圖考》，光緒九年蒲西益聞館鉛印本
(清)英啓、鄧琛《(光緒)黄州府志》，光緒十年刻本
(清)陳燕、李景賢《(光緒)霑益州志》，光緒十一年刻本
(清)劉毓珂《(光緒)永昌府志》，光緒十一年刻本
(清)蔣彤《養一先生年譜》附《武進李養一先生小德録》，光緒十三年嘉興金吴瀾木活字版印本
(清)陳宗海、趙端禮《(光緒)騰越廳志稿》，光緒十三年刻本
(清)慳硿山館《湖南疆域驛傳總纂》，清光緒十四年刻本
(清)陶保廉《測地膚言》，光緒十六年刻本
(清)裕長《東道圖説便覽》，光緒十六年刻本
(清)吴錫釗《矩象測繪》，杏雨山房清光緒十七年刻本
(清)王肇鋐《圖形一斑》，光緒十七年石印本
(清)李應珏《浙志便覽》，光緒十七年刻本
(清)李應珏《皖志便覽》，清末鈔本
(清)王志《奉天全省地輿圖説圖表》，光緒二十年刻本
(清)王志《光緒二十年奉天全省府廳州縣地輿圖志》，光緒二十年刻本
(清)黄沛翹《西藏圖考》，光緒二十年刊本
(清)湖北輿圖局《光緒湖北輿地記》，光緒二十年湖北輿圖局刻本
(清)彭清璋、左學呂《湖南輿圖説》，光緒二十三年刻本
(清)陳松《推測易知》，光緒二十三年江左書林石印本
(清)楊毓《中西權度合數考》，光緒二十三年刻本
(清)杞廬主人《時務通考》，光緒二十三年點石齋石印本
(清)黄鍾駿《疇人傳四編》，光緒二十四年黄氏刻本
(清)秦世銓《吉林輿地圖説》，光緒二十四年石印本
(清)沈翼機《(雍正)浙江通志》，光緒二十五年浙江書局刻本
(清)宋賡平《礦學心要新編》，光緒二十八年成都廣石山房刻本
(清)朱正元《江浙閩三省沿海圖説》，光緒二十八年鉛印本
(清)陳承澍《富陽縣輿地小志》，光緒三十年石印本
(清)姚明煇《蒙古志》，光緒三十三年刊本
(清)張耀勳《測繪一得》，北洋陸軍編譯局清光緒三十三年石印本

(清)南洋測繪學堂《南洋創辦測繪之經過》，光緒三十四年鉛印本
(清)南洋測繪學堂《奏定酌改陸軍測繪學堂章程並增訂課程》，宣統元年鉛印本
(清)姚覲元《清代禁毀書目四種》，光緒刻咫進齋叢書本
(清)丁芮樸《風水祛惑》，光緒刻月河精舍叢鈔本
(清)王大海《海島逸志》，光緒小方壺齋輿地叢鈔本
(清)西清《黑龍江外記》，光緒廣雅書局刻本
(清)羅汝楠《中國近世輿地圖説》，廣東教忠學堂宣統元年石印本
(清)葉鈐《明紀編遺》，清初刻本
(清)楊錫恩《測量備要》，清末鈔本
(清)陶越《過庭紀餘》，清鈔本
(清)周熙《旅杭測量日記》，清末鉛印本
(清)陝西布政使司《陝西繪輿圖章程》，光緒間刻本
(清)焦勳述《火攻挈要》，海山仙館叢書本
(清)王履泰《畿輔安瀾志》，海南出版社二〇〇一年影印故宫珍本叢刊本
(清)兩廣測繪學堂《速成三角測量及水準測量暫行規則》，兩廣測繪學堂清末鉛印本
(清)廣東省輿圖局《廣東全省輿圖局飭發繪圖章程》，清末刻本
(清)求放心齋《天下路程》，英德堂清刻本
(清)朱鎮《測量繪算合解》，民國四年刻本
(清)李世禄《修防瑣志》，中國水利工程學會藏民國二十六年版
(清)羅人龍《(康熙)湖廣武昌府志》，民國鈔本
(清)沙克都林札布《南疆勘界日記圖説》，民國間鈔本
(清)李宗縣《煮石年譜》，民國間鈔本
(清)屠繼善《(光緒)恒春縣志》，臺灣文獻委員會一九五一年鉛印本
(清)李迪《(乾隆)甘肅通志》，臺灣商務印書館一九八三年影印文淵閣四庫全書本
(清)温達《聖祖仁皇帝親征平定朔漠方略》，臺灣商務印書館一九八三年影印文淵閣四庫全書本
(清)謝旻《(雍正)江西通志》，臺灣商務印書館一九八三年影印文淵閣四庫全書本
(清)田易《(雍正)畿輔通志》，臺灣商務印書館一九八三年影印文淵閣四庫全書本
(清)趙宏恩《(乾隆)江南通志》，臺灣商務印書館一九八三年影印文淵閣四庫全書本
(清)翟均廉《海塘録》，臺灣商務印書館一九八三年影印文淵閣四庫全書本
(清)傅澤洪《行水金鑒》，臺灣商務印書館一九八三年影印文淵閣四庫全書本
(清)李清馥《閩中理學淵源考》，臺灣商務印書館一九八三年影印文淵閣四庫全書本
(清)倪濤《六藝之一録》，臺灣商務印書館一九八三年影印文淵閣四庫全書本
(清)屠文漪《九章録要》，臺灣商務印書館一九八三年影印文淵閣四庫全書本
(清)張靄生《河防述言》，臺灣商務印書館一九八三年影印文淵閣四庫全書本
(清)《大清會典》，臺灣商務印書館一九八三年影印文淵閣四庫全書本
(清)《大清會典則例》，臺灣商務印書館一九八三年影印文淵閣四庫全書本
(清)《清朝通典》，臺灣商務印書館一九八三年影印文淵閣四庫全書本
(清)《平定臺灣紀略》，臺灣商務印書館一九八三年影印文淵閣四庫全書本
英·華爾敦著、英·傅蘭雅口譯、清·趙元益筆述《測繪海圖全法》，江南機器製造總局清光緒二十五年刻本
英·侯失勒撰、清·李善蘭删述、清·徐建寅續《談天》，咸豐同治增修本
中國第一歷史檔案館藏《宮中檔·硃批奏摺》系列檔案
中國第一歷史檔案館館藏《軍機處録副奏摺》系列檔案
(清)佚名《漕運程途志略》，道光二十七年當湖陸煥鈔本
(清)佚名《山東省圖考》，道光年間刻本
(清)佚名《畿輔輿地全圖》，同治十一年官刻套印本
(清)佚名《安徽輿圖表説》，光緒二十二年石印本
(清)佚名《山東黄河全省圖説》，光緒二十四年手繪本

（清）佚名《土默特志》，光緒間刊本

（清）佚名《湖南四至水陸程途清册》，光緒宣統年間鉛印本

（清）佚名《五原廳志》，清鈔本

（清）佚名《山東海疆圖記》，清鈔本

（清）佚名《廣東全省海圖總説》，清鈔本

（清）佚名《江寧布政司屬府廳州縣輿圖道里清册》，清末鈔本

（清）佚名《明季烈臣傳》，清鈔本

《中華大典》辦公室

主　　任：于永湛
副 主 任：伍　傑
　　　　　姜學中
編　　審：趙含坤
　　　　　崔望雲
秘　　書：宋　陽
裝幀設計：章耀達

《中華大典·地學典·測繪分典》

責任編輯：楊希之
　　　　　李盛强
　　　　　康聰斌
責任校對：曾祥志
　　　　　李盛强
　　　　　康聰斌
特邀校對：南京展望文化發展有限公司
　　　　　校對組

圖書在版編目(CIP)數據

中華大典.地學典.測繪分典/《中華大典》工作委員會，《中華大典》編纂委員會編纂.—重慶：重慶出版社，2015.6

ISBN 978-7-229-10131-2

Ⅰ.①中… Ⅱ.①中…②中… Ⅲ.①百科全書—中國②測繪學—中國 Ⅳ.①Z227②P2

中國版本圖書館 CIP 數據核字(2015)第 127149 號

中華大典·地學典·測繪分典

編纂：《中華大典》工作委員會
《中華大典》編纂委員會

出版：重慶出版集團
重慶出版社
(重慶市南岸區南濱路 162 號　郵政編碼　400061)

發行：重慶出版集團圖書發行有限公司
(重慶市南岸區南濱路 162 號　郵政編碼　400061)

排版：南京展望文化發展有限公司
(南京市夢都大街 176—4 號　郵政編碼　210019)

印刷：成都東江印務有限公司
(成都市鹽井村 11 組　郵政編碼　610091)

開本：787×1092 毫米　1/16

印張：78.5　　字數：2 512 千字

2015 年 6 月第 1 版　　2016 年 4 月第 2 次印刷

印數：1 001—1 500 冊

書號：ISBN 978-7-229-10131-2

定價：350.00 圓